T0215793

Exkursionsflora
von Deutschland

Krautige Zier- und
Nutzpflanzen

# Exkursionsflora von Deutschland

## Band 5

Krautige Zier- und Nutzpflanzen

Herausgegeben von Prof. Dr. Eckehart J. Jäger,
Dr. Friedrich Ebel,
Dr. habil. Peter Hanelt und
Prof. Dr. Gerd K. Müller
in Zusammenarbeit mit zahlreichen Fachleuten

Mit 1852 Abbildungen

 Springer Spektrum

*Herausgeber*
Eckehart J. Jäger
Halle, Deutschland

Peter Hanelt
Gatersleben, Deutschland

Friedrich Ebel
Halle, Deutschland

Gerd K. Müller
Leipzig, Deutschland

ISBN 978-3-662-50419-2      ISBN 978-3-662-50420-8 (eBook)
DOI 10.1007/978-3-662-50420-8

Die Deutsche Nationalbibliothek verzeichnet diese Publikation in der Deutschen
Nationalbibliografie; detaillierte bibliografische Daten sind im Internet über
http://dnb.d-nb.de abrufbar.

Springer Spektrum

Planung: Merlet Behncke-Braunbeck
Einbandabbildung: Balkan-Anemone - *Anemone blanda* Schott et Kotschy (s. S. 138).
Foto: Dr. V. Schmidt, Halle (Saale)

Gedruckt auf säurefreiem und chlorfrei gebleichtem Papier

Springer Spektrum ist Teil von Springer Nature
Die eingetragene Gesellschaft ist Springer-Verlag GmbH Berlin Heidelberg

# Vorwort

Der 5. Band der Rothmaler-Reihe wendet sich nicht nur an Biologen und Naturfreunde, sondern vor allem an Gärtner, Fachleute und Studenten der Gartenbauwissenschaft, der Garten- und Landschaftsgestaltung, an Landwirte, Kleingärtner und Pflanzenliebhaber. Er soll in erster Linie die **Bestimmung** der in Deutschland im Freiland kultivierten krautigen Zier- und Nutzpflanzen ermöglichen. Daneben enthält das Buch aber auch Informationen über die **Herkunft, Verwendung und Kultur** dieser Pflanzen. Besonderer Wert wird auf die Angabe der Standortsbedingungen im Heimatareal gelegt, denn für die Kultur ist es aufschlussreich, ob eine Art im Hochgebirge oder im Tiefland zu Hause ist, ob sie in ihrer Heimat in Wäldern, Mooren oder auf Felsen, auf kalkreichem oder saurem Boden wächst und mit welchen Arten sie kombiniert werden kann. Ein solches Bestimmungsbuch fehlte in der neueren Literatur. Es hat auch für die Erfassung von Veränderungen in der Wildflora Bedeutung. Die meisten verwilderten Pflanzen wurden ursprünglich kultiviert, und weitere Kulturpflanzen sind auf dem Wege der Einbürgerung.

Gegenüber der Wildflora treten bei einer Kulturpflanzenflora zwei besondere Schwierigkeiten auf: die **Auswahl** der aufzunehmenden Arten und die Bewältigung der durch die Züchtung gewonnenen **Formenmannigfaltigkeit.** Um auch den Liebhaber seltenerer Kulturpflanzen anzusprechen, wurde die Auswahl weit gefasst. Allerdings konnten nicht alle in botanischen Gärten oder Spezialsammlungen anzutreffenden Arten berücksichtigt werden, das hätte den Umfang des Buches gesprengt und die Bestimmungsschlüssel unhandlich gemacht. So wird mancher Benutzer vielleicht die eine oder andere Art vermissen – wir sind dann für ergänzende Hinweise dankbar. Andererseits wurden Arten aufgenommen, die vielleicht kaum mehr kultiviert werden, die aber in Angebotslisten und in der Literatur immer wieder genannt werden. Das angebotene Sortiment ändert sich ständig. Die Züchtung bringt immer neue Ergebnisse, neue Arten werden eingeführt, andere fallen dem Zwang zur Sortimentsbereinigung zum Opfer und geraten in Vergessenheit, um manchmal nach Jahrzehnten wieder aktuell zu werden. Sehr selten kultivierte Arten wurden im Kleindruck mit 1–2 unterscheidenden Merkmalen und evtl. zusätzlichen Angaben wenigstens erwähnt. Literaturhinweise am Anfang der Gattungs- und Artenschlüssel und im Literaturverzeichnis am Ende des Bandes sollen dem Interessierten ein tieferes Eindringen ermöglichen.

Eine **Beschränkung auf die krautigen Pflanzen** war möglich, weil für die Gehölze bereits gute Literatur vorliegt (MEYER et al. 2007, ROLOFF et BÄRTELS 2006). Zwerg- und Halbsträucher wurden jedoch im allgemeinen aufgenommen, zumal letztere in Kultur z. T. schon im ersten Jahr blühen und häufig einjährig kultiviert werden. Nicht einbezogen wurden Zimmerpflanzen und ausschließlich im Gewächshaus kultivierte Arten, aufgenommen aber solche, die bei uns zwar nicht winterhart sind, im Sommer aber in Gärten und Anlagen im Freien kultiviert werden, wie Dahlien, Knollenbegonien und Pelargonien, ebenso die wichtigeren Balkon- und Kübelpflanzen.

Besondere Schwierigkeiten verursacht bei der Bestimmung der Zier- und Nutzpflanzen die Mannigfaltigkeit vieler Arten, die das Ergebnis intensiver züchterischer Arbeit darstellt und infolge spontaner oder gezielter Kreuzungen oftmals die Artgrenzen verwischt. Von manchen Kulturpflanzen gibt es Tausende von Sorten, von vielen Hybriden sind die Elternarten nicht oder nur z. T. bekannt. Wir konnten nur auf Sortengruppen oder in Einzelfällen auf wichtige, weit verbreitete Sorten mit stark abweichenden Merkmalen eingehen. Bei gefüllt blühenden Sorten sind die für die Bestimmung sonst üblichen Blütenmerkmale z. T. nicht mehr anwendbar. Hier musste eine besondere Bestimmungshilfe erarbeitet werden. Viele Nutzpflanzen werden vor der Blüte geerntet, so dass bei ihnen eine Bestimmung nach Blütenmerkmalen nicht möglich ist. Deshalb war auch hierfür eine Bestimmungshilfe notwendig. Alle Bestimmungsschlüssel sind nach dem bewährten dichotomen Prinzip aufgebaut. Das Kap. 1.9 „Zum Gebrauch der Bestimmungstabellen" (S. 50) führt in die Methode der Bestimmung ein.

Im Interesse der Benutzer wurden im Text Fachbegriffe sparsam verwendet, die notwendigen werden in einem **Fachwortverzeichnis** (Erklärung der Fachwörter, S. 828) erklärt. Bei den Verbreitungsangaben wurden möglichst Abkürzungen verwendet, die ohne Erklärung verständlich sind (vorderes Vorsatzblatt).

Um die Bestimmung zu erleichtern, wurden zahlreiche **Illustrationen** aufgenommen. Sie wurden zum größten Teil von erfahrenen Grafikern unter Anleitung der Bearbeiter oder von den Bearbeitern selbst nach Frischmaterial angefertigt.

Der schon 1977 von Peter Hanelt eingebrachte Vorschlag, die Reihe der Exkursionsflora-Bände um einen Band für die Kulturpflanzen zu erweitern, war zunächst mit großem Optimismus aufgegriffen worden, einige Probemanuskripte lagen bald vor. Als aber der Volk und Wissen Verlag 1992 von der Cornelsen-Gruppe übernommen wurde, konnte das Projekt nicht weitergeführt werden. Glücklicherweise wurde die ganze Exkursionsflora im gleichen Jahr vom Gustav Fischer Verlag Jena übernommen. Mit neuem Mut und der Unterstützung der Verlagsleiterin, Frau Dr. J. Schlüter, wurde die Arbeit fortgesetzt, auch ein großer Teil der Abbildungen konnte fertiggestellt werden. In dieser Phase war Herr Dr. K. Werner (Halle) stark an den konzeptionellen Arbeiten beteiligt, Frau G. Mörchen (Halle) an der Konzeption der Abbildungen. Als das biologische Programm des Gustav Fischer Verlages aber von Spektrum Akademischer Verlag Heidelberg übernommen wurde, war die Fortsetzung der Arbeiten zunächst in Frage gestellt.

Erst nach Aufnahme in das Verlagsprogramm des Elsevier-Verlags im Jahre 2002 konnten die Autoren zum Abschluss ihrer Arbeiten ermutigt werden. Einige hatten sich aber inzwischen andere Arbeiten vorgenommen, andere mussten ihre Mitarbeit aus Altersgründen beenden. Inzwischen hatte sich auch das Konzept des Buches geändert, das zunächst nur die wichtigsten, allgemein kultivierten Zier- und Nutzpflanzen enthalten sollte. Mit Rücksicht auf die sich stark entwickelnde Gartenkultur in Deutschland wurden nun auch viele Liebhaberpflanzen berücksichtigt. Mehrere ältere Manuskripte mussten überarbeitet und ergänzt werden, nomenklatorische Änderungen und Neueinführungen waren zu berücksichtigen. Herr Dr. E. Ladwig († 2006) schied 2000 aus Altersgründen als Bearbeiter aus. Die zahlreichen von ihm übernommenen Gruppen wurden von F. Ebel, das von H.-D. Krausch begonnene Manuskript der Einkeimblättrigen (außer Gräser und Orchideen) von E. Jäger neu bearbeitet. Auch die schwierigen Familienschlüssel konnten erst nach Abschluss der Sippen-Bearbeitungen in Angriff genommen werden. Neue Zeichner konnten gewonnen werden, bis zuletzt halfen Prof. Dr. A. Kästner (Halle) und Lutz E. Müller (Leipzig) mit neuen Darstellungen, Frau H. Zech (Halle) half mit zahllosen Korrekturen und mit der Neukombination von Abbildungsleisten. Einen Teil der schwierigen Schreibarbeiten übernahmen Frau M. Twarde (Halle), Frau Dr. Ch. Müller (Leipzig), Frau A. Frahn und Frau G. Schütze (Gatersleben).

In dieser langen Zeit wurden die Autoren und Herausgeber von den Leitungen der Institute und den Botanischen Gärten, besonders in Halle und Leipzig, unterstützt. Wir danken dafür den Professoren Hensen, Bruelheide, Röser und Morawetz, den Gärtnern der Botanischen Gärten in Halle, Leipzig, Mühlhausen und auf dem Brocken, die viele Arten liebevoll angezogen und kultiviert haben, aber auch vielen spezialisierten Liebhabern. Ein Teil der Pflanzen stand für die Arbeit an den Schlüsseln nicht lebend zur Verfügung; deshalb war die Benutzung der Herbarien in Halle, Leipzig, Gatersleben, Berlin-Dahlem, München und Jena für unsere Arbeit sehr wichtig, und wir danken den Mitarbeitern dieser Einrichtungen sehr für ihre Hilfe.

Ohne die reichen Buchbestände der Bibliotheken in Halle (Universität, Leopoldina), Hamburg, Jena, Leipzig und Gatersleben, ohne die Unterstützung der Bibliothekare wäre die Arbeit nicht möglich gewesen. Frau D. Seidel (Halle) half mit der Literaturbeschaffung und der Anfertigung des Literaturverzeichnisses, Herr Dr. E. Welk (Halle) mit der Kartographie der letzten Nachsatzseite. Über seine Aufgaben als Bearbeiter hinaus hat Herr F. Kümmel die Arbeiten in vieler Hinsicht gefördert.

Mit der Anzucht oder der Beschaffung von Pflanzenmaterial, mit Mitteilungen über Kulturerfahrungen, Literaturbeschaffung, Angaben zur Nomenklatur, zu Verbreitung und zu Heimatstandorten der Pflanzen unterstützten uns viele Kollegen und Amateur-Gärtner. Genannt seien M. Bartusch (Dresden), G. Beleites (Halle), Dr. U. Bertram (Bayreuth), Dr. M. Bolliger (Bern), E. Bremer (Halle), R. Dehn (Halle), Dr. B. Ditsch (Dresden), Dr. A. Buhl (Halle), A. Fläschendräger (Halle), Dr. Ch. Flemming (Leipzig), H.-G. Fuhrmann (Halle), Dr. B. v. Hagen (Halle), M. Hause (Halle), Dr. U. Hecker (Mainz), Dr. H. Heklau (Halle), Dr. M. Hoffmann (Halle), F. Kasten (Wädenswil), Dr. G. Karste (Wernigerode), Prof. Dr. W. Kircher (Bernburg), Dr. G. Krebs (Thale), Prof. Dr. L. E. Mora-Osejo † (Bogotá), Dr. H. Mühlberg (Halle), M. Pabst (Halle), G. Paetzold (Leipzig), E. Pasche (Velbert), W. Richter (Göttingen), K. Schmidt (Marburg), F. Schumacher (Wien), M. Schwieger (Leipzig), G. Seidler (Halle), R. Stimper (Jena), W. Strumpf (Wernigerode), S. Stuhl (Halle), Dr. E. Welk (Halle), Dr. R. Wisskirchen (Bonn), Dr. D. Zschummel (Wallendorf). Die Durchsicht von Teilmanuskripten übernahmen dankenswerter Weise Prof. Dr. S. J. Casper (Jena, *Pinguicula*), Prof. Dr. H.-D. Ihlenfeldt (Hamburg, *Aizoaceae*), Dr. H. Kasper (Leipzig, *Polystichum*), Dr. H. Manitz (Jena, *Convolvulaceae*). Bei heimischen Gattungen konnten oft Teile der Schlüssel aus Band 4 der Exkursionsflora übernommen werden. Prof. Dr. K. Adolphi (Köln) und U. Richter (Halle) berieten uns bei Fragen der Aussprache und Betonung der wissenschaftlichen Namen.

Ein Glücksumstand war es, dass das Satzstudio U. Baier (Jena) die Erfahrungen mit den anderen Bänden der Exkursionsflora für die gute Ausführung des schwierigen Satzes nutzen konnte.

Verständnisvolle und geduldige Unterstützung erfuhren wir von den Mitarbeitern vom Spektrum Akademischer Verlag, besonders von Herrn Dr. Ch. Iven und Herrn Dr. U. Moltmann, auch dafür danken wir sehr.

**Bearbeiter der Flora** (bei Namen der Pflanzenfamilien ergänze -aceae):

**Dr. F. Ebel (Halle):** Tab. I, II, III; Farnpflanzen, Familie *Nymphae.* (Vorarbeiten von Dr. H.-D. Krausch), *Ranuncul.*\*, *Berberid.*\*, *Saurur., Aristolochi., Laur., Amaranth., Polygon., Plumbagin.*\*, *Paeoni.*\*, *Hyperic.*\*, *Cist., Viol.*\*, *Passiflor., Datisc., Frankeni., Loas.*\*, *Begoni.*\*, *Cappar., Malv., Bux., Euphorbi.*\*, *Thymelae., Eric., Empetr., Diapensi., Primul.*\*, *Ros.*\* (excl. *Alchemilla, Cotoneaster*), *Hydrange., Crassul.*\*, *Saxifrag.*\*, *Sarraceni., Droser., Rut.*\*, *Sapind., Balsamin.*\*, *Polygal.*\*, *Lythr., Myrt., Punic., Melastomat., Onagr., Trap., Halorag., Gunner., Hippurid., Corn., Arali., Celastr., Menyanth., Gentian.*\*, *Apocyn., Asclepiad., Rubi.*\*, *Caprifoli., Valerian., Dipsac., Polemoni., Convolvul., Hydrophyll., Boragin., Nolan., Orobanch., Globulari., Bignoni., Acanth., Martyni., Gesneri., Lentibulari., Plantagin., Verben., Lami.* (excl. *Mentha, Thymus*), *Orchid.*

\*: unter Verwendung von Vorarbeiten und Abbildungen von Dr. E. Ladwig

**Prof. Dr. K. Hammer (Witzenhausen):** Erstfassung *Chenopodi., Lin., Mentha*

**Prof. Dr. K. Hammer/Dr. P. Hanelt (Gatersleben):** *Cannab., Urtic., Phytolacc., Basell., Nyctagin., Cucurbit., Solan.*

**Dr. habil. P. Hanelt (Gatersleben):** Kap. 1.1, 1.2, Tab. VI (mit K. Pistrick), *Papaver, Fab., Api., Allium*

**Prof. Dr. E. J. Jäger (Halle):** Kap. 1.3, 1.4, 1.5, 1.6, 1.8, Tab. IV (mit G. K. Müller), Tab. V, Erklärung der Fachwörter; Vorsatz u. Nachsatz, *Papaver.* (incl. *Fumari.*, excl. *Papaver*), *Chenopodi., Lin.* (beide nach Vorarbeiten von K. Hammer), *Goodeni., Campanul., Aster.* (excl. *Hieracium*), *Acor.*\*, *Ar.*\*, *Butom.*\*, *Alismat.*\*, *Hydrocharit., Aponogeton.*\*, *Potamogeton., Dioscore., Melanthi., Trilli.*\*, *Alstroemeri.*\*, *Colchic.*\*, *Lili.*\*, *Ixioliri., Irid.*\*, *Hemerocallid.*\*, *Asphodel.*\*, *Asparag.*\*, *Rusc., Convallari.*\* (excl. *Polygonatum*), *Aphyllanth., Hyacinth.*\*, *Antheric., Host.*\*, *Agapanth.*\*, *Amaryllid.*\*, *Alli.*\* (excl. *Allium*), *Pontederi., Commelin., Mus., Strelitzi., Cann.*\*, *Zingiber., Spargani., Typh.*\*, *Junc.*\*, *Cyper.*

\*: unter Verwendung von Vorarbeiten von Dr. H.-D. Krausch

**Dr. habil. H.-D. Krausch (Potsdam):** Erstfassung der Einkeimblättrigen z.T. (excl. Gräser, Orchideen), *Nymphae.*

**Dipl.-Ing. (FH) F. Kümmel (Halle):** Kap. 1.7, *Aizo., Portulac., Cact., Agav.* (Vorarbeiten von Dr. H.-D. Krausch); gärtnerische Hinweise für alle Arten

**Dr. E. Ladwig (Mühlhausen):** Erstfassung *Ranuncul., Berberid., Plumbagin., Paeoni., Hyperic., Viol., Loas., Begoni., Euphorbi., Primul., Ros., Crassul., Saxifrag., Rut., Balsamin., Polygal., Gentian., Rubi.*

**Prof. Dr. G. K. Müller (Leipzig):** Tab. IV (mit E. J. Jäger), *Oxalid., Gerani., Tropaeol., Limnanth., Scrophulari., Polygonatum.*

**Prof. Dr. G. K. Müller, Dr. Ch. Müller (Leipzig):** *Caryophyll.*

**Dr. K. Pistrick (Gatersleben):** *Brassic., Resed.*, Tab. VI (mit P. Hanelt)

**Prof. Dr. H. Scholz (Berlin):** *Poaceae*

Weitere Bearbeiter einzelner Gattungen: Dr. S. Bräutigam (Görlitz): *Hieracium*, S. Fröhner (Dresden): *Alchemilla*, Prof. Dr. G. Klotz (Jena): *Cotoneaster*; Prof. Dr. P. A. Schmidt (Dresden): *Thymus.*

## Zeichner der Abbildungen

**Zeichnungen:** Die Anfertigung der Zeichnungen wurde von den Bearbeitern der entsprechenden Familien angeleitet, eine Ausnahme sind die von Prof. Dr. G. K. Müller (674; 680; 706; 719; 723; 726; 736; 738/2; 742; 745; 750; 753/1, 3, 4; 759; 762; 775) und von Prof. Dr. E. J. Jäger (452; 453; 652; 655; 738/1; 753/2) betreuten Leisten.

U. Braun, Berlin: S. 96; 97; 98; 100; 101; 102; 104; 105.

J. Dubilczik (geb. Marx), Halle: S. 352; 353; 354; 355; 356 (2 Leisten); 359; 361; 396; 397; 398; 399; 400; 401; 768; 769; 770; 771; 772; 773.

Prof. Dr. E. J. Jäger: S. 156; 158; 160; 162; 163; 165; 166; 167; 168; 170; 171; 518; 519/3; 521/4; 522/4; 523; 525; 526; 527; 529/1, 2, 4; 530; 532/1–3; 534; 535; 536; 538/2,4; 540; 541; 551; 552/1–3; 554/3, 4; 562/1,5; 564/1; 565 (z. T. nach SEMPLE); 566; 570/3, 4; 575; 577/2, 3; 579/1, 2; 580; 582; 584/3, 4; 585/1, 2; 592; 593/2, 3; 596; 597/3; 599/3; 601; 604/5; 607; 609; 610/3; 614; 617; 618; 624; 627/1, 3, 4; 628; 630/1, 4; 631; 632/1; 634/1, 2; 636; 637; 639/2–5; 641; 642; 645; 646/1–3; 661; 738/1; 753/2; 830/1, 2; 836/3; 839/1–3; 844; 846; 847; 848.

Prof. Dr. A. Kästner, Halle: S. 111; 115; 116; 143; 145; 173; 174 (z. T. nach BLOMQUIST, verändert); 197; 198; 204; 206; 209; 217; 218 (nach WETTSTEIN, verändert); 220; 221; 227; 232 (2 Leisten); 235/3; 236; 259; 260; 261/2, 3; 262/4; 264; 267; 268; 269; 275 (z. T. nach Botanical Magazine, verändert); 277; 279; 303; 305; 308; 315; 325/2; 334/4; 347/1a, 2–4; 350; 363; 364/2; 384; 390; 391; 392; 405; 408/4; 409/3 (nach HALDA, HEGI, verändert); 416/2–3; 418; 420/1, 3; 424; 431/8–11; 432/6–8; 442/7; 443/1; 452; 453; 457; 475 (2 Leisten); 478/3, 4; 480/1, 2, 5, 6; 481; 483; 484 (2 Leisten); 487; 492; 515/6–9; 516; 634/2–5; 652; 655; 695.

Prof. Dr. A. Kästner, Halle; L. Kotulla, Halle: S. 508; 513; 514.

L. Kotulla, Halle: S. 178; 180; 205; 255; 382; 385; 412; 413; 420/2, 4–7; 421; 425; 427; 428; 429/6, 7; 431/1–7; 432/1–5; 434; 436; 438; 439/1–3 (438 u. 439 nach BOLLIGER, KERNER, SAUER, verändert); 440; 442/1–6; 443/2–7; 445; 476; 480/3, 4, 10; 486; 490; 497; 503; 506; 509; 515/1–5; 519/1, 2; 521/1–3; 522/1–3; 529/3.

L. Kotulla, Halle; G. Mörchen, Coswig: S. 437; 441; 485; 488; 494; 505; 507/1–4, 6; 510; 511; 512.

Dr. E. Ladwig, Mühlhausen: S. 117; 119; 120; 122; 126; 128; 130; 135; 138; 139; 142; 147; 148; 149; 152; 153; 211; 212; 215; 216; 223; 224; 233; 235/1, 2; 261/1; 262/1–3; 280; 282; 287; 289; 291; 293; 295; 296; 301; 306; 307; 312; 313; 318; 325/1; 326; 327; 328; 329; 331; 334/1–3; 336; 339 (ohne 2a); 341; 344; 345; 346; 347/1; 348; 362; 364/1; 381; 406; 408/1–3; 409/1–2; 415; 416/1.

H. Lünser, Berlin: S. 794; 796; 801; 803; 806.

C. Merx, Witzenhausen: S. 177; 201; 229; 230 (2 Leisten); 366; 367; 447; 451.

Dr K. Werner, Halle; G. Mörchen, Coswig: S. 499; 646/4, 5; 789; 830/3–7; 831; 832; 833; 834; 835; 836/1, 2, 4–7; 837; 838; 839/4–13; 840; 841; 842; 843; 845.

L. Müller, Leipzig: S. 182; 183; 184; 185; 186; 187; 188; 189 (2 Leisten); 190; 191; 192; 193; 194; 195; 368; 369; 370; 371; 372; 373; 374; 375; 376; 377; 378; 379; 459; 460; 461; 462 (2 Leisten); 463; 464; 465; 467 (2 Leisten); 468; 469; 471 (2 Leisten); 472; 473; 674; 680; 706; 719; 723; 726; 736; 738/2; 742; 745; 750; 753/1, 3, 4; 759; 762; 775.

E. Pistrick, Gatersleben: S. 240; 241; 243; 246; 247; 248; 250; 251 (2 Leisten); 254.

A. Soest; Halle: S. 639/1.

H. Stallbaum, Halle: S. 602.

Ch. Stephan, Böhlitz-Ehrenberg: S. 519/4; 532/4; 538/1,3; 552/4; 554/1, 2; 557; 558; 562/2–4; 564/2–4; 570/1, 2; 573; 577/1; 579/3; 584/1, 2; 585/3,4; 588; 589; 590; 593/1, 4; 595; 597/1, 2, 4; 599/1, 2, 4; 604/1–5; 610/1, 2, 4; 611; 616; 622; 627/2; 630/2, 3; 632/2–5.

H. Zech, Halle: S. 213 (nach Flora iberica, verändert); 339/2a; 419; 422; 429/1–5; 431/12, 13; 439/4 (nach Flora of Turkey, verändert); 478/1, 2; 507/5.

aus Rothmaler, Bd. 2: S. 808; 809; 812.

# Inhalt

Erklärung der Abkürzungen und Zeichen: Vorsatzblätter

Florenzonen und Höhenstufen, Staaten und Provinzen von Nordamerika, Provinzen von China: Nachsatzblätter

# 1 Einleitung

## 1.1 Die Kulturpflanzen Deutschlands – Herkunft und Einfuhr

Der Bestand an Kulturpflanzen (die Kulturflora) in einem Gebiet wie Deutschland, das sowohl klimatisch nicht besonders begünstigt ist als auch durch die Auswirkungen der Eiszeit eine verarmte natürliche Flora besitzt, kann durchaus im Artenumfang dem der Wildflora gleichkommen. Das wird deutlich, wenn man die Gesamtartenzahl der Wildflora (etwa 2 900, mit apomiktischen Kleinarten etwa 3 800, nach HAEUPLER 1999) mit der Zahl der Arten dieser Bestimmungsflora (geschätzt auf 3000) vergleicht; dabei ist die Beschränkung der vorliegenden Flora auf krautige Arten im Freilandanbau zu berücksichtigen. Unter Einschluss von Gehölzarten und Zimmerpflanzen wäre die deutsche Kulturflora noch wesentlich umfangreicher. Dagegen steht in tropischen Gebieten die Zahl der kultivierten Sippen hinter der der viel artenreicheren Wildflora deutlich zurück.

Unter **Kulturpflanzen** wird im Folgenden jede Pflanzenart verstanden, die zu einem bestimmten Zweck im Feld- oder Gartenbau kultiviert wird. Dabei spielt es keine Rolle, ob sich die kultivierten Pflanzen nur unwesentlich von den wildwachsenden Vertretern der Art unterscheiden oder ob sie ausgesprochene Kulturpflanzenmerkmale tragen, die oftmals eine Existenz dieser Pflanzen ohne die Obhut des Menschen unmöglich machen würden (z. B. Mais, Blumenkohl). Der Zweck des Anbaues kann sehr vielfältig sein; es kann sich um Nahrungs- (z. B. Getreide, Ölpflanzen), Futter-, Heil-, Duft-, Färbe- und Zauberpflanzen, technisch verwendbare Arten wie Faserpflanzen, wegen bestimmter Inhaltsstoffe (Kautschuk, Harze) verwendbare Arten oder um Zierpflanzen handeln. Die letzteren machen den überwiegenden Teil der heimischen Kulturflora aus. Dass die Arten sehr unterschiedlichen Verwandtschaftskreisen angehören, geht bereits aus der Zusammenstellung der Familien (S. 27) hervor, unter denen (das gilt umso mehr für die Gattungen) auch solche vertreten sind, die nicht der mitteleuropäischen Wildflora angehören.

Ähnlich wie die Wildflora und sicher in noch stärkerem Maße ist auch die Kulturflora eines Gebiets einem steten Wandel unterworfen. Es herrscht ein ständiges Kommen und Gehen von Arten oder Sortengruppen; das hat oftmals wirtschaftliche Ursachen (z. B. das Verschwinden der Färbepflanzen aus dem Ackerbau im Laufe des 19. Jh. in Folge der Entwicklung billigerer synthetischer Anilin-Farben, s. S. 45). Die Kulturflora ist aber auch modischen Strömungen unterworfen, so besonders die Zierpflanzen, die häufig bald wieder vom Markt verschwinden; altmodische Arten wie Dreifarben-Amarant oder Hahnenkamm sind heute kaum noch gefragt.

Es ist schwer abzuschätzen, wie viele der derzeit (etwa 20 000) in den Katalogen der Gartenfirmen und in Gartenzentren für ganz Europa angebotenen Arten sich auf Dauer in Kultur halten werden.

Unsere aktuelle Kulturflora setzt sich zusammen aus wenigen einheimischen, überwiegend aber exotischen Arten verschiedenster geographischer Herkunft und Einführungszeit. Eine Kulturflora stellt daher gewissermaßen ein buntes multikulturelles Gemisch der verschiedensten Geo- und Chronoelemente dar, also von verschiedenen Gruppen mit jeweils übereinstimmender geographischer Herkunft bzw. mit zeitlich entsprechender Einfuhrgeschichte.

Die Zufuhr neuer Kulturpflanzen erfolgte nicht allmählich und kontinuierlich, sondern oftmals schubweise im Gefolge von geographischen Entdeckungen oder dem Zugänglichwerden neuer Regionen der Erde (etwa nach der Entdeckung Amerikas im 16. Jh. oder nach der Intensivierung der Beziehungen zu den ostasiatischen Reichen in Japan und China im 19. Jh.). Nicht selten wurden verschiedene Untersippen einer Art zu verschiedenen Zeiten eingeführt, etwa beim mexikanischen Gartenkürbis (*Cucurbita pepo*), der bald nach dem ersten Auftreten in Europa im 16. Jh. in verschiedenen Formen Einzug in deutschen Gärten hielt, dessen Gemüsesippe, die Zucchini, aber erst seit etwa 50 Jahren ihre jetzige Beliebtheit erlangte. Ähnliches gilt für den Brokkoli: die Art *Brassica oleracea* ist seit dem frühen Mittelalter als Gemüse in Deutschland bekannt, die var. *italica* hat aber erst in den letzten Jahrzehnten hier einen festen Platz errungen.

Wir halten uns im Folgenden im Wesentlichen an die sehr lesenswerten Darstellungen bei KÖRBER-GROHNE (1994) und KRAUSCH (2003), die die Herkunft, Geschichte und Einführung unserer Nutz- und Zierpflanzen umfassend bearbeitet haben.

Die ältesten Vertreter unserer Kulturflora sind bereits seit Beginn des Ackerbaues im mittleren Europa während des Neolithikums (5600–2200 v. Zt.) im Anbau, der während der Bandkeramik-Periode und späterer neolithischer Kulturen durch einwandernde Völkerschaften aus dem Osten und Südosten eingeführt wurde. Es handelt sich dabei um Getreide, wie die Weizen (*Triticum*)-Arten Einkorn (*T. monococcum*) und Emmer (*T. dicoccon*) sowie Gerste (*Hordeum vulgare*), um Hülsenfrüchte wie Erbse (*Pisum sativum*), Ackerbohne (*Vicia faba*) und Linse (*Lens culinaris*) und um Ölfrüchte wie Lein (*Linum usitatissimum*) und Mohn (*Papaver somniferum*).

Allerdings haben die primitiveren bespelzten Weizen-Arten Emmer und Einkorn relativ bald, schon während des Neolithikums, an Bedeutung gegenüber dem ertragreicheren Saat-Weizen (*T. aestivum*) eingebüßt und sind zumindest seit Beginn des 20. Jh. aus unserer Kulturflora völlig verschwunden. Alle genannten Arten gehören zu dem aus SW-Asien stammenden neolithischen Kulturpflanzen-Komplex, deren seiner Ursprung im sogenannten „Fruchtbaren Halbmond" von Israel/Jordanien/Syrien/SO-Türkei/N-Irak/W-Iran hat; dieses Gebiet gilt als Heimat des abendländischen Ackerbaues überhaupt.

Während der Bronzezeit (2200–800 v. Zt.) und der vor-römischen Eisenzeit (800 v. Zt. bis zur Zeitenwende) kamen die übrigen uns geläufigen Getreide Hafer (*Avena sativa*) und Roggen (*Secale cereale*) sowie auch Dinkel (*Triticum spelta*) dazu, der noch heute in seinem traditionellen Anbaugebiet in SW-Deutschland vertreten ist. Das Spektrum der Kulturarten erweiterte sich um Faserpflanzen (Hanf, *Cannabis sativa*), Ölpflanzen (Leindotter, *Camelina sativa*) und Färbepflanzen (Waid, *Isatis tinctoria*).

Während der römischen Kaiserzeit (bis 400 u. Zt.) erhöhte sich zumindest in den römischen Besatzungsgebieten im Süden und Westen unseres Landes die Zahl der Kulturarten vor allem durch die Übernahme gärtnerischer Nutzpflanzen aus dem Römischen Reich beträchtlich. Dabei weiß man freilich nicht immer, ob entsprechende Funde nur importiertes oder im Lande selbst produziertes Material darstellen.

Die Beziehungen zum südlichen Europa haben sich dann vom Frühmittelalter (Nachrichten über Kulturpflanzen ab 800) bis zum Hochmittelalter (um 1300) sehr verstärkt, wobei vor allem durch die Vermittlung der Klostergärten und kaiserlichen und königlichen Pfalzen viele neue Gemüse-, Obst-, Heil- und Gewürzpflanzen Eingang in den Gartenbau unseres Landes fanden.

Seit dieser Zeit sind u. a. Salat (*Lactuca sativa*), Kohl (*Brassica oleracea*), Zwiebel (*Allium cepa*), Porree (*Allium porrum*), Pastinak (*Pastinaca sativa*), Rettich (*Raphanus sativus*), Spargel (*Asparagus officinalis*), Fenchel (*Foeniculum vulgare*), Dill (*Anethum graveolens*) und Koriander (*Coriandrum sativum*) auch nördlich der Alpen vertreten, wobei die Herkunft dieser Arten oftmals schon aus ihrer dem Lateinischen entlehnten deutschen Bezeichnung ablesbar ist (vgl. Pastinak, Porree, Spargel, Koriander, Fenchel, aber auch Rettich von *radix*, Kohl von *caulis*, Zwiebel von *cibolla*, ital. Diminutiv zu *cepa*).

Wir wissen über die Zusammensetzung der Kulturflora nicht nur durch substanzielle Ausgrabungsfunde recht gut Bescheid, sondern auch aus der karolingischen Landgüterordnung, aus Verzeichnissen von Klostergärten, aus den Werken der HILDEGARD VON BINGEN und der Pflanzenkunde des ALBERTUS MAGNUS.

Unter den Feldfrüchten hat zu dieser Zeit der Roggen größere Bedeutung erlangt. Im Spätmittelalter (bis 1500) kommen zu diesen noch Buchweizen (*Fagopyrum esculentum*) und Rübsen (*Brassica rapa*) hinzu, wobei eine Unterscheidung von Rübsen und Raps (sowohl ihrer zur Ölnutzung gebauten Formen wie der mit Knollen ausgestatteten Gemüseformen, Wasser- oder Stoppelrübe bzw. Kohl- oder Steckrübe) in den alten Quellen vielfach problematisch ist.

Ob es in den mittelalterlichen Gärten schon echte Zierpflanzen gegeben hat, ist umstritten. Man kann das wohl für Rosen-Arten annehmen, aber zumeist wird auch bei uns heute als Zierpflanzen geläufigen Sippen der primäre Zweck des Anbaues vermutlich die Nutzung als Heilpflanze gewesen sein. Das wird auch für Arten wie die Weiße oder Madonnen-Lilie (*Lilium candidum*) oder Schwertlilien-Arten (wie *Iris germanica*) zutreffen, die zu den ältesten unserer heutigen Zierpflanzen zählen und die oft in mittelalterlichen Schriften erwähnt werden bzw. in der Symbolik der christlichen Kirche Bedeutung erlangten wie die Lilien-Art als Sinnbild von Reinheit und Unschuld. Bis dahin hatte sich das Artenspektrum der Kulturpflanzen in Deutschland in überschaubaren Grenzen gehalten. Das ändert sich schlagartig mit Beginn der Neuzeit in der Epoche der Renaissance ab etwa 1500. Eine völlig neue Geisteshaltung, die sich weder an die mittelalterliche Scholastik noch an die Autoritäten der Antike gebunden fühlte, die Hinwendung zur Natur als Quelle der Erkenntnis, die Überwindung geographischer Schranken während der Zeit der großen Entdeckungen haben eine Fülle neuer Arten in die deutschen Gärten gebracht. Durch die Erfindung des Buchdrucks war darüber hinaus eine viel schnellere und effektivere Kommunikation über Landesgrenzen hinweg möglich, die viel zur weiteren Verbreitung von Pflanzenimporten beigetragen hat. Daher wissen wir auch, dass jetzt – ob freilich erstmals, kann nicht sicher entschieden werden – Pflanzen der heimischen Flora den Weg in die heimischen Gärten als Zierpflanzen fanden, so z. B. Maiglöckchen, Gänseblümchen, Margerite, Akelei und Hahnenfuß-Arten.

Viele dieser Arten stammten aus der Flora der Alpen und anderer europäischer Hochgebirge (Eisenhut-, Rittersporn-, Nieswurz- und Dachwurz-Arten. (Die alpinen Garten-Aurikeln sind aber eine Errungenschaft des 17. Jh.!) In den Kräuterbüchern des 16. Jh. von FUCHS, BOCK und BRUNFELS, den „Vätern der Botanik", wird darüber eingehend berichtet.

In diese Zeit, vielleicht auch bereits in das spätere Mittelalter, fällt auch die Inkulturnahme einiger einheimischer Arten als Nutzpflanzen. Das betrifft vor allem Obstpflanzen wie die Stachel- und Johannisbeeren (*Ribes uva-crispa*, *R. rubrum*, *R. nigrum*) und die einheimische Erdbeer-Art *Fragaria vesca*. Der geringe Beitrag der indigenen Flora zum Spektrum unserer Feld- und Gartenfrüchte kommt zum größten Teil erst später, im Laufe des 18. und zu Anfang des 19. Jh., mit der Entwicklung eines Feldfutterbaues zum Tragen, als sich in der genannten Zeit die Ablösung der starren Dreifelderwirtschaft abzeichnete. Er beruht zu einem erheblichen Teil auf mitteleuropäischen Leguminosen (besonders Rot-Klee) und Gräsern. Ganz jungen Datums ist dagegen der Anbau alteingebürgerter und heimischer Heilpflanzen, wie der Kamille (*Matricaria recutita*), des Baldrians (*Valeriana officinalis* s. l.), der Schafgarbe (*Achillea millefolium* s. l.) oder des Johanniskrauts (*Hypericum perforatum*), deren Bedarf früher durch Besammlung der Wildbestände gedeckt wurde und die erst seit dem 20. Jh. kommerziell kultiviert werden.

Nach dieser Zwischenbemerkung zur Rolle der einheimischen Flora zurück zur Entwicklung der Kulturflora in der Renaissance: Die Zeit war für einen Aufschwung vor allem der Gartenkultur außerordentlich günstig. Von Italien übernommen wurde zur Repräsentation der Machtfülle und als Prachtentfaltung die Anlage großer, vielgestaltiger Gärten und umfangreicher Pflanzensammlungen durch die herrschenden Kreise. Fürsten und der Adel insgesamt, kirchliche Würdenträger und Angehörige der begüterten Stadtbevölkerung, Kaufleute, Ärzte, Apotheker usw. wetteiferten bei der Schaffung und Gestaltung attraktiver Gärten. Im Zuge des Aufstrebens der Naturwissenschaften und der Medizin entstanden die ersten Botanischen Gärten in der ersten Hälfte des 16. Jh. in Norditalien (Padua, Pisa) und auch in Deutschland (Leipzig), aber ebenso viele private Pflanzensammlungen, von denen uns in dem Werk KONRAD GESSNERS „De hortis Germaniae" von 1561 berichtet wird.

Weitreichend waren die Folgen der Erweiterung des geographischen Weltbildes: Die Entdeckung Amerikas 1492 brachte für die Alte Welt vollkommen unbekannte Acker- und Gartenbau-Arten nach Europa, ohne die wir uns heute unsere Landwirtschaft und den Gartenbau nicht mehr vorstellen können. Das waren der Mais (*Zea mays*), die Kartoffel (*Solanum tuberosum*), die Garten-Bohne (*Phaseolus vulgaris*), die Tomate (*Lycopersicon esculentum*), der Paprika (*Capsicum* spp.), die Kürbis-Arten (*Cucurbita* spp.), die Sonnenblume (*Helianthus annuus*) und der Tabak (*Nicotiana tabacum*). Zwar galten fast alle diese Pflanzen anfangs eher als Kuriositäten und wurden häufig nur als Zierpflanzen gezogen, ehe sie als echte Bereicherung des Acker- und Gartenbaues akzeptiert wurden (die Kartoffel meist erst im Laufe des 17. und 18. Jh., Tomaten in Deutschland gar erst Ende des 19. Jh.). Mais und Gartenbohne hatten ihre Erfolgsgeschichte jedoch relativ bald nach ihrer Einfuhr in Mitteleuropa begonnen. Nach diesen amerikanischen Importen hat es für den Ackerbau in Deutschland (abgesehen von einigen der oben genannten Feldfutterpflanzen) keine wesentliche zusätzliche Erweiterung mehr gegeben.

Mit diesen Feldfrüchten gelangten auch neuweltliche Zierpflanzen in die Gärten des mittleren Europas: Zu den schon im 16. Jahrhundert eingeführten Arten gehören *Tagetes*- und *Amaranthus*-Arten, die Wunderblume (*Mirabilis jalapa*), die *Agave americana*, das Blumenrohr (*Canna indica*) u. a.

Viel bedeutender für die Zierpflanzen-Flora der deutschen Gärten waren jedoch die Beziehungen, die sich zum Vorderen Orient entwickelten. Hier hatte sich nach der Eroberung Konstantinopels durch die Türken 1453 das Osmanische Reich konsolidiert, das später seinen Herrschaftsbereich zeitweilig bis vor die Tore Wiens ausdehnte. Die Türken waren große Gartenliebhaber, und Gesandte des Habsburger Kaiserreichs und Kaufleute Venedigs, die den Orienthandel dominierten, brachten von ihren Reisen von dort viele neue Arten direkt nach Wien oder über Handelspartner nach Deutschland. Viele Zwiebel- und Knollenpflanzen, die noch heute im Frühlingsflor unserer Gärten vorherrschen, Tulpen, Hyazinthen, Kaiserkronen, Schachblumen, Blaustern, Träubel, Garten-Anemonen, Ranunkeln, Milchsterne, Krokus-Arten, einige Lilien, daneben auch Stauden wie die Brennende Liebe (*Lychnis chalcedonica*) und Ziergehölze wie Flieder und Rosskastanie, gehörten zu dieser ersten Welle orientalischer Importe, um deren Einfuhr und Verbreitung sich der holländische Botaniker CAROLUS CLUSIUS (1526–1609) sehr verdient gemacht hat. Er war in Wien, Frankfurt a. M. und in Leiden tätig, und auf ihn geht im Wesentlichen die holländische Blumenzwiebelkultur zurück, von der dann auch die deutschen Gärten der Spätrenaissance und des Barock profitierten. In welch großer innerartlicher Formenfülle damals diese Arten gezogen wurden, geht aus solchen Prachtwerken wie dem „Hortus Eystettensis" (1613) des B. BESLER hervor, einer Darstellung der Artengarnitur des Fürstbischöflichen Gartens von Eichstätt, in dem z. B. 49 verschiedene Formen der Gartentulpe und 20 der Gartenhyazinthe abgebildet sind.

Dem Zeitalter der großen Entdeckungen verdanken wir auch die (nicht sehr zahlreichen) Einfuhren aus Indien, die direkt nach der Eröffnung des Seewegs durch die Portugiesen oder indirekt über Zwischenhändler nach Europa kamen, z. B. die Balsamine

(*Impatiens balsamina*), der Dreifarben-Amarant (*Amaranthus tricolor*), der Hahnenkamm (*Celosia argentea* s.l.), für die noch LINNÉ (1753) als Heimat Indien angibt.

In einer etwas späteren Periode, etwa zwischen 1620–1690, die auch als kanadisch-virginische Periode bezeichnet wird, sind dann weitere Arten aus dem gemäßigten östlichen Nordamerika über Westeuropa in die deutschen Gärten gelangt. Dazu gehören die noch heute häufig kultivierten Zier-Compositen wie Sonnenhut (*Rudbeckia laciniata*), Sonnenbraut (*Helenium autumnale*) und Aster-Arten (*A. novi-belgii, A. novae-angliae*). Auch die Einfuhr der Robinie erfolgte in dieser Periode, ebenso die des Topinambur (*Helianthus tuberosus*), der aber bis zu seiner Verdrängung durch die Kartoffel im 18. Jh. vorzugsweise als Gemüse wegen der essbaren Knollen angebaut wurde.

In der zweiten Hälfte des 17. und der ersten des 18. Jh. trafen dann, anfangs durch die Vermittlung der Holländer, einige Arten aus dem südafrikanischen Kapland ein, vor allem *Pelargonium-* und *Gladiolus*-Arten, deren züchterische Bearbeitung aber erst im 19. Jh. begann; diese ermöglichte dann die heutige Popularität dieser Arten als Balkon- und Rabattenpflanzen.

Etwa zur selben Zeit (neuholländische Periode) kamen Vertreter der australischen Flora in unsere Gärten, vor allem Composien-Arten mit trockenhäutigen und gefärbten Hüllkelchen (als Strohblumen bezeichnet), die für die Anfertigung von Trockenblumen-Arrangements beliebt wurden (*Helichrysum bracteatum*; Papierknöpfchen *Ammobium alatum*; Sonnenflügel *Rhodanthe chlorocephala subsp. rosea*).

Besonderen Glanz haben unsere Gärten durch Einfuhren aus Ostasien erhalten. Sowohl in China wie in Japan existierte eine auf langer Tradition beruhende, hochentwickelte Gartenkultur und ein reiches Zierpflanzen-Sortiment als Ergebnis einer mehr als 1000-jährigen gärtnerischen Erfahrung. Freilich war der Zugang zu den reichen Pflanzenschätzen dieser Länder lange Zeit sehr erschwert oder völlig versperrt. Bereits während der Antike waren über alte Handelswege (Seidenstraße) einige Obstarten wie Aprikose und Pfirsich, aber auch Maulbeere und Zierpflanzen wie *Hemerocallis*-Arten aus China nach Europa gelangt. Dann war jedoch jahrhundertelang diese Verbindung unterbrochen. Erst nach der Errichtung von Handelsniederlassungen durch Portugiesen, Holländer, Engländer und Franzosen in China seit dem 16. Jh., in Japan seit Beginn des 17. Jh., durch Missionare und katholische Geistliche, die zeitweilig am kaiserlichen Hof in Peking tätig waren, gelangten über diese und Mitarbeiter der Handelsgesellschaften Informationen und erste Pflanzen nach Europa. Sommerastern (*Callistephus chinensis*) und China-Nelke (*Dianthus chinensis*) gehörten zu diesen Erstimporten (Anfang des 18. Jh.).

Erst im Laufe des 19. Jh. intensivierten sich diese Kontakte, die vor allem von England, aber auch durch im Innern Chinas tätige französische Missionare, ausgingen. Bedeutende Sammler waren u.a. H. F. HANCE (1827–1886), R. FORTUNE (1812–1880), E. H. WILSON (1876–1930, später in amerikanischen Diensten), die z.T. auch die benachbarten Gebiete des Britischen Empires im Himalaya bereisten und denen Europa z.B. viele Primel-Arten, Paeonien, *Meconopsis-*, *Iris-* und *Lilium*-Arten und viele Gehölze verdankt. Besonders bedeutend für diese Periode war die Einfuhr der Chrysanthemen, von der in China schon vor 300 Jahren Hunderte verschiedener Sorten existierten und die bereits im 17. Jh. in holländischen Gärten zu sehen waren, dort wieder verschwanden und erst seit Ende des 18. Jh. eine bleibende Komponente unserer Gärten wurden.

Aus dem nördlichen China, der Mongolei und angrenzenden Teilen Sibiriens verdanken wir russischen Forschern und Sammlern (z.B. C. B. C. MAXIMOWICZ 1827–1891) Bereicherungen unserer Gärten, u. a. durch *Paeonia lactiflora*, die später als Kreuzungspartner in der Paeonien-Züchtung eine große Rolle spielte. China war auch in den ersten Jahrzehnten des 20. Jh. ein ergiebiges Sammelgebiet, stellvertretend sei auf G. FORREST (1873–1932) und F. KINGDON WARD (1885–1958) verwiesen, von denen auch lesenswerte Bücher über ihre Pflanzenjagden erschienen sind. Einer der letzten Importe aus China, der sich in den deutschen Gärten erst nach dem zweiten Weltkrieg ausbreitete, ist der attraktive Blütenstrauch *Kolkwitzia amabilis*. Er war schon Anfang des 20. Jh. von WILSON als Saatgut nach England gebracht worden, brauchte aber eine relativ lange Anlaufphase, ehe er seine jetzige Beliebtheit gewann.

Mit dem Ende des 18. Jh. wird es schwierig, zeitliche Einfuhrperioden mit bestimmten Herkunftsgebieten zu parallelisieren. Vor allem im 19. Jh. wird die Sammeltätigkeit der „plant hunters" weltweit ausgedehnt und intensiviert: Aus dem westlichen Nordamerika erreichen z. B. Lupinen, aus Mexiko Zinnien, Dahlien und Cosmos, aus Südamerika Fuchsien und Petunien, und aus Mittelasien verschiedene Wildtulpen und *Eremurus* die deutschen Gärten. Aus dem Kaukasus kamen (vermittelt durch russische Botaniker oder Forschungsreisende) *Doronicum orientale, Achillea filipendulina, Brunnera, Scabiosa caucasica* und *Gentiana septemfida*.

Diese Aktivitäten wurden von staatlichen Einrichtungen wie den Königlichen Gärten von Kew bei London oder der Royal Horticultural Society in England, vom Arnold Arboretum in den USA, aber auch von Gartenbaufirmen wie Veitch & Sons in England oder Vilmorin Andrieux & Cie in Frankreich gefördert und organisiert. Von ihnen wurden professionelle Sammler in viel versprechende Gebiete der Erde auf allen Kontinenten ausgesandt, zu denen auch die oben im Ostasien-Abschnitt genannten Personen zählen. Für die jeweilige indigene Flora wird diese Tätigkeit nicht immer segensreich gewesen sein, wenn man z. B. bedenkt, dass von WILSON 1910/11 aus einem Bergtal in West-Sichuan 6 000–7 000 Zwiebeln des von ihm entdeckten *Lilium regale* an seine Auftraggeber geschickt wurden! (Ein derartiger Raubbau an der natürlichen Flora ist bis zur Gegenwart getrieben worden, wenn wir z. B. an die aus den Wildbeständen verschiedener Arten stammenden Blumenzwiebel-Exporte aus der Türkei denken, denen erst durch das CITES-Abkommen gegengesteuert werden konnte).

Im 20. Jh. ging die Zufuhr exotischer Arten bis in die Gegenwart weiter, nicht mehr so spektakulär und stark gebremst durch die Weltkriege und wirtschaftliche Depressionen. Man kann das bis heute verfolgen, beinahe jeder Angebotskatalog einer Gartenfirma enthält irgendwelche Neuheiten.

Wichtiger aber war, dass im Laufe des 20. Jahrhunderts eine ungeahnte züchterische Verbesserung des vorhandenen Sortenmaterials und eine unerwartete Ertragssteigerung bei landwirtschaftlichen und gärtnerischen Nutzpflanzen erzielt wurde. Ermöglicht wurde dies nach der Wiederentdeckung der Mendelschen Vererbungsgesetze durch die Etablierung einer auf wissenschaftlicher Grundlage operierenden Pflanzenzüchtung, in der die früher vorherrschende Auslesezüchtung zunehmend durch ein breites Spektrum verschiedener und oft komplizierter Züchtungsmethoden erweitert wurde. Kreuzungs- oder Kombinationszüchtung, oft mit Hilfe exotischer Herkünfte derselben oder verwandter Arten, die Nutzung von spontan entstandenen oder induzierten Genom- oder Genmutationen wurden zu Standardverfahren. Induzierte Polyploide spielten in der Zierpflanzenzüchtung, bei Heilpflanzen (z. B. die polyploide Pfefferminzsorte 'Multimentha') und zeitweilig auch beim Roggen (tetraploider Tetraroggen) eine Rolle. Die Verwendung induzierter Genmutanten kann man heute an den feldmäßig angebauten Erbsensorten demonstrieren, deren Standfestigkeit auf einer mutativ bedingten Umwandlung der Blattfiedern in Ranken beruht (s. S. 361). Besonders erfolgreich hat sich die Heterosis-Züchtung erwiesen, die die sogenannte Bastardwüchsigkeit vor allem der ersten Nachkommengeneration ($F_1$) einer Bastardierung ausnutzt und die heute z. B. in der Mais-Züchtung, aber auch bei Gemüse-Arten (Tomate, Gurke, Zwiebel) die Zuchtmethode der Wahl ist.

In den letzten beiden Jahrzehnten sind zunehmend Versuche unternommen worden, in Nutz- und Zierpflanzen mit Methoden der Gentechnik Eigenschaften zu transferieren, die sich z. T. mit den konventionellen Züchtungsmethoden nicht erreichen lassen. Transgene Pflanzen werden hauptsächlich durch Infektion mit *Agrobacterium tume-*

*faciens* oder Viren als Überträgern der in ihre Erbsubstanz eingebauten Gene erzeugt, aber auch mit physikalischen Methoden (Particle-Gun-Methode: Beschuss der Zellen mit DNA-beladenen Gold-Partikeln unter Hochspannung). Ziele sind Resistenz gegen Schädlinge, Herbizid-, Hitze-, Salz- und Trockenheitstoleranz, aber auch die Produktion von Impfstoffen und Medikamenten in den Pflanzen; bei Zierpflanzen z. B. ungewöhnliche Blütenfarben. Gelungen ist die Transformation bei Nutzpflanzen wie Mais, Rüben, Raps, Soja und Tabak, aber auch bei Zierpflanzen wie Tulpen, Lilien, Nelken, Petunien u. a. (BRANDT 2004). Während in Amerika und China verschiedene gentechnisch veränderte Pflanzen schon in großem Maßstab angebaut werden, ist der Anbau in Deutschland noch strengen Restriktionen unterworfen.

Durch die Fortschritte in der Pflanzenzüchtung konnte in den letzten 5–6 Jahrzehnten bei wirtschaftlich wichtigen Nutzpflanzen wie Reis, Weizen, Soja usw. eine Ertragssteigerung auf mehr als das Doppelte erreicht werden („Grüne Revolution" der 70er Jahre); allerdings war damit auch ein erhöhter Verbrauch an Düngemitteln, Pestiziden und Herbiziden verbunden.

Die Fortschritte auf dem Gebiet der Züchtung und Züchtungsforschung haben im letzten Jahrhundert vor allem bei Zierpflanzen zu einer fast unübersehbaren Fülle von Sorten geführt. Dadurch sind viele der ursprünglich eingeführten Formen oder alten Sorten des 19./20. Jh. in Vergessenheit geraten. Heute ist zumindest bei manchen Gartenliebhabern eine stärkere Hinwendung zu traditionellen Sorten und zur Nutzung von Arten der heimischen Flora als Zierpflanzen (z. B. Arten der Feuchtbiotope) zu verzeichnen.

Das Spektrum der acker- und gartenbaulichen Nutzpflanzen hat sich dagegen im letzten Jahrhundert zum Teil verringert. Der Anbau von Lein, Buchweizen, Hanf, Hirsen, Stoppelrüben ist fast erloschen oder wird nur von wenigen Liebhabern gepflegt. Freilich sind seit der Mitte des 20. Jh. einige Gemüsekulturen bei uns neu aufgetaucht, das betrifft Arten wie Paprika, Chinakohl, Rucola, Chinesischen Schnittlauch oder Sortengruppen von bereits etablierten Arten wie Brokkoli, Zucchini, Radicchio. Insgesamt hat sich jedoch die Sortenvielfalt unserer Feld- und Gartenfrüchte sehr stark gegenüber den Verhältnissen vor 100 Jahren verringert. Die ehemals vorherrschenden Landsorten sind aus Deutschland seit dieser Zeit so gut wie völlig verschwunden, eine Erscheinung, die seit 50 Jahren ein weltweites Phänomen darstellt und die zu einer Verarmung der im Anbau befindlichen genetischen Variabilität der Kulturpflanzen geführt hat (Generosion).

Deshalb sind seit Anfang des 20. Jh. Bestrebungen zur Sammlung und Erfassung dieser innerartlichen Variation unserer Nutzpflanzen in vielen Ländern der Erde und besonders in den so genannten Mannigfaltigkeitszentren im Gange. Vorreiter war dabei Russland mit seinem Büro für Angewandte Botanik, gegründet von R. E. REGEL (1867–1920). Aus ihm ging das berühmte Allrussische Institut für Pflanzenproduktion hervor, das jetzt den Namen N. I. VAVILOV (1887–1943) trägt, und seit den 20er Jahren sein Direktor war und dessen Arbeiten allen Vorhaben zur Sammlung, Erhaltung und Nutzung pflanzengenetischer Ressourcen der letzten 50 Jahre zugrunde liegen. Etwa gleich alt sind entsprechende Bestrebungen in den USA, wo das US State Department of Agriculture federführend für diese Vorhaben ist, von dem ebenfalls schon vor dem ersten Weltkrieg gezielte Sammelreisen z. B. nach China und Zentralasien zur Erfassung indigener Kulturpflanzen-Formen ausgesandt wurden.

In Deutschland ist das 1943 gegründete, jetzige Leibniz-Institut für Pflanzengenetik und Kulturpflanzenforschung in Gatersleben (Sachsen-Anhalt) für diese Aufgaben und für den Erhalt und die Auswertung einer umfangreichen Gen- oder Samenbank zuständig. Sie umfasst derzeit nach der Inkorporation des Materials der früheren, in den 70er Jahren gegründeten Genbank der Forschungsanstalt für Landwirtschaft in Braunschweig mehr als 150 000 Saatgutmuster aller wichtigen acker- und gartenbaulichen Nutzpflanzen. Diese Kollektionen sind für künftige pflanzenzüchterische Vorhaben ein unverzichtbares und unerschöpfliches Ausgangsmaterial, da in ihm erfahrungsgemäß Träger wirtschaftlich wichtiger Eigenschaften erwartet werden können. Dem Erhalt alter, in Vergessenheit geratener Sorten haben sich auch verschiedene gemeinnützige Vereine, wie z. B. VEN (Verein zur Erhaltung der Nutzpflanzenvielfalt) verschrieben, die zur Popularisierung dieser Problematik wesentlich beigetragen haben.

Eine entsprechende zentrale Sammelstelle für alte Zierpflanzen-Sorten existiert leider weder in Deutschland noch weltweit, abgesehen von Spezialsammlungen einzelner Arten oder Gattungen, wie z. B. in Deutschland das Rosarium in Sangerhausen mit seiner umfassenden Sorten- und Artenkollektion der Gattung *Rosa*.

Diese zuletzt genannten Aktivitäten haben bereits seit Jahrzehnten zur Nutzung auch exotischen Ausgangsmaterials in der Pflanzenzüchtung geführt, so dass z. B. heutige Kartoffel-Sorten auch genetische Anlagen südamerikanischer Wildkartoffel-Arten, Gerstensorten Erbanlagen äthiopischer oder indischer Gerstenformen oder Weizen-Sorten solche japanischer Sorten enthalten können. Damit wird auf einer ganz anderen Ebene der internationale Charakter des Spektrums unserer Kulturflora noch einmal deutlich gemacht.

## 1.2 Ordnung und Benennung der Pflanzen[1]

### Systematik

Um die große Mannigfaltigkeit des Pflanzenreichs verständlich zu machen und übersichtlich darzustellen, ordnet man die Pflanzen in ein hierarchisches **System** aus Gruppen verschiedener, einander fortlaufend übergeordneter **Rangstufen**. Die wichtigsten sind die Art, Gattung, Familie, Ordnung, Klasse, Abteilung; dazwischen werden meist noch weitere Rangstufen eingefügt. Alle diese systematischen Einheiten werden ungeachtet ihrer Rangstufe als **Sippen** (**Taxa**, Einzahl: **Taxon**) bezeichnet. In den Bestimmungsschlüsseln werden nur die Arten, Gattungen und Familien berücksichtigt. Höhere Rangstufen sind in der Systemübersicht (S. 27) aufgeführt.

Ursprünglich erfolgte die Einteilung willkürlich nach einem einzigen oder nur wenigen Merkmalen (etwa bei LINNAEUS hauptsächlich nach der Anzahl der Staubblätter); das Ergebnis sind künstliche Systeme. Durch Berücksichtigung aller bekannten Merkmale wurden natürliche Systeme geschaffen, die mit dem Fortschreiten der Wissenschaft eine vollkommenere Gestalt annahmen. Das Ziel der **Systematik** ist es, die in der Natur tatsächlich bestehenden verwandtschaftlichen (stammesgeschichtlichen) Beziehungen zu erforschen und diese in dem System zum Ausdruck zu bringen. Das stößt auf ganz erhebliche Schwierigkeiten, weil Verwandtschaft nicht unmittelbar erkennbar ist, sondern nur durch Indizien erschlossen werden kann. Die letzten Jahrzehnte haben uns durch die Anwendung neuer Untersuchungs- und Datenverarbeitungsmethoden eine Fülle bedeutsamer Erkenntnisse über den äußeren und inneren Bau der Organismen bis hin zur Analyse der Erbsubstanz (DNA-Sequenzierung), zu den Fortpflanzungs- und Vererbungsmechanismen sowie zu den geographischen und ökologischen Wechselbeziehungen der Pflanzen gebracht, die tiefere Einblicke in die Verwandtschaftsverhältnisse und Evolutionsprozesse gestatten. Die Bemühungen, diese Erkenntnisse nach dem neuesten Stand der Forschung darzustellen, führen zu ständigen Veränderungen in der Umgrenzung der Pflanzensippen und ihrer Stellung im natürlichen System, wobei auch unterschiedliche Interpretationen des Evolutionsgeschehens eine Rolle spielen.

Eine Übersicht über das dieser Flora zugrunde gelegte System (Zweikeimblättrige nach TAKHTAJAN 1980 und CRONQUIST 1981, Einkeimblättrige weitgehend nach KADEREIT in

---

[1] Zum Teil nach K. WERNER in Exkursionsflora Bd. 4.

STASBURGER 2002) findet sich anschließend (S. 27), die Anordnung der Familien entspricht daher weitgehend derjenigen der neuen Auflagen der Bände 2 und 4 der ROTHMALER-Flora. Zwischenzeitlich liegen aber weitere Befunde vor allem molekular-biologischer Natur vor, die für eine abweichende Einordnung oder Umgrenzung einiger Familien sowie für eine andere Anordnung der Gattungen innerhalb mancher Familien sprechen. Es ist jedoch wenig sinnvoll, diese neueren, mitunter noch ungenügend abgesicherten Erkenntnisse sofort in eine Bestimmungsflora umzusetzen, denn sie sind für die Bestimmung der Pflanzen selbst ohne Bedeutung.

Die **Art** (species) ist die biologisch wichtigste Einheit im System. Sie ist eine Abstammungsgemeinschaft (Sippe) untereinander fertil kreuzbarer Individuen, die sich durch praktikable und konstante erbliche Merkmale von denen anderer Abstammungsgemeinschaften unterscheiden, mit denen sie sich zumeist nicht ohne wesentliche Einschränkungen der Fertilität bei den Nachkommen kreuzen lassen. Sonderfälle und Schwierigkeiten bei der Zuerkennung der Artrangstufe treten dann auf, wenn die Kreuzbarkeit innerhalb der Sippe eingeschränkt ist (Selbstbestäubung) bzw. die sexuelle Fortpflanzung teilweise oder gänzlich fehlt (Apomixis, s. S. 828).

Zuweilen sind in unserem Buch nahe verwandte, schwer unterscheidbare Arten zu **Artengruppen (Aggregaten**, „Sammelarten") zusammengefasst. Das Aggregat (agg.) ist keine offizielle taxonomische Rangstufe, sondern eine unverbindliche, aus praktischen Gründen geschaffene Gruppierung „kritischer" Arten (**Kleinarten**), die sich nur durch geringe, öfters nur quantitative Merkmalsunterschiede auszeichnen und die auch oft noch ungenügend hinsichtlich Verbreitung und Vergesellschaftung erforscht sind. Für den Ungeübten ist es in Zweifelsfällen besser, nur bis zu dem Aggregat zu bestimmen, als eine möglicherweise falsche Kleinart anzugeben. Besonders problematisch sind die infolge Apomixis in sehr großer Zahl auftretenden Kleinarten in verschiedenen Gattungen (*Alchemilla, Taraxacum, Hieracium*), die aber im Rahmen dieses Bandes im Gegensatz zu Band 4 der ROTHMALER-Flora keine größere Rolle spielen. Wer sich in die Bestimmung solcher Sippen einarbeiten möchte, sollte die Hilfe eines Spezialisten suchen und Zugang zu sicher bestimmtem Vergleichsmaterial haben.

Die Arten können in die folgenden „infraspezifischen Taxa" untergliedert werden. **Unterarten** (subsp. = subspecies) sind auf dem Weg der Artbildung befindliche Sippen, die zwar morphologisch ± deutlich differenziert, aber meist noch nicht genetisch isoliert sind. Die freie Kreuzbarkeit wird verhindert durch die Besiedlung unterschiedlicher Areale (geographische Rassen, Berg- und Talrassen) oder Standorte (ökologische Rassen, z. B. Kalk- und Silikatrassen); in den Kontaktzonen treten meist Übergangsformen auf. Unterarten werden in diesem Band in Kleindruck aufgeschlüsselt.

**Varietäten** (var. = varietas) stellen noch geringere erbliche Abweichungen dar, die oft in Teilen des Areals der Art oder Unterart dominieren, aber durch Übergänge verbunden sind; gelegentlich wird die Rangstufe für noch nicht sicher zu bewertende Sippen gebraucht. Varietäten haben für die Sippensystematik geringere Bedeutung und spielen nur bei Kulturpflanzen eine größere Rolle, sie geben uns aber Hinweise auf die Variationsbreiten des übergeordneten Taxons.

**Formen** (f. = forma) unterscheiden sich meist nur in einem konstanten Merkmal, das ohne jede räumliche Bindung auftritt und auf Grund eines einfachen Vererbungsmodus verschiedentlich neu entstehen kann. Diese Rangstufe wird heute kaum noch verwendet. Entsprechende Merkmalsabweichungen bei Kulturpflanzen wurden früher oft als Varietäten bezeichnet.

Kreuzungsprodukte verschiedener Arten (meist derselben, seltener von unterschiedlichen Gattungen) werden als **Hybriden (Bastarde)** bezeichnet. Sie vereinen gewöhnlich Merkmale beider Elternsippen, oft jedoch in sehr variabler Ausbildung, und sind ganz oder teilweise unfruchtbar, d. h. erzeugen meist keine reifen Samen oder Sporen. Viele Kulturpflanzen stellen Hybriden dar. Zum Teil sind es solche, die wie der Saat-Weizen (*Triticum aestivum*) oder die Kartoffel (*Solanum tuberosum*) auf spontane Kreuzungen in längst vergangener Zeit zurückgehen und die sich seit mehreren Jahrtausenden als gut abgrenzbare Arten etabliert haben. Zum Teil, vor allem bei Zierpflanzen, sind es aber in neuerer Zeit (oder gegenwärtig) durch spontane (oder bewusst durchgeführte) Bastardierungen entstandene Hybriden, bei denen oft die Elternarten unbekannt geblieben oder nicht mehr zu ermitteln sind. In diesen Fällen ist eine genaue Abgrenzung der Hybriden zu den Ausgangsarten oft nicht möglich. Man spricht in derartigen Fällen von schwer charakterisierbaren Hybridkomplexen, in die alle einschlägigen Sorten zusammengefasst werden (z. B. die Eisbegonien, d. h. der Komplex der Semperflorens-Hybriden, *Begonia* Semperflorens-Cultorum-Gruppe; die Dahlia-Hybriden, *Dahlia* × *hortensis*; oder die Russel-Lupinen, *Lupinus* × *regalis*).

Die Schwierigkeiten, die sich einmal durch das Wegbrechen von Kreuzungsbarrieren zwischen Pflanzenarten im Verlaufe ihrer Inkulturnahme durch den Menschen und seine züchterischen Manipulationen ergeben und andere Besonderheiten der Kulturpflanzen haben mehrfach zu dem Versuch geführt, für Kulturpflanzen ein eigenes Systemschema und andere Rangstufen einzuführen, z. B. bei ihnen von Taxonoiden oder – neuerdings – von Culta (Einzahl: Culton) zu sprechen und ihre Rangstufen als Specioid, Subspecioid oder Provarietät zu bezeichnen. Andere Eigenheiten der Kulturpflanzen, die zur Begründung eines derartigen Vorgehens benutzt wurden, beziehen sich auf die Abhängigkeit ihrer Existenz von der menschlichen Kultur und die geringen oder fehlenden Überlebenschancen außerhalb des Anbaues durch den Menschen, auf Unterschiede der genetischen Struktur der Kulturpflanzen-Populationen im Vergleich zu Wildbeständen sowie auf die Bedeutung der künstlichen Selektion bei ihrer Herausbildung. Dabei wird freilich außer Acht gelassen, dass derartige Kriterien für eine Klassifikation nicht relevant sind: In ein System gebracht werden Resultate von Evolutionsvorgängen; der Ablauf dieser Prozesse hat jedoch keinen Einfluss auf das System.

Anlass zu besonderen Verfahren in der Kulturpflanzen-Systematik gab vor allem die enorme innerartliche Vielfalt zumindest von vielen wirtschaftlich wichtigen Kulturarten, die sich in einem breiten Spektrum von Primitivformen, Landsorten sowie alten und neuen Zuchtsorten manifestiert. Vom Saat-Weizen (*Triticum aestivum*) z. B. sind mehr als 400 Varietäten beschrieben worden, bei Mango (*Mangifera indica*) sollen allein in Indien über 1 000 Sorten existieren, von Dahlien sind mehr als 20 000 Sorten registriert und entsprechendes gilt für viele Kulturpflanzen-Arten mit einem ± weiten Anbauareal. Diese Vielfalt ist nur schwer mit den Methoden und den wenigen Rangstufen der Wildpflanzen-Systematik in ein Systemschema zu bringen. Deshalb wurde verschiedentlich im vergangenen Jahrhundert für die Einführung zusätzlicher innerartlicher Rangstufen bei Kulturpflanzen plädiert, wobei im Extremfall mehr als 10 derartiger Stufen vorgesehen waren. Das würde freilich zu äußerst umständlichen und normalerweise nicht verwendbaren Bezeichnungen führen, solche Vorschläge sind auch nie in größerem Umfang in die Praxis umgesetzt worden.

In diesem Band wird mitunter als zusätzliche Rangstufe unterhalb der Art bzw. der Unterart die **Konvarietät** (convar. = convarietas) genutzt, die eine Gruppe von Sorten (und/oder Landsorten bzw. Primitivformen) mit übereinstimmenden Merkmalen (und z. T. auch mit übereinstimmender Nutzung) umfasst, z. B. die Zucker-Erbsen, *Pisum sativum* convar. *axiphium*, bunt- oder weißblühende Erbsen-Sorten, deren Hülsen die verholzte Pergamentschicht fehlt und die deshalb in unreifem Zustand zusammen mit den jungen Samen als Frischgemüse verzehrt werden können.

Die Konvarietät hat sich vielfach sehr hilfreich als weitere Rangstufe bei der hierarchischen Gliederung sehr formenreicher Nutzpflanzen-Arten erwiesen.

Die wichtigste kulturpflanzenspezifische Rangstufe stellt die **Sorte** (cv. = cultivar) dar. Sortennamen sind zur Kennzeichnung der Rangstufe in einfache Anführungsstriche zu setzen (z. B. die Buschbohnen-Sorte *Phaseolus vulgaris* 'Saxa'). Die Sorte ist die unterste Rangstufe im System von Kulturpflanzen, der Definition nach stellt sie eine Sippe von Kulturpflanzen dar, die sich durch eine deutlich eigenständige, einheitliche und konstante Ausprägung von Merkmalen und Eigenschaften auszeichnet und nach einer entsprechenden Vermehrung diese in den Nachkommen beibehält.

Der Sortenbegriff kann deshalb nicht auf die zumeist genetisch uneinheitlichen Primitivformen und Land- oder Lokalrassen von Kulturpflanzen angewendet werden.

Wildsippen von Gartenpflanzen werden im gärtnerischen Sprachgebrauch oft als **„botanische Arten"** bezeichnet, z. B. im Vergleich zur Gartentulpe die vorderasiatischen Arten *Tulipa lanata, T. armena* und *T. clusiana*. Diese Bezeichnung ist nicht korrekt. Jede Pflanze, auch die einer Kultursorte, gehört zu einer Art (oder zu einem Art-Bastard). Die Art ist gleichermaßen für Wild- wie für Kulturpflanzen die grundlegende Rangstufe. Allerdings sind bei vielen Sorten, die durch freie Kreuzung im Sortiment entstanden sind, die Elternarten nicht bekannt. Diese Unsicherheiten bedeuten aber nicht, dass „eine Sorte keine Art sein kann", wie man in Gärtnerbüchern zuweilen liest. Die Erstbeschreibung einer Art ist an ein Typusexemplar gebunden (ein Herbar-Exemplar, notfalls eine Abbildung), und dieses kann auch einer kultivierten Sippe angehören. Die dem Typusexemplar entsprechende typische Unterart oder typische Varietät braucht also nicht die in der Natur häufige, weit verbreitete Subspecies oder Varietät zu sein, sie kann einer nur in der Kultur auftretenden Sippe entsprechen.

## Wissenschaftliche Pflanzennamen – Nomenklatur

Zur Benennung der Pflanzensippen gebraucht man wissenschaftliche Namen, die ungeachtet ihrer sprachlichen Herkunft eine lateinische Form haben (eine Ausnahme bilden die Sorten-Namen und die Namen der Sortengruppen des Kulturpflanzen-Code, S. 25 f.). Sie dienen der Erleichterung der internationalen Zusammenarbeit, da die Volksnamen in anderssprachigen Gebieten meist unbekannt sind.

Verbindliche Regeln für die Benennung und Namensgebung sind in einem international akzeptierten Regelwerk festgelegt: Der Internationale Code der botanischen Nomenklatur (ICBN = International Code of Botanical Nomenclature oder Botanischer Code) wird auf den Internationalen Botaniker-Kongressen aktualisiert, die derzeit gültige Fassung stammt aus dem Jahre 2006. Ihm verdanken wir vor allem gegenüber den Verhältnissen vor dem zweiten Weltkrieg eine weltweit relativ einheitliche und stabile Benennung der Pflanzen. Sein Anliegen betrifft aber in erster Linie Wildpflanzen.

Seit 1953 steht ihm zur Seite der Internationale Code der Nomenklatur für Kulturpflanzen (ICNCP = International Code of Nomenclature for Cultivated Plants oder Kulturpflanzen-Code), der 1995 seine sechste und 2004 seine siebente, derzeitig gültige Ausgabe erfuhr. Dieser Code konzentriert sich auf Regeln und Empfehlungen zur Benennung kulturpflanzenspezifischer Rangstufen, insbesondere der Sorten und Sortengruppen. Es kommt freilich zu gewissen Überlappungen im Zuständigkeitsbereich beider Codes. Vom Kulturpflanzen-Code werden jedoch Benennungen toleriert, die nach dem allgemeinen Nomenklatur-Code erfolgt sind. In diesem Band wird deshalb dem Kulturpflanzen-Code nur bei Benennung von Sorten und gelegentlich der Sortengruppen (im Code kurz Gruppen genannt) gefolgt.

Jeder wissenschaftliche Artname, z. B. *Vaccinium myrtillus*, besteht aus zwei Bestandteilen (binäre Nomenklatur, 1753 von LINNAEUS eingeführt). Der erste ist der Gattungsname, der zweite das Art-Epitheton, d. h. der artbestimmende Zusatz zum Gattungsnamen. Der Gattungsname wird stets mit großem, das Epitheton mit kleinem Anfangsbuchstaben geschrieben. Besteht das Epitheton aus zwei Wörtern, werden diese mit Bindestrich verbunden (*Lychnis flos-jovis*). Die Namen infraspezifischer Taxa sind mehrgliedrig: sie bestehen aus dem Artnamen und – durch die Abkürzung der Rangstufe (subsp., convar., var., f.) getrennt – einem die Untersippe bezeichnenden Epitheton, z. B. *Daucus carota* subsp. *sativus, Phaseolus vulgaris* var. *nanus*. Die den nomenklatorischen Typus der Art (s. u.) einschließende („homotypische") Untersippe wiederholt das unveränderte Art-Epitheton, z. B. *Lupinus albus* subsp. *albus*. Bastarde werden entweder durch die mit einem Malzeichen verbundenen Namen der Elternarten bezeichnet oder mit einem eigenen binären Namen benannt, wobei das Malzeichen vor dem Art-Epitheton steht (Pfeffer-Minze: *Mentha aquatica* × *M. spicata* = *M.* × *piperita*). Jede Pflanzenart mit bestimmter Gattungszugehörigkeit und Umgrenzung hat nur einen einzigen korrekten wissenschaftlichen Namen. Entsprechendes gilt für alle anderen Rangstufen. Sind für ein Taxon im Verlauf der Zeit oder in verschiedenen Ländern mehrere Namen in Gebrauch gekommen (**Synonyme** = gleichbedeutende Namen), so darf von diesen unter den obigen Voraussetzungen nur einer gebraucht werden. Besonders unangenehm ist es, wenn ein und derselbe Name für unterschiedliche Sippen verwendet wurde (Homonym = gleichlautender Name). Durch die internationalen Nomenklaturregeln wird festgelegt, welcher Name unter mehreren vorhandenen der korrekte ist und deshalb beibehalten und einheitlich angewendet werden muss. Im Allgemeinen ist dies der jeweils älteste Name der Sippe (Prioritätsgrundsatz), es gibt jedoch zahlreiche Ausnahmen. Entscheidend für die Festlegung eines Namens ist der nomenklatorische Typus der entsprechenden Sippe (bei Sorten der dem Typus des Botanischen Code entsprechende so genannte Standard); das ist in der Regel ein Herbarexemplar, an das der Name dauerhaft geknüpft ist und das in Zweifelsfällen zur Klärung der Anwendung eines Namens herangezogen wird. Da der korrekte Name nicht nur von der richtigen Anwendung der Nomenklaturregeln abhängt, sondern in erster Linie von der systematischen Beurteilung eines Verwandtschaftskreises, die sich mit den fortschreitenden Erkenntnissen der Forschung verändern kann (Änderung der Rangstufe, des Umfangs oder der systematischen Stellung eines Taxons), sind Namensänderungen nie ganz vermeidbar. So kann ein und dieselbe Sippe je nach ihrer taxonomischen Bewertung mehrere korrekte Namen haben, (z. B. *Galeobdolon argentatum* = *Lamium argentatum* = *Lamium galeobdolon* subsp. *argentatum* = *Galeobdolon luteum* 'Variegatum' et 'Florentinum').

Die in diesem Buch akzeptierten Namen entsprechen meistens denen im „Zander", dem „Handwörterbuch der Pflanzennamen" (ERHARDT et al. 2002), denen der „European Garden Flora" oder denen neuerer monographischer Werke. Falls wir uns für einen anderen Namen entschieden haben, wurden die in den genannten Werken verwendeten in der Synonymik angegeben. In Zweifelsfällen wurden in der gärtnerischen Praxis übliche Benennungen bevorzugt.

Der Prioritätsgrundsatz gilt für die Sippennamen aller Rangstufen von der Sorte bis zur Familie aufwärts. Familiennamen bestehen aus dem Wortstamm eines Gattungsnamens mit der Endung -aceae (*Rosaceae, Solanaceae*). Eine Ausnahme bilden wenige Familien, für die zwei Namen gebraucht werden dürfen: *Brassicaceae* oder *Cruciferae*, *Fabaceae* oder *Papilionaceae*, *Apiaceae* oder *Umbelliferae*, *Lamiaceae* oder *Labiatae*, *Asteraceae* oder *Compositae*, *Poaceae* oder *Gramineae*).

Hinter jedem wissenschaftlichen Pflanzennamen steht ein Personenname (bisweilen auch mehrere), oft in abgekürzter Form (z. B. ALL. für ALLIONI, L. für LINNAEUS, ASCH. et GRAEBN. für ASCHERSON und GRAEBNER); das trifft jedoch nicht für Namen von Sorten und Sortengruppen zu (wohl aber für Namen von Konvarietäten). Diese Personennamen sind der Name des Autors/der Autoren, der oder die erstmals den betreffenden Pflanzennamen gültig veröffentlichten. Oft steht davor in Klammern noch ein weiterer Autorname. In diesem Fall hat bereits dieser „Klammerautor" die Sippe benannt, die später von dem nachstehenden Autor entweder in eine andere Rangstufe (z. B. von der Unterart zur Art) oder in eine andere Gattung versetzt wurde. Nur bei den homotypischen infraspezifischen Taxa, also denen, die das unveränderte Art-Epitheton wiederholen, entfällt der Autorname. Die Autorennamen sind aus nomenklatorischen Gründen für den Systematiker wichtig, für die sonstigen Benutzer der Flora jedoch ohne Bedeutung.

Hinter dem Autornamen findet sich manchmal noch eine Abkürzung, welche sich auf die Umgrenzung der Sippe bezieht, die entweder im weiten Sinn (**s. l.** = sensu lato),

d. h. unter Einschluss nahe verwandter Sippen, oder im engen Sinn (**s. str.** = sensu stricto), d. h. unter Ausschluss hinzugezogener Sippen, aufgefasst wird. Im letzten Fall wird auch die Abkürzung **p. p.** (= pro parte, zum Teil) gebraucht. Eine ähnliche Bedeutung hat die Abkürzung **em.** (= emendavit, verändert) zwischen zwei Autornamen, die besagt, dass der zweite Autor die Umgrenzung der Sippe gegenüber dem ersten Autor verändert hat. Bei Synonymen bedeuten die Abkürzungen **auct.** (= auctorum, der Autoren) und **hort.** (= hortorum, der Gärten, bzw. = hortulanorum, der Gärtner), dass der Name in verschiedenen botanischen Büchern oder der Gartenliteratur benutzt wird (oder wurde), aber irrtümlicherweise nicht für dieselbe Sippe, die der ursprüngliche Autor darunter verstanden hatte. Auch das Wort **non** (nicht) zwischen zwei Autornamen weist darauf hin, dass der erstgenannte Autor den Namen (ein Homonym) unkorrekt für eine andere Sippe verwendete als der zweitgenannte. Wenn die Namen zweier Autoren durch **ex** (nach) verbunden sind, ist nur der zweite wichtig, der erste darf sogar weggelassen werden.

Die Bezeichnung **„nomen nudum"** („nackter Name", ohne gültige Beschreibung veröffentlicht, abgekürzt nom. nud.) kennzeichnet einen ungültigen Namen. Solche Namen sind früher besonders oft in Samenkatalogen publiziert worden, z. B. *Campanula takesimana*. Sie sind zu verwerfen, solange sie nicht zu einem späteren Zeitpunkt den Regeln entsprechend veröffentlicht (validiert) wurden. Auch Namen, die bei ihrer Bildung nomenklatorisch überflüssig waren, weil es bereits einen gültigen Namen für dieses Taxon gab, sind illegitim (**nomen illegitimum** bzw. **nomen superfluum**, „überflüssiger Name", z. B. *Solidago ptarmicoides* (NEES) BOIVIN nom. superfluum = *S. asteroides* SEMPLE). Schließlich sind auch Namen, die in verschiedenem Sinne verwendet wurden und daher seit langem häufig zu Irrtümern Anlass gaben, als **nomen ambiguum** (nom. amb., „zweifelhafter Name") zu verwerfen.

**Namen der Sorten und Sortengruppen**

Die Benennung von Sorten und ihren Gruppen weicht nach den Festlegungen im Kulturpflanzen-Code (ICNCP) deutlich ab von den für andere Rangstufen geltenden Regeln des Botanischen Code (ICBN):
Sortennamen müssen Bezeichnungen in einer lebenden Sprache sein, falls jedoch eine früher in einer anderen Rangstufe, z. B. Varietät, korrekt benannte Sippe neuerdings als Sorte klassifiziert wird, ist der frühere lateinische Name als Sortenbezeichnung zulässig (z. B. var. *horizontalis* → 'Horizontalis'). Neuerdings (ab 1996) dürfen Sortennamen nicht mehr als 30 Schriftzeichen (Buchstaben, Zahlen, Satzzeichen, Symbole) umfassen. Jedes Wort des Namens außer Konjunktionen und Präpositionen, die nicht am Anfang des Namens stehen, beginnt mit einem Großbuchstaben. Die Namen der Sorten (und der Gruppen) dürfen nicht kursiv gesetzt werden, wie das für die lateinischen Pflanzennamen üblich ist, die in den Zuständigkeitsbereich des Botanischen Codes fallen.

Es gelten dann weitere, z. T. sehr spezielle Festlegungen, von denen hier nur interessiert, dass es untersagt ist, dieselbe Sortenbenennung für verschiedene Sippen innerhalb einer Benennungs-(Denominations-)Klasse zu verwenden. Im Allgemeinen umfasst eine Benennungs-Klasse die jeweilige Gattung, kann aber auch Teile von ihr (z. B. nur Zwiebel-*Iris* bzw. nur Rhizom-*Iris*-Arten) sowie mehrere Gattungen betreffen (z. B. *Jovibarba/Sempervivum*). Eine Liste der Benennungs-Klassen ist im Kulturpflanzen-Code enthalten (sie wird ständig aktualisiert), ebenso eine Zusammenstellung der internationalen Sortenregistrierungs-Zentralen (u. a. für Zwiebel- und Knollenpflanzen, für winterfeste Stauden, oder für Gattungen wie *Begonia, Cyclamen, Dahlia*) sowie der nationalen Sortenregisterämter (in Deutschland das Bundessortenamt in Hannover).

Sorten können zu Gruppen (abgekürzt Gp; früher Sorten- oder Cultivar-Gruppen) auf Grund morphologischer Übereinstimmung, gleicher Kulturansprüche, derselben Blütezeit oder anderer beliebiger Kriterien zusammengefasst werden. Ihre Namen sollten aus höchstens drei Wörtern einer modernen Sprache (jeweils mit großem Anfangsbuchstaben, abgesehen von Konjunktionen und Präpositionen) bestehen, sofern sie nicht auf einer korrekten lateinischen Bezeichnung einer anderen früheren Rangstufe beruhen (Beispiele: Dutch Iris Gp bei *Iris*-Arten; Red-skinned Gp von *Solanum tuberosum*; Hexaploid Creeping Gp von *Festuca rubra*; Elatum-Hybriden Gp von *Delphinium* × *cultorum*; Deremensis Gp von *Dracaena fragrans*). Im Gegensatz zu Sortennamen werden Gruppen-Namen nicht in Anführungszeichen gesetzt.

In Verbindung mit einem Sortennamen muss der Gruppenname in Klammern gesetzt werden: *Solanum tuberosum* (Red-skinned Gp) 'Desiree'. Bei den Gruppen handelt es sich meist nicht um einheitliche Gruppen im Sinne einer systematischen Verwandtschaft, sondern um eine praktische, nutzerfreundliche Einteilung. Eine Sorte kann je nach dem Einteilungsprinzip unterschiedlichen Gruppen angehören.

Die Angabe der Gruppe ist bei der Sortenbezeichnung nicht unbedingt erforderlich. Nach dem Kulturpflanzen-Code würde sogar der Name der Denominations-Klasse kombiniert mit dem Sortennamen zur Bezeichnung einer Pflanze ausreichen, z. B. *Phaseolus* 'Butterkönig'. Dieses Verfahren mag für Supermärkte und Garten-Center akzeptabel erscheinen, für den Pflanzenfreund gehen bei dieser lapidaren Kennzeichnung jedoch viele Informationen verloren (z. B. die Zugehörigkeit zur Art *Ph. vulgaris*, zur Varietät der Buschbohnen und der Sortengruppe der Wachsbohnen, wenn man diesen Kurznamen mit der nach dem Botanischen Code möglichen Bezeichnung *Ph. vulgaris* L. var. *nanus* (JUSL.) ALEF. (Wachsbohnen Gp) 'Butterkönig' vergleicht.

In diesem Band wird bei Zierpflanzen gelegentlich auf Sortengruppen verwiesen; für Nutzpflanzen behalten wir soweit als möglich die formale Rangstufe der Konvarietät bei, die in der Hierarchie der Rangstufe der Gruppe entspricht, aber eine gänzlich andere Bedeutung besitzt: Bei diesen Gruppen handelt es sich um benannte Sorten, die auf Grund der Übereinstimmung in einem beliebigen Kriterium zusammengefasst wurden, eine Konvarietät ist eine auf Grund allgemeiner morphologischer Ähnlichkeit zusammengefasste Gruppe von Varietäten, die oft auch durch eine übereinstimmende Nutzungsmöglichkeit gekennzeichnet ist, z. B. *Raphanus sativus* L. convar. *oleifer* (STOKES) ALEF. der Ölrettich (Samennutzung) und *R. sativus* convar. *sativus*, Rettich und Radies (Knollen-Gemüse).

### Deutsche Pflanzennamen

Die deutschen Pflanzennamen sind in der Mehrzahl künstlich gebildet („Büchernamen") und keine echten Volksnamen („Vernakularnamen"). Das liegt einerseits daran, dass für viele unscheinbare oder schwer unterscheidbare Arten überhaupt keine volkstümlichen Namen existieren, zum anderen haben sich die eigentlichen Volksnamen naturgemäß völlig unabhängig von der wissenschaftlichen Systematik entwickelt. Sie sind häufig vieldeutig und in einzelnen Landschaften des Gebietes unterschiedlich. Beispielsweise werden mit den Namen „Butterblume" zahlreiche gelbblühende Arten verschiedener Gattungen und Familien bezeichnet. Andererseits sind für ein und dieselbe Art in verschiedenen Landesteilen häufig unterschiedliche Namen gebräuchlich, so für die Art mit dem wissenschaftlichen Namen *Vaccinium myrtillus* Heidelbeere, Blaubeere, Schwarzbeere, Bickbeere und weitere lokale mundartliche Bezeichnungen. Die Gattungszugehörigkeit ist bei vielen volkstümlichen Namen nicht erkennbar: Veilchen und Stiefmütterchen gehören zur Gattung *Viola*, mit Knabenkraut werden die Arten der Gattungen *Orchis* und *Dactylorhiza* bezeichnet, mit Enzian die von *Gentiana* und *Gentianella*; der Weiße Senf zählt zur Gattung *Sinapis*, der Schwarze Senf zu *Brassica*.

Im Gegensatz zu den wissenschaftlichen Pflanzennamen gibt es für die Bildung und Anwendung der deutschen Kunstnamen keine verbindlichen Regeln; Bestrebungen verschiedener Autoren zu einer Vereinheitlichung gehen von unterschiedlichen Voraussetzungen aus. Wir verwenden daher im Wesentlichen die bisher in den ROTHMALER-Bänden gebräuchlichen Namen; es mussten aber auch einige Neuschöpfungen vorgenommen werden, sofern bisher kein deutscher Volksname verfügbar war. Dabei wurden charakteristische Merkmale, Verbreitungsgebiete und Standorte bevorzugt. Manchmal werden auch wissenschaftliche Namen eingedeutscht, oder es wurde die Übersetzung dieses Namens oder eines fremdsprachlichen Volksnamens verwendet. In vielen Fällen ist der deutsche Gattungsname die eingedeutschte Form des wissenschaftlichen Namens (Dahlie, Zinnie, Chrysantheme, Gladiole, Narzisse). Gewöhnlich bestehen die deutschen Artnamen wie die lateinischen aus dem Gattungsnamen und einem die Art kennzeichnenden Zusatzwort. Ist dieses ein Substantiv, wird der Name mit Bindestrich geschrieben (Frühlings-Platterbse) ist es ein Adjektiv, in zwei Wörtern und stets mit großem Anfangsbuchstaben (Breitblättrige Platterbse). Aus einem Wort bestehende volkstümliche Artnamen werden ohne Bindestrich geschrieben (Schaftdolde, Schnittlauch). Zusätzlich aufgenommen wurden deutsche Namen aus gärtnerischer Literatur und Angebotslisten, auch dann, wenn sie unzutreffende Gattungsbezeichnungen enthalten (Gänseblümchen = *Bellis*, Gelbes Gänseblümchen = *Thymophylla*, Blaues Gänseblümchen = *Brachyscome*). Für Unterarten geben wir nur dann deutsche Namen an, wenn sie allgemein gebräuchlich sind. Die deutschen Gattungsnamen bestehen aus einem einzigen Wort (Alpenveilchen, eine Gattung der Primelgewächse, im Gegensatz zu März-Veilchen, eine Art der Gattung Veilchen). Familiennamen sind an der Endung -gewächse zu erkennen (Rosengewächse, Korbblütengewächse), doch werden oft auch abweichende Formen verwendet (Korbblütler oder Kompositen, Süßgräser, Doldenblütler, Schmetterlingsblütler, Kreuzblütler).

## Übersicht über das System[1])

**Abteilung *Pteridophyta*** – Gefäß-
Sporenpflanzen

**Klasse *Equisetopsida* [*Sphenopsida*]** –
Schachtelhalme

*Equisetaceae* MICHX. ex DC. –
Schachtelhalmgewächse

**Klasse *Pteridopsida*** – Farne

*Osmundaceae* GÉRARDIN et DESV. –
Rispenfarngewächse
*Dennstaedtiaceae* LOTSY – Adlerfarngewächse
*Pteridaceae* SPRENG. ex JAMESON –
Saumfarngewächse
*Thelypteridaceae* PIC. SERM. – Sumpffarn-
gewächse
*Aspleniaceae* METT. ex A. B. FRANK –
Streifenfarngewächse
*Woodsiaceae* (DIELS) HERTER – Wimperfarn-
gewächse
*Dryopteridaceae* HERTER – Wurmfarngewächse

*Blechnaceae* (C. PRESL) COPEL. – Rippenfarn-
gewächse
*Polypodiaceae* BERCHT. et J. PRESL –
Tüpfelfarngewächse
*Marsileaceae* MIRB. – Kleefarngewächse
*Salviniaceae* T. LESTIB. – Schwimmfarn-
gewächse
*Azollaceae* WETTST. – Algenfarngewächse

**Abteilung *Spermatophyta*** – Samenpflanzen

**Klasse *Dicotyledoneae* [*Magnoliopsida*]** –
Zweikeimblättrige

*Nymphaeaceae* SALISB. – Seerosengewächse
*Nelumbonaceae* A. RICH. – Lotosblumen-
gewächse
*Ranunculaceae* JUSS. – Hahnenfußgewächse
*Berberidaceae* JUSS. – Berberitzengewächse
*Papaveraceae* JUSS. – Mohngewächse
(incl. *Fumariaceae* MARQUIS – Erdrauch-
gewächse)

---

[1]) Betonung der wissenschaftlichen Familiennamen stets -*aceae*

*Saururaceae* RICH. ex T. LESTIB. –
Molchschwanzgewächse
*Aristolochiaceae* JUSS. – Osterluzeigewächse
*Lauraceae* JUSS. – Lorbeergewächse

*Cannabaceae* MARTINOV – Hanfgewächse
*Urticaceae* JUSS. – Brennnesselgewächse

*Phytolaccaceae* R. BR. – Kermesbeeren-
gewächse
*Aizoaceae* MARTINOV – Mittagsblumen-
gewächse
*Cactaceae* JUSS. – Kakteengewächse
*Basellaceae* RAF. – Basellgewächse
*Nyctaginaceae* JUSS. – Wunderblumengewächse
*Caryophyllaceae* JUSS. – Nelkengewächse
*Amaranthaceae* JUSS. – Amarantgewächse
*Chenopodiaceae* VENT. – Gänsefußgewächse
*Portulacaceae* JUSS. – Portulakgewächse
*Polygonaceae* JUSS. – Knöterichgewächse
*Plumbaginaceae* JUSS. – Bleiwurzgewächse

*Paeoniaceae* RAF. – Pfingstrosengewächse
*Hypericaceae* JUSS. – Hartheugewächse
*Cistaceae* JUSS. – Zistrosengewächse
*Violaceae* BATSCH – Veilchengewächse
*Passifloraceae* JUSS. ex ROUSSEL – Passions-
blumengewächse
*Cucurbitaceae* JUSS. – Kürbisgewächse
*Datiscaceae* DUMORT. – Scheinhanfgewächse
*Frankeniaceae* DESV. – Seeheidegewächse
*Loasaceae* JUSS. – Brennwindengewächse
*Begoniaceae* C. AGARDH – Begoniengewächse
*Capparaceae* JUSS. – Kapernstrauchgewächse
*Brassicaceae* BURNETT od. *Cruciferae* JUSS. –
Kreuzblütengewächse
*Resedaceae* MARTINOV – Resedengewächse
*Malvaceae* JUSS. – Malvengewächse
*Buxaceae* DUMORT. – Buchsbaumgewächse
*Euphorbiaceae* JUSS. – Wolfsmilchgewächse
*Thymelaeaceae* JUSS. – Spatzenzungen-
gowächse
*Ericaceae* JUSS. – Heidekrautgewächse
*Empetraceae* HOOK. et LINDL. –
Krähenbeerengewächse
*Diapensiaceae* LINDL. – Diapensiengewächse
*Primulaceae* BATSCH ex BORKH. – Primelgewächse

*Rosaceae* JUSS. – Rosengewächse
*Hydrangeaceae* DUMORT. – Hortensien-
gewächse
*Crassulaceae* J. ST.-HIL. – Dickblattgewächse
*Saxifragaceae* JUSS. – Steinbrechgewächse
*Sarraceniaceae* DUMORT. – Schlauchpflanzen-
gewächse
*Droseraceae* SALISB. – Sonnentaugewächse
*Fabaceae* LINDL. od. *Papilionaceae* GISEKE –
Schmetterlingsblütengewächse
*Rutaceae* JUSS. – Rautengewächse
*Sapindaceae* JUSS. – Seifenbaumgewächse

*Balsaminaceae* A. RICH. – Balsaminengewächse
*Linaceae* DC. ex PERLEB – Leingewächse
*Oxalidaceae* R. BR. – Sauerkleegewächse
*Geraniaceae* JUSS. – Storchschnabelgewächse
*Limnanthaceae* R. BR. – Sumpfblumen-
gewächse
*Tropaeolaceae* JUSS. ex DC. – Kapuziner-
kressengewächse
*Polygalaceae* HOFFMANNS. et LINK – Kreuz-
blumengewächse
*Lythraceae* J. ST.-HIL. – Blutweiderichgewächse
*Myrtaceae* JUSS. – Myrtengewächse
*Punicaceae* BERCHT. et J. PRESL – Granatapfel-
gewächse
*Melastomataceae* JUSS. – Schwarzmund-
gewächse
*Onagraceae* JUSS. – Nachtkerzengewächse
*Trapaceae* DUMORT. – Wassernussgewächse
*Haloragaceae* R. BR. – Seebeerengewächse
*Gunneraceae* MEISN. – Gunneragewächse
*Hippuridaceae* VEST – Tannenwedelgewächse
*Cornaceae* BERCHT. et J. PRESL – Hartriegel-
gewächse
*Araliaceae* JUSS. – Araliengewächse
*Apiaceae* LINDL. od. *Umbelliferae* JUSS. –
Doldengewächse
*Celastraceae* R. BR. – Baumwürgergewächse

*Menyanthaceae* DUMORT. – Fieberkleegewächse
*Gentianaceae* JUSS. – Enziangewächse
*Apocynaceae* JUSS. – Hundsgiftgewächse
*Asclepiadaceae* BORKH. – Seidenpflanzen-
gewächse
*Rubiaceae* JUSS. – Rötegewächse
*Caprifoliaceae* JUSS. – Geißblattgewächse
*Valerianaceae* BATSCH – Baldriangewächse
*Dipsacaceae* JUSS. – Kardengewächse
*Polemoniaceae* JUSS. – Himmelsleitergewächse
*Convolvulaceae* JUSS. – Windengewächse
*Hydrophyllaceae* R. BR. – Wasserblatt-
gewächse
*Boraginaceae* JUSS. – Boretschgewächse
*Solanaceae* JUSS. – Nachtschattengewächse
*Nolanaceae* BERCHT. et J. PRESL – Glocken-
windengewächse
*Scrophulariaceae* JUSS. – Braunwurzgewächse
*Orobanchaceae* VENT. – Sommerwurz-
gewächse
*Globulariaceae* DC. – Kugelblumengewächse
*Bignoniaceae* JUSS. – Bignoniengewächse
*Acanthaceae* JUSS. – Akanthusgewächse
*Martyniaceae* HORAN. – Gämshorngewächse
*Gesneriaceae* RICH. et JUSS. – Gesnerien-
gewächse
*Lentibulariaceae* RICH. – Wasserschlauch-
gewächse
*Plantaginaceae* JUSS. – Wegerichgewächse
*Verbenaceae* J. ST.-HIL. – Eisenkrautgewächse
*Lamiaceae* MARTINOV od. *Labiatae* JUSS. –
Lippenblütengewächse

*Campanulaceae* JUSS. – Glockenblumen-
gewächse
*Goodeniaceae* R. BR. – Fächerblumen-
gewächse
*Asteraceae* BERCHT. et J. PRESL od. *Compositae*
GISEKE – Korbblütengewächse

**Klasse** *Monocotyledoneae* [*Liliopsida*] – Ein-
keimblättrige

*Acoraceae* MARTINOV – Kalmusgewächse
*Araceae* JUSS. – Aronstabgewächse
*Butomaceae* MIRB. – Schwanenblumen-
gewächse
*Alismataceae* VENT. – Froschlöffelgewächse
*Hydrocharitaceae* JUSS. – Froschbissgewächse
*Aponogetonaceae* PLANCH. – Wasserähren-
gewächse
*Potamogetonaceae* BERCHT. et J. PRESL – Laich-
krautgewächse

*Dioscoreaceae* R. BR. – Yamswurzelgewächse

*Melanthiaceae* BATSCH ex BORKH.– Germer-
gewächse
*Trilliaceae* CHEVALL. – Einbeerengewächse
*Alstroemeriaceae* DUMORT. – Inkaliliengewächse
*Colchicaceae* DC. – Zeitlosengewächse
*Liliaceae* JUSS. – Liliengewächse

*Orchidaceae* JUSS. – Orchideengewächse
*Ixioliriaceae* NAKAI – Steppenliliengewächse
*Iridaceae* JUSS. – Schwertliliengewächse

*Hemerocallidaceae* R. BR. – Tagliliengewächse
*Asphodelaceae* JUSS. – Affodillgewächse
*Asparagaceae* JUSS. – Spargelgewächse
*Ruscaceae* M. ROEM. – Mäusedorngewächse
*Convallariaceae* HORAN. – Maiglöckchen-
gewächse
*Aphyllanthacae* BURNETT – Binsenlilien-
gewächse
*Hyacinthaceae* BATSCH ex BORKH. – Hyazinthen-
gewächse
*Anthericaceae* J. AGARDH – Grasliliengewächse
*Hostaceae* B. MATHEW – Funkiengewächse
*Agavaceae* DUMORT. – Agavengewächse
*Agapanthaceae* F. VOIGT – Blauliliengewächse
*Amaryllidaceae* J. ST.-HIL. – Amaryllis-
gewächse
*Alliaceae* BORKH. – Lauchgewächse

*Pontederiaceae* KUNTH – Hechtkrautgewächse
*Commelinaceae* MIRB. – Commelinengewächse

*Musaceae* JUSS. – Bananengewächse
*Strelitziaceae* HUTCH. – Strelitziengewächse
*Cannaceae* JUSS. – Blumenrohrgewächse
*Zingiberaceae* MARTINOV – Ingwergewächse

*Sparganiaceae* HANIN – Igelkolbengewächse
*Typhaceae* JUSS. – Rohrkolbengewächse
*Juncaceae* JUSS. – Binsengewächse
*Cyperaceae* JUSS. – Riedgrasgewächse, Sauer-
gräser
*Poaceae* BARNHART od. *Gramineae* JUSS. –
Süßgräser

## 1.3    Aussprache und Betonung der wissenschaftlichen Pflanzennamen

Unabhängig von ihrer Herkunft haben die wissenschaftlichen Namen lateinische Form,
und sie sollen auch lateinisch ausgesprochen werden. Das gilt auch für solche Namen,
die von Wörtern moderner Sprachen oder von Personennamen abgeleitet sind, also
*Brasenia* nicht Bre(j)snia, obwohl von englisch brazen (ehern) abgeleitet; *Forsythia*
nicht Fo:saiθia, obwohl nach dem englischen Botaniker WILLIAM A. FORSYTH benannt;
*Aubrieta* nicht Obrija, obwohl nach dem französischen Blumenmaler C. AUBRIET be-
nannt. Die Aussprache des Lateinischen ist buchstabengetreu und damit der des
Deutschen ähnlich.
Allerdings hat sich auch die **Aussprache** des Lateinischen – es war noch im 18.
Jahrhundert die Sprache der Wissenschaft – im Laufe der Jahrhunderte gewandelt.
Unter dem Einfluss der sich entwickelnden Volkssprachen änderte sich im frühen
Mittelalter die Aussprache des c (vor e, i, y, ae, oe wie z, im klassischen Latein dage-
gen immer wie k, z. B. *Cyperus* von griech. Kypeiros, deutsch Zypergras), Diphthonge
wurden z. T. zu Monophthongen: ae wurde im klassischen Latein wie a-e oder a-i
gesprochen, oe wie o-e. Der Diphthong eu wird nur im Deutschen oi gesprochen, im
klassischen Latein wie ein Griechischen e-u. Hier kann es auch mit der im Deutschen
üblichen Aussprache Schwierigkeiten bei der internationalen Verständigung geben.
Für die **Betonung** der wissenschaftlichen Namen gibt es eine Regel, die zunächst ganz
einfach erscheint: Betont wird bei mehrsilbigen Wörtern die vorletzte Silbe, wenn sie im
Lateinischen lang ist, ist sie aber kurz, wird die drittletzte Silbe betont.

Ob eine Silbe lang oder kurz ist, kann man aber nur in einigen Fällen erkennen: Lang ist ein Doppelvokal oder ein Diphthong (*acaulis*) und auch ein von einem griechischen Diphthong, langen e (eta) oder o (omega) abgeleiteter Einzelvokal (*agrimonoides*, von griech. eidos, das Aussehen, vgl. auch *dioica* von griech. oikos, das Haus). Eine Silbe mit kurzem Vokal gilt im Wortinneren aber auch dann als lang, wenn sie durch eine Konsonantengruppe abgeschlossen ist, wenn also ein Doppelkonsonant oder 2 Konsonanten folgen. Dabei zählen ch, ph und th als ein Buchstabe, x als zwei (*polyraphis, polystichum, Atraphaxis*). Eine Ausnahme bildet die Verbindung eines Verschlusslautes (b, c, d, g, k, p, t, ch, ph, th, auch f, wenn von ph abgeleitet) mit den Liquiden l oder r. Folgt eine solche Verbindung („muta cum liquida"), wird diese Silbe, wenn sie einen kurzen Vokal enthält, nicht „durch Position" lang (*meleagris, Anacyclus, Callitris*).

Viele Pflanzennamen stammen aber weder aus dem Lateinischen, noch wurden sie aus dem Griechischen latinisiert, sondern sie sind von Autorennamen, von fremdländischen Volksnamen oder modernen geographischen Begriffen abgeleitet. Hier hilft gewöhnlich die Kenntnis der modernen Sprachen (z. B. *meyeri* nach dem russischen Botaniker CARL ANTON VON MEYER, aber *soyeri* nach dem Franzosen H. F. SOYER-WILLEMET, *Muscari* nach dem Duft, aus dem Arabischen misk = Moschus und qarih = rein). In manchen Sprachen wird aber nicht zwischen langen und kurzen Vokalen unterschieden, und schließlich sind manche Namen sogar reine Phantasiebildungen (*Aa*). In wenigen Fällen bleibt daher die Betonung unsicher (*kotulae*).

In den großen lateinischen Wörterbüchern ist die Länge der Silben immer angegeben. Ausführliche Erklärungen der Ableitung findet man z. B. bei GENAUST (1996, dort und bei GRUNERT 1989 auch Erklärung der Bedeutung), Angaben zur Aussprache in der 13. Auflage von ZANDERS Handwörterbuch der Pflanzennamen. In unserem Buch wird die Betonung durch Unterstreichung angegeben (diese gehört nicht zur Schreibung des Namens!). Sind zwei aufeinanderfolgende Vokale nicht betont, kann über den zweiten Vokal das „Trema" (Trennungszeichen, 2 Punkte) gesetzt werden, um die getrennte Sprechung anzugeben (*Kalanchoë*). Die Endung der lateinischen Familiennamen ist -azeä zu sprechen (*Poaceae* wie Poazeä).

## 1.4 Lebensdauer, Wuchsform und Laubrhythmus

### Lebensdauer

Für jeden Gärtner ist es wichtig zu wissen, ob eine Art einjährig (⊙) oder zweijährig (⊙) ist oder ob sie viele Jahre ausdauert. Zu den **Ausdauernden** gehören die **Stauden** (♃), die meist jährlich bis zum Boden absterben, und die oberirdisch ausdauernden Gehölze. Von diesen berücksichtigt unser Buch die nur schwach verholzten, oberirdisch überwinternden **Halbsträucher** (♄), bei denen nach dem Fruchten ein Teil der oberirdischen Triebe abstirbt (z. B. Echter Salbei), die stärker verholzten **Zwergsträucher**, die sich von den Sträuchern durch ihre geringe Wuchshöhe (bis 50 cm) unterscheiden (Erika), die **Staudensträucher**, deren oberirdisches Spross-System ebenfalls nur schwach verholzt ist, aber nicht großenteils nach dem Fruchten wieder abstirbt (Dickmännchen, Immergrün) und die **Spaliersträucher**, deren verholzte Triebe sich in Bodennähe flach ausbreiten (Silberwurz).

Manche Arten, die sich in ihrer Heimat als ausdauernde Stauden verhalten, werden bei uns nur einjährig kultiviert (♃, kult ⊙), weil sie schon im ersten Jahr reich blühen und fruchten und weil die frostfreie Überwinterung sich nicht lohnt, oder weil sie als laubzierende Pflanzen auch ohne Blüten geschätzt werden. Beispielsweise bilden Feuerbohnen knollenförmige Wurzeln für die Überwinterung, sie werden aber nur einjährig kultiviert. Die langen Triebe der rankenden Kapuzinerkresse bohren sich im Spätherbst in den Boden, um dort verdickte Überdauerungssprosse zu bilden, aber diese Organe erfrieren im Winter. Bei den Wunderblumen bringt die frostfreie Überwinterung der schwarzen Rüben kaum bessere Ergebnisse als die jährliche Neuaussaat.

Die **Lebensdauer der ausdauernden** Stauden, Halbsträucher und Zwergsträucher ist aber nicht einheitlich. Viele Ausläufer- und Rhizompflanzen haben eine unbegrenzte Lebensdauer, da ihre Jahres-Zuwachsabschnitte sich neu bewurzeln, während die alten Organe zersetzt werden. Solche Pflanzen wachsen gewöhnlich am Rand des Bestandes am besten. Wenn sie am Ort bleiben sollen, müssen sie mit Folie oder dergleichen eingesperrt werden, brauchen dann aber nach wenigen Jahren frischen Boden und Düngung. Auch viele Zwergsträucher haben Ausläufer (meist unterirdische), ihre Lebensdauer ist unbegrenzt. Es gibt jedoch auch **kurzlebige Stauden**, z. B. solche mit Pleiokorm (mehrköpfigem Wurzelstock), deren Sprossachsen ständig mit der Hauptwurzel in Verbindung bleiben, und die Pfahlwurzel- und Rübenstauden, bei denen auch die älteren unterirdischen Pflanzenteile erhalten bleiben. Einige davon leben mehrere Jahrzehnte (z. B. Silberdistel), andere, wie Schlüsselblume, Kokardenblume oder Gewöhnlicher Beifuß, nur etwa 3–6 Jahre. An der Grenze zu den Zweijährigen stehen Mutterkraut und Roter Fingerhut, die nach dem ersten Blütejahr noch einmal, aber kaum ein weiteres Jahr austreiben können. Bei solchen kurzlebigen Stauden lohnt die Erhaltung älterer Exemplare nicht. Auch der halbstrauchige Goldlack wird kaum älter, während die Echte Salbei, ebenfalls ein Halbstrauch, mehrere Jahrzehnte alt werden kann.

Die Lebensdauer der Pflanzen sagt noch nichts über die Dauer des Jugendstadiums, also über den Eintritt der **Blühreife**. Einige Stauden kommen schon im Jahr der Aussaat zur Blüte (Gelber Hornmohn, Gazania-Hybriden), andere im zweiten Jahr (Schleierkraut), wieder andere, besonders Tulpe, Gladiole, Krokus, Winterling und andere Zwiebel- und Knollenpflanzen, brauchen 3 bis 5 Jahre bis zur ersten Blüte. Von den Sorten der Kokardenblume blühen manche im ersten, andere erst im zweiten Jahr.

Zu den **Einjährigen** gehören die **Sommerannuellen** (⊙), die wie die Sonnenblume im Frühjahr ausgesät werden (manche mit Vorkultur unter Glas, vgl. S. 46, 847) und nach dem Fruchten im Herbst absterben, und die **Winterannuellen** (①, einjährig Überwinternden), die grün überwintern, im Frühjahr oder Sommer blühen, fruchten und absterben und nach der Sommerruhe im Herbst bei kühleren Temperaturen keimen (im Mittelmeergebiet sind diese verbunden mit dem Einsetzen der Niederschläge) und wieder überwinternde Blattrosetten bilden (z. B. Feldsalat, Kerbel und Vergissmeinnicht). Meistens können sie in Kultur auch nach Aussaat im Frühjahr im selben Jahr zur Blüte kommen, sich also fakultativ sommerannuell verhalten. Manche müssen dazu allerdings eine Kälteperiode durchlaufen (Vernalisation oder Jarowisation).

Die **Zweijährigen** (⊘, Biennen; z. B. Futterrübe, Marienglockenblume) dagegen müssen eine Kälteperiode durchleben oder im ersten Jahr erst eine Mindestmenge an Substanz bilden, um im 2. Jahr blühen zu können, bei manchen sind beide Voraussetzungen notwendig. Unter den ungünstigeren Bedingungen der Konkurrenz am natürlichen Standort brauchen sie oft mehrere Jahre, bis sie blühen, fruchten und dann ebenfalls absterben. In Kultur dagegen kommen sie regelmäßig schon im zweiten Jahr zur Blüte, einzelne Exemplare manchmal auch im ersten Jahr. „Mehrjährig Hapaxanthe" oder „Plurienn Monokarpische" (⊖), die erst nach einigen oder vielen Jahren blühen und dann absterben, gibt es aber auch unter den kultivierten Pflanzen, z. B. manche *Meconopsis*-Arten. Für *Agave americana* dagegen gilt diese Bezeichnung nicht, denn wenn die Einzelpflanze nach dem Fruchten abstirbt, hat sie schon wie andere Rhizompflanzen vegetative Nachkommen erzeugt.

## Wuchsform und Wuchsrhythmus

Die Kenntnis der Wuchsform und des Wuchsrhythmus ist von großem Interesse für die Kultur und die Vermehrung der Pflanzen. Viele **Pfahlwurzelpflanzen** (PfWu) lassen sich schlecht oder gar nicht verpflanzen (*Meconopsis*) und nur in Ausnahmefällen vegetativ (durch Wurzelrisslinge, s. S. 48) vermehren. Auch die **Pleiokormpflanzen** (Pleiok) werden gewöhnlich durch Samen vermehrt, weil bei ihnen die sprossbürtigen

Wurzeln das System der Primärwurzel nicht zu ersetzen vermögen. Pflanzen mit Pleiokorm (auch mehrköpfiger Wurzelstock oder Kaulorhiza genannt) bleiben am Pflanzort. Sie bilden einen kurzen, horstförmig verzweigten, oft holzigen Bodenspross und mehrere Blütentriebe. Nur wenn die sprossbürtige Bewurzelung überwiegt (Pleiokorm-Rhizom, PleiokRhiz), können sie durch Teilung vermehrt werden (Diptam, Pfingstrose). Ausläufer-, Rhizom- und Wurzelsprosspflanzen sind dagegen sehr leicht durch Teilung zu vermehren. Neue Wurzeln bilden viele Ausläufer- und Rhizompflanzen (z. B. Deutsche Schwertlilie) aber nur an den jüngsten Abschnitten der Bodentriebe.

Wir unterscheiden zwischen **Rhizom-** und **Ausläuferpflanzen** nach der Länge der Bodensprosse und der Länge ihrer Stängelglieder. Für den Gärtner ist der Unterschied wichtig, denn die Ausläuferpflanzen ( ⌒⌒ ) breiten sich rasch aus, während die Rhizompflanzen ( ⅄ ) nur langsam von der Pflanzstelle wegwachsen und mit der Zeit kompakte Trupps bilden. Die Bodensprosse können bei Rhizomen und Ausläufern oberirdisch oder unterirdisch liegen. Oberirdische **Rhizome** bildet die Deutsche Schwertlilie, unterirdische das Salomonssiegel. In beiden Fällen sind die Stängelglieder kurz, der Jahreszuwachs der Bodensprosse erreicht nur wenige Zentimeter. **Ausläufer** dagegen dienen der Ausbreitung der Pflanzen, sie sind dünn und ihre Stängelglieder gestreckt, der Jahrestrieb der Bodensprosse wird spannenlang oder länger. Die Verbindungsabschnitte leben bei den Ausläuferpflanzen nur selten mehr als 2 Jahre (Schafgarbe), beim Kriechenden Hahnenfuß und der Erdbeere kaum 1 Jahr. Oberirdisch liegen die Ausläufer z. B. beim Kriechenden Fingerkraut und bei der Erdbeere ( ⌒⌒ ), unterirdisch bei Zaun-Giersch, Quecke und Wildtulpe ( ⌒⌒ ). Auch die **Kriechtriebpflanzen**, bei denen der ganze Vegetationskörper am Boden bleibt (Pfennigkraut-Weiderich, Faden-Ehrenpreis), kennzeichnen wir mit dem Zeichen für oberirdische Ausläufer.

**Wurzelsprosse** werden nur von wenigen Pflanzenarten gebildet. Dabei können aus dem Inneren der Wurzel heraus an beliebigen Stellen neue Sprosse entstehen, auch aus kleinen, abgetrennten Wurzelstücken – bei Unkräutern wie Ackerdistel, Acker-Gänsedistel oder Acker-Winde eine recht unangenehme Eigenschaft. Bei manchen Arten bilden sich Wurzelsprosse nur nach Verletzung aus (regenerative Wurzelsprossbildung, z. B. Löwenzahn, Orient-Mohn, Meerrettich). Bei anderen dagegen entstehen sie ohne Schädigung als normale Art der vegetativen Vermehrung (konstitutionelle Wurzelsprossbildung, z. B. Federmohn, Berg-Flockenblume und Leinkraut-Arten). Bei den letzteren Arten werden die Knospen gewöhnlich an horizontal streichenden Wurzeln gebildet, die Wurzelsprosse brechen dann aus einem nach oben gerichteten Wurzelknie hervor. Die Pflanzen breiten sich so unkontrolliert aus, sie sind andererseits auf diese Weise leicht zu vermehren.

**Zwiebeln** ( ☼ ) sind Kurzsprosse, die mit speziellen Speicherblättern oder mit der Basis von Laubblättern Speicherstoffe (Stärke, Schleim, Zucker) für den Wiederaustrieb nach einer Ruheperiode speichern. Ihre Blütentriebe stehen endständig, die Erneuerung der Zwiebel erfolgt aus der Achsel der oberen Speicherblätter. Manchmal werden dabei 2 oder mehr neue Zwiebeln gebildet, so dass schließlich ganze Nester entstehen (Tulpe, Schneeglöckchen), andere Arten bilden am Zwiebelgrund zahlreiche kleine Brutzwiebeln (Doldiger Milchstern), einige Arten aber sind nur durch Samen zu vermehren, weil immer nur eine neue Tochterzwiebel gebildet wird (Schmalblütiges Träubel). Die Blühfähigkeit der Zwiebel- und Knollenpflanzen ist eng mit dem Zwiebel-Durchmesser bzw. dem Volumen der Knolle verbunden. Wenn zu viele schwache Tochterzwiebeln im Boden verbleiben, kann durch die Konkurrenz auch die Blühfähigkei der Mutterpflanzen eingeschränkt werden.

Pflanzen mit **Sprossknollen** ( ☽ ) speichern für den Wiederaustrieb in verdickten, kurzen Sprossachsen (Ranunkel, Winterling, Knollenbegonie, Herbstzeitlose, Aronstab, Gladiole, Krokus, Montbretie). Die neue Knolle wird meist auf der alten gebildet, oft entstehen dabei zusätzlich Brutknöllchen (Gladiole). Bei nur wenigen Arten (Winterling) wird die Knolle mehrjährig. Wurzelknollen (z. B. Dahlie, Scharbockskraut, Knabenkraut,

Ragwurz) dienen ebenfalls der Speicherung, können aber ohne den Bodenspross, dem sie ansitzen, nicht wieder austreiben.

Zwiebeln, Sprossknollen, unterirdische Rhizome und Ausläufer, also die Bodensprosse der unterirdisch überwinternden Geophyten, haben eine spezifische **Tiefenlage**, die sie durch Zugwurzeln oder durch gerichtete Anlage der Zuwachsabschnitte meistens korrigieren können. Für einige dieser Organe ist die Tiefenlage in der folgenden Tabelle genannt. Tulpen versenken manchmal ihre neuen Zwiebeln tiefer in den Boden („Diebstulpen"), wenn die richtige Tiefenlage nicht eingehalten wurde. Auch Wurzelsprosse entstehen an Wurzeln mit spezifischer Tiefenlage: bei der Ackerkratzdistel 20–50 cm, beim Pfefferkraut noch tiefer, bei *Anemone sylvestris* nur wenige Zentimeter.

**Tiefenlage von Zwiebeln, Knollen und Rhizomen (Unterende des Erdsprosses)**

| | | |
|---|---|---|
| Scharbockskraut | 1–2 cm | Rhizom mit Wurzelknollen |
| Garten-Dahlie | 5 cm | Rhizom mit Wurzelknollen |
| Doldiger Milchstern | 2–4 cm | Zwiebel |
| Nickender Milchstern | 12–16 cm | Zwiebel |
| Wilde Tulpe | 7–10 cm | Zwiebel |
| Wollige Tulpe | 50 cm | Zwiebel |
| Sibirischer Blaustern | 4–7 cm | Zwiebel |
| Kleiner Lerchensporn | 3 cm | Sprossknolle |
| Hohler Lerchensporn | 10–15 cm | Sprossknolle |
| Safran-Krokus | 15–18 cm | Sprossknolle |
| Elfenkrokus | 5–7 cm | Sprossknolle |
| Herbstzeitlose | 15 cm | Sprossknolle |
| Montbretie | 10 cm | Sprossknolle |
| Garten-Gladiole | 10–15 cm | Sprossknolle |
| Gefleckter Aronstab | 8–12 cm | Rhizomknolle |
| Bleichspargel | 30 +15 cm | Rhizom |
| Deutsche Schwertlilie | 1 cm | Rhizom |
| Steppen-Schwertlilie | 5 cm | Rhizom |

Zu den **Kletterpflanzen** ($\updownarrow$) zählen die **Rankpflanzen**, von denen sich manche mit umgebildeten Sprossabschnitten festhalten (Zaunrübe, Kürbis), andere verwenden dazu Ranken, die Blätter oder Blattfiedern entsprechen (Duftwicke) oder die Stiele von Blättern (Kapuzinerkresse, *Hablitzia*) oder auch von Blattfiedern (*Clematis*). **Windepflanzen** winden mit dem ganzen Spross, wobei ihre Spitzen ständig Linkskurven (Feuerbohne, Prunkwinde) oder Rechtskurven (Hopfen) beschreiben. Rankhilfen dürfen nicht zu dick sein, sonst werden sie von den Pflanzen nicht ergriffen. Auch sprossbürtige Wurzeln können der Anheftung dienen (**Wurzelkletterer**: Klettertrompete, Efeu). Die **Spreizklimmer** schließlich legen sich mit steifen, abstehenden Blattstielen und Zweigen auf Nachbarpflanzen und schützen sich oft zusätzlich durch Häkchen gegen das Abrutschen (z. B. Krapp-Arten).

Nach dem **Laubrhythmus** werden immergrüne und saisongrüne Pflanzen unterschieden. In unserem Klima sind die meisten Pflanzen **sommergrün**, sie treiben im Frühjahr neues Laub und verlieren es im Spätherbst, auch dann, wenn kein harter Frost eintritt. Einige davon verlieren ihr Laub schon im Frühsommer (Tränendes Herz). Sie leiten über zu den **Frühjahrsgrünen**, die den ganzen Sommer unbelaubt in Ruhe verbringen und erst im Herbst wieder neue Wurzeln und unterirdische Triebe entwickeln (Krokus, Schneeglöckchen). Nur wenige Arten (meist Geophyten) zeigen bei uns den typischen Wuchsrhythmus der Pflanzen des Mittelmeergebietes: sie sind **herbst-frühjahrsgrün** (also eigentlich wintergrün: einige Traubenhyazinthen, *Arum italicum*, *Ranunculus bulbosus* und *R. psilostachys*, einige Lauch-Arten, die Winterannuellen wie Feldsalat) oder **herbst-frühsommergrün** (*Asphodeline lutea*, Orient-Mohn).

Unter den **Immergrünen** (i) sind bei uns nur wenige krautige Pflanzen mit zwei- oder mehrjährigem Laub (**dauer-immergrün**, z.B. Kleines Immergrün), zahlreicher sind solche, deren altes vorjähriges Laub bald nach dem Neuaustrieb abstirbt (**ganz-jahres-immergrün**, Haselwurz, Leberblümchen) oder andere, deren Laub immer wie-der neu gebildet wird (**wechsel-immergrün**, Gänseblümchen, Faden-Ehrenpreis). Ziemlich viele Arten bringen ihre wenigen Spätherbstblätter durch milde Winter, wäh-rend sie in harten Wintern oberirdisch ganz absterben (**teilimmergrün**, Gold-Lerchensporn).

Auch das Wachstum der **Wurzeln** ist rhythmisch. Gewöhnlich beginnt es kurze Zeit vor dem Austrieb des Laubes. Viele Knollen- und Zwiebelpflanzen (Tulpen, Narzissen, Krokus, Hyazinthen, Winterlinge, Anemonen) sind im Sommer wurzellos, bewurzeln sich aber schon im Herbst und sollen deshalb nicht zu spät gepflanzt werden. Auch die Tiefe und die Dichte der Verzweigung der Wurzeln schwankt in artspezifischen, weiten Grenzen. Flachwurzler sind viele Waldkräuter, die den pilzreichen Mullhorizont des Bodens ausnutzen (Mullwurzler wie Balkan-Anemone, Winterling), die meisten krautigen Nutzpflanzen beziehen Wasser und Nährstoffe aus den oberen 30 cm des Bodens (Flachwurzler), besonders tief wurzeln z.B. Luzerne und Löwenzahn (Tief-wurzler).

## 1.5    Klima und Standorte in der Heimat der Kulturpflanzen

Die Verbreitung und die ursprünglichen Standorte der Zier- und Nutzpflanzen geben wir möglichst genau an, denn daraus kann man viele Informationen über die Ansprüche in der Kultur ableiten, aber auch Hinweise für eine sinnvolle Kombination mit anderen Arten.

In Kultur weichen die klimatischen Ansprüche und die Bodenbindung oft etwas von den Bedingungen in der Natur ab. Das liegt erstens an den Möglichkeiten der Kultur (Düngung, Bewässerung, Schädlingsbekämpfung), zweitens an der Ausschaltung kon-kurrierender Arten, drittens an der gezielten Züchtung von Sorten mit abweichendem Verhalten. Fast immer ist aber die ursprüngliche ökophysiologische Konstitution noch zu erkennen, beispielsweise auch im Fall von *Iris versicolor* und *Lupinus polyphyllus*, zwei kalkfeindlichen Arten, von denen auch die gezüchteten „kalkverträglichen" Sorten auf Kalkboden nicht gut gedeihen.

Bei den meisten Nutzpflanzen ist durch Ackerbautechnik und Züchtung das Anbauareal gegenüber dem Heimatareal noch stärker ausgeweitet als bei den Zierpflanzen. Oft sind auch die Stammsippen nicht sicher bekannt und ihre ursprünglichen Areale nicht mehr genau abzugrenzen. Trotzdem spiegelt sich in der Verteilung und Dichte der Anbaugebiete die Herkunft fast immer auch heute noch. Das gilt beispielsweise für den Weizen, dessen Herkunft aus dem kontinentalen Vorderasien der Anbau-Konzentration auf die warmen, kontinentaleren Gebiete Deutschlands entspricht. Der Kohl als Abkömmling einer Wildsippe der mediterran–atlantischen Küsten wird bevorzugt im (sub)atlantischen Teil unseres Gebietes angebaut, der ursprünglich meridional west-eurasische Wein in den sommerwarmen Gebieten („Weinbauklima"), ebenso früher die Linse, die wild in Kleinasien vorkommt. Die aus dem Mittelmeerraum und Orient stam-menden Getreide werden, dem dortigen Vegetationsrhythmus entsprechend, als Sommer- oder Winterannuelle kultiviert. Die aus demselben Raum stammenden Radieschen, Erbsen und Salat können bei uns schon im März ausgesät werden, wenn noch – wie im Heimatareal – Fröste zu erwarten sind. Die aus den tropisch-subtropi-schen (Hoch-)Ländern, also aus Sommerregengebieten ohne anhaltenden Frost stam-menden Busch- und Stangenbohnen, Kartoffeln, Tomaten, Tabak und Paprika dagegen wachsen als Wärmekeimer erst nach den Eisheiligen, sie leiden andererseits bei länge-ren sommerlichen Dürreperioden.

## Klimabedingungen

Die Verbreitungsgebiete der Pflanzen sind gewöhnlich klimatisch begrenzt. Häufig erkennt man aus dem Verlauf der Arealgrenzen die Frosthärte der Pflanzen, die Anforderungen an die Wärme und Dauer der Vegetationsperiode, an die jährliche Niederschlagsmenge und an die jahreszeitliche Verteilung der Niederschläge. In der Literatur wird die Frosthärte oft in **Härtezonen** angegeben, die mit den mittleren Temperatur-Minima des kältesten Monats abgegrenzt werden. Die „European Garden Flora" (1984–2000) übernimmt die Zonen aus dem Handbuch der Laubgehölze von KRÜSSMANN (1960). In Europa werden 5 Härtezonen unterschieden: Zone 1: Mittleres Januar-Minimum unter –20 °C, Zone 2: unter –15 °C, Zone 3: unter –10 °C, Zone 4: unter –5 °C und Zone 5: über –5 °C. Deutschland liegt danach größtenteils in der Zone 2, nur der Westen und Nordwesten in der Zone 3.

Etwas anders begrenzt und beziffert werden die Härtezonen im „Zander" (ERHARDT et al. 2002). Danach liegt der größte Teil Deutschlands in der Zone 7 (mittleres Winterminimum –18° bis –12°), das Rheinland und der Nordwesten in der Zone 8 (–12° bis –7°), das Bergland und das östliche Alpenvorland in den Zonen 6 und 5 (–18° bis –29°). Pflanzen der Härtezone 9 und 10, also solche aus dem südlichen Mittelmeergebiet, aus Südafrika und Südaustralien, ertragen gewöhnlich nur geringen Frost; Arten, deren Verbreitung ins nördliche Mittelmeergebiet und ins atlantische Westeuropa reicht, überstehen Fröste von –7 bis –10°, müssen aber in winterkalten Gebieten im Haus überwintert werden.

Wir geben die Härtezonen nicht an, da die Wintertemperaturen für sommergrüne Stauden und Einjahrspflanzen nur eine geringe Bedeutung haben, sondern weisen gegebenenfalls auf die Notwendigkeit von Winterschutz oder die frostfreie Überwinterung hin. Die Frosttoleranz immergrüner Kräuter (z. B. Roter Fingerhut, Mandelwolfsmilch) wird stark von der Schneedecke beeinflusst. Die immergrünen Blätter der Silberwurz sterben bei wochenlangem Barfrost von –10° ab, überdauern dagegen den Winter ungeschädigt unter Schnee in Gebieten mit –40° Winterminimum. Die Schneedecke kann nur z. T. durch Winterschutz (Koniferenzweige, Packungen von trocknem Laub) ersetzt werden.

Es sind aber nicht nur die Minimum-Temperaturen, die die Winterhärte bestimmen, sondern auch die Spätfröste. Vor allem für Pflanzen mit kontinentaler Verbreitung oder von den Ostseiten der Nordkontinente sind im relativ wintermilden ozeanischen West- und Zentraleuropa Kälteeinbrüche gefährlich, da solche Arten hier zu zeitig enthärtet werden. Die Sibirische Tanne erträgt in Sibirien –50 °C, aber in Deutschland erfriert sie. Die Blüten der in Sibirien weit verbreiteten *Bergenia crassifolia* erfrieren sehr oft nach dem zeitigen Austrieb in Deutschland, während im kontinentalen Gebiet infolge der steilen Jahres-Temperaturkurve nach Einsetzen milder Temperaturen diese Gefahr gering ist. Hier schützt Abdeckung eher gegen warme als gegen kalte Temperaturen.

Die Anforderungen an die Dauer und die **Temperaturen der Vegetationsperiode** sind bei jeder Pflanzenart anders. Die Jahres-Mitteltemperaturen sind dafür weniger informativ als der Temperaturablauf des ganzen Jahres. Kontinental verbreitete Frühlingsblüher wie *Corydalis solida* und andere Lerchenspornarten oder Tulpen, die oberirdisch schon im Spätfrühling absterben, fordern heiße Sommertemperaturen für das „Ausreifen" der Knollen und Zwiebeln, d. h. für die Anlage der Blüten des nächsten Jahres. Hyazinthenzwiebeln werden deswegen in Holland nach dem Abwelken des Laubes herausgenommen und bei >30 °C gelagert. Warme Sommertemperaturen (Juli-Mittel >18 °C) kennzeichnen das Weinbauklima an Mittelrhein, Mosel und Main, an Saale, Unstrut und Mittelelbe. Viele sommerkahle Frühlingsblüher gedeihen dort am besten. Andererseits sind in Schleswig-Holstein, Niedersachsen, Nordrhein-Westfalen, Rheinland-Pfalz und im westlichen Baden-Württemberg die Wintertemperaturen (Januar-Mittel 0° bis +2°) für Immergrüne besonders günstig. Deutlich wirkt sich bereits die Klimaerwärmung der letzten Jahre für die Überwinterung aus. Wunderblumen und

*Penstemon*-Hybriden können ebenso wie Löwenmäulchen, Ringelblumen und Goldmohn seit einigen Jahren auch in Mitteldeutschland die meisten Winter überstehen.

Sommertemperaturen sind für die Nordgrenze der kühlen (borealen) Zone entscheidend, Wintertemperaturen (regelmäßiger Frost) dagegen für die Südgrenze der warmen (meridionalen) Zone gegen die subtropischen Zonen. Zierpflanzen aus den weitgehend frostfreien subtropischen Zonen und der tropischen Zone können bei uns fast nur als Einjährige kultiviert werden, auch wenn sie im Heimatgebiet mehrjährig werden („♃, kult ☉"), oder sie müssen frostfrei überwintert werden. In den meisten subtropischen Gebieten überwiegt der Sommerniederschlag.

Die **Jahres-Niederschlagssummen** liegen im deutschen Tief- und Hügelland zwischen 400 und 1000 mm, in den Gebirgen bis über 2000 mm. Bodenfeuchte kann durch Bewässerung ersetzt werden, nicht aber Luftfeuchte. Entsprechend schwierig ist die Kultur von empfindlichen Farnen, Moor- und Heidepflanzen oder Rhododendren in den Trockengebieten. Für diese Gebiete eignen sich eher Steppenpflanzen wie Adonisröschen, Edelweiß und Kuhschellen.

Auch der **jahreszeitliche Rhythmus der Niederschläge** ist für den Erfolg fremdländischer Arten in Deutschland wichtig. In der warmen, warmgemäßigten und auch noch in der gemäßigten (temperaten) Zone. südlich gemäßigten = australen) Zone (Abb. auf Nachsatzblatt) sind die Westseiten der Kontinente im Winter relativ mild und feucht, die Sommer heiß und trocken; die Ostseiten dagegen sommerfeucht und winterkalt (Ausnahme: östliches gemäßigtes Südamerika sommertrocken). In Ostasien ist durch den Monsuneinfluss der Winter in vielen Gebieten trockenkalt. In der Ost-Mongolei fallen 90% der Niederschläge im Sommer, Schnee gibt es kaum. Das östliche Nordamerika erhält dagegen Regen zu allen Jahreszeiten, es unterscheidet sich darin von West- und Mitteleuropa weniger als Ostasien. So erklärt es sich, dass Zierpflanzen wie Herbstastern, Goldruten, Silphie, Goldball und Topinambur aus den östlichen USA sich in Deutschland einbürgern konnten, was nur wenigen Ostasiaten gelang (Japan-Knöterich nur an bodenfeuchten Standorten!). Auch die Ostamerikaner leiden aber in unserem Klima oft unter der Sommerdürre. Pflanzen aus dem Monsunklima des Himalaja sind an trockne Winter und feuchte Sommer angepasst, daher brauchen sie bei uns Schutz gegen Winternässe und einen im Sommer nicht zu stark besonnten Standort (*Dicranostigma*).

Sogar innerhalb unseres Gebietes sind Unterschiede im Niederschlagsrhythmus spürbar. Die Grenze zwischen überwiegendem Winterniederschlag im Westen und überwiegendem Sommerniederschlag im Osten verläuft durch Brandenburg und West-Thüringen nach Süden.

Die **Höhengrenzen** in den Verbreitungsangaben sind im Zusammenhang mit der zonalen Lage des Verbreitungsgebietes und seiner Lage im ozeanisch-kontinentalen Gefälle zu interpretieren, denn die Grenzen der Vegetationsstufen steigen zum Äquator hin und mit zunehmender Kontinentalität an (vgl. die Profile auf den Nachsatzblättern). Für die Obergrenzen der Vegetations-Höhenstufen ist die Abnahme von Wärme und Dauer der Vegetationsperiode entscheidend, in Trockengebieten auch die Zunahme der Feuchte mit der Höhe. Die wichtigste Grenze ist die obere Waldgrenze, mit der die Obergrenze der montanen Höhenstufe definiert wird. Sie liegt in Mittelschweden bei 800 m, in Mitteldeutschland (theoretisch) bei etwa 1500 m, in den nördlichen Rand-Alpen bei 1800 m, in den Zentral-Alpen bei 2200–2300 m, im Süd-Altai bei 2300 m, im West-Tienschan bei 3000 m, im Zentral-Himalaja bei 3900 m, in Südwest-Sichuan bei 4100 m, in der kalifornischen Sierra Nevada bei 2900 m, in Nord-Arizona bei 3600 m und in Mittel-Mexiko bei 4000 m. Über der so begrenzten montanen Stufe folgt die subalpine Stufe mit Gebüschen aus Rhododendron, Strauch-Birken, Dornpolster- und Staudenfluren u. a., schließlich nach weiteren etwa 150–300 m die alpine Stufe mit Gebirgstundra und Matten. Mit der Abfolge der Zonen ist die Höhenstufung nur ganz eingeschränkt vergleichbar, da in Polnähe Jahreszeitenklima, in Äquatornähe Tageszeitenklima herrscht. In den Tropen ist in der alpinen Stufe jede Nacht Winter und jeden Tag Sommer, auch kälteertragende tropisch-alpine Pflanzen gedeihen daher bei uns nicht im Freiland. Die Untergrenze der montanen Stufe ist kaum einheitlich festzulegen, sie kann mit charakteristischen Vegetationsgrenzen zwischen 500 und über 1500 m parallelisiert und weiter untergliedert werden. Die Stufen unter der montanen Stufen werden als planar (Tiefebene) und kollin (Hügelland) bezeichnet.

**Weitere Standortfaktoren: Licht, Boden**
Für die Beurteilung des Standorts im Heimatareal ist es besonders wichtig, ob eine Art in der schattigen Waldvegetation oder in offenen Gesellschaften wächst. Wenn allerdings im Mittelmeergebiet „Wälder" als Standorte angegeben werden, so sind diese meistens sehr locker, lichtdurchflutet und sommertrocken.
Von den Merkmalen des Standorts sind neben dem Licht die Bodenbedingungen (Feuchte, Durchlässigkeit, Nährstoffgehalt und Kalkgehalt bzw. pH) besonders wichtig. Auch in dieser Hinsicht entspricht das Verhalten der Pflanzen in der Kultur infolge der Ausschaltung der Konkurrenz und der Ergebnisse der Züchtung nicht immer dem am natürlichen Standort. Manche „kalkholden" Arten sind nur kalkertragend und wachsen gut auf kalkarmen Standorten, werden aber in der natürlichen Vegetation auf Kalkböden verdrängt. Die Boden-Ansprüche können sich aber auch innerhalb des natürlichen Verbreitungsgebiets ändern: Kontinentale Pflanzenarten sind oft am ozeanischen Arealrand stärker an Kalk gebunden als im Arealzentrum, ebenso südliche Arten am nördlichen Arealrand. Im allgemeinen aber spiegelt sich die Bodenbindung am natürlichen Standort auch im Verhalten in der Kultur. Pflanzen aus kontinentalen Trockengebieten sind im allgemeinen kalkverträglich, nicht dagegen solche aus der borealen Zone mit den dort verbreiteten Podsolböden, ebensowenig atlantische Heide-, Moor- und Wasserpflanzen. Für solche kalkfeindlichen Pflanzen (z. B. Heidekraut, Glockenheide) muss in Kalkgebieten der Boden ausgewechselt werden. Da infolge der Bodenerosion in den Hochgebirgen die Böden flachgründig sind, ist dort die Bindung an Kalk oder saures Urgestein besonders augenfällig. – Nur von wenigen Pflanzengruppen werden Salz-, Schwermetall- und Serpentinböden vertragen, meist sind das Gänsefuß-, Nelken-, Knöterich- oder Bleiwurz-Gewächse.
Die Bodenfeuchte wird charakterisiert in der Reihenfolge nass (Grundwasser ganzjährig in Höhe der Bodenoberfläche) – feucht (Kapillarsaum des Grundwassers von den Wurzeln erreichbar) – frisch (Boden meist grundwasserfern, aber dunkel, sich kühl anfühlend) – trocken – dürr (fast ohne pflanzenverfügbares Wasser). Der Oleander z. B. wächst zwar in Gebieten mit heißem, trocknem Sommer, aber auf feuchten bis nassen Flussauen-Böden, er soll also im Sommer nicht trocken stehen. Die Böden der Wuchsorte mittelasiatischer Tulpen und mediterran-orientalischer Zwiebel- und Rhizom-Iris dagegen sind im Sommer trocken, bei zu hoher Feuchigkeit leiden die Zwiebeln und Rhizome unter Pilzkrankheiten. Die meisten Einjährigen sind in der Natur an dynamische, gestörte Standorte mit umgelagerten Böden gebunden (Erosionshänge, Ufer, Küsten), kein Wunder, dass sie in den Gärten die Wurzelkonkurrenz von Bäumen und Stauden schlecht vertragen.

## 1.6 Verwilderung und Einbürgerung gebietsfremder Kulturpflanzen – Bereicherung und ökologisch-ökonomische Probleme

Seit über 1000 Jahren werden in deutschen Gärten gebietsfremde Pflanzen kultiviert, manche schon zur Römerzeit; noch viel älter ist der Anbau von Nutzpflanzen auf Äckern (s. Kapitel **1.1**). Als Heil-, Zauber-, Gewürz- und Duftpflanzen wuchsen Kleines Immergrün, Nachtviole, Echter Alant, Mutterkraut und Märzveilchen schon in mittelalterlichen Gärten, andere zweifellos auch zum Schmuck des Gartens, besonders die

Frühlingsboten wie Gänseblümchen, Winterling, Schneeglöckchen, Märzbecher, Krokus und Traubenhyazinthen. Schon damals verwilderten einige dieser Arten. Die Grenzen ihres ursprünglichen Areals sind heute kaum mehr zu ermitteln. Der Zustrom neuer Arten, zunächst aus den Nachbarländern, dann auch aus anderen Kontinenten, nahm schon in der Renaissance- und Barockzeit, besonders aber mit der Entwicklung des weltweiten Verkehrs im 19. und 20. Jahrhundert stark zu. In den Botanischen Gärten Deutschlands sollen von den 270 000 Blütenpflanzen der Welt fast 20%, also über 50 000, in Kultur genommen worden sein (KOWARIK 2005).

Nach einer sehr groben Faustregel können von den eingeführten Arten 10% verwildern und 1% in die naturnahe Vegetation eindringen. Nur die letzteren, die sogenannten **Agriophyten**, würden auch erhalten bleiben, wenn der Einfluss des Menschen auf ihre Standorte aufhören würde. Die meisten eingebürgerten Fremdlinge sind dagegen an menschlich beeinflusste Standorte (Äcker, Gärten, Mähwiesen, Ruderalstellen) gebunden, sie werden als **Epökophyten** bezeichnet. In den Verbreitungsangaben wird in unserer Flora angegeben, ob eine Pflanzenart in Deutschland **unbeständig** verwildert (verw.) oder schon fest **eingebürgert** ist (eingeb.), d. h. sich über mehrere Generationen erhalten und auch ausbreiten konnte. Nach der Zeit der Einschleppung werden **Archäophyten** (vor 1500) und **Neophyten** (nach 1500) unterschieden. Die eingebürgerten Arten werden wie die Einheimischen zur deutschen Wildflora gerechnet, ebenso auch einige Pflanzen, die zwar unbeständig, aber regelmäßig immer wieder neu auftreten. Alle diese „**W**"-Arten werden in den Bänden 2–4 der Exkursionsflora behandelt.

Einbürgern können sich aber nur Pflanzen aus Gebieten mit ähnlichem Klima, d. h. ähnlichen Sommer- und Wintertemperaturen, ähnlichen Jahresniederschlagssummen und ähnlichem Jahresrhythmus der Niederschläge. Von den zahlreichen feuchttropischen Orchideen, Begonien, Bromelien und Ingwergewächsen, die in botanischen Gärten kultiviert wurden, konnte sich keine einzige einbürgern. Aber auch aus den gemäßigten Breiten der Südkontinente, auf denen die Jahres-Temperaturamplitude wegen der relativ geringen Landmassen-Ausdehnung gering ist, sind in Deuschland bis auf das Schmalblättrige Greiskraut nur einige Einjährige beständig eingebürgert (z. B. Laugenblume). Sogar aus dem gemäßigten Westamerika, in dem das sommertrockne Klima weit nach Norden reicht und die Ausbildung eines Gürtels sommergrüner Laubwälder verhindert, konnten sich bei uns nur wenige krautige Zierpflanzen außerhalb der Gärten halten (Pflanzen bodennasser Standorte wie die Gauklerblumen oder *Lysichiton*, Gebirgspflanzen wie *Lupinus polyphyllus*). Die überwiegende Zahl der eingebürgerten krautigen Zierpflanzen stammt aus den Gebieten der sommergrünen Falllaubwälder und Waldsteppen, besonders aus West-Eurasien und aus dem gemäßigten Ostamerika (Regen zu allen Jahreszeiten! – Wasserpest, *Carex*-Arten, Goldruten, Topinambur, Goldball, Perlkraut, Silphie, Glattblatt-Aster-Gruppe, Feinstrahl-Berufkraut, Stachelgurke), weniger aus dem sommerfeuchten Ostasien (z. B. Japan- und Sachalin-Knöterich: bodenfeuchte Standorte!). Aus den eiszeitlichen Laubwaldrefugien West-Eurasiens sind viele Arten als Zierpflanzen zu uns gekommen, die sich auf natürlichem Wege (noch) nicht bis hierher ausbreiten konnten, aber sich nun einbürgern: aus dem Kaukasus Faden-Ehrenpreis, Rauer Beinwell, Riesen-Bärenklau und Ansehnlicher Frauenmantel, aus der westlichen Balkanhalbinsel Zimbelkraut, Hohes Helmkraut, Elfenkrokus, Winterling, Zaunrübe und Telekie, aus dem West-Himalaja das Drüsige Springkraut. Von den etwa 650 in Deutschland eingeschleppten und eingebürgerten Arten wurden die meisten – etwa 75% – zunächst als Zierpflanzen kultiviert. Eine Ursache dafür ist sicherlich der langzeitige und verbreitete Anbau, der die Selektion gut angepasster Ökotypen ermöglichte. Noch länger und großflächiger war allerdings der Anbau krautiger Nutzpflanzen, und diese konnten sich bis auf wenige Ausnahmen (Spargel in Halbtrockenrasen, Tomate an Flussufern) gar nicht einbürgern – vielleicht weil sie zu stark domestiziert waren.

Die meisten eingebürgerten Zierpflanzen werden als wertvolle Bereicherung unserer Flora betrachtet, so die „Stinsenpflanzen" (Winterling, Wildtulpen, Schachblumen, Krokus-, Milchstern-, Narzissen-, Schneeglöckchen-, Märzbecher-, *Scilla*- und *Chionodoxa*-Arten u. a., s. S. 41) die zur Blütezeit Heerscharen von Ausflüglern anlocken, einige stehen sogar unter Naturschutz.

Die spontane Ausbreitung einiger in neuerer Zeit eingeschleppter Zierpflanzen ist mit dem furchterregenden Begriff „Invasion" und negativ-Schlagzeilen belegt und verteufelt worden, vor allem beim Riesen-Bärenklau, Japan- und Sachalin-Knöterich und Drüsigem Springkraut. Tatsächlich bilden die beiden Knöterich-Arten auf kalkarmen Auböden an Flüssen, besonders im Vorgebirge, so dichte Bestände, dass kaum heimische Kräuter aufkommen können. Auch der Riesen-Bärenklau kann große geschlossene Bestände bilden, zudem verursacht die Berührung durch den Gehalt an Furanokumarinen Bildung von Blasen, von denen nach dem Abheilen noch längere Zeit braune Flecken übrigbleiben (wie übrigens in geringerem Maße auch beim einheimischen Wiesen-Bärenklau). Das einjährige Drüsige Springkraut dagegen kann als Bienenfutter und wegen seiner schönen Blüten als Bereichung unserer Flora angesehen werden, wenn es auch mit seinem üppigen Wuchs heimische Bergbach-Begleiter verdrängen kann. Weniger spektakulär ist die Ausbreitung von Topinambur und Goldball in Flussauen. Oft ist an einer solchen stärkeren Ausbreitung der Mensch selbst schuld, wenn er die ursprüngliche Vegetation zurückdrängt, die Bewirtschaftung ändert und Boden und Gewässer eutrophiert. Insofern ist die Tendenz eigentlich kurios, alles seit Jahrhunderten Vorhandene erhalten zu wollen und alles Neue als problematisch und gefährlich zu bekämpfen. Die Erfahrung aus früheren Jahrhunderten lehrt, dass weder Quarantäne noch mechanische oder chemische Bekämpfungsmaßnahmen etwas gebracht haben, dass sich aber bald natürliche Feinde anpassen oder nacheingeschleppt werden. Zur Bekämpfung des Kleinblütigen Springkrauts wurde die Hitlerjugend mobilisiert, die diesen „bolschewistischen Eindringling" vernichten sollte, von der Kanadischen Wasserpest meinte man, sie würde bald die Binnenschiffahrt zum Erliegen bringen. Beide Arten sind heute ganz unproblematische Glieder unserer Wildflora. In vielen Fällen ist mit dem Rückgang der Kultur bestimmter Arten auch der Nachschub von Samen und damit die Verbreitung außerhalb der Gärten wieder zurückgegangen (*Inula helenium, Isatis tinctoria*).

Grundsätzlich kann aber jede neu eingeführte Art bei ihrer spontanen Ausbreitung ökologische und auch ökonomische Probleme bereiten, besonders wenn sie neue Pflanzenkrankheiten mitbringt oder auch durch den sehr seltenen Fall der Bastardierung mit anderen Arten. Von der Zeit der Einschleppung bis zur selbständigen Ausbreitung vergeht oft eine Anpassungszeit („Lag-Phase"), die Jahrzehnte, aber auch Jahrhunderte dauern kann. Die Einbürgerung neuer Arten wird sich also auf jeden Fall fortsetzen, und die Gärten sind dafür weiterhin die wichtigste Quelle. Es ist deshalb nötig, solche Ausbreitungsvorgänge sorgfältig zu beobachten. Auch dafür ist die Kenntnis der Kulturpflanzenflora wichtig.

## 1.7    Gärtnerische Hinweise zur Verwendung, Vermehrung und Kultur der behandelten Arten

### Verwendung, Häufigkeit, Anbauorte

Hier wird zunächst angegeben, ob die Pflanze als Zier- (**Z**) oder Nutzpflanze (**N**) angebaut wird. Der wichtigere Grund des Anbaus wird zuerst genannt. Als Nutzpflanzen werden Kulturpflanzen bezeichnet, die nicht zur Zierde, sondern zu anderen Zwecken angebaut werden. Sind Zierpflanzen nebenher als Heilpflanzen, Bienenfutterpflanzen oder in anderer Hinsicht nützlich, ohne aber deswegen angebaut zu werden, werden diese Anwendungsmöglichkeiten hinter **Z** angegeben. Bei vielen im Mittelalter und noch in der frühen Neuzeit als Gewürz-, Heil-, Duft-, Färbe- oder Zauberpflanze kultivierten Arten wurde die Nutzung aufgegeben („früher **N**"), manche von ihnen werden heute noch als Zierpflanzen kultiviert (z. B. Mutterkraut), andere fast nur noch in Museumsgärten (z. B. Giersch). Dieser Wandel der Nutzung ist nicht nur für die Kulturgeschichte interessant, sondern auch für das Verständnis von Florenveränderungen. Beispielsweise war der Echte Alant bis zum 19. Jahrhundert eine in Kloster- und Bauerngärten häufig kultivierte Heilpflanze, und er verwilderte oft in naturnahen Gehölzsäumen. Mit der Aufgabe des Anbaus in den Gärten blieb der Samen-Nachschub aus, und die Pflanze verschwand fast ganz aus der Natur (vgl. auch Färbepflanzen S. 45).

Die **Häufigkeit** des Anbaus in Deutschland ist nicht immer leicht zu entscheiden, da sie sich auch mit der Mode oder aus wirtschaftlichen Gründen ändert. Deshalb ist sie nur in 3 Stufen differenziert: **verbreitet** (v), also allgemein entweder auf Äckern oder in Gärten und Anlagen anzutreffen (z. B. Weizen, Dahlie), **zerstreut** (z), regelmäßig, aber nicht häufig anzutreffen (z. B. Foster-Tulpen, Kultur-Heidelbeeren) und **selten** (s), weithin fehlend, aber doch an etwa 100–1000 Stellen in Deutschland bei Liebhabern, in Museumsgärten oder als seltene Spezialkultur angebaut (z. B. Glockenwinde, Ginseng, Mammutblatt, Schalotte). Pflanzenarten, die nur in wenigen botanischen Gärten oder Spezialsammlungen kultiviert werden, wurden nicht aufgenommen. Die Häufigkeit wurde auf vielen eigenen Exkursionen und mit Hilfe der Literatur ermittelt, für Mitteldeutschland wurde eigens dafür eine Diplomarbeit angefertigt (Fromke 1992). Die Häufigkeit schwankt von Landschaft zu Landschaft in Abhängigkeit vom Klima und von den Bodenbedingungen. Im Bergland werden Enziane und Glockenblumen viel häufiger kultiviert als im Tiefland, umgekehrt ist die Kultur von Hopfen und Majoran nur in den warmen Tieflandsgebieten verbreitet. In Kalkgebieten ist die Kultur von Heidekraut und Rhododendren wenig erfolgreich, Astilben versagen auf trockenen Lössböden. Aber auch das wechselnde und unterschiedliche Angebot der Gärtnereien und Gartenmärkte beeinflusst die Häufigkeit der in Kultur anzutreffenden Pflanzen.

Nach der Häufigkeit wird manchmal eine Konzentration auf bestimmte Landschaften genannt, z. B. den wintermilden Nordwesten Deutschlands, das Tiefland, die Wärme- oder Kalkgebiete. Dann folgen die **Anbauorte**: Äcker, Plantagen, Gärtnereien, Parks, städtische Anlagen und Gärten, und innerhalb der letzteren die verschiedenen Bereiche wie Balkons und Terrassen mit Kübeln, Schalen, Kästen und Ampeln, Spaliere, Gehölzgruppen und ihre Säume, Solitäre, Einfassungen, Sommerblumenbeete, Rabatten, Rasenflächen, Gartenteiche, Moorbeete, Wasserläufe, Steingärten, Trockenmauern und Freilandsukkulentenbeete, schließlich besondere Gartentypen wie Heidegärten, Bauerngärten und Naturgärten, aber auch Grabbepflanzung. Für jede Art werden ein oder mehrere Pflanzorte genannt, die den besonderen Ansprüchen am ehesten entsprechen. Damit sollen Anregungen zur Verwendung in der Gartenkultur und eine standortgerechte Pflanzenauswahl gegeben werden. Auf einige Anbauorte soll hier näher eingegangen werden, die Begriffe werden außerdem in der Erklärung der Fachwörter beschrieben (S. 828), für mehrere Gartenbereiche wird Spezialliteratur genannt.

### Terrassen und Balkons: Kästen, Kübel, Ampeln, Pflanzschalen

In **Ampeln und Balkonkästen** lassen sich wirkungsvoll Pflanzen mit hängenden Trieben kultivieren, nicht nur die allgegenwärtigen Hängepetunien, Efeu-Pelargonien und Hängefuchsien, sondern auch blaue Fächerblumen, hängende Glockenblumen, Lobelien und hängender Rosmarin, gelbe Goldmarie, Pfennigkraut-Weiderich, Hänge-Löwenmäulchen, weiße *Sutera*, rote Hänge-Begonien und *Cuphea*, und dazwischen als laubzierende, weißbunte oder silbergrüne „Strukturpflanzen" *Plectranthus* oder Herzblättrige Strohblume. Wegen ihrer meist exponierten Lage müssen besonders die Ampeln oft gewässert werden, an heißen Tagen zweimal, und ebenso wie bei Balkonkästen und Kübeln lohnt sich ausreichende Düngung. Für die Blütenbildung soll der Dünger relativ viel Phosphor enthalten, Stickstoff fördert eher die Laubentwicklung. Mit

Torfkomposterde kommen die Balkonpflanzen gut zurecht. Die meisten Arten gedeihen in voller Sonne, Fuchsien und Begonien lieben Luftfeuchtigkeit und gedeihen auch im Halbschatten. Balkonkästen können im Winter mit kleinwüchsigen winterharten Stauden wie Christrose und Zwerggehölzen (Schneeheide, *Calluna*, Buchsbaum, *Genista decumbens*) bepflanzt werden und müssen dann auch gegossen werden. Man kann sich auch mit Koniferenzweigen, Golddisteln, Zapfen und trocknen Früchten zufrieden geben, die allerdings im Spätwinter unansehnlich werden.

In **Kübeln** von mehr als 30 cm Durchmesser und großen **Pflanzschalen**, die auch zur Begrünung von Fußgängerzonen und Straßen verwendet werden, können als Dominanten kleine Gehölze wie Bergkiefer, Kirschlorbeer, Steineiche, Buchsbaum, Oleander, Bleiwurz, Engelstrompete oder Enzianstrauch gepflanzt werden, es können aber auch kegel- oder säulenförmige Torfgitter, mit Fächerblumen, Begonien, Lobelien und *Sutera* bepflanzt, oder Rankgitter mit orangefarbener Schwarzäugiger Susanne, blauen Prunkwinden, violetter Glockenrebe, rosa Platterbsen, roten Prunkbohnen und Sommerefeu eingestellt werden, dazu lassen sich bodendeckende oder die obengenannten hängenden Stauden gruppieren. In manchen Fällen muss ein Teil der Bepflanzung im Laufe des Jahres ausgewechselt werden. Von Oktober bis Mitte Mai müssen einige der genannten Gehölze frostfrei überwintert werden (s. frostfreie Überwinterung S. 49). Schmucklilien kultiviert man im Kübel allein, den Winter müssen sie frostfrei verbringen, ohne gegossen zu werden.

Lit.: AMANN, CH. 2005: Frische Ideen für Balkon und Terrasse. Stuttgart. – CARL, J. 1981: Miniaturgärten. 2. Aufl. Stuttgart. – GANSLMEIER, H. 1987: Beet- und Balkonpflanzen. 2. Aufl. Stuttgart. – GEIGER, E.-M. 2001: Balkonpflanzen. 2. Aufl. München. – HEITZ, H. 2003: Balkon- und Kübelpflanzen. München. – KAWOLLEK, W. 1997: Kübelpflanzen: südländische Gehölze für die Kultur in Töpfen und Kübeln. 2. Aufl. Stuttgart. – KRATZ, M. 2005: Balkonkästen. Schön, farbenfroh, pflegeleicht. Stuttgart. – RATSCH, T. 2002: Mediterranes Flair auf Balkon und Terrasse. Stuttgart. – THOMAS, E.; THOMAS, H. 1988: Unsere Balkonpflanzen. 1. Aufl. Leipzig.

**Rasenflächen:** Die nur von Gräsern (Weidelgras, Wiesenrispe, Rotschwingel, Wiesenschwingel, Kammgras) gebildeten, viermal im Jahr gemähten und bei Trockenheit bewässerten reingrünen Rasenteppiche sind auch das Ideal vieler Kleingärtner, die Löwenzahn und Gänseblümchen erbittert bekämpfen. Zur Einbringung in solche Flächen eignen sich evtl. *Crocus-*, *Muscari-* und *Narcissus*-Arten, deren Blätter allerdings erst bei Vergilben im Juni gemäht werden dürfen, da den Zwiebeln sonst die Speicherstoffe fürs nächste Jahr fehlen. In baumbestandenen, seltener gemähten und oft lockeren Rasen alter Gutsparks, Schloss- und Kirchgärten dagegen können sich viele niedrige Zwiebel-, Knollen- und Rosettenpflanzen, wenn sie in Ruhe gelassen werden, durch Selbstaussaat mit der Zeit zu Tausenden ausbreiten. Im Frühjahr blühen *Scilla siberica*, *Muscari-*, *Ornithogalum-* und *Chionodoxa*-Arten, Schneeglöckchen, Hasenglöckchen, Narzissen, *Crocus*, *Tulipa sylvestris*, *T. sprengeri*, Winterling, Knollenhahnenfuß, Aremonie, *Waldsteinia*, *Primula vulgaris*, *Viola odorata*, *Bellis perennis*, im Sommer Margeriten, Wiesenglockenblumen, Brauner Storchschnabel usw., im Herbst die Herbst-Krokus-Arten (*C. speciosus*, *C. kotschyanus*, *C. banaticus*). Solche in alten Parks verwildernden Zierpflanzen werden neuerdings Stinsenpflanzen (Stins (altfriesisch): Steinhaus, festes Haus) genannt und gelten als große Attraktion.

Lit.: BAKKER, P.; BOEVE, E. 1985: Stinzenplanten. Zutphen. – BÖSWIRTH, D.; THINSCHMIDT, A. 2002: Rasenprobleme erkennen und beheben. Stuttgart. – LUNG, CH. 2005: Der perfekte Rasen. Richtig anlegen und pflegen. Stuttgart. – SULZBERGER, R. 2004: Rasen, Blumenwiesen. München.

**Gehölzgruppen, Gehölzränder:** Viele schattenliebende Stauden und Frühlingsgeophyten sind in ihrem natürlichen Vorkommen im Unterwuchs von Gebüschen oder Wäldern anzutreffen. Deshalb sind sie für die Verwendung als Unterpflanzung in Garten- und Parkanlagen gut geeignet (Winterling, Leberblümchen, Buschwindröschen, Balkan-Windröschen, Schneeglanz- und Lerchensporn-Arten, Krötenlilie, Farne). An Gehölzränder gehören stärker lichtliebende, meist höhere Stauden wie hohe Funkien, Japan-Anemonen, Diptam, Stauden-Phlox, hohe Glockenblumen, Telekie, also Pflanzen der natürlichen Waldsaumgesellschaften. Sie fallen vor dem dunklen Hintergrund auf und bilden ihrerseits einen Hintergrund für niedrigere Stauden in der Nähe der Wege.

Lit.: DENKEWITZ, L. 1995: Farngärten. Stuttgart. – MAATSCH, R. 1980: Das Buch der Freilandfarne. Berlin, Hamburg. – FÖRSTER, K.; RÖLLICH, B. 1988: Einzug der Gräser und Farne in die Gärten. Stuttgart. – (s. auch „Bodendecker").

☐ **Bodendecker:** mit flachem, ausgebreitetem Wuchs mit der Zeit größere Flächen überziehend. Geeignet als Unterpflanzung für Gehölze (Waldmeister, Immergrün, *Waldsteinia*, *Potentilla alba*, *Euonymus radicans*, Efeu, *Ophiopogon*), aber auch als alleiniger Bewuchs schmückend (*Acaena*), oft auch das Aufkommen von Unkräutern verhindernd (z. B. Haselwurz, Starkwurzliger Storchschnabel).

Lit.: BRINKFORTH, B. 1995: Bodendecker für Gärten und Parkanlagen. Stuttgart.

**Spaliere:** senkrechte Rankhilfen aus Metall oder Holz für solche Kletterpflanzen, die sich nicht mit Haftorganen selbst an der Unterlage, z. B. einer Hauswand oder der Rinde eines Baumes, befestigen können (Beispiel: *Clematis*, Trompetenwinde, Passionsblume, Pfeifenwinde).

Lit.: GUNKEL, R. 2001: Begrünen mit Kletterpflanzen. Stuttgart. – KÖHLER, M. 1993: Fassaden- und Dachbegrünung. Stuttgart.

Als **Solitäre (Einzelpflanzen)** werden in unserem Buch Pflanzen genannt, die durch ihre Größe und ihren stattlichen Wuchs in Einzelstellung – besonders in Parkanlagen – eine wesentlich bessere Schauwirkung erzielen, als wenn man sie in Beeten oder Gruppen mit anderen Pflanzen kombinieren würden (Pampasgras, Mammutblatt, Rizinus, Medizinal-Rhabarber).

**Einfassungen:** Zur Bepflanzung von Beetkanten oder für die Begrenzung von Flächen und Wegen eignen sich Arten, die in Reihe gepflanzt werden, entweder kleinwüchsig sind oder einen Formschnitt vertragen und nicht nur durch Blüten, sondern auch durch Struktur oder Färbung der Blätter auffallen. Wegen des einheitlichen Erscheinungsbildes beschränkt man sich meist auf die Verwendung nur einer Art oder Sorte (Lavendel, *Senecio cineraria*, *Sedum*-Arten, Gamander, Buchsbaum).

**Rabatten:** nur etwa 1 m breite Blumenbeete entlang von Wegen und Zäunen mit Stauden, Zwiebel- und Einjahrspflanzen, oft am Rand mit Einfassungen.

**Staudenbeete:** meist größere Flächen, auf denen vorwiegend Stauden (also im weiten Sinn auch Gräser, Farne und Zwiebelpflanzen) verwendet werden, die entsprechend ihrer Blüten- oder Blattfarbe, Größe, Blütezeit und Anforderungen an den Standort (Licht, Feuchte) in bestimmten Kombinationen angeordnet werden. Infolge der Langlebigkeit der Stauden haben die Anlagen über Jahre Bestand. Deshalb sollte man bereits beim Pflanzen die besonderen Wuchseigenschaften der Arten und Sorten berücksichtigen, damit nicht nach kurzer Zeit alles ineinander wächst. Auch den Ansprüchen, die die verschiedenen Pflanzen an den Standort stellen (z. B. Sonne, Halbschatten, trocken, feucht) ist Rechnung zu tragen.

Lit. zu Rabatten u. Staudenbeeten s. Literaturverzeichnis Teil 8 Zierpflanzen S. 826!

**Sommerrabatten:** Besonders in Schlossgärten und städtischen Anlagen zur zwei- bis dreimal jährlich wechselnden Bepflanzung mit vorkultivierten Zierpflanzen verwendete Flächen, die ihre Schmuckwirkung von Anfang April bis zum Herbst entfalten. In den Wintermonaten können diese Flächen mit Winterannuellen (Stiefmütterchen, Goldlack, Vergissmeinnicht, Tausendschön) besetzt werden, im Frühjahr mit Tulpen, Hyazinthen und anderen Zwiebelpflanzen, im Sommer (Anfang Juni) mit Zinnien, *Tagetes*, Leberbalsam, Verbenen, Heliotrop, Salbei-Arten, Sanvitalie, dazwischen auch mit kleinen Gruppen höherer Arten wie Spinnenblumen, *Canna indica*, Ziertabak, *Tithonia*, kleinen

Sonnenblumen. Bei der Gestaltung ist viel Wert auf die Harmonie der Farben und Strukturen zu legen.

Lit. s. *Sommerblumenbeete.*

**Sommerblumenbeete:** Vollsonnige Flächen für die Kultur von einjährigen Sommerblumen, die auch für den Schnitt genutzt werden können. Die Pflanzen werden entweder unter Glas angezogen und ab Mitte Mai in Reihen oder Gruppen gepflanzt (Löwenmaul, Aster, Zinnie, Studentenblume) oder direkt an Ort und Stelle ab Mitte April ausgesät (Ringelblume, Wucherblume, Schmuckkörbchen, Schöngesicht, Flockenblume, Kornblume, Braut im Haar, Clarkie, Goldmohn, Schleifenblume, Klatschmohn, Sommerazalee, Rittersporn u. a. m.).

Lit.: BÜRKI, M. 2000: Sommerblumen. Braunschweig. – BÜRKI, M. 2003: Bildatlas Sommerblumen. 4. Aufl. Stuttgart. – Der große ADAC-Ratgeber Garten 1995: Sommerblumen. München, Stuttgart. – GRUNERT, CH. 1983: Einjahresblumen. Berlin. – HIELSCHER, A. 1985: Sommerblumen in Wort und Bild. Leipzig, Radebeul.

Für **Freilandsukkulentenbeete** sind Sukkulentenarten geeignet, die sich durch Winterhärte auszeichnen und möglichst auch unempfindlich gegenüber Winternässe sind. Sie können in vielen Gebieten ganzjährig im Freiland ohne Schutz verbleiben. Wichtig ist jedoch eine gute Drainage der Pflanzflächen, damit es zu keiner Staunässe kommt. Das verwendete Substrat darf nicht zu humos und nährstoffreich sein. Gut geeignet zur Anlage solcher Beete sind in Süd- oder Südwestexposition gelegene schattenlose Hanglagen und Pflanzflächen vor einer Mauer bzw. Hauswand. Die winterharten Opuntien und Agaven lassen sich wirkungsvoll mit *Sedum*- und *Sempervivum*-Arten, im Sommer auch mit Portulak-Röschen, Mittagsblumengewächsen und Gazanien kombinieren. In Gebieten mit hohen Niederschlägen kann im Winter eine durchsichtige Abdeckung als Nässeschutz nötig sein. Eine gute Belüftung muss aber gewährleistet sein.

Lit.: KÖHLEIN, F. 2005: Freilandsukkulenten. Stuttgart. – KÜMMEL, F.; KLÜGLING, K. 2005: Winterharte Kakteen. 2. Aufl. Erfurt.

△ **Steingärten:** Anlagen für die Kultur von Hochgebirgs- und Felspflanzen. Die Form solcher künstlich errichteter Anlagen sowie die Verwendung von Gesteinsmaterial dient nicht allein der optischen Annäherung an die Szenerie am natürlichen Standort, sondern sie bietet den Steingartenpflanzen gleichzeitig bessere Wachstumsbedingungen als bei der Kultur auf ebenen Beeten. Bereits leicht gewölbte „Hügelbeete", die mit einer guten Drainage im Untergrund ausgestattet sind, können zu guten Ergebnissen führen. Beim Verbauen von Steinen ist aus ästhetischen Gründen auf eine naturnahe Schichtung bzw. Anordnung zu achten. Man schafft damit zugleich viele kleinklimatisch verschiedene Pflanzstellen. Sonnige oder absonnige Lagen sind für bestimmte Arten ebenso wichtig wie das Vorhandensein von Spalten, Fugen, Schotterflächen und von Böden mit unterschiedlicher Reaktion (sauer oder basisch).

Lit.: BECKETT, K. (Hrsg.) 1993, 1994: Encyclopaedia of alpines. Vol. 1: A–K; Vol. 2: L–Z. Pershore. – FOERSTER, K. 2000: Der Steingarten der sieben Jahreszeiten. Stuttgart. – HABERER, M. 2004: Der neue Steingarten. Stuttgart. – MEUSEL, W.; HEMMERLING, J. 1979: Pflanzen zwischen Schnee und Stein. Leipzig. – SCHACHT, W. 1968: Der Steingarten. 4. Aufl. Stuttgart. – WOCKE, E. 1940: Die Kulturpraxis der Alpenpflanzen und ihre Anwendung im Steingarten und Alpinum. 3. Aufl. Berlin. Nachdr. 1977, Koenigstein/Taunus.

**Trockenmauern:** Die unter diesem Begriff zusammengefassten Steinwälle werden ohne Mörtel errichtet. Zwischen die aufgeschichteten Steinlagen und in den Mauerkern wird lediglich Erde eingebracht. In die Ritzen und Fugen können Arten gepflanzt werden, die ähnliche Standorte auch in der Natur besiedeln. Oft handelt es sich um nässeempfindliche Pflanzen mit einem tiefreichenden Wurzelsystem oder um Sukkulente, die in der normalen Gartenkultur Schwierigkeiten bereiten.

Auch **Kiesdächer** sind periodisch trockne Standorte. Ein tiefreichendes Wurzelsystem nützt den Pflanzen hier nichts, dagegen eignen sich Sukkulente (*Sedum album, S. hispanicum, S. rupestre, S. telephium* u. a., *Sempervivum*), aber auch Schnittlauch und andere *Allium*-Arten für die Bepflanzung.

Lit.: Köhler, M. 1993: Fassaden- und Dachbegrünung. Stuttgart. – Krupka, B. W. 1992: Dachbegrünung. In: Handbuch des Landschaftsbaues. Stuttgart.

**Gartenteiche:** Sumpf- und Wasserpflanzen haben unterschiedliche Ansprüche an die Feuchtigkeit des Standortes bzw. die Pflanztiefe unter der Wasseroberfläche (z. B. Seerosen >0,40 m, *Orontium* <0,30 m). Metertiefe Teiche frieren nicht durch, kleine Fische (z. B. Stichlinge) können in ihnen überwintern und die Gefahr einer Mücken-Brutstätte bannen. Meist haben Gartenteiche keinen Abfluss, die Härte des Wassers nimmt daher durch Auffüllen zu. Außerdem kann bei Starkregen Nährstoffeintrag aus den umliegenden Flächen erfolgen. Das ist bei der Auswahl der Arten zu beachten. Die **Uferpartien** entlang von Teichen und anderen Gewässern bieten Sumpf- und Wasserpflanzen gute Bedingungen, deren Ansprüche von feuchten (Trollblume, Sumpf-Wolfsmilch) bis zu nassen Pflanzorten reichen (Sumpfschwertlilie, Schwanenblume, Blutweiderich). In Parkanlagen können hier auffällige, großblättrige Stauden wie Pestwurz, Sumpfdotterblumen oder Ligularien gepflanzt werden, die in großen Gruppen von fern wirken. Bei künstlichen Gewässern muss das Trockenfallen der Uferpartie durch den Einbau von Folien, Kunststoff oder Tonwannen im Untergrund verhindert werden.

Lit.: Beck, P. 2006: Gartenteiche. Stuttgart. – Kircher, W. 1996: Wasserpflanzen für den Garten. Stuttgart. – Schuster, E. 2000: Sumpf- und Wasserpflanzen – Eigenschaften, Ansprüche, Verwendung. Berlin. – Wachter, K.; Bohlerhey, H.; Germann, Th. 2005: Der Wassergarten. Stuttgart.

**Moorbeete:** Für diese Anlagen sind eine Bodenwanne aus Teichfolie oder Ton, als Substrat Hochmoortorf und zur Bewässerung kalkfreies Wasser, am besten Regenwasser erforderlich. Nur so lassen sich kalkmeidende Arten wie Scheidiges Wollgras, Sonnentau-Arten, Rosmarin-Heide und andere Ericaceen-Zwergsträucher oder Sträucher erfolgreich kultivieren. In Trockengebieten ist ein Moorbeet viel schwerer zu erhalten als im niederschlagsreichen, bodensauren Nordwesten Deutschlands oder in den Gebirgen, wo Hoch- und Zwischenmoore auch von Natur aus vorkommen. Grundsätzlich verschieden sind Kalkflachmoore, in denen das Breitblättrige Wollgras, Sumpf-Orchideen und verschiedene Sumpf-Schwertlilien gedeihen.

Lit.: Maier, E. 2000: Das Moor im eigenen Garten. Moorgärten anlegen, gestalten und pflegen. Berlin. – Starke, W. 1950: Moorbeetpflanzen. Holzminden.

**Parks:** Für die Verwendung in Parks werden konkurrenzstarke Pflanzen vorgeschlagen, die sich in den verschiedenen Biotopen (Rasenflächen, Gehölzgruppen, Gewässerufer) ohne besonderen Pflegeaufwand behaupten, ebenso Solitäre, die viel Platz brauchen und auch von fern wirken. Für barocke Parkanlagen sind Staudenbeete, Sommerrabatten mit Umrandungen, Kübelpflanzen (s. dort) und einheitlich grüne Rasenflächen charakteristisch.

**Bauern- und Schlossgärten:** Im Gegensatz zu einer verbreiteten Meinung haben sich Bauerngärten nicht an der strengen Formgebung der mittelalterlichen Klostergärten orientiert, waren also nicht durch ein kreuzförmig verlaufendes Wegesystem mit einem Rondell in der Mitte gegliedert (Krausch 1999). Solche Anlagen mit Beetbegrenzungen durch geschnittene Buchsbaumhecken waren eher für **Schlossgärten** des Barock typisch und wurden von Gutsherren, Pfarrern und reichen Bürgern nachgeahmt. In öffentlichen Anlagen entstanden in den letzten Jahrzehnten viele Neuanlagen nach solchen historischen Vorbildern.

In **Bauerngärten** nahmen dagegen Gemüse-, Gewürzpflanzen-, Heilpflanzen- und Erdbeerbeete zusammen mit Obststräuchern neben einer Obstbaumwiese den wichtigsten Platz ein, Zierpflanzen wurden am Zaun, am Haus und Hauptweg gepflanzt. Der Bauerngarten musste alle Gemüse-, Obst- und Gewürzarten und auch viele Heil- und

Duftpflanzen für den Eigenbedarf liefern. Noch heute enthalten Bauerngärten viele alte Nutz- und Zierpflanzensorten. Landschaftstypische Formen sind beispielsweise der Westfälische oder Niederdeutsche Bauerngarten. Im 19. Jahrhundert ging die Zahl dieser Gärten stark zurück, in jüngerer Zeit ist aber das Interesse an ihnen wieder erwacht.

Lit.: HOCHEGGER, K. 2003: Bauerngärten. Anlegen, nutzen, genießen. Stuttgart. – HÜGIN, G. 1991: Hausgärten zwischen Feldberg und Kaiserstuhl. Beih. Veröffentl. Naturschutz Landschaftspflege Baden-Württemberg **59**: 1–176. – KRAUSCH, H.-D. 1996: Bauerngärten in Brandenburg. Ökowerkmagazin **3**: 4–8. – KRAUSCH, H.-D. 1999: Bauerngärten – wie sind sie wirklich? Mitt. NNA **1**: 20–21. – SULZBERGER, R. 2005: Bauerngärten. München.

**Naturgärten:** Für diesen Gartentyp werden vorrangig konkurrenzstarke Wildarten genannt, die einen geringen Pflegeaufwand erfordern und die Schönheit und Mannigfaltigkeit der heimischen Flora erkennen lassen. Ihre Anordnung sollte der Vegetationsgliederung am natürlichen Standort entsprechen. Züchterisch bearbeitete Sorten gehören nicht in Naturgärten.

Lit.: NIEUMAN, W. u. a. 2005: Naturgarten. In: Wegweiser. Bindlach.

**Heidegärten** können zu den Naturgärten gezählt werden. Auf kalkarmem Sandboden gedeihen hier die Sorten des Heidekrauts, verschiedene Rhododendron-Arten, zarte Gräser, *Jasione*- und *Helichrysum*-Arten. Auf kalkreichem Boden und in Trockengebieten ist die Vegetation der sauren Heiden ohne Auswechseln des Bodens nicht zu realisieren; hier kann aber die Artenvielfalt der „Steppenheiden" mit Adonisröschen, *Paeonia tenuifolia*, Kugelblumen, Kuhschellen, Alant, Blutrotem Storchschnabel, Diptam, Graslilie, Knäuel-Glockenblume, Federgräsern und Wildarten von *Tulipa, Crocus* und *Iris* schöne Bilder ergeben.

Lit.: LAAR, H. V. D. 1976: Heidegärten – Anlage, Pflege, Pflanzenwahl. Berlin. Hamburg. – MIESSNER, E. 1970: Das Heidegartenbuch. Berlin.

**Grabbepflanzungen:** Für die Hügelflanken lassen sich viele Zwerggehölze und Stauden verwenden (Efeu, *Sedum spurium, Euonymus radicans*, niedrige Zwergmispeln, Andenpolster (*Azorella trifurcata*), zwischen den Trittsteinplatten Sternmoos, auf die Oberfläche des Hügels auch die bei den Sommerrabatten genannten Arten.

Lit.: BOTT, H. 2001: Gräber bepflanzen und pflegen. 2. Aufl. Stuttgart. – MÜLLER, N. 2005: Der Gärtner, Bd. 2. Zierpflanzenbau, Friedhofsgärtnerei, Verkauf. Stuttgart. – NOBBMANN, L. 2004: Stauden und Gehölze in der Grabgestaltung. Stuttgart. – s. auch „Bodendecker" S. 42.

**FärbePfl:** Der Anbau von Pflanzen, die zum Färben von Textilien, Leder, aber auch Wein oder Lebensmitteln verwendet wurden, ist infolge der Entwicklung synthetischer Anilinfarbstoffe im 19. Jahrhundert meist aufgegeben worden. Der Färber-Waid (Blaufärbung durch Oxidation des Inhaltsstoffs Indikan zu Indigo) wurde schon seit dem 17. Jahrhundert durch den importierten Indigo zurückgedrängt und hatte im 18. Jahrhundert keine wirtschaftliche Bedeutung mehr. Angebaut wurde in Deutschland auch die Färber-Resede (Luteolin in der Abkochung des getrockneten Krautes färbt Wolle lichtecht gelb, blaue Stoffe grün), der Färber-Saflor (rotorangefarbenes Carthamin in den Blüten zur Färbung von Kosmetika und Lebensmitteln wie Quark und Kuchenteig, Anbau im Spreewald noch im 20. Jahrhundert), die Färber-Röte, Krapp (roter Textilfarbstoff Alizarin, seit 1868 synthetisch hergestellt) und die Färber-Hundskamille (gelbe Flavonoide zum Färben von Wolle und Gebäck), sie fristen heute als archäophytische Wildkräuter an Böschungen oder in Museumsgärten ihr Leben.

Zur **Gründüngung** dienen landwirtschaftliche Kulturpflanzen, besonders die luftstickstoffbindenden Schmetterlingsblütengewächse, wie Lupinen, Luzerne und Kleearten, aber auch Senf, Raps, Ölrettich, Klee-Weidelgras-Gemenge, Phazelia. Sie werden zur Verbesserung der Stickstoff- und Humusversorgung des Bodens, z. T. nach einmaliger Nutzung als Futterpflanze, in grünem Zustand untergepflügt bzw. untergegraben. Einige sind gleichzeitig Bienenfutterpflanzen.

**Vermehrung**
Für jede Art werden Hinweise zu ihrer Vermehrung gegeben, die wichtigste Methode wird zuerst genannt.

**v** Die **Aussaat** (generative Vermehrung) ist die am häufigsten benutzte Anzuchtmethode im Gartenbau. Die kurzlebigen (annuellen und biennen) Pflanzen werden fast alle so reproduziert, aber auch viele ausdauernde Stauden und sogar einige ausdauernde Zwiebelpflanzen (Küchenzwiebel, Schmalblütiges Träubel) werden oft so vermehrt.

In der Regel sollte die Lagerung von Saatgut unter trockenen und kühlen Bedingungen erfolgen. Ausnahmen bilden einige Waldpflanzen wie Leberblümchen, Lerchensporn und Buschwindröschen, deren Keimlinge sich nur im frischen, feuchten Samen voll entwickeln können, deren Samen also nicht austrocknen dürfen. Der Aussaattermin wird bei Einjahrspflanzen in unserem Buch meistens angegeben. Zahlreiche Pflanzen gelten als **Kaltkeimer** (oft als Frost- oder Kältekeimer bezeichnet). Das heißt aber nicht, dass sie bei sehr tiefen Temperaturen keimen, sondern dass ihre Keimruhe durch mehrwöchige Einwirkung von kühlen Temperaturen (meist zwischen −5 °C und +5 °C) auf den gequollenen Samen gebrochen wird (Stratifikation). In den Artbeschreibungen wird, soweit bekannt, auf diese Besonderheit hingewiesen. Solche Arten können im Herbst ins Freiland ausgesät werden (z. B. Stockrose), man kann die feuchten Samen aber auch in den Kühlschrank bringen. Dies betrifft manche Stauden und Zwerggehölze aus Frostklima-Gebieten, die an ihrem natürlichen Standort erfrieren würden, wenn sie gleich nach der Samenreife keimen würden.

Samen von **Dunkelkeimern** (z. B. *Phacelia, Cyclamen,* Christrose, Eisenhut, Lupine, Stiefmütterchen) müssen mit einer Bodenschicht von mehreren Millimetern bedeckt werden, Samen von **Lichtkeimern** (z. B. Bohnenkraut) dagegen nur mit einer Substratschicht von einfacher bis doppelter Kornstärke. Feinkörniges Saatgut (z. B. Majoran) wird nicht mit Erde abgedeckt. Durch eine Abdeckung mit einer Glasscheibe kann im Haus die für die Keimung notwendige Feuchtigkeit garantiert werden. Über die Zuordnung zu Licht- oder Dunkelkeimern finden sich in der Literatur unterschiedliche Angaben. Manchmal verhalten sich auch die Sorten einer Art darin unterschiedlich.

Die **Keimfähigkeit** hält bei den meisten Samen 2–5 Jahre an, bei wenigen, wie den genannten Waldpflanzen oder der Kornrade, lässt sie schon im 2. Jahr nach der Samenreife stark nach. Samen von Flatterbinse, Königskerze und Malven können im Boden Jahrzehnte und sogar Jahrhunderte überleben. Bei schwer keimenden Arten und solchen, deren Keimbedingungen unbekannt sind, kann es sinnvoll sein, Aussaatgefäße über einen längeren Zeit stehen zu lassen und sie nicht voreilig zu entsorgen. Oft erfolgt die Keimung erst im nächsten Jahr (ausgelöst durch niedrige Temperaturen, durch Auswaschung von Hemmstoffen oder Durchlässigwerden harter Samenschalen). In manchen Fällen kann eine Gibberellinbehandlung bei nicht oder schwer keimenden Arten zum Erfolg führen (5 mg Gibberellinsäure [$GA_3$] auf 100 ml Wasser bei einer Einwirkungszeit von 24 Stunden). Hartschalige Samen, die oft erst nach vielen Jahren keimen (z. B. manche Leguminosen), können durch Anritzen mit Sandpapier (Skarifizieren) zum Keimen gebracht werden. Bei Maiglöckchen, Weißwurz und *Trillium* sind zur Keimung 2 Winter nötig. Das erste Kälte-Erlebnis bricht nur die Ruhe der Keimwurzel, das zweite die der Sprossknospe.

Manche Aussaaten, wie Salat, keimen nur unter 20 °C gut. Das sind vorwiegd Winterannuelle, die nach der Ruhezeit während der Sommerdürre im Mittelmeergebiet bei sinkenden Temperaturen und einsetzenden Niederschlägen keimen. Für viele Sommerannuelle dagegen (Hirse, Gurke, Kürbis, Zucchini, Fuchsschwanz, Portulak) sind Keimtemperaturen von 20–25 °C optimal (**Wärmekeimer**). Wenn kein Gewächshaus, Wintergarten oder Frühbeetkasten ▭ zur Verfügung steht, können die Aussaatschalen auf dem Fensterbrett Aufstellung finden. Sobald die Sämlinge erscheinen, sollten sie möglichst hell und luftig stehen und nach Erreichen einer gewissen Größe (außer den Keimblättern 2 Laubblätter) vereinzelt (pikiert), später getopft werden. Bei Gurken, Zucchini, Kürbis und Tomaten sät man in jeden Topf 2 Samen und entfernt, falls beide keimen, die schwächere Pflanze. Vor dem Auspflanzen ins Freiland müssen die Pflanzen durch öfteres Lüften abgehärtet werden. Frostempfindliche Pflanzen darf man nicht vor dem Ende der Spätfrostgefahr ohne Schutzmaßnahmen ins Freie pflanzen („Eisheilige" Mitte Mai, solche Spätfröste blieben aber im letzten Jahrzehnt meistens aus).

Die Sporen von **Farnen** sät man nach der Reife in sterilisierten nassen Torf so dünn wie möglich aus. Sollten die sich entwickelnden Vorkeime (Prothallien) dennoch zu dicht stehen, werden sie pikiert. Öfteres feines Übersprühen ist Voraussetzung für die Befruchtung durch die schwimmenden Spermatozoide. Nach Entfaltung der ersten Wedel wird vereinzelt.

Die Samen bzw. Früchte von **Tauch- und Schwimmpflanzen** wie *Nymphaea, Nuphar, Nymphoides* und *Trapa* müssen unter Wasser aufbewahrt und ausgesät werden. Das Saatbett aus Kompost, Lehm und Sand wird mit einer Sandschicht abgedeckt, damit die Samen nicht wegschwimmen. Bei Sumpfpflanzen empfiehlt es sich, die Aussaatgefäße in mit Wasser gefüllte Schalen zu stellen.

Während die Einjahrspflanzen nur durch Aussaat vermehrt werden, ist die **vegetative** (ungeschlechtliche) **Vermehrung** besonders bei Stauden und Zwiebelpflanzen ebenso wichtig wie die Aussaat. Sie erfolgt in der Natur durch **Brutknollen, Brutzwiebeln, Brutpflanzen, Winterknospen (Turionen), Rhizome, Ausläufer und Wurzelsprosse,** in der gärtnerischen Praxis künstlich durch **Stecklinge, Schnittlinge, Risslinge, Senker** oder **Meristemvermehrung.** Durch die vegetative Vermehrung ist es möglich, gleiche Nachkommen einer einzelnen Pflanze zu erzeugen, die, aus welchen Gründen auch immer, auf generativem Wege nicht vermehrbar ist oder deren spezielle Eigenschaften nicht reinrassig vererbt werden. Bei den Artbeschreibungen wird auf diese Besonderheit hingewiesen. Brutknollen und Brutzwiebeln werden beim Aufnehmen der Mutterpflanzen aus dem Boden während der Ruhezeit gewonnen und bis zum Kulturbeginn trocken gelagert. Während man z. B. die frostempfindlichen Brutknollen der Gladiolen erst im folgenden Frühjahr auf Anzuchtbeeten ausbringt, werden die Brutzwiebeln von Tulpen und Hyazinthen bereits im Hersbst in den Boden gebracht. Eine Ausnahme bilden Schneeglöckchen und Märzbecher, bei denen die geteilten Gruppen von Zwiebeln und Tochterzwiebeln nach der Blüte mit dem grünen Laub verpflanzt werden, da sie Austrocknen schlecht vertragen. Brutpflanzen, die sich spontan (Farne, *Kalanchoe, Tolmiea*) oder regenerativ (Begonien an Blättern nach Einschneiden der Rippen) bilden, werden während der Vegetationszeit von den Mutterpflanzen abgenommen.

**Senker** sind künstlich abgesenkte und im Boden zur Bewurzelung verankerte Sprosse (im normalen Sprachgebrauch oft mit Stecklingen verwechselt).

Viele Stauden lassen sich durch **Teilung** (♈) leicht vermehren, meistens im Frühjahr oder Herbst, wenn sich die Pflanzen in der Ruhezeit befinden. Die mit Spaten oder Messer abgetrennten Teilstücke müssen über genügend Wurzeln verfügen, um lebensfähig zu sein. Die rhizombildenden Schwertlilien teilt man dagegen nach der Blüte, wobei die Blätter gleichzeitig um die Hälfte gekürzt werden. Die Neupflanzung erfolgt in allen Fällen unmittelbar nach der Teilung.

⋎ Die **Stecklingsvermehrung** beruht auf der Fähigkeit der Pflanzen, sich aus Teilstücken zu regenerieren, die allerdings Bildungsgewebe enthalten müssen. Manche Sorten, z. B. von Fächerblumen oder Leberbalsam, werden nur so vermehrt. Je nach Pflanzenart können dafür unterschiedliche Teile dienen, z. B. Sprossspitzen, Sprossteilstücke, Blätter und Wurzeln. Krautige Stecklinge werden während der Vegetationszeit geschnitten und bei Temperaturen von 15–20 °C unter luftfeuchten Bedingungen bewurzelt. Voraussetzung ist ein scharfes Messer, mit dem ein ziehender und glatter Schnitt ausgeführt wird. An der Schnittfläche darf es wegen der Fäulnisgefahr nicht zu Quetschungen kommen. Als Substrat verwendet man ein Torfmull/Sand-Gemisch, in das die Stecklinge in Töpfen oder Schalen gesteckt werden. Anschließend sind sie leicht anzufeuchten und bis zur erfolgten Bewurzelung mit Folie oder Glas abzudecken. Die Stecklinge dürfen nicht welken, deshalb ist bei Sonne auf eine ausreichende Schattierung zu achten. Überwiegend verwendet man bei den krautigen Stecklingen Triebspitzen, die 2–6 voll ausgebildete Blätter aufweisen. Schwer wurzelnde Stecklinge kann man vor dem Einsetzen mit dem unteren Ende in hormonhaltiges Bewurzelungspulver tauchen. Stauden-Phlox vermehrt man im Mai/Juni durch Stecklinge, die 1–2 Sprossknoten und die Blattansätze umfassen. Über Blattstecklinge lassen sich z.B. *Lewisia, Haberlea* und *Ramonda* vermehren. Dazu werden einzelne Blätter geschnitten, die am Stielgrund, der im Substrat steckt, Sprossknospen und Wurzeln bilden.

**Risslinge** sind Triebspitzen, die mitsamt einem Stück vom Wurzelansatz von der Sprossbasis abgerissen, nicht abgeschnitten, werden. Ihre Bewurzelung erfordert die gleichen Bedingungen wie bei einem Steckling. Bei Meerrettich oder *Papaver orientale*, die aus verletzten Wurzeln nach Kallusbildung regenerativ Wurzelsprosse bilden können (s. S. 32), lassen sich im Herbst **Wurzelschnittlinge** machen. Dickere Wurzelschnittlinge werden senkrecht ins Substrat in Schalen eingebettet (das sprossnahe Ende oben), während dünne flach in das Substrat gelegt werden.

**Meristemvermehrung:** Aus experimentell isolierten Einzelzellen können sich in Nährmedien mit ausgewogenem Hormongehalt wieder vollständige Pflanzen entwickeln. In der Orchideenkultur ist das mit isolierten Blattzellen möglich. Gewöhnlich verwendet man Bildungsgewebe (Meristeme, z.B. Sprossspitzen), die in flüssigen und ständig bewegten Nährmedien unter sterilen Laborbedingungen zur Bildung größerer Gewebeklümpchen (Protokorme) angeregt werden. Diese werden zerteilt, auf feste Nährboden gebracht, wo sie Wurzeln und Sprosse bilden. So gelingt die Erzeugung von Bakterien- und Virus-freiem Pflanzenmaterial in großer Stückzahl bei Erdbeeren, Kartoffeln, Farnen, Orchideen, Funkien, Nelken, Pelargonien, Phlox, Dahlien und Chrysanthemen. Die schwierigste Phase ist die Umstellung der Jungpflanzen von der sterilen Kultur auf die normalen gärtnerischen Kulturbedingungen.

Lit.: KAWOLLEK, W. 1994: Handbuch der Pflanzenvermehrung. Augsburg. – TOOGOOD, A. (Herausg.) 2005: Handbuch der Pflanzenvermehrung. Starnberg.

## Kulturbedingungen

Die Hinweise zu den Kulturbedingungen und die Angaben zu den natürlichen Standorten sollen über die Ansprüche der kultivierten Pflanzen informieren. Viele sprechen für sich (z.B. sonniger, halbschattiger oder schattiger Standort, feuchter oder trockener Boden), einige sollen näher erläutert werden.

**auswildernd:** Kulturpflanzen (meist Zierpflanzen der Gärten), die infolge ihrer starken generativen oder vegetativen Vermehrung schwer zu bändigen sind, zur unkontrollierten Ausbreitung und zum Verwildern in der freien Natur neigen (z.B. Acker-Glockenblume, Japanknöterich, Herkulesstaude). Viele ehemalige Gartenpflanzen sind in Deutschland schon eingebürgert, entweder in der naturnahen (Wälder, Moore, Gewässer) oder vom Menschen beeinflussten Vegetation (Wiesen, Weiden, Äcker, Ruderalstellen wie Bahndämme, Straßenränder oder Bergbaufolgelandschaften), andere verwildern unbeständig („verw.") oder sind auf dem Wege der Einbürgerung (vgl. auch Kap. 1.6 „Verwilderung und Einbürgerung gebietsfremder Kulturpflanzen" S. 37).

⌃ **Winterschutz:** Die Pflanzen werden während des Winters bei strengem Frost geschädigt, eine Abdeckung aus Koniferenzweigen, dicke Packung aus trocknem Laub o. ä. ist erforderlich. Großen Einfluss auf die Eignung des Standortes für frostempfindliche Pflanzen hat das Mikroklima, das z.B. vor einer besonnten Hauswand günstiger ist. Frostgrade bis –10 °C werden von den so gekennzeichneten Pflanzen meist für kurze Zeit toleriert. Bei manchen Arten ist im Winter Schutz vor Nässe nötig.

ⓐ **Alpinenhaus:** meist ungeheiztes Gewächshaus, in dem sich viele in Freilandkultur heikle Arten erfolgreich kultivieren lassen. Neben dem Schutz vor strengen Frösten

können auch Nässeschutz während Ruheperioden oder besondere Wachstums-
bedingungen gewährleistet werden.

Lit.: KUMMERT, F. 1989: Pflanzen für das Alpinenhaus. Stuttgart.

ⓡ **frostfreie Überwinterung:** Die Knollen von Dahlien, Gladiolen, Wunderblumen,
Knollenbegonien, manchen *Oxalis*-Arten und viele als Kübelpflanzen gezogene Arten
müssen frostfrei überwintert werden. Dabei sind oft schon Temperaturen von 4–8 °C
(*Agave americana, Citrus*, Fuchsie, Granatapfel, Oleander, *Pelargonium, Agapanthus*)
oder 5–15 °C ausreichend (*Lycianthes rantonneti, Brugmansia, Hibiscus*, Jasmin,
Kanaren-Margerite, Surfinia-Petunien). Der Überwinterungsort der Kübelpflanzen soll
luftig und hell sein (Kalthaus, Wintergarten, Treppenhaus, ungeheiztes Zimmer), nur die
im Winter ± blattlosen Arten (Granatapfel, *Brugmansia, Lantana*, Fuchsien und
*Lycianthes*) vertragen Dunkelheit.
**Lichtrhythmus (Tageslänge: Kurztag- und Langtag-Pflanzen):** Neben den
Temperaturen hängt der Jahresrhythmus der Pflanzen von der Tages- (eigentlich
Nacht-)Länge ab. Kurztagpflanzen wie Chrysanthemen, deren Blühinduktion beim kür-
zer werdenden Tag erfolgt, können so zu beliebigen Zeiten zum Blühen gebracht wer-
den. Manche Pflanzen fordern zur Blühinduktion auch kalte Temperaturen, die in
Gewächshäusern künstlich erzielt werden können (Jarowisation od. Vernalisation, z. B.
einige *Primula*-Arten, Goldlack, Sorten von *Chrysanthemum*, Astern, Nelken, Sellerie,
Kohl, Fingerhut, Winterroggen). Durch ein bestimmtes Licht- und Temperaturregime
können bewurzelte Stecklinge so vor Erreichen der natürlichen Wuchshöhe zum Blühen
gebracht werden. Wenn solche im Frühjahr blühend verkauften Dahlien oder
Chrysanthemen in den Garten gebracht werden, darf man sich nicht wundern, wenn sie
zur natürlichen Wuchshöhe und Blütezeit zurückkehren.

## 1.8 Anordnung der Angaben in den Artkapiteln (s. Nachsatzblätter)

Bei den einzelnen Arten werden zunächst die unterscheidenden **Merkmale** genannt,
wenn möglich auch solche, die außerhalb der Blütezeit leicht zu erkennen sind.
Zusätzliche Merkmale geben z. B. Hinweise auf das Aussehen als Zierpflanze. Wie in
den anderen Bänden der Rothmaler-Reihe folgt dann die **Wuchshöhe** in Metern
(Extremwerte in Klammern), darauf die Angabe der **Lebensdauer, Wuchsform** und die
**Blütemonate.** Diese Angaben beziehen sich auf das Verhalten in der Kultur im deut-
schen Flach- und Hügelland, die Blütezeit im Hochgebirge liegt gewöhnlich später, die
Wuchshöhe kann die am natürlichen Standort beobachtete übertreffen. Nicht einbezo-
gen wurden Blütezeiten, die auf künstliche Veränderung des Lichtrhythmus in
Gärtnereien zurückgehen. (Zu Lebensform bzw. Wuchsform, Lebensdauer und
Laubrhythmus vgl. Kap. 1.4 S. 30).
Mit „**W**" wird bei kultivierten Pflanzen der heimischen **Wildflora** (auch der eingebürger-
ten Arten) darauf hingewiesen, dass in den Bänden 2 bzw. 4 weitere Angaben zur Ver-
breitung und Ökologie zu finden sind, auch sind diese Arten in Band 3 abgebildet. Sel-
tener kultivierte Arten der heimischen Flora konnten deshalb sehr kurz behandelt wer-
den. Mit „**Z**" oder „**N**" wird auf die Verwendung als Zier- oder Nutzpflanze (in manchen
Fällen auf beides) hingewiesen. Als Nutzpflanzen werden nur solche bezeichnet, die
wegen ihres Nutzens (z. B. als Heil- oder Bienenfutterpflanze) in Deutschland kultiviert
werden oder wurden, also nicht solche Heilpflanzen und Wildgemüse, die nur am natür-
lichen Standort gesammelt werden. Auf einen Nutzen, z. B. als Heil- oder Bienenfutter-
pflanze, wird aber auch bei manchen Zierpflanzen hingewiesen. Die **Häufigkeit** in der
Kultur wird in 3 Stufen eingeschätzt (**v**erbreitet, **z**erstreut, **s**elten, vgl. dazu S. 40).
Nach diesen Angaben folgen Empfehlungen zum **Gartenstandort,** z. B. Steingarten,
Trockenmauer, Gartenteich oder Staudenbeet, und **Kulturhinweise,** bei denen die im

gärtnerischen Schrifttum üblichen Zeichen verwendet werden. Die Zeichen werden zusammen mit den im Text verwendeten Abkürzungen auf den Buchdeckel-Innenseiten erklärt, zusätzliche Hinweise finden sich in Kap. 1.7 „Gärtnerische Hinweise" S. 39. Zuerst wird die Vermehrungsart angegeben (die wichtigste Methode zuerst), danach die Licht-, Feuchte- und Bodenbedingungen, evtl. besondere Schutzmaßnahmen gegen Frost, Kulturerfahrungen, manchmal auch Hinweise auf Schädlinge. Für wichtig hielten wir auch die Angabe der **Giftigkeit** mancher in Gärten und Parks gezogenen Zierpflanzen.

Die **Angaben in den runden Klammern** betreffen zunächst die Herkunft, also das natürliche **Verbreitungsgebiet** der Pflanze oder ihrer Ausgangssippen (s. Kap. 1.5 „Klima und Standorte ..." S. 34). Einbürgerung in anderen Erdteilen wird nur kurz angegeben. Außer der zonalen Lage wurden möglichst auch Informationen über die Höhenverbreitung aufgenommen. Dann folgen die **Standorte im Heimatgebiet** und nach einem Gedankenstrich – sofern bekannt – das Jahr oder der Zeitraum der **Inkulturnahme** (s. Kap. 1.1 „Herkunft und Einfuhr" S. 13). Die Jahreszahlen geben den ersten literarischen Nachweis der Kultur in Europa an. Weiter werden in den Klammern oft wichtige **Sortengruppen**, manchmal auch **Sorten** mit ihren Merkmalen genannt, und schließlich wird auf den gesetzlichen **Artenschutz** hingewiesen. Die letztere Angabe bezieht sich auf Deutschland, denn es würde zu weit führen, die Artenschutzlisten aller Heimatländer zu referieren. Es muss aber darauf hingewiesen werden, dass das Sammeln sowie die Ein- und Ausfuhr der durch das Washingtoner Artenschutzabkommen (CITES 1973) geschützten seltenen und vom Aussterben bedrohten Pflanzenarten aus anderen Ländern nicht gestattet ist und von den Zollbehörden geahndet wird. Pflanzenjäger sind für die Wildvorkommen vieler Nutz- und Zierpflanzen eine große Gefahr.

Zum Schluss werden nun die **Namen** der Pflanzen genannt, in eckigen Klammern wichtige Synonyme. Dabei muss zuweilen erwähnt werden, dass eine Art meistens unter nicht zutreffendem oder nicht gültigem Namen gehandelt und kultiviert wird (vgl. Kap. 1.2 „Ordnung und Benennung der Pflanzen" S. 20). Unter den deutschen Namen (in Fettdruck) wurden die am meisten verbreiteten ausgewählt. Wenn in der Literatur kein deutscher Name zu finden war, wurde er durch die Übersetzung fremdsprachiger Volksnamen bzw. Übersetzung des wissenschaftlichen Namens gewonnen oder möglichst sinnvoll neu gebildet. Am Ende steht der akzeptierte wissenschaftliche Name in Kursivdruck, die betonte Silbe ist unterstrichen (vgl. Kap. 1.3 „Aussprache und Betonung der wissenschaftlichen Namen" S. 29). Meistens entspricht der Name dem in Zanders „Handwörterbuch der Pflanzennamen" (ERHARDT et al. 2002) und in der „European Garden Flora" (1984–2000), bei abweichender Bezeichnung werden die dort verwendeten Namen als Synonyme angegeben. Die Namen der Autoren der wissenschaftlichen Namen wurden nach den Vorschlägen von BRUMMITT et POWELL (1992) abgekürzt.

## 1.9   Zum Gebrauch der Bestimmungstabellen

Für eine sichere Bestimmung sind beblätterte und blühende bzw. bei Farnpflanzen sporangientragende Pflanzen erforderlich, in einigen Pflanzengruppen (z.B. *Apiaceae, Brassicaceae, Carex*) auch voll entwickelte Früchte. Ferner können Grundblätter und unterirdische Organe wichtig sein. Unvollständige Exemplare erschweren die Bestimmung oder machen sie sogar unmöglich. Zur Untersuchung der Pflanzen benötigt man eine 8- bis 16fach vergrößernde Lupe (kein Vergrößerungsglas!), eine spitze Pinzette und zwei Präpariernadeln, um auch kleine Blüten zergliedern zu können, sowie Rasierklingen oder ein kleines Skalpell zur Anfertigung von Schnitten durch Blüten oder andere Organe. Ein Stereo-Präpariermikroskop kann die Arbeit sehr erleichtern.

Die Bestimmungstabellen unseres Buches haben die Form von dichotomen (zweigabligen) Schlüsseln. Sie beruhen auf der zu treffenden Entscheidung zwischen jeweils zwei mit der gleichen fortlaufenden Schlüsselnummer bezeichneten gegensätzlichen „Fragen" (Merkmalsausprägungen), die am Zeilenende zu einer weiterführenden Schlüsselnummer und schließlich zu einem Pflanzennamen führen. Oft ist dabei nicht nur ein Einzelmerkmal, sondern eine Merkmalsgruppe (Merkmalskombination) berücksichtigt, wodurch die Bestimmung sicherer wird. Aus dem gleichen Grund werden manchmal bei einer Frage zusätzliche Merkmale angeführt, die bei dem Gegensatz fehlen, weil sie dort erst in der weiteren Folge als Alternativmerkmale in Erscheinung treten. Auf Ausnahmen wird im allgemeinen mit der Formulierung „wenn ..., dann ..." hingewiesen. Das auf „dann" folgende Merkmal trifft nur auf die Ausnahme zu, jedoch nicht auf alle unter dieser Frage aufgeschlüsselten Sippen. Bei dem Gegensatz kommt es in dieser Kombination nicht vor.

Eine in Klammern hinter der Zahl am linken Zeilenrand beigefügte Rücklaufzahl gibt das Fragenpaar an, von dem man gekommen ist. Sie steht immer dann, wenn man nicht von dem unmittelbar vorausgehenden Schlüsselpunkt verwiesen wurde. Diese Zahlen ermöglichen es, rasch den Rückweg zu finden, falls beim Bestimmen fehlgegangen wurde. Sie erleichtern es auch, die vermutete Artzugehörigkeit einer Pflanze durch Rückverfolgen der Merkmalsangaben auf ihre Richtigkeit zu prüfen. Ferner können die Hauptunterscheidungsmerkmale zweier beliebiger Sippen ermittelt werden, indem man mit Hilfe der Rücklaufzahlen beide Bestimmungswege bis zur Gablungsstelle zurückverfolgt.

Beim Bestimmen lese man stets *beide* gegensätzlichen Fragen *vollständig* durch, ehe man sich entscheidet. Die Gegenfrage stellt den Unterschied oft klarer heraus. Dabei ist genau auf die richtige Bedeutung der botanischen Fachausdrücke zu achten (Erklärung der Fachausdrücke s. S. 828). Es sollten auch stets die Abbildungen verglichen werden, auf die mit einer fettgedruckten Seitenzahl und nach Schrägstrich der Abbildungsnummer auf dieser Seite verwiesen wird. Zu einer sicheren Bestimmung genügt es nicht, dass ein einziges Merkmal oder ein Teil der angegebenen Merkmale passt, sondern die *ganze* Merkmalskombination muss auf die vorliegende Pflanze zutreffen. Man beachte auch immer die Angaben zu Höhe und Blütezeit der Art. Wenn die zu bestimmende Pflanze in erheblichem Maß von diesen Daten abweicht, ist die betreffende Art unter Umständen auszuschließen.

Ist man sich nicht klar, welchen Weg man gehen soll, entweder weil nach Merkmalen gefragt wird, die das unvollständig vorliegende Material nicht zeigt (reife Früchte, Ausläufer, Grundblätter usw.), oder weil beide gegensätzliche Fragen teilweise zutreffen, so gehe man *beide* Wege, und zwar zunächst den unmittelbar folgenden, der zur artenärmeren Gruppe führt. Wenn jede dieser Arten auf Grund eines oder mehrerer eindeutig *nicht* zutreffender Merkmale ausscheidet, ist der andere Weg der richtige. Vor allem in den zu den Familien führenden Grundschlüsseln mussten zur Bestimmung mancher Gruppen mehrere Wege ermöglicht werden, die durch die große Merkmalsvielfalt dieser Gruppe erforderlich wurden; man kann also z. B. auf verschiedenen Wegen zur Bestimmung von Vertretern der Hahnenfuß- oder Rosengewächse kommen.

Sollte auch diese Methode kein Ergebnis liefern, d. h. bei einem Schlüsselpunkt keine der beiden Merkmalskombinationen vollständig zutreffen, so kann dies eine der folgenden Ursachen haben:

a) Man hat sich schon bei einem früheren Schlüsselpunkt geirrt, weil etwa ein Fachausdruck nicht richtig verstanden wurde, und befindet sich bereits auf falschem Weg. Man beginne mit dem Bestimmen noch einmal von vorn, vergleiche sorgfältig alle Merkmale und überzeuge sich an Hand der Erklärungen (S. 828) von der exakten Bedeutung der Fachausdrücke!

b) Das vorliegende Exemplar zeigt nicht alle zum Bestimmen notwendigen Merkmale in genügender Deutlichkeit. Oder man hat eine untypische Pflanze vor sich, die infolge extremer Wuchsbedingungen, Beschädigung durch Fraß bzw. Mahd oder durch Herbizideinwirkung die angegebenen Größenwerte über- bzw. unterschreitet oder sonstige Bildungsabweichungen zeigt. Man vergleiche in der Nachbarschaft stehende Pflanzen und untersuche weitere Exemplare derselben Sippe!

c) Die vorliegende Pflanze ist ein Bastard, eine bei Zierpflanzen, die intensiv züchterisch bearbeitet wurden, sehr häufige Erscheinung. Die Bestimmung dieser Bastarde u. der Sorten ist oft sehr schwierig und mitunter wegen ihrer die Elternarten verbindenden Variationsbreite nicht mit letzter Sicherheit möglich.

d) Die Sippe ist in den Bestimmungstabellen nicht enthalten, weil sie außerordentlich selten und nur von Liebhabern spezieller Gruppen kultiviert wird.

Um sich in die Pflanzenbestimmung einzuarbeiten, bestimmt man am besten zunächst einige Pflanzen, die man schon gut kennt. Versuchen wir einmal, die Bestimmung des allgemein bekannten Roten Fingerhuts.
In der Tabelle zum Bestimmen der Hauptgruppen werden wir von **1\*** nach **2** (weil der Fingerhut im Fruchtknoten Samen bildet) und von **2\*** nach **3** geleitet, denn die Blätter sind sehr deutlich fiedernervig, auch die Zahl der Blütenteile (5 Kelchblätter, 4 Kronzipfel, 4 Staubgefäße) spricht für die Zweikeimblättrigen. Beim Fragenpaar **3/3\*** entscheiden wir uns für die erste Alternative, da die Blütenhülle in einen grünen Kelch und eine farbige Krone gegliedert ist und die Kronblätter alle zu einer Kronröhre verwachsen sind, und gelangen zu Tabelle III auf S. 72. Dort werden wir gefragt, ob die Blüte einen oder mehrere Fruchtknoten enthält und ob die Blätter sukkulent sind (dickfleischig-saftig, s. Erklärung der Fachausdrücke S. 828), und wir entscheiden uns für **1\*** → **2**. Da die Zahl der fertilen (fruchtbaren) Staubblätter so groß ist wie die der Kronzipfel, werden wir zu **7** geleitet. (Begriffe wie Kronzipfel finden wir ebenfalls in den Erklärungen der Fachausdrücke, viele sind dort auch illustriert.) Der Fruchtknoten steht über dem Ansatz der Kelchblätter und der Kronröhre, ist also oberständig (**7\*** → **24**). Bei **24** werden wir uns für die erste Alternative (→ **25**) entscheiden, denn die Blüten sind nicht radiärsymmetrisch (Abb. **472**/2). Bei **24** weist übrigens die Rücklaufzahl **(7)** darauf hin, dass wir von Frage **7** gekommen sind, ein nützlicher Hinweis, wenn wir einmal unsicher werden und noch einmal ein Stück zurückgehen wollen. Die bei **25** gefragte Staubblattzahl kennen wir bereits, gelangen nach **34** und wählen wegen der grünen Blätter die zweite Alternative, die zu **35** führt. Der Blütenstand ist nicht kopfig, sondern traubig, ein Fachausdruck, mit dem im Unterschied zur Weintraube ein einfacher Blütenstand mit gestielten Blüten gemeint ist (Abb. **840**/1). Da die Pflanze nicht klettert, gelangen wir von **36\*** zu **40**, entscheiden uns, da es keinen hornartigen Schnabel an der Frucht gibt, für **41**. Die Samen haben weder Haare noch Flügel und sind zahlreich, was wir schon am aufgeschnittenen 2fächrigen Fruchtknoten feststellen können, also werden wir von **44\*** nach **45** und wegen der Kapselfrüchte zu **46** geführt. Die Frage **46** zeigt eindrücklich, dass immer beide Alternativen und alle Merkmale verglichen werden müssen. Der Fingerhut ist wechselständig beblättert und seine Krone hat keinen Sporn. Das spricht zunächst für die erste Alternative. Er ist aber nicht einjährig, sondern zweijährig (abgestorbene vorjährige Teile am Stängelgrund), und dann darf er auch in der Gegenfrage wechselständig beblättert sein („wenn – dann"). Wir gelangen zur Familie *Scrophulariaceae* (S. 457). Dort werden wir noch einmal nach den Staubblättern gefragt, kommen zu **4** und wegen der wechselständigen Blätter weiter zu **11**, schließlich wegen der röhrig-glockigen Blüte zu *Digitalis* und wegen der Blütenfarbe zur Art *Digitalis purpurea*. Anhand der zusätzlich genannten Merkmale und der Abbildung **472**/2 können wir die Bestimmung bestätigen.

# Tabellen zum Bestimmen

## Tabelle zum Bestimmen der Hauptgruppen

Bem.: Die im Grundschlüssel genannten Familien- bzw. Gattungsmerkmale treffen stets für die in diesem Buch abgehandelten Arten zu, jedoch nicht oder nur bedingt für alle anderen Arten dieser Familien und Gattungen.

**1** Pfl ohne B u. Sa. Vermehrung durch staubfeine Sporen. Stets Kräuter (Gefäß-Sporen-Pfl: Farne u. Schachtelhalme). **Tab. I** S. 53

**1\*** Pfl mit Sa, die in B erzeugt werden. SaAnlagen in FrKn eingeschlossen („bedeckt") (Bedecktsamige Pfl) ................................................................. **2**

**2** Bl meist streifennervig u. unzerteilt, selten fiedernervig u. zerteilt od. fiedernervig u. unzerteilt. BHülle fast stets 3- od. 6zählig od. (Gräser u. Sauergräser) B nackt u. von 1 od. 2 Spelzen eingehüllt. StaubBl meist 6 od. 3, selten 8–12, 2 od. 1. Keimling stets mit 1 KeimBl. Primärwurzel kurzlebig, früh durch Büschel sprossbürtiger Wurzeln ersetzt. Meist Kräuter (Einkeimblättrige Pfl). **Tab. IV** S. 79

**2\*** Bl fieder- od. fingernervig, selten streifennervig. BHülle oft 4- od. 5zählig, selten 3- od. mehrzählig. StaubBl sehr selten 6 od. 3. Fast stets 2 gegenständige KeimBl. Primärwurzel oft bleibend (Zweikeimblättrige Pfl, hier auch einige Einkeimblättrige Pfl verschlüsselt) ............................................................... **3**

**3** BHülle ungleichartig (in K u. Kr gegliedert). Sämtliche KrBl wenigstens an ihrem Grund miteinander verwachsen, beim Herauszupfen der Kr sich als Ganzes loslösend od. zerreißend (Zweikeimblättrige Pfl mit verwachsenen KrBl). **Tab. III** S. 72

**3\*** BHülle fehlend, gleichartig (nicht in K u. Kr gegliedert) od. ungleichartig mit freien KrBl ..................................................................... **4**

**4** Tauch- u. SchwimmPfl. **Tab. IIa** S. 56

**4\*** Land- u. SumpfPfl ....................................................... **5**

**5** Pfl kletternd. **Tab. IIb** S. 57

**5\*** Pfl aufrecht, liegend od. aufsteigend ..................................... **6**

**6** BHülle mit Sporn(en) od. Aussackung(en). **Tab. IIc** S. 58

**6\*** BHülle ohne Sporn(e) od. Aussackung(en) .............................. **7**

**7** BHülle fehlend. **Tab. IId** S. 59

**7\*** BHülle vorhanden ....................................................... **8**

**8** BHülle gleichartig (Perigon). **Tab. IIe** S. 60

**8\*** BHülle ungleichartig, mit freien KrBl. **Tab. IIf** S. 65

## Tabelle I · Gefäß-Sporenpflanzen

**1** Stg gegliedert, quirlig verzweigt (Abb. **96**/2, 3, 4) od. einfach (Abb. **96**/1). Bl quirlig, zu gezähnten, stängelumfassenden Scheiden verwachsen (Abb. **96**/3a; **97**/1a–6a).
**Schachtelhalm** – *Equisetum* S. 96

**1\*** Stg nicht gegliedert, ohne gezähnte BlScheiden .......................... **2**

**2** SchwimmPfl .............................................................. **3**

**2\*** LandPfl od. bodenwurzelnde WasserPfl .................................. **4**

**3** Pfl wurzellos, wenig verzweigt. Bl in 3zähligen Quirlen, je 2 Bl elliptisch u. zweizeilig gestellt (SchwimmBl), das dritte Bl untergetaucht, zerschlitzt, wurzelähnlich.
**Schwimmfarn** – *Salvinia* S. 108

**3\*** Pfl bewurzelt, reich verzweigt. Bl wechselständig, schuppenfg, gefaltet.
**Algenfarn** – *Azolla* S. 109

**4** (2) Bl 4zählig, glückskleeähnlich. **Kleefarn** – *Marsilea* S. 108

**4\*** Bl nicht 4zählig ................................................... **5**

**5** Bl mit Brutknospen (Abb. **104**/2) ..................................... **6**

**5\*** Bl ohne Brutknospen ................................................. **7**

**6** BlStiel u. BlSpindel kahl od. mit wenigen Spreuschuppen. Schleier nur an seinem der Fiederchenbasis zugewandten Rand angewachsen (Abb. **104**/1).
**Blasenfarn** – *Cystopteris* z.T. S. 103

**6\*** BlStiel u. Mittelrippe dicht mit Spreuschuppen besetzt. Schleier schildfg, in seiner Mitte angeheftet (Abb. **104**/9). **Schildfarn** – *Polystichum* z.T. S. 104

**7** (5) Bl stets steril, ohne Sori ........................................ **8**

**7\*** Zumindest einige Bl älterer Pfl mit Sori ............................... **9**

**8** Bl ganz (Abb. **101**/4) od. gelappt, am Rand stark u. gleichmäßig gewellt.
**Hirschzungenfarn** – *Phyllitis* (Sorte) S. 100

**8\*** Bl fiederspaltig bis -schnittig, am Rand nicht gewellt.
**Tüpfelfarn** – *Polypodium* (Sorte) S. 108

**9** (7) Sporentragende Bl von den unfruchtbaren Bl auffallend verschieden (Abb. **98**/1+2, 3+5, 6+7, 8a+b, 9+10; **100**/3,4) ........................................ **10**

**9\*** Sporentragende Bl u. unfruchtbare Bl nicht od. wenig (*Thelypteris palustris* Abb. **100**/1, 2; *Dryopteris cristata*; *Pellaea atropurpurea*) verschieden ................... **14**

**10** Sporangien die Fiedern 2. Ordnung der fruchtbaren Bl allseitig dicht bedeckend (Abb. **98**/2b). Schleier fehlend. **Rispenfarn** – *Osmunda* S. 98

**10\*** Sporangien nur auf der USeite flacher od. am Rand zurückgerollter Fiedern (Abb. **104**/5) od. kugelfg Fiederchen (Abb. **98**/9; **104**/6). Schleier vorhanden, zuweilen hinfällig (*Onoclea*) ..................................................... **11**

**11** Unfruchtbare Bl ledrig, wintergrün, ihre Fiedern unzerteilt, ganzrandig od. gezähnt ................................................................. **12**

**11\*** Unfruchtbare Bl weich, sommergrün, ihre Fiedern fiederschnittig, -teilig od. -lappig **13**

**12** Sori linealisch, paarweis die Mittelrippe der Fiedern begleitend. Schleier linealisch, seitlich angeheftet (Abb. **104**/4). **Rippenfarn** – *Blechnum* S. 108

**12\*** Sori kreisrund, zu ∞ beidseits der Fiedermittelrippe in einer Reihe. Schleier kreisrund, schildfg, in seiner Mitte angeheftet (Abb. **104**/9).
**Schildfarn** – *Polystichum* z.T. S. 104

**13** (11) Unfruchtbare Bl (Abb. **98**/3) einen Trichter bildend. Fiedern mit frei endenden Nerven (Abb. **105**/5). Fiedern der fruchtbaren Bl lineal-lanzettlich mit zurückgerollten Rändern (Abb. **98**/5; **104**/5). **Straußenfarn** – *Matteuccia* S. 102

**13\*** Unfruchtbare Bl (Abb. **98**/10) einzeln od. zu wenigen beieinanderstehend. Fiedern mit netzfg verbundenen Nerven (Abb. **105**/4). Fiederchen der fruchtbaren Bl kuglig (Abb. **98**/9; **104**/6). **Perlfarn** – *Onoclea* S. 103

**14** (9) Sori rand- od. fast randständig (Abb. **98**/11; **101**/1b, c; **105**/1, 2, 3) .......... **15**

**14\*** Sori flächenständig ................................................. **19**

**15** Sori von den umgeschlagenen Lappen des BlRandes bedeckt, nicht kontinuierlich den BlRand begleitend (Abb. **105**/1, 2), ohne Schleier. **Venushaarfarn** – *Adiantum* S. 99

**15\*** Sori vom umgebogenen BlRand bedeckt, ihn als schmalen Saum kontinuierlich begleitend (Abb. **101**/1b, c), od. Sori kuglig, von einem becherfg Schleier umgeben (Abb. **105**/3), od. Sori rundlich mit nierenfg Schleier (Abb. **98**/11) ................... **16**

**16** Sori kuglig mit becherfg Schleier, am Grund der Fiedereinschnitte stehend (Abb. **105**/3).
**Schüsselfarn** – *Dennstaedtia* S. 99

TABELLE I · GEFÄSS-SPORENPFLANZEN 55

**16*** Sori linealisch, kontinuierlich den BlRand begleitend, od. Sori rundlich mit nierenfg Schleier . . . . . . . . . . . . . . . . . . . . . . . . . . . . . . . . . . . . . . . . . . . . . . . . . . . . **17**

**17** Sori rundlich mit nierenfg Schleier (Abb. **98**/11). **Wurmfarn** – *Dryopteris* z. T. S. 106

**17*** Sori linealisch, kontinuierlich den BlRand begleitend (Abb. **101**/1b, c) . . . . . . . . . . **18**

**18** Bl bis 2fach gefiedert. Fiedern 2. Ordnung ganz. Stiel u. Mittelrippe von Bl u. Fiedern rotbraun u. behaart. **Klippenfarn** – *Pellaea* S. 99

**18*** Bl bis 3fach gefiedert (Abb. **101**/1a). Fiedern 2. Ordnung fiederlappig bis -schnittig. BlStiel (mit Ausnahme seines schwärzlichen, braunwolligen Grundes) grün u. kahl.
**Adlerfarn** – *Pteridium* S. 99

**19** **(14)** Schleier fehlend od. lange vor der Sporenreife abfallend (Abb. **102**/6) . . . . . . **20**

**19*** Schleier vorhanden . . . . . . . . . . . . . . . . . . . . . . . . . . . . . . . . . . . . . . . . . . . . **24**

**20** Bl einfach fiederschnittig (Abb. **101**/2), bei einigen Sorten auch mehrfach fiederschnittig od. -teilig od. mit gegabelten Abschnitten. **Tüpfelfarn** – *Polypodium* z. T. S. 108

**20*** Bl einfach bis mehrfach gefiedert . . . . . . . . . . . . . . . . . . . . . . . . . . . . . . . . . . . **21**

**21** Bl einfach gefiedert. Fiedern fiederspaltig bis -teilig . . . . . . . . . . . . . . . . . . . . . . **22**

**21*** Bl (wenigstens am Grund) doppelt gefiedert. Fiederchen fiederspaltig bis -teilig . . . **23**

**22** Spreite 1¹/₂–2mal so lg wie br. Unterstes Fiederpaar schräg abwärts gerichtet (Abb. **101**/3a). Bl abgesandt. **Buchenfarn** – *Phegopteris* S. 99

**22*** Spreite 3–4mal so lg wie br. Unterstes Fiederpaar waagerecht abstehend (Abb. **100**/1, 2). Ältere Bl kahl. **Sumpffarn** – *Thelypteris* S. 100

**23** **(21)** Spreite br 3eckig, das unterste Fiederpaar deutlich größer als die folgenden.
**Eichenfarn** – *Gymnocarpium* S. 104

**23*** Spreite lanzettlich, das unterste Fiederpaar kleiner als die folgenden.
**Frauenfarn** – *Athyrium* z. T. S. 103

**24** **(19)** Sori u. Schleier linealisch (Abb. **101**/4a, b), länglich, haken- od. kommafg (Abb. **102**/5) . . . . . . . . . . . . . . . . . . . . . . . . . . . . . . . . . . . . . . . . . . . . . . . . . . . . **25**

**24*** Sori kreisrund. Schleier kreisrund (Abb. **104**/9), eifg (Abb. **104**/1, 2) od. nierenfg (Abb. **102**/2, 3, 4); wenn Schleier becherfg, dann in ∞ haarfg Fransen od. wenige br Lappen geteilt (Abb. **104**/3) . . . . . . . . . . . . . . . . . . . . . . . . . . . . . . . . . . . . . . . . . . . **27**

**25** Sori u. Schleier meist 5–15 mm lg. Spreite unzerteilt, ganzrandig (Abb. **101**/4a) od. fiederlappig bis -teilig, zuweilen an der Spitze od. bis zum Grund gegabelt. BlRand flach od. gewellt. **Hirschzungenfarn** – *Phyllitis* S. 100

**25*** Sori u. Schleier <4 mm lg. Spreite gefiedert . . . . . . . . . . . . . . . . . . . . . . . . . . . . **26**

**26** Bl 1- (Abb. **100**/7) od. 2–3fach gefiedert, meist wintergrün. Längste Fieder bis 7 cm lg. Sori u. Schleier linealisch. **Streifenfarn** – *Asplenium* S. 101

**26*** Bl 2(–3)fach gefiedert, sommergrün. Längste Fieder bis 20(–25) cm lg. Sori haken- bis kommafg, zuweilen länglich (Abb. **102**/5b). **Frauenfarn** – *Athyrium* z. T. S. 103

**27** **(24)** Schleier eifg-spitz, rundlich od. fast halbkreisfg, nur an seinem der Fiederchenbasis zugewandten Rand angewachsen (Abb. **104**/1) (bei *C. fragilis* später zurückgeschlagen u. von den Sporangien bedeckt). **Blasenfarn** – *Cystopteris* z. T. S. 103

**27*** Schleier nierenfg (Abb. **102**/2–4) od. kreisrund (Abb. **104**/9), in seiner Bucht od. Mitte angeheftet od. becherfg in haarfg Fransen od. br Lappen geteilt (Abb. **104**/3) . . . . **28**

**28** Schleier nierenfg. **Wurmfarn, Dornfarn** – *Dryopteris* z. T. S. 106

**28*** Schleier kreisrund od. becherfg, rings um den Sorus angeheftet u. in ∞ haarfg Fransen od. wenige br Lappen (Abb. **104**/3) geteilt . . . . . . . . . . . . . . . . . . . . . . . . . . . . . **29**

**29** Schleier becherfg (Abb. **104**/3). **Wimperfarn** – *Woodsia* S. 102

**29*** Schleier kreisrund, schildfg, in seiner Mitte angeheftet . . . . . . . . . . . . . . . . . . . . . **30**

**30** Fiedern bzw. Fiederchen mit frei endenden Nerven (Lupe, Durchlicht!) (Abb. **104**/9). Sori auf der Fieder- od. FiederchenUSeite meist in 2 Reihen.
**Schildfarn** – *Polystichum* z. T. S. 104

**30*** Fiedern mit netzig verbundenen Nerven, in den Maschen mit freien Nervenenden (getrocknete Fieder: Lupe, Durchlicht!) (Abb. **104**/8). Sori auf der FiederUSeite zerstreut od. in 4–8 Reihen. **Ilexfarn, Sichelfarn** – *Cyrtomium* S. 106

## Tabelle II · Zweikeimblättrige Pflanzen mit fehlender, gleichartiger oder ungleichartiger Blütenhülle und freien Kronblättern

### Tabelle II a · Tauch- u. Schwimmpflanzen mit zuweilen über die Wasseroberfläche ragenden Blütensprossen

Bem.: Diese Tabelle umfasst auch einige Einkeimblättrige Pflanzen.

1 Bl quirlig . . . . . . . . . . . . . . . . . . . . . . . . . . . . . . . . . . . . . . . . . . . . . . . . . . . . . . . . . . . . **2**

1* Bl wechsel- od. grundständig . . . . . . . . . . . . . . . . . . . . . . . . . . . . . . . . . . . . . . . . . **3**

2 Bl zu 6–15 im Wirtel, unzerteilt, linealisch. B einzeln in der Achsel von LaubBl. FrKn oberständig (Abb. **390**/2). **Tannenwedelgewächse** – *Hippuridaceae* S. 392

2* Bl zu 4–6 im Wirtel, kammfg gefiedert. B in ährigem BStand. FrKn unterständig. Zuweilen nur UnterwasserBl fiederschnittig, ÜberwasserBl unzerteilt, fädlich u. dann B einzeln in der Achsel von LaubBl (*Myriophyllum simulans*, Abb. **391**).
**Seebeerengewächse** – *Haloragaceae* S. 390

3 **(1)** Bl mit NebenBlScheide (Ochrea) (Abb. **205**/1; **209**/1a). B in Scheinähren, mit 5 BHüllBl, (4–)8 StaubBl u. 1 FrKn. NussFr.
**Knöterichgewächse** – *Polygonaceae: Persicaria* z.T. S. 210

3* Bl ohne NebenBlScheide (Ochrea) . . . . . . . . . . . . . . . . . . . . . . . . . . . . . . . . . . . . . **4**

4 B eingeschlechtig . . . . . . . . . . . . . . . . . . . . . . . . . . . . . . . . . . . . . . . . . . . . . . . . . . . . . **5**

4* B zwittrig . . . . . . . . . . . . . . . . . . . . . . . . . . . . . . . . . . . . . . . . . . . . . . . . . . . . . . . . . . . **6**

5 B meist 2häusig verteilt. SchwimmBlSpreite kreisfg mit herzfg Grund, mit 2 NebenBl (Einkeimblättrige Pfl). **Froschbissgewächse** – *Hydrocharitaceae: Hydrocharis* S. 659

5* B meist einhäusig verteilt; BStand unten mit ♀, oben mit ♂ B. BlSpreite pfeilfg. NebenBl fehlend. (Einkeimblättrige Pfl).
**Froschlöffelgewächse** – *Alismataceae: Sagittaria* S. 657

6 **(4)** B meist einzeln . . . . . . . . . . . . . . . . . . . . . . . . . . . . . . . . . . . . . . . . . . . . . . . . . . **7**

6* B in BStänden . . . . . . . . . . . . . . . . . . . . . . . . . . . . . . . . . . . . . . . . . . . . . . . . . . . . . . **10**

7 Bl grundständig, rosettig. FrKn 1 (Abb. **111**/6). SchwimmBlSpreite ganz, am Grund ± herzfg (Abb. **111**/3, 4, 5, 7). **Seerosengewächse** – *Nymphaeaceae* S. 110

7* Bl stängelständig, zuweilen am StgEnde rosettig gehäuft . . . . . . . . . . . . . . . . . . **8**

8 FrKn 1, halbunterständig. BlStiele aufgeblasen. KBl zur FrZeit dornartig. NussFr. (Abb. **390**/1). **Wassernussgewächse** – *Trapaceae: Trapa* S. 390

8* FrKn ∞, oberständig. BlStiele nicht aufgeblasen. KBl, falls vorhanden, zur FrZeit nicht dornartig. Sammelnuss- od. SammelbalgFr . . . . . . . . . . . . . . . . . . . . . . . . . . . . . . **9**

9 UnterwasserBl mit fadenfg Zipfeln. SammelnussFr.
**Hahnenfußgewächse** – *Ranunculaceae: Ranunculus* z.T. S. 146

9* UnterwasserBl fehlend od. falls vorhanden nicht mit fadenfg Zipfeln. SammelbalgFr.
**Hahnenfußgewächse** – *Ranunculaceae: Caltha* z.T. S. 127

10 **(6)** BStand eine gegabelte Ähre. B mit einem bis 1 cm lg, weißen BHüllBl. StaubBl 6–25, ohne Anhängsel. FrKn 1–6. SammelbalgFr. (Einkeimblättrige Pfl).
**Wasserährengewächse** – *Aponogetonaceae: Aponogeton distachyos* S. 660

10* BStand nicht gegabelt, eine Ähre od. Rispe. B mit fehlender BHülle od. mit BHülle aus 3 K- u. 3 KrBl. StaubBl 4 od. 6. FrKn 4 od. ∞. SammelnussFr . . . . . . . . . . . . . . . **11**

11 BStand ährig. B ohne BHüllBl. StaubBl 4, mit blattartig verbreiterten Anhängseln (Konnektiv) u. so BHüllBl vortäuschend. FrKn 4. (Einkeimblättrige Pfl).
**Laichkrautgewächse** – *Potamogetonaceae* S. 660

11* BStand rispig, mit quirlig angeordneten B. B mit 3 K- u. 3 KrBl. StaubBl 6, ohne blattartig verbreiterte Anhängsel. FrKn ∞. (Einkeimblättrige Pfl).
**Froschlöffelgewächse** – *Alismataceae: Alisma* S. 658

## Tabelle II b · Kletterpflanzen

Bem.: Diese Tabelle umfasst auch einige Einkeimblättrige Pflanzen.

1　B dorsiventral od. disymmetrisch .......................................  **2**
1*　B radiär .................................................................  **7**
2　Pfl ♄. FrKn unterständig. FrBl 4–6, verwachsen. (Abb. **174**/11).
　　　　**Osterluzeigewächse** – *Aristolochiaceae*: *Aristolochia* z.T. S. 175
2*　Pfl ♄ od. ☉. FrKn oberständig. FrBl 2 od. 3, verwachsen od. 1–5, frei .........  **3**
3　StaubBl frei, (6–)8 od. ∞ .............................................  **4**
3*　StaubBl zu 2 Bündeln od. einer oben offnen Röhre verwachsen ..............  **6**
4　FrKn 3–5. BHülle nicht in K u. Kr gegliedert. Mittleres BHüllBl helmartig. NektarBl 2,
　　schlittenkufenartig. SammelbalgFr. (Abb. **130**/1–3; **145**/5, 6).
　　　　**Hahnenfußgewächse** – *Ranunculaceae*: *Aconitum* z.T. S. 129
4*　FrKn 1, aus 3 FrBl verwachsen. BHülle in K u. Kr gegliedert. NektarBl fehlend. Fr eine
　　Kapsel od. in drei 1samige TeilFr zerfallend ..............................  **5**
5　B gespornt. Bl ganz od. handfg gelappt bis geschnitten, meist schildfg. Fr in drei 1sami-
　　ge TeilFr zerfallend. (Abb. **379**/2–4).
　　　　**Kapuzinerkressengewächse** – *Tropaeolaceae*: *Tropaeolum* z.T. S. 379
5*　B spornlos. Bl gefiedert. Fr eine aufgeblasene Kapsel (Abb. **363**).
　　　　**Seifenbaumgewächse** – *Sapindaceae*: *Cardiospermum* S. 362
6　(3) B disymmetrisch od. quer-dorsiventral. KBl 2, hinfällig. KrBl 2+2, von den äußeren 1
　　od. 2 gespornt bzw. ausgesackt. StaubBl 6, zu je 3 in 2 Bündeln verwachsen. FrBl 2,
　　verwachsen. Fr eine scheidewandlose Schote.
　　　　**Mohngewächse** – *Papaveraceae*, *Fumarioideae*: *Ceratocapnos*, *Adlumia* S. 154
6*　B dorsiventral. KBl zu einer 5zähnigen od. 2lippigen Röhre verwachsen. KrBl 5, die bei-
　　den unteren zum Schiffchen vereinigt. StaubBl 10; 9 Staubfäden zu einer oben offnen
　　Röhre verwachsen, 1 Staubfaden frei. FrBl 1. Fr eine Hülse. (Abb. **352**/1, 3, 4).
　　　　**Schmetterlingsblütengewächse** – *Fabaceae*: *Vicia*, *Lathyrus* z.T.,
　　　　　　　　　　　　　　　　　　　　　　　　*Lens*, *Pisum*, *Phaseolus* z.T. S. 351
7　(1) Pfl wurzelkletternd .................................................  **8**
7*　Pfl rankend od. windend ...............................................  **9**
8　Bl wechselständig, 2gestaltig. B in Dolden. FrKn unterständig. Fr eine Beere. Sa ohne
　　lebhaft gefärbten SaMantel.　　　　**Araliengewächse** – *Araliaceae*: *Hedera* S. 393
8*　Bl gegenständig, ± gleichgestaltig. B in Zymen. FrKn oberständig. Fr eine Kapsel. Sa
　　mit einem orangefarbenen SaMantel.
　　　　**Baumwürgergewächse** – *Celastraceae*: *Euonymus* z.T. S. 404
9　(7) Pfl rankend .......................................................  **10**
9*　Pfl windend ..........................................................  **13**
10　Bl gegenständig, gefiedert od. 3zählig. StaubBl ∞. SammelnussFr. Pfl mit BlStiel,
　　BlSpindel od. Endfieder(n) rankend. (Abb. **143**).
　　　　**Hahnenfußgewächse** – *Ranunculaceae*: *Clematis* z.T. S. 142
10*　Bl wechselständig, ganz, gelappt od. fußfg geteilt bis geschnitten. StaubBl 3 od. 5. Fr eine
　　Beere od. Deckelkapsel. Pfl mit umgebildeten Sprossen od. BlStielen rankend ...  **11**
11　B 1geschlechtig. BHülle mit K u. Kr. StaubBl 5 od. durch Verwachsung 3. FrKn unter-
　　ständig. Fr eine Beere.　　　　**Kürbisgewächse** – *Cucurbitaceae*: *Thladiantha* S. 231
11*　B zwittrig. BHülle mit K u. Kr od. einfach. StaubBl 5, frei. FrKn ober- od. halbunterstän-
　　dig. Fr eine Beere od. Deckelkapsel .....................................  **12**
12　BHülle mit K u. Kr. Kr mit ∞zähligem Strahlenkranz (NebenKr, Corona). FrKn u. Ge-
　　samtheit der StaubBl durch ein verlängertes StgGlied über die BHülle emporgehoben
　　(Androgynophor). FrKn oberständig. Fr eine Beere, ∞samig. Sprossranker. (Abb. **227**).
　　　　**Passionsblumengewächse** – *Passifloraceae* S. 227
12*　BHülle einfach. Strahlenkranz u. Androgynophor fehlend. FrKn halbunterständig. Fr
　　eine 1samige Deckelkapsel. BlStielranker.
　　　　**Gänsefußgewächse** – *Chenopodiaceae*: *Hablitzia* S. 200

**13** (9) NebenBl scheidig verwachsen, den Stg umfassend (Ochrea) (Abb. **205**/1). Strauch.
     **Knöterichgewächse** – *Polygonaceae*: *Fallopia* z.T., *Muehlenbeckia* z.T. S. 205
**13\*** NebenBl meist fehlend; wenn NebenBl vorhanden, dann nicht scheidig verwachsen
     (*Cannabaceae*). Staude od. EinjahrsPfl ................................ **14**
**14** Bl gegenständig .................................................... **15**
**14\*** Bl wechselständig; wenn Bl zuweilen gegenständig od. wirtelig, dann B 3- od. 6zählig
     ......................................................................... **16**
**15** BHülle gleichartig. B 1geschlechtig, ohne Nektarschuppen. StaubBl 5. Fr eine Nuss.
     **Hanfgewächse** – *Cannabaceae*: *Humulus* S. 176
**15\*** BHülle mit K u. Kr. B zwittrig, mit Nektarschuppen. StaubBl ∞, in 5 Bündeln. Fr eine
     ∞samige Kapsel, gedreht (Abb. **233**/1, 3).
     **Brennwindengewächse** – *Loasaceae*: *Caiophora*, *Blumenbachia* S. 233
**16** (14) Bl fleischig, mit undeutlicher Nervatur. StaubBl 5.
     **Basellgewächse** – *Basellaceae* S. 181
**16\*** Bl krautig, mit deutlicher Nervatur. StaubBl 3 od. 6. Fr eine Beere (*Tamus*) od. Kapsel
     (*Dioscorea*). (Einkeimblättrige Pfl). **Yamswurzelgewächse** – *Dioscoreaceae* S. 661


### Tabelle II c · Pflanzen mit gespornten oder ausgesackten Blütenhüllblättern bzw. Achsenbechern

Bem.: Diese Tabelle umfasst auch einige verwachsenkronblättrige Pflanzen mit ± rückgebildeten Kelchen.

**1** FrKn unterständig. StaubBl 1–4. B meist unsymmetrisch. K zur BZeit unscheinbar od.
    borstig. KrRöhre am Grund mit Sporn od. Höcker (Abb. **420**/2, 4).
    **Baldriangewächse** – *Valerianaceae* z.T. S. 419
**1\*** FrKn mittel- od. oberständig ........................................ **2**
**2** B mit lg, trichter- od. röhrenfg Achsenbecher. Achsenbecher am Grund oft mit
    Aussackung od. Höcker. FrKn mittelständig. Kr fehlend, unauffällig od. auffällig (Abb.
    **382**/5–9). **Blutweiderichgewächse** – *Lythraceae*: *Cuphea* S. 382
**2\*** B ohne lg Achsenbecher. K- od. KrBl bzw. BHüllBl mit Sporn(en), Aussackung(en) od.
    Höcker. FrKn bzw. FrBl oberständig ................................... **3**
**3** B radiär, mit 4 od. 5 Spornen od. Aussackungen ....................... **4**
**3\*** B dorsiventral, quer-dorsiventral od. disymmetrisch, mit 1 od. 2 Sporn(en) ...... **6**
**4** B mit 4 Spornen od. Aussackungen. Staubbeutel durch Klappen sich öffnend. (Abb.
    **152**/1, 2). **Berberitzengewächse** – *Berberidaceae*: *Epimedium* S. 152
**4\*** B mit 5 Spornen od. Aussackungen. Staubbeutel durch Längsrisse sich öffnend .. **5**
**5** NektarBl am Grund meist gespornt (Abb. **126**/2), selten ausgesackt (*A. ecalcarata*).
    Staminodien meist 10. FrBl meist 5, zuweilen 10. Sa glatt.
    **Hahnenfußgewächse** – *Ranunculaceae*: *Aquilegia* S. 121
**5\*** NektarBl am Grund ausgesackt. Staminodien 1–4. FrBl 2–5. Sa schuppig.
    **Hahnenfußgewächse** – *Ranunculaceae*: *Paraquilegia* S. 121
**6** (3) B dorsiventral, mit 1 Sporn. StaubBl ∞, 10, 8 od. 5. FrBl 3–5, frei od. 3–5 verwach-
    sen ................................................................ **7**
**6\*** B quer-dorsiventral od. disymmetrisch, mit 1 Sporn od. 2 Aussackungen. StaubBl 6, zu
    je 3 in 2 Bündeln verwachsen. FrBl 2, verwachsen ..................... **11**
**7** Sporn verborgen, nur durch Querschnitt der BAchse unter dem mittlerem KBl als röh-
    renfg Aushöhlung nachweisbar. Fr in 5 grannentragende TeilFr zerfallend.
    **Storchschnabelgewächse** – *Geraniaceae*: *Pelargonium* S. 378
**7\*** Sporn deutlich sichtbar ............................................. **8**
**8** BHülle einfach. StaubBl ∞. FrBl 1–5, frei (Abb. **128**/3, 4).
    **Hahnenfußgewächse** – *Ranunculaceae*: *Delphinium*, *Consolida* S. 113
**8\*** BHülle mit K u. Kr (bei *Balsaminaceae* K kronartig). StaubBl 5 od. 8. FrBl 3 od. 5, ver-
    wachsen .............................................................. **9**

**9** StaubBl 8. FrKn 3fächrig, mit 1 SaAnlage im FrFach. Fr mit 3 einsamigen SchließFr. (*T. majus* auch mit spornlosen Sorten.)
    **Kapuzinerkressengewächse** – *Tropaeolaceae*: *Tropaeolum* S. 379
**9\*** StaubBl 5. FrKn 1- od. 5fächrig, mit ∞ SaAnlagen im FrFach. Fr eine mit Klappen sich öffnende Kapsel ................................................................. **10**
**10** Pfl mit NebenBl. 2 der StaubBl mit spornartigen in den BSporn ragenden Anhängseln. Staubbeutel frei. FrKn 1fächrig. Fr eine trockne Kapsel.
    **Veilchengewächse** – *Violaceae* S. 222
**10\*** Pfl ohne NebenBl. Alle StaubBl ohne Anhängsel. Staubbeutel vereint u. den Griffel kapuzenartig bedeckend. FrKn 5fächrig. Fr eine saftige Kapsel, sich explosionsartig öffnend.
    **Balsaminengewächse** – *Balsaminaceae* S. 363
**11** **(6)** B quer-dorsiventral, mit 1 Sporn.
    **Mohngewächse** – *Papaveraceae*, *Fumarioideae*: *Corydalis, Ceratocapnos, Rupicapnos, Pseudofumaria* S. 154
**11\*** B disymmetrisch, mit 2 Aussackungen.
    **Mohngewächse** – *Papaveraceae*, *Fumarioideae*: *Dicentra, Adlumia* S. 154


## Tabelle II d · Pflanzen mit fehlender, zuweilen hinfälliger Blütenhülle

Bem.: Diese Tabelle umfasst auch einige Einkeimblättrige Pflanzen mit netzartiger Blattnervatur.

**1** Bl schildfg, handfg gelappt bis gespalten. ♀ B mit 3–5 hinfälligen BHüllBl u. einem 3fächrigen FrKn. ♂ B mit 3–5 BHüllBl u. reichverzweigten Staubfäden u. ∞ Staubbeuteln. KapselFr mit 3 Sa. (Abb. **261**/1).
    **Wolfsmilchgewächse** – *Euphorbiaceae*: *Ricinus* S. 260
**1\*** Bl nicht schildfg ................................................................. **2**
**2** BStand am Grund mit einer meist kronartig gefärbten 1blättrigen Scheide (Spatha), kolbenfg, ∞blütig. B meist 1geschlechtig u. ohne BHülle, selten zwittrig (*Calla*). BeerenFr. (Einkeimblättrige Pfl).
    **Aronstabgewächse** – *Araceae*: *Zantedeschia, Peltandra, Arum, Sauromatum, Arisaema, Calla* S. 650
**2\*** BStand bzw. EinzelB ohne kronartig gefärbte 1blättrige Scheide, zuweilen mit 6 kronartigen HochBl ................................................................. **3**
**3** Pfl mit Milchsaft ................................................................. **4**
**3\*** Pfl ohne Milchsaft ................................................................. **5**
**4** Milchsaft orangefarben. B zwittrig. BHüllBl 2, hinfällig. KapselFr mit 2 verwachsenen FrBl, flach.
    **Mohngewächse** – *Papaveraceae*: *Macleaya* S. 164
**4\*** Milchsaft weiß. B 1geschlechtig, in ♀ ScheinB (Cyathium). BHülle fehlend. Jedes Cyathium mit glockenfg Hüllbecher; dieser zwischen seinen Zipfeln mit 4–5 bohnenfg od. halbmondfg Drüsen (Abb. **262**/4). Cyathien in doldenartiger Zyme angeordnet. KapselFr mit 3 FrBl, im Querschnitt ± 3kantig.
    **Wolfsmilchgewächse** – *Euphorbiaceae*: *Euphorbia* S. 261
**5** **(3)** B 1geschlechtig ................................................................. **6**
**5\*** B zwittrig ................................................................. **8**
**6** Bl gefingert, mit NebenBl. Pfl 2häusig. ♀ B mit verkümmerter BHülle, Narben 2; ♂ B mit 5 BHüllBl.
    **Hanfgewächse** – *Cannabaceae*: *Cannabis* S. 176
**6\*** Bl ganz, herzfg-3eckig, spieß- bis pfeilfg od. länglich-eifg, ganzrandig od. gezähnt, ohne NebenBl ................................................................. **7**
**7** B 2häusig verteilt, seltener ♀. ♀ B ohne BHülle, Narben 4–5; ♂ B mit 4 BHüllBl.
    **Gänsefußgewächse** – *Chenopodiaceae*: *Spinacia* S. 202
**7\*** B 1häusig verteilt. ♀ B ohne BHülle, Narben 2. ♂ B mit 3–5 BHüllBl.
    **Gänsefußgewächse** – *Chenopodiaceae*: *Atriplex* S. 202
**8** **(5)** B einzeln. Bl handfg gelappt bis geteilt. BHüllBl 3, hinfällig. StaubBl ∞. FrKn 5–15. Beerenähnliche SammelFr, rot, kuglig. (Abb. **115**/1).
    **Hahnenfußgewächse** – *Ranunculaceae*: *Hydrastis* S. 115
**8\*** B in BStänden ................................................................. **9**

9 Bl ganz. BStand keglig, am Grund mit 6 kronartigen HochBl od. ährig, am Grund ohne kronartige HochBl (Abb. **173**). **Molchschwanzgewächse** – *Saururaceae* S. 173
9* Bl 3zählig, mehrfach 3zählig od. gefiedert ............................... 10
10 Bl 3zählig. BHüll- u. NektarBl stets fehlend. Staubbeutel jeweils durch 2 Klappen sich öffnend. FrKn 1. NussFr. **Berberitzengewächse** – *Berberidaceae*: *Achlys* S. 151
10* Bl mehrfach 3zählig od. gefiedert. BHüllBl hinfällig. NektarBl vorhanden od. fehlend. Staubbeutel durch Schlitze sich öffnend. FrKn 1, 1–8 od. 2–40 ............... 11
11 FrKn 1. Fr eine Beere, rot, weiß od. schwarz (Abb. **117**/4).
         **Hahnenfußgewächse** – *Ranunculaceae*: *Actaea* S. 118
11* FrKn 1–∞. BalgFr, Sammelbalg- od. SammelnussFr ....................... 12
12 SammelbalgFr. BHüllBl 4–5, hinfällig; NektarBl 1–9, 2lappig od. 2hörnig. FrKn 1–8 (Abb. **117**/1–3). **Hahnenfußgewächse** – *Ranunculaceae*: *Cimicifuga* S. 117
12* SammelnussFr. BHüllBl 3–10, oft hinfällig; NektarBl fehlend. FrKn 2–40.
         **Hahnenfußgewächse** – *Ranunculaceae*: *Thalictrum* S. 134

**Tabelle IIe · Pflanzen mit gleichartiger Blütenhülle (excl. Kletterpflanzen, Tabelle IIb; und Pflanzen mit gespornten oder ausgesackten Blütenhüllblättern bzw. Achsenbechern, Tabelle IIc)**

Bem.: Diese Tabelle umfasst auch einige Einkeimblättrige Pflanzen mit netziger Blattnervatur und einige verwachsenkronblättrige Pflanzen mit unscheinbarem oder fehlendem Kelch.

1 Strauch, Zwergstrauch od. Spalierstrauch ............................. 2
1* Staude, Halbstrauch od. EinjahrsPfl ...................................... 12
2 Sprossachsen dickfleischig, zylindrisch od. abgeflacht. Bl dickfleischig, zylindrisch, klein. BHüllBl ∞, StaubBl ∞, FrKn unterständig. (Abb. **180**).
         **Kakteengewächse** – *Cactaceae* S. 180
2* Sprossachsen nicht dickfleischig. Bl krautig, flach ......................... 3
3 Bl gefiedert ...................................................... 4
3* Bl ganz, zuweilen handfg gelappt bis gespalten ......................... 6
4 NebenBl fehlend. NektarBl vorhanden. StaubBl 10–25. FrKn 5–10. SammelbalgFr mit gestielten Frchen. (Abb. **115**/2).
         **Hahnenfußgewächse** – *Ranunculaceae*: *Xanthorhiza* S. 115
4* NebenBl vorhanden. NektarBl fehlend. StaubBl 1–7. FrKn 1–2. Beere od. Nuss .. 5
5 B einzeln. BHüllBl 5. StaubBl 1–3. FrKn 1. Fr eine weiße Beere (Abb. **303**/4).
         **Rosengewächse** – *Rosaceae*: *Margyricarpus* S. 308
5* B ∞, in Köpfen od. dichten Ähren. BHüllBl (3–)4(–6). StaubBl (2–)4. FrKn 1–2, zuweilen 5. Achsenbecher mit widerhakigen Stacheln. Fr eine Nuss (vgl. auch Abb. **308**/1–3).
         **Rosengewächse** – *Rosaceae*: *Acaena* S. 308
6 (3) Bl gegenständig, immergrün. B 1geschlechtig: ♂ B mit 4 BHüllBl u. 4 StaubBl, ♀ B mit 6 BHüllBl u. einem 3fächrigen FrKn. KapselFr mit 6 kleinen hornartigen Fortsätzen.
         **Buchsbaumgewächse** – *Buxaceae*: *Buxus* S. 259
6* Bl wechselständig ................................................ 7
7 Bl schildfg, handfg gelappt bis gespalten. B 1geschlechtig: ♂ B mit 3–5 BHüllBl u. verzweigten Staubfäden u. ∞ Staubbeuteln, ♀ B mit 3–5 BHüllBl u. einem 3fächrigen FrKn. KapselFr mit 3 Sa (Abb. **261**/1).
         **Wolfsmilchgewächse** – *Euphorbiaceae*: *Ricinus* S. 260
7* Bl nicht schildfg, ganz ............................................. 8
8 Pfl mit einem eine ♀ B vortäuschenden BStand (Cyathium: bestehend aus einem glockenfg einen K vortäuschenden Hüllbecher mit 4–5 zwischen seinen Zipfeln sitzenden bohnen- od. 2hörnigen Drüsen, aus ∞ jeweils nur aus 1 StaubBl bestehenden nackten ♂ B u. aus 1 nackten ♀ B). Sprossachsen ± verdornt. Pfl mit Milchsaft. (Abb. **262**/4).
         **Wolfsmilchgewächse** – *Euphorbiaceae*: *Euphorbia* z. T. S. 261

**8\*** Pfl mit zwittrigen od. 1geschlechtigen, stets aber von einer einfachen BHülle umgebenen B. Sprossachsen nicht verdornt. Pfl ohne Milchsaft . . . . . . . . . . . . . . . . . . . . . . **9**

**9** BHüllBl 4. Griffel 1. StaubBl 8 od. 12. Fr eine Beere od. SteinFr . . . . . . . . . . . . . . **10**

**9\*** BHüllBl 5 od. 6. Griffel 3. StaubBl 8 od. 9. Fr eine 3kantige Nuss . . . . . . . . . . . . . **11**

**10** B 1geschlechtig, ohne röhrenfg Achsenbecher. StaubBl 12; 4 von diesen am Grund mit 2 drüsenähnlichen Anhängseln. Staubbeutel jeweils durch 2 Klappen sich öffnend. Fr eine Beere, fleischig. **Lorbeergewächse** – *Lauraceae* S. 176

**10\*** B zwittrig, mit röhrenfg Achsenbecher. StaubBl 8, am Grund ohne drüsenähnliche Anhängsel. Staubbeutel durch Schlitze sich öffnend. Griffel sehr kurz od. fehlend. Fr eine SteinFr, fleischig od. ledrig (Abb. **264**).
**Spatzenzungengewächse** – *Thymelaeaceae* S. 264

**11** **(9)** B einzeln, oft 2häusig verteilt. BHüllBl 5. StaubBl 8. Griffel 3. BHülle zur FrZeit fleischig, die Fr einhüllend. NebenBl zu einer häutigen Röhre (Ochrea) verwachsen (Abb. **205**/7). **Knöterichgewächse** – *Polygonaceae: Muehlenbeckia* z. T. S. 210

**11\*** B ∞, in einem von einer Hülle umgebenen B- od. TeilBStand. BHüllBl 6. StaubBl (8–)9. BHülle zur FrZeit nicht fleischig. Ochrea fehlend. (Abb. **206**).
**Knöterichgewächse** – *Polygonaceae: Eriogonum* z. T. S. 206

**12** **(1)** BStand kolbenfg, am Grund meist mit einer oft kronartig gefärbten, 1blättrigen Scheide (Spatha), ∞blütig. Wenn Spatha unscheinbar, dann Kolben leuchtend gelb. B ♀. BHüllBl 4 od. 4–6. (Einkeimblättrige Pfl).
**Aronstabgewächse** – *Araceae: Lysichiton, Symplocarpus, Orontium* S. 650

**12\*** BStand nicht kolbenfg, am Grund ohne 1blättrige Scheide . . . . . . . . . . . . . . . . . **13**

**13** Wenigstens einige Bl schildfg . . . . . . . . . . . . . . . . . . . . . . . . . . . . . . . . . . **14**

**13\*** Bl nicht schildfg . . . . . . . . . . . . . . . . . . . . . . . . . . . . . . . . . . . . . . . . . . **17**

**14** B 1geschlechtig. BStg mit ∞ Bl, locker am Stg verteilt. Staubfäden verzweigt. KapselFr. Pfl ♄, ☉ kult. (Abb. **261**/1). **Wolfsmilchgewächse** – *Euphorbiaceae: Ricinus* S. 260

**14\*** B zwittrig. BStg ohne Bl od. höchstens mit 2 Bl. Staubfäden nicht verzweigt. Kapselartige SammelnussFr od. BeerenFr. Pfl ♃ . . . . . . . . . . . . . . . . . . . . . . . . . . . . **15**

**15** BStg ohne Bl. BlSpreite kreisfg, mit glattem Rand. B einzeln. BAchse verlängert, verkehrt-kegelfg. FrBl ∞, in die BAchse eingesenkt. Kapselartige SammelnussFr (Abb. **111**/1a, b). **Lotosblumengewächse** – *Nelumbonaceae* S. 112

**15\*** BStg mit (1–)2 Bl. BSpreite ± gelappt, oft mit gezähntem Rand. B einzeln od. in ∞blütigem BStand. BAchse nicht verlängert. FrBl 1 (Pseudomonomerie). BeerenFr . . . . **16**

**16** B in doldenähnlichem BStand, aufrecht. Staubbeutel jeweils durch 2 Klappen sich öffnend (Lupe!). **Berberitzengewächse** – *Berberidaceae: Diphylleia* S. 154

**16\*** B einzeln, nickend. Staubbeutel durch Schlitze sich öffnend. (Abb. **153**/3,4).
**Berberitzengewächse** – *Berberidaceae: Podophyllum* S. 153

**17** **(13)** BStand kopfig, mit od. ohne Hülle . . . . . . . . . . . . . . . . . . . . . . . . . . . . **18**

**17\*** BStand nicht kopfig . . . . . . . . . . . . . . . . . . . . . . . . . . . . . . . . . . . . . . . . **26**

**18** FrKn oberständig . . . . . . . . . . . . . . . . . . . . . . . . . . . . . . . . . . . . . . . . . . **19**

**18\*** FrKn unter- od. mittelständig . . . . . . . . . . . . . . . . . . . . . . . . . . . . . . . . . . . **23**

**19** Bl wechselständig od. grundständig, zuweilen grundständig u. quirlig . . . . . . . . . . **20**

**19\*** Bl gegenständig . . . . . . . . . . . . . . . . . . . . . . . . . . . . . . . . . . . . . . . . . . . **22**

**20** BHüllBl zur FrZeit fleischig u. scharlachrot. FrKnäuel himbeerähnlich.
**Gänsefußgewächse** – *Chenopodiaceae: Chenopodium* z. T. S. 200

**20\*** BHüllBl zur FrZeit nicht fleischig . . . . . . . . . . . . . . . . . . . . . . . . . . . . . . . . . **21**

**21** NebenBl zu einer häutigen Röhre verwachsen (Ochrea). BHüllBl 4–5. StaubBl 5–8. B nicht in einem von einer Hülle umgebenen B- od. TeilBStand (Abb. **209**/1, 3 ).
**Knöterichgewächse** – *Polygonaceae: Persicaria* z. T. S. 210

**21\*** NebenBl fehlend. BHüllBl 6. StaubBl 9. B ∞, in einem von einer Hülle umgebenen B- od. TeilBStand (Abb. **206**). **Knöterichgewächse** – *Polygonaceae: Eriogonum* z. T. S. 206

**22** **(19)** B ± stieltellerfg, > 1 cm lg. BHüllBl verwachsen. Staubfäden frei od. nur am Grund miteinander verwachsen. Fr vom ausdauernden Grund der BHülle eng umschlossen

(Anthocarp), geflügelt. Bl eines Knotens ungleich.
    **Wunderblumengewächse** – *Nyctaginaceae*: *Abronia* S. 182
**22\*** B nicht stieltellerfg, <1 cm lg. BHüllBl frei. Staubfäden miteinder zu einer ± lg Röhre verwachsen. Fr nicht von einer festen Hülle umschlossen, nicht geflügelt. (Abb. **197**/1; **198**/1).     **Amarantgewächse** – *Amaranthaceae*: *Gomphrena, Alternanthera* S. 196
**23** **(18)** Bl quirlig. FrKn 2fächrig. SpaltFr. (Abb. **415**/2–4).
    **Rötegewächse** – *Rubiaceae*: *Phuopsis, Asperula* z.T. S. 414
**23\*** Bl wechsel-, gegen- od. grundständig . . . . . . . . . . . . . . . . . . . . . . . . . . . . . . . . . . . . **24**
**24** BStand ohne Hülle. Bl gefiedert, mit NebenBl.
    **Rosengewächse** – *Rosaceae*: *Acaena, Sanguisorba* S. 301
**24\*** BStand mit Hülle, zuweilen ∞ von einer Hülle umgebene 1blütige BStände zu einem kopfigen (*Echinops*: ohne äußere Hülle) GesamtBStand vereint. K aus grannigen Borsten (Pappus) od. schuppigem od. häutigem Saum bestehend od. fehlend . . . . . . **25**
**25** Staubbeutel fast stets zu einer den Griffel umgebenden Röhre verklebt. Griffel 1, Narben 2, ohne Griffelpolster. FrKn 1fächrig, 1samig. NussFr (Achäne).
    **Korbblütengewächse** – *Asteraceae* z.T. S. 539
**25\*** Staubbeutel frei. Griffel 2, einem drüsigen Griffelpolster aufsitzend. FrKn 2fächrig, 2samig. SpaltFr. *Hacquetia*: köpfchenartiger BStand einzeln, grundständig; Pfl dornenlos. *Eryngium*: köpfchenartige BStände im GesamtBStand; Pfl dornig. (Abb. **396**/2, 4).
    **Doldengewächse** – *Apiaceae*: *Hacquetia, Eryngium* S. 394
**26** **(17)** Bl gefiedert od. handfg gelappt bis gefingert u. dann fingernervig . . . . . . . . . **27**
**26\*** Bl ganz, höchstens grob gezähnt od. gelappt u. dann fiedernervig . . . . . . . . . . . . **43**
**27** Bl gegenständig, die oberen zuweilen wechselständig . . . . . . . . . . . . . . . . . . . . . . **28**
**27\*** Bl wechsel- od./u. grundständig . . . . . . . . . . . . . . . . . . . . . . . . . . . . . . . . . . . . . . **29**
**28** Pfl ⊙. Bl gefingert. BHülle, falls vorhanden, unscheinbar. B 1geschlechtig. StaubBl 5. FrKn 1.     **Hanfgewächse** – *Cannabaceae*: *Cannabis* S. 176
**28\*** Pfl ♃. Bl gefiedert. BHülle kronartig. B zwittrig. StaubBl ∞. FrKn ∞. (Abb. **143**; **145**/1, 2).     **Hahnenfußgewächse** – *Ranunculaceae*: *Clematis* z.T. S. 142
**29** **(27)** FrKn 2 od. >2 . . . . . . . . . . . . . . . . . . . . . . . . . . . . . . . . . . . . . . . . . . . . . . . **30**
**29\*** FrKn 1, zuweilen FrBl (2) nur an ihrem Grund verwachsen . . . . . . . . . . . . . . . . . . **32**
**30** FrKn oberständig, 2–∞. Bl meist ohne NebenBl. BHüllBl 3, 4, 5 od. >5. NektarBl zuweilen vorhanden. Sammelnuss- od. SammelbalgFr od. beerenähnliche SammelFr (*Hydrastis*, Abb. **115**/1).     **Hahnenfußgewächse** – *Ranunculaceae* z.T. S. 113
**30\*** FrKn mittelständig, 2(–5), vom Achsenbecher eingeschlossen. Bl mit NebenBl. BHüllBl meist 4. NektarBl fehlend. SammelnussFr. B in dichten Ähren . . . . . . . . . . . . . . . **31**
**31** Achsenbecher mit 2–4 endständigen od. ∞ seitenständigen widerhakigen Stacheln (Abb. **308**/1–3). Pfl mit niederliegenden oft an den Knoten wurzelnden Stg.
    **Rosengewächse** – *Rosaceae*: *Acaena* z.T. S. 308
**31\*** Achsenbecher ohne widerhakige Stacheln. Pfl mit aufrechten Stg. (Abb. **306**/5).
    **Rosengewächse** – *Rosaceae*: *Sanguisorba* z.T. S. 307
**32** **(29)** Pfl mit orangefarbenem Milchsaft. BlSpreite länglich bis kreisfg, mit herzfg Grund. BHüllBl 2, hinfällig. StaubBl 8–30. Fr eine Kapsel, flach, 1–wenigsamig.
    **Mohngewächse** – *Papaveraceae*: *Macleaya* S. 164
**32\*** Pfl ohne Milchsaft . . . . . . . . . . . . . . . . . . . . . . . . . . . . . . . . . . . . . . . . . . . . . . . . . **33**
**33** Staubbeutel jeweils durch 2 Klappen sich öffnend. KBl oft hinfällig.
    **Berberitzengewächse** – *Berberidaceae* z.T. S. 151
**33\*** Staubbeutel meist durch Schlitze sich öffnend . . . . . . . . . . . . . . . . . . . . . . . . . . . . **34**
**34** SteinFr, beerenähnlich . . . . . . . . . . . . . . . . . . . . . . . . . . . . . . . . . . . . . . . . . . . . . . **35**
**34\*** Kapsel-, Nuss-, Balg- od. SpaltFr . . . . . . . . . . . . . . . . . . . . . . . . . . . . . . . . . . . . . . **36**
**35** BlSpreite gefingert od. gefiedert. BStand eine Dolde od. Doppeldolde. StaubBl 5 (Abb. **392**/3, 4).     **Araliengewächse** – *Araliaceae* S. 392
**35\*** BlSpreite fußfg gelappt bis geteilt. BStand mit ährigen TeilBStänden. StaubBl 1 od. 2.
    **Gunneragewächse** – *Gunneraceae* z.T. S. 391

**36** (34) Griffel 5. NektarBl vorhanden. KapselFr. Pfl ☉ (Abb. **128**/1).
      **Hahnenfußgewächse** – *Ranunculaceae*: *Nigella* z. T. S. 128
**36*** Griffel 1, 2 od. 3 (durch tiefe Teilung scheinbar 6). NektarBl fehlend. Pfl ♃; wenn Pfl ☉,
    ① od. ☉, dann SpaltFr ............................................................. 37
**37** Griffel 3, durch tiefe Teilung 6. B oft 1geschlechtig. FrKn 1fächrig. KapselFr. Bl unpaarig
    gefiedert. Pfl bis 2 m hoch (Abb. **232**/1). **Scheinhanfgewächse** – *Datiscaceae* S. 232
**37*** Griffel 1 od. 2. B zwittrig ................................................................. 38
**38** Griffel 2. FrKn aus 2 FrBl. Spalt- od. KapselFr ............................... 39
**38*** Griffel 1. FrKn aus 1 FrBl. Nuss, Balg od. Beere ........................... 40
**39** SpaltFr, in zwei 1samige TeilFr zerfallend. BStand eine Dolde od. Doppeldolde (Abb.
    **396**/1). StaubBl 5. Griffel einem scheibenfg bis kegligen drüsigen Griffelpolster aufsit-
    zend. KBl unscheinbar, KrBl vorhanden. **Doldengewächse** – *Apiaceae* z. T. S. 394
**39*** KapselFr, ∞samig. BStand eine Rispe od. Schirmrispe. StaubBl 5, 6 od. 10. Griffel-
    polster fehlend. KBl vorhanden u. KrBl fehlend (*Rodgersia*, *Astilbe*) od. KBl wie die KrBl
    weißlich, aber fast doppelt so lg (*Mukdenia*). (Abb. **334**; **336**).
      **Steinbrechgewächse** – *Saxifragaceae*: *Rodgersia*, *Astilbe* z. T., *Mukdenia* S. 333
**40** (38) Bl unpaarig gefiedert. B in dichten Ähren. NussFr ........................ 41
**40*** Bl 1–4fach 3zählig. B in Rispen. Balg- od. BeerenFr ........................ 42
**41** Achsenbecher mit 2–4 end- od. ∞ seitenständigen widerhakigen Stacheln (Abb. **308**/
    1–3). Pfl mit niederliegenden, oft an den Knoten wurzelnden Stg (Abb. **307**/1).
      **Rosengewächse** – *Rosaceae*: *Acaena* z. T. S. 308
**41*** Achsenbecher ohne widerhakige Stacheln. Pfl mit aufrechten Stg.
      **Rosengewächse** – *Rosaceae*: *Sanguisorba* S. 307
**42** (40) BalgFr. NektarBl vorhanden. BHüllBl 4–5, hinfällig (Abb. **117**/1–3).
      **Hahnenfußgewächse** – *Ranunculaceae*: *Cimicifuga* S. 117
**42*** BeerenFr. NektarBl fehlend. BHüllBl 3–5, hinfällig (Abb. **117**/4).
      **Hahnenfußgewächse** – *Ranunculaceae*: *Actaea* S. 118
**43** (26) Bl gegenständig od. quirlig ........................................ 44
**43*** Bl wechselständig, zuweilen die unteren gegenständig (*Chenopodiaceae*: *Atriplex*), od.
    grundständig ....................................................... 53
**44** Bl quirlig od. fast quirlig ............................................. 45
**44*** Bl gegenständig, zuweilen die oberen wechselständig ...................... 46
**45** Pfl mit einem 4zähligen BlWirtel, am Ende des BStg. BHüllBl 8. StaubBl 8. FrKn 4fäch-
    rig. BeerenFr. (Einkeimblättrige Pfl). **Einbeerengewächse** – *Trilliaceae*: *Paris* S. 664
**45*** Pfl mit mehreren bis ∞ BlWirteln, locker am Stg verteilt. BHüllBl 4(–5). StaubBl 4(–5).
    FrKn 2fächrig. SpaltFr mit zwei 1samigen TeilFr. (Abb. **405**/3–5; **415**; **416**).
      **Rötegewächse** – *Rubiaceae* z. T. S. 414
**46** (44) Pfl mit Milchsaft. BStand (Cyathium) eine ♀ B vortäuschend, bestehend aus einem
    glockenfg einen K vortäuschenden Hüllbecher mit 4–5 zwischen seinen Zipfeln sitzenden
    kurz 2hörnigen Drüsen, aus ∞ jeweils nur aus 1 StaubBl bestehenden nackten ♂ B u.
    aus 1 nackten ♀ B. **Wolfsmilchgewächse** – *Euphorbiaceae*: *Euphorbia* z. T. S. 261
**46*** Pfl ohne Milchsaft ................................................... 47
**47** B einzeln ......................................................... 48
**47*** B ∞, in BStänden .................................................. 49
**48** BHüllBl 3. Stg kurz kriechend, an der Spitze mit 1 LaubBlPaar. Bl nieren- bis herzfg.
    KapselFr. (Abb. **174**/2–9). **Osterluzeigewächse** – *Aristolochiaceae*: *Asarum* S. 174
**48*** BHüllBl 4. Stg aufrecht, mit >2 BlPaaren, locker am Stg verteilt. Bl eifg bis lanzettlich.
    SammelnussFr, mit ausdauernden, lg, fedrig behaarten Griffeln. (Abb. **142**/4).
      **Hahnenfußgewächse** – *Ranunculaceae*: *Clematis* z. T. S. 142
**49** (47) B 1geschlechtig. ♂ B mit 4 HüllBl u. 4 StaubBl; ♀ B mit 4 BHüllBl u. 1 FrKn; FrKn
    scheinbar aus 1 FrBl. NussFr. Pfl mit Brennhaaren.
      **Brennnesselgewächse** – *Urticaceae* S. 177
**49*** B meist zwittrig. Pfl ohne Brennhaare ................................. 50

50 FrKn unterständig. StaubBl 3. Fr 3fächrig, mit 2 leeren Fächern, 1samig. KSaum fehlend (Abb. **420**/6). **Baldriangewächse** – *Valerianaceae*: *Valerianella* S. 420
50* FrKn oberständig. StaubBl 5. Fr 1fächrig, 1samig .......................... **51**
51 B ± stieltellerfg, mit lg Röhre u. 5 Zipfeln. Fr vom ausdauernden Grund der BHülle eng umschlossen (Anthocarp), geflügelt. **Wunderblumengewächse** – *Nyctaginaceae*: *Abronia* S. 182
51* B nicht stieltellerfg ....................................................... **52**
52 NebenBl vorhanden. B in Knäueln. StaubBl 5, mit freien Staubfäden. SteingartenPfl. (Abb. **195**/3, 4). **Nelkengewächse** – *Caryophyllaceae*: *Paronychia*, *Herniaria* S. 182
52* NebenBl fehlend. B in Rispen od. Ähren. Staubfäden unterwärts ± hoch miteinander verwachsen. Pfl der Sommerrabatten. *Iresine*-Arten oft buntlaubig. (Abb. **198**/2, 3).
**Amarantgewächse** – *Amaranthaceae*: *Iresine*, *Achyranthes* S. 196
53 (43) FrKn unter- od. halbunterständig ................................... **54**
53* FrKn oberständig .................................................... **61**
54 Sprossachsen u. Bl od. nur Bl dickfleischig ............................... **55**
54* Sprossachsen holzig od. krautig. Bl krautig; wenn Bl ± dickfleischig, dann Bl ± asymmetrisch u. B 1geschlechtig ............................................ **56**
55 Pfl ♃, ♄. Sprossachsen dickfleischig, zylindrisch od. abgeflacht. Bl dickfleischig, zylindrisch. BHüllBl ∞. StaubBl ∞. BeerenFr. (Abb. **180**).
**Kakteengewächse** – *Cactaceae*: *Opuntia* S. 180
55* Pfl ⊙. Sprossachsen ± krautig. Bl dickfleischig, flach. BHüllBl 3–5. StaubBl 3–15. SchließFr, oberwärts mit Hörnchen. (Abb. **178**/5).
**Mittagsblumengewächse** – *Aizoaceae*: *Tetragonia* S. 179
56 (54) B 1geschlechtig ................................................. **57**
56* B zwittrig ........................................................... **58**
57 BlSpreite ± asymmetrisch. BHülle kronartig. ♂ B mit 4 BHüllBl u. ∞ StaubBl, Staubfäden frei od. ± verwachsen. ♀ B mit 5 BHüllBl u. einem 3fächrigen FrKn. Fr eine ∞samige, 3flüglige Kapsel. (Abb. **235**). **Begoniengewächse** – *Begoniaceae* S. 234
57* BlSpreite symmetrisch, nierenfg. BHülle unscheinbar, mit 2 BHüllBl. ♂ B mit 2 StaubBl. ♀ B mit einem 1fächrigen FrKn. Fr eine 1samige SteinFr.
**Gunneragewächse** – *Gunneraceae*: *Gunnera* z. T. S. 391
58 (56) Pfl ⊙ ⊙, meist mit dicker Rübe. BHülle zur FrZeit verhärtet, den FrKn einschließend. NussFr. (Abb. **201**). **Gänsefußgewächse** – *Chenopodiaceae*: *Beta* S. 200
58* Pfl ♃, ohne dicke Rübe. BHülle zur FrZeit nicht verhärtet, nicht den FrKn einschließend. KapselFr ....................................................... **59**
59 B radiär, BHüllBl (KBl) einen Außenbecher aufsitzend. StaubBl 5. FrKn aus 2 FrBl, 1fächrig. **Steinbrechgewächse** – *Saxifragaceae*: *Heuchera* z. T. S. 346
59* B dorsiventral. StaubBl 1 od. 6. FrKn aus 3 od. 6 FrBl, 1- od. 6fächrig .......... **60**
60 BHüllBl 1, aus 3 BHüllBl verwachsen. BHülle am Grund mit bauchiger Röhre. StaubBl 6, mit der Griffelsäule verwachsen. FrKn 6fächrig.
**Osterluzeigewächse** – *Aristolochiaceae*: *Aristolochia* z. T. S. 175
60* BHüllBl 6, in 2 Kreisen, frei, mittleres BHüllBl des inneren Kreises eine Lippe bildend. StaubBl 1, mit dem Griffel zum Säulchen verwachsen. FrKn 1fächrig. BlNerven meist weiß berandet. (Einkeimblättrige Pfl).
**Orchideengewächse** – *Orchidaceae*: *Goodyera* S. 699
61 (53) Pfl mit Milchsaft .................................................. **62**
61* Pfl ohne Milchsaft ................................................... **63**
62 Milchsaft orangefarben. B zwittrig. BHüllBl 2, hinfällig, KapselFr mit 2 FrBl, flach.
**Mohngewächse** – *Papaveraceae*: *Macleaya* S. 164
62* Milchsaft weiß. B 1geschlechtig, in ♀ ScheinB (Cyathium). BHülle fehlend. Jedes Cyathium mit glockenfg Hüllbecher, dieser zwischen seinen Zipfeln mit 4–5 bohnen-od. halbmondfg Drüsen (Abb. **262**/4). Cyathien in einer doldenartigen Zyme angeordnet. KapselFr mit 3 FrBl, im ⌀ ± 3kantig. Bl ganz, selten grob gelappt (*Euphorbia heterophylla*, Abb. **262**/3). **Wolfsmilchgewächse** – *Euphorbiaceae*: *Euphorbia* z. T. S. 261

63  **(61)** Staubbeutel mit Klappen sich öffnend. Bl grundständig. BlSpreite nierenfg (Abb.
    **153**/2).                   **Berberitzengewächse** – *Berberidaceae*: *Jeffersonia* z.T. S. 153
63* Staubbeutel sich nicht durch Klappen öffnend ...................................... 64
64  Fr eine Beere od. eine beerenartige SammelFr ........................... 65
64* Fr eine Nuss (zuweilen von fleischig gewordenen BHüllBl umgeben) od. Kapsel .. 66
65  Ausläuferstaude, 0,05–0,20 m hoch. LaubBl 2(–3). BHüllBl 4. StaubBl 4. FrKn 1. Beere.
    (Einkeimblättrige Pfl).
                        **Maiglöckchengewächse** – *Convallariaceae*: *Maianthemum* S. 736
65* Rübenstaude, 1–3 m hoch. LaubBl ∞. BHüllBl 5. StaubBl 10 od. 8(–9). FrKn 1 (FrBl ver-
    wachsen) od. FrKn 8 (FrBl frei). Beere od. beerenartige SammelFr.
                                **Kermesbeerengewächse** – *Phytolaccaceae* S. 177
66  **(64)** NebenBl zu einer häutigen Scheide (Ochrea) verwachsen. Fr eine 2–3(–4) kanti-
    ge, oft von der BHülle eingeschlossene, zuweilen geflügelte Nuss (Abb. **205**/3–5).
                            **Knöterichgewächse** – *Polygonaceae* z.T. S. 205
66* NebenBlScheide (Ochrea) fehlend ...................................... 67
67  TeilBStände ∞blütig, von einer Hülle (Involucrum) umgeben (Abb. **206**).
                            **Knöterichgewächse** – *Polygonaceae*: *Eriogonum* S. 206
67* TeilBStände nicht von einer Hülle umgeben ................................. 68
68  Pfl ♃, mit unter- od. oberirdischen Ausläufern. Bl immergrün, ledrig. B 1geschlechtig,
    zuweilen 2häusig verteilt ............................................... 69
68* Pfl ☉ od. ☉; wenn Pfl ♃, dann eine Pleiokormstaude (ohne Ausläufer). Bl meist som-
    mergrün. B zwittrig od. 1geschlechtig ...................................... **70**
69  Pfl mit Rhizom u. oberirdischen Ausläufern. Bl grund- u. ausläuferständig. BHüllBl 5. ♂
    B mit 10 StaubBl, ♀ B mit 2 blättrigem FrKn.
                        **Steinbrechgewächse** – *Saxifragaceae*: *Tanakaea* S. 337
69* Pfl mit unterirdischen Ausläufern. Bl gehäuft am Ende aufsteigender od. aufrechter Stg.
    ♂ B mit 4 BHüllBl u. 4 StaubBl, ♀ B mit 4–6 BHüllBl u. 2–3blättrigem FrKn (Abb. **260**).
                        **Buchsbaumgewächse** – *Buxaceae*: *Pachysandra* S. 260
70  **(68)** BHüllBl krautig, grün, vorn meist stumpf, zuweilen zur FrZeit fleischig verdickt u. die
    Fr einhüllend. Staubfäden frei. B 1geschlechtig od. zwittrig, mit od. ohne BHülle.
                                **Gänsefußgewächse** – *Chenopodiaceae* S. 199
70* BHüllBl trockenhäutig, oft gefärbt, vorn meist stachelspitzig. Staubfäden am Grund frei
    (*Amaranthus*, Abb. **198**/4a) od. zu einer Röhre verwachsen (*Celosia*, Abb. **197**/2a). B
    zwittrig (*Celosia*) od. 1geschlechtig (*Amaranthus*). Hierher gehören auch die Hahnen-
    kamm- u. Federbusch-Celosien (Abb. **197**/3–4).
                        **Amarantgewächse** – *Amaranthaceae*: *Celosia*, *Amaranthus* S. 196


**Tabelle IIf · Pflanzen mit ungleichartiger Blütenhülle u.
freien Kronblättern (excl. Tauch- u. Schwimmpflanzen:
Tabelle IIa; Kletterpflanzen: Tabelle IIb; Pflanzen mit gespornten
oder ausgesackten Blütenhüllblättern: Tabelle IIc)**

Bem.: Diese Tabelle umfasst auch einige Einkeimblättrige Pflanzen.

1  Strauch, Zwergstrauch od. Spalierstrauch ............................... 2
1* Staude, Halbstrauch od. EinjahrsPfl .................................... 30
2  B dorsiventral ......................................................... 3
2* B radiär .............................................................. 5
3  BAchse unter dem mittleren KBl mit röhrenfg Aushöhlung (Querschnitt!), diese bei ge-
   füllblütigen Formen fehlend. KBl 5, frei, alle kelchblattartig. KrBl 5, mittleres KrBl nicht
   schiffchenartig. StaubBl 10, ihre Staubfäden zumindest am Grund röhrig verwachsen,
   nur 2–7 fertil.          **Storchschnabelgewächse** – *Geraniaceae*: *Pelargonium* S. 378
3* BAchse unter dem mittleren KBl ohne röhrenfg Aushöhlung. KBl 5, frei od. röhrenfg ver-
   wachsen. Mittleres KrBl od. 2 untere KrBl schiffchenartig. StaubBl 8 od. 10, alle fertil  **4**

**4**  KBl frei, 3 kelchblatt-, 2 kronblattartig. KrBl 3, mittleres KrBl schiffchenartig, vorn mit Anhängseln. StaubBl 8, zu einer oben offnen Röhre verwachsen.
   **Kreuzblumengewächse** – *Polygalaceae* z.T. S. 380
**4\***  KBl röhrig verwachsen. KrBl 5, 2 untere KrBl schiffchenartig. StaubBl 10, anfangs alle röhrig verwachsen, später 9 verwachsene u. 1 freies. (Abb. 352).
   **Schmetterlingsblütengewächse** – *Fabaceae*: *Anthyllis* z.T. S. 357
**5**  (2) Bl gefiedert bis fiederschnittig . . . . . . . . . . . . . . . . . . . . . . . . . . . . . . . . . . . . . . . 6
**5\***  Bl ganz, höchstens gelappt . . . . . . . . . . . . . . . . . . . . . . . . . . . . . . . . . . . . . . . . . . 9
**6**  FrKn 1 (FrBl 5–12, verwachsen). KapselFr . . . . . . . . . . . . . . . . . . . . . . . . . . . . . . 7
**6\***  FrKn 2–∞ (FrBl frei). Sammelbalg- od. SammelnussF . . . . . . . . . . . . . . . . . . . . . . 8
**7**  KBl 3. KrBl 6. StaubBl ∞. FrBl 7–12, verwachsen. Sa wandständig. B ohne Diskus. (Abb. **156**/1).    **Mohngewächse** – *Papaveraceae*: *Romneya* S. 156
**7\***  KBl 4 od. 5. KrBl 4 od. 5. StaubBl 8 od. 10. FrBl 4 od. 5, verwachsen. Sa zentralwinkelständig. B mit Diskus. (Abb. **362**/1).    **Rautengewächse** – *Rutaceae*: *Ruta* S. 362
**8**  (6) FrKn 2–5(–10). SammelbalgFr. B mit Diskus (Abb. **218**/1, 2-**D**).
   **Pfingstrosengewächse** – *Paeoniaceae*: *Paeonia* z.T. S. 215
**8\***  FrKn ∞. SammelnussFr. B ohne Diskus. B mit AußenK.
   **Rosengewächse** – *Rosaceae*: *Potentilla* z.T. S. 312
**9**  (5) Bl nadelfg, <1 cm lg . . . . . . . . . . . . . . . . . . . . . . . . . . . . . . . . . . . . . . . . . . . . . 10
**9\***  Bl linealisch, lanzettlich, elliptisch od. eifg, zuweilen sukkulent . . . . . . . . . . . . . . . 12
**10**  BlRand nicht umgerollt. KrBl gelb. StaubBl ∞. Kapsel. Spalierstrauch. (Abb. **221**/4).
   **Zistrosengewächse** – *Cistaceae*: *Fumana* S. 222
**10\***  BlRand umgerollt. KrBl purpurn, weißlich, hell- bis dunkelrot. StaubBl 2–6. Kapsel od. Beere . . . . . . . . . . . . . . . . . . . . . . . . . . . . . . . . . . . . . . . . . . . . . . . . . . . . . . . . . . 11
**11**  KBl verwachsen. KrBl mit nebenkronartigen Bildungen (Abb. **232**/2d). FrKn 1fächrig. Kapsel. Spalier- od. Zwergstrauch. (Abb. **232**/2).
   **Seeheidegewächse** – *Frankeniaceae* S. 232
**11\***  KBl frei. KrBl ohne nebenkronartige Bildungen. FrKn mehrfächrig. Beere. Zwerg- od. Spalierstrauch. (Abb. **277**).    **Krähenbeerengewächse** – *Empetraceae* S. 276
**12**  (9) StaubBl >10, meist ∞ . . . . . . . . . . . . . . . . . . . . . . . . . . . . . . . . . . . . . . . . . . . 13
**12\***  StaubBl 10 od. <10 . . . . . . . . . . . . . . . . . . . . . . . . . . . . . . . . . . . . . . . . . . . . . . . 23
**13**  Bl deutlich fleischig, gegenständig. KrBl ∞. (Abb. **178**/2–4).
   **Mittagsblumengewächse** – *Aizoaceae*: *Delosperma* z.T., *Lampranthus* S. 178
**13\***  Bl krautig od. ledrig, gegen- od. wechselständig. KrBl meist (4–)5 od. 6; wenn KrBl ∞, dann Bl wechselständig . . . . . . . . . . . . . . . . . . . . . . . . . . . . . . . . . . . . . . . . . . . . . . 14
**14**  Staubfäden an ihrem Grund zu 3–5 Bündeln od. zu einer ± lg Röhre verwachsen . 15
**14\***  Staubfäden meist frei; wenn Staubfäden am Grund zu Bündeln vereint, dann Fr eine holzige Kapsel . . . . . . . . . . . . . . . . . . . . . . . . . . . . . . . . . . . . . . . . . . . . . . . . . . . . 16
**15**  Staubfäden an ihrem Grund zu 3–5 Bündeln verwachsen. Bl gegenständig, selten quirlig. NebenBl fehlend.    **Hartheugewächse** – *Hypericaceae*: *Hypericum* z.T. S. 218
**15\***  Staubfäden zu einer ± lg Röhre verwachsen (vgl. auch Abb. **254**/4, 5). Bl wechselständig. NebenBl vorhanden.    **Malvengewächse** – *Malvaceae*: *Anisodontea*, *Hibiscus* S. 254
**16**  (14) FrKn unterständig . . . . . . . . . . . . . . . . . . . . . . . . . . . . . . . . . . . . . . . . . . . . . 17
**16\***  FrKn ober- od. mittelständig . . . . . . . . . . . . . . . . . . . . . . . . . . . . . . . . . . . . . . . . 20
**17**  Holzige KapselFr.    **Myrtengewächse** – *Myrtaceae*: *Callistemon*, *Melaleuca* S. 383
**17\***  BeerenFr, beerenähnliche Fr od. SammelsteinFr . . . . . . . . . . . . . . . . . . . . . . . . . . 18
**18**  Griffel 2–5. Fr bis 1,3 cm ⌀, rot od. schwarz. Fr eine SammelsteinFr.
   **Rosengewächse** – *Rosaceae*: *Cotoneaster* S. 322
**18\***  Griffel 1 . . . . . . . . . . . . . . . . . . . . . . . . . . . . . . . . . . . . . . . . . . . . . . . . . . . . . . . . 19
**19**  Fr bis 1 cm ⌀, eine Beere, blauschwarz. KrBl weiß od. weiß u. rosa getönt. Bl immergrün (Abb. **384**/1,2).    **Myrtengewächse** – *Myrtaceae*: *Myrtus* S. 384
**19\***  Fr etwa 2–8 cm ⌀, beerenähnlich, mit ledriger Hülle, gelblichbraun bis rot, mit verbleibendem K. Bl sommergrün.    **Granatapfelgewächse** – *Punicaceae*: *Punica* S. 384

**20** **(16)** Griffel 5–∞. Sammelstein- (*Rubus*: FrBl ∞), Sammelnuss- (*Dryas*: FrBl ∞) od. SammelbalgFr (*Petrophytum*: FrBl 5). Bl wechselständig (Abb. **303**/1; **305**; **307**/2).
        **Rosengewächse** – *Rosaceae*: *Rubus* z.T., *Dryas*, *Petrophytum* S. 301
**20\*** Griffel 1–5. KapselFr. Bl gegenständig, wenigstens die unteren . . . . . . . . . . . . . . **21**
**21** Griffel 3–5, frei od. ± miteinander verwachsen.
        **Hartheugewächse** – *Hypericaceae*: *Hypericum* z.T. S. 218
**21\*** Griffel 1 . . . . . . . . . . . . . . . . . . . . . . . . . . . . . . . . . . . . . . . . . . . . . . . . . . **22**
**22** B ohne Achsenbecher. FrKn oberständig. KrBl meist 5. StaubBl > 18. (Abb. **221**/1–3).
        **Zistrosengewächse** – *Cistaceae*: *Cistus, Helianthemum* S. 220
**22\*** B mit halbkugel- od. kegelfg Achsenbecher. FrKn mittelständig. KrBl meist 6 (od. > 6). StaubBl 10–18.      **Blutweiderichgewächse** – *Lythraceae*: *Heimia* S. 382
**23** **(12)** FrKn 5, an ihrem Grund mit je einer kurzen Drüsenschuppe. Bl fleischig, wechselständig.        **Dickblattgewächse** – *Crassulaceae*: *Sedum* z.T. S. 326
**23\*** FrKn 1. Bl krautig od. ledrig, wechsel- od. gegenständig . . . . . . . . . . . . . . . . . . . . **24**
**24** BlSpreite mit 2–3 von ihrem Grund ausgehenden Bogennervenpaaren. Staubbeutel am Grund mit Konnektivanhängseln, an der Spitze mit einer Pore sich öffnend. StaubBl 5 (–8). (Abb. **384**/3).  **Schwarzmundgewächse** – *Melastomataceae*: *Tibouchina* S. 384
**24\*** BlSpreite fiedernervig. Staubbeutel am Grund ohne Konnektivanhängsel, meist mit Schlitzen, selten mit Poren sich öffnend (*Ericaceae*, s. **29\***) . . . . . . . . . . . . . . . . . **25**
**25** FrKn unter- od. halbunterständig . . . . . . . . . . . . . . . . . . . . . . . . . . . . . . . . . . . . **26**
**25\*** FrKn oberständig . . . . . . . . . . . . . . . . . . . . . . . . . . . . . . . . . . . . . . . . . . . . . . **27**
**26** Fr eine Beere. B mit röhrenfg verlängertem Achsenbecher. StaubBl 8. BStand nur mit fertilen B. KBl meist kronblattartig gefärbt.
        **Nachtkerzengewächse** – *Onagraceae*: *Fuchsia* S. 388
**26\*** Fr eine Kapsel. B ohne röhrenfg verlängerten Achsenbecher. StaubBl meist 10. BStand mit kleinen fertilen u. großen randständigen sterilen B od. bei Sorten alle B steril.
        **Hortensiengewächse** – *Hydrangeaceae*: *Hydrangea* S. 325
**27** **(25)** Bl gegenständig. Fr eine Kapsel. Sa mit orangefarbenem SaMantel.
        **Baumwürgergewächse** – *Celastraceae*: *Euonymus* S. 404
**27\*** Bl wechselständig od. rosettig gehäuft. Sa ohne orangefarbenen SaMantel . . . . . . **28**
**28** FrKn 1fächrig, mit 1 grundständigen SaAnlage. NussFr. Pfl mit kugligem BStand (*Armeria* z.T.; Abb. **211**/4) od. mit stechenden BlSpitzen (*Acantholimon*, Abb. **211**/1).
        **Bleiwurzgewächse** – *Plumbaginaceae*: *Armeria* z.T., *Acantholimon* S. 211
**28\*** FrKn 2–5fächrig, mit 2–∞ SaAnlage. Kapsel- od. beerenartige SteinFr . . . . . . . . . **29**
**29** Fr eine rote SteinFr, mit 1–4(–5) Sa. StaubBl 4 od. 5. B 1geschlechtig od. zwittrig. Bl kahl, mit durchscheinenden punktfg Drüsen.
        **Rautengewächse** – *Rutaceae*: *Skimmia* S. 362
**29\*** Fr eine Kapsel, mit ∞Sa. StaubBl 5–8 od. 10. B zwittrig. Bl useits kahl (*Leiophyllum*) od. rostrot filzig (*Ledum*), ohne durchscheinende punktfg Drüsen. (Abb. **268**/1).
        **Heidekrautgewächse** – *Ericaceae*: *Leiophyllum, Ledum* S. 266
**30** **(1)** FrKn unterständig . . . . . . . . . . . . . . . . . . . . . . . . . . . . . . . . . . . . . . . . . . . **31**
**30\*** FrKn ober- od. mittel-, zuweilen halbunterständig . . . . . . . . . . . . . . . . . . . . . . . . . **43**
**31** StaubBl 2: 1 fertiles u. 1 staminodiales. B dorsiventral. KrBl 4; die beiden oberen gekniet, linealisch bis lanzettlich, jeweils mit einer Drüse. (Abb. **385**/7).
        **Nachtkerzengewächse** – *Onagraceae*: *Lopezia* S. 388
**31\*** StaubBl 4–∞. B meist radiär; wenn B dorsiventral, dann Fr nussartig, 4kantig (*Gaura*)
. . . . . . . . . . . . . . . . . . . . . . . . . . . . . . . . . . . . . . . . . . . . . . . . . . . . . . . . . . . . . **32**
**32** StaubBl 11–∞ . . . . . . . . . . . . . . . . . . . . . . . . . . . . . . . . . . . . . . . . . . . . . . . . . **33**
**32\*** StaubBl 4–10 (*Cucurbitaceae*: 5, alle od. gruppenweise (2 + 2 + 1) verbunden, daher oft scheinbar 3) . . . . . . . . . . . . . . . . . . . . . . . . . . . . . . . . . . . . . . . . . . . . . . . . . . **37**
**33** Bl dickfleischig, gegenständig. FrKn 4- od. ∞fächrig. (Abb. **178**).
        **Mittagsblumengewächse** – *Aizoaceae* z.T. S. 178
**33\*** Bl krautig, wechsel- od. gegenständig . . . . . . . . . . . . . . . . . . . . . . . . . . . . . . . . . **34**

**34** Bl unterbrochen gefiedert, mit NebenBl. K mit hakig-stachligen Borsten. Fr meist 1samig (Abb. **308**/6a, b). **Rosengewächse** – *Rosaceae*: *Agrimonia* S. 306
**34\*** Bl ganz, 3zählig od. ± gelappt, nicht unterbrochen gefiedert, ohne NebenBl. Fr ∞samig ............................................................................ **35**
**35** Pfl mit Brennhaaren. KrBl kahn-, sack- od. kappenfg. Nektarschuppen vorhanden. StaubBl in Gruppen. (Abb. **233**/1–3). **Brennwindengewächse** – *Loasaceae* z. T. S. 233
**35\*** Pfl ohne Brennhaare. Nektarschuppen fehlend. StaubBl nicht in Gruppen ....... **36**
**36** Bl meist wechselständig. Pfl ☉ od. ☉ kult. KrBl weiß od. gelb. B meist aufrecht. (Abb. **233**/4). **Brennwindengewächse** – *Loasaceae*: *Mentzelia* S. 233
**36\*** Bl gegenständig. Pfl ♃. KrBl blau, hellrot, weißlich od. gelb. B ± nickend. **Hortensiengewächse** – *Hydrangeaceae*: *Deinanthe, Kirengeshoma* S. 324
**37** **(32)** B 1geschlechtig. KrBl frei od. nur an ihrem Grund untereinander verwachsen. **Kürbisgewächse** – *Cucurbitaceae* z. T. S. 228
**37\*** B zwittrig ....................................................... **38**
**38** BHülle 4zählig ................................................... **39**
**38\*** BHülle 5zählig ................................................... **40**
**39** BStand eine Dolde, am Grund von 4 großen, weißen HochBl umgeben (Abb. **392**/1, 2). BRöhre (Achsenbecher) fehlend. SteinFr. **Hartriegelgewächse** – *Cornaceae* S. 392
**39\*** BStand eine Traube od. Rispe, am Grund nicht von großen weißen HochBl umgeben. BRöhre (Achsenbecher) vorhanden (z. B. *Oenothera, Gaura, Fuchsia*) od. fehlend (*Epilobium*). Kapsel (*Epilobium, Clarkia*), SchließFr (*Gaura*) od. Beere (*Fuchsia*). **Nachtkerzengewächse** – *Onagraceae* S. 385
**40** **(38)** Griffel 1. Bl unzerteilt. B in Köpfen od. dichten Ähren. KapselFr. Pfl mit Milchsaft. **Glockenblumengewächse** – *Campanulaceae*: *Jasione, Phyteuma* S. 532, 537
**40\*** Griffel 2 od. > 2. Bl unzerteilt, zusammengesetzt od. tief zerteilt. B in Trauben, Rispen, Schirmrispen od. Doldentrauben, Dolden, Doppeldolden, selten in Köpfen ....... **41**
**41** KapselFr. B in Trauben, Rispen od. Schirmrispen. **Steinbrechgewächse** – *Saxifragaceae* z. T. S. 333
**41\*** Spalt- od. SteinFr. B in Doldentrauben, Dolden od. Doppeldolden (Abb. **396**/1), selten in Köpfen ..................................................... **42**
**42** SpaltFr. **Doldengewächse** – *Apiaceae* S. 394
**42\*** SteinFr, beerenähnlich, purpurschwarz, braun bis purpurn od. rot. (Abb. **392**/3,4). **Araliengewächse** – *Araliaceae*: *Panax, Aralia* S. 392
**43** **(30)** FrKn 2–∞ (FrBl 2–∞, frei), zuweilen an ihrem Grund mit dem Achsenbecher verwachsen ..................................................... **44**
**43\*** FrKn 1 (1 FrBl od. aus mehreren FrBl verwachsen) ......................... **51**
**44** BStand mit quirlig angeordneten B. Sumpf- od. WasserPfl. (Einkeimblättrige Pfl). **Froschlöffelgewächse** – *Alismataceae*: *Alisma, Sagittaria* S. 057
**44\*** BStand nicht mit quirlig angeordneten B. LandPfl .......................... **45**
**45** B mit ringfg Diskus (Abb. **218**/1). FrKn 2–5, zuweilen bis 10. SammelbalgFr. Fertile Sa schwarz, sterile Sa rot. Bl zerteilt, ohne NebenBl (Abb. **215**; **216**; **217**). **Pfingstrosengewächse** – *Paeoniaceae* z. T. S. 215
**45\*** B ohne ringfg Diskus. FrKn 2–5 od. > 5. Fertile u. sterile Sa ± gleichfarben ...... **46**
**46** Bl herzfg, ganzrandig. B einzeln, endständig. KrBl 3. FrKn 6, an ihrem Grund mit dem Achsenbecher verbunden. SammelbalgFr. (Abb. **174**/1). **Osterluzeigewächse** – *Aristolochiaceae*: *Saruma* S. 174
**46\*** Bl gefiedert, fußfg gelappt bis geschnitten, 3zählig od. gefingert; wenn Bl ganz, dann nicht herzfg. B oft im BStand. KrBl (3, 4–)5 od. > 5. Sammelbalg-, Sammelnuss-, Sammelstein- od. SammelbruchFr ...................................... **47**
**47** Bl dickfleischig od. ledrig u. dann sehr großflächig, ganz, höchstens gelappt, ohne od. mit kappenfg NebenBl (Abb. **339**/2a). StaubBl bis doppelt soviel wie die KrBl. SammelbalgFr ............................................................. **48**
**47\*** Bl krautig, zusammengesetzt, zerteilt, zuweilen gelappt, selten ganz, mit od. ohne NebenBl. StaubBl meist > doppelt soviel wie die KrBl, oft ∞. Sammelbalg-, Sammelnuss-,

Sammelstein- od. SammelbruchFr (wenn Pfl ♃, Bl ohne NebenBl u. FrKn 2, s. S. 333:
*Saxifragaceae*) . . . . . . . . . . . . . . . . . . . . . . . . . . . . . . . . . . . . . . . . . . . . . . . . . . . . **49**
**48** Bl dickfleischig, ohne NebenBl. FrKn oberständig, 5–∞; FrBl am Grund mit einer
Drüsenschuppe.                    **Dickblattgewächse** – *Crassulaceae* z. T. S. 326
**48\*** Bl ledrig, großflächig, mit kappenfg NebenBl (Median-Stipel). FrKn mittelständig, 2–5;
FrBl am Grund ohne Drüsenschuppe. (Abb. **339**/1, 2).
                            **Steinbrechgewächse** – *Saxifragaceae*: *Bergenia* S. 337
**49** **(47)** Bl mit NebenBl; wenn NebenBl fehlend, dann Pfl 2häusig (*Aruncus*). FrKn 3–∞,
ober- od. mittelständig. KBl am Rand einer Achsenverbreiterung od. eines Achsen-
bechers sitzend, daher scheinbar verwachsen, oft 2reihig (mit AußenK). Sammelbalg-,
Sammelstein- od. SammelnussFr.        **Rosengewächse** – *Rosaceae* z. T. S. 301
**49\*** Bl ohne NebenBl. FrKn 6–∞, oberständig. Sammelnuss- od. SammelbruchFr . . . . **50**
**50** Pfl ♃, selten ☉. StgBl, falls vorhanden, wechselständig, meist zerteilt, selten ganz.
SammelnussFr (Abb. **147**/1–3; **148**/1–2; **149**/1–4).
                  **Hahnenfußgewächse** – *Ranunculaceae*: *Ranunculus*,
                  *Adonis, Callianthemum, Hepatica* S. 113
**50\*** Pfl ☉. StgBl ganz, gegenständig. Einzelne FrKn (FrBl) in ∞1samige Querglieder zerfal-
lend.                      **Mohngewächse** – *Papaveraceae*: *Platystemon* S. 162
**51** **(43)** B disymmetrisch od. dorsiventral . . . . . . . . . . . . . . . . . . . . . . . . . . . . . . . . **52**
**51\*** B radiär . . . . . . . . . . . . . . . . . . . . . . . . . . . . . . . . . . . . . . . . . . . . . . . . . . . . . . . **64**
**52** B disymmetrisch . . . . . . . . . . . . . . . . . . . . . . . . . . . . . . . . . . . . . . . . . . . . . . . . **53**
**52\*** B dorsiventral . . . . . . . . . . . . . . . . . . . . . . . . . . . . . . . . . . . . . . . . . . . . . . . . . . . **54**
**53** KBl 2, hinfällig. StaubBl 4. Pfl ☉.
              **Mohngewächse** – *Papaveraceae, Hypecooideae*: *Hypecoum* S. 166
**53\*** KBl 4. StaubBl 6, 2 kürzere u. 4 längere. Fr meist eine Schote od. ein Schötchen, mit
einer sekundären Scheidewand, seltener eine Nuss, Beere od. Gliederschote od. ein
Gliederschötchen.           **Kreuzblütengewächse** – *Brassicaceae* z. T. S. 236
**54** **(52)** BStiel unter dem mittleren KBl mit röhrenfg Aushöhlung (Querschnitt!), diese bei
gefülltblütigen Formen fehlend. Fr in 5 grannentragende Teile zerfallend.
                **Storchschnabelgewächse** – *Geraniaceae*: *Pelargonium* z. T. S. 378
**54\*** BStiel unter dem mittleren KBl ohne röhrenfg Aushöhlung. Fr eine Kapsel, Hülse od. ein
Schötchen . . . . . . . . . . . . . . . . . . . . . . . . . . . . . . . . . . . . . . . . . . . . . . . . . . . . . . **55**
**55** StaubBl 3–6. FrKn aus 2 verwachsenen FrBl, 1- od. 2fächrig . . . . . . . . . . . . . . . **56**
**55\*** StaubBl 8, 10 od. 10–∞, zuweilen einige von diesen sehr klein u. steril. FrKn aus 1 FrBl
od. 2–5 verwachsenen FrBl, 1-, 2- od. 3–5fächrig . . . . . . . . . . . . . . . . . . . . . . . . **59**
**56** StaubBl 3. KrBl 4, fadenfg.   **Steinbrechgewächse** – *Saxifragaceae*: *Tolmiea* S. 348
**56\*** StaubBl 5 od. 6 . . . . . . . . . . . . . . . . . . . . . . . . . . . . . . . . . . . . . . . . . . . . . . . . . . **57**
**57** StaubBl 5. KrBl 5.     **Steinbrechgewächse** – *Saxifragaceae*: *Heuchera* z. T. S. 346
**57\*** StaubBl 6. KrBl 4 . . . . . . . . . . . . . . . . . . . . . . . . . . . . . . . . . . . . . . . . . . . . . . . . **58**
**58** Fr eine schotenähnliche Kapsel. B mit Androgynophor (*Cleome gynandra*), Gynophor
(*C. hassleriana*; in der Abb. **236**/2-G) od. sehr kurzem Gynophor (*C. violacea*; Abb.
**236**/1). Pfl ☉.              **Kapernstrauchgewächse** – *Capparaceae* S. 235
**58\*** Fr ein Schötchen. Pfl ♃ od. ☉.  **Kreuzblütengewächse** – *Brassicaceae*: *Iberis* S. 248
**59** **(55)** Staubfäden alle od. fast alle verwachsen . . . . . . . . . . . . . . . . . . . . . . . . . . . **60**
**59\*** Staubfäden frei . . . . . . . . . . . . . . . . . . . . . . . . . . . . . . . . . . . . . . . . . . . . . . . . . . **61**
**60** KBl frei, 3 kelchblatt-, 2 kronblattartig. KrBl 3, mittlere KrBl schiffchenartig, vorn mit An-
hängseln. StaubBl 8, zu einer oben offnen Röhre verwachsen. Fr eine Kapsel.
                      **Kreuzblumengewächse** – *Polygalaceae* z. T. S. 380
**60\*** KBl röhrig verwachsen. KrBl 5, 2 untere schiffchenartig, ohne Anhängsel (Abb. **352**/1).
StaubBl 10: meist 9 Staubfäden zu einer oben offnen Röhre verwachsen u. 1 Staub-
faden frei (Abb. **352**/3, 4) od. alle 10 Staubfäden verwachsen (Abb. **352**/2) (*Lupinus,
Galega*). Fr eine Hülse.      **Schmetterlingsblütengewächse** – *Fabaceae* z. T. S. 351
**61** **(59)** B schmetterlingsfg. StaubBl 10. Fr eine Hülse.
              **Schmetterlingsblütengewächse** – *Fabaceae*: *Baptisia, Thermopsis* S. 351

**61\*** B nicht schmetterlingsfg. Fr eine Kapsel . . . . . . . . . . . . . . . . . . . . . . . . . . . . . . . . **62**
**62** FrKn 1fächrig, aus 3–4 verwachsenen FrBl, oben oft offen, ohne Griffel. Sa wandstän-
dig. KrBl 4–7, oft zerschlitzt.                **Resedengewächse** – *Resedaceae* S. 253
**62\*** FrKn 2- od. 4–5fächrig. Sa scheidewand- od. zentralwinkelständig . . . . . . . . . . . . **63**
**63** Bl nieren- bis kreisfg. FrKn 2fächrig. SaAnlagen scheidewandständig. (Abb. **341**;
**341–346**).                **Steinbrechgewächse** – *Saxifragaceae*: *Saxifraga* z. T. S. 339
**63\*** Bl unpaarig gefiedert. FrKn 4–5fächrig. SaAnlagen zentralwinkelständig. Pfl mit Apfel-
sinenduft. (Abb. **392/2**).                **Rautengewächse** – *Rutaceae*: *Dictamnus* S. 362
**64** **(51)** Staubbeutel jeweils durch 2 Klappen sich öffnend.
                **Berberitzengewächse** – *Berberidaceae* z. T. S. 151
**64\*** Staubbeutel meist durch Schlitze, selten durch eine Pore sich öffnend (*Melastoma-
taceae*) . . . . . . . . . . . . . . . . . . . . . . . . . . . . . . . . . . . . . . . . . . . . . . . . . . . . . . . . . . . . . . . **65**
**65** KBl 2 (*Portulacaceae*: 2 HochBl einen K vortäuschend), oft hinfällig . . . . . . . . . . . . **66**
**65\*** KBl 3, 4, 5 od. >5 . . . . . . . . . . . . . . . . . . . . . . . . . . . . . . . . . . . . . . . . . . . . . . . . . . . . . **67**
**66** Bl oft dickfleischig, unzerteilt, ganzrandig, mit od. ohne NebenBl. StaubBl 3–∞. SaAn-
lagen anfangs zentralwinkelständig, später zentral. Pfl ohne Milchsaft.
                **Portulakgewächse** – *Portulacaceae*: *Portulaca, Claytonia, Calandrinia* S. 203
**66\*** Bl meist krautig, zusammengesetzt, selten ganz, ohne NebenBl. StaubBl ∞. SaAnlagen
wandständig. Pfl oft mit weißem, gelbem od. orangefarbenem Milchsaft, selten mit farb-
losem Saft.                **Mohngewächse** – *Papaveraceae*: *Papaveroideae* z. T. S. 154
**67** **(65)** KBl 3 . . . . . . . . . . . . . . . . . . . . . . . . . . . . . . . . . . . . . . . . . . . . . . . . . . . . . . . . **68**
**67\*** KBl 4, 5 od. >5 . . . . . . . . . . . . . . . . . . . . . . . . . . . . . . . . . . . . . . . . . . . . . . . . . . . . . **69**
**68** StaubBl 6. Fr eine Beere. Bl zu 3, am StgEnde fast quirlig. (Einkeimblättrige Pfl).
                **Einbeerengewächse** – *Trilliaceae*: *Trillium* S. 665
**68\*** StaubBl ∞. Fr eine Kapsel. Bl wechsel- od. gegenständig od. quirlig.
                **Mohngewächse** – *Papaveraceae*: *Hesperomecon, Romneya,*
                *Argemone, Papaver* z. T. S. 154
**69** **(67)** KrBl 4; wenn KrBl 4–10, Bl zu 5–10 quirlig, dann s. *Daiswa* S. 665 . . . . . . . . . **70**
**69\*** KrBl 5 od. >5 . . . . . . . . . . . . . . . . . . . . . . . . . . . . . . . . . . . . . . . . . . . . . . . . . . . . . . . **74**
**70** StaubBl 6; 2 kürzere u. 4 längere. Fr meist eine Schote od. ein Schötchen, mit einer se-
kundären Scheidewand, seltener eine Nuss, Beere od. Gliederschote od. ein Glieder-
schötchen.                **Kreuzblütengewächse** – *Brassicaceae* z. T. S. 236
**70\*** StaubBl 4 od. (6–)8. Fr eine Beere od. Kapsel . . . . . . . . . . . . . . . . . . . . . . . . . . . . . **71**
**71** Fr eine schwarze Beere. Bl zu 4, am StgEnde fast quirlig. StaubBl 8. (Einkeimblättrige
Pfl).                **Einbeerengewächse** – *Trilliaceae*: *Paris* S. 664
**71\*** Fr eine Kapsel. Bl grund-, gegen- od. wechselständig. StaubBl 4 od. (6–)8 . . . . . . **72**
**72** Bl wechsel- u./od. grundständig. Griffel 2(–4) od. Narbon 4, sitzend. Bl schild- od. fie-
derfg mit großem EndBlchen. Pfl hochwüchsig.
                **Steinbrechgewächse** – *Saxifragaceae*: *Francoa, Astilboides* S. 333
**72\*** Bl gegenständig. Griffel 1 od. 2–5 . . . . . . . . . . . . . . . . . . . . . . . . . . . . . . . . . . . . . . . **73**
**73** Griffel 2–5. Staubbeutel ohne Konnektivanhängsel, durch Schlitze sich öffnend. Bl li-
nealisch od. fast schuppenfg. Pfl polster- od. rasenbildend.
                **Nelkengewächse** – *Caryophyllaceae*: *Arenaria, Moehringia* S. 182
**73\*** Griffel 1. Staubbeutel am Grund mit Konnektivanhängsel, an der Spitze durch eine
Pore sich öffnend. Bl eifg bis elliptisch. Halbstrauch mit niederliegenden Stg. KübelPfl.
                **Schwarzmundgewächse** – *Melastomataceae*: *Heterocentron* S. 384
**74** **(69)** StaubBl >12, meist ∞; wenn StaubBl 12–18, dann Bl oft schildfg u. Fr eine große
gelbliche od. rote Beere (*Berberidaceae*: *Podophyllum* S. 153) . . . . . . . . . . . . . . . **75**
**74\*** StaubBl 12 od. <12. Kapsel- od. NussFr . . . . . . . . . . . . . . . . . . . . . . . . . . . . . . . . . **83**
**75** Bl dickfleischig . . . . . . . . . . . . . . . . . . . . . . . . . . . . . . . . . . . . . . . . . . . . . . . . . . . . . . . **76**
**75\*** Bl krautig od. ledrig . . . . . . . . . . . . . . . . . . . . . . . . . . . . . . . . . . . . . . . . . . . . . . . . . . . **77**
**76** StgBl gegenständig, mit ∞ glänzenden Papillen.
                **Mittagsblumengewächse** – *Aizoaceae*: *Mesembryanthemum* S. 178

**76*** Bl alle grundständig, ohne glänzende Papillen (Abb. **204**).
**Portulakgewächse** – *Portulacaceae: Lewisia* S. 203
**77** **(75)** Staubfäden röhrig verwachsen (Abb. **255**/4, 5). StaubBl mit nur 1 Staubbeutelhälfte (monothezisch). B oft mit AußenK. Bl wechselständig, oft mit NebenBl (Abb. **255**; **259**). **Malvengewächse** – *Malvaceae* z. T. S. 254
**77*** Staubfäden frei od. nur am Grund zu 2–5 Bündeln verwachsen . . . . . . . . . . . . . . . **78**
**78** Bl schlauchfg (Insektenfang: Fallgrubenprinzip). Griffel schirmfg, großflächig, useits mit kleinen Narben. (Abb. **350**/1, 2 ).
**Schlauchpflanzengewächse** – *Sarraceniaceae* S. 349
**78*** Bl flach, zuweilen mit 2klappiger Spreite. Griffel nicht schirmfg u. nicht großflächig   **79**
**79** BStg blattlos. BlSpreitenhälften zu Klappbewegungen befähigt, am Rand mit lg Zähnen (Insektenfang: Klappfallenprinzip). StaubBl 15. (Abb. **350**/5).
**Sonnentaugewächse** – *Droseraceae: Dionaea* S. 350
**79*** BStg beblättert. BlSpreitenhälften nicht zu Klappbewegungen befähigt . . . . . . . . . **80**
**80** Griffel 1 . . . . . . . . . . . . . . . . . . . . . . . . . . . . . . . . . . . . . . . . . . . . . . . . . . . . . . . . **81**
**80*** Griffel 3–5 . . . . . . . . . . . . . . . . . . . . . . . . . . . . . . . . . . . . . . . . . . . . . . . . . . . . . . **82**
**81** Pfl ☉. KrBl gelb. FrKn oberständig. Griffel kurz, 1kopfig. KBl 2 kleinere äußere, 3 größere innere. (Abb. **221**/5).                **Zistrosengewächse** – *Cistaceae: Tuberaria* S. 221
**81*** Pfl ♃. KrBl blau, hellrötlich od. weißlich. FrKn halbunterständig. Griffel 5furchig, mit 5 kleinen Narbenlappen.        **Hortensiengewächse** – *Hydrangeaceae: Deinanthe* S. 325
**82** **(80)** Bl unzerteilt, ganzrandig. StaubBl ∞, >15, frei od. am Grund zu 3–5 Bündeln verwachsen. FrKn oberständig.        **Hartheugewächse** – *Hypericaceae: Hypericum* S. 218
**82*** Bl fiederlappig, am Grund gezähnt. StaubBl etwa 15, frei. FrKn halbunterständig. (Abb. **325**).                    **Hortensiengewächse** – *Hydrangeaceae: Kirengeshoma* S. 325
**83** **(74)** Fr eine Nuss od. in 5 einsamige nussartige TeilFr zerfallend . . . . . . . . . . . . . **84**
**83*** Fr meist eine ∞samige Kapsel . . . . . . . . . . . . . . . . . . . . . . . . . . . . . . . . . . . . . . . **86**
**84** Fr eine Nuss, noch zur FrZeit mit dem trockenhäutigen K (Flugorgan) verbunden. StaubBl 5, am Grund mit den KrBl verwachsen. B in Köpfen od. in wickeligen TeilBStänden. KrBl fast frei (Lupe!).            **Bleiwurzgewächse** – *Plumbaginaceae: Armeria* z. T. S. 212
**84*** Fr in 5 TeilFr zerfallend, TeilFr zur FrZeit nicht mit dem K verbunden. StaubBl 10 od. 5. 5 fertile u. 5 sterile. B einzeln, zu 2 od. in Wickeln . . . . . . . . . . . . . . . . . . . . . . . **85**
**85** Fr in 5 lg begrannte TeilFr zerfallend. StaubBl 10, alle fertil (*Geranium*) od. 5 fertile u. 5 sterile (*Erodium*), am Grund miteinander röhrig verwachsen. B einzeln, zu 2 od. in Wickeln. Pfl ♃ od. ☉. Bl gefiedert od. handfg gelappt bis geschnitten.
**Storchschnabelgewächse** – *Geraniaceae* z. T. S. 371
**85*** Fr in 5 unbegrannte TeilFr zerfallend. StaubBl 10, frei. B einzeln in den BlAchsen. Pfl ☉. Bl fiederschnittig od. gefiedert.   **Sumpfblumengewächse** – *Limnanthaceae* S. 379
**86** **(83)** K u. Kr (5–)7(–9)zählig. StaubBl (5–)7(–9). Obere Bl scheinquirlig genähert.
**Primelgewächse** – *Primulaceae: Trientalis* S. 281
**86*** K u. Kr 5- od. 6zählig . . . . . . . . . . . . . . . . . . . . . . . . . . . . . . . . . . . . . . . . . . . . . . **87**
**87** K u. Kr 6zählig. StaubBl meist 6 od. 12 . . . . . . . . . . . . . . . . . . . . . . . . . . . . . . . . . **88**
**87*** K u. Kr 5zählig. StaubBl 10 od. 5; wenn StaubBl 6–8, dann Bl schildfg (*Saxifragaceae: Astilboides* S. 336) . . . . . . . . . . . . . . . . . . . . . . . . . . . . . . . . . . . . . . . . . . . . . . . . . **89**
**88** BStg beblättert. Bl ganz. Nebenblattähnliche Bildungen zwischen den KBl (in der Beschreibung der *Lythrum*-Arten als „äußere KZähne" bezeichnet) (Abb. **382**/3, 4). StaubBl 5–7 od. 12. Achsenbecher röhrenfg.
**Blutweiderichgewächse** – *Lythraceae: Lythrum* S. 382
**88*** BStg blattlos. Bl handfg gelappt. Nebenblattähnliche Bildungen zwischen den KBl fehlend. StaubBl 6(–8). KBl weißlich, länger als die KrBl. (Abb. **336**/1).
**Steinbrechgewächse** – *Saxifragaceae: Mukdenia* S. 337
**89** **(87)** StaubBl 10. Sa im FrKn meist zentral (Abb. **846**/3) . . . . . . . . . . . . . . . . . . . . **90**
**89*** StaubBl 5. Sa meist wand- od. zentralwinkelständig od. basal (Abb. **846**/1,2,4) . . . **94**
**90** StgBl gegenständig od. quirlig . . . . . . . . . . . . . . . . . . . . . . . . . . . . . . . . . . . . . . . . **91**

90* StgBl, falls vorhanden, wechselständig; Bl sonst grundständig . . . . . . . . . . . . . . . . **93**
91 Griffel 1. Achsenbecher halbkuglig bis br becherfg. Nebenblattähnliche Bildungen zwischen den KBl.        **Blutweiderichgewächse** – *Lythr*a*ceae: Dec*o*don* S. 383
91* Griffel 2 od. 3–5 . . . . . . . . . . . . . . . . . . . . . . . . . . . . . . . . . . . . . . . . . . . . . . . . . . . . **92**
92 Griffel 2 od. 3–5. KBl frei (Abb. **182**/1) od. lg röhrig verwachsen (Abb. **182**/2). SaAnlagen meist zentral.        **Nelkengewächse** – *Caryophyll*a*ceae* z. T. S. 182
92* Griffel 2 u. die KBl nicht lg röhrig verwachsen. SaAnlagen wand- od. scheidewandständig. KrBl ganz od. fiederschnittig. StgBl ∞, sitzend, fast schuppenfg (*Sax*i*fraga oppositi*o*lia*), od. StgBl 2, sitzend, großflächig u. GrundBl gestielt mit herzfg Spreitenbasis (*Mit*e*lla diph*y*lla*).
        **Steinbrechgewächse** – *Saxifrag*a*ceae: Sax*i*fraga* z. T., *Mit*e*lla* z. T. S. 333
93 (90) Griffel 5. SaAnlagen zentralwinkelständig. Staubbl am Grund kurz verwachsen, oft mit zähnchenartigen Anhängseln. Bl **3**zählig od. gefingert. (Abb. **368–370**).
        **Sauerkleegewächse** – *Oxalid*a*ceae* S. 368
93* Griffel 2. SaAnlagen scheidewand- od. wandständig. Bl schildfg, ganz, gelappt od. gefiedert.        **Steinbrechgewächse** – *Saxifrag*a*ceae* z. T. S. 333
94 (89) StgBl gegenständig, zuweilen obere StgBl wechselständig . . . . . . . . . . . . . . . **95**
94* StgBl, falls vorhanden, wechselständig; Bl sonst grundständig . . . . . . . . . . . . . . . **96**
95 KrBl am Grund mit 2 fasrigen Nektarien. FrKn mit 2 Narben. Fr eine Kapsel. Wuchshöhe 0,15–0,50 m.        **Enziangewächse** – *Gentian*a*ceae: Sw*e*rtia* S. 411
95* KrBl am Grund ohne fasrige Nektarien. Fr eine Nuss (*Herni*a*ria, Paron*y*chia*); wenn Fr eine Kapsel, dann FrKn mit 5 Griffeln bzw. Narben (*Sagina*). Wuchshöhe bis 0,15 m.
        **Nelkengewächse** – *Caryophyll*a*ceae: Herni*a*ria, Paron*y*chia, Sag*i*na* S. 182
96 (94) Griffel 1. FrKn 3fächrig, SaAnlagen zentralwinkelständig. Fertile StaubBl 5, sterile StaubBl 5, ihre Staubfäden unterwärts röhrig verwachsen (Abb. **275**/11).
        **Diapensiengewächse** – *Diapensi*a*ceae: G*a*lax* S. 278
96* Griffel 2, 3–5 od. 5. FrKn 1-, 2- od. 5fächrig. SaAnlagen wand-, scheidewand- od. zentralwinkelständig . . . . . . . . . . . . . . . . . . . . . . . . . . . . . . . . . . . . . . . . . . . . . . . . . . **97**
97 BlSpreite oseits mit reizbaren Drüsenhaaren (Insektenfang: Klebfallenprinzip). FrKn aus 3–5 verwachsenen FrBl, 1fächrig. SaAnlagen wandständig. (Abb. **350**/3, 4).
        **Sonnentaugewächse** – *Droser*a*ceae: Dr*o*sera* S. 350
97* BlSpreite oseits ohne reizbare Drüsenhaare . . . . . . . . . . . . . . . . . . . . . . . . . . . . . . **98**
98 Griffel 2. FrKn aus 2 verwachsenen FrBl, 1- od. 2fächrig. SaAnlagen wand- od. scheidewandständig. Sterile StaubBl fehlend. Fertile StaubBl frei.
        **Steinbrechgewächse** – *Saxifrag*a*ceae* z. T. S. 333
98* Griffel 5. FrKn aus 5 verwachsenen FrBl, 5fächrig. SaAnlagen zentralwinkelständig. Sterile StaubBl vorhanden, zwischen den 5 fortilen StaubBl, fädlich od. zähnchenartig. Staubfäden am Grund verbunden (starke Lupe!).        **Leingewächse** – *Lin*a*ceae* S. 365

## Tabelle III · Zweikeimblättrige Pflanzen mit verwachsenen Kronblättern

Bem.: Das Vorhandensein von Milchsaft ist stets an jungen Organen, u. zwar sowohl an Stg- als auch an BlQuerschnitten, zu überprüfen.

1 FrKn 5. Meist SammelbalgFr. Bl unzerteilt, sukkulent.
        **Dickblattgewächse** – *Crassul*a*ceae: Echev*e*ria, Chiastoph*y*llum, Or*o*stachys* S. 326
1* FrKn 1, aus 2–∞ FrBl verwachsen (bei den *Asclepiad*a*ceae* u. *Apocyn*a*ceae* (Abb. **412**/2a) entwickeln sich aus dem 2blättrigen FrKn 2 balgartige TeilFr) . . . . . . . . . **2**

Bem.: Die Nüsschen der *Nolan*a*ceae, Boragin*a*ceae* u. *Lami*a*ceae* sind TeilFr (Klausen) eines aus 2–∞ FrBl verwachsenen FrKn.

2 Fertile StaubBl mehr als KrBl . . . . . . . . . . . . . . . . . . . . . . . . . . . . . . . . . . . . . . . . **3**
2* Fertile StaubBl soviel wie KrBl od. weniger . . . . . . . . . . . . . . . . . . . . . . . . . . . . . . . **7**

TABELLE III · ZWEIKEIMBLÄTTRIGE 73

**3** B radiär, selten schwach dorsiventral (*Rhododendron*). Staubbeutel oft durch endständige Poren, seltener Schlitze sich öffnend, zuweilen mit hornartigen Anhängeln (Abb. **267**/1a, 3a). FrKn gefächert. **Heidekrautgewächse** – *Ericaceae* z. T. S. 266

**3\*** B dorsiventral od. disymmetrisch . . . . . . . . . . . . . . . . . . . . . . . . . . . . . . . . . . . . . . . **4**

**4** TragBl der B am Rand bedornt. StaubBl 4. Kr (ULippe) 3lappig (Abb. **476**/6; **478**).
**Akanthusgewächse** – *Acanthaceae: Acanthus* S. 478

**4\*** TragBl der B, sofern vorhanden, am Rand unbedornt. StaubBl 6, 8 od. 10 . . . . . . **5**

**5** Bl ganz. KrBl meist 3, ihr mittleres schiffchenartig, die beiden seitlichen mit der StaubBlRöhre verwachsen; 2 (die seitlichen) der 5 KBl kronblattartig. StaubBl meist 8.
**Kreuzblumengewächse** – *Polygalaceae* S. 380

**5\*** Bl 3zählig od. gefiedert . . . . . . . . . . . . . . . . . . . . . . . . . . . . . . . . . . . . . . . . . . . **6**

**6** Bl 3zählig. B dorsiventral. StaubBl 10; 9 von diesen zu einer Röhre verwachsen. KrBl 5, unter sich u. mit den StaubBl verwachsen.
**Schmetterlingsblütengewächse** – *Fabaceae: Trifolium* S. 356

**6\*** Bl ein- bis mehrfach gefiedert od. 2–3fach 3teilig. B quer-dorsiventral (*Corydalis, Ceratocapnos, Pseudofumaria, Rupicapnos*) od. disymmetrisch (*Dicentra, Adlumia*). StaubBl 6, zu je 3 in Bündeln verwachsen. KrBl 2 + 2, von den äußeren 1 od. 2 gespornt od. ausgesackt. **Mohngewächse** – *Papaveraceae, Fumarioideae* S. 166

**7** **(2)** FrKn unterständig, selten halbunterständig (*Viburnum, Campanulaceae* z. T.) . . **8**

**7\*** FrKn oberständig . . . . . . . . . . . . . . . . . . . . . . . . . . . . . . . . . . . . . . . . . . . . . . **24**

**8** BStand kopfig, wenig- bis ∞blütig, von HüllBl (Involucrum) umgeben. Zuweilen zahlreiche von einer Hülle umgebene ein- bis ∞blütige BStände zu einem kopfigen (*Echinops, Leucophyta, Craspedia*: ohne äußere Hülle) od. schirmrispigen (*Leontopodium*: mit äußerer Hülle) GesamtBStand vereint . . . . . . . . . . . . . . . . . . . . . . . . . . . . . **9**

**8\*** BStand ährig, traubig, rispig od. schirmrispig, auch mit scheinquirligen TeilBStänden od. B einzeln; wenn BStand kopfig, dann ohne Hülle . . . . . . . . . . . . . . . . . . . . . . . **12**

**9** Bl quirlig. B radiär. K undeutlich. StaubBl 5 od. 4. FrKn 2fächrig. Fr eine SpaltFr.
**Rötegewächse** – *Rubiaceae: Phuopsis, Asperula taurina* S. 414

**9\*** Bl gegen- od. wechselständig; wenn quirlig, dann Kombination von radiären u. dorsiventralen B (*Coreopsis*, S. 593; *Silphium*, S. 584) od. K borstenartig (*Eupatorium*, S. 554) . . . . . . . . . . . . . . . . . . . . . . . . . . . . . . . . . . . . . . . . . . . . . . . . . **10**

**10** B mit AußenK (Abb. **421**/4–8; **AK** – AußenK, **K** – Kelch). StaubBl 4. K borstig od. borstenlos. Bl gegenständig. **Kardengewächse** – *Dipsacaceae* z. T. S. 421

**10\*** B ohne AußenK. StaubBl 5; wenn StaubBl 3 u. K borstenartig u. behaart, dann s. *Valeriana supina* S. 420 . . . . . . . . . . . . . . . . . . . . . . . . . . . . . . . . . . . . . . . . . **11**

**11** Kr ± radiär. KrBl am Grund fast frei (*Jasione, Phyteuma*) od. bis zu ²/₃ ihrer Länge verwachsen. KBl krautig, linealisch bis lanzettlich. FrKn 2–5fächrig. Fr eine Kapsel, ∞samig. **Glockenblumengewächse** – *Campanulaceae, Campanuloideae*: *Jasione, Phyteuma* z. T., *Edraianthus, Physoplexis, Campanula* z. T. S. 517

**11\*** Kr radiär (RöhrenB) od. dorsiventral (StrahlB, ZungenB), entweder gesondert (RöhrenB; StrahlB) od. kombiniert (RöhrenBl + StrahlB) (Abb. **540**). KrBl deutlich verwachsen. K aus Haaren, grannigen Borsten (Pappus), Schuppen od. häutigem Saum (Krönchen) bestehend od. fehlend (Abb. **541**). FrKn 1fächrig, Narbe 2lappig. Fr eine Nuss, 1samig. (vgl. auch **8**: *Echinops* u. *Leontopodium*).
**Korbblütengewächse** – *Asteraceae* S. 539

**12** **(8)** Bl quirlig od. gegenständig u. quirlig . . . . . . . . . . . . . . . . . . . . . . . . . . . . . . **13**

**12\*** Bl wechsel- od. gegenständig . . . . . . . . . . . . . . . . . . . . . . . . . . . . . . . . . . . . **15**

**13** Pfl distelartig. B dorsiventral, mit AußenK. K 2zählig, fast blattartig (Abb. **420**/7a, b). Fertile StaubBl 2. **Kardengewächse** – *Dipsacaceae: Morina* S. 422

**13\*** Pfl ohne lg bedornte Bl. B radiär, ohne AußenK. K 4- od. 5zählig od. stark zurückgebildet. StaubBl 4–5, selten 3 . . . . . . . . . . . . . . . . . . . . . . . . . . . . . . . . . . . . . **14**

**14** Pfl mit Milchsaft. FrKn 3–5fächrig. KapselFr, ∞samig. Kr meist blau.
**Glockenblumengewächse** – *Campanulaceae, Campanuloideae*: *Adenophora* z. T., *Platycodon, Codonopsis* z. T. S. 517

**14\*** Pfl ohne Milchsaft. FrKn 2fächrig. SpaltFr, 2samig. Kr meist weiß od. gelb.
   **Rötegewächse** – *Rubiaceae* z.T. S. 414
**15** **(12)** Bl gegenständig ................................................. **16**
**15\*** Bl wechselständig ................................................. **20**
**16** StaubBl 5. Fr eine beerenartige SteinFr (Abb. **418**).
   **Geißblattgewächse** – *Caprifoliaceae*: *Triosteum,*
   *Sambucus, Viburnum* S. 418
**16\*** StaubBl 4–1 ...................................................... **17**
**17** StaubBl 3–1 (*Valeriana* u. *Valerianella*: 3, *Fedia*: 2, *Centranthus*: 1). NussFr mit Pappus
   od. kleinen Zähnen (Abb. **420**/2, 4–6).
   **Baldriangewächse** – *Valerianaceae* z.T. S. 419
**17\*** StaubBl 4 ........................................................ **18**
**18** Kr gelb. NussFr mit Flügel (Abb. **420**/1, 3). BStand ∞blütig. Staude, nach Baldrian rie-
   chend.   **Baldriangewächse** – *Valerianaceae*: *Patrinia* S. 419
**18\*** Kr weiß, rosa od. rot mit gelbem Saum, nie rein gelb. Fr ohne Flügel. B einzeln od.
   paarig ........................................................... **19**
**19** Bl ohne NebenBl. FrBl 3, 2 von ihnen steril. Fr 1samig. Immergrüner Zwergstrauch mit
   Kriechtrieben.   **Geißblattgewächse** – *Caprifoliaceae*: *Linnaea* S. 418
**19\*** Bl mit NebenBl. NebenBl benachbarter Bl eines Knotens paarweise miteinander ver-
   wachsen (Interpetiolarstipeln), oft sehr klein (Lupe!). FrBl 2, beide fertil. Fr 2samig.
   Strauch, Zwergstrauch, Staude, KletterPfl.
   **Rötegewächse** – *Rubiaceae*: *Houstonia, Mitchella, Manettia, Coprosma* S. 414
**20** **(15)** B eingeschlechtig. Pfl meist mit Ranken, selten rankenlos (*Ecballium, Cucurbita
   pepo* convar. *giromontiina*). StaubBl alle od. gruppenweise (2 + 2 + 1) verbunden, daher
   oft scheinbar 3. FrKn 3(–5)blättrig. Fr eine Beere. Kr gelb od. weiß, die der rankenlosen
   Sippen stets gelb.   **Kürbisgewächse** – *Cucurbitaceae* z.T. S. 228
**20\*** B zwittrig, selten eingeschlechtig (*Pratia pedunculata*). Pfl stets ohne Ranken. Fr eine
   Kapsel; wenn eine Beere, dann Kr weiß, hellrosa od. blau (*Pratia*) ............. **21**
**21** KrRöhre nicht einseitig geschlitzt. Kr meist radiär, selten schwach dorsiventral ... **22**
**21\*** KrRöhre einseitig geschlitzt. Kr meist dorsiventral, selten schwach radiär ........ **23**
**22** Bl fiederteilig. Staubbeutel zu einer Röhre verwachsen. FrBl 2. Pfl mit Milchsaft.
   **Glockenblumengewächse** – *Campanulaceae*, Lobelioideae: *Laurentia* S. 537
**22\*** Bl unzerteilt, ganzrandig, gezähnt, gekerbt od. gelappt. Staubbeutel meist frei, selten
   verwachsen (*Symphyandra*) od. ± verklebt (*Jasione*). FrBl (2–)3–5(–10). Pfl mit Milch-
   saft.   **Glockenblumengewächse** – *Campanulaceae*, Campanuloideae S. 519
**23** **(21)** Pfl mit Milchsaft. Staubbeutel verwachsen, die beiden kürzeren am Ende jeweils
   mit einem Haarbüschel od. 1–2 Borsten. Griffel ohne napffg Pollenbecher. Fr eine ∞sa-
   mige Beere (*Pratia*) od. Kapsel (*Lobelia*).
   **Glockenblumengewächse** – *Campanulaceae*, Lobelioideae: *Pratia, Lobelia* S. 537
**23\*** Pfl ohne Milchsaft. Staubbeutel nicht verwachsen. Griffel mit napffg Pollenbecher (Abb.
   **518**/1). SteinFr mit 1–4 Sa.   **Fächerblumengewächse** – *Goodeniaceae* S. 517
**24** **(7)** B dorsiventral ................................................. **25**
**24\*** B radiär ......................................................... **49**
**25** Fertile StaubBl 2, mit 2 od. 1 fertilen Staubbeutelhälfte(n) ................... **26**
**25\*** Fertile StaubBl 4–5; wenn fertile StaubBl 2, dann KrULippe 4schnittig ......... **34**
**26** Kr mit Sporn. Bl rosettig, klebrig-drüsig. B einzeln. (Abb. **483**).
   **Wasserschlauchgewächse** – *Lentibulariaceae*: *Pinguicula* S. 482
**26\*** Kr ohne Sporn, höchstens mit einer Aussackung ......................... **27**
**27** Fr mit hornartigem Schnabel, verholzend (Abb. **480**/2, 5b). Bl oberwärts wechselstän-
   dig, wie auch der Stg mit Schleimdrüsen.
   **Gämshorngewächse** – *Martyniaceae*: *Martynia* S. 480
**27\*** Fr ohne hornartigen Schnabel ........................................ **28**

TABELLE III · ZWEIKEIMBLÄTTRIGE                                                    75

**28**  Fr in 4 nussartige TeilFr zerfallend ................................... **29**
**28***  Fr eine Kapsel mit 4–∞ Sa .......................................... **31**
**29**  Kr schwach dorsiventral, 4spaltig, unscheinbar (KrOLippe unzerteilt u. jedem der 3 Lappen der KrULippe fast gleich).
       **Lippenblütengewächse** – *Lamiaceae*: *Lycopus* S. 497
**29***  Kr deutlich 2lippig, meist ansehnlich .................................. **30**
**30**  K meist 2lippig, eifg-glockig. Staubbeutelhälften durch bügelartiges Mittelstück (Konnektiv) voneinander getrennt (Abb. **488**/1). BStand nicht kopfig.
       **Lippenblütengewächse** – *Lamiaceae*: *Salvia* S. 512
**30***  K mit 5 fast gleichen Zähnen. Mittelstück (Konnektiv) zwischen den Staubbeutelhälften nicht verlängert. BStand kopfig, von einer Hülle umgeben.
       **Lippenblütengewächse** – *Lamiaceae*: *Monarda* S. 511
**31**  (28) FrKn 1fächrig (Querschnitt: starke Lupe!), SaAnlagen wandständig. Bl alle grundständig (*Petrocosmea*, Abb. **480**/10) od. stängel- u. gegenständig (*Streptocarpus*, Abb. **481**/2, 3).   **Gesneriengewächse** – *Gesneriaceae*: *Petrocosmea*, *Streptocarpus* S. 480
**31***  FrKn 2fächrig (Querschnitt: Lupe!), SaAnlagen scheidewandständig ........... **32**
**32**  Kr deutlich 2lippig, pantoffelähnlich, meist gelb. KrULippe bauchig aufgeblasen. (Abb. **461**/4).   **Braunwurzgewächse** – *Scrophulariaceae*: *Calceolaria* S. 460
**32***  Kr rad-, trichter-, glocken- od. röhrenfg, schwach dorsiventral, violett, blau od. weiß   **33**
**33**  Zwergstrauch.   **Braunwurzgewächse** – *Scrophulariaceae*: *Hebe* S. 472
**33***  Staude.   **Braunwurzgewächse** – *Scrophulariaceae*: *Veronica*, *Pseudolysimachion*, *Synthyris*, *Wulfenia* S. 457
**34**  (25) Pfl schmarotzend, ohne Blattgrün. Bl schuppenfg, wechselständig. Kr 2lippig. StaubBl 4. FrKn 2blättrig, 1fächrig. (Abb. **475**/1).
       **Sommerwurzgewächse** – *Orobanchaceae* S. 474
**34***  Pfl mit grünen Bl ................................................. **35**
**35**  BStand kopfig. Rosetten- u. HalbrosettenPfl, Spaliersträucher (Abb. **475**/2–5). NussFr, 1samig.   **Kugelblumengewächse** – *Globulariaceae* S. 475
**35***  BStand ährig, traubig, rispig od. schirmrispig, auch mit scheinquirligen TeilBStänden od. B einzeln; wenn BStand kopfig, dann ohne Hülle. Fr mit 2–∞ Sa .............. **36**
**36**  Pfl kletternd ................................................... **37**
**36***  Pfl nicht kletternd ............................................... **40**
**37**  Bl gefiedert. BlEndfiedern rankend (Abb. **476**/4). Sa geflügelt (Abb. **476**/3).
       **Bignoniengewächse** – *Bignoniaceae*: *Eccremocarpus* S. 476
**37***  Bl einfach. Stg windend. BStiele rankend. Sa nicht geflügelt ................ **38**
**38**  Bl gegenständig. Stg windend. Kr gelb, orange od. weiß, mit dunklem Auge (Abb. **481**/1).   **Akanthusgewächse** – *Acanthaceae*: *Thunbergia* S. 477
**38***  Bl wechselständig, höchstens stängelunterwärts gegenständig. Bl- u- BStiele rankend
       .............................................................. **39**
**39**  K bis zur Hälfte geteilt, gegen die KrRöhre ± abstehend, rosa od. purpurn.
       **Braunwurzgewächse** – *Scrophulariaceae*: *Rhodochiton* S. 464
**39***  K bis fast zum Grund geteilt, aufrecht, ± parallel zur KrRöhre, grünlich od. grün.
       **Braunwurzgewächse** – *Scrophulariaceae*: *Asarina scandens* S. 463
**40**  (36) Fr mit hornartigem Schnabel (Abb. **480**/2). Trockne Fr auf ihrer Oberfläche mit kurzen Dornen (*Ibicella*) od. nur mit einem dornigen Kamm (*Proboscidea*).
       **Gämshorngewächse** – *Martyniaceae*: *Ibicella*, *Proboscidea* S. 479
**40***  Fr ohne hornartigen Schnabel ...................................... **41**
**41**  Sa od. TeilFr geflügelt, mit 2 Haarbüscheln od. auf der ganzen Fläche mit lg Haaren
       .............................................................. **42**
**41***  Sa nicht geflügelt, nicht langhaarig ................................... **44**
**42**  Sa langhaarig. Bl ganz, gegenständig. KrZipfel ganzrandig. Fr 4(–2)samig.
       **Akanthusgewächse** – *Acanthaceae*: *Strobilanthes* S. 478
**42***  Sa od. TeilFr geflügelt od. Sa mit 2 Haarbüscheln. Bl wechsel- od. gegenständig  . **43**

**43** Bl gefiedert, wechselständig (Abb. **476**/1–2), selten gegenständig. Mittlerer KrZipfel nicht gefranst. Fr mit ∞ Sa. Sa geflügelt od. mit 2 Haarbüscheln (Abb. **476**/5). Staude.
**Bignoniengewächse** – *Bignoniaceae*: *Incarvillea* S. 476
**43\*** Bl unzerteilt, ganzrandig bis ± gesägt, gegenständig. Mittlerer KrZipfel bartartig gefranst. Fr 4samig. Sa schmal geflügelt. Kleiner Strauch (Abb. **487**/1, 2).
**Eisenkrautgewächse** – *Verbenaceae*: *Caryopteris* S. 487
**44** (41) FrKn 1fächrig, mit ∞ SaAnlagen. Staubbeutel von 2 od. 4 StaubBl vereint. Rosettenstaude. (Abb. **480**/7). **Gesneriengewächse** – *Gesneriaceae*: *Haberlea* S. 481
**44\*** FrKn 2fächrig, mit 2–4 od. ∞ SaAnlagen .................................. 45
**45** Fr mit ∞ Sa, kapsel- od. beerenartig ...................................... 46
**45\*** Fr mit 2–4 Sa od. TeilFr, steinfrucht- od. nussartig ........................ 47
**46** Bl wechselständig. Kr ohne Sporn u. Aussackung. Pfl ⊙ od. ⊙ kult.
**Nachtschattengewächse** – *Solanaceae*: *Browallia, Salpiglossis, Schizanthus, Hyoscyamus, Petunia, Solanum tomentosum* S. 445
**46\*** Bl gegenständig; wenn Bl wechselständig, dann Kr mit Sporn(en) od. Aussackung od. Pfl ♃ (*Erinus, Digitalis*) od. ⊙ (*Digitalis*).
**Braunwurzgewächse** – *Scrophulariaceae* z.T. S. 457
**47** (45) StaubBl 5. Bl wechselständig. Griffel am FrKn grundständig. TeilFr 4.
**Boretschgewächse** – *Boraginaceae*: *Echium* S. 438
**47\*** Fertile StaubBl 4. Bl gegenständig. Griffel am FrKn end- od. grundständig ...... 48
**48** FrKn ungeteilt. Griffel am FrKn endständig. K meist radiär. Fr mit 2–4 Sa, steinfrucht- od. nussartig. **Eisenkrautgewächse** – *Verbenaceae* z.T. S. 484
**48\*** FrKn 4teilig. Griffel am FrKn grundständig. K meist 2lippig. Fr mit 4 Sa bzw. TeilFr, nussartig (Klausen). **Lippenblütengewächse** – *Lamiaceae* z.T. S. 487
**49** (24) Pfl kletternd ..................................................... 50
**49\*** Pfl nicht kletternd .................................................... 54
**50** Bl gegenständig ...................................................... 51
**50\*** Bl wechselständig .................................................... 52
**51** K von 2 großen VorBl eingehüllt. Kr ohne NebenKr, gelb, weiß od. orange, mit dunklem Schlund. Pfl ⚥ ⊙ kult. (Abb. **481**/1).
**Akanthusgewächse** – *Acanthaceae*: *Thunbergia* S. 477
**51\*** K nicht von VorBl eingehüllt. Kr mit NebenKr, dunkel rotbraun. Pfl ♃ od. ♌ ⚥.
**Seidenpflanzengewächse** – *Asclepiadaceae*: *Periploca, Vincetoxicum nigrum* S. 413
**52** (50) Pfl meist windend. FrBl 2–3, FrFach mit 1–2 Sa. KapselFr. Pfl zuweilen mit Milchsaft. **Windengewächse** – *Convolvulaceae* z.T. S. 430
**52\*** Pfl spreizklimmend u. dann beerenfrüchtig od. mit den umgebildeten BlEndfiedern rankend u. dann kapselfrüchtig. FrBl 2–3, FrFach mit ∞ Sa. Pfl ohne Milchsaft ...... 53
**53** Bl gefiedert, mit den Endfiedern rankend. Kr glockenfg, ± radiär. Staubbeutelöffnung durch Schlitze. KapselFr. Pfl ⊙ kult. (Abb. **427**/1; **428**/5).
**Himmelsleitergewächse** – *Polemoniaceae*: *Cobaea* S. 425
**53\*** Bl unzerteilt od. 3zählig. Kr radfg. Staubbeutelöffnung durch Poren. BeerenFr. Halbstrauch, zuweilen spreizklimmend.
**Nachtschattengewächse** – *Solanaceae*: *Solanum dulcamara* S. 451
**54** (49) StaubBl 4 ....................................................... 55
**54\*** Fertile StaubBl 5, selten <5 (s. **67**) ..................................... 58
**55** StaubBl weniger als KrBl. **Akanthusgewächse** – *Acanthaceae*: *Ruellia* S. 478
**55\*** StaubBl soviel wie KrBl ............................................... 56
**56** Ausläufer-, selten Kriechtriebstaude, mit Minzengeruch. Fr mit 4 nussartigen TeilFr (Klausen). Bl gegenständig. **Lippenblütengewächse** – *Lamiaceae*: *Mentha* S. 494
**56\*** EinjahrsPfl, Rosetten- od. Pleiokormstaude, ohne Minzengeruch. Fr eine Kapsel .. **57**
**57** EinjahrsPfl (Bl gegenständig). Rosettenstaude (Bl grundständig). B unscheinbar, in Ähren od. Köpfen. Zwischen den KrZipfeln keine lappenfg Anhängsel. FrÖffnung mit Deckel. (Abb. **484**/1, 2). **Wegerichgewächse** – *Plantaginaceae*: S. 483

TABELLE III · ZWEIKEIMBLÄTTRIGE                                      77

**57\*** Pleiokormstaude. Bl gegenständig. B ansehnlich, zu 1–3 in den oberen BlAchseln. Zwischen den KrZipfeln lappenfg Anhängsel. FrÖffnung mit Klappen.
$\qquad$ **Enziangewächse** – *Gentianaceae*: *Gentiana cruciata* S. 410

**58** **(54)** K 2zählig, KBl frei od. nur am Grund verwachsen. KrBl 5, höchstens am Grund miteinander verwachsen, weiß od. rosa. StaubBl 5.
$\qquad$ **Portulakgewächse** – *Portulacaceae*: *Claytonia* z. T. S. 205

**58\*** K 5- od. >5zählig; wenn K 2spaltig od. 3zipflig, dann auf einer Seite ± bis zum Grund geteilt . . . . . . . . . . . . . . . . . . . . . . . . . . . . . . . . . . . . . . . . . . . . . . . . . . . . . . . . . **59**

**59** B mit 5 fertilen u. 5 sterilen (Staminodien) StaubBl . . . . . . . . . . . . . . . . . . . . . . . . . **60**

**59\*** B mit 5, selten <5 fertilen StaubBl; Staminodien fehlend . . . . . . . . . . . . . . . . . . . . **61**

**60** Ausläuferstaude mit aufrechten Stg, gestreckten StgGliedern u. ∞ gegenständigen, sommergrünen Bl. B in blattachselständigen TeilBStänden. Kr gelb.
$\qquad$ **Primelgewächse** – *Primulaceae*: *Lysimachia ciliata* S. 281

**60\*** Rosettenstaude mit immergrünen Bl. B einzeln od. in Trauben. Kr weiß od. rosa (Abb. **275**/11–14).
$\qquad$ **Diapensiengewächse** – *Diapensiaceae* S. 277

**61** **(59)** Fr mit balg- (Abb. **412**/2a) od. nussartigen TeilFr . . . . . . . . . . . . . . . . . . . . . . **62**

**61\*** Fr eine Kapsel, Nuss od. Beere . . . . . . . . . . . . . . . . . . . . . . . . . . . . . . . . . . . . . . . **66**

**62** TeilFr 2, balgartig. Pfl oft mit weißem od. hellem, schleimigem Saft; wenn Pfl ohne Milchsaft u. in D. nicht fruchtend, dann B deutlich mit 2 Nektarschuppen am Grund des FrKn (*Vinca*) . . . . . . . . . . . . . . . . . . . . . . . . . . . . . . . . . . . . . . . . . . . . . . . . . . . . **63**

**62\*** TeilFr 2–27, nussartig. Pfl ohne Milchsaft . . . . . . . . . . . . . . . . . . . . . . . . . . . . . . . **64**

**63** B mit NebenKr, NebenKrSegmente kappenfg (Abb. **413**/1a, c, 2, 3a). Pollen zu einer Pollenmasse (Pollinium) verklebt. Die nebeneinanderliegenden Pollinien zweier benachbarter Staubbeutel durch Klemmkörper miteinander verbunden (Abb. **413**/1b). Staubbeutel mit dem Narbenkopf zu einem Säulchen (Gynostegium) verwachsen. Bl gegenständig.
$\qquad$ **Seidenpflanzengewächse** – *Asclepiadaceae* z. T. S. 413

**63\*** B ohne NebenKr; wenn B mit nebenkronähnlichen Bildungen, diese dann flach u. vorn zerschlitzt (*Nerium*, Abb. **412**/1). Pollen körnig. Staubbeutel frei (Abb. **412**/2d) od. mit dem Narbenkopf verbunden. Bl gegen- od. wechselständig od. quirlig. (*Vinca* in D. nur selten mit Fr).
$\qquad$ **Hundsgiftgewächse** – *Apocynaceae* S. 411

**64** **(62)** Fr aus (3–)5–27 nussartigen TeilFr. Kr glocken- bis trichterfg, ohne Schlundschuppen, behaarte Längsleisten, querverlaufende Falte od. Haarring. Bl wechselständig. Pfl ⊙ kult (Abb. **457**/1, 2).
$\qquad$ **Glockenwindengewächse** – *Nolanaceae* S. 456

**64\*** Fr aus 2 od. 4 nussartigen TeilFr . . . . . . . . . . . . . . . . . . . . . . . . . . . . . . . . . . . . . **65**

**65** Fr aus 2 TeilFr. TeilFr mit je 2 Sa. Bl unbehaart. Kr ohne Schlundschuppen. (Abb. **437**/5–7).
$\qquad$ **Boretschgewächse** – *Boraginaceae*: *Cerinthe* S. 437

**65\*** Fr aus 4 TeilFr (bei *Heliotropium* erst bei der Reife). TeilFr mit je 1 Sa. Bl oft rauhaarig. Kr oft mit Schlundschuppen (Abb. **440**/5, 6; **442**/1, 2, 4, 5), behaarten Längsleisten (Abb. **436**/3), querverlaufender Falte od. Haarring (Abb. **438**/5a).
$\qquad$ **Boretschgewächse** – *Boraginaceae* z. T. S. 434

**66** **(61)** Pfl mit Milchsaft. KrBl am Saum frei. KrSchlund behaart. FrKn 3–5fächrig. Narbenlappen 3–5. FrFächer jeweils mit ∞ Sa.
$\qquad$ **Glockenblumengewächse** – *Campanulaceae*: *Cyananthus* S. 534

**66\*** Pfl ohne Milchsaft; wenn Pfl mit Milchsaft, dann KrSaum vollständig verwachsen, höchstens schwach gelappt, KrSchlund kahl, FrKn meist 2fächrig, Narbenlappen 2(–3), FrFächer jeweils mit 2 Sa . . . . . . . . . . . . . . . . . . . . . . . . . . . . . . . . . . . . . . . . . . . . **67**

**67** Knollenstaude. Bl stängel- u. gegenständig. KrRöhre länger als die KrZipfel. KrZipfel ausgebreitet od. schräg aufwärts gerichtet. (*M. longiflora*: Nachtblüher). StaubBl 3–5.
$\qquad$ **Wunderblumengewächse** – *Nyctaginaceae*: *Mirabilis* S. 181

Bem.: Bei *Mirabilis* wird die einfache, aus verwachsenen BHüllBl bestehende BHülle von kelchähnlichen HochBl umgeben, so dass eine in K u. Kr gegliederte verwachsenkronblättrige B vorgetäuscht wird. Nuss vom ausdauernden Grund der „Kr" eng umschlossen (Anthocarp).

**67\*** Strauch, Igelpolster-Zwergstrauch, EinjahrsPfl od. Staude meist ohne knollenfg Speicher- u. Überdauerungsorgan; wenn Pfl eine Knollenstaude, dann Bl alle grundständig u. KrRöhre kürzer als die meist zurückgeschlagenen KrZipfel ................ **68**

**68** StaubBl über den KrBl (epipetal) ........................................ **69**

**68\*** StaubBl über den KBl (episepal) ........................................ **70**

**69** Fr 1samig, Sa im FrKn grundständig (Plazentation basal). K häutig-durchscheinend, später oft pergamentartig, ausdauernd, weiß od. gefärbt (Flugorgan) (Abb. **213**) od. KRippen mit Drüsen (*Plumbago*), selten ohne Drüsen (*Ceratostigma*). Strauch, IgelpolsterPfl, EinjahrsPfl, Ausläufer- od. Pleiokormstaude.
       **Bleiwurzgewächse** – *Plumbaginaceae* S. 211

**69\*** Fr ∞samig. Sa im FrKn an einem zentralen Säulchen ansitzend (Plazentation zentral). K meist krautig. Rosetten-, Knollen-, Polster-, Kriechtrieb- od. Ausläuferstaude od. EinjahrsPfl, selten Sumpf- od. TauchPfl.    **Primelgewächse** – *Primulaceae* z.T. S. 278

**70** (68) Staubfäden nicht mit der Kr verwachsen, höchstens an ihrem Grund miteinander ringfg verwachsen. Spalierstrauch. Bl 0,5–0,7 cm lg, ledrig, immergrün, am Rand umgerollt. Kr glockig, 5 mm lg. Fr eine Kapsel.
       **Heidekrautgewächse** – *Ericaceae: Loiseleuria* S. 269

**70\*** Staubfäden mit der Kr ± verwachsen .................................. **71**

**71** FrBl 3–5 (bei *Nicandra* durch Aufsicht auf die Fr, bei den *Polemoniaceae* durch die meist ± 3–5lappige Narbe erkennbar), selten 2 (*Datura*). FrKn 3–5fächrig ....... **72**

**71\*** FrBl 2. FrKn 1- od. 2fächrig ........................................... **74**

**72** FrK aufgeblasen, stark vergrößert, die saftlose braune Beere völlig umschließend. KBl am Grund herz- bis pfeilfg, am Rand kahnfg aufgebogen. (Abb. **453**/4).
       **Nachtschattengewächse** – *Solanaceae: Nicandra* S. 449

**72\*** FrK nicht aufgeblasen. Fr eine Kapsel. KBl am Grund nicht herz- bis pfeilfg, am Rand nicht kahnfg aufgebogen .............................................. **73**

**73** K nach dem Verblühen ± ausdauernd. Bl ganz, vorn 3–4spaltig, handfg geschnitten od. ein- bis mehrfach gefiedert, wechsel- od. gegenständig. FrKn 3–5fächrig. Pfl ♃, ☉.
       **Himmelsleitergewächse** – *Polemoniaceae* z.T. S. 425

**73\*** K nach dem Verblühen bis auf den ± ringfg KGrund abfallend. Bl meist spitz gelappt, wechselständig. FrKn oben 2-, unten durch Ausbildung einer sekundären Scheidewand 4fächrig. Pfl ☉.    **Nachtschattengewächse** – *Solanaceae: Datura* S. 449

**74** (71) FrKn 2fächrig. Sa scheidewandständig ............................... **75**

**74\*** FrKn 1fächrig. Sa wandständig. Wenn zuweilen durch stark vorspringende Plazenten der FrKn scheinbar 2fächrig (*Phacelia*), dann Staubfäden an ihrem Grund verbreitert od. mit Anhängen (Abb. **434**/1b, 2b) ......................................... **77**

**75** Fr meist 4samig. Griffel 1, meist mit 2 zylindrisch-keulenfg Narbenästen (Abb. **431**/9); wenn Narben ± elliptisch, dann K von den VorBl eingehüllt.
       **Windengewächse** – *Convolvulaceae* z.T. S. 430

**75\*** Fr meist ∞samig. Griffel 1, mit kopfiger od. kopfig-2lappiger Narbe ............ **76**

**76** Fr eine 2spaltige Kapsel. KrZipfel länger als die KrRöhre. Kr ± radfg. Staubfäden fast in ganzer Länge weiß- od. violettwollig (wenigstens einige in jeder B). (Abb. **459**).
       **Braunwurzgewächse** – *Scrophulariaceae: Verbascum* S. 459

**76\*** Fr eine Beere; wenn Fr eine 2spaltige (*Nicotiana, Nierembergia, Petunia*) od. 4spaltige Kapsel (*Datura*) od. Deckelkapsel (*Scopolia, Hyoscyamus*), dann KrZipfel kürzer als die KrRöhre u. Kr trichter-, röhren- od. glockenfg. Staubfäden höchstens in der unteren Hälfte behaart.    **Nachtschattengewächse** – *Solanaceae* z.T. S. 445

**77** (74) LaubBl alle grundständig. Kr radfg. Pfl ♃ (Abb. **480**/9).
       **Gesneriengewächse** – *Gesneriaceae: Ramonda* S. 481

**77\*** LaubBl auch stängelständig, gegen- od. wechselständig. Pfl ☉, ⊙, ♃ .......... **78**

**78** Kr in der Knospenlage gedreht, 5–9zählig, radfg, fast bis zum Grund geteilt (*Gentiana lutea*) od. weitröhrig-glockig od. stieltellerfg, mit deutlicher Röhre. Bl gegenständig, ganz.    **Enziangewächse** – *Gentianaceae* z.T. S. 405

TABELLE III · TABELLE IV                                                    79

**78\*** Kr in der Knospenlage dachig od. klappig, nicht gedreht. Bl meist wechsel- od. grundständig; wenn StgBl gegenständig, dann KBuchten mit Anhängseln (Abb. **429**/5) u. Pfl ⊙ . . . . . . . . . . . . . . . . . . . . . . . . . . . . . . . . . . . . . . . . . . . . . . . . . . . . . . . . **79**

**79** WasserPfl, ⌽, kahl, mit fast kreisfg, am Grund herzfg BlSpreite (seerosenähnlich) od. SumpfPfl, ⌽, mit 3zähliger BlSpreite (kleeähnlich) (Abb. **405**/1, 2).
        **Fieberkleegewächse** – *Menyanthaceae* S. 404

**79\*** LandPfl, ⌽ od. ⊙, ± behaart, nicht mit seerosen- od. kleeähnlicher BlSpreite . . . . . **80**

**80** StgBl gegenständig. B einzeln in den BlAchseln. KBuchten mit Anhängseln (Abb. **429**/5). Pfl ⊙.        **Wasserblattgewächse** – *Hydrophyllaceae*: *Nemophila* S. 433

**80\*** StgBl wechselständig. B in BStänden. KBuchten meist ohne Anhängsel; wenn KBuchten mit kleinen Anhängseln, dann Pfl ⌽ (*Hydrophyllum canadense*). Pfl ⌽ (*Hydrophyllum, Phacelia sericea*) od. Pfl ⊙ (*Phacelia*).
        **Wasserblattgewächse** – *Hydrophyllaceae*: *Hydrophyllum, Phacelia* S. 433

## Tabelle IV · Einkeimblättrige Pflanzen

In die Tabelle sind auch 2 zweikeimblättrige Gattungen aufgenommen. Die in D. kaum blühende Wasser- u. SumpfPfl *Acorus gramineus* (S. 650) ist an den aromatisch riechenden, grasartigen, 15–25(–40) × 0,3–0,4(–1) cm großen linealischen Bl zu erkennen. Nicht nach Blütenmerkmalen zu bestimmen ist auch *Muscari comosum* 'Monstrosum', eine Traubenhyazinthe ohne B, aber mit gefärbten BStielen (S. 735). Über nichtblühende Gräser vgl. S. 789.

**1** Pfl kletternd (Spreizklimmer od. WindePfl) . . . . . . . . . . . . . . . . . . . . . . . . . . . . . **2**

**1\*** Pfl nicht kletternd . . . . . . . . . . . . . . . . . . . . . . . . . . . . . . . . . . . . . . . . . . . . . . . . **3**

**2** Pfl windend, mit Sprossknolle. BlSpreite am Grund herz- od. nierenfg (Abb. **661**).
        **Yamswurzelgewächse** – *Dioscoreaceae* S. 661

**2\*** Pfl als Spreizklimmer mit abstehenden Ästen u. hakenfg BlBasen kletternd od. windend, mit Rhizom, zuweilen mit Speicherwurzeln. LaubBl durch gebüschelte nadelfg od. linealische, ungestielte Kurztriebe ersetzt.
        **Spargelgewächse** – *Asparagaceae* z. T. S. 732

**3** **(1)** WasserPfl mit Schwimm- od. TauchBl, höchstens die BlSpitzen u. meist der BStand über der Wasseroberfläche, od. quirlig beblätterte SumpfPfl; wenn BlStiele kuglig aufgetrieben, s. *Eichhornia* S. 774 . . . . . . . . . . . . . . . . . . . . . . . . . . . . . . . . . . . . **4**

**3\*** LandPfl od. nicht quirlig beblätterte SumpfPfl mit aus dem Wasser ragenden LuftBl **10**

**4** BHülle in 3 grüne KBl u. 3 weiße od. rosa KrBl geschieden. KrBl 2,5–30 mm lg. Bl rosettig . . . . . . . . . . . . . . . . . . . . . . . . . . . . . . . . . . . . . . . . . . . . . . . . . . . . . . . . . . **5**

**4\*** BHülle fehlend od. unscheinbar, <3 mm lg; wenn größer u. in K u. Kr geschieden, dann Bl quirlig od. untergetaucht . . . . . . . . . . . . . . . . . . . . . . . . . . . . . . . . . . . . . . . . **6**

**5** Pfl im Boden wurzelnd. B ♀ od. getrenntgeschlecht. KrBl 2,5–10 mm lg. FrKn 2–∞, frei, oberständig.
        **Froschlöffelgewächse** – *Alismataceae*: *Luronium, Sagittaria* z. T. S. 657

**5\*** Pfl zur BZeit frei schwimmend, 2häusig. FrKn 1, unterständig. KrBl 10–30 mm lg. Bl rundlich mit herzfg Grund, od. linealisch u. dornig gezähnt, od. lineal-länglich, <3 cm lg u. zu 3–4(–6) quirlig.        **Froschbissgewächse** – *Hydrocharitaceae* z. T. S. 659

**6** **(4)** Bl zu 3–4(–6) quirlig. B an der Wasseroberfläche.
        **Froschbissgewächse** – *Hydrocharitaceae* z. T. S. 659

**6\*** Bl rosettig, wechselständig od. zu (6–)8–12(–18) quirlig. BStand über Wasser . . . . **7**

**7** Bl zu (6–)8–12(–18) quirlig, linealisch. B einzeln in den BlAchseln sitzend, ♀. (Zweikeimblättrige Pfl!).        **Tannenwedelgewächse** – *Hippuridaceae* S. 392

**7\*** Bl rosettig od. wechselständig. B in ährenfg od. kolbenfg BStänden od. kugligen TeilBStänden . . . . . . . . . . . . . . . . . . . . . . . . . . . . . . . . . . . . . . . . . . . . . . . . . . . . . . . **8**

**8** B 1geschlechtig, in kugligen TeilBStänden, diese in ährenfg GesamtBStand, die unteren ♀, morgensternfg, die oberen ♂, rund. BHülle aus 4(–6) kurzen Schuppen.
        **Igelkolbengewächse** – *Sparganiaceae* z. T. S. 779

**8\*** B ♂, in einfachen od. gegabelten, ähren- od. kolbenfg BStänden . . . . . . . . . . . . . . **9**

**9** BStand kolbenfg, unverzweigt. B ohne weißes TragBl. StaubBl 4. FrBl 4, frei. Bl mit ach-
selständigen od. am oberen Scheidenende ansetzenden NebenBl, gestielt od. sitzend.
                                      **Laichkrautgewächse** – *Potamogetonaceae* S. 660

**9\*** BStand gegabelt. B mit einem weißen BHüllBl. StaubBl 6–12(–25). FrBl (2–)3(–5), frei.
Bl ohne NebenBl, gestielt.        **Wasserährengewächse** – *Aponogetonaceae* S. 660

**10** (3) LaubBl alle in einem einzigen Quirl zu 3, 4 od. 5–20. B einzeln endständig. FrKn 1,
oberständig. Griffel 1, zwei- bis 10spaltig, od. Griffel 3.
                                      **Einbeerengewächse** – *Trilliaceae* S. 664

**10\*** LaubBl nicht alle in 1 Quirl, zuweilen in mehreren Quirlen u. außerdem wechselständig
. . . . . . . . . . . . . . . . . . . . . . . . . . . . . . . . . . . . . . . . . . . . . . . . . . . . . . . . . . . . . . . . . . . . . . **11**

**11** StaubBl 9. FrKn 6, nur am Grund verwachsen. BHüllBl 6, rötlichweiß, dunkler geadert.
BStand doldenfg. Sumpf- u. WasserPfl. Bl linealisch, unten 3kantig, über das Wasser
ragend. SammelbalgFr.            **Schwanenblumengewächse** – *Butomaceae* S. 657

**11\*** StaubBl 1, 2, 3, 4, 5, 6 od. ∞, nicht 9. FrKn nicht regelmäßig 6, frei od. verwachsen  **12**

**12** BHülle fehlend u. B von je 1–2 SchuppenBl umgeben, od. BHülle aus Borsten od.
Haaren bestehend; wenn BHülle aus 1–4–6 kurzen Schuppen, dann B in fleischigen
Kolben od. in kugligen, 1geschlechtigen TeilBStänden . . . . . . . . . . . . . . . . . . . **13**

**12\*** BHülle vorhanden, meist (4–)6- od. mehrblättrig; wenn trockenhäutig, dann regelmäßig
6blättrig u. nicht in kugligen od. kolbenfg, 1geschlechtigen TeilBStänden . . . . . . . **18**

**13** BStand ein fleischiger Kolben, darunter ein meist gefärbtes, den BStand oft umhüllendes
HochBl; wenn HochBl unauffällig (*Orontium*, S. 651), dann Kolben gelb, Achse darunter
weiß u. Pfl mit Milchsaft. BHülle fehlend; wenn unauffällig u. 4–6blättrig, dann BeerenFr
1- od. 4samig u. StaubBl meist 4. BlSpreite oft netznervig, pfeilfg, eifg, br herzfg-rundlich,
schmal elliptisch, verkehrteilänglich od. hand- od. fußfg geschnitten. Fr eine 1–24samige
Beere, zuweilen in den Kolben eingesenkt.    **Aronstabgewächse** – *Araceae* S. 650

**13\*** BStand kein fleischiger Kolben; wenn kolbenfg, dann Fr keine Beere. Unter dem BStand
kein gefärbtes HochBl. Pfl ohne Milchsaft. Fr 1samig . . . . . . . . . . . . . . . . . . . . . . . **14**

**14** BHülle fehlend. B von je 1–2 SchuppenBl umgeben, in 1- bis ∞blütigem TeilBStand. B
gras- od. binsenartig, selten br bandfg . . . . . . . . . . . . . . . . . . . . . . . . . . . . . . . . . **15**

**14\*** BHülle aus Haaren bestehend; wenn aus 4–6 kurzen Schuppen, dann B in kugligen,
1geschlechtigen TeilBStänden . . . . . . . . . . . . . . . . . . . . . . . . . . . . . . . . . . . . . . . **16**

**15** Stg rund od. 2seitig abgeflacht, hohl; wenn markig, dann ♀ B in dickem, von mehreren
Bl eingehülltem Kolben (Mais). BlScheiden meist offen, am Grund knotig verdickt. Jede
B von meist 2 Spelzen (Dsp u. Vsp, Abb. **789**/1) eingeschlossen, in ährenfg TeilBStand
(Ährchen), dieser von meist 2 Hüllspelzen (blütenlosen Dsp) umgeben. Griffel meist 2,
federig.                              **Süßgräser** – *Poaceae* S. 788

**15\*** Stg 3kantig od. rund, markig. Bl 3zeilig od. grundständig. BlScheiden geschlossen, am
Grund nicht knotig verdickt. Jede B mit 1 DeckBl (Dsp). Fr eine Nuss. Griffel 1 mit 2 od.
3 papillösen Narben.              **Riedgrasgewächse** – *Cyperaceae* z. T. S. 782

**16** (14) TeilBStand kuglig. GesamtBStand ähren- od. doppelährenfg, am Grund mit mor-
gensternfg ♀ TeilBStänden, oben mit kleineren, kugligen ♂ TeilBStänden. B 1ge-
schlechtig. Bl linealisch. Fr eine SteinFr.
                                  **Igelkolbengewächse** – *Sparganiaceae* z. T. S. 779

**16\*** BStand nicht aus kugligen TeilBStänden aufgebaut; wenn kopfig, dann B ♂. Fr eine
Nuss . . . . . . . . . . . . . . . . . . . . . . . . . . . . . . . . . . . . . . . . . . . . . . . . . . . . . . . . . . . **17**

**17** B 1geschlechtig. BStand kolbenfg, oben ♂, unten ♀. Bl linealisch, flach, 2zeilig, grund-
u./od. stängelständig, meist blaugrün. Reifer ♀ Kolben grau bis schwarzbraun.
                                  **Rohrkolbengewächse** – *Typhaceae* S. 780

**17\*** B ♀. BStand kopfig, ährenfg, od. Ährchen in rispigem od. kopffg GesamtBStand. BHülle
haar- od. borstenfg, Borsten zuweilen widerhakig.
                      **Riedgrasgewächse** – *Cyperaceae: Eriophorum,*
                      *Eleocharis, Scirpus, Schoenoplectus* S. 782

**18** **(12)** B in scheinbar seitenständigem Kolben an 2flügligem Stg, dieser von einem grünen HochBl scheinbar fortgesetzt. Bl schwertfg, am Rand meist gewellt, beim Zerreiben stark aromatisch riechend. PerigonBl 6, ± 1 mm lg. StaubBl 6. KapselFr, in D. meist nicht reifend.        **Kalmusgewächse** – *Acoraceae* S. 649

**18\*** BStand nicht kolbenfg. Wenn Pfl aromatisch (*Zingiberaceae*, S. 778), dann Perigon > 1 cm lg u. StaubBl 1 . . . . . . . . . . . . . . . . . . . . . . . . . . . . . . . . . . . . . . . . . . . . . **19**

**19** BHüllBl 6, spelzenartig trocken od. dünnhäutig, braun, gelblich, rötlich, schneeweiß od. grün u. hautrandig. Bl binsenfg rund od. grasfg, dann oft am Rand > 2 mm lg zerstreut behaart.        **Binsengewächse** – *Juncaceae* S. 781

**19\*** BHüllBl krautig, nicht spelzenartig trocken od. dünnhäutig . . . . . . . . . . . . . . . . . . **20**

**20** BHülle in grünen K u. weiße, blaue od. andersfarbige Kr geschieden . . . . . . . . . . **21**

**20\*** Alle BHüllBl kronartig gefärbt (Perigon). Äußere PerigonBl zuweilen abweichend gefärbt u. gestaltet, aber nicht kelchartig u. grün . . . . . . . . . . . . . . . . . . . . . . . . . . . . . . **26**

**21** FrKn > 10, frei, 1samig. StaubBl 6–∞; wenn 6, dann in Paaren mit den KBl alternierend. Kr weiß od. rosa. B zwittrig od. 1geschlechtig.
       **Froschlöffelgewächse** – *Alismataceae* z. T. S. 657

**21\*** FrKn 1–10, mehrsamig . . . . . . . . . . . . . . . . . . . . . . . . . . . . . . . . . . . . . . . . . . . . **22**

**22** FrKn 3 od. mehr, frei. SammelbalgFr. Bl sukkulent. (Zweikeimblättrige Pfl!).
       **Dickblattgewächse** – *Crassulaceae* S. 326

**22\*** FrKn 1, FrBl verwachsen . . . . . . . . . . . . . . . . . . . . . . . . . . . . . . . . . . . . . . . . . . **23**

**23** FrKn unterständig. Bl 2zeilig, mit dicker Mittelrippe u. spitzwinklig abgehenden, parallelen Seitennerven. StaubBl 1 . . . . . . . . . . . . . . . . . . . . . . . . . . . . . . . . . . . . . . . **24**

**23\*** FrKn oberständig. Bl 2zeilig od. schraubig, BlNerven nicht fiedrig. Fruchtbare StaubBl 3 od. 6 . . . . . . . . . . . . . . . . . . . . . . . . . . . . . . . . . . . . . . . . . . . . . . . . . . . . . . . **25**

**24** StaubBl 1, normal ausgebildet. Pfl aromatisch. Bl gestielt od. ungestielt.
       **Ingwergewächse** – *Zingiberaceae* z. T. S. 778

**24\*** StaubBl 1, zur Hälfte kronblattartig. Pfl nicht aromatisch. Bl gestielt.
       **Blumenrohrgewächse** – *Cannaceae* S. 777

**25** **(23)** Fr eine 1–6samige Kapsel. BStände zymös, von 2 taschenfg HochBl umgeben. Entweder 6 StaubBl fruchtbar od. 3 fruchtbar u. 1–3 steril. B radiär (*Tradescantia*) od. dorsiventral (*Commelina*). Pfl ☉ od. ♃ ♀.
       **Commelinengewächse** – *Commelinaceae* S. 775

**25\*** Fr eine ∞samige Kapsel. B einzeln od. in doldenähnlichem BStand, nicht von HochBl umgeben. StaubBl 6, alle fruchtbar. Pfl ♃ ☉.
       **Liliengewächse** – *Liliaceae*: *Calochortus* z. T. S. 672

**26** **(20)** FrKn zur BZeit unterirdisch. Bl zur BZeit zuweilen nicht entwickelt. KnollenPfl . **27**

**26\*** FrKn zur BZeit oberirdisch. Knollen-, Zwiebel-, Rhizom- od. AusläuferPfl . . . . . . . **28**

**27** StaubBl 3. Bl schmal linealisch, mit weißem Mittelstreifen. Perigon zuweilen dunkler geadert.        **Schwertliliengewächse** – *Iridaceae*: *Crocus* S. 717

**27\*** StaubBl 6. Bl br lanzettlich bis linealisch, ohne weißen Mittelstreifen. Perigon zuweilen mit Schachbrettmuster.   **Zeitlosengewächse** – *Colchicaceae*: *Colchicum* S. 668

**28** **(26)** FrKn unterständig od. halbunterständig . . . . . . . . . . . . . . . . . . . . . . . . . . . . **29**

**28\*** FrKn oberständig . . . . . . . . . . . . . . . . . . . . . . . . . . . . . . . . . . . . . . . . . . . . . . . **41**

**29** FrKn halbunterständig. Bl linealisch. B radiär, <1,5 cm lg . . . . . . . . . . . . . . . . . . . **30**

**29\*** FrKn unterständig. Bl unterschiedlich. B radiär, dorsiventral od. unsymmetrisch, oft > 1,5 cm lg . . . . . . . . . . . . . . . . . . . . . . . . . . . . . . . . . . . . . . . . . . . . . . . . . . . . . . . **32**

**30** Griffel 3. RhizomPfl.      **Germergewächse** – *Melanthiaceae*: *Zigadenus* z. T. S. 663

**30\*** Griffel 1 . . . . . . . . . . . . . . . . . . . . . . . . . . . . . . . . . . . . . . . . . . . . . . . . . . . . . . **31**

**31** Pfl mit unangenehmem Geruch. B in Dolden. ZwiebelPfl.
       **Lauchgewächse** – *Alliaceae*: *Nectaroscordum* S. 766

**31\*** Pfl ohne Lauchgeruch. B in Trauben. Pfl mit Ausläufern od. Rhizomen.
       **Maiglöckchengewächse** – *Convallariaceae*: *Ophiopogon* S. 736

**32** **(29)** StaubBl 6. B radiär, selten dorsiventral . . . . . . . . . . . . . . . . . . . . . . . . . . . . **33**

**32\*** StaubBl 1, 2, 3 od. 5. B radiär, dorsiventral od. unsymmetrisch ............... **36**
**33** Bl sukkulent, mit stechendem, festem Enddorn, meist dornig gezähnt. StaubBl länger
als die BHülle.                          **Agavengewächse** – *Agavaceae*: *Agave* S. 754
**33\*** Bl nicht sukkulent, ohne stechenden Enddorn, ganzrandig, zuweilen am Rand rau **34**
**34** LaubBl alle grundständig (die Scheiden bei *Crinum*, S. 757, einen ScheinStg bildend).
B einzeln od. in doldenfg BStand, meist radiär. ZwiebelPfl.
                                **Amaryllisgewächse** – *Amaryllidaceae* S. 757
**34\*** LaubBl (grund- u.) stängelständig ....................................... **35**
**35** B gelb, orange, rosa od. rot, schwach dorsiventral. PerigonBl frei, mindestens die inne-
ren gefleckt. RhizomPfl.         **Inkaliliengewächse** – *Alstroemeriaceae* S. 667
**35\*** B blau, violett od. weiß, radiär. PerigonBl ungefleckt, die äußeren bespitzt. Pfl mit zwie-
belfg Knolle.                    **Steppenliliengewächse** – *Ixioliriaceae* S. 703
**36** **(32)** StaubBl 3. PerigonBl 6, in 2 oft verschiedenen Kreisen. Bl meist reitend. B radiär
od. dorsiventral.              **Schwertliliengewächse** – *Iridaceae* S. 703
**36\*** Fruchtbare StaubBl 1, 2 od. 5. B meist stark dorsiventral, seltener unsymmetrisch **37**
**37** Fruchtbare StaubBl 1 od. 2, mit dem Griffel zu einer Säule verwachsen. Bl parallel-,
bogen- od. netznervig. B gespornt od. ungespornt. Sa sehr klein, höchstens wenige mg
schwer.                    **Knabenkrautgewächse** – *Orchidaceae* S. 694
**37\*** Fruchtbare StaubBl 1 od. 5, nicht mit dem Griffel verwachsen. Bl in Scheide u. Spreite
gegliedert, oft mit Stiel, Spreite mit starker Mittelrippe, von der im Winkel parallele Sei-
tennerven ausgehen ................................................. **38**
**38** StaubBl 5. Rhizomstauden od. Hapaxanthe. BlStellung schraubig od. 2zeilig .... **39**
**38\*** StaubBl 1, zuweilen davon nur eine Hälfte fruchtbar, die andere Hälfte kronblattartig.
Rhizomstauden. BlStellung 2zeilig ..................................... **40**
**39** Äußere PerigonBl mit 2 der inneren zu einer 5lappigen Spreite verbunden, ein inneres
frei, ganz od. 3lappig. B funktionell ♂ od. ♀, dorsiventral. Hapaxanthe od. Rhizom-
Riesenstauden mit Scheinstamm aus BlScheiden. Bl gestielt, schraubig gestellt.
                                **Bananengewächse** – *Musaceae* S. 776
**39\*** Äußere PerigonBl frei, innere am Grund verbunden, die 2 unteren zu einer pfeilfg Hülle
um die Staubfäden u. den Griffel zusammenneigend, orange. BStand mit kahnfg Hoch-
Bl. Bl gestielt, BlStellung zweizeilig.     **Strelitziengewächse** – *Strelitziaceae* S. 777
**40** **(38)** RhizomPfl, aromatisch. Nur das mediane innere StaubBl normal ausgebildet, die
übrigen kronblattartig, die beiden seitlichen inneren zu einer 2lappigen Lippe verwach-
sen. Das mediane innere PerigonBl oft helmartig vergrößert. B weiß, gelb, rot, purpurn
od. blassblau. FrKapsel nicht spitzwarzig.   **Ingwergewächse** – *Zingiberaceae* S. 778
**40\*** Rhizomknollen-Hochstaude, nicht aromatisch. B asymmetrisch, fruchtbares StaubBl zur
Hälfte kronblattartig. KBl frei, grün od. purpurn, an der spitzwarzigen, rundlichen Kapsel
erhalten bleibend.            **Blumenrohrgewächse** – *Cannaceae* S. 777
**41** **(28)** FrBl nicht bis zur Spitze verwachsen. Griffel 3. PerigonBl frei ............. **42**
**41\*** FrBl ganz verwachsen; Griffel 1, zuweilen oben 3lappig od. 3spaltig ........... **43**
**42** Bl zweizeilig, reitend (einander am Grund mit der Schmalseite scheidig umfassend).
PerigonBl gelblich, an der Fr erhalten bleibend. 5–30 cm hohe RhizomPfl mit traubigem
BStand. (Selten kultivierte **W** für feuchte △, vgl. Bd. 2–4!).
                        **Germergewächse** – *Melanthiaceae*: *Tofieldia*
**42\*** Bl wechselständig, nicht reitend.      **Germergewächse** – *Melanthiaceae* z.T. S. 662
**43** **(41)** Bl schmal linealisch bis schmal verkehrteilanzettlich, mit stechendem Enddorn, oft
hängend, ledrig, mehrere Jahre ausdauernd, >20 cm lg, am Rand oft auffasernd.
                            **Agavengewächse** – *Agavaceae*: *Yucca* S. 755
**43\*** Bl ohne harten Enddorn; wenn ledrig u. stechend spitz (blattartige Kurzsprosse,
*Ruscus*, S. 734), dann <5 cm lg ....................................... **44**
**44** BStand doldenfg, zuweilen statt der B nur Brutzwiebeln tragend; wenn B einzeln, dann
Pfl mit Lauchgeruch ................................................. **45**
**44\*** BStand eine Traube, Rispe, Ähre, ein Thyrsus od. Kopf, od. aus 1–3 B. Pfl ohne Lauch-
geruch ............................................................. **46**

TABELLE IV · EINKEIMBLÄTTRIGE                                          83

**45**  Pfl mit Lauchgeruch. PerigonBl <2 cm lg, weiß, rosa, purpurn, blau od. violett. Pfl oft mit Zwiebel (vgl. auch *Triteleia*, S. 766). **Lauchgewächse** – *Alliaceae* S. 765

**45***  Pfl ohne Lauchgeruch. PerigonBl 2–7 cm lg, hellblau bis dunkelviolett, selten weiß. RhizomPfl. Bl bandfg, 1–6 cm br. **Blauliliengewächse** – *Agapanthaceae* S. 756

**46**  (44) Pfl ohne echte LaubBl, nur mit dem Stg od. mit umgebildeten Kurztrieben assimilierend, letztere entweder blattfg, ledrig, einzeln in SchuppenBlAchseln od. nadelfg bis linealisch, gebüschelt in SchuppenBlAchseln ............................. 47

**46***  Pfl mit grünen LaubBl ................................................. 49

**47**  Pfl außer dem blütentragenden Stg nur mit braunen SchuppenBl am Grund u. unter den 1–3 B. B blau, selten weiß. Fr eine 3samige Kapsel.
**Binsenliliengewächse** – *Aphyllanthaceae* S. 756

**47***  Pfl mit wechselständigen SchuppenBl u. Kurztrieben in ihren Achseln. B weiß od. rosa. Fr eine Beere ........................................................ 48

**48**  Assimilierende Kurztriebe br lanzettlich bis eifg, stechend spitz od. stumpf, nicht gebüschelt, immergrün. Beere rot. **Mäusedorngewächse** – *Ruscaceae* S. 733

**48***  Assimilierende grüne Kurztriebe nadelfg od. flach linealisch, gebüschelt, sommer- od. immergrün. Beere schwarzgrün od. rot. Bl schuppenfg, am Grund oft stechend hakig.
**Spargelgewächse** – *Asparagaceae* S. 732

**49**  (46) Bl deutlich >2 cm lg gestielt ....................................... 50

**49***  Bl nicht od. höchstens 2 cm lg gestielt, zuweilen (*Convallaria*, S. 737) in eine stielfg geschlossene Scheide verschmälert od. BlStiel im Boden .................... 53

**50**  Sumpf- od. WasserPfl. BlStiel oseits nicht rinnig, zuweilen in der Mitte kuglig aufgetrieben, am Grund mit NebenBl, BlHäutchen od. häutiger Scheide. B in ährigen BStänden, horizontal, deutlich dorsiventral, blau bis purpurn u. mit gelbem Fleck.
**Hechtkrautgewächse** – *Pontederiaceae* S. 774

**50***  LandPfl. BlStiel nicht kuglig aufgetrieben, ohne NebenBl. B in Trauben, weiß, grünlich, rosa, blassviolett, nicht blau ........................................ 51

**51**  ZwiebelPfl, >1 m hoch. BlSpreitengrund herzfg.
**Liliengewächse** – *Liliaceae*: *Cardiocrinum* S. 688

**51***  Ausläufer- od. RhizomPfl, <1 m hoch ................................ 52

**52**  KapselFr. Bl rosettig. BlSpreite lanzettlich bis br eifg. BlStiel oseits rinnig. PerigonBl am Grund zu einer Röhre verwachsen, weiß, rosa, violett, >2 cm lg. RhizomPfl.
**Funkiengewächse** – *Hostaceae* S. 753

**52***  BeerenFr. Bl am Stängel, wechselständig, herz-, eifg od. lanzettlich. BlStiel oseits nicht rinnig. PerigonBl frei, weiß. Ausläufer- od. RhizomPfl.
**Maiglöckchengewächse** – *Convallariaceae*: *Maianthemum* S. 736

**53**  (49) ZwiebelPfl ........................................................ 54

**53***  Rhizom- od. AusläuferPfl (oberirdisch meist erkennbar an der Bildung größerer Trupps od. Bestände) ..................................................... 55

**54**  B unterschiedlich gefärbt, aber nicht blau. BHüllBl frei, einzeln abfallend od. erhalten bleibend. LaubBl meist stängelständig, zuweilen quirlig, seltener alle grundständig. Sa blassbraun, meist abgeflacht. FrKn nicht dicht behaart. **Liliengewächse** – *Liliaceae* S. 671

**54***  B oft blau, seltener weiß, rosa, rot, gelb, orange. BHüllBl meist wenigstens am Grund verwachsen, nicht einzeln abfallend; wenn frei, dann weiß bis gelblich u. außen mit grünem Mittelstreifen (*Ornithogalum*, S. 742) od. 3–9nervig, blauviolett od. weiß u. FrKn dicht behaart (*Camassia*, S. 741). LaubBl alle grundständig, nicht quirlig. Sa schwarz bis braun. **Hyacinthengewächse** – *Hyacinthaceae* S. 740

**55**  (53) LaubBl alle grundständig. BSchaft höchstens mit häutigen od. schuppenfg HochBl. (Bei *Convallaria* ScheinStg aus BlScheiden) ............................. 56

**55***  Bl (grund- u.) stängelständig .......................................... 63

**56**  Fr 1samig. Sa vor der FrReife frei werdend, schwärzlich, fleischig. B <6 mm lg br, in Trauben. PerigonBl verwachsen od. frei.
**Maiglöckchengewächse** – *Convallariaceae*: *Liriope* S. 737

**56*** Fr 3- od. mehrsamig, Sa erst zur FrReife frei werdend . . . . . . . . . . . . . . . . . . . . . **57**
**57** PerigonBl frei od. nur am Grund (bis 10%) verwachsen . . . . . . . . . . . . . . . . . . . . **58**
**57*** PerigonBl zu >20% verwachsen . . . . . . . . . . . . . . . . . . . . . . . . . . . . . . . . . . . . . . **61**
**58** B 3–10, trichterfg, weiß, in einseitswendiger Traube. PerigonBl 30–60 mm lg. Kapsel
verkehrteilänglich, Sa ∞. Staubbeutel am Rücken befestigt, leicht beweglich.
                    **Grasliliengewächse** – *Anthericaceae: Paradisea* S. 751
**58*** B 6–800, sternfg ausgebreitet od. glockig. PerigonBl 8–24 mm lg . . . . . . . . . . . . . **59**
**59** BStiel gegliedert. Kapsel 3–6samig. B ∞, weiß bis blassrosa. Staubfäden am Grund
verbreitert. Staubbeutel am Rücken befestigt, leicht beweglich.
                    **Affodillgewächse** – *Asphodelaceae: Asphodelus* S. 728
**59*** BStiel nicht gegliedert. Kapsel 12–24samig. Staubfäden am Grund nicht verbreitert.
Staubbeutel am Grund befestigt, nicht leicht beweglich. Bl useits gekielt . . . . . . . . **60**
**60** B 6–30. PerigonBl weiß, 3nervig, sternfg ausgebreitet. BStand verzweigt od. unver-
zweigt. Pfl 30–80 cm hoch. Bl 3–11 mm br.
                    **Grasliliengewächse** – *Anthericaceae: Anthericum* S. 751
**60*** B 50–800. PerigonBl gelb, orange, rosa od. weiß, glockig od. ausgebreitet. BStand eine
einfache Traube. Pfl (30–)50–200(–300) cm hoch. Bl 4–80 mm br.
                    **Affodillgewächse** – *Asphodelaceae: Eremurus* S. 729
**61** **(57)** Bl 2(–3), elliptisch, spitz, mit den geschlossenen Scheiden einen 8–25 cm lg
ScheinStg bildend. BSchaft scharfkantig. B 5–13 in einseitwendiger Traube, radiär,
weiß od. rosa. Fr eine rote Beere.
                    **Maiglöckchengewächse** – *Convallariaceae: Convallaria* S. 737
**51*** Bl >3, linealisch, ohne stielfg Scheide. BSchaft rund. B schwach dorsiventral, gelb,
orange, rot, rosa, purpurbraun, cremefarben od. weiß. Fr eine Kapsel . . . . . . . . . **62**
**62** B 4–18 cm ∅, br trichterfg mit schmaler Röhre, zu 2–10 in zymösem BStand.
                    **Taglilliengewächse** – *Hemerocallidaceae* S. 726
**62*** B <3 cm ∅, glockig od. röhrig, ∞ in unverzweigter Traube.
                    **Affodillgewächse** – *Asphodelaceae: Kniphofia* S. 731
**63** **(55)** PerigonBl gelb od. hellrosa, purpurn gefleckt, äußere am Grund mit useits ausge-
beulter Nektargrube. Griffel mit 3 zweispaltigen, zurückgebogenen Ästen, gefleckt. Fr
eine scheidewandspaltige Kapsel.
                    **Maiglöckchengewächse** – *Convallariaceae: Tricyrtis* S. 738
**63*** B nicht gefleckt. Griffel ungeteilt od. 3spaltig. Fr eine Kapsel od. Beere . . . . . . . . . **64**
**64** Fr eine rote, blauschwarze od. schwarzgrüne Beere. B weiß od. rosa, radiär. Bl eifg u.
stängelumfassend (*Streptopus*) od. herzfg u. kurz gestielt (*Maianthemum* z. T.) od. eifg
bis schmal lanzettlich u. sitzend (*Polygonatum, Maianthemum* z. T.).
                    **Maiglöckchengewächse** – *Convallariaceae* S. 734
**64*** Fr eine Kapsel. B gelb od. weiß, radiär od. schwach dorsiventral . . . . . . . . . . . . . **65**
**65** Kapsel 3kantig, scheidewandspaltig. Bl ± eilanzettlich, sitzend od. durchwachsen. B
einzeln in den BlAchseln, nickend, glockig, gelb, radiär. BStiel nicht gegliedert.
                    **Maiglöckchengewächse** – *Convallariaceae: Uvularia* S. 738
**65*** Kapsel rund, fachspaltig. Bl linealisch mit br, scheidigem Grund, oft röhrig. B zu mehre-
ren in den BlAchseln, horizontal, sternfg, gelb od. weiß, schwach dorsiventral: StaubBl
herabgebogen. BStiel gegliedert.
                    **Affodillgewächse** – *Asphodelaceae: Asphodeline* S. 728

## Tabelle V · Gefülltblütige Zierpflanzen

Für die Bestimmung der Samenpflanzen werden gewöhnlich Blütenmerkmale verwen-
det, weil sie weniger variabel und für die Verwandtschaft aussagekräftiger sind als
Merkmale der vegetativen Organe. Gefülltblütige Sorten lassen den ursprünglichen
Blütenbau aber oft nicht mehr erkennen. Zu ihrer Bestimmung werden in dem folgen-
den Spezialschlüssel vorwiegend vegetative Merkmale verwendet. Die angegebenen

TABELLE V · GEFÜLLTBLÜTIGE                                      85

Merkmale gelten nur für die gefülltblütigen Arten. Eingeklammerte Art-Epitheta sind angegeben, wenn sich der Schlüssel an dieser Stelle nur auf diese Arten bezieht u. uns keine anderen gefülltblütigen Vertreter der Gattung bekannt sind.

Als „gefüllt" werden vor allem Blüten bezeichnet, deren Kron- oder Perigonblätter vermehrt sind, aber auch solche Köpfe von Korbblüten- und Kardengewächsen, bei denen die röhrenförmigen Scheibenblüten vergrößert oder zu Strahlblüten geworden sind, so dass sie von den Randblüten nicht mehr zu unterscheiden sind. Die Erbanlagen, die über die Ausbildung von Kelch-, Kron-, Staub- und Fruchtblättern entscheiden, sind bei den Ein- und Zweikeimblättrigen gleich, daher treten gefüllte Blüten in verschiedenen Verwandtschaftskreisen auf. Nur bei ausgeprägt dorsiventralblütigen Familien, z. B. den *Fabaceae, Lamiaceae, Scrophulariaceae, Acanthaceae, Orchidaceae* und *Zingiberaceae*, sind uns keine gefüllten Blüten bekannt, ebensowenig bei solchen ohne auffällige Kronblätter wie den meist windbestäubten *Chenopodiaceae, Amaranthaceae, Polygonaceae, Plantaginaceae, Poaceae* und *Cyperaceae*. Diese Familien können also bei der Bestimmung ausgeschlossen werden.

Nicht aufgenommen wurden Gattungen, bei denen die Wildsippen normalerweise zahlreiche Kron- oder Perigonblätter oder Köpfe mit vielen gleichförmigen Einzelblüten haben, wie Seerosen, Trollblumen und Löwenzahn. Solche Pflanzen sind mit dem Hauptschlüssel zu bestimmen.

1 Bl parallel- od. bogennervig, unzerteilt, ganzrandig, stets ohne NebenBl, meist ungestielt, oft am Grund mit Scheide, nie alle kreuzweis gegenständig, oft dicklich, zart, zweizeilig (Einkeimblättrige) . . . . . . . . . . . . . . . . . . . . . . . . . . . . . . . . . . . . . . . . . **2**
1* Bl fieder- od. netznervig, oft zusammengesetzt od. unterschiedlich tief eingeschnitten, oft mit NebenBl u. BlStiel, Rand oft gesägt od. gezähnt (Zweikeimblättrige) . . . . . **17**
2 FrKn unterständig . . . . . . . . . . . . . . . . . . . . . . . . . . . . . . . . . . . . . . . . . . . . . . . . . . . **3**
2* FrKn oberständig (bei *Colchicum*, 5, zur BZeit unter der Erde) . . . . . . . . . . . . . **5**
3 Bl reitend (mit der Schmalseite einander am Grund umfassend). Wenn Pfl >60 cm hoch: *Iris pseudacorus*, S. 713, wenn <60 cm:                          *Freesia* S. 722
3* Bl nicht reitend . . . . . . . . . . . . . . . . . . . . . . . . . . . . . . . . . . . . . . . . . . . . . . . . . . . . . **4**
4 B weiß. Innere PerigonBl mit grüner od. gelber Marke, kürzer als die löffelfg eingebogenen äußeren. HochBl kahnfg, mit 2 grünen Seitenlinien.             *Galanthus* S. 760
4* B hell- bis goldgelb od. weiß. PerigonBl ohne grüne Marke, äußere nicht löffelfg. HochBl trockenhäutig, ohne grüne Seitenlinien.
                    *Narcissus (pseudonarcissus, poeticus, tazetta, triandrus* u. Hybr) S. 758
5 **(2)** FrKn zu BZeit unter der Erde. B rosa, purpurn od. weiß, zuweilen mit Schachbrettmuster. Pfl mit Sprossknolle, nicht mit Knollenwurzeln.             *Colchicum* S. 668
5* FrKn zur BZeit über der Erde. Pfl mit Rhizom od. Zwiebel, zuweilen mit Knollenwurzeln
. . . . . . . . . . . . . . . . . . . . . . . . . . . . . . . . . . . . . . . . . . . . . . . . . . . . . . . . . . . . . . . . . . **6**
6 B einzeln endständig. LaubBl stängelständig (wechselständig od. zu dritt quirlig) .   **7**
6* B in mehrblütigen BStänden od. zu je 1–5 in den BlAchseln. LaubBl grund- u./od. stängelständig . . . . . . . . . . . . . . . . . . . . . . . . . . . . . . . . . . . . . . . . . . . . . . . . . . . . . . . . **8**
7 Bl 2–5, wechselständg, eifg bis lanzettlich, blaugrün. Pfl mit Schalenzwiebel.
                                                                              *Tulipa* S. 673
7* Bl zu dritt am Stg quirlig, br eifg, grün. RhizomPfl.      *Trillium (grandiflorum)* S. 666
8 **(6)** Bl eifg bis herz-eifg . . . . . . . . . . . . . . . . . . . . . . . . . . . . . . . . . . . . . . . . . . . . . **9**
8* Bl schmal bis br linealisch . . . . . . . . . . . . . . . . . . . . . . . . . . . . . . . . . . . . . . . . . . . . **11**
9 LaubBl alle stängelständig, wechselständig. Stg übergebogen.
                                                          *Polygonatum (odoratum)* S. 735
9* LaubBl alle grundständig, am Stg nur kleine HochBl . . . . . . . . . . . . . . . . . . . . . . . **10**
10 LaubBl 2(–3), mit stängelfg Scheide, Spreite <10 cm br.             *Convallaria* S. 737
10* LaubBl >3, deutlich gestielt, Spreite 10–24 cm br.             *Hosta (plantaginea)* S. 754
11 **(8)** LaubBl ∞, grund- u./od. stängelständig. BStand traubig . . . . . . . . . . . . . . . **12**
11* LaubBl alle grundständig . . . . . . . . . . . . . . . . . . . . . . . . . . . . . . . . . . . . . . . . . . . . . **13**

**12** Pfl mit Schuppenzwiebel. B >4 cm ⌀, einzeln achselständig. Bl stängelständig.
*Lilium* S. 689
**12\*** Pfl mit Rhizom u. Speicherwurzeln. B gelb, <4 cm ⌀, zu mehreren in den BlAchseln. Bl grund- u. stängelständig. *Asphodeline* S. 728
**13** **(11)** B zu je 2–6 in 1–2 Zymen. Rhizom mit Knollenwurzeln. Bl >3 cm br, bogig überhängend, im ⌀ V-fg. *Hemerocallis* S. 726
**13\*** B in mehrblütigen Trauben. Zwiebel- od. RhizomPfl ohne Knollenwurzeln. Bl meist <3 cm br ..... **14**
**14** B sternfg ausgebreitet, violett, blau bis weiß. Bl 20–40 × 0,4–1 cm. *Camassia* S. 741
**14\*** B napffg, krugfg, glockig od. aus schmal röhrigem Grund trichterfg ausgebreitet . **15**
**15** B <8 mm lg u. br. Bl <5 mm br. *Muscari* (*armeniacum*) S. 750
**15\*** B >1 cm lg u. br. Bl >5 mm br ..... **16**
**16** B weiß, zu 3–5(–20) in lockererTraube, trichterfg, 3–6 cm lg. Bl blaugrün, 5–10 mm br. RhizomPfl. *Paradisea* (*liliastrum*) S. 751
**16\*** B blau, rosa, purpurn, hellgelb od. weiß, >10 in dichter Traube, <3 cm lg. Bl grün, mit Kahnspitze, 20–30 mm br. ZwiebelPfl. *Hyacinthus orientalis* S. 748
**17** **(1)** B ∞ in Köpfen mit Hülle. FrKn unterständig, 1samig (*Asteraceae, Dipsacaceae*) **18**
**17\*** B einzeln od. in BStänden; wenn diese kopffg, dann FrKn nicht 1samig ....... **48**
**18** Bl alle grundständig. *Bellis* (*perennis*) S. 561
**18\*** Bl auch od. nur stängelständig ...................................... **19**
**19** HüllBl auf mindestens die Hälfte ihrer Länge miteinander verwachsen ......... **20**
**19\*** HüllBl untereinander frei od. höchstens am Grund miteinander verwachsen ..... **21**
**20** Hülle einreihig, becherfg. Pfl ⊙, stark riechend. *Tagetes* S. 602
**20\*** Hülle 2reihig, flach tellerfg. Pfl ⚄ od. ♄, nicht stark riechend. *Euryops* S. 624
**21** **(19)** Kopfboden eifg-kuglig, später verlängert, mit Borsten besetzt. Kr 2lippig.
*Scabiosa* (*atropurpurea*) S. 424
**21\*** Kopfboden flach, gewölbt od. hutfg, nicht kuglig .......................... **22**
**22** Kopfboden mit Borsten besetzt ......................................... **23**
**22\*** Kopfboden nackt od. mit SpreuBl besetzt ................................ **24**
**23** HüllBl krautig, ohne Anhängsel. B gelb u. rot. *Gaillardia* S. 600
**23\*** HüllBl mit trockenhäutigen od. gefransten Anhängseln od. Säumen. B blau, lila, rosa, weiß, selten gelb. *Centaurea* S. 639
**24** **(22)** Bl wechselständig ................................................. **25**
**24\*** Bl gegenständig, wenigstens die unteren ............................... **41**
**25** Pappus haarfg .................................................... **26**
**25\*** Pappus fehlend, krönchenfg od. aus Schuppen od. Grannen ............. **27**
**26** Köpfe 3–15 cm ⌀. Äußere l lüllBl laubfg, abstehend. *Callistephus* S. 563
**26\*** Köpfe 1,2–4 cm ⌀. Äußere HüllBl schmal lanzettlich, ± anliegend. *Aster* S. 563
**27** **(25)** HüllBl krautig, ohne trockenhäutigen Rand ......................... **28**
**27\*** HüllBl am Rand trockenhäutig ...................................... **31**
**28** Kopfboden mit schuppigen SpreuBl besetzt ............................ **29**
**28\*** Kopfboden nackt, ohne SpreuBl ..................................... **30**
**29** Kopfboden flach od. schwach gewölbt. Untere Bl (BlNarben) gegenständig.
*Helianthus* S. 589
**29\*** Kopfboden kegel- od. säulenfg. *Rudbeckia* S. 586
**30** **(28)** Köpfe einzeln. Fr gekrümmt, ring- od. kahnfg, ohne Pappus. *Calendula* S. 630
**30\*** Köpfe in dichten Doldenrispen. *Helenium* S. 599
**31** **(27)** Kopfboden mit SpreuBl ........................................ **32**
**31\*** Kopfboden nackt, ohne SpreuBl .................................... **33**
**32** Köpfe einzeln. Bl doppelt fiederschnittig. Pfl stark aromatisch.
*Chamaemelum nobile* S. 605
**32\*** Köpfe in Schirmrispen. Bl gesägt, kaum aromatisch. *Achillea* (*ptarmica*) S. 606
**33** **(31)** HüllBl 1- bis 2reihig, krautig, ohne trockenhäutigen Rand ............... **34**

TABELLE V · GEFÜLLTBLÜTIGE                                    87

**33\*** HüllBl mehrreihig ................................................ **36**
**34** BlSpreite handnervig, 6–20 cm lg u. br, buchtig gezähnt bis gelappt.   *Pericallis* S. 623
**34\*** BlSpreite fiedernervig, <10 cm br, wenn gelappt u. gezähnt, dann länglich-eifg .. **35**
**35** Kopfboden gewölbt. BlSpreite br herzfg. Pfl ♃.                        *Doronicum* S. 622
**35\*** Kopfboden flach. BlSpreite im Umriss länglich, gelappt. Pfl ☉.   *Senecio elegans* S. 626
**36** **(33)** Pfl ☉ od. ① ................................................ **37**
**36\*** Pfl ♃ od. ♄ ................................................ **38**
**37** Bl 2fach fiederschnittig, Abschnitte <0,7 mm br. Strahlen weiß. Fr mit 5 Furchen, ohne
Pappus.                                                    *Tripleurospermum* S. 610
**37\*** Bl einfach fiederschnittig, Abschnitte >2 mm br.                   *Ismelia* S. 611
**38** **(36)** Bl unzerteilt, dunkelgrün, glänzend, scharf gesägt. Stg nicht od. wenig verzweigt.
*Leucanthemum* S. 611
**38\*** Bl gefiedert od. fiederschnittig ........................................ **39**
**39** Pfl ♄. Bl einfach fiederschnittig, Abschnitte gesägt, >1 mm br. Strahlen weiß, rosa od.
hellgelb.                                                  *Argyranthemum* S. 613
**39\*** Pfl ♃ ................................................ **40**
**40** Bl im Umriss eifg bis rundlich, fiederteilig, Abschnitte gelappt, brüchig, aromatisch. BZeit
(7–)8–11.                                                  *Chrysanthemum* S. 612
**40\*** Bl im Umriss elliptisch-länglich, unterbrochen fiederschnittig, scharf gesägt. BZeit 5–6
(–7).                                              *Tanacetum* (*coccineum*) S. 616
**41** **(24)** Hülle aus 1–2 Reihen anliegender HüllBl u. einer deutlich davon abgesetzten äuße-
ren HüllBlReihe bestehend. Bl meist zerteilt ............................ **42**
**41\*** HüllBl mehrreihig, ohne deutlich abgesetzte äußere Reihe .................. **45**
**42** Äußere HüllBl zurückgeschlagen, am Grund verschmälert.                *Dahlia* S. 595
**42\*** Äußere HüllB nicht zurückgeschlagen, am Grund nicht verschmälert ......... **43**
**43** Strahlen rot, rosa od. weiß.                                      *Cosmos* S. 597
**43\*** Strahlen gelb od. braun ............................................ **44**
**44** Bl lanzettlich bis eilanzettlich, zuweilen mit (1–)2–4(–7) unzerteilten Seitenfiedern.
*Coreopsis lanceolata, C. grandiflora* S. 594
**44\*** Bl 2–3fach fiederschnittig.                                      *Bidens* S 596
**45** **(41)** Bl ganzrandig ............................................ **46**
**45\*** Bl gesägt od. gezähnt ............................................ **47**
**46** Stg liegend-aufsteigend. Bl gestielt. Köpfe <3 cm ∅.                 *Sanvitalia* S. 586
**46\*** Stg aufrecht. Bl stielod. Köpfe 3–15 cm ∅.                        *Zinnia* S. 585
**47** **(45)** Kopfboden flach. Pappus aus 2 zeitig abfallenden Grannen.   *Helianthus* S. 589
**47\*** Kopfboden gewölbt. Pappus fehlend.                               *Heliopsis* S. 586
**48** **(17)** StgBl gegenständig od. quirlig, wenigstens die unteren (BlNarben!) ....... **49**
**48\*** StgBl wechselständig ............................................ **70**
**49** StgBl unpaarig gefiedert, 3zählig od. handfg gespalten bis geteilt. KBl fehlend ... **50**
**49\*** Bl unzerteilt. KBl vorhanden, 4 od. 5, od. K zu schmalem Saum reduziert ...... **53**
**50** StgBl unpaarig gefiedert, gegenständig.         *Clematis* (*viticella*, × *jackmanii*) S. 142
**50\*** StgBl 3zählig od. handfg gespalten bis geteilt od. gefiedert, zu dritt quirlig ...... **51**
**51** Griffel mehrmals länger als das Nüsschen, lg behaart.                 *Pulsatilla* S. 140
**51\*** Griffel kürzer als das Nüsschen od. wenig länger ....................... **52**
**52** Bl handfg gespalten bis geteilt od. gefiedert, wenn 3zählig, dann Blchen nicht rundlich.
*Anemone* S. 134
**52\*** StgBl 3zählig, Blchen rundlich.                                   *Anemonella* S. 134
**53** **(49)** K zu einem schmalen Saum reduziert. Stg gablig verzweigt, zur FrZeit stark ange-
schwollen. BStand mit hornfg HochBl.                       *Fedia* (*cornucopiae*) S. 420
**53\*** KBl vorhanden, 4 od. 5 ............................................ **54**
**54** KBl 4 ................................................ **55**
**54\*** KBl 5, zuweilen 2 davon kleiner ........................................ **57**
**55** Pfl ☉. FrKn unterständig.                      *Clarkia* (*amoena, unguiculata*) S. 388

**55\*** Pfl h., immergrün. FrKn ober- od. unterständig ........................... **56**
**56** Bl nadelfg, <5 mm lg. FrKn oberständig. K trockenhäutig, gefärbt.          *Calluna* S. 275
**56\*** Bl nicht nadelfg, >1 cm lg. FrKn unterständig.                            *Fuchsia* S. 388
**57** **(54)** 2 der 5 KBl deutlich kleiner. Bl elliptisch, ganzrandig, <3 cm lg. Bl oft mit NebenBl.
                                                                            *Helianthemum* S. 220
**57\*** Die 5 KBl gleichgroß. Bl ohne NebenBl ................................... **58**
**58** Strauch od. kriechender Staudenstrauch. Bl immergrün, ganzrandig ........... **59**
**58\*** ⌾ oder ☉. Bl immer- od. sommergrün ................................... **60**
**59** Strauch. Bl lanzettlich, >5 cm lg, meist zu 3 quirlig, seltener zu 4 od. gegenständig. B
      ∞ in Schirmthyrsen.                                          *Nerium* (*oleander*) S. 412
**59\*** Kriechender Staudenstrauch. Bl <5 cm lg, gegenständig. B einzeln in den BlAchseln.
                                                                            *Vinca* S. 412
**60** **(58)** KrBl am Grund miteinander verwachsen. Kapsel 2–3blättrig ............. **61**
**60\*** KrBl bis zum Grund frei. Kapsel 2–5blättrig ........................... **66**
**61** Pfl mit Milchsaft. StgBl meist zu dritt quirlig, deutlich gezähnt. FrKn unterständig. Kr
      blau, rosa od. weiß.                                              *Platycodon* S. 537
**61\*** Pfl ohne Milchsaft. StgBl gegenständig, ganzrandig, höchstens sehr fein gezähnt. FrKn
      oberständig ........................................................ **62**
**62** Bl am Stängelgrund gehäuft, runzlig-nervig, eifg, >5 cm lg.
                                                              *Sinningia speciosa*-Hybriden
**62\*** Bl glatt, nicht runzlig-nervig ....................................... **63**
**63** B blau, selten cremeweiß, sitzend od. sehr kurz gestielt. Fr eine einfächrige Kapsel mit
      2 Narbenflächen, 2klappig geöffnet.                               *Gentiana* (*sino-ornata*) S. 407
**63\*** B rot, rosa, weiß, auch gelblich od. blass blauviolett, nicht rein blau. FrKn 3fächrig    **64**
**64** Lockre Polster mit nadelfg, immergrünen Bl. BZeit 4–5.              *Phlox* (*subulata*) S. 427
**64\*** Aufrechte ⌾ od. ☉ .................................................. **65**
**65** Drüsige ☉. Obere Bl sitzend, halbstängelumfassend, wechselständig.
                                                              *Phlox* (*drummondii*) S. 426
**65\*** Kahle Hochstaude. BlRand sehr fein gezähnt (Lupe!).            *Phlox* (*paniculata*) S. 426
**66** **(60)** B von schuppenfg HochBl umgeben od. wenige B in gemeinsamer HochBlHülle. K
      ohne erhabene Längsrippen ........................................... **67**
**66\*** B ohne Hülle aus schuppenfg HochBl. K mit od. ohne erhabene Längsrippen ... **68**
**67** KBl durch weißliche, trockenhäutige Streifen verbunden. StgBl linealisch.
                                                              *Petrorhagia* S. 188
**67\*** K ohne trockenhäutige Streifen, gleichmäßig grün od. rot. Bl linealisch bis eilanzettlich.
                                                              *Dianthus* S. 188
**68** **(66)** K mit erhabenen Längsrippen, zu ⌖50% röhrig verwachsen. Griffel 3–5. Stg zuwei-
      len mit dunklem Leimring od. Pfl weißfilzig. Bl lanzettlich bis eifg.      *Silene* S. 192
**68\*** K ohne erhabene Längsrippen. Griffel 2 ................................ **69**
**69** K mit grünen u. trockenhäutigen Längsstreifen. Bl <2 cm br.          *Gypsophila* S. 185
**69\*** K ohne trockenhäutige Streifen. KrBl mit Nebenkrone, plötzlich in den lg Nagel ver-
      schmälert. Bl bis >2 cm br.                                       *Saponaria* S. 187
**70** **(48)** Pfl windend. Bl ganz, fiederschnittig od. gelappt ....................... **71**
**70\*** Pfl nicht windend; wenn Pfl kletternd, dann Bl schildfg ..................... **72**
**71** VorBl br, blattartig, den K ± einhüllend.                       *Calystegia* (*pubescens*) S. 431
**71\*** VorBl lanzettlich bis fadenfg, den K nicht od. nur spärlich bedeckend, oft vom K entfernt.
                                            *Convolvulus, Ipomoea* (*quamoclit, hederacea, nil*) S. 430
**72** **(70)** LaubBl gefiedert, gefingert od. zu >1/3 eingeschnitten ................. **73**
**72\*** LaubBl unzerteilt, ganzrandig, gezähnt, gesägt od. flach gelappt ............. **92**
**73** Bl 3zählig, doppelt 3zählig od. gefingert ................................. **74**
**73\*** Bl gefiedert od. handfg, fußfg od. fiedrig gespalten, geteilt bis geschnitten ...... **78**
**74** Bl gefingert, mit NebenBl.                                       *Potentilla* S. 312
**74\*** Bl 3zählig od. doppelt 3zählig ........................................ **75**

TABELLE V · GEFÜLLTBLÜTIGE                                        89

**75** Bl 3zählig ........................................................ **76**

**75\*** Bl doppelt 3zählig ............................................... **77**

**76** Bl ohne NebenBl.                                    *Ranunculus* (*repens*) S. 149

**76\*** Bl mit NebenBl.                              *Fragaria* S. 318, *Potentilla* S. 312

**77** **(75)** B mit gespornten NektarBl. SammelbalgFr.              *Aquilegia* S. 121

**77\*** B ohne gespornte NektarBl. SammelnussFr (wenn B >3 cm ∅ u. SammelbalgFr, s. *Paeonia*, S. 215).                                    *Thalictrum* (*delavayi*) S. 134

**78** **(73)** Bl fußfg geschnitten, oft immergrün.            *Helleborus* S. 119

**78\*** Bl gefiedert, fiederfg od. handfg geschnitten, geteilt od. gespalten ........... **79**

**79** Bl mit NebenBl .................................................. **80**

**79\*** Bl ohne NebenBl, höchstens am Grund scheidig erweitert .................. **82**

**80** Kleiner Strauch. Bl gefiedert mit wenigen Fiedern od. 3zählig. B gelb, weiß, selten rosa.
                                                *Potentilla* (*fruticosa*) S. 312

**80\*** Staude mit unterbrochen gefiederten Bl ............................... **81**

**81** Pfl mit Knollenwurzeln. B weiß. Griffel sehr kurz, ungegliedert.
                                                *Filipendula* (*vulgaris*) S. 304

**81\*** Pfl ohne Knollenwurzeln. B rot od. gelb. Griffel lg, gegliedert in einen unteren hakenfg u. einen oberen, nach der BZeit abfallenden, narbentragenden Abschnitt.
                                                *Geum* (*chiloense*) S. 311

**82** **(79)** K fehlend, BHülle einheitlich kronfg .............................. **83**

**82\*** K vorhanden, BHülle in K u. Kr gegliedert ............................. **87**

**83** Dicht unter der B eine Gruppe abstehender gefiederter HochBl mit linealischen Abschnitten. Fr eine eifg-rundliche Kapsel.                          *Nigella* S. 128

**83\*** Unter der B keine abstehenden FiederBl, zuweilen 3 kelchartige HochBl. od. ein Ring von aufrechten, stark behaarten, längs geschnittenen HochBl. Fr eine Sammelnuss-, Balg- od. SammelbalgFr ........................................... **84**

**84** SammelnussFr ................................................... **85**

**84\*** Balg- od. SammelbalgFr .......................................... **86**

**85** Nüsschen mit lg behaartem Griffel, dieser viel länger als das Nüsschen.
                                                *Pulsatilla* S. 140

**85\*** Nüsschen ohne lg behaarten Griffel, dieser kürzer als das Nüsschen. Unter der B 3 kelchfg HochBl. Bl 3lappig od. 3spaltig od. mit 5 eingeschnittenen Lappen.
                                      *Hepatica* (*nobilis, transsilvanica*) S. 140

**86** **(84)** Fr ein einzelner Balg. Bl gefiedert mit linealischen, <2 mm br Abschnitten.
                                                *Consolida* S. 133

**86\*** SammelbalgFr. Bl handfg geschnitten od. geteilt, Abschnitte >2 mm br.
                                                *Delphinium* S. 132

**87** **(82)** KBl zu einer schmal kegelfg, beim Aufblühen abgeworfenen Hülle verwachsen. Bl blaugrün, doppelt gefiedert mit linealischen Abschnitten.
                                      *Eschscholzia* (*californica*) S. 165

**87\*** KBl frei ........................................................ **88**

**88** KBl 5. SammelnussFr. Bl handfg gespalten bis geteilt (wenn SammelbalgFr u. B >3 cm ∅ s. *Paeonia* S. 215).                               *Ranunculus* S. 146

**88\*** KBl 2, 3 od. 4 ................................................... **89**

**89** KBl 4. B blasslila od. weiß. EndBlchen der GrundBl rundlich. DeckBl fehlend. Fr eine Schote.                                    *Cardamine* (*pratensis*) S. 243

**89\*** KBl 2 od. 3. SammelnussFr od. Kapsel ............................... **90**

**90** Bl handfg 3–5lappig od. -spaltig, alle grundständig. KBl (HochBl) 3. SammelnussFr.
                                                *Hepatica* S. 140

**90\*** Bl fiederfg geschnitten od. geteilt. KBl 2 od. 3. Fr eine Kapsel .............. **91**

**91** Narbe kopfig, vom FrKn abgesetzt.             *Meconopsis* (*cambrica*) S. 161

**91\*** Narbe scheibenfg, dem FrKn aufsitzend. *Papaver* (*rhoeas, orientale, bracteatum*) S. 157

**92** **(72)** LaubBl alle grundständig. Rhizom- od. Knollenstauden ............... **93**

**92*** LaubBl alle od. z.T. stängelständig ................................... **96**
**93** KrBl frei, blauviolett, rosa od. weiß .................................... **94**
**93*** KrBl wenigstens am Grund verwachsen. NebenBl fehlend. KBl ohne Anhängsel . **95**
**94** NebenBl frei. KBl mit Anhängsel. B blauviolett, selten weiß. FrKn oberständig, 3blättrig, 1narbig.                                            *Viola* (*odorata*, *suavis*) S. 226
**94*** NebenBl nicht frei, kappenfg (Abb. **339**/2a) od. eine offne Röhre. KBl ohne Anhängsel. B rosa, selten weiß. FrKn halbunterständig, 2narbig.               *Bergenia* S. 337
**95** **(93)** KnollenPfl. Bl herz-nierenfg, dicklich.                     *Cyclamen* S. 282
**95*** RhizomPfl. Bl eifg, elliptisch od. verkehrteifg-länglich.           *Primula* S. 289
**96** **(92)** Bl schildfg, mit Kressegeschmack. B gelb, orange od. rot.
                                                    *Tropaeolum* (*majus*) S. 379
**96*** Bl nicht schildfg ................................................. **97**
**97** Pfl mit Milchsaft (an jungen Stg, Bl od. Knospen prüfen) .................. **98**
**97*** Pfl ohne Milchsaft ................................................. **99**
**98** FrKn unterständig. Pfl ♃ od. ⊙.                           *Campanula* S. 519
**98*** FrKn oberständig, mit flacher Narbenscheibe. Pfl ⊙ od. ①.
                                                    *Papaver* (*somniferum*) S. 159
**99** **(97)** FrKn unterständig ......................................... **100**
**99*** FrKn oberständig od. halbunterständig ............................... **101**
**100** KrBl frei. BlSpreite unsymmetrisch, eine Hälfte deutlich kleiner. KBl kronblattartig. B in Zymen, 1geschlechtig, einhäusig verteilt. Kapsel 3blättrig, geflügelt. Pfl ♃, zuweilen kult ⊙.                                                *Begonia* S. 234
**100*** KrBl am Grund verwachsen. B zwittrig, sitzend, in Trauben. Pfl ⊙.    *Lobelia* S. 537
**101** **(99)** FrKn halbunterständig. Unter den KrBl eine 2blättrige, verwachsene, kelchfg HochBlHülle. Bl <4 cm lg, verkehrteifg-spatelfg od. pfriemlich, sitzend, dicklich, ganzrandig.                                                *Portulaca* S. 204
**101*** FrKn oberständig. Unter den KrBl keine verwachsene HochBlHülle. Bl nicht dicklich  **102**
**102** Pfl ⊙. Stg dick, glasig durchscheinend. B zu 1–3 in den Achseln der oberen LaubBl. Bl eifg zugespitzt, scharf gezähnt. Narben 5. Fr eine elastisch aufspringende, 5blättrige Kapsel.                                       *Impatiens balsamina* S. 363
**102*** Pfl ♃ od ♄. Stg nicht glasig durchscheinend ........................... **103**
**103** BHülle einfach, nur von K od. Kr gebildet ............................. **104**
**103*** BHülle doppelt, in K u. Kr gegliedert ............................... **105**
**104** K rosa od. weiß, einem gleichfarbigen Achsenbecher aufsitzend, 4zählig. Strauch od. Zwergstrauch. Kr fehlend. SteinFr. B zu dritt über den Narben vorjähriger Bl.
                                                    *Daphne* (*mezereum*) S. 264
**104*** Alle BHüllBl kronblattartig. Bl herz-eifg bis nierenfg, gekerbt, dunkelgrün, glänzend. SammelbalgFr.                                    *Caltha* (*palustris*) S. 127
**105** **(103)** KBl 4. Staude od. Halbstrauch. KBl nicht kronartig gefärbt. Pfl immergrün, mit Rettich- od. Kohlgeschmack ......................................... **106**
**105*** KBl 5, selten 3. Pfl nicht mit Rettich- od. Kohlgeschmack .................. **111**
**106** Bl br eilanzettlich, gleichmäßig fein gezähnt, grün, mit zerstreuten einfachen Haaren. Pfl ⊙ bis ♃, bis meterhoch. B rotviolett, selten weiß, duftend. Fr eine kahle Schote.
                                                    *Hesperis* (*matronalis*) S. 241
**106*** Bl verkehrteilanzettlich, in den geflügelten BlStiel verschmälert, ganzrandig od. entfernt gezähnt, mit Kompass- od. Sternhaaren .............................. **107**
**107** Bl mit Kompasshaaren gering behaart, ohne Sternhaare, grün, ganzrandig od. spärlich kurz gezähnt. Fr eine Schote. ♃ od. kurzlebiger ♄.          *Erysimum* S. 240
**107*** Bl mit Sternhaaren (Lupe!) ± grau behaart ............................. **108**
**108** Pfl ⊙, aufrecht. Bl ganzrandig. Fr behaart.           *Matthiola* (*incana*) S. 241
**108*** Pfl ♄ od. ♃, niederliegend-aufsteigend od. lockre Polster bildend ........... **109**
**109** Pfl ♄, niederliegend-aufsteigend. Bl ganzrandig. B gelb. Fr ein kahles Schötchen.
                                                    *Alyssum* (*saxatile*) S. 244

TABELLE V · TABELLE VI
91

**109\*** Pfl niederliegend, lockre Polster bildend, nicht verholzt. B weiß, rosa, blau od. violett
..................................................................... **110**
**110** Fr ein Schötchen, behaart. B blau, violett, selten weiß. Bl mit ± 4 Zähnen.
*Aubrieta* S. 244
**110\*** Fr eine Schote, kahl. B weiß od. rosa. Bl mit ± 10 Zähnen.   *Arabis (alpina)* S. 243
**111** **(105)** KrBl verwachsen, wenigstens am Grund ........................ **112**
**111\*** KrBl bis zum Grund frei. Bl meist handnervig .......................... **114**
**112** B hängend, schmal glockig-trichterfg. Strauch. KübelPfl.   *Brugmansia* S. 450
**112\*** B aufrecht od. ± waagerecht. Staude od. ☉ ............................. **113**
**113** Pfl ☉, aufrecht. B weiß od. blasslila. Fr > 1 cm lg u. br.   *Datura* S. 449
**113\*** Pfl ☉, ausgebreitet-hängend. Bl drüsig behaart, ganzrandig, eifg.   *Petunia* S. 448
**114** **(111)** K von einem 3–∞blättrigen AußenK umgeben ...................... **115**
**114\*** K nicht von einem AußenK umgeben ................................... **116**
**115** AußenK 6–9blättrig. Fr aus einem Kranz von TeilFr bestehend.   *Alcea (rosea)* S. 257
**115\*** Außenkelch ∞blättrig. Fr eine Kapsel.   *Hibiscus* S. 258
**116** **(114)** Bl grund- u. stängelständig, ganzrandig, herzfg-rundlich. B gelb. ♃.
*Ranunculus (alpestris, parnassifolius, ficaria)* S. 146
**116\*** Bl alle stängelständig, br 3eckig gelappt od. rundlich u. kerbzähnig. B rot, rosa, weiß
od. geflammt. ♄.   *Pelargonium* S. 378


## Tabelle VI · Nutzpflanzen, die vor der Blüte geerntet werden

**1** Zylindrische, unverzweigte, oft bleiche Triebe mit schuppigen NiederBl besetzt, später
zu hohen verzweigten Pfl mit nadelfg Beblätterung heranwachsend, ohne Milchsaft.
**Spargel** – *Asparagus officinalis* S. 733
**1\*** Pfl anders gestaltet ................................................ **2**
**2** Pfl mit Milchsaft in Stg u. Bl ........................................ **3**
**2\*** Pfl ohne Milchsaft ................................................ **15**
**3** Pfl zur Nutzungsreife eine kolben-, walzen- od. kegelfg geschlossene, kompakte
Rosettenknospe bildend.   **Chicorée, Salat-Zichorie** – *Cichorium intybus* S. 645
**3\*** Pfl zur Nutzungsreife nicht mehr im Knospenstadium ...................... **4**
**4** Bl unzerteilt, ± lanzettlich, ganzrandig. Pfl mit fleischiger Pfahlwurzel.
**Schwarzwurzel** – *Scorzonera hispanica* S. 646
**4\*** Bl nie lanzettlich u. ganzrandig .................................... **5**
**5** Wurzel rübenfg, ähnlich der einer Runkel-Rübe. Pfl zur Wurzelnutzung kult.
**Kaffee-Zichorie** – *Cichorium intybus* S. 645
**5\*** Wurzel nie rübenfg. Pfl zur BlNutzung kult ............................. **6**
**6** Pfl kompakte, meist geschlossene Köpfe bildend (gestauchte Rosetten) ........ **7**
**6\*** Pfl mit lockeren, offnen BlRosetten od. zur Nutzungsreife mit beblättertem, gestrecktem
Stg ............................................................ **11**
**7** Köpfe im Umriss länglich-eifg ...................................... **8**
**7\*** Köpfe im Umriss rundlich .......................................... **9**
**8** Bl länglich, unregelmäßig gezähnt, mild schmeckend. Köpfe oben zuweilen nicht ganz
geschlossen.   **Römischer Salat** – *Lactuca sativa* S. 647
**8\*** Bl eifg-länglich, am Rand geschweift, bitterlich schmeckend. Köpfe zylindrisch, an
Peking-Kohl erinnernd.   **Zuckerhut-Zichorie** – *Cichorium intybus* S. 645
**9** **(7)** Köpfe relativ klein, bis ± faustgroß, fest. Bl weißadrig, ± rot gefärbt, bitter schmeckend.
**Radicchio** – *Cichorium intybus* S. 645
**9\*** Köpfe größer, (kinds)kopfgroß, locker od. fest. Bl mild schmeckend, grün, seltener röt-
lich überlaufen ................................................... **10**
**10** Bl mit knackig-fleischigen Nerven. Köpfe stets sehr fest.
**Eisberg-Salat** – *Lactuca sativa* S. 647

**10\*** Bl mit weichen, unverdickten Nerven. Köpfe oft ± locker.
                **Kopf-Salat, Butter-Salat** – *Lactuca sativa* S. 647
**11** **(6)** Bl schrotsägefg mit hohlen BlNerven. Stg gestaucht.
                **Löwenzahn** – *Taraxacum* sect. *Ruderalia* S. 647
**11\*** Bl anders, meist weniger stark zerteilt. Stg gestaucht od. gestreckt . . . . . . . . . . . . **12**
**12** Stg zur Nutzungsreife dickfleischig, gestreckt; wenn gestreckt, aber nicht fleischig, dann
    **14.**                 **Spargel-Salat** – *Lactuca sativa* S. 647
**12\*** Stg zur Nutzungsreife gestaucht. Bl eine lockere Rosette bildend . . . . . . . . . . . . . **13**
**13** Bl tief geschlitzt, mit fransenfg Abschnitten, kraus.
                **Winter-Endivie** – *Cichorium endivia* S. 645
**13\*** Bl ganz od. fiederteilig, nie fransenfg zerschlitzt . . . . . . . . . . . . . . . . . . . . . . . . . . **14**
**14** Bl mild schmeckend, oft gelappt od. gebuchtet (ZungenB gelb).
                **Schnitt-** od. **Pflück-Salat** – *Lactuca sativa* S. 647
**14\*** Bl deutlich bitter, grob gezähnt, selten fiederteilig (ZungenB blau).
                **Schnitt-** od. **Eskariol-Endivie** – *Cichorium endivia* S. 645
**15** **(2)** Bl unzerteilt . . . . . . . . . . . . . . . . . . . . . . . . . . . . . . . . . . . . . . . . . . . . . . . **16**
**15\*** Bl, zumindest die unteren, fiederfg mit großem Endabschnitt (Endfieder) od. fieder-
    schnittig od. auch öfter 1- bis mehrfach gefiedert . . . . . . . . . . . . . . . . . . . . . . . . . . **42**
**16** Bl ungestielt, röhrig od. flach, dann aber relativ schmal, grasartig, nach Lauch riechend
    u. schmeckend . . . . . . . . . . . . . . . . . . . . . . . . . . . . . . . . . . . . . . . . . . . . . . . . . **17**
**16\*** Bl gestielt od. BlSpreite in einen Stiel verschmälert, stets flach, lauchartig schmeckend
    nur **28** (Bärlauch) . . . . . . . . . . . . . . . . . . . . . . . . . . . . . . . . . . . . . . . . . . . . . . . **25**
**17** Bl flach, nicht röhrig . . . . . . . . . . . . . . . . . . . . . . . . . . . . . . . . . . . . . . . . . . . . . . **18**
**17\*** Bl deutlich röhrig, im Querschnitt ± rundlich . . . . . . . . . . . . . . . . . . . . . . . . . . . . . **22**
**18** Pfl mit einem horizontalen Rhizom, dem zylindrische Zwiebelchen mit netzartiger Hülle
    aufsitzen. Bl < 2 cm br.       **Schnittknoblauch** – *Allium ramosum* S. 771
**18\*** Pfl ohne Rhizom, Haupt- u. Nebenzwiebeln deutlich entwickelt, seltener am Grund mit
    nicht deutlich abgesetzter Zwiebel . . . . . . . . . . . . . . . . . . . . . . . . . . . . . . . . . . . . **19**
**19** Pfl mit einem aus den lg fleischigen BlScheiden gebildeten Scheinstamm, Zwiebel vor-
    handen od. fehlend. BSchaft vorhanden . . . . . . . . . . . . . . . . . . . . . . . . . . . . . . . **20**
**19\*** Pfl ohne Scheinstamm, mit Zwiebeln. BSchaft vorhanden od. fehlend . . . . . . . . . . **21**
**20** Pfl am Grund ohne Zwiebel. Bl > 3 cm br, nach Lauch riechend.
                **Porree** – *Allium ampeloprasum* S. 768
**20\*** Pfl am Grund mit großer Hauptzwiebel u. ihr dicht anliegenden helmfg Seitenzwiebeln.
    Bl mit Knoblauchgeruch.       **Pferdeknoblauch** – *Allium ampeloprasum* S. 768
**21** **(19)** Hauptzwiebel dicht umgeben von ± gleichgroßen Seitenzwiebeln (Zehen).
                **Knoblauch** – *Allium sativum* S. 767
**21\*** Hauptzwiebel nicht erkennbar. StgGrund mit einem Nest von ∞ rundlich-elfg, silbrigen
    Seitenzwiebeln.           **Perlzwiebel** – *Allium ampeloprasum* S. 768
**22** **(17)** RöhrenBl im Querschnitt kreisrund . . . . . . . . . . . . . . . . . . . . . . . . . . . . . . **23**
**22\*** RöhrenBl im Querschnitt oseits abgeflacht . . . . . . . . . . . . . . . . . . . . . . . . . . . . . . **24**
**23** Bl schmal-röhrenfg, < 1 cm dick. Pfl < 50 cm hoch.
                **Schnittlauch** – *Allium schoenoprasum* S. 769
**23\*** Bl aufgeblasen, dick-röhrenfg, > 2 cm dick. Pfl meist > 50 cm hoch.
                **Winterzwiebel** – *Allium fistulosum* S. 769
**24** **(22)** Pfl ♃, dicht horstig. Schäfte mit umgebildetem BStand, Brutzwiebeln anstelle der
    B, oft auf der MutterPfl austreibend.     **Etagenzwiebel** – *Allium* × *proliferum* S. 769
**24\*** Pfl kult ☉, nur mit einer Hauptzwiebel od. mit mehreren, kleineren, kupferfarbenen od.
    weinroten, eifg od. elliptischen Seitenzwiebeln (Schalotten).
                **Küchenzwiebel** – *Allium cepa* S. 770
**25** **(16)** Pfl wegen der unterirdischen Speicherorgane kult . . . . . . . . . . . . . . . . . . . . **26**
**25\*** Pfl wegen der BlNutzung kult . . . . . . . . . . . . . . . . . . . . . . . . . . . . . . . . . . . . . . . **28**
**26** Pfl mit unterirdischen Ausläuferknollen. Bl gegenständig, nur die obersten wechselstän-
    dig.                 **Topinambur** – *Helianthus tuberosus* S. 591

TABELLE VI · NUTZPFLANZEN 93

26* Pfl mit Rübe, Knolle od. verdickter Pfahlwurzel. GrundBl rosettig. StgBl stets wechsel-
ständig .......................................................... 27
27 Pfl mit dicker, scharf schmeckender Pfahlwurzel. GrundBl bis 1 m lg, untere StgBl
zuweilen fiederschnittig od. ± gefiedert. **Meerrettich** – *Armoracia rusticana* S. 242
27* Pfl mit unterirdischen od. halbunterirdischen Knollen od. Rüben, mild, oft süßlich
schmeckend. **Rote Rübe, Gelbe Rübe, Runkel-Rübe, Zucker-Rübe** –
*Beta vulgaris* convar. *vulgaris* S. 200
28 **(25)** Pfl nur mit 2 grundständigen LaubBl, mit Lauch-Geruch u. -Geschmack.
**Bärlauch** – *Allium ursinum* S. 767
28* Pfl mit ∞ LaubBl, ohne Lauch-Geruch u. -Geschmack ...................... 29
29 Pfl ± feste Köpfe aus Bl od. BStänden bildend, die von Umblättern umgeben sind . 30
29* Pfl nicht kopfbildend .................................................... 34
30 Köpfe aus umgebildeten BStänden bestehend ........................... 31
30* Köpfe aus LaubBl gebildet .............................................. 32
31 BKnospen nicht ausdifferenziert, BStandsachsen fleischig verdickt, stark gestaucht zu
einem meist weißlichen, cremefarbenen, seltener grünlichen od. violetten, nie rein grü-
nen Komplex. **Blumen-Kohl, Romanesco** – *Brassica oleracea* S. 250
31* BKnospen ausdifferenziert, BStandsachsen weniger verdickt u. gestaucht, lockre,
grüne od. violette Köpfe bildend. **Brokkoli** – *Brassica oleracea* S. 250
32 **(30)** Köpfe zylindrisch bis walzlich. BlMittelrippen bandartig verbreitert.
**Peking-Kohl** – *Brassica rapa* S. 252
32* Köpfe rundlich eifg, plattrund, oben abgerundet, seltener spitz (**Spitz-Kohl**) ...... 33
33 Bl des Kopfes blasig-runzlig. **Wirsing-Kohl** – *Brassica oleracea* S. 250
33* Bl des Kopfes glatt, hellgrün (**Weiß-Kohl**) od. violettrot (**Rot-Kohl, Blaukraut**).
**Kopf-Kohl** – *Brassica oleracea* S. 250
34 **(29)** Pfl mit fleischig verdicktem BlStiel .................................. 35
34* BlStiel nicht fleischig verdickt ......................................... 36
35 Pfl ♃. NebenBl scheidig verwachsen (Ochrea). BlStiel meist rötlich, nicht geflügelt, säu-
erlich schmeckend; Spreite 30–60 cm lg. **Rhabarber** – *Rheum rhabarbarum* S. 207
35* Pfl ☉. NebenBl fehlend. BlStiel weißlich, oberwärts zuweilen ± geflügelt, nicht säuerlich.
Spreite kleiner. **China-Kohl** – *Brassica rapa* S. 252
36 **(34)** BlSpreite am Grund spießfg ........................................ 37
36* BlSpreite am Grund abgerundet od. keilig verschmälert .................... 38
37 BlSpreite deutlich spießfg. NebenBl scheidenfg verwachsen. Pfl ♃, mit Pfahlwurzel.
**Garten-Sauerampfer** – *Rumex rugosus*
37* BlSpreite am Grund gestutzt-spießfg (erste Bl aber oft mit keilfg Grund). NebenBl feh-
lend. Pfl ☉, Hauptwurzel unverdickt. **Spinat** – *Spinacia oleracea* S. 202
38 **(36)** Bl nicht in Rosetten, obere StgBl wechselständig, untere gegenständig. Pfl grün,
rötlich od. gelb. **Garten-Melde** – *Atriplex hortensis* S. 202
38* Pfl mit grundständiger Rosette ......................................... 39
39 BlStiel mehrfach länger als die Spreite. **Kubaspinat** – *Claytonia perfoliata* S. 205
39* BlStiel höchstens wenig länger als die Spreite ........................... 40
40 BlRand unregelmäßig gesägt bis gebuchtet, auch fiederschnittig. Geschmack scharf,
vgl. auch **53**. **Garten-Kresse** – *Lepidium sativum* S. 249
40* Bl ganzrandig. Geschmack mild ....................................... 41
41 Bl kurz gestielt bis sitzend, < 12 cm lg. StgBl gegenständig.
**Feldsalat** – *Valerianella locusta* S. 420
41* Bl lg gestielt, sehr groß, > 15 cm lg. BlStiel verdickt od. nicht verdickt.
**Mangold** – *Beta vulgaris* convar. *cicla* S. 200
42 **(15)** Bl deutlich mehrfach gefiedert .................................... 43
42* Bl nie mehrfach gefiedert, obere oft unzerteilt, zumindest die unteren aber fiederteilig
od. -schnittig, oft gefiedert mit deutlich größerem Endabschnitt (Endfieder), seltener alle
Bl 1fach gefiedert mit ± gelappten BlFiedern ........................... 51

**43**   BlAbschnitte haarfg. Pfl kahl ........................................... **44**
**43\***  BlAbschnitte breiter, nie haarfg ...................................... **45**
**44**   BlScheide 3–6 cm lg, zuweilen am Grund zwiebelfg verdickt (**Knollen-Fenchel**).
         **Fenchel** – *Foeniculum vulgare* S. 402
**44\***  BlScheide 1,5–2 cm lg, nie verdickt. Stg weißstreifig.
         **Dill** – *Anethum graveolens* S. 402
**45**   (**43**) Pfl behaart, zuweilen nur die Bl od. nur der Stg ....................... **46**
**45\***  Pfl kahl ............................................................... **48**
**46**   BlAbschnitte eifg bis länglich, Bl meist nur 1fach gefiedert, aber untere BlAbschnitte fie-
         derteilig. Stg u. Bl kurzhaarig. Pfahlwurzel weißfleischig.
         **Pastinake** – *Pastinaca sativa* S. 403
**46\***  BlAbschnitte linealisch od. lanzettlich ................................ **47**
**47**   Pfl mit fleischiger, orangefarbener od. gelber, selten weißer od. violettroter Pfahlwurzel.
         Stg u. Bl behaart.                        **Garten-Möhre** – *Daucus carota* S. 404
**47\***  Pfl mit kugliger Hypokotylknolle. Stg unten borstig behaart, oberwärts kahl, bereift, rot
         gefleckt.                    **Kerbel-Rübe** – *Chaerophyllum bulbosum* S. 399
**48**   (**45**) Obere BlAbschnitte >1 cm br, rhombisch-keilfg ....................... **49**
**48\***  Obere BlAbschnitte höchstens 1 cm br, eifg bis verkehrteifg ................. **50**
**49**   Pfl nach Maggi riechend. Bl deutlich mehrfach gefiedert. Hohe Staude (B hellgelb).
         **Liebstöckel** – *Levisticum officinale* S. 403
**49\***  Pfl würzig, aber nicht nach Maggi duftend. Bl meist 1fach gefiedert mit fiederteiligen
         unteren BlFiedern. Meist mit Knolle od. verdickten BlStielen.
         **Sellerie** – *Apium graveolens* S. 400
**50**   (**48**) Pfl ☉ ①. Bl nie kraus, meist >1 Paar Seitenfiedern, deren Stiele wesentlich kürzer
         als ihre Spreite (B weiß, Doldenstrahlen behaart). BlGewürz.
         **Kerbel** – *Anthriscus cerefolium* S. 399
**50\***  Pfl ☉ . Bl kraus od. glatt, oft nur mit 1 Paar Seitenfiedern, diese lg gestielt, Stiel fast
         so lg wie ihre Spreite (B grünlichgelb, Doldenstrahlen kahl). Pfahlwurzel unverdickt
         (**Blatt-Petersilie**) od. fleischig (**Wurzel-Petersilie**).
         **Petersilie** – *Petroselinum crispum* S. 400
**51**   (**42**) Bl, zumindest die unteren, 1fach gefiedert, Fiedern ± gleich groß od. Endabschnitt
         kleiner als die Seitenfiedern ........................................ **52**
**51\***  Bl fiederlappig bis fiederschnittig od. fiedrig mit großem Endabschnitt (Endfieder) . **55**
**52**   Nur unterste StgBl gefiedert bis fiederschnittig. RosettenBl 30–100 cm lg, länglich-eifg
         bis länglich, gekerbt. Pfl mit scharf schmeckender Pfahlwurzel.
         **Meerrettich** – *Armoracia rusticana* S. 242
**52\***  Stets alle Bl gefiedert .............................................. **53**
**53**   Fiedern linealisch bis schmal länglich, glatt od. kraus. Stg bereift. Oft als KeimPfl zum
         Würzen genutzt.                    **Garten-Kresse** – *Lepidium sativum* S. 249
**53\***  Fiedern eifg bis länglich od. rhombisch-keilfg. Stg nicht bereift ............... **54**
**54**   Pfl kahl, sehr würzig, meist mit Knolle od. mit verdickten BlStielen.
         **Sellerie** – *Apium graveolens* S. 400
**54\***  Stg u. Bl kurzhaarig. Pfl mit Wurzelrübe.        **Pastinake** – *Pastinaca sativa* S. 403
**55**   (**51**) Pfl mit ober- od. unterirdischen Knollen od. Rüben (Wurzel-Gemüse od. Futter) **56**
**55\***  Pfl keine Knollen od. Rüben bildend (BlGemüse od. Futter) .................. **59**
**56**   Stg oberhalb des Grunds verdickt (Sprossknolle), grün od. violett, mit BlNarben besetzt.
         **Kohlrabi** – *Brassica oleracea* S. 249
**56\***  Wurzel- u./od. Hypokotylknolle, meist (halb)unterirdisch ..................... **57**
**57**   Untere Bl bläulich bereift, kahl. Wurzel-Hypokotylknolle unter Beteiligung des Stg-
         Grunds gebildet, daher im oberen Teil mit BlNarben; Knolle groß, rundlich, gelblich,
         weißlich od. violett, gelb- od. weißfleischig.       **Kohlrübe** – *Brassica napus* S. 251
**57\***  Bl nicht bereift, ± behaart. Knolle od. Rübe nur von Hauptwurzel u. Hypokotyl gebildet,
         ohne BlNarben ........................................................ **58**

TABELLE VI · NUTZPFLANZEN                                                95

**58** Rübe od. Knolle mild schmeckend, ohne Schärfe, plattrund bis lg kegelfg, weiß, graubraun, selten schwarz, Oberteil oft grünlich od. violettrot, Fleisch weiß od. gelb.
**Stoppelrübe, Wasserrübe** – *Brassica rapa* S. 252
**58*** Rübe od. Knolle scharf schmeckend, von sehr unterschiedlicher Form, rund, walzenfg, oval, keglig, rot, weiß, violett, schwarz, grau, selten braun od. gelb, oberwärts oft abweichend gefärbt, Fleisch weiß, selten rötlich od. violett.
**Gemüse-Rettich, Radieschen** – *Raphanus sativus* convar. *sativus* S. 253
**59** (55) Pfl ± feste Köpfe aus Bl od. BStänden bildend, die von Umblättern umgeben sind
................................................................. **60**
**59*** Pfl nicht kopfbildend ................................................... **65**
**60** Köpfchen seitenständig in der Achsel von LaubBl an ± hohem, gestrecktem Stg („Röschen", „Kohlsprossen").
**Rosen-Kohl** – *Brassica oleracea* S. 250
**60*** Köpfe endständig an einem gestauchten Stg, sitzend od. kurz gestielt, ± kopfgroß, von UmBl umgeben .................................................... **61**
**61** Köpfe aus umgebildeten BStänden gebildet ............................. **62**
**61*** Köpfe aus LaubBl gebildet ........................................... **63**
**62** BKnospen nicht ausdifferenziert; BStandsachsen fleischig verdickt, stark gestaucht zu einem weißen bis cremefarbenen, seltener gelbgrünen, grünlichen od. violetten Komplex, nie rein grün.
**Blumen-Kohl** – *Brassica oleracea* S. 250
**62*** BKnospen ausdifferenziert; BStandsachsen weniger verdickt u. gestaucht, lockre, grüne od. violette Köpfe bildend.
**Brokkoli** – *Brassica oleracea* S. 250
**63** (61) Köpfe zylindrisch bis walzlich. BlMittelrippen bandartig verbreitert.
**Peking-Kohl** – *Brassica rapa* S. 252
**63*** Köpfe eifg, rundlich, plattrund, oben abgerundet, selten spitz (**Spitz-Kohl**) ....... **64**
**64** Bl des Kopfes blasig-runzlig. **Wirsing-Kohl** – *Brassica oleracea* S. 250
**64*** Bl des Kopfes glatt, hellgrün (**Weiß-Kohl**) od. violettrot (**Rot-Kohl, Blaukraut**).
**Kopf-Kohl** – *Brassica oleracea* S. 250
**65** (59) Pfl mit lockerer, basaler Rosette; Sprossachse erst in der Blühphase gestreckt. Bl beim Zerreiben ± unangenehm nach angebranntem Schweinefleisch riechend.
**Salat-Rauke** – *Eruca sativa* S. 252
**65*** Pfl stets mit gestreckter Sprossachse. Geruch u. Geschmack kohlartig .......... **66**
**66** Bl kraus od. blasig-runzlig ........................................... **67**
**66*** Bl glatt ............................................................ **68**
**67** BlSpreite am Rand kraus, längs der Mittelrippe nach oben gebogen, grün, seltener violett.
**Grün-Kohl, Braun-Kohl** – *Brassica oleracea* S. 250
**67*** BlSpreite blasig-runzlig, längs der Mittelrippe nach unten gebogen, dunkel blaugrün.
**Palm-Kohl** – *Brassica oleracea* S. 250
**68** Sprossachse stark verzweigt, mit vielen beblätterten Seitensprossen den Hauptspross verdeckend.
**Strauch-Kohl** – *Brassica oleracea* S. 250
**68*** Sprossachse unverzweigt ............................................ **69**
**69** Sprossachse deutlich verdickt, zumindest anfangs in der Dicke nach oben zunehmend; oft > 1 m hoch.
**Markstamm-Kohl** – *Brassica oleracea* S. 250
**69*** Sprossachse nicht verdickt, reich beblättert, < 1 m hoch.
**Blatt-Kohl, Kuh-Kohl** – *Brassica oleracea* S. 251

# Abteilung **Gefäß-Sporenpflanzen** – *Pteridophyta*

Lit.: COBB, B. 1984: A field guide to ferns and their related families: Northeastern and Central North America. Boston, New York. – CODY, W. J. 1989: Ferns and fern allies of Canada. Agriculture Canada, Publication 1829/E, 430 S. – EBERLE, G. 1970: Farne im Herzen Europas. Frankfurt. – IWATSUKI, K. (Hrsg.) 1992: Ferns and fern allies of Japan. Tokyo. – JONES, D. L. 1987: Encyclopaedia of ferns. Portland, Oregon. – KRAMER, K. U. (Hrsg.) 1984: In: CONERT, H. J. et al. (Hrsg.): Hegi, G. Illustrierte Flora von Mitteleuropa. Bd. I: Pteridophyta; Teil 1. 3. völlig neu bearbeitete Aufl. Berlin. – KRAMER, K. U., GREEN, P. S. (Hrsg.) 1990: In: KUBITZKI, K. (Hrsg.): The families and genera of vascular plants. Bd. I: Pteridophytes and Gymnosperms. Berlin, Heidelberg, New York. – KRAMER, K.-U., SCHNELLER, J. J., WOLLENWEBER, E. 1995: Farne und Farnverwandte – Morphologie, Systematik, Biologie. Stuttgart, New York. – MAATSCH, R. 1980: Das Buch der Freilandfarne. Berlin, Hamburg. – NUMATA, M. (Chief-Ed.) 1990: The ecological encyclopedia of wild plants in Japan. Zenkoku Noson Kyoiku Kyokai: 17–134. – OGDEN, E. C. 1981: Field guide to northeastern ferns. New York State Museum, Bulletin Number 444. – TRYON, R. M., TRYON, A. F. 1982: Ferns and allied plants. New York, Heidelberg, Berlin.

## Klasse **Schachtelhalme** – *Equisetopsida* [*Sphenopsida*]

## Familie **Schachtelhalmgewächse** – *Equisetaceae* MICHX. ex DC.

15 Arten

**Schachtelhalm** – *Equisetum* L.                    15 Arten

Bem.: Lichtkeimer

**1**   Oberirdische Stg überwinternd, meist unbeastet (Abb. **96**/1a), höchstens am Grund mit SeitenStg. Sporenähre spitz (Abb. **96**/1b; Abb. **97**/2c) . . . . . . . . . . . . . . . . . . . . . . **2**

**1***   Oberirdische Stg nicht überwinternd, meist beastet (Abb. **96**/3b, 4b) (bei *E. fluviatile* auch unbeastete Stg; Abb. **96**/2b). Sporenähre stumpf (Abb. **96**/2b, 3a, 4a) . . . . . . **4**

**2**   Stg ohne Zentralhöhle (Abb. **97**/2b), (0,5–)1–1,5 mm ⌀. Scheidenzähne 3 (Abb. **97**/2a,c). 0,05–0,20. ⊘ i ⌁ 4–6. Z s △ Moorbeete □; ♈ ○ ≈ Moorboden (kühles u.

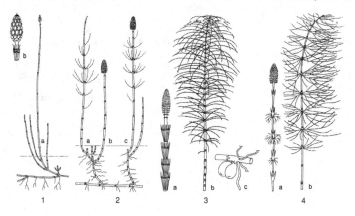

arkt. Eur., As. u. N-Am.: feuchte, sandig-kiesige, kalkreiche Standorte auf Wiesen u. Mooren). **Simsenähnlicher Sch.** – *E. scirpoides* MICHX.

**2*** Stg mit Zentralhöhle (Abb. **97**/1b, 3b), 2–7 mm ⌀. Scheidenzähne meist >5 . . . . . . 3

**3** Stg kräftig, 40–150 cm hoch, (2–)4–6 mm ⌀. Rippen (8–)15–25(–35), konkav, beidseits der Rille mit Kieselhöckern. Zentralhöhle etwa ²/₃ des Stg⌀ (Abb. **97**/1b). Scheidenzähne früh hinfällig (Abb. **97**/1a). 0,40–1,50. ♃ i ⚬⚬ 6–8. **W. Z** s Moorbeete; ♈ ♋ ○ ☾ ≈ (warmes bis kühles Eur., As. u. N-Am.: LaubW, Gebüsche, Waldschläge, Waldsäume). **Winter-Sch.** – *E. hyemale* L.

**3*** Stg schwächer, bis 50 cm hoch, (1–)2–3 mm ⌀. Rippen 4–14. Zentralhöhle ¹/₄–¹/₃ des Stg⌀ (Abb. **97**/3b). Scheidenzähne zumindest in ihrer unteren Hälfte nicht abfallend, in pfriemliche Spitze verschmälert (Abb. **97**/3a). 0,10–0,30. ♃ i ⚬⚬ 4–8. **W. Z** s Moorbeete; ♈ ○ ☾ ≈ Moorboden (warmgemäß. bis arkt. Eur., As. u. N-Am.: nasse, kalkhaltige Flachmoore, humose Sand- u. Tonböden). **Bunter Sch.** – *E. variegatum* SCHLEICH. ex WEBER et D. MOHR

**4 (1)** Ährenlose Stg mit mehrfach verzweigten Ästen (Abb. **96**/4b). Scheidenzähne 5–18, gruppenweise zu 3–4(–6) stumpfen Lappen verwachsen. (Abb. **97**/5a). Ährentragende Sprosse nach der Sporenreife ergrünend (Abb. **96**/4a). 0,15–0,50. ♃ ⚬⚬ Sprossknollen 4–5. **W. Z** s feuchte Gehölzgruppen; ♈ ☾ ≈ ⊖ (warmgemäß. bis kühles Eur., As. u. N-Am.: feuchte Wälder, Bergwiesen, Bergäcker, kalkmeidend). **Wald-Sch.** – *E. sylvaticum* L.

**4*** Ährenlose Stg mit unverzweigten Ästen (Abb. **96**/2a,3b) (bei *E. fluviatile* daneben auch Sprosse ohne Seitenäste; Abb. **96**/2b) . . . . . . . . . . . . . . . . . . . . . . . . . . . . . . . . . . 5

**5** Sterile u. fertile Stg ± gleich (Abb. **96**/2a,2c), grün, 4–8 mm ⌀. Zentralhöhle wenigstens ⁴/₅ des Stg⌀ (Abb. **97**/4b). Scheidenzähne 15–30 (Abb. **97**/4a). Unterirdische Ausläufer ohne Sprossknollen. 0,50–1,50. ♃ ⚬⚬ 5–6. **W. Z** s Teichränder; ♈ ○ ≈ (warmgemäß. bis kühles (–arkt.) Eur., As. u. N-Am.: Teiche, Röhrichte, Großseggensümpfe). [*E. limosum* L. em. ROTH] **Teich-Sch.** – *E. fluviatile* L. em. EHRH.

**5*** Sterile u. fertile Stg deutlich verschieden (Abb. **96**/3a,b). Sterile Stg elfenbeinweiß, 10–15(–20) mm ⌀. Unterirdische Ausläufer mit Sprossknollen (Abb. **96**/3c). Zentralhöhle höchstens ²/₃ des Stg⌀ (Abb. **97**/6b). Scheidenzähne (15–)20–40 (Abb. **97**/6a). 0,50–2,00. ♃ ⚬⚬ Sprossknollen 4–5. **W. Z** s Gewässerufer; ♈ ○ ☾ ≈, giftig? (S- u. M-Eur., östl. Medit., Kauk., westl. N-Am.: QuellmoorW, Flachmoore, Bachsäume, kalkhold). [*E. maximum* LAM. p.p.] **Riesen-Sch.** – *E. telmateia* EHRH.

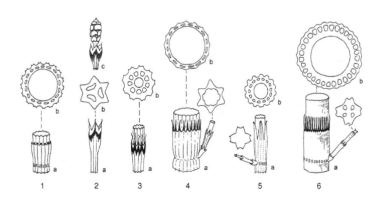

1          2          3          4          5          6

## Klasse **Tüpfelfarnähnliche** – *Polypodiopsida*

## Familie **Rispenfarngewächse** – *Osmundaceae* GÉRARDIN et DESV.
22 Arten

**Rispenfarn** – *Osmunda* L.  10 Arten

**1** Unfruchtbare Bl 2fach gefiedert (Abb. **98**/1). Fruchtbare Bl aus flächigen, grünen u. sporangientragenden Segmenten bestehend, letztere an der Spitze der Spreite (Abb. **98**/2a, b). Rhizom zuweilen bis 15 cm hohe, aufrechte Stämmchen bildend. 0,50–1,70. ⚄ ⅄ 6–7. **W. Z** z Moorbeete, Teichränder; ∇ bald nach der Sporenreife, Lichtkeimer ♀ ◐ ● ≃ ⊖ (S-, W- u. M-Eur., südl. Afr., Madag., warmes O-As., Japan, subtrop. bis kühles östl. N-Am., subtrop. östl. S-Am.: MoorW, Sumpfgebüsche – Sorten: Hahnenkammkönigsfarn – 'Cristata': Fiederchen mehrfach gegabelt u. gekräuselt; Zwergkönigsfarn – 'Gracilis' [*O. regalis* L. var. *gracilis* (LINK) HOOK.]: 0,15–0,75; Purpurkönigsfarn – 'Purpurascens': im Austrieb mit rötlichen, später dunkelgrünen Wedeln, Stiele purpurrötlich; Gewellter K. – 'Undulata': Fiedern gewellt – ∇).
**Königs-R., Königsfarn** – *O. regalis* L.
**1\*** Unfruchtbare Bl einfach gefiedert, Fiedern fiederspaltig bis -schnittig . . . . . . . . . . **2**
**2** Fruchtbare Bl aus flächigen, grünen u. sporangientragenden Segmenten bestehend, letztere in der Mitte der Spreite. 0,50–1,00. ⚄ ⅄ 5–6. **Z** s Moorbeete, Teichränder; ∇ ♀ ◐ ≃ ⊖ (östl. N-Am., feuchte Wälder, Sumpfränder, Gräben, Wiesen – 1772).
**Kronen-R., Dunkler Münzenrollenfarn** – *O. claytoniana* L.
**2\*** Fruchtbare Bl nur aus sporangientragenden Segmenten bestehend. 0,50–1,00. ⚄ ⅄ 5–6. **Z** s Moorbeete, Teichränder; ∇ ♀ ◐ ≃ ⊖ (östl. N-Am., M- u. S-Am., O-As.: nasse Wälder, Sümpfe – 1772).
**Zimtstangen-R.** – *O. cinnamomea* L.

## Familie **Adlerfarngewächse** – *Dennstaedtiaceae* LOTSY  370 Arten

**1** Spreite dreieckig (Abb. **101**/1a). Sori linealisch, den BlRand begleitend (Abb. **101**/1b,c).
**Adlerfarn** – *Pteridium* S. 99
**1\*** Spreite lanzettlich bis eifg-lanzettlich. Sori kugelfg, mit becherfg Schleier, am Grund der Fiedereinschnitte (Abb. **105**/3).
**Schüsselfarn** – *Dennstaedtia* S. 99

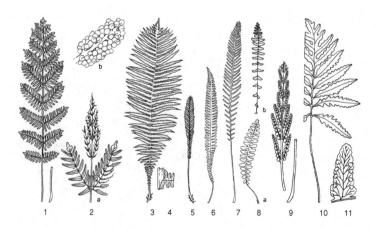

**Schüsselfarn** – *Dennstaedtia* BERNH.                    45 Arten

Spreite lanzettlich bis eifg-lanzettlich, doppelt gefiedert. Fiederchen fiederlappig bis -schnittig. Spreite u. Mittelrippe drüsig behaart, nach Heu duftend. Sori kugelfg, mit becherfg Schleier (Abb. **105**/3). 0,20–0,40(–0,90). ⌘ ⅄ 8–9. **Z** s Gehölzgruppen; ∨ ∀ ○ ◐ (östl. N-Am.: lichte Wälder, Felshänge – 1811).
                                   **Schüsselfarn** – *D. punctilobula* (MICHX.) T. MOORE

**Adlerfarn** – *Pteridium* GLED. ex SCOP.                    1 Art

Spreite dreieckig, 2–3fach gefiedert (Abb. **101**/1a). Sori linealisch, den BlRand begleitend (Abb. **101**/1b,c). 0,50–2,00(–4,00). ⌘ ⅄ selten ⚥ 7–9. **W**. **Z** s Naturgärten; ∨ ∀ ○ ◐ humoser Waldboden (warme Zone der Südhalbkugel bis kühle Zone der Nordhalbkugel: bodensaure EichenW, MoorW, Kiefernforsten, Gebüsche, Waldschläge, Waldsäume).                    **Adlerfarn** – *P. aquilinum* (L.) KUHN

## Familie **Saumfarngewächse** – *Pteridaceae* SPRENG. ex JAMESON
                                                              825 Arten

**1** Sori den BlRand kontinuierlich begleitend, vom umgebogenen BlRand ± bedeckt. BlMittelrippe behaart.                    **Klippenfarn** – *Pellaea* S. 99
**1\*** Sori den BlRand nicht kontinuierlich begleitend, von den umgeschlagenen Lappen des BlRandes bedeckt (Abb. **105**/1,2). BlMittelrippe kahl.
                         **Frauenhaarfarn, Venushaarfarn** – *Adiantum* S. 99

**Klippenfarn** – *Pellaea* LINK                    35 Arten

Bl ledrig, wintergrün, bis 2fach gefiedert. Fiederchen ganz. BlStiel, BlSpindel u. Fiederspindel rotbraun u. behaart. 0,15–0,25(–0,50). ⌘ i ⅄ 3–10. **Z** s ⓐ △; ∨ ○ ∼ ⊕ ∧ (N-Am., Mex.: Kalkfelsen, lichte Wälder – 1770).
                         **Purpur-Klippenfarn** – *P. atropurpurea* (L.) LINK

**Frauenhaarfarn, Venushaarfarn** – *Adiantum* L.                    150 Arten

**1** BlSpreite im Umriss halbkreis- bis kreisfg, ihre Mittelrippe am Grund in 2 gleichartige Äste gegabelt. Fiederchen bis 2 cm lg, mit mehr als 2 sporentragenden Lappen (Abb. **105**/1). 0,20–0,60. ⌘ ⅄ 7–8. **Z** s Gehölzgruppen; ∨ ∀ ◐ ≈ (N-Am., O-As., Himal.: humusreiche, feuchte Wälder, Uferzonen, Wasserfälle – 1635 – einige Sorten: z.B. 'Compactum': Pfl gedrungen; 'Laciniatum': Fiederchen geschlitzt; 'Imbricatum': Fiederchen übereinandergreifend, 0,10–0,20).                    **Pfauenrad-F.** – *A. pedatum* L.
**1\*** BlSpreite im Umriss eifg bis dreieckig, ihre Mittelrippe nicht am Grund in 2 gleichartige Äste gegabelt. Fiederchen bis 1 cm lg, mit 1–2(–3) sporentragenden Lappen (Abb. **105**/2). Pfl halbwintergrün. 0,15–0,40. ⌘ ⅄ 8–9. **Z** s △; ∨ ∀ ◐ ≈ ∧ (Himal.: moosige Abhänge, auf Kalk u. Diabas, bis 3500 m).                    **Himalaja-F.** – *A. venustum* G. DON

## Familie **Sumpffarngewächse** – *Thelypteridaceae* PIC. SERM.
                                                              900 Arten

**1** Spreite 1¹/₂–2mal so lg wie br. Bl behaart. Unterstes Fiederpaar schräg abwärts gerichtet (Abb. **101**/3). Schleier fehlend.                    **Buchenfarn** – *Phegopteris* S. 99
**1\*** Spreite 3–4mal so lg wie br (Abb. **100**/1). Bl nur anfangs spärlich behaart, dann kahl. Schleier lange vor der Sporenreife abfallend.                    **Sumpffarn** – *Thelypteris* S. 100

**Buchenfarn** – *Phegopteris* (C. PRESL) FÉE                    3 Arten

Unterstes Fiederpaar meist schräg abwärts gerichtet, frei, die übrigen gegenüberstehenden Fiedern am Grund verbunden (Abb. **101**/3a,b). 0,15–0,30. ⌘ ⅄ 7–8. **W**. **Z** s △;

∨ ♥ ◑ ○ ≃ (warmgemäß. bis kühles Eur., As. u. N-Am.: feuchte kalkarme Buchen- u. FichtenmischW, Hochstaudenfluren). [*Ph. polypodioides* FÉE, *Dryopteris phegopteris* (L.) C. CHR., *Lastrea phegopteris* (L.) BORY, *Thelypteris phegopteris* (L.) SLOSS.]
**Buchenfarn** – *Ph. connectilis* (MICHX.) WATT.

**Sumpffarn** – *Thelypteris* SCHMIDEL                                               2 Arten
Fruchtbare Bl mit nach unten eingerollten Rändern (Abb. **100**/2), zierlicher als die unfruchtbaren Bl erscheinend (Abb. **100**/1), später als diese sich bildend. 0,30–0,80. ♃ ⅄ 7–9. **W. Z** s Teichränder; ∨ Lichtkeimer ♥ ○ ◑ ≃ (warmgemäß. bis kühles Eur., As. u. N-Am.: Erlenbrüche, Sumpfgebüsche, Schilf- u. Großseggensümpfe). [*Dryopteris thelypteris* (L.) A. GRAY, *Lastrea thelypteris* (L.) BORY]
**Sumpffarn** – *Th. palustris* SCHOTT

## Familie **Streifenfarngewächse** – *Aspleniaceae* METT. ex A. B. FRANK
720 Arten

**1** BlSpreite unzerteilt, lanzettlich, mit herzfg Grund (Abb. **101**/4).
**Hirschzunge** – *Phyllitis* S. 100
**1\*** BlSpreite ein- (Abb. **100**/7) bis mehrfach gefiedert.   **Streifenfarn** – *Asplenium* S. 101

**Hirschzunge** – *Phyllitis* HILL [*Scolopendrium* ADANS.]                          8 Arten
BlSpreite lanzettlich mit herzfg Grund (Abb. **101**/4a). BlStiel am Grund dunkelbraun, sonst grün. Sori linealisch, schräg zur Mittelrippe. Schleier sich paarweise gegeneinander öffnend (Abb. **101**/4b). 0,08–0,50. ♃ i ⅄ 7–8. **W. Z** z △; ∨ ⋏⋎ ● hohe Luftfeuchte ⊕ ⌒ (S- u. M-Eur., Kauk., Japan, gemäß. östl. N-Am.: luftfeuchte Schlucht- u. HangW, Felsspalten, kalkhold, bis 1800 m – ∞ Sorten: z.B. 'Crispa': Bl stark gewellt, steril, nur ♥; 'Undulata': Bl gewellt, fertil; 'Lobata': Bl fiederlappig bis -spaltig; 'Angustifolia Omnilacera': Bl schmal, fiederlappig, Sori auf die BlOSeite übergreifend; 'Cristata' u. 'Capitata': BlSpitze gegabelt, gelappt; 'Ramosa Cristata': Stiel od. untere Spreitenregion gegabelt, BlEnden gelappt od. kammartig gegabelt. Sorten nur ⋏⋎, BlStielstecklinge – ▽). [*Scolopendrium officinarum* Sw., *Asplenium scolopendrium* L.]
**Hirschzunge** – *P. scolopendrium* (L.) NEWMAN

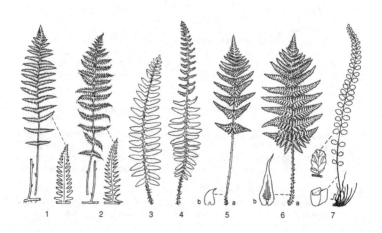

**Streifenfarn** – *Asplenium* L.                                    s. l. 710 Arten

**1**  BlStiel kürzer als die Spreite. Bl einfach gefiedert (Abb. **100**/7) ................ **2**
**1*** BlStiel wenigstens so lg wie die Spreite. Bl 2–3fach gefiedert ................ **3**
**2**  BlStiel u. BlSpindel schmal geflügelt (Abb. **100**/7), bis (fast) zur Spitze glänzend rotbraun bis schwarzbraun. 0,05–0,30. ♃ ⅄ 7–8. **W. Z** s △; ⱽ ⱽ ☾ (warmes bis kühles Eur. u. N-Am., S-Afr., Himal., Neuguinea, SO-Austr., Neuseel.: Felsen u. Mauern – wenige Sorten).                                   **Braunstieliger St.** – *A. trichomanes* L.
**2***  BlStiel u. BlSpindel ungeflügelt. BlStiel nur am Grund braun, sonst wie die ganze BlSpindel grün. 0,05–0,20. ♃ ⅄ 7–8. **W. Z** s △; ⱽ ⱽ ☾ ⊕ (warmes bis arkt. Eur., As. u. N-Am.: feuchte, schattige Kalkfelsen u. Mauern, bis 2900 m).
                                                **Grünstieliger St.** – *A. viride* HUDS.
**3**  BlStiel grün, nur am Grund braun. Spreite bis 3(–4) cm br, jederseits mit 4 od. 5(–6) Fiedern. 0,03–0,15. ♃ ⅄ 7–10. **W. Z** s △ Mauern; ⱽ ☽ ● ⊕ (warmes bis kühles Eur., As. u. östl. N-Am.: lichte, mäßig trockne Felsen od. Mauerfugen (Mörtelfugen), bis 3050 m – einige Unterarten).                              **Mauer-St., Mauerraute** – *A. ruta-muraria* L.
**3***  BlStiel useits braun, oseits grün, an seinem Grund beidseits schwarzpurpurn od. dunkelbraun. Spreite bis 10(–13) cm br, jederseits mit 6–15 Fiedern. Spreite u. Fiedern am Ende nicht geschwänzt. Fiedern nur wenig gegen die BlSpitze gekrümmt. 0,15–0,45. ♃ i ⅄ 7–8. **W. Z** s △; ⱽ ⱽ ☾ ⊕ ∧ (warmes bis gemäß. Eur. u. W-As., südl. u. trop.-mont. Afr. u. Austr.: Urgesteinsfelsen u. Mauern, kalkmeidend, bis 2000 m).
                                         **Schwarzstieliger St.** – *A. adiantum-nigrum* L.

Ähnlich: **Spitzer St.** – *A. onopteris* L.: BlSpreite u. Fiedern am Ende geschwänzt. Fiedern gegen die BlSpitze gekrümmt, alle Fiederchen spitz. Bis 0,50. ♃ ⅄ 5–10. **Z** s Ⓐ; ⱽ ⱽ ☾ (atlant. Ins., Medit., Türkei: felsige Böden in lichten Wäldern).


## Familie **Wimperfarngewächse** – *Woodsiaceae* (DIELS) HERTER
                                                                         650 Arten

**1**  Sporentragende Bl von den unfruchtbaren Bl auffallend verschieden (Abb. **98**/3,5; Abb. **98**/9,10) .......................................................... **2**
**1***  Alle Bl gleich gestaltet .......................................................... **3**
**2**  Unfruchtbare Bl einen Trichter bildend. Fiedern mit frei endenden Nerven (Abb. **105**/5b). Fiedern der fruchtbaren Bl lineal-lanzettlich mit zurückgerollten Rändern (Abb. **98**/5; Abb. **104**/5).                                    **Straußenfarn** – *Matteuccia* S. 102

**2\*** Unfruchtbare Bl (Abb. **98**/10) einzeln od. zu wenigen beieinanderstehend. Fiedern mit netzig verbundenen Nerven (Abb. **105**/4a,b). Fiedern der fruchtbaren Bl mit kugligen Fiederchen (Abb. **98**/9; Abb. **104**/6).                           **Perlfarn** – *Onoclea* S. 103

**3\*** **(1)** Schleier in ∞ lg haarfg Fransen od. wenige br Lappen (Abb. **104**/3) geteilt, die den Sorus umstehen.                                                  **Wimperfarn** – *Woodsia* S. 102

**3\*** Schleier am Rand höchstens kurzfransig, nicht in lg Fransen od. br Lappen geteilt .   **4**

**4** Sori haken- bis kommafg, zuweilen länglich (Abb. **102**/5b) u. von einem seitlichen Schleier bedeckt, seltener kreisrund mit verkümmertem od. fehlendem Schleier (Abb. **102**/6).                                                     **Frauenfarn** – *Athyrium* S. 103

**4\*** Sori rundlich. Schleier eifg-spitz, rundlich od. fast halbkreisfg, nur an seinem der Fiederchenbasis zugewandten Rand angewachsen (Abb. **104**/1,2).
                                                        **Blasenfarn** – *Cystopteris* S. 103

**Straußenfarn** – *Matteuccia* Tod. [*Struthiopteris* Willd.]                                     2 Arten

Rhizom lg kriechend, bis 15 cm hohe aufrechte Stämmchen bildend. Unfruchtbare Bl mit 30–70 Fiederpaaren. BlSpreite plötzlich u. kurz zugespitzt, nach dem Grund stark verschmälert (Abb. **98**/3). Erste untere Fieder über die BlSpindel greifend (Abb. **98**/4). Fiedern der fruchtbaren Bl mit zurückgerollten Rändern (Abb. **98**/5; Abb. **104**/5). Fruchtbare Bl im Winter bleibend (Wintersteher). 0,30–1,50. ⌀ ⏀ ∿ 7–8 **W**. Z v Gehölzgruppen, Gewässerränder; ⑂ ⩗ ◐ ≃ ⊖ Pfl wuchert (warmgemäß. bis kühles Eur., As. u. N-Am.: AuenW, Fluss- u. Bachufer, sandig-kiesige Schwemmböden, kalkmeidend, bis 1500 m – ▽). [*Struthiopteris filicastrum* All., *S. germanica* Willd., *Onoclea struthiopteris* (L.) Roth]         **Gemeiner St.** – *M. struthiopteris* (L.) Tod.

Ähnlich: **Japanischer St.** – *M. orientalis* (Hook.) Trevir.: Unfruchtbare Bl mit 8–20 Fiederpaaren. BlSpreite nach dem Grund nur schwach verschmälert. Pfl ohne lg kriechende Rhizome. 0,30–0,90. ⌀ ⏀ 7–8. **Z** s Gehölzgruppen; ⩗ ◐ ≃ ⋀ (Himal., China, Korea, Japan, Amurgebiet: feuchte u. schattige Wälder – 1866).

**Wimperfarn** – *Woodsia* R. Br.                                                         25 Arten

**1** Schleier becherfg, in wenige br Lappen geteilt (Abb. **104**/3). BlSpindel drüsenhaarig. BlSpreite 10–25(–40) cm lg, 3–10(–15) cm br. 0,25–0,40. ⌀ ⏀. **Z** s △; ○ ◐ (östl. N-Am.: schattige Felsspalten, Felshänge, lichte Wälder, auf sauren u. neutralen Böden).
                                                        **Großer W.** – *W. obtusa* (Spreng.) Torr.

**1\*** Schleier becherfg, in ± ∞ haarfg Fransen zerteilt. BlSpindel drüsenlos . . . . . . . . .   **2**

**2** Fiedern stumpflich bis spitz, die der Spreitenmitte 2–2,5 mal so lg wie br, die längsten jederseits mit 4–8 länglichen, deutlich gekerbten Abschnitten. Haare am Spreitenrand u. Spreuschuppen an den Fiedern ∞. Spindel haarig u. dicht schuppig. 0,10–0,20. ⌀

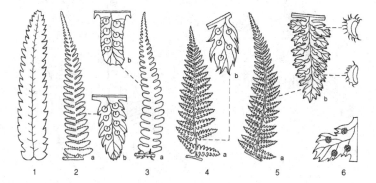

1        2        3        4        5        6

♈ 7–8. **Z** s △; ∀ Lichtkeimer ○ ☾ ⊖ (warmgemäß. bis arkt. Eur., As. u. N-Am.: trockne bis sickerfrische Silikatfelsspalten u. -schutthalden, kalkmeidend – ▽).

**Rostroter W.** – *W. ilvensis* (L.) R. BR.

**2\*** Fiedern sehr stumpf, die der Spreitenmitte 1–1,5mal so lg wie br, jederseits mit 1–2(–4) verkehrteifg, ganzrandigen od. geschweiften Abschnitten. Haare u. Spreuschuppen zersteut. 0,05–0,15. ♃ ♈ 7–8. **W. Z** s △; ∀ Lichtkeimer ∀ ☾ ⊖ (warmgemäß. bis arkt. Eur., As. u. N-Am.: Spalten mit feuchten bis nassen Moospolstern in Silikatgesteinsfelsen, kalkmeidend – ▽). [*W. hyperborea* (LILJ.) R. BR.]

**Alpen-W.** – *W. alpina* (BOLTON) GRAY

**Frauenfarn** – *Athyrium* ROTH                    180 Arten

**1** Sori fast kreisrund, den verkümmerten, wenigzelligen Schleier vor der Sporenreife verlierend (Abb. **102**/6). Spreite länglich-lanzettlich. 0,50–1,50. ♃ ♈ 7–8. **W. Z** s Gehölzgruppen, Moorbeete; ♈ ∀ ☾ ≈ ⊖ (warmgemäß. bis arkt. Eur., As. u. N-Am.: Hochstaudenfluren, staudenreiche BergmischW, 650–1800 m – Sorte: 'Kupferstiel': BlStiel u. Mittelrippe rötlich). **Gebirgs-F.** – *A. distentifolium* TAUSCH ex OPIZ

**1\*** Sori länglich, haken- od. halbmondfg, bis zur Sporenreife vom Schleier bedeckt (Abb. **102**/5) . . . . . . . . . . . . . . . . . . . . . . . . . . . . . . . . . . . . . . . . . . . . **2**

**2** Rhizom ± aufrecht. BlStiel ¹/₄–¹/₂ so lg wie die Spreite. Spreite länglich-lanzettlich, 50–100 cm lg. Fiederpaare bis 40. Längste Fiedern in der Mitte der Spreite, sitzend od. undeutlich gestielt, ihr Stiel <2 mm lg. (Abb. **102**/5). 0,30–1,00. ♃ ♈ 7–8. **W. Z** ∀ Gehölzgruppen; ∀ ♈ ☾ (subtrop. bis kühles Eur., As. u. N-Am.: frischfeuchte Wälder, Hochstaudenfluren, Waldsäume, bis 2400 m – ∞ Sorten: z.B. mit zwergigem Wuchs, schmalen Bl, gablig verzweigten BlSpitzen u. Fiedern, Rotfärbung von BlStiel u. BlSpindel). **Gemeiner F.** – *A. filix-femina* (L.) ROTH

**2\*** Rhizom lg kriechend, verzweigt. BlStiel mindestens ²/₃ so lg wie die Spreite. Spreite br eifg bis dreieckig. Fiederpaare 6–10. Längste Fiedern in der unteren Spreitenhälfte, deutlich gestielt, ihr Stiel >5 mm lg. 0,45–0,75. ♃ ♈ 8–10. **Z** s Gehölzgruppen; ∀ ♈ ☾ (O-As.: lichte Wälder – Sorte: Japanischer Regenbogenfarn – 'Metallicum' ['Pictum']: Bl metallischgrau, BlStielbasis, Fiederspindeln u. Adern rötlich, nur ♈). [*A. goeringianum* (KUNZE) T. V. MOORE] **Japanischer F.** – *A. niponicum* (METT.) HANCE

**Blasenfarn** – *Cystopteris* BERNH.                    18 Arten

**1** Kräftige Bl jederseits mit 20–40 Fiedern. Unterstes Fiederpaar oft länger als das folgende. Letzte Nervenäste in die Ausrandungen des BlRandes auslaufend (Lupe!) (Abb. **104**/2). Mittelrippe der Bl u. Fiedern useits oft mit Brutknospen (Abb. **104**/2). 0,35–0,80. ♃ ♈ 7–8. **Z** s Gehölzgruppen; ♈ Brutknospen ☾ ● Standort luftfeucht (östl. N-Am.: nasse, schattige Felsen, schattige Schluchten, meist auf Kalk – 1638). **Brutknospentragender B.** – *C. bulbifera* (L.) BERNH.

**1\*** Kräftige Bl jederseits mit 7–18 Fiedern. Unterstes Fiederpaar häufig etwas kürzer als das folgende. Letzte Nervenäste in die Spitzen u. Zähne des Blattrandes auslaufend (Lupe!) (Abb. **104**/1). Brutknospen fehlend. 0,10–0,50. ♃ ♈ 7–9. **W. Z** s △; ∀ ♈ ☾ ● Standort luftfeucht (trop. bis arkt. Zone der Nordhem. u. trop. bis warme Zone der Südhem.: sickerfeuchte, schattige Felsen u. Mauern, HangW, in Brunnen, meist auf Kalk, bis 3125 m). **Zerbrechlicher B.** – *C. fragilis* (L.) BERNH.

**Perlfarn** – *Onoclea* L.                    1 Art

Rhizom lg kriechend. Unfruchtbare Bl fiederschnittig, am Grund häufig gefiedert (Abb. **98**/10). Fruchtbare Bl 2fach gefiedert (Abb. **98**/9); Fiederchen kuglig um die Sori eingerollt (Abb. **104**/6). 0,30–0,90. ♃ ♈ 8–10. **Z** s Gehölzgruppen, feuchte Wiesen; ♈ ∀ ☾ ≈ (O-As., östl. N-Am.: feuchte Wälder, Grabenränder – 1799 – Sorte: 'Rotstiel-Perlfarn': BlStiel rot). **Perlfarn** – *O. sensibilis* L.

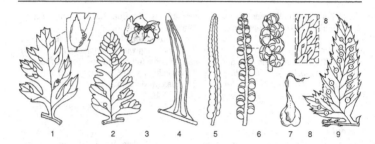

Familie **Wurmfarngewächse** – *Dryopteridaceae* HERTER          870 Arten

**1**   BlSpreite dreieckig, etwa so lg wie br (10–15 cm), unterstes Fiederpaar viel größer als
die übrigen. Schleier fehlend.                      **Eichenfarn** – *Gymnocarpium* S. 104
**1***  BlSpreite lanzettlich, länger als br. Schleier nieren- od. schildfg . . . . . . . . . . . . . . . **2**
**2**   Schleier nierenfg, in seiner Bucht angeheftet (Abb. **102**/2b,3b,4b).
                                                    **Wurmfarn** – *Dryopteris* S. 106
**2***  Schleier schildfg, in seiner Mitte angeheftet (Abb. **104**/9) . . . . . . . . . . . . . . . . . . . **3**
**3**   BlSegmente mit frei endenden Nerven (Lupe, Durchsicht!) (Abb. **104**/9). Sori auf der
Fieder- od. FiederchenUSeite meist in 2 Reihen.          **Schildfarn** – *Polystichum* S. 104
**3***  BlSegmente mit netzig verbundenen Nerven, in den Maschen mit freien Nervenenden
(getrocknete Fieder: Lupe, Durchlicht!) (Abb. **104**/8). Sori auf der FiederUSeite verstreut
od. in 4 bis 8 Reihen.                               **Ilexfarn** – *Cyrtomium* S. 106

**Eichenfarn, Ruprechtsfarn** – *Gymnocarpium* NEWMAN                          5 Arten

**1**   BlSpindel nicht drüsig. BlStiel 2–3mal so lg wie die Spreite. Jede der beiden untersten
Fiedern fast so groß wie die restliche Spreite. 0,10–0,40. ♃ ⅃ 7–8. **W**. **Z** s Gehölzgrup-
pen; ∨ ⩲ ☾ ≈ ⊖ (warmes bis arkt. Eur., As. u. N-Am.: farnreiche HangW, Hoch-
staudenfluren, kalkmeidend). [*Lastrea dryopteris* (L.) BORY ex NEWMAN]
                                                    **Eichenfarn** – *G. dryopteris* (L.) NEWMAN
**1***  BlSpindel dicht drüsig (Lupe!). BlStiel 1,5mal so lg wie die Spreite. Jede der beiden
untersten Fiedern kleiner als der Rest der Spreite. 0,10–0,40. ♃ ⅃ 7–8. **W**. **Z** s △; ⩲ ○
☾ Kalkschotter (warmes bis kühles Eur., As. u. N-Am.: schattige, kalkreiche Stein-
schuttfluren, kalkhaltige Felsen u. Mauern), [*Dryopteris robertiana* (HOFFM.) C. CHR.]
                                                    **Ruprechtsfarn** – *G. robertianum* (HOFFM.) NEWMAN

**Schildfarn** – *Polystichum* ROTH                                            200 Arten

**1**   Bl einfach gefiedert (Abb. **100**/3,4). Fiedern unzerteilt (Abb. **104**/9) . . . . . . . . . . . . **2**
**1***  Bl 2–3fach gefiedert . . . . . . . . . . . . . . . . . . . . . . . . . . . . . . . . . . . . . . . . . . . . . . **4**
**2**   Spreite am Grund stark verschmälert. Unterste Fiedern etwa so lg wie br. Längste Fie-
dern bis 3(–3,5) cm lg. 0,10–0,50. ♃ i ⅃ 7–9. **W**. **Z** s △; ∨ ☾ ⊕ (oceanisch beeinfluss-
tes warmes bis arkt. Eur., As. u. N-Am., bis 3165 m: alp. Steinschuttfluren, Blockhalden,
Felsspalten – ▽).                                   **Lanzen-Sch.** – *P. lonchitis* (L.) ROTH
**2***  Spreite am Grund nicht od. nur wenig verschmälert. Unterste Fiedern viel länger als br.
Längste Fiedern (2–)3–8 cm lg . . . . . . . . . . . . . . . . . . . . . . . . . . . . . . . . . . . . . . . . **3**
**3**   Unfruchtbare (Abb. **100**/3) u. sporentragende Bl (Abb. **100**/4) verschieden. Sporentra-
gende Bl unten mit unfruchtbaren, oben mit fruchtbaren Fiedern. Fruchtbare Fiedern
gegenüber unfruchtbaren oft abrupt verkürzt u. verschmälert (Abb. **100**/4). 0,40–0,60.
♃ i ⅃ 6–9. **Z** s Gehölzgruppen; ∨ ☾ ⊖ windgeschützt (östl. N-Am.: humusreiche, felsige
Hänge).                                             **Weihnachts-Sch.** – *P. acrostichoides* (MICHX.) SCHOTT

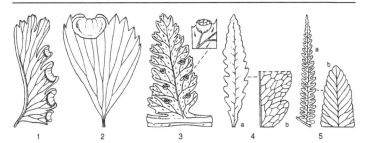

1    2    3    4    5

**3\*** Alle Bl gleich. Fiedern sich spitzenwärts kontinuierlich verkürzend. 0,65–0,90. ♃ i ⅄ 7–9. **Z** s Gehölzränder; ⩒ ☾ ⌒ vor Wintersonne schützen (warmgemäß. bis kühles N-Am.: feuchte Wälder, absonnige Hänge).

              **Schwert-Sch.** – *P. munitum* (KAULF.) C. PRESL

**4** **(1)** BlMittelrippe u. BlStiel im Spätsommer mit Brutknospen. Bl oft mit Segmenten 3.–4. Ordnung. 0,20–0,70. ♃ i ⅄ 8–9. **Z** z △ Heidegärten; Brutknospen ☾ ⌒.

          **Brutknospen-Sch.** – *P. setiferum* (FORSSKÅL) WOYN. 'Proliferum', s. 9

**4\*** Bl im Spätsommer ohne Brutknospen ................................... **5**

**5** Spreite nur an ihrer Basis 2fach gefiedert (unterstes Fiederpaar), sonst einfach gefiedert, sommergrün. Fiederpaare 20–35. Fiedern lanzettlich, 25–50 mm lg u. 5–12 mm br. Basalfiedern mit jeweils 8–15 Fiederchenpaaren. 0,30–0,80. ♃ ⅄ 6–7. **Z** s Gehölzränder; ⩒ ⩔ ☾ ○ ≈ ⊖ (Japan, Korea, China, O-Sibir.: BergW – 1881).

             **Dreiflügel-Sch.** – *P. tripteron* (KUNZE) C. PRESL

**5\*** Spreite auf ihrer überwiegenden Länge 2–3fach gefiedert ................... **6**

**6** Spreite am Grund deutlich verschmälert ................................ **7**

**6\*** Spreite am Grund nicht od. nur wenig verschmälert ...................... **8**

**7** Spreite weich, hellgrün, beidseits spreuhaarig, sommergrün. Untere Fiedern stumpflich, obere kurz zugespitzt. Fiederchen fast rechtwinklig abstehend, sitzend od. kurz gestielt. Schleier zart, hinfällig. 0,50–0,70. ♃ ⅄ 7–8. **W**. **Z** s Gehölzgruppen; ⩒ ⩔ ☾ ● Standort kühl ⊖ (ozeanisch beeinflusstes warmes bis kühles Eur., As. u. N-Am.: frische Hang- u. SchluchtW, bis 2000 m – ▽).     **Weicher Sch.** – *P. braunii* (SPENN.) FÉE

**7\*** Spreite derb-ledrig, oseits dunkelgrün u. kahl, useits blasser u. spreuhaarig, wintergrün. Fiedern spitz. Fiederchen vorwärtsgerichtet, sitzend od. sehr kurz u. br gestielt, herablaufend. 0,60–1,00. ♃ i ⅄ 8–9. **W**. **Z** s △; ⩒ ☾ ● (ozeanisch beeinflusstes Eur. u. O-As.: frische Schlucht- u. Buchen-HangW, bis 1800 m – ▽). [*P. lobatum* (HUDS.) CHEVALL.]       **Dorniger Sch.** – *P. aculeatum* (L.) ROTH

**8** **(6)** BlStielbasis mit schwarzen bis schwarzbraunen, hellbraun beranndeten, steifen, glänzenden Spreuschuppen, gemischt mit kleineren braunen Spreuschuppen. BlStiel dicht spreuschuppig, 10–40 cm lg. Spreite glänzend, 25–60 cm lg, 10–20 cm br. 0,50–1,00. ♃ i ⅄ 7–8. **Z** s Gehölzgruppen; ⩒ ☾ ● ≈ (Japan, China: humusreiche BergW).       **Schwarzschuppen-Sch.** – *P. makinoi* (TAGAWA) TAGAWA

**8\*** BlStielbasis nur mit hellbraunen od. mittelbraunen Spreuschuppen, schwarze bis schwarzbraune Spreuschuppen fehlend ................................ **9**

**9** Bl gelblichgrün, oseits glanzlos, halbimmer- bis immergrün. In der Spreitenmitte Fiedern locker angeordnet; basisständige Fiederchen benachbarter Fiedern einander nicht berührend od. überlappend. 0,60–1,00. ♃ i ⅄ 8–9. **W**. **Z** s, Sorten z Gehölzgruppen ⅄; ⩒ Lichtkeimer ☾ ○ (ozeanisch beeinflusstes warmes bis gemäß. Eur.: farnreiche LaubmischW, bis 1600 m – ∞ Sorten: Bl mit Segmenten 2.–4. Ordnung, zuweilen mit Brutknospen u. gegabelten BlSpitzen u. Fiedern, Fiedern oft dicht angeordnet: z.B. Flaumfeder-Filigranfarn – 'Plumosum-Densum': Fiederchen überlappend – ▽). [*P. angulare* (KIT. ex WILLD.) C. PRESL]    **Grannen-Sch.** – *P. setiferum* (FORSSKÅL) WOYN.

**9*** Bl dunkelgrün, oseits glänzend, immergrün. Fiedern dicht angeordnet, mindestens in der oberen Spreitenhälfte unterste Fiederchen benachbarter Fiedern oft einander berührend od. überlappend. Spreuschuppen des BlStiels mit unregelmäßigen Anhängseln, gezähnt. 0,30–0,80. ♃ i ⅄ 7–8. **Z** s; ⱽ Ψ ☾ ⌢ keine Wintersonne (Japan, S-Korea, O-China: lichte Wälder).
**Japanischer Glanz-Sch.** – *P. polyblepharum* (ROEM. ex KUNZE) C. PRESL

<small>Ähnlich: **Honshu-Sch.** – *P. fibrilloso-paleaceum* (KODAMA) TAGAWA [*P. polyblepharum* (KUNZE) C. PRESL var. *fibrilloso-paleaceum* (KODAMA) TAGAWA]: Spreuschuppen des BlStiels ganzrandig (Japan: Honshu: TieflandW).</small>

**Ilexfarn, Sichelfarn** – *Cyrtomium* C. PRESL                    25 Arten

**1** Fiedern 5–7(–10) cm lg u. 1–3 cm br, ledrig-weich, oseits nicht od. matt glänzend, ihr Ende allmählich verschmälert u. fein gesägt (Abb. **101**/5). 0,50–0,75(–0,90). ♃ i ⅄ 6–7. **Z** s Gehölzgruppen; ⱽ ☾ ⌢ empfindlich gegen Winternässe (Japan, China, Korea: Wälder, Gebüsche).                    **Ostasiatischer I.** – *C. fortunei* J. SM.
**1*** Fiedern 7–13(–15) cm lg u. 2,5–5 cm br, ledrig-hart, oseits glänzend, ihr Ende oft plötzlich schwanzartig verlängert od. zugespitzt u. ganzrandig. 0,40–0,90. ♃ i ⅄ 2–11. **Z** s Kübel; ⱽ ● ≈ ⌢ ⓚ (Japan, China, Indien, Indon., S-Afr., Hawaii: Küstenfelsen – einige Sorten).                    **Sichel-I.** – *C. falcatum* (L. f.) C. PRESL

**Wurmfarn** – *Dryopteris* ADANS.                    150 Arten

**1** Spreuschuppen an der Fiederspindel u. der Mittelrippe der Fiederchen mit bauchig erweiterter eifg Basis u. schwanzartig verlängerter Spitze (starke Lupe!) (Abb. **104**/7). Sori vor der Reife mit leuchtend hellroter Schleiermitte. Spreite eifg-dreieckig, im Austrieb rötlichbraun. 0,30–0,75. ♃ i ⅄ 6–9. **Z** s Gehölzgruppen; ⱽ Ψ ☾ ≈ ⌢ (Japan, Korea, China, Taiwan, Philipp.: BergW – Sorte: ʻPurpurascensʻ: Stiele u. Mittelrippen rot).                    **Rotschleier-W.** – *D. erythrosora* (D.C. EATON) KUNTZE
**1*** Spreuschuppen an der Fiederspindel u. der Mittelrippe der Fiederchen (falls vorhanden) ± flach. Sori vor der Reife mit grünlichweißem Schleier . . . . . . . . . . . . . . . . . . . . . **2**
**2** Bl einfach gefiedert mit am Rande grob gesägten od. gelappten Fiedern (Abb. **102**/1). Spreite lanzettlich bis länglich-lanzettlich, vor der Entfaltung mit herabhängender Spitze. BlStiel u. BlSpindel im Austrieb dicht mit schwarzen, später rötlichbraunen Spreuschuppen. 0,60–0,80. ♃ i ⅄ 6–7. **Z** s Gehölzgruppen; ⱽ ☾ ● ⌢ (Japan, China, Taiwan, Indien, Himal., Sri Lanka: BergW, Flusstäler).
**Elefantenrüssel-W.** – *D. atrata* (WALL.) CHING
**2*** Bl einfach gefiedert mit fiederteiligen od. fiederschnittigen Fiedern od. 2–4fach gefiedert . . . . . . . . . . . . . . . . . . . . . . . . . . . . . . . . . . . . . . . . . . . . . . . . . . . . . . . **3**
**3** Sori fast randständig, in den Buchten zwischen den Zähnen (Abb. **98**/11). Bl einfach gefiedert mit fiederschnittigen Fiedern od. Bl 2fach gefiedert. Fiederpaare 15–20. Größere Fiedern mit 10–15(–18) Segmentpaaren. 0,35–1,00. ♃ i ⅄ 6–10. **Z** s Gehölzgruppen; ⱽ Ψ ☾ ● ⌢ (östl. N.-Am.: Wälder, schattige Felssimse, lehmige Flussufer, Erdhügel in Sümpfen – 1772).
**Randständiger W.** – *D. marginalis* (L.) A. GRAY
**3*** Sori flächenständig (Abb. **102**/2,3) . . . . . . . . . . . . . . . . . . . . . . . . . . . . . . . . . . **4**
**4** Bl einfach gefiedert mit tief fiederteiligen bis -schnittigen Fiedern od. 2fach gefiedert mit unzerteilten Fiederchen . . . . . . . . . . . . . . . . . . . . . . . . . . . . . . . . . . . . . . . . . . . **5**
**4*** Bl 2fach gefiedert mit fiederspaltigen bis -schnittigen Fiederchen (Abb. **102**/4a) od. 2–3 (–4)fach gefiedert . . . . . . . . . . . . . . . . . . . . . . . . . . . . . . . . . . . . . . . . . . . . . . **7**
**5** Sporentragende Bl steif aufrecht, etwa doppelt so lg u. br wie die schräg ausgebreiteten unfruchtbaren Bl, mit 10–20 Fiederpaaren. Fiedern der Spreitenmitte 2–3mal so lg wie br, jederseits mit 5–8 Segmentpaaren. Obere sporentragende Fiedern senkrecht zur BlFläche gedreht, oft ihre USeite nach oben wendend. 0,30–0,80. ♃ ⅄ 7–9. **W. Z** s

Teichränder, Moorbeete; $\mathcal{V}$ Lichtkeimer $\Psi \approx \ominus$ (warmgemäß. bis kühles Eur., W-Sibir., östl. N-Am.: Erlen- u. Birkenbrüche, Weidensümpfe, Moorränder – $\nabla$).

**Kamm-W. –** *D. cristata* (L.) A. GRAY

5* Sporentragende u. unfruchtbare Bl völlig gleich, mit 20–35 Fiederpaaren. Fiedern der Spreitenmitte 4–6mal so lg wie br, jederseits mit 10–20 Segmentpaaren . . . . . . . . **6**

6 Mittelrippe der Fiedern am Grund mit schwarzviolettem Farbring (dieser beim Trocknen verschwindend). BlStiel $^1/_5$–$^1/_6$ so lg wie die oseits glänzende, meist überwinternde Spreite. BlStiel, BlSpindel u. Fiederspindel dicht spreuschuppig. Fiederchen vorn schief gestutzt u. nur hier fein gezähnt, ihre parallelen Seitenränder (fast) ganzrandig (Abb. **102**/3). Bl wintergrün. 0,60–1,60. ♃ i ⚦ 7–9. **W.** **Z** s Gehölzgruppen; $\mathcal{V}$ $\Psi$ $\mathbb{C}$ $\ominus$ (ozeanisch beeinflusstes warmes bis gemäß. Eur.: farnreiche BergmischW – einige Sorten: 'Crispa': Fiedern kraus; 'Cristata' u. 'Furcans': Fiedern gegabelt; 'Cristata Angustata': Wedel schmal, Fiedern am Ende mehrfach geteilt). [*D. filix-mas* var. *borreri* NEWMAN, *D. pseudomas* (WOLL.) HOLUB et POUZAR]

**Spreuschuppiger W. –** *D. affinis* (LOWE) FRASER-JENK.

Ähnlich: **Schwarzschuppen-W. –** *D. wallichiana* (SPRENG.) HYL.: Mittelrippe der Fiedern am Grund ohne schwarzvioletten Farbring. Spreuschuppen des BlStiels schwärzlich bis kastanienbraun od. dunkel gelbbraun gestreift. Bis 1,00(–2,00). ♃ i ⚦. **Z** s Gehölzgruppen; $\mathcal{V}$ $\Psi$ $\mathbb{C}$ (O-Himal., Japan, China, Malesien: Wälder).

6* Mittelrippe der Fiedern am Grund grün, ohne schwarzvioletten Farbring. BlStiel $^1/_4$–$^1/_2$ so lg wie die glanzlose, sommergrüne Spreite. BlStiel am Grund dicht, oberwärts wie die BlSpindel nur locker spreuschuppig. Spreuschuppen einfarbig gelbbraun, glanzlos, bis 2 cm lg, im Herbst anliegend. Fiederchen vorn abgerundet bis spitzlich, ringsum gesägt bis gelappt (Abb. **102**/2). BlSpreite lanzettlich bis lanzettlich-länglich. Unterste Fiedern mit ± 20 Segmentpaaren. (0,15–)0,30–1,20. ♃ ⚦ 7–9. **W.** **Z** v; $\mathcal{V}$ $\Psi$ $\mathbb{C}$ $\bigcirc$, giftig (warmes bis kühles Eur., As. u. N-Am., Indien, Mex.: anspruchsvolle MischW., Nadelholzforsten, Hochstaudengebüsche – $\infty$ Sorten: z.B. 'Crispa': Fiedern kraus; 'Furcans': Fiederspitzen stark gegabelt; 'Linearis': Fiederränder zurückgebogen, dadurch schmal erscheinend; 'Linearis-Polydactylon': Fiederspitzen mehrfach gegabelt, sonst wie vorige; 'Grandiceps': Wedelspitze u. Fiederchen verzweigt, Sorten nur $\Psi$).

**Gemeiner W. –** *D. filix-mas* (L.) SCHOTT

Ähnlich: **Riesen-W. –** *D. goldiana* (HOOK.) A. GRAY: BlSpreite eifg bis eifg-länglich. Unterste Fiedern mit bis zu 31 Segmentpaaren. Spreuschuppen am BlStielgrund mit zungenfg dunkelbrauner Mitte u. hellem Rand. 0,50–1,30. ♃ ⚦ 7–8. **Z** s Gehölzgruppen; $\mathcal{V}$ $\Psi$ $\mathbb{C}$ $\bigcirc$ hohe Luftfeuchtigkeit, Windschutz (warmgemäß. bis gemäß. östl. N-Am.: feuchte, nährstoffreiche Wälder, schattige Flussufer).

7 (4) Bl meist aufrecht. BlStiel spärlich spreuschuppig. Spreuschuppen eifg, stumpf od. plötzlich in eine kurze Spitze zusammengezogen (Abb. **100**/5b), 5–8 mm lg, einfarbig blassbraun. Spreite lanzettlich bis eilanzettlich (Abb. **100**/5a), meist hellgrün. Unterstes Fiederpaar oft ohne Sori. Schleier ± drüsenlos (Abb. **102**/4b). 0,15–0,60. ♃ ⚦ 7–8. **W.** **Z** s Gehölzgruppen; $\mathcal{V}$ $\Psi$ $\mathbb{C}$ $\ominus$ (ozeanisch beeinflusstes warmgemäß. bis kühles Eur., As. u. N-Am.: bodensaure LaubmischW, Nadelholzforsten, Erlenbrüche).

**Dorniger W., Dornfarn –** *D. carthusiana* (VILL.) H. P. FUCHS

7* Bl meist übergebogen. BlStiel besonders an seinem Grund dicht spreuschuppig. Spreuschuppen eilanzettlich, spitz, 16–20 mm lg, mit lg, dunklem Mittelstreif (dieser meist bis zur Schuppenspitze reichend) (Abb. **100**/6b). Spreite dreieckig bis eifg, meist dunkelgrün (Abb. **100**/6a). Unterstes Fiederpaar mit Sori. Schleier oft drüsig. 0,20–1,00. ♃ ⚦ 7–9. **W. Z** s; $\mathcal{V}$ $\Psi$ $\mathbb{C}$ $\approx \ominus$ (ozeanisch beeinflusstes warmgemäß. bis arkt. Eur., As. u. N-Am.: frische, mäßig nährstoffreiche Laub- u. NadelholzmischW, Erlen- u. BirkenbruchW, kalkmeidend – einige Sorten).

**Breitblättriger W., Breitblättriger Dornfarn –** *D. dilatata* (HOFFM.) A. GRAY

## Familie **Rippenfarngewächse** – *Blechnaceae* (C. Presl) Copel.
240 Arten

**Rippenfarn** – *Blechnum* L.                                                      220 Arten

**1** Spreite der unfruchtbaren Bl jederseits mit 30–60 Segmenten, 20–40 × 3–5(–7) cm, am Grund deutlich verschmälert (Abb. **98**/6). Spreite der fruchtbaren Bl bis 8 cm br (Abb. **98**/7). 0,15–0,75. ♃ i ♈ 7–9. **W. Z** z Teichränder, Moorbeete; ∨ ♈ (Sorten nur ♈) ◐ ●  ≈ ⊖ ∧ (S-, W- u. M-Eur., Japan, westl. N- Am.; Fichten- u. TannenW, BruchW, kalkmeidend, < 2000 m – Sorten: 'Cristatum': Spreitenende vielfach gegabelt; 'Serratum': Fiedern sehr dicht, zurückgebogen, tief gesägt – ▽).

**Gemeiner R.** – *B. spicant* (L.) Roth

**1\*** Spreite der unfruchtbaren Bl jederseits mit 15–28 Segmenten, 10–18 × 2–2,6 cm, am Grund wenig verschmälert (Abb. **98**/8a). Spreite der fruchtbaren Bl 0,6–2 cm br (Abb. **98**/8b). 0,10–0,35. ♃ i ♈ 7–9. **Z** s △; ∨ ♈ ◐ ● ⊖ Boden humos ∧ (südl. S-Am., S-Austr., Neuseel.: Wälder, Gebüsche, Flussufer, subalp. Matten, < 2000 m – Sorte: 'Cristatum': Spreitenende mit troddelartigen Gabelungen).

**Seefeder-R.** – *B. penna-marina* (Poir.) Kuhn

## Familie **Tüpfelfarngewächse** – *Polypodiaceae* Bercht. et J. Presl s. str.
650 Arten

**Tüpfelfarn** – *Polypodium* L.                                                    75 Arten

Spreite im Umriss länglich-lanzettlich, fiederteilig bis -schnittig (Abb. **101**/2). 0,10–0,50. ♃ i ♈ 7–10. **W. Z** s △ Heidebeete, Gehölzgruppen; ∨ ♈ ◐ ● ⊖ (ozeanisch beeinflusstes warmes bis kühles Eur., As. u. N-Am., S-Afr.: schattige Mauern u. Felsen, EichenW, KiefernW, DünenW, kalkmeidend, < 2780 m – 2 gärtnerisch wichtige Kleinarten: *P. vulgare* L. s. str.: Sorte: Gabel-T. – 'Bifido Multifidum': Wedelspitze u. Fiedern gegabelt, zuweilen Mittelrippe der Wedel von der Mitte ab gegabelt; *P. interjectum* Shivas: mehrere Sorten (Federtüpfelfarne): z.B. 'Cornubiense': Bl doppelt fiederschnittig bis -teilig; 'Hadwinii': Fiedern br lanzettlich, am Rand gesägt, stets steril).

**Gewöhnlicher T., Engelsüß** – *P. vulgare* L. agg.

## Familie **Kleefarngewächse** – *Marsileaceae* Mirb.
55–75 Arten

**Kleefarn** – *Marsilea* L.                                                        50–70 Arten

Stg kriechend. Bl glückskleeartig. 0,05–0,15. ♃ ⚯ 9–10. **W. Z** s Gartenteichränder; ♈ ○ ⚏ ⊖ Wassertiefe beim Pflanzen bis 10 cm, Überwinterung unter Wasser (warmgemäß. bis gemäß. Eur. u. W-As.: sandig-tonige, trockengefallene Schlammböden, Flachwasserbereiche von Kiesgruben, Tümpeln u. Fließgewässerrändern – ▽).

**Vierblättriger K.** – *M. quadrifolia* L.

## Familie **Schwimmfarngewächse** – *Salviniaceae* T. Lestib.  12 Arten

**Schwimmfarn** – *Salvinia* Ség.                                                   12 Arten

SchwimmPfl. SchwimmBl elliptisch, 2zeilig, oseits mit büschlig behaarten Wärzchen. 0,05–0,10 lg. ☉ 8–10. **W. Z** s Gartenteiche; Vermehrung im Sommer durch Isolierung von Seitentrieben, Überwinterung der Sporen im kalten Wasser, Wärmekeimer ○ ⚏ (subtrop. O-As., warmes bis gemäß. Eur. u. As.: flache, warme, windgeschützte, nährstoffreiche Stillgewässer; bevorzugt Altwässer größerer Flusssysteme – ▽).

**Gewöhnlicher Sch.** – *S. natans* (L.) All.

## Familie **Algenfarngewächse** – *Azollaceae* WETTST.     6 Arten

**Algenfarn** – *Azolla* LAM.     6 Arten

SchwimmPfl, blaugrün, im Herbst rötlich, fiedrig verzweigt. Bl schuppenfg, dicht dachziegelartig. BlOLappen stumpf, mit br Hautrand u. einzelligen Haaren, bis 2,5 mm lg u. 0,9–1,4 mm br. ☉ ♃ 8–10. **W. Z** s Gartenteiche, Aquarien; Selbstteilung ○ ∿ Schlammboden ⊛ (subtrop. bis gemäß. westl. Am.: warme, windgeschützte nährstoffreiche Still- u. strömungsarme Fließgewässer; verw. in W- u. M-Eur. (seit 1870), Ungarn, Rum.).     **Großer A.** – *A. filiculoides* LAM.

# Abteilung **Samenpflanzen** – *Spermat̲o̲phyta* [*Angiosp̲e̲rmae*]

## Unterabteilung **Bedecktsamer** – *Magnolioph̲y̲tina*

## Klasse **Zweikeimblättrige** – *Dicotyled̲o̲neae* [*Magnoli̲o̲psida*]

### Familie **Seerosengewächse** – *Nymphae̲a̲ceae* SALISB.    75 Arten

Bem. zu Abb. **111**/6: **NS** Narbenscheibe.

1  BHülle ungleichartig, 4 grüne KBl, ∞ weiße, gelbe, rötliche od. rote KrBl. Fr in der ganzen Länge von den Narben der BHüll- u. StaubBl bedeckt (Abb. **111**/6). NebenBl vorhanden. Seitennerven der Bl gegen den Rand miteinander verbunden (Abb. **111**/4,5).
                                          **Seerose** – *Nymph̲a̲e̲a* S. 111

1*  BHülle gleichartig, 4–9(–12) außen grüne od. grün bis gelbe, innen gelbe, selten gegen den Grund rot getönte BHüllBl. Außerdem ∞ gelbe, viel kleinere NektarBl. Fr nur an der Basis von BHüll- u. StaubBl umgeben. NebenBl fehlend. Seitennerven der Bl gegen den Rand nicht miteinander verbunden (Abb. **111**/8).    **Teichrose** – *N̲u̲phar* S. 110

**Teichrose, Mummel** – *N̲u̲phar* SM.    16 Arten

1  BHüllBl 4–5 . . . . . . . . . . . . . . . . . . . . . . . . . . . . . . . . . . . . . . . . . . . . . . . **2**
1*  BHüllBl 6–9 . . . . . . . . . . . . . . . . . . . . . . . . . . . . . . . . . . . . . . . . . . . . . . . **4**
2  SchwimmBlSpreite >2,5mal so lg wie br, schmal eifg bis länglich, 20–40 × 5–12 cm. B 4–8 cm ⌀. NektarBl etwa 8 mm lg. Narbenscheibe etwa 11strahlig. ♃ ⚳ 7–8. **Z z** Gartenteiche; ∨ ♟ ○ ◖ ≈≈≈ Wassertiefe 50–80 cm (Japan: Seen, Teiche, Flachwasserbereiche von Flüssen).       **Japanische T.** – *N. jap̲o̲nica* DC.
2*  SchwimmBlSpreite höchstens 2mal so lg wie br . . . . . . . . . . . . . . . . . . . . . . . . . **3**
3  B 4–6 cm ⌀, stark riechend. Narbenscheibe ganzrandig, in der Mitte vertieft, 12–20(–24)strahlig. Fr gerade. SchwimmBlSpreite 12–40 × 8–30 cm, eifg-länglich. 0,50–2,50. ♃ Unterwasserblätter i ⚳ 6 8. **W. Z z** Gartenteiche; ∨ Licht- u. Kaltkeimer ♟ ○ ◖ ≈≈≈ Wassertiefe >40 cm; giftig (warmgemäß. bis kühles Eur., W-Sibir.: meso- bis eutrophe, stehende u. langsam fließende Gewässer, Teiche – ▽).     **Große T.** – *N. l̲u̲tea* (L.) SIBTH. et SM.
3*  B 2–3,5 cm ⌀, schwach riechend. Narbenscheibe sternfg, flach, 6–14strahlig. Fr oft gekrümmt. SchwimmBlSpreite 4–14 × 3,5–13 cm, br eifg. 0,70–1,50. ♃ UnterwasserBl i ⚳ 7–8. **W. Z s** Gartenteiche; ∨ ♟ ○ ● ≈≈≈ Wassertiefe >40 cm; giftig (warmgemäß. bis kühles Eur., As. u. östl. N-Am.: oligotrophe Teiche, Moor- u. Gebirgsseen – ▽).
                                       **Zwerg-T.** – *N. p̲u̲mila* (TIMM) DC.
4  (1) SchwimmBlSpreite 3–5mal so lg wie br, linealisch bis lanzettlich, 15–30(–50) × 5–10 (–11,5) cm. BHüllBl 6. Narbenscheibe 10–14strahlig. ♃ ⚳ 6–8; **Z s** Gartenteiche; ∨ ♟ ○ ≈≈≈ (warmgemäß. östl. N-Am.: Flüsse, Teiche, Seen in Küstennähe, 0–50 m). [*N. l̲u̲tea* subsp. *sagittif̲o̲lia* (WALT.) E. O. BEAL]
                    **Pfeilblättrige T.** – *N. sagittif̲o̲lia* (WALTER) PURSH
4*  SchwimmBlSpreite höchstens 2mal so lg wie br, br eifg, länglich od. fast kreisfg . . . **5**
5  BHüllBl (7–)9(–12). B 5–12 cm ⌀. SchwimmBlSpreite br eifg, 10–40(–45) × 7–30 cm, 1,2–1,5mal so lg wie br. Narbenscheibe 8–26(–36)strahlig. ♃ ⚳ 5–8. **Z s** Gartenteiche; ∨ ♟ ○ ◖ ≈≈≈ Wassertiefe >30 cm (warmes bis kühles westl. N-Am.: Seen, Teiche, lang-

sam fließende Gewässer, 0–3700 m). [*N. lutea* (L.) Sibth. et Sm. subsp. *polysepala* (Engelm.) E. O. Beal] **Indianer-T. –** *N. polysepala* Engelm.

**5\*** BHüllBl 6. B 2,5–5 cm ∅ ........................................... 6

**6** BlStiel oseits abgeflacht, am Rand geflügelt. Fr meist purpurn getönt. Narbenstrahlen am Rand der Narbenscheibe endend od. bis 1(–1,5) mm vorher, 7–28. SchwimmBlSpreite br eifg bis länglich, 7–35 × 5–25 cm, 1,2–1,6mal so lg wie br. ⟂ ⅄ 5–8. **Z** s Gartenteiche; ∨ ⚇ ◐ ○ ≋ Wassertiefe 50–80 cm (gemäß. bis kühles N-Am.: Seen, Teiche, langsam fließende Gewässer, Gräben, 0–2000 m). **Stierkopf-T. –** *N. variegata* Durand

**6\*** BlStiel rund od. oseits schwach abgeflacht. Fr meist grün. Narbenstrahlen 1–3 mm vor dem Rand der Narbenscheibe endend, 9–28. SchwimmBlSpreite eifg bis fast kreisfg, 12–40 × 7–30 cm, 1–2mal so lg wie br. ⟂ ⅄ 5–8. **Z** s Gartenteiche; ∨ ⚇ ◐ ○ ≋ Wassertiefe 70–80 cm (südöstl. N-Am., N-Mex., Kuba: Seen, Teiche, langsam fließende Gewässer, Quellfluren, Gräben, 0–450 m – 1772 od. 1802).
**Amerikanische T. –** *N. advena* (Aiton) W. T. Aiton

**Seerose –** *Nymphaea* L.  50 Arten

Bem.: Hybr u. Sorten ∞, z. T. unter Einbeziehung trop. u. subtrop. Arten entstanden: B weiß, rosa, lachsfarben, dunkelrot, hell- u. dunkelgelb; einfarbig od. panaschiert; ihre Vermehrung nur vegetativ; Kurzbeschreibungen wichtiger Sorten s. Schuster 2000.

**1** RhizomPfl mit ± lg Ausläufern u. büschlig angeordneten, überwinternden Speicherwurzeln (Abb. **111**/3). B gelb, 6–13 cm ∅. KrBl 12–30. StaubBl 50–60. Narbenstrahlen 7–10. Rhizom aufrecht. SchwimmBlSpreiten 7–8(–27) × 7–14(–18) cm, useits purpurn mit dunklen Flecken. ⟂ ⅄ ∿ Speicherwurzeln 6–8. **Z** s beheizte Freilandwasserbecken; ∨ ⚇ ○ ≋ Wassertiefe 20–40 cm ⓚ (warmes N-Am., Mex.: Seen, Teiche, warme Quellen, langsam fließende Gewässer, Kanäle – Hybr mit *N. odorata*; mit *N. tetragona*: *N.* × *helvola* hort.: BlSpreiten beidseits rötlich, dunkel gefleckt, B 2–5 cm ∅, kanariengelb; Stammart gelbblühender Sorten). **Mexikanische S. –** *N. mexicana* Zucc.

**1\*** RhizomPfl ohne Ausläufer u. Speicherwurzeln. KrBl weiß od. rosa bis purpurrot .. **2**

**2** KrBl anfangs rosa, später purpurrot. ⟂ ⅄ 7–8. **Z** s Gartenteiche; ∨ ⚇ ≋ Wasser kühl (S-Schweden: Seen – soll für die Züchtung farbiger Freiland-Seerosen bedeutsam gewesen sein) s. **6\***. **Schwedische S. –** *N. alba* L. f. *rosea* C. Hartm.

**2\*** KrBl weiß ............................................................ **3**

**3** Rhizom im Substrat aufrecht od. aufsteigend. BBasis 4kantig ................. **4**

**3\*** Rhizom horizontal. BBasis ± abgerundet ................................. **5**

**4** KBl nach der BZeit bleibend. SchwimmBlSpreite 5–12 x 3,5–9 cm. B 3–6 cm ∅. Narbenscheibe 5–8(–10)strahlig. FrBlAnhängsel eifg. ⟂ ⅄ 6–8. **Z** s Kübel, Tröge, kleine Wasserbecken, Gartenteiche; ∨ ⚇ ○ ≋ Wassertiefe 10–25 cm (NO-Eur., warmes bis kühles As.,

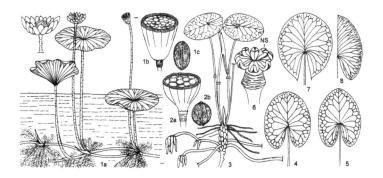

nordwestl. u. mittleres N-Am.: Seen, Teiche, langsam fließende Gewässer, 0–4000 m – 1525 – Hybr mit *N. mexicana*, s. **1** – einige Sorten).     **Zwerg-S. –** *N. tetragona* GEORGI

**4\*** KBl nach der BZeit ab- od. zerfallend. SchwimmBlSpreite 12–27 x 17–23 cm. B 6,5–7,5 (–20) cm ⌀. Narbenscheibe (5–)6–14(–20)strahlig. FrBlAnhängsel 3eckig-verlängert. Basallappen der Bl abgerundet od. stumpf u. mit gebogenem Hauptnerv (Abb. **111**/5): Unterschied zu *N. alba*, s. Abb. **111**/4. 0,50–1,60. ⚄ ⌥ 6–8. **Z** s Gartenteiche; ∀ ⚇ ○ ∞ Wassertiefe > 40 cm; giftig (gemäß. bis kühles Z- u. O-Eur., W- u. M-Sibir.: oligo- bis mesotrophe, stehende u. langsam fließende Gewässer, Moorseen – ▽).
          **Kleine S. –** *N. candida* C. PRESL

**5** **(3)** Rhizom mit knollenartigen, sich leicht lösenden Seitensprossen. BlStiel oft mit braunroten Längsstreifen. SchwimmBlSpreite 12–38 cm ⌀, useits grün od. schwach purpurn, ihre Basallappen zugespitzt. B 10–23 cm ⌀, schwimmend od. bis 15 cm emporragend. KrBl etwa 20. Narbenscheibe etwa 14strahlig. ⚄ ⌥ 6–8. **Z** s Gartenteiche; ∀ ⚇ ○ ∞ Wassertiefe > 40 cm (warmgemäß. bis gemäß. östl. u. mittleres N-Am.: Seen, Teiche, langsam fließende Gewässer, 100–400 m – vermutlich 1865 – einige Sorten). [*N. odorata* AITON subsp. *tuberosa* (PAINE) WIERSEMA et HELLQ.]
          **Knollen-S. –** *N. tuberosa* PAINE

**5\*** Rhizom walzlich, ohne knollig verdickte Seitensprosse. BlStiel meist ohne braunrote Längsstreifen . . . . . . . . . . . . . . . . . . . . . . . . . . . . . . . . . . . . . **6**

**6** SchwimmBlSpreite useits rot od. purpurn, ihre Basallappen spitz od. zugespitzt (Abb. **111**/7). B 7–15(–19) cm ⌀. KrBl (17–)23–32(–43), weiß, selten rosa. Narbenscheibe 10–25strahlig. ⚄ ⌥ 6–8. **Z** s Gartenteiche; HeilPfl in N-Am.; ∀ ⚇ ○ ∞ Wassertiefe > 40 cm (warmes bis gemäß. N-Am., M-Am., Kuba, Bahamas: Seen, Teiche, langsam fließende Gewässer, Kanäle – 1786 – Stammart von ∞ Hybr). [*N. odorata* AITON subsp. *odorata*]        **Wohlriechende S. –** *N. odorata* AITON

**6\*** SchwimmBlSpreite useits grün, ihre Basallappen abgerundet u. mit ± geradem Hauptnerv (Abb. **111**/4). KrBl 20–25, weiß. Narbenscheibe (10–)14–24strahlig. 0,50–2,50. ⚄ ⌥ 6–8. **Z** z Gartenteiche; ∀ ⚇ ○ ∞ Wassertiefe > 40 cm; giftig (warmes bis kühles Eur.: meso- bis eutrophe, stehende u. langsam fließende Gewässer (Teiche, Seen, Altwässer) – ▽).           **Weiße S. –** *N. alba* L.

## Familie **Lotosblumengewächse –** *Nelumbonaceae* A. RICH.    2 Arten

**Lotosblume –** *Nelumbo* ADANS.                          2 Arten

**1** BHüllBl rosa, rosa getönt od. weiß, bei einigen Sorten gelb, alle hinfällig. BAchse zur FrZeit gegen den Grund sich gleichmäßig verjüngend u. über dem BStielansatz oft schwach abgerundet (Abb. **111**/1b). NussFrchen eifg od. ellipsoid, 10–20 x 7–13 mm, meist mehr als 1,5 mal so lg wie br (Abb. **111**/1c), in die BAchse eingesenkt. (Abb. **111**/ 1a). Bis 2,00. ⚄ ∿ 4–8. **Z** s beheizbare Freilandbecken; Heil- u. GemüsePfl (∿, Fr) im Verbreitungsgebiet; ∀ ⚇ ○ warme, geschützte Lagen, Boden nährstoffreich ∧; für Freilandkultur robuste Sorten: 'Rosea Plena', 'Alba Plena', 'Japonica Alba', 'Pekinensis rubra' (Fernost, Japan, Korea, China, Nepal, SO-As., NO-Austr., Pakistan, westl. bis zum Aralsee u. Kaspisee: Seen, Teiche, Sümpfe. im südöstl. N-Am. – 1787 – ∞ Sorten: Bl- u. B⌀ unterschiedlich; B einfach od. gefüllt; BHüllBl z. B. weiß, gelb, karminrot, malvenfarben, rosa, rosa mit roten Nerven, rosa mit gelbem Grund, weiß mit grünlicher Mitte od. rosafarbenem Rand).        **Indische L. –** *N. nucifera* GAERTN.

**1\*** BHüllBl hellgelb, die äußersten 1–5 bleibend, die übrigen nach der BZeit abfallend. BAchse zur FrZeit 1–2 cm unter der kreisfg Endfläche sich oft plötzlich etwas verjüngend u. dann in den BStiel sich verschmälernd (Abb. **111**/2a). NussFrchen fast kuglig, 10–16 x 8–13 mm, meist weniger als 1,25 mal so lg wie br (Abb. **111**/2b), in die BAchse eingesenkt. Bis 2,00. ⚄ ∿ 7–8. **Z** s Wasserbecken, Kübel; ∀ (unter Wasser 30–35° C) ⌑ auspflanzen ab Ende Mai ○ Boden nährstoffreich ∧: Überwinterung im frostfreien Wasser od. trocken mit starker Laubabdeckung od. frostfrei im Kübel (warmes bis gemäß. östl. u. südöstl. N-Am., Mex., Kuba, Jamaika, Hispaniola, Honduras). [*N. nucifera* GAERTN. subsp. *lutea* (WILLD.) BORSCH et BARTHLOTT, *Nelumbium luteum* WILLD.]  **Amerikanische L.** – *N. lutea* (WILLD.) PERS.

## Familie **Hahnenfußgewächse** – *Ranunculaceae* JUSS.    2500 Arten

Lit.: TAMURA, M. 1995: *Angiospermae*: Ordnung *Ranunculales*, Fam. *Ranunculaceae*: Systematic part. In: Nat. Pflanzenfamilien. Bd. 17 a IV: 223–555.

Bem.: BBau: BHülle meist einfach, zuweilen kronartig, 4- bis ∞blättrig, zwischen ihr u. den oft ∞ StaubBl oft verschieden geformte, nektarabsondernde BlOrgane (NektarBl). Abkürzungen in den Abbildungen: **BH** Blütenhüllblätter, **KrBl** Kronblätter, **N** Nektarblätter, **S** Sporn, **P** Platte, **Sa** Samen.

Zahlreiche Arten der Hahnenfußgewächse sind ± giftig, wenn auch in nachstehender Beschreibung nicht in allen Fällen gesondert darauf hingewiesen wird.

**1** Pfl kletternd . . . . . . . . . . . . . . . . . . . . . . . . . . . . . . . . . . . . . . . . . . . . . . . **2**
**1\*** Pfl nicht kletternd . . . . . . . . . . . . . . . . . . . . . . . . . . . . . . . . . . . . . . . . . . . . **3**
**2** Stg windend. Bl wechselständig, handfg gelappt bis geschnitten. B dorsiventral (Abb. **145**/5, 6).  **Eisenhut, Sturmhut** – *Aconitum* S. 129
**2\*** BlStiel, BlSpindel od./u. BlchenStiel rankend. Bl gegenständig, 3zählig od. gefiedert. B radiär.  **Waldrebe** – *Clematis* S. 142
**3** **(1)** Strauch mit unterirdischen Ausläufern, bis 1 m hoch. Bl gefiedert, an den StgEnden gehäuft (Abb. **115**/2).  **Gelbwurz** – *Xanthorhiza* S. 115
**3\*** Staude, Halbstrauch od. Pfl einjährig od. einjährig-überwinternd . . . . . . . . . . . . . . **4**
**4** Pfl beerenfrüchtig (Abb. **117**/4; **115**/1a) . . . . . . . . . . . . . . . . . . . . . . . . . . . . . . . **5**
**4\*** Pfl nüsschen-, balg- od. kapselfrüchtig . . . . . . . . . . . . . . . . . . . . . . . . . . . . . . . . **6**
**5** EinzelFr, weiß, schwarz od. rot. B mit 1 FrBl (Abb. **117**/4). Bl 2–3fach 3zählig.  **Christophskraut** – *Actaea* S. 118
**5\*** SammelFr, rot (Abb. **115**/1a). B mit ∞ FrBl. Bl handfg gelappt bis geteilt (Abb. **115**/1).  **Orangenwurzel** – *Hydrastis* S. 115
**6** **(4)** B mit SammelFr aus wenigen bis ∞ Nüsschen . . . . . . . . . . . . . . . . . . . . . . . **7**
**6\*** Fr od. SammelFr aus 1–∞ BalgFrchen, selten KapselFr (*Nigella*, Abb. **128**/2a) . . . **16**
**7** StgBl gegenständig od. (schein-)quirlig . . . . . . . . . . . . . . . . . . . . . . . . . . . . . . . . **8**
**7\*** StgBl fehlend od., falls vorhanden, wechselständig . . . . . . . . . . . . . . . . . . . . . . . **11**
**8** StgBl gegenständig. BHüllBl 4(–6). NektarBl fehlend.  **Waldrebe** – *Clematis* S. 142
**8\*** StgBl quirlig (Abb. **138**/1–4; **142**/1,2); wenn StgBl zuweilen gegenständig, dann BHüllBl meist 5 u. NektarBl (5) vorhanden . . . . . . . . . . . . . . . . . . . . . . . . . . . . . . . . . . . **9**
**9** Griffel nach der BZeit sich stark verlängernd u. lg abstehend behaart. SammelFr hexenbesenartig.  **Küchenschelle, Kuhschelle** – *Pulsatilla* S. 140
**9\*** Griffel auch nach der BZeit kurz od. fehlend. SammelFr nicht hexenbesenartig . . . **10**
**10** Frchen an ihren Seitenflächen mit deutlichen Längsnerven od. -rippen.  **Rautenanemone** – *Anemonella* S. 134
**10\*** Frchen an ihren Seitenflächen ohne Längsnerven od. -rippen.  **Windröschen, Anemone** – *Anemone* S. 134
**11** **(7)** BHülle einfach (ohne NektarBl) . . . . . . . . . . . . . . . . . . . . . . . . . . . . . . . . . . **12**
**11\*** BHülle gegliedert in K u. Kr (aus echten KrBl od. kronblattartigen NektarBl bestehend) (Abb. **148**/1; **149**/1) . . . . . . . . . . . . . . . . . . . . . . . . . . . . . . . . . . . . . . . . . . . . . . **13**
**12** Bl handfg gespalten bis geschnitten. Frchen etwas aufgeblasen, 4kantig (Abb. **115**/3).  **Falscher Wanzensame** – *Trautvetteria* S. 145
**12\*** Bl 2–3fach 3zählig od. gefiedert (Abb. **135**/1). Frchen nicht aufgeblasen.  **Wiesenraute** – *Thalictrum* S. 134
**13** **(11)** KrBl ohne Nektarium . . . . . . . . . . . . . . . . . . . . . . . . . . . . . . . . . . . . . . . . **14**
**13\*** KrBl mit grundständigem Nektarium . . . . . . . . . . . . . . . . . . . . . . . . . . . . . . . . . . **15**

**14** **(11)** GrundBl 3–5lappig. BlAbschnitte br eifg, elliptisch bis fast halbkreisfg. BStg blatt-
los. KBl meist 3 (entsprechen den 3 Stg- bzw. HochBl der Anemonen). KrBl 6–10, blau,
weiß, purpurn od. rosa (Abb. **139**/3).                         **Leberblümchen** – *Hepatica* S. 140
**14\*** Grund- u. StgBl gefiedert. BlAbschnitte linealisch bis lanzettlich. KBl 5–8. KrBl 5–20,
gelb, rot od. weißlich (Abb. **149**/3,4).                     **Adonisröschen** – *Adonis* S. 149
**15** **(13)** KBl 5–10. KrBl 5–16, weiß od. rosa. Bl gefiedert (Abb. **149**/1,2).
                                                  **Schmuckblume, Jägerkraut** – *Callianthemum* S. 150
**15\*** KBl 3–5. KrBl 5, zuweilen 3 od. >5, meist gelb, zuweilen auch weiß, purpurn od. rötlich.
Bl ganz, 3zählig, handfg gelappt bis geschnitten, mit 3–5 Abschnitten, od. fiederschnittig
(Abb. **147**/1–3; **148**/1,2).
                                    **Hahnenfuß, Wasserhahnenfuß, Scharbockskraut** – *Ranunculus* S. 146
**16** **(6)** B dorsiventral . . . . . . . . . . . . . . . . . . . . . . . . . . . . . . . . . . . . . . . . . . . **17**
**16\*** B radiär . . . . . . . . . . . . . . . . . . . . . . . . . . . . . . . . . . . . . . . . . . . . . . . . . **19**
**17** **(6)** BHülle nicht gespornt. Oberes BHüllBl helmartig (Abb. **130**/1–3), die 2 lg gestielten,
gespornt-kapuzenfg (schlittenkufenartigen) NektarBl einschließend (Abb. **130**/1a,2a,3a).
                                                                 **Eisenhut, Sturmhut** – *Aconitum* S. 129
**17\*** 1 BHüllBl lg gespornt, den (die) NektarBlSporn(e) umhüllend (Abb. **128**/3,4) . . . . . **18**
**18** FrBl 1. NektarBl 1 (aus 2 verwachsen), gespornt. Pfl ☉ ①.
                                                                    **Rittersporn** – *Consolida* S. 133
**18\*** FrBl 3–5. NektarBl 4, die 2 oberen gespornt mit Nektar, die beiden unteren ohne Nektar.
Pfl meist ♃, selten ☉ ☉.                                      **Rittersporn** – *Delphinium* S. 132
**19** **(16)** NektarBl fehlend (BlOrgane in der B ohne Nektarium) . . . . . . . . . . . . . . . . . . **20**
**19\*** NektarBl vorhanden (z. B. Abb. **116**/1a; **117**/3; **126**/2); wenn NektarBl fehlend, dann
BStand bzw. TeilBStände traubig od. ährig, dicht- u. ∞blütig (Abb. **117**/2) . . . . . . **22**
**20** BHülle doppelt, mit spreizenden äußeren u. aufrechten inneren BHüllBl. Sa schuppig.
(Abb. **120**/1).                                                 **Scheinanemone** – *Anemonopsis* S. 117
**20\*** BlHülle einfach . . . . . . . . . . . . . . . . . . . . . . . . . . . . . . . . . . . . . . . . . . . . **21**
**21** FrBl >5. Frchen an der Bauchseite aufspringend. GrundBl ganz. BHüllBl 5 od. >5, gelb
od. weiß.                                                              **Dotterblume** – *Caltha* S. 127
**21\*** FrBl 1–2. Frchen an der Rückseite aufspringend? GrundBl handfg gelappt bis gespalten.
BHüllBl 4, violett od. rosa (Abb. **115**/4).                        **Glaucidium** – *Glaucidium* S. 115
**22** **(19)** FrBl ± verwachsen. Fr eine Kapsel. Pfl ☉ od. ① (Abb. **128**/1,2).
                                                                   **Schwarzkümmel** – *Nigella* S. 128
**22\*** FrBl frei; wenn FrBl ± verwachsen, dann Pfl ♃ . . . . . . . . . . . . . . . . . . . . . . . . . . **23**
**23** NektarBl am Grund gespornt od. ausgesackt; wenn NektarBl ohne Sporn od. Aus-
sackung (*Aquilegia ecalcarata*, einige Sorten von *A. vulgaris*), dann einige Schuppen
(Staminodien) zwischen StaubBl- u. FrBlRegion . . . . . . . . . . . . . . . . . . . . . . . . **24**
**23\*** NektarBl röhrig, trichterfg, napffg od. flächig (linealisch, länglich, löffelfg, verkehrteifg,
2lappig), am Grund nicht gespornt od. ausgesackt . . . . . . . . . . . . . . . . . . . . . . **25**
**24** Schuppen zwischen StaubBl- u. FrBlRegion 1–4. NektarBl am Grund ausgesackt.
StaubBl 8–15, FrBl 2–5. Sa schuppig.                              **Scheinakelei** – *Semiaquilegia* S. 121
**24\*** Schuppen zwischen StaubBl- u. FrBlRegion meist 10. NektarBl am Grund gespornt od.
ausgesackt. StaubBl ∞. FrBl meist 5, zuweilen 10. Sa glatt. (Abb. **122**/2,3; **126**/1,2).
                                                                        **Akelei** – *Aquilegia* S. 121
**25** **(23)** BStand bzw. TeilBStände traubig od. ährig, dicht- u. ∞blütig. NektarBl oft 2lappig
(Abb. **117**/1–3).                                      **Silberkerze, Wanzenkraut** – *Cimicifuga* S. 117
**25\*** BStand bzw. TeilBStände nicht traubig bzw. ährig od. BStand traubig u. dann locker- u.
wenigblütig . . . . . . . . . . . . . . . . . . . . . . . . . . . . . . . . . . . . . . . . . . . . . . . **26**
**26** BalgFrchen lg gestielt. NektarBl lg gestielt, lineal-lanzettlich, verkehrteilanzettlich od.
löffelfg. Sa glatt. (Abb. **116**/1–4).                               **Goldfaden** – *Coptis* S. 116
**26\*** BalgFrchen sitzend od. kurz gestielt . . . . . . . . . . . . . . . . . . . . . . . . . . . . . . . **27**
**27** StgBl quirlig, die B manschettenartig umgebend (Abb. **120**/2).
                                                     **Winterling, Winterstern** – *Eranthis* S. 120
**27\*** StgBl nicht quirlig . . . . . . . . . . . . . . . . . . . . . . . . . . . . . . . . . . . . . . . . . . **28**

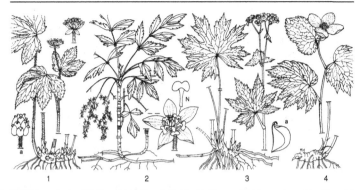

**28** BHüllBl nach der BZeit meist bleibend. NektarBl röhren-, trichter- od. napffg. Bl meist fußfg (Abb. **119**/2), selten 3zählig (Abb. **119**/1).
**Nieswurz, Christrose** – *Helleborus* S. 119

**28*** BHüllBl nach der BZeit hinfällig. NektarBl ± flächig (linealisch, länglich, verkehrteifg od. muschelfg) ........................................................ **29**

**29** Bl handfg gespalten bis geschnitten. NektarBl 8–17, linealisch od. länglich (Abb. **126**/3,4). **Trollblume** – *Trollius* S. 127

**29*** Bl einfach od. doppelt 3zählig. NektarBl 5, verkehrteifg ...................... **30**

**30** BHüllBl weiß. FrBl 2–4. NektarBl an der Spitze ungeteilt od. ausgerandet (Abb. **120**/3).
**Muschelblümchen** – *Isopyrum* S. 121

**30*** BHüllBl purpurn, purpurrot, bläulich, selten weiß. FrBl 3–10. NektarBl ausgerandet od. 2lappig, am Grund konkav od. ausgesackt. **Paraquilegia** – *Paraquilegia* S. 121

**Glaucidium** – *Glaucidium* SIEBOLD et ZUCC.                                       1 Art

GrundBl mit 10–15 cm lg Stiel u. handfg gelappter bis gespaltener, im Umriss ± kreisfg, am Grund herzfg Spreite. Stg mit 2 Bl u. 1 endständigen B. B 5–10 cm ⌀. BHülle einfach. BHüllBl 4, hell blaupurpurn, selten weiß. StaubBl ∞, am Grund miteinander verwachsen, ∞samig, zur FrZeit balgartig. (Abb. **115**/4). 0,20–0,40. ♃ ⋏ 4–5. **Z** s Gehölzgruppen; ∨ Kaltkeimer ◐ Standort luftfeucht, Boden humos, neutral bis ⊖, Schutz vor Spätfrösten, Wind u. Schnecken (Japan: Hokkaido, N- u. M-Honshu: BergW – Sorte 'Alba': B weiß). **Glaucidium** – *G. palmatum* SIEBOLD et ZUCC.

Bem.: Diese Gattung weicht sowohl zytologisch, embryologisch u. biochemisch als auch in der Entstehungsweise der StaubBl u. der Art der Öffnung der Frchen (an Bauch und Rücken) von den *Ranunculaceae* ab; sie wird deshalb auch einer eigenen Familie (*Glaucidiaceae*) zugeordnet.

**Orangenwurzel** – *Hydrastis* L.                                       2 Arten

BStg mit 1 hinfälligen GrundBl, 2 StgBl u. 1 endständigen B. BlSpreite handfg 5(–9)lappig bis 5(–9)teilig, zur FrZeit bis 25 cm br. BHülle einfach. BHüllBl 3, grünlichweiß od. rosa, hinfällig. StaubBl ∞. FrBl 2, am Grund miteinander verwach. SammelFr beerenartig (Abb. **115**/1a), kopfig, rot. (Abb. **115**/1). 0,15–0,50. ♃ ⋏ 5. **Z** s Gehölzgruppen, Moorbeete; HeilPfl in N-Am.; ∨ ⊻ Boden humos ⊛; giftig (warmes bis gemäß. östl. N-Am.: LaubW, oft auf Lehmböden, 50–1200 m – 1759). **Kanadische O.** – *H. canadensis* L.

**Gelbwurz** – *Xanthorhiza* MARSHALL                                       1 Art

Strauch mit dünnen oberirdischen Trieben u. unterirdischen Ausläufern. Rinde u. Wurzeln gelb. Bl wechselständig, gefiedert, an den Triebenden gebüschelt. BStand rispig, mit traubigen TeilBStänden, übergebogen, ∞blütig. BHülle 5zählig, rotbraun, 5 × 2 mm.

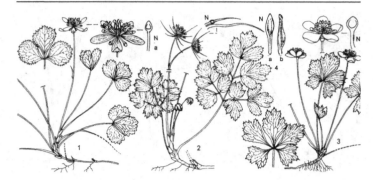

NektarBl 5, viel kleiner als die BHüllBl, 2lappig. StaubBl 5 od. 10. FrBl 5, 10 od. selten
15. BalgFr 1samig. (Abb. **115**/2). 0,20–0,70. ♄ ⌇⌇ 4–5. **Z** s Gehölzgruppen; ∀ ♈ ◐
(warmes bis gemäß. östl. N-Am.: schattige Ufer, feuchte Wälder, Gebüsche, Fels-
bänder, 0–1200 m – 1776). [*Zanthorhiza apiifolia* L'Hér.]
                                                               **Gelbwurz** – *X. simplicissima* Marshall

**Goldfaden** – *Coptis* Salisb.                                                          15 Arten

1     Bl 2–3fach gefiedert od. 2–3fach 3zählig (Abb. **116**/2). BHüll- u. NektarBl gleichfarbig
      . . . . . . . . . . . . . . . . . . . . . . . . . . . . . . . . . . . . . . . . . . . . . . . . . . . . . . . . . . . . . . . . . . . . . . . . **2**
1*    Bl 3zählig od. 5zählig gefingert (Abb. **116**/1,3). BHüll- u. NektarBl meist verschiedenfar-
      big, seltener gleichfarbig . . . . . . . . . . . . . . . . . . . . . . . . . . . . . . . . . . . . . . . . . . . . **3**
2     NektarBl lineal-lanzettlich, spitz u. gegen ihr Ende schmal zulaufend. Nektarium in der
      unteren Hälfte der NektarBl (Abb. **116**/2). BStand 2–3blütig. Rhizom hellbraun. Bis 0,10.
      ⚃ ⅄ 5; **Z** s △ Moorbeete; ∀ (sofort nach der Ernte) ♈ ● ◐ ⊖ Boden humos (nordwestl.
      N-Am.: feuchte NadelW, Sümpfe, 0–1500 m).
                                                **Streifenfarnblättriger G.** – *C. aspleniifolia* Salisb.
2*    NektarBl verkehrteilanzettlich, ± stumpf, gegen ihr Ende nicht schmal zulaufend. Nekta-
      rium in der oberen Hälfte der NektarBl (Abb. **116**/4a). BStand 1–3blütig. 0,10–0,25. ⚃ ⅄
      4–5. **Z** s △ Moorbeete, Gehölzgruppen; ∀ (sofort nach der Ernte) ♈ ● ◐ ⊖ Boden
      humos (Japan: Hokkaido, Honshu, Shikoku).
                   **Japanischer G.** – *C. japonica* (Thunb.) Makino var. *dissecta* (Yatabe) Nakai
                                                                           u. var. *major* (Miq.) Satake
3     (1) Bl 5zählig gefingert. BStand 1blütig. BHüllBl weiß, elliptisch. NektarBl gelb, löffelfg,
      mit fast endständigem Nektarium (Abb. **116**/3). 0,10–0,25. ⚃ ⅄ 4–5. **Z** s △ Moorbeete
      Ⓐ, ∀ (sofort nach der Ernte) ♈ ● ◐ ⊖ Boden humos (Taiwan, Japan: Honshu, Shikoku:
      BergW).                                                **Fünfblättriger G.** – *C. quinquefolia* Miq.
3*    Bl 3zählig . . . . . . . . . . . . . . . . . . . . . . . . . . . . . . . . . . . . . . . . . . . . . . . . . . . . . . . **4**
4     Blchen sitzend od. kurz gestielt, ungelappt od. schwach gelappt. BStand 1blütig.
      BHüllBl weiß. NektarBl gelb, löffelfg. Griffel (FrZeit?) 2–4 mm lg. BalgFr beidseits ohne
      Längsnerv. Rhizom hellgelb bis orange (Gattungsname!) (Abb. **116**/1). Bis 0,10. ⚃ ⅄
      5–6. **Z** s △ Moorbeete, Gehölzgruppen ▢; HeilPfl in N-Am.; ∀ (sofort nach der Ernte)
      ♈ ● ◐ ⊖ Boden humos (warmgemäß. bis kühles N-Am., Fernost, O-Sibir.: feuchte
      Wälder, Sümpfe, Tundren, oft mit Moosen vergesellschaftet, 0–1500 m – 1782).
                                                               **Dreiblättriger G.** – *C. trifolia* (L.) Salisb.
4*    Blchen deutlich gestielt, oft gespalten bis geteilt. BStand 1–3blütig. BHüll- u. NektarBl
      gleichfarbig, NektarBl verkehrteilanzettlich. Griffel (FrZeit?) >2 mm lg. BalgFr mit einem
      Längsnerv auf beiden Seiten (Abb. **116**/4b). s. **2***
                                             **Japanischer G.** – *C. japonica* (Thunb.) Makino var. *japonica*

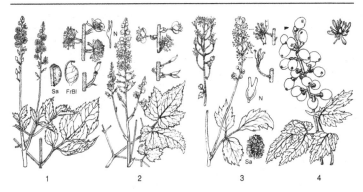

1　　　　　2　　　　　3　　　　　4

**Scheinanemone** – *Anemonopsis* SIEBOLD et ZUCC.　　　　　1 Art

Bl 2–4fach gefiedert, Blchen 5–10 cm lg, eifg-lanzettlich, unregelmäßig gesägt od. gelappt. B lg gestielt, 20–40 mm ⌀, nickend. Äußere BHüllBl fast waagerecht abstehend, länglich bis elliptisch, innere BHüllBl aufrecht, verkehrteifg. (Abb. **120**/1). 0,60–1,00. ♃ ⅄ 7–8. Z s Gehölzgruppen; V ♥ ◑ ● Boden frisch bis ≈ humos (Japan: Honshu: feuchthumose, lichte, sommergrüne LaubW – 1877).

**Großblättrige Sch.** – *A. macrophylla* SIEBOLD et ZUCC.

**Silberkerze, Wanzenkraut** – *Cimicifuga* WERNISCH.　　　　　18 Arten

Lit.: COMPTON, J. 1992: *Cimicifuga* L.: *Ranunculaceae*. Plantsman **14**: 99–115. – COMPTON, J. A., CULHAM, A., JYRI, S. L. 1998: Reclassification of *Actaea* to include *Cimicifuga* and *Souliea* (*Ranunculaceae*). Taxon **47**: 593–634. – MÜSSEL, H. 1993: Verwirrungen bei Silberkerzen. Gartenpraxis H. 3: 8–11.

Bem.: Die aufgrund moderner Untersuchungsergebnisse gewonnene Erkenntnis, dass die *Cimicifuga*-Arten in die Gattung *Actaea* einzubeziehen sind (COMPTON et al. 1998), wurde hier – traditionellen Ansichten folgend – nicht berücksichtigt. Für die Untersuchung der SaOberfläche ist eine starke Lupe erforderlich.

1　SaOberfläche glatt, rau od. warzig, nicht schuppig (Abb. **117**/1). FrBl 1 . . . . . . . . . **2**
1*　SaOberfläche mit ∞, häutigen Schuppen (Abb. **117**/3-**Sa**). FrBl 1–2 od. 2–8 . . . . . **3**
2　Frchen eifg. BStiel mit 1 Braktee. EndBlchen am Grund mit 3 deutlichen Nerven, keilig bis schwach herzfg. NektarBl (1–)4(–8), gegabelt (Abb. **117**/1-**N**). ♃ ⅄ 7–8. Z z Solitär, Gehölzgruppen, Naturgärten; HeilPfl in N-Am.; V Kaltkeimer ♥ ◑, schwach giftig (warmes bis gemäß. östl. N-Am.: sommergrüne Wälder, Waldsäume, Gebüsche, feuchte Wiesen, Schluchten, Bachufer, 0–1500 m – 1732). [*Actaea racemosa* L.]
　　　　　　　　　　　　　　　　　　　　　　　　　　　　　　　Juli-S. – *C. racemosa* (L.) NUTT.
2*　Frchen länglich. BStiel mit 3 Brakteen. EndBlchen am Grund mit 5–7 deutlichen Nerven, tief herzfg. NektarBl fehlend. 1,20–1,80. ♃ ⅄ 6–8. Z s Solitär, Gehölzgruppen, Naturgärten; V Kaltkeimer ♥ ◑, schwach giftig (westl. N-Am.: Washington, Oregon, British Columbia, 60–90 m). [*Actaea elata* (NUTT.) PRANTL]　　　**Große S.** – *C. elata* NUTT.
3　(1) FrBl 1(–2). EndBlchen am Grund meist herzfg . . . . . . . . . . . . . . . . . . . . . . . **4**
3*　FrBl 2–8. EndBlchen am Grund gerundet, gestutzt od. keilig, selten schwach herzfg (*C. americana*) . . . . . . . . . . . . . . . . . . . . . . . . . . . . . . . . . . . . . . . . . . . . . . **5**
4　GrundBl 1fach 3zählig. B fast sitzend. NektarBl vorhanden. BHüllBl weiß od. purpurn. Frchen etwa 10 mm lg. Sa hellbraun. 0,25–1,10. ♃ ⅄ 8–9. Z s Solitär, Gehölzgruppen, Naturgärten; V Kaltkeimer ♥ ◑, schwach giftig (NO-, SO-, S- u. Z-China, Korea, Japan: Honshu: LaubW, Waldränder, 800–2600 m – 1831). [*Actaea japonica* THUNB., *C. acerina* (SIEBOLD et ZUCC.) TANAKA, *C. japonica* var. *acerina* HUTH]
　　　　　　　　　　　　**September-S., Japanische S.** – *C. japonica* (THUNB.) SPRENG.

**4*** GrundBl 1–2fach 3zählig. BStiel bis 5 mm lg. NektarBl fehlend. BHüllBl weiß. Frchen 8–20 mm lg. Sa rötlichbraun (Abb. **117**/2). 0,30–1,40. ⚥ ⅄ 8–10. **Z** z Solitär, Gehölzgruppen, Naturgärten; V Kaltkeimer ⚘ ☾, schwach giftig (warmes bis warmgemäß. südöstl. N-Am.: nordexponierte Kalkschuttfluren, Bach- u. Flussufer, Schluchten, 300–900 m).    **Appalachen-S.** – *C. rubifolia* KEARNEY

**5** (3) B 1geschlechtig, 2häusig verteilt. ♂ B auffällig, ♀ B unscheinbar. NektarBl gegabelt, ihre Äste keulig. FrBl 4–7. BStand mit Tochterachsen 1.–2.Ordnung. 1,00–2.00 m. ⚥ ⅄ 8–9. **Z** s Solitär, Gehölzgruppen, Naturgärten; V Kaltkeimer ⚘ ○ ☾, schwach giftig (O-Sibir., Korea, Mong., N- u. NO-China: Wälder, Waldwiesen. u. -säume, Gebüsche, 300–1200 m – 1835). [*Actaea dahurica* (TURCZ. ex FISCH. et C. A. MEY.) FRANCH.]    **August-S.** – *C. dahurica* (TURCZ. ex FISCH. et C. A. MEY.) MAXIM.

Ähnlich : **Oktober-S.** – *C. simplex* (DC.) WORMSK.: B zwittrig, zuweilen 1geschlechtig. BStand unverzweigt od. zuweilen mit wenigen grundständigen Ästen. NektarBl gegabelt, ihre Äste br lappig, nicht keulig (Abb. **117**/3-**N**), s. **6**.

**5*** B zwittrig. BStand unverzweigt od. mit Tochterachsen meist 1.Ordnung . . . . . . . . **6**

**6** BStand unverzweigt od. zuweilen mit wenigen grundständigen Ästen. BStiel (3–)5–10 (–15) mm lg. FrBl 2–8. Frchen 7–9(–13) mm lg, ihr Stiel nach der BZeit verlängert. (Abb. **117**/3). 0,50–1,00(–1,40). ⚥ ⅄ 9–10. **Z** z Solitär, Gehölzgruppen, Naturgärten; V Kaltkeimer ⚘ (Sorten meist nur ⚘) ☽ ● Standort kühl, Boden humos, frisch; schwach giftig (O-Sibir., O-Mong., Fernost, Japan, Korea, NO- u. Z- China: Waldränder, Gebüsche, Grasfluren, 300–3200 m – 1879 – einige Sorten (Simplex-Gruppe): z.B. 'Braunlaub': Bl im Herbst bräunlich; 'Elstead': BKnospen violett getönt). [*Actaea simplex* (DC.) WORMSK. ex PRANTL, *A. cimicifuga* L. var. *simplex* DC.]    **Oktober-S.** – *C. simplex* (DC.) WORMSK. ex TURCZ.

**6*** BStand verzweigt mit (3–)4–20, an der BStandsachse ± locker verteilten Ästen. BStiel bis 2 mm od. bis 20 mm lg . . . . . . . . . . . . . . . . . . . . . . . . . . . . . . . . . . . . . . **7**

**7** BStiel bis 20 mm lg. NektarBl 2. FrBl 3–8, etwa 5–8 mm lg gestielt. Frchen kahl, 8–17 mm lg. BStand mit etwa 3–10 Ästen. EndBlchen am Grund keilig bis schwach herzfg. 0,60–2,50. ⚥ ⅄ 8–10. **Z** s Solitär, Gehölzgruppen, Naturgärten; V Kaltkeimer ⚘ ☾, schwach giftig (warmgemäß. östl. N-Am.: feuchte, nährstoffreiche Felsen u. Geröllfluren, bewaldete Hänge). [*C. cordifolia* PURSH, *C. racemosa* (L.) NUTT. var. *cordifolia* (PURSH) A. GRAY]    **Amerikanische S.** – *C. americana* MICHX.

**7*** BStiel etwa 2 mm lg. NektarBl meist 4? FrBl 2–5, sitzend od. kurz gestielt. Frchen mit anliegenden Haaren, 8–14 mm lg. BStand mit etwa 3–20 Ästen. BStandsachse ± dicht mit Drüsenhaaren. 1,00–2,00. ⚥ ⅄ 8–10. **Z** s Solitär, Gehölzgruppen, Naturgärten; V Kaltkeimer ⚘ ☾, schwach giftig (Sibir., Kasach., Himal., China, Myanmar: Wälder, Waldsäume, Grasfluren, 1700–3600 m – mehrere Varietäten) [*Actaea cimicifuga* L.]    **Stinkende S.** – *C. foetida* L.

Ähnlich: **Europäische S.** – *C. europaea* SCHIPCZ. [*Actaea europaea* (SCHIPCZ.) J. COMPTON]: BStandsachse ± mit drüsenlosen Haaren, zuweilen mit wenigen Drüsenhaaren. 0,40–1,00(–2,00). ⚥ ⅄ 7–8. **Z** s Solitär, Gehölzgruppen, Naturgärten; V Kaltkeimer ⚘ ☾, schwach giftig (östl. M-Eur., SO-Eur.: LaubW, Gebüsche, Schluchten – eng mit *C. foetida* verwandt, ob eigenständige Art?).

## Christophskraut – *Actaea* L.    8 Arten

**1** Fr schwarz od. purpurschwarz . . . . . . . . . . . . . . . . . . . . . . . . . . . . . . . . . . . . . . . **2**
**1*** Fr weiß od. rot . . . . . . . . . . . . . . . . . . . . . . . . . . . . . . . . . . . . . . . . . . . . . . . . . . . . . **3**
**2** FrStiel nicht verdickt. B 8–10 mm ∅. Fr 6–10 mm ∅. 0,30–0,60. ⚥ ⅄ 5–6. **W. Z** s Gehölzgruppen ⚘; V Kaltkeimer ⚘ ☽ ● ⊕, schwach giftig (Varietäten: var. *spicata* [*A. nigra* (L.) GAERTN., B. MEY. et SCHERB.]: Blchen eifg-elliptisch, spitz (warmgemäß. bis kühles Eur., W-Sibir.: Schlucht- u. HangW, kalkreiche Buchen- u. TannenW, Gebüsche, Hochstaudenfluren, kalkhold – 1596); var. *acuminata* (WALL. ex ROYLE) GÜRKE [*A. acuminata* WALL. ex ROYLE, *A. spicata* f. *acuminata* (WALL. ex ROYLE) HUTH]: Blchen lanzettlich, zugespitzt (N-Pakistan, Bhutan, Sikkim, Indien: Kaschmir, Himachal Pradesh: Wälder, Lichtungen in NadelW, 1000–2400 m)).    **Schwarzfrüchtiges Ch.** – *A. spicata* L.

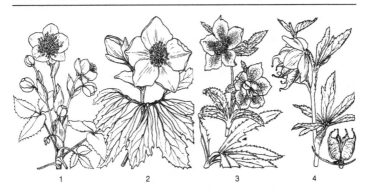

1         2         3         4

**2\*** FrStiel verdickt, fleischig. B bis 6 mm ⌀. Fr bis 6 mm ⌀. ⁴ ⅄ 5–6. **Z** s Gehölzgruppen ⚘;
V Kaltkeimer ❦ ◖ ● (Japan, Korea, Fernost, China: sommergrüne Wälder, bis 2000 m).
**Asiatisches Ch.** – *A. asiatica* H. HARA

**3** **(1)** FrStiel nicht verdickt, 0,3–0,7 mm ⌀, dünner als die BStandsachse. Narbe nicht so
br wie der FrKn. Fr rot (f. *rubra*), Fr weiß (f. *neglecta* (GILLMAN) B. L. ROB.). 0,40–0,80.
⁴ ⅄ 5–6. **Z** s Gehölzgruppen, Staudenbeete ⚘; V Kaltkeimer ❦ ◖ ●, giftig (N- u. NO-
Eur., gemäß. bis kühles As., warmes bis kühles N-Am.: Wälder, Gebüsche, Bachufer –
1635). [*A. spicata* var. *erythrocarpa* FISCH.] **Rotes Ch.** – *A. rubra* (AITON) WILLD.

**3\*** FrStiel verdickt, fleischig, (0,7–)0,9–2,2(–3) mm ⌀, so dick wie die BStandsachse.
Narbe so br wie der FrKn od. breiter. Fr weiß (f. *pachypoda*), Fr rot (f. *rubrocarpa* (KILLIP
ex HOUSE) FERNALD). (Abb. **117**/4). 0,60–0,90. ⁴ ⅄ 5–6. **Z** s Gehölzgruppen, Stauden-
beete ⚘; V Kaltkeimer ◖ ●, giftig (O-Kanada, östl., südöstl. u. mittlere USA: Wälder,
Gebüsche, bis 500 m – Anfang 18.Jh.). **Dickstieliges Ch.** – *A. pachypoda* ELLIOTT

**Nieswurz, Christrose** – *Helleborus* L.         20 Arten

Lit.: AHLBURG, M. 1989: *Helleborus*. Stuttgart. – MATHEW, B. 1989: Hellebores. Alpine Garden Society.
Woking. – WERNER, K., EBEL, F. 1994: Zur Lebensgeschichte der Gattung *Helleborus* L. (*Ranuncula-
ceae*). Flora **189**: 97–130.

**1** Stg mit LaubBl u. ∞ B in endständiger Rispe, gestreckt den Winter überdauernd.
GrundBl fehlend . . . . . . . . . . . . . . . . . . . . . . . . . . . . . . . . . . . . . . . . . . . **2**

**1\*** Stg blattlos (Schaft), nur mit HochBl u. 1–7 B. LaubBl grundständig . . . . . . . . . . . **3**

**2** Bl fußfg geschnitten, mit 7–11 schmal lanzettlichen Zipfeln. BHülle glockig, hellgrün mit
rötlichem Rand. 0,30–0,80. ⁴ i kurzlebig (12–)3–5. **W. Z** z Gehölzgruppen, Parks;
früher HeilPfl; V Selbstaussaat ◖ ●, giftig (warmes bis warmgemäß. SW-, W- u. M-Eur.:
sommer- u. immergrüne LaubW, Waldsäume, Trockengebüsche; trockne bis frische,
steinige u. lehmige, kalkreiche, neutrale u. mäßig saure Böden in wintermilder Lage –
1594 – ▽). **Stinkende N.** – *H. foetidus* L.

**2\*** Bl 3zählig, mit elliptischen bis eifg-elliptischen, scharf gesägten Blchen. engnervig.
BHülle flach ausgebreitet, bleichgrün (Abb. **119**/1). 0,40–0,90. ⁴ i ⅄ 3–5. **Z** z im W u.
S, sonst s, Gehölzgruppen △; V ◖ ⊕ ∧, giftig (Korsika, Sardinien: lichte BergW, mont.
u. subalp. Gebüsche u. Felsfluren, in tieferen Lagen Bachschluchten, (0–)1000–1600
(–2300) m). [*H. corsicus* WILLD. nom. nud., *H. lividus* AITON subsp. *corsicus* (BRIQ.) P.
FOURN.] **Korsische N.** – *H. argutifolius* VIV.

Ähnlich: **Mallorquinische N.** – *H. lividus* AITON: Blchen ± ganzrandig (nur in der Jugend stärker
gezähnt), oseits marmoriert durch silberweiße Nervatur, lockernervig. 0,20–0,50(–0,65).
⁴ i ⅄ 12–4. **Z** s ⒶA △ V ◖; ∧Dränage (Mallorca, Cabrera: nordexponierte Stellen auf frischen, stei-
nigen Böden u. in Fels- u. Mauernischen von Bachschluchten).

**3 (1)** HochBl unzerteilt u. ganzrandig, höchstens das unterste 3spitzig. B 1–2(–3), weiß bis rosa (Abb. **119**/2). 0,15–0,30. ⚄ i ⚘ (10–)12–3. **W. Z** v Gehölzgruppen, Staudenbeete, Rabatten △ ⚘; ⚘ ☽ ● ⊕, giftig (S- u. O-Alpen, N-It., Slowen., N- Kroat.: Fichten-, Kiefern-, Flaumeichen- u. BuchenW; auf trocknen bis frischen, meist kalkhaltigen, humosen, lockren Stein- u. Lehmböden, 400–1800(–2300) m – 2 Unterarten: **Frühe Christrose** – subsp. *niger.* LaubBl glänzend dunkelgrün, B 6–8 cm ⌀, BZeit (10–)11–1; **Großblütige Christrose** – subsp. *macranthus* (FREYN) SCHIFFN.: LaubBl matt bläulichgrün, B 8–11 cm ⌀, BZeit 12–3 (S-Alpen) – 830 – ▽). **Schwarze N., Christrose** – *H. niger* L.

**3\*** HochBl (zumindest untere) 3–5teilig u. gesägt. B (1–)3–7 . . . . . . . . . . . . . . . . . . **4**

**4** Frchen am Grund deutlich (bis zu etwa ¹/₄ ihrer Länge) verwachsen. BHülle grün bis gelblichgrün, nie rot gepunktet. GrundBl ledrig, teilweise überwinternd, useits flaumig. B duftend, 5–7 cm ⌀. (Abb. **119**/4). 0,20–0,40. ⚄ i ⚘ 2–3. **Z** s Gehölzgruppen △; ⚘ V ○ ☽ ⊕, giftig (N-It., Slowen., Kroat., Serb., Bosn., Rum., Bulg., S-Ung.: lichte BergW, Waldränder, Gebüsche, besonders auf Kalk, bis 1700 m – 1809).

Wohlriechende N. – H. odorus WALDST. et KIT.

Ähnlich: **Grüne N. –** *H. viridis* L.: GrundBl derb krautig, nicht überwinternd, kahl od. useits locker flaumig. B nicht duftend, 4–5 cm ⌀. 0,15–0,40. ⚄ ⚘ 3–4. **W. Z** s Gehölzgruppen; früher HeilPfl; ⚘ V ☽, giftig (warmgemäß. W- u. M-Eur.: Buchen- u. HainbuchenW, kalkhold, bis 1600 m (Alpen), bis 2400 m (Pyr.) – 2 Unterarten – ▽).

**4\*** Frchen frei u. sehr kurz gestielt. BHülle weiß bis purpurrot, selten grünlich, zuweilen rot punktiert. GrundBl ledrig, überwinternd, kahl od. useits locker flaumig, oft purpurn überlaufen. 0,20–0,60. ⚄ i ⚘ (12–)3–4. **Z** z Gehölzgruppen ⚘; ⚘ V ☽, giftig (O-Griech., N-Türkei, Kauk.: LaubW, NadelW, Gebüsche, bis 2200 m – 1837 – 3 Unterarten (untereinander u. mit anderen Arten leicht Hybr bildend, daher kaum rein kult): subsp. *orientalis* [*H. olympicus* LINDL., *H. caucasicus* A. BRAUN, *H. kochii* SCHIFFN.]: BHülle cremeweiß od. grünlichweiß; subsp. *guttatus* (A. BRAUN et SAUER) B. MATHEW [*H. guttatus* A. BRAUN et SAUER] (Abb. **119**/3): BHülle weiß, oseits purpurn gepunktet; subsp. *abchasicus* (A. BRAUN) B. MATHEW [*H. abchasicus* A. BRAUN, *H. colchicus* REGEL): BHülle purpurrot. – Hybr: Die aus den schaftbildenden *Helleborus*-Arten hervorgegangenen Hybr werden, unabhängig von der Einbeziehung von *H. orientalis* als Kreuzungspartner, als „Orientalis-Hybriden" [*H. × hybridus* hort.] bezeichnet; hierher gehören ∞ Sorten: B weiß, cremefarben, rosa, purpurrot, schwarzpurpurn, blauschwarz, bläulichgrünlich, oft rot gepunktet, auch halbgefüllt). **Orientalische N. – *H. orientalis* LAM.**

**Winterling, Winterstern** – *Eranthis* SALISB.                                    8 Arten

Sprossknollenstaude mit einem grundständigen, lg gestielten, handfg geteilten LaubBl u. einem 1blütigen BStg mit 3 blütennahen handfg geteilten HochBl. BHüllBl 6, in 2 Kreisen. NektarBl 6, schlank-becherfg, 2lippig, grünlichgelb. (Abb. **120**/2a,b). 0,05–0,15. ⚄ ☽

1                                        2                                        3

2–4. **W. Z** z Gehölzgruppen, Parks, Rasenflächen; Ⅴ Kaltkeimer, Selbstaussaat Ⓨ ☾ ●
⊕, giftig (S-Frankr., N- u. M-It., Balkan, Türkei, N-Irak, Afgh.: frische LaubmischW,
Hecken, Parks, Weinberge, Friedhöfe; eingeb. in M- u. W-Eur., N-Am. – 1570 – variabel:
nach jüngeren Autoren ist die 1854 von Schott und Kotschy beschriebene *E. cilicica*
Bestandteil von *E. hyemalis*). [*Helleborus hyemalis* L., *E. cilicica* Schott et Kotschy].
**Winterling** – *E. hyemalis* (L.) Salisb.

**Muschelblümchen** – *Isopyrum* L.                                   4 Arten

Untere StgBl doppelt 3zählig. B in den Achseln einfacher TragBl. BHüllBl (4–)5–6, weiß,
3eckig-herzfg, 8–10 mm lg. NektarBl 5, etwa 2 mm lg u. br (Abb. **120**/3). 0,10–0,30. ♃
Ⅹ 3–5. **Z** s Gehölzgruppen ☐; Ⅴ Kaltkeimer Ⓨ ☾ kalkhaltiger Laubhumusboden (Pyr.,
S-Frankr., südl. M-Eur., M-It., SO-Eur.: AuenW, schattige, feuchte LaubW, Gebüsche,
Schluchten – 1759).                          **Wiesenrauten-M.** – *I. thalictroides* L.

**Paraquilegia** – *Paraquilegia* J. R. Drumm. et Hutch.                5 Arten

1  BStg u. Bl dicht drüsenhaarig. Bl 3zählig. BHüllBl purpurrot bis rosa, 12 × 7 mm, läng-
   lich. FrBl 3–7(–8). 0,04–0,06. ♃ 6. **Z** s △ ⒶⒶ; Ⓨ ☾ Dränage (Iran, Afgh., Kaschmir,
   Pamir-Alai, Tienschan, NW-China: Felsfluren, Kiesfluren, 2500–4800 m).
                    **Rasenbildende P.** – *P. caespitosa* (Boiss. et Hohen.) J. R. Drumm. et Hutch.
1* BStg u. Bl kahl. B 2fach 3zählig. BHüllBl bläulich bis weiß, 13 × 8 mm, br elliptisch
   bis verkehrteifg. FrBl 4 od. 5. Sa runzlig. Bis 0,25. ♃ 6–7. **Z** s △ ⒶⒶ; Ⓨ ○ ☾ Dränage ⊕
   (Iran, Afgh., Pakistan, Pamir-Alai, Tienschan, Bhutan, Kaschmir, W- u. Z-China,
   2600–3400 m: alp. Matten, Felsen u. Felsfugen, 2600–3400 m). [*Aquilegia anemo-
   noides* Willd., *P. grandiflora* (Fisch. ex DC.) J. R. Drumm.]

Ähnlich: **Kleinblättrige P.** – *P. microphylla* (Royle) J. R. Drumm. et Hutch.: Sa glatt, schmal geflügelt.
BHüllBl blass lavendelblau, selten weiß, 14–25 × 9–15 mm. 0,03–0,18. ♃ 6–8. **Z** s △ ⒶⒶ; Ⅴ ○ ☾ Dränage
⊕ (W- u. O-Sibir., Pamir-Alai, Tienschan, Iran, N-Pakistan, Mong., Sikkim, Nepal, W- u. Z-China:
Felsen, Felsfugen, 2700–4300 m).

**Scheinakelei** – *Semiaquilegia* Makino                              1 Art

Wurzel knollig verdickt. Bl 3zählig. B endständig, nickend. BHüllBl weiß, oft purpurn
getönt, schmal elliptisch, 4–6 × 1,2–1,5 mm. NektarBl spatelfg, 2,5–3,5 mm lg, mit kur-
zem, sackartigem Sporn. StaubBl 8–14. Staminodien lineal-lanzettlich, weiß. FrBl 2–5.
Griffel ¹/₅–¹/₆ so lg wie das FrBl. 0,10–0,32. ♃ 4–5. **Z** s △; Ⅴ ☾ (Japan, Korea, China:
Wälder, feuchte u. schattige Orte, 100–1100 m). [*Isopyrum adoxoides* DC., *Semiaqui-
legia adoxoides* DC. var. *grandis* D. Q. Wang]
                    **Moschuskrautähnliche Sch.** – *S. adoxoides* (DC.) Makino

**Akelei** – *Aquilegia* L.                                           80 Arten

Lit.: Munz, P. A. 1946: *Aquilegia* – The cultivated and wild columbines. Gentes Herbarum **4**, 1–150.
– Nold, R. 2003: Columbines – *Aquilegia*, *Paraquilegia* and *Semiaquilegia*. Portland, Cambridge.

Bem.: BBau: vgl. Abb. **122**/3; **126**/2.

1  Sporn fehlend od. sackartig, < 3 mm lg . . . . . . . . . . . . . . . . . . . . . . . . . . . . . . . . . . 2
1* Sporn vorhanden, nicht sackartig . . . . . . . . . . . . . . . . . . . . . . . . . . . . . . . . . . . . . . 3
2  B nickend, in verschiedenen Farben. Staminodien stumpf. Staubbeutel gelb.
                    **Gewöhnliche A.** – *A. vulgaris* L.: ∞ Sorten, s. **15***
2* B aufrecht, zuweilen nickend, weinrot bis purpurn, zuweilen fast weiß. Staminodien ±
   spitz. Staubbeutel dunkel. BHüllBl 10–14 × 4–6 mm. NektarBl fast so lg wie die BHüllBl,
   fast aufgerichtet. StaubBl ¹/₂ so lg wie die NektarBl. (Abb. **122**/1). 0,20–0,60(–0,80).
   ♃ 6–7. **Z** s △ Gehölzränder; Ⅴ Lichtkeimer ☾ Dränage (Z- u. SO-China: Wälder,
   Gebüsche, Grasfluren, Straßenränder, 1800–3500 m – 1915).
                    **Spornlose A.** – *A. ecalcarata* Maxim.
3  (1) Sporn am Ende hakig (Abb. **126**/2) . . . . . . . . . . . . . . . . . . . . . . . . . . . . . . . . . 4
3* Sporn gerade od. gebogen, am Ende nicht hakig (Abb. **122**/3) . . . . . . . . . . . . . . 16

**4** B gelb. BHüllBl 20–30 × 10–15 mm. Platte der NektarBl 15–20 × 10–12 mm. Sporn 13–15 mm lg, am Grund 4 mm ⌀. StaubBl kürzer als die Platte. Staubbeutel gelb. 0,10– 0,40. ⅔ 5–7. **Z** s △; ∀ ◖ ○ (Bulg., Mazed.: Blockfluren in Bachnähe, *Juniperus nana*-Bestände, steinige Matten, 500–2500 m).        **Gold-A.** – *A. aurea* Janka

Ähnlich: **Gelbliche A.** – *A. flavescens* S. Watson: BHüllBl 12–22 × 5–8 mm. Platte 6–10 mm lg. StaubBl die Platte überragend. 0,20–0,70. ⅔ 6–8. s. **19.**

**4*** B nicht gelb  . . . . . . . . . . . . . . . . . . . . . . . . . . . . . . . . . . . . . . . . . . . . . . . . . . . . . . **5**
**5** FrBl kahl . . . . . . . . . . . . . . . . . . . . . . . . . . . . . . . . . . . . . . . . . . . . . . . . . . . . . . . . . . **6**
**5*** FrBl behaart . . . . . . . . . . . . . . . . . . . . . . . . . . . . . . . . . . . . . . . . . . . . . . . . . . . . . . . **8**
**6** BHüllBl 8–12(–18) mm lg, blau. Platte 7–8(–10) mm lg, gelblich. Frchen 7–10 mm lg. Sporn 3–7(–9) mm lg, blau. StaubBl etwa so lg wie die Platte. Staubbeutel gelb. 0,05–0,25. ⅔ 7–8. **Z** s △; ∀ Lichtkeimer ○ Ostlagen, Dränage (USA: Colorado, O-Utah: subalp. u. alp. Felshänge u. -wände, 3300–4000 m).        **Niedrige A.** – *A. saximontana* Rydb.
**6*** BHüllBl 15–30 cm lg. Platte 10–16 mm lg. Frchen 15–30 mm lg  . . . . . . . . . . . . . . . . **7**
**7** BStg fast od. ganz blattlos, mit Ausnahme weniger endständiger HochBl. BStiele kahl. B nickend. BHüllBl 20–30 × 10–17 mm, blau od. weinrot. Platte blau (var. *concolor* Regel) od. weißlich (var. *discolor* Regel), 10–13 mm lg. Sporn 5–15 × 3–5 mm ⌀ am Grund. StaubBl fast so lg wie die Platte. Staubbeutel gelb. 0,25–0,70. ⅔ 5–7(–8). **Z** s Gehölzgruppen △; ∀ ◖ ○ Dränage (W- u. O-Sibir., Z-As.: Lärchen- u. BirkenW, Block-halden, Bachufer – 1806).        **Sibirische A.** – *A. sibirica* Lam.
**7*** BStg mit 1–3 Bl. BStiele drüsig behaart. B nickend. BHüllBl 20–30 × 15–20 mm, blau-purpurn bis lila. Platte blau od. violett, mit hellgelber Spitze, 13–16 mm lg. Sporn 8–20 × 4–5 mm ⌀ am Grund, blau. StaubBl kürzer als die Platte. Staubbeutel dunkel. 0,15–0,45. ⅔ 6–7; **Z** s △ Staudenbeete, Gehölzgruppen (var. *flabellata*), △ (var. *pumila*); ∀ ◖ Dränage (Sachalin, Kurilen, N-Japan: BergW – 1887 – Varietäten: **Kurilen-A.** – var. *flabellata*: Sorten: z. B. 'Nana Alba': B weiß od. cremeweiß; 'Nana Alba Plena': B gefüllt, cremeweiß; **Zwerg-A.** – var. *pumila* (Huth) Kudô: BHüllBl 15–20 × 10–13 mm, Platte 10–12 mm lg, Sporn etwa 13 mm lg, Pfl oft nur 8–20 cm hoch, Sorten: 'Kurilensis Rosea': B rosa, Bl rötlichviolett; 'Dwarf Rebun Form': B blauweiß).
                                    **Kurilen-A.** – *A. flabellata* Siebold et Zucc.
**8** (5) Sporn kürzer als die Platte  . . . . . . . . . . . . . . . . . . . . . . . . . . . . . . . . . . . . . . . . . **9**
**8*** Sporn so lg wie die Platte od. länger . . . . . . . . . . . . . . . . . . . . . . . . . . . . . . . . . . . . **11**
**9** BHüllBl 20–45 × 15–25 mm, gewimpert, lilablau. B fast aufrecht. Platte 15–25 × 10–15 mm, violettblau bis weiß. Sporn 5–12 × 3–4 mm ⌀ am Grund, blau. StaubBl kürzer als die Platte. Staubbeutel gelb. Frchen 6–12, 20–30 mm lg. 0,10–0,40(–0,60). ⅔ 5–6. **Z** s Gehölzgruppen △; ∀ Lichtkeimer ○ ◖ (W-Sibir.: Altai; O-Sibir., östl. M-As.: Wiesen, Felsfluren, Bachufer, KiefernW, 1900–2700 m – 1818 – 2 Varietäten).
                                       **Drüsige A.** – *A. glandulosa* Fisch. ex Link

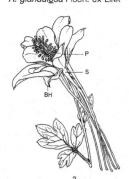

1                                  2                                  3

**9\*** BHüllBl 9–15 mm lg. B nickend  . . . . . . . . . . . . . . . . . . . . . . . . . . . . . . . . . . . . **10**
**10** HüllBl u. Platte weißlich. Platte 10–12(–15) mm lg. Sporn 5–8 mm lg, weiß. StaubBl
etwa so lg wie die Platte. Staubbeutel gelb. Frchen 10–14 mm lg. 0,05–0,25. ⚥ 6–7.
**Z** s △; v ○ ≈ ⊖ Dränage (USA: Wyoming: Granitfelsspalten, 2000–2500 m).
**Laramie-A., Wyoming-A.** – *A. laramiensis* A. NELSON
**10\*** BHüllBl blau. Platte gelblich, 7–8(–10) mm lg. Sporn 3–7(–9) mm lg, blau. StaubBl etwa
so lg wie die Platte. Staubbeutel gelb. Frchen 7–10 mm lg. 0,05–0,30. ⚥ 7–8.
**Niedrige A.** – *A. saximontana* RYDB., s. **6**
**11** **(8)** B 2farbig. BHüllBl blau bis purpurn, 20–45 × 13–20 mm; Platte weißlich, 14– 20 mm
lg. Sporn 15–20 × 5–9 mm ⌀ am Grund, blau bis purpurn. StaubBl etwa so lg wie die
Platte. Staubbeutel dunkel. Frchen 5–8, 20–30 mm lg. 0,30–0,50(–0,80). ⚥ 5. **Z** s △
Gehölzränder; v ◑ ≈ (Kauk., Transkauk., N-Türkei, N-Iran: Wälder, Gebüsche, feuchte
Wiesen, 1220–3645 m – 1896).         **Kaukasische A.** – *A. olympica* BOISS.

Ähnlich: **Balkanische A.** – *A. ottonis* BOISS. subsp. *amaliae* (HELDR. ex BOISS.) STRID: Platte 13–14 mm
lg. Sporn 13–14 mm lg. BHüllBl hell blauviolett. Staubbeutel gelb. Frchen etwa 12 mm lg. 0,20–0,30.
⚥ 5–8. s. **28**.

**11\*** B einfarbig: BHüllBl u. NektarBl (Sporn + Platte) gleichfarbig  . . . . . . . . . . . . . . . . . **12**
**12** StaubBl die Platte um (3–)5–9 mm überragend. Stg oberwärts meist drüsenlos. B pur-
purn bis schwarzviolett. BHüllBl 15–24 × 8–9 mm. Platte 8–12 × 7–9 mm. Sporn 10–15
× 4 mm ⌀ am Grund. (Abb.**126**/2). 0,30–0,70. ⚥ Rübe 6–7. **W**. **Z** s Gehölzränder,
Staudenbeete; v Lichtkeimer ◑ ⊕ (warmgemäß. subozeanische Eur.: sommerwarme
GebirgsnadelW, Gebüsche,Waldsäume, Moorwiesen, kalkhold – ▽).
**Schwarzviolette A.** – *A. atrata* W. D. J. KOCH

Ähnlich: **Dunkle A.** – *A. nigricans* BAUMG. [*A. vulgaris* var. *nigricans* (BAUMG.) SCHUR]: StaubBl so lg
wie die Platte od. diese bis zu 2,5 mm überragend. Stg oberwärts dicht drüsenhaarig. B dunkel blau-
violett. BHüllBl 25–35 × 10–12 mm. Platte 11–14 × 8–10 mm. Sporn 13–15 × 5–6 mm ⌀ am Grund.
0,30–0,60. ⚥ 5–7. **Z** s Gehölzränder; v ◑ ⊕ Dränage (SO-Alpen, Balkan: mont. bis subalp. steinige
Abhänge, Felsen, Waldschluchten, kalkliebend).

**12\*** StaubBl die Platte nicht od. kaum überragend  . . . . . . . . . . . . . . . . . . . . . . . . . . . . **13**
**13** BHüllBl 14–22 mm br, meist 25–45 mm lg. Platte 14–20 mm lg  . . . . . . . . . . . . . . **14**
**13\*** BHüllBl 6–14 mm br, meist 15–30 mm lg. Platte 9–14 mm lg  . . . . . . . . . . . . . . . . **15**
**14** BHüllBl blau bis purpurn, 20–45 × 13–20 mm. Platte weißlich, 14–20 mm lg. Sporn
15–20 × 5–9 mm ⌀ am Grund. StaubBl etwa so lg wie die Platte. Staubbeutel dunkel.
0,30–0,60(–0,80). ⚥ 5.         **Kaukasische A.** – *A. olympica* BOISS., s. **11**
**14\*** BHüllBl blau, 30–45 × 14–22 mm. Platte 14–17 mm lg. Sporn 18–25 × 6–7 mm ⌀ am
Grund, gerade bis stark gebogen. StaubBl kürzer als die Platte. Staubbeutel gelb.
0,15–0,50(–0,80). ⚥ 6–8. **Z** s △ Gehölzränder; v Lichtkeimer ◑ Dränage ⊕, heikel
(W-Alpen, nördl. Apennin: (montane–)subalp.(–alp.) feuchte kalkhaltige Wiesen,
Gebüsche – 1731 – in Kultur oft mit einigen Sorten von *A. vulgaris* verwechselt, z.B. mit
'Superba' u. 'Hensol Harebell').         **Alpen-A.** – *A. alpina* L.
**15** **(13)** Sporn 10–14 × 3–4 mm ⌀ am Grund. BStg 1–3blütig. B violettblau. BHüllBl 18–33
× 9–14(–18) mm. Platte 10–14 × 6–8 mm. StaubBl kürzer als die Platte. Staubbeutel
gelb. Staminodien spitz. Frchen etwa 12 mm lg, behaart. 0,10–0,30. ⚥ 4– 5; **Z** s △;
v ○ ⊕ Dränage, Schutz gegen Winternässe (SO-Frankr., NW-It., Slowen.: Kalkfelsen,
800–1800 m).         **Bertoloni-A.** – *A. bertolonii* SCHOTT
**15\*** Sporn 15–22 × 7–9 mm ⌀ am Grund. BStg 3–12blütig. B violettblau, zuweilen rosa od.
weiß. BHüllBl 18–25 × 10–12 mm. Platte 10–13 × 0–12 mm. StaubBl so lg wie die Platte
od. bis zu 2–3 mm länger. Staubbeutel gelb bis dunkel. Staminodien stumpf. Frchen
15–25 mm lg, drüsenhaarig. (Abb. **126**/1). 0,40–0,80. ⚥ Rübe, kurzlebig 5–7. **W**. **Z** v
Staudenbeete, Gehölzgruppen ⚥ ; v Selbstaussaat Lichtkeimer ○ ◑ ⊕ (warmes bis
warmgemäß. subozeanisches Eur.: sommerwarme, lichte LaubmischW, Gebüsche,
Hecken, Wiesen, Halbtrockenrasen, kalkhold, bis 2150 m – 1470 – variabel – ∞ Sorten:

Bl grün, gelb od. panaschiert; B einfach od. ± gefüllt, ohne (var. *stellata* SCHUR) od. mit Sporn, 1farbig (blau, rosa, hellgelb od. weiß) od. 2farbig (blau mit weiß, rosa mit rot, rot mit weiß) – ▽). **Gewöhnliche A.** – *A. vulgaris* L.
16 **(3)** B rot od. gelb, od. rot u. gelb, nickend .............................. 17
16* B nicht rot od. gelb, nickend od. aufrecht; wenn B gelb, dann B aufrecht ........ 22
17 StaubBl kürzer als die Platte. B gelb.
              **Japanische A.** – *A. buergeriana* SIEBOLD et ZUCC. f. *flavescens* MAKINO, s. 28*
17* StaubBl die Platte überragend ......................................... 18
18 BHüllBl horizontal ausgebreitet od. zurückgebogen ....................... 19
18* BHüllBl aufrecht od. aufrecht abstehend, nicht horizontal ausgebreitet, meist kürzer als der Sporn ...................................................... 21
19 Platte 6–10 mm lg. B gelb. BHüllBl 12–22 × 5–8 mm. Sporn 6–18 mm lg. StaubBl die Platte um 5–10 mm überragend. 0,20–0,70. ♃ 6–8. **Z** s △ Gehölzränder; **V** ◖ (warmgemäß. bis gemäß. westl. N-Am.: feuchte Bergwiesen, 1300–3500 m – 2 Varietäten).
              **Gelbliche A.** – *A. flavescens* S. WATSON
19* Platte 0–6 mm lg. B rot u. gelb ......................................... 20
20 GrundBl 2fach 3zählig. Blchen 2–5 cm lg, oseits grün, Platte 0–6 mm lg, gelb. BHüllBl meist 10–26 × 4–9 mm, rot. Sporn 13–21 mm lg, rot. (0,15–)0,30–1,00. ♃ 4–8. **Z** z Gehölzgruppen ⚥; **V** Lichtkeimer ◖ ≈ (warmes bis kühles westl. N-Am.: Wälder, 0–2500 m – weitere Varietäten: var. *truncata* (FISCH. et C. A. MEY.) BAKER: Platte 0–3 mm lg, Stg u. BlStiele kahl od. spärlich behaart (USA: Kalif., Nevada, Oregon: Wälder u. Gebüsche, 0–3500 m); var. *hypolasia* (GREENE) MUNZ: Platte 0–3 mm lg, Stg u. BlStiele dicht behaart (USA: Kalif., Mex.: Baja Kalif.: Wälder u. Gebüsche, 0–2000 m).
              **Schöne A.** – *A. formosa* FISCH. ex DC. var. *formosa*
20* GrundBl meist 3fach 3zählig. Blchen 0,5–3cm lg, beidseits blaugrün. Platte 2–5 mm lg, gelb. BHüllBl 10–20 × 4–8 mm, rot, zuweilen partiell gelb od. grün. Sporn 12–25(–30) mm lg, rot od. rosa. 0,40–1,00. ♃ 4–8. **Z** s Gehölzgruppen; **V** ◖ ≈ Dränage (USA: Kalif., Nevada: feuchte Orte in trocknen Wäldern, Gebüsche, 1200–2700 m).
              **Shockley-A.** – *A. shockleyi* EASTW.
21 **(18)** Blchen bis 17–52 mm lg, oseits grün. Platte hellgelb od. gelbgrün, 5–9 mm lg. BHüllBl 8–18 × 3–8 mm, rot, auch grünspitzig. Sporn rot, 13–25 mm lg. 0,15–0,90. ♃ 5–6. **Z** z Gehölzränder; **V** Lichtkeimer ◖ Dränage (warmes bis gemäß. N-Am.: Wälder, Waldränder, Felsen, 0–1600 m – 1635 – einige Sorten: z. B. 'Nana': Pfl niedrig; 'Corbett': B zitronenfarben). **Rote A.** – *A. canadensis* L.
21* Blchen bis 9–26(–32) mm lg, beidseits blaugrün. Platte gelb od. rot u. gelb, 4–12 mm lg. BHüllBl 7–20 × 3–8 mm, rot, auch gelbgrünspitzig. Sporn rot, 16–32 mm lg. 0,15–0,60. ♃ 5–10. **Z** s △; **V** ○ Dränage (USA: Arizona, New Mex., Utah: offne felsige Orte, 2000–2500 m). **Einöde-A.** – *A. desertorum* (M. E. JONES) A. HELLER
22 **(16)** Sporn 25–180 mm lg. B aufrecht .................................. 23
22* Sporn < 25 mm lg ...................................................... 27
23 BHüllBl u. Sporn blau, weiß, rosa od. rötlichpurprn ....................... 24
23* BHüllBl u. Sporn gelb, cremefarben od. gelb bis rosa ..................... 25
24 Blchen beidseits blaugrün, 5–14 mm br, dicht gedrängt. Sporn 25–40 mm lg, blau bis weiß od. rötlichpurprn. BHüllBl blau bis weiß, zuweilen rötlichpurprn, 13–22 × 4–10 mm. Frchen 10–18 mm lg. 0,05–0,30. ♃ 5–6. **Z** s △ ⊛; **V** ○ Dränage, Schutz gegen Winternässe (USA: Nevada, Utah: Felshänge, Wälder, Wiesen, 2000–3500 m). [*A. scopulorum* var. *calcarea* (M. E. JONES) MUNZ] **Felsen-A.** – *A. scopulorum* TIDESTR.
24* Blchen oseits grün, 13–42(–61) mm br, nicht gedrängt. Sporn 28–72 mm lg, weiß, blau, zuweilen rosa. BHüllBl weiß, blau, zuweilen rosa, 26–51 × 8–23 mm. Frchen 20–30 mm lg. (Abb. **122**/2). 0,15–0,80. ♃ 5–6. **Z** v △ Rabatten, Staudenbeete ⚥; **V** ○ Boden durchlässig, aber wasserhaltend, Nässeschutz in winterfeuchten Gebieten (1846 – 4 Varietäten – Hybr mit verschiedensten Arten: **Aquilegia-Hybriden** – *A.* × *cultorum* BERGMANS, *A.* × *hybrida* hort). **Rocky-Mountains-A.** – *A. caerulea* E. JAMES

**25** **(23)** Sporn 25–40 mm lg, cremefarben bis gelb od. rosa. BHüllBl cremefarben bis gelb od. rosa, (15–)20–25 mm lg. Frchen 20–25 mm lg. 0,20–0,50. ♃ 6–8. **Z** s △; **V** Lichtkeimer ◑ Dränage (USA: Kalif.: offne Felsen, 3000–4000 m).
**Kalifornische A.** – *A. pubescens* COVILLE
**25\*** Sporn 42–180 mm lg . . . . . . . . . . . . . . . . . . . . . . . . . . . . . . . . . . . . . . . . . . . **26**
**26** Sporn 72–180 mm lg. Platte spatelfg, hellgelb, 15–30 × 7–11 mm. BHüllBl hellgelb, 25–40 × 6–11 mm. Frchen 24–31 mm lg. (Abb. **122**/3). 0,25–0,90. ♃ 6–7. **Z** s Gehölzränder; **V** ○ Ostseiten ≈ Dränage (USA: Arizona, Texas, New Mex.: feuchte Felsen in Canyons, Orte in Flussnähe, 1370–1520 m – neigt leicht zum Hybridisieren).
**Langsporn-A.** – *A. longissima* A. GRAY ex S. WATSON
**26\*** Sporn 42–70 mm lg. Platte länglich, gelb, 13–23 × 6–15 mm. BHüllBl gelb, 20–36 × 5–10 mm. Frchen 18–30 mm lg. 0,30–1,20. ♃ 6–8. **Z** z Gehölzränder; **V** Lichtkeimer ◑ Dränage (USA: Arizona, Colorado, New Mex., Texas, Utah: feuchte Orte in Canyons, 100–3500 m – 1873 – Hybr mit *A. longissima* – einige Sorten).
**Goldsporn-A.** – *A. chrysantha* A. GRAY
**27** **(22)** B deutlich 2farbig, Platte viel heller als die BHüllBl . . . . . . . . . . . . . . . . . . . . **28**
**27\*** B 1farbig, Platte u. BHüllBl ± gleichfarbig . . . . . . . . . . . . . . . . . . . . . . . . . . . . . . . **29**
**28** Sporn u. Platte fast gleich lg. BHüllBl 18 × 8–9 mm, hell blauviolett. Platte 13–14 × 8 mm, weiß. Sporn gebogen, 13–14 mm lg, hellviolett. StaubBl etwa so lg wie die Platte. Staubbeutel gelb. 0,20–0,30. ♃ 5–8. **Z** s △; **V** ◑ ⊕ Dränage (Balkan: nasse Felsspalten, Blockschuttfluren, auf Kalktuff, (400–)900–2300 m). [*A. amaliae* HELDR. ex BOISS.]
**Balkanische A.** – *A. ottonis* BOISS. subsp. *amaliae* (HELDR. ex BOISS.) STRID
**28\*** Sporn deutlich länger als die Platte. BHüllBl 15–24 × 7–10 mm, pupurn. Platte 10–15 mm lg, gelblich. Sporn leicht gebogen, 14–19 mm lg, purpurn. StaubBl kürzer als die Platte. Staubbeutel purpurn. 0,50–0,80. ♃ 6–8; **Z** s Gehölzränder; **V** ◑ (Japan: Honshu, Shikoku, Kyushu). **Japanische A.** – *A. buergeriana* SIEBOLD et ZUCC.
**29** **(27)** Sporn deutlich kürzer als die Platte. BHüllBl 22–30 × 12–15 mm, dunkelpurpurn. Platte 10–12 mm lg, dunkelpurpurn. Sporn gebogen bis sackfg, 3–10 mm lg, purpurn. StaubBl unterschiedlich lg, die längsten fast so lg wie die Platte. 0,03–0,25. ♃ 5–6(–7). **Z** s △; **V** ○ ◑ Dränage (Kaschmir: Felshänge, Schotterfluren).
**Schnee-A.** – *A. nivalis* FALC. ex JACKS.
**29\*** Sporn so lg wie die Platte od. länger . . . . . . . . . . . . . . . . . . . . . . . . . . . . . . . . . . . . **30**
**30** Sporn ± so lg wie die Platte . . . . . . . . . . . . . . . . . . . . . . . . . . . . . . . . . . . . . . . . . . . **31**
**30\*** Sporn länger als die Platte . . . . . . . . . . . . . . . . . . . . . . . . . . . . . . . . . . . . . . . . . . . **38**
**31** Frchen kahl. Echte Staminodien fehlend. Bl beidseits blaugrün, behaart. BStg 1blütig, blattlos, weichhaarig. B aufrecht. BHüllBl blau od. purpurn, 15–22 × 6–10. Platte 8–13 mm lg. Sporn blau, 8–15 mm lg. 0,02–0,10. ♃ kurzlebig 6–7. **Z** s △ ⌂; **V** ○ Dränage, Schutz gegen Winternässe, heikel (Kanada: Alberta; USA: Montana, Wyoming: Kalkfelsen, 1800–3400 m). **Jones-A.** – *A. jonesii* PARRY
**31\*** Frchen behaart. Staminodien vorhanden . . . . . . . . . . . . . . . . . . . . . . . . . . . . . . . . . **32**
**32** BHüllBl 7–15 mm lg, grün bis gelblichgrün, braun u. purpurn. B meist ± nickend. Platte 10–14 mm lg. Sporn 12–18 mm lg. StaubBl die Platte etwas überragend. Frchen drüsenhaarig. 0,15–0,50. ♃ (4–)5–7. **Z** z △; **V** Lichtkeimer ≈ Dränage (Z-, NO-, SO-China, Mong., O-Sibir., Fernost: Wälder, felsige Orte in Flussnähe, feuchte Orte, steinige, trockne Berghänge, 200–2400 m – Varietäten u.a.: *viridiflora*: BHüll- u. NektarBl gelblichgrün; var. *atropurpurea* (WILLD.) FINET et GAGNEP.: BHüll- u. NektarBl purpurn).
**Grünblütige A.** – *A. viridiflora* PALLAS
**32\*** BHüllBl 15–35 mm lg, violett bis blau u. weiß . . . . . . . . . . . . . . . . . . . . . . . . . . . . . . **33**
**33** BHüllBl 7–8 mm br, 15–20 mm lg, blauviolett. Sporn 7–11 mm lg . . . . . . . . . . . . . **34**
**33\*** BHüllBl 10–18 mm br, 18–35 mm lg. Sporn 10–19 mm lg . . . . . . . . . . . . . . . . . . . **35**
**34** Stg, BlStiel u. BlSpreite drüsig behaart. Blchen dunkelgrün, BlchenUSeite von der OSeite kaum verschieden, mit deutlicher Nervatur. Platte 11–13 mm lg. StaubBl die Platte nur wenig überragend. 0,20–0,60. ♃ 6. **Z** s △; **V** ● ◑ ≈ ⊕ (südl. Kalkalpen: unter

1            2            3            4

überhängenden, tropfenden Kalkfelsen, im feuchten Kalkmulm, bis 1600 m – 1879). [*A. c* DC. var. *thalictrifolia* (SCHOTT et KOTSCHY) FIORI]

                        **Wiesenrauten-A.** – *A. thalictrifolia* SCHOTT et KOTSCHY

**34\*** Stg nur im oberen Teil locker drüsig behaart. Blchen oft blaugrün. BlchenOSeite sehr locker flaumhaarig, BlchenUSeite kahl, mit meist undeutlicher Nervatur. Platte 8–10 mm lg. StaubBl kürzer als die Platte. 0,10–0,45. ♃ Rübe 6–7. **W. Z** z △ Tröge; ∨ ● ◑ ⊕ Dränage (O-Alpen: subalp. Steinschutthalden, lichte Gebüsche, kalkstet, 250–1800 m – ▽).                 **Kleinblütige A.** – *A. einseleana* F. W. SCHULTZ

**35**   **(33)** Platte 10–15 mm lg, blau. BHüllBl blau bis blauviolett . . . . . . . . . . . . . . . . . . . **36**

**35\*** Platte 15–20 mm lg, blass. BHüllBl hellblau, weiß bis purpurn . . . . . . . . . . . . . . . . **37**

**36**   Blchen useits fast kahl. Frchen 13–17 mm lg. B nickend. BHüllBl 20–35 × 10–16 mm. Sporn gerade od. leicht gebogen, 10–16 mm lg. StaubBl so lg wie die Platte od. kürzer. 0,10–0,30. ♃ 4–6. **Z** s △; ∨ ○ Ostseiten ⊕ Dränage (Pyr.: Kalkfelsen, Weiden, 1000–1600 m).                     **Pyrenäen-A.** – *A. pyrenaica* DC.

**36\*** Blchen useits behaart. Frchen etwa 12 mm lg. B nickend. BHüllBl 18–33 × 9–14(–18) mm. Sporn gerade od. gebogen bis hakig, 10–14 mm lg. StaubBl kürzer als die Platte. 0,10–0,30. ♃ 4–5.             **Bertoloni-A.** – *A. bertolonii* SCHOTT, s. **15**

**37**   **(35)** Blchen useits kahl. StaubBl kürzer als die Platte. Griffel reifer Frchen 10–15 mm lg. B nickend. BHüllBl 25–35 mm lg, bis 15 mm br. Platte 15–20 mm lg. Sporn gerade od. gebogen, 15–17 mm lg. 0,50–0,80. ♃ 4–5. **Z** s △; ∨ ○ ⊕ Dränage (Korsika, Sardinien: Felsen, 1000–2300 m).              **Korsische A.** – *A. bernardii* GREN. et GODR.

**37\*** Blchen useits behaart. StaubBl so lg wie die Platte. Griffel reifer Frchen 8 mm lg. B horizontal bis schwach nickend, duftend. BHüllBl 25–30 × 10–22 mm. Platte 15–18 mm lg. Sporn gerade od. etwas gebogen, 15–18 mm lg. 0,40–0,80. ♃ 6 ?. **Z** s Gehölzränder; ∨ Lichtkeimer ◑ ○ (Pakistan, W-Himal.: alp. Wiesen, Gebüsche, 2400–3600 m).

                        **Wohlriechende A.** – *A. fragrans* BENTH.

**38**   **(30)** Blchen drüsenhaarig . . . . . . . . . . . . . . . . . . . . . . . . . . . . . . . . . . . . . . . . . . . . . . . **39**

**38\*** Blchen nicht drüsenhaarig . . . . . . . . . . . . . . . . . . . . . . . . . . . . . . . . . . . . . . . . . . . . . . . **40**

**39**   B nickend, hellblau. BHüllBl an der Spitze grünlich, lg verschmälert. Sporn gerade od. schwach gebogen, länger als die Platte. StaubBl die Platte überragend. 0,15–0,60. ♃ 6 ?. **Z** s △; ∨ Lichtkeimer ◑ ⊖ Dränage (S-Span.: Sierra Nevada: feuchte Silikatböden, 1000–2200 m).              **Sierra Nevada-A.** – *A. nevadensis* BOISS. et REUT.

**39\*** B anfangs nickend u. violett, später aufrecht u. rötlich. BHüllBl an der Spitze mehr grünlich. Sporn gerade, länger als die Platte. StaubBl die Platte überragend. 0,15–0,45. ♃ 5–6 ?. **Z** s △; ∨ ◑ Dränage (Bosn., Serb., Herzegowina: subalp. u. alp. Kiesschotterfluren).                 **Angenehme A.** – *A. grata* F. MALY ex ZIMMETER

**40**   **(38)** BHüllBl 20–45 mm lg. StaubBl kürzer als die Platte . . . . . . . . . . . . . . . . . . . . **41**

**40\*** BHüllBl 7–20(–22) mm lg. StaubBl nicht kürzer als die Platte . . . . . . . . . . . . . . . . . **42**
**41** BHüllBl 20–35 × 10–16 mm. Platte 12–15 mm lg. Frchen 13–17 mm lg. 0,10– 0,30. ♃
 4–6. **Pyrenäen-A.** – *A. pyrenaica* DC., s. **36**
**41\*** BHüllBl 30–45 × 14–22 mm. Platte 14–17 mm lg. Frchen 20–28 mm lg. 0,15–0,50(–0,80).
 ♃ 6–8. **Alpen-A.** – *A. alpina* L., s. **14\***
**42** **(40)** Frchen kahl, 15–22 mm lg. Sporn 8–15 mm lg. Echte Staminodien fehlend. BHüllBl
 blau od. purpurn, 15–22 × 6–10 mm. Platte blau. 0,02–0,10.♃ ⌣? 6–7.
 **Jones-A.** – *A. jonesii* PARRY, S. **31**
**42\*** Frchen behaart, etwa 15 mm lg. Sporn 12–20 mm lg. Staminodien vorhanden. BHüllBl
 grün, braun u. purpurn, 7–15 × 4–8 mm. Platte gelbgrün bis braunrot od. purpurn.
 0,15–0,50. ♃ (4–)5–7. **Grünblütige A.** – *A. viridiflora* PALLAS, s. **32**

**Dotterblume** – *Caltha* L. 12 Arten

**1** Stg mit lg gestreckten StgGliedern kriechend od. flutend, an den Knoten wurzelnd.
 BlSpreite bis 2,5 cm lg. B 8–13 mm ⌀. BHüllBl weiß od. rosa, 4–7(–8) mm lg. FrBl
 20–55, etwa 3,2–6,5 mm lg. 0,15–0,50 lg. ♃ ⌣⌣ 7–8. **Z** s Teichränder; V ♈ ○ ≈ ≋
 (kühles mittleres u. nordwestl. N-Am., Mong., O-Sibir., Fernost: nasse Wiesen, Sümpfe,
 Flachgewässer). **Schwimmende D.** – *C. natans* PALL.
**1\*** Stg aufrecht, höchstens im Alter mit Legtrieben. BlSpreite bis 13 cm lg. B 10–45 mm ⌀.
 BHüllBl gelb, orange od. weiß, (6–)10–25 mm lg. FrBl 4–15(–25), etwa 8–20 mm lg **2**
**2** BStg ohne od. höchstens mit 1 Bl. BlSpreite oft länger als br. BStand 1–2(–4)blütig.
 BHüllBl meist weiß, auch gelb (useits bläulich). Bis 0,30. ♃ 5–8. **Z** s Teichufer; V Kalt-
 keimer ♈ ○ ≈ (warmes bis kühles westl. N-Am.: subalp. u. alp. Sümpfe, feuchte Wie-
 sen, 750–3900 m – 1827). **Westamerikanische D.** – *C. leptosepala* DC.
**2\*** Stg meist mit mehreren Bl. BlSpreite meist breiter als lg. BStand bis 7blütig. BHüllBl
 gelb od. orange, selten weiß (var. *alba* HOOK. f. et THOMSON). 0,15–0,30(–0,50). ♃ ㅗ
 mit LegTr 4–6. **W. Z** z Teichufer; V Licht- u.Kaltkeimer ♈ ○ ≈ ≋ , giftig (warmgemäß.
 bis arkt. Eur., As. u. N-Am.: Sumpfwiesen, Quellen, Bäche, Bruch- u. AuenW, Böden
 nährstoffreich – 830 – mehrere Varietäten: variiert in Habitus sowie in Größe u. Gestalt
 der Bl u. Frchen – mehrere Sorten: z. B. 'Multiplex' u. 'Flore Pleno': B gefüllt; 'Gold-
 schale': Bl- u. BStiele braunrot; 'Monstrosa': B gefüllt u. sprossend; 'Richard Maatsch':
 B schwefelgelb. – Die im Handel unter der Bezeichnung „*C. polypetala*" angebotene *C.
 palustris*-Sippe ist nicht mit der kaukasischen *C. polypetala* HOCHST. identisch).
 **Sumpf-D.** – *C. palustris* L.

**Trollblume** – *Trollius* L. 31 Arten

Lit.: DOROSZEWSKA, A. 1974: The genus *Trollius* L. A taxonomical study. Monogr. Bot. **41**: 1–167. –
HENSEN, K. J. W. 1959: Het *Trollius*sortiment. Belmontia **3**, 4: 536–539. – MIYABE, K. 1943: On species
of *Trollius* in Japan. Acta Phytotax. Geobot. **13**: 1–16.

Bem.: Die Sippen der Cultorum-Gruppe (*T.* × *cultorum* BERGMANS) leiten sich ab von Hybriden zwischen
unterschiedlichen Arten, insbesondere zwischen *T. europaeus*, *T. asiaticus* u. *T. chinensis*, sowie von
Hybriden zwischen deren Nachkommen. Kurzbeschreibungen wichtiger Sorten s. JELITTO et al. 2002.

**1** B vor der Entwicklung der GrundBl sich öffnend. StgBl 1–3 (einer der Unterschiede gegen-
 über der gleichfalls niedrigen *T. pumilus* mit meist fehlenden StgBl). B 3,5–5 cm ⌀.
 BHüllBl gelb, 8(5–9), spreizend. NektarBl 12–16. BZeit: 0,06– 0,25, FrZeit: bis 0,40. ♃
 ㅗ 5–6. **Z** s △; V Kaltkeimer ○ kühler Standort ≈ ⊖ Boden torfhaltig (N-Pakistan, Kasch-
 mir, Nepal: alp. Wiesen, Schneetälchen, >3000 m). **Kaschmir-T.** – *T. acaulis* LINDL.
**1\*** B nach der Entwicklung der GrundBl sich öffnend . . . . . . . . . . . . . . . . . . . . . . . . . . **2**
**2** NektarBl 2–3mal so lg wie die StaubBl. BHüllBl spreizend . . . . . . . . . . . . . . . . . . . **3**
**2\*** NektarBl so lg wie die StaubBl od. kürzer. BHüllBl spreizend od. zusammenneigend
 . . . . . . . . . . . . . . . . . . . . . . . . . . . . . . . . . . . . . . . . . . . . . . . . . . . . . . . . . . . . . . . **4**
**3** NektarBl so lg wie die BHüllBl od. länger, schmal linealisch, vorn spitz, bis 2,5 cm lg,
 sich nach der B noch verlängernd. B bis 5 cm ⌀. BHüllBl (6–)10–15(–19), goldgelb.

(Abb. **126**/4). 0,50–0,80(–1,20). ⚄ ⚇ 6–8. **Z** z Staudenbeete, Rabatten, Teichufer, Gehölzgruppen ⚵; ∀ Kaltkeimer ⚹ ○ ◑ ⊖, schwach giftig (NO-China, Fernost, Japan: Honshu: feuchte Bergwiesen, alp. Flussufer, 1000–2000 m (China) – 1827).

**Chinesische T.** – *T. chinensis* BUNGE

**3*** NektarBl kürzer als die BHüllBl, spatelfg-linealisch, vorn gerundet, ausgerandet od. gezähnt, bis 1,5 cm lg. B etwa 4,5 cm ∅. BHüllBl 10–15(–20), orangerot od. orange. (Abb. **126**/3). 0,20–0,60(–0,80). ⚄ ⚇ 5–6. **Z** s Staudenbeete, Rabatten, Gehölzgruppen △ ⚵; ∀ Kaltkeimer ○ ◑ ⊖ (O-Eur., W- bis O-Sibir., Mong., N-China: Wälder, Waldsäume, alp. Wiesen, Tundren – 1759).          **Asiatische T.** – *T. asiaticus* L.

**4 (2)** Pfl zur BZeit bis 20 cm, zur FrZeit bis 30 cm hoch. Bl meist alle grundständig, mit 5 Hauptzipfeln. B etwa 3 cm ∅. BHüllBl 5, oseits orange, useits tief purpurn bis blutrot. BZeit: bis 0,20, FrZeit: bis 0,30. ⚄ ⚇ 6–7. **Z** s △; ∀ Kaltkeimer ○ ≃ ⊖ (Bhutan, N-Myanmar, Nepal, Sikkim, China: Gansu, Quinghai, Sichuan, Tibet: Sümpfe, feuchte Wiesen, zuweilen Schneetälchen, 2300–4800 m – 1831 – mehrere Varietäten).

**Niedrige T.** – *T. pumilus* D. DON

**4*** Pfl meist 30–60 cm hoch. Bl grund- u. stängelständig. GrundBl mit 3 od. 5 Hauptzipfeln. StgBl 1–7 . . . . . . . . . . . . . . . . . . . . . . . . . . . . . . . . . . . . . . . . . . . . . . . . . . . . . **5**

**5** BHüllBl zusammenneigend, B daher kugelfg. GrundBl meist mit 5 Hauptzipfeln. StgBl meist 1–4. B bis 5 cm ∅. NektarBl kürzer als die 9–11 mm lg StaubBl. 0,30–0,60 (–0,90). ⚄ ⚇ 5–6. **W**. **Z** z Staudenbeete, Teichufer △ ⚵; ∀ Kaltkeimer ⚹ ○ ◑ ≃ ⊖, schwach giftig (warmgemäß. bis kühles Eur.: feuchte bis nasse Flachmoor- u. Quellwiesen, im Gebirge auch in ärmeren Fettwiesen u. Staudenfluren – 830 in der Schweiz – 2 Varietäten: var. *europaeus*: Griffellänge (0,3–)0,5–2,5(–3) mm lg; var. *transsilvanicus* (SCHUR) BLOCKI [*T. europaeus* subsp. *tatrae* (BORBAS) PÓCS et BALOGH]: Griffellänge 3,0–3,5(–6,0) mm (S-D., Rum., Ung., Österr., It., Dalmatien – ▽).

**Trollblume, Kugelranunkel** – *T. europaeus* L.

**5*** BHüllBl spreizend, B daher ± schalenfg. GrundBl meist mit 3 Hauptzipfeln. StgBl meist 3–7. B 2–6 cm ∅. NektarBl fast so lg wie die 8 mm lg StaubBl. 0,30–0,60(–0,70). ⚄ ⚇ 6–7. **Z** z Staudenbeete, Rabatten △; ∀ ⚹ ○ ◑⊕ (China: W-Sichuan, W-Yunnan: steinige Matten, offne, steinige Stellen in Wäldern, 1900–4250 m – 1903 – mehrere Varietäten).          **Yunnan-T.** – *T. yunnanensis* (FRANCH.) ULBR.

**Schwarzkümmel** – *Nigella* L.                                                    20 Arten

**1** B von grüner, vielzipfliger HochBlHülle umgeben. ULippe der NektarBl ungeteilt, ohne Fortsätze, lg gewimpert. Fr aufgeblasen, kapselartig, glatt. Konnektivende nicht stachelspitzig. 0,15–0,30. ○ ① 6–8. **Z** v Sommerblumenbeete ⚵ ⚘ Trockensträuße; Dunkelkeimer ○ ⊕ (warmes bis warmgemäß. Eur., NW-Afr., Türkei, Kauk., Zypern, W-Syr., Iran: Dünen, Brachland, Felder; in D. zuweilen verw. auf Schutt – 1542 – einige Sorten:

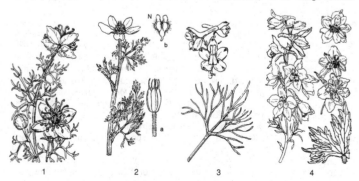

1                    2                    3                    4

z. B. 'Miss Jekyll' u. Kultivare der Persian Jewel Serie: B gefüllt).

**Damaszener Sch., Jungfer im Grünen, Braut in Haaren** – *N. damascena* L.

1* B ohne HochBlHülle (Abb. **128**/1,2). ULippe der NektarBl 2lappig. Fr nicht aufgeblasen, kapselartig, mit Drüsen od. Höckern ..................................... **2**

2 B 4–7 cm ⌀, tiefblau bis purpurn, auch weiß ('Alba'). StaubBl, besonders die Staubbeutel, dunkelpurpurn. Konnektivende stachelspitzig. (Abb. **128**/1). 0,35–0,50. ☉ (6–) 7–8. **Z** z Sommerblumenbeete ⚥ ⚘; ○ ~ ⊕ (Span., Port., S-Frankr., NW- Afr.: Fels- u. Sandfluren – um 1600 – Sorten: 'Alba', 'Atropurpurea').

**Spanischer Sch.** – *N. hispanica* L.

2* B 3,5–4,5 cm ⌀, bläulichweiß. StaubBl ± bleich. Konnektivende nicht stachelspitzig. (Abb. **128**/2). 0,20–0,40. ☉ 6–8. **Z** z Sommerblumenbeete ⚥; **N** s Heil- u. GewürzPfl: Brotgewürz , "Semen Nigellae"; ○ ⊕ (VorderAs.: Steppen, Trockenrasen; eingeb. in S-Eur., Kauk., Iran, Z-As., N-Afr.).

**Echter Sch.** – *N. sativa* L.

**Eisenhut, Sturmhut** – *Aconitum* L.                                    300 Arten

Lit.: GÖTZ, E. 1967: Die *Aconitum variegatum*-Gruppe u. ihre Bastarde in Europa. Feddes Repert. **76**: 1–62. – KADOTA, Y. 1987: A revision of *Aconitum* subgen. *Aconitum* (*Ranunculaceae*) in East Asia. Utsunomiya. – MUNZ, P. A. 1945: The cultivated Aconites. Gent. Herb. **6**: 462– 506. – SEITZ, W. 1969: Die Taxonomie der *Aconitum napellus*-Gruppe in Europa. Feddes Repert. **80**: 1–76. – SEITZ, W., ZINSMEISTER, H. D., ABICHT, M. 1972: Beitrag zur Systematik der Gattung *Aconitum* in Europa. Bot. Jb. **92**: 490–507.

Bem.: Alle PflTeile der *Aconitum*-Arten sind sehr stark giftig; bereits ein Verzehr geringer Mengen kann tödlich sein; eine unmittelbare Berührung ist zu vermeiden (Kontaktgift), gärtnerische Arbeiten sollten mit Handschuhen ausgeführt werden.

1 Stg windend ....................................................... **2**
1* Stg aufrecht ...................................................... **5**
2 BlSpreite mit 3–5 am Grund meist verwachsenen Abschnitten, handfg gespalten bis geteilt. Mittlerer BlAbschnitt ± br, nicht stielartig ........................... **3**
2* BlSpreite mit 3–5 am Grund meist nicht verwachsenen Abschnitten, handfg geschnitten. Mittlerer BlAbschnitt, zuweilen auch die seitlichen Abschnitte kurz gestielt ... **4**
3 Wurzeln nicht rüben- od. knollenartig verdickt. BHülle violett u. weiß. Oberes BHüllBl (Helm) zylindrisch, an der Spitze oft schwach zurückgebogen, 1,3–2 cm lg (Abb. **145**/6). Stg grün. BStandsachse u. BStiel dicht mit abstehenden Haaren. BStiel 3–35 cm lg. BlSpreite 6,5–9,5(–18) × 9,5–17(–25 ) cm. FrBl 3. 0,30–2,50. ⚃ ⚄ 8–9. **Z** s Gehölze, Gehölzgruppen; ⚥ ⚘ ☾, giftig (Fernost, Korea, NO-China: Wälder, Gebüsche, 300–1400 m – 2 Varietäten: var. *alboviolaceum*; var. *erectum* W. T. WANG: Pfl aufrecht, bis 0,30).

**Weißvioletter E.** – *A. alboviolaceum* KOM. var. *alboviolaceum*

3* Wurzeln meist knollen- od. rübenfg verdickt. BHülle dunkelblau. Oberes BHüllBl (Helm) helmfg, nicht schwach zurückgebogen, 2–2,4 cm lg (Abb. **145**/5). Stg meist purpurn. BStandsachse u. BStiel kahl od. mit angedrückten od. abstehenden Haaren. BlStiel 4–10 cm lg. BlSpreite 6,5–12 × 8–13 cm. FrBl 5. ⚃ ⚄ 7–9. **Z** s Spaliere, Gehölzgruppen; ⚥ ⚘ ☾, giftig (Myanmar, Z-, S- u. O-China: Wälder, Waldsäume, Gebüsche, 1700–3500 m – 11 Varietäten).

**Hemsley-E.** – *A. hemsleyanum* E. PRITZ.

4 (2) Mittlerer BlAbschnitt fiederspaltig bis fiederteilig, seine Zipfel lanzettlich bis linealisch (Abb. **145**/3). BStandsachse u. BStiel dicht mit lg spreizenden od. schwach rückwärts gerichteten Haaren. BHülle purpurn u. grün od. bläulich u. grün. Helm 1,8–2,7 cm hoch. FrBl 3–5. 1,00–2,00(–4,00). ⚃ ⚄ 7–8. **Z** s Spaliere, Gehölzgruppen; ⚥ ☾, giftig (Mong., W- bis O-Sibir., Fernost, NO-China: Wälder, Waldsäume, Ufergebüsche, 200–1000 m – 1870).

**Windender E.** – *A. volubile* PALL. ex KOELLE

4* Mittlerer BlAbschnitt unzerteilt, lanzettlich bis rhombisch-lanzettlich, am Rand grob gesägt bis gelappt, wie auch die Seitenabschnitte oft kurz gestielt (Abb. **145**/4). BStandsachse kahl od. spärlich mit rückwärts gerichteten Haaren. BHülle bläulichpurpurn. Helm 2–2,5 cm hoch. FrBl 3–5. Bis 0,50. ⚃ ⚄ 7–8. **Z** s Spaliere, Gehölzgruppen

⚥; ⚥ ☾, giftig (China: W-Hubei, S-Sichuan: Wälder, 1000–2000 m – *A. h̲e̲nryi* mit 4 Varietäten).                                        **Henry-E.** – *A. h̲e̲nryi* E. Pritz. var. *h̲e̲nryi*
5  **(1)** BHüllBl hellgelb od. gelblichweiß .......................................... 6
5*  BHüllBl blau, violett, blau u. weiß, selten weiß ........................... 7
6  Wurzeln rübenfg verdickt. BlSpreiten handfg geschnitten. BlAbschnitte schmal linealisch, bis 2 mm br. BHüllBl nach der B die Frchen umschließend, nicht hinfällig. Helm so hoch wie br, halbkuglig. Stiel der NektarBl gekniet (Abb. **130**/2). 0,20–0,90(–1,50). ♃ Rübe 8–9. **Z** s △; ⚥ Kaltkeimer ☾, giftig (warmgemäß. Eur. u. As.: Wälder, Weiden, felsige Hänge, Gebüschränder, Staudenfluren, meist auf Kalk, bis 2000 m – 1594 – ▽).
                                 **Feinblatt-E., Blassgelber E., Giftheil** – *A. a̲nthora* L.
6*  Wurzeln nicht deutlich verdickt. BlSpreiten handfg gespalten bis geteilt. BlAbschnitte länglich-rhombisch, >1 cm br. BHüllBl nach der B hinfällig. Helm etwa 3mal so hoch wie br, zylindrisch, am abgerundeten Ende oft etwas aufgeblasen, Stiel der NektarBl gerade (Abb. **130**/3). 0,50–1,50. ♃ ⅄ 6–8. **W. Z** z Staudenbeete; Gehölzgruppen; ⚥ Kaltkeimer ☾ ●, giftig (warmgemäß. M-Eur.: AuenW u. -gebüsche, montane feuchte LaubmischW, subalp. Gebüsche – in D. 2 Unterarten: subsp. *lyc̲o̲ctonum* [*A. thali̲a̲num* Wallr.) Gáyer, *A. vulp̲a̲ria* subsp. *thali̲a̲num* (Wallr.) Gáyer]: BStiele u. BHüllBl useits (außen) anliegend flaumhaarig; subsp. *vulp̲a̲ria* (Rchb. ex Spreng.) Nyman [*A. vulp̲a̲ria* Rchb. ex Spreng., *A. lyc̲o̲ctonum* auct. p. p.]: BStiele u. BHüllBl useits (außen) abstehend behaart u. kurzdrüsig. – 1596 – ▽).          **Gelber E., Wolfs-E.** – *A. lyc̲o̲ctonum* L.
7  **(5)** Helm etwa 3mal so hoch wie br, konisch-zylindrisch, (1,5–)2,0–2,5(–3,0) cm hoch. BHüllBl purpurviolett. BlSpreite handfg gespalten bis geteilt. 0,30–1,20 (–2,00). ♃ ⅄ 8–9. **Z** s Staudenbeete, Gehölzgruppen; ⚥ Kaltkeimer ☾, giftig (östl. M- Eur.: LaubW). [*A. lyc̲o̲ctonum* subsp. *mold̲a̲vicum* (Hacq.) Jalas]
                                    **Moldawischer E.** – *A. mold̲a̲vicum* Hacq.
7*  Helm bis 2mal so hoch wie br ........................................ 8
8  BlSpreite bis auf eine etwa 3–10 mm lg verwachsene Grundzone in Abschnitte geteilt. BStandsachse u. BStiele mit anliegenden, rückwärts gerichteten od. abstehenden Haaren. BHülle blaupurpurn. Helm 2–2,6 cm hoch. FrBl 3–5, schwach bis dicht behaart.(0,50–)1,50–2,50(–3,00). ♃ Rübe (8–)9–11(–12). **Z** z Staudenbeete; ⚥ Kaltkeimer ☾, giftig (N-Vietnam, China: Waldränder, Gebüsche, grasige Hänge, 100–2200 m – 5 Varietäten – 1886, 1903 – Hybr: Arendsii-Gruppe: Kreuzung der 1886 mit der 1903 eingeführten *A. carmich̲a̲elii*-Sippe verbunden mit anschließender Auslese durch Arends 1951 – ∞ Sorten).            **Chinesischer E.** – *A. carmich̲a̲elii* Debeaux
8*  BlSpreite bis zu ihrem Grund in Abschnitte geteilt .......................... 9
9  Helm etwa so hoch wie br od. höher. StgBl useits deutlich netznervig. Sa braun. Wurzel kugelfg verdickt. (Artengruppe **Bunter E. –** *A. varieg̲a̲tum* agg.) .............. 10

1                      2                    3                4

9* Helm meist breiter als hoch. StgBl useits undeutlich netznervig. Sa schwarz. Wurzel rübenfg verdickt. BHülle blauviolett, selten lila, blau od. weiß (Artengruppe **Blauer E.** – *A. napellus* agg.) ............................................... **12**

10 Helm etwa so hoch wie br od. wenig höher. NektarBl mit gebogenem Stiel u. wenig zurückgebogenem Sporn. BHülle blau od. violett. 0,50–2,50. ♃ Rübe 7–9. **W. Z** z Gehölzgruppen, Staudenbeete; V Kaltkeimer ◑, giftig (D., Österr., Schweiz, S-Alpen, Slowen.: subalp. Hochstaudenfluren, mont. Laubmisch- u. GrauerlenW – Unterarten: z.B. subsp. *paniculatum* (ARCANG.) MUCHER [*A. variegatum* subsp. *variegatum* (ARCANG.) GREUTER et BURDET, *A. paniculatum* auct. non LAM.]: Stg im oberen Teil wie BStiele u. BHülle drüsig, klebrig flaumig, hin u. her gebogen (Alpen); subsp. *rhaeticum* STAR-MÜLLER [*A. paniculatum* LAM. f. *calvum* GÁYER] : Stg im BStand wie BStiele u. BHüllBl kahl (Alpen); subsp. *valesiacum* (GÁYER) MUCHER: 0,40–0,80, kult nur die Sorte 'Nanum'. – Natur-Hybr mit *A. napellus*: *A.* × *acuminatum* RCHB., mit *A. pilipes*: *A.* × *pilo-siusculum* (SER.) GÁYER, mit *A. variegatum*: *A.* × *hebegynum* DC. – ▽).
**Rispen-E.** – *A. degenii* GÁYER

10* Helm deutlich höher als br. NektarBl mit geradem Stiel u. zurückgerolltem Sporn ... **11**
11 BHülle außen kahl, violett bis blau, zuweilen grün od. weiß gescheckt, selten lila od. ganz weiß. 0,25–0,50. ♃ Rübe 7–9. **W. Z** s Staudenbeete, Naturgärten; V Kalt- u. Lichtkeimer ▼ ○ ◑ ≈, giftig (warmgemäß. Eur. bis Kauk.: (sub)mont. bis subalp. sicker-feuchte Hochstaudenfluren, Grauerlen- u. AuenW, Gebüsche, Waldränder – 1584 – Unterarten: subsp. *variegatum* [*A. v.* subsp. *gracile* (RCHB.) GÁYER]: FrKn an der Bauchseite behaart, zu (3–)5, BStiele kahl, Helm ungeschnäbelt od. ± lg geschnäbelt (Alpen, Apennin, Mittelgebirge von SO- u. M-Eur.); subsp. *nasutum* (FISCH. ex RCHB.) GÖTZ [*A. nasutum* FISCH. ex RCHB.]: FrKn völlig kahl, stets 3, Helm auffallend lg geschnäbelt (Kauk., NO-Türkei, Balkan, It.) – Kreuzungspartner für die Entstehung von Kulturhybriden – ▽).
**Bunter E.** – *A. variegatum* L.

11* BHülle außen drüsig behaart, blauviolett, FrKn ringsum behaart, zu (3–)5. 0,30–1,50. ♃ Rübe 7–9. **W. Z** s Staudenbeete; V Kaltkeimer ○ ◑, giftig (Alpen: mont. u. alp. Hochstaudenfluren – ▽). [*A. cammarum* L. var. *pilipes* RCHB., *A. variegatum* L. p.p.]
**Raustiel-E., Behaarter E.** – *A. pilipes* (RCHB.) GÁYER

12 (9) BHüllBl außen kahl. BStiele aufrecht anliegend, kahl od. unter der B mit gerade abstehenden Drüsenhaaren. VorBl 3–7 mm, selten nur 2 mm lg, kahl od. bewimpert, fädlich bis linealisch. NektarBl kahl od. behaart. BStand traubig od. mit wenigen kurzen Seitentrauben. Helm 12–20 mm lg. 0,10–0,80. ♃ Rübe 8–10. **W. Z** s △ Staudenbeete; V Kaltkeimer ▼ ○, giftig (S- u. O-Alpen, Karp.: alp. bis subalp. Rasen, Hochstauden-fluren, 1500–3000 m – ▽). [*A. napellus* subsp. *tauricum* (WULFEN) GÁYER, *A. napellus* subsp. *neomontanum* (WULFEN) GÁYER] **Tauern-E.** – *A. tauricum* WULFEN

12* BHüllBl außen wie die aufrecht abstehenden BStiele zerstreut bis dicht krummhaarig; wenn kahl, dann VorBl nur 1–2 mm lg ..................................... **13**
13 BHüllBl außen wie die BStiele dicht krummhaarig. VorBl behaart, lanzettlich bis linea-lisch. NektarBl u. StaubBl dicht behaart. BStand stark verzweigt, deutlich behaart. FrKn 3(–5). Helm 18–32 mm hoch. (Abb. **130**/1). 0,30–2,00. ♃ Rübe 6–8. **W. Z** s Stauden-beete ⚥; V Kaltkeimer ▼ ○ ◑, giftig (warmgemäß. bis gemäß. W- u. M-Eur., Karp.: sub-alp. bis mont. Hochstaudenfluren, Viehläger, Bachsäume, Gebüsche u. GrauerlenW, kalkhold – einige Hybr zwischen der *A. napellus*- u. der *A. variegatum*-Gruppe (s. **11**), z. B. *A.* × *cammarum* L. – ▽). [*A. pyramidale* MILL., *A. vulgare* DC., *A. eminens* W. D. J. KOCH, *A. n.* subsp. *lobelianum* (RCHB.) GÁYER, *A. n.* subsp. *neomontanum* auct. non (WULFEN) GÁYER] **Blauer E.** – *A. napellus* L. subsp. *napellus*

Sorten: z.B. 'Bayern': BHülle blau, 1,50, 7–8; 'Bergfürst': BHülle leuchtend blau, etwa 1,50, 7–8; 'Blau-eis': BHülle hellblau, 1,50, 7–8; 'Gletscherais': BHülle weiß u. rosa getönt, etwa 1,20; 'Schneewittchen': BHülle silberweiß, 1,20–1,50, 7–8; 'Silberstreifen': BHülle silbrig hellblau, 1,00–1,30, 7–8; 'Zauberstab': BHülle tief dunkelblau, etwa 1,00. 7–8.

**13\*** BHüllBl außen wie die BStiele zerstreut krummhaarig od. BStiel kahl. VorBl kahl,
linealisch bis dreieckig. NektarBl kahl od. behaart. StaubBl nur oben dicht abstehend
behaart. BStand einfach od. meist mit wenigen kurzen Seitentrauben. 0,30–1,50.
♃ Rübe 7–9. **W. Z** s Staudenbeete; ⩒ ⩛ ◐ ≈, giftig (Österreich, Sudeten, Erzgebirge,
Fichtelgebirge, Bayrischer Wald: SchluchtW, Hochstauden- u. Quellfluren – ▽). [*A.
amoenum* Rchb., *A. hians* Rchb.]          **Sudeten-E.** – *A. plicatum* Köhler ex Rchb.

**Rittersporn** – *Delphinium* L.                                                      320 Arten

Lit.: Basset, S. E. 1990: Modern garden Delphiniums. Collect. Bot. **19**: 153–160. – Langdorn, B. J.
1961: Garden Delphiniums. J. Roy. Hort. Soc. **86**: 474–481. – Malyutin, N. 1987: The system of the
genus *Delphinium* L. based on morphology features of seeds. Bot. Zurn. (Leningrad) **72**: 683–693. –
Starmühler, W. 1999: Übersicht über die Arten der Gattung *Delphinium*. Schweizer Staudengärten
**29**: 46–64.

Bem.: **Garten-Rittersporne** – *D.* × *cultorum* Voss (Abb. **128**/4): hervorgegangen aus Kreuzungen
nachstehender *Delphinium*-Arten: *D. elatum* (wichtigster Kreuzungspartner), *D. brunonianum, D. car-
dinale, D. cheilanthum* DC., *D. formosum* Roxb., *D. grandiflorum, D. leroyi* Huth, *D. nudicaule, D. tat-
sienense*. Diese Hybriden u. die sich aus ihnen ableitenden Sorten werden 4 Gruppierungen zugeord-
net: Mitteleuropäische Elatum-Hybriden, Englische Elatum-Hybriden, Belladonna-Gruppe, Pacific-
Hybriden. Weitere Informationen über die Geschichte ihrer Züchtung u. die Vielfalt der Sorten s.
Jelitto et al. 2002.

**1**   BHüllBl gelb od. rot . . . . . . . . . . . . . . . . . . . . . . . . . . . . . . . . . . . . . . . . . . . . . . . **2**
**1\***  BHüllBl blau, purpurn od. weiß . . . . . . . . . . . . . . . . . . . . . . . . . . . . . . . . . . . . . **4**
**2**   BHüllBl gelb, zuweilen orange. BlAbschnitte linealisch bis fadenfg. Sporn bis 10 mm lg.
Wurzeln knollig verdickt. (Abb. **128**/3). Bis 0,90–1,70. ♃ 6–7. **Z** s Staudenbeete,
Schotterfluren ⚥; ⩒ ⊙ ~ Boden sandig humos (NO-Iran, Afgh., Z-As.: Steppen,
Schotterfluren – Ende 19. Jh.). [*D. zalil* Aitch. et Hemsl.]
                                                        **Gelber R.** – *D. semibarbatum* Bien. ex Boiss.
**2\***  BHüllBl rot; wenn gelb, dann BlAbschnitte im Umriss verkehrteifg od. ± rhombisch.
Sporn 15–20 mm lg . . . . . . . . . . . . . . . . . . . . . . . . . . . . . . . . . . . . . . . . . . . . . . . **3**
**3**   BlAbschnitte lineal-lanzettlich. BHüllBl scharlachrot. Frchen 10–15(–18) mm lg, auf-
recht, kahl. StgBl zur BZeit 5–18. 0,50–1,50. ♃ 7–8 Kolibribestäubung. **Z** s ⓐ △; ⩒ ○
△ Nässeschutz (USA: S-Kalif.: trockne Fels- u. Schotterfluren, lichte immergrüne
Wälder u. Gebüsche, 50–1500 m).                                **Roter R.** – *D. cardinale* Hook.
**3\***  BlAbschnitte im Umriss verkehrteifg, am Grund keilig. BHüllBl zinnoberrot od. gelb. Frchen
(13–)15–20(–26) mm lg, schräg abstehend. StgBl zur BZeit 3–4. 0,20–0,50(–1,25).
♃ kurzlebig 6–7, Kolibribestäubung. **Z** s ⓐ △; ⩒ ○ Boden sandig-humos △ (USA: N-
Kalif., Oregon: Gebüsche, lichte Wälder, feuchte Geröllfluren, bis 2600 m – 1869).
                                                        **Nacktstängliger R.** – *D. nudicaule* Torr. et A. Gray
**4**   **(1)** Pfl ⊙ od. ⊙ . VorBl am Grund des BStiels ansitzend. BHüllBl dunkelblau. Frchen we-
nigsamig, aufgeblasen, 12–20 mm lg, behaart. Sa 5–7,5 mm lg. 0,30–1,00. ⊙ ⊙ 6–7. **Z**
s Sommerblumenbeete; ○ ~, giftig (Medit.: Macchien, Kalkfelsen, bis 800 m).
                                                        **Mittelmeer-R., Stephanskraut** – *D. staphisagria* L.

Ähnlich: **Requien-R.** – *D. requienii* DC.: VorBl oberhalb des BStielgrundes ansitzend. BHüllBl lila bis
violett. Sa 3–4,5 mm lg. 0,30–1,50. ⊙ ⊙ 5–7. **Z** s Sommerblumenbeete; ○ ~ (S-Frankr., Sardinien,
Korsika: bis 600 m).

**4\***  Pfl ♃ . . . . . . . . . . . . . . . . . . . . . . . . . . . . . . . . . . . . . . . . . . . . . . . . . . . . . . . . . **5**
**5**   NektarBl schwarzbraun bis schwarz, dunkler als die BHüllBl. BlSpreite handfg gespal-
ten bis geteilt, mit > 5 mm br flächigen Abschnitten . . . . . . . . . . . . . . . . . . . . . . . **6**
**5\***  NektarBl nicht dunkler als die BHüllBl, oft mit diesen gleichfarbig. BlSpreite handfg ge-
teilt bis geschnitten, mit linealischen od. lineal-lanzettlichen, < 4 mm br Abschnitten **8**
**6**   BHüllBl ausdauernd, mit deutlich gezeichneten Nerven, > 2 cm lg. Sporn am Grund
4–10 mm ⌀. FrBl meist 4–5, behaart. 0,10–0,22(–0,34). ♃ 6–7. **Z** s △ Gehölzgruppen;
⩒ ○ ◐ ~ (Afgh., N-Pakistan, Kaschmir, Tibet, Nepal: Gras- u. Geröllfluren, 4500–6000 m
– 1864).                                                        **Himalaja-R.** – *D. brunonianum* Royle

**6\*** BHüllBl hinfällig .................................................. **7**
**7** SaOberfläche ± glatt. VorBl dem BStiel dicht unter der B ansitzend u. diese überlappend. FrBl 3(–5), kahl. Pfl 0,80–2,00 m hoch. 0,80–2,00. ♃ ⚲ Pleiok 6–7. **Z** v Staudenbeete; Ⅴ ◑, giftig (warmgemäß. bis kühles Eur. u. As.: lichte Wälder, feuchte Schuttfluren, subalp. Hochstaudenfluren, Bachränder, auf Kalk u. Silikat, bis 2000 m – 1578 – wichtigster Stammelter der Garten-R. – ▽). **Hoher-R.** – *D. elatum* L.
**7\*** SaOberfläche schuppig. VorBl dem BStiel mit deutlichem Abstand von der B ansitzend u. diese nicht überlappend. FrBl 3–7, behaart. Pfl 0,30–0,40 m hoch. 0,30–0,40. ♃ 6–10. **Z** s △ Gehölzgruppen; ⚘ Ⅴ ◑ (W-Himal.: subalp. u. alp. schattige Hänge, 2700– 4500 m – 1875). **Kaschmir-R.** – *D. cashmerianum* ROYLE
**8** **(5)** Pfl mit knollig verdickten Wurzeln. SaOberfläche anliegend schuppig. BlSpreite handfg geteilt bis geschnitten, mit linealischen Abschnitten. BHüllBl violettblau. Sporn 14–17 mm lg. FrBl 3, abstehend behaart od. kahl. 0,30–1,00. ♃ kurzlebig (6–)7–8. **Z** s △; Ⅴ ○ ◑ (S-, SO- u. O-Eur., Türkei: lichte Wälder, steinige, sonnige Orte). **Schlitzblättriger R.** – *D. fissum* WALDST. et KIT.
**8\*** Pfl ohne knollig verdickte Wurzeln. SaOberfläche glatt, nicht schuppig. BlSpreite handfg geteilt bis geschnitten, mit lineal-lanzettlichen Endabschnitten. BHüllBl purpurblau od. blau. Sporn 15–20(–22) mm lg. FrBl 3, behaart. 0,30–1,00. ♃ kurzlebig 6–8. **Z** z △ Staudenbeete; Ⅴ ○ (W- u. O-Sibir., Fernost, Mong., China: trockne Wiesen, Steppen, lichte Kiefern- u. BirkenW, Gebüsche, 100–3500 m – 1741 – einige Varietäten – ∞ Sorten: z.B. 'Blauer Spiegel': B spornlos; 'Album': B weiß; 'Blauer Zwerg': Pfl niedrig, 20–30 cm hoch). **Großblütiger R.** – *D. grandiflorum* L.

Ähnlich: **Sichuan-R.** – *R. tatsiengense* FRANCH.: Sporn 20–25 mm lg. 0,30–0,45(–0,80). ♃ 7. **Z** s △; Ⅴ Selbstaussaat ○ (China: W-Sichuan, SO-Quinghai, N-Yunnan: alp. Wiesen, 2300–4000 m – 2 Varietäten).

### Rittersporn – *Consolida* (DC.) S. F. GRAY 50 Arten

Lit.: BECKMANN, I. 1928: Kreuzungsuntersuchungen an *Delphinium orientale*. Hereditas **11**: 107–128. – SOÓ, R. v. 1922: Über die mitteleuropäischen Arten und Formen der Gattung *Consolida* (DC.) S. F. GRAY. Österr. Bot. Zeitschr. **71**: 233–246.

Bem.: Die im Handel angebotenen *Consolida*-Sorten sind höchstwahrscheinlich durch Auslesen, nicht durch Hybridisierung entstanden, denn Kreuzungsversuche zwischen *C. regalis*, *C. ajacis* u. *C. orientalis* verliefen ergebnislos. In der deutschsprachigen Gartenbau-Literatur werden folgende Sorten-Gruppen angeführt: für *C. regalis*: Levkojen-Rittersporne, Exquisit-Rittersporne u. Kaiser-Rittersporne; für *C. ajacis*: Hyazinthen-Rittersporne u. Hohe Rittersporne. Die Sorten unterscheiden sich in der Wuchshöhe, Verzweigung, Anordnung der B an der BStandsachse (locker od. dicht), BFarbe (weiß, rosa, rot, purpurn, violett, blau), Gestaltung der BHülle (ungefüllt od. gefüllt) u. in der BZeit (früh, mittelfrüh, spät).

**1** Traube 5–8blütig. Deckblatt der untersten B ungeteilt od. 2–3teilig. Fr kahl od. angedrückt behaart. VorBl 2–7 mm, den BGrund nicht erreichend. Sporn 12–15 mm lg. Sa schwarz. 0,20–1,00. ⊙ ① 5–8. **W**. **Z** z Sommerblumenbeete ⚴; Kaltkeimer ○, giftig (Frankr., It., Balkan: nährstoffreiche Äcker, Ruderalstellen, EinjahrsPflFluren; eingeb. in M.- u. O-Eur. – in D. 2 Unterarten. [*Delphinium consolida* L.] **Feld-R.** – *C. regalis* GRAY
**1\*** Traube 8–20blütig. DeckBl der untersten B mehrteilig. Fr weichhaarig ......... **3**
**2** VorBl der untersten B der Endtraube den BGrund nicht erreichend, 2–5 mm lg. BHülle blauviolett, selten hellblau, weiß, rosa od. rot. B oft gefüllt. Sporn 13–20 mm lg. Fr allmählich in den Griffel zugespitzt. Griffel 2–2,5 mm lg. Sa schwarz. 0,30–1,00.⊙ 6–8. **W**. **Z** z Sommerblumenbeete ⚴; ○ ⊕, giftig (warmes bis warmgemäß. Eur.: Schutt, selten Äcker; in D. verw. – Ende 18. Jh.). [*C. ambigua* (L.) P. W. BALL et HEYWOOD, *Delphinium ajacis* L. em. J. GAY] **Garten-R.** – *C. ajacis* (L.) SCHUR
**2\*** VorBl der untersten B der Endtraube den BGrund erreichend od. überragend, 6–20 mm lg. BHülle violett. Sporn 8–12 mm lg. Fr sehr plötzlich in den Griffel zugespitzt. Griffel 0,5–1,5 mm lg. Sa rötlichbraun. 0,30–0,70. ⊙ ①?, 6–8. **W**. **Z** s Sommerblumenbeete ⚴; ○ ~ ⊕ (warmes bis warmgemäß. O-Eur., W-As.: Getreideäcker, Feld- u. Wegränder,

Brachen, Bahndämme; eingeb. in M-Eur. – 1753). [*Delphinium hispanicum* COSTA, *D. orientale* auct., *C. orientalis* auct., *C. orientalis* (J. GAY) SCHRÖDINGER subsp. *hispanica* (COSTA) M. LAINZ] **Orientalischer R. –** *C. hispanica* (COSTA) GREUTER et BURDET

**Wiesenraute –** *Thalictrum* L.                                  200 Arten

Lit.: BOIVIN, J. R. B. 1944: American *Thalictra* and their Old World allies. Rhodora **46**: 337–377, 391–445, 453–487. – BOIVIN, J. R. B. 1945: Notes on some Chinese and Korean species of *Thalictrum*. J. Arnold Arbor. **26**: 111–118.

1   Pfl ohne StgBl, nur mit GrundBl, bis 0,20(–0,40) m hoch. Bl 1–2fach gefiedert. BStand traubig, wenigblütig. BHüllBl bis 2 mm lg, rötlich. (Abb. **135**/1). 0,05–0,20(–0,40). ♃ 7–8, windblütig. **Z** s △; V ❦ ○ ◐ (gemäß. bis arkt. Eur., As. u. N-Am.: alp. Moore, felsige Matten – 20. Jh.).                                   **Alpen-W.** – *Th. alpinum* L.

1*  Pfl mit StgBl, 0,40–2,00 m hoch. Bl 2–4fach gefiedert. BStand rispig, ∞blütig . . . . **2**

2   BHüllBl auffällig, lilarosa od. hellpurpurn bis weiß. Frchen deutlich abgeflacht, fast 2flüg-lig, sitzend od. kurz gestielt, 5–10 mm lg. Konnektiv stachelspitzig. (Abb. **130**/4). 0,60–2,00. ♃ ♈ 7–8, insektenblütig. **Z** s Staudenbeete, Gehölzgruppen; V ❦ (Sorten nur ❦) (China: W-Sichuan, Tibet, Yunnan: Wälder, Gebüsche, feuchte Felsbänder – 1886 – Sorten: 'Hewitt's Double': B gefüllt, Pfl muss gestützt werden; 'Alba': weiß). [*Th. dipterocarpum* FRANCH.]                **Chinesische W. –** *Th. delavayi* FRANCH. var. *delavayi*

2*  BHüllBl unscheinbar, grünlich od. weißlich(–lila). Frchen 3kantig geflügelt od. 6rippig, höchstens schwach abgeflacht . . . . . . . . . . . . . . . . . . . . . . . . . . . . . . . . . . . . . . . **3**

3   Frchen deutlich gestielt, bei Reife hängend, 3kantig geflügelt, glatt, bis 8(–9) mm lg. Staubfäden oben keulig verdickt, etwa so br wie die Staubbeutel, violett. 0,40–1,20. ♃ ♈ 5–7, insektenblütig. **W. Z** z Gehölzgruppen, Staudenbeete, Teichränder; V Kaltkeimer ❦ ◐ ○ (warmgemäß. bis gemäß. Eur.: AuenW, Gebüsche, (wechsel)nasse Wiesen, subalp. Hochstaudenfluren – 1720 – Sorten: 'Alba' u. 'Purpurea').

**Akelei-W. –** *Th. aquilegifolium* L.

3*  Frchen sitzend, ± aufrecht, 6rippig, 1,5–2,5 mm lg. Staubfäden fadenfg, oben nicht keu-lig verdickt, dünner als die Staubbeutel, weißlich od. gelblich. Pfl grün, unbereift, meist mit Ausläufern. BStand schmal länglich-eifg, rispig. 0,40–1,00. ♃ ⌇ 6–7, windblütig, insektenblütig; **W. Z** s Gehölzgruppen, Staudenbeete, Teichränder ☐; V ❦ ○ ≃ (warmes bis kühles Eur., W-Sibir.: feuchte bis wechselnasse Moorwiesen u. Staudenfluren, Auen-WSäume u. -verlichtungen, Böden nährstoffreich – 1596).    **Gelbe W. –** *Th. flavum* L.

Ähnlich: **Blaugrüne W., Pracht-W. –** *Th. speciosissimum* L. [*Th. flavum* subsp. *glaucum* (DESF.) auct., *Th. glaucum* DESF.]: Bl useits stark blaugrün bereift. Pfl ohne Ausläufer. BStand br eifg. Frchen 3,0–4,4 mm lg. 1,00–1,80. V ❦ 5–7, insektenblütig, windblütig; **W. Z** s Gehölzgruppen, Staudenbeete, Teich-ränder; V ❦ ○ ◐ ≃ (Span., Port., NW-Afr.: quellige Orte).

**Rautenanemone –** *Anemonella* SPACH                              1 Art

Pfl mit Speicherwurzeln. GrundBl 2fach 3zählig. Blchen eifg, verkehrteifg bis kreisfg, 8–30 mm br. StgBl 3zählig, quirlig. B einzeln od. zu 3–6 in Dolden. BHüllBl weiß bis rosa, elliptisch bis verkehrteifg, 5–18 mm lg. 0,10–0,30. ♃ Speicherwurzeln 4–5; **Z** s △; V Lichtkeimer ◐ ● ≃ Standort kühlfeucht, Boden humos; empfindlich gegen Spätfröste (warmes bis gemäß. östl. N-Am.: sommergrüne Wälder, Gebüsche, Flussufer, 0–300 m). [*Thalictrum thalictroides* (L.) A. J. EAMES et B. BOIVIN]

**Rautenanemone –** *A. thalictroides* (L.) SPACH

**Windröschen, Anemone –** *Anemone* L.                              144 Arten

Lit.: KAISER, K. 1995: Anemonen. Stuttgart. – TAMURA, M . 1995: *Anemone* L. In: Nat. Pflanzenfamilien. Bd. 17 a IV: 324–349 – ULBRICH, E. 1906: Über die systematische Gliederung und geographische Verbreitung der Gattung *Anemone* L. Bot. Jahrb. **37**: 172–334.

1   Frchen dicht mit lg (3–7 mm), wolligen Haaren . . . . . . . . . . . . . . . . . . . . . . . . . . . **2**

1*  Frchen kahl od. mit kurzen od. steifen Haaren . . . . . . . . . . . . . . . . . . . . . . . . . . . **15**

2   Frchen mit lg, dünnem Stiel. Stiel so lg wie der FrchenKörper od. länger . . . . . . . . **3**

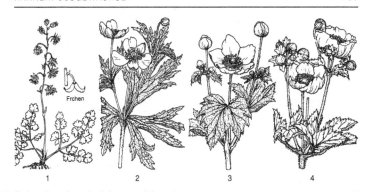

Frchen

1                    2                    3                    4

**2\*** Frchen fast sitzend od. kurz gestielt . . . . . . . . . . . . . . . . . . . . . . . . . . . . . . . . . **5**

**3** BlSpreite 3–5lappig, am Grund herzfg. Stiel der StgBl 4–7 cm lg. BStg 3–9blütig. BHüllBl 5(–8), weiß od. purpurn, 15–20 × 8–15 mm. (Abb. **135**/3). 0,50–0,80(–1,00). ♃ 8–10. **Z** s Staudenbeete, Gehölzränder ⓐ; ∨ Wurzelschnittlinge ◐ ∧ (Kaschmir, Bhutan, Nepal, Sikkim, N-Myanmar, China: Sichuan, Yunnan, Tibet: lichte Wälder, Grasfluren, Flussufer, 1200–2700 m – 1829).

**Weinblättrige A.** – *A. vitifolia* BUCH.-HAM. ex DC.

**3\*** BlSpreite 3zählig. Stiel der StgBl 2–3 cm lg . . . . . . . . . . . . . . . . . . . . . . . . . . . **4**

**4** BlSpreite useits filzig. BHüllBl 5–6, weiß od. rosa, 15–20 × 10–20 mm. 0,40–1,50. ♃ (7–)8–9. **Z** z Gehölzränder; ∨ Wurzelschnittlinge ◐ (China: Hebei, Henan, Hubei, Quinghai, Shaanxi, Shanxi, Sichuan: Grasfluren, 700–3400 m – um 1909 – einige Sorten). [*A. japonica* (THUNB.) SIEBOLD et ZUCC. var. *tomentosa* MAXIM.]

**Filzblättrige A.** – *A. tomentosa* (MAXIM.) C. PEI

**4\*** BlSpreite useits spärlich striegelhaarig. BHüllBl 5–6, purpurn, purpurrot od. weiß, 20–30 × 13–20 mm. 0,30–1,00(–1,20). ♃ Pleïok 8–10(–11). **Z** z Gehölzränder, ∨ ⚘ ◐ (S- u. Z-China: Gebüsche, Grasfluren, Flussufer im Bergland, 400–2600 m – 1905 – Varietäten: var. *hupehensis* f. *alba* W. T. WANG: BHüllBl weiß od. weiß mit rosaroter Tönung (oft mit *A.vitifolia* verwechselt); var. *japonica* (THUNB.) BOWLES et STEARN [*A. japonica* (THUNB.) SIEBOLD et ZUCC.]: BHüllBl 20 od. > 20 – beide Varietäten mit einigen Sorten – Anemone-Japonica-Hybriden (Abb. **135**/4): Hybr zwischen den Varietäten u. mit *A. tomentosa* u./od. *A.vitifolia*, ∞ Sorten: unterschiedliche Wuchshöhe, Zahl u. Färbung der BHüllBl).

**Herbst-A.** – *A. hupehensis* (LEMOINE) LEMOINE var. *hupehensis*

**5** **(2)** Überdauerungsorgan knollenfg . . . . . . . . . . . . . . . . . . . . . . . . . . . . . . . . . . **6**

**5\*** Überdauerungsorgan nicht knollenfg . . . . . . . . . . . . . . . . . . . . . . . . . . . . . . . . . **9**

**6** Sammelfr eifg bis zylindrisch. Griffel kürzer als der FrchenKörper. BStg 1blütig. BHüllBl 10–20(–30), weiß bis rosa od. blau bis purpurn. 0,05–0,35(–0,60). ♃ ☿ 3–5. **Z** s △; ∨ ⚘ ○ (warmes bis warmgemäß. N-Am.: von Texas u. Alabama bis S-Dakota u. Minnesota: trockne Prärien, Wiesen, Weiden, Felsen, lichte Wälder, 60–700 m).

**Carolina-A.** – *A. caroliniana* WALTER

**6\*** SammelFr fast kuglig. Griffel so lg wie der FrchenKörper od. länger . . . . . . . . . . **7**

**7** BHüllBl gelb, 10–15. GrundBl schwach 3–5lappig, nieren- bis fast kreisfg. StgBl mit jeweils 3–5 lineal-lanzettlichen Abschnitten. Bis 0,15. ♃ ☿ 5–6. **Z** s ⓐ, △ in wärmebegünstigten Gebieten; ∨ ○ Boden humos, tiefgründig, feuchtigkeitshaltend (W-Medit.: Heiden, Weiden, auf basischen u. sauren Böden – 1564 – Sorte: 'Flore Pleno': B gefüllt).

**Westmediterrane A.** – *A. palmata* L.

**7\*** BlHüllBl rot, blau, violettpurpurn, rosa od. weiß, 5–6; wenn BHüllBl 12–20, dann StgBl meist unzerteilt . . . . . . . . . . . . . . . . . . . . . . . . . . . . . . . . . . . . . . . . . . . . . . **8**

**8** StgBl unregelmäßig zerteilt. B 3–8(–10) cm ∅. BHüllBl 5–6, scharlachrot, blau, rosa od. weiß. GrundBl 3zählig mit zerschlitzten Abschnitten. Staubbeutel blau. 0,08–0,25 (–0,30). ♃ Überdauerungsorgan knollig od. kurz walzenfg 3–5. **Z** s Ⓐ Topfkultur im kalten Kasten, △ in wintermilden Gebieten ✗; ∨ ○ Boden trocken, sandig, Dränage, Ruhezeit nach B ⋀ (Medit.: Felsfluren, Garriguen, Wiesen, Brachfelder, Weinberge, Olivenhaine, 0–700(–1200) m – 1596 – variabel in BlForm, BGröße u. BFarbe – ∞ Sorten: B einfach ('De Caen'-Anemonen, Abb. **138**/3), B halbgefüllt ('St. Brigid'-Anemonen, Abb. **138**/4) u. B gefüllt). **Garten-A., Kronen-A.** – *A. coronaria* L.

**8*** StgBl ganz, höchstens gezähnt, lineal-lanzettlich. B 2–4 cm ∅. BHüllBl 11–19, 7–12 mm lg, oseits weiß, useits ± purpurn getönt. GrundBl handfg gelappt bis geschnitten. Bis 0,30. ♃ ♉ 3–5(–6). **Z** s Ⓐ; ∨ ○ (S-Frankr., It., Dalmatien, Alban., Kreta, Karpathos: Garriguen, Brachfelder, lichte Wälder, Olivenhaine, 0–1000(–1800) m – 2 Unterarten – Hybr mit *A. pavonina* Lam.: *A.* × *fulgens* (DC.) J. Gay: BHüllBl >15, schmal, scharlachrot). **Stern-A.** – *A. hortensis* L.

Ähnlich: **Pfauen-A.** – *A. pavonina* Lam.: BHüllBl 7–11, >16 mm lg, oseits scharlachrot od. rosa, useits etwas heller. 0,08–0,30. ♃ ♉ 5–6. **Z** s Ⓐ △; ∨ ○ warmer Standort ⋀ (Balkan, NW-Türkei; wechselfeuchte, immergrüne Gebüsche, Wiesen, Olivenhaine, 800–1500 m – Ende 16. Jh. – B zuweilen gefüllt).

**9** **(5)** Griffel so lg wie der FrchenKörper od. länger . . . . . . . . . . . . . . . . . . . . . . . . **10**

**9*** Griffel kürzer als der FrchenKörper . . . . . . . . . . . . . . . . . . . . . . . . . . . . . . . . **11**

**10** Pfl 5–12 cm (zur FrZeit bis 0,20 cm) hoch. StgGrund ohne BlStielreste des vergangenen Jahres. SammelFr verlängert. BHüllBl 8–10, weiß. 0,05–0,12(–0,20). ♃ Ⱡ 6–8. **Z** z △; ∨ ○ ⊕ Dränage (Alpen, Kroat.: alp. steinige Wiesen, Felsen, Kalkfeinschutt, 1800–3050 m). **Monte Baldo-W., Tiroler W.** – *A. baldensis* L.

**10*** Pfl 25–30 cm hoch. StgGrund von BlStielresten des vergangenen Jahres eingehüllt. SammelFr kuglig. BHüllBl 6–8, weiß (Abb. **139**/2). 0,25–0,30. ♃ Ⱡ 6–8?. **Z** s △; ∨ ○ Standort warm, geschützt, Dränage (Z- u. N.-Span.: sonnige mont. bis alp. Wiesen, (800–)1000–2400 m). **Spanische A.** – *A. pavoniana* Boiss.

**11** **(9)** Stg einfach, mit 1 B . . . . . . . . . . . . . . . . . . . . . . . . . . . . . . . . . . . . . . . . **12**

**11*** Stg verzweigt, meist mit 2–5 B . . . . . . . . . . . . . . . . . . . . . . . . . . . . . . . . . . . **13**

**12** StgBl sitzend od. mit kurzen, 5–8 mm lg u. br Stielen. B 4–6 cm ∅, weiß. (0,06–) 0,20–0,40. Ausläuferwurzeln 6–8. **Z** s Gehölzränder △; ∨ ♈ ◐ Standort kühl, feucht ⊕ (Himal., China: Tibet, Sichuan, Yunnan: Wälder, Flussufer, Felsen, Geröllfluren, 2400–4200 m). **Felsen-W.** – *A. rupicola* Cambess.

**12*** StgBl mit meist >10 mm lg Stielen. B 4–7 cm ∅, weiß od. useits (außen) violett getönt. 0,15–0,35(–0,50). ♃ Ausläuferwurzeln 4–6. **W. Z** z Gehölzränder; ∨ Licht- u. Kaltkeimer ♈ ○ ◐, giftig (warmgemäß. bis kühles, subkont. bis kont. Eur. u. Sibir.: trockenwarme Waldsäume u. Gebüsche, TrockenW, kalkstet – 16. Jh. – einige Sorten – ▽). **Großes W.** – *A. sylvestris* L.

**13** **(11)** Endabschnitte der StgBl höchstens 1,5–3(–4) mm br. Hauptabschnitte der GrundBl geschnitten, gegliedert in linealische bis schmal lanzettliche Abschnitte. B grün bis gelb, blau, purpurn od. rot, zuweilen weiß. SammelFr ± kuglig. 0,10–0,70. ♃ 6. **Z** s Ⓐ △; ∨ ○ ◐ (warmgemäß. bis kühles westl. N-Am., gemäß. S-Am.: lichte Wälder, Waldränder, Gras- u. Felsfluren, feuchte Prärien – 4 Varietäten in N-Am. – Hybr mit *A. sylvestris*: *A.* × *lesseri* Wehrh. (Abb. **139**/1): B 2–3(–4) cm ∅, karminrot, purpurn, gelb, weiß bis rosa, Sa steril. 0,25–0,40. ♃ 5–6, entstanden um 1932). **Pazifisches W.** – *A. multifida* Poir.

**13*** Endabschnitte der HochBl >(4–)6 mm br. Hauptabschnitte der GrundBl meist gelappt, gespalten bis geteilt, selten geschnitten. SammelFr kuglig, länglich-elliptisch od. zylindrisch . . . . . . . . . . . . . . . . . . . . . . . . . . . . . . . . . . . . . . . . . . . . . . . . . . **14**

**14** SammelFr meist kuglig od. länglich-ellipsoid, 1,5–3 cm lg. Griffel 1–1,5 mm lg. StgBl 3 (–5). BHüllBl 5, oseits grün, gelb od. rot, selten weiß. 0,30–1,00(–1,10). ♃ 5–8. **Z** s Gehölzränder; ∨ ◐ (Varietäten: var. *cylindroidea* B. Boivin: BHüllBl 5–10 mm lg, SammelFr 7–11 mm ∅ (NO-USA, Kanada: von British Columbia bis Quebec: trockne

Wälder, Sand- u. Grasfluren, 400–3000 m); var. *virginiana*: BHüllBl (6–)10–20 mm lg, SammelFr (9–)11–14 mm ⌀, Grund der StgBlSpreite herz- od. nierenfg (warmes bis gemäß. östl. N-Am.: trockne, felsige, lichte Wälder, Gebüsche, Flussufer, 0–2000 m); var. *alba* (OAKES) A. W. WOOD: BHüllBl (9–)10–21 mm lg, SammelFr 8–10(–11) mm ⌀, Grund der StgBlSpreite gestutzt (nordöstl. N-Am.: Uferfluren, feuchte Felswände, 10–1000 m). **Virginische A.**– *A. virginiana* L.

**14\*** SammelFr zylindrisch, 2–4 cm lg. Griffel 0,5–1 mm lg. StgBl 3–7(–9). BHüllBl 4–5(–6), grün bis weißlich. (0,20–)0,30–0,70(–0,80). ⚌ 6–7. **Z** z Gehölzränder; früher HeilPfl in N-Am.; **v** auch Selbstaussaat ○ ◐ (warmes bis gemäß. N-Am.: trockne, lichte Wälder, Prärien, Weiden, Straßenränder, 300–3000 m ). **Langkopf-A.** – *A. cylindrica* A. GRAY

**15** **(1)** Frchen kahl. Griffelende hakig . . . . . . . . . . . . . . . . . . . . . . . . . . . . . . . . . . . . . . . **16**

**15\*** Frchen behaart; wenn Frchen kahl, dann Griffelende nicht hakig . . . . . . . . . . . . . . . **19**

**16** Stg mit 1 GrundBl u. 1 B. AusläuferPfl. GrundBl 3–5spaltig. BHüllBl (4–)6(–8), oseits meist gelb. 0,05–0,30. ⚌ ⚘ 5–8. **Z** s Moorbeete △; **v** **⚘** ◐ ○ ≈ Boden humos (kühles bis arkt. N-Am., Grönland, Kamtsch., arkt. Sibir.: Bergtundren, Gebüsche, feuchte Wiesen, 20–2200 m). **Richardson-A.** – *A. richardsonii* HOOK.

**16\*** Stg mit mehreren GrundBl u. wenigen bis ∞ B . . . . . . . . . . . . . . . . . . . . . . . . . . . . . . **17**

**17** Frchen nicht geflügelt, schwach zusammengedrückt. BHüllBl 5–10, weiß, blau, purpurn od. malvenfarben. 0,20–0,60(–1,20). ⚌ Rübe 5–6. **Z** s Gehölzgruppen; **v** ◐ Standort kühl ≈ Boden humos (Bhutan, Nepal, Sikkim, China, Sri Lanka, Indon.: Sumatra: Waldränder, Grasfluren, Fluss- u. Seeufer, 800–4900 m – Varietäten: 2 in China: var. *rivularis* [*A. leveillei* ULBR.]: BHüllBl 6–10, 10–15 × 5–10 mm, Pfl 20–60 cm hoch; var. *flore-minore* MAXIM.: BHüllBl 5–6, 6–10 × 3–5 mm, Pfl 40–120 cm hoch – 1840). **Bach-W.** – *A. rivularis* BUCH.-HAM. ex DC.

**17\*** Frchen am Rand br geflügelt, deutlich zusammengedrückt . . . . . . . . . . . . . . . . . **18**

**18** Pfl 40–75 cm hoch. BHüllBl 4, zuweilen 5–7, weiß. Frchen etwa 10 mm ⌀. BStand >5blütig, doldig. 0,40–0,75. ⚌ 7–9. **Z** s △; **v** **⚘** ◐ ≈ (Afgh., Kaschmir, NW-Indien, Pakistan: TannenW, alp. Wiesen, felsige Bachufer, 2100–3600 m).
**Westhimalaische A.** – *A. tetrasepala* ROYLE

**18\*** Pfl 20–40 cm hoch. BHüllBl 5–6, weiß, zuweilen außen rötlich getönt. Frchen 5–6(–7) mm ⌀. BStand 3–8blütig, doldig. 0,20–0,40. ⚌ 5–7. **W. Z** s △; **v** (sofort nach der Ernte) Kaltkeimer ◐ ≈ Boden humos ⊕; giftig (warmgemäß. bis arkt. Eur., Sibir., westl. N-Am.: alp. Steinrasen, subalp. bis mont. frische Staudenfluren, Gebüschränder, kalkhold, 1500–2500 m – 1773 – formenreich – ▽).
**Narzissen-W., Berghähnlein** – *A. narcissiflora* L.

**19** **(15)** Frchen br geflügelt, 3,5–6 mm ⌀. GrundBl zur BZeit vorhanden. BStg verzweigt, am HauptStg mit 3 quirligen Ästen, an diesen jeweils mit 1–2 Bl. StgBl laubblattartig. BHüllBl (4–)5(–6), weiß, (8–)10–20(–25) × 5–15 mm. Pfl 20–80 cm hoch, mit Ausläuferwurzeln. (Abb. **135**/2). (0,15–)0,20–0,80. ⚌ Ausläuferwurzeln 5–8. **Z** z Gehölzränder; **v** Kaltkeimer **⚘** ◐ ≈, wuchert (warmgemäß. bis gemäß. N-Am.: feuchte Gebüsche, Wiesen, nasse Prärien, See- u. Flussufer, Waldlichtungen, 200–2500 m). [*A. dichotoma* var. *canadensis* (L.) McMILLAN] **Kanadisches W.** – *A. canadensis* L.

Ähnlich: **Gabel-A.** – *A. dichotoma* L.: GrundBl zur BZeit fehlend. Stg gablig verzweigt. Frchen geflügelt od. nicht geflügelt? 0,35–0,60. ⚌ Ausläuferwurzeln 6–7. **Z** s Gehölzränder; **v** **⚘** ○ ◐ (O-Eur., Sibir., Fernost, Japan, NO-China, Korea: Sümpfe, feuchte Gebüsche, Waldwiesen). **Narzissen-W., Berghähnlein** – *A. narcissiflora* L.: Pfl 20–30(–40) cm hoch, ohne Ausläuferwurzeln. BStg unverzweigt, mit einer 3–8blütigen Dolde. StgBl sich deutlich von den GrundBl unterscheidend, nur einen Quirl bildend. s. s. 18.

**19\*** Frchen nicht geflügelt . . . . . . . . . . . . . . . . . . . . . . . . . . . . . . . . . . . . . . . . . . . . . . . **20**

**20** Griffel so lg wie der FrchenKörper od. länger. GrundBl fiederspaltig bis -schnittig, mit 7–17 BlAbschnitten. BStg 2–4blütig. BHüllBl 5, bläulichpurpurn, 1,6–4,4 × 1,1–3,5 cm. 0,45–0,80(–1,50). ⚌ 7–9. **Z** s ⌂; **v** ◐, heikel (China: SW-Sichuan, NW-Yunnan: Wälder, Grasfluren, 1700–3000 m). [*Anemoclema glaucifolium* (FRANCH.) W. T. WANG, *Pulsatilla glaucifolia* (FRANCH.) HUTH] **Fiederblättrige A.** – *A. glaucifolia* FRANCH.

**20\*** Griffel kürzer als der FrchenKörper. GrundBl ganz, 3zählig od. handfg 3–5lappig, 3–5-
spaltig od. 3–5teilig . . . . . . . . . . . . . . . . . . . . . . . . . . . . . . . . . . . . . . . . . . . . . . . . . . . **21**
**21** Überdauerungsorgan aufrecht, nicht knollig . . . . . . . . . . . . . . . . . . . . . . . . . . . . . **22**
**21\*** Überdauerungsorgan horizontal, zuweilen knollig . . . . . . . . . . . . . . . . . . . . . . . . . **23**
**22** BlSpreite meist länger als br, spatelfg, rhombisch, eifg-rhombisch bis verkehrteifg, am
Ende 3zähnig, 3lappig bis 3spaltig, am Grund verschmälert bis keilig. BlStiel 1–3(–5) cm
lg. BStg 1–3blütig. BHüllBl 5–6(–15), weiß, gelb, rosa, purpurn od. blau. 0,03–0,15. ⚄
5–6(–8). **Z** s △; Ⅴ ○ ◑ Dränage (Nepal, Sikkim, Bhutan, China: Gansu, Sichuan,
Yunnan, Tibet: alp. Wiesen, Flussufer in Wäldern, 2500–4500 m – 3 Varietäten).
                                    **Löffelblättrige A.** – *A. trullifolia* Hook. f. et Thomson
**22\*** BlSpreite meist breiter als lg, 3schnittig od. 3zählig, zuweilen 3teilig, am Grund herzfg
od. selten gestutzt. BlStiel 3–15(–20) cm lg. BStg 1–2(–3)blütig. BHüllBl 5–6(–8), weiß,
gelblich od. bläulich. 0,05–0,25(–0,40). ⚄ 5–7. **Z** s △ ⌂; Ⅴ ○ Dränage, Schutz vor
Schnecken (Afgh., Pakistan, Kaschmir, N-Indien, Nepal, Bhutan, Mong., China: Gansu,
Sichuan, Yunnan, Tibet: alp. Wiesen, Flussufer in Wäldern, Grasfluren, 2900–4000 m
– Varietäten: 3 in China: subsp. *obtusiloba*: BlSpreite im Umriss br eifg, dicht zottig be-
haart; subsp. *megaphylla* W. T. Wang: BlSpreite im Umriss nierenfg, 3teilig, mit über-
lappenden Abschnitten; subsp. *leiophylla* W. T. Wang: BlSpreite im Umriss nierenfg,
3schnittig, mit nicht überlappenden Abschnitten).
                                        **Stumpflappige A.** – *A. obtusiloba* D. Don
**23** **(21)** Rhizom ± knollig, 8–20 mm ⌀ . . . . . . . . . . . . . . . . . . . . . . . . . . . . . . . . . . . . . **24**
**23\*** Rhizom nicht knollig . . . . . . . . . . . . . . . . . . . . . . . . . . . . . . . . . . . . . . . . . . . . . . . **25**
**24** SammelFr aufrecht. BlSpreite beidseits spärlich fast angedrückt behaart. BStiel mit vor-
wärts gerichteten, fast angedrückten Haaren. BHüllBl am Grund useits schwach
behaart, 8–14, blau, zuweilen weiß. (Abb. **138**/2). 0,15–0,20. ⚄ Rhizom knollig 4–5.
**Z** z Gehölzgruppen; Ⅴ ○ ◑ (Korsika, It., Sizil., W-Balkan: mont. Wiesen, TannenW,
1100–1450 m; verw. in D. – 1575 – Sorten: 'Alba': B weiß; 'Purpurea': B rotviolett;
'Plena': B gefüllt). [*A. apennina* subsp. *apennina*]       **Apenninen-W.** – *A. apennina* L.
**24\*** SammelFr nickend. BlSpreite useits kahl od. fast kahl. BStiel ± abstehend lg behaart.
BHüllBl kahl, 12–15, blau, malvenfarben, weiß od rosa. (Abb. **138**/1). 0,07–0,25.
⚄ Rhizom knollig 3–4. **Z** z Gehölzgruppen △; Ⅴ auch Selbstaussaat, Sorten als Knollen
im Handel erhältlich ◑ Standort warm, Boden humos (Balkan, Zypern, W-Syr., Türkei,
Kauk.: NadelW, Gebüsche, Felsfluren, 150–1700 m, verw. in D. – 1898 – einige Sorten:
z.B. 'Blue Shades': B blau; 'Bridesmaid': B weiß; 'Charmer': B dunkelrosa; 'Ingramii'
['Atrocoerulea']: B tief blauviolett; 'Pink Star': B hellrosa; 'Radar': B karminrot mit weißer
Mitte; 'Rosea': B rosa; 'Violet Star': B hellviolett mit heller Mitte). [*A. apennina* subsp.
*blanda* (Schott et Kotschy) Nyman]       **Balkan-W.** – *A. blanda* Schott et Kotschy

1                       2                       3                       4

**25 (23)** StgBl sitzend. GrundBl 3schnittig bis 3zählig. BStg einzeln, 1–2blütig. BHüllBl 5(–7), weiß, 7–20 × 6–7 mm, mit 3–5 Basalnerven. Griffelende hakig. (0,05–)0,10–0,25(–0,30). ♃ 4–5. **Z** s △ Gehölzränder; V ⚕ ☾ ≃ Boden humos, wuchert (O-Sibir., N-Korea, NO- u. Z-China: Laub- u. NadelW, Gebüsche, Grasfluren, 500–1300 m – Varietäten: 4 in China). **Baikal-W.** – *A. baicalensis* TURCZ. et LEDEB.

Ähnlich: **Schlaffe A.** – *A. flaccida* F. SCHMIDT: GrundBl 3schnittig. BStg 1–3, 2–3(–5)blütig. BHüllBl (4–)5(–8), weiß, gelblich, rosa, rötlichpurpurn, 5–10(–20) × 3–5(–10) mm, mit 5–9 Basalnerven. Griffel sehr kurz u. dick. 0,15–0,25(–0,40). ♃ 4–8. **Z** s △ Gehölzränder; V ☾ ≃ keine Staunässe, Boden humos (Sachalin, Japan, S- u. O-China: Wälder, Flussufer, schattige Grasfluren, 400–3000 m – 4 Varietäten in China).

**25\*** StgBl gestielt; wenn StgBl mit kurzen Stielen od. sitzend, dann B gelb . . . . . . . . . **26**
**26** BHüllBl stark zurückgeschlagen, lineal-länglich, 5(–6), 6–7 × 1–1,5 mm, grünlichweiß. StgBl 3, 3zählig. Blchen meist unzerteilt, am Rand gesägt. BStg 1–3blütig. 0,12–0,25. ♃ ⅄ 5–7. **Z** s △ Gehölzränder; V ⚕ ☾ (Sibir., N-Mong., Ussuri-Gebiet, N-Korea, NO-China: lichte Wälder, Gebüsche, Waldwiesen). **Rückwärtsgebogene A.** – *A. reflexa* STEPH. ex WILLD.
**26\*** BHüllBl abstehend . . . . . . . . . . . . . . . . . . . . . . . . . . . . . . . . **27**
**27** BHüllBl gelb, außen behaart. StgBl 3, fast sitzend od. mit kurzem, bis 1 cm lg Stiel, ihre Hauptabschnitte gelappt, gespalten bis geschnitten. 0,10–0,20. ♃ ⅄ 4–5. **W**. **Z** z Gehölzgruppen, Parks; V Kaltkeimer ⚕ ☾ Boden humos; giftig (warmgemäß. bis gemäß. Eur., W-As.: AuenW, feuchte LaubmischW, halbschattige, frisch-feuchte Wiesen, nährstoffreiche Böden, bis 1500 m – 1596 – Hybr mit *A. nemorosa*: *A.* × *seemenii* E. G. CAMUS [*A.* × *lipsiensis* BECK, *A.* × *intermedia* WINK.]: BHüllBl blass- bis schwefelgelb – Sorten: 'Flore Plena': B gefüllt; 'Semiplena': B halbgefüllt). **Gelbes W.** – *A. ranunculoides* L.
**27\*** BHüllBl weiß, zuweilen rosa od. rötlichpurpurn getönt, außen kahl . . . . . . . . . . . . **28**
**28** StgBl 3, jeweils mit 3 unzerteilten, am Rand gesägten Hauptabschnitten. BHüllBl meist 6(–12), weiß, selten rot od. himmelblau. Staubbeutel bläulichweiß od. weiß. Rhizom weißlich. 0,10–0,30(–0,40). ♃ ⅄ 5–6. **Z** s Gehölzgruppen; V ⚕ ☾ Boden humos (Gebirge von N-Port. u. N-Span., Ligurischer Apennin, SW-, S- u. O-Alpen, Karp.: LaubmischW, Waldränder, Gebüsche, selten Bergwiesen – Unterarten: subsp. *trifolia*: Staubbeutel bläulich, SammelFr aufrecht (meist auf Kalk); subsp. *albida* (MARIZ) ULBR.: Staubbeutel weiß, SammelFr nickend (meist kalkmeidend). **Dreiblatt-W.** – *A. trifolia* L.
**28\*** StgBl 3, jeweils mit 3 gelappten, gespaltenen od. geschnittenen Hauptabschnitten. Staubbeutel gelb. Rhizom gelb bis braun . . . . . . . . . . . . . . . . . . . . . . . . . . . **29**
**29** BHüllBl 8–9(–15), länglich bis schmal elliptisch. SammelFr aufrecht? 0,10–0,20(–0,30). ♃ ⅄ 3–5. **Z** s Gehölzgruppen; V ⚕ ☾ Boden humos (warmgemäß. bis kühles O-Eur., W-Sibir.: Wälder, Waldränder, Gebüsche). **Altai-W.** – *A. altaica* FISCH. et C. A. MEY.

1          2          3

**29\*** BHüllBl (5–)6(–9), länglich bis eifg. SammelFr nickend. 0,10–0,25. ♃ ⅄ 3–5. **W. Z** z
Gehölzgruppen, Naturgärten, Parks, Wiesen; ∨ ⚘ ☾ Boden humos; giftig (warmgemäß.
bis kühles Eur.: krautreiche, frische bis wechselfeuchte Wälder, Gebüsche, mont.
Magerrasen u. Wiesen, mäßig anspruchsvoll, bis 1800 m – verwandte Arten: *A. amuren-
sis* (KORSH.) KOM. in O-As. u. *A. quinquefolia* L. im östl. N-Am. – Natur-Hybr mit *A. trifolia*:
*A.* × *pittonii* GLOW. (Österr., Slowen.) – ∞ Sorten: B einfach, halbgefüllt u. gefüllt; B mit
unterschiedlicher Größe; BHüllBl weiß, rosa, rötlich, blau, grün; Bl bronzefarben; BZeit
unterschiedlich). **Busch-W.** – *A. nemorosa* L.

**Leberblümchen** – *Hepatica* MILL.　　　　　　　　　　　　　　　　　　　　7 Arten

**1** Bl 3lappig. BlLappen ganzrandig. Kelchartige HochBl (3) dicht unter der BHülle (Kr),
vorn 1spitzig. Kr blau bis weiß, rosa, auch gefüllt. Staubfäden u. Staubbeutel fast weiß.
0,05–0,15. ♃ i ⅄ 3–4. **W. Z** z Gehölzgruppen △; ⚘ ∨ Licht- u. Kaltkeimer ☽ ● ⊕, gif-
tig (warmgemäß. bis gemäß. suboz. Eur., O-As.: mäßig trockne bis frische LaubmischW,
kalkhold – einige Varietäten: var. *nobilis* (Eur.); var. *japonica* NAKAI (Japan); var. *asiati-
ca* (NAKAI) HARA (Korea, O-China) – 830; 1589: gefülltblütige Pfl; 1570: rosablütige Pfl;
1780: weißblütige Pfl – ▽. [*Anemone hepatica* L., *H. triloba* GILIB.]
　　　　　　　　　　　　　　　　　　　　　**Leberblümchen** – *H. nobilis* SCHREB.

**1\*** Bl 3(–5)lappig. BlLappen grob gekerbt. Kelchartige HochBl (3) zuweilen vorn 2– 3zäh-
nig. Kr blau bis violett, zuweilen weiß od. rosa. Staubfäden blau, Staubbeutel hellblau.
(Abb. **139**/3). 0,20–0,30. ♃ ⅄ 2–4. **Z** z Gehölzgruppen △ □; ⚘ ∨ Kaltkeimer ☽ ● ⊕
(Rum.: Karp., Siebenbürgen: krautreiche LaubW, bis 2000 m – 1846 – Sorten: 'Donner-
vogel JP': Kr dunkelviolett; 'Eisvogel': Kr weiß mit bläulicher USeite; 'Karpatenkrone':
Kr dunkelviolett, >15blättrig; 'Loddon Blue': Kr hellviolett; 'Elison Spence':
Kr violett, gefüllt; 'Rosea': Kr hellrosa. [*Anemone transsilvanica* (FUSS) HEUFFEL,
*H. angulosa* auct. non (LAM.) DC.]　　　　　**Siebenbürger L.** – *H. transsilvanica* FUSS

**Küchenschelle, Kuhschelle** – *Pulsatilla* L.　　　　　　　　　　　　　　38 Arten

Lit.: AICHELE, D., SCHWEGLER, H.-W. 1957: Die Taxonomie der Gattung *Pulsatilla*. Feddes Rep. **60**: 1–230.
– TAMURA, M. 1995: *Pulsatilla* MILLER. In: Nat. Pflanzenfamilien. Bd. 17a IV: 356–365.

Bem.: Die *Pulsatilla*-Arten neigen sowohl in der Natur als auch in der Kultur leicht zum Hybridisieren.

**1** StgBl laubblattartig, den GrundBl ähnlich, aber kleiner u. nur kurz gestielt . . . . . . . **2**
**1\*** StgBl hochblattartig, sitzend, eine im unteren Drittel od. Viertel verwachsene Hülle bil-
dend . . . . . . . . . . . . . . . . . . . . . . . . . . . . . . . . . . . . . . . . . . . . . . . . . . . . . . . . . . . . . . . **3**
**2** BlSpreite der LaubBl den BlStiel geradlinig fortsetzend, nicht abgewinkelt,
Endabschnitte nicht bis zur Mittelrippe eingeschnitten, Zipfel oft zurückgerollt. NiederBl
ganzrandig. B (3–)4–6 cm ⌀. Dl lüllBl 1 2 cm br, weiß od. schwefelgelb. 0,20–0,45. ♃
Pfahlwurzel/Pleiok 5–8. **W. Z** s △; ∨ Kalt- u. Lichtkeimer, giftig (Hochgebirge von S- u.
M-Eur.: alp. bis subalp. frische Rasen, Böden nährstoffreich, (600–)1500–2730 m – ▽).
　　　　　　　　　　　　　　　　　　　　　　**Alpen-K.** – *P. alpina* (L.) DELARBRE

Unterarten:

**1** BHüllBl weiß, außen zuweilen rötlich bis bläulich überlaufen, B 4–6 cm ⌀. **W. Z** s △; ∨ ⊕, heikel
(span. Gebirge, Pyr., Cevennen, Jura, Alpen, Korsika, nördl. Apennin, Balkan: alp. bis subalp.
Rasen, kalkstet). s. auch **2\***.　　　　　　　　　　　　　　　　　　　　　　　subsp. *alpina*
**1\*** BHüllBl schwefelgelb. B 3–5 cm ⌀. **W. Z** s △; ∨ ⊕ (warmgemäß. bis gemäß., ozeanisch-sub-
ozeanisches Eur.: alp. bis subalp. Magerrasen, kalkmeidend). [*Anemone apiifolia* SCOP., *P. alpina*
subsp. *sulphurea* (DC.) ZÄMELIS]　　　　　　　　　　　　　　　　subsp. *apiifolia* (SCOP.) NYMAN
Ähnlich: **Goldgelbe K.** – *P. aurea* (N. BUSCH) JUZ.: BHülle goldgelb. 0,06–0,50. ♃ Pleiok 6–7(–8).
**Z** s △; ∨ Kaltkeimer ○; giftig (Kauk.: alp. bis subalp. Matten, Schneetälchen, *Rhododendron*-
Gebüsche, z. B. um 2850 m).

**2\*** BlSpreite der LaubBl abgewinkelt, fast waagerecht ausgebreitet, Endabschnitte bis zur
Mittelrippe eingeschnitten, Zipfel nicht zurückgerollt. NiederBl gefranst. B 2,5–4,5(–5)
cm ⌀. BHüllBl 0,5–1 cm br, stets weiß. 0,15–0,30. ♃ Pfahlwurzel/Pleiok 5–8. **W. Z** s △;

∨ Kaltkeimer ○ ⊖, giftig (Kantabrien, Z-, NO- u. O-Alpen, Z-Frankr., Vogesen, Harz, Riesen- u. Isergebirge, Karp.: subalp. Magerrasen u. Zwergstrauchheiden, kalkmeidend – ▽). [*P. alba* Rchb., *P. alpina* subsp. *austriaca* Aichele et Schwegler]
    **Brocken-K., Brockenanemone** – *P. alpina* (L.) Delarbre subsp.
    *alba* (Rchb.) Zämelis et Paegle

**3 (1)** Pfl dicht bronzefarben behaart. Bl überwinternd. BHülle innen gelblichweiß, außen violett. B nickend. 0,05–0,30. ♃ Pfahlwurzel/Pleiok 4–6. **W.** Z s △ Heidebeete; ∨ Kaltkeimer ○ ⊖, giftig (warmgemäß. bis kühles subozeanisches Eur.: alp. bis subalp., mäßig frische Magerrasen, in tieferen Lagen lückige KiefernW, kalkmeidend; (200–) 1500–2600(–3100) m – Natur-Hybr mit *P. patens*, *P. pratensis*, *P. vulgaris*, *P. montana* – ▽).
    **Frühlings-K.** – *P. vernalis* (L.) Mill.

**3\*** Pfl nicht bronzefarben behaart; wenn goldgelb behaart (*P. grandis* 'Budapest Variety'), dann B aufrecht. Bl im Winter absterbend. BHüllBl beidseits ± gleichfarben  . . . . . **4**

**4** LaubBlSpreite 3zählig; mit einem 3teiligen EndBlchen u. 2 Seitenfiedern. BlSpreite ± senkrecht zum BlStiel gestellt (ähnlich wie bei einem schildfg Bl)  . . . . . . . . . . . . . **5**

**4\*** LaubBlSpreite unpaarig gefiedert; wenn selten 3zählig (*P. slavica*), dann Mittelrippe der BlSpreite den BlStiel geradlinig fortsetzend  . . . . . . . . . . . . . . . . . . . . . . . . . . . . . **6**

**5** BHüllBl gelb, außen zuweilen schwach bläulich, glockig bis tellerfg ausgebreitet. Bl während der BZeit erscheinend. BlZipfel 30–80. Bis 0,45. ♃ Pleiok 6. Z s △ Stauden-beete; ∨ Kaltkeimer ○, giftig (O-Eur., W- u. O-Sibir., Mong.: Birken-, Lärchen- u. KiefernW, Wiesen, Flusstäler).
    **Gelbliche K.** – *P. flavescens* (Zucc.) Juz.

**5\*** BHüllBl meist hell blauviolett, tellerfg ausgebreitet. Bl nach der BZeit erscheinend. BlZipfel 17–30. 0,07–0,35. ♃ Pleiok 3–5. ∨ ○ ∼ ⊕, giftig (warmgemäß. bis kühles subkontinentales Eur., As. u. N-Am.: Sand-, Trocken- u. Halbtrockenrasen, trockne KiefernW, basenhold – einige Natur-Hybr mit *P. pratensis* subsp. *pratensis*, *P. pra-tensis* subsp. *nigricans*, *P. vernalis* u. *P. montana*. – ▽).
    **Finger-K., Stern-K.** – *P. patens* (L.) Mill.

**6 (4)** B übergebogen bis nickend  . . . . . . . . . . . . . . . . . . . . . . . . . . . . . . . . . . . . . . **7**

**6\*** B aufrecht  . . . . . . . . . . . . . . . . . . . . . . . . . . . . . . . . . . . . . . . . . . . . . . . . . . . . . **9**

**7** BHüllBl nur anfangs glockig zusammenneigend, später tellerfg ausgebreitet, Spitzen ± ausgestreckt, bläulich bis dunkelviolett. Griffel der reifen Frchen 3 cm lg. 0,08–0,35. ♃ Pleiok 3–5. Z s △; ∨ Kaltkeimer ○ ∼ Dränage, giftig (S-Alpen, Balkan, Krim: kolline bis montane Trockenwiesen, kalkhold – Natur-Hybr mit *P. patens* u. *P. verna-lis* – ▽). [*Anemone montana* Hoppe]
    **Berg-K.** – *P. montana* (Hoppe) Rchb.

**7\*** BHüllBl während der ganzen BZeit glockig od. br glockig zusammenneigend, nicht tellerfg ausgebreitet  . . . . . . . . . . . . . . . . . . . . . . . . . . . . . . . . . . . . . . . . . . . . . . **8**

**8** Griffel der reifen Frchen 1,5–3,5 cm lg. BHüllBl gelb od. weißlich, blau od. purpurn (Abb. **142**/2). 0,05–0,30. ♃ Pleiok 4. Z s △; ∨ ○, giftig (Kauk., Transkauk., Iran: montane bis alpine Wiesen – Anfang 20. Jh.).
    **Kaukasische K.** – *P. albana* (Steven) Bercht. et J. Presl

**8\*** Griffel der reifen Frchen 3,5–6 cm lg. BHüllBl purpurn od. schwarzviolett, innen selten gelblichweiß. 0,10–0,50. ♃ Pfahlwurzel/Pleiok 4–5. **W.** Z s △ Stauden- u. Heidebeete; ∨ ○, giftig (warmgemäß. bis gemäß. subkontinentales Eur.: Sand-, Silikattrocken- u. Halbtrockenrasen, trockne KiefernW, auf bodensauren u. kalkhaltigen Böden, vorwie-gend in der Ebene, seltener bis in die montane Stufe – Natur-Hybr mit *P. vernalis* – ▽). [*Anemone pratensis* L.]
    **Wiesen-K.** – *P. pratensis* (L.) Mill.

**9 (6)** Spreite der GrundBl meist 3zählig: 3gliedriges, meist deutlich gestieltes EndBlchen mit 1 Seitenfiederpaar; zuweilen auch unpaarig gefiedert, mit 2 Seitenfiederpaaren. Mittelzipfel des 3gliedrigen EndBlchens tief gelappt bis gespalten (Abb. **142**/1). 0,20–0,50. ♃ Pleiok 3–5. Z s △ Staudenbeete; ∨ Kaltkeimer ○ ∼ ⊕, giftig (W-Karp.: Grasfluren, KiefernW, 250–1750 – 19. Jh.). [*P. halleri* (All.) Willd. subsp. *slavica* (G. Reuss) Zämelis var. *wahlenbergii* Aichele et Schwegler]
    **Slawische K.** – *P. slavica* G. Reuss

**9\*** Spreite der GrundBl unpaarig gefiedert, mit 2–4(–6) Seitenfiederpaaren 1. Ordnung **10**
**10** Spreite der GrundBl 1fach gefiedert, mit 2(–3) Seitenfiederpaaren. Untere Seitenfiedern
3spaltig. BlZipfel 7–20; 6–11 mm br. 0,05–0,50(–0,70). ♃ Pleiok 3–4. **Z** s △; V Kalt-
keimer ○, giftig (O-Alpen: Steiermark: submont. bis mont. Felsrasen u. KiefernW). [*P.
halleri* (ALL.) WILLD. subsp. *styriaca* (PRITZ.) ZÄMELIS]
                                                **Steirische K.** – *P. styriaca* (PRITZ.) SIMONK.
**10\*** BlSpreite 2(–3)fach gegliedert, mit (2–)3–5(–6) Seitenfiederpaaren 1. Ordnung. Seiten-
fiedern fiederspaltig bis fiederschnittig. BlZipfel 40–200, meist 2–7 mm br . . . . . . **11**
**11** GrundBl dem Boden ± aufliegend, mit (75–)100–150(–200) linealischen Zipfeln, vor den
B erscheinend (var. *vulgaris*) od. mit den B erscheinend u. Zipfel 2–5 mm br (var. *ger-
manica* (BLOCKI) AICHELE et SCHWEGLER) od. 4–8 mm br (var. *oenipontana* (DALLA TORRE)
AICHELE et SCHWEGLER). 0,05–0,50. ♃ Pleiok 4–5. **W. Z** z Stauden- u. Heidebeete △ ⚥;
HeilPfl; V Kaltkeimer ○ ◐, giftig (gemäß. suboz. Eur.: Kalk-, Sand- u. Silikattrocken-
rasen, trockne Heiden u. KiefernW, bis 1000 m – variabel – Natur-Hybr mit *P. praten-
sis* u. *P. vernalis* – ∞ Sorten: z. B. 'Alba': BHüllBl weiß; 'Mrs Van der Elst', 'Rosea' u.
'Barton's Pink': BHüllBl rosa; 'Coccinea', 'Röde Klokke' u. 'Rubra': BHüllBl tiefrot;
'Papageno': BHüllBl zerschlitzt; die Sorten mit roter BFarbe sind vermutlich aus der
Kreuzung von *P. vulgaris* mit *P. rubra* (LAM.) DELARBRE hervorgegangen – ▽).
[*Anemone pulsatilla* L.]                       **Gewöhnliche K.** – *P. vulgaris* MILL.
**11\*** GrundBl aufrecht abstehend, mit 40–90 lineal-lanzettlichen Zipfeln. Zipfel (2–)4–7
(–12) mm br. 0,05–0,60. ♃ Pfahlwurzel/Pleiok 4–5. **W. Z** s Staudenbeete △ ⚥; V Kalt-
keimer ○ ~ ⊕, giftig (warmgemäß. subkontinentales Eur.: kalk-, kies- u. schotterreiche
Xerothermrasen, 200–1800 m – Sorte: 'Budapest Variety': Pfl goldgelb behaart – ▽).
[*P. vulgaris* subsp. *grandis* (WENDER.) ZÄMELIS]     **Große K.** – *P. grandis* WENDER.

**Waldrebe** – *Clematis* L.                                    295 Arten

Lit.: BÄRTELS, A. 1996: Schöne *Clematis*. 2. Aufl. Stuttgart. – GREY-WILSON, C. 2000: *Clematis*, the
genus. London. – HOWELLS, J. 1990: A plantsman's guide to *Clematis*. London.

Bem.: Im Schlüssel werden neben den handelsüblichen Stauden-Arten auch einige Kletterstrauch-
Sippen behandelt. Kurzinformationen über wichtige Sorten u. über deren Zugehörigkeit zu gewissen
Sortengruppen (Florida-, Jackmanii-, Lanuginosa-, Patens-, Texensis- u. Viticella-Gruppe) s. KRÜSS-
MANN 1976 u. BÄRTELS 1996: B oft sehr groß (–25 cm ∅), mit > 5 BHüllBl.

**1** Pfl nicht kletternd (s. auch **3\***: *C. addisonii*) . . . . . . . . . . . . . . . . . . . . . . . . . . . . . **2**
**1\*** Pfl kletternd, mit rankenden BlStielen, BlSpindeln od. umgebildeten Endfiedern . . **5**
**2** Bl ganz (s. auch **3\***: *C. addisonii*) . . . . . . . . . . . . . . . . . . . . . . . . . . . . . . . . . . . . . **3**
**2\*** Bl 3zählig od. gefiedert . . . . . . . . . . . . . . . . . . . . . . . . . . . . . . . . . . . . . . . . . . . . . . **4**
**3** B in rispenähnlichen BStänden, aufrecht. BHüllBl 4(–6), spreizend, 1–2 cm lg, weiß od.
cremefarbenweiß. Staubfäden fadenfg, kahl. 0,40–1,50. ♃ 8–9. **Z** s Staudenbeete; V

1                    2                    3                    4

○, giftig (Afgh., Kasach., Kirgis., Tadschik., Mong., China: Gansu, Xinjiang: Grasfluren, sandige u. steinige Flussufer, steinige Hänge, Geröllfluren, 400–2500 m).

**Dsungarische W.** – *C. songarica* BUNGE

3* B einzeln od. in Gruppen zu 3, lg gestielt, nickend. BHüllBl 4(–6), glockig zusammenneigend bis spreizend, 3–4(–5) cm lg, blau od. violett, useits (außen) kahl, nur am Rand behaart. Staubfäden verbreitert, behaart. (Abb. **142**/4). (0,20–)0,30–0,50(–0,70). ♃ ⅄ 5–6. **Z** s Staudenbeete ⚥; ∨ ⚘ ○ ◑, giftig (warmgemäß. bis gemäß. SO- u. O-Eur., W-Sibir.: SteppenW, Wiesen, trockenwarme Gebüsche – um 1600 – Hybr mit *C. viticella, C. lanuginosa* u. *C. crispa* L. – ∞ Sorten: B auch weiß u. rosa).

**Ganzblättrige W.** – *C. integrifolia* L.

Ähnlich: **Gelbliche W.** – *C. ochroleuca* AITON [*Viorna ochroleuca* (AITON) SMALL]: Bl alle unzerteilt, useits grün. B krugfg. BHüllBl 1–3,5 cm lg, hellgelb bis hellpurpurn, useits (außen) seidenhaarigflaumhaarig, dünn. 0,20–0,70. ♃ 5–6. **Z** s ∆; ∨ ○ ◑, giftig (warmes bis warmgemäß. östl. N-Am.: trockne bis feuchte Wälder, Gebüsche, Straßenränder, 0–500 m). – **Addison-W.** – *C. addisonii* BRITTON: untere u. mittlere StgBl ganz od. gelappt, obere gefiedert, EndBlchen rankenartig, useits blaugrün. B krugfg. BHüllBl 1,2–2,5 cm lg, purpurn od. rötlichpurpurn, useits kahl, dick. Pfl aufsteigend bis aufrecht, zuweilen etwas kletternd. 0,60–1,00. ♃ 5–6. **Z** s Gehölzgruppen, Staudenbeete; ∨ ○ ◑, giftig (warmes bis warmgemäß. östl. N-Am.: trockne Wälder, Waldlichtungen, Felsen, 200–600 m).

4 **(2)** Bl 3zählig. BHüllBl 4, anfangs eine lg Röhre bildend, nur ihre verbreiterten Zipfel spreizend, später ± vollständig zurückgebogen (Abb. **143**/7), blau bis purpurn, 1,5–2,8 cm lg. Stg aufsteigend bis aufrecht. (Abb. **142**/3). 0,50–1,20. ♄ ♃ 8–9. **Z** s Gehölzgruppen, z. B. zwischen Latschenkiefern; ∨ ∿ ○ ◑, giftig (China, Korea: Waldränder, Gebüsche, 300–2000 m – 1837 – Hybr mit *C. vitalba*: *C.* × *jouiniana* C. K. SCHNEID.). [*C. davidiana* DECNE. ex VERL., *C. heracleifolia* var. *davidiana* (DECNE. ex VERL.) KUNTZE, *C. tubulosa* var. *davidiana* (DECNE. ex VERL.) FRANCH.]

**Großblättrige W., Trompeten-W.** – *C. heracleifolia* DC.

4* Bl einfach gefiedert. BHüllBl 4, spreizend, weiß, bis 2 cm lg. Stg aufrecht. 0,50–1,50. ♃ ⅄ 6–7. **W.** **Z** s Staudenbeete, Gehölzgruppen, Parks ⚘; ∨ Kaltkeimer ◑ ○ ⊕, giftig (Pyr., It., warmgemäß. bis gemäß. M- u. O-Eur.: sommertrockne EichenmischW, Wald- u. Gebüschsäume, basenhold, StromtalPfl – 1574).

**Aufrechte W.** – *C. recta* L.

5 **(1)** Äußere StaubBl steril, fast kronblattartig (Abb. **143**/6b) ................. **6**

5* Äußere StaubBl fertil, nicht kronblattartig ................................. **7**

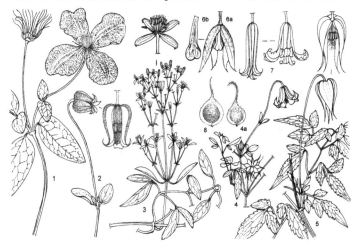

**6** Sterile StaubBl ½ so lg wie die 4 BHüllBl (Abb. **143**/6b). BHüllBl 3–5 cm lg, violett bis hellblau, selten weiß od. rosa (Abb. **143**/6). Bl doppelt 3zählig. 1,00–2,00. ♄ ⚥ 5–7. **W.** **Z** s Gehölzgruppen im △; ∨ Kaltkeimer ◑, giftig (Alpen, Apennin, Karp., warmgemäß. bis kühles O-Eur. u. As.: subalp. Gebüsche u. NadelW, bis 1900 m – ∞ Sorten – ▽). [*Atragene alpina* L.] **Alpen-W., Alpenrebe** – *C. alpina* (L.) MILL.

**6\*** Sterile StaubBl so lg od. fast so lg wie die 4 BHüllBl. BHüllBl 2,5–4 cm lg, weiß, blau od. violett. Bl doppelt 3zählig. Bis 5,00. ♄ ⚥ 5–6. **Z** s Spaliere, Gehölzgruppen; ∨ ○ ◑, giftig (N-China, O-Mong., Fernost, O-Sibir.: Wälder, 1700–2000 m – 1912 – einige Sorten). [*Atragene macropetala* (LEDEB.) LEDEB.]

**Großblumige W.** – *C. macropetala* LEDEB.

**7** **(5)** Bl 3zählig od. unzerteilt bis 3zählig .................................... **8**

**7\*** Bl gefiedert ...................................................... **10**

**8** Bl immergrün, derb ledrig. Blchen 5–16 × 1,5–7 cm, eifg, schmal eifg od. lanzettlich, ganzrandig. BStand meist an vorjährigem Stg, 1–∞blütig. VorBl ganz od. 3lappig. B 2–8 cm ⌀. BHüllBl 4(–6), abstehend, schmal länglich, länglich od. verkehrteifg-länglich, 1,2–4,7 × 0,2–2 cm, weiß od. rosa. FrBl behaart. Bis 5,00. ♄ i ⚥ 4–5. **Z** s Spaliere, Zäune; ∨ ○ ∧, giftig (N-Myanmar, S- u. Z-China: Wälder, Waldsäume, Gebüsche, Flussufer, 100–2400 m – 1907 – Sorten: 'Apple Blossom': BHüllBl br, weiß u. rosa getönt, junge Bl bronzegrün; 'Snowdrift': BHüllBl reinweiß, Bl dunkelgrün). **Armand-W.** – *C. armandii* FRANCH.

**8\*** Bl sommergrün ................................................. **9**

**9** BHüllBl 4(–6), verkehrteifg, violettpurpurn, flach ausgebreitet. B 8–14 cm ⌀, einzeln od. zu 3, an lg Stielen (Abb. **143**/1). Bl useits schwach behaart. 3,00–4,00. ♄ ⚥ 7–10. **Z** z Spaliere; ⤳ ○ ◑, giftig (Garten-Hybr: *C. lanuginosa* × *C. viticella*, entstanden 1858 – ∞ Sorten: z. B. B weiß, dunkelpurpurn mit 3 rötlichen Streifen, purpurviolett, rötlichpurpurn, auch gefüllt). **Jackman-W.** – *C.* × *jackmanii* T. MOORE

**9\*** BHüllBl 6–8, br eifg, blau, flach ausgebreitet. B 10–20 cm ⌀, meist einzeln. BlUSeite, BStiele u. KKnospen wollig behaart. Bis 2,00. ♄ ⚥ 6–10. **Z** s, Sorten z, Gehölzgruppen, Spaliere; ∨ ○ ◑; giftig (O-China: Zhejiang: Gebüsche, Flussufer, 100–400 m – 1850 – wichtiger Kreuzungspartner – ∞ Sorten). **Wollige W.** – *C. lanuginosa* LINDL.

**10** **(7)** BHülle gelb; wenn hellgelb, dann röhren-glockenfg ...................... **11**

**10\*** BHülle weiß, cremefarbenweiß, blau od. purpurn .......................... **12**

**11** B in rispenähnlichen BStänden, röhren-glockenfg. BHüllBl 4, 1–2 cm lg, eifg, vorn stumpf, hellgelb. Bl einfach gefiedert bis doppelt gefiedert. Fiedern eifg-lanzettlich. Bis 4,00. ♄ ⚥ 7–10. **Z** s Spaliere; ∨ ○ ◑, giftig (Nepal, China: Quinghai, Sichuan, Tibet, Yunnan: Gebüsche, Flussufer, 2000–2500 m – 1898). **Rehder-W.** – *C. rehderiana* CRAIB

**11\*** B einzeln od. zu 3, lg gestielt, glockenfg. BHüllBl 4, 2–4 cm lg, eifg-lanzettlich od. länglich, spitz, gelb (Abb. **143**/5). Bl einfach gefiedert bis doppelt gefiedert. Fiedern länglichlanzettlich od. lanzettlich, gesägt. Bis 5,00. ♄ ⚥ 6–8. **Z** z Spaliere; ∨ ○ ◑, giftig (Mong., Kasach., NW-China: Fels-, Schutt- u. Geröllfluren, Gebüsche, 1300–4900 m – 1898 – mehrere Varietäten). **Mongolische W.** – *C. tangutica* (MAXIM.) KORSH.

**12** **(10)** B in rispenähnlichen BStänden (Abb. **143**/3), weiß; wenn BStand wenigblütig, dann BHülle oft 6zählig ................................................ **13**

**12\*** B einzeln od. in wenigzähligen Gruppen, stets lg gestielt, blau, purpurn, rot, gelb od. weiß. BHülle meist 4zählig ......................................... **14**

**13** BHüllBl beidseits weißfilzig, 4(–5), 1–2 cm lg, spreizend, grünlichweiß. B unangenehm riechend. Bl einfach gefiedert. Fiedern meist 5, br eifg bis lanzettlich. 1,00–5,00(–15,00). ♄ ⚥ 6–8. **W. Z** v Gehölzgruppen, Spaliere, Naturgärten; ∨ Kaltkeimer ○ ●, kann lästig werden! giftig (S-, M-, SO-Eur., Kauk.: Gebüsche, AuenW, Waldränder u. -verlichtungen, Parks, kalkhold, nährstoffreiche Böden). **Gewöhnliche W.** – *C. vitalba* L.

Hybride: mit *C. potaninii* MAXIM. subsp. *fargesii* (FRANCH.) GREY-WILSON: 'Paul Farges' [*C.* × *fargesioides* 'Paul Farges' od. 'Summer Snow']: Stg bräunlichgrün bis braunrot. Bl gefiedert, das unterste Fiederpaar 3zählig. Blchen schmal bis br eifg, grob gezähnt od. unregelmäßig gelappt. B 2,5–5 cm ⌀. BHüllBl

(4–)6, schmal verkehrteifg, cremefarben. FrBl steril. (Abb. **145**/1). Bis 7,00. ♅ ⚥ 6–9. **Z** z Spaliere, Gehölzgruppen; ⌇ ○ ☽, giftig (1964 im Nikita Botanischen Garten Jalta, Krim, entstanden; 1985 in Schweden eingeführt).

**13\*** BHüllBl nur am Rand filzig, 4, 1–2 cm lg, spreizend. B nach Mandeln duftend. Bl doppelt gefiedert. Fiedern lineal-länglich bis fast kreisfg. (Abb. **143**/3). 2,00–5,00. ♅ ♅ ⚥ 6–8. **Z** s Spaliere an Mauern, Gehölzgruppen; ⱽ ○, giftig (Medit.: SteineichenW, Gebüsche, Wegränder – 1590). **Brennende W., Mandel-W.** – *C. flammula* L.

**14** **(12)** B krugfg. BHüllBl 4, sehr dick, an der Spitze zurückgebogen, useits (außen) hellblau bis rötlichpurpurn, 1,5–3 cm lg (Abb. **143**/2). Bl einfach bis doppelt gefiedert, unterste Fiederpaare oft 3zählig, Endfieder(n) oft rankenartig. Griffel viel länger als das reife Frchen, 3–5 cm, behaart. Bis 4,00. ♅ ⚥ 7–8. **Z** s Spaliere, Gehölzgruppen; ⱽ ☽, giftig (O-Kanada, östl. USA: bewaldete Felsen, Flussufer, 0–1400 m – 1730). **Krugblütige W.** – *C. viorna* L.

**14\*** B br glockig bis flach tellerfg (Abb. **145**/2a,b). BHüllBl 4, dünn, blau, purpurn, rot od. weiß, 2–4 cm lg. Bl meist doppelt gefiedert, unterste Fiederpaare oft 3zählig. Griffel etwa so lg wie das reife Frchen, kahl, höchstens am Grund mit anliegenden Haaren. Frchen ohne Griffel 6–10 mm lg (Abb. **143**/8). Bis 4,00. ♅ ♅ ⚥ 6–8. **Z** z Spaliere; ⱽ Kaltkeimer ☽, giftig (Z- u. O-Medit., Türkei, Kauk., Iran: feuchte LaubW, Gebüsche – 1569 – ∞ Sorten: B weiß, purpurrot, weinrot mit dunkleren Nerven, purpurblau u. gefüllt). **Italienische W.** – *C. viticella* L.

Ähnlich: **Glockenblütige W.** – *C. campaniflora* BROT.: B br glockig, 2–3 cm ⌀ (*C. viticella*: 3–6 cm ⌀). BHüllBl weißblau bis hellviolett, an der Spitze zurückgebogen (Abb. **143**/4). Griffel deutlich behaart (Lupe)(Abb. **143**/4a). Frchen ohne Griffel 6–7 mm lg. Bis 6,00. ♅ ♅ ⚥ 7–8(–9). **Z** s Spaliere, Zäune, Gehölzgruppen (Port., S-Span.: Hecken, Gebüsche – 1810).

**Falscher Wanzensame** – *Trautvetteria* FISCH. et C. A. MEY. 1 Art

Pfl mit ausläuferbildendem Rhizom. BStg mit 1(–3) lg gestielten Grund- u. 2–3 kurz gestielten od. sitzenden StgBl. GrundBlSpreite handfg 5–11spaltig bis -teilig. BStand ∞blütig. BHülle einfach. BHüllBl 3–5, weiß, zuweilen außen purpurn, hinfällig. StaubBl ∞, die äußeren mit verbreiterten Staubfäden, mit Schauwirkung. FrBl 15(–25), frei. Frchen aufgeblasen, im Querschnitt 4kantig. (Abb. **115**/3,3a). Bis 1,50. ⚃ ⚇ ⌇⌇ 5. **Z** s Gehölzgruppen; ⱽ ⚘ ☽ (warmes bis warmgemäß. östl. N-Am. (var. *caroliniensis*); warmes bis gemäß. westl. N-Am. (var. *occidentalis* (A. GRAY) C. HITCHC.); Sachalin, Ussuri-Gebiet, N- u. M-Japan (var. *japonica* (SIEBOLD et ZUCC.) T. SHIMIZU: Flussufer, Sümpfe, subalp. Wiesen, NadelW- u. LaubWSäume, 0–3800 m). [*Hydrastis caroliniensis* WALTER, *T. palmata* (MICHX.) FISCH. et C. A. MEY., *T. grandis* NUTT.]

**Falscher Wanzensame** – *T. caroliniensis* (WALTER) VAIL

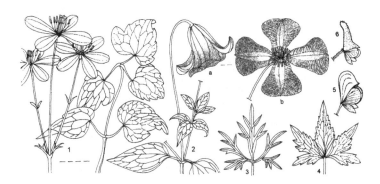

**Hahnenfuß, Wasserhahnenfuß, Scharbockskraut** – *Ranunculus* L.        550 Arten

1   KrBl weiß od. rötlich, höchstens am Grund gelb . . . . . . . . . . . . . . . . . . . . . . . . . **2**
1*  KrBl gelb; wenn weiß, rot od. purpurn, dann Staubbeutel purpurschwarz (s. **20***) . . **9**
2   WasserPfl. SchwimmBl (3–)5(–7)spaltig. FrBl u. unreife Frchen (bisweilen nur spärlich)
    behaart, beim Reifen verkahlend. StaubBl (10–)15–30(–40). FrBl (20–)30–40(–80).
    0,10–2,00. ☉ ⟂ i KriechTr 5–9. **W. Z** s Gartenteiche; ∀ (unter Wasser) ⚇ ○ ◑ ⊖ kult
    in 15–60 cm Wassertiefe (warmes u. gemäß. S-Am., warmes u. gemäß. Eur., As. u.
    westl. N-Am.: stehende u. langsam fließende meso- bis eutrophe Gewässer (Gräben,
    Tümpel), kalkmeidend – 1789). [*R. radians* REVEL, *Batrachium aquatile* (L.) DUMORT.]
                                                   **Gewöhnlicher W.** – *R. aquatilis* L.
2*  Land- od. SumpfPfl . . . . . . . . . . . . . . . . . . . . . . . . . . . . . . . . . . . . . . . . . . **3**
3   GrundBl unzerteilt. Bl ganzrandig . . . . . . . . . . . . . . . . . . . . . . . . . . . . . . . . . . **4**
3*  GrundBl handfg gelappt bis geschnitten; wenn GrundBl unzerteilt, dann BlRand gekerbt
    . . . . . . . . . . . . . . . . . . . . . . . . . . . . . . . . . . . . . . . . . . . . . . . . . . . . . . . . **6**
4   StgBl nicht stängelumfassend. GrundBlSpreite linealisch bis br lanzettlich, grasartig,
    kahl. Stg oft 1blütig. BStiele oberwärts behaart. (Abb. **147/2b**). (0,05–)10–15(–40). ⟂
    5–7. **Z** s △; ∀ ○ ≈ Schutz vor Kahlfrost (Span., Pyr., Korsika, Alpen: feuchte Rasen –
    1807).                                         **Pyrenäen-H.** – *R. pyrenaeus* L.
4*  StgBl stängelumfassend . . . . . . . . . . . . . . . . . . . . . . . . . . . . . . . . . . . . . . . . **5**
5   KBl kahl. Frchen deutlich geadert. BStiel kahl. GrundBlSpreite eifg-lanzettlich. 0,04–0,30.
    ⟂ 5–7. **Z** s △; ∀ Kaltkeimer ⚇ ○ ⊕ (Z- u. O-Pyr.: Matten, 1000–2500 m – 1605 – Kul-
    turhybr mit *R. gramineus*: *R.* × *arendsii* hort.; 1894).   **Weißer H.** – *R. amplexicaulis* L.
5*  KBl behaart. Frchen glatt. BStiel oben wollhaarig. GrundBlSpreite eifg-herzfg od. br lan-
    zettlich. 0,04–0,10(–0,20). ⟂ ⅄ 7. **Z** s △; ∀ Kaltkeimer, auch Selbstaussaat ⚇ ○ ≈
    Boden schottrig-lehmig ⊕ (nordspan. Gebirge, Pyr., Alpen: alp., frische Steinschutt-
    fluren, kalkstet, 1700–2900 m – Sorte: 'Semiplenus': B halbgefüllt).
                                              **Herzblättriger H.** – *R. parnassifolius* L.
6   **(3)** Pfl 5–15 cm hoch. Stg mit meist 1–3 B . . . . . . . . . . . . . . . . . . . . . . . . . . . **7**
6*  Pfl 20–120 cm hoch. Stg mit meist >3 B . . . . . . . . . . . . . . . . . . . . . . . . . . . . . **8**
7   GrundBlSpreite ganz u. am Rand gekerbt od. am Ende schwach 3lappig, kreisrund, am
    Grund herzfg. 0,04–0,10(–0,20). ⟂ ⅄ 6–7. **Z** s △; ∀ ○ ≈ Standort kühl, Boden
    schottrig-lehmig, Dränage; giftig (östl. Z-Alpen, Gebirge in Bosn., Serb., Mazed., Alban.,
    Bulg., Rum.: feuchte Rasen, am Rand des schmelzenden Schnees, alp. Felsspalten,
    säureliebend, 1750–2400 m).                    **Gekerbter H.** – *R. crenatus* L.
7*  GrundBlSpreite 3–5lappig od. 3–5spaltig, im Umriss rundlich bis nierenfg, oseits glän-
    zend, Frchen fast kuglig, aufgeblasen. 0,05–0,15. ⟂ ⅄ 6–9. **W. Z** s △; ∀ ○ Boden
    schottrig-lehmig, Dränage ⊕ (Pyr., Apennin, Jura, Alpen: alp., nasse Feinschuttfluren
    (Schneetälchen, -runsen), kalkstet, (250–)1500–2760 m – Sorte: 'Annemarie' ['Flore
    Pleno']: B gefüllt).                           **Alpen-H.** – *R. alpestris* L.
8   **(6)** Stg mit gespreizten Ästen. Mittellappen der GrundBl in einen Stiel verschmälert.
    Abschnitte aller StgBl ziemlich br u. bis zur Spitze gesägt. BStiele oberwärts während
    der BZeit auffallend flaumig, 1–3mal so lg wie das TragBl. (0,05–)0,20–0,50(–1,50). ⟂
    ⅄ 5–7. **W. Z** s Staudenbeete, Gehölzgruppen; ∀ Kaltkeimer ○ ◑ ⊖ (N-Span., Jura,
    Alpen, Bosn., deutsche Mittelgebirge: mont. bis hochmont., feuchte bis sickernasse,
    staudenreiche Wälder, Hochstaudenfluren an Bächen u. Quellen, Staudenwiesen,
    nährstoffreiche Böden, kalkmeidend – Sorte: 'Flore Pleno': B gefüllt).
                                              **Eisenhutblättriger H.** – *R. aconitifolius* L.
8*  Stg mit aufrechten Ästen. Bl nicht bis zum Spreitengrund geteilt. Mittellappen mit den
    Seitenlappen br verbunden. Abschnitte der oberen StgBl schmal, die der obersten meist
    ganzrandig. BStiele kahl, 4–5mal so lg wie das TragBl. 0,40–1,20. ⟂ ⅄ 5–7. **W. Z** s
    Staudenbeete, Gehölzgruppen; ∀ Licht- u. Kaltkeimer ⚇ ◑ ≈ ⊖ (Span., Apennin, Kor-
    sika, Sardinien, Alpen, Balkan, S- u. M-Norw.: (sicker)frische bis feuchte Buchen- u.

SchluchtW, subalp. Hochstaudengebüsche, mont. Hochstaudenfluren, nährstoffreiche Böden, kalkmeidend). **Platanenblättriger H.** – *R. platanifolius* L.

**9** **(1)** Alle Bl unzerteilt, ganzrandig od. schwach gezähnt ...................... **10**

**9*** Wenigstens die mittleren u. oberen Bl zerteilt ............................ **14**

**10** KrBl 8 u. mehr. KBl 3(–5), am Grund mit sackartigem Sporn. BlSpreite rundlich, am Grund herzfg. 0,05–0,20. ♃ Ⲩ Wurzelknollen 3–5. **W. Z** z Gehölzgruppen, Rasenflächen; ♉ ○ ◐ (warmes bis gemäß. Eur., W-As.: AuenW, feuchte bis frische LaubmischW, frische Wiesen, Hecken, Parkanlagen, nährstoffreiche Böden – 5 Unterarten: die sich durch Brutknöllchen leicht ausbreitende subsp. *bulbilifer* LAMBINON sollte nicht gepflanzt werden: Unkraut! – etwa 50 Sorten: z. B. 'Albus': Kr cremeweiß; 'Bowles Double': B gefüllt mit anfangs grüner, später gelblicher Mitte; 'Brambling': Bl dunkel mit silbernen Flecken; 'Coppernob': Kr orangefarben; 'Cupreus' ['Aurantiacus']: Bl silbrig mit dunkler Markierung; 'Damerham': B gefüllt, gelb, klein; 'Flore Pleno': B gefüllt, gelb, mit grüner KrBlRückseite; 'Yaffle': Kr grün mit gelb). **Scharbockskraut** – *R. ficaria* L.

**10*** KrBl 5. KBl 5. Pfl ohne Brutknöllchen ...................................... **11**

**11** Unterstes StgBl rundlich bis nierenfg, gekerbt, gesägt, bläulichgrün, derb; nach oben zu folgendes oft spitzlappig. Grundständige Bl zur B- u. FrZeit fehlend. B 1–2(–5). 0,05–0,30(0,40). ♃ Ⲩ Wurzelknollen 5–7. **Z** s △; V Kaltkeimer ◐, giftig (NW-Span., Z-Pyr., Jura, Alpen, Karp., westl. Balkan: Rasen, Felsschuttfluren, Legföhrengebüsche, lichte KiefernW, kalkliebend, (650–)1700–2400 m). **Schildblatt-H.** – *R. thora* L.

**11*** Bl, zumindest die der aufrechten Stg, linealisch od. lanzettlich ................ **12**

**12** Pfl trockner Standorte, ohne Ausläufer od. Legtriebe, am Grund mit dicker Faserhülle aus abgestorbenen BlScheiden. Stg markerfüllt. Grundständige Bl lineal-lanzettlich, grasartig, graugrün. B 1,5–2(–3) cm ⌀. (Abb. **147**/2a).(0,05–)0,10–0,25(–0,30). ♃ Ⲩ 4–6(–7). **Z** s △ Heidegärten; V Kaltkeimer ♥ ○ (Marokko, Algerien, Tunesien, Span., Port., S-Frankr., It., Schweiz: Trockenrasen im Hügelland u. in unterer Bergstufe – 1594). **Grasblättriger H.** – *R. gramineus* L.

**12*** Pfl feuchter od. nasser Standorte, mit Legtrieben od. unterirdischen Ausläufern, am Grund ohne dichte Faserhülle. Stg kahl ............................................ **13**

**13** B 20–40 mm ⌀. Pfl 0,50–1,00 m hoch, mit unterirdischen Ausläufern. Untere Bl lg gestielt, mit eifg, verkehrteifg, zuweilen am Grund herzfg Spreite; obere Bl kurz gestielt od. sitzend, lanzettlich (Abb. **147**/1). 0,50–1,50. ♃ ⌇ 6–8. **W. Z** s Teichränder; ♥ V ○ ◐ ≃ ≈ (warmgemäß. bis kühles Eur., W-As.: Teichröhrichte, zeitweise überschwemmte Verlandungszonen stehender od. langsam fließender Gewässer (Altwässer, Teiche, Gräben), lichte Weidengebüsche, nährstoffreiche Böden – Sorte: 'Grandiflora': bes. großblütig – 1596 – ▽). **Zungen-H.** – *R. lingua* L.

1 2 3

**13\*** B 5–20 mm ⌀. Pfl bis 0,50 m hoch, mit Legtrieben, ohne unterirdische Ausläufer. Untere
Bl lg gestielt, mit elliptischer Spreite; obere Bl kurz gestielt, lanzettlich. 0,05–0,50. ⩎
LegTr 5–10. **W. Z** s Teichränder; ♉ ∨ ○ ≈ ⊖, für Vieh giftig (warmes bis kühles Eur.,
W-Sibir.: Sümpfe, Nasswiesen, an Quellen, Gräben, Ufern, Erlenbüsche, kalkmeidend).
                                                        **Brennender H.** – *R. flammula* L.
**14** **(9)** KBl zurückgeschlagen . . . . . . . . . . . . . . . . . . . . . . . . . . . . . . . . . . . . . . . . . . **15**
**14\*** KBl aufrecht od. waagerecht abstehend . . . . . . . . . . . . . . . . . . . . . . . . . . . . . . **19**
**15** Stg am Grund knollig. Pfl unterwärts abstehend, oberwärts anliegend behaart.
0,15– 0,35. ⩎ Sprossknolle 5–7. **W. Z** s Staudenbeete, Rasenflächen; ∨ ○ ~ ⊕, giftig
(W-, S- u. M-Eur.: trockne Wiesen, Halbtrockenrasen, mäßig trockne Ruderalstellen,
basenhold – einige Sorten, z. B. 'Pleniflorus' ['Flore Pleno']: B halbgefüllt mit grüner
Mitte).                                                    **Knolliger H.** – *R. bulbosus* L.
**15\*** Stg am Grund nicht knollig . . . . . . . . . . . . . . . . . . . . . . . . . . . . . . . . . . . . . . . . **16**
**16** Alle Wurzeln ± dünn, nicht spindel- od. knollenfg. BBoden zur FrZeit nicht verlängert,
± kuglig. GrundBl 3spaltig, mittlerer Abschnitt mit keiligem Grund. Stg u. BlStiele mit ab-
stehenden Haaren. (Abb. **148**/1). 0,20–0,75. ⩎ ⅄ 4–6 Gehölzgruppen; ∨ ◖ ≈ (Balkan,
Zypern, Krim, Kauk., Türkei, N-Irak, Iran, W-Syr.: feuchte Wiesen).
                                          **Konstantinopler H.** – *R. constantinopolitanus* (DC.) D'URV.
**16\*** Wurzeln 2gestaltig: ± dünne u. spindel- od. knollenförmige. BBoden zur FrZeit verlän-
gert, zylindrisch . . . . . . . . . . . . . . . . . . . . . . . . . . . . . . . . . . . . . . . . . . . . . . . . . . **17**
**17** Staubbeutel purpurschwarz.        **Asiatischer H., Ranunkel-H.** – *R. asiaticus* L. s. **20\***
**17\*** Staubbeutel gelb . . . . . . . . . . . . . . . . . . . . . . . . . . . . . . . . . . . . . . . . . . . . . . . . **18**
**18** GrundBl mit 3–5 Abschnitten 1. Ordnung, diese lineal-lanzettlich u. unzerteilt. Stg u.
Bl dicht weiß behaart. Pfl oft nicht blühend u. nur unzerteilte GrundBl entwickelnd.
0,30–0,50. ⩎ ⌇⌇ Wurzelknollen 5–6. **W. Z** s △ Heidebeete; ∨ ♉ ○ ~ sandiger Boden,
Dränage (M-Eur., It., warmgemäß. bis gemäß. SO-Eur.: reichere, oft ruderal beein-
flusste, kontinentale Sand- u. Trockenrasen, trockne Wiesen).
                                                         **Illyrischer H.** – *R. illyricus* L.
**18\*** GrundBl meist mit 3 Abschnitten 1. Ordnung, diese keilfg u. gelappt, gespalten bis
geteilt. Mittelabschnitt gestielt. Stg u. Bl weiß behaart. 0,20–0,35. ⩎ ⌇⌇ Wurzel-
knollen 5–6. **Z** s △; ∨ ○ ~ (Balkan: Gebüsche, trockne Grasfluren, (600–)900–1200
(–2200) m).                                      **Balkanischer H.** – *R. psilostachys* GRISEB.
**19** **(14)** Wurzeln 2gestaltig: ± dünne u. spindel- od. knollenförmige . . . . . . . . . . . . . . **20**
**19\*** Wurzeln gleichgestaltig: alle ± dünn . . . . . . . . . . . . . . . . . . . . . . . . . . . . . . . . . **21**
**20** B 1,5–3 cm ⌀. Staubbeutel gelb. Stg 1–2blütig. KrBl gelb. 0,08–0,30. ⩎ Wurzelknollen
5–6. **Z** s △ ⌂; ∨ ○ ~ Dränage (Medit., Balkan, Türkei: Felsfluren, Garriguen).
                                          **Tausendblättriger H.** – *R. millefoliatus* VAHL
**20\*** B 3–6 cm ⌀. Staubbeutel purpurschwarz. Stg 1–6blütig. KrBl gelb, weiß, rot od. purpurn.
(Abb. **147**/3). 0,10–0,30. ⩎ Wurzelknollen 5–6. **Z** s ⌂; ♉ ∨ ○ Sommerruhe △ (Kreta,
Zypern, Syr., Israel, Türkei, N-Irak, W-Iran: Macchien, trockne Hänge, Felder – 1580 –

1                                  2

variabel: B in verschiedenen Farben, einfach, halbgefüllt od. gefüllt; Bloomingdale-Hybriden als TopfPfl gezogen). **Asiatischer H., Garten-Ranunkel** – *R. asiaticus* L.
21 **(19)** Pfl ☉ ①. Frchen sehr stachlig. Bl 3zählig bis 3teilig, mit 3spaltigen od. 3teiligen Abschnitten. 0,20–0,60. ☉ ① 5–7. **W. Z** s Sommerblumenbeete; ○, giftig? (Marokko bis Ägypten, S- u. M-Eur., SW-As.: nährstoffreiche, lehmige bis tonige Äcker, basenhold).
**Acker-H.** – *R. arvensis* L.
21* Pfl ♃. Frchen nicht stachlig . . . . . . . . . . . . . . . . . . . . . . . . . . . . . . . . . . . . . . . . **22**
22 Pfl mit lg kriechenden Ausläufern. Bl 3zählig. 0,15–0,40. ♃ i ∿ 5–8. **W. Z** z Staudenbeete, Gehölzgruppen, Rasenflächen △ ▢; ∨ ♥ (Sorten nur ♥) ○ ◑ ≈, wuchert (warmes bis kühles Eur. u. As.: feuchte, z. T. periodisch überschwemmte, lehmige bis tonige Standorte: Äcker, Gärten, Wiesen, Gräben, Ufer, Gebüsche, Wälder, nährstoffreiche Böden – einige Sorten: z. B. Goldknöpfchen – 'Flore Pleno': B gefüllt, Pfl niedrig; 'Joe's Golden': Bl gelbgrün panaschiert; 'Nana': Zwergwuchs).
**Kriechender H.** – *R. repens* L.
22* Pfl ohne kriechende, oberirdische Ausläufer. Stg alle aufrecht . . . . . . . . . . . . . . . **23**
23 BBoden oberwärts behaart. Stg 1–3(–4)blütig, 25 cm hoch. StgBl fast sitzend, handfg geschnitten mit 3, 5 od. 7 elliptischen bis schmal lanzettlichen Abschnitten. 0,05–0,25. ♃ ⅄ 4–7(–9). **W. Z** s △; ∨ ♥ ○ ◑ ≈ (Alpen, Schwäbischer u. Schweizer Jura, Schwarzwald: alp. bis mont., sickerfrische Weiden u. Moorwiesen, Gesteinsschutt, lichte KiefernW, kalkhold – variabel – Sorte: 'Molten Gold': Pfl niedrig, B groß). [*R. geraniifolius* auct. non POURR.]
**Berg-H.** – *R. montanus* WILLD.
23* BBoden kahl. Stg meist ∞blütig, meist > 30 cm hoch. Wenigstens untere StgBl gestielt u. den GrundBl ähnlich . . . . . . . . . . . . . . . . . . . . . . . . . . . . . . . . . . . . . . . . . . . . **24**
24 FrchenSchnabel kurz. Pfl anliegend behaart. Abschnitte der GrundBl lineal-lanzettlich, im Herbst auch breiter, selten länglich-verkehrteifg. 0,30–1,20. ♃ ⅄ (4–)5–9. **W. Z** z Staudenbeete, Parks, Rasenflächen ⅄; ∨ ○, giftig (warmes bis arkt. Eur. u. As.: frische, feuchte bis anmoorige Wiesen u. Weiden, Ruderalstellen, nährstoffreiche Böden – vor 1500 – einige Unterarten – Sorte: 'Multiplex': B dicht gefüllt, Abb. **148**/2). [*R. acer* L.]
**Scharfer H.** – *R. acris* L.
24* FrchenSchnabel lg, zuletzt eingerollt. Pfl abstehend rauhaarig. Abschnitte der GrundBl br eifg. 0,30–0,70. ♃ ⅄ 5–7. **W. Z** z Gehölzgruppen, Parks, Naturgärten ⅄; ∨ ♥ ◑ ≈ ⊕, giftig (M-Eur., It., westl. Balkan: sickerfrische bis feuchte Buchenmisch-, Schlucht- u. AuenW, kalkhold, nährstoffreiche Böden – Sorte: 'Pleniflorus': B gefüllt).
**Wolliger H.** – *R. lanuginosus* L.

**Adonisröschen** – *Adonis* L. 26 Arten

1 Pfl ☉. B 2–2,5 cm ⌀. KrBl 5(–7), blutrot, halbkuglig zusammenneigend. KBl zurückgeschlagen, kahl, bald abfallend. SammelFr länglich. (Abb. **149**/4). 0,25–0,60. ☉ 6–9.

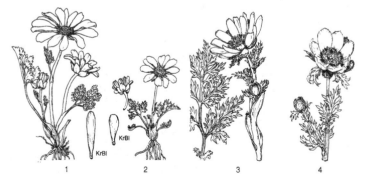

KrBl

KrBl

1          2          3          4

**W. Z** z Sommerblumenbeete; ○ ~ ⊕ (warmes bis warmgemäß. Eur.: Äcker, Ruderalstellen, 0–1300 m; in D. verw. – Unterarten: in D. nur subsp. *annua;* als ZierPfl subsp. *cupani̯ana* (Guss.) C. H. Steinb. mit am Grund kurz behaarten KBl – 1594 – oft falsch als „*A. aestival̯is* L." angeboten). [*A. autumnal̯is* L.]

                                                 **Herbst-A.** – *A. annua* L. em. Huds.

**1\*** Pfl ⚃. B 3–8 cm ⌀. SammelFr ± kuglig . . . . . . . . . . . . . . . . . . . . . . . . . . . . . . . . . . **2**
**2** Pfl kahl, bis zum Herbst grün. BlAbschnitte bis 1 mm br, linealisch. B 4–8 cm ⌀. KBl behaart. KrBl 3mal so lg wie br. 0,10–0,40. ⚃ ⚥ 4–5. **W. Z** z △ Staudenbeete; ∨ Licht- u. Kaltkeimer ○ ~ ⊕, giftig (warmgemäß. bis gemäß. M- u. O-Eur., W-Sibir.: kont. Halbtrocken- u. Trockenrasen, lichte Eichen- u. KiefernW, kalkhold – 1568 – ▽).
                                            **Frühlings-A.** – *A. vernal̯is* L.
**2\*** Pfl behaart, bis zum Frühsommer einziehend. BlAbschnitte 4–6 mm br, schmal eifg bis lanzettlich. B 3–4 cm ⌀. KBl kahl. KrBl 2–3mal so lg wie br. (Abb. **149**/3). 0,10– 0,30. ⚃ ⚥ 2–4. **Z** s Gehölzgruppen; ⚤ ∨ sofort nach der Ernte ◐ ○ frühjahrsfeucht ⊕ (Sachalin, Japan, Korea, NO-China: lichte Wälder, Waldsäume, Steppenrasen – 1895).
                                          **Amur-A.** – *A. amur̯ensis* Regel et Radde

**Schmuckblume, Jägerkraut** – *Callian̯themum* C. A. Mey.          14 Arten

Lit.: Witasek, J. 1899: Die Arten der Gattung *Callianthemum.* Verh. zool. Ges. Wien **49**, 6: 316–356.

**1** StgBl meist fehlend. GrundBl mit 3–6 Fiederpaaren. B 1,1–1,4 cm ⌀. KrBl 10–12 × 2–2,4 mm, länglich, weiß, useits rötlich. 0,05–0,10. ⚃ ⚥ 4–6. **Z** s △ ⌂; ⚤ unmittelbar nach FrReife ⚤ ○ (ostseitig) ≏ Dränage, heikel (W-China, Afgh., Bhutan, Kaschmir, Nepal, Pakistan, Sikkim: Matten, 3200–5600 m). [*C. cashmiri̯anum* Cambess.]
                 **Bibernellähnliche Sch.** – *C. pimpinelloi̯des* (D. Don) Hook. f. et Thomson
**1\*** StgBl 1–3, klein. GrundBl mit 2–4 Fiederpaaren . . . . . . . . . . . . . . . . . . . . . . . . . . . **2**
**2** GrundBl zur BZeit bereits voll entwickelt, meist niedriger als der Stg. KrBl verkehrteifg, verkehrteifg-länglich od. elliptisch, fast stets weiß . . . . . . . . . . . . . . . . . . . . . . . . . . . **3**
**2\*** GrundBl zur BZeit noch unentwickelt, später meist den Stg überragend. KrBl lineal-länglich, länglich od. keilfg, meist rötlich . . . . . . . . . . . . . . . . . . . . . . . . . . . . . . . . . . . . . . **4**
**3** GrundBl mit eifg Spreitenumriss, mit 2–3 Fiederpaaren. Unterste Fieder etwa halb so lg wie die BlSpreite. BStg 1–2blättrig, 1–3blütig. B 2,5–3 cm ⌀. KrBl 9–12 × 5–6 mm, br verkehrteifg od. elliptisch, weiß. Frchen feinrunzlig. 0,05–0,20(–0,35). ⚃ ⚥ 6–7. **Z** s △ ⌂; ⚤ unmittelbar nach der FrReife ⚤ ○ (ostseitig) ≏ Dränage, heikel (NW-Span., Pyr., Alpen, Karp., Bosn.: feuchte Matten, Krummholzgebüsche, auf lange durchfeuchteten, meist humosen, neutralen bis schwach sauren Böden, (1260–)2000–2800 m).
                         **Korianderblättrige Sch.** – *C. coriandrifol̯ium* Rchb.
**3\*** GrundBl mit schmal eifg bis länglichem Spreitenumriss, mit 2–4 Fiederpaaren. Unterste Fieder deutlich kürzer als die halbe BlSpreite. BStg 2–3blättrig. B 2,6–3 cm ⌀. KrBl 14–16 × 5–8 mm, verkehrteifg-länglich. Frchen feinrunzlig. 0,17–0,30. ⚃ ⚥ 5–6. **Z** s △ ⌂; ⚤ unmittelbar nach der FrReife ⚤ ○ (ostseitig) ≏ Dränage, heikel (NW-China, Mong., Altai: alp. u. subalp. Wiesen, Moränen, Bachufer, an Gletschern, Felshänge, um 2200 m).                        **Schmalblättrige Sch.** – *C. angustifol̯ium* Witasek
**4** **(2)** Pfl 5–22 cm hoch. B 3–5 cm ⌀. Frchen mit Schnabel 4,5–5 mm lg, deutlich erhaben netzadrig. (Abb. **149**/1). 0,05–0,22. ⚃ ⚥ 3–5. **Z** s △ ⌂; ⚤ unmittelbar nach der FrReife ⚤ ○ (ostseitig) ≏ Dränage, heikel (NO-Kalkalpen: lichte NadelW, feuchte, schattige Felsen, an Berghängen u. Bächen, Geröllfluren, besonders auf Dolomit, 700–1200 m – 1759). [*C. rutaefol̯ium* (L.) Rchb.]
                         **Anemonen-Sch.** – *C. anemonoi̯des* (Zahlbr.) Endl. ex Heynh.
**4\*** Pfl 3–6 cm hoch. B 3,5 cm ⌀. Frchen mit Schnabel 3–4 mm lg, glatt, nicht netzadrig. (Abb. **149**/2). 0,03–0,06. ⚃ ⚥ 6–8. **Z** s △ ⌂; ⚤ unmittelbar nach der FrReife ⚤ ○ (ostseitig) ≏ Dränage, heikel (SO-Alpen: steinige Hänge, subalp. Weiden, 1500–2200 m).
                         **Kerner-Sch.** – *C. kerneri̯anum* Freyn ex A. Kern.

# Familie **Berberitzengewächse** – *Berberidaceae* Juss.  650 Arten

1 BHülle fehlend. **Vanilleblatt** – *Achlys* S. 151
1* BHülle vorhanden ................................................................. 2
2 B einzeln an blattlosem Stg. **Jeffersonie** – *Jeffersonia* S. 153
2* B zu mehreren bis ∞; wenn einzeln, dann BStg meist mit 2 Bl ............... 3
3 Staubbeutel durch Längsrisse sich öffnend. Bl handfg gelappt bis geteilt, oft schildfg.
   **Maiapfel, Fußblatt** – *Podophyllum* S. 153
3* Staubbeutel durch 2 Klappen sich öffnend. Bl gefiedert od. 2spaltig, schildfg od. nicht
   schildfg ........................................................................ 4
4 GrundBl 2spaltig, schildfg. **Schirmblatt** – *Diphylleia* S. 154
4* GrundBl gefiedert, nicht schildfg ........................................ 5
5 Knollenstaude. Fr aufgeblasen .......................................... 6
5* Rhizomstaude. Fr nicht aufgeblasen .................................... 7
6 Pfl mit Grund- u. einigen StgBl. Bl doppelt od. 3fach gefiedert.
   **Löwentrapp, Leontice** – *Leontice* S. 151
6* Pfl nur mit GrundBl. Bl einfach gefiedert. **Bongardie** – *Bongardia* S. 151
7 **(5)** Blchen 2–5lappig. Fr beerenähnlich, dunkelblau. **Blaubeere** – *Caulophyllum* S. 151
7* Blchen ganz od. nur schwach 3lappig. Fr eine Kapsel ...................... 8
8 BHülle aus 2zähligen Quirlen. StaubBl 4.
   **Sockenblume, Elfenblume** – *Epimedium* S. 152
8* BHülle aus 3zähligen Quirlen. StaubBl 6. **Vancouverie** – *Vancouveria* S. 151

**Vanilleblatt** – *Achlys* DC.  3 Arten

Bl mit (2–)3zähliger Spreite u. lg BlStiel, beim Trocknen nach Vanille duftend. BStand
ährig, ∞blütig, blattlos. StaubBl (6–)9(–12). SchließFr. 0,20–0,40. ♃ ⚲ 4–6. **Z** s Ge-
hölzgruppen; ∨ Kaltkeimer, Sa liegen 2 Jahre ♈ ◑ ● (westl. N-Am.: feuchte BergW,
bis 1500 m). **Dreiblättriges V.** – *A. triphylla* (Sm.) DC.

**Indianer-Blaubeere** – *Caulophyllum* Michx.  3 Arten

Bl einfach od. doppelt gefiedert. Blchen 3–5lappig. BStand traubig od. rispig, ∞blütig. B
gelblichgrün od. grünlichpurpurn. StaubBl 6. Fr beerenartig, blau, lange vor der Reife
sich öffnend. ♃ ⚲ 4–5. **Z** s Gehölzgruppen; ∨ ♈ ◑ ● ⊖ Dränage, giftig (östl. N-Am.:
Wälder – 1755). **Wiesenrautenähnliche I.** – *C. thalictroides* (L.) Michx.

**Löwentrapp, Leontice** – *Leontice* L.  3 Arten

Bl 2(–3)fach gefiedert. Blchen verkehrteifg, stumpf, ganz. BStand meist traubig,
∞blütig. BHülle gelb. Fr aufgeblasen. 0,15–0,60. ♃ ♉ 4. **Z** s △ ⌂; ∨ langwierig ○ ~
Boden steinig-lehmig, Dränage (SO-Balkan, Türkei, Irak, Iran, Pakistan, Z-As.: Step-
pen, Felder, bis 1000 m). **Löwentrapp, Leontice** – *L. leontopetalum* L.

**Bongardie** – *Bongardia* C. A. Mey.  1 Art

Bl einfach gefiedert. Blchen länglich-keilfg, an der Spitze 2–3(–5)lappig, oft gepaart od.
quirlig, am Grund mit rötlichen Flecken. BHülle gelb. Fr aufgeblasen. 0,20–0,60. ♃ ♉
4–5. **Z** s △ ⌂; ∨ ○ ~ Dränage ⊕ (Türkei, Kauk., Syr., Irak, Iran, Pakistan: Felder,
schwere Böden). **Bongardie** – *B. chrysogonum* (L.) Griseb.

**Vancouverie** – *Vancouveria* C. Morren et Decne.  3 Arten

Blchen oft stumpf 3lappig. BlchenRand nicht verdickt. BStiele kahl. BHülle weiß.
StaubBl spärlich drüsig. FrKn deutlich drüsig. 0,10-0,40. ♃ ⚲ 6. **Z** s Gehölzgruppen;
∨ ♈ ◑ ● ⌃ (westl. N-Am.: schattige Wälder – 1755).
   **Nördliche V., Rüsselsternchen** – *V. hexandra* (Hook.) C. Morren et Decne.

Ähnlich: **Kleinblütige V.** – *V. planipetala* CALLONI: BlchenRand verdickt. BStiele drüsig. BHülle weiß. StaubBl u. FrKn kahl. 0,18–0,32. ♃ i ⟟ 6. **Z** s Gehölzgruppen ⓐ; V ⹌ ○ ◑ ∧ (USA: Oregon, Kalif.: *Sequoia*W, bis 600 m).

**Gelbe V.** – *V. chrysantha* GREENE: BlchenRand verdickt. BStiele drüsig. BHülle gelb. StaubBl u. FrKn drüsig. 0,20–0,40. ♃ i ⟟ 6. **Z** s Gehölzgruppen ⓐ; V ⹌ ○ ◑ ∧ (USA: Oregon: offne, steinige Hänge).

**Sockenblume, Elfenblume** – *Epimedium* L.                                          44 Arten

Lit.: STEARN, W. T. 1938: *Epimedium and Vancouveria (Berberidaceae)*, a monograph. J. Linnean Society, Botany. **51**: 409–535.

Bem.: BHülle aus 4 hinfälligen äußeren u. 4 kronblattartigen inneren KBl sowie aus 4 oft sporntragenden KrBl (NektarBl).

**1**    BStg ohne Bl ........................................................ **2**
**1***   BStg mit meist 1(–2) Bl ............................................. **3**
**2**    Bl mit 3(–1) Blchen, stark dornig gezähnt u. gewellt. Innere KBl u. KrBl gelb, letztere mit aufgebogenem, 2 mm lg, braunem Sporn. (Abb. **152**/2). 0,15–0,30. ♃ i ⟟ 4–5. **Z** s Gehölzgruppen; ⹌ V ◑ (Algerien: BergW z. B. mit Zedern, Tannen u. Laubgehölzen – 1867).                                **Algerische S.** – *E. perralderianum* COSS.
**2***   Bl mit 3–5 Blchen, spärlich dornig gezähnt od. ganzrandig. Innere KBl u. KrBl gelb, letztere mit geradem od. schwach aufgebogenem, 2 mm lg, braunem Sporn. 0,25–0,40. ♃ i ⟟ 4–5. **Z** s Gehölzgruppen ▢; ⹌ V ◑ ● (W-Kauk., NO-Türkei: KiefernW, *Rhododendron-* u. Eichengebüsche – um 1842 – weitere Unterart: subsp. *pinnatum*: Bl mit (5–)9(–11) Blchen; O-Kauk., N-Iran; kaum kult).
                  **Kolchische S.** – *E. pinnatum* FISCH. subsp. *colchicum* (BOISS.) BUSCH
**3**    B 3–5 cm ∅. KrBl mit Sporn die inneren KBl überragend. Sporn 1–2 cm lg, fast nadelfg. GrundBl mit 9 od. >9 Blchen. B weiß, hellgelb, dunkelrosa od. violett. 0,12–0,35. ♃ ⟟ 4–5. **Z** z Gehölzgruppen; ⹌ V ◑ ● (Japan, N-China).
                                                       **Großblütige S.** – *E. grandiflorum* C. MORREN
**3***   B 1–2,5 cm ∅. KrBl spornlos od. kürzer als die inneren KBl ................... **4**
**4**    KrBl nicht gespornt, flach, 7 mm lg. GrundBl mit 2(–6) Blchen, useits behaart. StgBl mit 2 Blchen. B weiß. 0,10–0,30. ♃ i ⟟ 4–5. **Z** s Gehölzgruppen; ⹌ V ◑ ● (Japan: Shikoku, Kyushu – 1928).                               **Japanische S.** – *E. diphyllum* LODD.
**4***   KrBl gespornt, pantoffelartig, 3,5–4 mm lg. GrundBl mit (5–)9(–10) Blchen ........ **5**
**5**    BStand die StgBl überragend. Blchen useits fein behaart, immergrün. Innere KBl hellrosa od. weiß. KrBl gelb. 0,20–0,50. ♃ i ⟟ 5. **Z** s Gehölzgruppen; ⹌ V ◑ ● (Bulg., N-Türkei: Wälder).                             **Behaarte S.** – *E. pubigerum* (DC.) C. MORREN et DECNE.
**5***   BStand die StgBl nicht überragend. Blchen useits kahl od. spärlich behaart, sommergrün. Innere KBl dunkelrot od. fast weiß. KrBl gelb. 0,20–0,30. ♃ AuslRhiz 3–5. **W. Z** z

1                                 2

Gehölzgruppen ☐; ⚑ ⩔ ◖ ● (Alpen, N-It., NW-Balkan: frische, schattige Wälder – 1588). **Alpen-S.** – *E. alpinum* L.

Gartenhybr: *E.* × *perralchicum* STEARN (*E. pinnatum* subsp. *colchicum* × *E. perralderianum*): Bl alle grundständig, wintergrün. BlchenRand mit 0,2–2,5 mm lg Dörnchen. B gelb, 2 cm ⌀. Sorten: 'Frohnleiten' u. 'Wisley'; *E.* × *versicolor* C. MORREN (*E. grandiflorum* × *E. pinnatum* subsp. *colchicum*): Pfl mit GrundBl u. 0 od. 1 StgBl. Bl sommer- ('Versicolor') od. immergrün ('Sulphureum'), mit 9, zuweilen mit 3 od. 5 Blchen. BlchenRand mit Dörnchen. Innere KBl br eifg, flach, hellgelb, kupferfarben od. dunkelrosa. KrBl gelb; *E.* × *rubrum* C. MORREN (*E. alpinum* × *E. grandiflorum*): Pfl mit GrundBl u. 1 od. 2 StgBl. Bl mit 9 od. >9 Blchen. Blchen randlich mit Dörnchen, zuweilen vorn 2–3spaltig. B 1,5–2,5 cm ⌀. Innere KBl schmal länglich-eifg, bootfg, dunkelrot. KrBl hellgelb od. weiß, rot getönt (Abb. **152**/1); *E.* × *cantabrigiense* STEARN (*E. alpinum* × *E. pubigerum*): Pfl mit GrundBl u. StgBl. Bl mit meist 9, zuweilen bis 17 Blchen. BlchenRand spärlich mit Dörnchen. Innere KBl bootfg, dunkelrot. KrBl hellgelb; *E.* × *youngianum* FISCH. et C. A. MEY. (*E. diphyllum* × *E. grandiflorum*): Pfl mit Grund- u. StgBl. Bl mit 2–6 od. 9 Blchen. KrBl mit od. ohne Sporn. Sorten: 'Youngianum': B weiß, grünlich getönt; 'Roseum': B rosa bis purpurn; 'Niveum': B weiß.

**Jeffersonie** – *Jeffersonia* BARTON      2 Arten

1   BlSpreite in 2 fächerfg Lappen geteilt. BHülle weiß. Kapsel 1,5–2 cm lg. (Abb. **153**/1). 0,10–0,20. ♃ ⅄ 5–6. **Z** s Gehölzgruppen △; ⩔ unmittelbar nach der Reife, ⚑ ◖ (östl. N-Am.: Wälder – 1792).    **Zweiblättrige J., Zwillingsblatt** – *J. diphylla* (L.) PERS.
1*   BlSpreite ganz, nierenfg. BHülle hellblau. Kapsel etwa 1 cm lg. (Abb. **153**/2). 0,05–0,15. ♃ ⅄ 4–5. **Z** s Gehölzgruppen △; ⩔ ⚑ ◖ ≈ (Mandschurei: LaubW – 1913). [*Plagiorhegma dubium* MAXIM.]
     **Ganzblättrige J., Herzblattschale** – *J. dubia* (MAXIM.) BENTH. et HOOK. f.

**Maiapfel, Fußblatt** – *Podophyllum* L.      5 Arten

1   B zu mehreren, dunkelrot. BlSpreite bis 35 cm ⌀, bis zu ¹/₃ ihres Radius geteilt in 6–10 dreieckige, randlich gewimperte Lappen. Fr rot, beerenartig. Bis 0,30. ♃ ⅄ 8?. **Z** s Gehölzgruppen ⓐ; ⩔ ⚑ ◖ ≈ ⌒, giftig (Taiwan, Z- u. SO-China: Wälder, 1500–2500 m).
     **Chinesischer M.** – *P. pleianthum* HANCE
1*   B einzeln, weiß od. rosa . . . . . . . . . . . . . . . . . . . . . . . . . . . . . . . . . . . . . . . . . **2**
2   Reife Fr rot, 2,5–10 cm lg, beerenartig. BlSpreite handfg 3–5spaltig bis -teilig, bronzerot im Austrieb, später gefleckt. BlRand fein gezähnt. B 2,5–3,5 cm ⌀, rosa od. weiß, aufrecht. (Abb. **153**/3). 0,30–0,45. ♃ ⅄ 5. **Z** s Gehölzgruppen; ⩔ Kaltkeimer ⚑ ◖ ≈, giftig (NO-Afghan. bis Z-China: Wälder, alp. Wiesen – 1860). [*P. emodi* WALL. ex HOOK. f. et THOMSON]      **Himalaja-M.** – *P. hexandrum* ROYLE
2*   Reife Fr gelblich, 3–5 cm lg, beerenartig. BlSpreite meist handfg 5–9teilig. BlRand grob gezähnt. B 3–5 cm ⌀, weiß, nickend. (Abb. **153**/4). 0,30–0,50. ♃ ⅄ 5. **Z** s Gehölzgruppen; ⩔ ⚑ ◖ ≈, giftig (östl. N-Am.: feuchte GebirgsW, feuchte Wiesen – 1664).
     **Nordamerikanischer M., Gewöhnlicher M., Entenfuß** – *P. peltatum* L.

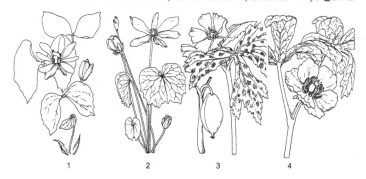

1          2          3          4

**Schirmblatt** – *Diphylleia* MICHX.                              3 Arten

GrundBl 2spaltig bis 2teilig, schildfg, lg gestielt. BStg 2blättrig. Scheindolde ∞blütig. B weiß. Fr eine Beere, blau, 1 cm lg. 0,60–1,00. ♃ ⅄ 5–6. **Z** s Gehölzgruppen; V ♥ ☾ ● ≈ ⊕ (östl. N-Am.: Flussufer u. Wälder in Gebirgen – 1812).

**Schirmblatt** – *D. cymosa* MICHX.

# Familie **Mohngewächse** – *Papaveraceae* ADANS.          770 Arten

Lit.: KADEREIT, J. W. 1993: *Papaveraceae*. In: KUBITZKI et al. (eds.): The families and genera of vascular plants. Vol. 2. Berlin. – LIDÉN, M.: *Fumariaceae*. Ebenda, S. 310–318. – KÖHLEIN, F. 2003: Mohn und Scheinmohn. Stuttgart.

1     KrBl gleich. B radiärsymmetrisch. Fr eine Schote od. Kapsel, nur bei der >1 m hohen *Macleaya*, **3**, eine Nuss. Bl unzerteilt bis fiederschnittig od. gefiedert . . . . . . . . . . **2**
1\*    KrBl ungleich. B dorsiventral od. disymmetrisch. Fr eine Schote od. Nuss. Bl stets gefiedert od. 1–4fach 3teilig . . . . . . . . . . . . . . . . . . . . . . . . . . . . . . . . . . . . **18**
2     BlSpreite fingernervig, im Umriss herzfg od. rundlich bis br eifg mit herzfg Grund. Milchsaft gelb bis rot . . . . . . . . . . . . . . . . . . . . . . . . . . . . . . . . . . . . . . . . **3**
2\*    BlSpreite fiedernervig, im Umriss lineal-lanzettlich bis schmal eifg od. 3eckig, unzerteilt, fiederteilig bis gefiedert od. 3teilig, am Grund nicht od. kaum herzfg. Milchsaft weiß, gelb od. Saft nicht milchig . . . . . . . . . . . . . . . . . . . . . . . . . . . . . . . . . . . **6**
3     Hochstauden >1 m. LaubBl alle stängelständig. KrBl fehlend (Abb. **165**/2, 3).
                           **Federmohn** – *Macleaya* S. 164
3\*    Niedrigere Stauden <0,60 m. KrBl vorhanden . . . . . . . . . . . . . . . . . . . . . . . . **4**
4     Bl grund- u. stängelständig. KrBl gelb. Pfl behaart (Abb. **162**/1).
                  **Zottiger Scheinmohn** – *Meconopsis villosa* S. 161
4\*    LaubBl alle grundständig. KrBl weiß, bisweilen rosa überhaucht. Pfl kahl. KBl 2 . . . **5**
5     B einzeln auf blattlosem Stiel. BlSpreite handfg gelappt, graugrün (Abb. **165**/1). KBl frei, zeitig einzeln abfallend.                 **Blutwurzel** – *Sanguinaria* S. 163
5\*    B in wenigblütigem BStand. BlRand wellig bis stumpf gezackt (Abb. **163**/4). KBl miteinander verwachsen u. zusammen abfallend.          **Schneemohn** – *Eomecon* S. 163
6     (2) Alle B mit 3 KBl u. 6, selten mehr KrBl . . . . . . . . . . . . . . . . . . . . . . . . . **7**
6\*    KBl 2 od. zu einer Kappe verwachsen, selten endständige B mit 3 KBl u. 6 KrBl (s. *Papaver orientale*-Gruppe S. xxx) . . . . . . . . . . . . . . . . . . . . . . . . . . . . . . . . **10**
7     Bl unzerteilt, schmal bis br linealisch, <1 cm br, ganzrandig, behaart, gegenständig, quirlig od. alle grundständig. Pfl ☉. BKnospe nickend . . . . . . . . . . . . . . . . . . **8**
7\*    Bl fiederspaltig bis fiederschnittlg, im Umriss >1 cm br, nicht alle grundständig. KBl mit spitzem Höcker od. Horn . . . . . . . . . . . . . . . . . . . . . . . . . . . . . . . . . . . . **9**
8     Stg nur am Grund verzweigt. LaubBl am Grund gehäuft. FrBl 3. Fr eine Kapsel.
                           **Abendmohn** – *Hesperomecon* S. 162
8\*    Stg auch oben verzweigt. LaubBl am Stg gegenständig, linealisch. Fr aus 4–24 FrBl, die sich zur Reife längs voneinander lösen u. in 1samige Stücke zerbrechen.
                           **Breitfaden** – *Platystemon* S. 162
9     (7) Pfl ♃ bis ♄, unbestachelt. Fr eine borstige Kapsel. Saft nicht milchig.
                           **Romneya** – *Romneya* S. 156
9\*    Pfl ☉ bis ♃, aber kult ☉. Bl u. Kapsel meist bestachelt. KBl an der Spitze mit hohlem Horn. Milchsaft gelb.                 **Stachelmohn** – *Argemone* S. 156
10    (6) Bl in <2 mm br Abschnitte geteilt. Pfl kahl . . . . . . . . . . . . . . . . . . . . . . **11**
10\*   Bl buchtig gezähnt, gelappt, fiederteilig od. gefiedert, Endabschnitte > 3 mm br. Pfl kahl od. behaart . . . . . . . . . . . . . . . . . . . . . . . . . . . . . . . . . . . . . . . . . . **12**
11    Die beiden KBl zu einer Kappe verwachsen (Abb. **165**/5). Pfl mit orangem Milchsaft.
                           **Kappenmohn** – *Eschscholzia* S. 165

**11\*** KBl frei.                                                   **Mexikomohn** – *Hunnemannia* S. 165
**12** **(10)** Kapsel nur oben mit Poren od. kleinen Klappen aufspringend, keglig od. eifg bis
fast kuglig. Milchsaft weiß od. gelb . . . . . . . . . . . . . . . . . . . . . . . . . . . . . . . . . . . . . . **13**
**12\*** Kapsel bis zum Grund aufspringend. Milchsaft gelb bis rot . . . . . . . . . . . . . . . . . . **14**
**13** Griffel fehlend. Narben 4–24, auf einer flachen od. flach kegligen Scheibe strahlig (Abb.
**158**/2–4). Kapsel gekammert. Milchsaft weiß (kult Arten). Wenn Narbe kopfig auf sehr
kurzem Griffel, dann Kapsel schmal zylindrisch, Milchsaft gelblich, s. *Roemeria* Bem.
S. 159 bei **13**.                                                          **Mohn** – *Papaver* S. 157
**13\*** Griffel vorhanden. Narben 4–8, an der Spitze des Griffels herablaufend. Kapsel nicht
gekammert. Milchsaft gelb.                                   **Scheinmohn** – *Meconopsis* S. 160
**14** **(12)** Bl echt gefiedert, Blchen deutlich abgesetzt, ihr Stiel am Grund nicht verbreitert.
KrBl 20–25 mm lg. B einzeln, ohne HochBl. Bl gefiedert, Blchen gesägt (Abb. **163**/3).
                                                                **Waldmohn** – *Hylomecon* S. 163
**14\*** Bl gelappt bis fiederschnittig; wenn Blchen deutlich abgesetzt, dann ihr Stiel am Grund
verbreitert (Abb. **163**/2) . . . . . . . . . . . . . . . . . . . . . . . . . . . . . . . . . . . . . . . . . . . . . **15**
**15** KrBl 7–15 mm lg. B in Dolden mit 2 HochBl. BlFiedern gelappt.
                                                              **Schöllkraut** – *Chelidonium* S. 163
**15\*** KrBl > 15 mm lg . . . . . . . . . . . . . . . . . . . . . . . . . . . . . . . . . . . . . . . . . . . . . . . . . . **16**
**16** StgBl gegenständig od. quirlig (Abb. **163**/1).
                                                             **Schöllkrautmohn** – *Stylophorum* S. 162
**16\*** Bl grund- od. wechselständig . . . . . . . . . . . . . . . . . . . . . . . . . . . . . . . . . . . . . . . . . **17**
**17** Pfl kurzlebig ♃ od. ☉. Kapsel meist > 10 cm lg, hornfg gebogen. Sa in schwammiges
Gewebe eingebettet. KrBl gelb, orange od. rot.               **Hornmohn** – *Glaucium* S. 164
**17\*** Pfl ♃. Kapsel < 10 cm lg. Sa nicht in schwammiges Gewebe eingebettet. B gelb od.
orange.                                                   **Dicranostigma** – *Dicranostigma* S. 165
**18** **(1)** Äußere KrBl ohne Sporn od. Aussackung, flach 3lappig, innere tief 3lappig. StaubBl
4, frei. Fr eine Gliederschote (kult Arten).                 **Lappenblume** – *Hypecoum* S. 166
**18\*** Wenigstens 1 äußeres KrBl mit Sporn od. Aussackung. StaubBl 4, die inneren in 2 Hälf-
ten gespalten und mit den äußeren zu Bündeln von 1+2/2 verwachsen . . . . . . . . **19**
**19** Fr eine 1–2samige Nuss. Pfl < 10 cm hoch, polsterfg (Abb. **171**/4).
                                                             **Felserdrauch** – *Rupicapnos* S. 172
**19\*** Frucht eine Schote, 2klappig aufspringend . . . . . . . . . . . . . . . . . . . . . . . . . . . . . . **20**
**20** Nur 1 äußeres KrBl gespornt, die B daher dorsiventral. Am Grund des einen StaubBl-
Bündels ein spornartiges Nektarium, das in den KrBlSporn hineinragt . . . . . . . . . **21**
**20\*** Beide äußere KrBl gespornt, die B daher disymmetrisch. Nektarien an beiden StaubBl-
Bündeln . . . . . . . . . . . . . . . . . . . . . . . . . . . . . . . . . . . . . . . . . . . . . . . . . . . . . . . . . . **24**
**21** Griffel abfallend, an der Fr nicht erhalten. Stg unverzweigt od. verzweigt . . . . . . . **22**
**21\*** Griffel an der Fr erhalten bleibend. Stg verzweigt, mit end- u./od. seitenständigen
BTrauben . . . . . . . . . . . . . . . . . . . . . . . . . . . . . . . . . . . . . . . . . . . . . . . . . . . . . . . . **23**
**22** Pfl ☉, mit BlRanken kletternd. KrBl gelblichweiß bis weißlich rosa, 5–6 mm lg.
                                                          **Rankenlerchensporn** – *Ceratocapnos* S. 172
**22\*** Pfl ♃, nicht kletternd. KrBl unterschiedlich gefärbt, oft violett, purpurn od. blau, > 10 mm
lg.                                                          **Lerchensporn** – *Corydalis* S. 169
**23** **(21)** B goldgelb od. cremegelb. Rhizom- od. Rübenstauden, vom Grund stark verzweigt.
                                                          **Scheinlerchensporn** – *Pseudofumaria* S. 172
**23\*** KrBl rosa (selten weiß) mit kontrastierender gelber Spitze, das eine äußere stark aus-
gesackt, das andere nur wenig, B daher wie eine schiefe *Dicentra*-B aussehend (Abb.
**168**/1). B u. Fr aufrecht.                    **Harlekinlerchensporn** – *Capnoides* Mɪʟʟ. S. 168
**24** **(20)** Beide äußere KrBl bis über die Mitte verwachsen, an der Spitze eine 4lappige
Röhre bildend, an der Fr bleibend. StaubBlBündel mit der Kr verwachsen. Rankendes
Kraut (Abb. **168**/2).                                       **Doppelkappe** – *Adlumia* S. 168
**24\*** Beide äußere KrBl frei od. nur am Grund verbunden (Abb. **167**). Pfl nicht rankend (unse-
re Arten).                                                   **Herzblume** – *Dicentra* S. 166

**Romneya** – *Romneya* Harv.                                                    1 Art

Basal verholzende ♃ od. ♄. Stg oben reich verzweigt. B in Doldentrauben, 10–12(–20) cm ∅, duftend, weiß. StaubBl orange. Bl blaugrün, im Umriss eifg, mit 3–5 z. T. gelappten od. fiederteiligen Abschnitten (Abb. **156**/1), 5–20 cm lg. 0,70–1,00(–2,00). ♄ i ⚯ 7–9. **Z** s Rabatten an Mauern, nur warme Lagen; Wurzelschnittlinge ▷ ∨ langwierig, Aussaat gleich nach Reife ○ ⊖ Sandboden, nicht ≈ u. kalt, ⋀, heikel (SW-Kalif., NW-Mex.: trockne Flussuferhänge – 1875 – var. *trichocalyx* (Eastw.) Jeps. [*R. trichocalyx* Eastw.]: KBl angedrückt flaumhaarig. Bl 3–10 cm lg. Stg bes. unten verzweigt. B duftlos. Wurzelsprosse (1902)).                         **Coulter-R.** – *R. coulteri* Harv.

**Stachelmohn** – *Argemone* L.                                              32 Arten
Lit.: Ownbey, G. B.1958: Monograph of the genus *Argemone* for North America and West Indies. Mem. Torrey Bot. Cl. **21**(1).

**1** Kr zitronengelb bis orange. B 4–7 cm ∅. StaubBl 20–75. Bl kahl, graugrün, buchtig fiederspaltig, sitzend, ± stängelumfassend, 6–20 × 3–8 cm, am Rand u. auf den Nerven stachlig (Abb. **156**/2). 0,25–1,00. ⊙ 7–9. **Z** s Sommerblumenbeete; ∨ ▷ März 18°, im Mai auspflanzen, od. Ende April ins Freiland ○ Boden durchlässig (heimisch in S-Florida u. Karibik: trockne Sandflächen; eingeb. weit in Subtropen, S- u. O-USA, S- u. W-Eur. – 1592 – ÖlPfl).                              **Mexikanischer St.** – *A. mexicana* L.
**1\*** Kr weiß od. blass blauviolett. StaubBl >150 . . . . . . . . . . . . . . . . . . . . . . . . . . . . . **2**
**2** Kapsel nicht od. kaum bestachelt. B weiß, (6–)10–12 cm ∅. Bl buchtig fiederschnittig, die obersten nicht deutlich stängelumfassend, die Abschnitte buchtig gezähnt. Bl u. Stg unbestachelt, selten mit wenigen Stacheln. BZweige 3–6blütig. KBl 3, oben in ein kahles, drehrundes, 7–15 mm lg Horn verschmälert. KrBl weiß. 0,30–0,90. ⊙ ⊖, auch ♃, kult ⊙, 7–9. **Z** s; Verwendung u. Kultur wie **1** (S-Mex. Hochland: gestörter Trockenbusch – 1827).                                      **Großblütiger St.** – *A. grandiflora* Sweet
**2\*** Bl wenigstens useits u. Kapsel bestachelt. B <10 cm ∅, weiß od. blass blauviolett       **3**
**3** Untere Bl buchtig fiederschnittig (zu ⁴/₅ der Spreitenhälfte eingeschnitten), obere nicht stängelumfassend. BKnospen ellipsoidisch. KBlHörner pyramidenfg, im ∅ eckig, 5–10 mm lg, am Grund mit Stacheln. Bl useits stachlig, oseits kaum. B 6–9 cm ∅, weiß od. blass blauviolett. Kapsel 25–40(–50) × 8–18 mm. 0,50–1,00. ⊙ bis kurzlebig ♃, kult ⊙ 8–9. **Z** s; Verwendung u. Kultur wie **1** (NO-Mex., S-Texas: Küstendünen, Chaparral, ruderal, 0–1500 m – 1829?). [*A. platyceras* Link et Otto var. *rosea* J. M. Coulter]
                                                **Rötlichweißer St.** – *A. sanguinea* Greene
**3\*** Untere Bl fiederteilig (bis ²/₃ der Spreitenhälfte eingeschnitten), obere mit br Grund deutlich stängelumfassend. BKnospen rundlich. KBlHörner im ∅ drehrund, 6–10(–15) mm lg, am Grund ohne Stacheln. Bl nur useits auf den Nerven zerstreut stachlig. B 7–10 cm ∅, weiß, selten blassviolett. Kapsel entfernt stachlig, 35–50 × 10–17 mm. 0,40–0,80

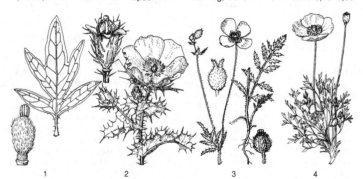

1                    2                    3                    4

(–1,20). ⊙ ⊙, kult ⊙, 7–9. **Z** s; Verwendung u. Kultur wie **1** (Z-USA von Texas u. Colorado bis N-Dakota u. Wyoming: Prärien in Vorgebirge u. Hochebene – 1820? 1877). [*A. alba* JAMES] **Vielblütiger St.** – *A. polyanthemos* (FEDDE) G. B. OWNBEY

**Mohn** – *Papaver* L.                                                                        80 Arten

**1** Bl alle in einer grundständigen Rosette. Stg unverzweigt mit 1 endständigen B. Kapsel stets borstig behaart. ⌗ . . . . . . . . . . . . . . . . . . . . . . . . . . . . . . . . . . . . . . . . . . . . . . **2**

**1\*** Stg beblättert, meist verzweigt u. mehrblütig. Kapsel kahl od. borstig. ⌗ od. ⊙ . . . **6**

**2** StaubBl <60. Kapsel kuglig bis fassfg . . . . . . . . . . . . . . . . . . . . . . . . . . . . . . . . . . . . **3**

**2\*** StaubBl 70–100. Kapsel keulenfg, zylindrisch od. schmal verkehrteifg . . . . . . . . . **4**

**3** Pfl polsterbildend. KrBl rasch abfallend. Kapsel kuglig. Bl 2fach gefiedert. B 2–3 cm ∅, hellgelb od. grünlichgelb. BKnospen braunhaarig. 0,05–0,10. ⌗ 7–8. **Z** s △; ⩛ ○ (Kurilen, N-Japan: alp. Schotterhänge – 20. Jh. – oft fälschlich als *P. miyabeanum* bezeichnet).                                          **Japan-M.**, **Faurie-M.** – *P. fauriei* FEDDE

**3\*** Pfl horstig, aber keine Polster bildend. KrBl bleibend, sich blaugrün verfärbend. Kapsel fassfg. Bl fiederteilig bis 1fach gefiedert. B 2–5 cm ∅, hellgelb od. weiß. BKnospen hell behaart. 0,10–0,25(–0,30). ⌗ 6–9. **Z** s △; ⩛ ○ (subarkt. Eur. u. subarkt. Sibir.: Schotterfelder, Uferschotter – 18. Jh. – Sippe eines sehr formenreichen Artenkomplexes, Artumgrenzung umstritten).                               **Polar-M.** – *P. radicatum* ROTTB.

**4** (2) Pfl polsterbildend. BSchäfte <15 cm hoch. Kapsel schmal zylindrisch. B hellgelb, trocken blaugrün verfärbend, 2–5 cm ∅. Bl dicht weißhaarig, fiederteilig. BKnospen braunhaarig. 0,07–0,15. ⌗ (6–)7–8. **Z** s △; ⩛ ○ (Hochgebirge S-Sibir., M- u. Z-As.: alp. Matten, steinige Hänge – 20. Jh., bisher nur vereinzelt kult – Artumgrenzung umstritten).                                                         **Grau-M.** – *P. canescens* TOLM.

**4\*** Pfl keine Polster bildend. BSchäfte >15 cm hoch, oft 30 cm u. mehr. KrBl nicht blaugrün verfärbend. Kapsel keulenfg od. länglich-elliptisch . . . . . . . . . . . . . . . . . . . . . . . . . . **5**

**5** Pfl meist 30–50 cm hoch. BSchäfte zerstreut bräunlich behaart od. ± kahl. B 5–6 cm ∅, orange, gelb, rot, selten weißlich. Kapsel schmal keulenfg. Narbenstrahlen (6–)7–8. Bl fiederteilig, BlLappen meist geteilt od. gezähnt, vorn abgerundet, am Grund etwas eingeschnürt (Abb. **158**/1). 0,30–0,50. ⌗, kult oft ⊙, 6–9. **Z** z △ Staudenbeete ⚹; ⩛ ⊵ ○ (Gebirge S-Sibir., M-u. Z-As.: subalp. Matten, Felshänge, Flussschotter – Mitte 18. Jh. – ∞ Sorten – oft fälschlich als *P. nudicaule* bezeichnet).
                                                **Altai-M.**, **Island-M.** – *P. croceum* LEDEB.

Art eines sehr vielgestaltigen, ungenügend bekannten asiatischen Verwandtschaftskreises. Der Name Island-M. ist irreführend!

**5\*** Pfl höchstens 20 cm hoch. BSchäfte spärlich bis stark hell behaart. B höchstens 4–5 cm ∅, gelb od. weiß. Kapsel ellipsoidisch od. keulenfg. Narbenstrahlen 4–5(–7). Bl mehrfach fiederteilig, BlLappen vorn meist spitz (Abb. **156**/4). 0,05–0,20. ⌗ 6–7. **W**. **Z** z △; ⩛ ○ ⊕ (Alpen, Pyr., Apennin, Karp., Balkan: Schotterfluren, Felsschutt, meist auf Kalk – 18. Jh. – formenreich, in ∞ wenig verschiedene Unterarten gegliedert).
                                                                          **Alpen-M.** – *P. alpinum* L.

Folgende Unterarten sind vermutlich in Kultur:
subsp. *rhaeticum* (LERESCHE) MARKGR.: Hülle aus BlBasen am Grund der Pfl kompakt, KrBl goldgelb (S-Alpen, Pyr.);
subsp. *sendtneri* (HAYEK) SCHINZ et KELLER: ebenso, aber KrBl weiß. **W**. (N-Alpen);
subsp. *alpinum* [subsp. *burseri* (CRANTZ) FEDDE]: nur eine lockere Hülle vorhanden, KrBl weiß (NO-Alpen);
subsp. *kerneri* (HAYEK) FEDDE: wie subsp. *alpinum*, aber KrBl gelb (SO-Alpen, Balkan).

**6** (1) Kapsel borstig behaart. Staubfäden keulenfg. Bl fiederschnittig od. fiederteilig, BlAbschnitte grob gezähnt bis gelappt (Abb. **156**/3). KBl nierenförmigem Anhängsel. KrBl orangerot mit schwärzlichem Fleck am Grund. 0,30–0,55. ⊙ 6–7. **Z** v Sommerblumenbeete; ⩛ ○ (M-As. von Turkmenien bis Pakistan: Steppen, Halbwüsten, Trockenfluren – kult Ende 19. Jh.).                         **Pfauen-M.** – *P. pavoninum* FISCH. et C. A. MEY.

**6\*** Kapsel kahl. Staubfäden keulenfg od. fädlich ............................. **7**
**7** Endständige B mit 3 KBl u. 6 KrBl, die übrigen mit 2 KBl u. 4 KrBl, oft mit zusätzlichen
HochBl unter dem K. Staubfäden keulenfg. Kräftige, borstig behaarte Hochstauden **8**
**7\*** B stets mit 2 KBl u. 4 KrBl, stets ohne HochBl. Staubfäden fädlich od. keulenfg. ☉ od.
weniger wüchsige ⅟ ⟨♃⟩ ............................................. **10**
**8** KrBl am Grund ohne auffallenden schwarzen Fleck, zuweilen weißlich od. bläulich ge-
zeichnet. BKnospen nickend. Stg nicht bis ins obere Drittel beblättert. HochBl fehlend.
B hell orangerot. Narbenstrahlen 8–15, Narbenscheibe ± konvex. 0,40–0,70(–1,00). ♃
Pleiok Pfahlwurzel 5–6. **Z** v Rabatten, Staudenbeete ⚥; ∨ Wurzelschnittlinge ○ (Trans-
kauk., NW-Iran, NO-Türkei: Gebirgsmatten, steinige Hänge – 18. Jh. – einige Sorten –
vermutlich auch Hybr mit den beiden folgenden Arten kult).

**Orientalischer M. –** *P. orientale* L.

**8\*** KrBl am Grund mit einem großen schwarzen Fleck. BKnospen aufrecht. Stg bis ins
oberste Drittel beblättert ........................................... **9**
**9** Schwarzer KrBlFleck länglich, länger als br, bis fast zur Mitte der KrBl reichend. KrBl
dunkelrot. HochBl 3–8 (Abb. **158**/2). Borsten der BKnospe mit br dreieckigem Grund. B
bis 16 cm ⌀. Narbenstrahlen 12–24, Narbenscheibe meist ± keglig. 0,60–1,20. ♃ Pleiok
Pfahlwurzel 5–6. **Z** z Rabatten, Staudenbeete, Solitär ⚥; **N** s HeilPfl wegen des hohen
Thebain-Gehalts als Rohstoff für Alkaloid-Produktion; ∨ Wurzelschnittlinge ○ (Kauk.,
N-Iran, Türkei: Matten, steinige Hänge – Anfang 19. Jh., als **N** 2. Hälfte 20. Jh. einige
Sorten, vgl. *P. orientale*). **Scharlach-M., Arznei-M. –** *P. bracteatum* LINDL.
**9\*** Schwarzer KrBlFleck rechteckig, breiter als lg. KrBl orangerot. HochBl fehlend od. 1–4.
Borsten der BKnospen zart. B kleiner. Narbenstrahlen 9–19, Narbenscheibe flach bis ±
konvex. 0,40–0,80(–1,00). ♃ Pleiok Pfahlwurzel 5–6. **Z** v Rabatten, Staudenbeete,
Solitär; ∨ Wurzelschnittlinge ○ (Transkauk., NW-Iran, O- u. N-Türkei: Matten, Steppen-
hänge – Ende 18. Jh. – ∞ Sorten, oft mit *P. orientale* verwechselt).

**Falscher Orient-M. –** *P. pseudo-orientale* (FEDDE) MEDW.

**10** **(7)** B mindestens zu 2–3 in Trauben. Dicht borstig behaarte Staude mit gezähnten od.
gelappten Bl. B ziegelrot bis orange. Staubfäden fädlich. Kapsel schmal keulenfg, Nar-
benstrahlen 4–7. 0,40–0,80. ♃ 6–7. **Z** s △ Staudenbeete; ∨ ○ (NW-Türkei: steinige
Hänge – Mitte 19. Jh. als Rarität – Art eines ungenügend bekannten Verwandtschafts-
kreises, exakte Zuordnung von unter diesem Namen kult Pfl ist zu überprüfen).

**Behaarter M. –** *P. pilosum* SIBTH. et SM.

**10\*** B stets einzeln am Ende der BTriebe ................................. **11**
**11** Staubfäden keulenfg. Pfl ☉, blaugrün mit Wachsüberzug. Stg gleichmäßig beblättert.
Obere Bl stängelumfassend. Kapsel halbkuglig, oben abgeflacht, am Grund mit kurzem,
aber deutlichem Stiel ............................................. **12**

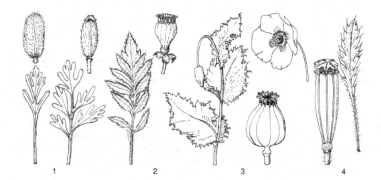

1                              2                              3                              4

**11\*** Staubfäden fädlich. Pfl ⊙ od. ⚄, grün, ohne Wachsüberzug. StgBl sitzend, aber nicht stängelumfassend. Kapsel keulenfg, zugespitzt, selten halbkuglig, dann aber Pfl ⊙ **13**

**12** Bl fiederteilig mit dreieckig- od. linealisch-länglichen Abschnitten. BKnospen eifg, 2–3 cm lg. Bl schalenfg (wie Tulpen), bis 10 cm ∅. KrBl rot mit schwärzlichem Fleck am Grund. Kapsel 1,5–2,0 cm lg. 0,40–0,50(–0,60). ⊙ ① 6–8. **Z** s Sommerblumenbeete; **V** ○ ~ Herbstaussaat günstig (VorderAs.: Weinberge, Äcker – Ende 19. Jh.).

                                            **Tulpen-M.** – *P. glaucum* BOISS. et HAUSSKN.

**12\*** Bl unregelmäßig gezähnt. BKnospen länglich-eifg, 1,5–2,0 cm lg. B sehr groß, meist (6–)7–12(–14) cm ∅. KrBl sehr unterschiedlich gefärbt, auch weiß. Kapsel 5–7 cm lg (Abb. **158**/3). (0,40–)0,60–1,50. ⊙ 6–8. **N** s, Anbau jedoch auf Grund des Betäubungsmittelgesetzes verboten bzw. streng reguliert, früher oft als Öl- u. GewürzPfl (Backwaren) auf Feldern u. in Gärten kult, seltener als HeilPfl wegen des alkaloidreichen Milchsafts unreifer Kapseln (Opium, Heroin, Codein); **Z** z Sommerblumenbeete, Rabatten; **V** ○ Boden nährstoffreich (Herkunft Medit., Wildform subsp. *setigerum* (DC.) CORB.: W-Medit. – in D. kult seit Jungstein- u. Bronzezeit, 3000–2000 v. Zt. – sehr formenreich, ∞ Sorten – in D. nur subsp. *somniferum*).

                                 **Garten-M., Schlaf-M.** – *P. somniferum* L.

**Schütt-M.** – convar. *alefeldii* HAMMER: Kapsel sich durch Poren öffnend, Primitivformen, manche Ziersorten; **Schließ-M.** – convar. *somniferum*: Kapsel geschlossen bleibend; **N. Z**, vor allem var. *coerulescens* ROTHM.: Sa bläulich, u. var. *nigrum* HAYNE: Sa schwärzlich.

**Päonien-M.** sind gefüllt blühende Zier-M., auch Formen mit zerschlitzten KrBl.

**13** (11) Kapsel halbkuglig, Narbenscheibe flach. Pfl ⊙. Stg gleichmäßig beblättert. Bl fiederteilig od. fiederschnittig. B meist dunkelrot, fast stets mit schwarzem Fleck am Grund. 0,30–0,90. ⊙ ① 5–7. **W**. **Z** z Sommerblumenbeete, Rabatten; **V** ○ (Medit., Orient, M-Eur. – kult seit 16. Jh., vielleicht früher, bes. häufig im 19. Jh., heute seltener im Anbau – sehr formenreich, einige Sorten).         **Klatsch-M.** – *P. rhoeas* L.

Verschiedene Sortengruppen; z. B. **Shirley-** od. **Seiden-M.**: KrBl rosa od. weiß, ohne dunklen Basalfleck, StaubBl gelblich; **Ranunkel-M.**: B gefüllt.

Ähnlich: **Marienkäfer-M., Veränderter M.** – *P. commutatum* FISCH. et C. A. MEY.: KrBl mit rechteckigem, schwarzem, weiß umrandetem Fleck nahe der Mitte, Stg mit weichen, grauen Haaren. 6–7. **Z** z (O-Medit., VorderAs.: Äcker).

Ähnlich auch **Roemerie** – *Roemeria* MEDIK. mit *R. refracta* DC.: KrBl tiefrot, mit schwarzem Fleck am Grund, Bl 1–3fach fiederschnittig; aber Narbe kopfig, Kapsel sich (2–)3(–4)klappig öffnend, schmal zylindrisch, mit 3–4 lg Borsten an der Spitze, Milchsaft gelblich. 0,30–0,60. ⊙ ① 7–8. **Z** s (Orient, M-As.: gestörte Trockenrasen – 1875) u. *R. hybrida* (L.) DC.: Kapsel ähnlich, aber borstig, KrBl violett. 0,30–0,50. ① ⊙ 7–8. **Z** s (Medit., Iran: Äcker).

**13\*** Kapsel keulenfg, Narbenscheibe zugespitzt. Pfl ⚄. Stg höchstens bis zur Hälfte beblättert. B ziegelrot . . . . . . . . . . . . . . . . . . . . . . . . . . . . . . . . . . . . . . . . . **14**

**14** Bl im Umriss länglich, ungleich gezähnt, dicht behaart, Haare von unterschiedlicher Länge. Stg bis zur halben Höhe beblättert. BKnospen rundlich, KBl dicht behaart. Kapsel dunkelgrau. 0,40–0,60. ⚄ 6–9. **Z** z △; **V** ○ (Kauk., NO-Türkei: subalp. steinige Hänge, Matten, Ufergeröll – 19. Jh. – einige Sorten, auch mit gefüllten B).

                              **Ziegelroter M.** – *P. lateritium* K. KOCH

Vielleicht kult auch Hybr mit *P. pseudo-orientale*: cv. 'Nanum Flore Pleno'.

**14\*** Bl im Umriss verkehrteifg, gelappt od. stumpf gezähnt, behaart, Haare einheitlich lg (Abb. **158**/4). Stg nur im unteren Drittel beblättert. BKnospe verkehrteifg, KBl kahl. Kapsel grün od. bräunlich. Staubbeutel hellgelb. 0,10–0,60. ⚄ 6–8. **Z** s △; **V** ○ ≈ (S-Span., Rif: schattige Kalkfelsspalten – 20. Jh.).       **Fels-M.** – *P. rupifragum* BOISS. et REUT.

Ähnlich: **Atlas-M.** – *P. atlanticum* (BALL) COSS.: Bl useits überall behaart, nicht nur am Rand u. auf den Nerven. KBl behaart. **Z** s △ (Hoher u. Mittlerer Atlas: Felsspalten).

**Scheinmohn, Keulenmohn** – *Meconopsis* Vɪɢ.                                    50 Arten

Lit.: Tᴀʏʟᴏʀ, G. 1934: An account of the genus *Meconopsis*. London. – Cᴏʙʙ, J. L. S. 1986-87: Cultivation of the genus *Meconopsis*. The Rock Garden **19**: 343–353; **20**: 150–172. – Cᴏʙʙ, J. L. S. 1989: *Meconopsis*. Portland/Oregon.

Anm.: Bis auf *M. cambrica* stammen die Arten aus den sommerfeuchten, meist wintertrocknen himalajisch-südostasiatischen Hochgebirgen. Sie brauchen absonnige Lage, hohe Luftfeuchte während der Vegetationsperiode, tiefgründige, durchlässige, meist kalkfreie Lehmerde mit Rohhumus, eignen sich also nicht für Trockengebiete. Die hapaxanthen Arten werden durch Aussaat vermehrt, die Samen sind meist dormant, im Reifejahr säen. Die meisten Arten sind selbststeril. Sie bilden Rüben od. Pfahlwurzeln u. müssen deshalb zeitig pikiert und ausgepflanzt werden. Die Arten mit wintergrüner Rosette brauchen Winterschutz (Foliendach).

**1**  Pfl, bes. BStand u. Fr, mit stechenden Dornborsten (Abb. **160**/1) u. dunklen Warzen. Bl grund- u. stängelständig, untere bläulichgrün, länglich bis lanzettlich, bis 25 × 3 cm, Rand wellig od. gezähnt. (0,25–)0,50–0,75. ☉ ☺ sommergrün 7–8. Z s △; ∀ ○ ⊕ (Z-Nepal, Sikkim, Bhutan, SW-China: SO-Tibet, NW-Yünnan, Gansu: steinige Rasen auf Kalk, Gehängeschutt, 3000–5500(–6000?) m – 1904). [*M. racemosa* Mᴀxɪᴍ.]
                                    **Stachliger Sch.** – *M. horridula* Hᴏᴏᴋ. f. et Tʜᴏᴍsᴏɴ

**1\***  Pfl behaart od. kahl, aber nicht mit lg, stechenden Dornborsten . . . . . . . . . . . . . . **2**

**2**  Bl ganzrandig, schmal lanzettlich bis verkehrteifg . . . . . . . . . . . . . . . . . . . . . . . . . . . **3**

**2\***  Bl gesägt od. unterschiedlich gelappt bis gefiedert, im Umriss lanzettlich bis rund  .  **4**

**3**  B zu 2–15, zitronengelb bis weißlichgelb, aufrecht bis seitwärts gerichtet, bis 20(–28) cm ⌀. KrBl 4–9(–13) cm lg. Bl grund- u. stängelständig, mit Stiel bis 37 × 5 cm, mit 3(–5) Längsnerven, abstehend graugelb bis rostfarben behaart (Abb. **160**/2). 0,40–0,80. ☉ ☺ sommergrün Rübe 6–7. Z s △ Rabatten; ∀ absonnig kühlfeucht, ⊕, nicht ≈, spätfrostempfindlich (N-Myanmar, W-China: Gansu, Sichuan, N-Yunnan, Qinghai, O-Tibet: steinige Bergwiesen auf Kalk, 2700–5200 m – 1940? – Hybr mit *M. betonicifolia*: *M.* × *sarsonii* Sᴀʀsᴏɴs: B hellgelb; mit *M. grandis*: *M.* × *beamishii* Pʀᴀɪɴ: B gelb, in der Mitte mit purpurnen Streifen; mit *M. quintuplinervia* × *finlayorum* G. Tᴀʏʟᴏʀ: B cremeweiß; mit *M. simplicifolia*: *M.* × *harleyana* G. Tᴀʏʟᴏʀ: B cremefarben, 'Elfenbeinmohn').
                                    **Gelbhaariger Sch.** – *M. integrifolia* (Mᴀxɪᴍ.) Fʀᴀɴᴄʜ.

**3\***  B lavendelblau bis hellviolett, selten weiß, schalenfg, einzeln an schwachen, herabgebogenen BStielen hängend, 3(–8) cm ⌀. KrBl 2,5–4 cm lg. Bl alle grundständig, mit Stiel bis 20 × 3 cm, mit (3–)5 Längsnerven, stroh- bis rostfarben borstig behaart. Staubfäden grün. (0,15–)0,30–0,45(–0,60). ⨾ bis ☺ sommergrün 5–6(–9). Z s △; ⚲ ∀ ⊕? (W-China: NO-Tibet, Qinghai, Gansu, N-Sichuan, Shaanxi: Rhododendron-Gebüsch, alp. Wiesen, 2300–4600 (–6000?) m – nach 1870 – hybr s. **3**).
                                    **Fünfnerviger Sch.** – *M. quintuplinervia* Rᴇɢᴇʟ

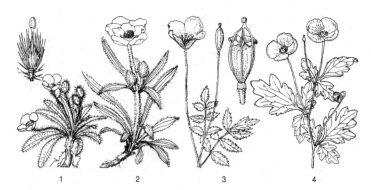

1                              2                              3                              4

Ähnlich: **Ganzblättriger Sch.** – *M. simplicifolia* (D. Don) Walp., aber KrBl 4–5 cm lg, himmelblau, dunkelblau od. violett. Staubfäden blau. BStiele aufrecht. B 6–8 cm ⌀, halb nickend. 0,30–0,45. ☉ ☻. **Z** s, **V** ⋏ ☾ (Z-Nepal bis SO-Tibet, steinige alp. Wiesen, Rhododendron-Gebüsch, 3300–5800 m).

**4** **(2)** B gelb od. orange ................................................. **5**
**4*** B blau, violett, purpurrosa od. weiß ..................................... **9**
**5** K kahl. FrKn kahl od. schwach angedrückt behaart. Pfl ♃, sommergrün od. mit Winterrosette .................................................................. **6**
**5*** K u. FrKn behaart od. borstig. Pfl ☉ ☻ mit Winterrosette .................... **8**
**6** Untere Bl br eifg bis rundlich, handfg 3–5teilig, 5–13 × 5–12 cm, in überwinternder Rosette, lg gestielt (Abb. **162**/1). Obere StgBl sitzend. FrKn ohne Griffel. Stg unverzweigt, unten abstehend rostfarbig behaart. B einzeln od. zu 2 in den Achseln der obersten StgBl, nickend, 6–8 cm ⌀. Kapsel zylindrisch. 0,30–0,60. ♃ i PleiokRhizom 6–7. **Z** s △; **V** ♈ ☾, in kühlfeuchten Lagen auch ○, Rohhumus u. Lehm, besser Ⓐ (Himal.: O-Nepal, Sikkim, Bhutan: lichte, felsige Wälder, 1500–3000 m – 1850 – Sorte 'White Swan': B weiß). [*Cathcartia villosa* Hook. f. ex Hook.]
　　　　　　　　　　**Zottiger Sch., Cathcartie** – *M. villosa* (Hook. f.) G. Taylor
**6*** Untere Bl im Umriss lanzettlich bis verkehrteifg, fiederschnittig bis fiederteilig. StgBl ebenso od. 3teilig. FrKn mit deutlichem kurzem Griffel. Pfl sommergrün ........ **7**
**7** B einzeln in den BlAchseln auf bis 35 cm lg Stielen, 4–8 cm ⌀, gelb od. orange. GrundBl u. die 1–3 StgBl fiederschnittig, gestielt (Abb. **160**/3). Kapsel länglich. 0,30–0,50(–0,75). ♃ sommergrün Rübe 6–7(–8). **Z** im W z, sonst s Gehölzränder, Naturgärten; **V** Selbstaussaat ○ ☾ ≈ (N-Span., W- u. Z-Frankr., S-Engl., Irland: feuchte Wiesen, Schotterhalden – 1640 – in D. verw. – einige Sorten, auch halbgefüllt od. gefüllt, z. B. 'Muriel Brown': B orange, gefüllt; 'Flore Pleno': B halbgefüllt).
　　　　　　　　**Kambrischer Sch., Wald-Sch., Pyrenäen-Sch.** – *M. cambrica* (L.) Vig.
**7*** BStand ein lockerer Thyrsus aus 2–3blütigen Zymen. BStiel bis 8 cm lg. B 2,5–4 cm ⌀, gelb. GrundBl mit 2–3 Paar Fiederlappen, zur BZeit abgestorben. StgBl 3teilig, Abschnitte tief gelappt (Abb. **160**/4). Kapsel elliptisch. 0,70–1,00(–1,50). ♃ sommergrün PleiokRhiz 6–7. **Z** s Gehölzränder, halbschattige Staudenbeete; **V** ♈ ☾ humoser Lehmboden (W-China: Sichuan: lichte Wälder, 2000–3000 m – 1800?).
　　　　　　　　　　　**Schöllkrautblättriger Sch.** – *M. chelidoniifolia* Bureau et Franch.
**8** **(5)** Stg 0,70–2,50 m hoch, oben wie die Bl von lg einfachen Haaren u. Sternhaaren grauweiß. GrundBl fiederschnittig, bis 40 × 9 cm. B ∞ in Thyrsen, bis 9 cm ⌀, nickend (Abb. **162**/2). Narbe purpurn. 0,70–2,50. ☉ ☻ i 7–8. **Z** s Gehölzränder; **V** Schutz vor Nässe im Winter (Himal.: Garhwal u. Nepal bis NO-Assam u. S-Tibet, 3000–4700 m – 1852? – formenreich, Abgrenzung gegen *M. napaulensis* problematisch). [*M. robusta* auct. non Hook. f. et Thomson, *M. wallichii* Hook. p.p., *Papaver paniculatum* D. Don nom. illegit., p. p.]
　　　　　　　　　　　　　　　　**Rispiger Sch.** – *M. paniculata* (D. Don) Prain
**8*** Stg 0,40–0,60(–1,00) m hoch, abstehend borstig behaart, Haarbasen dunkel, verdickt. Bl gefiedert, bis 30 cm lg, dunkel blaugrün, Fiedern fiederspaltig. B 3–6 cm ⌀, in Thyrsen od. Trauben, seitlich gerichtet. 0,40–0,60(–1,00). ☉ ☻ i Rübe 7–8. **Z** s große △, halbschattige Staudenbeete; **V** ☾ Boden nährstoffarm?, Winterrosette vor Nässe schützen (Himal.: Z- u. O-Nepal: steinige alp. Wiesen? 3500–5600 m).
　　　　　　　　　　　　　　　**Dhwoji-Sch.** – *M. dhwojii* G. Taylor ex Hay
**9** **(4)** GrundBl fiederschnittig, bis 50 × 10 cm, rotbraun od. bleich behaart, oft auch mit Sternhaaren (Abb. **162**/3). B nickend, blau, violett od. purpurn, selten weiß, bis 10 cm ⌀, oberste nicht in den Achseln eines HochBlQuirls. Narbe blassrosa. 0,90–2,50. ☻ Blüte im 3.–6. Jahr i Rübe (8–)9. **Z** s Gehölzränder; **V** luftfeucht, Boden nicht nährstoffreich (W-Nepal bis SW-China: S-Tibet, W-Sichuan, N-Yunnan: 2700–6000 m – 1852 – formenreich). [*M. robusta* auct. non Hook. f. et Thomson, *M. wallichii* Hook. p. p.]
　　　　　　　　　　　　　　**Nepal-Sch., Satin-Sch.** – *M. napaulensis* DC.

**9\*** GrundBl flach gezähnt bis buchtig gelappt-gekerbt. Pfl ⚁. Oberste 3–4 B aus den Achseln eines HochBlScheinquirls entspringend, darunter einige achselständige. Pfl rotbraun borstenhaarig. Oft im 2. Jahr blühend u. absterbend . . . . . . . . . . . . . . . . . . **10**

**10** GrundBlSpreite bis 35 cm lg, schmal lanzettlich bis elliptisch, keilfg in den bis 16 cm lg Stiel verschmälert. BStiele 15–45 cm lg. B nickend, tiefblau, himmelblau od. purpurn, bis 13 cm ⌀. 0,70–1,20. ⚁ sommergrün Rübe 5–6. **Z** z im NW u. Bergland, sonst s, Staudenbeete, Gehölzränder; V ⍦ ◐ luftfeucht, tiefgründiger Lehm (S-Tibet, Z- u. O-Himal.: O-Nepal, Sikkim, Bhutan: steinige Rasen, 3300–5600 m – 1895 – hybr s. **3**, einige Sorten, z. T. steril, B blauviolett, dunkelblau, purpurn, 'Alba': B weiß).
**Großer Sch.** – *M. grandis* PRAIN

**10\*** GrundBlSpreite am Grund gestutzt od. schwach herzfg, bis 30 × 8 cm, gekerbt, Stiel 5–30 cm lg (Abb. **162**/4). BStiele 10–15 cm lg. B etwas nickend, himmelblau od. rosalila, auch weiß, ± 8 cm ⌀. 1,00–1,50. ⚁ sommergrün PleiokRübe 6. **Z** z im Gebirge, große △ Staudenbeete; V ⍦ ◐ luftfeucht, durchlässiger Lehm u. Lauberde, Mehltau! (O-Himal.: NO-Myanmar, SW-China: Yunnan, SO-Tibet: lichte Wälder, Feuchtwiesen auf Sand, 3000–4300 m – 1925 – wenige Sorten, z. B. 'Alba': B weiß – hybr mit *M. grandis*: *M.* × *sheldonii* G. TAYLOR: B grünlichblau, einige Sorten, z. T. steril: 'Miss Dickson': B weiß; 'Slieve Donard': B stahlblau, bis 20 cm ⌀). [*M. baileyi* PRAIN]
**Blauer Sch., Himalaja-Sch.** – *M. betonicifolia* FRANCH.

**Abendmohn** – *Hesperomecon* GREENE          1 Art

Bl linealisch, 45–85 × 1–2 mm, behaart. Knospe nickend. B 2,5–38 cm lg gestielt, einzeln end- od. achselständig, gelb. Kapsel eifg. Saft nicht milchig. 0,03–0,40. ☉ 7–8. **Z** s Sommerblumenbeete; ○ ~ (Kalif.: Sanddünen, offnes Grasland, Eichen- u. Kieferngehölze, < 1000 m – 1833). [*Meconella linearis* (BENTH.) A. NELSON et MACBR., *Platystigma lineare* BENTH.]          **Abendmohn** – *H. linearis* (BENTH.) GREENE

**Breitfaden** – *Platystemon* BENTH.          1 Art

Bl br linealisch, 10–90 × 2–8 mm. B auf 3–25 cm lg Stielen. KrBl weiß od. cremefarben, selten goldgelb, zuweilen nur Spitze u. Grund gelb, 6–19 × 3,5–16 mm. 0,03–0,30. ☉ 6–8? **Z** s Sommerblumenbeete; ○ ~ (NW-Mex., SW-USA: Brandstellen, gestörtes, trocknes Grasland, 0–1000(–2000) m – 1853 – formenreich).
**Breitfaden, Cremeschale** – *P. californicus* BENTH.

**Schöllkrautmohn** – *Stylophorum* NUTT.          3 Arten

GrundBl fiederschnittig 5–7teilig, lg gestielt; Abschnitte eifg-länglich, stumpf gelappt (Abb. **163**/1), hellgrün, am Stg ein Scheinquirl aus 2–3 LaubBl. Kapsel eifg, 2–3 cm lg,

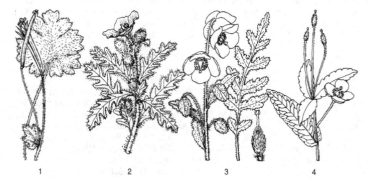

1          2          3          4

behaart. B zu (2–)3–5 in der Achsel schuppenfg HochBl, aufrecht, schalenfg, ± 5 cm ⌀, gelb. 0,30–0,45. ♃ ⅄ sommergrün 4–5. **Z** s Gehölzgruppen, schattige Rabatten, große △ ▢; ∨ Selbstaussaat, auch ⴲ ◑ ● Humus ≃ (warme bis gemäß. O-USA: feuchte Wälder – 1831). **Zweiblättriger Sch. –** *St. diphyllum* (MICHX.) NUTT.

**Schöllkraut –** *Chelidonium* L. 1 Art

Pfl weich behaart. Bl oseits grün, useits blaugrün, buchtig fiederschnittig, die Abschnitte gekerbt bis gelappt (Abb. **163**/2). 0,30–0,70. Kurzlebig ♃ i, B im 1. Jahr, 6–10. **W. Z** z Naturgärten, Hecken, meist nur geduldet; ∨ Selbstaussaat ◑ ≃ (warm/mont. bis kaltes Eur., As.: felsig-blockige Waldlichtungen, Gehölzsäume, ruderal, verw. in N-Am. – früher HeilPfl, giftig, Milchsaft hautreizend – 'Flore Pleno': B halbgefüllt; var. *laciniatum* (MILL.) K. KOCH: BlAbschnitte u. KrBl tief eingeschnitten (kult 1771). **Schöllkraut –** *Ch. majus* L.

**Waldmohn –** *Hylomecon* MAXIM. 3 Arten

GrundBl mit Stiel 10–25 cm lg, gefiedert, die 5–7 Fiedern unregelmäßig gesägt, z.T. etwas gelappt, eifg bis lanzettlich, spitz (Abb. **163**/3). StgBl 2–3, gefiedert. B einzeln, selten zu 2–3(–4), 4–5 cm ⌀. **Z** z Gehölzgruppen, schattige Naturgärten, große △ ▢; ⴲ ∨ Kaltkeimer ◑ ● Boden ≃ humos, drainiert ⊖ (M- u. NO-China, Korea, Fernost, Japan: feuchte Laubwälder – 1870 – var. *dissecta* (FRANCH. et SAV.) FEDDE: Fiedern fiederspaltig, var. *lanceolata* MAKINO: Fiedern lanzettlich, ob kult?). [*H. vernalis* MAXIM., *Chelidonium japonicum* THUNB. ex MURRAY]

**Japanischer W. –** *H. japonica* (THUNB. ex MURRAY) PRANTL et KÜNDIG

**Schneemohn –** *Eomecon* HANCE 1 Art

B 3(–5) cm ⌀. BStand aus EndB u. 3(–8) SeitenB in der Achsel schmal eifg HochBl (Abb. **163**/4). Fr 3–4 cm lg. Bl useits blaugrün. (0,20–)0,30(–0,40). ♃ Ausläuferrhizom 4–5. **Z** s Gehölzgruppen ▢; ∨ ⴲ ◑ ≃, evtl. ∧ (warmgemäß. S- u. M-China: feuchte Waldränder, Bachufer, 1400–1800 m – 1884). **Schneemohn –** *E. chionantha* HANCE

**Blutwurzel –** *Sanguinaria* L. 1 Art

Bl einzeln grundständig, lg gestielt, Spreite herz-nierenfg, 10–30 cm ⌀, handfg gelappt, oseits blaugrün, useits silbrig, Lappen ganzrandig od. gekerbt (Abb. **165**/1). B einzeln auf grundständigem Stiel, 3–5 cm ⌀, KrBl 8–16, weiß, Staubbl orange. 0,10–0,25. ♃ ⅄ 4–5. **Z** z Gehölzgruppen, schattige Staudenbeete ▢; ⴲ ∨ Keimung hypogäisch ◑ ● Boden humus- u. nährstoffreich, ≃, leicht ⊖ (warme bis gemäß. O-USA, S-Kanada:

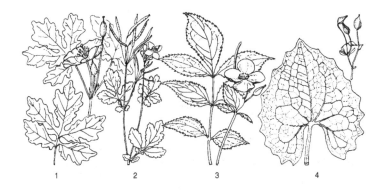

1    2    3    4

lichte Wälder – 1635 – einige Sorten: 'Major': B größer; 'Peter Harrison': B zartlila; 'Multiplex': B gefüllt, BZeit länger; 'Plena': B halbgefüllt – HeilPfl).

**Kanadische B. –** *S. canadensis* L.

**Federmohn –** *Macleaya* R. Br. 2 Arten

**1** StaubBl 24–30; Staubfäden so lg wie die Staubbeutel. Fr verkehrteifg bis verkehrteilanzettlich, 4–6(–8)samig. Bl useits behaart, früh verkahlend, im Umriss br eifg (Abb. **165**/2). BKnospen 7–10 mm lg. 1,50–2,80. ⅔ ℃ Wurzelsprosse (aber nicht lg Ausläuferwurzeln wie **1\***) 7–8. **Z** s Gehölzränder, Solitär, Sichtschutz an Mauern; ⚘ Wurzelschnittlinge ∨ Selbstaussaat ○ ◑ Boden nährstoffreich (Z- u. O-China, Taiwan, Japan?: lichte Wälder, 150–830 m – 1795? – wenige Sorten: 'Alba': B weiß, 'Flamingo': B klein, rosa; var. *thunbergii* (Miq.) Miq.: Bl useits blaugrau). [*Bocconia cordata* Willd.]

**Weißer F. –** *M. cordata* (Willd.) R. Br.

**1\*** StaubBl 8–12, Staubfäden kürzer als die Staubbeutel. Fr fast kreisrund mit kurzer Spitze, 5 mm lg, 1samig. Bl useits bleibend behaart, im Umriss rund bis nierenfg (Abb. **165**/3). BKnospen ± 5 mm lg. 1,60–2,50. ⅔ ℃ u. Ausläuferwurzeln, starke Wurzelbrut 7–8. **Z** v Gehölzränder, Solitär, Sichtschutz an Mauern; ⚘ Wurzelschnittlinge ∨ Selbstaussaat ○ ◑ auswildernd (Z-China: lichte Wälder? 450–1600 m – 1795 – hybr mit *M. cordata*: *M.* × *kewensis* Turrill: Sa unfruchtbar – Sorte 'Korallenfeder' = 'Kelways Coral Plume': B kupferrosa). [*Bocconia cordata* hort. non Willd., *B. microcarpa* Maxim.]

**Ockerfarbiger F. –** *M. microcarpa* (Maxim.) Fedde

**Hornmohn –** *Glaucium* Mill. 23 Arten

Lit.: Mory, B. 1979: Beiträge zur Sippenstruktur der Gattung *Glaucium*. Feddes Repert. **89**: 499–594.

**1** Fr unbehaart, warzig. GrundBl 10–30 × 3–5(–8) cm, buchtig fiederspaltig, blaugrün, dicklich, gestielt, unterschiedlich stark behaart. StgBl stängelumfassend sitzend. KrBl 30–40 mm lg, gelb, selten (var. *fulvum* (Sm.) Fedde) ziegelrot, am Grund mit violettem Fleck. Fr (10–)15–25 cm lg. 0,30–0,70. Kurzlebig ⅔ i, kult meist ☉, B im 1. Jahr 6–7. **W. Z** s Rabatten, Naturgärten, LiebhaberPfl; ∨ ○ salztolerant (steinig-sandige Küsten von Mittelmeer u. Schwarzem Meer, Frankr., S-Brit., S-Norw., eingeb. im Binnenland von Z-Eur. – 1574). **Gelber H. –** *G. flavum* Crantz

**1\*** Fr bestachelt od. behaart. GrundBl mit Stiel < 15 cm lg, buchtig fiederteilig mit 7–13 Abschnitten, Abschnitte zugespitzt . . . . . . . . . . . . . . . . . . . . . . . . . . . . . . . . . . . . . . **2**

**2** Fr dicht weiß bestachelt, von unten nach oben geöffnet. B einzeln auf lg, unverzweigten od. nur einmal verzweigten, nur 2 kleine Bl tragenden Stg. GrundBl mit Stiel 6–10 cm lg, spärlich derb weiß behaart. KrBl gelb, am Grund mit dunkelgelbem od. orangem Fleck. StaubBl 30–40. 0,20–0,40. ☉ ☉ Rübe 7–8. **Z** s Naturgärten, Sommerblumenbeete, LiebhaberPfl; ○ (M-As.: NO-Kasachst., Dsungarei, Mong. Altai: trockner Bachbettschotter, 2000–3000 m). **Schuppiger H. –** *G. squamigerum* Kar. et Kir.

**2\*** Fr weichhaarig, nicht bestachelt, von oben nach unten geöffnet. Stg nicht nur am Grund beblättert . . . . . . . . . . . . . . . . . . . . . . . . . . . . . . . . . . . . . . . . . . . . . . . . . . . . . . **3**

**3** KBl 3,5–5 cm lg. KrBl 3–6 cm lg, leuchtend rot bis dunkelorange, mit violettem Fleck am Grund, selten gelb (subsp. *refractum* (Nábělek) Mory [*G. corniculatum* subsp. *refractum* (Nábělek) Cullen]). FrStiel meist länger als das TragBl. StaubBl 50–90. Bl stark behaart, untere mit Stiel 6–15 cm lg. Fr 7–16 cm lg. (0,20–)0,30–0,50. Kurzlebig ⅔ od. ☉ ☉ 7–8. **Z** s Sommerblumenbeete, Naturgärten; ∨ ○ (O-Medit. bis Irak u. Iran: Steppen, auch ruderal). **Großblütiger H. –** *G. grandiflorum* Boiss. et Huet

**3\*** KBl 1–2,5 cm lg. KrBl 1,5–3(–4) cm lg, orangegelb bis rot, oft mit violettem Fleck am Grund, dieser bei var. *tricolor* Loret et Barrandon weiß umrandet. FrStiel kürzer als das TragBl (Abb. **165**/4). StaubBl 10–30. Fr 10–22 cm lg. 0,15–0,50. ☉ ① bis kurzlebig ⅔ 6–8. **W. Z** s Naturgärten, Sommerblumenbeete, Liebhaberpflanze; ○ Boden durchlässig ⊕ (Medit., S-Russl., Orient bis Turkmen.: gestörte Steppen, trockne Weiden, Äcker; eingeb. in Z-Eur. – 1574). **Roter H. –** *G. corniculatum* (L.) Rudolph

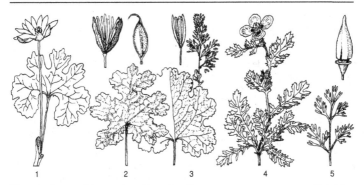

1    2    3    4    5

**Dicranostigma** – *Dicranostigma* Hook. f. et Thomson                          3–4 Arten

1  Fr behaart, 50–60 × 5 mm. StgBl >5 cm lg. KBl 15–20 mm lg, mit spitzem Horn. KrBl gelb bis orange. B 5 cm ⌀, zu 3–8 nur achselständig auf kaum behaarten Stielen. Bl im Umriss br eifg, fiederschnittig mit 7–15 Abschnitten, 9–25 × 3–5 cm. 0,15–0,60. Kurzlebig ⌄, B im 2. Jahr, PleiokRübe (5–)6(–7). **Z** s △ Rabatten, Naturgärten; ∨ Selbstaussaat ◐○ Boden durchlässig, im Sommer ≈ (Himal. u. Transhimal. von Garhwal bis Nepal, SO-Tibet: Geröllfelder, (2700)–3000–4300 m). [*Stylophorum lactucoides* (Hook. f. et Thomson) Benth. et Hook. f.]          **Salat-D.** – *D. lactucoides* Hook. f. et Thomson

1* Fr kahl, bisweilen warzig. StgBl <5 cm lg, sitzend. KBl 6–15 mm lg ............ **2**

2  B 4–5 cm ⌀, auf 2,5 cm lg Stielen, orange. KBl 15 mm lg, deutlich zugespitzt. Fr kahl, länglich-zylindrisch, 65–75 × 3 mm, zur Spitze hin nicht verschmälert. Stg ∞. B zu 3–9 in Schirm-(Doppel-)Trauben. 0,60–1,30. ⌄, kult ⊙ 6–7?. **Z** s △; ∨ ○ ∼ (Z- u. SW-China: Kalk- u. Phyllit-Sand, 1725–1850 m – oft mit **2\*** verwechselt).
          **Franchet-D.** – *D. franchetianum* (Prain) Fedde

2* B 2–3 cm ⌀. KBl 6–10 mm lg. Fr linealisch-zylindrisch, zur Spitze hin verschmälert, 40–50 × 4 mm. Pfl buschig, am Grund stark verzweigt. 0,30–0,70?. Kurzlebig ⌄, kult ⊙, Rübe, B im 1. Jahr, 6–7. **Z** s, Verwendung u. Kultur wie **2** (W- u. M-China von S-Tibet, Qinghai u.Yunnan bis S-Hebei u. N- u. W- Henan: ±3600 m). [*Glaucium leptopodum* Maxim.]          **Dünnstieliges D.** – *D. leptopodum* (Maxim.) Fedde

**Kappenmohn, Schlafmützchen** – *Eschscholzia* Cham.                          10 Arten

1  Bl grund- u. stängelständig, mit Stiel 10–20 cm lg, ihre Endzipfel 1–2 mm br (Abb. **165/5**). KrBl 2–3 cm lg, goldgelb, orangerot od. weiß. 0,30–0,50. ⊙ ⊚ Rübe 6–10. **Z** v Sommerblumenbeete, Rabatten; ∨ Selbstaussaat ○ (Kalif.: Rohböden, Annuellenfluren – 1820 – einige Sorten, auch gefüllt, niedrig u. kompakt od. mit gekrausten KrBl).
          **Kalifornischer K., Schlafmützchen** – *E. californica* Cham.

1* Bl grundständig, büschelig, 3–6 cm lg, ihre Endzipfel etwa 1 mm br. KrBl 0,8–1,2 cm lg, goldgelb. 0,10–0,15. ⊙ 6–9. **Z** s Einfassungen △; ○ ∼ (Kalif.: Zentraltal, Sierra Nevada – 1854). [*E. caespitosa* Benth.]          **Schmalblättriger K.** – *E. tenuifolia* Hook.

**Mexikomohn** – *Hunnemannia* Sweet                          1 Art

Stg rund, glatt, längs gestreift. Bl blaugrün, 5–10 cm lg, dreiteilig, Abschnitte linealisch, stumpf, kurz bespitzt. B 5–8 cm ⌀, einzeln lg gestielt in den BlAchseln, gelb. KBl eifg. KrBl rundlich. Kapsel ±10 cm lg. 0,20–0,60(–0,90). Kurzlebig ♄, kult ⊙ 6–10. **Z** s Sommerblumenbeete; ∨ April ins Freiland od. Februar ⌂, im Mai auspflanzen; ○ Boden durchlässig (O-Mex.: trocknes Hochland von Nuevo Leon bis Oaxaca: steinige Hänge, trockner Fluss-Schotter – 1827).          **Mexikomohn** – *H. fumariifolia* Sweet

**Lappenblume** – *Hypecoum* L.                                    18 Arten

Lit.: DAHL, A. 1989: Taxonomic and morphological studies in *Hypecoum* sect. *Hypecoum*. Plant Syst. Evolution **163**: 227–279.

1   KrBl weiß mit rosa od. bläulichen Spitzen, die äußeren deutlich 3lappig, ± kapuzenfg. Bl
    gefiedert, die 9–19 Fiedern gesägt bis fiederteilig. 0,20–0,60. ☉ 6–8. **Z** s Sommer-
    blumenbeete, Naturgärten; ○ ~ (Himal., SW-China von W-Tibet u. Qinghai bis Innere
    Mongolei: Sandboden, (1700–)2700–5000 m).
                                  **Dünnfrüchtige L.** – *H. leptocarpum* HOOK. f. et THOMSON
1\*  KrBl gelb od. goldgelb . . . . . . . . . . . . . . . . . . . . . . . . . . . . . . . . . . . . . . . . . . . . . . . **2**
2   Äußere KrBl etwa so lg wie br, 7–9,5 × 5,5–8,5 mm, schwach 3lappig, die Seitenlappen
    kleiner als der Mittellappen. Innere KrBl tief 3teilig, die äußeren Lappen schmal eifg bis
    länglich, so br wie der mittlere. Pfl niederliegend bis aufsteigend. Endabschnitte der Bl
    eifg, spitz. 0,05–0,30. ① ☉ 6–9. **Z** s Sommerblumenbeete, Naturgärten; ○ ~ (Medit.
    von NW-Afr. u. Port. bis Türkei, N-Irak, Syrien: Küsten auf Sand, ruderal – formenreich).
                                  **Niederliegende L.** – *H. procumbens* L.
2\*  Äußere KrBl kürzer als br, 6–10 × 6–12 mm, deutlich 3lappig, die äußeren Lappen
    so groß wie der mittlere. Innere KrBl tief 3teilig, die äußeren Lappen br eifg, 2mal so br
    wie der mittlere. Pfl aufsteigend bis aufrecht. Endabschnitte der Bl linealisch, spitz.
    0,05–0,40. ① ☉ 6–9. **Z** s Kultur u. Verwendung wie **2** (Medit., Armen., Syrien: Kultur-
    land, ruderal, bis 1800 m). [*H. grandiflorum* BENTH.]        **Bartlose L.** – *H. imberbe* SM.

**Herzblume** – *Dicentra* BERNH.                                  19 Arten

Lit.: STERN, K. R. 1960: Revision of *Dicentra* (*Fumariaceae*). Brittonia **13**: 1–57.

1   Stg beblättert. Bl nicht od. nur z.T. grundständig . . . . . . . . . . . . . . . . . . . . . . . . . . . **2**
1\*  Stg schaftartig, ohne LaubBl. Alle LaubBl grundständig . . . . . . . . . . . . . . . . . . . . . **4**
2   B goldgelb, aufrecht, in dichten Schirmthyrsen, (8–)15–17(–20) mm lg (Abb. **166**/3).
    Äußere KrBl oft mit purpurnen Spitzen. Pfl straff aufrecht, blaugrün. Bl im Umriss eilan-
    zettlich, 2(–3)fach gefiedert. Fiedern gezähnt bis fiederschnittig, Abschnitte lineallanzett-
    lich, spitz. Sa ohne Ölkörper. 0,60–1,00(–1,50). ⚃ Pfahlwurzel 8–9. **Z** s Rabatten, Stau-
    denbeete; ⚘ Wurzelschnittlinge ⋁? ◐ feucht-kühler Humusboden frostempfindlich ∧
    (Kalif.: trockne, oft gestörte, kiesige Berghänge, Brandstellen, 1500–2000 m – 1852).
                                  **Goldne H.** – *D. chrysantha* (HOOK. et ARN.) WALP.
2\*  B rosa od. weiß, hängend, 20–45 mm lg. Bl 2–3fach 3teilig bis gefiedert . . . . . . . . **3**
3   B am Grund herzfg, 20–27 × 18–22 mm, zu (3–)8–11(–15) einseitswendig in überhängen-
    der Traube (Abb. **166**/2). Äußere KrBl rosa, selten weiß, die Spitzen abstehend bis zu-
    rückgebogen. Bl 20–40 × 14–20 cm, 2–3fach 3zählig gefiedert, die Endabschnitte 2–3 cm

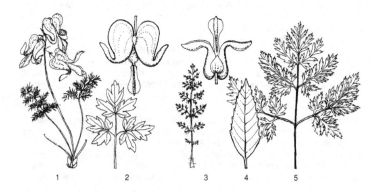

1                    2                    3            4              5

lg, gelappt bis fiederschnittig (Abb. **166**/2). 0,50–0,90. ⌷ PleiokRübe (4–)5–6. **Z** v Rabatten, Bauerngärten ⚥; ∿ Achselspross-Stecklinge, ⚘ Wurzelschnittlinge, auch ∨ Kaltkeimer, aber Samenansatz selten, ◐ ○ Boden humus- u. nährstoffreich, nicht ∼ (Korea, N- u. W-China: lichte, feuchte Berg-LaubW, 30–2400 m – 1816, 1846 – 'Alba': B weiß). [*Lamprocapnos spectabilis* (L.) Lem.]     **Zweifarbige H., Tränendes Herz** – *D. spectabilis* L.

**3\*** B am Grund abgerundet, 35–45 × 20–25 mm, hängend, in aufrechter Traube. Äußere KrBl rosa bis matt purpurn, ihre Spitzen nicht zurückgebogen (Abb. **167**/1). Bl 2–3mal 3teilig, die Endabschnitte schmal eifg, 4–7 × 2–3 cm, gezähnt (Abb. **166**/4). 0,60–0,90. ⌷ ⅄ 6?. **Z** s schattige Rabatten, Gehölzränder; ∨ ◐ nicht ∼, ∧, nur wintermilde Lagen (N-Myanmar, SW- u. M-China: feuchte Wiesen u. Wälder, 1500–2700 m – nach 1900?).     **Großblütige H.** – *D. macrantha* Oliv.

**4** (1) BlSpreite im Umriss länglich-eifg, 2–3mal gedrängt, linealisch bis nadelfg, 0,7–2 mm br (Abb. **166**/1). B lg herzfg, 20–25 × 8–12 mm, zu 3–5(–8) in einfacher Traube. BStg 1,5–2mal so lg wie die Bl. Äußere KrBl weiß bis purpurn, ihre 12 mm lg Spitzen schließlich fast kreisfg zurückgebogen. 0,08–0,20. ⌷ PleiokRhiz 6(–7). **Z** s △; ∨ Kaltkeimer, Boden frisch, Sand mit etwas Torf, humus- u. nährstoffarm, heikel (Fernost: Tschuktschen-Halbinsel, Kamtschatka, Sachalin, Japan: steinig-sandige Abbrüche, Felsen, Flusskies, Schotterrücken – ?).     **Fernöstliche H.** – *D. peregrina* (Rudolph) Makino

**4\*** BlSpreite im Umriss br 3eckig (Abb. **166**/5), 3–5teilig, die Teile 2fach fiederschnittig    **5**

**5** BStand ein Thyrsus, die Zweige dichasial (1–)3blütig od. mehrblütig. B purpurrosa, selten weiß od. cremefarben, duftlos . . . . . . . . . . . . . . . . . . . . . . . . . . . . . . . . . . . . . . . **6**

**5\*** BStand eine einfache Traube. B weiß, z.T. schwach rosa überlaufen u. mit gefärbten Spitzen, duftend od. duftlos, zu 5–14 hängend an aufrechten Trauben . . . . . . . . . **7**

**6** BStg die Bl überragend. Äußere KrBl mit schwach herzfg Grund, die Seiten deutlich nach außen gebogen, die Spitzen schräg vorwärts gerichtet (Abb. **167**/2). BStiele 2kantig. B rosa, selten weiß. Pfl mit kurzem Rhizom, ohne unterirdische Ausläufer. 0,20–0,60. ⌷ ⅄ 6–10. **Z** z schattige Rabatten, Gehölzgruppen, Umrandung; ∨ Kaltkeimer ⚘ ◐ ● ≃ (SW-Kanada bis Kalif.: feuchte Wälder u. Lichtungen, Schwemmland, bis 2250 m – 1796 – subsp. *oregana* (Eastwood) Munz: B cremefarben, innere KrBl rosa gepunktet – 1931).     **Pazifische H.** – *D. formosa* (Andrews) Walp.

**6\*** BStg ± so lg wie die Bl. Äußere KrBl mit tief herzfg Grund, die Seiten kaum nach außen gebogen (Abb. **167**/3). Pfl mit beschupptem Ausläuferrhizom. 0,15–0,25. ⌷ ⅄ ⚡ 5–6. **Z** z schattige Rabatten, Gehölzgruppen; ⚘ ∨ Kaltkeimer ◐ ● (warmgemäß. O-USA: Georgia bis New York: Gebirgsgeröll – mehrere Sorten, z.B. 'Alba' (= 'Snowdrift'): B weiß; Sorten von Hybr mit *D. formosa*: z.B. 'Bacchanal': B dunkel purpurn; 'Luxuriant': Bl grün, B tiefrosa, BZeit lg; 'Bountiful': Bl silbergrau, B ∞, dunkelrosa).     **Zwerg-H.** – *D. eximia* (Ker Gawl.) Torr.

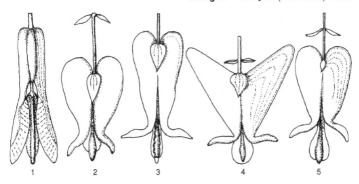

1        2        3        4        5

**7 (5)** B duftend, schmal herzfg, 10–20 × 6–12 mm (Abb. **167**/5). Äußere KrBl weißlich, mit 3–5(–8) mm lg Sporn, ihre Spitzen br, purpurn. Staubfäden jeder Gruppe bis fast zum Grund frei. Dünne, beschuppte unterirdische Ausläufer mit gelben Zwiebelchen. 0,15–0,30, Laub 0,10–0,20. ⚄ ⌇ frühjahrsgrün (4–)5. **Z** s schattige Rabatten, Gehölzgruppen ☐; ✲: Brutzwiebeln ◑ ● durchlässiger Lehmboden frühjahrsfeucht, auch sommertrocken (warmgemäß. bis gemäß. O-Am.: LaubW auf nährstoffreichem Lehmboden, oft zwischen Felsgruppen – 1819).

**Kanadische H.** – *D. canadensis* (GOLDIE) WALP.

**7\*** B duftlos, br schmetterlingsfg bis br eifg (Abb. **167**/4). Äußere KrBl weiß, oft etwas rosa überlaufen, ihre Spitzen (orange)gelb, horizontal ausgebreitet, Sporn 12–16 mm lg, seitlich zurückgerichtet. Staubfäden jeder Gruppe bis dicht unter die Staubbeutel verbunden. Schuppenrhizom kurz, mit rosa od. weißen Zwiebelchen. 0,20–0,30, Laub 0,15. ⚄ ⅄ frühjahrsgrün (3–)4–5. **Z** s; Verwendung u. Kultur wie **7**, blüht reicher als diese, ist aber spätfrostgefährdet (warmgemäß. bis gemäß. O- u. (W)-Am.: LaubW u. Lichtungen auf nährstoffreichem Lehmboden – 1635).

**Kapuzen-H., Zwerg-H., Holländerhosen** – *D. cucullaria* (L.) BERNH.

**Harlekinlerchensporn** – *Capnoides* MILL.                                                           1 Art

BStand 1–8blütig, mit Endblüte. B aufrecht, rosa, mit kontrastierender gelber Spitze, selten weiß, 10–15 mm lg; Sporn 3–4 mm lg (Abb. **168**/1). Bl blaugrau, 2–3(–4)fach gefiedert, Endabschnitte elliptisch, stumpf, bespitzt. Fr aufrecht, gerade, linealisch, (25–)30–35(–50) mm lg. 0,05–0,80. ⊙ ⊙ 6–9. **Z** s Gehölzränder; ∀ ○ ◑ (kühlgemäß. bis kaltes N-Am. bis Alaska u. Labrador, im Gebirge bis S-Carolina: Waldlichtungen, Felsspalten, Brandstellen, auf flachgründigem, oft trocknem Boden – 1683). [*Corydalis glauca* (CURTIS) PURSH, *C. sempervirens* (L.) PERS.]

**Harlekinlerchensporn** – *C. sempervirens* (L.) BORKH.

Bem.: Enger mit *Adlumia* u. *Dicentra* verwandt als mit *Corydalis*.

**Doppelkappe** – *Adlumia* RAF. ex DC.                                                               2 Arten

Pfl mit dem oberen Teil der Bl rankend. BStände nur achselständig, am Grund kurz mit dem Stiel des TragBl verbunden. B rosenrot bis weiß, am Grund etwas herzfg (Abb. **168**/2). Bl 2fach gefiedert bis 3teilig, Endabschnitte fiederspaltig. 0,50–4,00. ⊙ ⚄? kult meist ⊙, ⚥ 7–9. **Z** s Gehölzränder, Rankgitter; ∀ April ☐, Mitte Mai auspflanzen ◑ (Appalachen, gemäß. O-USA, SO-Kanada, verw. in SW-Kanada: felsige, feuchte Wälder, Felsbänke, Flussuferhänge, 0–1500 m – 1778). [*A. cirrhosa* RAF.]

**Doppelkappe** – *A. fungosa* (AIT.) GREENE ex BRITTON, STERNS et POGGENB.

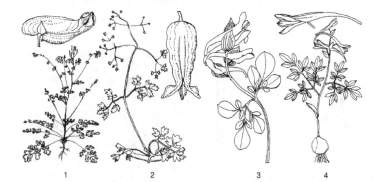

1                             2                             3                             4

**Lerchensporn** – *Corydalis* DC. 300–400 Arten

Lit.: RYBERG, M. 1955: A taxonomical survey of the genus *Corydalis* VENTENAT with reference to the cultivated species. Acta Horti Bergiani **17**: 115–175. – LIDÉN, M., ZETTERLUND, H. 1988: Notes on the genus *Corydalis*. Bull. Alpine Garden Soc. **56**: 146–169. – LIDÉN, M., ZETTERLUND, H. 1997: *Corydalis*: a gardener's guide and a monograph of the tuberous species. Worcestershire.

Bem.: Besonders bei den knollenbildenden Arten ist der Embryo im Samen zur Zeit der Fruchtreife unentwickelt u. muss bis im Sommer und Herbst bei ausreichend hohen Wechseltemperaturen im Boden (nicht bei trockner Aufbewahrung!) ausreifen. Arten mit Knollen haben nur 1 Keimblatt, die Samen haben ein Ölkörperchen (Elaiosom), das wie bei vielen anderen Waldbodenpflanzen der Ameisenausbreitung dient. Sie können nur geteilt werden, wenn jedes Teilstück einen Vegetationspunkt enthält. Nach Aussaat blühen sie erst im 4. Jahr. – Seit 1980 ist die Zahl der in Europa kultivierten Arten rasch auf etwa 150 gestiegen (LIDÉN et ZETTERLUND 1997).

**1** LaubBl 2, stängelständig, scheingegenständig. Pfl mit Knolle, ohne SchuppenBl am Grund des Stg . . . . . . . . . . . . . . . . . . . . . . . . . . . . . . . . . . . . . . . . . **2**

**1\*** LaubBl 1, 2 od. mehr, grund- od. stängelständig, nicht gegenständig. Pfl mit od. ohne Knolle u. SchuppenBl . . . . . . . . . . . . . . . . . . . . . . . . . . . . . . . . . . . . **3**

**2** BTraube kaum über die Bl ragend. B 2–5(–7), gelb, beim Verblühen rotbraun, 35–55 mm lg; Sporn 22–35 mm lg. DeckBl 10–30 mm lg. Bl blaugrün, bis 7,5 cm lg, 3teilig, Blchen verkehrteifg, Mittelabschnitt 3teilig, bis 4 × 3,5 cm, seitliche unzerteilt, br verkehrteifg, gestielt. BStiele 10–40 mm lg. (0,05–)0,10–0,15(–0,20). ♃ ☉ 4–5. **Z** s △; V ○ ⓐ Knolle 30–50 cm tief pflanzen, trockenwarme Sommerruhe (O-Iran, Afghan., S-Turkmen.: lehmig-steinige Berghänge der unteren Bergstufe, 650–2200(–2800) m – 1885). [*C. nevskii* POPOV]    **Aitchison-L.** – *C. aitchisonii* POPOV

Ähnlich: **Sewerzow-L.** – *C. sewerzowii* REGEL: aber Bl doppelt 3teilig, BStiele 5–10(–15) mm lg. **Z** s (W-Pamir).

**2\*** BTraube weit über das Laub ragend. B 2–7, purpurrosa mit dunkelpurpurner Spitze, 35–45 mm lg, von oben nach unten aufblühend (nur diese Art!); Sporn 20–30 mm lg, am Ende herabgebogen, stumpf. DeckBl eifg, ganzrandig, 15–20 mm lg. Bl nahe dem Boden, 2(–3)fach 3teilig, fast sitzend, Endabschnitte verkehrteifg, kurz zugespitzt, der endständige oft tief 3lappig (Abb. **168**/3). 0,10–0,15(–25). ♃ ☉ 4–6. **Z** s △; V ○ ⓐ (M-As: W-Tadschikistan: W-Pamir: steinig-lehmige Hänge im Schatten von Bäumen u. Felsen, 900–1500(–1900) m – ~ 1900).    **Popow- L.** – *C. popovii* POPOV

**3** (1) B gelb od. cremegelb. Pfl kahl . . . . . . . . . . . . . . . . . . . . . . . . . . . . . . . . . . . **4**

**3\*** B blau, rosa, purpurn od. violett, selten weiß . . . . . . . . . . . . . . . . . . . . . . . . . . . **9**

**4** BStg nahe der Erdoberfläche mit SchuppenBl. Pfl mit kugliger Knolle . . . . . . . . . . **5**

**4\*** BStg ohne SchuppenBl nahe der Erdoberfläche. Grundorgane nicht knollenfg . . . . **6**

**5** Sporn 20–30 mm lg, herabgebogen, am Ende verschmälert. DeckBl eifg bis lineal-lanzettlich, spitz, ganzrandig, 9–15 mm lg. B zu 5–25 (am Standort nur ±3), mit Sporn 30–45 mm lg. LaubBl (1–)2, wechselständig, blaugrün, im Umriss 3eckig (Abb. **168**/4), 2mal 3teilig, Endabschnitte fingerfg eingeschnitten. 0,05–0,20(–0,30). ♃ ☉ 3–4. **Z** s Gehölzgruppen; V ⚘ ☾. [*C. longiflora* (WILLD.) PERS.]
    **Karatau-L.** – *C. schanginii* (PALL.) B. FEDTSCH.

**1** Kr fleischrosa, dunkel geadert, inneres KrBl dunkellila gefleckt (Aral-, Kaspi-, Balchasch- u. Saisansee-Wüsten, Kasach. Hügelland, NW-China: versalzte festliegende Sande, Rand von Salztonpfannen, Felsen, trockne, steinige Hänge – 1833).    subsp. *schanginii*

**1\*** äußere KrBl gelb, innere braunpurpurn gefleckt (N-Kasach.: Karatau: feuchte Hang-Bergwälder 1700–2000 m – 1970)    subsp. *ainae* RUKŠÁNS ex LIDÉN

**5\*** Sporn 12–15 mm lg; mit stumpfem Ende, herabgebogen. DeckBl fingerfg 4–7teilig. B zu 5–15, 20–25(–43) mm lg, in dichter Traube. Bl im Umriss nierenfg (Abb. **171**/1), 1–2fach 3teilig, die Abschnitte fingerfg 3–7schnittig. Fr elliptisch, 0,15–0,30(–0,40). ♃ ☉ 4–6 frühjahrsgrün. **Z** s △ Gehölzgruppen; V Selbstaussaat ☾? spätfrostgefährdet (Altai, Kusnezker Alatau, Sajan, Baikal: Ränder dunkler TaigaW, subalpine LockerW u. Wiesen – 1865).    **Fingerblatt-L.** – *C. bracteata* (STEPH. ex WILLD.) PERS.

Bem.: Ebenfalls mit blassgelben (od. weißen, violett überlaufenen) B, Knolle u. SchuppenBl: **Schmal-blättriger L.** – *C. angustifolia* (M. Bieb.) DC.: aber Endabschnitte der LaubBl schmal elliptisch bis lanzettlich, spitz. Untere DeckBl handfg 3(–5)teilig, obere oft ungeteilt (Abb. **170**/1). Innere KrBl mit dunkelpurpurner Spitze. Sporn aufwärts gerichtet. Fr linealisch, nickend. 0,08–0,16(–0,20). ⚇ ♂ 3–4. **Z** s △; ∀ Selbstaussaat, selbstfertil ☾ (Kauk., NO-Türkei, N-Iran, Krim: Wälder, Gebüsch – 1900). Vgl. Bem. bei *C. solida*, **12.**

**6** **(4)** LaubBl grund- u. stängelständig, 2–3fach gefiedert, blaugrün. Pfl >30 cm hoch. B >20, in dichter, kopffg Traube, 15–25(–30) mm lg, blassgelb, an der Spitze dunkler, oft mit purpurbraunem Fleck, Sporn 5–10 mm lg (Abb. **170**/2). Bl im Umriss eifg, Endabschnitte verkehrteifg bis verkehrteilanzettlich, spitz. 0,30–0,60(–1,00). ⚇ Rübe 5–7. **Z** z Hecken, Gehölzgruppen; ∀ Selbstaussaat B im 3. Jahr, im 1. Jahr nur die 2 KeimBl (M-As.: Altai, Tarbagatai, Saur: schattige Felsschluchten, steinige Hänge, Gebüsch, Vorgebirge u. untere Bergstufe – 1765).                    **Edler L.** – *C. nobilis* (L.) Pers.

**6\*** LaubBl (fast) nur grundständig. Pfl <30 cm hoch, mit mehreren BTrieben. B goldgelb od. reingelb, Sporn 3–7 mm lg  . . . . . . . . . . . . . . . . . . . . . . . . . . . . . . . . . . . . . **7**

**7** LaubBl auffallend blaugrün, gefiedert, Fiedern fiederschnittig, Endabschnitte br rundlich. B gelb, an der Spitze oft grünlich, Sporn abgerundet, herabgebogen, 3–6 mm lg. DeckBl schmal lanzettlich, kürzer als der BStiel. Fr länglich-lanzettlich, bis 20 mm lg. (0,05–)0,10–0,20(–30). ⚇ Rübe 4–5(–9?). **Z** s △, ∀ Blüte im 2. Jahr ☾ ⊕ ≃ ∧ Ⓐ heikel (Z-China: schattige Kalksteinklippen, ± 1500 m – 1903).
**Wilson-L.** – *C. wilsonii* N. E. Br.

**7\*** LaubBl grün  . . . . . . . . . . . . . . . . . . . . . . . . . . . . . . . . . . . . . . . . . . . . **8**

**8** LaubBl im Umriss eifg, mit 2(–3) Fiederpaaren, Fiedern gelappt bis fiederschnittig, verkehrteifg. B reingelb, 15–25 mm lg. Sporn ± 5 mm lg, etwas herabgebogen. Fr linealisch, 30 × 1,5–2 mm. 0,20–0,30. ⚇ PleiokPfahlwurzel 5–6. **Z** z △; ∀ ☾ ∧ (Z- u. W-China: W-Hubei, S-Shaanxi, Guangxi, Guizhou, S- u. O-Sichuan, SO-Yunnan, 600–3900 m – Ende 20. Jh.?). [*C. thalictrifolia* Franch.]
**Felsen-L., Wiesenrauten-L.** – *C. saxicola* G. S. Bunting

**8\*** LaubBl farnartig, mit ±10 Fiederpaaren, Fiedern fiederschnittig, mit 4–6 Paar spitzen Abschnitten. B ∞, goldgelb, 12–16 mm lg, Sporn u-fg aufwärts gebogen, 6–7 mm lg (Abb. **170**/3). BStand bis >60blütig, zur FrZeit stark gestreckt. 0,15–0,20(–0,30). ⚇ i Rübe 4–5(–6). **Z** s Gehölzränder △ Moorbeet; ∀ ∀ Samen trockenresistent, kult leicht (W-China: N- u. O-Sichuan, S-Gansu, W-Guangxi, W-Guizhou: lichte, felsige Wälder, Bachufer, 850–1700 m – 1904). [*C. wilsonii* auct. non N. E. Br.]
**Farnblättriger L.** – *C. cheilanthifolia* Hemsl.

**9** **(3)** B fleischrosa, dunkler geadert, Sporn ± 25 mm lg.
**Karatau-L.** – *C. schanginii* subsp. *schanginii* s. **5**

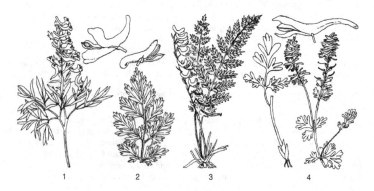

1                    2                    3                    4

**9\*** B blau, purpurn od. blassviolett, selten weiß. Sporn <18 mm ................. **10**
**10** B blau. Pfl mit Rhizom, ohne Knollen. Trauben end- u. achselständig. Fr linealisch, hängend ...................................................... **11**
**10\*** B blassviolett, purpurn, oft auch weiß. Pfl mit Knollen. Trauben nur endständig. Fr br lanzettlich bis elliptisch ............................................... **12**
**11** DeckBl laubblattähnlich. B blau od. purpurblau, zu (2–)6–8 in dichter, kurzer Traube, (14–)20–28 mm lg, Sporn 6–12 mm lg. StgBl 1–3(–4), kurz gestielt od. sitzend, mit 3 gestielten, tief handfg geschnittenen Blchen; GrundBl lg gestielt, 3fach 3teilig, Endabschnitte linealisch bis schmal verkehrteifg, stumpf. 0,10–0,20. ♃ Schuppen-ᛒ, Speicherwurzeln (4–)5. **Z** s im atlantischen Klimagebiet △ Moorbeet; ♥ beim 2. Laubtrieb Ende August, heikel ☾ luftfeucht kühl Boden humus- od. torfreich, durchlässig ⊖! (Himal.: Kaschmir bis Nepal u. Bhutan, S-Tibet: steinige Hänge, 2700–5400 m – 1934).
                          **Kaschmir-L., Blauer Himalaja-L.** – *C. cashmeriana* ROYLE
**11\*** DeckBl eifg zugespitzt. Endabschnitte der Bl schmal verkehrteifg. B leuchtend wasserblau, 25–30(–35) mm lg, >13 mm lg gespornt, duftend, zu 10–20 in gestreckter Traube. Unteres StgBl gestielt (Abb. **170**/4). 0,15–0,30. ♃ Schuppen-ᛒ mit kleinen Brutzwiebeln herbst–frühjahrsgrün (3–)4–5(–6). **Z** z atlantisches Gebiet △; ♥ auch Bl-〰 ∀ selbststeril ☾ kühlfeucht, Boden humusreich, durchlässig, in winterkalten Gebieten im Sommer eintopfen, feucht bis Wiederaustrieb, ⓐ (W-China: W-Sichuan: offne Felshänge in Schluchten im feuchten, z.T. immergrünen Laubwald, 1800–3000 m – 1986 – Sorten: 'Balang Mist': B weißlichblau; 'Blue Panda': B hellblau, beide ohne Ausläufer; 'China Blue': B grünblau bis himmelblau, bis 31 mm lg, Blchen am Grund rot gefleckt, im Winter braungrün; 'Père David': mit Ausläufern, B bis 35 mm lg, BlMittelrippe blutrot gefleckt; 'Purple Leaf': B bis 28 mm lg, Bl u. Stg purpurn überlaufen). [*C. balsamiflora* PRAIN]                                                   **Sichuan-L.** – *C. flexuosa* FRANCH.
**12** **(10)** DeckBl keilfg, handfg gespalten (Abb. **171**/2). Stg am Grund mit 1 schuppenfg NiederBl. Griffel gekniet. B 16–20 mm lg, zu 5–20(–25) in aufrechter Traube. Sporn abwärts gekrümmt. Kelch fehlend. Knolle voll, ± 2 cm ⌀, meist mit 2 Stg. 0,10–0,20 (–35). ♃ ☋ 3–9 cm tief 3–4. **W. Z** z Gehölzgruppen, schattige Rabatten; ∀ Selbstaussaat ☾ ⊕ auswildernd (Eur. außer Brit. u. N-Skand.; Alg., Türkei, Libanon: frische bis feuchte LaubmischW – 1561 – formenreich, z.B. 'George Baker' ['Transsilvanica']: rot, weiß, lachsrosa; ± 20 weitere Sorten, BFarbe unterschiedlich; subsp. *incisa* LIDÉN [subsp. *densiflora* (C. PRESL et J. PRESL) sensu HAYEK, non *C. densiflora* C. et J. PRESL]: Bl 3–4fach 3teilig, Traube (3–)8–22blütig, B duftend, DeckBl groß, unregelmäßig tief z.T. 2fach eingeschnitten; 0,15–0,25 (Balkan, alp. Rasen)).                          **Finger-L.** – *C. solida* (L.) CLAIRV.

Ähnlich: **Schmalblättriger L.** – *C. angustifolia* (M. BIEB.) DC.: aber Sporn aufwärts gerichtet, B blassviolett, elfenbeinfarbig od. weiß, Blchen-Endabschitte schmal elliptisch, spitz (s. Bem. bei **5\***).

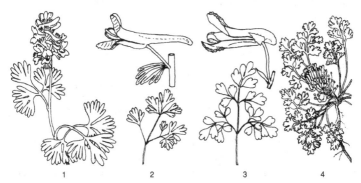

1          2          3          4

**12*** DeckBl eifg, ganzrandig, Stg am Grund ohne schuppenfg NiederBl. B 18–28 mm lg. Knolle hohl, bis >5 cm ⌀. 0,10–0,35. ♃ ♉ 15 cm tief, 3–4(–5). **W. Z** z Gehölzgruppen, schattige Rabatten; V ♥ ◐ ≃ (N-Span., Z- u. O-Eur.: feuchte Auen- u. Schluchtwälder, bis 1800 m – 1596 – früher HeilPfl – 'Albiflora': B weiß). [*C. bulbosa* (L.) PERS. non (L.) DC.] **Hohler L.** – *C. cava* SCHWEIGG. et KÖRTE

**Scheinlerchensporn** – *Pseudofumaria* MEDIK. 2 Arten

**1** Kr gelblichweiß mit gelber Spitze, 12–20 mm lg. Fr aufrecht. Bl beidseits blaugrün, 2–3fach gefiedert, Segmente eifg bis lanzettlich, stumpf, BlStiel geflügelt. Sa matt. 0,20–0,40. ♃ i Ɏ 4–9(–11). **W. Z** s Mauerfugen, Felsritzen, schattige, steinige Flächen; V Selbstaussaat ◐ (N-It., Slowen., Kroat., Bosn., N-Alban., Mazed.: Felswände, Gestein, bes. auf Kalk, bis subalp. – 3 Unterarten – eingeb. in S- u. M-D.). [*Corydalis ochroleuca* W. D. J. KOCH] **Blassgelber Sch.** – *P. alba* (MILL.) LIDÉN

**1*** Kr goldgelb mit dunklerer Spitze, 14–17 mm lg (Abb. **171**/3). Fr nickend. Bl oseits grün, useits blaugrün. BlStiel nicht geflügelt. Sa glänzend. 0,15–0,25(–0,40). Kurzlebig ♃ i Rübe 5–10. **W. Z** v alte Mauern, schattige Mauerfüße, schattige steinige Flächen; V Selbstaussaat ◐ ⊕ luftfeucht (Fuß der S- u. W-Alpen, Dalmatien: schattige Felsen, Mauerritzen – 1596 – eingeb. in W- u. Z-Eur.). [*Corydalis lutea* (L.) DC.] **Gelber Sch.** – *P. lutea* (L.) BORKH.

**Rankenlerchensporn** – *Ceratocapnos* DURIEU 3 Arten

Bl doppelt gefiedert, in Ranken endend. B zu 6–10 in scheinbar blattgegenständigen Trauben. KrBl gelblichweiß bis weißlichrosa, oft mit dunkler Spitze, 5–6 mm lg. 0,50–1,00. ⊙, selten ① § 6–9. **W. Z** s Gehölzgruppen; Selbstaussaat ◐ ● ⊖ (W- u. Z-Eur. von Port. bis Brit., Norw. u. D.: Waldsäume, breitet sich spontan weiter aus). [*Corydalis claviculata* (L.) DC.] **Rankenlerchensporn** – *C. claviculata* (L.) LIDÉN

**Felserdrauch, Felsrauch** – *Rupicapnos* POMEL 7 Arten

Pfl niedrige Polster bildend (Abb. **171**/4), ⊙ od. kurzlebig ♃. B weiß od. blassrosa mit purpurner Spitze, zu 5–40 in sitzendenTrauben, 12–18 mm lg incl. 2–3 mm Sporn. Fr eine 1samige Nuss, ± 3 mm ⌀, vom verlängerten Stiel zur Reife in den Boden eingegraben. Bl gefiedert, Abschnitte tief gelappt od. gezähnt. 0,04–0,10. ♃ ⊙ 5–10?. **Z** s △; V Selbstaussaat ○ ⊕ ⌃, besser Ⓐ (S-Span., Marokko, W-Alg.: Spalten senkrechter Kalk- u. Sandsteinfelsen im (semi)ariden Gebiet, 500–1000(–1800) m – formenreich). [*Fumaria africana* LAM.] **Afrikanischer F.** – *R. africanus* (LAM.) POMEL

## Familie **Molchschwanzgewächse** – *Saururaceae* RICH. ex T. LESTIB.

6 Arten

**1** Traubig-ähriger BStand am Grund ohne kronblattartige HochBl, meist >4 cm lg (Abb. **173**/1). LaubBl stängelständig. **Molchschwanz** – *Saururus* S. 173

**1*** Ähriger BStand am Grund mit 4–6(–8) kronblattartigen HochBl, meist <4 cm lg (Abb. **173**/3, 4). LaubBl stängel- od. grundständig . . . . . . . . . . . . . . . . . . . . . . . . . . . **2**

**2** LaubBl überwiegend stängelständig, fingernervig. StaubBl 3(–4). (Abb. **173**/4). **Houttuynie** – *Houttuynia* S. 172

**2*** LaubBl überwiegend grundständig, fiedernervig. StaubBl 6–8. (Abb. **173**/3). **Eidechsenschwanz** – *Anemopsis* S. 173

**Houttuynie** – *Houttuynia* THUNB. 1 Art

LaubBl stängelständig. BlSpreite eifg, spitz od. zugespitzt, am Grund herzfg, fingernervig, 3,5–9 × 3–8 cm. BStand am Grund mit 4–6 weißlichen HochBl, gedrungen, 1–3 cm lg (Abb. **173**/4). 0,15–0,45(–0,60). ♃ ⌤ 6–7. **Z** s Teichränder; ♥ V ○ ◐ Standort frisch bis ≈ (Flachwasser) ⌃ Ⓚ (O-Himal., Japan, China, Indon.: Wälder, feuchte

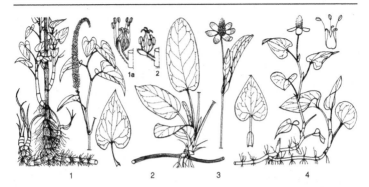

schattige Orte, nasse Felder, 1000–2400 m – Sorten: 'Flore Pleno': HochBl unter den BStänden vermehrt; 'Variegata': Bl gelbweiß gefleckt, im Herbst mit Rottönung – 1904).

**Houttuynie** – *H. cordata* THUNB.

**Eidechsenschwanz** – *Anemopsis* HOOK. 1 Art

LaubBl überwiegend grundständig. BlSpreite elliptisch bis länglich, vorn gerundet, am Grund gestutzt bis herzfg, fiedernervig, 1–25 × 1–12 cm. BStand am Grund mit 4–9 weißlichen bis rötlichen HochBl, kegelfg, 1–4 cm lg. (Abb. **173**/3). 0,08–0,80. ♃ ⚬ 7–8. **Z** s Kübel; ♈ ∨ ○ ◗ ≋ ∧ ⚘ (südwestl. USA: nasse, alkalische, salzige Standorte, Küstensümpfe, 0–2000 m – nach 1887?).

**Kalifornischer E.** – *A. californica* (NUTT.) HOOK. et ARN.

**Molchschwanz** – *Saururus* L. 2 Arten

1 StaubBl die Griffel überragend (Abb. **173**/1a). BStand an der Spitze oft nickend, bis 30 cm lg. BlSpreite lanzettlich bis eifg, zugespitzt, am Grund herzfg, 7,5–15 × 2–9 cm. (Abb. **173**/1). 0,60–1,50. ♃ ⚘ 6–7. **Z** s Teichränder; ∨ ♈ ∿ ○ ◗ ≋, im Winter geringer Wasserstand ∧, wuchert (südöstl. u. warmes bis gemäß. östl. N-Am.: nasse Böden, überstaute schwach brackige Standorte; verw. in Oberit. – 1887). [*S. lucidus* DONN] **Amerikanischer M.** – *S. cernuus* L.

1* Griffel die StaubBl überragend (Abb. **173**/2). BStand meist aufrecht, bis etwa 12 cm lg. BlSpreite eifg-nierenfg, obere zuweilen gelblichweiß. Bis 1,00. ♃ ⚘ 6–7. **Z** s Teichränder; ∨ ♈ ○ ◗ ≋ ∧ (China, Japan, Korea, Philippinen: nasse Wälder, Flussufer, (60–)600–1500 m – 1890). [*S. loureirii* DECNE., *Saururopsis chinensis* (LOUR.) TURCZ.]

**Asiatischer M.** – *S. chinensis* (LOUR.) BAILL.

# Familie **Osterluzeigewächse** – *Aristolochiaceae* JUSS. 475 Arten

Lit.: BARRINGER, K., WHITTEMORE, A. T. 1997: *Aristolochiaceae*. In: Flora of North America, Bd. 3. New York, Oxford: 44–58. – BLOMQUIST, H. L. 1957: A revision of *Hexastylis* of North America. Brittonia **8**: 255–281. – GADDY, L. L. 1987: A review of the taxonomy and biogeography of *Hexastylis* (*Aristolochiaceae*). Castanea **52**: 186–196.

1 BHülle doppelt, mit 3 KBl u. 3 KrBl, radiär. FrBl fast frei (Abb. **174**/1).

**Urhaselwurz** – *Saruma* S. 174

1* BHülle 1fach, radiär od. dorsiventral. FrBl verwachsen (Pseudosynkarpie) ...... **2**

2 B dorsiventral, blattachselständig (Abb. **174**/10,11). StaubBl 6. Stg aufrecht od. windend, mit mehreren Bl. **Pfeifenwinde, Osterluzei** – *Aristolochia* S. 175

2* B radiär (Abb. **174**/4–9), endständig. StaubBl 12. Stg meist kurz kriechend, mit 2 endständigen Bl. **Haselwurz** – *Asarum* S. 174

**Urhaselwurz** – *Saruma* Oliv. 2 Arten

Stg aufrecht, graubraun behaart. BlSpreite herzfg, 6–15 × 5–13 cm, vorn zugespitzt. B einzeln, mit 2mal 3 BHüllBl (Abb. **174**/1). KBl 10 × 7 mm, grün. KrBl 10 × 8 mm, herzfg-nierenfg, kurz genagelt, gelb od. gelbgrün. StaubBl 12. FrBl 6, Griffel fehlend. Fr balgartig. (0,30–)0,50–1,00. ⚇ ⚘ 4–6. **Z** s Gehölzränder; ∀ ☯ Boden humos, durchlässig, Schutz gegen Schnecken (Z- u. O-China: Wälder, Fluss- u. Bachufer, (280–) 800–1600 m). **Chinesische U.** – *S. henryi* Oliv.

**Haselwurz** – *Asarum* L. 70 Arten
(incl. *Hexastylis* Raf.)

1 PerigonBl bis über die Hälfte ihrer Länge verwachsen (Abb. **174**/5, 6, 7, 9). Konnektiv ohne Anhängsel od. nur mit rudimentärem endständigen Anhängsel (Konnektiv: Verbindungsstück zwischen den Staubbeutelhälften). Griffel frei od. nur am Grund verwachsen, aufrecht, an der Spitze 2spaltig od. -kerbig (Abb. **174**/3; **St** = StaubBl, **G** = Griffel, **N** = Narbe). FrKn ober- od. halbunterständig . . . . . . . . . . . . . . . . . . . . . . **2**
1* PerigonBl höchstens bis zur Hälfte ihrer Länge verwachsen (Abb. **174**/4, 8). Konnektiv mit deutlichem endständigen Anhängsel (Abb. **174**/2c). Griffel zu einem Säulchen verwachsen, eine 6strahlige Scheibe bildend (Abb. **174**/2b). FrKn unterständig (Abb. **174**/2a). . . . . . . . . . . . . . . . . . . . . . . . . . . . . . . . . . . . . . . . . . . . . . . . . . . . . . **4**
2 BlSpreite dreieckig bis eifg-pfeilfg od. fast spießfg, oft weiß gefleckt. Griffelspitze tief gespalten, Bucht bis zur Narbe reichend. Perigonröhre 13–18 × 6–10 mm. Perigonzipfel spreizend, 2,5–8 × 3–9 mm (Abb. **174**/6). FrFach mit 6 Sa. Bis 0,25. ⚇ 3–5. **Z** s Gehölzgruppen ◻; ∀ ⚘ ☯ (südöstl. N-Am.: Laub- u. NadelmischW, 0–600 m – 1823). [*Hexastylis arifolia* (Michx.) Small var. *arifolia*] **Arumblättrige H.** – *A. arifolium* Michx.

Ähnlich: **Schönblättrige H.** – *A. callifolium* Small [*Hexastylis arifolia* (Michx.) Small var. *callifolia* (Small) H. L. Blomq.]: Perigonröhre 20–25 × 10–12 mm, Perigonzipfel 3–6 × 4–9 mm, spreizend (südöstl. N-Am.: feuchte LaubW, Laub-NadelmischW, Saum von Feuchtflächen, 0–100 m); **Ruth-H.** – *A. ruthii* Ashe [*Hexastylis arifolia* (Michx.) Small var. *ruthii* (Ashe) H. L. Blomq.]: Perigonröhre 10–20 × 8–10 mm, Perigonzipfel 2–4 × 2–4 mm, aufrecht (Abb. **174**/7) (südöstl. N-Am.: LaubW, Laub-NadelmischW, oft vergesellschaftet mit Heidekrautgewächsen, 300–800 m).

2* BlSpreite herzfg, kreisfg od. fast nierenfg, grün od. weiß gefleckt. Griffel ungeteilt od. schwach gespalten, Bucht nicht bis zur Narbe reichend (Abb. **174**/3) . . . . . . . . . . **3**
3 Perigonzipfel 6–13 mm lg, am Grund 10–22 mm br, spreizend. Perigonröhre 15–40 × 15–25 mm (Abb. **174**/5). FrKn oberständig. FrFach mit 10–14 Sa. Bis 0,20?. ⚇ 4–7. **Z** s Gehölzgruppen ◻; ∀ ⚘ ☯ Boden frisch bis ≈ ⊖ (südöstl. N-Am.: LaubW, Laub-NadelW, Saum von sauren Waldsümpfen). [*Hexastylis shuttleworthii* (Britten et Baker f.) Small] **Shuttleworth-H.** – *A. shuttleworthii* Britten et Baker f.

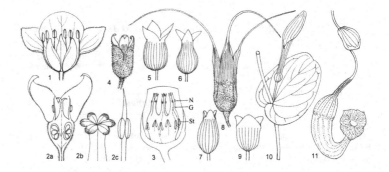

**3*** Perigonzipfel 2–4 mm lg, am Grund 7–9 mm br, aufrecht od. schwach spreizend. Perigonröhre 8–15 × 6–12 mm (Abb. **174**/9). FrKn im unteren Drittel mit der Perigonröhre verwachsen. FrFach mit 8 Sa. Bis 0,15?. ♃ 4–6. **Z** s Gehölzgruppen ▭; V ♥ ◐ (östl. USA: LaubW, Laub-NadelW, 0–700 m). [*Hexastylis virginica* (L.) SMALL]
**Virginische H.** – *A. virginicum* L.

**4** **(1)** BlOSeite stets weiß od. silbrig gefleckt. Unterirdische Sprossachsen aufrecht od. aufsteigend. Perigonzipfel zur BZeit spreizend, zuweilen zurückgeschlagen od. aufrecht, 12–27 mm lg. Endständiges Konnektivanhängsel der inneren StaubBl (3–5 mm lg) länger als die Pollensäcke (2 mm lg). Bis 0,10. ♃ 4–7. **Z** s Gehölzgruppen ▭; V ♥ ◐ ⋀ Ⓚ (Kalif.: Felshänge, trockne Nadel- u. EichenW, 150–2200 m).
**Hartweg-H.** – *A. hartwegii* S. WATSON

**4*** BlOSeite stets gleichmäßig grün. Sprossachsen kriechend . . . . . . . . . . . . . . . . . . **5**

**5** Perigonzipfel aufrecht; ihre Spitzen einwärts gebogen, bis 9 mm lg, dreieckig-eifg, zugespitzt (Abb. **174**/2a,4). Enständiges Konnektivanhängsel der inneren StaubBl meist länger als die Pollensäcke (Abb. **174**/2c). 0,05–0,10. ♃ KriechTrRhiz 3–5. **Z** z Gehölzgruppen, Rabatten ▭; HeilPfl; V Kaltkeimer, Sa kurzlebig ♥ ◐ ●, giftig (warmgemäß. bis gemäß. Eur., W-Sibir.: frische bis feuchte Laub- u. NadelmischW, AuenW, Gebüsche, nährstoffanspruchsvoll, basenhold – 2 Unterarten: subsp. *europaeum*: Bl oseits glänzend, useits behaart, br nierenfg, zuweilen mit Spitze; subsp. *caucasicum* (DUCHESNE) SOÓ [*A. ibericum* STEVEN]: Bl oseits matt, useits höchstens auf den Nerven behaart, sommergrün, br herzfg, deutlich zugespitzt). **Europäische H.** – *A. europaeum* L.

**5*** Perigonzipfel spreizend od. zurückgeschlagen, 6–75 mm lg, bespitzt, zugespitzt od. fadenfg verlängert. Endständiges Anhängsel des Konnektivs kürzer als die Pollensäcke od. nur fast so lg . . . . . . . . . . . . . . . . . . . . . . . . . . . . . . . . . . . . . . . . . **6**

**6** Perigonzipfel 6–24 mm lg, bespitzt, zugespitzt od. fadenfg verlängert. B aufrecht od. aufsteigend. Endständiges Konnektivanhängsel der inneren StaubBl kürzer als die Pollensäcke od. fast so lg. Bis 0,25. ♃ KriechTrRhiz 3–7. **Z** s Gehölzgruppen ▭; V ♥ ◐ (warmes bis gemäß. östl. N-Am.: LaubW, bis 1300 m – 1713).
**Kanadische H.** – *A. canadense* L.

**6*** Perigonzipfel (11–)30–75 mm lg, fadenfg verlängert (Abb. **174**/8). B horizontal. Endständiges Konnektivanhängsel der inneren StaubBl kürzer als die Pollensäcke. Bis 0,25. ♃ KriechTrRhiz 4–7. **Z** s Gehölzgruppen ▭; V ♥ ◐ (warmes bis gemäß. westl. N-Am.: NadelW, frische bis feuchte Standorte, 0–1200(–2200) m – 1880).
**Geschwänzte H.** – *A. caudatum* LINDL.

**Pfeifenwinde, Osterluzei** – *Aristolochia* L. 120 Arten

**1** Staude. Stg aufrecht od. niederliegend. B zu 1–8 in den BlAchseln . . . . . . . . . . . . . **2**

**1*** Kletterstrauch. Stg windend. B zu 1–2 in den BlAchseln . . . . . . . . . . . . . . . . . . . . . **3**

**2** B zu 2–8 in den BlAchseln, nach dem Verblühen zurückgebogen. Rhizom-Wurzelspross-Staude mit aufrechten Stg. BlStiel wenig kürzer als die BlSpreite. Perigon gelb. 0,30–0,80. ♃ RhizWuSpr 5–8. **Z** s Naturgärten, Staudenbeete; V ♥ ○ ◐ ~ Boden durchlässig, lehmig; giftig (warmes bis warmgemäß. Eur.: Hecken, Mauern, Weinberge, Waldsäume). **Gewöhnliche O.** – *A. clematitis* L.

**2*** B einzeln in den BlAchseln, nach dem Verblühen aufrecht (Abb. **174**/10). Knollen-Staude mit aufrechten od. niederliegenden Stg. BlStiel etwa 3 mm lg. BlSpreite am Grund mit enger Bucht u. sich oft überdeckenden seitlichen Lappen (Abb. **174**/10). Perigonröhre gelbgrün mit rot- bis schwarzbrauner Zunge. 0,10–0,40. ♃ ♉ 5. **Z** s △ Ⓐ; V ○ ~ Boden durchlässig, lehmig ⊕ (warmes bis warmgemäß. Eur.: Hecken, Mauern, Magerwiesen, KiefernW). **Knollige O., Rundblättrige O.** – *A. rotunda* L.

**3** **(1)** Stg kahl. BlSpreite 7–34 × 10–35 cm, useits kahl od. schwach flaumhaarig, am Grund mit 1–4,5 cm tiefer Bucht, vorn abgerundet, spitz od. zugespitzt. BStiel mit einem HochBl (Abb. **174**/11), 3–7 cm lg. Perigonsaum (gelb bis)purpurbraun. Bis 20,00. ♄ ⌇ 6–8. **Z** z Spaliere; V ○ ◐ Boden frisch od. ≃ u. nährstoffreich (warmes bis warm-

gemäß. östl. N-Am.: Wälder, Flussufer, 50–1300 m – 1783). [*A. durior* HILL, *A. sipho*
L'HÉR.]        **Amerikanische P.** – *A. macrophylla* LAM.
**3\*** Stg filzig od. flaumhaarig . . . . . . . . . . . . . . . . . . . . . . . . . . . . . . . . . . . . . . . . . . **4**
**4** BStiel ohne HochBl, 1–7 cm lg, filzig. BlSpreite 9–20 × 8–15 cm, useits filzig, am Grund
mit 1–2 cm tiefer Bucht. Perigonsaum gelbgrün bis gelb, Schlund purpurbraun.
5,00–7,00. ♄ ⚥ 6–7. **Z** z Spaliere; **V** ○ ☾ Boden frisch bis ≈ u. nährstoffreich (südöstl.
N-Am.: Flusstäler, bis 500 m – 1799).        **Filzige P.** – *A. tomentosa* SIMS
**4\*** BStiel mit einem HochBl (s. auch Abb. **174**/11) . . . . . . . . . . . . . . . . . . . . . . . . . **5**
**5** Stg dicht mit graugelben Flaumhaaren. BlSpreite 6–16 × 5–12 cm, useits flaumhaarig,
am Grund mit 1–2,5 cm tiefer Bucht, vorn spitz od. zugespitzt. BStiel dicht flaumhaarig,
3–8 cm lg, schwach hängend, mit einem an seinem Grund ansitzenden HochBl. Peri-
gonsaum 3–3,5 cm ⌀, schwach 3lappig. Perigonzipfel br eifg, zurückgebogen, gelb, rot
gepunktet. Schlund gelb. 4,00–5,00. ♄ ⚥ 5–6. **Z** s Spaliere; **V** ○ ☾ Boden frisch bis ≈
u. nährstoffreich (W-China: Wälder, Gebüsche, Fluss- u. Bachufer, auf Kalk- u. Sand-
stein, 2000–3200 m – 1903).        **Chinesische P.** – *A. moupinensis* FRANCH.
**5\*** Stg mit weißen Flaumhaaren. BlSpreite 15–29 × 13–28 cm, useits flaumhaarig, am
Grund mit einer 1–4,5 cm tiefen Bucht, vorn abgerundet od. spitz. BStiel kahl, 1,5–3 cm
lg, hängend, mit einem unter seiner Mitte ansitzenden HochBl. Perigonsaum 4–5,5 cm
⌀, purpurbraun. Perigonzipfel br dreieckig. 8,00–10,00. ♄ ⚥ 6–7. **Z** s Spaliere; **V** ○ ☾
Boden frisch bis ≈ u. nährstoffreich (Fernost: Wälder, feuchte u. schattige Orte,
100–2200 m – 1909).        **Mandschurische P.** – *A. manshuriensis* KOM.

## Familie **Lorbeergewächse** – *Lauraceae* JUSS.        2850 Arten

**Lorbeer** – *Laurus* L.        2 Arten

Bl lanzettlich, 5–10 × 2–4(–7,5) cm, spitz od. zugespitzt, stark würzig. B 1geschlechtig,
2häusig verteilt. BHüllBl 4. ♂ B mit 8–12 StaubBl. Staubfäden am Grund mit 2 Drüsen.
Staubbeutel durch kleine Klappen sich öffnend. ♀ B mit 2–4 unfruchtbaren StaubBl. Fr
eine schwarze Beere. Bis 20,00. ♄ i 4–5. **Z** z Kübel; GewürzPfl; ⟋⟍ **V** ○ ☾ ⊛ anfällig
gegen Schild- und Wollläuse (Medit., südl. u. östl. Schwarzmeerküste; schattige, feuchte
Wälder, luftfeuchte Schluchten).        **Gewürz-Lorbeer, Lorbeerbaum** – *L. nobilis* L.

## Familie **Hanfgewächse** – *Cannabaceae* MARTINOV        4 Arten

**1** Stg windend. Bl gelappt.        **Hopfen** – *Humulus* S. 176
**1\*** Stg aufrecht. Bl gefingert.        **Hanf** – *Cannabis* S. 176

**Hopfen** – *Humulus* L.        2 Arten

Stg rechtswindend, mit ± ankerfg Kletterhakenhaaren. Bl einfach od. 3–5lappig. Pfl
2häusig, ♀ BStände eifg, ährige Kätzchen (Hopfen„dolden"), ♂ rispig. 2,00–6,00. ♃ ⚥
⟋⟍ 7–8 **W**. **N** ♀ Pfl zur Bierwürze, vor allem in S-D. u. Sachsen-Anhalt im Feldanbau;
**Z** s Zaunbekleidung, auch panaschierte Formen); ⟋⟍ aus unterirdischen Sprossstücken
(Fechser) (kult seit 9. Jh., früher auch in weiteren Bundesländern – wenige Sorten, oft
Hybr mit amerikanischen Herkünften der Art – junge Triebe als Gemüse).
       **Gewöhnlicher H.** – *H. lupulus* L.

Ähnlich: **Japanischer Hopfen** – *H. japonicus* SIEBOLD et ZUCC. [*H. scandens* (LOUR.) MERR.]: Bl 5–7lap-
pig. 2,00–4,00. ⊙ ⚥ 7–8. **Z** s (O-As.).

**Hanf** – *Cannabis* L.        1 Art

Stg kurzhaarig. Blchen lanzettlich, gesägt. BHülle verkümmert od. fehlend. Fr 3,5–5 mm
lg, 2,5–4 mm br, ohne stielähnlichen Ringwulst. 0,50–2,00. ⊙ 7–8. **W**. **N** FaserPfl,

Anbau gesetzlich verboten, früher Feldanbau bes. in Niedersachsen u. Brandenburg, Samen zur Ölgewinnung, Vogelfutter (Ausgangssippe *C. s.* subsp. *spontanea* SEREBR. ex SEREBR. et SIZOV [*C. ruderalis* JANISCH.]: BHülle vorhanden. Fr 2,5–3,5mm lg, 1,8–2,5 mm br, von der BHülle umhüllt, am Grunde mit stielähnlichem Ringwulst (Steppenzone von O-Eur. bis O-As.: Ruderalstellen) – kult in D. mindestens seit römischer Kaiserzeit bis in 2. Hälfte 20. Jh.; dann als potenziell gefährliche RauschgiftPfl verboten, obwohl hoher Cannabinol-Gehalt vorzugsweise beim asiatischen **Opium-Hanf** (subsp. *indica* (LAM.) SMALL et CRONQUIST) auftritt. **Faser-H.** – *C. sativa* L. subsp. *sativa*

## Familie **Brennnesselgewächse** – *Urticaceae* JUSS. 1050 Arten

**Brennnessel** – *Urtica* L. 45 Arten

1 BlSpreite 1–5 cm lg, 1–4 cm br, rundlich-eifg bis elliptisch, eingeschnitten gesägt, stumpflich, am Grund gestutzt bis keilig. Pfl 1häusig, nur mit Brennhaaren. 0,10–0,60. ☉ 6–9. **W. N** s als HeilPfl u. zur Chlorophyllgewinnung in Feldkultur (nur Mitte 20. Jh. in O-D. kult, jetzt Anbau erloschen). **Kleine B.** – *U. urens* L.
1* BlSpreite 5–15 cm lg, 3–8 cm br, eifg bis eifg-lanzettlich, grob gesägt, lg zugespitzt, am Grund ± herzfg. Pfl 2häusig, kurz rauhaarig u. meist mit Brennhaaren. 0,30–1,50. ♃ ℓ 7–10. **W. N** s als HeilPfl u. zur Chlorophyllgewinnung in Feldkultur, bes. in O-D.; ∨ ♜ Boden nährstoffreich (früher seit Mitte 19. Jh. als FaserPfl kult – Anfang 20. Jh. intensive Züchtungsarbeiten, jetzt Versuchskulturen – auch Wildgemüse). **Große B.** – *U. dioica* L.

## Familie **Kermesbeerengewächse** – *Phytolaccaceae* R. BR. 65 Arten

**Kermesbeere** – *Phytolacca* L. 25 Arten

1 StaubBl 10. FrBl 10, bis auf die Griffel zu 1 FrKn verwachsen (Abb. **177**/2). Stg oft rötlich überlaufen. Bl 10–26(–40) cm lg, eifg–lanzettlich, am Stg etwas herablaufend. Trauben zur FrZeit übergebogen, locker. BHülle weiß bis grünlichweiß, rötlich werdend. Fr eine Beere mit 10 Längsfurchen, rötlichschwarz, zuletzt schwarz, selten weiß. 1,00–3,00. ♃ Rübe, in Kultur meist ☉ od. ☉ 5–8. **W. Z** z bes. in Weinbaugebieten, Solitär, zuweilen Fr zum Färben von Wein u. Süßwaren; ∨ ○ ◐ (O- u. S-USA, Mex.: Gehölzränder, Gebüsch, Lichtungen, Ruderalplätze, in D. eingeb. – 17. Jh. – alle Pfl-Teile roh schwach giftig). [*Ph. decandra* L.] **Amerikanische K.** – *Ph. americana* L.
1* StaubBl 8(–9). FrBl 8, frei (Abb. **177**/1). Stg grün. Bl 10–40 cm lg, eifg–elliptisch bis fast rundlich. Trauben ± aufrecht, kompakt. BHülle anfangs weiß, später grünlichweiß. Sammelfrucht beerenartig, schwarz. 1,00–2,00. ♃ Rübe, in Kultur meist ☉ od. ☉ 7–9. **W. Z** z Solitär, verwendet zuweilen wie *Ph. americana*; ∨ ○ ◐ (S- u. O-As. von Indien bis Japan, Korea: Ruderalplätze; in D. eingeb. – Ende 18. Jh. – beide Arten sind in ihrer Heimat GemüsePfl). [*Ph. esculenta* VAN HOUTTE] **Asiatische K.** – *Ph. acinosa* ROXB.

1      2

# Familie **Mittagsblumengewächse** – *Aizoaceae* MARTINOV 1850 Arten

Lit.: HARTMANN, H. E. K. (Hrsg.) 2001: Illustrated handbook of succulent plants. *Aizoaceae*. 2 Bde. Berlin, Heidelberg, New York.

Bem.: Zum Bestimmen sind Fr notwendig.

**1** KrBl vorhanden, zahlreiche SaAnlagen im FrFach . . . . . . . . . . . . . . . . . . . . . . . . **2**
**1\*** KrBl fehlen, 1 SaAnlage im FrFach. **Neuseeländischer Spinat** – *Tetragonia* S. 179
**2** SaAnlagen zentralwinkelständig (Abb. **178/1b**) . . . . . . . . . . . . . . . . . . . . . . . . . **3**
**2\*** SaAnlagen boden- od. wandständig (Abb. **178/2c**) . . . . . . . . . . . . . . . . . . . . . . . **4**
**3** Fr 4fächrig. **Aptenie** – *Aptenia* S. 178
**3\*** Fr 5fächrig. **Eiskraut** – *Mesembryanthemum* S. 178
**4** Stg, BStiele u. K zottig behaart. **Carpanthea** – *Carpanthea* S. 179
**4\*** Stg meist kahl, seltener kurzhaarig **5**
**5** Pfl ⊙. Bl mit großen glitzernden Papillen bedeckt.
**Mittagsblume** – *Dorotheanthus* S. 178
**5\*** Pfl ♄ od. ♃. Bl fein papillös, fein behaart od. mit transparenten Punkten . . . . . . . . **6**
**6** Pfl 0,05–0,10 cm hoch. Bl fein papillös u. fein behaart.
**Delosperma** – *Delosperma* S. 179
**6\*** Pfl 0,20–0,45 cm hoch. Bl nicht papillös, z. T. mit transparenten Punkten u. roten Stachelspitzchen. **Lampranthus** – *Lampranthus* S. 179

**Aptenie** – *Aptenia* N. E. Br. 4 Arten

Stg aufsteigend, später niederliegend, reich verzweigt, bis 0,60 cm lg, stielrund bis schwach kantig, grün. Bl gegenständig, grün. BlSpreite herzfg, flach, fleischig, fein papillös, 2,5–3 cm lg u. fast so br, wie der Stiel oseits rinnig, useits gekielt (Abb. **178/1a**). B 0,8–1,2 cm ⌀, rosa bis purpurrot. 0,05–0,10. ♄ i 7–9. **Z** z Freilandsukkulentenbeete; ∀ ⚬ ⌂ ○ ~ ⚑ (S-Afr., verw. in S-Eur. – 1774).
**Herzblättrige A.** – *A. cordifolia* (L. f.) SCHWANTES

Sorte: 'Variegata': Bl fahlgrün, rahmweißer Rand. **Z** s Freilandsukkulentenbeete.

**Eiskraut** – *Mesembryanthemum* L. 16 Arten

Stg niederliegend, stark verzweigt, stark papillös. Bl gestielt, am Grund verwachsen, spatelfg bis br eifg, flach, Rand wellig, dickfleischig, mit glänzenden Papillen. GrundBl bis 6 cm lg u. 3,5 cm br. B 1,5–3 cm ⌀, weiß. 0,10–0,15(–0,30). ⊙ 7–9. **Z** v Freilandsukkulentenbeete; Gemüse; ∀ ⌂ ○ ~ (südl. Afr., eingeb. in SW-Austr., Azoren, Kanaren, Kapverden, Kalif., Medit.; Küsten – 1720). **Kristall-E.** – *M. crystallinum* L.

**Mittagsblume** – *Dorotheanthus* SCHWANTES 6 Arten

**1** Bl spatelfg bis verkehrteilanzettlich, 2,5–7 cm lg, >5 mm br, flach, fleischig, Mittelrippe useits gekielt. B 3–4 cm ⌀, blassrosa, rot, orange, gelb od. weiß (dann zuweilen KrBl

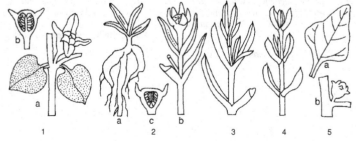

1 2 3 4 5

am Grund od. Spitze rötlich). 0,10–0,15. ⊙ 7–9. **Z** v Freilandsukkulenten- u. Sommerblumenbeete ⩗ ▷ ○ ~ (S-Afr.: sandige Sorten). [*Mesembryanthemum criniflorum* (L. f.) SCHWANTES, *D. oculatus* N. E. BR.].
**Garten-M., Gänseblumenartige M.** – *D. bellidiformis* (BURM. f.) N. E. BR.

**1\*** Bl linealisch, 3–5 cm lg, 3–5 mm br, oseits flach, useits abgerundet, fleischig. B 2–2,5 cm ⌀, hellorange, rosa od. weiß. 0,05–0,10. ⊙ 7–9. **Z** s Freilandsukkulenten- u. Sommerblumenbeete; ⩗ ▷ ○ ~ (S-Afr.: brackige Böden – 1820 – bastardiert in Kultur leicht mit *D. bellidiformis*). [*D. gramineus* (HAW.) SCHWANTES var. *roseus* (HAW.) SCHWANTES u. var. *albus* (HAW.) SCHWANTES] **Keulenförmige M.** – *D. clavatus* (HAW.) STRUCK

**Carpanthea** – *Carpanthea* N. E. BR. 1 Art

Pfl aufrecht, verästelt. Bl kreuzgegenständig, am Grund scheidig verwachsen, spatelfg od. spatelfg-lanzettlich, 4–10 cm lg, 1,2–2,5 cm br, BlRand bewimpert. B 3–10 cm lg gestielt, 4–7 cm ⌀, goldgelb. 0,10–0,15. ⊙ 6-8. **Z** s Freilandsukkulentenbeete; ▷ ○ ~ (S-Afr.: sandige Ebenen – 1774). **Nachmittagsblütige C.** – *C. pomeridiana* (L.) N. E. BR.

**Delosperma** – *Delosperma* N. E. BR. 155 Arten

**1** Bl 0,4–2 cm lg, 2–4 mm br u. dick, linealisch, useits gerundet. Stg dicht verästelt. B 1–1,5 cm ⌀, purpurrot. 0,05–0,10. ♄ i 6–10. **Z** s Freilandsukkulentenbeete; ⩗ ⋁⋁ ○ ~ (S-Afr.). **Aberdeen-D.** – *D. aberdeenense* (L. BOLUS) L. BOLUS

**1\*** Bl 3,5–6 cm lg, 0,6–0,8 cm br, eifg bis länglich, flach, useits gekielt (Abb. **178**/2b), BlRand bewimpert. Wurzel rübenartig verdickt (Abb. **178**/2a). B 2,5–3 cm ⌀, violettrosa. 0,08–0,10. ⅃ 6–9. **Z** s Freilandsukkulentenbeete, Schalen, Töpfe; ⩗ ○ ~, in ungünstigen Lagen ⊛ (S-Afr.: Grasland auf Quarzit – 1870). **Sutherland-D.** – *D. sutherlandii* (HOOK. f.) N. E. BR.

Ähnlich: **Cooper-D.** – *D. cooperi* (HOOK. f.) L. BOLUS: Bl halbzylindrisch bis 3kantig. B 3–6 cm ⌀, hell blasslila bis purpurfarben. 0,10–0,15. ♄ i 6–9. **Z** v Freilandsukkulentenbeete; ⋁⋁ ▷ ○ ~ ⊛ (S-Afr.: offenes Akazienbuschland u. Ruderalflächen).

In Kultur öfters anzutreffen ist auch eine winterharte, gelbblühende Art, die als *D. nubigenum* (SCHLTR.) L. BOLUS [früher als *D. lineare* hort.] bezeichnet wird. Sie wächst in S-Afr. in Felspalten in Höhen um 3000 m u. bildet kriechende, reichverzweigte Polster. Bl oseits abgeflacht, schwach 3kantig, bis 1,5 cm lg, 3 mm dick. B 1,5–2 cm ⌀. Die taxonomische Zuordnung dieser Pflanzen ist ebenso ungeklärt, wie die weiterer, als ± winterhart geltenden Vertreter der Gattung, die sich gelegentlich in Gartenkultur befinden.

**Lampranthus** – *Lampranthus* N. E. BR. 215 Arten

**1** Bl 1,5–3 cm lg, 2–4 mm br, 3kantig. B 2,5–3,5 cm ⌀, fleischfarben bis blassrosa. (Abb. **178**/4). 0,20–0,30. ♄ i 7–9. **Z** v Freilandsukkulentenbeete, Balkonkästen, Pflanzschalen; ⩗ ⋁⋁ ▷ ○ ~⊛ (S-Afr. – 1807). **Rosablütiger L.** – *L. roseus* (WILLD.) SCHWANTES

**1\*** Bl (3,5–)6–7(–10) cm lg, 3–5 mm br, halbstielrund u. undeutlich gekielt od. 3kantig. B 4–5 cm ⌀, purpurrot, selten weiß. (Abb. **178**/3). 0,20–0,45. ♄ i 7–9. **Z** v Freilandsukkulentenbeete, Balkonkästen, Pflanzschalen; ⩗ ⋁⋁ ▷ ○ ~ ⊛ (S-Afr.: auf nährstoffarmen Böden – 1806). **Ansehnlicher L.** – *L. conspicuus* (HAW.) N. E. BR.

**Tetragonia** – *Tetragonia* L. 57 Arten

Stg niederliegend bis aufrecht, reich verzweigt. Bl gestielt, eifg-rhombisch, fleischig verdickt, „spinatähnlich", oseits grün, useits drüsig, dadurch weißlich schimmernd (Abb. **178**/5a). B unscheinbar, PerigonBl gelblichgrün mit rotem Rand. Fr am oberen Rand mit Höckern (Abb. **178**/5b). 0,05–0,40. ⊙ 7–9. **Z** s Sukkulentenbeete; **N** BlGemüse; ⩗ ▷ ○ (Austr., Neuseel., eingeb. z. B. in Span. u. It.: sandige od. felsige Küsten – 1772). [*T. expansa* MURRAY] **Neuseeländischer Spinat** – *T. tetragonioides* (PALL.) O. KUNTZE

Familie **Kakteengewächse** – *Cactaceae* Juss.                    1400 Arten

**Feigenkaktus** – *Opuntia* MILL.                                           200 Arten
Lit.: BENSON, L. 1982: The cacti of the United States and Canada. Stanford. – KÜMMEL, F., KLÜGLING, K.
2005: Winterharte Kakteen. 2. Aufl. Erfurt.

1    Spross ± zylindrisch bis kugelfg ...................................... **2**
1*   Spross flach, kreisrund bis br verkehrteifg ........................... **3**
2    Pfl niedrig, mattenartig. Spross elliptisch bis verkehrteifg od. kugelfg, 2–4 cm lg, 1,2–2
     cm ⌀, sich leicht ablösend. Areolen mit 1–6 Dornen, 1,2–1,5 cm lg (Abb. **180**/1). B
     4,5–6 cm ⌀, gelb od. grünlich. 0,05–0,10. ♄, ♃ i 5–6. **Z** s Freilandsukkulentenbeete,
     Schalen, Balkonkästen; ∀ ⋏ ○ ~ (SW-Kanada, NW-USA bis Texas: meist in Beifuß-
     Halbwüsten, 600–1500(–2400) m – 1814 – mehrere Varietäten u. Hybriden in Kultur).
                                  **Zerbrechlicher F.** – *O. fragilis* (NUTT.) HAW.
2*   Pfl strauchig. Spross zylindrisch, 12–30 cm lg, 1,5–2,5 cm ⌀. Höcker steil aufgerichtet,
     2–3,5 cm lg, 4,5–9 mm br, 6 mm hervorstehend. Areolen mit 10–30 Dornen, 1,2–3 cm
     lg (Abb. **180**/2). B 5–7,5 cm ⌀, rötlichpurpurn. 0,30–1,20. ♄ i 6. **Z** s Freilandsukku-
     lentenbeete; ∀ ⋏ ○ ~ (SW-USA bis Z-Mex.: Kurzgrasprärie u. Beifuß-Halbwüste,
     1200–1800 m – 1820). [*Cylindropuntia imbricata* (HAW.) KNUTH, *O. arborescens*
     ENGELM.]                                    **Dachziegelartiger F.** – *O. imbricata* (HAW.) DC.
3    Spross dornenlos (Abb. **180**/3a) od. nur im obersten Teil Areolen mit 1–2 Dornen (Abb.
     **180**/3b), kriechend, 5–7,5 cm lg, 4–6,5 cm br. Dornen 2–3 cm lg. B 4–6 cm ⌀, gelb.
     0,07–0,10. ♄, ♃ i 5–6. **Z** s Freilandsukkulentenbeete; ∀ ⋏ ○ ~ (östl. USA von den
     Großen Seen bis Golfküste: Prärien u. LaubW, bis 600 m; in Alpen (Schweiz, It.) verw.
     – 1618). [*O. calcicola* WHERRY, *O. compressa* (SALISB.) J. F. MACBR., *O. rafinesquei*
     ENGELM.]                                    **Niederliegender F.** – *O. humifusa* (RAF.) RAF.
3*   Spross ganz od. zumindest in der oberen Hälfte mit einigen bis ∞ Dornen ...... **4**
4    Reife Fr fleischig. Spross verkehrteifg od. fast eifg, 10–15 cm lg, 7,5–10 cm br. Obere
     Areolen mit 3–5(–9) Dornen, untere mit 1–2 Dornen. Dornen 3,8–6,2 cm lg. B 6–8 cm
     ⌀, reingelb od. am Grund rot. Fr dornenlos. 0,30–0,60. ♄ i 5–6. **Z** s Freilandsukku-
     lentenbeete; ∀ ⋏ ○ ~ (SW-USA, N-Mex.: Wacholder-KiefernW, Kurzgrasprärie,
     1350–2400 m – 1870 – kult mehrere Varietäten u. Sorten: z.T. niedriger, ♄, ♃).
                                  **Braundorniger F.** – *O. phaeacantha* ENGELM.
4*   Reife Fr trocken .................................................... **5**
5    Fr stark bedornt. Spross aufrecht, kreisrund bis br verkehrteifg, 5–10 cm lg, 3,8–10 cm
     br. Areolen mit 6–10 Dornen, diese 0,6–3,8 cm lg, nadelfg (Abb. **180**/4). B 4,5–8 cm ⌀,
     gelb, zuweilen rosa. 0,07–0,15. ♄, ♃ i 5–6. **Z** s Freilandsukkulentenbeete, Schalen, Bal-
     konkästen; ∀ ⋏ ○ ~ (SW-Kanada u. westl. USA, s bis New Mex.: Kurzgrasprärie, auch
     Beifuß-Halbwüste u. Wacholder-KiefernW, 1000–2100(–2800) m – 1814 – kult einige
     Varietäten).                                 **Vielstachliger F.** – *O. polyacantha* HAW.

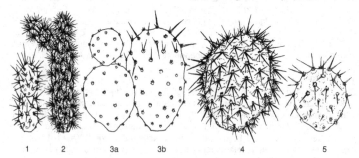

1          2          3a          3b          4          5

**5\*** Fr nur im oberen Teil mit wenigen u. kurzen Dornen. Spross schmal bis br verkehrteifg od. elliptisch, 5–9 cm lg, 5–7,5 cm br, sattgrün, meist auch graugrün bis bleifarben, unter den Areolenhöckern oft rotbraun. Areolen mit 1–4 Dornen, diese 2–4 cm lg (Abb. **180/5**). B ± 6 cm ⌀, karminrot. 0,10–0,20. ♄, ♃ i 5–6. **Z** z Freilandsukkulentenbeete, Schalen, Balkonkästen; Ⅴ ⚲ ○ ~ (SW-USA: Wacholder-KiefernW u. Beifuß-Halbwüste, (900–)1700–2400 m – 1893 – kult nur var. utahensis: sehr winterhart u. reichblütig). [*O. rhodantha* K. Schum., *O. utahensis* J. A. Purpus, *O. xanthostemma* K. Schum.]                    **Igelartiger F.** – *O. erinacea* Engelm. et J. M. Bigelow
var. *utahensis* (Engelm.) L. D. Benson

## Familie **Basellgewächse** – *Basellaceae* Raf.          20 Arten

**1** B ♀ in wenigblütigen Ähren. Bl eifg bis eilanzettlich. Staubfäden in der Knospe gerade.
                    **Malabarspinat** – *Basella* S. 181
**1\*** B 1geschlechtig in ∞blütigen Ähren od. zusammengesetzten BStänden. Bl herzfg. Staubfäden in der Knospe auswärts gebogen.          **Madeirawein** – *Anredera* S. 181

**Malabarspinat** – *Basella* L.          5 Arten

Bl fleischig, lg gestielt. B in einfachen Ähren, weiß, rot od. purpurn, nicht geöffnet. Fr schwarz, selten rot od. weiß, von der fleischig werdenden BHülle eingeschlossen. 1,00–9,00. ♃ ⚥ , in Freilandkultur ☉ 6 (bei Vorkultur) –9. **N** s bes. im S, BlGemüse, s auch **Z**, bes. rote Formen; Ⅴ ○ (Heimat wohl Indien, in Tropen weithin eingeb. – 20. Jh., mit zunehmender Tendenz). [*B. rubra* L.]          **Malabarspinat** – *B. alba* L.

**Madeirawein, Basellkartoffel** – *Anredera* Juss.          12 Arten

Bl fleischig, 2,5–10 cm lg, am Grund herzfg, kurz gestielt. Pfl stark verzweigt, B 2geschlechtig, aber fast stets funktionell ♂. BStände traubig, 5–10(–30) cm lg. B weiß, duftend. Fr in D. nicht ausgebildet. 1,00–7,00. ♃ ⚥ ♨ 10–11. **N** s Knollen- u. BlGemüse; **Z** s Zaunbekleidung; Vermehrung durch Knollen ○ ◖ Sandboden, Überwinterung der Knollen frostfrei (M- u. S-Am., in S-Eur. u. Tropen weithin kult u. eingeb. – 20. Jh.). [*Boussingaultia cordifolia* Ten.]          **Madeirawein** – *A. cordifolia* (Ten.) Steenis

## Familie **Wunderblumengewächse** – *Nyctaginaceae* Juss.          390 Arten

**1** Bl der HochBlHülle kelchähnlich, verwachsen. Bl jedes BlPaares gleich groß, nicht fleischig. Fr rund, stumpf 5kantig, ± 7 mm ⌀, dunkelbraun od. schwarz. Pfl ♃.
                    **Wunderblume** – *Mirabilis* S. 181
**1\*** Bl der HochBlHülle des BStands frei. Bl jedes BlPaares unterschiedlich groß, ± fleischig. Fr mit 5 Flügeln, 6–12 × 6–16(–24) mm. Pfl ☉.          **Abronie** – *Abronia* S. 182

**Wunderblume** – *Mirabilis* L.          54 Arten

**1** BRöhre kahl, <5 cm lg. Untere Bl fast sitzend, obere gestielt, ganzrandig, eifg, kahl od. am Rand gering behaart. BStand kopfig. B duftend, nachmittags u. nachts geöffnet, rot, gelb, weiß od. gefleckt, 2–3 cm ⌀. 0,60–1,00. ♃ Rübe, kult oft ☉ 6–10. **Z** v Staudenbeete, Bauerngärten; Ⅴ ▷ od. ▽ Freiland. Rüben frostfrei überwintern, im S Freiland-Überwinterung möglich, ○ nährstoffreicher Boden (Mex.: Trockenfluren, eingeb. in warm u. warmgemäß. Am., Afr., Eur., As., Austr. – Ende 16. Jh. – wenige Sorten – früher Objekt für Vererbungsstudien – Rübe durch Trigenollingehalt abführend).
                    **Gewöhnliche W.** – *M. jalapa* L.
**1\*** BRöhre wie die ganze Pfl klebrig drüsenhaarig, 6–15 cm lang. Bl kurz gestielt od. sitzend, eifg bis eifg-lanzettlich, am Grund herzfg. BStand kopfig. B weiß, zuweilen rosa

od. violett, 2–3 cm ⌀, stark duftend, gegen Abend u. nachts geöffnet. 0,60–1,00, ♃ Rübe, kult oft ☉ 7–8. **Z** s; Rabatten, DuftPfl; ∨ ⊏ od. Freiland ○, im S Freiland-Überwinterung möglich (Mex., New Mex., Texas, Arizona: felsige Canyons u. Abhänge, 800–2700 m – 20. Jh. – wenige Sorten).    **Langröhrige W.** – *M. longiflora* L.

**Abronie, Sandverbene** – *Abronia* JUSS.    35 Arten

Bl dicklich, gestielt, Spreite 2,5–7 cm lg, eifg bis verkehrteilanzettlich. BStand gestielt, kopfig, mit 8–15 B. BHülle rosa, selten weiß, 8–10 mm ⌀. TragBl lanzettlich, 4–6 mm lg. Pfl niederliegend od. schwach kletternd, stark verzweigt, lockere Matten bildend. 0,10–0,30. ♃, kult oft ☉ 7–10. **Z** s Rabatten, DuftPfl, Ampeln ♀; ∨ ⊏ ○ Sandboden (Küste von W-Am. von Vancouver bis Baja Calif.: Sandboden, Küstengebüsch, Dünen – Ende 18. Jh. – durch Rückbildung eines KeimBl einkeimblättrig – mehrere Varietäten u. Sorten, z. B. 'Grandiflora': B größer).
    **Doldige A., Rosafarbene Sandverbene** – *A. umbellata* LAM.

## Familie **Nelkengewächse** – *Caryophyllaceae* JUSS.    2300 Arten

1   LaubBl ohne deutliche NebenBl. Pfl oft mit ansehnlichen B . . . . . . . . . . . . . . . . . . **2**
1*  LaubBl mit deutlichen trockenhäutigen NebenBl. B entweder in zusammengedrängten, achselständigen Knäueln od. in lockeren Dichasien . . . . . . . . . . . . . . . . . . . . . . . . **14**
2   KBl frei (Abb. **182**/1 u. 3) . . . . . . . . . . . . . . . . . . . . . . . . . . . . . . . . . . . . . . **3**
2*  KBl verwachsen, z. T. eine lg Röhre bildend (Abb. **182**/2 u. 4) . . . . . . . . . . . . . . . . **8**
3   KrBl 2zähnig, 2spaltig od. 2lappig (Abb. **184**/1).    **Hornkraut** – *Cerastium* S. 183
3*  KrBl ± ganzrandig  . . . . . . . . . . . . . . . . . . . . . . . . . . . . . . . . . . . . . . . . . . . . **4**
4   KrBl 4 . . . . . . . . . . . . . . . . . . . . . . . . . . . . . . . . . . . . . . . . . . . . . . . . . . . . . **5**
4*  KrBl 5 . . . . . . . . . . . . . . . . . . . . . . . . . . . . . . . . . . . . . . . . . . . . . . . . . . . . . **6**
5   Bl schmal-linealisch bis fadenfg, bis 3,5 cm lg. BStiele bis 4 cm (Abb. **185**/1).
    **Nabelmiere** – *Moehringia* S. 184
5*  Bl schuppenartig, klein, dick, hart, bis 4 mm lg. B sitzend od. BStiel höchstens bis 1 cm lg (Abb. **184**/2).    **Sandkraut** – *Arenaria* S. 184
6   (4) Bl lineal-pfriemlich, um den Stg herum zu BlScheiden verwachsen. BKnospen ± kuglig.    **Mastkraut** – *Sagina* S. 185
6*  Bl sitzend, ohne BlScheiden; wenn etwas verwachsen, dann BlRänder knorpelig verdickt. BKnospen ± länglich  . . . . . . . . . . . . . . . . . . . . . . . . . . . . . . . . . . . . . . **7**
7   Bl linealisch bis elliptisch. Griffel 2–4 (meist 3). FrKapsel (Abb. **182**/3) öffnet sich mit doppelt so vielen Zähnen (meist 6) wie Griffel vorhanden sind.
    **Sandkraut** – *Arenaria* S. 184

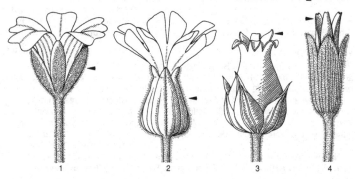

1        2        3        4

**7\*** Bl lanzettlich-pfriemlich. Griffel 3. FrKapsel (Abb. **182**/4) öffnet sich mit 3 Zähnen.
　　　　　　　　　　　　　　　　　　　　　　**Miere** – *Minuartia* S. 185

**8** **(2)** KSchuppen (HochBl, AußenK) am Grund des K vorhanden (Abb. **183**/1) . . . . . **9**

**8\*** K ohne Schuppen . . . . . . . . . . . . . . . . . . . . . . . . . . . . . . . . . . . . . . . . . . . . . . . **10**

**9** K mit weißlichen, trockenhäutigen Streifen zwischen den grünen Nerven.
　　　　　　　　　　　　　　　　　**Felsennelke** – *Petrorhagia* S. 188

**9\*** K ohne trockenhäutige Streifen, einheitlich gefärbt. 　　**Nelke** – *Dianthus* S. 188

**10** **(8)** KrBl mit ± deutlicher NebenKr (Abb. **183**/2) . . . . . . . . . . . . . . . . . . . . . . . . . **11**

**10\*** KrBl ohne NebenKr . . . . . . . . . . . . . . . . . . . . . . . . . . . . . . . . . . . . . . . . . . . . . . **12**

**11** Nagel der KrBl mit Flügelleisten (Abb. **183**/3). Griffel 2; wenn 3, dann niedrige alpine
PolsterPfl. 　　　　　　　　　　　　**Seifenkraut** – *Saponaria* S. 187

**11\*** Nagel der KrBl ohne Flügelleisten. Griffel 3 od. 5. 　　**Leimkraut** – *Silene* S. 192

**12** **(10)** K geflügelt, aufgeblasen (Abb. **188**/4). 　　　　**Kuhnelke** – *Vaccaria* S. 188

**12\*** K ungeflügelt, nicht aufgeblasen . . . . . . . . . . . . . . . . . . . . . . . . . . . . . . . . . . . . . **13**

**13** K abwechselnd mit grünen u. trockenhäutigen Längsstreifen, kürzer als die Kr (Abb.
**186**/4). 　　　　　　　　　　　　　　**Gipskraut** – *Gypsophila* S. 185

**13\*** K ohne trockenhäutige Längsstreifen, mit linealischen Zipfeln die Kr weit überragend
(Abb. **195**/2). 　　　　　　　　　　　　**Rade** – *Agrostemma* S. 195

**14** **(1)** Stg aufrecht wachsend. Bl zu 6–12 büschlig-scheinquirlig, lineal-pfriemlich. Kult als
FutterPfl auf nährstoffarmen Böden. 　　　　**Spergel, Spark** – *Spergula* S. 195

**14\*** Stg niederliegend-kriechend, dem Boden aufliegend. Bl nicht büschlig-scheinquirlig **15**

**15** B von mehreren weißglänzenden großen HochBl umgeben, dadurch z. T. verdeckt
(Abb. **195**/4). 　　　　　　　　　　　　**Mauermiere** – *Paronychia* S. 196

**15\*** B mit je 2 weißhäutigen kleinen, nebenblattartigen VorBl, nicht verdeckt (Abb. **195**/3).
　　　　　　　　　　　　　　　　　　**Bruchkraut** – *Herniaria* S. 196

**Hornkraut** – *Cerastium* L. 　　　　　　　　　　　　　　　　　　110 Arten

**1** Pfl dicht weißfilzig, Haare unverzweigt. Bl linealisch bis lanzettlich, bis 30 mm lg.
BStände bis 15blütig. KrBl weiß, doppelt so lg wie der 5–7 mm lg K. Kapselzähne leicht
nach außen gebogen (Abb. **184**/1). 0,15–0,30(–0,45). ♃ i ∿ 5–7. **W. Z** v △ ☐, v ♥ ○
∼ (M- u. S-It.: Hänge – 1620 – oft verw. – auch Hybr mit *C. arvense* u. *C. bie-*
*bersteinii* – häufig kult: var. *columnae* (Ten.) Arcang.: Pfl silbrig-weiß, BlRänder nach
oben eingerollt). 　　　　　　　　　　**Filziges H.** – *C. tomentosum* L.

Ähnlich: **Bieberstein-H.** – *C. biebersteinii* DC.: üppiger im Wuchs. K bis 10 mm lg. Kapselzähne
gerade. **Z** v (Krim). – **Reinweißes H.** – *C. candidissimum* Correns: Haare sternfg verzweigt. **Z** z
(Griech.).

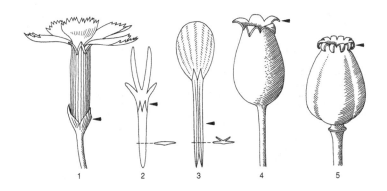

1　　　　2　　　　3　　　　4　　　　5

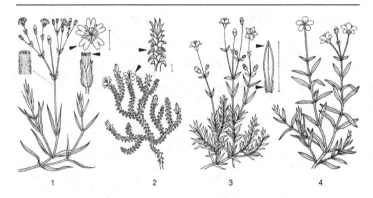

1      2      3      4

**1\*** Pfl nicht dicht weißfilzig, flaumhaarig, z.T. drüsig od. mit weichen, rückwärtsgerichteten Seidenhaaren . . . . . . . . . . . . . . . . . . . . . . . . . . . . . . . . . . . . . . . . . . . . . . . . . . . . . **2**

**2**   B 12–20 mm br. Pfl ± kurzhaarig, oberwärts meist drüsig. Bl 12–25 mm lg, 1–4 mm br. KrBl weiß. 0,05–0,30. ♃ i ⁓ 5–7. **W. Z** z △ □; V Ѱ ○ ~ (Eur., NW-Afr., gemäß. As., N- u. M-Am.: Trockenrasen, Acker- u. Wegränder – sehr variable Art mit ∞ Unterarten u. Varietäten – kult nur die dichte Polster bildende Sorte 'Compactum'). **Acker-H.** – *C. arvense* L.

**2\*** B 20–30 mm br. Pfl weich seidenartig. Bl z.T. kahl, steif, sehr schmal, 30–40 mm lg, 1 mm br. KrBl weiß. 0,10–0,20. ♃ i ⁓ 7–8. **Z** s △; V Ѱ ○ (Kroat. bis Alban. u. Serb.: Gebirgshänge, Felsen – 1818). **Großblütiges H.** – *C. grandiflorum* WALDST. et KIT.

**Nabelmiere** – *Moehringia* L.                                 21 Arten

Pfl zierlich, satt- bis gelblichgrün, kahl, rasenbildend. B weiß. KBl kurz zugespitzt, Rand weißhäutig. KrBl länger als die K, ganzrandig, stumpf (Abb. **185**/1). 0,05–0,20. ♃ i 5–9. **W. Z** z △ □; V Ѱ ◐ ● ≃ ⊕ (S- u. M-Eur.: feuchte Felsen, Geröll, Steinschutt). **Moos-N.** – *M. muscosa* L.

**Sandkraut** – *Arenaria* L.                                  200 Arten

**1**   KrBl 4, den 4–6 mm lg K überragend. Bl graugrün, kahl, dichtgedrängt in 4 Reihen angeordnet. B einzeln, sitzend od. kurz gestielt, weiß, bei var. *granatensis* BOISS. grünlich (Abb. **184**/2). 0,03–0,05. ♃ ⌂ 7–8. **Z** z △; V Ѱ ○ ~ ∧ (Pyr., Gebirge O- u. SO-Span.: felsige Hänge – 1731). **Vierkantiges S.** – *A. tetraquetra* L.

**1\*** KrBl 5. Bl nicht dicht gedrängt. B ± lg gestielt . . . . . . . . . . . . . . . . . . . . . . . . . . . . **2**

**2**   B hellrosa, selten weiß. Stg rötlich, oben etwas flaumig behaart, unten kahl, weit ausgebreitet, aufsteigend, lockerrasig. Bl bis 10 mm lg, elliptisch-lanzettlich, kahl. B in 2–4blütigen Scheindolden, selten einzeln. 0,10–0,15. ♃ i ⁓ 7–8. **Z** z △; V Ѱ ○ ~ ∧ (Pyr.: Geröll, Matten, Hänge – 1869). **Rosa S.** – *A. purpurascens* RAMOND ex DC.

**2\*** B weiß, Stg grün od. graugrün . . . . . . . . . . . . . . . . . . . . . . . . . . . . . . . . . . . . . . . . **3**

**3**   KrBl etwa doppelt so lg wie KBl. K u. BStiele drüsig-klebrig. Stg weichhaarig. Bl ± kahl, linealisch, bis 10 mm lg, am Grund bewimpert, Ränder knorpelig verdickt (Abb. **184**/3). 0,10–0,15. ♃ ⁓ 6–7. **Z** z △; V Ѱ ○ ~ ⊕ (S-Eur., N-Afr.: Felsen, Geröll, steinige Wiesen). **Großblütiges S.** – *A. grandiflora* L.

**3\*** KrBl mindestens 3mal so lg wie KBl. K u. BlStiele nicht drüsigklebrig, aber wie die ganze Pflanze behaart, graugrün. Bl länglich-lanzettlich, weich, bis 4 cm lg (Abb. **184**/4). 0,08–0,15. ♃ ⁓ 5–7. **Z** z △; V Ѱ ○ ~ ⊕ (SW-Eur., N-Afr.: Hänge, Wiesen – 1789). **Berg-S.** – *A. montana* L.

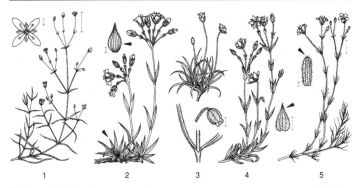

1       2       3    4    5

**Mastkraut** – *Sagina* L. 30 Arten

Stg am Grund stark verzweigt, niederliegend bis aufsteigend, oberwärts ± drüsig behaart, ebenso BlRand u. BlScheide. Bl stachelspitzig, frischgrün, bei Sorte 'Aurea' goldgelb. B klein, weiß, an ca. 3 cm lg, aufrechten, nach dem Verblühen nach unten gebogenen Stielen (Abb. **185**/3). 0,03–0,10. ⌃ i ⁓ 6–8. **W. Z** v △ ▢; v Lichtkeimer ⍦ ◑ ● (SW- u. M-Eur. bis Schweden u. Norw.: kurzrasige Triften, Heiden, Ödland, Mauern, Felsen – 1881). **Pfriemen-M., Sternmoos** – *S. subulata* (Sw.) C. PRESL

**Miere** – *Minuartia* L. [*Alsine* L. em. GAERTN.] 100 Arten

1  KBl 5–7nervig, dicht drüsig behaart. Stg am Grunde verholzt. Bl grasgrün, GrundBl rosettig, StgBl gegenständig, bis 3 cm lg. BStände 5–10blütig, KrBl weiß. Staubbeutel hellgelb (Abb. **185**/2). 0,05–0,10. ⌃ i △ 7–8. **Z** z △; v Lichtkeimer ⍦ ○ (Gebirge von Sizil., Kalkalp., NW-Balkan: Felsspalten, Geröll). [*Alsine graminifolia* (ARD.) GMEL., *A. rosanii* GUSS.] **Grasblättrige M.** – *M. graminifolia* (ARD.) JAV.

1* KBl 1–3nervig .................................................... **2**

2  KBl spitz, meist drüsig behaart. Stg am Grund nicht verholzt. Bl bis 2 cm lg. KrBl weiß. Staubbeutel purpurrot. Sehr variable Art mit ∞ Unterarten. Kult meist subsp. *verna* mit stark verzweigten Stg u. lineal-pfriemlichen bis borstig steifen Bl, grau od. dunkelgrün. BStände 4- bis vielblütig. (Abb. **185**/4). 0,05–0,15. ⌃ i 5–8. **W. Z** z △ ▢; v Lichtkeimer ○ ⁓ ◒ (M- u. Hochgebirge der gemäß. u. warmen Zone der nördl. Halbkugel, arkt. u. subarkt. Gebiete: Trockenrasen, Felsfluren, Hänge, Pionierrasen auf Halden mit schwermetallhaltigem Gestein – Sorten auch mit gefüllten B). [*Alsine verna* (L.) WAHLENB.] **Frühlings-M., Kupferblümchen** – *M. verna* (L.) HIERN

2* KBl stumpf, wie BlStiele kurz-flaumig behaart. Stg am Grund etwas verholzt, lockere Rasen bildend. Bl lineal-fadenfg, steif, bis 10 mm lg. BStände meist 3–5blütig. KrBl weiß, ca. doppelt so lg wie der K (Abb. **185**/5). 0,08–0,20. ⌃ i 6–8. **Z** z △; v Lichtkeimer ⍦ ○ (Gebirge S- u. südl. M-Eur.: steinige Abhänge, Felsen, KiefernW – 1789). [*Alsine laricifolia* (L.) CRANTZ, *Arenaria laricifolia* L.] **Nadelblättrige M.** – *M. laricifolia* (L.) SCHINZ et THELL.

**Gipskraut** – *Gypsophila* L. 125 Arten

1  Einjährig. Hauptwurzel dünn, spindelfg .................................... **2**

1* Ausdauernd. Hauptwurzel kräftig, z. T. rübenfg verdickt od. verholzend ........ **3**

2  Pfl von der Basis an gablig verzweigt. KZähne spitz. B an langen Stielen. KrBl 6–8 mm lg, schwach ausgerandet, rosa, dunkler gestreift (Abb. **186**/2). 0,04–0,25. ⊙ 6–10. **W. Z** z Sommerblumenbeete, Rabatten; v Lichtkeimer ○ ◒ (Eur., As.: Ufer, Gräben, Äcker). **Acker-G.** – *G. muralis* L.

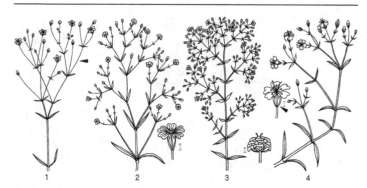

1              2              3              4

**2\*** Pfl im oberen Teil gablig verzweigt. KZähne stumpf. B an sehr langen, haarfeinen Stielen. KrBl 8–15 mm lg, weiß, bei Sorten auch rosa, rot od. rötlich gestreift (Abb. **186**/1). 0,30–0,50. ☉ 6–7. **Z** z Staudenbeete, Sommerblumenbeete ⚥; V Lichtkeimer ○ (Kauk., KleinAs., N-Iran, S-Ukraine: Äcker – 1828). **Ansehnliches G.** – *G. elegans* M. BIEB.

**3** **(1)** Blühende Pfl >30 cm hoch, graugrün. Stg unten kurzhaarig, oben kahl. BStand reich verzweigt, spreizend, lockere Rispen bis 1 m ⌀ bildend. B 4–10 mm br, weiß od. hellrosa. (Abb. **186**/3). 0,60–1,00. ⅔ 6–9. **W**. **Z** v Staudenbeete ⚥; **N** s, früher Saponin-Gewinnung; V Lichtkeimer ⦵ ᴧᴧ ○ (M-Eur., Kauk., W-Sibir.: Sandboden, felsige Hänge – 1759 – ∞ Sorten, kult vorwiegend gefülltblütig – auch Hybr mit *G. fastigiata* L.).
**Rispiges G., Schleierkraut** – *G. paniculata* L.

Ähnlich: **Pazifik-Schleierkraut** – *G. pacifica* KOM.: Pfl nicht so reich verzweigt, B immer rosa, bis 20 mm br. **Z** z (Fernost).

**3\*** Blühende Pflanzen höchstens 25 cm hoch . . . . . . . . . . . . . . . . . . . . . . . . . . . . . . . **4**
**4** Niedrige PolsterPfl mit kräftigen verholzenden Wurzeln. Bl klein, fleischig, im Querschnitt dreieckig, grün, bei Sorten auch graugrün. B fast ungestielt. KrBl weiß, ganzrandig, länger als der K. In Kult selten blühend. 0,03–0,05. ⅔ ⌂ 6–7. **Z** s △; V Lichtkeimer ᴧᴧ ○ ~ ∧ ⓐ heikel (Gebirge von N-Iran, Kauk.: Felsspalten – 1908). [*G. imbricata* RUPR.] **Polster-G.** – *G. aretioides* BOISS.

**4\*** Mattenfg od. büschlig wachsende Pfl . . . . . . . . . . . . . . . . . . . . . . . . . . . . . . . . . **5**
**5** GrundBl lg gestielt, spatelfg, StgBl sitzend, verkehrteifg. Pfl grau behaart. B in lockeren Trauben, bis 1 cm ⌀, KrBl weiß, rötlich geadert. 0,05–0,15. ⅔ ᴧᴧ 5–7. **Z** z △; V Lichtkeimer ᴧᴧ ☽ (Himal.: Hänge, Geröll – 1880).
**Hornkrautähnliches G.** – *G. cerastioides* D. DON

**5\*** Alle Bl ungestielt, schmal-lineal bis lanzettlich . . . . . . . . . . . . . . . . . . . . . . . . . . . **6**
**6** Bl bis 10 cm lg, nach oben gekrümmt, hellgrün, wie die ganze Pfl kahl. Stg wenigblütig. KZähne dreieckig-eifg, stumpf od. mit kleiner Spitze. KrBl rosa, 8–10 mm lg, gekerbt. 0,08–0,10. ⅔ 7–8. **Z** z △; V Lichtkeimer ○ ☽ (Kauk., KleinAs.: felsige Hänge).
**Schmalblättriges G.** – *G. tenuifolia* M. BIEB.

**6\*** Bl höchstens 5 cm lg . . . . . . . . . . . . . . . . . . . . . . . . . . . . . . . . . . . . . . . . . . . . **7**
**7** BStand rispig. KZähne länglich-stumpf. Pfl kahl, blau bis graugrün. Stg kriechend, blühende Triebe aufsteigend, bei Sorten auch hängend. Bl 1,5–3 cm lg, scharf zugespitzt. K 3–4 mm lg. KrBl mehr als doppelt so lg wie der K, ganzrandig od. schwach gekerbt, weiß, bei Sorten auch hell- bis dunkelrosa (Abb. **186**/4). 0,08–0,25. ⅔ i ᴧᴧ 5–8. **W**. **Z** z △; V Lichtkeimer ○ ⊕ (M- u. S-Eur.: Schotterfluren, steinige Halden, Halbtrockenrasen – 1774 – häufig kult Hybr: *G.* × *monstrosa* GERBEAUX (*G. repens* × *G. stevenii* FISCH.): Pfl üppiger, Bl dunkelgrün; *G.* × *suendermannii* FRITSCH (*G. repens* × *G. petraea*): Bl länger, Wuchs dichtrasig). **Kriechendes G.** – *G. repens* L.

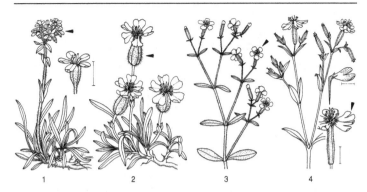

1　2　3　4

**7\*** BStand kopfig, umgeben von großen, dreieckig-eifg HochBl. KZähne spitz. Stg unverzweigt. Bl bis 5 cm lg, spitz. K 2–4 mm. KrBl 3–6 mm, ganzrandig, weiß. 0,04–0,20. ⚥ 6–8. **Z** z △; Ⅴ Lichtkeimer ○ ⊕, heikel (S- u. O-Karp., Rhodopen: Felsen). [*G. transsylvanica* SPRENG.] **Felsen-G.** – *G. petraea* (BAUMG.) RCHB.

**Seifenkraut** – *Saponaria* L.　　　　　　　　　　　　　30 Arten

**1** Pfl ☉. K ± klebrig. FrStiele herabgebogen. Stg oberwärts drüsenhaarig rau od. zart flaumig behaart. BStand locker, doldentraubig-rispig. B hellrötlich, bei Sorten auch dunkelrot od. weiß. KrBlPlatte fast kreisrund (Abb. **187**/3). 0,15–0,30. ☉ 6–9. **Z** s △; Ⅴ ○ (It., Balkan: Hänge, Wiesen – 1825). **Kalabrisches S.** – *S. calabrica* GUSS.

**1\*** Pfl ⚥. K z.T. drüsig, aber nicht klebrig. FrStiele aufrecht . . . . . . . . . . . . . . . . . . . . . . **2**

**2** KrBl gelb. BStand kopfig . . . . . . . . . . . . . . . . . . . . . . . . . . . . . . . . . . . . . . . . . . . . **3**

**2\*** KrBl rosa, rötlich od. purpurn, bei Sorten auch weiß. BStand nicht kopfig, außer bei Hybr mit *S. lutea*, dann B fahl gelblich-rosa . . . . . . . . . . . . . . . . . . . . . . . . . . . . . . . . . . . **4**

**3** Platte u. Nagel der KrBl hellgelb. Staubfäden gelb. GrundBl spatelfg. Stg kahl. 0,10–0,50. ⚥ ⌂ 5–6. **Z** s △; Ⅴ ○ ~ (S-Eur., Pyr. bis Balkan: Felsen). **Gänseblümchenblättriges S.** – *S. bellidifolia* SM.

**3\*** Platte der KrBl dunkelgelb, Nagel dunkelrot, Staubfäden rot. GrundBl lineallanzettlich. Stg kurz behaart (Abb. **187**/1). 0,05–0,10. ⚥ 5–7. **Z** z △; Ⅴ ○ ~ (Z- u. W-Alpen: Gebirgshänge). **Gelbes S.** – *S. lutea* L.

**4** (2) Griffel 3, K etwas aufgeblasen, rot überlaufen, drüsenhaarig. B einzeln od. zu zweit an kurzen Sprossen, groß, bis 2 cm ⌀, rosa, selten weiß (Abb. **187**/2). 0,05–0,10. ⚥ ⌂ 6–8. **Z** s △; Ⅴ ○ ≈ ⊖ (östl. Z-Alpen, Dolomiten, SO-Karp.: Gebirgsmatten, Zwergstrauchheiden). [*S. pumila* (ST. LAG.) JANCH. ex HAYEK] **Niedriges S.** – *S. pumilio* (L.) FENZL ex A. BRAUN

**4\*** Griffel 2, K nicht aufgeblasen. Spross meist mehrblütig . . . . . . . . . . . . . . . . . . . . . . **5**

**5** Stg robust, aus gebogenem Grund aufrecht, meist kahl. Bl oft glänzend, bis 15 cm lg u. 3 cm br, mit 3 fast parallelen Nerven. B büschlig gehäuft, 2,5–4 cm ⌀, kult meist gefüllt (Sorte: 'Rosea Plena'). KrBl seicht ausgerandet, blassrosa bis weiß (Abb. **188**/1). 0,30–1,00. ⚥ ⟋⟍ 6–9. **W. Z** v ⚸ Naturgärten, feuchte Stellen, auswildernd; **N** s früher saponinhaltige Wurzeln als Waschmittel; Ⅴ Kaltkeimer ⚘ ○ ◑ (Eur. bis W-Sibir.: Fluss-Auen, feuchte Wälder u. -Gebüsche, Ruderalstellen). **Echtes S.** – *S. officinalis* L.

**5\*** Stg relativ schwach od. kurz, niederliegend od. aufsteigend. Bl kleiner, ein- od. fiedernervig . . . . . . . . . . . . . . . . . . . . . . . . . . . . . . . . . . . . . . . . . . . . . . . . . . . . . . . **6**

**6** KrBl tief eingeschnitten, zweispaltig, rosa bis rot. Stg stark verzweigt. Bl graugrün, kahl. B bis 2,5 cm ⌀. K bräunlichrot, fein behaart, bis 2,5 cm lg (Abb. **187**/4). 0,30–0,40. ⚥ ⅄ 8–9. **Z** z △; Ⅴ ⚘ ○ (N-Griech., Alban., Mazed., Monten.: felsige Hänge – häufig kult

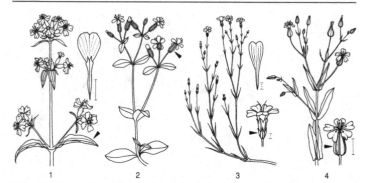

1          2          3          4

Hybr: *S.* × *lempergii* hort. (*S. haussknechtii* × *S. cypria* BOISS.) Sorte 'Max Frei': Bl dunkelgrün. B karminrosa. [*S. sicula* RAF. subsp. *intermedia* (SIMMLER) CHATER]

                         **Haussknecht-S.** – *S. haussknechtii* SIMMLER

**6\*** KrBl ganzrandig, nicht eingeschnitten . . . . . . . . . . . . . . . . . . . . . . . . . . . . . . . . . . . . **7**

**7** Bl lineal-lanzettlich, ziemlich dick, knorpelrandig, gekielt. Pfl dichtrasig, schwach behaart. K 15nervig. KrBl rosarot. 0,08–0,15. ♃ 7–8. **Z** z △; ∀ Kaltkeimer ⚘ ○ (Z-Pyr.: Felsen, felsige Hänge –1824 – häufig kult Hybr: *S.* × *olivana* WOCKE (*S. caespitosa* × *S. pumilio*): nur 5 cm hoch; *S.* × *wiemannii* FRITSCH (*S. caespitosa* × *S. lutea*): fahlrosagelbliche B in fast kopfigen BStänden).     **Rasenbildendes S.** – *S. caespitosa* DC.

**7\*** Bl verkehrtei- bis spatelfg, nicht knorpelrandig. Stg liegend bis aufsteigend, gablig verzweigt. B bis 1,5 cm ∅. K drüsig-zottig behaart. Kr lebhaft rot, bei Sorten auch rosa od. weiß (Abb. **188**/2). 0,10–0,20. **W. Z** v △ Trockenmauern, trockne Hänge; ∀ Lichtkeimer ○ ⊕ (Gebirge W- u. S-Eur.: Ufergeröll, Mauern, KiefernW, Kalkschuttfluren).

                         **Rotes S.** – *S. ocymoides* L.

**Kuhnelke, Kuhkraut** – *Vaccaria* WOLF          3 Arten

Pfl kahl, blaugrün, oberwärts verzweigt. StgBl sitzend, lanzettlich, BlGrund ± herzfg. B in lockeren, zweigabligen Scheindolden. K 10–15cm lg, geflügelt, aufgeblasen. KrBl rosa, selten weiß (Abb. **188**/4). 0,30–0,60. ☉ 6–8. **W. Z** z Sommerblumenbeete ⚍; ∀ ○ ~ ⊕ (S- u. M-Eur., VorderAs., Kauk., N-Afr.: Äcker, Schuttplätze). [*Saponaria vaccaria* L., *V. pyramidata* MEDIK.]       **Saat-K.** – *V. hispanica* (MILL.) RAUSCHERT

**Felsennelke** – *Petrorhagia* (SER. ex DC.) LINK [*Tunica* auct.]      30 Arten

Pfl dichtrasig, fast kahl. Bl linealisch, gekielt. BStand rispig, B einzeln, lg gestielt, mit AußenK. KrBl flach trichterfg angeordnet, helllila bis tief rosa, dunkler geadert, bei Sorten B auch weiß od. gefüllt (Abb. **188**/3). 0,10–0,35. ♃ Pleiok 6–9. **W. Z** z △ Heidegärten; ∀ Kaltkeimer ⚘ ⚍ ○ ~ ⊕ (Eur., W-As.: Felsfluren, Trockenrasen – 1740). [*Tunica saxifraga* (L.) SCOP.]       **Steinbrech-F.** – *P. saxifraga* (L.) LINK

**Nelke** – *Dianthus* L.          300 Arten

**1** B sitzend od. kurz gestielt, in ± dichten, kopfigen BStänden, basal von HochBl umgeben . . . . . . . . . . . . . . . . . . . . . . . . . . . . . . . . . . . . . . . . . . . . . . . . . . . . . . . . . . . . . . **2**

**1\*** B deutlich gestielt, einzeln od. in lockeren BStänden, ohne umgebende HochBl . . . **5**

**2** B gelb. BStand wenigblütig. Pfl behaart. Blühende Stg steif aufrecht. Bl grasartig, grün, bis 5 mm br. K bis 15 mm lg, KSchuppen mit grannenartiger Spitze. KrBl ± keilfg (Abb. **189**/1). 0,30–0,60. ♃ 6–7. **Z** z Heidegärten △; ∀ Kaltkeimer ⚘ ○ (NW-Balkan: grasige Stellen, Gehölzfluren – 1898 – Stammart aller gelb blühenden Nelkenzüchtungen).

                 **Schwefel-N.** – *D. knappii* (PANT.) ASCH. et KANITZ ex BORBÁS

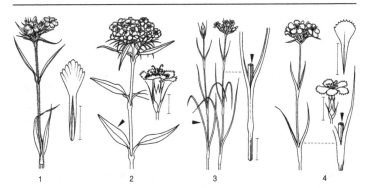

**2\*** B purpurn, rot, rosa od. weiß . . . . . . . . . . . . . . . . . . . . . . . . . . . . . . . . . . . . . . . . **3**

**3** Bl 5–25 mm br, lanzettlich bis elliptisch. Pfl kahl od. spärlich behaart. Stg robust. BStand sehr dicht, vielblütig. Kr einfarbig, oft gefleckt, gestreift, heller gerandet od. mit dunklerem Schlund, rot, rosa, weiß (Abb. **189**/2). 0,30–0,70. ⚁ i Pleiok kult ☉ od. ☉ 6–9. **Z** v Rabatten, Staudenbeete ⚥; ∨ ⚁ ◐ ∧ (Gebirge S-Eur.: Wälder, Wiesen, Hänge – Sorten: verschiedene Farben, einfach od. gefüllt, hohe Schnittblumen od. niedrige RabattenPfl, z. B. 'Red Empress': scharlachrot; 'Rapid' F, Hybr: weiß, rot, scharlach, bis 60 cm hoch; 'Heimatland': dunkelrot mit weißer Mitte; 'Indianerteppich': Mischung einfach blühender Zwergsorten, 25 cm – 1561).                                **Bart-N. – *D. barbatus* L.**

**3\*** Bl 0,5–4 mm br, schmal länglich bis linealisch . . . . . . . . . . . . . . . . . . . . . . . . . . . **4**

**4** Platte der KrBl 5–8 mm lg. Stg vierkantig. Bl bis 15 cm lg, ± schlaff, BlScheiden vielfach länger als die BlBreite. K behaart, rötlich bis purpurn, HochBl u. KSchuppen trockenhäutig, lg begrannt. KrBl leuchtend dunkelblutrot (Abb. **189**/3). 0,30–0,60. ⚁ 6–7. **Z** z △; ∨ ◯ (Balkan: Wiesen – 1850).                                **Blutrote N. – *D. cruentus* GRISEB.**

**4\*** Platte der KrBl 10–15 mm lg. Stg meist nur oberwärts vierkantig. Bl bis 5 cm lg, BlScheiden ca. 4mal so lg wie die BlBreite. HochBl u. KSchuppen trockenhäutig, kurz begrannt. Kr purpurrot, rosa od. weiß, dunkler geadert, ∞ Sorten, auch gefülltblütige (Abb. **189**/4). 0,15–0,60. ⚁ 6–9. **W. Z** z Heidegärten; ∨ Lichtkeimer ⚁ ◯ ⊕ (S-, W- u. M-Eur. bis SW-Russl.: Hänge, Hügel, Waldränder, auf Kalk- u. Silikat-Xerothermrasen – variable Art – ▽).                                **Karthäuser-N. – *D. carthusianorum* L.**

**5** **(1)** KrBl ganzrandig od. gezähnt, nicht mehr als ¼ tief eingeschnitten (nur bei *D. chinensis* var. *laciniatus* KrBl zuweilen auch tiefer geschlitzt (Abb. **189**/5 b)) . . . . . . . . **6**

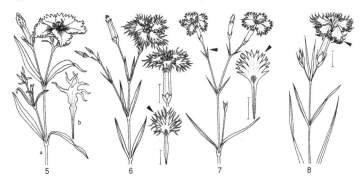

**5\*** KrBl mindestens $^1/_3$ tief eingeschnitten (nur bei *D. petraeus* neben tief geschlitzten auch ganzrandige od. gezähnte Formen (Abb. **191**/2)) . . . . . . . . . . . . . . . . . . . . . . . . . . **12**
**6** KSchuppen $^1/_2$ bis so lg wie der K od. länger . . . . . . . . . . . . . . . . . . . . . . . . . . **7**
**6\*** KSchuppen höchstens $^1/_4$ bis $^1/_2$ so lg wie der K . . . . . . . . . . . . . . . . . . . . . . . . . . **9**
**7** Blühende Stg bis 60 cm hoch. B meist zu zweit, bei Sorten bis zu 15 in lockeren Trauben. GrundBl vor dem Blühen vertrocknend. StgBl lanzettlich, spitz. KSchuppen abstehend. B bis 3 cm ⌀. Kr weiß bis dunkelrot, oft mit dunklerem Schlund, gezähnt (Abb. **189**/5 a). 0,30–0,60. ♃ kult meist ⊙ u. ⊙ 6–9. **Z** v Rabatten ⚥; ∨ ⚘ Kopfstecklinge, keine Staunässe (China, Korea, Fernost: Wiesen – 1713 – Sorten: als *D. chinensis*-Hybr (**Kaisernelken, Heddewigsnelken, Chinesernelken**) im Handel; häufig reichblütige u. vielfarbige F₁Hybr, z.B. 'Parfait'-Serie: in 2 Farben, kompakt, 15 cm hoch; 'Charm'-Serie: in 5 Farben, einfach blühend, 20 cm hoch; 'Telstar'-Serie: in 3 Farben, buschig, 25–30 cm hoch). **Chinesische N. –** *D. chinensis* L.
**7\*** Blühende Stg 3–15 cm hoch. B einzeln . . . . . . . . . . . . . . . . . . . . . . . . . . . . **8**
**8** Platte der KrBl 8–10 mm lg, fein gekerbt, gebärtet, schräg aufsteigend, daher offene B gewölbt, einheitlich fleischfarben-rosenrot. Bl linealisch, weich, unbehaart, zuweilen die B überragend. KSchuppen lg gespitzt, so lg wie der K od. länger (Abb. **191**/4). 0,08–0,10. ♃ 7–8. **Z** z △; ∨ Kaltkeimer ○ ◑ ⊖ (O-Alpen, Karp.: lückige alpine Hochgebirgsmatten). **Gletscher-N. –** *D. glacialis* HAENKE

Ähnlich: **Bulgarische N. –** *D. microlepis* BOISS.: Bl silbergrau-bereift, BStiele sehr kurz, B purpurrot. **Z** s (Bulg.); **Freyn-N. –** *D. freynii* VANDAS: Bl steif, graugrün, am Rand rau, B rosa. **Z** s (Bosn., Bulg.).

**8\*** Platte der KrBl 10–20 mm lg, unregelmäßig gezähnt, gebärtet, horizontal abstehend, daher offne B flach. Kr rosa, Schlund weiß, purpurn gefleckt, Sorten auch weißblühend. Bl länglich-lanzettlich mit deutlichem Mittelnerv. KSchuppen mit pfriemlicher Spitze, fast so lg wie der K (Abb. **191**/3). 0,05–0,15. ♃ i 7–8. **Z** z △; ∨ ⚘ ○ ⊕ ∧ (NO-Alpen: Grasheiden, felsige Hänge – 1584 – auch Hybr mit *D. deltoides, D. superbus*). **Alpen-N. –** *D. alpinus* L.

Ähnlich: **Glänzende N. –** *D. nitidus* WALDST. et KIT.: Pfl höher, Stg mit 2–5 kleineren rosa B. **Z** s (W-Karp.).

**9** (6) Stg u. Bl kurzhaarig-rau, gras- od. graugrün. BStand meist 2–7blütig. KSchuppen 2 (selten 4), begrannt, grün mit häutigen Rändern. K behaart, meist rötlich. Kr karminrosa bis purpurrot, mit weißen Punkten u. dunklerem Ring (Abb. **190**/1). 0,15–0,40. ♃ i 6–9. **W. Z** v Heidegärten; ∨ Kaltkeimer ⚘ ○ ◑ (Eur. bis W-Sibir.: Sandtrockenrasen, Silikatmagerrasen – auch Hybr mit *D. alpinus*; ∞ Sorten, auch weißblütig – ▽). **Heide-N. –** *D. deltoides* L.

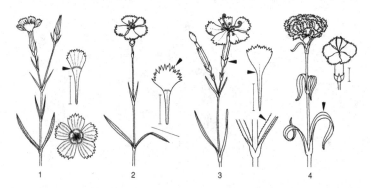

Ähnlich: **Schlanke N.** – *D. gracilis* SIBTH. et SM.: B meist einzeln, tiefrosa. KSchuppen 4–6. **Z** z (Alban., Mazed., Bulg.); **Borstgrasförmige N.** – *D. nardiformis* JANKA: bis 10 cm hoch, Bl borstenfg. KSchuppen meist 6. **Z** z (Bulg., Rum.).

**9\*** Stg u. Bl kahl; diese höchstens am Rande rau . . . . . . . . . . . . . . . . . . . . . . . . . . . **10**
**10** Bl am Rand glatt od. nur am Grund rau, 2–10 mm br, blaugrün. B einzeln od. bis zu 5 in lockeren BStänden, in allen Farben außer blau, einfach od. gefüllt, duftend. KSchuppen 4–6, breit, kurz zugespitzt, $^1/_4$ so lg wie der K. KrBl unregelmäßig gezähnt od. ganzrandig (Abb. **190**/4). 0,40–0,80. ♃ i kult auch ☉ od. ☉ 7–8. **Z** v ⚥; ⚥ ⌇⌇ ○ ◐ (NaturHybr aus dem Medit. Entstehungszeit u. Elternarten unbekannt; vermeintliche Wildformen an anthropogenen Standorten mit einfachen roten B u. niederliegenden bzw. überhängenden Stg sind verwild. Primitivsippen der Garten-N.: Einbürgerung u. Beginn der Züchtung in M-Eur. im 16. Jh. Heute mehrere Sorten-Gruppen mit ∞ Sorten: z.B. Niedrige Garten-N. u. Land-N. als RabattenPfl; Hänge-N. u. Gebirgs-Hänge-N. für Blumenkästen u. -schalen; Edel-, Chabaud-, Remontant-, Enfant-de-Nice- u. Regina-N. für Schnitt).
                                                                      **Garten-N.** – *D. caryophyllus* L.
**10\*** Bl am ganzen Rand rau . . . . . . . . . . . . . . . . . . . . . . . . . . . . . . . . . . . . . . . . **11**
**11** KrBl am Schlund bärtig, unregelmäßig gezähnt. Bl blaugrün, bis 2 mm br, stumpf od. spitz. B einzeln, bei Sorten von weiß bis dunkelrot, auch gefüllt, fast geruchlos. KSchuppen 4–6 (Abb. **190**/2). 0,10–0,25. ♃ i △ 5–7. **W. Z** v △; ⚥ ⚥ ⌇⌇ ○ ~ (W-, S- u. M-Eur. bis W-Ukraine: Felsfluren – 1830 – Hybr mit *D. arenarius, D. plumarius* – ▽). [*D. caesius* SM.]                               **Pfingst-N.** – *D. gratianopolitanus* VILL.
**11\*** KrBl am Schlund nicht bärtig, kurz gezähnt. Bl grasgrün, 1–2 mm br. B einzeln od. zu 2–5, rosarot bis hellpurpurn, fast geruchlos (Abb. **190**/3). 0,05–0,40. ♃ i Pleiok 6–8. **W. Z** v △ Trockenmauern; ⚥ ♈ ○ ~ ⊕ (Alpen, Jura: Felsfluren, Matten – variable Art mit mehreren Unterarten, zuweilen fast stängellos – ▽). [*D. caryophyllus* L. subsp. *sylvestris* (WULFEN) ROUY et FOUC., *D. sylvestris* WULFEN subsp. *sylvestris*].            **Stein-N.** – *D. sylvestris* WULFEN
**12** **(5)** Wenigstens einige Bl 4 cm lg . . . . . . . . . . . . . . . . . . . . . . . . . . . . . . . . . . . **13**
**12\*** Bl nicht länger als 3,5 cm . . . . . . . . . . . . . . . . . . . . . . . . . . . . . . . . . . . . . . . **15**
**13** Obere StgBl borstenfg, klein, starr aufrecht, untere laubblattartig, blaugrün. KrBl bis zur Mitte fingerfg eingeschnitten, gebärtet, rosa od. weiß, oft mit dunklerem Schlund, stark duftend. (Abb. **189**/7). 0,15–0,30. ♃ i △ 6–8. **W. Z** v △ ⚥; ⚥ ♈ ⌇⌇ ○ ~ ⊕ (östl. M-Eur.: Felsen, Hänge – 1568 – kult selten echt, meist Hybr mit *D. gratianopolitanus* – ∞ Sorten, auch gefülltblütig – ▽).                       **Feder-N.** – *D. plumarius* L.
**13\*** Alle StgBl laubblattartig . . . . . . . . . . . . . . . . . . . . . . . . . . . . . . . . . . . . . . . . **14**
**14** Platte der KrBl sehr tief unregelmäßig zerschlitzt, mit mehrfach geteilten Zipfeln, gebärtet. GrundBl zur Blütezeit vertrocknend, StgBl bis 12 cm lg, grasgrün. B rosa, rötlich

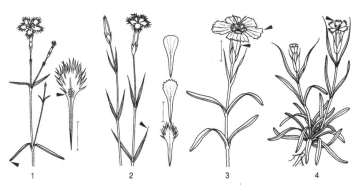

1                        2                        3                        4

od. blasslila (Abb. **189**/6). 0,30–0,70.♃ Pleiok kult auch ⊙ 6–9. **W. Z** v Naturgärten, Teichränder; v Kaltkeimer ⚘ ○ ☾ ≈ (Eur., Sibir. bis Fernost u. Taiwan: Feuchtwiesen, Niedermoore, lichte Wälder, Dünen – 1583 – mehrere Unterarten u. Hybr – ▽).

**Pracht-N.** – *D. superbus* L.

14* Platte der KrBl nur bis zur Mitte in schmale Segmente zerschlitzt, Zipfel meist aufwärts gebogen. GrundBl rosettig, zur Blütezeit nicht vertrocknend. StgBl bis 10 cm lg, schlaff, grasgrün. B rosa od. weiß, duftend (Abb. **189**/8). 0,25–0,50. ♃ ∾ 6–7. **Z** v △; v ○ ☾ ⊕ (S-Eur.: lichte Wälder, Bergwiesen – 1764 – kult vorwiegend 2 Unterarten: subsp. *monspessulanus* u. subsp. *sternbergii* (SIEBER ex A. KERN.) HEGI – Hybr häufig kult in mehreren Sorten: **Auvergne-N.** – *D.* × *arvernensis* ROUY et FOUC. (*D. monspessulanus* × *D. seguieri* VILL.): kompakte KissenPfl, Bl graugrün. **Z** z).

**Montpellier-N.** – *D. monspessulanus* L.

15 **(12)** Wenigstens einige Bl stumpf, grasgrün, ca. 1 mm br, bis 3,5 cm lg. Pfl dichtrasig. B weiß, am Schlund grünfleckig u. weiß od. rötlich behaart, duftend. KrBl fiederspaltig eingeschnitten (Abb. **191**/1). 0,15–0,40. ♃ i Pleiok ⌒ 6–9. **W. Z** z Heidegärten; v ○ ☾ (N- u. M-Eur.: Sandtrockenrasen, lichte KiefernW – 1732 – Hybr mit *D. gratianopolitanus* – ▽).

**Sand-N.** – *D. arenarius* L.

15* Bl scharf zugespitzt, stechend, bläulichgrün, bis 2,5 cm lg, erhaben 3nervig. Pfl lockerrasig. B weiß, selten rosa, duftend. KrBl meist fein gefranst, selten ganzrandig od. gezähnt (Abb. **191**/2). 0,10–0,25. ♃ i 6–8. **Z** z △ Trockenmauer; v Kaltkeimer ○ ∼ ⊕ (Karp.: felsige Hänge – 1804). [*D. spiculifolius* SCHUR, *D. hungaricus* GRISEB.]

**Geröll-N.** – *D. petraeus* WALDST. et KIT.

**Leimkraut, Lichtnelke, Pechnelke** – *Silene* L. [incl. *Lychnis* L., *Viscaria* RÖHL.]

500 Arten

1 B ⚥ od. eingeschlechtig. Griffel 3 od. 5. Kapselzähne 6 od. 10 (Abb. **183**/5) . . . . . **2**
1* B ⚥. Griffel immer 5. Kapselzähne 5 (Abb. **183**/4) . . . . . . . . . . . . . . . . . . . . . . . . . **10**
2 Pfl ⊙ od. ⊙ . . . . . . . . . . . . . . . . . . . . . . . . . . . . . . . . . . . . . . . . . . . . . . . . . . **3**
2* Pfl ♃ . . . . . . . . . . . . . . . . . . . . . . . . . . . . . . . . . . . . . . . . . . . . . . . . . . . . . . . . . **5**
3 Stg im oberen Teil klebrig. B in dichten Scheindolden, sehr kurz gestielt. Pfl kahl, blaugrün, spärlich verzweigt. GrundBl spatelfg, zeitig vertrocknend, StgBl eifg bis lanzettlich, stängelumfassend. K bis 1,5 cm lg. KrBl schwach ausgerandet, rosa bis karminrot, selten weiß (Abb. **192**/1). 0,15–0,60. ⊙ ⊛ i 5–10. **W. Z** z Sommerblumenbeete, Rabatten; v ○ ∼ ⊖ (M-, S- u. O-Eur.: Gebüschsäume, Silikattrockenrasen, Geröllfluren – 1568).

**Nelken-L., Morgenröschen** – *S. armeria* L.

3* Stg nicht klebrig. BStände locker, nicht dichtblütig . . . . . . . . . . . . . . . . . . . . . . . . **4**
4 Pfl kahl. FrStiele aufrecht. Bl lineal-lanzettlich, hell- od. graugrün. B bis 4 cm br. K 1,5–2,5 cm lg. KZähne lg zugespitzt, gespreizt. KrBl zweispaltig, rosa, rot, violettblau

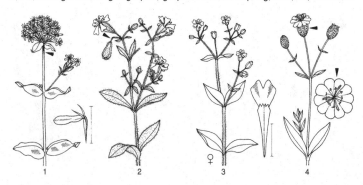

od. weiß, einfarbig, bei Sorten auch mit dunklerem od. hellerem Schlund. 0,30–0,70. ⊙ 5–8. **Z** z Sommerblumenbeete, Rabatten ⚥; ∨ ○ ~ (SW-Eur., NW-Afr., Kanaren: trockne Hänge, Gebüsche – 1687). **Himmelsröschen** – *S. coeli-rosa* (L.) GODR.

**4\*** Pfl drüsenhaarig. FrStiele herabgebogen. Bl eifg bis eifg-lanzettlich, dunkelgrün. B bis 3 cm br. K 1,2–1,8 cm lg, zur Fruchtzeit etwas gedunsen. KrBl ± zweispaltig, rosa, bei Sorten von lachsrosa bis leuchtend rot u. weiß, auch gefülltblütig (Abb. **192**/2). 0,10–0,20. ⊙ 6–8. **Z** z Sommerblumenbeete, Rabatten; ∨ ○ ~ (Medit.: Felsfluren, Trockenrasen – 1731). **Hängendes L.** – *S. pendula* L.

**5** **(2)** B eingeschlechtig, ♀ mit 5 Griffeln. Pfl zweihäusig, meist etwas zottig behaart, selten kahl. GrundBl lg gestielt, StgBl ± sitzend, verkehrteifg, spitz. B in wenigblütigen, zweigabligen Scheindolden. K der ♂ B 10nervig, der ♀ B 20nervig. KrBl zweispaltig, rot, bei Sorten auch hell- bis karminrosa u. gefülltblütig (Abb. **192**/3). 0,30–0,90. ⌘ i Pleiok 4–9. **W. Z** v Naturgärten; ∨ ⚘ ◐ ≈ (Eur., W-Sibir.: Wälder, Gebüsche, Wiesen – 1580). [*Melandrium rubrum* (WEIGEL) GARCKE, *M. dioicum* (L.) COSS. et GERM., *Lychnis dioica* L.] **Rote Lichtnelke** – *S. dioica* (L.) CLAIRV.

**5\*** Meist alle B zwittrig; wenn eingeschlechtig, dann B weiß. Griffel 3 ............ **6**

**6** K ± aufgeblasen ................................................... **7**

**6\*** K nicht aufgeblasen ............................................... **8**

**7** K schwach aufgeblasen, dicht drüsenhaarig, 10nervig, nicht netzadrig. GrundBl rosettig, ± ledrig, dick. B 2–3 cm br, einzeln od. zu 2–4 auf kräftigem, beblättertem, oberwärts drüsig-klebrigem Stg. KrBl leuchtend rosarot, NebenKr borstig zerschlitzt (Abb. **193**/1). 0,05–0,25. ⌘ ⅄ 6–8. **Z** s △; ∨ ⚘ ○ ⊕ (S-Alpen: Kalk- u. Dolomitfelsspalten, Geröll). [*Melandrium elisabethae* (JAN) ROHRB.] **Großblütiges L.** – *S. elisabethae* JAN

Ähnlich: **Zawadzki-L.** – *S. zawadzkii* HERBICH: B weiß, K bauchig aufgeblasen, meist unbehaart. **Z** s (O-Karp., W-Russl., Rum.).

**7\*** K stark aufgeblasen, kahl, 20nervig, deutlich dunkler netzadrig. Pfl graugrün, lockerrasig. Bl br lanzettlich, etwas fleischig. B bis 2,5 cm br. KrBl zweispaltig, weiß, Sorten auch rosa u. gefülltblütig (Abb. **192**/4). 0,10–0,20(–0,40). ⌘ ⅄ 6–8. **Z** v Rabatten; ∨ Lichtkeimer ⚘ ○ ◐ ~ (Küsten W-Eur., von Azoren u. Span. bis Murmansk, N-Afr.: Strandfelsen). [*S. maritima* WITH.] **Klippen-L.** – *S. uniflora* ROTH

**8** **(6)** Pfl niedrig, dichte moosartige Polster bildend. Stg kurz, einblütig. Bl schmal pfriemlich, am Rande rau. K 8–10 mm lg, oft rötlich. KrBl flach, zweispaltig, gekerbt od. ganzrandig, leuchtend rot, Sorten auch weißblühend u. gefüllt (Abb. **193**/2). 0,01–0,05. ⌘ ⌂ 6–9. **W. Z** v △; ∨ Kaltkeimer ⚘ ○ ∧ (Alpen, arkt. As. u. N-Am.: Felsen, Matten, Schneetälchen, oberhalb 1500 m). **Stängelloses L.** – *S. acaulis* (L.) JACQ.

**8\*** Pfl höher, nicht moosartig, zuweilen mattenbildend ........................ **9**

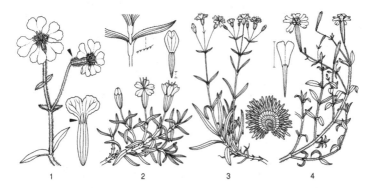

1              2             3             4

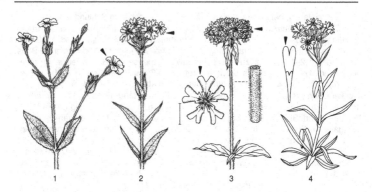

1           2           3           4

**9**   Stg u. BlStiele oberwärts klebrig geringelt, kahl od. zerstreut behaart. Bl ledrig, glänzend. BStand scheindoldig, B weiß od. rötlich, bei Sorten auch gefüllt. KrBl 4–6zähnig, 10–12 mm br, Nagel gewimpert. Samen mit strahlig abstehenden Papillen (Abb. **193**/3). 0,10–0,25. ⚃ ⌇ 6–8. **Z** s △; Ⅴ ᴪ ○ ◑ ⊕ (Hochgebirge von Pyr. bis Karp. u. Balkan: Felshänge, Schluchten, Bachgeröll, Waldränder, meist oberhalb von 1200 m – 1774). [*Heliosperma alpestre* (Jacq.) Rchb.].

                        **Alpen-L., Alpen-Strahlensame** – *S. alpestris* Jacq.

    Ähnlich: **Vierzähniges L., Kleiner Strahlensame** – *S. pusilla* Waldst. et Kit.: B kleiner, KrBl vierzähnig, Nagel kahl. **W. Z** z (Eur.: Hochgebirge).

**9\***   Stg nicht klebrig geringelt, behaart. Bl hellgrün. BStand 2–4blütig. B bis 2 cm br. K 2,2–2,5 mm lg. KrBl zweispaltig, nicht gezähnt, rosa, bei Sorten auch rötlichpurpurn. Samen ohne Papillen, kurz bestachelt (Abb. **193**/4). 0,08–0,25. ⚃ 8–9. **Z** z △; Ⅴ Lichtkeimer ○ ◑ (Kauk.: Felsspalten, Geröll – 1838).

                        **Kaukasisches L.** – *S. schafta* S. G. Gmel. ex Hohen.

**10**   **(1)** B an der Spitze der meist unverzweigten Stg dicht traubig bis kopfig gehäuft  . .  **11**

**10\***   BStand rispig od. B in lockren, gabligen Scheindolden . . . . . . . . . . . . . . . . . . . . . . . **13**

**11**   Blühende Triebe <20 cm hoch. Pfl kahl. GrundBl rosettig, StgBl 1–3 Paare, lineallänglich bis elliptisch. B ca. 1 cm br. KrBl zweispaltig, rosa, selten weiß (Abb. **194**/4). 0,03–0,15. ⚃ 7–8. **Z** z △; Ⅴ ᴪ ○ ⊖ (subarkt. u. arkt. N-Eur. u. O-Am., Alpen, Apennin, Pyr.: Felsen, Geröll, Schutthalden – 1768). [*Viscaria alpina* (L.) G. Don., *Lychnis alpina* (Lodd.) Greuter et Burdet] **Alpen-Pechnelke** – *S. suecica* (Lodd.) Greuter et Burdet

**11\***   Blühende Triebe >30 cm hoch. Pfl behaart . . . . . . . . . . . . . . . . . . . . . . . . . . . . . . . . . **12**

**12**   BStand mit 4–10 B. Pfl dicht weißhaarig-zottig. Bl spatelfg-lanzettlich. B 2–3 cm br. KrBl zweispaltig, hellrot, selten weiß (Abb. **194**/2). 0,60–0,80. ⚃ 5–7. **Z** v Rabatten; Ⅴ ᴪ ○ ~ (Z- u. W-Alpen: Wiesen, Hänge, Felsen – 1762). [*Lychnis flos-jovis* (L.) Desr.]

                        **Jupiter-Lichtnelke** – *S. flos-jovis* (L.) Clairv.

**12\***   BStand mit bis zu 50 B. Stg rauhaarig. GrundBl oval. Bl scharlach- od. feuerrot. K 1,4–1,8 cm lg. Platte der KrBl ca. 1,5 cm lg, zweispaltig (Abb. **194**/3). 0,30–1,00. ⚃ ⚷ 6–7. **Z** v BauerngartenPfl, Rabatten; Ⅴ ᴪ ○ (O-Eur. bis NW-China: Gebüsche, lichte Wälder – 1560 – kult verschiedene Sorten, z. B. 'Plena': tiefrot, gefüllt; 'Alba': weiß). [*Lychnis chalcedonica* L.]

                        **Brennende Liebe** – *S. chalcedonica* (L.) E. Krause

**13**   **(10)** B 4(–7) cm br, zu 1–3 end- u. achselständig. Bl oval bis länglich, kurz gestielt od. mit herzfg Grund stängelumfassend. BStiele kahl od. schwach behaart. KrBl unterschiedlich, von ganzrandig bis geschlitzt-gespalten, ziegel- od. zinnoberrot, auch weiß. 0,30–0,50. ⚃ kult auch ⊙ 6–8. **Z** z Rabatten ⚶; Ⅴ ᴪ ○ (China, Japan: Wiesen –

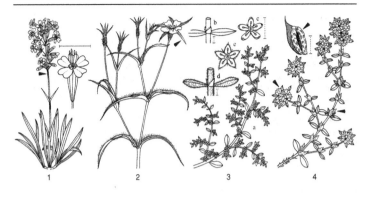

1774 – kult Sorte 'Haageana': Bl unterseits purpurrot, BStiele stark behaart). [*Lychnis grandiflora* Jacq., *L. coronata* Thunb.]

**Großblütige Lichtnelke** – *S. banksia* (Meerb.) Mabb.

**13\*** B >4 cm br . . . . . . . . . . . . . . . . . . . . . . . . . . . . . . . . . . . . . . . . . . . . . . . . . . . . . . . . . . . **14**

**14** Stg unter den Knoten stark klebrig. Pfl meist kahl. Bl elliptisch-lanzettlich. BStand schmal, traubig-rispig bis quirlig. K rötlich. KrBl gestutzt, seicht ausgerandet od. wellig gezähnt, hell- bis dunkelrosa, Sorten auch weiß- od. gefülltblütig, bei subsp. *atropurpurea* (Griseb.) Chater B karmin-dunkelpurpurrot u. Bl fast nur grundständig (Abb. **195**/1). 0,30–0,60. ⚥ Pleiok 5–7. **W. Z** v Naturgärten ⚥; ∨ ⚘ ○ ◐ ⊖ (Eur. bis W-Sibir., Transkauk.: Trockenrasen, TrockenW u. -gebüsche, Felsfluren). [*Viscaria vulgaris* Bernh., *V. viscosa* Asch., *Lychnis viscaria* L.]

**Pechnelke** – *S. viscaria* (L.) Borkh.

**14\*** Stg nicht od. nur ganz schwach klebrig . . . . . . . . . . . . . . . . . . . . . . . . . . . . . . . . . . **15**

**15** KrBl tief vierspaltig, mit ungleichen Abschnitten (Abb. **183**/2). Pfl ± rauhaarig. B fleischfarben, bei Sorten auch rosa, weiß od. gefüllt. 0,30–0,80. ⚥ i Pleiok 5–7. **W. Z** v Naturgärten; ∨ ⚘ ○ ≃ (Eur. bis W-Sibir.: nasse u. feuchte Wiesen, Niedermoore). [*Lychnis flos-cuculi* L.] **Kuckucks-Lichtnelke** – *S. flos-cuculi* (L.) Clairv.

**15\*** KrBl unzerteilt od. seicht ausgerandet. Pfl dicht zottig-graufilzig. BStiele 2–14 cm lg, B 2–3 cm br, dunkelrot, bei Sorten auch rosa, weiß od. gefüllt. (Abb. **194**/1). 0,40–0,90. ☉ kurzlebig ⚥ i Pleiok 6–8. **Z** v Bauerngärten, Rabatten, **N** s Heilpfl; (SO-Eur., KleinAs. bis Turkestan, Himal.: Hänge, Gebüsche, lichte Wälder – stellenweise verw. – 1410). [*Lychnis coronaria* (L.) Desr.]

**Vexiernelke, Kronen-Lichtnelke** – *S. coronaria* (L.) Clairv.

**Rade** – *Agrostemma* L. 3 Arten

Pfl graugrün, weißlich-zottig behaart. Stg einfach od. verzweigt. Bl lineal-lanzettlich, spitz. B bis 5 cm ∅. KZähne lg lineal, spreizend. KrBl hellpupurn, selten weiß (Abb. **195**/2). 0,40–1,00. ☉ ① 6–7. **W. Z** z Sommerblumenbeete ⚥; ∨ ○ (Eur., As.: Äcker, meist in Wintergetreide; Sa giftig). **Korn-R.** – *A. githago* L.

**Spergel, Spark** – *Spergula* L. 6 Arten

Bl useits mit Längsfurche, 10–30 mm lg. 0,10–0,50(–1,00). ☉ 6–10. **W. N** s FutterPfl auf nährstoffärmeren Sandböden; ∨ ○ ◐⊖ (kosmopolitisches Unkraut: subsp. *arvensis* auf Äckern u. Ruderalstellen; früher FutterPfl: subsp. *maxima* (Weihe) O. Schwarz mit sehr kräftigen Pfl: 0,50–1,00; subsp. *sativa* (Boenn.) Čelak. mit fleischigen Bl u. dicken Stg). **Acker-S.** – *S. arvensis* L.

**Mauermiere, Nagelkraut** – *Paronychia* MILL. 100 Arten

Stg stark verzweigt, niederliegend. Bl silbrig-graugrün, oval bis länglich, spitz, glatt. NebenBl groß, trockenhäutig, silbrig glänzend. BHüllBl kapuzenfg, mit trockenhäutigen Rändern, kurz begrannt (Abb. **195**/4). 0,08–0,15. ⌃ ⟋⟍ 4–6. Z z △ ☐; Ⅴ Ⅴ ○ ~ ∧ (Medit., SW-As.: Trockenrasen, Trittstellen). **Silber-M.** – *P. argentea* LAM.

Ähnlich: **Kapela-M.** – *P. kapela* (HACQ.) A. KERN.: BHüllBl nicht kapuzenfg, einheitlich grün, unbegrannt, alle gleich lg. **Z** z; **Kopfige M.** – *P. capitata* (L.) LAM.: BHüllBl wie bei *P. kapela*, aber ungleich lg. **Z** z.

**Bruchkraut** – *Herniaria* L. 50 Arten

Pfl frisch-gelbgrün, meist ganz kahl od. nur am BlGrund spärlich bewimpert. Stg niederliegend. Bl eifg-lanzettlich, zugespitzt, bis 1 cm lg. NebenBl dreieckig, so lg wie br. B klein, grün, bis zu 10 in dichten, achselständigen Knäueln (Abb. **195**/3 a, b, c). 0,03–0,05. ⊙ ⌃ ⟋⟍ 6–10. **W. Z** z △; **N** früher HeilPfl; Ⅴ Ⅴ ○ ~ ⊖ (Eur. bis W-As., NW-Afr.: sandige Böden, Trittstellen, Trockenrasen). **Kahles B.** – *H. glabra* L.

Ähnlich: **Behaartes B.** – *H. hirsuta* L.: durch starke Behaarung graugrün. BHüllBl borstig bewimpert (Abb. **195**/3 d, e). **Z** z △ ☐; (Eur., VorderAs., N-Afr.).

## Familie **Amarantgewächse** – *Amaranthaceae* JUSS. 750 Arten

Lit.: AELLEN, P. 1979: *Amaranthaceae*. In: Gustav Hegi – Flora von Mitteleuropa. Bd. 3, T. 2. Berlin u. Hamburg: 461–532. – HANELT, P. 1968: Bemerkungen zur Systematik u. Anbaugeschichte einiger *Amaranthus*-Arten. Kulturpflanze **16**: 127–149. – SAUER, J. 1967: The grain amaranths and their relatives: a revised taxonomic and geographic survey. Ann. Miss. Bot. Gard. **54**: 103–137. – THELLUNG, A. 1914: *Amaranthaceae*. In: ASCHERSON, P., GRAEBNER. P.: Synopsis der mitteleuropäischen Flora. Bd. 5, 1. Leipzig: 220–370.

Bem.: *Iresine herbstii* u. *I. lindenii* gelangen bei Einjahrskultur meist nicht zur B. Sie weichen aber von den beschriebenen gleichfalls gegenständig beblätterten *Gomphrena*- u. *Achyranthes*-Arten durch ihre Buntlaubigkeit ab. Die oft auch mit farbigen Bl ausgestatteten *Alternanthera*-Sippen unterscheiden sich wiederum von den Iresinen in der Ausbildung ihrer Narben; erstere besitzen kopffg Narben, letztere jeweils 3 pfriemliche Narbenäste (Abb. **198**/3a, b). Während die aufgeführten *Alternanthera*-Sippen meist spitzblättrig sind (Abb. **198**/1), zeichnet sich die zerstreut anzutreffende *I. herbstii* oft durch vorn abgerundete, ± tief ausgerandete Bl aus (Abb. **198**/3).

1 Bl wechselständig (Abb. **197**/2). Staubbeutel 4fächrig . . . . . . . . . . . . . . . . . . . . . . **2**
1* Bl gegenständig (Abb. **197**/1). Staubbeutel 2fächrig . . . . . . . . . . . . . . . . . . . . . . . **3**
2 Staubfäden in ihrer unteren Hälfte zu einer häutigen Röhre verwachsen (Abb. **197**/2a). Griffel lg. Narbe ± kopfig. Fr mehrsamig. **Brandschopf** – *Celosia* S. 196
2* Staubfäden frei (Abb. **198**/4a). Griffel kurz od. fehlend, Narbenäste 2–4. Fr einsamig.
**Amarant, Fuchsschwanz** – *Amaranthus* S. 197
3 **(1)** Griffel geteilt, mit 2–4 pfriemlichen Narbenästen (*Iresine*: Abb. **198**/3a, b) . . . . . **4**
3* Griffel ungeteilt, Narben kopfig . . . . . . . . . . . . . . . . . . . . . . . . . . . . . . . . . . . . . **5**
4 Bl meist bunt (Abb. **198**/3). BStand rispig. **Iresine** – *Iresine* S. 199
4* Bl grün. BStand ± kopfig, purpurviolett, orange, rosa, rot, gelb od. weiß (Abb. **197**/1).
**Kugelamarant** – *Gomphrena* S. 199
5 **(3)** BStand ährig, bis 30 cm lg, an den Ästen endständig (Abb. **198**/2). Bl grün.
**Spreublume** – *Achyranthes* S. 198
5* BStand kopfig, bis 1 cm lg, sitzend, end- od. blattachselständig (Abb. **198**/1). Bl oft farbig. **Papageienblatt** – *Alternanthera* S. 198

**Brandschopf** – *Celosia* L. 45 Arten

Stg aufrecht, kahl. Bl lineal-lanzettlich bis linealisch, selten fast eifg. BStand ährig, eifg bis spitz zylindrisch (Abb. **197**/2). Deck-, Vor- u. BHüllBl jüngerer B zart purpurn, älterer B silbrig, pergamentartig durchscheinend. 0,15–0,50. ⊙ 7–9. **Z** s (var. *argentea*), z (var. *cristata*) Töpfe, Sommerrabatten; ▷ ○ ≃ (trop. As.; in den Tropen als Acker-unkraut weit verbreitet – 2 Varietäten: var. *argentea* u. die sich aus ihr ableitende var. *cristata*).                                        **Silber-B.** – *C. argentea* L. var. *argentea*

Kultur-Celosien: var. *cristata* (L.) KUNTZE: 2 Gruppen: Federbusch-Celosien [*C. plumosa* BURV.]: BStand rispig, schmal pyramidal, federbuschartig (Abb. **197**/4), gelb, rot, violett, weiß; Hahnenkamm-Celosien [*C. cristata* L.]: BStand verbändert, flach, gestutzt, kraus (Abb. **197**/3), purpurn, rosa, gelb, gelblich, violett; fruchtbare B nur in seinem unteren Teil (seit Mitte 16. Jh.). Bei der als „Celosia spicata" gehandelten Sippe handelt es sich vermutlich um eine Kulturform von *C. argentea*.

**Amarant, Fuchsschwanz** – *Amaranthus* L.                                       60 Arten

**1** BStand endständig, vom Grund an hängend (Abb. **198**/4), dunkelpurpurn, seltener auch anders gefärbt (z. B. bei der Sorte 'Viridis': B zuerst grün, später cremefarben). ♂ B 5zählig (Abb. **198**/4a). 0,30–0,80(–1,20). ☉ 7–9. **Z** z Bauerngärten, Sommerblumen-beete, Sommerrabatten ⋋ Trockenblume; KörnerFr in Peru, Boliv., N-Argent., Himal. von Kaschmir bis Bhutan (im Rückgang begriffen); ▷ Ende März od. Freilandaussaat Ende April bis Mitte Mai ○ hohe Luftfeuchtigkeit, in sommerlichen Trockenperioden reichlich gießen, Boden nährstoffreich, humos, durchlässig ⊕ (nur kult bekannt, ver-mutlich aus der an den Flussufern im extratrop. S-Am. verbreiteten *A. quitensis* HUMB., BONPL. et KUNTH hervorgegangen; verw. in der warmen u. gemäß. Zone – 1568 – *A. caudatus* mit 2 Unterarten: subsp. *caudatus*; subsp. *mantegazzianus* (PASS.) HANELT).
                                        **Garten-F.** – *A. caudatus* L. subsp. *caudatus*

**1\*** BStand blattachselständig od. verlängert u. endständig, aufrecht (höchstens von der Mitte an nickend), grün, gelblich od. rot . . . . . . . . . . . . . . . . . . . . . . . . . . . . . . . . . **2**

**2** BHüllBl 3. Endständige Scheinähre fehlt. BKnäuel unscheinbar, blattachselständig. Bl eifg-lanzettlich bis linealisch, spitz od. zugespitzt, 10–15 × 4,5–6 cm, verschieden ge-färbt. 0,30–1,20. ☉ 6–9. **Z** z Sommerblumenbeete, Sommerrabatten △; ▷ Ende März od. Freilandaussaat Ende April bis Mitte Mai ○ hohe Luftfeuchtigkeit, in sommerlichen Trockenperioden reichlich gießen, Boden nährstoffreich, humos, durchlässig ⊕ (nur kult bekannt – 1568 – 3 Convarietäten – ∞ Sorten: z.B. 'Flaming Fountains': Bl lanzettlich, karminrot od. bronzefarben; 'Illumination': Bl eifg bis elliptisch, rosa, die oberen mit goldnen Spitzen, die unteren kupferbraun). [*A. tricolor* L., *A. melancholicus* L., *A. sali-cifolius* VEITCH, *A. tricolor* subsp. *tricolor* apud AELLEN]
                                        **Dreifarben-A., Papageienkraut** – *A. tricolor* L. convar. *tricolor*

**2\*** BHüllBl (4–)5 . . . . . . . . . . . . . . . . . . . . . . . . . . . . . . . . . . . . . . . . . . . . . . . . . . . **3**

**3** Längere VorBl der meisten ♀ B etwa doppelt so lg wie die BHülle, (2–)4–6 mm lg, mit sehr lg Stachelspitze. BStand rot, rötlich bis gelblich. ☉ 8–9. **Z** s Sommerblumenbeete, Sommerrabatten ⋋ Trockenblume; KörnerFr im Himal., S-Indien, Sri Lanka, M-Am. bis SW-USA; ▷ Ende März ○ hohe Luftfeuchtigkeit, in sommerlichen Trockenperioden

1            2            3            4

reichlich gießen, Boden nährstoffreich, durchlässig (nur kult bekannt; vermutlich aus dem in den Gebirgen des westl. N-Am. u. S-Am. beheimateten *A. powellii* S. Watson hervorgegangen; verw. in D. – Sorten: Bl länglich-lanzettlich, purpurgrün, z. B. 'Green Thumb': BStand stark verzweigt, B gelbgrün, bis 0,60; 'Pygmy Torch': B braun, 0,30–0,45). [*A. flavus* L., *A. hybridus* L. subsp. *hypochondriacus* (L.) Thell., *A. chlorostachys* Willd. var. *erythrostachys* (Moq.) Aellen]                     **Trauer-F.** – *A. hypochondriacus* L.

3* Längere VorBl der meisten ♀ B 1–1,5mal so lg wie die BHülle, 2–4 mm lg, mit kurzer Stachelspitze. BStand rot, rötlich bis gelblich (grün). 0,20–1,00. ☉ 6–10. **Z** z Sommerblumenbeete, Sommerrabatten ⚔ Trockenblume; KörnerFr in Guatem. u. Mex., FarbstoffPfl der Indianer in den südwestl. USA; ⊐ Ende März, auch Freilandaussaat Ende April bis Mitte Mai ○ hohe Luftfeuchtigkeit, in sommerlichen Trockenperioden reichlich gießen, Boden nährstoffreich, durchlässig ⊕ (nur kult bekannt; verw. im subtrop. Am., in N-Am., O-Afr. u. im warmen bis warmgemäß. Eur. u. As., auch in D. – 1798 – formenreiche Art: variabel in Wuchs- u. BlForm, BStandsform u. -farbe: z. B. BStand kurz od. lg, verzweigt od. unverzweigt, aufrecht od. an der Spitze überhängend, dicht- od. lockerblütig, rot, schmutzig violett, grünlichrot, fleischfarbig, rotgelb, blassgelb od. selten grün – mehrere Sorten: z. B. 'Golden Giant': FrStände goldgelb). [*A. paniculatus* L., *A. hybridus* L. subsp. *cruentus* (L.) Thell.]                     **Rispiger A.** – *A. cruentus* L.

**Spreublume** – *Achyranthes* L.                                                8 Arten

Stg behaart. Bl kurz gestielt. BlSpreite br eifg od. br rhombisch, zugespitzt, beidseits graugrün, 2–12(–18) × (1–)2–7 cm. BStand ährig, rutenfg, lockerblütig, bis 45 cm lg (Abb. **198**/2). Deck- u. VorBl begrannt, BHüllBl spitz. Staubfäden am Grund zu einer Röhre verwachsen. 0,40–1,50(–2,00). ⚃ ☉, kult ☉ 7–9. **Z** s Sommerrabatten; ⊐ ○ (altweltl. Trop. u. Subtrop.: Straßen- u. Ackerränder, Schutt, 300–1450 m; verw. in Span. u. Sizil.).                                      **Spreublume** – *A. aspera* L.

**Papageienblatt** – *Alternanthera* Forssk.                                   100 Arten

Bem.: Die *A. ficoidea*-Verwandtschaft ist gekennzeichnet durch einen meist niedrigen Wuchs u. ± farbige, spatelfg, verkehrteifg, elliptische od. br lanzettliche Bl. Eine Nennung von charakteristischen Merkmalen für die hier als Sorten behandelten Sippen ist gegenwärtig m. E. nicht möglich. Diese Gruppe bedarf einer monographischen Bearbeitung.

Pfl aufrecht od. niederliegend. BStände sitzend, 5–10 mm lg, weißlich, blattachsel- od. endständig (Abb. **198**/1). 0,05–0,20(–0,30). ⚃ ♄, kult ☉ 6–10. **Z** z Sommerrabatten ⬦; ⊐ ⌇ ○ ◑ (M- u. S-Am. – 1862, 1865 – Sorten: 'Amoena' [*A. amoena* (Lem.) Voss]; 'Bettzickiana' [*A. bettzickiana* (Regel) G. Nicholson]; 'Versicolor' [*A. versicolor* (Lem.) Seubert]).                     **Papageienblatt** – *A. ficoidea* (L.) R. Br. ex Roem. et Schult.

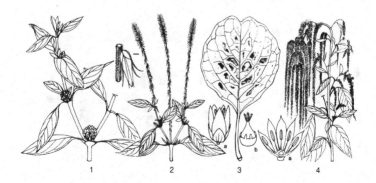

1                                 2                                 3                                 4

**Kugelamarant** – *Gomphrena* L. 120 Arten

1 Pfl striegelhaarig. B 2–3mal so lg wie die VorBl. Bl schmal lanzettlich, spitz, stachelspitzig, 3–5 × 0,4–0,5 cm. ⊙ 7–10. **Z** s Sommerrabatten; ⌴ ○ Dränage (S-Bras., Urug., Parag., Argent., Peru, Boliv.). **Niedlicher K.** – *G. pulchella* MART.

1* Pfl weichhaarig, zuweilen spärlich behaart. B kürzer als die VorBl (Abb. **197**/1a) . . 2

2 Pfl niederliegend, reich verzweigt. Bl länglich, stumpf od. spitz, stachelspitzig, useits behaart, 4,5–8 × 1,5–2 cm. BStand zuerst kuglig, später ± zylindrisch, weiß, gelb od. rosa. Bis 0,15 hoch, 0,10–0,50 lg. ⊙ 7–10. **Z** s Sommerrabatten; ⌴ ○ Dränage (Mex., Guatem., Antillen, Boliv., Parag.: Trockengebüsche, Weiden, Ödland). **Niederliegender K.** – *G. decumbens* JACQ.

2* Pfl aufrecht. Bl länglich, eifg od. lanzettlich, stumpf od. spitz, stachelspitzig, behaart, 2–10 cm lg. BStand kuglig (Abb. **197**/1), purpurviolett, rosa, rot od. orange, 2–3 cm ⌀. Bis 0,30. ⊙ 7–9. **Z** s Sommerrabatten ✂ Trockenblume; ⊙ Dränage (trop.–subtrop. Am. – 1714 – einige Sorten: z. B. 'Nana Compacta': 0,15). **Echter K.** – *G. globosa* L.

**Iresine** – *Iresine* P. BROWNE 80 Arten

1 BlSpreite rundlich bis verkehrteifg, vorn abgerundet u. tief, oft auch schief ausgerandet, 2–7,5 cm lg, grün od. grünlichrot mit gelben Nerven ('Aureoreticulata') od. karminrot ('Brilliantissima') od. rötlichpurpurn ('Wallisii') (Abb. **198**/3). 0,30–0,50(–1,50). ♄ ♃, kult ⊙. **Z** z Sommerrabatten, Balkonkästen ♧; ⌴, Kopf√ im Spätsommer, ○ ≃ Dränage (Bras. – 1864 – einige Sorten). **Brasilianische I., Brutblatt** – *I. herbstii* HOOK. f.

1* BlSpreite eifg od. länglich-lanzettlich, zugespitzt, 2,5–7,5 cm lg, grün mit gelben Nerven ('Formosa') od. dunkelrot mit roten Nerven. 0,20–0,60. ♄, kult ⊙. **Z** s Sommerrabatten, Balkonkästen ♧; ⌴, Kopf√ im Spätsommer, ○ ≃ Dränage Ⓚ (Ekuador – 1868). **Ekuadorianische I., Linden-I.** – *I. lindenii* VAN HOUTTE

## Familie **Gänsefußgewächse** – *Chenopodiaceae* VENT. 1400 Arten

1 Rankende ♃ mit BlStielranken. Bl herzfg, ganzrandig. **Rankspinat** – *Hablitzia* S. 200

1* Pfl nicht rankend, ⊙, ①,⊙ od. ♃ . . . . . . . . . . 2

2 Bl linealisch, 1–2(–3) mm br, ganzrandig, spitz, mit verschmälertem Grund sitzend. Pfl ⊙. **Dornmelde** – *Bassia* S. 203

2* Wenigstens die unteren Bl >5 mm br, ganzrandig, gezähnt od. gelappt, gestielt. Pfl ⊙, ①, ⊙ od. ♃ . . . . . . . . . . 3

3 Pfl ohne GrundBlRosette; auch die unteren StgGlieder gestreckt . . . . . . . . . . 4

3* Pfl mit GrundBlRosette an gestauchtem StgAbschnitt; wenn GrundBl zur BZeit abgestorben, dann die gehäuften basalen BlNarben erkennbar . . . . . . . . . . 5

4 Untere 2–6 Blattpaare gegenständig. B 1geschlechtig. Narben 2. FrHülle krautig, rundlich, ganzrandig. Pfl ⊙. **Melde** – *Atriplex* S. 202

4* Bis auf die KeimBl alle Bl wechselständig, höchstens die beiden unteren genähert. B ⚥. Pfl ⊙, ① od. ♃. **Gänsefuß** – *Chenopodium* S. 200

5 **(3)** Bl mit Stiel (15–)20–50 cm lg. GrundBlSpreite länglich-herzfg od. länglich, stumpf, in den meist >5 mm br, lg Stiel verschmälert, kahl, nicht mit Blasenhaaren bemehlt. FrKn halbunterständig. B ⚥. **Rübe** – *Beta* S. 200

5* Bl mit Stiel <25 cm lg, ihr Stiel meist <5 mm br. GrundBlSpreite 3eckig, eifg od. spießfg. FrKn oberständig . . . . . . . . . . 6

6 Bl 3eckig-spießfg, grob gezähnt. FrKnäuel fleischig, reif scharlachrot. **Gänsefuß** – *Chenopodium foliosum, Ch. capitatum* S. 201

6* LaubBl unter dem BStand entweder alle spießfg, od. eifg, pfeilfg bis spießfg, ganzrandig. Fr nicht in roten, fleischigen Knäueln . . . . . . . . . . 7

7 Bl unter dem BStand alle spießfg, useits deutlich von Blasenhaaren bemehlt, mattgrün. Pfl ♃. B ⚥. **Gänsefuß** – *Chenopodium* z. T. S. 200

**7\*** Bl eifg od. pfeilfg bis spießfg, nur jung etwas bemehlt, dunkelgrün, glänzend. Pfl ☉ od.
☉. B 1geschlechtig od. ♀.                                                    **Spinat** – *Spinacia* S. 202

**Rankspinat, Hablitzie** – *Hablitzia* M. BIEB.                                          1 Art

BlSpreite 10–15 × 6–11 cm, (fast) kahl, BlStiel 4–7 cm lg. B in schmalen, achsel- od.
endständigen Thyrsen, gestielt, ♀, selten ♀. BHülle 5zählig, 5–8 mm ∅, zur FrZeit
sternfg ausgebreitet. Fr öffnet sich mit Deckel. 1,50–4,00. ♃ ⚥ 7–9. **Z** s Begrünung von
Lauben, Gittern und Zäunen; ∨ ○ ◐ ≈ (Kauk.: schattige BergW, Schluchten).
                                        **Rankspinat, Schmerwurz-Hablitzie** – *Hablitzia tamnoides* M. BIEB.

**Rübe** – *Beta* L.                                                                 11–13 Arten

Lit.: BUTTLER, K. P. 1977: Revision von *Beta* Sektion *Corollinae* (*Chenopodiaceae*) Teil 1. Selbststerile
Basisarten. Mitt. Bot. Staatssammlg. München **13**: 255–336.

B in Knäueln zu 2–4(–5). BHülle zur FrZeit eingekrümmt, verhärtet, den FrKn ein-
schließend. StaubBl 5, die Staubfäden am Grund zu einem Ring verbunden. Narben
(2–)3(–5). 0,50–1,50(–2,00). ☉ ☉ 6–9. **W. N** v Äcker, Gärten; ∨ ○ Boden nährstoffreich,
Pfl etwas salztolerant (StammPfl: Wild-R., See-Mangold – *B. vulgaris* subsp. *maritima*
(L.) ARCANG.: B einzeln od. zu zweit. BlSpreite ± 8 cm lg. Pfl ohne Rübe (Medit., W-Eur.
bis Brit. u. SW-Schweden: Küsten; eingeb. in N- u. S-Am.).
                                                **Rübe, Beta-Rübe, Mangold** – *B. vulgaris* L. subsp. *vulgaris*

**1** Wurzel <3 cm ∅, verzweigt, nicht aus dem Boden ragend. Bl meist gelbgrün, mit verdicktem,
3–8(–10) cm br BlStiel (Abb. **201**/2). **N** v bes. Gärten: BlGemüse, Futter; **Z** s mit gelben, roten od.
purpurnen Bl ♣, Stauden- u. Sommerblumenbeete (kult in Medit. seit dem 2. Jahrtausend v. Chr.,
nach D. im Mittelalter durch die Römer, anfangs HeilPfl. Rückgang durch Spinat-Anbau – **Schnitt-
Mangold** – var. *cicla* L. s. l.: BlStiele nicht bandartig verbreitert, Bl als Kochgemüse; **Stiel-Mangold**
– var. *flavescens* DC: BlStiele bandartig verbreitert, 5–8(–10) cm br, weiß, rot, gelb od. grün, als
Kochgemüse – ∞ Sorten).                                             **Mangold** – convar. *cicla* (L.) ALEF.
**1\*** Rübe 4–25 cm ∅, unverzweigt, ± aus dem Boden ragend. BlStiel oben <3 cm br. Bl grün od. rötlich
überlaufen. **N** v Äcker, Gärten, Futter, Gemüse, Zucker.        **Rübe, Beta-Rübe** – convar. *vulgaris*

4 Varietäten:
**Rote R., Rote Bete** – var. *vulgaris*: Rübe <15 cm lg, purpurn bis blutrot, meist kuglig od. abgeflacht
(Abb. **201**/1). Stg u. Bl rot überlaufen. **N** bes. Gärten, Rübe als Kochgemüse (in N-It. seit 13. Jh.,
in D. seit 16. Jh., heute wichtigste Speiserübe – ∞ Sorten),
**Gelbe R., Gelbe Bete** – var. *lutea* DC.: Rübe goldgelb. **N** Rübe als Kochgemüse, Futter (in Frankr.
im 16. Jh., in D. seit 19. Jh., jetzt nur s in Gärten),
**Futter-R., Runkel-R.** – var. *rapacea* K. KOCH: Rübe >15 cm lg, in Form u. Farbe variabel, wal-
zen-, tonnen-, pfahl- od. eifg, selten plattrund, meist zu ¹⁄₃ bis ¹⁄₂ aus dem Boden ragend, unten kurz
zugespitzt (Abb. **201**/3,4). **N** Foldor, Gärten, Futter, Weiße R. auch Kochgemüse (Feldkultur im
Rheinland seit 18. Jh., in Mittel-D. um 1850),
**Zucker-R.** – var. *altissima* DÖLL: Rübe >15 cm lg, weiß, nach unten allmählich verschmälert, tief
wurzelnd, nur bis ¹⁄₄ aus dem Boden ragend (Abb. **201**/5). **N** v Felder bes. in Wärme- u. Löss-
gebieten (selektiert aus weißrübigen Pfl von var. *rapacea*. Zuckergehalt von 1,5% 1747 von Marg-
graf entdeckt, jetzt im ∅ 20%. Anbau in warmgemäß.-gemäß. Gebieten weltweit).

**Gänsefuß** – *Chenopodium* L.                                                      150 Arten

**1** Pfl ♃, mit >1,5 cm dickem, fleischigem Pleiokorm. GrundBl in Rosette, zur FrZeit abge-
storben. BlSpreite spießfg, 4–10 × 2–9 cm, (fast) ganzrandig, der Rand wellig. Stiel der
GrundBl bis 15 cm lg. Narben 2. 0,20–0,80. ♃ i 6–9. **W. N** s BlGemüse; ∨ Kaltkeimer
♈ ○ Boden nährstoffreich (S-, W- u. Z-Eur.: Lägerfluren im Gebirge, ruderal; eingeb. im
Tiefland bis N-Eur. u. N-Am. – kult seit Mittelalter, heute seltene RuderalPfl).
                                                         **Guter Heinrich** – *Ch. bonus-henricus* L.
**1\*** Pfl ☉ od. ☉, Wurzel <1,5 cm ∅, wenn dicker, dann Bl nicht spießfg ............ **2**
**2** Bl bes. useits mit kurzen kopfigen Drüsenhaaren od. eingesenkten Drüsenpunkten, aro-
matisch riechend, nicht bemehlt ........................................................ **3**

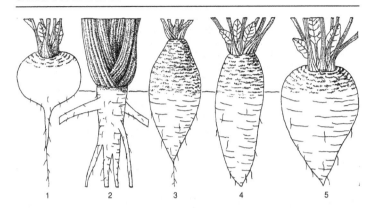

1    2    3    4    5

**2\*** Bl nicht drüsig, kahl od. durch Blasenhaare bemehlt, nicht aromatisch riechend, zuweilen wie alter Fisch stinkend ........................................... **4**

**3** Bl im Umriss länglich bis elliptisch od. eifg, tief buchtig gelappt bis geteilt, oft mit gezähnten Zipfeln u. br, zuweilen fast eckigen Buchten, meist <3 cm lg. B in achselständigen, lockeren Dichasien. GesamtBStand schmal zylindrisch, 2,5–5 cm ⌀. 0,20–0,70. ☉ 5–8. **W**. Bis 19. Jh. **N** v Gärten früher Heilpfl: Tee gegen Lungen- u. Gebärmutter-Krankheiten, krampflösend, Motten- u. Schabenkraut; Lichtkeimer ○ (warmes bis warmgemäß. Eur. u. W-As.: Küsten, Salzstellen; eingeb. im gemäß. Eur., Am. u. O-As.). [*Teloxys botrys* (L.) W. A. WEBER, *Neobotrydium botrys* (L.) MOLDENKE, *Dysphania botrys* (L.) MOSYAKIN et CLEMANTS] **Klebriger G., Eichenblättriger G.** – *Ch. botrys* L.

**3\*** Bl lanzettlich bis verkehrteifg, entfernt geschweift-gezähnt bis gelappt od. ganzrandig, mittlere mit Stiel meist 6–10 cm lg, unangenehm herb aromatisch. B einzeln od. in Knäueln, sitzend. GesamtBStand >5 cm ⌀, mit 2–12 cm lg, dünnen, abstehenden Seitenzweigen. 0,50–1,20. ☉, in der Heimat auch ⧣ 6–8. Früher **N** HeilPfl gegen Spul- u. Hakenwürmer, krampfstillend, Abortivum, Motten- u. Schabenkraut, giftig durch Ascaridon; v 3–4 ⯈, im Mai auspflanzen ○ Boden nährstoff-, bes. phosphorreich (trop. u. subtrop. Am. bis S-USA u. Patagonien: Küsten, Salzstellen, ruderal; eingeb. im subtrop. bis warmgemäß. Afr., Medit., As. u. Austr. – formenreich: kult bes. var. *anthelminthicum* (L.) A. GRAY [*Chenopodium anthelminthicum* L.]: Seitenzweige fast ohne HochBl; aber auch var. *ambrosioides*: Seitenzweige des BStandes bis oben mit kleinen HochBl – Anfang 17. Jh.). [*Dysphania ambrosioides* (L.) MOSYAKIN et CLEMANTS] **Wurmsamen, Mexikanisches Teekraut, Jesuitentee** – *Ch. ambrosioides* L.

**4** **(2)** BKnäuel kuglig. FrKnäuel fleischig, zur Reife himbeerähnlich, scharlachrot, aber fad schmeckend. Pfl niederliegend-aufsteigend ............................. **5**

**4\*** BKnäuel nicht kuglig. FrKnäuel nicht fleischig, grünlich bleibend .............. **6**

**5** Alle BKnäuel mit TragBl. Untere Bl jederseits mit 2–6 tiefen Zähnen, nicht gekielt, Seitenflächen flach. 0,15–0,70. ☉ ① 6–8. **W**. Bis Mitte 19. Jh. **N** z Gärten BlGemüse; heute **Z** s Sommerblumenbeete ⚘; ○ (warmes bis warmgemäß. Eur., W- u. Z-As.: Fels- u. Schotterhänge bis subalpin; in Z-Eur. s verw.). [*Blitum virgatum* L.] **Durchblätterter Erdbeerspinat** – *Ch. foliosum* ASCH.

**5\*** Nur die unteren BKnäuel mit TragBl. Untere Bl jederseits mit 1–3 Zähnen od. ganzrandig. Sa 0,8–1 mm lg, die hellbraunen, dünnschaligen am Rand deutlich gekielt, die dickschaligen, schwarzbraunen nicht, Seitenflächen gerundet. (0,15–)0,30–0,70. ☉ ① 6–8. Früher **N**: BlGemüse, seltener als *Ch. foliosum*; jetzt nur **Z** s Rabatten, Sommerblumenbeete, lange ⚘ ○ (N-Am. von Alaska u. Quebec bis Ariz. u. Illinois: sandige Wiesen,

offne Gehölze, Waldlichtungen, im S bis 3000 m; verw. in Eur. u. As.). [*Blitum capitatum*
L.]                                  **Kopfiger Erdbeerspinat** – *Ch. capitatum* (L.) Asch.
6  **(4)** Größere StgBl am Grund ± herzfg, grob buchtig gezähnt, lg zugespitzt. Pfl nicht
mehlig bestäubt, <0,80 m hoch. Sa rund, abgeflacht, 1–2 mm ⌀. 0,30–0,80. ☉ 6–9. **W**.
Im 16. Jh. **N** BlGemüse; ○ ⊕ (warmes bis warmgemäß. kontinentales Eur. u. As.: Läger-
fluren, Nagerbauten, Ufer, ruderal; eingeb. in N-Am.).
                                          **Stechapfelblättriger G.** – *Ch. hybridum* L.

Bem.: **Stink-G.** – *Ch. vulvaria* L: Pfl wie alter Fisch stinkend, liegend-aufsteigend. Bl ganzrandig, br
eifg-rhombisch, <3 cm lg, stark kleiig bemehlt. 0,10–0,40. ☉ ① 6–9. **W**. Bis 19. Jh. **N**: in der Lausitz
HeilPfl gegen Frauenkrankheiten nach der Signaturenlehre (warmes bis warmgemäß. Eur., W-As.; in
Z-Eur. eingeb., jetzt seltene RuderalPfl, eingeb. auch in N- u. S-Am.).

6* Größere StgBl br 3lappig-eifg, keilfg in den Stiel verschmälert, Seitenlappen unregel-
mäßig buchtig gezähnt, 8–15 cm lg, jung stark weiß bis rötlich behmelt. Pfl meist >1 m
hoch. Sa 1,8–2,5 mm ⌀. FrStand >3 cm ⌀, klumpig zusammengezogen. (0,80–)
1,00–2,50. ☉ 6–9. **N**: Inka-Brotgetreide seit prähistorischer Zeit; in D. Anbauversuche
aufgegeben, da Kultur aufwändig: Anzucht im ▷ und Auspflanzen, Fr oft nicht reifend,
bittere Saponine der FrSchale mit Sodalauge auswaschen (Anden von Ekuador, Peru,
Boliv.: Berghänge, kult auch in Argent., Chile; in den Anden bis 4200 m – formenreich).
                        **Reis-G., Reismelde, Reisspinat, Quinoa** – *Ch. quinoa* Willd.

Ähnlich hochwüchsig: **Riesen-G., Spinatbaum** – *Ch. giganteum* Don [*Ch. amaranticolor* (Coste et
Reyn.) Coste et Reyn., *Ch. purpurascens* hort. non Jacq.]: 1,50–3,00(–4,00). ☉ 6–8. Spreite der grö-
ßeren Bl bis 18 × 16 cm, br 3eckig od. rhombisch-eifg, jung mit rotvioletten Blasenhaaren bemehlt,
ziemlich gleichmäßig spitz gezähnt. Sa 1–1,2 mm ⌀, schwarz, bei kult Formen weiß. In Indien **N**:
BlGemüse u. MehlFr, in D. purpurblättrige Formen als **Z** s Solitär; ○ Boden nährstoffreich (Nepal, N-
Indien, SW-China: nur kult).

**Melde** – *Atriplex* L.                                                        300 Arten
Die von 2 VorBl gebildete FrHülle fast kreisrund, 7–15 mm ⌀, ganzrandig, höchstens
mit kleiner Spitze. BlSpreite 5–20 × 3–10 cm, beidseits fast gleichfarbig, gezähnt od.
ganzrandig, untere br spießfg od. herzfg-3eckig, anfangs bemehlt, später verkahlend,
glanzlos. ♀ B u. Fr 2gestaltig, mit od. ohne PerigonBl. Fr 3,5–4,5 mm lg, ihr Stiel inner-
halb der HochBl fast ebenso lg. 0,30–1,50. ☉ 7–9. **W**. **N**: im Mittelalter und in der
Renaissance wichtiges BlGemüse, durch Spinat verdrängt, heute s; **Z** s rot- u. gelbblätt-
rige Form ♠; ○ Boden nährstoffreich (als KulturPfl aus der Glanz-M. – *A. sagittata*
Borkh. entstanden, diese heimisch im warmen bis warmgemäß. kontinentalen O-Eur.
u. W-As., eingeb. im gemäß. Eur. u. Am. – formenreich: var. *hortensis*: Bl grün; var.
*rubra* Roth [var. *atrosanguinea* hort., f. *ruberrima* hort.]: Bl purpurn; var. *lutea* Alef.: Bl
gelb; Sorte 'Cupreatorosea' [var. *cupreata* hort.]: Pfl mit kupferfarbigem Metallglanz).
                                                       **Garten-M.** – *A. hortensis* L.

**Spinat** – *Spinacia* L.                                                        3 Arten
B in Knäueln. Narben u. StaubBl 4–5. ♂ B in unbeblätterten, schmalen Thyrsen, ihr
Perigon (3–)4(–5)teilig, krautig. ♀ B in achselständigen Knäueln, ohne Perigon, Fr von
2(–4) VorBl eingeschlossen. 0,30–0,60(–1,00). ☉ ① i 6–9. **W**. **N** Gärten, Felder; BlGe-
müse gekocht od. als Salat; keimt nicht bei Nässe ○ Boden nährstoffreich ≃ kult meist
Frühjahr od. Herbst über Winter, im Sommer schießend, wenige Sorten ganzjährig (nur
in Kultur bekannt; StammPfl: *Sp. turkestanica* Iljin: B untereinander verwachsen, Bl fie-
derschnittig (Orient, M-As.) – kult im Iran seit Altertum, im 12. Jh. durch Araber nach
Span., im 13. Jh. in D., im 16. Jh. hier überall, verdrängt andere BlGemüse – Primitiv-
sorten mit 2–3(–6)dorniger FrHülle (var. *oleracea*), meiste jetzt kult Sorten rundfrüchtig
(var. *inermis* (Moench) Metzg.) – abführend durch Saponin-Gehalt, bei Konserven Bil-
dung giftiger Nitrite möglich).                                  **Spinat** – *Sp. oleracea* L.

**Dornmelde, Sommerzypresse** – *Bassia* Juss.                           21 Arten

Die kult Sippe vom Grund an sehr dicht verzweigt, Zweige steil aufwärts gerichtet. Bl 1(–3)nervig, bis 5 cm lg. B unscheinbar, achselständig, kurz gestielt. Perigon 5teilig, eingebogen, die Fr einschließend. 0,40–1,50. ☉ 7–9. **W**. **Z** Sommerrabatten, Solitär, Beeteinfassung, in S-Eur. u. As. zur Besen-Herstellung; Sa langlebig ⩖ März–April ▭ bei 18°, luftig, hell, im Mai auspflanzen, auch Freiland- u. Selbstaussaat, ○ ◑ Boden durchlässig, nicht nährstoffreich (die Art s. l. im warmen bis warmgemäß. M- u. Z-As.: versalzte Sand- u. Tonsteppen, ruderal – formenreich: subsp. *densiflora* (Turcz. ex B. D. Jacks.) Cirujano et Velayos: Bl länglich-eifg bis lanzettlich, >4 mm br; in D. nur RuderalPfl – kult nur schmalblättrige Sorten von subsp. *scoparia* [*Kochia scoparia* (L.) Schrad. subsp. *culta* (Voss) O. Bolós et Vigo, *K. trichophylla* Voss]: 'Trichophylla': Bl gelbgrün, im Herbst rot – 1898; 'Childsii': [var. *childsii* Kraus]: Bl grün bleibend – 1754).

**Besen-D., Sommerzypresse** – *B. scoparia* (L.) A. J. Scott

## Familie **Portulakgewächse** – *Portulacaceae* Adans.           380 Arten

Lit.: Eggli, U. (Hrsg.) 2002: Sukkulenten-Lexikon. Bd. 2, Stuttgart.

Bem.: Zum Bestimmen sind Fr notwendig.

1   Fr kreisfg aufreißend (Deckel aufspringend, Deckel-Kapsel) . . . . . . . . . . . . . . . . . **2**
1*  Fr von der Spitze her aufreißend . . . . . . . . . . . . . . . . . . . . . . . . . . . . . . . . . . . . . **3**
2   Pfl ♃. Wurzel rübenfg. FrKn oberständig. Fr nahe der Basis aufreißend.
                        **Bitterwurz, Lewisie** – *Lewisia* S. 203
2*  Pfl ☉. Wurzel nicht rübenfg. FrKn unter- od. halbunterständig. Fr in der Mitte aufreißend.
                                          **Portulak** – *Portulaca* S. 204
3   StgBl wechselständig, meist >2 od. alle Bl grundständig.
                                      **Calandrinie** – *Calandrinia* S. 204
3*  StgBl gegenständig, stets nur 2, frei od. manschettenartig verwachsen. Übrige Bl grundständig.
                                          **Claytonie** – *Claytonia* S. 205

**Bitterwurz, Lewisie** – *Lewisia* Pursh                               22 Arten

Lit.: Mathew, B. 1989: The genus Lewisia. Richmond.

Bem.: Gattung mit ∞ kulturwürdigen Hybr u. Sorten. – Kaltkeimer!

1   Stg meist 1blütig, die BlRosette nicht od. kaum überragend. Pfl im Sommer laubwerfend
    . . . . . . . . . . . . . . . . . . . . . . . . . . . . . . . . . . . . . . . . . . . . . . . . . . . . . . . . . . . . **2**
1*  Stg 1–∞blütig, die BlRosette überragend. Pfl immergrün . . . . . . . . . . . . . . . . . . . **4**
2   B sitzend od. sehr kurz gestielt, 3–5 cm ⌀, weiß bis zartrosa. Bl verkehrtlanzettlich, 3–8 cm lg, 0,5–1,5 cm br (Abb. **204**/3). 0,05–0,08. ♃ 5–6. **Z** s Trockenmauern ⌂; ⩖ ○ Dränage, im Sommer Nässeschutz ⊖ (SW- USA, W.-Mex.: Bergwiesen auf Sandboden, 1370–2450 m – 1875).       **Kurzkelchige B.** – *L. brachycalyx* Engelm. ex A. Gray
2*  B deutlich gestielt . . . . . . . . . . . . . . . . . . . . . . . . . . . . . . . . . . . . . . . . . . . . . . . **3**
3   BStg meist kürzer als die Bl. Bl schmal linealisch bis lineal-verkehrtlanzettlich, 4–15 cm lg, 2–6 mm br, blaugrün (Abb. **204**/1). B 2–3,5 cm ⌀, weiß od. selten rosarot. 0,05–0,15. ♃ 6–7. **Z** s Trockenmauern ⌂; ⩖ ○ Dränage, Nässeschutz ⊖ (W-USA: feuchte kiesige od. sandige Flächen, Wiesen in Quellennähe, 1300–3200 m – 1880).
                                          **Nevada-B.** – *L. nevadensis* (A. Gray) B. L. Rob.
3*  BStg länger als Bl. Bl linealisch, fast stielrund, 0,5–5 cm lg. B 5–6 cm ⌀, rosa, weiß od. karminrot (Abb. **204**/2). 0,04–0,06. ♃ **Z** s Trockenmauern ⌂; ⩖ ○ Dränage, Nässeschutz ⊖ (SW- Kanada, W-USA: offne felsige Stellen, 750–1850 m – 1863).
                                          **Auferstehende B.** – *L. rediviva* Pursh
4   (1*) Sa ohne ÖlKörper, Bl meist spatelfg, fleischig, 6–10 cm lg, 1–4 cm br. B 2–4 cm ⌀, verschiedenfarbig, rosa mit dunkelrosa bis purpurnen Streifen, weiß bis cremefarben mit gelben bis orangen Streifen (Abb. **204**/4a). 0,10–0,30. ♃ i 4–6. **Z** z △ ⌂; ⩖ ∿ (Bl)

○ Dränage, Nässeschutz ⊖ (W-USA: nordexponierte Felsflächen auf Granit, Serpentin, Schiefer od. Sandstein, 300–2290 m – 1906).

**Gewöhnliche B.** – *L. cotyledon* (S. WATSON) B. L. ROB.

Varietäten: var. *heckneri* (C. V. MORTON) MUNZ: BlRand mit auffallenden fleischigen Zähnen (Abb. **204**/4c). **Z** z – var. *howellii* (S. WATSON) JEPS.: BlRand stark gekräuselt u. gewellt (Abb. **204**/4b). **Z** z.

**4\*** Sa mit Ölkörper; wenn ohne, dann B 1–2 cm ∅ .............................. **5**
**5** Bl schmal verkehrteilanzettlich, 2–10 cm lg, 3–8 mm br. BStand ∞blütig. B 1–2 cm ∅, weiß (zuweilen rosa geadert), rosa bis magentarot. Sa ohne Ölkörper. Rand oberer StgBlchen mit rotbraunen Drüsen. 0,10–0,25. ♃ i 5–7. **Z** s △ ⓐ; Ⅴ ○ ☽ Dränage, Nässeschutz ⊖ (SW-Kanada, NW-USA: felsige Hänge u. Felsritzen auf Granit, Sandstein u. Serpentin, 500–2300 m – 1907 – formenreich).
                                        **Columbia-B.** – *L. columbiana* (HOWELL ex A. GRAY) B. L. ROB.
**5\*** Bl br verkehrteilanzettlich od. verkehrteifg, 4–8 cm lg, 2,5–5 cm br. BStand 1–3blütig. B 4–5 cm ∅, rosa-pfirsichfarben bis gelblich od. seltener weiß. Sa mit Ölkörper. 0,10–0,20. ♃ i 5–6. **Z** s Trockenmauern ⓐ; Ⅴ ⌁ (Rosetten) ○ ☽ Dränage, Nässeschutz ⊖ (SW-Kanada, NW-USA: wasserdurchlässige Granitfelshänge in saurem Kiefernnadelmull, 600–2135 m – 1898). [*Cistanthe tweedyi* (A. GRAY) HERSHK.]
                                        **Große B.** – *L. tweedyi* (A. GRAY) B. L. ROB.

**Portulak** – *Portulaca* L.                                                        40 Arten

**1** Pfl aufrecht, stängelständige Haarbüschel in den Achseln der Bl. Bl zylindrisch, spitz, 1–2,5 cm lg, bis 2,5 mm ∅. B 4 cm ∅, am Standort leuchtend magentarot, durch Züchtung gelb, orange, rosa, rot, weiß, zuweilen gestreift, auch gefüllt. 0,10–0,15. ☉ 6–9. **Z** v Freilandsukkulenten- u. Sommerblumenbeete; ○ ~ (Urug., Argent.: sandige Böden – 1827 – einige Sorten).                **Portulakröschen, Großblütiger P.** – *P. grandiflora* HOOK.

Ähnlich: **Flachblättriger P.** – *P. umbraticola* HUMB., BONPL. et KUNTH: Pfl niederliegend bis aufrecht. Bl flach, verkehrteifg, spatelfg od. lanzettlich, 1–3,5 cm lg, 0,2–1,5 cm br. B 1–2,2 cm ∅, orange, rot, rosalila, weiß u. gelb. **Z** z Ampeln, Pflanzschalen; ⌁ ▷ ○ (N-, M- u. S-Am.).

**1\*** Pfl niederliegend, kahl. Bl flach, verkehrteifg od. spatelfg, vorn gerundet od. gestutzt bis ausgerandet, am Grund keilig, 1–2 cm lg. B 4 mm ∅, gelb. 0,10–0,30. ☉ 6–9. **W. N** z Nutzgärten, Gemüse: Salat; Lichtkeimer ○ (kult nur subsp. *sativa* (HAW.) ČELAK.: Pfl aufsteigend bis aufrecht. Bl 3–4 cm lg).                                **Gemüse-P.** – *P. oleracea* L.

**Calandrinie** – *Calandrinia* HUMB., BONPL. et KUNTH                                60 Arten

**1** Bl verkehrteilanzettlich, am Grund keilig, fleischig, kahl, graugrün. BlMittelrippe useits stark hervortretend, grundständige Bl 10–20 cm lg, bis 2,5 cm br. Wuchs aufrecht. B in

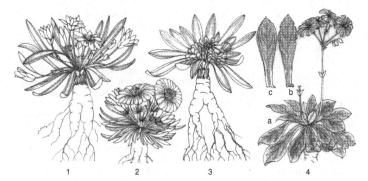

1                    2                    3                    4

rispenähnlichen BStänden, 2,5–5 cm ⌀, rosenrot bis purpurn. 0,30–0,90. ⚄–ʰ i, kult ☉ 6–9. **Z** s Freilandsukkulenten- u. Sommerblumenbeete; Lichtkeimer ○ (M-Chile: steinige Böden, Küste u. Binnenland – 1826). [*Cistanthe grandiflora* (LINDL.) CAROLIN ex HERSHK.] **Großblütige C. –** *C. grandiflora* LINDL.

**1\*** Bl linealisch, spitz, behaart, 1,5–2 cm lg. Pfl niederliegend bis aufsteigend-aufrecht. B in doldenähnlichen BStänden, ∞, bis 2 cm ⌀, leuchtendrot bis violett. 0,10–0,15. ⚄–ʰ i, kult ☉ 6–9. **Z** s Sommerblumenbeete; ○ (Chile, Peru – 1826).
**Schirm-C., Doldenblütige C. –** *C. umbellata* (RUIZ et PAV.) DC.

**Claytonie –** *Claytonia* L. 24 Arten

**1** StgBl durchwachsen. 0,07–0,35. ☉ 4–6. **W. N** s Salat, Gemüse. [*Montia perfoliata* (DONN ex WILLD.) HOWELL] **Tellerkraut, Kubaspinat –** *C. perfoliata* DONN ex WILLD.
**1\*** StgBl nicht durchwachsen . . . . . . . . . . . . . . . . . . . . . . . . . . . . . . . . . . . . . . . . . . . . **2**
**2** Pfl ohne Knolle. GrundBlSpreite br bis schmal eifg, BlStiel 2–3mal so lg wie die BlSpreite. 0,10–0,20. ⚃ (zuweilen ☉) 4–6. **W. Z** s Gehölzgruppen; ∀ ○ ◐ [*Montia sibirica* (L.) HOWELL] **Sibirische C. –** *C. sibirica* L.
**2\*** Staude mit unterirdischer Knolle. GrundBlSpreite lineal-lanzettlich, ihr Stiel so lg wie die Spreite, GrundBl zuweilen zur BZeit bereits fehlend. 0,10–0,25. ⚃ ⚘ 4–5. **Z** s Gehölzgruppen; ∀ ◐ (östl. N-Am.: BreitlaubW – 1786). **Virginische C. –** *C. virginica* L.

## Familie **Knöterichgewächse –** *Polygonaceae* JUSS. 1100 Arten

**1** NebenBlScheide fehlt. BStände od. TeilBStände mit einem od. mehreren Hüllbechern (Abb. **206**/2,4). **Wollknöterich –** *Eriogonum* S. 206
**1\*** NebenBlScheide vorhanden (Abb. **205**/1). BStände od. TeilBStände ohne Hüllbecher
. . . . . . . . . . . . . . . . . . . . . . . . . . . . . . . . . . . . . . . . . . . . . . . . . . . . . . . . . . . . . . . . **2**
**2** BHüllBl zur FrZeit vergrößert, weiß u. fleischig, die 3kantige Nuss umhüllend (Abb. **205**/7). Spalier- od. Kletterstrauch. **Mühlenbeckie –** *Muehlenbeckia* S. 210
**2\*** BHüllBl zur FrZeit nicht fleischig; wenn fleischig, dann schwärzlich. Staude- od. EinjahrsPfl, selten Kletter- od. Spalierstrauch . . . . . . . . . . . . . . . . . . . . . . . . . . . . . . **3**
**3** Rundliche bis längliche drüsige Vertiefung (Grubennektarium) unter dem BlStielansatz (Abb. **205**/1). BHülle mit 3 Flügeln od. Leisten (Abb. **205**/2). Kletterstrauch od. hohe Staude. **Flügelknöterich –** *Fallopia* S. 208
**3\*** Grubennektarium unter dem BlStielansatz fehlt. BHülle ohne Flügel od. Leisten . . **4**
**4** BHüllBl meist (*Rh. nobile, Rh. alexandrae* 4–)6. Fr eine 3flüglige Nuss (Abb. **205**/3). StaubBl meist (7–)9. **Rhabarber –** *Rheum* S. 207
**4\*** BHüllBl 4 od. 5. Fr eine linsenfg (Abb. **205**/6), 3kantige (Abb. **205**/5) od. 2flüglige Nuss (Abb. **205**/4). StaubBl 4–8 . . . . . . . . . . . . . . . . . . . . . . . . . . . . . . . . . . . . . . . . . . **5**
**5** BHüllBl 4. Bl grundständig. Fr eine 2flüglige Nuss (Abb. **205**/4).
**Säuerling –** *Oxyria* S. 207
**5\*** BHüllBl 5. Fr eine linsenfg od. 3kantige Nuss . . . . . . . . . . . . . . . . . . . . . . . . . . . . **6**
**6** Pfl ☉ . . . . . . . . . . . . . . . . . . . . . . . . . . . . . . . . . . . . . . . . . . . . . . . . . . . . . . . . . . . . **7**
**6\*** Pfl ⚃ . . . . . . . . . . . . . . . . . . . . . . . . . . . . . . . . . . . . . . . . . . . . . . . . . . . . . . . . . . . . **8**

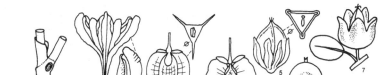

**7** BlSpreite eifg, am Grund gerundet od. herzfg. Griffel 2. Fr linsenfg (Abb. **205**/6).
　　　　　　　　　　　　　　　　　　　**Knöterich** – *Persicaria* S. 210
**7\*** BlSpreite br spießfg bis pfeilfg-dreieckig. Griffel 3. Fr 3kantig.
　　　　　　　　　　　　　　　　　　　**Buchweizen** – *Fagopyrum* S. 210
**8** **(6)** BStand rispig.　　　　　　**Bergknöterich** – *Aconogonon* S. 209
**8\*** BStand scheinährig od. kopfig . . . . . . . . . . . . . . . . . . . . . . . . . . . . . . . . . . . . . . . . **9**
**9** Wasserbewohnende Ausläuferstaude (SchwimmBlPfl) mit scheinährigen BStänden od.
landbewohnende Kriechtriebstaude mit kopfigen BStänden (Abb. **209**/3).
　　　　　　　　　　　　　　　　　　　**Knöterich** – *Persicaria* S. 210
**9\*** Landbewohnende Rhizom- (Abb. **209**/5) od. Rübenstaude od. landbewohnender Spa-
lierstrauch (Abb. **209**/2,4).　　　　　**Wiesenknöterich** – *Bistorta* S. 208

**Wollknöterich** – *Eriogonum* MICHX.　　　　　　　　　　240 Arten

Lit.: ABRAMS, L. 1950: *Eriogonum* MICHX. In: Illustrated Flora of Pacific States. Stanford, Calif. Bd. 2:
19–49. – HITCHCOCK, C. L. et al. 1964: *Eriogonum* MICHX. In: Vascular plants of the Pacific Northwest.
Seattle. Bd. 2: 104–138.

Bem.: zu Abb. **206**: **Hc** Hüllchen, **Hb** Hüllbecher.

**1** B in endständigen Köpfen (Abb. **206**/1) . . . . . . . . . . . . . . . . . . . . . . . . . . . . . . . **2**
**1\*** B in Dolden, Doppeldolden (Abb. **206**/5) od. Dichasien (Abb. **206**/7) . . . . . . . . . . . **5**
**2** BStandsachse etwa in ihrer Mitte mit 1 HochBlQuirl (Abb. **206**/1). Bl 10–20 mm lg, ver-
kehrteifg bis verkehrteilanzettlich, weißhaarig. BStand mit 1 Hüllbecher (Abb. **206**/1,2).
0,03–0,12. h i ⌐ 5–8. **Z** s △; ∀ ⟲ ○ Dränage, Schutz vor Winternässe (westl. N-Am.:
trockne Felsen, 1350–2450 m).　　　　　**Douglas-W.** – *E. douglasii* BENTH.
**2\*** BStandsachse in ihrer Mitte ohne HochBlQuirl, blattlos, höchstens unmittelbar unter
dem BKopf mit einigen HochBl . . . . . . . . . . . . . . . . . . . . . . . . . . . . . . . . . . . . . . . **3**
**3** BStand mit 1 Hüllbecher. Bl 5–10 mm lg, eifg bis elliptisch. 0,02–0,10. h i ⌐ 5–8. **Z** s
△; ∀ ⟲ ○ Dränage, Schutz vor Winternässe (westl. N-Am.: steinige, kiesige, vulkani-
sche Böden, 1550–2650 m).　　　　　**Rasenbildender W.** – *E. caespitosum* NUTT.
**3\*** BStand mit 2 od. mehreren Hüllbechern . . . . . . . . . . . . . . . . . . . . . . . . . . . . . . . . **4**
**4** BHüllBl hellgelb, ungleich, die 3 äußeren elliptisch mit schwach herzfg Grund (Abb.
**206**/9), die 3 inneren br spatelfg. Bl 4–12 mm lg, kreisfg bis verkehrteifg. 0,05–0,20. h
i ⌐ 7–11. **Z** s △; ∀ ⟲ ○ Dränage, Schutz vor Winternässe (westl. N-Am.: alp.
Felshänge, 1500–3600 m – einige Unterarten). **Eiblättriger W.** – *E. ovalifolium* NUTT.
**4\*** BHüllBl weiß od. rosa, gleich, am Grund nicht herzfg (Abb. **206**/10). Bl 5–8 mm lg, eifg bis
länglich-linealisch, am Rand zurückgebogen. 0.05–0,15. h ⌐ 6–8. **Z** △; ∀ ⟲ ○ Drä-
nage, Schutz vor Winternässe (westl. N-Am.: trockne Hänge, Gebirgsgrate, 1200–3000 m
oinige Untorarten).　　　　　　　**Kennedy-W.** – *E. kennedyi* PORTER

**5 (1)** B in Dichasien (Abb. **206**/7). Bl 15–60 mm lg, länglich-eifg bis br lanzettlich. BHüllBl ungleich, äußere br elliptisch, innere spatelfg (Abb. **206**/8). 0,15–0,45. ʜ i ⌒ 6–9. Z s △; Ⅴ ⌇ ○ Dränage, Schutz vor Winternässe (westl. N-Am.: trockne, offne Standorte, bis 1850 m). **Schnee-W.** – *E. niveum* Douglas ex Benth.

**5\*** B in Dolden od. Doppeldolden (Abb. **206**/5) ............................... **6**

**6** LaubBl in locker am Stg angeordneten Büscheln (Kurztriebe), 6–15 mm lg, lineal-verkehrteilanzettlich, am Rand zurückgebogen, ledrig. 0,60–1,20. ʜ i 5–11. **Z** s ⓐ △; ○ in den USA; Ⅴ ○ Dränage, Schutz vor Winternässe ⌃ (Kalif., Utah: trockne Hügel, Schluchten in Meeresnähe, bis 2100 m). **Büschelblättriger W.** – *E. fasciculatum* Benth.

**6\*** LaubBl grundständig ................................................. **7**

**7** BHüllBl außen behaart. Bl 3–10 cm lg, linealisch bis schmal länglich-elliptisch od. verkehrteilanzettlich. 0,05–0,20(–0,30). ʜ i ⌒ 7–9. **Z** s △; Ⅴ ⌇ ○ Dränage, Schutz vor Winternässe (westl. N-Am.: alp. Bergrücken). **Goldner W.** – *E. flavum* Nutt.

**7** BHüllBl außen kahl .................................................... **8**

**8** Bl (2,5–)5–20 cm lg. BlSpreitengrund keilig bis herzfg. BlStiel länger als die Spreite (Abb. **206**/6). BStandsachse kahl od. fast kahl. Doldenstrahl-Ende mit Hüllchen (Abb. **206**/5), ohne Hüllbecher; Döldchenstrahl-Ende mit Hüllbecher (Abb. **206**/4). 0,20–0,50. ʜ i ⌒ 7–9. **Z** s △; Ⅴ ⌇ ○ Dränage, Schutz vor Winternässe (westl. N-Am.: Felsen, trockne Felshänge, bis 2500 m). **Korbblütiger W.** – *E. compositum* Douglas ex Benth.

**8\*** Bl (1–)2,5–5 cm lg. BlSpreitengrund keilig, nie herzfg. BlStiel etwa so lg wie die Spreite (Abb. **206**/3). BStandsachse flockig behaart. Doldenstrahl-Ende mit 1 Hüllbecher, ohne Hüllchen. 0,08–0,35. ʜ i ⌒ 6–9. **Z** s △; Ⅴ ⌇ ○ Dränage, Schutz vor Winternässe (westl. N-Am.: trockne alp. Hänge – 1866 – mehrere Unterarten und Varietäten – Sorte: 'Alturas Red': BHüllBl rot). **Flaumiger W., Schwefelblütiger W.** – *E. umbellatum* Torr.

### Säuerling – *Oxyria* Hill                                     1 Art

Pfl meist nur mit GrundBl. BlSpreite nierenfg. BHüllBl 4. StaubBl 6. Griffel 2. Fr eine flache, linsenfg Flügelnuss (Abb. **205**/4). 0,05–0,20. ⟂ gestrecktes ⅃ 6–8. **W. Z** s △; Ⅴ ○ ≃ (warmes his arkt. Eur., As. u. N-Am.: alp. bis nivale frische Schuttfluren (bes. Moränen), kalkmeidend). **Alpen-S.** – *O. digyna* (L.) Hill

### Rhabarber – *Rheum* L.                                       30 Arten

**1** BlSpreite meist < 30 cm lg. TeilBStände unter handflächengroßen, grünlichgelben HochBl ± verborgen. Fr rhombisch-elliptisch. 0,60–1,20. ⟂ 6–7. **Z** s △; Ⅴ ⌐ ○ ≃ Boden nährstoffreich, schwach ⊖, im Frühjahr mit gut kompostiertem Material mulchen, besonders geeignet für Küstenregion und Voralpengebiet (SW-China: feuchte Wiesen, Bach- u. Flussufer, bis 4000 m – 1894). **Königs-Rh.** – *Rh. alexandrae* Batalin

Ähnlich: **Edel-Rh.** – *Rh. nobile* Hook. et Thomson: TeilBStände unter cremefarbenen, sich überlappenden HochBl vollständig verborgen. BlStiele rot. Fr br eifg. 1,00–2,00. ⟂ 6–7. **Z** s △ Staudenbeete; Ⅴ ⌐ ◗ Standort kühl, humos-sandiger durchlässiger Lehmboden (Myanmar, Sikkim, Tibet: Felsfluren, 4250–4600 m).

**1\*** BlSpreite > 30 cm lg. Rispige TeilBStände nicht von HochBl bedeckt .......... **2**

**2** BlSpreite ganz od. schwach gelappt, eifg-herzfg, am Rand ± wellig. BHüllBl weißgrün od. gelblichweiß. FrStiele nahe am Grund gegliedert, so lg wie die Fr. 0,80–2,00. ⟂ 4–5. **N** v Obst, HeilPfl; **Z** s Staudenbeete, Solitär; Ⅴ ⌐ ○ Boden frisch und nährstoffreich (S-Sibir., Z-As.: Waldränder, lichte Wälder – 1734). [*Rh. undulatum* L., *Rh.* × *cultorum* Thorsrud et Reisaeter, *Rh. rhaponticum* auct. non L., *Rh.* × *hybridum* auct. non Murray] **Gewöhnlicher Rh., Wellblatt-Rh.** – *Rh. rhabarbarum* L.

Bem.: Der Verzehr größerer Mengen roher u. unreifer RhabarberStg kann, besonders bei Kleinkindern u. Kindern, zu schwerem Nierenversagen führen.

Ähnlich: **Himalaja-Rh.** – *Rh. australe* D. Don [*Rh. emodi* Wall.]: BHüllBl purpurrot. 0,60–1,00. ⟂ 5–6. **Z** s Staudenbeete, Solitär; HeilPfl im Himal.; Ⅴ ❦ ○ Boden frisch u. nährstoffreich (Z-As., Himal.: alp. Hänge, um 4080 m).

**2\*** BlSpreite gelappt od. fiederteilig bis -schnittig, am Rand ± flach . . . . . . . . . . . . . . **3**
**3** BlSpreite mit br dreieckigen Randlappen. TeilBStände abstehend. BHüllBl grün, gelblichweiß od. rosa, 2–2,5 mm lg. Bis 3,00. ♃ 6–7. **N** s HeilPfl; **Z** s Staudenbeete, Solitär; ⩗ ▷ ⩇ ◑ ≈ Boden nährstoffreich (SW-, N- u. Z-China: Wälder, Bachufer, moorige Standorte auf Kalk, 1200–4000 m – 1871).
**Gebräuchlicher Rh., Medizinal-Rh.** – *Rh. officinale* BAILL.

**3\*** BlSpreite mit schmalen dreieckigen Randlappen (subsp. *palmatum*) od. fiederspaltig bis -teilig mit schmalen dreieckigen, lanzettlichen od. eifg-länglichen, oft nochmals gegliederten Abschnitten (subsp. *tanguticum*). TeilBStände zumindest nach der BZeit steil aufwärts gerichtet u. der Hauptachse des BStandes genähert. BHüllBl purpurn od. weißgelb, 1–1,5(–2) mm lg. Bis 2,50. ♃ 5–6. **Z** s Solitär; HeilPfl; ⩗ ▷ ○ ◑ ≈ Boden nährstoffreich (N- u. W-China, Tibet: Flussufer, felsige Standorte, 1500–4400 m – 2 Unterarten: **Medizinal-Rh.** – subsp. *palmatum* (1763); **Kron-Rh.** – subsp. *tanguticum* (MA-XIM.) STAPF (1873) – mehrere Sorten: 'Atrosanguineum': Bl im Austrieb rot; 'Bowles Crimson': Bl useits karminrot; 'Ace of Hearts', aus der Kreuzung mit *Rh. kilaense* FRANCH. hervorgegangen: Bl useits dunkelrot mit leuchtend roten Nerven, BHüllBl weißlichrosa).
**Zier-Rh.** – *Rh. palmatum* L.

**Flügelknöterich** – *Fallopia* ADANS. s. l.           9 Arten

**1** HolzPfl, windend. Narben kopfig. BlSpreite eifg, ihre Basis herz- bis pfeilfg. BHüllBl weiß, zuweilen rosa überlaufen. Bis 10 m. ♄ ⚥ ⚘ 5–10. **W. Z** v Spaliere; ⩗ ⩗ ○ ◑ (Z-As., W-China: Gebüsche, Waldränder, TrockenW, 2100–2200 m; verw. in D. – 1883). [*Polygonum baldschuanicum* REGEL, incl. *Fallopia aubertii* (L. HENRY) HOLUB, *Polygonum aubertii* L. HENRY]
**Schling-F., Silberregen, „Architektentrost"** – *F. baldschuanica* (REGEL) HOLUB

**1\*** Rhizomstaude mit 2–4,50 m hohen, kräftigen, hohlen Stg. Narben fransig zerteilt . **2**
**2** BlSpreite meist < 20 cm lg, br eifg, zugespitzt, mit gestutztem Grund. Stg deutlich rot gefleckt. 1,50–3,00. ♃ ⚘ ⚘ 8–9. **W. Z** z Naturgärten; ○ Dünenbefestigung in W-Eur.; ⚘ Pfl wuchert (Japan, China, Korea, Taiwan: Gebüsche, Wiesen, Bachufer, 50–3800 m; eingeb. in D. seit 1872 – 1823 – Varietät: var. *compacta* (HOOK. f.) J. P. BAILEY: Bl rundlich, 4–7 cm lg, B rot, bis 0,80(–1,00) – Sorte: 'Spectabile': Bl panaschiert). [*Reynoutria japonica* HOUTT., *Polygonum cuspidatum* SIEBOLD et ZUCC.]
**Japanischer F.** – *F. japonica* (HOUTT.) RONSE DECR.

**2\*** BlSpreite meist > 20 cm lg, eifg, spitz, mit deutlich herzfg Basis. Stg rein grün. 3,00–4,50. ♃ ⚘ ⚘ 8–9. **W. Z** v Naturgärten; Futter- u. HeilPfl; ⚘, Pfl wuchert (Sachalin, südl. Kurilen, Japan: Schluchten, Bach- u. Flussufer, feuchte Lichtungen, BergW; eingeb. in D. – 1863). [*Reynoutria sachalinensis* (F. SCHMIDT) NAKAI, *Polygonum sachalinense* F. SCHMIDT]
**Sachalin-F.** – *F. sachalinensis* (F. SCHMIDT) RONSE DECR.

**Wiesenknöterich** – *Bistorta* MILL.          50 Arten

**1** Stg lg kriechend, den Winter überdauernd, nur BStände aufsteigend od. aufrecht. Mattenbildender Spalierstrauch . . . . . . . . . . . . . . . . . . . . . . . . . . . . . . . . . . . . . . . . **2**
**1\*** Stg aufrecht, im Herbst bis in Erdnähe absterbend. Rhizomstaude . . . . . . . . . . . . . **3**
**2** Bl 5–15 cm lg, 1–2,5 cm br. NebenBlScheide 1–3 cm lg. Scheinähre 10–15 mm ⌀. (Abb. **209**/2). 0,20–0,30 hoch, bis 0,60 lg. ♄ Spalierstrauch 8–9. **Z** z △ □; ⚘ ⩗ ⩗ ○ ◑ Dränage (Afgh., Himal.: felsige Hänge, Geröllfluren, 3000–4800 m – 1845 – mehrere Sorten). [*Polygonum affine* D. DON]
**Teppich-W., Schnecken-W.** – *B. affinis* (D. DON) GREENE

**2\*** Bl 1–2,5 cm lg, 0,5–1 cm br. NebenBlScheide bis 1 cm lg, stark zerfasernd. Scheinähre 5–8 mm ⌀. Äste sehr dünn, ± liegend (Abb. **209**/4). 0,05–0,20 hoch, bis 0,30 lg. ♄ Spalierstrauch 8–9. **Z** s △ □; Lehm-Sand-Torfgemisch, Dränage (Himal.: Felsen, feuchte Berghänge, Ränder von *Rhododendron*W, 3000–4500 m – 1845). [*Polygonum vacci-*

*niifolium* WALL. ex MEISN.]

**Heidelbeerblättriger W.** – *B. vacciniifolia* (WALL. ex MEISN.) GREENE

3 **(1)** Scheinähre im unteren Teil mit Brutknöllchen. Bl lanzettlich, am Rand etwas umgerollt. BHülle weiß, zuweilen schwach rosa. 0,05–0,25. ♃ Rübe 5–7. **W. Z** s △; Brutknöllchen ○ ◐ (warmgemäß. bis arkt. Eur., As. u. N-Am.: alp. (bis mont.) frische bis wechselfeuchte Rasen, Ränder von Quell- u. Niedermooren). [*Polygonum viviparum* L.]

**Knöllchen-W.** – *B. vivipara* (L.) DELARBRE

3* Scheinähre ohne Brutknöllchen ........................................ **4**

4 Stg <20 cm lg. BHülle weiß. NebenBlScheide ± 0,5 mm lg. BStandsachse blattlos od. mit 1–2 kleinen Bl. 0,05-0,15. ♃ ⅄ 4–6. **Z** s △; ∀ ♈ ○ ◐ schwach ⊖ ∧ (Japan: Wälder, schattige Hänge). [*Polygonum tenuicaule* BISSET et S. MOORE]

**Dünnstängliger W.** – *B. tenuicaulis* (BISSET et S. MOORE) PETROV

4* Stg >20 cm lg. BHülle rosa, rot od. purpurn, selten weiß. NebenBlScheide meist >1 cm lg. BStandsachse oft mit >2 Bl ...................................... **5**

5 GrundBl lineal-lanzettlich. BlSpreitengrund keilig. BHülle purpurrot. 0,20–0,60. ♃ 6–11. **Z** s △; ∀ ♈ ○ ◐ Dränage (Himal., SW-China: Gebüsche, Felskanten, sandige Ufer, 3000–4700 m). [*Polygonum milletii* (LÉV.) LÉV.]  **Nepal-W.** – *B. millettii* LÉV.

5* GrundBl eifg bis br lanzettlich od. dreieckig. BlSpreitengrund herzfg od. gestutzt; wenn keilig, dann BHülle rosa od. weiß ...................................... **6**

6 Stg unverzweigt, Scheinähren einzeln. Stiele der unteren Bl unter der Spreite geflügelt. Bl stumpf od. spitz. Obere Bl nicht stängelumfassend. 0,30–1,00. ♃ ⅄ 5–6(–7). **W. Z** z Staudenbeete; Futter ○; ∀ ♈ ○ ◐ ≈ (warmgemäß. bis arkt. Eur., As., nordwestl. N-Am.: frische bis nasse Wiesen, Hochstaudenfluren, Bach- u. Grabenränder, lichte AuenW, kalkmeidend). [*Polygonum bistorta* L.]

**Schlangen-W.** – *B. officinalis* DELARBRE

6* Stg verzweigt, Scheinähren oft paarig. Stiele der unteren Bl nicht geflügelt. Bl lg zugespitzt. Obere Bl stängelumfassend. (Abb. **209**/5). 0,50–1,20. ♃ ⅄ 6–10. **Z** z Staudenbeete ⚥; ♈ ◐ ● (Himal., China: BergW, Wiesen, Flussufer, 1000–4000 m – 1835 – einige Sorten). [*Polygonum amplexicaule* D. DON]

**Kerzen-W.** – *B. amplexicaulis* (D. DON) GREENE

**Bergknöterich** – *Aconogonon* (MEISN.) RCHB.  15 Arten

1 BHüllBl weiß; zur FrZeit sich vergrößernd, fleischig, schwärzlich. NebenBlScheide 20–30 mm lg. BlSpreitengrund meist keilig. 0,90–2,50. ♄ ♃ 8–9. **Z** s Staudenbeete, Gehölzränder; ∀ ♈ ○ ◐ (Himal., S- u. SW-China: LaubW, Grasfluren, 900–4250 m). [*Polygonum molle* D. DON]  **Weicher B.** – *A. molle* (D. DON) HARA

**1\*** BHüllBl rosa od. weiß; zur FrZeit sich nicht vergrößernd, papierartig, nicht schwärzlich
. . . . . . . . . . . . . . . . . . . . . . . . . . . . . . . . . . . . . . . . . . . . . . . . . . . . . . **2**
**2** BHüllBl bis zu ihrer Basis ± frei. NebenBlScheide 30–40 mm lg. BlSpreitengrund pfeilfg-
herzfg od. gestutzt. 0,60–2,00. $\mathcal{2\!\!\!\!|}$ $\mathcal{L}$ 9–10. **W. Z** s Naturgärten ⚥; v $\Psi$ ○ ◑ Pfl wuchert
(Himal., N- u. SW-China: Gebüsche, Waldschluchten, feuchte Böden, 2200–4500 m; in
D. lokal eingeb. – 1925). [*Polygonum polystachyum* (WALL. ex MEISN.) H. GROSS non
OPIZ] **Himalaja-B.** – *A. polystachyum* (WALL. ex MEISN.) SMALL
**2\*** BHüllBl bis zu $^1/_4$ od. $^1/_2$ ihrer Länge verwachsen. NebenBlScheide 7–15 mm lg. BlSprei-
tengrund keilig od. fast gerundet. 0,30–1,00. $\mathcal{2\!\!\!\!|}$ 6–10. **Z** s Staudenbeete, Gehölzränder;
v $\Psi$ ○ ◑ ∧ (Himal., W-China: Wälder, Krautfluren, Bachufer, 1400–4100 m – 1909).
[*Polygonum campanulatum* HOOK. f.]
**Glockenblütiger B.** – *A. campanulatum* (HOOK. f.) HARA

**Knöterich** – *Persicaria* (L.) MILL.                                                  150 Arten

**1** WasserPfl. Stg kahl, lg flutend. Spreite der SchwimmBl 5–15 cm lg. BStand scheinährig.
Bis 3,00 lg. $\mathcal{2\!\!\!\!|}$ ⚭ 6–9. **W. Z** z Parkteiche; $\Psi$ v ○ ◑ ⁓. Landform: Stg ± behaart, auf-
steigend-aufrecht. 0,30–1,00. ≈ (warmes bis kühles Eur., As. u. N-Am.: Wasserform:
stehende, meso- bis eutrophe, flache Gewässer, Röhrichte u. Großseggenrieder;
Landform: feuchte bis nasse Ruderalstellen, Grabenränder, Äcker, Flutrasen). [*Polygo-*
*num amphibium* L.]                                        **Wasser-K.** – *P. amphibia* (L.) DELARBRE
**1\*** LandPfl. Stg behaart; wenn kahl, dann BStand kugelfg . . . . . . . . . . . . . . . . . . . . . **2**
**2** Pfl ☉. Stg aufrecht. BlSpreite 8–20 cm lg. BlStiel 2,5–10 cm lg. Oberer Rand der Neben-
BlScheide gelappt (Abb. **209**/1a). BStand scheinährig, nickend (Abb. **209**/1). 0,50–1,50
(–3,00). ☉ 7–10. **Z** s Sommerblumenbeete; ○ (O- u. SO-As.: Sümpfe, Reisfelder –
1700). [*Polygonum orientale* L.]                              **Orient-K.** – *P. orientalis* (L.) VILM.
**2\*** Pfl $\mathcal{2\!\!\!\!|}$, oft kult ☉. Stg kriechend, an den Knoten wurzelnd. BlSpreite 2–5 cm lg. BlStiel
0,2–0,5 cm lg. BStand kugelfg, ± aufrecht (Abb. **209**/3). 0,05–0,15. $\mathcal{2\!\!\!\!|}$ ⚭, oft kult
☉ 5–8. **Z** z △ Rabatten ▭; ⌒, v auch Selbstaussaat ◑ ○ ⊕ (Himal., China: Wälder,
Berghänge, 600–3500 m – 1930). [*Polygonum capitatum* BUCH.-HAM. ex D. DON]
**Kopf-K.** – *P. capitata* (BUCH.-HAM. ex D. DON) H. GROSS

**Buchweizen** – *Fagopyrum* MILL.                                                        8 Arten

Stg meist rot. Bl br spießfg bis pfeilfg-dreieckig. BHüllBl weiß od. rosa. Fr scharf 3kan-
tig. 0,20–0,80. ☉ 6–9. **W. N** s MehlFr,Gründüngung, HeilPfl ○; ○ ⊖, Stg u. Bl schwach
giftig, bei Tieren Auftreten von Hautentzündungen, Durchfall u. Krämpfen (Fagopyris-
mus) (Wildform: subsp. *ancestrale* OHNISHI. Yunnan). [*F. sagittatum* GILIB., *F. vulgare*
HILL, *Polygonum fagopyrum* L.]    **Echter B., Heide(n)korn** – *F. esculentum* MOENCH

Bem.: Einführung vermutlich im 13. Jh. („Heidenkorn"). In D. früher Feldanbau in Sandgebieten, z. B.
in der Lüneburger Heide („Heidekorn"), Lausitz, heute selten.
Hauptanbaugebiete in O-Eur., O-As. u. im Himalaja. Fr von bucheckernähnlichem Aussehen („Buch-
weizen").

**Mühlenbeckie, Drahtstrauch** – *Muehlenbeckia* MEISN.                          ˙23 Arten

Junge Stg fein behaart. Bl eifg bis kreisrund, 3–10 mm lg. B blattachselständig, zu 1–2,
gelblichgrün. BHüllBl zur FrZeit fleischig (Abb. **205**/7). Spalierstrauch mit fadendünnen
Stg. 0,05–0,10(–0,25). ♄ 5–6. **Z** s △ ▭; $\Psi$ v ○ ∧ (Neuseel., SO-Austr., Tasm.:
Felshänge in Flussnähe).                                **Achselblütige M.** – *M. axillaris* (HOOK. f.) WALP.

Ähnlich: **Windende M.** – *M. complexa* (A. CUNN.) MEISN.: Junge Stg warzig. Bl verkehrteifg od. kreis-
rund, auch geigenfg, 5–20(–40) mm lg. B in 2,5–3 cm lg blattachsel- od. endständigen BStänden, oft
nur zu 2–3. Bis 3,00. ♄ ⚥ ⚭ 5–6. **Z** s Kübel; ⚘ ○ ◑ ⊕ (Neuseel.: Bergwaldsäume, offne felsige
Orte – 1842 – einige Varietäten).

# Familie **Bleiwurzgewächse** – *Plumbaginaceae* JUSS.    730 Arten

**1**  BStände kopffg, am Ende eines unverzweigten, blattlosen Stg (Abb. **211**/4).
                                          **Grasnelke** – *Armeria* S. 212
**1\***  BStände ährig, traubig od. rispig; wenn ± kopffg, dann Stg beblättert . . . . . . . . . . **2**
**2**  LaubBl meist in grundständiger Rosette. Staude od. Pfl ⊙ od. ⊙ kult . . . . . . . . . . **3**
**2\***  LaubBl meist stängelständig. Staude, Strauch od. Polsterstrauch mit stechenden Bl **5**
**3**  BStände nur einfach verzweigt (Abb. **212**/4).
                 **Ährenstrandflieder** – *Psylliostachys* S. 215
**3\***  BStände mehrfach verzweigt (Abb. **212**/1–3) . . . . . . . . . . . . . . . . . . . . . . . . . . . **4**
**4**  Narben fadenfg.    **Strandflieder, Strandnelke** – *Limonium* S. 214
**4\***  Narben kopffg.    **Goniolimon** – *Goniolimon* S. 214
**5**  (2) Zwergstrauch, polsterbildend. Bl stechend (Abb. **211**/1). Griffel 5, frei od. nur am Grund vereint.    **Igelpolster** – *Acantholimon* S. 212
**5\***  Strauch od. Staude, nicht polsterbildend. Bl nicht stechend. Griffel 1 mit 5 Narben . **6**
**6**  KRippen mit gestielten u. sitzenden Drüsen (Abb. **211**/3). StaubBl nicht mit der Kr verwachsen.    **Bleiwurz** – *Plumbago* S. 211
**6\***  KRippen ohne Drüsen. StaubBl mit der Kr ± verwachsen.
                 **Hornnarbe** – *Ceratostigma* S. 211

**Bleiwurz** – *Plumbago* L.    24 Arten

Strauch. Bl ganzrandig, am Grund mit nebenblattähnlichen Öhrchen (Abb. **211**/3). Kr hellblau od. weiß, 3–4(–5) cm lg u. etwa 2,5 cm ⌀. KrZipfel oft schwach ausgerandet. 1,00–2,00. ♄ i 6–9. **Z** z Kübel; ∨ ♈ ○ ⚘ (Kapland: TrockenW – 1818 – Sorte: 'Alba': Kr weiß). [*P. capensis* THUNB.]    **Kapländische B.** – *P. auriculata* LAM.

Ähnlich: **Europäische B.** – *P. europaea* L.: Staude. BlRand fein gezähnt (Lupe!). Kr violett-blau. 0,9–1,1 cm lg u. 1–1,2 cm ⌀. 0,30–1,00. ⚃ 9. **Z** s Staudenbeete; ∨ ♈ ○ ~ ⌃ (Medit., Kauk., Iran, Z-As.: Sandküsten, Wegränder, Mauern, Brachland).

**Hornnarbe, Bleikraut** – *Ceratostigma* BUNGE    8 Arten

Stg schwach zickzackfg (Abb. **211**/2). Bl 4–9 × 2,5–4 cm, verkehrteifg, spitz, am Rand gewimpert, im Herbst sich rot verfärbend. Kr himmelblau. 0,20–0,40. ⚃ ⚡ 9–10(–11). **Z** z △ Rabatten ▢; ♈ ⚘ ◖ ○ ~ ⊝ (W-China: felsige Orte – 1845). [*Plumbago larpentae* LINDL.].    **Kriechende H.** – *C. plumbaginoides* BUNGE

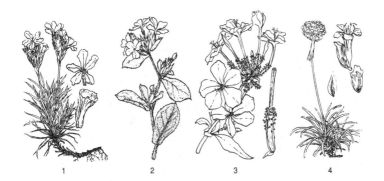

1               2               3               4

**Igelpolster** – *Acantholimon* Boiss. 165 Arten

Lit.: MEYER, F. K. 1987: Die europäischen *Acantholimon*-Sippen, ihre Nachbarn u. nächsten Verwandten. Haussknechtia **3**: 3–48.

**1** BStand unverzweigt, einährig. Ährchen zu 7–15 am verlängerten BStg locker angeordnet. KSaum rosa bis purpurn. Kr dunkelrosa. Bl 15–40 × 1–2 mm. 0,20–0,40. ♄ i ⌂ 6–8. **Z** s △ senkrechte Steinfugen; Senker ∀ ○ ~ Dränage, Schutz gegen Wintersonne u. -nässe (Türkei, W-Syr., N-Irak, W-Iran, 650–2350 m – 3 Varietäten, kult wohl meist var. *laxiflorum* (Boiss. ex BUNGE) BOKHARI – 1873). **Anmutiges I.** – *A. venustum* Boiss.

Ähnlich: **Nadelblättriges I.** – *A. acerosum* (WILLD.) Boiss.: KSaum weiß od. hell fleischfarben. Kr rosa. Bl 15–60 × 0,8–2,2 mm, stechend, graugrün durch punktfg Kalkausscheidungen. 0,20–0,40. ♄ i ⌂ 6–8. **Z** s △; Senker ∀ ○ ~ Dränage, Schutz gegen Wintersonne u. -nässe (Türkei, W-Syr., N-Irak, Armenien, NW-Iran: sonnige Felshänge, Sandfluren, Steppen, (20–)800–2000 m, einige Varietäten).

**1\*** BStand unverzweigt od. verzweigt, 1–3ährig. Ährchen am Ende der BStg ± gedrängt . **2**
**2** BStand nicht länger als die Bl, nicht od. nur wenig das Polster überragend, 1–2ährig. Ähre mit je 3–7 Ährchen. KSaum weiß od. purpurn. Kr hellrosa. Bl 5–20 mm lg. Bis 0,20. ♄ i ⌂ 7–8. **Z** s △ senkrechte Steinfugen; Senker ∀ ○ ~ Dränage, Schutz gegen Wintersonne u. -nässe, (S- u. W-Türkei, Kreta, Libanon: steinige Hänge auf Kalk u. Serpentin, Felsspalten, 1200–1300 m – formenreiche Art, mehrere Unterarten u. Varietäten – 1813). [*A. androsaceum* (JAUB. et SPACH) BOISS.]
**Kurzschäftiges I.** – *A. ulicinum* (WILLD. ex SCHULTES) BOISS.
**2\*** BStand deutlich länger als die Bl, das Polster meist deutlich überragend (Abb. **211**/1), 1–3ährig. Ähre mit je 5–12 Ährchen. Kr rosa. Bl 15–30 × 1–2 mm. 0,15–0,30. ♄ i ⌂ 7–8. **Z** z △ senkrechte Steinfugen; Senker ∀ ⋏ ○ ~ Dränage, Schutz gegen Wintersonne (Türkei, Armenien: Kalkfelsen, 1520–1950 m).
**Gemeines I.** – *A. glumaceum* (JAUB. et SPACH) BOISS.

Ähnlich: **Albanisches I.** – *A. albanicum* O. SCHWARZ et F. K. MEY.: BStand 1–2(–3)ährig. Ähre mit je 6–9 Ährchen. Kr rot. FrühlingsBl 15–19 × 1,3–1,5 mm, SommerBl 20–21 × 0,8–1 mm. 0,30–0,40. ♄ i ⌂ **Z** s △; Senker ∀ ○ ~ Dränage (S-Alban.: auf Serpentin, 1100–1200 m).

**Grasnelke, Armerie** – *Armeria* WILLD. 100 Arten

**1** KRöhre bis 2(–2,5)mal so lg wie der KSporn (starke Lupe!) (Abb. **213**/1). Zwergstrauch mit lg, aufrechten, beblätterten Trieben ................................... **2**
**1\*** KRöhre 2–8mal so lg wie der KSporn (starke Lupe!) (Abb. **213**/2). Staude od. Zwergstrauch mit kurzen, bodennahen, rosettenblättrigen Trieben ................. **3**
**2** Äußere HüllKBl so lg wie od. länger als die inneren, zugespitzt, stachelspitzig bis langgespitzt. Bl 50–100(–150) × (1–)2–7 mm, linealisch, spitz, gewimpert. BSchaft 13–35

1          2          3          4

(–55) cm. Abwärts gerichtete HochBlScheide (vgl. auch Abb. **211**/4) unter dem BKopf 25–35(–55) mm lg. BKopf 20–30 mm ⌀. Kr dunkelrosa bis weiß. Bis 0,50. ♄ i 5–6. **Z** s ⓐ; ⩗ Risslinge ○ ~ Dränage (Port.: Kalkfelsen u. Sandfluren an der Küste).
**Welwitsch-A.** – *A. welwjtschii* BOISS.

2* Äußere HüllKBl kürzer als die inneren, stumpf. Bl 60–150 mm lg, linealisch. Kr rosa od. weiß. Bis 0,50. ♄ i 5–7. **Z** s △ ⓐ; ⩗ Risslinge ○ ~ Dränage ∧ (S-Port., SW-Span., Korsika, Sardinien: Küstensandfluren).
**Stechende G.** – *A. pungens* (LINK) HOFFMANNS. et LINK

3 (1) Bl > 5 mm br, verkehrteifg-lanzettlich bis lanzettlich-spatelfg, 100–230 × 14–22 mm, 3–7nervig. BSchaft 25–50(–70) cm. HochBlScheide 50–60(–100) mm lg. BKopf 30–40 mm ⌀. 0,25–0,50(–0,70). ♄ ♃ 6–8. **Z** s △; ⩗ Risslinge ○ ~ ⊖ Dränage (Port.: Wiesen u. Gebüsche auf Granit). [*A. latifolia* WILLD.]
**Breitblättrige A.** – *A. pseudarmeria* (MURRAY) MANSF.

3* Bl <5 mm br, fadenfg, linealisch od. lineal-spatelfg ........................... 4

4 Pfl mit 2 unterschiedlichen BlTypen. Äußere Bl 12–17 × 1–1,2 mm, linealisch; innere Bl 15–40 × 0,3–0,7 mm, fadenfg. BSchaft 10–15 cm lg. HochBlScheide 6–10 mm lg. BKöpfe 10–15 mm ⌀. Kr rosa. Bis 0,18. ♃ 4–5. **Z** s △; ⩗ ○ ~ Dränage (S- u. Z-Frankr.: Felsspalten u. steinige Hänge auf Dolomit). [*A. juncea* GIRARD]
**Girard-A.** – *A. girardii* (BERNIS) LITARD.

4* Pfl nur mit einem BlTyp ............................................... 5

5 Bl 4–15(–20) × 0,7–1 mm, ihre Enden spitz od. zugespitzt. BSchaft 0,6–2,5 cm lg. HochBlScheide 3–9 mm lg. BKopf 10–14 mm ⌀. Kr hellpurpurn od. rosa. Bis 0,05. ♃ ⌢ 4–5. **Z** s △; ⩗ ○ ~ Dränage ⊖ Schutz gegen Winternässe (Z-Span.: Felsspalten, kalkfliehend – einige Sorten: Kr rosa, weiß). [*A. caespitosa* (CAV.) BOISS.]
**Wacholderblättrige G.** – *A. juniperifolia* (VAHL) HOFFMANNS. et LINK

5* Bl 30–150 × 0,8–4(–5) mm, ihre Enden stumpf (subsp. *maritima*) od. spitz (subsp. *elongata*), gewimpert, 1nervig. BSchaft bis 50 cm lg. HochBlScheide 10–20(–30) mm lg. BKopf 10–30 mm ⌀. Kr rosa, dunkelpurpurn od. weiß. (Abb. **211**/4). 0,05–0,50. ♃ Pleiok/Rübe ⌢ 5–11. **W**. **Z** △ Heide- u. Staudenbeete, Einfassungen; ⩗ Risslinge ○ (warmgemäß. bis kaltes Eur., As. u. N-Am., kaltes S-Am.: Graudünen, Sand- u. Silikattrockenrasen, Silikat- u. Serpentinfelsfluren, Schwermetallhalden, Salz- u. Riedwiesen, trockne Wälder – mehrere Unterarten – ∞ Sorten: BStg unterschiedlich hoch, Kr rot, rosa u. weiß – ▽). [*A. vulgaris* WILLD.] **Gewöhnliche G.** – *A. maritima* (MILL.) WILLD.

Ähnlich: **Alpen-G.** – *A. alpina* WILLD. [*A. maritima* (MILL.) WILLD. subsp. *alpina* (WILLD.) P. SILVA]: Bl kahl od. nur am Grund gewimpert, 1–3nervig. BKopf (18–)25–45 mm ⌀. HochBlScheide 6–14(–20) mm lg. (0,05–)0,10–0,25(–0,35). ♃ Pleiok/Rübe ⌢ 7–8(–9). **Z** s △; ⩗ Risslinge ○ (Span.: Aragonien; Pyr., Seealpen, Alpen, O-Karp., Serb.?: subalp. u. alp. Magerrasen u. Gesteinsfluren – variabel).

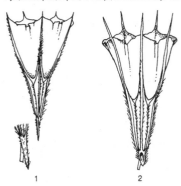

1          2

**Strandflieder, Strandnelke** – *Limonium* MILL. 350 Arten

1 Bl buchtig od. gelappt (Abb. **212**/3) ........ **2**
1* Bl ganz (Abb. **212**/2) ........ **3**
2 KRöhre behaart. BStg nicht od. schwach geflügelt; Flügel bis 1 mm br. KSaum gelb. 0,10–0,30. ♃ ⊙, kult ⊙ 8–10. **Z** s Sommerrabatten ✗ Trockenblume; ▭ ○ ~ (N-Span., NW-Afr., Libyen: trockne Orte – 1859). [*Statice bonduellei* T. LESTIB.] **Nordafrikanischer S.** – *L. bonduellei* (T. LESTIB.) KUNTZE
2* KRöhre kahl. BStg deutlich geflügelt; Flügel 1–3 mm br, bei Sorten auch breiter. KSaum hellblau, violett od. weiß, bei Sorten auch dunkelblau, gelb, orange od. purpurn. (Abb. **212**/3). 0,20–0,40. ♃ ⊙, kult ⊙ 7–11. **Z** s Sommerrabatten ✗ Trockenblume; ▭ ○ ~ (Medit.: Felsküsten, Salzsteppen, sandige Orte – 1600 – ∞ Kultivare in mehreren Serien). [*Statice sinuata* L.] **Geflügelter S.** – *L. sinuatum* (L.) MILL.
3 **(1)** Kr gelb od. orange. KSaum gelb, orange od. weiß. Bl 1–5 × 0,5–1,5 cm. BStandsachse oft warzig. Ährchen 3–5blütig. 0,10–0,40. ♃ 7. **Z** s △; ∨ ○ ~ Dränage (O-Sibir., Mong.: Wüstensteppen, Salzböden – 2 Sorten). [*Statice aurea* L.] **Goldgelber S.** – *L. aureum* (L.) MILL.
3* Kr andersfarbig. KSaum nicht gelb od. orange ........ **4**
4 Bl nur mit Mittelnerv od. mit parallel zur Mittelrippe verlaufenden, vom Spreitengrund aufsteigenden Seitennerven ........ **5**
4* Bl fiedernervig (Abb. **212**/2) ........ **6**
5 TragBl jedes Ährchens bis auf den Mittelkiel durchscheinend. Bl 1,4–4 × 0,3–0,6(–1,5) cm, (1–)3(–5)nervig. BStandsäste warzig. Ährchen 1–3blütig. Kr bläulichviolett. 0,09–0,30 (–0,40). ♄ i 8–10. **Z** s Ⓐ △; ∨ ○ ~ ∧ Dränage (Medit., Türkei, Z-As.: Salzwiesen an der Küste u. im Inland). [*Statice bellidifolia* (GOUAN) DC.] **Gänseblümchenblättriger S.** – *L. bellidifolium* (GOUAN) DUMORT.
5* TragBl jedes Ährchens nicht durchscheinend, zuweilen mit durchscheinendem Rand. Bl 0,8–1 × 0,2–0,3 cm, 1nervig, zurückgerollt. BStandsäste glatt. Ährchen 1–4blütig. Kr purpurn. 0,03–0,14. ♄ i 7–8. **Z** s Ⓐ△; ∨ ○ ~ ∧ Dränage (SO-Frankr.: Kalkfelsen an der Küste). [*Statice minuta* L.] **Kleiner S.** – *L. minutum* (L.) FOURR.
6 **(4)** BStg u. Bl zerstreut sternhaarig (starke Lupe!). Bl 25–60 × 8–15 cm. Ährchen 1–2blütig. KZipfel stumpf. Kr hellviolett. 0,50–0,80(–1,00). ♃ 5–7. **Z** z Naturgärten, Staudenbeete ✗ Trockenblume; ∨ ♥ ○ ⊕ (O- u. SO-Eur., Kauk.: Steppen, Waldsteppen – 1791 – Sorte: 'Violetta': B dunkelblau). [*Statice latifolia* SM.] **Breitblättriger S.** – *L. latifolium* (SM.) KUNTZE
6* BStg u. Bl kahl. Bl 7–17(–30) × 1,3–6 cm ........ **7**
7 Ähren 1–2 cm lg. K 3,6–6,5 mm lg. KZipfel spitz. Bl 10–15 × 1,5–4 cm. Ährchen 2blütig. Kr hellpurpurn, 6–8 mm lg. 0,20–0,70. ♃ 8–9. **W. Z** z Naturgärten, Staudenbeete; ∨ ○ ≃ Lehmboden (Küsten im warmen bis gemäß. Eur.: tonige Salzwiesen, Felsspalten im Spritzwasserbereich von Küstenschutzbauten – 2 Unterarten – Sorte: 'Alba': B weiß – ▽). [*Statice limonium* L.] **Gewöhnlicher S.** – *L. vulgare* MILL.
7* Ähren 0,6–1 cm lg. K 3–4,5 mm lg. KZipfel stumpf. Bl 7–11(–30) × 2–3(–6) cm. Ährchen 1(–2)blütig. Kr bläulich bis rötlich, 5–5,5 mm lg. (Abb. **212**/2). 0,20–0,60. ♃ 7–8. **Z** z Naturgärten, Staudenbeete ✗; ∨ ○ ~ Dränage (SO-Eur. u. östl. M-Eur., W- u. O-Sibir., Z-As., Mong., Himal.: Küsten, Steppen, Salzton- u. Sandböden – 1791). [*Statice gmelinii* WILLD.] **Steppenschleier-S.** – *L. gmelinii* (WILLD.) KUNTZE

**Goniolimon** – *Goniolimon* BOISS. 20 Arten

Stg kantig bis geflügelt (Abb. **212**/1). Bl 2,5–15(–30) × 0,5–3,5 cm, verkehrteifg bis lanzettlich-spatelfg, stachelspitzig, oseits dicht weiß punktiert. Eines der VorBl 3zipflig mit schmalem durchsichtigem Rand. K behaart. Kr rötlichpurpurn. 0,20–0,30. ♃ i 7–9. **Z** v △ Staudenbeete ✗ Trockenblume; ∨ Wurzelschnittlinge ○ ~ ⊕ (SO- u. O-Eur.: Steppen, Sand- u. Schotterfluren – Mitte 18. Jh. – Varietät: var. *nanum* hort.: Bezeichnung für niedrig wachsende Sippen). [*Limonium tataricum* L.] **Tatarisches G.** – *G. tataricum* (L.) BOISS.

**Ährenstrandflieder** – *Psylliostachys* (JAUB. et SPACH) NEVSKI                10 Arten
Bl grundständig, verkehrtteilanzettlich, ganz od. am Rand stumpf- od. spitzlappig. BStand einfach verzweigt. TeilBStand ährig, dichtblütig (Abb. **212**/4). B rosa. 0,10–0,50 (–0,80). ☉ 7–8. **Z** z Sommerrabatten ⚥ Trockenblume; ▷ ○ ~ ⊕ (Z-As., Afghan.: Steppen – 1881). [*Statice suworowii* REGEL, *Limonium suworowii* (REGEL) KUNTZE]
                                                      **Suworow-Ä.** – *P. suworowii* (REGEL) ROSHKOVA

## Familie **Pfingstrosengewächse** – *Paeoniaceae* F. RUDOLPHI
                                                                      33 Arten

**Pfingstrose, Päonie** – *Paeonia* L.                                33 Arten

Lit.: RIECK, J., HERTLE, F. 2002: Strauchpfingstrosen. Stuttgart. – HONG, D., PAN, K. 1999: A revision of the *Paeonia suffruticosa* complex (*Paeoniaceae*). Nordic J. Bot. **19**: 289–299. – RIVIÈRE, M. 1995: Prachtvolle Paeonien. Stuttgart. – STERN, F. C. 1946: A study of the genus *Paeonia*. London.

**1**   Strauch od. Halbstrauch . . . . . . . . . . . . . . . . . . . . . . . . . . . . . . . . . . . . . . . . .   **2**
**1\***  Staude  . . . . . . . . . . . . . . . . . . . . . . . . . . . . . . . . . . . . . . . . . . . . . . . . . . .   **4**
**2**   Endständige FiederBlchen am Grund gerundet od. keilig, nicht an der BlSpindel herab-
       laufend (Abb. **217**/e). FrBl 5, behaart, anfangs becherfg von einem Diskus eingeschlos-
       sen (Abb. **218**/2; **D** Diskus). B einzeln am Ende der Stg, 12–30 cm ⌀. KrBl
       5–9 cm br, weiß, rosa, rot, purpurn, lila, am Grund oft mit Fleck. (Abb. **215**/4). Bis 2,00.
       ♄ 5–6. **Z** z Gehölzränder, Parks, Solitär; V ❦ Pfropfen auf Wurzeln von *P. lactiflora* ○
       ☾ ⊕ ∧ (China: Z-Anhui, W-Henan: Felsen, ca. 300 m – 1787, Gartenformen aus chi-
       nesischen Gärten – Hybr mit *P. lutea* u. *P. delavayi*: Paeonia-Suffruticosa-Hybr: ∞ Sor-
       ten, z).                                               **Strauch-P.** – *P. suffruticosa* ANDREWS
**2\***  Endständige FiederBlchen am Grund keilig, meist an der BlSpindel herablaufend (Abb.
       **217**/f). FrBl kahl, am Grund mit ringfg Diskus (Abb. **218**/1; **D** Diskus). B einzeln od. zu
       mehreren am Ende der Stg, 5–12 cm ⌀. KrBl 2–3 cm br  . . . . . . . . . . . . . . . . . .   **3**
**3**   HochBl (direkt unter der B) u. KBl zusammen 5–8. B einzeln od. zu mehreren am Ende
       der Stg, 5–12 cm ⌀. KrBl gelb, spreizend. FrBl 2–4. Abschnitte der endständigen
       FiederBlchen 1,5–3 cm br. Bis 3,00. ♄ 5–6. **Z** s Gehölzränder, Parks, Solitär; V lange
       Keimzeit ○ ~ ∧ (Varietäten: var. *lutea*: B 5 cm ⌀, FrBl 3–4 (W-China – 1900); var.
       *ludlowii* STERN et G. TAYLOR [*P. ludlowii* STERN et G. TAYLOR] D. Y. HONG]: B 9 cm ⌀, FrBl
       1(–3) (China: SO-Tibet: Wälder, Gebüsche, 2900–3500 m) – Hybr mit *P. suffruticosa*:
       *P.* x *lemoinei* REHDER – Sorte: 'Superba': KrBl am Grund rosa getönt (Abb. **215**/3)).
                                                             **Gelbe P.** – *P. lutea* FRANCH.

Ähnlich: **Potanin-P.** – *P. potaninii* KOM.: Abschnitte der endständigen FiederBlchen 0,5–1,5 cm br.
B 5–6 cm ⌀. KrBl rot, gelb od. weiß. FrBl 2–3. 0,30–0,80. ♄ 7–8. **Z** s Gehölzränder; V ○ ☾ (W-

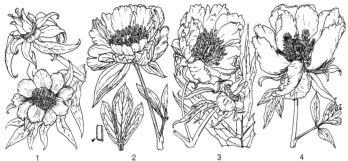

1          2          3          4

China – Varietäten: var. *potaninii*: KrBl rot, f. *alba* (BEAN) STERN: KrBl weiß; var. *trollioides* (STAPF) STERN [*P. trollioides* STAPF]: KrBl gelb).

**3\*** HochBl (direkt unter der B) u. KBl zusammen 13–17. B meist einzeln am Ende der Stg, 5–7(–9) cm ⌀. KrBl dunkelrot, einwärts gebogen. FrBl oft 5. (Abb. **215**/1). Bis 2,00. ♄ ⌇⌇ 6. **Z** z Gehölzränder, Parks, Solitär; Ⅴ ☽ (China: Yunnan, Sinkiang: trockne Kiefern- u. EichenW, Gebüsche, selten Grashänge u. Lichtungen in FichtenW, 2000–3600 m – 1890).                                                **Delavay-P.** – *P. delavayi* FRANCH.

**4**   (1) FrBl 1, selten 2. Stg mit 2–4 B. B 8–12 cm ⌀. KrBl weiß. Staubfäden gelb. 0,30–0,75. ⚄ Pleiok KnollenWu 5–6. **Z** s Staudenbeete, Ⅴ Ⴤ ○ (Kaschmir, W-Nepal, N-Pakistan, China: S-Tibet: Gebüsche, 2300–2800 m).
                                                           **Himalaja-P.** – *P. emodi* WALL. ex ROYLE

**4\*** FrBl 2–8 . . . . . . . . . . . . . . . . . . . . . . . . . . . . . . . . . . . . . . . . . . . **5**

**5**   BlAbschnitte <5 mm br, linealisch (Abb. **216**/1). B 6–8 cm ⌀. KrBl rot. Staubfäden gelb. FrBl (2–)3(–4), dicht behaart. 0,30–0,45. ⚄ Pleiok KnollenWu 5–6. **Z** z Staudenbeete, Ⴤ Ⅴ ○ ∼ Dränage ⊕ (SO-Eur., Kauk.: Steppen, SteppenW – 1765 – Hybr mit *P. lactiflora*: *P.* × *smouthii* VAN HOUTTE: BlAbschnitte 3–10 mm br (Abb. **217**/c) – Sorten: B einfach od. gefüllt, rosa, dunkelrot, selten weiß).     **Feinblättrige P.** – *P. tenuifolia* L.

**5\*** BlAbschnitte > 5 mm br . . . . . . . . . . . . . . . . . . . . . . . . . . . . . . . . . . **6**

**6**   KrBl hellgelb. Staubfäden gelb. FrBl 2–4, dicht behaart. FiederBlchen br elliptisch, eifg, verkehrteifg, spitz od. stumpf (Abb. **216**/4), useits zerstreut mit sehr kurzen, gekrümm-ten Haaren. B 8–12 cm ⌀. 0,30–0,60. ⚄ 4–5. **Z** s Staudenbeete ⚦; Ⅴ lange Keimzeit Ⴤ ○ ∼ Dränage ⊕ (O-Kauk.: offne Felshänge in der Waldstufe, Hainbuchen- u. EichenW – 1900).                             **Mlokosewitsch-P.** – *P. mlokosewitschii* LOMAKIN

Ähnlich: **Wittmann-P.** – *P. wittmanniana* LINDL.: KrBl zitronengelb. Staubfäden rot. FrBl 2–4, kahl (var. *wittmanniana*) od. dicht behaart (var. *tomentosa* LOMAKIN). FiederBlchen br eifg, spitz, useits mit bis zu 1,5 mm lg Haaren. Bis 1,00. ⚄ 5–6. **Z** s Staudenbeete; Ⅴ Ⴤ ○ ☽ (Kauk., Armenien: BergW, Wald-ränder, Gebüsche, Waldwiesen – mehrere Varietäten – Hybr mit *P. lactiflora*: 'Mai Fleuri' – einige Sorten).

**6\*** Kr rot, purpurn, rosa od. weiß . . . . . . . . . . . . . . . . . . . . . . . . . . . . . . **7**

**7**   Stg mit 2 od. >2 B, selten nur mit 1 B, unterentwickelte B oft in oberen BlAchseln .   **8**

**7\*** Stg mit 1 B . . . . . . . . . . . . . . . . . . . . . . . . . . . . . . . . . . . . . . . . . . **9**

**8**   Abschnitte der endständigen FiederBlchen schmal elliptisch, elliptisch oder lanzettlich (Abb. **217**/a), mit fein gesägtem Rand (starke Lupe!) (Abb. **215**/2). B aufrecht, weiß od. rosa, 7–15 cm ⌀, duftend. FrBl 3–5, kahl od. behaart. Staubfäden gelb. Bis 1,00. ⚄ Pleiok KnollenWu 5–7. **Z** v Staudenbeete ⚦; Ⅴ Ⴤ ○ ☽ (Sibir., Fernost, China: Wälder, Grasland, 400–2300 m – 1776 – ∞ Sorten (Edelpäonien): B einfach, halbgefüllt, gefüllt (StaubBl ± vollständig in KrBl umgewandelt), unterschiedlich gefärbt).
                                **Chinesische P., Milchweiße P.** – *P. lactiflora* PALL.

1                        2                        3                        4

**8\*** Abschnitte der endständigen FiederBlchen linealisch od. lineal-lanzettlich, mit glattem Rand. B nickend, purpurn, rosa od. weiß, 5–9 cm ⌀. FrBl 2–5, behaart. Staubfäden gelb. 0,20–0,50. ⚇ 6–7. **Z** s Staudenbeete, Gehölzgruppen; V ✿ ○ ◐ (China: Wälder, Gebüsche, subalp. u. alp. Wiesen, 1800–3900 m – *P. veitchii* wird auch *P. anomala* zugeordnet u. als subsp. *veitchii* (LYNCH) D. Y. HONG et K. Y. PAN der in der BlBildung sehr ähnlichen subsp. *anomala* gegenübergestellt). **Veitch-P.** – *P. veitchii* LYNCH

**9 (7)** Endständige FiederBlchen (Abb. **217**/h) ganz, eifg, elliptisch od. br verkehrteifg, useits behaart od. kahl. FrBl meist behaart, 2–5. B 7–13 cm ⌀. KrBl rot, purpurn, rosa od. weiß. Staubfäden rot, purpurn, rosa od. weiß. 0,20–0,75. ⚇ 5–6. **Z** s Staudenbeete, Gehölzgruppen; V ✿ ○ ◐ Dränage (warmes bis warmgemäß. Eur.: Eichen-, Kiefern-, BuchenW, Kalksteinhänge – mehrere Unterarten: subsp. *mascula*: FiederBlchen useits kahl; subsp. *arietina* (G. ANDERSON) CULLEN et HEYWOOD: FiederBlchen useits behaart, schmal elliptisch (O-Eur.); subsp. *russii* (BIV.) CULLEN et HEYWOOD: FiederBlchen useits behaart, br elliptisch bis eifg (westmedit. Inseln)). **Korallen-P.** – *P. mascula* (L.) MILL.

Ähnlich: **Ostasiatische P.** – *P. obovata* MAXIM.: FrBl kahl, 2–5. B 7–10 cm ⌀. KrBl weiß od. rosa-purpurn. 0,40–0,60. ⚇ 5–6. **Z** s Staudenbeete, Gehölzgruppen; V ✿ ○ ◐ (Japan, Korea, China, Fernost: Nadel- u. sommergrüne LaubW, 200–2800 m – mehrere Varietäten: var. *obovata*: Bl useits schwach behaart, B bis 7 cm ⌀, KrBl rot, Staubfäden grünlichweiß (SO-Sibir., NO-. Z- u. O-China, Sachalin, Japan); var. *japonica* MAKINO [*P. japonica* MAKINO] MIYABE et TAKEDA: Bl useits schwach behaart, B bis 7 cm ⌀, KrBl weiß, Staubfäden dunkelpurpurn (Japan); var. *willmottiae* (STAPF) STERN [*P. willmottiae* STAPF]: Bl useits dicht behaart, B bis 10 cm ⌀, KrBl weiß, Staubfäden purpurn (Z-China).

**9\*** Endständige FiederBlchen grob gezähnt, gelappt, gespalten bis geschnitten, zuweilen ganz . . . . . . . . . . . . . . . . . . . . . . . . . . . . . . . . . . . . . . . . . . . . . . . . . **10**

**10** Hauptnerven auf der OSeite der FiederBlchen kahl. Endständige FiederBlchen 1,5–5 cm br, schmal elliptisch bis lanzettlich, ganz, 2–3lappig, 2–3spaltig od. 2–3schnittig, ganzrandig, selten an der Spitze mit wenigen Zähnen (Abb. **216**/3 u. **217**/g). B 9–13 cm ⌀. KrBl rot. Staubfäden rot. FrBl 2–3, meist dicht behaart, zuweilen kahl. 0,35–0,90. ⚇ Pleiok KnollenWu 5–6. **W**. **Z** z Staudenbeete, Bauerngärten, Parks, in M-D. früher feldmäßig ⚥; **N** früher HeilPfl; V Kalt- u. Lichtkeimer ✿ ○ ⊕, giftig (warmgemäß. Eur.: trockne LaubW, trockne Hangstandorte; eingeb. in D. – 4 Unterarten – ∞ Sorten: B einfach od. gefüllt, weiß, rot od. rosa – ▽). **Garten-P., Stauden-P.** – *P. officinalis* L.

**10\*** Hauptnerven auf der OSeite der FiederBlchen mit kleinen Borsten . . . . . . . . . . . . . **11**

**11** Abschnitte der endständigen Blchen ganzrandig, lanzettlich bis linealisch (Abb. **216**/2; **217**/d). B 7–9 cm ⌀. Innere KBl mit schwanzartigem Anhängsel (Abb. **217**/d). KrBl rot. Staubfäden gelb. FrBl 3–5. 0,60–0,90. ⚇ Pleiok KnollenWu 6–7. **Z** s Staudenbeete ⚥;

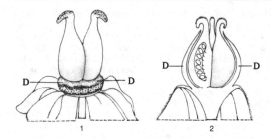

1  2

∀ lange Keimzeit ⍙ ○ (NO-Eur., Sibir., Z-As., Mong., China: Xinjiang: Pappel- u. LärchenW, s. auch **8\***). **Abweichende P. –** *P. anomala* L.

**11\*** Abschnitte der endständigen Blchen vorn mit wenigen Sägezähnchen, ± elliptisch (Abb. **217**/b). B 10–12 cm ⌀. Innere KBl ohne Anhängsel. KrBl rot, bei Sorten selten weiß. Staubfäden rot. FrBl (1–)2(–4), dicht behaart. 0,30–0,80. ⚇ Pleiok KnollenWu 5–6. **Z** s Staudenbeete; ∀ lange Keimzeit ⍙ ○ ~ ⊕ (It., Balkan, Türkei: LaubW, Gebüsche, Felder, 1000–1200 m – einige Sorten). **Fremde P. –** *P. peregrina* MILL.

## Familie **Hartheugewächse** – *Hypericaceae* JUSS.  451 Arten

### **Hartheu, Johanniskraut** – *Hypericum* L.  370 Arten

Lit.: ROBSON, N. K. B. 1977, 1981, 1985, 1987, 1990: Studies in the genus *Hypericum* L. (*Guttiferae*), Parts 1–3, 7–8. Bull. Brit. Mus. (Natural History), Botany **5**: 291–355; **8**: 55–226; **12**: 163–325; **16**: 1–106; **20**: 1–151.

**1** Bl zu (3–)4(–5) quirlig, nadelfg, 4–18 × 0,5–1 mm, nach unten eingerollt. KBl am Rand mit gestielten Drüsen. KrBl u. StaubBl nach der BZeit bleibend. (Abb. **220**/4). 0,10–0,45. ♄ Pleiok 6–8. **Z** s △ Ⓐ; ∀ ○ Dränage ⌒ (Schweiz, N- u. M-It., SO-Frankr.: Kalkfelsen – 1640). **Quirlblättriges H. –** *H. coris* L.

Ähnlich: **Krähenbeerblättriges H. –** *H. empetrifolium* WILLD.: Bl zu 3 quirlig, 2–12 × 0,7–2 mm. KrBl u. StaubBl nach der BZeit abfallend. KBl am Rand mit sitzenden Drüsen. Bis 0,50. ♄ i 7–8. **Z** s Ⓐ; ∀ ○ Dränage (Griech., N-Alban., Kreta: trockne Felsfluren, (400–)850–2000 m).

**1\*** Bl gegenständig . . . . . . . . . . . . . . . . . . . . . . . . . . . . . . . . . . . . . . . . . . . . . **2**
**2** KrBl u. zuweilen StaubBl nach der BZeit abfallend. Sträucher od. Halbsträucher . . **3**
**2\*** KrBl u. StaubBl nach der BZeit vertrocknend u. bleibend. Halbsträucher od. Stauden **6**
**3** Griffel 3. Stg mit 2 schmal geflügelten Kanten. Bl br elliptisch, 6–10(–15) cm lg. KBl 5–15 mm lg, nach der B bleibend, abstehend od. rückwärts gerichtet. Griffel kürzer als der FrKn. Fr eine beerenartige Kapsel, zuerst rot, später schwarz (Abb. **220**/3). 0,50–1,00. ♄ 7–9. **Z** z Rabatten, Parkanlagen ⚇; ∀ ⤳ ◐ (W- u. S-Eur., Türkei, Kauk., N-Iran, W-Syr.: Waldränder, Flussufer, 250–1300 m – vor 1600 – mehrere Sorten).
**Mannsblut-H. –** *H. androsaemum* L.

**3\*** Griffel 5 . . . . . . . . . . . . . . . . . . . . . . . . . . . . . . . . . . . . . . . . . . . . . . . . . . . **4**
**4** StaubBl nicht am Grund zu 3 od. 5 Bündeln verwachsen. Stämme 4kantig, Zweige 2kantig. Bl länglich bis lanzettlich od. linealisch, 1,4–4,5 × 0,3–1 cm. KrBl 8–15 mm lg. Bis 1,00. ♄ i 8. **Z** s Gehölzgruppen △; ∀ ⤳ ○ Dränage (O-Kanada, nordöstl. USA: Dünen, Felsfluren). **Kalm-H. –** *H. kalmianum* L.

**4\*** StaubBl am Grund zu 3 od. 5 Bündeln verwachsen . . . . . . . . . . . . . . . . . . . . . . **5**
**5** Bl bis 2,2(–3) cm lg u. 0,2–0,9 cm br. Stg niederliegend bis aufsteigend od. hängend, später an den Knoten wurzelnd. KBr 6–14 mm lg, länglich bis verkehrteifg od. lanzettlich, zurückgebogen in der Knospe, spreizend zur FrZeit. KrBl 1,1–1,8 cm lg. Griffel

etwa so lg wie der FrKn. Fr eine beerenartige Kapsel. 0,15–0,30. ♄ 9–10. **Z** s △ ☐; ∨
Kaltkeimer ⚘ ○ Dränage ∧ (Sikkim: Felsen, Felsspalten, 2700–4000 m – 1883 – 1
Sorte). **Sikkim-H.** – *H. r*e*ptans* HOOK. f. et THOMSON ex DYER
5* Bl 4,5–10,4 × 1,5–4,5 cm. Stg aufrecht bis oben übergebogen, 4kantig. KBl 10–20 mm
lg, br elliptisch bis kreisfg od. verkehrteifg, aufrecht in der Knospe, ± schräg aufwärts
gerichtet zur FrZeit. KrBl 2,5–4 cm lg. Griffel 1,5–3mal so lg wie der FrKn. Halbstrauch
mit unterirdischen Ausläufern. Zweige zuerst grün, später braun. B meist einzeln, selten
zu 2–3 (Abb. **220**/2). Bis 0,30. ♄ i ⚘ 6–9. **Z** z Rabatten, Staudenbeete ☐; ∨ Kaltkeimer
⚘ ○ ◑ (Bulg., NW- u. NO-Türkei: schattige Wälder, Flussufer, 30–1200 m – 1676 –
wenige Sorten). **Immergrünes H., Großblütiges H.** – *H. cal*y*cinum* L.

Ähnlich: **Bastard-H.** – *H.* × *moseri*a*num* ANDRÉ (*H. cal*y*cinum* × *H. p*a*tulum* THUNB.): Bl 2,2–6 ×
0,7–3,6 cm, halbimmergrün. KBl 7–10 mm lg. KrBl 2–3 cm lg. StaubBl rötlich. Griffel 1–1,5mal so lg
wie der FrKn. Strauch ohne Ausläufer. Zweige rötlich. B zu 1–5. 0,30–0,70. ♄ 6–8. **Z** z Rabatten, Park-
anlagen, Gehölzgruppen; ⚘ ○ ◑ (gezüchtet um 1887).

6 (2) Bl am Rand mit drüsenbesetzten Zähnen, am Grund mit paarigen Öhrchen, länglich,
elliptisch bis lanzettlich od. linealisch. KrBl 1–1,8 cm lg. Stg aufrecht od. niederliegend.
0,07–0,45. ⟂ 7–9. **Z** s △; ∨ ○ Dränage ∧ (Türkei, Georgien: sonnige, steinige Hänge,
Wälder, bis 2300 m). [*H. ptarmicifo*l*ium* SPACH, *H. orient*a*le* var. *ptarmicifo*l*ium* (SPACH)
BOISS.] **Orientalisches H.** – *H. orient*a*le* L.
6* Bl ganzrandig . . . . . . . . . . . . . . . . . . . . . . . . . . . . . . . . . . . . . . . . . . . . . . . . 7
7 KBlRand mit gestielten Drüsen (bei *H. trichocau*l*on* zuweilen mit sitzenden Drüsen) 8
7* KBl ganzrandig . . . . . . . . . . . . . . . . . . . . . . . . . . . . . . . . . . . . . . . . . . . . . . . . 9
8 Stg mit Ausnahme des BStandes behaart, aufrecht, rund. Bl eifg bis elliptisch, sitzend,
am Grund herzfg u. stängelumfassend, 1,5–5,5 × 0,8–2,5 cm. BStand locker. KrBl
zuweilen mit 1–2 schwarzen Drüsen. 0,20–0,65. ⟂ Pleiok 6–8. **Z** △; ∨ ○ Dränage ∧
(Sardinien, Balkan: Gebüsche, schüttre Trockenrasen).
**Balkan-H.** – *H. annula*t*um* MORIS
8* Stg kahl, aufrecht, rund. Bl eifg bis lanzettlich od. länglich-elliptisch, sitzend, am Grund
abgerundet bis herzfg u. stängelumfassend, 2–7 × 1–3 cm. BStand ± dicht. KrBl ohne
schwarze Drüsen. 0,30–0,60. ⟂ Pleiok 6–8. **W. Z** s Staudenbeete, Naturgärten; ∨ ○ ◑
(warmgemäß. bis gemäß. Eur.: lehmige, nährstoffreiche, mäßig trockne Standorte,
Säume, Gebüsche, wärmeliebende LaubW). **Berg-H.** – *H. mont*a*num* L.

Ähnlich: **Kreta-H.** – *H. trichocau*l*on* BOISS. et HELDR.: Stg niederliegend. od. aufsteigend, zuweilen
am Grund wurzelnd. Bl eifg-länglich bis linealisch, 0,5–1,1(–1,4) × 0,2–0,6 cm. KrBl zerstreut mit
schwarzen Drüsen. 0,05–0,25(–0,40). ⟂ 5–7. **Z** s Ⓐ △; ∨ ⚘ ○ Dränage ∧ (Kreta: Igelpolster-
heiden, Felsfluren, (0–)350–1940 m).

9 (7) Stg u. Bl behaart. Stg 2kantig, niederliegend od. aufsteigend, am Grund wurzelnd.
Bl länglich, elliptisch bis eifg, 0,8–3 cm lg. KrBl 9–21 mm lg. BKnospen u. Kapseln
nickend. 0,07–0,27. ♄ ⟂ Pleiok 6–8. **Z** s Ⓐ △; ∨ Kaltkeimer ⚘ ○ ⊖ Dränage ∧ (S-
Bulg., NO-Griech., NO- u. NW-Türkei: Felsfluren, Wälder, kalkfliehend, bis 1500 m –
1836). **Hornkrautähnliches H.** – *H. cerasto*i*des* (SPACH) N. ROBSON
9* Stg u. Bl kahl . . . . . . . . . . . . . . . . . . . . . . . . . . . . . . . . . . . . . . . . . . . . . . . . 10
10 Stg 2kantig . . . . . . . . . . . . . . . . . . . . . . . . . . . . . . . . . . . . . . . . . . . . . . . . 11
10* Stg 4kantig od. 4flüglig . . . . . . . . . . . . . . . . . . . . . . . . . . . . . . . . . . . . . . . . . . 12
11 KBl sich dachziegelartig deckend, 9–16 mm lg, br eifg od. br elliptisch-lanzettlich. KrBl
14–30 mm lg. Bl schmal länglich bis schmal elliptisch od. lanzettlich, graugrün, 0,5–3,8
× 0,1–1,2 cm. (Abb. **220**/1). (0,08–)0,10–0,50(–0,75). ♄ 6–7. **Z** z △; ∨ ⚘ ○ Dränage
∧ (Balkan, Türkei: Felsfluren, steinige Orte, KiefernW – 1706 – 3 Formen: f. o*l*ympi-
cum: Stg meist aufrecht, Bl 1–3,8 × 0,2–1,2 cm, elliptisch-länglich bis lanzettlich, KrBl
stets goldgelb, 1,7–3 cm lg (N-Griech., NW-Türkei); f. uniflo*rum* JORDANOV et KOŽUHA-
ROV: Stg aufrecht bis niederliegend, Bl 0,8–2,3 × 0,5–1,3 cm, br elliptisch bis verkehrt-
eifg, KrBl gold- od. zitronengelb, 2–2,5 cm lg (Griech., Bulg.); f. m*i*nus HAUSSKNECHT: Stg

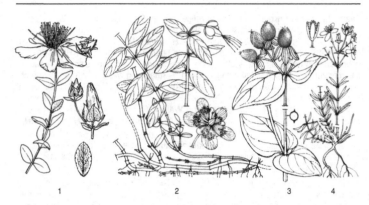

1          2          3          4

niederliegend, Bl 0,6–1,5 × 0,1–0,2 cm, schmal elliptisch-länglich, KrBl gold- od. zitronengelb (S-Griech.). Die beiden letztgenannten Formen mit einigen Sorten, z. B. 'Citrinum' u. 'Sulphureum', im Handel als *H. polyphyllum* hort.; *H. polyphyllum* BOISS. et BALANSA aus der S-Türkei wohl nicht in Kultur). **Olymp-H.** – *H. olympicum* L.

**11\*** KBl sich nicht dachziegelartig deckend, 3–7 mm lg, länglich-elliptisch bis lanzettlich od. linealisch. KrBl 8–18 mm lg. Bl schmal eifg, lanzettlich, elliptisch-länglich bis linealisch. 0,15–0,80. ⚃ Pleiok WuSpr 6–8. **W. N** s HeilPfl; **Z** z Staudenbeete, Naturgärten; ∨ Wurzelsprosse ○, für Vieh giftig (warmes bis kühles Eur. u. W-As.: Xerothermrasen, Silikatmagerrasen, Heiden, Böschungen, Gebüsche, Waldränder u. Waldlichtungen).
**Tüpfel-H.** – *H. perforatum* L.

**12 (10)** Stg 4kantig, markig. KBl 5–15 mm lg. KrBl 2,5–3,5 cm lg. Griffel bis zu ⁴/₅ ihrer Länge verwachsen od. frei. Bl schmal länglich bis lanzettlich od. eifg, sitzend, am Grund keilig bis herzfg u. stängelumfassend, 4–10 cm lg. 0,50–1,50. ⚃ Pleiokorm 7. **Z** s Staudenbeete; ∨ Kaltkeimer ○ ◑ (W- u. O-Sibir., Mong., Amur-Gebiet, Japan, China, Korea, O-Kanada, NO-USA: Birken-LärchenW, LärchenW, Auenwiesen).
**Großes H.** – *H. ascyron* L.

**12\*** Stg 4flüglig, ± hohl. KBl 3,5–5 mm lg. KrBl 0,5–0,8 cm lg. Griffel frei, spreizend. Bl kreisfg, eifg, br länglich od. br elliptisch, sitzend, am Grund abgerundet bis herzfg u. stängelumfassend, (0,4–)1–3,5(–4) cm lg. 0,30–0,60. ⚃ ∿ 7–8. **W. Z** z Teichränder; ∨ Lichtkeimer ⚘ ○ ◑ ≈ (S-, W- u. M-Eur.: nährstoffreiche, nasse, zeitweise überflutete Ufer, Gräben, Bäche, Staudenfluren, Röhrichte). [*H. acutum* MOENCH, *H. quadrangulum* L.]. **Flügel-H.** – *H. tetrapterum* L.

## Familie **Zistrosengewächse** – *Cistaceae* JUSS.     175 Arten

**1** FrKn aus 5 FrBl.          **Zistrose** – *Cistus* S. 221
**1\*** FrKn aus 3 FrBl . . . . . . . . . . . . . . . . . . . . . . . . . . . . . . . . . . . . . . . . . . **2**
**2** Bl nadelfg, wechselständig. B einzeln. Äußere StaubBl ohne Staubbeutel.
         **Nadelröschen** – *Fumana* S. 222
**2\*** Bl nicht nadelfg, wenigstens die unteren gegenständig. B in Trauben. Alle StaubBl mit Staubbeuteln . . . . . . . . . . . . . . . . . . . . . . . . . . . . . . . . . . . . . . . . **3**
**3** EinjahrsPfl. Bl mit 3 Längsnerven, sitzend. BStand ohne VorBl. Griffel fast fehlend.
         **Sandröschen** – *Tuberaria* S. 221
**3\*** Zwergstrauch. Bl fiedernervig, untere kurz gestielt. BStand mit VorBl. Griffel deutlich.
         **Sonnenröschen** – *Helianthemum* S. 221

**Zistrose** – *Cistus* L. 18 Arten

Junge Triebe behaart u. klebrig. Bl ledrig, eifg bis eifg-lanzettlich, 3nervig, oseits dunkelgrün u. kahl, useits dicht weißfilzig, 3–8(–9) × 1–3 cm. B an kurzen achselständigen Ästen, (1–)4–8(–12)blütig. KBl 3. KrBl weiß. (Abb. **221**/1). Bis 2,00. ♄ i 6–8. **Z** s △ Fuß von Trockenmauern; V ⟲ ○ ~ Dränage ∧ ® (Port., Span., S-Frankr., Marokko: Eichen-, Kiefern-, ZedernW, Weiden, 400–1900 m – 1752).
**Lorbeerblättrige Z.** – *C. laurifolius* L.

**Sandröschen** – *Tuberaria* (DUNAL) SPACH 12 Arten

Stg behaart. GrundBl u. untere StgBl elliptisch od. verkehrteifg, ohne NebenBl, obere lineal-länglich od. lineal-lanzettlich, oft mit NebenBl. KrBl gelb, am Grund oft schwarzbraun gefleckt, hinfällig. (Abb. **221**/5). 0,07–0,30. ☉ 6–9. **W. Z** s Sommerblumenbeete, Heidegärten; ○ ~ ⊖ (warmes bis warmgemäß. Eur., Türkei: Sandtrockenrasen, KiefernW, kalkmeidend – mehrere Varietäten). [*Helianthemum guttatum* (L.) MILL.]
**Geflecktes S.** – *T. guttata* (L.) FOURR.

**Sonnenröschen** – *Helianthemum* MILL. 110 Arten

Bem.: Zahlreiche Sorten dürften hybridogener Herkunft sein. Als Kreuzungspartner kommen vermutlich *H. apeninnum*, *H. nummularium* u. *H. croceum* in Betracht. Die Sorten unterscheiden sich z. B. in der Wuchshöhe, der BlFärbung sowie in der Gestalt und Färbung der Kr: einfach, halbgefüllt; weiß, gelb, orange, hellbraun, rosa, rot, purpurrot, mit u. ohne Auge.

1 Bl mit NebenBl (Abb. **221**/3). KrBl weiß, gelb, orange od. rosa . . . . . . . . . . . . . . . 2
1* Bl ohne NebenBl (Abb. **221**/2). KrBl gelb . . . . . . . . . . . . . . . . . . . . . . . . . . . . . . 3
2 Bl oseits graufilzig, dicht sternhaarig, linealisch bis lineal-lanzettlich, am Rand umgerollt, 8–30 × 2–8 mm. NebenBl pfriemlich bis fädlich, die der unteren u. mittleren Bl so lg wie der BlStiel, die der oberen Bl länger. KrBl weiß, selten rosa (var. *roseum* (JACQ.) C. K. SCHNEID.). 0,10–0,30. ♄ i Zwergstrauch 5–7. **W. Z** z △ Trockenmauern; V ○ ~ Dränage ⊕ (S- u. W-Eur., ostwärts bis M-D.: Kalkfelsfluren, Kalktrocken- u. -halbtrockenrasen – Hybr mit *H. nummularium* – ▽). **Apenninen-S.** – *H. apenninum* (L.) MILL.
2* Bl oseits grün, länglich od. lanzettlich bis ei- od. kreisfg, 5–50 × 2–15 mm. NebenBl lanzettlich, stets länger als die BlStiele (Abb. **221**/3). KrBl gelb, selten rosa od. weiß. 0,10–0,20. ♄ i Zwergstrauch 5–10. **W. Z** z △ Trockenmauern; V Sa langlebig, Lichtkeimer ○ ~ Dränage (warmgemäß. bis gemäß. Eur., VorderAs.: Xerothermrasen, Hochgebirgsmatten, frische Silikatmagerrasen, Säume, Trockengebüsche u. -wälder – 8 Unterarten: im Angebot: subsp. *grandiflorum* (SCOP.) SCHINZ et THELL.: Bl useits mit Borsten- u. Sternhaaren. KrBl 10–18 mm lg. Innere KBl 7–10 mm lg, zwischen den Nerven meist kahl, zuweilen kurz sternhaarig u./od. borstenhaarig. 0,10–0,20. ♄ i Zwergstrauch 5–10.

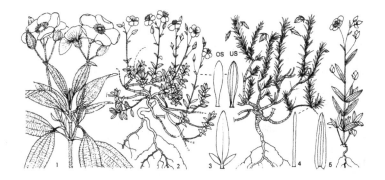

**W. Z** z △; ∀ Sommer ∿ ○ (warmgemäß. bis gemäß. W- u. M-Eur.: mont. bis alp. Fels-fluren, kalkstet – Hybr mit *H. apenninum*). **Gewöhnliches S.** – *H. nummularium* (L.) MILL.

Ähnlich: **Safrangelbes-S.** – *H. croceum* (DESF.) PERS.: KrBl orangegelb, selten hellgelb od. weiß. Bl oseits dicht sternhaarig, fast kreisfg bis lineal-lanzettlich, 5–20 × 2–7 mm, etwas fleischig. 0,05–0,30. ♄ i Zwergstrauch 6–7. **Z** s △ Trockenmauern ⓐ; ∀ ○ ~ Dränage ∧ (W-Medit.: Trockenrasen, Kalk-felsen, 500–1750 m – sehr variabel: Wuchsform, Behaarung, BlGröße u. -Form, BFarbe).

**3** **(1)** KrBl gelb, am Grund mit einem halbmondfg orangefarbenen Fleck. B einzeln od. zu 2–3(–4) meist an kurzer BStandsachse, lg gestielt. Bl elliptisch-lanzettlich, 8–12 × 3–4 mm. 0,05–0,20. ♄ i Zwergstrauch 6–7. **Z** s △ Trockenmauern; ∀ ○ ~ Dränage ∧ ⊕ (Seealpen: Felsen, steinige Wiesen, 850–2200 m).
                                                **Mondfleckiges S.** – *H. lunulatum* (ALL.) DC.
**3\*** KrBl gelb, am Grund nicht gefleckt. B an gestreckter BStandsachse . . . . . . . . . . . . **4**
**4** Bl wenigstens useits weiß- od. graufilzig. Nichtblühende Triebe nicht mit einer BlRosette abschließend. (Abb. **221**/2). 0,10–0,20. ♄ i Zwergstrauch, Legtriebe 5–6. **W. Z** s △ Tro-ckenmauern; ∀ Kaltkeimer ○ ~ Dränage ⊕ (warmes bis gemäß. Eur., VorderAs.: Kalk-felsfluren u. -trockenrasen, trockne KiefernW, kalkstet – 7 Unterarten – ▽).
                                                        **Graues S.** – *H. canum* (L.) BAUMG.
**4\*** Bl beidseits grün, kahl od. striegelhaarig. Nichtblühende Triebe meist mit einer BlRoset-te abschließend. 0,03–0,12. ♄ i Zwergstrauch 6–8. **W. Z** z △ Trockenmauern; ∀ ○ ~ Dränage ⊕ (warmgemäß. bis gemäß. Eur., VorderAs.: frische, kalkreiche alp. Matten). [*H. oelandicum* (L.) DC. subsp. *alpestre* (JACQ.) BREISTR.]
                                                        **Alpen-S.** – *H. alpestre* (JACQ.) DC.

**Nadelröschen, Heideröschen** – *Fumana* (DUNAL) SPACH                           9 Arten

Stg niederliegend od. aufsteigend, drüsenlos. Bl nadelfg, (4–)10–18 × 0,5–0,2 mm, ohne NebenBl (Abb. **221**/4). BStiel so lg wie die benachbarten Bl od. kürzer. Kr gelb. Äuße-re StaubBl steril. 0,10–0,20. ♄ i Zwergstrauch 6–10. **W. Z** s △; ∀ Kaltkeimer ○ ~ Drä-nage ⊕ (warmes bis warmgemäß. Eur., W-As.: Kalkfelsfluren u. -trockenrasen, reiche Sandtrockenrasen, kalkstet). [*Helianthemum fumana* L.]
                                                **Gewöhnliches N.** – *F. procumbens* (DUNAL) GREN. et GODR.

Ähnlich: **Aufrechtes N., Felsen-N.** – *F. ericoides* (CAV.) GAND. [*F. spachii* GREN. et GODR.]: Stg auf-recht od. aufsteigend, fein drüsig. BStiel länger als die benachbarten Bl. Bls 0,20. ♄ i Zwergstrauch 5–7. **Z** s ⓐ △; ∀ ○ ~ Dränage ⊕ ∧ (Medit. bis warmgemäß. Eur.: Felssteppen, Trockenrasen, lich-te Gebüsche, Macchien, kalkstet, 0–800 m).

## Familie **Veilchengewächse** – *Violaceae* BATSCH                           800 Arten

### **Veilchen, Stiefmütterchen** – *Viola* L.                           400 Arten

**1** Bl gelappt, gespalten od. geteilt (Abb. **224**/1) . . . . . . . . . . . . . . . . . . . . . . . . . . . . **2**
**1\*** Bl ganz . . . . . . . . . . . . . . . . . . . . . . . . . . . . . . . . . . . . . . . . . . . . . . . . . . . . . . . . . . **5**
**2** NebenBl frei, nicht mit dem BlStiel verwachsen . . . . . . . . . . . . . . . . . . . . . . . . . . . **3**
**2\*** NebenBl bis zur Hälfte mit dem BlStiel verwachsen . . . . . . . . . . . . . . . . . . . . . . . . **4**
**3** BlSpreite fußfg geschnitten, schwach behaart od. verkahlend, am Grund ± keilig od. ge-stutzt. Rhizom senkrecht. Seitliche KrBl stark gebärtet. B hellviolett, bis 2 cm ⌀. 0,07–0,10. ⌂ ℃ 4–5. **Z** s △ Rabatten; ∀ ○ ≃ Boden durchlässig (Kanada, USA: Prärien, Waldlich-tungen – Sorte: 'Alba': B weiß).                           **Prärie-V.** – *V. pedatifida* G. DON
**3\*** BlSpreite gelappt, gespalten od. geteilt, zumindest useits zottig behaart, am Grund ± herzfg. BlStiel zottig behaart. Rhizom waagrecht od. schräg. Seitliche KrBl schwach gebärtet. B hell- bis dunkelviolett, bis 3 cm ⌀. 0,10–0,15. ⌂ ℃ 4–5. **Z** s △ Gehölzgrup-pen; ∀ ◐ ≃ Boden durchlässig (östl. N-Am.: feuchte Wälder, schattige Kalkfelsen – 1739).                                                        **Frühlings-V.** – *V. palmata* L.

**4 (2)** Seitliche KrBl nicht gebärtet. KrBl lilapurpurn od. die beiden oberen dunkelpurpurn, die anderen hell bis dunkel lilapurpurn, Kr 2–3 cm ⌀. 0,08–0,15. ♃ 6. **Z** s △ ⌂; Ⅴ ○ ~ Boden sandig; heikel (östl., südöstl. u. mittlere USA: Waldlichtungen auf trocknem, sandigem Boden). **Krähenfuß-V.** – *V. pedata* L.

**4\*** Seitliche KrBl gebärtet. KrBl rosaweiß, mit purpurnen Nerven, Kr < 2 cm ⌀. Sporn 4–5 mm lg. FrühjahrsBl handfg geschnitten mit 5 Abschnitten, SommerBl 3zählig. BlAbschnitte spitz. 0,05–0,12. ♃ 4. **Z** s △ Gehölzgruppen; Ⅴ ◑ ≈ Dränage (Mong., W- u. O-Sibir., M-As., Fernost, Japan: Honshu, Shikoku, Kyushu: feuchte BergW – 2 Varietäten, kult wohl nur var. *chaerophylloides* (REGEL) MAKINO [var. *eizanensis* MAKINO]).
**Japan-V.** – *V. dissecta* LEDEB.

Ähnlich: **Fiederblättriges V.** – *V. pinnata* L.: Kr hellviolett. Sporn 12–15 mm lg. BlAbschnitte ± stumpf. (Abb. **224**/1). 0,03–0,08. ♃ 5–6. **Z** s △; Ⅴ ○ ◑ ⊕ (Alpen: Felsen, Felsspalten, lückige Rasen, 1000–2000 m, kalkliebend).

**5 (1)** BlSpreite lanzettlich, linealisch od. elliptisch, am Grund keilig od. verschmälert. Pfl mit Ausläufern ohne aufrechte, beblätterte, oberirdische Stg. KrBl weiß, nicht gebärtet, untere 3 purpurstreifig. Sporn 1 mm lg. Bis 0,15. ♃ ∿ 4–6. **Z** s Teichränder △; Ⅴ ♈ ○ ≈ Boden sandig (östl. u. südöstl. N-Am.: Sümpfe, Moore, feuchte Wiesen, feuchte u. sandige Böden). **Lanzenblättriges V.** – *V. lanceolata* L.

**5\*** BlSpreite kreisfg, nierenfg, eifg od. länglich, oft mit herzfg Grund; wenn BlSpreite lanzettlich, dann B gelb, violett, purpurviolett od. mehrfarbig od. mit 8–15 mm lg Sporn . . . **6**

**6** Seitliche KrBl auf- od. seitwärts gerichtet (Abb. **223**/1–3) . . . . . . . . . . . . . . . . . . . **7**

**6\*** Seitliche KrBl abwärts gerichtet (Abb. **224**/2) . . . . . . . . . . . . . . . . . . . . . . . . . . . **15**

**7** Pfl ☉, ⚊ od. ☉ . . . . . . . . . . . . . . . . . . . . . . . . . . . . . . . . . . . . . . . . . . . . . . . . **8**

**7\*** Pfl ♃ . . . . . . . . . . . . . . . . . . . . . . . . . . . . . . . . . . . . . . . . . . . . . . . . . . . . . . . **9**

**8** Kr 1,5–3 cm ⌀, purpur- bis blauviolett, unteres KrBl zuweilen gelblichweißlich. Sporn 3–5 mm lg. wenig länger als die KBlAnhängsel. 0,10–0,25. ⚊ bis 3jährig 4–9. **W**. **Z** z Sommerblumenbeete, Pflanzschalen; **N** s HeilPfl; ○ ~ ⊖ (warmes bis kühles Eur.: lockre, trockne Sanddünen, frische nährstoffreiche Böschungen u. Wegraine, extensiv genutzte Äcker, kalkmeidend – *V. tricolor* mit einigen Unterarten).
**Wildes St.** – *V. tricolor* L. subsp. *tricolor*

**8\*** Kr 3–6(–8) cm ⌀, weiß, gelb, rot, orange, braun, purpurn, blau od. schwarz, oft mit kontrastierendem Auge, auch mehrfarbig. Seitliche KrBl gebärtet. (Abb 223/3). 0,10–0,30. ⚊ i 4–10. **Z** v Sommerrabatten; ▷ Aussaat Mitte Juni bis Mitte Juli, ab Mitte Oktober auspflanzen ○ (Bastard-Sippe aus *V. lutea* subsp. *sudetica* (WILLD.) W. BECKER × *V. tricolor* × *V. altaica* KER GAWL. – Züchtungsbeginn 1850 – ∞ Sorten: BFarbe, BZeichnung u. BGröße unterschiedlich. [*V. hortensis* auct.] **Garten-St.** – *V.* × *wittrockiana* GAMS

1         2         3

Ähnlich: *V.* × *williamsii* hort. (*V.* × *wittrockiana* × *V. cornuta*): B oft größer u. mehr kreisfg als bei *V.* × *wittrockiana* – ∞ Sorten: meist ⚲, selten Ⅴ, bei Rückschnitt oft mehrjährig.

**9** **(7)** Bl breiter als lg, nierenfg. NebenBl meist ganzrandig. Kr gelb, bräunlich gestreift. 0,08–0,15. ♃ ⅄ 5–8. **W. Z** △ zwischen niedrigen Gehölzen; Ⅴ Kaltkeimer ◖ ≃ lockrer Humus, heikel (warmes bis kaltes Eur., As., Alaska: subalp. Hochstaudenfluren, sicker-feuchter Steinschutt, auch Berg-BuchenW). **Zweiblütiges V.** – *V. biflora* L.

**9\*** Bl länger als br . . . . . . . . . . . . . . . . . . . . . . . . . . . . . . . . . . . . . . . . . . . . . **10**

**10** Pfl ohne aufrechte, beblätterte oberirdische Stg, höchstens mit Ausläufern . . . . . . . **11**

**10\*** Pfl mit aufrechten, beblätterten oberirdischen Stg . . . . . . . . . . . . . . . . . . . . . . . . . **12**

**11** NebenBl etwa bis zur Hälfte ihrer Länge mit dem BlStiel verwachsen, ganzrandig. BlSpreite eifg-rundlich. B violett, mit dunklen Flecken od. Streifen, selten weiß, 2–3 cm ∅. Sporn 3–4 mm lg. 0,04–0,10. ♃ 6–7. **Z** s △; Ⅴ ⚲ ○ ⊕ Dränage, Schutz gegen Schnecken u. Wurzelläuse, heikel (nordöstl. Kalkalpen, Karpaten: Gesteinsfluren, Magerrasen). **Ostalpen-V.** – *V. alpina* L.

**11\*** NebenBl frei, nicht mit dem BlStiel verwachsen, gezähnt bis fiederspaltig. BlSpreite eifg bis lanzettlich. B meist violett, selten blassgelb od. weiß, 3 cm ∅. Sporn 8–15 mm lg. (Abb. **223**/2). 0,04–0,10. ♃ i ⚯ 5–7. **W. Z** s △; Ⅴ ⚲ ◖ Boden humos-steinig; heikel (W-Alpen: alp. Matten, Schneerunsen, Felsschutt). **Sporn-St., Langsporn-V.** – *V. calcarata* L.

Ähnlich: **Karawanken-St., Zois-V.** – *V. zoysii* WULFEN [*V. calcarata* subsp. *zoysii* (WULFEN) MERXM.]: NebenBl fast immer ganzrandig. BlSpreite br eifg bis rundlich. B gelb. 0,03–0,08. ♃ 5–6. **Z** s △; Ⅴ ⚲ ◖ ⊕ Boden humos-steinig (Karawanken, westbalkanische Gebirge: subalp. u. alp. Magerwiesen u. Felsspalten, kalkliebend).

**12** **(10)** NebenBl meist grob gezähnt (Abb. **223**/1), zuweilen ± tief eingeschnitten. Sporn 10–15 mm lg, schwach gebogen. Bl 2–3(–5) cm lg, eifg, spitz, gekerbt, useits behaart. B violett od. lila, 2–3(–4) cm ∅, duftend. 0,20–0,30. ♃ ⅄ 6–8. **Z** z △ Staudenbeete ⚥; Ⅴ ⚲ Risslinge ○ ⌢ (Pyr.: Felsfluren, alp. Matten, bis 2500 m – Hybr mit *V. velutina*, *V.* × *wittrockiana* u. *V. stojanowii* W. BECKER – ∞ Sorten: vor allem mit unterschiedlichen BFarben: gelb, blau, blauviolett, purpurviolett, rot, weiß, fast schwarz. Vermehrung der Sorten teils über ⚲ u. Risslinge, teils durch Ⅴ. Ungeschlechtlich vermehrt werden z.B. 'Altona', 'Angerland', 'Cleo', 'Famos', 'Germania', 'Hansa', 'John Wallmark', 'Lady Scott', 'Louis', 'Kathrinchen', 'Milkmaid', 'Rebecca', 'Winona Crawthorne', 'Woodgate'. Über Sa vermehrt werden 'Admiration', 'Blaue Schönheit', 'Gustav Wermig', 'Perfecta', 'Perfecta Alba', 'Rubin'). **Horn-St., Horn-V.** – *V. cornuta* L.

**12\*** NebenBl fiederteilig bis -schnittig od. handfg geteilt bis geschnitten. Sporn 3–7 mm lg . . . . . . . . . . . . . . . . . . . . . . . . . . . . . . . . . . . . . . . . . . . . . . . . . . . . . . . . . . **13**

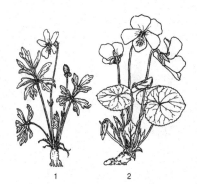

1                               2

**13** Stg dicht behaart. BlSpreite kreisfg-eifg od. länglich, gekerbt. NebenBl 4–8teilig. Kr violett od. gelb. Sporn 6–7 mm lg, gerade od. schwach gebogen, 2–3mal so lg wie die KBlAnhängsel. 0,05–0,25(–0,30). ⌃ 5–8. **Z z** △; ∨ ⟑ ◐ Boden humos-steinig (Montenegro, Mazedonien, Bulg., NO-Griech., Türkei: Felsfluren, alp. Matten).
**Schlankes V.** – *V. gracilis* SIBTH. et SM.

**13\*** Stg ± kahl ..................................................... **14**

**14** Pfl mit unterirdischen Ausläufern. NebenBl mit nur wenig verbreitertem, ± linealischem, stets ganzrandigem Endabschnitt u. mit 4–6 Seitenabschnitten. B bis 3 cm ∅. KrBl gelb, violett od. mehrfarbig. Sporn 3–6 mm lg. 0,10–0,20(–0,40). ⌃ ⤳ 6–8. **Z s** △; ∨ ⋎ ◐ ⊖ Boden humos-steinig (W- u. M-Eur.: subalp. u. alp. Magerrasen u. Matten, kalkmeidend – 1583 – 2 Unterarten – neigt leicht zum Hybridisieren).
**Gelbes V.** – *V. lutea* HUDS.

**14\*** Pfl ohne unterirdische Ausläufer. NebenBl mit deutlich verbreitertem, meist gekerbtem Endabschnitt u. mit 4–8(–10) Seitenabschnitten. B 2–2,5 cm ∅. KrBl meist alle gelb, zuweilen die 2 oberen schwach bläulichlila. Sporn 5–6 mm lg, etwa so lg od. bis >doppelt so lg wie die KBlAnhängsel. 0,10–0,30. Meist ⌃ 5–8. **W. Z s** △; ∨ ○ ⊖ (Pyr., Alpen, Karp., Krim: frische, nährstoffreiche hochmont. bis subalp. Bergwiesen, kalkmeidend – weitere Unterart: subsp. *tricolor*, s. 8). [*V. tricolor* subsp. *subalpina* LATOURR.) GAUDIN].
**Wildes St.** – *V. tricolor* L. subsp. *saxatilis* (F. W. SCHMIDT) ARCANG.

**15** (6) Pfl mit ± aufrechten, beblätterten, oberirdischen Stg. B in den Achseln von StgBl **16**

**15\*** Pfl ohne aufrechte, beblätterte, oberirdische Stg, höchstens mit Ausläufern. B in den Achseln von GrundBl ............................................. **19**

**16** StgGrund ohne lg gestielte Bl. BlSpreite eilanzettlich, am Grund keilig, gestutzt od. seicht herzfg. NebenBl der mittleren StgBl so lg wie der BlStiel, die der oberen länger als dieser. B groß, hellblau mit weißem Grund; gespornetes KrBl 2–2,5 cm lg. 0,20–0,50. ⌃ Pleiok 5–7. **W. Z s** Gehölzränder; ∨ ◐ ≃ ⊕ (warmgemäß. bis gemäß. Eur., W-As.: feuchte, zeitweise nasse, basenreiche Auenwiesen u. Gehölzränder, kalkhold, StromtalPfl).
**Hohes V.** – *V. elatior* FR.

**16\*** StgGrund mit lg gestielten Bl. BlSpreite br eifg od. rundlich, am Grund deutlich herzfg ............................................. **17**

**17** Bl u. Stg meist flaumig behaart. BlSpreite rundlich-herzfg, bis 2 cm lg, graugrün, schwach gekerbt od. ganzrandig. NebenBl spitz gezähnt. 0,03–0,08. ⌃ Pleiok 5–6. **W. Z z** △; ∨ ○ ≃ ⊕ (warmgemäß. bis kühles Eur. u. As.: Trocken- u. Halbtrockenrasen, kalkhold).
**Sand-V.** – *V. rupestris* F. W. SCHMIDT

**17\*** Bl u. Stg kahl. BlSpreite br herzfg, meist >2 cm lg, deutlich gekerbt. NebenBl ± kammfg gefranst ............................................. **18**

**18** KBlAnhängsel 2–3 mm lg, zur FrZeit noch größer, oft ausgerandet. Kr hell blauviolett, 14–22(–30) mm ∅, im Umriss fast quadratisch. KrBl sich meist überdeckend, unteres deutlich geadert. Sporn weißlich, dick, useits gefurcht u. an der Spitze ausgerandet. 0,10–0,40. ⌃ ⅄ 4–6. **W. Z z** Gehölzgruppen, Rabatten; ∨ ⍦ ◐ (warmes bis kühles Eur.: Eichen-BirkenW, Eichen-HainbuchenW, BuchenW, ärmere subkontinentale Eichen-TrockenW, Gebüsche, Magerrasen, mäßig anspruchsvoll – Sorte: 'Purpurea': Bl purpurn; im Angebot als „*V. labradorica* var. *purpurea* hort.").
**Hain-V.** – *V. riviniana* RCHB.

Ähnlich: **Labrador-V.** – *V. labradorica* SCHRANK: NebenBl ganz od. am Grund mit 1–2 fadenfg Anhängseln, nicht kammfg gefranst. Kr dunkelviolett. ⌃ ⅄ 7–8 (Grönl., Kanada, USA: sandige Orte – wohl nicht kult).

**18\*** KBlAnhängsel bis 1 mm lg, nicht ausgerandet, zur FrZeit undeutlich. Kr rötlichviolett, 12–15 mm ∅, höher als br; KrBl sich nicht überdeckend. Sporn dunkelviolett, schmächtig, ungefurcht, mit abgerundeter Spitze. 0,10–0,25. ⌃ RhizWuSpr 3–5. **W. Z v** Gehölzgruppen, Rabatten; ∨ ⍦ ◐ (S-, W- u. M-Eur.: krautreiche LaubW, anspruchsvoll).
**Wald-V.** – *V. reichenbachiana* JORD. ex BOR.

19 **(15)** NebenBl in ihrer unteren Hälfte mit dem BlStiel verwachsen. Pfl ohne Ausläufer. BlSpreite eifg-dreieckig mit herzfg Grund. B 1–2,5 cm ⌀, rötlichpurpurn, duftend. KBl stumpf. Sporn 4–6 mm lg. Bis 0,10. ⅄ 4–5. **Z** z △; **V** ○ ≃ (Z-Rum.: Kalkfelsfugen).
**Rumänisches V.** – *V. joói* JANKA

19* NebenBl frei, nicht mit dem BlStiel verwachsen. Pfl mit od. ohne Ausläufer ...... 20

20 Pfl ohne Ausläufer od. Legtriebe ....................................... 21

20* Pfl mit Ausläufern od. Legtrieben ...................................... 23

21 Seitliche KrBl länger als das mittlere KrBl, ihre Bärte mit ± keulenfg Papillen. KBl am Rand meist kahl. B blauviolett. 0,10–0,15. ⅄ ⅄ 5–7. **Z** z △ Teichränder; **V** ⸙ ○ ● ≃ (östl. N-Am.: feuchte Wiesen, Quellen, Sümpfe – 1760 – mehrere Sorten: B weiß, B weiß mit rotem, violettem od. blauem Auge, B rosa). [*V. obliqua* HILL]
**Amerikanisches V.** – *V. cucullata* AITON

21* Seitliche KrBl u. mittleres KrBl (fast) gleich lg, ihre Bärte mit zylindrischen, an der Spitze nicht od. nur schwach verdickten Papillen. KBl gewimpert ................... 22

22 Mittleres, gesporntes KrBl u. die beiden seitlichen KrBl am Grund gebärtet. KBl vom Grund bis zur Spitze lg gewimpert. Bl behaart. B violett bis purpurn, selten weiß. Bis 0,14. ⅄ ⅄ 5. **Z** z Gehölzgruppen; **V** ⸙ ◑ ≃ (nordöstl. N-Am.: feuchte, lichte Wälder – einige Sorten).
**Nördliches V.** – *V. septentrionalis* GREENE

22* Mittleres KrBl meist kahl, nur die beiden seitlichen KrBl am Grund gebärtet. KBl meist nur vom Grund bis zur Mitte kurz gewimpert. Bl behaart od. kahl. B violett od. weiß. (Abb. **224/2**). Bis 0,10. ⅄ ⅄ 4–5. **Z** z Gehölzgruppen; **V** Kaltkeimer ⸙ ○ ◑ (O-Kanada, östl. u. mittlere USA: feuchte Wiesen, schattige Ufer – Anfang 19. Jh. – mehrere Sorten: 'Albiflora': B weiß; 'Princeana': B grauweiß mit grünem Schlund u. blauer Aderung; 'Freckles': B weiß, blau gestrichelt od. gepunktet). [*V. papilionacea* PURSH]
**Pfingst-V.** – *V. sororia* WILLD.

23 **(20)** Narbe schief, scheibchenfg. FrStiele aufrecht, an der Spitze oft hakig. B nicht duftend. Bl vorn abgerundet, selten kurz zugespitzt, zu 3–4(–6), glänzend, beidseits kahl. VorBl unter, in od. wenig über der Mitte des BStiels. 0,05–0,12. ⅄ ⌇⌇ 5–6. **W**. **Z** s Teichränder, Moorbeete; **V** ⚲ ○ ◑ ≃ (warmgemäß. bis arkt. Eur. u. nordöstl. N-Am., S-Grönl.: staunasse, saure, nährstoffarme Flachmoore, Gräben, Waldwege, Erlenbrüche).
**Sumpf-V.** – *V. palustris* L.

23* Narbe hakig umgebogen, schnabelfg. FrStiele niederliegend, gerade. B duftend . . 24

24 VorBl weit unter der Mitte des BStiels sitzend. Bl fast kahl, BlStiel behaart. NebenBl lanzettlich, lg zugespitzt, gefranst. Ausläufer nur bis 10 cm lg. KrBl blauviolett od. blau, im unteren Drittel weiß, duftend. 0,06–0,20. ⅄ ⌇⌇ ⅄ 3–4. **W**. **Z** z Gehölzgruppen; **V** ⸙ ◑, aggressiv (warmes bis warmgemäß. Eur., W-As.: frische FlaumeichenW, Gebüsche; in D. eingeb. – sehr variabel – Hybr z. B. mit *V. odorata* u. *V. alba* – einige Sorten: z. B. 'Marie Luise': B hellviolett, gefüllt). [*V. beraudii* BOR., *V. cyanea* ČELAK., *V. sepincola* JORD.]
**Blaues V.** – *V. suavis* M. BIEB.

24* VorBl in od. über der Mitte des BStiels. Bl spärlich flaumhaarig ............... 25

25 NebenBl lineal-lanzettlich, 2 mm br, lg gefranst. Legtrieb nicht wurzelnd, vorn aufsteigend, meist im ersten Jahr blühend. Kr weiß. 0,05–0,10. ⅄ Pleiok LgTr 3–4. **W**. **Z** z Gehölzgruppen; **V** ◑ (warmes bis warmgemäß. Eur., Türkei, Kauk.: Säume frischer Gebüsche u. Wälder, anspruchsvoll – Unterarten: subsp. *alba*: Bl u. Kapseln hellgrün, Sporn gelbgrün, die übrige Kr weiß; subsp. *scotophylla* (JORD.) NYMAN: Bl u. Kapseln dunkelgrün, Sporn violett, die übrige Kr weiß).
**Weißes V.** – *V. alba* BESSER

25* NebenBl eifg, 3–4 mm br, ganzrandig od. kurz gefranst. Ausläufer wurzelnd, erst im zweiten Jahr blühend. Kr dunkelviolett, selten weiß od. rosa. Sporn gleichfarbig. 0,05–0,10. ⅄ ⌇⌇ ⅄ 3–4. **W**. **Z** v Gehölzgruppen, Naturgärten, Rabatten ⚥; HeilPfl; **V** Kaltkeimer ⸙ ○ ◑ (warmes bis gemäß. Eur.: Säume, Gebüsche, FeldulmenW, anspruchsvoll; in D. eingeb. – ∞ Sorten: B in Größe u. Farbe unterschiedlich, auch gefüllt: weiß, rosa, purpurn, gelb, violettblau.
**März-V., Duft-V.** – *V. odorata* L.

# Familie **Passionsblumengewächse** – *Passifloraceae* JUSS. ex ROUSSEL 620 Arten

**Passionsblume** – *Passiflora* L. 460 Arten

Lit.: ULMER, B., ULMER, T. 1997: Passionsblumen – eine faszinierende Gattung. Bochum.

Bem.: Die *Passiflora*-Blüten wurden von dem 1653 in Siena verstorbenen Jesuitenpater FERRARI mit den Attributen des Leidens Christi verglichen: Dabei symbolisieren die 3 Narben die Nägel, die 5 Staubblätter die Wundmale, der Strahlenkranz die Dornenkrone, der gestielte Fruchtknoten den Kelch, die oft dreilappigen Laubblätter die Lanze u. die Ranken die Geißeln (Abb. **227**/1a).

1   Bl fußfg geschnitten, mit 5–7(–9) Abschnitten (Abb. **227**/1a), selten 3lappig (vor allem bei Hybr). **Blaue P.** – *P. caerulea* L., s. **4**
1\*  Bl 3lappig (Abb. **227**/2a) .............................................. **2**
2   NebenBl borstenfg, bis 0,5 cm lg, bei *P. incarnata* früh abfallend (Abb. **227**/2b) ... **3**
2\*  NebenBl halbelliptisch, elliptisch od. nierenfg mit fadenfg Fortsatz, 1–2,5 cm lg, 0,5–1 cm br .............................................. **4**
3   BlRand gesägt. BlStieldrüsen 2 (Abb. **227**/2a). K von 3 kleinen HochBl umgeben, diese mit 2 basalen Drüsen. KBl 3 cm lg, 1 cm br, useits an der Spitze mit kurzer Granne. B 6–8(–9) cm ⌀. Strahlenkranz (NebenKr) dunkelrosa bis hellviolett, bei f. *alba* weiß. Fr elliptisch, bis 6 cm lg, grünlichgelb. ⌠ ⚥ Wurzelausläufer 7–9. Z s Kübel, Spaliere, besonders an Hauswänden u. Mauern; HeilPfl; Wurzelschnittlinge ○ geschützter Standort ∧ ⚘, heikel in der Anzucht, giftig? (südöstl. N-Am.: Gebüsche, Zäune – 1620 – Hybr mit *P. edulis* SIMS: 'Byron Beauty'; mit *P. phoenicea* LINDL.: 'Elisabeth'; mit *P. cincinnata* MAST.: 'Incense'). **Fleischfarbene P.** – *P. incarnata* L.
3\*  BlRand ganz. BlStieldrüsen fehlend, nur zuweilen 2 am BlStielende. HochBl fehlend. KBl (0,5–)1–1,3 cm lg, 0,2–0,4 cm br. B 1,2–2,5 cm ⌀. Strahlenkranz gelblichweiß. Fr oval bis kuglig, 1,5 cm ⌀, dunkelviolett. ⌠ ⚥ Wurzelausläufer 6–8. **Z** s Kübel, Spaliere, besonders an Hauswänden u. Mauern; ∨ ⟲ Wurzelschnittlinge ○ geschützter Standort ∧ ⚘ (südöstl. N-Am.: Gebüsche, Wälder). **Gelbe P.** – *P. lutea* L.
4   **(2)** BlStieldrüsen 2–4(–6) (Abb. **227**/1b). KBl 3–4 cm lg, 1–1,5 cm br. B 7–9 cm ⌀. Strahlenkranz innen purpurn, in der Mitte weiß, an der Spitze blau. Fr oval, 5–7,5 cm lg, 4 cm ⌀, orange (Abb. **227**/1c). FrFleisch rot. (Abb. **227**/1a). Bis 10,00. ♄ ⚥ i Wurzelausläufer, 6–9. **Z** z Kübel, Spaliere, besonders an Hauswänden u. Mauern; ⚘ ⟲ Wurzelschnittlinge, Blattaugenstecklinge ∨ ○ geschützter Standort ∧ ∧ ⚘ (Argent., Bras., Parag. – 1699 – Hybr mit *P. quadrangularis* L.: *P.* × *allardii* LYNCH; mit *P. alata* DRYAND.: *P.* × *belotii* PÉPIN; mit *P. incarnata*: *P.* × *colvillii* SWEET; mit *P. amethystina* J. C. MIKAN: 'Purple Haze'; mit *P. racemosa* BROT.: *P.* × *violacea* LOISL. Weitere Sorte: 'Constance Elliot': B weiß). **Blaue P.** – *P. caerulea* L.

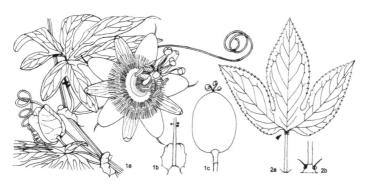

**4\*** BlStieldrüsen meist fehlend, selten 2 rötlichbraune am Stielende. BlBuchten mit 2–4 Drüsen. KBl 2–3 cm lg, 0,5–0,8 cm br, mit 0,5 cm lg Granne. B 4–5,5 cm ⌀. Strahlenkranz violett u. weiß gebändert. Fr kuglig, 2,5 cm ⌀, gelb. ♄ ⚥. Z s Kübel, Spaliere, besonders an Hauswänden u. Mauern; Wurzelschnittlinge ○ geschützter Standort ∧ ⑱ (Argent., Boliv. – einige Hybr: z. B. 'Eyleen', 'Colet'). **Kahn-P.** – *P. naviculata* GRISEB.

# Familie **Kürbisgewächse** – *Cucurbitaceae* JUSS.     735 Arten

**1** ♂ B einzeln od. zu wenigen in den BlAchseln ........................... **2**
**1\*** ♂ B in Trauben od. Doldentrauben ....................................... **6**
**2** ♂ u. ♀ B weiß. BlStiel mit einem Paar von Drüsen unterhalb der Spreite.
                                                     **Flaschenkürbis** – *Lagenaria* S. 231
**2\*** B stets gelb od. grünlichgelb. BlStiel drüsenlos ........................... **3**
**3** StaubBl frei. Fr nicht >5 cm lg, rot.        **Quetschblume** – *Thladiantha* S. 231
**3\*** Staubfäden u. Staubbeutel meist stark verwachsen ........................ **4**
**4** Kr glockig, >5 cm lg, KrBl etwa bis zur Hälfte verwachsen. **Kürbis** – *Cucurbita* S. 229
   **4\***    KrBl frei od. nur am Grunde verwachsen, <5 cm lg         **5**
**5** Bl fiederteilig, Ranken verzweigt.        **Wassermelone** – *Citrullus* S. 231
**5\*** Bl einfach od. gelappt. Ranken unverzweigt.     **Gurke, Melone** – *Cucumis* S. 228
**6** **(1)** Pfl ohne Ranken. Fr zur Reife sich explosiv vom Stiel lösend.
                                                      **Spritzgurke** – *Ecballium* S. 231
**6\*** Pfl mit Ranken. Fr am Stiel bleibend ..................................... **7**
**7** Reife Fr fleischig, meist walzlich, groß, 15–50 cm lg. Ranke 2–7teilig.
                                         **Schwammgurke** – *Luffa* S. 231
**7\*** Reife Fr kleiner, <5 cm, fleischig od. trocken ........................... **8**
**8** Fr eine kleine, nackte Beere. Ranke einfach. Bl 3–7lappig ................. **9**
**8\*** Fr reif trocken, borstig-stachlig. Ranke geteilt ........................... **10**
**9** Kr grünlichweiß, schüsselförmig. Pfl 1- od. 2häusig. Bl 5–7lappig.
                                   **Zaunrübe** – *Bryonia* S. 228
**9\*** Kr gelb, glockig. Pfl stets 2häusig. Bl 3–5lappig.    **Ibervillea** – *Ibervillea* S. 231
**10** **(8)** Bl 5lappig, fast kahl. FrKn 2fächrig. FrWand häutig, sich an der Spitze öffnend, schwach borstig.              **Stachelgurke** – *Echinocystis* S. 230
**10\*** Bl schwach gelappt, behaart. FrKn nicht gefächert. Fr trocken, stechend borstig u. dicht wollig, geschlossen bleibend.       **Haargurke** – *Sicyos* S. 230

### **Zaunrübe** – *Bryonia* L.         12 Arten

**1** Pfl meist 1häusig. BlLappen scharf gezähnt, der mittlere viel länger als die seitlichen. ♀ B ohne StaubBlReste, 9–10 mm lg, ihr K etwa so lg wie die Kr. Narbe kahl. Reife Beeren schwarz. 2,00–4,00. ⚇ ⚥ Rübe 6–7. **W.** Z s Naturgärten, Parks, Zäune, Gitter; früher HeilPfl; ∨ ○ ◐, giftig (kult Mittelalter – heute nur noch in Homöopathie).
                                                **Weiße Z.** – *B. alba* L.
**1\*** Pfl stets 2häusig. BlLappen ganzrandig od. mit wenigen großen, stumpflichen Zähnen, der mittlere kaum länger als die seitlichen. ♀ B im Schlund mit verkümmerten, dicht behaarten StaubBl, 6 mm lg, ihr K etwa ¹/₂ so lg wie die Kr. Narbe rauhaarig. Reife Beere rot. 2,00–4,00. ⚇ ⚥ Rübe 6–9. **W.** Z s Naturgärten, Parks, Zäune, Gitter; früher HeilPfl; ∨ ○ ◐, giftig (kult Mittelalter, von den vorigen früher meist nicht unterschieden, da gleiche Wirkungsweise – heute nur noch in Homöopathie). [*B. cretica* L. subsp. *dioica* (JACQ.) TUTIN]       **Rotbeerige Z.** – *B. dioica* JACQ.

### **Gurke, Melone** – *Cucumis* L.         30 Arten

Lit.: KIRKBRIDE, J. H. 1993: Biosystematic monograph of the genus *Cucumis* (*Cucurbitaceae*): botanical identification of cucumbers and melons. Boone, N.C.

**1** Pfl rauhaarig. Fr walzig, in der Jugend mit Warzen od. Stacheln, später oft verkahlend, bis 1,0 m lg. Bl herzfg, spitz 5eckig. Sa lanzettlich (Abb. **230**/5). 0,50–3,00. ☉ ⚥ 6–9. **N** v Feldanbau u. Gärten, Gewächshäuser, Zentren des Freilandanbaues z.B. Spreewald, S-D., Thüringen, unreife Fr eines der wichtigsten Gemüse; **V** ⌐ Anfang April od. Anfang Mai ins Freiland, Kompost, verrotteter Mist, gut auf schwarzer Folie (Wildform var. *hardwickii* (ROYLE) GABAEV: N-Indien; hier kult seit 5000 Jahren – in D. seit frühem Mittelalter – ∞ Sorten). **Gurke** – *Cucumis sativus* L.

Sehr formenreich u. vielfältig genutzt. Sorten unterschieden nach Anbau, Form der Fr u. Art der Verwendung; **Salat- od. Schlangen-G.** (unter Glas), **Schäl-G.** (Freiland, Gewächshaus, hier auch **Mini-G.**: 15 cm lg) u. **Einlege-G.** (Freiland); jetzt meist Hybridsorten im Anbau, bitterfrei z.B. 'Tanja', 'Moneta', 'Sprint'.

**1\*** Pfl weichhaarig. Fr kuglig bis kurz zylindrisch, in der Jugend meist ± weichhaarig, später oft verkahlend. Bl ganzrandig od. seicht 3–5lappig, Lappen vorn abgerundet. Sa eilanzettlich (Abb. **230**/6). 0,50–3,00. ☉ 6–9. **N** s im S, Gärten, ObstPfl; **V** April ⌐ Mitte Mai ausپflanzen ○, meist unter Glas gezogen, im Freiland nur in sehr günstigen Lagen (subtrop. W.-As.: Ruderalplätze – in S-As. u. NO-Afr. kult seit 3./4. Jh. v. Chr. – in D. seit Mittelalter, vielleicht vereinzelt zur Römerzeit – in D. nur **Dessert-M.** – subsp. *melo*, zumeist **Kantalupen** – var. *cantalupensis* NAUDIN: Fr gerippt; **Netz-M.** – var. *reticulatus* SER.: Fr genetzt; im Handel weitere importierte Sortengruppen). **Melone** – *Cucumis melo* L.

**Kürbis** – *Cucurbita* L. 27 Arten

**1** Sa schwarz bis dunkelbraun (Abb. **229**/4). Bl rauhaarig, nierenfg bis rundlich, 5lappig, feigenblattartig. Fr rund, 0,15–0,30 m, grün mit weißen Streifen, ihr Stiel rund, Ansatz verbreitert (Abb. **230**/3). 1,00–3,00. ☉, aber langlebig ⚥ 7–10. **N** s als welkekrankheitenresistente Pfropfunterlage für Gurken; **V** unter Glas (Anden, kult seit 2000 v. Chr. – als Gemüse auch in Am. u. Eur. – in D. ab 20. Jh.). **Feigenblatt-K.** – *C. ficifolia* BOUCHÉ

**1\*** Sa grünlich, gelblich bis weißlich (Abb. **229**/1, 3, 5) od. SaSchale häutig, dünn (Ölkürbis). Fr nicht grün mit weißen Streifen. Pfl rau- oder weichhaarig. Bl oft nicht od. wenig gelappt . . . . . . . . . . . . . . . . . . . . . . . . . . . . . . . . . . . . . . . . **2**

**2** FrStiele weich, im Querschnitt rundlich, mit weichem Kork (Abb. **230**/4). Bl weichhaarig, rundlich, selten etwas gelappt. Fr rundlich bis br zylindrisch u. abgeflacht, bis 1,20 m ∅, gelblich bis rötlich-orange, selten grün. Sa 20–30 mm lg (Abb. **229**/5). 4,00–10,00. ☉ ⚥ 6–8. **N** z meist in Gärten, FrGemüse, zu Kompott u. gebacken; neuerdings **Z** ⚘ Zierkürbisse, Schnitzkürbis für Halloween-Laternen; **V** ⌐ od. Anfang Mai ins Freiland, anspruchsvoll, auf Kompost (S-Am., seit 1800 v. Chr., Ausgangsform subsp. *andreana* (NAUDIN) FILOV – jetzt weltweit – in D. wohl seit 16. Jh.). **Riesen-K.** – *C. maxima* (DUCHESNE) DUCHESNE ex POIR.

Sehr formenreich, in D. wenige Sorten, stets rankend, meist zur Mammut-Gruppe (convar. *maxima*): Fr sehr groß, plattrund, 1farbig orange-gelb; Turban-K.-Gruppe (convar. *turbaniformis* (ROEM.) ALEF.): Fr <20 cm ∅, turbanfg, mehrfarbig, meist als Zierkürbis kult.

**2\*** FrStiele verholzt, deutlich 5kantig . . . . . . . . . . . . . . . . . . . . . . . . . . . . . . . . . . . . **3**

1     2     3     4     5

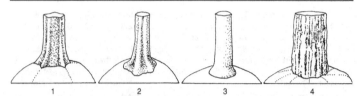

**3** FrStiele am FrAnsatz verbreitert (Abb. **230/2**). Bl weichhaarig, oval bis rund, selten gelappt, oft mit weißen Flecken. Fr flachrund, gelblich bis rötlich, FrFleisch orange. 3,00–8,00. ☉ ♀ 7–9. **N** s im S in Gärten, FrGemüse; **V** April ▭ od. Anfang Mai ins Freiland ○ anspruchsvoll (vermutlich M-Am., jetzt weltweit – Primitivformen im nördl. S-Am. – in subtrop. u. warmgemäß. Ländern sehr formenreich – in D. kult seit 18. Jh.).

**Moschus-K. –** *C. moschata* DUCHESNE

**3\*** FrStiele auch am FrAnsatz 5kantig gerippt (Abb. **230/1**). Bl rauhaarig, fast immer deutlich gelappt, ohne weißliche Flecken. Fr flachrund bis zylindrisch, bis 1,50 m ⌀, gelblich bis grünlich. Sa 7–15(–20) mm lg. Stg rankend od. liegend. 3,00–8,00. ☉ 6–8. **N** v Feldanbau u. Gärten, FrGemüse, oft unreif verwendet, Sa für Gebäck, auch FutterPfl u. **Z** trockne Fr; **V** April ▭ od. Anfang Mai Freiland ○ anspruchsvoll, auf Kompost (Mex., S-USA, kult etwa seit 5000 v. Chr., Ausgangsformen var. *fraterna* (L. H. BAILEY) FILOV in FURSA et FILOV: N-Mex., u. var. *texana* (SCHEELE) FILOV in FURSA et FILOV: Texas – jetzt weltweit – in D. seit 16. Jh.). **Garten-K. –** *C. pepo* L.

Sehr formenreich, in D. aber wenige Sorten. Rankende Formen gehören zur **Zier-K.**-Gruppe (convar. *microcarpina* GREBENŠČ. s. l.): Fr <20 cm ⌀, bitter, ungenießbar, nur **Z**; sowie zur **Tafel-K.**-Gruppe (convar. *pepo*): Fr sehr groß, bis 1,0 m ⌀, reife Fr wie vorige Art genutzt, auch FutterPfl. Rankenlose buschfg-liegende Formen sind die Gemüse-K. der **Zucchini**-Gruppe (sprich: Zuckini, Einzahl: Zucchino, convar. *giromontijna* GREBENŠČ.): Fr lg walzlich, grün od. gelb, unreif genutzt, wichtigste Form der Art, neue Sorte auch rankend; sowie der **Patisson**- od. **Bischofsmützen**-Gruppe (convar. *patissonina* GREBENŠČ.): Fr mützenfg, breiter als hoch, als Gemüse nur sehr jung verwertbar, reif als **Z**; beim **Steirischen Öl-K.**, von dem es rankende (var. *styriaca* GREBENŠČ.) u. Buschformen (var. *olei-fera* PIETSCH) gibt, werden die „schalenlosen" Samen (Mutante mit dünnhäutiger SaSchale) zu Öl od. in Gebäck verarbeitet od. direkt verzehrt (Abb. **229/2**).

### Stachelgurke, Igelgurke – *Echinocystis* TORR. et A. GRAY        1 Art

Pfl kletternd, 1häusig. Bl 5lappig. Fr stachlig. 1,00–6,00. ☉ ♀ 6–8. **W. Z** z Parks, Bekleidung von Pergolen, Zäunen; **V** April ins Freiland, Kaltkeimer ◐ ○ (östl. N-Am. bis Manitoba u. Texas: Flussufer – Ende 19. Jh.). [*E. echinata* (H. L. MÜHL. ex WILLD.) BRITTON, STEARNS et POGGENB.]        **Gelappte St. –** *E. lobata* (MICHX.) TORR. et A. GRAY

### Haargurke – *Sicyos* L.        15 Arten

Pfl kletternd, 1häusig. Ranken 3teilig. Bl rundlich, 20 × 20 cm, schwach 5lappig od. 5kantig. B in gestielten BStänden, ♂ BStände bis 10 cm, ♀ bis 7 cm lg gestielt. Fr in Knäueln zu 3–10, gelblich, bis 1,5 cm ⌀, widerhakig stachlig. 8,00–10,00. ☉ ♀ 6–9. **Z** z bis s Parks, Bekleidung von Spalieren, Lauben; **V** Herbst ins Freiland ○ (östl. N-Am. bis

5 mm

1 cm

5    6    7    8    9

Minnesota u. Texas.: GalerieW; verw. in S-D. – Ende 18. Jh.).

**Haargurke** – *S. angulatus* L.

**Schwammgurke** – *Luffa* MILL. 6 Arten

Ranken 2–7teilig. Bl einfach, 3–5(–7)lappig. ♂ B in gestielten BlStänden, ♀ B einzeln in den BlAchseln. Fr 15–50 × 6–10 cm. Samen mit geflügeltem Saum. 3,00–15,00. ⊙ ⚥ 7–9. **Z** s in wärmebegünstigten Lagen, als Kuriosität, Parks; ▷ ○ (kult zuerst in Indien – jetzt in Tropen u. Subtropen v als Gemüse u. zur Herstellung vegetabilischer Schwämme aus dem Gefäßnetz der reifen Fr – in D. seit 20. Jh.). [*Luffa cylindrica* (L.) M. J. ROEM.] **Schwammgurke** – *L. aegyptiaca* MILL.

**Spritzgurke** – *Ecballium* A. RICH. 1 Art

Pfl mit liegendem Stg, grauhaarig. Bl fleischig, herzfg bis dreieckig, gezähnt od. etwas gelappt. Kr gelb, ± 2,5 cm lg, ♂ B in achselständigen Trauben, ♀ B einzeln. Fr grün. Sa zur Reife mehrere Meter herausgeschleudert. 0,30–0,40 lg. ⚃, kult ⊙ 7–9. **Z** s als Attraktion in Naturgärten u. Parks; ⩗ Freiland März–April ○ (S-Eur., VorderAs.: Sandküsten, Trockenfluren, Ruderalstellen; in D. früher als HeilPfl kult, seit Mittelalter – verw. in W-D.). [*Momordica elaterium* L.] **Spritzgurke** – *E. elaterium* (L.) A. RICH.

**Quetschblume** – *Thladiantha* BUNGE 23 Arten

Bl herzfg od. eifg, gezähnt, 5–10 × 4–9 cm. Pfl 2häusig, B einzeln, 1–3 cm gestielt, ♂ B 6–7 cm br, ♀ B 2,5 cm. Fr eine rote längliche Beere, 4–5 × 2,5 cm, behaart. 1,00–1,50 (–4,00). ⚃ ⚥ ⚡ 7–9. **Z** s Bauerngärten zur Berankung z.B. Brandenburg ⚘; ⩗ u. Knollen, wuchert (Korea, NO-China, Fernost: Auengebüsch, LaubW – Ende 19. Jh., kult meist nur ♂ Pfl). **Quetschblume** – *Th. dubia* BUNGE

**Wassermelone** – *Citrullus* SCHRAD. ex ECKL. et ZEYH. 3 Arten

Bl doppelt fiederteilig. Fr zylindrisch bis kuglig, FrFleisch oft rot. Sa mit Öhrchen (Abb. **230**/7). Triebe liegend, 1,00–3,00 lg, ⊙ 6–9. **N** sehr s in warmen Regionen in Gärten, Fr als Obst; ⩗ ▷ (Wildformen in S-Afr., Namibia: subsp. *lanatus* – jetzt weltweit in warmen Ländern kult – in D. meist importiert, nur subsp. *vulgaris* (SCHRAD. ex ECKL. et ZEYH.) FURSA kult u. im Handel – 20. Jh.). **Wassermelone** – *C. lanatus* (THUNB.) MATSUM. et NAKAI

**Flaschenkürbis** – *Lagenaria* SER. 6 Arten

Einhäusige KletterPfl. Ranken 2geteilt mit ungleich lg Abschnitten. Bl oval bis nierenfg, bis 0,30 cm br. B weiß. Fr hängend, 0,10–1,50 m lg, keulenfg, kuglig bis hantel- od. flaschenfg, in D. nur in warmen Sommern reifend. Sa 4kantig, länglich (Abb. **230**/8,9). 1,00–10,00. ⊙ ⚥ 7–9. **Z** s Spaliere; ⩗ ▷ (Wildformen in trop. As. u. Afr., durch Meeresdrift prähistorische Ausbreitung nach S-Am., vermutlich unabhängige Inkulturnahmen in S-As., Afr. u. S-Am.; jetzt überall in Tropen u. warmgemäß. Ländern kult; als FrGemüse (subsp. *asiatica* (KOBYAKOVA) HEISER; Abb. **230**/8) u. vor allem zur Herstellung von Gefäßen aus den trocknen Fr (Kalebassen; subsp. *siceraria*; Abb. **230**/9) – in D. kult seit Mittelalter – jetzt nur gelegentlich wegen der ZierFr, kaum noch als Gemüse). [*L. vulgaris* SER.] **Flaschenkürbis** – *L. siceraria* (MOLINA) STANDL.

**Ibervillea** – *Ibervillea* GREENE 9 Arten

Lit.: KEARNS, D M. 1994: The genus *Ibervillea* (Cucurbitaceae): an enumeration of the species and two new combinations. Madroño **41**: 13–22.

Kahle KletterPfl. Bl 4–6 cm lg, tief 3–5lappig. ♂ B 5–8 in Trauben. Fr rund, 2,5–3,5 cm ∅, zu Beginn grünlich u. gestreift, später rot. Sa braun. 2,00–4,00. ⚃ ⚥ 7–9. **Z** s Staudenbeete, Naturgärten; ⩗ ▷ (S-USA: Texas, S-Oklahoma, N-Mex.?: lockere, trockne Gehölze, auch offne Felsböden – 20. Jh.). [*Maximowiczia lindheimeri* (A. GRAY) COGN.] **Ibervillea** – *I. lindheimeri* (A. GRAY) GREENE

# Familie **Scheinhanfgewächse** – *Datiscaceae* DUMORT. 4 Arten

**Scheinhanf** – *Datisca* L. 2 Arten

Pfl windblütig, meist zweihäusig. Stg aufrecht. Bl wechselständig, unpaarig gefiedert. Blchen lanzettlich, grob gesägt, ihre Spitzen stark verlängert, bis 10 cm lg. KrBl fehlend. ♂ B mit 8–25 StaubBl. ♀ B mit 3–5 fadenfg, tief 2spaltigen Griffeln, in lg traubigen BStänden. (Abb. **232**/1). 1,00–4,00. ♃ 7–8. **Z** s Solitär; ∨ ⟱ ○ ∧ (O-Medit., Türkei, Kauk., N-Iran, Himal.: feuchte Wälder, Flussufer, 20–1700 m). **Scheinhanf** – *D. cannabina* L.

# Familie **Seeheidegewächse** – *Frankeniaceae* DESV. 81 Arten

**Seeheide, Frankenie** – *Frankenia* L. 80 Arten

1 Stg aufrecht od. aufsteigend. Bl (1–)2–3,5 × 0,3–0,5(–0,9) mm. B einzeln od. in ährig angeordneten Büscheln an den oberen StgAbschnitten. KrBl 4–5(–6) mm lg, rosa od.

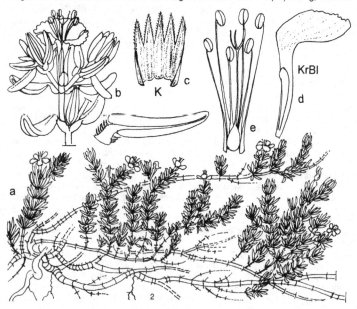

purpurn. 0,07–0,30. ♄ i Zwergstrauch 5–10. **Z** s △; ⋎ ∨ ○ ⓚ (Z-, O- u. S-Span.:
Salzböden).                                                **Thymianblättrige S.** – *F. thymifolia* DESF.
**1\*** Stg niederliegend, höchstens am Ende aufsteigend. Pfl mattenbildend. Bl 2,5–4,5(–10)
× 0,5(–2,5) mm. B einzeln od. in kleineren Büscheln an den oberen StgAbschnitten.
KrBl (4–)5(–7) mm lg, purpurn, violett od. weißlich. (Abb. **232**/2). 0,10–0,15, bis 0,40 lg.
♄ i Spalierstrauch, ⵜ 6–8. **Z** s △ Heidebeete □; ⴱ ⋎ ∨ ○ (W-Medit., W-Eur. bis S-
Brit.: Geröll- u. Sandfluren, Salzböden – 1697).                    **Glatte S.** – *F. laevis* L.

## Familie **Brennwindengewächse** – *Loasaceae* DUMORT.    260 Arten

**1**  KrBl ± flach. StaubBl nicht in Bündeln. Nektarschuppen fehlend. (Abb. **233**/4). Pfl ohne
Brennhaare. Bl meist wechselständig.              **Mentzelie** – *Mentzelia* S. 233
**1\*** KrBl kahn-, sack- od. kappenfg. StaubBl in 5 Bündeln (Abb. **233**/1). Nektarschuppen
vorhanden. Pfl mit Brennhaaren. Bl wechsel- od. gegenständig . . . . . . . . . . . . . . . **2**
**2**  KapselFr nicht gedreht (Abb. **233**/2), bei Reife nur an der Spitze, oberhalb der KBl, mit 3,
seltener 5 Klappen aufspringend. Bl wechsel- od. gegenständig.   **Loase** – *Loasa* S. 234
**2\*** KapselFr gedreht (Abb. **233**/3), bei Reife an der Spitze stets geschlossen bleibend u.
längs der FrBl, unterhalb der KBl aufspringend. Bl gegenständig . . . . . . . . . . . . . **3**
**3**  Stg stielrund. BStiel unter dem FrKn ohne VorBl. KapselFr verkehrtkegel-, keulen- od.
spindelfg. (Abb. **233**/1).              **Brennwinde, Fackelträger** – *Caiophora* S. 234
**3\*** Stg 4kantig. BStiel unter dem FrKn mit 2 kleinen VorBl. KapselFr kuglig aufgeblasen
(Windausbreitung!). (Abb. **233**/3).              **Blumenbachie** – *Blumenbachia* S. 234

**Mentzelie** – *Mentzelia* L.                                    60 Arten

**1**  KrBl 10, 4–8 cm lg, weiß od. gelblich, spitz. B einzeln am Stg, endständig, abends sich
öffnend, wohlriechend. 0,20–1,30. ☉ ⵜ, kult ☉ 8–10. **Z** s Freilandsukkulentenbeete; ▷
im 1. Jahr, danach topfen, frostfrei überwintern, im 2. Jahr auspflanzen, ○ ∼ (USA:
Rocky M., Montana u. N-Dakota bis Texas: Prärien, felsige Hänge). [*M. ornata* PURSH]
                                                              **Zehnblättrige M.** – *M. decapetala* (PURSH) URB. et GILG
**1\*** KrBl 5. B zu 2–3(–4) am Stg, morgens od. abends sich öffnend . . . . . . . . . . . . . . . **2**
**2**  KrBl 2–4 cm lg, goldgelb mit orangerotem Grund, verkehrteifg bis fast eifg, bespitzt. B
abends sich öffnend. (Abb. **233**/4). 0,15–0,60. ☉ 7–8. **Z** s Sommerblumenbeete; ○ ∼
(Kalif.: sonnige Felshänge). [*M. aurea* (LINDL.) BAILL. non NUTT.]
                                                              **Lindley-M.** – *M. lindleyi* TORR. et A. GRAY
**2\*** KrBl 5–8 cm lg, hellgelb od. weiß, lanzettlich, spitz. B morgens sich öffnend. 0,30–1,50.
☉ ⵜ, kult ☉ 6–10. **Z** s Freilandsukkulentenbeete; ▷ im 1. Jahr, danach topfen, frostfrei

1                    2                    3                    4

überwintern, im 2. Jahr auspflanzen, ☉ ~ (westl. USA: trockne kiesige u. steinige Orte). **Glattstänglige M.** – *M. laevicaulis* (DOUGLAS) TORR. et A. GRAY

**Loase** – *Loasa* ADANS. 105 Arten

Bl wechselständig, ganz od. meist 3zählig. Kr weiß, 2–2,5 cm ⌀. Nektarschuppen gelb, rot u. weiß gestreift. (Abb. **233**/2). Bis 0,50. ☉ 7–8. **Z** s Sommerblumenbeete; ⊾ ○ ~, Kontakt mit Brennhaaren vermeiden (S-Am. – Varietäten: var. *papaverifolia* (HUMB., BONPL. et KUNTH) URB. et GILG: Bl 3–5lappig, B bis 2,5 cm ⌀; var. *volcanica* (ANDRÉ) URB. et GILG: B bis 5 cm ⌀). **Dreiblättrige L.** – *L. triphylla* JUSS. var. *triphylla*

Ähnlich: **Dreifarbige L.** – *L. tricolor* KER GAWL.: Bl gegenständig, fiederlappig bis 2-fach fiederspaltig u. fiederschnittig. Kr gelb od. orange. Nektarschuppen weiß mit rotem Grund. Bis 0,50. ☉ 7–10. **Z** s Sommerblumenbeete; ⊾ ○ ~, Kontakt mit Brennhaaren vermeiden (Chile, Argent.).

**Brennwinde, Fackelträger** – *Caiophora* C. PRESL 65 Arten

Kr ziegel-mennigerot, zuweilen grünlichweiß, bis 5 cm ⌀, nickend. Nektarschuppen gelb, dunkelrot gefleckt. (Abb. **233**/1). Bis 3,00. ♃ ☉ ⚥ kult ☉ 7–10. **Z** s Spaliere, Sommerblumenbeete; ⊾ ○ ~ Kletterhilfe, Kontakt mit Brennhaaren vermeiden (Chile, Argent.: Nebelwüsten – 1836). [*Loasa aurantiaca* LILJA, *L. lateritia* (HOOK.) GILLIES ex ARN.]. **Ziegelrote B.** – *C. lateritia* (HOOK.) KLOTZSCH

**Blumenbachie** – *Blumenbachia* SCHRAD. 6 Arten

KBl ganzrandig. Kr weiß, bis 2,5 cm ⌀. Nektarschuppen gelb, mit roten Punkten od. Streifen. Pfl niederliegend od. kletternd. (Abb. **233**/3). 0,25–0,70. ☉ ⚥ 7–8. **Z** s Sommerblumenbeete; ⊾ ○ ~, Kontakt mit Brennhaaren vermeiden (S-Bras., Urug., N- u. Z Argent.: TrockenW, Pampas, 0–500 m – 19. Jh.). **Schöngezeichnete B.** – *B. insignis* SCHRAD.

Ähnlich: **Hieronymus-B.** – *B. hieronymi* URB.: KBl gezähnt bis fiederspaltig. Kr weiß, bis 3,5 cm ⌀. 0,20–0,40. ☉ ☉ 7–9. **Z** s Sommerblumenbeete; ⊾ ○ ~, Kontakt mit Brennhaaren vermeiden (Argent.: Cordoba, Salta: 2000–2500 m).

# Familie **Begoniengewächse** – *Begoniaceae* C. AGARDH 900 Arten

**Begonie, Schiefblatt** – *Begonia* L. 900 Arten

Lit.: KRAUSS, H. K. 1947: Begonias for American homes and gardens. New York. – VOGELMANN, A. 1967: Begonien. Stuttgart.

Bem.: Für die beiden angeführten Hybrid-Gruppen lassen sich Merkmale, wegen ihrer Variabilität, nur mit Vorbehalt formulieren.

1    Stg am Grund ohne Knolle. Staubfäden frei, nicht an ihrem Grund zu einem Säulchen verwachsen (Abb. **235**/3a). BlStiel bis 3 cm lg. BlSpreite schwach asymmetrisch, vorn ± gerundet, am Grund schwach herzfg, oseits fettglänzend, bis 5(–10) cm lg. (Abb. **235**/1). 0,15–0,45. ♃ i, kult ☉ 5–10. **Z** v Sommerrabatten, Pflanzschalen, Balkonkästen, Gräber; ∀ Lichtkeimer ⋏ ○ ◐ ≈ Boden humos ⊛ (Hybrid-Sippe: Eltern: *B. cucullata* WILLD. var. *hookeri* (A. DC.) L. B. SM. et SCHUB. (Bras.) u. *B. smithiana* REGEL (Bras.) unter Einschluss von *B. fuchsioides* HOOK. (Venez.), *B. gracilis* HUMB., BONPL. et KUNTH (Mex., Guatem.) u. *B. minor* JACQ. (Z-Afr.) – Züchtungsbeginn 1881 – ∞ Sorten: Wuchshöhe niedrig, halbhoch od. hoch, Bl grün, bronzefarben od. rot, zuweilen gefleckt, B einfach od. gefüllt, weiß, hellrosa, dunkelrosa od. rot). [*B.* × *semperflorens cultorum* KRAUSS] **Eisblatt-B.** – B. Semperflorens-Cultorum-Gruppe

1*    Stg am Grund einer Knolle aufsitzend. Staubfäden an ihrem Grund oft zu einem ± lg Säulchen verwachsen (Abb. **235**/3b, c) (ob bei allen Individuen der Tuberhybriden?). BlStiel meist 3–25 cm lg. BlSpreite deutlich asymmetrisch, vorn spitz, am Grund herzfg, oseits meist nicht fettglänzend . . . . . . . . . . . . . . . . . . . . . . . . . . . . . . . . . . . . . . . . . **2**

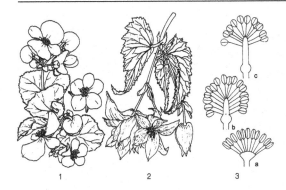

**2** Winterharte Staude. Stg kahl, an den Knoten oft rot. BlStiel bis 25 cm lg, kahl, in seiner Achsel im Sommer oft mit Brutknöllchen. BlSpreite br eifg, bis 20(–25) cm lg, meist kahl. Freie Abschnitte der Staubfäden nur der Spitze des Säulchens aufsitzend (Abb. **235**/3c). B 2,5–3,5 cm ⌀, einfach, rosa. 0,40–0,60. ⚃ ☽ 8–10. **Z** s Gehölzgruppen; ♈ ☽ ⌇ ☾ ≈ Boden humos ⌒ (SO-China – 1804).

　　　　　　**Japan-B.** – *B. grandis* DRYAND. subsp. *evansiana* (ANDREWS) IRMSCH.

**2\*** Frostempfindliche Staude, als Sommerblume kult. Stg meist behaart. BlStiel meist bis 10 cm lg, meist behaart. BlSpreite eilanzettlich bis schmal eifg, meist bis 10 cm lg, oft behaart, am Rand oft kraus. Freie Abschnitte der Staubfäden dem ± lg Säulchen vom Grund bis zur Spitze aufsitzend (Abb. **235**/3b). B 15(–20) cm ⌀, einfach od. gefüllt, weiß, gelb, orange, rosa, rot, lachs- od. zweifarben. 0,20–0,60. ⚃ ☽ 5–10. **Z** v Sommerrabatten, Pflanzschalen, Balkonkästen, Gräber; Ⅴ Lichtkeimer ● ☽ ≈ Boden humos, nährstoffreich, Knollen bei +5–10 °C in trocknem Torfmull überwintern, im Frühjahr im Gewächshaus vorkultivieren (Hybrid-Sippe: Eltern: *B. boliviensis* A. DC. (Bras.), *B. clarkei* HOOK. f. (Boliv.), *B. davisii* HOOK. f. (Peru), *B. pearcei* HOOK. f. (Boliv.), *B. veitchii* HOOK. f. (Peru), möglicherweise auch *B. froebelii* A. DC. (Ekuador) u. *B. gracilis* HUMB., BONPL. et KUNTH (Guatem., Mex., 2300–3250 m) (andine Arten bewohnen meist Felsstandorte u. Schotterfluren) – in Wuchsform u. -höhe, BForm u. -Farbe sehr variabel, mehrere Gruppen: 1. Riesenblütige Knollenbegonien (Gigantea-Gruppe): bis 60 cm hoch, B bis 20 cm ⌀, ●; 2. Großblütige Knollenbegonien (Grandiflora-Compacta-Gruppe): 25–50 cm hoch, B 10 cm ⌀, ● ☽; 3. Mittelblütige Knollenbegonien (Multiflora-Maxima- od. Floribunda-Gruppe): 20–30 cm hoch, B 5–9 cm ⌀, ● ☽; 4. Kleinblütige Knollenbegonien (Multiflora-Gruppe): 15–20 cm hoch, B 2–4 cm ⌀; 5. Pendel- od. Hängebegonien (Flore-Pleno-Pendula-Gruppe): ● windempfindlich – Hybr mit *B. socotrana* HOOK. f. (Sokotra): *Begonia*-Elatior-Hybriden – ∞ Sorten – Züchtungsbeginn um 1870). (Abb. **235**/2). [*B.* × *tuberhybrida* VOSS] 　**Knollen-B.** – B. Tuberhybrida-Gruppe

## Familie **Kapernstrauchgewächse** – *Capparaceae* JUSS.　　650 Arten

**Spinnenpflanze** – *Cleome* L.　　　　　　　　　　　　　　150 Arten

Lit.: ILTIS, H. H. 2001: Capparaceae JUSS. In: Flora de Nicaragua. Monogr. in Syst. Bot. **85**, T. 1: 566–584. St. Louis, Miss.

**1** Bl 3zählig od. einfach. StgGlied zwischen BHülle u. StaubBl nicht u. zwischen StaubBl u. FrKn höchstens sehr kurz gestreckt. Mittlere KrBl 2, meist violett u. gelb gefleckt, 4–6 mm lg; seitliche KrBl 2, meist gleichfarbig violett, breiter als die mittleren (Abb. **236**/1b). Fr

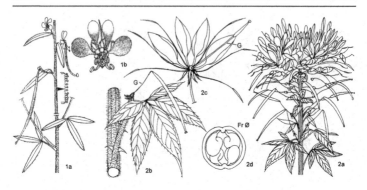

bis 10 cm lg u. 0,2 cm ⌀, hängend. Pfl drüsenhaarig (Abb. **236**/1a). 0,15–0,60. ☉ 6–10. **Z** s Heidebeete; ○ ~ (Port., S- u. W-Span., NW-Afr.: sandige Standorte, Brachäcker).
**Europäische S. – *C. violacea* L.**

**1\*** Bl gefingert, 5–7zählig .............................................. **2**
**2** Bl ohne verdornte NebenBl. StgGlied sowohl zwischen BHülle u. StaubBl (Androphor) als auch zwischen StaubBl u. FrKn (Gynophor) gestreckt. Blchen verkehrteilanzettlich, elliptisch od. rhombisch, 1–7 cm lg, 0,5–4 cm br. KrBl weiß. 0,30–1,00. ☉. **Z** s Sommerblumenbeete, Sommerrabatten; ⌂ ○ Boden durchlässig; giftig? (trop. Afr.: Äcker). [*C. pentaphylla* L., *Gynandropsis pentaphylla* (L.) DC.]
**Afrikanische S. – *C. gynandra* L.**
**2\*** Bl mit kleinen verdornten NebenBl. StgGlied zwischen BHülle u. StaubBl nicht gestreckt od. sehr kurz, nur FrKn gestielt. Blchen elliptisch, 4–13 cm lg, 1–4 cm br. KrBl kahl, 20–45 mm lg, rosa od. violett, zuweilen weiß. Schoten kahl. (Abb. **236**/2a–d; **G** – Gynophor). Bis 1,00. ☉ 7–10. **Z** z Sommerblumenbeete, Sommerrabatten ⚥; ⌂ ○ Boden durchlässig, giftig (N-Argent. bis Z-Bras. – einige Sorten). [*C. spinosa* hort.]
**Hassler-S. – *C. hassleriana* CHODAT**

Ähnlich: **Dornige S.** – *C. spinosa* JACQ.: Junge KrBl drüsenhaarig, vor allem an ihren Spitzen, selten kahl, 11– 21(–30) mm lg, weiß, weißgrün, zuweilen rosa schattiert. Schoten ± drüsenhaarig, selten kahl. 0,70–2,00. ☉ od. 24 kurzlebig. **Z** s Sommerblumenbeete, Sommerrabatten; ⌂ ○ Boden durchlässig; giftig (S-Am.: luftfeuchte Standorte).

## Familie **Kreuzblütengewächse** – *Brassicaceae* BURNETT
## od. *Cruciferae* JUSS. 3350 Arten

Für die Bestimmung der Gattungen und Arten sind häufig Blüten (BFarbe in frischem Zustand notieren, verändert sich zuweilen beim Trocknen) und Früchte erforderlich. Intensität und Art der Behaarung von Sprossachsen und Blättern mit starker Lupe untersuchen!

Meist ohne reife Fr. GrundBl bis 1 m lg, gekerbt, kahl, dunkelgrün. Kr weiß. Rübengeophyt.
**Meerrettich** – *Armoracia* S. 242
Köpfe aus Bl od. BStänden gebildet od. BStandsachsen od. Sprossachsen fleischig verdickt od. Bl blasig-runzlig od. mit bandartig verbreiterten Mittelrippen od. mit fleischig verdickten Stielen.
**Kohl** – *Brassica* S. 249
Wurzel, Hypokotyl u. Sprossbasis zu Hypokotylknollen, Wurzel- od. Sprossrüben verdickt.
**Kohl** – *Brassica* S. 249 od. **Rettich** – *Raphanus* S. 253

**1**   Fr >3mal so lg wie br (Schoten, Gliederschoten, Flügelnüsse).
        **Tabelle A**: Schotenfrüchtige Kreuzblütengewächse S. 237
**1\*** Fr höchstens 3mal so lg wie br (Schötchen, Gliederschötchen, SpaltFr, Flügelnüsse).
        **Tabelle B:** Schötchenfrüchtige Kreuzblütengewächse S. 238

**Tabelle A** Schotenfrüchtige Kreuzblütengewächse

**1**   Kr gelb, gelblich, orange od. braun . . . . . . . . . . . . . . . . . . . . . . . . . . . . . . . . . . . . **2**
**1\*** Kr weiß, rot, rosa, violett od. blau . . . . . . . . . . . . . . . . . . . . . . . . . . . . . . . . . . . **12**
**2**   Wenigstens die oberen Bl mit herzfg od. pfeilfg Grund ± stängelumfassend od. am
    BlStielgrund geöhrt . . . . . . . . . . . . . . . . . . . . . . . . . . . . . . . . . . . . . . . . . . . . . . . **3**
**2\*** Alle Bl gestielt od. sitzend, nicht stängelumfassend . . . . . . . . . . . . . . . . . . . . . . . **6**
**3**   Fr eine hängende, 1(–2)samige, zur Reife schwarz werdende Flügelnuss (Abb. **241/2**).
                                             **Waid** – _Isatis_ S. 240
**3\*** Fr nicht hängend, eine Schote . . . . . . . . . . . . . . . . . . . . . . . . . . . . . . . . . . . . . . . **4**
**4**   Bl grau, filzig.             **Garten-Gänsekresse** – _Arabis caucasica_ S. 243
**4\*** Bl kahl od. borstig . . . . . . . . . . . . . . . . . . . . . . . . . . . . . . . . . . . . . . . . . . . . . . . . **5**
**5**   FrSchnabel[1] höchstens 3 mm lg. Obere StgBl pfeilfg geöhrt.
        **Winterkresse, Barbarakraut** – _Barbarea_ S. 241
**5\*** FrSchnabel 6–25 mm lg. Obere StgBl mit herzfg Grund.     **Kohl** – _Brassica_ S. 249
**6**   **(2)** Alle Bl unzerteilt, höchstens gezähnt, gesägt od. gekerbt . . . . . . . . . . . . . . . . . **7**
**6\*** Wenigstens die unteren Bl zerteilt: gefingert, gefiedert bis fiederspaltig od. buchtig ge-
    lappt . . . . . . . . . . . . . . . . . . . . . . . . . . . . . . . . . . . . . . . . . . . . . . . . . . . . . . . . . . . . **9**
**7**   Pfl kahl.                **Gemüse-Kohl** – _Brassica oleracea_ S. 249
**7\*** Pfl behaart . . . . . . . . . . . . . . . . . . . . . . . . . . . . . . . . . . . . . . . . . . . . . . . . . . . . . . **8**
**8**   Bl abgerundet, meist von Sternhaaren filzig.        **Levkoje** – _Matthiola_ S. 241
**8\*** Bl spitz od. zugespitzt, anliegend behaart.
        **Goldlack; Schöterich, Schotendotter** – _Erysimum_ S. 240
**9**   **(6)** StgBl zu 3(–4) quirlig genähert, 3zählig gefingert.
        **Quirl-Zahnwurz** – _Dentaria enneaphyllos_ S. 242
**9\*** StgBl nicht quirlig genähert . . . . . . . . . . . . . . . . . . . . . . . . . . . . . . . . . . . . . . . . **10**
**10** FrSchnabel nicht deutlich abgeflacht, schmal keglig.     **Kohl** – _Brassica_ S. 249
**10\*** FrSchnabel deutlich abgeflacht, schwertfg . . . . . . . . . . . . . . . . . . . . . . . . . . . . . **11**
**11** Schoten der Traubenspindel anliegend. KrBl gelblichweiß, violett geadert.
                                         **Rauke** – _Eruca_ S. 252
**11\*** Schoten von der Traubenspindel abstehend. Kr hellgelb.    **Senf** – _Sinapis_ S. 252
**12** **(1)** Wenigstens die unteren Bl zerteilt: gefingert od. buchtig gelappt bis gefiedert. Alle Bl
    gestielt od. sitzend, nicht stängelumfassend . . . . . . . . . . . . . . . . . . . . . . . . . . . . **13**
**12\*** Alle Bl unzerteilt, höchstens gezähnt, gesägt od. gekerbt . . . . . . . . . . . . . . . . . . **17**
**13** Untere Bl buchtig gelappt bis gefiedert. Abschnitte mit ± breiter Basis der Mittelrippe
    bzw. Spindel ansitzend . . . . . . . . . . . . . . . . . . . . . . . . . . . . . . . . . . . . . . . . . . . . **14**
**13\*** Alle Bl gefiedert od. gefingert. Abschnitte völlig voneinander getrennt . . . . . . . . . . **15**
**14** FrKlappen (fast) fehlend. Fr unregelmäßig kegelfg bis br zylindrisch, zuweilen perl-
    schnurartig eingeschnürt, lg zugespitzt (Abb. **241**/4, 5, 6). **Rettich** – _Raphanus_ S. 253
**14\*** FrKlappen vorhanden. Fr schmal zylindrisch, an der Spitze mit 2 hornartigen Fortsätzen
    (Abb. **240**/1).
        **Abend-Levkoje, Gämshorn** – _Matthiola longipetala_ subsp. _bicornis_ S. 241

---

[1] Bei einer Schote versteht man unter dem „Schnabel" den beim Ablösen der Klappen zur FrReife auf
dem samentragenden Rahmen (Replum) stehenbleibenden, sich nicht öffnenden, oberen Schoten-
abschnitt, der außer dem Griffel oft auch Teile des FrKn umfasst u. dann nicht selten 1 od. mehrere
Sa enthält (vgl. S. 833).

**15** **(13)** Schoten stielrund, mit gewölbten Klappen. Sa in jedem Fach meist 2reihig (Abb.
**240**/4). **Brunnenkresse** – *Nasturtium* S. 242
**15\*** Schoten zusammengedrückt, mit flachen Klappen. Sa in jedem Fach 1reihig (Abb.
**240**/5) ...................................................................... **16**
**16** Schoten schmal linealisch, in den FrGriffel meist ziemlich plötzlich verschmälert.
Rhizom fehlend od. dünn u. ohne NiederBlSchuppen. GrundBl oft rosettig.
**Schaumkraut** – *Cardamine* S. 243
**16\*** Schoten lanzettlich-linealisch, in den FrGriffel allmählich verschmälert. Rhizom flei-
schig, mit zahnartigen NiederBlSchuppen. Pfl nie mit GrundBlRosette.
**Zahnwurz** – *Dentaria* S. 242
**17** **(12)** Wenigstens die oberen Bl mit herzfg od. pfeilfg Grund ± stängelumfassend od. am
BlStielgrund geöhrt ................................................. **18**
**17\*** Alle Bl gestielt od. sitzend, nicht stängelumfassend ...................... **19**
**18** Pfl kahl. B violett. **Moricandie** – *Moricandia* S. 249
**18\*** Pfl behaart. B weiß od. rosa bis weinrot. **Gänsekresse** – *Arabis* S. 243
**19** **(17)** Fr am Narbenende nicht 2spaltig .................................. **20**
**19\*** Fr am Narbenende deutlich 2spaltig ................................. **21**
**20** Narbe am Ende spitz kegelfg, aus 2 miteinander verwachsenen Lappen bestehend,
herablaufend (Abb. **240**/3). **Malcolmie, Meerviole** – *Malcolmia* S. 241
**20\*** Narbe kopfig, am Scheitel etwas ausgerandet, nicht herablaufend.
**Gänsekresse** – *Arabis* S. 243
**21** **(19)** Bl abgerundet, meist von Sternhaaren filzig. **Levkoje** – *Matthiola* S. 241
**21\*** Bl spitz od. zugespitzt, anliegend behaart od. borstig ...................... **22**
**22** Fr kahl, perlschnurartig eingeschnürt (Abb. **240**/6). **Nachtviole** – *Hesperis* S. 241
**22\*** Fr anliegend behaart, nicht eingeschnürt. **Goldlack** – *Erysimum cheiri* S. 240

**Tabelle B** Schötchenfrüchtige Kreuzblütengewächse

**1** Kr gelb od. gelblich ................................................ **2**
**1\*** Kr weiß, rot, rosa, violett od. blau ...................................... **8**
**2** Fr eine aus 2 kreisfg Fächern bestehende, brillenähnliche SpaltFr (Abb. **241**/1).
**Brillenschötchen** – *Biscutella* S. 249
**2\*** Fr nicht brillenähnlich ............................................. **3**
**3** StgBl am Grunde herzfg od. pfeilfg stängelumfassend ...................... **4**
**3\*** Stg unbeblättert od. StgBl kurz gestielt od. sitzend, nicht stängelumfassend ...... **5**
**4** Fr eine keilfg, hängende, zur Reife schwarz werdende Flügelnuss (Abb. **241**/2).
**Waid** – *Isatis* S. 240
**4\*** Fr birnfg bis fast kuglig, nicht hängend. **Leindotter** – *Camelina* S. 246
**5** **(3)** Stg unbeblättert. GrundBl in dichter Rosette od. anliegend.
**Felsenblümchen** – *Draba* S. 245
**5\*** StgBl kurz gestielt od. sitzend, nicht stängelumfassend ...................... **6**
**6** Fr rundlich. BStand dicht sternhaarig. **Steinkraut** – *Alyssum* S. 244
**6\*** Fr deutlich länger als br .............................................. **7**
**7** BStand dicht sternhaarig. **Schildkresse** – *Fibigia* S. 245
**7\*** BStand kahl. **Felsenblümchen** – *Draba* S. 245
**8** **(1)** KrBl sehr ungleich, die 2 äußeren bedeutend größer. **Schleifenblume** – *Iberis* S. 248
**8\*** KrBl (fast) gleich groß .............................................. **9**
**9** Bl alle od. doch die unteren od. mittleren fiederteilig, fiederspaltig od. vorn 3–5spaltig **10**
**9\*** Bl ganzrandig, gezähnt od. gesägt, nie tief eingeschnitten ................... **17**
**10** Fr abgeflacht .................................................... **11**
**10\*** Fr kuglig od. kegelfg ............................................... **13**
**11** Schötchen oberwärts br geflügelt (Abb. **241**/3).
**Garten-Kresse** – *Lepidium sativum* S. 249

11* Schötchen nicht geflügelt . . . . . . . . . . . . . . . . . . . . . . . . . . . . . . . . . . . . . . . . . . **12**
12 B lila, rosa od. weiß. Bl keilfg, vorn 3–5spaltig, gewimpert (Abb. **243**/1).
**Steinschmückel** – *Petrocallis* S. 246

12* B weiß. RosettenBl meist fiederteilig bis fiederschnittig, nicht gewimpert (Abb. **243**/2).
**Gämskresse** – *Pritzelago* S. 247

13 **(10)** Fr unregelmäßig kegelfg, lg zugespitzt. **Rettich** – *Raphanus* S. 253

13* Fr kuglig . . . . . . . . . . . . . . . . . . . . . . . . . . . . . . . . . . . . . . . . . . . . . . . . . . . . . . . . . . **14**
14 Untere Bl unter 10 cm lg. **Kugelschötchen** – *Kernera* S. 246
14* Untere Bl über 20 cm lg . . . . . . . . . . . . . . . . . . . . . . . . . . . . . . . . . . . . . . . . . . . . . **15**
15 Bl ± behaart. **Meerkohl** – *Crambe* S. 252
15* Bl kahl . . . . . . . . . . . . . . . . . . . . . . . . . . . . . . . . . . . . . . . . . . . . . . . . . . . . . . . . . . . . **16**
16 Bl dunkelgrün, nicht bereift, nicht fleischig. StaubBl ohne Zahn.
**Meerrettich** – *Armoracia* S. 242

16* Bl blaugrün, bereift, fleischig. Längere StaubBl gezähnt (Abb. **243**/3).
**Echter Meerkohl** – *Crambe maritima* S. 252

17 **(9)** Schötchen sehr groß, bis 3 cm br (Abb. **247**/1, 2). **Mondviole** – *Lunaria* S. 244
17* Schötchen viel kleiner . . . . . . . . . . . . . . . . . . . . . . . . . . . . . . . . . . . . . . . . . . . . . . **18**
18 B einzeln in den Achseln von LaubBl (Abb. **247**/3).
**Scheinveilchen** – *Ionopsidium* S. 247

18* B in Trauben . . . . . . . . . . . . . . . . . . . . . . . . . . . . . . . . . . . . . . . . . . . . . . . . . . . . . **19**
19 Kr rötlich od. violett . . . . . . . . . . . . . . . . . . . . . . . . . . . . . . . . . . . . . . . . . . . . . . . . **20**
19* Kr weiß . . . . . . . . . . . . . . . . . . . . . . . . . . . . . . . . . . . . . . . . . . . . . . . . . . . . . . . . . . . **24**
20 Pfl behaart . . . . . . . . . . . . . . . . . . . . . . . . . . . . . . . . . . . . . . . . . . . . . . . . . . . . . . . . **21**
20* Pfl kahl . . . . . . . . . . . . . . . . . . . . . . . . . . . . . . . . . . . . . . . . . . . . . . . . . . . . . . . . . . . **23**
21 Bl ganzrandig, mit 2schenkligen, anliegenden Haaren. **Silberkraut** – *Lobularia* S. 245
21* Bl mit Sternhaaren . . . . . . . . . . . . . . . . . . . . . . . . . . . . . . . . . . . . . . . . . . . . . . . . . **22**
22 Fr linsenfg. Bl ganzrandig. **Dorn-Steinkraut** – *Alyssum spinosum* S. 244
22* Fr länglich-elliptisch. Bl gezähnt. **Blaukissen** – *Aubrieta* S. 244
23 **(20)** B rosa. Seitliche KBl am Grunde gesackt (Abb. **243**/4).
**Steintäschel** – *Aethionema* S. 247

23* B violett. KBl nicht gesackt. **Hellerkraut** – *Thlaspi* S. 247
24 **(19)** Untere Bl über 20 cm lg . . . . . . . . . . . . . . . . . . . . . . . . . . . . . . . . . . . . . . . . **15**
24* Untere Bl unter 15 cm lg . . . . . . . . . . . . . . . . . . . . . . . . . . . . . . . . . . . . . . . . . . . . **25**
25 Pfl kahl . . . . . . . . . . . . . . . . . . . . . . . . . . . . . . . . . . . . . . . . . . . . . . . . . . . . . . . . . . . **26**
25* Pfl behaart . . . . . . . . . . . . . . . . . . . . . . . . . . . . . . . . . . . . . . . . . . . . . . . . . . . . . . . . **28**
26 Obere Bl nicht stängelumfassend, kurz gestielt od. sitzend. **Kresse** – *Lepidium* S. 249
26* Obere Bl ± stängelumfassend . . . . . . . . . . . . . . . . . . . . . . . . . . . . . . . . . . . . . . . . **27**
27 GrundBl nierenfg. Fr br eifg bis kuglig, nicht geflügelt. **Löffelkraut** – *Cochlearia* S. 246
27* GrundBl rundlich-eifg bis spatlig. Fr länglich-verkehrteifg. Wenn Fr kuglig, dann geflügelt.
**Hellerkraut** – *Thlaspi* S. 247

28 **(25)** Stg unbeblättert. GrundBl in dichter Rosette. **Felsenblümchen** – *Draba* S. 245
28* Stg beblättert . . . . . . . . . . . . . . . . . . . . . . . . . . . . . . . . . . . . . . . . . . . . . . . . . . . . . **29**
29 Pfl mit Sternhaaren . . . . . . . . . . . . . . . . . . . . . . . . . . . . . . . . . . . . . . . . . . . . . . . . **30**
29* Pfl mit einfachen od. 2schenkligen, anliegenden Haaren . . . . . . . . . . . . . . . . . . . **31**
30 Haare anliegend. Fr linsenfg. **Dorn-Steinkraut** – *Alyssum spinosum* S. 244
30* Haare abstehend. Fr länglich-elliptisch.
**Zwerggänsekresse, Schivereckie** – *Schivereckia* S. 245

31 **(29)** Fr abgeflacht. **Kresse** – *Lepidium* S. 249
31* Fr kuglig . . . . . . . . . . . . . . . . . . . . . . . . . . . . . . . . . . . . . . . . . . . . . . . . . . . . . . . . . . **32**
32 Fr 2samig. RosettenBl fehlend. StgBl lineal-lanzettlich, ganzrandig.
**Silberkraut** – *Lobularia* S. 245

32* Fr 8–10(–12)samig. RosettenBl lanzettlich bis spatlig, gezähnt bis ganzrandig.
**Kugelschötchen** – *Kernera* S. 246

**Waid** – *Isatis* L. 30 Arten

Lit.: FISCHER, F. 1997: Das blaue Wunder. Waid: Wiederentdeckung einer alten Nutz- und Kulturpflanze. Köln.

Pfl oberwärts bläulichgrün, bereift. StgBl pfeilfg, sitzend, oseits kahl. Kr gelb. 0,40–1,20. ☉ ⚄ Pleiok, regenerativ Wurzelsprosse 5–7. **W. N** s Thüringen Äcker, Bauerngärten; Holzschutzmittel?, FärbePfl, auch HeilPfl, Kosmetika, alte FärbePfl; ⚲ ○ ⊕.

**Färber-W.** – *I. tinctoria* L.

**Goldlack; Schöterich, Schotendotter** – *Erysimum* L. 180 Arten

Arten z. T. nur wenig morphologisch differenziert und schwer zu unterscheiden. Bestimmung der Kultursippen durch den Anbau von Hybriden zusätzlich problematisch. Eine kritische taxonomische Bearbeitung der gesamten Gattung steht noch aus.

Lit.: POLATSCHEK, A. 1994: Nomenklatorischer Beitrag zur Gattung *Erysimum* (*Brassicaceae*). Phyton **34** (2): 189–202. – SNOGERUP, S. 1967: Studies in the Aegean flora VIII. *Erysimum* sect. *Cheiranthus*. A. Taxonomy. Opera Botanica **13**: 1–70. – SNOGERUP, S. 1967: Studies in the Aegean flora X. *Erysimum* sect. *Cheiranthus*. B. Variation and evolution in the small-population system. Opera Botanica **14**: 1–86.

1 Fr deutlich abgeflacht . . . . . . . . . . . . . . . . . . . . . . . . . . . . . . . . . . . . . . . . . . . . **2**
1* Fr 4kantig . . . . . . . . . . . . . . . . . . . . . . . . . . . . . . . . . . . . . . . . . . . . . **3**
2 Pfl 0,20-0,70. B dunkelbraun, rotbraun bis hellgelb od. violett, oft dunkler rotbraun, gelb od. violett geadert bis geflammt. ☉ ♁ 4–6. **W. Z** v Bauerngärten, Rabatten ⚹ DuftPfl ○ früher HeilPfl; ▷ ⚲ Selbstaussaat ○ ☽ ⊕ ∧ (Wildsippen Griech.: Felsklippen – 12. Jh.– eingeb. – Buschlack: stark verzweigt; Stangenlack: eintriebig; Zwergformen; B einfach od. gefüllt). [? *E. corinthium* (BOISS.) WETTST. × *E. sengneri* (HELDR. et SART.) WETTST., *Cheiranthus cheiri* L.] **Goldlack** – *E. cheiri* (L.) CRANTZ
2* Pfl 0,05–0,07(–0,10). B goldgelb. ⚄ 4–7. **Z** s △; ⌇ ○ (SW-Türkei: Felsfluren).
**Kotschy-Sch.** – *E. kotschyanum* J. GAY
3 (1) BlHaare 2–4schenklig (Abb. **243**/5). 0,10–0,15. ⚄ 4–6. **Z** s △; ⚲ ○ (Balkan: alp. Rasen). **Schöner Sch.** – *E. pulchellum* (WILLD.) J. GAY
3* BlHaare meist 2(–3)schenklig (Abb. **243**/6) . . . . . . . . . . . . . . . . . . . . . . . . . . . . . . . . **4**
4 B orange, seltener goldgelb. KrBl 15–25 mm lg. Bl oft undeutlich gezähnt bis ganzrandig. 0,20–0,50. ① ☉ 4–5. **Z** v Rabatten ⚹ ○; ⚲ ○ ☽ ⊕ (Ausgangsarten nicht sicher bekannt – ? 1846). [? *E. humile* PERS. × *E. perofskianum* FISCH. et C. A. MEY., *E.* × *allionii* hort.] **Schotendotter** – *E.* × *marshallii* (HENFR.) BOIS

Ähnlich: **Perowski-Sch.** – *E. perofskianum* FISCH. et C. A. MEY.: KrBl 10–12 mm lg. Bl entfernt gezähnt. **Z** s.

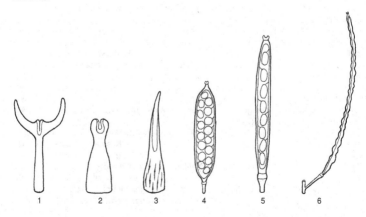

**4\*** B schwefelgelb ................................................ **5**
**5** KrBl 5–10 mm br. Pfl mit stark verzweigten, lg unterirdischen Ausläufern u. zahlreichen nichtblühenden BlRosetten. 0,10–0,40. ♃ ⁓ 6. **Z** s △; ∀ ○ (SW-Alpen: Kalkfelsflluren). [*E. ochroleucum* DC. nom. illeg., *E. decumbens* (SCHLEICH. ex WILLD.) DENNST., *E. dubium* (SUTER) THELL. non DC.] **Blassgelber Sch.** – *E. humile* PERS.
**5\*** KrBl 4–5 mm br. Pfl höchstens mit wenig verzweigten, kurzen Ausläufern. 0,15–0,50. ♃ 6. **Z** s △; ∀ ○ (Alpen: Felsflluren). [*E. helveticum* auct. non (JACQ.) DC.] **Rätischer G., Rätischer Sch.** – *E. rhaeticum* (SCHLEICH. ex HORNEM.) DC.

**Nachtviole** – *Hesperis* L. 25 Arten
Bl eifg bis lanzettlich, gezähnt. B violett, purpurn od. weiß. 0,40–1,00. ☉ kurzlebig ♃ 5–7. **W. Z** v Bauerngärten, Gehölzränder ⚥ DuftPfl; früher HeilPfl; ∀ ⌇ ◐ ⊕ (S-Eur. bis M-As.: AuenW, Gebüsche – Anfang 16. Jh. – eingeb. – Zwergformen; B einfach od. gefüllt). **Gewöhnliche N.** – *H. matronalis* L.

**Malcolmie, Meerviole** – *Malcolmia* R. BR. 30 Arten
Narbe herablaufend (Abb. **240**/3). B violett, blassviolett, rot od. rosa, dunkel geadert mit grünlichweißem Schlund od. weiß, stark duftend. 0,20–0,40. ☉ 5–10. **Z** s Sommerblumenbeete; ○ (Alban. bis Griech.: Küsten, Fels-, Sand- u. Kiesfluren – 1713). **Meeresstrand-M.** – *M. maritima* (L.) R. BR.

**Levkoje** – *Matthiola* R. BR. 50 Arten
**1** Narbenlappen am Rücken mit 2 hornartigen Fortsätzen (Abb. **240**/1). Schoten stielrund, mit gewölbten Klappen. B violett, abends stark duftend. 0,20–0,50. ☉ 6–9. **Z** s Balkons, Sommerrabatten; ○ (W-Medit, Türkei, Syr., N-Saudi-Arabien: Sand- u. Kiesfluren, Äcker). [*M. bicornis* (SM.) DC.]
**Abend-L., Gämshorn** – *M. longipetala* (VENT.) DC. subsp. *bicornis* (SM.) P. W. BALL
**1\*** Narbenlappen am Rücken angeschwollen (Abb. **240**/2). Schoten zusammengedrückt, mit abgeflachten Klappen. B weiß, cremegelb, rosa, rot, violett od. blau. 0,20–0,80. ☉ früher auch ① u. ☉ 4–6(–10). **Z** v Sommerrabatten ⚥ DuftPfl; Lichtkeimer ⌂ ○ ⊕ ⌂ (Z-Medit.: Küsten – 16. Jh. – verw. – B gefüllt od. einfach, groß od. mittelgroß – **Busch-L.**: niedrig u. verzweigt; **Stangen-L.**: hoch u. unverzweigt; **Goldlackblättrige L.**: Bl kahl; **Allgefüllte L.**: frühe Auslesemöglichkeit, da KeimBl von Pfl mit gefüllten B gelbgrün). **Garten-L.** – *M. incana* (L.) R. BR.

**Winterkresse, Barbarakraut** – *Barbarea* R. BR. 20 Arten
**1** Oberste Bl unzerteilt, buchtig gezähnt (Abb. **244**/1). Schoten 1,5–2 cm lg. GrundBl mit 2–5 Paar Seitenlappen. 0,30–0,90. ☉ kurzlebig ♃ regenerativ Wurzelsprosse 5–7. **W.**

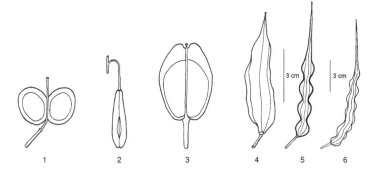

1          2          3          4    3 cm    5    3 cm    6

**Z** s (B gefüllt) Gehölzränder, Naturgärten, früher HeilPfl; Lichtkeimer ○ (Eur. bis Sibir. u. Iran: frische bis feuchte Ruderalstellen, Flussufer, offne Wälder – weltweit verw. u. eingeb. – 16. Jh.). **Echte W.** – *B. vulgaris* R. BR.

**1\*** Oberste Bl fiederteilig (Abb. **244/2**). Schoten 4–7 cm lg. GrundBl mit 6–10 Paar Seitenlappen. 0,20–0,70. ☉ 4–6. **W. N** s Salat- u. ÖlPfl; Lichtkeimer ○ (SW-Eur.: frische Ruderalstellen – weltweit verw. u. eingeb.). **Frühe W.** – *B. verna* (MILL.) ASCH.

**Brunnenkresse** – *Nasturtium* W. T. AITON                    3 Arten

Lit.: BLEEKER, W., HURKA, H., KOCH, M. 1997: Zum Vorkommen und zur Morphologie von *Nasturtium sterile* (AIRY SHAW) OEFELEIN in Südwestniedersachsen und angrenzenden Gebieten. Flor. Rundbr. **31**(1): 1–8. – GROBE, K. 1985: Brunnenkresse-Klingen – Denkmal der Produktionsgeschichte des Erfurter Gartenbaus. Veröff. Naturkundemuseum Erfurt. Sonderheft aus Anlass des 300. Geburtstages von CHRISTIAN REICHART: 52–61. – VOGEL, G. 1996: Handbuch des speziellen Gemüsebaues. Stuttgart. – ZÜNDORF, H.-J., GÜNTHER, K.-F. 1999: Brunnenkresse in Thüringen. Inform. Florist. Kartierung Thüringen **16**: 1–32.

Stg oberwärts hohl, Kr weiß. Staubbeutel gelb. Sa jederseits mit <60 großen Netzmaschen in bis zu 10 Reihen. 0,20–0,80. ⟁ 5–10. **W. N** s traditionell Grabenbeete: „Brunnenkresse-Klingen" Thüringen: Erfurt-Dreienbrunnen, Gewürz, Salat, HeilPfl: Diuretikum, Cholagogum, Dermatikum, früher Antiskorbutikum; Ⅴ ⋏ ○ ◑ ≈≈ ≈ ⊕ (ozean.-subozean. Gebiete der warmen bis gemäß. Zonen beider Hemisphären: Quellen, Gräben, Bäche – Mittelalter, Großanbau: 1725). [*Rorippa nasturtium-aquaticum* (L.) HAYEK] **Gewöhnliche B.** – *N. officinale* W. T. AITON

Ähnlich: *N.* × *sterile* (AIRY SHAW) OEFELEIN: Sa in jedem Fach 1–2reihig, jederseits mit 60–120 kleinen Netzmaschen in 12–15 Reihen. **N** s ? Salat.

**Meerrettich** – *Armoracia* G. GAERTN., B. MEY. et SCHERB.                    3 Arten

GrundBl bis 1 m lg, gekerbt, untere StgBl oft fiederschnittig. Reife Fr meist nicht entwickelt. 0,60–1,25. ⟁ Rübe, Wurzelsprosse 5–7. **W. N** v Gärten, s Äcker N-Bayern, W-Baden-Württemberg, Thüringen, Brandenburg: Spreewald, Hamburg: Unterelbe; Gewürz (Pfahlwurzel); Ⅴ Wurzelschnittlinge (Heimat? – 12. Jh.). [*A. lapathifolia* USTERI, *A. sativa* BERNH.] **Meerrettich, Kren** – *A. rusticana* G. GAERTN., B. MEY. et SCHERB.

**Zahnwurz** – *Dentaria* L.                    20 Arten

**1** Bl gefingert ................................................................ **2**
**1\*** Wenigstens die unteren Bl gefiedert ..................................... **3**
**2** Bl quirlig genähert, 3zählig. Kr gelblichweiß. StaubBl fast so lg wie die KrBl. 0,20–0,30. ⟁ ⅄ 4–6. **W. Z** s Gehölzgruppen; Ⅴ Ⅴ ◑ ● ⊕. [*Cardamine enneaphyllos* (L.) CRANTZ] **Weiße Z., Quirl-Z.** – *D. enneaphyllos* L.

Ähnlich: **Drüsige Z.** – *D. glandulosa* WALDST. et KIT. [*Cardamine glanduligera* O. SCHWARZ]: Kr purpurn, StaubBl halb so lg wie die KrBl. 0,10–0,25. **Z** s.

**2\*** Bl deutlich wechselständig, die unteren 5zählig, das oberste meist 3zählig. Kr purpurviolett, seltener weiß. 0,25–0,50. ⟁ ⅄ ⌇⌇ 4–6. **W. Z** z Gehölzgruppen □; Ⅴ Ⅴ ◑ ● ≈ ⊕ (Pyr., Alpen u. benachbarte Mittelgebirge bis S-D. u. Kroat.: mont. Buchen- u. Ahorn-MischW). [*D. digitata* LAM., *Cardamine pentaphyllos* (L.) CRANTZ em. R. BR.] **Finger-Z.** – *D. pentaphyllos* L.

**3** (1) BlAchseln mit kleinen, bräunlichvioletten Zwiebeln. Obere Bl unzerteilt, untere gefiedert, mit 2–3 Fiederpaaren. Kr hellviolett, rosa od. weiß. 0,30–0,60. ⟁ ⅄ ⌇⌇ 4–6. **W. Z** s Gehölzgruppen; Ⅴ Ⅴ Brutzwiebeln ◑ ●. [*Cardamine bulbifera* (L.) CRANTZ] **Zwiebel-Z.** – *D. bulbifera* L.

**3\*** BlAchseln ohne Zwiebeln. Alle Bl mit 2–4 Fiederpaaren. Kr weiß od. blasslila. 0,30–0,60. ⟁ ⅄ ⌇⌇ 4–5. **W. Z** z Gehölzgruppen □; Ⅴ Ⅴ ◑ ● ≈ ⊕ (Pyr., W-Alpen u. benachbarte Mittelgebirge: mont. Buchen- u. Buchen-MischW). [*D. pinnata* LAM., *Cardamine heptaphyllos* (VILL.) O. E. SCHULZ] **Fieder-Z.** – *D. heptaphyllos* VILL.

**Schaumkraut** – *Cardamine* L. 100 Arten

**1** GrundBl 3zählig. Stg 0–2 blättrig. Kr meist weiß. 0,15–0,30. ⚥ ∿ 4–6. **W. Z** z Gehölzgruppen △ ♠ □; ♈ ∿ ● ≈ ⊕ (südl. M-Eur., Sudeten, Karp., Alpen, N-Balkan, N-It.: mont. Buchen- u. Fichten-MischW). **Kleeblatt-Sch.** – *C. trifolia* L.

**1\*** GrundBl gefiedert. Stg 2–10blättrig. Kr blasslila, rosa od. weiß. 0,15-0,50. ⚥ ∿ 4–6. **W. Z** z Grasflächen, Naturgärten, auch als Salat u. HeilPfl verwendet; ∨ ♈ ○ ◐ ≈ (warmgemäß. bis arkt. Eur., As. u. N-Am.: frische bis nasse Wiesen, Flachmoore, Großseggenrieder, Erlenbruch- u. AuenW – Anfang 17. Jh. – B auch gefüllt).
**Wiesen-Sch.** – *C. pratensis* L.

**Gänsekresse** – *Arabis* L. 180 Arten
Behaarung mit Lupe prüfen!

**1** StgBl gezähnt .................................................... **2**
**1\*** StgBl ganzrandig ................................................ **4**
**2** Kr rosa bis weinrot. Bl grau sternhaarig filzig. 0,10–0,20. ⚥ i ∿ 3–5. **Z** z △ ♠; ♈ ∿ ◐ ○ ∼ ⊕ (1914). [*A. aubrietoides* Boiss. × *A. caucasica* Willd.]
**Arends-G.** – *A.* × *arendsii* H. R. Wehrh.

Ähnlich: *A. aubrietoides* Boiss.: Bl grün, tief u. spitz gezähnt. KrBl 12–16 mm lg, purpurrosa. 0,07–0,15. ⚥ 4–5. **Z**. s (S-Türkei: Felsbänder, 900–2400 m). – *A. blepharophylla* Hook. et Arn.: Bl grün, RosettenBl ∞, ± ganzrandig, verkehrteifg, stumpf, 2–8 cm lg. KrBl br löffelfg, 6–10 mm lg, purpurrosa. 0,05–0,20. ⚥ i? 3–4. **Z**. s △ od. ⓐ; ⌒ (W-USA: M- u. NW-Kalif., S-Oregon: Felsen, <500 m).

**2\*** Kr weiß, selten gelb ............................................ **3**
**3** StgBl (Abb. 244/3) u. GrundBl schwach gezähnt, jederseits mit 2–5 kurzen Zähnen, grau sternhaarig filzig. KrBl 11–14 mm lg, plötzlich in den Nagel zusammengezogen. 0,10–0,30. ⚥ i ∿ 3–5. **Z** v △ ♠ ⚒ ∼ ◐ ○ ∼ ⊕ (N-Afr., S-Eur. bis M-As.: alp. Felsfluren – Anfang 19. Jh. – verw.). [*A. albida* Steven ex J. Jacq., *A. alpina* subsp. *caucasica* (Willd. ex D. F. K. Schltdl.) Briq.]
**Garten-G.** – *A. caucasica* Willd. ex D. F. K. Schltdl.

Sorten: 'Plena': B gefüllt; 'Sulphurea': B schwefelgelb; 'Variegata': Bl gelb gescheckt.

**3\*** StgBl (Abb. 244/4) u. GrundBl stark gezähnt, jederseits mit 4–8 langen Zähnen, gelbgrün, dicht sternhaarig. KrBl 6–8(–11) mm lg, allmählich in den Nagel verschmälert. 0,15–0,30. ⚥ i ∿ 3–5. **W. Z** s ∿ △ ∨ ∿ ⊕. **Alpen-G.** – *A. alpina* L.

**4** **(1)** StgBl kahl, GrundBl höchstens basal mit einzelnen, meist einfachen Haaren, glänzend. 0,10–0,30. ⚥ ⌒ i 6–7. **W. Z** s △; ∨ ♈ ◐ ≈ ⊕.
**Glanz-G.** – *A. soyeri* Reut. et A. Huet

**4\*** StgBl am Rand von Gabelhaaren weiß gesäumt .......................... **5**
**5** BlOSeite zerstreut gabelhaarig (Abb. 244/5), matt. 0,05–0,20. ⚥ i ∿ 4–5. **Z** s △ □; ∨ ♈ ○ ◐ ∼ ⊕ (Pirin: subalp. Felsfluren – 1903).
**Pirin-G.** — *A. ferdinandi-coburgi* Kellerer et Sünd.

1     2     3     4     5     6

**5\*** BlOSeite kahl (Abb. **244/6**), glänzend. 0,10–0,20. ⚇ i ∼∼ 4–5. **Z** z △ □; ⚥ ⚇ ○ ◐
~ ⊕ (Karp., Balkan: mont. bis subalp. Felsfluren – 1819).
**Schaum G.** – *A. procúrrens* WALDST. et KIT.

### Blaukissen, Aubrietie – *Aubriéta* ADANS.                                          12 Arten

Lit.: AKEROYD, J. R. 1995: *Aubrieta* ADANSON. In: European Garden Flora, vol. 4. Cambridge, S. 144–145.
– MATTFELD, J. 1937: Die Arten der Gattung *Aubrieta* ADANSON. Blätter für Staudenkunde **1**, I–VII. –
PHITOS, D. 1970: Die Gattung *Aubrieta* in Griechenland. Candollea **25**: 69–87.

Pfl lockerrasig, von Sternhaaren grau. FrGriffel deutlich abgesetzt. Kr blau, violett, rosa,
rot od. weiß. 0.05–0,20. ⚇ △ 4–6. **Z** v △ Trockenmauern □ ○; ⚥ Lichtkeimer ⚇ ⋎
○ ⊕ (Sizil., S-Balkan, Ägäis, W-Türkei: mont. Felsfluren – Ende 18. Jh. – verw. – ∞
Sorten auch durch Einkreuzung anderer Arten: B groß, auch gefüllt; BlRand auch gelb-
lich od. weißlich). [*A. cultórum* BERGM. nom. illeg. p. p.]
**Griechisches B.** – *A. deltoídea* (L.) DC.

Weitere sehr variable und schwer unterscheidbare Arten s kult. ?

### Silberblatt, Mondviole – *Lunária* L.                                               3 Arten

Silbrig glänzende Scheidewände der abgeflachten Fr nach der FrReife lange erhalten bleibend.

**1** Fr elliptisch bis br lanzettlich, an beiden Enden spitz (Abb. **247/1**). Alle Bl gestielt. Kr
weißlich-blassviolett. 0,30–1,40. ⚇ ⚉ 5–7. **W. Z** s Naturgärten ☼; ⚥ Kaltkeimer ◐ ⊕
(Eur.: mont. luftfeuchte Schlucht- u. Steinschuttwälder – 1600 od. früher – ▽).
**Ausdauerndes S.** – *L. redivíva* L.
**1\*** Fr br elliptisch bis fast kreisrund, an beiden Enden abgerundet (Abb. **247/2**). Obere Bl
sitzend. Kr meist purpurviolett. 0,30–1,00. ☉ ① 4–6. **W. Z** z Bauerngärten ☼ ⚒ FrStände
für Trockensträuße; ○ ◐ (SO-Eur.: frischer Felsschutt – Anfang 16. Jh. – verw. – Sor-
ten: B weiß; BlRand weiß gefleckt).
**Einjähriges S.** – *L. ánnua* L.

### Steinkraut – *Alýssum* L.                                                          200 Arten

**1** Kr weiß od. blass bis intensiv violettrot. Verholzte Basis abgestorbener Sprosse ver-
zweigt dornig. 0,10–0,30. ♄ △ 5–6. **Z** z △; ⚥ (Topf) ⊏ ○ ~ (S-Frankr., O- u. S-Span.,
Marokko, Alg.: Felsfluren – 1680). [*Ptilótrichum spinósum* (L.) BOISS., *Hormatophylla
spinósa* (L.) P. KÜPFER]
**Dorn-St.** – *A. spinósum* L.
**1\*** Kr gelb . . . . . . . . . . . . . . . . . . . . . . . . . . . . . . . . . . . . . . . . . . . . . . . . . . . . . . . . . . **2**
**2** Fr kahl. Bl nichtblühender Triebe 6–12 cm lg. 0,15–0,40. ♄ i Wurzelsprosse △ 4–5. **W.
Z** v △ ⚒ ○ □; ⚥ auch ⋎ ○ ~ (SO-Eur.: Kalk- u. Silikatfelsfluren – 1680 – verw. – ▽).
[*A. arduíni* FRITSCH, *Auriniya saxátilis* (L.) DESV.]
**Felsen-St.** – *A. saxátile* L.

Sorten: 'Compactum': 0,20–0,25; 'Citrinum': B zitronen- statt goldgelb wie bei *A. saxátile;* 'Plenum': B
gefüllt; 'Variegatum': Bl mit gelbweißem Rand.

**2\*** Fr behaart. Bl nichtblühender Triebe <3 cm lg . . . . . . . . . . . . . . . . . . . . . . . . . . . . **3**
**3** FrFächer 1samig. Bl oseits graugrün, useits weißlich. Stg aufrecht. FrKlappen nicht völ-
lig mit Sternhaaren bedeckt. 0,25–0,70. ⚇ i 5–6. **W. Z** z △ ⚒; ⚥ ○ ~ ⊕ (SO-Eur.: Fels-

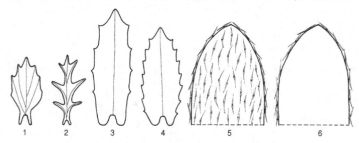

fluren, Trockenrasen – verw.). [*A. argenteum* auct.]

**Mauer-St.** – *A. murale* WALDST. et KIT.

Ähnlich: *A. argenteum* ALL.: FrKlappen völlig mit Sternhaaren bedeckt. 0,15–0,50.

**3\*** FrFächer 2samig. Bl beidseits gleichfarbig. 0,10–0,20. ♃ i ⌃ 3–5. **W. Z** z △; Ⅴ ○ ~ ⊕ (Eur., N-Afr.: Felsfluren, Trocken- u. Steppenrasen – ▽). **Berg-St.** – *A. montanum* L.

Ähnlich: *A. moellendorfianum* ASCH. ex G. BECK: Pfl silbrig od. grau schuppig. Bl gestielt. 0,05–0,15. **Z** s.

**Schildkresse** – *Fibigia* MEDIK. 12 Arten

Pfl von Sternhaaren grau. Fr abgeflacht. 0,30–0,60. ♃ 4–6. **Z** s △; Ⅴ ○ (Z-Medit. bis Iran u. Syr.: Felsfluren, Gebüsche). [*F. eriocarpa* (DC.) BOISS.]

**Echte Sch.** – *F. clypeata* (L.) MEDIK.

**Silberkraut, Strandkresse, Lobularie, Duftsteinrich** – *Lobularia* DESV. 4 Arten

Lit.: BORGEN, L. 1987: *Lobularia* (Cruciferae). A biosystematic study with special reference to the Macaronesian region. Opera Botanica **91**: 5–96.

Stg ästig. Pfl von 2schenkligen, anliegenden Haaren graugrün. 0,05–0,35. ⊙ ⌃ 5–10. **W. Z** v Einfassungen Ⅹ □ ○ DuftPfl, früher HeilPfl; ○ ⊕ (Medit.: Küsten, Rohböden – 1800 – verw. – Sorten: niedrig; B weiß, rosa, purpurn od. violett; Bl gelb u. weiß gestreift). [*Alyssum maritimum* (L.) LAM.] **Strand-S.** – *L. maritima* (L.) DESV.

**Zwerggänsekresse, Schivereckie** – *Schivereckia* ANDRZ. ex DC. 2 Arten

**1** StgBl nicht od. kaum stängelumfassend, ganzrandig od. selten jederseits mit 1–2 Zähnen. Pfl lockerrasig. 0,05–0,15. ♃ 4–5. **Z** z △; Ⅴ Ⅴ ○ (Alban., Bulg., N-Türkei: alp. Felsfluren – 19. Jh.?). [*Draba doerfleri* WETTST., *Sch. bornmuelleri* PRANTL nom. nud.]

**Dörfler-Z.** – *Sch. doerfleri* (WETTST.) BORNM.

**1\*** StgBl halbstängelumfassend, jederseits mit 1–4 Zähnen. Pfl dichtrasig. ♃ 4–5. **Z** z △; Ⅴ Ⅴ ○ (N-Russl. bis N-Ukr. u. O-Rum.: Felsfluren – 1817). [*Sch. podolica* (BESSER) ANDRZ. ex DC., *Sch. berteroides* FISCH. ex M. I. ALEX., *Sch. kuznezovii* M. I. ALEX., *Sch. mutabilis* (M. I. ALEX.) M. I. ALEX.]

**Podolische Z.** – *Sch. hyperborea* (L.) BERKUT.

**Felsenblümchen** – *Draba* L. 350 Arten

Die Abgrenzung u. Rangstufe vieler beschriebener Sippen der Gattung bedarf weiterer Klärung, was auch die Bestimmung der zahlreichen, von Steingartenliebhabern kultivierten Arten erschwert, die hier nur z. T. erfasst werden.

Lit.: SCHULZ, O. E. 1927: *Cruciferae – Draba* et *Erophila*. In: A. ENGLER, Das Pflanzenreich H. 89, IV. 105. Leipzig.

**1** Äste u. StgGrund durch anliegende Bl walzenfg. B gelb . . . . . . . . . . . . . . . . . . . . . **2**
**1\*** Äste u. StgGrund nicht walzenfg. Bl in Rosetten od. entfernt an kriechenden Stg. B gelb od. weiß . . . . . . . . . . . . . . . . . . . . . . . . . . . . . . . . . . . . . . . . . . . **3**
**2** Fr behaart. SaAnlagen 4–10. 0,05–0,10. ♃ ⌃ 4–5. **Z** z △; Ⅴ Ⅴ ○ ⊕ (Kauk., Türkei: alp. Felsfluren – 1825). [*D. olympica* SIBTH. ex DC.]

**Kissen-F.** – *D. bruniifolia* STEVEN
**2\*** Fr kahl. SaAnlagen 32–36. 0,05–0,10. ♃ ⌃ 4–5. **Z** s △; Ⅴ Ⅴ ○ ⊕ (Kauk., Türkei: Felshänge – 1824). **Steifes F.** – *D. rigida* WILLD.
**3** **(1)** Fr behaart . . . . . . . . . . . . . . . . . . . . . . . . . . . . . . . . . . . . . . . **4**
**3\*** Fr kahl, sehr selten behaart . . . . . . . . . . . . . . . . . . . . . . . . . . . . . . . **6**
**4** B weiß. 0,05–0,08. ♃ ⌃ 4–5. **Z** z △; Ⅴ Ⅴ ○ ⊕ (N- u. O-Spanien: mont. u. subalp. Kalkfelsen – 1845 – kult auch Hybr). **Schnee-F.** – *D. dedeana* BOISS. et REUT.
**4\*** B gelb . . . . . . . . . . . . . . . . . . . . . . . . . . . . . . . . . . . . . . . . . . . **5**
**5** Fr am Grunde aufgeblasen, FrStandsStg 0,02–0,06. Bl 1 mm br. ♃ ⌃ 5–6. **Z** s △; Ⅴ Ⅴ ○ ⊕ (S-Karp.: subalp. Kalkfelsen – 1861).

**Siebenbürgisches F.** – *D. haynaldii* STUR

**5\*** Fr flach, FrStandsStg 0,08–0,20. Bl 2–3 mm br. ⌉ ⌒ 4–5. **Z** s △; ♀ ♥ ○ ⊕ (N-Balkan, Karp.: submont. u. mont. Kalkfelsen – 1819). [*D. aizoon* WAHLENB.]
       **Karpaten-F., Raufrüchtiges F.** – *D. lasiocarpa* ROCHEL

Ähnlich: *D. aizoides*: selten mit behaarten Fr, aber Bl 0,5–1,5 mm br! Vgl. **7\***

**6 (3)** Pfl mit zahlreichen lg, liegenden Stg. Bl sternhaarig, BlRand mit Gabelhaaren gesäumt (Abb. **246/**1). 0,05–0,15. ⌉ ⌒⌒ 5–6(–9). **Z** z △ ⊡; ♀ ♥ ○ ◗ (N- u. O-Eur., N- u. Z-As: Tundren, alp. u. subalp. Rasen, Waldlichtungen, Wiesen u. Weiden – 1806 – nach Abblühen Rückschnitt!). [*D. repens* M. BIEB.]
       **Sibirisches F., Goldschaum-F.** – *D. sibirica* (PALL.) THELL.

**6\*** Pfl ohne lg, liegende Stg. Bl ohne Sternhaare, BlRand mit einfachen Haaren gewimpert
. . . . . . . . . . . . . . . . . . . . . . . . . . . . . . . . . . . . . . . . . . . . . . . . . . . . . . . . . . . . . . . . **7**

**7** StaubBl 0,5–0,8mal so lg wie die Kr. StgGrund von abgestorbenen Bl u. BlResten umhüllt (Abb. **246/**2). 0,01–0,10. ⌉ i ⌒⌒ 5–6. **W. Z** s △; ♀ ♥ ○ ◗ ⊕ (O-Alpen: frische beschattete alp. Kalkfelsfluren – 1823 – ▽).   **Sauter-F.** – *D. sauteri* HOPPE

**7\*** StaubBl so lg wie die Kr. StgGrund unterhalb der Rosetten ohne BlReste (Abb. **246/**3). 0,03–0,10. ⌉ ⌒⌒ 3–4. **W. Z** z △; ♀ ♥ ○ ⊕ (S- u. Z-Eur.: mont. bis alp. Felsfluren – 1731 – ▽).   **Immergrünes F.** – *D. aizoides* L.


**Steinschmückel** – *Petrocallis* R. BR.                               2 Arten

Pfl dichtrasig bis polsterfg. Bl in dichter Rosette, 3–5spaltig (Abb. **243/**1). 0,02–0,08. ⌉ 5–6. **W. Z** s △; ♀ ○ ◗ ⊕ (Pyr., Alpen, Karp.: subalp. u. alp. Felsfluren – 18. Jh. – ▽).
       **Pyrenäen-St.** – *P. pyrenaica* (L.) R. BR.


**Löffelkraut** – *Cochlearia* L.                                    30 Arten

FrStiele fast waagerecht (60–90°). 0,20–0,50. ⊙ ⌉ Pleiok 5–6. **W. N** s Gewürz, Salat, früher HeilPfl: Antiskorbutikum; ♀ ◗ ≈ (N-Eur.: Küsten u. Binnensalzstellen – 16. Jh. – ▽).        **Gebräuchliches L.** – *C. officinalis* L.


**Kugelschötchen** – *Kernera* MEDIK.                               2 Arten

Stg oft etwas hin- u. hergebogen. Kr weiß. Längere StaubBl knickig zur Seite gebogen. 0,10–0,30. ⌉ 5–7. **W. Z** s △; ♀ ○ ⊕ (M- u. S-Eur.: alp. bis mont. Felsfluren u. Fluss-schotter).        **Felsen-K.** – *K. saxatilis* (L.) SWEET


**Leindotter** – *Camelina* CRANTZ                                8 Arten

Lit.: MIREK, Z. 1981: Genus *Camelina* in Poland – taxonomy, distribution and habitats. Fragm. Florist. Geobot. **27**: 445–507. – ŠMEJKAL, M. 1971: Revision der tschechoslowakischen Arten der Gattung *Camelina* CRANTZ (Cruciferae). Preslia **43**: 318–337.

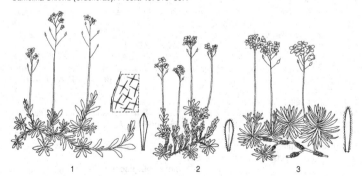

       1                       2                   3

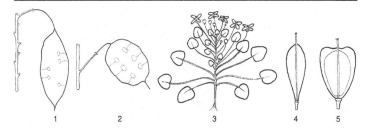

1  2  3  4  5

Fr (3,5–)4–5,5 mm br, bald verholzend, hart. 0,65–0,80(–1,20). ☉ 5–8. **W.** N s Äcker; ÖlPfl: Farben, Linoleum, Seifen, früher Speise- u. Brennöl; Lichtkeimer, anspruchslos! (Wildsippe: *C. microcarpa* ANDRZ. ex DC. – Ende Bronzezeit – eingeb. – **Sommer-L.** – var. *sativa*: Pfl ☉. Stg u. Bl mit verzweigten Haaren, ohne od. spärlich mit längeren einfachen Haaren, Sa (1,6–)1,8–2,2(–2,5) mm lg; **Winter-L.** – var. *zingeri* MIREK: Pfl ①, Stg u. Bl mit verzweigten u. längeren einfachen Haaren, Sa 1,5–1,8(–1,9) mm lg).

**Saat-L.** – *C. sativa* (L.) CRANTZ

**Gämskresse** – *Pritzelago* KUNTZE [*Hutchinsia* auct. non R. BR.,     *Noccaea* auct. non MOENCH]     1 Art

0,05–0,15. ⚃ 4–6. **W. Z** s △; ∀ ⚈ ○ ◐ (Z- bis S-Eur.: alp. bis mont. Felsfluren, Flussschotter – Ende 18. Jh. – **Kalk-G.** – subsp. *alpina*: Stg aufrecht, ohne StgBl u. KrBl plötzlich in den Nagel verschmälert, FrStand deutlich verlängert; **Kantabrische G.** – subsp. *auerswaldii* (WILLK.) GREUTER et BURDET: Stg hin- u. hergebogen, mit StgBl; **Silikat-G., Kurzstänglige G.** – subsp. *brevicaulis* (HOPPE) GREUTER et BURDET: Stg aufrecht, ohne StgBl u. KrBl keilig in den Nagel verschmälert, FrStand kaum verlängert – ▽). [*Hutchinsia alpina* (L.) R. BR., *Hornungia alpina* (L.) O. APPEL]

**Alpen-G.** – *P. alpina* (L.) KUNTZE

**Scheinveilchen** – *Ionopsidium* RCHB.     5 Arten

Pfl kahl (Abb. **247/3**). B blassviolett, rosa od. weiß. 0,05–0,15. ☉ 4–10. **Z** s △ Sommerblumenbeete; Blühbeginn schon 10–14 Tage nach der Aussaat ◐ ○ ≈ Boden sandig (S-Port.: Küsten, feuchte Sandfluren – 1845).

**Stängelloses Sch.** – *I. acaule* (DESF.) RCHB.

**Hellerkraut, Täschelkraut** – *Thlaspi* L.     60 Arten

1   Fr ungeflügelt, an der Spitze abgerundet (Abb. **247/4**). Kr hellviolett, selten weiß. 0,05–0,12. ⚃ 5–6. **W. Z** s △; ∀ ○ ⊕. [*Noccaea rotundifolia* (L.) MOENCH, *Th. cepaeifolium* (WULFEN) W. D. J. KOCH subsp. *rotundifolia* (L.) GREUTER et BURDET]

**Rundblättriges H.** – *Th. rotundifolium* (L.) GAUDIN

1*  Fr geflügelt, deutlich ausgerandet (Abb. **247/5**) . . . . . . . . . . . . . . . . . . . . . . . . . . **2**
2   Kr weiß. Staubbeutel gelb. 0,10–0,20. ⚃ 4–5. **W. Z** s △; ∀ ○ ◐ ⊕. [*Noccaea montana* (L.) F. K. MEY.]     **Berg-H.** – *Th. montanum* L.
2*  Kr violett. Staubbeutel violett. 0,02–0,03. ⚃, kult ☉ 4–5. **Z** s △; ∀ ◐ ⊕ (Z- u. S-Apennin: subalp. Rasen – 20. Jh.?). [*Noccaea stylosa* (TEN.) F. K. MEY.]

**Apenninen-H.** – *Th. stylosum* (TEN.) MUTEL

**Steintäschel, Steinkresse** – *Aethionema* R. BR.     50–60 Arten

Merkmale zur Blüte- und Fruchtzeit untersuchen. Arten z. T. sehr variabel und durch Übergangsformen (?Hybriden) verbunden.

1   Bl verkehrteifg bis lanzettlich. KrBl 2–8 mm lg. FrStand dicht . . . . . . . . . . . . . . . . **2**
1*  Bl linealisch. KrBl 4–11 mm lg. FrStand locker . . . . . . . . . . . . . . . . . . . . . . . . . . . . **3**

**2** KrBl 2–3 mm lg. Fr 2–4 mm br geflügelt. 0,10–0,15. ☉ 5–6. **Z** s △; ⊏ ○ ~ (Griech. bis
Kauk. u. Iran: Felsfluren, Äcker). [*Ae. buxbaumii* (Fisch. ex Hornem.) DC.]
            **Arabisches St.** – *Ae. arabicum* (L.) Andrz. ex DC.
**2\*** KrBl 6–8 mm lg. Fr oben 1 mm br geflügelt od. ungeflügelt. 0,02–0,05. ♄ ⬭⬭ ⌓ 4–5.
**Z** s △ ○; ⩒ ⊏ ∿ ○ ~ ∧ Nässeschutz (Libanon bis Kauk. u. Türkei: alp. Felsfluren –
1827). [*Eunomia oppositifolia* (Pers.) DC.]
          **Gegenblättriges St.** – *Ae. oppositifolium* (Pers.) Boiss.
**3** **(1)** Fr 6–8 mm lg, deutlich löffelförmig gebogen, oben 1–2 mm tief ausgerandet. Blü-
hende Stg lockerer beblättert als nichtblühende. 0,15–0,20. ♄ ⌓ 5–7. **Z** z △ ○; ⊏ ⩒
○ ~ ⊕ (Libanon, O-Türkei: Felsfluren – 1871). [*Ae. pulchellum* hort.]
              **Zierliches St.** – *Ae. coridifolium* DC.
**3\*** Fr 8–10 mm lg, gerade od. etwas löffelförmig gebogen, oben 3–4 mm tief ausgerandet.
Blühende Stg ebenso beblättert wie nichtblühende. 0,15–0,30. ♄ ⌓ 5–7. **Z** z △
○; ⩒ ⊏ ○ ~ ⊕ (Türkei u. Kauk. bis Iran: Felsfluren – 1875). [*Ae. pulchellum* Boiss. et
Huet]        **Großblütiges St.** – *Ae. grandiflorum* Boiss. et Hohen.

Ähnlich: **Warley-St.** – *Ae.* × *warleyense* C. K. Schneid. ex Boom [*Ae. armenum* Boiss. × (?) *Ae. gran-*
*diflorum*]: Pfl niedriger, Bl kleiner, Trauben kürzer. 'Warley Rose': B rosa; 'Warley Ruber': B tiefrot. **Z**
z △ ○.

### Schleifenblume, Bauernsenf – *Iberis* L.        40 Arten

**1** Niederliegende Zwergsträucher, mit blühenden u. nichtblühenden Stg . . . . . . . . . . **2**
**1\*** Aufrechte Kräuter, ohne nichtblühende Stg . . . . . . . . . . . . . . . . . . . . . . . . . . . . . . . . **3**
**2** Bl linealisch, 1–2 mm br. FrGriffel meist die Flügel nicht überragend (Abb. **248**/1). Kr
weiß. 0,05–0,15. ♄ i ⌓ 4–5. **Z** z △ ○ ⬭; ⩒ ○ ⊕ (Span. bis Krim: Kalkfelsfluren –
Anfang 19. Jh.).            **Felsen-Sch.** – *I. saxatilis* L.
**2\*** Bl spatelfg, 2,5–5 mm br. FrGriffel meist die Flügel etwas überragend (Abb. **248**/2). Kr
weiß, seltener rosa. 0,15–0,30. ♄ i ⌓ 4–6. **Z** v △ ⚥ ○ ⬭; ⩒ ∿ ○ ⊕ (NW-Afr. u.
Span. bis S-Türkei: Felsfluren – Anfang 19. Jh. – verw.). [*I. garrexiana* All.]
**3** **(1)** FrStand sehr dicht schirmtraubig. Obere StgBl ganzrandig, lanzettlich. FrGriffel meist
die Flügel weit überragend (Abb. **248**/3). Kr meist blassviolett od. purpurn. 0,15–0,40.
☉ ① 6–8. **W. Z** z Sommerblumenbeete, Einfassungen ⚥ ○; ○ (S-Frankr. bis Griech.:
Kalkfelsfluren – Ende 16. Jh. – verw. – Sorten: B weiß, rosa, karmin- od. purpurrot).
               **Doldige Sch.** – *I. umbellata* L.
**3\*** FrStand locker traubig. Obere StgBl entfernt fiederteilig bis stumpf gezähnt. FrGriffel meist
von den Flügeln etwas überragt (Abb. **248**/4). Kr weiß, seltener blassviolett. 0,10–0,30.

1      2        3        4

⊙ ① 6–8. **W. Z** z Sommerblumenbeete, Einfassungen ⚥ ○; Lichtkeimer ○ ⊕ (W-Eur., eingeb. bis Main-Taubergebiet: lehmige, skelettreiche Äcker, Flusskies – Ende 16. Jh. – verw.). **Bittere Sch.** – *I. amara* L.

**Brillenschötchen** – *Biscutella* L. 40 Arten

SpaltFr brillenähnlich (Abb. **241/1**). Kr hellgelb. 0,15–0,35. ⌗ Pleiok regenerativ Wurzelsprosse 5–6. **W. Z** s △; ∀ ○ ⊕ (Z- bis S-Eur.: alp. bis subalp. Felsfluren, auch Sandtrockenrasen u. Felsfluren in Tieflagen – ▽). **Glattes B.** – *B. laevigata* L.

**Kresse** – *Lepidium* L. 200 Arten

**1** Fr 1,5–2,5 mm lg, kürzer als ihr Stiel, nicht geflügelt, weichhaarig. Untere Bl meist unzerteilt u. gesägt. 0,80–1,20. ⌗ Wurzelsprosse 6–7. **W.** Früher **N:** Gewürz.
**Breitblättrige K., Pfefferkraut** – *L. latifolium* L.

**1\*** Fr 5,0–6,5 mm lg, länger als ihr Stiel, oberwärts br geflügelt (Abb. **241/3**), kahl. 0,40–0,80. ⊙ 4–9. **W. N** v Salat, Gewürz, früher HeilPfl: Diuretikum, Antiskorbutikum; Ganzjahresanbau im Gewächshaus u. Kultur von Keimpflanzen in Töpfen u. Schalen überwiegt Freilandanbau von Schnittkresse, Kulturdauer nur 10–14 Tage von März bis September im Freiland, bei Folgesaaten Erde wechseln! (NO-Afr., W-As.: Äcker u. Ruderalstellen – frühes Mittelalter – var. *latifolium* DC.: untere Bl unterteilt, unregelmäßig gesägt bis gebuchtet; var. *sativum*: untere Bl einfach gefiedert, Fiedern 1–2fach fiederteilig, BlRand glatt; var. *crispum* (MEDIK.) DC.: wie var. *sativum*, aber BlRand kraus). **Garten-K.** – *L. sativum* L.

**Moricandie** – *Moricandia* DC. 7 Arten

Pfl bläulichgrün, bereift. B dunkel geadert. Fr abgeflacht 4kantig. 0,25–0,80. ⊙ ⊙ 6–8. **Z** s Sommerrabatten, Sommerblumenbeete; ▷ ○ (W- u. Z-Medit.: basische Rohböden). **Feld-M.** – *M. arvensis* (L.) DC.

**Kohl** – *Brassica* L. 41 Arten

Lit.: GLADIS, TH., HAMMER K. 1992: Die Gatersleben *Brassica*-Kollektion – *Brassica juncea*, *B. napus*, *B. nigra* und *B. rapa*. Feddes Repert. **103**: 469–507. – GLADIS, TH., HAMMER, K. 2003: Die *Brassica-oleracea*-Gruppe. Schr. Ver. zur Erhaltung der Nutzpflanzenvielfalt **1**: 3–48. – HELM, J. 1963: Morphologisch-taxonomische Gliederung der Kultursippen von *Brassica oleracea* L. Kulturpflanze **11**: 92–210.

**1** Obere StgBl gestielt od. wenigstens stielartig verschmälert . . . . . . . . . . . . . . . . . . . **2**
**1\*** Obere StgBl am Grund abgerundet bis tief herzfg stängelumfassend, sitzend . . . . **3**
**2** Fr u. FrStiele dem Stg dicht angedrückt. BStiele meist kürzer als der K. 0,50–1,50. ⊙ 6–7. **W.** Bis nach 1950 **N** im S z Gewürz, ÖlPfl ○ auch HeilPfl, Futter u. Gründüngung; Lichtkeimer (S- u. M-Eur.: feuchte Staudenfluren in Stromtälern – 9. Jh. – eingeb.). **Schwarz-K., Schwarzer Senf** – *B. nigra* (L.) W. D. J. KOCH
**2\*** Fr u. FrStiele abstehend. BStiele länger als der K. 0,50–1,00. ⊙ 6–7. **W. N** z Gründüngung, Futter, Gewürz, ÖlPfl, Salat, Gemüse; Lichtkeimer (Z-As.: Steppen? – um 1950 – eingeb. – **Blatt-Senf, Japanischer Senfkohl** – subsp. *integrifolia* (WEST) THELL.: Bl unzerteilt, seltener unpaarig gefiedert mit wenigen Fiederpaaren, 'Red Giant': Bl oseits violettbraun geadert – Sa braun od. gelb). [*B. nigra* × *B. rapa*]
**Ruten-K., Sarepta-Senf, Indischer Senf; Brauner Senf** – *B. juncea* (L.) CZERN.
**3** (1) KBl u. StaubBl aufrecht. Kr schwefelgelb. 0,40–2,00. ⊙ ① ○ **W:** ⌗ 4–9. (Wildsippen: u. a. subsp. *oleracea*: W-Eur., Helgoland: Felsküsten; subsp. *robertiana* (GAY) ROUY et FOUC. s.l.: NO-Span. bis NW-It.: Kalkfelsküsten, Kalkfelsen, Ruderalstellen; subsp. *cretica* (LAM.) GLADIS und K. HAMMER: Griech., SW-Türkei: Kalkfelsküsten, Kalkfelsen – Kultursippen: **Kultur-K.** – subsp. *capitata* (L.) DC. em. GLADIS et K. HAMMER – verw.). **Gemüse-K.** – *B. oleracea* L.

**1** Köpfe aus Bl od. BStänden bildend bzw. BStandsachsen fleischig verdickt . . . . . . . . . . . . . . **2**
**1\*** Keine Köpfe bildend, BStandsachsen nicht fleischig verdickt . . . . . . . . . . . . . . . . . . . . . . . **6**

**2** Köpfe aus BStandsachsen bildend bzw. BStandsachsen fleischig verdickt .............. **3**
**2\*** Köpfe aus Bl bildend ......................................................... **4**
**3** BKnospen nicht ausdifferenziert (Abb. **250/1**). Fleischig verdickte BStandsachsen meist stark gestaucht u. einen endständigen Kopf mit meist unregelmäßig aufgewölbten Gruppen von BKnospen bildend (Abb. **250/2**). **N** v; Gemüse (16. Jh. – Reifezeit unterschiedlich – Köpfe weiß bis creme, auch gelbgrün, grünlich od. violett – **Kopfbrokkoli**: Köpfe grünlich od. violett; **Romanesco**: Kopf gelbgrün, mit regelmäßig kegelförmigen Gruppen von spiralig angeordneten Kegeln aus BKnospen (Abb. **250/1**); hybridogene Sorten: var. *botrytis* x var. *italica*).
                                          **Blumen-K., Karfiol; Kopfbrokkoli; Romanesco** – var. *botrytis* L.
**3\*** BKnospen ausdifferenziert (Abb. **250/3**). Fleischig verdickte BStandsachsen etwas gestaucht, end- u. seitenständig (Abb. **250/4**). **N** s Gemüse (um 1660 – Sorten: junge BStände grünlich od. violett).
                                          **Brokkoli, Spargel-K., Sprossbrokkoli** – var. *italica* PLENCK
**4** **(2)** Stg gestreckt, mit ∞ seitenständigen Köpfchen („Rosen", „Kohlsprossen") in den Achseln gestielter LaubBl (Abb. **251/1**). **N** v Gemüse, Futter (19. Jh. – Sorten: verschiedene Wuchshöhen, Köpfchenmerkmale u. Erntezeit; **Z** s: Pfl od. nur BlStiele u. BlAdern violettrot).
                                          **Rosen-K., Sprossen-K.** – var. *gemmifera* DC.
**4\*** StgAchse gestaucht, mit einem endständigen Kopf aus ungestielten RosettenBl .......... **5**
**5** RosettenBl blasig-runzlig (Abb. **251/2**). **N** v; Gemüse (16. Jh.? – Sorten: Reifezeit unterschiedlich, Köpfe plattrund bis kegelförmig, gelb, gelbgrün bis blaugrün). [? var. *capitata* x var. *palmifolia* DC.]
                                          **Wirsing-K.** – var. *sabauda* L.
**5\*** RosettenBl glatt (Abb. **251/3**). **N** v Gemüse, Salat (12. Jh. – ∞ Sorten: Reifezeit unterschiedlich, Köpfe plattrund bis kegelfg; **Weiß-K.**: Köpfe hellgrün; **Rot-K., Blaukraut**: Köpfe violettrot).
                                          **Kopf-K.** – var. *capitata* L.

Ähnlich: **Palm-K.** – var. *palmifolia* DC.: Bl dunkel blaugrün, blasig-runzlig. Spreite längs der Mittelrippe nach unten gebogen. **Z** s; **N** s Gemüse. – **Zier-K.** – var. *helmii* GLADIS et K. HAMMER (var. *capitata* x var. *sabellica*): Köpfe sehr locker, BlRand stark gewellt bis kraus; Spreite längs der Mittelrippe nach oben gebogen, dunkelrot, violett, grün od. weißlich gefleckt. **Z** z.

**6** **(1)** Stg über dem Grund stark festfleischig verdickt ................................ **7**
**6\*** Stg ± unverdickt, holzig ...................................................... **8**
**7** Stg gestaucht, knollig angeschwollen (Abb. **251/4**). **N** v Gemüse (16. Jh. – Sorten: Reifezeit unterschiedlich, Knollen violett od. grün).
                                          **Kohlrabi** – var. *gongylodes* L.
**7\*** Stg gestreckt, verdickte Stämme bildend (Abb. **251/5**). **N** z Futter, auch Gemüse (19. Jh. – Stämme grün od. violett; Übergangsformen zum **Blatt-K.** mit relativ dünnen Stämmen). [? var. *gongylodes* x var. *viridis*]
                                          **Markstamm-K.** – var. *medullosa* THELL.
**8** **(6)** BlRand kraus, Spreite längs der Mittelrippe nach oben gebogen (Abb. **251/6**). **N** v, früher **Z** Futter, Gemüse (Mittelalter? – Sorten: Wuchshöhen u. BlKräuselung unterschiedlich; Bl grün, selten violett).
                                          **Grün-K., Braun-K., Kraus-K.** – var. *sabellica* L.

Ähnlich: **Feder-K.** – var. *selenisia* L.: Bl dunkelrot, violett, grün od. gelb gefleckt. BlRand unregelmäßig tief fiederschnittig gefranst. Spreite flach. Früher **Z**.

**8\*** BlRand glatt, Spreite flach ..................................................... **9**
**9** Pfl vegetativ stark verzweigt, Sprosssystem durch Bl verdeckt. **N** im NW s; Futter, auch Gemüse (Mittelalter? – Pfl grün od. rötlich).
                                          **Strauch-K., Tausendkopf-K.** – var. *ramosa* DC.

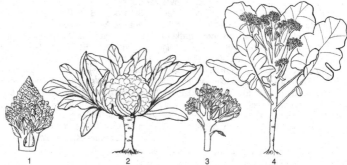

1                              2                        3                       4

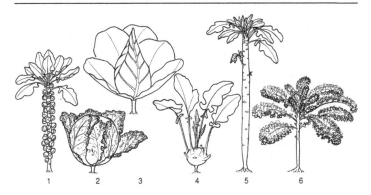

1   2   3   4   5   6

**9\*** Pfl vegetativ meist unverzweigt, Sprossachse sichtbar. **N** s Futter, Gemüse; **Z** (Mittelalter? – Pfl grün, violett od. weiß gefleckt). [var. *acephala* DC.]              **Blatt-K., Kuh-K.** – var. *viridis* L.

**3\*** KBl u. kürzere StaubBl abstehend. Kr goldgelb ........................... **4**

**4** Bl alle bläulich bereift, meist kahl, die oberen halbstängelumfassend. Geöffnete B im Langtag die Knospen nicht überragend (Abb. **251/7**). 1,00–1,40. ☉ ① ☉ 4–9 (nur KulturPfl – verw.). [*B. oleracea* × *B. rapa*]       **Raps; Kohlrübe** – *B. napus* L. em. METZG.

**1** Wurzel, Hypokotyl u. StgBasis zu Hypokotylknollen, Wurzel- od. Sprossrüben verdickt. **N** z, früher v, Futter, Gemüse (17. Jh.? – Rüben u. Knollen ± rundlich, weiß, violett od. gelb mit weißem od. gelbem Fleisch). [*B. n.* subsp. *rapifera* METZG. ap. SINSKAYA]
**Kohlrübe, Steckrübe, Wruke** – subsp. *napobrassica* (L.) HANELT

**1\*** Wurzel, Hypokotyl u. StgBasis nicht verdickt. **N** v ÖlPfl: Biodiesel, Speiseöl, Schmierstoffe; Futter (16. Jh. – **Sommer-Raps**: ☉, **Winter-Raps**: ① – Sorten z.T. erucasäure- u. glucosinolatarm: 00-Raps).              **Raps** – *B. n.* subsp. *napus* var. *napus*

außerdem Gemüse: **Schnitt-Kohl** – subsp. *napus* var. *pabularia* (DC.) RCHB.: RosettenBl ± zerschlitzt u. kraus, gelb, grün od. violettrot; **Hakuran** – *B. oleracea* var. *capitata* × *B. rapa* subsp. *pekingensis* var. *glabra* E. REGEL: z.T. kopfbildend. – Futter: *B.* × *harmsiana* SCHULZ [*B.* × *napocampestris* FRANDSEN et WINGE] (*B. napus* subsp. *napus* × *B. rapa* subsp. *pekingensis*).

**4\*** Untere Bl unbereift, borstig od. kahl, obere ± schwach bläulich bereift, meist kahl, mindestens die des Haupttriebes ganz stängelumfassend. Geöffnete B die Knospen überragend (Abb. **251/8**). 1,00–1,40. ☉ ① ☉ 4–9. **W.** (W-Eur. u. Medit.? – eingeb).
**Rübsen, Stoppelrübe; China-K.** – *B. rapa* L.

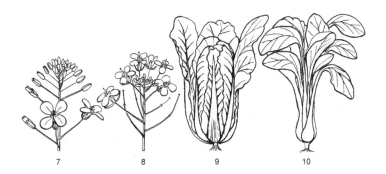

7            8            9            10

**1** RosettenBl sitzend, einen Kopf bildend od. gestielt. BlSpreiten meist unzerteilt u. kahl ....... **2**
**1\*** Untere StgBl meist borstig, keine Köpfe bildend, gestielt, fiederschnittig ................. **4**
**2** RosettenBl sitzend, die jüngeren einen endständigen Kopf bildend, ihre Mittelrippe bandartig verbreitert (Abb. 251/9). **N** z Gemüse, Salat (um 1960 – Kopfform variabel).
　　　　　　**Peking-K., China-K., China-Salat, Pe-Tsai** – *B. r.* subsp. *pekinensis* (LOUR.) HANELT
**2\*** RosettenBl gestielt, keinen Kopf bildend ............................................ **3**
**3** Spreite verkehrteiförmig bis rundlich, vom fleischig verdickten u. zuweilen im oberen Teil schwach geflügelten BlStiel deutlich abgesetzt (Abb. 251/10). **N** s Gemüse (um 1980).
　　　　　　**China-K., Pak-Choi** – *B. r.* subsp. *chinensis* (L.) HANELT
**3\*** Spreite lanzettlich bis verkehrteilanzettlich, allmählich in den unverdickten BlStiel verschmälert. **N** s Gemüse (um 2000). 　　　　　　**Senfspinat** – *B. r.* subsp. *nipposinica* (BAILEY) HANELT
**4** **(1)** Hypokotyl u. Wurzel zu Hypokotylknollen od. Wurzelrüben verdickt. **N** z, früher v, Futter, Gemüse (Mittelalter). – Knollen u. Rüben plattrund bis lg kegelförmig, schwarz, graubraun, weiß od. gelb, Oberteil auch grün od. violettrot, Fleisch weiß od. gelb – nach Anbauzeit: **Mairüben, Herbstrüben** – Lokalformen: **Bayerische Rübe, Teltower Rübchen**).
　　　　　　**Stoppelrübe, Wasserrübe, Turnips** – subsp. *rapa*
**4\*** Hypokotyl u. Wurzel nicht verdickt. **N** s, früher v, Futter, ÖlPfl ○ auch Gemüse (Mittelalter? – ☉: **Sommer-Rübsen**, ①: **Winter-Rübsen**). 　　　　　　**Rübsen** – subsp. *oleifera* (DC.) METZG.

　　Gemüsenutzung junger Bl u. BlStiele von *B. r.* subsp. *rapa* u. *B. r.* subsp. *oleifera*: **Rübstiel, Stielmus**; Futter: 'Perko' – *Brassica rapa* subsp. *oleifera* × *Brassica rapa* subsp. *pekinensis*.

### Senf – *Sinapis* L. 　　　　　　　　　　　　　　　　　　　　　7 Arten

Lit.: BAILLARGEON, G. 1986: Eine taxonomische Revision der Gattung *Sinapis* (*Cruciferae: Brassiceae*). Diss. Freie Univ. Berlin, 268 pp.

Untere Bl fiederschnittig bis gefiedert, Spreitenrand meist unregelmäßig gebuchtet. Fr steifborstig. 0,60–1,40. ☉ 6–7 bzw. 10 (Zwischenfruchtanbau). **W. N** z Gründüngung, Gewürz, ÖlPfl, Futter, HeilPfl, früher Salat; Lichtkeimer; nicht auf Sand u. nassem Standort (O-Medit.? – weltweit verw. u. eingeb. – frühes Mittelalter).
　　　　　　**Weißer S., Gelb-S.** – *S. alba* L.

### Rauke, Senfrauke – *Eruca* MILL. 　　　　　　　　　　　　　　　　5 Arten

Pfl beim Zerreiben eigenartig unangenehm nach angebranntem Schweinefleisch riechend. Stg kantig gestreift. 0,20–0,70. ☉ 5–9. **W. N** s Gewürz Salat, früher HeilPfl (Medit.: Rohböden – weltweit verw. u. eingeb. – 18. od. Anfang 19. Jh.). [*E. vesicaria* (L.) CAV. em. THELL.] 　　　　　　**Salat-R., Rucola, Öl-R.** – *E. sativa* MILL.

Als Gewürz u. Salat in D. häufig unter der Bezeichnung Rucola (selvatica) importierte Bl stammen meist von *Diplotaxis tenuifolia* (L.) DC. Diese Art bisher kaum in D. kult.

### Meerkohl – *Crambe* L. 　　　　　　　　　　　　　　　　　　　35 Arten

**1** Untere Bl 2–3fach fiederteilig. Fr mit 4 deutlichen Längsrippen. Bl behaart. 0,60–1,20. ♃ 4–6. **Z** s Naturgärten; v ○ (O-Eur., Balkan, Kauk. bis W-Sibir.: Steppenrasen – 1789). [*C. tatarica* PALL.] 　　　　　　**Tataren-M.** – *C. tatarica* SEBEÓK
**1\*** Untere Bl unzerteilt bis einfach fiederschnittig. Fr höchstens mit undeutlichen Längsrippen ............................................................. **2**
**2** Untere Bl 10–20 cm lg. KrBl 2,5–3,5 mm lg. 0,50–1,50. ☉ 6–7. **N** s ÖlPfl, auch Futter (O-Afr.: Hochlandsavanne – 1960) [*C. hispanica* subsp. *abyssinica* (HOCHST. ex R. E. FR.) A. PRINA] 　　　　　　**Äthiopischer M.** – *C. abyssinica* HOCHST. ex R. E. FR.
**2\*** Untere Bl 30–60 cm lg. KrBl 4,5–10 mm lg ........................................ **3**
**3** Bl kahl, blaugrün, bereift. 0,30–0,75. ♃ Rübe, Wurzelsprosse 5–7. **W. Z** z früher **N** s Naturgärten, Staudenbeete, Sandbeete ♠ Gemüse: gebleichte BlStiele; v ○ (W-, N- u. SO-Eur.: Spülsäume u. Vordünen der Küsten von Atlantik, Nord-, Ostsee u. Schwarzem Meer – vor 1600 – ▽). 　　　　　　**Echter M.** – *C. maritima* L.
**3\*** Bl behaart, dunkelgrün, nicht bereift. 1,00–1,50. ♃ Rübe 5–7. **Z** s Staudenbeete, Naturgärten ○; v ○ ◐ (N-Kauk.: Steppenrasen – 1822).
　　　　　　**Herzblättriger M.** – *C. cordifolia* STEVEN

**Rettich** – *Raphanus* L. 2 Arten

Lit.: Pistrick, K. 1987: Untersuchungen zur Systematik der Gattung *Raphanus* L. – Kulturpflanze **35**: 225–321.

Fr (fast) vollständig vom unregelmäßig kegelfg bis br zylindrischen, selten alternierend einseitig od. perlschnurartig eingeschnürten u. wenig verholzten bis verholzten, schwammigen Schnabel gebildet (Abb. **241**/4, 5, 6). Kr weiß, rosa od. violett, z. T. dunkler geadert; Platte innen oft heller. 0,80–1,90. ⊙ ① 5–10. (Wildsippen: *R. raphanistrum* L. subsp. *landra* (Moretti ex DC.) Bonnier et Layens: W-Eur., S-Eur., N-Afr., W-Kauk.: Spülsäume u. Vordünen der Küsten, Ruderalstellen; – subsp. *raphanistrum*: Eur., N-Afr., weltweit eingeb.: Äcker u. Ruderalstellen; – subsp. *rostratus* (DC.) Thell.: W-As.: Äcker, Ruderalstellen, Grasland u. Gebüsche – verw.). **Kultur-R.** – *R. sativus* L.

**1** Wurzel u. Hypokotyl fleischig zu Wurzelrüben od. Hypokotyl zu Hypokotylknollen verdickt. **N** v Gemüse, Salat (Antike? frühes Mittelalter; Radieschen, Roter R.: 17. Jh., Japanischer R.: um 1980 – ∞ Sorten: Speicherorgane rund, oval, kegelfg, spindelfg, walzenfg, eiszapfenfg od. pfahlfg; Fleisch weiß, selten blass rötlich od. intensiv violettrot – **Radieschen, Radies**: Treib- u. Freilandsorten mit kleinen Wurzelrüben od. Hypokotylknollen u. kurzer Entwicklungszeit, überwiegend zur Aussaat u. Ernte im Frühjahr – **Rettich, Radi**: Treib- u. Freilandsorten mit kleinen bis sehr großen Wurzelrüben od. Hypokotylknollen u. meist längerer Entwicklungszeit zur Ernte im Frühjahr (**Mairettiche, Bündelrettiche**), Sommer (**Sommerrettiche**) od. Herbst (**Herbst- u. Winterrettiche**) – **Japanischer R.**, Raphanistroides Gp [*R. acanthiformis* J. M. Morel ex Sisley]: RosettenBl fiederschnittig mit über 9 Seitenlappen-Paaren, Fr meist perlschnurartig eingeschnürt u. verholzt (Abb. **241**/5) – Rettichformen, Anbautypen u. geographische Gruppen durch Übergänge verbunden u. z. T. durch Kreuzung kombiniert). **Gemüse-R.** – convar. *sativus*

**1** Wurzelrübe od. Hypokotylknolle mindestens im oberen Teil rötlich. StgGrund rötlich. Kr rosa od. weiß. **Roter R.; Rotes Radieschen** – var. *sativus*

**1\*** Wurzelrübe od. Hypokotylknolle nicht rötlich, StgGrund nicht rötlich. Kr violett od. weiß . . . . . . . **2**

**2** Wurzelrübe mindestens im oberen Teil ± intensiv violett.
**Violetter R.** – var. *violaceus* (Peterm.) Alef.

**2\*** Wurzelrübe od. Hypokotylknolle nicht violett . . . . . . . . . . . . . . . . . . . . . . . . . . . . . . . . . . . . . **3**

**3** Wurzelrübe od. Hypokotylknolle schwarz, grau, braun od. gelb; äußerste Schichten verkorkt; Oberfläche rau. **Rauer R.; Schwarzer, Grauer, Brauner, Gelber R.; Gelbes Radieschen** – var. *niger* (Mill.) Kerner

**3\*** Wurzelrübe bzw. Hypokotylknolle weiß, höchstens im oberen Teil grünlich; äußerste Schichten nicht od. kaum verkorkt; Oberfläche ± glatt.
**Weißer R.; Radi; Weißes Radieschen** – var. *albus* DC. em. Pistrick

**1\*** Wurzel u. Hypokotyl nicht fleischig verdickt . . . . . . . . . . . . . . . . . . . . . . . . . . . . . **2**

**2** Fr extrem verlängert (Abb. **241**/6), (3–)8–17 (–25) cm lg. **N** s; junge Fr: Salat, Gemüse (S-As.: kult u. verw. – um 1990). [*R. s.* var. *mougri* Helm, *R. caudatus* L. f.]
**Schlangen-R.** – convar. *caudatus* (L. f.) Pistrick

**2\*** Fr nicht extrem verlängert, (2–)4,5–7,5(–10,5) cm lg. **N** z; Gründüngung, Futter, auch ÖlPfl (19. Jh. – nematodenresistente Sorten als Zwischenfrucht in Anbaugebieten des Zuckerrübe *Beta vulgaris* L. var. *altissima* Döll zur Verringerung der Populationsdichte des Rübenzystenälchens *Heterodera schachtii* Schmidt). [var. *oleiformis* Pers.]
**Öl-R.; Futter-R.** – convar. *oleifer* (Stokes) Alef.

## Familie **Resedengewächse** – *Resedaceae* DC. ex S. F. Gray

**Resede, Wau** – *Reseda* L. 75 Arten

Lit.: Abdallah, M. S., DeWit, H. C. D. 1978: The *Resedaceae* – A taxonomical revision of the family (final instalment). Mededelingen Landbouwhogeschool Wageningen **78–14**: 1–416.

**1** KBl u. KrBl je 4. Kr blassgelb. Bl unzerteilt. 0.50–0,90(–1,50). ⊙ ① 6–9 **W. N** bis Mitte 19. Jh. z, ab Ende 20. Jh. s Thüringen; FärbePfl, auch ArzneiPfl, ÖlPfl; Kalt- u.

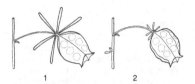

Lichtkeimer ○ ⊕ (Medit., W-As.: Sand- u. Felsfluren – 13. Jh.).

        **Färber-Resede, Wau** – *R. luteola* L.

**1\*** KBl u. KrBl je 5 od. 6 .............................................. **2**
**2** KBl u. KrBl je 5(–6). Kr weiß. Bl fiederspaltig bis -schnittig, mit zahlreichen länglichen Seitenlappen. Fr meist aufrecht. 0,30–0,75(–1,00). ⊙ ♄ 6–10. **Z** s Naturgärten ⚥; ⱽ ○ ∧ (Medit.: Rohböden, Küsten – 1561).     **Weiße Resede** – *R. alba* L.
**2\*** KBl u. KrBl je 6. Bl unzerteilt bis unregelmäßig 3teilig. Fr ± hängend ........... **3**
**3** KBl zur FrZeit auffallend vergrößert (Abb. **254**/1), >5 mm lg. Kr weiß. 0,10–0,40. ⊙ ⚭ 6–10. **N** s; Blattgemüse?; ○ ∧ (Medit.: Rohböden – Ausgangsart von *R. odorata*?).     **Rapunzel-Wau** – *R. phyteuma* L.
**3\*** KBl zur FrZeit wenig vergrößert (Abb. **254**/2), < 5 mm lg. 0,15–0,30. ⊙ ⚭ 6–10. **Z** z, früher v; Bauerngärten, Sommerblumenbeete, DuftPfl; ⌂ auch Freilandaussaat ○ (?Cyrenaica: Felspalten u. Steppenhänge – Ende 18. Jh. – früher ∞ Sorten: Wuchs, BGröße u. Duftintensität unterschiedlich, BFarbe: grünlich gelb, weiß, StaubBl goldgelb, rotbraun, dunkelbraun, dunkelrot.).     **Garten-Resede** – *R. odorata* L.

## Familie **Malvengewächse** – *Malvaceae* Juss.     1800 Arten

**11** **(9)** KrBl <3 cm lg. StaubBlRöhre zylindrisch, behaart. Pollensäcke u. Pollen purpurrot.
                                                               **Eibisch** – *Althaea* S. 257
**11\*** KrBl >3,5 cm lg. StaubBlRöhre 5kantig, kahl. Pollensäcke u. Pollen gelb.
                                                               **Stockrose** – *Alcea* S. 257
**12** **(7)** FrBl in mehreren Etagen übereinander stehend, kopfig gedrängt (Abb. **259**/3a).
                                                               **Sommermalve** – *Malope* S. 255
**12\*** Frchen in 1 Ebene kreisfg angeordnet (Abb. **255**/2,3) ...................... **13**
**13** Griffeläste an ihrem Ende fadenfg, nicht kopfig verdickt ..................... **14**
**13\*** Griffeläste an ihrem Ende kopfig verdickt ................................. **16**
**14** AußenKBl zu einer 3spaltigen Hülle verwachsen, nicht mit dem K verwachsen (Abb.
     **255**/7).                                 **Strauchpappel** – *Lavatera* S. 256
**14\*** AußenKBl frei (Abb. **255**/8), zuweilen mit dem K verwachsen ................ **15**
**15** KrBl ausgerandet od. 2lappig. TeilFr nicht geschnäbelt.        **Malve** – *Malva* S. 257
**15\*** KrBl gestutzt. TeilFr ± kurz geschnäbelt.        **Mohnmalve** – *Callirhoë* S. 258
**16** **(13)** Strauch.                          **Scheinmalve** – *Anisodontea* S. 256
**16\*** Staude od. Halbstrauch ........................................... **17**
**17** KrBl am Grund dunkler als spitzenwärts, hellere KrBlAbschnitte am Grund dunkel
     geadert.                                  **Scheinmalve** – *Anisodontea* S. 256
**17\*** KrBl am Grund heller als spitzenwärts od. insgesamt gleichfarben, nicht dunkel geadert.
                                               **Kugelmalve** – *Sphaeralcea* S. 256

**Palavie** – *Palaua* CAV.                                                      15 Arten

Bl fiederspaltig bis -schnittig, oft mit 5 gelappten Segmenten. KrBl (1–)2 cm lg u. länger,
bläulichviolett, oft mit weißlichem Grund. 0,20–0,50. ☉ 6–8. **Z** s Sommerblumenbeete;
▭ ○ Dränage (Peru, Chile: Kiesschotterfluren, Küstennebelwüste – 1866).
                                          **Fiederschnittige P.** – *P. dissecta* BENTH.

**Sommermalve** – *Malope* L.                                                     3 Arten

BlSpreite fast kreisrund, die der oberen Bl mit 3–5 br dreieckigen Lappen. KrBl
35–60 mm lg. Stg kahl (Abb. **259**/3). Bis 1,50. ☉ 7–10. **Z** z Sommerblumenbeete,
Sommerrabatten; ○ Dränage (SW-Span., S-Port.: Küsten-Sandfluren – 1801 – mehre-
re Sorten).                                          **Spanische S.** – *M. trifida* CAV.

Ähnlich: **Mittelmeerländische S.** – *M. malacoides* L.: BlSpreite eifg bis länglich-lanzettlich. KrBl
20–40 mm lg. Stg oberwärts steifhaarig. 0,20–0,50. ♃ ☉ 7–9. **Z** s; ☉ Dränage (Medit.: Felsen,
Felshänge, Äcker, bis 1250 m).

**Kitaibelie** – *Kitaibela* WILLD.                                                 1 Art

BlSpreite fast kreisrund mit 5–7 dreieckigen, am Rand gesägten Lappen. AußenKBl
6–9, etwas länger u. breiter als die KBl. KrBl weiß, bis 2,5 cm lg. TeilFrüchte einer B in
mehreren Wirteln übereinander, kopfig gedrängt (Abb. **255**/1). Bis 2,50. ♃ 7–9. **Z** s
Staudenbeete; ∀ ○ ◑ (westl. Balkan: feuchte Gebüsche, Wiesen – 1803).
                                          **Weinblättrige K.** – *K. vitifolia* WILLD.

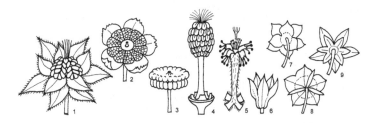

**Samtpappel** – *Abutilon* MILL. 100 Arten

1 Bl nicht gelappt ................................................... **2**
1* Zumindest einige Bl gelappt ...................................... **4**
2 EinjahrsPfl, in der Jugend dicht filzig behaart. Bl herz- bis kreisfg, lg gestielt. KrBl gelb, 7–12 mm lg. TeilFr ± 15. (Abb. **259**/4). Bis 1,00. ☉ 7–8. **W**. **Z** s Sommerblumenbeete; FaserPfl in O-As. u. Ukraine; ○ (Afgh., Turkestan?; eingeb. in warmen u. warmgemäß. Gebieten weltweit). **Chinesische S., Chinesischer Hanf** – *A. theophrasti* MEDIK.
2* Strauch, auch einjährig als StecklingsPfl gezogen ....................... **3**
3 K rot. Kr eng trichterfg, gelb, bis 4 cm lg. Bis 2,50. ♄ i 1–12. **Z** s Kübel; ⚥ ⚲ ⚘ (Bras. – 1863 – einige Sorten).
                                    **Rio-Grande-S.** – *A. megapotamicum* (SPRENG.) A. ST.-HIL. et NAUDIN
3* K grün (Abb. **255**/6). Kr br trichter- od. glockenfg, weiß, gelb, orange od. rot, bis 5 cm lg. Bis 2,50. ♄ 1–12. **Z** z Balkonkästen, Pflanzschalen; ⚥ ⚲ ⚘ (*A.*-Hybr: Kreuzung verschiedener Arten, insbesondere von *A. darwinii* HOOK. f. × *A. pictum* (GILLIES ex HOOK. et ARN.) WALP. – einige Sorten). **Hybrid-S.** – *A.* × *hybridum* SIEBERT et VOSS
4 (1) KrBl mit dunkelroten verzweigten Nerven, gelb od. orange, 2–4 cm lg. Bl bis 7lappig. Bis 5 m. ♄ 8–11. **Z** Pflanzschalen; ⚥ ⚲ ⚘ (Bras.; verw. in S- u. M-Am. – 1837 – einige Sorten). [*A. striatum* DICKS. ex LINDL.]
                                    **Bunte S.** – *A. pictum* (GILLIES ex HOOK. et ARN.) WALP.
4* KrBl ohne dunkelrote Nerven, weiß, gelb, orange od. rot, bis 5 cm lg. Bl 3–5lappig.
                                    **Hybrid-S.** – *A.* × *hybridum* SIEBERT et VOSS

Ähnlich: **Valdivia-S.** – *A. ochsenii* (PHIL.) PHIL.: Kr hellblau bis violett mit dunkleren Basalflecken, bis 6 cm ⌀. B zu 1–3 in den BlAchseln. Bl 3lappig, spärlich flaumhaarig. Bis 5,00. ♄ 5–6. **Z** s; ⚥ ⚲ ⚘ (Chile). – **Weinblättrige S.** – *A. vitifolium* (CAV.) K. B. PRESL: Kr hell purpurblau od. weiß ohne dunklere Basalflecken, 5–8 cm ⌀. B zu 1–6 in den BlAchseln. Bl 3-, 5- od. 7lappig, dicht flaumhaarig. Bis 8,00. ♄ 5–6. **Z** s; ⚥ ⚲ ⚘ (Chile – 1837 – einige Sorten).

**Kugelmalve** – *Sphaeralcea* A. ST.-HIL. 60 Arten

1 Bl fast 3zählig. Stg niederliegend bis aufsteigend. 0,10–0,60. ♃ 6–9. **Z** s Freilandsukkulentenbeete; ⚥ ⚲ ○ Dränage (westl. N-Am.: Halbwüsten, Wacholder-KiefernW, Gelb-KiefernW). **Dreizählige K.** – *S. coccinea* (NUTT.) RYDB.
1* Bl 3–5lappig, höchstens bis zur Mitte geteilt. Stg meist aufrecht. 0,60–1,60. ♃ 6–9. **Z** s Freilandsukkulentenbeete; ⚥ ⚲ ○ Dränage (westl. N-Am.: Beifuß-Halbwüsten – 1890 – 1 Sorte). **Munro-K.** – *S. munroana* (DOUGLAS ex LINDL.) SPACH

**Scheinmalve** – *Anisodontea* C. PRESL 19 Arten

Lit.: BATES, M R. 1969: Systematics of the South African genus *Anisodontea* PRESL (*Malvaceae*). Gentes Herbarum **10**, 3: 215–382.

Bem.: Da sich die in Kultur befindenden *Anisodontea*-Sippen nur schwer unterscheiden lassen, wurde hier auf die Verschlüsselung verzichtet: **Kapländische S.** – *A. capensis* (L.) D. M. BATES; **Raue S.** – *A. scabrosa* (L.) D. M. BATES; **Hybrid-S.** – *A.* × *hypomadarum* (SPRAGUE) D. M. BATES (gärtnerische Herkunft; Eltern unbekannt). Bis 1,00 (–3,00). ♄ ♄. **Z** z Kübel, Pflanzschalen; ⚲ ⚥ ⚘.

**Strauchpappel, Strauchmalve** – *Lavatera* L. 25 Arten

1 B zu 2–7 in blattachselständigen Büscheln. AußenKBl länger als die KBl. KrBl 1,5–2 cm lg, lila, ihre Basis u. Nerven purpurn. TeilFr 6–8. Bis 3,00. ☉ bäumchenähnlich 7–9. **Z** s Kübel; ⚥ ⚲ ⚘ (Medit., Küsten von W-Eur.: Küstenfelsen, Ruderalplätze – 1583 – 1 Sorte). **Bäumchenähnliche St.** – *L. arborea* L.
1* B einzeln (selten paarig) in den BlAchseln. AußenKBl so lg wie die KBl od. kürzer . **2**
2 EinjahrsPfl. BAchse scheibenartig über den FrBl verbreitert (Abb. **255**/3). KrBl 2–5 cm lg, hellrosa, dunkler geadert. (Abb. **259**/2). 0,15–1,20. ☉ 7–10. **Z** z Sommerblumenbeete; ○ Dränage (Medit.: sandige Orte in Meeresnähe – 1620 – mehrere Sorten).
                                    **Sommer-St., Garten-St.** – *L. trimestris* L.
2* Strauch od. Staude. BAchse kegelfg ................................ **3**

**3** Staude. BStiel meist zur BZeit >10 mm lg. AußenKBl kürzer als die KBl. KrBl (1,5–) 2–4,5 cm lg, hellrosa, dunkler geadert. TeilFr ± 20, kahl. 0,50–1,25. ⚁ PleiokRübe 7–8. **W. Z** s Staudenbeete; früher HeilPfl; ⚥ ○ ~ (warmgemäß. bis gemäß. M- u. O- Eur., W-As.: frische Ruderalstellen, Salzwiesen, Flussufer, nährstoffanspruchsvoll – einige Sorten). **Thüringer St.** – *L. thuringiaca* L.

**3\*** Strauch. BStiel zur BZeit <5 mm lg. AußenKBl ± so lg wie die KBl. KrBl 1,5–3 cm lg, rosapurpurn. TeilFr 18, behaart. 0,60–2,00. ♄ 7–10. **Z** s Kübel; ⚥ ⌄⌄ (Sorten nur ♈) ○ ⓚ (W-Medit.: Flussufer, Hecken, feuchte Orte – 1570 – Hybr mit *L. thuringiaca* – mehrere Sorten). **Südfranzösische St.** – *L. olbia* L.

Ähnlich: **Meer-St.** – *L. maritima* GOUAN: BStiel zur BZeit 5–40 mm lg. AußenKBl kürzer als die KBl. KrBl 1,5–4 cm lg, weiß bis hellpurpurn mit purpurnem Grund u. purpurnen Nerven. TeilFr 9–13, kahl. 0,30–1,20. ♄ 5–7. **Z** s Kübel; ⚥ ⌄⌄ ○ ⓚ (Medit.: trockne Orte in Meeresnähe).

**Eibisch** – *Althaea* L.                                                          12 Arten

**1** Bl 3–5lappig. TeilFr dicht sternhaarig. 0,60–1,20. ⚁ ⚹ 7–9. **W. N** HeilPfl; **Z** z Staudenbeete; ⚥ ○ ≈ (warmes bis warmgemäß., subkontinentales bis kontinentales Eur., W-As.: nasse bis wechselfeuchte Salzweiden u. -röhrichte, Grabenränder, Ruderalstellen, nährstoffanspruchsvoll; verw. im östl. N-Am). **Echter E.** – *A. officinalis* L.

**1\*** Bl handfg gespalten bis geschnitten mit 3 bis 5 lanzettlichen Abschnitten. TeilFr kahl. 1,00–2,00. ⚁ 7–9. **Z** s Staudenbeete; FaserPfl in SO-Eur.; ⚥ ≈ (S- u. SO-Eur., Vorder- u. Z-As.: Ufer, Sümpfe, bis 1300 m – 1597). **Hanfblättriger E.** – *A. cannabina* L.

**Stockrose, Stockmalve** – *Alcea* L.                                           50 Arten

KrBl rosa, violett, purpurn, schwarzrot od. -braun, zuweilen weiß od. gelb, ganzrandig od. gefranst. StgBl schwach 3–7lappig, zuweilen -spaltig. TeilFr 7–8 mm ⌀. 1,00–3,00. ☉ bis kurzlebig ⚁ 6–10. **Z** v Staudenbeete; früher Heil- u. FärbePfl; ⚥ Kaltkeimer ▷ ○ Boden frisch u. nährstoffreich (wohl Kulturhybr – ∞ Sorten mit verschiedenfarbigen sowie einfachen u. gefüllten B). [*Althaea rosea* (L.) CAV.] **Garten-S.** – *A. rosea* L.

Ähnlich: **Gelbe S.** – *A. rugosa* ALEF.: Kr gelb. StgBl meist 5(–7)spaltig. TeilFr 4,5–6 mm ⌀. 0,50–2,00. ⚁ 6–9. **Z** s Staudenbeete; ⚥ ○ ~ (S-Russl., Ukr.: Steppen, TrockenW u. -gebüsche).

**Malve** – *Malva* L.                                                              40 Arten

**1** StgBl handfg gespalten, geteilt od. geschnitten. B einzeln in den BlAchseln od. nur die obersten gehäuft ........................................................................ **2**

**1\*** StgBl gelappt. B in den BlAchseln büschlig gehäuft ................................ **3**

**2** Stg oberwärts anliegend sternhaarig. AußenKBl eifg bis lanzettlich, am Grund verbreitert. Reife TeilFr kahl od. zerstreut behaart, seitlich stark runzlig. 0,50–1,25. ⚁ Pleiok 6–10. **W. Z** z Staudenbeete, Rabatten; früher HeilPfl; ⚥ ○ ⊕ (warmgemäß. bis gemäß. subozeanisches Eur.: frische Ruderalstellen (Wegränder, Böschungen, Wälle), Felder, kalkhold; in D. nur eingeb. – 1597 – 1 Sorte). **Spitzblatt-M., Sigmarswurz** – *M. alcea* L.

**2\*** Stg mit einfachen abstehenden Haaren. AußenKBl lanzettlich bis linealisch, am Grund verschmälert. Reife TeilFr am Rücken dicht behaart, seitlich glatt. 0,20–0,80. ⚁ i PleiokRübe 6–10. **W. Z** s Staudenbeete, Rabatten; ⚥ ○ (warmes bis gemäß., ozeanisches bis subozeanisches Eur.: frische, ruderal beeinflusste Wiesen, Halbtrockenrasen, Gebüschsäume, nährstoffanspruchsvoll – 1597 – einige Sorten).

**Moschus-M.** – *M. moschata* L.

**3 (1)** Stg steif aufrecht. BStiele zur FrZeit höchstens doppelt so lg wie der K. Kr bis 2mal so lg wie der K, 7 mm lg, blassrosa. 0,80–1,80. ☉ ① 7–9. **W. N** s HeilPfl in SO-As., FutterPfl in Eur.; ⚥ ○ ☾ (warmes O-As. ? – 1573). [*M. crispa* (L.) L.]

**Quirl-M.** – *M. verticillata* L.

**3\*** Stg aufsteigend od. niederliegend. BStiele zur FrZeit mehrmals länger als der K. Kr 3–4mal so lg wie der K, 15–30 mm lg, purpurn mit dunkleren Längsstreifen. 0,30–1,00. ⚁ ☉ 6–10. **W. Z** z Staudenbeete; HeilPfl; ⚥ ○ ☾ (warmes bis gemäß., ozeanisches bis

subkontinentales Eur., W- As.: Wegränder, Schutt, an Mauern, frühere Düngerplätze –
1587 – 2 Unterarten). [*M. mauritiana* L.]
**Wilde M., Rosspappel, Große Käsepappel** – *M. sylvestris* L.

**Präriemalve, Doppelmalve** – *Sidalcea* A. GRAY                                   20 Arten
Lit.: ROUSH, E. M. F. 1931: A monograph of the genus *Sidalcea*. Annals of the Missouri Botanical
Garden **18**: 117–244.

**1** KrBl weiß od. gelblich. BStand dichtblütig. Oberfläche der TeilFr glatt od. schwach netz-
artig. GrundBl 1–8 cm br. 0,40–0,90. ♃ 6–9. **Z** s Staudenbeete ⚥; **V** Kaltkeimer ○ ≃
Dränage (Wyoming, Colorado, New Mex., Utah: Fluss- u. Seeufer, feuchte Bergwiesen
– 1882 – 1 Sorte).                                                **Weiße P.** – *S. candida* A. GRAY
**1\*** KrBl rosa bis purpurn. BStand lockerblütig. Oberfläche der TeilFr grobnetzig. GrundBl
4–20 cm br. 0,50–1,20. ♃ 6–8. **Z** s Staudenbeete ⚥; **V** ⊏ Sorten ⚘ Dränage (westl.
USA: Wiesen – 1825 – ∞ Sorten, zuweilen mit weißen KrBl).
**Malvenblütige P.** – *S. malviflora* (DC.) A. GRAY

**Mohnmalve** – *Callirhoë* NUTT.                                                 9 Arten
**1** B meist ohne AußenK. Pfl aufrecht. NebenBl 3–4 mm lg, hinfällig, meist zur BZeit feh-
lend. Kr rosarot, rosapurpurn od. purpurn. Bis 1,00. ♃, oft kult ○ 7–9. **Z** s △ Sommer-
rabatten; **V** ⊏ ○ (südl. USA: Prärien).           **Außenkelchlose M.** – *C. digitata* NUTT.
**1\*** B mit 3blättrigem AußenK. Pfl niederliegend bis aufsteigend. NebenBl 5–20 mm lg. Stg
± rauhaarig. Kr rosarot. Bis 0,30. ♃, oft kult ○ 7–9. **Z** s △ Sommerrabatten; **V** ⚲ ⊏ ~
(mittlere USA: Prärien – 1864).
**Niedrige M.** – *C. involucrata* (TORR. et A. GRAY) A. GRAY

Ähnlich: **Echte M.** – *C. papaver* (CAV.) A. GRAY: NebenBl 4–5 mm lg. Stg verkahlend od. angedrückt
flaumhaarig. Kr violettrot. Bis 1 m. ♃, oft kult ○ 7–9. **Z** s Sommerblumenbeete; **V** ⊏ ○ ~ (südl. USA:
Prärien, sandige u. steinige Wälder).

**Anode, Spießmalve** – *Anoda* CAV.                                             23 Arten
Bl ganz, 3-, 5- od. 7lappig. B blattachselständig, an lg Stielen, einzeln od. in Büscheln.
TeilFr 10–20, mit 1,5–4 mm lg rückenständigem Fortsatz. Bis 1 m. ○ 7–9. **Z** s Sommer-
blumenbeete; ⊏ ○ (südl. N-Am., M-Am., nordwestl. S-Am.: Felder, Straßenränder –
einige Sorten). [*A. hastata* CAV.]                          **Anode** – *A. cristata* (L.) SCHLTDL.

**Roseneibisch** – *Hibiscus* L.                                                300 Arten
**1** Pfl ♄, immergrün, frostempfindlich. Bl meist ganz, grob gesägt. KrBl 6–12 cm lg. Staub-
BlRöhre die Kr überragend. Bis 5,00. ♄ 3–10; **Z** z Kübel; ⚲ ○ keine Mittagssonne ⚿
(China? – um 1730 – 120 Sorten: Kr verschiedenfarbig, einfach od. gefüllt).
**Chinesischer R.** – *H. rosa-sinensis* L.

Ähnlich: **Freiland-R., Straucheibisch** – *H. syriacus* L.: Strauch, sommergrün, winterhart. Bl 3(–5)lap-
pig. KrBl 3,5–7 cm lg. Kr die StaubBlRöhre überragend. Bis 3,00. ♄ 8–9. **Z** v Solitär (S- u. O-As. –
16. Jh. – ∞ Sorten: Kr weiß, gelb, rosa, rot, violettblau, oft mit dunkler Mitte, einfach od. gefüllt).

**1\*** Pfl ♃, ○ od. ○ kult . . . . . . . . . . . . . . . . . . . . . . . . . . . . . . . . . . . . . . . . . . . . . . . **2**
**2** Pfl ♃, winterhart. Bl ganz od. schwach 3–5lappig. KrBl rosa, rot od. weiß, 8–12 cm lg.
(Abb. **259**/5). 1,00–2,00. ♃ mit Speicherwurzeln 8–10. **Z** s Gartenteichränder; **V** ⚘ ○
≃ (östl. USA: Sümpfe – 1575 – einige Sorten).           **Sumpf-R.** – *H. moscheutos* L.
**2\*** Pfl ○ od. ○ kult, frostempfindlich. Obere Bl meist handfg geschnitten, geteilt od. gespal-
ten mit 3 bis 7 Abschnitten. KrBl gelb od. weiß, am Grund purpurn od. rot . . . . . . . **3**
**3** K zur FrZeit dünnhäutig, kuglig aufgeblasen, mit hervortretenden dunklen Nerven (Abb.
**259**/1a). KrBl bis 4 cm lg. (Abb. **259**/1). 0,10–0,50. ○ 7–10. **W**. **Z** s Sommerblumen-
beete; ○ (SO-Eur., O-Medit.: Ruderalfluren, Hackfrucht-Äcker, Weinberge, Brachen,
feuchte Böden – 1596).                          **Stunden-R., Garten-R.** – *H. trionum* L.

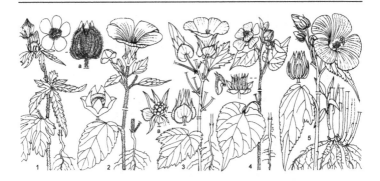

**3\*** K zur FrZeit fleischig-saftig, nicht aufgeblasen, rot, säuerlich schmeckend. Stg meist ohne Stacheln. BStiel 15–20 mm lg. Bis 2,50. ☉ ⚃ 7–8. **Z** s Sommerrabatten; Obst-(var. *sabdariffa*, „Malventee") u. FaserPfl (var. *altissima* WESTER) in den Subtrop. u. Trop.; V ▷ ○ (Kultursippe). **Rosella-R. – *H. sabdariffa* L.**

Ähnlich: **Hanf-R., Kenaf –** *H. cannabinus* L.: K zur FrZeit hart, wie der Stg u. die BlStiele oft mit verein-zelten aufwärts gerichteten kleinen Stacheln. BStiel 5–8 mm lg. Bis 3,50. ⚃ kult ☉ 7–8. **Z** s Sommer-rabatten; FaserPfl in Indien, S-China, Indon., W-Afr., Sudan; V ▷ ○ (trop. Afr. bis Indien).

**Bisameibisch –** *Abelmoschus* MEDIK.                                    15 Arten

**1** AußenKBl 4–6(–8), eifg bis länglich, 15–25(–30) mm lg. Fr 4–8 cm lg, eifg bis länglich, steifhaarig. 1,00–2,00. ⚃, kult ☉ 7–9. **Z** s Sommerrabatten; Gemüse-, Faser-, HeilPfl O in O- u. SO-As.; V ○ ⊕ Dränage (SO-As.: Flussufer, BreitlaubW, 600–1800 m – 1715). [*Hibiscus manihot* L.]                            **Maniok-B. –** *A. manihot* (L.) MEDIK.

**1\*** AußenKBl 6–12, linealisch . . . . . . . . . . . . . . . . . . . . . . . . . . . . . . . . . . . . . . . . **2**

**2** Fr 5–8 cm lg, länglich bis eifg, nicht fleischig, nicht geschnäbelt. AußenKBl 6–10, zur FrZeit vorhanden, bis 15 mm lg. Sa nach Moschus riechend. 1,00–2,00. ⚃, kult ☉ 7–9. **Z** s Sommerrabatten; Parfümerie in SO-As., Madagaskar, M- u. S-Am.; V ▷ ○ ⊕ Dränage (SO-As.: Flussufer, Täler – mehrere Sorten: Kr auch rosa bis rot). [*Hibiscus abelmoschus* L.]                              **Moschus-B. –** *A. moschatus* MEDIK.

**2\*** Fr 8–20(–25) cm lg, zylindrisch, fleischig, geschnäbelt. AußenKBl 8–12, früh abfallend, bis 25 mm lg. 1,00–2,00. ☉ 7–8. **Z** s Sommerrabatten; Gemüse-, Heil- u. FaserPfl in trop., subtrop. u. warmgemäß. Ländern; Anzucht warm ○ ⊕ Dränage (Kultursippe – mehrere Sorten). [*Hibiscus esculentus* L.]
**Okra-B., Lady's Finger –** *A. esculentus* (L.) MOENCH

Familie **Buchsbaumgewächse –** *Buxaceae* DUMORT.          70 Arten

**1** Pfl ♄. Bl gegenständig, ganzrandig.          **Buchsbaum –** *Buxus* S. 259
**1\*** Pfl ♄ ⚃. Bl wechselständig, spitzenwärts oft gesägt.
**Ysander, Dickmännchen –** *Pachysandra* S. 260

**Buchsbaum –** *Buxus* L.                                        50 Arten
Zweige schwach behaart. Bl eifg-länglich od. länglich-elliptisch. BlStiel feinhaarig. Bis 4,00. ♄ i 4–5. **W. Z** z Kübel, Einfassungen, Hecken, Solitär ⚲ Schnittgrün; ∿ ○ ●, gif-tig (warmes bis warmgemäß. Eur., Türkei, NW-Afr.: mäßig trockne bis mäßig frische LaubmischW, luftfeuchte Schluchten – ∞ Sorten: unterschiedlich in Wuchshöhe, Ge-

stalt, BlForm, BlGröße, BlFärbung: z.B. 'Suffruticosa': bis 1 m hoch, für Beet- u. Wegeinfassungen; 'Bullata': Bl blasig aufgetrieben; 'Notata': BlSpitzen gelb; 'Aureo-variegata': junge Bl gelb; 'Argenteo-variegata': Bl weißbunt – ▽).

**Gewöhnlicher B. –** *B. sempervirens* L.

Ähnlich: **Japanischer B. –** *B. microphylla* SIEBOLD et ZUCC.: Zweige kahl. Bl oft verkehrteifg od. lanzettlich. BlStiel kahl. Bis 1,00(–2,00). ♃ i 4–5. **Z z** Hecken; ⟋ ○ ● (China, Korea, Japan, Taiwan – einige Varietäten, ∞ Sorten – 1860).

**Ysander, Dickmännchen –** *Pachysandra* MICHX. **5 Arten**

1 BStände endständig, oberhalb der letztjährigen Bl. Bl verkehrteifg, kahl, 5–8 cm lg, 1,5–3 cm br. BlSpreitengrund schmal keilig. B weiß. (Abb. **260**/1). 0,12–0,25. ♃ i ⟋⟋ 4–5. **Z z** Gehölzgruppen, Rabatten ☐; ⚘ ⟋ ☽, giftig (Japan: LaubW, bis 2000 m – 1882 – einige Sorten: z.B. 'Green Carpet': Zwergform; 'Silver Edge': Bl weißrandig; 'Variegata': Bl weißbunt). **Japanischer Y. –** *P. terminalis* SIEBOLD et ZUCC.

1* BStände seitenständig, an unbeblätterten StgAbschnitten, unterhalb der letztjährigen od. in der Achsel letztjähriger Bl . . . . . . . . . . . . . . . . . . . . . . . . . . . . . . . . . . . . . **2**

2 BStände an unbeblätterten StgAbschnitten, unterhalb der letztjährigen Bl. Bl eifg, verkehrteifg od. rhombisch, useits vor allem auf den Nerven fein behaart. B weißlich, bräunlich, streng duftend. (Abb. **260**/2). 0,20–0,30. ♃ i ⟋⟋ 3–5. **Z s** Gehölzgruppen; ⚘ ⟋ ☽ ⌃ (südöstl. N-Am.: LaubW – 1800). **Amerikanischer Y. –** *P. procumbens* MICHX.

2* BStände in der Achsel letztjähriger Bl. 0,15–0,30. ♃ i 4–5. **Z s** Gehölzgruppen; ⚘ ⌂ ☽ (China: Yunnan: LaubW, feuchte Felsen, 2000–3000 m – 1901).

**Achselblättriger Y. –** *P. axillaris* FRANCH.

## Familie **Wolfsmilchgewächse –** *Euphorbiaceae* JUSS. 8100 Arten

1 Pfl ohne Milchsaft. Bl handfg gespalten bis geteilt, schildfg. ♂ u. ♀ B mit BHülle, einzeln, in rispigem BStand. **Rizinus, Wunderbaum –** *Ricinus* S. 260

1* Pfl mit Milchsaft. Bl meist unzerteilt, höchstens fiederlappig bis fiederspaltig od. geigenfg, nicht schildfg. ♂ u. ♀ B ohne BHülle, vereint zu einer ScheinB (Cyathium: Hüllbecher, Drüsen, mehrere ♂ B, 1 ♀ B). (Abb. **262**/4a–c).

**Wolfsmilch –** *Euphorbia* S. 261

**Rizinus, Wunderbaum –** *Ricinus* L. **1 Art**

Bl wechselständig, handfg gespalten bis geteilt mit 5–11 Abschnitten, bis 60 cm ⌀. BStände oben mit ♀, unten mit ♂ B. StaubBl ∞. FrKn 3blättrig, Narbenlappen rot.

KapselFr mit 3 bohnenähnlichen marmorierten Sa. (Abb. **261**/1). 0,75–3,00. ♄, kult ☉ 8–10. **Z** z Solitär; ÖlPfl, Öl für medizinische u. technische Zwecke; ⩔ ▷ ○ reichliche Nährstoff- u. Wasserversorgung, sehr giftig, besonders die Sa (trop. Afr.: grundwasser-nahe Standorte in Trockengebieten – 16. Jh. – ∞ Sorten: z. B. Bl grün, grün mit weißen Nerven, braun, bronzefarben, rot, purpurrot).

**Rizinus, Wunderbaum** – *R. communis* L.

**Wolfsmilch** – *Euphorbia* L.        2000 Arten

1   StgBl kreuzgegenständig, länglich-linealisch, dunkelgrün. Scheindolde 2–4strahlig. Drüsen des Hüllbechers kurz 2hörnig. 0,20–1,00. ☉ i 6–8. **W. Z** ⩔ Gartenbeete; alte HeilPfl, angeblich gegen Wühlmäuse; ⩔ Kaltkeimer ○ ☾, giftig (subkontinentales warmes Eur. u. W.-As.).      **Spring-W.** – *E. lathyris* L.

1*   StgBl wechselständig . . . . . . . . . . . . . . . . . . . . . . . . . . . . . . . . . . . . . . . . . . . . . . . . **2**

2   Pfl einjährig od. einjährig kult . . . . . . . . . . . . . . . . . . . . . . . . . . . . . . . . . . . . . . . . . . **3**

2*   Staude od. Zwergstrauch . . . . . . . . . . . . . . . . . . . . . . . . . . . . . . . . . . . . . . . . . . . . . **4**

3   Hüllbecher mit 4–5 Drüsen. Drüsen mit kronblattähnlichem Anhängsel. HochBl u. obere StgBl weiß gerandet od. weiß, letztere eifg bis verkehrteifg od. länglich. KapselFr behaart. (Abb. **262**/1). Bis 1,00. ☉ 7–10. **Z** z Sommerblumenbeete ⚥; ○ ∼, giftig (USA: Minnesota, New Mex., Carolina, Colorado: Prärien – 1811).

**Weißrandige W., Schnee auf dem Berge** – *E. marginata* PURSH

3*   Hüllbecher mit 1 od. 2 Drüsen. Drüsen ohne kronblattähnlichem Anhängsel. HochBl am Grund rot gefleckt, nicht weiß gerandet. Bl an der gleichen Pfl sehr variabel, linealisch, eifg, verkehrteifg bis geigenfg, ganzrandig bis gezähnt. KapselFr kahl od. schwach behaart. (Abb. **262**/3). Bis 1,00. ☉ 7–9. **Z** z Sommerblumenbeete; ○, giftig (trop. u. subtrop. Am., südl. USA?: feuchte u. wechselfeuchte Standorte – in Kult oft fälschlich als *E. heterophylla* L., diese Sippe wird in Eur. wohl nicht kult.)

**Poinsettien-W., Feuer in den Bergen** – *E. cyathophora* MURRAY

4   **(2)** Zwergstrauch . . . . . . . . . . . . . . . . . . . . . . . . . . . . . . . . . . . . . . . . . . . . . . . . . . **5**

4*   Staude . . . . . . . . . . . . . . . . . . . . . . . . . . . . . . . . . . . . . . . . . . . . . . . . . . . . . . . . . . . **6**

5   Abgestorbene BStände überdauernd, aber nicht stechend. KapselFr meist mit lg Warzen. (Abb. **261**/3). 0,10–0,30. ♄ i 4–6. **Z** s △; ⩔ ⌇ ○ ⊕ Dränage △, giftig (Pyr., Korsika, Sardinien, It., Balkan: Felsen, Garriguen, kalkliebend).

**Dornige W.** – *E. spinosa* L.

Ähnlich: **Kissen-W.** – *E. glabriflora* VIS.: BStände nicht überdauernd. 0,05–0,25. ♄ i 5–7. **Z** s △; ⩔ ⌇ ○ Dränage, giftig (S- Kroat., Alban., Griech.: steinige Hänge, 450–2300 m).

5*   Abgestorbene BStände überdauernd, verdornt, stechend. KapselFr mit kurzen, kegelfg Warzen. (Abb. **261**/2). 0,10–0,30(–0,60). ♄ 4–6. **Z** s △ Ⓐ; ⩔ ⌇ ○ ⊕ Dränage △ Ⓐ,

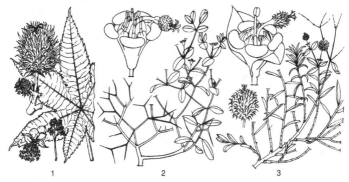

1             2             3

giftig (O-Medit.: trockne Kalksteinfelsen, felsige Hänge, Garriguen, bestandsbildend, bis in alp. Lagen, 0–2300 m).

**Dornbusch-W. –** *E. acanthothamnos* HELDR. et SART. ex BOISS.

6 **(4)** Drüsen des Hüllbechers 2hörnig od. halbmondfg, selten schwach ausgerandet (Abb. **262**/4a, 4c) ......................................................... **7**

6\* Drüsen des Hüllbechers rundlich od. queroval (Abb. **262**/4b) ................ **11**

7 HüllchenBl paarweise verwachsen (Abb. **262**/4a) .......................... **8**

7\* HüllchenBl frei ......................................................... **9**

8 KapselFr 3–4 × 2,5–4 mm, kahl. Sa schwärzlich, 2–2,5 mm lg. Bl dünn, matt, oft weichhaarig. 0,30–0,60. ⚄ i PleiokRhiz 4–5. **W.** **Z** z Gehölzgruppen; ∀ ◑ ● ⊕ (S- u. M-Eur., Balkan, Z-Medit., Schwarzmeergebiet, südl. Kaspiseegebiet: frische LaubW, kalkhold – 2 Unterarten: subsp. *amygdaloides* mit mehreren Sorten: Stg im 2. Jahr blühend; subsp. *semiperfoliata* (VIV.) A. R. SM.: Stg im 1. Jahr blühend (Korsika u. Sardinien)).

**Mandel-W. –** *E. amygdaloides* L.

Ähnlich: **Robb-W. –** *E. robbiae* TURRILL: Rhizom weitläufig. Bl glänzend, ledrig, ± kahl. 0,30–0,60. ⚄ i ⚲ 5–7. **Z** z Gehölzgruppen Ⓐ; ∀ ⚇ ◑ ● geschützte, warme Lagen ⌒, giftig (NW-Türkei: Wälder – 1976).

8\* KapselFr 4–7 × 5–6 mm, dicht behaart. Sa silbergrau, 2,5–3,8 mm lg. Bis 1,80. ♄ i 5–6. **Z** s Staudenbeete △ Ⓐ; ∀ ⌇ ○ Dränage ⌒, giftig (Medit.: Macchien, lichte Wälder, Olivenhaine – 2 Unterarten: subsp. *characias*: Drüsen rötlichbraun, selten gelb, mit kurzen Hörnern od. ausgerandet, Pfl bis 0,80 m hoch (W-Medit. – mehrere Sorten); subsp. *wulfenii* (HOPPE ex W. D. J. KOCH) A. R. SM.: Drüsen gelb, mit lg Hörnern, Pfl bis 1,80 m hoch (O-Medit. – mehrere Sorten). **Palisaden-W. –** *E. characias* L.

9 **(7)** Bl verkehrteifg bis fast kreisfg, schwach fleischig, blaugrün, den Stg walzenfg umstehend. Enden der Drüsenhörner etwas verbreitert u. zuweilen schwach gelappt. Stg meist niederliegend bis aufsteigend. (Abb. **262**/2). Bis 0,40. ⚄ i 4–6. **Z** z △; ∀ ○ ~ ⊕, giftig (S-Eur., Türkei, Iran: warme Hänge, Bergwiesen, Steppen; sandige Kiesgeröllfluren – 1570). **Walzen-W. –** *E. myrsinites* L.

9\* Bl schmal linealisch, schmal lanzettlich od. lineal-lanzettlich, nicht fleischig. Enden der Drüsenhörner spitz od. stumpf, nicht verbreitert u. schwach gelappt. Stg meist aufrecht ......................................................... **10**

10 Bl schmal linealisch, 0,3-3 mm br u. 5–40 mm lg. Stg unter der Scheindolde mit mehreren nichtblühenden Seitentrieben. 0,15–0,30. ⚄ WuSpr 4–5. **W.** **Z** z Naturgärten; ∀ Kaltkeimer ⚇ ○ ~ (warmgemäß. bis gemäß. Eur.: Xerothermrasen, trockne Heiden, Trockengebüsche, TrockenW – mehrere Sorten). **Zypressen-W. –** *E. cyparissias* L.

10\* Bl schmal lanzettlich, länglich od. eifg, 3–18 mm br u. 10–75 mm lg. Stg unter der Scheindolde ohne nichtblühende Seitentriebe. Doldenstrahlen meist 1–2mal gablig geteilt. Bis 0,80. ⚄ ♄ 6–7. **Z** s △; ∀ ○ ~ ⊕, giftig (S- u. O-Eur., südl. M-Eur., Türkei,

1         2         3         4

Kauk.: trockne, offne Standorte – 2 Unterarten – einige Sorten).
**Nizza-W.** – *E. nicaeensis* ALL.

Ähnlich: **Steppen-W.** – *E. seguieriana* NECK.: Bl lanzettlich, 2–8 mm br u. 10–35 mm lg. Dolden-strahlen meist 2–4(–6)mal gablig geteilt. s. **13\***.

11 **(6)** Hüllbecher mit 8 Drüsen. Pfl <10 cm hoch. Bl verkehrteifg, <10 mm lg. 0,03–0,10. ⚄ i 6–7. **Z** s △; V ⚇ ⚈ ○ ⊕ Dränage, giftig (Balkan: Kalkfelsen, Kalkfelsspalten, (950–)1600–2800 m). **Rasen-W.** – *E. capitulata* RCHB.

11\* Hüllbecher mit 4 od. 5 Drüsen. Pfl >10 cm hoch ........................... **12**

12 KapselFr glatt, höchstens fein punktiert od. behaart ....................... **13**

12\* KapselFr warzig ...................................................... **14**

13 Bl schmal elliptisch, länglich, länglich-lanzettlich. länglich-eifg, useits weichhaarig, vorn oft fein gezähnt, 10–20 mm br u. 20–70 mm lg. StgGrund mit SchuppenBl. HochBl kahl. KapselFr kahl od. mit vereinzelten Haaren. 0,50–0,80. ⚄ PleiokRhiz 5–6. **W. Z** s Staudenbeete, Teichränder; V ⚈ ○ ≈, giftig (warmgemäß. Eur.: nasse Staudenfluren, Sumpfwiesen – Sorte: 'Clarity': gelbe Herbstfärbung).
**Wollige W.** – *E. villosa* WALDST. et KIT. ex WILLD.

Ähnlich: **Korallen-W.** – *E. corallioides* L.: StgGrund ohne SchuppenBl. HochBl behaart. KapselFr dicht behaart. 0,40–0,70. ⚄ 5–7. **Z** s Gehölzgruppen, Staudenbeete; Selbstaussaat ☾ ∧ (M- u. S-It., Sizilien: luftfeuchte, schattige Wälder).

13\* Bl lanzettlich, stachelspitzig, kahl, ganzrandig, 2–8 mm br u. 10–35 mm lg, blaugrün. KapselFr kahl. Doldenstrahlen oft 2–4(–6)mal gablig geteilt. 0,15–0,60. ⚄ Pleiok Rübe 5–9. **W. Z** s Staudenbeete; V ○ ~ ⊕, giftig (warmgemäß. bis gemäß. Eur. u. W-As.: kontinentale Trocken- u. Sandtrockenrasen, kalkstet – mehrere Unterarten: z.B. subsp. *seguieriana*: Bl meist aufrecht, Scheindolde mit <15 Strahlen; subsp. *niciciana* (BORBÁS ex NOVÁK) RECH. f.: Bl meist abstehend, Scheindolde mit (15–)20–30 Strahlen, oft Selbstaussaat). [*E. gerardiana* JACQ.] **Steppen-W.** – *E. seguieriana* NECK.

Ähnlich: **Nizza-W.** – *E. nicaeensis* ALL., s. **11**: Bl 3–18 mm br u. 10–75 mm lg. Doldenstrahlen meist 1–2mal gablig geteilt, s. **10\***.

14 **(12)** Scheindolde vielstrahlig. Bl sitzend, länglich-lanzettlich, fast ganzrandig. Stg dick, bis 15 mm ⌀. 0,50–1,50. ⚄ PleiokRhiz 5–6. **W. Z** z Teichränder; V ⚇ ○ ☾ ≈, giftig (warmgemäß. bis gemäß. Eur.: wechselnasse, periodisch überflutete Hochstauden-fluren, Moorwiesen, lückige Röhrichte, Weidengebüschränder, Gräben, Stromtäler, nährstoffliebend – ▽). **Sumpf-W.** – *E. palustris* L.

14\* Scheindolde 3–5strahlig ............................................ **15**

15 Warzen der KapselFr fadenfg, oben rot. Hüllbecherdrüsen gelb. HüllBl hellgelb, später orange. Bl vorn abgerundet. 0,30–0,50. ⚄ kurzlebig, PleiokRhiz 5–6. **W. Z** z Stauden-beete; V Selbstaussaat ⚇ ○ ~ ⊕, giftig (SO-Eur.: Trockengebüsch- u. -waldsäume, kalkhold – 1805 – ∞ Sorten). [*E. polychroma* A. KERN.]
**Vielfarbige W.** – *E. epithymoides* L.

15\* Warzen der KapselFr halbkuglig od. kurz walzig ........................ **16**

16 Bl 4–8 cm lg. Rhizom waagerecht. HochBl unter den EinzelBStänden ± dreieckig. Drü-sen des Hüllbechers anfangs gelbgrün, später braunrot. Scheindolden meist 5strahlig. Fr meist behaart. 0,20–0,50. ⚄ ⚈ 5. **W. Z** z Gehölzgruppen; V Kaltkeimer ⚇ ☾ ⊕ (warmgemäß. bis gemäß. W- u. M-Eur.: sickerfrische, seltener auch mäßig trockne Laub- (bes. Buchen-) u. NadelW, kalkhold, nährstoffanspruchsvoll – 2 Unterarten – Sorte: 'Chameleon': Bl rot). **Süße W.** – *E. dulcis* L.

16\* Bl 2–4 cm lg. Pfl ohne waagerechtes Rhizom. HochBl unter den EinzelBStänden ellip-tisch od. lanzettlich. Drüsen des Hüllbechers gelb. Scheindolden 3–5strahlig. Fr kahl. 0,30–0,50. ⚄ Pleiok 5–6. **W. Z** s Staudenbeete; V ○ ~ ⊕, giftig (warmgemäß. bis ge-mäß. Eur.: Halbtrockenrasen, Trockengebüschsäume, kalkstet).
**Warzen-W.** – *E. verrucosa* L.

# Familie **Spatzenzungengewächse** – *Thymelaeaceae* Juss.

750 Arten

**Seidelbast** – *Daphne* L.                                                    50 Arten

Lit.: BRICKEL, C. D., MATTHEW, B. 1981: *Daphne* – the genus in the wild and cultivation. The Alpine Garden Society. 194 S. – HALDA, J. J. 2001: The genus *Daphne*. Nové Město n. Metuji. – KEISSLER, K. 1898: Die Arten der Gattung *Daphne* aus der Section *Daphnanthes*. Bot. Jb. **25**: 29–124. – STENZEL, A. 1939: Immergrüne *Daphne*-Arten. Jahrb. Dt. Rhododendron Ges.: 25–32.

Bem.: BBau: KBl 4, meist kronblattartig gefärbt. KrBl fehlend. Achsenbecher (BRöhre) ± gefärbt.

Der vorliegende Schlüssel berücksichtigt vor allem eine Auswahl von Zwergsträuchern; daneben werden auch einige niedrige Sträucher behandelt.

1   Bl wechselgrün (Pfl im Winter od. Sommer die Bl verlierend) . . . . . . . . . . . . . . . . 2
1*  Bl immergrün . . . . . . . . . . . . . . . . . . . . . . . . . . . . . . . . . . . . . . . . . . . . . . . . . 5
2   BStände seitenständig, an vorjährigem Trieb, bis zu 3 über den Narben abgestorbener Bl. Bl wechselständig, kahl. B stark duftend, rot od. weiß, vor den Bl erscheinend. BRöhre (Achsenbecher) behaart. Fr rot. 0,40–1,20. ♄ 3–4. **W**. **Z** z Gehölzgruppen; ∨ ◖, giftig (warmgemäß. bis kühles Eur., W-Sibir.: (sicker)frische Laub- u. NadelmischW, Gebüsche, subalp. Hochstaudenfluren, nährstoffanspruchsvoll, kalkhold – 1561 – einige Sorten: z. B. 'Bowles White': B weiß, Fr gelb; 'Variegata': Bl weißbunt; 'Plena': B gefüllt, weiß – ▽).                              **Gewöhnlicher S., Kellerhals** – *D. mezereum* L.
2*  BStände endständig, an diesjährigem Trieb . . . . . . . . . . . . . . . . . . . . . . . . . . . . 3
3   B gelb. BRöhre kahl, 4–9 mm lg. Bl 3–8,5 × 1–3,5 cm. BStand 2–10blütig. Fr rot. Pfl sommerkahl, grün überwinternd. Bis 0,50. ♄ 11–3. **Z** s △ Gehölzgruppen; ∨ ◖ Boden locker, humos; giftig (Kurilen, Sachalin, N-Japan: subalp. Wälder, bebuschte Hänge, zwischen Steinen, bis 1800 m – nach 1960). [*D. rebunensis* TATEW., *D. kamtschatica* MAXIM. var. *jezoensis* (MAXIM.) OHWI, *D. kamtschatica* MAXIM. var. *rebunensis* (TATEW.) H. HARA]                                    **Nordjapanischer S.** – *D. jezoensis* MAXIM.
3*  B weiß. BRöhre ± behaart. Pfl im Winter laubwerfend . . . . . . . . . . . . . . . . . . . . . 4
4   Bl zumindest in der Jugend beidseits anliegend behaart, 2–4 × 0,6–1 cm. BRöhre seidenhaarig. FrKn fein behaart. Fr rot od. orangerot. 0,20–0,50(–1,00). ♄ 5–6. **Z** s △; ∨ ∿ ○ ◖ Dränage ⊕, giftig (warmes bis warmgemäß. Eur., Türkei: sonnige Felsfluren, lichte KiefernW, Felsschutthalden, kalkstet, bis 1850 m – 1759).          **Alpen-S.** – *D. alpina* L.
4*  Bl beidseits kahl, 2,5–6,5 × 0,7–1,5 cm. BRöhre spärlich seidenhaarig. FrKn kahl. Fr gelblichrot. 0,40–0,80(–1,20). ♄ 5–6. **Z** s △ Heidebeete; ∨ ∿ ◖ Dränage, giftig (Z-As., W-Sibir.: Strauchsteppen – 1796).                              **Altai-S.** – *D. altaica* PALL.

Ähnlich: **Kaukasischer S.** – *D. caucasica* PALL.: BRöhre dicht behaart. FrKn behaart, vor allem unter der Narbe. Fr schwarz od. rot. Bis 2,00. ♄ 5–6. **Z** s Gehölzgruppen; ∨ ⊥ ○ ◖, giftig (Kauk., Türkei: BergW – Hybr mit *D. cneorum*, s. **13***).

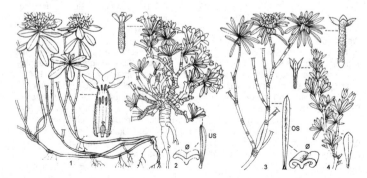

**5 (1)** BStände seitenständig. B gelblichweiß od. gelblichgrün, an vor- od. diesjährigem
Trieb ............................................................................. **6**

**5\*** BStände endständig, an diesjährigem Trieb. B rosa, purpurn, weiß od. cremefarben. Fr
fleischig: orangerot, rot, orangebraun, gelblichrot, weißgelb od. Fr ledrig: grünbraun,
weißlich ......................................................................... **7**

**6** KBl 2,5–4 mm lg, eifg, spitz. BRöhre 2–3mal so lg wie die BZipfel. BStände an vor-
jährigem Trieb. Bl verkehrteifg bis verkehrteilanzettlich, 3–8 × 1–5 cm. 0,40–1,20.
ʰ i 2–4. **W. Z** z Gehölzgruppen; ∀ ◑ ⊕, giftig (Medit., W-Eur.: mäßig frische, lichte
LaubW u. Gebüsche, kalkhold, bis 1000(–1600) m – 1561 – Unterarten: subsp. *laureo-
la*: Pfl 0,40–1,20 m hoch, BRöhre 5–9 mm lg; subsp. *philippi* (GREN.) ROUY: Pfl
0,20–0,40 m hoch, mit ± niederliegenden Ästen, BRöhre 3–5 mm lg (Pyr.) – Hybr mit *D.
mezereum*: *D.* × *houtteana* LINDL. et PAXTON: Bl fast ledrig, halbimmergrün, schwärzlich
rot – ▽).                                                           **Lorbeer-S.** – *D. laureola* L.

**6\*** KBl 6–11 mm lg, schmal lanzettlich, spitz. BRöhre nur wenig länger als die BZipfel.
BStände an diesjährigem Trieb. Bl verkehrteifg, 4,5–10 × 2–3,5 cm. Bis 0,80(–1,50).
ʰ i 5. **Z** s Gehölzgruppen; ∀ ⋏ ◯ ◑ ⊖ (SO-Bulg., N-Türkei, Georgien, N-Iran: Felsen,
Buchen-Tannenwaldsäume, *Rhododendron-* u. Haselstrauchgebüsche – 1752).
                                                              **Pontischer S.** – *D. pontica* L.

**7 (5)** B einzeln od. zu 2(–3) endständig, außen meist purpurn getönt, innen weiß od. hell-
gelb. Bl 0,8–1,1 × 0,14–0,3 cm. Pfl niederliegend od. aufrecht. Fr rot. (Abb. **264**/4). Bis
0,30. ʰ i ⌒ od. Zwergstrauch 4–5, 9–10. **Z** s ⓐ; ∀ ⋏ ◯ Dränage, Schutz vor
Winternässe; giftig (SO-Griech., W-Kreta, NO-Libyen: Felswände, Zwergstrauchheiden,
50–1000 m).                                           **Jasminähnlicher S.** – *D. jasminea* SIBTH. et SM.

**7\*** B in 3- od. mehrblütigen BStänden; wenn B weiß, dann Bl >1 cm lg ........... **8**

**8** B meist weiß od. cremefarben-weiß ................................... **9**

**8\*** B rosa od. purpurn ............................................... **10**

**9** Pfl aufrecht. Bl gräulich od. gelblichgrün, 1–2,5(–3) × 0,4.–0,6(–1,2) cm. B in (2–)3–5
(–8)blütigen BStänden. DeckBl fehlend od. sehr klein, 2 × 1 mm. Fr orangerot. Bis
0,40(–0,60). ʰ i Zwergstrauch 5–6. **Z** s △ ⓐ; ∀ absonnige Lage, steiniger Boden, Drä-
nage ⌒, giftig (Medit. bis N-Iran: steinige Hänge, zwischen Felsen, Wiesen auf Kalk,
BergW, Igelpolsterheiden, (450–)1400–2200(–2800) m – 1752).
                                                        **Ölbaumähnlicher S.** – *D. oleoides* SCHREB.

**9\*** Pfl mit up kriechenden u. aufsteigenden Stg. Bl dunkelgrün, (2–)3–6 × 1–1,5 cm. B in (5–)
10–15(–20)blütigen BStänden. DeckBl vorhanden. Fr weißgelb. (Abb. **264**/1). Bis 0,30.
ʰ i Zwergstrauch ⫯⫯ 4–5. **Z** s Gehölzgruppen; ∀ ⋏ Senker ◯ ◑ Laubhumusdecke,
Dränage, giftig (Balkan: lichte Laub- u. NadelW, Waldwiesen, steinige Abhänge, bis
1200 m).                                                    **Königs-S.** – *D. blagayana* FREYER

**10 (8)** Bl 6–12 mm br, länglich-verkehrteifg, useits mit anliegenden Haaren, oseits kahl mit
Ausnahme weniger Haare auf der Mittelrippe. BStand 5–15blütig. Fr rötlich od. orange-
braun. **Z** s ⓐ; ∀ ◑ ⌒ ⊕, giftig (O- u. Z- Medit.: lichte KiefernW, Eichen- Erdbeerbaum-
Macchien, bis 1500 m).                                              **Berg-S.** – *D. sericea* VAHL

**10\*** Bl 2–6 mm br .................................................. **11**

**11** Junge Zweige hell korallenrot. BlRand deutlich zurückgebogen, linealisch od. lineal-
länglich, oseits tief gefurcht, 0,9–1,8 × 0,2–0,5 cm. BStand 5–30blütig. B rosa. BRöhre
12–20 mm lg, kahl od. feinhaarig. Fr ledrig, weißlichgrau. (Abb. **264**/3). 0,10–0,30. ʰ
i Zwergstrauch 5–6. **Z** s △; ⋏ ∀ ◯ Boden schottrig ⊕ (Slowakei: Muránska Planina:
Kalkfelsen, 800–1300 m).                               **Bäumchen-S.** – *D. arbuscula* ČELAK.

**11\*** Junge Zweige grün bis braun. BlRand flach, nicht od. nur selten zurückgebogen .. **12**

**12** Bl useits deutlich gekielt, im ∅ fast 3eckig, am Rand wulstig verdickt, nicht stachel-
spitzig, 0,8–1,6 × 0,2–0,3 cm. (Abb. **264**/2). BStand 3–5blütig, selten mehrblütig. B hell-
rosa. BRöhre 9–15 mm lg, behaart. Fr ledrig, grünbraun. Bis 0,15. ʰ i Zwergstrauch 6.
**Z** s △ ⓐ; ⋏ ∀ ◑ Dränage, Schutz vor Winternässe (S-Alpen: Spalten senkrechter
Dolomitwände, 600–2000 m).                                       **Felsen-S.** – *D. petraea* LEYB.

**12\*** Bl useits nicht gekielt, flach, am Rand nicht verdickt, stachelspitzig. Fr fleischig ... **13**
**13** Junge Zweige kahl. Bl an den Zweigenden rosettig gehäuft. B hellrosa, längsgestreift. BRöhre kahl. FrKn kahl. Fr rötlichorange, 0,10–0,35. ♄ i Zwergstrauch 5–7. **W. Z** s △; ∨ ○ Dränage, heikel, giftig (Alpen: lichte NadelW, Legföhrengebüsche, Zwergstrauchheiden, Trockenrasen, Moränen, besonnte Felsen, bis 2500 m – 1827 – ▽).
                                               **Gestreifter S., Steinröschen, Alpenflieder** – *D. striata* TRATT.
**13\*** Junge Zweige behaart. Bl gleichmäßig an den Zweigen verteilt. B dunkelrosa. BRöhre außen behaart. FrKn behaart. Fr bräunlichgelb. 0,10–0,40. ♄ i Zwergstrauch 5–8. **W. Z** s △; ∨ ○, giftig (warmgemäß. Eur.: KieferntrockenW, Waldränder, waldnahe Trockenrasen, Felsbänder, kalkhold – 1752 – Hybr mit *D. caucasica* PALL.: **Burkwood-S.** – *D.* × *burkwoodii* TURRILL: Bl 2,7–4 × 0,5–1,2 cm, lineal-verkehrteilanzettlich, in milden Wintern ausdauernd. BStände end- u. seitenständig. B rosa bis malvenfarbig. Sorten von *D. burkwoodii*: z. B. 'Variegata': BlRand weiß, B anfangs weiß, später rosa, stark duftend; 'Carol Mackie': BlRand anfangs goldgelb, später cremefarbenweiß; 'Lavenirii': B dunkel purpurrosa – ▽). **Rosmarien-S., Heideröschen** – *D. cneorum* L.

## Familie **Heidekrautgewächse** – *Ericaceae* JUSS.     3400 Arten

Bem.: Verschlüsselt wurden nur gärtnerisch bedeutsame Zwerg- u. Spalatsträucher sowie einige niedrigwüchsige Sträucher.

**1** KrBl frei (Abb. **268**/1b) .............................................................. **2**
**1\*** KrBl zumindest am Grund verwachsen .................................... **3**
**2** Bl useits behaart.                              **Porst** – *Ledum* S. 271
**2\*** Bl useits kahl (Abb. **268**/1a).     **Sandmyrte** – *Leiophyllum* S. 268
**3** **(1)** Fr eine Beere od. SteinFr od. beerenähnlich (K fleischig, die Fr umhüllend) (Abb. **267**/2a) .................................................................... **4**
**3\*** Fr eine Kapsel ........................................................................ **6**
**4** FrKn unterständig. **Heidelbeere, Preiselbeere, Moosbeere** – *Vaccinium* S. 273
**4\*** FrKn oberständig. ................................................................... **5**
**5** Staubbeutel mit 4 spitzen Anhängseln über den beiden Gipfelporen (Abb. **267**/1a, 3a). Fr beerenähnlich mit fleischigem K (Abb. **267**/2a) od. beerenartig mit trocknem K (*G. mucronata*, Abb. **267**/3b). **Rebhuhnbeere, Scheinbeere** – *Gaultheria* S. 272
**5\*** Staubbeutel mit 2 Anhängseln. SteinFr mit mehligem FrFleisch u. mehreren Steinkernen. **Bärentraube** – *Arctostaphylos* S. 273
**6** **(3)** Kr nach der BZeit nicht abfallend, 4zählig ...................................... **7**
**6\*** Kr nach der BZeit abfallend, 5zählig, seltener 4zählig ............................. **9**
**7** K länger als die gleichfarbige Kr. Kr 4teilig. Fr scheidewandspaltig, FrFächer wenigsamig. Bl schuppenfg, gegenständig. **Heidekraut** – *Calluna* S. 275
**7\*** K kürzer als die Kr. Kr 4lappig. Fr fachspaltig, FrFächer vielsamig. Bl oft nadelfg, quirlig ...................................................................................... **8**
**8** KBl frei (Abb. **275**/3). **Heide** – *Erica* S. 275
**8\*** KBl etwa zur Hälfte ihrer Länge verwachsen (Abb. **275**/2).
                                          **Ährenheide** – *Bruckenthalia* S. 276
**9** **(6)** Staubbeutel mit hörnchenartigen, porenlosen Anhängseln ................. **10**
**9\*** Staubbeutel ohne hörnchenartige Anhängsel; wenn Staubbeutelhälften röhrenartig verlängert, dann mit gipfelständiger Pore (Abb. **269**/1) .............................. **12**
**10** Staubbeutel mit 4 hörnchenartigen Anhängseln (Abb. **275**/5).
                                               **Zenobie** – *Zenobia* S. 273
**10\*** Staubbeutel mit 2 hörnchenartigen Anhängseln (Abb. **268**/3a; **269**/2) .......... **11**
**11** Bl schuppenfg od. pfriemlich, meist bis 5 mm lg, anliegend od. spreizend, dicht angeordnet, zusammen oft ein Säulchen vortäuschend (Abb. **268**/3,4).
                                            **Schuppenheide** – *Cassiope* S. 271
**11\*** Bl flächig, >15 mm lg. BlRand umgebogen. BlUSeite kahl u. blauweiß bereift od. weißhaarig. (Abb. **269**/2). **Gränke, Rosmarinheide** – *Andromeda* S. 272

**12 (9)** Kr mit 10 anfangs die Staubbeutel bergenden Aussackungen (Abb. **275**/1a, b).
**Lorbeerrose, Kalmie** – *Ka̱lmia* S. 267
**12\*** Kr ohne Aussackungen . . . . . . . . . . . . . . . . . . . . . . . . . . . . . . . . . . . . . . **13**
**13** StaubBl 5. Staubbeutel sich durch Schlitze öffnend (Abb. **275**/4).
**Alpenazalee, Gämsheide** – *Loiseleu̱ria* S. 269
**13\*** Staubbeutel 8 od. 10. Staubbeutel sich durch Poren öffnend . . . . . . . . . . . . . . . . . **14**
**14** KrRöhre höchstens 1¹/₂ mal so lg wie die KrZipfel. Kr rad- od. trichterfg, selten glockig
. . . . . . . . . . . . . . . . . . . . . . . . . . . . . . . . . . . . . . . . . . . . . . . . . . . . . . . . . . . . . **15**
**14\*** KrRöhre mindestens 3mal so lg wie die KrZipfel. Kr krugfg od. glockig . . . . . . . . . . **16**
**15** BlRand lg bewimpert (Abb. **275**/10). Bl <1 cm lg. Kr radfg.
**Zwergalpenrose, Zwergrösel** – *Rhodotha̱mnus* S. 267
**15\*** BlRand kahl; wenn lg bewimpert, dann Bl meist >1,5 cm lg u. Kr trichterfg.
**Rhododendron, Alpenazalee, Alpenrose** – *Rhodode̱ndron* S. 270
**16 (14)** Bl useits weißfilzig. KrBl 4. StaubBl 8. **Glanzheide** – *Dabo̱ecia* S. 269
**16\*** Bl useits nicht weißfilzig. KrBl meist 5. StaubBl meist 10 . . . . . . . . . . . . . . . . . . . . **17**
**17** Bl linealisch od. lineal-länglich, nadelartig, bis 15(–18) mm lg u. 2 mm br, ohne Schild-
haare. B einzeln od. in kleinen doldenähnlichen BStänden. Staubbeutelhälften nicht
deutlich röhrig verlängert. (Abb. **268**/2). **Moosheide** – *Phyllo̱doce* S. 268
**17\*** Bl elliptisch bis lanzettlich, 20–30(–50) mm lg u. bis 15 mm br, beidseits mit weißen bis
bräunlichen Schildhaaren. B in einseitswendigen Trauben. Staubbeutelhälften deutlich
röhrig verlängert (Abb. **269**/1). **Torfgränke, Zwerglorbeer** – *Chamaeda̱phne* S. 273

**Zwergalpenrose, Zwergrösel** – *Rhodotha̱mnus* Rchb.                        1 Art
Bl wechselständig, fast sitzend. BlSpreite eifg-lanzettlich, ganzrandig od. undeutlich
gekerbt, am Rand bewimpert, 5–10 × 2–4 mm (Abb. **275**/10). B zu 1–3 auf lg, drüsig
behaarten Stielen. Kr 5zählig, hellrosa, 2–3 cm ⌀. StaubBl 10. Staubbeutel ohne An-
hängsel, mit 2 endständigen Poren sich öffnend. 0,20–0,40. ♄ i ZwergStr. **Z** s △; ⩔
Lichtkeimer ⌁ Senker ◑ ⊕ Boden kühl (O-Alpen bis Kroatien: subalp. frische Latschen-
gebüsche, Felsbänder, Schotterhalden, kalkhold, 500–2000 m – ▽).
**Zwergalpenrose** – *Rh. chamaeci̱stus* (L.) Rchb.

**Lorbeerrose, Kalmie** – *Ka̱lmia* L.                                        7 Arten
Lit.: Holmes, M. L. 1956: The genus *Kalmia*. Baileya **4**: 89–94. – Ebinger, J. E. 1974: A systematic
study of the genus *Kalmia* (*Ericaceae*). Rhodora **76**: 315–398.

**1** BStände seitenständig. Bl gegenständig od. selten in 3zähligen Quirlen, mit flachem
Rand, länglich bis lanzettlich, 2–5 × 0,5–1(–2) cm. BlStiel 4–8 mm lg. Kr 1 cm ⌀, tief
rosarot bis rot. Bis 1,00. ♄ i kurze ⋙ 6–7. **Z** z Moorbeete; ⌁ Senker ◑ ≃ Moorerde

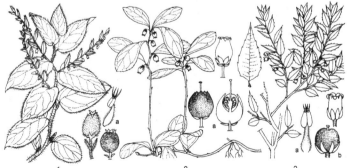

1                                    2                                    3

⊖, giftig (östl. N-Am.: Moore, lichte Wälder, trockne od. nasse nährstoffarme Standorte – 1736 – Varietäten: var. *angustifolia*: K dicht mit gestielten Drüsen; var. *caroliniana* (SMALL) FERN.: K deutlich behaart, ohne gestielte Drüsen – einige Sorten: B weiß, rot od. purpurn). **Schmalblättrige L.** – *K. angustifolia* L.

1* BStände endständig ............................................. **2**
2 Bl gegenständig od. in 3zähligen Quirlen, am Rand zurückgerollt, lanzettlich, useits weißlich-blaugrün, 1,6–3,5 × 0,5–1,5 cm. BlStiel 2–5 mm lg. Äste 2kantig. Kr 1–1,5 cm ⌀, rosapurpurn. 0,50–0,70. ♃ i 5–6. **Z** s Moorbeete, Gehölzgruppen; ⤳ Senker ◐ ≃ ⊖ Moorerde, giftig (warmgemäß. bis kühles N-Am.: Moore, Sümpfe, nasse, offne Standorte – 1767 – Varietät: var. *microphylla* (HOOK.) REHD.: Pfl bis 0,20 m, Bl 0,5–2 cm lg). **Poleiblättrige L.** – *K. polifolia* WANGENH.

2* Bl meist wechselständig, am Rand flach, elliptisch bis lanzettlich, useits gelblichgrün, 5–10 × 2–4 cm. BlStiel 6–25 mm lg. Äste stielrund. Kr bis 2,5 cm ⌀, weiß, rosa od. dunkelrot. Bis 3,00(–12,00). ♃ i 5–6. **Z** z Gehölzgruppen; ⤳ Senker ◐ ⊖, giftig (östl. N-Am.: steinige od. sandige Wälder, selten Sümpfe, saure, nährstoffarme Standorte – 1734 – 5 Formen – ∞ Sorten). **Breitblättrige L., Berg-L.** – *K. latifolia* L.

**Sandmyrte** – *Leiophyllum* (PERS.) R. HEDW. 1 Art

Niedriger Strauch. Bl wechsel- od. gegenständig, eifg bis länglich, 6–12 mm lg, kurz gestielt, ganzrandig, ledrig, oseits glänzend dunkelgrün, useits hellgrün mit kleinen schwarzen Punkten (Lupe). BStände am Ende der Zweige. KrBl 5, frei, weiß od. rosa. StaubBl 10, länger als die KrBl, mit purpurfarbenen Staubbeuteln (Abb. **268**/1). 0,05–0,30(–0,50). ♃ i 5–6. **Z** s △; ∀ ⤳ ○ ◐ ⊖ Boden sandig-lehmig (O-USA: Felsen, sandige Wälder – 1736 – Varietäten: var. *hugeri* (SMALL) C. K. SCHNEID.: Bl meist wechselständig – 1884; var. *prostratum* (LOUDON) A. GRAY [*L. lyonii* (SWEET) SWEET]: Bl meist gegenständig – 1912). **Sandmyrte** – *L. buxifolium* (BERGIUS) ELLIOTT

**Moossheide** – *Phyllodoce* SALISB. 7 Arten

1 Kr weiß od. gelb ................................................. **2**
1* Kr rosa, rot, purpurn od. blau ...................................... **3**
2 KZipfel grün, useits (außen) drüsig behaart. Kr hellgelb, krugfg, außen kahl. Stg aufsteigend od. niederliegend. Bl 8–14 mm lg. BStand meist mit 6–12 B. BStiel 2,5–4 mm lg. Staubfäden kahl. 0,10–0,30. ♃ i ZwergStr 4–5. **Z** s △; ∀ ⤳ ❦ ◐ ⊖ Moorerde, Dränage (Alaska, Aleuten, Sachalin, Japan: Zwergstrauchheiden, nasse alp. Hänge – 1915). **Arktische M.** – *Ph. aleutica* (SPRENG.) A. HELLER

Ähnlich: **Dünnblättrige M.** – *Ph. glanduliflora* (HOOK.) COVILLE: Kr außen drüsenhaarig, grünlichgelb, Staubfäden am Grund + behaart 0,10–0,40. ♃ i ZwergStr 4–5 **Z** s △; ∀ ⤳ ❦ ◐ ⊖ Moorerde, Dränage (nordwestl. N-Am.: Zwergstrauchheiden – 1885).

1    2    3

**2\*** KZipfel grünlichpurpurn bis purpurn, useits (außen) kahl, am Rand bewimpert. Kr meist weiß, glockig. Stg fast aufrecht. Bl 5–12 mm lg. BStand meist mit 3–7 B. BStiel 2–2,5 mm lg. Bis 0,30. ♄ i ZwergStr 5–7. **Z** s △; Ⅴ ⌁ ♈ ☾ ⊖ Moorerde, Dränage (N-Japan: alp. Felsen – 1915). **Japanische M.** – *Ph. nipponica* MAKINO

**3** **(1)** KrZipfel mindestens so lg wie die KrRöhre. StaubBl die Kr überragend. Kr glockig, rot, zart blau getönt. Bl 8–14 mm lg. Bis 0,30. ♄ i ZwergStr 5–6. **Z** s △; Ⅴ ⌁ ♈ ☾ ≃ ⊖ Moorerde, Dränage ∧ (Kalif.: feuchte, felsige Hänge, subalp. Matten, 1200–3500 m – um 1896). **Purpur-M.** – *Ph. breweri* (A. GRAY) A. HELLER

**3\*** KrZipfel kürzer als die KrRöhre. StaubBl von der Kr eingeschlossen . . . . . . . . . . . **4**

**4** Kr krugfg, am Schlund eingeschnürt, purpurn, beim Vertrocknen sich blau verfärbend. KBl lanzettlich, spitz, useits (außen) drüsig behaart. B meist < 7 am Stg (Abb. **268**/2). 0,10–0,35. ♄ i ZwergStr 6–7. **Z** s △; Ⅴ ⌁ ♈ ☾ ⊖ Moorerde, Dränage (kühles bis arkt.) Eur., Pyr., Grönl., Isl., kühles N-Am., gemäß. u. kühles (bis arkt.) O-As., Mong.: Felstundren – 1800). **Bläuliche M.** – *Ph. coerulea* (L.) BAB.

**4\*** Kr ± glockig, am Schlund nicht eingeschnürt, lila bis rosa-purpurn. KBl schmal bis br eifg, stumpf, useits (außen) kahl, am Rand kurz bewimpert. B meist > 7 am Stg. 0,10–0,40. ♄ i ZwergStr 5–7. **Z** s △; Ⅴ ⌁ ♈ ≃ ⊖ Moorerde, Dränage (westl. N-Am.: Sümpfe, Wiesen, feuchte Hänge, bis 2650 m – um 1830 – Hybr mit *Ph. glanduliflora* (HOOK.) COVILLE: *Ph.* × *intermedia* (HOOK.) RYDB. – einige Sorten). **Krähenbeerblättrige M.** – *Ph. empetriformis* (SM.) D. DON

**Glanzheide** – *Daboecia* D. DON                                           2 Arten

Größere Bl mindestens 9 mm lg, schmal lanzettlich bis eifg-elliptisch, oseits dunkelgrün, useits weißfilzig. Traubiger BStand mit 3–9(–12) nickenden B. Kr 9–14 × 5–8 mm, purpurrosa, ± drüsenhaarig. 0,20–0,50. ♄ i ZwergStr 6–9. **Z** z △ ⓐ Moorbeete; Ⅴ ⌁ ○ ☾ ≃ ⊖ Moorerde, Torfmull ∧ (Irl., W-Frankr., N-Span., Port.: Zwergstrauchheiden, lichte Wälder, Felsfluren, kalkfliehend – 1800 – ∞ Sorten: B verschiedenfarbig). **Irische G.** – *D. cantabrica* (HUDS.) K. KOCH

Ähnlich: **Azoren-G.** – *D. azorica* TUTIN et E. F. WARB. [*D. cantabrica* subsp. *azorica* (TUTIN et E. F. WARB.) D. C. MCCLINT.]: Bl < 8 mm lg. Kr < 8 mm lg, kahl. Bis 0,20. ♄ i ZwergStr 6–7. **Z** s ⓐ; Ⅴ ⌁ ○ ☾ ≃ ⊖ Moorerde, Torfmull (Azoren: Moore, steinige Hänge, kalkfliehend, >500 m – 1929 – Kultur-Hybr mit *D. cantabrica*: *D.* × *scotia* D. C. MCCLINT.: einige Sorten: z.B. 'Red Imp': Kr purpurrot; 'Silverwells': Kr weiß; 'William Buchanan': Kr purpurrot, bekannteste Sorte).

**Alpenazalee, Gämsheide** – *Loiseleuria* DESV.                                       1 Art

Spalierstrauch. Bl meist gegenständig, länglich, am Rand ganz, umgerollt, 4–7 × 2 mm. B zu 2–5 in Schirmtrauben, 5zählig. K dunkelrot. Kr br glockig, hellrosa. StaubBl 5. Staub-

1                            2                           3

beutel ohne Anhängsel, mit Schlitzen sich öffnend (Abb. **275**/4). FrKn 2–3fächrig. Fr eine Kapsel. 0,15–0,30. ♄ i SpalierStr 6-7. **W. Z** s △ ⓐ; Ⅴ langwierig, Lichtkeimer, Senker ○ ≃ ⊖ Heideerde, zwischen Steinen, heikel, giftig (warmgemäß. bis arkt. Eur., As. u. N-Am.: alp. frische Zwergstrauchheiden, besonders in windexponierten Lagen, Latschengebüsche, schneefreie Grate, Krummseggenrasen, kalkmeidend; wenn in Kalkgebieten, dann stets auf Rohhumus, 1500–3000 m).

　　　　　　　　　　**Alpenazalee, Gämsheide** – *L. procumbens* (L.) DESV.

**Rhododendron, Alpenrose, Azalee** – *Rhododendron* L.　　　　　　850 Arten

Lit.: BERG, J., HEFT, L. 1969: *Rhododendron* und immergrüne Laubgehölze. Stuttgart. – KRÜSSMANN, G. 1968: Rhododendren, andere immergrüne Laubgehölze und Koniferen. Hamburg und Berlin. – YOUNG, J., CHONG, L. 1980: Rhododendrons of China. American Rhododendron Society. Oregon.

Bem.: Aufgeführt werden lediglich einige niedrigwüchsige Arten aus der *Rh. dauricum-*, *Rh. ferrugineum-* u. *Rh. lapponicum-*Verwandtschaft.

**1** B meist nur aus seitenständigen Knospen am Zweigende. Bl sommergrün od. teilimmergrün. BZeit meist 2–4 ........................................... **2**
**1\*** B aus endständigen Knospen, zuweilen auch zusätzlich aus seitenständigen. Bl immergrün. BZeit 2–4 ............................................... **3**
**2** BlSpreite vorn stumpf od. abgerundet, zuweilen stachelspitzig, am Grund abgerundet od. keilig, 1,5–4 × 0,5–1,5(–2) cm, sommer- od. teilimmergrün. B zu 1–2(–3) an den Zweigenden. Kr flach trichterfg, 2–3,5 cm ⌀, purpurrosa. StaubBl die Kr überragend, Staubbeutel grau. Bis 1,50. ♄ 2–4. **Z** z △ Gehölzränder; Ⅴ ⋎ ◑ ○ ≃ Boden humos, wasserdurchlässig ⊖ Schutz vor kalten, austrocknenden Winden (O-Sibir., Fernost, Mong., NO-China: NadelW, BirkenW, Felshänge – 1780 – Hybr mit *Rh. mucronulatum* – Varietät: var. *sempervirens* SIMS: Bl immergrün).　　　**Dahurische Azalee** – *Rh. dauricum* L.
**2\*** BlSpreite vorn (fast) spitz, am Grund keilig, 3–8 × 1,2–3 cm, sommergrün. B zu 2–6 an den Zweigenden. Kr br trichterfg, 3–4(–5) cm ⌀, purpurrosa, selten weiß. StaubBl die Kr nicht überragend, Staubbeutel blau. BZeit oft vor dem Laubaustrieb. Bis 1,50. ♄ 3–4. **Z** s △ Gehölzränder; Ⅴ ⋎ ◑ ○ ≃ Boden humos, wasserdurchlässig ⊖ Schutz vor kalten austrocknenden Winden, B oft durch Frost vernichtet (NO-China, Amurgebiet, Japan, Korea: Felshänge, Gebüsche, LaubW – 1882).
　　　　　　　　　　**Stachelspitzige Azalee** – *Rh. mucronulatum* TURCZ.
**3** (1) KrZipfel kürzer als die verwachsenen Teile der Kr ...................... **4**
**3\*** KrZipfel länger als die verwachsenen Teile der Kr ......................... **5**
**4** Bl lg bewimpert (Abb. **275**/9), beidseits frischgrün, useits mit zerstreuten Drüsenschuppen, 1,3–3,3 × 0,7–1,4 cm, am Rand flach. Kr hellrot. Griffel am Grund behaart, etwa so lg wie der FrKn od. etwas länger. 0,20–1,00. ♄ i ZwergStr 6 8. **W. Z** z △; Ⅴ Lichtkeimer ⋎ ◑ ○ ≃ Boden humos, wasserdurchlässig, Schutz vor kalten, austrocknenden Winden (M- u. O-Alpen: subalp. mäßig trockne bis frische Felsbänder, Schotterhalden, Latschengebüsche, lichte KiefernW, kalkhold, 1200–2000 m).
　　　　　　　　　　**Bewimperte Alpenrose, Almrausch** – *Rh. hirsutum* L.
**4\*** Bl kahl, oseits dunkelgrün, useits zuerst gelbgrün, später rostbraun dicht beschuppt, 2,8–4 × 0,8–1,6 cm, am Rand umgerollt. Kr dunkelrot. Griffel kahl, etwa 2mal so lg wie der FrKn. 0,30–1,50. ♄ i ZwergStr 5–7. **W. Z** z △; Ⅴ Lichtkeimer ⋎ ◑ ○ ≃ Boden humos, wasserdurchlässig ⊖ Schutz vor kalten, austrocknenden Winden, giftig (Alpen, Pyr., Apennin: subalp. Blockhalden, Latschengebüsche, lichte ZirbelkiefernW, kalkmeidend, 1500–2300(–2840) m).　　　**Rostblättrige Alpenrose** – *Rh. ferrugineum* L.
**5** (3) Bl 0,4–1,4 cm lg, 0,25–0,7 cm br, elliptisch, vorn stumpf od. abgerundet. B zu (1–)2–4. Kr 2,3–2,5 cm ⌀, br trichterfg, violett bis purpurn, selten lavendelfarben. 0,15–0,60. ♄ i ZwergStr 4. **Z** z △; Ⅴ ⋎ ◑ ○ ≃ Boden humos, wasserdurchlässig ⊖ Schutz vor kalten, austrocknenden Winden (China: NW-Yunnan, SW-Sichuan: alp. Matten, offne Hänge, *Rhododendron*-Gebüsche, 2500–4600 m – 1918).
　　　　　　　　　　**Veilchenblauer Rh.** – *Rh. impeditum* BALF. f. et W. W. SM.

**5\*** Bl 2–3 cm lg. B zu (4–)5–10 ........................................ **6**
**6** Griffel am Grund behaart, rot. Bl 1,6–4 × 0,6–1,7 cm. B zu 4–10. Kr br trichterfg, purpurn od. rosa. KrSchlund weißhaarig. 0,50–0,80(–1,50). ℏ i 4–5. **Z** z △; V ⋁ ◐ ○ ≃ Boden humos, wasserdurchlässig ⊖ Schutz vor kalten, austrocknenden Winden (China: NW-Yunnan: steinige, feuchte Grasfluren, 3500 m – 1922). [*Rh. cantabile* BALF. f.]
                                                  **Rötlicher Rh.** – *Rh. russatum* BALF. f. et FORREST
**6\*** Griffel kahl, rot. Bl 1,5–3 × 0,7–1 cm. B zu 6–8. Kr br trichterfg, tief lavendel- bis tief purpurfarben od. rosa, bis 2,3 cm ⌀. KrRöhre am Grund innen behaart. Bis 1,20. ℏ i 4.
**Z** z △ Gehölzränder; V ⋁ ◐ ○ ≃ Boden humos, wasserdurchlässig ⊖ Schutz vor kalten, austrocknenden Winden (China: NW-Yunnan: feuchte Grasfluren, Sümpfe, Moore, 3150–3900 m – 1913).            **Grauer Rh.** – *Rh. hippophaëoides* BALF. f. et W. W. SM.


**Porst** – *Ledum* L.                                                                  10 Arten
**1** Bl lanzettlich bis lineal-lanzettlich, 4–12mal so lg wie br, am Rand umgerollt, ihre Mittelrippe auf der BlUSeite erkennbar. StaubBl meist 10. FrKapsel etwa so lg wie br. 0,60–1,50. ℏ i ZwergStr mit LegTr u. ⋀⋀ 5–7. **W**. **Z** s Moorbeete; Mottenkraut; V Lichtkeimer ⋁ ○ ◐ ≃ bis ≋ Boden torfreich ⊖, giftig (gemäß. bis arkt. Eur., As. u. N-Am.: Moorgebüsche u. MoorW, feuchte KiefernW, kalkmeidend – ▽). [*Rhododendron tomentosum* HARMAJA]                                           **Sumpf-P.** – *L. palustre* L.
**1\*** Bl eifg bis lanzettlich, 2–5mal so lg wie br, am Rand umgerollt, ihre Mittelrippe auf der BlUSeite unter der rostroten filzigen Behaarung verborgen. StaubBl 5–8. FrKapsel meist doppelt so lg wie br. 0,50–1,50. ℏ i ZwergStr mit LegTr u. ⋀⋀ 5–7. **W**. **Z** s Moorbeete; V ⋁ ○ ◐ ≃ bis ≋ Boden torfreich ⊖ (gemäß. bis arkt. N-Am., Grönland: Torfmoore; eingeb. in D. – 20. Jh.). [*Rhododendron groenlandicum* (OEDER) KRON et JUDD]                                     **Grönländischer P.** – *L. groenlandicum* OEDER


**Schuppenheide** – *Cassiope* D. DON                                                   11 Arten
**1** Bl wechselständig. Äste mit nur einer endständigen B. KrZipfel so lg wie die KrRöhre od. länger ........................................................ **2**
**1\*** Bl gegenständig. Äste meist mit mehreren seitenständigen B. KrZipfel höchstens halb so lg wie die KrRöhre ............................................... **3**
**2** KBl spitz. Kr bis 5 mm lg, ihre Zipfel etwa so lg wie die KrRöhre. StaubBl bis 1,5 mm lg. BStiele bis 2 cm lg. B nickend. Bl dem Stg ± angedrückt. Pfl moosähnlich (Abb. **268**/3). Bis 0,05. ℏ i SpalierStr 6–7. **Z** s △; V ⋎ ⋁ Standort hell, aber absonnig ≃ Boden torfreich, sandig od. steinig ⊖, heikel (subarkt. u. arkt. Eur. u. N-Am., NW-Sibir.: Felstundren, Schneetälchen – 1798). [*Harrimanella hypnoides* (L.) COVILLE]
                                         **Moosähnliche Sch.** – *C. hypnoides* (L.) D. DON
**2\*** KBl stumpf. Kr 5–6 mm lg, ihre Zipfel meist länger als die KrRöhre. StaubBl bis 3 mm lg. BStiele bis 1 cm lg. B aufrecht. Bl spreizend. Bis 0,10. ℏ i ZwergStr 7–8. **Z** s △; V ⋎ ⋁ Standort hell, aber absonnig ≃ Boden torfreich, sandig od. steinig ⊖, heikel (nordwestl. N-Am., NO-As., Japan: Hokkaido, Honshu: alp. Zwergstrauchheiden, Moore, trockne Felshänge, bis 2000 m). [*Harrimanella stelleriana* (PALL.) COVILLE]
                                             **Steller-Sch.** – *C. stelleriana* (PALL.) DC.
**3** **(1)** BlUSeite auf ihrer (fast) gesamten Länge mit einer deutlichen Längsfurche. Bl oft kurzhaarig u. am Rand kurz gewimpert (etwa bis 0,25 mm lg), insgesamt ein 4kantiges (Geradzeilen) Säulchen bildend, 3,5–5,5 mm lg. B einzeln od. zu wenigen in den BlAchseln. BStiel 1–3 cm lg. Kr cremefarben-weiß. (Abb. **268**/4). 0,05–0,30. ℏ i ZwergStr. **Z** s △; V ⋁ Standort hell, aber absonnig ≃ Boden torfreich, sandig od. steinig, heikel (subarkt. u. arkt. Eur., As. u. N-Am.: trockne, steinige od. sandige Zwergstrauchheiden, Felstundren, schwach kalkliebend – 1810 – einige Varietäten – Hybr mit *C. fastigiata* (WALL.) D. DON ?: ‘Edinburgh’).           **Vierkant-Sch.** – *C. tetragona* (L.) D. DON

Ähnlich: **Ward-Sch.** – *C. wardii* C. MARQUAND: Bl kahl, am Rand mit etwa 2,5 mm lg weißen Wimpern. B einzeln in den BlAchseln. BStiel meist < 1 cm lg. Kr weiß, innen am Grund rot getönt. 0,15–0,20. ℏ i ZwergStr 5. **Z** s △; V ⌇⌇ Standort hell, aber absonnig ≈ Boden torfreich, sandig od. steinig ⊖, heikel (SO-Tibet, Myanmar: alp. Schotterfluren, steinige Steilhänge – Hybr mit *C. fastigiata*: 'Muirhed', 'Georg Taylor').

**3*** BlUSeite ohne Längsfurche, höchstens an ihrem Grund gefurcht. Bl kahl, höchstens an
ihrem Grund kurzhaarig u. gewimpert ...................................... **4**

**4** Stg mit Bl 2 mm ∅, nicht deutlich 4kantig. Bl 2–3 mm lg, am Rand trockenhäutig, nicht
gewimpert, oseits konkav, useits gerundet. Kr weiß. Bis 0,10. ♄ i SpalierStr 5–6(–7). **Z**
s △; V ⌄ ⌇⌇ Standort hell, aber absonnig ≈ Boden torfreich, sandig od. steinig ⊖, heikel (Alaska, Aleüten, Kamtschatka, Kurilen, Japan: Hokkaido, Honshu: alp. Felsfluren,
Felsspalten – einige Varietäten – Hybr mit *C. fastigiata*: 'Kathleen Dryden', 'Medusa',
'Randle Cooke', 'Beardsen', 'Badenoch').
**Bärlappähnliche Sch.** – *C. lycopodioides* (PALL.) D. DON

**4*** Stg mit Bl 4 mm ∅, deutlich 4kantig. Bl bis 5 mm lg, am Rand nicht trockenhäutig,
anfangs an der Spitze gewimpert, useits gekielt. Kr weiß bis rosa. 0,05–0,30. ♄ i
ZwergStr 4. **Z** s △; V ⌄ ⌇⌇ Standort hell, aber absonnig ≈ ⊖, heikel (warmes bis kühles
westl. N-Am.: subalp. feuchte Hänge, Schneetälchen, Felsspalten, bis 3500 m – 1885
– einige Varietäten). **Weiße Sch.** – *C. mertensiana* (BONG.) D. DON

**Rebhuhnbeere, Scheinbeere** – *Gaultheria* L.                                    135 Arten

Lit.: SLEUMER, H. 1985: Taxonomy of the genus *Pernettya* GAUD. (*Ericaceae*). Bot. Jahrb. **105**:
449–480. – MIDDLETON, D. J., WILCOCK, C. C. 1990: A critical examination of the status of *Pernettya*
GAUD. as a genus distinct from *Gaultheria* L. Edinburgh J. Bot. **47**: 291–301.

**1** B einzeln, blattachselständig (Abb. **267**/2, 3) ........................... **2**
**1*** B in Trauben (Abb. **267**/1) ........................................ **3**
**2** Pfl bis 15 cm hoch. Bl ohne Stachelspitze, vorn ± abgerundet, 20–50 × 10–30 mm, oft
zu wenigen am StgEnde gehäuft, verkehrteigf bis elliptisch, am Rand schwach gesägt.
B ⚥. Kr 5–10 mm lg, weiß (bis rosa), krugfg. Fr beerenähnlich, rot, 8–15 mm ∅ (Abb.
**267**/2). Bis 0,15. ♄ i ZwergStr ∿∿ 7–8. **Z** s Moorbeete ☐ ⚘; TeePfl in N-Am.; V ♥ ⌇⌇
◐ ● ≈ Moor- u. Heideerde, wenig giftig (östl. N-Am.: Wälder, kalkfliehend – 1762).
**Niedere R.** – *G. procumbens* L.

**2*** Pfl bis 150 cm hoch. Bl stachelspitzig, 5–14(–20) × 3–6(–10) mm, zu ∞ gleichmäßig am
Stg verteilt, eilanzettlich, ganzrandig od. gesägt. B ♂ mit rückgebildeten FrKn, B ♀ mit
rückgebildeten StaubBl. Kr 3–4 mm lg, weiß, krugfg. Fr beerenähnlich, weiß bis rosa,
lila, 8–12 mm ∅ (Abb. **267**/3). Bis 1,50. ♄ i ∿∿ 5–6. **Z** s ⚑ Moorbeete ⚘; V ⌇⌇ bewurzelte Ausläufer ◐ ⊖ Boden humos, durchlässig ⚑ (S-Chile, S-Argent.: SüdbuchenW,
felsige Orte in Wäldern – 1828 – 2 Varietäten – ∞ Sorten: FrGröße u. -Farbe unterschiedlich). [*Pernettya mucronata* (L. f.) GAUDICH. ex SPRENG.]
**Stechende R., Torfmyrte** – *G. mucronata* (L. f.) HOOK. et ARN.

**3** (1) Bl 1,5–4 × 0,8–2 cm. BlSpreite am Grund keilig bis abgerundet, vorn abgerundet.
Trauben mit 2–6 B. Kr 5–6 mm lg, weiß, krugfg. Fr beerenähnlich, weiß bis rosa. Pfl niederliegend. Bis 0,30. ♄ i ∿∿ 6. **Z** s Moorbeete ⚑; V ♥ ⌇⌇ ◐ ≈ Moorerde ⊖ ⚑ (Sachalin,
Kurilen, Aleüten, Japan: Hokkaido, Honshu: Laub- u. NadelW, subalp. Gebüsche –
1892). **Miquel-R.** – *G. miqueliana* TAKEDA

**3*** Bl 2–13 × 3–5(–8) cm. BlSpreite am Grund meist herzfg, zuweilen abgerundet, vorn zugespitzt. Trauben mit ∞ B. Kr 7–9 mm lg, rosa, krugfg. Fr beerenähnlich, purpurschwarz. Pfl aufrecht od. niederliegend (Abb. **267**/1). Bis 2,00. ♄ i ∿∿ 5–6. **Z** z Moorbeete ⚘; V ⌇⌇ bewurzelte Ausläufer ◐ ≈ Moorerde ⊖ (westl. N-Am.: NadelW, feuchte
Waldränder; eingeb. in NW-Eur. – 1826). **Hohe R.** – *G. shallon* PURSH

**Gränke, Rosmarinheide** – *Andromeda* L.                                       2 Arten

**1** Bl useits kahl, blauweiß bereift, 1,5–3,5 cm lg, am Rand zurückgerollt. BStiel meist > 1 cm
lg, 2–4mal so lg wie die Kr. Kr rosa, selten weiß. (Abb. **269**/2). 0,15–0,30. ♄ i ZwergStr
∿∿ 5–8. **W. Z** s Moorbeete; Kalt- u. Lichtkeimer ⌇⌇ ♥ ◐ ○ ≈ ∼∼ Moorerde ⊖, giftig

(warmes bis kühles Eur., As. u. N-Am.: nasse Hochmoorbulte, kalkmeidend).
**Polei-G., Rosmarinheide** – *A. polifolia* L.
**1\*** Bl useits weißhaarig, 2–5 cm lg, am Rand zurückgerollt. BStiel <1 cm lg, höchstens doppelt so lg wie die Kr. Kr rosa. 0,10–0,30. ♄ i ZwergStr 5–6. **Z** s Moorbeete; ✧ ∿ ⚇ ◐ ○ ≈ ≋ Moorerde ⊖, giftig (nordöstl. N-Am.: Moore – 1879).
**Behaarte G., Behaarte Rosmarinheide** – *A. glaucophylla* LINK

**Zenobie** – *Zenobia* D. DON                                                                                              1 Art
Bl wechselständig, winter- od. nur sommergrün. BlSpreite br eifg od. elliptisch, useits od. beidseits weißlich bereift, 2–7 cm lg. Kr glockig, 5zählig, weiß. StaubBl 10, Staubfäden am Grund plötzlich verbreitert, Staubbeutel mit 4 grannenartigen, ± aufrechten Anhängseln (Abb. **275**/5). Fr eine flachkuglige Kapsel aus 5 FrBl. (Abb. **269**/3). 0,50–1,00. ♄ 5–6. **Z** s Moorbeete; ✧ ∿ ◐ ≈ ⊖ Boden humos (südöstl. USA: feuchte Wälder – 1801). **Gewöhnliche Z.** – *Z. pulverulenta* (W. BARTRAM ex WILLD.) POLLARD

**Torfgränke, Zwerglorbeer** – *Chamaedaphne* MOENCH                                                    1 Art
Bl wechselständig, kurz gestielt. BlSpreite länglich-lanzettlich, am Rand ± fein gesägt, beidseits mit bräunlichen u./od. weißen Schildhaaren (starke Lupe!), 10–40(–50) × 4–10(–15) mm. BStand eine lockere, einseitswendige Traube mit 5–25 B. B in der Achsel laubblattartiger TragBl, 5zählig. Kr krugfg, weiß, 5–6 mm lg. StaubBl 10. Staubbeutel ohne Anhängsel, jede Staubbeutelhälfte röhrenartig verlängert u. sich endständig mit einer Pore öffnend. (Abb. **269**/1). 0,20–0,50. ♄ i 5–7. **Z** s Moorbeete; ✧ ∿ ○ ◐ ≈ ⊖ Moorerde, giftig (gemäß. bis kühles östl. u. westl. N-Am., As. u. nordöstl. Eur.: Moore – 1748 – Sorten: 'Angustifolia': Bl schmal lanzettlich mit welligem Rand; 'Nana': Pfl bis 0,20). [*Lyonia calyculata* (L.) RCHB.]   **Torfgränke** – *Ch. calyculata* (L.) MOENCH

**Bärentraube** – *Arctostaphylos* ADANS.                                                                            50 Arten
**1** Bl am Rand gesägt, sommergrün, 2–3 cm lg. B zu 2–3(–5). Fr anfangs rot, später schwarz od. blauschwarz. 0,15–0,30. ♄ SpalierStr 5–6. **W. Z** s △; VolksheilPfl; ✧ ∿ ⚇ ○ ◐ ⊖ (warmgemäß. bis arkt. Eur., As. u. N-Am.: alp. frische Zwergstrauchheiden u. -gebüsche, lichte NadelW, kalkmeidend). [*Arctous alpina* (L.) NIED.]
**Alpen-B.** – *A. alpinus* (L.) SPRENG.
**1\*** Bl ganzrandig, immergrün. BStand meist >5blütig. Fr rot od. ± braun . . . . . . . . . . **2**
**2** Bl vorn meist abgerundet od. schwach ausgerandet, spatelfg bis verkehrteifg, 1–2 cm lg. BStand nickend, mit 5–7(–10) B. Kr 4–6 mm lg, weiß od. rosa getönt. Reife Fr rot, mehlig, fade schmeckend. 0,20–0,60. ♄ i SpalierStr 3–7. **W. Z** s △ Heidebeete ▢; **N** HeilPfl; ✧ Kaltkeimer ∿ ○ ◐ (warmgemäß. bis kühles Eur., As. u. N-Am.: mäßig trockne, lichte KiefernW u. -forste, Zwergstrauchheiden, sandige Wegränder – mehrere Sorten – ▽). **Echte B.** – *A. uva-ursi* (L.) SPRENG.
**2\*** Bl bespitzt, eifg bis eilanzettlich od. verkehrteifg, 1,5–2,5 cm lg. BStand aufrecht, kompakt, reichblütig. Kr 7–8 mm lg, weiß. Reife Fr braun, sauer. 0,15–0,40. ♄ i SpalierStr 4–5. **Z** s △ ▢; ✧ ∿ ○ ◐ ⊖ (westl. N-Am.: Felshänge – 1896 – die unter dem Namen *A. nevadensis* gezogenen Pfl sind oft Formen von *A. uva-ursi*).
**Nevada-B.** – *A. nevadensis* A. GRAY

**Heidelbeere, Preiselbeere, Moosbeere** – *Vaccinium* L.                                                  450 Arten
**1** Kr bis fast zum Grund geteilt, mit zurückgeschlagenen Zipfeln, 4zählig. Stg fadenfg, kriechend . . . . . . . . . . . . . . . . . . . . . . . . . . . . . . . . . . . . . . . . . . . . . . . **2**
**1\*** Kr höchstens bis zur Hälfte ihrer Länge geteilt, krug- od. glockenfg, 4- od. 5zählig. Stg kräftig, aufrecht . . . . . . . . . . . . . . . . . . . . . . . . . . . . . . . . . . . . . . . . . . . **3**
**2** Bl länglich, stumpf, 6–18 mm lg, am Rand kaum umgerollt. BStandsachse durch einen BlTrieb abgeschlossen. VorBl dicht unter der B. KrZipfel 6–10 mm lg. Beeren 10–20 mm ∅. 0,20–1,00 lg. ♄ i Kriech-StaudenStr 6. **W. Z** s Moorbeete ▢; Beerenobst (Cranberry)

in N-Eur. u. N-Am.; ♀ Licht- u. Kaltkeimer ⋅⋁ ♈ ○ ◑ ≈ ⊖ sandiger Moorboden (warm-
gemäß. bis kühles östl. N-Am.: Moore, Sümpfe; eingeb. in D. – 1760). [*Oxycoccus macro-
carpos* (AITON) PURSH]
<br>
     **Großfrüchtige Moosbeere, Krannbeere** – *V. macrocarpon* AITON
2* Bl eifg bis 3eckig, spitz, 4–8 mm lg, mit deutlich umgerolltem Rand. Traube endständig.
VorBl etwa in der Mitte des BStiels. KrZipfel 5–6 mm lg. Beere 5–10 mm ⌀.
0,15–0,80 lg. ♄ i Kriech-StaudenStr 6–8. **W. Z** s Moorbeete ▢; ♀ Lichtkeimer ⋅⋁ ♈ ○
◑ ≈ ⊖ sandiger Moorboden (warmgemäß. bis kühles Eur. u. N-Am.: nasse bis
feuchte Torfmoorbulte von Hoch- u. Zwischenmooren, Schwingmoore, verlandete Torf-
stiche, lichte MoorbirkenW, kalkmeidend, bis 1900 m). [*Oxycoccus palustris* PERS.,
*O. quadripetalus* GILIB.]    **Gewöhnliche Moosbeere** – *V. oxycoccus* L.
3 **(1)** Bl immergrün, ledrig, am Rand umgerollt, useits drüsig punktiert. Beeren rot. B in
Trauben. Kr glockig, weiß od. rosa. Staubbeutel ohne paarige hornartige Anhängsel.
0,05–0,15(–0,30). ♄ i ZwergStr ⋟⋟ 5–6(–8). **W. Z** s Moor- u. Heidebeete; **N** s Beeren-
obst; ♀ Licht- u. Kaltkeimer ♈ ⋅⋁ ○ ◑ ⊖ sandiger Moorboden (warmgemäß. bis arkt.
Eur., As. u. N-Am.: mäßig trockne bis mäßig feuchte NadelW u. Nadelholzforste,
LaubmischW, Gebüsche, Heiden, Hochmoorränder, kalkmeidend, bis 3040 m – Unter-
arten: subsp. *vitis-idaea*: Pfl 8–30 cm hoch, Bl 10–25 × 6–15 mm, Traube mit 3–8(–15)
B; subsp. *minus* (LODD.) HULTÉN: Stg 3–8 cm hoch, Bl 4–8 × 2,5–5 mm, Trauben mit
2–5 B – mehrere Sorten: z. B. 'Erntesegen', 'Koralle': gut geeignet für Erwerbsanbau).
       **Preiselbeere, Kronsbeere** – *V. vitis-idaea* L.
3* Bl sommergrün, krautig. Beeren blauschwarz . . . . . . . . . . . . . . . . . . . . . . . . . . . . . . . **4**
4 FrKn 10fächrig. Staubbeutel ohne paarige hornartige Anhängsel. Bl eifg bis lanzettlich,
am Rand fein gezähnt, 3,8–8 × 1,5–3,5(–4) cm. Kr 6–12 mm lg, weiß bis hellrosa.
Staubbeutel ohne paarige hornartige Anhängsel. Fr 6–12 mm ⌀. 1,00–2,00. ♄ 5. **W. N**
im NW z Beerenobst; **Z** s Moorbeete; ♀ ⋅⋁ ○ ◑ ≈ ⊖ sandiger Moorboden (östl. N-Am.:
Moore, Sümpfe – 1765 – Hybr mit *V. angustifolium* AITON: Garten- od. Kulturheidelbeere
mit ∞ Sorten, verw. in Mooren u. Kiefernforsten Niedersachsens).
          **Amerikanische H.** – *V. corymbosum* L.
4* FrKn 4- od. 5fächrig. Staubbeutel mit ± lg paarigen hornartigen Anhängseln . . . . . **5**
5 Bl am Rand ganz, schwach umgebogen, verkehrteifg, vorn meist stumpf, 6–25(–35) ×
4–12(–20) mm, blaugrün. Äste stielrund. B 4- od. 5zählig. Kr weißlich. FrFleisch weiß-
lich. 0,05–1,00. ♄ ZwergStr ⋟⋟ 5–7. **W. Z** s Moorbeete; ♀ Kaltkeimer ⋅⋁ ○ ◑ ≈ ⊖
sandiger Moorboden, durch Pilzbefall (*Sclerotinia megalospora* WOT.) giftig? (warm-
gemäß. bis arkt. Eur., As. u. N-Am.: nasse bis frische MoorW, verbuschte Hochmoore,
vermoorte Dünentäler, subalp. Zwergstrauchheiden, kalkmeidend – mehrere Unter-
arten: z. B. subsp. *uliginosum*: Pfl ± aufrecht, Bl 10–25(–35) mm lg, D zu 2–3, BStiele
3–10 mm lg, meist länger als die B. 0,20–1,00; subsp. *pubescens* (WORMSK. ex HOR-
NEM.) HORNEM.: Pfl niederliegend bis aufsteigend. Bl 6–15 mm lg, B meist einzeln,
BStiele 1–3 mm lg, kürzer als die B. 0,05–0,15).
    **Moor-H., Rauschbeere, Trunkelbeere** – *V. uliginosum* L.
5* Bl am Rand gesägt, flach, spitz . . . . . . . . . . . . . . . . . . . . . . . . . . . . . . . . . . . . . . . **6**
6 Zwergstrauch. Äste scharfkantig, grün. B einzeln in den BlAchseln, 5- od. 4zählig. Kr
kuglig-krugfg, rötlichgrün bis rot. Bl eifg 10–30 × 6–18 mm. 0,15–0,50. ♄ ZwergStr
⋟⋟ 4–8. **W. Z** s Moorbeete, Heidebeete; Beerenobst, VolksheilPfl; ♀ Lichtkeimer ♈ ⋅⋁
○ ◑ ⊖ sandiger Moorboden (warmgemäß. bis kühles Eur., Sibir.: frische NadelW u. Na-
delholzforste, LaubW, Gebüsche, Heiden, kalkmeidend).
         **Heidelbeere, Blaubeere** – *V. myrtillus* L.
6* Strauch. Äste stielrund. B zu 3–8 in Trauben, 5zählig. Kr br glockig, grünlichweiß u. rosa
getönt. Bl länglich od. elliptisch-lanzettlich, 40–60(–100) × 23–50 mm. 1,00–6,00. ♄
5–6. **Z** s Moorbeete, Gehölzgruppen; ♀ ⋅⋁ ◑ ⊖ sandiger Moorboden (W-Kauk., N-
Türkei, SO-Bulg.: OrientbuchenW, TannenW, Gebüsche, oft vergesellschaftet mit *Rho-
dodendron* – 1880).    **Kaukasische H.** – *V. arctostaphylos* L.

**Heidekraut** – *Calluna* SALISB. 1 Art

Bl gegenständig, 1–4 mm lg, schuppenfg. B in einseitswendigen Trauben. KBl 4, länglich-eifg, kronblattartig gefärbt. KrBl 4, hellpurpurn bis weiß, kürzer als die KBl. StaubBl 8, Staubbeutel jeweils mit 2 hornartigen Anhängseln, sich durch endständige Poren öffnend. Fr eine Kapsel. 0,15–0,50. ♄ i Zwergstrauch 6–9. **W**. **Z** z Moor- u. Heidebeete, Balkonkästen, Pflanzschalen, Gräber; ∀ Lichtkeimer, Sa langlebig ∿ ○ ⊖ Boden sandig, torfhaltig (warmes bis kühles Eur., W-Sibir.: mäßig trockne bis feuchte Heiden, Magerrasen, Felsen, Moore, Kiefern- u. EichenW, kalkmeidend – etwa 1000 Sorten: B einfach, halbgefüllt od. gefüllt, sich öffnend od. geschlossen bleibend („Knospenblüher"), rot, dunkelrot, karminrot, purpurrot, weinrot, rosa, lilarosa, purpurn, violett, lavendelblau od. weiß; Bl grün, gelb, goldgelb, grau, graugrün, im Winter sich zuweilen verfärbend; Wuchshöhe 10–50 cm; Stg aufrecht od. kriechend; unterschiedliche BZeiten: z.B. Juni–Juli, Juni–August, August–September, September–November, September–Dezember). **Heidekraut, Besenheide** – *C. vulgaris* (L.) HULL

**Heide** – *Erica* L. 735 Arten

1 Staubbeutel mit paarigen Anhängseln (Abb. **275**/7,8) . . . . . . . . . . . . . . . . . . . . . . . 2
1* Staubbeutel ohne paarige Anhängsel (Abb. **275**/6) . . . . . . . . . . . . . . . . . . . . . . . . 5
2 Pfl nicht winterhart, Herbst- u. Frühwinterblüher. Viele Seitenzweige mit endständigen B. Kr bis 4 mm lg, rot bis weiß. KBl grün bis rot. StaubBl von der Kr eingeschlossen. Bl linealisch, bis 4 mm lg, zu 4 im Quirl. Bis 0,50. ♄ i 9–12. **Z** z Balkonkästen, Gräber; ∿ ○ ≃ ⊖ sandiger Moorboden ⊛ (S-Afr. – 1774 – einige Sorten).
**Schlanke H.** – *E. gracilis* J. C. WENDL.
2* Pfl winterhart od. ± winterhart, Sommer- od. Frühherbstblüher. Viele Seitenzweige ohne B. Kr (4–)5–9 mm lg . . . . . . . . . . . . . . . . . . . . . . . . . . . . . . . . . . . . . . . . . . . 3
3 Bl u. KBl steifhaarig gewimpert. BStand kopfig-doldig. Kr 5–9 mm lg. StaubBl von der Kr eingeschlossen. FrKn behaart. 0,15–0,50. ♄ i ZwergStr 6–9. **W**. **Z** s Moorbeete; ∀ Lichtkeimer, Sa langlebig ∿ ○ ◖ ≃ ⊖ sandiger Moorboden (warmgemäß. bis kühles W-, M- u. N-Eur.: Feuchtheiden, Moore, Feuchtwiesen, Gebüsche, MoorW, kalkmeidend – mehrere Sorten: Kr weiß, karminrot, hellrosa, gelblichrosa, hellrot, lilarosa, rot, purpurrosa). **Glocken-H.** – *E. tetralix* L.
3* Bl zumindest im Alter kahl . . . . . . . . . . . . . . . . . . . . . . . . . . . . . . . . . . . . . . . . . 4
4 Stg kahl. BlQuirle 4(–6)zählig. B zu 3–10 in endständigen Dolden. Staubbeutel mit ganzrandigen Anhängseln (Abb. **275**/7). FrKn behaart. Bis 1,00(–2,50). ♄ i 7–9. **Z** s Moorbeete; ∀ ∿ ◖ ≃ ⊖ sandiger Moorboden ∧ ⊛ (W-Medit.: Flussufer, schattige Felsen, Waldschluchten, feucht-schattige Orte, 0–1800 m – 1765).
**Steife H.** – *E. terminalis* SALISB.
4* Stg grauhaarig. BlQuirle 3zählig. B in endständigen Dolden od. Trauben. Staubbeutel mit gezähnten Anhängseln (Abb. **275**/8). FrKn kahl. 0,15–0,75. ♄ i ZwergStr 6–8. **Z** s

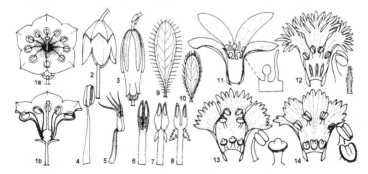

Moorbeete, Heidebeete; ⱱ ⚲ ○ ◐ ⊖ ∧ Reisigabdeckung gegen Wintersonne (warmgemäß. bis kühles W-Eur.: Zwergstrauchheiden, Felsfluren, lichte Wälder, trockne Moore, kalkmeidend, 0–1200 m – 1712 – ∞ Sorten: Wuchs niederliegend bis aufrecht; Wuchshöhe 0,15–0,50; Bl dunkelgrün, graugrün, gelbgrün, gelb, sich im Winter zuweilen verfärbend; Kr weiß, weinrot, lachsrosa, purpurrot, violettrosa, purpurrosa, dunkelrot). **Graue H.** – *E. cinerea* L.

**5 (1)** Staubbeutel von der Kr eingeschlossen. Bl lg drüsig bewimpert, eifg, eilanzettlich bis länglich-lanzettlich, 2–4 mm lg, in 3(–4)zähligen Quirlen. KBl 2 mm lg, gewimpert. Kr 8–12 mm lg, rosa. 0,30–0,80. ♄ i ZwergStr 6–7. **Z** s Moorbeete; ⱱ ⚲ ○ ◐ ≈ ⊖ sandiger Moorboden ∧ Reisigabdeckung gegen Wintersonne (warmes bis gemäß. W-Eur.: Moore, Zwergstrauchheiden, Gebüsche, lichte Wälder, kalkfliehend – 1773 – mehrere Sorten: Kr weiß, rosa, karminrot). **Wimper-H.** – *E. ciliaris* L.

**5\*** Staubbeutel die Kr ± überragend. Bl kahl, linealisch od. länglich . . . . . . . . . . . . . . . **6**

**6** BStiele mindestens doppelt so lg wie die KBl. KBl kürzer als die halbe KrLänge. Staubbeutel deutlich die Kr überragend. Bl 6–11 mm lg, in 4–5zähligen Quirlen. BStand traubig, bis 10 cm lg. Kr 2,5–3,5 mm lg, lilarosa od. weiß. Bis 0,60(–0,80). ♄ i ZwergStr 7–9. **Z** s Moorbeete, Heidebeete; ⱱ ⚲ ○ ◐ ⊖ sandiger Moorboden (warmgemäß. bis gemäß. W-Eur.: Zwergstrauchheiden, Wälder, kalkfliehend). **Cornwall-H.** – *E. vagans* L.

**6\*** BStiele etwa so lg wie die KBl. KBl länger als die halbe KrLänge. Staubbeutel die Kr halb od. fast ganz überragend . . . . . . . . . . . . . . . . . . . . . . . . . . . . . . . . . . . . . **7**

**7** Stg kahl. Staubbeutel die Kr fast ganz überragend. Pfl mit niederliegenden bis aufsteigenden Ästen, bis 30 cm hoch. Bl 5–8 mm lg, in 4zähligen Quirlen. BStand traubig, meist einseitswendig, bis 10 cm lg. Kr 5–6 mm lg, fleischfarben. (Abb. **275**/6). 0,15–0,30. ♄ i ZwergStr 2–6. **W**. **Z** z △ Heidebeete, Rabatten; ⱱ Lichtkeimer ○ ◐ (Alpen, Apennin, Serbien, Bosnien: Gebirgs-KiefernW, Latschengebüsche, kalkhold – ∞ Sorten: Bl dunkelgrün, gelbgrün, graugrün, gelblich, sich im Winter zuweilen verfärbend; Kr hellrosa, lilarosa, rubinrot, hellrot, dunkelrot, purpurn, weiß). [*E. herbacea* L.] **Schnee-H.** – *E. carnea* L.

**7\*** Stg behaart. Staubbeutel nur mit oberer Hälfte die Kr überragend. Pfl mit aufrechten Ästen, bis 120 cm hoch. Bl (5–)6–8 mm lg, in 4zähligen Quirlen. BStand traubig, 3–5 cm lg. Kr 5–7 mm lg, purpurrosa. 0,60–1,20(–2,00). ♄ i 3–5. **Z** s Moorbeete; ⱱ ⚲ ○ ◐ ☁ ∧ (warmgemäß. bis gemäß.W-Eur.: Gewässerufer, Moore, luftfeuchte, schattige Orte – mehrere Sorten: Bl graugrün, dunkelgrün, goldgelb; B weiß, lachsrosa, rosarot, purpurrosa). **Purpur-H.** – *E. erigena* R. Ross

**Ährenheide** – *Bruckenthalia* Rchb. 1 Art

Zwergstrauch mit aufsteigenden bis aufrechten Zweigen. Bl meist in 4–5zähligen Quirlen, abstehend, linealisch, 4–6 × 0,5–1 mm, am Rand zurückgerollt, endständig oft mit lg Drüsenhaar. BStand traubig. KBl 4, in der unteren Hälfte verwachsen, am Rand gezähnt, rosa. KrBl 4, gefärbt wie der K. StaubBl 8, Staubfäden am Grund mit der Kr verwachsen, Staubbeutel ohne Anhängsel. KapselFr kahl. (Abb. **275**/2). 0,10–0,20(–0,30). ♄ i ZwergStr 6–7. **Z** s △; ⚲ ⱱ ○ ◐ ≈ ⊖ (Alban., N-Griech., Bulg., Rum., N-Türkei,: feuchte bis nasse subalp. u. alp. Wiesen, lichte Wälder, bis 2200 m – 1888 – Sorte: 'Balkan Rose': B tiefrosa). **Ährenheide** – *B. spiculifolia* (Salisb.) Rchb.

## Familie **Krähenbeerengewächse** – *Empetraceae* Hook. et Lindl.
6 Arten

Lit.: Good, R. 1927: The genus *Empetrum*. J. Linn. Soc. Bot. **47**: 489–523.

**Krähenbeere** – *Empetrum* L. 3 Arten

**1** Junge Triebe dicht weißhaarig (Abb. **277**/2), ohne Drüsenhaare, ältere verkahlend od. kahl, grau od. kastanienbraun. Fr meist rot, zuweilen schwarz. B meist 1geschlechtig, 2häusig verteilt. Bl 2–6 × 0,8–2 mm, linealisch bis schmal elliptisch, am Rand zumindest

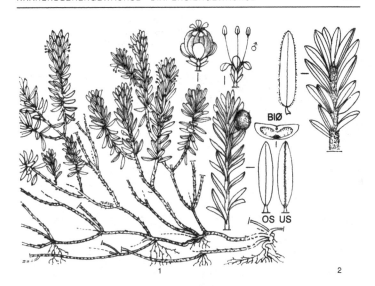

in der Jugend behaart. Bis 0,45. ♄ i ZwergStr 4–5. **Z** s Moorbeete; ⌁ ∨ ○ ≈ ⊖ (Patagonien, Falklandinseln: Zwergstrauchheiden, Moore, Sümpfe, lichte SüdbuchenW, 0–600 m).        **Rotfrüchtige K.** – *E. rubrum* VAHL ex WILLD.

1\* Junge Triebe meist mit kurzen Drüsenhaaren. Fr schwarz od. schwarzpurpurn. B ♀ od. 1geschlechtig, 2häusig verteilt. BlRand oft zerstreut mit Drüsen . . . . . . . . . . . . . . **2**

2 Pfl 2häusig. Junge Triebe rötlich, ältere rotbraun. Bl 3–4 mal so lg wie br, parallelrandig, useits mit sehr schmaler weißer Rinne. BKnospen meist rot. Am Grund der Fr nie StaubBlReste (Abb. **277**/1). 0,15–0,45. ♄ i ZwergStr LegTr, Verdauungsausbreitung besonders durch Krähen, 4–5. **W**. **Z** s Moorbeete, Heidebeete; ⌁ ∨ ♥ ○ ◐ ≈ ⊖, schwach giftig (gemäß. bis kühles Eur., As. u. westl. N-Am.: frische bis feuchte, besonders küstennahe u. mont.-subalp. Heiden, Moore, lichte NadelW, kalkmeidend, 900–1400 m). [*E. nigrum* subsp. *nigrum*]      **Gewöhnliche K.** – *E. nigrum* L.

2\* B ♀. Junge Triebe grün, ältere braun. Bl 2–3 mal so lg wie br, mit etwas gebogenen Rändern, useits mit breiterer weißer Rinne. BKnospen grün. Am Grund der reifen Fr fast stets vertrocknete StaubBl od. deren Basalteile vorhanden. 0,15–0,50. ♄ i ZwergStr 4–5. **W**. **Z** s Moorbeete, Heidebeete; ⌁ ∨ ◐ ≈ ⊖ (warmgemäß. bis arkt. Eur., As. u. N-Am.: hochmont. bis subalp. Zwergstrauchheiden oft mit lg Schneebedeckung, Moore, Felsköpfe, kalkmeidend – einige Sorten). [*E. nigrum* subsp. *hermaphroditum* (HAGERUP) BÖCHER]      **Zwittrige K.** – *E. hermaphroditum* HAGERUP

## Familie **Diapensiengewächse** – *Diapensiaceae* LINDL.     15 Arten

Lit.: BARNES, P. G. 1990: A summary of the genus *Shortia*. Plantsman **12**, 3: 23–34. – DIELS, F. L. E. 1914: Diapensiaceen-Studien. Bot. Jb. **50**, Suppl.: 304–330. – YAMAZAKI, T. 1968: On the genera *Shortia* and *Schizocodon*. J. Jap. Bot. **43**: 81–90. – YAMAZAKI, T. 1990: Additional notes on *Schizocodon* and *Shortia*. J. Jap. Bot. **65**: 309–319.

1 B ∞ in ährenähnlicher Traube, meist > 12. Staubfäden der fertilen u. sterilen StaubBl zu einer dem KrGrund angewachsenen Röhre vereint (Abb. **275**/11).
       **Bronzeblatt** – *Galax* S. 278

**1\*** B einzeln od. in 2–12blütiger Traube. Staubfadenröhre fehlend. Fertile StaubBl dem KrSchlund, sterile dem KrGrund eingefügt (Abb. **275**/12–14).

**Winterblatt** – *Sh<u>o</u>rtia* S. 278

**Bronzeblatt, Zauberstab** – *G<u>a</u>lax* Sims          1 Art

BlSpreite kreisfg bis br eifg mit herzfg Grund, 4–15 cm br, gesägt od. gekerbt, nach den ersten Nachtfrösten rötlich od. bronzefarben. Schaft 20–40 cm lg. Ährenähnliche Traube 5–10 cm lg. Kr weiß. KrZipfel länglich. Sterile StaubBl linealisch (Abb. **275**/11). 0,20–0,45. ♃ i 6—7. **Z** s *Rhododendron*-Bestände △ ⌓; ⚘ (Frühjahr), ⚥ (Herbst) ● ◐ Standort kühl, Boden gleichmäßig feucht, mineralisch mit humoser Abdeckung ⊖ ∧ (SO-USA: Virginia, N- u. S-Carolina, Georgia, Alabama: lichte BergW – 1756 ). [*G. aph<u>y</u>lla* hort. non L.] **Bronzeblatt, Zauberstab** – *G. urceol<u>a</u>ta* (Poir.) Brummit

**Winterblatt** – *Sh<u>o</u>rtia* Torr. et A. Gray (incl. *Schizoc<u>o</u>don* Siebold et Zucc.)          6 Arten

**1** BStand 2–12blütig, endständig. KrZipfel zerschlitzt, rosa od. weiß. Sterile StaubBl linealisch (Abb. **275**/12). BlSpreite ei- od. kreisfg, am Grund oft herzfg, 0,6–12 cm lg u. br. ♃ i 3–4. **Z** s ⓐ; ⚘ ⚲ ⚥ ⊕ ≈ Mischung aus Torfmull, Laub- u. Nadelerde ⊖, heikel (Japan: S-Hokkaido, Honshu, Shikoku, Kyushu: trockne, steinige Orte, 200–2000 m – 1982 – 5 Varietäten). [*Schizoc<u>o</u>don soldanello<u>i</u>des* Siebold et Zucc.]

**Alpenglöckchenähnliches W.** – *Sh. soldanello<u>i</u>des* (Siebold et Zucc.) Makino

**1\*** B einzeln, blattachselständig. KrZipfel gezähnt, gekerbt od. schwach zerschlitzt. Sterile StaubBl eifg od. schuppenartig, kurz gestielt, einwärts gebogen (Abb. **275**/13,14) .          2

**2** Staubfäden etwa so lg wie die Staubbeutel (Abb. **275**/14). Kr 1,5–2,5 cm ⌀, weiß od. hellrosa. BlSpreite 2–7 cm lg u. br, kreisfg od. br elliptisch, am Grund oft schwach herzfg, 0,10–0,20. ♃ i 5–6. **Z** s *Rhododendron*-Bestände △ Moorbeete; ⚘ ⚲ ⚥ ◐ ≈ Mischung aus Torfmull, Laub- u. Nadelerde ⊖ ∧ (USA: N-Carolina, Georgia: schattige Felsfluren, feuchte Waldschluchten – 1881).

**Galaxblättriges W.** – *Sh. galacif<u>o</u>lia* Torr. et A. Gray

**2\*** Staubfäden viel länger als die Staubbeutel (Abb. **275**/13). Kr 2,5–3 cm ⌀, rosa. BlSpreite 2–7 cm lg u. br, kreisfg, am Grund herzfg. Bis 0,15. ♃ i 4–5; **Z** s *Rhododendron*-Bestände △ Moorbeete; ⚘ ⚲ ● ≈ Boden Mischung aus Torfmull, Laub- u. Nadelerde ⊖ ∧ (Japan: Honshu: Felshänge, schattige Wälder, 200–600 m – einige Varietäten – Hybr mit *Sh. galacif<u>o</u>lia*: *Sh.* × *intert<u>e</u>xta* Marchant).

**Einblütiges W.** – *Sh. unifl<u>o</u>ra* (Maxim.) Maxim.

## Familie **Primelgewächse**– *Primul<u>a</u>ceae* Batsch ex Borkh.          825 Arten

**1** WasserPfl. Bl kammfg-fiederschnittig. **Wasserfeder, Wasserprimel** – *Hott<u>o</u>nia* S. 298

**1\*** Land- od. SumpfPfl. Bl unzerteilt, ganzrandig, gezähnt, gekerbt od. gelappt . . . . . . **2**

**2** LaubBl alle grundständig (z. B. Abb. **282**; **287**/1–3; **289**/1–5) . . . . . . . . . . . . . . . . . **3**

**2\*** LaubBl (grund- u.) stängelständig (Abb. **280**/1) . . . . . . . . . . . . . . . . . . . . . . . . . . . **8**

**3** KrZipfel zurückgebogen (Abb. **279**/a–c; **301**/4) . . . . . . . . . . . . . . . . . . . . . . . . . . . **4**

**3\*** KrZipfel aufrecht od. abstehend, niemals zurückgebogen . . . . . . . . . . . . . . . . . . . **5**

**4** Knollenstaude. BSchaft 1blütig (Abb. **282**/1–4).    **Alpenveilchen** – *C<u>y</u>clamen* S. 282

**4\*** Rhizomstaude. BSchaft mehrblütig, BStand doldig (Abb. **301**/4).

**Götterblume** – *Dodec<u>a</u>theon* S. 298

**5** KrSaum geschlitzt in ∞ Segmente (Abb. **301**/2,3). KapselFr durch Deckel (Griffelgrund) sich öffnend. KrSchlund mit Schlundschuppen (Abb. **279**/h).

**Alpenglöckchen, Troddelblume** – *Soldan<u>e</u>lla* S. 299

**5\*** KrSaum ganz, gezähnt, gekerbt, ausgerandet bis 2spaltig, niemals geschlitzt in ∞ Segmente . . . . . . . . . . . . . . . . . . . . . . . . . . . . . . . . . . . . . . . . . . . . . . . . . . . . . . **6**

**6** Staubfäden am Grund der KrRöhre eingefügt, an ihrer Basis durch ein 1–2 mm hohes Häutchen verbunden. Konnektiv spitz. KrSchlund ohne Schlundschuppen. (Abb. **280**/3).
    **Heilglöckel** – *Cortusa* S. 285
**6\*** Staubfäden der KrRöhre eingefügt, an ihrer Basis nicht durch ein Häutchen verbunden. Konnektiv meist stumpf . . . . . . . . . . . . . . . . . . . . . . . . . . . . . . . . . . . . . . . . . . . . **7**
**7** KrRöhre etwa so lg wie der K od. kürzer, oft so lg wie der KrSaum od. kürzer. KrSchlund verengt durch einen Ring von Schlundschuppen (Abb. **279**/o). B gleichgrifflig.
    **Mannsschild** – *Androsace* S. 285
**7\*** KrRöhre länger als der K u. oft länger als der KrSaum. KrSchlund nicht verengt, Schlundschuppen klein od. fehlend. B gleich- od. verschiedengrifflig (heterostyl, Abb. **279**/n). **Primel** – *Primula* S. 289
**8** **(2)** Kr (6–)7zählig . . . . . . . . . . . . . . . . . . . . . . . . . . . . . . . . . . . . . . . . . . . . . **9**
**8\*** Kr 5- od. 6zählig . . . . . . . . . . . . . . . . . . . . . . . . . . . . . . . . . . . . . . . . . . . . . . **10**
**9** Bl am StgEnde quirlig gehäuft. B einzeln, weiß. **Siebenstern** – *Trientalis* S. 281
**9\*** Bl gleichmäßig am Stg verteilt, gegenständig. B in BStänden, gelb.
    **Strauß-Gilbweiderich** – *Lysimachia thyrsiflora* S. 280
**10** **(8)** KapselFr sich durch Deckel öffnend (Abb. **279**/f). B einzeln, blattachselständig.
    **Gauchheil** – *Anagallis* S. 282
**10\*** KapselFr sich durch Klappen öffnend. B einzeln od. in BStänden . . . . . . . . . . . . . . **11**
**11** KrRöhre so lg wie der K od. kürzer. B gleichgrifflig . . . . . . . . . . . . . . . . . . . . . . . . **12**
**11\*** KrRöhre länger (>1,5mal) als der K. B verschiedengrifflig . . . . . . . . . . . . . . . . . . . **13**
**12** KrRöhre so lg wie der K od. kürzer, oft bauchig od. krugfg. KrSchlund verengt durch einen Ring von Schlundschuppen. **Mannsschild** – *Androsace* S. 285
**12\*** KrRöhre (viel) kürzer als der K. KrSchlund offen. Schlundschuppen fehlend.
    **Gilbweiderich, Felberich** – *Lysimachia* S. 279
**13** **(11)** Bl gezähnt od. gelappt (Abb. **279**/q, r, s, t); wenn ganzrandig, dann verkehrteifg, spatlig, länglich od. elliptisch, bis 4 mm lg, nicht linealisch od. länglich-lanzettlich. KrSchlund ohne Schlundschuppen. Kr gelb od. rot. **Dionysie** – *Dionysia* S. 297
**13\*** Bl ganzrandig, linealisch od. länglich-lanzettlich, bis 12 mm lg. KrSchlund mit 5 kleinen Schlundschuppen. Kr gelb (Abb. **287**/4). **Goldprimel** – *Vitaliana* S. 288

**Gilbweiderich, Felberich** – *Lysimachia* L. 150 Arten

Lit.: Handel-Mazzetti, H. 1928: A revision of the Chinese species of *Lysimachia*, with a new system for the whole genus. Notes Roy. Bot. Gard. Edinb. **77**: 51–122.

**1** B meist in der Achsel kleiner HochBl. Kr weiß od. purpurn. BStand eine endständige Traube . . . . . . . . . . . . . . . . . . . . . . . . . . . . . . . . . . . . . . . . . . . . . . . . . . . . **2**

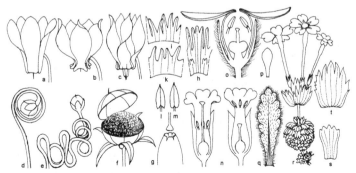

1

**1\*** EinzelB od. seitenständige TeilBStände (zumindest die unteren) in der Achsel von
LaubBl. Kr gelb .................................................. **6**
**2** B 6zählig. Kr purpurn. Bl wechselständig, untere spatelfg, obere lanzettlich, 5–10 ×
0,6–1,5 cm. 0,20–0,65. ♃ 5–10. **Z** s Staudenbeete; ∀ ○ ☽ ≃ (Balkan, Türkei: feuchte,
sandige Orte). **Purpurblütiger F.** – *L. atropurpurea* L.
**2\*** B 5zählig. Kr weiß. Bl wechsel- od. gegenständig od. quirlig ................. **3**
**3** Bl gegenständig, lineal-lanzettlich bis lineal-spatelfg, halbstängelumfassend, 9–16 ×
0,5–2 cm. BStand eine endständige Traube. 0,40–1,10. ♃ 6–9. **Z** s Gehölzgruppen,
Teichränder, Staudenbeete ⚥; ∀ Ψ ☽ ≃ ⌒ (Port., Span., SW-Frankr.: feuchte Wiesen,
an Quellen – 1730). **Iberischer F.** – *L. ephemerum* L.
**3\*** Bl wechselständig od. quirlig ...................................... **4**
**4** BStand aufrecht, 5–10 cm lg. Bl wechselständig, lanzettlich, useits drüsig gepunktet,
4–8 × 1–2 cm. 0,30–0.80. ♃ 7–8. **Z** s Staudenbeete; ∀ Ψ ☽ ≃ (Japan, Korea, Taiwan,
China: Teich- u. Flussufer). **Fortune-F.** – *L. fortunei* MAXIM.
**4\*** BStand gebogen, bis 25 cm lg. Bl useits nicht drüsig gepunktet ............... **5**
**5** Bl länglich od. br lanzettlich, >2 cm br, 7–11 cm lg, wechselständig. BStandsachse u.
BStiel spärlich behaart. (Abb. **280**/1). 0,60–1,00. ♃ ⤳ 7–9. **Z** s Staudenbeete ⚥; Ψ ○
☽ (Japan, Korea, China: sonnige, grasige Hänge – 1869).
**Schnee-F., Entenschnabel-F.** – *L. clethroides* DUBY
**5\*** Bl lineal-lanzettlich, <1,5 cm br, 5–8 cm lg, quirlig od. wechselständig. BStandsachse u.
BStiel ± dicht behaart. 0,60–1,00. ♃ 7–9. **Z** s Staudenbeete, Gehölzgruppen, Rabatten;
Ψ ⤳ ☽ ○ (Japan, Korea, N-China: feuchte Orte, bis 1000 m).
**Schwerähriger F.** – *L. barystachys* BUNGE
**6** (1) B 6–7zählig, in dichten achselständigen Trauben. Bl gegenständig, schmal lanzett-
lich. Kr- u. KZipfel linealisch. 0,30–0,70. ♃ ⤳ 5–7. **W**. **Z** s Moorbeete; Ψ ∀ ○ ☽ ≃
Moorboden ⊖ (warmgemäß. bis kühles Eur., As. u. N-Am.: nasse, zeitweise überflute-
te, mesotrophe Großseggenrieder, Graben- u. Teichränder, Flachmoorgebüsche, kalk-
meidend). [*Naumburgia thyrsiflora* (L.) RCHB.] **Strauß-G.** – *L. thyrsiflora* L.
**6\*** B 5zählig ...................................................... **7**
**7** B am StgEnde kopfig gehäuft, zu 2–4, gelb mit rotem Auge. Stg kriechend bis aufstei-
gend, an den Knoten wurzelnd. Bl gegenständig, 2 BlPaare dicht unter dem BStand.
BlSpreite eifg bis br eifg od. fast kreisfg, (0,7–)1,4–3(–4,5) × (0,6–)1,3–2,2(–3) cm, mit
angedrückten, gegliederten Haaren, selten verkahlend, mit rötlichen od. schwarzen
Drüsenpunkten vor allem am Rand. FrKn behaart. 0,10–0,20. ♃ ⤳⤳ 5–7(–10). **Z** s
Balkonkästen, Ampeln; ⤳ ∀ ○ ☽ ≃ ⓚ (China, Bhutan, NO-Indien, Nepal, Sikkim,
Myanmar, Thail.: feuchte Waldränder, Gebüsche, Reisfeldränder, 200–2100 m).
**Gedrängtblütiger G.** – *L. congestiflora* HEMSL.

Bem.: Im Gartenbau wird die Sorte 'Lyssi' mit ihren reichblütigen (meist >4 B), kopfigen BStänden
*L. congestiflora* zugeordnet (Abb. **280**/2): **Z** z Balkonkästen, Ampeln; ⤳ ○ ☽ ≃ hoher Nährstoffbedarf ⓚ.

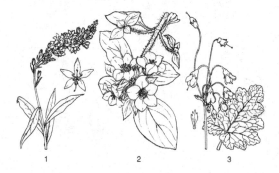

1            2            3

Ähnlich: **Henry-G.** – *L. henryi* HEMSL.: B am StgEnde kopfig gehäuft, meist >4. B gelb. Stg aufrecht, zuweilen kriechend. BlSpreite lanzettlich bis eifg-lanzettlich, selten eifg-elliptisch, 1–4,5(–6) × 0,5–1,6 (–3) cm. Bis 0,30. ⟂ 5–7. **Z** s Balkonkästen, Ampeln; ⟍ V ◐ ≈ Ⓚ (China: Guizhou, Hubei, Sichuan, Yunnan: Felsen an Flussufern u. in Wäldern, 300–1600 m – 2 Varietäten).

**7\*** B am StgEnde nicht kopfig gedrängt ................................... **8**
**8** Pfl mit aufrechten Stg u. unterirdischen Ausläufern (Ausläuferstaude). Bl gegenständig od. quirlig. B in endständigen Rispen od. zu mehreren blattachselständig ....... **9**
**8\*** Pfl mit kriechenden od. niederliegend-aufsteigenden Stg (Kriechtriebstaude). Bl gegenständig. B einzeln, blattachselständig ................................... **11**
**9** B mit einem 5zähligen fertilen u. einem 5zähligen sterilen (Staminodien) StaubBlKreis. Staubfäden am Grund frei, nicht zu einer kurzen Röhre verwachsen (Lupe!). KrBl mit rotem Basalfleck. BlStiel gewimpert. Bl gegenständig. Bis 1,20. ⟂ ⟋⟋ 7–8. **Z** s Teichränder; ♈ ○ ● ≈ (Kanada, USA: feuchte Wälder u. Gebüsche – Sorte: 'Firecracker': Bl rot). [*Steironema ciliatum* (L.) BAUDO]                **Bewimperter G.** – *L. ciliata* L.
**9\*** B nur mit einem fertilen StaubBlKreis. Staubfäden am Grund zu einer kurzen Röhre vereint. KrBl gleichfarbig gelb, ohne roten Basalfleck. Bl gegenständig od. quirlig .... **10**
**10** KrZipfel am Rand kahl. KZipfel meist rötlich berandet, B in unten beblätterter Rispe. 0,50–1,50. ⟂ ⟋⟋ 6–8. **W. Z** z Teichränder, Staudenbeete, Gehölzgruppen, Naturgärten; ♈ V ○ ◐ ≈ (warmes bis kühles Eur. u. As.: Bruch- u. AuenW, Sumpfgebüsche, feuchte bis moorige, zeitweise überflutete Wiesen u. Staudenfluren, Röhrichte, Grabenränder, mäßig nährstoffanspruchsvoll).          **Gewöhnlicher G.** – *L. vulgaris* L.
**10\*** KrZipfel drüsig gewimpert. KZipfel grün. B in beblätterter, quirliger Traube. 0,50–1,00. ⟂ ⟋⟋ 6–8. **W. Z** z Staudenbeete, Teichränder, Gehölzgruppen; ♈ V ○ ◐ ≈ (warmgemäß. bis gemäß. O-Eur., Kauk., Türkei, Balkan, Österr., Oberlt.: an Bächen, Ufern, quelligen Stellen, Hochstaudenfluren, Gebüsche, feuchte Wiesen, Sümpfe – einige Sorten: 'Alexander': Bl grünweiß panaschiert; 'Ivy McLean': Bl goldgelb-grün panaschiert).                                                      **Drüsiger G.** – *L. punctata* L.
**11** **(8)** Stg deutlich behaart. BStiel bis 10 mm lg. BlSpreite br eifg, mit kurzer Spitze, ± drüsig punktiert, 1–3 × 0,8–2 cm. KZipfel lineal-lanzettlich, deutlich behaart. KrZipfel etwa 5 mm lg, eifg. 0,10–0,30 lg. ⟂ ⟍⟍ 5–6. **Z** s Gehölzgruppen; ♈ ◐ ≈ (Japan, Z- u. S-China, Taiwan, Korea, Malaysia: schattige Ufer, feuchte Wälder, bis 2130 m – Varietät: var. *minutissima* MASAM.: BlSpreite 0,2–0,5 × 0,2–0,5 cm, KrZipfel verkehrteifg).
                                                                  **Japanischer G.** – *L. japonica* THUNB.
**11\*** Stg kahl, selten spärlich behaart. BStiel bis 30 mm lg. KZipfel kahl ............. **12**
**12** BlSpreite rundlich od. elliptisch, stumpf, 1,5–2,5 × 1,5–2 cm, drüsig punktiert. KZipfel 7–10 mm lg, am Grund herzfg. KrZipfel bis 15 mm lg. Pfl weit kriechend. 0,10–0,50 lg. ⟂ i ⟍⟍ 5–7. **W. Z** z Gehölzgruppen, Teichränder, Balkonkästen ▢; ♈ ⟍ ◐ ● ≈ (warmgemäß. bis gemäß. Eur.: frische bis feuchte, zeitweise überflutete, lückige Wiesen u. Weiden, AuenW, anspruchsvoll – Sorte: 'Aurea': Bl goldgelb).
                                             **Pfennig-G., Pfennigkraut** – *L. nummularia* L.
**12\*** BlSpreite eifg, spitz, 1,5–2,5 × 0,8–1,5 cm, nicht drüsig punktiert. KZipfel 3–5 mm lg, lineal-pfriemlich. KrZipfel bis 9 mm lg. Pfl kurz kriechend u. aufsteigend. 0,10–0,30 lg. ⟂ i ⟍⟍ 5–8. **W. Z** s Gehölzgruppen ▢; ♈ ⟍ ◐ ≈ (warmgemäß. bis gemäß. W- u. M-Eur.: sickerfeuchte bis frische Bacheschen- u. SchluchtW, AuenW, Waldquellen, subalp. Gebüsche, Waldwegränder, nährstoffanspruchsvoll; verw. im östl. N-Am.).
                                                              **Hain-G.** – *L. nemorum* L.

**Siebenstern** – *Trientalis* L.                                                  4 Arten

Bl lanzettlich, meist ganzrandig, am Ende des Stg quirlig gehäuft. StgBl unter den endständigen Bl 0–5, viel kleiner als diese, oft eifg od. elliptisch. B lg u. dünn gestielt. KrBl weiß, meist 7. 0,05–0,20. ⟂ ⟍⟍ Turionen 5–7. **W. Z** s Moorbeete, feuchte Heidebeete, Gehölzränder (Fichten, Kiefern); V Lichtkeimer ♈ ◐ ● ≈ Boden sandig od. lehmigtorfig, nährstoffarm ⊝ (warmgemäß. bis kühles Eur., As. u. nordwestl. N-Am.: frische bis

feuchte FichtenW, LaubW, Birkenbrüche, Gebüsche, Flachmoorwiesen).
**Europäischer S.** – *T. europaea* L.

Ähnlich: **Breitblättriger S.** – *T. latifolia* Hook.: StgBl unter den endständigen Bl 0–3, lineal-pfriemlich. KrBl hell- bis dunkelrosa, selten weiß. 0,10–0,25. ⚃ ⌇⌇⌇ Turionen 5–7. **Z** s Heidebeete, Gehölzränder (Fichten, Kiefern); V Lichtkeimer ⚘ ○ ◑ (westl. N-Am.: Prärien, Wälder, z. B. Redwood- u. GelbkiefernW).

**Gauchheil** – *Anagallis*                                  28 Arten

1  Stg aufrecht od. aufsteigend, nicht an den Knoten wurzelnd, am Grund verholzt. Bl gegenständig od. quirlig (3), selten wechselständig, lineal-lanzettlich, lanzettlich od. elliptisch. Kr radfg, blau od. rot. 0,10–0,50(–0,70). ⚃ kurzlebig, kult meist ⊙ 5–9. **Z** s Sommerblumenbeete; V Freiland od. ⌇⌇ mit Überwinterung im ⚭ ○ ~ Boden durchlässig (W-Medit.: trockne offne Orte, Wegränder, Brachen – Anfang 17. Jh. – 2 Unterarten – einige tetraploide Sorten: B bis 22 mm ⌀).     **Mittelmeer-G.** – *A. monellii* L.

1*  Stg kriechend, an den Knoten wurzelnd. Bl gegen- od. wechselständig. Kr trichter- bis glockenfg, rosa . . . . . . . . . . . . . . . . . . . . . . . . . . . . . . . . . . . . . . . . . . . . . . . . . **2**

2  Bl gegenständig, br elliptisch bis fast kreisfg. B einzeln, blattachselständig, an (5–) 15–35 mm lg Stiel. Bis 0,04. ⚃ i ⌇⌇ 7–8. **W. Z** s Moorbeete □; V Dunkelkeimer ⚘ ⌇⌇ ○ ≈ ⌇⌇⌇ Boden torfig-moorig-sandig, schwach durch Wasser überstaut ⊖ ∧ (SW- u. W-Eur.: feuchte bis nasse Binsenwiesen, Moorschlenken u. Grabenränder, kalkmeidend – 1 Sorte).          **Zarter G.** – *A. tenella* (L.) L.

2*  Bl wechselständig, elliptisch od. verkehrteifg. B meist einzeln, blattachselständig, an 10–25 mm lg Stiel. Bis 0,04. ⚃ i ⌇⌇ 5–9. **Z** s Moorbeete im ⚭ □; V ⚘ ⌇⌇ ○ ≈ ⌇⌇⌇ (Chile, Argent., Falkland-Inseln: Sümpfe, feuchte Felsen, feuchtes Grasland).     **Wechselblättriger G.** – *A. alternifolia* Cav. var. *repens* (D'Urv.) Knuth

**Alpenveilchen** – *Cyclamen* L.                                   19 Arten

Lit.: Grey-Wilson, C. 1988: The genus *Cyclamen*. Royal Botanic Gardens, Kew. – Grey-Wilson, C. 1997: *Cyclamen* – a guide for gardeners and botanists. Portland, Oregon. – Pax, F., Knuth, R. 1905: *Cyclamen* L. In: Engler, A. (Hrsg.): Das Pflanzenreich **22**: 246–256. – Schwarz, O. 1955, 1964: Systematische Monographie der Gattung *Cyclamen* L. Feddes Repert. **58**: 234–283, **69**: 73–103.

Bem.: weitere Kulturhinweise: Boden frisch, nicht feucht, kalkhaltig, humos, etwas lehmig. Knollen 2–3 cm mit Erde bedecken.

1  FrStiele an der Spitze gebogen, nicht spiralig eingerollt (Abb. 282/4). Knolle 4–15 cm ⌀ od. >15 cm ⌀, korkig, useits bewurzelt. Bl 3–14 × 3–14 cm, herzfg, ihr Rand etwas verdickt u. gezähnt, selten kantig od. gelappt. KrZipfel nicht geöhrt (Abb. 279/a), 25–45 mm lg, am Schlund mit dunkler Zone. Bis 0,32. ⚃ ☽ 8–4. **Z** v ⚭ Töpfe, im

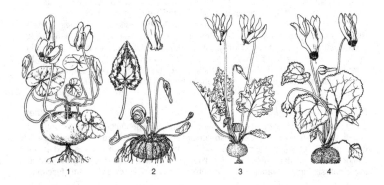

Sommer auspflanzen; ∀ Dunkelkeimer ☾, giftig (Griech., Zypern, W-Syr., Türkei: KiefernW, Eichengebüsche, offne Felshänge, meist auf Kalk, bis 1000 m – 17. Jh. – mehrere Serien – ∞ Sorten: Kr einfach od. gefüllt, in verschiedenen Farben, KrBl ganz od. gefranst – Züchtungsbeginn 1860). **Zimmer-A. – *C.* p_ersicum_ MILL.**

**1\*** FrStiele spiralig eingerollt (Abb. **279**/d, e) .............................. **2**
**2** StaubBlKegel die KrRöhre überragend (Abb. **279**/c). Bl br nierenfg, mit br 3eckigen, gezähnten Lappen, useits purpurn od. rot, 3,5–11,5 × 4,5–15,5 cm. KrZipfel 11–26 mm lg, am Grund geöhrt, rosa, am Schlund mit purpurner Zone. Knolle bis 20 cm ⌀, meist in der unteren Hälfte bewurzelt. 0,04–0,11. ⌃ ☿ 9–10. **Z** s ⓐ; ∀ Dunkelkeimer ○, ~ im Sommer (Libyen: Felsfluren, Felsspalten, auf Kalk, 0–450 m).
 **Libysches A. – *C.* rohlfsi_anum_ ASCH.**
**2\*** StaubBlKegel die KrRöhre nicht überragend ............................. **3**
**3** KrZipfel am Grund geöhrt (Abb. **279**/b; **282**/2). KrSaum meist ± 5eckig. Spätsommer-, Herbst- bis Frühwinterblüher ........................................ **4**
**3\*** KrZipfel am Grund nicht geöhrt (Abb. **279**/a). KrSaum oft rund. Frühlings-, (Sommer-), Herbst- od. Winterblüher ............................................ **7**
**4** Knolle im Zentrum der unteren Hälfte od. nur an einer Seite bewurzelt ......... **5**
**4\*** Knolle in der oberen Hälfte (Abb. **282**/2) u. den Seiten od. ringsum bewurzelt .... **6**
**5** Knolle im Zentrum der unteren Hälfte bewurzelt, mit Faser- u. dicken Zugwurzeln, bis 20 cm ⌀. Bl u. B zuweilen an kurztriebartigen Stämmchen. BStiele nach der BZeit sich vom Grund gegen die Spitze od. von ihrer Mitte gegen Grund u. Spitze spiralig einrollend (Abb. **279**/e). Bl mit kleinen stumpfen Zähnen. KrBl rosa, am Grund mit 3 Streifen. ⌃ ☿ 9–11. **Z** s ⓐ; ∀ Dunkelkeimer ○ ☾ ~ Ruheperiode im Sommer ⊕ (S-Griech., Kreta, Ägäische Inseln, W- u. S-Türkei: lichte KiefernW, Felshänge, Felsnischen u. -spalten, auf Kalk, bis 800 m). **Griechisches A. – *C.* gra_ecum_ LINK**
**5\*** Knolle nur an einer Seite bewurzelt, bis 5(–7) cm ⌀. Bl u. B fast unmittelbar der Knolle ansitzend. BStiele nach der BZeit sich von der Spitze gegen den Grund spiralig einrollend (z. B. Abb. **279**/d). Bl ganzrandig od. fein gezähnt. KrBl weiß od. hellrosa, am Grund mit M-fg Zeichnung. ⌃ ☿ 9–1. **Z** s ⓐ; ∀ Dunkelkeimer ○ ☾ (W- u. N-Zypern: beschattete Felsen, unter Bäumen u. Sträuchern, Flussufer, Geröllfluren, bis 1200 m).
 **Zyprisches A. – *C.* cy_prium_ KOTSCHY**
**6** (4) Knolle in der oberen Hälfte bewurzelt (Abb. **282**/2), bis 15(–25) cm ⌀. BStiele an ihrem Grund niederliegend, dann aufsteigend. Bl herzfg, länglich bis lanzettlich, oft gelappt od. kantig. B oft noch an unbeblätterter Pfl. KrZipfel 14–22 × 6–9 mm, rosa, am Grund mit einer purpurnen V-fg Zeichnung, zuweilen weiß. ⌃ ☿ 8–9. **Z** s Gehölzränder; ∀ Dunkelkeimer ☾ (S-Frankr., Korsika, Sardinien, It., W- u. S-Balkan, W-Türkei: Wälder, Macchien, zuweilen an Felsen, bis 1300 m). [*C.* neapolit_anum_ TEN.]
 **Herbst-A., Neapolitanisches A. – *C.* hederifo_lium_ AITON**
**6\*** Knolle ringsum bewurzelt, bis 14 cm ⌀. BStiele vom Grund an aufrecht. Bl br eifg bis herzfg, zuweilen kantig od. schwach gelappt. B an beblätterter Pfl. KrZipfel 18–35 × 7–11 mm, hellrosa bis dunkel rosapurprn, am Grund mit einer V-fg Zeichnung. ⌃ ☿ 9–11. **Z** s ⓐ; ∀ Dunkelkeimer ○ ☾ (Alg., Tunesien: Gebüsche, sonnige u. halbschattige Felsspalten). **Algerisches A. – *C.* afric_anum_ BOISS. et REUT.**
**7** (3) Sommer- u. Herbstblüher .......................................... **8**
**7\*** Spätwinter- u. Frühjahrsblüher ........................................ **10**
**8** KrSchlund 6–10 mm ⌀. B stark duftend. KrBl rosa od. purpurn, selten weiß. Pfl immergrün, Absterben u. Neutrieb der Bl ± zeitgleich. Bl kreis- bis herzfg, 0,05–0,15. ⌃ i ☿ 7–9(–10). **W. Z** z △ Gehölzränder; ∀ Dunkelkeimer ☾ ⊕ (2 Unterarten: subsp. *purpur_ascens_*: Nerven auf der BlUSeite deutlich, Bl fast ganzrandig od. schwach gezähnt, KrZipfel (14–)17–25 mm lg (N- u. S-Kalkalpen, Franz. Jura, Kroat., Bosn., Herzegowina, Tschech., Ung., Karp.: (sicker)frische bis mäßig trockne BuchenmischW, mont. KiefernW, kalkstet, bis 1700 m); subsp. p_onticum_ (ALBOFF) GREY-WILSON [*C.* europa_eum_ var. p_onticum_ ALBOFF]: Nerven auf der BlUSeite undeutlich, BlRand knorplig gezähnt,

KrZipfel 13–16 mm lg (Transkauk.: Wälder auf Kalk, zwischen Baumwurzeln, Felsspalten, 300–800 m) – ▽. [*C. europaeum* L.]　　**Wildes A.** – *C. purpurascens* MILL.

**8*** KrSchlund 3–4,5 mm ⌀. B schwach od. nicht duftend. Pfl wechselgrün, Absterben u. Neutrieb der Bl nicht zeitgleich. Knolle auf der unteren Hälfte bewurzelt, zerstreut od. zentral . . . . . . . . . . . . . . . . . . . . . . . . . . . . . . . . . . . . . . . . . . . . . . . . . **9**

**9** KrZipfel an ihrem Ende (fast) ganzrandig, oseits ohne od. spärlich mit Drüsen,14–19 × 4–6 mm. Knolle mit glatter, samthaariger Oberfläche, useits mit zentral ansetzenden Wurzeln, bis 5,2 cm ⌀. Bl eifg bis fast kreisfg mit herzfg Grund, 1,4–5,6 × 1,4–5 cm. ♃ ☼ 9–11. **Z** s ⓐ; **V** Dunkelkeimer ☽ (S-Türkei: zwischen Felsen u. in Felsspalten in Kiefern- u. TannenW, halbschattig, 700–2000 m).
　　　　　　　　　　　　　　　**Türkisches A.** – *C. cilicium* BOISS. et HELDR.

**9*** KrZipfel an ihrem Ende deutlich gezähnt, oseits dicht mit Drüsen, 15–23 × 4,5–7 mm. Knolle mit rauer, korkiger, schwach rissiger Oberfläche, auf ihrer unteren Hälfte mit zerstreut ansetzenden Wurzeln, bis 6 cm ⌀. BlSpreite fast kreisfg mit herzfg Grund, 1,5–4 × 1,4–4,2 cm. ♃ ☼ 9–11. **Z** s ⓐ; **V** Dunkelkeimer ☽ (SW-Türkei: KiefernW, Macchien, an Kalk- u. Granitfelsen, 400–1600 m).　　**Wunderbares A.** – *C. mirabile* HILDEBR.

**10** **(7)** KrZipfel weiß od. hellrosa, am Grund ohne dunkle Zeichnung . . . . . . . . . . . . . . **11**

**10*** KrZipfel rosa bis rot, selten weiß, am Grund mit dunklem Streifen od. Fleck . . . . . **12**

**11** KrZipfel 9–16 × 3–4,5 mm. BlSpreite 2,4–8,5 × 2–9 cm, vorn (fast) stumpf, herzfg. BStiel 9,5–14,5 cm lg. Knolle 1–3 cm ⌀. Bis 0,15. ♃ ☼ 3–5. **Z** s ⓐ; **V** Dunkelkeimer ☽ (Balearen: Aleppo-KiefernW, Stein-EichenW, zwischen Baumwurzeln u. in Felsspalten, < 1450 m).　　　　　　　　　　　　　**Balearen-A.** – *C. balearicum* WILLK.

**11*** KrZipfel 13–26 × 4,5–6,5 mm. BlSpreite 4,5–12 × 3,8–11 cm, vorn spitz, herzfg. BStiel 11–23 cm lg. Knolle bis 4 cm ⌀. ♃ ☼ 3–5. **Z** s ⓐ; **V** Dunkelkeimer ☽ (Kreta, Karpathos: Macchien, Felsspalten, alte Mauern, Bach-AuenW, halbschattig, bis 1250 m).
　　　　　　　　　　　　　　　　**Kreta-A.** – *C. creticum* (DÖRFL.) HILDEBR.

**12** **(10)** KrZipfel oft am Grund mit dunkler Zone, aber stets ohne deutlichen dunklen Fleck, selten rein weiß, > 3mal so lg wie br, 17–31 × 4–8 mm. BlSpreite 3,4–11,2 × 3–11 cm, herzfg, oft kantig u. gelappt. Knolle 1,5–3,5(–6) cm ⌀ (Abb. **282**/3). ♃ ☼ 3–5. **Z** s ⓐ △ Gehölzränder; **V** Dunkelkeimer ☽ ● ⌃ (3 Unterarten: subsp. *repandum* (S-Frankr., Korsika, Sardinien, It., Dalmatien, Korfu: sommergrüne Wälder, KiefernW, Macchien, in der Laubstreu zwischen Baumwurzeln u. in Felsspalten, schattig u. halbschattig, bis 850 m); subsp. *peloponnesiacum* GREY-WILSON (Griech.: Peloponnes: Kiefern- u. PlatanenW, in der Laubstreu zwischen Baumwurzeln u. Felsen, schattig, bis 800 m); subsp. *rhodense* (MEIKLE) GREY-WILSON (Griech.: Rhodos: KiefernW, zwischen Baumwurzoln u. Felsen, schattig u. halbschattig, 150–800 m)). [*C. vernale* O. SCHWARZ]
　　　　　　　　　　　　　　　**Efeublättriges A.** – *C. repandum* SIBTH. et SM.

**12*** KrZipfel am Grund deutlich mit einem dunklen Fleck, < 3mal so lg wie br . . . . . . . . **13**

**13** Fleck am Grund der KrZipfel dunkel, ein helleres (paariges) Auge umgebend . . . . **14**

**13*** Fleck am Grund der KrZipfel ohne helleres Auge . . . . . . . . . . . . . . . . . . . . . . . . . **15**

**14** Knolle glatt, dicht flaumhaarig, bis 3,5 cm ⌀. KrZipfel 7–15 mm lg, fast kreisfg bis br eifg, stumpf od. spitz. BlSpreite 1,8–8 × 1,6–8,4 cm, kreisfg bis herzfg (Abb. **282**/1). Bis 0,08. ♃ ☼ 12–4. **Z** z △ Gehölzränder; **V** Dunkelkeimer ☽ ⊕ (2 Unterarten: subsp. *coum*: KrZipfel 8–13 mm lg, stumpf od. gerundet, Bl kreisfg od. fast kreisfg, ganz od. fast ganz (Bulg., Türkei, Krim, Kauk. bis W-Syr. u. N-Libanon: Wälder, Hasel-Gebüsche, zwischen Baumwurzeln u. an Felsen, Schluchten, bis 2150 m); subsp. *caucasicum* (K. KOCH) O. SCHWARZ: KrZipfel 10–16 mm lg, fast spitz, Bl eifg-herzfg, meist gezähnt (NO-Türkei, S-Kauk., N- u. NO-Iran: Laub- u. NadelW, zwischen Wurzeln u. Felsen, bis 1350 m) – Hybr mit *C. persicum*: 'Atkinsii').　　**Freiland-A.** – *C. coum* MILL.

**14*** Knolle korkig, rissig, 2–3 cm ⌀. KrZipfel 15–25 mm lg, eifg, stumpf bis fast spitz. BlSpreite 2,3–7,8 × 2–8,2 cm, br herzfg. Bis 0,08. ♃ ☼ 3–5. **Z** s ⓐ; **V** Dunkelkeimer ○ ☽ (SO-Türkei: LaubW, KiefernW, in tiefer Laubstreu zwischen Baumwurzeln u. Felsen, 500–1500 m).　　　　　　　　**Südosttürkisches A.** – *C. pseudibericum* HILDEBR.

**15** **(13)** KrZipfel abstehend, gedreht, br eifg, 9–13 × 8–11 mm. Knolle bis 3 cm ∅. Bl eifg bis fast kreisfg, 2,2–5 × 1,8–5,2 cm. ♃ ☿ 2–4. **Z** s ⓐ; V Dunkelkeimer ◑ (SW-Türkei: Kiefern-, Wacholder-, ZedernW, Gebüsche, zwischen Wurzeln u. Felsen, 350–150 m).
**Flügelrand-A.** – *C. trochopteranthum* O. SCHWARZ
**15\*** KrZipfel stark zurückgebogen, gedreht, br eifg, 4–8 × 4,5–7,5 mm. Knolle bis 1,5 cm ∅. Bl fast kreisfg, 1,4–3,5 × 1,6–3,5 cm. ♃ ☿ 4–6. **Z** s ⓐ; V Dunkelkeimer ◑ (NO-Türkei: NadelW, Gebüsche, zuweilen unter *Rhododendron caucasicum* PALL., feuchte Laubstreu, halbschattig, 1200–2400 m). **Kleinblütiges A.** – *C. parviflorum* PODP.

**Heilglöckel** – *Cortusa* L. 8 Arten

**1** Kr gelb, den K nicht überragend. BlStiel abstehend behaart. BlSpreite kahl, nur auf den Nerven behaart. Staubbeutel u. Griffel den waagrecht abstehenden KrSaum überragend. 0,10–0,20?. ♃ 7–8. **Z** s △; V ✵ ● Boden humos-kiesig, Gesteinsfugen (östl. M-As.: Tienschan: Wälder, schattige Felsen). [*Kaufmannia semenovii* (HERDER) REGEL]
**Semenov-H.** – *C. semenovii* REGEL
**1\*** Kr purpurn, den K überragend. BlStiel hell rostbraun zottig. BlSpreite behaart od. verkahlend, bis ¼ ihres ∅ eingeschnitten, Abschnitte rundlich bis dreieckig. Staubbeutel die Kr nicht überragend. 0,20–0,50. ♃ ⅄ 7–8. **W**. **Z** z △; V ✵ ● ≈ Boden humos, Standort kühl (warmgemäß. bis arkt. kontinentales Eur.: subalp. sickerfeuchte Hochstaudenfluren, schattige Schluchten, feuchte Gebüsche (meist Grünerlengebüsche) – mehrere Kleinarten bzw. Unterarten, Varietäten od. Formen: z. B. **Peking-H., Chinesisches H.** – *C. pekinensis* (V. A. RICHT.) LOSINSK.: BlStiel hell rostbraun zottig. BlSpreite bis ½–⅔ ihres ∅ eingeschnitten, Abschnitte ± länglich. Bis 0,55 (Fernost, Korea, China: Gansu, Hebei, Shaanxi, Shanxi: Flusstäler, Waldränder, Gebüsche, 1500–2000 m). – **Altai-H.** – *C. altaica* LOSINSK.: BlStiel kahl, nur mit sitzenden Drüsen. Bis 0,30 (O-Eur., W- u. O-Sibir., Mong.: LärchenW, Blockfelder, Felsen, Bachufer – ▽).
**Alpen-H.** – *C. matthioli* L.

**Mannsschild** – *Androsace* L. 153 Arten

Lit.: HANDEL-MAZZETTI, H. 1925–1927: A revision of the Chinese *Androsace* species. Notes of the RBG Edinburgh. **15**: 259–298, **16**: 161–166. – HU, C. M., KELSO, S. 1996: Primulaceae, *Androsace* L. In: Flora of China. **15**: 80–99. – KRESS, A. 1982: Eine „neue" *Androsace*-Art. *Androsace studiosorum* A. KRESS, spec. „nov." (*Androsace primuloides*). Phytologia **52**, 4, S. 252. – PAX, F., KNUTH, R. 1905: *Androsace*. In: ENGLER, A.: Das Pflanzenreich **22**: 172–220. – SMITH, G., LOWE, D. 1997: The genus *Androsace* – a monograph for gardeners and botanists. Alpine Garden Society, Worcester.

Bem.: Zur Ermittlung des Haartyps ist eine starke Lupe erforderlich.

**1** Pfl ☉ ① . . . . . . . . . . . . . . . . . . . . . . . . . . . . . . . . . . . . . . . . . . . **2**
**1\*** Pfl ♃ . . . . . . . . . . . . . . . . . . . . . . . . . . . . . . . . . . . . . . . . . . . . **5**
**2** Stg von einfachen Haaren weichhaarig. HüllBl der Dolde so lg wie die BStiele od. etwas länger. Kr weiß od. rötlich. 0,02–0,15. ① ☉ 4. **W**. **Z** s △ Heidebeete, Tröge; V Selbstaussaat, Kaltkeimer ○ Boden sandig-kiesig, wenig humos, Dränage (warmes bis gemäß. Eur. u. As.: Steppen, Felsen, flussnahe Geröllfluren, nährstoffreiche Äcker, Brachen, basenhold). **Riesen-M.** – *A. maxima* L.
**2\*** Stg kahl od. von Sternhaaren flaumig. HüllBl viel kürzer als die BStiele . . . . . . . . **3**
**3** Stg (fast) kahl. Bl deutlich gestielt, ihre Spreite eifg bis elliptisch. K kahl od. verkahlend. 0,05–0,28. ☉ 6–7. **Z** s △ Heidebeete, Tröge; V Selbstaussaat, Kaltkeimer ○ ◑ ≈ Boden sandig-kiesig, wenig humos, Dränage (O-Eur., Sibir., Fernost, Mong., Japan, China: feuchte Wiesen, Fluss- u. Seeufer, Waldwege). **Fädiger M.** – *A. filiformis* RETZ.
**3\*** Stg sternhaarig. Bl sitzend od. kurz gestielt, ihre Spreite länglich-lanzettlich od. elliptisch. K sternhaarig od. kahl . . . . . . . . . . . . . . . . . . . . . . . . . . . . . . . . . . **4**
**4** K sternhaarig, länger als die Kr. Kapsel kürzer als der K. HochBl eilanzettlich. 0,02–0,08. ☉ 4–5. **W**. **Z** s △ Heidebeete, Tröge; V Selbstaussaat, Kaltkeimer ○ Boden sandig-kiesig, wenig humos, Dränage (warmgemäß. bis gemäß. Eur.: ruderal beein-

flusste Sand- u. Silikattrockenrasen, Brachen, trockne Wiesen, Steppen, Flussufer).

**Verlängerter M.** – *A. elongata* L.

4\* K kahl, kürzer als die Kr. Kapsel länger als der K. HochBl linealisch. 0,08–0,20. ① ☉ 4–6. **W. Z** s △ Heidebeete, Tröge; Ⅴ Selbstaussaat, Kaltkeimer ○ Boden sandig-kiesig, wenig humos, Dränage (warmgemäß. bis arkt. Eur., As. u. N-Am.; ruderal beeinflusste Sandtrockenrasen, Brachen, trockne Wiesen, Flussufer, Waldsteppen).

**Nördlicher M.** – *A. septentrionalis* L.

5 **(1)** B zu wenigen bis ∞ in blattachsel- od. endständigen (im Zentrum der Rosette) Dolden . . . . . . . . . . . . . . . . . . . . . . . . . . . . . . . . . . . . . . . . . . . . . . . . . . **6**

5\* B einzeln, blattachsel-, selten endständig . . . . . . . . . . . . . . . . . . . . . . . . . . . . . . **14**

6 Bl gelappt od. handfg geschnitten od. am Rand gekerbt od. gekerbt-gesägt . . . . . . **7**

6\* Bl ganz u. ganzrandig . . . . . . . . . . . . . . . . . . . . . . . . . . . . . . . . . . . . . . . . . . . . . . . **8**

7 BlSpreite fast kreis- bis nierenfg, am Rand gekerbt od. gekerbt-gezähnt, 0,4–3 × 0,6–4 cm. BlStiel (1,5–)3–10 cm lg. Dolden mit 4–30 B. Kr weiß bis rosa od. rosarot, 6,5–10 mm ∅. 0,04–0,18. ⚃ 5–7. **Z** s △; Ⅴ Kaltkeimer ○ ◑ ≃ Boden sandig-kiesig, schwach lehmig, Dränage (Afgh., Indien, Kaschmir, W-Nepal, Pakistan, W-Tibet: Tannen-KiefernW, grasige Hänge, 800–4000 m – einige Varietäten).

**Rundblättriger M.** – *A. rotundifolia* HARDW.

7\* BlSpreite fächer- bis nierenfg, handfg geschnitten, mit linealischen Abschnitten, 5–8 × 8–10 mm. BlStiel 8–10 mm lg. Dolden mit 3–8(–12) B. Kr weiß od. rosa, 5–7 mm ∅. 0,02–0,04. ⚃ ⌢ 5–6. **Z** s ⓐ; Ⅴ Kaltkeimer ◐ Boden sandig-kiesig, schwach lehmig, Dränage, Gesteinsfugen, Nässeschutz (China: NW-Yunnan, SO-Tibet: absonnige Felsspalten, Geröllfluren, 3000–4500 m). **Frauenmantel-M.** – *A. alchemilloides* FRANCH.

8 **(6)** Bl 2(–3)gestaltig (äußere u. innere RosettenBl verschieden). Dolden endständig . . . . . . . . . . . . . . . . . . . . . . . . . . . . . . . . . . . . . . . . . . . . . . . . . . . . . . . . . . . . . **9**

8\* Bl gleichgestaltig. Dolden blattachsel- od. endständig . . . . . . . . . . . . . . . . . . . . . . **10**

9 Pfl meist ohne Ausläufer. Bl 3gestaltig, bis 8(–16) cm lg u. 2,5(–3,5) cm br. BStiele 2–5 cm lg. KrSaum 6–15 mm ∅, weiß, rosa od. rot. Bis 0,40. ⚃ 6. **Z** s △ ⓐ; Ⅴ Kaltkeimer ◐ ○ Boden sandig-kiesig, schwach lehmig, Dränage, Nässeschutz (Bhutan, Nepal, Sikkim, SO-Tibet: feuchte Wiesen, LärchenW, Gebüsche).

**Sikkim-M.** – *A. strigillosa* FRANCH.

9\* Pfl mit Ausläufern. Bl 2gestaltig, bis 5 cm lg u. 0,4–0,9 cm br, weißhaarig. BStiele rostbraun behaart, 6–12 mm lg. KrSaum 8–9 mm ∅, leuchtend rosa bis karminrot mit gelbem Schlund. (Abb. 287/3). Bis 0,22. ⚃ ⌇⌇ 5–6. **Z** z △ ▢; ⋎ Ⅴ Kaltkeimer ◗ ○ Dränage (Indien, Nepal, Pakistan, S-Tibet: MischW, Gebüsche, steinige Hänge, Schutthalden, 2700–4000 m – 1875 – Sorte: 'Brilliant': Kr karminrosa). [*A. primuloides* hort.]

**Chinesischer M.** – *A. sarmentosa* WALL.

Ähnlich: **Studenten-M.** – *A. studiosorum* KRESS [*A. primuloides* DUBY]: BStiele weißhaarig, 7–20 mm lg. 0,04–0,15. ⚃ ⌇⌇ 6–7. **Z** s △ ▢; ⋎ Ⅴ Kaltkeimer ◗ ○ Dränage (Kaschmir, Nepal: alp. Hänge, 3000–4000 m).

10 **(8)** Stg, BlFlächen u. BlRand kahl, höchstens an den BlSpitzen mit einigen Wimpern. Bl 8–20(–30) × 0,5–2 mm, linealisch. BStände 1–6blütig. K kahl. KrSaum bis 12 mm ∅, weiß. 0,02–0,20. ⚃ ⌢ kurze ⌇⌇ 6–7. **W. Z** s △; Ⅴ Kaltkeimer ○ Boden sandig-kiesig, schwach lehmig ⊕ Dränage, Schutz vor Kahlfrösten (Alpen, Franz. Jura, nordbalkanische Gebirge, Karp.: subalp. bis mont. (sicker)frische, schattige Felsspalten, kalkstet – 1810 – ▽). **Milchweißer M.** – *A. lactea* L.

10\* Stg behaart. BlFlächen behaart od. kahl. BlRand stets behaart . . . . . . . . . . . . . . . **11**

11 Bl mit einfachen Haaren u. kurzen Drüsenhaaren. BStände endständig . . . . . . . . . **12**

11\* Bl mit stern-, zuweilen mit stern- u. gabelfg Haaren. Drüsenhaare fehlen. BStände blattachselständig . . . . . . . . . . . . . . . . . . . . . . . . . . . . . . . . . . . . . . . . . . . . . . . . . . . **13**

12 Bl useits u. am Rand dicht zottig behaart (Haare bis 2 mm lg), 5–7 × 1,5–2 mm, linealisch bis br elliptisch. Pfl dichtrasig. Rosetten halbkuglig. BStiele 0–4 mm lg. Kr weiß mit gelbem Schlund. (Abb. 287/1). ⚃ ⌢ kurze ⌇⌇ 6–7. **Z** s △; Ⅴ Kaltkeimer ⋎ ○ Boden

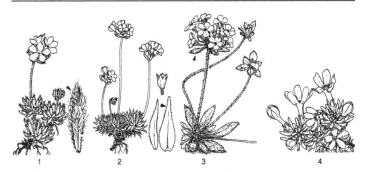

sandig-kiesig, schwach lehmig, Dränage, Schutz vor Kahlfrösten (Pyr., Apennin, Alpen, Balkan, SO-Eur., Kauk., Türkei bis Z-As. u. NW-Himal.: subalp. u. alp. Felsen u. steinige Rasen, Geröllfluren, auf Kalk u. Granit, 1400–4000 m – mehrere Varietäten: z. B. var. *taurica* (Ovcz.) R. Knuth (Krim: lichte BuchenW, Felshänge)).

**Zottiger M. – *A. villosa* L.**

**12*** Bl beidseits ± kahl, am Rand lg gewimpert, 5–10(–16) × 2–4 mm, elliptisch. Pfl lockerrasig, Rosetten ± flach. BStiele 2–7 mm lg. Kr weiß mit gelbem Schlund od. rötlich. 0,03–0,12. ⏀ ⌒ ⚘ 6–7. **W. Z** s △; **V** Kaltkeimer ⟲ ○ Boden sandig-kiesig, schwach lehmig, Dränage, Schutz vor Kahlfrösten (warmgemäß. bis arkt. Eur., As. u. westl. N-Am.: alp. frische Steinrasen, Weiden, Grate, kalkstet, (1300–)1800–2570 m – Hybr mit *A. obtusifolia*: *A.* × *escheri* Bruegg. – ▽).

**Bewimperter M. – *A. chamaejasme* Wulfen**

**13** (11) Bl linealisch od. pfriemlich, sich gegen die Spitze allmählich verjüngend, auf der Fläche ± kahl, am Rand oft mit Gabelhaaren, 10–15 × 1–2 mm, ± fleischig, zuweilen gekielt. K kahl od. spärlich behaart. Kr hell- bis dunkelrosa, selten weiß, mit gelbem Schlund. Pfl polster- od. rasenbildend (Abb. **287**/2). 0,02–0,10. ⏀ ⌒ 6–8. **Z** s △; **V** Kaltkeimer ○ ◑ Boden sandig-kiesig, schwach lehmig ⊖ Dränage, Schutz vor Kahlfrösten (Z- u. W-Alpen, Pyr.: ruhender Felsschutt, lückige Rasen, auf Silikat, meist > 2000 m – variabel – mehrere Unterarten: subsp. *carnea* (Z- u. W-Alpen, Pyr.); subsp. *adfinis* (Biroli) Rouy (W-Alpen); subsp. *brigantiaca* (Jord. et Fourr.) J. K. Ferguson (SW-Alpen); subsp. *laggeri* (A. Huet) Nyman (Z-Pyr.); subsp. *rosea* (Jord. et Fourr.) Rouy (Vogesen, Cevennen, O-Pyr.) – Hybr mit *A. pyrenaica*).

**Fleischroter M. – *A. carnea* L.**

**13*** Bl verkehrteilanzettlich, lanzettlich od. fast spatelfg, in od. über der Mitte am breitesten, auf der Fläche ± kahl, am Rand gabel- u. sternhaarig. K behaart. Kr weiß od. rötlich, mit gelbem Schlund. 0,04–0,10(–0,15). ⏀ i 6–7. **W. Z** s △; **V** Kaltkeimer ○ Boden sandig-kiesig, schwach lehmig ⊖ Dränage, Schutz vor Kahlfrösten (Alpen, Tatra, balkanische Gebirge, Apennin: alp. frische Magerrasen, lichte Wälder, kalkmeidend – ▽).

**Stumpfblättriger M. – *A. obtusifolia* L.**

Ähnlich: **Balkanischer M. – *A. hedraeantha* Griseb.**: K u. HochBl kahl, 0,01–0,10. ⏀ 5–6. **Z** s △; **V** Kaltkeimer ○ Boden sandig-kiesig, schwach lehmig, Dränage, Schutz vor Kahlfrösten (balkanische Gebirge: steinige Orte, Felsvorsprünge, Schneetälchen, um 2500 m).

**14** (5) HochBl 1–3 (unter den 1(–2) B), bei *A. globifera* nur 1 mm lg. B od. armblütiger BStand end- od. blattachselständig ...................................... **15**

**14*** HochBl fehlend. B blattachselständig ...................................... **16**

**15** B od. armblütiger BStand endständig. Stg 2–3 mm lg. B in der HochBlAchsel an 4–10 mm lg Stiel. Bl 5–10 × 1–1,5 mm, vor allem an ihrer Spitze beidseits dicht behaart. KrSaum 9–11 mm ⌀, lilarosa mit gelbem od. weiß mit gelbem, im Alter rotem Schlund. Pfl mattenbildend. Bis 0,30 br. ⏀ in Kult kurzlebig 6–7. **Z** s △ ⓐ; **V** ⟲ ○ ≈ Sandboden

od. Torf, Dränage, Schutz vor Winternässe u. Kahlfrösten (Bhutan, Nepal, Sikkim, SW-Tibet: trockne Matten, 3600–4700 m). **Kugeltragender M.** – *A. globjfera* DUBY
15* B od. armblütiger BStand achselständig. Stg 2,5–10(–20) mm lg. B in der HochBlAchsel fast sitzend. Bl 2–8 × 0,5–1 mm, locker behaart, am Rand gewimpert. KrSaum 5–8 mm ⌀, weiß mit gelbem Schlund. Pfl polsterbildend. Bis 0,10 br. ⚇ ⌂ 5–8. **Z** s △ Ⓐ; ⱽ Kaltkeimer ⌁ ○ Boden sandig-kiesig, schwach lehmig, Dränage, Gesteinsfugen, Nässeschutz (O- u. Z-Pyr.: Granitfelsspalten, 2000–3000 m).
**Pyrenäen-M.** – *A. pyrenaica* LAM.
16 **(14)** BStiel meist > 20 mm lg, kahl. **Milchweißer M.** – *A. lactea*, s. 10
16* BStiel meist < 20 mm lg, behaart . . . . . . . . . . . . . . . . . . . . . . . . . . . . . . . . . . . . . . . 17
17 Abgestorbene Bl über ∞ Jahre am Stg verbleibend u. ein „Säulchen" vortäuschend . 18
17* Abgestorbene Bl nicht langzeitig am Stg verbleibend . . . . . . . . . . . . . . . . . . . . . . . . . 20
18 Bl von Sternhaaren weißfilzig, lineal-lanzettlich, 2–6 × 0,5–1,5 mm. BStiele 1–8(–12) mm lg. KrSaum bis 8 mm ⌀, weiß mit gelbem Schlund. Bis 0,15(–0,20) br. ⚇ ⌂ 7. **Z** s Ⓐ △; ⱽ Kaltkeimer ○ Boden sandig-kiesig, schwach lehmig ⊖ Dränage, Gesteinsfugen, Nässeschutz (Pyr., Sierra Nevada, Alpen: Felsspalten, kalkfliehend, 900–3500 m).
**Vandell-M.** – *A. vandellii* (TURRA) CHIOV.
18* Bl mit einfachen od. gegabelten Haaren . . . . . . . . . . . . . . . . . . . . . . . . . . . . . . . . . . 19
19 BStiele 6–20 mm lg. Bl (4–)5–8(–10) × (1–)1,5–2,5 mm, länglich-lanzettlich, mit einfachen od. gegabelten Haaren. KrSaum 7–9 mm ⌀, rosa mit gelbem Schlund od. weiß. Bis 0,03. ⚇ ⌂. **Z** s Ⓐ △; ⱽ Kaltkeimer ⌁ ○ Boden sandig-kiesig, schwach lehmig, Dränage, Gesteinsfugen, Nässeschutz (W-Pyr.: Kalkfelsspalten, 1300–2000(–3300) m) – 3 Unterarten – in Kult selten echt). **Zylindrischer M.** – *A. cylindrica* DC.
19* BStiele bis 6 mm lg od. fehlend. Bl 2,5–5 × 0,5–1,5 mm, lanzettlich, länglich od. spatelfg, mit einfachen Haaren. KrSaum 4–6 mm ⌀, weiß mit gelbem Schlund. 0,01–0,05. ⚇ i ⌂ 5–7. **W**. **Z** s Ⓐ △; ⱽ Kaltkeimer ⌁ ○ Boden sandig-kiesig, schwach lehmig, Dränage, Gesteinsfugen, Nässeschutz, heikel (Kalkalpen, Pyr.?: Felsspalten, 1500–3200 m – ▽). **Schweizer M.** – *A. helvetica* (L.) ALL.
20 **(17)** Bl kahl, in der Jugend zuweilen kurz gewimpert, 10–15 × 1–2,5 mm, linealisch. KrSaum etwa 5–6 mm ⌀, weiß od. rosa. 0,01–0,03. ⚇ kurzlebig? ⌂ 6–7. **Z** s △ Tröge; ⱽ auch Selbstaussaat, Kaltkeimer, Boden sandig-kiesig, schwach lehmig, Dränage, Schutz vor Kahlfrösten (It.: Z-Apennin: Kalkfelsspalten, 2100–2900 m).
**Apenninischer M.** – *A. mathjldae* LEVIER
20* Bl mit einfachen, gegabelten od. sternfg Haaren . . . . . . . . . . . . . . . . . . . . . . . . . . . . 21
21 Bl mit einfachen od. gegabelten Haaren, 4–10 × 1–2,5 mm, spatelfg od. länglich-lanzettlich. BStiele etwa 5 mm lg. KrSaum 4–6 mm ⌀, weiß od. rosa mit gelbem Schlund. Pfl rasenbildend od. ein lockeres Polster bildend. 0,01–0,05. ⚇ 6–7. **Z** s Ⓐ △; ⱽ Kaltkeimer ○ Boden sandig-kiesig, schwach lehmig, Dränage, Schutz vor Kahlfrösten (Z- u. SW-Alpen, Pyr.: Felsspalten, kalkhaltiger, feuchter Felsschutt, tonig-kalkiger Schiefer, Silikatfels). **Weichhaariger M.** – *A. pubescens* DC.
21* Bl mit Sternhaaren, 5–10 × 1–2 mm, länglich bis verkehrteilanzettlich. BStiele 5–10 mm lg. KrSaum 7–9 mm ⌀, weiß od. rosa mit gelbem Schlund. 0,01–0,03. ⚇ ⌂ 7–8. **Z** s △; ⱽ Kaltkeimer ⌁ Boden sandig-kiesig, schwach lehmig, feuchtigkeitshaltend, Schutz vor Kahlfrösten (Alpen: Felsschutt, Moränen, Felsen, kalkfliehend, 2000–4200 m). [*A. glacialis* HOPPE, *A. aretia* VILL., *Aretia alpina* L.] **Alpen-M.** – *A. alpina* (L.) LAM.

**Goldprimel** – *Vitaliana* SESL.                                                    1 Art

Bl 4–12 × 1–2 mm, linealisch bis länglich-lanzettlich, rosettig gehäuft, useits u. randlich meist sternhaarig. B einzeln, an 1–5 mm lg Stiel. Kr gelb. KrRöhre am Schlund nicht od. nur schwach verengt. B verschiedengrifflig. Pfl rasen- od. polsterbildend. (Abb. **287**/4). 0,03–0,05. ⚇ ⌂ 6–7. **Z** s △ Tröge; ⱽ Kaltkeimer ⌁ ♥ ○ Ostexposition, ≈ im Frühjahr, ⊖ Boden sandig-kiesig-lehmig, nicht od. nur schwach humos, Dränage, Nässeschutz (SO-, Z- u. SW-Alpen, Pyr., Apennin, S- u. O-Span.: feuchter Steinschutt,

feuchte Felsen, kurzgrasige Matten, kalkmeidend, 1700–3500 m – mehrere Unterarten: subsp. *primuliflora* (SO-Alpen); subsp. *assoana* LAINZ [*V. congesta* O. SCHWARZ] (S- u. O-Span.); subsp. *canescens* O. SCHWARZ (SW-Alpen, Pyr.); subsp. *cinerea* (SÜND.) I. K. FERGUSON (Z- u. SW-Alpen, O-Pyr.); subsp. *praetutiana* (BUSER ex SÜND.) I. K. FERGUSON (Z-Apennin)). [*Androsace vitaliana* (L.) LEPR., *Gregoria vitaliana* (L.) DUBY]
Goldprimel – *V. primuliflora* BERTOL.

**Primel, Schlüsselblume** – *Primula* L.                                    425 Arten

Lit.: HALDA, J. J. 1992: The genus *Primula* in cultivation and in the wild. Denver, Col. – HANDEL-MAZZETTI, H. V. 1929: The natural habitats of Chinese primulas. J. Roy. Hort. Soc. **54**: 51–62. – HU, C. M., KELSO, S. 1996: *Primulaceae, Primula* L. In: Flora of China. **15**: 99–185, – KÖHLEIN, F. 1984: Primeln und die verwandten Gattungen Mannsschild, Heilglöckchen, Götterblume, Troddelblume, Goldprimel. Stuttgart. – PAX, F., KNUTH, R. 1905: *Primulaceae*. In: ENGLER, A. (Hrsg.): Das Pflanzenreich. **22**: 1–386. – RICHARDS, J. 2003: *Primula*. London. – SMITH, G. F., BURROW, B., LOWE, D. B. 1984: Primulas of Europe and North America. Alpine Garden Society, Woking.

1  Bl in der Jugend eingerollt (Abb. 289/1–3) ............................... **2**
1*  Bl in der Jugend zurückgerollt (Abb. 295/1; 301/1) ..................... **17**
2  Kr gelb (od. bei *P.* × *pubescens* auch mehrfarbig), mit weißem Schlund ........ **3**
2*  Kr lila, violett, rosa od. rot ............................................ **4**
3  HüllBl 1–8 mm lg, eifg. Bl 1,5–12 × 1–4 cm, knorpelrandig, dick u. fleischig. Kr trichterfg od. etwas glockig, gelb mit weißem Schlund ausgerandet. 0,05–0,16(–0,25). ⌁ i ⅄ 4–6. **W**. **Z** z △; **V** Kaltkeimer ○ ◑ ⊕ (Alpen, Schwarzwald, Apennin, W-Karp.: alp. bis subalp. sickerfrische Felsspalten u. Steinrasen, Moorwiesen, kalkhold, 250–2900 m – Unterarten: subsp. *auricula* mit 4 Varietäten; subsp. *ciliata* (MORETTI) LÜDI – ▽).                    **Gamsblume, Alpen-Aurikel** – *P. auricula* L.

Ähnlich: **Garten-P., Garten-Aurikel** – *P.* × *pubescens* JACQ. (*P. auricula* × *P. hirsuta*) [*P.* × *hortensis* WETTST.]: Kr stieltellerfg, verschieden-, meist 2farbig. KrZipfel auf ⅓ 2lappig. 0,10–0,30. ⌁ i ⅄ 5–7. **W**. **Z** z △ Rabatten; **V** ⍦ ⌇ ◑ (Wildform: Alpen – ▽ – kult seit 16. Jh.; E.18. Jh./A.19. Jh. Höhepunkt der Aurikelzucht mit über 100 Sorten; heute unterscheidet man 4 Hauptgruppen: 1. Gewöhnliche Garten-Aurikeln: B einfarbig mit mattweißem Auge; 2. Luiker (Lütticher) Aurikeln: B mit 2 Hauptfarben, wenn B mit einer Hauptfarbe, dann Auge gelb od. olivfarben, Pfl meist nicht mehlig; 3. Englische Aurikeln: Kr mit radialen Streifen, Pfl meist mehlig; 4. Gefüllt blühende Aurikeln).

3*  HüllBl 5–25 mm lg, äußere br eifg, innere lanzettlich. Bl 4–16(–20) × 2–7 cm, kaum knorpelrandig, fleischig. Kr dunkelgelb mit weißem Auge. Ältere Pfl oft stämmchenbildend. 0,08–0,40. ⌁ i 3–4. **Z** s ⓐ △ Trockenmauern; **V** ⍦ ⍦ ○ ∼ ∧ (SW-It.: Cap Palinuri: Felswände in Meeresnähe – 1816).      **Palinuri-P.** – *P. palinuri* PETAGNA
4  (2) Pfl mehlig, zumindest an K od. Kr ................................... **5**
4*  Pfl nicht mehlig ...................................................... **7**

1     2     3     4

**5** Kr mit gelbem Auge, anilinfarben bis violett-blau. KrSaum flach, 1,5–3 cm ⌀. Bl elliptisch bis länglich-elliptisch od. verkehrteilanzettlich, 5–15 × 1,5–3 cm. Dolde mit 4–8 B. Bis 0,20. ⏀ ⏀ 6–9. **Z** s Ⓐ; **V** ◖, Sommer ≃, Winter trockner, Dränage (USA: New Mex.: feuchte, schattige Felsbänder, feuchte Felsspalten, 3000–3300 m – 1915).

New Mexico-P. – *P. ellisiae* POLLARD et COCKERELL

**5\*** Kr mit weißem Auge ................................................ **6**

**6** BlRand mehlig, gezähnt. Bl länglich bis verkehrteifg, bis 10 × 4 cm. Schaft mehlig, bis 20blütig. Kr bis 3 cm ⌀, blau, lila od. rosa, zuweilen weiß. KrZipfel bis ¹/₄ ihrer Länge ausgerandet. (Abb. **289**/1). Bis 0,15. ⏀ 3–4. **Z** z △ Pflanzschalen Ⓐ; **V** ⌁ ⍦ ◖ Boden sandig-lehmig (SW-Alpen: Felsspalten, schattige Felsen, auf Kalk u. Schiefer, 500–3000 m – kult seit 1777 – Hybr mit *P. pubescens* : *P.* × wockei ARENDS; mit *P. allionii* : *P.* × meridiana A. J. RICHARDS – ∞ Sorten: unterschiedliche Wuchshöhe, verschiedene BFarben).

Seealpen-P. – *P. marginata* CURTIS

**6\*** BlRand nicht mehlig, ganzrandig, wellig od. grob gezähnt. Bl verkehrteifg bis verkehrteilanzettlich, klebrig, bis 18 × 5 cm. Schaft klebrig, bis 20blütig. Kr bis 20 mm ⌀, violett, rötlichpurpurn, zuweilen weiß. KrZipfel bis ¹/₃ ihrer Länge ausgerandet. (Abb. **289**/3). Bis 0,20. ⏀ 6–8. **Z** s △; **V** Kaltkeimer ◖ ⊖ Dränage (SW- u. Z-Alpen, O-Pyr.: schattige u. feuchte Felsspalten u. Felsbänder, Felsschutt, stets auf Silikat, 2000–3000 m – Hybr mit *P. marginata* : *P.* × crucis BOWLES; mit *P. integrifolia* SCOP. : *P.* × muretiana MORITZI; mit *P. hirsuta* : *P.* × berninae A. KERN.; mit *P. daonensis* LEYB. : *P.* × kolbiana WIDMER; mit *P. pedemontana* : *P.* × bowlesiana FARRER). [*P. viscosa* ALL.]

Breitblättrige P. – *P. latifolia* LAPEYR.

**7** (4) BlRand kahl od. mit kleinen sitzenden Drüsen ........................ **8**

**7\*** BlRand fein- od. kurzhaarig, zumindest mit einigen kurz gestielten Drüsen ....... **11**

**8** Bl mit durchscheinenden Drüsen, 2–10 × 1–3 mm, rhombisch-eifg, vorn stumpf. Schaft 2–5(–7)blütig. Kr rosa, zuweilen weiß, bis 4 cm ⌀. 0,02–0,15. ⏀ 4–5. **Z** s △; **V** ◖ ⊕ (N-It.: Felsen, steinige Hänge, Grasfluren, stets auf Kalk, 500–2500 m).

Ansehnliche P. – *P. spectabilis* TRATT.

**8\*** Bl ohne durchscheinende Drüsen .................................... **9**

**9** Bl br keilfg, vorn gestutzt u. grob gezähnt, an den Seiten ganzrandig, 2 × 1 cm. Schaft bis 1 cm lg, meist 1blütig. Kr rot bis rosa, mit weißem Auge, selten weiß. KrZipfel ypsilonfg gespalten (Abb. **291**/1). 0,01–0,04. ⏀ i ⏀ 7–8. **W**. **Z** z △; ⌁ ⍦ ◖, in heißen Sommern ◖, ≃ Boden torfig u. steinig ⊖ (O-Alpen, Sudeten, Karp., Balkan: alp. frische Magerrasen, Schneetälchen, kalkmeidend – ▽).

Zwerg-P., Habmichlieb – *P. minima* L.

**9\*** Bl lanzettlich, länglich od. länglich-lanzettlich. Bl ganzrandig; wenn fein gezähnt, dann an der Spitze u. an den Seiten ........................................ **10**

**10** BStand 1–2(–3)blütig. HüllBl höchstens bis zur KMitte reichend. K auf weniger als zur Hälfte geteilt. KZipfel stumpf. Bl mit br Knorpelrand, 1,5–4 × 0,5–1,2 cm, verkehrteilanzettlich bis verkehrteifg. Bis 0,07. ⏀ ⏀ 4–5. **Z** s △; **V** ⍦ ◖ Standort luftfeucht, Humusboden lehmig-sandig (SO-Alpen, Karp.: subalp. bis alp. feuchte Gesteinsfluren, Felsspalten, Schneeböden, niedrige Rasen).

Wulfen-P., Südostalpen-P. – *P. wulfeniana* SCHOTT

**10\*** BStand 3–5(–6)blütig. HüllBl bisweilen bis zur KSpitze reichend. K meist bis zur Mitte geteilt. KZähne spitz (subsp. calycina (DUBY) PAX) od. stumpf (subsp. langobarda (PORTA) WIDMER). Bl mit br Knorpelrand, 2–7 × 0,7–2 cm, br lanzettlich bis verkehrteilanzettlich. 0,03–0,12. ⏀ ⏀ 3–4. **Z** s △; **V** ◖ ⊕ (S-Alpen: mont. bis alp. steinige Matten in feuchtschattigen Lagen, 450–2400 m). **Meergrüne P.** – *P. glaucescens* MORETTI

**11** (7) Drüsenköpfe meist schwärzlich od. braunrot ........................... **12**

**11\*** Drüsenköpfe hell od. farblos ....................................... **14**

**12** BlOSeite fast kahl. Längste Bl 2–8 × 0,8–2,5 cm, br verkehrteifg bis br lanzettlich, randlich mit dunkelrotköpfigen Drüsenhaaren. BStand mit 1–15 B. Kr purpurn od. dunkelrosa, meist mit weißem Auge. Bis 0,12(–0,15). ⏀ ⏀ 4–5. **Z** s △; **V** ◖ Steinfugen, Boden

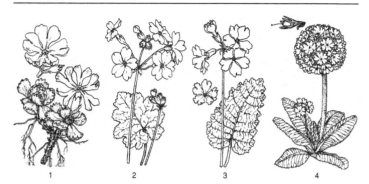

1       2       3       4

steinig-humos, nach der B trockner halten (SW-Alpen, NW-Span.: Kantabrisches Gebirge: Blockhalden, schattige Felsen, 1400–3000 m – Hybr mit *P. auricula, P. marginata, P. hirsuta, P. spectabilis* u. *P. allionii*).

**Piemont-P.** – *P. pedemontana* D. THOMAS ex GAUDIN

**12*** BlOSeite behaart ...................................................... **13**

**13** Schaft meist länger als die Bl. Kapsel so lg wie der K od. länger. Bl 15 × 4 cm, verkehrteifg bis eifg, mit roten bis schwärzlichen Drüsenköpfen. BStand 2–5blütig. Kr lila bis rosa, mit weißem Auge, 1,5–2,5 cm ⌀. (Abb. **289**/4). 0,02–0,15. ⌛ ⅄ 4–6. **Z** s △; V nach der B trockner halten, Boden lehmig-humos ⊖ (SW- u. O-Alpen: subalp. bis alp. Felsspalten, kalkmeidend, 1500–2200 m – Hybr mit *P. auricula, P. marginata, P. latifolia, P. hirsuta* u. *P. allionii*).      **Zottige P.** – *P. villosa* WULFEN

**13*** Schaft meist so lg wie die Bl od. kürzer. Kapsel ¹/₂ so lg bis so lg wie der K. Bl 2–13 × 1–4 cm, fast kreisfg, eifg, verkehrteifg, mit farblosen bis rötlichen od. schwärzlichen Drüsenköpfen. BStand 3–15blütig. Kr purpurrosa bis lila, meist mit weißem Auge, zuweilen weiß, bis 2,5 cm ⌀. (Abb. **289**/2). 0,01–0,07. ⌛ ⅄ 4–7. **W. Z** s △; V Kaltkeimer ⍦ nach der B trockner halten, Boden lehmig-humos (Alpen, Pyr.: (kolline-)subalp. bis alp. Felsspalten, Gesteinsfluren, Magerrasen, kalkmeidend, 230–3600 m – Hybr z. B. mit *P. × pubescens* JACQ. – ▽). [*P. viscosa* VILLIERS]      **Behaarte P.** – *P. hirsuta* ALL.

**14** **(11)** Schaft bis 5 mm lg, BStand 1–5blütig. Bl 1–5 × 0,5–1,5 cm, verkehrteilanzettlich bis fast kreisfg, ganzrandig od. gekerbt bis fein gesägt, sehr klebrig. Kr hellrosa bis rötlichpurpurn, mit weißem Auge, bis 3 cm ⌀. 0,01–0,05. ⌛ i ⅄ 3–4. **Z** s ⓐ △ Trockenmauern unter überhängenden Steinen; V ⌇ ⍦ ◑ ● (Seealpen: schattige, feuchte, senkrechte Kalkfelsen, 500–2000 m – 1901 – Hybr mit *P. auricula, P. carniolica* JACQ., *P. marginata, P. hirsuta, P. pedemontana, P. villosa, P. minima* – ∞ Sorten).

**Allioni-P.** – *P. allionii* LOISEL.

**14*** Schaft > 5 mm lg ...................................................... **15**

**15** HüllBl ± eifg, viel kürzer als die BStiele.      **Behaarte P.** – *P. hirsuta* ALL., s. **13***

**15*** HüllBl linealisch bis lanzettlich, meist länger als die BStiele ................... **16**

**16** Bl oseits behaart, ohne Knorpelrand, am Rand gewimpert, lanzettlich, 1–6 × 0,5–1,2 cm. Schaft bis 7 cm lg, BStand 1–3blütig. HüllBl bis 1 cm lg. Kr rosa bis purpurn, meist ohne Auge, napffg, bis 2,5 cm ⌀. 0,01–0,05. ⌛ ⅄ 6–7. **Z** s △ Moorbeet; V Kaltkeimer ◑ Kultur kühlfeucht (Z-Alpen, Pyr.: alp. bis subalp. feuchte, feinerdereiche, humose, saure Böden; Flachmoore, Schneetälchen).      **Ganzblättrige P.** – *P. integrifolia* L.

**16*** Bl oseits kahl, mit schmalem Knorpelrand, am Rand drüsenhaarig, eifg bis lanzettlich, 6 × 2,5 cm. Schaft bis 8 cm lg, BStand 1–4blütig. HüllBl bis 1,8 cm lg. Kr hellrosa, verblüht bläulich, mit weißem Auge, trichterfg, 1,5–4 cm ⌀. 0,03–0,10. ⌛ ⅄ 5–7. **W. Z** s ⓐ △; V ◑ Kultur kühl u. feucht im Sommer (NO-Alpen: Felsspalten, Felsschutt, Pionierrasen, stets auf Kalk, 600–2000 m – ▽).      **Clusius-P.** – *P. clusiana* TAUSCH

**17 (1)** BlSpreite bis 1,5mal so lg wie br, oft kreisfg . . . . . . . . . . . . . . . . . . . . . . . . . **18**
**17\*** BlSpreite mehr als 1,5mal so lg wie br . . . . . . . . . . . . . . . . . . . . . . . . . . . . . . . . **23**
**18** BlSpreite nicht od. nur schwach gelappt, ganzrandig, gekerbt od. gezähnt, meist ± kahl
. . . . . . . . . . . . . . . . . . . . . . . . . . . . . . . . . . . . . . . . . . . . . . . . . . . . . . . . . . . . . . . **19**
**18\*** BlSpreite deutlich gelappt, zumindest bis zu $^1/_{10}$ ihrer halben Breite, meist behaart . **21**
**19** Schaft 5–20 cm lg. B in einfachen Dolden, selten in BStänden mit 2–3 Quirlen. BlSpreite
3,5–20 × 2,5–12 cm, nierenfg, ganzrandig od. regelmäßig kerbig. BlStiel 1–10 cm lg.
K 1–1,5 cm lg. Kr rosa bis purpurn, mit einem cremefarbenen bis gelben Auge,
1,5–2,5 cm ∅. 0,10–0,20. ⟂ 4–5. **Z** s Ⓐ Gehölzgruppen, *Rhododendron*-Gebüsche;
∀ ⩣ ◖ ≃ Dränage, Standort warm, Boden lehmig-humos (östl. u. südöstl. Schwarz-
meergebiet: schattige, luftfeuchte Schluchten in Orient-BuchenW, 50–1100 m – Hybr
mit *P. juliae*). **Schwarzmeer-P.** – *P. megaseifolia* Boiss. et Balf.
**19\*** Schaft fehlend od. undeutlich, selten bis 5 cm lg. B einzeln od. in grundständigen Dolden
. . . . . . . . . . . . . . . . . . . . . . . . . . . . . . . . . . . . . . . . . . . . . . . . . . . . . . . . . . . . . . . **20**
**20** B einzeln od. in Gruppen (1–5), grundständig. Kr 2–3 cm ∅, dunkel- bis hellviolett, mit
gelbem Auge. Kapsel länglich, länger als der K. BlSpreite bis 3 cm lg u. br, nieren-,
kreis- od. nieren-kreisfg (Abb. **293**/1). Bis 0,05. ⟂ Ⴤ 4. **Z** s △; ∀ ⩣ ◖ ≃ Humusboden
lehmig (östl. Kaukasus: nasse, moosige Felsen in Flussnähe, BergW, 700–1800 m –
P.-Juliae-Hybriden [*P.* × *helenae* hort., *P. pruhoniciana* hort.] (Abb. **293**/2): unter Betei-
ligung von *P. juliae* u. *P. vulgaris* entstanden. Die P.-Juliae-Hybriden werden heute mit
den P.-Elatior-Hybriden (s. **39**) unter der Bezeichnung P.-Pruhonicensis-Hybriden zu-
sammengefasst, ∞ Sorten). **Teppich-P.** – *P. juliae* Kusn.
**20\*** B einzeln, grundständig. Kr bis 1,8 cm ∅, rosa, mit orangefarbenem Auge. Kapsel kug-
lig, nicht länger als der K. BlSpreite bis 1,5 cm lg br, fast kreisfg, am Grund herzfg. Bis
0,05. ⟂ Ⴤ 4. **Z** s Ⓐ △; ∀ ◖ Standort humid, sommerkühl, Dränage (Kaschmir: 2150 m
– 1934, 1937). **Clark-P.** – *P. clarkei* G. Watt
**21 (18)** BlSpreite im Umriss fast kreisfg od. br eifg u. wenig länger als br, 2–10 × 2–10 cm,
useits borstig, wollig od. spärlich behaart. BlLappen 7–11, $^1/_4$–$^1/_3$ so lg wie die halbe
BlSpreite. BStand mit 1(–3) BQuirl(en). Kr 1–2,5 cm ∅, hellrosa bis karmin, purpurn od.
weinrot, mit grünlichgelbem, gelbem od. orangefarbenem Auge. (Abb. **291**/2). Bis 0,50.
⟂ Ⴤ 5–6. **Z** s Gehölzränder; ∀ ◖ Standort kühl, Dränage (China: SO-Gansu, W-
Sichuan, SO-Tibet, NW-Yunnan: Waldränder in Flusstälern, 2000–4000 m). [*P. lichian-
gensis* (Forrest) Forrest, *P. veitchii* Duthie]
**Vielnervige P., Veitch-P.** – *P. polyneura* Franch.
**21\*** BlSpreite eifg bis länglich, bis 2mal so lg wie br . . . . . . . . . . . . . . . . . . . . . . . . . . . . **22**
**22** KZipfol spreizend. K 5–12 mm lg, zur FrZeit vergrößert, meist kahl. Kr 1–3,5 cm ∅, pur-
purn, rot, rosa, mit weißem Auge, selten weiß. Kapsel kürzer als der K. (Abb. **291**/3).
Bis 0,30. ⟂ Ⴤ 5–6. **Z** s Gehölzränder; ⩣ ∀ ◖ Ruhezeit von August bis Mai, Standort
kühl-feucht (NO-China, Korea, Japan, Amur-Gebiet: feuchte Wiesen u. Wälder – 1862).
**Siebold-P.** – *P. sieboldii* E. Morren
**22\*** KZipfel aufrecht. K 5–7 mm lg, zur FrZeit nicht vergrößert, weichhaarig od. selten kahl.
Kr 1,5–2 cm ∅, rosa, rot bis rosaviolett, meist mit gelbem Auge. Kapsel etwa so lg wie
der K. Bis 0,50. ⟂ Ⴤ 4–5. **Z** s Gehölzränder △; ∀ ◖ Standort kühl, Dränage (W-Sibir.:
BirkenW, Waldwiesen, mit Humus gefüllte Felsspalten – 1794).
**Heilglöckel-P.** – *P. cortusoides* L.
**23 (17)** Schaft fehlend. B grundständig, einzeln od. in Gruppen. BlSpreite in den BlStiel
verschmälert (*P. clarkei* u. *P. juliae*: BlSpreitengrund herzfg, s. **20**, **20\***), bis 6 cm br.
BlStiel zottig. 0,08–0,15. ⟂ Ⴤ 2–5. **W. Z** s Gehölzränder, Parks, Rabatten △; ∀ auch
Selbstaussaat ◖ (S- u. W-Eur., östl. Schwarzmeergebiet: (sicker)frische LaubW, Ge-
büsche, waldnahe Wiesen u. Böschungen, nährstoffanspruchsvoll, kalkmeidend – 8
Unterarten – Hybr mit *P. juliae*, s. **20** – ∞ Sorten: z. B. 'Hose in Hose': B mit doppelter
Kr (Abb. **293**/4; Abb. **293**/3) – ▽). [*P. acaulis* (L.) Hill]
**Schaftlose P.** – *P. vulgaris* Huds.

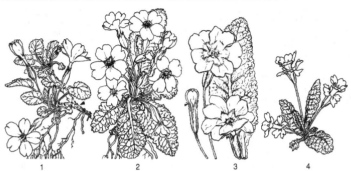

1       2       3       4

**23\*** Schaft vorhanden. B in Ähren, Köpfen, Dolden od. in BStänden mit etagenartig angeordneten BQuirlen . . . . . . . . . . . . . . . . . . . . . . . . . . . . . . . . . . . . . . . . . . . . . . . . . . . . **24**

**24** B in Ähren . . . . . . . . . . . . . . . . . . . . . . . . . . . . . . . . . . . . . . . . . . . . . . . . . . . . . . . . . . . . **25**

**24\*** B in Köpfen (zuweilen auch nur zu wenigen endständig), Dolden od. in BStänden mit etagenartig angeordneten Quirlen . . . . . . . . . . . . . . . . . . . . . . . . . . . . . . . . . . . . . . . . **26**

**25** KrRöhre kürzer als die KrZipfel. BStand 5–20blütig, pyramidenfg. K grün bis purpurn. Kr lavendelblau. KrSaum 20–25 mm ⌀, glockenfg. Bl schmal elliptisch bis br verkehrteilanzettlich, 5–20 × 2–5 cm. Bis 0,50. ♃ ⚥ 4–5. **Z** s *Rhododendron*-Gruppen, Staudenbeete △; ∨ ◐ Boden kalkarm, Dränage (China: Sichuan, Yunnan: lichte KiefernW, steinige Weiden – 1914).        **Ähren-P.** – *P. flaccida* N. P. BALAKR.

**25\*** KrRöhre länger als die KrZipfel. BStand bis 100blütig, schmal pyramidenfg bis zylindrisch, spitzenwärts im Bereich der noch knospigen B scharlachrot. K scharlachrot. Kr blauviolett, bis 10 mm ⌀. Bl lanzettlich, 15–30 × 4–7 cm. (Abb. **301/**1). 0,30–0,40 (–0,60). ♃ 6–7. **Z** s △; ∨ ◐ ≈ Boden humos (China: NW-Yunnan, SW-Sichuan: feuchte u. trockne, steinige Wiesen, immergrüne Eichen-Gebüsche, 2850–3350 m – 1906).        **Orchideen-P.** – *P. vialii* DELAVAY ex FRANCH.

**26 (24)** B in Köpfen, zuweilen auch nur zu wenigen endständig . . . . . . . . . . . . . . . . . **27**

**26\*** B in einfachen Dolden od. in BStänden mit etagenartig angeordneten BQuirlen . . . **29**

**27** BStand mit (1–)3–10 B. B sitzend. Kr weiß, elfenbeinfarben od. hellblau (var. *williamsii* LUDLOW). Bl länglich bis länglich-lanzettlich, 5–20 × 2–3 cm. 0,06–0,15. ♃ 5. **Z** s ⌂; ∨ ◐ im Sommer feuchter, im Winter trockner (NW-Himal. bis Nepal: Kalkfelsen, nasse Felshänge, oft in der Nähe von Flüssen u. Wasserfällen – 1883, 1941, 1952).        **Reid-P.** – *P. reidii* DUTHIE

**27\*** BStand mit >15 B . . . . . . . . . . . . . . . . . . . . . . . . . . . . . . . . . . . . . . . . . . . . . . . . . . . . **28**

**28** Endblüten des BStandes sich nicht öffnend, steril. BStand ± scheiben- od. kugelfg. Kr blau bis dunkelviolett. 0,15–0,30. ♃ 7–11. **Z** s △; ∨ ◐ im Sommer ≈, im Winter trockner, Dränage (Himal., N-Myanmar bis Yunnan: auf feuchtem Lehm in NadelW, sumpfige Flussufer, 4000–5000 m – 1849 – mehrere Unterarten – einige Sorten).        **Kopf-P.** – *P. capitata* HOOK f.

Unterarten:
subsp. *capitata* [subsp. *crispata* (BALF. f. et W. W. SM.) W. W. SM. et FORREST, subsp. *mooreana* (BALF. f. et W. W. SM.) W. W. SM. et FORREST]: Bl useits mehlig, weiß. BStand scheibenfg (Bhutan, NO-Indien, Sikkim, S-Tibet: BergW, Grasfluren, 2700–5000 m). – subsp. *lacteocapitata* (BALF. f. et W. W. SM.) W. W. SM. et FORREST [subsp. *craibeana* (BALF. f. et W. W. SM.) W. W. SM. et FORREST]: Bl useits mehlig, cremefarbengelb od. hellgelb. BStand kuglig (NO-Indien, Sikkim, S-Tibet: Wiesen, Waldsäume, 3000–5000 m). – subsp. *sphaerocephala* (BALF. f. et FORREST) W. W. SM. et FORREST: Bl useits nicht mehlig. BStand kuglig (China: SO-Tibet, NW-Yunnan: Lichtungen in FichtenW, Flussufer, 2800–4200 m).

28* Endblüten des BStandes sich öffnend, fertil. BStand kopfig. Kr purpurn, blau, rot od. weiß. (Abb. **291**/4). Bis 0,30. ♃ 3–4. **Z** z △ Staudenbeete, Gehölzgruppen; ⩒ Wurzelschnittlinge u. -risslinge ◑ ≃ (Afgh.: Hindukusch; N-Pakistan, Kaschmir, Nepal, Sikkim, Bhutan, SO-Tibet, Yunnan, Sichuan, Guizhou, N-Myanmar: nasse, lichte Standorte, 1500–4500 m – 1838 – ∞ Sorten: z. B. 'Alba', 'Blaue Auslese', 'Dunkle Farben', 'Rubin'). **Kugel-P. –** *P.* denticul*a*ta SM.

29 **(26)** B in einfachen Dolden ............................................................ 30

29* B in BStänden mit etagenartig angeordneten BQuirlen (Etagen-Primel) ......... 40

30 BlSpreite am Grund herzfg od. gestutzt (*P.* cockburni*a*na), deutlich vom BlStiel abgesetzt ................................................. 31

30* BlSpreite am Grund verschmälert, nicht deutlich vom BlStiel (falls vorhanden) abgesetzt ............................................................................. 35

31 Kr purpurn, rot, rosa od. rosaviolett ....................................... 32

31* Kr gelb od. orange, rot getönt ............................................. 33

32 KZipfel spreizend. K 5–12 mm lg, zur FrZeit vergrößert, meist kahl. Kr 1–3,5 cm ⌀. FrKapsel kürzer als der K. (Abb. **291**/3). **Siebold-P. –** *P.* sieb*o*ldii E. MORREN, s. **22**

32* KZipfel aufrecht. K 5–7 mm lg, zur FrZeit nicht vergrößert, weichhaarig, selten kahl. Kr 1,5–2 cm ⌀. FrKapsel länger als der K. **Heilglöckel-P. –** *P.* cortuso*i*des L., s. **22***

33 **(31)** Kr orange, rot getönt. KrSaum flach, bis 15 mm ⌀. Pfl ⊙. BStand mit 1–3 BQuirlen. 0,15–0,30(–0,40). ⊙ 5–6. **Cockburn-P. –** *P.* cockburni*a*na HEMSL., s. **45**

33* Kr gelb. KrSaum ± becher- od. glockenfg, selten flach. Pfl meist ♃ (Ausnahme: *P.* fari*no*sa; im Garten, kurzlebig) ............................................... 34

34 Bl useits behaart. Schaft fein behaart. Dolde bis 16blütig. BStiel behaart, bis 2 cm lg. Schlund mit 5 rotgelben Flecken. 0,10–0,30. ♃ ⅄ 4–6. **W.** Z s △ Rabatten, Gehölzgruppen, Parks ⚥; HeilPfl; ⩒ Licht- u. Kaltkeimer, auch Selbstaussaat ○ (warmgemäß. bis gemäß. Eur., Kauk., östl. Schwarzmeergebiet, W-Sibir.: Halbtrockenrasen, trockne bis wechseltrockne Wiesen, Böschungen, Ruderalstellen (Steinbrüche, Wegränder, Dämme), kalkhold – 4 Unterarten – ▽). [*P.* offici*na*lis (L.) HILL]
**Wiesen-P., Wiesenschlüsselblume, Himmelschlüssel –** *P.* v*e*ris L.

34* Bl useits kahl. Schaft unbehaart. Dolde bis 80blütig (BStand selten mit 2 BQuirlen). BStiel mehlig, bis 10 cm lg. Schlund ohne rotgelbe Flecken. (Abb. **295**/4). Bis 1,50. ♃ ⅄ 5–8. **Z** z Teichränder, Gehölzränder, Staudenbeete; ⩒ ◑ ○ ≃ (SO-Tibet: Fluss- u. Bachufer, Waldsümpfe, 2600–4000 m – 1924 – Hybr mit *P.* alp*i*cola STAPF, *P.* sikki*me*nsis). **Tibet-P. –** *P.* flor*i*ndae KINGDON-WARD

35 **(30)** Kr rosa, lila, weiß od. purpurn; wenn cremefarben, dann Schaft u. Bl mehlig . . 36

35* Kr gelb ............................................................................ 38

36 Bl u. Schaft nicht mehlig. Bl oseits grün, useits hellgrün. Schaft anfangs fast fehlend, später sich verlängernd, zur FrZeit bis 30(–50) cm lg. B oft vor den Bl erscheinend. Kr rosa, mit gelbem Auge, bis 3 cm ⌀ (Abb. **296**/1). 0,03–0,10. ♃ ⅄ 3–4. **Z** z △; ⩒ Kaltkeimer ○ ◑ ≃ ∧ (NW- u. W-Himal.: alp. moorige Wiesen, Weiden, 2600–4300 m – 1879 – Hybr mit *P.* cl*a*rkei u. *P.* warshenewski*a*na FEDTSCH. – einige Sorten).
**Rosen-P. –** *P.* r*o*sea ROYLE

36* Bl u. Schaft mehlig ................................................................ 37

37 Kr 8–16 mm ⌀. KrZipfel ausgerandet bis 2spaltig. Schaft mit 1 endständigen Dolde. Bl verkehrteilanzettlich bis elliptisch, 1–10 × 0,3–2 cm, useits weiß od. cremefarben mehlig, oseits graugrün. HüllBl am Grund ausgesackt. K 3–6 mm lg, zylindrisch bis urnenfg. KBl stumpf, selten spitz, ihr Ende oft purpurn. Kr lila, rosa, selten weiß. 0,10–0,30. ♃ ⅄ im Garten nicht langlebig 5–7. **W.** Z z △; ⩒ Kaltkeimer ○ ◑ ≃ (warmgemäß. bis gemäß. Eur.: feuchte bis nasse Quell- u. Flachmoore, alp. Steinrasen, kalkstet – ▽).
**Mehl-P. –** *P.* fari*no*sa L.

Ähnlich: **Laubreiche P. –** *P.* frond*o*sa JANKA: Bl spatelfg, länglich bis eifg, 3–9 × 1–2 cm. HüllBl am Grund nicht ausgesackt. K 4–6 mm lg, glockenfg. KBl spitz. Kr rosa-lila od. rötlichpurpurn. 0,04–0,12. ♃ ⅄ 5. **Z** s △; ⩒ ○ ◑ ≃ (NO-Bulg.: Stara Planina: steile Felswände, Felsspalten, lichte Wälder, 900–2000 m).

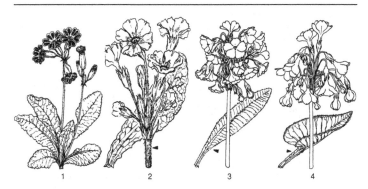

1          2          3          4

**37*** Kr bis 30 cm ⌀. KrZipfel ganz. Schaft mit 1–3 BQuirlen. Bl verkehrteilanzettlich, 5–25 ×
0,6–6 cm, mehlig. K bis 10 mm lg, grün, rötlich, purpurn od. fast schwarz, schmal
glockenfg. KBl stumpf. Kr oft weiß, auch cremefarben, lila od. purpurn. Bis 0,50. ⌂ ℃
5–6. **Z** s *Rhododendron*-Gruppen, Gehölzränder; V ○ ◐ ≃ Standort kühlfeucht, keine
Winternässe (China: SW-Sichuan, O-Tibet, N- u. NW-Yunnan: feuchte Wiesen, Wald-
säume, *Rhododendron*-Gebüsche, 3000–4400 m – 5 Unterarten).
                    **Weißblütige P.** – *P. chionantha* BALF. f. et FORREST
**38** **(35)** Bl u. Schaft unbehaart. Schaft oben mehlig. Dolden bis 20blütig. BStiele u. K mehlig,
unbehaart. Bl verkehrteilanzettlich bis elliptisch, bis 40 × 7 cm (Abb. **295**/3). 0,40–0,80.
⌂ ℃ 5–6. **Z** z Gehölzränder △; V ◐ ≃ im Sommer, Boden lehmig-humos, Dränage
(Nepal, Sikkim, Bhutan, Myanmar, China: W-Sichuan, Tibet, NW-Yunnan: nasse Wiesen,
Säume von Sümpfen u. nassen Wäldern, Flussufer, Gletschertäler, an Quellen u.
Bächen, 2900–5200 m – 1849 – 4 Varietäten).      **Sikkim-P.** – *P. sikkimensis* HOOK.
**38*** Bl u. Schaft behaart. Dolden bis 16blütig. BStiele u. K nicht mehlig, behaart . . . . . **39**
**39** KrSaum ausgebreitet, hellgelb, am Schlund oft dunkler. K schlank. KZähne lanzettlich,
4 mm lg. Kapsel mindestens so lg wie der K. BlSpreite allmählich in den BlStiel ver-
schmälert. 0,10–0,30. ⌂ ℃ 3–5. **W. Z** z Gehölzgruppen, Parks, Rabatten; HeilPfl; V
Kaltkeimer ○ ◐ ≃ (warmgemäß. bis gemäß. Eur., W-Sibir.: frische bis feuchte LaubW,
extensiv genutzte Gebirgswiesen, Bach- u. Grabenränder, Parks – P.-Elatior-Hybriden
[P.-Polyantha-Hybriden]: unter Beteiligung von *P. elatior*, *P. veris* u. *P. vulgaris* ent-
standen. Die P.-Elatior-Hybriden werden heute mit den P.-Juliae-Hybriden (s. **20**) unter
der Bezeichnung P.-Pruhonicensis-Hybriden zusammengefasst, ∞ Sorten: z.B. 'Gold-
Laced' (Abb. **295**/1) u. 'Silver-Laced': KrSaum rotbraun bis fast schwarz, mit gold-
gelbem od. weißgelbem Rand. Sorten mit BSchaft lassen die Herkunft von *P. elatior*-
(Abb. **295**/2) bzw. *P. veris*-Verwandtschaft erkennen – Wildform von *P. elatior* ▽).
               **Hohe P., Wald-P., Hohe Sch., Himmelschlüssel** – *P. elatior* (L.) HILL
**39*** KrSaum ± glockig, dottergelb, Schlund mit 5 rotgelben Flecken. K bauchig. KZähne eifg,
2–3 mm lg. Kapsel ¹/₂ so lg wie der K. BlSpreite am Grund gestutzt bis fast herzfg, vom
meist geflügelten BlStiel scharf abgesetzt. 0,10–0,30. ⌂ ℃ 4–6.
                 **Wiesen-P., Wiesen-Sch., Himmelschlüssel** – *P. veris* L., s. **34**
**40** **(29)** Bl oberseits glatt . . . . . . . . . . . . . . . . . . . . . . . . . . . . . . . . . . . . . . . . **41**
**40*** Bl oberseits runzlig . . . . . . . . . . . . . . . . . . . . . . . . . . . . . . . . . . . . . . . . . . **42**
**41** Schaft mehlig, BStand mit 1–3 BQuirlen. BStiel bis 3 cm lg. KrSaum flach, oft weiß,
auch cremefarben, lila od. purpurn, ohne od. mit weißem Auge, bis 30 mm ⌀. Bl ver-
kehrteilanzettlich, 5–25 × 0,6–6 cm, mehlig.
               **Weißblütige P.** – *P. chionantha* BALF. f. et FORREST, s. **37***

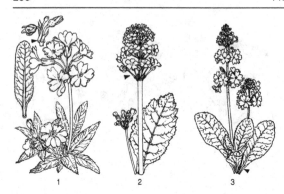

1          2          3

**41\*** Schaft nicht mehlig, BStand mit 2–6 BQuirlen. BStiel bis 1 cm lg. KrSaum flach, blaupurpurn, mit goldfarbenem, selten weißem Auge, 20–30 mm ⌀. Bl verkehrteilanzettlich, bis 18 × 4 cm, nicht mehlig, immergrün. Bis 0,45. ⚁ i ℔. **Z** s Gehölzränder; ∨ Kaltkeimer ♈ ☾ ≈ Standort kühl, Boden humusreich, Dränage (China: NW-Yunnan, SW-Sichuan: Wiesen, Gebüschsäume, Flussufer, 2800–3000 m – 1890 – Hybr mit *P. prolifera* WALL., *P. bulleyana*, *P. cockburniana*, *P. chungensis*).      **Poisson-P.** – *P. poissonii* FRANCH.
**42 (40)** Kr gelb od. orange . . . . . . . . . . . . . . . . . . . . . . . . . . . . . . . . . . . . . . . . . . . . . **43**
**42\*** Kr rot, purpurn, rosa od. weiß . . . . . . . . . . . . . . . . . . . . . . . . . . . . . . . . . . . . . . . . **46**
**43** Pfl nicht mehlig. Bl verkehrteifg-länglich bis verkehrteilanzettlich. Mittelrippe rotpurpurn. BStand mit 2–4(–6) BQuirlen. BStiel 3–10 mm lg. K 7–10 mm lg. Kr rötlichorange, 8–10 mm ⌀. Kapsel etwa so lg wie der K. Bis 0,30(–0,40). ⚁ ℔ 7. **Z** s Gehölzränder, Teichufer; ∨ ☾ ≈ (China: SW-Sichuan, NW-Yunnan: nasse Wiesen, feuchte Waldsäume, 2500–3500 m – 1922 – Hybr mit *P. burmanica, P. bulleyana*).
                    **Orangeblütige P.** – *P. aurantiaca* W. W. SM. et FORREST
**43\*** Schaft, BStiele u. K mehlig . . . . . . . . . . . . . . . . . . . . . . . . . . . . . . . . . . . . . . . . . . . **44**
**44** KZipfel pfriemlich. BlMittelrippe rot. Bl elliptisch-verkehrteilanzettlich, gegen den Grund verschmälert, 10–30(–40) × 3–10 cm. BStand mit 5–7 BQuirlen. BStiel 1,3–2,5 cm lg. Kr knospig rot, geöffnet tief goldfarben bis hellorange. (Abb. **296**/3). Bis 0,60(–1,00). ⚁ ℔ 6–7. **Z** s Gehölzränder, Teichufer; ∨ ☾ ≈ (China: SW-Sichuan, NW-Yunnan: nasse Wiesen, Flussufer, 2600–3200 m – 1906 – Hybr mit *P. bulleyana* subsp. *beesiana*, s. **49**: *P.* × *bullesiana* JANSON; an der Entstehung dieser Sippe sind als Kreuzungspartner möglicherweise auch andere Arten beteiligt, z. B. *P. pulverulenta*).
                    **Bulley-P.** – *P. bulleyana* FORREST subsp. *bulleyana*
**44\*** KZipfel 3eckig. BlMittelrippe grün od. weiß . . . . . . . . . . . . . . . . . . . . . . . . . . . . . . **45**
**45** Pfl ⊙. BlSpreite am Grund gestutzt, vom BlStiel deutlich abgesetzt, verkehrteifg. BlRand regelmäßig gezähnt. BStand mit 1–3 BQuirlen. BStiel bis 3 cm lg. K bis 7 mm lg. Kr orange, rot getönt, bis 15 mm ⌀. KrRöhre 2mal so lg wie der K. 0,15–0,30(–0,40). ⊙ 5–6. **Z** s Gehölzränder, *Rhododendron*-Gruppen; ∨ ☾ ≈ (China: W-Sichuan: nasse Wiesen, 2900–3200 m – 1905 – Hybr mit *P. pulverulenta, P. burmanica, P. chungensis*).        **Cockburn-P.** – *P. cockburniana* HEMSL.
**45\*** Pfl ⚁. BlSpreite sich gegen den Grund allmählich verjüngend. BlStiel undeutlich od. fehlend. BlRand unregelmäßig gezähnt. BStand mit 2–5 BQuirlen. BStiel bis 2 cm lg. K bis 5 mm lg. Kr dunkelgelb bis orange, bis 20 mm ⌀. KrRöhre 3mal so lg wie der K. Bis 0,30(–0,70). ⚁ ℔ 5–6. **Z** s Gehölzränder △; ∨ Kaltkeimer ☾, in Vegetationsperiode ≈, Dränage (China: SW-Sichuan, NW-Yunnan, SO-Tibet: Flussufer, feuchte Orte in NadelW, 2900–3200 m – 1913 – Hybr mit *P. pulverulenta, P. bulleyana, P. burmanica, P. cockburniana*).        **Yunnan-P.** – *P. chungensis* BALF. f. et KINGDON-WARD

46 (42) KZipfel beidseits nicht mehlig. BlSpreite eifg bis länglich, am Grund ± herzfg. BStand eine einfache Dolde od. mit einigen BQuirlen.

**Siebold-P.** – *P. sieboldii* E. MORREN od. **Heilglöckel-P.** – *P. cortusoides* L., s. **22, 22\***

46\* KZipfel o- (innen) u. useits (außen) od. nur oseits mehlig .................. 47

47 KZipfel nur oseits (innen) mehlig ....................................... 48

47\* KZipfel o- (innen) u. useits (außen) mehlig .............................. 49

48 Bl verkehrteifg, mit hellroter Mittelrippe. B gleichgrifflig. KrRöhre 2–3mal so lg wie der K. (Abb. **296**/2). Bis 0,45. ♃ ⅄ 5–6. **Z** z Gehölzränder; V Kaltkeimer ◖ ≃ (Japan: Honshu, Shikoku: nasse Auenwiesen, 800–1800 m – 1861, 1870 – Hybr mit *P. cockburniana, P. chungensis, P. pulverulenta, P. burmanica*).

**Japan-P.** – *P. japonica* A. GRAY

48\* Bl verkehrteilanzettlich, mit purpurner Mittelrippe. B verschiedengrifflig (heterostyl, s. Abb. **57**, 1/n). KrRöhre 2mal so lg wie der K. Bis 0,60. ♃ ⅄ 6–7. **Z** s Gehölzränder; V ◖ ≃ (China: Yunnan; Myanmar: Sumpfwiesen, nasse NadelWLichtungen, 2700–3200 m – 1914 – Hybr mit *P. aurantiaca, P. bulleyana, P. chungensis, P. japonica*).

**Burma-P.** – *P. burmanica* BALF. f. et KINGDON-WARD

49 (47) BlMittelrippe rot. KrSaum rosa-karmin, mit gelbem Auge, bis 20 mm ⌀. K 5–7,5 mm lg. KZipfel spitz, aber nicht pfriemlich (Unterschied zu *P. bulleyana* subsp. *bulleyana*, s. **44**). Bl verkehrteilanzettlich, bis 22 × 6 cm. Bis 0,40. ♃ ⅄ 6–7. **Z** s Gehölzränder △; V ◖ ≃ (China: Yunnan, Sichuan).

**Bees-P.** – *P. bulleyana* FORREST subsp. *beesiana* (FORREST) A. J. RICHARDS

49\* BlMittelrippe weißlichgrün. Kr karmin-rot mit dunklem Auge, bis 30 mm ⌀. K bis 10 mm lg. Bl verkehrteilanzettlich, bis 30 × 8(–10) cm. Bis 1.00. ♃ ⅄ 5–6. **Z** z Gehölzränder; V Kaltkeimer ◖ ≃ Boden humos-lehmig (China: W-Sichuan: Sümpfe, Flussufer, oft halbschattig, >2000 m – 1905 – Hybr mit *P. chungensis, P. bulleyana, P. cockburniana*).

**Sichuan-P.** – *P. pulverulenta* DUTHIE

## Dionysie – *Dionysia* FENZL                                    44 Arten

Lit.: GREY-WILSON, C. 1989: The genus *Dionysia*. Alpine Garden Society. – WENDELBO, P. 1961: A monograph of the genus *Dionysia*. Årbok Univ. Bergen. Math.-Nat. Ser. **3**: 1–83.

1 BStand 3–5blütig, doldig (Abb. **279**/r), umgeben von einem HüllK aus 3–4 blattartigen HochBl (Abb. **279**/t). BStandsschaft 1,2–3 cm lg. Kr dunkelrosa, mit weißem, später rot umrandetem Auge. KrRöhre 20–29 mm lg. KrSaum 9–14 mm ⌀. Bl verkehrteifg bis spatelfg, 4–12 × 2,5–6 mm, vorn mit stumpfen Zähnen (Abb. **279**/s). Bis 0,07 hoch, 0,18 br. ♃ i ⌒ 4–5. **Z** s ⓐ △ Mauern; V ⌁ ≃ im Sommer, im Winter trockner, geschützter Standort, unter überhängender Steinplatte, Boden: Sand, Splitt, Perlit, Vermiculite, alte Rasenerde (Tadschikistan: Pamir-Alai: nord- u. nordwestexponierte Kalkfelsen, Felsspalten, um 1500 m – 1975).

**Hüllkelch-D.** – *D. involucrata* ZAPRJAG.

1\* BStand ein-, selten 2blütig. BStandsschaft fehlend. Kr gelb ................. 2

2 Bl am blühenden Stg mit stark zurückgebogenem Rand, beidseits mit 4–5 stumpfen Zähnen, lineal-lanzettlich bis spatelfg, 5–7 × 1–1,5 mm, bei nichtblühenden Trieben bis 12 × 7 mm, stark behaart (Abb. **279**/q). KrRöhre 13–18 mm lg. KrSaum 8–10 mm ⌀. KapselFr mit 20–30 Sa. Bis 0,04 hoch, 0,40 br. ♃ i ⌒ 3–4. **Z** s ⓐ △ Mauern; V Auslesen nur ⌁, ○ ≃ im Sommer, im Winter trockner, geschützter Standort, unter überhängender Steinplatte, Boden: Sand, Splitt, Perlit, Vermiculite, alte Rasenerde (N-Iran: Elburz-Gebirge: absonnige, im Frühjahr feuchte Kalkfelsen, 300–3200 m).

**Rollblatt-D.** – *D. aretioides* (LEHM.) BOISS.

2\* Bl am blühenden Stg mit flachem, glattem, zuweilen schwach gekerbtem Rand, länglich bis elliptisch, verkehrteifg bis spatelfg, 2–4 × 1–1,5 mm, beidseits mit kurzen Drüsenhaaren (Abb. **279**/p). KrRöhre 9–14 mm lg. KrSaum 5–6 mm ⌀. KrZipfel gelb, zuweilen am Grund mit braunem Punkt. KapselFr mit 1–3 Sa. Bis 0,03 hoch, 0,50 br. ♃ i ⌒ 3–5. **Z** s ⓐ △ Mauern; V ⌁ ○ ≃ im Sommer, im Winter trockner, geschützter Standort, unter überhängender Steinplatte, Boden: Sand, Splitt, Perlit, Vermiculite, alte Rasenerde (Turkmenistan: Kopetdag; NO-Iran, Afgh.: halbschattige u. schattige Felswände auf Kalk u. Dolomit, zwischen Felsblöcken u. unter Felsüberhängen, 1000–3200 m).

**Matten-D.** – *D. tapetodes* Bunge

**Wasserfeder, Wasserprimel** – *Hottonia* L. 2 Arten

WasserPfl. StgGlieder nicht aufgeblasen. Bl kammfg-fiederschnittig, untergetaucht. BStg aufrecht über dem Wasser. B in 3–6blütigen Quirlen, traubig. Kr blassrosa. 0,10–0,50. 24 i 3–4. **W. Z** s flache Gartenteiche; V Lichtkeimer ⚘ ⋎⋎ ○ ◑ ≈≈ Boden mäßig nährstoffreich ⊖ (warmgemäß. bis gemäß. Eur.: mesotrophe, periodisch teils austrocknende, flache, meist halbschattige Gewässer (Tümpel, Gräben, Altwässer), Erlenbrüche – ▽).

**Europäische Wasserfeder, Wasserprimel** – *H. palustris* L.

Ähnlich: **Amerikanische W.** – *H. inflata* Elliott: StgGlieder deutlich aufgeblasen, schwammartig. 24 5–8. **Z** s flache Gartenteiche; V Lichtkeimer ⚘ ⋎⋎ ○ ◑ ≈≈ (SO- u. O-USA: flache Stillgewässer, nasse Böden).

**Götterblume** – *Dodecatheon* L. 13 Arten

Lit.: Foster, L. L. 1984: Dodecatheon. Bull. Am. Rock Gard. Soc. **42**, 2: 53–62. – Ingram, J. 1963: Notes on the cultivated Primulaceae 2: Dodecatheon. Baileya **11**, 3: 69–90. – Thompson, H. J. 1953: The biosystematics of Dodecatheon. Contr. Dudley Herb. **4**, 5: 73–154.

Bem.: Konnektiv = Verbindungsstück zwischen den Staubbeutelhälften.

**1** Staubfäden < 1 mm lg, untereinander nicht od. nur teilweise vereint. Narbe doppelt so br wie der Griffel⌀; wenn die Narbe nicht breiter als der Griffel⌀, dann BlSpreite abrupt in den BlStiel verschmälert u. gezähnt . . . . . . . . . . . . . . . . . . . . . . . . . . . . . . . . . **2**

**1\*** Staubfäden > 1 mm lg, röhrig vereint. Narbe nicht breiter als der Griffel⌀ . . . . . . . . **4**

**2** Narbe nicht breiter als der Griffel⌀. BlSpreite abrupt in den BlStiel verschmälert, gezähnt. Konnektiv glatt. Kr weiß, am Grund ihrer Röhre mit purpurnem Ring, nach der BZeit ebenso wie die StaubBl nicht abfallend. 0,25–0,40. 24 ⅄ 5–6. **Z** s △; V ○ ◑ ≈ im Frühjahr, Boden nährstoff- u. humusreich, Dränage (W-USA: Washington, N-Oregon, Idaho, Utah: Flussufer, an Wasserfällen, schattige, nasse Orte).

**Gezähnte G.** – *D. dentatum* Hook.

**2\*** Narbe doppelt so br wie der Griffel⌀. BlSpreite allmählich in den BlStiel verschmälert. Konnektiv querrunzlig . . . . . . . . . . . . . . . . . . . . . . . . . . . . . . . . . . . . . . . . . . **3**

**3** Pfl meist kahl. BlSpreite < 1,5 cm br. KrZipfel 4, anilinrot bis lavendelblau. Kapselzähne spitz. 0,10–0,30. 24 ⅄ 6–7. **Z** s △; V ○ ◑ ≈ Frühjahr, Boden nährstoff- u. humusreich, Dränage (W-USA: Kalif. bis S-Oregon, östl. bis Utah u. Arizona: feuchte Gebirgsmatten, Flussufer, bis 3500 m – 2 Untorarten). **Alpine G.** – *D. alpinum* (A. Gray) Greene

**3\*** Pfl ± drüsenhaarig, zumindest am BStiel u. K. BlSpreite 1–4 cm br. KrZipfel 4 od. 5, anilinrot, lavendelblau, selten weiß. Kapselzähne meist stumpf. 0,10–0,35. 24 ⅄ 5–6. **Z** s △; V ○ ◑ ≈ Frühjahr, Boden nährstoff- u. humusreich, Dränage (westl. N.-Am.: Kalif. bis Alaska: feuchte Wiesen – 1887). **Hohe G.** – *D. jeffreyi* Van Houtte

**4 (1)** Kapsel durch einen Deckel (kreisfg verbreiterte Griffelbasis) sich öffnend (Abb. **279**/g). KZähne stumpf. Konnektiv meist querrunzlig . . . . . . . . . . . . . . . . . . . . . . **5**

**4\*** Kapsel durch radiale Schlitze am Grund des Griffels sich öffnend. KZähne spitz. Konnektiv meist glatt . . . . . . . . . . . . . . . . . . . . . . . . . . . . . . . . . . . . . . . . . . . . . . **6**

**5** Rhizom zur BZeit mit Brutknöllchen. Staubbeutelende spitz. Bl bis 11(–16) cm lg, am Rand glatt, zuweilen kraus. KrZipfel 4 od. 5, hellrosa bis lavendelfarbig, selten weiß. Bis 0,35. 24 ⅄ 5–6. **Z** s △; V ⚘ ○ ◑ ≈ Frühjahr, Boden nährstoff- u. humusreich, Dränage (westl. N.-Am.: Kalif. bis British Columbia: lichte Wälder, bis 1250 m).

**Henderson-G.** – *D. hendersonii* A. Gray

**5\*** Rhizom zur BZeit ohne Brutknöllchen. Staubbeutelende stumpf od. abgerundet. Bl 2–18(–20) × 1–3 cm, am Rand meist kraus, zuweilen mit kleinen vorwärtsgerichteten Zähnen. KrZipfel 5, rosa, weiß od. gelblich. 0,10–0,45. 24 ⅄ 5–6. **Z** s △ ⌂; V ○ ◑ ≈ im Frühjahr, Boden nährstoff- u. humusreich, Dränage ⋀ (Kalif.: Sierra Nevada: Hartlaub-

gebüsche, lichte Wälder, Grashänge, bis 750 m – 1890 – einige Unterarten).
**Cleveland-G.** – *D. clevelandii* GREENE
6 **(4)** Kapselwände dünn u. leicht zerbrechlich. Bl elliptisch, verkehrteilanzettlich od.
spatelfg, 5–20 × 0,5–25 cm. Dolden 4–20blütig. KrZipfel 5, rot, purpurn, rosa od. weiß.
0,05–0,50. ♃ ⅄ 5–6. **Z** s △; ∀ ○ ◕ ≈ im Frühjahr, Boden nährstoff- u. humusreich,
Dränage (Alaska bis Kalif. – *D. pulchellum*: sehr variabel, mehrere Unterarten, oft mit
*D. meadia* verwechselt, einige Sorten).
**Schöne G.** – *D. pulchellum* (RAF.) MERR. subsp. *pulchellum*
6* Kapselwände dick u. fest . . . . . . . . . . . . . . . . . . . . . . . . . . . . . . . . . . . . . . . . . . . **7**
7 Bl u. Stg drüsenhaarig. Bl (einschließlich BlStiel) 6–9 cm lg. BStand wenigblütig.
0,15–0,30. ♃ ⅄ 3–5. **Z** s △; ∀ ○ ◕ ≈ im Frühjahr, Boden nährstoff- u. humusreich,
Dränage (Kanada: British Columbia; USA: NW, Montana, Idaho: Flussufer, feuchte
Hänge). **Columbia-G.** – *D. pulchellum* (RAF.) MERR. subsp. *cusickii* GREENE
7* Bl kahl, obere StgTeile u. BlStiele oft flaumhaarig. Bl 15–26 × 2–5 cm. Dolden ∞blütig
(Abb. **301**/4). Bis 0,50. ♃ ⅄ 5–6. **Z** s △ ⅄; ∀ ○ ◕ ≈ im Frühjahr, Boden nährstoff- u.
humusreich, Dränage (O-USA: feuchte, lichte Wälder, Prärien, Wiesen – zwischen
1700 u. 1750 – einige Sorten). **Mead-G.** – *D. meadia* L.

## Alpenglöckchen, Troddelblume – *Soldanella* L. 17 Arten

Lit.: MEYER, F. K. 1985: Beitrag zur Kenntnis ost- u. südosteuropäischer *Soldanella*-Arten. Hauss-
knechtia **2**: 7–41 (mit einem ausführlichen auch für die vorliegende Arbeit genutzten Bestimmungs-
schlüssel). – PAWŁOWSKA, S. 1963: O pólnocnokarpackich gatunkach rodzaju *Soldanella* L. – De Sol-
danellis, quae in parte septentrionali Carpatorum crescunt. Fragm. Flor. Geobot. **9**, 1: 3–30. – RAUS,
T. 1987: *Soldanella* (*Primulaceae*) in Griechenland. Willdenowia **16**: 335–342. – VIERHAPPER, F. 1904:
Übersicht über die Arten und Hybriden der Gattung *Soldanella*. In: URBAN, J., GRAEBNER, P. (Hrsg.):
Festschrift zur Feier des siebzigsten Geburtstages des Herrn Prof. Dr. Ascherson. Berlin.

1 Bl 4–20 mm br. BStand meist 1blütig. Kr weitröhrig bis röhrig-glockig, höchstens bis
auf ⅓ gelappt, ohne Schlundschuppen. Kr den Griffel überragend. StaubBl 2,5–3,2 mm
lg . . . . . . . . . . . . . . . . . . . . . . . . . . . . . . . . . . . . . . . . . . . . . . . . . . . . . . **2**
1* Bl 10–70 mm br. BStand meist 2–8blütig. Kr glockig-trichterfg, bis zur Mitte od. noch tie-
fer gespalten, mit Schlundschuppen. Griffel die Kr meist überragend. StaubBl 4–5 mm
lg . . . . . . . . . . . . . . . . . . . . . . . . . . . . . . . . . . . . . . . . . . . . . . . . . . . . . . **5**
2 B weiß bis blasslila. Nerven der BlOSeite nicht deutlich sichtbar. Bl- u. BStiele mit sit-
zenden od. kurzstieligen, bis 0,2 mm lg Drüsen. Staubbeutelhälften am Grund abgerun-
det (Abb. **279**/m) . . . . . . . . . . . . . . . . . . . . . . . . . . . . . . . . . . . . . . . . . . . **3**
2* B rötlichviolett. Nerven der BlOSeite deutlich sichtbar. Bl- u. BStiele mit sitzenden bis
0,05 mm lg Drüsen. Staubbeutelhälften am Grund spitz (Abb. **279**/l) . . . . . . . . . . . **4**
3 Bl- u. BStiele dicht drüsenhaarig. Drüsen bis 0,2 mm lg. BlSpreite ohne Bucht, bis 0,9 cm
lg u. 1,4 cm br, Spaltöffnungen nur useits. Kr meist blasslila. Schlundschuppen sehr klein.
0,03–0,10. ♃ i ∾∾ 5–6. **W**. **Z** s △ ⓐ; ∀ ○ ≈ Dränage, Standort kühl, Schutz gegen
Schneckenfraß ⊕ (Alpen, Abruzzen: alp. sickerfeuchte Steinschuttfluren u. Schnee-
tälchen, feuchte Felsen, kalkstet, 300–2500 m – ▽). **Kleinstes A.** – *S. minima* HOPPE
3* Bl- u. BStiele locker drüsenhaarig. Drüsen bis 0,1 mm lg. BlSpreite oft mit seichter
Bucht, bis 1,1 cm lg u. 1,4 cm br, Spaltöffnungen beidseits. Kr meist weiß bis blasslila.
Schlundschuppen fehlend. 0,02–0,10. ♃ i ∾∾ 5–7. **W**. **Z** s △ ⓐ; ∀ ⍦ ○ ≈ Dränage ⊕,
Standort kühl, Schutz gegen Schneckenfraß (nördl. Kalkalpen, Z-Alpen: alp. Stein-
schuttfluren u. Schneetälchen, kalkstet – ▽).
**Österreichisches A.** – *S. austriaca* VIERH.
4 **(2)** Kr auf ¼ ihrer Länge eingeschnitten. KrSaumzipfel 4 mm lg u. eine 1 mm br, durch
± spitzwinklige Einschnitte getrennt (Abb. **279**/i). StaubBl 3 mm lg. BlSpreite bis 1,2 cm
lg u. 1,4 cm br. BStand 2,5–8,5 cm lg. 0,03–0,12. ♃ i ⅄ 5–8. **Z** s △ ⓐ; ∀ ○ ≈ Dränage,
Standort kühl ⊖, Schutz gegen Schneckenfraß, heikel (Karpaten: Schneetälchen,
1800–2100 m – ▽). **Karpatisches Zwerg-A.** – *S. pusilla* BAUMG.

**4\*** Kr auf ¹/₆ ihrer Länge eingeschnitten. KrSaumzipfel <2,5 mm lg u. meist 0,5 mm br, durch weit bogige Einschnitte getrennt (Abb. **279**/k). StaubBl 3–3,2 mm lg. BlSpreite bis 1,8 cm lg u. 2 cm br. BStand 3–7 cm lg, zur FrZeit bis 10,5 cm (Abb. **301**/2). 0,02–0,11. ⅔ i ♈ 5–6. **W. Z** s △ ⓐ; ∀ Kaltkeimer ○ ≃ Dränage ⊖ Standort kühl, Schutz gegen Schneckenfraß, heikel (Alpen: alp. feuchte Magerrasen u. Schneetälchen, kalkmeidend – Hybr mit *S. alpina* : *S.* × *hybrida* A. Kern.; mit *S. minima* : *S.* × *neglecta* R. Schulz – ▽). [*S. pusilla* auct. non Baumg.]. **Alpisches Zwerg-A. – *S. alpicola* F. K. Mey.**
**5** (1) BlUSeite weiß-grau bereift (nicht immer bei jungen Bl). Staubfäden meist kahl. Schlundschuppen breiter als lg, stumpf 2zähnig, 0,7 mm lg u. 1,5 mm br. BlSpreite bis 3 cm lg u. 3,5 cm br. BStand (1–)2–3(–4)blütig, 6–10 cm lg, zur FrZeit bis 24 cm lg. 0,06–0,24. ⅔ i ♈ 4–5. **Z** s ⓐ △; ∀ ♈ ○ ≃ Dränage, Standort kühl, Schutz gegen Schneckenfraß (NW-Griech., Alban., Mazed.: Schmelzwasserrinnen, überrieselte Felsen, an Quellen, auf Serpentin, 600–2400 m). **Pindus-A. – *S. pindicola* Hausskn.**
**5\*** BlUSeite grün, violett od. blau, nicht bereift. Staubfäden kahl od. ± feindrüsig . . . . **6**
**6** Drüsen an jungen BlStielen sitzend od. fast sitzend. Drüsenstiel, falls vorhanden, 1zellig, nicht länger als die Drüse. Staubfäden kahl. Schlundschuppen breiter als lg od. so lg wie br . . . . . . . . . . . . . . . . . . . . . . . . . . . . . . . . . . . . . . . . . . . . . . . . . . **7**
**6\*** Drüsen an jungen BlStielen meist gestielt. Drüsenstiel 2–6zellig. Staubfäden meist ± fein drüsig behaart. Schlundschuppen meist so lg wie br od. länger . . . . . . . . . . . **8**
**7** BlStiele u. BlUSeite grün. BlSpreite bis 3,3(–4,2) cm br. Schlundöffnung innen kahl. Schlundschuppen deutlich 2zähnig, 0,6 mm lg u. 1,2 mm br. BStand (1–)2–3(–4)blütig, 4–12(–14,5) cm lg, zur FrZeit bis 17 cm lg. 0,05–0,20. ⅔ i ♈ 4–7. **W. Z** s △ ⓐ Moorbeete; ∀ ♈ ○ ≃ Dränage ⊕, Standort kühl, Schutz gegen Schneckenfraß (Pyr., Alpen, Schwarzwald, Jura, Apennin, Dalmatien bis N-Alban.: subalp. u. alp. sickerfeuchte Rieselfluren, Schneeböden, Hochstaudenfluren, kalkhold, 600–2830 m – ▽).
**Gewöhnliches A., Alpen-T. – *S. alpina* L.**
**7\*** BlStiele u. BlUSeite oft blau überlaufen. BlSpreite bis 3(–3,5) cm br. Schlundöffnung innen sehr zerstreut u. kurz drüsig behaart. Schlundschuppen 3eckig, kaum gezähnt, 1 mm lg u. br. BStand (1–)2–5blütig, 5–11 cm lg, zur FrZeit bis 17 cm lg (Abb. **301**/3). 0,05–0,20. ⅔ i ♈ 4–5. **Z** s △; ∀ ♈ ◐ ≃ (Hohe Tatra, Niedere Tatra: feuchte Wiesen – Sorte: 'Alba'). **Karpaten-A. – *S. carpatica* Vierh.**
**8** (6) KBlZipfel mit 3 sich vorn vereinigenden Nerven, 5–7 mm lg. Staubbeutelhälften am Grund spitz. Drüsenhaare an jungen BlStielen bis 1 mm lg, mit 4–6 Stielzellen, dichtstehend. Schlundschuppen länger als br, 2 mm lg u. 1 mm br, spitz 2zähnig. BlSpreite bis 5 cm lg u. 5,5 cm br, auf ihrer OSeite zerstreut lg drüsenhaarig. BStand bis 4blütig, 18–36 cm lg, 0,15–0,36. ⅔ i ♈ 4–5. **Z** s △ ⓐ; ∀ ♈ ● ≃ Dränage ⊖ Standort kühl, Schutz gegen Schneckenfraß (W-Pyr.: Schluchten, an Wasserfällen, auf Silikat).
**Pyrenäen-A. – *S. villosa* Darracq**
**8\*** KBlZipfel mit 1 Nerv, bis 4 mm lg. Staubbeutelhälften am Grund abgerundet. Drüsenhaare an jungen BlStielen bis 0,5 mm lg. Schlundschuppen so lg wie br, bis 1,5 mm, od. länger. BStand bis 8blütig . . . . . . . . . . . . . . . . . . . . . . . . . . . . . . . . . . . . . . **9**
**9** Drüsenhaare an jungen BlStielen bis 0,35 mm lg, alle mit 3–4 Stielzellen. BStiele mit 0,4–0,8(–1) mm lg Drüsenhaaren, Drüsenstiele 8–10mal so lg wie das Köpfchen. Schlundschuppen etwa 1,5 mm lg u. br, mit 2 spitzen Zähnen. BlSpreite 25–60(–70) mm br. BStand (3–)4–6(–8)blütig, 10–27 cm lg, zur FrZeit bis 40 cm lg. 0,10–0,40. ⅔ i ♈ 5–6. **W. Z** s Moorbeete; ∀ ♈ ○ ≃ Dränage ⊖ Standort kühl, Schutz gegen Schneckenfraß (Alpen, Tatra, O-Karpaten: mont. frische bis feuchte FichtenW, Waldwiesen, selten auf Mooren, kalkmeidend, 800–1600 m – Hybr mit *S. alpina* : *S.* × *wiemanniana* Vierh. – Sorte: 'Alba' – ▽). **Berg-A. – *S. montana* Willd.**
**9\*** Drüsenhaare an jungen BlStielen <0,1 mm lg, in 2 Typen, mit 1 Stielzelle u. mit 2 Stielzellen. BStiele mit 0,2–0,4 mm lg Drüsenhaaren, Drüsenstiele 2–5mal so lg wie das Köpfchen. Schlundschuppen 1 mm lg u. br, stumpf 2zähnig od gefranst. BlSpreite bis 32 mm br. BStand (2–)3–8(–10)blütig, 8–20 cm lg, zur FrZeit kaum verlängert. Kr

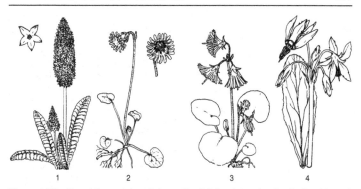

1            2            3            4

bis zur Hälfte ihrer Länge eingeschnitten. Staubfäden $^1/_2$ so lg wie die Staubbeutel. (0,05–)0,15–0,20(–0,30). ⌃ i ⌃ 5–6. **Z** s Moorbeete; ∨ ⍦ ○ ≈ Dränage, Standort kühl, Schutz gegen Schneckenfraß (östl. Z.-Alpen, Karp., Balkan: subalp. feuchte, schattige Wälder, Magerrasen, Legföhrengebüschränder, kalkmeidend).

**Ungarisches A. –** *S. hungarica* SIMONK.

Ähnlich: **Bulgarisches A.** – *S. cyanaster* O. SCHWARZ: Drüsenhaare der jungen BlStiele alle mit 2–3 Stielzellen. Kr bis fast $^2/_3$ ihrer Länge eingeschnitten, dunkelblau. Schlundschuppen 1,2 mm lg u. 0,7 mm br. Staubfäden so lg wie die Staubbeutel od. länger. BlSpreite bis 50 mm br. BStand 10–15 cm lg, zur FrZeit bis 35 cm lg. 0,10–0,35. ⌃ i ⌃ 5. **Z** s ⓐ △; ∨ ⍦ ○ ≈ Dränage, Standort kühl, Schutz vor Schneckenfraß (Bulg.: Vitoša, Pirin, Rila: alp. Bachufer).

## Familie **Rosengewächse** – *Rosaceae* JUSS.                3375 Arten

**9** (7) BHülle einfach, BHüllBl 4(3–6). FrBl 1–2. BBoden mit Stacheln (Abb. **307**/1; **308**/1–3). **Stachelnüsschen** – *Acaena* S. 308

**9\*** BHülle doppelt, KBl 5, KrBl 5. FrBl 5–∞. BBoden ohne Stacheln ............. **10**

**10** B mit AußenK. FrBl ∞. NussFrchen. StaubBl am Grund frei. Bl gefiedert, mit 5–7 Blchen (Abb. **312**/2). **Strauch-Fingerkraut** – *Potentilla fruticosa* S. 312

**10\*** B ohne AußenK. FrBl 5. BalgFr. StaubBl am Grund verwachsen. Bl am Ende 3spaltig mit je 2–3 lanzettlichen Zipfeln (Abb. **303**/2). **Lütkea** – *Luetkea* S. 303

**11** (6) BHülle einfach ........................................................ **12**

**11\*** BHülle doppelt, K u. Kr vorhanden ...................................... **14**

**12** B mit AußenK. Bl gefingert od. hand- bis fußfg gelappt bis geschnitten (Abb. **318**/2–3). **Frauenmantel** – *Alchemilla* S. 320

**12\*** B ohne AußenK. Bl unpaarig gefiedert ................................. **13**

**13** BBoden ohne Stacheln. Stg aufrecht. Pfl meist >20 cm hoch (Abb. **306**/5). **Wiesenknopf** – *Sanguisorba* S. 307

**13\*** BBoden meist mit Stacheln. Stg meist niederliegend. Pfl meist <20 cm hoch (Abb. **307**/1; **308**/1–3). **Stachelnüsschen** – *Acaena* S. 308

**14** (11) B mit AußenK ................................................... **15**

**14\*** B ohne AußenK ..................................................... **18**

**15** KrBl 1–1,5 mm lg, gelbgrün. Bl 3zählig (Abb. **303**/3). **Gelbling** – *Sibbaldia* S. 319

**15\*** KrBl >4 mm lg, gelb, weiß, rosa, rot od. dunkelbraun. Bl 3zählig, gefingert od. gefiedert ........................................................................ **16**

**16** FrBl 2–6. Bl 3zählig od. 3–5lappig (Abb. **307**/3,4). **Waldsteinie** – *Waldsteinia* z. T. S. 311

**16\*** FrBl ∞ ............................................................. **17**

**17** Griffel endständig, an der reifen Fr verlängert, entweder ungegliedert u. in seiner ganzen Länge ausdauernd (Abb. **308**/4) od. gegliedert in einen unteren hakenfg u. in einen oberen nach der BZeit abfallenden narbentragenden Abschnitt (Abb. **308**/5). Bl gefiedert. **Nelkenwurz** – *Geum* S. 310

**17\*** Griffel fast end- (subterminal), seiten- od. fast grundständig (subbasal), hinfällig, an den reifen Frchen fehlend. Bl 3zählig (Abb. **315**/2,6,7a,8a), gefingert (Abb. **315**/3) od. gefiedert (Abb. **315**/1,4,5,9). **Fingerkraut** – *Potentilla* S. 312

**18** (14) BBoden mit hakigen Stacheln (Abb. **308**/6a,b). **Odermennig** – *Agrimonia* S. 306

**18\*** BBoden ohne Stacheln ............................................... **19**

**19** Bl 3zählig ......................................................... **20**

**19\*** Bl gefiedert od. handfg gelappt od. gespalten ........................... **21**

**20** KrBl woiß od. rosa. BalgFrchen. (Abb. **306**/1). **Dreiblattspiere** – *Gillenia* S. 302

**20\*** KrBl gelb. NussFrchen. **Golderdbeere** – *Waldsteinia fragarioides* S. 312

**21** (19) B eingeschlechtig, 2häusig verteilt. FrBl meist 3, zur Reifezeit balgfruchtartig, aufspringend. KrBl weiß od. cremefarben. **Geißbart** – *Aruncus* S. 303

**21\*** B zwittrig. FrBl 5–15, zur Reifezeit balgfruchtähnlich, nicht aufspringend, zuweilen spiralig gewunden. KrBl weiß, cremefarben, rosa od. purpurn. (Abb. **306**/2–4). **Mädesüß** – *Filipendula* S. 304

---

**Dreiblattspiere, Gillenie** – *Gillenia* MOENCH 2 Arten

**1** NebenBl eifg-lanzettlich bis fast rund, blattartig, 10–30 mm lg, am Rand gesägt, ausdauernd. Bl useits mit Drüsen. Obere u. untere StgBl ± verschieden; Fiedern der oberen StgBl gesägt, die der unteren oft fiederspaltig bis -teilig. KrBl meist weiß, 10–13 mm lg. 0,40–1,00. ♃ 7–8. Z s Gehölzränder, Staudenbeete; V Kaltkeimer ⚘ ☽ ● Boden frisch, humos, neutral bis schwach sauer (O- u. SO-USA: trockne bis feuchte, lichte BergW, Gebüsche, Felshänge). [*Proteranthus stipulatus* (MUHL.) BRITTON]
**Südliche D.** – *G. stipulata* (MUHL.) BAILL.

**1\*** NebenBl pfriemlich, linealisch bis lanzettlich, kleinflächig, 5–10 mm lg, ganzrandig, gewimpert od. mit einzelnen Zähnen, hinfällig. Bl useits ohne Drüsen. Obere u. untere

StgBl ähnlich. KrBl meist rosa, 12–22 mm lg. (Abb. **306**/1). 0,50–1,00. ♃ 6–8. **Z** s Gehölzränder, Staudenbeete; V Kaltkeimer ❦ ☽ ● Boden frisch, humos, neutral bis schwach sauer (Kanada: Ontario; NO-, O- u. SO-USA: trockne bis feuchte BergW). [*Proteranthus trifoliatus* (L.) BRITTON] **Nördliche D. –** *G. trifoliata* (L.) MOENCH

**Felsspiere –** *Petrophytum* (NUTT.) RYDB. 3 Arten

1  Bl useits 1nervig, mit anliegenden Haaren, (5–)7–12(–14) × (1–)1,5–4 mm, spatelfg bis verkehrteilanzettlich. BStandsstiel 2–8 cm lg. KZipfel lanzettlichdreieckig. StaubBl 20. (Abb. **303**/1a–c). 0,04–0,12. ♄ i ZwergStr 6–8. **Z** s △ Ⓐ; V ❦ ○ ∧ Dränage (W-USA: Felsspalten, abschüssige Felsfluren auf Kalk u. Granit). [*Spiraea caespitosa* NUTT. ex TORR. et A. GRAY]
    **Mattenbildende F. –** *P. caespitosum* (NUTT. ex TORR. et A. GRAY) RYDB.
1*  Bl 3nervig, mit anliegenden Haaren od. kahl . . . . . . . . . . . . . . . . . . . . . . . . . . . . . . **2**
2  StaubBl 20–25. KZipfel lanzettlich-dreieckig, spitz, aufrecht. Bl aschgrau, (10–)15–25 × 2–4(–5) mm, spatelfg bis verkehrteilanzettlich. BStandsstiel 5–15 cm lg. BStand 2–6 cm lg. 0,07–0,18. ♄ i ZwergStr 6–8. **Z** s Ⓐ ☐; V ❦ ○ ⊕ Dränage, heikel (NW-USA, Rocky M.: Basaltfelsen an Steilufern). [*Spiraea cinerascens* PIPER]
    **Aschgraue F. –** *P. cinerascens* (PIPER) RYDB.
2*  StaubBl 35–40. KZipfel länglich, stumpf, zurückgebogen. Bl grün, 10–20(–25) × 2–6 mm, verkehrteilanzettlich bis spatelfg-verkehrteifg. BStandsstiel 1–5(–6) cm lg. BStand 2–4 (–5) cm lg. 0,03–0,12. ♄ i ZwergStr 7–9. **Z** s △ Ⓐ ☐; V ❦ ○ ⊕ Dränage ∧ (NW-USA: Felsfluren). [*Spiraea hendersonii* PIPER]
    **Henderson-F. –** *P. hendersonii* (CANBY) RYDB.

**Lütkea –** *Luetkea* BONG. 1 Art

Mattenbildender Halbstrauch mit Ausläufern. Bl 1–2 cm lg, gestielt. BlSpreite 3spaltig. BlAbschnitte mit je 2–3 lanzettlichen Zipfeln (Abb. **303**/2b,c). BStand eine Traube (Abb. **303**/2a). KBl 5, aufrecht od. abstehend. KrBl 5, weiß. StaubBl 20. Bis 0,20. ♄ i ⚬⚬ 7–9. **Z** s △ ☐; V ⚘ ❦ ○ ◐ Boden humos, kiesig, Dränage (westl. N-Am.: feuchte od. schattige Sandfluren u. Felsen). [*Eriogynia pectinata* HOOK., *Spiraea pectinata* TORR. et A. GRAY] **Westamerikanische L. –** *L. pectinata* (PURSH) KUNTZE

**Geißbart –** *Aruncus* L. 3–6 Arten

Bl 2–3fach 3zählig, ohne NebenBl. FiederBlchen 3–12 cm lg, am Rand doppelt gesägt. BlStiel 10–20 cm. B eingeschlechtig, 2häusig verteilt, jeweils mit Rudimenten des anderen Geschlechts. ♂ Rispen gelblichweiß, ♀ reinweiß. StaubBl 20–30. FrBl 3(–5), frei. BalgFr hängend. (Die habituell ähnliche *Saxifragaceae*-Gattung *Astilbe* besitzt nur 5 od. 10 StaubBl u. 2 FrBl). 0,80–1,50. ♃ PleiokRhiz 6–7. **W. Z** z Parks, Rabatten, Gehölz-

ränder, Solitär ⚥; ♀ Kaltkeimer ⚘ ☾ ● ⊖ (warmgemäß. bis kühles Eur., As. u. N-Am.: sickerfeuchte, halbschattige, besonders mont. Schlucht- u. HangW, Bachsäume, (Weg)Böschungen, kalkmeidend – 1561 – einige Varietäten, Formen u. Sorten – ▽). [*A. vulgaris* RAF., *A. sylvestris* KOSTEL.] **Wald-G.** – *A. dioicus* (WALTER) FERNALD

Ähnlich: **Koreanischer G.** – *A. aethusifolius* (LÉV.) NAKAI [*Astilbe thunbergii* (SIEBOLD et ZUCC.) MIQ. var. *aethusifolia* LÉV.]: FiederBlchen 1–2 cm lg, oft bis zu ihrer Mitte geschlitzt. BlStiel 7–10 cm lg. 0,20–040. ⚃ 7–8. **Z** s △ Gehölzränder, Rabatten; ♀ Kaltkeimer ⚘ ☾ ● (Korea).

**Mädesüß, Spierstaude** – *Filipendula* MILL.                                                     10 Arten

Lit.: IWATSUKI, K., BOUFFORD, D. E., OHBA, H. (Hrsg.) 2001: Flora of Japan. Bd. 2b: 186–188. Tokyo. – KOMAROV, V. L. (Hrsg.) 1941: Flora SSSR. Bd. 10: 279–289. Moskau, Leningrad. – SCHANZER, I. A. 1994: Taxonomic revision of the genus *Filipendula* MILL. (*Rosaceae*). J. Jap. Bot. **69**: 290–319.

**1** Seitenfiederpaare 8–25, 1–2,5 cm lg. Endfieder den Seitenfiedern in Größe u. Form ähnlich. KrBl meist 6, weiß, außen oft rötlich. Frchen 6–12. Wurzeln knollig verdickt. (Abb. **306**/4). 0,30–0,60. ⚃ (i) ⚤ Knollenwurzeln 6–7. **W**. **Z** z Staudenbeete; ♀ ⚘ ○ ~ ⊕ (warmes bis gemäß. Eur. u. W-As.: Trocken- u. Halbtrockenrasen, wechseltrockne Wiesen, Trockengebüsche u. Trockenwaldsäume, lichte Eichen- u. KiefernW, basenhold – einige Sorten: z.B. 'Rosea': B rosa; 'Plena': B gefüllt, weiß). [*Spiraea filipendula* L., *F. hexapetala* GILIB.] **Kleines M., Knollen-S., Filipendelwurz** – *F. vulgaris* MOENCH
**1\*** Seitenfiederpaare 0–5. Endfieder deutlich größer als die Seitenfiedern. KrBl (4–)5, weiß, rosa od. purpurrot (Abb. **306**/2,3) ............................................... **2**
**2** Seitenfiedern der GrundBl u. unteren StgBl gespalten od. geteilt (Abb. **306**/2), mit 3–5 Abschnitten ...................................................... **3**
**2\*** Seitenfiedern, falls vorhanden, gesägt, nicht handfg gespalten od. geteilt (Abb. **306**/3) ............................................................... **4**
**3** KrBl rosa od. purpurrot. Bl useits dunkelgrün, kahl. Endfieder handfg 5–9spaltig, ihre Abschnitte lanzettlich od. länglich. Frchen 6–10, kahl. 1,00–2,00(–3.00). ⚃ ⚤ 6–7. **Z** s Staudenbeete, Naturgärten; ♀ ⚘ ⋌ ☾ ○ Boden frisch bis ≈ (O-USA: niedrige Wälder, feuchte Prärien, Wiesen – 1765 – Sorte: 'Venusta' ['Venusta Magnifica', 'Rubra Magnifica']: Pfl bis 2,00, B tief rosa). [*Ulmaria rubra* HILL, *Spiraea lobata* GRONOV.] **Rotes M., Amerikanisches M.** – *F. rubra* (HILL) B. L. ROB.
**3\*** KrBl weiß. Bl useits dicht weißhaarig. Endfieder handfg 5–9spaltig, ihre Abschnitte lanzettlich bis rhombisch-lanzettlich. Frchen 5–8, lg gewimpert. (Abb. **306**/2). Bis 1,00. 6–8. **Z** s Staudenbeete, Teichränder, Naturgärten; ♀ ⚘ ○ ☾ Boden frisch bis ≈ (Fernost, Japan, Mong., China: Waldwiesen, Birkengebüsche, Flussufer u. -auen, schattige, feuchte Orto, 200–2300 m – einige Sorten: z. B. 'Nana': Pfl 0,20–0,60; 'Rosenelfe': Pfl 0,20, KrBl rosa; 'Rubra': Pfl 1,00, KrBl karminrosa). **Handblättriges M.** – *F. palmata* (PALL.) MAXIM.
**4 (2)** Seitenfiedern an den Grund- u. unteren StgBl meist zu 3–5 Paaren. Frchen gedreht (Abb. **306**/3a), 6–10, kahl (subsp. *ulmaria*, subsp. *denudata* (J. PRESL et C. PRESL) HAYEK) od. behaart (subsp. *picbaueri* (PODP.) SMEJKAL). Bl useits graugrün bis grauweiß filzig (subsp. *ulmaria*, subsp. *picbaueri*) od. grün, auf den Nerven behaart, nicht filzig (subsp. *denudata*). Endfieder 3–5spaltig, ihre Abschnitte eifg od. länglich-eifg. KrBl weiß od. cremeweiß. (Abb. **306**/3). 0,50–1,50. ⚃ ⚤ 6–8. **W**. **Z** z Staudenbeete, Teichränder; VolksheilPfl; ♀ ⚘ ○ ☾ ≈ (warmgemäß. bis kühles Eur. u. W-As.: nasse bis feuchte Wiesen, an Gräben, Bächen, Ufergebüsche, AuenW, nährstoffanspruchsvoll – in Eur. 3 Unterarten – einige Sorten: z.B. 'Aurea': Bl anfangs cremefarben, später blassgrün; 'Plena' (Abb. **306**/3b): B gefüllt; 'Variegata': Bl gelblichweiß panaschiert). [*Spiraea ulmaria* L., *Ulmaria pentapetala* GILIB.] **Echtes M., Großes M.** – *F. ulmaria* (L.) MAXIM.
**4\*** Seitenfiedern an den Grund- u. unteren StgBl meist zu 0–2 Paaren. Frchen nicht gedreht, gerade, 4–8 .............................................. **5**
**5** BStiele kurzhaarig. KrBl weiß. NebenBl 1,5–4 cm lg, mit halbkreisfg Öhrchen. Endfieder handfg (3–)5spaltig, im Umriss fast kreisfg, 15–25 cm ⌀, useits oft hellbraun zottig behaart.

Seitenfiedern an den oberen Bl klein, oft fehlend. B fertil. Frchen 4–8, lg gewimpert an der Bauch- u. Rückenseite. 1,00–2,00. ♃ ⅄ 7–8. **Z** s Staudenbeete, Teichränder, Naturgärten; Ⅴ ❦ ○ ◐ ≈ (Fernost, Japan: Flussufer – um 1852). [*Spiraea camtschatica* PALL.]
**Kamtschatka-M.** – *F. camtschatica* (PALL.) MAXIM.

5* BStiele kahl. KrBl meist rosa. NebenBl 0,5–2,4 cm lg mit lanzettlichen Öhrchen. Endfieder handfg 5–7spaltig od. -teilig, 7–20 × 6–25 cm. Seitenfiedern klein, oft fehlend. B meist steril. Frchen 4 od. 5, kahl od. spärlich gewimpert, selten ausreifend. 0,30–0,80 (–1,30). ♃ ⅄ 6–7. **Z** s Staudenbeete, Naturgärten, Teichränder; Ⅴ ❦ ○ ◐ ≈ (aus Japan stammende hybridogene Sippe – einige Sorten: z. B. 'Elegans': KrBl weiß, Staubfäden rot; 'Alba': Kr weiß; 'Kio Kanake': Kr purpurrot). [*F.* × *purpurea* MAXIM. var. *albiflora* MAKINO]
**Hybrid-M.** – *F.* × *purpurea* MAXIM.

**Himbeere, Moltebeere, Brombeere** – *Rubus* L. >300 Arten

Lit.: WEBER, H.E., 1995: *Rubus* L. In: Gustav Hegi, Illustrierte Flora von Mitteleuropa. Berlin. 3. Aufl. Bd. 4. T. 2A: 284–595.

1 BlSpreite unzerteilt od. 3–5lappig, am Grund herzfg (Abb. **305**/1,3,5) .......... **2**
1* BlSpreite 3zählig, gefiedert (Abb. **305**/2,4,6) od. gefingert ................... **4**
2 Strauch. Stämme bis 2,50 m hoch, aufrecht. Bl spitz 5lappig (Abb. **305**/5). Kr rot. Fr blassrot, 1,50–2,00(–2,50). ♄ ⚭ 5–7. **W**. **Z** s Gehölzgruppen; ❦ Ⅴ ◐ Boden frisch bis ≈ (östl. N-Am.: feuchte, schattige Orte, Wäldränder; eingeb. in D. – 1770).
**Zimt-H.** – *R. odoratus* L.
2* Staude od. Spalierstrauch. Stg bis 0,25 m hoch, aufrecht od. kriechend. Bl stumpf 3–5lappig od. unzerteilt. B einzeln. Kr weiß ........................... **3**
3 Staude mit aufrechten oberirdischen Stg. NebenBl meist ganz. Bl sommergrün. B eingeschlechtig, 2häusig verteilt. KrBl deutlich länger als die KBl. Staubbeutel kahl. SammelFr orangegelb. (Abb. **305**/1). 0,05–0,25. ♃ ⚭ 5–6. **W**. **Z** s Moorbeete; Beerenobst; ❦ Ⅴ Kaltkeimer ○ ≈, heikel (gemäß. bis arkt. Eur., As. u. N-Am.: Hochmoore, feuchte Berghänge – ▽).
**Moltebeere** – *R. chamaemorus* L.
3* Spalierstrauch (Kriechstrauch?) (Abb. **305**/3). NebenBl geschlitzt, Abschnitte lineal-lanzettlich. Bl immergrün. B zwittrig. KBl ganz od. geschlitzt (Abb. **305**/3a,b). KrBl so lg wie die KBl od. kürzer. Staubbeutel mit einzelnen lg Haaren (Abb. **305**/3c). Fr scharlachrot. Bis 0,08. ♄ ♃ i ⚭ 5–7. **Z** s △ ⌂; ❦ ⚭ Ⅴ ○ ◐ Standort geschützt ∧ (Taiwan: Geröll- u. Felsfluren). [*R. calycinoides* HAYATA non KUNTZE] **Kriech-H.** – *R. pentalobus* HAYATA
4 (1) Bl 3zählig. Kr rosa od. weiß ....................................... **5**
4* Bl gefiedert. Kr weiß ............................................... **6**
5 KrBl rosa, länger als die weichhaarigen KBl. Oberirdische Stg aufrecht, weichhaarig od. kahl. Bl sommergrün. B zu 1–3, 1,5–2,5 cm ⌀. (Abb. **305**/2). Bis 0,30. ♃ ⚭ 6–9. **Z** s △ Moorbeete ▭; Beerenobst; ❦ ○ ◐ Boden humos, schottrig ⊖ (N-Eur., Sibir., Fernost,

westl. N-Am.: subalp. Wiesen, Gebüsche – Hybr mit *R. idaeus* – einige Sorten; Hybr mit *R. stellatus* SM.: **Alåkerbeere** – *R.* × *stellarcticus* (E. G. K. LARSSON) H. E. WEBER: BlSpreite 3zählig, B einzeln, purpurrot, 3 cm ⌀, SammelFr dunkelrot, aromatisch, angenehm säuerlich schmeckend, 0,05–0,10, 1952 in Kultur entstanden – einige Sorten).

**Arktische H.** – *R. arcticus* L.

5\* KrBl weiß, so lg wie od. wenig länger als die borstenhaarigen KBl. Oberirdische Stg niederliegend, wurzelnd, weich- u. borstenhaarig. Bl immergrün. B einzeln, 2–3 cm ⌀. Bis 0,08. ♁ i ⁓ 7. **Z** s △ ⌂; Ψ ⋌ V ◐ ○ ∧ (Himal.: Sikkim, Nepal: 2750–3960 m). [*R. nutans* G. DON var. *nepalensis* (HOOKER f.) KUNTZE]

**Himalaja-H.** – *R. nepalensis* (HOOKER f.) KUNTZE

6 (4) Stg stielrund. Bl useits weißfilzig (Abb. **305**/4). B zu wenigen in end- od. blattachselständigen BStänden. B u. SammelFr nickend. EinzelFr behaart. 0,60–2,00. Scheinstrauch, Wurzelsprosse 5–6. **N** v Rabatten, Gehölzränder; Beerenobst, VolksheilPfl; Ψ V ○ ◐ (warmgemäß. bis kühles Eur., W-As.: Waldschläge, Staudenfluren, Gebüsche, aufgelichtete Wälder u. Forste – Kultur-Hybr (z. B. Verbesserung von Winterhärte u. Geschmack, Resistenz gegen Himbeerblattlaus u. Wurzelfäule): mit *R. arcticus*, *R. cockburnianus* HEMSL., *R. odoratus*, *R. occidentalis* L., *R. spectabilis* PURSH, *R. strigosus* MICHX. – ∞ Sorten). **Himbeere** – *R. idaeus* L.

6\* Stg stumpfkantig. Bl useits kahl, höchstens auf den Nerven mit angedrückten Haaren (Abb. **305**/6). B einzeln in den BlAchseln. B u. SammelFr aufrecht. EinzelFr kahl. 0,10–0,60. ♃ ⁓ 7–10. **Z** s Rabatten, Gehölzgruppen ☐; **N** Beerenobst in USA u. Russland; Ψ V ● ◐ wuchert (Japan: Honshu, Shikoku, Kyushu: sommergrüne Wälder, Waldränder – 1895). **Japanische H.** – *R. illecebrosus* FOCKE

Bem.: Weitere in D. kult **W**-Arten: **Pracht-H.** – *R. spectabilis* PURSH: Stg nur unten stachlig, Bl 3zählig, Kr rosa, 2,5–4 cm ⌀; **Japanische Weinbeere** – *R. phoenicolasius* MAXIM.: Stg fuchsrot, drüsenhaarig; **Allegheny-B.** – *R. allegheniensis* PORTER: BStiele stieldrüsig, Blchen 5, 2–4 cm lg zugespitzt; **Armenische B.** – *R. armeniacus* FOCKE: Stg kantig, 2,50–5,00 lg, Stacheln am Grund rot, bis 13 mm br, 8–11 mm lg; **Schlitzblättrige B.** – *R. laciniatus* WILLD.: Blchen gefiedert, mit fiederspaltigen bis -schnittigen Abschnitten.

**Odermennig** – *Agrimonia* L. 15 Arten

1 Bl useits dicht graufilzig, mit wenigen im Filz versteckten, sitzenden Drüsen. B 5–8 mm ⌀. KrBl meist nicht ausgerandet. SammelFr verkehrtkegelfg, fast bis zum Grund tief u. eng gefurcht, unterste Stacheln aufrecht bis waagerecht abstehend (Abb. **308**/6a). 0,30–1,00. ♃ ⅄ 6–9. **W. Z** s Staudenbeete, Naturgärten; VolksheilPfl; Ψ V ○ ◐ ⊕ (warmes bis gemäß. Eur. u. W-As.: trockne bis frische Gebüsch- u. Waldsäume, lichte Gebüsche, Halbtrockenrasen, Böschungen, Ruderalstellen, basenhold).

**Kleiner O.** – *A. eupatoria* L.

1\* Bl useits grün bis graugrün, nie filzig, schwach behaart, mit ∞ aromatisch duftenden sitzenden Drüsen. B 10 mm ⌀. KrBl meist ausgerandet. SammelFr glockenfg, nur in der

oberen Hälfte weit u. seicht gefurcht bis fast ungefurcht, unterste Stacheln herab-
geschlagen (Abb. **308**/6b). 0,50–1,80. ♃ ⅄ 6–8. **W. Z** s Staudenbeete; früher HeilPfl; ᴪ
Ѵ ○ ◐ ⊖ (warmgemäß. bis gemäß. Eur.: frische Wald- u. Heckenränder, an Waldwegen,
Ruderalstellen, kalkmeidend – in Kultur entstanden?). **Großer O.** – *A. procera* WALLR.

**Wiesenknopf** – *Sanguisorba* L. 10 Arten

1 BStände fast kuglig. Obere B im BStand ♀, untere ♂, mittlere ⚥. StaubBl 20–30, viel
länger als der grünliche K, schlaff überhängend (Windblütler). Griffel 2. 0,15–0,50(–0,80).
♃ Pleiok ⅄ 5–8. **Z** z △ Rabatten, Staudenbeete; **N** z Salat- u. WürzPfl; Ѵ ○ ~ ⊕ (war-
mes bis gemäß. Eur. u. W-As.: Felsfluren, Trocken- u. Halbtrockenrasen, trockne, san-
dige Ruderalstellen, basenhold – 1596 – mehrere Unterarten).
**Kleiner W., Kleine Bibernelle** – *S. minor* SCOP.
1* BStände eilänglich od. zylindrisch. Alle B ⚥. StaubBl 4–15. Griffel 1 . . . . . . . . . . . 2
2 StaubBl 5–15 . . . . . . . . . . . . . . . . . . . . . . . . . . . . . . . . . . . . . . . . . . . . . 3
2* StaubBl 4 . . . . . . . . . . . . . . . . . . . . . . . . . . . . . . . . . . . . . . . . . . . . . . . . 4
3 KBl grünlichweiß od. gelblichweiß. Blchen 5–10 cm lg, linealisch-lanzettlich bis eifg.
BStand 4–7 cm lg, nickend. StaubBl 6–15. Bis 1,50. ♃ 7–9. **Z** s Staudenbeete; Ѵ ᴪ ○ ◐
(N-It.: Bergamasker Alpen: Bachufer, Hochstaudenfluren, kalkarme Böden, 1200–1800 m).
**Südalpischer W.** – *S. dodecandra* MORETTI
3* KBl rötlichpurpurn. Blchen 3–6(–9) × 1,5–3,5(–4) cm, länglich bis eifg-länglich. BStand
4–10 cm lg, nickend. StaubBl 6–12. 0,30–0,80(–1,00). ♃ 7–9. **Z** s Staudenbeete; Ѵ ᴪ
○ ◐ (Japan: Honshu: alp. Wiesen). **Hakusan-W.** – *S. hakusanensis* MAKINO
4 **(2)** BStand eilänglich, 1–2(–3) cm lg, aufrecht. StaubBl etwa so lg wie der K od. kürzer.
Blchen bis 5 cm lg. BStand von der Spitze gegen den Grund aufblühend. KBl dunkel rot-
braun. 0,30–1,50. ♃ ⅄ 6–9. **Z** z Staudenbeete; Ѵ Licht- u. Kaltkeimer ᴪ ○ ◐ ≈ (warm-
gemäß. bis kühles Eur., As., nordwestl. N-Am.: wechselfeuchte bis nasse Wiesen – 1596
– mehrere Sorten: z. B. 'Shiro Fururin': Bl weißrandig). **Großer W.** – *S. officinalis* L.
4* BStand zylindrisch, (2–)3–14 cm lg, aufrecht od. nickend. StaubBl deutlich länger als
der K . . . . . . . . . . . . . . . . . . . . . . . . . . . . . . . . . . . . . . . . . . . . . . . . . . . . . . 5
5 BStand vom Grund gegen die Spitze aufblühend, 6–14 cm lg. KBl weiß. Staubfäden
weiß. Blchen länglich bis eifg-länglich, am Grund herzfg. Bis 2,00. ♃ 7–10. **Z** s Stauden-
beete, Teichränder; Ѵ ᴪ ○ ◐ ≈ (östl. N-Am.: Sümpfe, nasse Wiesen, feuchte Prärien
– 1633). **Kanadischer W.** – *S. canadensis* L.
5* BStand von der Spitze gegen den Grund aufblühend . . . . . . . . . . . . . . . . . . . . . . . 6
6 Stg u. BlMittelrippe behaart. GrundBl mit 11–17 Blchen. Blchen elliptisch od. länglich,
2–5 × 1,5–3 cm, am Grund herzfg. BStand 3–7 cm lg, nickend, selten aufrecht. K rosa.
StaubBl 3mal so lg wie die KZipfel. Staubfäden hell rötlichpurpurn. 0,20–0,60. ♃ ⅄ 7–9.
**Z** s △ Staudenbeete; Ѵ ᴪ ○ ◐ (Japan: Honshu: alp. Wiesen – 1860).
**Japanischer W.** – *S. obtusa* MAXIM.

**6\*** Stg u. BlMittelrippe kahl. GrundBl mit 5–15 Blchen. Blchen schmal länglich bis br lanzett-
lich, am Grund gestutzt, (3–)7–8 × (0,5–)1–2 cm. BStand (2–)6–10 cm lg, aufrecht, sel-
ten schwach nickend. K weiß, selten rosa. StaubBl 4mal so lg wie die KZipfel. Staub-
fäden weiß, rosa od. hell rötlichpurpurn. (Abb. **306**/5). 0,80–1,30. 8–10. **Z** s Stauden-
beete, Teichränder; ∀ ⚘ ○ ◑ ≈ (O-As.: nasse Wiesen, Flussauen im Flach- u. Berg-
land – einige Varietäten – Sorte: 'Albiflora').

**Ostasiatischer W.** – *S. tenuifolia* FISCH. ex LINK

**Perlbeere** – *Margyricarpus* RUIZ et PAV.                                              1 Art

Zwergstrauch mit niederliegenden bis aufsteigenden Stg. Blchen 7–15, linealisch, < 1 mm
br, am Rand zurückgerollt. Mittelrippe der LangtriebBl schwach verdornend (Abb.
**303**/4a). B ♀, meist einzeln, blattachselständig. BHülle einfach, 5zählig. StaubBl 1–3
(Abb. **303**/4c). FrBl 1. Fr beerenähnlich (SteinFr), weiß od. rosa getönt (Abb. **303**/4b).
0,05–0,60 hoch, bis 2,50 br. ♄ i 4–6. **Z** s ⓐ △; ∀ ⌒ ○ ◑ Dränage ⌃ ⓐ (subtrop. bis
gemäß. westl. S-Am.: Sand- u. Felsfluren).     **Perlbeere** – *M. pinnatus* (LAM.) KUNTZE

**Stachelnüsschen** – *Acaena* MUTIS ex L.                                          100 Arten

Lit.: BITTER, G. 1911: Die Gattung *Acaena*. Biblioth. Bot. **74**: 1–336. – CORREA, M.N. 1984: *Acaena* L.
In: Flora Patagonica. Buenos Aires. T. 4b: 50–65. – GRONDONA, E. 1964: Las especies argentinas del
género *Acaena*. Darwiniana **13**: 207–342.

**1** BBoden meist ohne Stacheln; wenn zuweilen mit 1–4 spitzenständigen Stacheln, dann
diese nicht widerhakig, bis 6 mm lg u. hellrot. Bl 2–4(–6) cm lg, mit 11–13(–15) Blchen,
oseits stumpf bläulichgrau od. bräunlichgrau, später orange od. strohfarben. EndBlchen
2–8 mm lg, fast kreisfg od. br eifg, mit 5–10 Zähnen. BStand kugelfg; wenn dornig, dann
bis 1,6 cm ⌀. Bis 0,07 hoch, 1,00 lg. ♃ i ⌒ 6–8. **Z** s △ ▢; ∀ ⌒ ⚘ ○ ◑ ● Boden mager
⌃ (Neuseel.: Flussbetten, Grasfluren).       **Unbewehrtes St.** – *A. inermis* HOOK. f.
**1\*** BBoden mit Stacheln (Abb. **308**/1–3) . . . . . . . . . . . . . . . . . . . . . . . . . . . . . . . . . . . . . . . **2**
**2** BBoden vom Grund bis zur Spitze mit widerhakigen Stacheln (Abb. **308**/2) . . . . . . **3**
**2\*** BBoden nur an seiner Spitze mit Stacheln (Abb. **308**/1,3) . . . . . . . . . . . . . . . . . . . . **4**
**3** Blchen 7–11(–15), gesägt, eingeschnitten od. zerschlitzt, mit 2–7(–10) Zähnen od. Ab-
schnitten, länglich, elliptisch od. rhombisch, 5–15 mm lg. NebenBl ganz, ohne Anhäng-
sel. BStand ± kuglig. BStandsachse bis 30 cm lg. StaubBl kürzer als die KBl. Staub-
beutel purpurn. (Abb. **308**/2). 0,10–0,60. ♄ i ZwergStr 6–8. **Z** s △ ⓐ; ∀ ⌒ ○ ◑ Boden
mager ⌃ (Patagonien: Sand- u. Geröllfluren, Gebüsche, alp. Krautfluren, bis 3000 m).

**Seidenhaariges St.** – *A. sericea* J. JACQ.
**3\*** Blohon (13–)15–31, fiederschnittig, mit 7–17 linealischen od. lineal-lanzettlichen Ab-
schnitten, länglich-elliptisch. NebenBl ganz od. mit blattähnlichen Anhängeln. BStand
zylindrisch. BStandsachse 20–30 cm lg. StaubBl länger als die KBl. Staubbeutel purpurn.
Bis 0,75 lg. ♃ i ⌒ 7. **Z** s △ Gräber ▢; ∀ ⌒ ⚘ ○ ◑ ● Boden mager ⌃ (Z- u. S-Argent.:
Schluchten, an Bächen, Wegränder).       **Tausendblättriges St.** – *A. myriophylla* LINDL.

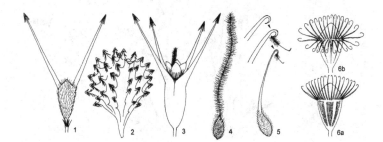

**4** **(2)** BBoden an seiner Spitze mit 2 widerhakigen, 8–10 mm lg Stacheln (Abb. **308**/1). Bl 5–12 cm lg, mit 7–9 Blchen, oseits hellgrün u. kahl, useits schwach blaugrün u. anfangs seidenhaarig. Endständige Blchen 1,5–3 cm lg, mit 12–23 Zähnen. StaubBl u. Narben weiß. 0,06–0,12 hoch, bis 1,00 lg. ⑤ i ∿ 6–7. **Z** s △ Gräber □; ∿ ❦ ∨ ○ ◑ ● Boden mager ∧ (westl. S-Am.: Feuerland bis Kolumb.: feuchte Orte an Waldrändern u. an Waldlichtungen, schattige Felsen u. Gebüsche).

**Südamerikanisches St.** – *A. ovalifolia* Ruiz et Pav.

Ähnlich: **Magellan-St.** – *A. magellanica* (Lam.) Vahl: Blchen 9–15, mit 3–11 Zähnen. StaubBl u. Narben purpurn, Stacheln 2–4 (Abb. **308**/3). s. **9\***.

**4\*** BBoden an seiner Spitze mit 4 od. >4 Stacheln . . . . . . . . . . . . . . . . . . . . . . . . . . **5**
**5** Stachelenden ohne Widerhaken. Stacheln kahl od. behaart . . . . . . . . . . . . . . . . . . **6**
**5\*** Stachelenden mit Widerhaken (Abb. **308**/3) . . . . . . . . . . . . . . . . . . . . . . . . . . . . **7**
**6** Stacheln kahl, hellrot bis purpurn. Bl 1–3 cm lg, mit (7–)11–13 Blchen. Endständige Blchen 2–4,5 mm lg, fast kreisfg, mit 3–7 Zähnen. BStandsachse 1–4 cm lg. Bis 0,05 hoch, bis 0,30 lg. ⑤ i ∿ 7. **Z** z △ Gräber □; ∿ ❦ ∨ ○ ◑ ● Boden mager ∧ (Neuseel.: N-Insel: Grasfluren, Flussbetten – um 1875 – einige Varietäten – einige Sorten: z. B. 'Kupferteppich': Bl braunrot; 'Pulchella': Bl blaugrün).

**Braunblättriges St.** – *A. microphylla* Hook. f.

**6\*** Stacheln an ihrer Spitze mit rückwärts gerichteten Haaren, gelblichgrün. Bl 1,5–5,5 cm lg, mit 11–17 Blchen. Endständige Blchen 3–9 mm lg, $1^1/_4$–$1^1/_2$ mal so lg wie br, mit 6–12 Zähnen. BStandsachse 0,3–1,1 cm lg, mit dem kugligen BStand im Laub verborgen. Bis 0,05 hoch, bis 0,50 lg. ⑤ i ∿ 7–8. **Z** s △ Gräber □; ∿ ❦ ∨ ○ ◑ Boden mager ∧ (Neuseel.: Grasfluren, Flussbetten – 1895). **Blaugrünes St.** – *A. buchananii* Hook. f.

**7** **(5)** Endständige Blchen mindestens 1,3mal so lg wie br, oft 1,5–2,5mal so lg wie br **8**
**7\*** Endständige Blchen höchstens 1,5mal so lg wie br . . . . . . . . . . . . . . . . . . . . . . . **9**
**8** Blchen oseits glänzend grün, die endständigen 2–2,5mal so lg wie br, mit 8–15 Zähnen. Bl 3–10 cm lg, mit 9–13(–15) Blchen. NebenBl bis 5 mm lg ohne od. mit 1–4 Zähnen. BStandsachse bis 11(–25) cm lg. BStand zur FrZeit 1,5–3 cm ⌀. Stacheln 6–9,5 mm lg, rot. Bis 0,11 hoch, bis 1,00 lg. ⑤ i ∿ 6–7. **Z** s △ Gräber □; ∿ ❦ ∨ ○ ◑ Boden mager ∧ (Neuseel., Austr., Tasm.: Grasfluren – nach 1871).

**Piripiri-St.** – *A. novae-zelandiae* Kirk

**8\*** Blchen oseits stumpf grün, die endständigen $1^1/_3$–2mal so lg wie br, mit 10–13 Zähnen. Bl 2–5 cm lg, mit 9–13 Blchen. NebenBl bis 3 mm lg, fiederschnittig. BStandsachse 3–7,5 cm lg, seidenhaarig. BStand zur FrZeit 1,2–1,6 cm ⌀. Stacheln 3,5–6 mm lg, rot. Bis 0,08 hoch, bis 0,30 lg. ♄ i Spalierstrauch 6–7. **Z** s △ □; ∿ ❦ ∨ ○ ◑ Boden mager ∧ (Neuseel.: Grasfluren – 1796).

**Gänsefingerkraut-St.** – *A. anserinifolia* (J. R. Forst. et G. Forst.) Druce

**9** **(7)** Blchen 7–9. Staubfäden u. Staubbeutel weiß. Narbe weiß, zuweilen rosa getönt. Bl 4–8(–10) cm lg, oseits spärlich seidenhaarig, useits deutlich seidenhaarig. Endständige Blchen 6–16 mm lg, mit 6–10 Zähnen. NebenBl bis 3 mm lg. BStandsachse hellbraun, wollig behaart, zur FrZeit 10–15 cm lg. Stacheln 4, 4,5–7 mm lg, olivbraun. Bis 0,15 hoch, bis 0,60 lg. ⑤ i ∿ 5–6. **Z** s △ Gräber □; ∿ ❦ ∨ ○ ◑ Boden mager ∧ (Neuseel.: Grasfluren – 1924). **Graublaues St.** – *A. caesiiglauca* (Bitter) Bergmans

**9\*** Blchen 9–15. Staubfäden, Staubbeutel u. Narbe purpurn. Bl 2–9,5 cm lg, kahl od. seidenhaarig. Endständige Blchen 3,5–16 mm lg, mit 3–11 Zähnen. NebenBl 2–7 mm lg. BStandsachse kahl od. seidenhaarig, zur FrZeit bis 17 cm lg. Stacheln 2–4; 2–6,5(–10) mm lg (Abb. **308**/3). Bis 0,15 hoch, bis 1,00 lg. ♄ i Spalierstrauch 6–7. **Z** s △ □; ∿ ❦ ∨ ○ ◑ Boden mager ∧ (Patagonien, Falkland-Inseln, Kerguelen: Sand- u. Felsfluren an der Küste, lichte Gebüsche u. Wälder, Sumpfränder, feuchte Grasfluren, Felder, 0–1100 m – 2 Unterarten: subsp. *magellanica* [*A. glaucophylla* Bitter], endständige Blchen 3,5–4,5 cm lg, mit 3–8 Zähnen; subsp. *laevigata* (W. T. Aiton) Bitter [*A. adscendens* Vahl]: Bl 3–9,5 cm lg, endständige Blchen 5,5–16 mm lg, mit 7–9 (–11) Zähnen). **Magellan-St.** – *A. magellanica* (Lam.) Vahl

**Silberwurz** – *Dryas* L. 3 Arten

Lit.: HULTÉN, E. 1959: Studies in the genus *Dryas*. Svensk Bot. Tidskr. **53**: 507–542.

**1** KrBl gelb, ± aufwärts gerichtet. BlSpreite am Grund keilig. BStiel mit 4 kleinen HochBl. B nickend. KBl eifg. Staubfäden am Grund behaart. 0,05–0,20 hoch, bis 2,00 lg. ♄ i Spalierstrauch 6–7. **Z** s △ ⊡ ♠; V ⋎ ○ Boden humos, wasserdurchlässig ∧ (nordwestl. N-Am., Rocky M.: Kalkfelsen, Flussschotter – um 1830 – 3 Varietäten).
 **Gelbe S.** – *D. drummondii* RICHARDSON ex HOOK.
**1\*** KrBl weiß, ausgebreitet. BlSpreite am Grund gestutzt od. schwach herzfg, jederseits mit 4–8(–10) meist stumpfen, 2–3 mm lg Kerbzähnen, ihre Mittelrippe useits mit Haaren u./od. gestielten Drüsen. BStiel mit 0–1 kleinen HochBl. B aufrecht. KBl br lineal-lanzettlich. Staubfäden kahl. 0,02–0,20 hoch, bis 0,50 lg. ♄ i Spalierstrauch 6–8. **W. Z** s △ ⊡ ♠; V ⋎ ○ Boden humos, wasserdurchlässig ∧ (warmgemäß. bis arkt. Eur., As. u. westl. N-Am.: alp. frische bis mäßig trockne, flachgründige Steinrasen u. Schuttfluren, kalkhold – einige Unterarten – Hybr mit *D. drummondii*: *D.* × *suendermannii* KELLERER ex SÜNDERMANN (Abb. **307**/2): KrBl in Knospe gelblich, blühend weiß, 1910 entstanden, starkwüchsig, guter Bodendecker). **Weiße S.** – *D. octopetala* L.

· Ähnlich: **Ganzblättrige S.** – *D. integrifolia* VAHL: Bl ganzrandig od. nur über der unteren Hälfte mit wenigen Zähnen, ihre Mittelrippe useits mit weißen Haaren od. kahl, ohne gestielte Drüsen. Pfl kleiner u. kompakter als die von *D. octopetala*. ♄ i Spalierstrauch 6–8. **Z** s △ ⊡ ♠; V ⋎ ○ Boden humos, wasserdurchlässig ∧ (kühles bis arkt. N-Am., Grönland, NO- u. W-Sibir.: Tundren, Kalkschotterfluren – mehrere Unterarten, Varietäten u. Formen).

**Nelkenwurz** – *Geum* L. 40 Arten

Lit.: BOLLE, F. 1933: Eine Übersicht über die Gattung *Geum* L. und die ihr nahestehenden Gattungen. Feddes Rep. Beih. **72**: 1–119.

**1** Griffel nicht gegliedert, gerade, in seiner ganzen Länge ausdauernd (Abb. **308**/4); wenn Griffel schwach gegliedert, dann ausdauerndes Grundglied (s. **1\***) nach der BZeit ohne Haken . . . . . . . . . . . . . . . . . . . . . . . . . . . . . . . . . . . . . . . . . . . . . . . . . . **2**
**1\*** Griffel durch hakige Krümmung gegliedert, narbentragender Teil nach der BZeit abfallend (Endglied), unterer ausdauernd u. in einem Haken endend (Grundglied) (Abb. **308**/5) . . . . . . . . . . . . . . . . . . . . . . . . . . . . . . . . . . . . . . . . . . . . . . . . . . **6**
**2** EndBlchen der GrundBl nicht od. nur wenig größer als die SeitenBlchen . . . . . . . . **3**
**2\*** EndBlchen der GrundBl viel größer als die SeitenBlchen . . . . . . . . . . . . . . . . . . . **5**
**3** Griffel kahl, höchstens am Grund spärlich behaart, zur FrZeit etwa so lg wie das Frchen. Blchen 13–15, gespalten in schmale Abschnitte. BStand 1–4blütig. B aufrecht. KrBl gelb. 0,05–0,25. ⟂ 6–8. **Z** s △; V ⋎ ○ Dräne (westl. u. nordwestl. N-Am., NO-As.: subalp. u. alp. Wiesen, trockne bis feuchte Lehmböden, trockne, steinige Orte, 2500–3700 m). [*Sieversia scapoidea* A. NELSON] **Ross-N.** – *G. rossii* (R. BR.) SER.
**3\*** Griffel dicht u. lg behaart, zur FrZeit viel länger als das Frchen . . . . . . . . . . . . . . . **4**
**4** Pfl mit lg Ausläufern. B einzeln, aufrecht. KBl ausgebreitet. KrBl ausgebreitet, gelb. 0,03–0,15. ⟂ i ⟿ ⅄ 7–8. **W. Z** s △; V ⋎ ✿ ○ ≈ ⊖ Gesteinsschutter u. Moorboden, heikel (Alpen, Tatra, Karp., balkanische Gebirge: alp. frische Steinschuttfluren, kalkmeidend, 1750–3800 m). [*Sieversia reptans* (L.) R. BR.] **Kriechende N.** – *G. reptans* L.
**4\*** Pfl ohne Ausläufer. BStand 1–3(–9)blütig. B hängend bis nickend. KBl aufrecht. KrBl aufrecht, weiß od. rosa. Griffel schwach gegliedert, sein Grundglied ohne Haken. 0,20–0,40. ⟂ 5–8. **Z** s △; V ✿ ○ Dränage (warmes bis kühles N-Am.: feuchte Flussufer, nasse Wiesen, trockne Wälder, Prärien, 1600–3400 m). [*Erythrocoma triflora* GREENE] **Prärie-N.** – *G. triflorum* PURSH
**5** **(2)** B aufrecht. KrBl goldgelb, rundlich od. verkehrteifg. BStände 1–3blütig. GrundBl bis 10 cm lg. EndBlchen bis 5 cm br. 0.05–0,40. ⟂ i ⅄ 5–7(8–10). **W. Z** z △; V ✿ ○ ⊖ Gesteinsschotter u. Moorboden (Alpen, Pyr., Apennin, franz. Zentralmassiv, Korsika, Riesengebirge, Karp., balkanische Gebirge: subalp. bis alp. mäßig trockne bis frische, steinige Magerrasen, kalkmeidend, 700–3500 m – 1584). [*Sieversia montana* (L.) R. BR.] **Berg-N., Petersbart** – *G. montanum* L.

**5\*** B nickend. KrBl hellgelb, weißlich od. orange, dreieckig. BStände 3–7blütig. GrundBl bis
30 cm lg. EndBlchen bis 10(–15) cm br. 0,30–0,50. ♃ i 6–8. **Z** s △; V ♛ ○ Dränage
(Bulg., Mazed., Bosn., Alban.: Ufer von Gebirgsflüssen, feuchte, steinige Hänge – meist
handelt es sich bei den unter *G. bulgaricum* gezogenen Pfl um *G.* × *balcanum* MALY, s.
7).                                                        **Bulgarische N.** – *G. bulgaricum* PANČIĆ

**6** **(1)** B nickend. KrBl aufrecht, außen rötlich, innen gelb. KBl zur FrZeit aufrecht, rotbraun.
NebenBl der StgBl klein. 0,30–0,70. ♃ ⅄ 4–7. **W**. **Z** z Rabatten, Staudenbeete, Teich-
ränder; V ♛ ○ (warmes bis kühles Eur., W-As., östl. N-Am.: sickernasse, zeitweilig
überflutete Wiesen, Hochstaudenfluren an Bächen u. Gräben, feuchte Auen- u. BruchW
– 1584).                                                          **Bach-N.** – *G. rivale* L.

**6\*** B aufrecht. KrBl ausgebreitet, gelb, orange, rot. KBl zur FrZeit zurückgeschlagen .     **7**

**7** Endglied des Griffels fadenfg, mindestens so lg wie das Grundglied, oft länger, auch
noch bei FrReife. KrBl orangerot od. gelb, selten weiß. B bei Sorten oft gefüllt. Stg mit
1–3 B. AußenKBl 2–5 mm lg. Staubfäden gelblich. (Abb. **312/**1). 0,15–0,70. ♃ 5–7. **Z** z
△ Rabatten, Staudenbeete Ⅹ; V ♛ ○ (Balkan, Türkei: feuchte Wiesen u. Wälder, Fluss-
auen, an Quellen, 1200–2400 m – wichtiger Kreuzungspartner: z. B. Natur-Hybr
*G.* × *balcanum* MALY : *G. montanum* ♀ × *G. coccineum* ♂, s. **5\***).
                                                       **Rote N.** – *G. coccineum* SIBTH. et SM.

Ähnlich: **Chiloé-N.** – *G. chiloense* BALB. [*G. quellyon* SWEET]: Stg mit 1–5 B. AußenKBl bis 2 mm lg.
KrBl scharlachrot, rotgelb, gelb, zuweilen kupferfarben, selten weiß. Staubfäden oft rot. Bis 0,60. ♃ oft
kurzlebig 6–8. **Z** s △ Rabatten Ⅹ; V ○ Standort wintertrocken, heikel (Chile: Bachränder, Wälder, som-
merfeuchte Wiesen – 1826 – mehrere Sorten: z. B. 'Atrococcineum Flore Pleno': B scharlachrot, ge-
füllt, bis 5 cm ⌀, Ⅹ, V; 'Aureum Flore Pleno': B hell goldgelb, gefüllt – in der Literatur angegebene
Merkmale zur Unterscheidung von *G. chiloense* u. *G. coccineum* unzureichend).

**7\*** Endglied des Griffels keulenfg, höchstens halb so lg, oft nur ¹/₄ so lg wie das Grundglied.
KrBl gelb. B einfach . . . . . . . . . . . . . . . . . . . . . . . . . . . . . . . . . . . . . . . . . . . **8**

**8** BStiel ohne Borstenhaare. BBoden mit gelblichbraunen, 1,5–3 mm lg Borstenhaaren.
Blchen 5–7. 0,30–0,60. ♃ ⅄ 6–9. **Z** s Naturgärten, Gehölzgruppen; V ♛ ○ ◐ Boden
nährstoffreich (warmes bis gemäß. O-As.: Wälder, Gebüsche; D. verw.).
                                                    **Japanische N.** – *G. japonicum* THUNB.

**8\*** BStiel mit Borstenhaaren. BBoden mit weißlichen, <1 mm lg Haaren. Blchen 5–11.
0,40–1,00. ♃ 6–8(–9). **Z** s Naturgärten, Gehölzgruppen; V ♛ ○ ◐ Boden nährstoffreich
(warmgemäß. bis gemäß. östl. M- u. O-Eur., As., N-Am.: Flussufer, feuchte Wiesen,
Sümpfe, Waldränder, Hecken, an Zäunen u. Mauern, nährstoffanspruchsvoll).
                                                   **Russische N.** – *G. aleppicum* JACQ.

Bem.: Die Arten der Gattung *Geum* neigen sowohl in der Natur als auch in der Kultur zum Hybri-
disieren: z. B. *G.* × *cultorum* BERGMANS: Unter dieser Bezeichnung werden die Garten-Hybr unbekann-
ter genetischer Herkunft zusammengefasst, an deren Entstehung möglicherweise u. a. *G.* × *balcanum*,
*G. chiloense*, *G. coccineum*, *G.* × *heldreichii* hort. ex BERGMANS (*G. coccineum* ♀ × *G. montanum* ♂),
*G. montanum* u. *G. rivale* beteiligt sind. Dieser Gruppe werden ∞ Sorten zugeordnet. **Z** z, einige Ⅹ; ♛
meistens, V selten. (Weitere Hinweise über Sorten s. bei JELITIO, L. et al. 2002, Bd. 1: 417–420)

**Waldsteinie, Golderdbeere** – *Waldsteinia* WILLD.                             6 Arten

Lit.: BOLLE, F. 1933: Eine Übersicht über die Gattung *Geum* und die ihr nahestehenden Gattungen.
Feddes Rep. Beih. **72**: 1–119. – TEPPNER, H. 1968: Zur Kenntnis der Gattung *Waldsteinia*. Diss. Univ.
Graz, 129 S.

**1** Bl mit 5–7 Abschnitten. BStg mit laubartigen, 3lappigen bis 3spaltigen HochBl. KrBl am
Grund oseits mit 2 öhrchenartigen Fortsetzen, kurz genagelt. Rhizomstaude ohne ober-
irdische Ausläufer. (Abb. **307/**3). 0,15–0,25. ♃ i ⅄ 4–5. **Z** s, Gehölzgruppen, Rabatten
□; ♛ ○ ◐ (Slowakei, Ung., Bulg., Kroat., Serb., Rum., N-Ukr.: Wälder, Gebüsche,
Berghänge – 1804).                            **Gelapptblättrige W.** – *W. geoides* WILLD.

**1\*** Bl 3zählig. BStg mit wenigen unscheinbaren, lineal-lanzettlichen, unzerteilten, zuweilen
bis 3zähnigen HochBl. KrBl ohne öhrchenartige Fortsätze, nicht kurz genagelt. Rhizom-

staude mit oberirdischen Ausläufern. AußenKBl vorhanden. FrchenStiele kurz behaart
(Abb. **307**/4). 0,10–0,15. ⚥ i ⚥ ∽ 4–5. **Z** z Gehölzgruppen, Rabatten, Gräber ▢; ⚘ V
◖ (oft kultivierte Sippe: subsp. *trifolia* (ROCHEL ex W. D. J. KOCH) TEPPNER: O-Alpen,
Slowen., Kroat., Rum.: halbschattige Grasfluren, Gebüsch- u. Waldsäume, Talhänge
von Schluchten, bodenfrische u. luftfeuchte Orte – 1803 – Sorten: 'Kronstadt': Pfl groß-
blütig; 'Variegata': Bl panaschiert – weitere Unterarten: subsp. *maximowicziana* TEPP-
NER: Fernost, M- u. N-Japan; subsp. *ternata*: Baikalseegebiet).
                                            **Dreiblättrige W.** – *W. ternata* (STEPHAN) FRITSCH

Ähnlich: **Erdbeer-W., Golderdbeere** – *W. fragarioides* (MICHX.) TRATT.: AußenKBl fehlen. FrchenStiele
lg behaart. 0,08–0,20. ⚥ ⚥ ∽ 5–6. **Z** s Gehölzgruppen; ⚘ V ◖ (östl. N-Am.: feuchte bis trockne
Wälder, schattige Abhänge).

**Fingerkraut** – *Potentilla* L.                                              306 Arten

Lit.: GERSTBERGER, P. 2003: *Potentilla*. In: Gustav Hegi, Illustrierte Flora von Mitteleuropa. Bd. 4, T. 2
C: 109–205. 2. Aufl. Berlin. – LI, C. L., IKEDA, H., OHBA, H. 2003: *Potentilla* L. In: Flora of China. Bd. 9:
291–328. Beijing, St. Louis. – RYDBERG, P. A. 1898: A monograph of the North American *Potentillae*.
Mem. Dept. Bot. Columbia Coll. **2**: 1–223. – WOLF, TH. 1908: Monographie der Gattung *Potentilla*.
Biblioth. Bot. 16, 714 S.

Bem.: Die ∞ Sorten sind überwiegend hybridogenen Ursprungs (*P*. × *cultorum* BERGMANS). An ihrer
Entstehung waren vor allem *P. nepalensis*, *P. recta* sowie *P. atrosanguinea* var. *atrosanguinea* u. var.
*argyrophylla* beteiligt. Unter ihnen gibt es Sippen mit unterschiedlicher Wuchshöhe, mit unterschied-
lich gefärbten u. gezeichneten sowie mit einfachen u. gefüllten Blüten.

**1**  Strauch . . . . . . . . . . . . . . . . . . . . . . . . . . . . . . . . . . . . . . . . . . . . . . . . . . . . . **2**
**1***  Staude od. Halbstrauch . . . . . . . . . . . . . . . . . . . . . . . . . . . . . . . . . . . . . . . . **3**
**2**  Fiederrand gesägt. AußenKBl bis halb so lg wie die KBl. KrBl bis zur FrReife bleibend,
     höchstens so lg wie die KBl od. kürzer, weißlich od. rosa überlaufen. Bl mit 7–9(–13)
     Blchen. Bis 1,00. ♄ 6–8. **Z** s; V ○ (W-Sibir., Z-As., NW-Indien, China: steinige Hänge,
     Flussufer, Moränen, Schluchten, 3600–4000 m). [*Comarum salesovianum* (STEPHAN)
     ASCH. et GRAEBN.]                                 **Dsungarisches F.** – *P. salesoviana* STEPHAN
**2***  Fiedern ganzrandig. AußenKBl (fast) so lg wie die KBl. KrBl beim Verblühen abfallend,
     länger als die KBl, gelb, auch weiß od. orangerot. Bl mit (3–)5(–7) Blchen. Bis 1,50. ♄
     5–8. **W. Z** v △ Solitär od. in Gruppen, Rabatten, Hecken, Parks; V ∿ (Steckholz u.
     Sommerstecklinge) ○ (Hauptareal: warmes bis kühles As. u. N-Am.; Teilareale: Ural,
     Kauk., Irland, N-Brit., S-Schweden, Estland, Lettland, Pyr., Seealpen, S-Bulg.: Steppen,
     felsig-steinige Hänge, Steppenwaldsäume, Gebüsche, bis 6000 m – mehrere Varie-
     täten: z. B. var. *davurica* (NESTL.) SER.: Fiedern etwa 1 cm lg, useits blaugrün, fast kahl,
     Kr weiß, 2–3 cm br (Sibir., N-China); var. *mandshurica* (MAXIM.) E. L. WOLF: Fiedern
     beidseits grauseidig behaart (Abb. **312**/2), Kr weiß, 2,5 cm ⌀ (Japan, N-China – ∞
     Sorten). [*Dasiphora fruticosa* (L.) RYDB.]  **Strauch-F., Fingerstrauch** – *P. fruticosa* L.

**3 (1)** Bl gefiedert (z. B. Abb. **315**/1,4,5,9) .................................. **4**

**3\*** Bl 3zählig (Abb. **315**/2,6,7a,8a) od. gefingert (Abb. **315**/3) .................. **9**

**4** KrBl dunkelpurpurn, sehr schmal u. nur etwa halb so lg wie der innen braunrote K, bis zur FrReife bleibend. Bl mit 5–7 scharf gezähnten, elliptisch-lanzettlichen Fiedern. Hauptachse lg horizontal kriechend, meist untergetaucht od. im Schlamm. 0,25–1,00 lg. ♃ ∿ 6–7. **W.** **Z** s Teichränder, Moorbeete; ∀ ⴸ ○ ◑ ≃ ≋ ⊖ (warmgemäß. bis arkt. Eur., As. u. N-Am.: nasse, zeitweilig überflutete Flach- u. Zwischenmoore, Schlenken, Verlandungsbereiche kleinerer Stillgewässer, BruchW, kalkmeidend). [*Comarum palustre* L.] **Sumpf-F., Blutauge** – *P. palustris* (L.) Scop.

**4\*** KrBl weiß od. gelb ................................................... **5**

**5** KrBl weiß. GrundBl mit 5–7 Fiedern (Abb. **315**/9). BStand u. TeilBStände locker. Stg aufrecht, braunrot, oberwärts drüsig behaart. Frchen kahl. 0,40–0,70. ♃ Pleiok 5–7. **W.** **Z** s △ Gehölzränder; ∀ ○ ~ ⊖ (warmes bis gemäß. W- u. M-Eur., Balkan, Marokko: mäßig trockne Wald- u. Gebüschsäume, lichte Eichen- u. KiefernW, Halbtrockenrasen, Silikatfelsfluren, kalkmeidend – einige Varietäten – einige Sorten) **Felsen-F.** – *P. rupestris* L.

Ähnlich: **Großes F.** – *P. arguta* Pursh: GrundBl mit 7–9 Fiedern. TeilBStände fast kopfig gedrängt. KrBl weiß od. cremefarben. Nach der BZeit K stark vergrößert u. BBoden fleischig angeschwollen. 0,30–0,80(–1,00). ♃ Pleiok 6–7. **Z** s Gehölzränder, Staudenbeete; ∀ ○ ◑ ~ (warmes bis kühles N-Am.: Prärien, trockne Wälder).

**5\*** KrBl gelb ......................................................... **6**

**6** Fiedern u. Fiederchen linealisch, < 2(–3) mm br (Abb. **315**/5), useits mit weißlich mattem Filz u. Striegelhaaren. Stg niederliegend bis aufsteigend. B 0,8–1.5 cm ⌀. 0,05–0,15 (–0,30). ♃ Pleiok 6–8. **Z** s △; ∀ ○ (warmes bis gemäß. As., kühles N-Am., Pyr., W-Alpen, N-Schweden, Finnland, Kola-Halbinsel, Spitzbergen: Steppen, Flussufer, Geröllfluren, nährstoffreiche Steinwild- u. Gamsläger, Schneeböden, auf kalkarmen u. kalkreichen Böden, 2200–3100 m – formenreich). **Schlitzblättriges F.** – *P. multifida* L.

**6\*** Fiedern elliptisch bis verkehrteifg-elliptisch od. länglich-verkehrteifg od. länglich-lanzettlich, > 3 mm br ................................................... **7**

**7** B einzeln, blattachselständig u. 2–5–20 cm lg aufrechten Stielen. Pfl mit lg, sich an den Knoten bewurzelnden, oberirdischen, einsömmrigen Ausläufern. Bl mit 15–29 Hauptfiedern, dazwischen kleinere Zwischenfiedern, useits (od. beidseits) seidig-weißfilzig behaart. B 15–20 mm ⌀. KrBl fast doppelt so lg wie die KBl. AußenKBl handfg geteilt, gespalten od. gezähnt bis ganzrandig u. schmal lanzettlich. 0,10–0,20, Ausläufer bis 1,00 lg. ♃ Ⴄ ∿5–8. **W.** **Z** s △ Teichufer ▭; VolksheilPfl; ⴸ ∀ ○ ◑ (warmes bis kühles Eur., As. u. N-Am.: frische bis feuchte Ruderalstellen (Weg- u. Straßenränder, Anger) u. Weiden, Ufer, feuchte Äcker, salzertragend; verw. in Chile, Neuseel., S-Austr. u. Tasm. – ∞ Varietäten). **Gänse-F.** – *P. anserina* L.

**7\*** B (einzeln od.) zu wenigen bis vielen in endständigen BStänden .............. **8**

**8** Fiedern unzerteilt, höchstens an der Spitze 2(–3)spaltig (Abb. **315**/4), useits seidenhaarig, 0,5–2 × 0,4–0,8 cm, in 3–8 meist gegenständigen Paaren. Griffel am Frchen seitenständig. 0,05–0,20. ♃ ⚬⚬ 5–10. Z s △; Ⅴ ♈ ○ ◑ (O-Eur., W- u. O-Sibir., Mong., Korea, China: sandige Küsten u. Flussufer, Steppen, lichte Wälder, Straßen- u. Ackerränder, bis 4000 m – einige Varietäten). [*P. bifurcata* Poir.]     **Zweispaltiges F.** – *P. bifurca* L.

**8\*** Fiedern fiederspaltig bis -teilig, mit >5 seitlichen spitzen Abschnitten, useits weißfilzig, 1–5 × 0,5–1,5 cm, in 5–15 wechsel- od. gegenständigen Paaren (Abb. **315**/1). Griffel am Frchen fast endständig. 0,20–0,70. ♃ Pleiok 5–10. Z s △ Gehölzränder; Ⅴ ○ ◑ (China, Japan, Mandschurei, Korea: lichte Wälder, Waldsäume, Gebüsche, Wiesen, Schluchten, 400–3200 m – mehrere Varietäten). **Chinesisches F.** – *P. chinensis* Ser.

**9** (3) Kr 4zählig . . . . . . . . . . . . . . . . . . . . . . . . . . . . . . . . . . . . . . . . . . . . . . . . . . **10**

**9\*** Kr 5zählig . . . . . . . . . . . . . . . . . . . . . . . . . . . . . . . . . . . . . . . . . . . . . . . . . . . **11**

**10** Alle StgBl sitzend od. bis höchstens 5 mm lg gestielt. Fiedern der GrundBl mit 7–9 Zähnen. NebenBl tief 3–5spaltig. Stg aufrecht bis liegend, an den Knoten nie wurzelnd. B stets 4zählig, 7–11(–15) mm ⌀. 0,10–0,35. ♃ ⅄ 5–8. **W.** Z s Heide- u. Moorbeete △; HeilPfl; Ⅴ Kaltkeimer ○ ◑ Gemisch aus Sand, Heide- u. Moorboden ⊖ (warmes bis kühles Eur., W-Sibir., Kaukasusgebiet: mäßig trockne bis wechselfeuchte Magerrasen, Moorwiesen, Zwergstrauchheiden, lichte Wälder, an Waldwegen, ± kalkmeidend, bis 1575 m). [*P. tormentilla* Neck., *Tormentilla erecta* L.]
    **Blutwurz, Tormentill** – *P. erecta* (L.) Raeusch.

**10\*** Untere StgBl 1–2 cm lg gestielt. Fiedern der GrundBl mit 9–13 Zähnen. NebenBl meist ganzrandig bis schwach gezähnt. Stg liegend, im Spätsommer an den Knoten meist wurzelnd. B überwiegend 4zählig (25% 5zählig), (10–)14–18 mm ⌀. 0,15–0,70 lg. ♃ ⅄ ⚬⚬ 5–9. **W.** Z s △ Gehölzränder ⬚; Ⅴ ♈ ○ ◑ (warmgemäß. bis gemäß. W- u. M-Eur.: frische bis feuchte Magerrasen, Sumpfwiesen, lichte EichenW u. Kiefernforste, Waldsäume u.-wege, Grabenränder – Naturhybr: *P. erecta* × *P. reptans*). [*P. procumbens* Sibth., *Tormentilla reptans* L.]     **Englisches F.** – *P. anglica* Laichard.

**11** (9) Bl 3zählig (z. B. Abb. **315**/2,6,7a,8a) . . . . . . . . . . . . . . . . . . . . . . . . . . . . . . . **12**

**11\*** Bl gefingert (mit 5 od. >5 Fiedern) (Abb. **312**/3; **315**/3) . . . . . . . . . . . . . . . . . . . **19**

**12** KrBl weiß od. rosa; wenn KrBl rot, dann Pfl bis 10 cm hoch u. flache Polster bildend **13**

**12\*** KrBl purpurn od. gelb . . . . . . . . . . . . . . . . . . . . . . . . . . . . . . . . . . . . . . . . . . . . **15**

**13** KrBl lg genagelt, spatelfg, weiß, selten hellgelb. Nagel viel länger als die Platte. BStand mit (1–)3–6(–9) B. Fiedern 8–30(–40) × 5–18(–20) mm, gekerbt–gezähnt, beidseits weiß- bis graufilzig od. oseits grün u. kahl, useits weißfilzig. Frchen behaart od. kahl. 0,05–0,30. ♄ 6–7. Z s △; Ⅴ ○ ∼ ⊕ (Balkan, Kreta, NW-Türkei, Syr., N-Irak: Kalkfelsspalten, (500–)1700–2400 m – 2 Varietäten).     **Ansehnliches F.** – *P. speciosa* Willd.

**13\*** KrBl nicht od. nur sehr kurz genagelt, rundlich bis verkehrteifg od. herzfg. Nagel viel kürzer als die Platte. B einzeln, selten bis 3 . . . . . . . . . . . . . . . . . . . . . . . . . . . . . . **14**

**14** KrBl rosa od. rot, selten weiß, rundlich bis verkehrteifg, viel länger als die KBl. Endfieder ganzrandig, nur an der Spitze mit 3(–5) spitzen Zähnen (Abb. **315**/6), 5–10 mm lg, useits seidenhaarig. AußenK, K u. Staubfäden zur BZeit braunrot. Griffel braunrot, fast endständig. Frchen lg behaart. (Abb. **312**/4). 0,02–0,07. ♄ SpalierStr ⌒ 4–8. Z s △ ⓐ; Ⅴ ♈ ○ ⊕ Dränage (W-Alpen, südl. Kalkalpen, O-Alpen: Rasenbänder u. Gesimse an Kalk- u. Dolomitfelsen, Felsspalten, ruhende u. bewegliche Kalk-Geröllhalden, kalkstet, (1200–)1600–2500(–3160) m – 1798).     **Dolomiten-F.** – *P. nitida* L.

**14\*** KrBl weiß, verkehrtherzfg, etwa so lg wie die KBl. Endfieder mit 9–15 fast halbkreisfg Zähnen, 40–55 × 30–35(–45) mm, useits zottig behaart. K innen am Grund gelblichgrün. Staubfäden kahl, fädlich, schmaler als die Staubbeutel. Frchen kahl, nur am Nabel schwach behaart, mit Elaiosom, mit Kelaiosom. Pfl mit bis zu 15 cm lg Ausläufern. 0,05–0,15. ♃ i ⚬⚬ 3–5. **W.** Z s △ Gehölzgruppen, Rabatten; Ⅴ Lichtkeimer ♈ ◑ ○ ⊖ (warmgemäß. bis gemäß. W- u. M-Eur.: mäßig trockne bis (sicker)frische LaubmischW, Kiefernforste, Gebüsche, Waldränder, magere Wiesen, kalkmeidend – Hybr mit *P. alba*: *P.* × *hybrida* Wallr.). [*P. fragariastrum* Pers.]     **Erdbeer-F.** – *P. sterilis* (L.) Garcke

Ähnlich: **Kleinblütiges F.** – *P. micrantha* RAMOND ex DC.: K innen dunkelpurpurn, Staubfäden unten bewimpert, bandfg, fast so br wie die Staubbeutel. Endfieder mit 17–23 Zähnen, Pfl mit gestrecktem Rhizom. 0,05–0,15. ⌐ i ⌙ 3–5. **W. Z** s Gehölzgruppen, Rabatten; Ⅴ Ⅴ ☽ ○ ⊕ (warmes bis warmgemäß.(–gemäß.) W- u. M-Eur.: mäßig trockne, lichte Eichen- u. KiefernmischW, Gebüsche, Waldränder, auch an Felsen u. Mauern, kalkhold).

15 **(12)** KrBl purpurn, 9–11 mm lg, verkehrteifg, ausgerandet, länger als die KBl. StaubBl u. Griffel purpurn. Fiedern 2–5(–6) × 1–3(–4) cm, elliptisch, eifg od. verkehrteifg, oseits dunkelgrün u. kahl od. grau seidenhaarig, useits grau- bis weißfilzig. Bl 3-, selten 5zählig (Abb. **315**/7a). AußenKBl spitz, zur FrZeit sich stark vergrößernd (Abb. **315**/7b). 0,30–0,60. ⌐ 6–9. **Z** z △ Rabatten; Ⅴ Ⅴ ○ (Nepal, Pakistan, Tibet: Grabenränder, um 4000 m – 1822).

  **Blutrotes F.** – *P. atrosanguinea* LODD. ex D. DON var. *atrosanguinea*, s. auch **18\***

17 Fiedern an ihren Enden 3zähnig, gestutzt od. gerundet (Abb. **315**/2), 6–15(–22) × 4–8 (–12) mm. KrBl etwas länger als die KBl. Griffel am FrBl fast grundständig. BStand 1–2blütig. Kr 1,3–2,5 cm ⌀. 0,04–0,12. ⌐ h 6–8. **Z** s △; Ⅴ Ⅴ ○ (Bhutan, Kaschmir, Nepal, Sikkim, China: Sichuan, Tibet, Yunnan: Waldränder, Gebüsche, alp. Wiesen, Felsspalten, 2700–3600 m). [*P. ambigua* CAMBESS.] **Keiliges F.** – *P. cuneata* (WALL.) LEHM.

17\* Fiedern an ihren Enden 5–7zähnig od. 2–5teilig, 12–30 × 5–15 mm. KrBl 2mal so lg wie die KBl. Griffel am FrBl fast endständig. BStand 1–3blütig. Kr 2–2,5 cm ⌀. 0,04–0,12. h 6–10. **Z** s △; Ⅴ Ⅴ ○ (Bhutan, Kaschmir, Nepal, Sikkim, China: Shaanxi, Sichuan, Tibet, Yunnan: lichte Wälder, alp. Wiesen, Felsspalten, 2700–5000 m).

  **Wollfrüchtiges F.** – *P. eriocarpa* WALL. ex LEHM.

18 **(16)** Endfieder etwa so lg wie br od. etwas breiter als lg, meist mit < 15 Zähnen (Abb. **315**/8a), useits zottig behaart u. hell- bis graugrün. AußenKBl vorn stumpf, zur FrZeit sich stark vergrößernd (Abb. **315**/8b). Frchen mit etwa 0,1 mm hohem Kamm (Abb. **315**/8c). (Abb. **313**/1). Bis 0,30. ⌐ ⌙ 5–8. **Z** z △; Ⅴ Ⅴ ○ ☽ (Kamtschatka, Sachalin, Kurilen, Japan: Hokkaido: Küstenfelsen – 1816). [*P. fragiformis* WILLD. subsp. *megalantha* (TAKEDA) HULTÉN] **Japanisches F.** – *P. megalantha* TAKEDA

18\* Endfieder länger als br, meist mit > 15 Zähnen (vgl. auch Abb. **315**/7a), useits weißfilzig behaart. AußenKBl vorn spitz, zur FrZeit sich stark vergrößernd. Frchen mit etwa ± umlaufender Kante, aber nicht mit 0,1 mm hohem Kamm (Abb. **315**/7c). KrBl, StaubBl u. Griffel gelb. Bis 0,30?. ⌐ 5–6. **Z** z △; Ⅴ Ⅴ ☽ ≈ (W- u. Z-Himal., Malaysia: Wälder, Gebüsche, sandige Flussufer, Grabenränder, bis 4500 m – 1829).

  **Silber-F.** – *P. atrosanguinea* LODD. ex D. DON var. *argyrophylla* (WALL. ex LEHM.) GRIERSON et D. G. LONG

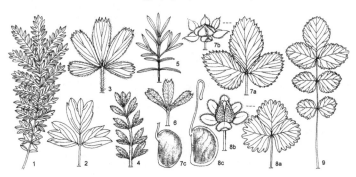

**19** **(11)** KrBl rot, rosa od. aprikotfarben ................................... **20**

**19\*** KrBl weiß od. gelb ..................................................... **21**

**20** Pfl aufrecht, 0,30–0,75. KrBl rot od. rosa. Bl 5zählig. Fiedern 2–8 × 1–3 cm, schmal elliptisch bis länglich-eifg, grob gezähnt, beidseits grün, spärlich behaart. B 1,3–3 cm ⌀. Stg ohne Drüsenhaare. (Abb. **312**/3). 0,30–0,75. ⌶ 7–9. **Z** z Staudenbeete; v ⌇ ⚘ ○ ◑ (W-Him.: Kaschmir bis Nepal: alp. Wiesen, Ackerränder, 1500–2700 m – 1820 – Hybr mit *P. atrosanguinea*: ∞ Hybriden u. Sorten). **Nepal-F.** – *P. nepalensis* HOOK.

**20\*** Pfl niederliegend od. aufsteigend, bis 0,35. Kr orangerot, mit karminrotem Auge. Bl (3–) 5zählig. Fiedern 0,5–2,5 × 0,3–1,5 cm, schmal verkehrteifg bis verkehrteifg, grob gezähnt, oft bronzefarben getönt, beidseits behaart. BStand 1–wenigblütig. B etwa 1,5 cm ⌀. 0,10–0,20. ⌶ ⌇⌇ 7–8. **Z** z △ Pflanzschalen; ⚘ ○ ◑ (Garten-Hybr: *P. anglica* × *P. nepalensis* ). **Hybrid-F.** – *P. tonguei* hort. ex BAXT.

**21** **(19)** KrBl weiß ..................................................... **22**

**21\*** KrBl gelb ......................................................... **24**

**22** Staubfäden wenigstens am Grund behaart. BStand 5–20blütig. Fiedern vorn gestutzt mit vorwärts zusammenneigenden Zähnen (Abb. **313**/3). 0,10–0,30. ⌶ Pleiok 7–9. **W. Z** s △; v Kaltkeimer ○ ~ ⊕ (O-Span., S-Frankr., It., Alpen, W-Balkan: subalp. Felsspalten – 5 Unterarten). **Stängel-F.** – *P. caulescens* L.

**22\*** Staubfäden kahl. BStand 1–3(–5)blütig ................................... **23**

**23** BStg die GrundBl nicht überragend. Blchen oseits fast kahl, useits angedrückt weiß seidenhaarig, lanzettlich, vorn mit 3–11 winzigen Zähnen. 0,05–0,20. ⌶ ⌶ Knollenwurzeln 4–6. **W. Z** z Rabatten, Gehölzgruppen ▫; v Licht- u. Kaltkeimer ⚘ ○ ◑ ⊖ (warmgemäß. bis gemäß. M- u. O-Eur.: mäßig trockne Wald- u. Gebüschsäume, lichte Eichen- u. KiefernW, Magerrasen, kalkmeidend, bis 1000 m). **Weißes F.** – *P. alba* L.

**23\*** BStg die GrundBl weit überragend. Blchen dicht seidig behaart, lanzettlich bis verkehrteifg, vorn fast gestutzt u. mit 3–5 nicht zusammenneigenden Zähnen (Abb. **315**/3). Außenseite des K, Staubfäden u. Griffel (besonders abgeblüht) rot überlaufen. 0,05–0,10. ⌶ Pleiok 6–8. **W. Z** s △; v ⚘ ○ ⊕ (O-Alpen, W-Balkan: subalp. bis alp. Felsen u. Schuttfluren, kalkstet, (600–)1200–2400 m). **Ostalpen-F.** – *P. clusiana* JACQ.

**24** **(21)** Stg ausläuferartig kriechend, an den Knoten wurzelnd, unverzweigt. Bl 5zählig. B einzeln, 17–25 mm ⌀. 0,10–0,20 hoch, 0,30–1,00 lg. ⌶ i ⌶ ⌇⌇ 6–8. **W. Z** z Naturgärten, Parks; ⚘ ⚘ ○ ◑ Vorsicht: starke Ausbreitung (warmes bis gemäß. Eur., W-As.: feuchte nährstoffreiche Rasen, Wege, Ufer, Gräben, Fett- u. Sumpfwiesen, Äcker; verw. in O-Afr., Austr., Am.). **Kriechendes F.** – *P. reptans* L.

**24\*** Stg aufrecht od. liegend, meist nicht wurzelnd, verzweigt. GrundBl u. untere StgBl 5–7 (–9)zählig .......................................................... **25**

**25** Bl useits nur auf den Nerven u. besonders am Rand mit lg, silbrigen Seidenhaaren dicht besetzt, sonst kahl, oseits glänzend u. fast kahl, mit durchscheinendem Nervennetz, randlich mit spitzen Zähnen. NebenBl der oberen (3zähligen) StgBl höchstens so lg wie ihre Seitenfiedern u. kürzer als die Endfieder (wenn länger als die Fiedern u. B ⌀ <1,5 cm, s. Frühlings-F., **29**). Kr goldgelb, bis 2 cm ⌀. 0,05–0,20. ⌶ i ⌶ 6–9. **W. Z** z △; v ⚘ ○ ⊖ (Pyr.?, französisches Zentralplateau, Alpen, Apennin, Schweizer u. Französischer Jura, Schwarzwald, Sudeten: subalp. bis alp. mäßig trockne bis wechselfrische Magerrasen u. Zwergstrauchheiden, kalkmeidend, 600–3255 m – Sorte: 'Plena': B gefüllt – weitere Unterart: subsp. *chrysocraspeda* (LEM.) NYMAN: Bl 3zählig, Randzähne stumpflich (Karp., bulgarische Gebirge, NW-Türkei: alp. Felshänge, 1500–2180 m – Sorte: 'Aurantiaca': Kr orangefarben, bis 0,10 hoch)). **Gold-F.** – *P. aurea* L. subsp. *aurea*

**25\*** Bl useits kahl od. auf der ganzen Fläche flaumig, seidig, zottig od. filzig behaart .. **26**

**26** Bl useits weiß- od. graufilzig, z. T. nur lockr filzig behaart ................... **27**

**26\*** Bl useits nicht filzig, aber oft flaumig, seidig od. zottig behaart ............... **28**

**27** Stg u. Bl (zumindest useits) ± dicht filzig sternhaarig (Lupe!). Pfl meist ± graugrün, durch ∞ blütenlose Rosetten lockre Polster bildend. KrBl 4–7 mm lg. Griffel an der Spitze verdickt. Untere Bl 3–5(–7)zählig. 0,05–0,15. ⌶ i PleiokRhiz 3–5. **W. Z** s △ Heidebeete;

∀ ⩩ ○ ~ (O-Span., SO-Frankr., M-Eur., warmgemäß. bis gemäß. O-Eur., Kauk.: kont. Felsfluren, Trocken- u. Sandtrockenrasen, trockne KiefernW – 4 Unterarten).

**Sand-F.** – *P. cinerea* Chaix et Vill.

27* Ganze Pfl ohne Sternhaare. Blütenlose Rosetten fehlen. Griffel nach unten verdickt. Bl useits dicht weißfilzig. Fiedern am Rand meist umgerollt, unregelmäßig tief eingeschnitten, oft fast 3spaltig od. fiederschnittig. Endzipfel etwas größer als die angrenzenden seitlichen; alle Zipfel linealisch bis lineal-lanzettlich. Stg kräftig, meist ± aufrecht. RosettenBl zur BZeit höchstens noch spärlich vorhanden. 0,20–0,50. ♃ Pleiok 6–10. **W. Z** s Heidebeete △; ∀ ○ Boden sandig ⊖ (warmes bis kühles Eur., W-As.: Felsfluren, Sandtrockenrasen, trockne bis mäßig frische, sandige bis kiesige Ruderalstellen u. Brachen, kalkmeidend; verw. in N-Am. – formenreich).

**Silber-F.** – *P. argentea* L.

28 (26) Stg am Grund höchstens mit wenigen abgestorbenen BlResten, aber nichtblühenden Rosettentrieben, dadurch Pfl lockre Polster bildend. B 10–13 mm ⌀, gelb. Griffel an der Spitze verdickt. NebenBl der obersten (3zähligen) StgBl länger als deren Fiedern . . . . . . . . . . . . . . . . . . . . . . . . . . . . . . . . . . . . . . . . . . . . . . . . . . . . . . . . . . **29**

28* Stg am Grund von den erhalten gebliebenen braunen Resten ∞ abgestorbener NiederBl u. BlStiele bedeckt. B 10–15 mm ⌀, blass od. goldgelb. NebenBl der obersten (3zähligen) StgBl kürzer als deren Fiedern od. höchstens so lg u. dann KrBl am Grund dunkler od. orangerot . . . . . . . . . . . . . . . . . . . . . . . . . . . . . . . . . . . . . . . . . . . . . **30**

29 NebenBl der 5–7zähligen GrundBl schmal lanzettlich bis linealisch, lg zugespitzt, oft hinfällig od. zerfasernd, bleich. Nichtblühende Stg meist ausläuferartig verlängert u. wurzelnd. Pfl mit anliegenden od. aufrecht abstehenden Haaren, Bl dadurch meist seidig glänzend. 0,05–0,20. ♃ i PleiokLegtriebe 4–6(–10). **W. Z** s △ Heidebeete, Zierrasen; ∀ Sa langlebig ○ ~ (warmgemäß. bis gemäß. W- u. M-Eur.: Felsfluren, Trocken- u. Halbtrockenrasen, Zierrasen, trockne Ruderalstellen, lichte KiefernW – formenreich – Hybr z. B. mit *P. cinerea*, *P. heptaphylla* u. *P. argentea*). [*P. verna* auct., *P. tabernaemontani* Asch.]

**Frühlings-F.** – *P. neumanniana* Rchb.

29* NebenBl der überwiegend 7zähligen GrundBl kurz eifg bis br eilanzettlich, lange bleibend. Nichtblühende Stg kurz, aufrecht bis bogig aufsteigend, nie wurzelnd. Pfl waagerecht od. rückwärts abstehend zottig, Bl dadurch trübgrün, nicht glänzend. Längere Haare auf kleinen Knötchen stehend. Stg oft rot überlaufen. 0,05–0,20. ♃ i ⅄ Pleiok 4–6. **W. Z** s △; ∀ Sa langlebig ○ ~ ⊕ (warmgemäß. bis gemäß. M-Eur.: Halbtrocken- u. Trockenrasen, trockne KiefernW, kalkhold). [*P. opaca* L., *P. rubens* (Crantz) Zimmeter]

**Rötliches F.** – *P. heptaphylla* L.

30 (28) Stg steif aufrecht, am Grund ohne Rosettentriebe, 15–70 cm hoch. Mittlere Fiedern der größten Bl 5–10 cm lg u. 1,5–3 cm br. Bl-, BStiele u. Stg mit längeren, weichen, auf Knötchen stehenden Haaren u. kurzen, geraden, abstehenden Borsten. Kr 20–25 mm ⌀, blassgelb, selten dunkel- bis goldgelb. Griffel nach unten verdickt. Frchen stark runzlig, mit br geflügeltem Kiel. (Abb. **313**/2). 0,15–0,70. ♃ Pleiok 6–7. **W. Z** z Staudenbeete, Naturgärten; ∀ ○ ~ (warmes bis warmgemäß. O-Eur., eingeb. im gemäß. Eur. u. in N-Am., in Ausbreitung begriffen: ruderal beeinflusste Felsfluren u. Sandtrockenrasen, trockne Ruderalstellen – sehr formenreich – einige Sorten).

**Aufrechtes F.** – *P. recta* L.

30* Stg bogig aufsteigend bis niederliegend, mit ∞ nichtblühenden Rosettentrieben, 5–30 cm hoch. Mittlere Fiedern höchstens 3–6 cm lg u. 2 cm br. Stg u. Bl useits zottig. Kr 10–25 mm ⌀, dottergelb, am Grund meist mit einem orangefarbenen Fleck. Griffel an der Spitze verdickt. Frchen schwach längsfaltig-runzlig, ungekielt. 0,10–0,30. ♃ i Pleiok 6–7. **W. Z** s △; ∀ ○ Dränage ⊕ (warmgemäß. bis arkt. Eur., Kauk., Isl., Grönland, NO-Kanada: alp. frische Steinrasen, Felsspalten u. Schutt, kalkstet, (340–)600–3200 m – formenreich, in M-Eur. 3 Unterarten – einige Sorten: z. B. 'Goldrausch': vermutlich eine Naturhybr, nur ∧). [*P. villosa* (Crantz) Zimmeter]

**Zottiges F., Crantz-F.** – *P. crantzii* (Crantz) Beck et Fritsch

**Erdbeere** – *Fragaria* L.                                                                          12 Arten

Lit.: DARROW, G. M. 1966: The strawberry. New York. – GERSTBERGER, P. 1995: *Fragaria.* In: Gustav
Hegi, Illustrierte Flora von Mitteleuropa. Bd. 4, T. 2 A: 597–619. 3. Aufl. Berlin. – STAUDT, G. 1961: Die
Entstehung und Geschichte der großfrüchtigen Gartenerdbeeren *Fragaria* × *ananassa* DUCH. Der
Züchter **31**: 212–218. – STAUDT, G. 1962: Taxonomic studies in the genus *Fragaria.* Canad. J. Bot. **40**:
869–886. – STAUDT, G. 1999: Systematics and geographic distribution of the American strawberry spe-
cies – taxonomic studies in the genus *Fragaria* (*Rosaceae* – *Potentilleae*). Univ. Calif. Publ. Bot. **81**:
1–162.

**1**   KZipfel die jungen SammelFr umfassend. Bl oseits kahl od. spärlich behaart. Endzahn
     des EndBlchens meist kürzer als die beiden Nachbarzähne . . . . . . . . . . . . . . . . . . **2**
**1\***  KZipfel die jungen SammelFr nicht umfassend, ± abstehend. Bl oseits kahl od. behaart.
     Endzahn des EndBlchens länger od. kürzer als die beiden Nachbarzähne . . . . . . . **4**
**2**   B meist zwittrig. SammelFr 25–65 mm ∅, mit 300–600(–1200) Nüsschen. Nüsschen
     leicht in den BBoden eingesenkt. Bl meist ledrig. EndBlchen oft deutlich gestielt. B
     22–55 mm ∅. Stg zur FrZeit niedergebogen. 0,20–0,30. ⛢ i ⛢ ⚭ 4–7. **W. N** v Gärten,
     Felder ⬚, Beerenobst, **Z** s Balkons, Ampeln; Senker, einige Sorten ⋎, ○ ◖ Boden nähr-
     stoffreich, Gefahr durch Auswinterung in schneearmen Wintern (Garten-Hybr: *F. chi-*
     *loensis* subsp. *chiloensis* f. *chiloensis* × *F. virginiana*: *F.* × *ananassa* – entstanden zwi-
     schen 1715 u. 1760 in Mischkulturen in NW-Frankr. – sehr variabel – Hybr mit *Potentilla*
     *palustris*: KrBl rosa, scharlach- od. karminrot – etwa 2500 Sorten: B meist weiß: z. B.
     'Senga Sengana', 'Red Gauntlet' u. 'Gorella'; Bl panaschiert: z. B. 'Variegata'; B rot:
     'Lipstik', 'Pink Panda', 'Red Ruby', 'Serenata', 'Fragoo'; für Ampelkultur geeignet: 'Elan'
     F1, 'Fragoo', 'Franny Karan' F1, 'Pink Panda'). [*F.* × *magna* auct. non THUILL., *F.* × *cul-*
     *torum* THORSRUD et REISAETER]                **Garten-E.** – *F.* × *ananassa* (DUCHESNE) GUEDES
**2\***  B meist eingeschlechtig, 2häusig verteilt. SammelFr bis 25 mm ∅, mit < 200 Nüsschen
     . . . . . . . . . . . . . . . . . . . . . . . . . . . . . . . . . . . . . . . . . . . . . . . . . . . . . . . . . . **3**
**3**   Nüsschen in kleine, tiefe Gruben des BBodens eingesenkt, 1,56(1,28–1,85) mm lg,
     gelblich bis rötlichbraun. Bl dünn, schwach ledrig, useits schwach bis dicht behaart.
     EndBlchen sitzend od. bis 7 mm lg gestielt. B 6–25 mm ∅. SammelFr säuerlich, wein-
     rot bis rot-orange, sich nicht leicht lösend. Pfl winterhart. 0,05–0,25. ⛢ i ⛢ ⚭5–6. **Z** s
     Gehölzgruppen ⬚; Beerenobst in N-Am.; Senker ⋎ ○ ◖ (N-Am.: Wiesen, Waldlich-
     tungen, Waldränder, bis 3300 m – um 1623 – 4 Unterarten – Elter von *F.* × *ananassa*
     – mehrere Sorten).                          **Scharlach-E., Virginische E.** – *F. virginiana* MILL.
**3\***  Nüsschen nicht od. nur in flache Gruben eingesenkt, 1,76(1,43–2,04) mm lg, rötlich-
     braun bis dunkelbraun. Bl dick, ledrig, useits deutlich netznervig u. dicht mit anliegen-
     den Haaren (Lupe!). EndBlchen immer deutlich gestielt, Stielchen bis 10 mm lg. B 20–52
     mm ∅. SammelFr süß, aber fade, hellrot bis leicht gelblich, sich leicht lösend. Pfl nicht
     winterhart, Ausnahme Sorte 'Chaval': FrBildung in D. unterbleibend (in Kult nur ♀ Pfl?).
     0,03–0,25. ⛢ i ⛢ ⚭ 5–7. **Z** s △ Gehölzgruppen ⬚ (Sorte 'Chaval'); Senker ○ ● (westl.

N-Am., Chile: Küsten, Wälder, z. B. AraucarienW – um 1714 – Unterarten: subsp. *lucida* (GAY) STAUDT (westl. N-Am.); subsp. *pacifica* STAUDT (westl. N-Am.), subsp. *sandwicensis* O. DEG. et I. DEG. (Hawaii-Inseln); subsp. *chiloensis* f. *chiloensis* (westl. S-Am.): einzige kult Sippe, Beerenobst im westl. S-Am., Elter von *F.* × *ananassa*, möglicherweise stammt diese bereits vor 1000 Jahren von den Indianern domestizierte Sippe von der subsp. *chiloensis* f. *patagonica* STAUDT ab). **Chile-E.** – *F. chiloensis* (L.) MILL.

**4 (1)** SammelFr 25–65 mm ⌀, mit 300–600(–1200) Nüsschen. B meist zwittrig. FrStg niedergebogen. **Garten-E.** – *F.* × *ananassa*, s. 2

**4\*** SammelFr meist <25 mm ⌀, mit <200 Nüsschen. B meist funktionell eingeschlechtig od. zwittrig . . . . . . . . . . . . . . . . . . . . . . . . . . . . . . . . . . . . . . . . . . . . . . **5**

**5** Nüsschen in kleine, tiefe Gruben des BBodens eingesenkt. Bl oseits kahl od. spärlich behaart, schwach ledrig. Mittlerer Zahn des EndBlchens kürzer als die beiden Nachbarzähne. **Scharlach-E., Virginische E.** – *F. virginiana*, s. 3

**5\*** Nüsschen nicht od. nur in flache Gruben eingesenkt. Bl oseits behaart, krautig. Mittlerer Zahn des EndBlchens so lg wie die Nachbarzähne od. länger. Stg zur FrZeit aufrecht . . . . . . . . . . . . . . . . . . . . . . . . . . . . . . . . . . . . . . . . . . . . . . . . . . . . . . . . . . **6**

**6** BlUSeite abstehend behaart. Alle BStiele waagerecht abstehend behaart. BStände die Bl deutlich überragend, 7–12blütig, nach der BZeit scheindoldig bleibend. B meist funktionell eingeschlechtig. 0,15–0,30. ⚁ i ⚷ ↝ 5–6. **W. Z** s Gehölzgruppen; früher **N** Beerenobst, Likör, Erdbeerwein; Senker ⌄ ○ ◐ (warmgemäß. bis gemäß. M- u. O-Eur., W-Sib.: frisch-feuchte LaubmischW, Gebüsche, Säume, mäßig anspruchsvoll, wärmebedürftig – Hybr mit *F. viridis* (DUCHESNE) WESTON: *F.* × *neglecta* EM. LINDEM.; mit *F. vesca*: *F.* × *intermedia* BACH). [*F. elatior* EHRH.] **Zimt-E.** – *F. moschata* (DUCHESNE) WESTON

**6\*** BlUSeite anliegend, höchstens am Grund abstehend behaart. Alle BStiele angedrückt od. aufrecht abstehend behaart. BStände nur wenig länger als die Bl, 3–6blütig, gestreckt, traubig. B meist zwittrig. 0,05–0,20. ⚁ i ⚷ ↝ 5–6. **W. N** z Gärten; Wildobst, VolksheilPfl; ⌄ Lichtkeimer Senker ○ ◐ (warmes bis kühles Eur., As., N-Am.: Säume, Gebüsche, LaubW, Waldlichtungen, auf frischen, nährstoffreichen Böden; eingeb. in S-Am., S-Afr., Madagaskar, Indon., Japan, Neuseel., Tasm. – mehrere Unterarten – Formen von subsp. *vesca*: **Monats-Erdbeere** – f. *semperflorens* (DUCHESNE) STAUDT: Pfl kaum Ausläufer bildend, bis in den Herbst blühend u. fruchtend, früher weiter verbreitet; f. *alba* (EHRH.) STAUDT: SammelFr weiß od. cremefarben; f. *roseiflora* (BOULAY) STAUDT: B rosa; f. *eflagellis* (DUCHESNE) STAUDT: Pfl ohne Ausläufer – Hybr: mit *F. viridis*: *F.* × *hagenbachiana* W. D. J. KOCH; mit *F. moschata*: *F.* × *intermedia* BACH – Sorten: z. B. 'Alpine Yellow': SammelFr gelb, klein; 'Fructo Alba': SammelFr weiß, groß; 'Multiplex' ['Flore Plena']: B gefüllt). **Wald-E.** – *F. vesca* L.

### Scheinerdbeere, Indische Erdbeere – *Duchesnea* SM.     2 Arten

Pfl mit ausläuferartig kriechenden Stg, bis 1,00 m lg. Bl 3zählig, lg gestielt. B einzeln, die Bl nicht od. nur wenig überragend. AußenKBl vorn 3(–4)zähnig, länger als die KBl. Kr gelb. BBoden zur FrZeit stark vergrößert, fast kuglig, 1–2 cm ⌀, rot, schwammig, ohne Geschmack. (Abb. **318**/1). 0,05–0,10(–0,15) hoch, 0,30–1,00 lg. ⚁ i ↝ 5–6 (–10). **W. Z** z Rabatten, Gehölzgruppen, Ampeln ☐; Senker ⌄ ○ ◐ lockrer Humusboden, gemischt mit Lauberde u. Torfmull ∧ (trop. bis warmes O-As.: Berghänge, Wiesen, Flussufer, Schluchten, Feldränder, unter 1000 m; eingeb. in Afr., Eur. u. N-Am. – 1804 – 2 Varietäten: var. *indica*: Blchen 2–3,5(–5) × 1–3 cm, B 1,5–2,5 cm ⌀, BStiel 3–6 cm lg; var. *microphylla* T. T. YU et T. C. KU: Blchen bis 1 cm lg, B bis 1 cm ⌀, BStiel 0,5–1,5 cm). **Indische Sch.** – *D. indica* (ANDREWS) FOCKE

### Gelbling – *Sibbaldia* L.     8 Arten

Bl 3zählig. Blchen keilfg, vorn gestutzt u. 3zähnig. BStand armblütig. AußenKBl kürzer als die KBl. KrBl 1–2 mm lg, kürzer als die KBl, gelbgrün, hinfällig. StaubBl 5 (Abb. **303**/3a,b). Frchen 5. Griffel seitenständig. 0,02–0,04. ⚁ i Pleiok ⚷ 6–8. **W. Z** s △; ⌄

Ψ ○ ≈ ⊖ (warmes bis arkt. Eur., As. u. N-Am.: alp. Schneetälchen, feuchte Tundren, Magerrasen).                                                                  **Gelbling** – *S. procumbens* L.

**Frauenmantel, Silbermantel, Sinau** – *Alchemilla* L.[1]                          1000 Arten
Lit.: FRÖHNER, S. E. 1995: *Alchemilla*. In: Gustav Hegi, Illustrierte Flora von Mitteleuropa. Bd. 4, T. 2 B, 2. Aufl.: 13–242. Berlin, Wien.
Bem.: Alle Arten HeilPfl.

1   BlSpreite auf (50–)70–100% des Radius eingeschnitten. BlStiel 0,3–1(–1,5) mm ⌀.
    Grundachse holzig (5–20 Jahresringe). Pfl 10–20(–30) cm hoch . . . . . . . . . . . . . . . 2
1*  BlSpreite auf 5–50(–80)% des Radius eingeschnitten. BlStiel 1–4 mm ⌀. Grundachse
    holzig (3–15 Jahresringe) od. krautig. Pfl 10–80 cm hoch . . . . . . . . . . . . . . . . . . 7
2   BlZähne 1,5–10 mm lg (= 6–36% des Spreitenradius), 2–5 mal so lg wie br, entfernt ste-
    hend u. spreizend. Grundachse aufrecht. Pfl horstig. NebenBl sehr spitz, mit wenigstens 1 großen, grünen Zahn, über dem Ansatz am BlStiel meist frei. BlOSeite seidig. BStg nur aus diesjährigen BlAchseln. 0,10–0,20. ♄ 6–8. **Z** s △ Rabatten; **V** Licht-
    u. Kaltkeimer Ψ ○ ∧ im Alter frostempfindlich (Kauk., Türkei, Iran: Felsfluren, Moränen, alp. u. subalp. Matten, 2200–3700 m).                          **Langzähniger F.** – *A. sericea* WILLD.
2*  BlZähne 0,3–2(–3,5) mm lg (= 2–10% des Spreitenradius), 0,4–2mal (Endzahn bis 4mal) so lg wie br, dicht stehend u. meist parallel. Grundachse kriechend. Pfl teppich-
    bildend. NebenBl der GrundBl 2lappig bis ausgerandet od. abgerundet, selten spitzlich, ohne grüne Zähne, über dem Ansatz am BlStiel fast ganz miteinander verwachsen.
    BlOSeite kahl od. am Rand seidig . . . . . . . . . . . . . . . . . . . . . . . . . . . . . . . . . . 3
3   BlSpreite stets mit 5 BlAbschnitten, oseits stark glänzend. Alle B mit DeckBl. FrKZipfel aufrecht bis zusammenneigend. BStiel 0,3–1 mm lg. Staubfäden 0,2–0,4 mm, selten bis 0,7 mm lg. BTrieb (2–)3–7mal so lg wie der längste BlStiel. 0,15–0,30. Spalier-Stauden-
    strauch 6–10. **Z** s △ Einfassungen, Rabatten; **V** Licht- u. Kaltkeimer Ψ ○ ⊖ (SW-Alpen, Apennin, Gebirge der Iberischen Halbinsel: Silikatfelsspalten u. -magerrasen).
                                                                        **Felsen-F.** – *A. saxatilis* BUSER
    Ähnlich: **Alpen-S.** – *A. alpina* L.: BlSpreite mit 5–7 BlAbschnitten. FrKZipfel spreizend. Staubfäden 0,3–0,7 mm lg. BTrieb 1–3mal so lg wie der längste BlStiel. (Abb. **318**/2). 0,05–0,20. Spalier-Stauden-
    strauch 6–10. **W. Z** s △; **V** Licht- u. Kaltkeimer ○ ⊖ (warmgemäß. bis arkt. Eur., Grönland, Labrador).
3*  BlSpreite mit 7–9 BlAbschnitten, oseits matt od. sehr schwach glänzend. Viele B ohne DeckBl. FrKZipfel zurückgeschlagen bis aufrecht-spreizend. BStiel 1–16 mm lg. Staub-
    fäden 0,4–0,7 mm lg. BTrieb 1–4mal so lg wie der längste BlStiel . . . . . . . . . . . . 4
4   BlSpreite auf 50–90% des Radius eingeschnitten, oseits dunkelgrün, useits spiegelar-
    tig glänzend silberseidig. BlAbschnitte mit 11–21 Zähnen. BStiel 1–4 mm lg. 0,10–0,30. Spalier-Staudenstrauch 6–10. **Z** s △ Rabatten, Einfassungen; **V** Licht- u. Kaltkeimer ○ ⊕ (W-Alpen, Französischer Jura: Kalkfelsspalten, Kalkschotter, Kalkmagerrasen).
                                                                    **Verbundener F.** – *A. conjuncta* BAB.
4*  BlSpreite auf (60–)70–100% des Radius eingeschnitten, oseits grasgrün, graugrün od. dunkelgrün, useits schwach glänzend grauseidig bis dicht silberweiß-seidig, aber nicht spiegelartig glänzend. BlAbschnitte mit (5–)7–16 Zähnen. BStiel 1–16 mm lg . . . . 5
5   Frühjahrs- u. HerbstBl meist fußfg, ihre Abschnitte am Grund stielartig verschmälert. SommerBl oft nur auf 60–80% des Radius eingeschnitten. Untere Zähne eines BlAb-
    schnittes meist breiter als obere u. weiter entfernt. 0–1 Endzähne von Nachbarzähnen überragt. BlOSeite dunkelgrün, schwach glänzend. BlUSeite grausilbrig, seltener silber-
    weiß, wenig glänzend. TeilBStände zuletzt locker, oft lg gestreckt wickelig. 0,10–0,30. Spalier-Staudenstrauch 6–10. **W. Z** s △ Rabatten, Einfassungen; **V** Licht- u. Kaltkeimer ○ ⊕ (W- u. Z-Alpen: subalp. bis mont. frische Felsspalten, Feinschutt, lückige Rasen, kalkhold).                                                        **Glänzender F.** – *A. nitida* BUSER

---

[1] Bearbeitet von S. E. FRÖHNER

5\* Alle Bl gleich geformt, ihre Abschnitte nicht stielartig verschmälert. Zähne eines BlAbschnittes gleich od. Endzähne verkleinert. BlOSeite grasgrün od. graugrün, matt. BlUSeite grausilbrig bis weißsilbrig seidig. TeilBStände meist kuglig geknäult . . . . **6**

6 BlOSeite graugrün. BlAbschnitte 3–5mal so lg wie br, linealisch bis keilig, 25–45° br, an der Spitze am breitesten, ihre Endzähne kleiner (1–4 von den Nachbarzähnen überragt). BlUSeite grau- bis weißsilbrig seidig, wenig glänzend. 0,10–0,30. Spalier-Staudenstrauch 6–10. **W. Z** s △ Rabatten, Einfassungen; Ⅴ Licht- u. Kaltkeimer ○ ⊕ (N-Alpen: hochmont. bis subalp. frische bis feuchte Felsspalten, steinige Rasen, Hochstaudenfluren, kalkhold). **Hoppe-F. –** *A. hoppeana* (RCHB.) DALLA TORRE

6\* BlOSeite grasgrün. BlAbschnitte 2–4mal so lg wie br, elliptisch bis lineal-elliptisch, 30–60(–90)° br, in der Mitte od. etwas darüber am breitesten, mit gleichen Zähnen (nur 1 Endzahn von den Nachbarzähnen überragt). BlUSeite weißsilbrig seidig, glänzend. 0,10–0,30. Spalier-Staudenstrauch 6–10. **W. Z** s △ Rabatten, Einfassungen; Ⅴ Licht- u. Kaltkeimer ○ ⊕ (Alpen: mont. bis subalp. frische Felsspalten, Feinschutt, lückige Rasen, kalkhold). [*A. plicatula* GAND. sensu auct.] **Kalkalpen-F. –** *A. alpigena* BUSER

7 **(1)** BlStiel, BlUSeite, Achse des BTriebes u. Außenseite der B dicht anliegend seidenhaarig. BlStiel 0,8–1,5 mm ⌀. BlSpreite 3–8 cm br . . . . . . . . . . . . . . . . . . . . . . . **8**

7\* BlStiel, BlUSeite u. Achse des BTriebes abstehend behaart od. kahl. BlStiel 1,5–4 mm ⌀ . . . . . . . . . . . . . . . . . . . . . . . . . . . . . . . . . . . . . . . . . . . . . . . . . . . . . . **10**

8 BlSpreite auf 33–80% des Radius eingeschnitten. BlOSeite glänzend dunkelgrün, meist kahl. NebenBl der GrundBl über dem Ansatz am BlStiel weit miteinander verwachsen. AußenKBl 0,3–0,7mal so lg wie die KZipfel. 0,05–0,20. ♃ ♄ 6–10. **Z** s △ Rabatten; Ⅴ Licht- u. Kaltkeimer ⍦ ○ (O-Isl., Färöer: Felsfluren, Magermatten, Bachufer). **Färöer-F. –** *A. faeroensis* (LANGE) BUSER

8\* BlSpreite auf 15–50% des Radius eingeschnitten. BlOSeite graugrün, kahl od. dicht seidig. NebenBl der GrundBl über dem Ansatz am BlStiel frei. AußenKBl 0,6–1mal so lg wie die KZipfel . . . . . . . . . . . . . . . . . . . . . . . . . . . . . . . . . . . . . . . . . . . . . . **9**

9 BlOSeite kahl od. zuweilen am Rand u. in den Falten seidig. Zähne am BlAbschnitt 11–19, 1–2,5 mm lg, 0,3–1,3mal so lg wie br. FrKZipfel spreizend. BStiele u. BBecher kahl bis spärlich seidig. NebenBl der GrundBl stumpf. 0,10–0,30. ♃ ♈ holzig mit Jahresringen, 6–10. **W. Z** s △; Ⅴ Licht- u. Kaltkeimer ⍦ ○ ⊕ (Z-Alpen: alp. bis subalp. frische Felsfluren, Feinschutt, steinige Rasen u. Staudenfluren, basenhold). **Schimmernder F. –** *A. splendens* H. CHRIST ex GREMLI

9\* BlOSeite locker bis dicht seidig. Zähne am BlAbschnitt 11–13, 1,5–4 mm lg, 1,5–2,5(–3)-mal, der Endzahn 1,3–5mal so lg wie br. FrKZipfel zusammenneigend od. aufrecht. Alle BStiele u. BBecher dicht seidig. NebenBl der GrundBl spitz. 0,20–0,40. ♃ ♄ 6–10. **Z** s △ Rabatten, Einfassungen; Ⅴ Licht- u. Kaltkeimer ⌇ (Kauk.: subalp. u. alp. Magerrasen, Gebüsche). **Seidiger F. –** *A. sericata* BUSER

10 **(7)** Pfl 10–20(–30) cm hoch. BlAbschnitt mit (7–)9–13(–15) Zähnen. Bl 2–6 cm br. TeilBStände kuglig geknäult. Ganze Pfl einschließlich aller BStiele u. aller BBecher u. KZipfel dicht behaart . . . . . . . . . . . . . . . . . . . . . . . . . . . . . . . . . . . . **11**

10\* Pfl 30–80 cm hoch. BlAbschnitt mit 13–25 Zähnen. Bl 5–20 cm br. TeilBStände meist nicht kuglig, meist locker. Oft Teile der Pfl kahl . . . . . . . . . . . . . . . . . . . . **12**

11 Haare an BlStiel u. Stg aufrecht bis rechtwinklig abstehend, seidig. BlStiel, Stg u. B grün. FrK stark eingeschnürt. 0,10–0,20(–30). ♃ ♈ 5–10. **W. Z** s △ Rabatten; Ⅴ Licht- u. Kaltkeimer ⍦ ○ (warmgemäß. bis kühles Eur.: alp. bis mont. frische bis mäßig trockne Felsfluren, steinige Rasen, Halbtrockenrasen). **Weichhaariger F., Bastard-F. –** *A. glaucescens* WALLR.

11\* Haare an BlStiel u. Stg rechtwinklig abstehend, etwas steif. BlStiel, Stg u. zuletzt auch B dunkelrot gefärbt. FrK kaum eingeschnürt. 0,05–0,15. ♃ 5–10. **Z** s △ Rabatten; Ⅴ Licht- u. Kaltkeimer ⍦ ○ (Kauk.: alp. Magerrasen u. Gebüsche). **Kaukasus-F. –** *A. caucasica* BUSER

Ähnlich: **Rotstieliger F. –** *A. erythropoda* JUZ.: Haare rückwärts gerichtet. 0,10–0,30. ♃. **Z** s △; Ⅴ Licht-Kaltkeimer ⍦ ○ (Kauk.: subalp. u. alp. Matten).

**12 (10)** KZipfel kürzer als der BBecher bis gleich lg, meist aufrecht-spreizend. An den meisten B AußenKBl deutlich kürzer als KZipfel. NebenBl der GrundBl über dem Ansatz am BlStiel fast immer frei. BBecher meist kahl. 0,10–0,50. ♃ ⅄ 5–10. **W. Z** s △ Rabatten, Einfassungen; ∨ Licht- u. Kaltkeimer ♥ ○ (warmgemäß. bis kühles Eur., W-Sibir.: frische bis feuchte Wiesen, Sümpfe, an Gräben, Böschungen u. Dämmen, Hochstaudenfluren – umfasst mehrere hundert Kleinarten; oft werden mit dem Namen alle Arten der Gattung mit nur gelappten BlSpreiten bezeichnet).
  **Gewöhnlicher F., Spitzlappiger F.** – *A. vulgaris* L. em. S. E. Fröhner

**12\*** KZipfel u. AußenKBl meist länger als der BBecher, waagerecht spreizend. AußenKBl meist so lg wie die KZipfel od. länger. NebenBl der GrundBl über dem Ansatz am BlStiel etwas miteinander verwachsen. BBecher behaart, seltener kahl . . . . . . . . . . . . . . . **13**

**13** BlSpreite oseits kahl. Äste des BStandes meist kahl. BBecher fast immer kahl. 0,30–0,80. ♃ 6–8. **Z** s Rabatten, Staudenbeete, Parks, Teichufer; ∨ Licht- u. Kaltkeimer ♥ ○ (Kauk.: steinige Hänge, Bachufer, Hochstaudenfluren). **Kahlblättriger F.** – *A. epipsila* Juz.

**13\*** BlSpreite beidseits dicht behaart. Äste des BStandes behaart. BBecher behaart, zuweilen einzelne kahl . . . . . . . . . . . . . . . . . . . . . . . **14**

**14** BlSpreite auf 3–25% des Radius eingeschnitten. BlAbschnitt am Grund auf 0–2 mm ganzrandig. BBecher spärlich bis mäßig behaart (0–80 Haare). Haare an BlStielen u. Stg 90–120° abstehend. (Abb. **318**/3). 0,30–0,70. ♃ 6–8. **W. Z** v Rabatten, Staudenbeete, Parks, Teichufer ⅍ Trockensträuße; ∨ Licht- u. Kaltkeimer ♥ ○, auswildernd, besonders im Gebirge (Rum., S-Russl., N-Türkei, Kauk., Georgien, Armenien, N-Iran: Hochstaudenfluren, Fettwiesen, 900–2100 m).
  **Weicher F.** – *A. mollis* (Buser) Rothm.

**14\*** BlSpreite auf 25–50% des Radius eingeschnitten. BlAbschnitt am Grund auf 2–5 mm ganzrandig. Alle BStiele behaart. BBecher dicht behaart (100–300 Haare). Haare an BlStielen u. Stg 30–80(–90)° abstehend. 0,20–0,70. ♃ ⅄ holzig mit Jahresringen, 6–8. **W. Z** s △ Rabatten, Staudenbeete, Einfassungen; ∨ Licht- u. Kaltkeimer ♥ ○ (Kauk.: Hochstaudenfluren, Wiesen). **Ansehnlicher F.** – *A. speciosa* Buser

**Zwergmispel** – *Cotoneaster* Medik.[1]  350 Arten

Lit.: Klotz, G. 1957: Übersicht über die in Kultur befindlichen *Cotoneaster*-Arten und Formen. Wiss. Z. Martin-Luther-Univ. Halle, Math. Nat. **6**: 945–982. – Klotz, G. 1963: Neue oder kritische *Cotoneaster*-Arten II. Wiss. Z. Martin-Luther-Univ. Halle, Math. Nat. **12**: 769–786.

Bem.: Von den zahlreichen Sippen werden hier nur einige, in öffentlichen Grünanlagen, in Stein- u. Vorgärten sowie Friedhöfen verbreitete Spalier-, Leg- u. Zwergsträucher berücksichtigt. Häufig sind dies nicht die in der Natur vorkommenden Sippen, sondern in der Kultur entstandene Mutanten u. Hybriden (Sorten).

**1** KrBl aufrecht, weiß, aber rot getönt, besonders an der Basis. Pfl sommer- od. teilimmergrün. Bl deutlich 2zeilig angeordnet. BlSpreite häutig bis dickhäutig. StaubBl 7–14  **2**

**1\*** KrBl ausgebreitet, weiß od. weiß u. an der Basis leicht gerötet. Pfl immergrün. Bl 2zeilig od. spiralig. BlSpreite ± ledrig. StaubBl 15–20 . . . . . . . . . . . . . . . . . . . . . . . . . **5**

**2** Pfl mit aufsteigenden u. ± horizontal ausgebreiteten, 2zeilig beblätterten u. verzweigten (fischgrätenähnlich), nicht wurzelnden Ästen. Achsen im ersten Jahr vorwärts abstehend dicht behaart. BlSpreite ± dickhäutig, nicht grobwellig. Fr mit 3, seltener 2 od. 4 Nüsschen . . . . . . . . . . . . . . . . . . . . . . . . . . . . . . . . . . . . . . . . . . **3**

**2\*** Pfl unregelmäßig verzweigt, meist breiter als hoch, nur an den Enden der Zweige deutlich 2zeilig beblättert. Achsen anfangs angedrückt striegelhaarig, bald verkahlend. BlSpreite häutig, ± grobwellig. Fr mit 2, selten mit 3 Nüsschen . . . . . . . . . . . . . . . **4**

**3** Zweige br ausladend (Horizontalstrauch-Form am deutlichsten ausgeprägt). BlSpreite br elliptisch bis fast kreisfg od. br verkehrteifg, bis 13–14 × 8–13 mm, oseits ± glänzend dunkelgrün, kahl; BlStiel bis 2 mm lg. B 1–2, aufrecht. Fr br verkehrteifg, bis 8 mm lg,

---

[1] Bearbeitet von G. Klotz

hellrot. 0,50–1,00. ♄ 5–6. **W. Z** z △ Rabatten, an Mauern; Ⅴ ∿ ○ (O-Himal., China: Shaanxi, Hubei, Sichuan, Gansu, Yunnan, Guizhou: Gebüsche, Felsfluren, 1500–3500 m – 1879 – ∞ Sorten) **Fächer-Z.** – *C. horizontalis* DECNE.

3\* Pfl kompakt, dicht verzweigt, mit dichtstehenden Bl (StgGlieder bis 7 mm lg). BlSpreite bis 8–10 × 6–9 mm, oseits matt glänzend, dickhäutig. Fr 4–7 mm lg. 0,30–0,60. ♄ 5–6. **Z** z △ Rabatten, an Mauern; Ⅴ ∿ ○ (China: Shaanxi, Henan, Hubei, Sichuan, Gansu, Yunnan: Felshänge, Trockengebüsche, 1200–1400 m). **Kleine Z.** – *C. perpusillus* (C. K. SCHNEID.) FLINCK et HYLMÖ

4 **(2)** Pfl mit aufrechten u. niederliegenden Zweigen. Achsen rasch verkahlend. BlSpreite bis 10 × 8 mm. BlStiel 1–2 mm lg. B 1–2. StaubBl 7–12. Fr br verkehrteifg, 6–9 mm ∅. Bis 0,25. ♄ 5–6. **Z** z Steingärten, Rabatten; Ⅴ ∿ ○ (Himal.: Kaschmir bis Bhutan u. N-Myanmar, China: O- u. S-Tibet, Yunnan, Sichuan, Gansu: Felshänge, Gebüschränder, 2500–4500 m – 1895 – Sorten: 'Canu': Wuchs sehr dicht u. regelmäßig, bis 0,5 m hoch, 'Little Gem': in allen Teilen deutlich kleiner als die Art). **Spalier-Z.** – *C. adpressus* BOIS

4\* Pfl diffus verzweigt. Achsen rasch verkahlend. BlSpreite bis 20 × 24 mm. BlStiel bis 3 mm lg. B 1–3. StaubBl 8–14. Fr ± kuglig, 8–12 mm ∅. Bis 1,00. ♄ 5–6. **Z** z △ Rabatten ⚘; Ⅴ ∿ ○ (China: Sichuan: Felshänge, Gebüschränder, 3000–3600 m). [*C. adpressus* var. *praecox* (VILM.) BOIS et BERTHAULT] **Nanshan-Z.** – *C. nanshan* MOTTET

5 **(1)** Bl 2zeilig . . . . . . . . . . . . . . . . . . . . . . . . . . . . . . . . . . . . . . . **6**
5\* Bl spiralig . . . . . . . . . . . . . . . . . . . . . . . . . . . . . . . . . . . . . . . . **9**

6 BlSpreite 2–4mal so lg wie br. BStand 3–∞blütig. Pfl kissenfg, mit in mehreren Schichten übereinanderliegenden, verzweigten Sprossen . . . . . . . . . . . . . . . **7**

6\* BlSpreite so lg wie br bis doppelt so lg wie br. BStand 1–4blütig. Pfl spalierstrauchartig, mit flach dem Boden anliegenden, ± häufig wurzelnden Sprossen . . . . . . . . . . . . **8**

7 BlSpreite 54–70 mm lg, oseits ± runzlig. BStand meist > 15blütig. Fr kuglig, 8–9 mm ∅, mit 2 Nüsschen. Bis 0,50. ♄ 6. **Z** z Mauern, Grünflächen; ∿ ○ (Hybr.: entstanden durch Hybridisierung von *C. dammeri* mit dem vor 1928 in Engl. aus *C. frigidus* LINDL. × *C. henryanus* REHDER et WILSON hervorgegangenen Kreuzungsprodukt). **Waterer-Hybrid-Z.** – *C.* × *watereri* EXELL 'Pendulus'

7\* BlSpreite < 35 mm lg. Sekundärnerven oseits nur wenig eingesenkt. BStand selten > 10blütig. Fr kuglig, 6–8 mm ∅, mit 2 Nüsschen. 0,40–0,60. ♄ 6. **Z** z Steilhänge, Mauern, Grünflächen ☐; Ⅴ ∿ ○ (Sorten: 'Parkteppich': BStand 6–10blütig, Fr mit 3–4 Nüsschen; 'Repens': BStand 3–6blütig, Fr mit 4–5 Nüsschen). **Mutanten od. Hybriden der Sargent-Z.** – *C. sargentii* G. KLOTZ

8 **(6)** BlSpreite verkehrteifg-länglich bis elliptisch, 15–30 mm lg, vorn gerundet bis ausgerandet, oseits mattglänzend dunkelgrün, useits graugrün, ± verkahlend. BlStiel 4–8 mm lg. Fr 1–3, an bis 7 mm lg Stielen nickend, br verkehrteifg, bis 7 mm ∅, mit 5 Nüsschen. Zweige am od. dicht über dem Erdboden ausgebreitet, an feinerdereichen Standorten wurzelnd. Bis 0,16. ♄ i 5–6. **W. Z** z △ Rabatten, Gräber ☐; ∿ bewurzelte Seitentriebe Ⅴ ○ (China: Hubei, Sichuan, Gansu, Yunnan, Guizhou: steinige Abhänge, Felsfluren, 1300–2600 m – Sorten: 'Major': Pfl wüchsiger als die Art, BlSpreite bis 40 mm lg; 'Cooper': Pfl dicht verzweigt, BlSpreite bis 12 mm lg). **Teppich-Z.** – *C. dammeri* C. K. SCHNEID.

8\* BlSpreite br verkehrteifg, bis 20 mm lg, 1,5mal so lg wie br. BlStiel bis 10 mm lg. Fr an bis 15 mm lg Stielen nickend, 4–5 mm ∅, meist mit 4 Nüsschen. Zweige häufig wurzelnd. Bis 0,20. ♄ i 5–6. **Z** z △ Rabatten, Gräber ☐; ∿ bewurzelte Seitentriebe Ⅴ ○ (China: Gansu, Sichuan, Hubei, Yunnan, SO-Tibet: Felsfluren, 2000–4100 m – Sorte: 'Eichholz': BlSpreite oseits stumpf bläulichdunkelgrün, Fr 8–10 mm ∅). **Wurzelnde Z.** – *C. radicans* (C. K. SCHNEID.) G. KLOTZ

9 **(5)** Pfl dem Erdboden angepresst, bis 10 cm hoch, sehr dicht verzweigt u. häufig wurzelnd. Achsen anfangs braunrot, bald völlig kahl. BlSpreite dünnledrig, ± verkehrteifg

bis br elliptisch, 6–14 × 5–8 mm. BlStiel 2–5 mm lg. B u. Fr einzeln, an bis 3 mm lg Stielen nickend. Fr kuglig, 6–7 mm ⌀, mit 2–3 Nüsschen. Bis 0,10. ♄ 6. **Z** z △ Rabatten, Gräber ▭; ⋀ bewurzelte Seitentriebe ∨ ○ (China: Sichuan, Yunnan: große Matten in Felsfluren, 3500–3800 m – um 1960). **Niederliegende Z.** – *C. procumbens* G. KLOTZ

9* Pfl nicht dem Boden angepresst, aber Hauptachsen meist über dem Boden ausgebreitet. B u. Fr an der OSeite der Zweige aufrecht, auf sehr kurzen Stielen . . . . . . . . **10**

10 BlSpreite ± verkehrteifg, oseits kahl, nur auf dem Mittelnerv u. zuweilen auf der Fläche mit einzelnen Haaren . . . . . . . . . . . . . . . . . . . . . . . . . . . . . . . . . . . . . . . . . **11**

10* BlSpreite ± elliptisch bis länglich, oseits zumindest anfangs ± behaart . . . . . . . . . . **12**

11 Hauptsprosse über dem Boden ausgebreitet bis niederliegend, nicht wurzelnd. BlSpreite verkehrteifg bis fast kreisfg, 5–11 × 3–8 mm, oseits mattglänzend, kahl, fein netznervig, useits hell striegelhaarig. Fr einzeln, ± kuglig, 5–7 mm ⌀, mit 2 Nüsschen. Bis 0,30. ♄ i 6. **Z** z △ Rabattenränder; ∨ ⋀ ○ (Nepal, Bhutan, China: Sichuan, Yunnan, SO-Tibet: Felsfluren, Gebüschränder, 2100–3900 m – Sorten: 'Schneider': BlSpreite bis 8 × 6 mm; 'Taja': sehr langsam wachsend).
**Yunnan-Z.** – *C. cochleatus* (FRANCH.) G. KLOTZ

11* Pfl sparrig verzweigt, mit aufrechten und ausgebreiteten Sprossen. BlSpreite ± br verkehrteifg-elliptisch, 5–8 × 3–5 mm, oseits glatt u. glänzend, useits hell striegelhaarig. Fr kuglig, 5–7 mm ⌀, mit 2 Nüsschen. Bis 0,60. ♄ i 6–7. **Z** z △ Gehölzränder; ∨ ⋀ ○ ∧ geschützte, warme Lagen (W- bis Z-Himal., China: SO-Tibet, Yunnan, Sichuan: Felsfluren, Gebüsche, 2000–4300 m). **Kleinblättrige Z.** – *C. microphyllus* WALL. ex LINDL.

Ähnlich: **Thymianblättrige Z.** – *C. integrifolius* (ROXB.) G. KLOTZ: BlSpreite schmal verkehrteifg-länglich u. bis schmal elliptisch, 4–15 × 2–7 mm, BlStiel bis 4 mm lg, BlRand ± eingerollt. B einzeln, Achsenbecher anfangs dicht behaart. Fr 6–10 mm ⌀. Bis 0,40. ♄ 6–7; ∨ ⋀ ○ (Himal.: N-Pakistan bis Bhutan, 1800–4000 m).

12 **(10)** Pfl dicht u. sparrig verzweigt, ausgebreitet. BlSpreite schmal elliptisch bis länglich, dünnledrig, 5–9 × 2,5–4 mm, oseits anfangs locker flaumhaarig, verkahlend, useits graugrün, flaumhaarig, Rand nach unten gebogen. B meist einzeln. Fr aufrecht, br verkehrteifg, bis 9 × 8 mm, hellrot, dicht auf der OSeite der Achsen, mit 2 Nüsschen. Bis 0,40. ♄ 6–7. **Z** z △ Rabatten; ∨ ⋀ ○ ∧ geschützte, warme Lagen (Assam, SO-Tibet, N-Myanmar: steinige Abhänge, Felsen, 2250–3500 m – 1934).
**Bogen-Z.** – *C. conspicuus* C. MARQUAND

12* Pfl reich verzweigt, Zweige teils niederliegend, teils aufrecht wachsend u. dann bogenfg zum Boden neigend u. an der Spitze wurzelnd. BlSpreite ± elliptisch, 10–23 × 4–10 mm (sorten- u. standortsbedingt sehr variabel), oseits mattglänzend dunkelgrün, anfangs spärlich wimperhaarig, useits graugrün. B 1–6, am Ende 3–5blättriger Kurztriebe. Fr meist nickend, zuweilen aufrecht, 4–7 mm ⌀, rot, mit 2–4 Nüsschen. Bis 0,40. ♄ 6–7. **Z** v Rabatten, großflächige Grünanlagen; ⋀ ○ (1950 in Schweden als *C. dammeri* 'Skogholm' in den Handel gegeben; nach 1970 als Hybride von *C. dammeri* × *C. conspicuus* erkannt; Ausgangssippe von mehr als 10 Sorten: z. B. 'Coral Beauty', 'Royal Beauty', 'Little Beauty', 'Jürgl', 'Skogholm'; die in M-Eur. am häufigsten kultivierte Zwergmispel). **Schwedische Z.** – *C.* × *suecicus* G. KLOTZ

## Familie **Hortensiengewächse** – *Hydrangeaceae* DUMORT. 190 Arten

1 StaubBl >20. Griffel verwachsen. KrBl blau, weiß od. hellrot.
**Scheinhortensie** – *Deinanthe* S. 325

1* StaubBl 15, 10, verkümmert (Pollen unfruchtbar) od. fehlend. Griffel frei od. nur am Grund verwachsen. KrBl gelb, blau, rosa od. weiß . . . . . . . . . . . . . . . . . . . . . . . . **2**

2 KrBl gelb. StaubBl 15. BStand nur mit fertilen B.
**Wachsglocke** – *Kirengeshoma* S. 325

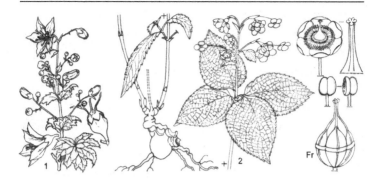

**2\*** KrBl der fertilen B rosa od. blau. StaubBl 10. BStand mit kleinen fertilen B u. großen randständigen sterilen B (ihre Schauwirkung beruht auf den kronblattartig entwickelten KBl) od. nur mit sterilen B. **Hortensie** – *Hydrangea* S. 325

**Scheinhortensie** – *Deinanthe* MAXIM. 2 Arten

Bl gegenständig. BlSpreite br elliptisch, eifg od. verkehrteifg, 10–25 × 6–16 cm, ganz od. an der Spitze 2spaltig, am Rand gesägt. BStand mit sterilen u. fertilen B. Fruchtbare B mit 6–8 blauen, lilablauen od. hellroten KrBl. StaubBl ∞. Staubfäden u. Staubbeutel hellblau. (Abb. **325**/2). 0,30–0,50. ♃ ⅄ 7–8. **Z** s Gehölzgruppen; ⚘ ⋎ ◖ Standort kühl, Boden humos (China: W-Hubei: feuchte Wälder, 700–1600 m).

**Blaue Sch.** – *D. coerulea* STAPF

Ähnlich: **Zweispaltige Sch.** – *D. bifida* MAXIM.: BlSpitze stets ± 2spaltig. KrBl weißlich. Staubfäden u. Staubbeutel gelb. 0,40–0,70. ♃ ⅄ 7–8. **Z** s Gehölzgruppen; ⚘ ⋎ ◖ Standort kühl, Boden humos (Japan: Shikoku, Kyushu: BergW).

**Wachsglocke** – *Kirengeshoma* YATABE 1 Art

Bl gegenständig. BlSpreite gelappt bis gespalten, die unteren und mittleren gestielt, die oberen sitzend. B nickend an langen Stielen. KBl 5. KrBl 5, dicklich, hellgelb, 2,5–3,5 (–4) cm lg. StaubBl 15. Griffel frei (Abb. **325**/1). 0,60–0,80(–1,20). ♃ ⅄ 8–9. **Z** s Gehölzgruppen; ⋎ ⚘ ◖ Boden humos, frisch ⊖ (Japan, China: feuchte Wälder, 700–1800 m – 1890 – die in Korea verbreitete u. als *K. coreana* NAKAI beschriebene Sippe wird von einigen Autoren zu *K. palmata* gestellt). **Wachsglocke** – *K. palmata* YATABE

**Hortensie** – *Hydrangea* L. 23 Arten

Bl gegenständig. BlSpreite br eifg, länglich od. eifg-elliptisch, spitz od. zugespitzt, grob gesägt, 10–20 × 6,5–14 cm. Fertile B rosa od. blau, ∞. Sterile B rosa, 3–5 cm ∅, zu wenigen randständig. Bis 3,00. ♄ ♄ 6–7. **Z** z Rabatten, Solitär; ⋎ ⋌ (Sorten nur ⋌), ○ ◖ ≈ ⋀, schwach giftig, kontaktallergen (Korea, Japan: Honshu: Wälder, Waldränder, *Miscanthus*-Fluren in Meeresnähe – 1790,'Otaksa' 1862, 'Mariesii' 1879 – ∞ Sorten, 2 Gruppen zugeordnet: Lacecap-Gruppe (Tellerhortensien): BStand ± flach, mit fertilen u. sterilen B; Hortensia-Gruppe (Mophead-Hortensien, Garten-Hortensien): BStand halbkuglig od. fast kuglig, nur mit sterilen B. Sterile B der Sorten rosa, rot, purpurn, weiß; Blaufärbung z. B. durch Alaun-Salze, Substrat: pH 4–5,5). [*H. hortensia* SIEBOLD]

**Garten-H.** – *H. macrophylla* (THUNB. ex MURRAY) SER.

## Familie **Dickblattgewächse** – *Crassulaceae* J. St.-Hil.    1100 Arten

Lit.: Eggli, U. (Hrsg.) 2003: *Crassulaceae* (Dickblattgewächse). In: Sukkulenten-Lexikon. Bd. 4. Stuttgart. – Lippert, W. 1995: Familie *Crassulaceae* Dickblattgewächse. In: Gustav Hegi – Illustrierte Flora von Mitteleuropa. Bd. 4, T. 2A, 3. Aufl. Berlin.

**1** Bl an gestrecktem Stg ± gleichmäßig verteilt (Abb. **328**/1, 3) . . . . . . . . . . . . . . . . . **2**
**1\*** Bl in dichter, grundständiger, stern- od. kugelfg Rosette. Nur BStand auf gestrecktem, ± locker beblättertem Stg (Abb. **329**/4) . . . . . . . . . . . . . . . . . . . . . . . . . . . . . . . . **4**
**2** KrBl 4, aufrecht. B eingeschlechtig, 2häusig verteilt.   **Rosenwurz** – *Rhodiola* S. 330
**2\*** KrBl 5–6, selten 3–4 od. 7–12, ausgebreitet od. aufrecht. B zwittrig . . . . . . . . . . . **3**
**3** Staubfäden > die Hälfte ihrer Länge mit den KrBl verwachsen. KrBl 5, aufrecht. Bl gegenständig. (Abb. **331**/3).   **Walddickblatt** – *Chiastophyllum* S. 333
**3\*** Staubfäden frei, höchstens am Grund mit den KrBl verwachsen. KrBl (4–)5–6(–7), ausgebreitet od. aufrecht. Bl gegen- od. wechselständig od. quirlig.
                                                    **Fetthenne, Mauerpfeffer** – *Sedum* S. 326
**4** **(1)** BStände seitenständig aus den Achseln älterer Bl (Abb. **331**/1). Rosetten in mehreren Lebensjahren blühend u. fruchtend.   **Echeverie** – *Echeveria* S. 332
**4\*** BStände endständig. Rosetten nur 1mal blühend u. fruchtend, dann absterbend. (Abb. **329**/4) . . . . . . . . . . . . . . . . . . . . . . . . . . . . . . . . . . . . . . . . . . . . . . . . . **5**
**5** KrBl meist 5, am Grund ± miteinander verwachsen . . . . . . . . . . . . . . . . . . . . . . **6**
**5\*** KrBl (5–)6(–7) od. 9–16, frei . . . . . . . . . . . . . . . . . . . . . . . . . . . . . . . . . . . . . . **7**
**6** Bl kahl. (Abb. **331**/2).   **Sternwurz** – *Orostachys* S. 330
**6\*** Bl drüsig behaart.   **Fetthenne** – *Sedum pilosum* S. 326
**7** **(5)** KrBl (5–)6(–7), am Rand gefranst (Abb. **329**/4), blassgelb.
                                                    **Donarsbart** – *Jovibarba* S. 332
**7\*** KrBl 9–16(–20), am Rand ganz (Abb. **329**/3), höchstens drüsig gewimpert, rosa, rot, purpurn od. gelb.   **Hauswurz** – *Sempervivum* S. 330

**Fetthenne, Mauerpfeffer** – *Sedum* L. s.l.                              500 Arten
(incl. *Hylotelephium* M. Ohba, *Phedimus* 'T Hart et Bleij, *Prometheum* 'T Hart)

**1** Bl flach (Abb. **327**/3) . . . . . . . . . . . . . . . . . . . . . . . . . . . . . . . . . . . . . . . . . . . **2**
**1\*** Bl stielrund (Abb. **326**/2) od. halbstielrund . . . . . . . . . . . . . . . . . . . . . . . . . . . . **15**
**2** Kr gelb, orange, weißlichgelb od. grüngelb . . . . . . . . . . . . . . . . . . . . . . . . . . . . . **3**
**2\*** Kr rosa, purpurn od. weiß . . . . . . . . . . . . . . . . . . . . . . . . . . . . . . . . . . . . . . . . **8**
**3** Pfl 3–30 cm hoch. Stg meist niederliegend bis aufsteigend. Kr gelb . . . . . . . . . . . **4**
**3\*** Pfl (20–)30–80 cm hoch. Stg aufrecht. Kr gelb bis orange, weißlichgelb od. grüngelb . **6**

1                    2                    3                    4

**4** Bl in 3zähligen Wirteln, ganzrandig, lanzettlich, hell gelblichgrün, 1,3–2,5 × 0,4–0,6 cm. Kriechtriebstaude. 0,03–0,15, bis 0,25 lg. ⚇ i ∽ 7–8. **Z** s △ ⓐ □; ♥ ◑ ○ Nässeschutz ∧, wuchert (N- u. Z-China, Korea, Japan, N-Thail.: schattige Orte, Felsen, Bachgeröll, Mauern; verw. in N-It., D., Balkan – nach 1835).
        **Kriechtrieb-F.** – *S. sarmentosum* BUNGE

**4\*** Bl wechsel- od. gegenständig, spitzenwärts gezähnt . . . . . . . . . . . . . . . . . . . . . . . **5**

**5** Pfl überwinternd mit gestreckten schopfblättrigen Trieben. Bl wechselständig, eilanzettlich bis spatelfg, 2,5 × 1,2 cm. 0,15–0,20. ⚇ i Legtriebrasen 5–8. **Z** s △ Rabatten □ ○; ♥ ⋎ ○ ◑ ∼ (Sibir., Z-As.: Felsritzen, Bergsteppen, steinige u. kiesige Böden – 1769 – Sorte: 'Immergrünchen' (Abb. **329**/1)).
        **Sibirische F.** – *S. hybridum* L.

**5\*** Pfl im Winter ohne gestreckte schopfblättrige Triebe, höchstens mit sehr kurzen beblätterten Neutrieben. Bl gegen- od. wechselständig, eilanzettlich bis spatelfg, 3–5 × etwa 1,2 cm. (Abb. **329**/4). 0,15–0,30. ⚇ Pleiok 7–8. **Z** z △ Rabatten; ♥ ⋎ ◑ ○ ∼ (Fernost, NO-China, Japan, Korea: steinige Hänge –1841 – Ähnlich, schwer abgrenzbar: *S. middendorffianum* MAXIM.: Bl wechselständig, bis 40 × 4–7 mm, Staubbeutel orange; *S. ellacombianum* PRAEGER: Bl wechsel- od. gegenständig, bis 40 × 20 mm, Staubbeutel gelb – Sorte: 'Variegatum': Bl unregelmäßig gelblichweiß gesäumt). [*S. aizoon* L. subsp. *kamtschaticum* (FISCH. et C. A. MEY.) FRÖD.]
        **Kamtschatka-F.** – *S. kamtschaticum* FISCH. et C. A. MEY.

**6** **(3)** Pfl dicht behaart. Bl wechselständig, lineal-länglich, 4,5 × 1–1,2 cm. 0,30–0,45. ⚇ 7–8. **Z** z △ Rabatten □; ♥ ⋎ ◑ ○ ∼ (Amurgebiet, NO-China, Japan: trockne, felsige u. steinige Hänge, LaubW, Felder – 1861). [*S. aizoon* L. subsp. *selskianum* (REGEL et MAACK) FRÖD.]
        **Amur-F.** – *S. selskianum* REGEL et MAACK

**6\*** Pfl kahl . . . . . . . . . . . . . . . . . . . . . . . . . . . . . . . . . . . . . . . . . . . . . . . . . . . . . . **7**

**7** Obere Bl eifg, mit br Grund sitzend od. schwach herzfg stängelumfassend, schwach gezähnt bis fast ganzrandig, die meisten gegenständig od. in 3zähligen Quirlen, 5–12,5 × 3–5 cm. Kr weißlichgelb bis gelbgrün, selten blassrot. 0,30–0,80. ⚇ KnollenWuRhiz 7–9. **W. Z** z Rabatten, Staudenbeete; ♥ ∨ ○ ∼ (warmgemäß. bis gemäß. Eur. u. As.?: trockne bis mäßig frische Felsspalten, Schotterfluren, Wegränder, Lesesteinhaufen, Trockengebüschsäume). [*S. telephium* subsp. *maximum* (L.) SCHINZ et THELL.]
        **Große F.** – *S. maximum* (L.) HOFFM.

**7\*** Bl eilanzettlich bis lineal-lanzettlich, mit verschmälertem Grund, nicht herzfg stängelumfassend, spitzenwärts oft gesägt, meist wechselständig, 5–8 × etwa 2 cm. Kr gelb. (0,20–)0,30–0,40. ⚇ KnollenWuRhiz 7–8. **Z** z △ Staudenbeete; ♥ ⋎ ○ ◑ ∼ (Sibir., Mong., China, Japan: trockne Orte, Gebüsche, Wiesen, felsige Bachufer, sandige Klippen – 1757 – Sorten: 'Aurantiacum': Stg dunkelrot, Knospen rot überlaufen, Kr gelborange; 'Euphorbioides': Kr dunkelgelb).   **Deckblatt-F.** – *S. aizoon* L.

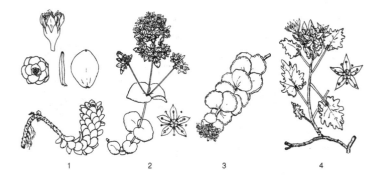

1          2          3          4

**8 (2)** Sommergrüner Zwergstrauch. Bl wechselständig, gestielt. BlSpreite eifg, mit ge-
stutztem bis herzfg Grund, grob gezähnt, 1,3–4 × 1–2,5 cm. Kr weiß od. rosa. (Abb.
**327**/4). 0,15–0,40. ♄ 8. **Z** s △; Ⅴ Ⅴ ◐ ● (W-Sibir.: Felsfluren – 1780).
　　　　　　　　　　　　　　　　　　　　　　　Zwergstrauch-F. – *S. populifolium* PALL.
**8\*** Zweijährige Pfl od. winter- od. sommergrüne Staude . . . . . . . . . . . . . . . . . . . . . . . **9**
**9** Bl in grundständiger Rosette. Rosette 3–4 cm ∅, halbkuglig. Bl drüsig behaart. Kr rosa,
rotviolett od. weißlich. 0,05–0,10. ☉ 5–6. **Z** s △; Ⅴ ▭ ○ (Kauk., Armenien, Georgien,
NO-Anatolien, N-Iran: Felsen, Felsritzen, 1000–2400 m – 1910).
　　　　　　　　　　　　　　　　　　　　　　　Behaarte F. – *S. pilosum* M. BIEB.
**9\*** Bl an gestrecktem Trieb . . . . . . . . . . . . . . . . . . . . . . . . . . . . . . . . . . . . . . . . . . . **10**
**10** Pfl meist < 30 cm hoch. Stg kriechend, niederliegend, aufsteigend od. niedergebogen **11**
**10\*** Pfl meist > 30 cm hoch. Stg aufrecht . . . . . . . . . . . . . . . . . . . . . . . . . . . . . . . . . **14**
**11** Bl wechselständig, verkehrteifg od. eifg bis kreisfg, graugrün, ganzrandig, oft gerötet,
1,2–2,5 × 1,2–1,8 cm. Kr purpurn. Pfl überwinternd mit gestreckten, schopfblättrigen
Trieben. (Abb. **327**/1). 0,10–0,25. ⁔ i 7–8. **Z** z △; Ⅴ Ⅴ ~ ⊖ (O-Span., S-Frankr., SW-
Schweiz, N-It.: Felsen, Schutthalden, kalkfliehend – 1573).
　　　　　　　　　　　　　　　　　　　　　　　Rundblättrige F. – *S. anacampseros* L.
**11\*** Bl in 3zähligen Quirlen od. gegenständig . . . . . . . . . . . . . . . . . . . . . . . . . . . . . . **12**
**12** Bl in 3(–4)zähligen Quirlen, rundlich mit keiligem Grund, blaugrün mit rotem wenigzäh-
nigem Rand, 1,3–2,5 × 1,3–2 cm. Stg niedergebogen, nicht wurzelnd. Kr rosa. Rhizom-
staude. (Abb. **327**/3). 0,15–0,20. ⁔ ⅄ 9–10. **Z** z △ ⍤ Ampeln; BlStecklinge Ⅴ ○ ◑ Drä-
nage ⌢ (China, Japan: Felsfluren – 1836 – 3 Varietäten – Sorte: 'Mediovariegatum': Bl
mit gelblichweißem Mittelfleck).　　　　　　　　　Siebold-F. – *S. sieboldii* SWEET
**12\*** Bl meist gegenständig, zuweilen wechselständig . . . . . . . . . . . . . . . . . . . . . . . . . **13**
**13** Rhizomstaude. Bl bläulichweiß, am Rand nicht gewimpert, eifg-kreisfg bis elliptisch
mit keiligem Grund u. 2–7 mm lg Stiel. Kr dunkelrosa. 0,10–0,20. ⁔ ⅄ 6–7. **Z** s △; Ⅴ Ⅴ
⋀ ○ ◑ (Japan: Hokkaido: Felsfluren).　　　　　　Japanische F. – *S. cauticola* PRAEGER

Ähnlich: **Ewers-W.** – *S. ewersii* LEDEB.: Bl sitzend, kreisfg bis br eifg, oft mit herzfg Grund. (Abb.
**327**/2). 0,10–0,20. ⁔ 7–8. **Z** s △; Ⅴ ⋀ ○ (W-Sibir., Z-As., Afgh., Mong., Himal., China: Felsen, stei-
nige Hänge, Felsspalten, alp. Moränen).

**13\*** Legtriebstaude. Bl dunkelgrün, am Rand gewimpert (starke Lupe!). Pfl überwinternd
mit gestreckten schopfblättrigen Trieben. Kr rosa, purpurn, weiß od. cremefarben.
(Abb. **328**/3). 0,05–0,20. ⁔ i Legtriebrasen 7–8. **W.** **Z** v △ Rabatten, Einfassungen,
Gräber ○ ▭; Ⅴ ○ ◑ (Georgien, N-Iran, NO-Türkei: felsige Orte, subalp. Wiesen,
1250–3000 m; eingeb. in D. – 1816 – ∞ Sorten). **Kaukasus-F.** – *S. spurium* M. BIEB.
**14 (10)** Bl meist wechselständig, grün, am Grund keilig, abgerundet od. gestutzt, ± stark
gezähnt. KrBl 3–5 mm lg, rosa od. purpurn, selten weiß. StaubBl so lg wie die Kr od.

1　　　　　　　　2　　　　　　　　3　　　　　　　　4

kürzer. (Abb. **328**/1). 0,20–0,40. ⚄ KnollenWuRhiz 7–9. **W. Z** z Rabatten, Stauden-
beete; ⚥ Kalt- u. Lichtkeimer ○ ~ ⊖ (warmgemäß. bis kühles Eur., As. u. östl. N-Am.:
mont. Silikatfelsfluren, Schotterfluren, Steinwälle, Ruderalstellen, Gebüschsäume –
2 Unterarten: subsp. *telephium*: untere Bl am Grund keilig, obere mit abgerundetem od.
gestutztem Grund sitzend, Frchen außen rinnig; subsp. *fabaria* (W. D. J. KOCH)
KIRSCHL.: alle Bl am Grund keilig, undeutlich od. kurz gestielt, Frchen nicht rinnig –
einige Sorten: z. B. 'Munstead Dark Red': Bl rotbraun; 'Variegatum': Bl grün u. weiß;
'Vera Jameson': Bl bronzefarben). **Purpur-F.** – *S. telephium* L.

**14\*** Bl meist gegenständig od. quirlig, blau bereift, am Grund ± keilig, spitzenwärts gezähnt.
KrBl (5–)6–8,5 mm lg. StaubBl deutlich länger als die Kr. (Abb. **328**/2). 0,30–0,50. ⚄
KnollenWuRhiz 8–9. **Z** v Staudenbeete, Rabatten ⚥ ○; ⚥ ⚘ ⌣ ○ ~ ⊕ (NO-China,
Korea: Fels- u. Schotterfluren – 1868 – ∞ Hybr u. Sorten).
**Prächtige F.** – *S. spectabile* BOREAU

**15** (1) Pfl nur mit blühenden Stg. KrBl 6, etwa 4–5mal so lg wie die K, weiß mit rotem Kiel.
BStand kahl. Bl blaugrün. (Abb. **326**/1). 0,07–0,15. ⊙ i 6–7. **W. Z** s △; ⚥ ○ ~ ⊕ (S-
u. M-Eur., Balkan, Türkei, N-Iran, Kauk., Libanon, Paläst.: Felsen, Felsschutt, Felsgrus,
Moränen, Mauern). **Spanische F.** – *S. hispanicum* L.

**15\*** Pfl mit blühenden u. mit kriechenden, nichtblühenden Stg . . . . . . . . . . . . . . . . . . **16**

**16** Kr weiß od. rosa . . . . . . . . . . . . . . . . . . . . . . . . . . . . . . . . . . . . . . . . . . . . . . **17**

**16\*** Kr gelb . . . . . . . . . . . . . . . . . . . . . . . . . . . . . . . . . . . . . . . . . . . . . . . . . . . . . **19**

**17** BStand drüsig-weichhaarig. Bl meist gegenständig, br eifg bis elliptisch, etwa 3–6 mm
lg, oseits flach, useits stark gewölbt. KrBl 5, weiß, außen zuweilen rot gestrichelt, etwa
3–4 mm lg. 0,03–0,10. ⚄ i LegTrPolster 6–8. **W. Z** s △; ⚥ Lichtkeimer ⚘ ⌣ ○ ~ ⊕
(warmes bis warmgemäß. Eur.: trockne, besonnte Felsspalten u. Feinschuttfluren,
Mauern, alte Dächer, basenhold – kult seit 1697). **Buckel-F.** – *S. dasyphyllum* L.

**17\*** BStand (fast) kahl. Bl wechselständig. KrBl 6 od. 5 . . . . . . . . . . . . . . . . . . . . . . . **18**

**18** KrBl 6, 5–7 mm lg, weiß mit rotem Kiel. Bl halbstielrund, blaugrün.
**Spanische F.** – *S. hispanicum*, s. **15**

**18\*** KrBl 5, 2–4 mm lg, weiß, selten rosa. Bl stielrund, graugrün bis rotbraun. (Abb. **326**/2).
0,08–0,20. ⚄ i LegTrRasen 6–9. **W. Z** v △ Rabatten, Pflanzschalen, Heidebeete; ⚘ ⌣
○ ~ (S- u. M-Eur., S-Skand., Türkei, Armenien: trockne Felsspalten, Fels- u. Schot-
terfluren, sandige u. steinige Ruderalstellen – einige Sorten: z. B. 'Murale': Bl braunrot;
'Coral Carpet': Bl im Sommer grün, im Winter bronzerot). **Weiße F.** – *S. album* L.

**19** (16) Bl stachelspitzig . . . . . . . . . . . . . . . . . . . . . . . . . . . . . . . . . . . . . . . . . . . **20**

**19\*** Bl stumpf, ohne Stachelspitze . . . . . . . . . . . . . . . . . . . . . . . . . . . . . . . . . . . . . **23**

**20** Abgestorbene Bl am Sprossgrund lange bleibend. Lebende Bl am Ende der nicht-
blühenden Stg zapfenähnlich gehäuft, oseits flach. KBl 2,5 mm lg. (Abb. **326**/3).

1    2    3    4

0,15–0,35. ⚄ i LegTrRasen 6–8. **W. Z** v △ ◻; Ⅴ ⴱ ⤳ ○ ∼ (westl. S-Eur. bis warm-
gemäß. W-Eur.: Felsfluren). [*S. elegans* Lᴇᴊ.]. **Zierliche F.** – *S. forsterianum* Sᴍ.

**20\*** Bl hinfällig, am Ende der nichtblühenden Stg nicht gehäuft, stielrund od. oseits flach
.................................................................................... **21**

**21** KBl 5–7 mm lg, drüsig-weichhaarig. KrBl 8–10 mm lg. (Abb. **326**/4). 0,15–0,30. ⚄ i
6–8. **W. Z** s △ ◻; Ⅴ ⴱ ⤳ ○ ∼ ⊕ (westl. S-Eur. bis warmgemäß. W-Eur.: ruderal
beeinflusste Fels- u. Schotterfluren, kalkstet). [*S. anopetalum* DC.]
**Ockergelbe F.** – *S. ochroleucum* Cʜᴀɪx

**21\*** KBl 2–4,5 mm lg, kahl. KrBl 4–7 mm lg ...................................... **22**

**22** Bl meist 4 mm ⌀. BStandsäste ohne Bl. KBl eifg. Staubfäden weiß, Staubbeutel gelb.
0,15–0,40(–0,60). ⚄ i 5–7. **Z** z △; ⴱ Ⅴ ○ ∼ Dränage ⋏ (Medit.: Felsfluren). [*S. ni-
caeense* Aʟʟ.] **Nizza-F.** – *S. sediforme* (Jᴀᴄǫ.) Pᴀᴜ

**22\*** Bl meist 2 mm ⌀. BStandsäste beblättert. KBl lanzettlich. Staubfäden u. Staubbeutel
gelb. 0,10–0,35. ⚄ i LegTrRasen 6–8. **W. Z** z △ Rabatten, Heidebeete ◻; Spross-
spitzen: Salat- u. Gemüsebeilage; ⴱ Ⅴ ○ ⊖ (Frankr., It., Balkan, M-Eur.: Felsfluren,
Sandtrockenrasen, trockne EichenW, kalkmeidend – 2 Unterarten – einige Sorten).
[*S. reflexum* L.] **Felsen-F., Tripmadam** – *S. rupestre* L.

**23** (19) Bl dick, eifg, am Grund abgerundet, ohne Sporn, meist scharf schmeckend. KrBl
etwa 7 mm lg. 0,03–0,15. ⚄ i LegTrRasen 6–8. **W. Z** v △ Rabatten, Heidebeete, Kies-
dächer ◻; ⴱ ⤳ Ⅴ Lichtkeimer ○ ∼ (warmes bis kühles Eur.: Mauern, Wegränder,
Bahnanlagen – einige Sorten). **Scharfer Mauerpfeffer** – *S. acre* L.

**23\*** Bl schlank, stielrund, am Grund gespornt, nie scharf schmeckend. KrBl etwa 4 mm lg.
0,05–0,15. ⚄ i LegTrRasen 6–7. **W. Z** z △ Rabatten, Heidebeete, Kiesdächer ◻; ⴱ ⤳
○ ∼ (warmgemäß. bis gemäß. Eur.: Felsfluren, Sandtrockenrasen, Mauern, Bahnanla-
gen, trockne KiefernW). [*S. mite* Gɪʟɪʙ., *S. boloniense* Lᴏɪsᴇʟ.]
**Milder Mauerpfeffer** – *S. sexangulare* L.

**Rosenwurz** – *Rhodiola* L. 50 Arten

Bl wechselständig, flach, lanzettlich bis elliptisch, mit keilig verschmälertem Grund sit-
zend, spitz, in der vorderen Hälfte ± gezähnt. Scheindolde ∞blütig, dicht, endständig.
KrBl 4, gelblich, oft rötlich überlaufen, bei den ♀ B oft verkümmert. Wurzel nach Rosen
duftend. 0,10–0,35. ⚄ PleiokRübe 6–8. **Z** z △; Ⅴ Kaltkeimer ⴱ ○ ⊖ ⊖ (warmgemäß.
bis arkt. Eur., As. u. N-Am.: subalp. Felsspalten u. Feinschutt, kalkmeidend – 1542).
[*Sedum rosea* (L.) Scᴏᴘ., *S. rhodiola* DC.] **Rosenwurz** – *Rh. rosea* L.

**Sternwurz** – *Orostachys* Fɪsᴄʜ. ex A. Bᴇʀɢᴇʀ 10 Arten

Lit.: Eʙᴇʟ, F., Hᴀɢᴇɴ, A., Kᴜ̈ᴍᴍᴇʟ, F. 1991: Beobachtungen zur Wuchsrhythmik von *Orostachys spino-
sa* (L.) Sᴡᴇᴇᴛ. Wiss. Z. Univ. Halle **M 40**, 6: 47–68.

Rosette 4–8 cm ⌀. WinterBl spatelfg, schuppig, ± flach, schwach sukkulent, eine feste
oberirdisch überdauernde Knospe bildend. SommerBl lanzettlich, zugespitzt, im ⌀ ellip-
tisch-rundlich, stark sukkulent, abspreizend. BStand dicht, ährenähnlich. B hellgelb.
(Abb. **331**/2). 0,10–0,30. ⚄ ⌂ 6–7. **Z** △ Trockenmauern, Troggärten; ⴱ Tochter-
rosetten ○ ∼ (⊖) Schutz vor Winternässe (warmgemäß. bis kühles Sibir., Mong., N- u.
NO-China, aralokaspisches Gebiet, O-Eur.: Felsfluren, Flussschotter, Felsgebüsche,
Gras- u. Wiesensteppen). **Dorn-St.** – *O. spinosus* (L.) Sᴡᴇᴇᴛ

**Hauswurz, Dachwurz** – *Sempervivum* L. 30 Arten

Bem.: ∞ Natur- u. Garten-Hybr, ∞ Sorten: vgl. hierzu Jᴇʟɪᴛᴛᴏ, L., Sᴄʜᴀᴄʜᴛ, W., Sɪᴍᴏɴ, M. 2002: Die
Freiland-Schmuckstauden. Stuttgart. Bd. 2: 851–852.

**1** RosettenBl an der Spitze durch spinnwebige Haare miteinander verbunden, auf der
Fläche feindrüsig. KrBl hellrot bis rot, 10 mm lg. Rosetten 1–3 cm ⌀. Ausläufer kurz.
(Abb. **329**/3). 0,05–0,15. ⚄ i ⌂ ⤳ 7–9. **W. Z** z △ Trockenmauern, Troggärten; Ⅴ
Lichtkeimer ⴱ ○ ∼ ⊖ (Pyr., Kantabrien, Alpen, Apennin, Korsika: alp. bis subalp.

Felsfluren, Schutthalden, kalkmeidend – Anfang 16. Jh. – variabel – 2 Unterarten: subsp. *arachnoideum*: Rosetten bis 12 mm ⌀, geschlossen, B 10–15 mm ⌀ (Abb. **329**/3a); subsp. *tomentosum* (C. B. LEHM. et SCHNITTSPAHN) SCHINZ et THELL.: Rosetten 10–25 mm ⌀, oben abgeflacht, B 20–23 mm ⌀ (Abb. **329**/3b) – ▽.

**Spinnweben-H.** – *S. arachnoideum* L.

**1\*** RosettenBl ohne spinnwebige Haare, auf der Fläche kahl od. drüsenhaarig . . . . . . **2**
**2** KrBl gelb od. grünlich . . . . . . . . . . . . . . . . . . . . . . . . . . . . . . . . . . . . . . . . . . . . . **3**
**2\*** KrBl rosa, rot od. purpurn . . . . . . . . . . . . . . . . . . . . . . . . . . . . . . . . . . . . . . . . . . **4**
**3** RosettenBl auf der Fläche beidseits kahl, am Rand dicht gewimpert. Staubfäden rot, Staubbeutel gelb. Rosetten 4–7 cm ⌀, ausgebreitet. Ausläufer kurz. Pfl ohne Harzgeruch. 0,10–0,30. ♃ i ⌂ 7–8. **Z** s △ Trockenmauern, Troggärten; ∀ ⍦ ○ ~ ⊖ (O-Alpen: Felsen, Felsschutt, Magerrasen, 450–2740 m).

**Gelbe H., Wulfen-H.** – *S. wulfenii* HOPPE ex MERTENS et KOCH

**3\*** RosettenBl auf der Fläche beidseits drüsenhaarig, am Rand gewimpert. Staubfäden u. Staubbeutel weiß od. gelb. Rosetten 2,5–5 cm ⌀, ausgebreitet. Ausläufer kurz. Pfl ohne Harzgeruch. 0,05–0,15. ♃ i ⌂ kurze ⌇⌇. **Z** s △; ∀ ⍦ ○ ~ ⊖ (Österreich: Steiermark: Serpentinfelsen).

**Serpentin-H.** – *S. pittonii* SCHOTT, NYMAN et KOTSCHY

Ähnlich: **Großblütige H.** – *S. grandiflorum* HAW.: Staubfäden u. Staubbeutel violett. Rosetten 4–15 ⌀ cm, ausgebreitet. Ausläufer mäßig lg. Pfl mit Harzgeruch. 0,10–0,20(–0,30). ♃ i ⌇⌇ 6–9. **Z** z △ Trockenmauern, Troggärten; ∀ ⍦ ○ ~ (W-Alpen: Felsen, 1700–3000 m).

**4** **(2)** RosettenBl beidseits kahl, am Rand gewimpert, an der Spitze oft rotbraun. BStand 22–100(–120)blütig. KrBl 9–10 mm lg. Staubfäden rot, Staubbeutel purpurn. Rosetten 3–14 cm ⌀, ausgebreitet. Ausläufer kurz. (Abb. **329**/2). 0,15–0,60(–1,00). ♃ i ⌇⌇ 7–9. **W. Z** v △ Trockenmauern, Troggärten, Gräber, Kiesdächer; ⍦ ○ ~ ⊖ (Pyr., S- u. M-Frankr., Alpen, Istrien, 200–2800 m – 9. Jh. – ∞ Standortsformen, ∞ Natur- u. Garten-Hybr, ∞ Sorten: z. B. 'Atropurpureum': Rosetten groß, dunkelpurpurn; 'Atroviolaceum': Rosetten grauviolett; 'Robustum': Rosetten groß, graugrün; 'Royanum': Rosetten gelblichgrün mit rot überhauchten BlSpitzen; 'Triste': Rosetten dunkel blaugrau – ▽.

**Dach-H.** – *S. tectorum* L.

**4\*** RosettenBl zumindest in der Jugend drüsig behaart . . . . . . . . . . . . . . . . . . . . . . . **5**
**5** RosettenBl beidseits stets dicht mit kurzen Drüsenhaaren, etwa 10(–40) × 3(–?) mm, br eilanzettlich bis lineal-lanzettlich. Pfl mit Harzgeruch. BStand 5–10(–20) cm hoch, 2–8 (–13)-blütig. KrBl 10–20 mm lg, oseits rotviolett bis purpurn, mit dunklerem Mittelstreif, selten gelblichweiß. BlRosetten 1–4,5 cm ⌀, kuglig od. ausgebreitet. Ausläufer bis 30 cm lg. 0,05–0,10(–0,20). ♃ i ⌇⌇ 7–9. **Z** z △ Trockenmauern, Troggärten; ⍦ ○ ~ ⊖ (Pyr., Korsika, Alpen, Karp.: Felsen, Felsschutt, Zwergstrauchheiden, kurzgrasige Weiden, 300–3400 m – 3 Unterarten).

**Berg-S.** – *S. montanum* L.

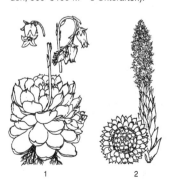

1       2       3

**5\*** RosettenBl anfangs drüsig behaart, später verkahlend, 15–25 × 9–15 mm, verkehrteifg. Pfl ohne Harzgeruch. BStand 15–30 cm hoch, (10–)20–40blütig. KrBl 10(–13) mm lg, rot mit hellem Rand. BlRosetten 3–8 cm ∅, ausgebreitet. Ausläufer bis 8 cm lg. 0,15–0,30. ⹋ i ⌇ 7–8. **Z** z △ Trockenmauern, Troggärten; ⹁ ○ ~ ⊕ (Balkan bis Moldawien u. Slowakei: Felsen, 1300–2300 m – mehrere Sorten: z. B. 'Rubicundum': Bl dunkelrot). [*S. schlehanii* SCHOTT]. **Balkan-H.** – *S. marmoreum* GRISEB.

### Donarsbart, Fransenhauswurz – *Jovibarba* (DC.) OPIZ
[*Diopogon* JORD. et FOURR.]                2 Arten

Rosetten 1–5(–7) cm ∅, mit ∞, kurz gestielten Tochterrosetten. RosettenBl fleischig, sternfg ausgebreitet od. nach innen zusammenneigend, am Rand drüsig gewimpert, oft mit rötlicher Spitze. KrBl 12–17 mm lg. (Abb. **329**/4). 0,05–0,30(–0,40). ⹋ i ⌇ ⌒ 7–9. **W. Z** z △ Troggärten; ⱽ ⹁ ○ ~ (warmgemäß. bis gemäß. M- u. O-Eur.: Felsfluren, Sandtrockenrasen, trockne KiefernW – 4 Unterarten – ▽). [*Sempervivum globiferum* L.] **Donarsbart, Fransenhauswurz** – *J. globifera* (L.) J. PARN.

**1** Pfl gelbgrün. RosettenBl auf der Fläche kurz drüsig behaart, lanzettlich, in der Mitte od. darunter am breitesten. KBl auf der Fläche drüsig behaart. KrBl 15 mm lg. 0,05–0,20 (SW-Alpen: kalkarmer Felsschutt, lückige Rasen). [*Sempervivum allionii* (JORD. et FOURR.) NYMAN]
                        subsp. *allionii* (JORD. et FOURR.) J. PARN.
**1\*** Pfl meist frisch- bis graugrün. RosettenBl auf der Fläche kahl . . . . . . . . . . . . . . . . . . . . . . . . **2**
**2** StgBl schmaler als die RosettenBl, lg zugespitzt. Pfl meist nur bis 18 cm hoch. KrBl meist 13–15 mm lg, RosettenBl lanzettlich, in od. unter der Mitte am breitesten. 0,10–0,20. ⊖ (O-Alpen: kalkarme Gesteine). [*Sempervivum arenarium* W. D. J. KOCH]    subsp. *arenaria* (W. D. J. KOCH) J. PARN.
**2\*** StgBl so br wie die RosettenBl od. breiter. Pfl meist 20–30 cm hoch. KrBl (12–)15–18 mm lg . . **3**
**3** RosettenBl länglich-verkehrteifg, im oberen Drittel am breitesten. RosettenBl ± kuglig zusammenneigend. Tochterrosetten sich leicht ablösend. Pfl selten blühend. 0,20–0,30(–0,40). ○ ◐ ⊕ (warmgemäß. bis gemäß. M- u. O-Eur.: Felsfluren, Sandtrockenrasen, trockne KiefernW, basenhold). [*Sempervivum soboliferum* SIMS]    subsp. *globifera*
**3\*** RosettenBl lanzettlich, in od. unter der Mitte am breitesten. RosettenBl ± sternfg ausgebreitet od. gerade aufgerichtet. (Abb. **329**/4). 0,10–0,30. ⊕ (O-Alpen: trockne Felsfluren, lückige meist kalkreiche Trockenrasen). [*Sempervivum hirtum* L.]    subsp. *hirta* (L.) J. PARN.

### Echeverie – *Echeveria* DC.                150 Arten

**1** Bl bis 25 cm lg u. 15 cm br. Pfl im Alter mit bis zu 30 cm lg u. ±5 cm dickem Stamm. BStand bis 1 m lg. Kr rosa, blaugrün bereift. Bis 1,00(–1,20). ⹋ ♄ i 9–11?. **Z** s Sommerrabatten; ⱽ BlStecklinge ○ ~ ⬚ (Guatem., Mex.: Distrito Federal, Morelos, Michoacan, Oaxaca: alte Lavafelder – um 1800 – mehrere Sorten: 'Carunculata': BlOSeite mit Auswüchsen; 'Metallica': Bl purpurlila mit blaugrünem Rand, 'Violescens': Bl purpurn – Hybr: 'Metallica' × *E. elegans*: 'Pearl of Nürnberg': Bl tief purpurrot).
                        **Langstämmige E.** – *E. gibbiflora* DC.
**1\*** Bl bis 8(–9) cm lg u. 4 cm br. Pfl kurzstämmig . . . . . . . . . . . . . . . . . . . . . . . . . . . . **2**
**2** B fast sitzend, BStiele ± 2 mm lg. Bl 2–5 × 1–2,5(–3,5) cm, länglich-eifg bis länglich-verkehrteifg, bläulichweiß, rot gerandet. Bis 0,15. ⹋ i 4–7. **Z** z △ Troggärten; ⱽ Lichtkeimer ○ ~ ⬚ (Mex.: Puebla: heiße, trockne, schattige Standorte – 1874).
                        **Peacock-E.** – *E. peacockii* CROUCHER
**2\*** B gestielt, BStiele (4–)6–20(–30) mm lg . . . . . . . . . . . . . . . . . . . . . . . . . . . . . . . **3**
**3** KrBl gelb, stumpf gekielt, an Kiel u. Spitze rötlich. Bl 3–4 × 2–2,5 cm, verkehrteifg-keilfg, hellgrün od. ± blaugrün, Rand u. aufgesetztes Spitzchen oft rötlich. BStiel bis 12 mm lg. Kr 12–15 mm lg. 0,06–0,15. ⹋ i 4–7. **Z** z △ Sommerrabatten; ⱽ Lichtkeimer, BlStecklinge ○ ~ ⬚ (Mex.: Oaxaca: Trockensavannen – 1908).
                        **Derenberg-E.** – *E. derenbergii* J. A. PURPUS
**3\*** KrBl rosa bis rötlich, ihre Spitzen oft gelblich od. grünlich. Bl 3–7,5 × 1–3,5 cm, verkehrteifg od. verkehrteifg-keilfg, mit aufgesetztem Spitzchen, fast weiß od. grünlichbläulich, zuweilen purpurn getönt. BStiel 6–14 mm lg. KBl 5–10 mm lg. (Abb. **331**/1).

0,08–0,25. ⚇ i 3–7. **Z** z △ Sommerrabatten; Ⅴ Lichtkeimer, BlStecklinge, Tochterrosetten ○ ~ ⓕ (Mex.: Hidalgo, San Luis Potosí, Querétaro, Guanajuato: Trockengebüsche – um 1900 – variabel). **Schöne E.** – *E. ęlegans* ROSE

Ähnlich: **Agavenähnliche E.** – *E. agavoįdes* LEM.: Bl eifg-dreieckig mit fast stechender Spitze. BStiel 8–20(–30) mm lg. KBl < 5 mm lg. Kr 10–14 mm lg. Bis 0,30. ⚇ i. **Z** z △ Sommerrabatten; Ⅴ Lichtkeimer, BlStecklinge ○ ~ ⓕ (Mex.: San Luis Potosí, Hidalgo, Guanajuato, Durango – variabel – mehrere Sorten).

**Walddickblatt, Goldtröpfchen** – *Chiastophỵllum* (LEDEB.) A. BECKER     1 Art
Stg kriechend bis aufsteigend. Bl br elliptisch od. rundlich, gestielt. BStände überhängend. B 3–7 mm lg, goldgelb. KrBl 5, in ihrer unteren Hälfte verwachsen, aufrecht, bespitzt. (Abb. **331**/3). 0,15–0,30. ⚇ i 5–7. **Z** z △; Ⅴ ⚲ ◖ ⊖ (W-Kauk.: feuchte, schattige Felsen in der Waldstufe, bis 2000 m – um 1900 – Sorte: 'Jim's Pride' od. 'Variegata': Bl panaschiert). [*Cotylędon oppositifǫlia* LEDEB. ex NORDM., *Umbilįcus oppositifǫlius* (LEDEB. ex NORDM.) LEDEB.]

    **Kaukasus-W., Goldtröpfchen** – *Ch. oppositifǫlium* (LEDEB. ex NORDM.) A. BERGER

# Familie **Steinbrechgewächse** – *Saxifragạceae* JUSS.     660 Arten

**1** Bl unpaarig gefiedert od. gefingert, nicht 3zählig od. gefiedert/fiederschnittig mit vergrößertem Endabschnitt (leierfg) . . . . . . . . . . . . . . . . . . . . . . . . . . . . . . . . . . . . . . **2**
**1\*** Bl ganz, gelappt, gespalten od. geschnitten, zuweilen 3zählig od. gefiedert/geschnitten mit vergrößertem Endabschnitt (leierfg) . . . . . . . . . . . . . . . . . . . . . . . . . . . . . **3**
**2** Bl einfach gefiedert (Abb. **336**/4) od. gefingert (Abb. **336**/3). KrBl fehlend.
                                **Schaublatt** – *Rodgęrsia* S. 335
**2\*** Bl 2–3(–4)fach gefiedert (Abb. **334**/1,3). KrBl meist 5, selten fehlend (*A. rivulạris*).
                                **Prachtspiere** – *Astịlbe* S. 334
**3** **(1)** Bl schildfg (Abb. **339**/3) . . . . . . . . . . . . . . . . . . . . . . . . . . . . . . . . . . . . . . . . **4**
**3\*** Bl nicht schildfg . . . . . . . . . . . . . . . . . . . . . . . . . . . . . . . . . . . . . . . . . . . . . . . . . . **6**
**4** BStände vor od. während der BlBildung austreibend. BStg ohne Bl. (Abb. **339**/4).
                                **Schildblatt** – *Dạrmera* S. 338
**4\*** BStände nach der BlBildung austreibend. BStg mit einem od. wenigen Bl . . . . . . . **5**
**5** StaubBl (6–)8. BlSpreiten gelappt. BlStiele fein- u. weichdornig. KrBl ganzrandig.
                                **Tafelblatt** – *Astilboįdes* S. 336
**5\*** StaubBl 10. BlSpreiten gelappt bis gespalten. BlStiele ± behaart. KrBl vorn mit mehreren kleinen Zähnen.        **Peltoboykinie** – *Peltoboykịnia* S. 338
**6** **(3)** Bl leierfg.                    **Brautkranz** – *Frạncoa* S. 349
**6\*** Bl ganz, gelappt bis geschnitten od. 3zählig, nicht leierfg . . . . . . . . . . . . . . . . . . **7**
**7** B 1geschlechtig. KrBl fehlend. Bl ledrig.      **Tanakea** – *Tanakạẹa* S. 337
**7\*** B zwittrig. KrBl meist vorhanden; wenn fehlend, dann Bl krautig . . . . . . . . . . . . . . **8**
**8** StaubBl 3. B dorsiventral. KBl 5, 3 längere u. 2 kürzere. KrBl 4.
                                **Lebendblatt** – *Tolmịẹa* S. 348
**8\*** StaubBl 5, 6 od. 10. B meist radiär, selten dorsiventral (*Hęuchera richardsǫnii, Saxifraga stonịfera, S. cortusifǫlia, S. fortụnei*) . . . . . . . . . . . . . . . . . . . . . . . . . . . . . **9**
**9** KrBl mit fädigen od. lappigen Zipfeln (Abb. **348**/4a) . . . . . . . . . . . . . . . . . . . . . **10**
**9\*** KrBl ganz . . . . . . . . . . . . . . . . . . . . . . . . . . . . . . . . . . . . . . . . . . . . . . . . . . . . . . **11**
**10** StaubBl 10. BStg mit (1–)2–4 wechselständigen Bl. Griffel >1 mm lg.
                                **Tellima** – *Tęllima* S. 349
**10\*** StaubBl 5; wenn 10, dann BStg mit einem gegenständigen BlPaar od. blattlos. Griffel < 1 mm lg.           **Bischofskappe** – *Mitęlla* S. 348
**11** **(9)** StaubBl 5 od. 6. KrBl meist vorhanden, selten fehlend (*Hęuchera cylịndrica*) . . **12**
**11\*** StaubBl 10. KrBl meist vorhanden, selten fehlend (*Tiaręlla polyphỵlla*) . . . . . . . . . **14**

334 STEINBRECHGEWÄCHSE

**12** BStand ohne HochBl. Achsenbecher (unter Beteiligung des verwachsenen KAbschnittes) kürzer als die KZipfel. StaubBl 5 od. 6. (Abb. **336**/1). **Ahornblatt** – *Mukdenia* S. 337
**12*** BStand mit kleinen HochBl. Achsenbecher so lg wie die KZipfel od. länger. StaubBl 5
.............................................................................. **13**
**13** FrKn 1fächrig. **Purpurglöckchen** – *Heuchera* S. 346
**13*** FrKn 2fächrig. **Boykinie** – *Boykinia* S. 338
**14** **(11)** FrBl 2, ungleich lg (Abb. **347**/1a). **Schaumblüte** – *Tiarella* S. 345
**14*** FrBl 2, gleich lg ...................................................................... **15**
**15** BStandsäste nicht in der Achsel kleiner TragBl. (Abb. **339**/1). BlGrund eine kapuzen-artige Scheide bildend (Median-Stipel). (Abb. **339**/2a). **Bergenie** – *Bergenia* S. 337
**15*** BStandsäste in der Achsel kleiner TragBl. BlGrund nicht kapuzenartig .......... **16**
**16** Bl sitzend; wenn gestielt, dann BlSpreite meist mit keiligem (Abb. **345**/3), selten gestutz-tem Grund. **Steinbrech** – *Saxifraga* S. 339
**16*** Bl gestielt. BlSpreite mit herzfg Grund (Abb. **346**/3) ......................... **17**
**17** BlSpreite eifg, spitz, oft 2–5lappig, 2–5 cm br.
**Prachtspiere** – *Astilbe simplicifolia* S. 334
**17*** BlSpreite nieren- od. kreisfg; wenn BlSpreite verkehrteifg od. elliptisch, dann vorn gestutzt od. gerundet, am Rand gekerbt-gezähnt, nicht gelappt, bis 2,5 cm br .... **18**
**18** KrBl rot. B radiär. **Telesonix** – *Telesonix* S. 345
**18*** KrBl weiß, zuweilen rot u. gelb gepunktet, rosa od. gelb. B radiär od. dorsiventral.
**Steinbrech** – *Saxifraga* S. 339

**Prachtspiere** – *Astilbe* Buch.-Ham. ex D. Don 18 Arten
Bem.: In Kultur oft nur Sorten, die teils durch V u. ♥, teils nur vegetativ durch ♥ vermehrt werden können.

**1** BlSpreite einfach, eifg, oft 3–5lappig, grob gesägt, 3–10 × 2–6 cm. B weiß. 0,10–0,30. ♃ ⅄ 7. **Z** s △ Gehölzgruppen; ♥ V ◐ ≈ Boden nährstoffreich, humos, neutral bis ⊖, kein Wasserüberstau (Japan: Honshu: lichte LaubW u. Gebüsche – nach 1893 – Hybr mit *A. glaberrima* Nakai var. *saxatilis* Nakai; mit *A.* × *arendsii* Arends (z. B. Abb. **334**/2) – ∞ Sorten: z. B. 'Altrosa': Pfl 0,40–0,50, B dunkelrosa; 'Aphrodite': Pfl 0,40–0,50, Bl dunkel bronzefarben, B hellrot; 'Carnea': Pfl 0,35, B hell lachsfarben; 'William Bucha-nan': Pfl 0,25–0,30, Bl rot getönt, B weiß).
**Einfachblättrige P.** – *A. simplicifolia* Makino
**1*** Bl 2–3(–4)fach gefiedert .......................................................... **2**
**2** KrBl fehlend, zuweilen rudimentär, 1(–5). StaubBl 5–10(–12). Blchen 4–14,5 × 1,7–8,4 cm. BStand bis 42 cm lg, Äste 1–18 cm lg. 0,60–1,50. ♃ ⅄ 8. **Z** s Gehölzgruppen, Stauden-beete, Gewässerränder; ♥ V ◐ ≈ Boden nährstoffreich, humos, neutral bis ⊖, kein Was-

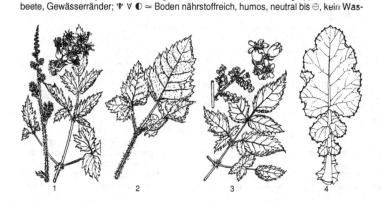

serüberstau (China, Bhutan, Sikkim, Nepal, N-Indien, Indonesien, Vietnam, Laos, Thailand: Wälder, Waldränder, Gebüsche, Wiesen, Schluchten, Gewässerränder, 900–3200 m – 1825 – mehrere Varietäten). **Bach-P.** – *A. rivularis* BUCH.-HAM. ex D. DON

2* KrBl vorhanden .................................................... 3

3 B weiß. BStandsäste oft mit kurzen Drüsenhaaren ........................ 4

3* B rosa, lila od. purpurn, weiß bei *A. chinensis* var. *davidii* 'King Albert'. BStandsäste oft mit lg, ± gedrehten Haaren od. mit lg, gedrehten Drüsenhaaren .............. 5

4 Blchen lanzettlich, das endständige am Grund keilig, 3–7 × 1–2 cm. KrBl 3–4 mm lg, schmal spatelfg, weiß. (0,30–)0,50–0,90. ♃ ♈ 5–6. **Z** z Gehölzgruppen, Staudenbeete ⚥; ♈ ∨ ◕ ≈ Boden nährstoffreich, humos, neutral bis ⊖ kein Wasserüberstau (Japan: Honshu, Shikoku, Kyushu: Felsen in Gebirgsschluchten – 1837 – Unterart: subsp. *glaberrima* (NAKAI) KITAM. [*A. japonica* var. *terrestris* (NAKAI) MURATA, *A. glaberrima* NAKAI var. *saxatilis* (NAKAI) H. OHBA]: Pfl 0,05–0,40(–0,50), EndBlchen oft tief eingeschnitten. – ∞ Sorten hybridogenen Ursprungs: z.B. 'Bonn': Pfl 0,50, B leuchtend karminrosa; 'Bremen': Pfl 0,50–0,60, B dunkelrosa; 'Deutschland': Pfl 0,40, B weiß; 'Europa': Pfl 0,50–0,60, B hellrosa; 'Köln': Pfl 0,60, B dunkelrot; 'Obergärtner Jürgens': Pfl 0,60, Austrieb braunrot, B rubinrot). **Japanische P.** – *A. japonica* (C. MORREN ex DECNE.) A. GRAY

4* Blchen eifg-kreisfg od. schmal eifg, selten lanzettlich, das endständige am Grund abgerundet bis herzfg, 4–12 × 2–5 cm. KrBl 3–4 mm, linealisch, weiß. 0,40–0,80. ♃ ♈ 7–8. **Z** z Gehölzgruppen, Staudenbeete ⚥; ♈ ∨ ◕ Boden nährstoffreich, humos, frisch, neutral bis ⊖ (Japan: Honshu, Shikoku, Kyushu: sonnige Grasfluren – 1878 – 7 Varietäten: z.B. var. *formosa* (NAKAI) OHWI: KrBl 4–7 mm lg; var. *fujisanensis* (NAKAI) OHWI: KrBl 2–2,5 mm lg, fast so lg wie die StaubBl – mehrere Sorten: z.B. 'Betsy Cyperus': B hellrosa; 'Moerheimii': Pfl 0,90–1,00, B weiß; 'Red Charm': Pfl 0,90, B rot; 'Straußenfeder': Pfl 0,80–1,00, B lachsrosa). **Thunberg-P.** – *A. thunbergii* (SIEBOLD et ZUCC.) MIQ.

5 (3) KBl useits (außen) drüsenhaarig. BStand ± zylindrisch. BStandsäste meist kurz, bis 3 cm lg, mit lg braunen Drüsenhaaren. Blchen 4–7 × 2–4 cm, eifg. KrBl 4,5–5 × 0,3–0,5 mm, linealisch, rot bis purpurn. Bis 1,00(–1,50). ♃ ♈ 6–7. **Z** s Gehölzgruppen, Staudenbeete; ♈ ∨ ◕ Boden nährstoffreich, humos, frisch, neutral bis ⊖ (SW-China: Waldränder, 2400 m). **Rote P.** – *A. rubra* HOOK. f. et THOMSON ex HOOK.

5* KBl useits kahl. BStand bei var. *davidii* u. var. *pumila* mit aufrechten od. spitzwinklig abstehenden Ästen, schmal, fast zylindrisch (**Abb. 334**/1). Untere BStandsäste 4–11,5 cm lg, mit lg braunen Haaren. Blchen 3–8 × 2–4 cm, eifg. KrBl 4,5–5 × 0,5–1 mm linealisch, rosa. Bis 0,80(–1,00). ♃ ♈ 7–9. **Z** z Gehölzgruppen, Staudenbeete, Rabatten ⚥; ♈ ∨ ○ ◕ Boden nährstoffreich, humos (China, Japan, Fernost: Wälder, Waldränder, Wiesen, Täler, Flussufer, 400–3600 m – 1902 – Varietäten: var. *davidii* FRANCH. mit der Sorte 'King Albert': Pfl bis 1,50, B weiß; var. *pumila* hort.: Zwergform der Art, Pfl 0,15–0,20 ☐ – Hybr vor allem mit *A. arendsii*, auch mit anderen Arten, ∞ Sorten). **Chinesische P.** – *A. chinensis* (MAXIM.) FRANCH. et SAV.

**Bem.: Hybrid-A.** – *A.* × *arendsii* ARENDS (Abb. 334/3): an der Züchtung dieser bedeutenden Hybrid-Gruppe sind vor allem beteiligt: *A. chinensis* var. *davidii* als Vaterpflanze sowie *A. astilboides* (MAXIM.) LEMOINE, *A. japonica* als Mutterpflanzen; ihre ∞ Sorten werden Blütezeitgruppen zugeordnet: Frühe Blütezeitgruppe (Juli), Mittlere Blütezeitgruppe (Juli bis August) u. Späte Blütezeitgruppe (August bis September). Die Sorten unterscheiden sich u.a. in der Wuchshöhe, der Laubfärbung u. der BFarbe: weiß, hellrosa, dunkelrosa, violettrosa, lachsrot, rot, dunkelrot.

### Schaublatt – *Rodgersia* A. GRAY 5 Arten

Lit.: CULLEN, J. 1975: Taxonomic notes of the genus *Rodgersia*. Notes Roy. Bot. Gard. Edinburgh **34**: 113–123.

Bem.: In Kult selten reine Arten, viel mehr Sorten (nur ♈), die oft nicht od. nur bedingt den Arten zugeordnet werden können. Die Sorten hybridogenen Ursprungs werden in der Gartenbauliteratur in der „Rodgersia Henricii-Gruppe" zusammengefasst.

1 Bl gefingert, mit 5–7 Fiedern ........................................ 2

1* Bl unpaarig gefiedert, mit 3–9(–10) Fiedern. BlSpindel ± lg .................. 3

**2** Fiedern an der Spitze (3–5)lappig (Abb. **336**/3), oseits kahl, weinrote Herbstfärbung. KBl 5–7, fiedernervig (starke Lupe!), Nerven an der KBlSpitze nicht zusammenfließend. 0,60–1,30. ♀ ⅄ 7–8. **Z** s Gehölzgruppen, Gewässerufer ♠; ✿ ∨ ☯ ● ≈ Boden durchlässig (Korea, NO-China, Japan: Hokkaido, Honshu: schattige Hänge, BergW – 1870 – Sorte: 'Purdomi': BlSpreite u. BlStiel im Austrieb rotbraun).
    **Maiapfelblättriges Sch.** – *R. podophylla* A. GRAY

**2\*** Fiedern an der Spitze nicht gelappt (Abb. **336**/2), oseits spärlich mit fast sitzenden Drüsenhaaren, useits an den Nerven mit lg Haaren. KBl (4–)5(–6). **Z** s Gehölzgruppen, Gewässerufer ♠; ✿ ∨ ☯ ● ≈ Boden durchlässig (M- u. S-China: Wälder, Waldränder, Gebüsche, Wiesen, Felspalten, 1100–3800 m – 1902 – 2 Varietäten: var. *aesculifolia*: Fiedern krautig, KBl bogen- u. fiedernervig, Nerven nicht od. teilweise bis vollständig an der KBlSpitze zusammenfließend; var. *henrici* (FRANCH.) C. Y. WU ex J. T. PAN [*R. henrici* (FRANCH.) FRANCH.]: Fiedern schwach ledrig, KBl bogennervig, Nerven an der KBl-Spitze zusammenfließend – Natur- u. KulturHybr mit *R. pinnata*).
    **Rosskastanienblättriges Sch.** – *R. aesculifolia* BATALIN

**3** (1) Spreite der GrundBl u. unteren StgBl mit 3 Endfiedern u. 6–7 ± gleichmäßig an der BlSpindel verteilten, meist gegenständigen Seitenfiedern. Fiedern verkehrteifg od. länglich bis lanzettlich. KBl weiß od. rosa, useits spärlich bräunlich behaart. 0,80–1,20. ♀ ⅄ 5–10. **Z** s Gehölzgruppen, Gewässerufer ♠; ✿ ∨ ☯ ● ≈ Boden durchlässig (S-China: Wälder, Gebüsche, Wiesen, Felspalten, 1800–3700 m – 1904 – 2 Varietäten: var. *sambucifolia*: Fiedern oseits striegelhaarig; var. *estrigosa* J. T. PAN: Fiedern oseits kahl – Hybr mit *R. aesculifolia* u. *R. pinnata*).
    **Holunderblättriges Sch.** – *R. sambucifolia* HEMSL.

**3\*** Spreite der GrundBl u. unteren StgBl mit 3–5 Endfiedern u. 3 od. 4 fast quirlig angeordneten Grundfiedern (Abb. **336**/4). Fiedern elliptisch od. länglich bis schmal verkehrteifg. KBl weiß od. rosa, useits mit bräunlichen Haaren. 0,25–1,50. ♀ ⅄ 6–8. **Z** s Gehölzgruppen, Gewässerufer ♠; ✿ ∨ ☯ ● ≈ Boden durchlässig (S-China: Wälder, Waldränder, Gebüsche, schattige Grasfluren, Felspalten, 2000–3800 m – 1898 – 2 Varietäten: var. *pinnata*: Fiedern oseits kahl; var. *strigosa* J. T. PAN: Fiedern oseits striegelhaarig – Hybr mit *R. aesculifolia* – Sorten: z. B. 'Alba': B weiß; 'Elegans': B rosarot, FrStände rot).
    **Fiederblättriges Sch.** – *R. pinnata* FRANCH.

**Tafelblatt** – *Astilboides* (HEMSL.) ENGL.         1 Art

BlSpreite schildfg, kreisfg, am Rand gelappt, bis 90 cm ⌀ (Abb. **339**/3). BlStiel >30 cm lg. BStg mit kleineren handfg gelappten Bl, lange nach dem Laubaustrieb erscheinend. BStand rispig. KBl 4–5. KrBl 4–5, weiß. StaubBl (6–)8. FrBl 2(–4). Bis 1,00. ♀ ⅄ 6. **Z** s Bach u. Teichränder; ✿ ∨ ☯ ● ≈ empfindlich gegen Wasserüberstau, Boden humos-lehmig (N-China, N-Korea: HangW, Täler, feuchte Orte – 1887). [*Saxifraga*

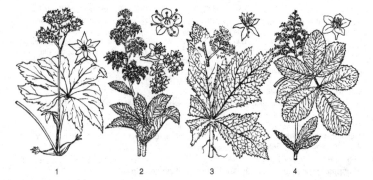

1           2           3           4

*tabularis* HEMSL., *Rodgersia tabularis* (HEMSL.) KOM.]
**Tafelblatt** – *A. tabularis* (HEMSL.) ENGL.

**Tanakea** – *Tanakaea* FRANCH. et SAV.                                          1 Art
BlSpreite elliptisch bis eifg, am Grund abgerundet od. herzfg, am Rand gesägt, ledrig.
Pfl 2häusig. BStand rispig. B 2–3 mm lg. KBl (4–)5(–7). KrBl fehlend. StaubBl (8–)10.
FrBl 2, mit Ausnahme der Griffel verwachsen. (Abb. **347**/2). 0,10–0,30. ♃ i ⅄ ∼∼ 4–7.
**Z** s △ ⓐ; ∨ ⸙ ☾ ≃ Boden humusreich, schwach ⊖, ∧ (China, Japan: nasse, schattige
Felsen –1899). **Wurzelnde T., Japanische Schaumblüte** – *T. radicans* FRANCH. et SAV.

**Ahornblatt** – *Mukdenia* KOIDZ. [*Aceriphyllum* ENGL.]                        2 Arten
BlSpreite br eifg bis kreisfg, am Grund herzfg, fingerfg gelappt bis gespalten, Zipfel
spitz. BStg blattlos. BStand rispig. KBl 5–6, weiß. KrBl 5–6, weiß, kürzer als die KBl.
StaubBl 5–6(–7). FrBl 2. (Abb.**336**/1). 0,20–0,40. ♃ ⅄ 6–7. **Z** s Gehölzgruppen, Moor-
beete △; ∨ ⸙ ○ ☾ ≃ Boden lehmig, durchlässig (N-China, Korea: feuchte, schattige
Stellen zwischen Felsen). [*Saxifraga rossii* OLIV., *Aceriphyllum rossii* ENGL.]
**Ahornblatt** – *M. rossii* (OLIV.) KOIDZ.

**Bergenie** – *Bergenia* MOENCH                                                 6 Arten
Lit.: YEO, P. F. 1966: A revision of the genus *Bergenia*. Kew Bulletin **20**: 113–148. – YEO, P. F. 1971:
Further observations on *Bergenia* in cultivation. Kew Bulletin **26**: 47–56. – YEO, P. F. 1972: Cultivars
of *Bergenia* in the British Isles. Baileya **18**: 96–112.

Bem.: In Kultur befinden sich ∞ Sorten, die nicht od. nur bedingt einzelnen *Bergenia*-Arten zugeord-
net werden können.

1  BlSpreitenrand kahl od. nur am Grund schwach gewimpert . . . . . . . . . . . . . . . . . .  **2**
1* BlSpreitenrand gewimpert . . . . . . . . . . . . . . . . . . . . . . . . . . . . . . . . . . . . . . . . .  **5**
2  BlStiel oberhalb der BlGrundscheide (vgl. Abb. **339**/2a) höchstens 1 cm lg.
                      **Himalaja-B.** – *B. stracheyi* (HOOK. f. et THOMSON) ENGL., s. **6***
2* BlStiel oberhalb der BlGrundscheide >1 cm lg . . . . . . . . . . . . . . . . . . . . . . . . . . .  **3**
3  KrBl 1,1–2,5 cm lg. BStand mit ∞ (fast) sitzenden u. einigen gestielten Drüsen.
                      **Purpurrötliche B.** – *B. purpurascens* (HOOK. f. et THOMSON) ENGL., s. **7**
3* KrBl 0,8–1,3 cm lg. BStand mit wenigen bis ∞ (fast) sitzenden Drüsen . . . . . . . . .  **4**
4  BlSpreite ± kreisfg, am Grund abgerundet od. herzfg (Abb. **339**/1). KrBlPlatte ± kreisfg
   od. br eifg, plötzlich in den Nagel verschmälert. BStand mit weit abspreizenden, lg Sei-
   tenästen 1. Ordnung. B aufrecht bis schräg aufwärts gerichtet. 0,15–0,40. ♃ ⅄ 4–5. **Z**
   z △ Rabatten, Trockenmauern, Gehölzgruppen, Teichufer ☐; ⸙ ∨ ○ ☾ (Russl.: Alatau,
   Sajan, S-Altai?: alp. Matten u. Gebüsche – 1779 – Hybr mit *B. crassifolia, B. purpuras-*
   *cens* u. *B. ciliata* – einige Sorten: z. B.: 'Winterglut': Bl mit roter Herbstfärbung). [*Mega-*
   *sea cordifolia* STERNB.]                **Herzblättrige B.** – *B. cordifolia* (HAW.) STERNB.
4* BlSpreite länglich, verkehrteifg od. br eifg, am Grund keilig od. abgerundet, selten
   schwach herzfg. KrBlPlatte elliptisch, länglich od. br eifg, gegen den Grund allmählich
   verschmälert. BStand ± gedrängt, mit ± kurzen Seitenästen 1. Ordnung. BStandsäste
   mit wenigen Drüsen (var. *crassifolia*) od. mit ∞ Drüsen (var. *pacifica*). B ± nickend. Bis
   0,45. ♃ i ⅄ 4–5. **Z** z △ Rabatten, Trockenmauern, Gehölzgruppen, Teichufer ☐; ⸙ ∨
   ○ ● (var. *crassifolia*: Russl.: Baikal-Gebiet u. Altai, NO-Mong., NW-China, N-Korea:
   Wälder, Felsfluren, Felsspalten, 200–2000 m – 1765; var. *pacifica* (KOM.) KOM.: Russl.:
   Amur-Gebiet: steinig-felsiger Boden, 500–1800 m – Hybr mit *B. cordifolia, B. purpuras-*
   *cens* u. *B. ciliata*).                **Dickblatt-B.** – *B. crassifolia* (L.) FRITSCH
5  **(1)** KrBl zuerst meist weiß, später zuweilen rötlich . . . . . . . . . . . . . . . . . . . . . . . .  **6**
5* KrBl zuerst meist rosa od. purpurn, niemals weiß . . . . . . . . . . . . . . . . . . . . . . . .  **7**
6  BlSpreite sommergrün, beidseits behaart, kreisfg od. br eifg, am Grund abgerundet od.
   herzfg (Abb. **339**/2). KrBl zuerst weiß, zuweilen rosa getönt, später zuweilen rot, ihre
   Platte ± kreisfg od. br eifg, plötzlich in den Nagel verschmälert, 1,1–1,8 × 0,7–1,8 cm.
   BStandsäste ohne gestielte Drüsen. B aufrecht bis schräg aufwärts gerichtet.

0,05–0,30. ♃ ⅄ 3–4. **Z** s △ Gehölzgruppen; ❧ ∨ ◐ ● ⌒ (W-Pakistan, S-Kaschmir, SW-Nepal: Wälder, schattige Felskanten, 1800–4300 m – 1843 – Hybr mit *B. cordifolia, B. purpurascens* u. *B. stracheyi* – f. *ligulata* YEO: Bl beidseits kahl, ihr Rand aber gewimpert (O-Afgh., W-Pakistan, S-Kaschmir, S-Tibet bis Bhutan u. Assam: Felsen, Wälder, 900–3000 m – 1840). **Kaschmir-B.** – *B. ciliata* (HAW.) STERNB. f. *ciliata*

6* BlSpreite wintergrün, beidseits kahl, nur am Rand gewimpert, verkehrteifg, am Grund meist keilig, zuweilen abgerundet. KrBl zuerst weiß, später rötlich, ihre Platte verkehrteifg od. fast spatelfg, allmählich in den Grund verschmälert, 1–1,5 × 0,6–0,8 cm. BStandsäste meist mit gestielten Drüsen. B nickend. 0,12–0,24. ♃ i ⅄ 3–4. **Z** s △ Rabatten, Trockenmauern, Gehölzgruppen, Teichufer ☐; ❧ ∨ ○ ● (O-Afgh., W-Pakistan, Kaschmir, N-Indien, Tadschikistan, Nepal: Felsfluren, BirkenW, 2700–4800 m – 1851 – Hybr mit *B. purpurascens* u. *B. ciliata* – mehrere Sorten).

**Himalaja-B.** – *B. stracheyi* (HOOK. f. et THOMSON) ENGL.

7 **(5)** B nickend. KrBl meist purpurrot, selten hellrosa, 1,5–2,5 × 0,7–0,9 cm. BSchaft, BStandsäste u. KBl dunkelpurpurn od. braun, mit ∞ sitzenden u. einigen gestielten Drüsen. BlSpreite elliptisch od. eifg-elliptisch, mit abgerundetem od. keiligem Grund. 0,25–0,40. ♃ i ⅄ 5–6. **Z** s △ Rabatten, Trockenmauern, Gehölzgruppen, Teichufer ☐; ❧ ∨ ○ ● (O-Nepal, Sikkim, N-Assam, N-Bhutan, SO-Tibet, N-Myanmar, China: Yunnan, Sichuan: Felsfluren, Säume von Bambus-Gebüschen, offne u. halbschattige Orte zwischen niedrigen Rhododendren, 1800–5100 m – 1849 – Hybr mit *B. crassifolia, B. cordifolia, B. stracheyi* u. *B. ciliata*).

**Purpurrötliche B.** – *B. purpurascens* (HOOK. f. et THOMSON) ENGL.

7* B zuerst nickend, später spreizend bis aufrecht. KrBl zuerst rosa, später rötlich, 1,3–1,7 × 0,8–1,3 cm. BSchaft, BStandsäste u. KBl hellrot, spärlich mit kurzgestielten od. sitzenden Drüsen. BlSpreite verkehrteifg bis eifg-elliptisch, mit abgerundetem od. schwach herzfg Grund. Bis 0,40. ♃ i ⅄ 3–5. **Z** s △ Rabatten, Trockenmauern, Gehölzgruppen, Teichufer ☐; ❧ ○ ● (Garten-Hybr: *B. ciliata* × *B. crassifolia*).

**Garten-B.** – *B.* × *schmidtii* (REGEL) SILVA TAR.

**Boykinie** – *Boykinia* NUTT. 9 Arten

1 BlSpreite handfg gelappt, im Umriss kreisfg bis br eifg. Zipfel ∞, gesägt. KrBl kaum länger als die KBl, 2 mm lg, weiß. Fr hängend. 0,45–0,90. ♃ ⅄ 6–8. **Z** s △ Gehölzgruppen, Staudenbeete; ∨ ❧ ◐ Boden humos (Kalif.: Flussufer in Schluchten).

**Rundblättrige B.** – *B. rotundifolia* PARRY

1* BlSpreite handfg gespalten, im Umriss nierenfg, mit 5–9 Abschnitten. KrBl deutlich länger als die KBl, 3–5 mm lg, weiß. 0,30–0,80. ♃ ⅄ 6–7. **Z** s Gehölzgruppen, Staudenbeete; ∨ ❧ ◐ Boden humos (westl. N-Am.: feuchte BorgW).

**Eisenhutblättrige B.** – *B. aconitifolia* NUTT.

**Peltoboykinie** – *Peltoboykinia* (ENGL.) HARA 2 Arten

Bl schildfg, lg gestielt. Mehrzahl der BlRandsegmente breiter als lg. BStände am Ende eines 30–60 cm lg Stg. StgBl 2 od. 3, fast sitzend. KZipfel aufrecht, 4–5 mm lg. KrBl 5, 1–1,2 × 0,5 cm, an der Spitze gezähnt, hellgelb. StaubBl 10. Griffel 2. (Abb. **347**/4). 0,30–0,80. ♃ ⅄ 6–7. **Z** s Gehölzgruppen ♠; ∨ ❧ ◐ ≈ Boden humusreich (Japan: Honshu; China: N-Fujian: BergW, schattige Schluchten, 1100–1900 m). [*Saxifraga tellimoides* MAXIM., *Boykinia tellimoides* (MAXIM.) ENGL.] **Tellimaähnliche P.** – *P. tellimoides* (MAXIM.) HARA

Ähnlich: **Watanabe-P.** – *P. watanabei* (YATABE) HARA [*Saxifraga watanabei* YATABE, *S. tellimoides* var. *watanabei* (YATABE) MAKINO, *Boykinia tellimoides* var. *watanabei* (YATABE) ENGL.]: BlRandsegmente meist länger als br. (Abb. **347**/3). 0,30–0,50. ♃ ⅄ 6–7. **Z** s Gehölzgruppen ♠; ∨ ❧ ◐ ≈ Boden humusreich (Japan: Shikoku, Kyushu: BergW).

**Schildblatt** – *Darmera* VOSS [*Peltiphyllum* ENGL.] 1 Art

BlSpreite schildfg, kreisfg, am Rand gelappt bis gespalten, 20–45 cm ⌀. BlStiel >30 cm lg. BStg meist blattlos, oft vor dem Laubaustrieb erscheinend. BStand rispig od. schirmrispig, 15–20 cm ⌀. KrBl 5, weiß od. rosa. StaubBl 10. FrBl 2–3, purpurn. (Abb. **339**/4). 0,50–0,65. ⚁ ⚲ 4–5. **Z** s Gehölzgruppen, Bach- u. Teichränder ♣; Ⅴ Kaltkeimer ⚘ Rhizomschnittlinge ◗ ≃ spätfrostempfindlich (W-USA: Oregon, Kalif.: Bach- u. Flussufer – 1873 – Sorte: 'Nana': Pfl bis 0,30). [*Peltiphyllum peltatum* (TORR.) ENGL.]

**Schildblatt** – *D. peltata* (TORR.) VOSS

**Steinbrech** – *Saxifraga* L. 440 Arten

Lit.: KAPLAN, K. 1995: Familie Saxifragaceae Steinbrechgewächse. In: Gustav Hegi – Illustrierte Flora von Mitteleuropa. Bd. 4, T. 2A: 130–229. 3. Aufl. Berlin. – KÖHLEIN, F. 1980: Saxifragen und andere Steinbrechgewächse. Stuttgart.

Bem.: In Kultur sind ∞ Hybriden u. Sorten, insbesondere die Arendsii- u. die Kabschia-Hybriden. Arendsii-Hybr: Gruppe von Gartenhybriden, die aus der Moos-Steinbrech-Verwandtschaft, also aus Arten der Sektion Saxifraga [*Dactyloides* SERINGE] Subsektion *Triplinervium* (GAUDIN) GORNALL hervorgegangen sind: z. B. *S. cespitosa, S. moschata, S. rosacea, S. pedemontana, S. hypnoides.* Kabschia-Hybr (z. B. Abb. **341**/2): Gruppe von Gartenhybriden, die aus Arten der Sektion *Porophyllum* GAUDIN Subsektion *Kabschia* (ENGL.) ROUY et CAMUS hervorgegangen sind: z. B. *S. caesia, S. squarrosa, S. burseriana, S. juniperifolia, S. ferdinandi-coburgii, S. marginata, S. sancta.* Alle Arten sind Licht- u. Kaltkeimer.

1 Bl gegenständig, 3–5 mm lg, vorn verdickt, useits gekielt. Stg 1blütig. Kr rosenrot, später blau. KBl drüsenlos, gewimpert. 0,03–0,05. ⚁ i LegTrRasen (2–)5–6. **W. Z** s △ ⓐ; Ⅴ ⚘ absonnig, Schutz gegen Winternässe (warmgemäß. bis arkt. Eur., As. u. N-Am.: alp. frische bis feuchte Felsen u. Steinschutt, sommerlich überschwemmte Kiesufer – mehrere Varietäten bzw. Kleinarten – Hybr mit *S. biflora* ALL.: *S.* × *kochii* HORNUNG – ▽).

**Roter St., Gegenblättriger St.** – *S. oppositifolia* L.

1* Bl wechselständig; wenn gegenständig, dann Pfl ☉ . . . . . . . . . . . . . . . . . . . . . . . **2**

2 Bl am Rand mit punktfg Grübchen, mit od. ohne Kalkausscheidung (Abb. **341**/3; Abb. **344**/3) . . . . . . . . . . . . . . . . . . . . . . . . . . . . . . . . . . . . . . . . . . . . . . . . . . . . . . . . . . **3**

2* Bl am Rand nicht grubig punktiert, höchstens auf der OSeite unterhalb ihrer Spitze mit einem punktfg Grübchen . . . . . . . . . . . . . . . . . . . . . . . . . . . . . . . . . . . . . . . . . . . . . **17**

3 KrBl gelb, orange od. rot. Punktfg Grübchen mit od. ohne Kalkausscheidung . . . . . **4**

3* KrBl weiß. Punktfg Grübchen mit Kalkausscheidung . . . . . . . . . . . . . . . . . . . . . . . **9**

4 Grubige Vertiefungen am BlRand (starke Lupe!) meist ohne Kalkausscheidung. KrBl gelb od. orange . . . . . . . . . . . . . . . . . . . . . . . . . . . . . . . . . . . . . . . . . . . . . . . . . . . . . **5**

4* Grubige Vertiefungen am BlRand (starke Lupe!) mit Kalkausscheidung. KrBl gelb, orange od. rot . . . . . . . . . . . . . . . . . . . . . . . . . . . . . . . . . . . . . . . . . . . . . . . . . . . . . . . . . **7**

5 GrundBl 25–70 × 4–15 mm, stumpf, spatelfg-linealisch. BStg 10–50 cm lg, meist ∞blütig. KrBl gelb od. orange. 0,10–0,50. ⊛ od. ⚁ i Rosetten-Polster, kurze ∿ 6–7. **W. Z** s △; Ⅴ ⚘ ◗ ⊕ (Z-Alpen: mont. bis alp. sickernasse, feuchte Felswände, kiesig-

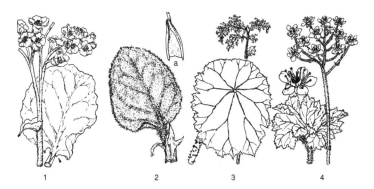

merglige Rutschhänge, Bachkiese, kalkstet – 2 Unterarten – Hybr mit *S. aizoides*: *S.* × *hausmannii* – ▽). **Kies-St.** – *S. mutata* L.

**5\*** GrundBl 10–14 × 1–2,5 mm, spitz, linealisch bis lineal-lanzettlich. BStg 3–6 cm lg, 3–11blütig. KrBl gelb .................................................... **6**

**6** BlRand gezähnt in der unteren BlHälfte. BStg behaart. KBlRand gewimpert. (Abb. **341**/3). 0,03–0,10. ♃ i ⌂ 4–5. **Z** z △; Ⅴ Ⅴ ◑ ○ (W-Bulg., NO-Türkei, Kauk.: Felsfluren, Felsspalten, 2700–3300 m). **Wacholderblättriger St.** – *S. juniperifolia* ADAMS

**6\*** BlRand gezähnt vom Grund bis zur Spitze. BStg kahl. KBlRand nicht gewimpert. 0,03–0,10. ♃ i ⌂ 4–5. **Z** z △; Ⅴ Ⅴ ◑ ○ (NO-Griech.: Athos, Pangeo; NW-Türkei, (1450–)1800–2030 m – Hybr mit *S. burseriana*: *S.* × *elizabethae* SÜND. 'Carmen'). [*S. juniperifolia* ADAMS subsp. *sancta* (GRISEB.) D. A. WEBB] **Athos-St.** – *S. sancta* GRISEB.

**7** (4) KrBl rötlichpurpurn. Bl 5–15 × 1,5–2,5(–3) mm, lineal-länglich bis verkehrteifg. BStand mit 6–16(–20) B, vor der BZeit nickend. K dicht drüsenhaarig, dunkel rötlich-purpurn. (Abb. **346**/1). 0,05–0,15. ♃ i Rosetten-Polster 5–7. **Z** s △; Ⅴ Ⅴ ○ ~ (Balkan, NW-Türkei: alp. Felsfluren, Felsspalten, (700–)1400–2400(–2500) m – einige Hybr). [*S. porophylla* BERTOL. subsp. *sibthorpiana* (GRISEB.) ENGL. et IRMSCH.]

**Hauswurz-St.** – *S. sempervivum* K. KOCH

**7\*** KrBl gelb od. orange ...................................................... **8**

**8** Bl 25–80 × 4–15 mm, rosettig ausgebreitet. KrBl gelb od. orange.

**Kies-St.** – *S. mutata*, s. **5**

**8\*** Bl 4–8 × 0,5–2 mm, blaugrün. Triebe ± gestreckt, durch dichte Beblätterung säulchen-artig. KrBl gelb. BStg mit 7–13(–15) B, rotbraun. 0,03–0,12. ♃ i ⌂ 4–5. **Z** s △; Ⅴ Ⅴ ○ ⊕ (NO-Griech., SW-Bulg., Mazed.: Kalkfelsspalten, 1500–2200 m – 1901 – einige Hybr).

**Mazedonischer St., Ferdinand von Coburg-St.** – *S. ferdinandi-coburgi* KELLERER et SÜND.

**9** (3) Beblätterter StgGrund nach der B u. FrReife nicht absterbend. Pfl ohne Ausläufer, mit dichten Polstern. RosettenBl mit 1–9 grubigen Vertiefungen. BStand meist 1–8blütig
................................................................................ **10**

**9\*** Beblätterter StgGrund nach der BZeit u. FrReife absterbend, zuvor meist ± kurze Ausläufer bildend. Pfl mit lockren Polstern, Rasen od. einzelnen Rosetten. RosettenBl meist mit >9 grubigen Vertiefungen. BStand meist mit >8 B .................. **13**

**10** GrundBl bogig zurückgekrümmt, 2–5 × 0,8–1,2 mm, ohne Knorpelrand. KrBl 4–6 mm lg, weiß, 3–5nervig. Triebe kurz säulenfg od. kuglig. BStg meist spärlich drüsenhaarig bis kahl, mit 2–5(–8) B. 0,05–0,10. ♃ i ⌂ 6–9. **W. Z** s △; Ⅴ Ⅴ ○ ~ kiesiger Boden ⊕, Schutz gegen Winternässe (Pyr., Alpen, Apennin bis Abruzzen, W-Karp., Bosn., Herze-gowina, Montenegro: alp. mäßig trockne Felsspalten u. windexponierte Felsrasen, Flussschotter, kalkhold, 1500–2600 m – ∨). **Blaugrüner St.** – *S. caesia* l

Ähnlich: **Sparriger St.** – *S. squarrosa* SIEBER: Bl mit schmalem Knorpelrand, nur an der Spitze zurück-gebogen. BStg in der unteren Hälfte dicht drüsenhaarig. 0,03–0,10. ♃ i ⌂ 7–8. **Z** s △; Ⅴ Ⅴ ○ ◑, heikel (SO-Alpen: Felsen, ruhender Felsschutt, steinige Rasenfluren, feuchte u. schattige Felswände, 1200–2500 m).

**10\*** GrundBl gerade od. schwach nach oben gebogen, (3–)5–15 × (1–)1,7–5 mm. KrBl (5–)7–15 mm lg ...................................................... **11**

**11** Stg 1-, selten 2blütig. GrundBl pfriemlich-lanzettlich, allmählich in die stechende Spitze verschmälert, 6–12 × 1,7–2 mm. KrBl 7–12 mm lg, weiß mit ∞ rötlichen Nerven. 0,03–0,10. ♃ i ⌂ 4–6. **W. Z** s △; Ⅴ Ⅴ absonnig ~ ⊕ (Kalkalpen: mont. bis alp. trock-ne bis mäßig trockne Felsspalten u. -rasen, Flussschotter, kalkstet, meist 1500–2200 m – ∞ Hybr u. Sorten, z. B. mit *S. lilacina* DUTHIE: *S.* × *irvingii* hort. ex A. S. THOMPSON (Abb. **341**/2a) 'Jenkinsae', 'Mother of Pearl', 'Rubella' u. 'Walter Irving'; mit *S. sancta*: *S.* × *elizabethae* SÜND. (Abb. **341**/2b) 'Carmen' – ▽). **Burser-St.** – *S. burseriana* L.

**11\*** Stg (2–)3–17blütig. Bl spatelfg, verkehrteifg bis länglich .................... **12**

**12** Bl (fast) stumpf, zuweilen stachelspitzig, flach od. schwach gekielt, mit trockenhäuti-gem, glattem Rand in der oberen Hälfte, 3–12 × 1–5 mm. KrBl 5–15 mm lg, weiß, zuweilen im Alter hellrosa. (Abb. **344**/2). 0,03–0,10. ♃ i ⌢ 5. **Z** s △; V ♈ ∿ ~ ◐ (S-It., Balkan: Kalkfelsen, Kalkfelsspalten, halbschattig, (500–)1300–2400 m – 1883 – 2 Unterarten – einige Hybr u. Sorten). **Kalkrand-St.** – *S. marginata* STERNB.

**12\*** Bl spitz, deutlich gekielt, mit rauem Rand in der oberen Hälfte, 5–14 × 2–4 mm. KrBl 7–12 mm lg, weiß, zuweilen im Alter rosa od. purpurn. 0,08–0,15. ♃ i ⌢ 5–7. **Z** s △; V ♈ ◐ Schutz gegen Winternässe (Balkan: Griech., Mazed., Kosovo, N-Alban.: Kalkfelsen, Kalkfelsspalten, ruhende Schotterfluren, (400–)1200–2300(–2900) m). [*S. sartorii* HELDR. ex BOISS.]

**13** (9) Rosetten einzeln (s. auch *S. cotyledon,* **14**), ∞blättrig, bis 15 cm ∅, nach 3–4 Jahren blühend u. dann absterbend. Bl 60–110 × 3–8 mm, linealisch, spitz. BStg bis 60 cm hoch, rispig verzweigt, mit bis zu 800 B. KrBl 5–7 mm lg, weiß, zuweilen zart rot punktiert. (Abb. **344**/1). 0,30–0,60. ⊛ i 6. **Z** s △ ⌂; V ○ ~ ⊕ ∧ bevorzugt ostexponierte Fugen an senkrechten Steingartenmauern; zur Gewinnung reinen Saatguts empfiehlt sich die Isolierung der BStände (Pyr., O-Span.; Marokko: Hoher Atlas: Kalkfelsen, Kalkfelsspalten u. -bänder, bis 2400 – 1871 – Hybr mit *S. callosa* SM.: 'Tumbling Waters'; mit *S. paniculata*). **Pyrenäen-St.** – *S. longifolia* LAPEYR.

**13\*** Rosetten gesellig, in Rasen od. Polstern ................................... **14**

**14** BStg vom Grund od. zumindest von der Mitte an rispig verzweigt. Rispenäste ∞blütig. GrundBl 6–17 mm br, 20–80 mm lg, vorn gerundet od. bespitzt, am Rand regelmäßig gezähnt, dickledrig. 0,15–0,60(–0,80). ⊛ ♃ i Rosetten-Rasen, kurze ∿∿ 5–7. **Z** s △ ⚥; V ♈ ○ ◐ ⊖ (Pyr., Z- u. S-Alpen, M- u. N-Schweden, Norw., Isl.: mäßig feuchte u. schattige Silikatfelsen, sonnige Felshänge, 210–2615 m – 1613 – einige Sorten: 'Pyramidalis'; 'Caterhamensis' u. 'Somerset Seedling': KrBl deutlich rot gepunktet; 'Montavonensis': Bl klein). **Fettblatt-St., Strauß-St.** – *S. cotyledon* L.

**14\*** BStg vom oberen Drittel an verzweigt; wenn bereits von der Mitte an verzweigt, dann Rispenäste meist nur 1–3blütig. GrundBl 2–9(–11) mm br ................... **15**

**15** GrundBl ganzrandig od. nur schwach gekerbt, meist 2–3(–4) mm br u. 10–50 mm lg. Rispenäste 1–3blütig. KrBl etwa 5 mm lg. 0,10–0,40. ♃ i Rosetten-Polster, kurze ∿∿ 6. **Z** s △; V ♈ ○ ~ ⊕ (O-Alpen bis Bosn.: steinige Matten, Kalkfelsen – Hybr mit *S. paniculata*: *S.* × *pectinata* SCHOTT, NYM. et KOTSCHY). **Krusten-St.** – *S. crustata* VEST

**15\*** GrundBl deutlich gezähnt, meist >4 mm br ................................... **16**

**16** Rispenäste meist (2–)5–12blütig. GrundBl 5–10mal so lg wie br, spitzenwärts wenig verbreitert, 20–100 × 4–11 mm, ± ausgebreitet. KrBl 4–8 mm lg, weiß, zuweilen purpurrot punktiert. 0,20–0,60. ♃ V ♈ ○ ~ ⊕ (S- u. O-Alpen: Kalkfelsen, Felsspalten, quellige Kalktuffe, (400–)1400–2500 m – 2 Unterarten: subsp. *hostii* [*S. altissima* A. KERN.]: Rosetten 4–15 cm ∅, Bl vorn abgerundet; subsp. *rhaetica* (A. KERN.) BRAUN-BLANQ.: Rosetten 4–8 cm ∅, Bl vorn spitz – Hybr mit *S. paniculata*: *S.* × *churchillii* HUTER). **Host-St.** – *S. hostii* TAUSCH

1             2            3

**16\*** Rispenäste 1–3(–5)blütig. Bl 2–5mal so lg wie br, spitzenwärts deutlich verbreitert, 5–50 × (2–)4–7(–8) mm (Abb. **344**/3), aufgerichtet od. zusammenneigend. KrBl weiß od. gelblichweiß, oft purpurrot punktiert. 0,15–0,30. ⏚ i Rosetten-Polster, kurze ∾ 6–7. **W. Z** s △; ∀ Ψ ○ ⊕ (S- u. M-Eur., Norw., Kauk., N-Türkei, NW-Iran, Isl., Grönl., nordöstl. N-Am.: mont. bis alp. trockne bis mäßig frische Felsspalten u. -rasen, Steinschutt, an Mauern, kalkstet – 2 Unterarten: subsp. *paniculata*; subsp. *cartilaginea* (WILLD.) D. A. WEBB – einige Hybr – ▽). **Trauben-St., Rispen-St.** – *S. paniculata* MILL.

**17** **(2)** BlSpreite der GrundBl deutlich vom ± lg BlStiel abgesetzt, nierenfg, kreisfg mit herzfg Grund od. eifg bis elliptisch mit schwach herzfg od. gestutztem Grund, am Rand gekerbt, stumpf gezähnt od. gelappt .................................... **18**

**17\*** BlSpreite der GrundBl in den BlStiel verschmälert ........................ **25**

**18** BlSpreite eifg bis elliptisch mit schwach herzfg od. gestutztem Grund, kürzer als der BlStiel. KrBl weiß mit ∞ roten u. am Grund mit gelben Punkten. 0,10–0,40. ⏚ i kurze ∾ Rosetten-Rasen 5–7. **W. Z** z △ Gehölzgruppen □; Ψ ◐ ● (NaturHybr: *S. hirsuta* × *S. umbrosa*: Pyr., verw. in It., Belgien, M-Eur., Brit. – ▽ – ähnlich: *S.* × *urbium*, s. **30**: BlSpreite meist länger als der BlStiel). **Nelkenwurz-St.** – *S.* × *geum* L.

**18\*** BlSpreite nierenfg od. kreisfg mit herzfg Grund. KrBl weiß od. gelb ............... **19**

**19** Pfl ☉. KrBl hellgelb, am Grund orangegelb mit 2 Längsstriemen. Obere Bl oft gegenständig. BlSpreite 6–20 × 7–25(–30) mm. 0,10–0,25. ☉ 4–9. **W. Z** s △ Gehölzgruppen; ◐ ● ≈ (Algerien, Rum., Kauk., Türkei, Syr., N- u. W-Iran: schattige Bach- u. Flussufer, feuchte Felsen; verw. in D. – 2 Varietäten – ▽). **Zimbelkraut-St.** – *S. cymbalaria* L.

**19\*** Pfl ⏚. KrBl weiß, oft rot u. gelb punktiert ................................ **20**

**20** KrBl ungleich, 3 obere kurze u. 2 untere lg od. 4 obere kurze u. ein unteres lg .... **21**

**20\*** KrBl ± gleich .................................................... **23**

**21** Pfl mit lg fadenfg Ausläufern. Obere KrBl kurz genagelt, rot u. gelb gepunktet. BlSpreite oseits grün, mit silbergrauen Nerven, useits rötlich. (Abb. **346**/4). 0,20–0,40. ⏚ i ∾ 5–8. **Z** z △ ⓐ Ampeln □; ∀ Ψ ◐ ● ≈ ∧ (China, Japan, Korea: Wälder, Gebüsche, Wiesen, feuchte Böden u. Felsen, 400–4500 m – 1771 – Sorten: 'Cuscutiformis': Pfl ausreichend winterhart; 'Tricolor': Bl grün mit rotweißer Zeichnung). [*S. sarmentosa* L. f.] **Hängenden St., Judenbart** – *S. stolonifera* MEERB.

**21\*** Pfl ohne Ausläufer (Ausnahme: *S. cortusifolia* var. *stolonifera* (MAKINO) KOIDZ., wohl nicht in Kultur) ...................................................... **22**

**22** Obere KrBl br lanzettlich, gegen den Grund allmählich verschmälert, nicht mit farbigen Punkten. Sa glatt. Bl oseits grün od. bräunlichgrün, Nerven oft rötlichbraun. (Abb. **346**/3). 0,10–0,35. ⏚ ⅄ 7–11. **Z** s △ Gehölzgruppen; ∀ Ψ ◐ ● ≈ humoser Boden (Sachalin, Kurilen, Japan, China, Fernost: nasse Felsen, Flusstäler – 1863 – 3 Varietäten – ∞ Sorten. z. B. 'Rubrifolia': BStg lackrot, Bl rötlichbraun). [*S. cortusifolia* SIEBOLD et ZUCC. var. *fortunei* (HOOK. f.) MAXIM.] **Herbst-St.** – *S. fortunei* HOOK. f.

**22\*** Obere KrBl br eifg, gegen den Grund plötzlich verschmälert, kurz genagelt, mit gelben od. roten Punkten. Sa warzig. 0,10–0,35. ⏚ ⅄ 7–10. **Z** s △ ⓐ Gehölzgruppen; ∀ Ψ ◐ ● ≈ ∧ (Japan, Korea: nasse Felsen, Flusstäler – 1878 – einige Sorten). **Heilglöckelblättriger St.** – *S. cortusifolia* SIEBOLD et ZUCC.

**23** **(20)** StgGrund mit kleinen, rundlichen Brutzwiebeln. GrundBl wintergrün, im Sommer absterbend. BlSpreite 7–25 × 12–40 mm. KrBl 10–17 mm lg, weiß. (Abb. **346**/2). 0,15–0,40. ⏚ i Brutzwiebeln 5–6. **W. Z** z Naturgärten ⅄; ∀ ☉ ○ ◐ ⊖ (S-, W- u. M-Eur., Skand.: extensiv genutzte, mäßig trockne bis wechselfeuchte Wiesen, Silikattrockenrasen, Ruderalstellen, LaubW, kalkmeidend – 4 Unterarten – Sorte: 'Plena': B gefüllt (Abb. **346**/2a) – ▽). **Körnchen-St., Knöllchen-St.** – *S. granulata* L.

**23\*** StgGrund ohne Brutzwiebeln ........................................ **24**

**24** BStg mit LaubBl. KBl aufrecht abstehend. KrBl 5–9 mm lg, weiß, in der unteren Hälfte mit gelben, in der oberen mit purpurnen Punkten. (Abb. **345**/2). 0,15–0,60. ⏚ i ⅄ 5–9. **W. Z** z △ ⅄; ∀ Ψ ◐ ○ ⊕ (Pyr., Alpen, It., Balkan, N-Türkei, Abchasien, Georgien: subalp. sickerfrische Hochstaudenfluren u. Gebüsche, kalkhold – ▽). **Rundblättriger St.** – *S. rotundifolia* L.

**24\*** BStg ohne LaubBl, nackt. KBl während der BZeit zurückgeschlagen. KrBl 4(–5,5) mm lg, weiß, gegen den Grund zu gelblich, oft ohne rote Punkte. 0,20–0,40. ⌁ i Rosetten-Polster 7. **Z** s △; ∨ ❦ ◖ ● ≃ (Pyr., N-Span., SW-Irl.: Wälder, Kalkfelsen, Felsspalten, (20–)300–1500(–2200) m – 2 Unterarten – Hybr s. **18**). **Rauhaar-St.** – _S. hirsuta_ L.

**25** **(17)** Bl alle unzerteilt od. mit knorpligen seitlichen Randzähnen, niemals gekerbt, gelappt, gespalten od. geschnitten, oseits meist mit einem punktfg Grübchen. (Ausnahme: _S. androsacea_: Bl ohne punktfg Grübchen) ............................... **26**

**25\*** Bl gekerbt, gelappt, gespalten od. geschnitten, zuweilen auch kombiniert mit unzerteilten; endständiges Grübchen fehlt; wenn Bl gezähnt, dann Zähne an ihnen nur endständig ................................................................. **29**

**26** KrBl leuchtend gelb, zuweilen orange od. rot. Bl schmal lanzettlich, ganzrandig, fleischig, 10–25 × 2–4 mm. Blühende Stg locker beblättert. (Abb. **344**/4). 0,03–0,30. ⌁ i LegTrRasen 6–9. **W. Z** s △; ∨ ❦ ◖ ○ ≃ ⊕, heikel (warmgemäß. bis kühles Eur. u. N-Am., O-Grönl.: mont. bis alp. Quellfluren, überrieselte Felsen, Schuttfluren, Bachufer, kalkhold – formenreich – einige Hybr u. Sorten – ▽). **Fetthennen-St.** – _S. aizoides_ L.

**26\*** KrBl gelblichweiß od. weiß ........................................... **27**

**27** FrKn unterständig. BlOSeite unterhalb der Spitze ohne punktfg Grübchen. KBl stumpf. KrBl weiß. GrundBl schmal verkehrteifg, gegen den Grund keilig, vorn ganzrandig od. mit 3(–5) Zähnen. BStg 1–6(–13) cm hoch, meist 1-, selten 3–5blütig. 0,01–0,13. ⌁ i Rosetten-Rasen 6–8. **W. Z** s △; ∨ ❦ ○ ≃ ⊕ (Pyr., Alpen, Balkan, Sibir.: Altai, Sajan: alp. feuchte Schneetälchen, ruhender Schutt, kalkstet, (1800–)2000–2800(–3000) m – ▽). **Mannsschild-St.** – _S. androsacea_ L.

**27\*** FrKn oberständig, höchstens im unteren Drittel mit dem Achsenbecher verwachsen. BlOSeite unterhalb der Spitze mit einem punktfg Grübchen, ohne Kalkausscheidung. KBl stachelspitzig. KrBl gelblichweiß ........................................ **28**

**28** Pfl lockre bis mäßig dichte Rasen bildend. Nichtblühende Triebe kriechend, locker u. abstehend beblättert. Achselknospen kürzer als ihr TragBl. Bl 5–20 mm lg. BStg meist mehrblütig. (0,05–)0,07–0,20. ⌁ i LegTrRasen 7–8. **Z** s △; ∨ ● ◖ ⊝ Boden kiesighumos (Pyr., Alpen, Apennin: Felsen, ruhender Grobschutt, Bachufer, Silikatmagerrasen, (400–)1600 –2200(–2800) m – 2 Varietäten). **Rauer St.** – _S. aspera_ L.

**28\*** Pfl dichte Flachpolster bildend. Nichtblühende Triebe kurz kriechend, dicht u. ± anliegend beblättert. Achselknospen etwa so lg wie ihr TragBl. Bl 2–6 mm lg. BStg stets 1blütig. 0,01–0,08. ⌁ i LegTrRasen ⌁ 7–8. **W. Z** s △; ∨ ❦ Brutsprosse ● ◖ ⊝ Boden kiesig-humos, Schutz gegen Winternässe (Pyr., Frankr.: Auvergne; Alpen, Riesengeb., Balkan: hochalp. bis subalp. sickerfrische Schuttfluren, Felsen, 1800–400 m – ▽). **Moos-St.** – _S. bryoides_ L.

**29** **(25)** BStg ohne StgBl. KBl zurückgeschlagen. FrKn oberständig .............. **30**

**29\*** BStg zumindest mit einem StgBl (bei _S. androsacea_ zuweilen fehlend). KBl ± aufrecht. FrKn unter- od. halbunterständig ......................................... **31**

**30** BlStiel so lg wie die BlSpreite od. kürzer, auf der gesamten Länge dicht gewimpert. BlSpreite eifg od. elliptisch, mit keiligem Grund, stumpf gezähnt, ledrig, 1–6 cm lg. KrBl weiß, am Grund gelb gefleckt u. darüber mit wenigen roten Punkten. (Abb. **345**/3). 0,10–0,40. ⌁ i Rosetten-Rasen 6–7. **Z** z △ Gräber ▭; ∨ ❦ ◖ ● Boden kiesig-humos (W-u. Z-Pyr.: Bachränder, Felsfüße, Felsspalten, (800–)1500–2000(–2300) m – Natur-Hybr mit _S. hirsuta_ : _S._ × _geum_, s. **18**; Kultur-Hybr mit _S. spathularis_ Brot.: **Porzellanblümchen** – _S._ × _urbium_ D. A. Webb: BlSpreite mit schwach herzfg bis gestutztem Grund u. 3eckigen Randzähnen, KrBl reichlicher rot punktiert, Pfl selten fruchtend, in M-Eur. verw., oft mit _S. umbrosa_ verwechselt – Sorten von _S._ × _urbium_: 'Aureopunctata': Bl gelb gefleckt; 'Elliots Variety' ['Clarence Elliot']: Stg rötlich, KrBl rosa). **Schatten-St.** – _S. umbrosa_ L.

**30\*** BlStiel so lg wie die BlSpreite od. länger, nur in der unteren Hälfte gewimpert od. kahl. BlSpreite verkehrteifg od. rundlich, mit keiligem Grund, schwach gekerbt od. gesägt od. ganzrandig, 0,5–1,5 cm lg. (Abb. **345**/4). KrBl weiß, am Grund gelb punktiert. 0,08–0,25. ⌁ i Rosetten-Rasen 5–8. **Z** s △; ∨ ❦ ◖ ● ⊝ Boden humos (Pyr., Cevennen,

Alpen, Apennin, Slowakei, Kroat.: luftfeuchte, schattige, halbschattige Standorte, Felsen, Baumwurzeln, steinige Hänge, hochmont. u. subalp. Wälder, Grünerlengebüsche, 240–2200 m – 2 Unterarten – Hybr mit *S. taygetea* BOISS. et HELDR.: *S.* × *tazetta* – einige Sorten). **Keilblättriger St. –** *S. cuneifolia* L.

**31** **(29)** KrBl grünlich od. gelblich, so br wie die KBl od. schmaler. GrundBl linealisch u. dann meist unzerteilt od. länglich-keilfg u. am Vorderrand (2–)3zähnig od. 3spaltig. BStg 1–12 cm hoch, 2–5blättrig, 1–5blütig. 0,03–0,10. ⚄ i ⌔ 6–8. **W**. **Z** z △; ∀ ⱱ absonnig ⊕ (Pyr., Apennin, Alpen, Balkan, Kauk.: alp. mäßig frische Schuttfluren, Felsen, Steinrasen, kalkhold, 1450–4000 m – einige Varietäten – Sorten: 'Cloth of Gold' u. 'Compacta': Bl gelblich – ▽). [*S. exarata* VILL. subsp. *moschata* (WULFEN) CAV.]
**Moschus-St. –** *S. moschata* WULFEN

**31\*** KrBl weiß, breiter als die KBl . . . . . . . . . . . . . . . . . . . . . . . . . . . . . . . . . . . . . . . **32**
**32** KBl linealisch, 4–5mal so lg wie br. BlSpreite der GrundBl keilfg, vorn zerteilt in 3–9 elliptische bis lineal-längliche Segmente, 8–15 × 5–20 mm. BStg 5–18 cm hoch, 2–12-blütig. KrBl 9–15 mm lg. 0,05–0,20. ⚄ i Rosetten-Rasen 6–8. **Z** s △; ∀ ⱱ ◑ ● ⊖ (SW-Alpen, Cevennen, Korsika, Sardinien, Balkan, Marokko: feuchte, schattige Felsspalten u. Felsbänder, auf Urgestein, 2000–2520 m – mehrere Unterarten).
**Piemonteser St. –** *S. pedemontana* ALL.
**32\*** KBl eifg od. dreieckig, bis etwa 2mal so lg wie br . . . . . . . . . . . . . . . . . . . . . . . . **33**
**33** GrundBl ganzrandig od. vorn mit 3 Zähnen od. kurzen Lappen.
**Mannsschild-St. –** *S. androsacea* L., s. **27**
**33\*** GrundBl 3–9spaltig . . . . . . . . . . . . . . . . . . . . . . . . . . . . . . . . . . . . . . . . . . . . . . . . **34**
**34** Nichtblühende Stg mit sitzenden BlAchselknospen. GrundBl 3–7spaltig. Bl der Seitentriebe oft ganz u. lineal-lanzettlich. BlSegmente sehr schmal, <5 mm br, stachelspitzig. Bl der Knospen lang- u. feinhaarig. BKnospen nickend. (Abb. **345**/1). 0,12–0,30. ⚄ i LegTrRasen 5–6. **W**. **Z** s △; ∀ ⱱ ◑ ○ ⇌ (Brit., Irl., Isl., Färöer, Norw., Frankr., Span.: feuchte Felsen, Dünen, Flusstäler im Gebirge – Hybr mit *S. rosacea* u. *S. trifurcata* – ▽).
**Astmoos-St. –** *S. hypnoides* L.
**34\*** Nichtblühende Stg ohne BlAchselknospen. Alle Bl gespalten. BKnospen aufrecht . . **35**
**35** Bl ledrig, steif, kahl, nur mit sitzenden Drüsen. BlSpreite im Umriss nieren- od. halbkreisfg, mit (5–)9–11(–40) lanzettlichen bis dreieckigen Segmenten. BStand (2–)5–12 (–18)blütig. (Abb. **341**/1). 0,10–0,30. ⚄ i ⌔ 5–6. **Z** s △; ∀ ⱱ ○ ◑ (Pyr., N-Span.: Kalkfelsspalten, Dächer, Mauern, (0–)500–1500(–2300) m – 1804).
**Dreigabliger St., Gabel-St. –** *S. trifurcata* SCHRAD.
**35\*** Bl krautig, weich, behaart bis fast kahl, mit Drüsenhaaren. BlSpreite im Umriss spatel-, keil- od. verkehrteifg, mit 3–5 lanzettlichen Segmenten. BStand 2–9blütig, mit 0–2 StgBl. KrBl meist 6–10 mm lg, weiß. 0,05–0,25. ⚄ i LegTrRasen 5–7. **W**. **Z** z △; ∀ ⱱ ○ ◑ (Grönl., Isl., Färöer, Irl., Frankr., D., Tschechien, Österr.: mäßig trockne Fels-

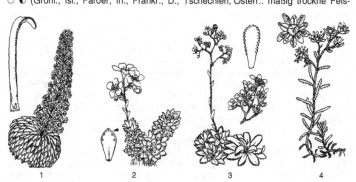

1          2          3          4

spalten u. Schuttfluren – Unterarten: subsp. *ros̲a̲cea* [*S. dec̲i̲piens* EHRH.]: BlSegmente stumpf od.: spitz; subsp. *sphonh̲e̲mica* (C. C. GMEL.) D. A. WEBB [*S. sphonh̲e̲mica* C. C. GMEL.]: BlSegmente zugespitzt od. mit kurzer Grannenspitze – Elter von ∞ Hybr, ∞ Sorten – ▽). **Rasen-St.** – *S. ros̲a̲cea* MOENCH

Ähnlich: **Polster-St.** – *S. cespit̲o̲sa* L.: Bl meist mit 3, selten mit 5 Segmenten. KrBl 5,5–6,5 mm lg, meist grünlich od. gelblich getönt. 0,02–0,10. ♃ i ⌣ 5–7. **Z** s △; ∀ ♜ ○ (nördl. Eur., As. u. N-Am., westl. N-Am., Irl., Frankr., M-Eur.: Felsen, Felsspalten).

**Telesonix** – *Tel̲e̲sonix* RAF. 1 Art

GrundBl 2–6 cm ⌀, nierenfg, gekerbt bis schwach gelappt. BStg drüsig behaart. BStand rispig. KrBl 2,5–9,5(–11) mm lg, genagelt, purpurrot. 0,05–0,20. ♃ ⅄ 4–6. **Z** s △ ⓐ; ∀ ○ ◑ Boden humos ⊖ ⌃ (W-Kanada, USA: Rocky M. bis Colorado: feuchte, schattige Felsspalten, 2300–4000 m – 1930). [*Sax̲i̲fraga jam̲e̲sii* TORR., *Boyk̲i̲nia jam̲e̲sii* (TORR.) ENGL.] **Telesonix** – *T. jam̲e̲sii* (TORR.) RAF.

**Schaumblüte, Bischofskappe** – *Tiar̲e̲lla* L. 7 Arten

Lit.: LAKELA, O. 1937: A monograph of the genus *Tiarella* L. in North America. Amer. J. Bot. **24**: 344–351.

Bem.: ∞ Hybr u. Sorten mit intensiven BlFärbungen u. auffälligen BlFormen; oft können diese den einzelnen Arten nicht mehr zugeordnet werden.

1 BStand traubig. Bl 3–5(–7)lappig. KrBl pfriemlich, linealisch, schmal lanzettlich od. elliptisch, genagelt. StaubBl gleich lg. Staubbeutel nach der Öffnung breiter als lg (ob die beiden letzten Merkmale auch bei *T. polyph̲y̲lla?*) . . . . . . . . . . . . . . . . . . . . . . . . . . **2**
1* BStand rispig. Bl 3zählig, 3–5lappig od. 3spaltig. KrBl pfriemlich. StaubBl ungleich lg. Staubbeutel nach der Öffnung länger als br . . . . . . . . . . . . . . . . . . . . . . . . . . . . . **4**
2 KrBl pfriemlich bis linealisch, 2–3 mm lg, zuweilen fehlend. KBl 1–2 mm lg. StaubBl 3–5 mm lg. Kapsel 7–12 mm lg. BStg mit 2–3 Bl. 0,10–0,45. ♃ ⟋⟍ 6–8. **Z** z Staudenbeete, Gehölzgruppen; ∀ Kaltkeimer ♜ ◑ ● ≈ Boden locker, humos (Japan, China, Taiwan, Bhutan, Sikkim; feuchte BergW, schattige, nasse Orte, 1000–3800 m – wichtiger Kreuzungspartner). **Asiatische Sch.** – *T. polyph̲y̲lla* D. DON
2* KrBl lanzettlich bis elliptisch, 3–8 mm lg . . . . . . . . . . . . . . . . . . . . . . . . . . . . . **3**
3 Pfl im Sommer ohne Ausläufer. BStg meist mit 1–3 Bl. KBl 1,5–2 × 0,7–0,9 mm. KrBl 3–5 mm lg, schmal lanzettlich. StaubBl 3–5 mm lg. Kapsel 5–10 mm lg. 0,15–0,35. ♃ 5–6. **Z** s Gehölzgruppen △; ∀ Kaltkeimer ♜ ◑ ● Boden locker, humos (SO-USA: nährstoffreiche Wälder – 1939 – wichtiger Kreuzungspartner – Sorten, ♠: 'Heronswood Mist': Bl grün, cremefarben marmoriert u. gefleckt; 'Bronce Beauty': Bl ganzjährig bronzefarben). [*T. cordif̲o̲lia* var. coll̲i̲na WHERRY] **Wherry-Sch.** – *T. wh̲e̲rryi* LAKELA
3* Pfl im Sommer mit dünnen, wurzelnden Ausläufern. BStg ohne od. mit einem kleinen (–2) Bl. KBl 2–4 × >1 mm. KrBl 4–8 mm lg, elliptisch bis lanzettlich, ganzrandig, bei der

1          2          3          4

f. *tridentata* LAKELA meist 3zähnig, weiß. StaubBl 2–7 mm lg, Staubbeutel orange. Kapsel 4–10 mm lg. (Abb. **347**/1). 0,10–0,30. ⌛ ∿ 4–6. **Z** z Staudenbeete, Gehölzgruppen ▢; ∀ ⴲ ◖ ● ⊖ Boden locker, humos (östl. N-Am.: feuchte, nährstoffreiche GebirgsW – 1731 – Sorten, ♠: 'Albiflora': Staubbeutel weiß; 'Marmorata': Bl im Austrieb bronzefarben, später dunkelgrün mit violetten Flecken).

**Wald-Sch., Herzblättrige Sch.** – *T. cordifolia* L.

**4 (1)** Bl einfach od. 3–5lappig, bei der f. *trisecta* LAKELA 3spaltig. KBl 1–2 mm lg. KrBl 2–5 mm lg, an der Spitze gedreht. Längere StaubBl 4–6 mm lg. Kapsel 5–8 mm lg. 0,15–0,45. **Z** s Gehölzgruppen ▢; ∀ ⴲ ● ◖ ≈ (westl. N-Am.: feuchte Wälder, Flussufer).

**Lappenblättrige Sch.** – *T. unifoliolata* HOOK.

**4\*** Bl 3zählig . . . . . . . . . . . . . . . . . . . . . . . . . . . . . . . . . . . . . . . . . . . . . . . **5**

**5** Blchen einfach od. nur schwach gegliedert, höchstens gespalten. KBl 1–2 mm lg. KrBl 2–5 mm lg. Längere StaubBl 3–5 mm lg. Kapsel 5–7 mm lg. 0,15–0,50. ⌛ 5–8. **Z** s Gehölzgruppen △; ∀ ⴲ ◖ ● ≈ (westl. N-Am.: feuchte Wälder, Flussufer).

**Dreiblättrige Sch.** – *T. trifoliata* L.

**5\*** Blchen deutlich gegliedert, gespalten bis geschnitten. KBl 1,5–2,5 mm lg. KrBl 3–4 mm lg. Längere StaubBl 2–3 mm lg. Kapsel 4–7 mm lg. 0,20–0,35(–0,40). ⌛ 5–7. **Z** s Gehölzgruppen △; ∀ ⴲ ● ◖ ≈ (westl. N-Am.: feuchte Wälder).

**Schlitzblättrige Sch.** – *T. laciniata* HOOK.

**Purpurglöckchen** – *Heuchera* L.                                            55 Arten

Lit.: ROSENDAHL, O. C., BUTTERS, F. K., LAKELA, O. 1936: A monograph of the genus *Heuchera*. Minnesota Stud. Pl. Sci. **2**: 1–180.

Bem.: In Kultur ∞ Sorten; ihre Vermehrung erfolgt meist durch ⴲ, Risslinge, √∿.

**1** StaubBl kürzer als die KBl . . . . . . . . . . . . . . . . . . . . . . . . . . . . . . . . . . . **2**

**1\*** StaubBl so lg wie die KBl od. länger . . . . . . . . . . . . . . . . . . . . . . . . . . . . **4**

**2** BStand eine Rispe, locker. Achsenbecher u. K rot. KrBl kürzer als die KBl. BlSpreite 5–7lappig, drüsenhaarig, 2–6 cm ∅. (Abb. **348**/1). 0,20–0,50. ⌛ i ⅄ 5–7. **Z** v Rabatten, Staudenbeete, Gehölzgruppen △ ⅄; ∀ ⴲ ○ ◖ Boden frisch, nährstoffreich, neutral (USA: New Mex., Arizona: feuchte, schattige, felsige Orte – 1882 – Elternteil von ∞ Züchtungen; GartenHybr: *H.* × *brizoides* hort. ex LEMOINE (*H. sanguinea* × *H. americana* × *H. micrantha* var. *micrantha*) – Sorten: z. B. 'Alba': B weiß, BZeit 5–7; 'White Cloud': B weiß, BZeit 6–8; 'Robusta': B groß, dunkelrot; 'Splendens': B karminrot).

**Echtes P.** – *H. sanguinea* ENGELM.

**2\*** BStand eine Scheinähre. Achsenbecher u. K weiß, grünlich od. cremefarben . . . . . **3**

**3** KrBl meist fehlend od. wenn vorhanden, kürzer als die KBl. BlSpreite meist länger als br. Achsenbecher + K zur BZeit (4,5–)6–8 mm lg. (Abb. **348**/3). Bis 0,90. ⌛ ⴕ 5–6. **Z** z Rabatten, Staudenbeete, Gehölzgruppen △; ∀ ⴲ ○ ◖ Boden frisch, nährstoffreich,

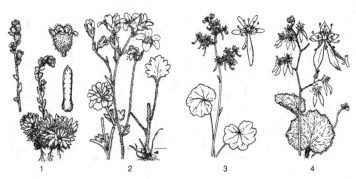

1                    2                    3                    4

neutral (W-Kanada: British Columbia; NW-USA: Washington, Oregon, Idaho, Montana: felsige Orte – 3 Varietäten: var. *alpina* WATS.: Bl meist <2,5 cm br; var. *glabella* TORR. et A. GRAY) WHEELOCK: Bl meist >2,5 cm br, BlStiel kahl od. schwach drüsenhaarig; var. *cylindrica*: Bl meist >2,5 cm br, BlStiel meist mit kurzen u. lg Drüsenhaaren – Sorten: 'Greenfinch': B bräunlich bis weiß od. grünlich; 'Hyperion': BStg kurz, B rosa).

**Zylindrisches P. –** *H. cylindrica* DOUGLAS ex HOOK.

3\* KrBl meist vorhanden, so lg wie die KBl od. länger (var. *grossulariifolia*) od. kürzer als die KBl (var. *tenuifolia* (WHEELOCK) C. L. HITCHC.). BlSpreite meist breiter als lg. Achsenbecher + K zur BZeit 4–6(–6,5) mm lg. Bis 0,40. ♃ 5–8. **Z** s Rabatten, Staudenbeete, Gehölzgruppen △; V ∀ ○ ◐ Boden frisch, nährstoffreich, neutral (NW-USA: Washington, Montana, Idaho: grasbewachsene Berghänge, Felswände).

**Johannisbeerblättriges P. –** *H. grossulariifolia* RYDB.

4 **(1)** Achsenbecher + K deutlich dorsiventral, 5–10 mm lg, grünlich. (Abb. **348**/2). KBl aufrecht. KrBl etwa so lg wie die KBl, spatelfg, genagelt. BStg meist blattlos, steifhaarig. BStand schmal zylindrisch. 0,40–0,80. ♃ 5–6. **Z** z Rabatten, Staudenbeete △; V ∀ ○ ◐ Boden frisch, nährstoffreich, neutral (warmes bis gemäß. N.-Am.: Prärien, trockne Wälder).

**Prärie-P. –** *H. richardsonii* R. BR.

Ähnlich: **Appalachen-P. –** *H. pubescens* PURSH: BStg mit 1–3 Bl, nicht steifhaarig. BStand konisch. Bis 0,75. ♃ 5–8; **Z** s; V ∀ ○ ◐ (O-USA: BergW).

4\* Achsenbecher + K ± radiär . . . . . . . . . . . . . . . . . . . . . . . . . . . . . . . . . . . . . . . **5**

5 KrBl meist kürzer als die KBl, weißlich, grünlich, rosa od. rötlichpurpurn. BStand schmal zylindrisch. Achsenbecher + K bis 4 mm lg. Bis 1,00. ♃ 5–8. **Z** s Rabatten, Staudenbeete, Gehölzgruppen; V ∀ ○ ◐ Boden frisch, nährstoffreich, neutral (östl. N.-Am.: Wälder, schattige Hänge auf Kalk, Felsen – 1656 – einige Sorten, ♠: z.B. 'Palace Purple': Bl rotbraun; 'Monstrose Ruby': Bl dunkelrot; 'Eco Magnififolia': Bl silbrigblau, rot gezeichnet).

**Hohes P. –** *H. americana* L.

5\* KrBl so lg wie die KBl od. länger. BStand br, locker . . . . . . . . . . . . . . . . . . . . . . . **6**

6 BlStiel u. unterer Teil des BStg kahl, zuweilen drüsenhaarig. Sa schwach gebogen, 3–4mal so lg wie br, mit ∞ lg pfriemlichen Dörnchen, mittelbraun. BlSpreite meist breiter als lg. NebenBl am Rand gewimpert. Achsenbecher zur BZeit trichterfg, am Grund spitz. (0,15–)0,25–0,60. ♃ 6–8. **Z** s Rabatten, Staudenbeete, Gehölzgruppen △; V ∀ ○ ◐ Boden frisch, nährstoffreich, neutral (westl. N.-Am.: Flussufer, feuchte Felsspalten).

**Kahles P. –** *H. glabra* WILLD.

6\* BlStiel u. unterer Teil des BStg mit lg Haaren. Sa gerade, weniger als 2mal so lg wie br, fast schwarz, mit ∞ kurzkegligen Dörnchen. BlSpreite meist länger als br (var. *diversifolia* (RYDB.) ROSEND., BUTTERS et LAKELA) od. so br wie lg (var. *micrantha*). NebenBl am Rand mit bis 3 mm lg Haaren. Achsenbecher zur BZeit ± trichterfg, am Grund spitz. 0,15–0,60. ♃ 5–8. **Z** s Rabatten, Staudenbeete, Gehölzgruppen △ ♠; V ∀

○ ◑ ≈ Boden frisch, nährstoffreich, neutral (westl. N-Am.: Flussschotterfluren, Felsspalten – 1827 – Sorten: z. B. 'Rachael': Bl rotbraun, B rosa; 'Pewter Moon': Bl rotbraun, silbergrau marmoriert). **Kleinblütiges P.** – *H. micrantha* DOUGLAS ex LINDL.

Ähnlich: **Küsten-P.** – *H. pilosissima* FISCH. et C. A. MEY.: Achsenbecher zur BZeit halbkuglig, am Grund gerundet. 0,20–0,50. ♃ 4–7. **Z** s Rabatten, Staudenbeete, Gehölzgruppen △; V ♥ ○ ◑ ≈ Boden frisch, nährstoffreich, neutral (Kalif.: Küstensteilufer).

**Lebendblatt** – *Tolmiea* TORR. et A. GRAY                                        1 Art

BlSpreite herzfg, schwach 5–7lappig, bis 10 cm lg, oft mit Brutknospen. BStand traubig. B dorsiventral. Achsenbecher useits tief eingeschnitten. Obere 3 KBl stumpf, untere 2 KBl spitz u. kleiner. KrBl 4, selten 5, zurückgebogen, fadenfg, braun. StaubBl 3, selten 2. FrKn 1fächrig, aus 2 FrBl. Griffel fadenfg. ♃ i ♈ 5–6. **Z** z Gehölzgruppen, Ampeln, Balkons, Zimmer; V ♥ Brutknospen ● ◑ Boden lehmig-humos (westl. N-Am.: Flussufer, feuchte Wälder – 1812 – Sorte: 'Taff's Gold': Bl hellgrün mit gelben u. weißen Punkten u. Flecken).      **Lebendblatt, Henne mit Küken** – *T. menziesii* (PURSH) TORR. et A. GRAY

**Bischofskappe** – *Mitella* L.                                        20 Arten

1  BStg mit 1–3 LaubBl . . . . . . . . . . . . . . . . . . . . . . . . . . . . . . . . . . . . . . . . . . . .  2
1* BStg blattlos, höchstens mit dünnhäutigen SchuppenBl . . . . . . . . . . . . . . . . . . . . .  3
2  StgBl 2, gegenständig, (fast) sitzend. StaubBl 10. KrBl 2–3 mm lg, weiß. BStand 5–20blütig. 0,20–0,25(–0,45). ♃ ♈ 4–5. **Z** s Gehölzgruppen; V ♥ ● ◑ Boden humos (östl. N-Am.: steinige, feuchte Wälder – 1753).      **Gegenblättrige B.** – *M. diphylla* L.
2* StgBl 1–3, wechselständig, gestielt. StaubBl 5. KrBl 3–4 mm lg, grünlich, oft mit purpurnem Grund. BStand bis 25blütig. 0,20–0,40. ♃ ♈ ∿ 5. **Z** z Gehölzgruppen; V ♥ ● ◑ Boden humos (westl. N-Am.: Wiesen, feuchte Wälder – 1840).
                                        **Wechselblättrige B.** – *M. caulescens* NUTT.
3  (1) StaubBl 10. FrKn meist oberständig. KrBl bis 4 mm lg, grünlichgelb. BStand 3–12blütig. 0,03–0,20. ♃ ♈ ∿∿ 6–8. **Z** s △ Gehölzgruppen; V ♥ ● ◑ Boden humos (gemäß. bis kühles N-Am., Korea, Japan, Mong., Sibir., Fernost: feuchte Wälder, Sümpfe, Flussufer).      **Zehnmännige B.** – *M. nuda* L.
3* StaubBl 5. FrKn halbunterständig bis unterständig . . . . . . . . . . . . . . . . . . . . . . . . . .  4
4  StaubBl vor den KrBl. Staubbeutel breiter als lg. KrBl 2–3 mm lg, grünlich, mit 5–9(–11) fadenfg Segmenten. BStand 5–25blütig. (0,10–)0,20–0,30(–0,40). ♃ 5–6. **Z** s Gehölzgruppen; V ♥ ● ◑ Boden humos (westl. N-Am.: feuchte Wälder, Flussufer, nasse Wiesen – 1829).      **Fünfmännige B.** – *M. pentandra* HOOK.
4* StaubBl vor den KBl. Staubbeutel mindestens so lg wie br . . . . . . . . . . . . . . . . . .  5
5  Achsenbecher + K flach, untertassenähnlich, bedeutend breiter als lg; KZIpfel dreieckig, spreizend bis zurückgebogen. KrBl mit 3–9 fadenfg Segmenten . . . . . . . . . . . . . .  6

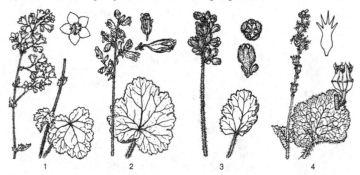

1                    2                    3                    4

**5*** Achsenbecher + K becherfg bis glockenfg, meist deutlich länger als br. KZipfel eifg bis länglich, aufrecht od. mit nur spreizenden Spitzen. KrBl mit 3 Segmenten . . . . . . .  **7**

**6** BlSpreite 4–8 cm br, breiter als lg, schwach behaart. KrBl 1–2 mm lg, mit 3–5(–9) fadenfg Segmenten, grünlichgelb. BStand 20–60blütig. 0,15–0,30(–0,40). ⚄ ♈ 6–8. **Z** s Gehölzgruppen; ⚥ ♈ ● ◐ Boden humos (westl. N-Am.: feuchte BergW, offne bis bewaldete Hänge).                                    **Brewer-B.** – *M. breweri* A. GRAY

**6*** BlSpreite 1–4 cm br, länger als br, deutlich behaart. KrBl 1–2 mm lg, mit 3–5(–7) fadenfg Segmenten, grünlichgelb. BStand 20–60blütig. 0,20–0,30. ⚄ ♈ 5. **Z** s Gehölzgruppen; ⚥ ♈ ● ◐ Boden humos (warmgemäß. bis gemäß. westl. N-Am.: feuchte Wälder, Flussufer).                                **Rauhaarige B.** – *M. ovalis* GREENE

**7** **(5)** BStand streng einseitswendig, mit 10–35(–45) B. KrBl 2,5–4 mm lg, mit 3 fadenfg Endsegmenten, grünlichweiß bis purpurn. Bis 0,50. ⚄ ♈ 6–8. **Z** s Gehölzgruppen; ⚥ ♈ ● ◐ Boden humos (USA: Washington, Oregon, Utah, Colorado: Wälder).                                **Einseitswendige B.** – *M. stauropetala* PIPER

**7*** BStand kaum einseitswendig, mit (4–)10–20 B. KrBl (1–)1,5–2,5(–4) mm lg, mit 3 lappigen (nicht fadenfg) Endsegmenten, weiß bis purpurn getönt. 0,10–0,35. ⚄ ♈ 5–7. **Z** s Gehölzgruppen; ⚥ ♈ ● ◐ Boden humos (westl. N-Am.: Wälder, feuchte Berghänge).                                **Dreispaltige B.** – *M. trifida* GRAHAM

**Tellima** – *Tellima* R. BR.                                                        1 Art

BlSpreite nierenfg, 3–7lappig, 4–10 cm ⌀. BlStiel 5–20 cm lg. BStand traubig, einseitswendig. B ± nickend. KrBl 5, 4–6 mm lg, vorn geschlitzt, zurückgebogen, grünlichweiß bis rosa. (Abb. **348**/4a). StaubBl 10, sehr kurz, dem Schlund des aufgeblasenen Achsenbechers eingefügt. (Abb. **348**/4). 0,30–0,80. ⚄ i ♈ 5–6. **Z** z Gehölzgruppen △ ▢; ⚥ Selbstaussaat ♈ ● ◐ Boden lehmig, humos, durchlässig (westl. N-Am.: Wälder, Flussufer, feuchte Felsen – 1826 – Sorten, ♠: z.B. 'Perky': Pfl bis 0,40, B rötlich; 'Purpurea' (Rubra-Gruppe): Bl vor allem im Herbst u. Winter kupferrot, im Sommer vergrünend; 'Purpurteppich': Bl ganzjährig kastanienbraun, B grün mit roten Fransen; 'Forest Frost': Bl mit silbriger Zeichnung u. rötlichen Nerven).

**Großblütige T., Falsche Alraunwurzel** – *T. grandiflora* (PURSH) DOUGLAS ex LINDL.

**Brautkranz** – *Francoa* CAV.                                                      1 Art

Bl leierfg mit geflügeltem Stiel, behaart, bis 30 × 10 cm (Abb. **334**/4). BStand traubig. KBl 4. KrBl 4, weiß od. rosa, mit od. ohne dunkle(r) Zeichnung. Fruchtbare StaubBl 8, abwechselnd mit 8 unfruchtbaren. FrKn 4fächrig. Bis 0,90. ♓ i 6–7. **Z** s Gehölzgruppen, Kübel; ⚥ ♈ ○ ◐ ≈ Boden humos, durchlässig ⓔ (M-Chile: feuchte Orte, Straßenränder – 1831). [*F. appendiculata* CAV., *F. ramosa* D. DON]  **Brautkranz** – *F. sonchifolia* CAV.

## Familie **Schlauchpflanzengewächse** – *Sarraceniaceae* DUMORT.

14 Arten

Lit.: BARTHLOTT, W., POREMBSKI, St., SEINE, R., THEISEN, I. 2004: Karnivoren – Biologie und Kultur fleischfressender Pflanzen. Stuttgart. – MACFARLANE, J. M. 1908: *Sarraceniaceae*. In ENGLER, A.: Das Pflanzenreich **34**: 1–39. – SCHNELL, D. E. 2002: Carnivorous plants of the United States and Canada. Portland, Oregon. – SLACK, A. 1985: Karnivoren – Biologie und Kultur der insektenfangenden Pflanzen. Stuttgart.

**Schlauchpflanze** – *Sarracenia* L.                                               8 Arten

**1** SchlauchBl aufsteigend, schwach gekrümmt, bauchig erweitert, 5–15(–60) cm lg, grün bis rotbraun od. rotbraun geadert. Deckel aufrecht, rotbraun geadert. BBl meist rotbraun, selten gelb. (Abb. **350**/2). 0,20–0,60. ⚄ i ♈ 5–8. **Z** s Moorbeete; ⚥ Lichtkeimer ♈ ○ ◐ ≈ ≋ ⊖ (warmes bis gemäß. östl. N-Am.: Torfmoore; lokal eingeb. in D. – 1640 – 2 Unterarten – Naturhybr: mit *S. leucophylla* RAF.: *S.* × *mitchelliana* hort. ex G. NICHOLSON: Deckel stark gewellt – Hybr mit noch 4 weiteren Arten).

**Rotbraune S.** – *S. purpurea* L. subsp. *purpurea*

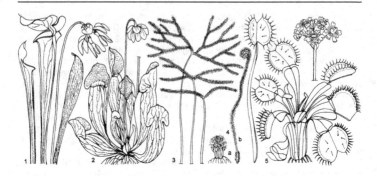

**1\*** SchlauchBl aufrecht, gerade, sich spitzenwärts allmählich konisch erweiternd, bis 100 cm lg, grünlichgelb. BBl gelb. (Abb. **350**/1). Bis 1,00. ♃ i ⚲ 4–6. **Z** s Moorbeete; V Lichtkeimer ♉ ○ ≈ ≈≈ ⊖ ⊛ ∧ (südöstl. N-Am.: nasse KiefernW, Sümpfe – 1752 – Hybr mit 7 Arten). **Gelbe S.** – *S. flava* L.

## Familie **Sonnentaugewächse** – *Droseraceae* SALISB. 140 Arten

Lit.: BARTHLOTT, W., POREMBSKI, St., SEINE, R., THEISEN, I. 2004: Karnivoren – Biologie und Kultur fleischfressender Pflanzen. Stuttgart. – DIELS, L. 1906: *Droseraceae*. In ENGLER, A.: Das Pflanzenreich **26**: 1–136. – SCHLAUER, J. 1999: Bestimmungsschlüssel für die Gattung *Drosera* L. Taublatt **16**, 1: 3–43. – SCHNELL, D. E. 2002: Carnivorous plants of the United States and Canada. Portland, Oregon. – SLACK, A. 1985: Karnivoren – Biologie und Kultur der insektenfangenden Pflanzen. Stuttgart.

**1** BlSpreite drüsenhaarig, ohne Scharniergelenk. (Abb. **350**/3,4).

**Sonnentau** – *Drosera* S. 350

**1\*** BlSpreite ohne gestielte Drüsen. BlSpreitenhälften durch ein Scharniergelenk miteinander verbunden. (Abb. **350**/5). **Venusfliegenfalle** – *Dionaea* S. 350

**Venusfliegenfalle** – *Dionaea* ELLIS 1 Art

RosettenPfl. BlStiel geflügelt. BlSpreitenhälften durch ein Gelenk verbunden, auf ihrer OSeite jeweils mit 3 Borsten, randlich dicht mit bis zu 8 mm lg Zähnen. BStg 15–45 cm lg. KrBl 5, weiß mit grünen Nerven. (Abb. **350**/5). 0,15–0,45. ♃ ⚲ 5–7. **Z** s Moorbeete; V, Bl ⋏⋏, ◐ ○ ⊖ ⊛ ∧ (USA: N- u. S-Carolina: moorige u. feuchtsandige Böden).

**Venusfliegenfalle** – *D. muscipula* ELLIS

**Sonnentau** – *Drosera* L. 138 Arten

**1** KrBl rosa od. purpurn. BlStiel fast fehlend. BlSpreite fadenfg, meist >10 cm lg (Abb. **350**/4b). Winterknospen groß, 2 cm ⌀, mit bräunlichen Wollhaaren (Abb. **350**/4a). Bis 0,25. ♃ Winterknospen 6–9. **Z** s Moorbeete; V, Bl ⋏⋏, ○ ≈ ≈≈ ⊖ ∧ (südöstl. u. östl. N-Am.: feuchte Sandstandorte nahe der Küste – 1834 – 2 Varietäten: var. *filiformis*: Bl bis 25 cm lg, Drüsenhaare auf den Bl rot; var. *tracyi* (MACF.) DIELS: Bl bis 50 cm lg, Drüsenhaare auf den Bl grün). **Fadenblättriger S.** – *D. filiformis* RAF.

**1\*** KrBl weiß. Bl deutlich gestielt . . . . . . . . . . . . . . . . . . . . . . . . . . . . . . . . . . . . . . **2**

**2** BlSpreite 1- od. mehrfach gegabelt, mit linealischen Segmenten. Bl bis 32 cm lg, lg gestielt (Abb. **350**/3). 0,08–0,60. ♃ 5–7. **Z** s Moorbeete; V ♉ Wurzelschnittlinge ○ ≈ ≈≈ ⊖ ∧ ⊛ (O- u. SO-Austr., Neuseel., Tasm.: Moore, Sümpfe, Überschwemmungsgebiete an der Küste – 1823). **Gabelblättriger S.** – *D. binata* LABILL.

**2\*** BlSpreite ganz, nicht gegabelt . . . . . . . . . . . . . . . . . . . . . . . . . . . . . . . . . . . . . **3**
**3** BlSpreite kreisrund, 5–8 mm ⌀. 0,07–0,20. ♃ Winterknospen 7–8. **W.** **Z** s Moorbeete;
 ∨ Licht-Kaltkeimer, Bl ⌒⌄, ○ ≃ ≈ ⊖ Kultur günstig auf lebendem Torfmoos (warmge-
 mäß. bis kühles Eur., As. u. N-Am.: Bulten von Hoch- u. Zwischenmooren, Feucht-
 heiden, periodisch feuchte bis nasse Torf- u. Sandböden – ▽).
 **Rundblättriger S.** – *D. rotundifolia* L.
**3\*** BlSpreite deutlich länger als br, linealisch, keilfg-linealisch od. verkehrteifg . . . . . . **4**
**4** BlSpreite schmal linealisch, bis 6 cm lg, 10–15mal so lg wie br. 0,02–0,15. ♃ 6–8. **Z** s
 Sumpfbeete mit Kalk; ∨, Bl ⌒⌄, ○ ≃ ≈ ⊕ (nordwestl. N-Am.: Mergelsümpfe).
 **Linealblättriger S.** – *D. linearis* GOLDIE
**4\*** BlSpreite keilfg-linealisch od. verkehrteifg, bis 4 cm lg, 2–8(–10)mal so lg wie br . . **5**
**5** BTriebe aufrecht, 2–3mal so lg wie die Bl. BlSpreiten 10–40 mm lg, keilfg-linealisch, 4–8
 (–10)mal so lg wie br. Fr länger als der K. 0,05–0,20. ♃ Winterknospen 7–8. **W. Z** s
 Moorbeete; ∨ Licht-Kaltkeimer, Bl ⌒⌄, ○ ≃ ≈ ⊖ (warmgemäß. bis kühles Eur., As. u.
 N-Am.: Hochmoorschlenken, Zwischenmoore, Schwingrasen an Rändern von
 Moorseen – ▽). [*D. anglica* HUDS.] **Langblättriger S.** – *D. longifolia* L.

 Natur-Hybr mit *D. rotundifolia*: **Bastard-S.** – *D.* × *obovata* MERT. et W. D. J. KOCH: BlSpreite verkehrt-
 eifg. Fr kürzer als der K. Sa steril. 0,07–0,20. ♃ 7–8. **W. Z** s Moorbeete; Bl ⌒⌄, ○ ≃ ≈ ⊖ (warmge-
 mäß. bis kühles Eur., As. u. N-Am.).

**5\*** BTriebe bogig aufsteigend, wenig länger als die Bl. BlSpreiten 7–10 mm lg, keilfg-ver-
 kehrteifg, 2–4mal so lg wie br. 0,03–0,10. ♃ Winterknospen 7–8. **W. Z** s Moorbeete;
 ∨, Bl ⌒⌄, ○ ≃ ≈ ⊖ (ozeanisch beeinflusstes warmgemäß. bis kühles Eur. u. östl. N-
 Am.: Hochmoorschlenken, Zwischenmoore, nackte, zeitweise überschwemmte Torf-
 schlamm- u. Sandböden, kalkmeidend. – Natur-Hybr mit *D. rotundifolia*: *D.* × *beleziana*
 E. G. CAMUS – ▽). **Mittlerer S.** – *D. intermedia* HAYNE

# Familie **Schmetterlingsblütengewächse** – *Fabaceae* LINDL. od.
 *Papilionaceae* GISEKE 12.150 Arten

**1** Alle 10 Staubfäden einer B frei . . . . . . . . . . . . . . . . . . . . . . . . . . . . . . . . . . . . . . . . . . **2**
**1\*** Alle Staubfäden od. nur 9 zu einer Röhre verwachsen u. dann der oberste Staubfaden
 frei . . . . . . . . . . . . . . . . . . . . . . . . . . . . . . . . . . . . . . . . . . . . . . . . . . . . . . . . . . . . . . . . . . . **3**
**2** Pfl kahl, blaugrün. Hülse aufgeblasen. **Färberhülse** – *Baptisia* S. 353
**2\*** Pfl behaart, nicht blaugrün. Hülse flach. **Fuchsbohne** – *Thermopsis* S. 352
**3** **(1)** Alle Staubfäden verwachsen (Abb. **352**/2) . . . . . . . . . . . . . . . . . . . . . . . . . . . . . . **4**
**3\*** Oberstes StaubBl frei, der Röhre der verwachsenen Staubfäden anliegend (Abb. **352**/
 3, 4) . . . . . . . . . . . . . . . . . . . . . . . . . . . . . . . . . . . . . . . . . . . . . . . . . . . . . . . . . . . . . . . . . . **5**
**4** Bl gefiedert. **Geißraute** – *Galega* S. 358
**4\*** Bl 5- bis mehrzählig gefingert (Abb. **353**/7). **Lupine** – *Lupinus* S. 353
**5** **(3)** Bl 3zählig (Abb.**353**/5) . . . . . . . . . . . . . . . . . . . . . . . . . . . . . . . . . . . . . . . . . . . . . **6**
**5\*** Bl gefiedert (Abb. **353**/2), selten 5zählig gefingert . . . . . . . . . . . . . . . . . . . . . . . . **12**
**6** Bl >10 cm br, jedes Blchen mit 1–2 NebenBlchen . . . . . . . . . . . . . . . . . . . . . . . . . . . **7**
**6\*** Bl <10 cm br, Blchen ohne NebenBlchen . . . . . . . . . . . . . . . . . . . . . . . . . . . . . . . . . **8**
**7** Griffel 2–3mal spiralig eingerollt. B >10 mm lg. Hülse glatt od. rau.
 **Bohne** – *Phaseolus* S. 361
**7\*** Griffel gerade. B etwa 5–6 mm lg. Hülse dicht behaart. **Sojabohne** – *Glycine* S. 361
**8** **(6)** Schiffchen lg schnabelfg zugespitzt. Hülsenkanten geflügelt. B zu (1) 2.
 **Spargelerbse** – *Tetragonolobus* S. 358
**8\*** Schiffchen nicht derartig zugespitzt. Hülsen nicht geflügelt. B zu mehreren . . . . . . **9**
**9** KrBl unter sich u. mit den StaubBl verwachsen, welk nicht abfallend. Fr kaum so lg wie
 der K od. nur wenig länger, von der verwelkten Kr umgeben. **Klee** – *Trifolium* S. 356

**9\*** KrBl weder unter sich noch mit den StaubBl verwachsen, nach dem Verblühen einzeln
    abfallend. Fr länger als der K ...................................................... **10**
**10** B in lg, schmalen Trauben. Kr gelb od. weiß.        **Steinklee** – *Melilotus* S. 355
**10\*** B in kurzen, dichten Trauben od. seltener zu 1–2 in den BlAchseln ............ **11**
**11** Pfl stark riechend. B in kopfigen Trauben od. zu 1–2. Fr gerade od. schwach gebogen.
        **Schabzi(e)gerklee** – *Trigonella* S. 355
**11\*** Pfl geruchlos. B in kopfigen Trauben. Fr schneckenartig eingerollt od. nierenfg.
        **Luzerne** – *Medicago* S. 355
**12** **(5)** Bl paarig gefiedert, am Ende mit Ranke od. kleiner Stachelspitze ........... **13**
**12\*** Bl unpaarig gefiedert (Abb. **353**/2), z. T. fast 5zählig gefingert erscheinend ...... **16**
**13** Staubfadenröhre schief abgeschnitten (Abb. **352**/4) ........................ **14**
**13\*** Staubfadenröhre rechtwinklig abgeschnitten (Abb. **352**/3) .................... **15**
**14** KZähne gleichlg, mindestens doppelt so lg wie die KRöhre.        **Linse** – *Lens* S. 360
**14\*** KZähne ± ungleich lg, mindestens einige kürzer als die KRöhre od. gleich lg.
        **Wicke** – *Vicia* S. 359
**15** **(13)** NebenBl größer als die Blchen od. gleich groß. Blchen fiedernervig (Abb. **353**/4).
    Trauben wenigblütig.        **Erbse** – *Pisum* S. 361
**15\*** NebenBl stets kleiner als die Blchen. Blchen meist parallelnervig, selten fiedernervig
    (Abb. **353**/3). Trauben meist ∞blütig.        **Platterbse** – *Lathyrus* S. 360
**16** **(12)** EndBlchen viel größer als die SeitenBlchen. TragBl der BKöpfe fingerfg geteilt.
        **Wundklee** – *Anthyllis* S. 357
**16\*** Alle Blchen etwa gleich groß ......................................... **17**
**17** Bl mit 5 Blchen, unterstes BlchenPaar grundständig u. die NebenBl verdeckend (Abb.
    **353**/6), die übrigen entfernt, selten alle genähert u. Bl 5zählig gefingert erscheinend. B
    in kopfigen Dolden, gelb.        **Hornklee** – *Lotus* S. 357
**17\*** Bl mit 7 u. mehr Blchen, BlchenPaare ± gleich weit voneinander entfernt ........ **18**
**18** B in Dolden. Fr eine Gliederhülse (Abb. **355**/2,3) .......................... **19**
**18\*** B in Trauben ...................................................... **20**
**19** Kr 4–8 mm lg, rosa od. weißlich, Schiffchen stumpf. TragBl des BStands gefiedert.
        **Serradella** – *Ornithopus* S. 358
**19\*** Kr >10 mm lg, wenn kürzer, dann gelb; Schiffchen spitz. TragBl des BStands einfach.
        **Kronwicke** – *Coronilla* S. 358
**20** **(18)** Bl mit bräunlichen Harzdrüsen.        **Süßholz** – *Glycyrrhiza* S. 358
**20\*** Bl drüsenlos ...................................................... **21**
**21** Fr eine Gliederhülse, in 1samige Glieder zerfallend. NebenBl paarweise zu einer brau-
    nen Schuppe verwachsen.        **Süßklee** – *Hedysarum* S. 358
**21\*** Mehrsamige Hülsen od. stachlige NussFr. NebenBl höchstens mit BlStiel verwachsen
    ..................................................................... **22**
**22** Fr eine 1samige Nuss mit gezähntem od. stachligem Rand (Abb. **355**/5). Kr rosaviolett.
        **Esparsette** – *Onobrychis* S. 358
**22\*** Fr eine 2fächrige, mehrsamige Hülse. Kr gelblich.    **Tragant** – *Astragalus* S. 358

**Fuchsbohne** – *Thermopsis* R. Br.        30 Arten

Lit.: Čefranova, Z. V. 1958: Materialy k monografii roda termopsis (*Thermopsis* R. Br.). Trudy Bot.
Inst. Akad. Nauk SSSR ser. 1, **12**: 7–83. – Bem.: Pfl giftig.

1              2              3              4

**1** B innerhalb der Traube gegenständig od. zu 3 quirlig. Kr gelb. Pfl seidig behaart. 0,15–0,40. ⌣ ⚭ 6–8. **Z** z Rabatten, Naturgärten; ∀ ♈ ○ (O-Eur., Sibir., Mong., N-China: Steppen, Trockenwiesen, oft auf salzhaltigen Böden – 19. Jh.).
**Lanzettliche F.** – *Th. lanceolata* R. Br.

Ähnlich: **Bart-F.** – *Th. barbata* Benth.: Kr purpurn. Pfl dicht zottig behaart. **Z** s △; ∀ (Himal.).

**1\*** B wechselständig .................................................... **2**
**2** NebenBl höchstens ³/₄ so lg wie der BlStiel. 0,70–1,50. ⌣ 6–7. **Z** s Naturgärten; ∀ ○ (östl. N-Am: LaubW – 20. Jh.). [*Th. caroliniana* Curtis]
**Zottige F.** – *Th. villosa* (Walter) Fernald et Schub.

**2\*** NebenBl ± so lg wie der BlStiel od. länger ................................ **3**
**3** Hülsen aufrecht, dem Stg anliegend. Blchen länglich-lanzettlich. 0,40–0,80. ⌣ 6–7. **Z** s Rabatten, Naturgärten; ∀ ○ (westl. N-Am: Flussufer, Talhänge – 20. Jh. – zuweilen mit *Th. rhombifolia* Richardson unter diesem Namen vereint).
**Berg-F.** – *Th. montana* Nutt.

**3\*** Hülsen abstehend. Blchen br eifg. 0,50–0,80. ⌣ 6–7. **Z** s Naturgärten; ∀ Kaltkeimer ○ (Fernost, Korea, Japan: Ufer, Sanddünen – 20. Jh.). [*Th. fabacea* (Pall.) DC.]
**Echte F.** – *Th. lupinoides* (L.) Link

**Färberhülse** – *Baptisia* Vent. 17 Arten

**1** Trauben ∞. B < 20 mm lg. Kr gelb. NebenBl klein, hinfällig. Fr 5–10 mm br. 0,30–0,90. ⌣ 6–9. **Z** z Rabatten, Solitär, Parks; ∀ ○ (warmes bis gemäß. O-Am.: Eichen-Kiefern-TrockenW, Prärien, Sandfluren – 18. Jh.).
**Echte F., Falscher Indigo** – *B. tinctoria* (L.) Vent.

**1\*** Traube einzeln od. zu wenigen. B > 20 mm lg. Kr blau. NebenBl br, länger als BlStiel, bleibend. Fr 30–40 mm br. 1,00–1,50. ⌣ 6–7. **Z** z Rabatten, Solitär, Parks; ∀ ○ (warmgemäß. östl. N-Am.: Eichen-Kiefern-TrockenW, Gebüsche – 18. Jh.).
**Blaue F.** – *B. australis* (L.) R. Br.

Ähnlich: **Weiße F.** – *B. leucantha* Torr. et A. Gray: Kr weiß, Fahne blau überlaufen. NebenBl klein, hinfällig. **Z** s ; ⌣ (östl. N-Am.).

**Lupine** – *Lupinus* L. 200 Arten

**1** Alle B wechselständig (Abb. **356**/8) ...................................... **2**
**1\*** Zumindest untere B in den Trauben deutlich quirlig (Abb. **356**/7) .............. **5**
**2** Hülsen groß, > 6 cm lg. Sa 6–8 mm ⌀. Kr einfarbig ......................... **3**
**2\*** Hülsen bis 4 cm lg. Sa 4 mm ⌀. Kr fast stets mehrfarbig .................... **4**
**3** Blchen verkehrteifg, zu 5–7. Oberlippe des K ganz. Kr weiß, z.T. bläulich überlaufen. Sa abgeflacht, weiß. 0,40–1,00. ☉ 6–9. **N** s Körnerfutter; Feldanbau, mittelschwere

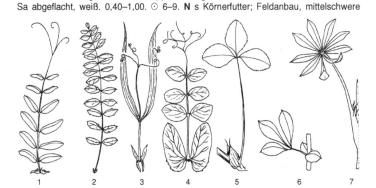

Böden (östl. Medit., hier auch die Wildsippe subsp. *gr<u>ae</u>cus* (BOISS. et SPRUNER) FRANCO et P. SILVA – kult Mittelalter als HeilPfl, 18. Jh. FutterPfl – wenige Sorten, auch alkaloidarme Weiße Süßlupinen – Kultur stark rückläufig). **Weiße L.** – *L. <u>a</u>lbus* L. subsp. <u>a</u>lbus

3\* Blchen lineal-länglich, zu 6–9. KOberlippe tief 2spaltig. Kr kräftig blau, seltener rosa od. weiß. Sa rundlich, grau u. verschiedenfarbig gezeichnet, selten weiß. 0,30–0,80. ⊙ 6–9. N s Futter, besonders im N auf armen Sandböden (Medit.: KiefernW, Dünen, Äcker, Ruderalplätze – kult 16. Jh. als ZierPfl, 19. Jh. FutterPfl, Gründüngung – Anbau stark rückläufig, mehrere Sorten, auch alkaloidarme Blaue Süßlupinen).
**Blaue L.**, **Schmalblättrige L.** – *L. angustif<u>o</u>lius* L.

4 **(2)** Blchen zu 7–9(–10), beidseits wie die ganze Pfl zottig behaart. 0,50–0,70. ⟂, kult ⊙ 7–10. **Z** z Rabatten, Sommerblumenbeete; ∨ ⊳ ○ (Mex.: Trockenfluren – 19. Jh. – verschiedene Farbvarianten: gewöhnlich Kr blau mit rosaverfärbendem Fahnenfleck, aber auch weiß od. rötlich).
**Hartweg-L.** – *L. hartw<u>e</u>gii* LINDL.

4\* Blchen zu (10–)13–15(–17), oseits kahl. Pfl nur schwach anliegend behaart. 0,90–1,50. ⟂ PleiokRübe 5–9. **W. Z** v Staudenbeete, Parks; **N** v Bodenverbesserung, Wildfutter, Erosionsschutz; ∨ ○ ⊖, wenige Sorten sind kalkverträglich (westl. N-Am.: Bergwiesen, Wälder? – 19. Jh.).
**Stauden-L.**, **Vielblättrige L.** – *L. polyph<u>y</u>llus* LINDL.

Sehr formenreich, besonders BFarb- u. Wuchsvarianten, ∞ Sorten, auch alkaloidarme als FutterPfl; viele Hybr von unterschiedlicher, jedoch unklarer Abstammung (*L. × reg<u>a</u>lis* BERGMANS, hierzu u. a. die **Russel-Lupinen**).

5 **(1)** Kr rein gelb, seltener schwefel- bis goldgelb ............................ **6**
5\* Kr blau, violett, weißlichrosa, höchstens mit gelbem Fahnenfleck, oft verschiedenfarbig
............................................................................. **7**
6 Hülsen 2samig. Fahne randlich zuweilen ± rötlich, Schiffchen oseits an der Basis der Platte bewimpert. Sa <5 mm ⌀. 0,40–0,60. ⊙ 6–9. **Z** s Sommerblumenbeete; ○ ⊖ (Kalif.: Äcker, steinige Hänge, Trockenfluren – 19. Jh. – nur var. <u>au</u>reus (KELLOGG) MUNZ).
**Dichtblütige L.** – *L. densifl<u>o</u>rus* BENTH.
6\* Hülsen 4–7samig. Fahne stets rein gelb, Schiffchen kahl. Sa >5 mm ⌀. 0,30–0,80. ⊙ 6–9. **N** z Körner- u. Grünfutter, Gründüngung; besonders im N auf ärmeren Sandböden ○ ⊖ (W-Medit.: TrockenW, Dünen, Äcker, saure Böden – kult 16. Jh. als ZierPfl, 19. Jh. FutterPfl – Anbau im Rückgang, meist alkaloidarme Sorten im Anbau – Gelbe Süßlupine).
**Gelbe L.** – *L. l<u>u</u>teus* L.

7 **(5)** Pfl kahl, Stg u. Bl mit Wachsüberzug. Kr verschiedenfarbig, Fahne weiß, rosa od. blau, mit gelbem Mittelfleck, Randzonen violett verfärbend. 0,90–1,80(–2,00). ⊙ 7–10. **Z** z Sommerblumenbeete, Rabatten; ○ ⊖ (Anden – alte indianische KulturPfl – 19. Jh., Anbauversuche auch als Körnerfutter- u. ÖlPfl). [*L. crucksh<u>a</u>nksii* HOOK.]
**Veränderliche L.** – *L. mut<u>a</u>bilis* SWEET
7\* Pfl ± dicht weichhaarig .................................................... **8**
8 Sa deutlich rau, 10–15 mm lg. Hülsen 5–8 cm lg. B 15–20 mm lg. Unterlippe des K ganz, Oberlippe 2teilig (Abb. **354**/1). Pfl mit >2 mm lg weichen Haaren. (0,30–)0,60–0,90. ⊙ 6–8. **Z** z Rabatten, Sommerblumenbeete; ○ ⊖ (östl. Medit.: Küsten- u. Inland-Sandböden – 17. Jh. – Sorten: Kr tiefblau mit weißem, sich purpurn verfärbendem Fahnenfleck, aber auch rosa- u. weißblühend). **Behaarte L.** – *L. pil<u>o</u>sus* MURRAY

1          2

**8\*** Sa glatt, <5 mm lg. Hülsen etwa 3 cm lg. B 12–16 mm lg. Beide KLippen ganz (Abb. **354**/2). Pfl kurz weichhaarig. 0,45–0,90. ☉ 7–9. **Z** z Rabatten; ○ ⊖ (Mex., Guat.: Trockenfluren – 19. Jh.). **Weichhaarige L.** – *L. pubescens* BENTH.

Formenreich, vor allem viele BFarbvarianten; vermutlich Ausgangsart vieler ☉ buntblühender behaarter Zier-L. Im Handel oft Hybrid-Mischungen (*L.* × *hybridus* VOSS) von unklarer Entstehung mit *L. pubescens* als einem Elter.

Ähnlich: **Zwerg-L.** – *L. nanus* DOUGLAS: Blchen nur zu 5–7. Beide KLippen geteilt. 0,15–0,40. ☉ 6–7. **Z** z; ○ (Kalif.: Trockenhänge, Felder – 19. Jh. – viele Farbvarianten, auch rein weißblütig: 'Schneekönigin').

### Bockshornklee, Schabzi(e)gerklee – *Trigonella* L. 80 Arten

**1** B in gestielten dichten Trauben. Kr blau, selten weiß. Hülsen rhombisch-eifg, <1 cm lg. 0,30–0,70. ☉ 6–7. **N** nur in Gärten z bis s; Gewürz, Käse-, Brotgewürz; ○ (SO-Eur., VorderAs.: Felder, Ruderalplätze – 16. Jh. – früher auch HeilPfl u. feldmäßig im S u. in Brandenburg angebaut). **Schabzi(e)gerklee** – *T. caerulea* (L.) SER.

**1\*** B zu 1 od. 2, sehr kurz gestielt. Kr gelblich. Hülsen linealisch, oft gebogen, >5(–12) cm lg. 0,30–0,50. ☉ 6–8. **N** s Gärten, Heil-, GewürzPfl; ○ (Wildvorkommen unklar, VorderAs.?, NW-Indien – kult Mittelalter, früher auch feldmäßig im O, in S-D. u. Thüringen angebaut, viel in Tierheilkunde genutzt – jetzt nur noch selten kult). **Bockshornklee** – *T. foenum-graecum* L.

### Steinklee – *Melilotus* MILL. 20 Arten

**1** Kr weiß, Flügel kürzer als die Fahne. Fr netzig-runzlig (Abb. **356**/1). 0,30–1,20(–1,80). ☉ 6–9. **W. N** z ○, Kippenbepflanzung; ○ (16. Jh., anfangs als HeilPfl – wenige Sorten, auch ☉). **Weißer St., Bokharaklee** – *M. albus* MEDIK.

**1\*** Kr gelb, Flügel so lg wie die Fahne. Fr querfaltig (Abb. **356**/2). 0,30–1,00(–1,20). ☉ 6–9. **W. N** s ○, HeilPfl, Kippenbepflanzung; ○ (16. Jh., anfangs als HeilPfl, so bis in Neuzeit, Anbau im Rückgang). **Echter St.** – *M. officinalis* (L.) LAM.

### Luzerne, Schneckenklee – *Medicago* L. 50 Arten

**1** Kr gelb. Hülsen 1samig, nierenfg (Abb. **356**/3). 0,15–0,50. ☉ ① 5–9. **W. N** s Futter auf ärmeren Böden; ○ (19. Jh. – früher häufiger in Weidemischungen u. als Getreide-Untersaat). **Gelbklee, Hopfenklee, Hopfen-L.** – *M. lupulina* L.

**1\*** Kr violettblau od. blau. Hülsen mehrsamig, eingerollt in 1,5–3(–4) lockeren Windungen (Abb. **356**/4). 0,30–0,80. Kurzlebig ⚃ 6–9. **N** v besonders auf nährstoffreicheren Böden in relativ regenarmen Lagen, Futter; ⩔ ○. Junge Triebe als Gemüse essbar (Vorder-As., M-As.: Trockenhänge, Steppenrasen – kult 16. Jh., anfangs auch HeilPfl u. **Z**). **Saat-L.** – *M. sativa* L.

Derzeit im Anbau jedoch fast ausschließlich: **Bastard-L., Sand-L.** – *M.* × *varia* MARTYN [*M. falcata* L. × *M. sativa*]: Kr nicht rein violettblau, meist mehrfarbig, auch weißlich bis grünlich-schillernd. Hülsen mit 0,5–1,5(–2) Windungen. **N** Futter; ⩔ ○. ∞ Sorten.

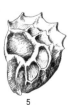

1        2        3        4        5

1            2            3            4

**Klee** – *Trifolium* L.                                                    250 Arten

Lit.: ZOHARY, M., HELLER, D. 1984: The genus *Trifolium*. Jerusalem.

1    K 5(–6)nervig ................................................... **2**
1*   K 10–∞nervig .................................................. **4**
2    Kr rosa od. weißlich, später rötlich. Obere 2 KZähne so lg wie die übrigen od. etwas län-
     ger. Stg aufsteigend, ± kahl. 0,30–0,50. ⌧ 5–9. **W. N** z Grün- u. Trockenfutter, meist im
     Gemisch mit Gräsern od. Rotklee, besonders auf nassen Böden; ∀ (18. Jh. – Anbau
     rückläufig – kult nur subsp. *hybridum*).              **Schweden-K.** – *T. hybridum* L.
2*   Kr gelb. Obere 2 KZähne kürzer als die übrigen ........................... **3**
3    Blchen der oberen Bl fast sitzend, BlchenStiele ± gleichlg. Kr (4–)6–7 mm lg. Köpfe
     20–40blütig. 0,15–0,40. ⊙ ⊙ 6–7. **W. N** s Futter, in Weidemischungen; ○ ⊖ (Anbau
     wohl aufgegeben). [*T. agrarium* auct.]                    **Gold-K.** – *T. aureum* POLLICH
3*   EndBlchen der oberen Bl deutlich länger gestielt als die seitlichen. Kr 2–3(–4) mm lg.
     Köpfe (5–)10–25blütig. 0,10–0,30. ⊙ ⊙ 5–9. **W. N** s Futter, in Weidemischungen; ○ ⊖
     (19. Jh. – Anbau wohl erloschen). [*T. minus* SM.]      **Kleiner K.** – *T. dubium* SIBTH.
4    (1) K nach dem Verblühen blasig aufgetrieben. FrKöpfchen erdbeerähnlich ...... **5**
4*   K nicht blasig aufgetrieben ......................................... **6**
5    B ± umgewendet, Fahne daher abwärts od. seitlich gerichtet. Stg aufsteigend, nicht
     wurzelnd. 0,20–0,40(–0,60). ⊙ 5–6. **N** z Grün- u. Trockenfutter, Weideansaaten, be-
     sonders im W (Medit., SW-As.: Auwiesen, Felder, Ruderalplätze – Mitte 20. Jh. – An-
     bau sich einbürgernd).                               **Persischer K.** – *T. resupinatum* L.

In Kultur: var. *majus* BOISS.: Stg hohl, dick, BKöpfe 1–1,5 cm ⌀ – ? ob auch var. *resupinatum*: Stg voll,
dünn, BKöpfe <1 cm ⌀.

5*   B nicht gewendet, Fahne nach oben gerichtet. Stg kriechend, wurzelnd. 0,07–0,20. ⌧
     ∿ 6–9. **W. N** s Futter, in Dauerweiden; ∀ ≃ (kult Anfang 20. Jh.).
                                                     **Erdbeer-K.** *T. fragiferum* l
6    (4) Kr gelblich, weiß od. hellrosa ..................................... **7**

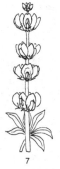

5                  6                  7                  8

**6\*** Kr purpur- od. blutrot .............................................. **8**

**7** Kr gelblich. K seidig behaart. B ± sitzend, 8–10 mm lg. Blchen länglich bis lanzettlich. BKöpfe eifg bis länglich-keglig. 0,30–0,60(–0,70). ☉ 5–6. **N** s, vor allem im S u. O, Grün- u. Trockenfutter (Ausgangsart *T. berytheum* BOISS. et BLANCHE: VorderAs.: Äcker, Trockenhänge – kult Mitte 20. Jh.). **Alexandriner K.** – *T. alexandrinum* L.

Ähnlich: **Pannonischer K.** – *T. pannonicum* JACQ.: ⏚, B 20 mm lg.

**7\*** Kr weiß od. hellrosa. K kahl. B gestielt. Blchen verkehrteifg bis elliptisch. BKöpfe kuglig. 0,15–0,45. ⏚ ∿∿ 5–9. **W. N** Futter v, vor allem als WeidePfl im Gemisch mit Gräsern u. anderen Leguminosen; ∨ (kult 18. Jh., vor allem für Dauerweiden). **Weiß-K.** – *T. repens* L.

Sehr formenreich, ∞ Sorten kult, gelegentlich **Ladino-K.** – var. *giganteum* LAGR.-FOSS.: hochwüchsig, für Reinsaat geeignet.

**8 (6)** Köpfe einzeln, lg gestielt, ohne HüllBl, eifg, später walzlich. Kr blutrot. Pfl zottig behaart. 0,20–0,50. ☉ 6–8. **N** z Futter, auch im Mischanbau mit Getreide, Gräsern (Medit., W-Eur.: Felsküsten, Trockenhänge, Ruderalplätze – Ende 19. Jh. – mehrere Sorten – kult nur subsp. *incarnatum*). **Inkarnat-K.** – *T. incarnatum* L.

**8\*** Köpfe meist zu 2, sitzend, mit 2 HüllBl, kuglig bis kuglig-eifg. Kr purpurrot, sehr selten vereinzelt weiß. Pfl angedrückt behaart, selten abstehend kurzhaarig. 0,15–0,50 (–0,70). ⏚ Pleiok, Kulturformen z. T. ☉ od. kurzlebig ⏚, 6–9. **W. N** v, besonders in regenreicheren Gebieten, Grün- u. Trockenfutter; ∨ (kult 17. Jh. – neben Luzerne wichtigstes Feldfutter, auch in Gras-Leguminosen-Mischungen u. zur Pellet-Herstellung). **Rot-K.** – *T. pratense* L.

Sehr formenreich: Wuchs, Lebensdauer, Behaarung, BlchenForm, Kopfgröße usw. extrem variabel. In Kultur meist var. *sativum* STURM: Stg hohl, aufrecht. Pfl hochwüchsig, kahl od. verkahlend. – Früher im Anbau: var. *americanum* HARZ: Pfl steif abstehend behaart.

Ähnlich: **Fuchsschwanz-K.** – *T. rubens* L.: K nicht 10-, sondern 20nervig. Köpfe länglich walzlich. NebenBl groß, kahl, nicht wie bei *T. pratense* in eine lg, pinselartig behaarte Spitze verschmälert. 0,30–0,60. ⏚ 6–8. **W. Z** s bis z Staudenbeete, TopfPfl; ∨ ⏦ ○.

**Wundklee** – *Anthyllis* L. 20–25 Arten

Lit.: CULLEN, J. 1976: The *Anthyllis vulneraria* complex: A resumé. Not. Bot. Gard. Edinburgh **35**: 1–38.

**1** GrundBl meist ungeteilt. Blchen der StängelBl höchstens 15, das EndBlchen vergrößert. K zur BZeit aufgeblasen, vorn eingeschnürt. Kr gelb, rötlich od. weiß. 0,15–0,30. ⏚ 5–8. **W. N** s Futter, früher HeilPfl; ∨ ⏦ ⊕ (kult 16.–17. Jh. als HeilPfl, Mitte 19. Jh. FutterPfl, Ansaat mit Futtergräsern – Anbau jetzt fast erloschen). **Gewöhnlicher W.** – *A. vulneraria* L.

Formenreiche Art: Kulturformen gehören wohl stets zu subsp. *polyphylla* (DC.) NYMAN: Stg unten abstehend behaart (M- u. O-Eur., VorderAs.), vielleicht auch zu subsp. *carpatica* (PANT.) NYMAN: Stg anliegend behaart (N- u. M-Eur., Alpen, Karp.).

**1\*** GrundBl zerteilt. Blchen der StängelBl stets >17, alle ± gleich. K zur BZeit nicht aufgeblasen, vorn nicht eingeschnürt. Kr hellrot bis purpurn. 0,10–0,30. ♄ 5–6. **Z** z △; ∨ ⏦ ○ ∼ (Alpen, S-Eur.: mont. Felsen, Geröll, Trockenweiden). **Berg-W.** – *A. montana* L.

Ähnlich: **Hermann-W.** – *A. hermanniae* L.: Niedriger Dornstrauch. Blchen zu 1–3. **Z** s △; ∨ ⌇⌇ ○ Dränage ∧ (Medit.: Felshänge – 1700).

**Hornklee** – *Lotus* L. 100 Arten

Bl mit 5 Blchen, unterstes Paar von den übrigen entfernt, verkehrteifg bis eilanzettlich (Abb. **353**/6). Dolde 3–8blütig. Kr gelb, 6–14 mm lg. Schiffchenspitze weißlich oder rötlich. 0,10–0,30. ⏚ Pleiok 6–8. **W. N** z, in Dauerweiden, Futter; ∨ (kult 19. Jh. – Anbau rückläufig – formenreich, Populationen können blausäureglukosid-haltige Pfl enthalten). **Gewöhnlicher Hornklee** – *L. corniculatus* L.

Ähnlich: **Echte Spargelerbse** – *Tetragonolobus purpureus* Moench: Hülsen mit 4 gewellten Flügelkanten. B dunkelrot. 0,15–0,35. ☉ 7–8. Früher **N** Gemüse, Gärten; **V** (Medit.: Trockenhänge).

### Geißraute – *Galega* L. 6 Arten

Stg aufrecht. Blchen br lanzettlich, in 7–8 Paaren. Traube länger als ihr TragBl. Kr bläulichweiß. 0,80–1,30. ⅛ 7–8. **W. N** s HeilPfl, Futter; **Z** s Bauerngärten, klimamilde Lagen; **V** ○ ◐ (S- u. SO-Eur., VorderAs.: Auen, Ufer – kult Mittelalter – früher häufiger im Anbau, auch feldmäßig). **Echte Geißraute** – *G. officinalis* L.

Ähnlich: **Hartland-G.** – *G.* × *hartlandii* Hartland [*G. bicolor* Hausskn. × *G. officinalis*]: Stg höher. Kr zweifarbig, blauviolett u. weiß. **Z** s ⅙ ; **V** (Anfang 20. Jh. – mehrere Sorten).

Verwandt: **Bärenschote** – *Astragalus glycyphyllos* L.: Stg niederliegend. Blchen in 5–6 Paaren. B hellgelb, in dichten Trauben. 0,10–0,15 hoch, 0,50–1,50 lg. ⅛ 6–7. **W. Z** s Parkwiesen; **V** Kaltkeimer ○ ◐ ⊕.

### Süßholz – *Glycyrrhiza* L. 20 Arten

Blchen in 4–8 Paaren, useits mit Harzdrüsen, eifg-elliptisch. Traube kürzer als ihr Tragblatt. B 1,0–1,3 cm lg. Kr violett. Fr ± kahl, 1,5–2,5 cm lg. 0,80–1,80. ⅛⤳ 6–7. **N** s Gärten, früher Feldanbau in Franken u. M-D., HeilPfl, für Lakritze; **V** ⋎ ○ (S- u. SO-Eur., VorderAs.: Trockenfluren, Gebüsche, Ufer – kult Mittelalter – Rohdroge heute meist importiert). [*G. glandulifera* Waldst. et Kit.] **Echtes Süßholz** – *G. glabra* L.

### Serradella – *Ornithopus* L. 6 Arten

Bl unpaarig gefiedert (Abb. **353**/2). B in Dolden. Kr rosa, sehr selten weißlichcremefarben. Gliederhülsen gerade, in 1samige Glieder zerfallend (Abb. **355**/3). 0,20–0,40. ☉ 6–8. **N** z, vor allem im N auf Sandböden, Futter, oft Untersaat od. Zwischenfrucht (SW-Eur.: Sandfluren, KiefernW – Mitte 19. Jh. – wenige Sorten, Anbau rückläufig).

**Serradella** – *O. sativus* Brot.

### Kronwicke – *Coronilla* L. 20 Arten

Kr rosa-rötlich. Dolde 15–20blütig. Blchen in 6–12 Paaren. Fr eine wenigsamige Gliederhülse (Abb. **355**/2). 0,30–0,50. ⅛ 6–8. **W. N** s HeilPfl. **Z** s; **V** ○ ◐ ⊕, giftig (Ende 15. Jh.). [*Securigera varia* (L.) Lassen] **Bunte K.** – *C. varia* L.

Ähnlich die gelbblühenden Arten: **Berg-K.** – *C. coronata* L.: Blchen 5paarig, NebenBl länglich bis fädlich, obere frei. **W. Z** s △; **V** ◐ ⊕. – **Scheiden-K.** – *C. vaginalis* Lam.: Bl 3–4paarig, NebenBl eifg, auch obere scheidig verwachsen. **W. Z** s △; **V** ◐ ⊕.

### Süßklee – *Hedysarum* L. 100 Arten

**1** Stg unverzweigt. Blchen kahl, zu 7–10 Paaren; NebenBl verwachsen. Kr purpurrot. 0,10–0,40(–0,60). ⅛ Pfahlwurzel Pleiok 6–8. **W. Z** z △; **V** ○ ◐ ⊕ (kult 19. Jh. – auch Anbauversuche als FutterPfl zur Einsaat in Mähwiesen).

**Alpen-S.** – *H. hedysaroides* (L.) Schinz et Thell.

Ähnlich: **Italienischer Hahnenkopf, Spanische Esparsette** – *H. coronarium* L.: Blchen behaart, in 3–6 Paaren; NebenBl frei; Kr rot. ☉ 6–7. **Z** s im S; ▭ ○ ∧ (S-Eur. – kult 16. Jh.).

**1\*** Stg verzweigt. Blchen angedrückt behaart, grau, zu 9–13(–20) Paaren. Kr leuchtend purpurn. 1,0–1,50. ♄ 6–9. **Z** z Parks, Naturgärten; **V** ⋏ Senker, ○ ○ (N- u. NW-China: alp. Matten, Gebüsche – 1883). **Vielpaariger S.** – *H. multijugum* Maxim.

### Esparsette – *Onobrychis* Mill. 130 Arten

**1** Stg liegend bis aufsteigend, niedrig. Fahne deutlich kürzer als das Schiffchen. Blchen in 3–7(–8) Paaren, meist 3–5 mm br. Fr am Kamm mit bis 2 mm lg Stacheln. 0,05–0,15. ⅛ Pleiok 7–8. **W. Z** s △ **V** ○ ⊕ (kult 20. Jh.). **Berg-E.** – *O. montana* DC.

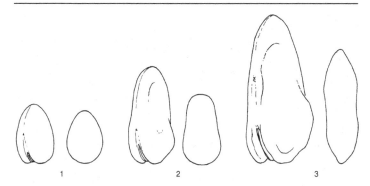

1               2               3

**1\*** Stg aufrecht, mittelhoch. Fahne ± so lg wie das Schiffchen. Blchen in 5–12 Paaren, meist 4–9 mm br. Fr am Kamm mit dickeren, bis 1 mm lg Stacheln (Abb. **355**/5). 0,30–0,60(–1,00). ♃ Pleiok 5–7. **W. N** s, besonders SW-D. u. Thüringen, Futter, früher Gemisch mit anderen Leguminosen od. Gräsern angesät; ⱽ ○ ⊕ (kult 17. Jh. – Anbau stark rückläufig, oft wohl nur noch als Kulturrelikt).     **Saat-E.** – *O. viciifolia* Scop.

**Wicke** – *Vicia* L.                                          200 Arten

Lit.: Kupicha, F. K. 1976: The infrageneric structure of *Vicia*. Notes Roy. Bot. Gard. Edinburgh **34**: 287–326.

**1**  FiederBl mit endständiger Stachelspitze, rankenlos . . . . . . . . . . . . . . . . . . . . . . . . **2**
**1\*** FiederBl in eine verzweigte Ranke endend (Abb. **353**/1) . . . . . . . . . . . . . . . . . . . . **3**
**2**  BStand lg gestielt, das TragBl überragend. Kr blauviolett. Bl 1paarig gefiedert. 0,35–0,85. ♃ 6–7. **Z** s Rabatten, Naturgärten; ⱽ ⚲ ◑ (Sibir., NO-As.: Wälder, Gebüsch – 18. Jh.).                              **Einpaarige W.** – *V. unijuga* A. Br.
**2\*** BStand kurz gestielt, kürzer als TragBl. Kr weiß, Fahne oft bläulichviolett überlaufen, Flügel meist mit schwarzem Fleck. Bl 2–3(–4)paarig gefiedert. 0,50–1,20(–1,50). ⊙ 5–7. **N** v, besonders im W, Körnerfutter, Gemüse; ⱽ ○ (SW-As., Ausgangsart unbekannt – kult Bronzezeit, früher von größerer Bedeutung).
                             **Ackerbohne, Saubohne** – *V. faba* L.

Formenreich, ∞ Sorten: **Ackerbohne** – var. *minor* Peterm. (Abb. **359**/1): Sa klein, kuglig bis länglich-ellipsoidisch, Enden ± gleichdick, Seiten ± gewölbt, 7–15 mm lg (Futter; Felder). – **Pferdebohne** – var. *equina* Pers. (Abb. **359**/2): Sa mittelgroß, abgeflacht, Nabelende dicker, Umriss (br) elliptisch, 15–21 mm lg (in Gärten, Gemüse, vor allem unreife Sa verwendet). – **Puffbohne, Dicke Bohne** – var. *faba* (Abb. **359**/3): Sa groß, sehr flach, Nabelende viel dicker, Umriss br elliptisch bis rundlich-nierenfg, 20–28 mm lg, sonst wie var. *equina*; bei letzten beiden var. auch Sorten mit rein weißen B.

Früher kult: **Linsen-W., Steinlinse** – *V. ervilia* (L.) Willd.: Bl 8–10paarig gefiedert. **W.**

**3**  **(1)** BStand lg gestielt, fast stets mit >10 B (Abb. **356**/6). Stg abstehend weichhaarig. 0,30–1,20(–1,50). ⊙ ① ⚥ 6–8. **W. N** z Futter, meist in Getreide-Leguminosen-Mischungen gesät (Eur., W-As.: Äcker, Ruderalplätze – 19. Jh. – einige Sorten).                                 **Zottel-W.** – *V. villosa* Roth

Ähnlich: **Falsche Vogel-W.** – *V. dasycarpa* Ten. [*V. villosa* subsp. *varia* (Host) Corb.]: Pfl höchstens zerstreut ± anliegend kurzhaarig. **W. N** s Futter (früher oft von voriger Art unterschieden).

**3\*** BStand sehr kurz gestielt, 1–3(–4)blütig (Abb. **356**/5) . . . . . . . . . . . . . . . . . . . . . . **4**
**4**  Fahne außen zottig behaart, Kr gelblich od. trübviolett. BStand 2–4blütig. Fr hängend, 2–8samig, 25–30 mm lg. (0,20–)0,30–0,60. ⊙ ① ⚥ 5–7. **W. N** s bis z Grünfutter (Eur., W-As.: Äcker, Trockenhänge – 19. Jh. – oft mit Wintergetreide in Mischungen – frost-

u. trockenfest, einige Sorten; subsp. *pannonica*: Kr gelblich; subsp. *striata* (MOENCH)
NYM.: Kr trübviolett). **Pannonische W.** – *V. pannonica* CRANTZ
4* Fahne kahl, Kr rotviolett. BStand 1–2blütig. Fr aufrecht, 4–12samig, 40–65 mm lg,
zwischen den Sa eingeschnürt (Abb. **355**/1). 0,30–0,80(–1,00). ☉ ♀ 6–8. **W. N** z Futter
(SO-Eur., SW-As.: Äcker, Trockenfluren – kult Mittelalter – besonders Grünfutter, in
Reinbeständen od. im Gemenge, verschiedene Sorten – Anbau rückläufig).
**Saat-W.** – *V. sativa* L.

Sehr formenreich, in Kultur nur var. *sativa*. Bemerkenswert var. *platysperma* BARULINA: Sa linsenfg
(Unkraut in Linsen u. FutterPfl).

**Linse** – *Lens* MILL. 5–6 Arten

Bl unpaarig gefiedert, mit einfacher Wickelranke. B zu 1–3(–4). Kr bläulichweiß. Hülse
1–2samig, rhombisch (Abb. **355**/4). Sa flach. 0,15–0,40. ☉ 6–7. **N** sehr s, früher vor
allem SW, Thüringen, Anbau wohl erloschen, EiweißPfl; ⊕ (VorderAs. – kult Jung-
steinzeit – Ausgangssippe *L. orientalis* (BOISS.) SCHMALH., VorderAs., M-As., O-Medit.).
[*L. esculenta* MOENCH] **Speise-L.** – *L. culinaris* MEDIK.

**Platterbse** – *Lathyrus* L. 150 Arten

Lit.: KUPICHA, F. K. 1983: The infrageneric structure of *Lathyrus*. Notes R. Bot. Gard. Edinburgh **41**:
209–244.

1  FiederBl mit endständiger Stachelspitze, rankenlos . . . . . . . . . . . . . . . . . . . . . . . 2
1* FiederBl mit endständiger Ranke . . . . . . . . . . . . . . . . . . . . . . . . . . . . . . . . . . 3
2  Kr purpurn, später bläulichgrün, 13–20 mm lg. Blchen schwach parallelnervig. 0,20–0,40.
   ⚃ ⚥ 4–5. **W. Z** s Naturgärten, Parks; ⱴ ⱷ ○ ◖ (wenige Sorten, z. B. B rosa).
   **Frühlings-P.** – *L. vernus* (L.) BERNH.
2* Kr gelb, 20–25 mm lg. Blchen fiedernervig. 0,20–0,60. ⚃ 6–8. **Z** s Naturgärten; ⱴ ⱷ ○
   ◖ (Karp.: Hochstaudenfluren). **Transsilvanische P.** – *L. transsilvanicus* (SPRENG.) FRITSCH

Ähnlich: **Gelbe P.** – *L. laevigatus* (WALDST. et KIT.) GREN.: Pfl behaart. Unterer KZahn meist kürzer als
die KRöhre. **W. Z** s Naturgärten.

3  (1) Stg ungeflügelt. Blchen in 1–3 Paaren, eifg-rundlich. Traube 1–4blütig. Kr violett.
   0,30–1,50. ⚃ ⚥ 6–9. **Z** s Zaunbekleidung; ⱴ ⱷ ◖ ⚑ ∧ (S- u. SO-Eur.: BergW – An-
   fang 19. Jh.). **Großblütige P.** – *L. grandiflorus* SIBTH. et SM.
3* Stg deutlich geflügelt. Bl stets 1paarig gefiedert (Abb. **353**/3) . . . . . . . . . . . . . . . 4
4  Traube stets 1blütig. Kr blau, selten weißlich od. rosa, 12–24 mm lg. Hülsen mit 2 Flü-
   gelkanten. 0,30–1,00. ☉ ⚥ 5–7. **N** s Gemüse, EiweißPfl (O-Medit., W-As., Ausgangsart
   *L. cicera* L. – kult Mittelalter – Anbau wohl erloschen). **Saat-P.** – *L. sativus* L.
4* Traube mehrblütig, zuweilen 1blütig, dann stark duftend . . . . . . . . . . . . . . . . . . . 5
5  Hülsen behaart. Blchen elliptisch, ± 2mal so lg wie br. Traube (1–)2–7blütig. B stark
   duftend. 0,80–1,60. ☉ ⚥ 6–9. **Z** v Gärten ⚥; ⱴ, auch ▷ ○ (S-Ital., NW-Afr.: Trocken-
   hänge – Anfang 18. Jh.). **Duftende P., Garten-, Duftwicke** – *L. odoratus* L.

∞ Sorten: Wuchs, Zahl u. Farbe der B unterschiedlich, Kr purpurn, rosa, blau, weiß od. mehrfarbig.
Spencer-Sorten mit reichblütigen Trauben, auch Treibsorten oft im Anbau.

5* Hülsen kahl. Blchen lanzettlich, fast stets mindestens 3mal so lg wie br . . . . . . . . 6
6  Traube mit Stiel höchstens etwas länger als das TragBl. Kr 13–20 mm lg. Fahne außen
   rötlichgrün, sonst rosapurpurn. 1,00–2,00. ⚃ ⚥ PleiokAusl 7–8. **W. Z** s Parks, Natur-
   gärten; ⱴ ⱷ ◖ (früher FutterPfl). **Wald-P.** – *L. sylvestris* L.
6* Traube mit Stiel mehrmals länger als das TragBl. Kr 20–30 mm lg, karmin- bis rosarot.
   1,00–3,00. ⚃ ⚥ Pleiok 7–8. **W. Z** v Zaunbekleidung, Bauerngärten ⚥; ⱴ ⱷ ◖ ○ (S- u.
   südl. Z-Eur.: Gebüsche, Waldsäume – 19. Jh. – einige Sorten, auch weißblütig).
   **Breitblättrige P.** – *L. latifolius* L.

1          2          3          4

**Erbse** – *Pisum* L.                                        2–3 Arten

Pfl kahl. Blchen wenigpaarig. NebenBl sehr groß. Traube 1- bis wenigblütig. 0,30–1,80. ⊙ ⚥ (5–)6–8. **N** v Gemüse, EiweißPfl, Futter; ○ (Vord-As. – kult Jungsteinzeit, Ausgangssippen subsp. *elatius* (STEVEN) SCHMALH. u. subsp. *syriacum* BERGER: S-Eur., SW-As.). **Saat-, Speise-E.** – *P. sativum* L. subsp. *sativum*

∞ Sorten, Feld- u. Gartenanbau: **Futter-E., Peluschke** – convar. *speciosum* (DIERB.) ALEF. (Abb. **361**/1): B bunt. Sa dunkel, meist unterschiedlich gezeichnet. – **Trockenspeise-E., Schal-E.** – convar. *sativum* (Abb. **361**/3): B weiß. Sa einfarbig hell, glatt. – **Mark-E.** – convar. *medullare* ALEF. (Abb. **361**/2): B weiß. Sa einfarbig, hell, runzlig (Gemüse). – **Zucker-E.** – convar. *axiphium* ALEF. (Abb. **361**/4): B bunt od. weiß. Sa runzlig. Hülsen ohne Pergamentschicht. s kult (Gemüse). – Neuerdings meist Sorten im Anbau mit zu Ranken umgebildeten FiederBlchen.

**Sojabohne** – *Glycine* WILLD.                                10 Arten

Pfl aufrecht, bräunlich behaart. B klein, 5–6 mm lg. Kr weißlichviolett. Fr behaart, 2–4samig. 0,50–1,00. ⊙ 7–9. **N** s in klimamilden Lagen, Gärten, Feldanbauversuche; EiweißPfl, Gemüse (O-As. – 20. Jh., Ausgangsart *G. soja* SIEB. et ZUCC.: O-As.). **Sojabohne** – *G. max* (L.) MERR.

**Bohne** – *Phaseolus* L.                                      25–30 Arten

1   Traube länger als ihr TragBl. Kr scharlachrot, selten weiß od. 2farbig. Hülsen rau. Sa meist >2 cm lg. Stg fast stets windend. KeimBl unterirdisch. 2,00–4,00. ⅔ ⚥, kult ⊙, 7–9. **N** z Gemüse; **Z** z Hausgärten, besonders Bergland; ○ ◐ (M-Am.: Bergwälder – 16. Jh. – wenige Samen- u. BFarbvarianten). [*Ph. multiflorus* LAM.] **Feuer-B., Prunk-B.** – *Ph. coccineus* L.
1*  Traube kürzer als ihr TragBl. Kr weiß od. blassviolett, selten rot. Hülsen glatt. Sa <2 cm lg. Stg aufrecht od. windend. KeimBl oberirdisch. 0,30–2,50. ⊙ 6–9. **N** v, im Bergland s, Gemüse, EiweißPfl; ○ ◐ (Wildform: subsp. *aborigineus* BURKART: M-Am., Anden: BergW – kult 16. Jh.). **Garten-B.** – *Ph. vulgaris* L. subsp. *vulgaris*

Früher formenreicher (vor allem Größe, Form, Färbung der Sa u. der Fr), jedoch noch ∞ Sorten, Feld- u. Gartenanbau: **Busch-B.** – var. *nanus* (JUSL.) ASCH.: Pfl aufrecht, niedrig, Gemüse- u. Trockenspeise-B. – **Stangen-B.** – var. *vulgaris*. Pfl windend, hoch, fast stets GemüsePfl, nur Hausgärten z. – Hierzu auch **Wachs-B.** mit gelblichen Hülsen bei Pflückreife. Meist Busch-B.-Sorten, selten Stangen-B.: Sorte 'Goldelfe'.

## Familie **Rautengewächse** – *Rutaceae* JUSS.               1800 Arten

1   Bl unzerteilt, immergrün, lorbeerartig.      **Skimmie** – *Skimmia* S. 362
1*  Bl ein- bis mehrfach gefiedert, sommer- od. teilimmergrün . . . . . . . . . . . . . . . . . **2**
2   B radiär. KrBl 4, bei der EndB des BStandes 5, gelb. Bl 2–3fach gefiedert. Halbstrauch od. Strauch. (Abb. **362**/1).                **Raute** – *Ruta* S. 362
2*  B dorsiventral. KrBl 5, rosa mit dunkleren Adern. Bl einfach gefiedert. Staude. (Abb. **362**/2).                                **Diptam** – *Dictamnus* S. 362

1       2

**Raute** – *Ruta* L.          7 Arten
Pfl kahl, stark aromatisch, bläulich. KrBl 4 od. 5, gelb, mit kapuzenfg, am Rand gezähnter Spitze. Kapsellappen stumpf. (Abb. **362**/1). 0,30–0,80. ♄ ♄ 6–8. **W. Z** z △; **N** z Gewürz; ∨ ⋏ ○ ~ ⊕, giftig, hautreizend (It., Balkan, griech. Inseln: Felsen, Mauern, selten auch Halbtrockenrasen u. Trockengebüsche, kalkhold; verw. in M-Eur.).
**Wein-R.** – *R. graveolens* L.
Ähnlich: **Gefranste R.** – *R. chalepensis* L.: KrBl am Rand gefranst. Kapsellappen spitz. 0,20–0,50. ♄ 4–7. **Z** s △; ∨ ○ ~ Dränage, giftig (Medit.: Felsfluren, Macchien, Garriguen, Mauern, 0–800 m).

**Diptam** – *Dictamnus* L.          1 Art
Pfl zitronenartig duftend. B in Trauben. (Abb. **362**/2). 0,60–1,20. ⚃ Pleiok 5–6. **W. Z** z Staudenbeete, Rabatten; ∨ Kaltkeimer ○ ◐ ~ ⊕, schwach giftig (S- u. M-Eur.: Trockengebüschsäume, TrockenW, kalkhold – kult seit frühem Mittelalter – 2 Varietäten: var. *albus*; var. *caucasicus* Fisch. et C. A. Mey.: Pfl bis 1,50 – mehrere Sorten – ▽).
**Diptam** – *D. albus* L.

**Skimmie** – *Skimmia* Thunb.          4 Arten
1   B eingeschlechtig (♂ B mit unterentwickeltem FrKn), zweihäusig verteilt. KrBl 4. Bl länglich-verkehrteifg, zugespitzt, 6–12 × 2,5–3,5 cm, oseits hellgrün od. gelblichgrün. Fr kuglig od. kuglig abgeflacht, leuchtend rot. Bis 1,50. ♄ i 4–5. **Z** v Kübel, Gehölzgruppen ⚘; ∨ ⋏ ◐ (Japan: BergW – 1838 – ∞ Sorten).    **Japanische S.** – *S. japonica* Thunb
1*   B zwittrig. KrBl 5. Bl länglich-lanzettlich, lg zugespitzt, 5–14 × 3–4 cm. Fr verkehrteifg, dunkelrot. Bis 0,50(–1,00). ♄ i 4–6. **Z** z Kübel, Gehölzgruppen ⚘; ∨ ⋏ ◐ (China, Taiwan, Philippinen: BergW – 1849 – Sorten: 'Rubella': BStandsachsen, BStiele u. BKnospen gerötet; 'Variegata': Bl weiß gerandet – Hybr mit *S. japonica*: *S.* × *foremanii* Knight: KrBl meist 4, FrFormen beider Eltern am gleichen BStand).
**Chinesische S.** – *S. reevesiana* Fortune

## Familie **Seifenbaumgewächse** – *Sapindaceae* Juss.     1450 Arten

**Ballonrebe, Herzsame** – *Cardiospermum* L.       14 Arten
Bl wechselständig, doppelt gefiedert; Fiedern mit 3 Fiederchen. BStände blattachselständig, gestielt, oft mit 2 Uhrfederranken. KBl 4, 2 größere u. 2 kleinere. KrBl 4, weiß, 3 mm lg. StaubBl 6–8. Fr eine nicht ganz vollständig 3fächrige, aufgeblasene, dünnhäutige, fast kugel- bis birnfg Kapsel. Sa kuglig, 5 mm ⌀, schwarz mit weißem, herzfg Nabel (Name!). (Abb. **363**). Bis 3,00. ⊙ ⊙ ⚥ 7–8. **Z** s Spaliere; ∨ im Februar/März warm, ○

(trop. u. subtrop. Am.: Gebüsche – Mitte 16. Jh. – eingeb. in den altweltlichen Tropen).
**Ballonrebe, Herzsame** – *C. halicacabum* L.

## Familie **Balsaminengewächse** – *Balsaminaceae* A. Rich. 850 Arten

**Springkraut** – *Impatiens* L. [*Balsamina* Mill.] 850 Arten

Lit.: Grey-Wilson, C. 1982: *Balsaminaceae*. In: Polhill, R. M. (Hrsg.): Flora of Tropical East Africa. Rotterdam. – Grey-Wilson, C. 1983: A survey of the genus *Impatiens* in cultivation. Plantsman **5**, 2: 86–102.

Bem.: KBl 3, das mittlere, untere kronblattartig u. mit Sporn. KrBl 5, die seitlichen paarweise verwachsen.

1 B einzeln od. zu mehreren in den BlAchseln, gestielt, nicht in gestielten Trauben; blütentragende Achsen stets aus 1 StgGlied . . . . . . . . . . . . . . . . . . . . . . . . . . . . . . . . . . . . . **2**
1* B in gestielten Trauben, zuweilen 1blütig; blütentragende Achsen stets aus 2 od. mehreren StgGliedern (Abb. **364**/1) . . . . . . . . . . . . . . . . . . . . . . . . . . . . . . . . . . . . . . . **5**
2 Bl zu 3–7 quirlig, gestielt. BlSpreite lineal-lanzettlich bis elliptisch od. eifg, 4–24 × 0,5–6 cm, grün bis purpurn, rötlich od. bronzefarben, zuweilen bunt gefleckt. Kr flach, 4–6 cm ∅, rot, orange, lila, rosa, purpurn od. weiß, zuweilen mit weißer Zeichnung. Unteres KBl schwach bootfg, plötzlich in den schlanken 3–7,5 cm lg Sporn verschmälert (Abb. **364**/2g). Bis 1,00. ⚄, kult ☉ 8–10. **Z** z Pflanzenschalen, Balkonkästen, Sommerrabatten; ∿ V (einige Sorten) ○ ≃ Dränage ⊛ (Neuguinea, Salomon-Ins. – 1876 – Stammsippe der Neuguinea-Hybriden – Sorten, z. T. ♠: z. B. 'Cheers': Bl gelb, B korallenfarben; 'Concerto': B rosa mit roter Mitte; 'Tango': Bl bronzefarben, B dunkelorange, V; 'Red Magic': Bl rotbraun, B scharlachrot). **Hawker-S.** – *I. hawkeri* W. Bull
2* Bl wechselständig . . . . . . . . . . . . . . . . . . . . . . . . . . . . . . . . . . . . . . . . . . . . . . . . . . . . **3**
3 Pfl kriechend, an den Knoten oft wurzelnd. BlSpreite halbkreisfg bis nierenfg, 7–12 × 10–17(–25) mm. B einzeln in den BlAchseln, 1,5–2 cm ∅, gelb. Fr behaart. Bis 0,20 hoch, 0,30 lg. ⚄ i ∿ 6–8. **Z** s Ampeln, Sommerrabatten ▢; ∿ Standort geschützt, Boden frisch u. humusreich ⊛ (Sri Lanka: feuchte Felsen in submont. RegenW, bis 950 m – 1848). **Kriechendes S.** – *I. repens* Moon
3* Pfl aufrecht. BlSpreite eifg, eifg-länglich, elliptisch od. lanzettlich, >25 mm lg . . . . . **4**
4 Fr dicht behaart, ± hängend. Bl sitzend od. kurz gestielt. BlSpreite lanzettlich bis elliptisch od. eifg, 2,5–9 × 1–2,6 cm. B einzeln od. zu 2–3 in den BlAchseln. Unteres KBl bootfg, mit einem schwach gebogenen, schlanken, 1,1–2,1 cm lg Sporn (Abb. **364**/2a). Seitliche KBl vorwärts gerichtet. Kr weiß, rosa, orange, rot od. scharlachrot, 2,5–5 cm ∅. 0,30–0,45(–0,70). ☉ 7–9. **Z** z Sommerrabatten; ▷ im April, ab Mitte Mai auspflanzen, auch Selbstaussaat ○ ◐ Boden nährstoffreich (Indien, China, Malaysia: Gebirgsu. MonsunW, nasse, offne Orte – 1542 – ∞ Sorten: Wuchshöhe unterschiedlich, B einfach od. gefüllt, unterschiedlich gefärbt). **Garten-S., Balsamine** – *I. balsamina* L.
4* Fr kahl, ± aufrecht. Bl gestielt. BlStiel (0,5–)1–9 cm lg. BlSpreite br eifg bis eifg-länglich od. elliptisch, 5,5–22 × 3–8,5 cm. B zu 2–6 in den BlAchseln. Unteres KBl sackartig, mit

einem zurückgebogenen, hakenartigen, kräftigen Sporn. (Abb **364**/2f). Seitliche KBl rückwärts gerichtet. Kr rosa, rot, purpurn od. gelb. Bis 0,90. ⚃ i, kult ⊙ 8–10. **Z** s Sommerrabatten; ▷ ᴧᴧ ◑ ○ Standort geschützt, Boden nährstoffreich ⓡ (Uganda, Kenia, Tansania: schattige, feuchte Orte, Regen- u. SumpfW, zuweilen an bemoosten Stämmen, 700–2250 m – Sorte: 'Congo Cackatoo': unteres KBl gelb u. rot).

                                                     **Niam-Niam-S.** – *I. niamniamensis* GILG

**5**  **(1)** Bl quirlig .....................................................  **6**
**5\***  Bl wechselständig ..............................................  **7**
**6**  Unteres KBl ± sackfg, plötzlich in den bis 8 mm lg, seitlich abgewinkelten Sporn verschmälert (Abb. **364**/2b). Kr ± trichterfg, weiß bis purpurn. Trauben 2–∞blütig. Bl zu 3–5 quirlig, selten gegenständig. BlStiel bis 8 cm lg, mit Drüsen. BlSpreite schmal lanzettlich bis lanzettlich-elliptisch, 6–23 × 1,5–7 cm. 0,20–2,50. ⊙ 7–10. **W**. **Z** z Teichränder, feuchte Naturgärten, Gehölzgruppen ○; Selbstaussaat an vegetationsfreien Orten ◑ ● Boden frisch bis ≃ (subtrop. bis gemäß. O-As.: feuchte bis nasse WeichholzauenW u. -gebüsche, Staudenfluren an Bächen u. Gräben, nährstoffanspruchsvoll; eingeb. in D. nach 1854). [*I. roylei* WALP.]                **Drüsiges S.** – *I. glandulifera* ROYLE
**6\***  Unteres KBl schwach bootfg, plötzlich in den 5,5–9,8 cm lg fadenfg Sporn verschmälert. Kr flach, weiß od. hellrosa, oft mit dunkleren Markierungen. Trauben 1–2blütig. Bl zu 6–10(–12) quirlig, sitzend od. fast sitzend. BlSpreite lanzettlich, selten länglich, 5–18 × 1,8–4,8 cm. Bis 1,50. ⚃ ♄, kult ⊙ 6–9. **Z** s Sommerrabatten; ▷ ♈ ◑ ≃ (Kenia, Tansania: feuchte, schattige Orte, BergregenW, 1000–2700 m). [*I. oliveri* C. H. WRIGHT ex W. WATSON]                                     **Soden-S.** – *I. sodenii* ENGL. et WARB. ex ENGL.
**7**  **(5)** Kr flach (Abb. **364**/1), weiß, rosa, violett, purpurn, orange od. rot. Unteres KBl schwach bootfg, plötzlich in den 2,8–4,5 cm lg, fadenfg gebogenen, aber nicht zurückgekrümmten Sporn verschmälert. Bl gestielt. BlSpreite eifg bis br elliptisch, zuweilen verkehrteifg, 2,5–13 × 2–5,5 cm, grün, zuweilen gefleckt od. useits rosa od. rötlich. Bis 0,30(–0,70). ♄ ⚃ i, kult ⊙ 1–12. **Z** z Pflanzschalen, Sommerrabatten, Balkonkästen; ⩒ ᴧᴧ ○ ◑ ● (Kenia, Tansania, Mosambique, S-Malawi, O-Simbabwe: feuchte, schattige Orte, feuchte Felsen, Küsten- u. BergregenW, 0–2000 m – um 1880 – ∞ Sorten: Wuchshöhe, B- u. BlFarbe unterschiedlich). [*I. sultani* HOOK. f.]

                                                **Fleißiges Lieschen** – *I. walleriana* HOOK. f.

**7\***  Kr trichterfg ..................................................  **8**
**8**  Pfl ⚃. Überdauernde Stg kriechend, an den Knoten wurzelnd, beblätterte Stg aufsteigend, anfangs behaart. Bl eifg, behaart, zwischen den Tochternerven 1. Ordnung mit weißlichen Bändern. B purpurn. Unteres KBl trichterfg, längsgestreift, mit zurückgebogenem, hakigem Sporn. (Abb. **364**/2d). Bis 0,20. ⚃ i ᴧᴧ 6–9 (im Freiland meist ohne B). **Z** s Sommerrabatten, Ampeln ♠ □; ♈ ᴧᴧ ◑ ≃ Standort humos, geschützt ⓡ (Assam – 1880).                                  **Assam-S.** – *I. marianae* RCHB. f. ex HOOK.

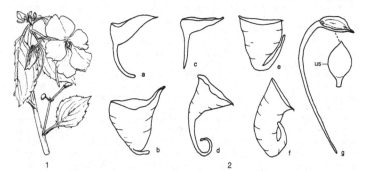

1                                    2

**8\*** Pfl ☉. Stg aufrecht, kahl ........................................... **9**
**9** Obere 3 KrBl weiß, untere 2 KrBl rosa od. zart purpurn. Unteres KBl allmählich verschmälert in einen geraden od. schwach gebogenen Sporn. BlSpreite eifg bis eifglänglich, 2–13 × 1,5–7 cm. 0,40–0,80. ☉ 7–10. **Z** s Gehölzgruppen, feuchte Naturgärten; Selbstaussaat od. V̌ (mit frostfrei aufbewahrtem Saatgut) an vegetationsarmen Orten ○ ◖ ≈ (W-Himal.: Kaschmir; verw. in S- u. M-Eur.: frische bis feuchte Böden – in Kult weitere in die systematisch wenig untersuchte *I. balfourii*-Verwandtschaft gehörende Arten mit ihren Hybr). **Balfour-S.** – *I. balfourii* HOOK. f.
**9\*** Alle KrBl u. unteres KBl gelb od. orange. B hängend, bis 3 cm lg .............. **10**
**10** B orange, mit großen, rötlichbraunen Flecken. Unteres KBl plötzlich in den Sporn verschmälert, um 180° zurückgebogen, ± parallel zu seinem trichterfg Teil (Abb. **364**/2e). BlSpreite eifg bis elliptisch. 0,20–0,60. ☉ 7–10. **Z** s Teichränder, feuchte Naturgärten; Selbstaussaat an vegetationsarmen Orten ○ ◖ ≈ (N-Am.: feuchte Wälder, Bachufer, Quellfluren; verw. in D. nach 1950). **Orangefarbenes S.** – *I. capensis* MEERB.
**10\*** B goldgelb, mit roten Punkten. Unteres KBl allmählich in den Sporn verschmälert, rechtwinklig bis spazierstockartig gebogen. BlSpreite länglich bis eifg-elliptisch, stumpf. 0,30–1,00. ☉ 7–8. **W**. **Z** s Teichränder, nasse Naturgärten; Selbstaussaat an vegetationsarmen Orten ◖ ● ≈ (warmgemäß. bis kühles Eur., As. u. westl. N-Am.: sickerfeuchte bis nasse LaubW, besonders Schlucht- u. AuenW, Waldränder, an Waldbächen, nährstoffanspruchsvoll). **Großes S., Rührmichnichtan** – *I. noli-tangere* L.

Ähnlich: **Kleinblütiges S.** – *I. parviflora* DC.: B gelb, 1 cm lg, aufrecht. Sporn gerade. Bl spitz. (Abb. **364**/2c). 0,30–0,60. ☉ 6–9. **W**. (N-As., eingeb. in Eur.: Unkraut in Gärten u. Parks.)

## Familie **Leingewächse** – *Linaceae* DC. ex PERLEB           250 Arten

**Lein** – *Linum* L.                                        180 Arten

Bem.: B nur kurz, meist nur 1 Vormittag dauernd. Die ⟂ Arten sind meist kurzlebig, für Nachzucht sorgen. Die **Z** sind LiebhaberPfl.

Lit.: HOFFMANN, W. 1961: Lein, *Linum usitatissimum* L. In: KAPPERT, H., RUDORF, W. (Hrsg.): Handbuch der Pflanzenzüchtung. Bd. **5**. Berlin, Hamburg: 264–366. – KULPA, W., DANERT, S. 1962: Zur Systematik von *Linum usitatissimum* L. KulturPfl. Beih. **3**: 341–388.

**1** B gelb od. goldgelb. Pfl ⟂. Bl am Grund jederseits mit einer Drüse ........... **2**
**1\*** B blau, violett, rosa od. weiß. Pfl ☉, ⊕ od. ⟂. Bl am Grund ohne Drüsen ....... **4**
**2** B 2–2,5 cm ⌀, zu 5–10(–25) in kopfigem BStand. Pfl mit sterilen Rosetten. RosettenBl verkehrteifg bis spatelfg, stumpf. Obere StgBl lanzettlich bis linealisch, spitz, mit blassem, wimperig geschlitztem Rand. KBl 5–8 mm lg, am Rand bewimpert. 0,10–0,40. ⟂ i? ⅄ 6–7. **Z** s △; V̌ ⚘ ○ Boden durchlässig ⌃ (Z- u. S-It., Balkan: Kalk-, Serpentin- u. Schieferfelsen, Schotter, bes 2600 m). **Kopfiger L.** – *L. capitatum* KIT. ex SCHULT.
**2\*** B einzeln od. in ± schirmfg Thyrsen ..................................... **3**
**3** KrBl (22–)25–35 mm lg, allmählich in den Nagel verschmälert, blassgelb, oft orange geadert. Schnabel der Kapsel 2 mm lg. Pfl mit sterilen Rosetten. RosettenBl spatelfg, obere StgBl verkehrteilanzettlich, mit schwalem durchscheinendem Rand. 0,20–0,30. ⟂ ♄ Pleiok 6–7. **Z** s △; V̌ ○ Boden durchlässig ⌃ (NO-Span., S-Frankr., It.: Felsen, Schotter, bes. Serpentin, 300–1400 m – 1795 – Hybr mit *L. elegans*: 'Gemmels Hybride': ⟂ i 0,12–0,15, BStand 10–15blütig, B 2–3 cm ⌀, KrBl tiefgelb, orange geadert, KBlRand drüsig behaart; entstanden 1940 in England).
**Glockiger L.** – *L. campanulatum* L.
**3\*** KrBl <25 mm lg, plötzlich in den Nagel verschmälert, goldgelb. Schnabel der Kapsel 1 mm lg. Pfl ohne od. mit wenigen RosettenBl. Bl 3–5nervig, grün, untere verkehrteilanzettlich, obere lanzettlich. BStand 10–25(–40)blütig. KBl 6–10 mm lg, am häutigen Rand drüsig bewimpert. 0,30–0,60. ⟂ Pleiok Wurzelsprosse 6–8(–9). **W**. **Z** s △ Rabat-

ten; ⚥ ⚤ ○ ☾? Boden durchlässig ⊕ (N-Balkan, südl. Z-Eur., Türkei, S- u. M-Russl.: Halbtrockenrasen, TrockenWSäume, Gebüsche, bes. auf Kalk – 1679 – Sorte 'Compactum': 0,20 – ▽). **Gelber L.** – *L. flavum* L.

Ähnlich: **Zierlicher L.** – *L. elegans* SPRUNER ex BOISS.: BStand mit (1–)3–5(–9) B. B 2–3 cm ⌀. KrBl gelb, deutlich geadert. Pfl mit dichten, z. T. sterilen BlRosetten. 0,08–0,15. ⚇ Pleiok 5–6. **Z** s △; Kultur wie **3\*** (Dalmatien bis Griech. u. Bulg.: trockne Felsen u. Schotter, bes. auf Kalk, bis 2500 m).

**4** (1) KrBl karminrot bis blutrot, Sorten auch blauviolett, weiß od. rosa. Pfl ⊙, schwach behaart. B in lockeren Doldenthyrsen, 3–4(–5) cm ⌀. KBl 1 cm lg, mit drüsigem Rand. Bl graugrün, linealisch bis eilanzettlich, spitz. 0,30–0,40(–0,75). ⊙ 6–9. **Z** z Sommerblumenbeete, Rabatten; ○ (NW-Algerien: steinige Weiden auf Kalk – 1820 – einige Sorten, z. B. 'Caeruleum': B blauviolett; 'Bright Eyes': B bis 5 cm ⌀, elfenbeinweiß mit bräunlichroter Mitte). **Großblütiger L., Roter L.** – *L. grandiflorum* DESF.

**4\*** Kr blau, selten weiß, bei Sorten auch violett od. rosa, dann aber Pfl ⚇ . . . . . . . . . **5**

**5** Stg zottig behaart, Haare >1 mm lg . . . . . . . . . . . . . . . . . . . . . . . . . . . . . . . . . . . **6**

**5\*** Stg kahl od. etwas rau, nicht zottig behaart . . . . . . . . . . . . . . . . . . . . . . . . . . . . . **7**

**6** Mittlere StgBl drüsig bewimpert, 4–9 mm br, lanzettlich. KrBl 18–25 mm lg, hellrosa bis hellpurpurn, dunkler geadert, trocken blau. 0,30–0,60(–0,80). ⚇ Pleiok 5–7. **W. Z** s Rabatten, Heide- u. Naturgärten △; ⚥ ○ ☾ ⊕ ~ (von N-Span. u. lt. bis Bayern u. Slowenien: trockne Rasen, Waldsäume, KiefernW auf Kalk – 1807 – ▽). **Klebriger L.** – *L. viscosum* L.

**6\*** Mittlere StgBl nicht drüsig bewimpert, bis 45 × 10 mm. KrBl 20–30 mm lg, blau, selten weiß. (0,20–)0,45–0,70. ⚇ Pleiok 6–8. **Z** s Natur- u. Heidegärten △; ⚥ ○ (SO-Eur., Türkei, S-Russl.: steinige, sonnige Bergwiesen, Steppen, Gebüsch, bis 2650 m – formenreich). **Zottiger L.** – *L. hirsutum* L.

Ähnlich: **Hartheublättriger L.** – *L. hypericifolium* K. B. PRESL: 0,50–0,80. KrBl rosa, 25–33 mm lg. **Z** s (Kauk., NO-Türkei: Gebüsch, felsige Wiesen, 1700–2500 m).

**7** (5) KBl am Rand drüsig bewimpert. Kr weiß, rosa bis rötlich, nicht blau . . . . . . . . **8**

**7\*** KBl am Rand kahl od. bewimpert, aber nicht drüsig. Kr blau, violett, weiß od. rosa . **9**

**8** B nicht heterostyl, d. h. Narbe u. Staubbeutel in gleicher Höhe. Bl (0,5–)1,5(–2) mm br, 1nervig. KBl 5–8 mm lg, 1nervig. KrBl 2–2,5mal so lg wie die KBl, ± 6 × 12–20 mm, blassrosa bis fast weiß. 0,20–0,45. ⚇ i Pleiok 6–7. **W. Z** s △; ⚥ ○ ⊕ ~ (südl. Z- u. S-Eur., NW-Afr., Ukr., Türkei, Kauk., NW-Iran: steinige Halbtrocken- u. Trockenrasen, bes. auf Kalk, bis 1900 m – ▽). **Schmalblättriger L.** – *L. tenuifolium* L.

**8\*** B heterostyl, d. h. Narbe u. Staubbeutel in verschiedener Höhe. Bl 0,2–1 mm br, ihr Rand eingerollt. KBl 4–6 mm lg, 3nervig. KrBl 3–4mal so lg wie die KBl, 15–35 mm lg, weiß bis rosa mit dunkelrosa bis violettem Nagel. Halbstrauch mit ∞ sterilen Trieben. 0,05–0,50. ♄ i 5–7. **Z** △; ⚥ ○ ⊕ ⌃ (kult nur subsp. *salsoloides* (LAM.) ROUY [*L. tenui-*

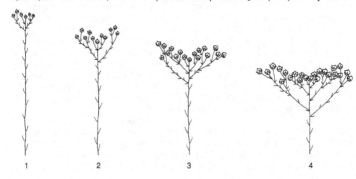

1        2        3        4

f_olium subsp. _salsoloides_ (LAM.) FIORI] (Z-Span., S-Frankr., NW-It.: Garriguen, Trockenrasen – 1810), nicht die stärker verholzte subsp. _suffruticosum_ [L. _tenuifolium_ subsp. _suffruticosum_ (L.) LITARD.] (Span., NW-Afr.)). **Halbstrauch-L.** – _L. suffruticosum_ L.

**9 (7)** Pfl ⊙ od. ①. Kr hellblau, selten weiß, rosa od. dunkelviolett. KBl am Rand fein gewimpert. Bl 3nervig. 0,30–1,50. ⊙ Sommer-Lein, ① Winter-Lein 6–7. **W. N** z Fasern, Brot- u. Gebäckzutat, Lack- und Speiseöl, Pressrückstand Futter, HeilPfl abführend, SaPackungen erweichend (nur in Kultur bekannt, kult im Orient seit >8000 Jahren, in D. seit der Jungsteinzeit. StammPfl: _L. bienne_ MILL.). [_L. usitatissimum_ subsp. _angustifolium_ (HUDS.) THELL., _L. usitatissimum_ subsp. _bienne_ (MILL.) STANK.]

**Saat-L., Flachs** – _L. usitatissimum_ L.

4 Sortengruppen:

**Spring-Lein** – convar. _crepitans_ (BOENN.) KULPA et DANERT: 0,20–0,60. Kapseln zur Reife geöffnet (Abb. **367**/1), die Sa ausstreuend. Primitivform, wohl nur noch in Sammlungen.

Bei den folgenden Sortengruppen bleiben die reifen Kapseln geschlossen (Schließ-Lein, Abb. **367**/2):

**Faser-Lein** – convar. _elongatum_ VAVILOV et ELLADI: 0,70–1,50, wenig verzweigt (Abb. **366**/1). Sa 4,0–4,5 mm lg. Kult bes. in wärmeren Ländern.

**Öl-Lein** – convar. _mediterraneum_ (VAVILOV et ELLADI) KULPA et DANERT: 0,30–0,70, reich verzweigt (Abb. **366**/4). Sa 4,5–6,0(–6,5) mm lg. Kult bes. in warmen bis warmgemäß. Ländern.

**Kombinations-Lein** – convar. _usitatissimum_: 0,50–0,70, mittelstark verzweigt (Abb. **366**/2,3). Sa 4,3–4,8 mm lg. In D. selten.

**9\*** Pfl ♃. KBl am Rand kahl . . . . . . . . . . . . . . . . . . . . . . . . . . . . . . . . . . . . . . . . . **10**
**10** KBl gleich lg, ohne br häutigen Rand, 10–14 mm lg. KrBl 2,5–4 cm lg, hellblau bis violettblau mit violetten Adern u. gelbem Nagel. Narbe keulenfg. Kapsel 7–9 mm ⌀. Bl 1–5(–10) mm br, 1–3(–5)nervig, bereift. 0,30–0,50. ♃ i? Pleiok 6–7. **Z** △; ⩔ ○ ∧ (W- u. Z-Medit. bis Kroat.: steinige Trockenrasen auf Kalk, bis 1200 m – 1697).

**Narbonner L.** – _L. narbonense_ L.

**10\*** KBl hautrandig, 3,5–6 mm lg. KrBl 10–20 mm lg, hellblau mit gelbem Nagel. Narbe kuglig. Kapsel 3,5–7(–8) mm ⌀. Bl meist 1nervig . . . . . . . . . . . . . . . . . . . . . . . . . . . . . **11**
**11** FrStiele aufrecht. Innere KBl 4,5–5,5 mm lg. KrBl 12–20 × 5–8 mm lg. 0,10–0,80. ♃ Pleiok Wurzelsprosse 6–8. **W. Z** s Naturgärten, Rabatten △; ⩔ ○ (warmgemäß. bis kaltes kontinentales Eur., As., Am. – 1686 – ▽ – formenreich: kult subsp. _perenne_: (0,20–) 0,30–0,80, meist >10blütig, innere KBl stumpf, 0,5–1 mm länger als die äußeren, KrBl 15–20 × 9–12 mm lg (Eur., As.: Trockenrasen, lichte KiefernW); subsp. _alpinum_ (JACQ.) OCKENDON: 0,10–0,25(–0,40), (1–)3–10(–12)blütig, innere KBl spitz od. stumpf, so lg wie die äußeren (S- u. Z-Eur.: subalp. Steinrasen); subsp. _lewisii_ (PURSH) HULTÉN [_L. lewisii_ PURSH]: Pfl robust, Bl bis 3 cm lg, KrBl 6–15 mm, Kapsel 5–8 mm ⌀ (westl. N.-Am. bis Mex.: trockne offne Hänge, 400–3400 m – Sorte 'Blauer Saphir': B auffällig himmelblau – ▽). **Ausdauernder L., Dauer-L., Stauden-L.** – _L. perenne_ L.

**11\*** FrStiele abwärts gekrümmt. Innere KBl 3,5–6 mm lg, spitz, so lg wie die äußeren. KrBl 10–15(–18) mm lg. Kapsel 3,5–5 mm ⌀. 0,30–0,60. ♃ Pleiok Wurzelsprosse 5–7. **W. Z** s Heide- u. Naturgärten △; ⩔ ○ ⊕ ~ (S-Eur., Orient, S-Russl., südl. Z-Eur.: Trockenrasen auf Kalk – ▽). **Österreichischer L.** – _L. austriacum_ L.

1                    2

Familie **Sauerkleegewächse** – *Oxalidaceae* R. Br.            775 Arten

**Sauerklee** – *Oxalis* L.                                     700 Arten

**1**   Bl mehr als 4zählig ................................................. **2**
**1***  Bl 3- od. 4zählig ................................................... **4**
**2**   Pfl 15–30 cm hoch. BStand eine 9–25blütige Scheindolde. Blchen 5–10, spatel- bis
        schmal keilfg mit rundlicher Spitze (Abb. **368**/1), useits rot gefleckt. Knolliges Rhizom
        mit schuppigen Brutzwiebeln. Bl grundständig. B rosa bis karminrot, dunkler geadert,
        mit gelbem Grund. Staubfäden zottig behaart. 0,15–0,30. ♃ ⌊ ⚲ 7–10. **Z** s Rabatten,
        Einfassungen; ⚘ ○ ◑ ⊖ ⌒ Nässeschutz, Nadelstreu, besser Ⓐ (Mex.: Gebüsche –
        1840).                                        **Keilblättriger S.** – *O. lasiandra* Zucc.
**2***  Pfl <15 cm hoch, BStand eine 1–3blütige Scheindolde. Blchen 9–20, herzfg (Abb.
        **368**/2) ......................................................... **3**
**3**   BlStiele kupferbraun. Blchen silbergrau, unbehaart. Pfl mit brauner, beschuppter, knol-
        liger Basis. B meist zu 2 od. 3, 2,5 cm ⌀, lilarosa bis violett, dunkler geadert, am Grunde
        weiß mit 5 purpurnen Flecken (Abb. **368**/2). 0,07–0,12. Kurzlebig ♃ ŏ 5–7. **Z** z △; ⚘
        ○ ⊖ ⌒ Nadelstreu Ⓐ (Chile, W-Argent.: Kordilleren: steinige Hänge bis 2300 m –
        1902).                                   **Kordilleren-S.** – *O. adenophylla* Gillies
**3***  BlStiele blaugrün. Blchen blaugrün, meist kurz behaart. Pfl mit dünnem, im Boden krie-
        chendem, mit weißen Schuppen dicht bedecktem Rhizom. B einzeln, 2,0 cm ⌀, weiß
        od. blassrosa, dunkler geadert. 0,05–0,10. Kurzlebig ♃ ⌊ 6–7. **Z** s △; ⚘ ◑ ⊖ ⌒ Nadel-
        streu Ⓐ (S-Chile, S-Argent., Falkland-Inseln: Sandflächen in Küstennähe – 1875 – Sor-
        ten: 'Ione Hecker' [*O. enneaphylla* × *O. laciniata* Cav.]: B 3 cm ⌀, lila bis purpurn;
        'Rubra': B rot; 'Alba': B weiß).               **Neunblättriger S.** – *O. enneaphylla* Cav.
**4**   **(1)** Bl 4zählig, Blchen herz- bis halbmondfg, grün, mit purpur-braunen Streifen (Abb.
        **368**/3). BStand eine 5–12blütige Scheindolde. B 2 cm ⌀, rosa bis karminrot mit gelbem
        Schlund. Pfl stängellos, am Grund mit rübenartiger Wurzel (essbar!) u. der Vermehrung
        dienenden Brutzwiebeln. 0,10–0,30. ♃ ⚲ ŏ 〰 6–10, bei Topfkulturen schon ab 1. **Z**
        v Balkonkästen, Pflanzschalen, Einfassungen; Komposterde (Mex.: Annuellenfluren –
        1822 – Sorte: 'Iron Cross', viel kult als GlücksPfl am Jahresbeginn). [*O. deppei* Lodd.
        ex Sweet]                           **Vierblättriger S., Glücksklee** – *O. tetraphylla* Cav.
**4***  Bl 3zählig ......................................................... **5**
**5**   BKr gelb .......................................................... **6**
**5***  BKr rot, rosa od. weiß, nur am Grund zuweilen gelb ....................... **10**
**6**   Pfl ohne sichtbaren Stg. Bl u. BStände aus unterirdischer Zwiebel entspringend. B
        3–20 in Scheindolden, die Bl mehr als das Doppelte überragend, goldgelb, trichterfg
        (Abb. **368**/4). 0,20–0,40. ♃ ⚲ Rübe 〰 4–6. **Z** s Rabatten, Naturgärten, auswildernd,

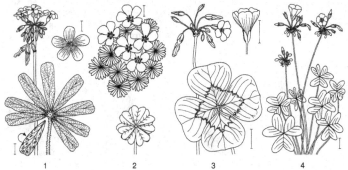

1                    2                    3                    4

♥ ○ ◐ ∧ besser Ⓚ (S-Afr.: Kap-Provinz: Ödland; eingeb. in warmgemäßigten u. warmen Gebieten – 1757 – Sorte: 'Flore Pleno', gefüllt. [*O. cernua* THUNB.]

**Nickender S., Ziegenfuß-S.** – *O. pes-caprae* L.

**6*** Pfl mit sichtbarem oberirdischem Stg . . . . . . . . . . **7**

**7** Pfl am Boden kriechend, an den Knoten wurzelnd, mehrfach verzweigt. Blchen herzfg $^1/_4$ bis $^1/_3$ eingeschnitten (Abb. **369**/1). 0,05–0,40. ⊙ ♃ ⌇ 5–11. **W. Z** früher s, heute v, meist nur Unkraut ▭; ∨ ○ ◐ (Kosmopolit. Unkraut: Wege, Pflasterfugen, Gärten, Gewächshäuser, zwischen Kakteenkulturen – 1577 – meist var. *atropurpurea* PLANCH.: Stg u. Bl purpurbraun – als ZierPfl nicht zu empfehlen).

**Gehörnter S., Horn-S.** – *O. corniculata* L.

**7*** Pfl mit aufrechtem, zuweilen später niederliegendem Stg . . . . . . . . . . **8**

**8** Stg kahl, nicht fleischig, unverzweigt, dicht beblättert. Blchen breit herzfg mit engem Einschnitt (Abb. **369**/2). B zu 4–15 in Scheindolden, hellgelb, braun geadert, 1,0–1,5 cm ⌀. 0,10–0,25. 6–8. **Z** s Einfassungen, Sommerrabatten; ∨ ○ ◐ (S-Chile: Gebüsche – 1862). **Valdivia-S.** – *O. valdiviensis* BARNÉOUD

**8*** Stg behaart, fleischig, verzweigt, aufrecht, später niederliegend . . . . . . . . . . **9**

**9** Pfl mit dicken länglichen Knollen am Ende verzweigter Rhizome. Stg >5 mm ⌀, grün od. rötlich. B gelb, zu 5–8 in Scheindolden, bis 2 cm ⌀. 0,20–0,40. ♃ ⱡ ♉ 9–11. **N** (stärkereiche Knollen) in S-Am. **Z** nicht zu empfehlen, da selten blühend (KurztagsPfl). ▭ ♥ ○ ⌇ (kult Andenregion: westl. S-Am. von Kolumbien bis Chile).

**Knolliger S., Oca** – *O. tuberosa* MOLINA

**9*** Pfl weder mit Rhizomen noch mit dicken Knollen. Stg <3 mm br, rötlich. B gelb, purpurn geadert, zu 4–7 in Scheindolden, 1,0–1,5 cm ⌀. 0,20–0,40. ♃, kult ⊙, 10–5. **Z** s Pflanzenschalen, Ampeln, Balkonkästen; ⊳ ∨ ⌒ ○ ◐ (M-Am.: Vulkanböden – Sorten BlFarbe grün bis purpurn). **Buschiger S.** – *O. vulcanicola* J. D. SM.

**10** **(5)** B einzeln . . . . . . . . . . **11**

**10*** B in mehrblütigen Zymen od. Scheindolden . . . . . . . . . . **12**

**11** Pfl mit oberirdisch sichtbarem, niederliegendem Stg, aus im Erdboden liegender Rhizomknolle entspringend. Blchen außen abgerundet, das obere größer als die 2 seitlichen (Abb. **369**/3). B einzeln, die Bl überragend. Kr trichterfg, gedreht, 1,8–2,5 cm ⌀. KrBl einander überlappend, hellrosa bis karminrot mit gelbem Grund. 0,05–0,12. ♃ ⱡ ♉ 6–10. **Z** s △ Naturgärten ▭; ∨ ♥ ○ ∧, neigt zum auswildern! (S-Afr.: Sandstrände). [*O. inops* ECKL. et ZEYH.] **Niederliegender S.** – *O. depressa* ECKL. et ZEYH.

Ähnlich: **Purpur-S.** – *O. purpurea* L.: Blchen rundlich-eifg, gleichgroß, useits purpurn. B einzeln, ihr Stiel so hoch wie die Bl od. kürzer. Kr 3–5 cm ⌀, rosa bis violett, creme od. weiß, mit gelbem Grund (S-Afr.: Kap-Gebiet – eingeb. in SW-Eur. – 1795 – sehr variable Art: einige Sorten mit verschiedenen BFarben).

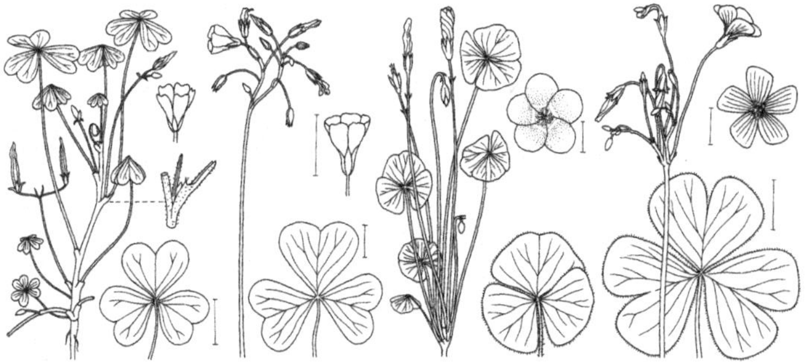

1 2 3 4

**11\*** Pfl ohne Stg. Bl- u. BStiele entspringen aus dem im Boden kriechendem Rhizom. BStiel mit 2 schuppenfg VorBl. Kr 1,5–2,0 ⌀, weiß, purpurn geadert, selten rosa od. rot, am Grund mit gelben Flecken. 0,05–0,12. ⚄ Ⴑ ⌇⌇ 4–5. **W. Z** z Naturgärten, Parks, ⬜; ∀ Kaltkeimer ⚘ ⌇⌇ ● ⊖ ≃ (gemäß. Eur., As., N-Am.: feuchte, humose, schattige Wälder, mont. Hochstaudenfluren – var. *purpurascens* MART. mit rosa B kult als Sorte: 'Rosea'; weitere Sorten selten angeboten). **Wald-S.** – *O. acetosella* L.

Ähnlich: **Oregon-S.** – *O. oregana* NUTT. in allen Teilen robuster (bis 20 cm hoch). BlStiele u. BlUSeite behaart. Kr 2,0–2,5 cm ⌀, KrBl fliederfarben, selten weiß (westl. N-Am. – gut als Bodendeckung für kühle, schattige Lagen).

**12** **(10)** Pfl mit zylindrischem, knolligem Rhizom, verholzt u. von bräunlichen Schuppen umgeben. USeite der Blchen orangebraun gepunktet (Lupe!). 5–19 B in doldenfg Zymen (Abb. **369**/4). Kr 1,5–2,0 cm ⌀, rosa, selten weiß. 0,10–0,30. ⚄ Ⴑ ⌇⌇ 6–11. **Z** z Rabatten, Kübel, Pflanzenschalen ⬜; ⚘ ● ◑ ⑳ (Argent., S-Bras., Parag.: subtrop. Gebüsche – 1827 – subsp. *rubra* (A. ST. HIL.) LOURTEIG, Sorte: 'Alba': B weiß). [*O. floribunda* LEHM., *O. rubra* A. ST. HIL.] **Rosa S.** – *O. articulata* SAVIGNY

**12\*** Pfl ohne verholztes Rhizom. USeite der Blchen nicht gepunktet .............. **13**

**13** Blchen br 3eckig (Abb. **370**/1,2) ........................................ **14**

**13\*** Blchen br herzfg-rundlich (Abb. **370**/3,4) ................................. **15**

**14** Bl meist tief pupurn, selten matt dunkelgrün. Kr trichterig, hellrosa mit grün-weißem Grund, selten weiß. Scheindolde 3–9blütig (Abb. **370**/1). 0,15–0,30. ⚄ Ⴑ ♂ 7–11. **Z** v Kübel, Pflanzschalen, Rabatten ♠; ⚘ ● ≃ ⑳ (Bras.: Gebüsche – 1988 – kult subsp. *papilionacea* (ZUCC.) LOURTEIG). **Schmetterlingsblättriger S.** – *O. triangularis* A. ST. HIL.

**14\*** Bl frischgrün. Kr rosakarmin mit grünem Grund. Scheindolde 6–32blütig. (Abb. **370**/2). 0,07–0,20. ⚄ ♂ 7–10. **Z** z – meist Unkraut in Gärtnereien: Töpfe, Kübel; ⚘ ◑ (Mex. bis Peru: Küstenvegetation auf Sandböden).

**Breitblättriger S.** – *O. latifolia* HUMB., BONPL. et KUNTH

**15** **(13)** BStiele drüsig behaart. Bl dick, etwas ledrig. Kr 3,0–4,0 cm ⌀, hellrosa bis karmin mit grünem Grund (Abb. **370**/3). Scheindolde 3–12blütig. 0,20–0,30. ⚄ ♂ 4–5. **Z** s Kübel, Pflanzschalen, Ampeln; ⚘ ○ ⑳ (S-Afr.: Kapland: Sukkulentenfluren – 1824). [*O. bowieana* LODD., *O. purpurata* JACQ. var. *bowiei* (LINDL.) SOND.]

**Großblütiger S., Bowie-S.** – *O. bowiei* LINDL.

**15\*** BStiele lg behaart, aber nicht drüsig. B dünn, nicht ledrig. Kr 1,2–1,7 cm ⌀, rosakarmin mit weißem Grund, dunkler geadert (Abb. **370**/4). Scheindolde mit 7–15 B. 0,10–0,30. ⚄ ♂ 5–8. Als Unkraut s eingeb., zuweilen **Z** Kalthäuser, Töpfe, Kübel; ⚘ ○ ◑ (Bras., Argent.: Unkrautfluren – Sorte: 'Aureo-reticulata': BlNerven gelb. [*O. martiana* ZUCC., *O. debilis* HUMB., BONPL. et KUNTH var. *corymbosa* (DC.) LOURTEIG]

**Brasilianischer S.** – *O. corymbosa* DC.

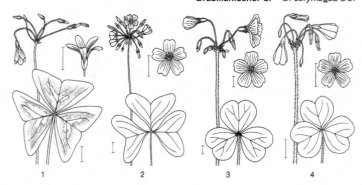

1     2     3     4

# Familie **Storchschnabelgewächse** – *Geraniaceae* JUSS. 700 Arten

**1** Oberes KBl mit einem am BStiel herablaufenden u. mit diesem verwachsenen Sporn, dieser oft nur als kleiner Höcker sichtbar. B meist dorsiventral mit ungleichen KrBl. Vorwiegend einjährig gezogene, nicht winterharte Balkon- u. SchmuckbeetPfl.
**Pelargonie, „Geranie" – *Pelargonium* S. 378**

**1\*** Oberes KBl ohne Sporn .............................................. **2**

**2** FrSchnäbel bei der Reife im unteren Teil schraubenfg gedreht, mit den Samen verbunden. Die Hälfte der StaubBl ohne Staubbeutel. Bl meist gefiedert.
**Reiherschnabel – *Erodium* S. 376**

**2\*** FrSchnäbel bei der Reife bogig aufwärts gekrümmt. Sa abgeschleudert. Alle StaubBl mit Staubbeuteln. Bl handfg gelappt, eingeschnitten od. gefingert.
**Storchschnabel – *Geranium* S. 371**

**Storchschnabel – *Geranium* L.** 400 Arten

Lit.: YEO, P. F.: *Geranium* – Freiland-Geranien für Garten u. Park. Stuttgart 1988.

**1** Bl <5 cm ⌀, handfg gelappt bis geschnitten (Abb. **371**/1). Kleine, bis 20 cm hohe SteingartenPfl ......................................................... **2**

**1\*** Bl >5 cm ⌀, wie vor. Meist mehr als 30 cm hohe Rabatten-, Staudenbeet- u. NaturgartenPfl ......................................................... **8**

**2** Bl beidseits anliegend behaart. B rosa bis weiß .......................... **3**

**2\*** Bl nicht beidseits anliegend behaart. B lilarosa, karminrot od. rotviolett, selten weiß. **4**

**3** B 2–2,5 cm br. Staubbeutel hell. Bl graugrün, meist in 7–9 Abschnitte geteilt (Abb. **371**/1b), beidseits silbrig behaart. Pfl immergrün. 0,15–0,20. ♃ i ⅄ 6–8. Z s △; ∨ ⋀ (Wurzelschnittlinge) ○ ~ ⊕ Boden sandig, schottrig, durchlässig (südl. Kalkalpen, W-Alpen, N-Apennin: Felsspalten, Felsschotter – 1699). **Silber-St. – *G. argenteum* L.**

**3\*** B 3–4 cm br. Staubbeutel blauschwarz. Bl dunkelgrün, meist in 5–7 Abschnitte geteilt (Abb. **371**/1a), beidseits anliegend, aber nicht silbrig behaart. Pfl sommergrün. 0,10–0,20. ♃ ⅄ 6–8. Z s △; ∨ ♥ ○ ⊖ Boden humusreich, nicht zu trocken (N-China, Korea: subalp. Matten – 1915). [*G. napuligerum* hort. non FRANCH.]
**Farrer-St. – *G. farreri* STAPF**

**4** (2) Kr trompetenfg-trichterfg. B 3–4 cm ⌀, rot bis dunkelrosa. Bl nierenfg, 5teilig, Lappen 3teilig, linealisch (Abb. **371**/2). 0,15–0,25. ♃ ⅄ 5–7. Z s △; ∨ ♥ ○ ◐ absonnig, Boden feucht humos (W-China: Gansu, Shaanxi, Sichuan, Yunnan: alp. Wiesen, felsige Orte, 2400–4250 m – 1915). **Pylzow-St. – *G. pylzowianum* MAXIM.**

Ähnlich: **Osttibetischer St. – *G. orientalitibeticum* KNUTH:** in allen Teilen etwas größer. Bl cremefarben-grün marmoriert. KrBl an der Basis weiß, B mehr schalenfg (W-China: Sichuan).

**4*** Kr flach od. schalenfg, nicht trichterfg . . . . . . . . . . . . . . . . . . . . . . . . . . . . . . . . . . **5**
**5** KrBl lilarosa bis rotviolett, mit dunklerer Basis . . . . . . . . . . . . . . . . . . . . . . . . . . . **6**
**5*** KrBl nicht mit dunklerer Basis . . . . . . . . . . . . . . . . . . . . . . . . . . . . . . . . . . . . . . . . . **7**
**6** K anliegend behaart. B hell rosalila mit dunkleren Adern. Bl graugrün, bis 5(–7) cm ⌀, rundlich (Abb. **371**/3). 0,10–0,20. ♃ ⅄ 6–9. **Z** z △; Ⅴ Ⅴ᷒ ⌒ ○ ◖ (W-Medit.: steinige Matten im Gebirge – 1830 – Sorte: 'Ballerina': reich u. lange blühend).
　　　　　　　　　　　　　　　　　　　　　　**Grauer St.** – *G. cinereum* Cav.
**6*** K abstehend behaart. B rotviolett mit dunkleren Adern, an der Basis fast schwarz. Bl dunkler graugrün, alle Teile etwas größer als vorige (Abb. **371**/4). 0,15–0,25. ♃ ⅄ 6–8. **Z** z △; Ⅴ Ⅴ᷒ ⌒ ○ ◖ (O-Medit.: steinige Gebirgsmatten – 1915 – Sorte: 'Splendens': reich u. lange blühend). [*G. cinereum* subsp. *subcaulescens* (L'Hér. ex DC.) R. Knuth]
　　　　　　　**Schwarzäugiger St.** – *G. subcaulescens* L'Hér. ex DC.
**7** **(5)** B einzeln, leuchtend karminrot, selten weiß. BlSpreite fast bis zum Grund in Abschnitte mit linealischen Zipfeln geteilt (Abb. **372**/1). 0,15–0,40. ♃ ⅄ unterirdisch 5–9. **W. Z** v △ Rabatten, Naturgärten; Ⅴ Ⅴ᷒ auch Rhizomschnittlinge ᷒⌒ ○ ◖ ～ ⊕ (Eur., von Irl. bis Kauk.: Steppenheiden an sonnigen, grasigen Stellen, Küstendünen, meist auf Kalkboden – 1561 – Sorten: 'Lancastriense' [var. *striatum* Weston]: in allen Teilen kleiner, mit fein zerteilten Bl: 'Album': B rein weiß). **Blutroter St.** – *G. sanguineum* L.
**7*** B in 2blütigen TeilBStänden, karminrosa od. weiß. BlAbschnitte 3eckig, an der Spitze am breitesten (Abb. **372**/2a). StaubBl u. Griffel länger als die KrBl. 0,10–0,15. ♃ ⅄ unter- u. oberirdisch 6–7. **Z** s △ ♠; Ⅴ Ⅴ᷒ auch Rhizomschnittlinge ᷒⌒ ○ ◖ ～ (W-Balkan: Dalmatien, N-Alban.: Felshänge – Sorten: 'Album': B weiß; 'Bressingham': B rosa; Hybr: **Cambridge-St.** – *G.* × *cantabrigiense* Yeo (*G. dalmaticum* × *G. macrorrhizum*): 0,10–0,20, B hellrosa). **Dalmatiner St.** – *G. dalmaticum* (Beck) Rech. f.
**8** **(1)** B einzeln, nicht in 2- bis mehrblütigen TeilBStänden.
　　　　　　　　　　　　　　　　**Blutroter St.** – *G. sanguineum* s. 7
**8*** B in 2- bis mehrblütigen TeilBStänden, nicht einzeln . . . . . . . . . . . . . . . . . . . . . . **9**
**9** StaubBl u. Griffel 18–25 mm lg, länger als die KrBl, aus der B herausragend (Abb. **372**/4). Pfl mit dickem oberirdischem Rhizom kriechend, aromatisch duftend (Drüsenhaare!). Kr tiefrot bis blassrosa, selten weiß. 0,20–0,35. ♃ ⅄ oberirdisch, bis 1 m lg 5–8. **Z** z △ Naturgärten, Rabatten, Bodendecker, **N** Geraniumöl für Parfümindustrie. Ⅴ Ⅴ᷒ Rhizomschnittlinge ◖ ● ～ ⊕ (Kalkgebirge: S-Alpen, Apennin, Karp., Balkan: Felsen, Geröll, Wälder – 1588 – Sorten: 'Album': Kr weiß; 'Spessart': Kr weiß od. rosa, StaubBl orangerot; 'Czakor': Kr purpurrot).
　　　　　　**Duft-St., Balkan-St., Felsen-St.** – *G. macrorrhizum* L.
**9*** StaubBl u. Griffel kürzer als die KrBl . . . . . . . . . . . . . . . . . . . . . . . . . . . . . . . . . . **10**
**10** B ± trichter- od. trompetonfg . . . . . . . . . . . . . . . . . . . . . . . . . . . . . . . . . . . . . . . . . **11**
**10*** B ± flach od. schalenfg . . . . . . . . . . . . . . . . . . . . . . . . . . . . . . . . . . . . . . . . . . . . . . **13**

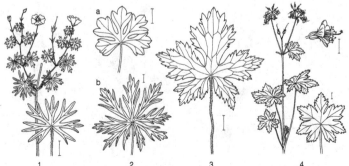

1　　　　　　　2　　　　　　　3　　　　　　　4

**11** KrBl weiß mit purpurnen Adern. Bl in 7–9 Abschnitte geteilt, diese in schmale Lappen eingeschnitten, Ränder gezähnt (Abb. **372**/2 b). 0,30–0,45. ⌗ ⅄ 6–7. **Z** s Naturgärten; ∨ ⅋ ◑ ⊖ (Alpen: Schweiz, Frankr., N-It., Österr.: alp. Matten, lichte Wälder, Bachränder, Felsen). [*G. aconitifolium* L'HÉR.]

**Bach-St., Blassblütiger St.** – *G. rivulare* VILL.

**11\*** KrBl rosa od. violett, mit dunklerem Adernetz . . . . . . . . . . . . . . . . . . . . . . . . . . . . . **12**

**12** BlAbschnitte deutlich gelappt u. am Rand gezähnt (Abb. **372**/3). KrBl leuchtend rosa. Pfl mit lg im Boden kriechenden Rhizomen. 0,30–0,45. ⌗ ⅄ i 6–8. **Z** z Naturgärten, Staudenbeete ▭; ∨ ⅋ Rhizomschnittlinge ○ ◑ ≈ (W-Pyr. in Frankr. u. Span.: feuchte Stellen in lichten Wäldern – 1812 – kult besonders die Sorte: 'Wargrave Pink': B klein, lachsrosa). **Rosa St.** – *G. endressii* J. GAY

Ähnlich: *G.* × *riversleaianum* YEO, eine Kreuzung von **12** mit *G. traversii* HOOK. f. mit den Sorten: 'Mavis Simpson': B hellrosa mit dunklen Streifen; 'Russell Prichard': B tief karminrot; *G.* × *oxonianum* YEO, eine Kreuzung mit *G. versicolor* L.: Sorte: 'Claridge Druce': B groß, rosa, weit verbreitet, durch Samen vermehrbar.

**12\*** BlAbschnitte gezähnt, aber nicht deutlich gelappt (Abb. **373**/1). KrBl ausgerandet, lilarosa, mit meist 3 dunkleren Hauptadern. Pfl an den Verzweigungen knotig verdickt. 0,20–0,50. ⌗ ⅄ ober- u. unterirdisch 5–9. **W. Z** s Naturgärten ▭; ∨ ⅋ Rhizomschnittlinge ◑ ● (Gebirge S-Eur.: BergW; eingeb. in D.). **Knotiger St.** – *G. nodosum* L.

Ähnlich: **Verschiedenfarbiger St.** – *G. versicolor* L.: KrBl weiß, rot genetzt, tief gekerbt. Problemlos an trocknen, schattigen Standorten (S-Eur.)

**13 (10)** KrBl am Grund mit schwärzlicher Zeichnung . . . . . . . . . . . . . . . . . . . . . . . . . . . **14**

**13\*** KrBl am Grund ohne schwärzliche Zeichnung . . . . . . . . . . . . . . . . . . . . . . . . . . . . **15**

**14** Bl 5–10 cm br, in 5 (selten in 7) Lappen geteilt (Abb. **373**/2). KrBl matt purpurrosa, mit V-fg schwarzer Zeichnung am Grund. 0,50–2,00. ⌗ ⅄ Triebe an den Knoten wurzelnd. 10–11. **Z** s Naturgärten, Staudenbeete ▭; ∨ ⅋ ◑ ≈ ∧ (Himal.: Nepal, Sikkim, Bhutan: TannenW, 2400–3600 m; heikel, schwierig zu vermehren, besser Sorte: 'Salome' (*G. procurrens* × *G. lambertii* SWEET): B größer (4 cm ⌀), purpurn mit dunklen Adern, BZeit 7–11). **Ausläufer-St.** – *G. procurrens* YEO

**14\*** Bl 15–30 cm br, in 7 Lappen geteilt (Abb. **373**/3). KrBl glänzend purpurrot, mit schwarzer Basis. 0,50–1,20. ⌗ ⅄ liegende Triebe 6–9. **Z** s Naturgärten, Staudenrabatten ▭ △; ∨ ⅋ ○ ◑ keine Staunässe (SW-Kauk.: lichte FichtenW, subalp. Gebüsche u. Matten, 400–1200 – 1891 – Sorte: 'Ann Folkard' (*G. procurrens* × *G. psilostemon*): reich blühend, Bl gelblich-grün). [*G. armenum* BOISS.]

**Armenischer St.** – *G. psilostemon* LEDEB.

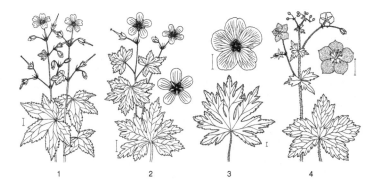

1                    2                    3                    4

**15  (13)** Kr einheitlich dunkel rotbraun od. schwarzviolett, selten trüblila od. weiß, 2,0–2,5 cm ⌀. B seitwärts abstehend, KrBl flach od. etwas zurückgebogen. StgBl wechselständig (Abb. **373**/4). 0,30–0,80. ⚃ ⅄ i 5–7. **W. Z** z Naturgärten, Staudenrabatten ☐; ∨ Ⱳ ◐ ● (Eur.: Pyr. bis W-Russl.: mont. Wiesen u. Wälder – 1561 – subsp. *phaeum*: B rotbraun od. schwarzviolett. Bl braun gefleckt; subsp. *lividum* (L'Hér.) Hayek: B trüblila, Bl ungefleckt).                                                     **Brauner St.** – *G. phaeum* L.

<small>Ähnlich: **Zurückgebogener St.** – *G. reflexum* L.: KrBl schmaler, zurückgebogen, rosa (südeuropäische Gebirge: Apennin, Balkan).
**Begrannter St.** – *G. aristatum* Freyn: B nickend, blass, lila od. rosa geadert. KrBl stark zurückgebogen (Mazed., Alban., Griech.). Beide Arten für Naturgärten in ◐ od. ●.
**Münchner St.** – *G.* × *monacense* Harz (*G. phaeum* × *G. reflexum*), KulturHybr, KrBl etwas stärker zurückgebogen als bei *G. phaeum*.</small>

**15\*** Kr nicht dunkel rotbraun, schwarzviolett od. trüblila, meist 3,0–5,0 cm ⌀; wenn kleiner (*G. sylvaticum*), dann Kr meist rötlichviolett . . . . . . . . . . . . . . . . . . . . . . . . . . . . . **16**

**16** Kr weiß od. hellviolett, mit auffälliger blauer od. violetter strahliger Aderung, 3,0–3,6 cm ⌀. KrBl gekerbt, herzfg, seitlich nicht überlappend. Bl bis 10 cm br, graugrün, stark runzlig, mit eingesenkten, netzigen Adern, in 5–7 Abschnitte gegliedert, diese bis zur Hälfte eingeschnitten, nicht überlappend (Abb. **374**/1). 0,20–0,30. ⚃ ⅄ 6–7. **Z** s Naturgärten, Staudenrabatten, Gehölzränder ☐; ∨ Ⱳ ○ ◐ ~ (Kauk.: zwischen Felsen, auf steinigen Wiesen, um 2000 m – Sorte: 'Walter Ingwersen': B groß, weiß, hellrosa getönt).                                                            **Kaukasus-St.** – *G. renardii* Trautv.

<small>Ähnlich: **Knolliger St.** – *G. tuberosum* L.: Rhizom kurz, knollig. Stg aufrecht, 20–30 cm. Bl 5–10 cm br, Abschnitte linealisch, fein fiederschnittig bis Mittelrippe (Abb. **374**/2). B in Dolden, KrBl tief eingeschnitten, purpurrosa mit dunkleren Adern. 4–5 (Medit. bis W-Iran).</small>

**16\*** Kr meist blau, purpurrot od. karminrosa; wenn weiß, dann nicht mit auffälliger blauer od. violetter Aderung . . . . . . . . . . . . . . . . . . . . . . . . . . . . . . . . . . . . . . . . . . . . . . . . . **17**

**17** B groß (>3,5 cm ⌀), blau od. blauviolett, selten weiß . . . . . . . . . . . . . . . . . . . . . . . **18**

**17\*** B kleiner (<3,5 cm ⌀), purpurrot od. karminrosa, selten weiß . . . . . . . . . . . . . . . **21**

**18** KrBl vorn deutlich eingekerbt, dunkler fiedrig geadert . . . . . . . . . . . . . . . . . . . . . . **19**

**18\*** KrBl vorn abgerundet . . . . . . . . . . . . . . . . . . . . . . . . . . . . . . . . . . . . . . . . . . . . . . . **20**

**19** Kr 3,5–4 cm ⌀, blauviolett. Bl in 7–11 Abschnitte gegliedert, diese nicht überlappend (Abb. **374**/3). Fr samenbildend. Pfl ohne Ausläufer, mit kurzem Rhizom. 0,30–0,50. ⚃ ⅄ 6–7. **Z** v Naturgärten, Staudenrabatten; ∨ Ⱳ ○ ◐ (Kauk., NO-Türkei, NW-Iran: Wiesen, felsige Hänge, lichte Wälder – 1802 – in der gärtnerischen Literatur oft mit *G.* × *magnificum* verwechselt).
**Breitkronblättriger St.** – *G. platypetalum* Fisch. et C. A. Mey.

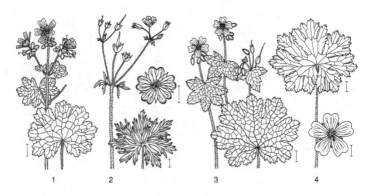

1          2          3          4

**19\*** Kr 4,5–5 cm ⌀, blauviolett. Bl in 7–9 sich überlappende Abschnitte gegliedert (Abb. **374**/4). Fr steril. Pfl durch unterirdische Ausläufer sich ausbreitend. 0,40–0,70. ♃ ⏖ 6. **Z** v Naturgärten, Staudenrabatten ▭; ⚘ ○ ☽ (Hybr *G. platypetalum* × *G. ibericum* – 1871). **Pracht-St.** – *G.* × *magnificum* HYL.

Ähnlich: **Georgischer St.** – *G. ibericum* CAV.: Kr 4,0–4,8 cm, purpurviolett. Bl 7–11lappig, bis 20 cm br, tief eingeschnitten (Abb. **375**/1). N-Türkei, Kauk. – 1802 – subsp. *ibericum*: ohne Drüsenhaare; subsp. *jubatum* (HAND.-MAZZ.) DAVIS: mit Drüsenhaaren.

**20** **(18)** Pfl mit unterirdischen Rhizomen kriechend, bis 60 cm hoch. Bl 6–12 cm br. (Abb. **375**/2). B 4,0–6,0 cm ⌀. K nach dem Verblühen nicht aufgeblasen. KrBl blauviolett, rotviolett geadert, zur Basis purpurn. 0,30–0,60. ♃ ⅄ ⏖ 5–7. **Z** s Naturgärten, Staudenrabatten, Gehölzränder; ∨ ⚘ ○ ☽ (Pamir, Himal. von N-Afgh. bis M-Nepal, 2100–4300 m: offne Wälder u. Gebüsche, grasige Hänge – 1898 – Sorte: 'Gravetye': KrBl tiefblau. [*G. grandiflorum* EDGEW., *G. meeboldii* BRIQ.]

**Himalaja-St.** – *G. himalayense* KLOTZSCH

**20\*** Pfl nicht mit unterirdischen Rhizomen kriechend, bis 120 cm hoch. Bl 10–25 cm br. (Abb. **375**/3). B 3,5–4,5 cm ⌀. K nach dem Verblühen aufgeblasen. KrBl hellblau, selten weiß. 0,50–1,20. ♃ ⅄ 6–9. **W**. **Z** v Naturgärten, Staudenrabatten; ∨ Kaltkeimer ⚘ ○ ☽ (Eur.: von Irl. bis Kauk., N-As.: Sibir., Altai, Himal. – 1613 – Sorten: 'Johnsons Blue' (*G. himalayense* × *G. pratense*): B rein blau, groß; 'Galactic': B weiß; 'Silver Queen': B mit blassblauer Tönung; 'Striatum': B weiß, blau gefleckt u. gestreift).

**Wiesen-St.** – *G. pratense* L.

Ähnlich: **Clarke-St.** – *G. clarkei* YEO: Bl kleiner, 5–15 cm ⌀. B größer, 4,2–4,8 cm ⌀. K nach dem Verblühen nicht aufgeblasen. KrBl purpurn od. weiß – Sorte: 'Kashmir White': KrBl auffällig rotviolett geadert (W-Himal.).

**21** **(17)** Stg u. BStiele weich, flaumig, anliegend od. abstehend behaart, aber ohne Drüsenhaare . . . . . . . . . . . . . . . . . . . . . . . . . . . . . . . . . . . . . . . . . . . . . . **22**
**21\*** Stg u. BStiele mit Drüsenhaaren . . . . . . . . . . . . . . . . . . . . . . . . . . . . . . . . . **24**
**22** Stg u. BStiele abstehend behaart. Pfl mit bis 1,20 m lg kriechenden, nicht wurzelnden Trieben. Bl 3–5teilig, rhombisch, unregelmäßig gezähnt (Abb. **375**/4). B rotviolett od. rosa mit weißem Grund, dunkler geadert, 2,8–3,6 cm ⌀, locker paarweise stehend. 0,20–0,30. ♃ ⅄ 6–10. **Z** s Naturgärten, Gehölzränder in N-Lage; ∨ ⚘ ○ ☽ ≈ (W-Himal.: subalp. Wiesen u. Gebüsche, 2400–3600 m – 1820 – Sorte: 'Buxtons Variety': B rein blau mit großer weißer Mitte; samenecht!).

**Wallich-St.** – *G. wallichianum* D. DON

**22\*** Stg u. BStiele flaumig, anliegend abwärts gerichtet behaart . . . . . . . . . . . . . . . . . . **23**
**23** Bl nicht bräunlich gezeichnet, 5–10 cm br (Abb. **376**/1). Kr 3,0–3,5 cm ⌀, KrBl purpurn mit weißem Grund, dunkler geadert. 0,25–0,80. ♃ ⅄ 6–9. **W**. **Z** z Naturgärten, feuchte

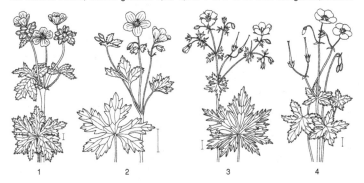

1          2          3          4

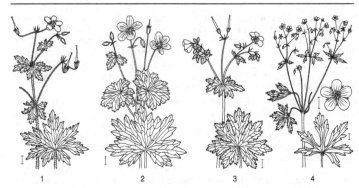

1　　　　　　2　　　　　　3　　　　　　4

Senken, Teichränder ☐; ∀ Kaltkeimer ♈ ○ ◑ ≃ (M- u. O-Eur. bis Kauk. u. NO-Türkei:
Feuchtwiesen, Niedermoore, feuchte Gebüsche, Hochstaudenfluren).

**Sumpf-St.** – *G. palustre* L.

**23\*** Bl oft bräunlich gefleckt, 5–15 cm br (Abb. **376**/2). Kr 3,0–4,0 cm ⌀, KrBl karminrosa mit
weißem Grund u. violett geadert. 0,20–0,40. ⚇ ⅄ 7–9. **Z** s Naturgärten, Gehölzränder
☐; ∀ ♈ ○ ◑ ≃ (NO-As.: O-Sibir., Mong., NO-China: feuchte Wiesen u. Gebüsche).

**Mandschurischer St.** – *G. wlassovianum* LINK

**24 (21)** Bl in 7–9 Abschnitte gegliedert, mit stark gesägt-gezähnten Seiten u. Spitzen. Fr
<2,5 cm lg. B rötlichviolett, seltener rosa od. weiß, 2,2–3,0 cm ⌀, dicht gedrängt ste-
hend (Abb. **376**/3). 0,30–0,70. ⚇ ⅄ 5–7. **W. Z** z Naturgärten, Staudenrabatten; ∀ ♈ ○
◑ ≃ (Eur., Kauk., Sibir., Türkei: montane Wiesen u. Gebüsche –1623 – Sorten:
'Album': B weiß; 'Mayflower': B blauviolett mit weißem Grund; 'Meran': B dunkelblau).

**Wald-St.** – *G. sylvaticum* L.

**24\*** Bl in 5–7 Abschnitte gegliedert, mit gezähnten Spitzen (etwa oberhalb der Hälfte). Fr
>2,5 cm lg. B rosa od. weißlich, 2,5–3,2 cm ⌀, locker paarweise stehend (Abb. **376**/4).
0,30–0,70. ⚇ ⅄ 4–7. **Z** s Naturgärten, Gehölzränder, gut wachsend, auch bei Stau-
nässe; ∀ ♈ ◑ ● ≃ (östl. N-Am.: Sümpfe, feuchte Wälder).

**Gefleckter St.** – *G. maculatum* L.

**Reiherschnabel** – *Erodium* L'HÉR.　　　　　　　　　　　　　　　　　60 Arten

**1** Bl einfach od. 3teilig, nicht gefiedert .......................................... **2**
**1\*** Bl gefiedert od. fiederschnittig ................................................ **5**
**2** KrBl so lg wie die KBl, 1,5–2,5 cm lg, früh am Tage abfallend. Unterste Bl unzerteilt,
eifg, obere 3teilig. Dolden meist 1–5blütig. KrBl lila. FrSchnabel 7,5–11,5 cm lg, hygro-
skopisch. 0,20–0,50. ⊙ ⊝ 6–8. **Z** s; ∀ ◑ ● (Medit.: humose Böden – 1581).

**Kranichartiger R.** – *E. gruinum* (L.) L'HÉR. ex AITON

**2\*** KrBl doppelt so lg wie die KBl od. länger, nicht früh abfallend ................ **3**
**3** BStand 4–11blütig. KBl 5,5 mm lg. Bl hellgrün, unzerteilt, 3–5 lappig, spitz gezähnt
(Abb. **377**/1). B weiß, obere 2 KrBl mit 2 od. 3 braunroten Flecken. 0,20–0,30. ⊙ ⚇
7–9. **Z** s △; ▷ ∀ ⌁ ○ ∼ ∧ (SW-Türkei: steiniger Boden – in Gärten oft verwechselt
mit *E. trifolium* (CAV.) CAV. (NW-Afr.) – in Kultur sehr heikel, besser ⓐ).

**Pelargonienblütiger R.** – *E. pelargoniiflorum* BOISS. et HELDR.

**3\*** BStand 1–3blütig. KBl 4 mm lg. KrBl ohne Flecken ........................... **4**
**4** Stängellose RosettenPfl, ohne Drüsenhaare. Bl dunkelgrün, unzerteilt, rundlich-ellip-
tisch od. herzfg, kaum gelappt, 1,0–1,5 cm br (Abb. **377**/2 a). BStand mit 1 B. KrBl weiß
od. rosa, purpurn geadert. 0,05–0,10. ⚇ 7–10. **Z** s △; ▷ ∀ ♈ ○ ∼ ∧ od. ⓐ (Medit.:
Balearen: trockne, steinige Böden). [*E. chamaedryoides* (CAV.) L'HÉR. ex AITON]

**Balearen-R.** – *E. reichardii* (MURRAY) DC.

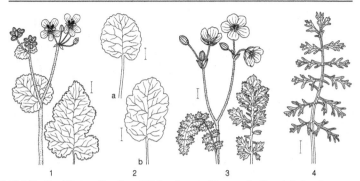

1  2  3  4

**4\*** Vielstänglige Pfl ohne Rosette, mit Drüsenhaaren. Bl graugrün, flaumig behaart, unzerteilt, eifg-elliptisch, schwach stumpf gelappt, 1,0–2,5 cm br (Abb. **377**/2 b). BStand 1–3blütig. KrBl rosa, selten weiß, rot geadert. 0,03–0,05. ⌴ 6–10. **Z** s △; ⌐ ∀ Ψ ○ ~ ∧ od. ⓐ (Medit.: Korsika, Sardinien: steinige Böden).

**Korsischer R.** – *E. corsicum* LÉMAN

Ähnlich: **Veränderlicher R.** – *E.* × *variabile* LESLIE [*E. corsicum* × *E. reichardii*]: in Gärten enstandene, sehr variable Hybr, als Sorten geführt u. häufiger kult als die Elternarten. Am bekanntesten: Sorte: 'Roseum': B ∞, leuchtend rosa.

**5** (1) KrBl schwefelgelb. Pfl rosettig mit kurzem Stg. Bl durch dichte Behaarung silbrig grün. Größere Seitenfiedern im Wechsel mit kleineren (Abb. **377**/3). BStand 4–6blütig. 0,10–0,15. ⌴ ⅄ 6–8. **Z** s △; ∀ Ψ ○ ~ ∧ ⓐ Schutz vor Nässe! (Griech.: Felsspalten, Schotter – 1852). **Gelber R.** – *E. chrysanthum* L'HÉR. ex DC.

**5\*** KrBl weiß, rosa od. purpurn . . . . . . . . . . . . . . . . . . . . . . . . . . . . . . . . . . . . . . . . . **6**
**6** Bl mit größeren Hauptfiedern u. kleineren Zwischenfiedern . . . . . . . . . . . . . . . . . . **7**
**6\*** Bl nur mit einheitlichen Hauptfiedern . . . . . . . . . . . . . . . . . . . . . . . . . . . . . . . . . . . . **8**
**7** BlAbschnitte sehr feingliedrig, linealische Zipfel weniger als 2 mm br (Abb. **377**/4), graugrün. BStand 2–8blütig. KrBl violett, rosa od. weiß, nicht gefleckt. 0,10–0,20. ⌴ ⅄ 6–7. **Z** s △; ⌐ ∀ Ψ ○ ~ ∧ ⓐ (Türkei: Felsen – 1863 – kult meist var. *amanum* (BOISS. et KOTSCHY) BRUMH.). **Wermut-R.** – *E. absinthoides* WILLD.

**7\*** HauptBlAbschnitte breiter als 2 mm (Abb. **378**/1), graufilzig. BStand mit 2–4 B. KrBl weiß od. seltener rosa mit dunkleren roten Adern, die oberen 2 mit je 1 schwarzen Fleck. 0,10–0,15. ⌴ ⅄ 6–7. **Z** s △; ⌐ ∀ Ψ ○ ◑ ~ Geröll, wenig Humus (Gebirge Span.: Felsen, Schotter). [*E. petraeum* (GOUAN) WILLD. subsp. *crispum* (LAPEYR.) ROUY] **Farnblättriger R.** – *E. cheilanthifolium* BOISS.

Ähnlich: **Drüsiger R.** – *E. glandulosum* (CAV.) WILLD.: Pfl stark drüsig behaart. KrBl rosa, selten weiß, 2 obere mit großem dunklem Fleck, in der Mitte durchscheinend. (N-Span.: Pyr. u. angrenzende Gebirge) – **Felsen-R.** – *E. rupestre* (POURR. ex CAV.) GUITT.: BlOSeite dicht grauhaarig, USeite grün. KrBl hellrosa, rot geadert, gleich gestaltet, ungefleckt (Pyr.). Hybr zwischen *E. glandulosum* × *E. rupestre* wird als *E.* × *kolbianum* SÜND. ex KNUTH unter verschiedenen Sortennamen kult.

**8** (6) Ausdauernde Rhizomstaude. Bl bis 50 cm lg, mit tief eingeschnittenen eifg Blchen, gesägt-gezähnt (Abb. **378**/2). BStand mit 5–20 B. KrBl 15–22 mm lg, purpurrosa, die 2 oberen am Grund hell gefleckt. 0,30–0,50. ⌴ ⅄ 6–10. **Z** s Naturgärten, Rabatten; ∀ Ψ ○ ◑ ≃ (W- u. Z-Pyr.: Bergwiesen). **Pyrenäen-R.** – *E. manescavii* COSS.

**8\*** Einjährige HalbrosettenPfl. Bl bis 25 cm lg, mit gesägt-gezähnten runden Blchen, nicht tief eingeschnitten (Abb. **378**/3). BStand mit 3–10 B. KrBl 12–15 mm lg, purpurrosa, alle gleichartig, nicht gefleckt. 0,10–0,30. ⊙ 5–7. Früher **N** s Arznei- u. GewürzPfl; **W. Z** s Naturgärten, Rabatten; ∀ ○ (Medit., W-Eur.: sonnige Hänge, bebauter Boden).

**Moschus-R.** – *E. moschatum* (L.) L'HÉR. ex AITON

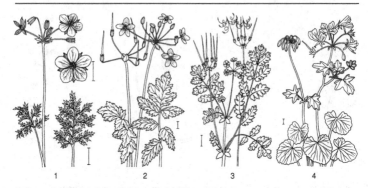

1          2          3          4

**Pelargonie, „Geranie" –** *Pelargonium* L'HÉR. ex AITON          280 Arten

Bem.: Die als Garten-, Friedhofs- od. BalkonPfl kult Pelargonien, fälschlich auch als Geranien bezeichnet, sind Hybriden verschiedener südafrikanischer Sträucher od. Halbsträucher, die bei uns nicht winterhart sind. Sie gliedern sich in 3 große Gruppen: 1. aufrecht wachsende Zonal-Hybriden, 2. Efeu- od. Hänge-Pelargonien mit kriechender od. überhängender Wuchsform, 3. großblütige Edel-Pelargonien. Außerdem gibt es Arten u. kleinere Hybridgruppen, die als reine Zimmer-, Wintergarten- od. GewächshausPfl kult werden. Dazu zählen die sogenannten Duft-Pelargonien, die nicht wegen der unscheinbaren B, sondern wegen der nach Zitrone und Apfel, Minze od. Rosen duftenden Bl kult werden. Da sie sich nicht für die Freiland-Kultur eignen, sind sie nicht in den folgenden Schlüssel aufgenommen.

**1** Rhizomstaude. Bl rundlich-nierenfg bis br 5lappig, grund- u. stängelständig. B rosa, die 2 oberen KrBl 3 cm lg, rot geadert, die 3 unteren wesentlich kleiner od. fehlend. Seltene SteingartenPfl (Abb. **378**/4). 0,15–0,25. ⚃ ⚷ 6–7. **Z** s ⌂; ∀ ♥ ○ ~ ⊕ ∧ Schutz vor Nässe! (Türkei, N-Syr.: 600–1500, trockne Kalkfelsen – 1855).
                                        **Türkische P. –** *P. endlicherianum* FENZL

**1\*** Meist ⊙ kult Halbsträucher, >30 cm, ohne grundständige Bl. Weit verbreitete Balkon-, Friedhofs- od. SchmuckbeetPfl, aus Sa od. Stecklingen gezogen . . . . . . . . . . . . . . **2**

**2** Pfl niederliegend od. hängend. Bl 5lappig, efeuähnlich, etwas fleischig, nicht behaart. B vielfarbig purpurn, rot, rosa u. weiß. 0,40–1,00. ♄ ⚥ meist ⊙ kult 4–10. **Z** v Balkonkästen, Ampeln, Pflanzschalen; ∀ ⚲ Kopfstecklinge ○ ◑ ⍟ (Stammart: **Efeu-Pelargonie –** *P. peltatum* L'HÉR. ex AITON, S-Afr,; Kapprovinz, Natal: Küstenberge – 1701 – ∞ Sorten mit gefüllten, halbgefüllten, 2farbigen B u. panaschierten (weiß, gelb, rosa) BlRändern u. -Adern. Neue Züchtungen zwischen Efeu- u. Zonal-Pelargonien ergaben Pfl mit kompaktem Wuchs u. Miniaturformen, z.B. 'Cascade'-Serie). [*P. peltatum* hort.]
                                        **Efeu-, Hänge-P. –** *P. peltatum*-Hybriden

**2\*** Pfl aufrecht. Bl rund bis nieren- od. fächerfg, nicht fleischig, meist flaumig behaart . **3**

**3** Bl rund bis nierenfg, gewellt, mit ± dunklerer brauner Ringzone. Stg fleischig, erst im Alter an der Basis verholzend. B scharlach-, zinnober-, karminrot, lachsfarben, rosa od. weiß. 0,30–0,60. ♄ meist ⊙ kult 4–10. **Z** v Balkonkästen, Sommerrabatten; ∀ ⚲ ○ ◑ (wichtige Stammarten der Zonal-Hybriden sind *P. inquinans* (L.) L'HÉR. ex AITON aus Natal u. *P. zonale* (L.) L'HÉR. ex AITON aus dem Kapgebiet, beide in Trockenbüschen – ∞ Sorten, z.T. durch Einkreuzung weiterer Arten, u.a. Bl farbig, B gefüllt od. halbgefüllt, KrBl schmal, kaktusblütige Formen. [*P.* × *hortorum* L. H. BAILEY]
                                        **Zonal-P. –** *P. zonale*-Hybriden

**3\*** Bl fächerfg od. rundlich, gefältelt u. stark gezähnt, ohne braune bandfg Zone. Stg stark verholzt. B groß, bis 3,5 cm ⌀, rot, violett od. weiß, häufig gefleckt od. 2farbig. 0,30–0,80. ♄ 4–6. **Z** v Kübel, Pflanzschalen, Wintergärten; ⚲ ○ ◑ ⍟ (Stammarten der Grandiflorum-Hybriden sind *P. cucullatum* (L.) L'HÉR. ex AITON vom Kapgebiet – 1690; *P. gran-*

*diflorum* (ANDREWS) WILLD. von S- u. SW-Afr. – 1794; *P. fulgidum* (L.) L'HÉR. ex AITON vom Kap. Im Handel ∞ Sorten mit unterschiedlichen BFarben).

**Edel-P.** – *P. grandiflorum*-Hybriden

# Familie **Sumpfblumengewächse** – *Limnanthaceae* R. BR.    10 Arten

**Sumpfblume** – *Limnanthes* R. BR.    9 Arten

Pfl kahl. Stg niederliegend-ausgebreitet, 20–40 cm lg. Bl gestielt, wechselständig, fiederspaltig-geschlitzt, etwas fleischig, ohne NebenBl. BStiele 1blütig, 5–10 cm lg. Kr radfg, bis 3,5 cm ⌀, duftend. KrBl 5, weiß mit gelbem Grund, keilfg, an der Spitze tief ausgerandet (Abb. **379**/1). StaubBl meist 10, in 2 Wirteln. ⊙ 6–8. **Z** s Sommerrabatten ▢; ∨ ○ ≈ Boden nährstoffreich (USA: Kalif., Oregon: Annuellenfluren, lichte Wälder, keine Sümpfe! – 1833 – Sorten: 'Grandiflora': B groß; 'Sulphurea': B rein gelb; 'Nivea': B weiß; 'Rosea': B rosa geadert. **Douglas-S.**, **Spiegeleierblume** – *L. douglasii* R. BR.

# Familie **Kapuzinerkressengewächse** – *Tropaeolaceae* JUSS. ex DC.    90 Arten

Lit.: SPARRE, B., ANDERSON, A. 1991: A taxonomic revision of the *Tropaeolaceae*. Opera Botanica 108: 1–139.

**Kapuzinerkresse** – *Tropaeolum* L.    89 Arten

**1** Bl schildfg-kreisrund bis nierenfg, selten etwas geschweift, nicht handfg gelappt od. geteilt (Abb. **379**/2,3). Pfl einjährig od. einjährig kult, ohne fleischige Rhizome od. Knollen . . . . . . . . . . . . . . . . . . . . . . . . . . . . . . . . . . . . . . . . . . . . . . . . . . . . . . . **2**

**1\*** Bl handfg gelappt od. geteilt (Abb. **379**/4) . . . . . . . . . . . . . . . . . . . . . . . . . . . . **4**

**2** BlNerven am Rand nicht stachelspitzig hervortretend, BlUSeite kahl, Bl bis 17 cm ⌀. B 3–6 cm ⌀. KrBl orange, gelb, rot od. seltener braunrot bis purpurn od. creme, an den Nägeln gefranst (Abb. **379**/2), oft dunkler gefleckt, Sporn wenig gekrümt. Pfl kahl, mit fleischigem Stg. 0,15–0,30 hoch, bis 3,00 lg kriechend od. kletternd. In S-Am ♃ ♀ BlStiel-RankPfl, kult ⊙ 6–10. **N** z Knospen u. unreife Kapseln als Gewürz (Kapernersatz); B u. Bl als Salat, VolksheilPfl; **Z** v Balkonkästen, Spaliere ▢; ∨ ▷ ○ ◑ (Hybridogene Art nicht eindeutig geklärter Herkunft: Eltern westl. S-Am.: feuchte Orte, Auen – 1684 – Sorten durch Einkreuzung von *T. minus* u. *T. peltophorum*).

**Große K.** – *T. majus* L.

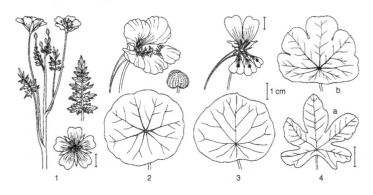

1        2        3        4

**2\*** BlNerven am Rand stachelspitzig hervortretend (Abb. **379**/3), BlUSeite flaumig behaart.
B bis 3,5 cm ⌀ . . . . . . . . . . . . . . . . . . . . . . . . . . . . . . . . . . . . . . . . . . . . . . . . . . . . . . . **3**

**3** KrBl gelb bis orange, die 3 unteren zentral rot gefleckt. KBl grüngelb, br lanzettlich. Bl
bis 8 cm ⌀. Pfl in allen Teilen kleiner als vorige, bis 60 cm lg, klimmend. In S-Am ⚄ ⚥,
kult ☉ 7–10. **Z** s Spaliere ☐; ∀ ⊳ ○ ◑ (Peru, S-Ekuador: feuchte Orte – 1570 als erste
_Tropaeolum_-Art).                                                  **Kleine K. –** _T. minus_ L.

**3\*** KrBl orange, lachsrot od. purpurrot, die 3 unteren lg geschlitzt u. mit gefranstem Rand,
nicht zentral gefleckt (s. aber Sorte 'Spitfire'). KBl grünlich u. purpurn, lanzettlich bis
eifg. Bl bis 9 cm ⌀. Bis 2,00 kriechend od. kletternd. In S-Am. ⚄ ⚥, kult ☉ 7–10. **Z** s
Spaliere ☐; ∀ ⊳ ○ ◑ (Kolumb., Ekuador, Peru: Talhänge in den Anden – 1843 – viel-
fach zu Kreuzungen mit _T. majus_ verwendet: mehrere Sorten: 'Hederifolium': efeublät-
trig; 'Fimbriatum': B stark gefranst; 'Spitfire': Stg rot, B röhrig, orange, rote Flecken am
Grund der KrBl). [_T. lobbianum_ Veitch]     **Schildtragende K. –** _T. peltophorum_ Benth.

**4 (1)** Pfl ☉, ohne fleischige Rhizome od. Knollen. KrBl zitronengelb, die 2 oberen 1,5–2
cm lg, zerschlitzt, an der Basis mit roten Punkten, die 3 unteren 0,8–1,2 cm lg, schmal
linealisch, oben gefranst. Bl 5–7lappig (Abb. **379**/4a). 0,50–4,00 kletternd. ☉ ⚥ 7–10. **Z**
s Spaliere ☐; ∀ ⊳ ○ ◑ ≃ (Z- u. S-Peru: Talhänge – 1720). [_T. canariense_ hort. ex Lindl.
et T. Moore]             **Kletternde K., Kanarienvogelblume –** _T. peregrinum_ L.

**4\*** Pfl ⚄, mit fleischigen Rhizomen od. Knollen. KrBl nicht einfarbig zitronengelb, die 2
oberen nicht deutlich größer als die 3 unteren (s. auch _T. pentaphyllum_ bei **6**) . . . . **5**

**5** Bl schildfg, rundlich, herz- bis nierenfg, bis etwa zur Mitte 5lappig od. spaltig (Abb. **379**/
4b). Pfl kletternd, mit walzigen bis birnfg, weißen od. gelben, rotviolett gestreiften
Knollen. B 1,5–2,2 cm lg, K u. Sporn rot, KrBl rot od. orange. 0,50–3,00 lg. ⚄ ☾ ⌇ ⚥
9–11. **Z** s Balkonkästen, Mauern, Hauswände, Spaliere; ∀ ⚡ ○ ∧ ⌂ (Anden von
Kolumb. bis Boliv.: subalp. Gebüsche; kult als **N** in ∞ Sorten in S-Am (essbare Knollen)
– 1827).                                         **Knollen-K. –** _T. tuberosum_ Ruiz et Pav.

**5\*** Bl tief gespalten od. geteilt, Blchen verkehrteifg bis oval od. lanzettlich . . . . . . . . . . **6**

**6** Bl 5–6teilig, mit 3teiligen NebenBl. KrBl leuchtend zinnoberrot, Nagel gelb. 0,50–3,00
lg. ⚄ ☾ ⌇ ⚥ 8–10. **Z** s Balkonkästen, Mauern, Spaliere; ∀ ⚡ ○ ◑ ⊖ ∧ ⌂ (Anden von
Kolumb. bis Boliv. u. Argent.: Gebüsche, Gebirgswälder – 1846).
                                        **Prächtige K. –** _T. speciosum_ Poepp. et Endl.

Ähnlich: **Fünfblättrige K. –** _T. pentaphyllum_ Lam. mit nur 2 od. 4 purpurroten KrBl. Bl tief geteilt mit
gestielten Blchen. ⚄ ☾ ⌇ ⚥ bis 4 m hoch kletternd, 7–10. **Z** s; (Boliv., Bras., Argent., Urug. – 1829);
**Dreifarbige K. –** _T. tricolor_ Sw.: KBl scharlachrot, an der Spitze schwarz. KrBl gelb od. orange. B tief
geteilt. ⚄ ☾ ⌇ ⚥ bis 4,50 hoch kletternd 6–7. **Z** s (Chile, Boliv. – 1825).

**6\*** Bl 4–7teilig, ohne NebenBl. KrBl violettblau, Nagel weißlich. 0,50–2,00. ⚄ ☾ ⌇ ⚥
8–10. **Z** s Spaliere, Balkons; ⚡ ○ ◑ ∧ ⌂ (Chile: Gebüsche 1842 – Sorte: 'Grandi-
florum': B 3 cm br, Kr blau).                       **Blaue K. –** _T. azureum_ Miers

## Familie **Kreuzblumengewächse** – _Polygalaceae_ Hoffmanns. et Link
950 Arten

**Kreuzblume** – _Polygala_ L.                                        500 Arten

**1** B zu 6–60 in lg, lockren, sich ± deutlich von der LaubBlRegion absetzenden Trauben
(Abb. **381**/2). Stauden od. Halbsträucher . . . . . . . . . . . . . . . . . . . . . . . . . . . . . . . . **2**

**1\*** B einzeln od. zu 2–3 in den BlAchseln (Abb. **381**/1) od. zu mehreren in endständigen,
dichten, sich nicht von der LaubBlRegion absetzenden BStänden. Sträucher od. Zwerg-
sträucher . . . . . . . . . . . . . . . . . . . . . . . . . . . . . . . . . . . . . . . . . . . . . . . . . . . . . . . . . **3**

**2** KrRöhre weniger als ⅔ so lg wie die 5–7 mm lg Flügel (2 kronblattähnliche seitliche
KBl). Trauben bis 4(–20)blütig. B blau od. weiß. Stg im unteren Teil ausläuferartig nie-
derliegend, mit kleinen ± schuppenfg Bl u. lockrer großblättriger Rosette. 0,10–0,20.
⚄ i kurze Legtriebe 4–6. **W. Z** s △; ∀ ⚍ ○ ⊕ (N-Span., Frankr., S-Engl., D.: Halb-
trockenrasen, Gebüschsäume, kalkstet).          **Kalk-K. –** _P. calcarea_ F. W. Schultz

1    2

2* KrRöhre mindestens ⅔ so lg wie die 9–13 mm lg Flügel. Trauben (10–)30–60blütig (Abb. **381**/2). B rötlichpurpurn bis violettblau, selten weiß. Stg ohne ausläuferähnliche Triebe, am Grund verholzt. 0,15–0,60. ♄ ⌉ 7–8. **Z** s △; ∀ ○ ⊕ (Tschechien, Österr., It., SO-Eur., Türkei: sonnige, ± trockne Wiesen u. Weiden, steinige Hänge, lichte Gebüsche, kalkliebend).                                   **Große K.** – *P. major* JACQ.

3  **(1)** Strauch, bis 1,50(–2,00) m hoch. Bl krautig, kaum ledrig, 2,5–5 cm lg, wechselständig. B purpurn. Seitliche KrBl 2lappig; mittleres, schiffchenartiges KrBl am Ende mit ∞ (>9) lg fadenfg Anhängseln, am Grund gewimpert. Bis 2,00. ♄ 3–9. **Z** s Kübel; ⟋ ∀ Schutz vor Mittagssonne; Heide-, Laub- u. Moorerde ⑥ (S-Afr.: feuchte u. immergrüne Wälder, offne Grasfluren, Dünen – 1707 – 2 Varietäten).
                                                               **Myrtenblättrige K.** – *P. myrtifolia* L.

Ähnlich: **Erbsen-K., Süßer Erbsenstrauch** – *P.* × *dalmaisiana* L. H. BAILEY (*P. myrtifolia* var. *grandiflora* (LODD.) HOOK. × *P. oppositifolia* L. var. *cordata* HARV.): Bl an derselben Pfl sowohl wechsel- als auch gegenständig. 1,00–2,50. ♄ 3–8. **Z** s Kübel; ⟋ ⑥ (GartenHybr – 1839).

3* Zwergstrauch, bis 0,25 m hoch. Bl ledrig, 1,5–3 cm lg. Seitliche KrBl ganz; mittleres, schiffchenartiges KrBl endständig mit 2–9 rundlichen od. kurzen keuligen Anhängseln, am Grund randlich nicht gewimpert . . . . . . . . . . . . . . . . . . . . . . . . . . . . . . . . . . . **4**

4  Bl 15–20 × 2–6 mm, linealisch bis lineal-lanzettlich. Mittleres KrBl am Ende mit 5–9 kurzen keuligen Anhängseln. BHülle rosa u. gelb. Bis 0,05(–0,10). ♄ i 4–7. **Z** s △ Ⓐ; ∀ ₩ ⊕ ⌃ (Span.: O-Pyr.: Wiesen, Weiden, 480–1075 m). [*Chamaebuxus vayredae* (COSTA) WILLK.]                                  **Pyrenäische K.** – *P. vayredae* COSTA

4* Bl 15–30 × 3–12 mm, eifg bis lineal-lanzettlich. Mittleres KrBl endständig mit 2–6 rundlichen Anhängseln. BHülle gelb u. weiß od. purpurn u. gelb od. rötlichpurpurn (Abb. **381**/1). 0,05–0,25. ♄ i ⌇⌇ 4–8. **W**. **Z** s △ Ⓐ; ⟋ Senker ∀ Kaltkeimer ○ ◖ ⊕, heikel (Frankr., D., Schweiz, Österr., Tschech., Balkan, It.: mäßig trockne, lichte Kiefern- u. EichenW, mont. bis alp. Halbtrocken- u. Steinrasen, kalkhold). [*Chamaebuxus alpestris* SPACH, *Polygaloides chamaebuxus* (L.) O. SCHWARZ]
                                        **Buchsblättrige K., Zwergbuchs** – *P. chamaebuxus* L.

## Familie **Blutweiderichgewächse** – *Lythraceae* J. ST.-HIL.   600 Arten

1  Achsenbecher länger als br, röhrig (Abb. **382**/3–8) . . . . . . . . . . . . . . . . . . . . . . . **2**
1* Achsenbecher etwa so lg wie br, glockenfg od. halbkuglig (Abb. **382**/1,2) . . . . . . . **3**
2  Achsenbecher am Grund ohne Höcker od. Sporn (Abb. **382**/3,4). Kr auffällig, radiär.
                                                          **Blutweiderich** – *Lythrum* S. 382
2* Achsenbecher am Grund mit Höcker od. Sporn (Abb. **382**/5–8). Kr fehlend od. unauffällig (Abb. **382**/5,8), den K nicht überragend; wenn Kr auffällig, dann meist dorsiventral (Abb. **382**/7,9), selten radiär (Abb. **382**/6).    **Köcherblümchen** – *Cuphea* S. 382

**3 (1)** KrBl gelb od. orangegelb. StaubBl 10–18. Strauch. **Heimie** – *Heimia* S. 383
**3\*** KrBl purpurn. StaubBl 8–10. Staude od. Halbstrauch.
          **Wasserweiderich** – *Decodon* S. 383

**Blutweiderich** – *Lythrum* L.         35 Arten

**1** Mittlere u. obere StgBl meist wechselständig, nur die untersten gegenständig. B oft einzeln in den BlAchseln. StaubBl 5–7. Äußere u. innere KZähne verschieden lg. 0,50–1,20. ♃ ⚘ 6–8. **Z** s Gewässersäume; ∀ ⚘ ○ ≈ (USA: Sümpfe, Gräben, Wiesen, Feuchtstandorte in Prärien – 1812).    **Geflügelter B.** – *L. alatum* PURSH
**1\*** StgBl meist gegenständig od. zu dritt quirlig. B oft paarig od. zu mehreren in den oberen BlAchseln. StaubBl 12 . . . . . . . . . . . . . . . . . . . . . . . . . . . . . . . . . . . **2**
**2** Stg zumindest oberwärts kurzhaarig. BlBasis gestutzt, gerundet od. fast herzfg, ± stängelumfassend. Äußere u. innere KZähne verschieden lg (Abb. **382**/3). 0,50–1,50. ♃ Pleiok ⅄ 7–9. **W. Z** z Gewässersäume; ∀ Lichtkeimer ⚘ ○ ≈ (warmes bis kühles Eur., As., O-Austr., subtrop. O-Afr.: feuchte bis nasse, zeitweilig auch überflutete Staudenfluren an Gräben u. Teichufern, Seggenrieder, (gemähte) Röhrichte, Flachmoorwiesen, nährstoffanspruchsvoll – 1596 – ∞ Sorten).   **Gewöhnlicher B.** – *L. salicaria* L.
**2\*** Stg stets kahl. BlBasis keilig. Äußere u. innere KZähne fast gleich lg (Abb. **382**/4). 0,30–1,00. ♃ 6–8. **Z** s Gewässersäume; ∀ ⚘ ○ ≈ (warmgemäß. O-Eur., Z-As., S-Sibir.: Ufersäume, Gräben, feuchte Wiesen, AuenW – 1776 – einige Sorten).
         **Ruten-B.** – *L. virgatum* L.

**Köcherblümchen** – *Cuphea* P. BROWNE       260 Arten

Lit.: STANDLEY, P. C. 1924: Trees and shrubs of Mexico. Contr. US National Herb. **23**, 4: 1014–1026. – GRAHAM, S. A. 1991: *Lythraceae.* In: GOMEZ-POMPA, A. (Hrsg.): Flora de Veracruz. Bd. 66. Xalapa, Riverside.

**1** KrBl fehlend od. winzig u. von dem K eingeschlossen (Abb. **382**/5) . . . . . . . . . . . . **2**
**1\*** KrBl vorhanden u. meist den K überragend (Abb. **382**/6–9) . . . . . . . . . . . . . . . . . **3**
**2** Achsenbecher rot, am Mund mit schwarzem Ring u. weißem Saum. KrBl meist fehlend. (Abb. **382**/5). Bis 1,00. ♃, oft kult ⊙ 5–9. **Z** z Sommerrabatten, Balkonkästen; ⚘ ○ ◐ ☉ (Mex., Jamaica: Weg- u. Waldränder – 1845 – Sorte: 'Variegata': Bl gefleckt). [*C. platycentra* LEM.]     **Feuerfarbiges K., Zigarettenblümchen** – *C. ignea* A. DC.
**2\*** Achsenbecher rot, am Mund gelb od. grünlichgelb. KrBl 6, winzig. Bis 1,00. ♄ ♃ 8–10. **Z** s Sommerrabatten; ⚘ ○ ☉ (Mex.: Flussufer – 1856).
    **Kleinkroniges K.** – *C. micropetala* HUMB., BONPL. et KUNTH
**3 (1)** KrBl 2 (Abb. **382**/7,8) . . . . . . . . . . . . . . . . . . . . . . . . . . . . . . . . . . . **4**
**3\*** KrBl 6 (Abb. **382**/6,9) . . . . . . . . . . . . . . . . . . . . . . . . . . . . . . . . . . . . . **5**
**4** KrBl purpurschwarz, 1–2(–3,5) mm lg. Achsenbecher 15–28 mm lg, orangerot mit gelbgrünem Mund (Abb. **382**/8). Staubfäden schwach behaart od. kahl. 0,30–0,80. ♄ ♃ 7–9. **Z** s Sommerrabatten; ⚘ ○ ☉ (Mex., Guatem.: Kiefern-EichenW – 1839).
    **Purpurschwarzes K.** – *C. cyanea* MOÇ. et SESSÉ ex DC.
**4\*** KrBl hellrot, an der Basis schwarz, wellig-kraus, fast halb so lg wie der 20–40 mm lg grünviolette Achsenbecher (Abb. **382**/7). Längere Staubfäden mit lg violetten Haaren.

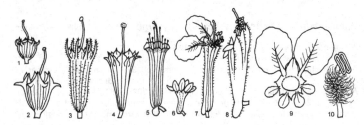

0,30–0,90. ♄ 7–9. **Z** z Balkonkästen, Ampeln, Sommerrabatten; ∿ ○ ⊛ (Mex. – 1829 – Hybr mit *C. procumbens: C.* × *purpurea* LAM. – einige Sorten).
**Mauseöhrchen-K.** – *C. llavea* LA LLAVE et LEX.

**5** **(3)** Strauch, kult ☉. KrBl fast gleich (Abb. **382**/6), 3–5 mm lg, purpurn, rosa od. weiß. Achsenbecher 5–7 mm lg. Fr mit etwa 6 Sa. Bis 0,70. ♄ 3–10. **Z** z Sommerrabatten, Balkonkästen; ∿ ○ ⊛ (M-Am., nördl. S-Am.: wechselgrüne u. halbimmergrüne Wälder, Bach- u. Flussufer). **Ysopblättriges K.** – *C. hyssopifolia* HUMB., BONPL. et KUNTH

**5\*** EinjahrsPfl. KrBl ± ungleich. Achsenbecher 12–25 mm lg. 2 der StaubBl im Bereich des KSchlunds mit lg Haaren (Abb. **382**/10) .................................................. **6**

**6** Obere u. untere KrBl sehr verschieden (Abb. **382**/9), dunkelpurpurn. Pfl meist unverzweigt. B nach der BZeit ± waagerecht bis herabgebogen. Fr mit 9–22 Sa. 0,30–0,65. ☉ 7–9. **Z** s Sommerrabatten; ○ (Mex.: Z-Mex., Veracruz: Bachufer, Brachäcker, Unkrautfluren, um 2200 m – 1796). **Dunkelpurpurblütiges K.** – *C. lanceolata* AITON

**6\*** Obere u. untere KrBl wenig verschieden, hellpurpurn bis purpurn. Pfl meist mit längeren Seitenachsen. B nach der BZeit abwärts gerichtet. Fr mit 10–35 Sa. 0,20–0,60. ☉ 6–10. **Z** s Sommerrabatten; ○ (Mex.: regengrüne Wälder, Flussufer, Unkrautfluren, 120–1725 m – 1816). **Hellpurpurblütiges K.** – *C. procumbens* ORTEGA

**Heimie** – *Heimia* LINK et OTTO                                                      3 Arten

Bl lineal-lanzettlich, bis 5 cm lg u. 1 cm br. B einzeln in den BlAchseln. KrBl 12–17 mm lg, orangegelb. Achsenbecher zur FrZeit glockenfg (Abb. **382**/2). Bis 3,00. ♄ 7–9. **Z** s Kübel; ∀ ○ ⊛ (südl. USA, M- u. S-Am.: Ufergebüsche, 15–1320 m – 1821).
**Weidenblättrige H.** – *H. salicifolia* (HUMB., BONPL. et KUNTH) LINK et OTTO

Ähnlich: **Myrtenblättrige H.** – *H. myrtifolia* CHAM. et SCHLTDL.: KrBl bis 5 mm lg, gelb. Achsenbecher zur FrZeit fast halbkuglig (Abb. **382**/1). Bis 1,00. ♄ 7–9. **Z** s Kübel; ∀ ○ ⊛ (Bras., Urug. – 1821).

**Wasserweiderich, Wasseroleander** – *Decodon* J. F. GMEL.                          1 Art

Staude mit verholzter StgBasis. Bl lanzettlich, fast sitzend, gegenständig od. quirlig, 5–15 cm lg, 1–4 cm br. KrBl purpurn. 0,60–2,50. ⨀ ♄ 7–9. **Z** s Gartenteiche mit einer Wassertiefe bis zu 30 cm; ∀ ⚘ ∿ Triebspitzen bewurzeln sich im Wasser ≈ ≈ (warmes bis gemäß. östl. N-Am.: Sümpfe, flache Tümpel).
**Quirlblättriger W.** – *D. verticillatus* (L.) ELLIOTT

# Familie **Myrtengewächse** – *Myrtaceae* JUSS.                              4620 Arten

**1** B gestielt, einzeln in den BlAchseln. Fr eine Beere.       **Myrte** – *Myrtus* S. 384

**1\*** B sitzend, in ährigem od. kopfigem BStand. Fr eine Kapsel .................. **2**

**2** Bl wechselständig. Staubfäden frei, zuweilen an der Basis zu kurzer Röhre verwachsen.
**Zylinderputzer** – *Callistemon* S. 383

**2\*** Bl gegenständig. Staubfäden in 5 Bündeln vereint.    **Myrtenheide** – *Melaleuca* S. 383

**Zylinderputzer, Flaschenbürste** – *Callistemon* R. BR.                          30 Arten

Bl lanzettlich, 3,5–10 cm lg, 0,5–2,5 cm br. KBl rosa. KrBl rot od. rosa, selten weiß. Staubfäden bis 3 cm lg. Staubbeutel dunkelrot. Fr becherfg, holzig, 3–9 mm ⌀. Bis 6,00. ♄ i 6–7. **Z** z Kübel; ∿ ∀ ○ ⊛ (SO-Austr.: küstennahe Sümpfe, steinige Flussufer – 1788). **Karminroter Z.** – *C. citrinus* (CURTIS) SKEELS

**Myrtenheide** – *Melaleuca* L.                                                   220 Arten

Bl lanzettlich bis länglich-elliptisch, 10–40 mm lg u. 4–10 mm br. KBl zur FrZeit bleibend, aufrecht. KrBl 5 mm lg. StaubBlBündel mit jeweils 16–20 StaubBl, rot. Fr becherfg, holzig, bis 10 mm ⌀. Bis 6,00. ♄ i 6–8. **Z** s Kübel; ∿ ∀ ○ ⊛ (SO-Austr.: feuchte, sandige Orte in HartlaubW u. -gebüschen – 1792). **Hartheublättrige M.** – *M. hypericifolia* SM.

**Myrte** – *Myrtus* L. 2 Arten

Bl gegenständig, eifg-lanzettlich, ganz, ledrig, durchscheinend drüsig punktiert. KrBl fast kreisfg, weiß. Fr blauschwarz. Bis 5,00. ♁ i 6–10. **Z** z Kübel; Gewürz-, Duft- u. HeilPfl; ⚲ Ⅴ ○ ⊕ (Medit., SW-Eur.: KiefernW, Gebüsche, Felshänge, Dünen – Ende 16. Jh. – 2 Unterarten: subsp. *communis*: Pfl bis 5 m hoch, Bl 2–5 cm lg, Beere br elliptisch (Abb. **384**/1); subsp. *tarentina* (L.) Arcang. – Braut-Myrte: Pfl bis 2 m hoch, Bl <2 cm lg, Beere fast kuglig. (Abb. **384**/2). **Gemeine M.** – *M. communis* L.

### Familie Granatapfelgewächse – *Punicaceae* Bercht. et J. Presl 2 Arten

**Granatapfel** – *Punica* L. 2 Arten

Bl gegenständig, zuweilen wechselständig, länglich-lanzettlich bis verkehrteifg, ganz, kahl, 2–8 cm lg. Achsenbecher u. K rot. KrBl zerknittert, rot. Fr beerenähnlich mit ledriger Hülle. K an der Fr verbleibend. Bis 6,00. ♁ 6–8. **Z** z Kübel; Obst, Gerbstoff (Medit., N-Syr., M-As.); ⚲ Ⅴ ○ ∧ ⊕ (N-Syr., M-As., verw. im Medit.: Gebüsche, Kalksteinhänge – Anfang 16. Jh. – mehrere Sorten: Kr einfach od. gefüllt, rot, rosa, gelb, gelbweiß gestreift; Zwerg-Granatapfelbaum – 'Nana': Pfl bis 1,50 m hoch). **Granatapfelbaum** – *P. granatum* L.

### Familie Schwarzmundgewächse – *Melastomataceae* Juss.

4950 Arten

**1** KrBl 5. Strauch mit aufrechten Stg. **Tibouchine** – *Tibouchina* S. 384
**1\*** KrBl 4. Staude od. Halbstrauch mit kriechenden, überhängenden od. aufrechten Stg. **Heterocentron** – *Heterocentron* S. 384

**Tibouchine** – *Tibouchina* Aubl. 243 Arten

Bl 4–12 × 2–5 cm, mit 4–6 vom Grund der Spreite an bogenfg aufsteigenden Tochternerven 1. Ordnung. KrBl 25–40 × 20–40 mm, purpurn. StaubBl 10, 5 längere u. 5 kürzere. (Abb. **384**/3). 1,00–4,00. ♁ i 5–8. **Z** z Kübel; ⚲ warm, Ⅴ ◑ Boden locker, humusreich, kalkfrei ⊕ (S-Bras. – 1884). **Glänzende T.** – *T. urvilleana* (DC.) Cogn.

**Heterocentron** – *Heterocentron* Hook. et Arn. 6 Arten

Lit.: Whiffin, T. 1973: Analysis of a hybrid swarm between *Heterocentron elegans* and *H. glandulosum* (*Melastomataceae*). Taxon **22**, 4: 413–423.

**1** Bl mit 2 vom Spreitengrund an bogenfg aufsteigenden Tochternerven 1. Ordnung, 5–20 × 4–13 mm. Stg kriechend, an den Knoten wurzelnd. B einzeln, blattachselständig. KrBl 15 × 12 mm, purpurn. StaubBl 8, 4 längere mit purpurnen u. 4 kürzere mit gelben Staubbeuteln. Bis 0,10 hoch u. 0,45 lg. ♄ ♃ i ∼, kult ☉ 6–7. **Z** s △ Ampeln, Balkonkästen ▭; ⌇ warm, ⚥ ○ Boden locker, humusreich ⊖ 🄐 (Mex., Guatem., NW-Hond. – 1902). [*Heeria elegans* Schltdl., *Schizocentron elegans* (Schltdl.) C. F. W. Meissn.]
 **Kriechendes H., Spanischer Schal** – *H. elegans* (Schltdl.) Kuntze
**1\*** Bl fiedernervig. Stg aufrecht, mit zunehmendem Alter liegend od. überhängend, wie die Bl oft rötlichbraun. Bis 0,50 lg. ♄ ♃, kult ☉. **Z** z Ampeln, Pflanzschalen, Balkonkästen; (im Angebot oft als *Centradenia*-Hybr – möglicherweise handelt es sich bei dieser Sippe um Abkömmlinge einer guatemaltekischen Naturhybr: *H. elegans* × *H. glandulosum* Schrenk). **Kaskaden-H., Kaskadenblume** – *H.*-Hybr 'Cascade'

## Familie **Nachtkerzengewächse** – *Onagraceae* Juss. 650 Arten

**Weidenröschen** – *Epilobium* L. 165 Arten

**1** B schwach dorsiventral. Griffel abwärts geneigt, zumindest vor dem Öffnen der Staubbeutel. Narbe 4spaltig. Alle Bl wechselständig ....................... **2**
**1\*** B (fast) radiär. Griffel aufrecht. Narbe 4spaltig, keulen- od. kopffg. Bl gegenständig od. quirlig, wenigstens die unteren ........................................ **5**
**2** Bl lanzettlich od. elliptisch, 0,5–3,5 cm br. Sa glatt ...................... **3**
**2\*** Bl linealisch od. lineal-lanzettlich, < 0,5 cm br. Sa fein papillös ............... **4**
**3** BStand ∞blütig. Griffel 1–2 cm lg, am Grund behaart. Bl lanzettlich, 1,5–20 cm lg, Seitennerven useits deutlich. 0,60–1,20. ♃ Wurzelsprosse 6–7. **W. Z** z Naturgärten; ⚥ ⚑ ○ ⊖ (warmes bis arkt. Eur., As. u. N-Am.: feuchte Waldschläge, Gebüsche, Nadelholz-

forste, subalp. Hochstaudenfluren, kalkmeidend – mehrere Sorten). [*Chamaenerion angustifolium* (L.) Scop.]    **Schmalblättriges W.** – *E. angustifolium* L.

**3\*** BStand 1–7(–12)blütig. Griffel 0,4–0,8 cm lg, am Grund kahl. Bl elliptisch bis br lanzett-lich, 1–5,5(–10) cm lg, Seitennerven useits undeutlich. 0,05–0,70. ⚄ 6–7. **Z** s △; V ⚘ ○ ≃ (nördl. Eur., As. u. nördl. N-Am.: subalp. u. alp. steinige Flussufer, Felsen). [*Chamaenerion latifolium* (L.) Sweet]    **Breitblättriges W.** – *E. latifolium* L.

**4** (2) Stg aufrecht. Griffel nur im unteren Drittel zottig, fadenfg, fast so lg wie die längeren StaubBl. Kr rosa. 0,20–1,00. ♄ i 7–9. **W**. **Z** s, Fuß großer △; V ⚘ ⚲ ○ ◖ ≃ Dränage (Alpen, Sudeten, Karp., Balkan, Türkei: lückige Pionierfluren auf Flussschottern u. Kies-bänken, Ruderalstellen (Kiesaufschüttungen, Kiesgruben, Steinbrüche), kalkhold). [*Chamaenerion dodonaei* (Vill.) Schur]    **Rosmarin-W.** – *E. dodonaei* Vill.

**4\*** Stg aufsteigend. Griffel bis zur Mitte zottig, walzig, dick, kaum so lg wie die kürzeren StaubBl. Kr purpurrot. 0,20–0,40. ♄ i? Wurzelsprosse 7–9. **W**. **Z** s △; V ⚘ ⚲ ○ ◖ ~ Dränage (Alpen: subalp. Pionierfluren auf Flussschottern, Kiesbänken u. Moränen-schutt, kalkmeidend). [*Chamaenerion fleischeri* (Hochst.) Fritsch]
**Fleischer-W., Kies-W.** – *E. fleischeri* Hochst.

**5** (1) Narbe 4spaltig. Stg meist aufrecht od. aufsteigend. Kr gelb, rosa, purpurn od. rot-orange, selten weiß ................................................ **6**

**5\*** Narbe keulen- od. kopffg. Stg meist niederliegend od. seltener aufsteigend. Kr weiß, zu-weilen rosa ................................................ **8**

**6** Kr gelb. BRöhre 1,2–3 mm lg. Bl 2–8 cm lg, eifg bis elliptisch od. spatelfg. SaHaar-schopf rötlich. 0,15–0,70. ⚄ 7–9. **Z** s △ Staudenbeete; V ⚘ ○ ◖ ≃ (westl. N-Am.: Ufer, Bergwiesen, ± 1500 m).    **Gelbes W.** – *E. luteum* Pursh

**6\*** Kr rosa, purpurn od. rotorange, selten weiß ................................ **7**

**7** BRöhre 20–34 mm lg. Bl 0,5–5 cm lg, linealisch bis eifg. Kr rotorange. Fr 2–3,5 cm lg. FrStiel <0,2 cm lg. 0,10–0,90. ⚄ ♄ 9–11. **Z** s △ ⓐ; V ⚲ ○ Dränage ∧ (westl. USA, Mex.: Trockenhänge – 1847).
**Vogelblütiges W., Kolibritrompete** – *E. canum* (Greene) Raven

Unterarten: subsp. *canum* [*Zauschneria californica* C. Presl subsp. *mexicana* (C. Presl) Raven]: Stg selten drüsig, Bl linealisch bis lanzettlich, meist gräulich – einige Sorten: Kr weiß, rosa, hell orangerot; subsp. *garrettii* (Nelson) Raven [*Zauschneria garrettii* Nelson]: Stg weißhaarig u. drüsig, Bl eifg bis elliptisch, deutlich gezähnt; subsp. *latifolium* (Hook.) Raven [*Zauschneria californica* Presl subsp. *lati-folia* (Hook.) Keck]: Stg drüsig, Bl lanzettlich bis eifg, ± ganzrandig, meist grün.

**7\*** BRöhre 1–2 mm lg. Bl 6–12 cm lg, länglich bis lanzettlich, halbstängelumfassend, scharf gezähnt bis gesägt. Kr rosa bis purpurn. Fr 2,5–9 cm lg. FrStiel 0,5–2 cm lg. 0,80–1,50. ⚄ ⚶ 6–9. **W**. **Z** z Gewässerränder; V Lichtkeimer ⚘ ○ ≃ (warmes bis ge-mäß. Eur., As., warmes bis subtrop. Afr.: nasse Staudenfluren an Bächen, Gräben, Quellen, nährstoffanspruchsvoll).    **Rauhaariges W.** – *E. hirsutum* L.

**8** (5) Stg purpurschwarz. Fr purpurn. Bl fleischig, 0,4–1,6 cm lg, br elliptisch bis fast kreisfg. BKnospen nickend. ⚄ ⚶ 6–8. **Z** s △ ◻; V ⚘ ○ Dränage ∧ ⓐ (Neuseel.: alp. Lagen, ± 1800 m).    **Purpur-W.** – *E. purpuratum* Hook. f.

**8\*** Stg grün, selten rötlich. Fr grün. Bl nicht fleischig ........................ **9**

**9** Bl 1–4 cm lg, lanzettlich bis schmal verkehrteifg. BlStiel 0,5–1,5 cm lg. ⚄ ⚶ 6–8. **Z** s △ ⓐ; V ○ ◖ Dränage ∧ (Neuseel.: mont. u. subalp. Geröllhalden u. Felsen).
**Geröllhalden-W.** – *E. crassum* Hook. f.

**9\*** Bl 0,2–1,5 cm lg, eifg bis kreisfg. BlStiel fehlend od. <0,5 cm lg ............... **10**

**10** Bl glatt, am Rand fein gezähnt, oseits mit undeutlichen Nerven. Sa papillös. ⚄ ⚶ Sommer. **Z** s △ ⓐ ◻; V ○ ◖ Dränage ∧ (Neuseel.: Flussschotterfluren; verw. in Brit.).
**Flussschotter-W.** – *E. peduncullare* A. Cunn.

**10\*** Bl runzlig, ± ganzrandig, oseits mit ± hervortretenden Nerven. Sa netznervig. ⚄ ⚶ Sommer. **Z** s △ ⓐ ◻; V ○ ◖ Dränage ∧ (Neuseel.: planare bis hochmont. Fluss-schotterfluren; verw. in Brit.). [*E. inornatum* Melville]
**Komarow-W.** – *E. komarovianum* Lév.

**Nachtkerze** – *Oenothera* L. 124 Arten

1 Kr anfangs weiß, später rosa, zuweilen bereits zur VollB rosa od. purpurn ....... **2**
1* Kr anfangs gelb, später meist orange od. rosa ........................... **6**
2 B morgens sich öffnend. BKnospen nickend. BRöhre 1–2 cm lg. Fr 1–1,5 cm lg, spitzenwärts geflügelt. 0,10–0,50. ☉ ♃ 6–9. **Z** s Rabatten, Staudenbeete; **v** ⊳ Wurzelschnittlinge ○ ∧ im Winter vor Feuchtigkeit schützen (südwestl. USA, nordöstl. Mex.: trockne Felder, Prärien – 1821 – Sorte: 'Rosea': Kr hellrosa). **Weiße N.** – *O. speciosa* NUTT.
2* B abends sich öffnend. BKnospen meist aufrecht (*O. acaulis*?) ............... **3**
3 Fr nicht geflügelt, an den Kanten oft warzig, eifg bis lanzettlich, 1–3 cm lg. Sa eines FrFaches 2reihig (Abb. **385**/10). BRöhre 4–8 cm lg. 0,10–0,40. ♃ 6–8. **Z** s △; **v** ⊳ ○ ∧ Dränage (westl. USA, Dakota: trockne steinige Hänge, KiefernW, lichte Gebüsche – 1811). **Stängellose N.** – *O. caespitosa* NUTT.
3* Fr auf ganzer Länge od. spitzenwärts geflügelt, verkehrteifg, meist < 1,5 cm lg. Sa eines FrFachs nicht in Reihen (Abb. **385**/8) (*O. acaulis*?) ...................... **4**
4 BRöhre (5–)10–11(–12,5) cm lg. Untere Bl meist fiederteilig. 0,05–0,15. ♃, zuweilen kult ☉ 6–10. **Z** s △; **v** ⊳ ○ ∧ Dränage (Chile: kiesige, gestörte Flächen – 1821 – Sorte: 'Aurea': Kr gelb). [*O. taraxacifolia* SWEET] **Chilenische N.** – *O. acaulis* CAV.
4* BRöhre < 1,5 cm lg .......................................... **5**
5 KrBl 2–3,5 cm lg, weiß od. rosa bis purpurn, länger als die StaubBl. Fr 10–15 mm lg. 0,15–0,60. ♃ 4–5. **Z** s △; **v** ⊳ ○ ∧ Dränage (Colorado, Texas, M-Am., Venez., Kolumb.: Wacholder-Gebüsche, EichenW, Kiefern-EichenW, 2250–2850 m). **Keulenfrüchtige N.** – *O. tetraptera* CAV.
5* KrBl 0,5–1 cm lg, rot od. purpurn, so lg wie die StaubBl. Fr 8–10 mm lg. 0,10–1,00. ♃ ☉ 6–7. **Z** s △; **v** ⊳ ○ ∧ Dränage (südl. USA, Mex., nordwestl. S-Am.: Trockengebüsche, Eichen-NadelW, 2250–3200 m). **Rosablütige N.** – *O. rosea* L'HÉR. ex AITON
6 (1) B morgens sich öffnend. Sa eines FrFaches meist nicht in Reihen (Abb. **385**/8) **7**
6* B abends sich öffnend. Sa eines FrFaches meist in 1 od. 2 Reihen (Abb. **385**/9,10) **8**
7 Pfl drüsenhaarig. BKnospen nickend. KrBl 5–10 mm lg. Fr fast auf ganzer Länge geflügelt. 0,10–0,60. ♃ 5–8. **Z** s Rabatten; **v** ♈ ○ Dränage (östl. N-Am.: lichte Wälder, Wiesen). [*Kneiffia pumila* (L.) SPACH] **Drüsenhaarige N., Knospennickende N.** – *O. perennis* L.
7* Pfl kahl od. behaart, höchstens mit wenigen Drüsenhaaren. BKnospen aufrecht. KrBl (10–)15–25 mm lg. Fr nur spitzenwärts geflügelt. 0,10–0,60. ♃ 5–8. **Z** z Rabatten, Staudenbeete; **v** ♈ ○ ◐ (östl. USA: Sümpfe, Wiesen, Waldränder – 1737 – einige Sorten). [*Kneiffia fruticosa* (L.) SPACH] **Sonnentropfen-N.** – *O. fruticosa* L.
8 (6) Fr auf fast ganzer Länge od. im oberen ²/₃ deutlich geflügelt (Abb. **385**/9) ..... **9**
8* Fr nicht od. höchstens am Grund geflügelt ............................. **10**
9 Pfl ☉ od. ☉. Bl schrotsägefg-fiederteilig. KrBl 1–1,6 cm lg. Staubbeutel 5–9 mm lg. FrFlügel mit 1 Zahn. Sa eines FrFaches 2reihig. Bis 0,20. ☉ ☉ 6–7. **Z** s △; **v** ○ Dränage (südl. USA: offne, trockne, kalkhaltige Böden). **Dreilappige N.** – *O. triloba* HOOK.
9* Pfl ♃. Bl meist unzerteilt, ganzrandig bis gezähnt. KrBl 2–5 cm lg. Staubbeutel 12–22 mm lg. FrFlügel ohne Zahn. Sa eines FrFaches oft 1reihig (Abb. **385**/9). 0,10–0,20 hoch, bis 0,50 lg. ♃ 5–9. **Z** v △ Rabatten; **v** ⌁ ○ Dränage (USA: Montana bis Nebraska, Colorado u. Texas: Kalkfelsen, sandige Plätze, lichte Wälder – 1811). **Missouri-N.** – *O. missouriensis* SIMS
10 (8) KrBl (3–)4–5 cm lg. Junge BStandsachsen oben rötlich. FrKn oft rot punktiert. KBl rot gestreift, 2–6 cm lg. 0,80–1,80. ☉ ☉ ⊛ 7–9. **W**. **Z** v Rabatten; **v** ○ (in N-Am. in Kultur entstanden; eingeb. in Eur. seit Mitte 19. Jh.). [*O. erythrosepala* BORBÁS] **Rotkelchige N.** – *O. glazioviana* MICHELI
10* KrBl 1–2,5(–3) cm lg. BStandsachsen, K u. FrKn weder gerötet noch rot punktiert. KBl 1–3 cm lg. 0,50–2,00. ☉ ☉ ⊛ 6–10. **W**. **Z** z Naturgärten; früher Wurzelgemüse; **v** ○ (warmgemäß. bis gemäß. Eur.: Flussufer, Sandfelder, Brachen). **Zweijährige N., Gewöhnliche N.** – *O. biennis* L.

**Clarkie, Mandelröschen** – *Clarkia* PURSH [*Godetia* SPACH]                33 Arten

1   KrBl nicht od. kaum genagelt, 1,5–6 cm lg, rosa bis lavendelblau, selten weiß, mit rotem
    Fleck nahe der Mitte. BRöhre 3–10 mm lg. 0,15–1,00. ☉ 6–9. **Z** z Sommerblumenbeete;
    ○ (warmgemäß. westl. N-Am.: Trockenhänge an Küstenwaldsäumen – 1818 – einige Un-
    terarten – ∞ Sorten).           **Sommerazalee** – *C. amoena* (LEHM.) NELSON et MACBRIDE
1*  KrBl deutlich genagelt (Abb. **385**/11,12) ................................... **2**
2   KrBlPlatte nicht gelappt (Abb. **385**/12). Nagel ohne seitliche Lappen od. Zähne. Platte
    dreieckig, rhombisch, bis fast kreisfg. BRöhre 2–5 mm lg. 0,20–0,80. ☉ 6–8. **Z** z Som-
    merblumenbeete ⚥; ○ (Kalif.: Trockenhänge in HartlaubW, <1500 m – 1832 – mehre-
    re Sorten). [*C. elegans* DOUGLAS]                           **Zierliche C.** – *C. unguiculata* LINDL.

Ähnlich: **Diamanten-C.** – *C. rhomboidea* DOUGLAS: Nagelgrund mit 2 seitlichen Läppchen. KrBlPlatte
lanzettlich bis rautenfg. 0,20–1,10. ☉ 7–8. **Z** s Sommerblumenbeete; ○ (warmes bis gemäß. westl. N-
Am.: Trockenhänge, lichte Wälder).

2*  KrBlPlatte gelappt (Abb. **385**/11) ........................................ **3**
3   BRöhre 3–5 mm lg. StaubBl 8 (davon 4 steril). KrBlPlatte mit 3 ± gegliederten Lappen.
    Nagel mit 2 seitlichen Zähnchen (Abb. **385**/11). 0,10–0,50. ☉ 7–8. **Z** s Sommerblumen-
    beete; ○ (westl. N-Am.: Trockenhänge – 1826).   **Großblütige C.** – *C. pulchella* PURSH
3*  BRöhre 10–35 mm lg. StaubBl 4 ........................................ **4**
4   KrBl etwa so lg wie br. Seitliche Lappen der KrBlPlatte breiter als der Mittellappen.
    BRöhre 2–3,5 cm lg. Fr 1,5–4 cm lg. Bl linealisch bis lanzettlich. 0,08–0,20. ☉ 7–8. **Z** s
    Sommerblumenbeete; ○ (Kalif.: Waldlichtungen, Trockenhänge, <1000 m).
                                    **Feenfächer-C.** – *C. breweri* (A. GRAY) GREENE
4*  KrBl 2mal so lg wie br. Lappen der KrBlPlatte alle ± gleich br. BRöhre 1–2,5 cm lg. Fr
    1,5–2 cm lg. Bl lanzettlich bis elliptisch od. eifg. 0,10–0,40. ☉ 7–8. **Z** s Sommerblumen-
    beete; ○ (Kalif.: Wälder, Gebüsche, Trockenhänge, <1500 m – 1787 – einige Unter-
    arten).                         **Liebliche C.** – *C. concinna* (FISCH. et C. A. MEY.) GREENE

**Lopezie** – *Lopezia* CAV.                                                   21 Arten

KrBl 4; die beiden oberen gekniet, linealisch bis lanzettlich, jeweils mit 1 Drüse; die bei-
den seitlichen mit Nagel u. ei- bis fast kreisfg Platte.1 fruchtbares StaubBl u. 1 unfrucht-
bares kronblattartiges StaubBl (Abb. **385**/7). Fr eine sich öffnende Kapsel (Abb. **385**/6).
0,10–1,50. ☉ ♃, kult ☉ 6–11. **Z** s Sommerblumenbeete; ○ (Mex., Guatem., El
Salvador: Kiefern- u. EichenW, Trockengebüsche, Äcker, 2200–3100 m – 1804). [*L. coro-
nata* ANDREWS]                                      **Mexikanische L.** – *L. racemosa* CAV.

**Fuchsie** – *Fuchsia* L.                                                     105 Arten

Lit.: BERRY, P. E. 1882: The systematics and evolution of *Fuchsia* sect. *Fuchsia* (*Onagraceae*). Ann.
Missouri Bot. Gard. **69**: 1–198. – BERRY, P. E. 1982: The Mexican and Central American species of
*Fuchsia* (*Onagraceae*) except for sect. *Encliandra*. Ann. Missouri Bot. Gard. **69**: 209–234. – BERRY, P.
E. 1989: A systematic revision of *Fuchsia* sect. *Quelusia* (*Onagraceae*). Ann. Missouri Bot. Gard. **76**:
532–584. – DOBAT, K. 1999: Die „Fuchsia-Connection" – Versuch einer aktuellen Übersicht. Arten,
Unterarten, Formen, Synonyme, Sektionen und Verbreitung. Gärtn.-bot. Brief **134**: 16–25; **135**: 4–9. –
MANTHEY, G. 1987: Fuchsien. 2. Aufl. Stuttgart, 202 S. – SCHNEDL, E., SCHNEDL, H. 1987: Wildformen
der Fuchsie. Eigenverlag.

1   B meist einzeln, selten paarig, blattachselständig .......................... **2**
1*  B in Trauben od. Rispen ............................................. **6**
2   Spalierstrauch, mattenbildend. Bl wechselständig. B aufrecht. KrBl fehlend (Abb.
    **385**/3). BRöhre 7–8 mm lg, gelb. Staubbeutel blau. 0,05–0,15. ♄ ∿ 5–8. **Z** s △ ⌂ Am-
    peln ▢; ∨ ∿ ♈ ○ ◑ Dränage ∧ (N-Neuseel.: sandige, kiesige u. felsige Orte in Küs-
    tennähe – 1874).              **Niederliegende F.** – *F. procumbens* R. CUNN. ex A. CUNN.
2*  Aufrechter Strauch. Bl gegenständig od. quirlig. B meist hängend. KrBl vorhanden .   **3**
3   KBl meist kürzer als die BRöhre. KrBl olivgrün. Bl elliptisch bis eifg od. herzfg. 0,50–2,50.
    ♄ 8–11. **Z** s Kübel, Sommerrabatten; ∨ ∿ ◑ ○ ⓜ (Mex., Guatem., El Salvador, Costa

Rica: NebelW, feuchte Eichen-KiefernW; terrestrisch, zuweilen epiphytisch, 2000–3400 m – 1841). **Glänzende F.** – *F. splendens* ZUCC.

3* KBl länger als die BRöhre (Abb. **385**/2). KrBl violett, purpurn, selten rosa . . . . . . . . **4**

4 BlStiel 1–3 mm lg. KrBl 7–10 mm lg. Bl schmal eifg bis eifg, am Grund gerundet od. fast herzfg; Basis des Mittelnervs useits dicht behaart. 0,50–1,50. ♁ aufrecht od. kletternd 6–9. **Z** s Kübel, Sommerrabatten; V ⚹ ☽ ○ ☧ (SO-Bras.: Felsen, offne Orte an Berggipfeln, 1400–2000 m). **Scharlachrote F.** – *F. coccinea* DRYAND.

4* BlStiel 3–35 mm lg. KrBl (8–)10–25 mm lg . . . . . . . . . . . . . . . . . . . . . . . . . . . **5**

5 Pfl aufrecht. Bl 1,5–6 × 0,5–2,5(–4) cm, gezähnt. BlStiel 0,3–1 mm ⌀. BRöhre 2–3,5 mm ⌀. Reife Fr 4–7 mm ⌀. 0,50–3,00(–5,00). ♁ 5–9. **Z** z Rabatten, Solitär; V ⚹ ♟ ○ ☽ Ostexposition günstig ⌃ (S-Anden von Chile u. Argent.: feuchte Gebüsche an Waldrändern u. Waldlichtungen, 0–1750 m – 1823 – einige Varietäten – die vermutlich auf *F. magellanica* u. einige weitere Arten zurückzuführenden ∞ Hybriden bzw. Sorten werden unter der Bezeichnung „Fuchsia-Hybriden" [*F.* × *hybrida* VOSS] zusammengefasst: B verschieden groß, einfach, halbgefüllt, gefüllt. BFarben unterschiedlich, Bl zuweilen farbig. ∞ Sorten bedingt winterhart). **Scharlach-F.** – *F. magellanica* LAM.

5* Pfl aufrecht od. kletternd. Bl 2–14 × 0,8–7 cm, ganzrandig od. gezähnt. BlStiel 1–3 mm ⌀. BRöhre 3–7 mm ⌀. Reife Fr 9–13 mm ⌀. 0,50–5,00(–15,00). ♁ od. ♁ ⚘. **Z** s Rabatten; V ⚹ ♟ ○ ☽ ⌃ (O-Bras.: Flussufer, feuchte Wälder, 880–2400 m – 3 Unterarten; davon 2 bedingt winterhart: subsp. *regia*; subsp. *reitzii* P. E. BERRY). **Königliche F.** – *F. regia* (VAND. ex VELL.) MUNZ

6 **(1)** B aufrecht, in Rispen, ♀. Bl ganzrandig. Bl 10–21 cm lg. Staubbeutel länglich. 1,00–8,00. ♁ 8–3. **Z** s Kübel; V ⚹ ☽ ○ ☧ (Mex.: feuchte Schluchten in Eichen-KiefernW, 1750–2500 m – 1824). **Baum-F., Flieder-F.** – *F. arborescens* SIMS

Ähnlich: **Rispentragende F.** – *F. paniculata* LINDL.: B ♀ od. ♀. BlRand gesägt. Bl 5–15 cm lg. Staubbeutel eifg bis nierenfg. Bis 8,00. ♁ 1–12. **Z** s Kübel; V ⚹ ☽ ○ ☧ (Mex. bis Panama: feuchte Eichen-KiefernW, immergrüne NebelW).

6* B hängend, meist in Trauben, seltener in wenig verzweigten Rispen . . . . . . . . . . **7**

7 Pfl oft mit unterirdischen Knollen. KBl am Grund hellrot, spitzenwärts gelbgrün. Bl gegenständig. BRöhre 50–65 mm lg. Narbe grün. 0,50–3,00. ♁ 6–9. **Z** s Kübel; V ⚹ ☽ ○ ☧ (Mex.: fels- u. baumbewohnend, 1450–2300 m – 1830). **Leuchtende F.** – *F. fulgens* MOÇ. et SESSÉ ex DC.

7* Pfl ohne Knollen. KBl spitzenwärts nicht gelbgrün. Bl gegen- od. wechselständig od. quirlig . . . . . . . . . . . . . . . . . . . . . . . . . . . . . . . . . . . . . . . . . . . . . . . . . **8**

8 Bl mit (6–)7–13 Seitennervenpaaren, am Rand ganz od. fein gezähnt, useits oft purpurn. KBl zur BZeit spreizend. BRöhre 25–40 mm lg, orange bis korallenrot, über der Mitte plötzlich erweitert. KrBl 6–9 mm lg. Narbe hellrot. 0,30–2,00. ♁ ♁ 5–11. **Z** z Kübel, Sommerrabatten; V ⚹ ☽ ○ ☧ (Haiti: Ufer, Waldsäume, 700–2000 m – 1882 – ∞ Hybr mit *F. boliviana*, *F. corymbiflora* RUIZ et PAV., *F. fulgens* u. *F. splendens*: Triphylla-Hybr). **Dreiblättrige F.** – *F. triphylla* L.

8* Bl mit (12–)15–25 Seitennervenpaaren, am Rand drüsig gezähnt. KBl anfangs spreizend, später zurückgebogen (Abb. **385**/1). BRöhre (25–)30–60(–70) mm lg, blassrosa bis scharlachrot. KrBl 6–16(–20 mm) lg. Narbe cremefarben. 1,50–6,00. ♁ 6–9. **Z** s Kübel, Sommerrabatten; V ⚹ ☽ ○ ☧ (N-Argent., Boliv., S-Peru: (600–)1000–3000 m; verw. in M- u. S-Am., Java, Indien – 1873). **Bolivianische F.** – *F. boliviana* CARRIERE

**Prachtkerze** – *Gaura* L. 21 Arten

Lit.: RAVEN, P. H., GREGORY, D. P. 1972: A revision of the genus Gaura (Onagraceae). Mem. of the Torrey Bot. Club **23**: 1–96.

1 Staubbeutel etwa 1 mm lg, elliptisch. KrBl 1,5–4 mm lg, rot bis weiß. Fr undeutlich kantig. 0,15–2,00(–3,00). ⊙ ⊝ 6–10. **Z** s Sommerblumenbeete; ○ (westl. u. mittlere USA: trockne Prärien, Ödland). **Kleinblütige P., Eidechsenschwanz-P.** – *G. parviflora* DOUGLAS ex LEHM.

**1\*** Staubbeutel 1,5–6 mm lg, linealisch. KrBl 3,5–15 mm lg. Fr deutlich kantig ...... **2**
**2** Fr an beiden Enden verschiedengestaltig, unten stielrund, weiter oben sich abrupt erweiternd u. 4kantig bis schwach 4flüglig (Abb. **385**/4). Bl 1–4 cm lg. KrBl 3–8(–10) mm lg, weiß bis rosa od. rot. 0,20–0,50(–1,00). ♃, oft kult ☉ 7–10. **Z** z Sommerrabatten ⚥; ⌵ ○ ⓚ (westl. N-Am., Mex.: Prärien, offne Kiefern-WacholderW, Straßenränder, 1000–2750 m). **Duftende P., Rote P.** – *G. coccinea* (NUTT. ex FRASER) PURSH
**2\*** Fr an beiden Enden ± gleichgestaltig, sich gleichmäßig verschmälernd, 4kantig (Abb. **385**/5). Bl 5–9 cm lg. KrBl 10,5–15(–18) mm lg, weiß, später zart rosa. 0,50–1,50. ♃ 6–10. **Z** z Sommerrabatten, Staudenbeete ⚥; Selbstaussaat ○ Dränage, nach der B zurückschneiden (USA: Texas, Lousiana: Prärien – 1850 – einige Sorten).
**Lindheimer-P.** – *G. lindheimeri* ENGEL et A. GRAY

## Familie **Wassernussgewächse** – *Trapaceae* DUMORT.   15 Arten

**Wassernuss** – *Trapa* L.   15 Arten

SchwimmBl rhombisch, ihre BlStiele aufgeblasen. Sprossbürtige Wurzeln quirlig, assimilierend. Fr mit 2–4 aus KBl umgewandelten Dornen. (Abb. **390**/1). 0,60-3,00. ☉ 7–8. **W**. **Z** s Gartenteiche; früher Obst (NussFr); ○ ∼ Aufbewahrung der Fr im Wasser (subtrop. bis gemäß. Afr. u. Eur., As.: sommerwarme, nährstoffreiche, stehende Gewässer mit schlammigem Untergrund – ▽). **Wassernuss** – *T. natans* L.

## Familie **Seebeerengewächse** – *Haloragaceae* R. BR.   145 Arten

**Tausendblatt** – *Myriophyllum* L.   60 Arten

Lit.: ORCHARD, A. E. 1985: *Myriophyllum* (*Haloragaceae*) in Australasia. II. The Australian species. Brunonia **8**: 173–291.

**1** Alle blütentragenden Bl kammfg fiederschnittig ........................... **2**
**1\*** Zumindest die oberen blütentragenden Bl unzerteilt ....................... **3**
**2** B in der Achsel von normalen LaubBl, nicht in abgesetzten BStänden. Pfl entweder mit ♀ od. ♂ B, ♂ B fehlend; in D. früher nur ♀ Pfl in Kultur, seit 1989 auch ♂ Pfl. FrOberfläche fein höckrig. Bis 2 m. ♃ i 7–9. **Z** s Gartenteiche; ⋎ ○ ≈ ∼ ∧ ⓚ (zentr. S-Am.:

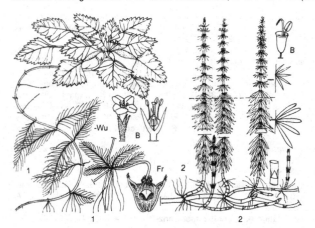

Seen u. Flüsse mit geringer Fließgeschwindigkeit; verw. in SW-Frankr., Brit., Austr., Neuseel., SO-As. – 1869). [*M. brasiliense* CAMBESS., *M. proserpinacoides* GILLIES ex HOOK. et ARN.] **Brasilianisches T., Papageienfeder** – *M. aquaticum* (VELL.) VERDC.

**2\*** B in der Achsel von deutlich kleineren TragBl, oft in ährigen, von der LaubBlRegion deutlich abgesetzten BStänden. Pfl mit ♀, ♂ u. ♀ B. FrOberfläche glatt. 0,10–3,00. ⚄ „Pseudoannuelle" ∿∿ 6–8. **W. Z** s Gartenteiche; ⚲ Winterknospen ○ ∷ ⊖ (warmes bis kühles Eur., As. u. N-Am.: stehende, nährstoffreiche, wenig verschmutzte Gewässer, mit meist schlammigem Untergrund, Altwasser, Seen, Teiche, Gräben).
**Quirl-T.** – *M. verticillatum* L.

**3** (1) Obere DeckBl kürzer als die B. StaubBl 8. BlFiedern ± gegenständig. 0,30–2,00. ⚄ ∿∿ 7–8. **W. Z** s Gartenteiche; ⚲ ○ ∷ Boden nährstoffreich (subtrop. Afr., warmes bis kühles Eur., As. u. N-Am.: stehende u. fließende, nährstoffreiche, auch verschmutzte Gewässer, kalkhold). **Ähren-T.** – *M. spicatum* L.

**3\*** Obere DeckBl länger als die B. StaubBl 4 od. 8 ............................ **4**

**4** StaubBl 4. DeckBl flächig, lanzettlich bis länglich od. verkehrteifg, ganzrandig od. scharf gesägt. TeilFr oft am Rücken 2kantig u. höckrig. 0,30–1,50. ⚄ 6–9. **W. Z** s Gartenteiche; ⚲ ○ ∷ (warmes bis gemäß. östl. N-Am.: nährstoffreiche Gewässer; verw. in D.). **Verschiedenblättriges T.** – *M. heterophyllum* MICHX.

**4\*** StaubBl 8. DeckBl meist stielrund, etwas fleischig, meist ganzrandig, an der Spitze mit einer Drüse. TeilFr am Rücken gerundet u. höckrig. (Abb. 391). 0,30–0,50. ⚄ i 6–10. **Z** s Gartenteiche; ⚲ ○ ◑ ≈ ∷ ▣ (SO-Austr., Tasm.: Sümpfe, Seen, Flüsse mit geringer Fließgeschwindigkeit – 1983). [*M. propinquum* auct. non A. CUNN.]
**Täuschendes T.** – *M. simulans* ORCHARD

## Familie **Gunneragewächse** – *Gunneraceae* MEISN. 40 Arten

### **Gunnera, Mammutblatt** – *Gunnera* L. 40 Arten

**1** Rhizom dünn, ausläuferähnlich. BlStiel ohne Stacheln. BlSpreite nierenfg, ganz, < 9 cm ⌀. B 1geschlechtig, 2häusig verteilt. 0,03–0,25. ⚄ ⚥ ∷ 7–9. **Z** s △ ⓐ; 'ℙ ○ ◑ ≈ lehmige Moorerde ∧ ⓡ (westl. S-Am., Falklandinseln: feuchte, grasige Standorte, bis 2900 m – 1878). **Zwerg-G.** – *G. magellanica* LAM.

**1\*** Rhizom arm- bis schenkeldick. BlStiel mit Stacheln. BlSpreite nierenfg, fußfg gelappt bis gespalten, > 50 cm ⌀. B ♀ u. 1geschlechtig. Bis 2,00(–4,00). ⚄ ⚥ 6–8. **Z** s Gewässerränder, Solitär; 'ℙ ∀ ○ ◑ ≈ Düngung ∧ (S-Bras.: Quellmoore, felsige Bachränder – 1867). **Riesen-G., Mammutblatt** – *G. manicata* LINDEN ex ANDRÉ

Bem.: Studien zu einer schärferen Merkmalsabgrenzung zwischen *G. manicata* u. der zuweilen in Staudenkatalogen gleichfalls angebotenen *G. tinctoria* (MOLINA) MIRB. [*G. chilensis* LAM., *G. scabra* RUIZ et PAV.] wären wünschenswert.

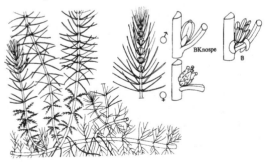

## Familie **Tannenwedelgewächse** – *Hippuridaceae* VEST 1 Art

**Tannenwedel** – *Hippuris* L. 1 Art

Stg röhrig. Bl zu 6–15 quirlig, linealisch, ganzrandig. (Abb. **390**/2). 0,10–0,50. ♃ i ⚭
5–8. **W. Z** z Gartenteiche; ♈ ○ ≈ (antarkt. Am., warmes bis arkt. Eur., As. u. N-Am.:
stehende bis langsam fließende, nährstoffreiche, saubere Gewässer mit schlammigem
Grund, kalkhold – in D. gefährdet). **Tannenwedel** – *H. vulgaris* L.

## Familie **Hartriegelgewächse** – *Cornaceae* BERCHT. et J. PRESL 120 Arten

**Hartriegel** – *Cornus* L. 65 Arten

Lit.: WANGERIN, W. 1910: *Cornaceae*. In: ENGLER, A.: Das Pflanzenreich **41**: 43–92.

Bem.: BStand doldig, von 4 kronblattartigen HochBl umgeben.

**1** Stg mit (1–)3 od. mehr locker angeordneten BlPaaren, diese ± so gr wie die endständi-
gen, ± quirlig angeordneten Bl. Seitennerven oft nahe dem Grund der BlMittelrippe ent-
springend. B rot bis dunkelpurpurn. StaubBl länger als der Griffel. Fr rot. (Abb. **392**/2).
0,05–0,25. ♃ ⚭ 5. **W. Z** s Moorbeete; ♈ ⋎ ◖ ⊖ (gemäß. bis arkt. Eur., As. u. N-Am.:
frische bis wechselnasse (anmoorige) MischW u. Nadelholzforste, Zwergstrauch-
heiden, kalkmeidend – Natur-Hybr mit *C. canadensis* – ▽). [*Chamaepericlymenum sue-
cicum* (L.) ASCH. et GRAEBN.] **Schwedischer H.** – *C. suecica* L.

**1\*** Stg nur mit 1BlPaar, die endständigen, ± quirlig angeordneten Bl deutlich größer.
Seitennerven im unteren Drittel der BlMittelrippe entspringend. B grünlich, gelblich od.
rot. Fr rot. (Abb. **392**/1). Bis 0,20. ♃ ⚭ 6. **Z** s Moorbeete; ♈ ⋎ ◖ ⊖ (warmgemäß. bis
arkt. N-Amerika, warmes südwestliches N-Am., Grönland, Kamtschatka, Sachalin, Amur-
gebiet, Japan, Korea: feuchte, saure Wälder, Moore – 1774). [*Chamaepericlymenum
canadense* (L.) ASCH. et GRAEBN.] **Kanadischer H.** – *C. canadensis* L.

## Familie **Araliengewächse** – *Araliaceae* JUSS. 1325 Arten

**1** Kletterstrauch (Wurzelkletterer), auch mit auf dem Boden kriechenden Trieben. Bl immer-
grün, unzerteilt od. gelappt, niemals gefingert od. gefiedert. **Efeu** – *Hedera* S. 393
**1\*** Staude, selten Halbstrauch. Bl sommergrün, gefingert od. gefiedert . . . . . . . . . . . . **2**
**2** Bl gefingert, am BStg endständig gehäuft, ± quirlig. **Ginseng** – *Panax* S. 393
**2\*** Bl 1–3fach gefiedert, am BStg wechselständig locker verteilt, selten nur grundständig.
**Aralie** – *Aralia* S. 393

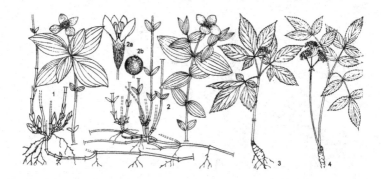

**Efeu** – *Hedera* L. 6 Arten

Lit.: HEIECK, J. 1999: Schöne Efeus. Stuttgart. – TOBLER, F. 1912: Die Gattung *Hedera*. Jena.

**1** BlSpreite der nicht blühenden Triebe deutlich 3–5lappig, 8(–15) cm lg, gerieben nicht nach Sellerie duftend. BStandsachsen sternhaarig. 0,50–20,00(–30,00). ♄ i ⚥ wurzelkletternd 9–11. **W. Z** v Mauern, Gehölzgruppen, Parks, Gräber, Naturgärten ▢; ∀ Selbstaussaat ∿ ○—●, giftig (S-, W- u. M-Eur., Marokko, Tunesien, Kauk., östl. Schwarzmeergebiet: frische LaubmischW, an Felsen u. Mauern – 4 Unterarten: z. B. subsp. *helix*: BlSpreite <8 × 8 cm, Sternhaare mit 4–9 Ästen, weiß, Fr 7–10 mm ⌀, blauschwarz; subsp. *hibernica* (KIRCHNER) BEAN: BlSpreite 7–9(–14) × 7–10(–18) cm, Sternhaare mit 4–12 Ästen, oft gelblichbraun. Fr 7–12 mm ⌀, schwarz (W-Eur.) – ∞ Sorten (vgl. KRÜSSMANN, G. 1977: Handbuch der Laubgehölze. Bd. **2**: 139–143): Pfl aufrecht, nicht kletternd (z. B. 'Arborescens': vegetativ vermehrte Altersform) od. kletternd; BlSpreite klein- (5–8 cm lg) od. großflächig (8–14 cm lg, bis 18 cm br), 3-, 3–5-od. 7lappig, grün, einfarbig gelb od. weiß bzw. gelb panaschiert; BlRand glatt, gewellt od. gekräuselt).

**Gewöhnlicher E.** – *H. helix* L.

Bem.: Pfl mit 3gestaltigen Bl: Bl der Kriechtriebe ± 3lappig, die der bewurzelten, eng der Unterlage anliegenden, nicht blühfähigen Triebe (3–)5lappig u. die der unbewurzelten, frei in den Raum ragenden, blühfähigen Triebe ungelappt. – Hybr mit *Fatsia japonica* (THUNB.) DECNE. et PLANCH.: **Efeuaralie** – × *Fatshedera lizei* (hort. ex COCHET) GUILLAUMIN: Bis 2,00. ♄ i 10–11. **Z** s Kübel ⚘; ∿ (1910 entstanden).

**1\*** BlSpreite der nichtblühenden Triebe nicht od. nur schwach gelappt, bis 25 cm lg, gerieben schwach nach Sellerie duftend. BStandsachsen schuppenhaarig. Bis 25,00. ♄ i ⚥ wurzelkletternd 9–11. **Z** s Mauern, Gehölzgruppen, Parks, Naturgärten; ∀ ∿ ○ (Kauk., östl. Schwarzmeergebiet: Wälder, Flussufer, bis 1460 m – einige Sorten).

**Kolchischer E.** – *H. colchica* (K. KOCH) K. KOCH

**Aralie** – *Aralia* L. 36 Arten

Lit.: HARMS, H. 1897: Zur Kenntnis der Gattungen *Aralia* u. *Panax*. Bot. Jahrb. **23**: 1–23.

Bem.: Die Arten der *A. racemosa*-Verwandtschaft sind aufgrund ihrer geringfügigen Merkmalsunterschiede nur schwer bestimmbar. So bleiben Arten wie *A. cachemirica* DECNE. (Kaschmir), *A. californica* S. WATSON (Kalif.) u. *A. cordata* THUNB. (China, Korea, Japan, Sachalin) in nachstehendem Schlüssel unberücksichtigt.

**1** BStg ohne LaubBl, schaftartig. LaubBl nur grundständig. Doldige TeilBestände meist (2–)3(–7). Fr fast purpur-schwarz, bis 6 mm ⌀. (Abb. **392**/4). 0,30–0,50. ⚃ 4–7. **Z** s Gehölzgruppen; HeilPfl in N-Am.; ∀ ✿ ☽ (warmes bis kühles N-Am.: Wälder – 1731).

**Nacktstänglige A.** – *A. nudicaulis* L.

**1\*** BStg mit einigen locker verteilten LaubBl. Doldige TeilBlStände wenige od. ∞ . . . . **2**

**2** Stg am verholzenden Grund mit abstehenden Borsten, sonst kahl. Doldige TeilBStände wenige. Fr dunkelpurpurn, bis 8 mm ⌀. Bis 1,00. ♄ ⚃ Gehölzgruppen, Parks ▢; **Z** s ∀ ✿ ☽ (gemäß. bis kühles N-Am.: Fels- u. Sandfluren in Wäldern, Waldlichtungen – 1788).

**Steifhaarige A.** – *A. hispida* VENT.

**2\*** Stg ohne Borsten. Doldige TeilBStände ∞, rispig angeordnet. Fr braun bis purpurn, bis 4 mm ⌀. Bis 2,00. ⚃ ⚃ 6–8. **Z** s Gehölzgruppen, Parks ▢; HeilPfl in N-Am; ∀ ✿ ☽ (warmes bis gemäß. N-Am.: Wälder u. Gebüsche – 1658).

**Amerikanische A.** – *A. racemosa* L.

**Ginseng, Kraftwurz** – *Panax* L. 6 Arten

Lit.: HARMS, H. 1897: Zur Kenntnis der Gattungen *Aralia* und *Panax*. Bot. Jahrb. **23**: 1–23. – HARMS, H. 1898: *Araliaceae*. In: ENGLER, A., PRANTL, K.: Die natürlichen Pflanzenfamilien. T. III,8: 58–60. – HARA, H. 1970: On the Asiatic species of the genus *Panax*. J. of Jap. Bot. **45**, 7: 197–212.

**1** Knollenstaude. Blchen sitzend od. fast sitzend. Griffel meist 3. Fr gelb, 5 mm ⌀. Pfl 10–20 cm hoch. Bl 3–5zählig. 0,10–0,20. ⚃ Knolle 5–6. **Z** s Gehölzgruppen; ∀ ☽ ≃ Laubhumus (warmes bis gemäß. östl. N-Am.: feuchte Wälder).

**Kleiner G.** – *P. trifolius* L.

**1\*** Rübenstaude. Blchen gestielt. Griffel meist 2. Fr hellrot od. rot ............... **2**
**2** SchuppenBl am StgGrund fleischig, bleibend. BStandsachse länger als der BlStiel. Stiel des EndBlchens bis 1,3 cm lg. Bl zu 3–6 im Quirl. Blchen meist 5, fein gesägt, useits längs der Mittelrippe spärlich mit feinen Borsten. Fr rot, 4–5 × 6–7 mm. 0,30–0,60. ♃ Rübe 6–8. **N** s HeilPfl (Tonikum) schattierte Felder; V ☾ ≃ Laubhumus, Strohmulch, Hügelbeete ⌒ (NO-China, N-Korea, Ussuri-Gebiet: FalllaubW; Anbau: Korea, China, Japan, Kauk., Ukraine, D. (Lüneburger Heide), Niederl., USA – 1610).
**Koreanischer G.** – *P. ginseng* C. A. MEY.
**2\*** SchuppenBl am StgGrund häutig, hinfällig. BStandsachse so lg od. fast so lg wie der BlStiel. Stiel des EndBlchens bis 4,5 cm lg. Bl oft zu 3–4 im Quirl. Blchen (3–)5–7, grob gesägt, useits längs der Mittelrippe kahl od. spärlich mit feinen Borsten. Fr 10 mm ⌀ (Abb. **392**/3). 0,20–0,50. ♃ Rübe 7–8. **Z** s Gehölzgruppen; HeilPfl (Tonikum, Antipyretikum); V ☾ ≃ Laubhumus (warmes bis gemäß. östl. N-Am.: feuchte Wälder; Anbau: USA, Kanada, China – 1740). **Kanadischer G., Amerikanischer G.** – *P. quinquefolius* L.

## Familie **Doldengewächse** – *Apiaceae* LINDL. od. *Umbelliferae* JUSS.
3540 Arten

**1** Pfl distelartig. Blchen dornig gezähnt od. dornig zugespitzt .................. **2**
**1\*** Pfl nicht dornig ...................................................... **3**
**2** B ⚲, sitzend in Köpfen, diese von einer dornig gezähnten Hülle umgeben (Abb. **396**/2).
**Mannstreu** – *Eryngium* S. 397
**2\*** B eingeschlechtig, gestielt in Dolden, ♂ u. ♀ B auf verschiedenen Pfl. HüllBl linealisch, dornig zugespitzt. **Stechblatt** – *Aciphylla* S. 402
**3** **(1)** Kr hellblau. Bl handfg 3teilig mit fiederteiligen Blchen. Pfl drüsig.
**Blaudolde** – *Didiscus* S. 396
**3\*** Kr weiß, rötlich, gelb(lich) od. grün(lich) ................................... **4**
**4** Pfl mattenartige Polster bildend. Stg dicht dachziegelartig beblättert. B in armblütigen, sehr kurz gestielten, wenig über die Bl herausragenden Dolden. Kr gelblichgrün.
**Azorella** – *Azorella* S. 397
**4\*** Pfl nicht polsterfg, nicht dachzieglig beblättert ........................... **5**
**5** Bl ± tief handfg geteilt od. gelappt (Abb. **397**/1–3) ......................... **6**
**5\*** Bl 1- bis mehrfach gefiedert, fiederteilig od. 1- bis mehrfach 3zählig (Abb. **397**/4) .. **9**
**6** Hohe Staude, 1 m u. mehr. Bl sehr groß, >30 cm lg, 5–7lappig, useits weißfilzig. Dolde zusammengesetzt, >25strahlig, bis 30 cm br, **Bärenklau** – *Heracleum stevenii* S. 403
**6\*** Niedrige Stauden, selten bis 1 m hoch. Bl <20 cm lg, 3–5lappig, nicht filzig. Dolde einfach od. Döldchen kopfig .......................................... **7**
**7** HüllBl linealisch, unauffällig. Dolden mit wenigen kopfartigen Döldchen. Fr bestachelt.
**Sanikel** – *Sanicula* S. 397
**7\*** HüllBl auffallend gefärbt. Dolden einfach. Fr kahl .......................... **8**
**8** Kr gelbgrün. Dolde von grünlichgelblicher Hülle umgeben (Abb. **396**/4). Bl stets grundständig. **Schaftdolde** – *Hacquetia* S. 397
**8\*** Kr weiß od. rötlich. Dolde von weißer, rötlicher od. rosa Hülle umgeben (Abb. **396**/3). Stg beblättert. **Sterndolde** – *Astrantia* S. 397
**9** **(5)** Kr gelb, grünlichgelb bis grünlich .................................... **10**
**9\*** Kr weiß od. rötlich ................................................... **18**
**10** Bl mehrfach gefiedert mit haarfg Zipfeln ................................. **11**
**10\*** BlZipfel nicht haarfg, linealisch u. breiter ................................ **12**
**11** Fr walzlich, ungeflügelt. BlScheiden >3 cm lg. **Fenchel** – *Foeniculum* S. 402
**11\*** Fr zusammengedrückt, linsenfg, schmal geflügelt. BlScheiden bis 2 cm lg. Stg weißstreifig. **Dill** – *Anethum* S. 402
**12** **(10)** Hülle u. Hüllchen 4- od. ∞blättrig, bleibend. TeilFr mit Randflügeln ......... **13**

**12\*** Hülle fehlend od. nur aus 1–2(–4) hinfälligen Blchen bestehend .............. **14**
**13** Bl mit br eifg Abschnitten, >1 cm br, 2–3fach gefiedert. K undeutlich.
                                          **Liebstöckel** – *Levisticum* S. 403
**13\*** Bl mit lineal-lanzettlichen Abschnitten, <1 cm br, 2–4fach gefiedert. K deutlich 5zähnig.
                                     **Haarstrang** – *Peucedanum alsaticum* S. 403
**14 (12)** Hüllchen mehr- bis ∞blättrig, bleibend ............................... **15**
**14\*** Hüllchen 1–2blättrig, fehlend od. hinfällig ................................ **17**
**15** TeilFr nicht geflügelt. K undeutlich. Pfl stark aromatisch. Kr grünlichgelb.
                                          **Petersilie** – *Petroselinum* S. 400
**15\*** TeilFr mit Randflügeln (Abb. **398**/3). K deutlich 5zähnig ..................... **16**
**16** BlAbschnitte schmal linealisch, ganzrandig. Bl mehrfach 3zählig. BlScheiden nicht
   geschwollen. Kr gelb.               **Haarstrang** – *Peucedanum officinale* S. 403
**16\*** BlAbschnitte länglich bis verkehrteifg, gezähnt. Bl 2–3fach gefiedert. BlScheiden stark
   angeschwollen. Kr grünlichgelb bis grünlichweiß.    **Engelwurz** – *Angelica* S. 402
**17 (14)** Stg kantig gefurcht. Alle Bl grün. Fr abgeflacht, br elliptisch, reif gelbbräunlich,
   schmal geflügelt.                        **Pastinak** – *Pastinaca* S. 403
**17\*** Stg oberwärts geflügelt. Obere Bl gelblich. Fr eifg-kuglig, glänzend,
   ungeflügelt.                            **Gelbdolde** – *Smyrnium* S. 400
**18 (9)** Fr unterhalb des Griffelpolsters mit einem gerippten, mindestens $^1/_6$ der FrLänge
   erreichenden Schnabel (Abb. **398**/1).     **Kerbel** – *Anthriscus* S. 399
**18\*** Fr ungeschnäbelt, jedoch zuweilen nach oben verschmälert (Abb. **398**/2–3) ...... **19**
**19** Fr 20–25 mm lg, linealisch, oben verschmälert, glänzend. Pfl mit Anisgeruch.
                                          **Süßdolde** – *Myrrhis* S. 399
**19\*** Fr höchstens 12 mm lg ........................................... **20**
**20** Fr auf den Nebenrippen mit lg, widerhakigen Stacheln besetzt, als KlettFr ausgebreitet.
   FrDolde nestartig zusammengezogen.          **Möhre** – *Daucus* S. 404
**20\*** Fr kahl, weichhaarig, kurzborstig od. zottig, nicht klettend .................... **21**
**21** Bl einfach fiederteilig od. einfach gefiedert od. einfach 3teilig ............... **22**
**21\*** Bl 2–3fach fiederteilig, 2–3fach gefiedert od. 2–3fach dreizählig .............. **27**
**22** TeilFr mit br Randflügel (Abb. **401**/1–4). Großblättrige hohe Staude.
                                          **Bärenklau** – *Heracleum* S. 403
**22\*** TeilFr ungeflügelt ............................................... **23**
**23** Hüllchen fehlend, selten mit 1–2 hinfälligen Blchen ...................... **24**
**23\*** Hüllchen vorhanden, bleibend, 2–∞blättrig ............................. **25**
**24** Pfl kahl, sehr würzig. Dolden wenigstens z. T. fast ungestielt, scheinbar blattgegenstän-
   dig.                                **Sellerie** – *Apium* S. 400
**24\*** Pfl weichhaarig, mit Anisduft. Dolden stets gestielt.    **Anis** – *Pimpinella* S. 401
**25 (23)** Buschige PolsterPfl. Bl grundständig.   **Rasensesel** – *Olymposciadum* S. 401
**25\*** Pfl nicht polsterartig. Stg beblättert ................................... **26**
**26** Dolden >20strahlig. Hülle laubblattartig. Pfl mit Wurzelknollen.
                                          **Zuckerwurz** – *Sium* S. 401
**26\*** Dolden bis 15strahlig. HüllBl, wenn vorhanden, schmal, einfach. Pfl ohne Knollen.
                                     **Kälberkropf** – *Chaerophyllum* S. 399
**27 (21)** Hülle u. Hüllchen fehlend od. hinfällig, 1–2blättrig ..................... **28**
**27\*** Hüllchen mehrblättrig, bleibend, Hülle vorhanden od. fehlend ................ **30**
**28** BlAbschnitte eifg od. eilänglich, scharf gesägt, useits auf den Nerven kurzhaarig.
                                          **Giersch** – *Aegopodium* S. 401
**28\*** BlAbschnitte lanzettlich bis lineal ..................................... **29**
**29** Fr behaart. Bl weichhaarig. Pfl mit Anisduft. Nur obere Bl 2–3fach gefiedert.
                                          **Anis** – *Pimpinella* S. 401
**29\*** Fr kahl. Bl kahl, unterste Fiederchenpaare jeder Fieder kreuzartig angeordnet. Alle Bl
   2–3fach gefiedert.                       **Kümmel** – *Carum* S. 401
**30 (27)** Hüllchen einseitig nur auf der Außenseite des Döldchens entwickelt, zurückge-
   schlagen, 2–3blättrig .......................................... **31**

**30\*** Hüllchen allseits entwickelt, mehrblättrig ................................. **32**
**31** Pfl mit Wanzengeruch. Fr kuglig, nicht zerfallend. Dolde 3–8strahlig. Hüllchen kürzer als die Döldchen. **Koriander** – *Coriandrum* S. 400
**31\*** Pfl ohne Wanzengeruch. Fr br eifg, zerfallend. Dolde 10–20strahlig. Hüllchen länger als die Döldchen. **Hundspetersilie** – *Aethusa* S. 401
**32** **(30)** Fr zottig behaart. Hülle mehrblättrig, wenigstens 1 HüllBl laubblattartig gefiedert.
**Augenwurz** – *Athamantha* S. 402
**32\*** Fr kahl. HüllBl, wenn vorhanden, stets unzerteilt ......................... **33**
**33** Hülle fehlend od. hinfällig, 1–3blättrig .................................. **34**
**33\*** Hülle bleibend, (3–)4–∞blättrig ...................................... **37**
**34** Fr fast rund, br geflügelt. BlAbschnitte br eifg, kahl. Kr rötlichweiß.
**Meisterwurz** – *Peucedanum ostruthium* S. 403
**34\*** Fr deutlich länger als breit, ungeflügelt. BlAbschnitte stets schmal ............. **35**
**35** Pfl behaart, zumindest am StgGrund. Stg deutlich beblättert. Fr schmal, länglich, zur Spitze verschmälert. **Kälberkropf** – *Chaerophyllum* S. 399
**35\*** Pfl kahl. Bl zumeist grundständig. Fr eifg-länglich, nicht verschmälert .......... **36**
**36** BlZipfel haarartig, quirlig gebüschelt. Kr weiß. Pfl sehr aromatisch. HüllchenBl pfriemlich, unberandet. **Bärwurz** – *Meum* S. 402
**36\*** BlZipfel breiter, lineal-lanzettlich, nicht quirlig. Kr rosa od. rot. HüllchenBl lanzettlich, weißrandig. **Mutterwurz** – *Ligusticum* S. 402
**37** **(33)** Hochstauden, meist 1 m hoch od. mehr. BlZipfel lanzettlich bis eifg. Fr deutlich abgeflacht, mit Rand- od. Rückenflügeln ................................ **38**
**37\*** Stauden, höchstens 0,60 m hoch. BlZipfel lineal-lanzettlich od. haarfg. Fr ungeflügelt, kaum abgeflacht ..................................................... **39**
**38** Fr linsenfg, <10 mm lg, mit Randflügeln (Abb. 398/3). Doldenstrahlen weichhaarig.
**Haarstrang** – *Peucedanum* S. 403
**38\*** Fr eifg, 12 mm lg, rückenständige Rippen schmal geflügelt. Doldenstrahlen kahl. Pfl bis 2 m hoch. **Striemendolde** – *Molospermum* S. 400
**39** **(37)** BlZipfel haarartig, quirlig gebüschelt. Wurzelhals faserschopfig. Ganze Pfl sehr aromatisch. Hülle oft fehlend. **Bärwurz** – *Meum* S. 402
**39\*** BlZipfel lineal-lanzettlich, nicht quirlig angeordnet. Pfl ohne grundständigen Faserschopf, mit kugliger, 1–4 cm dicker Hypokotylknolle in ± 10 cm Tiefe.
**Knollenkümmel** – *Bunium* S. 401

**Blaudolde** – *Didiscus* DC. ex Hook. 12 Arten

Pfl drüsig behaart. Bl handfg 3teilig, Blchen tief fiederteilig mit linealischen, 2–3spaltigen Abschnitton. Dolde einfach, lg gestielt, 5–9 cm br. Kr hellblau. 0,40–0,60. ☉ 7–9. **Z** s Sommerrabatten ⚤; ▷ ○ ~ (W-Austr.: Trockenfluren – 19. Jh.). [*Trachymene caerulea* Graham] **Blaudolde** – *D. caeruleus* (Graham) DC. ex Hook.

1          2          3          4

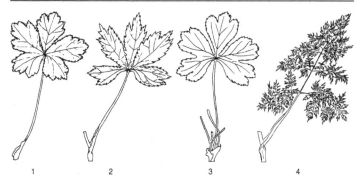

1      2      3      4

**Azorella** – *Azorella* LAM.      70 Arten

Mattenbildende Poster. Bl immergrün, den Stg dicht bedeckend, ledrig, lanzettlich, in 3–5 linealische Abschnitte zerteilt. Dolden einfach, fast sitzend. Kr klein, gelblichgrün. 0,05–0,10. ⌂ i ⌢ 6–7. **Z** z △ Trockenmauern, Gräber; ▼ ⌁ ○ ∧ (Feuerland: subantarkt. Heiden – 20. Jh.).      **Dreigablige A.** – *A. trifurcata* (GAERTN.) PERS.

**Sanikel** – *Sanicula* L.      35–40 Arten

GrundBl wintergrün, handfg 3–5teilig (Abb. **397**/1). Dolde wenigstrahlig. Döldchen kopfig mit sitzenden ♂ u. kurz gestielten ♀ B. Kr weiß bis rötlich. Fr hakig bestachelt. 0,20–0,45. ⌂ i ⅄ 5–6. **W. Z** sehr s Parks, Naturgärten; V Dunkel- u. Kaltkeimer ▼ ● (kult Mittelalter als HeilPfl – erst neuerdings ZierPfl).      **Sanikel** – *S. europaea* L.

**Schaftdolde** – *Hacquetia* NECK. ex DC.      1 Art

Bl alle grundständig, rundlich, 3–5teilig (Abb. **397**/3). Dolde einfach, von grünlichgelber, 5–6(–8)blättriger Hülle überragt (Abb. **396**/4). Fr kahl. (0,10–)0,20–0,30. ⌂ ⅄ 3–5. **W. Z** s Gehölzgruppen, Parks △; V ▼ ◐ ● (19. Jh.).      **Schaftdolde** – *H. epipactis* (SCOP.) DC.

**Sterndolde, Strenze** – *Astrantia* L.      10 Arten

1   HüllBl 8–13, br eifg bis kurz elliptisch, am Rand oberhalb der Mitte wimperig gezähnt, useits grünlich, oseits rötlich. GrundBl 3–4teilig. 0,40–0,80. ⌂ ⅄ 6–8. **Z** v Staudenbeete ⋋; V Kaltkeimer ▼ ◐ (Kauk.: Bergwiesen – 19. Jh.).      **Riesen-St.** – *A. maxima* PALL.

1*   HüllBl 14–18, schmal lanzettlich, höchstens vorn beidseits mit 2–3 Börstchen, meist weißlich, grün gestreift. GrundBl (3–)5–7teilig (Abb. **397**/2). 0,30–0,90. ⌂ ⅄ 6–8. **W. Z** v Staudenbeete ⋋; V Kaltkeimer ▼ ◐ (kult Renaissance – einige Sorten, z. B. 'Rosea': HüllBl groß, rein rosa).      **Große St.** – *A. major* L.

Ähnlich: **Kleine St.** – *A. minor* L.: Hülle häutig, nicht steif. GrundBl bis zum Grund in 5–9 schmale Abschnitte geteilt. **Z**, sehr s △; V Kaltkeimer ▼ ◐ ⊖ (Gebirge von SW-Eur., S- u. W-Alpen).

**Mannstreu, Edeldistel** – *Eryngium* L.      230 Arten

1   Bl lg (basale bis 1 m), schwertartig, br linealisch, parallelnervig, dornig bewimpert. HüllBl kürzer als die Köpfe, lanzettlich bis borstlich. Köpfe kuglig–oval, 2–2,5 cm br, weißlich bis hellblau. 0,60–1,50. ⌂ 7–9. **Z** s Staudenbeete; ⌁ Wurzelschnittlinge ○ ~ ∧ Nässeschutz (östl. N-Am.: lichte Wälder, Prärien, auf Sand – 20. Jh. – verwandte Arten nicht winterhart).      **Yuccablättrige M.** – *E. yuccifolium* MICHX.

1*   Bl nicht schwertartig, netznervig, zumindest obere ± zerteilt .................. **2**

2   HüllBl >25, viele fiederteilig, kammartig weichdornig (Abb. **399**/1). GrundBl weich, ± herzfg, gezähnt. BStand bläulich, mit wenigen zylindrisch-ovalen Köpfchen. 0,30–0,70

(–1,00). ⚃ Rübe? 7–8. **Z** z Staudenbeete △ ⚎ Trockenblume, Kranzbinderei; ⴸ ⤳
Wurzelschnittlinge ○ ~ (Jura, Alpen, Balkan: Matten, Grashänge – Ende 16. Jh. –
einige Sorten). **Alpen-M., Alpendistel** – *E. alpinum* L.

**2\*** HüllBl deutlich <25 ............................................... **3**

**3** HüllBl br, ± eifg od. rhombisch (Abb. **399**/2), am Grunde sich überlappend. K 4–5 mm
lg. GrundBl unzerteilt ............................................... **4**

**3\*** HüllBl lanzettlich-linealisch (Abb. **399**/3), nicht überlappend. K <4 mm lg. GrundBl un-
zerteilt od. zerteilt ............................................... **5**

**4** HüllBl (4–)5(–7), rhombisch, 3teilig mit br dreieckigen Dornzähnen. BStand bläulich, mit
zahlreichen, anfangs ± kugligen 1–2 cm lg Köpfen, später verlängert. 0,20–0,60. ☉ ⚃
Rübe 6–8. **W. Z** s Sandbeete,LiebhaberPfl; ⤳ Wurzelschnittlinge ○ ~ (Ende 16. Jh. –
▽). **Stranddistel, Strand-M.** – *E. maritimum* L.

**4\*** HüllBl 6–10, länglich-eifg, eingeschnitten-gesägt, groß, länger als die Köpfe. Pfl silber-
grün, Köpfe grau- bis blaugrün, walzlich bis länglich-eifg, 3–5 cm lg. 0,50–1,50. ☉ 7–8.
**Z** z Rabatten ⚎ Trockensträuße; ⴸ Selbstaussaat ○ ~ (Kauk., SW-As: Gebirgs-Tro-
ckenwiesen – 19. Jh.). **Elfenbeindistel, Riesen-M.** – *E. giganteum* M. Bieb.

**5** **(3)** GrundBl unzerteilt, länglich bis eifg-länglich, gesägt, am Grunde herzfg. BStand
sparrig verzwoigt, bläulich. Köpfe zahlreich, eifg-kuglig, 1–2 cm lg, etwas länger als die
6–8, mit 1–4 Paar Dornzähnen versehenen HüllBl. (0,20–)0,30–0,60(–1,00). ⚃ Rübe
7–9. **W. Z** z Staudenbeete ⚎ Trockensträuße, Kranzbinderei; ⤳ Wurzelschnittlinge ○
~ (16. Jh.). **Flachblättrige M.** – *E. planum* L.

Vermutlich öfter in Kultur: **Oliver- M.** – *E.* × *oliverianum* F. Delaroche (? *E. giganteum* × *E. planum*):
GrundBl br oval. HüllBl 10–15, so lg wie die zylindrisch-eifg, bis 4,5 cm lg Köpfe. ⚃ 7–8. **Z** z ⚎ (Ende
19. Jh.).

Ähnlich auch: **Blaue M.** – *E. caeruleum* M. Bieb.: HüllBl 4–6, doppelt so lg wie die Köpfe. **Z** s (SO-Eur.,
Kauk.).

**5\*** GrundBl zerteilt, handfg od. fiederteilig mit fiederteiligen Abschnitten ........... **6**

**6** Spreite der GrundBl br am Stiel herablaufend, meist mit 2–3 fiederteiligen, dornig
gesägten Abschnitten. BStand amethystfarben, aufrecht bis aufrecht-abstehend ver-
zweigt, mit ∞ kugligen bis kurz ovalen, 1–2 cm lg Köpfen. HüllBl 5–9, länger als die
Köpfe. (0,40–)0,60–1,00. ⚃ 7–8. **Z** z Rabatten ⚎; ⴸ ⤳ Wurzelschnittlinge ○ ~ (It.,
Balkan, Ägäis: trockne Plätze – 17. Jh., öfter mit *E. planum* verwechselt).
**Amethyst-M.** – *E. amethystinum* L.

**6\*** Spreite der GrundBl nicht herablaufend, 3teilig mit 1–2fach fiederteiligen, dornig ge-
zähnten Abschnitten. BStand bläulich, wenig verzweigt. Köpfe eifg bis kuglig, 1,5–2,5
cm lg. HüllBl 10–15, etwas bis deutlich länger als Köpfe, ganzrandig od. dornig ge-
zähnt. (0,30–)0,50–0,60. ⚃ 7–8. **Z** s Staudenbeete △; ⴸ ⤳ Wurzelschnittlinge ○ ~
(Pyr., Spanien: trockne Berghänge – 18. Jh.). **Bourgat- M.** – *E. bourgatii* Gouan

Meist durch folgende Hybride im Anbau abgelöst: **Zabel- M.** – *E.* × *zabelii* H. Christ ex Bergmans (*E.
alpinum* × *E. bourgatii*): Abschnitte der GrundBlSpreiten stets 2fach 3teilig. Köpfe blau bis amethyst-
farben, kuglig-zylindrisch, mindestens 3,5 cm lg. HüllBl 12–14, stets dornig gezähnt. 0,30–0,50. ⚃
7–8. **Z** z ⚎; ⤳Wurzelschnittlinge ⴸ ○ ~ (Anfang 20. Jh. – mehrere Sorten).

1        2        3

**Kälberkropf** – *Chaerophyllum* L. em. HOFFM.　　　　35 Arten

1　Bl 1–2(–3)fach 3zählig, Blchen breit, ± unzerteilt od. fiederteilig . . . . . . . . . . . . . . **2**
1*　Bl 2–4fach gefiedert mit fiederspaltigen, schmalen Abschnitten . . . . . . . . . . . . . . **3**
2　Fr behaart, 5–6 mm lg, FrStiele keulig verdickt. Dolden sehr kurz gestielt. Blchen in läng-
　liche bis verkehrteilanzettliche Abschnitte zerteilt. Pfl dicht behaart. 0,20–0,70(–0,90).
　☉ 4–6. **Z** s Sommerblumenbeete ⚥ Trockensträuße; ⌂ ○ (SO-USA: lichte Wälder,
　Wegränder – Ende 20. Jh.). [*Ch. tainturieri* HOOK. var. *dasycarpum* (NUTT.) S. WATSON]
　　　　　　　　　　　　　　　　　　　　　**Raufrüchtiger K.** – *Ch. dasycarpum* NUTT.
2*　Fr kahl, 12–15 mm lg, FrStiele unverdickt. Blchen deutlich gestielt. Blchen unzerteilt, br
　elliptisch bis verkehrteifg, fein gesägt, am Grunde schief herzfg bis gestutzt. Pfl ober-
　wärts verkahlend. 0,45–1,00. ⚃ ⚥ ? 5–7. **N** s lokal in Hessen; ∨ ☽ (SO-Balkan, N-
　Türkei: Laub- u. SchluchtW, Ufer – neuerdings von türkischen Einwohnern als Suppen-
　gewürz (Bl) angebaut, verwandt mit *Ch. aromaticum* L.).
　　　　　　　　　　　　　　　　　　　　　**Byzantinischer K.** – *Ch. byzantinum* BOISS.
3　(1) Pfl mit kirsch- bis pflaumengroßer Hypokotylknolle. Stg oberwärts bereift, kahl, am
　Grund borstig. Hüllchen kahl. BlAbschnitte schmal linealisch (Abb. **400**/2). Fr 5–7 mm
　lg, lineal-länglich. 0,80–1,80. ☉ ☒ ☿ 6–8. **W. N** s Knollengemüse; ∨ Herbstaussaat ☽
　(kult vermutlich Mittelalter, heute nur noch von Liebhabern).
　　　　　　　　　　　　　　　　　　**Kerbelrübe, Knolliger K.** – *Ch. bulbosum* L.
3*　Pfl ohne Knolle, mit ästigem Wurzelstock. Stg auch oberwärts behaart. Hüllchen be-
　wimpert. BlAbschnitte aus breitem Grund lanzettlich, zugespitzt (Abb. **400**/1). Fr 8–12
　mm lg, länglich-zylindrisch, gelbbraun. (0,50–)0,80–1,25. ⚃ ⚥ 6–7. **W. Z** s Naturgärten,
　Parks; ∨ Kalt- u. Dunkelkeimer ⚘ ☐ ☽ (20. Jh.).　　　　　**Gold-K.** – *Ch. aureum* L.

**Kerbel** – *Anthriscus* PERS.　　　　12 Arten

Doldenstrahlen 2–6, weichhaarig. Hülle meist fehlend, Hüllchen 1–5blättrig. Bl 2–3fach
gefiedert. B weiß. Fr linealisch, geschnäbelt. 0,20–0,70. ① ☉ 5–7. **W. N** z Gewürz, Gär-
ten, s Feldanbau, z.B. S-D.; ∨ Lichtkeimer (Ende 16. Jh. – Bl frisch u. getrocknet als
Salat- u. Suppengewürz – in Kultur nur ssp. *cerefolium* mit kahlen Fr).
　　　　　　　　　　　　　　　　　　　　　**Garten-K.** – *A. cerefolium* (L.) HOFFM.

Ähnlich: **Wiesen-K.** – *A. sylvestris* (L.) HOFFM.: Dolden 8–15strahlig. Hüllchen 5–8blättrig. 0,60–1,50.
⚃. **W. Z** Naturgärten, Parks.

**Süßdolde** – *Myrrhis* MILL.　　　　1 Art

Weichhaarige Pfl. Bl 2–3fach gefiedert, Blchen eifg-länglich bis lanzettlich, kurzzottig.
Dolden ∞strahlig, Hülle fehlend, Hüllchen 5–7blättrig, zurückgeschlagen. Kr weiß. Fr
20–25 mm lg, linealisch, mit Börstchen, reif glänzend schwarzbraun, mit Anisduft.
0,60–1,20(–1,50). ⚃ PleiokRübe 6–7. **W. N** s, bes. in Gebirgen u. im W; Bl u. Fr
Gewürz, früher auch HeilPfl od. Gemüse; ∨ ☽ (kult wohl spätes Mittelalter – Anbau viel-
fach erloschen).　　　　　　　　　　　　　　**Süßdolde** – *M. odorata* (L.) SCOP.

1　　　　　2　　　　　3

**Striemendolde** – *Molopospermum* W. D. J. Koch 1 Art

Kahle, stark riechende Pfl mit großen (bis 1 m lg) GrundBl, diese 2–4fach gefiedert, Abschnitte lanzettlich. Dolden 12–21strahlig, Hülle u. Hüllchen 6–9blättrig, hautrandig, oft laubblattartig. Fr eifg, stark gerippt, am Rücken schmal geflügelt. 1,00–2,00. ♃ 5–6. Z s Parks, Solitär, Gewässer-Ufer; V ♈ ☽ (Pyr., W- u. S-Alpen: Staudenfluren – Ende 16. Jh.). [*M. cicutarium* DC.]

Striemendolde – *M. peloponnesiacum* (L.) W. D. J. Koch

**Koriander** – *Coriandrum* L. 2 Arten

Fr kuglig. Hülle fehlend, Hüllchen nur an der Außenseite der Döldchen. Bl 2–3fach gefiedert, obere mit linealischen Endabschnitten. Pfl kahl, mit Wanzengeruch. 0,30–0,50 (–0,60). ⊙ 6–7. N z Gewürz, Gärten, Feldanbau bes. S-D., Thüringen; ○ (O-Medit., SW-As., Wildareal nicht sicher abgrenzbar – kult Mittelalter – einige Sorten).

Koriander – *C. sativum* L.

Kult nur var. *sativum*: DoppelFr meist >3,5 mm lg u. br, Körnergewürz, selten BlGewürz.

Ähnlich, aber viel größer, mit schwarzen Fr u. gelben B: **Stängelumfassende Gelbdolde** – *Smyrnium perfoliatum* L.: Stg oberwärts geflügelt. Obere StgBl gelbgrün. **W. N** früher Wurzelgemüse, HeilPfl; **Z** s Naturgärten.

**Sellerie** – *Apium* L. 20 Arten

Pfl kahl, stark aromatisch. Bl glänzend, untere fiederteilig, obere 3teilig mit keilfg Abschnitten. Dolden scheinbar blattgegenständig, sehr kurz gestielt, 6–12strahlig. Hülle u. Hüllchen fehlend. Kr weißlich. Fr 1,5–2,0 mm, eifg. 0,30–1,00. ⊙ 7–9. **W. N** v Gemüse, Gewürz, Gärten u. Feldanbau; V ᵕ Boden nährstoffreich (Wildform – var. *graveolens*: Eur., W-As.: Salzwiesen, Gräben – ∞ Sorten). Sellerie – *A. graveolens* L.

Im Anbau: **Schnitt-S.** – var. *secalinum* Alef.: Pfl halbaufrecht, BlStiele dünn, nur durch größere Bl von der Wildform unterschieden, auch krausblättrige Sorten (BlGewürz, wie Petersilie – kult Römerzeit).
**Bleich-S.** – var. *dulce* (Mill.) Pers.: Pfl aufrecht, BlStiele verlängert, fleischig, rhabarberähnlich, essbar (Gemüse – Anfang 19. Jh.).
**Knollen-S.** – var. *rapaceum* (Mill.) Gaud.: Pfl aufrecht, mit dicker Wurzel-Sprossknolle (wichtigste Form, Gemüse u. Gewürz – 17. Jh.).

**Petersilie** – *Petroselinum* Hill 3 Arten

Pfl kahl, aromatisch. Bl 2–3fach gefiedert, Blchen eifg-keilig, 3spaltig, gezähnt. Hülle 1–3blättrig. Hüllchen 5–8blättrig. Dolde 8–20strahlig. Kr gelblichgrün. Fr eifg, gerippt. 0,30–0,90. ⊙ 6–7. **N** v Gewürz, Garten- u. Feldanbau; Kultur einjährig, in wintermilden Gegenden Nutzung noch im 2. Jahr bis Mai (Wildvorkommen fraglich, vielleicht SO-Eur. u. SW-As. – kult Römerzeit – mehrere Sorten, wichtiges BlGewürz, frisch u. getrocknet – früher auch HeilPfl). [*P. sativum* Hoffm.]

Garten-P. – *P. crispum* (Mill.) A. W. Hill

**Blatt-P.** – convar. *crispum*: Wurzeln unverdickt, Krause P. – var. *crispum*: Blchen kraus, im Anbau vorherrschend; Glattblättrige P. – var. *vulgare* (Nois.) Danert: Blchen nicht kraus.

1    2    3    4

**Wurzel-P.** – convar. *radicǫsum* (ALEF.) DANERT: Wurzeln fleischig, rübenartig, – var. *radicǫsum* ALEF.: Blchen nicht kraus, fast ausschließlich im Anbau, bes. Suppengewürz, – var. *erfurtẹnse* DANERT: Blchen kraus, vermutlich nicht mehr im Anbau.

**Kümmel** – *Cạrum* L.                                                          30 Arten

Bl 2–3fach gefiedert, Zipfel linealisch, unterstes Fiederpaar nahe dem BlAnsatz gekreuzt, nebenblattartig. Hülle u. Hüllchen fehlend od. wenigblättrig u. hinfällig. Kr weiß od. rötlich. 0,30–0,50(–0,80). ⊙ 5–7. **W.** N v FrGewürz; oft Feldanbau; ○ (kult vermutlich frühes Mittelalter – neuerdings ⊙ Sorten: var. *ạnnuum* hort.).

**Wiesen-K.** – *C. cạrvi* L.

**Knollenkümmel** – *Bụnium* L.                                                 30 Arten

Pfl kahl, mit unterirdischer kugliger Knolle. Bl 2–3fach gefiedert, Zipfel lineal-länglich. Dolde 10–24strahlig. Hülle u. Hüllchen 5–7blättrig. 0,10–0,60. ♃ ☿ 6–7. **W.** N s Gemüse; v (früher Knollengemüse, jetzt Anbau vermutlich nur noch sehr s in Gärten).

**Echter K., Erdkastanie** – *B. bulbocạstanum* L.

**Pimpinelle, Anis** – *Pimpinẹlla* L.                                          150 Arten

Pfl weichhaarig, aromatisch. Untere Bl meist unzerteilt, eifg bis nierenfg, gesägt, mittlere gefiedert mit eifg, obere 2–3fach gefiedert mit schmalen Blchen. Dolden 7–15(–20)strahlig. Hülle fehlend od. einblättrig. Kr weiß. Fr angedrückt weichhaarig. 0,15–0,50(–0,75). ⊙ 7–8. **N** s FrGewürz, auch VolksheilPfl, Feldanbau wohl erloschen, früher Thüringen; ○ (Herkunft wohl O-Medit. u. SW-As., Wildvorkommen unklar – kult Römerzeit).

**Anis** – *P. anịsum* L.

**Giersch** – *Aegopǫdium* L.                                                   5 Arten

Pfl mit unterirdischen Ausläufern. Grund- u. mittlere Bl oft doppelt 3zählig. Abschnitte eifg-länglich, scharf gesägt. Hülle u. Hüllchen fehlend. Kr weiß. Fr elliptisch, ungeflügelt. (0,30–)0,50–0,90. ♃ ⌒⌒ 6–7. **W. Z** sehr s Naturgärten, z. B. Thüringen; v ◐ ● (früher Wildgemüse, HeilPfl, neuerdings panaschierte Formen als ZierPfl – lästiges Ausläuferunkraut).                      **Giersch, Geißfuß** – *A. podagrạria* L.

Ähnlich: **Rasensesel** – *Olymposcịadum caespitǫsum* (SM.) WOLFF [*Sẹseli caespitǫsum* SM. in SIBTH. et SM.]: Buschige Polster. Bl grundständig, 1fach gefiedert, blaugrün. **Z** sehr s △; v (Anatolien).

**Merk, Zuckerwurz** – *Sịum* L.                                               10 Arten

Unterste Bl 1fach gefiedert, obere 3zählig, Blchen länglich-lanzettlich, gesägt, das endständige oft am Grund herzfg. Dolde ∞strahlig, Hülle laubblattartig. Hüllchen vorhanden. Kr weiß. Fr br eifg, gerippt. 0,30–0,50(–1,00). ♃ 7–8. **N** s Gemüse; v Herbstaussaat, Ernte im Frühjahr (SO-Eur., Balkan, W-As.: Sümpfe – kult Mittelalter – wohl gelegentlich noch der zucker- u. stärkehaltigen Wurzeln wegen im Anbau – in Kultur nur var. *sịsarum* mit knolligen, fleischigen Wurzeln).          **Zuckerwurz, Süßwurz** – *S. sịsarum* L.

Ähnlich: **Hundspetersilie** – *Aethụsa cynạpium* L – **W.** N früher HeilPfl, giftig?, sehr selten kult (Acker-, Gartenunkraut).

1                    2                    3                    4

**Augenwurz** – *Athamantha* L. 15 Arten

1 Bl zottig behaart, Zipfel lineal-lanzettlich, <1 cm lg. Doldenstrahlen (5–)7–12(–20), mit gebogenen Haaren, diese länger als die Dicke der Strahlen, Hülle 0–5blättrig, HüllBl mitunter fiedrig. Fr 6–8 mm lg. 0,10–0,40. ♃, kult meist ⊙ 5–8. **W. Z** z bis s △; ∀ Kaltkeimer, Selbstaussaat ○ ⊕ (20. Jh.?). **Zottige A.** – *A. cretensis* L.

1* Bl kahl od. schwach behaart, Zipfel schmal linealisch, meist >1 cm lg. Doldenstrahlen (12–)15–25, mit geraden Haaren, diese kürzer als die Dicke der Strahlen. Hülle 5–8blättrig. Fr 5–6 mm lg. 0,20–0,50. ♃ Pleiok 6–7. **Z** z △; ∀ ○ (W-Balkan: Gebirgshänge – Anfang 19. Jh.). [*A. haynaldii* BORBÁS et UECHTR.]
**Haynald-A.** – *A. turbith* (L.) BROT. subsp. *haynaldii* (BORBÁS et UECHTR.) TUTIN

**Fenchel** – *Foeniculum* MILL. 1 Art

Bl 3–4fach gefiedert mit haarförmigen Zipfeln u. lg BlScheiden. Hülle u. Hüllchen fehlend. Kr gelblich. Fr walzlich. (0,40–)0,80–1,50(–2,00). ♃ Pleiok, in Kultur meist ⊙ od. ⊙ 7–9. **N** z Gewürz, Gemüse, HeilPfl, Garten- u. Feldanbau, besonders im S u. in Anhalt; ∀ ○ (S-Eur., SW-As.: trockne steinige Plätze – kult frühes Mittelalter – einige Sorten). **Fenchel** – *F. vulgare* MILL.

In Kultur nur **Garten-F.** – subsp. *vulgare*:

**Butter-F.**, **Wilder F.** – var. *vulgare*: Stg hart, meist bis 1,20 m. Fr dunkel, kleiner; HeilPfl, zur Gewinnung des Fenchelöls genutzt; – **Gewürz-F.**, **Süßer F.** – var. *dulce* (MILL.) THELL.: Stg ± röhrig, 1,20–2,50 m; Fr hell, länger; meist Gewürz; – **Knollen-F.** – var. *azoricum* (MILL.) THELL.: Stg nur 0,30–0,80 m; Scheiden der GrundBl fleischig verdickt, daher junge Sprosse zwiebelartig; Gemüse, erst neuerdings kult, ∀ ab Ende Mai, sonst vorzeitiger Eintritt der Blühphase.

**Dill** – *Anethum* L. 2 Arten

Pfl kahl. Stg längs weißstreifig. BlScheiden kurz. Hülle u. Hüllchen fehlend. Kr gelb. 0,30–1,00(–1,20). ⊙ 7–9. **N** v Gewürz, selten HeilPfl, Gärten u. Feldanbau; ∀ Selbstaussaat ○ ◐ (SW-As., Wildareal nicht sicher abgrenzbar – kult Römerzeit – einige Sorten, unterschieden nach der Nutzung als **Blatt-** u. **Körner-D.**). **Dill** – *A. graveolens* L.

**Bärwurz** – *Meum* MILL. 1 Art

Pfl sehr aromatisch. Bl 2- bis mehrfach gefiedert. Zipfel haarfg, fast quirlig gebüschelt. Hülle meist fehlend. Hüllchen 3–8blättrig. Kr (rötlich)weiß. 0,15–0,50. ♃ Rübe 5–6. **W. Z** s △, auch Wildgemüse, früher HeilPfl; ∀ ○ ◐ ⊖ (kult 16. Jh.).
**Bärwurz, Bärenkümmel** – *M. athamanticum* JACQ.

**Mutterwurz** – *Ligusticum* L. 25 Arten

Stg am Grunde mit Faserschopf, oberwärts höchstens mit 1–2 Bl. GrundBl doppelt gefiedert, Zipfel lineal-lanzettlich. Dolden zu 1–3, 7–10strahlig, meist ohne Hülle. Hüllchen 3- u. mehrblättrig. Kr meist rosa bis purpurn, selten weißlich. 0,10–0,30(–0,50). ♃ PleiokRübe Wurzelsprosse 6–8. **W. Z** s △; ∀ ⩔ ○ ⊖ (kult 20. Jh.).
**Alpen-M.**– *L. mutellina* (L.) CRANTZ

Ähnlich: **Stechblatt** – *Aciphylla squarrosa* J. R. FORST. et G. FORST.: Bl 2–3fach gefiedert, Fiedern linealisch, dornig spitz. **Z** s △, BStände auch als Trockenblumen, ∀ ○ (Neuseel.: subalp. Fluren).

**Engelwurz** – *Angelica* L. 50 Arten

BlScheiden aufgeblasen. Bl 2–3fach gefiedert, Endfiedern herzfg bis eilanzettlich. Dolde 20–40strahlig. Hülle fehlend. Hüllchen mehrblättrig. Kr grünlich-gelblich. 1,20–1,50 (–2,00). ⊙ ⊚ 6–8. **W. N** s Gewürz, HeilPfl, früher Gemüse, auch Feldanbau in S- u. M-D.; ∀ Kaltkeimer, Samen müssen nachreifen ⊵? ≃ (kult Mittelalter – Anbau stark geschrumpft – jetzt vorwiegend ätherisches Öl enthaltende Wurzeln zur Likörherstellung genutzt – kult nur subsp. *archangelica* var. *sativa* (MILL.) RIKLI mit kürzeren, reich verzweigten Wurzeln u. vielen Nebenwurzeln).
**Echte E., Erz-E., Angelika** – *A. archangelica* L.

**Liebstöckel** – *Levisticum* HILL 1 Art

Bl 2–3fach gefiedert, Endfiedern br verkehrteifg bis rhombisch. Hülle u. Hüllchen vorhanden. Kr gelblich. Pfl nach Maggi riechend. 0,80–2,00. ♃ Pleiok 7–8. **N** v BlGewürz, früher HeilPfl, Gärten, seltener Feldanbau, z. B. S-D.; ⚥ ⚲ ○ ◐ (SW-As.: Hochgebirgs-Staudenfluren – kult frühes Mittelalter – einige Sorten, Frisch- u. Trockengewürz, ätherisches Öl auch zum Aromatisieren). **Garten-Liebstöckel, Maggikraut** – *L. officinale* W. D. J. KOCH

**Haarstrang** – *Peucedanum* L. 170 Arten

1 KSaum undeutlich entwickelt (Abb. **400**/4). Bl 1–2fach 3zählig mit br eifg, doppelt gesägten, vorn oft 2–3spaltigen Blchen. Fr fast kreisrund. Hülle u. Hüllchen fehlend od. wenigblättrig, hinfällig. 0,30–1,00. ♃ ⌇ ♈ 7–8. **W. N** s Gewürz, HeilPfl, in Gebirgen; ⚥ ⚲ ○ ◐ (kult 16. Jh. – Rhizome als Heilmittel u. Käsegewürz – Anbau meist aufgegeben). [*Imperatoria ostruthium* L.] **Meisterwurz** – *P. ostruthium* (L.) W. D. J. KOCH

1* KSaum deutlich 5zähnig (Abb. **400**/3). Bl mehrfach gefiedert od. mehrfach 3teilig, dann mit lg linealischen Zipfeln. Fr ± elliptisch .................................... **2**

2 Kr weiß. Hülle u. Hüllchen ∞blättrig, zurückgeschlagen. Bl 2–3fach gefiedert. Blchen eifg, scharf gesägt, useits graugrün. 0,50–1,20. ♃ PleiokRübe 7–8. **W. Z** s Naturgärten, Parkwiesen; ⚥ ○ ◐ ⊕ (kult 16. Jh. – ursprünglich als HeilPfl, neuerdings gelegentlich zur Gartengestaltung). **Hirschwurz** – *P. cervaria* (L.) LAPEYR.

2* Kr gelblich .......................................................... **3**

3 Hülle fehlend od. aus wenigen hinfälligen Blchen. Bl 2–6fach 3zählig mit sehr lg linealischen Zipfeln. Stg stielrund. HüllchenBl ∞, borstlich. 0,50–1,50. ♃ PleiokRübe 7–9. **W. Z** s Naturgärten, Parks, Solitär; ⚥ ○ ⊕ (kult 16. Jh. – ursprünglich als HeilPfl, neuerdings zur Gartengestaltung). **Echter H.** – *P. officinale* L.

3* Hülle u. Hüllchen 4–8blättrig. Bl 2–3fach gefiedert, Blchen eifg, fiederspaltig mit lineallanzettlichen, am Rande rauen Zipfeln. Stg oberwärts kantig. 0,60–1,20. ♃ PleiokRübe 7–9. **W. Z** s Parkwiesen; ⚥ ○ ⊕ (kult wohl erst 20 Jh., gute ○). **Elsässer-H.** – *P. alsaticum* L.

**Pastinak** – *Pastinaca* L. 14 Arten

Stg kantig. Bl einfach (bis doppelt) gefiedert. Abschnitte br eifg bis länglich, oft gelappt. Dolde 10–20strahlig. Hülle u. Hüllchen fehlend od. 1–2blättrig. Kr gelb. Fr flach, elliptisch. (0,30–)0,50–1,00(–1,40). ⊙ 7–9. **W. N** z Wurzelgemüse, Gärten, kaum Feldanbau; ⚥ Frühjahr, Ernte Herbst (kult Mittelalter – kult nur subsp. *sativa*: Pfl zerstreut kurzhaarig, Stg scharfkantig; var. *sativa*: Wurzel dick, fleischig, süßlich schmeckend, nicht bitter – Anbau im Rückgang). **Saat-P.** – *P. sativa* L.

**Bärenklau** – *Heracleum* L. 60 Arten

Bem.: Die systematische Zugehörigkeit der kultivierten u. eingeschleppten Arten der Gattung ist ungenügend bekannt. Vielleicht sind weitere Arten im Anbau. – Die meisten Arten verursachen durch phototoxische Kumarine Hautausschläge.

1 Bl einfach, 5–7lappig, useits dicht weißfilzig, Lappen abgerundet, gesägt. Dolden bis 30 cm breit, 30–70strahlig. Fr br eifg bis verkehrteifg, kurz aufrecht, behaart, Ölstriemen der Rückseite br, am Ende wenig u. allmählich verbreitert, auf der FrInnenseite die Hälfte der FrLänge erreichend (außen noch länger) (Abb. **401**/2, 3). 0,50–1,00. ⊙ ⊛ 7. **Z** z Parks, Staudenwiesen; ⚥ ○ ◐ (Krim, Kauk.: Gebirgs-Felshänge – kult Anfang 19. Jh.). [*H. laciniatum* auct. non HORNEM., *H. villosum* auct. non (HOFFM.) FISCH. ex SPRENG.] **Steven-B.** – *H. stevenii* MANDEN.

Sehr ähnlich: **Vorderasiatischer B.** – *H. antasiaticum* MANDEN.: Fr größer, 13–15 mm lg, Ölstriemen kürzer, auf der FrInnenseite nur ¹/₃ der FrLänge erreichend (Abb. **401**/4) (Kauk., Türkei).

1* Bl 3teilig od. fiedrig zerteilt mit gestielten Seitenfiedern, useits weichhaarig bis spinnwebig behaart, nicht filzig. Ölstriemen der Fr schmal, am Ende plötzlich stark verbreitert (Abb. **401**/1) ................................................... **2**

**2** Dolden 10–20 cm br, 15–30strahlig. Fr meist weichhaarig od. verkahlend. Bl 3zählig mit 2–3teiligen Abschnitten, useits spinnwebig behaart. Stg hohl, behaart. 1,50–2,00(–3,00). ☉ ⊛ 6–7. **Z** z Parks, Staudenwiesen, Solitär, Gruppen; ∨ Kaltkeimer ○ ◑ (N-Am. bis Alaska: Sümpfe, Ufer – kult Anfang 19. Jh.). **Wolliger B.** – *H. lanatum* MICHX.

**2\*** Dolden bis 50 cm br, 50–150strahlig. Fr am Rande borstig behaart. Bl 3–5teilig mit fiederteiligen Abschnitten, bis 3 m lg, useits kurzhaarig, Stg rot gefleckt. 2,00–3,00(–3,50). ☉ ⊛ 7. **W. Z** v Parks, Staudenwiesen, Solitär, Gruppen; ∨ Kaltkeimer, Selbstaussaat, ○ ◑ giftig, hautreizend (Kauk., Türkei: Staudenfluren, Waldlichtungen – Ende 19. Jh.). **Riesen-B., Herkulesstaude** – *H. mantegazzianum* SOMMIER et LEVIER

Ähnlich: **Sosnowsky-B.** – *H. sosnowskyi* MANDEN.: Nur 1,00–1,50 m, stärker behaart, vor allem Doldenstrahlen rau (Kauk.); **Lehmann-B.** – *H. lehmannianum* BUNGE: nur 1,00–1,50 m, Bl gefiedert, Fr lg behaart (M-As.: Gebirge); **Weichhaariger B.** – *H. pubescens* (HOFFM.) M. BIEB.: <1,00 m, Doldenstrahlen nur 15–20, Fr größer, 13–14 mm lg (Krim, Kauk.).

**Möhre** – *Daucus* L.                                                                    22 Arten

HüllBl 3teilig bis fiederschnittig. Hauptwurzel fleischig verdickt. Bl 2–3fach gefiedert, ± behaart. FrDolde zusammengezogen, Fr mit widerhakigen Stacheln. 0,30–1,00. ☉ 6–9. **N** v Wurzelgemüse, Futter, Gärten u. Feldanbau; ∨ ○ Ernte im Sommer od. Herbst des Aussaatjahres (SW-As., wohl auf mehrere Unterarten als Ausgangssippen zurückgehend, eine davon vielleicht subsp. *carota*: **W.** Hauptwurzel unverdickt – kult Renaissance – wichtigstes Wurzelgemüse, hat seit der Renaissance ältere ähnlich genutzte Arten verdrängt, s. *Campanula rapunculus, Tragopogon porrifolius, Scorzonera hispanica* – ∞ Sorten – SaÖl auch technisch verwendet, Rüben zur Herstellung von Vitamin A genutzt).

**Garten-M., Mohrrübe** – *D. carota* L. subsp. *sativus* (HOFFM.) SCHÜBL. et G. MARTENS

Formenreich; Form, Farbe u. Größe der Rüben unterschiedlich. Sorten mit gelben Rüben meist als **Futter-M.** genutzt, mit orangefarbenen als Gemüse. **Karotten** haben kurz walzliche Rüben.

## Familie **Baumwürgergewächse** – *Celastraceae* R. BR.          1300 Arten

**Spindelstrauch, Pfaffenhütchen** – *Euonymus* L. [*Evonymus* L.]          177 Arten

Strauch mit kriechenden, niederliegenden, aufsteigenden od. kletternden, sich mit Haftwurzeln befestigenden Trieben. Bl immergrün, gegenständig, 3–6 cm lg, elliptisch bis elliptisch-eifg, fein gesägt. Dichasien bis 15(–20)blütig. B meist 4zählig, hellgrün. StaubBl u. Frkn einem Diskus aufsitzend. ♄ i ⚥ ∾ 6 7. **Z** z Gräber, Kübel, Wände ⬜ ⚘; ∨ Senker, Sorten nur ⌒, ◑, giftig (Japan, Korea, China, Riu-Kiu-Inseln: Wälder, Gebüsche – 3 Varietäten – ∞ Sorten: unter ihnen gute Bodendecker: 'Dart's Blanket'; 'Dart's Carpet'; 'Dart's Dab'). **Kletter-S.** – *E. fortunei* (TURCZ.) HAND.-MAZZ.

## Familie **Fieberkleegewächse** – *Menyanthaceae* DUMORT.          40 Arten

**1** Bl 3zählig. B in lg gestielten Trauben. Kr etwa 15 mm ∅, rötlichweiß. SumpfPfl.
                                                        **Fieberklee** – *Menyanthes* S. 404
**1\*** Bl fast kreisfg, mit herzfg Grund, schwimmend. B zu 2–5 achselständig. Kr 25–35 mm ∅, gelb. SchwimmPfl.
                                                        **Seekanne** – *Nymphoides* S. 405

**Fieberklee** – *Menyanthes* L.                                                  1 Art

Sprosse kriechend. Bl gestielt, Blchen elliptisch bis verkehrteifg, sehr bitter schmeckend. (Abb. **405**/2a,b). 0,15–0,30. ⚇ KriechTr 5–6. **W. Z** s Teichränder; früher HeilPfl; ⚘ ∨ Kaltkeimer ○ ◑ ≈≈ ⊖ (warmgemäß. bis kühles Eur., As. u. N-Am.: zeitweilig überflute-

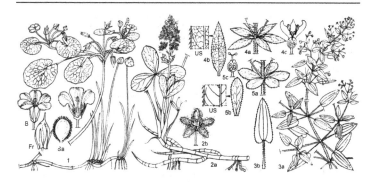

te, mesotrophe Flach- u. Quellmoore, Schwingrasen, Verlandungszeiger am Rand stehender Gewässer – ▽).                    **Fieberklee, Bitterklee** – *M. trifoliata* L.

**Seekanne** – *Nymphoides* SÉG. [*Limnanthemum* S. G. GMEL.]                    20 Arten
SchwimmBl rundlich-herzfg, useits drüsig punktiert. Sa strahlig-gewimpert (Abb. **405**/1). 0,80–1,50. ⌣ AuslRhiz 7–8. **W. Z** s Gartenteiche; ⚘ ⚘ Lichtkeimer ○ ≈≈ (warmgemäß. bis gemäß. Eur. u. As.: stehende u. langsam fließende, nährstoffreiche, sommerwarme Gewässer – ▽).                    **Seekanne** – *N. peltata* (S. G. GMEL.) O. KUNTZE

## Familie **Enziangewächse** – *Gentianaceae* JUSS.                    1225 Arten

1   KBl useits gekielt (Pfl nur als Schnittblume im Handel). (Abb. **409**/2).
                    **Prärieenzian** – *Eustoma* S. 411
1*  KBl useits nicht gekielt . . . . . . . . . . . . . . . . . . . . . . . . . . . . . . . . . . . . . . . . . . . **2**
2   KrBl 6–12, gelb . . . . . . . . . . . . . . . . . . . . . . . . . . . . . . . . . . . . . . . . . . . . . . **3**
2*  KrBl 4–5, blau, weiß od. purpurn, selten gelb . . . . . . . . . . . . . . . . . . . . . . . . . . **4**
3   EinjahrsPfl mit dünner Primärwurzel. Bl < 2 cm br. K radiär, 6–12teilig. KZipfel linealisch bis lineal-lanzettlich. (Abb. **406**/1).                    **Bitterling** – *Blackstonia* S. 406
3*  Rübenstaude. Bl > 3 cm br. K dorsiventral, einseitig geteilt, scheidenartig (Abb. **409**/3c).
                    **Gelber Enzian** – *Gentiana lutea* S. 411
4   (2) Kr bis fast zum Grund geteilt. KrRöhre sehr kurz. Grund der KrZipfel oseits mit 2 gefransten Nektarien.                    **Tarant** – *Swertia* S. 411
4*  Kr gelappt bis gespalten. KrRöhre lg. Grund der KrZipfel oseits ohne Nektarien . . .   **5**
5   B am Grund des FrKn ohne Nektarien. Kr ohne Faltenlappen zwischen ihren Zipfeln, meist rosa-purpurn.                    **Tausendgüldenkraut** – *Centaurium* S. 405
5*  B am Grund des FrKn mit Nektarien. Kr oft mit Faltenlappen zwischen ihren Zipfeln (Abb. **409**/3a), meist blau, purpurn od. weiß, selten gelb.                    **Enzian** – *Gentiana* S. 406

**Tausendgüldenkraut** – *Centaurium* HILL [*Erythraea* BORKH.]                    20 Arten
1   Pfl ausdauernd, mit blühenden u. ∞ nichtblühenden, niederliegenden Stg. Bl der nichtblühenden Stg gestielt. Bis 0,30. ⌣ 7–9. **Z** s △ Moorbeete; ⚘ ◐ Dränage, Moor- u. lehmige Rasenerde ∧ (Küsten im warmgemäß. bis gemäß. W-Eur.: steile Hänge, Felsen, Schluchten, 0–1000 m).                    **Ausdauerndes T.** – *C. scilloides* (L. f.) SAMP.
1*  Pfl ein- od. zweijährig, nur mit blühenden Stg. Bl alle sitzend . . . . . . . . . . . . . . . .   **2**
2   StgBl meist 1nervig. RosettenBl 1–3nervig, < 6 mm br. K so lg wie die KrRöhre. 0,03–0,10.
    ☉ ☉ 7–9. **Z** s △; ⚘ ◐ Dränage, Moor- u. lehmige Rasenerde (N-Port., Span. u. Frankr.:

Küstenfelsen, Küstensandfluren). [*C. chloodes* (BROT.) GREN. et GODR.]

**Gedrängtes T.** – *C. confertum* (PERS.) DRUCE

2* StgBl meist 3nervig. RosettenBl 3–7nervig, >8 mm br. K ¹/₂–³/₄ so lg wie die KrRöhre, selten länger. 0,10–0,50. ☉ ①? 7–9. **W. N** s Felder (kleinflächig), HeilPfl; **Z** s Schotter-fluren im △, Heidebeete; Ⅴ Lichtkeimer ○ Dränage, lehmige Rasenerde (warmes bis gemäß. Eur., W-As.: wechselfrische bis mäßig trockne Waldränder u. Waldschläge, Halbtrockenrasen, (mäßig) kalkhold – mehrere Unterarten). [*C. umbellatum* GILIB., *Erythraea centaurium* auct., *C. minus* auct.] **Echtes T.** – *C. erythraea* RAFN

**Bitterling, Bitterenzian** – *Blackstonia* HUDS. [*Chlora* ADANS.] 5 Arten

Pfl mit wohlentwickelter BlRosette. Obere StgBl eifg-dreieckig, am Grund paarweis mit-einander verwachsen. KZipfel linealisch, etwas kürzer als die Kr. KrBl 6–8, goldgelb (Abb. **406**/1). 0,15–0,40. ① 6–8. **W. Z** s Schotterfluren im △; ○ Dränage ⊕ (Medit., W-Eur.: lückige Halbtrockenrasen, wechselfeuchte, lehmige bis tonige Ruderalstellen (Wegränder), kalkhold – mehrere Unterarten). [*Chlora perfoliata* L.]

**Durchwachsenblättriger B.** – *B. perfoliata* (L.) HUDS.

**Enzian** – *Gentiana* L. 361 Arten

Lit.: HALDA, J. J. 1996: The genus *Gentiana*. Nové Město n. Metují. – HO, T., LIU, S. 2001: A worldwide monograph of *Gentiana*. Beijing, New York. – KÖHLEIN, F. 1986: Enziane und Glockenblumen. Stutt-gart. – LONG, D. S. 1995: *Gentiana* L. In: Flora of China. Beijing, St. Louis. Bd. **16**: 15–98.

Bem.: Zu Abb. **409**/3a: Faltenlappen (Plicae): zwischen den KrZipfeln auftretende Segmente.

1 BStg einblütig. B endständig . . . . . . . . . . . . . . . . . . . . . . . . . . . . . . . . . . . . . . . 2
1* BStg wenig- od. ∞blütig. B end- od. end- u. seitenständig . . . . . . . . . . . . . . . . . . . 13
2 StgBl wirtelig, zu 3–5 . . . . . . . . . . . . . . . . . . . . . . . . . . . . . . . . . . . . . . . . . . . . . 3
2* StgBl gegenständig . . . . . . . . . . . . . . . . . . . . . . . . . . . . . . . . . . . . . . . . . . . . . . . 4
3 StgBl in 3zähligen Wirteln; obere StgBl 8–17 × 1,5–2 mm, lineal-lanzettlich bis linealisch. Kr blau, mit dunkelblauen Streifen. Faltenlappen 2–2,5 mm lg, am Rand fein gezähnt. 0,04–0,10. ⒩ 4–5. **Z** s △ Moorbeete; Ⅴ ○ ≈ Gärten besonders im Gebirge (China: NW-Yunnan: Flussufer, nasse Wiesen, 3000–4000 m – einige Sorten).

**Dreiblättriger E.** – *G. ternifolia* FRANCH.

3* StgBl in 3–5zähligen Wirteln; obere StgBl 30–40 × 1,5 mm, linealisch. KrRöhre bräun-lichgrün, innen gelblich mit grünen Flecken; KrZipfel blau. Faltenlappen 5–8 mm lg, am Rand gefranst. 0,15–0,35. ⒩ 8–9. **Z** s △; Ⅴ Kaltkeimer ○ (Kauk.: Armenien, Georgien: Kalkfelsen, 500–1500 m). **Seltsamer E.** – *G. paradoxa* ALBOV

4 Narbenlappen meist linealisch, frei; wenn Narbenlappen selten fast kreisfg, dann FrKnStiel bis 35 mm lg (*G. ornata*) . . . . . . . . . . . . . . . . . . . . . . . . . . . . . . . . . . . . 5
4* Narbenlappen kreis-, halbkreis- od. nierenfg, miteinander verwachsen od. sich berüh-rend, scheiben- bis trichterfg. FrKn sitzend od. FrKnStiel <15 mm lg . . . . . . . . . . 7

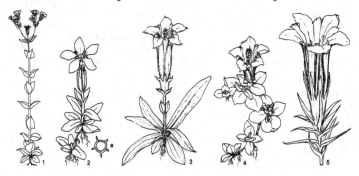

**5** Rosetten od. verkürzte nichtblühende Triebe zur BZeit gut entwickelt, ihre Bl meist deutlich länger als die StgBl. B nicht gestielt. Kr glockenfg, am Schlund etwas zusammengezogen, mit Längsstreifen. KrRöhre 26–33 mm lg. KrZipfel 4–6 mm lg. 0,04–0,10. ⚁
8–9. Z s △; V ⋎⋎ ○ ● Boden humos, Dränage ⊖, heikel (O-Nepal, Sikkim, N-Myanmar, China: S-Tibet: alp. steinige Matten, 3300–5500 m – um 1850).
Schmuck-E. – *G. ornata* (WALL. ex G. DON) GRISEB.

**5\*** Rosetten od. verkürzte nichtblühende Triebe zur BZeit schwach entwickelt, ihre Bl nicht länger als die StgBl. B nicht gestielt od. gestielt. Kr trichterfg. KrRöhre 40–65 mm lg. KrZipfel 7–10 mm lg .............................................................. **6**

**6** B über dem obersten BlPaar deutlich gestielt. StgBl 1,8–4 cm × 1,5–3 mm, linealisch. Bis 0,10. ⚁ 8–9. Z s △; V ⋎ ⋎⋎ ○ ≈ ⊖, heikel (var. *lawrencii*: China: O-Tibet, W-Sichuan, Quinghai, SW-Gansu: alp. Matten, Gebüsche, 2400–4600 m: KZipfel etwa so lg wie die KRöhre; **Wellensittich-E.** – var. *farreri* (BALF. f.) T. N. HO [*G. farreri* BALF. f.]: China: Gansu: alp. Wiesen: KZipfel etwa 1,5mal so lg wie die KRöhre – Sorte 'Alba': Kr weiß). **Lawrence-E.** – *G. lawrencii* BURKILL

**6\*** B über dem obersten BlPaar sitzend. StgBl 2–3 cm × 1,5–4 mm, lanzettlich (Abb. **406**/5). Bis 0,15. ⚁ 9–10. Z s △; V ⋎⋎ ◐ ○ schwach ≈ Boden lehmig-humos, Dränage ⊖ (f. *alba* (FORREST) MARQUAND: China: NW-Yunnan, SW-Sichuan: nasse Auwiesen, alp. Matten, 3600–4300 m: Kr weiß; var. *sino-ornata*: China: O-Tibet, NW-Yunnan, W-Sichuan: nasse Auwiesen, alp. Matten, Gebüsche, Wälder, 2800–4600 m: StgBl lanzettlich bis lineal-lanzettlich, Kr schmal bis trichterfg; var. *gloriosa* MARQUAND: China: SO-Tibet, NW-Yunnan, SW-Sichuan: nasse Auwiesen, alp. Matten, gebüschreiche Wiesen, 3000–4300 m: StgBl elliptisch-lanzettlich, Kr trichter-röhrenfg – ElternPfl von ∞ Hybr – ∞ Sorten: z. B. 'Bellatrix': Kr weiß mit blauen Tupfen; 'Blauer Zwerg': Pfl kurztriebig; 'Excelsior': Pfl großblütig; 'Pilatusgeist': Pfl reichblütig; auch Sorten mit gefüllten B – um 1910). **Chinesischer Herbst-E.** – *G. sino-ornata* BALF. f.

**7** (4) Kr stieltellerfg (Abb. **406**/2). Narbenlappen oseits papillös. Staubbeutel frei .... **8**

**7\*** Kr trichter-, glocken- od. röhren-glockenfg (Abb. **406**/3,4). Narbenlappen oseits gefranst. Staubbeutel zu einer Röhre verbunden .......................................... **10**

**8** Untere Bl ± gedrängt stehend, aber keine Rosette bildend, nicht größer als die spitzenwärts folgenden, stumpf, bis 10 mm lg, verkehrteifg bis spatelfg, zuweilen der ganze Stg dachzieglig beblättert. 0,04–0,20. ⚁ i kurze ⋏⋏ 7–8. **W.** Z s △; V Kaltkeimer ⋎⋎ vor heißer Sonne schützen ≈ ⊕, heikel (Alpen: alp. bis nivale schneefeuchte Steinschuttfluren, Schneetälchen, Lägerfluren, an Quellen, kalkhold, 1800–3600 m – ▽).
**Bayerischer E.** – *G. bavarica* L.

**8\*** Untere Bl rosettig, deutlich od. nur wenig größer als die StgBl, meist spitz, 4–30 mm lg .......................................................................... **9**

**9** RosettenBl 10–30 mm lg, 2–4mal so lg wie br, bedeutend größer als die StgBl, elliptisch bis lanzettlich. K etwa 1–2 mm br geflügelt (Abb. **406**/2a). 0,03–0,20. ⚁ i kurze ⋏⋏ 3–6(–8). **W.** Z s △ ⍟; V Kaltkeimer ⋎⋎ vor heißer Sonne schützen, mäßig ≈ Moorboden mit Kalkbröckchen, heikel (Alpen, Pyr., Irl., Balkan: mäßig trockne bis frische mont. bis subalp. Rasen u. Steinrasen, kalkstet – ▽). **Frühlings-E.** – *G. verna* L. s. str.

**9\*** RosettenBl 4–10 mm lg, 1–2 mal so lg wie br, nur wenig größer als die StgBl, rhombisch bis elliptisch. K ungeflügelt od. bis 0,5 mm br geflügelt. KrZipfel außen oft etwas grünlich. Bis 0,06(–0,15). ⚁ 7–8. **W.** Z s △ ⍟; V Kaltkeimer ⋎⋎ vor heißer Sonne schützen ≈ (Pyr., Alpen: Rasen, Felsen, Felsschutt, kalkarme, neutrale bis schwach saure Böden, 1800–3100(–4200) m – 2 Unterarten).
**Kurzblättriger E.** – *G. brachyphylla* VILL.

**10** (7) Kr innen ohne olivgrüne Flecken u. Längsstreifen. KZipfel am Grund am breitesten, niemals eingeschnürt (Abb. **409**/3e), zwischen ihnen keine od. nur eine kaum sichtbare Verbindungshaut, 2,5–3,5mal so lg wie br. RosettenBl 3–5 cm lg, 3–5mal so lg wie br. 0,05–0,10. ⚁ i kurze ⋏⋏ 4–8. **W.** Z z △ ⍟; V Kaltkeimer ⋎⋎ vor heißer Sonne schützen ≈ ⊕ (Alpen, Jura, Schwarzwald, Apuanische Alpen, Dinarische Gebirge: subalp.

bis hochmont. frische, tonige bis steinige Rasen, Quell- u. Wiesenmoore, kalkstet, meist >1000 m – ∞ Sorten – ▽).

**Kalk-Glocken-E., Clusius-E.** – *G. clusii* J. O. E. Perrier et Songeon

**10\*** Kr innen mit olivgrünen Längsstreifen. KZipfel gegen den Grund ± eingeschnürt (Abb. **409**/3d), oberhalb der deutlich sichtbaren weißen Verbindungshaut 1–2mal so lg wie br ................................................................. **11**

**11** RosettenBl 1–2,5 cm lg, 1,5–3mal so lg wie br, fast rund bis br elliptisch, kurz zugespitzt. Kr 30–40 mm lg (Abb. **406**/4). 0,04–0,07. ⹄ 6–8. **Z** s △ ⓐ; V ⤳ vor heißer Sonne schützen ≈ ⊖ (Pyr., Sierra Nevada, W- u. westl. Z-Alpen: alp. Matten, kalkarme Böden, 2000–2590 m). **Alpen-E.** – *G. alpina* Vill.

**11\*** RosettenBl bis 10 cm lg, 3–6mal so lg wie br, selten nur bis 3mal so lg wie br, stumpf od. spitz. Kr (35–)50–65(–70) mm lg ..................................... **12**

**12** KZipfel oberhalb der weißen Verbindungshaut fast so lg wie br, mit 1–2 mm lg feiner Spitze. RosettenBl bis 5,5(–10) cm lg, lanzettlich bis lineal-lanzettlich, 3–6mal so lg wie br (Abb. **406**/3). 0,05–0,10. ⹄ 5–8. **Z** s △ ⓐ; V Kaltkeimer ⤳ vor heißer Sonne schützen ≈ ⊕ (Pyr., SW-Alpen, Französischer Jura: subalp. u. alp. Matten, trockne, magere, kalkreiche Böden – einige Sorten – ▽). **Schmalblättriger E.** – *G. angustifolia* Vill.

**12\*** KZipfel oberhalb der weißen Verbindungshaut 1,5–2mal so lg wie br, mit kurzer Spitze od. stumpf (Abb. **409**/3d). RosettenBl bis 10(–15) cm lg, lanzettlich bis elliptisch, selten verkehrteifg, 1,5–3,5(–5)mal so lg wie br. 0,05–0,15. ⹄ i kurze ⤙ 6–8. **W. Z** s △ ⓐ; V Kaltkeimer ⤳ vor heißer Sonne schützen ≈ ⊖ (Pyr., Sierra Nevada, N-Apennin, Alpen, Karp., Dinarische Gebirge: subalp. u. alp. feuchte, humusreiche, lehmige saure Böden, 750–2800 m – Hybr mit ? *G. clusii*, *G. angustifolia*, *G. dinarica* G. Beck – ∞ Sorten, z. T. Hybr unter „*G. acaulis* hort. non L." zusammengefasst – ▽). [*G. kochiana* J. O. E. Perrier et Songeon, *G. excisa* W. D. J. Koch]

**Kiesel-Glocken-E., Koch-E.** – *G. acaulis* L.

**13** (1) StgGrund ohne LaubBlRosette, auch ohne einzelne GrundBl nur mit SchuppenBl (Abb. **408**/1,2) ..................................................... **14**

**13\*** StgGrund mit LaubBlRosette ............................................ **18**

**14** Faltenlappen länger als die KrZipfel (Abb. **409**/3a). BlRand gewimpert. Kr geschlossen, (25–)30–35(–45) mm lg, keulenfg. KrZipfel winzig. Staubbeutel zur BZeit verklebt. 0,10–1,20. ⹄ 8–10. **Z** s Staudenbeete, Naturgärten; V Kaltkeimer ☽ ≈ (warmes bis kühles östl. u. mittleres N-Am.: Sümpfe, feuchte Prärien, Wiesen, Waldsäume – 1776 – 2 Varietäten). **Andrews-E.** – *G. andrewsii* Griseb.

**14\*** Faltenlappen kürzer als die KrZipfel. BlRand nicht gewimpert. Kr offen .......... **15**

**15** Faltenlappen am Rand gefranst, 4–5 mm lg (Abb. **409**/3b). Kr (25–)40–50 mm lg, dunkelblau bis purpurn. KrZipfel 5–7 mm lg. Staubbeutel zur BZeit frei. (Abb. **409**/1). 0,05–0,30. ⹄ 8–9. **Z** z △ Rabatten; V Kaltkeimer ○ ☽ (Kauk. bis W-China: alpine Matten, lichte TannenW, nasse Orte, 1400–3300 m – 1804 – 3 Unterarten – einige Sorten). **Sommer-E.** – *G. septemfida* Pall.

**15\*** Faltenlappen am Rand ganz od. 2spaltig . . . . . . . . . . . . . . . . . . . . . . . . . . . . . . **16**
**16** Staubbeutel zur BZeit frei. StaubBl in der Mitte der KrRöhre ansetzend. Mittlere u. obere StgBl 1–3nervig, am Rand glatt. 0,35–0,80. ⌗ 8–9. **Z** s Gehölzgruppen, Sorten ⚥; ⋁ Kaltkeimer ◐ Boden humusreich ⊖ (O-Sibir., Fernost, Japan, Korea: Wiesen, Gebüsche, Wälder, Waldlichtungen – Hybr mit *G. makinoi* KUSN. – ∞ Sorten).
**Fernost-E.** – *G. triflora* PALL.

Ähnlich: **Scharfer E.** – *G. scabra* BUNGE: Mittlere u. obere StgBl 3–5nervig, am Rand rau. 0,30–0,60. ⌗ 5–11. **Z** s Gehölzgruppen; ⋁ ◐ ≃ (O-Sibir., Amur-Ussuri-Gebiet, Z- u. SO-China, Japan, Korea: Flussufer, feuchte Wiesen, Gebüsche, Wälder, Waldränder, 400–1700 m).

**16\*** Staubbeutel zur BZeit zu einer Röhre verklebt. StaubBl unter der Mitte der KrRöhre ansetzend . . . . . . . . . . . . . . . . . . . . . . . . . . . . . . . . . . . . . . . . . . . . . . . . **17**
**17** Bl eifg-lanzettlich, 2–5 cm br, lg zugespitzt, 5nervig. B ∞ in ährenartiger Rispe. KZipfel höchstens ¹/₂ so lg wie die KRöhre (Abb. **408**/1). (0,15–)0,30–0,80. ⌗ ⅄ 7–9. **W. Z** z Gehölzränder, Staudenbeete ⚥; ⋁ Kaltkeimer ◐ ≃ Humusboden (Alpen, Sudeten, Karp., Balkan, W-Kauk.: subalp. BergmischW, Hochstaudenfluren, wechselfeuchte Moorwiesen, kalkhold, 300–2200 m – 1629 – Sorte 'Alba': Kr weiß – ▽).
**Schwalbenwurz-E.** – *G. asclepiadea* L.
**17\*** Bl linealisch od. lanzettlich, <1 cm br, stumpf, 1nervig. B mehrere od. einzeln an der StgSpitze. KZipfel wenigstens so lg wie die KRöhre. (Abb. **408**/2). (0,05–)0,15–0,40. ⌗ Vertikal⅄ 7–9. **W. Z** s Moorbeete; ⋁ Licht-Kaltkeimer, Sa langlebig ○ ≃ Moorerde ⊖, heikel (warmgemäß. bis gemäß. Eur., W-As.: wechselfeuchte Moorwiesen, Magerrasen, feuchte Heiden, kalkmeidend, 200–3200 m – ▽). **Lungen-E.** – *G. pneumonanthe* L.
**18** (13) BStg aus den seitlichen, blattachselständigen Knospen sich bildend. StgGrund von einem dichten, aus Resten abgestorbener Bl hervorgegangenen Fasermantel umhüllt (Abb. **408**/4). Sa ungeflügelt . . . . . . . . . . . . . . . . . . . . . . . . . . . . . . . . . . . . . . . . **19**
**18\*** BStg aus der Endknospe der BlRosetten sich bildend. StgGrund nicht von einem Fasermantel umhüllt, höchstens von flächigen Resten abgestorbener Bl. Sa geflügelt (z. B. *G. lutea*: Abb. **409**/3f) . . . . . . . . . . . . . . . . . . . . . . . . . . . . . . . . . . . . . . . **27**
**19** KRöhre nicht od. kaum einseitig geschlitzt . . . . . . . . . . . . . . . . . . . . . . . . . . . . . . . **20**
**19\*** KRöhre >¹/₃ seiner Länge einseitig geschlitzt, scheidenartig (Abb. **408**/4a) . . . . . . **23**
**20** Kr gelb, 5zählig, (21–)25–30(–35) mm lg, röhrenfg bis röhren-trichterfg. KZipfel fast so lg wie die KRöhre. KapselFr 13–15 mm lg, auf 8–10 mm lg Stiel. RosettenBl (7–)15–20 × (1,5–)2–4,5 cm, eifg-elliptisch bis schmal elliptisch. 0,25–0,40. ⌗ 7–9. **W. Z** s △; ⋁ ⚘ ○ Boden lehmig (China: N-Xinjiang; SO-Kasachstan: Flussufer, subalp. u. alp. Matten, 2200–2750 m – 1884). **Walujew-E.** – *G. walujewii* REGEL et SCHMALH.
**20\*** Kr blau, 4- od. 5zählig . . . . . . . . . . . . . . . . . . . . . . . . . . . . . . . . . . . . . . . . . . . **21**
**21** Kr meist 4zählig, 20–25(–35) mm lg, krug- bis röhrenfg, außen hellblau od. grünlich, innen blau. KapselFr 15–18 mm lg, sitzend. RosettenBl 3–8 × (1–)1,5–2,5 cm, schmal elliptisch bis länglich-lanzettlich. (0,15–)0,20–0,50(–0,70). ⌗ Pfahlwurzel 7–8. **Z** z △; ⋁

♈ ○ Boden lehmig, Dränage ⊕ (subsp. *cruciata*: warmgemäß. bis gemäß. Eur., W-As.: Halbtrockenrasen, KiefernW, TrockenW u. ihre Säume, kalkstet: KRöhre 4–7 mm lg, KZipfel 1–2 mm lg, zahnfg, Kr etwa 3mal so lg wie der K; subsp. *phlogifolia* (SCHOTT et KOTSCHY) TUTIN (Abb. **408**/3): O- u. S-Karp.: alp. Matten, kalkstet, 1400–2250 m: KRöhre 7–9 mm lg, KZipfel 6–8 mm lg, linealisch bis lineal-lanzettlich. Kr etwa 2mal so lg wie der K – ▽).                                         **Kreuz-E.** – *G. cruciata* L.

**21*** Kr meist 5zählig . . . . . . . . . . . . . . . . . . . . . . . . . . . . . . . . . . . . . . . . . . . . **22**
**22** B end- u. blattachselständig, gestielt. KRöhre 7–10 mm lg. Kr 25–45 mm lg. KapselFr 23–30 mm lg, sitzend. RosettenBl 5–15 × 0,8–1,4 cm, elliptisch-lanzettlich bis lineal-elliptisch. 0,10–0,25. ♃ 4–7. **Z** z △; ♈ ♈ ○ Boden lehmig, Dränage (var. *dahurica* [*G. gracilipes* TURRILL]: O-Sibir., Mong., Tibet, N-China: Fluss- u. Seeufer, Steppen, Straßenränder, 800–4500 m – 1815: BStände ∞blütig, Kr 35–45 mm, trichter- bis röhrenfg; var. *campanulata* T. N. HO: China: NW-Sichuan: alp. Matten, Gebüsche, 4200–4400 m: BStände 2–3blütig, Kr 25–32(–45 mm) lg, glockenfg – 1815).
                                         **Daurischer E.** – *G. dahurica* FISCH.
**22*** B alle endständig gehäuft, sitzend. KRöhre 4–6 mm lg. Kr 23–26 mm lg. KapselFr 14–17 mm lg, sitzend. RosettenBl 4–14 × 0,8–1(–2,5) cm lg, linealisch. 0,10–0,25. ♃ 7–9. **Z** s △; ♈ ○ schwach ≃ ⊖ (China: NW-Sichuan, Quinghai, Gansu: Flussufer, Steppen, alp. Matten, Gebüsche, 1800–4500 m).
                                  **Röhrenblütiger E.** – *G. siphonantha* MAXIM. ex KUSN.
**23** **(19)** B meist 4zählig. Stg mit 8–13 BlPaaren.                **Kreuz-E.** – *G. cruciata*, s. **21**
**23*** B meist 5zählig. Stg mit 3–6 BlPaaren . . . . . . . . . . . . . . . . . . . . . . . . . . . . . . . . . **24**
**24** Länge der StgBl gegen die StgSpitze zunehmend. Obere StgBl 3–5,5 cm br. Kr innen gelb od. gelbgrün, (26–)30–32 mm lg. KrZipfel außen purpurbraun getönt. B ∞, endständig. 0,40–0,50. ♃ 5–7. **Z** s △; Staudenbeete; ♈ ♈ ○ Boden lehmig, Dränage (Himal.: Waldsäume, Straßenränder, 2100–4500 m – 1883).        **Tibet-E.** – *G. tibetica* KING
**24*** Länge der StgBl gegen die StgSpitze abnehmend. Obere StgBl 0,7–2(–3) cm br. Kr meist blau od. purpurn . . . . . . . . . . . . . . . . . . . . . . . . . . . . . . . . . . . . . . . . . . . . **25**
**25** Kr 18–22(–28) mm lg, krugfg od. röhrenfg, mit blau-purpurnem Saum u. hellgelbem Grund. RosettenBl meist elliptisch-lanzettlich bis eifg-elliptisch, 20–60 mm br. B ∞, endständig. KapselFr 15–17 mm lg, kurz gestielt. 0,30–0,60. ♃ 7–10. **Z** s △ Staudenbeete; ♈ ♈ ○ Boden lehmig, Dränage (var. *macrophylla*: N-China, Mong., W- u. O-Sibir., Amurgebiet: Flussufer, Grashänge, feuchte Wiesen, Wälder, Waldränder, 400–2400 m: K etwa ¹/₃ so lg wie die Kr, Kr 18–20 mm lg, krugfg; var. *fetissowii* (REGEL et WINKLER) MA et K. C. HSIA [*G. wutaiensis* MARQUAND]: N-China, Kasachstan, W-Sibir., Altai: Flussufer, Grashänge, 600–3700 m: K ¹/₂ mal so lg wie die Kr, Kr 20–25(–28) mm lg, röhrenfg).                              **Großblättriger E.** – *G. macrophylla* PALLAS
**25*** Kr (23–)30–36 mm lg, röhren-glockenfg, dunkelblau. RosettenBl linealisch, lineal-lanzettlich bis lineal-elliptisch, 4–18 mm br . . . . . . . . . . . . . . . . . . . . . . . . . . . . . . **26**
**26** B end- u. blattachselständig, sitzend bis kurzstielig. KRöhre 10–15 mm lg. KZipfel 1–5; 0,5–1 mm lg. Kr 30–35 mm lg. KapselFr 20–25 mm lg, mit bis 22 mm lg Stiel. (Abb. **408**/4). 0,15–0,45. ♃ 7–8. **Z** s △; ♈ ○ (O-Eur., W- u. O-Sibir., Z-As.: Steppen, alp. Matten, Waldlichtungen, feuchte Orte, 1200–2700 m – 1803). [*G. adscendens* F. W. SCHMIDT]                                 **Schmalblättriger E.** – *G. decumbens* L. f.
**26*** B alle endständig gehäuft, sitzend. KRöhre 4–6 mm lg. KZipfel 5; 1–3,5 mm lg. Kr 23–26 mm lg. KapselFr 14–17 mm lg, sitzend. 0,10–0,25.
                                  **Röhrenblütiger E.** – *G. siphonantha*, s. **22***
**27** **(18)** B gestielt. Kr bis fast zum Grund in linealische Zipfel geteilt, radfg, goldgelb, selten rötlich. K einseitig geschlitzt (Abb. **409**/3c). KZipfel 2–5, oft ungleich, 1,2–3 mm lg. 0,50–1,40. ♃ Rübe 6–8. **W**. **Z** s △; **N** s HeilPfl, für Kräuterschnäpse; ♈ Licht-Kaltkeimer ○ ≃ Boden humos, Dränage ⊕ (subsp. *lutea*: Alpen, Apennin, Gebirge in N-Span. u. S-Frankr.: hochmont. bis subalp. Rasen u. Hochgrasfluren, lichte KiefernW, in tieferen Lagen auch Halbtrockenrasen u. Trockenwaldsäume, basenhold, 350–2500 m: Staubbeutel frei, Narbenlappen nach der BZeit gedreht; subsp. *symphyandra* (MURB.)

HAYEK: balkanische Gebirge, Türkei: subalp. Matten u. Wälder, Krummholzbestände, 1500–1700 m: Staubbeutel zu einer Röhre verklebt, Narbenlappen nach der BZeit aufrecht bis spreizend – Hybr mit *G. pannonica*: *G.* × *laengstii* HAUSM. – ▽). **Gelber E. – *G. lutea* L.**

27* B sitzend. Kr weitröhrig-glockig od. trichterfg, höchstens bis zur Hälfte in eifg Zipfel gespalten, purpurn, blassgelb mit braunen Punkten ......................... **28**

28 K einseitig bis zum Grund geteilt, 2spaltig ............................. **29**

28* K mit 5–8 fast gleichen Zipfeln ........................................ **30**

29 Kr außen purpurn, innen gelblich, 15–25 mm lg. B zu wenigen endständig gehäuft, zuweilen auch blattachselständig. Staubbeutel zur BZeit frei. 0,25–0,60. ♃ PleiokRübe 7–8. **W. Z** s △; HeilPfl; Ⅴ Kaltkeimer ○ Boden humos ⊝, heikel (Alpen, N-lt., S-Norw.: subalp. bis alp. frische Magerrasen u. Hochstaudenfluren, kalkmeidend – Hybr mit *G. punctata*: *G.* × *spuria* LEBERT – ▽). **Purpur-E. – *G. purpurea* L.**

29* Kr gelb, oft mit braunen Punkten, bis 40 mm lg. B zu ∞ endständig gehäuft u. blattachselständig. Staubbeutel zur BZeit zu einer Röhre verklebt. 0,20–0,60. ♃ 6–9. **Z** s △; Ⅴ ○ ☾ ≈ Boden humos (subsp. *burseri*: Pyr.: Matten, lichte Wälder, 1100–2250 m: KZipfel spitz, Faltenlappen dreieckig, spitz; subsp. *villarsii* (GRISEB.) ROUY: SW-Alpen: Matten, lichte Wälder, 700–2000 m: KrZipfel stumpf od. fast spitz, Faltenlappen gestutzt). **Burser-E. – *G. burseri* LAPEYR.**

30 **(28)** Kr trüb- od. bräunlichpurpurn, schwarzrot punktiert, selten weiß, 45–50 mm lg. KZipfel zurückgekrümmt. 0,20–0,60. ♃ PleiokRübe 7–8. **W. Z** s △; HeilPfl; Ⅴ Licht-Kaltkeimer ○ ≈ Boden humos, heikel (O-Alpen: subalp. bis alp. frische Magerrasen – ▽). **Ungarn-E., Ostalpen-E. – *G. pannonica* SCOP.**

30* Kr blassgelb, schwarzpurpurn punktiert, (14–)20–30(–35) mm lg. KZipfel aufrecht. 0,20–0,60. ♃ PleiokRübe 7–8. **Z** s △; Ⅴ Licht-Kaltkeimer ○ ≈, heikel (Alpen, NW-Balkan: subalp. bis alp. frische Magerrasen, Zwergstrauchheiden – ▽). **Tüpfel-E. – *G. punctata* L.**

**Tarant – *Swertia* L.** 50 Arten

GrundBl eifg bis elliptisch. StgBl sitzend, eifg bis lanzettlich. B (4–)5zählig, radfg. KrZipfel 10–16 mm lg, stahlblau bis schmutzigviolett, selten gelblich, am Grund jeweils mit 2 gefransten Nektarien. 0,15–0,50. ♃ ⅄ 6–8. **W. Z** s Moorbeete; Ⅴ Licht- u. Kaltkeimer ⅴ ○ ☾ ≈ ⊕ (warmgemäß. bis gemäß. Eur.: sickernasse Flach- u. Quellmoore, Feuchtwiesen, kalkhold – 2 Unterarten – ▽). **Blauer T. – *S. perennis* L.**

**Prärieenzian, Tulpenenzian – *Eustoma* SALISB.** 3 Arten

Pfl mit einem bis wenigen Stg. Bl eifg, elliptisch bis linealisch, 1,5–7,5 × 0,3–5 cm, 3–5-nervig, graugrün. KZipfel lineal-lanzettlich, gekielt. Kr 5–6 cm lg, ihre Zipfel elliptisch bis verkehrteifg, ihre Röhre kurz. (Abb. **409**/2). 0,25–0,60. ☉ ⊙ 7–8. **Z** s in warmen u. geschützten Lagen Freiland-Beetkultur evtl. möglich ⚥; ▭ ○ Dränage, Boden neutral bis ⊕ ⊛ (USA: Nebraska, Kansas, Colorado, New-Mex., Texas: Wiesen, Feuchtstandorte in Prärien – 1804 – einige Sorten: B einfach od. gefüllt; Kr blau, rosa, lachsfarben, weiß, weiß mit blauem Rand, mit tiefroter od. hellgelber Mitte). [*E. russelianum* (HOOK.) SWEET, *Lisianthus russelianus* HOOK.] **Prärieenzian, Tulpenenzian – *E. grandiflorum* (RAF. ) SHINNERS**

## Familie **Hundsgiftgewächse** – *Apocynaceae* JUSS. 1900 Arten

1 Bl wechselständig. **Blaustern – *Amsonia* S. 412**

1* Bl gegenständig od. quirlig ........................................ **2**

2 B einzeln in den Achseln von Bl. **Immergrün – *Vinca* S. 412**

2* B zu mehreren bis vielen in end- od. blattachselständigen BStänden ...... **3**

3 Gehölz. Bl oft quirlig (3–4), immergrün. **Oleander – *Nerium* S. 412**

3* Staude. Bl gegenständig, sommergrün. **Hundsgift – *Apocynum* S. 412**

**Blaustern** – *Amsonia* WALT.                                          20 Arten

1  BlRand meist kahl. Rand der KZipfel kahl. KrRöhre 6–8(–10) mm lg, außen feinhaarig.
   Balgähnliche TeilFr (7–)8–12 cm lg. 0,30–1,00. ⨃ 6–7. **Z** s Staudenbeete; ∨ ♈ ◐ ○ ≈,
   giftig (östl. N-Am.: feuchte Wälder, Flussufer – 1759).
                                                   **Amerikanischer B.** – *A. tabernaemontana* WALTER
1* BlRand junger Bl oft mit abspreizenden Haaren. Rand der KZipfel oft gewimpert (Abb.
   **412**/2b). KrRöhre 10–12(–15) mm lg, außen kahl (Abb. **412**/2c,d). Balgähnliche TeilFr
   3,5–5(–8) cm lg (Abb. **412**/2a). 0,30–0,60. ⨃ 6–8. **Z** s △; ∨ ♈ ○ Dränage, giftig
   (Griech., NW-Türkei: winterfeuchte Standorte in Meeresnähe). [*Rhazya orientalis*
   (DECNE.) A. DC.]                               **Orientalischer B.** – *A. orientalis* DECNE.


**Immergrün, Singrün** – *Vinca* L.                                         7 Arten

1  Stg u. Bl im Winter absterbend. BlRand fein gewimpert. 0,10–0,30. ⨃ 5–6. **Z** s Stauden-
   beete △; ∨ ♈ ○ ◐, giftig (SO-Eur., Ukr., O-Medit., N-Iran, Türkei: lichte Wälder, steini-
   ge sonnige Abhänge – 1816).                          **Krautiges I.** – *V. herbacea* WALDST. et KIT.
1* Stg den Winter überdauernd. Bl immergrün  . . . . . . . . . . . . . . . . . . . . . . . . . . . . .  **2**
2  Bl lanzettlich bis elliptisch, 5–30 mm br, am Rand kahl. KrRöhre 9–11 mm lg. KrSaum
   25–30 mm ⌀. 0,15–0,20. Staudenstrauch i ↝↝ 4–5. **W. Z** v Gehölzgruppen, schattige
   Rabatten, Gräber □; ♈ ◐ ● ○, giftig (warmgemäß. W- u. M-Eur., Archaeophyt im ge-
   mäß. Eur.: frische LaubmischW, nährstoffanspruchsvoll – kult seit Mittelalter – ∞ Sor-
   ten: Bl einfarbig grün, weiß- od. gelbbunt, Kr weiß, blau, purpurn, rot od. rosa, einfach
   od. gefüllt).                                                          **Kleines I.** – *V. minor* L.
2* Bl herz- bis eifg, 20–60 mm br, am Rand fein gewimpert. KrRöhre 12–15 mm lg.
   KrSaum 30–50 mm ⌀. 0,15–0,50. Staudenstrauch i Bogentriebe 4–6. **W. Z** z Gehölz-
   gruppen □; ♈ ◐ ● ○ ∧, giftig (subsp. *major*. W- u. Z-Medit.: LaubW, schattige Ge-
   büsche, verw. im gemäß. W- u. M-Eur.; subsp. *hirsuta* (BOISS.) STEARN: westl. Trans-
   kauk.: felsige LaubW, Gebüsche – einige Sorten: Bl gelb geadert, weiß od. gelb geran-
   det od. gescheckt).                                                    **Großes I.** – *V. major* L.


**Oleander** – *Nerium* L.                                                   1 Art

Bl linealisch bis lanzettlich, spitz. Kr 3–6 cm ⌀. KrSchlund mit 5 gezähnten od. zer-
schlitzten Anhängseln (Abb. **412**/1a). Staubbeutel in eine fadenfg behaarte Spitze aus-
laufend (Abb. **412**/1b). 1,00–3,00. ♄ i 6–10. **Z** z Kübel; ↷ ∨ ○, im Sommer ≈, B emp-
findlich gegen Regen ⊛, giftig (Medit.: Flussufer, Flussschotterfluren – vor 1550 – 400
Sorten: Bl grün, gelb- od. weißbunt, B einfach od. gefüllt, weiß, rosa, hellrot, dunkelrot,
purpurn, gelb od. orange, duftlos od. duftend).              **Gewöhnlicher O.** – *N. oleander* L.


**Hundsgift** – *Apocynum* L.                                                12 Arten

Lit.: WOODSON, R. E. 1930: Studies in *Apocynaceae* I. Ann. Miss. Bot. Garden **17**: 1–213.

1  Kr rosa od. weiß mit rosa Streifen, 5–12 mm lg. KrZipfel zur BZeit spreizend od. zurück-
   gebogen. K viel kürzer als die KrRöhre (Abb. **412**/4). 0,50–1,50. ⨃ 6–9. **Z** s Stauden-

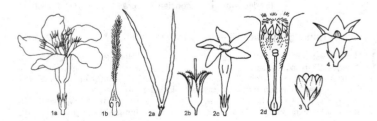

beete; V 🜨 ○ ☾, giftig (USA: lichte NadelW, Waldränder, Gebüsche, Straßenränder, Felder – 1683). **Spreizendes H.** – *A. androsaemifolium* L.
1* Kr weiß od. grünlich, 2,5–6 mm lg. KrZipfel zur BZeit (fast) aufrecht. K etwa so lg wie die KrRöhre (Abb. **412**/3). 0,80–1,80. ⚄ 6–9. **Z** s Staudenbeete; V 🜨 ○ ☾, giftig (südl. Kanada, USA, N-Mex.: Waldränder, kiesige u. felsige Ufer, Felder).
**Hanf-H., Indianerhanf** – *A. cannabinum* L.

## Familie **Seidenpflanzengewächse** – *Asclepiadaceae* Borkh.

2900 Arten

1 Strauch od. Halbstrauch ........................................... **2**
1* Staude od. EinjahrsPfl ............................................. **3**
2 Strauch windend. B innen violettbraun od. braun, außen gelblichgrün.
**Baumschlinge** – *Periploca* S. 413
2* Strauch od. Halbstrauch, nicht windend. B weiß od. rot mit gelb od. orange. Pollen zu Pollinien vereint (Pollinium = Vereinigung der Pollenkörner einer Staubbeutelhälfte) (Abb. **413**/1b). **Seidenpflanze** – *Asclepias* S. 413
3 **(1)** KrZipfel zur BZeit abstehend. B radfg. **Schwalbenwurz** – *Vincetoxicum* S. 414
3* KrZipfel zur BZeit zurückgebogen (Abb. **413**/1a). **Seidenpflanze** – *Asclepias* S. 413

**Baumschlinge** – *Periploca* L. 11 Arten

Bl elliptisch bis lanzettlich, 4–12 cm lg, 2,5–5 cm br, oseits dunkelgrün u. glänzend. Kr 2 cm ∅. KrZipfel ausgebreitet, innen violettbraun od. braun, außen gelblichgrün. Bis 15 m. ♄ ⚥ 7–8. **Z** s Spaliere; V ⋏⋏ ○ ∧, giftig (Kolchis, Türkei, Balkan, Ital.: luftfeuchte sommergrüne Wälder, Flussufer – 1597). **Griechische B.** – *P. graeca* L.

**Seidenpflanze** – *Asclepias* L. 100 Arten

Bem.: zu Abb. **413**/1a+c,2,3a: **NKr** – Nebenkronsegment.

1 Strauch od. Halbstrauch ........................................... **2**
1* Staude od. EinjahrsPfl ............................................. **3**
2 Kr weiß. Fr aufgeblasen, FrOberfläche weichdornig (Abb. **413**/5). Bl gegenständig od. quirlig, obere zuweilen wechselständig, lineal-lanzettlich, 2–10 cm lg. 1,00–2,00. ♄ 6–7. **Z** s Kübel, Sommerrabatten ⚘ ; V ○ ⊛, giftig (S-Afr.: feuchte Orte, offne Böden; verw. in S-Eur., Austr., S- u. M-Am.). [*Gomphocarpus fruticosus* (L.) Aiton]
**Strauchige S.** – *A. fruticosa* L.
2* Kr purpurn od. rot, NebenKr gelb od. orange. Fr nicht aufgeblasen, FrOberfläche glatt.
**Curacao-S.** – *A. curassavica*, s. 5*
3 **(1)** Saft des Stg klar, nicht milchfarben. Bl überwiegend wechselständig, in einigen Bereichen auch gegenständig, sitzend od. fast sitzend. Kr orange, bisweilen rot od. gelb. FrStiele herabgebogen. Fr bis 12 cm lg. 0,30–1,00. ⚄ 6–8. **Z** z Staudenbeete ⚥; V ○ ~ ∧, giftig (östl. N-Am.: Prärien, trockne Felder – 1669).
**Knollige S.** – *A. tuberosa* L.

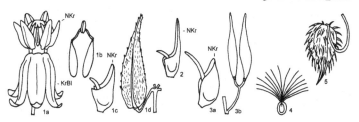

**3\*** Saft des Stg milchfarben. Bl alle gegenständig od. quirlig, ± gestielt ........... **4**
**4** NebenKrSegmente von ihren Hörnchen überragt (Abb. **413**/3a). FrStiele aufrecht, FrOberfläche glatt (Abb. **413**/3b), kahl od. schwach behaart .................. **5**
**4\*** NebenKrSegmente länger als ihre Hörnchen (Abb. **413**/1c,2). FrStiele abwärtsgebogen, FrOberfläche weichdornig (Abb. **413**/1d). ................................ **6**
**5** Kr u. NebenKr rosa bis rosapurpurn, selten weiß (Abb. **413**/3a). KrZipfel 3–4(–5) mm lg. 0,30–1,50. ♃ 6–9. **Z** s Staudenbeete; ∨ ✶ ◐, giftig (östl. N-Am.: Sümpfe, Gräben, Seeufer – 1710). **Sumpf-S. –** *A. incarnata* L.
**5\*** Kr purpurn od. rot, NebenKr gelb od. orange. KrZipfel 5–10 mm lg. 0,30–1,20. ♄ ♄ i, oft kult ☉ 6–9. **Z** z Kübel; HeilPfl in China; ∨ ○ ⑧, giftig (subtrop. u. trop. Am.: feuchte Orte, offne Böden; verw. in S-Span., Marokko, Austr. u. in den altweltl. Tropen u. Subtropen – 1665). **Curacao-S. –** *A. curassavica* L.
**6** (4) NebenKrSegmente 10–15 mm lg, lanzettlich (Abb. **413**/2). Kr rosapurpurn. 0,80–2,00. ♃ 6–8. **Z** s Staudenbeete ⚭; ∨ ✶ ○, giftig (westl. N-Am.: Prärien, Espen-EichenW, Ufer, feuchte Wiesen – 1846). **Ansehnliche S. –** *A. speciosa* L.
**6\*** NebenKrSegmente 3–5 mm lg, länglich-eifg (Abb. **413**/1c). Kr purpurweiß od. grünlich. 1,00–2,00. ♃ **W.** **Z** s Staudenbeete ⚭; ○ Polstermaterial (SaHaare, Abb. **413**/4); ∨ ✶ ○, giftig (östl. N-Am.: Felder, Wiesen, Wegränder; verw. in Eur. – 1629). [*A. cornuti* DECNE.] **Gewöhnliche S. –** *A. syriaca* L.

**Schwalbenwurz –** *Vincetoxicum* WOLF                          15 Arten

**1** Kr dunkelpurpurn. KrZipfel oseits mit geraden Haaren. Stg oft windend. 0,40–1,20. ♃ ⚏ 5–8. **Z** s Gehölzgruppen, Spaliere; ∨ ○ ◐, giftig (SW-Eur.: Gebüsche, steinige Orte, Flussufer). [*Cynanchum nigrum* (L.) PERS. non CAV.]
**Schwarze Sch. –** *V. nigrum* (L.) MOENCH
**1\*** Kr weiß od. gelb. KrZipfel oseits mit gebogenen Haaren. Stg nicht od. nur zuweilen windend. 0,30–1,20. ♃ Pleiok 5–8. **W.** **Z** s Naturgärten; ∨ ✶ ○ ◐ ⊕, giftig (warmes bis gemäß. Eur. u. W-As.: Trockengebüsche, TrockenW u. ihre Säume, Schotterfluren, basenhold). [*V. officinale* MOENCH, *Cynanchum vincetoxicum* (L.) PERS.]
**Weiße Sch. –** *V. hirundinaria* MEDIK.

## Familie **Rötegewächse** – *Rubiaceae* JUSS.                          10 200 Arten

**8\*** Fr ohne hakige Borsten. KrRöhre länger als die KrZipfel, selten so lg wie diese. Bl meist bis 2 mm br; wenn breiter, dann Kr hellblau od. 3zählig od. Bl 3nervig.
**Meier** – *Asperula* S. 416

**Porzellansternchen** – *Houstonia* L. 50 Arten

Pfl kleine Matten bildend. BStg aufrecht. Bl eifg, verkehrteifg od. elliptisch, in den BlStiel verschmälert, 5–15 mm lg. Kr 4zählig, hellblau, violett od. weiß mit gelbem Schlund. (Abb. **416**/1). 0,05–0,20. ⨂, in Kult oft kurzlebig 5–6. **Z** s △; ❦ ▷ V ◐ ≈ ⊖ Boden mineralreich, Dränage (östl. N-Am.: feuchte Felsen, Gebüsche, Wälder, Quellfluren – 1785 – Sorte: 'Fred Millard': Kr dunkelblau). [*Hedyotis caerulea* (L.) Hook. f.]
**Blaues P.** – *H. caerulea* L.

Ähnlich: **Kriechendes P.** – *H. serpyllifolia* Michx.: BlSpreite fast kreisfg, deutlich vom BlStiel abgesetzt. 0,03–0,08. ⨂ ∿ 5–6. **Z** s △ ⓐ ☐; ❦ ▷ V ◐ ≈ Boden mineralisch, Dränage, heikel (SO-USA: Flussufer).

**Manettie** – *Manettia* L. 80 Arten

Stg schwach flaumhaarig. Bl gestielt, elliptisch-lanzettlich. B 4zählig. K blattartig. Kr röhrenfg, am Grund schwach bauchig, rot, am Saum gelb, außen behaart, innen mit Haarring. Lappen des KrSaumes kurz, dreieckig. (Abb. **416**/4). Bis 4,00. ♄ i ⚥ kult ☉ 4–9. **Z** z Spaliere, Kübel; ∿ ▷ ○ Erde lehmig-humos (Parag., Urug. – 1843). [*M. inflata* Sprague]
**Gelbrote M.** – *M. luteorubra* Benth.

**Koprosma** – *Coprosma* J. R. Forst. et G. Forst. 90 Arten

Bl linealisch, 7–12 × 1–1,5 mm, kahl. NebenBl gewimpert. Fr kuglig, hellblau oft mit dunkelblauen Punkten. Pfl oft niederliegend. Bis 2,00. ♄ i 7–8. **Z** s △ ⓐ; ∿ ▷ ○ ∧ (Neuseel.: Sandküsten, offne steinige Orte, Flussbetten – 1890).
**Nadelblättrige K.** – *C. acerosa* A. Cunn.

**Rebhuhnbeere** – *Mitchella* L. 2 Arten

Pfl mit niederliegenden, wurzelnden Stg. BlSpreite eifg-kreisfg, an der Basis gerundet od. schwach herzfg, 6–18 mm lg. Kr weiß, wohlriechend. Narbe mit 4 linealischen Lappen. Fr scharlachrot. 0,02–0,06. ⨂ ∿ 4–7. **Z** s △ Gehölzgruppen; V ❦ ∿ ◐ ● ≈ ⊖ Dränage (östl. u. mittlere USA, Mex.: Wälder). **Kriechende R.** – *M. repens* L.

**Rosenwaldmeister, Scheinwaldmeister** – *Phuopsis* (Griseb.) Hook. f. 1 Art

Stg niederliegend bis aufsteigend. Bl zu 6–9 im Quirl, linealisch bis schmal elliptisch, 12–30 mm lg. Kr 12–15 mm lg, rosa, selten weiß, duftend. Griffel die KrRöhre über-

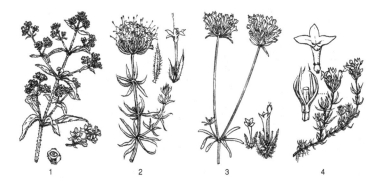

1        2        3        4

ragend. (Abb. **415**/2). 0,15–0,20. ⚄ 6–8. **Z** s △ Rabatten ☐; ⌵ ⍦ ○ ☽ ~ Boden sandig (Kauk., Iran: Gebüsch- u. Waldränder, Waldlichtungen, Felsfluren – 1836 – einige Sorten). [*Crucianella stylosa* TRIN.] **Langgriffliger R.** – *Ph. stylosa* (TRIN.) B. D. JACKS.

**Meier** – *Asperula* L. 106 Arten

1 Kr 3spaltig, weiß, außen glatt. Fr (fast) glatt. Untere Bl zu 6, obere zu 4 im Quirl. 0,30–0,60. ⚄ ⤳ 6–8. **W. Z** s Gehölzgruppen, Staudenbeete; ⌵ ⍦ ☽ ○ ⊕ (warmgemäß. bis gemäß. Eur.: Trockengebüschsäume, trockne Eichen- u. KiefernW, Halbtrockenrasen, basenhold – 1753). **Färber-M.** – *A. tinctoria* L.

1* Kr meist 4spaltig . . . . . . . . . . . . . . . . . . . . . . . . . . . . . . . . . . . . . . . . . . . . . . . . . . . 2

2 Pfl ☉. Kr hellblau. Untere Bl zu 4, StgBl zu 6–8 im Quirl, 7–25 mm lg. BStand kopfig. (Abb. **415**/3). 0,05–0,30. ☉ 6–7. **Z** s Sommerblumenbeete; ○ ~ ⊕ (Kauk., Syr., N-Irak, Iran: Eichengebüsche, Steppen, Felder, (100–)500–2000 m – 1886). **Orient-M.** – *A. orientalis* BOISS. et HOHEN.

2* Pfl ⚄. Kr andersfarbig . . . . . . . . . . . . . . . . . . . . . . . . . . . . . . . . . . . . . . . . . . . . . 3

3 Bl >4 im Quirl . . . . . . . . . . . . . . . . . . . . . . . . . . . . . . . . . . . . . . . . . . . . . . . . . . . . 4

3* Bl höchstens 4 im Quirl . . . . . . . . . . . . . . . . . . . . . . . . . . . . . . . . . . . . . . . . . . . . . 6

4 KrRöhre >8 mm lg. Bl dicht grauhaarig, (4–)8–10(–12) mm lg, am Rand schwach zurückgebogen. Kr rosa, kahl. (Abb. **416**/3). 0,05–0,15. ⚄ i 5–8. **Z** s △ ⓐ; ⌵ ⍦ ⤳ ○ ⊕ ∧ Schutz gegen Nässe (S-Griech.: Kalkfelsspalten, 550–2000 m – 1880). **Griechischer M.** – *A. arcadiensis* SIMS

4* KrRöhre <6 mm lg. Bl kahl od. ± behaart . . . . . . . . . . . . . . . . . . . . . . . . . . . . . 5

5 Mittlere StgBl am Rand u. auf der Mittelrippe behaart. Pfl mattenbildend. Bl (6–)9–15 mm lg. Kr rosa od. weißlich. KrRöhre 3–4,5 mm lg. 0,08–0,15. ⚄ 7–10. **Z** s △ ⌵ ⍦ ○ ⊕ (Pyr.: alp. Kalkfelsspalten – 1800). **Borstiger M.** – *A. hirta* RAMOND

5* Mittlere StgBl kahl, unterste StgBl kurz behaart. Pfl mit aufrechten Stg. Bl (8–)15–25 (–30) mm lg. Kr purpurviolett. KrRöhre (2,5–)4–5 mm lg. StgGrund behaart. B ± sitzend. 0,10–0,20(–0,35). ⚄ 7–10. **Z** s △; ⌵ ⍦ ○ ⊕ (S- u. O-Karp., Bulg.: Kalkfelsen – 1814). **Karpaten-M.** – *A. capitata* KIT. ex SCHULT.

Ähnlich: **Sechsblättriger M.** – *A. hexaphylla* ALL.: Stg u. Bl kahl. BStiele 0,5–1,5(–3) mm lg. Kr hellrosa. KrRöhre 6–10 mm lg. Bis 0,15. ⚄ 6–7. **Z** s △; ⌵ ⍦ ○ ⊕ (SW-Alpen: Kalkfelsen).

6 **(3)** Bl 10–25 mm br, 3nervig, lanzettlich bis eifg. BStand kopfig, von HüllBl umgeben. Kr weiß od. hellgelb. KrRöhre 6,5–10,5 mm lg. (Abb. **416**/2). 0,20–0,50. ⚄ i ⤳ 5–6. **W. Z** s Gehölzgruppen ☐; ⌵ ⍦ ☽ (S-Eur., südl. M-Eur., Krim, Kauk., N-Türkei: frische LaubmischW, 100–1700 m – 1753). **Turiner M.** – *A. taurina* L.

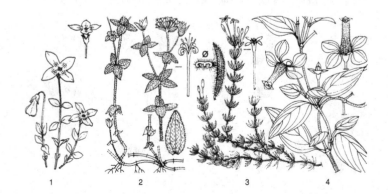

1          2          3          4

6* Bl höchstens 2 mm br, 1nervig, linealisch bis schmal lanzettlich .............. 7
7 KrRöhre 1–1,5(–2)mal so lg wie die KrZipfel ........................... 8
7* KrRöhre 2–3(–4)mal so lg wie die KrZipfel ............................. 9
8 Pfl lockerrasig. Untere StgBl lanzettlich, zur BZeit meist abgestorben, mittlere u. obere meist kürzer als die StgGlieder. StgBl meist quirlig. Kr außen papillös. 0,05–0,30. ♃ i teilimmergrün, Pleiok 6–9. **W. Z** s △; Ⅴ ○ ~ (warmes bis gemäß. W- u. M-Eur.: Trockengebüschsäume, trockne Wälder, Xerothermrasen – 1753).

Hügel-M. – *A. cynanchica* L.

8* Pfl dichtrasig. Untere StgBl verkehrteifg, zur BZeit noch vorhanden, mittlere u. obere meist so lg wie die StgGlieder od. länger. Zumindest obere StgBl gegenständig. Kr außen glatt. 0,05–0,15. ♃ Pleiok 6–9. **Z** s △; Ⅴ ○ ⊕ (NO-Kalkalpen, Slowakei: subalp. u. alp. Steinschuttfluren, kalkstet, 1000–1800 m – 1883).

Felsen-M. – *A. neilreichii* Beck

9 (7) Hyaline BlSpitze höchstens 0,3(–0,6) mm lg. Bl steif, 4–12 mm lg. Kr außen bräunlichpurpurn, innen trübgelb. Fr steifhaarig od. warzig. Stg blaugrün bereift. 0,05–0,15. ♃ s ⌂ △; Ⅴ Ψ ○ empfindlich gegen Winternässe (N-Griech., SW-Bulg.: Kalkfelsspalten, (1200–)1600–2030 m – 1806). [*A. athoa* Boiss.]

Blaugrüner M. – *A. suberosa* Sibth. et Sm.

9* Hyaline BlSpitze 0,3–1 mm lg. Bl ± deutlich sichelfg gekrümmt, 6–12(–16) mm lg. Kr hellpurpurn. Fr papillös, kahl. (Abb. **415**/4). 0,03–0,10. ♃ ⌂ 7–8. **Z** s △; Ⅴ Ψ ○ ⊕ empfindlich gegen Winternässe (M-Griech.: Grasfluren, Felsspalten, 2300–2500 m – 1806).

Glänzender M. – *A. nitida* Sibth. et Sm.

**Waldmeister, Labkraut** – *Galium* L.         300 Arten

Bl lanzettlich, untere zu 6, obere zu 8 im Quirl, flach. Kr trichterfg, weiß. 0,15–0,30. ♃ i ∿ 5–6. **Z** z ▭; Getränke- u. Eiszusatz; Ⅴ Kaltkeimer Ψ ◖ ●, schwach giftig, kumarinhaltig (warmes bis gemäß. Eur., As.: frische, nährstoffreiche LaubW). [*Asperula odorata* L.]     **Waldmeister** – *G. odoratum* (L.) Scop.

**Färberröte, Krapp** – *Rubia* L.         60 Arten

1 BlStiel > ⅔ so lg wie die BlSpreite, 0,5–3 cm lg. BlSpreite am Grund herzfg od. abgerundet, ihr Mittelnerv u. 2 bogig vom Grund zur Spitze verlaufende Seitennerven deutlich. (Abb. **405**/3a, b). Bis 1,50. ♃ Ⅼ ⚥ 6–10. **Z** s Zäune, Gehölzgruppen; Ⅴ Ψ ◖ ● (Mong., O- u. SO-As.: Ufergebüsche, schattige Felsen, Schluchtsohlen).

Ostasiatische F., Ostasiatischer Krapp – *R. cordifolia* L.

1* BlStiel (fast) fehlend od. < ⅕ so lg wie die BlSpreite. BlSpreite am Grund meist keilig, nur ihr Mittelnerv deutlich ........................................... 2
2 Kr flach, 3–6 mm ⌀. Staubbeutel kaum länger als br. Griffel nur im oberen Teil 2teilig. Bl sitzend, 2–5 × 0,7–2,2 cm, useits nicht netznervig. (Abb. **405**/5a–c). 0,30–1,20. ♃ i Ⅼ ⚥ 5–6. **Z** s Zäune, Gehölzgruppen; Ⅴ Ψ ◖ ○ (S-, W- u. NW-Eur.: immergrüne EichenW, Macchien; trockne, warme, halbschattige Standorte).

Wilde F., Wilder Krapp – *R. peregrina* L.

2* Kr trichterfg, 2–3 mm ⌀. Staubbeutel viel länger als br. Griffel bis zum Grund 2teilig. Bl kurz gestielt, 3–11 × 0,8–2,5 cm, useits netznervig. Rhizom rot. (Abb. **415**/1; **405**/4a–c). **W. Z** s Zäune, Gehölzgruppen; früher **N** FärbePfl: Krapprot; Ⅴ Ψ ○ (O-Medit., SW-As., in M- u. W-Eur. aus früheren Kulturen verw.: Äcker, Weinberge, Schuttplätze, Wegränder, wärmeliebend).     **Echte F., Krapp** – *R. tinctorum* L.

Bem.: Wie das Luteolin der Färber-Resede (*Reseda luteola*) u. das Indigo des Färber-Waids (*Isatis tinctoria*) zählte das Krapprot der Echten Färberröte (*Rubia tinctorum*) in den vergangenen Jahrhunderten zu den bedeutendsten europäischen Pflanzenfarben. Der feldmäßige Anbau der Krapp-Pflanze ging jedoch stark zurück, als es 1868 gelang, Alizarin (Krapprot) synthetisch aus Steinkohlenteer herzustellen. Da sich dieser rote Farbstoff auch in den Rhizomen anderer europäischer *Rubiaceae* findet, erscheint der deutsche Familienname „Rötegewächse" gerechtfertigt.

## Familie **Geißblattgewächse** – *Caprifoliaceae* Juss.          420 Arten

**1**  Strauch. Stg aufrecht. Bl 7–9 cm lg. (Abb. **418**/1).          **Schneeball** – *Viburnum* S. 418
**1\***  Kriechtriebzwergstrauch od. Staude . . . . . . . . . . . . . . . . . . . . . . . . . . . . . . . . . . . **2**
**2**  Kriechtriebzwergstrauch. Stg lg kriechend, fädlich. Bl 0,5–1,6 cm lg.
                                                            **Moosglöckchen** – *Linnaea* S. 418
**2\***  Staude. Stg aufrecht. Bl > 7 cm lg . . . . . . . . . . . . . . . . . . . . . . . . . . . . . . . . . . . **3**
**3**  Bl ganz od. fiederlappig bis -spaltig. Fr weiß, rot od. orangegelb. (Abb. **418**/2–4).
                                                            **Fieberwurz** – *Triosteum* S. 418
**3\***  Bl unpaarig gefiedert. Fr schwarz.          **Holunder** – *Sambucus* S. 419

**Moosglöckchen** – *Linnaea* Gronov. ex L.                          1 Art

Bl br eifg. Kr blassrosa od. weiß, innen rot gestreift. 0,05–0,12 hoch, 0,15–1,20 lg. ♄ i
Kriechtriebzwergstrauch 6–8. **W. Z** s Moor- u. Heidegärten ☐; ♀ ⌇ ◐ ⊖ (warmgemäß.
bis kühles Eur., As. u. N-Am.: frische KiefernW, kalkmeidend – ▽).
                                                **Nordisches M.** – *L. borealis* L.

**Schneeball** – *Viburnum* L.                                      210 Arten

Bl schmal eifg bis länglich, ganzrandig, 7–10 cm lg, oseits dunkelgrün, ledrig. B weiß, zu-
weilen in der Knospe rosa, meist ∞, in Schirmrispen. Fr metallisch blau. (Abb. **418**/1).
1,50–5,00. ♄ i 11–4, in Kult auch 5–8. **Z** z Kübel, geschützte Freilandstandorte; ⌇ ♀ ◐
○ ⊛ ⋀, giftig (Medit.: schattig-feuchte Standorte in Macchien u. HartlaubW – 1560 –
mehrere Sorten, z. B. Bl gelb gerandet od. im Austrieb bronzepurpurn).
                                    **Immergrüner Sch., Lorbeer-Sch.** – *V. tinus* L.

**Fieberwurz** – *Triosteum* L.                                      6 Arten

**1**  Bl fiederlappig bis -spaltig (bis -teilig), am Grund nicht od. nur schwach paarweis ver-
wachsen. BStände gestielt, end- od. blattachselständig. K < 1 mm lg. Fr weiß. (Abb.
**418**/4a–d). 0,45–0,60. ♃ ⅄ 5–6. **Z** s Gehölzgruppen; ∀ ♀ ○ ◐ Boden locker, humus-
reich (China, Japan: Waldränder, grasige Hänge, 1600–1800 m).
                                    **Fiederspaltige F.** – *T. pinnatifidum* Maxim.
**1\***  Bl ganz, am Grund deutlich paarweis verwachsen. Fr orangegelb od. rot . . . . . . . . **2**
**2**  BStände blattachselständig, sitzend. K 10–18 mm lg. Fr orangegelb. (Abb. **418**/2).
0,60–1,20. ♃ ⅄ 5–7. **Z** s Gehölzgruppen; ∀ ♀ ◐ Boden locker, humusreich (östl. N-
Am.: Gebüsche, Wälder).          **Durchwachsenblättrige F.** – *T. perfoliatum* L.
**2\***  BStände endständig, gestielt. K < 1 mm lg. Fr rot. (Abb. **418**/3). 0,40–0,60. ♃ ⅄ 6–7. **Z**
s Gehölzgruppen; ∀ ♀ ◐ Boden locker, humusreich (W-China, Bhutan, Sikkim: feuch-
te Orte in Fichten- u. SchierlingstannenW, 3040–3960 m). [*T. erythrocarpum* H. Sm.]
                                            **Himalaja-F.** – *T. himalayanum* Wall.

**Holunder** – *Sambucus* L.                                      9 Arten

NebenBl blattartig. Staubbeutel rot, später schwarz. SteinFr schwarz. 0,60–1,50. ⚃ ∿∿
6–7. **W.** **Z** s Landschaftsparks, Naturgärten; HeilPfl, Dünenbefestigung; ∀ ♈ ○ ◐), starkes Ausbreitungsvermögen, giftig (Medit., warmgemäß. Eur. bis M-D.; N-Iran, Turkmenien: frische Waldschläge, ruderale Staudenfluren, stickstoffliebend).
                                                      **Zwerg-H., Attich** – *S. ebulus* L.

## Familie **Baldriangewächse** – *Valerianaceae* BATSCH          300 Arten

1   StaubBl 4. Kr gelb, selten weiß (*P. villosa*). Fr meist geflügelt (Abb. **420**/1,3).
                                                **Goldbaldrian** – *Patrinia* S. 419
1*  StaubBl 1–3. Kr rot, rosa, weiß od. lila. Fr nicht geflügelt . . . . . . . . . . . . . . . . . . . . .   **2**
2   StaubBl 1. Kr mit Sporn (Abb. **420**/4) od. Höcker. Fr mit HaarK (Abb. **420**/5).
                                                **Spornblume** – *Centranthus* S. 421
2*  StaubBl 2 od. 3. Kr ungespornt, höchstens am Grund od. in der unteren Hälfte der
    KrRöhre mit Höcker (Abb. **420**/2). Fr mit od. ohne HaarK . . . . . . . . . . . . . . . . . .   **3**
3   Pfl ⚃. StaubBl 3. Fr mit HaarK, dieser zur BZeit nach innen gerollt.
                                                **Baldrian** – *Valeriana* S. 420
3*  Pfl ☉. StaubBl 2 od. 3. Fr ohne HaarK. K an der Fr 1–5zähnig . . . . . . . . . . . . . . .   **4**
4   StaubBl 2(–3). Kr fast 2lippig (Abb. **420**/2), rot od. weiß.
                                                **Afrikanischer Baldrian** – *Fedia* S. 420
4*  StaubBl 3. Kr fast radiär, weiß od. lila.          **Rapünzchen** – *Valerianella* S. 420

**Goldbaldrian** – *Patrinia* JUSS.                               15 Arten

1   Kr mit Sporn od. Höcker . . . . . . . . . . . . . . . . . . . . . . . . . . . . . . . . . . . . . . . .   **2**
1*  Kr ohne Sporn od. Höcker . . . . . . . . . . . . . . . . . . . . . . . . . . . . . . . . . . . . . . .   **3**
2   BlSpreite fingernervig, handfg 5(–3)fach gelappt bis geteilt, 3–8 cm lg u. br (Abb. **419**/2).
    FrFlügel 3–6 mm lg, 2,5–3 mm br. 0,15–0,60. ⚃ ∿∿ 7–8. **Z** s △; ∀ ♈ ○ ◐) ≈ lehmig-
    humoser Boden, Dränage (Japan: Felsen, 1000–2300 m). [*P. palmata* MAXIM.]
                                                **Lappenblättriger G.** – *P. triloba* (MIQ.) MIQ.
2*  BlSpreite fiedernervig, fiederlappig bis -schnittig, br eifg bis elliptisch, 4–15 cm lg (Abb.
    **419**/1). FrFlügel 7–9 mm lg, 2,5–3(–4) mm br (Abb. **420**/1). 0,20–0,70. ⚃ 7–8. **Z** s △; ∀
    ♈ ○ ◐) ≈ lehmig-humoser Boden, Dränage (Japan: Felsen, steinige Hänge, bis
    1100 m).                                        **Höckriger G.** – *P. gibbosa* MAXIM.
3   **(1)** StgBl fehlend od. zu 1–2 Paaren. GrundBl mehr als StgBl, zur BZeit grün, ganz bis
    fiederschnittig (Abb. **419**/3a–c). FrFlügel rundlich, elliptisch od. br eifg (Abb. **420**/3).
    0,10–0,35. ⚃ Pleiok 7–8. **Z** s △; ∀ ♈ ○ ◐ lehmig-humoser Boden, Dränage (Eur.,
    Sibir., Mong., gemäß. O-As.: Bergsteppen, Felsen, Schotterfluren, bis 1800 m).
                                                **Sibirischer G.** – *P. sibirica* (L.) JUSS.
3*  StgBl > 2 Paar. GrundBl weniger als StgBl, zur BZeit verwelkt od. vertrocknet, fiedertei-
    lig bis -schnittig. FrFlügel fehlend od. klein. Stg meist kahl. Kr gelb. 0,50–1,30. ⚃ ∿∿

8–10. **Z** s Staudenbeete; ⱱ ⱳ ○ ◐ ≈ lehmig-humoser Boden (Mong., O-As.: steinige Orte, bis 1400 m – 1817). **Skabiosenblättriger G.** – *P. scabiosifolia* Fisch. ex Trevir.

Ähnlich: **Behaarter G.** – *P. villosa* (Thunb.) Juss.: FrFlügel vorhanden, fast kreisfg. Stg behaart. StgBl mit 3–7 Abschnitten, Endabschnitt am größten (Abb. **419**/4: oberes StgBl). Kr gelb od. weiß. 0,50–1,00. ⚃ 5–6. **Z** s Staudenbeete; ⱱ ⱳ ○ ◐ ≈ (N-China, Japan, Korea: Grasland, 50–1400 m).

**Rapünzchen, Feldsalat** – *Valerianella* Mill.　　　　　　　　50 Arten

Pfl im unteren Teil gablig verzweigt. Bl spatlig, länglich od. lanzettlich. K auf der Fr mit einem 0,3 mm lg u. zwei 0,1 mm lg Zähnchen (Abb. **420**/6a). Fertiles FrFach auf dem Rücken stark korkig verdickt (Abb. **420**/6b). 0,05–0,15. ☉ 4–5. **W. N** v Gärten, Gewächshäuser, Wintersalat; Selbstaussaat od. ⱱ im Herbst, Ernte im Vorfrühling ○ (warmes bis gemäß. Eur.: Wegränder, Weinberge, Ruderalstellen – kult. seit Mittelalter). [*V. olitoria* (L.) Pollich] **Gewöhnliches R.** – *V. locusta* (L.) Laterr. em. Betcke

**Afrikanischer Baldrian** – *Fedia* Gaertn.　　　　　　　　3 Arten

Pfl oft gablig verzweigt. Bl rundlich, länglich od. eifg. BStandsachsen sich nach dem Blühen verdickend. Kr rot (Abb. **420**/2). 0,03–0,30. ☉ 7–8. **Z** s Sommerblumenbeete; ○ (Medit.: Äcker, Ruderalstellen – 1796 – einige Sorten: z.B. 'Candidissima': B weiß; 'Floribunda Plena': B rosarot, gefüllt). **Afrikanischer B.** – *F. cornucopiae* (L.) Gaertn.

**Baldrian** – *Valeriana* L.　　　　　　　　200 Arten

1　GrundBl u. StgBl gefiedert. 0,20–1,60. ⚃ ℔ 5–8. **W. N** s Felder, HeilPfl; ⱱ Lichtkeimer ⱳ ○ ◐ ≈ (warmes bis kühles Eur.: Feucht- u. Moorwiesen, an Bächen u. Gräben, Waldlichtungen – formenreich: z.B. subsp. *excelsa* (Poir.) Rouy et E. G. Camus: Pfl mit Ausläufern).　　　　　　　　**Echter B.** – *V. officinalis* L.
1*　GrundBl unzerteilt, höchstens gezähnt . . . . . . . . . . . . . . . . . . . . . . . . . . . . . . . . . . **2**
2　StgBl fiederspaltig bis gefiedert od. dreispaltig bis dreizählig . . . . . . . . . . . . . . . . . **3**
2*　StgBl unzerteilt . . . . . . . . . . . . . . . . . . . . . . . . . . . . . . . . . . . . . . . . . . . . . . . . . . . . . . **5**
3　Spreite der GrundBl in den BlStiel verschmälert, meist ganzrandig. StgBl mit (3) 5, 7 od. 9 Blchen. Kr weiß. Fr ± hinfällig behaart. 0,60–1,50. ⚃ ℔ 7–8. **Z** s Staudenbeete; alte HeilPfl; ⱱ ⱳ ○ ◐ (Türkei: Felsfluren, 1800 m – 1 Sorte: 'Aurea': in der Jugend mit goldgelben Bl).　　　　　　　　**Phu-B.** – *V. phu* L.
3*　Spreite der GrundBl u. der Bl nichtblühender Triebe (*V. tripteris*) am Grund ± herzfg, gezähnt. Fr kahl . . . . . . . . . . . . . . . . . . . . . . . . . . . . . . . . . . . . . . . . . . . . . . . . . . . . . . **4**
4　GrundBlSpreite 6–20 cm br, herzfg bis kreisfg mit herzfg Grund. Stg >60 cm lg. StgBl mit 3 od. 5 Blchen. Kr rosa. 0,70–1,10. ⚃ ℔ 6–8. **Z** s Staudenbeete; ⱱ ⱳ ○ ◐ ≈ (Pyr.: feuchte Wälder, subalp. Wiesen).　　　　　　　**Pyrenäen-B.** – *V. pyrenaica* L.
4*　GrundBlSpreite <4 cm br, herzfg (Abb. **419**/6a). Stg <50 cm lg. StgBl mit meist 3 (Abb. **419**/6b), selten 5 Blchen od. unzerteilt. 0,10–0,40. ⚃ Pleiok ℔ 4–7. **W. Z** s △; ⱱ ⱳ ◐ ● ⊕ (warmgemäß. bis gemäß. Eur.: hochmont. bis subalp. Felsspalten u. Steinschuttfluren, kalkhold).　　　　　　　**Stein-B.** – *V. tripteris* L.
5　(2) BStand kopfig, von HochBl umhüllt. Bl spatelfg od. br verkehrteifg, ganzrandig, kurz gewimpert. 0,03–0,15. ⚃ 〰○ 7–8. **W. Z** s △; ⱱ ⱳ ○ ◐ Kalkschotter, magerer Boden (O-Alpen: alp. frische Schuttfluren, Schneetälchen, kalkstet).　　　　　　　**Zwerg-B.** – *V. supina* Ard.

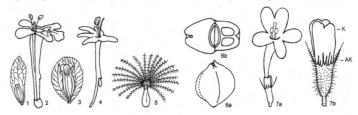

5* BStand ± locker zymös, nicht von HochBl umhüllt .......................... **6**
6 GrundBlSpreite 5–20 cm br, ihr Grund herzfg. 0,50–0,90. ♃ ⅄ 6–7. **Z** s Staudenbeete;
   v ⅋ ☾ ≈ (O-Griech., Kauk., Türkei: Wälder, Bach- u. Flussufer, 1000–3000 m).
   **Kaukasus-B.** – *V. alliariifolia* ADAMS
6* GrundBlSpreite <4 cm br, ihr Grund keilig od. gestutzt, selten herzfg .......... **7**
7 Stg zwischen den GrundBl u. dem BStand mit höchstens 1 BlPaar. StgBl linealisch.
   BStand armblütig. Kr weiß. 0,05–0,30. ♃ ⅄ 6–8. **W. Z** s △; ⅋ v ☾ Steinfugen (O-Alpen,
   O-Karpaten, westbalkanische Gebirge: subalp. Felsspalten, kalkstet).
   **Felsen-B.** – *V. saxatilis* L.
7* Stg zwischen den GrundBl (Abb. **419**/5) u. dem BStand mit 2–8 BlPaaren. StgBl eifg bis
   eilanzettlich. BStand reichblütig. Kr rosa od. weiß. 0,20–0,60. ♃ Pleiok 4–7. **W. Z** s △;
   v Lichtkeimer ☾ ● ⊕ (Pyr., Alpen, Korsika, Apennin, west- u. nordbalkanische Gebirge:
   subalp. bis mont. frische Schuttfluren, kalkstet).    **Berg-B.** – *V. montana* L.
   Naturhybr: **Suendermann-B.** – *V.* × *suendermannii* MELCH. (*V. montana* × *V. supina*): Pfl kriechend.
   BStand anfangs kopfig, zuletzt locker. Fr fehlend od. steril. 0,05–018. ♃ ↝ 5–6. Z s △ □; ⅋ ☾ ●
   Kalkschotter (Dolomiten – um 1900).

   **Spornblume** – *Centranthus* NECK. ex LAM. et DC.    9 Arten
1 Pfl ♃ ................................................................. **2**
1* Pfl ☉ ................................................................. **3**
2 Bl linealisch, bis 4(–5) mm br. Kr rosa. Sporn 2–4(–5) mm lg, etwa so lg wie der FrKn.
   0,25–0,60. ♃ 6–7. Z s △; v ○ ∧ (S- u. O-Frankr., Schweiz, Ital.: Felsen, Felsschutt,
   600–2450 m).    **Schmalblättrige S.** – *C. angustifolius* (MILL.) DC.
2* Bl lanzettlich bis eifg, 4–50(–60) mm br. Kr rot, rosa od. weiß. Sporn (2–)4–10(–12) mm
   lg, mehr als doppelt so lg wie der FrKn (Abb. **420**/4). 0,25–0,80(–1,40).♃ PleiokRübe
   5–8. **W. Z** v △ Trockenmauern; v Dunkelkeimer ○ Kalkschotter (Medit.: Felsen, Mauern,
   0–1200 m; eingeb. in W-Eur. bis SW-D. – 1557 – einige Sorten: 'Albus': B weiß; 'Atro-
   coccineus': B tief rot; 'Roseus': B rosa).    **Rote S.** – *C. ruber* (L.) DC.
3 **(1)** KrRöhre (4–)6–8(–10) mm lg. Sporn etwa 1–1,5 mm lg, bis zum Grund der KrRöhre
   reichend. 0,10–0,60. ☉ 6–8. **Z** s Sommerblumenbeete; ○ (S- u. SO-Span.: Felsfluren,
   Ödland, 0–300 m – 1850 – einige Sorten).    **Großröhrige S.** – *C. macrosiphon* BOISS.
3* KrRöhre 1–2(–3) mm lg. Höcker od. kurzer Sporn <0,5 mm lg, nicht bis zum Grund der
   KrRöhre reichend. 0,04–0,40(–0,75). ☉ 7–8. **Z** s Sommerblumenbeete; ○ (Medit.: Fels-
   fluren, Brachland, 0–600 m – 1683).    **Fußangel-S.** – *C. calcitrapae* (L.) DUFR.

Familie **Kardengewächse** – *Dipsacaceae* JUSS.    290 Arten
   Bem.: zu Abb. **421**: **AK** – AußenK, **K** – Kelch.
1 StgBl quirlig. B in Scheinähren.    **Kardendistel** – *Morina* S. 422
1* StgBl gegenständig. B in Köpfen ....................................... **2**
2 Stg u. Kopfstiele stachlig (Abb. **421**/1).    **Karde** – *Dipsacus* S. 423
2* Stg u. Kopfstiele stachellos ......................................... **3**

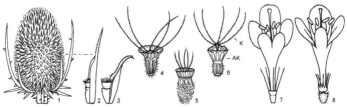

**3** Kr 5lappig (*Scabiosa*: Abb. **421**/7; Abb. **424**/3b) .......................... **4**
**3\*** Kr 4lappig (*Knautia*: Abb. **421**/8) ........................................... **5**
**4** KBorsten meist 11–24, federhaarig. (Abb. **424**/3c). **Flügelkopf** – *Pterocephalus* S. 425
**4\*** KBorsten 5, nicht federhaarig (Abb. **421**/7).              **Skabiose** – *Scabiosa* S. 424
**5** **(3)** Kopfboden ohne SpreuBl.                             **Witwenblume** – *Knautia* S. 423
**5\*** Kopfboden mit SpreuBl .......................................................... **6**
**6** StgBl zerteilt. Kr gelb od. weiß.                        **Schuppenkopf** – *Cephalaria* S. 422
**6\*** StgBl ganz. Kr meist blau, selten weiß .................................... **7**
**7** K in 5 Borsten endigend. Kr dunkelblau. Wurzelstock aufrecht, kurz, wie abgebissen.
                                                                **Teufelsabbiss** – *Succisa* S. 423
**7\*** K borstenlos. Kr blassblau bis weißlich. Überdauernde Sprosse kriechend.
                                                               **Moorabbiss** – *Succisella* S. 423

**Kardendistel** – *Morina* L.                                                          10 Arten

Bl distelartig, mit bedornten Rändern. HochBl br eifg, zugespitzt, am Rand bedornt.
K 2lappig. AußenKRand mit 2 längeren u. mehreren kürzeren Dornen (Abb. **420**/7b). Kr
5spaltig (Abb. **420**/7a), zuerst weiß, später rötlich. 0,50–1,00. ♃ 6–8; **Z** s △; ∀ ○ ~
Dränage ⊕ Schutz vor Winternässe (Himal.: alp. Wiesen, Waldlichtungen, 3000–4000 m
– 1839).                        **Langblättrige K.** – *M. longifolia* WALL. ex DC.

Ähnlich: **Zentralasiatische K.** – *M. kokanica* REGEL: BlRand borstig gewimpert, meist dornenlos.
HochBlRänder bedornt. Kr zuerst weiß, später rosa. 0,30–1,20. ♃ 6–7. **Z** s Gehölzränder, große △; ∀
○ ~ Dränage ⊕ Schutz vor Winternässe (Z-As.: NadelW). – **Coulter-K.** – *M. coulteriana* ROYLE: Rand
der Bl u. HochBl bedornt. Kr hellgelb. 0,30–0,90. ♃ 6–7. **Z** s große △; ∀ ○ ~ Dränage ⊕ Schutz vor
Winternässe (Pakistan bis NW-Indien u. Tibet: steile Grashänge, trockne Täler, 2400–3600 m).

**Schuppenkopf** – *Cephalaria* SCHRAD.                                                  65 Arten

**1** Halbstrauch. Fr endständig mit ganzem od. fein gezähntem, gewimpertem Saum
   (AußenK), ohne hervortretende Borsten (Abb. **422**/3). Hüll- u. SpreuBl stumpf od. fast
   spitz (BlFolge: Abb. **422**/4c). (Bl: Abb. **422**/5). 0,20–1,00. ♄ 7–9. **Z** s Staudenbeete; ∀
   ○ (Medit.: Felsfluren, Straßenränder, 0–1200 m).
                    **Weißer Sch.** – *C. leucantha* (L.) SCHRAD. ex ROEM. et SCHULT.
**1\*** Rhizomstaude. Fr endständig mit 8 hervortretenden Borsten (AußenK) (*C. alpina*: Abb.
   **422**/2). Hüll- u. SpreuBl spitz od. zugespitzt (Abb. **422**/4a,b) ................. **2**
**2** Rand der BKöpfe mit auffälligen StrahlB (Abb. **424**/1b). Kr 15–18(–25) mm lg, hellgelb.
   BKöpfe 4–6 cm ⌀ (BlFolge: Abb. **422**/4a). Obere StgKnoten meist kahl (Abb. **424**/1a).
   Bis 3,50. ♃ 6–8. **Z** s Staudenbeete, Naturgärten; ∀ ♈ ◐ ○ (Kauk., Türkei: Flussufer,
   feuchte Wiesen, Felshänge, 1350–2600 m). [*C. elata* (HORNNEM.) SCHRAD., *C. tatarica* (M.
   BIEB.) ROEM. et SCHULT.]                             **Riesen-Sch.** – *C. gigantea* (LEDEB.) BOBROV
**2\*** Rand der BKöpfe ohne od. mit nur wenig auffälligen StrahlB (Abb. **424**/2b). Kr 6–8
   (–12) mm lg, hellgelb. BKöpfe 2–3(–4) cm ⌀ (BlFolge: Abb. **422**/4b). Obere StgKnoten
   meist deutlich behaart. (Bl: Abb. **422**/1; Abb. **424**/2a,b). 0,60–2,00. ♃ PleiokRübe

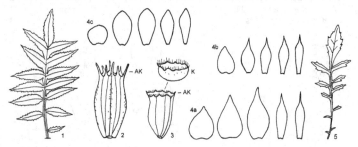

6–8. **Z** s Staudenbeete; V ᵛ ☾ ○ (W- u. Z-Alpen: Hochstaudenfluren, Gebüsche, Schutthänge, 1000–1800 m). **Alpen-Sch.** – *C. alpina* ROEM. et SCHULT.

**Karde** – *Dipsacus* L. 15 Arten

1 SpreuBl mit zurückgekrümmter Spitze (Abb. **421**/3), steif, kürzer als die B. HüllBl waagerecht abstehend. 1,00–1,50. ⊙ ⊛ 7–8. **W**. **Z** s Staudenbeete; getrocknete Köpfe früher zum Rauen von Wollgewebe; V ○ (nur kult bekannt, entstanden aus *D. fullonum* od. *D. ferox* LOISEL.: frische bis feuchte Ruderalstellen). [*D. fullonum* HUDS. non L.]
**Weber-K.** – *D. sativus* (L.) HONCK.

1* SpreuBl mit gerader Spitze (Abb. **421**/2), länger als die B. HüllBl bogig aufgerichtet (Abb. **421**/1). Bl am Rand kahl od. zerstreut stachlig, alle unzerteilt. 0,70–2,00. ⊙ ⊛ 7–8. **W**. **Z** z Trockensträuße; V ○ (warmes bis gemäß. Eur.: frische bis feuchte Ruderalstellen, Ufer). [*D. sylvestris* HUDS.] **Wilde K.** – *D. fullonum* L.

Ähnlich: **Schlitzblatt-K.** – *D. laciniatus* L.: HüllBl weit abstehend. Bl am Rand borstig gewimpert. StgBl fiederspaltig. 0,50–1,20. ⊙ ⊛ 7–8. **W**. **Z** s Naturgärten; V ○ (warmes bis warmgemäß. Eur. u. W-As.: frische bis feuchte Ruderalstellen, Waldränder, nährstoffanspruchsvoll).

**Teufelsabbiss** – *Succisa* HALLER 3 Arten

K mit 5 Borsten. AußenK 4kantig, rauhaarig. Bl länglich bis länglich-lanzettlich, meist ganzrandig. 0,15–0,80. ⌗ Vertikalrhizom 7–9. **W**. **Z** s wechselfeuchte, anmoorige Wiesen, Moorgärten; V Licht- u. Kaltkeimer ○ ≈ Boden mager (warmgemäß. bis kühles Eur., W-Sibir.: wechselfeuchte bis frische Magerrasen, extensiv genutzte Wiesen, Flachmoore – Sorten: 'Alba': Kr weiß; 'Nana': Pfl bis 0,25, Kr bläulichviolett).
**Teufelsabbiss** – *S. pratensis* MOENCH

**Moorabbiss** – *Succisella* BECK 4 Arten

K borstenlos. AußenK fast stielrund, jedoch 8 rippig, kahl. Bl lanzettlich. 0,30–1,00. ⌗ ⌒⌒ 6–9. **W**. **Z** s Rabatten ▢; V ᵛ ⌒ ○ ≈ (warmgemäß. bis gemäß. subkont. Eur., nordöstl. Schwarzmeergebiet: wechselnasse Moorwiesen u. Röhrichte, Flachmoore). [*Succisa inflexa* (KLUK) S. B. JUNDZ.] **Eingebogener M.** – *S. inflexa* (KLUK) BECK

**Witwenblume** – *Knautia* L. 60 Arten

1 Pfl ⊙. BStand 5–10blütig. Bl lanzettlich bis linealisch, unzerteilt. HüllK zylindrisch. Kr rötlichpurpurn. 0,20–0,60. ⊙ 5–6. **Z** s Sommerblumenbeete; ○ ≈ (Bulg., Griech., Türkei: Gebüsche, gestörte Böden). **Orientalische W.** – *K. orientalis* L.

1* Pfl ⌗. BStand mehr als 10blütig . . . . . . . . . . . . . . . . . . . . . . . . . . . . . . . . . . . . **2**

2 GrundBl der BStg während der BZeit vertrocknet, unzerteilt. StgBl unzerteilt od. zerteilt; zerteilte Bl mit eifg Endabschnitt, am Rand gesägt. Kr dunkelrot, zuweilen lila od. rosa, in Kult oft tief braunviolett. 0,60–0,80. ⌗ 6–9. **Z** s Staudenbeete,Gehölzgruppen; V ○ ☾ (Balkan: Gebüsche, lichte Wälder, Wiesen). [*K. atrorubens* JANKA ex BRÂNDZĂ]
**Mazedonische W.** – *K. macedonica* GRISEB.

2* GrundBl der BStg während der BZeit vorhanden . . . . . . . . . . . . . . . . . . . . . . . . **3**

3 StgBl meist fiederspaltig, graugrün, matt. Stg kurzhaarig u. rückwärts borstig-zottig. Kr rot- bis blauviolett. 0,30–0,80. ⌗ 7–8. **W**. **Z** s Naturgärten; V ○ ⊕ Dränage (warmes bis kühles Eur., W-Sibir.: frische bis mäßig trockne Wiesen, Halbtrockenrasen, extensiv genutzte Äcker, Wald- u. Wegränder, basenhold). **Acker-W.** – *K. arvensis* (L.) COULT.

3* Bl unzerteilt, lebhaft grün, fast glänzend, ganzrandig od. gekerbt . . . . . . . . . . . . . **4**

4 BStg zu mehreren, aus den Achseln von RosettenBl entspringend, bogig aufsteigend, fein grauflaumig u. von längeren Haaren weichhaarig. Kr hellpurpurn. 0,25–0,80. ⌗ i 5–9. **W**. **Z** s Staudenbeete; V ☾ Dränage (warmgemäß. M-Eur., westl. Balkan: frische LaubmischW u. ihre Säume – formenreich). **Balkan-W.** – *K. drymeia* HEUFF.

4* BStg einzeln, in der Mitte der BlRosette entspringend, borstig, selten kahl. Kr violett, selten purpurviolett. 0,30–1,00. ⌗ i 6–9. **W**. **Z** s Staudenbeete; V ☾ Dränage (warm-

gemäß. bis gemäß. Eur.: mont. bis hochmont. sickerfrische bis feuchte Staudenfluren im Saum bachbegleitender Wälder u. AuenW, schattige Wegränder). [*K. sylvatica* auct.]
**Wald-W. – *K. dipsacifolia* KREUTZER**

**Skabiose, Krätzkraut** – *Scabiosa* L.                                         80 Arten

**1\*** Ein- od. ZweijahrsPfl ................................................ **2**
**1\*** Staude od. Halbstrauch ............................................... **4**
**2** AußenKRöhre längs gefurcht, ohne Grübchen (Abb. **421**/6). AußenKSaum am Rand eingerollt. FrStand zylindrisch. Kr lila bis dunkelpurpurn. GrundBl unzerteilt bis fiederschnittig. StgBl fiederschnittig. 0,20–0,90. ☉ ☺ 7–10. **Z** z Sommerblumenbeete ⚥; ○ ~ (Medit.: trockne Felder, Straßenränder, Dünen, 0–1300(–2400) m; verw. in D. – 1629 – mehrere Sorten: Wuchshöhe unterschiedlich, Köpfe einfach od. gefüllt, Kr weiß, lila, blau, rosa, rot, purpurn, schwefelgelb, zuweilen zweifarbig). [*S. maritima* L.]
**Purpur-S. – *S. atropurpurea* L.**
**2\*** AußenKRöhre spitzenwärts mit 8 tiefen Grübchen (reife Fr!) (s. auch Abb. **421**/5). AußenKSaum am Rand nicht eingerollt. FrStand ± kuglig ................... **3**
**3** Alle Bl unzerteilt, ganzrandig. BKöpfe fast sitzend od. kurz gestielt. SpreuBl fadenfg. Kr weiß od. gelblich. 0,15–0,50. ☉ 6–7; **Z** s Sommerblumenbeete ⚥; ○ ~ (Syr., Türkei: Äcker u. Straßenränder, 0–150 m).
**Syrische S. – *S. prolifera* L.**
**3\*** StgBl gezähnt bis fiederschnittig mit 7–13(–15) elliptisch-lanzettlichen bis linealischen Abschnitten. BKöpfe lg gestielt. SpreuBl eifg, lg zugespitzt. Kr rosa od. hellblau. 0,10–0,50. ☉ 6–8. **Z** s Sommerblumenbeete; ○ ~ (SW-Eur.: trockne Orte, 0–600 m).
**Stern-S. – *S. stellata* L.**
**4** (1) AußenKRöhre spitzenwärts mit 8 tiefen Grübchen (Abb. **421**/5) ............. **5**
**4\*** AußenKRöhre längs gefurcht, spitzenwärts ohne Grübchen (Abb. **421**/4) ....... **6**
**5** Alle Bl unzerteilt, linealisch, <5 mm br, grasartig. BKopf 25–45 mm ∅. AußenKSaum 22–30nervig. KBorsten etwa so lg wie der AußenKSaum od. wenig länger. Kr hellblau od. violett. 0,20–0,50. ♄ 6–8. **Z** s △; ⚥ ⋎ ○ ~ (Schweiz, S-Eur.: Felshänge, Felsschutt, 0–1100 m – 1683).
**Grasblättrige S. – *S. graminifolia* L.**
**5\*** GrundBl unzerteilt, lanzettlich, >1 cm br, zuweilen fiederteilig. StgBl fiederschnittig, zuweilen unzerteilt. BKopf 40–75 mm ∅. AußenKSaum 20–22(–24)nervig. KBorsten deutlich länger als der AußenKSaum (Abb. **421**/5). Kr lavendelfarben. (0,30–)0,50–0,90. ♃ 7–9. **Z** z Staudenbeete △ ⚥; ⚥ ⋎ u. Risslinge im Frühjahr ○ ⊕ Dräane (Kauk., N-Iran, NO-Türkei: Wiesen, Felshänge, 1900–2900 m – mehrere Sorten: Kr weiß, blau, KrBl der äußeren B gezähnt).
**Kaukasus-S. – *S. caucasica* M. BIEB.**
**6** (4) Stg meist unvorzweigt, einköpfig. Bl meist kahl, etwas glänzend. KBorsten abgeflacht, innen gekielt, 5–8 mm lg. 0,10–0,60. ♃ 7–9. **W. Z** s △; ⚥ ⋎ ○ ◑ ⊕ (warm-

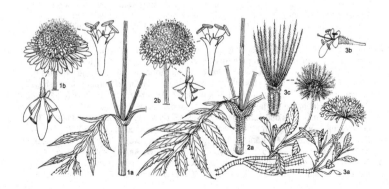

gemäß. M-Eur., N-It., Balkan: subalp. bis alp. mäßig frische Steinrasen u. Felsschutt, kalkhold – Sorte: 'Rosea': Kr hellrosa).                    **Glanz-S.** – *S. lucida* VILL.
6* Stg meist verzweigt, mehrköpfig. Bl meist fein kraushaarig, glanzlos. KBorsten stielrund, ohne Kiel, 3–5 mm lg. 0,25–0,60. ⵀ 7–11. **W. Z** s Staudenbeete; ⩗ ⩗ ○ ~ Boden mager (S-, W- u. M-Eur., Marokko: Trocken- u. Halbtrockenrasen, mäßig trockne bis wechseltrockne Wiesen, kalkhold – Sorten: 'Butterfly Blue': Pfl bis 0,70, Kr lavendelblau; 'Pink Mist': Pfl bis 0,60, Kr pastellrosa).                    **Tauben-S.** – *S. columbaria* L.

**Flügelkopf** – *Pterocephalus* ADANS.                    25 Arten
Pfl niederliegend, matten- od. kissenbildend. Bl 2–5 cm lg, unzerteilt mit gekerbtem bis gezähntem Rand od. fiederlappig bis -schnittig mit großem Endabschnitt, ± dicht behaart. Kr rosa od. hellpurpurn (Abb. **424**/3a–c). 0,05–0,12. ♄ 6–8. **Z** s △ ☐; ⩗ ⩗ ○ ~ ⊕ ⌒ (Griech., Alban.: Felsen, (700–)900–2000 m – 1881). [*P. parnassii* SPRENG.]
                    **Mehrjähriger F.** – *P. perennis* COULT.

# Familie **Himmelsleitergewächse** – *Polemoniaceae* JUSS.    290 Arten

1   Pfl kletternd. FiederBl am Ende mit Ranken (Abb. **427**/1).
                    **Glockenrebe** – *Cobaea* S. 425
1*  Pfl nicht kletternd. Bl am Ende ohne Ranken . . . . . . . . . . . . . . . . . . . . . . . . . . . . . . **2**
2   Bl gegenständig, selten obere StgBl wechselständig (*Phlox drummondii*) . . . . . . . . **3**
2*  Bl wechselständig . . . . . . . . . . . . . . . . . . . . . . . . . . . . . . . . . . . . . . . . . . . . **4**
3   Bl ganz. StaubBl ungleich hoch in die KrRöhre eingefügt (Abb. **425**/4).
                    **Phlox** – *Phlox* S. 426
3*  Bl meist handfg geschnitten (Abb. **428**/2), selten ganz (*Linanthus dianthiflorus*). StaubBl in gleicher Höhe in die KrRöhre eingefügt.    **Linanthus** – *Linanthus* S. 428
4   **(2)** Bl ganz, höchstens an der Spitze 3–4spaltig (Abb. **427**/2).
                    **Leimsaat** – *Collomia* S. 427
4*  Bl zerteilt . . . . . . . . . . . . . . . . . . . . . . . . . . . . . . . . . . . . . . . . . . . . . . . . . . . . **5**
5   Staubfäden meist am Grunde behaart (Abb. **425**/3) (*Polemonium viscosum*: Staubfadenbasis behaart bis kahl). Blchen eifg, elliptisch od. lanzettlich (Abb. **427**/3,4; Abb. **425**/3,4).                    **Himmelsleiter** – *Polemonium* S. 429
5*  Staubfäden am Grund kahl. Blchen fadenfg (Abb. **427**/5), schmal linealisch od. schmal lanzettlich . . . . . . . . . . . . . . . . . . . . . . . . . . . . . . . . . . . . . . . . . . . . . . . . . . . . **6**
6   Blchen u. KBl meist nicht stachelspitzig. KrRöhre < 10 mm lg. KrZipfel blau, weiß od. lila u. weiß.                    **Gilie** – *Gilia* S. 428
6*  Blchen u. KBl stachelspitzig. KrRöhre > 12 mm lg. KrZipfel rot.
                    **Scharlachgilie** – *Ipomopsis* S. 428

**Glockenrebe** – *Cobaea* CAV.                    10 Arten
Bl mit 2 bis 3 Fiederpaaren, in einer Ranke endigend (Abb. **427**/1). B einzeln in den BlAchseln (Abb. **428**/5), lg gestielt. K vor der BZeit 5flügig. KBl br eifg, laubartig. Kr 6–8 cm lg, anfangs grün, später bläulichviolett. Bis 10 m. ♄ ⚥, kult ○ 7–10. **Z** z Spaliere; ⩗ ⃕ ○

(Mex.: Hecken, Gebüsche – 1787 – Sorte: 'Alba': Kr weiß).

**Glockenrebe** – *C. scandens* Cav.

**Phlox, Flammenblume** – *Phlox* L.                                           67 Arten

Lit.: Wherry, E. T. 1955: The genus Phlox. Morris Arboretum Monographs, III. Philadelphia, Pennsylvania. – Fuchs, H. 1994: Phlox – Stauden- und Polsterphlox. Stuttgart.

**1**  Griffel bis 4 mm lg, meist $^{1}/_{4}$–$^{1}/_{2}$(–$^{5}/_{8}$) seiner Länge verwachsen, Restlänge auf die freien Narbenlappen entfallend (Abb. **425**/6), kürzer als der K. StaubBl nicht das KrRöhrenende erreichend . . . . . . . . . . . . . . . . . . . . . . . . . . . . . . . . . . . . . . . . . . . . . . . . . . . . . . . **2**

**1***  Griffel (4–)5–25 mm lg, meist mehr als $^{7}/_{8}$ seiner Länge verwachsen, Restlänge auf die freien Narbenlappen entfallend (Abb. **425**/7), meist so lg wie der K od. länger. Zumindest einige StaubBl das KrRöhrenende erreichend . . . . . . . . . . . . . . . . . . . . . . . . . . **4**

**2**  Pfl ☉, drüsig behaart. Untere Bl gegen-, obere wechselständig. 0.05–0,50. ☉ 6–9. Z z Sommerblumenbeete; ○ ∼ (Texas: lichte EichenW, sandige Böden – 1835 – einige Unterarten – ∞ Sorten: unterschiedliche Wuchshöhe u. BFarbe, Kr mit u. ohne Auge; z. B. Sternphlox – 'Cuspidata': KrBl mit 3 Zähnen).

**Einjähriger Ph., Sommer-Ph.** – *Ph. drummondii* Hook.

**2***  Pfl ♃ . . . . . . . . . . . . . . . . . . . . . . . . . . . . . . . . . . . . . . . . . . . . . . . . . . . . . . . . . . . **3**

**3**  Sterile Triebe an den Knoten wurzelnd. KrRöhre kahl. KBl langspitzig. BStand 9–24 (–30)blütig. KrBl ausgerandet (subsp. *divaricata*) (Abb. **425**/9) od. abgerundet (Abb. **425**/8) bis feinspitzig (subsp. *laphamii* (A. Wood) Wherry). Bl steriler Triebe bis 5 cm lg u. 2,5 cm br. 0,18–0,40. ♃ 4–6. Z s Gehölzgruppen; ⩗ Kaltkeimer ⟋⟍ ♥ ☾ (warmes bis gemäß. östl. N.-Am.: AuenW, < 1000 m – 1746 – Hybr mit *Ph. pilosa* – ∞ Sorten).

**Wald-Ph., Blauer Ph.** – *Ph. divaricata* L.

**3***  Sterile Triebe an den Knoten meist nicht wurzelnd. KrRöhre behaart. KBl mit 0,5–2(–3) mm lg Granne. BStand (12–)24–48(–100)blütig, ohne Hülle. Bl 4–8 cm lg, 0,3–0,9(–1,2) cm br. BStiele 4–8 mm lg. 0,15–0,75. ♃ 4–5. Z z △; ⟋⟍ ♥ ○ (warmes bis gemäß. östl. u. zentr. N.-Am.: Prärien, Felshänge, lichte Wälder, meist auf feuchten, sauren Böden – 1806 – 7 Unterarten – einige Sorten).                                   **Prärie-Ph.** – *Ph. pilosa* L.

Ähnlich: **Anmutiger Ph.** – *Ph. amoena* Sims subsp. *amoena*: KrRöhre kahl. BStand (3–)6–18(–30)blütig, von einer HochBlHülle umgeben. BStiele höchstens 5 mm lg. Bl 2–4(–5) cm lg, 0,4–0,8(–1,2) cm br. Bis 0,45. ♃ 5–6. Z s △ Ⓐ, heikel (südöstl. N.-Am.: lichte Wälder, Sumpfränder, auf sauren-humosen Sandböden – oft verwechselt mit *Ph. × procumbens*, s. 6).

**4**  **(1)** Pfl > (40–)50 cm, nur mit blühenden aufrechten Trieben. Bl 1–5 cm br . . . . . . **5**

**4***  Pfl < 30 cm, mit blühenden u. sterilen Trieben, meist rasen-, matten- od. polsterbildend. Bl meist < 0,5 cm br; wenn Bl breiter, dann Pfl ausläuferbildend . . . . . . . . . . . . . . **6**

**5**  Stg nicht gefleckt. Seitennerven der BlUSeiten deutlich. BlRand gewimpert. BStand im Umriss kuglig, ei- od. pyramidenfg. KrRöhre außen behaart (Abb. **425**/5). 0,50–1,20. ♃ ♈ 6–8. Z v Rabatten, Staudenbeete ⚥; ⩗ (außer Sorten) Kaltkeimer ♥ ⟋⟍ ☾ (warmes bis gemäß. östl. N.-Am.: lichte Wälder, Flussufer – 1732 – ∞ Sorten: unterschiedlich in Wuchshöhe, BFarbe u. BZeit).                                 **Hoher Stauden-Ph.** – *Ph. paniculata* L.

**5***  Stg purpurn gefleckt. Seitennerven der BlUSeiten undeutlich. BlRand kahl. BStand im Umriss zylindrisch. KrRöhre außen kahl. 0,30–0,90. ♃ ♈ 6–9. Z s Rabatten, Staudenbeete; ⩗ Kaltkeimer ♥ ⟋⟍ ○ ☾ (warmgemäß. bis gemäß. östl. N.-Am.: feuchte Wiesen u. Wälder, Flussufer – 1740 – ∞ Sorten).                         **Wiesen-Ph.** – *Ph. maculata* L.

**6**  **(4)** Ausläuferstaude, an den Knoten steriler Triebe wurzelnd. Bl steriler Triebe bis 20 mm br, verkehrteifg, spatelfg bis elliptisch. K 9–11 mm lg. Griffel 20–24 mm lg. 0,15–0,30. ♃ ⟋⟍⟋⟍ 4–5. Z s Gehölzgruppen ▢; ⩗ ♥ ○ Boden neutral bis schwach ⊖, Dränage (warmes bis gemäß. östl. N.-Am.: LaubW – 1800 – einige Sorten).

**Wander-Ph.** – *Ph. stolonifera* Sims

Hybr: *Ph. × procumbens* Lehm. (*Ph. stolonifera × Ph. subulata*): im Handel oft fälschlich als „*Ph. amoena*". Bei *Ph. × procumbens* fehlt im Gegensatz zur „echten" *Ph. amoena* Sims die den BStand umgebende Hülle, u. die BStiele sind bis 20 mm lg. Bis 0,25. ♃ 4–5. Z △ Rabatten ▢; ♥ ⟋⟍ ☾ ≈ humoser Lehmboden (mehrere Sorten: 'Millstream': Kr dunkelrosa, weißes Zentrum mit rotem Auge; 'Millers Crimson': Kr purpurrot; 'Rosea': Kr dunkelrosa; 'Variegata': Kr helllila bis rosa, Bl panaschiert).

6\* Halb- od. Spalierstrauch, ohne Ausläufer. Bl bis 4 mm br, lanzettlich, linealisch od. pfriemlich . . . . . . . . . . . . . . . . . . . . . . . . . . . . . . . . . . . . . . . . . . . . . . . . . . . **7**

7 Bl 2–4 mm br, 30–60 mm lg. Pfl locker beblättert. KrBl gespalten bis geteilt (Abb. **425**/10). 0,10–0,20. ♃ 4–5. **Z** s △ Rabatten; ∀ ⌒ ○ Boden sandig-lehmig, Dränage (warmgemäß. bis gemäß. östl. N-Am.: Felshänge, trockne sandige Böden – 2 Unterarten – ∞ Sorten). **Sand-Ph. – Ph. bifida** BECK

7\* Bl 1–2 mm br, 7–20 mm lg. Pfl dicht beblättert, in ihren BlAchseln oft büschlig beblätterte Kurztriebe (Abb. **427**/6). KrBl ganz od. ± ausgerandet . . . . . . . . . . . . . . . . . **8**

8 BStand (1–)3–6(–12)blütig (Abb. **427**/6). Membran zwischen den KBl meist mit Längsfalte. BStiele 5–20(–30) mm lg. Bl 10–20 mm lg, linealisch bis pfriemlich. 0,05–0,20. ♄ i 4–5. **Z** v △ Rabatten; ⌒ Senker ○ Boden frisch, lehmig-sandig, Dränage (warmgemäß. bis gemäß. östl. N-Am.: Felsen, Schotterfluren, sandige Hügel – 1746 – 3 Unterarten – ∞ Sorten: Kr weiß, blau, rosa, rot, weiß mit rosa Streifen, mit größerem od. kleinerem ∅). **Moos-Ph. – Ph. subulata** L.

8\* BStand 1–3blütig. Membran zwischen den KBl meist glatt, ohne Längsfalte. BStiele 0,5–6(–8) mm lg . . . . . . . . . . . . . . . . . . . . . . . . . . . . . . . . . . . . . . . . . . . . **9**

9 BlRand borstig-gewimpert, schwach bis deutlich verdickt. Bl 7–13 mm lg, 1–2 mm br, linealisch-pfriemlich. 0,02–0,20. ♄ 5–6. **Z** s △; ⌒ Senker ∀ Kaltkeimer ○ ☾ Boden frisch, lehmig-sandig, Dränage (warmes bis gemäß. westl. N-Am.: Felshänge, 1300–4000 m – 4 Unterarten). **Kissen-Ph. – Ph. caespitosa** NUTT.

9\* BlRand kahl od. spärlich weichhaarig, nicht verdickt. HochBl u. BStiele drüsenhaarig od. mit einfachen Haaren . . . . . . . . . . . . . . . . . . . . . . . . . . . . . . . . . . . . . . . . **10**

10 HochBl u. BStiele drüsenhaarig. KBl zu ³/₄ ihrer Länge verwachsen. Bl 10–12 mm lg, 1–1,5 mm br, pfriemlich. 0,02–0,20. ♄ i 5–6. **Z** s △; ⌒ Senker ∀ ○ Boden frisch, lehmig-sandig, Dränage (gemäß. westl. N-Am.: trockne, steinige Böden auf Urgestein u. Kalk – 1838 – 3 Unterarten – ∞ Sorten: in Kultur meist nur Sorten hybridogenen Ursprungs (Phlox-Douglasii-Hybriden); nur wenige Sorten, vermutlich Auslesen, haben noch Merkmale der reinen Art). **Polster-Ph. – Ph. douglasii** HOOK.

10\* HochBl u. BStiele mit einfachen Haaren. KBl zur Hälfte ihrer Länge verwachsen. Bl 8–20 mm lg, 1–2 mm br, pfriemlich. 0,05–0,15. ♄ i 5–8. **Z** z △ Rabatten; ⌒ Senker ∀ ○ Boden frisch, lehmig-sandig, Dränage (warmes bis gemäß. westl. N-Am.: Felshänge – 4 Unterarten). **Ausgebreiteter Ph. – Ph. diffusa** BENTH.

**Leimsaat, Schleimsame, Kollomie – Collomia** NUTT. 15 Arten

1 Bl eilanzettlich, selten gezähnt. Kr lachsfarben-rosa bis hellgelb. Staubbeutel graublau. 0,20–1,00. ⊙ 6–8. **W**. **Z** s Sommerblumenbeete; ○ ~ (warmes bis gemäß. westl. N-Am.: trockne offne Orte, lichte Wälder; verw. in W- u. M-Eur. – 1826). **Großblütige L. – C. grandiflora** DOUGLAS ex DC.

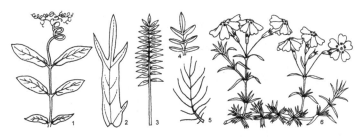

**1\*** Bl linealisch bis lanzettlich, BlSpitzen oft 3–4spaltig (Abb. **427**/2). KrSaum oseits schar-
  lachrot, useits gelblichbräunlich. Staubbeutel weiß. 0,07–0,70. ☉ 7–8. **Z** s Sommer-
  blumenbeete; ○ ~ (Boliv., Chile, Argent.: Weiden, schattige Orte – 1831). [*C. coccinea*
  Lehm.]                                      **Scharlachrote L.** – *C. cavanillesii* Hook. et Arn.

**Gilie** – *Gilia* Ruiz et Pav.                                                         25 Arten

**1** KrSchlund mit 5 dunkelbraunen od. dunkelvioletten Flecken (Abb. **428**/1b) od. ebenso
  gefärbtem Ring. BStand ± lockerblütig (Abb. **428**/1a). KrRöhre unten u. in der Mitte
  gelblich. KrZipfel hellblau bis violett. 0,20–0,50. ☉ 6–8. **Z** z Sommerblumenbeete; ○ ~
  (Kalif.: Prärien, <1200 m – 1813 – ∞ Sorten: B weiß, rosa, rotbraun od. dunkelviolett).
                                                        **Dreifarbige G.** – *G. tricolor* Benth.
**1\*** KrSchlund ohne dunkelbraune od. dunkelviolette Flecken od. ebenso gefärbten Ring.
  BStand dicht- (Abb. **428**/3a) od. lockerblütig . . . . . . . . . . . . . . . . . . . . . . . . . . . . . . **2**
**2** KrZipfel linealisch od. länglich, 2–4 mm lg, meist <1,5 (–2) mm br (Abb. **428**/3b). BStand
  kopfig, 50–100blütig (Abb. **428**/3a). Kr 6–8 mm lg, hellblau. 0,15–0,60. ☉ 7–8. **Z** z
  Sommerblumenbeete; ○ ~ (westl. N-Am.: offne sandige u. steinige Orte, <2100 m –
  1826 – mehrere Unterarten – Sorte: 'Alba': Kr weiß).
                                         **Nadelkissen-G., Kopfblütige G.** – *G. capitata* Sims
**2\*** KrZipfel eifg bis elliptisch, 2–6 mm lg, >2 mm br. BStand fast kopfig, 5–50blütig. Kr
  8–17 mm lg, blau, violett, weiß od. rosa. 0,10–1,00. ☉ 7–8. **Z** s Sommerblumenbeete;
  ○ ~ (Kalif.: offne bis schattige sandige u. steinige Orte, 60–1200 m – 1833).
                                          **Kalifornische G.** – *G. achilleifolia* Benth.

Ähnlich: **Schlitzblättrige G.** – *G. laciniata* Ruiz et Pav.: B zu 2–3 od. einzeln am Ende der Äste. Kr
6–8(–10) mm lg. 0,05–0,35. ☉ 6–8. **Z** s Sommerblumenbeete; ○ ~ (Peru, Chile, Argent. – 1831).

**Scharlachgilie** – *Ipomopsis* Michx.                                                   26 Arten

**1** Blchen fadenfg (Abb. **427**/5). KrZipfel eifg bis elliptisch, schwach spreizend. Sa im Was-
  ser nicht od. kaum verschleimend. Kr hellrot, im Schlund oft gelb od. dunkelrot gefleckt.
  0,50–2,00. ⚥ kurzlebig, ☉ 6–10. **Z** s △ ⓐ Sukkulentenbeete; V ▻ ○ ~ Dränage ⊕
  (westl. N-Am.: Prärien, Küstendünen, lichte Wälder – 1691). [*Gilia rubra* (L.) A. Heller]
                                               **Zypressen-Sch.** – *I. rubra* (L.) Wherry
**1\*** Blchen linealisch. KrZipfel lanzettlich, spreizend bis zurückgebogen. Sa im Wasser ver-
  schleimend. Kr rot od. rosa, im Schlund oft gelb gefleckt. 0,30–0,80. ☉ 6–7. **Z** s △
  ⓐ Sukkulentenbeete; ▻ ○ ~ Dränage ⊕ (westl. N-Am.: lichte Wälder, felsige Hänge u.
  Ufer, trockne Wiesen, 1100–3300 m). [*Gilia aggregata* (Pursh) Spreng.]
                      **Westamerikanische Sch., Himmelsrakete** – *I. aggregata* (Pursh) Grant

**Linanthus, Bergphlox** – *Linanthus* Benth.                                             35 Arten

**1** KrRöhre ± grün, ohne deutliche pergamentartige Streifen . . . . . . . . . . . . . . . . . . . . . **2**
**1\*** KrRöhre aus grünen u. pergamentartigen Streifen bestehend (Abb. **428**/4) . . . . . . . **3**
**2** Pfl ☉. KrRöhre 2–5mal so lg wie der K. Kr weiß, rosa, gelb od. lila. Bl handfg geschnit-
  ten, mit 5–9 Abschnitten. 0,06–0,30. ☉ 7–8. **Z** s △; ○ ~ Dränage (Kalif.: EichenW, offne

Hänge, lichte Gebüsche, Küsten-Prärien, <1200 m – 1833).
**Gemeiner L.** – *L. androsaceus* (BENTH.) GREENE

**2*** Pfl ♃. StgBasis holzig. KrRöhre etwa so lg wie der K. Kr weiß od. cremegelb. Bl handfg geschnitten, mit 5–9 Abschnitten. 0,10–0,20. ♃ 6–8. **Z** s △; ∨ ⩘ ○ ~ Dränage (westl. N-Am.: trockne steinige u. sandige Standorte, lichte Gebüsche, Waldlichtungen, 500–3500 m). **Nuttall-L.** – *L. nuttallii* (A. GRAY) GREENE

**3** **(1)** Bl ganz, fadenfg. BStand lockerblütig. Kr rosa, purpurn od. weiß. KrSchlund gelb. KrZipfel am Rand ± fein gezähnt od. ausgebissen. 0,03–0,15. ⊙ 4–6. **Z** s △; ○ ~ Dränage (Kalif.: offne sandige Standorte, <1300 m – 1855). [*Gilia dianthoides* ENDL.]
**Nelkenblütiger L.** – *L. dianthiflorus* (BENTH.) GREENE

**3*** Bl handfg geschnitten, mit 5–11 linealischen Abschnitten. BStand dichtblütig. Kr weiß bis helllila. 0,10–0,50. ⊙ 5–9. **Z** s △; ○ ~ Dränage (Kalif.: Küstendünen, lichte Wälder, <1200 m – 1833). **Großblütiger L.** – *L. grandiflorus* (BENTH.) GREENE

**Himmelsleiter** – *Polemonium* L. 25 Arten

Lit.: DAVIDSON, J. F. 1950: The genus *Polemonium* (TOURNEFORT) L. Univ. Calif. Publ. Bot. **23**, 5: 209–282.

**1** KrZipfel deutlich kürzer als die KrRöhre (Abb. **429**/1). Kr oft trichterfg, röhrig-trichterfg od. trichterfg mit radfg Saum . . . . . . . . . . **2**

**1*** KrZipfel länger als die KrRöhre od. fast so lg (Abb. **429**/2). Kr oft glockig . . . . . . . . **5**

**2** Blchen zerteilt (Abb. **429**/3) od. Blchen eines Bl teils zerteilt, teils unzerteilt (Abb. **429**/4). Abschnitte der einzelnen Blchen oft quirlig erscheinend, 1,5–10 mm lg . . . . . . . . . . **3**

**2*** Blchen unzerteilt, selten gelappt . . . . . . . . . . **4**

**3** Kr blau, zuweilen weiß. Fast alle Blchen 2–5schnittig (Abb. **429**/3: mittlerer Teil eines Bl). BStand zur BZeit fast kopfig. Pfl drüsenhaarig (Terpentingeruch). 0,05–0,50. ♃ 7–8. **Z** s △; ∨ ○ ~ ⊖ Dränage (westl. N-Am.: Felsen, 3000–4000 m).
**Klebrige H.** – *P. viscosum* NUTT.

**3*** Kr gelb (Abb. **429**/1). Blchen eines Bl teils 2–5schnittig, teils unzerteilt (Abb. **429**/4). BStand zur BZeit fast ährig. 0,12–0,20. ♃, oft kurzlebig 6–8. **Z** s △; ∨ ○ ~ Dränage (Colorado, Utah, New Mex.: Felsspalten, 2650–3800 m).
**Brandegee-H.** – *P. brandegei* (A. GRAY) GREENE

**4** **(2)** Blchen 2–4 mm lg. BStand fast kopfig. Kr 10–14 mm lg. KrZipfel hellblau, ± $^1/_2$ so lg wie die gelbe KrRöhre. 0,05–0,12. ♃ 6–8. **Z** s △; ∨ ○ ~ ⊖ Dränage (Washington, Brit. Columbia: Felshänge, Felsspalten). **Zierliche H.** – *P. elegans* GREENE

**4*** Blchen 9–26 mm lg. BStand locker, wenigblütig. Kr 25–40 mm lg, blassgelb, oft rötlich getönt. KrZipfel ± $^1/_4$ bis $^1/_3$ so lg wie die KrRöhre. 0,15–0,60. ♃, oft kult ⊙ 6–8. **Z** s △; ∨ ○ ◐ Dränage (Texas, Arizona, New Mex.: Bach- u. Flussufer, 2000–3000 m – 1889 – Kolibribestäubung). **Armblütige H.** – *P. pauciflorum* S. WATSON

**5** **(1)** Bl überwiegend grundständig, höchstens wenige StgBl. Blchen meist <12 mm lg. BStand verzweigt, locker. Kr blau, 5–8 mm lg (Abb. **429**/2). 0,05–0,30. ♃ 6–8. **Z** s △; ∨ ○ ~ ⊖ Dränage (westl. N-Am.: Wiesen, lichte Wälder, Felsen, vulkanische Böden).
**Schöne H.** – *P. pulcherrimum* HOOK.

**5*** Bl überwiegend stängelständig od. sowohl stängel- als auch grundständig. Blchen meist >12 mm lg . . . . . . . . . . **6**

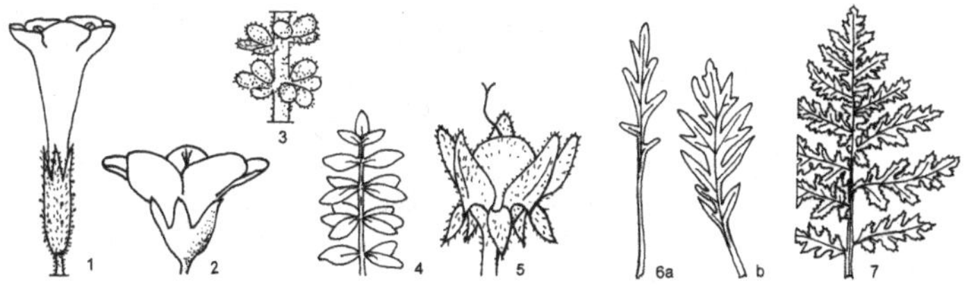

6 Kapsel im K kurz gestielt (Abb. **425**/2). Kr blau od. weiß, 10–15 mm lg. 0,20–0,45. ⚳
 4–5. **Z** s Gehölzgruppen; ∀ ⍦ ◐ ● ≃ Schneckenschutz (östl. N-Am.: feuchte Wälder u.
 Wiesen – um 1758 – einige Sorten).                              **Kriechende H.** – *P. r̲e̲ptans* L.
6* Kapsel im K sitzend (Abb. **425**/1) ........................................ 7
7 Stg im Alter niederliegend bis aufsteigend, spreizend. Kr purpurn, gelb, lachs- od.
 fleischfarben, selten blau od. weiß, 10–25 mm lg. 0,40–0,75. ⚳, oft kurzlebig 5–6. **Z** s
 Gehölzgruppen; ∀ Kaltkeimer ⍦ ○ ◐ Dränage (westl. N-Am.: Gebüsche u. grasige
 Plätze in Küstennähe, <1800 m – 1892 – mehrere Sorten u. Hybr; oft nur ⍦).
                                          **Fleischfarbene H.** – *P. c̲a̲rneum* A. Gʀᴀʏ
7* Stg aufrecht. Kr meist blau, violett od. weiß .............................. 8
8 Endständige Fiedern an der BlMittelrippe bis zum nächsten Fiederjoch herablaufend
 (Abb. **427**/4). Sa im Wasser schleimig werdend. Kr blau, violett, cremefarben od. weiß,
 10–15 mm lg. 0,40–1,00. ⚳, oft kurzlebig 7–8. **Z** s Gehölzgruppen; ∀ ⍦ ○ ◐ (Rocky
 M.: Flussufer, Bergwiesen, feuchte Wälder, 2000–3500 m – var. *fl̲a̲vum* (E. Gʀᴇᴇɴᴇ) Dᴀ-
 ᴠɪᴅsᴏɴ: Kr gelb, außen gelbbraun).                      **Blattreiche H.** – *P. foliosi̲s̲simum* A. Gʀᴀʏ
8* Endständige Fiedern meist nicht an der BlMittelrippe herablaufend (Abb. **427**/3). Sa im
 Wasser nicht schleimig werdend. Kr blau, blauviolett od. weiß, 8–25 mm lg. K ohne lg
 weiße Haare. 0,40–1,00. ⚳ Ⱡ 7–8. **W. Z** z Staudenbeete, Rabatten; ∀ ⍦ ○ ◐ (warm-
 gemäß. bis nördl. Eur., As.: frische bis nasse, kalkhaltige Flachmoore, sickerfeuchte
 Schuttfluren, GrauerlenW – 16. Jh. – mehrere Unterarten u. Sorten – Hybr mit *P. r̲e̲p-
 tans*: *P.* × richardso̲n̲ii hort.).                       **Blaue H.** – *P. caer̲u̲leum* L.

Ähnlich: **Japanische H.** – *P.* yezo̲e̲nse (Mɪʏᴀʙᴇ et Kᴜᴅᴏ) Kɪᴛᴀᴍ. [*P.* coer̲u̲leum subsp. yezo̲e̲nse
(Mɪʏᴀʙᴇ et Kᴜᴅᴏ) Hᴀʀᴀ]: K mit lg weißen Haaren. 0,35–0,80. ⚳ Ⱡ 5–8. **Z** s Staudenbeete, Rabatten;
∀ ⍦ ○ ◐ (N-Japan: feuchte Berghänge, steinige flussbegleitende Hänge, 400–1000 m).


## Familie **Windengewächse** – *Convolvul̲a̲ceae* Jᴜss.                  1600 Arten

1 VorBl br, blattartig, den K ± einhüllend (Abb. **431**/2,3).
                                            **Zaunwinde** – *Calyste̲g̲ia* S. 431
1* VorBl lanzettlich bis fadenfg, den K nicht od. nur spärlich bedeckend, oft vom K entfernt
 (Abb. **431**/1) ............................................... 2
2 Griffel mit 2 fadenfg (Abb. **431**/9) bis zylindrisch-keulenfg Narbenlappen.
                                            **Winde** – *Convo̲l̲vulus* S. 430
2* Griffel mit 1–3 kugelfg Narbenlappen (Abb. **431**/11).  **Prunkwinde** – *Ipomo̲e̲a* S. 432


**Winde** – *Convo̲l̲vulus* L.                                        100 Arten

1 Spreite der StgBl plötzlich in den BlStiel zusammengezogen. Spreitengrund herzfg,
 gestutzt od. keilig ............................................. 2
1* Spreite der StgBl allmählich in den BlStiel verschmälert (Abb. **432**/4) od. Bl sitzend  3
2 Stg windend. Obere StgBl gelappt bis geteilt, untere meist ganz (Abb. **432**/1a,b).
 Spreitengrund herzfg bis pfeilfg. Kr meist rosa, 25–40 mm lg. Bis 1,00. ⚳ ⚥ 6–9. **Z** s △
 Ⓐ; ∀ ⌇ ~ Dränage Ⓡ (Medit., Kanaren: trockne Orte).
                                          **Eibisch-W.** – *C.* althaeoi̲d̲es L.
2* Stg nicht windend, liegend bis aufsteigend. Alle Bl ganz; Spreitengrund schwach
 herzfg, gestutzt bis keilig (Abb. **432**/2). Kr blau bis rosa, 15–22 mm lg. 0,10–0,50.
 ⚳ ♄ 5–10. **Z** z △ Ⓐ Pflanzschalen, Ampeln; ∀ ⌇ ○ ∧ Ⓡ (It., Sizil., NW-Afr.:
 rockne Kalkfelsen – um 1860). [*C.* mauritanicus Bᴏɪss.]
                                          **Kriechende W.** – *C.* saba̲t̲ius Vɪᴠ.
3 **(1)** Pfl ☉. Kr blau, in der Mitte weiß u. gelb, 15–40 mm lg. 0,15–0,50. ☉ 6–9. **Z** z
 Sommerrabatten; ○ (Medit.: offne, trockne Orte, 0–800 m – 1629 – einige Sorten: Kr
 weiß, violett, rosa, dunkelblau).                       **Dreifarbige W.** – *C.* tri̲c̲olor L.
3* Pfl ⚳ ............................................................. 4

**4** BStand deutlich verzweigt, 10–50 cm hoch. Seitliche TeilBStände lg gestielt, 4,5–10 (–15) cm lg. Kr rosa. 0,10–0,50. ♃ 7–8. **Z** s △; ∀ ○ ~ (S-Eur., südl. M-Eur., Anatolien, Kauk., Iran: Wegränder, Felshänge, <1700 m). **Kantabrische W.** – *C. cantabrica* L.

**4\*** BStand nicht deutlich verzweigt, 2–10 cm hoch. Seitliche TeilBStände fehlen od. sehr kurz gestielt, 0,1–1 cm lg. VorBl kürzer als der K. Kissenbildender Spalierhalbstrauch ohne unterirdische Ausläufer. Bl linealisch bis verkehrteifg (Abb. **432**/4). Kr weiß bis rot. 0,02–0,10. ♃ 6–8. **Z** s △ □; ∀ ⋀ ○ ~ ⌃ Dränage (S-Span.: Steppen, Felshänge). [*C. nitidus* BOISS.] **Boissier-W.** – *C. boissieri* STEUD. s. str.

Ähnlich: **Gestrichelte W.** – *C. lineatus* L.: VorBl länger als der K. Kissenbildender Spalierhalbstrauch mit unterirdischen Ausläufern. 0,03–0,25. ♄ ⚯ 7–8. **Z** s △; ∀ ⋀ ○ ~ ⌃ (Medit., Türkei, S-Russl.: Felsfluren, Äcker – 1770).

**Zaunwinde, Strandwinde** – *Calystegia* R. BR.　　　　　25 Arten

**1** Stg liegend. BlSpreite nierenfg, vorn abgerundet od. ausgerandet (Abb. **432**/3). Kr rosa mit 5 weißen Streifen, bis 5 cm lg. 0,10–0,50 lg. ♃ ⚯ 7–8. **W. Z** s Sandbeete ⓐ Ampeln; Dünenbefestigung in Frankr.; ∀ ♥ ○ Sand ⌃ (W-Eur., Medit., Schwarzes Meer u. Kaspisee, O-As., westl. N-Am., SO-Austr., Neuseel., warmes bis gemäß. S-Am.; ursprünglich altweltlich: Küsten; mäßig trockne Weiß- u. Graudünen, kalkhold – ▽). **Strandwinde** – *C. soldanella* (L.) ROEM. et SCHULT.

**1\*** Stg windend. BlSpreite mit pfeilfg bis herzfg Grund, vorn spitz, krautig . . . . . . . . . **2**

**2** B meist gefüllt, steril. KrBl ∞, rosa, zurückgebogen. Bis 5,00. ♃ ⚯ 6–8. **Z** s Spaliere; ♥ Kultur in Gefäßen wegen starker Ausbreitung (O-As.: Äcker, Ufer, Wegränder; verw. in N-Am.). [*C. japonica* CHOISY] **Gefülltblütige Z., Efeu-Z.** – *C. pubescens* LINDL.

**2\*** B einfach, fertil . . . . . . . . . . . . . . . . . . . . . . . . . . . . . . . . . . . . . . . . . . . . . . . **3**

**3** VorBl nicht aufgeblasen, länger als br, ihre Ränder sich nicht deckend, den K nicht völlig verdeckend (Abb. **431**/2). Buchten der BlSpreite zu beiden Seiten des BlStiels spitz (Abb. **431**/13). Kr 3,5–5 cm lg. 1,00–3,00. ♃ ⚯ 6–9. **W. Z** v Spaliere, Zäune; ∀ ○ ◐, wuchert, giftig (warmes bis gemäß. Eur., As., N-Am. u. S-Am., Austr., Tasm.: ursprünglich nur in Eur. u. W-As.: (mäßig) frische bis feuchte Säume von AuenW, -gebüschen u. Hecken, Ruderalstellen, Gärten, ufernahe Staudenfluren, Röhrichte, nährstoffreiche Böden). **Gewöhnliche Z., Echte Z.** – *C. sepium* (L.) R. BR.

**3\*** VorBl am Grund aufgetrieben bis ausgesackt, breiter als lg, mit sich überdeckenden Rändern, den K völlig verdeckend (Abb. **431**/3). Buchten der BlSpreite zu beiden Seiten des BlStiels rund (Abb. **431**/12) . . . . . . . . . . . . . . . . . . . . . . . . . . . . . . . . . . . . . **4**

**4** Kr reinweiß, 6–8 cm lg u. br. Ganze Pfl kahl. 1,00–3,00. ♃ ⚯ 6–9. **W. Z** z Spaliere, Zäune; ∀ ○ ◐ (warmes bis warmgemäß. Eur.: Gebüsche, Hecken, Wälder, Bach- u. Flussufer, frische Ruderalstellen). [*C. sylvestris* ROEM. et SCHULT.] **Wald-Z.** – *C. silvatica* (KIT.) GRISEB.

**4\*** Kr rosa, meist mit 5 weißen Streifen, 4,5–6 cm lg u. br. BStiel, BlStiel u. zuweilen Stg behaart. 1,00–3,00. ♃ ⚯ 6–9. **W. Z** s Spaliere, Zäune; ∀ ○ ◐ (warmgemäß. bis gemäß. W- u. M-Eur.). **Schöne Z.** – *C. pulchra* BRUMMIT et HEYWOOD

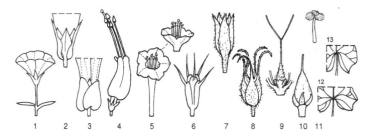

**Prunkwinde** – *Ipomoea* L. (incl. *Pharbitis* CHOISY, *Quamoclit* MILL.)       650 Arten

1 KBl unmittelbar unterhalb ihrer Spitze mit einem aufgesetzten ± lg Hörnchen (Abb. **431**/6). StaubBl oft den KrSaum überragend. KrRöhre gleichmäßig eng (Abb. **431**/5) od. blasig erweitert (Abb. **431**/4) . . . . . . . . . . . . . . . . . . . . . . . . . . . . . . . . . . . . . . . . . 2

1* KBl ohne ein unterhalb ihrer Spitze aufgesetztes Hörnchen. StaubBl den KrSaum nicht überragend, oft nicht länger als die KrRöhre. KrRöhre gegen den Schlund ± trichterfg erweitert . . . . . . . . . . . . . . . . . . . . . . . . . . . . . . . . . . . . . . . . . . . . . . . . . . . . . . 4

2 Bl fiederschnittig. BlAbschnitte schmal linealisch, fast fadenfg (Abb. **432**/5). Bis 3,00. ☉ ⚥ 7–8. **Z** s Spaliere, Balkonkästen; HeilPfl in Indien u. Kuba; ▭ ○ (trop. Am.: Gebüsche, Bachufer, 0–1500 m – 1629 – einige Sorten). [*Quamoclit vulgaris* CHOISY]
         **Zypressen-P., Gewöhnliche P.** – *I. quamoclit* L.

2* Bl unzerteilt od. 3spaltig bis -teilig (vgl. auch Hybr: *I.* × *multifida*, Abb. **432**/6,7) . . . 3

3 KrRöhre etwas aufgeblasen u. gekrümmt (Abb. **431**/4), anfangs rot, später gelblichweiß. KrSaum 5zähnig, kurz, wenig ausgebreitet. Bl 3spaltig bis 3teilig. Bis 5,00. ⟂ ⚥, kult ☉ 7–9. **Z** s Spaliere, Balkonkästen; ▭ ○ (S-Mex. – 1841). [*Mina lobata* CERV., *Quamoclit lobata* (CERV.) HOUSE]       **Gelappte P.** – *I. lobata* (CERV.) THELL.

3* KrRöhre nicht aufgeblasen, gleichmäßig eng. KrSaum schalenfg ausgebreitet (Abb. **431**/5). Kr bis 2,5(–3) cm lg, scharlachrot. Bl ganz (Abb. **432**/8), zuweilen seicht gelappt od. gezähnt. 2,00–4,00. ☉ ⚥ 7–10. **Z** s Spaliere, Pflanzschalen, Balkonkästen; ▭ ○ (New Mex., Arizona: Gebüsche, Felsen, Bachufer). [*Quamoclit coccinea* (L.) MOENCH]
         **Scharlachrote P., Sternwinde** – *I. coccinea* L.

Hybr mit *I. quamoclit*: **Kardinal-P.** – *I.* × *multifida* (RAF.) SHINNERS: Bl fiederspaltig bis -schnittig mit 3–7 (–9) linealischen od. lineal-lanzettlichen Abschnitten (Abb. **432**/6), aber auch hand- od. fußfg gelappt bis geschnitten (Abb. **432**/7). 1,00–4,00. ☉ ⚥ 7–10. **Z** z Spaliere, Balkonkästen; ▭ ○.

4 (1) Narbenlappen 2. Stg kahl. KBl bis 7 mm lg, kahl. Fr kegel- (Abb. **431**/10) od. eifg. BlSpreite eifg mit herzfg Grund. Bis 4,00. ⟂ ⚥, kult ☉ 8–10 Vormittag- u. Mittagblüher. **Z** z Spaliere, Balkonkästen; V ▭ ○ (M-Am.: Gebüsche, 500–1900 m; verw. in den Trop. – 1830 – einige Sorten: z. B. 'Crimson Rambler': B rot mit weißem Schlund; 'Heavenly Blue' u. 'Clarke's Himmelblau': B himmelblau). [*I. rubrocaerulea* HOOK., *I. violacea* auct. non L.]       **Himmelblaue P.** – *I. tricolor* CAV.

4* Narbenlappen 3 (Abb. **431**/11). Stg behaart. KBl 8–30 mm lg, zumindest an der Basis behaart (Abb. **431**/7,8) . . . . . . . . . . . . . . . . . . . . . . . . . . . . . . . . . . . . . . . . 5

5 KBl 8–15 mm lg, stumpf, spitz od. zugespitzt, ohne lg ausgezogene Spitze (Abb. **431**/7). Kr 3–5(–8,5) cm lg. KrSaum blau bis rot od. weiß, oft mit farbigen Streifen. Bl ganz od. 3spaltig. Bis 3,00. ☉ ⚥ 7–9 Vormittag- u. Mittagblüher. **Z** z Spaliere, Balkonkästen; ○ (Mex.: Flussufer, Elchen W, 2240–2650 m – 1629 – einige Sorten). [*Pharbitis purpurea* (ROTH) BOJER]       **Purpur-P.** – *I. purpurea* ROTH

5* KBl 15–25(–30) mm lg, mit stark verlängerter, fast linealischer Spitze . . . . . . . . . . 6

6 Kr 3–6 cm lg. KrSaum 4–5 cm ⌀, blau. KBl spitzenwärts sich gleichmäßig verschmälernd. KBlSpitzen aufrecht. Bl br eifg bis fast kreisfg, ganz od. 3lappig. Bis 5,00. ⟂ ⚥, kult ☉ 7–9. **Z** s Spaliere, Balkonkästen; ▭ ○ (altweltl. Trop.: Ufer, Gebüsche – vermut-

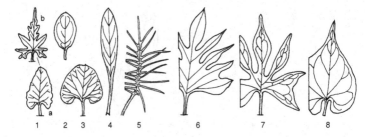

lich um 1600 – ∞ Sorten: Kr violett, purpurn, rosa, blau verschieden gezeichnet, gefranst, gekräuselt, gefüllt, Bl auch panaschiert). [*Pharbitis nil* (L.)] Choisy]
**Blaue P.** – *I. nil* (L.) Roth
6* Kr 2–4 cm lg. KrSaum 2–3(–3,5) cm ∅, blau, purpurn od. weiß. KBl spitzenwärts sich plötzlich linealisch verschmälernd. KBlSpitze zur FrZeit meist zurückgebogen (Abb. **431**/8). Bl eifg, ganz od. 3lappig, zuweilen 5lappig. Bis 4,00. ⊙ ⚥ 7–9. **Z** s Spaliere, Balkonkästen; ⌂ ○ (trop. u. subtrop. Am. – 1597). [*Pharbitis hederacea* (Jacq.) Choisy]
**Efeu-P.** – *I. hederacea* Jacq.

# Familie **Wasserblattgewächse** – Hydrophyllaceae R. Br. 270 Arten

1    B meist einzeln in den BlAchseln. KBuchten mit Anhängseln (Abb. **429**/5).
**Hainblume** – *Nemophila* S. 433
1*   B in ± reichblütigen, lockeren od. dichten BStänden. KBuchten meist ohne Anhängsel (nur zuweilen bei *Hydrophyllum canadense* mit kleinen Anhängseln) . . . . . . . . . . 2
2    Pfl ⊙.                    **Phazelie, Büschelschön** – *Phacelia* z. T. S. 433
2*   Pfl ♃ . . . . . . . . . . . . . . . . . . . . . . . . . . . . . . . . . . . . . . . . . . . . . . . . . . 3
3    Bl > 10 cm br, kahl od. schwach behaart. BStand meist breiter als lg.
**Wasserblatt** – *Hydrophyllum* S. 433
3*   Bl < 4 cm br (Abb. **429**/6), dicht anliegend behaart. BStand länger als br.
**Phazelie, Büschelschön** – *Phacelia* z. T. S. 433

**Wasserblatt** – *Hydrophyllum* L.                            8 Arten

1    StgBl handfg, mit 5–9 Abschnitten, im Umriss fast kreisrund, mit herzfg Spreitenbasis. Kr weiß od. purpurn. 0,30–0,70. ♃ ⚘ 5–6. **Z** s Gehölzgruppen; ∨ ⚘ ◐ ● (östl. N-Am.: feuchte Wälder – 1759).          **Kanadisches W.** – *H. canadense* L.
1*   StgBl fiederschnittig od. gefiedert mit 5(–9) Abschnitten. Kr weiß, violett od. purpurn. 0,20–0,80. ♃ ⚘ 5–6. **Z** s Gehölzgruppen; ∨ ⚘ ◐ ● (östl. u. zentrales N-Am.: feuchte Wälder, offne nasse Orte – 1739).          **Virginisches W.** – *H. virginianum* L.

**Hainblume** – *Nemophila* Nutt.                            13 Arten

1    Kr weiß mit purpurnem Fleck am Ende jedes KrZipfels. Kapsel 4–6 mm ∅. 0,10–0,20. ⊙ 6–7. **Z** s Sommerblumenbeete; ◐ ○ (Kalif.: Wiesen, Wälder, Straßenränder, 60–3100 m – 1848 – Sorte: 'Purpurea': Kr zusätzlich purpurn marmoriert).
**Gefleckte H., Fünffleck** – *N. maculata* Benth.
1*   Kr weiß od. hellblau, verschieden gezeichnet, aber nicht mit purpurnem Fleck am Ende jedes KrZipfels. Kapsel 5–15 mm ∅. 0,10–0,20. ⊙ 6–8. **Z** s Sommerblumenbeete; ◐ ○ (Kalif., Oregon: Wiesen, Felder, Wälder, Schluchten, 15–1900 m – 1836 – einige Varietäten u. Sorten: Kr weiß, himmelblau od. bronzepurpurn, ohne od. mit blauem od. weißem Rand, ohne od. mit weißem, purpurschwarzem od. schwarzem Auge, gleichfarbig od. gepunktet). [*N. insignis* Douglas]          **Menzies-H., Blaue H.** – *N. menziesii* Hook. et Arn.

**Phazelie, Büschelschön** – *Phacelia* Juss.                            150 Arten
Bem.: *Phacelia*-Arten können schwere Kontaktallergien verursachen.

1    Bl fiederteilig bis fiederschnittig (Abb. **429**/6,7) . . . . . . . . . . . . . . . . . . . . . . . . . . 2
1*   Bl unzerteilt, höchstens gelappt . . . . . . . . . . . . . . . . . . . . . . . . . . . . . . . . . . . . . 3
2    Pfl ♃. Stg u. Bl (Abb. **429**/6a,b) überwiegend dicht mit anliegenden weißen Haaren. BStand kerzenartig. Kr blau od. purpurn, selten weiß. KrRöhrenbasis mit 10 am Grund der Staubfäden paarweise angeordneten länglichen bis lanzettlichen Schuppen. 0,10–0,30. ♃ 5–6. **Z** s △; ∨ Kaltkeimer ○ ~ ⊖ Boden kiesig (westl. N-Am.: offne u. bewaldete Felshänge, 2100–2700 m).          **Seidenhaarige Ph.** – *Ph. sericea* (Graham) A. Gray
2*   Pfl ⊙. Stg mit lg abstehenden borstigen u. kurzen flaumigen Haaren. Bl nicht weißhaarig (Abb. **429**/7). BStand fast trugdoldig. Kr blau (Abb. **434**/1a). KrRöhrenbasis mit 10

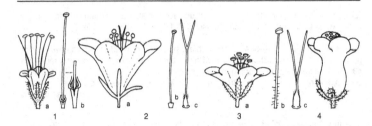

am Grund der Staubfäden paarweis verwachsenen ± halbmondfg Schuppen (Abb. **434**/1b). 0,20–1,20. ⊙ 6–8. **Z** z Sommerblumenbeete; **N** z Felder ○ Futter, Gründüngung; ○ ∼, hautreizend (Kalif., Arizona, Mex.: trockne felsige Hänge, bis 2000 m – 1832). **Rainfarn-Ph.** – *Ph. tanacetifolia* BENTH.

**3** (1) Staubfäden an der Basis nicht verbreitert (Abb. **434**/3b). Griffel bis unterhalb seiner Mitte geteilt (Abb. **434**/3c) . . . . . . . . . . . . . . . . . . . . . . . . . . . . . . . . . . . . . . . . . **4**

**3\*** Staubfäden an der Basis ± verbreitert (Abb. **434**/2b). Griffel bis zu seiner Mitte geteilt (Abb. **434**/2c) . . . . . . . . . . . . . . . . . . . . . . . . . . . . . . . . . . . . . . . . . . . . . . . . **5**

**4** KZipfel 3–4 mm lg, zur FrZeit 5–10 mm lg. Kr 8–18 mm lg, 15–25 mm ∅, schüsselfg (Abb. **434**/3a) od. fast radfg, weiß, blau od. purpurn. Staubfäden spärlich behaart. Griffel 5–15 mm lg. 0,10–0,80. ⊙ 6–8. **Z** s Sommerblumenbeete; ○ ∼ (Kalif.: offne, trockne Standorte, bis 700 m). **Klebrige Ph.** – *Ph. viscida* (BENTH. ex LINDL.) TORR.

**4\*** KZipfel 5–8 mm lg, zur FrZeit 10–12 mm lg. Kr 12–25 mm lg, 30–50 mm ∅, schüsselfg bis fast radfg, violett od. blau. Staubfäden kahl. Griffel 10–25 mm lg. 0,50–1,00. ⊙ 5–6. **Z** s Sommerblumenbeete; ○ ∼ (Kalif.: trockne Hänge, Brandstellen, HartlaubW, bis 900 m). **Großblütige Ph.** – *Ph. grandiflora* (BENTH.) A. GRAY

**5** (3) Kr schüsselfg bis fast radfg. KrRöhre etwa so lg wie die KrZipfel. Kr 10–20 mm lg. KrSaum 15–30 mm ∅, purpurblau. KrSchlund weißgefleckt. Griffel 10–20 mm lg. 0,10–0,70. ⊙ 6–9. **Z** s Sommerblumenbeete; ○ ∼ (Kalif., Mex.: offne Standorte, Brandstellen, HartlaubW, bis 2400 m). **Parry-Ph.** – *Ph. parryi* TORR.

**5\*** Kr röhren-glockenfg, trichterfg od. glockenfg. KrRöhre etwa doppelt so lg wie die KrZipfel . . . . . . . . . . . . . . . . . . . . . . . . . . . . . . . . . . . . . . . . . . . . . . . . . . . . . . **6**

**6** Kr röhren-glockenfg, am Schlund etwas zusammengezogen (Abb. **434**/4), 15–40 mm lg, violett, selten weiß. KrSaum 10–30 mm ∅. Verbreiterte Staubfadenbasis behaart. Griffel 15–40 mm lg. 0,20–0,70. ⊙ 7–8. **Z** ε Sommerblumenbeete; ○ ∼ (S-Kalif.: trockne, offne Standorte, Brandstellen, bis 1600 m – 1854 – einige Sorten). [*Ph. whitlavia* A. GRAY] **Kleine Ph.** – *Ph. minor* (HARV.) THELL. ex F. ZIMM.

**6\*** Kr trichterfg (Abb. **434**/2a) od. glockenfg, am Schlund nicht zusammengezogen, 15–40 mm lg. KrSaum 10–40 mm ∅, hellblau bis weiß. Verbreiterte Staubfadenbasis kahl od. behaart. Griffel 15–45 mm lg. 0,10–0,50. ⊙ 7–9; **Z** s Sommerblumenbeete; ○ ∼ (S-Kalif., Colorado: offne felsige u. sandige Standorte, bis 1600 m – 1882). **Glocken-Ph., Wüsten-Blauglocke** – *Ph. campanularia* A. GRAY

## Familie **Boretschgewächse** – *Boraginaceae* JUSS.     2300 Arten

**1** FrKn zur BZeit ungeteilt, erst bei der Reife in 4 TeilFr zerfallend. Griffel endständig. **Heliotrop, Sonnenwende** – *Heliotropium* S. 436

**1\*** FrKn bereits zur BZeit 4- od. 2teilig. Griffel zwischen den TeilFr grundständig . . . . **2**

**2** Kr mit Schlundschuppen (Abb. **442**/1,2,4,5; Abb. **440**/5,6; Abb. **443**/2,3; Abb. **445**/3), behaarten Längsleisten (Abb. **436**/3), querverlaufender Falte, Haarring od. zu einem Haarring vereinten Haarbüscheln (Abb. **438**/5a) . . . . . . . . . . . . . . . . . . . . . . . . . . . **3**

**20** **(18)** Bl sternhaarig (Abb. **437**/1,2). Kr in der VollB gelb od. weiß bis blassrosa u. rot, höchstens am Ende der BZeit spitzenwärts blau (Abb. **437**/3).

Lotwurz – *Onosma* S. 436

**20\*** Bl mit einfachen Haaren od. kahl ........................................ **21**

**21** Kr gelb od. gelb mit rotbraun (Abb. **437**/5,7). Staubbeutel mit schwanzartigen Anhängseln (Abb. **437**/6). **Wachsblume** – *Cerinthe* S. 437

**21\*** Kr blau od. rot. Staubbeutel ohne Anhängsel ............................. **22**

**22** B in der Achsel von HochBl. StaubBl meist die Kr überragend (Abb. **436**/4).

Moltkie – *Moltkia* S. 437

**22\*** B nicht in der Achsel von HochBl. HochBl höchstens rudimentär.

**Blauglöckchen** – *Mertensia* S. 443

**Heliotrop, Sonnenwende** – *Heliotropium* L.                    250 Arten

Bl 3–12 cm lg. B 3–6 mm lg, violett, blau, selten weiß, nach Vanille duftend. 0,20–1,20 (–2,00). ♄, kult ☉ 5–9. **Z** v Sommerrabatten; in Medit. kult für Parfüm; ∀ warm, Lichtkeimer ⋎ ○ ⓚ, giftig (Peru: steinige Abhänge, bis 3200 m – Mitte 18. Jh. – ∞ Sorten). [*H. peruvianum* L., *H. corymbosum* Ruiz et Pav.]

**Garten-H., Strauchige Sonnenwende** – *H. arborescens* L.

**Prophetenblume** – *Arnebia* Forssk.                           25 Arten

GrundBl lanzettlich, bis 25 cm lg. StgBl sitzend, halbstängelumfassend. Kr stieltellerfg, goldgelb. KrSaum anfangs innen mit schwarzen Flecken, 18–26 mm ∅ (Abb. **436**/1). StaubBl in 2 Etagen (Abb. **436**/2). 0,20–0,40. ⌗ 5–6. **Z** s △; ∀ ◗ Dränage (Kauk., N-Iran, NO-Türkei: alp. Felsfluren u. Matten – 1828). [*A. longiflora* K. Koch, *A. echioides* (L.) A. DC., *Macrotomia echioides* (L.) Boiss.].

**Prophetenblume** – *A. pulchra* (Willd. ex Roem. et Schult.) J. R. Edm.

**Steinsame** – *Buglossoides* Moench                           15 Arten

Kr purpurn, später blau, 10–19 mm ∅ (Abb. **436**/3). TeilFr glatt, glänzend weiß. 0,15–0,60(–0,70). ⌗ ⌶ Bogentriebe 4–6. **W**. **Z** z Gehölzgruppen; ∀ Kaltkeimer ♈ ○ ● auswildernd, schwer zu bekämpfen! (warmes bis warmgemäß. Eur., Türkei, Kauk., Elburs-Gebirge: trockne bis mäßig frische, lichte LaubW u. Gebüsche u. ihre Säume, kalkhold). [*Lithospermum purpurocaeruleum* L.]

**Purpurblauer St.** – *B. purpurocaerulea* (L.) I. M. Johnst.

**Lotwurz** – *Onosma* L.                                       150 Arten

Lit.: Teppner, H. 1980: Die *Onosma alboroseum*-Gruppe. Phyton **20**, 1–2: 135–157.

**1** Kr anfangs weiß, später spitzenwärts blassrosa bis rot, beim Vertrocknen blau (Abb. **437**/3,4). Bl mit Haarkissen aus 20–50 Strahlen (Abb. **437**/1,2). 0,10–0,30. ♄ 5–6. **Z** s △; ∀ Kaltkeimer ○ ~ Dränage ⊕ Nässeschutz im Winter (Türkei: Kalkfelsen, Rohböden in KiefernW, 1600–2250 m). **Weißrosafarbene L.** – *O. alboroseum* Fisch. et C. A. Mey.

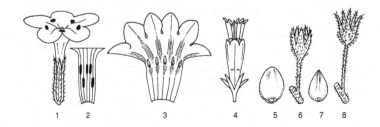

1    2             3              4      5   6   7   8

**1\*** Kr gelb. Bl mit Haarkissen aus 3–10 Strahlen. Kr 15–18 mm lg. BStiel zur BZeit 6–14 mm lg. 0,10–0,25. ♄ 5–6. **Z** s △; **v** Kaltkeimer ○ ~ ⊕ Dränage, Nässeschutz im Winter (westl. Balkan: Felsen – 1819). **Sternchen-L.** – *O. stellulatum* WALDST. et KIT.

Ähnlich: **Südosteuropäische L.** – *O. tauricum* PALL. ex WILLD.: Kr gelb, 20–30 mm lg. BStiel zur BZeit 0–2 mm lg. 0,10–0,40. ♄ 5–6. **Z** s △; **v** ○ ~ ⊕ Dränage, Nässeschutz im Winter (SO-Eur., Türkei: lichte Wälder, Steppen, sandige Hänge, Kalkfelsspalten – 1801).

**Wachsblume** – *Cerinthe* L. 10 Arten

**1** Kr 5spaltig; ihre Zipfel lanzettlich, aufrecht zusammenneigend, an der Spitze nicht zurückgekrümmt, fast so lg wie die KrRöhre (Abb. **437**/7). GrundBl oft weißlich gefleckt. 0,15–0,60. ⊙ ⚁? 5–7. **W. Z** s Staudenbeete; **v** ○ ◑ (warmes bis gemäß. subozeanisches Eur., VorderAs.: Ruderalstellen, Brachen, Trockengebüschsäume, kalkhold – 16. Jh.). **Kleine W.** – *C. minor* L.

**1\*** Kr 5zähnig; ihre Zähne eifg bis dreieckig, an der Spitze oft zurückgekrümmt, viel kürzer als die KrRöhre (Abb. **437**/5) .......................................... **2**

**2** BlRand kahl. Kr 9–12 mm lg, 3–4 mm ⌀. KZipfel stumpf. 0,30–0,60. ⚁ i ⅄ 5–7. **W. Z** s △; **v** ◑ (Gebirge von M- u. S-Eur., Kauk., Türkei: frische, nährstoffreiche subalp. Staudenfluren, Viehläger, Tannen- u. KiefernW, Kalksteinhänge, bis 3300 m – 1827). **Alpen-W.** – *C. glabra* MILL.

**2\*** BlRand borstig bewimpert. Kr 15–20(–30) mm lg, 5–8 mm ⌀ (Abb. **437**/5). KZipfel (fast) spitz. 0,20–0,80. ⊙ 6–9. **Z** s Sommerblumenbeete; ○ ◑ (Medit.: Felder, Weinberge, feuchte Orte, Straßenränder – Sorte: 'Purpurascens': HochBl stahlblau – 16. Jh.). **Große W.** – *C. major* L.

**Moltkie** – *Moltkia* LEHM. 6 Arten

**1** Rhizomstaude. Kr (17–)19–25 mm lg, dunkelpurpurn. 0,30–0,50. ⚁ ⅄ 5–7. **Z** s △; **v** ⚘ ○ ⊕ (NO-Alban.: Felsspalten). **Doerfler-M.** – *M. doerfleri* WETTST.

**1\*** Halb- od. Zwergstrauch. Kr bis 17 mm lg ................................ **2**

**2** Bl 50–150 mm lg, 1–4 mm br. Kr 13–16(–17) mm lg, blau. StaubBl die Kr nicht od. kaum überragend. Staubbeutel etwa so lg wie die Staubfäden. 0,30–0,40. ♄ 6–8. **Z** s △; **v** ⌇⌇ ○ ⊕ ∧ (N-Ital.: Kalkfelsen – 1815 – Hybr mit *M. petraea*: *M.* × *intermedia* (FROEBEL) INGRAM). **Italienische M.** – *M. suffruticosa* (L.) BRAND

**2\*** Bl 10–50 mm lg, 1–6 mm br. Kr 6–10 mm lg, blau. StaubBl die Kr weit überragend (Abb. **436**/4). Staubbeutel kürzer als die Staubfäden. 0,20–0,40. ♄ i 5–8. **Z** s △; **v** ⌇⌇ ○ ⊕ (westl. Balkan: Kalkfelsspalten – 1845). **Felsen-M.** – *M. petraea* (TRATT.) GRISEB.

**Steinsame** – *Lithodora* GRISEB. 7 Arten

Zweige aufrecht bis niederliegend. Bl linealisch bis lanzettlich, borstig behaart. Kr blau. 0,10–0,50. ♄ i 5–6. **Z** s △; **v** ⌇⌇ ○ ⊖ ∧ (SW-Eur.: KiefernW, Gebüsche, Sandküsten – 1825 – einige Sorten). [*Lithospermum prostratum* LOISEL.] **Zwergstrauchiger St.** – *L. diffusa* (LAG.) I. M. JOHNST.

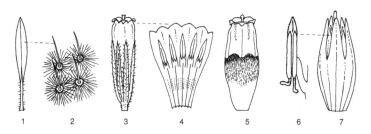

|   1   |   2   |   3   |   4   |   5   |   6   |   7   |

**Alkanna, Schminkwurz** – *Alkanna* TAUSCH                              25–30 Arten

Lit.: RECHINGER, K. H. 1965: Zur Kenntnis der europäischen Arten der Gattung *Alkanna*. Ann. Naturhistor. Mus. Wien. **68**: 191–220.

**1**  Kr gelb . . . . . . . . . . . . . . . . . . . . . . . . . . . . . . . . . . . . . . . . . . . . . . . . . . . . . . . . . **2**
**1\***  Kr blau . . . . . . . . . . . . . . . . . . . . . . . . . . . . . . . . . . . . . . . . . . . . . . . . . . . . . . . . . **3**
**2**  GrundBl am Rand gebuchtet u. wellig, 10–15 cm lg. K drüsig, 6–8 mm lg zur BZeit,
10–15 mm lg zur FrZeit. 0,30–0,50(–0,80). ♃ 5–6. **Z** s Ⓐ △; ⱴ Wurzelschnittlinge ○ ⊕
∧ Dränage (S-Griech., östl. Medit., Sinai, Transkauk., N-Iran: steinige Orte, Steppen,
Vulkanabhänge, bis 2450 m – mehrere Varietäten).
                    **Orientalische A.** – *A. orientalis* (L.) BOISS.
**2\***  GrundBl am Rand ganz u. glatt, 6–10 cm lg. K drüsenlos, 5–6 mm lg zur BZeit, 10–12
mm lg zur FrZeit. 0,15–0,50(–0,80). ♃ 5–6. **Z** s Ⓐ △; ⱴ Wurzelschnittlinge ○ ⊕ Dränage
∧ (S-Balkan: Felshänge – 2 Unterarten).
                      **Griechische A.** – *A. graeca* BOISS. et SPRUNER
**3**  **(1)** Warzen auf der Oberfläche der TeilFr an ihrem Grund ± zusammenfließend, stumpf
(Abb. **439**/4d). TeilFr mit stark zurückgebogenem Schnabel. Pfl mit ± anliegenden
Borstenhaaren. 0,10–0,20(–0,30). ♃ 6–7. **Z** s Ⓐ △; früher FärbePfl zwischen Ungarn u.
Türkei; ⱴ Wurzelschnittlinge ○ ⊕ Dränage ∧ (warmes bis warmgemäß. Eur., Türkei:
sandige u. steinige Orte, Macchien, Eichengebüsche, bis 800 m – 4 Unterarten).
[*A. tinctoria* (L.) TAUSCH]
                    **Schminkwurz-A., Schminkwurz** – *A. tuberculata* (FORSSK.) MEIKLE
**3\***  Warzen auf der Oberfläche der TeilFr an ihrem Grund nicht zusammenfließend (Abb.
**439**/4b,c), stumpf od. fast spitz. Pfl ± weiß- od. graufilzig . . . . . . . . . . . . . . . . . . . **4**
**4**  TeilFr mit geradem, horizontal abgewinkeltem Schnabel (Abb. **439**/4c). Pfl kissenartig.
0,05–0,15. ♃ 4–7. **Z** s Ⓐ △; ⱴ Wurzelschnittlinge ○ ⊕ Dränage ∧ (S-Türkei: Kalkfels-
spalten, Eichen- u. KiefernW, Garriguen, 280–1300 m).
                    **Kissenbildende A.** – *A. aucherana* A. DC.
**4\***  TeilFr mit zurückgebogenem Schnabel (Abb. **439**/4b). 0,10–0,25. ♃ 5–6. **Z** s Ⓐ △; ⱴ
Wurzelschnittlinge ○ warme Orte ⊕ Dränage ∧ (SW- u. S-Türkei: Kalkfelsspalten,
Macchien, 30–2000 m).                          **Weißgraue A.** – *A. incana* BOISS.

---

**Natternkopf** – *Echium* L.                                               60 Arten

GrundBl eifg bis lanzettlich, 5–14 cm lg. StgBl länglich bis lanzettlich, Spreitengrund der
obersten StgBl ± herzfg. K zur FrZeit bis 15 mm lg (Abb. **440**/3). Kr 18–30 mm lg, blau.
Meist 2 StaubBl die Kr überragend (Abb. **440**/2). 0,20–0,60. ☉ ⊙ 6–8. **Z** s Sommer-
blumenbeete; ☽ ~ (S- u. W-Eur.. Straßenränder, Felder, Sandflächen nahe der Küste
– 1658).                                        **Wegerich-N.** – *E. plantagineum* L.

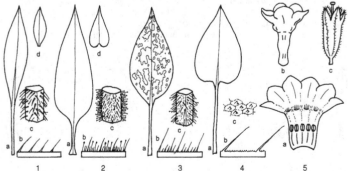

1            2            3            4            5

**Lungenkraut** – *Pulmonaria* L.                                                18 Arten

Lit.: Bolliger, M. 1982: Die Gattung *Pulmonaria* in Westeuropa. Vaduz. – Kerner, A. 1878: Monographia *Pulmonariarum*. Oeniponte, (Innsbruck). – Pape, G. 1993: Pulmonarien mit hohem Zierwert. Gartenpraxis **4**: 8–12. – Sauer, W. 1972: Die Gattung *Pulmonaria* in Oberösterreich. Österr. Bot. Z. **120**: 33–50. – Sauer, W. 2000: Gärtnerisch wichtige Lungenkraut-Arten. Gartenpraxis **5**: 9–14.

Bem.: Zur Bestimmung sind neben den BTrieben die nach ihrem Abblühen erscheinenden SommerBl mit ihrer artspezifischen Behaarung erforderlich. Man unterscheidet Borsten (steif), Haare (weich u. kurz), Stieldrüsen u. Stachelhöcker (winzig, < 1 mm lg) (Lupenvergrößerung mindestens 12fach, besser 40–50fach). Bei Sorten u. Hybriden ist vorliegender Schlüssel nicht oder nur bedingt anwendbar.

1    Spreitenbasis der SommerBl (GrundBl) herzfg od. gestutzt (Abb. **438**/4a). BlOSeite neben lg Borsten dicht mit sehr kurzen < 0,1 mm lg Stachelhöckern (Abb. **438**/4b,c). Bl mit weißen od. hellgrünen Flecken od. ungefleckt. 0,10–0,30. ♃ ⚥ 3–5. **W**. **Z** z Gehölzgruppen; früher HeilPfl; V Lichtkeimer ⚥ ◐ ● (warmgemäß. bis gemäß. M- u. O-Eur.: frische bis mäßig feuchte LaubmischW, besonders AuenW, Wald- u. Gebüschsäume, basenhold, nährstoffreiche Böden – einige Sorten: B auch weiß).
         **Echtes L.** – *P. officinalis* L. s. l. (incl. *P. obscura* Dumort.)
1*   Spreitenbasis der SommerBl (GrundBl) abgerundet bis keilig od. allmählich in den BlStiel verschmälert (Abb. **438**/1a,2a,3a; Abb. **439**/1a,2a,3a). BlOSeite stets ohne Stachelhöcker . . . . . . . . . . . . . . . . . . . . . . . . . . . . . . . . . . . . . . . . . . . . . . . .   **2**
2    Bl ungefleckt; wenn Bl gefleckt, dann B zur BZeit ziegelrot . . . . . . . . . . . . . . . . . .   **3**
2*   Bl meist weiß od. hellgrün gefleckt; wenn Bl zuweilen ungefleckt, dann oseits mit gleichlg Borsen (*P. longifolia*) . . . . . . . . . . . . . . . . . . . . . . . . . . . . . . . . . . . . . . . . .   **6**
3    Kr zur BZeit stets ziegelrot, erst beim Verblühen violett. BlOSeite mit locker stehenden lg u. kurzen Borsten (Abb. **439**/1a,b). BStandsachse drüsig-klebrig (Abb. **439**/1c). 0,15–0,30. ♃ ⚥ 3–5. **Z** z Gehölzgruppen; V Kaltkeimer ⚥ ◐ (Balkan: BergW – vor 1914 – einige Sorten: Bl gepunktet, gelbbunt, B in verschiedenen Rosa- u. Rottönen, weißadrig).
         **Rotes L.** – *P. rubra* Schott
3*   Kr zur BZeit azurblau, blauviolett, lila od. weiß . . . . . . . . . . . . . . . . . . . . . . . . . . . .   **4**
4    SommerBl (GrundBl) schmal lanzettlich, 1–5 cm br, 6–9mal so lg wie br (Abb. **438**/1a). Obere StgBl lanzettlich, mit verschmälerter Basis (Abb. **438**/1d). BlOSeite mit gleichlg Borsten (Abb. **438**/1b). BStandsachse nicht drüsig-klebrig (Abb. **438**/1c). BStände locker, nicht knäulig. BStiele zur FrZeit sich verlängernd. Kr azurblau, innen unter dem Haarring kahl. 0,10–0,30. ♃ ⚥ 3–5, **W**. **Z** s Gehölzgruppen; V ⚥ ◐ ● (warmgemäß. bis gemäß. M- u. O-Eur.: mäßig trockne bis frische EichenmischW u. ihre Ränder, Gebüsche, basenhold – ▽).
         **Schmalblättriges L.** – *P. angustifolia* L.

Ähnlich: **Langblättriges L.** – *P. longifolia*, s. 7: BStände zur B- u. FrZeit kompakt, knäulig zusammengezogen. BStiele auch zur FrZeit ± kurz bleibend. SommerBl bis 5,2(–7,3) cm br (Abb. **439**/2a,b,c).

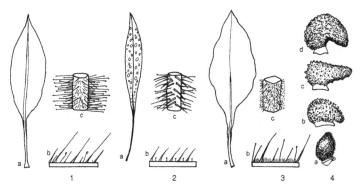

4* SommerBl (GrundBl) eifg, eifg-lanzettlich od. länglich-lanzettlich,· 5–14 cm br, 3–5 (–6)mal so lg wie br. Obere StgBl eifg-lanzettlich, mit gerundeter od. (fast) herzfg halbstängelumfassender Basis (Abb. **438**/2d) .................................. **5**

5 Pfl ± dicht. BlOSeite dicht weichhaarig, außerdem mit Drüsenhaaren u. vereinzelten Borsten (Abb. **438**/2a,b), mit deutlichem Grauschimmer. BStandsachsen drüsig-klebrig (Abb. **438**/2c). Kr violett bis blauviolett, innen unter dem Haarring fast stets fein behaart. 0,15–0,50. ♃ ⚥ 3–5. **W. Z** s Gehölzgruppen; ∨ Kaltkeimer ⚘ ☾ ● (warmgemäß. bis gemäß. M- u. O-Eur., W-As.: frische bis wechselfrische LaubmischW u. ihre Ränder, Gebüsche, mont. bis subalp. Hochstaudenfluren, nährstoffreiche Böden, basenhold – 2 Unterarten – ▽). [*P. mollissima* KERNER]

Weiches L. – *P. mollis* D. WOLFF ex HORNEM.

5* Pfl locker durch längere, kriechende Sprossabschnitte. BlOSeite mit verschieden lg Borsten, wenigen Haaren u. Stieldrüsen, mit leichtem Grauschimmer. Kr leuchtend dunkelblau, innen unter dem Haarring ± kahl. 0,12–0,35(–0,50). ♃ ⚥ 4–5. **Z** v Gehölzgruppen; ∨ ⚘ ☾ (Balkan, Ukr., Kauk., S-Sibir. bis O-As.: BuchenW, EichenW, waldnahe Wiesen – wird im Gartenbau oft mit *P. angustifolia* L. verwechselt).

Siebenbürgisches L. – *P. dacica* SIMONK.

6 (2) SommerBl (GrundBl) (Abb. **439**/3a) oseits neben Borsten u. Stieldrüsen mit dichtem kurzem Haarbesatz (Abb. **439**/3b), weich, am Rand oft gewellt. BStandsachsen drüsigklebrig (Abb. **439**/3c). Kr hellkarmin bis blauviolett, innen unter dem Haarring fein behaart. 0,15–0,45. ♃ ⚥ **Z** s Gehölzgruppen ♠; ∨ ⚘ ☾ empfindlich gegen Austrocknen (S-Alpen: Bachauen in BuchenW u. FlaumeichenW – 1 Sorte).

Italienisches L. – *P. vallarsae* A. KERN.

6* SommerBl (GrundBl) oseits nur mit Borsten u. vereinzelten Drüsen, stets ohne dichten kurzen Haarbesatz (Abb. **438**/3b, Abb. **439**/2b), am Rand glatt. BStandsachsen borstig, nicht drüsig-klebrig (Abb. **438**/3c, Abb. **439**/2c) ........................... **7**

7 Spreite der SommerBl nicht vom BlStiel abgesetzt, allmählich in den BlStiel verschmälert, schmal lanzettlich (Abb. **439**/2a), oseits mit ± gleichlg Borsten (Abb. **439**/2b), gefleckt od. ungefleckt. KrRöhre innen unterhalb des Haarringes kahl. 0,15–0,60. ♃ ⚥ 3–5. **Z** s Gehölzgruppen ♠; ∨ ⚘ ☾ ● (S-Brit., Z- u. W-Frankr., N-Span., NO-Port.: EichenW, EsskastanienW, LaubmischW, (10–)200–1100(–1700) m – 4 Unterarten – einige Sorten).

Langblättriges L. – *P. longifolia* (BASTARD) BOREAU

7* Spreite der SommerBl (GrundBl) meist deutlich vom BlStiel abgesetzt, ihre Basis ± plötzlich in den BlStiel verschmälert, eifg-lanzettlich bis elliptisch-lanzettlich (Abb. **438**/3a), oseits mit kurzen u. lg Borsten (Abb. **438**/3b), wenigen Haaren u. vereinzelten Stieldrüsen. Bei langgriffligen B KrRöhre innen unterhalb des Haarringes ± behaart, 0,20–0,35. ♃ ⚥ 3–5. **Z** z Gehölzgruppen ♠; ∨ ⚘ ☾ (SO-Frankr., N-Ital.: NadelW, Gebüsche; in D. verwildert – vor 1683 – einige Sorten). **Zucker-L.** – *P. saccharata* MILL.

**Beinwell** – *Symphytum* L. 35 Arten

1 K höchstens < bis zur Hälfte geteilt ..................................... **2**
1* K mindestens > bis zur Hälfte, oft bis fast zum Grund geteilt (Abb. **440**/4) ....... **3**

1    2    3    4    5    6

**2** Kr weiß od. hellgelb. Bl am Stg sitzend, nicht herablaufend. 0,50–0,70. ⧸ ⧸ 4–6. **Z** s Gehölzgruppen; ∨ ⊻ ◐ ○ (S-Russl., Türkei: schattige Flussufer, KiefernW, bis 1500 m).
**Orientalischer B.** – *S. orient̠ale* L.

**2\*** Kr blau. Obere u. mittlere StgBl sitzend, kurz herablaufend. BlUSeite mit weicher, grauer Behaarung. 0,40–0,60. ⧸ 4–7. **Z** s Gehölzgruppen; ∨ ⊻ ○ ◐ (Kauk.: Waldränder, Waldlichtungen – 1816).
**Kaukasischer B.** – *S. cauc̠asicum* M. Bieb.

**3** **(1)** Pfl mit wenig- od. vielköpfiger Rübe, im Alter horstfg . . . . . . . . . . . . . . . . . . . . . **4**

**3\*** Pfl mit Rhizom, im Alter flächendeckend (Abb. **441**/1) . . . . . . . . . . . . . . . . . . . . . . . **6**

**4** Obere Bl jeweils bis zum nächsten Bl herablaufend (Abb. **441**/3). TeilFr glatt (Abb. **441**/2). Kr rötlichviolett od. gelblichweiß. 0,30–1,00. ⧸ PleiokRübe 5–7. **W**. **Z** s Staudenbeete, Teichufer; ∨ ⊻ ○ ◐ ≈, schwach giftig (warmgemäß. bis gemäß. Eur., W-As.: feuchte bis nasse Wiesen, Uferstaudenfluren, an Gräben, Auen- u. BruchW, staunasse Äcker, nährstoffreiche Böden – Sorte: 'Argenteum': Bl weiß gezeichnet).
**Gewöhnlicher B.** – *S. officinale* L.

**4\*** Obere Bl nicht od. nur kurz herablaufend (Abb. **441**/5). TeilFr ± netzig-runzlig u. fein warzig (Abb. **441**/6) . . . . . . . . . . . . . . . . . . . . . . . . . . . . . . . . . . . . . . . . . . . . . . . **5**

**5** Obere Bl nicht herablaufend, nicht stängelumfassend. Stg mit nach unten gerichteten, an ihrer Basis verdickten, stechenden Borsten (Abb. **441**/4). KBl meist stumpf. Kr erst rötlich, später blau. 1,50–1,80(–2,00). ⧸ PleiokRübe 6–8. **W**. **Z** s Staudenbeete, Teichufer; FutterPfl; ∨ ⊻ ◐ (Kauk., W-Iran: Bach- u. Flussufer, Waldränder, Wiesen – 1743).
**Rauer B., Comfrey** – *S. a̠sperum* Lepech.

**5\*** Obere Bl kurz herablaufend od. halbstängelumfassend. Stg mit Stachel- od. Borstenhaaren. KBl meist spitz. Kr purpurn od. von rosa nach blau wechselnd. 0,80–1,50. ⧸ PleiokRübe 6–9. **W**. **Z** s Staudenbeete, Teichufer; **N** s FutterPfl; ∨ ⊻ ◐ ≈ (*S. × upl̠andicum*: *S. asperum* × *S. officin̠ale*; verw. in D.: feuchte Ruderalstellen, Ufer – Sorte: 'Variegatum': BlRand cremefarben, Kr rosa).
**Futter-B., Comfrey** – *S. × upl̠andicum* Nyman

**6** **(3)** BlSpreite nierenfg, spitz. Kr hellgelb. 0,15–0,35(–0,50). ⧸ ⧸ 4–5. **Z** s Gehölzgruppen; ∨ ⊻ ◐ (Karpaten: LaubW).
**Herzblättriger B.** – *S. cord̠atum* Waldst. et Kit.

**6\*** BlSpreite eifg, elliptisch bis lanzettlich, mit keiligem, abgerundetem od. schwach herzfg Grund . . . . . . . . . . . . . . . . . . . . . . . . . . . . . . . . . . . . . . . . . . . . . . . . . . . . . . . . . . **7**

**7** Pfl nur mit aufrechten blühenden Trieben. Rhizom unregelmäßig knollig verdickt, vollständig unterirdisch. Kr blassgelb. 0,15–0,30. ⧸ ⧸ 4–5. **W**. **Z** s Gehölzgruppen; ∨ ⊻ ◐ (warmgemäß. bis gemäß. Eur.: sickerfrische bis -feuchte LaubmischW, bachbegleitende Gehölze, nährstoffreiche Böden – Unterarten: subsp. *tuber̠osum*: StgBl meist 6–12, BStand mit 8–6(–40) B, Schlundschuppen 5,5–7,5 mm lg; subsp. *angustif̠olium* (A. Kern.) Nymann: StgBl meist 3–7, BStand meist mit 1–9(–20) B, Schlundschuppen 4,5–6(–6,5) mm lg).
**Knoten-B.** – *S. tuber̠osum* L.

**7\*** Pfl mit kriechenden od. aufsteigenden sterilen u. ± aufrechten blühenden Trieben. Rhizom nicht knollig verdickt, dem Substrat weitgehend aufliegend (Abb. **441**/1). K 3–6 mm lg. Kr 14–16 mm lg, cremefarben. 0,15–0,40. ⧸ ⧸ 3–7. **Z** s Gehölzgruppen; ∨ ⊻ ◐

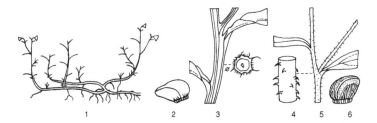

1    2    3    4    5    6

(NO-Türkei, Georgien: schattige Hänge, *Rhododendron*-Gebüsche, bis 1350 m). [*S. grandiflorum* auct. non DC.]     **Kriechender B.** – *S. ibericum* STEVEN

Ähnlich: **Großblütiger B.** – *S. grandiflorum* DC.: K 6–8 mm lg. Kr 20–24 mm lg. 0,15–0,30. ♃ ⌢⌢ 5–7. **Z** s Gehölzgruppen; V ⩊ ◖ (Kauk.: Wälder, Waldränder).

*Symphytum*-Sorten: 'Rubrum' (*S. ibericum* × *S.officinale*?): Kr rot; 'Hitcote Blue': Kr zartblau; 'Hitcote Pink': Kr rosa od. weiß; 'Goldsmith': BlRand goldgelb od. cremefarben, Kr blassblau.

**Rauling** – *Trachystemon* D. DON     2 Arten

Kr bläulichviolett. KrRöhre 5–8 mm lg. Schlundschuppen in 2 Ringen. Staubfäden lg, dünn, an der Basis behaart (Abb. **445** /3,4). 0,20–0,60. ♃ ⅄ 3–4. **Z** s Gehölzgruppen; V ⩊ ◖ (O-Bulg., Türkei, W-Kauk.: EichenW – 1752).
     **Orientalischer R.** – *T. orientalis* (L.) G. DON

**Boretsch** – *Borago* L.     3 Arten

1  Pfl ☉. Stg aufrecht. K zur BZeit 8–15 mm lg, zur FrZeit bis 20 mm lg. Kr radfg (Abb. **443**/6,7), hellblau, selten weiß. KrZipfel 8–15 mm lg. TeilFr 7–10 mm lg. 0,15–0,60. ☉ 6–11. **W. Z** v Staudenbeete; **N** BlGemüse, Gewürz; Selbstaussaat ○ ◖ (S-Eur., Türkei: Brachen, Wegränder, EichenW).     **Einjähriger B., Gurkenkraut** – *B. officinalis* L.

1* Pfl ♃, oft ☉ kult. Stg niederliegend. K zur BZeit 4–6 mm lg, zur FrZeit bis 8 mm lg. Kr fast glockig, blau. KrZipfel 5–8 mm lg. TeilFr 3–4 mm lg. 0,15–0,60. ♃ 7–10. **Z** s △ ⓐ; V Selbstaussaat ◖ ○ ≈ ⌒ (Korsika, Sardinien.: feuchte, oft schattige Orte). [*B. laxiflora* POIRET]     **Ausdauernder B.** – *B. pygmaea* (DC.) CHATER et GREUTER

**Ochsenzunge** – *Anchusa* L.     35 Arten

Lit.: GUŞULEAC, M. 1929: Species *Anchusae* generis Linn. hucusque cognitae. Feddes Repert. **26**: 286–322.

1  K zur BZeit 6–8 mm lg, zur FrZeit bis 18 mm lg, geteilt bis geschnitten. KZipfel linealisch bis lineal-lanzettlich, spitz (Abb. **442**/3). TeilFr gerade, 6–10 mm lg. Kr violett od. tiefblau (Abb. **442**/1). Schlundschuppen behaart (Abb. **442**/2). 0,20–1,50. ☉ ⊛ 6–9. **W. Z** z Staudenbeete, Sommerblumenbeete; V Wurzelschnittlinge (Sorten) ○ (warmes bis warmgemäß. Eur., W-As.: Brachäcker, Wegränder, Ruderalstellen – 1597 – mehrere Sorten). [*A. italica* RETZ.]     **Italienische O.** – *A. azurea* MILL.

1* K zur BZeit 2,5–3 mm lg, zur FrZeit 5–6 mm lg, meist gelappt. KZipfel 3eckig, ± stumpf. TeilFr schief eifg, mit schräg zur Seite gebogener Spitze, 1 mm lg u. bis 2,5 mm br. Kr blau. Bis 0,60. ♃? ☉ ☉, kult ☉ 7–8. **Z** s Sommerblumenbeete; ▷ ○ (S-Afr.: Flussufer, feuchte Orte – 1800 – mehrere Sorten).
     **Kap-O., Kapvergissmeinnicht** – *A. capensis* THUNB.

**Ochsenzunge** – *Cynoglottis* (GUŞULEAC) VURAL et KIT TAN     2 Arten

K zur BZeit 2–4 mm lg, zur FrZeit bis 6 mm. KBl stumpf (Abb. **442**/6). KrRöhre 1–2 mm lg. KrSaum 6–10 mm ⌀, blau. Schlundschuppen seitlich behaart, an ihrer Spitze papillös (Abb. **442**/4,5). TeilFr gerade, 2–5 mm lg. 0,20–0,80. ♃ ☉ 5–8. **Z** s Staudenbeete;

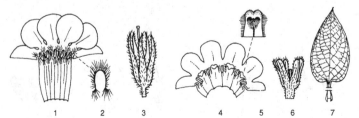

1      2      3      4    5    6     7

V ○ (It., Balkan, S-Ukr., Türkei: steinige Hänge, Brachäcker, Weiden, 200–1700 m – 1820). [*Anchusa barrelieri* (ALL.)) VITMAN]

**Barrelier-O. –** *C. barrelieri* (ALL.)) VURAL et KIT TAN

**Kaukasusvergissmeinnicht –** *Brunnera* STEVEN  3 Arten
GrundBlSpreite dreieckig-nierenfg, lg gestielt (Abb. **443**/1). K zur BZeit 1 mm lg (Abb. **443**/4). Kr radfg, blau, 3–7 mm ∅, vergissmeinnichtähnlich. KrRöhre 1 mm lg (Abb. **443**/2,3). 0,20–0,50. ♃ ⅄ 4–6. **Z** v Staudenbeete, Rabatten; V Kaltkeimer ♥ (Sorten nur ♥) ◐ (Kauk.: EichenW, FichtenW, Berghänge, 500–2000 m – 1825 – Sorten: 'Hadspen Cream': BlRand cremefarben; 'Langtrees': Bl silberfleckig; 'Betty Bowring': Kr weiß; 'Dawson's White': BlRand br cremeweiß).

**Großblättriges K. –** *B. macrophylla* (ADAMS) I. M. JOHNST.

**Fünfzunge –** *Pentaglottis* TAUSCH  1 Art
GrundBlSpreite 0,10–0,40(–0,60) lg. Schlundschuppen behaart. TeilFr mit einem in der Aufsicht ± dreieckigen Anhängsel (Abb. **443**/5). 0,30–1,00. ♃ PleiokRübe 4–6. **Z** s Staudenbeete; V Selbstaussaat ♥ ◐ ● (Port., SW-Frankr.: feuchte od. schattige Orte; in D. verwildert – 1594). **Fünfzunge –** *P. sempervirens* (L.) TAUSCH ex L. H. BAILE

**Blauglöckchen –** *Mertensia* ROTH  53 Arten
(incl. *Pseudomertensia* RIEDL)

Lit.: NASIR, Y. J. 1989: *Boraginaceae*. In: ALI, S. I., NASIR, Y. J. (Hrsg.): Flora of Pakistan. 191. Islamabad. – WILLIAMS, L. O. 1937: A monograph of the genus *Mertensia* in North America. Ann. Miss. Bot. Gard. **24**, 1: 17–159.

1 Seitennerven der StgBl deutlich. Pfl 0,20–1,00 m . . . . . . . . . . . . . . . . . . . . . . . . . . . **2**
1* Seitennerven der StgBl undeutlich. Pfl < 0,30 m . . . . . . . . . . . . . . . . . . . . . . . . . . . **3**
2 Bl u. K kahl. Kr 18–25 mm lg. KrRöhre länger als der KrSaum od. gleichlg, an der Basis innen mit Haarring. StgBl vorn gerundet od. stumpf. 0,20–0,70. ♃ 4–5. **Z** s Gehölz-gruppen; V Kaltkeimer ♥ ◐ ≈ Boden humusreich, Dränage (östl. N-Am.: feuchte Wälder u. Wiesen – 1799). **Virginisches B. –** *M. virginica* (L.) PERS.
2* Bl u. K behaart. Kr 10–15 mm lg. KrRöhre kürzer als der KrSaum. StgBl vorn spitz. 0,30–1,00. ♃ 5–7. **Z** s Gehölzgruppen; V ♥ ◐ ≈ Boden humusreich, Dränage (gemäß. u. nördl. N-Am.: feuchte Wälder – 1778). **Rispiges B. –** *M. paniculata* (AITON) G. DON
3 (1) Schlundschuppen fehlend od. undeutlich. KrRöhre 4,5–6 mm lg, bis 1,5mal so lg wie der K. TeilFr bleich, glänzend. 0,20–0,30. ♃ 5–6. **Z** s △ □; V ◐ Boden humusreich, grusig, Dränage (Pakistan, Kaschmir, Tibet: 2400–4000 m – 1906). [*Pseudomertensia echioides* (BENTH.) RIEDL] **Behaartes B. –** *M. echioides* BENTH.
3* Schlundschuppen vorhanden . . . . . . . . . . . . . . . . . . . . . . . . . . . . . . . . . . . . . . . . . **4**
4 Bl am Grund des BStg dicht, in der Mitte u. oben einzeln od. fehlend. KrRöhre 8–15 mm lg, mindestens 2–3 mal so lg wie der K. KrSaum blau mit weißer, später gelblicher Mitte. TeilFr hell- bis dunkelbraun. 0,05–0,20. ♃ 5–6. **Z** s △; V Kaltkeimer ♥ ◐ Boden sandig-humos, Dränage, Nässeschutz (Afgh., Pakistan, Kaschmir: offne alp. Hänge,

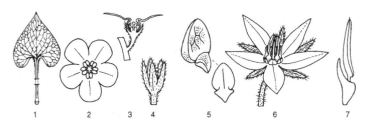

1  2  3  4  5  6  7

2200–4800 m – um 1901). [*Pseudomertensia moltkioides* (ROYLE ex BENTH.) KAZMI var. *primuloides* (DECNE.) KAZMI]

**Primelähnliches B.** – *M. primuloides* (DECNE.) C. B. CLARKE

4\* Bl am BStg ± gleichmäßig u. locker verteilt. KrRöhre 3–6 mm lg, so lg wie od. länger als der K. 0,10–0,20. ⚇ 7–8. **Z** s △; v Kaltkeimer ○ ◐ Dränage (Rocky M.: steinige Hänge, trockne Wiesen, 3000–4500 m). **Alpines B.** – *M. alpina* (TORR.) G. DON

**Vergissmeinnicht** – *Myosotis* L.                                              100 Arten

1  KHaare angedrückt, an der Spitze nie hakig .............................. **2**
1\* KHaare (fast) alle abstehend, gerade od. z. T. hakig ...................... **4**
2  Kr weiß. Pfl mit kriechenden Sprossachsen, rasenbildend. GrundBl lanzettlich, oseits mit angedrückten Haaren, 2–3 cm lg, 0,5–1 cm br. KrSaum ± 0,8 mm ⌀, ausgebreitet. 0,02–0,08 hoch, 0,15–0,20 ⌀. ⚇ 4–5. **Z** s △ ⓐ; v v empfindlich gegen Mittagssonne u. Nässe, Boden sandig, kiesig, humos, Dränage (Neuseel.: Kalksteinfelsen, 700–1200 m). [*M. decora* T. KIRK]     **Neuseeländisches V.** – *M. colensoi* (T. KIRK) J. F. MACBR.
2\* Kr blau; wenn weiß, dann Pfl > 15 cm hoch .............................. **3**
3  Pfl < 10 cm hoch, dicht beblättert, rasenbildend. BStand 1–2ästig, ohne Bereicherungstriebe. KrSaum 8–12 mm ⌀ bei ♀ B, 4–6 mm ⌀ bei ♀ B. FrStiel 1–7 mm lg, kürzer bis wenig länger als der K. 0,02–0,10. ⚇ i kurze ∿∿ 4–5. **W. Z** s △ ⓐ; v v ○ ≃ Boden moorig-humos ∧ (S-D., N-It., Österr.: sommerlich länger überflutete Kiesufer präalpiner Seen – ▽). [*M. caespiticia* (DC.) A. KERN.]
                                                                      **Bodensee-V.** – *M. rehsteineri* WARTM.
3\* Pfl meist > 15 cm hoch, nicht rasenbildend. BStand 2–mehrästig, mit Bereicherungstrieben. KrSaum der Wildsippe 4–8 mm ⌀, blau, bei Sorten auch weiß od. dunkelblau. FrStiel 3–17 mm lg, meist viel länger als der K. 0,15–1,00. ⚇ ∿∿ 5–9. **W. Z** z Teichränder ⚥; v v (Sorten nur v) ○ ◐ ≃ (warmgemäß. bis kühles Eur. u. W-As.: nasse bis feuchte Wiesen, Röhrichte, Grabenränder, BruchW – einige Unterarten – einige Sorten: z. B. 'Alba': Kr weiß). [*M. palustris* (L.) L. em. RCHB.]
                                                                      **Sumpf-V.** – *M. scorpioides* L.
4  (1) K (fast) ohne Hakenhaare, mit geraden Haaren, am Grund spitz u. allmählich in den Stiel übergehend (Abb. **436**/6), bei der Reife sich nicht vom ebenso lg FrStiel trennend. TeilFr in der Mitte am breitesten, beidendig stumpf, oben nur undeutlich gekielt (Abb. **436**/5). Kr tief azurblau. 0,05–0,20. ⚇ kurzlebig i 7–9. **W. Z** s △; v ○ ≃ ⊕ Dränage (warmes bis arkt. Eur., As., westl. N-Am.: subalp. bis alp. frische Steinrasen, Steinschuttfluren, Schneetälchen, kalkstet).     **Alpen-V.** – *M. alpestris* F. W. SCHMIDT
4\* K neben kurzen, geraden Haaren stets auch mit lg Hakenhaaren, mit abgerundetem Grund vom Stiel deutlich abgesetzt (Abb. **436**/8), bei der Reife vom 1–2mal so lg Stiel abbrechend. TeilFr unter der Mitte am breitesten, oben spitz und scharf gekielt (Abb. **436**/7). Kr hellblau. 0,15–0,45. ⚇ kurzlebig i, kult ① (4–)5(–6). **W. Z** v Rabatten ⚥; v ○ ≃ ∧ (warmgemäß. bis kühles Eur.: LaubmischW, Gebüsche, Hochstaudenfluren, Bergwiesen; verw. in Austr. u. N-Am. – 4 Unterarten – ∞ Sorten: diese ① kult Sippen werden als **Garten-V.** bezeichnet. [*M. alpestris* hort.]
                                                                      **Wald-V., Garten-V.** – *M. sylvatica* EHRH. ex HOFFM.

**Gedenkemein, Nabelnüsschen** – *Omphalodes* MILL.                              30 Arten

1  Pfl ⊙. Kr weiß od. bläulich. B nicht in der Achsel von HochBl. TeilFr kahl od. behaart, ihr wulstiger Rand gezähnt. 0,05–0,40. ⊙ 6–9. **Z** s Sommerblumenbeete; ○ (SW-Eur.: offne trockne Orte).     **Leinblättriges G.** – *O. linifolia* (L.) MOENCH

Ähnlich: **Kuzinsky-G.** – *O. kuzinskyanae* WILLK.: B in der Achsel von HochBl. Kr meist blau. TeilFr mit steifen, hakigen Borsten. 0,05–0,15. ① 4–6. **Z** s △ ⓐ; im ⓐ Selbstaussaat ○ ◐ Dränage (NW-Span., Z-Port.: Küstenfelsen, Küstensandfluren).

1  Pfl ⚇. Kr blau, selten weiß (Sorten von *O. luciliae*, *O. cappadocica* u. *O. verna*) .. **2**

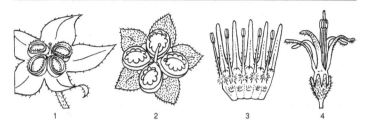

1          2          3          4

2    Spreite der GrundBl lanzettlich, spitz. Wulstiger Rand der reifen TeilFr gezähnt (Abb.
     **445**/2). 0,10–0,65. ⚄ ⚉ 5–6. **Z** s Staudenbeete; V ⚈ ◖ ● (NW-Span., N-Port.: feuch-
     te, schattige Orte).                        **Glänzendes G.** – *O. nitida* HOFFMANNS. et LINK
2*   Spreite der GrundBl länglich-eifg od. herzfg. Rand der reifen TeilFr ganz, ungezähnt
     (Abb. **445**/1) . . . . . . . . . . . . . . . . . . . . . . . . . . . . . . . . . . . . . . . . . . . . . . . . . . . . . **3**
3    B in der Achsel von HochBl. BlSpreite bis 4,5 cm lg, kahl, blaugrün, ihre Seitennerven
     undeutlich. Rand der TeilFr kahl, nicht gewimpert. 0,07–0,20. ⚄ 4–5. **Z** s △; V ◖ Stein-
     fugen, Dränage (Griech., Türkei, Irak: Felsspalten – 1873 – Sorte mit weißer Kr).
                                                  **Fels-G.** – *O. luciliae* BOISS.
3*   B nicht in der Achsel von HochBl, höchstens die untersten des BStandes. BlSpreite bis
     12 cm lg, ± behaart, hell- bis dunkelgrün, ihre Seitennerven deutlich. Rand der TeilFr
     gewimpert (Abb. **445**/1: *O. verna*) . . . . . . . . . . . . . . . . . . . . . . . . . . . . . . . . . . . **4**
4    Kriechendes Rhizom ohne od. nur mit kurzen Ausläufern. BlSpreite beidseits anliegend
     dicht behaart. 0,10–0,15. ⚄ ⚉ 4–5. **Z** s △; V ⚈ ⚈ ◖ ● ∧ (NO-Türkei, Georgien: Ess-
     kastanienW, Haselnussgebüsche, feuchte Felsen – 1640 – mehrere Sorten: 'Alba': Kr
     weiß; 'Starry Eyes': KrSaum mit weißem Rand).
                                                  **Kleinasiatisches G.** – *O. cappadocica* (WILLD.) DC.
4*   Kriechendes Rhizom mit lg Ausläufern. BlSpreite (Abb. **442**/7) spärlich behaart.
     0,05–0,20. ⚄ ⚉ ∿ 3–5. **W. Z** v Gehölzgruppen ☐; V ⚈ ◖ ● (warmgemäß. bis gemäß.
     Eur.: sickerfrische, hängige LaubmischW, AuenW – 1594 – wenige Sorten, auch mit
     weißer Kr).                                  **Frühlings-G.** – *O. verna* MOENCH

**Hundszunge** – *Cynoglossum* L.                                            75 Arten

Bl beidseits behaart, grau. KrRöhre 2,5 mm lg. KrSaum 7–12(–15) mm ⌀, blau, selten
rosa od. weiß. TeilFr widerhakig bestachelt (Abb. **440**/1). 0,25–0,60 (–1,00). ⊙ , kult ⊙.
**Z** s Sommerblumenbeete; ○ (Tibet, W-China: Wiesen, Wälder, Gebüsche, Flussufer,
2600–3700 m – 1893 – einige Sorten).
                    **Chinesische H., Chinesisches Vergissmeinnicht** –
                                    *C. amabile* STAPF et J. R. DRUMM.

**Lindelofie** – *Lindelofia* LEHM.                                          11 Arten

GrundBl lanzettlich, spitz, gestielt, bis 30 cm lg. StgBl länglich-lanzettlich, sitzend, am
Grund gerundet od. herzfg, halbstängelumfassend. TeilFr mit widerhakigen Anhängseln.
0,30–0,60. ⚄ 5–6. **Z** s △; V ○ ~ Nässeschutz (W-Himal.: alp. Matten, 3000–3600 m –
1850).                                **Langblättrige L.** – *L. longiflora* (BENTH.) BAILL.

## Familie **Nachtschattengewächse** – *Solanaceae* JUSS.          2600 Arten

Lit.: HUNZIKER, A. T. 2001: Genera Solanacearum. The genera of *Solanaceae*, illustrated, arranged
according to a new system. Rugell, Liechtenstein.

1    FrK aufgeblasen, trockenhäutig, die Fr vollkommen umhüllend . . . . . . . . . . . . . . . **2**
1*   FrK nicht aufgeblasen u. die Fr nicht vollständig umhüllend . . . . . . . . . . . . . . . . . . **3**

**2** FrKn 2fächrig. Fr eine fleischige Beere. FrK gerippt. Kr weiß od. gelblich.
Blasenkirsche – *Physalis* S. 450
**2\*** FrKn 3–5fächrig. Fr eine Trockenbeere. FrK an den Kanten geflügelt (Abb. **453**/4). Kr
bläulich od. weiß. Giftbeere – *Nicandra* S. 449
**3** **(1)** StaubBl 4 od. 5, dann aber 3 unfruchtbar ohne pollentragende Staubbeutel . . . **4**
**3\*** StaubBl 5, alle fruchtbar . . . . . . . . . . . . . . . . . . . . . . . . . . . . . . . . . . . . . . . . **6**
**4** Fruchtbare StaubBl 2. Kr deutlich 2lippig mit geteilter O- u. ULippe (Abb. **452**/1).
Spaltblume – *Schizanthus* S. 456
**4\*** Fruchtbare StaubBl 4. Kr nicht 2lippig, mit lg, schmaler Röhre . . . . . . . . . . . . . . **5**
**5** StaubBl alle gleich. Pfl mit BlRosette u. beblättertem BSt. Bl lineal-lanzettlich.
Trompetenzunge – *Salpiglossis* S. 455
**5\*** StaubBl in 2 Paaren, ein Paar mit je 1 Staubbeutel, das andere mit je 2 Staubbeuteln.
BlRosette fehlend. StgBl eifg bis lanzettlich. Browallie – *Browallia* S. 449
**6** **(3)** Fr eine fleischige Beere . . . . . . . . . . . . . . . . . . . . . . . . . . . . . . . . . . . . . . **7**
**6\*** Fr eine Kapsel, meist trocken . . . . . . . . . . . . . . . . . . . . . . . . . . . . . . . . . . . . **12**
**7** Staubbeutel sich über den Griffel kegelfg zusammenneigend, sich durch Poren an der
Spitze öffnend, Staubfäden deutlich kürzer als die Staubbeutel . . . . . . . . . . . . . . **8**
**7\*** Staubbeutel nicht über den Griffel gebogen, sich durch längliche Schlitze auf der
Innenseite öffnend, Staubfäden deutlich länger als die Staubbeutel . . . . . . . . . . . **10**
**8** Kr gelb. Tomate – *Lycopersicon* S. 454
**8\*** Kr weiß, violett, blau, rosa od. rötlich, oft unterschiedlich gezeichnet . . . . . . . . . . . **9**
**9** K mit (4–)5(–6) Zähnen, die der oberen Kante der KRöhre aufsitzen.
Nachtschatten – *Solanum* S. 451
**9\*** K mit 5 od. 10 zahnfg Auswüchsen, die unterhalb der Oberkante der KRöhre entsprin-
gen. Lycianthes – *Lycianthes* S. 454
**10** **(7)** Kr sternfg, weiß bis bläulichweiß. Fr kegelfg, kuglig od. anders gestaltet, nie schwarz
(Abb. **451**/1–5). Pfl ⚇, kult ☉. Paprika – *Capsicum* S. 451
**10\*** Kr glockenfg od. röhrig, violettbraun, orange od. violett, rosa, sehr selten weiß . . . **11**
**11** Kr glockenfg, violettbraun. Beere kuglig, schwarz. Pfl ⚇. Tollkirsche – *Atropa* S. 455
**11\*** Kr röhrig, anders gefärbt. Beere weiß od. rotviolett, elliptisch. Pfl ♄.
Hammerstrauch – *Cestrum* S. 455
**12** **(6)** Fr eine Deckelkapsel . . . . . . . . . . . . . . . . . . . . . . . . . . . . . . . . . . . . . . . . **13**
**12\*** Fr sich durch Klappen öffnend (Spaltkapsel) . . . . . . . . . . . . . . . . . . . . . . . . . . **14**
**13** B sitzend od. <1 cm gestielt, aufrecht. Bilsenkraut – *Hyoscyamus* S. 455
**13\*** B >2 cm lg gestielt, hängend. Tollkraut – *Scopolia* S. 456
**14** **(12)** Staubfäden teilweise zu einer den Griffel umgebenden Röhre verwachsen. Pfl nicht
drüsig behaart. Nierembergie, Becherblüte – *Nierembergia* S. 449
**14\*** Staubfäden frei. Pfl mit Drüsenhaaren . . . . . . . . . . . . . . . . . . . . . . . . . . . . . . . **15**
**15** Untere Bl wechsel-, obere scheinbar gegenständig. B in durchblätterten Wickeln, daher
scheinbar einzeln. Kr stieltellerfg. Petunie – *Petunia* S. 448
**15\*** Bl alle wechselständig. B einzeln od. in ∞blütigen BStänden . . . . . . . . . . . . . . . . **16**
**16** Kapsel mit Stacheln od. Warzen besetzt. B einzeln, groß, >4 cm lg, trichter- od. trom-
petenfg. Stechapfel – *Datura* S. 449
**16\*** Kapsel nicht bestachelt od. warzig. BStand rispen-, trauben- od. knäuelfg, von unter-
schiedlicher Form. Tabak – *Nicotiana* S. 446

## Tabak – *Nicotiana* L. 70 Arten

Lit.: Goodspeed, T. H. 1954: The genus *Nicotiana*. Chronica Botanica **16**. New York.

Bem.: Alle Arten sind giftig!

**1** Strauch od. kleiner Baum. B dorsiventral, 2,5–3,5 cm ∅, weiß, rosa od. rot. StaubBl u.
Stempel weit herausragend. Bl herablaufend, oval, elliptisch od. linealisch. Pfl drüsig,
(0,60–)2,00–7,00. ♄ bis kleiner ♄, kult ☉, 7–8. **Z** s, bes. im S, in Gruppen, Solitär, pana-

schierte Formen ♠; V ⌄⌄ ○ (S-Am.: Wegränder, Gebüsch, Triften – Ende 19. Jh.).

**Filziger T.** – *N. tomentosa* Ruiz et Pav.

1* Pfl krautig, ⚄ od. ⊙. B radiär od schwach dorsiventral .................... **2**
2 K mit 10 Rippen od. Furchen. B 4–12 cm lg. KrRöhre sehr schmal, >5 cm lg, fein behaart, blassgelb, grau od. rötlich (Abb. **447**/5). Untere Bl 10–30 cm lg, oval-elliptisch, mit geflügelten Stielen. Obere Bl stängelumfassend. Pfl spärlich behaart. 0,60–1,00. ⊙ od. kurzlebig ⚄ 7–8. **Z** s, bes. im südl.u. mittleren D.; Sommerblumenbeete, DuftPfl; V ○ (südl. S-Am.: Ruderalplätze, Flussauen – 1. Hälfte 19. Jh.).

**Langblütiger T.** – *N. longiflora* Cav.

2* Kelch mit 5 Rippen od. glatt ........................................ **3**
3 B <5 cm lg ...................................................... **4**
3* B >5 cm lg ...................................................... **6**
4 B 1,0–1,7 cm lg, grünlichgelb, KrZipfel abgerundet (Abb. **447**/1). Bl eifg, stumpf, untere gestielt. 0,60–1,20. ⊙ 6–9. **N** s früher zu Kau- u. Schnupftabak, jetzt höchstens noch zur Nikotingewinnung für Insektizide; **Z** sehr s; V ⊳ (vorkolumbische KulturPfl, entstanden als Hybr aus *N. paniculata* L. u. *N. undulata* Ruiz et Pav. in Peru – in D. 17. Jh. – heute vermutlich nur Kulturrelikt).

**Bauern-T.** – *N. rustica* L.

4* B >2 cm lg, wenigstens die Außenseite rot od. purpurn getönt ............. **5**
5 KrSaum mit br eifg, spitzen Lappen, Kr in der Aufsicht dadurch sternfg, 2,0–3,3 cm lg, hellgrün, außen purpurrot. Staubfäden gleichlg, alle unterhalb der Mitte der KrRöhre entspringend. RosettenBl 15–30 cm lg, fein behaart. 0,50–1,00. Kurzlebig ⚄ od. ⊙ 7–9. **Z** z Rabatten; V ⊳ ○ (SO-Brasil.: Weg- u. Straßenränder, Trockenrasen – ? 19. Jh.).

**Forget-T.** – *N. forgetiana* Hemsl.

5* KrSaum mit verkehrtherzfg abgerundeten Lappen, Kr dadurch in der Aufsicht rundlich. 4 StaubBl kurz gestielt, am oberen Ende der KrRöhre entspringend, 1 StaubBl lg gestielt, im untersten Drittel der KrRöhre ansitzend (Abb. **447**/6). B 2,2–4,5 cm lg, innen weiß, außen cremefarbig, purpurrot überlaufen, mit grünen Adern, stark duftend. Untere Bl 10–25 cm lg. 0,80–1,50. ⊙ 7–8. **Z** z Rabatten, Sommerblumenbeete, DuftPfl; V ⊳ ○ (Austr.: Victoria: Trockenfluren, Wegränder – Ende 19. Jh.). [*N. undulata* Vent.]

**Duftender T.** – *N. suaveolens* Lehm.

6 **(3)** B waagerecht abstehend od. hängend, 6,5–8,5 cm lg, weiß, duftend (Abb. **447**/4). Bl elliptisch, mit Öhrchen, zuweilen am Stg herablaufend. Stg klebrig. 0,80–2,00. ⚄, kult oft ⊙ 7–9. **Z** z Sommerblumenbeete, Rabatten, DuftPfl; V ⊳ ○ anspruchsvoll (Argent.: Wegränder, Sandbänke, feuchte Wälder – Ende 19. Jh. – eine der Elternarten von *N. tabacum*).

**Wilder T.** – *N. sylvestris* Speg. et Comes

6* Blüten aufrecht ................................................... **7**
7 Staubfäden unterhalb der Mitte der KrRöhre entspringend (Abb. **447**/2). KrRöhre 4–5 mm br. B 5,5–6,0 cm lg, in dichten BStänden, fein behaart, weiß, rosa od. rot. Bl eifg,

1      2      3      4      5      6

elliptisch od. länglich-lanzettlich, zugespitzt, untere herablaufend. 0,75–3,00. Kurzlebig ⌐, kult ☉ 7–9. **N** z bis s, Feld- u. Gartenanbau, zumindest früher bes. im S, SW u. Brandenburg zur Herstellung von Rauch-, Kau- u. Schnupftabak; **Z** s ∨ ⌐ Warmkeimer, anspruchsvoll (vorkolumbische KulturPfl in ganz Am., entstanden als Hybr aus *N. sylvestris* × *N. tomentosiformis* Goodsp. in S-Am. – in D. Ende 16. Jh. – Anbau in den letzten Jahrzehnten stark rückläufig). **Virginischer T.** – *N. tabacum* L.

Sehr variable Art. In D. im Anbau vor allem var. *tabacum*: Bl schmal eifg bis eifg, mit deutlicher Einschnürung am Übergang von BlGrund zur BlSpreite; var. *havanensis* Comes: ebenso, Bl aber br eifg; var. *pallescens* Schrank: Bl eifg bis elliptisch, allmählicher Übergang von BlSpreite zum BlGrund.

**7\*** Staubfäden oberhalb der Mitte der KrRöhre entspringend (Abb. **447**/3). KrRöhre schmaler, etwa 2–3 mm br .................................................. **8**
**8** B etwas dorsiventral, 5–10 cm lg, blassgrün, innen weiß, duftend. KrRöhre 4,5–5 cm lg. Staubbeutel purpurn. Bl spatelig bis elliptisch, stängelumfassend, herablaufend. 1,00–1,50. ⌐, kult meist ☉ 7–9. **Z** z Sommerblumenbeete, Rabatten, DuftPfl; ∨ ⌐ anspruchsvoll (südl. S-Am.: feuchte Wiesen, Felsen – 1827, verbreitet kult erst 2. Hälfte 19. Jh. – variable Art, auch rot- od. rosablütige u. großblütige Sorten, niedrige Formen cv. Nana Rot Gp). [*N. affinis* hort. ex T. Moore; *N. persica* Lindl.]
                                                **Geflügelter T.** – *N. alata* Link et Otto
**8\*** Wie vorige, aber KrRöhre bis 4 cm lg, meist rötlich, Saum rot, rosa, weißlich od. gelbgrün. FrKn mit einer leuchtend orangen Nektardrüse am Grund. 0,50–1,20. Stets ☉ 6–9. **Z** ∨ Sommerblumenbeete, Rabatten ∨ ⌐ ○ anspruchsvoll (Hybr aus *N. forgetiana* × *N. alata* – 1903 von England in den Handel gebracht – ∞ Sorten, unterschiedliche Farbvarianten, wichtigster Ziertabak). **Sander-T.** – *N.* × *sanderae* hort. ex W. Watson

**Petunie** – *Petunia* Juss.                                                    3 Arten

Lit.: Wijsman, H. J. W. 1982/83: On the interrelationships of certain species of *Petunia* I u. II. Acta Bot. Neerlandica **31**: 477–490; **32**: 97–107.

**1** KrRöhre eng, ± zylindrisch, immer weiß, 3–8,5 cm lg. Staubfäden gerade, der KrRöhrenmitte entspringend. Kr 4–5 cm ∅, weiß mit hellgrünen Adern, dunkleres Adernetz im Schlund. Bl 3–7 × 1,5–4 cm, eifg bis elliptisch, spitz. Pfl mit klebrigen Drüsenhaaren. 0,50–1,00. Kurzlebig ⌐ od. im Freilandanbau ☉ 6–9. **Z** z Rabatten, Blumenkästen, DuftPfl; ∨ ⌐, früher ⋏, ○ (südl. S-Am.: Savannen, Waldränder, Ruderalplätze – 1. Hälfte 19. Jh. – früher öfter kult, eine Elternart von *P.* × *hybrida*). [*Nicotiana axillaris* Lam.; *P. nyctaginiflora* Juss.]
                                                **Weißblütige P.** – *P. axillaris* (Lam.) Britton, Sterns et Poggenb.
**1\*** KrRöhre etwas aufgeblasen, verschieden gefärbt, 3–4 cm lg. Staubfäden gebogen od. gerade, unterhalb der KrRöhrenmitte entspringend ........................... **2**
**2** KrSaum violett od. rötlich-violett, Kr glockenfg, dorsiventral, Saum >2,5 cm ∅. Bl eifgelliptisch bis elliptisch-lanzettlich, 3–9 × 1,5–3,5 cm. Pfl mit klebrigen Drüsenhaaren. 0,20–0,30(–0,50). Kurzlebig ⌐, bei Freilandkultur ☉ 6–9. **Z** z Rabatten, Blumenkästen; früher ⋏, jetzt ∨ Januar–März, Warmkeimer, ⌐ ○ (S-Bras., Argent., Parag.: Wälder, Gebüsche, Ruderalplätze – 1. Hälfte 19. Jh. – ebenfalls Elternart von *P.* × *hybrida*, durch diese weitgehend aus dem Anbau verdrängt). [*P. violacea* Lindl.]
                                                **Violette P.** – *P. integrifolia* (Hook.) Schinz et Thell.
**2\*** KrSaum von unterschiedlicher Färbung, Kr ± strahlig, 4–12 cm ∅. KrZipfel stumpf bis spitz. Bl eifg bis elliptisch, mit klebrigen Drüsenhaaren, BlStiele 2–6 cm lg, die unteren oft geflügelt. 0,20–0,70. ☉ 5–9(–10). **Z** v, häufigste Sippe der Gattung, Rabatten, Kübel, Balkonkästen, Pflanzschalen; ∨ ⌐ Licht- u. Warmkeimer, selten ⋏, ○ anspruchsvoll (entstanden in England um 19. Jh. aus *P. axillaris* × *P. integrifolia* – intensive Züchtung bereits im 19. Jh., auch in D. – ∞ Sorten, eine der wichtigsten **Z** in Eur.). [*P.* × *atkinsiana* D. Don]
                                                **Garten-P.** – *P.* × *hybrida* (Hook.) Vilm.

Gliederung der Sorten in Gruppen unterschiedlich: – Pendula Gp: Pfl hängend, B klein bis mittelgroß, bes. Balkons; Grandiflora Gp od. Compacta Nana Gp: niedrige Pfl, 20–30 cm, bes. für Beete; Grandi-

flora Gp u. Fimbriata Gp: buschig, stark verzweigt, B gefranst u. gewellt; Grandiflora Superbissima Gp: buschig, B sehr groß, oft gefüllt, BeetPfl.
Die sogenannten Surfina-P., auch Milliflora Gp, sind vermutlich Kreuzungsprodukte der Garten-P. mit südamerikanischen Arten der jetzt von *Petunia* abgespaltenen Gattung *Calibrachoa* CERV. ex LA LLAVE et LEX.

**Browallie** – *Browallia* L. 4 Arten

1 Kr 1,5 cm ⌀, mit abgerundeten Lappen, blau, violett od. weiß mit gelbem Schlund, Röhre bis 1,5 cm lg (Abb. **453**/1). Bl eifg bis länglich, 4–10 cm lg u. 1–5 cm br. 0,40–0,80. ♄, kult ☉ 7–9. **Z** z Sommerblumenbeete in geschützten Lagen, sonst ⊛; **V** Februar–März ▭, Auspflanzen Ende Mai (trop. Z- u. S-Am.: Wälder, Ruderalplätze – 1. Hälfte 18. Jh. – formenreich, ∞ Sorten mit unterschiedlicher BFarbe u. -Größe, dicht drüsig behaarte Pfl mitunter als *B. viscosa* HUMB., BONPL. et KUNTH abgetrennt). [*B. grandiflora* GRAHAM, *B. demissa* L., *B. elata* L.] **Kleinblütige B., Amethyst-B.** – *B. americana* L.

1* Kr 2–5 cm ⌀, mit spitzen Lappen, blau od. violett mit weißem Schlund, selten rein weiß, Röhre meist >3 cm lg. Bl eifg bis elliptisch, zugespitzt, 6–9 cm lg. 0,50–0,90. ♃, in Freilandkultur ☉ 6–8, unter Glas ganzjährig blühend. **Z** z Sommerblumenbeete od. ⊛; **V** ▭ wie vorige Art (trop. Z-Am.: Wälder, Ruderalplätze – 19. Jh. – ∞ Sorten). [*B. major* hort.; *B. gigantea* MÖRNER] **Großblütige B.** – *B. speciosa* Hook.

**Nierembergie, Becherblüte** – *Nierembergia* RUIZ et PAV. 30 Arten

Lit.: COCUCCI, A. A., HUNZIKER, A. T. 1995: Estudios sobre *Solanaceae* XLI. *Nierembergia linariaefolia* y *N. pulchella*: sus sinónimas y variedades. Darwiniana **33**: 35–42.

1 Stg kriechend. Bl verkehrteifg bis br elliptisch, 2–3,5 × 1–1,5 cm, BlStiel 1,2–4 cm lg. B an den StgKnoten, fast sitzend, weiß od. violett. Kr 2,5–3 cm ⌀, Röhre schmal, 3–6 cm lg. 0,10–0,30. ♃ ⌣⌣, kult oft ☉ 6–9. **Z** z Sommerrabatten, TopfPfl, Einfassungen; **V** ▼ ⋏⋏, ⋏ bei Dauerkultur, ○ ◖ auch ⊛ (Anden, Urug., Argent.: Wälder, Waldränder – 2. Hälfte 19. Jh.). [*N. rivularis* MIERS] **Kriechende N.** – *N. repens* RUIZ et PAV.

1* Stg aufrecht od. aufsteigend. Bl linealisch bis lanzettlich, <3,5 mm br . . . . . . . . . . 2

2 B höchstens 2,5 cm ⌀, weiß od. violett, einzeln an den StgKnoten, BStiele 1,5–16 mm lg. KrRöhre 6,5–16,5 mm lg. 0,10–0,30. ♃, am Grund verholzt, kult oft ☉ 6–9. **Z** z Sommerrabatten, TopfPfl, Balkons; **V** ▼ ⋏⋏, ⋏ bei Dauerkultur, ○ auch ⊛ (S-Bras., Argent., Urug., Parag.: Waldsäume, Hecken – 1. Hälfte 19. Jh. – sehr variable Art, früher in mehrere Arten unterteilt). [*N. gracilis* HOOK., *N. hippomanica* MIERS] **Schmalblättrige N.** – *N. linariifolia* GRAHAM

2* B 2,5–3 cm ⌀, lila bis violett, an den obersten StgKnoten gehäuft, BStiele 1–2 mm lg. 0,20–0,50. ♄, kult auch ☉ 6–9. **Z** z Sommerrabatten, TopfPfl; **V** ▼ ⋏⋏, ⋏ bei Dauerkultur, ○ auch ⊛ (S-Bras. bis Argent.: Wälder, Waldränder, Gebüsch – 19. Jh. – einige Sorten: unterschiedliche BFarben u. mehrfarbige Formen). [*N. frutescens* DURIEU] **Strauch-N.** – *N. scoparia* SENDTN.

**Giftbeere** – *Nicandra* ADANS. 1 Art

Lit.: HORTON, P. 1979: A taxonomic account of *Nicandra* in Australia. J. Adelaide Bot. Gard. **1**: 351–356.

Bl eifg bis länglich, ungleichmäßig spitz gelappt bis grob gezähnt, kahl. Kr 2–4 cm ⌀, hellblau, am Grund weiß (Abb. **453**/4). 0,30–1,00. ☉ 7–10. **Z** s bis z Sommerrabatten, Sommerblumenbeete ⚏; **V** ▭, auch Selbstaussaat, Auspflanzen ab Mitte Mai (Peru: Ruderalplätze, in D. eingeb. – 18. Jh. – einige Sorten, B auch rein weiß). **Giftbeere** – *N. physalodes* (L.) P. GAERTN.

**Stechapfel** – *Datura* L. 8 Arten

Lit.: AVERY, A.G., SATINA, S., RIETSEMA, J. 1959: BLAKESLEE: The genus *Datura*. Chronica Bot. **20**, New York: 1–289. – HAMMER, K., ROMEIKE, A., TITTEL, C. 1983: Vorarbeiten zur monographischen Darstellung von Wildpflanzensortimenten: *Datura* L. sectiones *Dutra* BERNH., *Ceratocaules* BERNH. et *Datura*. Kulturpflanze **31**: 13–75.

Bem.: Alle Arten sind giftig!

**1** Kapsel zur Reifezeit ± aufrecht, dicht besetzt mit > 100 Stacheln gleicher Länge bzw. mit warzenfg Höckern. B 5–10 cm lg, weiß (var. *stramonium*) od. (hell) violett (var. *tatula* (L.) Torr.). 0,30–1,50. ⊙ 6–10. **W. N** s HeilPfl wegen der Tropan-Alkaloide, früher öfter; **Z** s, auch Feldanbau für Binderei, ⚥ Trockensträuße; **v** Warmkeimer, Samen langlebig, ▷ ○ lockerer Boden, hoher Wasserbedarf (Heimat unklar, subtrop. Am. od. O-Eur.: Ruderalplätze – 16. Jh. – einige Sorten, BFarbe u. FrBekleidung variabel, z. B. var. *tatula* (L.) Torr. mit violetten B).                        **Gewöhnlicher St. –** *D. stramonium* L.
**1\*** Kapsel zur Reifezeit ± nickend bis hängend . . . . . . . . . . . . . . . . . . . . . . . . . . . . . . . . **2**
**2** Kr ohne zusätzliche Zipfel zwischen den 5 KrZipfeln. Fr mit kegligen Höckern besetzt. Pfl kahl, in der Jugend dicht behaart. Bl eifg bis br eifg, unregelmäßig grob gezähnt. B 15–20 cm lg, weiß, violett od. gelb, oft doppelt bis 3fach gefüllt. Kapseln unregelmäßig zerfallend. 0,30–1,00. ⊙ 6–7. **Z** s bis z Sommerrabatten, Solitär; **v** ▷, auch fleischige Wurzel nach geschützter Winterlagerung, ○ wärmebedürftig (altweltliche Tropen od. Z-Am.?: Wegränder, Brachen – 16. Jh. – einige Sorten, gefüllt- od. einfachblütig, BFarbe unterschiedlich). [*D. alba* Nees]                    **Indischer St., Flaumiger St. –** *D. metel* L.
**2\*** Kr mit zusätzlichen Zwischenzipfeln, daher 10zipflig erscheinend. Fr bestachelt . . . **3**
**3** Zwischenzipfel sehr kurz, KrSaum gleichmäßig abgerundet, Kr im oberen Abschnitt meist violett od. blassviolett, 17–20 cm lg. Kapsel mit dicklichen, nicht nadelfg Stacheln. Sa gelblich. Pfl ohne Drüsenhaare. 0,40–1,30. ⅔, kult ⊙ 7–10. **Z** z, nicht in Gebirgen, Sommerrabatten, Solitär; **v** ▷ ○ wärmebedürftig (südl. N-Am., M-Am.: Ruderalplätze, Brachen – 19. Jh. – mitunter schwer von *D. inoxia* zu unterscheiden).
                                                **Wright-St. –** *D. wrightii* hort. ex Regel
**3\*** Zwischenzipfel länger, KrSaum ± wellig, Kr im oberen Abschnitt meist weiß mit grünlichen Adern, 15–19 cm lg. Kapsel mit dünnen, scharfen Stacheln. Sa ± mittelbraun. Pfl drüsenhaarig. 0,50–2,00. ⊙ od. kurzlebig ⅔ 8–10. **Z** z, nicht in Gebirgen, Sommerrabatten, Solitär; **v** ▷ auch durch fleischige Wurzel nach geschützter Winterlagerung; ○ wärmebedürftig (südl. N-, Z- u. S-Am.: Ruderalplätze, Wegränder, Trockenbrachen – eingeb. in anderen Kontinenten – 19. Jh.). [*D. meteloides* Dunal in DC.]
                                                **Feinstachliger St. –** *D. inoxia* Mill.

In diese Gattung einbezogen, aber auch als selbständige Gattung anerkannt wird *Brugmansia* Pers. – **Baum-Stechapfel, Engelstrompete** mit meist weißen, aber auch gelben od. rötlichen, großen, hängenden Blüten. Sie sind überwiegend Gewächshaus- oder KübelPfl, gelegentlich überwintern sie in wärmebegünstigten Lagen. Es sind oft Hybr, die auf südamerikanische Arten wie *B. arborea* (L.) Lagerh., *B. aurea* Lagerh., *B versicolor* Lagerh., *B. sanguinea* (Ruiz et Pav.) D. Don od. *B. suaveolens* (Willd.) Bercht. et J. Presl zurückgehen.

**Blasenkirsche** – *Physalis* L.                                              80–100 Arten

Lit.: Waterfall, U. T. 1967: *Physalis* in Mexico, Central America and the West Indies. Rhodora **69**: 82–120, 202–239, 319–329.

**1** Kr weiß. FrK orangerot, ± kuglig u. 2,5–5 cm lg (var. *alkekengi*) od. eilänglich u. 4–8 cm lg (var. *franchetii* (Mast.) Makino). Beere orangerot. Bl eifg, locker flaumig. 0,25–0,60 (–1,00). ⅔ ⚌ 5–8. **W. Z** v Staudenbeete, Parks, ⚘, **v ⚘** ○ ○ ⊕; früher auch HeilPfl (seit Mittelalter – meist var. *franchetii* (Japan, Korea, N-China) kult, seit Ende 19. Jh.– als **Z** auch feldmäßig).
                            **Gewöhnliche B., Laternenpflanze, Judenkirsche –** *Ph. alkekengi* L.
**1\*** Kr gelb mit dunklen Schlundflecken. FrK hell bräunlichgrün, eifg-kuglig, 2–4 cm lg. Beere gelb. Bl ± herzfg, flaumig-filzig. 0,30–1,00. ⊙ 7–8. **N** s Obst, Fr als Beilage od. Dessert; **v** ▷ ○ wärmebedürftig (vorkolumbische KulturPfl, vermutlich zuerst in S-Am. kult – 20. Jh. – die Kapstachelbeeren des Handels fast stets importiert). [*Ph. edulis* Sims]
                            **Peruanische B., Kapstachelbeere; Andenkirsche –** *Ph. peruviana* L.

Ähnlich: **Erdkirsche, Erdbeertomate** – *Ph. grisea* (Waterf.) M. Martinez: Beeren rot. **N** sehr s als Obst kult (N-Am.).
Zu der ähnlichen Gattung **Veilchenstrauch** – *Iochroma* Benth. gehören einige gelegentlich als Kübel-Pfl (**v** ⚌ ○ ⧈) gezogene südamerikanische Arten mit hängenden Büscheln großer B: **Blauer V. –**

*I. cyaneum* (LINDL.) M. L. GREEN: B ± 4 cm lg, röhrig, hell- od. himmelblau bis violett, selten weiß (Ekuador – Mitte 19. Jh.); – **Südlicher V.** – *I. australe* GRISEB. [*Acnistus australis* (GRISEB.) GRISEB.]: B ± 2,5 cm lg, trichterfg bis glockig, tiefblau od. rosa (Boliv., NW-Argent. – 19. Jh.). Die Sorte 'Trebah' ist ein Bastard beider Arten: Kr mit 10 deutlichen u. ± gleichlg Zähnen (sonst Kr nur 5zähnig od. mit 5 zusätzlichen, aber deutlich kürzeren Zähnchen).

### Paprika, Spanischer Pfeffer – *Capsicum* L.      10–20 Arten

Lit.: ESHBAUGH, W. H. 1980: The taxonomy of *Capsicum*. Phytologia **47**: 153–166. – ANDREWS, J. 1984: Peppers: The domesticated Capsicums. Austin.

B einzeln od. zu 2–3, 1–2 cm ⌀, weiß, selten bläulichweiß, sternfg mit 3eckigen KrZipfeln. Bl eifg bis lanzettlich, ganzrandig, 3,5–15 cm lg u. 1–5 cm br. Beere aufrecht bis hängend, 1–30 cm lg, Form (Abb. **451**/1–5) u. Farbe sehr variabel (gelb, rot, grün u. Übergänge). 0,30–2,00. ♃ kult ⊙ 6–8. **N** v bis z Gemüse- u. GewürzPfl, Gärten u. unter Glas; **Z** z ⚘, TopfPfl; v ▭, Warmkeimer, Pflanzung meist in Folien- od. Glashäuser (vorkolumbische KulturPfl, Ausgangssippe var. *glabriusculum* (DUNAL) HEISER et PICKERSGILL: S-USA bis nordwestl. S-Am.; Beginn der Kult vermutlich in Mex. – Mitte 16. Jh. – verschiedene Sorten – gewerbsmäßiger Anbau erst ab Mitte 20. Jh.).

**Paprika, Chili, Peperoni** – *C. annuum* L.

Sehr formenreich: **Gemüse-P.** (Grossum Gp): großfrüchtig, Beeren hängend (Abb. **451**/4,5), mild schmeckend; – **Gewürz-P.** (Conioides Gp u. Longum Gp): Fr kleiner, hängend od. aufrecht (Abb. **451**/1,2), scharf schmeckend, auch HeilPfl.; – **Zier-P.** (Cerasiforme Gp): Fr sehr klein, meist aufrecht, kuglig (Abb. **451**/3) od. linealisch, scharf.

### Nachtschatten – *Solanum* L.      1400 Arten

Lit.: LAWRENCE, G. H. M. 1960: The cultivated species of *Solanum*. Baileya **8**: 21–75.

Bem.: Wegen des Alkaloidgehalts zumindest in Teilen der Pfl sind die meisten Arten giftig.

1   KletterPfl, ♄ ............................................................ **2**
1*  Pfl nicht kletternd, ♃,♄ od. ⊙ ........................................ **3**
2   Kr violett mit gelber Mitte. Beere eifg, rot. Bl eifg-lanzettlich, ganzrandig, die oberen meist geöhrt, spießfg od. mit 1–2 Fiederzipfeln. 0,30–2,00. ♄ ⚥ 6–9. **W. Z** s Parks, Naturgärten, früher HeilPfl; v ⚬ ○ ≈ (Eur., As. – einige Sorten – 19. Jh.?).

                   **Bittersüßer N., Bittersüß** – *S. dulcamara* L.

2*  B weiß od. hellviolett. Beere dunkel blaurot bis schwarz. Obere Bl am Grund abgerundet, untere stets mit 1–3 Paaren von Lappen od. Fiedern. Beere kuglig bis eifg. FrStiele deutlich angeschwollen. 0,50–2,00(–6,00). ♄ ⚥ 2–11. **Z** s, im S im Freiland, Mauerbekleidung, sonst meist Kübel; v ⚘ ◐ ⌃ ⓡ (Bras., Argent., Parag.: Waldränder, Gebüsche – Mitte 19. Jh. – einige Sorten). [*S. jasminoides* PAXTON]

                   **Jasmin-N.** – *S. laxum* SPRENG.

3   (1) Pfl stachellos. FrForm unterschiedlich .................................. **4**
3*  Pfl bestachelt. Beere kuglig ............................................ **9**
4   B < 1 cm ⌀ ............................................................ **5**
4*  B > 1 cm ⌀ ............................................................ **6**

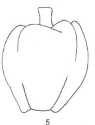

  1       2       3       4       5

**5** Pfl ⊙. Bl ± eifg. B zu 5–10 in Zymen. Reife Beere schwarz od. violett, selten grünlichgelb, <10 mm ⌀, kuglig. Kr weiß. Pfl dunkelgrün. Bl ganzrandig od. grob gezähnt; BlStiel geflügelt. 0,10–0,80. ⊙ 6–10. **W. N** s früher FrGemüse u. HeilPfl (Eur., jetzt weltweit verbreitet – in D. Anbau vermutlich erloschen). **Schwarzer N.** – *S. nigrum* L. em. MILL.

**5\*** Pfl ♄ i, zuweilen kult ⊙. Bl länglich-lanzettlich. B höchstens zu 4. Beere cremefarben, orange od. rot, 1,2–2,0 cm ⌀. Kr weiß od. violett. Bl ganzrandig. 0,40–1,00. 6–9. **Z** z, meist TopfPfl, ⚘; ∨ ∿ ⊳ ○ ∧ (südöstl. S-Am., eingeb. Madeira: Trockengebüsch – in D. Ende 16. Jh. – einige Sorten).

**Korallenstrauch, Jerusalemkirsche** – *S. pseudocapsicum* L.

**6 (4)** Bl unterbrochen gefiedert. Beere hellgrün,1,5–3 cm ⌀. Bl 10–20 cm lg u. 6–12 cm br, Fiedern ± eifg. Kr weiß, rosa, bläulich od. lila. Pfl mit Ausläuferknollen. 0,40–1,00. ♃ ♂ 6–8. **N** v Stärke- u. GemüsePfl, Feld- u. Gartenanbau, in D. neben dem Getreide wirtschaftlich wichtigste KulturPfl, vielfältig industriell verarbeitet; Vermehrung durch (Teil-)Knollen, bes. leichte, nicht trockne Böden (altindianische KulturPfl, in den Anden seit Jahrtausenden kult, entstanden als Hybr *S. sparsipilum* (BITTER) JUZ. et BUKASOV × *S. stenotomum* JUZ. et BUKASOV; erste Einfuhren in D. Ende 16. Jh., anfangs als **Z** od. Kuriosität, gehören zur andinen subsp. *andigena* (JUZ. et BUKASOV) J. G. HAWKES mit Knollenbildung im Kurztag – großflächiger Anbau erst während des 18. Jh. – jetzt in gemäß. Breiten wie in D. nur subsp. *tuberosum* mit Knollenbildung im Langtag im Anbau – >1000 Sorten, sehr vielgestaltig, unterschieden nach Erntereifezeit (Früh-, Mittelfrüh- u. Spätkartoffeln), nach Nutzung (Stärke-, Salat-, Futterkartoffeln); Knollenform u. -farbe sehr variabel – B- u. FrBildung bei modernen Sorten oft eingeschränkt).

**Kartoffel** – *S. tuberosum* L.

**6\*** Bl nicht unterbrochen gefiedert. Fr gelbgrün, violett, weißlich gefleckt od. orange bis rot **7**

**7** Bl useits mit Sternhaaren. Beere meist einzeln, hängend, unterschiedlich intensiv violett, gelblich od. weiß, reif meist >10 cm lg, kuglig, eifg, gurkenfg od. birnfg, sehr variabel in Form u. Größe. BStand armblütig. Kr violett bis weißlich. 0,20–0,70. ♃, kult ⊙ nur im S z, sonst s, FrGemüse; ∨ ⊳ ab Mai im S ins Freiland, sonst unter Glas od. Folie, ○ (alte südasiatische KulturPfl, Entstehung wohl in Indochina, Formenzentrum in Indien – in D. erstmals Ende 16. Jh., bis in die Neuzeit nur als Kuriosität kult, erst jetzt z als Gemüse – sehr formenreich).

**Eierfrucht, Aubergine** – *S. melongena* L.

**7\*** Bl ohne Sternhaare, fast kahl . . . . . . . . . . . . . . . . . . . . . . . . . . . . . . . . . . . . . . . . . **8**

**8** Fr kuglig bis verkehrteifg, 4–12 cm lg, gelblich bis grünlich, violett gestreift. B weiß od. blau, 2 cm ⌀ (Abb. **452**/3). Bl an einer Pfl sowohl einfach als auch gefiedert mit 3–7 Dlchen. 0,60–2,00. ♃, ♄, kult ⊙ 6–8. **N** s Balkons, Kübel, Obst; ∨ ∿ ⍓, Überwinte-

1                                    2                                    3

rung unter Trockenhaltung nach Rückschnitt (alte indianische KulturPfl aus Kolumb. u. Peru – in D. Ende 20. Jh. – mehrere Sorten, auch mit samenloser Fr). [*S. variegatum* Ruiz et Pav.] **Pepino, Melonenbirne, Balkon-Honigmelone** – *S. muricatum* Ait.

8\* Fr ellipsoidisch, höchstens 2,5 cm lg, orange od. rot. B tief violett bis blau, selten weiß, 3–5 cm ⌀. Bl bis auf die oberen tief fiederschnittig mit meist 7 Lappen. 1,00–3,00. ♄ 8–9. **Z** s, vor allem im S öfter als KübelPfl; Ⅴ ⋏ ○ ∧ ⌂ (Neuseel., SO-Austr., Neuguinea: Gebüsche, Wegränder – anderswo als Rohstoffquelle für Steroidalkaloide kult – in D. seit 20. Jh.). **Vogel-N., Känguruapfel** – *S. aviculare* G. Forst.

9 **(3)** Pfl ⊙. Beere zumindest teilweise vom stachligen FrK umhüllt. Bl meist gefiedert od. fiederschnittig . . . . . . . . . . . . . . . . . . . . . . . . . . . . . . . . . . . . . . . . . . . . . **10**

9\* Pfl ⚄, ♄ od.♄ . Beere nicht vom FruchtK umhüllt, kuglig. Bl einfach bis gelappt . . . **12**

10 Alle StaubBl gleichlg. Beere reif fleischig, rot, nur teilweise vom FrK umhüllt, 1–2 cm ⌀ (Abb. **453**/2). B reinweiß bis blassblau od. violett, 1,5–3,5 cm ⌀. Bl 4,5–12,5 × 2,5–5 cm, länglich bis eifg, einfach, gezähnt bis fiederlappig od. zerteilt. Stg mit gelben, 2–10 mm lg Stacheln u. Drüsen-, Stern- od. einfachen Haaren. 0,60–1,00. ⊙ 7–8. **Z** z im S, sonst s, Sommerrabatten ♠; Ⅴ ▷ ○ ⌂ (S-Am.: Wegränder, Gebüsch – in S-Am. HeckenPfl – 19. Jh.). **Raukenblättriger N., Klebriger N.** – *S. sisymbriifolium* Lam.

10\* Ein StaubBl länger als die anderen. Beere reif trocken, braun, vollständig vom FrK umhüllt . . . . . . . . . . . . . . . . . . . . . . . . . . . . . . . . . . . . . . . . . . . . . . . . . . . . **11**

11 Kr gelb, zuweilen mit roten od. lila Streifen, 1,2–1,7 cm ⌀. Beere ± 1 cm ⌀. BStände scheinbar blattachselständig, oberste B oft ♂. Bl eifg, 10–20 × 3–8 cm, doppelt fiederschnittig, Lappen unregelmäßig eifg od. gezähnt. K u. Stg mit 1–2 cm lg Stacheln u. Sternhaaren. 0,60–0,80. ⊙ 6–8. **Z** z im S, sonst s, ♠ Sommerrabatten; Ⅴ Freiland ○ (M-Am.: Gebüschsäume, Ruderalplätze – 19. Jh.). [*S. cornutum* Lam.] **Schmalblättriger N.** – *S. angustifolium* Mill.

11\* Kr blau bis violett, 2,5–3,5 cm ⌀. Beere 9–12 mm ⌀. BStände nicht blattachselständig, oben mit einigen ♂ B. Bl eifg, fiederlappig od. fiederteilig. Bl, Stg u. K mit einfachen Haaren, Drüsen- u. Sternhaaren sowie 2–7 mm lg, nadelfg Stacheln. 0,60–0,80. ⊙ 6–9. **Z** z, im N s, ♠ Sommerrabatten; Ⅴ Freiland ○ (S-USA, Mex.: Gebüschsäume, Ruderalplätze – 1. Hälfte 19. Jh.). **Wassermelonenblättriger N.** – *S. citrullifolium* A. Braun

12 **(9)** Stacheln nur am Stg, mit br Grund aufsitzend. Bl 8–35 × 4–14 cm, eifg bis elliptisch, useits dicht weiß sternhaarig; BlStiel bis 6 cm lg, oft mit kleinen Blchen am Grund. B zu 20–80 in Schirmtrauben, sternfg, rotviolett od. weiß, 8–10 mm ⌀. Beere 5–10 mm ⌀, orange bis rot. ♄ 7–8. **Z** im wärmebegünstigten S, Terrassen, Kübel; ⋏ ○ ∧ ⌂ (trop. Afr., S-Indien: Bergwälder – 19. Jh.). **Riesen-N.** – *S. giganteum* Jacq.

12\* Stacheln an Stg u. Bl, ± nadelfg . . . . . . . . . . . . . . . . . . . . . . . . . . . . . . . . . . . . . **13**

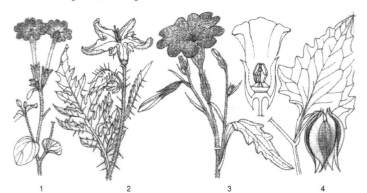

1                    2                    3                    4

**13** Reife Beere rostbraun behaart. Stg durch herablaufende Bl geflügelt, jung mit rostbraunen Sternhaaren. Bl 12–75 × 8–35 cm, elliptisch, oseits mit Sternhaaren. BStände 4–6blütig. B weiß, sternfg, 2,5–3,5 cm ⌀. Beere 1,2–1,8 cm ⌀. 1,00–3,00. ♄ od. ⅟ 8–9. **Z** im S z, in geschützten Lagen; Ⅴ ⟋⟍ ○ ∧ 🏠 (S-Bras., Argent., Parag.: Wälder, Gebüsche – 2. Hälfte 19. Jh.). **Robuster N.** – *S. robustum* H. WENDL.

**13\*** Reife Beere kahl .................................................... **14**

**14** Beere rot. B weiß, gelb getönt, sternfg, 1,5–2 cm ⌀. Bl eifg, 8–14 × 7–11 cm, mit 2–3 randlichen Lappen. Beere 1,4–1,6 cm ⌀, 2 od. mehr je FrStand. Pfl mit bis 1,5 cm lg, nadelartigen Stacheln, sonst kahl od. drüsig u. wollig behaart. 0,80–1,00. ♄, kult auch ☉ 7–8. **Z** z im S, sonst s, Terassen, Kübel; Ⅴ ▷ 🏠 ∧ ○ (Bras. bis Argent., Parag.: Wälder, Wegränder, Trockengebüsch – Ende 19. Jh.). **Dunkelvioletter N.** – *S. atropurpureum* SCHRANK

**14\*** Beere grünlichgelb bis orange ........................................... **15**

**15** Kr blau bis violett. Beere grünlichgelb. Stacheln orange, bis 2 cm lg. Bl 10–20 × 7,5–11 cm, länglich-lanzettlich, von Sternhaaren weiß. B zu 8–15 in einer Traube. Kr 2,5–4 cm ⌀. 1,00–1,50. ♄ od. ⅟ bis ☉ 7–9. **Z** z im S, sonst s, ♠, auch Kübel; Ⅴ ○ ∧ 🏠 (Madagaskar: TrockenW, Gebüsche – Ende 18. Jh.). [*S. pyracanthum* DUNAL; *S. pyracanthon* JACQ.] **Feuerdorn-N.** – *S. pyracanthos* LAM.

**15\*** Kr weiß, violett gestreift. Beere gelb, 3–5 cm ⌀. Stacheln gelb, 1,5 cm lg. Bl eifg, 10–20 × 6–12 cm, useits weißfilzig. BStand 3–10blütig, untere B ♀, obere ♂, weiß mit dunkellila Muster, 2,5–3,5 cm ⌀. 0,80–3,00. ♄ 7–8. **Z** s, nur im S, ♠ Sommerrabatten, Kübel; Ⅴ ▷ im Mai auspflanzen, ○ 🏠 anspruchsvoll (Äthiop.: Triften, Flusstäler, Wegränder – 18. Jh.). [*S. abyssinicum* VITMAN] **Äthiopischer N., Weißrandiger N.** – *S. marginatum* L. f.

**Lycianthes** – *Lycianthes* (DUNAL) HASSL. 170 Arten

Am Grund verzweigter, bis 2 m hoher Strauch, aber oft als Hochstamm gezogen. Bl elliptisch-eifg od. lanzettlich, Rand wellig, Spreitengrund keilfg, BlStiel ± geflügelt, mit einfachen u. gabligen Haaren. BlStand doldenfg, 5–7blütig (Abb. **452**/2). Kr blau od. violett mit gelblichem Zentrum, 2–2,5 cm ⌀. Beere gelb. 0,50–2,00. ♄ 7–10. **Z** z Sommerrabatten, Kübel ⚳; Ⅴ ▷ auspflanzen Ende Mai ⟋⟍ ○ 🏠 (südl. S-Am.: Trockengebüsche, Waldsäume – einige Sorten, B auch rotviolett, Beeren rot – 2. Hälfte 19. Jh). [*Solanum rantonnetii* BITTER, *S. rantonnei* CARRIÉRE] **Enzianstrauch, Blauer Kartoffelstrauch** – *L. rantonnei* (CARRIÉRE) BITTER

**Tomate** – *Lycopersicon* MILL. 13 Arten

Lit.: PERALTA, T. E., SPOONER, D. M. 2000: Classification of wild tomatoes: a review. Kurtziana **28**: 45–54. – LEHMANN, C. O. 1855: Das morphologische System der Kulturtomate (*Lycopersicon esculentum* MILLER). Züchter **3**, Sonderheft, 64 S.

**1** Beere kuglig, 1–1,5(–2) cm ⌀, reif rot od. gelb, 2kammrig. FrStand mit >10 Beeren. Pfl schwach drüsig behaart, daher geruchlos. Bl unterbrochen gefiedert. Sa an der Spitze kahl. 0,30–1,60. ⅟, kult ☉ 7–10. **N** s FrGemüse, als Kuriosität, Ausgangsmaterial für die Züchtung kleinfrüchtiger Tomatensorten; Ⅴ ▷ Warmkeimer ○ (Ecuador, Peru: Ruderalstellen, kiesige Ufer – 20. Jh. – Objekt für genetische Versuche – wohl Ausgangsart von *L. esculentum*). [*Solanum pimpinellifolium* JUSL.] **Johannisbeer-Tomate** – *L. pimpinellifolium* (JUSL.) MILL.

**1\*** Beeren von unterschiedlicher Form, 2–10 cm ⌀, meist mehrkammrig (2–10). FrStand mit 5–40 Beeren. Pfl stark drüsig behaart, kräftig riechend. Bl unterbrochen gefiedert. 0,40–1,50(–2,50). ⅟, kult stets ☉ 7–10. **N** v FrGemüse, Gärten, Freilandanbau, unter Folien u. Glas, gezogen als Stab- od. Buschform; Ⅴ ▷ Warmkeimer anspruchsvoll (vorkolumbische KulturPfl), domestiziert in Mex. – im 16. Jh. erstmals in D., lange Zeit nur als **Z** od. Kuriosität gezogen, in D. als FrGemüse zunehmend seit A 20. Jh, jetzt eine der wichtigsten Gemüsearten – FrGröße, -Form u. -Farbe sehr variabel: rot, gelb, orange, selten violett, purpurn, grün, rosa, auch verschiedenfarbig geflammt – ∞ Sorten, intensive Züchtungsarbeiten, auch Hybridsorten u. Einkreuzung von südamerikanischen Wildarten, u. a. zur Verbesserung der Resistenz gegen die Krautfäule *Phytophthora* – verw.). [*Solanum lycopersicum* L.] **Tomate** – *L. esculentum* MILL.

Mehrere Konvarietäten u. viele Varietäten, in D. z. B. kult:
Busch-T. – convar. *fruticosum* C. O. LEHM.: Längenwachstum begrenzt; die meisten Sorten gehören jedoch zu folgenden, unbegrenzt wachsenden (ausgeizen!) Konvarietäten:
convar. *parvibaccatum* C. O. LEHM., dazu var. *cerasiforme* (DUNAL) ALEF. – Kirsch-T., Party-T.: Fr kirschengroß, rundlich, glatt, gelb od. rot; u. var. *pyriforme* (DUNAL) ALEF. – Birnen-T., Party-T.: Fr klein bis mittelgroß, birnen- od. pflaumenfg, gelb od. rot;
convar. *esculentum*: Fr gerieft, dazu var. *esculentum*: Fr groß, rundlich, rot;
convar. *infiniens* C. O. LEHM.: Fr glatt, dazu var. *commune* L. H. BAILEY: Fr groß, rundlich, unreif geflammt, 3–mehrfächrig; – var. *flammatum* C. O. LEHM.: Fr mittelgroß rundlich, unreif geflammt, 2–3fächrig; – var. *pluriloculare* C. O. LEHM.: Fr mittelgroß, nicht geflammt, vielkammrig.
Fleisch-T. gehören meist zu var. *commune*: Scheidewände dick, fleischig, hoher Gehalt an Trockensubstanz, meist industriell verarbeitet.

**Tollkirsche** – *Atropa* L. 4 Arten

Lit.: HELTMANN, H. 1979: Morphological and phytochemical study of the genus *Atropa*. Herba Hungarica **18**: 101–110.

Bl ganzrandig, eifg bis elliptisch, die oberen gepaart. B glockig, nickend, violettbraun mit dunkleren Nerven. Fr 1–2 cm ⌀, schwarz. 0,50–1,50. ⚃ Pleiok 6–8. **W. N** s früher häufiger kult HeilPfl, Bl u. Wurzel zur Alkaloid-Gewinnung; V Kaltkeimer ☾ feucht-lehmiger Boden, sehr giftig!. **Tollkirsche** – *A. bella-donna* L.

Als Kübel- od. Topfpflanze werden auch mittelamerikanische strauchige Arten der Gattung **Hammerstrauch** – *Cestrum* L. angeboten (V ⌁ von Februar bis April im Warmbeet halten, ○ anspruchsvoll ℞). **Orangeblütiger H.** – *C. aurantiacum* LINDL.: B orange, selten weiß od. gelb. Kr gleichmäßig zum Saum verbreitert. Beere weiß. Pfl höchstens im Austrieb schwach behaart (Mex., Guatem., Nikar. – Mitte 19. Jh.); – **Roter H.** – *C. elegans* (BRONGN. ex NEUMAN) SCHLTDL.: B dunkelrot, purpurn od. weiß. Kr zum Grund u. zur Spitze hin verschmälert. Beere rotviolett. Bl u. Stg behaart (Gebirge von Mex. – Mitte 19. Jh.). Auch Hybr mit anderen Arten kult.

**Bilsenkraut** – *Hyoscyamus* L. 20 Arten

1   B schmutziggelb, violett netzaderig, fast sitzend, 2–3 cm ⌀. Pfl klebrig-zottig, mit auffälligem Geruch. Bl länglich-eifg, ungleichmäßig spitz gelappt, sitzend. 0,20–0,80. ⊙ ⊙ 6–9. **W. N** s, HeilPfl zur Tropan-Alkaloid-Gewinnung, früher häufig kult; V Warmkeimer ○ ~ mineralkräftiger Boden, giftig (alte Volksheil- u. HexenPfl). **Schwarzes B.** – *H. niger* L.

1*  B blassgelb od. grünlichgelb, ohne Adernetz, sitzend, die untersten kurz gestielt, ± 2 cm ⌀. Pfl zottig, ohne auffälligen Geruch. Bl rundlich-eifg, stumpf gezähnt od. buchtig geschweift, gestielt. 0,15–0,40. ⊙ ⊙, zuweilen ⚃ 7–10. **N** s HeilPfl zur Alkaloid-Gewinnung; V Warmkeimer ○ ~ (Medit., SW-As.: Mauern, Ruderalplätze – ? 19. Jh. – Verwendung wie *H. niger* L. – giftig!). **Weißes B.** – *H. albus* L.

**Trompetenzunge** – *Salpiglossis* RUIZ et PAV. 2 Arten

Lit.: HUNZIKER, A. T., SUBILS, R. 1980: *Salpiglossis, Leptoglossis*, and *Reyesia* (Solanaceae). A synoptical survey. Bot. Mus. Leafl., Harvard Univ. **27**: 1–43.

Bl lineal-lanzettlich, ⌀ tief gezähnt bis wellig. Kr trichterfg mit enger Röhre, 2,3–4,5 cm ⌀, unterschiedlich intensiv gefärbt, gelb, rot, violett, oft dunkler genetzt (Abb. **453**/3). StaubBl 5, 4 fertil, 1 steril. Staubfäden mit Drüsenhaaren. Kapsel so lg wie die KZipfel. 0,80–1,00. ⊙ 6–8. **Z** z Sommerblumenbeete ⚥; V im Mai ins Freiland od. April ⊳ ○ anspruchsvoll (Anden von Chile u. Argent.: Waldränder, Gebüsche, Ruderalplätze – 1. Hälfte 19. Jh. – ∞ Sorten: BFarben unterschiedlich, oft mehrfarbig). [*S. variabilis* hort.] **Trompetenzunge** – *S. sinuata* RUIZ et PAV.

**Tollkraut** – *Scopolia* JACQ. 5 Arten

Lit.: WEINERT, E. 1972: Zur Taxonomie und Chorologie der Gattung *Scopolia*. Feddes Rep. **82**: 617–628.

Bem.: Alle Arten sind sehr giftig!

**1** Kr 2–3 cm lg, 1–1,5 cm ⌀, mehr als doppelt so lg wie der K, außen dunkel braunviolett bis rötlichviolett, innen gelblich bis braungrün; KrZipfel kurz, wenig auffällig. Pfl kahl. Bl gezähnt od. ungezähnt. Kapsel eifg, dem FrK dicht anliegend. 0,20–0,60. ♃ ⅄ 4–5. **Z** z Staudenbeete; früher HeilPfl; ∨ ❦ ◗ ● ≃ (SO-Eur.: Wälder, Gebüsche, Stauden-fluren – 18. Jh.). **Krainer T.** – *S. carniolica* JACQ.

**1\*** Kr wenig länger als der Kelch, 4 cm ⌀, blassgrün, gelb od. grünlichviolett; KrZipfel auf-fällig, frei, mit Öhrchen am Grund. Pfl zuweilen gelblichbraun behaart. Bl ganzrandig od. etwas geschweift, useits weißfilzig. Kapsel flachrund, vom FrK locker umhüllt. 0,60–2,00. ♃ ⅄ 6–9. **Z** s Staudenbeete; ∨ ❦ ◗ ● ≃ (Gebirge von Indien, Nepal, SW-China: Staudenfluren, Waldsäume – ? 20. Jh. – in der Heimat Heil- u. FutterPfl). [*S. stramonifolia* (WALL.) SEMENOVA, *S. lurida* (LINK et OTTO) DUNAL, *Anisodus luridus* LINK et OTTO, *Nicandra anomala* LINK et OTTO]

**Fahlgelbes T.** – *S. anomala* (LINK et OTTO) AIRY SHAW

**Spaltblume** – *Schizanthus* RUIZ et PAV. 12 Arten

Lit.: GRAU, J., GRONBACH, E. 1984: Untersuchungen zur Variabilität in der Gattung *Schizanthus* (*Sola-naceae*). Mitt. Bot. Staatssammlg. München **20**: 111–203.

**1** Kr Röhre 1–1,5mal so lg wie die KZipfel, gerade. Kr rot bis violett, OLippe gelb gefleckt. StaubBl kürzer als die ULippe. Stg reich verzweigt, bedeckt mit schwarz- bis braunköp-figen Drüsenhaaren u. einzelnen angedrückten Borsten. Bl ± 12 × 7 cm, fiederschnittig bis gefiedert, fast kahl. BStand traubenfg, 0,70–0,90. ⊙ 7–9. **Z** z Sommerblumenbeete; ∨ im April ⌂, im Herbst ⊕ für Topfkultur (Chile: Waldsäume, Gebüsche, Wegränder – 1. Hälfte 19. Jh. – einige Sorten). [*Sch. retusus* HOOK.]

**Abgestumpfte S.** – *Sch. grahamii* HOOK.

**1\*** KrRöhre kürzer als die KZipfel. Bl 7–19 × 3–6 cm, fiederschnittig bis gefiedert .... **2**

**2** StaubBl so lg wie die KrRöhre od. kürzer. Pfl oft mit schwarz- bis braunköpfigen Drü-senhaaren u. Borsten. Kr rot od. violett, mittlerer Zipfel der OLippe mit gelben Flecken auf dunkelviolettem od. rotem Grund. 0,70–0,90. ⊙ 7–9. **Z** v Sommerblumenbeete, TopfPfl für Spätwinter/Frühjahrsperiode; ∨ ⌂ ○, kult wie *Sch. grahamii* (Hybr aus *Sch. grahamii* × *Sch. pinnatus*, entstanden 1900 in Kultur in Eur. – sehr formenreiche Sorte, wichtigste der Gattung – ∞ Sorten – Compacta-Sortengruppe: nur 30–40 cm hoch). [*Sch. wisetonensis*-Hybriden] **Hybrid-S.** – *Sch.* × *wisetonensis* H. LOW

**2\*** StaubBl deutlich aus der KrRöhre ragend (Abb. **452**/1). Pfl oft mit braun- bis schwarz-köpfigen Drüsenhaaren u. kurzen od. lg, angedrückten Borsten. Kr rosarot bis lila u. dunkelviolett gefleckt. 0,70–0,90. ⊙ 7–9. **Z** z Sommerblumenbeete, TopfPfl; ∨ ⌂ ○, kult wie *Sch. grahamii* (Chile: Waldränder, Gebüsche – 1. Hälfte 19. Jh. – einige Sorten).

**Gefiederte S.** – *Sch. pinnatus* RUIZ et PAV.

Familie **Glockenwindengewächse** – *Nolanaceae* BERCHT. et J. PRESL
18 Arten

**Glockenwinde** – *Nolana* L. ex L. f. 18 Arten

**1** Fr aus (3–)5(–6) nussartigen TeilFr. Kr 12–17 mm lg. KrSchlund mit violetten od. pur-purnen Längsstreifen (Abb. **457**/2a–d). 0,05–0,20 hoch, bis 0,45 lg. ♃, kult ⊙ 7–8. **Z** s Sommerblumenbeete △ ⌂; ○ (Peru: nebelreiche Küstenwüste (Loma) – 2 Sorten). [*N. prostrata* L. f.] **Niederliegende G.** – *N. humifusa* (GOUAN) I. M. JOHNST.

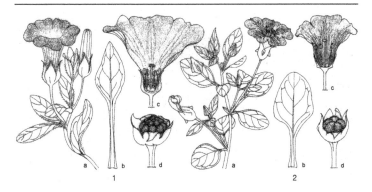

**1\*** Fr aus 10–27 nussartigen TeilFr. Kr 25–35 mm lg. KrSchlund gelblich od. weiß, ohne dunkle Längsstreifen (Abb. **457**/1a–d). 0,05–0,25 hoch, bis 0,60 lg. Ⳓ?, kult ☉ 7–8. **Z** s Sommerblumenbeete △; ○ (Chile: Felsen, Schotterfluren im Küstengebiet (Loma) – 1822 – 2 Unterarten – 2 Sorten). **Großblütige G.** – *N. paradoxa* LINDL.

## Familie **Braunwurzgewächse** – *Scrophulariaceae* JUSS. 5100 Arten

**1** StaubBl 5, zuweilen 4 fruchtbare (mit Staubbeuteln) u. ein unfruchtbares (ohne Staub-
beutel) ...................................................... **2**
**1\*** StaubBl 4 od. 2 ...................................................... **4**
**2** Kr radfg, 5teilig (Abb. **459**/1–3), meist gelb, seltener purpurn od. weiß, Staubfäden z. T.
weiß- od. violettwollig. Bl wechselständig, mit grundständiger Rosette.
                                    **Königskerze** – *Verbascum* S. 459
**2\*** Kr 2lippig, violett, blau, rot od. weiß, ein StaubBl ohne Staubbeutel. Bl gegenständig **3**
**3** Kr mit großer, bauchiger OLippe u. kleinerer 3spaltiger ULippe (Abb. **464**/3), rot, rosa
od. weiß.                                    **Schildblume** – *Chelone* S.. 464
**3\*** Kr mit kleinerer 2spaltiger OLippe u. größerer 3spaltiger ULippe (Abb. **465**/1–4), violett,
blau, rot, gelb od. weiß.                                    **Bartfaden** – *Penstemon* S. 464
**4** **(1)** StaubBl 2 ...................................................... **5**
**4\*** StaubBl 4 ...................................................... **11**
**5** Kr pantoffelfg, meist gelb, ULippe bauchig aufgeblasen, OLippe wesentlich kleiner, K
4teilig (Abb. **461**/1–4 u. **462**/1–2).                **Pantoffelblume** – *Calceolaria* S. 460
**5\*** Kr nicht pantoffelfg, violett, blau od. weiß ...................................................... **6**
**6** Zwergsträucher. Bl gegenständig, immergrün (Abb. **471**/5–8).
                                    **Strauchehrenpreis** – *Hebe* S. 472
**6\*** Kräuter. Bl gegen- od. wechselständig od. quirlig, meist sommergrün ........... **7**
**7** Kr radfg, mit sehr kurzer Röhre (Abb. **468**/1–4).       **Ehrenpreis** – *Veronica* S. 468
**7\*** Kr trichterfg od. glockig, 2lippig, Röhre länger als br (Abb. **471**/1) .............. **8**
**8** Bl gegenständig od. wirtelig ...................................................... **9**
**8\*** Bl wechselständig od. in basaler Rosette ............................... **10**
**9** Bl gegenständig od. in 3–4zähligen Wirteln. Kr meist blau od. violett (Abb. **471**/1–4).
                                    **Blauweiderich** – *Pseudolysimachion* S. 472
**9\*** Bl in 3–6(–9)zähligen Wirteln. Kr weiß (Abb. **469**/4).       **Ehrenpreis** – *Veronica* S. 468
**10** **(8)** Bl rundlich-nierenfg, scharf gezähnt. Kr glockig, StaubBl herausragend (Abb. **472**/1).
                                    **Frühlingsschelle** – *Synthyris* S. 473

10* Bl verkehrteifg, grob gekerbt (Abb. **473**/3). Kr 2lippig, StaubBl nicht herausragend.
**Kühtritt** – *Wulfenia* S. 474
11 **(4)** Bl wenigstens oberwärts wechselständig .............................. 12
11* Bl alle gegenständig, wenn wechselständig, dann Pfl kletternd ............... 17
12 Kr röhrig-glockig od. stieltellerfg, Schlund nicht geschlossen. Alle StgBl wechselständig
.................................................................. 13
12* Kr 2lippig, gespornt od. Schlund durch Ausstülpung der ULippe (Gaumen) geschlossen.
Untere StgBl meist gegenständig od. quirlig .............................. 14
13 B ansehnlich, fingerhutfg, hängend od. waagrecht abstehend (Abb. **472**/2–4 u. 16/1–2).
Pfl 40–150 cm hoch. **Fingerhut** – *Digitalis* S. 473
13* B klein, stieltellerfg, 5lappig, aufrecht. Pfl 5–20 cm hoch (Abb. **473**/4).
**Steinbalsam** – *Erinus* S. 474
14 **(12)** Kr am Grund nicht gespornt, nur mit stumpfer Aussackung (Abb. **462**/8).
**Löwenmaul** – *Antirrhinum* S. 463
14* Kr am Grund gespornt ................................................. 15
15 Pfl meist aufrecht. Bl länglich-lanzettlich, sitzend (Abb. **462**/5–7).
**Leinkraut** – *Linaria* S. 462
15* Pfl kriechend, niederliegend od. hängend. Bl rundlich od. herz- bis nierenfg, gestielt 16
16 Bl efeuartig gelappt. Kr mit ganzrandigen ULippenzipfeln (Abb. **462**/3).
**Zimbelkraut** – *Cymbalaria* S. 461
16* Bl rund bis eifg. Kr mit ausgerandeten ULippenzipfeln (Abb. **462**/4).
**Orant** – *Chaenorhinum* S. 462
17 **(11)** KrRöhre sehr kurz od. fehlend ..................................... 18
17* KrRöhre deutlich ausgebildet ......................................... 21
18 Kr am Schlund mit 2 schlauchartigen Spornen. KrSaum 2lippig bis 5lappig, rosa bis ziegelrot (Abb. **460**/2). **Elfensporn** – *Diascia* S. 460
18* Kr am Schlund ohne Sporne, höchstens grubig erweitert .................... 19
19 B in Scheinwirteln (Abb. **464**/2). Kr 2lippig, mit 2spaltiger O- u. 3spaltiger ULippe, meist
2farbig. **Collinsie** – *Collinsia* S. 464
19* BStand traubig (Abb. **460**/4). Kr ungleich 5lappig ......................... 20
20 KrBl zinnoberrot od. rotorange, selten weiß. **Maskenblume** – *Alonsoa* S. 460
20* KrBl violett, purpurn, rosa od. weiß. **Angelonie** – *Angelonia* S. 460
21 **(17)** KrSaum radfg, 5lappig. Kr weiß od. lavendel mit gelbem Grund (Abb. **467**/1).
**Schneeflockenblume** – *Sutera* S. 466
21* KrSaum 2lippig od. Kr langröhrig mit offnem Schlund ...................... 22
22 Kr langröhrig mit offnem Schlund. Meist Kleinsträucher od. WindePfl .......... 23
22* Kr 2lippig. Meist Kräuter, nicht windend ................................. 25
23 B in pyramidenartiger Rispe, gekrümmt, hängend (Abb. **463**/3,4).
**Fünferling** – *Phygelius* S. 464
23* B nicht in pyramidenartiger Rispe. WindePfl, meist als BalkonPfl kult .......... 24
24 K 5teilig, grün, zur FrReife größer werdend. Kr 2lippig (Abb. **463**/1) od. glockenfg mit
ungleichem Saum (Abb. **463**/2). **Asarina** – *Asarina* S. 463
24* K br glockig, abstehend, rosenrot, lg ausdauernd. Kr röhrig, weinrot, bis 7 cm lg (Abb.
**464**/1). **Rosenkelch** – *Rhodochiton* S. 464
25 **(22)** K 5teilig. Kr mit 4spaltiger OLippe (Abb. **460**/1). **Elfenspiegel** – *Nemesia* S. 460
25* K röhrig od. glockig, 5zähnig ......................................... 26
26 K glockig, nicht kantig. B nur 10–15 mm lg. Bis 10 cm hohe SteingartenPfl (Abb. **467**/8).
**Lippenmäulchen** – *Mazus* S. 468
26* K röhrig, 5kantig od. 5flüglig. B meist größer .......................... 27
27 K 5kantig (Abb. **467**/2–4,5,6). StaubBl ungleich lg, 2 längere u. 2 kürzere.
**Gauklerblume** – *Mimulus* S. 466
27* K 5flüglig (Abb. **467**/7). StaubBl bogig verlängert, paarweise genähert.
**Torenie** – *Torenia* S. 468

**Königskerze** – *Verbascum* L.                                   350 Arten

**1** BStand traubig, B ohne VorBl, deutlich gestielt. Kr violettpurpurn. Bl nicht herablaufend (Abb. **459**/1). 0,30–1,00. ⚂ Pleiok 5–8. **W. Z** s Naturgärten; ⅴ ○ ◐ ~ (östl. M-Eur., O- u. SO-Eur., W-As.: Trockenrasen, trockne Waldsäume u. Gebüsche – einige Sorten: B rosa od. weiß).                                        **Purpur-K.** – *V. phoeniceum* L.

**1\*** B in ährigen Knäueln, von VorBl umgeben, meist kurz gestielt. Kr meist gelb . . . . .   **2**

**2** BStiel während der BZeit meist doppelt so lg wie der K. Antheren aller StaubBl gleich, nierenfg, Staubfäden weiß- od. violettwollig. Bl nicht herablaufend . . . . . . . . . . . .   **3**

**2\*** BStiel während der BZeit sehr kurz. Die 2 längeren StaubBl von den 3 kürzeren durch schmalere Antheren u. (fast) fehlende wollige Behaarung verschieden. Wenigstens die oberen Bl herablaufend . . . . . . . . . . . . . . . . . . . . . . . . . . . . . . . . . . . . . . . . .   **4**

**3** Staubfäden violettwollig. Kr gelb, ihre Zipfel am Grund rotbraun gefleckt, durchscheinend punktiert. Untere Bl am Grund herzfg, lg gestielt. 0,50–1,20. ⚂ PleiokRübe 6–9. **W. Z** z Naturgärten; ⅴ ○ ◐ (Eur., W-As.: Waldschläge, Säume – Hybr mit anderen *V.*-Arten).                                      **Schwarze K.** – *V. nigrum* L.

Ähnlich: **Französische K.** – *V. chaixii* VILL.: Zipfel der Kr nicht durchscheinend punktiert. BlGrund nicht herzfg, häufig mit eingeschnitten-gelappter BlSpreite. **Z** s (Z-, O- u. S-Eur., VorderAs. – einige Sorten).

**3\*** Staubfäden weißwollig. Kr reingelb, bis 3 cm br. Bl br lanzettlich, grauweißfilzig. BStand eine kandelaberfg Traubenrispe. 1,20–2,00. ☉ 6–8. **Z** s Heidegärten, Solitär; ⅴ ○ ~ (NW-Türkei: Bithynischer Olymp: Waldschläge, Säume, Brachen – 1883).
                                        **Kandelaber-K.** – *V. olympicum* BOISS.

Ähnlich: **Riesen-K.** – *V. leianthum* BENTH.: BStand bis 2,50(–4) m hoch. GrundBl bis 120 cm lg u. 60 cm br. Alle PflTeile dicht weißfilzig behaart. Kr goldgelb, bis 1,8 cm br, Staubfäden violettwollig. **Z** s Solitär; 🌡 (Türkei).

**4** **(2)** Mittlere u. obere Bl flügelfg herablaufend, eifg (Abb. **459**/2). BlRand deutlich gekerbt. 0,80–2,30. ☉ 7–9. **W. Z** v Heidegärten, Solitär; **N** z angebaut HeilPfl (Eur., NW-Afr.: Waldschläge, Ödland). [*V. thapsiforme* SCHRAD.]
                                        **Großblütige K.** – *V. densiflorum* BERTOL.

**4\*** Mittlere u. obere Bl nur kurz herablaufend, länglich eifg (Abb. **459**/3). BlRand kaum gekerbt . . . . . . . . . . . . . . . . . . . . . . . . . . . . . . . . . . . . . . . . . . . . . . . . . . . . .   **5**

**5** TragBl eifg-lanzettlich, GrundBl bis 35 cm lg. Pfl graufilzig. BStand unverzweigt (Abb. **459**/3). 0,50–2,00. ☉ 7–8. **W. Z** z Naturgärten, Terrassen, Solitär; **N** z angebaut HeilPfl; ⅴ ○ ~ (Eur., W-As.: Waldschläge, Ödland).    **Windblumen-K.** – *V. phlomoides* L.

**5\*** TragBl linealisch bis lineal-lanzettlich, GrundBl bis 60 cm lg. Pfl dicht weiß- od. gelbfilzig. BStand verzweigt. 0,50–1,50. ☉–⚂ 6–8. **Z** z Terrassen, Solitär ♠; ⅴ Lichtkeimer ○ (It., Balkan: Gebüsche, Hänge).    **Langblättrige K.** – *V. longifolium* TEN.

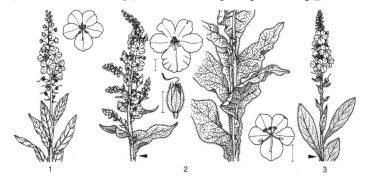

1                          2                          3

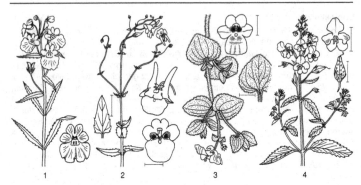

1                    2                    3                    4

Ähnlich: **Seidenhaar-K.** – *V. bombyciferum* BOISS. (KleinAs.: Bithynischer Olymp) ebenfalls mit dichter weißfilziger u. flockiger Behaarung. BStand verzweigt, bis 1,80 m hoch. Sorte 'Polarsommer': **Z z** Solitär, Naturgärten.
Hinweis: Alle *V.*-Arten bastardieren sehr leicht. Die Hybr sind meist nicht so schön wie die Stammarten. Deshalb sollten verschiedene Arten nicht nahe beieinander gepflanzt werden. Vermehrung der Sorten am besten durch Wurzelschnittlinge od. Nebenrosetten.

### Elfenspiegel, Venusspiegel, Nemesie – *Nemesia* VENT.                           65 Arten

Kr verschiedenfarbig (rot, orange, gelb, weiß, blau, violett), mit 4spaltiger OLippe. KrSchlund mit Sporn (Abb. **460**/1). 0,20–0,40. ⌧ kult ⊙ 6–10. **Z** v △ Rabatten, Balkonkästen, Ampeln; ∨ ⋎ ○ (die Stammarten S-Afr.: Hänge u. Hügel – Ende 19. Jh. – heute kult fast nur Hybr von *N. strumosa* BENTH. u. *N. versicolor* E. MEY. ex BENTH. Blaue u. violette Farben stammen z. T. von *N. caerulea* HIERN).
**Garten-E.** – *Nemesia*-Hybriden

### Elfensporn – *Diascia* LINK et OTTO                                           50 Arten

Pfl aufsteigend-aufrecht. Bl eifg, stumpf gesägt. B in lockeren, aufrechten Trauben. Kr lachsrosa, 23–27 mm lg, Sporne 7–8 mm lg (Abb. **460**/2). 0,25–0,35. ⊙ 7–9. **Z** v Rabatten, Balkons; ∨ ○ ≈ (S-Afr.: Sümpfe, nasse Felsen – 1870 – mehrere Sorten).
**Einjähriger E.** – *D. barberae* HOOK. f.

Ähnlich: **Zierlicher E.** – *D. vigilis* HILLIARD et B. L. BURTT [*D. elegans* hort.]: Hängende, drüsig behaarte Triebe u. herzfg B (Abb. **460**/3). Kr rosapurpurn, 20–23 mm lg, Sporne einwärts gebogen. **Z** o.

### Maskenblume, Alonsoa – *Alonsoa* RUIZ et PAV.                                 70 Arten

Stg 4kantig (Abb. **460**/4). FrKapsel 2fächrig, aufspringend. 0,30–0,80. ♄ kult ⊙ 7–9. **Z** s Rabatten ⚥; ⊳ ∨ ○ (Mex. bis Chile, Venez.: Hänge, Säume – 1858 – Stammart sehr variabel – Sorten: BFarbe verschieden). [*A. warscewiczii* REGEL].
**Garten-M.** – *A. meridionalis* (L. f.). KUNTZE

### Angelonie – *Angelonia* BONPL.                                               25 Arten

Stg nicht kantig. Bl lanzettlich. Kr sackfg ausgehöhlt. KrLappen 5, seitlich abstehend od. zurückgebogen. 0,20–0,40. ⊙ 6–9. **Z** s Sommerrabatten, Balkonkästen; ⊳ ∨ ⋎ ○ ◑ (Bras.: Offenstellen auf nährstoffreichen Böden – 1839 – Sorten: BFarbe unterschiedlich).
**Horntragende A.** – *A. cornigera* HOOK.

### Pantoffelblume – *Calceolaria* L.                                            250 Arten

**1**  Pfl einjährig. Stg fleischig, drüsig-klebrig behaart. Bl gefiedert od. fiederspaltig mit größerem Endlappen, 5–8 cm lg. B in Doldentrauben. Kr gelb, OLippe klein, bis 3 mm br, ULippe aufgeblasen, fast kreisrund, 1,5 × 1,5 cm (Abb. **461**/3). 0,30–0,50. ⊙ 6–9.

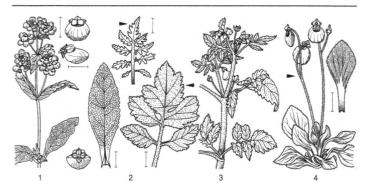

1        2        3        4

**Z** s Sommerrabatten; V Lichtkeimer ☻ (westl. S-Am.: Loma – 1822). [*C. chelidonioides* HUMB., BONPL. et KUNTH, *C. scabiosifolia* ROEM. et SCHULT.]

**Dreiteilige P.** – *C. tripartita* RUIZ et PAV.

Ähnlich: **Fiederblättrige P.** – *C. pinnata* L.: In allen Teilen zierlicher. Bl mit gleichgroßen Endlappen. Kr hell schwefelgelb (Abb. **461**/2). **Z** s.

**1*** Pfl mehrjährig. Bl nicht gefiedert od. fiederspaltig . . . . . . . . . . . . . . . . . . . . . . . . . . . **2**
**2** Pfl am Grund verholzt, aber meist ⊙ kult. Stg flaumig behaart, dicht beblättert. Bl eifg-elliptisch, runzlig. BStand doldentraubig, reichblütig. Kr gelb, 12–15 mm br (Abb. **461**/1). 0,30–0,60. ♄ kult ⊙ 5–9. **Z** v Rabatten, Balkons; ⟅ ⊙ ⑧ Lichtkeimer (Chile, Berg-hänge – 1822). [*C. rugosa* RUIZ et PAV.]        **Runzlige P.** – *C. integrifolia* MURRAY
**2*** Pfl nicht verholzt, rosetten- od. rasenbildende Stauden . . . . . . . . . . . . . . . . . . . . **3**
**3** Pfl rosettig. Bl br rhombisch-spatelfg, oseits glänzend dunkelgrün, Rand behaart. B auf bis 20 cm hohen Stg, zu 2(–4) (Abb. **461**/4). Kr rundlich, sattgelb, innen mit braunroten Punk-ten, 1,5 cm br. 0,10–0,20. ♃ 5–6. **Z** z △; V Lichtkeimer ⟅ ◯ ≈ ⋀ (S-Chile, S-Argent.: leichte Böden in steinigen u. sandigen Gebieten in Steppen, offnem Buschland u. sommer-grünen Wäldern – 1826). [*C. plantaginea* SM.]        **Zweiblütige P.** – *C. biflora* LAM.
**3*** Pfl ausläufertreibend, rasenbildend. Bl am Grund gedrängt, spitz rhombisch, in den Stiel verschmälert, behaart. B auf bis 25 cm hohen Stg, einzeln (Abb. **462**/1). Kr eifg, gelb, am Grund mit braunroten Punkten, bis 2 cm lg. 0,10–0,25. ♃ ⟅ 6–8. **Z** s △; V Lichtkeimer ⟅ ☻ ≈ ⋀ ⑧ (S-Chile, S-Argent.: lichte Gebüsche – 1900).
**Vielwurzlige P.** – *C. polyrrhiza* CAV.

Ähnlich: **Gekerbte P.** – *C. crenatiflora* CAV.: B in lockeren Scheindolden auf bis 15 cm hohen Stg. Bl länglich-eifg. – Außerdem Hybr zwischen *C. biflora* u. *C. polyrrhiza* mit bis 30 × 40 mm großen, rot- u. braungefleckten B kult (Sorten: 'John Innes', 'Halls Spotted' u. a. – Abb. **462**/2).

**Zimbelkraut** – *Cymbalaria* HILL        15 Arten

**1** Bl 5–7lappig, kahl, useits oft purpurn überlaufen. Kr hellviolett, mit gelbem Gaumen, 9–13 mm lg (Abb. **462**/3). 0,10–0,40. ⊙ – kurzlebig ♃ i ⟅ 5–9. **W. Z** z △ Trocken-mauern; V Dunkelkeimer, Selbstausbreitung ☻ ⊕ (It., Balkan: Mauern, Felsspalten, Geröll – im übrigen Eur. u. N-Am. eingeb. 17. Jh. – Sorte: 'Alba' mit weißen B). [*Linaria cymbalaria* (L.) MILL.]        **Mauer-Z.** – *C. muralis* P. GAERTN., B. MEY. et SCHERB.
**1*** Bl schwach 5lappig, weichhaarig. Kr blassblau, größer als vorige. 0,10–0,40. ♃ i ⟅ 6–8. **Z** s △ Trockenmauern; V Dunkelkeimer, Selbstausbreitung ☻ ⊕ (Gebirge It.: Fels-spalten, Geröll – 1882). [*Linaria pallida* (TEN.) GUSS.]
**Blasses Z.** – *C. pallida* (TEN.) WETTST.

Ähnlich: **Weichhaariges Z.** – *C. pilosa* (JACQ.) L. H. BAILEY: Bl rundlich-nierenfg, 7–11lappig, bewim-pert. **Z** s △.

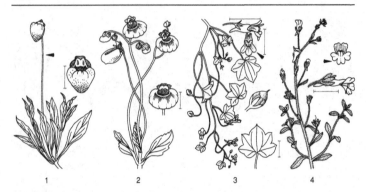

1　　　　　　　2　　　　　　　3　　　　　　　4

**Orant, Zwerg-Löwenmaul** – *Chaenorhjnum* (DC.) Rchb.　　　20 Arten

Stg ∞, kriechend-aufsteigend, drüsig behaart. Bl gegenständig, eifg-rundlich. B in lockren Trauben. Kr lila mit gelblichem od. weißlichem Gaumen (Abb. **462**/4). ♃ 7–10. ∀ ○ ⊕ (SW-Eur.: Kalkfelsen, Mauern, Geröll – verschiedene subsp.).
　　　　　　　　　　　　　　　　**Dostblättriger O.** – *Ch. origanifolium* (L.) Fourr.

**Leinkraut** – *Linaria* Mill.　　　　　　　　　　　　　　　　　　100 Arten

1　Kr gelb od. gelblich . . . . . . . . . . . . . . . . . . . . . . . . . . . . . . . . . . . . . . . . . **2**
1\*　Kr meist violett, purpurn, rosa od. weiß . . . . . . . . . . . . . . . . . . . . . . . . . . . . . **3**
2　Bl eifg bis lanzettlich, am Grund herzfg, 3–5nervig. Kr mit Sporn 25–50 mm lg, zitronengelb, Gaumen gelborange (Abb. **462**/5). 0,30–1,00. ♃ 6–9. **W. Z** z Heidegärten, Trockenhänge; ∀ ○ ~ (SO-Eur., VorderAs.: Trockenrasen, Felshänge – 1731 – kult nur in der subsp. *dalmatica* (L.) Maire et Petitm.). [*L. dalmatica* (L.) Mill.]
　　　　　　　　　　　　　　　　**Ginsterblättriges L.** – *L. genistifolia* (L.) Mill.
2\*　Bl lineal-lanzettlich, am Grund verschmälert, 1–3nervig. Kr mit Sporn 20–30 mm lg, schwefelgelb. Gaumen dottergelb. 0,20–0,75. ♃ Wurzelsprosse 6–10. **W. Z** v Ökowiesen, Naturgärten; ∀ ○ (Eur., W-As., Sibir.: Waldschläge, Ödland – Vorsicht auswildernd!).　　　　　　　**Gewöhnliches L., Frauenflachs** – *L. vulgaris* Mill.
3　**(1)** Stg niederliegend-aufsteigend. Bl schmal lanzettlich, sitzend, ca. 1 cm lg. Kr violett, Gaumen orangegelb, mit Sporn 12–20 mm lg (Abb. **462**/7). 0,08–0,15. ♃ ⚘ 6–8. **W. Z** z △ Tröge, Trockenmauern; ∀ Lichtkeimer ◡ ~ (Gebirge M- u. S-Eur.: Schotter-

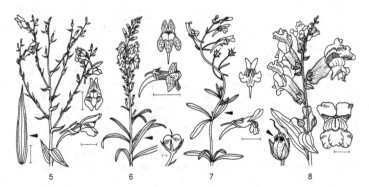

5　　　　　　　6　　　　　　　7　　　　　　　8

fluren, Felsspalten – Sorten mit veränderter BFarbe, weiß, rosa, einfarbig violett, gelb).
**Alpen-L.** – *L. alpina* (L.) Mill.

**3*** Stg aufrecht. Bl lineal-lanzettlich, länger als 2 cm . . . . . . . . . . . . . . . . . . . . . . . . . . . **4**
**4** Pfl mehrjährig. Stg dicht beblättert. Bl lanzettlich, graugrün, die unteren quirlig, die oberen wechselständig. BTraube dichtblütig. Kr purpurviolett, 9–12 mm lg, Gaumen bärtig (Abb. **462**/6). 0,40–0,80. ♃ Wurzelsprosse 7–10. **Z** s Heidegärten; ⚦ ○ ∼ (Medit.: Trockenhänge – 1648 – Sorte mit rosa B). **Purpur-L.** – *L. purpurea* (L.) Mill.
Ähnlich: **Vogel-L.** – *L. triornithophora* (L.) Willd.: Bl u. B quirlig. Kr 35–55 mm lg, OLippe rotviolett, ULippe gelb u. purpurn gestreift. **Z** s; ∧ od. ⊙ kult (SW-Eur.).

**4*** Pfl einjährig. Stg wenig beblättert, im oberen Teil fast blattlos. Bl lineal-lanzettlich, behaart. Kr verschiedenfarbig (blauviolett, purpur, rosa, gelblich, weiß) mit goldgelbem od. weißlichem Gaumen. 0,15–0,35. ⊙ 6–8. **Z** s ⚥ Sommerrabatten; ∨ ○ (Kreuzungen der in SW-Eur. u. NW-Afr. vorkommenden *L. bipartita* (Vent.) Willd., *L. incarnata* (Vent.) Spreng., *L. maroccana* Hook. f., *L. reticulata* (Sm.) Desf. werden als Sorten od. Mischungen, z. B. 'Excelsior', angeboten. Die reinen Arten sind kaum noch in Kultur).
**Sommerblumen-L.** – *L. bipartita*-Hybriden

**Löwenmaul** – *Antirrhinum* L. 50 Arten
Bl eifg-lanzettlich, meist kahl. Kr 25–45 mm lg, verschiedenfarbig (rot, rosa, orange, gelb, weiß), Gaumen meist gelb. FrKapsel mit Porenöffnungen (Abb. **462**/8). 0,20–1,00. ♃ meist ⊙ kult 6–9. **W**. **Z** v ⚥ Rabatten; ∨ Samen nicht bedecken ○ ◐ (W-Medit.: Felsspalten, Mauern – 15. Jh. – ∞ Sorten in verschiedenen Sortengruppen).
**Garten-L., Großes L.** – *A. majus* L.
Ähnlich: **Weiches L.** – *A. molle* L.: Bl rundlich-elliptisch, drüsig-zottig behaart. Kr weiß mit purpurnen Streifen. Stg niederliegend-hängend. **Z** s △ Ampeln (SW-Eur.).

**Asarine, Maurandie** – *Asarina* Mill. 16 Arten
**1** Pfl drüsig behaart. Stg niederliegend-kriechend. Bl gegenständig, meist 5lappig, am Grund herzfg, gekerbt (Abb. **463**/1). KrRöhre weiß, oft rötlich geadert, Gaumen hellgelb, innen gelb gebärtet. 0,05–0,15 hoch, 0,50 lg. ♃ ⅄ ∼ 5–9. **W**. **Z** s Trockenmauern, Felsen △; ∨ ◐ ● ∧ (Z-Frankr. bis NO-Span., s eingeb. in D.: Mauern – 1699). [*Antirrhinum asarina* L.] **Liegende A.** – *A. procumbens* Mill.
**1*** Pfl kahl. Stg mit Bl- u. BStielen klimmend. Bl herz-spießfg, ganzrandig (Abb. **463**/2). Kr violett bis lavendelfarbig, Schlund weiß. 0,80–3,00. ♃ – ♄ ⚥ kult ⊙ 6–10. **Z** s Balkons, Spaliere; ⌐ ∨ ○ ◐ (Mex.: Gebüsche – 1796). [*Maurandia scandens* Cav.]
**Kletter-A.** – *A. scandens* (Cav.) Pennell
Ähnlich: **Rosenrote A.** – *A. erubescens* (D. Don) Pennell [*Maurandia erubescens* (D. Don) A. Gray]: Stg u. Bl dicht zottig-weichhaarig. B rosenrot, innen weiß, gelb gestreift. **Z** s Balkons, Spaliere (Mex.).

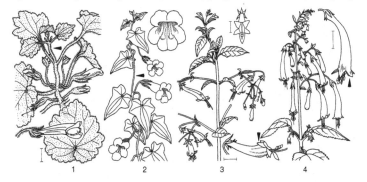

1          2          3          4

**Fünferling** – *Phygelius* E. MEY. ex BENTH.                                    2 Arten

**1**  B allseitswendig, in lockeren Rispen, hängend. Kr röhrig, bis 5 cm lg, korallen- bis zin-
noberrot mit gelbem Schlund u. zurückgebogenen KrZipfeln (Abb. **463**/3). 0,75–1,20.
♄ 7–10. **Z** s Rabatten; ∨ ♥ ⋎ ○ ≃ ∧ (S-Afr.: feuchte Hänge, Ufer – 1855 – Sorten).
                                                       **Roter F.** – *Ph. capensis* E. MEY. ex BENTH.
**1\***  B einseitswendig, in meist dichten Rispen, hängend. Kr röhrig, bis 4 cm lg, gelb od.
bräunlichrot mit abstehenden KrZipfeln (Abb. **463**/4). 0,50–0,90. ♄ 6–9. **Z** z Rabatten;
∨ ♥ ⋎ ○ ◗ ≃ ∧ ⓜ (S-Afr.: feuchte Hänge, Felsen – Sorten u. Hybr mit voriger Art:
*P.* × *rectus* COOMBS).                                  **Gelber F.** – *Ph. aequalis* HARV. ex HIERN

**Rosenkelch, Purpurglockenwein** – *Rhodochiton* ZUCC. ex OTTO et A. DIETR.      1 Art

Pfl mit Bl- u. BStielen kletternd. Bl herzfg (Abb. **464**/1). 1,00–5,00. ♄ ⚤ kult ☉ 7–10. **Z** z
Balkons, Kübel, Ampeln, Spaliere; ∨ ▻ ⋎ ○ ◗ ∧ ⓜ (Mex.: Gebüsche – 1835).
[*Lophospermum atrosanguineum* ZUCC., *Rhodochiton volubile* ZUCC.]
                                    **Windender F.** – *Rh. atrosanguineum* (ZUCC.) ROTHM.

**Collinsie** – *Collinsia* NUTT.                                                20 Arten

Bl länglich-lanzettlich, gezähnt, sitzend. OLippe der Kr weiß, ULippe violett, rosa od.
weiß (Abb. **464**/2). 0,20–0,40. ☉ 7–8. **Z** s Rabatten; ∨ ◗ (Kalif.: feuchte Hänge – 1833
– Sorten). [*C. heterophylla* BUIST ex GRAHAM]        **Zweifarbige C.** – *C. bicolor* BENTH.

Ähnlich: **Großblütige C.** – *C. grandiflora* DOUGLAS: OLippe weiß od. purpur, ULippe blauviolett. B lg
gestielt. **Z** s.

**Schildblume, Schlangenkopf** – *Chelone* L.                                    8 Arten

Bl lanzettlich bis länglich-eifg, in den kurzen BlStiel verschmälert. B in dichten Ähren. Kr
25–30 mm lg, rosapurpurn mit gelber Gaumenbehaarung (Abb. **464**/3). 0,30–0,90. ♃
7–9. **Z** z Naturgärten; ∨ ♥ ◗ ≃ (O-USA: feuchte Wälder – 1752 – wenige Sorten).
                                    **Schiefe Sch., Miesmäulchen** – *Ch. obliqua* L.

Ähnlich: **Glatte Sch.** – *Ch. glabra* L.: Bl lineal-lanzettlich. Kr weiß od. gelblich, z. T. mit rosapurpurner
Spitze. **Z** s. – **Große Sch.** – *Ch. lyonii* PURSH: Bl br eifg, am Grund abgerundet, 15–30 mm lg gestielt.
Kr rosa od. rot. **Z** s.

**Bartfaden** – *Penstemon* SCHMIDEL [*Pentstemon* AITON]                        250 Arten

**1**   Bis 25 cm hohe, immergrüne SteingartenPfl . . . . . . . . . . . . . . . . . . . . . . . . . . . . .  **2**
**1\***  30–150 cm hohe, meist sommergrüne Stauden . . . . . . . . . . . . . . . . . . . . . . . . .  **4**
**2**   Pfl basal verholzend. Staubboutel dicht wollig behaart. Bl verkehrteifg od. länglich,
6–12 mm lg, am Rand gezähnt. Kr purpurviolett. 0,15–0,20. ♄ i 5–7. **Z** s △; ∨ ⋎ ○ ·–

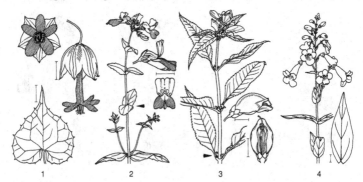

1                          2                          3                          4

⊖ ∧ (westl. N.-Am.: Felsen, Steinfelder – 1902 – Sorte: 'Microphyllus': 0,08–0,10. Bl kleiner, B lavendelfarbig). **Menzies-B.** – *P. menziesii* Hook.

Ähnlich: **Strauchiger B.** – *P. scouleri* Lindl. [*P. fruticosus* (Pursh) Greene]: Bl lineal-lanzettlich, Rand gesägt (Abb. **465**/1). Sorten: purpurrosa, karminrot u. weiß. **Z** s; **Fels-B.** – *P. rupicola* (Piper) Howell: Stg u. Bl useits grauweiß behaart. Bl oseits blaugrün, verkehrteifg, dick. B rosa. **Z** s.

**2\*** Pfl nicht basal verholzend. Staubbeutel kahl . . . . . . . . . . . . . . . . . . . . . . . . . . . . . . **3**
**3** Bl pfriemlich od. nadelfg. B türkisblau. 0,05–0,10. ⚳ i ⌂ 6–7. **Z** s △; ⩗ ⩌ ○ ◐ (westl. N.-Am.: Rocky M.: Felsen, Steinfelder). **Rasiger B.** – *P. caespitosus* Nutt. ex A. Gray

Ähnlich: **Nadelblättriger B.** – *P. pinifolius* Greene: Bl immergrün, nadelfg. B glänzend rot. **Z** s.

**3\*** Bl schmal bis br lanzettlich. B violettpurpurn mit weißem Schlund. 0,15–0,25. ⚳ 5–6. **Z** s △; ⩗ ⩌ ○ ~ ∧ ⓐ (westl. USA: Rocky M.: Gebirgshänge).
**Alpen-B.** – *P. alpinus* Torr.

**4** (1) B glockig, >5 cm lg. Kr verschiedenfarbig, rosa, rot, karmin, weiß, purpurn, blau, violett, mit hellem, oft gepunktet-gestreiftem Schlund. Pfl mit grundständiger Rosette. Stg mit 20–40 B. Bl glänzend, eifg-länglich bis lanzettlich (Abb. **464**/4). 0,30–0,80. ⚳ i 6–9. **Z** v ⚒ Rabatten; (Kreuzungen verschiedener Arten, besonders *P. hartwegii* Benth. aus Mex., *P. campanulatus* (Cav.) Willd. aus Mex. u. Guatem. u. *P. cobaea* Nutt. aus O-USA ergaben ∞ Sorten: Wuchshöhe, Winterhärte, BFarbe, -Größe u. -Zeichnung unterschiedlich. Im Handel auch Mischungen, z. B. 'Neue Riesen' od. 'Scharlach-Riesen' u. F1-Hybriden. Da Winterhärte unsicher, meist ① kult) [*P. gloxinioides* hort., *P. hartwegii* Benth. var. *hybridus* hort.] **Schmuck-B.** – *P.*-Hybriden

**4\*** B röhrig bis 2lippig, <5 cm lg. Kr verschiedenfarbig, meist ohne gepunktet-gestreiften Grund . . . . . . . . . . . . . . . . . . . . . . . . . . . . . . . . . . . . . . . . . . . . . . . . . . . . **5**
**5** B gelb, gelblichweiß od. weiß, zuweilen mit hellrosa Tönung . . . . . . . . . . . . . . . . . . . **6**
**5\*** B rot, purpurn, blau od. violett, selten weiß (Sorten!) . . . . . . . . . . . . . . . . . . . . . . . . . **7**
**6** Bl bis 5 cm lg, br lanzettlich, ganzrandig. Kr 10–12 mm lg, schwefelgelb bis gelblichweiß, KrRöhre eng. 0,30–0,50. ⚳ 6–7. **Z** s; ⩗ ⩌ ○ ~ ∧ (westl. USA: Rocky M.: Gebirgshänge). **Gelber B.** – *P. confertus* Douglas
**6\*** Bl bis 15 cm lg, br lanzettlich, am Rand gesägt. Kr 25–30 mm lg, weiß od. hellrosa, KrRöhre oberhalb des K deutlich erweitert (Abb. **465**/3). 0,50–1,50. ⚳ 6–7. **Z** z Naturgärten; ⩗ ⩌ ○ ≃ (östl. USA: feuchte Wälder, Prärien). **Fingerhut-B.** – *P. digitalis* Nutt.
**7** (5) B engröhrig, scharlachrot, seltener rosa, karmin od. weiß, in einseitswendiger Traubenrispe. Bl 5–15 cm lg, lanzettlich, die unteren eifg-länglich, ganzrandig, graugrün. 0,60–1,20. ♄ ⅄ 7–9. **Z** z Rabatten, Naturgärten ⚒; ⩗ ⩌ ⩌ ○⊕ ∧ (westl. USA, Mex.:

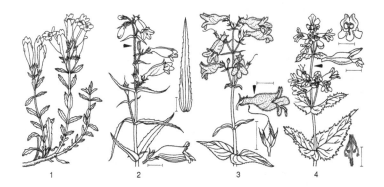

1          2          3          4

lichte Wälder – 1794 – kult meist var. *torreyi* (BENTH.) A. GRAY: Kr dunkelscharlachrot, auch verschiedene Hybr mit *P. virgatus* A. GRAY). [*Chelone barbata* CAV.]
**Roter B.** – *P. barbatus* (CAV.) ROTH

**7\*** B nicht scharlachrot, meist purpurn, violett od. blau . . . . . . . . . . . . . . . . . . . . . . . **8**
**8** B azurblau. Pfl am Grund verholzend. Bl lineal-lanzettlich, bis 6 cm lg u. 5 mm br, ganzrandig, blaugrün. 0,50–1,50. ♄ 7–9. **Z** s Naturgärten; ∀ ⋏ ○ ~ ∧ (Kalif.: Trockenhänge – 1828 – Sorte: 'Zürichblau' mit leuchtend blauen B, 0,50 m; 'Blue Gem': Zwergsorte). **Verschiedenblättriger B.** – *P. heterophyllus* LINDL.
**8\*** B purpurn od. violett . . . . . . . . . . . . . . . . . . . . . . . . . . . . . . . . . . . . . . . . . . . . . **9**
**9** Bl ganzrandig, untere schmal lanzettlich, bis 15 cm lg, obere länglich eifg, blaugrün, kahl. Kr violettpurpurn, Schlund rosa-weißlich. KAbschnitte br hautrandig. 0,30–0,60. ⁤♃ 5–6. **Z** s Naturgärten; ∀ ⋏ ○ ∧ (USA: North Dakota bis Wyoming: Prärie – 1784).
**Glatter B.** – *P. glaber* PURSH

Ähnlich: **Einseitswendiger B.** – *P. secundiflorus* BENTH.: GrundBl spatelfg, StgBl lanzettlich, bis 8 cm lg, nicht blaugrün. B malvenfarbig. **Z** s.

**9\*** Bl am Rand gesägt-gezähnt . . . . . . . . . . . . . . . . . . . . . . . . . . . . . . . . . . . . . . . **10**
**10** Pfl klebrig behaart. Bl am Grund eifg, am Stg länglich-lanzettlich, bis 12 cm lg. BStand blattlos, B ± 2,5 cm lg, im rechten Winkel hängend. Kr mit langer, enger Röhre, Schlund dichtbärtig, blauviolett. 0,40–0,80. ♃ 6–8. **Z** s Naturgärten; ∀ ⋏ ○ ~ (östl. N-Am.: trockne lichte Wälder – 1758). [*P. pubescens* SOL.] **Behaarter B.** – *P. hirsutus* (L.) WILLD.
**10\*** Pfl kahl od. höchstens im BBereich drüsig behaart . . . . . . . . . . . . . . . . . . . . . . . **11**
**11** Pfl im BBereich fein drüsig behaart. Bl lineal-lanzettlich, scharf gesägt. B traubig, zu je 2 (Abb. **465**/2). Kr ± 3 cm lg, fingerhutfg, rötlichviolett bis weinrot, innen weiß u. verschieden gestreift od. gepunktet, am Schlund lg bewimpert. 0,30–0,60. ♄ 7–9. **Z** z Naturgärten; ∀ ⋏ ○ ∧ (Mex., Guatem.: Gebirgshänge – 1794 – Sorten: 'Richardsonii': niedrig, reichblühend; 'Pulchellus': niedrig, B blau). [*Chelone campanulata* CAV.]
**Glockiger B.** – *P. campanulatus* (CAV.) WILLD.
**11\*** Pfl kahl. Bl eifg bis lanzettlich, obere mit herzfg Grund, tief gezähnt. B wirtelig gedrängt (Abb. **465**/4). Kr ± 2 cm lg, fingerhutfg, blauviolett, am Schlund kahl. 0,40–0,60. ♃ 6–7. **Z** z Naturgärten; ∀ ⋏ ○ ∧ (westl. N-Am.: steinige Hänge – 1826). [*P. diffusus* DOUGLAS ex LINDL.] **Sägeblättriger B.** – *P. serrulatus* MENZEL ex SM.

**Schneeflockenblume** – *Sutera* ROTH    130 Arten

Pfl fein behaart (Abb. **467**/1). K 5zähnig, Zähne schmal linealisch. Kr weiß od. hell lavendel, KrRöhre schmal, innen gelb gefleckt. 0,05–0,15 hoch, 0,30–0,50 lg. ♄ kult ⊙ 5–10. **Z** v Balkons, Ampeln, Rabatten; ⋏ ○ ◐ ⊞ (S-Afr.: Küstenebene: niedrige Hänge – 1985). **Herzblättrige Sch.** – *S. cordata* (THUNB.) KUNTZE

In der gärtnerischen Praxis wird die Art fälschlich als *Bacopa* spec. od. *Sutera diffusa* geführt.

**Gauklerblume** – *Mimulus* L.    80 Arten

**1** Pfl am Grunde verholzt. Stg niederliegend-aufsteigend. Bl länglich-linealisch, gezähnt bis ganzrandig, oseits kahl u. glänzend, useits drüsig-klebrig. Kr orange bis gelb (Abb. **467**/4). 0,50–1,20. ♄ 5–9. **Z** z Ampeln, Balkons; ⋏ ○ ~ ⊞ (Kalif.: Felsbänke – 1800). [*M. glutinosus* J. C. WENDL.] **Strauchige G.** – *M. aurantiacus* CURTIS
**1\*** Pfl krautig . . . . . . . . . . . . . . . . . . . . . . . . . . . . . . . . . . . . . . . . . . . . . . . . . . . . **2**
**2** Stg kahl od. oben schwach behaart . . . . . . . . . . . . . . . . . . . . . . . . . . . . . . . . . . **3**
**2\*** Stg durchweg zottig-drüsig behaart . . . . . . . . . . . . . . . . . . . . . . . . . . . . . . . . . . **6**
**3** Kr violett. Stg aufrecht, vierkantig, kahl. Bl länglich-lanzettlich, sitzend (Abb. **467**/2). 0,40–0,60. ♃ ⅄ 6–9. **Z** s Naturgärten, Teichränder; ∀ ⩛ ◐ ≈ (NO-Am.: Sümpfe, Ufer). **Blaue G.** – *M. ringens* L.
**3\*** Kr gelb, orange od. rot. Bl meist eifg-rundlich . . . . . . . . . . . . . . . . . . . . . . . . . . . **4**

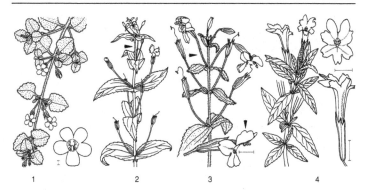

**4** Stg niederliegend-aufsteigend, nur 10–20 cm hoch. Bl klein, eifg-rundlich, meist 3ner-vig. B 3–6 cm lg, kupferrot, zu goldgelb verbleichend. 0,10–0,20. ⚄ ∿∿ 7–9. **Z** z Rabat-ten △; Ⅴ Lichtkeimer 🌱 ● ≈ ∧ (Chile: feuchte Orte – 1861 – Sorten: Kr verschieden-farbig: gelb, orange, scharlachrot). **Kupferrote G.** – *M. cupreus* hort. ex DOMBR.

**4\*** Stg aufsteigend-aufrecht, 20–60 cm hoch. Bl größer, 5–9nervig . . . . . . . . . . . . . . . **5**

**5** Stg schwach vierkantig, an der Spitze fein behaart. Bl eifg-rundlich, obere sitzend (Abb. **467**/5). K 15–20 mm lg, Kr 25–40 mm lg, gelb, innen rot punktiert. 0,30–0,60. ⚄ ∿∿ **W.** **Z** z Naturgärten; Ⅴ Lichtkeimer 🌱 ◐ ≈ (westl. N-Am.: Ufer, quellige Orte – in D. eingeb. seit 1824). [*M. luteus* auct.] **Gefleckte G.** – *M. guttatus* FISCH. ex DC.

**5\*** Stg rundlich, durchweg kahl. Bl eifg-rhombisch, am Grund in den br Stiel verschmälert. K 25–30 mm lg, gelb, auf der ULippe dunkel gefleckt. 0,20–0,40. ⚄ ∿∿ 6–9. **Z** z Naturgärten, Teichränder; Ⅴ Lichtkeimer 🌱 ◐ ≈ (Chile: feuchte Orte – 1826).

**Gelbe G.** – *M. luteus* L.

Hierher gehören Hybr mit *M. guttatus*, *M. cupreus* u. *M. cardinalis*, die als *Mimulus*-Hybriden (*M.* × *hybridus* hort. ex SIEBER et VOSS, *M.* × *tigrinus* hort. ex VILM.) zusammengefasst werden: B groß, ver-schiedenfarbig (creme, gelb, orange, rot), oft braungefleckt (Abb. **467**/6). Mehrere Sorten. Im Angebot sind meist Mischungen von F1-Hybriden.

**6** (2) Stg kriechend, dicht flaumig-drüsig behaart. Bl länglich-eifg, gestielt. B 15–20 mm lg. Kr gelb. 0,15–0,30. ⚄ ⅄ ∿∿ 6–9. **W. Z** s Naturgärten, Ufer; Ⅴ 🌱 ◐ ≈ (westl. N-Am.: Ufer, feuchte Orte – in D. eingeb. seit 1908).

**Moschus-G.** – *M. moschatus* DOUGLAS ex LINDL.

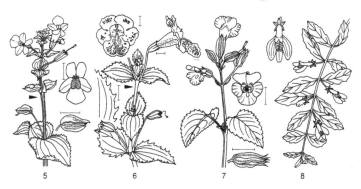

**6\*** Stg aufrecht, dicht zottig-drüsig behaart. Bl eifg-lanzettlich, die oberen am Grund verwachsen. B 30–40 mm lg. Kr scharlachrot, mit aufrechter, zurückgekrümmter OLippe u. seitlich zurückgeschlagener ULippe (Abb. **467**/3). 0,50–0,80. ⌡ ⅄, meist ☉ kult, 6–9. **Z** z Naturgärten, Teichränder; Ⅴ Lichtkeimer ⍦ ◐ ≃ (W-USA, NW-Mex.: an Wasserläufen – 1835 – Sorten mit verschiedenen BFarben u. -Größen).
**Scharlachrote G. –** *M. cardinalis* DOUGLAS ex BENTH.

Ähnlich: **Klebrige G. –** *M. lewisii* PURSH: KrLappen nicht zurückgekrümmt. B karminrot, im Schlund braungefleckt (westl. N-Am.).

**Torenie –** *Torenia* L.  40 Arten

Stg aufrecht-aufsteigend, 4kantig. Bl gestielt, 3eckig-lanzettlich, scharf gesägt. B 2lippig mit geteilter OLippe u. 3teiliger ULippe (Abb. **467**/7). KrRöhre am Grund gelb, sonst blau, rötlich od. weiß mit gelbem Fleck auf der ULippe. 0,20–0,30. ☉ 7–9. **Z** z Balkons, Pflanzschalen, Rabatten; ▷ Ⅴ Lichtkeimer ◐ ● (S-Vietnam: Wälder – 1876 – Sorten: BFarbe verschieden).
**Fournier-T. –** *T. fournieri* LINDEN

**Lippenmäulchen –** *Mazus* LOUR.  15 Arten

**1** Bl verkehrteifg bis spatelfg, meist buchtig gezähnt, kahl (Abb. **467**/8). Kr meist rosalila mit gelblichem Schlund, 6–12 mm lg. 0,05–0,10. ⌡ ⌇⌇ 5–6. **Z** s △ Tröge; Ⅴ Lichtkeimer ⍦ ○ ◐ ⊖ ∧ ⓐ (Neuseel., Austr., Tasm.: Sümpfe, Feuchtwiesen – 1823).
**Zwerg-L. –** *M. pumilio* R. BR.

**1\*** Bl spatelfg bis lineal-spatelfg, meist ganzrandig, weichhaarig. Kr weiß mit gelber Mitte, 12–20 mm lg. 0,03–0,08. ⌡ ⌇⌇ 5–7. **Z** s △ ⌷ Tröge; Ⅴ Lichtkeimer ⍦ ○ ◐ ⊖ ∧ ⓐ (Neuseel.: Sumpfwiesen).
**Kriechendes L. –** *M. radicans* (HOOK. f.) CHEESEMAN

Ähnlich: **Einjähriges L. –** *M. japonicus* (THUNB.) KUNTZE [*M. rugosus* LOUR.]: ohne Ausläufer. Kr blau mit gelbem Schlund. **Z** s Sommerrabatten (von Indien bis Japan, in N-Am. eingeb.).

**Ehrenpreis –** *Veronica* L.  250 Arten

**1** KrZipfel deutlich kürzer als die KrRöhre. Bl alle wirtelig. B in end- u. achselständigen Trauben, weiß, rosa od. bläulich (Abb. **469**/4). 0,60–2,00. ⌡ i ⅄ 7–9. **Z** s Naturgärten ⅄; Ⅴ Kaltkeimer ⍦ ⌇⌇ ○ ◐ ≃ (östl. N-Am.: FeuchtW, Gebüsche, Hochstaudenfluren – 1714 – Sorten mit verschiedenen BFarben). [*Veronicastrum virginicum* (L.) FARW., *Leptandra virginica* (L.) NUTT.]
**Virginischer E. –** *V. virginica* L.

**1\*** KrZipfel deutlich länger als die KrRöhre. Bl gegen- od. wechselständig . . . . . . . . . **2**
**2** Pfl meist > 30 cm hoch, aufrecht od. aufsteigend, mit meist ∞blütigem BStand . . . **3**
**2\*** Pfl meist < 30 cm hoch, kriechend, polsterfg od. wenigstens die nichtblühenden Triebe niederliegend. BStand meist wenigblütiger (1–30) od. B einzeln in den laubblattartigen DeckBlAchseln . . . . . . . . . . . . . . . . . . . . . . . . . . . . . . . . . . . . . . . . . . . . . . . . . . . **8**

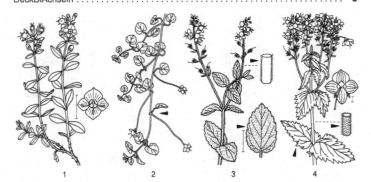

1    2    3    4

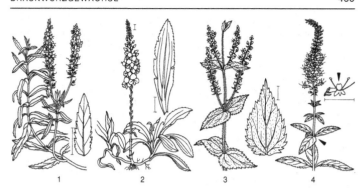

**3** GrundBl rosettig, eifg-lanzettlich, glänzend, bis 12 cm lg. BStand endständig, traubig (Abb. **469**/2). Kr 10 mm br, hellblau mit dunklen Streifen. 0,15–0,35. ⚇ i 5–6. **Z** z Rabatten △; ∀ ⚇ ○ ◖ ≈ (Kauk., Krim, VorderAs.: Bergwiesen – 1784 – Sorte mit weißbunten Bl). **Enzian-E.** – *V. gentianoides* Vahl
**3\*** Pfl keine Rosetten bildend. BStand achselständig . . . . . . . . . . . . . . . . . . . . . . . . . . . . **4**
**4** Pfl kahl. Stg kriechend, an den Knoten wurzelnd. BTriebe aufsteigend. Bl br elliptisch bis fast kreisrund, fleischig, unregelmäßig gekerbt-gesägt od. ganzrandig. Kr hell- bis dunkelblau. 0,30–0,60. ⚇ i 5–8. **W. Z** z Teichufer, Bachränder; ∀ ⚇ ⚲ ◖ ≈ ≋ (Eur., W-As. bis Himal., N-Afr.: Bach-, Grabenränder, Quellfluren).
**Bach-E., Bachbunge** – *V. beccabunga* L.
**4\*** Pfl wenigstens teilweise behaart. Stg aufrecht od. aufsteigend. Keine Sumpf- od. WasserPfl . . . . . . . . . . . . . . . . . . . . . . . . . . . . . . . . . . . . . . . . . . . . . . . . . . . . . . . . . . . . . **5**
**5** K 5zipflig, der hintere Zipfel kleiner . . . . . . . . . . . . . . . . . . . . . . . . . . . . . . . . . . . . . . . **6**
**5\*** K 4zipflig . . . . . . . . . . . . . . . . . . . . . . . . . . . . . . . . . . . . . . . . . . . . . . . . . . . . . . . . . . . **7**
**6** StgBl 4–7mal so lg wie br, länglich-lanzettlich, gekerbt, gesägt od. ganzrandig, am Grund verschmälert. Kr dunkel azurblau mit weißer KrRöhre. 0,25–0,50. ⚇ Pleiok 5–7. **W. Z** z Rabatten, Naturgärten; ∀ Lichtkeimer ⚇ ○ ~ ⊕ (M- u. S-Eur. bis Kauk., VorderAs.: Halbtrockenrasen, Gebüschsäume). **Österreichischer E.** – *V. austriaca* L.
Ähnlich: **Jacquin-E.** – *V. jacquinii* Baumg. [*V. austriaca* subsp. *jacquinii* (Baumg.) Eb. Fisch.]: Mittlere u. untere StgBl fiederspaltig bis fiederteilig. **W. Z** s.
**6\*** StgBl meist nur 1½ bis 3mal so lg wie br, eifg-länglich, grob gekerbt-gesägt, am Grund herzfg bis abgerundet (Abb. **468**/4). Kr azurblau, seltener rosa od. weiß, mit dunkleren Radialstreifen. 0,25–0,80. ⚇ Pleiok 5–7. **W. Z** z Rabatten, Naturgärten; ∀ ⚇ Lichtkeimer ⚲ ○ ⊕ (Eur., W-Sibir. bis Altai: Halbtrockenrasen, TrockenW u. -Gebüsche, Waldsäume – 1596 – Sorten mit verschiedenen Blautönen der B u. kompaktem Wuchs). [*V. latifolia* auct., *V. austriaca* subsp. *teucrium* (L.) D. A. Webb]
**Großer E.** – *V. teucrium* L.
**7** **(5)** Stg mit 2 Längsreihen von Haaren. Bl 1–2,5 cm lg, eifg, sitzend od. (die unteren) kurz gestielt, Rand grob gekerbt (Abb. **468**/3). BStand 10–20blütig. Kr azurblau, selten rosa od. weiß, mit blasserem Saum, dunkler geadert. 0,20–0,40. ⚇ i 4–7. **W. Z** z Naturgärten, Ökowiesen; ∀ Lichtkeimer ⚇ ○ ◖ (Eur., N- u. W-As., N-Afr.: Wiesen, Gebüsch- u. Waldsäume, lichte LaubW). **Gamander-E.** – *V. chamaedrys* L.
**7\*** Stg ringsum behaart od. kahl. Bl 3–10 cm lg, eifg zugespitzt, grob scharf gesägt (Abb. **469**/3). BStand 10–25blütig. Kr blassrosa, lila od. weiß. 0,20–0,60. ⚇ 5–8. **W. Z** z Naturgärten; ∀ ⚇ ◖ ● (Gebirge M- u. S-Eur., Ural: GebirgsW, Hochstaudenfluren). [*V. latifolia* auct.] **Nesselblättriger E.** – *V. urticifolia* Jacq.

8 **(2)** B einzeln in den Achseln von laubblattartigen DeckBl (Abb. **468**/2). Stg fadendünn, kriechend, an den Knoten wurzelnd. Kr 10–14 mm br, ihre 3 oberen Zipfel himmelblau, unterer meist weiß. 0,05–0,10 hoch, 0,30–0,50 lg. ♃ i ⩋ 3–6. **W. Z** z △ ▭ Zierrasen, Gräber; ∨ ∽ ◐ ≃ (Kauk., VorderAs.; M-Eur. eingeb.: BergW, Wiesen – 1780).
**Faden-E.** – *V. filiformis* SM.

8* B in end- od. seitenständigen BStänden . . . . . 9

9 Bl mindestens teilweise fiederschnittig od. -teilig . . . . . 10

9* Bl nicht fiederschnittig od. -teilig, am Rand höchstens grob gekerbt . . . . . 11

10 Stg 10–25 cm, einfach, aufrecht. Untere Bl rosettig, br lanzettlich bis eifg, lg gestielt, bis 40 mm lg u. 20 mm br. StgBl fiederschnittig od. geteilt, kahl od. schwach behaart. BStand 10–30blütig. Kr blasspurpurn. 0,10–0,25. ♃ Ł Rosette 6–8. **Z** s △; ∨ ⚘ ○ (Japan, Sachalin: Gebirgsmatten – Sorte: 'Alba': B weiß; var. *bandaiana* MAKINO: mattenbildend, für Tröge). **Schmidt-E.** – *V. schmidtiana* REGEL

10* Stg 5–10(–15) cm, aufsteigend. Bl bis 6 mm lg, gegenständig, tief fiederteilig, kahl od. filzig behaart, grün. BStand 10–20blütig. Kr azurblau. 0,05–0,10. ♃ ⌓ 6–7. **Z** z △ Tröge; ∨ ⚘ ○ ∧ (O-Türkei, Armenien, Georgien: alp. Geröllfluren – 1860).
**Armenischer E.** – *V. armena* BOISS. et A. HUET

11 **(9)** Bl weiß- od. graufilzig behaart . . . . . 12

11* Bl kahl od. schwach behaart, aber nie weiß- od. graufilzig . . . . . 15

12 Pfl rasenbildend, kriechend. Bl rundlich elliptisch od. eifg-spatelig . . . . . 13

12* Pfl polsterbildend. Bl linealisch od. pfriemlich . . . . . 14

13 Pfl dicht schneeweiß behaart. Bl 4–6 mm lg, eifg bis spatelig, sitzend. B zu 1–5 in endständigem BStand. Kr hellblau. 0,02–0,05. ♃ i 6–8, ⊙ kult selten blühend. **Z** s △ Tröge; ∨ ⚘ ⩘ ○ ∼ ⊕ ∧ Schutz vor Nässe Ⓐ (Gebirge S-Anatolien, Syr., Libanon: Felsspalten). **Seidiger E.** – *V. bombycina* BOISS. et KOTSCHY

13* Pfl dicht grauweißlich behaart. Bl 5–15 mm lg, rundlich-elliptisch, grob gekerbt, in den kurzen BlStiel verschmälert. B in 5–7 cm lg traubigen BStänden. Kr weiß mit purpurrotem Auge. 0,05–0,08. ♃ ∽ 5–6. **Z** s △ ▭ Tröge; ∨ ⚘ ⩘ ○ ∼ (VorderAs.: alp. Matten). **Schösslings-E.** – *V. surculosa* BOISS. et BALANSA

14 **(12)** Bl pfriemlich, ganzrandig, ungestielt. Pfl silbergrau-filzig behaart. Kr himmelblau. B in dichten Trauben. 0,10–0,15. ♃ ⌓ 6–8. **Z** s △; ∨ ⚘ ○ ∼ (VorderAs.: alp. Hänge).
**Poleiblättriger E.** – *V. polifolia* BENTH.

14* Bl linealisch, kerbig-gesägt, in den kurzen BlStiel verschmälert. Pfl grausamtig behaart. Kr hellblau od. rosa. B in lockeren Trauben. 0,10–0,15. ♃ ⌓ 6–7. **Z** s △ Tröge; ∨ ⚘ ○ ∼ (VorderAs.: alp. Hänge). **Graublättriger E.** – *V. cinerea* BOISS. et BALANSA

Ähnlich: **Rasiger E.** – *V. caespitosa* BOISS.: 2–5 cm hohe, zwergige HochgebirgsPfl. BStand wenigblütig. B kaum die Bl überragend. Kr blau. **Z** s △; ○ ⊕ ∧ Schutz vor Nässe Ⓐ (VorderAs.).

15 **(11)** Alle Bl in einer Rosette. B in lg gestielter 2–6blütiger Traube. Kr bläulich mit weißem Schlund. 0,03–0,08. ♃ i ⩋ 6–8. **W. Z** s △ Tröge; ∨ ⚘ ∽ ◐ ≃ ⊕ (Gebirge Eur.: subalp. Matten, Schneetälchen, Felsspalten). **Blattloser E.** – *V. aphylla* L.

15* Stg beblättert . . . . . 16

16 BTrauben endständig (Abb. **468**/1) . . . . . 17

16* BTrauben seitenständig, Hauptspross in Bl endend (Abb. **469**/1) . . . . . 18

17 Kr blassrosa, dunkler geadert. BlStand drüsig-flaumig behaart, (5–)8–20blütig. Bl schmal lanzettlich, mindestens doppelt so lg wie die StgGlieder. 0,10–0,25. ♃ i ∽ 6–7. **W. Z** z △ Tröge; ∨ ⚘ ○ ◐ ⊕ (Gebirge westl. u südl. M-Eur.: Kalkschuttfluren, Felsspalten – 1748). **Halbstrauch-E.** – *V. fruticulosa* L.

17* Kr tief azurblau, mit purpurnem Schlundring. BStand nur mit drüsenlosen Haaren, 1–8blütig. Bl verkehrteilanzettlich od. eifg, meist kürzer als die StgGlieder od. gleichlg (Abb. **468**/1). 0,05–0,10. ♃ i ∽ 5–7. **W. Z** s △ Tröge; ∨ ⚘ ○ ◐ ⊖ (Gebirge M- u. S-Eur., NW-Eur., Grönland: subalp. u. alp. Matten, Felsspalten, Geröll). [*V. saxatilis* SCOP.] **Felsen-E.** – *V. fruticans* JACQ.

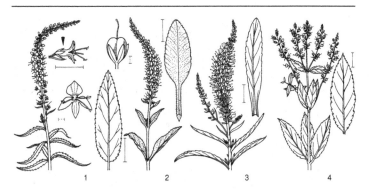

1          2          3          4

**18** **(16)** Pfl dicht rasenbildend, Stg am Boden kriechend, nur bis 5 cm hoch. Bl rundlich bis eifg . . . . . . . . . . . . . . . . . . . . . . . . . . . . . . . . . . . . . . . . . . . . . . . . . . . . . . . . . . . . . . . . **19**
**18\*** Pfl niederliegend-aufsteigend, 10–30 cm hoch. Bl lineal-lanzettlich bis länglich-eifg **20**
**19** Bl 10–20 mm lg, ledrig, fein gekerbt. BStand dicht, vielblütig, selten blühend. Kr tiefblau, 0,03–0,05 hoch, 0,10–0,30 br. ⍊ i ∿ 6–7. **Z** z △ ▢; ⩔ ⵡ ◖ ⊖ ~ (SW-Alpen: alp. Matten – 1748). **Allioni-E.** – *V. allionii* VILL.
**19\*** Bl 4–8 mm lg, glänzend, ganzrandig od. mit einigen Zähnchen. BStand locker, 3–6blütig. Kr hellblau od. rosa. 0,02–0,05 hoch, bis 40 cm br. ⍊ i ∿ 5–6. **Z** s △ ▢ Tröge, Trittfugen; ⩔ Lichtkeimer ⵡ ○ ∧ (Korsika, SO-Span.: alp. Matten – 1830). **Kriechender E.** – *V. repens* CLARION ex DC.
**20** **(18)** Pfl polsterfg, am Grund mit verholztem Stg, BlTriebe sommergrün. Bl bis 20 mm lg u. 4 mm br, lineal-lanzettlich, ganzrandig bis unregelmäßig fiederschnittig. Kr blau, selten rosa. 0,10–0,25. ♄ ⌒ 6–8. **Z** s △; ⩔ ⵡ ○ ~ (VorderAs., Kauk., Krim: steinige Hügel – 1748). **Orientalischer E.** – *V. orientalis* MILL.
**20\*** Pfl niederliegend-aufsteigend, am Grund nicht verholzt (Abb. **469**/1). BlTriebe immergrün. Bl bis 35 mm lg u. 4 mm br, lineal-lanzettlich, gekerbt, gezähnt, selten ganzrandig. Kr himmelblau, selten rosa od. weiß. 0,10–0,30. ⍊ i 5–7. **W. Z** z △ Heidegärten, Rabatten; ⩔ ⵡ ∿ ○ ~ (Eur., W-As.: Trocken- u. Halbtrockenrasen – 1774 – Sorten: verschiedene BFarben). [*V. rupestris* hort.] **Liegender E.** – *V. prostrata* L.

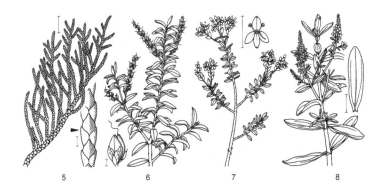

5          6          7          8

**Blauweiderich** – *Pseudolysimachion* Opiz                                    15 Arten

**1**   Stg bis 50 cm lg. Bl gesägt-gekerbt, am Grund u. an der Spitze meist ganzrandig (Abb.
      **471**/2,3). BStiele kürzer als der K, 0,5–1,0 mm lg ............................ **2**
**1***  Stg meist > 50 cm lg. Bl bis zur Spitze gesägt (Abb. **471**/1, 4). BStiele etwa so lg wie der
      K, meist > 1 mm lg .................................................. **3**
**2**   Pfl dicht silberweiß-graufilzig behaart. Kr blauviolett. (Abb. **471**/2). 0,20–0,40. ♃ ⌾ i
      6–7. **Z** v △ ⬚ Heidegärten, Rabatten; Ⅴ ⚘ ○ ∼ (O-Eur. bis Z-As.: Steppen, trockne
      Hänge – 1740 – Sorten: z. T. mit dunkelvioletten B; 'Rosea': mit rosa B). [*Veronica spi-
      cata* L. subsp. *incana* (L.) Walters]            **Silbergrauer B.** – *P. incanum* (L.) Holub
**2***  Pfl nicht silberweiß behaart. Kr azurblau. (Abb. **471**/3). 0,10–0,50. ♃ ⌾ i 7–9. **W. Z** v △
      Heidegärten, Rabatten; Ⅴ Lichtkeimer ⚘ ⚲ ○ ∼ ⊖ (Eur., W-As.: Trockenrasen, Dünen,
      Gebüschsäume – 1570 – einige Sorten: mit abweichenden BFarben). [*Veronica spica-
      ta* L.]                                              **Ähren-B.** – *P. spicatum* (L.) Opiz
**3**   **(1)** DeckBl deutlich länger als der flaumig behaarte BStiel. Kr blaulila. (Abb. **471**/1).
      0,50–1,20. ♃ ⌾ 6–8. **W. Z** v Ufer, Naturgärten ⚼; Ⅴ Kaltkeimer ⚘ ○ ◑ ≃ (Eur. bis
      O-As.: Auengebüsche, Sumpfwiesen, Gräben – mehrere subsp.; einige Sorten mit
      abweichenden BFarben). [*Veronica longifolia* L.]
                                              **Langblättriger B.** – *P. longifolium* (L.) Opiz
**3***  DeckBl kürzer als der kahle BStiel. Kr blassblau. (Abb. **471**/4).0,50–1,20. ♃ ⌾ Pleiok
      6–8. **W. Z** s Naturgärten; Ⅴ ⚘ ○ (O- u. SO-Eur.: Waldsäume, Gebüsche – 2 subsp.).
      [*Veronica spuria* L., *V. paniculata* L., *P. paniculatum* (L.) Hartl]
                                              **Rispen-B.** – *P. spurium* (L.) Opiz


**Strauchehrenpreis** – *Hebe* Comm. ex Juss.                                    100 Arten

**1**   Zweige zypressenähnlich. Bl schuppen- od. nadelfg, nur wenige mm lg. B meist zu 3–8
      büschlig am Zweigende (Abb. **471**/5). .................................... **2**
**1***  Zweige buchsbaumähnlich. Bl mit deutlicher BlSpreite, >5 mm lg. B meist in mehrblüti-
      gen Ähren od. Trauben (Abb. **471**/6) .................................... **3**
**2**   Pfl gelblich-olivfarben. Bl angedrückt, schuppenartig, dachziegelig, paarweise am
      Grund verwachsen (Abb. **471**/5). Kr weiß. 0,30–0,60. ♄ i 5–6. **Z** z △; ⋏ ○ ∧ (Neuseel.:
      subalp. Gebüsche – 1899). [*H. armstrongii* hort. non (Johnson ex J. B. Armstr.)
      Cockayne et Allan]                                  **Ockergelber St.** – *H. ochracea* Ashwin
**2***  Pfl grün. Bl nadel- od. schuppenfg, in voneinander getrennten Paaren, den Stg nicht
      vollständig bedeckend, an der Basis nicht verwachsen. Kr hellblau. 0,30–0,60. ♄ i 6–9.
      **Z** s △; ⋏ ○ ∧ (Neuseel.: Flussterrassen – 1888).
                                              **Zypressen-St.** – *H. cupressoides* (Hook. f.) Andersen

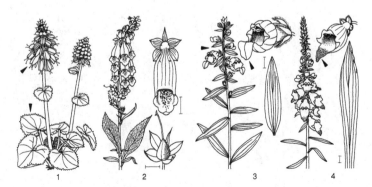

1                      2                            3                      4

Ähnlich: **Hektor- St.** – *H. h*ęctoris (Hook. f.) Cockayne et Allan: Pfl kleiner, niederliegend. Kr hellrosa od. weiß. **Z** s △.

**3 (1)** Bl hell- bis dunkelgrün ........................................... **4**
**3\*** Bl grau- bis blaugrün .............................................. **5**
**4** Pfl aufrecht. Zweige kahl. Bl 8–12 mm lg, 4–5 mm br, kreuzgegenständig, verkehrteifg bis elliptisch, oseits dunkel-, useits hellgrün (Abb. **471**/6). Kr weiß. 0,30–0,50. ♄ i 6–7. **Z** z △; ⌇ ○ ⌒ (Neuseel.: subalp. Gebüsche – 1885).
**Buchsblättriger St.** – *H. buxif*ǫlia (Benth.) Cockayne et Allan
**4\*** Pfl ausgebreitet. Junge Zweige flaumhaarig. Bl 15–25 mm lg, 4–6 mm br, elliptisch-lanzettlich, hellgrün. Kr weiß. 0,30–0,50. ♄ i 6–7. **Z** s △; ⌇ ○ ⌒ (Neuseel.: subalp. Gebüsche – 1868). [*H. trav*ęrsii hort. non (Hook. f.) Cockayne et Allan]
**Kurzröhriger St.** – *H. brachysj̧phon* Summerh.
**5 (3)** Bl dick-ledrig, fast fleischig, Mittelrippe kaum sichtbar, elliptisch bis verkehrteifg, graugrün, z. T. rotgerandet, 8–12 mm lg, 4 mm br. Kr weiß, Staubbeutel rotviolett. 0,30–0,80. ♄ i 5–6. **Z** z △; ⌇ ○ ⌒ (Neuseel.: subalp. Gebüsche – 1868).
**Dickblättriger St.** – *H. pinguif*ǫlia (Hook. f.) Cockayne et Allan
**5\*** Bl nicht auffällig dick, Mittelrippe deutlich sichtbar, lanzettlich- bis verkehrteifg (Abb. **471**/7), 5–12 mm lg, 2–6 mm br. Kr violett. 0,10–0,30. ♄ i 6–8. **Z** z △; ⌇ ○ ⌒ (Neuseel.: trockne Gebirgshänge, Felsen – Sorten u. Hybr).
**Graublättriger St.** – *H. pimeleoj̧des* (Hook. f.) Cockayne et Allan

Weitere Arten, Hybr u. Sorten werden häufig im Handel angeboten u. als Steingarten- od. RabattenPfl kult, sind aber meist frostempfindlich. Die großblättrigen H.-Andersonii-Hybr (Abb. **471**/8) mit ansehnlichen violetten, blauen, rötlichen od. weißen B werden als nicht winterharte Topf- od. KübelPfl gehalten. Sie sind vor allem Kreuzungen von *H. speci*ǫsa (A. Cunn.) Cockayne et Allan u. *H. salicif*ǫlia (G. Forst.) Pennell.

**Frühlingsschelle** – *S*ỵnthyris Benth. 14 Arten

BStand eine dichte Traube, B abwärts gerichtet (Abb. **472**/1), Kr violettblau. FrKapsel kahl. 0,10–0,20. ⚄ ⊙ ⚘ kurzlebig 3–4. **Z** s △; V Kaltkeimer ⚘ ◐ ● (NW-USA: schattige, humose Wälder – 1880). [*S. renif*ǫrmis hort. non Benth.]
**Stern-F.** – *S. stell*ạta Pennell

**Fingerhut** – *Digit*ạlis L. 25 Arten

Lit.: Werner, K. 1960: Zur Nomenklatur und Taxonomie von *Digitalis* L. Bot. Jahrb. **79**: 218–254.

**1** Kr purpurrot, selten rosa od. weiß, innen dunkler gefleckt (Abb. **472**/2). Bl eifg, runzlig, useits graufilzig. 0,70–2,00. ⊙, selten kurzlebig ⚄ i ⚘ 6–8. **W. Z** v Naturgärten,

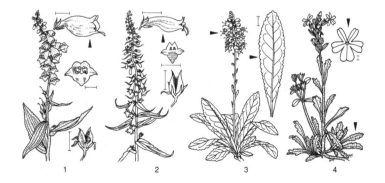

1          2          3          4

Gehölzsäume, Staudenbeete ⚥; **N** HeilPfl; Ⅴ Lichtkeimer ◑ ⊖, giftig (W- u. M-Eur.: Waldschläge, -säume – Sorten: große, verschiedenfarbige B, schalenfg EndB; Hybr mit *D. grandiflora*). **Roter F.** – *D. purpurea* L.

**1\*** Kr gelb od. gelblichbraun netzadrig. Bl unterseits nicht graufilzig . . . . . . . . . . . . . . **2**

**2** KrRöhre röhrig-glockig, ULippe der Kr kürzer als die Hälfte der KrRöhre (Abb. **473**/1,2) . . . . . . . . . . . . . . . . . . . . . . . . . . . . . . . . . . . . . . . . . . . . . . . . . . . . . . . . . . **3**

**2\*** KrRöhre fast kuglig. ULippe der Kr fast so lg wie die KrRöhre (Abb. **472**/3,4) . . . . . **4**

**3** Kr bauchig-glockig, 30–50 mm lg, hellgelb, innen braun gemustert, OLippe stumpf ausgerandet (Abb. **473**/1). Stg u. BlUSeite kurzhaarig. 0,40–1,00. ♃ ⚘ Pleiok 6–8. **W. Z** z Naturgärten, Staudenbeete; Ⅴ Lichtkeimer ⚘ ◑, giftig (Eur., W-Sibir.: Waldschläge, -säume, lichte Wälder – ▽). [*D. ambigua* MURRAY]
**Großblütiger F.** – *D. grandiflora* MILL.

**3\*** Kr röhrig-glockig, 15–25 mm lg, zitronengelb, innen ohne Zeichnung, OLippe spitz, 2zipflig (Abb. **473**/2). Stg u. Bl mit Ausnahme des BlGrundes meist kahl. 0,40–0,80. ♃ i ⚘ Pleiok 6–8. **W. Z** z Naturgärten; Ⅴ Lichtkeimer ⚘ ○ ⊕, giftig (SW- bis Z-Eur., lt.: Waldschläge, TrockenW – ▽). **Gelber F.** – *D. lutea* L.

**4** (2) BStandsachse drüsig-wollig. KZipfel spitz, lanzettlich, wollig behaart (Abb. **472**/3). Kr weiß bis gelb, innen braun od. violett netzadrig. 0,40–1,20. ⊖ i 6–8. **Z** z Staudenbeete; **N** z HeilPfl; Ⅴ Lichtkeimer ○, giftig (SO-Eur.: Berghänge, Brachäcker – 1789). **Wolliger F.** – *D. lanata* EHRH.

**4\*** BStandsachse kahl. KZipfel länglich-abgerundet, kahl, häutig gerandet (Abb. **472**/4). Kr gelblich-bräunlich, rostbraun netzadrig. 0,60–1,80. ⊖–♃ i 7–8. **Z** z Naturgärten; Ⅴ Lichtkeimer ○, giftig (S- u. SO-Eur., VorderAs.: Hänge, Gebüsch – 1597 – Sorte: B größer). **Rostfarbiger F.** – *D. ferruginea* L.

**Kühtritt** – *Wulfenia* JACQ. 5 Arten

**1** Bl kurz gestielt, kahl, 10–20 cm lg. BSchaft dicht- u. reichblütig, beblättert (Abb. **473**/3). Kr bis 15 mm lg, blauviolett. 0,20–0,40. ♃ ⚘ RosettenPfl 7–8. **Z** z △ Tröge; Ⅴ Lichtkeimer ⚘ ◑ ⊖ (SO-Alpen, Monten.: Gebirgsmatten – 1817 – wüchsige Hybr mit folgender Art: *W.* × *suendermannii* hort.). **Kärntner K.** – *W. carinthiaca* JACQ.

**1\*** Bl lg gestielt, schwach behaart, 5–10 cm lg. BStand locker u. wenigblütig. Kr bis 10 mm lg, violettblau. 0,05–0,10. ♃ ⚘ RosettenPfl 5–6. **Z** s △ Felsspalten; Ⅴ ⚘ ◑ ⊕ (N-Alban.: Felsspalten, Geröll – 1929). **Albanischer K.** – *W. baldaccii* DEGEN

Ähnlich: **Himalaja-K.** – *W. amherstiana* BENTH.: BSchaft unbeblättert. Kr mattblau. **Z** s △ (Himal., Afgh.).

**Steinbalsam** – *Erinus* L. 1 Art

Pfl niedrige, lockere, polsterähnliche Rasen bildend. GrundBl gehäuft stehend, StgBl länglich-spatelfg, grob gesägt (Abb. **473**/4). Kr purpurrosa, selten weiß, 7–15 mm br. 0,05–0,20. ♃ i 5–7. **Z** z △ Mauerfugen, Tröge, Tuffsteine; Ⅴ Kaltkeimer ⚘ ○ ∼ ⊕ ⌃ (Gebirge Österr. u. der Schweiz bis SW-Eur. u. NW-Afr.: Felsspalten, steinige Hänge, Geröll – 1737 – Sorten: unterschiedliche BFarben). **Alpen-S.** – *E. alpinus* L.

## Familie **Sommerwurzgewächse** – *Orobanchaceae* VENT. 210 Arten

**Sommerwurz** – *Orobanche* L. 150 Arten

Lit.: UHLIG, H., PUSCH, J., BARTHEL, K-J. 1995: Die Sommerwurzarten Europas. Gattung *Orobanche*. Die Neue Brehm-Bücherei. Bd. 618. Magdeburg.

Vollschmarotzer, meist auf Efeu (*Hedera helix* L.), selten auf anderen kultivierten Araliengewächsen (*Araliaceae*). Pfl mit unterirdischen Sprossverdickungen. Stg u. Bl ohne Blattgrün. Bl schuppenfg, wechselständig. Kr weißlich, rötlich geadert, Rücken meist

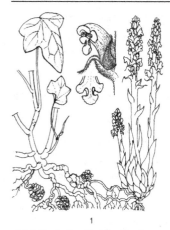

1

violett überlaufen. Narbe gelb od. orange. (Abb. **475**/1). 0,15–0,60. ⊛ ♃ 5–7(–9). **W. Z**
z Parks, Naturgärten; V direkt auf die unterirdischen Organe des Efeus ☾ (ozeanisch
beeinflusstes warmes bis gemäß. Eur.: Parks, frische Gebüsche, Hecken, Waldränder,
Schlösser, Burgen). **Efeu-S.** – *O. hederae* VAUCHER ex DUBY

## Familie **Kugelblumengewächse** – *Globulariaceae* DC. 25 Arten

**Kugelblume** – *Globularia* L. 22 Arten

Lit.: HOLLÄNDER, K., JÄGER, E. J. 1994: Morphologie, Biologie und ökogeographische Differenzierung
von *Globularia*. Flora **189**: 223–254. – HOLLÄNDER, K., JÄGER, E. J. 1998: Wuchsform und Lebens-
geschichte von *Globularia bisnagarica* L. (*G. punctata* LAPEYR., *Globulariaceae*). Hercynia N. F. **31**:
143–171. – SCHWARZ, O. 1938: Die Gattung *Globularia*. Bot. Jahrb. **69**: 318–373.

1   Spalierstrauch (Abb. **475**/3a,4) . . . . . . . . . . . . . . . . . . . . . . . . . . . . . . . . . . . . . **2**
1*  Pleiokormstaude (Abb. **475**/1a,2a) . . . . . . . . . . . . . . . . . . . . . . . . . . . . . . . . . . . **3**
2   BStandsachse blattlos od. mit 1–2(–3) kleinen Bl. KZipfel etwa so lg wie die KRöhre.
    GrundBl 2–8(–12) mm br, ± flach, vorn abgerundet, ausgerandet (meist mit kurzem
    Mittelzahn) od. spitz. (Abb. **475**/3a–c). 0,02–0,10. ♄ i Spalierzwergstrauch 5–7. **W. Z**

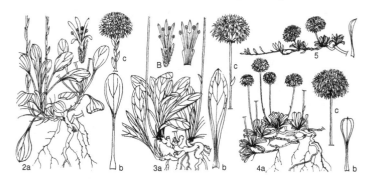

s △ ▭; ∨ ♈ ∿ (Rosetten) ○ ⊕ ∧, giftig (Pyr., Alpen, Apennin, balkanische Gebirge: alp. Fels- u. Schotterfluren, kalkhold, 200–2600 m – ▽).

**Herzblättrige K.** – *G. cordifolia* L.

Ähnlich: **Zwerg-K., Kriechende K.** – *G. repens* LAM. [*G. nana* LAM.]: BStände sitzend od. fast sitzend. Bl 1–2 mm br, nach oben zusammengefaltet, im Querschnitt V-fg, spitz. (Abb. **475**/4). 0,01–0,04. ♄ i Spalierzwergstrauch 5–7; **Z** s △; ∨ ♈ ∿ (Rosetten) ○ ∧ (W-Alpen, Span.: Kalkfelsspalten, steinige Orte, trockne Weiden, 300–2750 m).

**2*** BStandsachse mit > 5 kleinen Bl. KZipfel mehr als doppelt so lg wie die KRöhre. GrundBl bis 8(–14) mm br. 0,05–0,20(–0,30). ♄ i Spalierzwergstrauch 5–6. **Z** s △ ▭; ∨ ♈ ∿ (Rosetten) ○ ⊕ ∧ (Bulg., Krim, Türkei, Kauk.: felsige u. grasige Hänge, Steppen, Kalkfelsen, 200–2740 m). **Fadenblütige K.** – *G. trichosantha* FISCH. et C. A. MEY.

**3** **(1)** BStandsachse blattlos, höchstens mit 1–3 Schuppen. Bl verkehrteilänglich. Köpfe 18–25 mm ⌀. (Abb. **475**/2a–c). 0,05–0,30. ♃ i Pleiok 5–7. **W. Z** s △; ∨ ○ ⊕ ∧, giftig (Pyr., Alpen: subalp. bis alp. Felsfluren u. Matten, Krummholzgebüsche, kalkstet, 400–2400 m – ▽). **Nacktstängel-K.** – *G. nudicaulis* L.

**3*** BStandsachse bis oben beblättert. GrundBl lg gestielt, spatelfg od. br eifg, obere sitzend. Köpfe 10–15 mm ⌀. (Abb. **475**/1a–c). 0,05–0,30. ♃ Pleiok Wurzelsprosse 5–6. **W. Z** s △; ∨ Lichtkeimer ○ ⊕ ∧, giftig (warmgemäß. Eur.: Fels- u. Schotterfluren, kalkhold, 0–2000 m – ▽). [*G. vulgaris* auct., *G. punctata* LAPEYR., *G. willkommii* NYMAN, *G. aphyllanthes* CRANTZ, *G. elongata* HEGETSCHW.] **Echte K.** – *G. bisnagarica* L.

## Familie **Bignoniengewächse** – *Bignoniaceae* JUSS. 750 Arten

**1** Pfl ♃, aufrecht. Bl ohne endständige Ranke (Abb. **476**/1,2).

**Freiland-Gloxinie** – *Incarvillea* S. 476

**1*** Pfl ♄, ⊙ kult. Bl mit endständiger Ranke (Abb. **476**/4).

**Schönranke** – *Eccremocarpus* S. 476

### **Schönranke** – *Eccremocarpus* RUIZ et PAV. 5 Arten

Bl doppelt gefiedert mit endständiger Ranke (Abb. **476**/4). Kr röhrenfg, auf der USeite bauchig, an der Basis verengt, 2–3 cm lg, orangerot. Sa mit kreisfg, br, häutigem Flügel (Abb. **476**/3). 1,00–5,00. ♄ i kult ⊙ 6–10. **Z** s Spaliere; ∨ ⊳ ○ (Chile: Gebüsche – 1824 – einige Sorten: Kr gelb, goldgelb, rosa od. rot).

**Schönranke** – *E. scaber* RUIZ et PAV.

### **Freilandgloxinie** – *Incarvillea* JUSS. 14 Arten

Lit.: GRIERSON, A. J. C. 1961: A revision of the genus *Incarvillea*. Notes Roy. Bot. Gard. Edinburgh **23**: 303–354.

**1** Fr 6flüglig. Bl wechselständig, 1–2fach fiederschnittig. Seitenfiedern 7–9 Paar, linealisch. 0,20–0,30. ♃ 5–6. **Z** s △; ∨ Lichtkeimer ○ ~ ∧ Dränage (Z-As.: trockne, felsige Hügel). **Zentralasiatische F.** – *I. semiretschenskia* GRIERSON

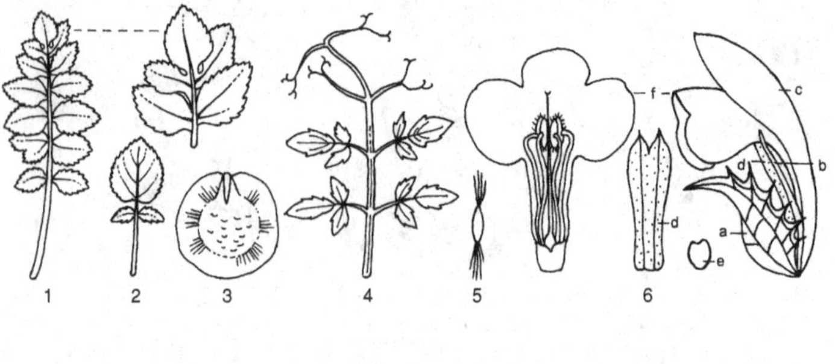

**1\*** Fr nicht geflügelt, im Querschnitt rund od. 4kantig . . . . . . . . . . . . . . . . . . . . . . . . **2**
**2** LaubBl überwiegend grundständig . . . . . . . . . . . . . . . . . . . . . . . . . . . . . . . . . . . **3**
**2\*** LaubBl überwiegend an gestreckten Stg . . . . . . . . . . . . . . . . . . . . . . . . . . . . . . **5**
**3** BlFiedern ganzrandig. Seitenfiedern 4–9 Paar. 0,20–0,30. ⚃ 5–7. **Z** s △; ∨ ▷ ○ Drä-
nage ⌢ (W-China: Gebüsche, Matten, 2600–4100 m – 1881).
**Gedrungene F.** – l. compacta Maxim.
**3\*** BlFiedern gezähnt od. gekerbt . . . . . . . . . . . . . . . . . . . . . . . . . . . . . . . . . . . . . . **4**
**4** Bl mit 0–4(–7) Fiederpaaren. Endfieder an der Basis herzfg od. abgerundet, von den
obersten Seitenfiedern abgesetzt, letztere an der Mittelrippe nicht herablaufend (Abb.
**476**/2). Schaft mit 2–4 B. 0,10–0,30(–0,50). ⚃ 5–6. **Z** z △; ∨ Lichtkeimer ▷ ◑ ○ ⊕
Dränage ⌢ (Bhutan, Nepal, W-China: trockne, steinige Gebirgswiesen, 2400–4500 m
– 1909 – 2 Varietäten – einige Sorten). **Himalaja-F.** – <i>l.</i> mairei (Lev.) Grierson
**4\*** Bl mit (2–)4–11 Fiederpaaren. Endfieder an der Basis ± keilig, mit den obersten
Seitenfiedern verbunden, letztere an der Mittelrippe ± herablaufend (Abb. **476**/1). Schaft
mit 2–10 B. 0,30–0,60. ⚃ 6–8. **Z** z △; ∨ Lichtkeimer ▷ ○ ◑ ⊕ Dränage ⌢ (China:
Yunnan, Sichuan: offne steinige Orte, Gebüsche, 2400–3900 m – 1887 – Sorte: 'Alba':
B weiß). **Yunnan-F.** – <i>l.</i> delavayi Bureau et Franch.
**5** **(2)** Bl 2–3fach fiederschnittig, meist wechselständig od. untere gegenständig u. obere
wechselständig. BlAbschnitte linealisch bis lineal-lanzettlich. K mit 4–10 mm lg, pfriemfg,
an ihrer Basis stark verdickten Zähnen. Sa durchscheinend geflügelt. 0,15–0,50(–0,85).
⊙ od. ⚃ 6–9. **Z** s △ Staudenbeete; ∨ Lichtkeimer ○ Dränage ⌢ ⊛ (China: Felder u.
Ödland auf sandigem Boden, 500–2500(–3900) m – 2 Unterarten: subsp. sinensis;
subsp. variabilis (Batalin) Grierson f. variabilis: Kr rosa; subsp. variabilis f. przewalskii
(Batalin) Grierson: Kr gelb). **Chinesische F.** – <i>l.</i> sinensis Lam.
**5\*** Bl einfach gefiedert. KZähne 0,5–4 mm lg . . . . . . . . . . . . . . . . . . . . . . . . . . . . **6**
**6** StgBl alle wechselständig. Seitenfiedern 2–6 Paar, lanzettlich od. elliptisch. KZähne
pfriemlich, 1–4 mm lg. Sa schmal elliptisch, an beiden Enden jeweils mit einem Haar-
büschel (Abb. **476**/5). 0,20–1,50. ⚃ 5–8. **Z** s Staudenbeete; ∨ Lichtkeimer ▷ ○ sandi-
ger Lehmboden ⌢ (China, Punjab, Nepal, Assam: trockne Täler, Felshänge, oft auf
Kalk, 1400–3400 m). **Scharfe F.** – <i>l.</i> arguta (Royle) Royle
**6\*** StgBl alle gegenständig. Seitenfiedern 3–4 Paar, schmal elliptisch. KZähne br drei-
eckig, <1 mm lg. Sa eifg, durchscheinend geflügelt, ohne Haarbüschel. 0,75–1,00. ⚃
6–9. **Z** s Staudenbeete; ∨ Lichtkeimer ▷ ○ sandiger Lehmboden (Turkestan: Flusstäler
u. angrenzende Hänge auf tonigem, steinigem Boden – 1880).
**Turkestanische F.** – l. olgae Regel

## Familie **Akanthusgewächse** – <i>Acanthaceae</i> Juss. 3450 Arten

**1** Pfl windend. VorBl eifg od. elliptisch, aufgeblasen, den K einhüllend (Abb. **481**/1).
**Thunbergie** – Thunbergia S. 477
**1\*** Pfl aufrecht. VorBl linealisch od. fadenfg, den K nicht einhüllend . . . . . . . . . . . . . . **2**
**2** TragBl der B am Rande bedornt (Abb. **476**/6a). Kr 1lippig (OLippe fehlt). KrSaum
3lappig (Abb. **476**/6f). **Akanthus** – <i>Acanthus</i> S. 478
**2\*** TragBl der B od. TeilBStände nicht bedornt. KrSaum 5lappig . . . . . . . . . . . . . . . . **3**
**3** Bl ganzrandig. **Ruellie** – <i>Ruellia</i> S. 478
**3\*** BlRand gesägt. **Strobilanthe, Zapfenblume** – <i>Strobilanthes</i> S. 478

## Thunbergie – <i>Thunbergia</i> Retz. 90 Arten

BlSpreite eifg bis dreieckig mit herz- bis pfeilfg Grund. BlStiel geflügelt. K vielzähnig,
sehr klein, verdeckt durch 2 aufgeblasene VorBl. Kr orangegelb mit schwarzem
Schlund. (Abb. **481**/1). 0,80–2,00. ⚃ ⚥ kult ⊙ 5–10. **Z** z Spaliere; ▷ ○ (trop. Afr.:
Waldränder, sandige Böden; verw. in den Tropen – 1821 – mehrere Sorten).
**Geflügelte Th., Schwarzäugige Susanne** – Th. alata Bojer ex Sims

**Ruellie, Wilde Petunie** – *Ruellia* L. 150 Arten

1 Stg weiß- u. flaumhaarig. Bl sitzend od. kurz gestielt, länglich-eifg, bis 15 cm lg u. 2,5 cm br, am Rand gewimpert. KZipfel linealisch, bis 2,5 cm lg. Kr bis 8 cm lg, violett bis blau, selten weiß. 0,40–0,50(–0,80). ♃ ♄ 6–8. **Z** s Rabatten, Naturgärten, Gehölzgruppen; ∀ Grünstecklinge ○ ☽ ⋏ (warmes bis warmgemäß. östl. u. mittl. N-Am.: trockne Hänge, lichte Wälder – einige Varietäten). [*Dipteracanthus humilis* LINDAU]

**Behaarte R.** – *R. humilis* NUTT.

1* Stg zur FrZeit kahl od. spärlich behaart. Bl mit bis zu 1,5 cm lg Stielen, br lanzettlich bis eifg, bis 15 cm lg u. 6 cm br. KZipfel lanzettlich, bis 2 cm lg. Kr bis 5 cm lg, hellblau bis violett; ihre Zipfel mit purpurner Mittelrippe. Bis 1,20. ♃ ♄ 8–9. **Z** s Rabatten, Naturgärten, Gehölzgruppen; ∀ Grünstecklinge ○ ☽ ⋏ (warmes bis warmgemäß. östl. u. mittl. N-Am.: AuenW). [*R. carolinensis* STEUD., *R. ciliosa* BECK]

**Kahle R.** – *R. strepens* L.

**Strobilanthe, Zapfenblume** – *Strobilanthes* BLUME 250 Arten

Lit.: WOOD, J. R. I. 1994: Notes relating to the flora of Bhutan: XXIX *Acanthaceae*, with special reference to *Strobilanthes*. Edinburgh J. Bot. **51**, 2: 175–273.

Stg aufrecht, mit weißen, spreizenden Haaren. BlSpreite eifg mit herzfg Grund, 6–17 cm lg. Kr 3–4,5 cm lg, violett, selten weiß. Kapsel 1,3–1,5 cm lg, drüsenhaarig. 0,50–1,25. ♃ ♄ 7–9. **Z** s Rabatten, Naturgärten, Gehölzgruppen; ❀ ⋌ Frühjahr ∀ ☽ (Afgh., Pakistan, N-Indien: Wälder, Gebüsche, 1200–2700 m – 2 Unterarten: subsp. *attenuata*; subsp. *nepalensis* J. R. I. WOOD: Stg niederliegend od. aufsteigend. BlSpreite elliptisch, gegen ihren Grund sich verjüngend (Nepal). [*Pteracanthus urticifolius* (NEES) BREMEK.]

**Nesselblättrige S.** – *St. attenuata* (NEES) NEES subsp. *attenuata*

Ähnlich: **Wallich-S.** – *St. wallichii* NEES [*St. atropurpurea* NEES, *Pteracanthus alatus* (WALL.) BREMEK.]: Stg aufrecht, meist kahl. BlSpreite eifg od. elliptisch, gegen ihren Grund sich verjüngend. Kr 2,8–3,5 cm lg, blau, selten weiß. KrRöhre gegen den KrSaum sich stark erweiternd, gebogen. Kapsel 1,3–1,9 cm lg, kahl. 0,30–0,50. ♃ 7–9. **Z** s Rabatten, Naturgärten, Gehölzgruppen; ❀, ⋌ Frühjahr, ∀ ☽ (Himal., China).

**Akanthus** – *Acanthus* L. 30 Arten

Lit.: BRUMMIT, R. K. 1990: *Acanthus dioscoridis*. Kew Magazine **7**, 4: 161–164. – RIX, M. 1980: The genus *Acanthus*. An introduction to the hardy species. Plantsman **2**: 132 – WOOD, D. J., BRUMMIT, R. K. 1989: Notes on *Acanthus hirsutus* BOISS. with a new key to Turkish taxa of *Acanthus*. Notes Roy. Bot. Gard. Edinburgh **46**, 1: 7–11.

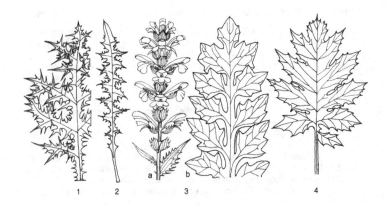

1      2      3      4

Bem.: Abb. **476**/6: B von *Acanthus*: **a** DeckBl, **b** eines der beiden VorBl, **c** oberes KBl, **d** die beiden unteren verwachsenen KBl, **e** eines der beiden seitlichen KBl, **f** KrULippe aus 3 verwachsenen KrBl.

1   Kr purpurn od. rosa . . . . . . . . . . . . . . . . . . . . . . . . . . . . . . . . . . . . . . . . . . . . . . . . . . **2**
1*  Kr weiß, selten grünlichgelb . . . . . . . . . . . . . . . . . . . . . . . . . . . . . . . . . . . . . . . . . . **4**
2   Bl ganz, lineal-lanzettlich bis lineal-verkehrteilanzettlich, ganzrandig od. gezähnt.
    0,10–0,40. ♃ 5–8. **Z** s △; ⩔ Wurzelschnittlinge ○ Dränage ⋏ (Türkei, N-Irak, W-Iran,
    Libanon: trockne, felsige Berghänge, Steppen, lichte Wälder – 4 Varietäten).
                                    **Dioskurides-A.** – *A. dioscoridis* L.
2*  Bl fiederspaltig bis -schnittig . . . . . . . . . . . . . . . . . . . . . . . . . . . . . . . . . . . . . . . . . **3**
3   BlAbschnitte an ihrer Basis deutlich zusammengezogen. BlRand ohne Dornen; wenn
    mit mit vereinzelten Dörnchen, dann diese nicht stechend. DeckBlRand stets dornig
    (Abb. **478**/3).                                  **Ungarischer A.** – *A. hungaricus*, s. **6**
3*  BlAbschnitte an ihrer Basis ± verbreitert. BlRand mit Dornen. Stg rauhaarig od. mit zerstreuten lg Haaren.        **Behaarter A.** – *A. hirsutus* Boiss. f. *roseus* D. J. Wood, s. **5**
4   (1) GrundBl mit Dornen, stechend (Abb. **478**/1,2) . . . . . . . . . . . . . . . . . . . . . . . . . **5**
4*  GrundBl ohne Dornen (Abb. **478**/3,4); wenn mit vereinzelten Dörnchen, diese dann
    nicht stechend. DeckBlRand stets dornig . . . . . . . . . . . . . . . . . . . . . . . . . . . . . . . **6**
5   Bl fiederspaltig bis fiederteilig (Abb. **478**/2), 3–8 cm br, im Umriss lineal-elliptisch, beidseits dicht mit lg Haaren. DeckBl 5–13nervig. 0,15–0,45. ♃ 6–7. **Z** s △; ⩔ Wurzelschnittlinge ○ ∼ Dränage ⋏. [*A. caroli-alexandri* Hausskn.]
                                          **Behaarter A.** – *A. hirsutus* Boiss.

2 Unterarten: subsp. *hirsutus*: DeckBl u. K grünlich od. gelblich. FrKnSpitze u. Griffelbasis rauhaarig (W- u. Z-Türkei: KiefernW, Steppen, Ödland, Felshänge, 800–1800 m); subsp. *syriacus* (Boiss.) Brummitt [ *A. syriacus* Boiss.]: DeckBl u. KBl an der Spitze purpurn. FrKnSpitze u. Griffelbasis fast kahl od. kurz rauhaarig (S-Türkei bis Israel: Kalkfelshänge, Ödland, 500–1900 m).

5*  Bl meist doppelt fiederspaltig bis doppelt fiederschnittig (Abb. **478**/1), 8–30 cm br, im
    Umriss br elliptisch bis br eilanzettlich, beidseits kahl od. auf den Nerven spärlich mit
    lg Haaren. DeckBl 3–5nervig. 0,20–0,80. ♃ 7–8. **Z** s △; ⩔ ⩔ Wurzelschnittlinge ○
    Dränage ⋏ (O-Medit.: KiefernW, Macchien, Steilhänge, Ödland, 50–610 m – 1613).
    [*A. spinosissimus* Pers.]                **Dorniger A.** – *A. spinosus* L.
6   (5) BlAbschnitte an ihrer Basis deutlich zusammengezogen (Abb. **478**/3a,b). BlSpreite
    in ihrer gesamten Länge bis fast zum Grund geteilt, meist fiederschnittig, oseits stumpf.
    Buchten zwischen den BlAbschnitten br. 0,30–1,00. ♃ 6–8. **Z** z Rabatten ⚸; ⩔ Kaltkeimer ⩔ ○ ◑ (Balkan: Wälder, Gebüsche, steinige Hänge – 1869 – variabel). [*A. balcanicus* Heywood et Richardson, *A. longifolius* Host non Poir.]
                        **Ungarischer A.** – *A. hungaricus* (Borbás) Baen.
6*  BlAbschnitte an ihrer Basis nicht od. nicht deutlich zusammengezogen (Abb. **478**/4).
    BlSpreite höchstens am Grund fiederschnittig, sonst fiederlappig bis -teilig, oseits glänzend. Buchten zwischen den BlAbschnitten eng. 0,15–1,80. ♃ 7–8. **Z** s Rabatten; ⩔ ⩔
    ◑ ○ Dränage ⋏ (W- u. Z- Medit.: schattige Plätze, Wegränder).
                               **Weicher A.** – *A. mollis* L.

## Familie **Gämshorngewächse** – *Martyniaceae* Horan.      14 Arten

1   Fruchtbare StaubBl 2. Hornartige FrSchnäbel kürzer als der FrKörper (Abb. **480**/1).
                             **Martynie** – *Martynia* S. 480
1*  Fruchtbare StaubBl 4. Hornartige FrSchnäbel so lg wie der FrKörper od. länger (Abb.
    **480**/2) . . . . . . . . . . . . . . . . . . . . . . . . . . . . . . . . . . . . . . . . . . . . . . . . . . . . . . . . . **2**
2   K freiblättrig. Trockne Fr auf ihrer Oberfläche mit kurzen Dornen (Abb. **480**/2).
                          **Einhornpflanze** – *Ibicella* S. 480

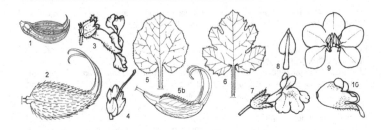

**2\*** K verwachsenblättrig, vorn tief geschlitzt (Abb. **480**/4). Trockne Fr auf ihrer Oberfläche unbedornt, nur auf der OSeite mit einem dornigen Kamm (Abb. **480**/5b).
**Gämshorn** – *Proboscidea* S. 480

**Gämshorn** – *Proboscidea* Schmidel                    9 Arten

BlSpreite nierenfg, kreisrund od. br eifg mit herzfg Grund, ganzrandig od. schwach gebuchtet (Abb. **480**/5). Pfl mit liegenden bis aufsteigenden Stg, drüsenhaarig. Kr weißlich bis cremefarben, purpurn od. rosa, oft gefleckt. (Abb. **480**/3). Bis 1,00 lg. ☉ 7–8. **Z** s Sommerblumenbeete ⚥; ⯈ ○ (SW-USA, N-Mex.: Wiesen, Strände, Ruderalfluren; verw. in Port., SO-Russl., Austr.). [*Martynia proboscidea* Gloxin, *M. louisianica* Mill.]
**Lousiana-G., Gewöhnliche Teufelsklaue** – *P. louisianica* (Mill.) Thell.

Ähnlich: **Duftendes G.** – *P. fragrans* (Lindl.) Decne. [*Martynia fragrans* Lindl., *M. violacea* Engelm., *P. louisianica* subsp. *fragrans* (Lindl.) Bretting]: BlSpreite dreieckig bis br eifg, oft 3–5lappig (Abb. **480**/6), am Rand gezähnt. Bis 0,60 (–1,00). ☉ 8–9. **Z** s Sommerrabatten ⚥; ⯈ ○ (Mex., SW-Texas: Acker- u. Straßenränder, Schutt- u. Müllstandorte).

**Einhornpflanze** – *Ibicella* Van Eselt.                    3 Arten

Pfl drüsenhaarig. BlSpreite kreisrund bis nierenfg. Kr gelb. FrOberfläche mit kurzen Dornen (Abb. **480**/2). Bis 0,30 hoch, 1,00 lg. ☉ 7–8. **Z** s Sommerblumenbeete ⚥; ⯈ ○ (S-Bras., Urug., Paraguay, N-Argent.: trockne Felder, Bahn- u. Straßendämme, Ruderalfluren; verw. in Austr.). [*Proboscidea lutea* (Lindl.) Stapf, *Martynia lutea* Lindl.]
**Gelbe E.** – *I. lutea* (Lindl.) Van Eselt.

**Martynie** – *Martynia* l                    1 Art

Pfl aufrecht, drüsenhaarig. BlSpreite kreisrund bis elfg, mit herzfg Basis. Kr rosa od. weiß. Fr ohne Schnabel 15–30 mm lg. FrSchnabel 5–10 mm lg (Abb. **480**/1). 0,25–0,80. ☉ 7–8. **Z** s Sommerblumenbeete; ⯈ ○ (Mex., M-Am., Antillen: Ruderalfluren).
**Einjährige M.** – *M. annua* L.

## Familie **Gesneriengewächse** – *Gesneriaceae* Rich. et Juss.

2900 Arten

**1** Fruchtbare StaubBl 2 . . . . . . . . . . . . . . . . . . . . . . . . . . . . . . . . . . . . . . . . . . . **2**
**1\*** Fruchtbare StaubBl 4 od. 5 . . . . . . . . . . . . . . . . . . . . . . . . . . . . . . . . . . . . . . **3**
**2** LaubBl grundständig. Fr bis 2 cm lg, nicht gedreht.
**Petrocosmee** – *Petrocosmea* S. 482
**2\*** LaubBl stängelständig. Fr bis 5 cm lg, gedreht. (Abb. **481**/3).
**Drehfrucht** – *Streptocarpus* S. 482
**3** (1) Kr 2lippig, röhren-trichterfg. Staubbeutel kürzer als die Staubfäden (Abb. **480**/7).
**Haberlee** – *Haberlea* S. 481

**3\*** Kr radiär od. fast radiär, ± radfg od. glockig. Staubbeutel mindestens so lg wie die Staubfäden ................................................... **4**

**4** Bl oseits grün. KrRöhre viel kürzer als die KrZipfel. KrSaum 5lappig (Abb. **480**/9).
　　　　　　　　　　　　　　　　　　　**Felsenteller** – *Ramonda* S. 481

**4\*** Bl oseits silbrig-seidenhaarig. KrRöhre mindestens so lg wie die KrZipfel. KrSaum meist 4lappig.　　　　　　　　　　　　　　　**Jankäa** – *Jancaea* S. 481

---

**Felsenteller** – *Ramonda* RICH.　　　　　　　　　　　　　　3 Arten

**1** Staubbeutel 3–4 mm lg, am Ende stachelspitzig (Abb. **480**/8), gelb. Griffel 5–7 mm lg. Kr violett (Abb. **480**/9). BStand 1–6blütig. Fr 15 mm lg. BlSpreite in den kurzen Stiel verschmälert. 0,05–0,20. ⌖ i 5–6. **Z** s △ ⓐ; V Lichtkeimer ❦, Bl ∿, ◐ ● ⊕ Boden humos, nährstoffreich; senkrechte Steinfugen; stehendes Wasser in den Rosetten vermeiden (Pyr.: schattige Kalkfelsen – 1604). [*R. pyrenaica* PERS.]
　　　　　　　　　　　　　　　　　　　**Pyrenäen-F.** – *R. myconi* (L.) RCHB.

**1\*** Staubbeutel 2,5–3 mm lg, am Ende stumpf, gelb, zuweilen blau getönt. Griffel 3 mm lg. Kr violett. BStand 1–3blütig. Fr 9 mm lg. BlSpreite an der Basis ± gestutzt. 0,05–0,15. ⌖ i 5. **Z** s △ ⓐ; V Lichtkeimer ❦, Bl ∿, ◐ ○ Boden humos, nährstoffreich; senkrechte Steinfugen; stehendes Wasser in den Rosetten vermeiden (N-Alban., N-Griech., Mazed.: schattige Felsspalten, 700–1800 m – 1898 – seltene Gartenhybr mit *R. myconi*: *R.* × *regis-ferdinandi* KELLERER, Bl ∿ ).　　**Nathalia-F.** – *R. nathaliae* PANČIĆ et PETROVIČ

Ähnlich: **Serbischer F.** – *R. serbica* PANČIĆ: Staubbeutel dunkel violettblau. BlSpreitenbasis keilig. 0,05–0,15. ⌖ i 5–6. **Z** s △ ⓐ; V ❦ Bl ∿ ◐ ○ Boden humos, nährstoffreich; senkrechte Steinfugen (Serb., Mazed., Alban., NW-Griech., Bulg.: schattige Kalkfelsspalten, 400–1500 m – selten echt in Kult).

---

**Jankäa** – *Jancaea* BOISS.　　　　　　　　　　　　　　1 Art

Bl verkehrteifg od. br elliptisch, 2–4,5 cm lg, in flacher Rosette. BStand 1–3blütig. 0,03–0,10. ⌖ 6–7. **Z** s △ ⓐ; V Lichtkeimer, Kaltkeimer, Bl ∿, Schutz vor Mittagssonne u. Nässe, sandige Humuserde mit Tuffsteinschotter (Thessalischer Olymp: ost- u. nordexponierte Kalkfelsspalten, 400–2400 m – Gartenhybr mit den 3 *Ramonda*-Arten: × *Jancemonda vandedemii* HALDA).　　　**Thessalische J.** – *J. heldreichii* (BOISS.) BOISS.

---

**Haberlee** – *Haberlea* FRIV.　　　　　　　　　　　　　2 Arten

Bl rosettig, verkehrteifg bis eifg-länglich, in den kurzen Stiel verschmälert, oseits weichhaarig. BlRand gekerbt-gesägt. Kr hell blauviolett; KrOlippe 2-, KrUlippe 3lappig (Abb. **480**/7). 0,10–0,15. ⌖ 4–5. **Z** s △ ⓐ; V Lichtkeimer ❦, Bl ∿, ● senkrechte Stein-

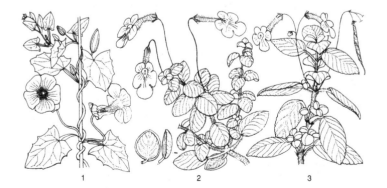

　　　1　　　　　　　　　　　　　　　　2　　　　　　　　　　　　　3

fugen, stehendes Wasser in den Rosetten vermeiden (Bulg., NO-Griech.: feuchte, schattige Kalkfelswände, 0–1950 m – 1881 – Sorte: 'Virginalis': Kr weiß mit gelblichen Schlundflecken). **Rhodopen-H.** – *H. rhodopensis* Friv.

Ähnlich: **Ferdinand-von-Coburg-H.** – *H. ferdinandi-coburgii* Urum.: Bl oseits meist kahl. 0,10–0,15. ♃ i 4–5. **Z** s △ ⓐ; V Lichtkeimer ❦, Bl ⌁, ● senkrechte Steinfugen (Z-Bulg. – möglicherweise nur eine Varietät von *H. rhodopensis*).

Bem.: Am natürlichen Standort sind während der feucht-milden Herbst-, Winter- und Frühjahrsmonate die Bl von *H. rhodopensis* grün; im trocken-heißen Sommer verfallen sie in eine Trockenstarre, schränken also ihre Lebensfunktionen weitgehend ein, ohne abzusterben. Schon nach einem kurzen Regenguss kehren die scheinbar toten Bl zum aktiven Leben zurück (poikilohydrisches Verhalten).

**Petrocosmee** – *Petrocosmea* Oliv.                                                    27 Arten

Bl kreisfg, länglich od. länglich-eifg, schildfg, weichhaarig, 5–10 cm lg. BStand doldenähnlich, bis 12blütig. Kr glockenfg, violett (Abb. **480**/10). 0,05–0,10. ♃ i 8–11. **Z** s ⓐ; V, Bl ⌁, ○ ≈ ⊖ Dränage (Assam: periodisch wasserüberrieselte, moosbedeckte Felsen, 1000–1600 m – 1926). **Assam-P.** – *P. parryorum* C. E. C. Fisch.

**Drehfrucht** – *Streptocarpus* Lindl.                                               125 Arten

Bl gegenständig od. zu 3 quirlig, fleischig, am Rand zurückgerollt. Kr 3,5 cm lg, violettblau; KrRöhre mit feinen abstehenden Haaren u. Drüsenhaaren. (Abb. **481**/2). Bis 0,30. ♃ 1–12. **Z** s Ampeln, Sommerrabatten; ⌁ ☾ Überwinterung bei >15 °C (Tansania, Kenya: lichtoffne, nebelreiche Felsstandorte, 600–1800 m – 1950 – in Kult vor allem Sorten bzw. Hybr (Abb. **481**/3): z. B. 'Blue Fontaine'). **Felsen-D., Falsches Afrikanisches Veilchen** – *St. saxorum* Engl.

# Familie **Wasserschlauchgewächse** – *Lentibulariaceae* Rich.

245 Arten

**Fettkraut** – *Pinguicula* L.                                                         46 Arten

Lit.: Barthlott, W., Porembski, St., Seine, R., Theisen, I. 2004: Karnivoren – Biologie und Kultur fleischfressender Pflanzen. Stuttgart. – Casper, S . J. 1966: Monographie der Gattung *Pinguicula*. Bibliotheca Botanica **127/128**: 1–209. – Casper, S. J. 1974: *Lentibulariaceae*. In: Gustav Hegi, Flora von Mitteleuropa. München. 2. Aufl. Bd. 6: 506–550. – Schnell, D. E. 2002: Carnivorous plants of the United States and Canada. Portland, Oregon. – Slack, A. 1985: Karnivoren; Biologie und Kultur der insektenfangenden Pflanzen. Stuttgart.

**1**  Kr weiß. KrULippe mit 2 gelben, behaarten Flecken. Sporn mit der KrRöhre einen stumpfen Winkel bildend, 2–3 mm lg. 0,02–0,15. ♃ Winterknospen + Brutzwiebeln 5–6. **W. Z** s Sumpfbeete mit Kalk △; V Bl-⌁ Brutzwiebeln ○ ☾ ≈ ≈≈ (warmes bis kühles Eur., As.: subalp. u. alp. Quellmoore u. Rieselfluren, feuchte bis sickerfeuchte Steinrasen, kalkhold, bis 2700 m – ▽). **Alpen-F.** – *P. alpina* L.

**1\***  Kr violett, lila, blau od. rosa. Sporn die Richtung der KrRöhre ± fortsetzend . . . . . . **2**

**2**  Kr 15–30(–30) mm lg. Sporn (1–)3–6(–10) mm lg, weniger als halb so lg wie die übrige Kr . . . . . . . . . . . . . . . . . . . . . . . . . . . . . . . . . . . . . . . . . . . . . . . . . . . . . . . . . . . . . . . . . **3**

**2\***  Kr 20–40(–46) mm lg. Sporn 9–24 mm lg, mehr als halb so lg wie die übrige Kr . . **4**

**3**  Zipfel der KrULippe deutlich länger als br, sich nicht überlappend. Zipfel der KULippe bis zu ²/₃ ihrer Länge verwachsen, nicht spreizend. KrLippen violett, zuweilen vorn weißlich. KrSchlund meist weiß. 0,05–0,15. ♃ Winterknospen + Brutzwiebeln 5–6. **W. Z** s Moorbeete; V Lichtkeimer Bl-⌁ Brutzwiebeln ○ ☾ ≈ ≈≈ (warmgemäß. bis arkt. Eur., As. u. N-Am.: Flach- u. Quellmoore, Rieselfluren, sickerfeuchte bis nasse Weg- u. Grabenränder, basenhold, 100–2300 m – ▽). **Echtes F.** – *P. vulgaris* L.

**3\***  Zipfel der KrULippe etwa so lg wie br, sich überlappend. Zipfel der KULippe höchstens bis zu ¹/₃ ihrer Länge verwachsen, spreizend. KrLippen blau, vorn oft weiß. (Abb. **483**/1).

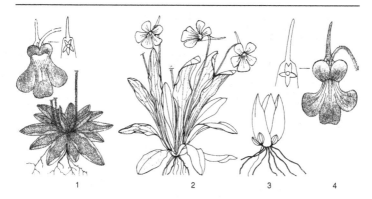

1    2    3    4

0,05–0,15. ⍋ Winterknospen + Brutzwiebeln 5–7. **Z** s Moorbeete; Ⅴ Bl-⌇⌇ Brutzwiebeln ○ ◐ ≋ (Seealpen bis Tirol: Quellmoore, nasse Wiesen, 1500–3000 m).

**Dünnsporniges F.** – *P. leptoceras* Rchb.

**4** **(2)** Bl eifg-länglich bis länglich, horizontal, 3–6,5 cm lg. Zipfel der KrULippe etwa so lg wie br. KrLippen violett bis rosa od. helllila (Abb. **483**/4). 0,06–0,15(–0,23). ⍋ Winterknospen + Brutzwiebeln (Abb. **483**/3) 3–8. **Z** s Moorbeete; Ⅴ Bl-⌇⌇ Brutzwiebeln ○ ◐ ≈ ≋ (SW-Irland, SW-Eur. bis Schweiz: nasse Felsen, lehmige Bergwiesen, Hang- u. Flachmoore, Bachränder, auf Kalk u. Urgestein, 500–2400 m – 2 Unterarten).

**Großblütiges F.** – *P. grandiflora* Lam.

**4\*** Unterste Bl elliptisch, folgende lanzettlich, fast aufrecht, stumpf, 6–17,5 cm lg. Zipfel der KrULippe viel länger als br. KrLippen lila bis hellblau. (Abb. **483**/2). 0,07–0,13(–0,15). ⍋ ⌇⌇ Winterknospen + Brutzwiebeln 5–7. **Z** s Moorbeete; Ⅴ, Bl-⌇⌇, Brutzwiebeln ○ ◐ ≈ ≋ (Pyr.: nasse Kalkfelsen, sickerfeuchte Kalkfelsfluren, (500–)900–2000 m – 3 Unterarten).

**Langblättriges F.** – *P. longifolia* Ramond ex DC.

Ähnlich: **Sumpfschraubenblättriges F.** – *P. vallisneriifolia* Webb: FrühjahrsBl elliptisch-eifg. SommerBl bandfg, spitz, 10–26 cm lg. 0,10–0,15(–0,17). ⍋ ⌇⌇ Winterknospen 5–6. **Z** s Moorbeete; Ⅴ Bl-⌇⌇ Brutzwiebeln ◐ ● ≈ ≋ (Gebirge von SO-Span.: schattige, nasse Kalkfelsen, 600–2000 m).

## Familie **Wegerichgewächse** – *Plantaginaceae* Juss.    275 Arten

**Wegerich** – *Plantago* L.    270 Arten

**1** Stg gestreckt, beblättert, ästig. Bl gegenständig, linealisch. Ährenstiele kurz, in der Achsel der StgBl, obere fast doldig (Abb. **484**/2). 0,15–0,30(–0,60). ⊙ 6–9. **W. N** s alte HeilPfl, in S-Frankr. noch gegenwärtig angebaut, Sa: „Flohsamen"; ○ ∼ (warmes bis gemäß. Eur., W-As.: trockne, sandige bis kiesige Ruderalstellen, Brachen, Sandtrockenrasen). [*P. indica* L., *Psyllium indicum* (L.) Dumort.-Cour.]

**Sand-W.** – *P. arenaria* Waldst. et Kit.

**1\*** Stg gestaucht, blattlos, Ährenstiele lg, in der Achsel der RosettenBl . . . . . . . . . . . **2**

**2** Schaft deutlich 5furchig. Ähre 0,5–5(–8) cm lg, walzig, kuglig od. eifg. DeckBl kahl. Bl lanzettlich, ± grün, 2–30 cm lg u. 0,5–3,5 cm br. 0,05–0,50. ⍋ 5–9. **W. N** s HeilPfl; Ⅴ Lichtkeimer ○ (warmes bis kühles Eur., W-As.: frische Wiesen, Weiden, mäßig frische Ruderalstellen, Sandtrockenrasen).

**Spitz-W.** – *P. lanceolata* L.

**2\*** Schaft stielrund. Ähre < 1 cm lg, kuglig. DeckBl am Rand u. Kiel lg gewimpert. Bl lanzettlich, beidseits weißfilzig, dem Boden anliegend, 3–7 cm lg u. 0,5–1 cm br. (Abb. **484**/1). 0,04–0,10. ⍋ 7–8. **Z** s △ ⌂; Ⅴ Lichtkeimer ○ ⊖ mit Urgesteinsschotter durch-

setzter Lehm ∧ Schutz vor Winternässe (S-Span.: Geröll, Felsspalten, trockne Wiesen, 2000–3000 m). **Schnee-W.** – *P. niválnis* BOISS.

## Familie **Verbenengewächse** – *Verbenaceae* J. ST.-HILL. 950 Arten

**1** Pfl ♄, ♃, ☉ od. ☉ kult . . . . . . . . . . . . . . . . . . . . . . . . . . . . . . . . . . . **2**
**1\*** Pfl ♄; wenn ♄, dann mittleres ́KrBl kahnartig, bis 2 cm lg . . . . . . . . . . . . . . . . . . **3**
**2** K 5zähnig (Abb. **485**/5). Reife Fr in 4 1samige TeilFr zerfallend.
　　　　　　　　　　　　　　　　　　　　　　　**Verbene** – *Verbéna* S. 485
**2\*** K 2lappig. Reife Fr in 2 einsamige TeilFr zerfallend. (Abb. **487**/3).
　　　　　　　　　　　　　　　　**Teppichverbene, Phyle** – *Phyla* S. 485
**3** (1) Bl quirlig. (Abb. **484**/5). **Aloysie, Zitronenkraut** – *Aloysia* S. 485
**3\*** Bl gegenständig . . . . . . . . . . . . . . . . . . . . . . . . . . . . . . . . . . . . . . . . **4**
**4** Mittlerer KrZipfel verbreitert u. bartartig gefranst (Abb. **487**/1). Fr in 4 1samige nussartige TeilFr zerfallend. **Bartblume** – *Caryópteris* S. 487
**4\*** Kr nicht mit bartartig gefransten KrZipfeln. Fr eine beerenähnliche SteinFr . . . . . . **5**
**5** BStände ährig-kopfig. StaubBl von der KrRöhre eingeschlossen. (Abb. **484**/4).
　　　　　　　　　　　　　　　　　　　　**Wandelröschen** – *Lantána* S. 485
**5\*** BStand rispig, StaubBl die KrRöhre weit überragend (Abb. **484**/3).
　　　　　　　　　　　　　　　　　　**Losbaum** – *Clerodéndrum* S. 485

**Losbaum** – *Clerodendrum* L. 400 Arten

Bl elliptisch od. verkehrteifg, 4–12 cm lg. BStand rispig. K bis 5 mm lg. Kr dorsiventral. KrRöhre 5–7 mm lg. Mittleres KrBl kahnartig, violettblau, bis 2 cm lg; übrige KrBl hellblau, kürzer, spreizend. Die beiden StaubBlPaare ungleich lg, die Kr überragend. (Abb. **484**/3). Bis 3,00. ♄ ♄ 4–9. **Z** s Kübel; ⚲ V ○ ⚙ (O-Afr.: Grasland, Gebüsche, lichte Wälder, 900–2400 m – 1906). [*C. myricoides* (HOCHST.) VATKE var. *myricoides*]

**Ostafrikanischer L.** – *C. ugandense* PRAIN

**Wandelröschen** – *Lantana* L. 150 Arten

Äste stachlig od. unbewehrt. BFarbe während der BZeit wechselnd. Fr violett od. schwarz, glänzend. (Abb. **484**/4). 0,30–2,00. ♄ 6–9. **Z** z Sommerrabatten, Kübel; V ⚲ ▷ ○ ⚙, giftig (trop. Am.: AuenW, Unkraut in Bananen-Plantagen u. anderen landwirtschaftlichen Kulturen – 1692 – ∞ Sorten). **Wandelröschen** – *L. camara* L.

**Teppichverbene, Phyle** – *Phyla* LOUR. 11 Arten

Pfl kriechend. Bl bis 4(–7) cm lg u. 2(–2,5) cm br. BStand blattachselständig, kopfig, unverzweigt, 7–10 mm ⌀. B weiß od. rosa, mit gelbem Auge. (Abb. **487**/3). 0,05–0,10 hoch, bis 0,90 lg. ♃ ⌇ 7–9. **Z** s △ □; V ▼ ○ ◐ ⌃ (trop. bis warmgemäß. Zone: sandige u. felsige Meeresküsten, Flussufer, Felder – 1664 – 2 Varietäten). [*Lippia nodiflora* (L.) MICHX.] **Knotenblütige T.** – *P. nodiflora* (L.) GREENE

**Zitronenstrauch** – *Aloysia* ORTEGA et PALAU ex L'HÉR. 37 Arten

Pfl mit 3- od. 4blättrigen Quirlen. Bl lanzettlich, ganzrandig, beim Zerreiben stark nach Zitrone duftend. B klein, weiß od. lila, 5 mm ⌀, wohlriechend. (Abb. **484**/5). 1,00–2,00. ♄ 7–9. **Z** s Kübel; Gewürz-, Tee- u. DuftPfl; V ▼ ○ ⚙ (Chile, Urug., Argent.: Wälder – 1784). [*Lippia citriodora* (LAM.) HUMB., BONPL. et KUNTH; *L. triphylla* (L'HÉR.) KUNTZE]

**Zitronenstrauch** – *A. triphylla* (L'HÉR.) BRITTON

**Verbene** – *Verbena* L. 200 Arten

LIT.: MOLDENKE, H. N. 1961: Materials towards a monograph of the genus *Verbena*. Phytologia **8**, 3: 108–496. – PERRY, L. M. 1933: A revision of the North American species of *Verbena*. Annals Miss. Bot. Gard. **20**: 239–362. – PRUSKI, J. F., NESOM, G. L. 1992: Glandularia × hybrida (*Verbenaceae*), a new combination of a common horticultural plant. Brittonia **44**, 4: 494–496.

1 Mittelband der beiden oberen Staubbeutel mit drüsigem Anhängsel (Abb. **485**/4). Bl fiederspaltig bis -schnittig od. 3spaltig bis 3schnittig, zuweilen unregelmäßig gezähnt od. gelappt . . . . . . . . . . . . . . . . . . . . . . . . . . . . . . . . . . . . . . . . . . . . . . . . . **2**

1* Mittelband der beiden oberen Staubbeutel ohne drüsiges Anhängsel (Abb. **485**/3). Bl unzerteilt (BlRand gesägt od. gekerbt) od. gelappt . . . . . . . . . . . . . . . . . . . . . . **4**

2 K u. TragBl der B mit vereinzelten, sitzenden, flach schüsselfg, dunklen Drüsen (Abb. **485**/5). K mit anliegender weißer Behaarung. Bl doppelt bis 3fach fiederschnittig. BlAb-

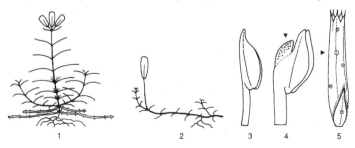

1      2      3      4      5

schnitte bis 1,2 mm br (Abb. **486**/3). 0,10–0,30. ⌣, kult ☉ 6–10. **Z** s Sommerrabatten, Pflanzschalen; Ⅴ ⤳ ☐ ○ (S-Am.: KiefernW, Kiefern-EichenW, Felder, Wegränder, trockne offne Böden; verw. in den südl. USA – 1837).     **Moos-V.** – *V. tenuisecta* BRIQ.

2* K u. TragBl der B ohne sitzende, flach schüsselfg, dunkle Drüsen . . . . . . . . . . . . . **3**

3 TragBl der B meist kürzer als der rau- u. drüsenhaarige K. Bl unregelmäßig gezähnt, gelappt, fiederspaltig od. -teilig (Abb. **486**/2). KrSaum 10–15 mm ⌀. 0,20–0,40. ⌣, kult ☉ 7–10. **Z** z Sommerrabatten; Ⅴ ☐ od. warm ○ (USA, Mex.: felsige u. sandige Standorte, Prärien – 1774 – einige Sorten). [*V. aubletia* JACQ.]

**Rosen-V.** – *V. canadensis* (L.) BRITTON

3* TragBl der B meist länger als der meist drüsenhaarlose, rauhaarige K. Bl fiederteilig bis -schnittig mit linealischen od. lineal-länglichen Abschnitten (Abb. **486**/1). KrSaum 7–10 mm ⌀. 0,15–0,50. ⌣, kult ☉ 6–10. **Z** s Sommerrabatten; Ⅴ ☐ ○ (südöstl. N-Am.: Prärien).     **Dakota-V.** – *V. bipinnatifida* NUTT.

4 **(1)** Bl sitzend. BlBasis br, herzfg, halbstängelumfassend (Abb. **486**/6,7). BStand verzweigt . . . . . . . . . . . . . . . . . . . . . . . . . . . . . . . . . . . . . . . . . . . . . . **5**

4* Bl kurz gestielt. Basis der BlSpreite gestutzt od. keilig (Abb. **486**/ 4,5), nicht halbstängelumfassend. BStand unverzweigt . . . . . . . . . . . . . . . . . . . . . . . . . . . . . . . . . . **6**

5 Pfl mit unterirdischen, schuppenblättrigen Ausläufern (Abb. **485**/1). Ährenartige TeilBStände einzeln stehend, zusammen keinen köpfchenähnlichen Komplex bildend. TragBl zur BZeit länger als die K. KrSaum 5–9 mm ⌀. Bl länglich-eifg, 4–8 cm lg (Abb. **486**/6). 0,45–0,60. ⌣ ⤳, kult ☉ 6–10. **Z** z Sommerrabatten; Ⅴ ○ ⊛ (S-Bras., N-Argent., Parag., Urug., Boliv.: Prärien; verw. im südöstl. N-Am., in Austr., auf den Azoren – 1830 – einige Sorten). [*V. venosa* GILLIES et HOOK.]     **Ausläufer-V.** – *V. rigida* SPRENG.

5* Pfl ohne unterirdische Ausläufer. Ährenartige TeilBStände zusammen dichte Komplexe bildend. TragBl zur BZeit so lg wie der K od. kürzer. KrSaum <4(–5) mm ⌀. Bl länglichlanzettlich, 7–13 cm lg (Abb. **486**/7). 0,50–1,00. ⌣, kult ☉ 7–10. **Z** z Sommerrabatten; Ⅴ ☐ ○ (Argent., Chile, Boliv., Parag., Urug.: feuchte Gräben, feuchte Wälder, Ackerränder, Weiden, 2300–2600 m; verw. in N-Am., Eur., Afr., Austr., As. – 1737).

**Argentinische V.** – *V. bonariensis* L.

6 **(4)** Bl bis 5 cm lg (Abb. **486**/4). KrRöhre 13–15 mm lg. KrSaum bis 10 mm ⌀. Kr scharlach- od. karminrot. Pfl mit langen, beblätterten, oberirdisch kriechenden Stg, nur BStandsachsen aufsteigend (Abb. **485**/2). 0,05–0,20. ⌣ ⤳, kult ☉ 7–9. **Z** s Sommerrabatten; Ⅴ ☐ ⤳ ○ (S-Bras., Urug., Argent.: steinige Böden – 1827 – einige Sorten). [*V. chamaedryfolia* JUSS.]     **Eichenblättrige V.** – *V. peruviana* (L.) BRITTON

6* Bl bis 9 cm lg (Abb. **486**/5). KrRöhre 15–30 mm lg. KrSaum (10–)15–25 mm ⌀. Kr weiß, gelb, rosa, purpurn, scharlachrot od. blau, mit od. ohne Auge. Hohe Sorten mit aufrechten Stg, niedrige Sorten mit meist niederliegend-aufsteigenden Stg. 0,20–0,40. ⌣, kult ☉ 7–10. **Z** v Sommerrabatten, Pflanzschalen, Balkonkästen ☐; Ⅴ ☐ ⤳ ○ (Eltern: *V. peruviana* (L.) BRITTON, *V. phlogiflora* CHAM., *V. incisa* HOOK. u. *V. platensis* SPRENG. Hierher gehören auch die Temari-Verbenen, beliebte Balkon- u. AmpelPfl). [*Glandularia* × *hybrida* (GROENL. et RÜMPLER) NESOM et PRUSKI]

**Garten-V.** – *V.* × *hybrida* GROENL. et RÜMPLER

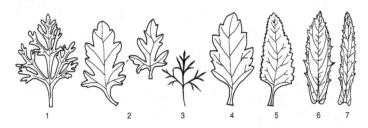

1     2     3     4     5     6     7

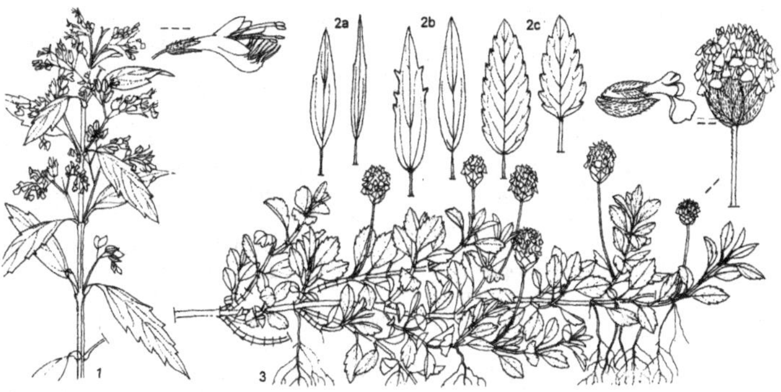


**Bartblume** – *Caryopteris* BUNGE 6 Arten

Bl lanzettlich od. eilanzettlich, bis 8 cm lg u. 2,5 cm br, ganzrandig od. in der oberen Hälfte beidseits mit 1–4 Zähnen (Abb. **487**/2b,1). 0,50–1,00. ħ 7–10. **Z** v △ Rabatten, Parks; V ⁀ ○ ~ Lehm, Humus, Dränage (Hybr: *C. incana* (THUNB. ex HOUTT.) MIQ. (Abb. **487**/2c) × *C. mongholica* BUNGE (Abb. **487**/2a) – entstanden um 1930 – einige Sorten). **Hybrid-Bartblume** – *C.* × *clandonensis* N. W. SIMMONDS ex REHDER

## Familie **Lippenblütengewächse** – *Lamiaceae* MARTINOV od. *Labiatae* JUSS. 6700 Arten

1 B ⚥, zumindest 2 StaubBl mit Staubbeuteln . . . . . . . . 2
1* Alle B ♀ (bei einigen Gattungen mit Gynodiözie), StaubBl fehlend od. stark zurückgebildet . . . . . . . . 45
2 Fruchtbare StaubBl 2 . . . . . . . . 3
2* Fruchtbare StaubBl 4 . . . . . . . . 7
3 K fast radiär, mit 5 fast gleichen Zähnen. Pfl ♃ . . . . . . . . 4
3* K 2lippig od. gestutzt (*Salvia farinacea*). Pfl ⊙, ♃, ħ od. ♄ . . . . . . . . 5
4 Kr fast radiär, 4spaltig (KrOLippe ungeteilt u. jedem der 3 Lappen der ULippe fast gleich). Zuweilen noch 2 sehr kurze, rückgebildete unfruchtbare StaubBl. Kr 4–6 mm lg. **Wolfstrapp** – *Lycopus* S. 497
4* Kr deutlich 2lippig, meist >15 mm lg. **Indianernessel** – *Monarda* S. 511
5 **(3)** BlSpreite 1,5–4 mm br, ganz, am Rand zurückgerollt. Pfl ♄. (Abb. **516**/4). **Rosmarin** – *Rosmarinus* S. 492
5* BlSpreite >4 mm br, ganz od. geteilt, am Rand nicht zurückgerollt. Pfl ⊙, ♃, ħ od. ♄ . . . . . . . . 6
6 KrOLippe 1- od. 2lappig (bei *Salvia jurisicii* weist die 3lappige KrULippe nach oben (Abb. **511**/1)). Fruchtbare u. unfruchtbare Staubbeutelhälfte durch bügelähnliches Mittelstück voneinander entfernt (Abb. **488**/1). Pfl ⊙, ♃, ħ od. ♄. **Salbei** – *Salvia* S. 512
6* KrOLippe 4lappig (Abb. **503**/6). Bügelähnliches Mittelstück zwischen den Staubbeutelhälften fehlend. Pfl ħ od. ♄ . **Perowskie** – *Perovskia* S. 512
7 **(2)** Kr fast regelmäßig 4spaltig od. 5lappig (Abb. **488**/4) . . . . . . . . 8
7* Kr 2lippig (Abb. **490**/4; Abb. **494**/2,5) od. scheinbar 1lippig durch stark verkürzte (Abb. **488**/3) od. scheinbar fehlende (Abb. **488**/2) OLippe . . . . . . . . 10
8 Pfl ♄ (–ħ). **Kammminze, Elsholtzie** – *Elsholtzia* S. 494
8* Pfl ♃ od. ⊙ . . . . . . . . 9

**9** Pfl ☉. Scheinquirle meist 2blütig (Abb. **516**/1b). K zur FrZeit stark vergrößert. (Abb. **516**/1a).                                    **Schwarznessel** – _Perilla_ S. 494

**9\*** Pfl ♃. Scheinquirle meist reichblütig, selten 2- bis 6blütig. K zur FrZeit nicht deutlich vergrößert.                                    **Minze** – _Mentha_ S. 494

**10** (7) Kr scheinbar 1lippig, KrOLippe stark verkürzt od. scheinbar fehlend ......... **11**

**10\*** Kr 2lippig ...................................................... **12**

**11** KrOLippe tief 2teilig, ihre Hälften der ULippe seitlich angewachsen; KrULippe daher scheinbar 5zipflig u. KrOLippe scheinbar fehlend (Abb. **488**/2). Kr nach dem Verblühen abfallend, ihre Röhre innen ohne Haarring. (Abb. **492**/1–5).
                                    **Gamander** – _Teucrium_ S. 491

**11\*** KrOLippe sehr kurz, seicht 2lappig (Abb. **488**/3). KrULippe 3spaltig. Kr nach dem Verblühen bleibend, ihre Röhre innen mit Haarring.                                    **Günsel** – _Ajuga_ S. 492

**12** (10) K nur aus der ungeteilten OLippe bestehend, scheinbar 1lippig (Abb. **497**/1).
                                    **Majoran** – _Majorana_ S. 498

**12\*** K 5- od. 10zähnig, 5spaltig, 2lippig (nach ³/₂) (Abb. **506**/9) od. deutlich ungleich 5zähnig (nach ¼; 1 Zipfel oben, 4 unten) (Abb. **506**/8); wenn fast 1lippig, dann Zwergstrauch **13**

**13** K auf dem Rücken mit einem aufwärts gerichteten schildfg Anhängsel (Abb. **490**/4,5).
                                    **Helmkraut** – _Scutellaria_ S. 516

**13\*** KOLippe ohne schildfg Anhängsel ...................................... **14**

**14** K die Kr überragend, br trichterfg, 25–40 mm ∅, stark netznervig. Kr weiß. (Abb. **490**/6).
                                    **Muschelblume** – _Moluccella_ S. 509

**14\*** K die Kr meist nicht überragend; wenn K länger als die Kr, dann Kr purpurn od. gelb **15**

**15** KrOLippe 3- od. 4lappig (Seitenlappen zuweilen klein). StaubBl ± abwärts gerichtet, der KrULippe zumindest in der Knospe ± anliegend (Abb. **490**/2, Abb. **494**/5) ....... **16**

**15\*** KrOLippe ganzrandig (Abb. **494**/1), ausgerandet od. 2lappig (Abb. **494**/4). StaubBl der KrOLippe anliegend (Abb. **494**/1) od. spreizend ........................... **18**

**16** KrULippe flach od. schwach konkav (Abb. **490**/2). Die beiden längeren StaubBl an ihrer Basis mit einem Anhängsel (Abb. **490**/3).                                    **Basilienkraut** – _Ocimum_ S. 492

**16\*** KrULippe oft kahnfg (Abb. **494**/5, Abb. **515**/4). Die beiden längeren StaubBl ohne Anhängsel ........................................................ **17**

**17** Seitliche KBl schmal dreieckig, spitz (Abb. **515**/4). Bl meist ± fleischig.
                                    **Harfenstrauch** – _Plectranthus_ S. 492

**17\*** Seitliche KBl halbkreisfg, stumpf (Abb. **494**/5). Bl krautig.
                                    **Buntnessel** – _Solenostemon_ S. 493

**18** (15) StaubBl tief in der KrRöhre verborgen ............................... **19**

**18\*** StaubBl aus der KrRöhre herausragend (Abb. **507**/6) ...................... **21**

**19** Mittlerer oberer KZahn mit br Anhängsel (Abb. **497**/2).
                                    **Lavendel** – _Lavandula_ S. 494

**19\*** Mittlerer oberer KZahn ohne br Anhängsel ............................... **20**

**20** Scheinquirle eine Scheinähre bildend, in der Achsel von auffälligen HochBl.
                                    **Dost** – _Origanum_ S. 497

**20\*** Scheinquirle, besonders die unteren, entfernt stehend, in der Achsel von LaubBl.
                                    **Andorn** – _Marrubium_ S. 502

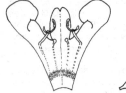

1                     2                     3                     4

**35** Hinteres StaubBlPaar länger als vorderes. K 2lippig (nach $^3/_2$) (Abb. **506**/9) od. ungleich 5zähnig (nach $^1/_4$) (Abb. **506**/8). Winkel zwischen allen od. einigen KZähnen mit verdickter Falte. **Drachenkopf** – *Dracocephalum* S. 505

Ähnlich: **Katzenminze** – *Nepeta*: Winkel zwischen den KZähnen flach, ohne verdickte Leiste. K undeutlich 2lippig (nach $^3/_2$), s. **41**.

**35*** Hinteres StaubBlPaar kürzer als vorderes. K 2lippig (nach $^3/_2$) (Abb. **506**/9) ...... **36**

**36** Zymen in der Achsel von HochBl. BStand eine dichte Scheinähre. Staubfadenende oft mit kleinem Zahn. **Braunelle** – *Prunella* S. 510

**36*** Zymen in der Achsel von LaubBl ........................................ **37**

**37** K röhrenfg. Pfl mit ± lg unterirdischen Ausläufern. **Bergminze** – *Calamintha* S. 502

**37*** K glockig. Pfl ohne unterirdische Ausläufer ............................. **38**

K 7–9 mm lg. KOLippe 3zähnig (Abb. **490**/7). Kr 8–15 mm lg. B zu 3–7 in den BlAchseln. Pfl mit Zitronenduft. **Melisse** – *Melissa* S. 501

**38*** K 12–25 mm lg. KOLippe 1- (Abb. **497**/3) bis 3zähnig. Kr 25–40 mm lg. B zu 1–3 in den BlAchseln. **Immenblatt** – *Melittis* S. 507

**39** (32) Zwergstrauch od. EinjahrsPfl. Bl ganzrandig, zuweilen BlRand gewimpert. Pfl nach Bohnenkraut riechend. **Bohnenkraut** – *Satureja* S. 501

**39*** Staude od. Spalierstrauch. BlRand gesägt od. gekerbt, selten auch Bl ganzrandig (*Nepeta nervosa*) ...................................... **40**

**40** 2 der 4 StaubBl mit je einem abwärts gerichteten Fortsatz. Griffeläste deutlich ungleich (Abb. **507**/1). KrOLippe deutlich helmfg (Abb. **507**/2).
**Brandkraut** – *Phlomis* S. 509

**40*** StaubBl ohne abwärts gerichteten Fortsatz. Griffeläste meist gleich od. fast gleich . **41**

**41** B zumindest der unteren Scheinquirle auf gemeinsamem ± lg Stiel (Abb. **505**/3) od. alle B sitzend. Hinteres StaubBlPaar länger als vorderes. Mittellappen der KrULippe oft schüsselfg (Abb. **505**/3). **Katzenminze** – *Nepeta* S. 504

**41*** B in allen Scheinquirlen sitzend (Abb. **509**/1). Hinteres StaubBlPaar meist kürzer als vorderes. Mittellappen der KrULippe meist ± flach od. ± konvex .............. **42**

**42** Seitenlappen der KrULippe spitz (Abb. **494**/1) od. mit einem od. mehreren fadenfg Anhängseln (Abb. **494**/2,3). TeilFr am Scheitel gestutzt, mit 3eckiger Endfläche .. **43**

**42*** Seitenlappen der KrULippe meist stumpf, vorn gekerbt, ohne fadenfg Anhängsel (Abb. **490**/1). TeilFr am Scheitel ± gerundet .................................. **44**

**43** Kr goldgelb (Abb. **494**/1). Staubbeutel kahl. **Goldnessel** – *Galeobdolon* S. 510

**43*** Kr purpurn, rosa od. weiß (Abb. **494**/2,3a). Staubbeutel meist behaart (Abb. **494**/3b), selten kahl. **Taubnessel** – *Lamium* S. 509

**44** (41) BlUSeite kahl. Scheinquirle 2blütig. KrULippe nur $^1/_4$ bis $^1/_5$ so lg wie die KrRöhre (Abb. **490**/1). Stellung der B nach Auslenken nicht wieder eingenommen.
**Gelenkblume** – *Physostegia* S. 507

**44*** BlUSeite meist behaart (Ausnahme *S. macrantha*). Scheinquirle 4- bis ∞blütig. KrULippe $^1/_2$ bis so lg wie die KrRöhre (Abb. **507**/6). **Ziest** – *Stachys* S. 507

**45** (1) Kr fast radiär, etwa bis zur Hälfte 4spaltig. **Minze** – *Mentha* S. 494

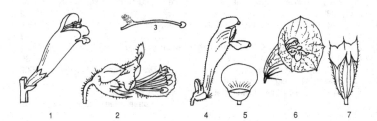

1          2          3          4     5          6          7

**45\*** Kr deutlich 2lippig od. fast radiär 5lappig ............................... **46**
**46** B in lg gestielten gegenständigen Zymen, eine lockere Rispe bildend ........... **47**
**46\*** B in sitzenden od. sehr kurz gestielten gegenständigen Zymen (Scheinquirlen), eine lockere od. dichte Scheinähre bildend .................................... **48**
**47** K dorsiventral, mit 3zähniger O- u. 2zähniger ULippe. Bl nicht punktiert.
  **Bergminze** – *Calamintha* S. 502
**47\*** K radiär, mit 5 gleichen Zähnen. Bl useits fein drüsig punktiert. **Dost** – *Origanum* S. 497
**48** **(46)** TragBl der Scheinquirle von den LaubBl deutlich verschieden ............. **49**
**48\*** Zumindest untere TragBl den oberen LaubBl gleichend ..................... **50**
**49** Scheinquirle eine dichte, oft kopfige Scheinähre bildend. Pfl 5–30 cm hoch.
  **Braunelle** – *Prunella* S. 510
**49\*** Scheinquirle ± entfernt, eine unterbrochene, gestreckte Scheinähre bildend. Pfl >30 cm hoch.
  **Salbei** – *Salvia* S. 512
**50** **(48)** Scheinquirle 2–5blütig, in den Achseln der lg gestielten LaubBl mit rundlichnierenfg Spreite.
  **Gundermann** – *Glechoma* S. 505
**50\*** Scheinquirle meist mehrblütig, ihre TragBl weder lg gestielt noch rundlich-nierenfg **51**
**51** K dorsiventral, mit 3zähniger O- u. 2zähniger ULippe. K glockig, nicht ausgesackt (Abb. **499**/6).
  **Thymian** – *Thymus* S. 498
**51\*** K radiär, mit 5 (fast) gleichen Zähnen .................................. **52**
**52** Bl linealisch bis schmal lanzettlich, ganzrandig, kahl. **Bohnenkraut** – *Satureja* S. 501
**52\*** Bl lanzettlich od. breiter, ± gesägt od. gekerbt, meist behaart. **Ziest** – *Stachys* S. 507

**Gamander** – *Teucrium* L. 100 Arten

**1** K 2lippig, mit ungeteilter O- u. 4zähniger ULippe (Abb. **492**/5a) ............... **2**
**1\*** K fast regelmäßig 5zähnig (Abb. **492**/1a) .............................. **3**
**2** Pfl mit Ausläufern. BStand ± einseitswendig. Kr gelblich, selten weiß od. rötlich. 0,30–0,50. ⅔ i ⁓ 7–9. **W**. **Z** s Staudenbeete, Naturgärten; **v** Lichtkeimer ♈ ○ ◐ ⊖ (W- u. Z.-Eur., W- u. Z.-Medit.: Heiden, Gebüsche, bodensaure EichenmischW – 3 Unterarten – Sorte: 'Crispum': sehr krause BlRänder). **Salbei-G.** – *T. scorodonia* L.
**2\*** Pfl ohne Ausläufer. BStand allseitswendig, schwanzartig. Kr purpurn. (Abb. **492**/5). 0,35–0,75. ⅔ i △; **v** ○ (Talysch, Transkauk., N-Iran: LaubW, Gebüsche, Wiesen, 330–2000 m – 1763). **Hyrkanischer G.** – *T. hyrcanicum* L.
**3** **(1)** B in Scheinähren. Kr purpurn. K 5–8 mm lg. BlSpreite gesägt od. gekerbt, am Grund keilig, 1–2,5 cm lg. (Abb. **492**/1). 0,15–0,25. ♄ ⁓ 7–9. **W**. **Z** z △ ⊡; **v** Lichtkeimer ♈ ○ (warmes bis warmgemäß. Eur., VorderAs.: Fels- u. Schotterfluren, Trocken- u. Halbtrockenrasen, kalkhold). **Edel-G.** – *T. chamaedrys* L.

Ähnlich: **Bastard-Gamander** – *T.* × *lucidrys* Boom (*T. chamaedrys* L. × *T. lucidum* L.) [*T. chamaedrys* hort.]: Stg basal stark verholzt. Bl bedingt immergrün. Ausläufer fehlend. 0,30–0,40. ♄ (i) 6–8. **Z** z △; Einfassungen; ⋎ ○.

**3\*** B in gipfelständigen Köpfen ......................................... **4**
**4** Bl ganzrandig od. fast so, schmal lanzettlich, am Rand zurückgerollt, useits filzig, 0,5–2 cm lg. K 6–10 mm lg. Kr hellgelb. (Abb. **492**/3). 0,05–0,35. ♄ i 6–9; **W**. **Z** z △; **v** Licht- u. Kaltkeimer ○ ⊕ (M- u. SO-Eur., Türkei: Fels- u. Schotterfluren).
  **Berg-G.** – *T. montanum* L.
**4\*** Bl gekerbt od. gesägt ............................................... **5**
**5** Bl fast kreisrund, mit keiligem Grund, 1–2,5 cm lg. K 9–12 mm lg. Kr weiß od. weiß mit purpur. (Abb. **492**/4). 0,05–0,30. ♄ 6–8. **Z** s △; **v** ○ ~ (N-Span., SW-Frankr.: Kalkfelsen, Bergwiesen, bis 2000 m). **Pyrenäen-G.** – *T. pyrenaicum* L.
**5\*** Bl schmal länglich bis schmal verkehrteifg, am Rand zurückgerollt 1 cm lg. K 3–5 mm lg. Kr weiß od. rot. Pfl filzig behaart. (Abb. **492**/2). 0,06–0,45. ♄ 7–8. **Z** s △; **v** ⋎ ○ ~ ∧ (S- u. SO-Eur.: trockne Plätze – 1562 – 5 Unterarten: z. B. subsp. *aureum* (Schreb.) Arcang.: Stg mit goldfarbenen Haaren). **Polei-G., Marienkraut** – *T. polium* L.

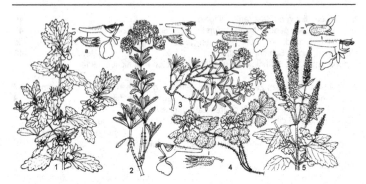

**Günsel** – _Ajuga_ L. 50 Arten

1 Pfl mit oberirdischen Ausläufern. Stg 2zeilig behaart. Oberste TragBl der Scheinquirle kürzer als die B. Kr blau. 0,07–0,30. ⚇ i ∽ 5–8. **W. Z** v Rabatten ☐; ⩔ ⩔ ◑ ● ≃ (warmes bis kühles Eur., warmgemäß. bis kühles östl. N-Am.: Säume, Wiesen, krautreiche LaubW – einige Sorten: Purpur-G. – 'Atropurpurea': Bl bräunlichpurpurn; Salamander-G. – 'Multicolor': Bl gelb u. rötlich gescheckt; 'Argentea': Bl weißbunt; 'Burgundy Glow': Bl weißbunt u. rot überlagert; 'Rosea': B rosa). **Kriech-G.** – _A. reptans_ L.

1* Pfl ohne Ausläufer. Stg ringsum ± gleichmäßg behaart . . . . . . . . . . . . . . . . . . . . . . 2

2 Pfl zottig. Oberste TragBl der Scheinquirle kürzer od. wenig länger als die B, meist 3lappig. StaubBl am Grund behaart, aus der KrRöhre weit hervorragend. 0.07–0,30. ⚇ ⅄ Wurzelsprosse 4–6. **W. Z** s Heide- u. Naturgärten △; ⩔ ⩔ ○ ~ (warmes bis gemäß. Eur., O-Türkei: waldnahe Trocken- u. Halbtrockenrasen – einige Sorten). **Heide-G.** – _A. genevensis_ L.

2* Pfl kurzhaarig. Oberste TragBl der Scheinquirle so lg wie die B, ganz. StaubBl kahl, nicht od. nur wenig hervorragend. 0,07–0,30. ⚇ ⅄ Wurzelsprosse 5–8. **W. Z** s △; ⩔ Kaltkeimer ⩔ ○ ◑ ⊖ (M- u. N-Eur., N-Span., Balkan: mont. Magerrasen, Waldränder, kalkmeidend – Sorte: 'Metallica crispa': metallisch schimmernde Bl mit gekraustem Rand). **Pyramiden-G.** – _A. pyramidalis_ L.

**Rosmarin** – _Rosmarinus_ L. 2 Arten

Bl immergrün, lineallsch, sitzend, useits dicht mit Sternhaaren, am Rand zurückgerollt. Kr hellblau, selten rosa od. weiß. (Abb. **516**/4). 0,50–2,00. ♄ i 5–7. **Z** z Kübel; **N** z Gärten, HeilPfl, Gewürz; ⩔ ∿ ○, schwach giftig (Medit.: trockne Gebüsche, Kalkfelsfluren, 0–1000 m – 9. Jh. – ∞ Sorten). **Rosmarin** – _R. officinalis_ L.

**Basilienkraut, Basilikum** – _Ocimum_ L. 150 Arten

Pfl ± kahl, würzig duftend. Bl eifg bis lanzettlich. KOLippe ungeteilt, eifg. KULippe 4spaltig. (Abb. **490**/2,3). Kr weiß od. rötlich. 0,15–0,45. ⊙ 6–10. **N** z Gewürz, DuftPfl; ⊵ Lichtkeimer ○ ≃ Lehm, Sand, Humus (trop.-subtrop. As.: Feld- u. Wegränder, trockne Reisfelder, Teakholzplantagen – vermutlich 12. Jh. – formenreich – einige Sorten: z. B. rot- u. grünblättrig). **Basilienkraut** – _O. basilicum_ L.

**Harfenstrauch** – _Plectranthus_ L'HÉR. 150 Arten

Lit.: CODD, L. E. 1975: _Plectranthus_ (_Labiatae_) and allied genera in Southern Africa. Bothalia **11**: 371–436.

1 Staubfäden am Grund zu einer oben offnen Röhre verwachsen, diese zuweilen nur 1–2 mm lg . . . . . . . . . . . . . . . . . . . . . . . . . . . . . . . . . . . . . . . . . . . . . . . . . . . . . 2

1* Staubfäden am Grund frei . . . . . . . . . . . . . . . . . . . . . . . . . . . . . . . . . . . . . . . . . . 5

**2** BStand vor der BZeit nicht zapfenähnlich; Scheinquirle 1–3 cm voneinander entfernt. Brakteen 3 mm lg. Kr 7–9 mm lg, lila, malvenfarben, purpurn od. weißlich. Bl 1,5–5 × 1–4 cm, fleischig. BlRand mit 12–18 Zahnpaaren. Bis 0,50. ♄. **Z** s Sommerrabatten; HeilPfl, Gemüse, Färben von Speisen (in den Tropen); ∀ ⌇ ◖ ⊛ Boden durchlässig (O-Afr.?: Felsen, bewaldete Hänge, lehmige u. sandige Böden).
     **Ambon-H., Jamaikathymian** – *P. amboinicus* (Lour.) Spreng.

**2\*** BStand vor der BZeit ± dicht, zapfenähnlich, 4kantig (Abb. **515**/5). Brakteen 4–12 mm lg. Kr 12–25 mm lg; wenn Kr kürzer, dann Pfl ☉. BlRand mit 4–7 Zahnpaaren . . . . **3**

**3** Pfl einjährig. Brakteen 4–6 × 2–3 mm. Kr 8–10 mm lg. KrOLippe 1–1,5 mm lg. KrULippe 5–6 mm lg. 0,10–0,40. ☉. **Z** s Sommerrabatten; ⌑ ○ Boden frisch u. durchlässig (südl., subtrop. u. trop. Afr., Indien: TrockenW, Halbwüsten).
     **Hunds-H.** – *P. caninus* Roth

**3\*** Pfl meist ausdauernd. Brakteen 6–12 × 4–8 mm. Kr > 12 mm lg. KSchlund behaart **4**

**4** Kr 12–20 mm lg. KrOLippe 2 mm lg u. ebenso br. KrULippe 8–11 mm lg. Brakteen 6–10 × 4–6 mm. 0,12–0,50. ♄ i, selten ☉, kult ☉. **Z** s Sommerrabatten; ⌇ ∀ ◖ Boden frisch u. durchlässig ⊛ (S-Afr.: TrockenW, zwischen Dolomit-Felsen).
     **Schlechter-H.** – *P. neochilus* Schltr.

**4\*** Kr 20–25 mm lg (Abb. **515**/4). KrOLippe 6 mm lg, 4 mm br, purpurfleckig. KrULippe 12–15 mm lg, zuweilen längs aufgeschlitzt. Brakteen 8–12 × 6–8 mm. 0,20–0,30. ♄ i, kult ☉ 5–10. **Z** z Sommerrabatten, Pflanzschalen; ⌇ Senker ∀ ◖ Boden frisch u. durchlässig (O-Afr.: halbschattige Felsen,1000–1500 m; verw. in S-Afr.).
     **Schmuck-H.** – *P. ornatus* Codd

**5** (1) Scheinquirle 6–10blütig. Kr 3–8 mm lg, hell- bis mittelblau. Pfl mit bis zu 1 m lg niederliegenden od. hängenden Trieben. BlSpreite 1,5–3,5 cm lg. BlRand mit 3–6 Zahnpaaren (Abb. **515**/6). Bis 0,20 hoch, 1,00 lg. ♄ i ∽, kult ☉ 8–10. **Z** v Balkonkästen, Ampeln; ⌇ ◖ Boden frisch ⊛ (Neukaledonien, Fidschi-Inseln – Sorte: 'Marginatus' ['Variegatus']: Bl weiß od. gelb gezeichnet ♣, Kr weiß). [*P. coleoides* hort. non Benth.]
     **Forster-H., Schwedischer Efeu, Weihrauchkraut** – *P. forsteri* Benth.

**5\*** Scheinquirle 2–6blütig. Kr 10–30 mm lg . . . . . . . . . . . . . . . . . . . . . . . . . . . . . . **6**

**6** KrRöhre < 10 mm lg. BlSpreite 9–15 × 7–12 cm, krautig. BlRand mit 7–27 Zahnpaaren. Pfl aufrecht. BStand 20–28 cm lg. Scheinquirle 2–6blütig. Kr 10–13 mm lg, blau, purpurn od. weiß, am Grund oft mit kurzem Sporn. KrULippe zuletzt zurückgebogen (Abb. **515**/3). 0,60–2,00. ♄ i, kult ☉ 6–9. **Z** s Sommerrabatten; ⌇ ∀ ◖ Boden frisch u. durchlässig ⊛ (S-Afr.: Wälder, Gebüsche, schattige Plätze zwischen Felsen – 1817).
     **Echter H., Mottenkönig** – *P. fruticosus* L'Hér.

**6\*** KrRöhre > 10 mm lg; wenn zuweilen < 10 mm lg, dann KrOLippe 10–16 mm br. BlSpreite 1,5–6 × 1,2–4,5 cm, ± fleischig. BlRand mit 2–7 Zahnpaaren. Pfl niederliegend, zuweilen aufrecht . . . . . . . . . . . . . . . . . . . . . . . . . . . . . . . . . . . . . . . . . . . . **7**

**7** BlSpreite oseits br blass geadert, am Grund keilig. Kr weiß, 20–28 mm lg. KrRöhre sich deutlich gegen ihren Schlund verschmälernd, 12–13 mm lg. Scheinquirle 6blütig. Bis 0,20. ⚁ i, kult ☉ 9–10. **Z** s Sommerrabatten, Ampeln; ⌇ ∀ ◖ ⊛ (Natal: bewaldete Flusstäler in Küstennähe).
     **Kerzen-H.** – *P. oertendahlii* Th. Fr.

**7\*** BlSpreite oseits nicht br blass geadert, am Grund gestutzt od. stumpf. Kr malvenfarben bis hellblau, selten weiß, 11–30 mm lg. KrRöhre sich nicht od. undeutlich gegen den Schlund verschmälernd, 8–15 mm lg (var. *saccatus*) od. 20–26 mm lg (var. *longitubus* Codd). Scheinquirle 2–6blütig. 0,50–2,00. ♄. **Z** s Sommerrabatten; ⌇ ○ ◖ ⊛ (östl. Kapland bis N-Natal: Wälder, schattige u. felsige Orte in Küstennähe).
     **Sackförmiger H.** – *P. saccatus* Benth.

**Buntnessel** – *Solenostemon* Thonn. [*Coleus* Lour.]     50 Arten

Oberer KZipfel br eifg, aufrecht; seitliche KZipfel eifg, kürzer als der obere; untere KZipfel schmal dreieckig. KrRöhre gekniet. KrOLippe 2–4lappig, KrULippe kahnfg (Abb. **494**/5). 0,30–0,80. ⚁, kult ☉ 6–10. **Z** z Sommerrabatten ♣; ⌇ ∀ ⌑ ○ ◖ ⊛ (SO-As.: Flussufer, Felder, Wälder – 1851 – ∞ Sorten: Bl rot, gelb, grün u. braun gezeichnet). [*Coleus blumei* Benth.]     **Buntnessel** – *S. scutellarioides* (L.) Codd

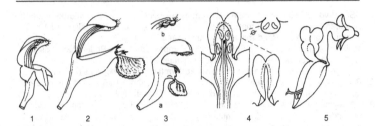

1    2    3    4    5

**Lavendel** – *Lavandula* L.    30 Arten

Lit.: UPSON, T., ANDREWS, S. 2004: The genus *Lavandula*. Kew.

**1** Alle HochBl in ihren Achseln mit B, unscheinbar, 3–8 mm lg. Kr 10–12 mm lg, blauviolett. Bl lineal-lanzettlich, sternhaarig, am Rande ± umgerollt. 0,20–0,60. ♄ i 6–7. **Z** v △ Bauerngärten; **N** HeilPfl, DuftPfl; ∀ ∿ ○ ⊕ ~ (Medit.: Garriguen, trockne Felsfluren, 0–1800 m – vor 1500 – ∞ Sorten: B dunkel- od. hellblau, weiß od. rosa). [*L. officinalis* CHAIX]    **Echter L.** – *L. angustifolia* MILL.

**1\*** Obere HochBl in ihren Achseln ohne B, einen Schopf bildend, 10–50 mm lg, oft purpurn. Untere HochBl 4–8 mm lg. Kr 6–8 mm lg, purpurn. Bl länglich-lanzettlich, ganzrandig. 0,40–1,00. ♄ i 7–9. **Z** s Pflanzenschalen; HeilPfl, DuftPfl; ∀ ∿ ○ ~ ⓚ (Medit., Port.: Garriguen, lichte Macchien, KiefernW, 0–600 m – vor 1600 – einige Sorten).    **Schopf-L.** – *L. stoechas* L.

Ähnlich: **Französischer L.** – *L. dentata* L.: Bl länglich-linealisch od. lanzettlich, gekerbt-gezähnt od. kammfg-fiederspaltig. (Abb. **516**/3). 0,20–1,00. ♄ i 6–7. **Z** s Kübel; DuftPfl; ∀ ∿ ○ ⓚ (W-Medit.: trockne Gebüsche auf Kalk, 0–400 m).

**Elsholtzie, Kammminze** – *Elsholtzia* WILLD.    35 Arten

Bl lanzettlich, gesägt, useits dicht mit Drüsen. B in einseitswendigen Scheinähren, hellpurpurn. StaubBl spreizend, die Kr überragend (Abb. **488**/4; Abb. **515**/7). 0,80–1,70. ♄ 9–10. **Z** s Parks; ∀ ∿ ○ Dränage (N-China: Flusstäler, Flussufer, 700–1600 m – 1905).    **Elsholtzie, Chinesische K.** – *E. stauntonii* BENTH.

**Schwarznessel** – *Perilla* L.    6 Arten

BlSpreite br eifg bis kreisfg, grün, purpurn od. purpurschwarz. Kr unscheinbar, weiß od. rötlich. KrRöhro vom K eingeschlossen. KrSaum 5lappig. (Abb **516**/1). 0,50–1,00. ⊙ 8–10. **Z** z Sommerrabatten ♠; Heil-, Duft- u. ÖlPfl, Gewürz in O- u. SO-As.; ⸦ ○ ◑ (Himal., China, N-Myanmar: Ödland – um 1760 – Varietät: var. *crispa* (BENTH.) DAENE [var. *nankinensis* (LOUR.) BRITTON]: BlSpreite zerknittert, tief geschlitzt, überwiegend purpurn.    **Schwarznessel** – *P. frutescens* (L.) BRITTON

**Minze** – *Mentha* L.[1]    25 Arten

Lit.: HARLEY, R. M. 1967: The spicate mints. Proc. B. S. B. I. **6**: 369–372.

**1** K 4zähnig. DeckBl gelappt. Bl 1–2,5 × 0,1–0,4 cm, kahl, sitzend. Kr lila od. weiß. 0,10–0,30. ⚃ 6–9. **Z** s △; ∀ ♈ ○ ◑ ∧ (Korsika, Port.: Wegränder, Triften, lichte Wälder – 20. Jh.). [*Preslia cervina* (L.) FRESEN.]    **Hirsch-M.** – *M. cervina* L.

**1\*** K 5zähnig. DeckBl einfach . . . . . . . . . . . . . . . . . . . . . . . . . . . . . . . . . . . . . **2**

**2** Stg fädig. B <6 an einzelnen Knoten. Bl bis 5 mm lg, rundlich bis br elliptisch, gestielt. B lila. 0,03–0,12. ⚃ i ∿ 6–9. **Z** s ⓐ △; ∀ ◑ ● ≈ (Korsika, Sardinien, Montecristo: lichte Wälder; verw. in W-Eur. – 19. Jh.).    **Korsische M., Zarte M.** – *M. requienii* BENTH.

---

[1] Bearbeitet von K. HAMMER

**2\*** Stg nicht fädig ................................................. **3**
**3** K ungleich 5zähnig, fast 2lippig, untere KZähne schmaler u. etwas länger als obere, zur FrZeit durch Haarkranz geschlossen. Pfl mit oberirdischen Ausläufern. Kr rötlichlila. 0,10–0,30. ⚃ i ∿ 7–9. **Z** im N s, im S v Teichränder △; früher HeilPfl; V Lichtkeimer ⚥ ○ ☾ ≈, giftig (warmes bis gemäß. Eur.: frische bis feuchte Ruderalstellen (Gänseanger), Flut- u. Trittrasen, an Gräben u. Ufern (Flüsse, Altwässer), nährstoffreiche Böden, salztolerant, StromtalPfl). [*Pulegium vulgare* MILL.]        **Polei-M. –** *M. pulegium* L.
**3\*** K fast regelmäßig 5zähnig, ohne Haarkranz. Ausläufer überwiegend unterirdisch (außer *M. suaveolens*, s. 14) ...................................................... **4**
**4** Scheinquirle voneinander entfernt, in den Achseln von LaubBl, zuweilen außerdem am StgEnde kopfig gehäuft. Kr meist mit dichtem Haarkranz im Schlund .......... **5**
**4\*** Scheinquirle einander genähert, in den Achseln kleiner DeckBl, eine Scheinähre bildend; wenn kopfig, dann Kr (fast) ohne Haarring ........................ **10**
**5** Scheinquirle am Ende des Stg kopfig. Meist ein endständiger Kopf, darunter noch 0–3 entfernte Scheinquirle in den BlAchseln. Bl eifg bis eifg-lanzettlich, am Grund abgerundet od. ± herzfg (var. *aquatica*) bis verschmälert (var. *orthmanniana* (OPIZ) HEINR. BRAUN), gesägt. Kr hellviolett, lila, fleischfarben od. weiß. 0,30–0,90. ⚃ (Wasserform i) ∿∿ 7–10. **Z** z Teichufer ▭; DuftPfl; V Kaltkeimer, Sa langlebig ⚥ ○ ☾ ≈ (warmes bis gemäß. Eur. u. W-Sibir.: nasse Wiesen, Röhrichte, Großseggenrieder, an Bach- u. Seeufern, Weidengebüsche, BruchW, nährstoffreiche Böden; verw. im warmgemäß. bis gemäß. östl. N-Am., im warmen bis gemäß. S-Am., in S-Austr. u. S-Afr. – kult seit 16. Jh.).        **Wasser-M. –** *M. aquatica* L.
**5\*** Scheinquirle meist blattachselständig. Stg mit einem BlBüschel endend ......... **6**
**6** Kr im Schlund mit Haarkranz. K röhrig, stets bis zum Grund behaart, gefurcht, seine Zähne 3eckig-lanzettlich, zugespitzt. Bl eifg-elliptisch, 5–10 mm lg gestielt. Pfl ohne Zitronengeruch. Kr rötlichlila, weiß od. rosa, 0,20–0,80. ⚃ ∿∿ 7–8. **Z** z Teichränder, Staudenbeete ▭; DuftPfl; vor allem in Frankr. u. Indien; ⚥ ○ ☾ ≈ (warmes bis gemäß. Eur.?: zeitweise überflutete, sandige Ufer, Gräben). [*M. aquatica* × *M. arvensis* L., *M. sativa* L., *M. palustris* MOENCH?]        **Quirl-M. –** *M.* × *verticillata* L.
**6\*** Kr im Schlund kahl od. nur selten mit einzelnen Haaren. K meist glockig; wenn röhrig, dann nicht bis zum Grund behaart. Bl sitzend od. kurz (bis 10 mm lg) gestielt. Pfl mit Zitronengeruch ............................................................ **7**
**7** K stets bis zum Grund behaart ...................................... **8**
**7\*** K ganz od. wenigstens am Grund kahl. BlStiele (fast) kahl .................. **9**
**8** Stg nur mit einfachen, ± glatten Haaren. Bl beidseits behaart bis verkahlend, mit sehr schwachen od. ohne Netznerven, am Grund meist verschmälert. BStiele behaart, seltener verkahlend. KZähne lanzettlich bis pfriemlich. Kr lila bis rötlichlila. 0,40–0,70. ⚃ ∿∿ 7–9. **N** s Gärten ▭; Duft- u. TeePfl; ⚥ ○ ☾ (warmgemäß. bis gemäß. Eur.: Ruderalstellen, Ackerränder – sterile Hybr: *M. arvensis* × *M. longifolia*).
        **Dalmatiner M. –** *M.* × *dalmatica* TAUSCH
**8\*** Stg mit einfachen, ± krausen u. mit verzweigten Haaren (Lupe!). Bl oseits flaumig od. fast kahl, useits meist nur auf den Nerven behaart, mit stark hervortretendem Nervennetz, am Grund meist abgerundet. BStiele kahl, seltener stark behaart. KZähne lanzettlich, zugespitzt. Kr lila bis rötlichlila. 0,30–0,60. ⚃ ∿∿ 7–9. **N** s Gärten ▭; DuftPfl; ⚥ ○ ☾ (warmgemäß. bis gemäß. Eur.?: Ruderalstellen – sterile Hybr: *M. arvensis* × *M. suaveolens*). [*M.* × *muelleriana* F. W. SCHULTZ]        **Kärntner M. –** *M.* × *carinthiaca* HOST
**9 (7)** K glockig od. seltener verlängert glockig. KZähne 0,5–1 mm lg. Bl ± dicht behaart, oft verkahlend, Spreite in einen kurzen BlStiel (3–8 mm lg) keilig verschmälert. Kr lila bis rötlichlila. 0,40–0,90. ⚃ 7–9. **N** v Gärten ▭; Heil- u. DuftPfl; ⚥ ○ (warmgemäß. bis gemäß. Eur.: Ackerränder, Gräben – variabel – Hybr, meist steril: *M. arvensis* × *M. spicata*). [*M.* × *gentilis* auct. non L.]        **Edel-M. –** *M.* × *gracilis* SOLE
**9\*** K röhrig. KZähne 1–1,5 mm lg. Bl kahl od. fast kahl, Spreite 5–10 mm lg gestielt, am Grund abgerundet. Stg oft stark rot überlaufen. Kr rötlich. 0,70–1,50. ⚃ ∿∿ 7–9. **N** z

Gärten ☐; Heil- u. DuftPfl; ♥ ○ ◐ (warmgemäß. bis gemäß. Eur.: Äcker, Gräben, Wiesen – Hybr: *M. aquatica* × *M. arvensis* × *M. spicata*). [*M. rubra* Sм.]
**Rote M. – *M.* × *smithiana* Graham**
**10** (4) Bl alle deutlich 3–7 mm lg gestielt ..................................... **11**
**10\*** Bl sitzend, höchstens untere kurz gestielt .............................. **12**
**11** Pfl fast od. ganz kahl, nur die Nerven der BlUSeiten oft flaumig. K am Grund kahl. Scheinquirle meist etwas lockerstehend, an den Seitenästen oft ± kopfig gedrängt. Kr rötlichlila. 0,50–0,90. ♃ ∿ 6–7. **N** v Felder, Gärten ☐, Heil- u. TeePfl; ♥ ○ ◐ (warmes bis gemäß. Eur.?: Äcker, Wiesen, Schuttplätze – kommerzieller Anbau seit 1750, weltweit verbreitet – variabel – Hybr: *M. aquatica* × *M. spicata*).
**Pfeffer-M. – *M.* × *piperita* L.**
**11\*** Pfl meist flaumig bis wollig behaart. Bl oseits zerstreut behaart, useits flaumig-filzig, mit einfachen u. verzweigten Haaren. K am Grund behaart. Obere Scheinquirle kopfig gedrängt. Kr rötlich. 0,30–0,90. ♃ ∿ 7–10. **N** s Gärten ☐, Duft- u. TeePfl, früher häufiger; ♥ ○ ◐ (Eur.: Ruderalstellen, Gärten – Hybr, meist steril: *M. aquatica* × *M. suaveolens*). [*M. maximilianea* F. W. Schultz] **Liebliche M. – *M.* × *suavis* Guss.**
**12** (10) Bl kahl od. nur auf den Nerven zerstreut behaart, zuweilen stärker behaart, länglich bis lanzettlich, scharf gesägt mit vorwärts gerichteten, aber nicht abstehenden Zähnen (s. **16\***). Stg kahl. Kr weiß bis helllila od. rosa. 0,30–0,90. ♃ ∿ 7–9. **N** im S v, im N z Gärten ☐, Heil- u. DuftPfl; ♥ Lichtkeimer ♥ ○ ◐ ≈ (verw. im warmen bis gemäß. Eur., im südl. S-Am., in S-Afr., S-Austr., im warmen bis gemäß. N-Am.: frische bis feuchte Schuttstellen – sehr variabel – wohl in Kult entstandene fertile Hybr: *M. longifolia* × *M. suaveolens* – in W-D. schwer von *M. longifolia* zu trennen). [*M. crispa* L.]
**Grüne M. – *M. spicata* L. em. L.**
**12\*** Bl useits filzig. Stg weichhaarig-zottig .................................... **13**
**13** Bl rundlich-eifg bis eifg, vorn abgerundet. FrK nicht eingeschnürt .............. **14**
**13\*** Bl länglich-lanzettlich bis länglich-elliptisch, in eine Spitze auslaufend, scharf gesägt **15**
**14** Pfl fertil. Bl rundlich-eifg, relativ klein, auffallend kerbig gesägt, am Grund abgerundet bis herzfg, oseits stark runzlig, useits filzig (var. *suaveolens*) od. beidseits verkahlend (var. *glabrescens* (Timb.) Bässler). Kr helllila, fast weiß. 0,30–0,80. ♃ ∿ 7–9. **N** in N u. M s, im S z Gärten ☐, Heil- u. DuftPfl; ♥ ○ ◐ ≈ ⊕ (S- u. W-Eur.: nasse, zeitweilig überflutete Weiden (Flutmulden), an Gräben, nasse Wegränder, nährstoffreiche Böden, basenhold; verw. in N-Eur., N-Am. – in den Gärten subsp. *suaveolens* – oft mit *M.* × *villosa* verwechselt). [*M. rotundifolia* auct.] **Rundblättrige M. – *M. suaveolens* Ehrh.**
**14\*** Pfl steril. Bl eifg bis rundlich-eifg, regelmäßig u. meist grob gesägt, am Grund meist horzfg, meist rundlich u. behaart (*M. niliaca* auct.), zuweilen kahl (*M.* × *cordifolia* auct.). Kr rötlich. 0,50–1,00. ♃ ⚘ 7–9. **N** v Gärten ☐, Heil- u. DuftPfl, im Anbau rückläufig; ♥ ○ ◐ (warmgemäß. bis gemäß. Eur.?: Wiesen, Weiden, Ruderalstellen – variabel – Hybr: *M. spicata* × *M. suaveolens* – oft mit *M. suaveolens* verwechselt). [*M. nemorosa* Willd., *M. niliaca* auct. non Juss. ex Jacq., *M.* × *cordifolia* auct., *M.* × *velutina* (Lej.) Briq.] **Zottige M., Apfel-M. – *M.* × *villosa* Huds.**
**15** (13) Bl nicht runzlig, am Grund deutlich verschmälert. Geruch unangenehm (im Gegensatz zu der mit ihr oft verwechselten *M.* × *villosa*, s. **14\***). FrK oben eingeschnürt. Kr rötlichlila. 0,50–1,20. ♃ ∿ 7–9. **Z** z Staudenbeete, Teichränder ☐, früher HeilPfl; ♥ ♥ ○ ◐ ≈ ⊕ (warmes bis gemäß. Eur., W-As., südl. Afr.: feuchte bis nasse, zeitweise überflutete Weiden (Flutmulden), Grünlandbrachen, Weg- u. Straßenränder, an Gräben u. Flussufern, nährstoffreiche Böden, basenhold; verw. im warmen bis gemäß. Am. – oft mit *M.* × *villosa* u. *M. spicata* verwechselt). **Ross-M. – *M. longifolia* (L.) L.**
**15\*** Bl runzlig, am Grund br abgerundet. Geruch angenehm. FrK nicht eingeschnürt .. **16**
**16** Pfl fertil. Bl länglich-lanzettlich. Kr helllila. 0,50–1,00. ♃ ⚘ 7–9. **N** im S z, im N s Gärten ☐, Heil- u. DuftPfl; ♥ ○ ◐ (warmes bis gemäß. W-Eur.: nasse Wiesen, Wegränder, Ruderalstellen; verw. im warmen bis gemäß. Am. – Hybr: *M. longifolia* × *M. suaveolens*). [*M.* × *niliaca* Juss. ex Jacq.] **Falsche Apfel-M. – *M. rotundifolia* (L.) Huds.**

**16\*** Pfl steril. Bl länglich-elliptisch, Sägezähne abstehend (im Gegensatz zu der ähnlichen, aber meist kahlen *M. spicata*, s. **12**). Kr rosa. 0,50–1,00. ♃ ⏀ 7–9. **N** s Gärten ⬚, Heilu. GewürzPfl; ⚘ ○ ☽ (W- u. M-Eur.: Ruderalstellen – vermutlich in Kult entstandene Hybr: *M. longifolia* × *M. spicata*). [*M. longifolia* var. *horridula* auct. non Briq.]
**Gezähnte M. – *M.* × *villosonervata* Opiz**

**Wolfstrapp – *Lycopus* L.** 14 Arten

Bl grob gesägt bis fiederlappig, nur die unteren am Grund oft fiederteilig. KZähne länger als die KRöhre, 1,6–2,5 mm lg, behaart. Kr weiß, purpurn punktiert. 0,20–1,30. ♃ ⏀ 7–9. **W. Z** z Teichränder; ⩔ Lichtkeimer ⚘ ○ ☽ ≈ (warmes bis gemäß. Eur., W-As.: Gräben, Ufer, Röhrichte, Großseggenrieder, Erlenbrüche). **Ufer-W. – *L. europaeus* L.**

**Ysop – *Hyssopus* L.** 5 Arten

Bl lineal-lanzettlich, ganzrandig. Scheinähren dicht, einseitswendig. Kr dunkelblau, selten rot, rosa od. weiß. (Abb. **509**/2). 0,30–0,50. ♄ i 7–10. **W. Z** z △; **N** s Gewürz; ⩔ Lichtkeimer ⏀ ○ (warmes bis warmgemäß. Eur., W-As.: Felsfluren, Trockenrasen; in D. s eingeb.). **Ysop – *H. officinalis* L.**

**Dost – *Origanum* L.** 30 Arten

**1** StaubBl von der KrRöhre eingeschlossen, ihre Staubfäden 0,5 mm lg. DeckBl 8–21 mm lg, purpurn. Kr 15–40 mm lg. 0,07–0,10(–0,20). ♄ 7–8. **Z** s △; ⩔ ⏀ ○ ∧ Dränage ⊕ (S-Anatolien: Kalkfelsen, steinige Hänge, 1500–2300 m – Hybr mit *O. laevigatum* Boiss.: *O.* × *dolichosiphon* P. H. Davis). [*Amaracus amanus* (Post) Bornm.]
**Amanus-D. – *O. amanum* Post**

**1\*** Zumindest 2 StaubBl die KrRöhre überragend, ihre Staubfäden >1 mm lg . . . . . . . **2**

**2** K mit 5 fast gleichen Zähnen. Scheinährige TeilBStände ± aufrecht (Abb. **509**/3). Kr hellpurpurn, selten weiß. DeckBl 4–5 mm lg. Bl eifg, elliptisch bis länglich. 0,20–0,60. ♃ ⏀ 7–9. **W. Z** s Staudenbeete, Rabatten; **N** z Gewürz- u. HeilPfl; ⩔ ⚘ ○ ∼ (warmes bis kühles Eur. u. As.: TrockenW, Gebüsche, Halbtrockenrasen – einige Unterarten – ∞ Sorten: z. B. 'Compactum': 0,15–0,20; 'Aureum': Bl goldgelb ♠; 'Album': Kr weiß).
**Gewöhnlicher D., Oregano – *O. vulgare* L.**

**2\*** K 2lippig. KZähne der KO- u. KULippe ungleich. Scheinährige TeilBStände ± nickend (Abb. **509**/4) . . . . . . . . . . . . . . . . . . . . . . . . . . . . . . . . . . . . . . . . . . . . . **3**

**3** KOLippe ganz od. fast ganz. Bl weißwollig, br eifg bis kreisfg. HochBl 7–10 mm lg, purpurn. 0,10–0,20. ♄ 7–9. **Z** s △ ⒶI; ⩔ ⏀ ○ Dränage, empfindlich gegen Winternässe (Kreta: Kalkfelsspalten, Geröllfluren, 300–1500 m – Hybr mit *O. sipyleum*: *O.* × *hybridinum* Mill.). [*Amaracus dictamnus* (L.) Benth.] **Diptam-D., Kreta-D. – *O. dictamnus* L.**

**3\*** KOLippe 3zähnig. Bl kahl, eifg bis fast kreisfg. DeckBl 8–10 mm lg, purpurn. 0,15–0,45. ♃ ⅄ 7–8. **Z** s △ ⒶI; ⩔ ⏀ (Hybriden ⏀) ○ Dränage, empfindlich gegen Winternässe (S-Griech.: Felsspalten, Blockfelder, 1000–1900 m – in Kult meist eine Unterart: subsp. *pulchrum* (Boiss. et Heldr.) P. H. Davis – einige Hybriden mit *O. rotundifolium* Boiss. u. *O. amanum* ?). **Griechischer D. – *O. scabrum* Boiss. et Heldr.**

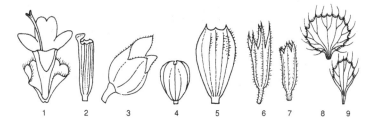

1    2    3    4    5    6    7    8    9

Ähnlich: **Rundblättriger D.** – *O. rotundifolium* Boiss.: DeckBl 8–25 mm lg, gelblichgrün. Bis 0,30. ʰ i 6–8. **Z** s △ ⌂; V ⌁ ○ Dränage (Georgien, NO-Türkei: Felsen, Felshänge, 250–1300 m).

## Majoran – *Majorana* Mill. 6 Arten

Pfl stark aromatisch. Bl elliptisch, graufilzig. K nur aus der ungeteilten OLippe bestehend (Abb. **497**/1). Kr weiß od. hellrötlich. 0,20–0,50. ☉ 7–9. **N** v Felder, Gärten; Gewürz, HeilPfl; Lichtkeimer ○ (O-Eur., VorderAs.: trockne Hänge, felsige Plätze, 400–1500 m). [*Origanum majorana* L.] **Majoran** – *M. hortensis* Moench

## Thymian, Quendel – *Thymus* L.[1] 215 Arten

Lit.: Čáp, J. 2000: Mateřídoušky severní, střední, západní a jižní Evropy. Muzeum a současnost, Roztoky, ser. natur. **14**: 27–63. – Fortgens, G., Hoffman, M. H. A. 1993: *Thymus*. Assortment research and practical validation. Dendroflora **29**: 19–32. – Schmidt, P. A. 1973: Übersicht über die mitteleuropäischen Arten der Gattung *Thymus* L. Feddes Repert. **83**: 663–671. – Schmidt, P. A. 1978: Bestimmungsschlüssel für die mitteleuropäischen Arten und Unterarten der Gattung *Thymus* L. Mitt. Flor. Kart. Halle **4**: 2–14. – Schmidt, P. A., Knapp, H. D. 1977: Die Arten der Gattung *Thymus* L. (*Labiatae*) im hercynischen Florengebiet. Wiss. Z. Univ. Halle, Math.-nat. R. **26**,2: 71–118. – Stahl-Biskup, E., Sáez, F. (eds.) 2002: Thyme. The genus *Thymus*. London, New York.

Bem.: *Thymus*-Arten sind durch Variabilität morphologischer Merkmale u. hohe Kreuzungsbereitschaft gekennzeichnet. Stehen zwittrige od. weibliche u. zwittrige Pfl von zwei Arten benachbart u. blühen zur gleichen Zeit, dann treten oft Hybr auf, die infolge hoher Wüchsigkeit die ElternPfl verdrängen können. Diverse einzelne Arten od. einem Sammelbegriff „*T. serpyllum*" zugeordnete Sorten stammen von Hybr ab. Ist nicht sicher bekannt, zu welcher Art od. Hybr eine Sorte gehört, wird auf eine Zuordnung verzichtet (s. *Thymus* 'Elfin'). In gartenbaulicher Literatur u. in Angebotslisten werden z. T. Artnamen geführt, die Merkmale kennzeichnen (z. B. kopfige BStände, runde Bl, behaarte Bl), aber die Pfl gehören nicht zu den unter dem entsprechenden Namen beschriebenen Arten (z. B. *T. comosus* hort. non Heuff. ex Griseb., *T. nummularius* hort. non M. Bieb., *T. lanuginosus* hort. non Mill.). Die Unterschiede in Quantität u. Qualität der Inhaltsstoffe ätherischer Öle äußern sich in abweichendem Duft, bei einigen Arten u. deren Hybr treten nach Zitrone riechende Chemotypen auf. Zur Bestimmung sind mehrjährige Sprosssysteme mit BTrieben erforderlich. Querschnitt u. Behaarung der BTriebe sind am 2.–3. StgGlied unterhalb des BStandes, Nervaturmerkmale an trocknen Bl festzustellen. Die Kr ist meist rosa bis purpurn, die Farbe wird nur angegeben, wenn abweichend od. bestimmungsrelevant.

1　Bl am Rand deutlich nach unten gerollt . . . . . . . . . . . . . . . . . . . . . . . . . . . . . . . . . 2
1*　Bl flach, selten Rand trockner Bl schwach umgerollt . . . . . . . . . . . . . . . . . . . . . . 6
2　TragBl der Zymen als HochBl in Größe u. Form von LaubBl auffällig abweichend, länger u. mindestens 3mal breiter als StgBl . . . . . . . . . . . . . . . . . . . . . . . . . . . . . . . . . 3
2*　TragBl der Zymen den StgBl ± ähnlich od. kleiner, zuweilen etwas breiter . . . . . . . 4
3　Kr 6–10 mm lg, dunkelrosa. HochBl purpurn od. am Grunde grün, oft mit einzelnen Zähnen od. seicht gelappt. 0,10–0,20. ʰ l 7–8. **Z** s ⌂; V ⌁ ○ ~ Dränage (SW-Span., S-Port.: trockne Zwergstrauch- u. Grasfluren). **Zottiger Th.** – *T. villosus* L.
3*　Kr 10–15 mm lg, weißlich. HochBl weißlich dünnhäutig, ganzrandig. 0,10–0,20. ʰ i 6–8. **Z** s ⌂; V ⌁ ○ ~ Dränage (SO-Span.: steinige u. felsige Trockenhänge).
**Dünnhäutiger Th.** – *T. membranaceus* Boiss.
4　(2) Stg lg kriechend, aufrechte BTriebe höchstens 10 cm hoch. Bl linealisch, 0,3–1 mm br, meist dicht fein behaart bis filzig, seltener kahl, BlRand mindestens bis zur Mitte mit Wimpern. 0,01–0,10. ʰ i 5–7. **Z** s △ □; V ⌁ ○ ~ ∧ (Z-Balkan, Krim: mont. Fels-, Stein- u. Grasfluren. [*T. alsinoides* Formánek, *T. hirsutus* auct. non M. Bieb., *T. neiceffii* Degen et Urum.] **Polster-Th.** – *T. cherlerioides* Vis.
4*　Stg bogig aufsteigend bis aufrecht, 10–40 cm hoch. Bl 0,5–3 mm br, unbewimpert od. am Grund mit einigen Wimpern . . . . . . . . . . . . . . . . . . . . . . . . . . . . . . . . . . . . . . . 5
5　BTriebe stumpf 4kantig bis scheinbar rundlich, ringsum gleichmäßig kurz behaart. BlRand stets stark umgerollt. Bl ohne Wimpern, linealisch bis elliptisch, kurz gestielt, USeite dicht weißsamtig. Obere KZähne unbewimpert. Kr weißlich bis hell purpurrosa.

---

[1] Bearbeitet von P. A. Schmidt.

Würziger Duft. 0,20–0,40. ♄ i 5–10. **W. Z** z △ Trockenmauern; **N** v Gewürz, HeilPfl; V̇ ⟡ ○ ~ ∧ in frostgefährdeten Lagen (SW-Eur.: Felsen, trockne Zwergstrauchfluren, Macchien; verw. in D. – 12. Jh. – Hybr mit *T. pulegioides*, s. **5\*** – einige Sorten).

**Echter Th., Gewürz-Th. –** *T. vulgaris* L.

Ähnlich: **Spanischer Th. –** *T. zygis* L.: Bl am Grund ± gewimpert, linealisch, sitzend. Kr weißlich. 0,10–0,30. ♄ i 6–8. **Z** s △; **N** s Gewürz; V̇ ⟡ ○ ~ Dränage ∧ (Span., Port.).

**5\*** BTriebe 4kantig, unregelmäßig ringsum behaart, an den Kanten stärker als auf den Seitenflächen. BlRand nur teilweise umgerollt, oft am Grund mit einzelnen Wimpern. Bl lanzettlich, elliptisch bis verkehrt rhombisch-eifg, USeite kurz samtig bis kahl. Obere KZähne meist bewimpert. Kr hell bis dunkel purpurrosa. Duft würzig od. zitronenartig. 0,10–0,30. ♄ i 6–9. **Z** v △ Einfassungen, Balkons, Pflanzschalen; **N** z Gewürz, HeilPfl; V̇ ⟡ ○ ~, ∧ einige Sorten (Natur- u. KulturHybr – 1596 – ∞ Sorten, z. B. mit gelben, weiß od. gelb gefleckten Bl). [*T. pulegioides* × *T. vulgaris*, *T. fragrantissimus* hort.]

**Zitronen-Th. –** *T.* × *citriodorus* (PERS.) SCHREB. ex SCHWEIGG.

**6** (1) Seitliche obere KZähne verkürzt od. so rückgebildet, dass die KOLippe ungezähnt erscheint, untere KZähne 3eckig. Stg lg kriechend, aufrechte BTriebe meist nur 2–7 cm hoch. Bl schmal spatelfg, <2 mm br, fleischig, kahl, nur am Grund bewimpert. Kr purpurrosa od. weißlich. Duft stark u. eigenartig aromatisch. 0,02–0,10. ♄ i 6–7. **Z** s △ □ ⓐ; V̇ ⟡ ○ ~ (Port., NW-Span.: felsige u. steinige Hänge). [*T. azoricus* LODD., *T. micans* SOL. ex LOWE, *T. broussonetii* hort. non BOISS.]

**Schillernder Th., Azoren-Th. –** *T. caespititius* BROT.

**6\*** KOLippe stets mit 3 normal ausgebildeten KZähnen, untere KZähne pfriemlich . . . **7**

**7** BTriebe deutlich 4kantig, je 2 Seitenflächen der StgGlieder schmaler u. eingesenkt, nur an den Kanten behaart (Abb. **499**/1), selten auch schmalere Seiten etwas behaart, dann Kantenhaare länger od. dichter (Abb. **499**/2) u. BlSpreiten stark behaart (**Krainer Th. –** subsp. *carniolicus* (BORBÁS) P. A. SCHMIDT): Stg aufsteigend od. niederliegend u. dann aufsteigend, spätestens im 2. Jahr mit einem BStand abschließend. Pfl zur BZeit ohne liegende vegetative Triebe. Aromatischer Duft, manchmal zitronenartig. 0,05–0,30. ♄ i (6–)7–9. **W. Z** v △ Einfassungen, Naturgärten, Trockenmauern; **N** HeilPfl; V̇ ⟡ ○ ~ (warmgemäß. bis gemäß. Eur.: Sand-, Trocken- u. Halbtrockenrasen, Silikatmagerrasen, Wiesen, Zwergstrauchheiden, Stein- u. Kalkbrüche; eingeb. in NO-Eur., N-Am. – kult meist subsp. *pulegioides*: Bl nur basal bewimpert; seltener kult subsp. *carniolicus*: Pfl auffällig behaart – Hybr mit *T. vulgaris*, s. **5\*** – einige Sorten: z. B. mit weißer od. dunkelpurpurner Kr). [*T. ovatus* MILL., *T. chamaedrys* FRIES, *T. montanus* auct., *T. froelichianus* OPIZ]

**Arznei-Th., Feld-Th. –** *T. pulegioides* L.

**7\*** BTriebe stumpf 4kantig bis scheinbar rundlich, ohne deutlich schmalere u. eingesenkte Seitenflächen, ringsum gleichmäßig behaart (Abb. **499**/3) od. an 2 Seiten schwächer behaart bis völlig kahl (Abb. **499**/4); wenn an 2 Seiten behaart, dann Haare an den Kanten weder dichter noch länger . . . . . . . . . . . . . . . . . . . . . . . . . . . . . . . **8**

**8** Bl völlig kahl. K 4,5–6 mm lg. BTriebe ringsum behaart. Bl 7–12 mm lg, 3–6 mm br. Kr purpurn. 0,05–0,15. ♄ i 5–7. **Z** s △ ⓐ; V̇ ⟡ ○ ∧ (Balearen, Sizil., Bosn.: Felsfluren, Trockenrasen – einige Unterarten). [*T. nitidus* GUSS.] **Insel-Th. –** *T. richardii* PERS.

**8\*** Bl zumindest am Grund gewimpert, BlSpreite kahl od. behaart. K (2,5–)3–5 mm lg. BTriebe ringsum od. nur an 2 Seitenflächen behaart . . . . . . . . . . . . . . . . . . . . . . **9**

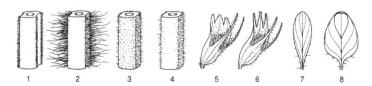

1   2   3   4   5   6   7   8

**9** Stg aufsteigend od. niederliegend u. dann aufsteigend, spätestens im 2. Jahr mit einem BStand abschließend. Pfl zur BZeit ohne liegende vegetative Triebe. BTriebe end- u. seitenständig, ringsum behaart. BStand meist verlängert, walzenfg, oft unterbrochen . **10**

**9\*** Stg lg kriechend, mit liegendem, vegetativ endendem Trieb abschließend; wenn dieser fehlend, dann mindestens 2jährige, nicht in einem BStand endende Kriechsprosse vorhanden. BTriebe meist seitenständig, ringsum od. an 2 Seiten behaart. BStand meist kopfig, selten etwas verlängert ......................................... **11**

**10** Obere KZähne ohne Wimpern. K 3–5 mm lg. Bl elliptisch bis rhombisch-eifg, 4–9 mm lg, 2–4 mm br, deutlich gestielt. Kr purpurrosa. 0,05–0,10(–0,20). ♁ i 5–8. **Z** s △; ⋎ ⚲ ○ ∧ in frostgefährdeten Lagen (Korsika, Sardinien: Felsfluren, Trockenrasen – 1908).
**Korsischer Th.** – *T. herba-barona* LOISEL.

**10\*** Obere KZähne bewimpert. K 2,5–3,5(–4) mm lg. Bl linealisch, länglich bis schmal elliptisch, 10–20(–30) mm lg, 1–7 mm br, ± sitzend, useits Nerven nicht hervortretend; untere Bl der BTriebe in Größe u. Form kaum von den oberen verschieden. Kr rosa bis hell purpurn. 0,05–0,30. ♁ i 6–8. **W. Z** s △ Trockenmauern, Naturgärten; HeilPfl; ⋎ ⚲ ○ ∼ (südöstl. M-Eur., warmgemäß. bis gemäß. O-Eur. u. W-As.: Xerothermrasen, ruderale Trockenrasen; verw. im westl. M-Eur., in NO-Eur., O-As. – kult auch stark behaarte Formen). [*T. marschallianus* auct. non WILLD., *T. kosteleckyanus* OPIZ]
**Steppen-Th., Pannonischer Th.** – *T. pannonicus* ALL.

Ähnlich: **Österreichischer Th.** – *T. glabrescens* WILLD. [*T. austriacus* BERNH. ex RCHB., *T. odoratissimus* auct.]: K 3–5 mm lg. Bl 10–20 mm lg, 3–8 mm br, kurz gestielt, useits Nerven nicht od. wenig hervortretend; untere Bl der BTriebe in längeren Stiel verschmälert u. mit kleinerer Spreite. **Z** s △ (südöstl. M-Eur., O-Eur.). – **Innsbrucker Th., Tiroler Th.** – *T. oenipontanus* HEINR. BRAUN [*T. glabrescens* subsp. *decipiens* (HEINR. BRAUN) DOMIN: K 4–5 mm lg. Bl 5–15 mm lg, 1,5–4 mm br, kurz gestielt, useits Nerven stark hervortretend, weißlich; untere Bl der BTriebe in Größe u. Form kaum von den oberen verschieden. KZähne nach dem Verblühen gelb u. stechend. **Z** s △ (S-Alpen, Trockentäler der Inneralpen).

**11** (9) KRöhre kürzer als obere KZähne. BTriebe am Grund mit kleinen, dicht gedrängt stehenden, sitzenden vorjährigen Bl ..................................... **12**

**11\*** KRöhre mindestens so lg wie obere KZähne. BTriebe am Grund ohne dicht gedrängt stehende vorjährige Bl .............................................. **13**

**12** K 4–6 mm lg. Bl elliptisch-spatelfg, 8–12 mm lg, 3–4 mm br, ledrig, useits Nerven deutlich hervortretend. 0,05–0,12. ♁ i 5–7. **Z** s △; ⋎ ⚲ ○ ∼ ∧ (Balkan, W-Türkei: Felsfluren, Trockenrasen). [*T. alsarensis* RONNIGER, *T. longidens* (VELEN.) PODP.]
**Thrakischer Th., Langzahn-Th.** – *T. thracicus* VELEN.

**12\*** K 2,5–4 mm lg. Bl lineal-lanzettlich bis elliptisch, 4–10 mm lg, 1–3(–5) mm br, krautig, useits Norvon nicht od. wenig hervortretend. 0,03–0,10. ♁ i 5–6. **Z** s △; ⋎ ⚲ ○ ∼ (warmgemäß. S-Eur.: Fels- u. Steinfluren, Trockenrasen – einige Unterarten u. Varietäten). [*T. illyricus* RONNIGER, *T. dalmaticus* (RCHB.) FREYN]
**Dalmatiner Th., Langstängel-Th.** – *T. longicaulis* C. PRESL

**13** (11) Bl (1,5–)2(–3) mm lg, etwa 1 mm br, elliptisch, kurz gestielt, fleischig. K 2 mm lg, obere KZähne br dreieckig (Abb. **499**/5). BTriebe an 2 Seiten kahl, im unteren Bereich teils völlig kahl. Pfl kompakt, kleine dichte Polster bildend, selten blühend u. nur wenig BTriebe. 0,01–0,05. ♁ i 5–7. **Z** z △ Pflanzenschalen; ⋎ ⚲ ○ ∼ (Kulturform – etwa 1969). [*T. praecox* 'Elfin', *T. serpyllum* 'Elfin'] **Elfin-Th.** – *T.* 'Elfin'

**13\*** Bl 3–15 mm lg, 1–6 mm br; wenn nur 1 mm br, dann linealisch bis länglich u. sitzend; krautig od. ledrig. K 3–5 mm lg, obere KZähne br od. schmal dreieckig. BTriebe ringsum behaart od. an 2 Seiten kahl. Spalierwuchs; wenn polsterfg, dann weniger kompakt u. regelmäßig blühend ................................................ **14**

**14** Obere KZähne br dreieckig, etwa so lg wie am Grund br (Abb. **499**/5). BTriebe stets ringsum behaart. Bl linealisch bis schmal elliptisch od. verkehrteifg, 1–3mm br, ± sitzend (Abb. **499**/7), an den BTrieben in Größe u. Form kaum verschieden, Seitennerven useits stumpf hervortretend, oberstes Seitennervenpaar zur Blattspitze verlaufend u. sich meist verlierend, sich nicht zu einem Randnerv vereinigend. Bl am Grund bewimpert, selten Spreite behaart. 0,02–0,10. ⌐ i 7–9. **W. Z** im N u. O z, sonst s △ Einfassungen, Naturgärten, in Sandgebieten Heidegärten ▢; Ⅴ ⌁ ○ ~ ⊖ (gemäß. bis kühles M-, O- u. N-Eur.: Sandtrockenrasen, trockne Kiefernwälder, Silikatfelsfluren, kalkmeidend – zwei Unterarten – einige Sorten). [*T. angustifolius* Pers.]

**Sand-Th.** – *T. serpyllum* L.

**14\*** Obere KZähne schmal dreieckig, länger als am Grund br (Abb. **499**/6), seltener bei Pfl mit 2seitig kahlen BTrieben (*T. drucei*, s. **15\***) br dreieckig. BTriebe ringsum behaart od. an 2 Seiten fast od. völlig kahl. BlSpreite elliptisch bis br eifg od. rundlich-spatelfg, 3–8 mm br, in kurzen od. an unteren Bl der BTriebe die Hälfte der BlLänge erreichenden Stiel verschmälert (Abb. **499**/8), Seitennerven useits scharf hervortretend, meist oberstes Paar sich mit den Enden an der BlSpitze vereinigend u. einen Randnerv bildend (Abb. **499**/8). Bl am Grund od. ringsum bewimpert, Spreite kahl, oseits od. beidseits behaart (Artengruppe Frühblühender Th. – *T. praecox* agg., incl. *T. doerfleri* hort., *T. valesiacus* hort.) ................................................................ **15**

**15** Bl 4–15 mm lg, 3–8 mm br, an den BTrieben von unten nach oben meist deutlich Größe u. Form verändernd, BlStiel oberer Bl kürzer u. Spreiten größer werdend; untere Bl oft spatelfg, in einen Stiel verschmälert, diese mindestens halb so lg wie die Spreite; oberstes Seitennervenpaar an BlUSeite einen Randnerv bildend. BTriebe ringsum behaart (subsp. *praecox*) od. an 2 Seiten kahl (**Alpen-Th.** – subsp. *polytrichus* (Borbás) Ronniger). K 3,5–5 mm lg, obere KZähne stets länger als br. 0,02–0,15. ⌐ i 5–7. **W. Z** z △ Naturgärten, in Kalkgebieten Trockenmauern ▢; Ⅴ ⌁ ○ ~ ⊕ (warmgemäß. bis gemäß. M- u. S-Eur.: kolline bis alp. Fels- u. Schotterfluren, Xerothermrasen, kalkhold – subsp. *polytrichus*: Alpen u. Alpenvorland). [*T. humifusus* Bernh., *T. polytrichus* A. Kern. ex Borbás, *T. alpigenus* (Heinr. Braun) Ronniger]

**Frühblühender Th., Kriech-Th.** – *T. praecox* Opiz

**15\*** Bl 3–8 mm lg, 2–4 mm br, an den BTrieben in Größe u. Form kaum verschieden, kurz gestielt. mittlere u. untere in einen längeren Stiel verschmälert, der jedoch nicht die Hälfte der BlLänge erreicht; oberstes Seitennervenpaar an der BlSpitze sich nicht immer zu einem Randnerv vereinigend. BTriebe an 2 Seiten kahl. K 3–4 mm lg, obere KZähne kürzer, schmal od. br dreieckig. 0,02–0,10. ⌐ i 5–7. **Z** v △ Trockenmauern, Einfassungen ▢; Ⅴ ⌁ ○, ⌢ einige Sorten (warmgemäß. bis kühles W-Eur.: Fels- u. Schotterfluren, lichte Grasfluren – 1596 – kult auch Hybr mit *T. pulegioides* – ∞ Sorten: z. B. mit weißer od. dunkelpurpurner Kr, besonders dichtem Spalierwuchs). [*T. arcticus* (Durande) Ronniger, *T. praecox* subsp. *britannicus* (Ronniger) Holub, *T. polytrichus* subsp. *britannicus* (Ronniger) Kerguélen, *T. pseudolanuginosus* Ronniger, *T. lanuginosus* hort. non Mill.]

**Britischer Th.** – *T. drucei* Ronniger

**Melisse** – *Melissa* L.                                                            3 Arten

Pfl stark nach Zitrone duftend. BlSpreite eifg, gesägt. B zu 3– 8(–11) in der Achsel kleiner LaubBl. K abstehend behaart (Abb. **490**/7). Kr weiß, gelblich od. blassrosa. 0,30–0,80. ⌣ PleiokRhizom 6–9. **W. N** v Gärten; HeilPfl, Gewürz ○; Ⅴ Lichtkeimer Ⅴ ○ ☾ (warmes bis warmgemäß. O-Eur., W-As.: Gebüsche, Waldlichtungen, Ufer; eingeb. in W- u. M-D.).                                        **Zitronen-M.** – *M. officinalis* L.

**Bohnenkraut** – *Satureja* L.                                                        30 Arten

**1** Einjahrspflanze. Kr 4–6 mm lg, weißlich od. lila. KSchlund innen kahl. 0,10–0,25. ⊙ 7–9. **N** v Gärten, Felder; GewürzPfl; Lichtkeimer ○ (warmes bis warmgemäß. Eur., VorderAs.: Felshänge, Schotterfluren, Küstendünen, Brachäcker, Straßenränder, bis 1920 m; in D. s verw. – 9. Jh.).                        **Echtes B., Sommer-B.** – *S. hortensis* L.

**1\*** Zwergstrauch. Kr 6–10 mm lg, weiß, rosa od. violett. KSchlund innen lg behaart. 0,10–0,50. ⌐ i 7–10. **W. Z** z △; **N** z Gewürz ○; Ⅴ ⌁ ○ ⊕ Dränage (warmes bis warmgemäß. Eur.: trockne Felshänge; verw. in D. – 1562 – 4 Unterarten).

**Winter-B.** – *S. montana* L.

**Bergminze** – *Calamintha* MILL. 70 Arten

**1** Stiel der Zyme ± so lg wie der TragBlStiel. K 11nervig, 9–14 mm lg. Kr 25–40 mm lg. BlSpreite 30–80 mm lg. 0,20–0,60. ♃ ⚘ 7–9. **Z** z Gehölzgruppen; früher HeilPfl; ⩗ ⚘ ⚘ ◐ (von NO-Span. bis Griech., Türkei, Kauk. u. W-Iran: feuchte Wälder u. Gebüsche, 300–2450 m – 1576 – Sorte: 'Variegata': Bl panaschiert). [*Satureja grandiflora* (L.) SCHEELE] **Großblütige B.** – *C. grandiflora* (L.) MOENCH

**1\*** Stiel der Zyme länger als der TragBlStiel. K 13nervig, 5–10 mm lg. Kr (♀ B) 8–22 mm lg ...................................................................... **2**

**2** K 6–10 mm lg, seine unteren Zähne 3–4 mm lg, mindestens doppelt so lg wie die oberen. KSchlund mit nicht od. kaum herausragenden Haaren. Zymen 3–9 blütig, bis zur mittleren B 0,7–2 cm lg gestielt. Kr (♀ B) 15–22 mm lg. 0,30–0,80. ♃ ⚘ 7–9. **W. Z** s Gehölzgruppen, Staudenbeete; ⩗ ⚘ ⚘ ◐ ⊕ (warmes bis warmgemäß. Eur., Z-Eur., VorderAs.: mäßig trockne bis mäßig frische, lichte EichenW, bes. Waldlichtungen, TrockenW- u. -gebüschsäume, kalkhold). [*C. sylvatica* BROMF.] **Wald-B.** – *C. menthifolia* HOST

**2\*** K 3–7 mm lg, seine unteren Zähne 1–2 mm lg, wenig länger als die oberen. KSchlund mit deutlich herausragenden Haaren. Zymen 10–20blütig, bis zur mittleren B 2–5 cm lg gestielt ...................................................................... **3**

**3** Kr (♀ B) 8–12 mm lg. Zymen ihr TragBl meist weit überragend, bis zur mittleren B 2–5 cm lg gestielt. K 5–7 mm lg. Kr hellila bis weiß. (Abb. **516**/2 a–d). 0,30–0,80. ♃ ⚘ 7–9. **W. Z** s △ Staudenbeete, Einfassungen; früher HeilPfl; ⩗ ⚘ ⚘ ○ ◐ ⊕ (warmes bis warmgemäß. Eur., bis Bayern: mäßig trockne Steinschuttfluren, an Felsen u. Mauern, kalkstet). [*C. nepetoides* JORD.] **Kleinblütige B.** – *C. nepeta* (L.) SAVI s. str.

**3\*** Kr 12–15 mm lg. Zymen ihr TragBl kaum überragend, bis zur mittleren B 2–3 cm lg gestielt. K 3–5 mm lg. 0,30–0,80. ♃ ⚘ 7–9. **W. Z** s Staudenbeete; ⩗ ⚘ ⚘ ○ ◐ (warmgemäß. bis südl. gemäß. Eur.: Felsgebüsche). [*C. brauneana* JÁV.] **Österreichische B.** – *C. einseleana* F. W. SCHULTZ

**Drachenmaul** – *Horminum* L. 1 Art

Stg nicht verzweigt. GrundBl gestielt, eifg, gekerbt-gesägt. B einseitswendig. Kr blauviolett, selten weiß. 0,10–0,30. ♃ PfahlwurzelPleiok 6–9. **W. Z** s △; ⩗ ⚘ ○ ◐ (Alpen, Pyr., N-Apennin: frische, sonnige Kalkmagerrasen, 500–2450 m – ▽). **Pyrenäen-D.** – *H. pyrenaicum* L.

**Andorn** – *Marrubium* L. 30 Arten

**1** KZähne 10, an der Spitze hakig zurückgebogen (Abb. **503**/1). Bl rundlich-eifg, filzig. Kr weiß (Abb. **503**/2). 0,40–0,50. ♃ Pleiok 6–8. **W. Z** s Staudenbeete ○, früher HeilPfl; ⩗ ⚘ ○ ~ (warmes bis gemäß. Eur., W-As.: trockne bis mäßig trockne Ruderalstellen, basenhold). **Gewöhnlicher A.** – *M. vulgare* L.

**1\*** KZähne 5, aufrecht od. spreizend, nicht hakig (Abb. **503**/3) ................... **2**

**2** Kr gelb od. gelblich ...................................................................... **3**

**2\*** Kr weiß, rosa od. lila ...................................................................... **4**

**3** VorBl 9–13 mm lg. KZähne (zumindest der längste KZahn) so lg wie die KRöhre. K so lg wie die Kr od. länger. Bl br elliptisch bis kreisrund. Stg u. BlOSeite gelblich behaart. 0,10–0,40. ♃ 5–6. **Z** s △ Trockenmauern; ⩗ ⚘ ○ ~ ⊕ (S-Bulg., Griech.: trockne Felsfluren, 1700–2400 m). **Samtiger A.** – *M. velutinum* SIBTH. et SM.

**3** VorBl < 7 mm lg. KZähne ¼–⅓ so lg wie die KRöhre. K kürzer als die Kr. Bl br verkehrt-eifg bis fast kreisrund. Ganze Pfl gelblich behaart. 0,30–0,50. ♃ 5–6. **Z** s △ Trockenmauern; ⩗ ⚘ ○ ~ ⊕ (Griech.: Felsspalten u. Matten, 1200–2100 m). **Griechischer A.** – *M. cylleneum* BOISS. et HELDR.

**4** **(2)** Kr weiß. KZähne zur FrZeit sternfg abspreizend (Abb. **503**/3). KRöhre filzig. Seitenzipfel der KrULippe ± so groß wie der Mittelzipfel. Bl länglich-eifg, mit keiligem

Grund. 0,40–0,90. ♃ Pleiok 6–7. **Z** s △ Trockenmauern; Ⅴ ⌇ ○ ~ (Balkan, It., Sizil.: Felsfluren – 1789). **Aschgrauer A.** – *M. incanum* DESR.

**4\*** Kr rosa od. lila. KZähne zur FrZeit aufrecht. KRöhre zottig. Seitenzipfel der KrULippe kleiner als der Mittelzipfel. Bl nierenfg od. fast kreisrund, oft mit herzfg Grund. 0,10–0,45. ♃ 5–6. **Z** z △ Trockenmauern; Ⅴ ⌇ ○ ~ (Span., Marokko, Tunesien: Waldlichtungen, steinige Weiden, Ruderalfluren – 500–1900 m – 1 Sorte).
**Spanischer A.** – *M. supinum* L.

**Riesenysop, Duftnessel** – *Agastache* CLAYTON ex GRONOV. 22 Arten

Lit.: LINT, H., EPLING, C. 1945 : A revision of *Agastache*. American Midland Naturalist **33**: 207–230.

**1** Hintere u. vordere StaubBl unter der KrOLippe parallel aufsteigend (Abb. **503**/5). Kr > 18 mm lg. BStände mit deutlich voneinander entfernten lockeren Scheinquirlen . . . . . **2**
**1\*** Hintere StaubBl schräg seitlich abgewinkelt u. die vorderen unter der KrOLippe parallel aufsteigend (Abb. **503**/4). Kr < 14 mm lg. BStände mit meist dicht angeordneten kompakten Scheinquirlen . . . . . . . . . . . . . . . . . . . . . . . . . . . . . . . . . . **3**
**2** BlRand gesägt od. gekerbt. BlSpreite lanzettlich od. eifg-lanzettlich. Stiel der mittleren Bl < 1 cm lg. Scheinquirle 12- bis vielblütig. KRöhre 6,5–11,5 mm lg. KZähne 2,5–4 mm lg. KrRöhre 19–27 mm lg. 0,50–0,70. ♃, kult auch ⊙ 7–9. **Z** s Rabatten, Wintergärten; HeilPfl in Mex., ○ in USA; Ⅴ ▭ ⌇ ○ Dränage, Überwinterung an der Südseite von Hauswänden. ⊛ (Mex.: Nadel- u. EichenW, 2600–3200 m – 1839). [*Cedronella mexicana* (KUNTH) BENTH.]
**Mexikanischer R.** – *A. mexicana* (HUMB., BONPL. et KUNTH) LINT. et EPLING

Ähnlich: **Arizona-R.** – *A. barberi* EPLING: BlSpreite dreieckig od. dreieckig-eifg. BlRand zuweilen nur in der unteren Hälfte gezähnt. 0,30–0,60. ♃ Pleiok, kult auch ⊙ 7–10. **Z** s; Ⅴ ▭ ⌇ ○ ~ (Hybr mit *A. cana* – Sorte: 'Tutti-Frutti': Bl stark duftend, B himbeerfarben-purpurn).

**2\*** Bl ganzrandig. BlSpreite linealisch od. lineal-lanzettlich, am natürlichen Standort < 5 mm br. 0,30–0,60. ♃ 9–10. **Z** s Freilandsukkulentenbeete ⚥; Ⅴ ▭ ○ ~ (Arizona, New Mex.: Gebirgshänge, 1500–2300 m). **Felsen-R.** – *A. rupestris* STANDL.

Ähnlich: **Moskito-R.** – *A. cana* (HOOK.) WOOTON et STANDL. [*Cedronella cana* HOOK.]: Untere BlSpreiten dreieckig od. dreieckig-eifg, an der Basis zuweilen gezähnt; mittlere eifg-lanzettlich, meist ganzrandig, > 5 mm br. 0,30–0,60. ♃, auch kult ⊙ 7–8. **Z** s Staudenbeete; Ⅴ ▭ ○ ⌇ ~ ⌃ Rückschnitt im September erhöht die Überwinterungschancen (Texas, New Mex.: felsige Hänge, Felsspalten, 1600–1900 m – 1846 – Hybr mit *A. barberi* u. ? *A. mexicana*: 'Firebird': B orange, kupferfarben getönt).

**3 (1)** Kr 10–14 mm lg, rosa, purpurn od. weiß. KZähne (2,5–)3,5(–5) mm lg. BlSpreite 3–10 cm lg, 2–8 cm br, am Grund gestutzt od. fast herzfg. 1,00–2,00. ♌ ♃, kult ⊙ 6–8. **Z** s Staudenbeete ⚥; Ⅴ ▭ ○ (westl. USA: Wälder, Gebüsche, offne Hänge, 400–3000 m).
**Brennnesselblättriger R.** – *A. urticifolia* (BENTH.) KUNTZE
**3\*** Kr 5–10 mm lg. KZähne 1–2,5(–3) mm lg . . . . . . . . . . . . . . . . . . . . . . . . . . . . . **4**
**4** Kr 5–7 mm lg, weiß od. gelblichweiß. KZähne 1 mm lg, eifg, oft stumpf. BlSpreite br od. schmal eifg, selten lanzettlich, am Grund gerundet, keilig od. herzfg. 0,70–1,50. ♃, oft

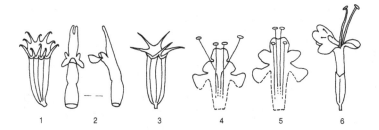

kult ⊙ 7–9. **Z** s Staudenbeete; ∨ ▭ ○ (nordöstl. USA, O-Kanada: Waldränder, Gebüsche). **Gelblichblühender R.** – *A. nepetoides* (PURSH) KUNTZE

4* Kr 7–10 mm lg, purpurn od. bläulich. KZähne 1–2,5 mm lg, schmal dreieckig, spitz **5**

5 BlUSeite mit feiner, dichter, eng anliegender Behaarung (starke Lupe), weiß od. weißgrau. BlSpreitengrund gerundet od. gestutzt, der der unteren Bl schwach herzfg. BlStiel 0,5–2 cm lg. Brakteen eifg. 0,60–1,50. ♃, oft kult ⊙ 7–9. **Z** s Sommerrabatten; ⬡ u. Tee in den USA; ∨ ▭ ○ ~ (nördl. zentr. N-Am.: Prärien – im Gartenbau oft mit *A. rugosa* verwechselt). [*A. anethiodora* (NUTT.) BRITTON, *A. anisata* hort.]

**Anis-R., Duftnessel** – *A. foeniculum* (PURSH) KUNTZE

5* BlUSeite kahl, nur an den Nerven behaart, od. mit aufrecht abstehenden od. gekrümmten, nicht eng anliegenden Haaren, hell- od. graugrün, nicht weiß. BlSpreitengrund meist herzfg, zuweilen gerundet. BlStiel 1–5 cm lg. Brakteen lanzettlich. (Abb. **515**/8). 0,80–1,50. ♃, oft kult ⊙ 6–9. **Z** z Staudenbeete, Rabatten ✗; Heil-, Gewürz- u. DuftPfl in O-As. u. N-Am.; ∨ ▭ auch Selbstaussaat ○ ~ (O-As.: Flusstäler – Hybr mit *A. foeniculum*: 'Blue Fortune': Pfl steril, weiche ∿).

**Ostasiatischer R.** – *A. rugosa* (FISCH. et C. A. MEY.) KUNTZE

**Katzenminze** – *Nepeta* L. 250 Arten

1 Kr hellgelb od. gelb . . . . . . . . . . **2**

1* Kr blau, blauviolett u. bei Sorten auch weiß od. rosa . . . . . . . . . . **3**

2 Kr 25–30 mm lg, hellgelb. BlSpreite eifg bis länglich od. elliptisch, 8–12 cm lg. BStand locker; Zymen lg gestielt. 0,60–1,20. ♃ 8–9. **Z** s Gehölzgruppen; ∨ ∿ ○ Boden frisch ⌃ (W-Him.: Gebüsche, lichte Wälder, feuchte Orte, 2500–2950 m).

**Himalaja-K.** – *N. govaniana* BENTH.

2* Kr 5–10(–14) mm lg, gelb. BlSpreite lineal-lanzettlich, 5–10 cm lg. BStand dicht, ährenähnlich; Zymen meist sitzend. 0,30–0,60. ♃ 8–9. **Z** s △; ∨ ∿ ○ (Kaschmir: alp. Matten, um 4200 m). **Kaschmir-K.** – *N. nervosa* ROYLE ex BENTH.

3 **(1)** Kr 20–35 mm lg. BStand locker; Scheinquirle ± weit voneinander entfernt. BlStiel 5–15 mm lg (od. länger?). BlSpreite 5–15 cm lg. 0,60–1,00. ♃ 6–8. **Z** s Staudenbeete; ∨ ∿ ▼ ○ (Sibir., Z-As.: Fluss- u. Bachufer, Wiesensteppen, steinige Hänge, 500–1200 m – 1729). [*N. macrantha* BENTH.] **Sibirische K.** – *N. sibirica* L.

Ähnlich: **Japanische K.** – *N. subsessilis* MAXIM.: BStand ± dicht, ährenähnlich od. kopfig. BlStiel 1–5 mm lg. 0,50–1,00. ♃ 6–8. **Z** s Staudenbeete; ∨ ∿ ○ ◐ Boden frisch (Him. bis Japan: feuchte, schattige Hänge). – **Zitronen-K.** – *N. cataria* L. var. *citriodora* (BECKER) BALB.: Bl nach Zerreiben intensiv nach Zitrone duftend. Kr bis 30 mm lg, weißlich. **N** s Bauern- u. Naturgärten; Duft- u. HeilPfl, s. **6**.

3* Kr <20 mm lg . . . . . . . . . . **4**

4 Bl lineal-lanzettlich, 5–10 cm lg. Scheinquirle dicht beeinander, einen ährenähnlichen BStand bildend; Zymen meist sitzend. Mittelzipfel der KrULippe deutlich heller als die blaue KrOLippe. **Kaschmir-K.** – *N. nervosa* ROYLE ex BENTH., s. **2***

4* Bl eifg od. länglich bis elliptisch. Scheinquirle ± weit voneinander entfernt, einen ± lockeren BStand bildend; Zymen oft ± lg gestielt. Wenn Kr blau od. blauviolett, dann KrULippe ähnlich gefärbt wie KrOLippe . . . . . . . . . . **5**

5 Stg u. Bl grün, kahl od. feinhaarig. Kr 14–18 mm lg, blau. K 9–12 mm lg. BlSpreite 6–10 cm lg. 0,40–1,00. ♃ Pleiok 7–8. **W. Z** s Staudenbeete; ∨ ∿ ▼ ○ (Kauk.: subalp. Wiesen, Hochstaudenfluren, Wiesensteppen – 1806 – einige Sorten).

**Großblütige K.** – *N. grandiflora* M. BIEB.

5* Stg u. Bl grau, flaumig bis filzig . . . . . . . . . . **6**

6 Kr 7–10 mm lg, weiß od. blass rötlich; Mittelzipfel der KrULippe purpurrot gepunktet. KrRöhre den K kaum überragend. BlSpreite 2–8 cm lg, eifg, am Grund herzfg. Stg aufrecht, kräftig. 0,40–1,00. ♃ Pleiok 7–9. **W. Z** s Staudenbeete; ∨ ∿ ○ ⊕ (warmes bis gemäß. Eur., W-As.: trockne bis mäßig trockne Ruderalstellen, Brachäcker – Varietät: **Zitronen-K.** – var. *citriodora* (BECKER) BALB.: Bl nach Zerreiben intensiv nach Zitrone duftend, Kr bis 30 mm lg. **N** z Gärten, HeilPfl). **Echte K.** – *N. cataria* L.

**6\*** Kr 9–13(–18) mm lg, blau; Mittelzipfel der KrULippe ohne Punkte. KrRöhre den 6–10 mm lg, ± violetten K deutlich überragend. BlSpreite 1–3(–4) cm lg, eifg bis länglich-eifg, am Grund oft herzfg. 0,15–0,40(–0,50). ♃ i Pleiok 4–10. **W. Z** v Rabatten, Einfassungen △; ∨ Selbstaussaat ⚊ ∿ ○ ~ (Türkei, Kauk., Iran: Kalkfelsen, 1500–2800 m; in D. s eingeb. – 1804 – ∞ Sorten: B weiß, lavendelblau, blauviolett, Bl panaschiert). [*N. mussinii* SPRENG. ex HENCKEL] **Traubige K., Blauminze** – *N. racemosa* LAM.

Ähnlich: **Hybrid-K.** – *N.* × *faassenii* BERGMANS ex STEARN (*N. racemosa* × *N. nepetella* L.): BlSpreite schmal länglich-eifg bis lanzettlich mit gestutztem od. keiligem Grund. K 5–6 mm lg. Kr 6–12 mm lg. Nüsschen stets steril? 0,25–0,50(–0,75). ♃ 6–9. **Z** z Rabatten, Einfassungen; ∿ ⚊ ○ ~ (1853 entstanden – einige Sorten – Studien zu einer schärferen Merkmalsabgrenzung dieser Hybrid-Sippe gegen ihre Eltern-Arten wären wünschenswert).

### Gundermann, Gundelrebe – *Glechoma* L.      10 Arten

**1** Pfl behaart bis kahl (Abb. **505**/2). BStiele 1 mm lg. Zähne der KOLippe ¹/₅–¹/₃(–¹/₂) so lg wie die KRöhre, dreieckig (Abb. **497**/7). Kr 15–22 mm lg. TeilFr 2 mm lg. 0,20–0,40. ♃ i ∽ 4–6. **W. Z** z Gehölzgruppen ▢, Balkonkästen, Ampeln; ∨ Kaltkeimer ⚊ ◖ ●, für Vieh giftig (warmes bis kühles Eur. u. As.: Säume, Gebüsche, LaubW, Wiesen – Sorte: 'Variegata': Bl mit weißer u. silbergrauer Zeichnung). **Efeu-G.** – *G. hederacea* L.

**1\*** Pfl stets behaart. BStiele 2–4 mm lg. Zähne der KOLippe ¹/₂ so lg bis so lg wie die KRöhre, lineal-lanzettlich (Abb. **497**/6). Kr 20–30 mm lg. TeilFr 3–4 mm lg. 0,20–0,40. ♃ i ∽ 4–6. **W. Z** s Gehölzgruppen ▢; ∨ ⚊ ◖ (östl. M-Eur., SO-Eur.: Wälder). **Rauhaariger G.** – *G. hirsuta* WALDST. et KIT.

### Meehanie – *Meehania* BRITTON      6 Arten

Pfl ausläuferbildend. Spreite herzfg bis herz-eifg. K 1,3–1,8 cm lg. Kr 2,2–4(–5) cm lg, blau od. rosa- bis blauviolett. KrRöhre oseits schräg aufwärts gebogen, schlundwärts seitlich ± zusammengedrückt u. useits bauchig erweitert. 0.15–0,30 hoch, bis 1,00 lg. ♃ Bogentriebe 5–6. **Z** s Gehölzgruppen; ∿ Senker ∨ ◖ ≈ empfindlich gegen Schneckenfraß (Japan, Korea, NO-China: feuchte BergW – 1 Sorte). **Nesselblättrige M.** – *M. urticifolia* (MIQ.) MAKINO

### Drachenkopf – *Dracocephalum* L.      45 Arten

Lit.: DE WOLF, G. P. 1955: Notes on cultivated Labiates. 7. *Dracocephalum*. Baileya **3**: 115–129. – KEENAN, J. 1957: Notes on *Dracocephalum*. Baileya **5**: 24–44.

**1** Bl fiederspaltig bis -schnittig od. zumindest die LangtriebBl fiederschnittig (Abb. **506**/1,2,3) ................................................. **2**

**1\*** Bl unzerteilt ................................................................. **5**

**2** KZähne gleich od. fast gleich (Abb. **506**/10) ........................ **3**

**2\*** KZähne unterschiedlich: oberer KZahn eifg od. verkehrteifg, untere 4 KZähne lanzettlich (Abb. **506**/8) ........................................ **4**

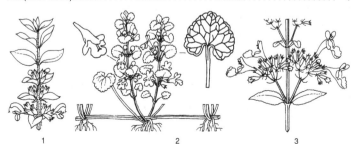

    1                                  2                               3

**3** Kr 35–42 mm lg. Scheinquirle an den oberen 3 Knoten, jeweils 4blütig. Abstand zwischen den BlPaaren am Stg 3–4 cm (Abb. **506**/1). 0,30–0,50. ⚇ 7–8. **Z** s △; Ⅴ ○ ⊕ steiniger Boden (China: Yunnan: felsige Grasfluren, 3000–4000 m).
**Isabell-D.** – *D. isabellae* FORREST

**3\*** Kr 25–28 mm lg. Scheinquirle an den oberen 5–10 Knoten, jeweils 2blütig. Abstand zwischen den BlPaaren am Stg 1–1,4 cm. 0,13–0,78. ⚇ 8–10. **Z** s △; Ⅴ Nässeschutz im Winter (China: Yunnan: steinige subalp. Grasfluren u. Gebüsche, 2300–3500 m).
**Forrest-D.** – *D. forrestii* W.W. SM.

**4** **(2)** Kr 9–15 mm lg. Staubbeutel kahl. Bl bis 2 cm lg, vor allem useits filzig. BlAbschnitte länglich, an der Spitze stumpf (Abb. **506**/2). 0,05–0,15. ♄ i 4–5. **Z** s △; Ⅴ absonnig, Schutz gegen Feuchtigkeit (Kauk.: steinige Abhänge, Flussufer, 2500–3600 m).
**Kaukasischer D.** – *D. botryoides* STEV.

**4\*** Kr 35–50 mm lg. Staubbeutel behaart. Bl 1,5–2,5 cm lg, kahl od. schwach behaart. Bl u. BlAbschnitte linealisch bis schmal lanzettlich, stachelspitzig (Abb. **506**/3). 0,20–0,40. ⚇ 5–8. **Z** s △; Ⅴ ☾ ~ ⊕ Dränage (warmgemäß. Eur. von SO-Frankreich bis W-Ukr., Tschechien, Kauk., NO-Türkei: felsige Hänge, Trockenrasen).
**Österreichischer D.** – *D. austriacum* L.

**5** **(1)** Bl ganzrandig, sitzend od. fast sitzend, linealisch bis lineal-lanzettlich, meist kahl (Abb. **506**/6). Kr 15–28 mm lg, blaupurpurn. Staubbeutel behaart. 0,10–0,30. ⚇ 7–8. **Z** s △; Ⅴ ☾ ○ ~ (warmgemäß. bis gemäß. Eur. u. As.: subalp. u. alp. Grasfluren, trocken-warme Kiefern- u. LärchenW). **Nordischer D.** – *D. ruyschiana* L.

Ähnlich: **Argun-D.** – *D. argunense* FISCH. ex LINK: Kr 30–40 mm lg. Bl ± behaart. 0,35–0,55. ⚇ 7–8. **Z** s Staudenbeete; Ⅴ ○ Dränage (O-Sibir., NO-China, Korea, Japan: Grasfluren, sandige Ufer, Gebüsche, 200–800 m). – **Marokkanischer D.** – *D. renati* EMB.: Kr 20 mm lg, cremeweiß. Pfl grauhaarig. 0,05–0,25. ⚇ 6–7. **Z** s △ ⓐ; Ⅴ ○ ~ Dränage ∧ (Marokko: 1800–3000 m).

**5\*** Bl gesägt, gezähnt od. gekerbt (Abb. **506**/4,5,7) . . . . . . . . . . . . . . . . . . . . . . . . . . . . . . **6**

**6** KOLippe mit 3 dreieckig-eifg, kürzere KULippe mit 2 lanzettlichen Zähnen (Abb. **506**/9)
. . . . . . . . . . . . . . . . . . . . . . . . . . . . . . . . . . . . . . . . . . . . . . . . . . . . . . . . . . . . . . . . . . . . . . . . . **7**

**6\*** Oberer KZahn gegenüber den 4 übrigen KZähnen ± verbreitert, eifg, verkehrteifg od. länglich (Abb. **506**/8) . . . . . . . . . . . . . . . . . . . . . . . . . . . . . . . . . . . . . . . . . . . . . . . . . . . **8**

**7** Pfl ⚇. BlRand dornig gezähnt. BlSpitze mit einem Dörnchen (Abb. **506**/4). Kr 22–32 mm lg, blau, rot od. weiß. 0,15–0,30. ⚇ 6–8, **Z** s △; Ⅴ ○ (Sibir., Kasach., Mong., China: alp. Grasfluren, Felsspalten). **Fremdartiger D.** – *D. peregrinum* L.

**7\*** Pfl ☉. BlRand gesägt-gekerbt, nicht dornig gezähnt. BlSpitze ohne Dörnchen (Abb. **506**/5). Kr 15–25(–30) mm lg, blauviolett, hellblau od. weiß. 0,20–0,40. ☉ 7–8. **Z** s Sommerblumenbeete; früher **N** HoilPfl, DuftPfl; ○ (Sibir., Z-As., China: trockne Hügel, steinige Ufer: 200–2700 m). **Türkischer D.** – *D. moldavica* L.

**8** **(6)** Mittlere StgBl mit 2–6 cm lg Stiel. GrundBlSpreite dreieckig-eifg. Kr 35–40 mm lg. 0,15–0,40(–0,60). ⚇ 7–9. **Z** s △; Ⅴ ○ (W-China: alp. Grasfluren, Waldlichtungen, 700–3100 m). **Felsen-D.** – *D. rupestre* HANCE

**8\*** Mittlere StgBl oft sitzend od. fast so, ihr Stiel < 1,2 cm lg (Abb. **506**/7). GrundBlSpreite länglich-elliptisch, selten eifg. Kr 30–40 mm lg. 0,15–0,26. ⚇ 7–8. **Z** △ s; Ⅴ ○ (M- u. Z-

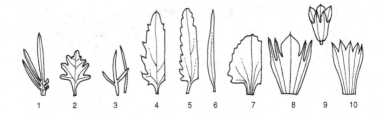

As.: Grasfluren, 2200–2900 m – bei den unter *D. grandiflorum* kultivierten Pfl handelt es sich oft um *D. rupestre*). [*D. altaiense* LAXM.] **Großblütiger D.** – *D. grandiflorum* L.

Ähnlich: **Bauchiger D.** – *D. bullatum* FORREST ex DIELS: Bl useits purpurn. 0,10–0,25. ♃ 5–7. **Z** s △; V ○ ⊕ (China: Yunnan: steinige Alluvionen in Kalk-Gebirgen, 3000–4500 m).

**Lallemantie** – *Lallemantia* FISCH. et C. A. MEY.  5 Arten

**1** DeckBl kreisrund, gezähnt u. gewimpert (Abb. **497**/8). Kr (10–)14–18 mm lg, violettblau bis hellblau. KrRöhre ± so lg wie der K. 0,15–0,40. ☉ 7–8; **Z** s Sommerblumenbeete; ○ (Kauk., Türkei, Irak, Iran: Brachäcker, Wegränder, 1250–2500 m).

**Schild-L.** – *L. peltata* FISCH. et C. A. MEY.
**1\*** DeckBl länger als br, gezähnt u. gewimpert (Abb. **497**/9). Kr 28–40 mm lg, violett, violettblau od. purpurn. KrRöhre länger als der K. Pfl ± weißgrau behaart. 0,20–0,50. ♃ 6–8. **Z** s △; V ○ ~ Dränage (Transkauk., Türkei, Iran: Felshänge, Geröll, Brachäcker, Wegränder, 1300–3250 m – 1711 – Sorte: 'Albida': B weiß bis rosa).

**Weißgraue L.** – *L. canescens* (L.) FISCH. et C. A. MEY.

**Gelenkblume** – *Physostegia* BENTH.  12 Arten

Bl länglich od. lanzettlich, gesägt. Kr purpurn, rosa, weinrot od. weiß (Abb. **490**/1). Zur Seite gedrückt, nehmen die B die alte Stellung nicht wieder ein (Abb. **515**/9). 0,30–1,50. ♃ ⅄ 7–9. **Z** z Staudenbeete ⚥; V ⚘ ○ ◑ ≈ (östl. N-Am.: Flussufer, feuchte Gebüsche, Wiesen – 1683 – einige Sorten).

**Gelenkblume** – *P. virginiana* (L.) BENTH.

**Immenblatt** – *Melittis* L.  1 Art

Stg weichhaarig. Bl grob gekerbt, runzlig. K br glockig (Abb. **497**/3). Kr 25–40 mm lg, meist weiß, oft rötlich od. purpurn gefleckt (BFarbe variabel). 0,20–0,50. ♃ ⅄ 5–6. **W**. **Z** s Staudenbeete, Gehölzgruppen; V Licht- u. Kaltkeimer ⚘ ⋏ ◑ ⊕ (warmes bis gemäß. Eur.: mäßig frische, lichte LaubmischW u. Gebüsche, kalkhold).

**Immenblatt** – *M. melissophyllum* L.

**Ziest** – *Stachys* L.  300 Arten

**1** Kr gelb . . . . . . . . . . . . . . . . . . . . . . . . . . . . . . . . . . . . . . . . . . **2**
**1\*** Kr purpurn, rosa od. weiß . . . . . . . . . . . . . . . . . . . . . . . . . . . . . . . . **3**
**2** Kr 15–20 mm lg. BlSpreite bis 6 cm lg, beidseits weißhaarig, gekerbt-gesägt od. BlRand fast ganz (Abb. **508**/4). 0,15–0,35. ♓ 7–9. **Z** s △; V ⋏ ○ ~ Dränage ⊕ (N-Griech., Mazed.: trockne Felshänge, 800–2100 m).  **Balkan-Z.** – *St. iva* GRISEB.
**2\*** Kr 25–35 mm lg. BlSpreite bis 15 cm lg, nur useits auffällig weißhaarig, oseits ± grün, gekerbt (Abb. **508** /2). [*St. discolor*]  **Schneeweißer Z.** – *St. nivea*, s. **6**
**3** (1) K die KrRöhre weit überragend (Abb. **507**/4). Überdauernde Sprosse dünn, kriech-triebartig. BStände liegend bis aufsteigend, bis 20 cm hoch. Scheinquirle (2–)4–6blütig. Bl lanzettlich, ganzrandig od. schwach gesägt (Abb. **508**/5). Kr rosa bis purpurn. 0,10–0,20. ♓ ⌇⌇ 5–6. **Z** s △ ▢; V ⚘ ⋏ ○ Dränage (Kauk., Türkei, Irak, Iran, Turkmenien: steinige Gebirgshänge – um 1800).

**Lavendelblättriger Z.** – *St. lavandulifolia* VAHL

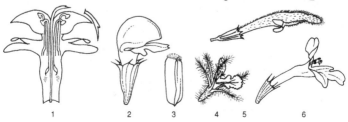

1        2      3      4     5      6

**3\*** K kürzer (Abb. **507**/6) bis wenig länger als die KrRöhre. Überdauernde Sprosse ± dick, rhizomartig. BStände meist aufrecht, höher als 20 cm. Scheinquirle 8–20blütig ... **4**

**4** KrRöhre ± so lg wie der K. Spreitengrund keilig. BlRand undeutlich gekerbt. BlFläche unter der dichten wollig-filzigen Behaarung nicht sichtbar. Bl lanzettlich bis elliptisch (Abb. **508**/3). Kr hellpurpurn. 0,15–0,80. ♃ ⅄ 6–8. **W. Z** v △ Rabatten ▯; v ❦ ○ (Kauk., Türkei: steinige Orte, Wacholder-Gebüsche, bis 2000 m; verw. in W- u. M-D. – 1782 – mehrere Sorten). [*St. lanata* Jacq., *St. olympica* Poir.]
**Woll-Z., Eselsohr** – *St. byzantina* K. Koch

**4\*** KrRöhre deutlich länger als der K. Spreitengrund herzfg, gestutzt od. keilig. BlRand grob gekerbt . . . . . . . . . . . . . . . . . . . . . . . . . . . . . . . . . . . . . . **5**

**5** Kr 10–18 mm lg, purpurn od. weiß ('Alba'). Bl länglich-eifg, beidseits ± zerstreut behaart. Spreitengrund herzfg (Abb. **508**/1). K nicht netznervig, 5–9 mm lg. 0,30–0,70. ♃ ⅄ 7–8. **W. Z** s Staudenbeete; v Lichtkeimer ❦ ○ ◑ (warmes bis gemäß. Eur., W-Sibir.: wechseltrockne bis -feuchte, extensiv genutzte Magerrasen, Halbtrockenrasen, Moorwiesen, lichte LaubmischW u. ihre Säume, basenhold). [*Betonica officinalis* L.].
**Heil-Z.** – *St. officinalis* (L.) Trevis.

Ähnlich: **Zottiger Z.** – *S. pradica* (Zanted.) Greuter et Pignatti [*St. densiflora* Benth., *St. monieri* P. W. Ball, *Betonica hirsuta* L.]: Bl beidseits dicht wollig behaart. K deutlich netznervig, 10–15 mm lg. Kr 15–24 mm lg. 0,10–0,35(–50). ♃ ⅄ 7–8. **Z** s △; v ❦ ○ ~ Dränage ⊕ (Alpen, Pyr.: subalp. Wiesen u. Zwergstrauchheiden – Sorte: 'Zwerg': 0,10).

**5\*** Kr 25–40 mm lg . . . . . . . . . . . . . . . . . . . . . . . . . . . . . . . . . . . . . . **6**

**6** GrundBl länglich od. länglich-lanzettlich. Spreitengrund herzfg, gestutzt od. keilig (Abb. **508**/2). StgBl oseits ± grün, useits ± dicht mit längeren einfachen Haaren u. kurzen Sternhaaren (starke Lupe!), ± weiß. Kr weiß, gelb od. rosa. 0,15–0,50. ♃ 6–7. **Z** s △; v ❦ ○ (Kauk., Iran: Felshänge, 2700–4000 m). [*St. discolor* Benth.]
**Schneeweißer Z.** – *St. nivea* Labill.

**6\*** GrundBl eifg. Spreitengrund herzfg (Abb. **508**/6). Bl useits ohne Sternhaare, nur locker mit einfachen Haaren, hellgrün. Kr purpurn (Abb. **507**/6). 0,20–0,50. ♃ ⅄ 6–8. **Z** z Rabatten; v ❦ ○ (Kauk., Anatolien, Iran: Wiesen, Felshänge, Waldränder – 1800–2700 m – um 1800 – einige Sorten). [*Betonica grandiflora* Stev. ex Willd., *St. grandiflora* (Stev. ex Willd.) Benth.]    **Großblütiger Z.** – *St. macrantha* (C. Koch) Stearn

**Löwenohr** – *Leonotis* (Pers.) R. Br.                                    15 Arten

Bl länglich-lanzettlich od. lanzettlich, stumpf gesägt. Kr hell orangerot od. orange, 4–5 cm lg. KrOLippe stark behaart, viel länger als die 3lappige KrULippe (Abb. **507**/5). 0,50–2,00. ♄ ○–12. **Z** s Kübel; v ⋔ ○ ⓝ (S-Afr.: Grasfluren – 1712 – Sorte: 'Harrismith White': B weiß).    **Löwenohr** – *L. leonurus* (L.) H. Br.

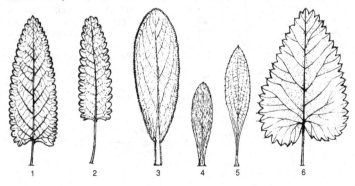

1          2          3          4          5          6

**Brandkraut** – *Phlomis* L. 100 Arten

1 Kr gelb ...................................................... **2**
1* Kr pupurn od. rosa ........................................... **3**
2 Pfl ♄. Spreite der unteren Bl elliptisch, lanzettlich od. lanzettlich-eifg, am Grund gestutzt od. keilig. Scheinquirle 1–2. Brakteolen (Blchen im BStandsbereich) verkehrteifg, br lanzettlich od. elliptisch, (2–)3–7 mm br. Bis 2,00. ♄ i 6–7. **Z** s △ Kübel; ⩗ ⌒ ○ ~ ⚘ (mittleres u. östl. Medit.: Felshänge, bis 1000 m – 1596). **Strauchiges B.** – *P. fruticosa* L.
2* Pfl ♃. Spreite der unteren Bl eifg, am Grund herzfg. Scheinquirle 2–3(–5). Brakteolen pfriemfg, 1–2 mm br. (Abb. **507**/1,2). 0,40–1,00. ♃ ⅄ 6–7. **Z** z Staudenbeete, Rabatten; ⩗ ⩚ ○ ~ (N-Anatolien: Nadel- u. LaubW, Kahlschläge, Haselnuss-Gebüsche, 300–1700 m). **Russel-B.** – *P. russeliana* (SIMS) BENTH.
3 **(1)** Pfl mit Wurzelknollen (Abb. **510**/4). KrOLippe ± gerade. TeilFr an der Spitze behaart (Abb. **507**/3). Spreite der unteren Bl länglich-eifg bis dreieckig, am Grund herzfg- od. pfeilfg. 0,60–1,50. ♃ ⅄ 5–7. **W. Z** s Staudenbeete; ⩗ ⩚ ○ ◖ ⊕ (warmes bis gemäß. O-Eur., W-As. bis O-Sibir.: TrockenW u. Trockengebüschsäume, Steppen, bis 2300 m). **Knollen-B.** – *P. tuberosa* L.
3* Pfl ohne Wurzelknollen. KrOLippe deutlich gebogen. TeilFr kahl .............. **4**
4 Stg u. Brakteolen mit Drüsenhaaren, klebrig. Scheinquirle 3–7. Spreite der unteren Bl lanzettlich-eifg bis br eifg, am Grund herzfg od. pfeilfg, 8–27 cm lg, 5–15 cm br. Kr (2,6–)3,0–3,5 cm lg. KrOLippe grün bis purpurn, Mittellappen der ULippe meist purpurn. 0,50–1,50. ♃ ⅄ 6–7. **Z** s Staudenbeete, Rabatten; ⩗ ⩚ ○ ◖ (Griech., Türkei: Kiefern-, Tannen- u. ZedernW, 400–1750 m – 1714). **Samos-B.** – *P. samia* L.
4* Stg u. Brakteolen ohne Drüsenhaare, nicht klebrig. Scheinquirle 1–3. Spreite der unteren Bl eifg bis länglich-lanzettlich, am Grund gestutzt, 10–30 cm lg, 2–8 cm br, useits silberweiß. Kr 2–3 cm lg. KrOLippe helllila, KrULippe purpurn. 0,40–0,80. ♃ StgGrund verholzt 6–7. **Z** s △; ⩗ ○ ⊕ (Turkmenien, Afgh., Pakistan, Kaschmir: offne Hänge, 1300–2950 m – 1842). **Kaschmir-B.** – *P. cashmeriana* ROYLE EX BENTH.

**Muschelblume** – *Moluccella* L. 4 Arten

Stg meist unverzweigt. Bl lg gestielt. BlSpreite rundlich-eifg. VorBl unter dem K dornig. K muschelfg, netzig geadert. Kr gegenüber dem K unscheinbar (Abb. **490**/6), weiß od. weiß mit purpur. 0,60–1,00. ⊙ 7–8. **Z** s Sommerblumenbeete ⚷; ○ (Kauk., Zypern, W-Syr., Irak, Iran: Brachäcker, Getreidefelder, Weingärten, 100–1300 m – 1570).
**Muschelblume** – *M. laevis* L.

**Taubnessel** – *Lamium* L. 35 Arten

1 KrRöhre gerade (Abb. **494**/2). Staubbeutel kahl od. behaart .................. **2**
1* KrRöhre aufwärtsgebogen. Staubbeutel behaart (Abb. **494**/3a,b) .............. **3**

**2** Staubbeutel kahl. KrOLippe ganz, ausgerandet od. fein gezähnt. Kr rosa bis dunkelpurpurn, selten weiß (Abb. **494**/2). Bl 4–15 × 3–9(–12) cm. 0,40–1,00. ♃ ⚥ 4–6. **Z** s Staudenbeete, Gehölzgruppen; V ⚘ ◐ ≃ lockrer Lehmboden (N-It., NW-Balkan: Gebüsche, Hochstaudenfluren, Bachränder, bis 1600 m). **Großblütige T.** – *L. orvala* L.

**2\*** Staubbeutel behaart. KrOLippe 2–mehrlappig, schwach ausgerandet od. unregelmäßig gezähnt. Kr rosa, purpurn, selten weiß. Bl 7 × 4 cm. 0,10–0,40. ♃ 3–9. **Z** s △ Gehölzgruppen; V ⤳ ○ ◐ Dränage (S-Eur., Türkei, Irak, NW-Iran: Felsen, Geröll – mehrere Unterarten – 1 Sorte). **Gargano-T.** – *L. garganicum* L.

**3** (1) KrRöhre innen über dem Grund mit schrägem Haarring. TragBl der Scheinquirle 2–3mal so lg wie br. K am Grund meist mit dunklen Flecken. Kr weiß bis gelblichweiß. 0,20–0,50. ♃ i ⤳ 4–10. **W. Z** s Parks; HeilPfl; V ⚘ ⤳ ○ ◐ Boden nährstoffreich (warmes bis kühles Eur. u. As.: frische Ruderalstellen, Hecken u. Waldränder, an Gräben – mehrere Sorten: blassgelber BlAustrieb, Bl hellgelb gestreift, BlRand gekräuselt).
**Weiße T.** – *L. album* L.

**3\*** KrRöhre innen über dem Grund mit waagerechtem Haarring. TragBl der Scheinquirle 1–2mal so lg wie br. KGrund grün. Kr purpurn, selten weiß (Abb. **494**/3a,3b). 0,15–0,60. ♃ ⤳ 4–9. **W. Z** z Rabatten, Gehölzgruppen; V ⤳, Sorten nur ⤳, ◐ ≃ lockerer Lehmboden (warmgemäß. bis gemäß. Eur.: frische bis feuchte Ruderalstellen, an Gräben, LaubmischW, Wald- u. Heckenränder – ∞ Sorten: Bl silbrig, silbrig od weiß gefleckt, gelb gerandet, goldgelb mit weißer Mitte, hellgelb mit grünem Rand; B rosa od. weiß). **Gefleckte T.** – *L. maculatum* L.

**Goldnessel** – *Galeobdolon* ADANS. [*Lamiastrum* POLATSCHEK] 4 Arten

Wintergrüne Pfl mit Ausläufern u. aufrechten BStg (*G. luteum* HUDS., *G. argentatum* SMEJKAL) od. sommergrüne Pfl nur mit aufrechten Stg (*G. flavidum* (F. HERM.) HOLUB. Bl oft unbeständig od. beständig (ganzjährig) mit weißen, silberweißen od. silbergrauen Tupfen od. Flecken. Kr 14–18 mm lg, gold- od. hellgelb. OLippe gewimpert. ULippe mit spitzen Seitenzipfeln (Abb. **494**/1), ihr Mittellappen mit rötlichem Saftmal. 0,15–0,80. ♃ PleiokRhiz od. ♃ i ⤳ 4–7. **W. Z** z Gehölzgruppen, Parks, Naturgärten; z. T. □ ♠; *G. flavidum*: V ⚘ ◐, *G. luteum* u. *G. argentatum*: V Senker ◐ ○ (warmgemäß. bis gemäß. Eur.: LaubW, Gebüsch- u. Waldränder auf nährstoffreichen Böden – einige Sorten – *G. argentatum* ist eine in Kultur entstandene, stark wuchernde Sippe). [*Lamium galeobdolon* (L.) L., *Lamiastrum galeobdolon* (L.) EHREND. et POLATSCHEK]
**Goldnessel** – *G. luteum* agg.

**Braunelle** – *Prunella* L. 4 Arten

**1** Oberstes StgBlPaar meist vom BStand entfernt. Kr 20–25 mm lg, blauviolett, selten weiß. Bl eifg bis eifg-lanzettlich, unzerteilt, zuweilen fiederteilig. 0,10–0,30. ♃ i 6–8. **W. Z** z △ Rabatten; V (außer Sorten) Kaltkeimer ⚘ ○ ◐ (warmgemäß. bis gemäß. Eur.: Halbtrockenrasen, TrockenWSäume, – 2 Unterarten – subsp. *grandiflora*: Spreite am Grund keilig ⊕. – subsp. *pyrenaica* (GREN. et GODRON) A. et O. BOLÓS [*P. hastifolia*

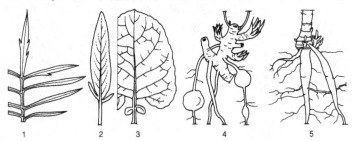

1    2    3    4    5

Brot.] : Spreite zumindest einiger Bl spießfg ⊖ – Sorten der Grandiflora-Gruppe: Kr weiß, rosa, karminrot. Sorten der Webbiana-Gruppe: Bl oft fiederspaltig bis -teilig, Kr hellblau, rosa, dunkelblau, weiß). **Großblütige B.** – *P. grandiflora* (L.) Scholler

**1\*** Oberstes StgBlPaar direkt am Grund des BStandes. Kr 8–18 mm lg . . . . . . . . . . . . **2**
**2** Kr gelblichweiß, 15–18 mm lg. Zumindest obere Bl fiederspaltig. 0,05–0,30. ⨄ i ∿ 6–8.
**W. Z** s △ Rabatten; ⩔ ⩔ ○ ◐ ⊕ (warmes bis warmgemäß. Eur.: Halbtrockenrasen, Trockengebüschsäume, kalkhold). [*P. alba* Pall. ex M. Bieb.]
**Weiße B.** – *P. laciniata* (L.) L.
**2\*** Kr blauviolett, selten weiß od. rosa, 8–16 mm lg. Alle Bl unzerteilt. GrundBl meist eifg-elliptisch, gestielt. 0,05–0,30. ⨄ i ∿ 6–9. **W. Z** v Rasenflächen; ⩔ Lichtkeimer ⩔ ○ ◐ (warmes bis kühles Eur., As. u. N-Am., Neuseel., Tasm., SO-Austr.: frische bis feuchte Wiesen u. Weiden, Parkrasen, Wegränder, frischere Halbtrockenrasen – Naturhybr mit *P. grandiflora*: *P.* × *spuria* Stapf, in Kult oft unter dem ungültigen Namen *P. incisa* 'Rubra': Kr karminrot, Pfl steril; △ Gräber). **Gewöhnliche B.** – *P. vulgaris* L.

Ähnlich: **Ysopblättrige B.** – *P. hyssopifolia* L.: Bl lineal-lanzettlich od. elliptisch-lanzettlich, sitzend. 0,10–0,40. ⨄ 5–8, **Z** s △; ⩔ ○ ⊕ (SW-Eur.: Kalkfelsen).

**Monarde, Indianernessel** – *Monarda* L.          12 Arten

Bem.: In Kultur fast nur von *M. didyma* u. *M. fistulosa* abstammende Sorten.

**1** BStände mit 2–7 ± voneinander entfernten Scheinquirlen. KrOLippe deutlich gebogen. K 5–9 mm lg. KZähne bis 1,5 mm lg. Kr gelblich mit purpurfarbenen Punkten. 0,30–1,00. ⨄ ⊙ ⊙ 7–10. **Z** s Staudenbeete; DuftPfl; ⩔ ⩔ ⌁ ○ (östl. u. südöstl. USA, N-Mex.: trockne sandige Böden – 1714). **Punktierte M.** – *M. punctata* L.

Ähnlich: **Zitronen-M.** – *M. citriodora* Cerv. ex Lag.: HochBlEnden begrannt. K 14–18 mm lg. KZähne 4–8 mm lg. Kr weiß od. rosa, ohne purpurfarbne Punkte. 0,15–0,80. ○ 6–8. **Z** s Sommerblumen-beete; DuftPfl, Tee, Insektizid in den USA; ○ ~ (mittl. u. südl. USA, N-Mex.: Kalksteinhänge).

**1\*** BStände mit einem endständigen Scheinquirl. KrOLippe gerade od. schwach gebogen . . . . . . . . . . . . . . . . . . . . . . . . . . . . . . . . . . . . . . . . . . . . . . . . . . . . . . . . . **2**
**2** Bl sitzend od. fast so. BlStiel < 5 mm lg. KSchlund behaart. Kr 25–35 mm lg, weiß bis hellpurpurn, mit purpurfarbenen Punkten. 0,50–0,80. ⨄ ⅄ 6–7. **Z** s Staudenbeete; ⩔ ⩔ ⌁ ○ ◐ (östl. u. südöstl. USA: lichte Wälder u. Gebüsche). [*M. bradburiana* Beck]
**Russel-M.** – *M. russeliana* Nutt. ex Sims
**2\*** Bl deutlich gestielt. BlStiel >5 mm lg . . . . . . . . . . . . . . . . . . . . . . . . . . . . . . . **3**
**3** KrOLippe kahl od. spärlich behaart. K 10–14 mm lg, am Schlund kahl od. schwach be-haart. Kr 30–45 mm lg, rot. 0,80–1,50. ⨄ ⅄ 7–9, vogelblütig. **Z** s; Sorten z Rabatten, Staudenbeete ⅄; Heil- u. DuftPfl in N-Am.; ⩔ ⩔ ⌁ ○ ◐, Sorten nur ⩔ ⌁ (östl. USA: feuchte Wälder u. Gebüsche – 1737 od. 1756 – ∞ Sorten: Abkömmlinge von *M. didyma* od. von Hybr mit *M. fistulosa*: unterschiedlich in BFarbe, Wuchshöhe u. Mehltau-resistenz, z. T. mit auffälligen HochBl). **Scharlach-M., Goldmelisse** – *M. didyma* L.
**3\*** KrOLippe weichhaarig, an der Spitze ± dicht zottig. K 7–10 mm lg, am Schlund dicht be-haart. Kr 20–35 mm lg, lila, rötlich od. weißlich. 0,80–1,20. ⨄ ⅄ 7–9. **Z** s; Sorten z

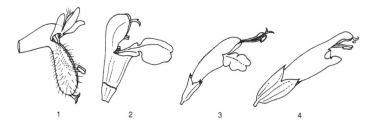

1          2          3          4

Rabatten, Staudenbeete ⚥; HeilPfl u. Gewürz in N-Am.; V ❦ ⅋ ○ ☾, Sorten nur ❦ ⅋ (warmes bis nördl. N-Am.: trockne Gebüsche, Waldlichtungen, Prärien, feuchte Wiesen – 1635). **Wilde M. –** *M. fistulosa* L.

**Perowskie –** *Perovskia* KAR.                                                                7 Arten

1   Bl doppelt fiederschnittig. BlAbschnitte linealisch (Abb. **509**/7). 0,60–1,50. ♄ ♄ 7–9.
Z z △ Trockenmauern; V ⅋ ○ ~ (Iran, Turkestan, Afgh., Mong.,W-Himal.: trockne Hänge, 900–2600 m – 1935).
                                   **Fiederschnittige P., Eberrauten-P.** – *P. abrotanoides* KAR.

1*  Bl unzerteilt od. fast so. BlRand gekerbt, gesägt od. kerbig-eingeschnitten (Abb. **509**/5).
0,60–1,80. ♄ ♄ 7–9. Z z △ Trockenmauern; V ⅋ ○ ~ (Afgh., Pakistan, W-Himal.:
EichenW, 950–2600 m – 1904 – Garten-Hybr mit *P. abrotanoides*, als 'Superba' od.
'Hybrida' im Handel: Bl fiederlappig bis -teilig (Abb. **509**/6), vor 1937 entstanden, **Z** z).
                                   **Silber-P., Meldenblättrige P. –** *P. atriplicifolia* BENTH.

**Salbei –** *Salvia* L.                                                                          900 Arten

1   Bl fiederschnittig, mit 4–6 Paar schmal linealischen Abschnitten (Abb. **510**/1). B ge-
dreht; KrULippe nach oben weisend (Abb. **511**/1). K 3–5(–6) mm lg. Kr 9–12(–14) mm
lg, violettblau. Stg mit abstehenden lg Haaren. 0,25–0,30(–0,60). ⚃ 6–9. **Z** s △; V ○
(Mazed.: um 280 m – 1922 – Sorte: 'Alba': Kr weiß).
                                                     **Mazedonischer S. –** *S. jurisicii* KOŠANIN

1*  Bl unzerteilt od. gelappt, zuweilen BlStiel od. Spreitengrund mit paarigen Anhängseln
(Abb. **510**/2,3). B nicht gedreht (Abb. **511**/2) . . . . . . . . . . . . . . . . . . . . . . . . . . . . . . . . **2**

2   Kr hellgelb. ULippe oft rot- od. hellbraun gezeichnet. Pfl drüsenhaarig. Bl ± spießfg
(Abb. **513**/2). 0,40–0,80. ⚃ PfahlwurzelPleiok 6–10. **W. Z** s Staudenbeete, Gehölz-
gruppen; V Dunkel- u. Kaltkeimer ❦ ○ ☾ (warmes bis warmgemäß. Eur., N-Türkei:
frische bis sickerfeuchte Schlucht- u. AuenW, Waldränder u.-schläge, basenhold – um
1600).                                                                          **Kleb-S. –** *S. glutinosa* L.

2*  Kr andersfarbig . . . . . . . . . . . . . . . . . . . . . . . . . . . . . . . . . . . . . . . . . . . . . . . . . . . . . . . . . **3**

3   KrRöhre innen mit ringfg Haarleiste (Abb. **511**/3) . . . . . . . . . . . . . . . . . . . . . . . . . . . **4**

3*  KrRöhre innen ohne ringfg Haarleiste, höchstens mit einer kurzen behaarten od. papil-
lösen Leiste od. einer bewimperten Schuppe (Abb. **512**/3) . . . . . . . . . . . . . . . . . . **5**

4   Winterharter Halbstrauch. BlSpreite lanzettlich, am Grund verschmälert od. abgerundet,
zuweilen mit paarigen Anhängseln (Abb. **510**/2). Scheinquirle 4–8(–10)blütig. KrRöhre
innen mit einem rechtwinklig zur Längsachse angeordneten Haarring (Abb. **511**/2). Kr
1,7–3(–3,5) cm lg, violett, selten weiß od. rosa. 0,20–1,00. ♄ i 5–7. **W. Z** z
Staudenbeete, Bauerngärten; **N** v HeilPfl, Gewürz; V, Sorten ⅋, ○ ⋏, Sorten ⌂ (W- u.
Z- Medit.: Felsfluren – mindestens seit dem 9. Jh. – einige weiß- u. rosablütige sowie
kräuselblättrige u. buntlaubige Sorten).                                 **Echter S. –** *S. officinalis* L.

Ähnlich: **Filziger S. –** *S. tomentosa* L.: BlSpreite länglich bis eifg mit herzfg Grund. 0,40–0,75. ♄ 6–7. **Z**
s Staudenbeete; V ⅋ ○ ⋏ (O-Medit., Krim, Türkei, Armenien: Kalkfelshänge, Macchien, 90–2000 m).

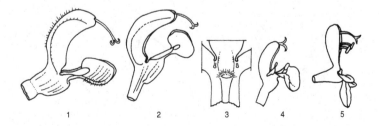

1                    2                    3          4                    5

**4\*** Staude. BlSpreite herzfg bis dreieckig, am BlStiel geöhrt (Abb. **510**/3). Scheinquirle 10–40blütig. KrRöhre innen mit einem schräg zur Längsachse angeordneten Haarring. Kr 0,8–1,5 cm lg, hell lilablau. 0,30–0,60. ♃ PfahlwurzelPleiok 6–9. **W. Z** s Staudenbeete, Rabatten; V Kaltkeimer ○ ⊕ (warmes bis gemäß. Eur., Türkei, N-Irak, N-Iran: felsige Orte, Steppen, sandige Ufer, Wiesen, Kiefern- u. EichenW, Felder, Wegränder – einige Sorten). **Quirl-S.** – *S. verticillata* L.

**5 (3)** Scheinquirle 2blütig. Kr 30–100 mm lg ............................... **6**

**5\*** Scheinquirle (3–)4–∞blütig. Kr (8–)10–35 mm lg (bei **10** bis 50 mm) .......... **7**

**6** Kr blau, selten weiß, Kr 30–100 mm lg. TragBl der Scheinquirle linealisch. BlSpreite dreieckig bis eifg, behaart (Abb. **513**/4). Wurzeln fleischig (Abb. **510**/5). KrOLippe länger als die KrRöhre od. so lg, etwas aufwärts gebogen. 0,50–0,80. ♃, meist kult ⊙ 6–9. **Z** s Sommerrabatten; V ▷ ○ ∧ ⓚ (Mex.: EichenW, 2500–2800 m – 1838 – einige Sorten). **Mexikanischer S.** – *S. patens* Cav.

**6\*** Kr scharlachrot, rosa od. schwarzblau, Kr 30–50 mm lg. TragBl der Scheinquirle eifg, groß, gefärbt, hinfällig. BlSpreite eifg, am Grund keilig bis fast herzfg, kahl (Abb. **513**/5). Wurzeln dünn. KrOLippe viel kürzer als die KrRöhre, die Richtung der KrRöhre fortsetzend (Abb. **511**/4). 0,30–1,50. ♃ ♄, kult ⊙ 5–9. **Z** v Sommerrabatten; V ▷ ○ ◖ (Bras. – 1822 – ∞ Sorten: Kr scharlachrot, lachsrot, purpurn, violett, weiß). **Glänzender S.** – *S. splendens* Sello ex Roem. et Schult.

**7 (5)** K gestutzt; die sehr kurzen KZähne sind wegen der oft dichten blauen od. weißen KBehaarung kaum zu erkennen. Kr bis 2,5 cm lg, blau, selten weiß. BStandsachse blau-, selten weißhaarig. Bl eifg-lanzettlich, länglich-lanzettlich od. lanzettlich (Abb. **513**/6). 0,30–0,80. ♃ ♄, kult ⊙ 5–10. **Z** v Sommerrabatten; V ▷ ○ (Texas, New Mex.: Prärien, Wiesen – 1847 – einige Sorten). **Mehl-S.** – *S. farinacea* Benth.

**7\*** K deutlich gezähnt .................................................. **8**

**8** KrOLippe die Richtung der KrRöhre fortsetzend, nicht aufwärts gebogen (Abb. **511**/3,4). KrRöhre meist länger als die KrOLippe (Ausnahme: *S. discolor*) .......... **9**

**8\*** KrOLippe meist ± aufwärts gebogen (Abb. **512**/1,2,4,5). KrRöhre meist kürzer als die KrOLippe od. so lg wie diese ........................................ **11**

**9** Kr schwarzblau. KrOLippe etwas kürzer als die KrULippe. BlSpreite länglich-eifg mit gerundetem Grund, ganzrandig, oseits grün, useits wie der K weißhaarig. 0,50–0,90. ♄ ♃ i 2–9. **Z** s Kübel, Sommerrabatten; V ○ ∧ ⓚ (Peru). **Peruanischer S.** – *S. discolor* Kunth

**9\*** Kr rot od. KrRöhre u. KrOLippe weiß u. KrULippe rosa; wenn Kr schwarzblau, dann KrOLippe deutlich länger als die KrULippe. BlRand gesägt od. gekerbt ......... **10**

1    2    3    4    5    6

**10** StaubBl die KrOLippe nicht überragend. KrOLippe länger als die KrULippe (Abb. **511**/4). K 1,5–2,2 cm lg. Kr 3–5 cm lg. Bl eifg (Abb. **513**/5), useits meist kahl.
        **Glänzender S.** – *S. splendens*, s. **6***

**10*** StaubBl die KrOLippe deutlich überragend (Abb. **511**/3). KrOLippe 3–6 mm lg, kürzer als die KrULippe. K 0,6–1 cm lg. Kr bis 3 cm lg. Bl dreieckig-eifg (Abb. **513**/3), useits weichhaarig. 0,30–0,60. ♃, kult ⊙ 6–10. **Z** z Sommerrabatten, Kübel; ∨ ▷ ○ ◐ ⑥ (südl. N.-Am., Mex., Westindien, trop. Am.: TrockenW – 1772 – einige Sorten: z. B. 'Coral Nymph': KrRöhre u. KrOLippe weiß, KrULippe rosa).
        **Scharlachroter S.** – *S. coccinea* Juss. ex Murray

Ähnlich: **Ananas-S., Honigmelonen-S.** – *S. elegans* Vahl: KrOLippe 8–11 mm lg, so lg wie die KrULippe od. etwas länger. Bl schwach nach Ananas duftend. 0,80–1,80. ♄, kult ⊙ 7–8. **Z** s Sommerrabatten; ⤳ ∨ ○ ⑥ (Mex., Guatem.: Tannen-, Kiefern- u. EichenW).

**11** **(8)** BStand vor der BZeit nickend, Schaft fast blattlos. KrOLippe u. KrRöhre fast einen rechten Winkel bildend (Abb. **512**/5). K 5–8 mm lg. Kr (8–)12–18 mm lg, blau bis violett. Spreite der RosettenBl eifg bis länglich mit herzfg Grund (Abb. **513**/1). 0,20–1,00. ♃ 6–8. **Z** s Staudenbeete; ∨ ○ ∼ (SO- u. O-Eur.: Steppen – 1780 – 1 Sorte).       **Nickender S.** – *S. nutans* L.

**11*** BStand vor der BZeit aufrecht, nicht nickend. KrOLippe u. KrRöhre einen stumpfen Winkel bildend ............................................ **12**

**12** Auffällige sterile HochBl (ohne achselständige B) am Ende des BStandes, hellviolett, purpurn od. weiß (Abb. **505**/1). BlSpreite eifg od. länglich, am Grund abgerundet od. herzfg (Abb. **514**/4). 0,15–0,50. ⊙ ⊙ 6–8. **Z** z Sommerblumenbeete; ○ ∼ (SO-Eur., SW-As.: trockne, sandige Orte, Wegränder, Äcker – 1600 – einige Sorten). [*S. horminum* L.]
        **Buntschopf-S.** – *S. viridis* L.

**12*** Auffällige sterile HochBl am Ende des BStandes fehlend .................... **13**

**13** Kr <20 mm lg .................................................... **14**

**13*** Kr >20 mm lg .................................................... **16**

**14** Bl wollig behaart (Abb. **514**/5). Kr weiß, 12–15 mm lg. 0,50–1,00. ⊙, ♃ kurzlebig i PfahlwurzelPleiok 6–8. **W. Z** s Staudenbeete; früher HeilPfl; ∨ ○ ∼ (warmes bis warmgemäß. Eur., VorderAs.: Steppen, Kalkfelshänge, Brachäcker, Wegränder, trockne Ruderalstellen).       **Ungarischer S.** – *S. aethiopis* L.

**14*** Bl flaumhaarig, kurzborstig od. kahl. Kr meist blau od. purpurviolett, selten rosa od. weiß .................................................................... **15**

**15** Bl meist stängelständig (Abb. **514**/2), wie der Stg fein grauflaumig, ohne Borsten u. Drüsenhaare. TragBl der Scheinquirle violett. Kr 8–15 mm lg (Abb. **512**/4). 0,30–0,70.

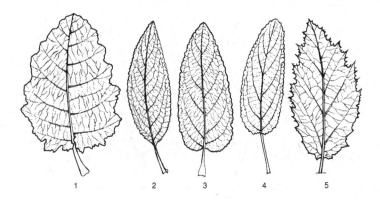

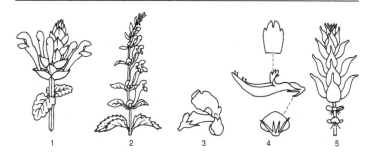

1     2     3     4     5

♃ PfahlwurzelPleiok (–5)6–7. **W. Z** v Staudenbeete; ⩒ Lichtkeimer ○ ~ (M- u. O-Eur., W-As.: Felssteppen, Brachäcker, ruderal beeinflusste Trocken- u. Halbtrockenrasen, Gebüschsäume, kalkhold – ∞ Sorten: Auslesen u. Hybr; Hybr z. B. mit *S. pratensis* u. *S. amplexicaulis* LAM.). **Steppen-S.** – *S. nemorosa* L.

**15\*** Bl meist grundständig, wie der Stg kurzborstig, dieser oberwärts drüsenhaarig. TragBl der Scheinquirle grün. Kr der ♀ Bl 10–15 mm lg. **Wiesen-S.** – *S. pratensis*, s. **17**

**16** **(13)** TragBl der Scheinquirle länger als der K, br herzfg, am Rand kurz bewimpert, lila, weinrot od. weiß. BStandsachsen mit einfachen Haaren u. Drüsenhaaren (Muskateller-Geruch). KZähne begrannt, stechend. Kr 20–28 mm lg, hellblau, rosa od. lila. KrRöhre innen auf der Bauchseite mit einer kleinen Schuppe (Abb. **512**/3). 0,50–1,10. ⊙, ♃ kurzlebig i PfahlwurzelPleiok 6–7. **W. Z** s Staudenbeete; früher HeilPfl, Gewürz; ⩒ ○ ~ (M- u. O-Eur., W-As.: Felshänge, Wälder, Felder, Wegränder, bis 2000 m – 9. Jh. – einige Sorten). **Muskateller-S.** – *S. sclarea* L.

**16\*** TragBl der Scheinquirle meist kürzer als der K, selten gleich lg . . . . . . . . . . . . . . . **17**

**17** Bl zerstreut u. kurz behaart od. kahl (Abb. **514**/3). Kr meist blau, zuweilen blauweiß, weiß od. rosa, bei ♂ Pfl 20–30 mm lg, bei ♀ Pfl 10–15 mm lg. KrRöhre innen ohne Schuppe (Abb. **512**/1). Spitzen der beiden seitlichen KBl der KOLippe zusammenneigend, ihre Nerven deshalb zur FrZeit einen fast geschlossenen Bogen bildend (Abb. **497**/4). Gynodiözische Art. 0,30–0,60. ♃ PfahlwurzelPleiok 5–8. **W. Z** s Staudenbeete; ⩒ ○ (warmgemäß. bis gemäß. Eur.: Trocken- u. Halbtrockenrasen, Ruderalstellen, TrockenW-Säume, basenhold – einige Sorten). **Wiesen-S.** – *S. pratensis* L.

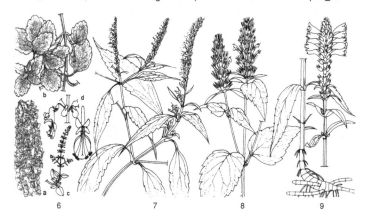

6     7     8     9

17* Bl zumindest useits ± dicht weißwollig. Kr meist weiß, zuweilen rosa-, gelb- od. blaugetönt. KrRöhre innen auf der Bauchseite mit einer kleinen Schuppe (s. auch Abb. **512/3**) . . . . . . . . . . . . . . . . . . . . . . . . . . . . . . . . . . . . . . . . . . . . . . . . . . . . . . . . . . **18**

18 TragBl der Scheinquirle ¹/₃ bis ²/₃ so lg od. gleichlg wie der K. Spitzen der beiden seitlichen KBl der KOLippe nicht zusammenneigend, ihre Nerven deshalb zur FrZeit fast gerade (Abb. **497/5**). Kr (15–)20–35 mm lg (Abb. **512/2**). Bl dicht weißwollig (Abb. **514/1**). 0,30–1,00. ⌇ 6–7. **Z** s Staudenbeete; **V** auch Selbstaussaat ○ ~ (S-Eur.: sandige Hänge, Kalkfelsen 300–2200 m – 1720).                       **Silberblatt-S. –** *S. argentea* L.

18* TragBl der Scheinquirle bis ¹/₃ so lg wie der K. Spitzen der beiden seitlichen KBl der KOLippe zusammenneigend. Kr 20–30 mm lg, am Grund ihrer ULippe mit einigen purpurnen Flecken. Stg oft gelblichgrün. Bis 0,60(–0,90). ⌇ 6–7. **Z** s Staudenbeete ⒶI; **V** ○ ~ Dränage ∧ (Alban., W-Griech., Türkei, Irak, Iran: Felsfluren).
                                      **Reinweißblütiger S. –** *S. candidissima* VAHL

**Helmkraut –** *Scutellaria* L.                                                  350 Arten

1 TragBl der Zymen von den LaubBl deutlich unterschieden, häutig, einen ± dichten, ± vierkantigen BStand bildend. B allseitswendig (Abb. **515/1**) . . . . . . . . . . . . . . . . . . **2**

1* TragBl der Zymen laubblattartig, nur wesentlich kleiner als die LaubBl, keine dichten, vierkantigen BStände bildend. B einseitswendig (Abb. **515/2**) (Ausnahme *S. incana*)
   . . . . . . . . . . . . . . . . . . . . . . . . . . . . . . . . . . . . . . . . . . . . . . . . . . . . . . . . . . . . . . . . . . . . **3**

2 Bl useits kahl od. flaumhaarig, gekerbt-gesägt, eifg, selten lanzettlich, 1–3 cm lg. Kr 2–2,5(–3,5) cm lg, blauviolett od. gelb. (0,05–)0,25–0,30(–0,50). ♄ ⌇ 5–7; **Z** s △; **V** ○ ⊕ (Unterarten: subsp. *alpina*: Bl u. HochBl ± flaumhaarig, KrOLippe blauviolett, ULippe oft weißlich (warmes u. warmgemäß. Eur.: Kalkfelsen, Triften – vor 17. Jh.); subsp. *supina* (L.) I. RICHARDSON: Bl u. HochBl ± kahl, Kr gelb (warmgemäß. O-Eur., Sibir.: Wiesen, Steppen)).                                                  **Alpen-H. –** *S. alpina* L.

2* Bl useits weißfilzig, tief gekerbt-gezähnt bis fiederschnittig, eifg-länglich bis br eifg, (0,5–)1–1,5(–3) cm lg. Kr 1,5–3,0(–3,5) cm lg. KrOLippe gelb, selten rosa (Abb. **515/1**). 0,10–0,30. ♄ 6–9. **Z** s △; **V** ○ ⊕ (S- u. SO-Eur., Türkei, Iran: trockne, felsige, kalkhaltige Orte – 1792 – variabel).                                                 **Orient-H. –** *S. orientalis* L.

3 **(1)** Bl eifg-lanzettlich bis lineal-lanzettlich, sitzend od. kurz gestielt, bis 5 cm lg u. 1,3 cm br, ganzrandig. Kr 20–25(–30) mm lg, blau. 0,15–0,50(–1,20). ⌇ 7–9. **Z** s △; Staudenbeete; HeilPfl (O-As.); **V** ○ ⊕ (Mong., O-Sibir., China: trockne, steinige Hänge, Steppen, Brachäcker, Flussufer, 100–2000 m – 1827 – 1 Sorte). [*S. macrantha* FISCH.]
                                      **Chinesisches H., Baikal-H. –** *S. baicalensis* GEORGI

3* Bl elliptisch bis eifg, gestielt, bis 15 cm lg u. 7 cm br, gesägt od. gekerbt-gesägt. K ± grün, locker mit einfachen Haaren u. Drüsenhaaren. Kr 12–16(–18) mm lg, blau. (Abb.

**490**/4, 5; Abb. **515**, 17/2). 0,30–1,00. ♃ ℓ 6–7. **Z** s Staudenbeete; V ♥ ○ ◑ (warmes bis warmgemäß. Eur.: wärmeliebende LaubW; eingeb. in Z-Eur.).

**Hohes H.** – *S. altissima* L.

Ähnlich: **Weißgraues H.** – *S. incana* SPRENG. [*S. canescens* NUTT.]: K grau, dicht mit anliegenden Haaren, ohne Drüsenhaare. Kr 18–25 mm lg. 0,30–1,00. ♃ ℓ 6–9. **Z** s Staudenbeete; V ♥ ○ ◑ (mittlere u. südöstl. USA: Waldlichtungen u. TrockenW).

## Familie **Fächerblumengewächse** – *Goodeniaceae* R. BR. 400 Arten

**Fächerblume, Spaltglocke** – *Scaevola* L. 96 Arten

Lit.: CAROLIN, R. C. 1992: *Scaevola*. In: Flora of Australia Vol. **35**: 84–146. Canberra.

Stg aufrecht od. liegend-aufsteigend, verzweigt, wie die Bl mit dicken, angedrückten, gelblichen Haaren fast kahl, an den Knoten nicht wurzelnd. Bl nicht sukkulent, verkehrteifg bis spatelfg, behaart, untere 1–9 × 0,4–3 cm, am Grund in den Stiel verschmälert; obere verkehrteilanzettlich, ca. 1 cm lg, sitzend, gesägt bis ganzrandig. B ∞, sitzend, in endständigen, bis 25 cm lg Ähren. Kr 10–25(–30) mm ∅, blau od. tief blauviolett, selten weiß bis blassblau, die Röhre oben bis zum Grund geschlitzt, außen behaart, die 5 Abschnitte fächerfg nach einer Seite gerichtet (Abb. **518**/1 b), innen am Grund bärtig, außen in der Mitte behaart. KZipfel 0,5 mm lg, br 3eckig. Griffel unterhalb des bewimperten Narbenbechers mit einer Gruppe steifer Haare, diese so lg wie der Narbenbecher (Abb. **518**/1 c). 0,15(–0,50). ♃ i (4–)5–10. **Z** z Ampeln, Balkonkästen; nur vegetative Triebe ⌁ Dezember bis März ◔ bei 20–22 °C, dann kühler, mehrfach wenig stutzen, Mitte leicht verkahlend ○ ◑ ≈ Regenwasser, nicht staunass, Boden nährstoffreich ⊖ (SO-Austr., Tasm.: offne, trockne Sand- u. Lehmböden, Trockenbusch – Ende 20. Jh.? – mehrere Sorten, z. B. 'Blue Wonder': B blauviolett, Bl smaragdgrün; 'Brilliant': B blau).

**Blauviolette F.** – *S. aemula* R. BR.

Bem.: Der zuweilen für diese Art gebrauchte Name *S. saligna* G. FORST. kann als Nomen nudum (von G. Forster 1786 ohne Beschreibung aus Neukaledonien genannt) nicht verwendet werden.

Ähnlich: **Hooker-F.** – *S. hookeri* F. MUELL. ex HOOK. f.: Stg kriechend, an den Knoten wurzelnd, Haare nicht angedrückt. KZipfel fehlend. B 5–8 mm lg gestielt. Kr 8–10 mm lg, innen weiß, außen matt rötlichbraun. Frosthart? (SO-Austr., Tasman.: Gebirge bis alp., offner, feuchter Boden). – Weitere Arten sind seltene Kalthauspflanzen, z. B. **Ringelblumen-F.** – *S. calendulacea* (ANDREWS) DRUCE: Stg niederliegend, verholzt, behaart, verzweigt. Bl ganzrandig, ledrig. Kr blau. OSeite des Narbenbechers mit wenigen, kurzen Haaren am Grund. ♃ i 0,20–0,40. **Z** s (SO-Austr.: Küsten-Sanddünen).

## Familie **Glockenblumengewächse** – *Campanulaceae* JUSS.

[incl. Lobeliengewächse – *Lobeliaceae* JUSS.] 1950 Arten

**1** B dorsiventral (Abb. **538**/1–4); wenn bei *Pratia*, **2**, u. *Laurentia*, **3**, fast radiär mit 5 sternfg ausgebreiteten KrZipfeln (Abb. **518**/2b, **536**/4), dann KrRöhre an einer Seite bis zum Grund gespalten od. Bl fiederschnittig (Abb. **518**/2a). FrKn 2fächrig. StaubBl zu einer Röhre verwachsen (subfam. *Lobelioideae*) . . . . . . . . . . . . . . . . . . . . . . . . . **2**

**1*** B radiär, glockig, trichter- od. schüsselfg od. röhrig, dann zuweilen gekrümmt, selten 7–10teilig und dann KrZipfel abstehend bis zurückgekrümmt. KrRöhre nicht einseitig bis zum Grund gespalten, Bl nicht fiederschnittig. FrKn 2-, 3-, 5- od. 7–10fächrig. StaubBl frei, höchstens die Staubbeutel verwachsen (subfam. *Campanuloideae*) . . **4**

**2** Fr eine Beere. Kriechende, rasenbildende, < 5 cm hohe Stauden (Abb. **536**/4).

**Teppichlobelie** – *Pratia* S. 537

**2*** Fr eine Kapsel. Einjährige Kräuter od. aufrechte Stauden, > 8 cm hoch . . . . . . . . **3**

**3** StgBl unregelmäßig fiederschnittig, Mittelrippe linealisch, entfernt gezähnt (Abb. **518**/2a). Pfl kult ⊙. B aufrecht. KrRöhre nicht gespalten. **Laurentie** – *Laurentia* S. 537

**3\*** Bl unzerteilt, gezähnt, gesägt od. ganzrandig, höchstens untere fiederteilig. Pfl ⚥ od. ⊙.
B schräg aufrecht od. seitlich abstehend. KrRöhre gespalten (Abb. **538**/1–4).
                                                          **Lobelie** – *Lobelia* S. 537
**4** (1) Staubbeutel verwachsen. Kr glockig od. schmal trichterfg . . . . . . . . . . . . . . . . **5**
**4\*** Staubbeutel frei. Kr glockig, röhren-, schalen- od. sternfg od. zurückgeschlagen . . **6**
**5** Kr glockig. Fr eine sich seitlich am Grund öffnende Kapsel. Bl rundlich u. gelappt (Abb.
**529**/1), herzeifg (Abb. **529**/2) od. eifg-lanzettlich bis verkehrteifg, deutlich gezähnt od.
gesägt.                                              **Steinglocke** – *Symphyandra* S. 528
**5\*** Kr schmal trichterfg. Fr sich an der Spitze öffnend. Bl lineal-lanzettlich, (fast) ganzran-
dig, ihr Rand zuweilen wellig. B in dichten, am Grund von HüllBl umgebenen Köpfen.
                                                          **Jasione** – *Jasione* S. 537
**6** (4) Kr fast bis zum Grund 7–10teilig, mit schmalen, abstehenden od. zurückgekrümm-
ten Abschnitten (Abb. **530**/4). StaubBl u. FrKnFächer 7–10.
                                                **Türkenglocke** – *Michauxia* S. 531
**6\*** KrZipfel u. StaubBl 5, ausnahmsweise 4 od. bei abnormen Endblüten mehr. FrKn-
Fächer 5–2 . . . . . . . . . . . . . . . . . . . . . . . . . . . . . . . . . . . . . . . . . . . . . . . . . . . . . . **7**
**7** Kapsel sich seitlich (unterhalb von K u. Kr) mit Klappen od. Poren öffnend . . . . . . **8**
**7\*** Kapsel sich an der Spitze (oberhalb von K u. Kr) öffnend (Abb. **534**/1, **536**/3) . . . . **13**
**8** Kr schmal röhrig, vor dem Aufblühen oft gekrümmt, nach dem Aufblühen bis zum
Grund in schmale, bandfg Abschnitte getrennt od. verbunden beibend. B in dichten,
kopfigen od. ährenfg BStänden (Abb. **532**/1–3) . . . . . . . . . . . . . . . . . . . . . . . . . . . **9**
**8\*** Kr glockig, trichter-, schüssel- od. sternfg; wenn schmal röhrig, dann nicht in dichten
kopfigen od. ährenfg BStänden u. nicht gekrümmt . . . . . . . . . . . . . . . . . . . . . . . . . **11**
**9** KrRöhre nach dem Aufblühen in 5 bandfg Abschnitte getrennt (Abb. **532**/3). Staubfäden
am Grund verbreitert.                          **Teufelskralle** – *Phyteuma* S. 532
**9\*** KrRöhre nach dem Aufblühen nur an der Spitze geöffnet (Abb. **532**/1, 4). Staubfäden
am Grund nicht verbreitert . . . . . . . . . . . . . . . . . . . . . . . . . . . . . . . . . . . . . . . . . . . **10**
**10** KrRöhre vor dem Aufblühen gekrümmt, am Grund eifg-bauchig, blassviolett, gegen die
schnabelfg Spitze dunkel blauviolett (Abb. **532**/1). Kapsel kegelfg, sich in der oberen
Hälfte mit 2–3 Poren öffnend.          **Schopfteufelskralle** – *Physoplexis* S. 533
**10\*** KrRöhre gerade, an der Spitze 5lappig (Abb. **532**/4). Kapsel fast kuglig, sich nahe dem
Grund mit Klappen od. Deckeln öffnend.            **Halskraut** – *Trachelium* S. 531
**11** (8) Griffelbasis von einem becher- od. röhrenfg Drüsenring umgeben (Abb. **518**/3).
Meist aufrechte, >30 cm hohe Stauden ohne Rosetten. B glockig, in Rispen od. Trau-
ben. Kapsel sich am Grund mit 3 nach oben gerichteten Klappen öffnend.
                                          **Schellenblume** – *Adenophora* S. 529
**11\*** Unterer Teil des Griffels nicht von becher- od. röhrenfg Drüsenring umgeben. Wuchs-
höhe, BForm u. BStand unterschiedlich. Kapsel sich mit Poren öffnend . . . . . . . . **12**

**12** Kapsel walzenfg, kantig. Pfl ☉. Kr schüsselfg. **Venusspiegel** – *Legousia* S. 531
**12\*** Kapsel verkehrt kegelfg bis rundlich. Pfl ♃, ☉ od. ⊛. Kr glocken-, schalen- od. sternfg.
⠀⠀⠀⠀⠀⠀⠀⠀⠀⠀⠀⠀⠀⠀⠀⠀⠀⠀⠀⠀⠀⠀⠀⠀⠀⠀⠀⠀⠀⠀⠀⠀⠀**Glockenblume** – *Campanula* S. 519
**13** **(7)** Bl linealisch, grasartig bis schmal spatelfg, <5 mm br, ganzrandig. Kapsel an der
⠀⠀⠀⠀Spitze unregelmäßig aufreißend. Pfl horstbildend, <15 cm hoch (Abb. **536**/1–2).
⠀⠀⠀⠀Staubfäden am Grund verbreitert. **Büschelglocke** – *Edraianthus* S. 536
**13\*** Bl eifg od. rundlich, meist gezähnt od. gelappt, >5 mm br. Kapsel sich an der Spitze mit
⠀⠀⠀⠀Klappen öffnend . . . . . . . . . . . . . . . . . . . . . . . . . . . . . . . . . . . . . . . . . . . . . . . . . . . . . . **14**
**14** FrKn oberständig. K mit kurz 3eckigen Abschnitten, seine Basis aufgeblasen, mit dem
⠀⠀⠀⠀FrKn nicht verwachsen. B einzeln endständig. **Blauröhre** – *Cyananthus* S. 534
**14\*** FrKn unterständig, mit der KRöhre verwachsen. B in Trauben od. blattachselständig **15**
**15** Einjähriges Kraut, <50 cm hoch, od. kriechende Staude mit rundlichen, br 3eckig
⠀⠀⠀⠀gelappten Bl. Kapsel sich zwischen den KZipfeln öffnend.
⠀⠀⠀⠀⠀⠀⠀⠀⠀⠀⠀⠀⠀⠀⠀⠀⠀⠀⠀⠀⠀⠀⠀⠀**Wahlenbergie** – *Wahlenbergia* S. 535
**15\*** Aufrechte od. aufsteigende Stauden od. Kletterpflanzen. Kapsel sich vor (über) den
⠀⠀⠀⠀KelchBl mit Klappen öffnend (Abb. **534**/1–4, **536**/3) . . . . . . . . . . . . . . . . . . . . . . . **16**
**16** Staude, 0,15–0,70 m hoch. Kr in der Knospe glühlampenähnlich aufgeblasen, hellblau,
⠀⠀⠀⠀weiß od. rosa, Nerven nicht dunkel u. anders gefärbt. Bl eifg-lanzettlich, gesägt, untere
⠀⠀⠀⠀quirlig, fast sitzend, useits blass blaugrün (Abb. **536**/3).
⠀⠀⠀⠀⠀⠀⠀⠀⠀⠀⠀⠀⠀⠀⠀⠀⠀⠀⠀⠀⠀**Ballonblume** – *Platycodon* S. 537
**16\*** Windende KletterPfl, seltener aufrechte Stauden. Kr in der Knospe nicht glühlampenfg
⠀⠀⠀⠀aufgeblasen, grünlich, gelblich od. blasspurpurn, seltener hellblau, mit dunkleren,
⠀⠀⠀⠀anders gefärbten Nerven. Flecken, oft mit Raubtiergeruch, glocken- od. sternfg, Bl
⠀⠀⠀⠀ganzrandig od. gezähnt. **Glockenwinde** – *Codonopsis* S. 533

**Glockenblume** – *Campanula* L. ⠀⠀⠀⠀⠀⠀⠀⠀⠀⠀⠀300–400 Arten

Lit.: Damboldt, J. 1965: Zytotaxonomische Revision der isophyllen *Campanulae* in Europa. Bot. Jb.
**84**: 302–358. – Köhlein, F. 1986: Enziane und Glockenblumen. Stuttgart. – Crook, H. 1951: Campa-
nulas, their cultivation and classification. London. – Lewis, P., Lynch, M. 1998: Campanulas – a garde-
ners guide. London. – Podlech, D. 1965: Revision der europäischen und nordafrikanischen Vertreter
der subsect. *Heterophylla* (Wit.) Fed. der Gattung *Campanula*. Feddes Repert. **71**: 50–187.

**1** B sitzend, sehr ∞, schmal glockig-trichterfg, in dichten, ähren- bis kolbenfg od. kopfigen
⠀⠀BStänden. Pfl borstig behaart. Kr behaart, aufrecht od. abstehend . . . . . . . . . . . . **2**
**1\*** B wenigstens kurz (>2 mm) gestielt, wenn fast sitzend, dann Kr flach sternfg od. br
⠀⠀schüsselfg. Pfl kahl od. behaart. Kr kahl od. behaart, aufrecht, abstehend od. nickend ⠀**4**
**2** B in seiten- u. endständigen Köpfen (Abb. **519**/1). Untere Bl eilanzettlich bis elliptisch,
⠀⠀deutlich lg gestielt, obere schmaler, kurz gestielt bis sitzend, gekerbt. Pfl ♃. Kr 2,5–4
⠀⠀cm lg, blauviolett od. weiß. (15–)30–60(–80). ♃ i ⌣ kurze ∿∿ 6(–8). **W**. **Z** v Rabatten;
⠀⠀∨ Selbstaussaat Lichtkeimer ⚘ ○ ⊕ (gemäß. Waldsteppen- u. Waldgebiete Eurasiens:
⠀⠀Halbtrockenrasen, Trockengebüschsäume – 1561 – einige Sorten: Stg auch <20 cm,

1⠀⠀⠀⠀⠀⠀⠀⠀⠀⠀2⠀⠀⠀⠀⠀⠀⠀⠀⠀⠀3⠀⠀⠀⠀⠀⠀⠀⠀⠀⠀4

Kr auch weiß, dazu 'Dahurica' [*C. glomerata* var. *dahurica* Fisch.]: Kr dunkelviolett; ist
nicht subsp. *canescens* (Maxim.) Beauv. [*C. cephalotes* Nakai] mit kleinerer, außen
behaarter Kr u. useits dicht behaarten Bl aus O-Sibir., Fernost, NO-China, Kyushu).
                                                                     **Knäuel-G.** – *C. glomerata* L.
2\* B in dichten, nur am Grund unterbrochenen Ähren. Untere Bl in dichter Rosette, läng-
lich-lanzettlich, in den br Blattstiel verschmälert. Pfl nach dem Fruchten absterbend
(hapaxanth) . . . . . . . . . . . . . . . . . . . . . . . . . . . . . . . . . . . . . . . . . . . . . . . . . . . . . . . . . . . . **3**
3  Kr blassgelb. BStand kolbenfg. Obere Bl ganzrandig, halbstängelumfassend sitzend.
(0,10–)0,20–0,60(–1,20). ⊛ i, kult ☉ 7–8. **W. Z** s △; ∀ Selbstaussaat ○ ⊕ Boden nähr-
stoffreich.                                                           **Strauß-G.** – *C. thyrsoides* L.

  1  TragBl höchstens so lg wie die B. Kr blassgelb. 0,20–0,60. **W** (Kalkalpen, Jura: subalp.-alp. frische
     steinige Rasen, Felsen 1500–2800 m – 1785 – ▽).                                          subsp. *thyrsoides*
  1\* TragBl doppelt so lg wie die B. Kr weißgelb. 0,30–0,80(–1,20) (Karnische Alpen, Kroat.: mont. fel-
     sige Rasen).                    **Krainer Strauß-G.** – subsp. *carniolica* (Sünd.) Podlech

3\* B blauviolett, selten weiß. 0,20–1,00. ⊛ i, kult ☉ 6–7. **Z** s Rabatten; ∀ ○ ⊕ ∧ (W- u.
S-Alpen: Felsen, steinige Trockenrasen, Geröll, 200–2200 m – 1783).
                                                                     **Ährige G.** – *C. spicata* L.
4  (1) Pfl > 30 cm hoch, nicht polster- od. rasenbildend, mehrblütig (vgl. auch *C. rotundi-
folia*, **40**: selten bis 60 cm u. *C. patula*, **8\***: selten < 30 cm hoch) . . . . . . . . . . . . . . **5**
4\* Pfl < 30 cm hoch (vgl. auch Zwergformen von *C. persicifolia*, **7**, u. *C. lactiflora*, **13**). Stg
oft ∞, oft polster- od. rasenbildend, 1- od. mehrblütig . . . . . . . . . . . . . . . . . . . . . . **16**
5  Narben u. Kapselfächer 5 (3 bei der ähnlichen *C. speciosa*, s. u.). Kr 3–5 cm lg,
weitröhrig, blau, weiß od. rosa, die br Kronzipfel zurückgerollt. Buchten zwischen den
KZipfeln mit herabgeschlagenen, blasig aufgetriebenen, stechend borstigen Anhäng-
seln, die den FrKn bedecken (Abb. **519/2**). GrundBl spatelfg, in den geflügelten Stiel
verschmälert, gekerbt-gesägt, in ∞blättriger Rosette. (0,30–)0,60–0,90. ☉ i 6(–9). **W. Z**
v Rabatten, Bauerngärten ⚥; ∀ Juni, auch Selbstaussaat ○ Boden nährstoffreich (SO-
Frankr., N-Apennin: steinige Hänge, Gebüsch, Bergrutschfluren, 50–1500 m – 16. Jh.
– verw. – einige Sorten: Kr auch gefüllt).                           **Marien-G.** – *C. medium* L.

Ähnlich: **Pyrenäen-G.** – *C. speciosa* Pourr.: Narben u. FrFächer 3. GrundBl linealzettlich.
0,30–0,45. ☉ ⊛ 6–9. **Z** s △; ∀ ⓐ (M- u. O-Pyr., Cevennen: 600–1820 m – 1820).

5\* Narben u. FrFächer 3. Buchten zwischen den KZipfeln mit od. ohne Anhängsel . . **6**
6  GrundBl in den br Stiel verschmälert, schmal länglich-lanzettlich od. spatelfg, < 25 mm
br . . . . . . . . . . . . . . . . . . . . . . . . . . . . . . . . . . . . . . . . . . . . . . . . . . . . . . . . . . . . . . . . **7**
6\* GrundBl deutlich gestielt od. sitzend, herzfg-rundlich, eifg od. eifg-lanzettlich, meist > 25
mm br . . . . . . . . . . . . . . . . . . . . . . . . . . . . . . . . . . . . . . . . . . . . . . . . . . . . . . . . . . . . . . **9**
7  Kr weitglockig bis schüsselfg (Abb. **519/3**), 25–30(–50) mm lg u. br. KZipfel lanzettlich.
B gestielt, z. T. fast sitzend, aufrecht bis geneigt. Bl meist kahl, etwas ledrig, glänzend.
GrundBl immergrün. (0,15–)0,40–1,00. ⚇ i kurze ∿∿ (5–)6(–7). **W. Z** v Rabatten ⚥; ∀
Lichtkeimer Selbstaussaat ∿ ○ ◑ (∞ Sorten: Kr weiß, blau, rosa, gefüllt, halbgefüllt,
Zwergformen 0,15–0,20).                                  **Pfirsichblättrige G.** – *C. persicifolia* L.

  1  B in lockerer Traube, alle gestielt. 0,30–0,80. **W. Z** v (Z- u. O-Eur., Gebirge von S-Eur.: TrockenW,
     Wald- u. Gebüschsäume – 1554).                                           subsp. *persicifolia*
  1\* B in dichter, lg Traube, z. T. fast sitzend. Kr sehr flach. 0,50–1,00. **Z** v (Balkan – 1831). [*C. grandis*
     Fisch. et C. A. Mey., *C. latiloba* A. DC.]
                                     **Große Pfirsichblättrige G.** – subsp. *sessiliflora* (K. Koch) Velen.

7\* Kr trichterfg. KZipfel pfriemlich. GrundBl kurzhaarig (selten kahl?) . . . . . . . . . . . . **8**
8  BStand lg u. schmal rispig, fast traubig. Kr hell blauviolett. Seitliche BStiele nahe dem
Grund mit 2 VorBl. Hauptwurzel rübenfg verdickt. 0,30–0,80(–1,00). ☉ i Rübe 6–8. **W.**
Bis 19. Jh. **N** in Gärten: Rüben als Salat u. Kochgemüse; ∀ ○ (Bergland von S-Eur. bis
1400 m, westl. M-Eur., im östl. M-Eur. eingebürgert: Halbtrockenrasen, Trockenge-
büschsäume).                                                         **Rapunzel-G.** – *C. rapunculus* L.

**8\*** BStand locker ausgebreitet rispig. Kr rötlich violett. Seitliche BStiele nahe der Mitte mit 2 VorBl. Stg dünn, aufrecht, von kurzen, steifen Haaren rau. 0,15–0,70. ⊙ ⚁ i 6–8.
**Wiesen-G.** – *C. p̲a̲tula* L.

**1** Pfl ⊙. Kr 2,0–3,5 cm lg. 0,25–0,70. **W**. **Z** s? Naturgärten, Wiesen; **V** Selbstaussaat (S-, M- u. N-Eur: Fettwiesen, Waldränder). subsp. *p̲a̲tula*

**1\*** Pfl ⚁, mit unterirdischen Ausläufern. Kr bis 4,5 cm lg (Abb. **518**/4). 0,15–0,30. **Z** s △; '♈' **V** ○ (Karp., N-Balkan: frische Bergwiesen – 1901). subsp. *abiet̲i̲na* (GRISEB.) SIMONK.

**9** **(6)** Kr sternfg bis weitglockig od. schüsselfg, aufrecht abstehend. Pfl kahl . . . . . . . **10**

**9\*** Kr glockig, röhrig od. trichterfg, nickend od. abstehend, selten aufrecht. Bl u./od. B behaart . . . . . . . . . . . . . . . . . . . . . . . . . . . . . . . . . . . . . . . . . . . . . . . . . . . . . . . . **11**

**10** Stg aufrecht, kaum verzweigt, >0,80 (Abb. **519**/4). B zu dritt in den BlAchseln, kurz gestielt, in lg, schmaler Rispe. Kapsel rund, Poren in ihrer Mitte. GrundBl br eifg-länglich bis herzfg, grob drüsig gesägt, glänzend, lg gestielt. Kr sternfg bis weitglockig, hell blauviolett, blassblau, selten weiß, 20–26 mm lg, bis 30(–50) mm br. 0,80–1,50. ⊛, kult ⊙ i 6–8. **Z** z Rabatten, Terrassen, Trockenmauern ⚘ Altarschmuck; **V** Selbstaussaat ▷, auch ⋌⋏: basale Seitentriebe ⌃ ⓚ (NO-It. bis Alban.: Kalkfelsen, Mauern, steinige Triften, 5–935 m –1569). **Pyramiden-G.** – *C. pyramid̲a̲lis* L.

Ähnlich: **Verschiedenfarbige G.** – *C. vers̲i̲color* ANDREWS: KrMitte rötlichviolett, umgeben von weißem Ring u. blaulila KrZipfeln, mit Nelkenduft. Pfl nur 0,40–0,75. **Z** s Rabatten; **V** ⌃ (SO-Italien, Balkan bis S-Griech., Bulg.: Felsklippen der unteren Waldstufe).

**10\*** Stg aufrecht od. aufsteigend, verzweigt, bis 0,50 hoch. B einzeln. Kapsel eifg-zylindrisch, Poren nahe dem oberen Rand. GrundBl rundlich od. herzfg, grob gezähnt, Spreite 2,5–5 cm lg. Kr schüsselfg, 30–40 mm br, ihre Zipfel br halbrund, stumpf od. zugespitzt (Abb. **521**/1). (0,10–)0,30–0,50. ⚁ i Pleiok (5–)6(–8). **Z** v △ Trockenmauern; **V** Selbstaussaat, Lichtkeimer ⋌⋏ ○ ◖ ⊕ Schnecken! (S- u. O-Karp.: Felsbänder im BergW – 1770 – *C. carp̲a̲tica* var. *turbin̲a̲ta* (SCHOTT, NYMAN et KOTSCHY) NYMAN: kompakte Zwergform 0,10–0,15, B bis 50 mm br, oft als *C. r̲a̲ineri* geführt (s. **30**) – ∞ Sorten: Kr dunkelblau, dunkelviolett, hellviolett mit weißer Mitte – Hybr: *C. carp̲a̲tica* var. *turbin̲a̲ta* × *C. r̲a̲ineri*: *C.* × *pseudor̲a̲ineri* hort.: Bl grau behaart; *C. carp̲a̲tica* var. *turbin̲a̲ta* od. *C. p̲u̲lla* × *C. waldstein̲i̲ana*: *C.* × *stansf̲i̲eldii* hort.: Kr breitglockig, aufrecht bis nickend, violett; *C. carp̲a̲tica* × *C. cochleariif̲o̲lia*: *C.* × *haylodg̲e̲nsis* hort.: BlSpreite nur 1(–2) cm lg; Sorte 'Warley White': Kr gefüllt mit 4 KrWirteln, lavendelblau, sommergrün). **Karpaten-G.** – *C. carp̲a̲tica* JACQ.

**11** **(9)** KAnhängsel (zurückgeschlagene Buchten zwischen den KZipfeln) vorhanden (s. auch **15\*** *C. gross̲e̲kii*). B hängend. Kr innen bärtig, cremeweiß, rötlich porzellanweiß, rot, selten blaugrau od. weiß . . . . . . . . . . . . . . . . . . . . . . . . . . . . . . . . . . . . . . . **12**

**11\*** KAnhängsel fehlend. B hängend od. abstehend. Kr blauviolett, blau od. weiß. Bl nicht filzig behaart . . . . . . . . . . . . . . . . . . . . . . . . . . . . . . . . . . . . . . . . . . . . . . . . . . . . . **13**

**12** Kr der Wildform rötlichweiß, innen dunkelrot bis kastanienbraun punktiert, hängend, röhrig, in der Mitte bauchig, KrZipfel vorwärts gerichtet (Abb. **521**/2). Untere Bl spitz

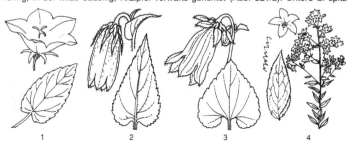

1        2        3        4

herzfg, Spreite 5–8 × 1,5–4 cm, lg gestielt, runzlig-nervig, behaart, tief gesägt. B zu 2–3 locker gruppiert. KZipfel schräg abstehend. (0,20–)0,40–0,60. ⌘ ⤳ 6–7. **Z** z △ Rabatten; Ⅴ ⅴ ○ ☽ Windschutz, ⊖ Humus (Fernost, O-Sibir., Korea, Japan, N-China: steinige Bergwaldhänge, Flussufer-Sandbänke, Gebüsch – 1813 – ∞ Sorten, z. B. 'Burghaltii': Kr grau-lavendelblau, KrZipfel spreizend; 'Sarastro': tiefviolett; 'Van Houttei': blauviolett, alle Hybr *C. latifolia* × *C. punctata*, 0,60; 'Nana alba': weiß, 0,15–0,20; 'Reifrock': gefüllt; var. *hondoensis* (Kɪᴛᴀᴍ.) Oʜᴡɪ: ohne KAnhängsel).

**Punktierte G.** – *C. punctata* Lᴀᴍ.

Ähnlich: **Korea-G.** – *C. takesimana* Nᴀᴋᴀɪ [*C. punctata* var. *takesimana* (Nᴀᴋᴀɪ) Lᴇᴇ]: KZipfel angedrückt. Bl breit herzfg, Spreite 5–9 × 3,5–8 cm, tief runzlig-netznervig. **Z** s Rabatten △; Ⅴ ○ ☽ ≃ Boden sandig-torfig (Korea: Insel Ullung-do – Sorten: 'Elisabeth': Kr purpur, kastanienbraun punktiert; 'Kent Belle' [*C. latifolia* × *C. takesimana*]: Kr violett).

Bem.: Die Sippe ist noch nicht gültig beschrieben worden, sie verdient wohl nur den Rang einer Unterart.

**12\*** Kr cremeweiß, innen nicht punktiert. Bl br herzfg, useits grauweiß filzig behaart, untere lg gestielt (Abb. **521**/3). B in lockerer, einseitswendiger Traube. 0,40–0,60(–0,70). ⌘ i PleiokRübe 6–7. **W. Z** z ⚥ △ Gebüschränder; Ⅴ ○ ☽, nicht ≃, auswildernd! (Kauk., Transkauk., NO-Türkei: Kalkfelsbänder u. Klippen im Bergwald, 300–1830 m; verw. in W- u. Z-Eur. – 1803). **Knoblauchraukenblättrige G.** – *C. alliariifolia* Wɪʟʟᴅ.

Ähnlich: **Sarmatische G.** – *C. sarmatica* Kᴇʀ Gᴀᴡʟ.: Kr hell graublau. Pfl kleiner. 0,30–0,60. ⌘ ⅄; **Z** s Gehölzgruppen △ ⚥; Ⅴ ○ ☽ Boden locker humos (Großer Kauk.: steinig-felsige Standorte, mont. bis subalp. – 1803).

**13** **(11)** Stg dicht beblättert mit sehr kurz gestielten bis sitzenden, br eifg-lanzettlichen, doppelt gesägten, am Rand gewimperten Bl. B ∞, gestielt, in Doppeltrauben; Zweige aufrecht abstehend (Abb. **521**/4). Kapsel aufrecht, ihre Poren dicht unterm Kelch. Kr br glockig, bis ½ geteilt, 15–25 mm br, KrZipfel weit ausgebreitet. 0,40–1,00(–1,50). ⌘ ⅄ 6–7(–8). **Z** z Staudenbeete, Gehölzränder; ⅴ Ⅴ Selbstaussaat ○ ☽ Boden nährstoffreich ≃ (NO-Türkei, Kauk., NW-Iran: feuchte Wälder, Hochstaudenfluren, subalp. Wiesen, 600–2500 m – 1814 – einige Sorten: Kr weiß, lavendelblau, dunkelviolett; 'Pouffe': 0,25). [*C. biserrata* K. Kᴏᴄʜ] **Riesen-G.** – *C. lactiflora* M. Bɪᴇʙ.

**13\*** Untere StgBl deutlich gestielt. B kurz gestielt, z. T. fast sitzend. Kapsel nickend, ihre Poren basal ................................................................................................ **14**

**14** Kr bis 3,5 cm lg, blass blauviolett, bis ⅓ eingeschnitten. KZipfel zur BZeit abstehend, schmal lanzettlich bis pfriemlich. Stg stumpfkantig, kurz rauhaarig. BStand schmal rispig bis traubig, einseitswendig. 0,40–1,00. ⌘ ⤳ Speicherwurzeln 6–7(–9). **W. Z** z ⚥ Naturgärten, in Staudenbeeten auswildernd!; Ⅴ Selbstaussaat Lichtkeimer ⅴ ○ ☽ (Medit. Bergland bis N-Iran, M-Eur., SW-Sibir.: TrockenW u. ihre Säume – 1568).

**Acker-G.** – *C. rapunculoides* L.

**14\*** Kr 3–5,5 cm lg. KZipfel eilanzettlich, zur BZeit aufrecht. Ausläufer fehlend ....... **15**

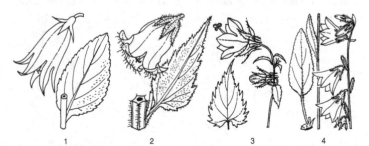

1        2        3        4

**15** Stg rund bis schwach stumpfkantig, kahl od. kurzhaarig. Bl weich behaart, untere mit
kurzem, geflügeltem Stiel, eilänglich. Kr 4–5,5 cm lg, fast bis $^1/_2$ in spitze, länglich drei-
eckige Zipfel geteilt (Abb. **522**/1), hellblau bis blass lavendelblau, selten weiß.
0,60–1,00(–1,50). ♃ ⅄ 6–7(–8). **W. Z** z Staudenbeete, Parks, Gehölzgruppen, Farn-
beete; **V** Lichtkeimer ⚥ ☾ ≈ nährstoffreich ⊕ (Bergland von M-Eur., N- u. O-Eur., Altai,
Himal.: nährstoffreiche, frischfeuchte BergW – 1576 – var. *macrantha* FISCH. ex HOR-
NEM. [*C. macrantha* FISCH.]: B dunkler, größer – ▽). **Breitblättrige G.** – *C. latifolia* L.
**15\*** Stg scharfkantig, wie die grob doppelt gesägten Bl steifhaarig. Untere Bl lg gestielt,
herzfg (Abb. **522**/2). Kr 3–4 cm lg, trichterfg-glockig, mit eifg, bewimperten Zipfeln,
hell blauviolett. B zu 1–3 in den Achseln der StgBl, in allseitswendiger Traube od. Dop-
peltraube. 0,40–1,00. ♃ ⅄ 6–7(–9). **W. Z** z Rabatten, Naturgärten, Gehölzgruppen; **V**
Selbstaussaat Lichtkeimer ⚥ ☾ ≈, Boden etwas ⊕, nährstoffreich (Bergland von S-
Eur., M-Eur., Altai: LaubmischW, Waldränder – 1561 – Sorten: Kr weiß u. blauviolett,
auch gefüllt). **Nesselblättrige G.** – *C. trachelium* L.

Ähnlich: **Grossek-G.** – *C. grossekii* HEUFF.: mit Anhängseln zwischen den KZipfeln. **Z** s (Bulg., S-
Rum., Serb.: Felsen in BergW u. Gebüsch).

**16** **(4)** K zwischen den KZipfeln mit zurückgeschlagenem Anhängsel (Abb. **523**/1,2) . . **17**
**16\*** KAnhängsel fehlend (vgl. auch **18** u. **20\***) . . . . . . . . . . . . . . . . . . . . . . . . . . . . . . . **25**
**17** Kr weißlich rosa, innen rot punktiert. B hängend. Stg meist rötlich.
Niedrige Formen von **Punktierte G.** – *C. punctata*, s. **12**
**17\*** Kr innen nicht rot punktiert. B hängend od. aufrecht . . . . . . . . . . . . . . . . . . . . . . . **18**
**18** BKnospen weinrot. Kr bleich korallenrosa, 16–35 mm lg, 10–30 mm ⌀, glockig, bis $^1/_5$
eingeschnitten. Bl blaugrün, glänzend, dick, lg gestielt, untere bis 6 cm lg, schmal eifg
bis fast herzfg, lg gestielt, unregelmäßig gezähnt. KAnhängsel 2–5 mm lg, spitz, selten
fehlend. B zu 2–12 in Schirmrispen, aufrecht od. nickend. 0,10–0,15(–0,35). ♃ ⅄ 6–8.
**Z** s △; **V** ⚥? ○ ⊕ ⌂ (NO-Türkei, Armenien: Spalten in Kalk- u. Vulkangestein,
250–2285 m – ±1945). [*C. finitima* FOMIN] **Birkenblättrige G.** – *C. betulifolia* K. KOCH
**18\*** BKnospen u. Kr violett, blau, weiß od. rosa, nicht weinrot od. korallenrosa. Wenn Bl
blaugrün, dann ganzrandig . . . . . . . . . . . . . . . . . . . . . . . . . . . . . . . . . . . . . . . . . . . . . **19**
**19** GrundBl gestielt, ihre Spreite herzfg bis eifg, vom Stiel deutlich abgesetzt. Kr nickend,
br trichterfg-glockig. BStand einseitswendig, weinigblütig . . . . . . . . . . . . . . . . . . . . **20**
**19\*** GrundBl sitzend od. in den Stiel verschmälert, linealisch, lanzettlich, eifg od. spatlig
(Abb. **523**/1–3). B einzeln od. in wenigblütigen Trauben . . . . . . . . . . . . . . . . . . . . . **21**
**20** KAnhängsel deutlich, >2 mm lg. KZipfel halb so lg wie die Kr, schmal 3eckig, bewim-
pert. GrundBlSpreite 3eckig-herzfg, ±2 cm lg, scharf gezähnt, auffallend geadert,
behaart. Kr br glockig, auf den Nerven rauhaarig (Abb. **522**/3). 0,10–0,25(–0,30). ♃

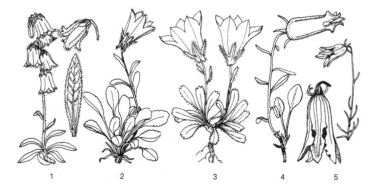

1          2          3          4          5

kurze ⚞ Rosettenrasen 5–6. **Z** s △; ⚘ ⅴ ◖ kühlfeucht ⊕ (Kauk., SW-Transkauk.: Kalkstein über 1300 m – 1907). **Kaukasus-G.** – *C. raddeana* TRAUTV.

20* KAnhängsel sehr klein, in der Behaarung verborgen. KZipfel $1/_3$ so lg wie die Kr, behaart. GrundBl eifg-länglich, 5–10 cm lg, 2–3 cm br, behaart (Abb. **522**/4). Kr br trichterfg-glockig, dunkel blauviolett, im Schlund behaart. Pfl durch Ausläufer mattenbildend. (0,10–)0,15(–0,35). ♃ ⚞ 6–7. **Z** s △; ⚘ ⅴ ◖ nicht trocken (Kauk., NO-Türkei: Felshänge, subalp.-alp. Rasen, 1500–3100 m – 1803). **Berghügel-G.** – *C. collina* SIMS

21 **(19)** B nickend, meist mehrere in traubigem BStand. Pfl 0,05–0,20(–0,40) hoch, behaart. GrundBl rosettig, schmal länglich-lanzettlich, fein gekerbt. Kr br glockig . . . . **22**

21* B aufrecht bis waagerecht, einzeln. Pfl 0,05–0,10(–0,15) hoch. Bl lineal-lanzettlich, eifg od. keilfg. Kr röhrig od. trichterfg-glockig . . . . . . . . . . . . . . . . . . . . . . . . . . . . . . . . . **23**

22 KAnhängsel 0,5–1 mm lg. KZipfel meist deutlich länger als die halbe Kr. B in (2–)6–20blütiger Traube. Kr 10–20 mm lg, meist hellblau, KrZipfel innen bewimpert. 0,05–0,15(–0,25). ⊛ i, kult ⊙, Rübe (6–)7–8. **W. Z** s △; ⅴ ○ ⊖! Humus (O-Alpen, Karp., Balkan: steinige subalp.-alp. Magerrasen, Zwergstrauchheiden – 1779). **Alpen-G.** – *C. alpina* JACQ.

22* KAnhängsel 1,5–3 mm lg (Abb. **523**/1). KZipfel meist kürzer als die halbe Kr. B in (1–)2–12blütiger, einseitswendiger Traube. Kr 20–30 mm lg, hellblau bis tief blauviolett, innen behaart. 0,10–0,20(–0,40). ⊛ i Rübe, kult ⊙ 6–7(–8). **W. Z** s △; ⅴ Lichtkeimer ○ ⊖! Humus (Alpen, O-Sudeten, S-Norw.: mont.-alp. Magerrasen, Zwergstrauchheiden, (600–)1100–2980 m – 1752). **Bärtige G.** – *C. barbata* L.

23 **(21)** Kr br röhrig (ähnlich *C. medium*, s. 5), 3–4,5 cm lg, 2,5–3,5 cm ⌀. Bl lineal-lanzettlich. 0,05–0,10. ♃ i? ⚞ 6–7. **Z** s △; ⅴ ○ ⊖! Urgesteinsschotter ⌃, vor Nässe, Sonne, Schnecken schützen, heikel (SW-Alpen, N-Apennin: alp. Geröllfluren – 1820). [*C. allionii* VILL.] **Seealpen-G., Allioni-G.** – *C. alpestris* ALL.

23* Kr trichterfg-glockig, 2–3(–4) cm lg. Bl eifg bis spatlig od. keilfg, in den Stiel plötzlich zusammengezogen . . . . . . . . . . . . . . . . . . . . . . . . . . . . . . . . . . . . . . . . . . . . . **24**

24 Kr am Rand behaart, innen bärtig, ± blau, lg glockig, geadert. GrundBl (Abb. **523**/2), am Rand bewimpert, sonst kahl, glänzend. KZipfel $1/_3$ so lg wie die Kr, eilanzettlich, behaart; KAnhängsel kürzer als die KRöhre, spitz. 0,05–0,15. ♃ ⅄ i 6. **Z** s △; ⅴ ○ ⊖ Schotter Ⓐ (Aleuten, Kamtschatka, Kurilen, N- u. M-Japan: schotterige Bergtundren, Steinfelder, Vulkanhänge, Küstendünen). [*C. dasyantha* M. BIEB. var. *chamissonis* (FED.) TOYOK. et NOSAKA] **Chamisso-G.** – *C. chamissonis* FED.

Bem.: *C. dasyantha* M. BIEB. s. str. aus O-Sibir. u. Fernost mit lanzettlichen, 2–12 cm lg, lg behaarten Bl ist nicht in Kultur.

24* Kr kahl, 1–1,5 cm lg, blauviolett, schüsselfg. GrundBl eirundlich-spatelfg. KZipfel $1/_5$–$1/_4$ so lg wie die Kr; KAnhängsel länger als die KRöhre. 0,10–0,15. ♃ i? PleiokRübe, Rosettenpolster (5–)6(–7). **Z** s △; ⅴ ○ (Z-Kauk.: subalp.-alp. Matten u. Felsen – 1828). **Gänseblümchenblättrige G.** – *C. bellidifolia* ADAMS

Sehr ähnlich: **Dreizähnige G.** – *C. tridentata* SCHREB.: Bl keilfg, nur oben 3zähnig. Kr bis 2 cm lg. – **Aucher-G.** – *C. aucheri* A. DC. [*C. saxifraga* subsp. *aucheri* (A. DC.) OGAN.]: Bl spatelfg, am Rand kraushaarig, sonst kahl. Kr außen flaumhaarig. 4–5. – **Bieberstein-G.** – *C. biebersteiniana* SCHULT.: Kr 3–4 cm lg, mit schmaler Basis (Abb. **523**/3) (alle aus alp. NO-Türkei u. Kauk.). – **Steinbrech-G.** – *C. saxifraga* M. BIEB. s. str.: Kr kahl. Bl linealisch (alp. Z-Kauk.).

25 **(16)** B einzeln, sehr selten zu 2–3. Stg bis 10 cm hoch od. lg . . . . . . . . . . . . . . . . **26**

25* B zu mehreren. Stg > 10 cm hoch od. lg . . . . . . . . . . . . . . . . . . . . . . . . . . . . . . . . . . **31**

26 B nickend. Rosettenstauden . . . . . . . . . . . . . . . . . . . . . . . . . . . . . . . . . . . . . . . . . . **27**

26* B aufrecht . . . . . . . . . . . . . . . . . . . . . . . . . . . . . . . . . . . . . . . . . . . . . . . . . . . . . . . . . **29**

27 Kr länglich krugfg, zur Mündung allmählich verengt, mit 3eckigen, falzig geöhrten, zusammenneigenden KrZipfeln (Abb. **523**/4), hell blauviolett, 16–20 mm lg. KZipfel linealisch, abstehend, behaart. Untere Bl eifg bis spatelfg-rundlich, ganzrandig, glänzend, dicklich; obere linealisch. 0,05–0,10. ♃ i ⚞ 7–8. **Z** s △; ⚘ ⅴ ○ ⊕ Kalkgrus, ⌃ mit Kiefernnadeln, Schnecken! heikel (ital.-slowenische SO-Alpen: Felsschutt, (550–)1500–2100 m –1813). [*Favratia zoysii* (WULF.) FEER] **Zois-G.** – *C. zoysii* WULF.

**27\*** Kr glockig bis trichterfg, zur Mündung nicht verengt . . . . . . . . . . . . . . . . . . . . . . . . **28**
**28** Einschnitte zwischen den KrZipfeln am Grund rundlich, stumpf (Abb. **523**/5). Stg unten
kurzhaarig. Kr blassblau, trichterfg-glockig, 10–16 mm lg, > $^1/_3$ gespalten. KZipfel abste-
hend bis fast zurückgeschlagen, 4 mm lg, borstig. RosettenBl rundlich-herzfg, gestielt,
zur BZeit vertrocknet. StgBl lineal-lanzettlich bis linealisch. 0,05–0,10(–0,12). ♃ i ⌒
〜〜 7. Z s △; ⚘ Ⅴ ○ ⊖! ⓐ, heikel (Penninische u. Grajische W-Alpen: subalp.-alp.
Geröllhalden, Moränenschutt, Flussschotter, (1000–)2000–3000 m).
**Ausgeschnittene G.** – *C. excisa* SCHLEICH. ex MURITH
**28\*** Einschnitte zwischen den KrZipfeln spitz. Pfl kahl. Kr dunkelviolett, glockig, 15–25 mm
lg, zu $^1/_5$ in br Zipfel gespalten. KZipfel aufrecht. RosettenBl rundlich, lg gestielt, zur Blü-
tezeit vertrocknet. Alle StgBl eifg bis spatelfg, stumpf gesägt, obere sitzend. 0,05–0,10.
♃ sommergrün 〜〜 5–6(–8). Z s s; ⚘ Ⅴ ○ ⊕ sandig-moorig, heikel (NO-Kalkalpen:
Felsschuttfluren, Schneeböden, feuchte Felsen, 1500–2200 m – 1759).
**Dunkle G.** – *C. pulla* L.

Ähnlich: *C.* × *pulloides* hort. [*C. carpatica* var. *turbinata* × *C. pulla*]: B zu 1–3. Kr glockig, blauviolett.
Stg gleichmäßig beblättert. Bl eilanzettlich, in den kurzen Stiel verschmälert, teilimmergrün. 0,15–0,20.
♃ 〜〜 5–8. Z z? △; Kultur leichter. – Vgl. auch *C.* × *wockei*, **38**.

**29** **(26)** GrundBl ganzrandig, blaugrün, spatelfg bis br eifg, stumpf, fast sitzend, am Rand
bewimpert, sonst kahl. Pollen rotviolett. Kr br glockig, 8–15 mm lg, hellblau, bis über die
Mitte gespalten, KrZipfel bewimpert. Poren am oberen Kapselende. BStg in den Ach-
seln der RosettenBl (Abb. **525**/1). 0,02–0,10. ♃ i 〜〜 Rosettenrasen 7–8. Z s △; Ⅴ ○
Ostseite ⊖! Felsschutt, heikel (W-Alpen bis W-Tirol: alp.-hochalp. Gesteinsfluren,
>2000 m – 1775).
**Mt. Cenis-G.** – *C. cenisia* L.
**29\*** Bl entfernt stumpf gekerbt od. scharf gezähnt. Pollen gelb . . . . . . . . . . . . . . . . . . **30**
**30** Bl zerstreut kurzhaarig, 2–3 cm lg, untere elliptisch, stumpf, entfernt stumpf gekerbt, in
den BlStiel verschmälert, obere elliptisch bis lanzettlich, sitzend. Kr aufrecht, br schüs-
selfg (Abb. **525**/3), 2,5–3(–4) cm ∅, hellblau, bis $^1/_3$ geteilt. KrZipfel 3eckig. KZipfel
3nervig, kurzflaumig, gezähnelt. Poren am oberen Kapselende. 0,03–0,08(–0,10). ♃ i
〜〜 6–7(–8). Z s △; ⚘ Ⅴ ○ ⊕ feuchter Kalkschutt, heikel (S-Alpen zwischen Luganer
See u. Gardasee: alp. Dolomit- u. Kalkfelsen, Felsschutt, (600–)1300–2300 m – 1826 –
kult meist nicht rein, sondern *C.* × *pseudoraineri*, s. **10\***: Bl eirundlich-herzfg, gezähnt).
**Insubrische G., Rainer-G.** – *C. raineri* PERP.

Ähnlich: **Dolomiten-G.** – *C. morettiana* RCHB.: Bl zottig behaart. Stg weichhaarig. Kr weit trichterfg
(Abb. **525**/2), tief blauviolett, selten weiß. KZipfel ganzrandig. Z △ s (Südtiroler u. Venez. Dolomiten:
schattig-feuchte Felswände auf Kalk u. Dolomit, 1500–2500 m). – **Oviedo-G.** – *C. arvatica* LAG.:
B 2,5 cm ∅. Kr flach trichterfg-sternfg. Poren in der Mitte der Kapsel. Bl kurz gestielt, eifg, 5–8 mm lg,
gezähnt od. gekerbt. StgBasis holzig. Z △ s; ⓐ (NW-Spanien: Kalkfelsen).

**30\*** Bl kahl, scharf gezähnt, 1–2,5 cm lg, spatelfg, zugespitzt, ledrig, glänzend, die abgestor-
benen basalen erhalten bleibend (Abb. **525**/4). KZipfel gezähnt. Kr br schüsselfg-

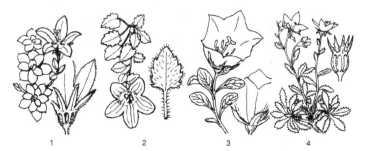

1          2          3          4

glockig, 1–2 cm ⌀, hellblau. Stg bis oben beblättert. 0,03–0,10. ♃ i ⌇⌇? 6–7(–8). **Z** s △; ○ ⊖ Ⓐ, heikel (NW-USA: Olympic Mts.: mont. Felsspalten u. Klippen).

**Piper-G.** – *C. piperi* Howell

**31** **(25)** StgBl wie die GrundBl rundlich nierenfg, herzfg bis br eifg, gestielt. Fr aufrecht, sich mit mittelständigen Poren öffnend ...................................... **32**

**31\*** StgBl lanzettlich bis lineal-lanzettlich, von den rundlich-herzfg bis eifg, zur BZeit oft vertrockneten GrundBl auffällig verschieden. Kapselporen basal od. mittelständig ... **38**

**32** Kr glockig, zu ³/₄ verwachsen, aufrecht od. abstehend (Abb. **526**/1), tief violett, 18–20 mm lg. BTriebe armblütig, in den Achseln der RosettenBl entwickelt. KZipfel kahl, lg zugespitzt. Bl rundlich herzfg, unregelmäßig scharf gezähnt, untere nicht größer als obere. Pfl dichtrasig. Stg ∞, liegend od. hängend. 0,10–0,15. ♃ ⅄ i, schwach ⌇⌇ 6(–9). **Z** v △ Trockenmauern; ⚘ ⌁ ∀ ○ ⊕? (S-Dalmat.: Split bis Pelješac: Felsen u. Mauern im Küstengebiet – 1836 – Sorten: Kr mittelblau, hellviolett – Hybr mit *C. poscharskyana*). **Dalmatiner G.** – *C. portenschlagiana* Schult.

**32\*** Kr flach trichterfg, sternfg od. schüsselfg, zu ¹/₃ bis ¹/₂ verwachsen, aufrecht ..... **33**

**33** Kr 25–40 mm ⌀. KrZipfel-Basis 7–12 mm br ............................. **34**

**33\*** Kr 7–20 mm ⌀. KrZipfel-Basis 3–5 mm br ............................. **36**

**34** Kr weit trichterfg-sternfg, zu ¹/₄ bis ¹/₂ verwachsen (Abb. **526**/3), Wildform lavendelblau. KrZipfel-Basis 7–8 mm br. KZipfel braunrot, 7–9 mm lg, bis 3 mm br, am Rand und Mittelnerv langhaarig. BTriebe in der Achsel der lg gestielten, dreieckig-herzfg RosettenBl, bis 40 cm lg, mehrblütig. Untere Bl größer als mittlere. 0,10–0,25 hoch, 0,50 br. ♃ ⅄ ⌇⌇ i lockere Polster 6(–8). **Z** v △ ▢; ∀ Selbstaussat ⌁ ○ ⊕, wuchert (S-Dalmat., Montenegro: Dubrovnik bis Kotor: Felsspalten, Mauern, Geröll nahe der Küste – 1928 – Sorten: Kr mittelblau, rosa, dunkellila, porzellanweiß).

**Hängepolster-G., Poscharsky-G.** – *C. poscharskyana* Degen

**34\*** Kr schüsselfg, zu ¹/₃ bis ¹/₂ verwachsen, Wildform hellblau. KrZipfel-Basis 8–12 mm br. KZipfel 1,5–4 mm br. Bl unregelmäßig buchtig gezähnt ..................... **35**

**35** BTriebe nicht in der Achsel von RosettenB. GrundBl kleiner als die mittleren StgBl, hinfällig, nicht in Rosetten. KZipfel 3–4 mm br, 7–9 mm lg. BlSpreite rundlich bis kurz herzfg, dicklich, fast kahl bis dicht weichhaarig, lg gestielt, bis 3,5 cm lg u. br (Abb. **526**/4). 0,10–0,20. ♃ ⅄ i, hängend bis aufsteigend 7–9. **Z** z Balkonkästen, Ampeln; ∀ ⌁ ⊕ Ⓝ (N-It.: W-Ligurien von Savona bis Finale: Kalkfelsen nahe der Küste, 0–400 m – 1868 – einige Sorten: Kr weiß, blauviolett; Bl bunt).

**Stern-G.** – *C. isophylla* Moretti

**35\*** BTriebe seitlich in den BlAchseln der bleibenden BlRosette. RosettenBl größer als die StgBl (Abb. **526**/2). KZipfel 1–2,8 mm br, 8–15 mm lg. BlSpreite rundlich herzfg, dicklich, glänzend, bis 2,5 cm br. BlStiel 1 cm lg. 0,05–0,10(–0,15) hoch, bis 0,40 lg. ♃ i ⅄,

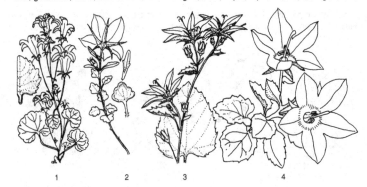

1          2          3          4

hängend bis aufsteigend 6–8. **Z** z Balkonkästen, Ampeln; ∨ ⚲ ○ ~ ⊕ 🖾 ∧ (M- u. SW-lt.: Kalkfelsen u. Mauern nahe der Küste, die subsp. *cavolinii* (TEN.) DAMBOLDT: Z-lt.: Abruzzen, ± frosthart – 1826 – Hybr *C. fragilis* × *C. isophylla*: 'C. Mayii': Bl hellgrau behaart). **Zerbrechliche G. –** *C. fragilis* CIRILLO

**36 (33)** Pfl mit BlRosetten, in deren BlAchseln die BTriebe stehen. Pollen gelb. KZipfel bis 2 mm br. Bl scharf grob gezähnt bis doppelt gezähnt (Abb. **527**/1), kahl bis dicht behaart. Kr flach sternfg bis br trichterfg, 20–22 mm ⌀, hellblau. 0,10–0,15. ⌃ i ⅄ niederliegend-hängend 6–7(–8). **Z** v △ Trockenmauern; ∨ Selbstaussaat ♈ ○ ⊕ ∧ (SO-lt.: Monte Gargano, Griech.: Kefallinia, Zakynthos: Kalkfelswände 0–800 m – 1832 – wenige Sorten: Kr dunkler blau). [*C. elatines* var. *garganica* (TEN.) FIORI, *C. barbeyi* FEER] **Sternpolster-G., Gargano-G. –** *C. garganica* TEN.

Ähnlich: **Fenster-G. –** *C. fenestrellata* FEER (incl. *C. istriaca* FEER [*C. fenestrellata* subsp. *istriaca* (FEER) DAMBOLDT] aus Istrien bis Velebit-Gebirge): Pollen blau. Bl scharf doppelt gezähnt. Kr 10–20 mm ⌀. **Z** s △; ◑ ∧ (O-Istrien, Dalmatien, Kroat.: schattige Kalkfelsen in Küstennähe u. im BuchenW, 10–1300 m).

**36\*** BTriebe nicht nur in den Achseln von RosettenBl, auch endständig. Pollen rotbraun. KZipfel 0,5–1,3 mm br. Bl scharf doppelt gezähnt. Nichtblühende Triebe fehlen . . . **37**
**37** Pfl meist dicht weißfilzig. KZipfel aufrecht bis etwas abstehend. Stg fleischig, aufrecht bis aufsteigend. B ∞ (Abb. **527**/2). Kr 18–20 mm ⌀, außen dicht bewimpert, hellblau. 0,15–0,20 hoch, bis 0,60 lg. ⌃ i ⅄ 6–7(–8). **Z** z △ Trockenmauern; ∨ ♈ ○ ~ 🖾 (S-Alpen vom Comersee bis Gardasee: Kalk- u. Dolomitfelsen, 100–800 m).
**Lombardische G. –** *C. elatinoides* MORETTI
**37\*** Pfl meist kahl, selten dicht behaart. KZipfel zurückgeschlagen. Stg am Grund verholzend, niederliegend bis hängend. Kr 15–19 mm ⌀, kahl od. bewimpert, dunkelblau. 0,10–0,15 hoch, bis 0,60 lg. ⌃ i ⅄ 6–7(–8). **Z** s △; ∨ ♈ ○ ~ ⊖ ∧ (Cottische u. Grajische W-Alpen: Gneis u. kristalliner Schiefer, 750–1950 m).
**Piemonteser G. –** *C. elatines* L.
**38 (31)** B aufrecht-ausgebreitet, in 3- bis 5blütigen, lockeren Trauben. Kr sternfg-glockig, 20 mm ⌀, tiefblau. GrundBl eifg bis herzfg, zur BZeit verwittert. Untere StgBl elliptisch bis eifg, gestielt; obere lanzettlich, sitzend, grob gesägt. 0,10–0,15(–0,30). ⌃ i ⚲ 6–7. **Z** z △; ∨ ♈ ○ ⊕ (Kroat.: Velebit-Gebirge: Felswände u. Blöcke im BuchenW, 700–1650 m – 1824 – Hybr: *C. tommasiniana* × *C. waldsteiniana*: *C.* × *wockei* SÜND.; *C.* × *stansfieldii* hort. s. **10\***). **Waldstein-G. –** *C. waldsteiniana* SCHULT.
**38\*** B nickend od. hängend (bei *C. scheuchzeri*, **43**, zur VollB kurzzeitig aufrecht) . . . . **39**
**39** Kr schmal röhrig-glockig, 11–16 mm lg, KrRöhre <5 mm ⌀, hellblau. B in arm- bis reichblütigen Trauben. Poren in der Mitte der Kapsel. GrundBl rundlich-herzfg, kahl, glänzend, gestielt. StgBl schmal lanzettlich, fein gesägt. Stg ∞, hängend. 0,10–0,15(–0,30).

1          2          3          4

♃ i Pleiokorm? 6–7(–8). **Z** z △; ⩣ ⩡ ○ ⊕ nicht feucht (O-Istrien: mont. Felsen bis 1400 m). **Tommasini-G.** – *C. tommasini̱ana* W. D. J. KOCH

39* Kr glockig, KrRöhre >5 mm ⌀. B in Rispen od. Trauben. Kapselporen basal ..... **40**

40 BKnospen aufrecht. StgGrund rundum dicht flaumig. BlSpreite am Grund nicht bewimpert. Pfl mit dünnen unterirdischen Ausläufern. (0,10–)0,20–0,35(–0,60). ♃ i ⏦ 6–9. **W.** **Z** z △; ⩡ ⩣ anspruchslos, auswildernd! (gemäßigte bis kalte Zone der Nordhemisphäre: Magerrasen, Zwergstrauchheiden – 1561 – formenreich).
**Rundblättrige G.** – *C. rotundifo̱lia* L.

40* BKnospen nickend .................................................................... **41**

41 Pfl rasenbildend, mit ∞ Stg u. Rosetten ................................. **42**

41* Pfl nicht rasenbildend. Stg einzeln od. zu wenigen ......................... **43**

42 Kr glockig-tonnenfg, unter den kurzen, br 3eckigen Zipfeln etwas verengt, hell enzianblau mit zarten, dunkelvioletten Längsnerven, 10–15 mm lg. B in einseitswendiger Traube. GrundBl eifg-rhombisch, grob gekerbt, in den spreitenlg Stiel verschmälert. StgBl in der unteren StgHälfte gedrängt, lineal-lanzettlich, sitzend, fast waagerecht (Abb. **527**/3). 0,07–0,12(–0,30). ♃ i ⌂ 7–9. **Z** △ s; ⩣ ⩡ ○ ⊕ Felsschutt (O-Alpen bis N-Kroatien: mont.-subalp. Felsschutt, Flussgeröll, (300–)600–2200 m). [*C. rotundifo̱lia* var. *cespito̱sa* (SCOP.) WILLD.] **Rasen-G.** – *C. cespito̱sa* SCOP.

42* Kr halbkuglig-weitglockig, unter den KrZipfeln nicht verengt, lavendelblau od. weiß, 15–18 mm lg. B einzeln od. in 2–6blütiger Traube. GrundBl eifg-rundlich bis herzfg, gezähnt, lg gestielt, zur BZeit vorhanden; obere StgBlätter elliptisch bis lanzettlich, entfernt gezähnt (Abb. **527**/4). 0,07–0,15(–0,20). ♃ i ⏦ ⌂ 6–7. **W.** **Z** v △; ⩣ ⩡ Lichtkeimer ○, schwach ⊕ (Pyr., Apennin, Alpen, Karp., Balkan: mont.-alp. Schuttfluren, steinige Matten, in Bachgeröll herabgeschwemmt, 800–3000 m –1783 – Sorten: Kr weiß, blau, dunkelblau; s. auch **10\***, 'Elizabeth Oliver': gefüllt). [*C. bellardii* ALL., *C. pusi̱lla* HAENKE] **Zwerg-G.** – *C. cochleariifo̱lia* LAM.

43 (41) Fr nickend, glatt. KZipfel anliegend bis bogig seitwärts gekrümmt, 4–10 mm lg. Stg unten auf den Kanten meist kurzborstig. GrundBl lg gestielt, rundlich nierenfg, gekerbt, zur BZeit vertrocknet. StgBl am Grund bewimpert, meist ganzrandig, lineal-lanzettlich, ±4 mm br. Kr becherfg-glockig, 16–25(–30) mm lg, tief violett. B einzeln od. in 2–5(–7)blütiger Traube, zur VollB kurz aufrecht, sonst nickend. 0,10–0,30. ♃ i ⏦ 6–7(–8). **W.** **Z** s △; ⩣ Lichtkeimer ⩡ ○ ⊖ kühlfeuchter Humus, heikel (Pyr., Apennin, Balkan, Alpen, S-Schwarzwald: subalp.-alp. Stein- u. Magerrasen – 1813).
**Scheuchzer-G.** – *C. scheu̱chzeri* VILL.

43* Fr aufrecht, dicht mit weißlichen Papillen bedeckt. KZipfel abstehend bis zurückgeschlagen, ¹/₆ so lg wie die Kr bis länger als diese. GrundBl rundlich herzfg, gezähnt, zur BZeit meist noch vorhanden. Kr weitglockig-trichterig, 15–30 mm lg, blauviolett. B nickend. Ganze Pfl kahl (sehr selten zottig behaart). (12–)0,20–0,35. ♃ i Pleiok 7–8. **Z** s △; ⩣ ○ absonnig ⊕ (SO-Alpen bis Bergamasker Alpen: mont. Felsspalten, Felsschutt, meist 200–1500 m – 1813). [*C. ca̱rnica* SCHIEDE ex MERT. et W. D. J. KOCH] **Leinblatt-G., Karnische G.** – *C. linifo̱lia* SCOP.

## Steinglocke – *Symphya̱ndra* A. DC.        10–14 Arten

Lit.: CROOK, H. C. 1977: The genus *Symphyandra*. Bull. Alpine Garden Soc. **45**: 246–254.

Bem.: Die Gattung könnte in *Campanula* eingeschlossen werden.

1 K in den Buchten zwischen den Zipfeln ohne zurückgeschlagene Anhängsel ..... **2**

1* K in den Buchten zwischen den Zipfeln mit zurückgeschlagenen Anhängseln .... **3**

2 Pfl behaart. B in ∞blütigen Rispen. Kr blauviolett, lg trichterfg-glockig, 20–50 mm lg, behaart (Abb. **529**/4). KZipfel abstehend, rötlichbraun. GrundBl 7–11 cm lg, schmal elliptisch bis lineal-länglich, in den geflügelten Stiel verschmälert, rau behaart, glänzend. (0,10–)0,15–0,25(–0,40). ♃ i? PleiokRübe 5–6. **Z** z △; ⩣ ◖ (NO-Griech., Bulg., S-Rum., Serb.: mont.-subalp. schattige Felsspalten – 1887). [*Campanula wa̱nneri* ROCHEL] **Wanner-St.** – *S. wa̱nneri* (ROCHEL) HEUFF.

**2\*** Pfl kahl. Kr weiß. B in armblütigen, einseitswendigen Trauben. KZipfel aufrecht, lineal-lanzettlich, meist gezähnt. Bl 4–7(–10) cm lg, eifg bis lanzettlich. 0,30–0,50. ⚄ Pleiok-Rübe 6–8. **Z** s △; **V** ○ (SW-Kreta, Ägäis: Felsspalten, Mauern).

**Kretische St. –** *S. cretica* A. DC.
**3** **(1)** BlStiele geflügelt. Bl behaart, blassgrün, verkehrteifg zugespitzt bis lanzettlich, grob gezähnt, die unteren in den Stiel verschmälert, 4–7(–15) cm lg (Abb. **529**/3). Stg steif-haarig, niederliegend bis aufrecht. Kr 20–30 mm lg, gelblichweiß. 0,30–0,60. ☉ ⊛ i Rübe 7–8(–9). **Z** z △; **V** Selbstaussaat ○ ◑ (Bosnien: Felsfluren – 1884).

**Hofmann-St., Bosnische St. –** *S. hofmannii* PANT.
**3\*** BlStiele ungeflügelt. Basis der BlSpreite herzfg bis eifg . . . . . . . . . . . . . . . . . . . . . . **4**
**4** Pfl ⚄. RosettenBl rundlich, fingerfg 5–7lappig, Spreitenbasis herzfg (Abb. **529**/1). Kr hell blauviolett, bis 30 mm ⌀, weit geöffnet, fast bis ¹/₂ eingeschnitten. Stg ∞, dünn, sparrig verzweigt. (0,10–)0,20–0,40. Kurzlebig? ⚄ i Rübe 5–6. **Z** s Trockenmauern; **V** Selbstaussaat ○ ~ (Armen., NW-Iran: mont.-subalp. Felsspalten, 1600–3200 m). [*Campanula zangezura* (LIPSKY) KOLAK. et SERDJUKOVA]

**Zangezur-St. –** *S. zangezura* LIPSKY
**4\*** Pfl ⚄ od. ☉. RosettenBl eifg mit herzfg Grund bis nierenfg, ungeteilt, grob, z. T. doppelt gezähnt . . . . . . . . . . . . . . . . . . . . . . . . . . . . . . . . . . . . . . . . . . . . . . . . . . **5**
**5** Pfl meist ⚄. RosettenBl mit Stiel 10–15 cm lg, ihre Spreite 4–5 cm br, bis 7 cm lg, eifg bis nierenfg, unregelmäßig doppelt gezähnt. B auf samtig behaarten Stielen in kurzen Trauben od. lockeren Rispen. Kr 20–30mm lg, cremeweiß, glockig, außen weichhaarig, innen bärtig. Stg liegend od. hängend, verzweigt. Pfl anfangs samtig behaart, später kahl. KZipfel graufilzig. 0,30–0,45. ⊛ ☉ i PleiokRübe 6–7. **Z** s △ Trockenmauern; **V** Selbstaussaat ○ ~ (Großer Kauk.: mont. Felsspalten – 1823).

**Hängende St. –** *S. pendula* (M. BIEB.) A. DC.
**5\*** Pfl ☉ ⊛. RosettenBl mit Stiel 10–25 cm lg, Spreite 2–3 cm br, eifg bis rundlich mit herz- od. nierenfg Basis (Abb. **529**/2), eingeschnitten gezähnt, dicht filzig behaart. B in armblütiger, lockerer Rispe. Kr 15–20 mm lg, weiß, zuweilen bläulich überlaufen, kurz-haarig. (0,12–)0,20–0,50(–0,80). ☉ ⊛ Rübe 6–8. **Z** s △; **V** (O-Türkei, Transkauk., NW-Iran: mont.-alp. Felsfluren, 700–3600 m). [*Campanula armena* STEVEN]

**Armenische St. –** *S. armena* (STEVEN) A. DC.

**Schellenblume –** Adenophora FISCH. 40–60 Arten

Bem.: Die Arten ähneln einander z.T. sehr, sind sehr variabel u. werden oft verwechselt. In der Lite-ratur werden >30 Arten genannt, die in Eur. als ZierPfl kultiviert werden. Es ist nicht sicher, ob alle unten genannten od. weitere wirklich im Gebiet in Gärten vorkommen. Für alle gilt: ⚄ PleiokRübe 7–8. **Z** s Rabatten, Gehölzränder (*A. tashiroi* u. *A. nikoensis*: **Z** s △); **V** ○ ◑ ⊕ schlecht zu verpflan-zen! Schnecken an JungPfl!

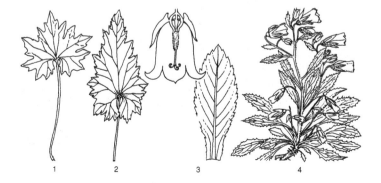

1          2          3          4

**1** Bl zu 3–4(–6) quirlig. Kr 12–22 mm lg, glockig, blauviolett, Griffel 10 mm weit heraus-ragend. Bl eifg, elliptisch bis lanzettlich, 3,5–11,5 × 1,3–5 cm, gezähnt, beiderseits auf den Nerven behaart (Abb. **530**/1). 0,60–1,00(–1,50) (S-Sachalin, S-Kurilen, China, S-Japan, Taiwan: Wiesenhänge, Küstendünen, Waldränder – 1784). [*A. tetraphylla* (Thunb.) Fisch., *A. verticillata* Fisch., *A. thunbergiana* Kudo]

        **Dreiblättrige Sch., Quirlige Sch.** – *A. triphylla* (Thunb.) A. DC.

**1\*** Bl wechselständig, zuweilen einige gegenständig . . . . . . . . . . . . . . . . . . . . . . . . . . **2**

**2** Griffel weit aus der Kr herausragend (Abb. **530**/3). Kr blass blauviolett . . . . . . . . . . **3**

**2\*** Griffel kaum aus der Kr herausragend . . . . . . . . . . . . . . . . . . . . . . . . . . . . . . . . . **4**

**3** Kr br glockig, 20 mm lg. Ganze Pfl kahl. B ⚤, duftend, in ausgebreiteter Rispe. KZipfel gezähnt. 0,40–1,00. **W**. **Z** Staudenbeete s; ☽ ≃ ⊕ (gemäß. (Z- u.) O-Eur., W-Sibir. bis Altai: Feuchtwiesen, Gebüsch – 1784 – ▽).

        **Lilienblättrige Sch.** – *A. liliifolia* (L.) Ledeb. ex A. DC.

**3\*** Kr sehr schmal, 10–15 mm lg (Abb. **530**/3). Stg rauhaarig. Bl kurzborstig. B ∞, in aus-gebreiteter Rispe. KZipfel gezähnt. 0,70–0,90(–1,20). **Z** s Gehölzränder; ☽ ≃ (SW-China: Gräben, Wiesen, Gebüsche, 1550–3300m – 1906).

        **Bulley-Sch.** – *A. bulleyana* Diels

Ähnlich u. oft mit voriger verwechselt: **Verkannte Sch.** – *A. confusa* Nannf. [*A. farreri* hort.]: KZipfel ganzrandig. Kr glockig, 2 cm lg, tiefblau. BStand wenig verzweigt (W-China: Matten, Gebüsche, Kiefernwälder, 2000–3800 m).

**4** **(2)** Bl filzig behaart, wechselständig, z. T. gegenständig, eifg-lanzettlich, gesägt od. ganzrandig, bis 5 cm lg. B in wenigblütiger Rispe. Kr blauviolett. KZipfel fiederspaltig bis ganzrandig (W-China: Sichuan, Gansu: mont. Staudenfluren).

        **Potanin-Sch.** – *A. potaninii* Korsh.

**4\*** Bl kahl od. schwach behaart, aber nicht filzig . . . . . . . . . . . . . . . . . . . . . . . . . . . . **5**

**5** Pfl >60 cm hoch. BStand eine ∞blütige Rispe. Bl scharf grob gezähnt, eilanzettlich bis länglich-lanzettlich, lg zugespitzt, sitzend, steif, 2–5(–8) cm lg, kahl od. useits schwach weichhaarig (Abb. **530**/2). Kr glockig, 12–14(–20?) mm lg, blau. KZipfel zurückgeschlagen, eifg od. 3eckig-lanzettlich. (0,60–)1,00–1,50 (O-Sibir., NO-China: Wiesen- u. Waldsteppen, Talwiesen). [*A. denticulata* Fisch.]

        **Dreispitzige Sch.** – *A. tricuspidata* Fisch.

**5\*** Pfl <60 cm hoch, fast kahl. BStand eine Traube . . . . . . . . . . . . . . . . . . . . . . . . . . **6**

**6** Kr blauviolett, glockig, 16–20 mm lg. Stg 10–30 cm hoch, oft niederliegend. B in wenig-blütiger Traube od. einzeln. KZipfel ganzrandig. Bl bis 3 cm lg, dick, eifg, grob gezähnt, untere u. mittlere in den Stiel verschmälert (S-Korea, S-Japan: Staudenfluren). [*A. polymorpha* var. *tashiroi* Makino et Nakai]

        **Tashiro-Sch.** – *A. tashiroi* (Makino et Nakai) Makino et Nakai

1               2              3              4

**6\*** Kr blassblau, bis 3 cm lg. Stg 20–40 cm hoch, aufrecht. B in wenigblütiger Traube, selten fast rispig. KZipfel gezähnt. Bl 3–10 × 5–20 mm, lineal-lanzettlich bis br lanzettlich, fast sitzend (Z-Japan: subalp.-alp. Wiesen). [*A. coronopifolia* auct. japon. non FISCH., *A. nipponica* KITAM.]      **Nikko-Sch.** – *A. nikoensis* FRANCH. et SAV.

Angeboten werden auch *A. coronopifolia* FISCH.: 0,50–0,70, Griffel nicht herausragend (SO-Sibir., NO-Mong., Mandsch.: Waldränder, Wiesensteppen) u. *A. himalayana* FEER: 0,15–0,40, mit besonders großem, 4 mm lg u. br. Diskus (Turkestan, Himal., Z-China: Grasland, 2500–4700 m).

**Frauenspiegel, Venusspiegel** – *Legousia* DURANDE [*Specularia* A. DC.]      15 Arten

**1** KZipfel zur BZeit 10–16 mm lg, halb so lg wie der FrKn. Staubfaden-Basis behaart. Kapsel 20–30 mm lg, an der Spitze nicht zusammengezogen. Kr bis 15–20 mm ⌀, blau bis hellviolett mit weißem Schlund. Stg meist einfach. Sa rund. 0,10–0,30. ⊙ ① 6–9. **Z** s Sommerrabatten; ∀ ○ ⊕ (Bulg., O-Medit., Kauk., W-Iran, eingebürgert in W-Medit.: Annuellenfluren, Äcker, 0–2000 m – 1658).      **Fünfkantiger F.** – *L. pentagonia* (L.) DRUCE

**1\*** KZipfel zur BZeit 8–12 mm lg, etwa so lg wie der FrKn od. die Kr. Staubfaden-Basis kahl. Kapsel 10–15 mm lg, an der Spitze zusammengezogen. Kr 12–20 mm ⌀, dunkelviolett. Sa br ellipsoidisch. 0,10–0,30(–0,40). ⊙ ① 5–6(–9). **W**. **Z** s Sommerrabatten, Naturgärten; ∀ ○ ⊕ (S-Eur.: Äcker, Annuellenfluren – 1594).

     **Echter F.** – *L. speculum-veneris* (L.) CHAIX

**Türkenglocke, Michauxie** – *Michauxia* L'HÉR.      7 Arten

RosettenBl u. untere StgBl fiederteilig od. gelappt, gezähnt, behaart (Abb. 530/4). Stg dick, rauhaarig, aufrecht. B in reichblütiger Rispe od. Traube. Kr 8 cm ⌀, fast bis zum Grund in 8–10 bandfg, 1 cm br, 25–45 mm lg, zurückgeschlagene Abschnitte geteilt, weiß, außen purpurn überlaufen. K mit Anhängseln zwischen den Zipfeln. Griffel 2–4 cm lg. 1,00–1,50(–2,00). ⊙ ⊚ Rübe 7–9. **Z** s Rabatten △; ∀ ○ ⊕ Drainage ⌢ (W-Syrien, Israel, S- u. Z-Türkei: Felsbasen, 10–1700 m – 1787).

     **Gewöhnliche T.** – *M. campanuloides* L'HÉR.

Ähnlich: **Tschihatcheff-T.** – *M. tschihatcheffii* FISCH. et C. A. MEY.: Kr nur bis ¹/₃ od. ¹/₂ geteilt, weiß od. blau. Griffel 1,5–1,7 cm lg. **Z** s (Z-Türkei: Felshänge, Felsbasen: 500–1800 m – 1895).

Ähnlich auch: **Riesenglocke** – *Ostrowskia magnifica* REGEL: B bis 10 cm ⌀, Kr 5–9teilig, glockig. Bl wirtelig zu 4–5, eifg, gezähnt, kurz gestielt, bläulichgrün. 0,90–1,80. ⚃ ♂ 7–8. **Z** s Rabatten; ∀ ○ warm ~ Drainage, Schutz vor Winterfeuchte ⌢ heikel (M-As.: W-Pamir, ±2000 m – 1884).

**Halskraut** – *Trachelium* L. [*Diosphaera* BESSER]      7 Arten

**1** BStand eine lockere, flache od. halbkuglige Schirmrispe bis 30 cm ⌀ (Abb. 532/4). Stg wenigblättrig, rötlich, kahl, aufrecht. Kr blau od. blassviolett, selten weiß. Bl bis 7 cm lg, eifg bis br lanzettlich, spitz, doppelt gezähnt, obere sitzend. 0,60–1,00. ⚃ i Pleiok, kult ⊙ ⊙. **Z** s Sommerrabatten; ∀ ○ ⊕ ⓘ (W-Medit.: alte Mauern, 0–1600 m; eingeb. in It. – 1640 – einige Sorten).      **Blaues H.** – *T. coeruleum* L.

**1\*** BStand kuglig, <15 cm ⌀, Stg ∞, in ganzer Länge dicht beblättert, schlank, hängendaufsteigend bis aufrecht. Kr hell blauviolett od. weiß, ihre Röhre 5 mm lg, KrZipfel linealisch, 5 mm lg. Bl bis 5 cm lg, lineal-länglich, elliptisch bis eilanzettlich, spitz, kahl, glänzend (die var. *cinerascens* VANDAS grau behaart), untere kurz gestielt, obere sitzend.

     **Jacquin-H.** – *T. jacquinii* (SIEBER) BOISS.

**1** Stg bis 10–15 cm hoch, aufsteigend bis aufrecht. Bl elliptisch bis eilanzettlich, 25–50 mm lg, 8–15 mm br. W z kult? (Kreta: Spalten senkrechter Felsen, 1100–2200 m). subsp. *jacquinii*
**1\*** Stg bis 35 cm hoch. Bl bis 3 cm lg, lanzettlich bis eifg-länglich, scharf gesägt. Kr bis 1 cm lg. 0,10–0,20(–0,35). ⚃ i Pleiok 7–8(–9). **Z** s △ Trockenmauern; ∀ ▭ ⋀ ~ ⊕ (NO-Griech., Bulg.: mont. Felsspalten bis 1500 m – 1930).      subsp. *rumelianum* (HAMPE) TUTIN

Selten kult: **Waldmeister-H.** – *T. asperuloides* BOISS. et ORPH. [*Diosphaera asperuloides* (BOISS. et ORPH.) BUSER]: 2–4 cm hohes Polster. Bl eifg, 5 mm lg. B einzeln od. in Gruppen zu 2–5. Kr rosalila. 0,02–0,04. ⚃ ⌢ i Pleiok 7–8. **Z** s △; ⋀ ◑ ~ ⓐ (S-Griech.: mont. Kalkfelsspalten).

**Teufelskralle, Rapunzel** – *Phyteuma* L. 30 Arten

Lit.: Schulz, R. 1904: Monographische Bearbeitung der Gattung *Phyteuma*. Zürich. – Ayers, T. J. 1991: The cultivated species of *Phyteuma* and *Asyneuma* (*Campanulaceae*). Baileya **23**: 126–138.

Bem.: Die Artabgrenzung von *P. spicatum*, *P. ovatum* und *P. nigrum* ist unklar.

1 BStand kuglig (Abb. **532**/2) ............................................. **2**
1* BStand eifg od. kolbenfg (Abb. **532**/3) ................................. **3**
2 GrundBl linealisch, <2 mm br, fast grasartig, zur Spitze hin nicht verbreitert (Abb. **532**/2). HüllBl des BStands aus eifg Grund zugespitzt, etwa so lg wie der BStand, meist ganzrandig. BStand 10–20 mm ⌀. Kr 8–12 mm lg, dunkelblau. 0,05–0,20(–30). � i ⌇ Speicherwurzeln 7–8. **W. Z** s △; ∨ ○ nicht heiß ⊖ heikel (Gebirge von NO-Span., Z-Frankr., Apennin, Alpen: alp. frische Silikatmagerrasen, Schuttfelder, (600–)1900–2800(–3600) m). **Halbkugelige T.** – *P. hemisphaericum* L.

Ähnlich: **Niedrige T., Niedrige Rapunzel** – *P. humile* Schleich. ex Murith: HüllBl des BStands aus eifg Basis lang zugespitzt, oft länger als das Köpfchen. BStand 15–30 mm ⌀. Kr 10–15 mm lg, dunkel blauviolett. **Z** s △; ∨ ⍦ ○⊖ (Penninische W-Alpen: steinig-felsige Silikatmagerrasen, 1800–3600 m).

2* GrundBl meist lg gestielt, ihreSpreite lanzettlich bis eifg, mit verschmälertem od. flach herzfg Grund. HüllBl des Köpfchens eifg zugespitzt, meist kürzer als das Köpfchen. Kr dunkelblau, vor dem Aufblühen stark gekrümmt, 8–14 mm lg. 0,10–0,50. � ⌇ Speicherwurzeln 5–6(–8). **W. Z** s △; ∨ ○ nicht heiß ⊖ (Apennin, W-Balkan, Karp., Alpen, Z-Eur. Hügel- u. Bergland: kollin–subalp. Wiesen, Halbtrockenrasen, 100–2610 m; die subsp. *tenerum* (R. Schulz) Korneck: O- u. N-Spanien, Frankr. – 1762). **Kugel-T., Kopfige T.** – *P. orbiculare* L.

Ähnlich: **Scheuchzer-T.** – *P. scheuchzeri* All.: Kr tiefblau, vor dem Aufblühen fast gerade. Bl etwas bläulichgrün. HüllBl des BStands lanzettlich bis linealisch, meist z. T. länger als das Köpfchen. Narben 3. 0,15–0,70. **Z** s △ (Grajische bis Julische S-Alpen: Felsspalten u. Blockfluren, Kalk u. Silikat, bis 3600 m – 1813). – **Apenninen-T.** – *P. charmelii* Vill.: GrundBl herz-eifg, grün, zur BZeit oft trocken. HüllBl linealisch. Narben 2. 0,12–0,15(–0,20). **Z** s △; ⊕ (span. Gebirge, W-Alpen, Apennin: Kalkfelsen – 1819).

3 **(1)** Kr gelblichweiß, selten hellblau (subsp. *coeruleum* R. Schulz od. Hybr mit *P. nigrum* od. *P. ovatum*?), vor dem Aufblühen schwach gekrümmt. GrundBl br 3eckig-herzfg, lg gestielt, oft mit schwarzem Fleck. HüllBl am Grund des Kolbens linealisch, meist nicht länger als die Breite des BStands. 0,30–0,80. � i? PleiokRübe 5–7. **W. Z** s Gehölzgruppen; ∨ Licht-Kältekeimer ◐ ● (Frankr., Z-Eur., Baltikum, W-Russl., NW-Balkan: frische LaubW, mont. Wiesen – 1561). **Ährige T.** – *P. spicatum* L.
3* Kr dunkelblau bis schwarzblau ....................................... **4**

1         2     3        4

**4** GrundBlSpreite 2(–3)mal so lg wie br, mit gestutztem bis flach herzfg Grund. Mittlere u. obere StgBl mit verschmälertem Grund sitzend. HüllBl kürzer als die Breite der Ähre. 0,20–0,50. ⚇ PleiokRübe 5–7. **W. Z** s bes. Bergland Staudenbeete; ⚥ ○ ☾ nicht heiß ⊝ (Z-Eur.: frische kollin–mont. Wiesen, LaubmischW).
                                                         **Schwarze T.** – *P. nigrum* F. W. Sᴄʜᴍɪᴅᴛ
**4\*** GrundBlSpreite etwa so lg wie br, mit tief herzfg Grund, grob gesägt. HüllBl eifg, meist länger als die Breite der Ähre. Kr vor dem Aufblühen stark gekrümmt. 0,30–0,70. ⚇ PleiokRübe 5–7. **W. Z** s Staudenbeete △; ⚥ ○ nicht heiß u. trocken ⊕ (Pyr., Cevennen, N-Apennin, W- u. M-Alpen: subalp. frische Wiesen, Hochstaudenfluren). [*P. halleri* Aʟʟ.]
                                                    **Eirunde T., Haller-T.** – *P. ovatum* Hᴏɴᴄᴋ.

Ähnlich: **Ziestblättrige T.** – *P. betonicifolium* Vɪʟʟ. [*P. michelii* subsp. *betonicifolium* (Vɪʟʟ.) Aʀᴄᴀɴɢ.]: Kr vor dem Aufblühen fast gerade. GrundBl einfach od. doppelt gekerbt od. gekerbt-gesägt. HüllBl des BStandes sehr schmal linealisch-borstlich, kürzer als die Breite der Ähre (Abb. **532**/3). **Z** s △; ○ ⊝ (Alpen: Silikatmagerrasen, Waldränder, 600–2700 m).

**Schopfteufelskralle** – *Physoplexis* (Eɴᴅʟ.) Sᴄʜᴜʀ                                     1 Art

GrundBl rundlich-nierenfg, lg gestielt, tief u. grob gesägt. StgBl länglich-eifg, untere in den Stiel verschmälert, obere mit keilfg Grund sitzend, grob gesägt (Abb. **532**/1). Kr 16–20 mm lg, blasslila, aus eifg Grund in einen an der Spitze dunkelvioletten Schnabel zusammengezogen. 0,05–0,15. ⚇ PleiokRübe 7–8. **Z** s △; ⚥ ○ absonnig, luftfeucht, ⊕, lockerer Kalkschutt u. Humuserde, im Winter nicht feucht ⓐ (südl. Kalkalpen vom Comersee bis W-Karawaken u. Julische Alpen: absonnige mont.-subalp. Kalk- u. Dolomit-Felsspalten, (60–)1000–1700(–2000) m). [*Synotoma comosum* (L.) Dᴏɴ, *Phyteuma comosum* L.]              **Schopfteufelskralle** – *Ph. comosa* (L.) Sᴄʜᴜʀ

**Glockenwinde, Tigerglocke** – *Codonopsis* Wᴀʟʟ.                                    30–50 Arten

Bem.: Einige Arten mit stechendem Raubtiergeruch. Oft falsch bestimmt. Meist ⚥ ○ ⊝, windende Arten ☾, nicht trocken.

**1** Pfl aufrecht od. niederliegend, nicht windend ............................... **2**
**1\*** Pfl windend ....................................................... **4**
**2** Kr trichterfg, blassblau mit dunkleren Nerven. KrRöhren-Basis mit purpurrotem Ring. KrZipfel länger als die Rö. B zu 1–2 am Ende der wenig beblätterten, aufrechten Stg. Bl gegenständig, basal gehäuft, eifg-zugespitzt, 1–2 cm lg. 0,10–0,30. ⚇ Rübe 8. **Z** s △; ⚥ ○ (Himal., W-Sichuan: alp.-subalp. felsige Matten, 3000–4200 m – 1842).
                                                        **Eiblättrige T.** – *C. ovata* Bᴇɴᴛʜ.
**2\*** Kr glockig. B einzeln endständig, nickend. Bl gegen- od. wechselständig ........ **3**
**3** Kr 2–3 cm lg, in der Mitte eingeschnürt, dann erweitert, mit abstehenden, an der Spitze eingekrümmten KrZipfeln (Abb. **534**/1), blass graublau, innen dunkler punktiert. Bl gegenständig, filzig behaart, herzfg, 1–1,5 cm lg, nicht basal gehäuft. KZipfel gezähnt. 0,25–0,35. ⚇ Rübe 6–7. **Z** s △; ⚥ ○ (W-China: NW-Yunnan, Tibet: alp. Schotterhänge, 3000–4200 m – 1906).             **Bulley-T.** – *C. bulleyana* Fᴏʀʀᴇsᴛ ex Dɪᴇʟs
**3\*** Kr 3–4 cm lg, in der Mitte nicht eingeschnürt (Abb. **534**/2), graublau, am Grund innen mit orangerotem Ring, bes. innen dunkler geadert. KZipfel > 1 cm lg, eifg-länglich, abstehend bis zurückgebogen. Bl kahl od. zerstreut kurzhaarig, untere gegenständig, obere wechselständig, schmal eifg, Spreitenbasis zuweilen schwach herzfg. Stg schwach, umsinkend. 0,40–0,50(–1,00). ⚇ Rübe (6–)7. **Z** z △; ⚥ ○ (Afgh., Turkestan, NW-Himal.: Staudenfluren an Bächen u. Quellen, 2500–3000 m – vor 1890).
                                          **Waldreben-T.** – *C. clematidea* (Sᴄʜʀᴇɴᴋ ex Fɪsᴄʜ. et C. A. Mᴇʏ.) C. B. Cʟᴀʀᴋᴇ
**4** **(1)** Kr sternfg ausgebreitet, fast bis zum Grund geteilt (Abb. **534**/3), 2,5–5 cm br, lavendelblau (var. *alba* rein weiß). B ∞, an einblütigen Seitentrieben, lg gestielt. Untere Bl 5–7 cm lg, eilanzettlich bis lineal-lanzettlich, kurz gestielt, ± ganzrandig. Staubfadenbasen verbreitert. 1,50–2,00(–3,00). ⚇ ⚲ windende RübenPfl 7(–8). **Z** s Gehölz-

ränder; ∨ ○ ☾ (SW-China: Sichuan, Yunnan: Buschwaldränder, Bambusdschungel, 1500–3500 m). **Gewöhnliche Glockenwinde** – *C. convolvulacea* KURZ

Sehr ähnlich od. Synonym: **Immergrünblütige G.** – *C. vinciflora* KOM.: Bl bis 15 mm lg gestielt, deutlich gesägt. Seitentriebe mehrblütig (SW-China: Sichuan, Tibet). – **Forrest-G.** – *C. forrestii* DIELS [*C. convolvulacea* var. *forrestii* (DIELS) BALLARD]: Bl br eifg, mit herzfg Basis (Yunnan – 1904).

**4\*** Kr glockig od. breitröhrig-glockig .......................................... **5**
**5** Bl eifg, grob gesägt, 3–5 cm lg, useits blaugrün. Kr breitröhrig bis glockig, gelbgrün, innen am Grund mit purpurnem Fleck, >2,5 cm lg. 0,70–2,00. ⌗ windende RübenPfl 6–7. **Z** s Gehölzränder; ∨ ⚘ ⚥ Wurzelsprosse ○ ☾ (Z-China: Hubei: 900–2300 m – 1904). **Hubei-G.** – *C. tangshen* OLIV.
**5\*** Bl br lanzettlich bis rhombisch, 4–8 × 2–4 cm, ganzrandig od. fein gezähnt, zu 3–5 gedrängt am Ende kurzer Seitentriebe (Abb. **534**/4). Kr außen blassgrün bis cremefarben, innen purpurn gesprenkelt. Sa geflügelt. 1,00–2,00. ⌗ ⚥ windende RübenPfl 6–7? **Z** s Gehölzränder; ∨ ☾ ○ (China, Japan, Fernost, Korea: kollin–mont. LaubW, auch Ackerunkraut – 1876).
**Lanzettblättrige G.** – *C. lanceolata* (SIEB. et ZUCC.) BENTH. et HOOK. f.

Ähnlich: **Ussurische G.** – *C. ussuriensis* (RUPR. et MAXIM.) HEMSL. [*C. lanceolata* var. *ussuriensis* (RUPR. et MAXIM.) TRAUTV.]: Kr außen dunkelviolett bis schmutzig purpurn. Sa nicht geflügelt (Fernost, NO-China, Korea: Wiesen, Gebüsche an Ufern – 1879).

Etwa 10 weitere Arten werden angeboten, sind aber kaum in Kultur, davon winterhart:
**Gescheckte T.** – *C. meleagris* DIELS: Bl 5–8 cm lg, grundständig, useits weiß behaart. Kr cremeweiß, braun geadert (Yunnan – 1916). – **Rundblättrige T.** – *C. rotundifolia* ROYLE: Bl <2 cm lg. Kr blass gelbgrün, purpurn geadert. Stg bis 1,00, oben windend (W-Himal., O-Tibet?). – **Grünblütige T.** – *C. viridiflora* MAXIM.: ähnlich *C. clematidea*, **3\***, aber Kr gelblichgrün, innen an der Basis rot punktiert, nur 12(–20) mm lg (W-China: Gansu: Wälder, Grasfluren, 3000–4000 m).

**Blauröhre** – *Cyananthus* WALL. ex BENTH. 19 Arten

Lit.: MARQUAND, C. V. B. 1924: Revision of the genus *Cyananthus*. Kew Bulletin **1924**: 241–255. – CROOK, H. C. 1958: *Cyananthus*. Quarterly Bull. Alpine Garden Soc. **26**: 193–204. – HONG, DE-YUAN et MA, LI-MING 1991: Systematics of the genus *Cyananthus* WALL. ex ROYLE. Acta Phytotax. Sinica **29**/1: 25–51 (chines.).

Bem.: Kultur aller Arten nicht trocken u. nicht ○, Drainage, im Winter nicht nass, heikle LiebhaberPfl.

**1** K kahl od. weiß bis gelbbraun behaart .................................. **2**
**1\*** K schwarzbraun behaart ............................................ **3**
**2** Bl rundlich bis nierenfg, stumpf, ganzrandig od. schwach gezähnt, 2–5 mm lg, mit 1,5–3 mm lg Stielen, useits weiß behaart (Abb. **535**/1). Stg liegend, verzweigt, behaart. Kr 15–20(–25) mm ⌀, blauviolett bis himmelblau, KrZipfel schmal länglich, am Grund mit Haarbüscheln. 0,03–0,08 hoch, bis 0,20 br. ⌗ mattenbildend 7–8. **Z** s △; ∧ ⓐ

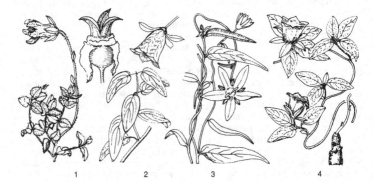

1          2          3          4

(China: Sichuan, NW-Yunnan: alp. Rasen, 1950–4000 m). [*C. barbatus* FRANCH., *C. microrhombus* C. Y. WU] **Delavay-B.** – *C. delavayi* FRANCH.

Ähnlich: **Hübsche B.** – *C. formosus* DIELS: Kr 25–40 mm ⌀ (Sichuan, Yunnan: alp. Matten, 2800–4200 m).

2* Bl verkehrteifg, dem Stg angedrückt, beiderseits behaart. Kr lavendelblau. K aufgeblasen, bis 11 mm lg. 0,10–0,30, bis 0,60 lg. ⌾ mattenbildend 9. **Z** s △; ⓐ ⋏ (Sikkim, Bhutan, Nepal, N-Indien, Sichuan, Yunnan, Tibet: alp. Matten, 1900–4900 m). [*C. forrestii* DIELS] **Aufgeblasene B.** – *C. inflatus* HOOK. f. et THOMS.

3 (1) Bl tief buchtig gezähnt bis gelappt (Abb. **535**/2), spatelfg bis verkehrteifg, in den kurzen Stiel verschmälert, 6–20 mm lg, weißlich behaart. KZipfel br 3eckig. Kr 2–4 cm ⌀. KrZipfel br, stumpf, weiß, blau, violett od. lavendelblau. 0,05–0,15(–0,25). ⌾ lockere Rasen 7–10. **Z** s Moorbeete △; ∨ ⋎ ⋏ (W-, Z- u. O-Himal., Sikkim, Tibet, Yunnan: alp. Matten, 2800–4500 m – 1844). **Gelappte B.** – *C. lobatus* WALL. ex BENTH.

3* Bl gezähnt od. ganzrandig, 2–8 mm lg ................................. 4

4 Bl ganzrandig, 2–5 mm lg, eifg zugespitzt, sitzend, z. T. gegenständig (Abb. **535**/3). Stg drahtig, liegend-aufsteigend, rasenbildend. Kr blauviolett, 20–25 mm ⌀, KrRöhre so lg wie die seitlich ausgebreiteten KrZipfel od. kürzer. 0,05–0,08 hoch, bis 0,30 br. ⌾ mattenbildend 7–8. **Z** s △; ⓐ ⋏ (Bhutan, Sikkim, Nepal, SW-Tibet: alp. Rasen, 3300–4300 m). [*C. integer* WALL. ex BENTH.] **Kleinblättrige B.** – *C. microphyllus* EDGEW.

4* Bl gezähnt, silbergrau behaart, 5–8 mm lg, eifg, sitzend. Kr 20–30 mm ⌀, glockig bis röhrenfg, hellblau; KrZipfel stumpf. 0,10–0,15? ⌾ mattenbildend Pleiok (7–)8. **Z** s △; ∨ ⋎ ⋏ ⓐ (Bhutan, S-Tibet: alp. Matten, 4400–5000 m). **Sheriff-B.** – *C. sheriffii* COWAN

Einige weitere Arten sind sehr selten in Kultur, z. B.: **Graue B.** – *C. incanus* HOOK. f. et THOMS.: Bl eifg, buchtig gezähnt, grau behaart. Kr langröhrig, 25 mm ⌀ (Sichuan, Qinghai, Tibet, Sikkim, 2700–5300 m). – **Großkelch-B.** – *C. macrocalyx* FRANCH.: Bl 5–8 mm lg, BlStiel 2,5–3(–4) mm). Kr gelbgrün, violett geadert. K kahl (Sichuan, Yunnan, Tibet, Qinghai, Gansu, Sikkim, 2500–5000 m). – **Langblütige B.** – *C. longiflorus* FRANCH.: Bl sitzend, 6–10 mm lg (Yunnan, 2800–3600 m).

**Moorglöckchen** – *Wahlenbergia* SCHRAD. ex ROTH          200 Arten

1 Pfl behaart, aufrecht. Bl länglich-lanzettlich, bis 5 × 2 cm, unregelmäßig gezähnt, sitzend. Kr bis 2 cm ⌀, innen blau, außen blaugrün, KrZipfel violett, Buchten schwarz gefleckt. 0,30–0,45(–0,80). ☉ 7–8. **Z** s Sommerrabatten; ∨ ▷ ○ (S-Afr.: offne Hänge u. Verebnungen). [*W. elongata* (WILLD.) SCHRAD. ex ROTH] **Kap-Moorglöckchen** – *W. capensis* (L.) A. DC.

1* Pfl kahl, niederliegend. Bl rundlich, efeuähnlich gelappt, lg gestielt. Kr 6–10 mm ⌀, glockig, bis fast zur Hälfte eingeschnitten, blassblau. 0,05–0,30 hoch, 0,30 lg. ⌾ i ⌇⌇ 6–7. **W. Z** s Moorbeete; ⋎ ∨ ⋎ ○ ◖ ⊖, im Osten ⓐ (W-Eur.: Moore, Moorwiesen – ▽). **Efeu-M.** – *W. hederacea* (L.) RCHB.

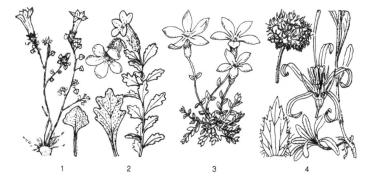

1          2          3          4

**Büschelglocke, Krugglocke** – *Edraianthus* (A. DC.) DC.          24 Arten

Lit.: JANCHEN, E. 1910: Die *Edraianthus*-Arten der Balkanländer. Mitt. Naturwiss. Ver. Wien **8**: 1–40. – LAKUŠIĆ, R. 1973: Prirodni sistem populjacija i vrsta roda *Edraianthus* DC. Godišnjak Biol. Inst. Univ. Sarajevu, Posebno Izdanje **26**: 5–130.

1    B einzeln, sehr selten zu 2–3, aufrecht am beblätterten Stg, nicht in dichten, von HochBl umgebenen Gruppen . . . . . . . . . . . . . . . . . . . . . . . . . . . . . . . . . . . . . . . . . . . . **2**

1\*   B zu (2–)3–15 fast sitzend, in dichten, von HochBl umgebenen Gruppen . . . . . . . . **3**

2    Bl oseits angedrückt weiß behaart, 1–1,5(–2) × 1 mm, BlRand eingerollt. Kr 18–24 mm lg, blauviolett, röhrig-glockig, mit 5 Haarreihen vom Grund der Kr zur Spitze der KrZipfel, sonst kahl (Abb. **536**/2). 0,01–0,05. ♃ i Pleiok 6–7. **Z** s △; ∨ ○ ⊕ (Kroat.: Biokovo Pl.: alp. Kalkfelsen – 1839).                  **Zwerg-B.** – *E. pumilio* (PORT.) A. DC.

Ähnlich: **Dinarische B.** – *E. dinaricus* (A. KERN.) WETTST. [*E. pumilio* var. *major* VIS.]: 5–7 cm hoch. Bl bis 4 cm lg. Kr bis 20 mm lg. Bl an der Spitze weißpinselig behaart (Dalmatien).

2\*   Bl kahl, schmal spatelfg, an der Spitze ausgerandet, 7–30 mm × 1,5–4 mm, ihr Rand nicht eingerollt. Kr bis 30 mm lg, dunkelviolett, die eifg-lanzettlichen HochBl überragend. Stg niederliegend-aufsteigend. K dunkelrot, seine Zipfel an der Spitze bewimpert. 0,04–0,08. ♃ i Pleiok 6–7. **Z** s △; ∨ ○ ⊕? (Kroat., Bosn., Montenegro, Alban.: subalp.- alp. Kalkfelsen – 1839).          **Quendelblättrige B.** – *E. serpyllifolius* (VIS.) A. DC.

3    (1) KZipfel br 3eckig, so br wie lg, kürzer als der Frkn. Stg kahl, aufrecht, 3–7(–15) cm hoch. Äußere HochBl länger als die B, bis 2mal so lg, löffelfg. B in Gruppen zu 5–10. Kr bis 20 mm lg, blau bis violett, außen kahl, innen bärtig. 0,03–0,15. ♃ i Pleiok 6–7. **Z** s △; ∨ ○ ⊕ (Kroat., Bosn., ?Montenegro: subalp.-alp. Kalkfelsen – 1830).                        **Dalmatiner B.** – *E. dalmaticus* (A. DC.) A. DC.

3\*   KZipfel lanzettlich, länger als der FrKn. Stg kraus behaart, aufsteigend bis aufrecht, 3–10(–25) cm hoch. Äußere HochBl meist kürzer als die B, eifg zugespitzt. B zu (2–) 3–8 in kugligen, endständigen Gruppen, trichterfg-glockig (Abb. **536**/1). In den Buchten zwischen den KZipfeln zuweilen kleines Anhängsel. Kr blau bis blauviolett, kahl, trichterfg-glockig, 12–20 mm lg. 0,03–0,25. ♃ i Pleiok 7–8. **Z** △ s; ∨ ○ ⊕ (S- u. Z-Ilt., Sizil., Balkan, W-Rum.: Kalkfelsen, steinige Alpenmatten, (300–)1500–2650 m – 1592). [*E. kitaibelii* (A. DC.) A. DC.; *E. croaticus* (A. KERN.) A. KERN.; *E. tenuifolius* RCHB. non (WALDST. et KIT.) A. DC.]       **Grasartige B.** – *E. graminifolius* (L.) A. DC.

Ähnlich: **Schmalblättrige B.** – *E. tenuifolius* (WALDST. et KIT.) A. DC.: KZipfel schmal linealisch, sehr lg. B in Gruppen zu 6–15, trichterfg. HochBl am Grund gezähnt, länger als die B. 0,07–0,15. ♃ i Pleiok 6–7. **Z** s △; ; ∨ ○ ⊕ (Slowenien bis Alban.: alp. Felsrasen – 1805).

       1                 2                 3                 4

**Jasione, Sandknöpfchen** – *Jasione* L. 12 Arten

Bem.: Die Arten sind sehr variabel.

1 Pfl winterannuell bis zweijährig. Kr blassblau, 6–12 mm lg. Bl ±3,5 cm lg, ihr Rand wellig. Ausläufer fehlend. Köpfe 1,5–2,5 cm ⌀. 0,10–0,45. ☉ ⊖ i Pfahlwurzel 5–8. **W. Z** s △ Sandbeete, Heidegärten; ∀ ○ ⊖ (W-Medit., W- u. M-Eur. bis M-Russl.: Sandtrockenrasen, Heiden). **Sandknöpfchen, Berg-Jasione, Schafrapunzel** – *J. montana* L.
1* Pfl ausdauernd. Kr blau ............................................. **2**
2 BStiel viel länger als der FrKn. Bl 3–5 cm lg, ihr Rand glatt. Pfl mit unterirdischen Ausläufern u. ∞ nichtblühenden Rosetten. Köpfe 2,5–3 cm ⌀. Kr 12–15 mm lg. (Abb. **535**/4). 0,25–0,60. ⌄ i ⟋⟍ 7–8. **W. Z** s △; ∀ ⅌ ○ ⊖ (Z- u. N-Span., O-Frankr., SW-D.: Silikatmagerrasen – 1787). [*J. perennis* Vill. ex Lam.] **Ausdauernde J.** – *J. laevis* Lam.
2* BStiel kürzer als der FrKn. Bl 1–1,5 × 0,1–0,2 cm, grau behaart, ihr Rand glatt od. wellig. Kr 4–10 mm lg. 0,02–0,10(–0,40). ⌄ i Pleiok 6–7? **Z** s △, im O nicht winterhart; ∀ ○ ⊖ Schutz vor Winterfeuchte (Gebirge von NW-Afr. u. SW-Eur., Z- u. SW-Frankr.: Sand- u. Kies-Magerrasen). [*J. humilis* (Pers.) Loisel.]
**Krause J.** – *J. crispa* (Pourr.) Samp.


**Ballonblume, Ballonglocke** – *Platycodon* A. DC. 1 Art

Wurzel fleischig, rübenartig. Pfl aufrecht, kahl. Kr br schüsselfg-glockig, bis 8 cm ⌀, hellblau, dunkler violett geadert, seltener weiß (Abb. **536**/3). (0,15–)0,30–0,70. ⌄ PleiokRübe 6–8. **Z** v Rabatten, Staudenbeete; ∀ ⅌ ○ ◑, Boden nährstoffreich, durchlässig, nicht trocken (SO-Sibir., NO-China, Fernost, Japan: trockne Schotterhänge, Hochstaudenfluren, Gebirgswiesen – 1773 – Sorten: Kr weiß, violettblau, rosa, auch gefüllt). **Großblütige B.** – *P. grandiflorus* (Jacq.) A. DC.


**Teppichlobelie, Pratie** – *Pratia* Gaudich. 36 Arten

1 Bl kahl, br eifg-rundlich, 5–6(–8) × (3–)5–12 mm, jederseits mit 2–3 Zähnen, sitzend. Kr weiß mit purpurfarbenen Adern, 7–10 mm br, ihr Saum sternfg ausgebreitet. Fr eine br eifg, purpurrosa Beere, 1 cm lg, 4–7 mm ⌀. Bl zwittrig. 0,02–0,05. ⌄ i ⟋⟍ 6–8. **Z** s △ Moorbeete ☐ ⚘; ⅌ ○ ◑ ≈ ⌒ ☖ Schnecken! (Himal., S-China, SO-As., Indones., Austr.?, Neuseel.: feuchte, offene Wälder, Bachufer, Feuchtwiesen, in trop.-subtrop. mont.-subalp., in Neuseel. auch Tiefland – formenreich! –1879). [*Lobelia angulata* G. Forst., *P. nummularia* (Lam.) A. Braun u. Asch., *P. repens* Gaudich.]
**Kantige T.** – *P. angulata* (G. Forst.) Hook. f.
1* Bl fein behaart, rundlich, ±10 mm ⌀, sitzend. Kr hellblau bis weiß, 6(–10) mm br (Abb. **536**/4). Fr eine rote, runde Beere von 6 mm ⌀. Pfl zweihäusig. 0,01–0,02 hoch, >0,30 lg. ⌄ i ⟋⟍ (5–)7–10. **Z** s △ ☐ ⚘, ob in D. fruchtend? ∀ ◑ ○ ⌒ Schnecken! (SO-Austr., Tasm.: feuchte Wälder, Bachufer, Sümpfe, Tiefland bis alp. – ?). [*Lobelia pedunculata* R. Br.] **Gestielte T., Blauer Bubikopf** – *P. pedunculata* (R. Br.) F. Muell. ex Benth.


**Laurentie** – *Laurentia* Adans. [*Solenopsis* C. Presl, *Isotoma* (R. Br.) Lindl.] 25 Arten

Pfl kahl. Stg stark verzweigt, kantig. BStiele 5–15 cm lg. Kr blauviolett, selten bleichgelb od. rötlich, ±3 cm br, ihre Röhre 2,5 cm lg, etwas gekrümmt (Abb. **518**/2b). 0,15–0,35 hoch, 0,20 br. ⌄, kult ☉ 7–9. **Z** s Sommerrabatten; ∀ ⌑ ⟋⟍ ○ nicht nass (warmgemäß. O-Austr.: trockne Granitfelsfluren – 1824). [*Isotoma axillaris* Lindl.]
**Felsen-Laurentie** – *L. axillaris* (Lindl.) E. Wimm.


**Lobelie** – *Lobelia* L. 365 Arten

Lit.: Wimmer, F. E. 1953, 1956: *Campanulaceae – Lobelioideae*. In: Engler, A.: Das Pflanzenreich **107, 106**. Leipzig.

1 Untere Bl unregelmäßig fiederschnittig, mit 3–5 linealischen Lappen, kleingezäht od. ganzrandig, gestielt, obere lineal-lanzettlich, fast ganzrandig. B in lockerer Traube, 2–5 mm lg gestielt, duftend. Kr blau bis blass hellviolett. Untere KrZipfel viel breiter als

obere. Stg niederliegend-aufsteigend, stielrund, verzweigt. 0,20–0,40. ♃ i, kult ☉ 6–9.
**Z** s Balkonkästen, Schalen, Sommerrabatten; Ⅴ Februar ○ ⑱ ⌂ (W-Austr.: Sandrasen,
offene, sandige *Eucalyptus*W – 1835 – wenige Sorten – oft kult als „*L. heterophylla* LA-
BILL."). [*L. ramosa* BENTH.] **Zarte L.** – *L. tenuior* R. BR.

1* Bl unzerteilt, gezähnt od. ganzrandig ................................... **2**
2 B in >20blütigen, kopfigen, allseitswendigen Trauben an der Spitze langer, aufrechter
Triebe. Bl sitzend, lineal-lanzettlich bis verkehrteilanzettlich, stumpf, dicklich, 4–10 ×
0,4–1,8 cm, tief od. unregelmäßig gezähnt (Abb. **538**/4). Kr 1,8–2 cm ⌀, hellblau mit
weißer Mitte, selten rosa od. weiß. 0,20–0,30. ♄ ♃, kult ☉ 5–10. **Z** s Kübel, Balkon-
kästen, Sommerrabatten; Ⅴ Februar ⌂ Lichtkeimer ○ Boden nährstoffreich, gleich-
mäßig ≃ (S-Afr.: Kap-Provinz – Sorten: 'True Blue': ⋏ ⌂ November; 'Blaustern': blau
mit weißer Mitte). **Kap-L.** – *L. valida* L. BOLUS
2* B nicht in endständigen, allseitswendigen, kopfigen Trauben ................. **3**
3 Pfl in Kultur ☉, dicht buschig verzweigt, aufrecht, liegend od. hängend, <25 cm hoch.
Untere Bl verkehrteifg, 8–25 mm lg, 2–9 mm br, gezähnt, gestielt, obere lanzettlich, sit-
zend. Kr 15–20 mm ⌀, blau mit weißem Schlund (Abb. **538**/3). 0,08–0,20. Kurzlebig ♃
i, kult nur ☉ 5–11. **Z** v Sommerrabatten, Balkonkästen; Ⅴ ⌂ od. Freiland Lichtkeimer ○
Boden nährstoffreich, gleichmäßig ≃ (Kap, O-Afr. bis Sudan u. Somalia: feuchte
Sand-, Kies- u. Steinfelder – 1681 – ∞ Sorten: rotviolett, rosa, blassviolett, weiß, Sor-
tengruppen hängend-kriechend od. kompakt, z. B. 'Richardii' [*L. erinus* × *L. valida*]: Bl
entfernt flach gezähnt, etwas dicklich. Wuchs buschig, hängend, ähnlich *L. erinus*. B
blau mit weißer Mitte; untere KrZipfel rund. ⋏). **Blaue L.**, **Männertreu** – *L. erinus* L.
3* Pfl ♃, Stg meist unverzweigt, aufrecht, 0,30–1,20 m hoch. Bl länglich-eifg bis lanzett-
lich, untere kurz gestielt, 7–18 cm lg ................................... **4**
4 Kr hochrot, selten rosa od. weiß, 2,5–5 cm lg. KrZipfel etwa gleich br. Bl länglich-lan-
zettlich, 5–16 cm lg, 1–3(–5) cm br, fein gezähnt, kahl, untere kurz gestielt, obere lineal-
lanzettlich, sitzend (Abb. **538**/1). BStiele 5–20 mm lg. 0,60–1,00(–1,20). Kurzlebig ♃,
kult auch ☉ 7–9. **Z** s Sommerrabatten; Ⅴ ⌂ ⋏ ≃ ⑱ (gemäß. SO- u. Z-Kanada, O-USA,
Z-Am.: nasse Böden an Fluss- u. Seeufern – 1626 – Hybr s. **4***).

**Kardinals-L.** – *L. cardinalis* L.

Ähnlich, meist in die formenreiche *L. cardinalis* eingeschlossen: **Leuchtende L.** – *L. fulgens* WILLD. [*L.
cardinalis* subsp. *graminea* (LAM.) MC VAUGH, *L. graminea* LAM.]: Untere Bl 7–11 cm lg, lineal-lanzett-
lich. DeckBl lanzettlich, lg zugespitzt, meist viel länger als die BStiele. Bl u. Stg oft dunkel blutrot.
Kr scharlachrot. 0,60–0,90. Kurzlebig ♃, kult oft ☉, kurze ⋏ 7–9. **Z** s Sumpfbeete; Ⅴ ○ ◑ ≃ ⑱
(Texas?, Mex.: Ufer, Sümpfe – 1805). – **Glänzende L.** – *L. splendens* WILLD. [*L. cardinalis* var.
*phyllostachya* (ENGELM.) MC VAUGH, *L. fulgens* HEMSL. non WILLD.]: Bl lanzettlich bis linealisch, 9–15 ×
1–2 cm. DeckBl meist kürzer als die BStiele. Ausläufer fehlen. Kr scharlachrot bis feurig orangerot.
0,60–1,00. ♃ i 7–10. **Z** s; Ⅴ ⌂ ○ ◑ ≃ ⑱ (Mex. u. SO-USA bis Nebraska u. Missouri: Sumpfwiesen,
See- u. Flussufer – 1808).

1         2         3         4

**4\*** Kr blau bis blass blauviolett, selten weiß, 2–3(–3,5) cm lg. Untere KrZipfel breiter als obere (Abb. **538**/2). Bl länglich-eifg bis lanzettlich, unregelmäßig gesägt, weich behaart od. kahl, sitzend, 8–12(–18) × 1,5–6 cm. BStiele 4–10 mm lg, mit winzigen VorBl oberhalb der Mitte. 0,60–1,00(–1,30). Kurzlebig ⚇ Pleiok 8–9. **Z z** Rabatten ⚥; **V** ○ ☾ ≃ (Z-Kanada, O- u. M-USA: Sümpfe, See- u. Flussufer, nasse Wälder – 1665).
**Blaue Kardinals-L. –** *L. siphilitica* L.

Ähnlich: **Küsten-L. –** *L. elongata* SMALL [*L. amoena* auct. non MICHX.]: BStiele 3–6 mm lg, nahe dem Grund mit VorBl. Bl lineal-lanzettlich, mittlere entfernt scharf gezähnt. Stg u. Bl (fast) kahl. Kr 2–2,5 cm lg, blau. 0,30–1,20. Kurzlebig ⚇ 8–9. **Z** s Teichufer; **V** ▭ ○ ≃ ∧ ⓚ (O-USA: S-Delaware bis Georgia, Tennessee, Florida, Louisiana?: feuchter Boden nahe der Küste – 1812). – **Aufgeblasene L. –** *L. inflata* L.: KrRöhre 4–6(–8) mm lg, blau bis rosaviolett. Untere Bl gestielt, 3–6 cm lg, 1–3 cm br, kahl. Stg ästig. Reife Kapsel aufgeblasen. (0,20–)0,60–0,90. ☉ 7–9. Früher HeilPfl (SO- u. Z-Kanada, O- u. Z-USA: Wälder Gebüsche, Ruderalstellen).

Hybr: **Schöne L. –** *L.* × *speciosa* hort. (*L. cardinalis* × *L. siphilitica* × *L. splendens*): Untere KrZipfel breiter als obere. Kr 2–3 cm lg, purpurviolett, selten rosa od. scharlachrot. BStiele 6–12 mm lg. Bl eifg bis elliptisch, 5–18 × 1,5–6 cm, fein gezähnt, zuweilen bis rubinrot. 0,50–1,20. Kurzlebig ⚇ 8–9. **Z** v Parks, Sommerrabatten ⚥; **V** Januar–März ▭ ○ ☾ nährstoffreich ≃. – **Gerard-L. –** *L.* × *gerardii* CHABANNE et GOUJON ex SAUV. [*L.* × *hybrida* auct., *L.* × *vedrariensis* auct., *L. cardinalis* × *L. siphilitica*]: Bl bis 10 cm lg, br lanzettlich bis elliptisch, oft rot überlaufen. Kr purpurviolett. 0,75–1,20. Kurzlebig ⚇ 8–9. **Z z** Sommerrabatten; **V** Januar–März ▭ ○ ☾ ∧ (1893).

## Familie **Korbblütengewächse –** *Asteraceae* BERCHT. et J. PRESL od. *Compositae* GISEKE 25 000 Arten

Die B der Korbblütler stehen in **Köpfen** (Körben, Abb. **540**/1, 2), die von **HüllBl** umgeben sind u. oft eine EinzelB vortäuschen (Abb. **602**/2, 3). Die **Hülle** ist zuweilen am Grund von einzelnen **AußenhüllBl** umgeben (Abb. **540**/2). Der Kopfboden trägt spelzenähnliche **SpreuBl** (DeckBl der B, Abb. **540**/1) od. Borsten od. er ist nackt (Abb. **540**/2). Der K (**Pappus**) ist meist zu einem sich zur Reife vergrößernden Haarkranz umgebildet (Abb. **541**/2,5,8), seltener schuppen- (Abb. **541**/7), becher- od. krönchenfg (Abb. **551**/1), od. er fehlt ganz. Die Kr ist verwachsenblättrig, entweder radiär, röhrig, 5-(selten 4- od. bis 7)zipflig (**RöhrenBl**, fast stets ⚥, Abb. **540**/1,3) od. stark dorsiventral, strahlfg (**StrahlB**, am Ende meist 3zähnig, meist ♀ od. steril, Abb. **540**/1) od. zungenfg (**ZungenB**, 5zähnig, stets ⚥, Abb. **540**/2), mit kurzer Röhre. Entweder sind alle B des Kopfes zungenfg od. alle röhrenfg, die äußeren bisweilen vergrößert (Abb. **641**/4), od. die mittleren (**ScheibenB**) sind röhrenfg u. die randlichen (**RandB**) strahlfg. Die Staubbeutel der 5 StaubBl sind fast stets zu einer Röhre verklebt, öffnen sich nach innen in die Röhre u. entleeren den Pollen zwischen die Fegehaare des Griffels. Der Pollen wird von den sich streckenden Griffel aus der Staubbeutelröhre herausgeschoben u. präsentiert (Abb. **540**/3), erst später öffnen sich die beiden Narbenlappen, die ZwitterB sind also vormännlich. Die einsamigen Nussfrüchte (Achänen) sind zuweilen in verschieden gestaltete **RandFr** und **ScheibenFr** differenziert. Manchmal sind sie ± lg geschnäbelt.

### Schlüssel der Gruppen

**1** Alle LaubBl grundständig. Köpfe auf blattlosem Schaft, od. Stg nur mit Schuppen, die in Form u. Farbe von den LaubBl stark abweichen. **Gruppe A** S. 540

**1\*** Grüne LaubBl auch od. nur am gestreckten Spross, wenn auch zuweilen nur 1–3 u. kleiner als die GrundBl . . . . . . . . . . . . . . . . . . . . . . . . . . . . . . . . . . . . . . . . . . **2**

**2** Pfl distelartig, d. h. LaubBl stechend dornig gezähnt. **Gruppe B** S. 542

**2\*** Pfl nicht distelartig, LaubBl nicht dornig gezähnt, höchstens HüllBl der Köpfe mit dornigem Anhängsel . . . . . . . . . . . . . . . . . . . . . . . . . . . . . . . . . . . . . . . . . . **3**

3 LaubBl gegenständig, wenigstens die unteren (im BStand oft wechselständig), seltener echt od. scheinbar quirlig; wenn untere schon vertrocknet, dann ihre BlNarben gegenständig. **Gruppe C** S. 542

3* Alle LaubBl wechselständig . . . . . . . . . . . . . . . . . . . . . . . . . . . . . . . . . . . . . . . . . . **4**

4 Pfl mit Milchsaft. B alle zungenfg, zwittrig, vorn (4–)5zähnig od. ganzrandig, die mittleren oft noch unentwickelt u. dann ohne deutliche Zunge. **Gruppe D** S. 544

4* Pfl ohne Milchsaft (nur *Gazania* S. 632 mit Milchsaft, dann aber mittlere B röhrenfg). B oft getrenntgeschlechtig, alle röhrenfg od. mittlere röhrenfg, äußere strahlfg, vorn 3zähnig od. ± ganzrandig . . . . . . . . . . . . . . . . . . . . . . . . . . . . . . . . . . . . . . . . . . . . . **5**

5 B alle röhrenfg, die äußeren zuweilen vergrößert, ausgebreitet, (4–)5(–7)zipflig. **Gruppe E** S. 545

5* Mittlere B (ScheibenB) röhrenfg, äußere strahlfg, vorn 3zähnig (wenn 5zähnig, dann obere LaubBl u. HüllBl am Grund mit Dornzähnen). Bei „gefüllten" Gartenformen (s. Tab. V, S. 84) (fast) alle B strahlfg od. vergrößert röhrenfg . . . . . . . . . . . . . . . . . . **6**

6 Pappus (FrKelch) haar- od. borstenfg (Abb. **541**/2, 4, 5, 8). **Gruppe F** S. 548

6* Pappus fehlend (Abb. **541**/1b, 3, 6) od. becher-, krönchen- od. schuppenfg (Abb. **541**/7), aber nicht haarfg. **Gruppe G** S. 548

### Gruppe A: Korbblütler mit ausschließlich grundständigen LaubBl

1 LaubBlSpreite nierenfg, herzfg od. herzfg-rundlich, nicht allmählich in den Stiel verschmälert . . . . . . . . . . . . . . . . . . . . . . . . . . . . . . . . . . . . . . . . . . . . . . . . . . . . . **2**

1* LaubBlSpreite schmal verkehrteifg, lanzettlich od. spatelfg, allmählich in den BlStiel verschmälert . . . . . . . . . . . . . . . . . . . . . . . . . . . . . . . . . . . . . . . . . . . . . . . . . . . . **4**

2 B gelb. Köpfe mit Scheiben- u. StrahlB, >3,5 cm ⌀.
**Leopardenpflanze** – *Farfugium* S. 629

2* B weiß, rosa od. purpurviolett. Köpfe nur mit RöhrenB, <3,5 cm ⌀ . . . . . . . . . . . . **3**

3 Bl 6–60 cm br. B weiß od. schmutzig rosa. Stg mit rötlichen od. weißlichen SchuppenBl u. mehreren od. ∞ Köpfen. **Pestwurz** – *Petasites* S. 621

3* Bl <5 cm br. B purpurviolett. Stg ohne Schuppen, blattlos, selten 1–2blättrig, 1köpfig.
**Alpenlattich** – *Homogyne* S. 621

4 (1) Pfl ☉. Bl <1 cm br. Köpfe 0,9–1,2(–1,5) cm ⌀.
**Scheingänseblümchen** – *Bellium* S. 561

4* Pfl ♃. Bl >1 cm br. Köpfe 1,5–8 cm ⌀ . . . . . . . . . . . . . . . . . . . . . . . . . . . . . . . . **5**

5 Köpfe nur mit RöhrenB . . . . . . . . . . . . . . . . . . . . . . . . . . . . . . . . . . . . . . . . . . . . **6**

5* Köpfe mit Röhren- u. StrahlB . . . . . . . . . . . . . . . . . . . . . . . . . . . . . . . . . . . . . . . . **9**

6 Pfl distelartig, mit bedornten Bl. Pappus aus gefiederten Haaren . . . . . . . . . . . . . **7**

**6\*** Pfl nicht distelartig. Pappushaare gefiedert od. ungefiedert . . . . . . . . . . . . . . . . . . **8**

**7** Stg u. USeite der Bl weißfilzig. **Stängellose Eselsdistel** – *Onopordum acaulon* S. 638

**7\*** Stg u. Bl zerstreut behaart, nicht weißfilzig.

**Stängellose Kratzdistel** – *Cirsium acaule* S. 636

**8** **(6)** Pappus aus steifen, einfachen Haaren. **Zwergscharte** – *Jurinella* S. 635

**8\*** Pappusborsten in 2 Reihen, gefiedert.

**Stängellose Bergscharte** – *Saussurea pygmaea* S. 635

**9** **(5)** StrahlB weiß, rosa od. purpurn . . . . . . . . . . . . . . . . . . . . . . . . . . . . . . . . . . . . **10**

**9\*** StrahlB od. alle B (blass)gelb, orange od. braun . . . . . . . . . . . . . . . . . . . . . . . . **12**

**10** Bl unregelmäßig tief eingeschnitten. Köpfe 4–8 cm ⌀.

**Grönlandmargerite** – *Arctanthemum* S. 613

**10\*** Bl unzerteilt, schwach entfernt kerbzähnig. Köpfe < 4 cm ⌀ . . . . . . . . . . . . . . . . . **11**

**11** Bl spatelfg, über der Mitte am breitesten. Kopfboden hohl, ohne SpreuBl. Fr ohne Pappus. Köpfe bei kult Formen meist gefüllt, größer, weiß bis purpurn.

**Gänseblümchen** – *Bellis* S. 561

**11\*** Bl eilanzettlich, ihre Spreite in der Mitte am breitesten. Kopfboden markig, mit SpreuBl. Köpfe nicht gefüllt, StrahlB weiß. **Alpenmaßliebchen** – *Aster bellidiastrum* S. 564

**12** **(9)** Pfl ohne Milchsaft. B röhren- u. strahlfg . . . . . . . . . . . . . . . . . . . . . . . . . . . . . **13**

**12\*** Pfl mit Milchsaft . . . . . . . . . . . . . . . . . . . . . . . . . . . . . . . . . . . . . . . . . . . . . . . . **14**

**13** Pappusstrahlen unten verbreitert (Abb. **562**/4). Bl ganzrandig, spatelfg.

**Townsendie** – *Townsendia* S. 562

**13\*** Pappus aus zarten Schuppen. Bl fiederlappig, ihr Rand wellig.

**Bärenohr** – *Arctotis* z. T. S. 631

**14** **(12)** B röhren- u. strahlfg. Bl useits weißfilzig, lanzettlich, unzerteilt od. fiederschnittig mit 1–3(–4) ganzrandigen Fiederpaaren (Abb. **632**/3–5). StrahlB (blass)gelb, orange od. braun(-violett). Fr behaart. **Gazanie** – *Gazania* S. 632

**14\*** Alle B zungenfg. Bl useits grün, wenn weißfilzig, dann außerdem borstig. B gelb od. (rot)orange. Fr unbehaart . . . . . . . . . . . . . . . . . . . . . . . . . . . . . . . . . . . . . . . . . . . **15**

**15** BlMittelrippe u. Kopfstiel hohl. Äußere HüllBl zurückgeschlagen. Bl schrotsägefg bis gezähnt, im Umriss lanzettlich. **Löwenzahn** – *Taraxacum* S. 647

**15\*** BlMittelrippe u. Kopfstiel voll. Äußere HüllBl dem Kopf anliegend . . . . . . . . . . . . . . **16**

**16** Pappus fehlend. Bl fiederteilig mit 3–4eckigen Seitenzipfeln. Pfl mit kurzem Rhizom. Milchsaft stinkend. **Hainsalat** – *Aposeris* S. 644

**16\*** Pappus vorhanden. Bl ganzrandig od. grob gezähnt . . . . . . . . . . . . . . . . . . . . . . . . **17**

**17** Bl ganzrandig, useits weiß- bis graufilzig. Pfl mit oberirdischen Ausläufern. B hell schwefelgelb. **Kleines Habichtskraut** – *Hieracium pilosella* S. 649

**17\*** Bl grob gezähnt, useits grün. Pfl ohne Ausläufer, mit kurzem Rhizom. B orangerot.

**Gold-Pippau** – *Crepis aurea* S. 648

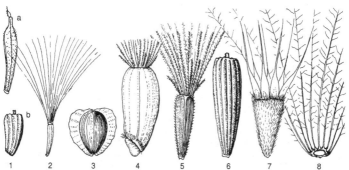

**Gruppe B: Korbblütler mit distelartigen Bl**

1  StrahlB vorhanden, 5zähnig. Nur obere Bl u. HüllBl am Grund dornig (Abb. **552**/3). Pappus aus 4–5 schmalen, hinfälligen Schüppchen bestehend.
                            **Kornblumenaster** – *Stokesia* S. 553

1* StrahlB fehlend, zuweilen die inneren HüllBl strahlblütenähnlich, aber trocken . . . . **2**

2  Innere HüllBl bei Trockenheit ausgebreitet, strahlblütenähnlich, aber trockenhäutig, silberweiß, bräunlichgelb od. strohfarben, glänzend. Fr behaart.
                                  **Eberwurz** – *Carlina* S. 634

2* HüllBl nicht strahlblütenähnlich ausgebreitet, nicht glänzend . . . . . . . . . . . . . . . . **3**

3  Köpfe (eigentlich Sammelköpfe aus 1blütigen Köpfen) kuglig, ohne erkennbare Hülle. B blassblau bis dunkel stahlblau. Die B im Sammelkopf von oben nach unten aufblühend. Fr behaart.
                                 **Kugeldistel** – *Echinops* S. 633

3* Köpfe nicht kuglig, ihre Hülle deutlich. B purpurn, purpurrosa, gelb od. orange, selten weiß, im Kopf von außen nach innen aufblühend. Fr kahl . . . . . . . . . . . . . . . . . **4**

4  B gelb od. orange. HüllBl laubblattartig . . . . . . . . . . . . . . . . . . . . . . . . . . . . . . . . . **5**

4* B purpurrosa, selten weiß . . . . . . . . . . . . . . . . . . . . . . . . . . . . . . . . . . . . . . . . . . . **6**

5  Innere HüllBl mit krautigem, ganzrandigem od. dornig gezähntem Anhängsel. Äußere Fr ohne Pappus. Pfl kahl.
                                      **Saflor** – *Carthamus* S. 643

5* Innere HüllBl mit lg, fiederteiligem, geknietem Dorn (Abb. **642**/2). Alle Fr mit Pappus aus ∞ gelben Haaren. Pfl spinnwebig behaart.
                        **Benediktenkraut** – *Cnicus* S. 643

6  **(4)** Bl grün u. weiß gescheckt, kahl. Oberer Teil der HüllBl abstehend, mit großem, gezähntem, dornigem Anhängsel.
                                  **Mariendistel** – *Silybum* S. 638

6* Bl grün, zuweilen mit helleren Nerven, od. Bl useits od. beidseits weißfilzig . . . . . . **7**

7  Bl als > 10 mm br Flügel am Stg herablaufend; wenn Pfl stängellos, dann Kopf > 5 cm ∅. Kopfboden ohne SpreuBl, aber grubig-wabig, die Ränder der Gruben gezähnt.
                                  **Eselsdistel** – *Onopordum* S. 638

7* Stg ungeflügelt od. Flügel < 8 mm br; wenn Pfl stängellos, dann Kopf < 4 cm ∅. Kopfboden mit haar- od. borstenfg SpreuBl, nicht grubig-wabig . . . . . . . . . . . . . . . . . . **8**

8  Pappus aus ∞, nicht gefiederten rauen Borsten bestehend, > 5 mm lg. B purpurn od. rosa, selten weiß. Stg in der unteren Hälfte meist geflügelt. **Distel** – *Carduus* S. 636

8* Pappus aus ∞ gefiederten Borsten bestehend (Abb. **541**/8, beim Umbiegen erkennbar). B purpurn od. rosa, selten weiß . . . . . . . . . . . . . . . . . . . . . . . . . . . . . . . . . . . . . **9**

9  BlSpreite fast nur aus der geflügelten, silber- od. elfenbeinweißen Mittelrippe u. den ebenfalls geflügelten, dornigen, dreiteiligen Seitenrippen bestehend (Abb. **636**/2), useits weiß behaart.
                            **Elfenbeinblume** – *Ptilostemon* S. 637

9* BlSpreite flächig, grün, unterschiedlich gezähnt, gelappt bis fiederschnittig . . . . . . . **10**

10  Köpfe (4–)8–15 cm ∅ (Abb. **637**/2, 4), ihr Boden dicht behaart, dick u. fleischig. RosettenBl > 40 cm lg, oseits nicht durch steife Borsten rau. **Artischocke** – *Cynara* S. 637

10* Köpfe unter 5 cm ∅, wenn größer, dann Bl oseits durch steife, dichte Borsten sehr rau.
                                **Kratzdistel** – *Cirsium* S. 636

**Gruppe C: Korbblütler mit beblättertem Stg, Bl wenigstens z. T. gegenständig od. quirlig, Pfl nicht distelartig, ohne Milchsaft, B alle röhrenfg od. röhren- u. strahlfg**

1  Köpfe nur mit RöhrenB (so selten auch *Eriophyllum*, **9\***) . . . . . . . . . . . . . . . . . . . **2**

1* Köpfe mit Röhren- und StrahlB . . . . . . . . . . . . . . . . . . . . . . . . . . . . . . . . . . . . . . . **6**

2  Pfl windend. Köpfe 4blütig. HüllBl 4 (Abb. **551**/6, 7). **Mikanie** – *Mikania* S. 555

2* Pfl nicht windend. Köpfe fast stets mit > 4 HüllBl u. 4 B . . . . . . . . . . . . . . . . . . . . . **3**

3  B erst rotbraun, später gelblich. Pfl niederliegend-aufsteigend. Bl kahl. Köpfe einzeln.
                                **Husarenknopf** – *Acmella* S. 586

3* B weiß, blau, purpurn od. blauviolett. Pfl aufrecht, seltener aufsteigend . . . . . . . . . **4**

**4** Pappus aus einer Reihe von rauen Borsten. Pfl ♃. **Wasserdost** – *Eupatorium* S. 554
**4\*** Pappus aus 4–12 Schüppchen. Pfl ☉ od. kult ☉, selten ♃ . . . . . . . . . . . . . . . . . . **5**
**5** Bl lanzettlich bis linealisch, lg zugespitzt. **Texas-Palafoxie** – *Palafoxia texana* S. 598
**5\*** Bl eifg-rundlich bis herzfg, stumpf bis zugespitzt. **Leberbalsam** – *Ageratum* S. 553
**6** **(1)** HüllBl bis über ⅓ hinauf miteinander verwachsen (vgl. auch **22\***) . . . . . . . . . . **7**
**6\*** HüllBl frei od. nur am Grund verwachsen . . . . . . . . . . . . . . . . . . . . . . . . . . . . . . . **10**
**7** HüllBl 2reihig, äußere Reihe viel kleiner als innere.
                         **Gelbes Gänseblümchen** – *Thymophylla* S. 603
**7\*** HüllBl einreihig . . . . . . . . . . . . . . . . . . . . . . . . . . . . . . . . . . . . . . . . . . . . . . . . . . . . **8**
**8** Pfl aufrecht, stark riechend. HüllBl bis über die Hälfte hinauf verwachsen.
                         **Studentenblume** – *Tagetes* S. 602
**8\*** Pfl liegend od. hängend, nicht stark riechend . . . . . . . . . . . . . . . . . . . . . . . . . . . . . **9**
**9** Bl kahl, 3lappig od. unzerteilt. Köpfe einzeln blattachselständig, lg gestielt.
                         **Wedelie** – *Wedelia* S. 589
**9\*** Bl grauwollig, 3–5teilig eingeschnitten od. gefiedert od. unzerteilt. Köpfe endständig.
                         **Wollblatt** – *Eriophyllum* S. 598
**10** **(6)** Bl unzerteilt, ganzrandig, gezähnt od. gekerbt; wenn einzelne 3–5lappig, dann Strahlen >5 mm br, zinnoberrot . . . . . . . . . . . . . . . . . . . . . . . . . . . . . . . . . . . . . . **11**
**10\*** BlSpreitenhälften zu >⅓ geteilt, gelappt od. zusammengesetzt (gefiedert od. gefingert)
 . . . . . . . . . . . . . . . . . . . . . . . . . . . . . . . . . . . . . . . . . . . . . . . . . . . . . . . . . . . . . . . . . **27**
**11** Kopfboden nackt, ohne SpreuBl od. Haare . . . . . . . . . . . . . . . . . . . . . . . . . . . . . . **12**
**11\*** Kopfboden mit SpreuBl od. SpreuBlBechern . . . . . . . . . . . . . . . . . . . . . . . . . . . . **13**
**12** StrahlB 8–10, tief 3spaltig, purpurn bis rosa. Pappus aus 4–12 Schuppen.
                 **Hooker-Palafoxie** – *Palafoxia hookeriana* S. 598
**12\*** StrahlB >10, nicht tief 3spaltig, blau, selten weiß od. rosa. Pappus borstenfg.
                        **Kapaster** – *Felicia* z. T. S. 571
**13** **(11)** Kr der StrahlB auf den reifen Fr stehenbleibend . . . . . . . . . . . . . . . . . . . . . . . **14**
**13\*** Kr der StrahlB bei der FrReife von den Fr abfallend . . . . . . . . . . . . . . . . . . . . . . . **16**
**14** Bl grob u. scharf gesägt. **Sonnenauge** – *Heliopsis* S. 586
**14\*** Bl ganzrandig . . . . . . . . . . . . . . . . . . . . . . . . . . . . . . . . . . . . . . . . . . . . . . . . . . . . . **15**
**15** Bl sitzend. StrahlB verschieden gefärbt. Pfl aufrecht. **Zinnie** – *Zinnia* S. 585
**15\*** Bl gestielt. StrahlB goldgelb, ScheibenB dunkelbraun. Pfl niederliegend.
                        **Sanvitalie** – *Sanvitalia* S. 586
**16** **(13)** Köpfe mit höchstens 5 StrahlB . . . . . . . . . . . . . . . . . . . . . . . . . . . . . . . . . . . . . **17**
**16\*** Köpfe mit >5 StrahlB . . . . . . . . . . . . . . . . . . . . . . . . . . . . . . . . . . . . . . . . . . . . . . . **19**
**17** Pfl ♃, >1 m hoch. **Gegenblättriger Kronbart** – *Verbesina occidentalis* S. 592
**17\*** Pfl ☉ od. ♃, <1 m hoch . . . . . . . . . . . . . . . . . . . . . . . . . . . . . . . . . . . . . . . . . . . . . **18**
**18** Pfl ☉. Äußere HüllBl lanzettlich, kleiner als die inneren. Köpfe ∞, in beblättertem BStand. **Lindheimerie** – *Lindheimera* S. 584
**18\*** Pfl ♃. Äußere HüllBl elliptisch, laubblattähnlich, breiter als die häutigen, lanzettlichen inneren. Köpfe einzeln auf lg Stielen. **Goldkörbchen** – *Chrysogonum* S. 584
**19** **(16)** Pappus haarfg. Fr linealisch. **Arnika** – *Arnica* S. 601
**19\*** Pappus fehlend od. becher- od. krönchenfg od. aus 1–3 Borsten, nicht haarfg . . . . **20**
**20** Köpfe auf keulenfg verdickten, samtig behaarten Stielen. StrahlB br eifg, orangerot, selten gelb. Bl unzerteilt od. 3–5lappig. **Tithonie** – *Tithonia* S. 599
**20\*** Köpfe nicht auf samtig behaarten Stielen. StrahlB nicht orangerot . . . . . . . . . . . . . **21**
**21** Fr nicht deutlich von den Seiten od. von hinten u. vorn zusammengedrückt, im ∅ rhombisch . . . . . . . . . . . . . . . . . . . . . . . . . . . . . . . . . . . . . . . . . . . . . . . . . . . . . . . . . . . **22**
**21\*** Fr seitlich od. von hinten u. vorn zusammengedrückt . . . . . . . . . . . . . . . . . . . . . . . **23**
**22** HüllBl ∞, mehrreihig. Hülle >1 cm ∅. Pfl nur einmal verzweigt.
                    **Sonnenblume** – *Helianthus* z. T. S. 589
**22\*** Äußere HüllBl 5, auf ¼ bis ⅓ verwachsen. Hülle becherfg, 6–9 mm ∅. Pfl buschig verzweigt. **Sterntaler** – *Melampodium* S. 599

23   **(21)** Fr seitlich zusammengedrückt .................................... **24**
23*  Fr von vorn u. hinten flachgedrückt .................................... **25**
24   Pfl ♃. Fr ungeflügelt. ScheibenB braun. Köpfe meist nickend. HüllBl dachzieglig, lineal-
     lanzettlich od. laubblattartig, Ig zugespitzt. **Zwergsonnenblume** – *Helianthella* S. 592
24*  Pfl ☉. Innere Fr geflügelt.         **Goldner Kronbart** – *Verbesina enceliojdes* S. 592
25   **(23)** Hülle nicht in Außen- u. Innenhülle gegliedert, HüllBl dachzieglig, br eifg.
                                              **Silphie** – *Silphium* S. 584
25*  Hülle in Außen- u. Innenhülle gegliedert, AußenhüllBl meist lanzettlich .......... **26**
26   Pappus fehlend od. kurz 2zähnig od. aus 2 glatten Grannen. Bl ganzrandig, z. T. mit
     1–2 seitlichen Lappen.                **Mädchenauge** – *Coreopsis* z. T. S. 593
26*  Pappus aus 2–4(–6) Borsten mit rückwärts gerichteten Zähnchen.
                                              **Zweizahn** – *Bidens* z. T. S. 596
27   **(10)** Bl sitzend, fingerfg 3–5(–7)teilig, einen mehrblättrigen Quirl vortäuschend.
                                              **Mädchenauge** – *Coreopsis* z. T. S. 593
27*  BlSpreite fiederfg geteilt, geschnitten od. gelappt od. fiederfg 3teilig ........... **28**
28   StahlB 2–3, gelb. Bl scheingegenständig. Köpfe in Doppeltraube.
                                              **Chinagreiskraut** – *Sinacalia* S. 629
28*  StrahlB >3, verschieden gefärbt. Bl echt gegenständig ..................... **29**
29   Pappus aus (1–)2(–3) rückwärts rauen Grannen ........................ **30**
29*  Pappus fehlend od. aus glatten Grannen. Äußere HüllBlReihe von der inneren ver-
     schieden u. deutlich abgesetzt ........................................ **31**
30   StrahlB gelb.                         **Zweizahn** – *Bidens* S. 596
30*  StrahlB purpurn, rosa od weiß.        **Kosmee** – *Cosmos* z. T. S. 597
31   **(29)** Fr geschnäbelt (Abb. **541**/1a).   **Kosmee** – *Cosmos* z. T. S. 597
31*  Fr nicht geschnäbelt ................................................. **32**
32   Äußere HüllBl eifg-rundlich, am Grund verschmälert, abstehend od. zurückgeschlagen.
                                              **Dahlie** – *Dahlia* S. 595
32*  Äußere HüllBl lanzettlich bis schmal dreieckig, am Grund nicht verschmälert, abstehend
     od. anliegend.                         **Mädchenauge** – *Coreopsis* z. T. S. 593

**Gruppe D: Korbblütler mit beblättertem Stg u. Milchsaft, alle B zungenfg**

Bem.: Milchsaft kommt auch bei einigen Gattungen vor, deren B nicht alle zungenfg sind, z. B. bei
*Gazania* S. 632.

1    RosettenBl parallelnervig, >10 cm Ig, schmal lanzettlich bis linealisch, ganzrandig od.
     mit 1–4 schmalen, entfernten Seitenzipfeln, nicht silberweiß od. gelblich filzig .... **2**
1*   Untere Bl fiedernervig, lanzettlich, spatelfg bis eifg, gezähnt od. schrotsägefg; wenn
     ganzrandig, dann behaart bis gelblich od. silberweiß filzig .................. **4**
2    HüllBl silberhäutig. B blau od. gelb. Pappus aus 5–7 an der Spitze begrannten, gezähn-
     ten od. zerschlitzten Schüppchen.     **Rasselblume** – *Catananche* S. 644
2*   HüllBl grün od. blassgrün. B gelb od. purpurn. Fr mit gefiedertem Pappus ....... **3**
3    Hülle dachzieglig. HüllBl verschieden Ig.  **Schwarzwurzel** – *Scorzonera* S. 646
3*   Hülle 1reihig. HüllBl gleich Ig.      **Bocksbart** – *Tragopogon* S. 646
4    **(1)** B blau od. blauviolett ......................................... **5**
4*   B gelb, orange od. rosenrot, selten rosa od. weiß ....................... **6**
5    Pappus ein unscheinbares Krönchen, höchstens ¹/₄ so Ig wie die Fr. Köpfe meist zu
     2–3 sitzend in Knäueln in verzweigtem, ährigem BStand, selten einzeln u. gestielt. B
     himmelblau.                           **Wegwarte** – *Cichorium* S. 644
5*   Pappus aus einem Haarkranz, mindestens ¹/₂ so Ig wie die Fr. Köpfe stets gestielt.
                                              **Milchlattich** – *Cicerbita* S. 646
6    **(4)** Kopfboden mit SpreuBl. Stg 1köpfig.  **Ferkelkraut** – *Hypochoeris* S. 644
6*   Kopfboden ohne SpreuBl, nackt od. grubig u. behaart .................... **7**
7    Fr seitlich zusammengedrückt ......................................... **8**

**7\*** Fr nicht zusammengedrückt. Pfl < 1 m hoch .............................. **9**
**8** Hülle behaart. Pfl > 1,50 m hoch.    **Sumpf-Gänsedistel** – *Sonchus palustris* S. 647
**8\*** Hülle kahl. Pfl < 1,50 m hoch.    **Lattich** – *Lactuca* S. 647
**9** **(7)** Kopfboden deutlich behaart ......................................... **10**
**9\*** Kopfboden nackt od. kaum sichtbar behaart (Haare kürzer als die halbe Fr) ..... **11**
**10** Bl ganzrandig, gelblich od. silberweiß filzig. Stg am Grund verholzt, Rosettenrasen bildend. B gelb, useits oft rot. HüllBl fast 2reihig.    **Andryala** – *Andryala* S. 646
**10\*** GrundBl schrotsägefg, grün. Kopfboden faserig-flaumhaarig, verbreitert. B schwefelgelb. HüllBl 1reihig, am Grund verwachsen.    **Schwefelkörbchen** – *Urospermum* S. 645
**11** **(9)** Pappus bräunlich, brüchig. Fr nicht geschnäbelt (Abb. **646**/4, 5).
    **Habichtskraut** – *Hieracium* S. 648
**11\*** Pappus reinweiß, starr od. biegsam ..................................... **12**
**12** Pappus aus steifen, am Grund etwas verbreiterten Borsten. Pfl ☉.
    **Tolpis** – *Tolpis* S. 644
**12\*** Pappus aus dünnen, biegsamen Haaren. Pfl ♃, wenn ☉, dann B rosenrot od. rosa. Fr der ScheibenBl lg geschnäbelt (Abb. **646**/3).    **Pippau** – *Crepis* S. 648

**Gruppe E: Korbblütler mit wechselständig beblättertem Stg, alle B röhrenfg, Pfl nicht distelartig**

**1** Köpfe sitzend od. sehr kurz gestielt, zu 30–120 einen kugligen od. halbkugligen Sammelkopf von < 3 cm ⌀ bildend. Bl weiß behaart ....................... **2**
**1\*** Köpfe einzeln od. in ähren-, trauben-, rispen- od. doldenfg Kopfständen, aber keinen (halb)kugligen Sammelkopf bildend ................................... **3**
**2** Bl meist < 4 mm lg, sitzend, schmal 3eckig. Sammelkopf kurz gestielt (Abb. **570**/4).
    **Kugelkopf** – *Leucophyta* S. 576
**2\*** Bl > 3 cm lg. Sammelkopf lg gestielt („Trommelschlägel", Abb. **551**/3–5).
    **Craspedie** – *Craspedia* S. 582
**3** **(1)** HüllBl einreihig, zuweilen außerdem eine Außenhülle aus einigen viel kürzeren HüllBl vorhanden ...................................................... **4**
**3\*** HüllBl wenigstens 2reihig .............................................. **7**
**4** Untere Bl nierenfg. B purpurrosa.    **Alpendost** – *Adenostyles* S. 555
**4\*** Bl nicht nierenfg. B gelb, orange od. feuerrot, selten rosa ................... **5**
**5** Pfl ☉. Untere Bl spatelfg, obere spießfg stängelumfassend (Abb. **624**/1).
    **Emilie** – *Emilia* S. 624
**5\*** Pfl ♃ od. ♄, immergrün. Bl gelappt od. fiederschnittig .................... **6**
**6** Pfl kletternd, niederliegend od. hängend, in D. kaum blühend. Bl efeuartig 5–7lappig (Abb. **624**/5), etwas fleischig, grün, am Grund mit rundlichen, nebenblattähnlichen Anhängseln.    **Sommerefeu** – *Delairea* S. 620
**6\*** Pfl nicht kletternd. Bl 1–2fach fiederschnittig, silberweiß behaart. B blassgelb, selten rosa.    **Pelziges Greiskraut** – *Senecio viravira* S. 625
**7** **(3)** Köpfe zu 3–12 am Ende der Stg gruppiert, (1–)2–8 mm ⌀, von weißfilzigen, sternartig angeordneten HochBl umgeben.    **Edelweiß** – *Leontopodium* S. 574
**7\*** Köpfe einzeln od. zu mehreren, aber nicht von weißfilzigen, sternartig angeordneten HochBl umgeben ....................................................... **8**
**8** HüllBl trockenhäutig, kronblattartig weiß, gelb, rosa, rot, orange od. violett gefärbt („Strohblumen"). Kopfboden mit od. ohne SpreuBl ........................ **9**
**8\*** HüllBl nicht kronblattartig gefärbt, grün od. trockenhäutig, zuweilen mit strohfarbenem, braunem od. schwarzem Anhängsel od. mit Dornen ...................... **18**
**9** Pappus aus Schuppen gebildet od. becherfg, nicht haarfg ................... **10**
**9\*** Pappus haar- od. borstenfg ............................................ **11**
**10** Stg geflügelt. Pappus becherfg, in Zähne od. Grannen auslaufend. HüllBl weiß, matt.
    **Papierknöpfchen** – *Ammobium* S. 579

10* Stg nicht geflügelt. Pappus aus Schuppen bestehend. HüllBl rosa, selten rot od. weiß,
   seidig glänzend.                                        **Papierblume** – *Xeranthemum* S. 635
11  **(9)** Pfl mattenbildend. Bl <6 mm lg, meist weiß behaart . . . . . . . . . . . . . . . . . . . . . 12
11* Pfl nicht mattenbildend. Bl >6 mm lg . . . . . . . . . . . . . . . . . . . . . . . . . . . . . . . . . . 13
12  Die ♀ äußeren B weniger zahlreich als die ♂ inneren.
                                                 **Strohblume** – *Helichrysum* z.T. S. 577
12* Die ♀ äußeren B zahlreicher als die ♂ inneren, fadenfg, 2–5zähnig. Köpfe einzeln end-
   ständig, (fast) sitzend.                              **Silberkissen** – *Raoulia* S. 574
13  Pappusborsten vom Grund an fedrig.            **Sonnenflügel** – *Rhodanthe* S. 576
13* Pappusborsten rau, höchstens an der Spitze fedrig . . . . . . . . . . . . . . . . . . . . . . . 14
14  Pfl ☉. Bl grün, drüsig-klebrig.   **Garten-Strohblume** – *Helichrysum bracteatum* S. 577
14* Pfl ♃ od. ♄. Bl weiß behaart . . . . . . . . . . . . . . . . . . . . . . . . . . . . . . . . . . . . . . . 15
15  Bl gestielt, ihre Spreite am Grund gestutzt, eifg, fast herzfg. Pfl ♄, selten blühend.
                                     **Lackritz-Strohblume** – *Helichrysum petiolare* S. 577
15* Bl sitzend od. in den Stiel verschmälert, BlSpreite linealisch, lanzettlich, spatelfg od. ei-
   lanzettlich . . . . . . . . . . . . . . . . . . . . . . . . . . . . . . . . . . . . . . . . . . . . . . . . . . . . . 16
16  HüllBl gelb.                                 **Strohblume** – *Helichrysum* z.T. S. 577
16* HüllBl weiß od. rosa, zuweilen außen braun . . . . . . . . . . . . . . . . . . . . . . . . . . . . 17
17  Pfl zweihäusig, <20 cm hoch. Pappushaare der ♂ B mit verdickten, fedrigen Spitzen.
   HüllBl mit weißen od. rosa Anhängseln. B weißlich od. rosa.
                                            **Katzenpfötchen** – *Antennaria* S. 571
17* Pfl unvollständig zweihäusig, oft >20 cm hoch. Pappushaare am Ende nicht verdickt.
   HüllBl weiß, zuweilen useits bräunlich. B gelb.     **Perlpfötchen** – *Anaphalis* S. 572
18  **(8)** Pfl zweihäusig, Pappushaare der ♂ B mit verdickten, fedrig gezähnten Spitzen.
                              **Alpen-Katzenpfötchen** – *Antennaria alpina* S. 571
18* Pfl nicht zweihäusig. Pappushaare ohne verdickte Spitzen . . . . . . . . . . . . . . . . . 19
19  HüllBl trockenhäutig. Pappus haarfg. Köpfe bräunlich, <3 mm ∅.
                                              **Ruhrkraut** – *Gnaphalium* S. 576
19* HüllBl krautig, zuweilen mit trocknen Anhängseln . . . . . . . . . . . . . . . . . . . . . . . . 20
20  Pappus aus ∞ Haaren od. Borsten . . . . . . . . . . . . . . . . . . . . . . . . . . . . . . . . . 21
20* Pappus fehlend od. schuppen-, krönchen- od. becherfg . . . . . . . . . . . . . . . . . . . . 33
21  Kopfboden ohne Spreuborsten. HüllBl ± grün . . . . . . . . . . . . . . . . . . . . . . . . . . 22
21* Kopfboden mit Spreuborsten . . . . . . . . . . . . . . . . . . . . . . . . . . . . . . . . . . . . . . . 24
22  Köpfe trauben- od. ährenfg angeordnet, der Kopfstand von oben nach unten aufblühend
   (Abb. **554**/4).                               **Prachtscharte** – *Liatris* S. 555
22* Köpfe in Doldenrispen od. Doldentrauben . . . . . . . . . . . . . . . . . . . . . . . . . . . . . . 23
23  B goldgelb. Bl linealisch, <8 mm br (Abb. **570**/1).
                                     **Goldhaar-Aster** – *Aster linosyris* S. 564
23* B purpurn bis purpurviolett. Bl lineal-lanzettlich bis eilanzettlich, >10 mm br (Abb.
   **552**/1).                                      **Scheinaster** – *Vernonia* S. 552
24  **(21)** Pappushaare gefiedert, die Fiederhaare länger als 2mal die Borstenbreite . . . 25
24* Pappushaare nicht gefiedert od. mit Fiederhaaren, diese kürzer als die doppelte Breite
   der Borsten . . . . . . . . . . . . . . . . . . . . . . . . . . . . . . . . . . . . . . . . . . . . . . . . . . . 29
25  B goldgelb. Stg geflügelt. HüllBl mit großem rundem, gezähneltem u. zerschlitztem
   Anhängsel.                            **Waidflockenblume** – *Chartolepis* S. 642
25* B rosa, purpurn od. blauviolett, selten weiß . . . . . . . . . . . . . . . . . . . . . . . . . . . . 26
26  HüllBl mit ∞ 2–4 mm lg Fransen. Randblüten vergrößert, strahlend, mit lg, geraden,
   spitzen Zipfeln. Pappus 1reihig.
                              **Silber-Flockenblume** – *Centaurea pulcherrima* S. 639
26* HüllBl kahl od. behaart, aber am Rand nicht mit Fransen. RandB nicht strahlend . . 27
27  Hülle kuglig, >4 cm ∅ (Abb. **637**/2,4). Kopfboden fleischig. Pfl >50 cm hoch.
                                          **Artischocke** – *Cynara* z.T. S. 637
27* Hülle eifg bis walzenfg. Köpfe <3 cm ∅, ihr Boden nicht fleischig. Pfl <40 cm hoch **28**

28  HüllBl mit großen Anhängseln, die die Hülle ± ganz bedecken (Abb. **636**/3).
**Zapfenkopf** – *Leuzea* S. 643
28* HüllBl ohne deutliche Anhängsel. Pappus 2reihig, die inneren Haare länger als die äußeren. **Alpenscharte** – *Saussurea* S. 635
29  **(24)** HüllBl mit trockenhäutigem, oft gefranstem Anhängsel .................. **30**
29* HüllBl ohne deutliches Anhängsel, spitz od. dornspitzig ..................... **31**
30  Pappus meist kürzer als die Fr, unterschiedlich lg. Trockenhäutiges HüllBlAnhängsel oft gefranst, geschlitzt od. mit Dornen. Köpfe einzeln od. in locker rispenfg BStänden.
**Flockenblume** – *Centaurea* S. 639
30* Pappus länger als die Fr. HüllBl mit großen, 1 cm br Anhängseln. Köpfe einzeln, >4 cm ⌀. **Alpen-Bergscharte** – *Stemmacantha rhapontica* S. 643
31  **(29)** Köpfe in Schirmtrauben od. Schirmrispen, <15 mm ⌀. Innere Pappusborsten nicht länger als äußere. Fr im ⌀ rundlich od. etwas zusammengedrückt, nicht kantig, mit seitlicher Anheftungsstelle. **Färberscharte** – *Serratula* S. 638
31* Köpfe einzeln, >15 mm ⌀ ........................................... **32**
32  Fr 8–10 mm lg, nicht 4kantig. Pappus aus sehr kurz behaarten Borsten, nicht von einem Krönchen umgeben. **Pyrenäen-Bergscharte** – *Stemmacantha centauroides* S. 643
32* Fr 3–5 mm lg, 4kantig. Pappushaare von einem Krönchen umgeben.
**Scharte** – *Jurinea* S. 635
33  **(20)** Köpfe einzeln end- od. seitenständig ................................ **34**
33* Köpfe zu mehreren od. ∞ in Schirmrispen, Rispen, Doppeltrauben od. Ähren .... **40**
34  Pappus fehlend ...................................................... **35**
34* Pappus krönchen-, becher- od. schuppenfg, höchstens mit 5 Borsten .......... **37**
35  Kopfboden mit Spreuschuppen. Pfl ♃ od. ♄, aromatisch.
**Heiligenkraut** – *Santolina* S. 603
35* Spreuschuppen fehlend. Pfl ♃ od. ☉, kaum aromatisch ................... **36**
36  Stg kriechend. Köpfe auf scheinbar seitenständigen Stielen. Pfl 5–15(–20) cm hoch, ♃. B gelb, gelbgrün, weiß, schwarzrot od. braunrosa. **Fiederpolster** – *Leptinella* S. 615
36* Stg niederliegend-aufsteigend. Köpfe deutlich endständig. Pfl bis 40 cm hoch, ☉ od. ♃. B gelb. **Laugenblume** – *Cotula* S. 614
37  **(34)** RandB nicht vergrößert. Kopfboden mit stechenden SpreuBl. ScheibenB rotbraun, stark duftend. **Strahllose Kokardenblume** – *Gaillardia suavis* S. 600
37* RandB vergrößert, strahlend ......................................... **38**
38  Äußere HüllBl mit 1–3 mm lg Dorn. RandB dunkelviolett bis purpurn. Bl rau behaart.
**Scheinkornblume** – *Cyanopsis* S. 643
38* HüllB ohne Dorn ................................................... **39**
39  Bl kahl. B gelb, rot, blau od. weiß, duftend. Hülle kuglig, glatt (Abb. **641**/4). Pappus krönchenfg. Kopfboden borstig. **Bisamblume** – *Amberboa* S. 642
39* Bl rauhaarig. Kopfboden nackt. **Texas-Palafoxie** – *Palafoxia texana* S. 598
40  **(33)** Bl unzerteilt, höchstens gezähnt, gekerbt od. flach gelappt .............. **41**
40* Bl fiederteilig bis gefiedert ........................................... **43**
41  Bl ganzrandig, linealisch bis br lanzettlich, nur die untersten z. T. 3spaltig. Pappus fehlend. **Beifuß** – *Artemisia* z. T. S. 618
41* Bl gekerbt bis flach gelappt .......................................... **42**
42  Bl länglich-lanzettlich bis elliptisch, gekerbt, drüsig punktiert. Sommergrüne ♃ >0,70 m, Bl mit Salbeiduft. Pappus krönchenfg. **Balsamkraut** – *Tanacetum balsamita* S. 616
42* Bl beidseits mit 3–5 Lappen. Pappus fehlend. Bl immergrün, dicklich, oseits grün, useits weißhaarig. **Gold-und-Silber-Chrysantheme** – *Ajania* S. 614
43  **(40)** Pappus fehlend. Kopf⌀ meist <5 mm. **Beifuß, Wermut** – *Artemisia* S. 618
43* Pappus ein Krönchen od. ein zerschlitzter Becher. Kopf⌀ >5 mm .............. **44**
44  Pfl ☉. Obere Bl fiederschnittig mit spitzen, linealischen, 0,5–1 mm br Abschnitten. Pappus ein zerschlitzter Becher. **Gelber Leberbalsam** – *Lonas* S. 604
44* Pfl ♃. Obere Blätter fiederschnittig, ihre Abschnitte >1 mm br. Pappus ein Krönchen.
**Rainfarn** – *Tanacetum* z. T. S. 615

**Gruppe F: Korbblütler mit wechselständig beblättertem Stg, nicht distelartig,
B röhren- u. strahlfg, Pappus haar- od. borstenfg**

1　Röhren- u. StrahlB verschieden gefärbt ................................. **2**
1*　Röhren- u. StrahlB gleichfarbig, ScheibenB zuweilen etwas dunkler ........... **7**
2　Äußere HüllBl laubblattartig, abstehend (Abb. 562/5).
　　　　　　　　　　　　　　　　　　　　　　　**Sommeraster** – *Callistephus* S. 563
2*　Äußere HüllBl nicht laubblattartig ...................................... **3**
3　Pappusborsten am Grund verbreitert (Abb. 562/4).
　　　　　　　　　　　　　　　　　　　　　　　**Townsendie** – *Townsendia* z.T. S. 562
3*　Pappusborsten am Grund nicht verbreitert, fein haarfg ................... **4**
4　HüllBl 1reihig, zuweilen einige viel kleinere AußenhüllBl vorhanden. StrahlB 1reihig.
　　　　　　　　　　　　　　　　　　　　　　　**Greiskraut** – *Senecio* S. 625
4*　HüllBl 2- bis mehrreihig ............................................. **5**
5　HüllBl 2–3reihig. StrahlB mehrreihig, <1 mm br (Abb. 570/2).
　　　　　　　　　　　　　　　　　　　　　　　**Berufkraut** – *Erigeron* S. 568
5*　HüllBl mehrreihig. StrahlB ± 1reihig, bis 3mm br .......................... **6**
6　Pappusborsten 2–3reihig. 　　　　　　　　　　　**Aster** – *Aster* S. 563
6*　Pappusborsten 1reihig. 　　　　　　　　　**Kapaster** – *Felicia* z.T. S. 571
7　(1) HüllBl 1–2reihig, selten 3reihig ..................................... **8**
7*　HüllBl mehrreihig ................................................ **12**
8　HüllBl untereinander bis mindestens zur Hälfte hinauf verwachsen (Abb. 614/2).
　　Pfl h. 　　　　　　　　　　　　　　　　　**Goldmargerite** – *Euryops* S. 624
8*　HüllBl untereinander höchstens am Grund verbunden ...................... **9**
9　Kopfboden gewölbt. 　　　　　　　　　**Gämswurz** – *Doronicum* S. 622
9*　Kopfboden flach ................................................ **10**
10　Blattgrund nicht scheidenfg erweitert. Köpfe einzeln od. in Schirmrispen.
　　　　　　　　　　　　　　　　　　　　　　　**Greiskraut** – *Senecio* z.T. S. 625
10*　BlGrund scheidenfg erweitert ..................................... **11**
11　Bl fiederschnittig. Hülle 1,5–2 mm br. 　　**Chinagreiskraut** – *Sinacalia* S. 629
11*　Bl unzerteilt od. handfg geteilt. 　　　　**Goldkolben** – *Ligularia* S. 626
12　(7) Köpfe klein, <7 mm ⌀, traubig-rispig angeordnet. 　**Goldrute** – *Solidago* S. 557
12*　Köpfe mittelgroß, >10 mm ⌀, einzeln od. in Schirmtrauben od. Schirmrispen ..... **13**
13　Äußere Pappusborsten viel kürzer als innere od. schuppenfg.
　　　　　　　　　　　　　　　　　　　　　　　**Goldaster** – *Chrysopsis* S. 556
13*　Alle Pappusborsten gleichlg od. einzelne kürzere dazwischen ................. **14**
14　HüllBl abgespreizt od. zurückgebogen (Abb. 557/1). 　**Gummikraut** – *Grindelia* S. 556
14*　HüllBl anliegend ................................................ **15**
15　Staubbeutel am Grund geschwänzt. 　　　　　　　**Alant** – *Inula* S. 580
15*　Staubbeutel am Grund stumpf. StrahlB blassgelb.
　　　　　　　　　　　　　　　　　**Goldrutenaster** – *Solidago* × *lutea* S. 558

**Gruppe G: Korbblütler mit wechselständig beblättertem Stg, nicht distelartig,
B röhren- u. strahlfg, Pappus fehlend od. doch nicht haarfg**

1　Kopfboden ohne SpreuBl, aber zuweilen mit Haaren od. Borsten (selten bei *Leucanthe-
　　mella* S. 612 wenige SpreuBl) ........................................ **2**
1*　Kopfboden mit SpreuBl (bei *Layia*, **42**, nur 1 Reihe zwischen den Strahl- u. ScheibenB)
　　.............................................................. **42**
2　Kopfboden ohne SpreuBl, aber dicht beborstet. HüllBl laubblattartig. Fr behaart (Abb.
　　**541/7**). 　　　　　　　　　　　　　**Kokardenblume** – *Gaillardia* z.T. S. 600
2*　Kopfboden kahl, od. wenn etwas behaart, dann HüllBl häutig berandet, nicht laubblatt-
　　artig. Fr kahl od. behaart ........................................... **3**

**3** HüllBl bis mindestens zur Hälfte hinauf verwachsen . . . . . . . . . . . . . . . . . . . . . . . **4**
**3*** HüllBl untereinander frei od. nur am Grund verwachsen . . . . . . . . . . . . . . . . . . . **5**
**4** Bl useits weißfilzig. Fr behaart. Pfl ⚄ (kult ☉), mit Milchsaft.
                                          **Gazania** – *Gazania* z. T. S. 632
**4*** Bl u. Fr kahl. Pfl halbstrauchig, ohne Milchsaft. **Becherkörbchen** – *Steirodiscus* S. 625
**5** **(3)** StrahlB gelb, orange od. braun, zuweilen andersfarbig gezeichnet . . . . . . . . . **6**
**5*** StrahlB weiß, rot, blau od. violett, nicht gelb (außer Sorten bei **29**, Abb. **631**/6,7)
. . . . . . . . . . . . . . . . . . . . . . . . . . . . . . . . . . . . . . . . . . . . . . . . . . . . . . . . . . . . . . . . . . . . . . **20**
**6** Fr behaart . . . . . . . . . . . . . . . . . . . . . . . . . . . . . . . . . . . . . . . . . . . . . . . . . . . . . . . . . . **7**
**6*** Fr kahl . . . . . . . . . . . . . . . . . . . . . . . . . . . . . . . . . . . . . . . . . . . . . . . . . . . . . . . . . . . . . **10**
**7** Äußere HüllBl mit trockenhäutigem Anhängsel . . . . . . . . . . . . . . . . . . . . . . . . . . . **8**
**7*** HüllBl ohne trockenhäutiges Anhängsel . . . . . . . . . . . . . . . . . . . . . . . . . . . . . . . . . **9**
**8** Kopfboden kahl. StrahlB unfruchtbar. Pappus aus 1 Reihe von 4–8 kurzen Schuppen.
Fr ohne flügelfg Rippen.         **Kaplöwenzahn** – *Arctotheca* S. 632
**8*** Kopfboden behaart. StrahlB fruchtbar. Pappus aus 2 Reihen länglicher Schuppen. Fr
mit 3 flügelfg Kanten (Abb. **551**/2).        **Bärenohr** – *Arctotis* S. 631
**9** **(7)** Bl grün, ± kahl. HüllBl bei der FrReife zurückgeschlagen. Pfl >40 cm hoch.
                                        **Sonnenbraut** – *Helenium* S. 599
**9*** Bl grauwollig behaart. HüllBl bei der FrReife nicht zurückgeschlagen. Pfl <40 cm hoch.
                                          **Wollblatt** – *Eriophyllum* S. 598
**10** **(6)** Fr ring- od. kahnfg gekrümmt. ScheibenB unfruchtbar.
                                          **Ringelblume** – *Calendula* S. 630
**10*** Fr gerade od. schwach gekrümmt, nicht ring- od. kahnfg. ScheibenB fruchtbar . . . **11**
**11** HüllBl 1–2reihig . . . . . . . . . . . . . . . . . . . . . . . . . . . . . . . . . . . . . . . . . . . . . . . . . . . . **12**
**11*** HüllBl >2reihig . . . . . . . . . . . . . . . . . . . . . . . . . . . . . . . . . . . . . . . . . . . . . . . . . . . . **13**
**12** Pappus fehlend. Fr der ScheibenB stark abgeflacht.
                                **Kapringelblume** – *Dimorphotheca* S. 630
**12*** Pappus aus Schuppen. Fr im ⌀ rund od. kantig, nicht stark abgeflacht.
                                        **Wollblatt** – *Eriophyllum* S. 598
**13** **(11)** HüllBl krautig, ohne trockenhäutigen Rand, mit sparrig abstehenden od. zurückge-
bogenen Spitzen (Abb. **557**/1).         **Gummikraut** – *Grindelia* S. 556
**13*** HüllBl am Rand trockenhäutig . . . . . . . . . . . . . . . . . . . . . . . . . . . . . . . . . . . . . . . . **14**
**14** Pappus fehlend. Pfl ohne Rosette . . . . . . . . . . . . . . . . . . . . . . . . . . . . . . . . . . . . . **15**
**14*** Pappus (wenigstens der ScheibenFr od. der RandFr) becher- od. krönchenfg (Abb.
**616**/2). Pfl mit od. ohne Rosette . . . . . . . . . . . . . . . . . . . . . . . . . . . . . . . . . . . . . . **17**
**15** Pfl ⚄ od. ♄, aromatisch. Bl drüsig punktiert, gelappt, dicklich, brüchig.
                                    **Chrysantheme** – *Chrysanthemum* S. 612
**15*** Pfl ☉ od. ⊙, nicht aromatisch . . . . . . . . . . . . . . . . . . . . . . . . . . . . . . . . . . . . . . . . . **16**
**16** RandFr geflügelt. StrahlB am Grund hellgelb, darüber oft rot od. weiß quergebändert.
Bl blaugrün.           **Bunte Wucherblume** – *Ismelia* S. 611
**16*** RandFr kantig, nicht geflügelt. StrahlB gelb od. in der oberen Hälfte blassgelb.
                                      **Wucherblume** – *Glebionis* S. 611
**17** **(14)** Pfl ☉ ⊙. Pappus becherfg. Strahlen blassgelb od. weiß mit gelbem Grund . . . **18**
**17*** Pfl ⚄ od. ♄ . . . . . . . . . . . . . . . . . . . . . . . . . . . . . . . . . . . . . . . . . . . . . . . . . . . . . . . **19**
**18** Strahlen goldgelb, kurz u. rund. Bl gleichmäßig fein gezähnt. Pappus der ScheibenFr
eine längliche Krone, so lg wie die Fr.
                    **Zwergwucherblume** – *Coleostephus multicaulis* S. 612
**18*** Strahlen gelblichweiß bis weiß, 5,5–6(–8) mm lg. Bl eingeschnitten gezähnt bis fieder-
schnittig. RandFr mit Krone.    **Weiße Zwergwucherblume** – *Mauranthemum* S. 612
**19** **(17)** StrahlB blassgelb. Köpfe einzeln. Pfl (halb)strauchig. Bl grün od. blaugrün, nicht
weißfilzig.              **Strauchmargerite** – *Argyranthemum* S. 613
**19*** StrahlB gelb od. goldgelb. Köpfe in Doldentrauben. Pfl ⚄ od. ♄. Bl behaart od. verkah-
lend, oft weißfilzig.            **Straußmargerite** – *Tanacetum* z. T. S. 615

**39** **(35)** Pappus fehlend. Bl meist drüsig punktiert.
**39*** Pappus krönchenfg ................................................ **40**
**40** Aufrechte Stauden. StrahlB weiß, bräunlichweiß, rosa od. rot.
**40*** Pfl niedrig, rasen- od. polsterfg ....................................... **41**
**41** Bl 2fach fiederschnittig, Abschnitte fadenfg, <0,7 mm br.
**41*** Bl 1(–2)fach fiederschnittig, Abschnitte flächig, >0,7 mm br.
**42** **(1)** SpreuBl nur in einem Kreis zwischen den Strahl- u. ScheibenB. **Layia** – *Layia* S. 598
**42*** SpreuBl bei ± allen B ................................................ **43**
**43** Bl einfach, unzerteilt ................................................ **44**
**43*** Bl fiederlappig bis fiederschnittig ...................................... **56**
**44** StrahlB weiß.
**44*** StrahlB gelb, orange, rosa od. rot .................................... **45**
**45** StrahlB unfruchtbar ................................................ **46**
**45*** StrahlB fruchtbar ................................................... **52**
**46** Kopfboden kuglig od. hoch kegelfg bis zylindrisch ........................ **47**
**46*** Kopfboden flach od. schwach gewölbt ................................. **49**
**47** Fr abgeflacht, nicht 4kantig. Strahlen blassgelb. Kopfboden kuglig.
**47*** Fr 4kantig. StrahlB gelb, orange, rosa od. weinrot. Kopfboden hoch kegelfg bis zylindrisch ........................................................... **48**
**48** StrahlB rosa od. weinrot. ScheibenB von den starren, spitzen SpreuBl überragt.
**48*** StrahlB gelb, orange, zuweilen mit purpurbraunem Grund od. orangebraun. SpreuBl die B kaum überragend.
**49** **(46)** Fr seitlich stark zusammengedrückt ............................... **50**
**49*** Fr kaum zusammengedrückt ......................................... **51**
**50** Fr ungeflügelt.
**50*** Fr mit 2 Flügeln (Abb. **592**/4).
**51** **(49)** Pappus aus Schüppchen (Abb. **589**/4).
**51*** Pappus aus 2 zeitig abfallenden Grannen.
**52** **(45)** Fr zusammengedrückt.
**52*** Fr im ∅ rundlich od. 3- od. 5kantig ................................... **53**
**53** Pappus aus Grannen od. Schuppen .................................... **54**

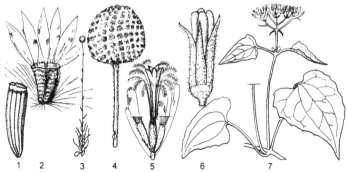

1    2    3    4    5    6    7

**53\*** Pappus krönchenfg od. fehlend . . . . . . . . . . . . . . . . . . . . . . . . . . . . . . . . . . . **55**
**54** KrRöhre der ScheibenB flach zusammengedrückt. Äußere HüllBl dornspitzig (Abb. 582/4). **Sternauge** – *Pallenis* S. 583
**54\*** KrRöhre rund. Äußere HüllBl nicht dornspitzig (Abb. 582/1).
    **Strandstern** – *Asteriscus* S. 583
**55** **(53)** Bl lanzettlich. **Rindsauge** – *Buphthalmum* S. 582
**55\*** Bl br eifg bis herzfg. **Telekie** – *Telekia* S. 582
**56** **(43)** HüllBl krautig, ohne trockenhäutigen Rand . . . . . . . . . . . . . . . . . . . . . . . . . **57**
**56\*** HüllBl mit trockenhäutigem Rand . . . . . . . . . . . . . . . . . . . . . . . . . . . . . . . . . . . **60**
**57** StrahlB fruchtbar . . . . . . . . . . . . . . . . . . . . . . . . . . . . . . . . . . . . . . . . . . . . . . . **58**
**57\*** StrahlB unfruchtbar . . . . . . . . . . . . . . . . . . . . . . . . . . . . . . . . . . . . . . . . . . . . . **59**
**58** Pfl ⊙, < 0,50 m. BlAbschnitte schmal linealisch. **Mädchenauge** – *Coreopsis* z. T. S. 593
**58\*** Pfl ♃, > 0,50 m. BlAbschnitte lanzettlich.
    **Kompasspflanze** – *Silphium laciniatum* S. 584
**59** **(57)** Kopfboden flach gewölbt. StrahlB zinnoberrot, br eifg. **Tithonie** – *Tithonia* S. 589
**59** Kopfboden kegelfg verlängert (Abb. 588/1–3). **Sonnenhut** – *Rudbeckia* S. 586
**60** **(56)** Pappus aus 5 kräftigen Schüppchen (Abb. 631/3). **Ursinie** – *Ursinia* S. 630
**60\*** Pappus fehlend od. krönchenfg, selten aus kleinen Schüppchen . . . . . . . . . . . . . . **61**
**61** Fr zusammengedrückt . . . . . . . . . . . . . . . . . . . . . . . . . . . . . . . . . . . . . . . . . . . . **62**
**61\*** Fr nicht zusammengedrückt . . . . . . . . . . . . . . . . . . . . . . . . . . . . . . . . . . . . . . . . **63**
**62** Fr geflügelt. **Bertram** – *Anacyclus* S. 605
**62\*** Fr nicht geflügelt. **Garbe** – *Achillea* S. 606
**63** **(61)** Pfl unmittelbar unter den Köpfen verzweigt (Abb. 610/1).
    **Astblume** – *Cladanthus* S. 610
**63\*** Verzweigung nicht unmittelbar unter den Köpfen . . . . . . . . . . . . . . . . . . . . . . . . . **64**
**64** KrRöhre am Grund ausgesackt u. über die Fr gezogen (Abb. 604/4).
    **Römische Kamille** –*Chamaemelum* S. 605
**64\*** KrRöhre am Grund nicht ausgesackt, nicht über die Fr gezogen.
    **Hundskamille** – *Anthemis* S. 604

**Scheinaster, Vernonie** – *Vernonia* Schreb. 20 Arten

**1** HüllBl ohne fadenfg Fortsatz, grün mit purpurner Spitze, dachzieglig, angedrückt (Abb. 552/1a). Hülle 4–5 mm lg u. br. Köpfe mit 13–30 B. Bl eilanzettlich,15–25 cm lg, 3–7 cm br, kaum drüsig punktiert, lg zugespitzt, vorwärts gezähnt, Zähne mit Knorpelspitze (Abb. 553/1b). Pfl kahl. B u. Pappus purpurn. 1,00–2,00(–3,00). ♃ ♈ 8–9 (–10). **Z** s Teichränder, Naturgärten; ⩣ ⩣ ○ ◑ ≃ (SO-Kanada, O- u. Z-USA: nasse Wälder – 1820). [*V. altissima* Nutt.]
    **Hohe Sch.** – *V. gigantea* (Walter) Branner et Coville

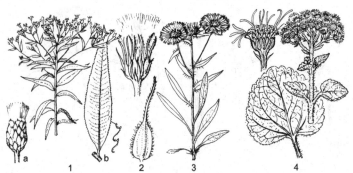

**1\*** HüllBl mit lineal-fadenfg, schräg abstehendem Fortsatz (Abb. **552**/2). Hülle >5 mm lg.
Bl drüsig punktiert .................................................... **2**

**2** Hülle 6–10 mm lg u. br. Köpfe mit 30–55 B. Bl schmal lanzettlich, 10–28 cm lg, 1,5–6
cm br, ganzrandig od. mit vorwärts gerichteten Zähnen, useits schwach behaart. B pur-
purn. Pappus hellbraun bis blass braunpurpurn. 1,00–2,00. ♃ Ⴤ 8–9. **Z** s Naturgärten;
⚘ ⍬ ○ ☾ ≈ (warme bis gemäß. O-USA: nasse TieflandsW, Sümpfe, Brachen – 1710).
**New York-Sch.** – *V. noveboracensis* (L.) MICHX.

**2\*** Hülle 10–15 mm lg u. br. Köpfe mit 55–100 B. Bl lineal-lanzettlich, 6–20 × 0,7–2,5 cm,
lg zugespitzt, ganzrandig bis gezähnt, kahl od. kurz flaumhaarig, bläulichgrün. B purpur-
violett. Pappus purpurn. 0,80–1,20(–2,00). ♃ Ⴤ 8–10. **Z** s Teichufer, Sumpfbeete; ⚘ ⍬
○ ☾ ≈ (südl. Z-USA: Sümpfe, nasse Wiesen, lichte NiederungsW, Bachufer – 1800?).
[*V. crinita* RAF.] **Arkansas-Sch.** – *V. arkansana* DC.

Sehr selten kult: **Büschlige Sch.** – *V. fasciculata* MICHX.: 0,30–1,20. Bl useits kahl, mit Grübchen.
Äußere Pappusstrahlen ungleich borstenfg, nicht schuppenfg. Köpfe mit 12–25 B; Hülle 5–8 × 4–6 mm,
HüllBl spitz od. gerundet. **Z** Naturgärten (nördl. Z-USA).

**Kornblumenaster, Stokesie** – *Stokesia* L'HÉRIT. 1 Art

Aufrechte, verzweigte Halbrosettenstaude. Bl lanzettlich, mit br weißem Mittelnerv,
untere gestielt, ganzrandig, bis 20 cm lg u. 7 cm br, obere sitzend, am Grund gezähnt
od. zuweilen dornig (Abb. **552**/3). Köpfe in endständiger Doldenrispe od. einzeln,
4–10 cm ⌀. Äußere HüllBl laubartig, am Grund dornig. SpreuBl fehlend. Kr blauviolett,
blau, rosa od. weiß, mittlere B radiär, heller od. dunkler, äußere dorsiventral, nach
außen gerichtet, verlängert, 5spaltig. Fr mit 5 schmalen Pappus-Schüppchen.
0,30–0,60(–1,00). ♃ i Ⴤ (6–)8–9. **Z** z Staudenbeete, Moorbeete △; ⍬ ⚘ Wurzel-
schnittlinge ○ ≈ ⊖ ∧ Dränage (SO-USA: S-Carolina bis Florida u. Louisiana: feuchte,
bodensaure KiefernW, Sümpfe – 1766 – einige Sorten: Pfl niedriger, Köpfe hellblau mit
weißer Mitte od. weiß). **Kornblumenaster** – *S. laevis* (HILL) GREENE

**Leberbalsam** – *Ageratum* L. 44 Arten

Lit.: JOHNSON, M. F. 1971: A monograph of the genus *Ageratum*. Ann. Missouri Bot. Gard. **58**: 6–88.

**1** Pfl (halb)strauchig. Fr kahl mit <1 mm lg Krönchen, ohne Grannen. HüllBl ganzrandig,
lineal-lanzettlich, nicht drüsig. Bl lanzettlich bis br eifg, Spreitenbasis keilfg bis gestutzt,
oseits glatt, auf den Nerven weiß behaart, useits drüsig punktiert. Hülle <5 mm ⌀. B
helllila bis weiß. 0,30–2,00. ♄ i 6–9. **Z** sTerrassen; ⚘ (Sonora, Mex. bis Honduras:
Weiden, Gebüsch, Felshänge, Bachbänke, ruderal, bis 350–2700 m – 1730). [*A. coe-
lestinum* SIMS] **Trugdoldiger L.** – *A. corymbosum* ZUCC. ex PERS.

**1\*** Pfl ♃, ♄ od. ☉, kult einjährig. Fr behaart, mit 5 in Grannen auslaufenden Schuppen **2**

**2** Pfl ♃ od. ♄, kult ☉. HüllBl schmal lanzettlich, drüsig behaart, zugespitzt, nur an der
Spitze gezähnelt. Bl herzfg, flaumhaarig, grubig netznervig (Abb. **552**/4), BlRand
wellig u. gekerbt. KrRöhre weißgrün, KrSaum hellblau. Köpfe ohne die lg Narben
8–14 mm ⌀, kurz gestielt. 0,15–0,60. ♃ od. ♄, kult ☉, 5–11. **Z** v Sommerrabatten, hohe
Sorten ⚑, Balkonkästen; ⍬ ↳, ⟋ im Herbst für einheitliches Material eintopfen, über-
wintern ⚘ bei >10°, davon ⟋ ab Januar, ○ Boden nicht nährstoffreich (SO-Mex.,
Guatemala, Belize, in Trop. u. S-USA weit eingeb.: Weiden, feuchte Waldlichtungen,
Gebüsch, bis 1000 m – Eur. 1733, D. 1825 – ∞ Sorten: Kr dunkelblau, violett, rosa,
weiß, hohe Sorten bis 60 cm). [*A. mexicanum* SIMS]
**Gewöhnlicher L.** – *A. houstonianum* MILL.

**2\*** Pfl ☉. HüllBl spärlich behaart, nicht drüsig, oft bewimpert. BlSpreitenbasis keilfg, nicht
herzfg. Köpfe 4–8 mm ⌀, bis 7,5 cm lg gestielt. 0,20–0,60(–1,50). ☉ 7–9. **Z** s; ↳ (Mex.,
Z-Am., Westindien, in Trop. u. S-USA weit eingeb.: Waldlichtungen, steinige Bachtäler,
ruderal – 1700). **Mexikanischer L.** – *A. conyzoides* L.

**Wasserdost, Wasserhanf, Natternwurz** – *Eupatorium* L. (incl. *Ageratina* SPACH u.
*Conoclinium* DC.) ± 300 Arten

Lit.: JOHNSON, M. F. 1974: *Eupatorieae* (*Asteraceae*) in Virginia: *Eupatorium* L. Castanea **39**: 205–228.

1 Bl handförmig 3- od. 5schnittig (Abb. **554**/3). Köpfe mit (4–)5(–6) B. 0,50–1,50. ⌂ ♈
7–9. **W. Z** s Teichränder, Naturgärten; ♈ ∀ ○ ☾ ≈ HeilPfl (warmgemäß.–gemäß. Eur.:
Ufer, Gräben, AuWRänder – 1561).
                                    **Gewöhnlicher W., Kunigundenkraut** – *E. cannabinum* L.
1* Bl unzerteilt, meist scharf gesägt od. gezähnt . . . . . . . . . . . . . . . . . . . . . . . . . . . . . 2
2 StgBl in Quirlen zu 3–7 . . . . . . . . . . . . . . . . . . . . . . . . . . . . . . . . . . . . . . . . . . . . . 3
2* StgBl gegenständig, selten einige zu dritt quirlig od. wechselständig . . . . . . . . . . . 4
3 Köpfe mit 8–22 B. BStand eine flache Schirmrispe. Bl zu 3–6 quirlig, eilanzettlich bis
lanzettlich, 6–20 × 2–9 cm, in den 0,5–2 cm lg Stiel verschmälert. Stg purpurn gefleckt.
B purpurn bis blass blauviolett. 0,60–2,00. ⌂ ♈ 7–9. **Z** s Naturgärten, Teichränder; ♈
∀ Kaltkeimer ○ ⊕ ≈ (gemäß. bis kaltes N-Am., bes. im Osten: kalkreiche, feuchte
Böden – wenige Sorten). [*Eutrochium maculatum* (L.) E. E. LAMONT]
                                                            **Gefleckter W.** – *E. maculatum* L.
3* Köpfe mit 4–7 B. BStand eine gewölbte Schirmrispe. Bl zu 3–4(–5) quirlig, 5–15 cm lg
gestielt, lanzettlich bis eifg (Abb. **554**/1). Stg purpurn od. mit purpurnen Knoten. B blass-
rosa bis purpurn. (0,30–)0,60–2,00. ⌂ ♈ 7–9. **Z** s Naturgärten, Gewässerufer; **N**:
HeilPfl; ♈ ∀ ☾ trockner als andere Arten (O- u. Z-USA: Dickichte, Schluch-
ten, offne FalllaubW – 1640 – wenige Sorten: 'Atropurpurea': Stg ganz rot). [*Eutrochium
purpureum* (L.) E. E. LAMONT]                       **Purpur-W.** – *E. purpureum* L.
4 (2) B himmelblau, selten violett. BStand traubenfg gestreckt. Köpfe mit 35–70 B. Bl br
lanzettlich, gestielt. 0,30–0,90 ⌂ ⤳? 7–10. **Z** s Naturgärten, Teichränder; ♈ ∀ ○ ≈
(warme bis warmgemäß. O- u. Z-USA: feuchte Gehölze, Bachufer, Wiesen, Felder – in
D. verw.?). [*Conoclinium coelestinum* (L.) DC.]
                              **Blauer W., Himmelblaue Nebelblume** – *E. coelestinum* L.
4* B weiß. BStand flach od. gerundet schirmrispenfg . . . . . . . . . . . . . . . . . . . . . . . 5
5 Köpfe mit (3–)5(–7) B . . . . . . . . . . . . . . . . . . . . . . . . . . . . . . . . . . . . . . . . . . . . . . 6
5* Köpfe mit 7–25 B . . . . . . . . . . . . . . . . . . . . . . . . . . . . . . . . . . . . . . . . . . . . . . . . . . 8
6 HüllBl zugespitzt, mit auffällig weißer, häutiger Spitze, nur die inneren abgerundet. Hülle
6,5–11 mm lg. Bl vom Grund an 3nervig, sitzend od. kurz gestielt. 0,40–1,10. ⌂ ♈ 8–9.
**Z** s Naturgärten; ♈ ∀ ○ ~ Sand (warme bis warmgemäß. O-USA: trockne, offne Sand-
kiefernW – 1820 ).                                                    **Weißer W.** – *E. album* L.
6* HüllBl abgerundet od. spitz, nicht weiß zugespitzt. Hülle 4,5–7 mm lg . . . . . . . . . . . 7
7 Bl mit br abgerundetem od. gestutztem Grund sitzend, drüsig punktiert, gesägt, eifg-lan-
zettlich, 7–18 × 1,5–5 cm, auffällig fiedernervig. Pfl kahl od. im BStand locker behaart.

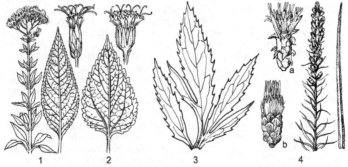

0,60–1,50. ⚇ Pleiok 8–9. **Z** s Naturgärten; ♥ ∨ ○ (warmgemäß. bis gemäß. O-USA: Wälder auf sandigen, trocknen, sauren Böden – 1777).

**Ungestielter W.** – *E. sessilifolium* L.

**7*** Bl mit lg keilfg verschmälerter Basis sitzend od. kurz gestielt, drüsig punktiert, oberhalb der Mitte scharf vorwärts gezähnt od. fast ganzrandig, 5–12 × 0,8–3,0 cm, auffällig 3nervig. Stg weich flaumhaarig. 0,80–2,00. ⚇ ⌇⌇ ⅄? 9–10. **Z** s Naturgärten; ♥ ∨ ○ ~ Sand (warmgemäß. bis gemäß. O- u. Z-USA, O-Kanada: lichte Wälder – 1699).

**Hoher W., Weiße Natternwurz** – *E. altissimum* L.

**8 (5)** BlPaare an ihrem Grund stängelumfassend verwachsen, useits behaart. Stg abstehend rauhaarig. Äußere HüllBl < ½ so lg wie die inneren. Köpfe mit 7–11 B. 0,40–1,50. ⚇ ⅄ 7–10. **Z** s Naturgärten, Parks an Gewässern; ♥ ∨ ○ ≃ HeilPfl (warme bis gemäß. O-USA, SO-Kanada: Flussauen, Bachufer, Boden feucht od. nass – 1699).

**Durchwachsener W.** – *E. perfoliatum* L.

**8*** BlPaare an ihrem Grund nicht verwachsen. Stg unter dem BStand kahl od. locker kurzhaarig . . . . . . . . . . . . . . . . . . . . . . . . . . . . . . . . . . . . . . . . . . . . . . . . . . . **9**

**9** Bl ziemlich dick u. fest, eifg-dreieckig, gekerbt-gesägt, stumpf od. spitz, aber nicht lg zugespitzt, 0,1–1 cm gestielt. Spreite der größeren Bl 3–7(–10) × 2–5 cm, >4mal so lg wie der Stiel. Köpfe mit 10–20 B. 0,30–0,80. ⚇ ⅄ 8–10. **Z** s Naturgärten, Staudenbeete; ♥ ∨ ○ ◐ ~ (warme bis warmgemäß. O-USA: trockne u. feuchte Wälder auf Sand, Brandstellen – 1739). [*Ageratina aromatica* (L.) SPACH] **Duftender W.** – *E. aromaticum* L.

**9*** Bl ziemlich dünn, 3eckig-eifg, lg zugespitzt, vorwärts gezähnt, 1–5 cm gestielt, Spreite 4–13 × 3–9 cm, 1,5–5mal so lg wie der Stiel (Abb. **554**/2). Köpfe mit (9–)12–25 B. 0,30–1,50. ⚇ ⅄ 7–9. **Z** s Staudenbeete, Naturgärten; ♥ ∨ ○ ◐ giftig (warmes bis kühles Z- u. O-Am.: LaubmischW – in D. verw.). [*E. urticifolium* REICHARD, *Ageratina altissima* (L.) R. M. KING et H. ROB.] **Weißer W., Weiße Natternwurz** – *E. rugosum* HOUTT.

**Mikanie** – *Mikania* WILLD 450 Arten

Windende KletterPfl. Bl gegenständig, herzfg, gestielt, entfernt geschweift-gezähnt bis ganzrandig (Abb. **551**/7). BStände schirmrispig in den BlAchseln. Köpfe klein, 4blütig, HüllBl 4–5,5 mm (Abb. **551**/6). B weiß od. rosa. 2,00–5,00. ⚇ ⚲ windend ⌇⌇? (7–)8–10. **Z** s Rankgitter; ♥ ∨ ◐ (subtrop. bis gemäß. O-Am. von Mex., Bahamas, Texas bis Illinois u. New York: feuchtes Gebüsch der Küstenebene, an Quellen, Bächen u. Seen – 1825). [*Eupatorium scandens* L.] **Kletter-Mikanie** – *M. scandens* (L.) WILLD.

**Alpendost** – *Adenostyles* CASS. 4 Arten

Stg mit 3–4 Blättern, flaumig behaart. Bl useits nur auf den Nerven flaumig, gleichmäßig gezähnt. BlStiele nicht geöhrt. 0,30–0,50. ⚇ ⅄ 7–8. **W. Z** s △; ♥ ∨ ○ ≃ Humus (Alpen, Apennin, Jura, Korsika: hochmont. Steinschuttfluren, felsige Laub- u. NadelmischW). [*A. alpina* (L.) BLUFF et FINGERH.] **Kahler A.** – *A. glabra* (MILL.) DC.

Bem.: Der **Graue Alpendost** – *A. alliariae* (GOUAN) A. KERN. [*A. albifrons* (L. f.) RCHB.]: BlStiele der oberen Bl am Grund geöhrt (S- u. Z-Eur.: Hochgebirge) kommt im Garten nicht zur Blüte u. wird kaum kultiviert.

**Prachtscharte** – *Liatris* GAERTN. ex SCHREB. [*Laciniaria* HILL] 37 Arten

Lit: GAISER, L. O. 1946: The genus *Liatris*. Rhodora **48**: 165–183, 216–263, 273–326, 331–382, 393–412. – DRESS, W. J. 1959: Notes on the cultivated *Compositae* 3. Liatris. Baileya **7**: 23–32.

**1** HüllBl aufrecht angedrückt, stumpf, abgerundet (Abb. **554**/4b). Stg (fast) kahl. Bl lineallanzettlich, in den Stiel verschmälert, untere 10–40 × (0,2–)0,5–2 cm. Köpfe sitzend, in dichter Ähre, mit (4–)6–10(–12) B. Kr innen kahl. 0,30–0,80(–1,50). ⚇ ♉ 7–9. **Z** z Staudenbeete ⚥; ∨ Selbstaussaat ♥ ○ ~ (O- u. Z-USA, bis Arkansas u. Wisconsin, SO-Kanada: offne, feuchte Prärien, Feuchtwiesen, auf Sand, Kalk, Granit – 1732 – mehrere Sorten: Kr weiß, dunkelpurpurn; 'Kobold': 0,30–0,40). [*L. callilepis* hort.]

**Ährige P.** – *L. spicata* (L.) WILLD.

**1\*** HüllBl mit abgespreizter Spitze, die inneren z.T. stumpf (Abb. **554**/4a). Stg mindestens im BStand rauhaarig. Bl linealisch, 10–50 × 0,3–1,3 cm, 3–5nervig. Köpfe sitzend, in dichter, 15–45 cm lg Ähre, mit 5–8 B. (Abb. **554**/4). Kr innen kahl. 0,50–1,50. ⌗ ♂ 7–9. **Z** s Staudenbeete ⚥; V ⚤ ○ (Z-USA von Texas u. Louisiana bis N-Dakota u. New York: feuchte od. trockne Prärien, offne, sandige Wälder – einige Sorten – 1732).
**Prärie-P., Dickährige P.** – *L. pycnostachya* MICHX.

Ähnlich: **Grasblättrige P.** – *L. pilosa* (AITON) WILLD. [*L. graminifolia* WILLD.]: KrRöhre innen behaart. Köpfe z.T. gestielt, mit 6–14 B. HüllBl oben flach, abgerundet. 0,20–1,20. ⌗ 8–10 (warmgemäß. küstennahe O-USA: SandkiefernW – 1739). – **Kansas-P.** – *L. scariosa* (L.) WILLD. (incl. *L. aspera* MICHX.): BStand mit 20–35(–70) Köpfen, diese mit 25–80 B, 1–5 cm lg gestielt. Bl verkehrteilanzettlich, 1nervig, 2,5–5 cm br (O-USA: Prärien, offne Wälder). – **Zylindrische P.** – *L. cylindracea* MICHX.: Pappusstrahlen lg gefiedert (bei allen obigen Arten nur kurzborstig). BStand mit wenigen Köpfen od. Blüte einzeln, diese mit 15–60 B. Bl 3–5nervig, lineal-lanzettlich (südl. Z-USA: trockne, offne Standorte) – **Schöne P.** – *L. elegans* (WALTER) MICHX.: Köpfe ∞, sitzend od. kurz gestielt, mit 4–5 B. Bl linealisch. Pappus lg gefiedert. Innere HüllBl mit lg, rosa, kronblattartigen Spitzen (SO-USA bis Texas: trockne Sand-KiefernW). Alle: **Z** s; Kult u. Verwendung bei allen wie bei **1**.

**Gummikraut, Grindelie, Teerkraut** – *Grindelia* WILLD.    30 Arten

Lit.: STROTHER, J. L., WETTER, M. A. 2006: *Grindelia*. In: Flora of North America, Vol. **20**: 424–436.

**1** Pappus aus 2 glatten, am Ende oft verbreiterten Grannen, diese so lg wie die ScheibenB od. länger, 4–8 mm lg. HüllBl anliegend bis schwach ausgebreitet, ihre Spitzen gerade od. schwach zurückgebogen, schwach klebrig. StgBl dornspitzig gezähnt od. gesägt, selten ganzrandig, 3–12× so lg wie br, am Grund keilfg od. stängelumfassend, meist kahl u. kaum drüsig punktiert. Köpfe 2,5–4 cm ∅, meist in Schirmrispe. StrahlB 12–36, gelb. 0,30–1,50. ☉ ⌗ 7–8. **Z** s Naturgärten; V ○ (S-USA: Texas u. Alabama bis Kansas u. Kentucky; weiter eingeb.: Kalkfels-Prärien, Küsten-Kalkschotter). [*G. littoralis* STEYERM., *G. texana* SCHEELE]    **Schmalblättriges G.** – *G. lanceolata* NUTT.
**1\*** Pappus aus 2–3(–8) oft gedrehten Schuppen od. Grannen, diese meist kürzer als die ScheibenB, (1–)4–5(–7) mm lg. HüllBlSpitzen abstehend, oft ringfg zurückgebogen. Köpfe meist in Schirmrispe, selten einzeln. HüllBl meist sehr klebrig ............ **2**
**2** StgBl meist verkehrteilanzettlich, 2–8× so lg wie br, scharf gesägt od. gezähnt (Abb. **557**/1), behaart od. kahl, schwach od. stark drüsig punktiert. StrahlB 15–60, gelb. Köpfe 2,5–6 cm ∅. 0,08–0,60(–1,20). ⌗ ♄, kult ☉ 6–9. **Z** s Naturgärten; V ○ (S-Kanada, W- u. Z-USA: Küsten, Ufer, Salzmarschen, Prärien, ruderal – formenreich). [*G. camporum* GREENE, *G. robusta* NUTT.]    **Gewöhnliches G.** – *G. hirsutula* HOOK. et ARN.
**2\*** StgBl verkehrteifg bis verkehrteilanzettlich, 2–5(–10)× so lg wie br, stumpf kerbzähnig, kahl, stark drüsig punktiert. StrahlB 12–40, gelb. Köpfe 2,5–3,5 cm ∅, meist in Schirmrispe. (0,10–)0,40–1,00. ☉ kurzlebig ⌗ ♄, B im 1. Jahr, 6–9. **Z** s Naturgärten; V ○ (Z-USA, Z-Kanada, weiter eingeb.: Sand, Ton, Alkali-Böden, Ufer, ruderal – 1811).
**Sperriges G.** – *G. squarrosa* (PURSH) DUNAL

**Goldaster, Goldauge** – *Chrysopsis* (NUTT.) ELLIOTT [*Heterotheca* CASS.]    10 Arten

Lit.: SEMPLE, J. C. 1981: A revision of the golden aster genus *Chrysopsis* (NUTT.) ELL. nom. cons. (*Compositae – Astereae*). Rhodora **83**: 323–384.

Aufrechte od. niederliegende, mehrstänglige Staude. Stg u. Bl grau behaart. Bl verkehrteifg bis lineal-lanzettlich, 2–8 × 1–2 cm, stumpflich, meist ganzrandig, selten klein gezähnt. Köpfe bis 2,5 cm ∅, einzeln od. zu wenigen. StrahlB 7–30, goldgelb, länglich-eifg (Abb. **557**/2). ScheibenB gelb. HüllBl linealisch, zugespitzt, behaart. 0,05–0,60 (–1,00). ⌗ Pfahlwurzel ⌀? 8–9(–10). **Z** s △ Staudenrabatten, Trockenmauern; V ○ ~ Sand (westl. u. zentrales N-Am. von Brit. Columbia u. Ontario bis Kalif. u. Texas: trockne, offne Sandböden – 1811 – mehrere Varietäten, wertvollste: var. *rutteri* ROTHR. [*C. rutteri* (ROTHR.) GREENE, *Heterotheca rutteri* (ROTHR.) SHINNERS]: 0,30–0,55, Köpfe fast 5 cm ∅. Bl dicht silberweiß behaart, sehr spitz (N-Am.: NW-Mex., Arizona: Grasland, Flussauen; nach Fl. N-Am. 20 (2006): 242 eigene Art) – die Sorte 'Golden Sunshine' wurde als „*Aster novae-angliae* 'Golden Sunnyshine'" eingeführt). [*Heterotheca villosa* (PURSH) SHINNERS] **Goldaster, Goldauge** – *Ch. villosa* (PURSH) NUTT. ex DC.

Sehr selten kult: **Baumwoll-G.** – *Ch. gossypina* (MICHX.) ELLIOTT [*Heterotheca gossypina* (MICHX.) SHINNERS]: Kopfstiele, Bl u. HüllBl bleibend wollig behaart. 0,30–0,80. ☉ od. kurzlebig ♃ Wurzelsprosse 9–10. (O-USA: Virginia bis Florida u. Louisiana: Küstenebene, SandkiefernW, Eichenbusch). – **Drüsige G.** – *Ch. mariana* (L.) ELLIOTT [*Heterotheca mariana* (L.) SHINNERS]: Kopfstiele u. HüllBl drüsig, nicht wollig behaart. Bl verkahlend. 0,20–0,80. ♃ Pleiok, Wurzelsprosse 8–10 (warme bis gemäß. O-USA: Wälder, Sand).

**Goldrute** – *Solidago* L.                                                        ± 100 Arten

Lit.: SEMPLE, J. C., RINGIUS, G. S., ZHANG, J. J. 1999: The goldenrots of Ontario: *Solidago* L. and *Euthamia* NUTT. Univ. Waterloo Biol. Ser. **39**. 90 pp. – NESOM, G. L. 1993: Taxonomic infrastructure of *Solidago* and *Oligoneuron* (Asteraceae: Astereae) and observations on their phylogenetic position. Phytologia **75**: 1–44.

Bem.: Viele Arten bastardieren miteinander (nicht mit *Aster*!). Das subgenus *Oligoneuron* (SMALL) HOUSE mit flach doldenrispigen BStänden wird auch als eigene Gattung *Oligoneuron* SMALL abgetrennt (s. *S.* × *lutea*, **4**, *S. asteroides*, **2**, *S. rigida*, **6\***), ebenso das subgen. *Euthamia* NUTT. (vgl. *S. graminifolia*, **3**). Kultiviert werden heute vor allem Hybr von *S. canadensis*, *S. rugosa* u. *S. shortii*. Bis auf diese eignen sich die Arten nur für Naturgärten u. ♃. Viele wildern aus und sollten deshalb nach der BZeit abgeschnitten werden. Die Vermehrung ist bei allen leicht: ♈ V.

**1** BStand eine flache od. gewölbte Schirmrispe (Abb. **558**/4), Äste u. Spitze nicht übergebogen . . . . . . . . . . . . . . . . . . . . . . . . . . . . . . . . . . . . . . . . . . . . . . . . . . . . **2**

**1\*** BStand entweder pyramidenfg, Äste u. Spitze oft übergebogen, od. Köpfe in aufrechter, schmaler, z.T. durchblätterter Rispe (Abb. **558**/1,2) . . . . . . . . . . . . . . . . . . . . . . . **7**

**2** StrahlB u. ScheibenB weiß. Köpfe 1–1,8 cm lg, 2,4 cm ⌀, zu 3–60 in Schirmrispen, mit 10–25 StrahlB. Bl 3–10(–25) × 0,3–1 cm, untere am größten, ganzrandig od. entfernt gezähnt. 0,30–0,70. ♃ ⚯ ♈ 7–9. **Z** s ⚜ Rabatten; ♈ V ○ ⊕ (warmgemäß. bis gemäß. O- u. Z-USA, SO-Kanada: trockne Prärien, felsig-sandige, kalkreiche Böden). [*Oligoneuron album* (NUTT.) NESOM, *Aster ptarmicoides* TORR. et A. GRAY, *S. asteroides* SEMPLE] **Weiße Hochland-G.** – *S. ptarmicoides* (TORR. et A. GRAY) BOIVIN

**2\*** StrahlB u. ScheibenB gelb . . . . . . . . . . . . . . . . . . . . . . . . . . . . . . . . . . . . . . . . . . **3**

**3** Bl drüsig punktiert, lineal-lanzettlich, ganzrandig, sitzend, untere hinfällig, nicht größer als mittlere StgBl. Köpfe 5–6 mm lg, in dichten Schirmrispen, fast sitzend, mit 15–25 StrahlB. (Abb. **558**/4). 0,30–0,80(–1,50). ♃ ⚯ 7–9. **W**. **Z** s ⚜; ∨ ♈ ○ ≈ auswildernd! (warmgemäß.–kühles N-Am. außer SW: offne, feuchte Plätze; eingeb. in Z-Eur. – 1758). [*Euthamia graminifolia* (L.) NUTT.] **Grasblättrige G.** – *S. graminifolia* (L.) SALISB.

**3\*** Bl nicht drüsig punktiert, ganzrandig od. gezähnt, untere rosettig gehäuft, größer als die mittleren StgBl, gestielt . . . . . . . . . . . . . . . . . . . . . . . . . . . . . . . . . . . . . . . . . . **4**

**4** StrahlB 12–25, blassgelb. Hülle 3–5 mm lg. Pfl mit Rhizom. Köpfe 5–9 mm ⌀ (Abb. **566**/2). 0,60–0,75. ♃ ♈ 7–9. **Z** z ⚜ Rabatten, Beeteinfassung; ♈ ○, nicht ≈ (in Eur. ent-

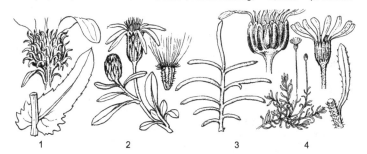

standen aus *S. asteroides* × *Solidago* spec. (*S. canadensis?*) – 1910 – Sorte 'Lemore').
[× *Solidaster luteus* M. L. GREEN ex DRESS, × *Asterago lutea* (M. L. GREEN) EVERETT]
        **Goldrutenaster** – *S.* × *lutea* (M. L. GREEN ex DRESS) BROUILLET et SEMPLE

Bem.: Ähnlich ist die in Amerika spontan entstandene Hybr *S.* × *lutescens* (LINDL. ex DC.) BOIVIN [*Oligoneuron* × *lutescens* (LINDL. ex DC.) NESOM, *S. asteroides* × *S. rigida* var. *humilis* od. × *S. riddellii*, **6**]

**4*** StrahlB 7–14, gelb. Hülle (4–)5–9 mm lg. Pfl mit Pleiokorm . . . . . . . . . . . . . . . . . . **5**
**5** HüllBl nicht mit 3–5 grünen Nerven. Pfl niedrig, 0,05–0,35 m hoch. Größere Bl am Grund gehäuft, verkehrteilanzettlich, gezähnt od. gekerbt-gesägt. BStand eine 2–50 (–160)köpfige Schirmrispe, bei kräftigen Pfl auch gestreckt. Köpfe mit 30–50 B, StrahlB 6–15. 0,05–0,35. ♃ Pleiok, selten kurze ⌇⌇ 7–9. **Z** s △; **Ⅴ** **Ⓦ** ○ ⊖ (gemäß. bis kühles O-Am.: subalp.–alp. felsige Rasen – kaum von *S. multiradiata*, **10***, als Art zu trennen – wenige Sorten). [*S. brachystachys* hort., *S. virgaurea* var. *alpina* BIGELOW, *S. cutleri* FERNALD]      **Neu-England-G., Cutler-G.** – *S. leiocarpa* DC.
**5*** HüllBl mit grünem Spitzenfleck, der in 3–5 basale Nerven übergeht. Pfl 0,25–1,50 m hoch. Untere Bl gestielt, länger als mittlere . . . . . . . . . . . . . . . . . . . . . . . . . . . . . . **6**
**6** Bl 3nervig, 6–15mal so lg wie br, ganzrandig, längs gefaltet, halb stängelumfassend, bogig auswärts gebogen, nur am Rand rau. Pfl bis auf den BStand kahl. BStand mit ± 50–500 Köpfen, diese 4,5–6 mm lg u. br. Fr mit 5–7 Nerven. StrahlB 7–9. 0,40–1,00. ♃ Pleiok 8–9. **Z** s ⚥; **Ⓦ** Ⅴ ○ ≈ (warmgemäß. bis gemäß. USA u. S-Kanada: Sümpfe, feuchte Prärien u. Wiesen). [*Oligoneuron riddellii* (FRANK) RYDB.]
      **Ridell-G.** – *S. riddellii* FRANK
**6*** Mittlere u. obere StgBl fiedernervig, 2–3(–6)mal so lg wie br, eifg, dick u. starr, schwach gezähnt bis fast ganzrandig, beidseits wie der Stg meist dicht behaart. BStand mit ± 50(–190) Köpfen, diese 5–10 mm lg u. ∅. Fr mit 10–15 Rippen, fast kahl. StrahlB 6–14. 0,25–1,60. ♃ Pleiok 8–9. **Z** s ⚥; Ⅴ ○ (warme bis gemäß. Z- u. O-USA u. S-Kanada: Prärien, Felder, trockne Hänge, besonders auf Sand, 0–300 m –1710). [*Oligoneuron rigidum* (L.) SMALL]      **Steife G.** – *S. rigida* L.
**7** **(1)** Pappusborsten viel kürzer als die Fr. Bl am Grund gehäuft, GrundBl lg gestielt, ihre Spreite herz-eifg, 4–12 × 4–11 cm, besonders useits rauhaarig. Köpfchenähren waagerecht abstehend, dicht. Strahl- u. ScheibenB 3–6. 0,40—0,50(–1,20). ♃ Pleiok (⚥) 8–9. **Z** s Rabatten; Ⅴ ○ (warm/mont. bis warmgemäß. O-USA: offne FelsW auf Kalk, 100–1100 m – Sorte 'Golden Fleece'). [*Brachychaeta sphacelata* (RAF.) BRITTON]
      **Gefleckte G.** – *S. sphacelata* RAF.
**7*** Pappusborsten länger als die Fr. Bl nicht herzfg, sitzend od. gestielt, in den Stiel plötzlich od. allmählich verschmälert . . . . . . . . . . . . . . . . . . . . . . . . . . . . . . . . . . . . . . **8**

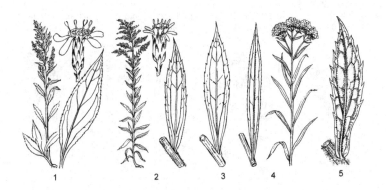

1        2        3        4        5

**8** Köpfe in aufrechter, schmaler Rispe od. Traube, z. T. in blattachselständigen Gruppen
. . . . . . . . . . . . . . . . . . . . . . . . . . . . . . . . . . . . . . . . . . . . . . . . . . . . . . . . . . . . . . **9**
**8\*** Köpfe in endständiger, br Rispe. BStandsspitze nickend, Äste ± herabgebogen . . . **12**
**9** GrundBl größer als die mittleren StgBl . . . . . . . . . . . . . . . . . . . . . . . . . . . . . . . . . **10**
**9\*** GrundBl nicht größer als die mittleren StgBl . . . . . . . . . . . . . . . . . . . . . . . . . . . . . **11**
**10** GrundBl eifg-lanzettlich, entfernt gezähnt, in den geflügelten Stiel verschmälert. StrahlB
6–12, länger als die Hülle (Abb. **558**/1). **W.**　　　　**Gewöhnliche G.** – *S. virgaurea* L.

　**1** Köpfe 6–8 mm lg, 10–15 mm ⌀. Pfl 0,20–1,00 hoch. Bl 3–4mal so lg wie br. ♃ ℄ 7–10. **Z** s Natur-
　gärten, Gehölzränder; V ○ ◑ (warmgemäß./mont. bis kaltes Eur. u. As.: lichte, felsige Wälder).
　　　　　　　　　　　　　　　　　　　　　　　　　　　　　　　　　　　subsp. *virgaurea*
　**1\*** Köpfe 8–10 mm lg, 15–20 mm ⌀. Pfl 0,05–0,20(–0,30) hoch. Bl 4–6mal so lg wie br. ♃ ℄ 7–9. **Z** s △;
　V ○ ⊖ (gemäß. Eur.: subalp. Magerrasen – Sorten: z. B. 'Minutissima': 0,05; 'Goldzwerg': 0,20–0,25).
　[*S. virgaurea* subsp. *alpestris* (WALDST. et KIT. ex WILLD.) HAYEK]　　　　subsp. *minuta* (L.) ARCANG.

**10\*** GrundBl schmal spatelfg bis verkehrteilanzettlich, ganzrandig od. an der Spitze gekerbt-
gesägt. StrahlB 12–23. 0,05–0,50. ♃ ℄ 7–9. **Z** s △ (Kanada, westl. USA: Tundra, alp.
Rasen, bis 3700 m).　　　　　　　**Rocky-Mountain-G.** – *S. multiradiata* AITON
**11** **(9)** Bl sitzend, lanzettlich, 3–10mal so lg wie br, bis auf den kurz bewimperten, ± ge-
zähnten Rand kahl. TragBl des BStands >3mal so lg wie die Gruppen der Blütenköpfe.
Stg rund, bereift, nicht hin- u. hergebogen. 0,30–1,00. ♃ Pleiok, auch ⌒⌒ 8–9. **Z** s (O-
Kanada u. warme bis gemäß. O-USA: schattige Wälder, 0–1000 m – 1732).
　　　　　　　　　　　　　　**Reif-G., Goldbandrute** – *S. caesia* L.
**11\*** Bl in den geflügelten Stiel rasch verschmälert, br eifg, 1–2,5mal so lg wie br, scharf
gezähnt, useits wenigstens auf den Nerven behaart. TragBl 2mal so lg wie die ach-
selständigen BKopfgruppen. Stg kantig gefurcht, hin- u. hergebogen. 0,30–1,20. ♃ ⌒⌒
8–9. **Z** s; ○ ◑ (warmgemäß. bis gemäß. Z- u. O-USA, SO-Kanada: Wälder, 0–1200 m
– 1725). [*S. latifolia* L.]　　**Breitblättrige G., Zickzack-G., Bogige G.** – *S. flexicaulis* L.
**12** **(8)** Bl durchscheinend punktiert, mit Anisduft, schmal lanzettlich, 5–15mal so lg wie br,
fiedernervig, kahl, nur am Rand rau. 0,50–0,60(–1,60). ♃ Pleiok 7(–8). **Z** s (warme bis
gemäß. O-USA: trockne, offne Wälder, oft auf Sand od. Ton, 0–700 m).
　　　　　　　　　　　　　　**Anis-G., Lakritz-G.** – *S. odora* AITON
**12\*** Bl nicht durchscheinend punktiert, ohne Anisduft, kahl od. behaart . . . . . . . . . . . **13**
**13** Bl am StgGrund gehäuft, untere gestielt, größer als die Bl der StgMitte . . . . . . . . **14**
**13\*** Bl nicht am StgGrund gehäuft, größte Bl in der StgMitte . . . . . . . . . . . . . . . . . . . . **18**
**14** Bl kahl . . . . . . . . . . . . . . . . . . . . . . . . . . . . . . . . . . . . . . . . . . . . . . . . . . . . . . . . . . **15**
**14\*** Bl behaart . . . . . . . . . . . . . . . . . . . . . . . . . . . . . . . . . . . . . . . . . . . . . . . . . . . . . . . . **16**
**15** Bl etwas sukkulent, schmal lanzettlich, ganzrandig, untere bis 40 cm lg u. 6 cm br, zur
BZeit vorhanden. StrahlB (7–)12–17. Fr behaart. (0,40–)0,75–1,00(–2,00). ♃ Pleiok,
nicht immergrün! 8–9. **Z** s (subtrop. bis gemäß. O-Am. von O-Mex., Karibik u. Texas bis
SO-Kanada: Küsten-Salzböden, Ränder salzbesprühter Straßen, 0–20(–200) m).
　　　　　　　　　　　　　　**Küsten-G.** – *S. sempervirens* L.
**15\*** Bl nicht sukkulent, untere verkehrteilanzettlich u. gesägt, zur BZeit abgestorben, mittle-
re u. obere eilanzettlich, ganzrandig. StrahlB 7–13. Fr kahl od. spärlich behaart. (0,30–)
0,50–1,00. ♃ ⌒⌒, auch Pleiok (7–)8–9. **Z** s (NO-Mex., warm/mont. bis gemäß. W- u. Z-
Am.: Prärien, trockne, lichte Wälder, auf Sand, Fels u. Ton).
　　　　　　　　　　　　　　**Missouri-G.** – *S. missouriensis* NUTT.
**16** **(14)** Bl u. Stg gleichmäßig dicht aschgrau behaart. Spreite der unteren Bl verkehrteilan-
zettlich, ganzrandig od. gezähnt, in den geflügelten Stiel allmählich verschmälert. StgBl
ganzrandig od. undeutlich kerbzähnig, obere sitzend, oft mit BlGruppen in den Achseln.
BlStand zuweilen lg u. schmal u. nur an der Spitze nickend. 0,10–1,00. ♃ Pleiok 8–10.
**Z** s (warmes bis gemäß. O- u. Z-Am.: USA außer SW, S-Kanada: offne, trockne Wälder
auf Sand u. Fels, 0–1600 m – 1769).　　　　**Graue G.** – *S. nemoralis* AITON
**16\*** Bl nicht aschgrau behaart. Spreite der unteren Bl br eifg bis br elliptisch, in den Stiel
rasch verschmälert . . . . . . . . . . . . . . . . . . . . . . . . . . . . . . . . . . . . . . . . . . . . . . . . **17**

**17** Untere Bl deutlich größer als die mittleren StgBl, gezähnt bis fast ganzrandig, br eifg, bis 30 cm lg, 12 cm br, lg gestielt. 0,50–1,50. ⚩ Pleiok? 7–9. **Z** s (warmgemäß. bis gemäß. SO-Kanada, O-USA: Wälder, trockne Lichtungen, 0–1300 m – 1758 – formenreich). **Wald-G.** – *S. arguta* AITON

**17\*** GrundBl nur wenig größer als die mittleren StgBl, zur BZeit meist abgestorben. **Ulmenblättrige G.** – *S. ulmifolia*, s. 20

**18** **(13)** Bl fiedernervig (bei **19** außerdem undeutlich 3nervig), eifg-lanzettlich bis br eifg **19**

**18\*** Bl 3nervig, schmal eifg-lanzettlich bis lineal-lanzettlich. GrundBl zur BZeit fehlend . **21**

**19** Bl 1,3–2mal so lg wie br, 2–7 × 1–4 cm, kurz gestielt, br eifg-elliptisch, spitz. Stg u. Bl wenigstens useits kurz abstehend behaart. StrahlB 3–7. 0,30–1,00. ⚩ Pleiok 8–9. **Z** s (warmgemäß. Z-USA: Arkansas, Illinois, Missouri: steinig-felsige Wälder auf Kalk). **Ozark-G.** – *S. drummondii* TORR. et A. GRAY

**19\*** Bl >2mal so lg wie br, ± lanzettlich . . . . . . . . . . . . . . . . . . . . . . . . . . . . . . . . . . . . **20**

**20** StrahlB 3–5. GrundBl u. meist auch untere StgBl zur BZeit abgestorben, wenn vorhanden, dann nicht viel größer als mittlere StgBl, verkehrteifg u. plötzlich in den Stiel verschmälert. StgBl eifg-rhombisch bis eilanzettlich, 6–12 × 1,2–5,5 cm, gesägt, fast sitzend. 0,40–0,60(–1,20). ⚩ Pleiok 8–9. **Z** s (warmgemäß. O-Am.: trockne Wälder, 0–700 m). **Ulmenblättrige G.** – *S. ulmifolia* MUHL. ex WILLD.

**20\*** StrahlB 6–11. GrundBl fehlend. StgBl elliptisch-lanzettlich, 3,5–13 cm × 1,3–5 cm, scharf gesägt, durch eingesenkte Nerven runzlig, useits wenigstens auf den Nerven behaart (Abb. **558**/5). (0,30–)1,00–2,50. ⚩ 8–9(–10). **Z** s ⚥; ○ ◑ (SO-Kanada, warmes bis gemäß. O- u. Z-Am.: Mex. u. Texas bis Neufundland u. Ontario: feuchte Wälder, Waldränder, Sümpfe, eingeb. in Brit. – 1732 – formenreich, Sorte 'Fireworks': nur 1,00). **Raue G.** – *S. rugosa* MILL.

**21** **(18)** StrahlB 5–9. Pfl mit kurzem Rhizom. Stg bis mindestens zur Mitte hinab flaumhaarig. Bl lanzettlich, fest, kahl. 0,60–1,60. ⚩ kurzes ⚲ (7–)9–10. **Z** s (O-USA: Kentucky u. Indiana: trockne, offne Standorte, 100–200 m – Elternart vieler spätblühender Hybr). **Kentucky-G., Königs-G.** – *S. shortii* TORR. et A. GRAY

**21\*** StrahlB (9–)10–17. Pfl mit Ausläuferrhizom. Stg kahl od. behaart . . . . . . . . . . . . . **22**

**22** Stg nur im BStand behaart, sonst kahl u. bereift (Abb. **558**/3). Fr 1,3–1,8 mm lg. Pappushaare 32–44, 2,5–3,2 mm lg. StrahlB deutlich länger als die RöhrenB. BStand vor der BZeit aufrecht. 0,50–1,50(–2,50). ⚩ ⌇ 8–9. **W. Z** s ⚥ (warmes bis kühles Am.: Ufer, Sümpfe, LaubW, feuchte Prärien, ruderal, 0–1600 m; eingeb. in Eur. – 1758). [*S. serotina* AITON] **Riesen-G.** – *S. gigantea* AITON

**22\*** Stg bis über die Mitte hinab behaart (Abb. **558**/2). Hülle 2–3 mm (*S. canadensis* s. str.: warmgemäß. bis gemäß. Z- u. O-Am.) od. 3–5 mm lg (var. *scabra* (WILLD.) TORR. et A. GRAY [*S. altissima* L.]: warmes bis kühles O-(+W-)Am.). Fr 1–1,2 mm lg. Pappushaare 20–30, 1,5–2 mm lg. StrahlB kaum länger als die RöhrenB. BStandsäste vor der BZeit übergebogen (Abb. **558**/2). 0,50–2,00(–2,50). ⚩ ⌇ ⌇ 8–10. **W. Z** v ⚥ auswildernd! (warmes bis kühles Am.: feuchte Wiesen, Gebüsche u. Wälder, auch trockne, felsige Standorte u. ruderal, 0–1100 m; eingeb. in Eur. – 1648 – formenreich – ∞ Hybr, oft mit *S. shortii* u. *S. rugosa*; mehrere Sorten, z.B. 'Strahlenkrone', 'Golden Mosa' u. 'Goldwedel': nur bis 0,60; 'Laurin': nur 0,30–0,40, B tief goldgelb, Pfl nicht stark auswildernd). **Kanadische G.** – *S. canadensis* L.

**Brachyskome, Blaues Gänseblümchen** – *Brachyscome* CASS. [*Brachycome* CASS. ]
± 100 Arten

Bem.: Die von CASSINI selbst vorgenommene Korrektur der Original-Schreibweise *Brachyscome* in *Brachycome* wurde von der Nomenklatur-Kommission leider nicht befürwortet (Taxon **42**, 1993: 687–697). – Abgrenzung der Gattung problematisch. – Die für die sichere Bestimmung wichtigen Fr werden in D. meist nicht ausgebildet, daher sind BlMerkmale angegeben. – Schnecken; Eisendüngung!

**1** Bl fast alle am StgGrund gehäuft, nur 1–3(–7) linealische HochBl am BSchaft, untere lineal-lanzettlich, ganzrandig od. mit 1–7 linealen Lappen. Fr mit 0,5–0,7 mm br Flügeln

u. 0,5 mm lg Pappus. Pfl polsterbildend. HüllBl 20–30. Köpfe 1 cm ⌀. StrahlB weiß od. rosa. 0,10–0,25. ⏀ i kult ☉ 6–10? **Z** s Sommerrabatten; ∀ ⋏ ○ (Austr.: Victoria: offne, staunasse alp. Rasen). [*B. nivalis* F. MUELL. var. *alpina* (BENTH.) G. L. R. DAVIS]

**Tadgell-B.** – *B. tadgellii* TOVEY et P. MORRIS

**1\*** Bl auch am Stg, meist 1–2fach fiederschnittig. Fr geflügelt od. ungeflügelt . . . . . . . **2**
**2** Fr ungeflügelt, 1–1,8 mm lg, 0,4–0,8mm br. Pappus ± 0,1mm. Bl fiederschnittig, zuweilen einige basale nur an der Spitze geteilt, Abschnitte ohne scharfe Spitzen (Abb. **557**/3). HüllBl 12–30, bis 4,5 mm lg. StrahlB 8–22, blau, violett, hellrosa od. weiß. ScheibenB fast schwarz, duftend. Staubbeutel ohne Anhängsel. 0,20–0,40. ⏀ ⸙, kult ☉ 7–9. **Z** z Beeteinfassung, Sommerrabatten; ⋏ ∀ ○ (W- u. S-Austr.: sandige, tonige od. versalzte Böden, Wasserläufe, Granitsenken – 1843 – hierzu die meisten Sorten).

**Blaue B., Blaues Gänseblümchen** – *B. iberidifolia* BENTH.

Ähnlich mit unscheinbarem Pappus u. ungeflügelter Fr: **Vielfiedrige B.** – *B. multifida* DC.: BlAbschnitte stachelspitzig. 0.20–0,40. ⏀ i 6–9? **Z** z Sommerrabatten; ⋏ ∀ ○ (SO-Austr.: flachgründige Böden in *Eucalyptus*W – Sorte 'Lemon Mist': StrahlB hellgelb: hierzu? ob zu einer gelbblütigen Art, z. B. *B. chrysoglossa* F. MUELL.).

**2\*** Fr geflügelt, 2,3–3,5 mm lg, 1,3–1,6 mm br. Pappus 0,1–0,4 mm lg. Bl 1–2mal fiederschnittig, 10–25 mm × 6–20 mm, Abschnitte mit scharfen Spitzen. HüllBl 11–20. StrahlB weiß od. rosa. Staubbeutel mit Anhängseln. 0,20–0,30. ⏀ ⸙, kult ☉ 6–9?. **Z** s Beeteinfassung, Sommerrabatten; ⋏ ∀ ○ (SO-Austr., Tasm.: subalp.-alp. felsige Rasen u. Gebüsch).

**Raue B.** – *B. rigidula* (DC.) G. L. R. DAVIS

Ähnlich mit 0,4–0,5 mm lg Pappus: **Verschiedenblättrige B.** – *B. diversifolia* (GRAHAM ex HOOK.) FISCH. et C. A. MEY.: Fr ungeflügelt. Bl schmal elliptisch, 2–11 cm lg, 0,5–2 cm br, mit rundlichen Lappen. HüllBl 6,5–10,5 mm lg. 0,30–0,50. ☉ ⏀ 5–8. **Z** s (SO-Austr., Tasm.: Felsfluren, *Eucalyptus*W, Tiefland bis alp.). – **Stachlige B.** – *B. aculeata* (LABILL.) CASS. ex LESS.: Fr geflügelt. Bl 2–9(–15) cm lg, 0,5–1,5 cm br, untere zuweilen gezähnt od. gelappt, obere lanzettlich, ganzrandig. HüllBl 5–8 mm lg. 0,20–0,60. ⏀ 5–10? **Z** s (SO-Austr.: feuchte Hartlaubgehölze) – **Schmalblättrige B.** – *B. angustifolia* CUNN. ex DC.: Pfl ausläuferbildend. Bl meist grundständig, untere 5–10 cm lg, verkehrteifg, ganzrandig, gezähnt od. gelappt. 0,15–0,65. **Z** s (S-Austr., N. S. Wales, Tasm.: trockne HartlaubW, oft auf Sand). – **Schwarzfrüchtige B.** – *B. melanocarpa* SOND. et F. MUELL. [*B. melanophora* hort.]: Fr warzig, ungeflügelt, schwarz. Bl schmal keilfg, 2–5,5 × 0,5–1 cm, spitz fiederlappig od. unregelmäßig gezähnt. Köpfe 1,2–3 cm ⌀. StrahlB ± 14, weiß bis violett. **Z** s (S-Austr., Queensland, N. S. Wales: überschwemmte Tonböden).

**Gänseblümchen, Maßliebchen, Tausendschönchen** – *Bellis* L.          7 Arten

**1** BlSpreite ziemlich plötzlich in den Stiel zusammengezogen (Abb. **562**/3). Köpfe (10–) 15–20(–30) mm ⌀. Bl 1nervig. (2–)4–15(–20). ⏀ ⅄, kult ☉ ☉, im Sommer kurzes beblättertes Ausläuferrhizom (1–)4–5(–12). **Z** v Beeteinfassung, Sommerrabatten ⅄; HeilPfl, Salat; ∀ ⱴ ○ (S- u. M-Eur., VorderAs., eingeb. weltweit in wintermilden gemäß. Gebieten – kult schon Mittelalter (Marienbilder!) – ∞ Sorten: **Tausendschönchen** [*B. hortensis* MILL., *B. perennis hybrida* hort., *B. monstrosa* hort., *B. enorma* hort.]: weiß, rot, purpurn, rosa; gefüllt, Sortengruppe 'Ligulosa' nur mit StrahlB od. wenigen RöhrenB in der Mitte, seltener Sortengruppe 'Tubulosa' od. 'Fistulosa' nur mit gestreckten RöhrenB, einige auch ⏀).

**Gewöhnliches G., Maßliebchen, Tausendschönchen** – *B. perennis* L.

**1\*** BlSpreite allmählich in den lg Stiel verschmälert. Köpfe 3–4 cm ⌀. Bl meist 3nervig. StrahlB weiß, useits bläulich. 0,15–0,50. ⏀ 3–5. **Z** s △; ∀ ⱴ ○ ⌒ od. ☒ (W-Medit./ mont.: schattige Felsklüfte, Ränder von Quellen u. Bächen, 1000–3500 m – 1872). [*B. rotundifolia* (DESF.) BOISS. et REUT. var. *coerulescens* HOOK.]

**Bläuliches G.** – *B. coerulescens* COSS. ex BALL

**Scheingänseblümchen, Zwergmaßliebchen** – *Bellium* L.          4 Arten

**1** Pfl ⏀, mit fadenfg Ausläufern. Bl in Rosette, verkehrteifg, Spreite 6–12 × 3–7 mm, in den lg Stiel verschmälert. Köpfe 9–12(–15) mm ⌀. HüllBl 12–15. StrahlB 11–15(–20).

Pappus nur aus 5 lg Borsten. 0,02–0,08(–0,14). ♃ ∽∽ 5–6. **Z** s △; ∨ ❦ ○ ≈ Boden durchlässig ∧! (Kors., Sard., Balearen: Weiden, Felsen, oft feucht – 1796).
**Gewöhnliches Sch. –** *B. bellidioides* L.

**1\*** Pfl ohne Ausläufer . . . . . . . . . . . . . . . . . . . . . . . . . . . . . . . . . . . . . . . . . . . . . . **2**

**2** Köpfe 1,5–2 cm ⌀. HüllBl 20–30. Bl wechselständig od. quirlig. 0,10–0,20. ♃ ⅄ 5–7. **Z** s △; ∨ ○ ≈ ∧! (Sardinien: Küstenfelsen – 1831).
**Dickblättriges Sch. –** *B. crassifolium* MORIS

**2\*** Köpfe 5–6(–10) mm ⌀. HüllBl 7–8, elliptisch, braun hautrandig. 0,02–0,05. ☉ ① 5–8. **Z** s; ○ ≈ Boden durchlässig (Pantelleria, Linosa, Lampedusa, Ägäis: feuchte Felspfannen – 1772).
**Kleines Sch., Zwergmaßliebchen –** *B. minutum* (L.) L.

**Scheinaster, Boltonie –** *Boltonia* L'HÉR.  5 Arten

Pappus aus kurzen Schüppchen u. zuweilen 2–4 starren Grannen. StgBl ∞, br lanzettlich, bläulich, sitzend, ganzrandig od. schwach gezähnt, bis 12 cm lg. Köpfe in Schirmrispen, 1,5–3 cm br (Abb. **562**/1). HüllBl 0,5–1,6 mm br. StrahlB 20–60, weiß bis hellrosa od. -violett. 1,00–2.00. ♃ ⅄ 8–9(–10). **Z** s Staudenbeete, Naturgärten ⚥; ❦ ∨ ○ ◐ ≈ (O- u. Z-USA, S-Kanada: Flutrasen, Sümpfe, Ufer, 0–500 m – 1758 – var. *latisquama* (A. GRAY) CRONQUIST [*B. latisquama* A. GRAY, *Diplostegium amygdalinum* hort.]: HüllBl 2,5–6 mm br, Köpfe 1,8–3,5 cm br – wenige Sorten, z.B. 'Nana': 0,60–0,90 – 1879).
**Gewöhnliche Sch. –** *B. asteroides* (L.) L'HÉR.

**Townsendie, Felsenmargerite –** *Townsendia* HOOK.  27 Arten

Lit.: BEAMAN, J. H. 1957: The systematics and evolution of *Townsendia*. Contr. Gray Herbarium Harv. Univ. **183**: 1–151. – DRESS, J. W. 1958: *Townsendia*. Baileya **6**: 158–163.

**1** Pappus aller B <1 mm lg. Pfl ♃, mit Rhizom, rasenbildend. Köpfe 4–5 mm ⌀, ihr Boden kegelfg. StrahlB oseits weiß, useits rosa bis blass blauviolett. Stg unverzweigt, kahl. 0,25–0,45. ♃ ⅄ 6–8. **Z** s △; ❦ ∨ ○ (SW-USA: New Mex., O-Arizona: feuchte Wiesen, grasige Hänge, 2100–2850 m).
**Schöne T. –** *T. formosa* GREENE

**1\*** Pappus der ScheibenB >2 mm lg. Pfl ♃ od. ☉, mit Pleiokorm od. Pfahlwurzel. Kopfboden flach, höchstens konvex . . . . . . . . . . . . . . . . . . . . . . . . . . . . . . . . . . . . . **2**

**2** Stg durch vorwärts angedrückte steife Haare grauweiß. StrahlB 8–22, weiß, useits rosa, Strahlen 6–12 mm lg. HüllBl 3–4reihig, außen seidig behaart. 0,03–0,10. ♃ br verzweigte PleiokRübe 5–7. **Z** s △; ❦ ∨ ○ ∼ (Rocky M. von Montana bis Arizona u. New Mex.: mont., offne, trockne Sandböden, auch Ton, 1200–2400 m).
**Grauweiße T. –** *T. incana* NUTT.

**2\*** Stg behaart od. kahl, aber nicht durch angedrückte steife Haare grauweiß . . . . . . . **3**

**3** Stängellose ♃ mit Pleiokormrübe . . . . . . . . . . . . . . . . . . . . . . . . . . . . . . . . . . . . . **4**

**3\*** Zweijährige, selten kurzlebig mehrjährige Pfl mit gestrecktem Stg u. Pfahlwurzel . . **5**

1      2      3      4      5

**4** HüllBl schmal lanzettlich, spitz, ohne Haarschopf an der Spitze, in 5–7 Reihen. Bl u. Fr behaart. Bl in Rosette, lineal-spatelfg, (2–)3–3,5(–8) cm lg, 2–6 mm br (Abb. **562**/4). Köpfe einzeln, >2 cm ∅. StrahlB 20–40, weiß od. rosa. ScheibenB gelblichbraun. 0,03–0,06. ⚇ PleiokRübe 5–6. **Z** s △; Ⅴ ○ ~ Boden durchlässig ⋏ (Z- u. SW-Kanada, W-USA: östl. Rocky M., NW-Mex.: Steppen, Wermut-Wacholder-Gebüsch, KiefernW, im S bei 1350–2600 m – nach 1900). [*T. wilcoxiana* A. W. Wood, *T. sericea* Hook.]
 **Niedrige T., Stängellose T.** – *T. exscapa* (Richardson) Porter

Sehr ähnlich: **Hooker-T.** – *T. hookeri* Beaman: Spitze der HüllBl mit Haarbüschel. Köpfe <2 cm ∅. **Z** s △ (W-Kanada, W-USA: Rocky M. südl. bis Utah: Steppen, 700–1800 m).

**4\*** HüllBl verkehrteifg bis eilanzettlich, meist stumpf, in 3–4 Reihen. Bl u. Fr ± kahl. Bl dicklich, 1,0–3,5 cm lg, 2–7 mm br. Köpfe 4 cm ∅. StrahlB blauviolett. 0,03–0,06. ⚇ PleiokRübe 5–6. **Z** s △; Ⅴ ○ Boden durchlässig ⊖ ⓐ (SW-USA: Z- u. W-Colorado: subalp.–alp. Sandsteinfelskämme unter Schneewächten, 3600–4000 m).
 **Rothrock-T.** – *T. rothrockii* A. Gray ex Rothr.

**5 (3)** StrahlB (20–)40(–70), Strahlen 12–25 mm lg, blauviolett bis purpurn, selten rosa. HüllBl in (4–)5(–7) Reihen, zugespitzt, aber nicht mit steifer, borstenfg Spitze. Köpfe 4–6 cm ∅, Scheibe bis 4 cm ∅. 0,05–0,35. ⊙ od. kurzlebig ⚇ Pfahlwurzel 5–7. **Z** s △; Ⅴ ○ ~ ⋏ (SW-Kanada, östl. Rocky M. südl. bis Montana u. Nevada: mont.–subalp. offne Standorte).
 **Parry-T.** – *T. parryi* D. C. Eaton

**5\*** StrahlB oseits weiß, useits rosa od. mit rosa Streifen. HüllBl in (2–)3–4 Reihen. Stg oft vom Grund an verzweigt . . . . . . . . . . . . . . . . . . . . . . . . . . . . . . . . . . . . . . . . **6**

**6** HüllBl spitz, aber nicht steif borstenfg zugespitzt. Bl spatelfg, 2–6 cm lg, 3–11 mm lg. StrahlB 15–35, oseits weiß, useits rosa. 0,05–0,20. ⊙ (auch kurzlebig ⚇?) Pfahlwurzel 5–7. **Z** s △; Ⅴ ○ ~ ⋏ (W-USA: Rocky M. südl. bis Utah u. Nevada: felsige u. sandige Wermutsteppen, 400–2300 m).
 **Oregon-T.** – *T. florifer* (Hook.) A. Gray

**6\*** HüllBl steif borstenfg zugespitzt. Bl spatelfg, bis 9 cm lg. Stg ausgebreitet verzweigt. StrahlB ± 30, weiß, useits mit rosa Streifen. (0,05–)0,10–0,30. ⊙ od. kurzlebig ⚇ Pfahlwurzel 6–7. **Z** s △; Ⅴ ○ ~ ⋏ (W-USA: Rocky M.: offne, trockne Vorgebirgs-Ebenen u. -Hügel, 1500–2150 m).
 **Großblütige T.** – *T. grandiflora* Nutt.

**Sommeraster, Gartenaster** – *Callistephus* Cass.  1 Art

Lit.: Nolting, G. 1962: Das Sommerastern-Sortiment. Gartenwelt **62**: 52–53.

Stg aufrecht, rau behaart, verzweigt. Bl eifg-rhombisch, grob gesägt (Abb. **562**/5), untere gestielt, obere lanzettlich bis linealisch, sitzend. Köpfe einzeln am Ende des Stg u. der Zweige. 0,10–0,90. ⊙ 8–10. **Z** v Ⅹ Sommerrabatten, Beeteinfassung, Bauerngärten; Ⅴ Selbstaussaat ▷ ○ Boden nährstoffreich, neutral bis ⊕, BBildung bei >14 Std. Tageslänge (Fernost, Korea, NO-China: LaubWRänder – 1728 – ∞ Sorten in ± 9 Sortengruppen (vgl. *Dahlia* S. 595): Margareten-Gr.: ungefüllt, Selbstaussaat, verw.; Pinocchio-Gr.: bis 0,20, gefüllt, StrahlB eingekrümmt; Comet-Gr.: gefüllt, 0,15–0,25, frühblühend, Topf; Milady-Gr.: 0,20–0,30; Straußenfeder-Gr.: gefüllt, großkopfig, spät, bis 0,60; Compliment-Gr.: gefüllt, StrahlB gerollt, bis 0,70; Prinzess-Gr.: bis 0,75, Kr der ScheibenB langröhrig; Duchesse-Gr.: Pompon-fg, bis 0,70; Pommax-Gr.: StrahlB abgespreizt, Köpfe bis 12 cm ∅, bis 0,70). **Sommeraster** – *C. chinensis* (L.) Nees

**Aster, Staudenaster** – *Aster* L.  600 Arten

Bem.: Die Gattung wird hier weit gefasst (incl. *Linosyris, Tripolium, Bellidiastrum, Heteropappus, Kalimeris* u. a.). – Der in Abb. **564**/4 dargestellte *A. mongolicus* Cass. [*Kalimeris mongolica* (Cass.) Cass.] gehört zu einer kleinen Gruppe ostasiatischer Rhizomstauden (Gattung *Kalimeris* (Cass.)), die sich durch einen sehr kurzen Pappus u. zuweilen fiederschnittige Bl auszeichnen. Sie werden in D. kaum kultiviert.

In Fl. of North America vol. 20 (2006) wird nur *A. alpinus* bei *Aster* belassen. *A. alpigenus* (S. 564) wird zu *Oreostemma* Greene gestellt, die Nr. **6, 6** Zusatz, **7\*** u. **12** zu *Eurybia* (Cass.) Cass.; **7, 9, 14, 14** Zusatz, **15, 15\*, 16, 16** Zusätze zu *Symphyotrichum* Nees, *A. umbellatus* (**13** Zusatz) zu *Doellingera* Nees.

Lit.: SEMPLE, J. C., HEARD, S. B., XIANG SHUN SHENG 1996: The asters of Ontario (Compositae: Astereae). Univ. Waterloo Biol. Ser. **38**. – SCHÖLLKOPF, W. 1995: Astern. Stuttgart.

**1** StrahlB fehlend. Bl linealisch, <2 mm br, 1nervig, useits punktiert. RöhrenB goldgelb. Köpfe ± 9 mm ∅, in Schirmrispe (Abb. **570**/1). 0,15–0,45. ♃ ⅄ 8–9. **W. Z** s Rabatten, Natur- u. Heidegärten ⚥; ♉ ∀ ○ ~ ⊕ (S- u. M-Eur. bis Kauk.: Trockenrasen – 1596). [Linosyris vulgaris CASS., Crinitaria linosyris (L.) LESS.]

Goldhaar-A. – A. linosyris (L.) BERNH.

**1\*** StrahlB vorhanden, blau, violett, rot, rosa od. weiß. Bl meist >2 mm br . . . . . . . . . . **2**
**2** Stg einköpfig, selten mit 2–3 Köpfen (vgl. auch A. sibiricus, **12**, mit 1–5 Köpfen) . . **3**
**2\*** Stg mehrköpfig bis ∞köpfig . . . . . . . . . . . . . . . . . . . . . . . . . . . . . . . . . . **5**
**3** Alle Bl grundständig, schmal eifg, zugespitzt, in den geflügelten Stiel verschmälert, grob stumpf gezähnt (Abb. **562**/2). Köpfe einzeln auf unbeblätterten Schäften, gänseblümchenähnlich. StrahlB weiß od. rötlich; ScheibenB gelb. 0,10–0,30. ♃ kurzes ⅄ 4–6(–9). **W. Z** s △; ♉ ∀ ☾ ⊕ kühlfeucht (Alpen, Jura, Apennin, N-Karp., W-Balkan: mont.–subalp. Gebüsche, feuchte Rasen u. Felsen – verwandt mit Bellis). [Bellidiastrum michelii CASS.]

Alpenmaßliebchen – A. bellidiastrum (L.) SCOP.

**3\*** Bl außer der Rosette auch am gestreckten Stg, behaart. RosettenBl spatelfg, in den Stiel verschmälert, meist ganzrandig. StgBl sitzend, kleiner . . . . . . . . . . . . . . . . . . **4**
**4** Pfl mit Rhizom. Pappus 6 mm lg, ± doppelt so lg wie die Fr (Abb. **564**/1). Köpfe 4–5 cm ∅. Hülle 7–9 mm lg. Mittlere HüllBl br lanzettlich, ± 6,5 × 1,5 mm, wollig behaart, die oberen ²/₃ grün (Abb. **565**/1). StrahlB blauviolett, rosa od. weiß. 0,05–0,20(–0,30). ♃ ⅄ 5–6(–8). **W. Z** z △; ∀ ♉ ○ (warm/alp. bis kühles Eur., As. u. Am.: Felsfluren, bis 3700 m – 1584 – einige Sorten – hybr mit A. amellus s. **12** – ▽).

Alpen-A. – A. alpinus L.

**4\*** Pfl mit oberirdischen Ausläufern. Pappus 1,5 mm lg, kürzer als die Fr, 1reihig, lilabraun. Köpfe (3–)5(–6,5) cm ∅. Hülle 6–7 mm lg. StrahlB 30–60, blauviolett, ScheibenB orangegelb. (0,15–)0,30–0,45. ♃ ⅄ u. ∿ 5–6. **Z** s △ ⚥; ♉ ∀ ○ (W-China: Wälder, Bergwiesen – 1901 – einige Sorten, z. B. 'Napsbury': tiefviolett, 'Wartburgstern': frühblühend, 0,65). [A. subcoeruleus S. MOORE]

Sichuan-A. – A. tongolensis FRANCH.

Bem.: Von den einander ähnlichen, frühblühenden, 1köpfigen HalbrosettenPfl der sect. Alpigeni NEES (± 30 Arten mit behaarten Bl, Hauptverbreitung: SW-China, Tibet, Himal., meist in felsigen alp. Wiesen) werden als **Z** △ selten kult auch A. alpigenus (TORR. et A. GRAY) A. GRAY [Oreostemma alpigenum (TORR. et A. GRAY) GREENE] (mit subsp. andersonii (A. GRAY) ONNO): StrahlB (10–)20–30(–40), weiß, trocken purpurfarben. Köpfe 3,5 cm ∅, einzeln auf 2–40 cm lg Schäften. Bl alle in Rosette, linealisch, 3nervig. Mittlere HüllBl schmal eilanzettlich-dreieckig, spitz, kurz behaart, ± 8 × 1,5 mm, grünes Feld rhombisch, die oberen ³/₄ einnehmend (Abb. **565**/2). Pappus weiß (W-USA: subalp.–alp. Rocky M.). – A. brachytrichus FRANCH.: HüllBl linealisch. B hellblau. Pfl mit oberirdischen Ausläufern (N-Myanmar, SW-China: Sichuan, Yunnan). – A. diplostephoides (DC.) C. B. CLARKE: 0,20–0,90. Bl drüsig behaart. StrahlB 80–100. Köpfe 5–9 cm ∅. 7–9 (SW-China, Himal.). – A. farreri W. W. SM. et

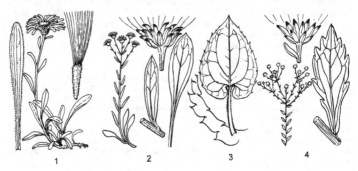

1          2          3          4

JEFFREY: Bl linealisch bis lineal-lanzettlich, besonders useits lg behaart, nicht drüsig. HüllBl linealisch, langhaarig. StrahlB bis 90. Köpfe 6–8 cm ⌀ (Tibet, W-China). – *A. himalaicus* C. B. CLARKE: StgBl stängelumfassend, drüsig u. einfach behaart. HüllBl eilanzettlich, ihre Spitzen zurückgebogen. Köpfe 3–4 cm ⌀. StrahlB 40–50 (–70), blauviolett. ScheibenB gelb od. lilabraun. Pappus weiß. 0,10–0,25. 5–6 (N-Myanmar, SW-China, Himal.). – *A. souliei* FRANCH. [*A. forrestii* STAPF]: StgBl am Rand weiß bewimpert. HüllBl stumpf, 3reihig. Köpfe ± 6 cm ⌀. StrahlB 30–50. Pappus lilabraun, 1reihig. Pfl mit ⌇⌇, ± 0,15 (W-China bis Bhutan u. Myanmar; ob noch kult?). – *A. yunnanensis* FRANCH.: StrahlB 80–100, dunkelblau. HüllBl br lanzettlich, spitz, 2reihig, außen einfach u. drüsig behaart. 0,30–0,70. 5–6 (W-China).

**5 (2)** Bl mit deutlich abgesetztem Stiel. Spreite wenigstens einiger Bl mit herzfg Grund (Abb. **564**/3) . . . . . . . . . . . . . . . . . . . . . . . . . . . . . . . . . . . . . . . . . . . . . . . . . . **6**
**5\*** Bl sitzend od. in den Stiel verschmälert, ihre Spreite am Grund nicht herzfg . . . . . . **8**
**6** BKöpfe 3–4 cm ⌀. BStand eine Schirmrispe, fast ohne HochBl an den Zweigen. Untere Bl bis 18 cm lg u. 12 cm br, gesägt, einen Laubteppich aus sterilen Rosetten bildend. Stg mit z.T. drüsigen Haaren. Mittlere HüllBl ± 5,5 × 1,5 mm, verkehrteilanzettlich, im oberen Drittel mit eifg grünem Feld (Abb. **565**/3), drüsig behaart. StrahlBl (9–)15–20, blass bis dunkel blauviolett, selten weiß. ScheibenB dunkel rotbraun. 0,80–1,00. ⌇⌇ ⌇⌇ (7–)8. **Z** z Gehölzgruppen ☐ ⚥; ♈ ⋁ ◐ (gemäß. SO-Kanada u. O-USA, Appalachen: lichte LaubW, 0–1300 m). [*Eurybia macrophylla* CASS.]
**Großblättrige A.** – *A. macrophyllus* L.

Ähnlich: **Schreber-A.** – *A. schreberi* NEES: Behaarung ohne Drüsen. Mittlere HüllBl ± 5,5 × 1 mm, lanzettlich, spitz, im oberen Drittel lanzettliches grünes Feld (Abb. **565**/4). StrahlB ± 10, weiß bis rosa. 0,60–0,90. 7–8 (warmgemäß. bis gemäß. O-Am.: frisch-feuchte Laub- u. MischW, 0–1200 m).

**6\*** BKöpfe 1–2,5 cm ⌀ . . . . . . . . . . . . . . . . . . . . . . . . . . . . . . . . . . . . . . . . . . . . . . . . . . **7**
**7** BKöpfe 1–1,6 cm ⌀. BStand eine ∞köpfige, lockre Rispe mit wenigen HochBl an den Zweigen. Bl oseits rau, useits rauhaarig, scharf gesägt, 3,5–15 cm lg, 2,5–7,5 cm br (Abb. **564**/3). Mittlere HüllBl ± 3 × 0,7 mm, länglich, spitz, mit lanzettlichem grünem Feld in der oberen Hälfte (Abb. **565**/5). StrahlB 10–20, blauviolett od. blau, selten weiß; ScheibenB zunächst weißlich, selten weiß. ⌇⌇ Pleiok od. kurzes ⚥ 8–10. **Z** s Gehölzgruppen, Naturgärten ⚥; ♈ ⋁ ○ ◐ (warmgemäß. bis gemäß. O-Am.: Waldlichtungen, Wälder – 1635 od. 1759 – einige Sorten: lila, hellblau, reich blühend, niedriger, bis 0,80). [*Symphyotrichum cordifolium* (L.) NESOM]
**Blaue Wald-A.** – *A. cordifolius* L.

**7\*** BKöpfe 1,8–2,5 cm ⌀. BStand eine flache Schirmrispe mit wenigen br HochBl an den Zweigen. Stg nicht drüsig, hin- und hergebogen, oben behaart. BlSpreite eifg mit herzfg Grund, zugespitzt, mit Stiel 4–20 cm lg, 2–10 cm br, besonders useits auf den Nerven angedrückt behaart, keinen Laubteppich aus Rosetten bildend. Mittlere HüllBl br länglich, stumpf, bewimpert, ± 4 × 1,5 mm, mit eifg grünem Feld im oberen Drittel (Abb. **565**/6). StrahlB <13, weiß od. rosa, zurückgebogen; ScheibenB braun. 0,20–0,75 (–1,00). ⌇⌇ ⌇⌇ 9–10. **Z** s Gehölzgruppen, Naturgärten ⚥; ♈ ⋁ Selbstaussaat ◐ (warmgemäß./mont. bis gemäß. O-USA, SO-Kanada: Wälder, eingeb. in W-Eur.). [*A. corymbosus* AITON]
**Weiße Wald-A.** – *A. divaricatus* L.

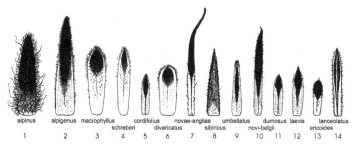

alpinus | alpigenus | macrophyllus / schreberi | cordifolius / divaricatus | novae-angliae / sibiricus | umbellatus | dumosus / novi-belgii | laevis | lanceolatus / ericoides
1 | 2 | 3 | 4 | 5 | 6 | 7 | 8 | 9 | 10 | 11 | 12 | 13 | 14

**8 (5)** Bl nur am Stg, beidseits blaugrün od. besonders useits graufilzig, drüsig punktiert, länglich-elliptisch bis linealisch, sitzend, <5 cm lg, untere useits deutlich 3nervig, obere 1nervig. StrahlB nur 10–13, blass blauviolett, nach der BZeit zurückgerollt, geschlechtslos: Narbe bleibt geschlossen. Köpfe in lockrer Schirmtraube. (0,20–)0,30–1,00. ♃ Pleiok 8–9(–10). **Z** s ⚥ Rabatten, Heide- u. Naturgärten; V ✿ ○ (warmgemäß. bis südl. gemäß. O-Eur., W-Sibir., M-As.: Waldsteppen – formenreich). [*A. acris* L.]

**Graublättrige A.** – *A. sedifolius* L.

**1** Bl blaugrün, nicht graufilzig behaart, bis 5 cm lg u. 1 cm br. Köpfe bis 3,5 cm ⌀. HüllBl spitz, mit häutigen Rändern. 0,60–0,80. **Z** s (O-Eur.: Waldsteppen – 1686). subsp. *sedifolius*
**1\*** Bl graufilzig behaart, <3 cm lg u. 6,5 mm br. Köpfe bis 2,5 cm ⌀. Innere HüllBl stumpf, ganz krautig. 0,50–1,00. **Z** s (O-Österr., Ung., Rum., Bulg., Serb.: Wiesen, feuchtes Gebüsch – 1686 – Sorte 'Nanus': 0,30–0,45). [*A. canus* WALDST. et KIT., *A. punctatus* WALDST. et KIT. subsp. *canus* (WALDST. et KIT.) Soó] **Graue A.** – subsp. *canus* (WALDST. et KIT.) MERXM.

**8\*** Bl nicht beidseits blaugrün od. graufilzig. GrundBl vorhanden od. fehlend. StrahlB ♀, ihre Narben geöffnet .............................................. **9**

**9** Obere Bl mit einfachen u. drüsigen Haaren, ganzrandig, lanzettlich, mit br geöhrtem Grund halbstängelumfassend. Stg abstehend rauhaarig, oben auch drüsenhaarig. RosettenBl fehlen. BStand unterbrochen schirmtraubenfg. Hülle 6–12 mm lg. HüllBl linealisch, ± 10 mm lg, drüsig behaart, alle ± gleich lg, ihre Spitze locker abstehend (Abb. **565**/7). StrahlB 45–100, purpurrot od. rosa, bei trübem Wetter eingerollt. (0,80–)1,20 (–1,70). ♃ kurzes ⅄ (9–)10(–11). **W**. **Z** v Staudenbeete ⚥; V Selbstaussaat ✿ ○ ≈ (warmgemäß. bis gemäß. O- u. Z-USA, S-Kanada: feuchte Staudenfluren, Waldränder, Ufer, 0–1600 m; eingebürgert in Z-Eur. u. gemäß. W-Am. – 1700 – ∞ Sorten: weiß, dunkelkarmin, blau, halbgefüllt, leuchtend rosa, dunkelrot; meist 1,20; 'Purple Dome': 0,60; 'Golden Sunshine' s. bei *Chrysopsis* S. 556. – Hybr: *A.* × *amethystinus* NUTT. [*A. ericoides* × *A. novae-angliae*]: Köpfe 2 cm ⌀, Hülle kaum drüsenhaarig. Bl bis 4 cm lg, 0,5 cm br). [*Lasallea novae-angliae* (L.) SEMPLE et BROUILLET]

**Raublatt-A., Neuengland-A.** – *A. novae-angliae* L.

**9\*** Bl gleichmäßig behaart od. (fast) kahl, aber nicht drüsenhaarig (s. auch *A.* × *amethystinus*, **9** u. *A. pyrenaeus*, **11** Zusatz). Bl nur am Stg od. auch in Rosette, sitzend od. gestielt .............................................. **10**

**10** Pfl mit kurzem Rhizom. Stg u. Bl (wenigstens Nerven useits) kurz rauhaarig. GrundBl gestielt, in lockerer Rosette .............................................. **11**

**10\*** Pfl mit unterirdischen Ausläufern. LaubBl meist kahl, seltener behaart .......... **12**

**11** Pfl 0,30–0,60(–0,90) hoch. StgHaare nicht purpurn. GrundBl schmal verkehrteifg, ganzrandig od. die unteren entfernt gezähnt, in einen kurzen Stiel verschmälert, mit Stiel <15 cm lg. StgBl mit verschmälertem Grund sitzend. HüllBl spatlig, stumpf (Abb. **564**/2). Köpfe in lockrer Schirmtraube, 3–5 cm ⌀. StrahlB blauviolett, 0,30–0,60(–90). ♃ kurzes ⅄ 8–9. **W**. **Z** v Rabatten ⚥; V, Sorten ✿ ⌃, ○ ⊕ ~ (Z-, SO- u. O-Eur.: Wald-

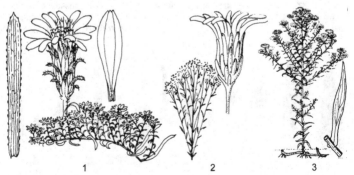

1                         2                         3

säume, Halbtrockenrasen – 1569 – ∞ Sorten: blau, tief- od. blassviolett, rosa, weiß, bis 0,90 – Hybr: *A.* × *alpellus* hort. [*A. alpinus* × *A. amellus*]: dichtrasig, 1- od. wenigköpfig. 0,10–0,20. 6–7. **Z** s △; 'Ψ'; *A.* × *frikartii* FRIKART [*A. amellus* × *A. thomsonii*]: Bl graugrün. Köpfe 6–7 cm ⌀. Pfl mit oberirdischen Ausläufern. 8–9. **Z** s ⚥; 'Ψ' – Sorten hellblau bis dunkelviolett; 'Wunder von Stäfa': Bl leicht gebuchtet).

**Berg-A., Kalk-A.** – *A. amellus* L.

Ähnlich: **Pyrenäen-A.** – *A. pyrenaeus* DESF. ex DC. in LAM. et DC.: Bl halbstängelumfassend, HüllBl mit einfachen u. drüsigen Haaren. 0,60–0,90. **Z** s (Pyrenäen).

**11\*** Pfl (0,50–)1,00–1,50(–2,00) hoch. Stg rau purpurhaarig. Untere Bl verkehrteifg, grob gezähnt, 20–35 cm lg, 6–10 cm br, in den geflügelten Stiel verschmälert, obere ganzrandig, viel schmäler, mit verschmälertem Grund sitzend. HüllBl 3reihig, zugespitzt, außen zerstreut behaart. Köpfe 2,5–5 cm ⌀, in Schirmrispe. StrahlB blauviolett od. purpurrosa. ⚃ kurzes ⚹ 8–10. **Z** s Naturgärten; 'Ψ' ○ ◐; HeilPfl (O-Sibir., Mong., China, S- u. M-Japan, Korea: Feuchtwiesen, Ufer, Gebüsch). **Tatarische A.** – *A. tataricus* L

**12** (10) Köpfe einzeln od. zu 2–5 (in Am. bis 50?), 5–7 cm ⌀. Bl lanzettlich, oseits fast kahl, useits kurz rauhaarig, bis 10 cm lg u. 2,5 cm br, ganzrandig od. gesägt. RosettenBl fehlend. Pfl mit unterirdischen Ausläufern. Mittlere HüllBl schmal 3eckig-lanzettlich, spitz, kurz weißwollig, ± 5,5 × 1 mm (Abb. **565**/8). StrahlB 15–30, blau bis purpurviolett, ScheibenB gelblichrosa. (0,05–)0,20–0,30(–0,40). ⚃ ⤳ 8–9. **Z** s △; 'Ψ' ○, bildet schnell ausgedehnte Bestände (S-Norwegen, Finnland, gemäß.–subarkt. O-Eur., As. u. Rocky M. bis N-Kanada u. Alaska: lichte Laub- u. LärchenW, Felsrasen, Wiesen – formenreich). [*A. subintegerrimus* (TRAUTV.) OSTENF. et RESV.-HOLMS., *A. richardsonii* SPRENG., *Eurybia sibirica* (L.) NESOM] **Arktische A.** – *A. sibiricus* L.

**12\*** Köpfe >6, in Rispen od. Schirmrispen. Mittlere HüllBl nicht weißwollig .......... **13**

**13** Obere StgBl mit halbstängelumfassendem Grund sitzend, kahl. BStand rispen- od. schirmrispenfg (vgl. auch *A. sibiricus*, 12) ................................. **14**

**13\*** Obere StgBl mit verschmälertem Grund sitzend, nicht stängelumfassend, behaart od. kahl. BStand verlängert rispenfg ....................................... **16**

Bem.: Wohl nur in Botanischen Gärten: **Dolden-A.** – *A. umbellatus* MILL.: Bl mit verschmälertem Grund sitzend, rau, useits deutlich netznervig. BStand schirmrispenfg. Mittlere HüllBl schmal 3eckig, stumpf, an der Spitze kurzhaarig, ± 4,5 × 0,8 mm, mit grünem Mittelfeld in den oberen ²/₃ (Abb. **565**/9). Strahlen 5–14, weiß, 10 × 2,5 mm. 0,50–2,00. ⚃ 8–9. **Z** s (warmes bis gemäß. O-Am.: feuchte Waldränder u. Lichtungen, 0–1800 m – 1759).

**14** HüllBl nicht dachzieglig, wenig ungleich lg, die äußeren > ¹/₂ so lg wie die mittleren, diese linealisch, lg zugespitzt, ± 7 × 0,7 mm, oft etwas abstehend, ihre grüne Zone mehr als die obere Hälfte einnehmend (Abb. **565**/10). Bl schmal lanzettlich bis lanzettlich, 5–10 cm lg; an den Zweigen ∞ viel kleinere HochBl. BStand ausladend rispenfg od. schirmrispig. Köpfe 5–6(–7) cm ⌀. StrahlB 20–50. ScheibenB 28–68, gelb, später braun. 0,20–1,60. ⚃ ⤳ (9–)10(–11). **W. Z** v ⚥ Staudenbeete, Naturgärten, △; 'Ψ' v selbststeril ○ Boden nahrhaft, salztolerant, im Herbst nicht trocken! (warmgemäß. bis kühles, küstennahes O-Am.: feuchte Waldränder, Ufer, Sümpfe, Küsten – 1686 – ∞ Sorten: rosa, rot, violett, blau, weiß, gefüllt). **Glattblatt-A., Neubelgien-A.** – *A. novi-belgii* L.

Anm.: Niedrige Sorten (<50 cm) werden im deutschen Gartenbau als **Kissen-A.** – *A. dumosus* L. bzw. als *A. dumosus-*Hybriden bezeichnet (Abb. **566**/3), in England als niedrige *A. novi-belgii*. Dem letzteren ähneln sie sehr, nur sind die BStände schirmrispenfg u. der Wuchs ist niedrig u. kompakt. Der echte *A. dumosus* hat Köpfe von <1,5 cm ⌀, kurze, br längliche, kurz zugespitzte HüllBl von 3,5 × 0,8 mm (Abb. **565**/11), nur 15–30 ScheibenB, 15–33 blassblaue, rosa od. weiße StrahlB, 5–7 mm lg Strahlen, streng dachzieglig angeordnete HüllBl, linealische od. lineal-lanzettliche, oseits raue Bl u. wird (0,30–)1,00(–1,50) m hoch (warmes bis gemäß. O-Am.: Sümpfe, Auen, sandig kiesige Ufer, Dünentäler – keine Hybr mit *A. novi-belgii*, wohl nicht kahl).

**14\*** HüllBl deutlich dachzieglig, 4 × (0,8–)1(–1,3) mm, grünes Mittelfeld rhombisch, mehr als die obere Hälfte des HüllBl einnehmend, kaum bis zum Grund herablaufend (Abb. **565**/12). Untere Bl in einen geflügelten Stiel verschmälert ................... **15**

**15** Pfl bläulich bereift. StrahlB blau od. rotviolett, ScheibenB gelb. 0,60–1,20. ⹁ ⚭ 9–10.
W. Z s ⚥ Naturgärten; ♀ ♀ selbststeril ○ ◐ ≃ Boden nährstoffreich (warmes bis gemäß.
Z- u. O-Am.: Ufer, Auen – 1758 – wenige Sorten). **Glatte A.** – *A. laevis* L.
**15\*** Pfl nicht bläulich bereift. 0,60–1,20. ⹁ ⚭ 9–10. **W. Z s** ⚥ Staudenbeete; ♀ [*A. laevis*
× *A. novi-belgii* – entstanden in Eur.] **Bunte A.** – *A.* × *versicolor* WILLD.
**16** **(13)** Bl ∞, dicht, klein, linealisch, sitzend, (3–)20–50 × 0,6–4(–7) mm, stachelspitzig. Stg
behaart. Hülle 3–5 mm lg, HüllBl <3 mm lg, außen behaart, mit weißer od. farbloser
Knorpelspitze (Abb. **565**/13). BKöpfe ∞, ± 1,5 cm ⌀, einseitig entlang der Zweige an-
geordnet. StrahlB 8–20, meist weiß, selten blassrosa. ScheibenB 6–12(–20). 0,50–1,00.
⹁ ⚭ 9–11. **Z s** ⚥ Schleierkraut-Ersatz, Staudenbeete; ♀ ♀ ○ (warmes bis gemäß. Z-
Am. außer SO-USA: Texas bis Alberta u. Neu-England: Prärien – 1732 – formenreich
– ∞ Sorten: weiß, blau, rosa, violett, bis 1,20). [*A. multiflorus* AITON, *Lasallea ericoides*
(L.) SEMPLE et BROUILLET] **Myrten-A., Septemberkraut** – *A. ericoides* L.
Hierzu evtl. als Unterart: **Schneeflocken-A.** – *A. pansus* (S. F. BLAKE) CRONQUIST [*A. eri-
coides* var. *pansus* (S. F. BLAKE) BOIVIN, *A. ericoides* subsp. *pansus* (S. F. BLAKE) A. G.
JONES]: Köpfe 5–9 mm ⌀. StrahlB ± 13, reinweiß, Strahlen 2 mm lg. ScheibenB hellgelb.
Bl lanzettlich, (3–)30–40 × 0,6–5 mm, im BStand sehr klein (Abb. **566**/1). 0,03–0,18. ⹁
Pleiok 8–11. Bl s z Topf, Gräber, städt. Anlagen ⊡ (W-Am.: südl. Brit. Columbia bis
Nevada, östl. bis Manitoba u. Wyoming – Sorte 'Snowflurry': Wuchs niederliegend).

Bem.: Zuweilen verwechselt mit *A. pilosus* WILLD.: Pfl meist behaart, mit Pleiokorm. Bl eilanzettlich,
HüllBl 4–6reihig, kaum behaart, die Kanten der oberen zurückgerollt. 0,05–1,20 m (warmes bis gemäß.
O- u. Z-Am.) und mit *A. pringlei* (A. GRAY) BRITTON [*A. ericoides* var. *pringlei* A. GRAY, *A. pringlei* var.
*pringlei* (A. GRAY) BLAKE]: Köpfe einzeln an den Zweigenden, Stg u. Bl kahl (warmgemäß. bis gemäß. O-
Am.). Ähnlich kleinköpfig ist auch *A. parviceps* (BURGESS) MACK. et BUSH, aber Pfl mit ⚭, ScheibenB
5–16(–28), Strahlen (9–) 11–17(–23), (3,7–)5,5(–7,3) mm lg. 0,30–1,00. **Z s** (warmgemäß. Z-Am.).

Ähnlich: **Sparrige A.** – *A. lateriflorus* (L.) BRITTON [*A. hirsuticaulis* LINDL. ex DC., *A. diffusus* AITON]:
Köpfe 1–1,5 cm ⌀, ± traubig an den waagerecht ausladenden Zweigen. Strahlen 8–15(–23), (3–)
4–5(–8) × 0,9–1,2 mm, weiß, zuweilen purpurn überlaufen; ScheibenB 8–20, erst gelb, dann rosa, ihr
KrSaum zu 50–75% gespalten. Stg schwach kraushaarig bis kahl. Untere Bl verkehrteifg, gestielt, hin-
fällig. 0,30–1,20. ⹁ ⚮ 8–10? **Z s** ⚥ (Z- u. O-USA: offne Wälder – Mitte 18. Jh. – einige Sorten).

**16\*** Bl lanzettlich, 5–30 mm br, am Grund schwach geöhrt, useits höchstens auf den Nerven
behaart, untere nicht stielartig verschmälert. Hülle 3–4 mm ⌀. Innere HüllBl (4–)4,5–6
mm lg, 0,5–0,7 mm br, ihr grünes Mittelfeld lanzettlich, verschmälert bis zum Grund he-
rablaufend (Abb. **565**/14). KrSaum der ScheibenB bis 30(–45)% gespalten (vgl. *A.
lateriflorus*, **16**!). 0,80–1,00. ⹁ ⚮ 8–10. **W. Z s** ⚥ Rabatten; ♀ ♀ ○ ◐ ≃ (warmgemäß.
bis gemäß. östl. u. zentr. N-Am.: Ufer, Auen, feuchte Prärien). [*A. simplex* WILLD.]
**Lanzett-A., Lanzettblättrige A.** – *A. lanceolatus* WILLD.

**Berufkraut, Feinstrahl** – *Erigeron* L. | 390 Arten

**1** StrahlB orangerot od. gelb . . . . . . . . . . . . . . . . . . . . . . . . . . . . . . . . . . . . . . . . . . . . . . . **2**
**1\*** StrahlB blau, violett, purpurrot, rosa od. weiß . . . . . . . . . . . . . . . . . . . . . . . . . . . . . . . . **3**
**2** StrahlB meist orangerot, selten gelb od. ziegelrot, mehrreihig. Pfl über 20 cm hoch. Stg
dicht abstehend langhaarig. Bl ganzrandig, untere länglich-lanzettlich od. spatelfg, lg
gestielt. StgBl 7–17, lanzettlich, halbstängelumfassend. StrahlB 1–1,4 mm br. Schei-
benB gelb. Köpfe einzeln od. zu 2–4, 2,5–4 cm ⌀. 0,20–0,30. ⹁ PleiokPolster 7–8. **Z z**
△; ♀ ♀ ○ (M-As.: Dsung. Alatau, Tiensch.: alp. Rasen, subalp. Gehölze, 2100–3800 m
– 1879 – ∞ Hybr-Sorten, s. **11**). **Orangefarbenes B.** – *E. aurantiacus* REGEL
**2\*** StrahlB blassgelb bis gelb. Pfl <15 cm hoch, kurzhaarig. Meiste Bl in Rosette, Grund-
BlSpreite verkehrteifg, 15–60 × 3–13 mm. StgBl ± 3, klein. Köpfe einzeln, 2–5 cm ⌀.
StrahlB 1,4–2,5 mm br. 0,02–0,15(–0,20). Kurzlebig ⹁ Pleiok 6–8. **Z s** △; ♀ ○ (NW-
USA, SW-Kanada: alp. Felsfluren). **Gold-B.** – *E. aureus* GREENE

Ähnlich mit 20–60 ebenfalls gelben StrahlB: **Goldaster-B.** – *E. chrysopsidis* A. GRAY: meiste Bl in
Rosette, 2–9 cm lg, 1–3 mm br. Köpfe einzeln, 3–5 cm ⌀. 0,03–0,15. ⹁ Rasenpolster 5–7. **Z s**; ○ (N-
Kalif., NW-USA: trocknes Wermutgebüsch, 800–3200 m).

KORBBLÜTENGEWÄCHSE 569

3 **(1)** Bl ein- bis mehrfach dreiteilig-fiederschnittig od. mit wenigen groben Zähnen .. **4**
3* Bl ganzrandig, fein gezähnt od. flach kerbzähnig (vgl. auch 5* mit rundlichen, z. T. ganzrandigen Bl) ...................................................................... **6**
4 Bl 1,2–6 cm lg, ein- bis mehrfach dreiteilig-fiederschnittig mit linealischen od. länglichen Abschnitten, am Grund des Stg gedrängt, obere unzerteilt, linealisch. Pfl aufsteigend, abstehend einfach u. drüsig behaart. Köpfe 2–3 cm ⌀, StrahlB weiß, rosa, blau bis purpurn. (0,03–)0,10–0,25. ♃ PleiokRübe 6–7. **Z** s △; **V** Selbstaussaat ⚘ ○ (Grönl. bis Alaska, Rocky M. bis Ariz. u. Kalif.: trockne Kalkfels- od. Sand-Standorte, 10–4300 m – formenreich, incl. *E. pinnatisectus* (A. GRAY) A. NELSON).
          **Zusammengesetztes B., Fiederschnittiges B.** – *E. compositus* PURSH
4* Untere Bl mit wenigen groben, tiefen Zähnen ............................ **5**
5 Pfl <35 cm hoch. Stg zart, locker buschig verzweigt, niederliegend-aufsteigend bis überhängend. Untere Bl verkehrteilanzettlich, tief 3–7zähnig bis gestielt, graugrün, beidseits behaart, bis 4 cm lg, obere ganzrandig. Köpfe gänseblümchenähnlich, 2 cm ⌀, auf bis 15 cm lg Zweigen (Abb. **570**/3). StrahlB weiß od. rosa. Pappus aller Fr 2–2,5 mm lg. 0,20–0,30. ♄ ♃, kult ⊙ 5–10. **Z** z Balkonkästen, Ampeln, Mauerfugen △; **V** Januar–März Lichtkeimer ▷ ○ (Mex., Guatemala, Venezuela, 2250–3200 m: Laub- u. NadelW, Felsgebüsch; eingeb. in Medit., W-Eur., Atlantische Inseln, S-Am., Afr., Austr.).          **Karwinsky-B., Spanisches Gänseblümchen** – *E. karvinskianus* DC.
5* Pfl meist >35 cm hoch, aufrecht, nur im BStand verzweigt. GrundBl rundlich bis lanzettlich, in den lg Stiel verschmälert, mit 10–20 groben Zähnen, bei subsp. *strigosus* (WILLD.) WAGENITZ u. subsp. *septentrionalis* (FERNALD et WIEGAND) WAGENITZ wie die Bl der Äste ganzrandig. Köpfe 15–25 mm ⌀, ∞ in Schirmrispen. StrahlB weiß, bläulich od. blassviolett. Pappus der StrahlB 0,2 mm lg, der der ScheibenB 2 mm lg. (0,20–)0,30–1,00(–1,50). ⊙ ob auch ♃? 6–9. **W.** Früher **Z**, jetzt in Z-Eur. eingeb. RuderalPfl (O-Kanada, O-USA: gestörte Standorte; weiter eingeb. – 17. Jh.).
          **Einjähriger Feinstrahl** – *E. annuus* (L.) PERS.
6 **(3)** Bl dicklich. GrundBl verkehrteifg, oberhalb der Mitte flach gezähnt, mit Stiel bis 15 cm lg u. 5 cm br. Pfl meist abstehend behaart. Köpfe 2,5–3,6 cm ⌀, 1–15, einzeln auf lg, beblätterten Zweigen. Hülle oft klebrig behaart. StrahlB blau, violett od. weiß. (0,05–)0,15–0,30(–0,50). ♃ PleiokRhiz 7–9. **Z** s △ Staudenbeete; **V** ○ (W-USA: Kalif., Oregon: Sandküsten – 1812).          **Strand-B.** – *E. glaucus* KER GAWL.
6* Bl nicht dicklich ...................................................... **7**
7 Pfl mit dünnen, lg, oberirdischen Ausläufern ............................ **8**
7* Pfl mit kurzem Rhizom od. Pleiokorm, nicht Ausläufer bildend ............... **9**
8 Pfl angedrückt behaart. Köpfe 1,2–1,8 cm ⌀, meist einzeln auf spärlich u. sehr klein beblätterten aufrechten Stg. StrahlB rosa od. weiß. Oberirdische peitschenfg Ausläufer wirr durcheinander wachsend. RosettenBl verkehrteilanzettlich, ganzrandig, mit Stiel bis 5 cm lg u. 8 mm br. 0,05–0,40. ♃ ∼∼ 6–8. **Z** s △; ⚘ ○ ◐ (SW-Kanada, W-USA von Oregon u. N-Dakota bis Kalif. u. Texas; Mex.: feuchte Rasenhänge, NadelW, 1700–3600 m).          **Peitschen-B.** – *E. flagellaris* A. GRAY
8* Pfl, wenigstens der BlRand u. die drüsigen HüllBl, abstehend behaart. Untere Bl verkehrteilanzettlich bis rundlich, 2–13 cm lg, 0,6–5 cm br, flach gezähnt, obere mit br abgerundetem Grund sitzend. Köpfe zu 1–4, 2,5–3,5 cm ⌀. StrahlB purpurblau, selten rosa od. weißlich. 0,15–0,40(–0,60). ♃ ∼∼ 6–7. **Z** s △; ⚘ V ○ (SO-Kanada, O-USA bis Texas u. Kansas: Wälder, Brandstellen, Ufer – 1821). [*E. bellidifolium* MUHL.]
          **Hübsches B., Robin-Wegerich** – *E. pulchellus* MICHX.
9 **(7)** StgBl mit abgerundetem Grund sitzend od. halbstängelumfassend, nicht wesentlich kleiner als die GrundBl ......................................... **10**
9* StgBl mit verschmälertem Grund sitzend, lineal-lanzettlich, viel kleiner als die RosettenBl ............................................................. **12**
10 StrahlB sehr ∞: 150–400, nur 0,2–0,6 mm br, tiefrosa, selten weiß. Köpfe (1–)4–15 (–40), 1,2–2,5(–3,0) cm ⌀. Pappus einreihig. StgBl halbstängelumfassend, abstehend behaart. Pfl meist ⊙. 0,30–0,70(–1,00). ⊙ ♃? (5–)6–7. **W. Z** s ⚥; kaum noch kult (war-

mes bis kühles Am.: Ufer, Sümpfe, feuchte Waldlichtungen, Ruderalstellen – 1778 – in SW-D., Österr. u. Schweiz verw.). [*Stenactis philadelphica* (L.) HAYEK]

**Philadelphia-Feinstrahl** – *E. philadelphicus* L.

**10\*** StrahlB <150, 1–1,7 mm br ............................................. **11**

**11** Stg kahl od. unter den Köpfen schwach behaart, reich beblättert, nur oben verzweigt. Bl ganzrandig, bis auf den gewimperten Rand kahl, untere verkehrteilanzettlich bis eifg, in einen lg Stiel verschmälert; obere wenig kleiner, halbstängelumfassend (Abb. **570**/2). Köpfe 2,5–3,5 cm ⌀. StrahlB violett bis blau, ± 1 mm br. ScheibenB gelb. 0,15–0,40 (–0,80). ♃ holziges Pleiok 6–7. Z v ⚸ Staudenbeete; ∀, Sorten nur ♥ u. ∿, ○ (Gebirge von SW-Kanada, W-USA, NW-Mex.: offne mont.–subalp. Wälder u. Lichtungen, 600–3400 m – 1832 – var. *speciosus*: oberste Bl eilanzettlich, HüllBl schwach behaart; var. *macranthus* (NUTT.) CRONQUIST [*E. macranthus* NUTT.]: oberste Bl eifg, HüllBl kahl (im SO des Areals) – zu dieser Art die meisten Sorten, z. T. als Hybr mit *E. aurantiacus*, **2**).

**Ansehnliches B.** – *E. speciosus* (LINDL.) DC.

**11\*** Stg, Bl u. Hülle abstehend behaart. Wenigstens die unteren Bl seicht gezähnt. Mittlere StgBl br lanzettlich, bis 9 cm lg u. 3 cm br, mit abgerundetem Grund sitzend. Köpfe 4 cm ⌀, zu 1–4. StrahlB 50–100, weiß, auch violett?, 1,2–1,7 mm br. (0,10–)0,30–0,40 (–0,60). ♃ Pleiok dichtrasig 6–7(–8). Z s △ Trockenmauern; ♥ ∀ ○ (W-USA: von Kalif. u. New Mex. bis NO-Oregon u. Wyoming: mont.–subalp. Wiesen, Bachufer, 1800–3700 m).

**Rocky-Mountain-B.** – *E. coulteri* PORTER

**12** (9) HüllBl kahl, fein drüsig. StrahlB 15–60, tiefblau, hellviolett od. weiß, Knospen rosa. Stg liegend-aufsteigend. GrundBl spatelfg, bis 7 cm lg. 0,10–0,15. ♃ ästiges Pleiokorm mit zentraler Pfahlwurzel 6–8(–9). Z s △; ∀ ○ (W-USA: Rocky M. von New Mex. u. Nevada bis Idaho u. Montana: alp. Felsfluren, ca. 2600–3800 m – 1877 od. 1895).

**Glattes B.** – *E. leiomerus* A. GRAY

**12\*** HüllBl dicht behaart. StrahlB 50–175 .................................. **13**

**13** Köpfe mit dünnröhrigen ♀ FadenB (ohne KrSaum) zwischen den ScheibenB u. den purpurnen od. weinroten StrahlB. Stg u. Bl rauhaarig. Köpfe zu 1–5(–15), 2–3(–3,5) cm ⌀. (0,02–) 0,05–0,20(–0,40). Kurzlebig ♃ ⅄ 7–8(–9). **W.** Z s △; ♥ ∀ ○ ⊕ ∼ (Hochgeb. von S- u. M-Eur., VorderAs.: alp. Steinrasen, meist auf Kalk – 1759). **Alpen-B.** – *E. alpinus* L.

**13\*** Köpfe ohne dünnröhrige FadenB, nur mit 2 Sorten B ...................... **14**

**14** Pfl >15 cm hoch. Stg mit 1–15 Köpfen. Bl behaart, ganzrandig od. seicht gezähnt. StrahlB 125–175, ± 1 mm br, blau, rosa, selten weiß. 0,15–0,30. ☉ od. kurzlebig ♃ Pleiok 6–7. Z s; ∀ ○ Boden durchlässig (Alaska, Z-Kanada, Z-USA, Rocky M. südl. bis Utah u. Colorado: subalp. Wiesen, feuchte offne Standorte, Ufer – 1825). [*E. asper* NUTT.]

**Bach-B.** – *E. glabellus* NUTT.

**14\*** Pfl <15 cm hoch, stets einköptig. Bl ganzrandig, am Rand gewimpert, sonst zerstreut lg behaart od. kahl. 0,03–0,10. ♃ ⅄ 7–9. **W.** Z s △; ∀ ○ schottriger Humus, absonnig,

1          2          3          4

LiebhaberPfl (Hochgebirge von S-, M- u. N-Eur., VorderAs.: windexponierte alp. Steinrasen, meist kalkarm – in N-Am. vertreten durch *E. humilis* GRAHAM u. *E. grandiflorus* HOOK., in As. durch *E. eriocalyx* (LEDEB.) VIERH. u. *E. lachnocephalus* BOTSCHANTZ., in N-Am. u. As. durch *E. eriocephalus* J. VAHL [*E. uniflorus* var. *eriocephalus* (VAHL) BOIVIN]).                                            **Einköpfiges B.** – *E. uniflorus* L.

Ähnlich: **Niedriger F.** – *E. pumilus* NUTT.: Bl behaart, schmal linealisch bis spatelfg. StrahlB (30–) 50–100. 0,05-0,50. **Z** s (Rocky M.: submont. Wermutgebüsch).

Weitere **W** aus den Alpen sehr selten kult △, heikel: **Attisches B.** – *E. atticus* VILL.: oben dicht drüsig behaart. – **Verkanntes B.** – *E. neglectus* A. KERN.: ähnlich *E. alpinus* mit FadenB, Bl oseits kahl, am Rand bewimpert. Vgl. Bd. 2–4!

## Kapaster – *Felicia* CASS.                                        83 Arten

Lit.: GRAU, J. 1973: Revision der Gattung *Felicia* (*Asteraceae*). Mitt. Bot. Staatssammlg. München **9**: 195–706.

**1** Alle Bl wechselständig, linealisch, bis 25 × 1,5 mm, dicklich, am Rand borstig, drüsig. HüllBl 3reihig. Köpfe auf lg, borstig-drüsigen, blattlosen Stielen. StrahlB ± 30, Strahlen bis 10 × 1,5 mm, blau. 0,20–0,45. ⊙ ⊙ ⌶ 7–8. **Z** s Kübel, Balkonkästen; V ∿ im Spätsommer ⚘ ○ (S-Afr.: offne Berghänge u. Ebenen, am Wasser, Küstendünen – 1759). [*Aster tenellus* L.]                                          **Zarte K.** – *F. tenella* (L.) NEES

**1\*** Wenigstens die unteren Bl gegenständig. HüllBl streng 2reihig od. scheinbar 1reihig   **2**

**2** Untere Bl gegenständig, obere wechselständig. StrahlB 15–25, dunkelblau. Bl 30–40 × 2,5 mm, linealisch bis lanzettlich, dicklich, ihr Rand zurückgerollt. Köpfe 2,5 cm ⌀, auf lg, meist behaarten Stielen (Abb. **557**/4). 0,15–0,25. ⊙ od. kurzlebig ⌶ 8–9. **Z** s Balkonkästen, Kübel, Sommerrabatten; V ○ (S-Afr.: Kap-Provinz: offne, sandig-steinige Unterhänge – 20. Jh. – 'Variegata': Bl gescheckt). [*F. pappei* (HARV.) HUTCH., *Aster pappei* HARV.]                                                    **Schöne K.** – *F. amoena* (SCH. BIP.) LEVYNS

**2\*** Meist alle Bl gegenständig. StrahlB ± 12 . . . . . . . . . . . . . . . . . . . . . . . . . . . . . . . . . . . . **3**

**3** Strahlen bis 17 × 4 mm, himmelblau. Fr schwarzbraun, zerstreut kurzhaarig. Pfl ⌶, ausladend verzweigt. Bl eifg-länglich, stumpf bis spitz, sitzend, kurzhaarig, 2–5,5 × 1–2,5 cm, Ränder zurückgerollt. 0,20–0,50(–1,00). ⌶, kult meist ⊙, 1–12. **Z** v Balkonkästen, Kübel, Sommerrabatten, Einfassungen; Kopf-∿ Spätsommer ⚘, ⌶ als Hochstamm >10 °C ○ Boden durchlässig (S-Afr. bis O-Kapland: Küstengebüsch, buschige Berghänge – 1753 – einige Sorten: StrahlB tiefblau od. weiß, Bl panaschiert). [*Agathaea caelestis* CASS.]                                         **Blaue K.** – *F. amelloides* (L.) VOSS

**3\*** Strahlen bis 7 × 3 mm. Fr gelblich rotbraun, bis auf die Flügel dicht gabelhaarig. Pfl ⊙, dicht behaart. Stg borstig u. drüsig, oben verzweigt. Bl lanzettlich bis verkehrteifg, 25–35 × 6–10 mm, ganzrandig od. kurz gezähnt, lg grau behaart. Köpfe ± 18 mm ⌀. HüllBl borstig u. drüsig. 0,10–0,15(–0,25). ⊙ 7–8. **Z** s Balkonkästen, Rabatten; V März ⌐ ○ (S-Afr.: Kap-Provinz: felsige Unterhänge, Sandboden). [*Aster bergerianus* (SPRENG.) HARV.]                                     **Eisvogel-K.** – *F. bergeriana* (SPRENG.) O. HOFFM.

Ähnlich: **Verschiedenblättrige K.** – *F. heterophylla* (CASS.) GRAU: Bl bis 5 cm. 0,20–0,50. ⊙ **Z** s? (S-Afr.: westl. Kap-Provinz: Sand-Ebenen u. -Hänge – einige Sorten: blassblau, rosa, weiß).

## Katzenpfötchen – *Antennaria* GAERTN.                    (15–)50(–100) Arten

Lit.: BAYER, R. J., STEBBINS, G. L. 1994: A synopsis with keys for the genus *Antennaria* (*Asteraceae*: Inuleae: Gnaphaliinae) of North America. Canad. J. Bot. **71**: 1589–1604.

Bem.: Die Gattung enthält apomiktische Polyploidkomplexe mit schwer unterscheidbaren Kleinarten, z. B. *A. parvifolia* (entstanden aus *A. dioica*, *A. neglecta* u. a.), *A. howellii* (sexuelle Vorfahren *A. neglecta*, *A. plantaginea* u. a.) u. *A. alpina*.

**1** HüllBl ganz bräunlich od. schmutzig grün, sehr spitz. Pfl mit ± 4 cm lg oberirdischen Ausläufern. GrundBl spatelfg, 6–25(–40) × 1,5–4,5(–7) mm, 1nervig, beidseits graufilzig od. oseits verkahlend. StgBlSpitze mit häutigem Anhängsel. 0,03–0,12. ⌶ i ∿∿ 7–8. **Z** s △; ⚘ V Kaltkeimer ○ Boden nährstoffarm, heikle LiebhaberPfl (Alaska, N-Kanada, Montana, Wyoming, NO-As., N-Eur.: zeitig schneefreie alp. Matten – 1775).
                                                    **Mittleres K.** – *A. alpina* (L.) GAERTN.

Sehr variabler, z. T. apomiktischer Polyploidkomplex, dazu auch die kleinere *A. media* GREENE: StgBl-Spitze ohne häutiges Anhängsel. **Z** s △ (N-Am. von Kalif. u. Arizona bis Alaska: trockne bis feuchte alp. Tundra, 1500–3800 m).

Ähnlich: **Karpaten-K.** – *A. carpatica* (WAHLENB.) BLUFF et FINGERH.: Pfl ohne Ausläufer. GrundBl 3–8 × 0,2–0,8 cm. 0,05–0,15. ⚇ ⸹ 5–7(–9). **W. Z** s △ (Pyr., Alpen, N-Apennin, Karp.; Verwandte in N-Eur. u. As.: alp. Steinrasen auf kalkarmen Böden).

**1\*** HüllBl oben rosa od. weiß . . . . . . . . . . . . . . . . . . . . . . . . . . . . . . . . . . . . . . . **2**
**2** GrundBl 3–5nervig, BlSpreite verkehrteifg, 3,5–7,5 × 1,5–3,5 cm, in den lg, geflügelten Stiel verschmälert, oseits kahl od. wenig behaart, useits bleibend filzig. HüllBl bis 5 × 1,2 mm, grün mit häutigem Rand, spitz mit lg häutiger Spitze. Köpfe ± 4, dicht gedrängt. 0,10–0,40. ⚇ i kurze ∿∿ 5–6. **Z** s △ Heidegärten; ⚘ ⱽ ○ Boden sandig-mager ⊖ (warmes bis gemäß. O-Am.: lockre Wälder auf armen, trocknen Böden – 1759).

Wegerichblättriges K. – A. plantaginifolia (L.) RICHARDSON

Sehr ähnlich: **Feld-K.** – *A. neglecta* GREENE: GrundBl < 1,5 cm br, 3- od. 1nervig, AusläuferBl sehr schmal. 0,10–0,25. ⚇ i ∿∿ 5–6. **Z** s △ (warm/alp. bis kühles N-Am. – mehrere apomiktische Kleinarten, z. B. *A. howellii* GREENE [*A. neodioica* GREENE]: GrundBl ziemlich plötzlich in den Stiel zusammengezogen).

**2\*** GrundBl 1nervig, 0,5–3,5 × 0,3–1 cm. HüllBl eifg, stumpf . . . . . . . . . . . . . . . . . . **3**
**3** Hülle der ♀ Köpfe 7–9 mm hoch, meist rosa od. rot, die der ♂ Köpfe kleiner, meist weiß. Bl oseits meist kahl, useits weißfilzig. GrundBl 20–35 × 5–8 mm, br spatelfg, am Grund stielfg verschmälert. Köpfe zu 3 bis 12, dicht gedrängt. 0,07–0,20. ⚇ i ∿∿ 5–6. **W. Z** z △ Heidegärten, HeilPfl; ⚘ ⱽ Kaltkeimer ○ Boden sandig-mager ⊖ (warmgemäß. bis kühles Eur. u. As.: saure Magerrasen, Heiden – 16. Jh? – wenige Sorten: HüllBl rosa, rot; 'Roy Davidson': zwergig, Köpfe rosa – var. *hyperborea* (D. DON) DC. [var. *borealis* CAMUS, var. *tomentosa* hort.?]: Bl beidseits weißfilzig – ▽).

Gewöhnliches K. – A. dioica (L.) GAERTN.

**3\*** Hülle der ♀ Köpfe 7–11 mm hoch, oben weiß, selten rosa. GrundBl (5–)10–30 × 2,5–10 mm, beidseits weißfilzig, selten später verkahlend. 0,02–0,15(–0,18). ⚇ i ∿∿ 5–6. **Z** s △; ⚘ ⱽ ○ (zentrales u. westl. N-Am., Rocky M.: trockne, offne Standorte, bis 3400 m). Kleinblättriges K. – A. parvifolia NUTT.

**Perlpfötchen, Perlkörbchen, Perlkraut** – *Anaphalis* DC.  110 Arten

Lit.: Flora Sinica **75** (1979): 141–219.

Bem.: Die Abgrenzung vieler Arten der Gattung ist ungeklärt, die Nomenklatur kompliziert, die in der Literatur angegebenen Merkmale der Varietäten verschiedener Arten überlappen sich. *A. nepalensis* wird in European Garden Flora 2000 in *A. triplinervis* eingeschlossen, hat aber nach Fl. Sinica am Stg herablautende Bl, die *A. triplinervis* nach der ersteren Flora nicht haben soll.

**1** Bl sitzend, deutlich am Stg herablaufend . . . . . . . . . . . . . . . . . . . . . . . . . . . . . . . **2**
**1\*** Bl gestielt, sitzend od. halbstängelumfassend, aber nicht am Stg herablaufend . . . **4**
**2** Köpfe einzeln od. zu 2–7. Pfl < 30 cm hoch. Bl 1(–3)nervig. Bl beidseits weiß behaart, untere rosettig. (0,03–)0,05–0,30. ⚇ ⸹ 6–9. **Z** s △; ⚘ ⱽ ○, im Winter Schutz vor Nässe u. Kälte (Himal. von Kaschmir bis Tibet, SW- u. Z-China – var. *nepalensis* [*A. nubigena* var. *polycephala* C. B. CLARKE, *A. triplinervis* var. *intermedia* (DC.) AIRY-SHAW, *A. cuneifolia* (WALL.) HOOK. f.]: 0,05–0,30. Bl 2–7 × 0,8–2,5 cm, 1(–3)nervig. Köpfe zu 1–7, <12 mm ⌀. 6–9 (Areal der Art, 2400–3500(–4500?) m: offne u. halbschattige Hänge, an Bächen); – in Höhen über 3500 m übergehend in var. *monocephala* (DC.) HAND.-MAZZ. [*A. monocephala* DC., *A. nubigena* var. *monocephala* (DC.) C. B. CLARKE non HEMSL. nec DIELS]: 0,025–0,10. Bl 1–1,5 × 0,4–0,6 cm, br lanzettlich, 1nervig. Köpfe einzeln, ± 17 mm ⌀. 6–7 (Afgh. bis W-Sichuan u. Yunnan, 3400–5200 m)).

Nepal-P. – A. nepalensis (SPRENG.) HAND.-MAZZ.

**2\*** BStand eine ∞köpfige Schirmrispe, flach od. kugelfg . . . . . . . . . . . . . . . . . . . . . **3**
**3** Hülle 5–7 mm lg. HüllBl 5reihig, unten bräunlich, oben schneeweiß. StgBl 4–6 × 1–1,5 cm. Stg meist einzeln. Köpfe in kugelfg BStand. 0,20–0,35(–0,50). ⚇ ∿∿ 8–9. **Z** s △ ⸹; ⚘ ⱽ ○ ⌃ Schutz vor Winternässe (Japan, Korea, China: Guangxi u. Sichuan bis

Gansu u. Hebei: sonnige Berghänge, 400–2000 m – formenreich – var. *morii* (NAKAI) OHWI: Köpfe 1(–4). StgBl 1,5–2 × 0,3–0,7 cm. Stg büschlig (Japan)).
**Chinesisches P.** – *A. sinica* HANCE

**3*** Hülle 9–10 mm lg. HüllBl 6–7reihig, unten rotbraun, oben weiß. StgBl 4–6 × 0,9–1,2 cm, Bl der sterilen Rosetten 6–10 × 1–1,8 cm, spitz, beidseits grauwollig. Stg büschlig. 0,10–0,20. ♃ Ɏ 8(–9). **Z** s △; V ✱ ○ (Japan: Hokkaido, N- u. Z-Honshu: alp. Berghänge). **Nordjapanisches P.** – *A. alpicola* MAKINO

**4** **(1)** Bl alle 1nervig, beidseits grauweiß filzig od. oseits nur zerstreut behaart, lineal-lanzettlich, 4–6 × 0,4–0,6 cm, untere nicht größer od. dichter. Stg einfach od. büschlig. Köpfe 5–7 mm ⌀, zu 3–30 in Schirmrispe. HüllBl weiß. 0,15–0,35(–0,50). ♃ ħ ⏦ 8–10. **Z** s △; V ✱ ○ (Himal. von Kaschmir bis Bhutan, Tibet? Taiwan? Myanmar?: KiefernW, grasige Hänge, Flussufer, Felsspalten, Gletschermoränen, 2700–5000 m – formenreich). **Royle-P.** – *A. royleana* DC.

**4*** Bl (1–)3–7nervig . . . . . . . . . . . . . . . . . . . . . . . . . . . . . . . . . . . . . . . . . . . . **5**

**5** Bl lineal-lanzettlich, am Rand nach unten eingerollt, beidseits weißfilzig od. oseits verkahlend u. dunkelgrün, 3–9 × 0,2–1 cm, 3nervig, untere nicht rosettig od. größer (Abb. **573**/1). Köpfe 6–10 mm ⌀, in dichten, flachen Schirmrispen. HüllBl ± 6reihig, glänzend weiß, eifg, stumpf. (0,20–)0,30–0,60(–0,90). ♃ ⏦ Ɏ 7–10. **W. Z** z Heidegärten △ Staudenbeete ✗ Trockensträuße; ✱ V ○ (Am. von Alaska u. Labrador bis Kalif. u. Virginia, NO-As., Himal.: sonnige Berghänge, trockne Birken- u. KiefernW, im Himal. auch Eichen- u. *Rhododendron*W, dort bis 4000 m – 1580 – eingeb. in N- u. M-Eur. – formenreich: var. *cinnamomea* (DC.) HERDER et MAXIM. [*A. cinnamomea* (DC.) BENTH. ex C. B. CLARKE]: Bl useits zimtbraun wollig, 3–5nervig; var. *japonica* (SCH. BIP.) MAKINO [var. *angustifolia* (FRANCH. et SAV.) HAYATA, *Antennaria japonica* SCH. BIP.]: mittlere Bl 3–6 × 0,2–0,6 cm, beidseits behaart. BStand kugelfg (Z- u. S-Japan); var. *yedoensis* (FRANCH. et SAV.) OHWI: Bl linealisch, 30–60 × 1,5 mm, beidseits behaart. HüllBl 3reihig (Japan: sonnige Flussufer); var. *margaritacea* [var. *angustior* (MIQ.) NAKAI, *A. cinnamomea* var. *angustior* (MIQ.) NAKAI]: Bl 3nervig, oseits verkahlend. Hülle 5–6 mm ⌀ (Areal der Art, sonnige Berghänge); – Sorte 'Neuschnee': ± 50 cm hoch).
**Großblütiges P., Silberimmortelle** – *A. margaritacea* (L.) BENTH. et HOOK. f.

**5*** Bl br verkehrteifg-lanzettlich od. elliptisch, kurz bespitzt, ihr Rand nicht nach unten eingerollt, die unteren größer u. dichter, 2,5–8(–14) × 2–5,5 cm, oseits spinnwebig behaart, graugrün, useits dicht grauweiß filzig, 3–7nervig, die unteren in den br Stiel verschmälert, die oberen halbstängelumfassend sitzend (Abb. **573**/2). Köpfe ± 1 cm ⌀. HüllBl weiß, spitz. 0,25–0,50. ♃ ⏦ 7–8. **Z** z △ Staudenbeete ✗; ✱ V ○ (Himal.: Kaschmir bis Bhutan: lichte Eichen-*Rhododendron*W, Grasfluren, Schatthänge, 1800–4250 m – 1824 – Sorten: 'Silberregen': 0,50. BZeit 8–9; 'Sommerschnee': 0,25).
**Dreinerviges P., Himalaja-Immortelle** – *A. triplinervis* (SIMS) C. B. CLARKE

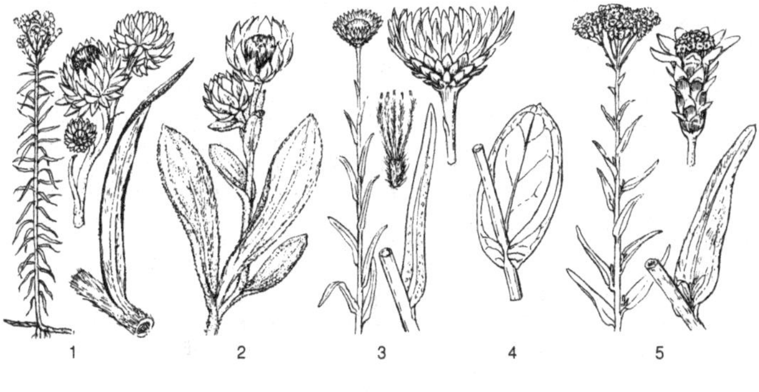

1 2 3 4 5

**Silberkissen** – *Raoulia* Hook. fil. ex Raoul                    25 Arten

Bem.: Diejenigen Arten der Gattung, die die sogenannten „Pflanzenschafe" (bis über 0,50 m hohe, wollig behaarte Halbkugelpolster) bilden, sind auch im Alpinenhaus nur schwer zu kultivieren, z. B. *R. eximia* Hook. f.: BlSpitze abgerundet, mit Büschel lg Haare, 1nervig, HüllBlSpitze behaart, nicht weiß u. strahlend. Bis >0,50 hoch u. >1,00 br. **Z** s; Hitze- u. Nässeschutz, Boden frisch, mit Schotter abdecken (Neuseel.: S-Insel: subalp.–alp. Felsen). – Auch die folgenden, mattenbildenden Arten sind heikel.

**1**  Bl 1nervig, dachzieglig in 5 Reihen, dicht silbergrau behaart, br eifg, <2 mm lg. Stg niederliegend, wurzelnd, holzig, dicht verzweigt, mattenbildend. HüllBlSpitzen glänzend hellgelb, abstehend. Köpfe einzeln, sitzend, 4–5 mm ⌀. 0,01–0,02. ⹋ i Kriechtriebpolster 7–8. **Z** s △; ⋌⋋ Ⅴ ⅋ ○ Schutz gegen Nässe u. Barfrost im Winter, Boden durchlässig Ⓐ (N- u. S-Neuseel.: Tiefland bis mont.: offner Boden, Flussbetten – 1925 – Synonym dieser Art ist nach den neuseeländischen Floren *R. lutescens* Beauverd, die nach der Gartenliteratur kleinere Köpfe (2–5 mm ⌀) u. dichtere Bl haben soll. – Die echte *R. subsericea* Hook. f. hat 3nervige, useits seidenhaarige Bl, Köpfe bis 1 cm ⌀ u. stumpfe, strahlende, weiße HüllBlSpitzen). [*R. subsericea* hort. non Hook. f.]
                                                                      **Südliches S.** – *R. australis* Hook. f.

**1\***  Bl 3nervig, kahl od. mit kleinem Haarbüschel außen an der Spitze, 3–5 × <1 mm. Stg niederliegend, locker verzweigt, wurzelnd. HüllBlEnden spitz, weiß, abstehend. **Z** s △; Ⅴ ⅋ ○ Ⓐ (N- u. S-Neuseel., Stewart-I.: Tiefland bis mont.: offnes Grasland – nach 1930).
                                                                      **Kahles S.** – *R. glabra* Hook. f.

**Edelweiß** – *Leontopodium* R. Brown                    55 Arten

Lit.: Handel-Mazzetti, H. 1928: Systematische Monographie der Gattung *Leontopodium*. Beih. Bot. Centralbl. **44** 2. Abt.: 1–178. – Yong, Ling 1979: *Leontopodium*. In: Flora Sinica **75**: 72–141.

**1**  RhizomPfl mit etwas verholztem StgGrund. StgBl ∞, bis 50, sehr dicht, schmal lanzettlich, mit verschmälertem Grund sitzend, 23–55 × 5–13 mm, oseits grün, spinnwebig behaart bis fast kahl, useits dicht weißfilzig, untere zur BZeit abgestorben. HochBl zu 1 bis mehreren in unregelmäßigen Sternen von 1,5–4 cm ⌀, graufilzig (Abb. **575**/1). 0,08–0,50. ⹋ ⻌ Ⅴ 6–7. **Z** s △ ⹋; Ⅴ ○ Boden humusarm ⊕ (Z- u. O-China, Korea, Japan: trockne, kiesige mont.–subalp.(–alp.) Wiesen, Gebüsche, 725–2400 m – formenreich – 1866).
                                                                      **Japan-E.** – *L. japonicum* Miq.

**1\***  Krautige Pleiokorm- od. AusläuferPfl. StgBl <20, ihr Grund verschmälert od. gleichbreit, scheidenfg od. sitzend od. stängelumfassend ........................... **2**

**2**  StgBl am Grund verbreitert, ± stängelumfassend, ihr Grund stärker behaart als die obere Hälfte ........................................................ **3**

**2\***  StgBlGrund verschmälert od. gleichbr, nicht stärker behaart als obere Hälfte, nicht stängelumfassend ........................................... **4**

**3**  Bl lg linealisch, stumpf od. kurz zugespitzt, 14–40 × 1-3,5 mm, dicht silberfilzig. Obere StgBl am Grund wenig verbreitert (Abb. **575**/2). Pfl mit dünnen oberirdischen Ausläufern. HochBl lineal-lanzettlich, kürzer als die obere StgBl, ± 2mal so lg wie der BStand, in zierlichem Stern von 2–5 cm ⌀. Köpfe 5–6 mm ⌀. 0,06–0,25. ⹋ Pleiok u. ⌒⌒ 6–7. **Z** s △ ⹋; Ⅴ Kaltkeimer ⅋ ○ ⊕ ≈ (SW-China: O-Qinghai, W-Gansu, W-Sichuan, NW Yunnan: Gebüsche, Sumpfwiesen, 3100–4000 m – 1909).
                                                                      **Soulié-E.** – *L. souliei* Beauverd

**3\***  Bl lanzettlich, sehr spitz, 1,7–21 × 0,2–1,2 cm, obere oft eilanzettlich mit scheidig verbreitertem Grund (Abb. **575**/3). Pfl ohne Ausläufer. HochBl 2–5mal so lg wie der BStand, in einem Stern von 2–11 cm ⌀. Köpfe 6–12 mm ⌀. 0,04–0,50. ⹋ PleiokRhiz 6–8. **Z** s △; Ⅴ ○ ≈ (W-China, NO-Tibet: felsige, offne Wälder, Gebüsche, Sumpfwiesen: 2700–4730 m – 1888).    **Schönköpfiges E.** – *L. calocephalum* (Franch.) Beauverd

Ähnlich: **Strachey-E.** – *L. stracheyi* (Hook. f.) C. B. Clarke ex Hemsl.: Bl mit schwarzen Drüsen, ihr Grund z. T. herzfg stängelumfassend (Abb. **575**/4). 0,10–0,52. ⹋ 6–7. **Z** s △; Ⅴ ○ ⊕ (SW-China, S- u. O-Tibet: subalp.–alp. Grasfluren, KiefernWRänder, (300–)2200–4650 m – 1881).

**4**  (2) Stg u. Bl weißfilzig, Bl oseits z. T. verkahlend, 1,2–9,5 × 0,15–0,9 cm, meist stumpf. HochBl eifg-lanzettlich, in dichtem, weißem Stern. GrundBl zur BZeit lebend. Pfl mit sterilen Rosetten horstbildend. ⹋ Pleiok 6–8.    **Alpen-E.** – *L. alpinum* Cass.

**1** Bl dünn, oseits z. T. verkahlend, graugrün u. weißrandig, Haare flockenbildend. HochBl bis 4mal so lg wie der BStand, in einem Stern von 2–10,5 cm ⌀. 0,02–0,45. **W. Z** z △ ⚥; V Lichtkeimer ○ ⊕ (Pyr., Karp., Alpen bis Balkan: Felsbänder u. -spalten auf Kalk u. Kalkschiefer – 1584 – wenige Sorten – ▽).     **Echtes Alpen-E.** – subsp. *alpinum*

**1\*** Bl dicklich, beidseits dicht weißzottig, Haare nicht flockenbildend. HochBl 1–2mal so lg wie der BStand, kürzer u. breiter als die oberen StgBl, in einem Stern von 1,5–5 cm ⌀. 0,01–0,06(–0,12). **Z** s △; Ⓐ nicht winterfeucht, heikel! (Z-Apennin, SW-Bulg.: Pirin: subalp.–alp. Kalk- u. Marmorfelsrasen, 1800–2800 m – 1813). [*L. nivale* (TEN.) A. HUET ex HAND.-MAZZ.]     **Schnee-E.** – subsp. *nivale* (TEN.) TUTIN

Ähnlich: **Himalaja-E.** – *L. himalayanum* DC.: HochBl linealisch mit verbreitertem Grund, 2–4mal so lg wie der BStand, in einem silberwolligen, kompakten Stern von 4–7 cm ⌀. 0,02–0,25. ♃ Pleiok 6–7. **Z** s △; V ○ ⊕ ( Himal. von Kaschmir bis S-Tibet u. NW-Yunnan: steinige, auch feuchte alp. Wiesen, 3000–5500 m – 1837).

**4\*** Bl u. Stg grau (nicht weiß) spinnwebig-filzig. HochBl lanzettlich bis eifg, grau- bis gelbgraufilzig, in oft lockerem od. undeutlichem Stern. Pfl meist ohne od. nur mit einzelnen sterilen Rosetten u. nicht horstbildend (vgl. aber **6\***/1!) . . . . . . . . . . . . . . . . . . . . . **5**

**5** HochBl zu 3–4(–7), aufwärts gerichtet, außer der Größe nicht von den StgBl verschieden (Abb. **575**/5). Bl ∞, aufrecht od. dem Stg angedrückt, fest, mit harter Spitze. Köpfe zu (1–)3–4(–7), 7–10 mm ⌀. Pfl ohne sterile Rosetten. ♃ Pleiok 6–7. **Z** s, ob in D. kult? (N-China, Korea, Fernost, SO-Sibir., N- u. O-Mong.: Steppen, trockne Stein- u. Uferhänge – 1833). [*L. sibiricum* CASS. non DC.]     **Sibirisches E.** – *L. leontopodioides* (WILLD.) BEAUVERD

**5\*** HochBl >4, einen ausgebreiteten Stern bildend, in Form u. Behaarung deutlich von den StgBl verschieden . . . . . . . . . . . . . . . . . . . . . . . . . . . . . . . . . . . . . . . . **6**

**6** StgBl oseits grünlich u. schwächer behaart als useits, br lanzettlich, spitz, 2,5–6 × 0,5–1,3 cm. HochBl 5–10, so groß wie obere StgBl, eifg bis eilanzettlich. Köpfe zu 7–11, bis 10 mm ⌀, in 5strahligem Stern von 5–6 cm ⌀. (0,15–)0,25–0,35. ♃ Pleiok 7–9. **Z** s △ ⚥; V Lichtkeimer ○ ⊕ (Fernost-Küste: Sichote-Alin: Trockenwiesen, Uferhänge – 1832). [*L. sibiricum* DC. non CASS.]     **Palibin-E.** – *L. palibinianum* BEAUVERD

**6\*** Bl beidseits gleichmäßig graufilzig behaart, lineal-länglich. HochBlStern graugelb od. gelblich. ♃ Pleiok 6–7. **Z** s △ ⚥; V ○ ⊕.     **Ockerweißes E.** – *L. ochroleucum* BEAUVERD

**1** Dichthorstige HochgebirgsPfl mit ∞ sterilen Rosetten, 5–15 cm hoch. StgBl 4–8. HochBl verlängert elliptisch bis br lanzettlich, 1–3 × 0,2–0,5 cm, untereinander fast gleich, in kompaktem, 2 cm ⌀ Stern. 0,05–0,15 (Altai-Sajan, N-Mong.: alp. Geröllhänge, Felsen, Fluss-Schotter). [*L. leontopodinum* HAND.-MAZZ. non DC. nom. dubium]     subsp. *ochroleucum*

**1\*** Pfl nicht dichthorstig, ohne od. mit einzelnen sterilen Rosetten, 15–35 cm hoch. HochBl schmal, in verschiedenstrahligem Stern von 2–5(–8) cm ⌀ . . . . . . . . . . . . . . . . . . . . . . . . . . . . . **2**

**2** HochBl lineal-lanzettlich bis lineal-länglich, in lockerem, unregelmäßigem, 2–3 cm ⌀ Stern, wie die StgBl am Rand zurückgerollt. StgBl 5–20(–25), am Grund nicht breiter. 0,15–0,30 (Altai, O-Sibir. bis Jakutien: mont. Steppen, Berg-Wiesensteppen). [*L. alpinum* var. *sibiricum* O. FEDTSCH.,

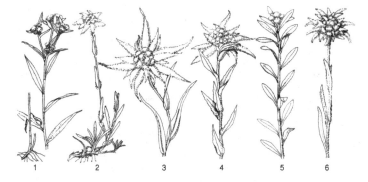

*L. fedtschenko̱anum* BEAUVERD, *L. campe̱stre* (LEDEB.) HAND.-MAZZ.]

subsp. *campe̱stre* (LEDEB.) KHANM.

**2\*** HochBl schmal eifg, am Grund br u. flach, in kompaktem Stern von 3–5(–8?) cm ⌀ (Abb. **575**/6).
Stg einzeln od. zu 2–3. Sterne oft zu mehreren. 0,15–0,35 (Altai, O-Sibir. bis Jakutien, Fernost, N-
Mong.: Stein- u. Kies-Steppen). [*L.* congloḇatum (TURCZ.) HAND.-MAZZ.]

subsp. congloḇatum (TURCZ.) KHANM.

**Ruhrkraut** – *Gnapẖalium* L. 150 Arten

**Anm.:** Einige früher hierher gestellte Arten gehören jetzt zu *Helichry̱sum* od. *Aṉaphalis*. – Die folgen-
den 3 Wildarten werden nur selten kultiviert, sie verlangen einen kühlfeuchten Humusboden.

**1** Stg 10–40 cm hoch. Köpfe zu 1–3 geknäuelt in endständiger, ∞köpfiger Ähre. StgBl
3(–5)nervig. 0,10–0,40. ♃ ○ i Pleiok 7–9. **W. Z** s △; ∀ ○ ◐ ⊖ (Hochgebirge von Eur.
u. W-As., O-Kanada: mont.–subalp. Silikatmagerrasen). [*Omalotẖeca norve̱gica* (GUN-
NERUS) SCH. BIP. et F. W. SCHULTZ] **Norwegisches R.** – *G. norve̱gicum* GUNNERUS

**1\*** Stg 2–10 cm hoch. Köpfe einzeln in endständiger, (1–)2–10köpfiger Ähre. Bl 1nervig **2**

**2** HüllBl ± 2reihig, die äußeren etwa ²/₃ so lg wie die inneren, alle zur FrZeit ausgebreitet.
Pfl rasenbildend. 0,02–0,10. ♃ ⁓⁓ 6–9. **W. Z** △ s; ∀ ∀ ○ ◐ ⊖ (Hochgebirge von Eur.
u. W-As., O-Am.: subalp.–alp. feuchte Silikatmagerrasen, Schneeböden). [*Omalotẖeca
sup̱ina* (L.) DC.] **Zwerg-R.** – *G. sup̱inum* L.

**2\*** HüllBl spiralig, fast 3reihig, die äußeren ¹/₃ bis ¹/₂ so lg wie die inneren. Hülle zur FrZeit
glockig. Pfl horstig. 0,02–0,10. ♃ i kurze ⁓⁓ 6–8. **W. Z** s △; ∀ ∀ ○ ◐ ⊕ (Alpen, Jura,
W-Karp., NW-Balkan: alp. Schneetälchen auf Kalk). [*Omalotẖeca hoppe̱ana* (W. D. J.
KOCH) SCH. BIP. et F. W. SCHULTZ] **Hoppe-R.** – *G. hoppe̱anum* W. D. J. KOCH

**Kugelkopf, Silberdrahtbusch** – *Leuco̱phyta* R. BR. 1 Art

Dicht kissenfg verzweigter, silbergrau behaarter Halbstrauch (Abb. **570**/4). Bl winzig,
1,5(–14) × 0,8(–1,2) mm, schmal 3eckig, sitzend, den drahtig dünnen Zweigen ange-
drückt. BKöpfe zu 30–110 in dichten, kugligen Gruppen von 6–16 mm ⌀. HüllBl
9–13, verkehrteifg-länglich. Korbboden keglig, ohne SpreuBl. ScheibenB 2–3 pro Kopf,
♀. Fr mit (8–)10–13 gefiederten, abgeflachten, am Grund verbundenen Pappusborsten.
0,35–1,00. ♄ i, kult ○ 0,12–0,35, im ersten Jahr blühend, 6–10. **Z** z Kübel, Schalen,
„StrukturPfl"; ⋌⋋ im Spätsommer, ⊛ (Austr.: W-Austr., S-Austr., Victoria, Tasm.: Küsten-
dünen, felsige Klippen – 20. Jh.). [*Caloce̱phalus bro̱wnii* (CASS.) F. MUELL.]
**Kugelkopf, Silberdrahtbusch, Calocephalus** – *L. bro̱wnii* CASS.

**Sonnenflügel** – *Rhoḏanthe* LINDL. [*Heḻipterum* DC. p. p. nom. illegit.,
*Acrocḻinium* A. GRAY] 46 Arten

**Lit.:** WILSON, P. G. 1992: The classification of Australian species currently included in *Holipterum* and
related genera (*Asteraceae, Gnaphalieae*): Part 1. Nuytsia **8**: 379–438.

**1** Köpfe zylindrisch, 4–7 mm lg, 4 mm br, ∞ in dichten Doldenrispen (Abb. **573**/5). HüllBl
goldgelb, getrocknet metallisch grün. Bl linealisch bis lineal-lanzettlich, 2–3 cm lg.
0,20–0,50. ⊙ 7–8. **Z** s ⚥ Trockensträuße, Sommerblumenbeete; ∀ April ▷ od. Mai
Freiland ○ (W-Austr.: offne Gehölze auf Sand, oft kalkreich – 1863). [*Heḻipterum hum-
boldti̱anum* (GAUDICH.) DC., *H. sandfo̱rdii* HOOK.]
**Humboldt-S., Sonnenkind** – *Rh. humboldti̱ana* (GAUDICH.) PAUL G. WILSON

**1\*** Köpfe halbkuglig od. schüsselfg, >1,5 cm ⌀, einzeln od. zu wenigen. HüllBl weiß, gelb-
lich, rosa od. rot . . . . . . . . . . . . . . . . . . . . . . . . . . . . . . . . . . . . . . . . . . . . . . . . **2**

**2** Bl eifg-rundlich, stängelumfassend, graugrün, kahl (Abb. **573**/4). Köpfe ± 4 cm ⌀, ein-
zeln endständig auf lg, wenigblättrigen Stg. Innere HüllBl mit schmalem Nagel u. strah-
lig abstehenden, länglichen, 6–15 mm lg rosa Spreiten. ScheibenB gelb od. purpurn.
0,20–0,30(–0,50). ⊙ 7–8. **Z** z ⚥ Trockensträuße, Sommerblumenbeete; ∀ April ▷ od.
Mai Freiland ○ ⊖ (W-Austr.: offne Gehölze auf Sand u. Ton, Granitfelsen – 1832 –
Sorten: HüllBl rot, rosa, gelblich, weiß; 'Maculatum': Pfl höher). [*Heḻipterum mangle̱sii*
(LINDL.) F. MUELL.] **Rosen-S., Rosen-Immortelle** – *Rh. mangle̱sii* LINDL.

**2\*** Bl linealisch bis lineal-lanzettlich, kahl od. behaart . . . . . . . . . . . . . . . . . . . . . . . . **3**
**3** Bl (fast) kahl, halbstängelumfassend (Abb. **573**/3). Köpfe einzeln endständig, 2,5–5 (–8) cm ⌀. Fr wollig-zottig. Pappusstrahlen 10–15. 0,20–0,60. ☉ 7–8(–9). **Z** z ⚲ Trockensträuße, Sommerblumenbeete; ⩛ April ⌑ od. Mai Freiland ○ ⊖ (W-Austr.: offne Gehölze, Gebüsch, oft auf Sand – 1853 – die subsp. *chlorocephala* nicht kult – Sorten: HüllBl weiß, rosa, karminrot, blassgelb, gefüllt). [*Helipterum roseum* (HOOK.) BENTH., *Acroclinium roseum* HOOK.] **Rosa S., Rosa Papierblümchen** – *Rh. chlorocephala* (TURCZ.) PAUL G. WILSON subsp. *rosea* (HOOK.) PAUL G. WILSON
**3\*** Bl weißwollig, 2–3(–5) × 0,1–0,6 cm, lineal-lanzettlich, sitzend, meist stumpf. Köpfe zu wenigen in Doldenrispen, 1,5–2 cm ⌀. Fr dicht seidenhaarig. Pappusstrahlen 15–20. Äußere HüllBl br eifg, blassbraun, wollhaarig, innere nur ± 8, mit weißer, ausgebreiteter, 4–7 mm lg Spreite. 0,15–0,35. ☉ 7–8. **Z** s ⚲ Trockensträuße, Sommerblumenbeete; ⩛ April ⌑ od. Mai Freiland ○ ⊖ (O-Austr.: N. S. Wales, Queensland, Victoria, S-Austr., N-Territory: schwere Tonböden in Flussauen). [*Helipterum corymbiflorum* SCHLTDL.] **Schirmtraubiger S.** – *Rh. corymbiflora* (SCHLTDL.) PAUL G. WILSON

**Strohblume, Immortelle** – *Helichrysum* MILL. 600 Arten

**1** Pfl ☉. Bl beidseits grün, kahl od. schwach behaart, useits drüsig-klebrig. Bl 3–12 × 0,3–3 cm, spitz. Köpfe einzeln endständig auf lg Zweigen, 1,5–5,5 cm ⌀ (Abb. **577**/1). B u. HüllBl bei der Wildform goldgelb, bei Sorten auch orange, rot, violett, rosa od. weiß. (0,15–)0,40–1,00. ☉ 7–9. **Z** v Sommerblumenbeete, ⚲ Trockensträuße, auch feldmäßig; ⩛ April ⌑ od. Mai ins Freiland ○ (Austr.: Brandstellen, Aufschüttungen – 1799 – einige Sorten: z. B. 'Monstrosum': Köpfe verschiedenfarbig, bis 8 cm ⌀; 'Nanum' 0,30–0,50). [*Bracteantha bracteata* (VENT.) ANDERB. et HAEGI, *Xerochrysum bracteatum* (VENT.) TZVELEV] **Garten-St.** – *H. bracteatum* (VENT.) WILLD.
**1\*** Pfl ⌃ oder ♄, z. T. kult ☉. Bl wenigstens useits weißwollig . . . . . . . . . . . . . . . . **2**
**2** Bl 0,5–2,5 cm lg gestielt, die Spreite br eifg, am Grund gestutzt bis fast herzfg, 15–25 mm lg, weißwollig-filzig, oseits später grünlich. Pfl ♄, kult ☉, buschig ausgebreitet-aufsteigend bis hängend (Abb. **579**/1). Köpfe 3–5 mm ⌀, zu ∞ in dichten, 2,5–7 cm br Schirmrispen. HüllBl rahmweiß. Pfl selten blühend. 0,20–0,50(–1,00). ♄, kult ⊙ (8–) 9. **Z** s Einfassungen, Ampeln, Kübel „StrukturPfl" ♠; ⩗ im August, im ⑤ überwintern, ⩗ Januar–Februar ⌑ (S-Afr.: Kapland bis Natal: schattige Unterhänge, Waldränder – 1719 – eingeb. in Portugal, S.-Brit., Kalif. – einige Sorten, z. B.: 'Aureum' ['Gold']: Bl gelbgrün; 'Microphyllum': BlSpreite <1 cm ⌀, graugrün; 'Silver': Bl silbergrün; 'Variegatum': Bl graugrün, Rand cremeweiß). [*H. petiolatum* auct. non (L.) DC., *Gnaphalium lanatum* hort. non DC.] **Lakritz-St.** – *H. petiolare* HILLIARD et B. L. BURTT
**2\*** BlSpreite linealisch, länglich, lanzettlich, eifg od. rhombisch, am Grund verschmälert. Pfl in Kultur ⌃ od. ♄ . . . . . . . . . . . . . . . . . . . . . . . . . . . . . . . . . . . . . . . . . . . . . . **3**

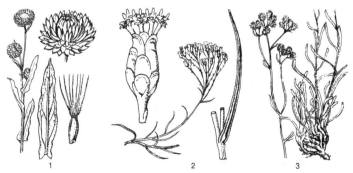

1          2          3

**3** BKöpfe einzeln, selten zu 2–3 .......................................... **4**
**3\*** BKöpfe zu mehreren od. ∞ in flachen od. kugelfg Schirmrispen .............. **6**
**4** Bl oseits kahl, useits spinnwebig behaart, 5–6(–15) × 3–4(–10) mm, verkehrteifg, stachelspitzig, in den halbstängelumfassenden Stiel keilfg verschmälert, locker dachzieglig. Köpfe 2–3 cm ⌀, auf 2,5–12 cm lg Stg. Innere HüllBl weiß, kronblattähnlich. 0,03–0,14 hoch, bis 0,60 br. Mattenbildende ⚇ od. zwischen Sträuchern kletternd 7–8. **Z** s △; ⌇
∨ ○ Boden locker, steinig ∧ (Neuseel.: Tiefland bis 1600 m, Grasland, offnes Gebüsch). **Gänseblümchen-St.** – *H. bellidioides* (G. FORST.) WILLD.

Ähnlich einköpfig u. mattenbildend, aber Stg holzig: *H. plumeum* ALLAN: Bl beidseits behaart, Zweige mit den angedrückten, einander überdeckenden Bl 2–3 mm dick. Bl 2–3 mm lg, br 3eckig, stumpf. Köpfe 6 mm ⌀. 0,20 hoch, bis 0,60 br. ♄ i. **Z** s △ (S-Neuseel.: mont. u. subalp. Felsfluren, 900–1500 m). – *H. selago* (HOOK. f.) BENTH. et HOOK. f.: Bl useits kahl, oseits schneeweiß wollig. Köpfe gelb, 6–7 mm ⌀, gelbbräunlich behaart. ♄ i. **Z** s ⓐ (S-Neuseel.: mont. u. subalp. Felsfluren).

**4\*** Bl beidseits behaart (vgl. auch *H. plumeum* bei **4**) ..................... **5**
**5** RosettenBl etwa 15 × 9 mm, rhombisch, dicht u. lg weißhaarig. Köpfe einzeln auf 0,5–5 cm lg Stielen, 2,5–3 cm ⌀. Immergrüner, Rosettenpolster bildender Spalier♄. HüllBl innen glänzend weiß, außen rotbraun. 0,05–0,10(–0,15). Rosettenpolster-Spalier♄ i 6–8. **Z** s △; ∨ ⌇ ○ ∧ (S-Afr.: Lesotho, Natal: Felsen, Kliffe, 2900–3500 m). [*H. marginatum* hort. non DC.] **Milford-St.** – *H. milfordiae* KILLICK

Ähnlich: **Athos-St.** – *H. sibthorpii* ROUY [*H. virgineum* (SIBTH. et SM.) GRISEB. non DC.]: Köpfe zu 1–3 (–4), kurz gestielt, 1,5–2 cm ⌀. GrundBl verkehrteilänglich-spatelfg, stumpf, 15–70 × 7–22 mm; StgBl 5–9, viel kleiner, lineal-spatelfg, spitz. 0,05–0,17. ⚇ 6–8. **Z** s △ (Alban., Griech.: alp. Kalkfelsspalten,1750–2000 m).

**5\*** Bl 6 × 1 mm, länglich-linealisch, stumpf, wie der Stg dicht silberhaarig. Köpfe 1–1,8 cm ⌀, weiß. Sterile Triebe dicht dachzieglig beblättert. 0,03–0,08(–0,12). ⚇ i Kriechtriebpolster 6–7. **Z** s △; ⌇ ⊖ durchlässiger Boden ∧, heikel! (Korsika, N-Sardinien: Felsspalten, 600–2000 m – 1875).
**Korsische St., Korsisches Edelweiß** – *H. frigidum* (LABILL.) WILLD.

**6** **(3)** GrundBl spatelfg, meist wollig-filzig, ihr Rand flach, >2 mm br, obere lanzettlich bis lineal-lanzettlich (wenn verkehrteifg u. grannenspitzig, s. **Grannenspitzige St.**, *H. apiculatum* unter **8\***). Stauden od. Halbsträucher .......................... **7**
**6\*** Rand der Bl zurückgerollt. Bl wenigstens oseits nur dünn behaart, <2 mm br. Halbsträucher ............................................................ **9**
**7** Pfl krautig (StgBasis oberirdisch nicht ausdauernd), aromatisch riechend, aber nicht drüsig, grauweiß wollig. StgBl verkehrteilanzettlich bis lineal-lanzettlich, halbstängelumfassend, ihr Rand oft wellig. Nichtblühende Rosetten an Wurzelsprossen mit br spatelfg Bl. Hülle 4–7 mm ⌀, zitronengelb, goldgelb bis rotorange, selten weiß. 0,08–0,30(–0,40). ⚇ mit Wurzelsprossen gruppenbildend 7–8(–9). **W**. **Z** z Tiefland, Sandgebiete, Heilgärten ⚘ Trockensträuße, HeilPfl; ♥ ∨ ○ ~, nicht Kalk (warmgemäß.–gemäß. Z- u. O-Eur., W-As.: Sandtrockenrasen, Dünen, lichte KiefernW, im S bis 3200 m – 1719 od. früher – ▽). **Sand-St.** – *H. arenarium* (L.) MOENCH
**7\*** Pfl halbstrauchig, die StgBasis verholzend u. ausdauernd ................... **8**
**8** Köpfe 4–5 mm ⌀, eifg, in lockeren Schirmrispen. Stg niederliegend, BTriebe aufrecht, meist stark drüsig. GrundBl verkehrteilanzettlich, 1–10 × 0,2–1 cm, StgBl halbstängelumfassend 1,5–7 × 0,2–2 cm, wollig-filzig bis fast kahl, oft spitz, ihr Rand nicht wellig. HüllBl gelb od. blassgelb, kahl, längs gefaltet. 0,05–0,40. ♄ PleiokRhiz 7–8. **Z** s △; ∨ ♥ ○ ~ (S-Balkan, Türkei, Kauk., N- u. W-Iran, N-Irak, Libanon: mont.–subalp. Felshänge, Schotter, 900–2800(–3500) m – formenreich, Sorte 'White Barn': Köpfe weiß).
**Anatolische St.** – *H. plicatum* (FISCH. et C. A. MEY.) DC.
**8\*** Köpfe 5–8(–10) mm ⌀, halbkuglig. Stg dicht buschig, nicht drüsig, mit rosettenfg Kurztrieben. Bl länglich bis verkehrteilanzettlich, 25–65 × 2–14 mm, beidseits dicht wollig behaart. HüllBl stumpf, locker dachzieglig, kahl, leuchtend gelb, selten goldgelb. Fr kahl.

0,10–0,60. ♄ i 8–9. **Z** s Trockenmauern; V ⟳ ○ Ⓐ (Griech. Inseln, W- u. SW-Türkei: Kalkklippen, Macchien, KiefernW auf Serpentin, bis untere Bergstufe).

**Orient-St.** – *H. orientale* (L.) GAERTN.

Ähnlich: **Tienschan-St.** – *H. thianschanicum* REGEL [*H. lanatum* DC.]: HüllBl am Grund behaart. Pfl feucht mit Maggi-Duft. Fr behaart. (Abb. **577**/3). 0,20–0,30. ⚃ Wurzelsprosse? 6–7. **Z** s Heidegärten, Rabatten, Einfassungen; V '♥' ○ ~ (Tadschik., NW-China: Dsungarei: schotterige Steppenhänge, Mandel- u. Wacholder-Gebüsch, 1800–3100 m – Sorte 'Goldkind' '♥'). – **Grannenspitzige St.** – *H. apiculatum* (LABILL.) DC. [*H. ramosissimum* HOOK., *Chrysocephalum apiculatum* (LABILL.) STEETZ]: Bl grün, spinnwebig behaart, verkehrteifg bis verkehrteilanzettlich, 20–60 × 5–25 mm, grannenspitzig, halbstängelumfassend. Köpfe zu (1–)3–6, 10–15 mm ⌀. HüllB nicht länger als die B, 10reihig. 0,20–0,60. ♄ i 6–8. **Z** s Balkonkästen, Kübel; ⟳ (Austr.: Victoria, S-Austr., Tasm.: Heiden, grasreiche Wälder).

**9** **(6)** Innere HüllBl drüsig, matt strohfarben, 3mal so lg wie die äußeren, alle stumpf (Abb. **577**/2). Hülle dicht dachzieglig. Köpfe 2–4 mm ⌀, eifg, später kegelfg, mit (12–)17(–23) B, zu 25–35 in lockrer Schirmrispe. Stg ∞, am Grund verholzt. 0,25–0,40. ♄ i 6–7. **Z** z △, V ○ (W- u. Z-Medit. bis Zypern: Trockenrasen, Macchien, Karstfelsen im Tiefland – subsp. *microphyllum* (WILLD.) NYM. ['Nanum']: 0,10–0,30. Bl 1–2 cm lg, silbern behaart; subsp. *serotinum* (BOISS.) P. FOURN. [*H. serotinum* (BOISS.): BStand dicht, kuglig. Dicht verzweigt, 0,30–0,45 m hoher ♄, Bl 2–4 cm lg, graugrün, mit starkem Currygeruch). [*H. angustifolium* (LAM.) DC., *H. rupestre* hort. non (RAF.) DC.]

**Italienische St., Currystrauch** – *H. italicum* (ROTH) D. DON

**9\*** Innere HüllBl glänzend gelb, etwa 2mal so lg wie die äußeren, spitz. Hülle locker dachzieglig. Köpfe 5 mm ⌀, halbkuglig, mit (16–)23(–30) B, zu ± 5–10 in dichter, meist kugliger Schirmrispe. 0,10–0,50. ♄ i 6–9?. **Z** s Staudenbeete, Einfassungen; V ○ ~ (subsp. *stoechas*: Bl >2 cm lg, mit Currygeruch. W- u. Z-Medit. bis Dalmatien: Macchien, Garriguen, bis 1000 m; – subsp. *barrelieri* (TEN.) NYM. [*H. siculum* (SPRENG.) BOISS.]: Bl <2 cm lg, linealisch, kaum riechend. Z- u. O-Medit., NW-Afr.: Macchien auf Kalk, KiefernW auf Serpentinit, Kalkklippen, bis 700 m).

**Glänzende St., Duftende St.** – *H. stoechas* (L.) MOENCH

**Papierknöpfchen** – *Ammobium* R. BR. ex SIMS     2 Arten

RosettenBl in den 7–12 cm lg Stiel verschmälert, Spreite 4–8 × 1–1,8 cm, spitz, ganzrandig, lanzettlich bis schwach pfeilfg. StgBl sitzend, 2–8 cm lg, mit br Flügeln am Stg herablaufend (Abb. **579**/3). Köpfe zu wenigen in lockrer Schirmrispe, 1–2,5 cm ⌀. B gelb, wie die SpreuBl später schwarzbraun. HüllBl matt papierweiß, mehrreihig. 0,40–0,80. ⚃ kult meist ⊙, Rübe 7–9. **Z** z ⚺ Trockensträuße, Sommerblumen- u. Staudenbeete; V April ⊏ od. Mai im Freiland ○ Boden arm, durchlässig ∧ winterhart bis –15° (O-Austr.: N. S. Wales, Queensl., O-Vict.: Grasland, Gehölze, ruderal, oft großflächig; eingeb. in S-Austr. – 1822 – Sorte 'Grandiflorum': Köpfe 2–2,5 cm ⌀). [*A. grandiflorum* hort.]

**Papierknöpfchen, Sandimmortelle** – *A. alatum* R. BR.

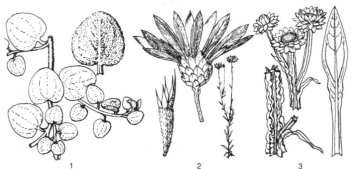

**Alant** – *Inula* L.                                                           90 Arten

1   Kräftige, behaarte Hochstauden, 1–2,5 m hoch. Spreiten der GrundBl 25–80 × (6–)15–25
    cm  . . . . . . . . . . . . . . . . . . . . . . . . . . . . . . . . . . . . . . . . . . . . . . . . . . . . . . . . . . . . . . .   **2**
1*  Pfl <1 m, meist <60 cm hoch. GrundBl kleiner od. fehlend (s. auch **4***)  . . . . . . . . .   **5**
2   Köpfe kurz gestielt od. sitzend, in gestrecktem, traubigem Blütenstand, 5–8 cm ⌀.
    GrundBl eifg-lanzettlich, gestielt, ihre Spreite bis 30 × 16 cm. Obere Bl halbstängel-
    umfassend, am Grund gelappt. Äußere HüllBl 3eckig, oben zurückgebogen, laubblatt-
    artig, innere linealisch. 1.00–2,00. ♃ ⚘ 7. **Z** s Naturgärten, Parks, Solitär, HeilPfl; ⚘ ∨
    ○ ☾ ≃ Boden nährstoffreich (Afgh., W-Himal.: Säume, Feldränder, eingeb. in W-China,
    dort lange kult).                                            **Traubiger A.** – *I. racemosa* Hook. f.
2*  Köpfe >3 cm lg gestielt, einzeln od. in schirmtraubenfg BStand, 6–15 cm ⌀. GrundBl br
    eifg-lanzettlich, spitz, in den 20–40 cm lg Stiel verschmälert, ihre Spreite 15–60 × 3–25
    cm, obere Bl halbstängelumfassend sitzend  . . . . . . . . . . . . . . . . . . . . . . . . . . . . . . . . .   **3**
3   Köpfe (6–)7–8 cm ⌀, zu (1–)3–8(–10) in Schirmtrauben. GrundBlSpreite 40–60 ×
    15–25 cm, ihr Stiel 20–30 cm lg. Hülle 2,5–4,5 cm ⌀. Äußere HüllBl laubblattartig, ab-
    stehend, ± 15 × 5 mm. (Abb. **580**/2). 1,00–2,50. ♃ ⚘ 7(–8). **W. Z** Naturgärten, Parks,
    Solitär; **N** früher berühmte HeilPfl, auch Nahrung (Inulin!), heute selten kult; ⚘ ∨ ○ ☾
    Boden nährstoffreich ≃ (Kauk., Ural, Altai, Turkestan: lichte BergW, Gebüsch, Bach-
    ufer, im Kauk. 570–2000 m, in S- u. M-Eur. selten eingeb. – kult Römerzeit?).
                                         **Echter A., Helenenkraut** – *I. helenium* L.
3*  Köpfe (8–)9,5–15 cm ⌀, einzeln od. zu 2–3(–4) in Schirmtraube  . . . . . . . . . . . . . . .   **4**
4   GrundBlSpreite 25–50 × 6–24 cm. Obere Bl 16–32 × 6,5–22 cm. Kopfstiele 8–25 cm lg.
    Köpfe einzeln od. zu 2–4 in Schirmtraube. Hülle 4,5–6,5 cm ⌀. ScheibenB orange,
    StrahlB goldgelb. 1,00–2,00. ♃ ⚘ 7–8. **Z** s Naturgärten, Parks, Gehölzränder, Solitär ⚥;
    ⚘ ∨ ○ ☾ ≃ (W- u. Z-Kauk.: BergmischW, Waldränder, Gebüsch, 1250–2100 m). [*I. af-*
    *ghanica* hort.]                                               **Großer A.** – *I. magnifica* Lipski
4*  GrundBl mit dem 5–10 cm lg Stiel 15–25 × 3–5,5 cm. Köpfe einzeln od. zu 2. (0,60–)
    1,00–2,00. ♃ ⚘ 7–8. **Z** s Naturgärten, Solitär; ∨ ⚘ (NO-Türkei: Wiesen auf Vulkan-
    boden, 1220–1580 m). [ *I. helenium* var. *macrocephala* (Boiss. et Kotschy) Parsa]
                           **Großkopfiger A.** – *I. macrocephala* Boiss. et Kotschy ex Boiss.
5   **(1)** Pfl stängellos, selten bis 20 cm hoch . . . . . . . . . . . . . . . . . . . . . . . . . . . . . . . .   **6**
5*  Pfl nicht stängellos, (15–)20–90 cm hoch . . . . . . . . . . . . . . . . . . . . . . . . . . . . . . .   **7**
6   Köpfe einzeln, selten zu 2, 3,5–4 cm ⌀. RosettenBl verkehrteilanzettlich bis spatelfg, mit
    Stiel 3–6 × 0,6–1,5 cm, kahl, nur am Rand bewimpert. StrahlB 2mal so lg wie die Hülle.
    ScheibenB braun. Äußere HüllBl stumpf. 0,02–0,05(–0,20). ♃ ⚘ 6–7. **Z** s △; ⚘ ∨ ○ ≃
    ⌂ (Türkei, Armenien: feuchte Felsen, quellige Berghänge, 1350–3600 m).
                                   **Zwerg-A.** – *I. acaulis* Schott et Kotschy ex Boiss.

    1                     2                     3                     4

**6*** Köpfe zu 8–20, in dichtem, halbkugligem BStand in der Mitte der Rosette, 1,5–3,5 cm ⌀. RosettenBl verkehrteilanzettlich, in den geflügelten Stiel verschmälert, mit Stiel (2,5–) 4–16 × (0,6–)2–3,5 cm, beidseits mit angedrückten, lg weißen Haaren u. angedrückten Drüsenhaaren. StrahlB nur wenig länger als die Hülle. Alle HüllBl spitz. 0,02–0,05. ♃, in Kultur meist ⊙ 6–8. **Z** s △; ∀ ○ ≃ ∧ (S- u. O-Iran, Afgh., Turkestan, Pakistan: subalp.–alp. Quellmulden, steinige, lockre NadelW auf Granit).
**Kopfiger A.** – *I. rhizocephala* SCHRENK

**7** **(5)** Pfl kahl, höchstens Stg unterwärts u. Bl useits auf den Nerven kurzborstig od. am Rand bewimpert. GrundBl fehlend . . . . . . . . . . **8**

**7*** Pfl ± dicht abstehend od. filzig-flaumig behaart . . . . . . . . . . **9**

**8** Bl länglich-lanzettlich, mit herzfg Grund halbstängelumfassend, mittlere 5–8 × 0,8–1,5 cm, gezähnelt. Köpfe meist zu (1–)2–5, 2,5–4 cm ⌀. 0,25–0,80. ♃ ⏜ 6–8. **W. Z** s Naturgärten, Staudenbeete; ψ ∀ ○ (warmgemäß. bis gemäß. Eur. u. As.: wechselfeuchte Wiesen, Halbtrockenrasen, lockre Wälder u. Gebüsche). [*I. salicifolia* hort.]
**Weidenblättriger A.** – *I. salicina* L.

Ähnlich: **Sparriger A.** – *I. spiraeifolia* L.: mittlere LaubBl länglich-elliptisch, kaum stängelumfassend, 3–5 × 1–2 cm, gezähnt. Köpfe meist zu 3–10. 0,30–0,80. ♃ ⏜ 6–8. **Z** s (S-Fankr., It. bis Bulg.: Flaumeichen-Trockengebüsche).

**8*** Bl lineal-lanzettlich, 4–8 × 0,2–0,5(–0,7) cm, kahl, höchstens am Rand bewimpert, ganzrandig, mit mehreren, wenig verbundenen Längsnerven, nicht stängelumfassend (Abb. **580**/1). Köpfe meist einzeln, selten zu mehreren in lockrer Schirmtraube, 2,5–5 cm ⌀. Äußere u. mittlere HüllBl mit eifg-länglichen, laubblattartigen, grünen Anhängseln (Abb. **580**/1). 0,10–0,60. ♃ kurze ⏜ 7–8. **Z** s Heidegärten, Staudenbeete; ψ ∀ ○ ⊕ (N-It., SO-Eur. bis N-Türkei, Kauk., Ukr., isoliert S-Schweden: Wiesensteppen, Trockengebüschsäume, meist auf Kalk – 1793 – einige Sorten, z. B. 'Goldammer': 0,10–0,15).
**Schwert-A.** – *I. ensifolia* L.

**9** **(7)** Bl grün, vorwärts abstehend rauhaarig. Pfl mit kurzem, verzweigtem Rhizom. Bl hervortretend netznervig, obere mit verschmälertem od. abgerundetem Grund sitzend, nicht stängelumfassend. Köpfe zu 1(–3), 3–5 cm ⌀. (15–)20–45. ♃ Ɫ 6(–7). **W. Z** s Heidegärten, Staudenrabatten; ψ ∀ ○ ~ ⊕ (warmgemäß. bis gemäß. subkont. Eur., W-Sibir.: Wald- u. Wiesensteppen – 1759). **Rauer A.** – *I. hirta* L.

**9*** Bl schneeweiß filzig, seidig-graufilzig od. wenigstens useits flaumhaarig . . . . . . . . **10**

**10** Bl seidig-graufilzig, die oberen mit herzfg Grund. Köpfe in dichten Schirmtrauben, 2–4 cm ⌀. Strahlen goldgelb, außen weiß behaart. 0,25–0,50. ♃ ⏜ 7–8?. **Z** s Staudenbeete ✂; ψ ∀ ○ ~ (SO-Eur., Kauk., S-Russl., S-Polen: Wiesensteppen, Gebüsch).
**Christusaugen-A.** – *I. oculus-christi* L.

**10*** Bl schneeweißfilzig od. flaumig od. drüsig behaart . . . . . . . . . . **11**

**11** Bl schneeweißfilzig, br lanzettlich, gestielt, 3–9 × 1–1,5 cm. Köpfe 1–1,8 cm ⌀. Äußere HüllBl zurückgebogen, mit lg Spitzen. 0,10–0,30. ♃ ħ i 7–8. **Z** s △; ∀ ○ ⊕ Ⓐ ∧ (Griech., S-Bulg., Kreta – mehrere ähnliche Kleinarten).
**Schneeweißer A.** – *I. candida* (L.) CASS.

**11*** Bl grün, aber wenigstens useits wollig-flaumig, z. T. auch drüsig behaart (s. aber **13*** Zusatz). Köpfe meist >5 cm ⌀ . . . . . . . . . . **12**

**12** GrundBl lg gestielt, ihre Spreite 15–25 × 10–15 cm. Obere Bl halbstängelumfassend. Köpfe einzeln, 8–10(–12) cm ⌀. HüllBl nicht zurückgebogen. StrahlB bis 5 cm lg, orange. 0.45–0,80. ♃ Ɫ? 7–9. **Z** s Staudenbeete; ψ ∀ ○ ◐ ≃ Boden nährstoffreich (W-Himal.: Waldlichtungen, Gebüsch, bis 4000 m – 1897). [*I. macrocephala* hort. non KOTSCHY et BOISS. ex BOISS.] **Royle-A.** – *I. royleana* DC.

**12*** Bl sitzend od. halbstängelumfassend, <10 cm br . . . . . . . . . . **13**

**13** Pfl mit kurzem Rhizom, horstig. HüllBl dicht abstehend braun behaart. Köpfe einzeln, 6–9 cm ⌀. Bl lanzettlich, (5–)12–25 × 1,5–6 cm, besonders oseits fein drüsig-gelbhaarig. HüllBl lineal-lanzettlich (Abb. **580**/3). 0,40–0,60. ♃ Ɫ 6–7. **Z** s Staudenbeete ✂; ψ ∀ ○ ≃ (Kauk., N- u. O-Türkei: Bachufer, feuchte Steilhänge, 1500–3100 m – 1804). [*I. glandulosa* WILLD. non LAM., *I. grandiflora* WILLD.] **Kolchischer A.** – *I. orientalis* LAM.

**13\*** Pfl mit unterirdischen Ausläufern. Köpfe zu 1–3, bis 8 cm ⌀. HüllBl schmal lanzettlich, sparrig zurückgebogen, dicht zottig behaart. ScheibenB bräunlich, StrahlB hell grünlichgelb. Bl sitzend, eilanzettlich, spitz, fein gezähnt, 8–15 × 2,8–4 cm, beidseits fein behaart, grün bis weißhaarig-blass. 0,30–0,60(–1,00). ⚇ ⤳ 8–9. **Z** s Staudenbeete; ⚘ ○ ≈ (Himal.: Nepal bis Yunnan u. Myanmar, 2600–3700 m – 1849).

**Hooker-A.** – *I. hookeri* C. B. CLARKE

Ähnlich: **Bärtiger A.** – *I. barbata* WALL. ex DC. [*I. grandiflora* auct. non WILLD.]: Bl verkehrteilanzettlich, 7–10 × 1,2–2 cm, kahl bis rau und fein bewimpert. Köpfe einzeln, 4–6 cm ⌀. 0,25–0,50. ⚇ bis ♄ 7–9. **Z** s (W-Himal. von Kaschmir bis Nepal, 2600–3400 m).

**Rindsauge, Ochsenauge** – *Buphthalmum* L. 1 Art

Pfl horstig, 1- bis wenigköpfig. Bl lanzettlich, anliegend behaart, halbstängelumfassend sitzend, mittlere 5–10 × 0,6–2 cm. Köpfe 4–5(–6) cm ⌀. B gelb. HüllBl dachzieglig, eifglanzettlich (Abb. **580**/4). (0,15–)0,30–0,70. ⚇ kurzes ⚷ 6–10. **W**. **Z** z Staudenbeete, haltbare ✄; ∨ Selbstaussaat ⚘ ○ ⊕ ~ (O-Frankr., Alpen, S-D., N-Apennin, N-Karp., W-Balkan: Kalkmagerrasen, lichte Eichen- u. KiefernW., Gebüsche, 300–2100 m – 1720).

**Ochsenauge** – *Buphthalmum salicifolium* L.

**Telekie** – *Telekia* BAUMG. 2 Arten

**1** Pfl >1 m hoch, meist 2–8köpfig. Obere StgBl am Grund keilfg gestutzt, höchstens halbstängelumfassend sitzend. GrundBl lg gestielt, ihre Spreite br eifg mit herzfg Grund, ± 30 cm br (Abb. **582**/3). Köpfe 6–8 cm ⌀. StrahlB tief goldgelb, ScheibenB bräunlichgelb. HüllBl eifg, die äußeren mit zurückgebogener, laubfg Spitze (Abb. **582**/2). 1,00–1,50(–2,00). ⚇ ⚷ 6–8. **W**. **Z** z Teichufer, Gebüschränder, Parks ✄; ⚘ ∨ Selbstaussaat ☽ ○ ≈ ⊕ (SO-Eur., N-Türkei, Kauk.: BergWRänder, Bachufer, Hochstaudenfluren, 300–2400 m – 1739 – eingeb. in W- u. Z-Eur.). [*Buphthalmum speciosum* SCHREB.] **Große T.** – *T. speciosa* (SCHREB.) BAUMG.

**1\*** Pfl bis 0,45 m hoch, 1köpfig. Obere StgBl mit herzfg Grund stängelumfassend, untere elliptisch, in den geflügelten Stiel verschmälert, mittlere 10–15 × 4–7 cm, alle steif, mit hervortretenden Nerven. Köpfe 4–6 cm ⌀. Äußere HüllBl mit lg, krautiger Spitze. B goldgelb. (0,15–)0,20–0,45. ⚇ kurzes ⚷ 6–7. **Z** s △; nur ∨ ○ ⊕ ∧ ~ steinig (N-It.: Alpen zwischen Luganersee u. Gardasee: Kalk- u. Dolomitfelsen u. -halden – 1826). [*Buphthalmum speciosissimum* L.] **Kleine T.** – *T. speciosissima* (L.) LESS.

**Craspedie, Trommelstock, Trommelschlägel** – *Craspedia* G. FORST.
[incl. *Pycnosorus* BENTH.] 45 Arten

Lit.: EVERETT, J., THOMPSON, J. 1992: Four new Australian species of *Craspedia* sens. strict. (*Asteraceae: Gnaphalieae*). Telopea **5**: 35–51.

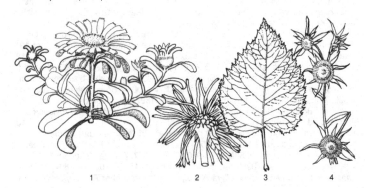

1        2        3        4

Bem.: Alle folgenden Arten kult ⊙, mit Rosette u. beblättertem lg Stg. Köpfe in dichten, kugelfg od. halbkugligen Gruppen, ohne StrahlB. **Z** s ⚥; **V** ⓚ ○ Schutz vor Winternässe, Boden sandig-grusig, durchlässig, nicht trocken. – *C. globosa* wird in neuen australischen Floren zur Gattung *Pycnosorus* BENTH. gestellt.

**1** Köpfe zu 70–200 in der kugligen Kopfgruppe, sitzend. HüllBl der einzelnen Köpfe u. Pappus gelb. Bl 10–30 × 0,4–1,2 cm, linealisch, beidseits weiß bis grau wollig behaart. (Abb. **551**/3–5). 0,70–1,20(–2,00). ⚄ i, kult ⊙, Pleiok? 6–8. **Z** s ⚥ Sommerrabatten; **V** Januar im ⓚ, ab Mitte Mai ins Freiland auspflanzen ○ Boden durchlässig ⋀ (Austr.: Victoria, S-Austr., N. S. Wales, Queensland: offne, schwere Überschwemmungsböden). [*Pycnosorus globosus* F. L. BAUER ex BENTH.]
**Kuglige C.** – *C. globosa* (BENTH.) BENTH.

**1\*** Köpfe zu 50–120 in der (halb)kugligen Kopfgruppe, gestielt. HüllBl der einzelnen Köpfe u. Pappus weiß . . . . . . . . . . . . . . . . . . . . . . . . . . . . . . . . . . . . . . . . . **2**

**2** Bl grün bis graugrün behaart, am Rand lg weiß behaart, verkehrteifg bis schmal spatelfg, 7–15 cm lg. B gelb od. weiß. Kopfgruppen 1,5–3 cm ⌀. 0,15–0,40. ⚄ i, kult ⊙ Pfahlwurzel 6–7. **Z** s ⚥; **V** ziemlich frosthart, ⋀, besser ⓐ (Neuseel.: Grasland, Tiefland bis subalp. – var. *grandis* ALLAN: Kopfgruppen bis 4 cm ⌀).
**Forster-C., Wollkopf** – *C. uniflora* G. FORST.

Ähnlich: **Kleine C.** – *C. minor* (HOOK. f.) ALLAN: Bl eifg, bis 8 × 4 cm, beidseits grün, borstig behaart. Kuglige Kopfgruppen hellgelb, 1–3 cm ⌀. 0,15–0,30. ⚄ i? Pfahlwurzel? 5–6. **Z** s △; **V** Selbstaussaat ○ Schotter u. Humus (S-Neuseel.: feuchte, steinige Hänge, Moore, Sümpfe, Flussufer, bis 1900 m).

**2\*** Bl weißwollig behaart . . . . . . . . . . . . . . . . . . . . . . . . . . . . . . . . . . . . . **3**
**3** B weiß. Kopfgruppen bis 2,5 cm ⌀. 0,20–0,60. ⚄ i 6–9? **Z** s ⚥; relativ frosthart. (Tasm.: offne mont.–subalp. Standorte). **Alpine C.** – *C. alpina* BACKH. ex HOOK. f.
**3\*** B gelb, selten weiß. Kopfgruppen ± 3 cm ⌀. Bl 5–10 cm lg, verkehrteilanzettlich bis spatelfg, dicht silberwollig. 0,15–0,30. ⚄ i kult ⊙ Pfahlwurzel 6–8?. **Z** s; **V** ⋀, besser ⓐ (Neuseel.: subalp.–alp. Schotterhänge). **Silbergraue C.** – *C. incana* ALLAN

**Sternauge** – *Pallenis* CASS. 1 Art?

Äußere HüllBl 1,5–4 cm lg, dornspitzig, viel länger als die 2–3reihigen, goldgelben StrahlB (Abb. **582**/4). Pfl abstehend behaart, Haare mit verdicktem Grund. Bl mit öhrchenfg Grund halbstängelumfassend, kurz bespitzt. Äußere Fr geflügelt, innere prismenfg. Pappus aus haarfg zerschlitzten Schuppen. 0,30–0,60. ⊙ 6–8?. **Z** s; **V** ▷ ○ Boden durchlässig (Medit., Orient: trockne Kalkklippen, Felsfluren, ruderal – formenreich). [*Buphthalmum spinosum* L., *Asteriscus spinosus* (L.) SCH. BIP.]
**Stechendes St.** – *P. spinosa* (L.) CASS.

**Strandstern** – *Asteriscus* MILL. [*Odontospermum* NECK. ex SCH. BIP.] 3 Arten

Lit.: WIKLUND, A. 1985: The genus *Asteriscus* (Asteraceae, Inuleae). Nordic J. Bot. **5**: 299–314. – Der Autor schließt auch *Pallenis spinosa* in *Asteriscus* ein, während er *A. aquaticus* zu *Bubonium* stellt.

**1** Pfl ⊙, unter den Köpfen ausgebreitet gablig verzweigt. Äußere HüllBl laubblattfg, ausgebreitet, länger als die StrahlB. (0,02–)0,10–0,50. ⊙ 7–8?. **Z** s Sommerblumenbeete; ○ Sand (W- u. Z-Medit, Türkei: offne, zeitweilig feuchte, oft sandige Böden). [*Bubonium aquaticum* (L.) HILL] **Einjähriger St.** – *A. aquaticus* (L.) LESS.

Ähnlich: **Zwerg-St., Rose von Jericho** – *A. hierochunticus* (MICHON) WIKLUND [*A. pygmaeus* (L.) COSS. et KRALIK]: StrahlB cremefarben, viel kürzer als die HüllBl. FrStand bei Trockenheit geschlossen, eingekrümmt. 0,02–0,15. ⊙ 5–7 (Orient, N-Afr.: Steppen, Wüsten).

**1\*** Pfl ⚄ bis ♄, buschig, aber nicht unmittelbar unter den Köpfen verzweigt. HochBl mit löffelfg Ende, so lg wie die goldgelben StrahlB. Bl verkehrteifg-länglich, 1nervig, dicklich, bucklig borstig rau. Köpfe 3–3,5 cm ⌀ (Abb. **582**/1). (0,02–)0,05–0,40. ⚄, ♄, kult ⊙ (4–)8–9. **Z** z Balkonkästen, Ampeln, Sommerrabatten; **V**, Sorte 'Gold Coin' steril, ⋀ im Winter bei 18° ⓚ, dann kühl, ○ Boden nährstoffreich (W- u. Z-Medit., Griech.: Küstenfelsen – 1900?). [*Odontospermum maritimum* (L.) Sсн. Вiр., *Buphthalmum maritimum* L.] **Küsten-St., Dukatenblume** – *A. maritimus* (L.) Less.

**Silphie** – *Silphium* L. 12 Arten

Lit.: Perry, L. M. 1937: Notes on *Silphium*. Rhodora **39**: 281–297.

**1** Bl wechselständig, ein- bis zweimal fiederschnittig (Abb. **584**/2). HüllBl dicht u. lg rauhaarig, spitz, sparrig abstehend. GrundBl bis 40 cm lg, gestielt, obere kürzer, sitzend od. stängelumfassend, senkrecht in Nord-Süd-Richtung gestellt. Köpfe 5–12 cm ∅, in schmaler Traube. B gelb. Stg∅ rund. 1,50–2,80. ⟂ Pfahlwurzel 7–8. **Z** s Naturgärten, Parks; ∨ ♈ ○ (warme bis gemäß. O- u. Z-USA: New Mexico u. Alabama bis South Dakota u. New York: Prärien – 1781). **Geschlitzte S., Kompasspflanze** – *S. laciniatum* L.

**1*** Bl gegenständig od. quirlig, nicht fiederschnittig. HüllBl nur am Rand behaart .... **2**

**2** StgBl gegenständig, am Grund paarweise becherfg verwachsen, oseits rau, useits blaugrün u. kurzhaarig, dreieckig-eifg, spitz, grob unregelmäßig gezähnt (Abb. **584**/1). StrahlB 20–30. Köpfe 5–8 cm ∅, in Schirmrispen. B gelb. Stg∅ quadratisch. 1,30–2,50. ⟂ kurzes ⅄ 7–9. **W. Z** z Parks, Naturgärten, Gehölzränder ⚥; **N:** im letzten Jahrzehnt der DDR eine Sorte als FutterPfl für Kleintierzüchter gebaut, heute z.T. deshalb als Kulturrelikt ♈ ∨ ○ ☽ (warme bis gemäß. O- u. Z-USA, SO-Kanada: Auen, Ufer, Wälder; in D. lokal eingeb. – 1762). **Durchwachsene S., Becherpflanze** – *S. perfoliatum* L.

**2*** StgBl zu 3 od. 4 quirlig, am Grund verschmälert, nicht miteinander verwachsen, lanzettlich, unregelmäßig gezähnt od. fast ganzrandig, kahl od. zerstreut behaart. StrahlB 11–16, gelb. Stg∅ rund. 1,00–2,00. ⟂ ⅄ 7–9? **Z** s Naturgärten, Parks; ♈ ∨ ○ (warme bis warmgemäß. O-USA: offne Wälder, Prärien, gestörte Stellen). [*S. asteriscus* L. var. *trifoliatum* (L.) Clevinger] **Quirlblättrige S.** – *S. trifoliatum* L.

**Lindheimerie, Texasstern** – *Lindheimera* A. Gray et Engelm. 1 Art

Bl alle gegenständig od. mittlere wechselständig, länglich-lanzettlich bis eifg-lanzettlich, die unteren am Grund stielartig verschmälert, die oberen halbstängelumfassend sitzend, ganzrandig od. grob gezähnt, rau. Köpfe ± 3 cm ∅. HüllBl 2reihig, die 5 äußeren lineal-lanzettlich, rauhaarig, die inneren eifg, spitz, kahl (Abb. **584**/4). StrahlB 5, Strahl br eifg, orangegelb. Fr abgeflacht, geflügelt, kurzhaarig, mit 2 kurzen, hornartigen Fortsätzen. 0,30–0,60. ⊙ (6–)7–9. **Z** s Sommerblumenbeete, Einfassungen, Dauerblüher; ∨ März ⊳ od. April Freiland ○ (Texas, Oklahoma, NO-Mex.: Prärien, auf basischen Böden). **Texas-L., Texasstern** – *L. texana* A. Gray et Engelm.

**Goldkörbchen** – *Chrysogonum* L. 1 Art

Bl gegenständig, gezähnt bis gekerbt od. ganzrandig, drüsenhaarig, unters dreieckig bis eifg-länglich, bis 10 × 7 cm, lg gestielt, obere herzfg. Köpfe 2,5–4 cm ∅, einzeln auf

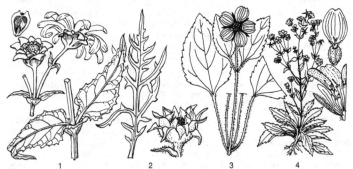

1    2    3    4

lg Stielen. HüllBl 2reihig, äußere laubartig, elliptisch, innere eifg-lanzettlich, pergamentartig. B gelb, StrahlB 5. (Abb. **584**/3.) 0,20–0,30(–0,40). ⌗ Ⓨ 5–7(–10). **Z** s ☐; ♈ ⩗ ⭣
○ ◐ ≈ (warme bis warmgemäß. O-USA: lichte Wälder, Bachufer – wenige Sorten, z. B.
'Golden Star': B goldgelb). **Virginisches G.** – *Ch. virginianum* L.

**Zinnie** – *Zinnia* L. 17 Arten
Lit: Torres, A. M. 1963: Taxonomy of *Zinnia*. Brittonia **15**: 1–25.

**1** Bl lineal-lanzettlich, 20–70 × 4–8 mm, etwa 7mal so lg wie br. Zipfel der schwarzroten
ScheibenB kahl, ihre Spitzen dick, stumpf, zurückgebogen. StrahlB orangegelb mit gelbem Mittelstreifen. Köpfe 3,5–5 cm ⌀. Fr mit 1 Granne (Abb. **585**/2). 0,25–0,40. ☉ 7–9.
**Z** z Rabatten, Sommerblumenbeete ⚥; ⩗ ☐ warm ○ (N- u. W-Mex. Hochland: Weiden
– 1887 – einige Sorten). [*Z. linearis* Benth.]
**Schmalblättrige Z.** – *Z. angustifolia* Humb., Bonpl. et Kunth
**1\*** Bl lanzettlich bis rundlich, höchstens 5mal so lg wie br. Zipfel der ScheibenB dicht samtig behaart . . . . . . . . . . . . . . . . . . . . . . . . . . . . . . . . . . . . . . . . . . . . . . . . . . . . . . . . . **2**
**2** SpreuBlSpitze deutlich abgesetzt, gefranst. Köpfe (3–)5–15 cm ⌀. Fr knorplig geflügelt,
unbegrannt. HüllBl br rundlich, gefranst, obere schwarzrandig (Abb. **585**/1). Bl stängelumfassend, herz-eifg. StrahlB der Wildform purpurn, der Sorten auch violett, rot, rosa,
goldgelb, schwefelgelb od. weiß. (0,15–)0,25–1,00. ☉ 7–9. **Z** v Sommerrabatten ⚥;
⩗ ☐ >10° ○ nährstoffreicher Humus, feucht halten (S- u. W-Mex.: Hochland von
Morelos bis Sinaloa: EichenW-Lichtungen, Ruderalstellen, 600–1300(–1800) m – 1613,
1796 – ∞ Sorten in 8 Gruppen, z. B. dahlien-, kaktus-, skabiosenblütig; meist gefüllt;
zwergig 0,15–0,25). [*Z. gracillima* hort., *Z. elegans* Jacq.]
**Garten-Zinnie** – *Z. violacea* Cav.
**2\*** SpreuBlSpitze nicht abgesetzt, ganzrandig od. gezähnelt. Köpfe 3–5(–6) cm ⌀. Fr ungeflügelt, mit 1–2 Grannen . . . . . . . . . . . . . . . . . . . . . . . . . . . . . . . . . . . . . . . . . . . . **3**
**3** Bl schmal lanzettlich, 2–3,5 × 0,5–0,7 cm, ± 5mal so lg wie br, sitzend od. kurz u. br gestielt, am Rand borstig bewimpert. Granne der mittleren Fr 3–5 mm lg. Strahlen 8–9, br
eifg, am Grund plötzlich zsammengezogen, goldgelb od. orange, bei Sorten auch braunrot od. zweifarbig. SpreuBl länger als die ScheibenB, ganzrandig, orange mit dunkelbrauner Spitze. Hülle flach schüsselfg. HüllBl br eifg, grün, oberwärts dunkel punktiert.
Fr mit 2 ungleichen Grannen. 0,30–0,45. ☉ 7–10. **Z** z Sommerblumenbeete, Sommerrabatten ⚥; ⩗ ☐ od. ab Mitte April ins Freiland ○ (Mex. Hochland: grasige Felshügel,
feuchte Wiesen, auch ruderal, 1500–2000 m – 1862 – einige Sorten, auch halbgefüllt).
[*Z. angustifolia* hort. non Humb., Bonpl. et Kunth, *Z. mexicana* hort.]
**Haage-Zinnie** – *Z. haageana* Regel

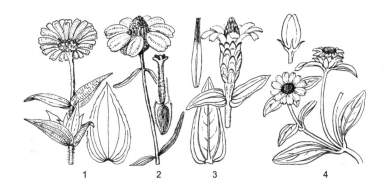

1 2 3 4

**3\*** Bl eilanzettlich, ± 3mal so lg wie br, halbstängelumfassend, rau. Fr mit 1 Granne, die der mittleren Fr 6–8,5 mm lg. Strahlen 13–15, länglich, am Grund verschmälert, rot od. blassgelb. SpreuBl kürzer als die ScheibenB, ihre Spitze ausgerandet, gezähnelt. Hülle schmal glockig. HüllBl eifg, weißlichgrün mit schwarzem Rand u. schwarzer Querlinie. (Abb. **585**/3). 0,30–0,60. ⊙ 7–9. **Z** s Sommerrabatten ⚥; ∀ ▭ ○ (SW-USA, Hochland von Mex., 1300–2550 m, bis Argent.: grasige Felshügel, Steppengebüsch, Trocken-busch auf Kalk; eingeb. im SO-USA, As., Afr., Austr. – 1753 – wenige Sorten). [*Z. pauciflora* L., *Z. tenuiflora* JACQ., *Z. multiflora* L.] **Peruanische Z.** – *Z. peruviana* (L.) L.

**Goldrandblümchen, Sanvitalie** – *Sanvitalia* LAM.      5 Arten

Stg verzweigt, ausgebreitet niederliegend. Bl eilanzettlich bis eifg, gegenständig, ganz-randig, bis 5 × 2,5 cm, steif angedrückt behaart. Köpfe 1,5–2 cm ∅, dicht darunter 1–2 Paar HochBl (Abb. **585**/4). StrahlB 8–13, br eifg, goldgelb. ScheibenB schwarzbraun. 0,03–0,15(–0,25). ⊙ 7–9(–10). **Z** z Sommerrabatten, Einfassungen, Balkonkästen, Gräber ⚥; ∀ ▭ März bei 16° od. Mitte April ins Freiland ○ (Mex., Guatem.: Z-Plateau bei 1900–2250 m: Weiden, felsiges Busch- u. Grasland mit Eichen, Akazien, Opuntien; eingeb. in SO-USA – 1798 – Sorten: 'Mandarin Orange': StrahlB orangegelb, 'Plena' u. 'Orange Glory': goldgelb, gefüllt, 'Goldteppich': frühblühend).
    **Mexikanisches G.** – *S. procumbens* LAM.

**Husarenknopf, Parakresse** – *Acmella* RICH. ex PERS.      30 Arten

Lit.: JANSEN, R. K. 1985: The systematics of *Acmella* (*Asteraceae-Heliantheae*). Syst. Bot. Monogr. **8**: 1–115.

Pfl niederliegend-aufsteigend. Bl 3eckig-eifg, wellig gezähnt bis ganzrandig, 1–5,5 × 1–5 cm, kahl. Köpfe einzeln achselständig, 1–2 cm ∅. HüllBl 2reihig (Abb. **592**/1). StrahlB fehlend. ScheibenB 2 mm lg, vorm Aufblühen rotbraun, später gelblich, Köpfe daher 2farbig. Fr seitlich zusammengedrückt, am Rand gewimpert, mit 0–2 Borsten. 0,10–0,50. ⊙ ⁴? 7–9. **Z** s Sommerrabatten; ∀ ▭ Lichtkeimer; **N** s Gemüse, in Indien u. Am. HeilPfl gegen Zahnschmerzen (Brasil., Karibik, in Kult entstanden aus *A. alba* (L'HÉRIT.) R. K. JANSEN (Z-Peru)). [*Spilanthes oleracea* L.]
    **Husarenknopf, Parakresse** – *A. oleracea* (L.) R. K. JANSEN

**Sonnenauge** – *Heliopsis* PERS.      18 Arten

Bl gegenständig, eilanzettlich, spitz, gesägt, am Grund stielartig verschmälert, beidseits rau behaart (Abb. **589**/1). Köpfe end- u. achselständig, lg gestielt. StrahlB 8–18, 20–40 × 6–13 mm, gelb bis goldgelb, Sorten auch orange. 0,60–1,80. ⁴ ⌶ 6–9. **Z** v Rabatten, Staudenbeete ⚥; ∀ ∿ ○ Boden nährstoffreich (formenreich: var. *helianthoides*: Stg u. Bl kahl, Bl eifg, 1,00–1,80 (warmgemäß. O-USA); var. *scabra* (DUN.) FERN.: Stg u. Bl meist rauhaarig, Bl eilanzettlich, fest. 0,60–1,00 (warmgemäß. bis ge-mäß. zentrales u. östl. Am.: Prärien, trockne, lichte Gehölze, ruderal) – 1714 – ∞ Sorten: unterschiedlich hoch, StrahlB gelb bis orange, Köpfe auch halbgefüllt od. gefüllt).     **Garten-S.** – *H. helianthoides* (L.) SWEET

**Sonnenhut** – *Rudbeckia* L.      13 Arten

**1** Mittlere StgBl handfg 3–5(–9)teilig, Mittelabschnitt oft wieder geteilt. Pfl >0,80, ⁴, ⊙
    .................................................................. **2**

**1\*** Alle Bl unzerteilt. Pfl ⁴ od. ⊙ .................................................... **4**

**2** Bl u. Stg (fast) kahl (vgl. auch *R. nitida*, **5\***, dort aber Bl nur selten gelappt, Pfl meist <1,20). Untere Bl gestielt, 5–7(–9)teilig, mit Stiel 15–25 cm lg, entfernt grob gezähnt (Abb. **588**/3), obere 3teilig, sitzend. Köpfe einzeln end- u. achselständig, lg gestielt, 6–8 cm ∅. StrahlB der Wildform 6–16, hängend, 3–6 cm lg, hellgelb. Scheibe kegelfg, gelbgrün. HüllBl eifg, spitz, kahl. (0,60–)1,50–2,20. ⁴ ⌶ ∿ 7–8. **W**. **Z** v Staudenbeete, Bauerngärten, Gehölzränder, Parks ⚥; ⚘ ∀ ○ ◐ (S-Kanada, Z- u. O-USA: Flussufer, Auen, Sümpfe; eingeb. in Z-Eur. – 1622 – formenreich: var. *humilis* A. GRAY: Stg

0,60–1,50. Bl alle 3teilig, mit rundlichen Lappen, selten unzerteilt (SO-USA: S-Appa-lachen) – kult meist Sorte 'Goldball': gefüllt, 1.40–1,90; 'Goldquelle' (*R. laciniata* × *R. nitida*): bis 0,70, straffer).
     **Schlitzblättriger S., Goldball, Langer Heinrich** – *R. laciniata* L.

**2\*** Stg wenigstens oberwärts u. Bl behaart. Bl 3–5teilig ....................... **3**

**3** StrahlB 12–21, 20–40 × 5–8 mm, useits drüsig punktiert, ganz gelb. Spreuschuppen an der Spitze von kurzen, klebrigen Haaren grau, nicht grannenspitzig. StgBl eifg, 3–5tei-lig, bis 13 cm lg, gestielt, gesägt, grau behaart. Köpfe 8 cm ⌀, einzeln end- u. achsel-ständig. Scheibe braun, halbkuglig. 0,80–1,40(–2,00). ♃ ⚲ 7–9. **Z** s Rabatten, Gehölz-ränder, Naturgärten ⚥; V ○, nicht trocken (warmgemäß. bis gemäß. O-USA: feuchte Prärien, Auen).     **Schwachfilziger S.** – *R. subtomentosa* PURSH

**3\*** StrahlB 6–15, 8–30 × 3–8 mm, useits nicht drüsig punktiert, gelb, am Grund meist oran-ge. Spreuschuppen nicht grauhaarig, grannenspitzig. Bl br herzeifg, handfg 3–5schnit-tig, gestielt, obere (selten alle) unzerteilt, mit verschmälertem Grund sitzend. Scheibe dunkelpurpurn od. braun, eifg bis halbkuglig. (0,50–)1,00–1,30(–1,50). ☉ od. kurzlebig ♃ 7–9. **Z** s Rabatten, Naturgärten, Gehölzränder ⚥; V ○ ≈ (warme bis warmgemäß. Z- u. O-USA, SO-Kanada: feuchte Prärien, AuWRänder, gestörte Ufer – 1699).
     **Dreilappiger S.** – *R. triloba* L.

**4** (1) Pfl kahl ....................................................... **5**

**4\*** Pfl behaart ....................................................... **6**

**5** Bl bläulich, geschweift-gezähnelt od. ganzrandig, eifg, 7–50 × 4–14 cm, untere gestielt, obere sitzend, halbstängelumfassend. Köpfe einzeln od. wenige. Strahlen 1,5–8 cm lg, hängend, Scheibe zylindrisch, 2,5–6 cm lg, schwarz. 1,00–2,20(–3,00). ♃ ⚲ 8–9. **Z** s Naturgärten, Gehölzränder, Parks; V im Frühjahr, V ≈ (SO-USA: O-Texas u. Louisiana bis Missouri: feuchte, offne Standorte).     **Großer S.** – *R. maxima* NUTT.

**5\*** Bl glänzend grün, br lanzettlich, ganzrandig, gesägt od. gezähnt, 5–50 × 2–9 cm, am Grund stielartig verschmälert. Scheibe keglig bis zylindrisch, 2–4,5 cm lg, grünlichgelb. StrahlB 8–15, länglich-eirund, gelb. 0,60–1,20(–2,00). ♃ ⚲ 7–9. **Z** s Naturgärten, Stau-denbeete, Gehölzränder ⚥; V V ○ ◐ ≈ (S-Georgia u. Florida: feuchte Gehölze – Sorte 'Herbstsonne': 2,00, Strahlen goldgelb).     **Glänzender S.** – *R. nitida* NUTT.

**6** (4) Stg u. Bl kahl bis angedrückt behaart, aber nicht sehr rau od. abstehend stechend borstig. Pfl ♃, mit kurzen unterirdischen Ausläufern, an deren Enden immergrüne Ro-setten (Abb. **588**/1). SpreuBlSpitzen nicht klebrig grauhaarig. GrundBl 3(–5)nervig, eifg-lanzettlich, entfernt gezähnt. StgBl sitzend, halbstängelumfassend, gezähnt, 3nervig. Köpfe bis 7 cm ⌀, einzeln auf lg Stielen. Strahlen 15–40 mm lg, gelb bis orange. Fr mit kleinem, krönchenfg Pappus (Abb. **551**/1). 0,60–1,00. ♃ ⚲ 8–10. **Z** v Rabatten ⚥; ♈ V Selbstaussaat Kaltkeimer ○ ◐ Boden ≈ nährstoffreich (warme bis gemäß. O-USA: feuchte, lichte Wälder, Seggenwiesen, Kalkquellfluren, Flussufersümpfe – 1760 – for-menreich: var. *fulgida*: GrundBl länglich-spatelfg, ganzrandig bis schwach gezähnt, StgBl eifg-lanzettlich bis lanzettlich, in den geflügelten Stiel allmählich verschmälert, Strahlen 1–3 cm lg; var. *umbrosa* (C. L. BOYNTON et BEADLE) CRONQUIST: StgBl eifg bis fast herzfg, plötzlich in den geflügelten Stiel verschmälert, Strahlen 1–3 cm lg; var. *speciosa* (WENDER.) PERDUE [*R. newmanii* C. L. BOYNTON et BEADLE, *R. speciosa* WENDER., hierzu nach CRONQUIST auch var. *deamii* (S. F. BLAKE) PERDUE u. var. *sullivan-tii* (C. L. BOYNTON et BEADLE) CRONQUIST]: Bl breiter, scharf gezähnt, stärker behaart, StrahlB 2,8–4,5 cm lg – einige Sorten, z. B. 'Goldsturm': Köpfe 12 cm ⌀, StrahlB gold-gelb).     **Gewöhnlicher S.** – *R. fulgida* AITON

**6\*** Bl beidseits sehr rau od. ganze Pfl stechend rauhaarig, ☉, ☉ od. ♃ ........... **7**

**7** Pappus fehlend. Pfl stechend rauhaarig, ☉ od. ☉, selten kurzlebig ♃. Bl lanzettlich bis elliptisch, untere eirund bis spatelfg, 7–10 × 1–2(–7) cm. Köpfe einzeln od. wenige. Scheibe hutfg, schwarzbraun, später dunkelbraun bis purpurn, 1,2–2 cm br (Abb. **588**/2). StrahlB 2,5–5 cm lg, orange od. goldgelb, bisweilen mit braunem Grund. 0,30–0,60 (–1,00). ☉ ☉ Pfahlwurzel 7–9. **W**. **Z** v Rabatten, Sommerblumenbeete ⚥; V ⌐ od. ab

Mitte April ins Freiland ○ (warmes bis gemäß. Z- u. O-Am.: sandig-felsige Gehölz-
lichtungen, Prärien, Seggenwiesen, Ufer, auch ruderal; eingeb. in Z-Eur. – 1714 – var.
h̲i̲rta: GrundBl grob gezähnt, elliptisch, 2,5–7 cm br (bes. Appalachen); kult meist var.
pulch̲e̲rrima FARW. [R. b̲i̲color NUTT., R. ser̲o̲tina NUTT.]: GrundBl ganzrandig od. fein
gezähnt, 1–2,5(–5) cm br, Standorte eher ruderal. – ∞ Sorten: Strahlen auch kupferfar-
ben od. ganz braun). **Rauer S.** – R. h̲i̲rta L.
7* Pappus ein deutliches Krönchen. Pfl ♃, Bl am StgGrund gehäuft, beidseits sehr rau,
fein drüsig punktiert, Spreite 6–15 cm lg, eifg, spitz, flach gezähnt. Scheibe halbkuglig
bis kegelfg. Strahlen gelb bis orange, 3–5 cm lg, hängend. 1,00–1,50. ♃ ⚯ 6–8?. **Z** s
Naturgärten, Staudenbeete; ♉ ○ ◐ ≈ ∧ (SO- u. südl. Z-USA: SO-Texas bis Georgia,
Kansas u. Arkansas, nördl. eingeb.: lichte Wälder auf Sand- u. Tonboden).
**Großblütiger S.** – R. grandifl̲o̲ra (SWEET) C. C. GMEL. ex DC.

Bem.: Sehr selten kult: **Strahlloser S.** – R. occident̲a̲lis NUTT.: StrahlB fehlend. Bl ganzrandig, gelappt
bis fiederteilig. 0,50–2,00. ♃ 7–9 (küstenferne W-USA: Waldbäche, BergW).

**Igelkopf, Scheinsonnenhut** – *Echin̲a̲cea* MOENCH         **9 Arten**
1 BlSpreite <5mal so lg wie br, gezähnt, selten ganzrandig, GrundBl eifg, lg gestielt, StgBl
lanzettlich, rauhaarig. StrahlB 3–8 cm lg, ausgebreitet od. herabhängend, purpurn (Abb.
**588**/4). ScheibenB braunviolett, ihre Staubbeutel gelb. 0,40–1,50. ♃ ⅄ 7–9. **Z** z Ra-
batten ⚥; **N** homöopathische HeilPfl: Immunstimulans, Wirkung zweifelhaft; ∀ ♉ ○,
nicht trocken (warmes bis gemäß. O-Am.: lichte Wälder, feuchte Prärien – 1692 – eini-
ge Sorten, z. B. 'White Swan': StrahlB weiß; 'Leuchtstern': Köpfe groß, purpurn, Stg dun-
kelpurpurn). [*Rudb̲e̲ckia purp̲u̲rea* L.]   **Roter I., Roter Sch.** – E. purp̲u̲rea (L.) MOENCH
1* BlSpreite >5mal so lg wie br, ganzrandig, schmal lanzettlich, 10–15 × 1–1,8 cm. StrahlB
2–2,5(–4) × 0,5–0,8 cm, ausgebreitet, purpurn bis rosa. Scheibenblüten braunviolett,
Pollen gelb. 0,20–0,50(–0,80). ♃ ⅄? 7–9. **Z** s; **N** HeilPfl wie **1**; ∀ Kaltkeimer ♉ ○ ~
(südl. Z-Kanada, Z-USA: Prärien, Ödland – 1861). [E. p̲a̲llida (NUTT.) NUTT. var. *angus-
tif̲o̲lia* (DC.) CRONQUIST]   **Schmalblättriger I.** – E. angustif̲o̲lia DC.

Ähnlich: **Prärie-I., Blasser I.** – E. p̲a̲llida (NUTT.) NUTT.: Bl ebenfalls schmal lanzettlich, 5–20mal so lg
wie br, ganzrandig; aber StrahlB (3–)4–8 × 0,3–0,4 cm, blasspurpurn, schlaff herabhängend. Pollen
weiß. 0,60–1,00. ♃ Pfahlwurzel 7–9. **Z** s (Z-USA: trockne, felsige Lichtungen, gestörte Prärien; öst-
licher eingeb.).

**Präriesonnenhut** – *Ratib̲i̲da* RAF.         **6 Arten**
Lit.: RICHARDS, E. L. 1968: A monograph of the genus *Ratibida*. Rhodora **70**: 348–393.

Bl wechselständig, fiederschnittig, die Abschnitte lanzettlich, grob gezähnt od. meist ganz-
randig, rau behaart, untere Bl lg gestielt, obere sitzend. Köpfe (1–)3–12, 3,5–5 cm ⌀.

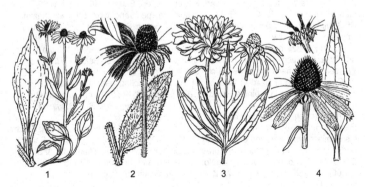

1           2           3           4

StrahlB 5–15, ausgebreitet od. zurückgebogen, blassgelb. Scheibe eifg, 1–3 cm hoch, grün. 0,40–1,20. ♃ ⚲ 7–8(–10). **Z** s Rabatten; ∀ ♥ ○ ⊕ (SO-Kanada, USA außer W: Prärien, trockne Wälder, Brachland, oft auf Kalk).

**Nickender P. –** *R. pinnata* (VENT.) BARNHART

**Tithonie –** *Tithonia* JUSS. 11 Arten

Lit.: LA DUKE, J. C. 1982: Revision of *Tithonia*. Rhodora **84**: 453–522.

Bl br herz-eifg, untere meist 3lappig (Abb. **589**/4), mit Stiel bis 40 cm lg, oseits rau, useits behaart. Köpfe 5–8(–10) cm ⌀. StrahlB zinnoberrot, br eifg. ScheibenB goldgelb. HüllBl 12–16, äußere spitz. 0,80–1,50, in der Heimat bis 4,00. ☉ 7–9. **Z** z Rabatten, Sommerblumenbeete ⚲; ∀ ⌐ März–April ○ Boden nährstoffreich (Mex., Z-Am.: Schlagfluren, Gehölze, ruderal, <1000 m – vor 1733). [*T. speciosa* (HOOK.) GRISEB.]

**Rundblättrige T. –** *T. rotundifolia* (MILL.) S. F. BLAKE

Ähnlich: **Verschiedenblättrige T. –** *T. diversifolia* (HEMSL.) A. GRAY: HüllBl 16–28, verkehrteifg, stumpf. Köpfe 6–15 cm ⌀. Bl 3–5lappig. 2,00–4,00. ♃ ⚲ kult ☉ 7–9. **Z** s (SO-Mex., Z-Am.).

**Wedelie –** *Wedelia* JACQ. 55 Arten

Pfl kriechend od. hängend, an den Knoten wurzelnd. Bl glänzend grün, meist 3lappig, bis 12 × 5 cm, zerstreut behaart. Köpfe einzeln achselständig (Abb. **592**/2), 1,8–3 cm ⌀. HüllBl verkehrteifg, laubartig. StrahlB ± 10, gelb, Strahlen br eifg, 1–1,5 cm lg. ScheibenB dunkler gelb. 0,15–0,20 hoch, bis 1,50 kriechend od. hängend. ♃ i, kult ☉ (5–)6–9. **Z** z Kübel, Balkonkästen, Ampeln, Sommerrabatten; ∀ 18° März od. Kopfstecklinge, dann kühl 6–8° ○ Boden durchlässig, nährstoffreich, ⚘; stark wachsend (S-Florida, Karibik, trop. Am.: Fels- u. Sandküsten, auch ruderal – ± 1990). [*Sphagneticola trilobata* (L.) PRUSKI] **Dreilappige W., Goldstern-W. –** *W. trilobata* (L.) HITCHC.

**Sonnenblume –** *Helianthus* L. 52 Arten

Lit.: HEISER, C. B., CLEVENGER, S. B., MARTIN, W. C. 1969: The North American sunflowers (*Helianthus*). Mem. Torrey Bot. Club **22**: 1-218. – ROGERS, C. E., THOMPSON, F. E., SEILER, G. J. 1982: Sunflower species of the United States. National Sunflower Ass., Bismarck.

Bem.: Rang u. Umgrenzung der Sippen problematisch, viele Hybr.

1       Pfl ☉, ohne Rhizom od. Knollen ...................................... **2**
1*      Pfl ♃, mit Rhizom u./od. Knollen ..................................... **4**
2       Scheibe des Kopfes bis 2,2 cm ⌀. HüllBl <3 mm br, lanzettlich, zugespitzt. Bl unregelmäßig gesägt od. (bei der <1,00 m hohen subsp. *cucumerifolius* (TORR. et A. GRAY) HEISER mit bis 15 cm br, 25–50 cm lg gestielten Köpfen) regelmäßig flach gesägt, weniger als doppelt so lg wie br. Stg mit roten, erhabenen Punkten. Köpfe 8–12 cm ⌀. StrahlB

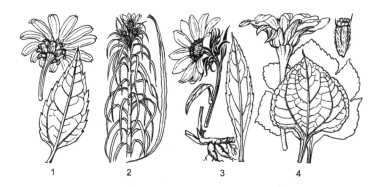

1       2       3       4

11–21, weißgelb, gelb, rotbraun. ScheibenB schwarzbraun. Köpfe auch gefüllt. 1,20–1,50. ☉ 7–9. **Z** z Rabatten ⚥; Boden nährstoffreich ○ (S- u. O-USA: Golf- u. Atlantikküste von Texas bis Florida u. New Hampshire: Sandstrand, KiefernW; verw., ob in D.? – 1883 – formenreich – einige Sorten, z. B. 'Vanilla Ice': Strahlen cremefarben, Scheibe schwarz). **Mehrstänglige S.** – *H. debilis* Nutt.

2* Scheibe des Kopfes >2 cm ⌀. HüllBl 5–15 mm br, aus eifg Basis in die lg Spitze plötzlich zusammengezogen (Abb. **590**/1) . . . . . . . . . . . . . . . . . . . . . . . . . . . . . . . . . . . **3**

3 Pfl grün, rau. Bl br herzfg, lg gestielt, nur untere gegenständig. Scheibe 3–50 cm ⌀. RöhrenB braunrot od. gelb. StrahlB (7–)>16, gelb od. purpurbraun. Fr 5–15 mm lg. (Abb. **590**/1). (0,30–)1,00–3,00(–4,00). ☉ (7–)8–10. **W. N** besonders Wärmegebiete v Felder, Gärten; Öl, Grünfutter, Gebäck, Vogelfutter, Stg für Zellulose, Faserplatten; **Z** v Rabatten, Sommerblumenbeete ⚥; ○ (SW-USA, N-Mex.: Flusstäler, Erdanrisse – prähistorische KulturPfl der Indianer, Eur. 1568, D. 1623 – verw. in Z-Eur.: Schuttplätze, Straßenränder – ∞ Sorten, auch gefüllt mit röhren- od. zungenfg B; 'Pacino' u. 'Sunny boy': Pfl 0,35). **Gewöhnliche S.** – *H. annuus* L.

3* Pfl silbrig weißfilzig. Scheibe 2–4 cm ⌀. RöhrenB dunkelpurpurn. StrahlB gelb. Fr 4–6 mm lg. 1,00–2,00 m. ○ 8–10. **Z** s; ○ (Texas: offne Sandböden; eingeb. in SO-USA – 1851? – Hybr mit *H. annuus* u. *H. debilis*, auch gefüllt). **Silberblatt-S.** – *H. argophyllus* Torr. et A. Gray

4 (1) Bl >200, linealisch, 8–21 × 0,3–1,5 cm, sichelfg, ihr Rand zurückgerollt (Abb. **589**/2). Köpfe 5–20 in Schirmtrauben od. -rispen, 5–7 cm ⌀. StrahlB goldgelb, ScheibenB purpurbraun. Scheibe 1 cm br. Stg kahl, oft bereift. Rhizom fleischig. 1,50–2,80. ♃ ⚥ 9–10. **Z** z Naturgärten, Parks, Gewässerufer ⚥; ⚘ ○ ≈ (Z-USA: Texas bis Nebraska u. Missouri: sommerfeuchte Prärien auf Kalk – 1838). [*H. orgyalis* DC.] **Weidenblättrige S.** – *H. salicifolius* A. Dietr.

4* Bl <100, lanzettlich, eifg od. herzfg-dreieckig, höchstens 8mal so lg wie br. Köpfe 1 od. mehrere . . . . . . . . . . . . . . . . . . . . . . . . . . . . . . . . . . . . . . . . . . . . . . . . . . . . . . . **5**

5 HüllBl ± angedrückt, dachzieglig, stumpf od. spitz, aber nicht lg zugespitzt. Köpfe meist auf etwa 10–30 cm lg, blattlosen Stielen . . . . . . . . . . . . . . . . . . . . . . . . . . . . . . . . . **6**

5* HüllBl locker abstehend, in eine lg Spitze ausgezogen. Stg bis dicht unter die Köpfe beblättert . . . . . . . . . . . . . . . . . . . . . . . . . . . . . . . . . . . . . . . . . . . . . . . . . . . . . . . . **8**

6 ScheibenB gelb, zuweilen bräunlich. HüllBl mehrreihig, verkehrteilanzettlich, 7–12 × 3–3,5 mm, spitz (Abb. **590**/3). Köpfe 5–12 cm ⌀, 7–30 cm lg gestielt. StrahlB 15–25, gelb. Untere Bl gegenständig. 1,50–2,00(–2,50). ♃ ⚥ 8–9. **W. Z** v Rabatten ⚥; ⚘ ○ (*H. tuberosus* × *H. pauciflorus*, vermittelt in den Merkmalen zwischen beiden – 1810 – verw. in Z-Eur. – einIge Sorten, auch halbgefüllt). **Bastard-S., Blühfreudige S.** – *H.* × *laetiflorus* Pers.

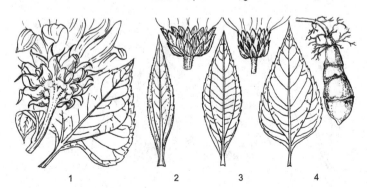

1          2          3          4

6* ScheibenB rot, purpurbraun od. gelb mit roten Zipfeln. HüllBl dachzieglig, deutlich verschieden lg (Abb. **590**/2) . . . . . . . . . . . . . . . . . . . . . . . . . . . . . . . . . . . . . . . . . . . . . . . . . **7**
7 Bl rhombisch-lanzettlich, 2,5–8mal so lg wie br, 5–27 × 2–6 cm, allmählich in den bis 1 cm lg, geflügelten Stiel verschmälert, sehr derb, fast ledrig, rau, nur die obersten wechselständig (Abb. **590**/2). Köpfe 1 od. wenige, 5–8 cm ⌀. HüllBl eifg, stumpflich, gewimpert. StrahlB 15–25. ScheibenB purpurbraun. Rhizom verlängert. 0,50–2,30. 24 Ⓛ 8–11. **Z** z Naturgärten, Parks ⚥; ⚘ ○ (zentrale USA: Prärien – 1810 – in D. s verw. – Hybr mit *H. tuber̲o̲sus* s. 6). [*Harp̲a̲lium r̲i̲gidum* CASS., *Heli̲a̲nthus r̲i̲gidus* (CASS.) DESF.] **Wenigblütige S.** – *H. paucifl̲o̲rus* NUTT.
7* Bl eifg-lanzettlich, 1,7–2,5mal so lg wie br, 7–26 × 3–10 cm, plötzlich in den br geflügelten Stiel zusammengezogen, borstig behaart, die unteren gegenständig, die oberen stark verkleinert. Stg unten abstehend behaart. Köpfe 5–10 cm ⌀. StrahlB 10–15, tief gelb. ScheibenB purpurbraun. Rhizom sehr kurz. 0,60–1,50(–2,00). 24 Pleiok-Ⓛ 8–10. **Z** z Rabatten ⚥; ⚘ ○ ◑ ∧ nicht standfest (SO-USA: trockne, lichte Wälder – 1732). [*H. sparsif̲o̲lius* ELLIOTT] **Schwarzrote S.** – *H. atr̲o̲rubens* L.
8 (5) Bl schmal lanzettlich, flach, >3mal so lg wie br, 1,5–3 cm br, fast sitzend, meist wechselständig, rau. HüllBl 8–15 mm lg, sehr locker abstehend, schmal lanzettlich, lg zugespitzt, am Rand bewimpert, grün, so lang wie die Scheibe od. wenig länger (Abb. **589**/3). Rhizom kurz, holzig, mit knollenfg verdickten Wurzeln. Stg abstehend behaart. B alle gelb. StrahlB 10–20. 1,00–3,00. 24 Ⓛ 8–10. **Z** s Parks, Naturgärten, Rabatten ⚥; ⚘ ○ ◑ ≈ (warmes bis gemäß. O-Am.: Georgia u. Missisippi bis Minnesota u. Maine; SO-Kanada: Sümpfe – 1714 – in D. s verw.: Flussufer). **Riesen-S.** – *H. gigant̲e̲us* L.

Ähnlich: **Maximilian-S.** – *H. maximili̲a̲nii* SCHRAD.: Pfl grauweiß behaart. Bl längs gefaltet, 1nervig, 10–30 × 2–5,5 cm. Köpfe zu 3–15 in traubenfg BStand. HüllBl deutlich länger als die Scheibe, 14–20 mm lg. 0,50–2,00. 24 Ⓛ 7–9. **Z** s (warmgemäß. bis gemäß. Z-USA u. S-Kanada: Prärien, Straßenränder, weiter eingeb.).

8* Bl eilanzettlich bis eifg, bis 3mal so lg wie br, 3nervig, sitzend od. gestielt, untere u. mittlere gegenständig. Rhizom knollig od. holzig, aber ohne Wurzelknollen . . . . . . **9**
9 Bl sitzend. Pfl grauweiß, Bl useits weich kurzhaarig. Stg u. HüllBl dicht weißlich zottig. RöhrenB gelb. Scheibe 2–3 cm ⌀. StrahlB 16–35. 0,50–1,20(–2,00). 24 Ⓛ 7–9. **Z** s Rabatten ⚥; ⚘ ○ Sand (S- u. Z-USA: Sand-Prärien – 1800). [*H. m̲o̲llis* LAM. × *H. gigant̲e̲us* L.] **Gämswurz-S.** – *H. × doronico̲i̲des* LAM.
9* Bl deutlich gestielt, rau, grün . . . . . . . . . . . . . . . . . . . . . . . . . . . . . . . . . . . . . . **10**
10 HüllBl 22–35, schwarzgrün, 8–17 × 2–4 mm. Stg abstehend rauhaarig. Bl eifg, lg zugespitzt (Abb. **590**/4), untere gegenständig oder zu 3 quirlig, 10–23 × 7–15 cm, obere wechselständig, ihr Stiel 2–4(–8) cm lg, geflügelt. Rhizom knollenfg verdickt. (0,70–)1,00–3,00. 24 Ⓛ 8–10. **W. N** Grünfutter, Wildfutter, Knollen als Diabetiker-Kartoffeln u. zur Alkoholgewinnung, z Gärten, s Felder; **Z** z Rabatten, Naturgärten ⚥; ⚘ ○. Wildform (**Z**) schlank, locker beblättert, Knollen zigarrenfg, Kulturformen (**N**) meist gedrungen, dicht beblättert, Knollen eifg, Bl breit, Stg zottig, BZeit 10 (Z- u. O-USA: feuchte Prärien, Ufer; eingeb. in S-Kanada u. Z-Eur. – kult durch Indianer schon vor Kolumbus, Eur. 1607, D. 1627 – als KnollenFr durch Kartoffel verdrängt). **Topinambur** – *H. tuber̲o̲sus* L.
10* HüllBl 20–25, grün, lanzettlich, 11–16 × 2–3 mm, im unteren Teil gelblich, wulstig-längsnervig, zurückgeschlagen. Stg unten fast kahl. Bl eilanzettlich, 8–20 × 3–10 cm, kahl od. schwach rau, scharf gesägt, plötzlich in den 1,5–6 cm lg, geflügelten Stiel verschmälert, an der Hauptachse oft alle gegenständig. Rhizom nicht knollenfg verdickt. B alle gelb. StrahlB 8–12, 2–3 cm lg. 0,50–1,50(–2,00). 24 Ⓛ 8–10. **Z** Rabatten ⚥; ⚘ ⚘ ○ ◑ (SO-Kanada, Z- u. O-USA: Wälder, Bachufer – 1588, 1749? – Sorten auch gefüllt – ob auch verw.? Angaben gehören wohl zu *H. tuber̲o̲sus* – Hybr mit *H. a̲nnuus* [*H. × multifl̲o̲rus* L.]: Köpfe meist gefüllt, steril). **Zehnstrahlige S.** – *H. decap̲e̲talus* L.

Ähnlich: **Kropfige S.** – *H. strum̲o̲sus* L.: HüllBl weniger locker, so lg wie der ⌀ der Scheibe. Bl rau, undeutlich gesägt, Stiel 1–3 cm lg. St kahl. **Z** s (warmes bis gemäß. O-Am: feuchte bis trockne Prärien,

Flussbänke, Lichtungen, ruderal – Sammelgruppe von Übergangsformen). – **Kleinköpfige S.** – *H. microcephalus* TORR. et A. GRAY: HüllBl 12–17, lineal-lanzettlich, abstehend bis zurückgekrümmt. Köpfe 4–6 cm ∅. Strahlen 5–8, 1–3 cm lg. BStand sparrig verzweigt (Abb. **592**/3). 1,00–2,00. ♃ Pleiok 8–10. **Z** s ⚥ (warme–gemäß. O-USA: offne Wälder).

**Zwergsonnenblume** – *Helianthella* TORR. et A. GRAY    9 Arten

Lit.: WEBER, W. A. 1952: The genus *Helianthella* (*Compositae*). Amer. Midl. Naturalist 48: 1–35.

Stg im oberen Teil zerstreut rauhaarig. Bl gegenständig, bis 50 cm lg, mit 5 hervortretenden Nerven, elliptisch-lanzettlich, spitz, untere lg gestielt, obere sitzend. Köpfe einzeln endständig, ± 10 cm ∅, lg gestielt, zur BZeit nickend. Hülle 4–5 cm br. HüllBl 1,5–2 cm lg, eilanzettlich, spitz, am Rand gewimpert. Scheibe 2–4 cm ∅. StrahlB ± 20, 2,5–4 cm lg. SpreuBl dünnhäutig. 0,50–1,50. ♃ Pleiok-Pfahlwurzel 5–6. **Z** s Rabatten ⚥; ∀ ○ (küstenferne W-USA, Rocky M., N-Mex.: feuchte Bergwiesen, Kiefern- u. EspenW, 1400–4000 m). **Fünfnervige Z.** – *H. quinquenervis* (HOOK.) A. GRAY

Als **Z** sehr selten kult : **Kalifornische Z.** – *H. californica* A. GRAY: Hülle 1,5–2 cm br, äußere HüllBl 1–2 cm lg, nicht laubartig. 0,15–0,60. ♃ 5–7 (Kalif., S-Oregon, W-Nevada: Wiesen, lichte Wälder, 0–2500 m). – **Diablo-Z.** – *H. castanea* GREENE: Hülle 2,5–4 cm br, äußere HüllBl laubartig verbreitert, 3–10 × 0,7–2 cm, nach oben über die Scheibe eingekrümmt. 0,15–0,45. ♃ 5 (Beide: Köpfe 1–3, aufrecht. SpreuBl fest, hornartig) (Kalif.: San Francisco-Bay: grasige Hügel, bis 1200 m).

**Kronbart, Verbesine** – *Verbesina* L.    200 Arten

**1\*** Pfl ⊙. Stg u. BlUSeite grau striegelhaarig. StrahlB 10–20, 1,5–3 mm tief gezähnt, 1–2 (–3) cm lg, gelb. ScheibenB >80. Stg buschig verzweigt, nicht geflügelt. Bl gegen- od. wechselständig, deltoid, grob gezähnt, 4–9 × 2–5 cm, mit kurzem, geflügeltem Stiel. 0,30–0,60(–1,00). ⊙ 7–10. **Z** s Sommerblumenbeete, Naturgärten; ∀ April ▭ od. Mai Freiland; ○ ≈ (Mex.: 1900–2500 m, warme bis warmgemäß. Z-USA: trockne Bachtäler, ruderal; eingeb. in S-Am., Afr., Austr. u. W-Eur., bei Mannheim – 1785). [*V. exauriculata* COCKERELL]
    **Goldner K., Einjährige V.** – *V. encelioides* (CAV.) BENTH. et HOOK. ex A. GRAY
**1\*** Pfl ♃, mit Rhizom. Stg u. BlUSeite nicht grauhaarig. StrahlB (1–)2–15, nicht tief gezähnt. Stg nur oben verzweigt, geflügelt. ScheibenB <80 . . . . . . . . . . . . . . . . . . . .    **2**
**2** Bl gegenständig. Scheibe zur BZeit 3–7 mm ∅. StrahlB 0,5–2 cm lg. ScheibenB 8–15. HüllBl ∞, 2reihig, aufrecht. StrahlB (1–)2–5. Alle Fr ungeflügelt. Bl eifg zugespitzt, 7–17 × 4–11 cm. Köpfe >20. 1,00–2,00. ♃ ⚥? 9–10. **Z** s Naturgärten, Gehölzränder; ∀ ♥ ≈ (warme bis warmgemäß. O-USA: Schwemmland, Gebüsch, ruderal).
    **Gegenblättriger K.** – *V. occidentalis* (L.) WALTER
**2\*** Bl wechselständig. Scheibe zur BZeit 9–16 mm ∅. StrahlB 1–3 cm lg. ScheibenB 40–80 . . . . . . . . . . . . . . . . . . . . . . . . . . . . . . . . . . . . . . . . . . . . . . .    **3**

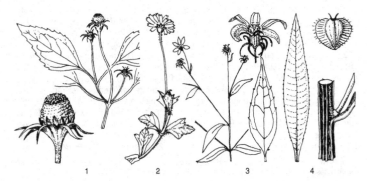

1            2            3            4

**3** Köpfe 8–50 in Schirmrispe, 2–5 cm ⌀. StrahlB 2–10. HüllBl 8–12, herabgebogen. Bl 10–27 × 2–8 cm, eilanzettlich, entfernt klein gezähnt (Abb. 592/4), zerstreut behaart, useits nicht weißfilzig. Alle Fr br geflügelt, in kugligem Kopf. 1,00–2,00. ♃ ⅄ 8–9. **Z** s Gehölzränder, Naturgärten; ♀ ∨ ◐ ○ Boden nährstoffreich ≈ (warme bis warmgemäß. O-USA: feuchte Gehölze, Schwemmland – 1640).

Gelber K. – *V. alternifolia* (L.) Britton ex Kearney

**3\*** Köpfe zu 1–10, 3–5 cm ⌀. StrahlB 8–15. HüllBl 16–21, aufrecht. Bl 6–15 × 2–6 cm, lanzettlich bis schmal eifg, gesägt. 0,50–0,80(–1,00). ♃ ⅄ 6–7. **Z** s Naturgärten; ♀ ∨ ○ ◐ (warme bis warmgemäß. Z- u. O-USA: Prärien, trockne Wälder, auf Sand – 1825).

Sonnenblumen-K. — *V. helianthoides* Michx.

**Mädchenauge, Schöngesicht, Wanzenblume** – *Coreopsis* L.     35 Arten

Lit.: Sherff, E. E. 1936: Revision of the genus *Coreopsis*. Publ. Field Mus. Nat. Hist., Bot. Ser. **11**, 6.

**1** StrahlB rosa, selten weiß. ScheibenB gelb, 4zipflig. Bl gegenständig, linealisch, 20–60 × 1–3 mm, selten unregelmäßig fiederschnittig. Köpfe 2–5 cm br, kurz gestielt. 0,20–0,60. ♃ lg ∿ 6–7. **Z** s △; ♀ ∨ ○ ≈ (gemäß. östl. N-Am.: Küstenebene von Nova Scotia bis Delaware, eingeb. in South Carolina: nasse Sandböden, Flussbänke, Flachwasser – wenige Sorten, z. B. 'American Dream': Köpfe größer, intensiv rosa).

Rosa M., Rosa Schöngesicht – *C. rosea* Nutt.

**1\*** StrahlB gelb, bisweilen mit braunem Grund, ganz braun od. purpurbraun. Bl unzerteilt, handfg 3–5teilig od. fiederschnittig od. gefiedert, wenn linealisch u. unzerteilt, dann Bl wechselständig . . . . . . . . . . . . . . . . . . . . . . . . . . . . . . . . . . . . . . . . . . . . . . . **2**

**2** Bl handfg 3(–5)teilig, die Teile br linealisch od. verkehrteifg-lanzettlich . . . . . . . . . . **3**

**2\*** Bl unzerteilt, fiederteilig od. gefiedert, wenn handfg geteilt, dann Fiedern <2 mm br. **5**

**3** Bl sitzend od. mit kurzem u. br geflügeltem Stiel, fest, am Rand gewimpert, sonst kahl, 3–8 cm lg, vogelfußfg, in od. unterhalb der Mitte 3teilig, die Abschnitte linealisch, 2–7 mm br, der mittlere zuweilen geteilt. Köpfe 1 bis wenige, 4–7 cm ⌀. Äußere HüllBl so lg wie die viel breiteren inneren. 0,40–0,90. ♃ ⅄ (5–)6–8(–9). **Z** s Staudenbeete, Naturgärten; ♀ ○ (SO-Kanada, Z-USA bis Louisiana: Prärien, trockne Wälder).

Vogelfuß-M. – *C. palmata* Nutt.

**3\*** Bl gestielt od. sitzend, weich, kahl od. behaart, 3(–5)teilig, die Abschnitte lanzettlich, (5–)10–30 mm br . . . . . . . . . . . . . . . . . . . . . . . . . . . . . . . . . . . . . . . . . . . . . . . **4**

**4** (2) Bl sitzend, flaumhaarig, bis zum Grund 3teilig, daher scheinbar zu 6 quirlig (Abb. 596/2), die Abschnitte 3–8 × (0,5–)1–3 cm. Äußere HüllBl fast so lg wie die inneren. Köpfe wenige. B gelb, 0,50–1,00. ♃ ⅄ 6–8. **Z** s Naturgärten, Staudenbeete ⅄; ♀ ∨ ○ ◐ (warme bis warmgemäß. O-USA: Louisiana u. Florida bis Indiana u. New York: trockne, offne Wälder).

Großes M. – *C. major* Walter

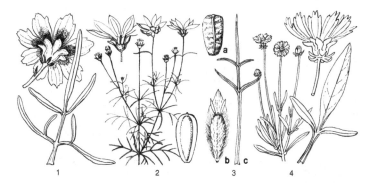

**4\*** Bl 0,5–4,5 cm lg gestielt, kahl, die 3 Abschnitte br lanzettlich, 5–10(–13) × 0,6–3 cm, ganzrandig, manchmal der mittlere wieder geteilt. Äußere HüllBl 2–3 mm lg, linealisch, innere viel breiter u. 2–3mal so lg. Köpfe ∞, 3–5 cm ⌀. StrahlB gelb, ScheibenB gelb, später braun bis purpurn. 1,00–2,50. ♃ ⅄ 7–9. **Z** s Naturgärten, Gehölz- u. Teichränder; ⚘ v ○ ◐ ≈ (SO-Kanada, O-USA von Florida u. NO-Texas bis Wisconsin u. Massachusetts: nasse od. feuchte Wiesen u. Waldränder). **Hohes M.** – *C. tripteris* L.

**5** **(3)** Pfl ♃, meist schon im ersten Jahr blühend. Bl gegenständig ............... **6**
**5\*** Pfl ☉ (s. auch **8\***). B gegenständig od. wechselständig .................... **9**
**6** Bl 3–6 cm lg, fast sitzend u. bis zum Grund in linealische, 0,3–1,5 mm br Zipfel unregelmäßig doppelt dreiteilig, quirlige Stellung vortäuschend. Pfl kahl, mit kurzen unterirdischen Ausläufern Bestände bildend. Köpfe 3,5–5 cm ⌀. B gelb. StrahlB ± 8, Strahlen br eilanzettlich, an der Spitze meist 3zähnig, 1–2,5 cm lg (Abb. 593/2). (0,20–)0,40–0,60 (–0,80). ♃ kurze ⌇⌇ 6–9. **Z** z Staudenbeete, Rabatten ⚹; v ⚘ ○ ◐ (warmgemäß. O-USA: Maryland bis South Carolina, südlicher u. in SO-Kanada eingeb.: lichte, trockne Wälder, auf Sand – ± 1750 – einige Sorten: BFarbe unterschiedlich gelb, Höhe verschieden). **Scheinquirl-M.**, **Netzblattstern** – *C. verticillata* L.

**6\*** Bl 2–15 cm lg, unzerteilt od. jederseits mit 1–2(–7) Seitenfiedern .............. **7**
**7** Bl eifg od. elliptisch bis fast rund, ganzrandig, oft am Grund mit 2(–4) sehr kleinen Seitenfiedern. Stg abstehend weichhaarig. Köpfe 5 cm ⌀, 8–25 lg gestielt. B gelb. Fr ungeflügelt od. mit dicken, eingerollten Flügeln. 0,20–0,60(–0,80). ♃ ⌇⌇ 6–8. **Z** s Rabatten ⚹; ⚘ v ◐ ○ (SO-USA: Virginia u. Kentucky bis Florida u. Louisiana: lichte Wälder – einige Sorten, z.B. 'Superba': Strahlen am Grund mit kastanienbraunem Fleck). **Wald-M.** – *C. auriculata* L.

**7\*** Bl lanzettlich bis eilanzettlich, oft mit (1–)2–4(–7) Seitenfiedern ............... **8**
**8** Gestreckter StgAbschnitt mit 2–4(–5) Knoten u. BlPaaren, Stg nur unterhalb der Mitte beblättert. Bl meist unzerteilt, verkehrteilanzettlich, bis 15 cm lg, selten beidseits mit 1–2 schmalen Fiedern, ganzrandig, kahl od. behaart. Köpfe 4–6 cm ⌀, einzeln auf 10–35 cm lg Stielen. Äußere HüllBl länglich-eifg. StrahlB gelb, keilfg, oben eingeschnitten. ScheibenB dunkelgelb. Fr br geflügelt. 0,20–0,60. ♃ Pleiok 6–8(–10). **Z** v Rabatten ⚹; v Selbstaussaat ⚘ ○ (SO-Kanada, O-USA bis Florida u. New Mex.: Sanddünen, felsigkiesige Rasen, Eichen-Kiefern-Gehölze, im Süden 1500–2250 m; in D. verw. – 1724 – einige Sorten, z.B. 'Sterntaler' (ist nicht *Melampodium*, S. 599): StrahlB gelb mit braunem Grund). **Lanzettblättriges M.** – *C. lanceolata* L.

**8\*** Gestreckter StgAbschnitt mit 4–6 Knoten u. BlPaaren, diese bis über die StgMitte reichend; die 8–20 cm lg Kopfstiele kürzer als der Rest des Stg. Bl wenigstens z.T. mit (1–)2–4(–7) Seitenfiedern (Abb. 593/4), bis auf die kurzhaarigen BlStiele kahl. Äußere HüllBl lanzettlich-pfriemlich. (0,30–)0,45–0,60(–0,90). ♃ kurzlebig, kult auch ☉, 7–10. **Z** v Rabatten ⚹; v Selbstaussaat ⚘ ○ (warmes bis gemäß. O-Am. von Florida u. New Mex. bis SO-Kanada: felsige u. kiesig-sandige Prärien, Gebüsch, im Süden 900–1200 m; in D. verw. – 1826 – mehrere Sorten, z.B. 'Badengold': Köpfe bis 10 cm ⌀, goldgelb; 'Sunray': gefüllt, meist kult ☉). **Großblumiges M.** – *C. grandiflora* T. M. Hogg ex Sweet

**9** **(5)** Bl wechselständig. StrahlB gelb .................................... **10**
**9\*** Bl gegenständig. StrahlB meist mit purpurbraunem Grund ................... **11**
**10** Bl am StgGrund gehäuft, mit 1–5 mm lg Stiel, Spreite 2–8 cm lg, 1–2fach fiederschnittig, die Abschnitte linealisch, oseits rinnig, 1–2 mm br. Pfl kahl. Köpfe einzeln. B gelb, StrahlB 5–25 mm lg; verkehrteifg. Pappus der ScheibenFr aus zwei 1,7–2,8 mm lg Schuppen. SpreuBl 5–8 mm lg, mit der ungeflügelten, bewimperten Fr der ScheibenB verbunden, mit ihr zusammen abfallend (Abb. 593/3). 0,10–0,40. ☉ 7–9. **Z** z Sommerblumenbeete ⚹; ○ (Kalif.: offne Gehölze, Halbwüsten, Grasland, 150–1800 m).
**Bigelow-M.** – *C. bigelovii* (A. Gray) Voss

Bem.: Kult oft unter dem Namen **Stillman-M.** – *C. stillmanii* (A. Gray) S. F. Blake: BlStiel 1–5 cm lg. BlSpreite 1–2fach fiederschnittig, die Abschnitte flach, 1–3 mm br, verkehrteilanzettlich. Pappus fehlend od. aus 1–2 <0,2 mm lg Krönchen. Spreuschuppen 5–6 mm lg, mit den nicht bewimperten Fr der ScheibenB nicht verbunden. 0,05–0,30. ⊙ 7–9. **Z**: ob in D. kult? (Kalif.: grasige Felshänge, 30–900 m – 1873?).

**10\*** Bl unzerteilt od. mit 1–2 kurzen linealischen Abschnitten, 2–8 × 0,1 cm, weniger basal gehäuft. Fr der ScheibenBl geflügelt. Köpfe ± 2,5 cm ⌀. B gelb. 0,05–0,30. ⊙ 7–8. **Z** s (Kalif.: trockne, felsige Hänge, 150–1000 m).
**Douglas-M.** – *C. dougl*a*sii* (DC.) H. M. HALL

**11 (9)** Bl unzerteilt eifg od. fiederschnittig mit bis 5 Abschnitten, die beiden unteren oft wieder geteilt, mit Stiel 4–10(–20) cm lg, Stiele bis 5 cm lg, rau bewimpert. StrahlB 2farbig, gelb mit dunkelbraunrotem Grund. Pfl zerstreut behaart bis fast kahl. Köpfe auf 20–30 cm lg Stielen, 3,5–5 cm ⌀. Fr geflügelt. 0,20–0,60. ⊙ 7–9. **Z** s; ○ (NO-Mex., O- u. SO-Texas: Eichen-BuschW auf Sandboden, Küstenebene – 1835). [*C. coron*a*ta* HOOK. non L.] **Kronen-M.** – *C. nuec*e*nsis* A. HELLER

**11\*** Bl bis auf die obersten 1–3fach gefiedert, die Abschnitte fadenfg bis lineal-lanzettlich, selten rundlich. Fr der ScheibenB ungeflügelt (s. aber *C. tinct*o*ria* var.!). StrahlB steril
. . . . . . . . . . . . . . . . . . . . . . . . . . . . . . . . . . . . . . . . . . . . . . . . . . . . . . . . . . . . . . . **12**

**12** ScheibenB 4zähnig, dunkelrot. Pfl kahl. Bl 1–2fach fiederschnittig, Abschnitte linealisch bis lineal-lanzettlich, 1–4 mm br. Köpfe 2–3 cm ⌀. Äußere HüllBl 2 mm lg, innere 5–8 mm (Abb. **593**/1). StrahlB 7–8, 7–15 mm lg, verkehrteifg, am Grund oft mit rotbraunem Fleck. (0,20–)0,40–1,20. ⊙ 7–9. **Z** v Sommerblumenbeete ⚥; ○ (S-Kanada, USA, NO-Mex.: feuchte Senken, gestörte Standorte – var. *atkinsoni*a*na* (DOUGL. ex LINDL.) H. M. PARKER ex E. B. SM.: Fr geflügelt! Köpfe bis 4 cm ⌀, Strahlen bis 2 cm lg. NW-USA bis Montana – 1835 – einige Sorten, Strahlen auch ganz scharlachbraun od. dunkelpurpurn). [*Calli*o*psis b*i*color* RCHB.] **Färber-M.** – *C. tinct*o*ria* NUTT.

**12\*** ScheibenB 5zähnig, braungelb bis purpurn. Pfl unterschiedlich behaart. Bl mit Stiel bis 12 cm lg, 1–3fach gefiedert, die Abschnitte linealisch, lineal-lanzettlich od. elliptisch-rundlich. Köpfe 3–5 cm ⌀. Innere u. äußere HüllBl ± gleichlang, 5–9 mm lg. Strahlen 13–23 mm lg, dunkelgelb, am Grund braunpurpurn, oben 3lappig, der Mittellappen 2(–3)lappig. 0,20–0,40. ⊙ 7–9. **Z** s ⚥ Sommerblumenbeete; ○ (O-Texas bis Florida u. N-Carolina: gestörte Standorte auf Sandboden – 1836) [*C. drumm*o*ndii* (D. DON) TORR. et A. GRAY]
**Texas-M.** – *C. bas*a*lis* (A. DIETR.) S. F. BLAKE

## Dahlie, Georgine – *Da*h*lia*      29 Arten

Lit.: SORENSEN, P. D. 1969: Revision of the genus *Dahlia*. Rhodora **71**: 309–416.

**1** StrahlB 8, 1,5–4 cm lg, gelb, orange od. rot. Bl doppelt fiederteilig, ihr Rand bewimpert, die Mittelrippe nicht od. kaum geflügelt. Köpfe meist zu 2–3, selten einzeln. Stg kahl od. unten steifhaarig. (0,50–)1,00–2,00. ♃ ⚘ Knollenwurzeln 8–9. **Z** s Rabatten; ∀ ⚘ (Mex. von Chihuahua u. Coahuila südl. bis Guatemala: Gebirge u. Plateaus, 800–2500 m:

1       2       3         4        5

offne Eichen-, Kiefern- u. SchluchtW, grasig-felsige od. schotterige Hänge, Lavaströme, Bäche – 1798 – formenreich). [*D. juarezii* M. E. BERG ex MAST.]

**Scharlach-D. –** *D. coccinea* CAV.

1* StrahlB weiß, violett od. purpurn . . . . . . . . . . . . . . . . . . . . . . . . . . . . . . . . . . . . **2**

2 Stg vom Grund reich u. locker ausgebreitet verzweigt. Bl einfach bis doppelt gefiedert. Blchen 2–5 × 1–3 cm. Pfl kahl. Köpfe ∞, 5–7 cm ⌀, auf 5–30 cm lg, verzweigten Stielen. Äußere HüllBl linealisch. StrahlB 2–3 cm lg, weiß od. hellviolett, mit 3 Zähnen. 0,40–0,90. ♃ ⚲ Knollenwurzeln 7–10. **Z** s Rabatten, Staudenbeete; ∨ ♆ ∿ ○ (Mex.: Nuevo Leon bis Guerrero – 1840).

**Merck-D. –** *D. merckii* LEHM.

2* Stg nur im BStand verzweigt, aufrecht. Bl einfach, selten doppelt fiederschnittig, Mittelrippe br berandet. Blchen eifg, 5–10 cm lg. Pfl schwach rauhaarig. Köpfe 2–8, 6–10 cm ⌀, auf 5–15 cm lg Stielen. Äußere HüllBl verkehrteifg. StrahlB 8, 3–5 cm lg, eifg, rosa bis tiefviolett. (Abb. **595**/1). 0,70–1,20(–1,60). ♃ ⚲ Knollenwurzeln 7–10. **Z** s rein; ∨ ⊏ ♆ (Mex.: Gebirge um Mexico City, in Gärten der Azteken Kulturformen schon vor Columbus – erst 1798 nach Madrid, um 1800 nach D.). [*D. rosea* CAV., *D. variabilis* (WILLD.) DESF.]

**Großfiedrige D. –** *D. pinnata* CAV.

Kult allgemein **Garten-Dahlie –** *D.* × *hortensis* GUILLAUMIN (*D. coccinea* × *D. pinnata*) [*D. juarezii* hort., *D. pinnata* hort. non CAV., *D. variabilis* hort. non (WILLD.) DESF.]: B rot, purpurn, orange, hell- u. dunkelviolett, gelb, weiß, cremefarben, rosa. 0,15–1,60. ♃ Knollenwurzeln (5–)7–10. **Z** v Rabatten, Sommerrabatten ⚥, Topfdahlien, z.B. Dahlina-, Bambi- u. Bambini-Serie auch Kübel u. Schalen, diese ∿ im Februar bei 18°; übrige ♆, ○ im Sommer nicht trocken, höhere Sorten anstäbeln, Überwinterung im Keller; für Züchtung ∨ ⊏ April. **N:** in D. zunächst als Knollenfrucht kultiviert – 1817 schon >100 Sorten, 1. gefüllte in D. 1808, bis heute ~20000 Sorten beschrieben, seit 1832 auch *D. scapigera* LINK et OTTO mit weißen B an der Entstehung niedriger Sorten beteiligt – 10 Sorten-Gruppen: Einfache (Abb. **595**/2), Anemonenblütige, Päonienblütige, Ball-, Kaktus- (Abb. **595**/5; mit gegabelten Strahlenenden: Hirschgeweih-Dahlien), Semikaktus-, Schmuck- (Abb. **595**/4), Pompon- (Abb. **595**/3), Halskrausen u. Gemischte Dahlien.

**Zweizahn –** *Bidens* L.                                                                    240 Arten

Lit.: SHERFF, E. E. 1937: The genus *Bidens*. Field Mus. Nat. Hist. Publ. Bot. Ser. **16**: 6–346, **17**: 347–709. – HART, C. R. 1979: The systematics of the *Bidens ferulaefolia* complex (*Compositae*). Syst. Bot. **4**: 130–147.

1 Wenigstens die unteren Bl gefiedert mit gestielten Fiedern, die Fiedern fast bis zur Mittelrippe eingeschnitten, ± gezähnt; Endabschnitt lanzettlich bis linealisch, zugespitzt, die seitlichen schmaler. Stg 4kantig. Köpfe zu wenigen endständig, 8–10 mm br. Äußere HüllBl 8, linealisch, gewimpert, 4–6 mm lg. Strahlen weißlich, rudimentär od. fehlend. 0,40–1,00. ☉ 7–10? **Z** s Rabatten, Kübel, ○ (Kolumbien, Brasil., Uruguay, Argent., eingeb. in Span., Frankr., Schweiz).

**Rio-Grande-Z. –** *B. subalternans* DC.

1* Untere Bl unzerteilt, gelappt od. fiederteilig, aber nicht echt gefiedert . . . . . . . . . . **2**

1                         2                         3

**2** Stg rund. Innere HüllBl nicht viel breiter als äußere. Innere Fr 8–12(–16) mm lg. Bl im Umriss eifg, bei var. *macrantha* (WEDD.) SHERFF 2–3fach fiederteilig, bei var. *triplinervia* unzerteilt, 1,5–5,5 cm lg. Stg schwach, ausgebreitet od. hängend. 0,30–0,50. ☉ � 7–8. **Z** s Rabatten, Sommerblumenbeete; V ▻ April ○ (Mex., Z-Am., Ekuador: offne Eichen-, Kiefern- u. ErlenW, Klippen, Felshang-Rasen, 2400–3600 m – 1861).

**Dreineriger Z.** – *B. triplinervia* HUMB., BONPL. et KUNTH

**2\*** Stg 4kantig. Innere HüllBl 2–3mal so br wie die äußeren, kahl. Innere Fr 4–7(–9) mm lg
. . . . . . . . . . . . . . . . . . . . . . . . . . . . . . . . . . . . . . . . . . . . . . . . . . . . . . . . . . . . **3**

**3** Köpfe 2–3,3 cm ⌀. Strahlen 5(–8), 15–20 × 5–8 mm, hellgelb. Pfl ☉ ⊙ �. Bl 2–3fach fiederschnittig. Köpfe in lockeren Schirmrispen. ScheibenB gelb mit roten Spitzen. Bl 2–3fach fiederschnittig. Stg aufrecht bis hängend (Abb. **596**/1). (0,30–)0,60–0,90. ☉ ⊙ (5–)7–8(–9). **Z** v Balkonkästen, Kübel; V ▻ April LangtagPfl (nördl. Z-Mex.: Kiefern- u. EichenWLichtungen, Grasland, 1400–2700 m – 1799 – einige Sorten, Köpfe auch gefüllt). [*Coreopsis ferulifolia* JACQ.]

**Ferula-Z.**, **Goldmarie** – *B. ferulifolia* (JACQ.) DC.

Bem.: In Fl. of North America 2006 wird *B. ferulifolia* als Synonym von *B. aurea* behandelt.

**3\*** Köpfe 2,5–6 cm ⌀. Strahlen 20–30 mm lg, gelb mit purpurnen Linien. Pfl �. Bl lineal-lanzettlich bis verkehrteifg, unzerteilt od. 1–3mal tief 3teilig, zugespitzt, unregelmäßig fein gesägt, 5–15(–22) × 3–10(–20) cm. 0,50–1,30(–1,80). � ⅄, kult ☉. **Z** z Sommer-rabatten, Kübel, Balkonkästen; V ○ ≈ Boden nährstoffreich (Arizona, Mex., Guatemala: Sumpfwiesen, Bachufer, feuchte Hänge, 1000–2200 m).

**Gold-Z.** – *B. aurea* (AITON) SHERFF

**Kosmee, Schmuckkörbchen** – *Cosmos* CAV. 25 Arten

Lit.: SHERFF, E. E. 1932: Revision of the genus *Cosmos*. Field Mus. Nat. Hist. Publ. 313, Bot. Ser. **8**(6): 399–447.

**1** BlZipfel bis 1,5 mm br. Äußere HüllBl aus eifg Grund in lg Spitze ausgezogen, länger als die inneren. StrahlB weiß, rosa od. purpurn, 2–5 cm lg (Abb. **597**/1). Bl doppelt fie-derschnittig. Stg ± rund. 0,50–1,20. ☉ 7–10. **Z** v Sommerblumenbeete ⅄; V Selbst-aussaat ○ (Guatemala, Mex. Hochland, SW-USA: Vulkanhänge, Quellwiesen, Fluss-ufer, KiefernW, 1500–2400 m, in Subtropen weit eingeb., in D. verw. – 1799 – einige Sorten: BGröße, BFarbe, Höhe, u. BZeit verschieden, auch halbgefüllt).

**Garten-K.** – *C. bipinnatus* CAV.

**1\*** BlZipfel >2mm br. Äußere HüllBl lanzettlich od. lineal-lanzettlich, kürzer als die inneren. StrahlB orange od. dunkelbraunrot, selten goldgelb. Bl 1–3fach fiederschnittig. Stg rund od. 4kantig . . . . . . . . . . . . . . . . . . . . . . . . . . . . . . . . . . . . . . . . . . **2**

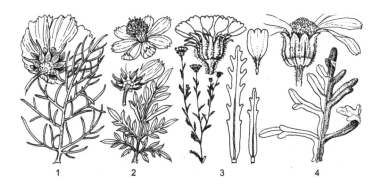

1    2    3    4

**2** StrahlB orange, selten goldgelb, etwa 3 cm lg, scharf 3zähnig. Bl 2–3fach fiederschnittig, mit br lanzettlichen, spitzen Zipfeln, useits behaart (Abb. **597**/2). Stg 4kantig. HüllBl lineal-lanzettlich. 0,60–1,20. ☉ 8–10. **Z** z Sommerblumenbeete ⚥; ○. In der Heimat FärbePfl, in S- u. SO-As. junge Triebe als Gemüse (Mex., Z-Am., nördl. S-Am.: Flussauen, Savannengebüsch, SandkiefernW, 450–1800 m; in Tropen u. Subtropen weit eingeb. – 1799 – wenige Sorten: verschiedene BFarbe, auch halbgefüllt, Hybr mit *C. bipinnatus*).                                      **Gelbe K.** – *C. sulphureus* Cav.

**2\*** StrahlB dunkelbraunrot od. gelb mit dunkelbraunroter unterer Hälfte, 1,5–2,0 cm lg, gezähnelt. Bl 1–2fach fiederschnittig, mit schmal lanzettlichen, stumpflichen Zipfeln, kahl, die oberen zuweilen unzerteilt. Stg gefurcht. Äußere HüllBl lanzettlich, innere eifg. B nach Schokolade duftend. 0,30–0,60. ⚃ ♂, kult ☉, 7–10. **Z** s; ∀ ○ (O- u. Z-Mex., dort FärbePfl – 1835). [*Bidens atrosanguineus* hort., *B. dahlioides* hort.]
    **Schwarzrote K., Schokoladenblümchen** – *C. atrosanguineus* (Hook.) Ortgies

**Layia** – *Layia* Hook. et Arn. ex DC.                                                          14 Arten

**1** Pfl drüsig behaart. Strahlen gelblichweiß bis hellgelb. Pappus aus 10–15 abgeflachten, federigen Grannen. Köpfe 5 cm ⌀. Stg ausgebreitet-buschig. Bl linealisch bis verkehrteifg, untere meist unregelmäßig gelappt. 0,20–0,40(–50). ☉ 7–8(–9). **Z** s Einfassungen, Sommerblumenbeete ⚥; ○ (W-USA, NW-Mex.: Halbwüsten-Gebüsch, offne Sandböden, bis 2700 m – Sorte 'Rosea': Strahlen rosa – 1886).
                              **Weiße L.** – *L. glandulosa* (Hook.) Hook. et Arn.

**1\*** Pfl nicht drüsig behaart. Strahlen gelb mit weißen Spitzen od. ganz gelb, Pappus fehlend od. aus 2–32 rauen, pfriemlichen, nicht fedrigen Borsten . . . . . . . . . . . . . . . . **2**

**2** Bl unzerteilt od. untere bis zur Hälfte eingeschitten, schmal lanzettlich, gezähnt, behaart, 1–3,5 cm lg. Pappus aus (14–)18–32 rauen Borsten. Staubbeutel der ScheibenB rot bis schwarz. Köpfe ∞, 4–4,5 cm ⌀, auf lg Stielen (Abb. **597**/3). Stg niederliegend-aufsteigend, verzweigt. Strahlen 6–15 mm lg, hellgelb bis goldgelb mit weißen Spitzen. 0,10–0,30. ☉ 7–8(–9). **Z** s Einfassungen ⚥; ○ ~ (Kalif. u. Baja Calif.: verschiedene offne Standorte, bis 2000 m). [*L. elegans* Torr. et A. Gray]
                      **Gewöhnliche L.** – *L. platyglossa* (Fisch. et C. A. Mey.) A. Gray

**2\*** Untere Bl fiederschnittig, oft bis zur Mittelrippe eingeschnitten. Pappus fehlend od. aus 2–18 sehr unregelmäßigen Grannen. Staubbeutel der ScheibenB braun. Köpfe 3–4,5 cm ⌀. 0,10–0,30. ☉ 7–8. **Z** s; ○ ~ (Kalif.: schwere offne od. begraste Böden, Salzsümpfe – 1836). [*L. calliglossa* A. Gray]
                              **Wucherblumen-L.** – *L. chrysanthemoides* (DC.) A. Gray

**Palafoxie** – *Palafoxia* Lag.                                                                12 Arton

Lit.: Turner, B. L., Morris, M. J. 1976: Systematics of *Palafoxia* (*Asteraceae*: *Helenieae*). Rhodora **78**: 567–628.

**1** Pfl klebrig-drüsig. StrahlB 8–10, purpurn, 10–15 mm lg. HüllBl 7–16 × 3–5 mm. 0,40–1,20. ☉ Pfahlwurzel 7–10. **Z** s Rabatten; ∀ ▷ April, ○ Boden sandig, warm (O-Texas: offner Sandboden – 1865).                                      **Hooker-P.** – *P. hookeriana* Torr. et A. Gray

**1\*** Pfl flaumhaarig, nur Kopfstiele drüsig. Köpfe ohne StrahlB, 1–1,5 cm ⌀. HüllBl 5–8 × 1–2,5 mm. ScheibenB violettrosa bis purpurn, Staubbeutel schwarzpurpurn. 0,40–0,60 (–1,00). ☉ Pfahlwurzel 6–7. **Z** s Rabatten; ∀ ▷ April ○, Boden durchlässig, warm (S-Texas, NO-Mex.: Kalkfels u. Kies). [*P. rosea* (Bush) Cory var. *microlepis* (Rydb.) Turner et Morris]                              **Texas-P.** – *P. texana* DC.

**Wollblatt** – *Eriophyllum* Lag.                                                                13 Arten

Lit.: Johnson, D. E., Mooring, J. S. 2006: *Eriophyllum*. In: Fl. of North America, Vol. **21**: 335–362.

Pfl buschig verzweigt, niederliegend-aufsteigend, wollig behaart (Abb. **597**/4). StgBl 1–8 cm lg, 3–5teilig fiederschnittig od. bei var. *integrifolium* (Hook.) Smiley unzerteilt, ganzrandig. Köpfe 4 cm ⌀. B gelb. StrahlB 8(–13), 6–20 mm lg, elliptisch. HüllBl 1reihig, 5–12 mm lg, eifg, spitz, einander überlappend. 0,15–0,30(–1,00). ⚃ h 6–8. **Z** s △, Süd-Böschungen; ⚥ ⚥ ↯ ○ Boden warm, durchlässig ~ (SW-Kanada, W-USA bis W-Montana, Wyoming, Nevada: offne, trockne Standorte bis 4000 m – formenreich: 10 Varietäten – 1826). **Großes W.** – *E. lan̲atum* (PURSH) J. FORBES

**Sterntaler** – *Melamp̲odium* L. 37 Arten

Lit.: STUESSY, T. F. 1972: Revision of the genus *Melampodium* (*Compositae*). Rhodora **74**: 1–70. 161–219.

Stg aufrecht, kuglig verzweigt, oben flaumhaarig. Bl gegenständig, eifg-rhombisch, spitz, 3nervig, rau, undeutlich gezähnelt bis unregelmäßig gezähnt, (1,5–)5–15 × 0,5–5(–9,5) cm, in den 2–5(–20) mm lg Stiel verschmälert. Köpfe 1–3 cm ∅, auf 1,5–5(–15) cm lg Stielen. Hülle 6–9 mm br. Äußere HüllBl 5, viel kürzer als die StrahlBl, auf ¹/₄ bis ¹/₃ verbunden, bewimpert, rundlich-eifg (Abb. **596**/3). StrahlB (5–)8–13, ScheibenB 40–70, beide gelb od. orange. Fr 2,8–4 mm lg (Abb. **596**/3). (0,10–)0,20–0,40(–1,00). ⊙ (5–)6–9(–10). **Z** z Sommerrabatten △ Balkonkästen, Kübel; ⚥ Lichtkeimer ▷ Februar–März ○ Boden nährstoffreich, warm, soll nicht trocken werden (Mex., Z-Am., nördl. S-Am.: gestörte Falllaub- u. KiefernW, Gebüsch, Felder, ruderal – einige Sorten, z.B. 'Showstar': 0,20–0,25, großblumig; 'Medaillon': 0,20–0,40, B goldgelb). [*M. paludosum* HUMB., BONPL. et KUNTH] **Sumpf-St.** – *M. divaric̲atum* (RICH.) DC.

**Sonnenbraut** – *Hel̲enium* L. 40 Arten

Lit.: BIERNER, M. W. 1972: Taxonomy of *Helenium* sect. *Tetrodes* and a conspectus of North American *Helenium* (*Compositae*). Brittonia **24**: 331–355.

**1** Stg geflügelt. Köpfe ∞ in Schirmrispe, 5 cm ∅. Bl sitzend, am Stg herablaufend, lanzettlich, entfernt gezähnt od. ganzrandig. StrahlB keilfg, 3(–5)zähnig. Scheibe halbkuglig bis kuglig, schmutzig gelb. (Abb. **599**/1). 0,50–1,70. ⚃ kurzes ⚲ (6–)7–9. **Z** s (vgl. aber Sorten!) Rabatten ⚥ ○; ⚥ od. Wurzelschnittlinge ⚥ ○ Boden humus- u. nährstoffreich ≈ (S-Kanada, USA: Sumpfwiesen, Seeufer –1635). [*H. grandiflo̲rum* NUTT., *H. latif̲olium* MILL.] **Gewöhnliche S.** – *H. autumn̲ale* L.

Kult meist die >50 **Helenium-Hybridsorten** (meist mit *H. flexuo̲sum* RAF. [*H. nudiflo̲rum* NUTT.] aus SO-Kanada u. O-USA: ScheibenB purpurbraun): BZeit 6–7, 7–8 od. 8–9; Höhe unterschiedlich zwischen 0,50 u. 1,50; StrahlB hellgelb, gelb, goldgelb, orange, hellbraun, kupferrot, goldgelb mit rotbraunem Rand, braunrot mit gelbem Rand; ScheibenB gelb, braun od. dunkelbraunrot; auch gefüllt. **Z** v Staudenbeete, Rabatten, Einfassungen ⚥ ○; ⚥ ○ Boden nährstoffreich ≈, Pfl regelmäßig umsetzen; Mehltau, Rost!

**1\*** Stg nicht geflügelt. Pfl meist <0,80. Bl ganzrandig . . . . . . . . . . . . . . . . . . . . . . . . . **2**
**2** Köpfe 6–9 cm ∅, auf weißfilzigen Stielen. HüllBl ± aufrecht. Fr dicht behaart, 3,5–4,5 mm lg Pappusschuppen 3–4 mm lg, ³/₄ so lg wie die Kr. RosettenBl länglich-spatelfg

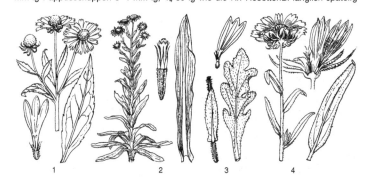

1         2         3         4

(Abb. **599**/2), 12–30 cm lg, viel größer als die lanzettlichen StgBl, diese stängel-
umfassend, nicht am Stg herablaufend. B gelb od. purpurbraun. 0,30–0,80(–1,00). ♃ ⚲
5–6. **Z** s Rabatten, Naturgärten ⚥; ∨ ♥ ○ Boden nährstoffreich, ⊖ ≈, nicht nass (SW-
USA: Rocky M., Oregon: Waldränder, Wiesen, in Kalif. 1500–3000 m – ± 1900?).
[*Dugaldia hoopesii* (A. GRAY) RYDB., *Hymenoxis hoopesii* (A. GRAY) BIERNER]
**Spatelblättrige S.** – *H. hoopesii* A. GRAY

2\* Köpfe bis 6 cm ∅, einzeln od. zu wenigen auf 10–30 cm lg Stielen. HüllBl zurückgebo-
gen. Fr spärlich behaart, 1,8–2,4 mm lg, Pappusschuppen mit Granne 1,3–2,7 mm lg,
halb so lg wie die Kr. Bl lanzettlich bis verkehrteilanzettlich, ± stumpf, 10–20 × ± 5 cm,
untere mit kurzem, geflügeltem Stiel, obere sitzend, etwas am Stg herablaufend.
StrahlB 1,2–3 cm lg, sehr br, zurückgebogen, tiefgelb, ScheibenB schwarzbraun bis
braungelb, 5zipflig. (0,20–)0,50–0,60(–0,90). ♃ 6–7. **Z** s Rabatten, als ⚥ wertvoll
wegen der frühen BZeit; ♥ ∨ ○ ≈ (SW-USA: Kalif., Oregon: Feuchtwiesen, Sümpfe,
60–3300 m – Sorte 'Superbum' ['The Bishop']: 0,60–0,70, Strahlen leuchtend goldgelb,
Pfl nicht standfest). **Bigelow-S.** – *H. bigelovii* TORR. et A. GRAY

**Kokardenblume** – *Gaillardia* FOUG. 20 Arten

Lit.: BIDDULPH, S. F. 1944: A revision of the genus *Gaillardia*. State Coll. Washington Res. Studies **12**:
195–256. – TURNER, B. L., WHALEN, M. 1975: Taxonomic study of *Gaillardia pulchella* (*Asteraceae-
Heliantheae*). Wrightia **5**: 189–192. – STOUTAMIRE, W. P. 1960: The history of cultivated gaillardias.
Baileya **8**: 12–17.

1 StrahlB sehr kurz (6–10 mm) od. fehlend. ScheibenB meist rotbraun, mit starkem
süßem Duft. Alle Bl am StgGrund gehäuft, verkehrteifg, ganzrandig bis tief fiederschnit-
tig u. gezähnt, mit bis 4 cm lg Stiel. SpreuBl 1 mm lg. Griffeläste kurz, kahl. 0,30–0,80.
♃ Wurzelsprosse? 6–10?. **Z** s, ∨ ♥ ○ (NO-Mex., S-USA: Texas, Oklahoma, Kansas:
sandige, oft kalkreiche Prärieböden).
**Strahllose K., Duftende K.** – *G. suavis* (A. GRAY et ENGELM.) BRITTON et RUSBY

1\* StrahlB >1 cm lg. Bl nicht nur am StgGrund ............................... 2

2 Pfl ⊙. StrahlB purpurn mit gelber Spitze, 1–3 cm lg. SpreuBlBorsten so lg wie die Fr od.
wenig länger. Stg verzweigt, besonders am Grund beblättert, oft niederliegend. Mittlere
StgBl gezähnt, gelappt od. ganzrandig. HüllBl nur am Grund pergamentartig. Griffeläste
lg, behaart. ScheibenB-KrZipfel 1–4 mm lg. 0,10–0,60. ⊙, selten kurzlebig ♃ Pfahl-
wurzel? (6–)7–9. **Z** z Sommerblumenbeete ⚥; ∨ ○ (3 Varietäten, kult nur var. *picta*
(SWEET) A. GRAY [*G. picta* SWEET]: Bl dicklich, Stg buschig verzweigt, StrahlB purpurrot
mit gelbem Rand (Texas, Mex.; eingeb. an der Küste der S-USA: Sanddünen); u. var.
*pulchella* [*G. bicolor* LAM.]: Stg aufrecht, nicht buschig verzweigt, Bl nicht dicklich (S- u.
Z-USA, an der O-Küste bis SO-Virginia: offne Sandplätze, Küsten, ruderal) – einige
Sorten, B weiß u. gelb od. rot u. gelb, auch gefüllt – 1783).
**Kurzlebige K.** – *G. pulchella* FOUG.

Sehr ähnlich, Artwert fraglich: *G. amblyodon* J. GAY: Strahlen ganz dunkelrot od. purpurn. Stg bis
zur Spitze beblättert. HüllBl pergamentartig mit krautiger Spitze. ScheibenB-KrZipfel 0,5–1 mm lg.
0,30–0,50(–0,80). ⊙ Pfahlwurzel 6–10. **Z** s (O-Texas: Prärien, auf Sand – 1873).

2\* Pfl kurzlebig ♃. StrahlB gelb, oft mit purpurnem Grund, od. ganz dunkelrot bis purpurn
.................................................................. 3

3 SpreuBlGrannen deutlich länger als die Fr. StrahlB 1–3,5 cm lg, gelb. Bl lineal-länglich
bis eilanzettlich, untere verkehrteilanzettlich, bis 15 × 2,5 cm, unzerteilt od. etwas fieder-
schnittig (Abb. **599**/3). Köpfe einzeln, lg gestielt; Scheibe 1,5–3 cm ∅. 0,20–0,70. ♃
Pleiok, B oft im 1. Jahr 6–9. **Z** s (die reine Art) Rabatten ⚥; ∨ Lichtkeimer, blüht nur nach
Kälte-Einwirkung ○ (W-Kanada, küstenferne W-USA südl. u. östl. bis Minnesota u.
Kansas: trockne, offne Rasen – eingeb. in Span. u. Azoren – 1812).
**Prärie-K.** – *G. aristata* PURSH

**Gaillardia-Hybriden:** [*G. grandiflora* hort., *G. aristata* hort., meist Hybriden aus *G. aristata* × *G. pul-
chella*]: Pfl basal stark verzweigt, rauhaarig. SpreuBlGrannen länger als die Fr. (Abb. **599**/4).

0,20–0,80. ⌁, meist kurzlebig, aber ausdauernd durch Wurzelsprosse 6–9. **Z** v Rabatten ⚥; ∀ Lichtkeimer ⌁ ○ Boden nährstoffreich, anbinden (1857 in Liège spontan entstanden – ∞ Sorten, Köpfe bis 8 cm ∅, in verschiedenen Farben, auch gefüllt; z.B. 'Kobold': 0,20, blüht im 1. Jahr; 'Burgunder': Strahlen tiefrot, blüht im 2. Jahr).

**3\*** SpreublGrannen winzig, <1 mm, zahnfg auf dem Korbboden. StrahlB rot, rosa, weiß, gelb od. 2farbig. Untere Bl 5–10 cm lg, gestielt, obere 2–8 cm lg, sitzend, eifg-lanzettlich. Zipfel der gelben od. braunen ScheibenB lg ausgezogen-zugespitzt. Stg rot gestreift. 0,30–0,70. ⌁ 5–7(–9). **Z** s; ∀ ⌁ ○ (SO-USA: N-Carolina bis Kansas u. O-Texas: Sandboden, offne KiefernW u. Prärien). [*G. lanceolata* MICHX., *G. chrysantha* SMALL, *G. lutea* GREENE] **Sommer-K.** – *G. aestivalis* (WALTER) H. ROCK

### Arnika – *Arnica* L. 29 Arten

Lit.: MAGUIRE, B. 1943: A monograph of the genus *Arnica*. Brittonia **4**: 386–510. – DRESS, W. J. 1958: Notes on the cultivated Compositae 2. *Arnica*. Baileya **6**: 194–198.

**1** StgBl in 12–20 Paaren, grob gezähnt, lanzettlich, spitz, 5–15 × 1,3–4 cm (Abb. **601**/1). Staubbeutel purpurn. Köpfe zu 4–15, 4–7(–9) cm ∅. HüllBl 4–8 mm br, 2reihig. StrahlB hellgelb. 0,30–0,80(–1,00). ⌁ ⅄ ∿ 6–7. **Z** z Staudenbeete, Parks; ⌁ ∀ ○ ◐ (Sachalin, N-Japan, Ussuri?: Wiesen, Gebüsch, Flussufer – 1883).
**Sachalin-A.** – *A. sachalinensis* (REGEL) A. GRAY

**1\*** StgBl in 1–10 Paaren, ganzrandig od. fein gezähnt. Staubbeutel gelb . . . . . . . . . . **2**

**2** StgBl in (4–)5–10 Paaren, lanzettlich, 5–20(–30) cm lg, wenn rosettig, dann gestielt (Abb. **601**/2). Köpfe zu 5–10 in schirmfg BStand, ± 4 cm ∅. HüllBl ± stumpf, am oberen Ende weißhaarig. Strahlen blassgelb. 0,20–0,90. ⌁ ⅄ ∿ 5–6. **Z** s; **N** kult als HeilPfl, leichter als **3\***; ⌁ ∀ ○ ≈ (Alaska, Kanada, im Gebirge bis Kalif. u. New Mex.: feuchte, oft felsige Rasen). **Chamisso-A.** – *A. chamissonis* LESS.

**2\*** StgBl in 1–4 Paaren . . . . . . . . . . . . . . . . . . . . . . . . . . . . . . . . . **3**

**3** Bl lanzettlich, spitz, lg behaart. Pappusborsten weiß. Hülle weiß behaart. Köpfe zu 1–3, 2,5–6 cm ∅. B gelb. (Abb. **601**/3). 0,10–0,30(–0,45). ⌁ ∿ 5–6. **Z** s Moorbeete; ∀ kalkfrei torfig; heikel (Skandinavien, Sibir., Alaska, Kanada, NW-USA, Grönland, Spitzbergen: Steinrasen, Tundren, Flussufer, Weidengebüsch – 2 Unterarten: subsp. *angustifolia*: Bl kahl bis mäßig behaart; subsp. *tomentosa* (MACOUN) G. W. DOUGLAS et RUYLE-DOUGLAS: Bl dicht weißwollig). [*A. alpina* (L.) OLIN et LADAU var. *angustifolia* (VAHL) FERNALD] **Schmalblättrige A.** – *A. angustifolia* VAHL

**3\*** Bl eifg, kurz behaart, sitzend, am Stg 1–3 Paar. Pappusborsten strohfarbig. Hülle drüsenhaarig. Köpfe einzeln od. zu 2–5, end- u. achselständig, lg gestielt, 5–7 cm ∅. B goldgelb. (Abb. **601**/4). 0,30–0,50. ⌁ ⅄ 6–8. **W. Z** s; **N** HeilPfl, Kultur schwierig ∀ ⊖ Torf (Gebirge von SW- u. Z-Eur. bis M-Skandinavien u. Weißrussland: Borstgrasrasen, bodensaure Heiden – ▽). **Echte A., Bergwohlverleih** – *A. montana* L.

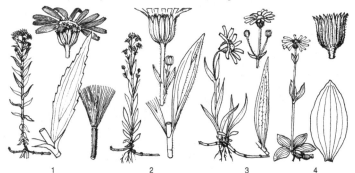

1           2           3           4

**Studentenblume, Tagetes** –*Tagetes* L.                                          50 Arten

Lit.: MAATSCH, R. 1962: Gliederung der Sortimente von *Tagetes erecta* L. und *Tagetes patula* L. Kulturpflanze Beih. **3**: 309-319.

**1** Bl unzerteilt, lanzettlich, fein gesägt, ganze Spreite drüsig punktiert, nach Anis duftend. Köpfe in dichten Schirmrispen, gelb (Abb. **602**/1). Hülle etwa 8–10 mm lg, 2–3 mm br. StrahlB 2–3. 0,30–0,50. ♃, kult ☉ 8–11. **Z** s Sommerrabatten; **N** Gewürz, in Mex. früher HeilPfl; ∀ ▷ ○ (Mex., Z-Am.: Bergsteppen, Überschwemmungswiesen, Kiefern- u. EichenWLichtungen, 1000–2500 m – 1700?).                    **Glänzende St.** – *T. lucida* CAV.

**1\*** Bl fiederschnittig od. gefiedert. Geruch streng, unangenehm, selten Pfl geruchlos  .  **2**

**2** Köpfe in dichten Schirmrispen. Hülle 7–12 × 1,5–3 mm. HüllBl 3–5, gelb, braun gefleckt. StrahlB (1–)3–4, die Hülle nur um 1–2 mm überragend, hellgelb. ScheibenB 3–5, behaart. Bl 5–12 cm lg, mit (3–)7–13 lineal-lanzettlichen Abschnitten, diese 0,5–1 × 3–7 cm, useits mit braunen Drüsenpunkten. 0,50–1,00(–2,50). ☉ 7–10. **N** s Gewürz; ∀ ▷ ○ (Z- u. S-Am; eingeb. in S- u. O-USA, Japan, Frankr., It., NW-Balkan – 1930?). [*T. glandulifera* SCHRANK]                                            **Mexikanische St.** – *T. minuta* L.

**2\*** Köpfe einzeln auf 2–12 cm lg Stielen. Hülle >10 mm lg. HüllBl u. StrahlB >4. Öldrüsenpunkte nur in der Nähe der BlZähne . . . . . . . . . . . . . . . . . . . . . . . . . . . . . . . . . . . . .  **3**

**3** Hülle 10–12 mm lg, 5zähnig. StrahlB 5, eifg, ausgerandet, goldgelb mit M-fg orangefarbenem Fleck (Abb. **602**/2). Köpfe 2,5–3 cm ⌀, nicht gefüllt. RöhrenB 10–40. Bl 5–13 cm, mit 12–22 schmal lanzettlichen, sehr scharf gesägten Abschnitten. 0,20–0,70. ☉ 6–11. **Z** z Sommerrabatten; in As. Parfüm, Gewürz; ∀ ▷ ○ (Mex. bis Kolumbien: Flussufer –1795 – einige Sorten: Strahlen gelb, orange, rot). [*T. signata* BARTL.]                                       **Schmalblättrige St.** – *T. tenuifolia* CAV.

**3\*** Hülle 13–22 mm lg, 5–13zähnig. StrahlB 5–8 (bis ∞ bei gefüllten), vorn gestutzt u. unregelmäßig gezähnt. Köpfe 4–12 cm ⌀, oft gefüllt. Kr bei den Sorten röhren-, trichter- u. zungenfg sowie ungleichfg. ScheibenB 30 bis >100. BlAbschnitte lanzettlich (Abb. **602**/3, 4) . . . . . . . . . . . . . . . . . . . . . . . . . . . . . . . . . . . . . . . . .  **4**

**4** Hülle 13–15 mm lg, 5–8zähnig. Köpfe 4–6 cm ⌀, unbeblätterter Kopfstiel 5–12 cm lg. ScheibenB ± 5, StrahlB ± 5, hellgelb, goldgelb od. orange, oft purpurbraun gefleckt (Abb. **602**/3). Stg oft violett überlaufen, rund. (0,15–)0,20–0,35(–1,20). ☉ 5–11. **Z** v Sommerrabatten, Beeteinfassungen, Gräber, Balkonkästen ✗; im Orient GewürzPfl; ∀ ▷ ○ ◐ (Mex., Z-Am., eingeb. in O- (u. W-)USA – 1539 – >50 Sorten, auch halb od. ganz gefüllt, StrahlB gelb, orange bis purpurbraun, einfarbig od. gestreift bis gefleckt, Höhe unterschiedlich, 0,15–1,20). **Ausgebreitete St., Studentenblume** – *T. patula* L.

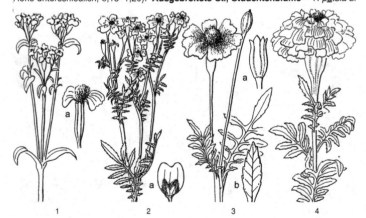

**4\*** Hülle 18–22 mm lg, 9–13zähnig. Köpfe 5–9(–12) cm ⌀, unbeblätterter Kopfstiel kaum länger (Abb. **602**/4). ScheibenB >100. StrahlB meist einfarbig gelb od. orange. Stg grün, kantig. (0,35–)0,45–0,75(–1,00). ☉ 5–11. **Z** v Sommerrabatten, Balkonkästen ⚥; im Orient Gewürz-, Parfüm- u. HeilPfl; ∨ ⊳ ○ ◖ (Mex., Z-Am., keine sicheren Wildvorkommen – 1561 – >50 Sorten, auch blassgelb, meist gefüllt, StrahlB flach, eingerollt od. kraus). **Aufrechte St.** – *T. erecta* L.

Bem.: Strother in Fl. N-Am. 21 (2006): 236 schließt *T. tenuifolia* u. *T. patula* ohne Unterscheidung von Unterarten od. Varietäten in *T. erecta* ein.

### Gelbes Gänseblümchen – Thymophylla LAG. 13 Arten

Stg buschig verzweigt. Bl fein flaumhaarig, 1–2mal fiederschnittig, 1–1,5 cm lg, mit durchscheinenden Öldrüsen. Hülle glockig, bis 6 mm lg, 9 mm br. Äußere HüllBl 3–8, 3eckig-eifg, spitz, drüsig bewimpert, 1,7 × 0,5 mm, innere 12–22, zu ⁴/₅ ihrer Länge verwachsen, 5–7 mm lg, purpurn überlaufen, häutig berandet, bewimpert. Strahlen 10–21, gelb, 4–10 × 1,3–2(–3) mm. Pappus aus 8–12 Schuppen, diese 2–3,4 mm lg, jede mit 3–5 gezähnten Grannen. 0,10–0,20(–0,40). ☉, selten kurzlebig ⳩, kult ☉ 7–9. **Z** s Sommerrabatten, Balkons, Ampeln ⚥; ∨ Februar–April ⊳ bei 18–20°, im Mai ins Freiland pflanzen, ○, nicht ≈, Boden durchlässig, kein Stickstoff-Dünger (S-Texas, NO-Mex.: O- u. Z-Coahuila, Nuevo Leon, Tamaulipas: Küstenebene, gestörte Sandböden; eingeb. in SO-USA, Karibik, As., Afr. – Ende 20. Jh.? – formenreich: var. *wrightii* (A. Gray) Strother: Bl spatelfg, unzerteilt od. mit wenigen Seitenlappen; 2 weitere var. mit abweichenden Pappus-Merkmalen – Sorten 'Goldener Fleck' u. 'Sternschnuppe': 15 cm hoch, B goldgelb). [*Dyssodia tenuiloba* (DC.) B. L. Rob.]

**Gelbes Gänseblümchen** – *Th. tenuiloba* (DC.) Small

### Heiligenkraut – Santolina L. 18 Arten

Bem.: Die Synonyme zeigen, dass die Arten sehr unterschiedlich abgegrenzt werden. Die diploiden Ausgangssippen sind eng verbreitet, die Herkunft der vor allem kultivierten u. in W- bis Z-Medit. weit eingebürgerten, pentaploiden, sterilen (?) *S. chamaecyparissus* ist unklar (wohl hybridogen).

Lit.: Guinea, E. 1970: *Santolinae europaeae*. Anal. Inst. Bot. Cavanilles **27**: 29–44. vgl. aber Pignatti 1982, Bd. 3: 64 ff.

**1** PolsterPfl, ohne BTriebe bis 10 cm hoch. Stg verzweigt, kriechend, wurzelnd. Bl ± flach, verkehrteifg-länglich, kaum eingeschnitten bis fiederschnittig, die oberen sitzend, unzerteilt. Köpfe einzeln, 7–10 mm ⌀. (0,05–)0,10–0,20. ⳩ 5–7?. **Z** s △; ∨ ⌇ ○ ∧ ⓐ Schutz vor Winternässe, Schnecken! (S-Span.: Sierra Nevada: Schotterfluren >2200 m – 1912). **Sierra-Nevada-H.** – *S. elegans* Boiss. ex DC.

**1\*** Halbsträucher, 10–60 cm hoch .......................................... **2**

**2** Bl grün, ± kahl (kult Formen). Stg liegend-aufsteigend ..................... **3**

**2\*** Bl weißfilzig .......................................................... **4**

**3** B gelb. Bl jederseits mit 9–14 ± 1 mm lg Abschnitten, 2–5 cm lg, stark aromatisch. Köpfe einzeln, 7–12 mm ⌀. (0,15–)0,30–0,40(–0,60). ⳩ i 7–8. **Z** s △ Trockenmauern, Einfassungen; ∨ ⌇ ○ ∧ ⓐ ~ (SW-Eur., Marokko: trockne Felsfluren, Macchien – 1727 – die weißhaarige subsp. *canescens* (Lag.) Guinea ist nicht in Kultur). [*S. viridis* Willd., *S. virens* Mill.] **Grünes H.** – *S. rosmarinifolia* L.

**3\*** B weiß bis cremefarben. Bl jederseits mit 14–19 zylindrischen, 3–6 mm lg Abschnitten, (1–)2–3,5 cm lg, schwach aromatisch, mittelgrün. Köpfe einzeln od. zu mehreren auf verzweigtem Stg, 5–10 mm ⌀. 0,10–0,30. ⳩ i 6–7. **Z** s △ Trockenmauern; ∨ ⌇ ○ Schutz vor Winternässe (It.: Apuanische Alpen: Kalkfelsen, 500–1500 m – 1791). [*S. ericoides* hort.] **Gefiedertes H.** – *S. pinnata* Viv. s. str.

**4** **(2)** Bl jederseits mit 9–14 Abschnitten, diese eingerollt (Abb. **604**/1), 0,5–2 mm lg, untere 2–4 cm, obere 1–2 cm lg, stark aromatisch. Köpfe meist zu mehreren auf verzweigtem Stg, (6–)8–15 mm ⌀. B gelb. 0,15–0,50. ⳩ i 7–8. **Z** Wärmegebiete v, sonst s, △ Trockenmauern, Steinbeete, Einfassungen, „StrukturPfl", Heil- u. DuftPfl, Mottenkraut;

∀, ⌄ im Herbst im ®, ○ Schutz vor Nässe (W- u. Z-Medit? s. oben unter Gattung, weit eingeb.: gestörte Macchien u. Garriguen, ruderal – 1539 – wenige Sorten: z. B. Wuchs kompakter – Hybr mit *S. pinnata*: *S.* × *lindavica* SÜND.: zwischen beiden Arten vermittelnd: Bl graugrün, B gelblich – 1917). [*S. incana* LAM., *S. ericoides* POIR. non hort.]

**Graues H.** – *S. chamaecyparissus* L.

4* Bl jederseits mit 16–23 bis 7 mm lg, dünnen Abschnitten locker fiederschnittig. In den BlAchseln verlängerte BlTriebe. Köpfe einzeln od. mehrere auf verzweigtem Stg, 7–12 mm ∅. B gelb. 0,20–0,40. ♄ 6–7. **Z** s △ Trockenmauern; ∀ ○ ∧ (S-It.: Halbinsel Sorrent: trockne Hügel). [*S. pinnata* subsp. *neapolitana* (JORD. et FOURR.) GUINEA, *S. chamaecyparissus* subsp. *tomentosa* (PERS.) ARCANG.]

**Neapolitanisches H.** – *S. neapolitana* JORD. et FOURR.

---

**Gelber Leberbalsam** – *Lonas* ADANS. 1 Art

Stg rötlich, fest, buschig verzweigt, aufsteigend. Untere Bl fächerfg eingeschnitten, obere 1(–2)mal fiederschnittig (Abb. **604**/2), Zipfel linealisch, 0,5–1 mm br. Köpfe in dichten Gruppen zu 4–7, selten einzeln. Hülle halbkuglig, ± 7 mm ∅. HüllBl schmal elliptisch, oben abgerundet. 0,15–0,30(–0,60?). ☉ 8–10. **Z** s Trockenmauern △ ⚥ Trockensträuße; ○ (NW-Afr., W-Sizil.: Trockenrasen, Garriguen, 0–600 m – Sorte 'Goldrush': BStand kompakt – 1686). [*L. inodora* (L.) GAERTN., *Athanasia annua* L.]

**Gelber L.** – *L. annua* (L.) VINES et DRUCE

---

**Hundskamille** – *Anthemis* L. >100 Arten

1 StrahlB goldgelb bis bleichgelb . . . . . . . . . . . . . . . . . . . . . . . . . . . . . . . . . . . . . . . . **2**
1* StrahlB weiß . . . . . . . . . . . . . . . . . . . . . . . . . . . . . . . . . . . . . . . . . . . . . . . . . . . . . . . . **4**
2 Pfl 15–30 cm hoch. Fr 4kantig, nicht flachgedrückt. Bl seidig grauhaarig, die meisten grundständig, über der StgMitte höchstens wenige kleine. Köpfe einzeln, lg gestielt, bis 3 cm ∅. Bl 2- bis 3fach fiederschnittig, angedrückt seidenhaarig (Abb. **604**/5). 0,15–0,30. ⚱ Pleiok-⚥ 5–7. **Z** z z △; ∀ ⚥ ☾ ∧ Boden locker, sandig-humos (Kauk., NO-Türkei: subalp.–alp. Felsspalten, felsige Hänge, 1900–3100 m – 1878 – subsp. *marschalliana*: Bl 2fach fiederschnittig; subsp. *biebersteiniana* (ADAMS) GRIERSON: 3fach fiederschnittig). [*A. biebersteiniana* (ADAMS) K. KOCH, *A. rudolphiana* ADAMS]

**Silber-H.** – *A. marschalliana* WILLD.

2* Pfl 30–90 cm hoch. Fr flachgedrückt, im ∅ rhombisch. Bl grün bis graugrün, unterschiedlich behaart. Stg unverzweigt od. oben verzweigt, bis über die Mitte beblättert . . . . **3**
3 Köpfe 2,5–4,5 cm ∅, Scheibe 1–1,8 cm ∅. Fr bis 2 mm lg, Pappus krönchenfg, 0,5 mm lg. GrundBl im Umriss eifg, 2(–3)fach fiederschnittig, 1–5 cm lg (Abb. **604**/3). 0,30–0,70 (–0,90). Kurzlebig ⚱ Pleiok 6–9. **W. Z** v Rabatten ⚥; früher FärbePfl; ∀ ⚥ ○ ⊕ (SO-, Z-

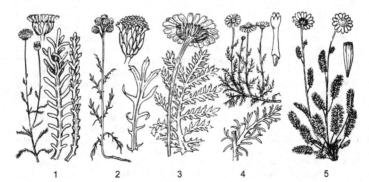

u. N-Eur., W-Sibir.: Kalkschotter-Trockenrasen, Kies-Böschungen, Felsbänder – 1561 – mehrere Sorten: StrahlB orange, gelb, blassgelb bis cremefarben; Höhe verschieden – formenreich – Hybr mit *A. sancti-johannis*). [*Cota tinctoria* (L.) Guss.]

**Färber-H.** – *A. tinctoria* L.

**3\*** Köpfe 4–5 cm ⌀, Scheibe 1,5–2,5 cm ⌀. Fr bis 2,5 mm lg, Pappus krönchenfg, 1 mm lg. Bl fiederschnittig mit fiederteiligen Abschnitten. 0,40–0,90. Kurzlebig ⚄ 6–8. **Z** s Rabatten ⚥; ∨ ○ (W-Bulg.: Rila-Gebirge: Felshänge, Waldlichtungen – 1925).

**Bulgarische H.** – *A. sancti-johannis* TURRILL

**4 (1)** Pfl 30–80 cm hoch, straff aufrecht, auch oben beblättert u. stark verzweigt. Bl 3–4 cm lg, einfach kammartig fiederteilig, Abschnitte flach, nicht eingefaltet, stachelspitzig. Köpfe 3–4,5 cm ⌀. 0,30–0,80. ⚄ Pleiok 7–8. **Z** s Rabatten ⚥; ⚘ ∨ ○ (S-Eur., N- u. O-Türkei, Kauk.: felsige Waldlichtungen, lockere NadelW, 300–2200 m).

**Trionfetti-H.** – *A. triumfettii* (L.) DC.

**4\*** Pfl bis 35 cm hoch. Stg aufsteigend, unverzweigt, einköpfig, oberhalb der Mitte blattlos od. mit wenigen kleinen Bl . . . . . . . . . . . . . . . . . . . . . . . . . . . . . . . . . . . . . . . . **5**

**5** HüllBlRänder dunkelbraun od. schwarz, deutlich abgesetzt. Äußere Spreuschuppen 2zähnig mit dunkelbrauner Spitze. Stg einfach, aufsteigend. Köpfe einzeln, 20–50 mm ⌀. Bl grün, 1–2fach fiederschnittig, angedrückt behaart bis kahl. 0,05–0,25(–0,35). ⚄ 7–8. **Z** s △; ∨ ⚘ ○ (Pyr., NO-Alpen, O-Karp., Balkan, verwandte Kleinarten in S-Eur., besonders in Kauk. u. Türkei: Steinrasen, Urgesteinsschutt). [*A. montana* L. subsp. *carpatica* (WILLD.) GRIERSON] **Karpaten-H.** – *A. carpatica* WALDST. et KIT. ex WILLD.

**5\*** HüllBlRänder bräunlich od. durchscheinend, nicht deutlich abgesetzt. Äußere Spreuschuppen an der Spitze nicht gezähnt, nicht dunkelbraun. Bl lg gestielt, einfach fiederschnittig. 0,10–0,20. ⚄ 6–8. **Z** s △; ∨ ○ (Gebirge von S-Frankr., It., Balkan: Felsen, lichte Wälder – 1759 – formenreich). [*A. montana* L. non (L.) NYM. nom. illegit.]

**Berg- H.** – *A. cretica* L.

**Römische Kamille** – *Chamaemelum* MILL. 4–6 Arten

Stg niederliegend-aufsteigend, wurzelnd, rasenbildend. Bl sehr aromatisch, zerstreut langhaarig, ungestielt, bis 5 cm lg, am Grund mit fiedrigen Öhrchen, 2–3fach fiederschnittig, Fiedern linealisch, spitz (Abb. **604**/4). Köpfe einzeln auf 5–12 cm lg Stielen, 20–25 mm ⌀. HüllBl verkehrteifg, br hautrandig, glänzend, 2–3reihig. ScheibenB gelb. StrahlB weiß, eifg, 1 cm lg. 0,20–0,30(–0,50). ⚄ ∾∾ 6–9. **W**. **Z** z Einfassungen, Rasenersatz; **N** z ätherisches Öl für Likör u. Parfüm, HeilPfl in Bauerngärten; ∨, gefüllte ⚘, ○ Boden sandig, durchlässig (W- u. SW-Eur., NW-Afr.: sandige, sonnige Weiderasen, ruderal – 16. Jh. od. eher – kult meist gefüllt: 'Ligulosa' ['Flore Pleno']; 'Treneague'] nicht blühend, Rasen-Ersatz, ⚘). [*Anthemis nobilis* L.]

**Römische Kamille** – *Ch. nobile* (L.) ALL.

**Bertram, Ringblume, Kreisblume, Zwergmargerite** – *Anacyclus* L. 9 Arten

Lit.: HUMPHRIES, C. J. 1979: A revision of the genus Anacyclus L. (*Compositae*). Bull. Brit. Mus. Natural Hist., Botany **7** (3): 83–142.

**1** Pfl ⚄. BStg niederliegend, strahlenfg ausgebreitet. Strahlen weiß, useits purpurn gestreift. Fr stark zusammengedrückt. Bl rosettig, jung graugrün, 2fach fiederschnittig, bis 10 cm lg, dem Boden angedrückt (Abb. **610**/4). 0,02–0,05 hoch, bis 0,40 br. Kurzlebig ⚄ Pfahlwurzel? 5–8. **Z** z △, als **N** früher in D. kult: HeilPfl, Likörgewürz; ∨ ⌒ Lichtkeimer ○ Schutz vor Winternässe (SO-Span., N-Marokko, N-Alg.: Waldlichtungen, Weiden, 400–3100 m – 1930 – formenreich: **Römischer B.** – var. *pyrethrum*: Hülle 13–22 mm ⌀ – **Marokko-B.** – var. *depressus* (BALL) MAIRE [*A. depressus* BALL]: Hülle 7–12 mm ⌀; Marokko: Atlas).

**Mehrjähriger B.** – *A. pyrethrum* (L.) LINK

Bem.: Wohl ein annueller Abkömmling dieser Art ist der nur in Kultur bekannte **Deutsche B.** – *A. officinarum* HAYNE, früher auch in D. (Anhalt) kult als HeilPfl wegen des ätherischen Öls. Unter diesem Namen wird heute oft *Anthemis altissima* L. em. SPRENG. angeboten.

**1\*** Pfl ☉. BStiele aufrecht. StrahlB weiß od. gelb. Bl am StgGrund gehäuft, 3fach fieder-
schnittig. Hülle 15–18 mm ⌀. HüllBl mit häutigem Anhängsel. Äußere Fr mit spitzen
Flügeln. 0,15–0,30. ☉ 6–8. **Z** s Sommerblumenbeete ⚥; ⱽ April ▭ od. Ende April im
Freiland ○ (W- u. Z-Medit., Syr.: Waldlichtungen, sandige Weiden, alte Mauern – 1883
– formenreich: subsp. *radiatus*: Strahlen oseits gelb, useits purpurn od. bräunlich;
subsp. *coronatus* (MURBECK) HUMPHRIES: Strahlen weiß: S-Marokko).
Gelber B. – A. radiatus LOISEL.

Ähnlich: **Keulen-B.** – *A. clavatus* (DESF.) PERS.: HüllBl ohne Anhängsel. Äußere Fr mit aufrechten, run-
den Lappen an den Spitzen der Flügel. Strahlen weiß, 7–14 mm lg, bisweilen kurz, aufrecht u. nicht
länger als die Hülle. BTriebe nach der BZeit oben verdickt. 0,15–0,50. ☉ 6–7. **Z** s (Medit.: lichte
Wälder, Weiden, Sand u. Kies, Meeresstrand bis submont.).

### Schafgarbe, Garbe – *Achillea* L. 85 Arten

Bem.: Viele Arten bastardieren leicht, vor allem *A. clavenae, A. millefolium, A. clypeolata* u. *A. filipen-
dulina.*

**1** Strahlen (5–)6–10, weiß, so lg wie die Hülle (s. aber *A. nana* unter **7**) . . . . . . . . . **2**
**1\*** Strahlen (3–)4–5(–6), weiß, rosa, purpurrot, blassgelb, gelb od. goldgelb, kürzer als die
Hülle . . . . . . . . . . . . . . . . . . . . . . . . . . . . . . . . . . . . . . . . . . . . . . . . . . . . . . . . **8**
**2** Bl unzerteilt bis gelappt-gezähnt, keilfg, zungenfg od. lineal-lanzettlich (vgl. aber auch
Unterarten u. *A. rupestris* unter **6\***) . . . . . . . . . . . . . . . . . . . . . . . . . . . . . . . . . . **3**
**2\*** Bl 1–2fach fiederschnittig . . . . . . . . . . . . . . . . . . . . . . . . . . . . . . . . . . . . . . . . . . **4**
**3** Pfl rasenbildend, graufilzig, bis 30 cm hoch. Köpfe einzeln od. zu 2–5. Untere Bl 2–4 cm
lg, graufilzig, ganzrandig od. etwas gekerbt, selten am Grund etwas fiederschnittig.
Köpfe 15–25 mm ⌀. StrahlB 12–20. 0,10–0,30. ♃ i Rosettenrasen 5–6(–7). **Z** z △; ⱽ
○ ⊕ Schotter (SO-Eur.: subalp.–alp. Felsen – 1874 – 3 Unterarten: subsp. *ageratifolia*:
Köpfe einzeln, 15–25 mm ⌀, Strahlen 7–9 mm lg, Bl fiederspaltig (Alban., Griech.,
Mazed.); subsp. *aïzoon* (GRISEB.) HEIMERL [*A. aïzoon* (GRISEB.) HALÁCSY]: Köpfe einzeln.
Bl ganzrandig bis schwach gekerbt-gesägt (Alban., Serb. Bulg. Mazed., Griech.) – am
meisten kult: subsp. *serbica* (NYM.) HEIMERL [*A. serbica* NYM.]: Köpfe zu 2–5, 15–18 mm
⌀, Strahlen 5–7 mm lg (O-Alban., Montenegro, S-Serb., W-Bulg.)).
Ageratumblättrige Sch. – A. ageratifolia (SIBTH. et SM.) BOISS.

**3\*** Pfl >30 cm hoch. Bl ∞, am Stg gleichmäßig verteilt, lanzettlich bis linealisch, scharf u.
fein gesägt, kahl od. spärlich abstehend behaart, sitzend, (2–)3–5(–9) mm br, ohne
Harzdrüsen. Köpfe ∞, 12–17 mm ⌀, in lockerer Schirmrispe. StrahlB 8–13. 0,30–1,20.
♃ ⤳ 7–9. **W**. **Z** v Rabatten, Naturgärten ⚥; früher Zauber- u. HeilPfl: Niespulver; ⱽ
♥, Sorten meist ♥, ○ ☽ Boden ≈ nährstoffreich ⊖ (M- u. N-Eur. von N-Spanien u. Ir-
land bis zum Ural: wechselnasse Wiesen, Flachmoore, Gräben – 1542 – einige Sorten,
z. B. 'Perle' ['Schneeball']: 0,60, gefüllt; 'Weiße Kugel': 0,20, gefüllt). [*Ptarmica vulgaris*
HILL]
Sumpf-Sch., Bertramgarbe – A. ptarmica L.

Ähnlich: **Weidenblatt-Sch.** – *A. salicifolia* BESSER [*A. cartilaginea* LEDEB. ex RCHB., *Ptarmica salicifo-
lia* (BESSER) SERG.]: Wenigstens obere Bl mit vertieften, punktfg Harzdrüsen, (3–)5–10(–17) mm br,
beidseits angedrückt kurzhaarig. Köpfe 10–12 mm ⌀. StrahlB 6–8. 0,50–1,00. ♃ ⤳ 7–9. **W**. **Z** s (Z-
u. O-Eur., Sibir: Uferstaudenfluren). – **Zungen-Sch.** – *A. lingulata* WALDST. et KIT.: Bl verkehrteilanzett-
lich bis spatelfg, oben stumpf, fein gekerbt-gezähnt, drüsig, grün. Stg u. HüllBl bräunlich-zottig
behaart. 0,20–0,30. Kurzlebig ♃ ⅄ 6–7. **Z** s △; ⱽ ☽ kühlfeucht (Karp., N- u. M- Balkan: subalp. stei-
nige Weiden).

Unter dem ungültigen Namen *A. sibirica* LEDEB. wird eine ostasiatische Verwandte von *A. salicifolia*
angeboten: *A. alpina* L. [*Ptarmica alpina* (L.) DC.]: Bl fiederlappig mit gezähnten Abschnitten, langhaa-
rig. Strahlen 3–4,5 × 1,5–3 mm (O-Sibir., Fernost, N-Mong., N- u. M-Japan, M- u. NO-China, Alaska,
Kanada: grasige Hänge im Gebirge u. an der Küste – nach 1811 – z. B. Sorte 'Love Parade': Strahlen
zartrosa).

**4** **(2)** StgBl im Umriss eifg, wenig länger als br, mit jederseits 4–7 scharf doppelt gesägten,
br Abschnitten. Pfl >30 cm hoch. (0,30–)0,50–1,00. ♃ ⅄ 7–9. **W**. **Z** s Naturgärten, Parks;

 ♈ ⅴ ◐ ○ ≈ ⊖ nährstoffreich (Alpen außer NO, N-Apennin: subalp. sickerfrische Hochstaudenfluren, Gebüsche; eingeb. in Z-Eur.). **Großblättrige Sch.** – *A. macrophylla* L.

4\* Bl im Umriss länglich, mehrmals länger als br. Pfl <30 cm hoch . . . . . . . . . . . . . . **5**

5 Bl locker behaart od. fast kahl, grün, fiederschnittig, Zipfel linealisch . . . . . . . . . . . . **6**

5\* Bl weiß- bis graufilzig . . . . . . . . . . . . . . . . . . . . . . . . . . . . . . . . . . . . . . . . . . . **7**

6 Strahlen 5–6(–7) mm lg, oben eingebuchtet. Untere Bl 2–5spaltig, locker behaart. StgBl 2fach fiederschnittig. Stg nur oben weichhaarig, 3–15köpfig. Köpfe 11–16 mm ⌀. 0,08–0,20. � i ⌒⌒ ⅄ Rosettenpolster 6–8. **W. Z** s △; ♈ ⅴ ○ ⊕ ≈ Schotter, heikel (M- u. O-Kalkalpen: sickerfrische Steinschuttfluren, (930–)1800–2600(–3000) m – ▽).
**Schwarzrandige Sch.** – *A. atrata* L.

6\* Strahlen <3 mm lg. Bl aromatisch, schmal verkehrteilanzettlich, fast kahl, mit 7–10 Abschnitten jederseits, diese 1–2 mm br, spitz. 0,12–0,18. � i Rosettenrasen ⌒⌒ 6–9. **Z** s △ HeilPfl; ♈ ⅴ ○ ⊖ Schotter (3 Unterarten: subsp. *moschata* (WULFEN) I. RICHARDSON: Bl kammartig fiederschnittig (Zentralalpen: Felsen, Moränen, Steinfluren, 1800–2800 (–3400)); subsp. *ambigua* (HEIMERL) I. RICHARDSON: Spreitenhälften nur bis zur Hälfte eingeschnitten (W-Alpen); subsp. *erba-rotta*: Bl unzerteilt, nur an der Spitze gezähnt (W-Alpen: Silikatfelsen, 2000–2800 m). **Moschus-Sch., Ivakraut** – *A. erba-rotta* ALL.

Ähnlich: **Felsen-Sch.** – *A. rupestris* PORTA [*A. erba-rotta* subsp. *rupestris* (PORTA) I. RICHARDSON]: Pfl ohne Ausläufer. StgBl br spatelfg, 6–12 × 3–4 mm, oben abgerundet, mit jederseits 1–4 Zähnchen od. ganzrandig; RosettenBl lineal-spatelfg, 16–28 × 2–3 mm. � ⅄ 5–6. **Z** s; ⅴ ○ ⊕ (S-It.: Mte. Pollino, Kalkfelsen, 1700–1800 m).

7 (5) Bl seidig-filzig, einfach fiederspaltig bis fiederteilig, mit ganzrandigen od. 2–3zähnigen Zipfeln (Abb. **607**/1), BlSpindel 2–5 mm br. Köpfe 10–18 mm ⌀. Strahlen 3–5 mm lg. HüllBl schwarz berandet. 0,10–0,25. � i ⅄ 6–8. **W. Z** z △; ⅴ ♈ ○ Kalkschotter-Humus (östl. Kalkalpen, ehem. Jugosl., Alban.: frische alp.–subalp. Steinrasen –1574 – ▽).
**Bittere Sch., Steinraute, Weißer Speik** – *A. clavenae* L.

Ähnlich: **Zwerg-Sch.** – *A. nana* L.: Behaarung wollig-zottig. Bl aromatisch, tief fiederschnittig, Spindel 1–2 mm br, Zipfel ∞, dicht gedrängt. Strahlen nur halb so lg wie die Hülle. BStand sehr dicht, fast kuglig. 0,05–0,20. � ⌒⌒ 7–8. **Z** s (W- u. Z-Alpen: kalkarme Schuttfluren, 2200–3320 m).

**Hybriden** von *A. clavenae*: mit *A. erba-rotta* subsp. *moschata*: *A.* × *jaborneggii* HALÁCSY: Polster graugrün. Strahlen weiß. Bl fiederteilig (Abb. **609**/2). � 6–8. **Z** s △; – mit *A. pseudopectinata* JANKA: *A.* × *kellereri* SÜND.: Bl silbergrau, kammartig gefiedert. Strahlen weiß. � 6–8. **Z** s △; – mit *A. umbellata*: *A.* × *kolbiana* SÜND.: Polster grausilbern. Bl 2spaltig bis mehrlappig. Strahlen weiß. **Z** s △; – mit *A. tomentosa*: *A.* × *lewisii* INGW.: Polster flach. Bl graugrün. B zitronengelb. **Z** s △ Kübel.

7\* Bl stumpf graufilzig, Spreite br ei- bis spatelfg, regelmäßig kammfg fiederteilig mit 3–6 (–8) Paar spatelfg, meist ganzrandigen, stumpflichen Zipfeln (Abb. **607**/2). Köpfe zu

1        2        3        4

(1–)3–7(–9) in lockerer Schirmtraube. StrahlB (5–)7–11, 4–6,5 mm lg, br elliptisch. 0,05–0,15. ⚃ i ⚊ 6–8. **Z** z △; ∨ ⚇ ○ Kalkschotter u. Humus (S-Griech.: Kalkfelsspalten u. -felsbänder, (1100–)1500–2300 m). [*A. argentea* hort. non Vis. nec Lam.]
**Dolden-Sch.** – *A. umbellata* Sibth. et Sm.

**8 (1)** B weiß, rosa od. rot ............................................. **9**

**8\*** B gelb, goldgelb od. blassgelb (vgl. auch **9**, subsp. *neilreichii*) ................ **10**

**9** Pfl ohne unterirdische Ausläufer. StgBl im Umriss eifg-elliptisch, bis 5 × 3 cm, aromatisch. BlSpindel mit gezähnten Flügeln. Endzipfel von Grund- u. StgBl < 1 mm br. Köpfe zu >50 in Schirmrispe, 2–4 mm ⌀. Strahlen oseits weiß, bei subsp. *neilreichii* (A. Kern.) Formánek (SO-Eur.) bis gelblichweiß. 0,20–0,60. Kurzlebig ⚃ Pleiok 6–10. **W. Z** s Rabatten, HeilPfl; ∨ ○ ⊕ ~ (warmes bis gemäß. Eur. u. W-As.: Felsbänder, gestörte Trockenrasen, Rohböden – 1561). **Edel-Sch.** – *A. nobilis* L.

**9\*** Pfl mit unterirdischen Ausfläufern. StgBl wenig aromatisch, linealisch bis lineal-lanzettlich od. länglich-lanzettlich, ihre Spindel kaum gezähnt. GrundBl 2–3(–4)fach fiederschnittig. (0,15–)0,30–0,60(–1,20). ⚃ ⚬⚬ i (6–)7–10. **Z** v (Sorten) Rabatten ⚥; **N** HeilPfl (die azulenreiche Kleinart *A. collina* Becker ex Rchb.), Wildgemüse: Salat, Suppe, Tabakersatz; ∨, Sorten ⚇, ○ (warmgemäß. bis kühles Eur.-Sibir.: Wiesen, Weiden, Scherrasen, Gebüschsäume, ruderal; eingeb. in N-Am., O-As., Austr. – 1561 – formenreich, Sammelart mit unterschiedlichen Ploidie-Stufen – ∞ Sorten, z. B. 'Cerise Queen': B kirschrot; 'Sammetriese': 0,80, B tief dunkelrot, 7–9; – Hybriden mit *A. clypeolata* bzw. mit *A.* 'Taygetea' (**14**) sind die meist ebenfalls rosa od. rot blühenden Sorten der „Galaxy-Hybriden", z. B. 'Fanal': 0,60, Strahlen leuchtend rot, ScheibenB gelb; 'Lilac Beauty': 0,80, B lilarosa; 'Smiling Queen': 0,70, B intensiv rosaviolett; 'Wesersandstein': 0,45–0,60, B blass kupferrot, ⚥!; 'Lachsschönheit': 0,70–0,90, B lachsrosa; 'Paprika': 0,50–0,60, B paprika- bis ziegelrot).
**Gewöhnliche Sch.** – *A. millefolium* L.

**10 (8)** Bl unzerteilt od. am Grund mit 1–2 Seitenfiedern, spatelfg, untere lg gestielt, grob gezähnt, drüsig punktiert, oben stumpf, mit Kampfergeruch, obere sitzend, 20–35 × 5–10 mm (Abb. **607**/4). Stg aufrecht, kurz rauhaarig. In den BlAchseln kurze BlTriebe. Köpfe 3mm ⌀. StrahlB 3lappig, die Hülle kaum überragend. (0,10–)0,25–0,40(–0,80). ⚃ ⚊ 6–10. **Z** s; ∨ ○; im 16. Jh. in D. **N**: kult als HeilPfl (W- u. Z-Medit. bis It.: wechselfeuchte Tonböden, auch ruderal – 1561). [ *A. decolorans* Schrad.]
**Süße Sch., Muskatkraut** – *A. ageratum* L.

<small>Bem.: Kult meist Hybr mit *A. millefolium*, z. B. 'W. B. Childs': Bl zerteilt, essbar.</small>

**10\*** Bl ein- bis mehrfach fiederschnittig .................................. **11**

**11** Untere Bl 2fach fiederschnittig, seidenhaarig-zottig, jung weißgrau, lineal-lanzettlich, 4–8 × 0,2–0,4 cm, Zipfel <0,6 mm br, büschlig zusammenneigend, Bl⌀ daher ± rund. Köpfe ∞, in gewölbter Schirmrispe. Strahlen 4–6(–7)), goldgelb, selten hellgelb. Pfl mit Ausläufern Rosettenrasen bildend .................................. **12**

**11\*** Bl einfach fiederschnittig, flach .................................... **13**

**12** Strahlen 1,5–2 mm lg, schwach 3lappig (Abb. **609**/1). HüllBl 2–3,5 mm lg, mit blassbräunlichem, durchscheinendem Rand. (0,05–)0,10–0,40. ⚃ i ⚊ ⚿⚿ 6–7(–8). **Z** s △; ⚇ ∨ ○ (Span., S-Frankr., W- u. S-Alpen., It. bis Abruzzen: Steppenrasen auf Silikatgestein, 0–1750 m – 1561). **Filzige Sch., Gelbe Sch.** – *A. tomentosa* L.

**12\*** Strahlen 2–3mm lg, 3–5 mm br, nierenfg. HüllBl 4–5 mm lg, mit braunem Rand. 0,05–0,30. ⚃ ⚿⚿ 6–8. **Z** s △; ⚇ ∨ ○ ⊖? Boden mager, durchlässig (Mazed., Alban., S-Bulg., N-Griech.: Grasland auf kalkfreiem Gestein, 1500–2200 m – 1739). [*A. aurea* auct.] **Goldhaar-Sch.** – *A. chrysocoma* Friv.

**13 (11)** Bl grün, zerstreut anliegend behaart, dicht drüsig punktiert, stark aromatisch, mit jederseits 10–15 Abschnitten, diese grob gezähnt bis fiederlappig, an der Spindel herablaufend (Abb. **609**/3). Pfl (0,30–)0,60–1,00(–1,20). Köpfe sehr ∞, 50–500, in sehr dichter, gewölbter Schirmrispe von bis 12 cm ⌀. StrahlB 2–4, dreilappig, Strahlen

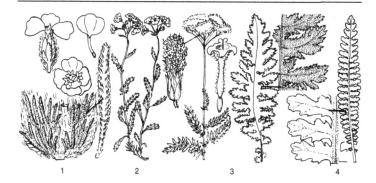

1      2      3      4

<1 mm lg, bis 1,5 mm br, goldgelb. ♃ i kurzes ⚥ 7–9. **Z** v Rabatten, Naturgärten ⚥, auch für Trockensträuße; Ѵ ♥ ○ Boden frisch, nährstoffreich (SO-Türkei, Kauk., W-Iran, Afgh., Tienschan, Pamir: Flusskies, Bach- u. Seeufer, felsige Hänge, 1300–2400 m – 1803 – einige Sorten, Elternart vieler Hybriden, z. B. mit *A. millefolium*: 'Feuerland': 0,80, B leuchtend rot).            **Gold-Garbe** – *A. filipendulina* LAM.

**13\*** Bl graufilzig od. lg seidig behaart, wenigstens jung silbergrau. Pfl <0,60 . . . . . . . . **14**

**14** Bl weiß- bis grauwollig behaart, die unteren 3–7(–12) × 0,3–0,6 cm, kurz gestielt, Abschnitte ganzrandig od. gelappt (Abb. **607**/3). Köpfe 2–4 mm ⌀, in dichten, kopffg Schirmrispen. Strahlen 4–6, nierenfg, 0,5–1 mm lg, 1,2–1,8 mm br, leuchtend gelb. 0,10–0,25(–0,35). ♃ i Pleiok 6–8. **Z** s △; ♥ Ѵ ○ (2 Varietäten: var. *taygetea* (BOISS. et HELDR.) HALÁCSY [*A. taygetea* BOISS. et HELDR.]: Schirmrispe 8–20 mm br (Peloponnes: Taygetos, Parnon: Kalkklippen, 1400–2000 m); var. *aegyptiaca*: Pfl nur 0,10–0,20, sehr dicht wollig, Schirmrispe breiter (Kykladen)).

         **Griechische Sch., Griechische Edel-G.** – *A. aegyptiaca* L.

Bem.: Als *A.* 'Taygetea' [*A.* × *taygetea* hort.] wird eine Hybride angeboten (*A. clypeolata* × *A. millefolium*?], die wenig Ähnlichkeit mit *A. aegyptiaca* var. *taygetea* hat: Pfl ähnlich *A. clypeolata*, Bl stärker zerteilt. Strahlen schwefelgelb.

**14\*** Bl lg seidenhaarig od. kurz graufilzig, die unteren >1 cm br, 8–15(–20) cm lg, gestielt. Spreite br lanzettlich bis verkehrteifg . . . . . . . . . . . . . . . . . . . . . . . . . . . . . . . . . . . **15**

**15** Bl lg seidenhaarig. StrahlB 5–6, Strahlen 1,5–3 mm lg, br rundlich, 3lappig, gelb. Kopfstiele 2–6 mm lg. Abschnitte der unteren Bl gesägt od. ganzrandig, 2–6(–9) mm br, verkehrteifg-länglich. StgBl 1–3 cm lg, flach, ihre Abschnitte ganzrandig. Köpfe 10–50, in dichter Schirmrispe, 3,5–5,5 mm ⌀. 0,15–0,60. ♃ ∼ ⚥ 5–8. **Z** s △; ♥ Ѵ ○ (Griech., Alban., Mazed.: trockne Kalk- u. Serpentinfelsen, (400–)1200–2100(–2700) m).

         **Seidenhaarige Sch.** – *A. holosericea* SIBTH. et SM.

**15\*** Bl kurz graufilzig, schwach drüsig punktiert. StrahlB 3–4(–5), 1 mm lg. Kopfstiele <2 mm lg. RosettenBl 2–3(–4,5) cm br, aufrecht, mit ± 20 Fiederpaaren, diese eilanzettlich, gesägt bis eingeschnitten doppelt gesägt, an der Spindel kurz herablaufend. StgBl mit halbstängelumfassendem Grund sitzend, ihre Abschnitte fast ganzrandig. Köpfe ∞ in dichter Schirmrispe, 2,5–3,5 mm ⌀. 0,15–0,50. ♃ ⚥ 6–7. **Z** v Rabatten △ ⚥; ♥ Ѵ ○ (SO-Eur.: SO-Rum., Serb., Mazed., Bulg., Griech.: trockne Felsrasen auf Kalk, 500–1600 (–1900) m – ∞ Sorten – Hybr mit *A. filipendulina*: 'Coronation Gold': 0,70; mit *A.* 'Taygetea': 'Moonshine': 0,60, B hell schwefelgelb; 'Schwellenburg': 0,30).

         **Goldquirl-Sch.** – *A. clypeolata* SIBTH. et SM.

Bem.: Die als *A. clypeolata* hort. gehandelte Pflanze (Abb. **609**/4) ähnelt der beschriebenen Wildart, soll aber eine Hybride unklarer Herkunft sein.

**Astblume** – *Cladanthus* Cass. 1 Art

Pfl streng aromatisch, flaumhaarig. Bl 1–2fach fiederschnittig mit linealischen Zipfeln, obere in Scheinquirl unter den einzelnen Köpfen. Stg mit (2–)5(–6) Ästen unmittelbar unter den Köpfen br gablig verzweigt (Abb. **610**/1). Köpfe halbkuglig. HüllBl 7–10 mm lg, 2reihig, verkehrteilänglich, mit br trockenhäutigem Anhängsel. Spreuschuppen um die Fr gefaltet, oseits mit wollhaariger Querleiste. Strahlen gelb. 0,30–0,70. ☉ 7–10. Z s △ Trockenmauern, Sommerblumenbeete; V April ▷ ○ ~ (S-Span., NW-Afr.: Felder, ruderal – 1737). **Astblume** – *C. arabicus* Cass.

**Strandkamille, Kamille** – *Tripleurospermum* Sch. Bip. [*Matricaria* auct.] 38 Arten

1 Pfl aufrecht od. liegend-aufsteigend, ☉ ①, selten ♃, ohne wurzelnde oberirdische Ausläufer. 0,10–0,60. ☉ ① ♃ i Pleiok 6–10. **W. Z** s Sommerblumenbeete ⚥; V April ▷ ○ ☾ (warmgemäß. bis kühles Eur., W-As., an Küsten bis kaltes As. u. Am.: Strand, Salzstellen im Binnenland, Äcker, ruderal – 1697 – formenreich – kult nur gefüllte Sorten, z. B.'Compacta Schneeball': 0,20; 'Brautkleid': 0,30). [*T. perforatum* (Mérat) M. Laínz, *T. inodorum* (L.) Sch. Bip.]
  **Echte St., Geruchlose K.** – *T. maritimum* (L.) W. D. J. Koch s. l.

1* Pfl bis auf die köpfetragenden Triebe niederliegend, wurzelnd, rasenbildend, ♃ (Abb. **610**/2). Stg meist unverzweigt, 1köpfig. Bl 1–2fach fiederschnittig, Zipfel linealisch bis fadenfg, spitz. Köpfe 2–4 cm ⌀, Strahlen 6–15, weiß, ScheibenB gelb. Pappuskrönchen ¼ bis ⅓ so lg wie die Fr. 0,05–0,30. ♃ ∼∼ 5–7. **Z** z △ Einfassungen; ♥ V ○ (Türkei, Kauk., Iran, Libanon, Antilibanon: offne Hänge, Wiesen, Granitfelsen, Bäche, 30–3200 m – 1869 – var. *oreades*: Fr vorn glatt, gestreift, bucklig od. bucklig-runzlig; var. *tchihatchewii* (Boiss.) E. Hossain [*T. tchihatchewii* (Boiss.) Bornm.]: Fr vorn runzlig).
  **Kriechende K.** – *T. oreades* (Boiss.) Rech. f.

Sehr ähnlich: **Kaukasische K.** – *T. caucasicum* (Willd.) Hayek: Pappus-Krönchen ⅓ bis ½ so lg wie die Fr. Bl-Abschnitte lanzettlich. 0,05–0,25. ♃ ∼∼ 5–7. **Z** s △ (N- u. O-Türkei, Kauk., N- u. W-Iran, O-Afgh.: feuchte alp. Weiden, Grashänge, kalkfreier Schotter, 2650–3810 m).

**Kamille** – *Matricaria* L. [*Chamomilla* Gray] 3 Arten

Kopfboden schmal kegelfg, hohl (Abb. **610**/3). Köpfe 10–25 mm ⌀, aromatisch. Strahlen bald zurückgebogen. 0,15–0,40. ① ☉ 5–8. **W. N** z HeilPfl seit Altertum gegen Entzündungen, zur Kosmetik, meist auf Stoppeläckern gesammelt, in Mittel-D. noch feldmäßig angebaut; V ○ ⊖ (urspr. ○-Medit., jetzt warmes bis kühles Eur. u. W-As.: sandig-lehmige Äcker, ruderal; eingeb. in Am. u. Austr.). [*M. chamomilla* auct. non L., *Chamomilla recutita* (L.) Rauschert] **Echte K.** – *M. recutita* L.

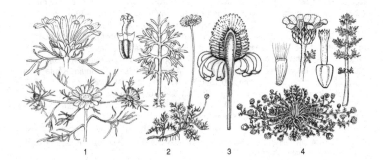

1     2     3     4

**Wucherblume** – *Glebionis* Cass. [*Xanthophthalmum* Sch. Bip.]　　　2 Arten

**1** Bl unzerteilt, vorn verbreitert, grob gezähnt bis 3spaltig eingeschnitten, obere stängelumfassend (Abb. **611**/1). Köpfe 4 cm ⌀. StrahlB gelb bis dunkelgelb. 0,30–0,60. ☉ 6–10. **W. Z** z Sommerblumenbeete, ⚥; ∀ April ins Freiland ○ (S-, W- u. M-Eur.: Äcker – 1588). [*Chrysanthemum segetum* L., *Xanthophthalmum segetum* (L.) Sch. Bip.]
　　　　　　　　　　　　　**Saat-W.** – *G. segetum* (L.) Fourn.

**1\*** Bl doppelt fiederteilig, Abschnitte lanzettlich, kurz gezähnt, BlSpindel oft lappig gezähnt (Abb. **611**/2). Untere Bl mit verschmälertem Grund sitzend, obere stängelumfassend. Köpfe ± 4 cm ⌀, lg gestielt. B alle goldgelb od. StrahlB bleichgelb mit gelbem Grund. 0,30–1,00. ☉ 6–9. **Z** z Sommerblumenbeete, Bauerngärten ⚥, im Mittelalter in S-Eur. Gemüse; ∀ ⌷ April od. Mai Freiland ○ (Medit. bis N-Iran: offne, gestörte Standorte in Küstennähe, Brachfelder – 16. Jh. – wenige Sorten; Hybr mit *G. segetum*: *G.* × *spectabilis* (Lilja) [*Xanthophthalmum* × *spectabile* (Lilja) Erhardt]). [*Chrysanthemum coronarium* L., *Xanthophthalmum coronarium* (L.) Trehane ex Cullen]
　　　　　　　　　　　　　**Kronen-W.** – *G. coronaria* (L.) Spach

**Bunte Wucherblume** – *Ismelia* Cass.　　　1 Art

Stg nicht od. oben wenig verzweigt. Köpfe 4,5–10 cm ⌀. HüllBl gekielt, mehrnervig. Fr⌀ der StrahlB geflügelt 3eckig, der der ScheibenB seitlich abgeflacht. StrahlB gelb od. rötlich, oft am Grund dunkel od. weiß, oft 3farbig mit blasser Basis, darüber mit dunkler Zone, im oberen Teil blasser. ScheibenB schwarzrot od. purpurn. 0,40–0,80(–1,00). ☉ 6–9. **Z** v Sommerblumenbeete ⚥; ∀ ⌷ April od. Mai im Freiland ○ (Marokko: Dünen, frische, sandige Küstenstandorte – 1796 – ∞ Sorten, z. B. 'Nordstern': Strahlen weiß mit lichtgelber Zone; 'Kokarde': Strahlen weiß mit roter und gelber Zone, ScheibenB dunkel; 'Dunettii': Köpfe ± gefüllt, gelb, purpurviolett, dunkelpurpurn, weiß). [*Chrysanthemum carinatum* Schousboe, *Ch. tricolor* Andrews, *Ismelia versicolor* Cass. nom. superfluum]
　　　　　　　　　　　　　**Bunte W.** – *I. carinata* (Schousb.) Sch. Bip.

**Margerite** – *Leucanthemum* Mill. (*Chrysanthemum* L. p.p.)　　　25 Arten

**1** Fr der ScheibenB mit deutlichem, krönchenfg Pappus. Bl auch oberhalb der Mitte mit pfriemlichen, oft nach außen gebogenen Zähnen, obere Bl kaum kürzer als die mittleren. HüllBl mit br schwärzlichem Hautrand. 0,10–0,20(–0,30). ⚥ i ⚥ 7–9. **W. Z** s △; ∀ ⚘ ⊕ Boden durchlässig ≈. Wird in Kultur *L. vulgare* sehr ähnlich (Alpen: sickerfrische Steinschuttfluren, kalkstet). [*L. atratum* (Jacq.) DC. subsp. *halleri* (Suter) Heywood]
　　　　　　　　　　　　　**Haller-M.** – *L. halleri* (Suter) Ducommun

**1\*** Fr der ScheibenB oben abgerundet, ohne Pappus. Bl höchstens zum Grund hin mit pfriemlichen, abstehenden Zähnen, obere Bl meist deutlich kürzer als die mittleren. HüllBl mit schmalem, hell- bis dunkelbraunem Hautrand . . . . . . . . . . . . . . . . . . . . **2**

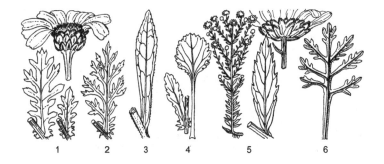

1　　　2　　　3　　　4　　　5　　　6

**2** GrundBl gestielt, ihre Spreite verkehrteifg-rundlich, unregelmäßig tief gekerbt (Abb. **611**/4). Mittlere StgBl sitzend, am Grund mit verlängerten Zähnen. Stg oft verzweigt. Köpfe 4–6 cm ⌀. 0,20–0,80(–1,00). Kurzlebig ♃ i kurzes ⵖ 5–6(–10). **W. Z** v Rabatten, Blumenwiesen ✂, früher HeilPfl; ∀ Selbstaussaat ♈ ○ ⊕ (warmgemäß. bis kühles Eur. u. W-Sibir.: Wiesen, Halbtrockenrasen – wenige Sorten, z. B. 'Maikönigin': 0,60, 5–6; 'Rheinblick': 0,90, 6–7). [*Chrysanthemum leucanthemum* L., incl. *L. adustum* (W. D. J. Koch) Gremli, *L. ircutianum* DC.] **Wiesen-M.** – *L. vulgare* (Lam.) DC. s. l.

**2*** GrundBl keilig in den Stiel verschmälert, ihre Spreite länglich, gleichmäßig gekerbt-gesägt, dicklich (Abb. **611**/3). Stg meist einköpfig, selten verzweigt. Köpfe 5–10(–15) cm ⌀. 0,30–1,00. ♃ i ⵖ 6–7(–9). **Z** v Rabatten ✂; ♈ (Sorten nur so) ∀ Selbstaussaat ○ (Pyr.: mont.–subalp. Wald- u. Gebüschsäume – ∞ Sorten, dazu auch die Hybr *L.* × *superbum* (J. W. Ingram) Bergmans ex Kent [*L. lacustre* (Brotero) Sampaio × *L. maximum*], z. B. 'Schwabengruß': halbgefüllt, 1,00, 8–9; 'Suchurka': Köpfe gefüllt, Strahlen gefranst, Köpfe halbkuglig, 0,60, 6–9; 'Beethoven': großblumig, 0,80, 7–9; 'Dwarf Snow Lady': 0,20–0,30, 6–8; 'Silver Princess': 0,40). [*Chrysanthemum maximum* Ramond] **Garten-M.** – *L. maximum* (Ramond) DC.

**Alpenmargerite** – *Leucanthemopsis* (Giroux) Heywood 6 Arten

Köpfe 2–4 cm ⌀, einzeln auf 4–12 cm hohen Stielen. Bl kammfg fiederspaltig. StrahlB weiß. 0,05–0,15. ♃ Pleiok 7–8. **W. Z** s △; ∀ Urgesteinsschutt, heikel, in Kultur nicht langlebig (Hochgebirge von S- u. M-Eur.: feuchte Schneetälchen, kalkmeidend). [*Chrysanthemum alpinum* L., *Tanacetum alpinum* (L.) Sch. Bip.] **Gewöhnliche A.** – *L. alpina* (L.) Heywood

**Herbstmargerite** – *Leucanthemella* Tzvelev [*Chrysanthemum* L. p. p.] 2 Arten

Rhizom-Hochstaude. Bl schmal bis br lanzettlich, tief vorwärts gesägt (Abb. **611**/5), am Grund meist mit 2 spießfg abstehenden Zipfeln. Köpfe 4–6(–8) cm ⌀, lg gestielt, zu 2–8 in lockerer Schirmtraube. StrahlB weiß, selten rötlich, steril. ScheibenB grünlichgelb. Fr ohne Krönchen. 0,60–1,50. ♃ ⵖ 9–10. **W. Z** z Teichufer, Naturgärten, Rabatten, ✂; ♈ ∿ ○ ≃ (SO-Eur., Ung., SO-Tschech., NW-Ukr.: Ufer, Feuchtwiesen, Röhricht – 1699). [*Chrysanthemum serotinum* L., *C. uliginosum* Pers.] **Gewöhnliche H.** – *L. serotina* (L.) Tzvelev

**Goldblume** – *Coleostephus* Cass. [*Chrysanthemum* L. p. p.] 1 Art

Stg vom Grund stark verzweigt. Bl lineal-spatelfg, grob gezähnt, gelappt bis fiederschnittig mit schmalen Lappen, am Grund nicht stängelumfassend, blaugrün. Köpfe lg gestielt. StrahlB auffallend kurz u. rund, goldgelb. ScheibenB gelb. 0,15–0,25. ⊙ (6–)7–8(–9). **Z** z Sommerblumenbeete; ∀ Freiland ○ (Alg.: sandige Hügel – 1887 – Sorte 'Kobold': goldgelb, reichblühend; 'Golden Glory': 0,15, kompakt). [*Chrysanthemum multicaule* Desf.] **Vielstänglige G.** – *C. multicaulis* (Desf.) Durieu

**Zwergwucherblume** – *Mauranthemum* Vogt et Oberprieler [*Chrysanthemum* L. p. p.] 4 Arten

Pfl ⊙, mit buschig verzweigtem Stg. Bl graugrün. Köpfe 2–3(–5) cm ⌀. StrahlB gelblichweiß bis weiß, ScheibenB gelb. 0,05–0,15. ⊙ 6–9. **Z** s; ○ (S- u. O-Span., Balearen, NW-Afr.: steinig-sandige Weiden, lichte Wälder, Küstengebiet bis mont. – formenreich, Sorte 'Snow Land': 0,15–0,20. StrahlB reinweiß. BlRand wellig gesägt. Köpfe bis 5 cm ⌀). [*Chrysanthemum paludosum* Poir., *Leucanthemum paludosum* (Poir.) Bonnet et Baratte, *Hymenostemma paludosum* (Poir.) Pomel] **Weiße Z., Sumpf-Z.** – *M. paludosum* (Poir.) Vogt et Oberprieler

**Chrysantheme, Winteraster** – *Chrysanthemum* L. [*Dendranthema* (DC.) Des Moul.] 37 Arten

**1** Bl br eirund, >6 cm lg, in den Stiel verschmälert, fiederlappig (Abb. **616**/1), stark aromatisch, etwas ledrig-dicklich, oberste ± ganzrandig. Stg aufrecht. Köpfe in Größe,

Farbe und Form sehr variabel, oft gefüllt. 0,20–1,50. ♃ ⱶ i 7–11. **Z** v Rabatten ⚥ HeilPfl, ♥ ⱱ ○ ⋀ (kult in China schon 500 v. Chr., dort um 1700 schon 300 Sorten, Holland Mitte 17. Jh., erneut 1789 – heute >1000 Sorten in 32 Sortengruppen, davon 12 Gruppen nur für Gewächshauskultur, die übrigen fürs Freiland): 1. Übergruppe Oktoberblüte: Ballonform (Strahlen eingekrümmt), Hängende Strahlen, Großblütige, Einfachblütige, Pompon, Kleinblütige, Andere; 2. Übergruppe: Frühblühende: Ballonform, Hängende Strahlen, Mittelgroßblütige, Anemonenblütige, Einfachblütige, Pompon, Kleinblumige, Andere (bis hierher Indicum-Hybriden mit *Ch. indicum* L. als einer Elternart: S-Japan, S-Korea, M- u. W-China); – Koreanum-Hybriden, Stammart aus der *Ch. zawadskii*-Gruppe (s. unten) 1917 aus China nach Kalifornien, in Bristol/Connecticut 'Ch. × koreanum' gezüchtet, 1930 nach England, frosthärter als *Ch. indicum*-Hybriden; – Rubellum-Hybriden: mit *Ch. changtii* Lév., **2\***, als einem Elter – Beispiele für den Formenreichtum der Freiland-Chrysanthemen: frühe Sorten, 8–9, 0,70: 'Goldmarianne': goldgelb, 'Burgzinne': rot, 'Karminsilber': lilakarmin, 'Amber glory': kupferfarben, 0,40; späte Sorten, 10–11, 0,80: 'Rosalinde': lilarosa, 'Rehauge': braun, pompon, 'Rumpelstilzchen': rotbraun, halbgefüllt). [*Ch.* × *hortorum* hort., *Ch.* × *indicum* hort., *Ch.* × *koreanum* hort., *Ch.* × *morifolium* Ramat.]

**Garten-Ch.** – *Ch.* × *grandiflorum* (Ramat.) Kitam.

**1\*** Bl <3 cm lg, wenn länger, dann nicht in den Stiel verschmälert . . . . . . . . . . . . . . . . **2**

**2** BlSpreite im Umriss br elliptisch, gestielt, kahl, einfach fiederschnittig mit 5–7 schmalen, gezähnten od. fiederlappigen Abschnitten, 1,5–3 cm lg (Abb. **611**/6). Stg aufsteigend, rötlich, kahl. Köpfe einzeln endständig od. zu 2–5, 3,5–6 cm ⌀. StrahlB zartrosa od. weiß, 12–25 × 3–6 mm. ScheibenB grüngelb. HüllBl grün, meist braunhäutig berandet. 0,15–0,25. ♃ ∿ 6–7. **Z** s △ ⚥; ♥ V ◐ ≈ Boden durchlässig (Karp., NO-Eur., Sibir., N-Mong., NO-China, Varietäten in Korea: Lärchenwälder – 1936 – formenreich). [*Ch. erubescens* hort. non Stapf]

**Nordasien-Ch.** – *Ch. zawadskii* Herbich

**2\*** Untere Bl eifg-rundlich od. nierenfg, nicht in den Stiel verschmälert, fieder- od. fingerlappig mit eifg, gezähnten od. flach eingespaltenen Lappen. Köpfe 2,5–5 cm ⌀, zu 2–15 in lockrer Schirmtraube. StrahlB weiß od. rosa, 8–15 × 2–3 mm. ScheibenB gelb. 0,30–0,50. ♃ ∿ 8–10 (Korea, N-China, Japan, S-Ussuri). [*Dendranthema changtii* (Lév.) Shih, *D. erubescens* (Stapf) Tzvelev, *Ch. erubescens* Stapf non hort., *Ch. zawadskii* subsp. *erubescens* (Stapf) Kitag., *Ch. zawadskii* var. *latilobum* Maxim., *Ch. rubellum* Sealy, incl. *Ch. naktongense* Nakai]

**Koreanische Garten-Ch.** – *Ch. changtii* Lév.

Zu der formenreichen *Ch. zawadskii*-Gruppe gehört auch die mattenbildende Rhizomstaude **Weyrich-Ch.** – *Ch. weyrichii* (Maxim.) Miyabe et Miyake [*Leucanthemum weyrichii* Maxim., *Dendranthema weyrichii* (Maxim.) Tzvelev, *D. maximowiczii* (Kom.) Tzvelev, *D. littorale* (F. Maek.) Tzvelev subsp. *coreanum* (Lév. et Vaniot) L. A. Lauener, *Chrysanthemum coreanum* (Lév. et Vaniot) Nakai ex. T. Mori subsp. *maximowiczii* (Kom.) Vorosch., *Dendranthema coreanum* (Lév. et Vaniot) Vorosch.]: Bl 5 × 3 cm, 2fach fiederschnittig. Köpfe (1–)3–15, 5 cm ⌀, rosa od. weiß. 0,15–0,30. ♃ ∿ 9–10? **Z** s △; ♥ V ○ ≈ (Sachalin, N-Japan, Korea, NO-China: Berghänge, Küstenfelsen, EichenW an der Küste).

**Grönlandmargerite** – *Arctanthemum* (Tzvelev) Tzvelev      1–4 Arten

Bl spatelfg-keilfg, in den Stiel verschmälert, unregelmäßig grob eingeschnitten, fleischig, nicht drüsig punktiert, kahl. In den BlAchseln kurze Laubtriebe od. 1 BlPaar. Köpfe 4–8 cm ⌀, zu 1(–3). StrahlB weiß, ScheibenB grünlichgelb. 0,30–0,40. ♃ 9–10. **Z** s Staudenbeete ⚥; ♥ ○ (Arktis von Eur., As. u. N-Am., N-Japan: Salzmarschen, felsige od. steinige, kiesige u. sandig-schlammige Küsten). [*Chrysanthemum arcticum* L., *Dendranthema arcticum* (L.) Tzvelev] **Grönlandmargerite** – *A. arcticum* (L.) Tzvelev

**Strauchmargerite** – *Argyranthemum* Webb ex Sch. Bip.      23 Arten

Lit.: Humphries, C. J. 1976: A revision of the Macaronesian genus *Argyranthemum* Webb ex Sch. Bip. (*Compositae – Anthemideae*). Bull. Brit. Mus. Natur. Hist. **5**(4): 145–240.

**1** Bl grün, am Stg ± gleichmäßig verteilt, die unteren erhalten bleibend, etwas fleischig, kahl, 1–2fach fiederschnittig, Abschnitte 2–3 mm br, die letzten Abschnitte gezähnt (Abb.

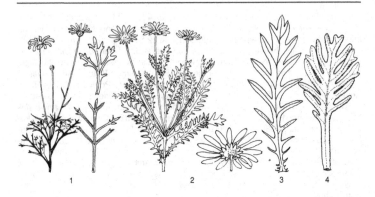

1        2        3        4

**614**/1), Köpfe ∞, end- u. achselständig auf lg Stielen. StrahlB 7–15 × 2–5 mm, bei der Stammform weiß, bei Sorten auch hellgelb od. rosa. Fr der StrahlB mit 3 Flügeln, die der ScheibenB mit 1 Flügel, unregelmäßig gerippt. 0,20–1,50. ♓ i buschfg, auch als Hochstamm, 1–12. **Z** v Kübel, Balkonkästen ⚥; ⟋ August od. Februar, kühl überwintern ⚘ ○ Dränage, Blüte durch Langtag gefördert. Für kompakten Wuchs stutzen (Kanaren: Teneriffa, Gran Canaria, Gomera: felsige Schluchten – 1699 – formenreich, 8 Subspecies – ∞ Sorten (vielleicht z.T. Hybr mit *A. foeniculaceum*), z.B. 'Vancouver': Köpfe anemonenfg, 5 cm br, StrahlB hellrosa, ScheibenB vergrößert, rosa; 'Summer Melody': B rosa, Köpfe gefüllt; 'Yellow Star': StrahlB hellgelb, ob Hybr mit *A. maderense* (D. DON) HUMPHRIES [*Chrysanthemum ochroleucum* (SCH. BIP.) MANSF.]? mit hellgelben StrahlB von Lanzarote?). [*Chrysanthemum frutescens* L.]

                           **Gewöhnliche St. –** *A. frutescens* (L.) SCH. BIP.

**1\*** Bl blaugrün, die meisten konzentriert am Grund der Kopfstiele, die unteren zeitig absterbend, 2–3fach fiederschnittig, Zipfel fadenfg. 0,20–0,80. ♓ i 1–12. **Z** v? Kübel, Balkonkästen ⚥, Sommerrabatten; ⟋ August od. Februar, kühl überwintern ⚘ (NW-Teneriffa: Felshänge). [*Chrysanthemum foeniculaceum* (WILLD.) DESF., *A. anethifolium* (WILLD.) BROUSS., non *A. frutescens* subsp. *foeniculaceum* (PIT. et PROUST) HUMPHRIES]

                           **Fenchel-St. –** *A. foeniculaceum* (WILLD.) SCH. BIP.

### Gold-und-Silber-Chrysantheme – *Ajania* POLJAKOV        30 Arten

Bl im Umriss eifg, ± 5 cm lang, in den Stiel keilig verschmälert, beidseits mit (1–)2(–3) groben, abgerundeten Kerbzähnen, oseits glänzend grün, useits u. am Rand silbern behaart. Köpfe zu (5–)15–25 in Schirmrispen, ohne StrahlB, ScheibenB gelb. 0,10–0,45. ♃ ♓ i ⥯ (9–)10–11. **Z** z Staudenbeete, Balkonkästen, Kübel ⚥ ♠; ⟋ ⋀ (Japan: Honshu, in Küstennähe – 1990?). [*Chrysanthemum pacificum* NAKAI, *Dendranthema pacificum* (NAKAI) KITAM.]

                           **Gold- u. Silber-Ch. –** *A. pacifica* (NAKAI) BREMER et HUMPHRIES

### Laugenblume – *Cotula* L.        90 Arten

**1** Pfl ⊙, kahl, etwas fleischig. Köpfe 8–10 mm ⌀, lg gestielt, einzeln od. zu wenigen, vor u. nach der BZeit hängend. Stg ausgebreitet-aufrecht. Bl linealisch bis verkehrteilanzettlich, ganzrandig od. mit wenigen entfernten Lappen. Äußere B ♀, mit verkümmerter 3teiliger Kr, gestielt, übrige ☿, alle gelb. Fr zweischneidig zusammengedrückt, die äußeren mit br, schwammigem Rand. 0,08–0,20(–0,30). ⊙ 6–8. **W. Z** s Teichränder, Sumpfbeete; ∀ Mai ○ ≈ (S-Afr.: Küsten, Sümpfe, Gräben; eingeb. weltweit in warmen Gebieten bis NW-D. – 20. Jh.).        **Krähenfuß-L. –** *C. coronopifolia* L.

1* Pfl ♃, silbergrau seidenhaarig, mattenbildend. Köpfe 8–10 mm ⌀, auf 4–8 cm lg Schäften. Stg kriechend-aufsteigend. Bl 2–3fach fiederschnittig, Endabschnitte linealisch, 2–5 × 0,5 mm; BlStiel am Grund 3 mm br, stängelumfassend, freier Teil 3–5 × 0,5–1 mm. Alle B ⚥ u. mit 4zipfliger Kr, gelb, 0,1 mm lg gestielt; KrRöhre oben fast kuglig aufgeblasen. Fr schmal berandet. 0,10–0,20 hoch, bis 0,40 br. ♃ i ⏜ 5–9. **Z** s △; ⏜ ○, nicht ~ (S-Afr.? – nur kult bekannt – 1980). [*C. hispida* hort. non (DC.) Harv., *C. lineariloba* hort. non (DC.) Hilliard] **Täuschende L.** – *C. fallax* D. J. N. Hind

**Fiederpolster** – *Leptinella* Cass. (*Cotula* L. p. p.) 33 Arten

1 B schwarzrot od. braunrosa. Köpfe 1–2 cm ⌀. Bl u. Stg drüsig behaart. Bl doppelt fiederspaltig bis fiederschnittig mit linealischen Abschnitten, ± rosettig. Pfl büschlig, höchstens Matten von 20 cm ⌀ bildend. 0,05–0,15. ♃ i 6–8. **Z** s △, besser Ⓐ; ♥ keine Winternässe (S-Neuseel.: mont. bis subalp., meist feuchte Geröllhalden – var. *luteola* hort. [subsp. *luteola* (D. G. Lloyd) D. G. Lloyd et C. J. Webb]: B gelb mit braunrosa Spitzen). **Schwarzrotes F.** – *L. atrata* (Hook. f.) D. G. Lloyd et C. J. Webb

1* B gelb, grünlichgelb od. weiß. Bl kahl od. behaart, aber nicht drüsig behaart. Stg niederliegend, wurzelnd, mattenbildend . . . . . . . . 2

2 Pfl kahl. Bl gekerbt od. gelappt, höchstens schwach fiederteilig, nicht drüsig punktiert, mattgrün, 3–5 cm lg, verkehrteifg, gestielt. Köpfe meist eingeschlechtig, die ♂ (2–)4–7 mm, die ♀ (3–)8–10 mm ⌀. B grünlichgelb. 0,05–0,20. ♃ i ⏜ 6–8? **Z** s △ ▭ Gräber, zwischen Trittplatten; ♥ ◐ ○ ≃, tritt- u. salzverträglich (Neuseel.: Feuchtwiesen, Salzwiesen, Sümpfe, besonders Küsten, Flussufer – Sorte 'Minima': Bl 5–12 mm, hellgrün, Köpfe 2–3 mm ⌀). [*Cotula dioica* (Hook. f.) Hook. f.] **Zweihäusiges F.** – *L. dioica* Hook. f.

2* Stg behaart, meist auch Bl, wenigstens useits. Bl fiederspaltig bis fiederschnittig, durchscheinend drüsig punktiert (nicht drüsig behaart), oben purpurbraun od. bronzegrün 3

3 Bl beidseits behaart, selten kahl, oft bronzegrün, unten gefiedert, oben fiederschnittig, der obere Rand der Abschnitte tief gezähnt (Abb. **616**/5). BlStiele 2–5 cm lg. Köpfe eingeschlechtig, gelbgrün. ♂ Köpfe 4–5 mm ⌀, ♀ 6–9 mm ⌀. HüllBl mit purpurnem Rand. Bl mit 8–15 Abschnittpaaren. Stg u. Schaft abstehend behaart. 0,05–0,12. ♃ i ⏜ 6–8. **Z** z △ ▭ Gräber, Trittplattenfugen; ♥ ○ ◐ ≃ ∧ tritt- u. salztolerant (Neuseel.: Küste bis hochmont. feuchte Standorte – formenreich). [*Cotula squalida* (Hook. f.) Hook. f.] **Wolliges F.** – *L. squalida* Hook. f.

3* Bl oseits kahl od. spärlich behaart, oben oft purpurbraun, 4–5 cm lg, in der unteren Hälfte fiederschnittig, in der oberen fiederspaltig, die Abschnitte unregelmäßig gekerbtgesägt (Abb. **616**/4). BlStiele bis 2 cm lg. Köpfe mit ♂ u. ♀ B, 8–10 mm ⌀. B gelbgrün. 0,05–0,12. ♃ i ⏜ ⏝ 6–7?. **Z** s △ ▭ Gräber, Trittplattenfugen; ♥ ○ ◐ (N- u. S-Neuseel., Chatham-Insel: feuchte Böden). [*Cotula potentillina* (F. Muell.) Druce, *C. muelleri* T. Kirk] **Fingerkraut- F.** – *L. potentillina* F. Muell.

**Ähnlich: Kamm-F.** – *L. pectinata* (Hook. f.) D. G. Lloyd et C. J. Webb: B weiß, die ♂ trichterfg, drüsig. Bl nicht drüsig punktiert, mit 3–5 Abschnittpaaren. ♃ i ⏜. **Z** s △ ▭; ♥ ◐ ○ (S-Neuseel.).

**Straußmargerite, Rainfarn, Pyrethrum, Mutterkraut** – *Tanacetum* L. 150 Arten

1 Bl unzerteilt, obere zuweilen am Grund mit 1–2 Paar Abschnitten. StrahlB fehlend. Köpfe 3–8 mm ⌀ . . . . . . . . 2

1* Bl 1–3fach fiederteilig od. fiederschnittig. StrahlB vorhanden od. fehlend . . . . . . . . 3

2 Aufrechte Hochstaude mit Minzenduft. Bl ∞, zerstreut angedrückt grauhaarig, länglichelliptisch, gekerbt, vertieft drüsig punktiert (Abb. **616**/3), untere mit dem 8–15 cm lg Stiel 12–22 cm lg, 1,5–5 cm br, obere sitzend, am Grund zuweilen mit 1–2 Abschnittpaaren. Köpfe 5–8 mm ⌀, zu 30–100 in flacher Schirmrispe. ScheibenB gelblich. 0,70–1,00(–1,50). ♃ ⏝ 7–8. **N** seit Mittelalter in D., viel kult als antiseptische HeilPfl u. Gewürz für Salate, Fleisch, Gemüse, heute nur reliktär in S-D.; ∨ ♥ ○ (die allein kult

subsp. *balsamita* ohne StrahlB wohl in Kultur entstanden, eingeb. in S-Eur., Orient, M-As. – Mittelalter; die subsp. *balsamitoides* (SCH. BIP.) GRIERSON mit weißen StrahlB u. kaum >30 Köpfen: O-Türkei, Armenien, NW-Iran: steinige Hänge, Bergwiesen, 1100–3300 m – 1792 od. eher). [*Pyrethrum tanacetum* DC., *P. balsamita* (L.) WILLD., *P. major* (DESF.) TZVELEV, *Balsamita major* DESF., *Chrysanthemum majus* (DESF.) ASCH.]
**Balsamkraut, Frauenminze, Marienblatt** – *T. balsamita* L.
2* Bis 30 cm hoher, rasenbildender, weiß behaarter ♄. GrundBl unzerteilt, 1–2fach fiederschnittig od. fächerfg geteilt, im Umriss eifg-rundlich, StgBl kleiner, weniger zerteilt od. unzerteilt. Köpfe zu 10–30(–80) in dichter Schirmrispe, 3–5 mm ⌀, mit 15–30 gelben B. (0,05–)0,20–0,30. ♄ i 7(–8). **Z** s △ Trockenmauern; v ♈ ○ ~ ∧ gegen Nässe (Türkei, Libanon, Kauk.: Kalkfelsen, 1200–2250 m – formenreich). [*Chrysanthemum argenteum* (WILLD.) BOOM] **Silber-St.** – *T. argenteum* (LAM.) WILLD.
3 Bl grün od. gelbgrün (vgl. *T. parthenifolium*, **7*** Zusatz: Bl graugrün) . . . . . . . . . . . **4**
3* Bl dicht silbern od. weiß behaart . . . . . . . . . . . . . . . . . . . . . . . . . . . . . . . . . . . . . . . **8**
4 StrahlB purpurn od. rosa, selten weiß. Köpfe einzeln, lg gestielt. Bl doppelt fiederschnittig, 6–20 cm lg, untere gestielt, Abschnitte lineal-lanzettlich, spitz (Abb. **617**/2). 0,40–0,80. ♃ Pleiok 6–7. **Z** v Rabatten ✄; v ♈ ○, auf schwerem Boden kurzlebig; wenig standfest (N-Iran, Armenien, Kauk., NO-Türkei: Wiesen, steinige Hänge, 1500–3000 m – 1804 – einige Sorten: Strahlen rosa, rot od. weiß, Köpfe auch gefüllt – in der Heimat 3 im BlSchnitt verschiedene Unterarten – im Orient kult für „Persisches Insektenpulver"). [*Pyrethrum roseum* (ADAMS) M. BIEB., *Chrysanthemum roseum* ADAMS, *Ch. coccineum* WILLD.]
**Bunte Margerite, Rotes Pyrethrum** – *T. coccineum* (WILLD.) GRIERSON
4* StrahlB weiß od. fehlend. Köpfe zu 6 bis ∞ in Rispen od. Schirmrispe . . . . . . . . . . **5**
5 StrahlB fehlend. Köpfe 8–11 mm ⌀, zu 10–70 in dichter Schirmrispe. ScheibenB goldgelb. Bl 15–25 × 5–10 cm, einfach bis doppelt fiederschnittig mit 12 Paar länglich-lanzettlichen, spitzen, eingeschnitten gesägten Fiedern. Pfl herb aromatisch. 0,30–0,70(–1,60). ♃ Pleiok 7–9(–10). **W**. **Z** s Staudenbeete ✄; früher **N**: HeilPfl gegen Würmer; v ♈ ○ (warmgemäß. bis kühles Eur. u. As.: Flussufer, Waldränder, im W u. in Japan nur ruderal; eingeb. in N-Am. – 1561 – wenige Sorten, z.B. 'Crispum': krausblättrig; 'Taina': >1,00.) [*Chrysanthemum vulgare* (L.) BERNH.] **Rainfarn** – *T. vulgare* L.
5* StrahlB vorhanden, weiß . . . . . . . . . . . . . . . . . . . . . . . . . . . . . . . . . . . . . . . . . . . . . . **6**
6 Köpfe 6–9 mm ⌀, zu ± 40–100 in dichter Schirmrispe. Strahlen 1–3 mm lg, breiter als lg. ScheibenB bräunlichweiß. HüllBl braunhäutig berandet, gefranst. Bl im Umriss elliptisch, fiederschnittig mit 5–6 einfach bis doppelt gezähnten Abschnittspaaren (Abb. **617**/4). 0,60–1,10(–1,50). ♃ ⅄ 6–8. **W**. **Z** s Naturgärten, Parks, Gehölzränder; ♈ ● ○ (SO-Eur., NO-Türkei, Kauk.: Waldränder, Hochstaudenfluren – 1596). [*Chrysanthemum macrophyllum* WALDST. et KIT.]
**Großblättrige St.** – *T. macrophyllum* (WALDST. et KIT.) SCH. BIP.

**6\*** Köpfe 15–30 mm ⌀. Strahlen 2,5–15 mm lg, länger als br. ScheibenB gelb . . . . . . **7**
**7** Strahlen lineal-länglich, 10–15 mm lg. Bl fest, grün, länglich, jederserseits mit 6–15 fiederteiligen, scharf gesägten Abschnitten. Pfl geruchlos. Köpfe zu 6–50 in lockrer Schirmrispe. 0,40–1,00. ⌀ ⅄ 6–8. **W. Z** z Staudenbeete, Gehölzränder, Naturgärten, ⚥; ⯗ ⩔ ◖○ ⊕ ∼ (warmgemäß. bis gemäß. Eur., W-Sibir.: lichte TrockenW, Waldränder, Bergwiesen – 1594 – subsp. *cinereum* (GRISEB.) HAYEK: Bl useits graugrün, behaart; ob kult?). [*Chrysanthemum corymbosum* L., *Pyrethrum corymbosum* (L.) WILLD.]
　　　　　　　　　　　　　　　　　　　　　　　　**Gewöhnliche St.** – *T. corymbosum* (L.) SCH. BIP.
**7\*** Strahlen verkehrteifg, 3–7 mm lg. Köpfe oft gefüllt. Bl weich, gelblichgrün, zerstreut behaart, ihre 3–6 Abschnittpaare länglich-eifg bis elliptisch, fiederspaltig, mit stumpfen Zipfeln (Abb. **616**/2). Pfl stark aromatisch. Köpfe in dichter Schirmrispe. (0,10–) 0,20–0,60(–0,75). Kurzlebig ⌀ i Pleiok, kult meist ⊙ od. ⊙ ⩔ ⊐ März, 6–9. **W. Z** v Bauerngärten, Rabatten, Gehölzränder ⚥, früher **N**: HeilPfl; ⩔ Selbstaussaat ◖○ (Balkan, N- u. O-Türkei: Bergwiesen; eingeb. im warmen bis gemäß. Eur., Am., Austr. – kult seit Altertum – mehrere Sorten, z.B. 'Tetraweiß': gefüllt, großblumig, 0,50; 'Weißer Stern': gefüllt, 0,25; 'Schneekrone': ScheibenB röhrig, cremefarben, 0,50–0,75; 'Golden moss': 0,10, nur ⯗; 'Aureum': Laub goldgelb). [*Chrysanthemum parthenium* (L.) BERNH., *Ch. parthenoides* hort.]　　　**Mutterkraut** – *T. parthenium* (L.) SCH. BIP.

Ähnlich: **Staubige St.** – *T. parthenifolium* (WILLD.) SCH. BIP.: Bl mattgrün, dicht grauhaarig, ihre Abschnitte länglich, mit spitzen Zipfeln. 0,30–0,80. 7–8. **W. Z** s (Kauk., Iran, M-As.: schattig-steinige Gebirgswald-Hänge, 1100–2500 m; eingeb. in M-D.).

**8** **(3)** StrahlB fehlend . . . . . . . . . . . . . . . . . . . . . . . . . . . . . . . . . . . . . . . . . . . . . . . . . **9**
**8\*** StrahlB vorhanden, wenn auch zuweilen kurz . . . . . . . . . . . . . . . . . . . . . . . . . . . . **10**
**9** Köpfe mit 15–30(–40) B. 　　　　　　　　　　　　**Silber-St.** – *T. argenteum*, s. **2\***
**9\*** Köpfe mit 12–18 B. Bl 2–3fach fiederschnittig, bis 8 cm lg, eifg, gestielt, mit 4–5 Paar tief gekerbten, weißwolligen Fiedern, Endzipfel 3–5 × 0,5–1 mm, spitz. Köpfe 3–4 mm ⌀, zu 10–30 in Schirmrispe. 0,20–0,30. ♄ i 7–8. **Z** s △; ⤳ ⩔ ○ Drainage, Schutz vor Nässe (S-Türkei: Provinz Adana: Kalkfelsen, 1150–2000 m – 1949).
　　　　　　　　　　**Haradjan-St., Silbergefieder** – *T. haradjanii* (RECH. f.) GRIERSON

Bem.: Unter diesem Namen wird oft *T. densum* (s. **11**) kultiviert.

**10** **(8)** Köpfe einzeln auf lg Stielen. StrahlB weiß, 8–16 mm lg. Bl drüsig punktiert, silbergrau behaart, die unteren 10–20 cm lg, 2fach fiederschnittig, die primären Abschnitte entfernt fiederschnittig bis handfg geschnitten (ähnlich *Artemisia absinthium*; Abb. **617**/1). 0,50–0,70. Kurzlebig ⌀ i 5–7. **Z** s ⚥; ⩔ ⤳ ○ ⊕; **N** auch heute wichtiges Insektizid: gelbliches Insektenpulver aus den getrockneten Köpfen, früher kult auch in D., jetzt besonders in Medit. u. Kenia (Kroat., Bosn., Montenegro, Alban.: Felsrasen im

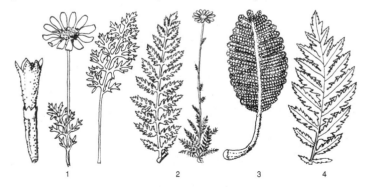

1　　　　　　　　2　　　　　　　3　　　　　　4

Tief- u. Hügelland; eingeb. in Medit. – 1824). [*Pyrethrum cinerariifolium* TREVIR.]
**Weißes Pyrethrum, Dalmatiner Insektenblume** – *T. cinerariifolium* (TREVIR.) SCH. BIP.

10* Köpfe in Gruppen zu (2–)3–8(–18). StrahlB <5 mm lg, gelb . . . . . . . . . . . . . . . . . . 11

11 Br buschiger, immergrüner, niederliegend-aufsteigender ♄. BlSpreite im Umriss br elliptisch, 2–5 × 1–2 cm, 1–2 cm lg gestielt, 2fach fiederschnittig, mit sehr dichtstehenden, 10–15(–30) Paar primären Fiedern, diese mit 3–12 Paar Lappen (Abb. **617**/3). Köpfe 5–8 mm ⌀, mit 12–15(–20) StrahlB. Strahlen 1–4(–5) × 1,5–2 mm. 0,07–0,25. ♄ i (6–) 7–8. **Z** z △; ∨ ⩘ ○ ⊕ ~, Blauschimmel! (SO-Türkei, Libanon: Kalkfelsen, Schotter, 1500–2000 m – formenreich, kult nur die beschriebene subsp. *amani* – 1950). [*T. haradjanii* hort. non (RECH. f.) GRIERSON]
**Feder-St.** – *T. densum* (LABILL.) SCH. BIP. subsp. *amani* HEYWOOD

11* Aufrechte ♃. GrundBl länglich-linealisch, Spreite 10–12 × 2 cm, lg gestielt, 2fach fiederschnittig, stark aromatisch. StgBl sitzend, viel kleiner. Köpfe 7–15 mm ⌀. StrahlB 15–30. Strahlen 1,8–3 × 1,5–2 mm. (0,15–)0,30–0,40(–0,50). ♃ ⅄ 6–7. **Z** s △; ∨ ⩔ ○ ⊕ (Ukr., S-Russl., N-Kauk., W-Kasach.: Kalkblößen, Steppen, Stein- u. Schotterhänge, Salzsteppen – 1823). [*Pyrethrum millefoliatum* (L.) WILLD., incl. *T. achilleifolium* (M. BIEB.) SCH. BIP.] **Tausendblatt-St.** – *T. millefolium* (L.) TZVELEV

**Beifuß, Estragon, Wermut, Edelraute** – *Artemisia* L. 400–500 Arten

1 Bl unzerteilt, ganzrandig od. oben 3zähnig, höchstens die unteren 3spaltig . . . . . . 2

1* Bl fiederteilig bis fiederschnittig od. handförmig 3–7teilig . . . . . . . . . . . . . . . . . . . . 4

2 Bl spatelfg-fächerfg, am oberen Ende mit 3 tiefen Zähnen, silbern behaart, sitzend od. kurz gestielt, 2–4 cm lg, stark würzig riechend. Pfl ♄ mit zentralem Stamm, ohne Ausläufer od. Wurzelsprosse. Köpfe in Rispen, 2–3 mm ⌀, mit nur 3–6(–11) B, diese alle ⚥, fertil. 0,50–1,50(–3,00). ♄ teilimmergrün 8–9. **Z** s; ∨ Kultur schwierig (Lower Calif., kontinentale W-USA, SW-Kanada: trockne Ebenen u. Berge bis 2500 m, bestandsbildend: „Sagebrush" – 1894). [*Seriphidium tridentatum* (NUTT.) W. A. WEBER]
**Dreizähniger Wermut** – *A. tridentata* NUTT.

2* Bl linealisch bis br lanzettlich, ganzrandig, nur die unteren zuweilen 3spaltig. Pfl ♃ 3

3 Bl linealisch, verkahlend, ± 3–8 cm lg (Abb. **618**/1, 1a). Köpfe kuglig, 2–3 mm ⌀, mit 16–60 B, nickend (Abb. **618**/1a). Pfl aromatisch. 0,80–1,70. ♃ ⅄ 8–10. **W. N** z Gewürz für Fleisch, Fisch, Gemüse, Suppen, Soßen, Essig, Gurken- u. Tomatenkonserven, Salate; nicht mitkochen; **Z** s weißblättrige Sorte, ⩔ ∨ in D. selten fruchtend, Lichtkeimer ○ (warmgemäß bis gemäß. kontinentales O-Eur., As., W-Am.; eingeb. in Z-Eur. – Sorten: 'Russischer': fertile Dekaploide, duftarm; 'Deutscher'; 'France': aromatische, sterile Tetraploide, nur ⩔ ; 'Senior': weißblättrig, **Z**). **Estragon** – *A. dracunculus* L.

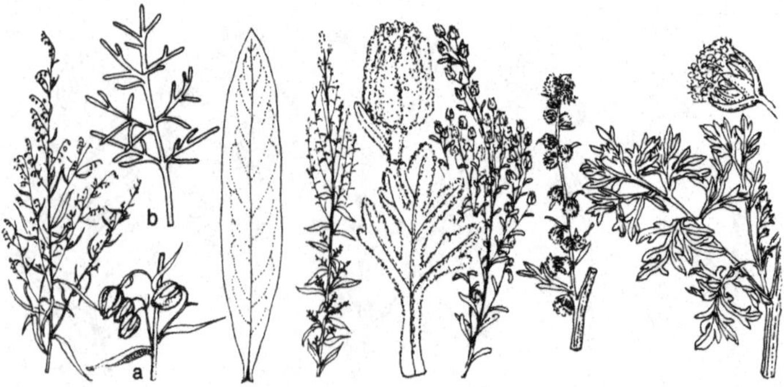

1 2 3 4 5

**3\*** Bl oseits silbergrau behaart, useits weißfilzig, schmal bis br lanzettlich (Abb. **618**/2), unzerteilt od. beidseits mit 1–3 vorwärts gerichteten spitzen Abschnitten, diese zuweilen unregelmäßig gezähnt od. gespalten. Köpfe in Rispe, 2,5–3,5 mm ⌀. 0,30–1,00(–1,50). ♃ ⤳ 7–10. **Z** s Staudenbeete, Naturgärten; V ♈ ○ wuchernd! (westl. u. mittl. N-Am: Prärien, trockner Sand – 1894 – formenreich, kult nur var. *albula* (WOOTON) SHINNERS: Bl 1,5–5 cm lg, oseits weißfilzig, oft mit schmalen Abschnitten. – einige Sorten, unterschiedlich aromatisch, z. B. 'Silver Frost': Bl mit spitzen Lappen).

**Hohe Silberraute** – *A. ludoviciana* NUTT.

**4** **(1)** Bl handförmig 3–7schnittig, Zipfel linealisch. Pfl <30 cm hoch, aromatisch. Köpfe zu 3–20 in schmaler Traube, 3–5 mm ⌀, zur BZeit nickend, mit 25–30 B. Fr kahl. 0,05–0,30. ♃ ♄ i Pleiok 7–9. **Z** z △; V ♈ ○ ⊕ (SO-Alpen, N-Apennin: alp. Felsfluren auf Kalk u. Dolomit, 800–2400 m). **Glänzende Edelraute** – *A. nitida* BERTOL.

Ähnlich niedrig, aber heikel u. s kult △: **Echte E.**, **Silberraute** – *A. mutellina* VILL. [*A. laxa* (LAM.) FRITSCH, *A. umbelliformis* LAM.]: Köpfe stets aufrecht, mit nur ± 20 B. Fr u. Kr behaart. **W. Z** △ HeilPfl, Likörgewürz (Sierra Nevada, Pyr., N-Apennin, Alpen: basenreiche Silikatfelsen, 1600–3540 m). – **Gletscherraute** – *A. glacialis* L.: Kopfboden behaart, RosettenBl 5–7teilig, Köpfe in Schirmtraube bis fast kopfig, Kr kahl (W-Alpen, 2000–3130 m); **Schwarze E.** – *A. genipi* WEBER: Kopfboden kahl. RosettenBl kahl od. behaart, 3teilig mit fingerig gespaltenen od. z. T unzerteilten Abschnitten (Z-Alpen: Kalk-Glimmerschiefer, 2300–3800 m).

**4\*** Bl gefiedert bis 2–3fach fiederschnittig. Pfl meist >20 cm hoch. Köpfe meist ∞ in Rispe ................................................................ **5**

**5** Pfl ○ od. ♄, kahl, Bl auch useits höchstens zerstreut behaart ................ **6**

**5\*** Pfl ♃ od. ♄. Bl wenigstens useits weiß od. grau behaart ................... **6**

**6** Bl 2(–3)fach fiederschnittig mit fädigen, 5–15 mm lg u. <1 mm br Zipfeln (Abb. **618**/1b), durchscheinend punktiert, ohne Öhrchen, mit Zitronengeruch. Stg am Grund holzig, mehrjährig, aufrecht od. bogig, bis 1,50 m hoch. Köpfe in dicht beblätterten Rispen, kuglig, 2–3 mm ⌀, nickend. 0,60–1,50. ♄ 8–10. **W. N** als Duft- u. HeilPfl in D. seit 9. Jh. kult, jetzt selten in Bauerngärten; V ♈ ○ ≈ (O-Türkei, Kauk., O-Eur., W-As.: Stromtäler, feuchte Salzwiesen u. Gebüsch im Steppengebiet; meist unbeständig verw. in S- u. Z-Eur., gemäß. O-Am., Argent.). **Eberraute, Stabwurz** – *A. abrotanum* L.

**6\*** BlAbschnitte >1,5 mm br, gesägt ................................... **7**

**7** Pfl ○, stark aromatisch. Köpfe 1,5–2 mm ⌀, nickend, in reich verzweigter Rispe. Stg verzweigt. Bl 3fach fiederschnittig, lg gestielt, die mittleren mit halbstängelumfassenden Öhrchen. Spreite im Umriss rundlich, Mittelrippe mit kleinen Lappen. 0,50–1,50. ○ 8–9. **W. Z** s Naturgärten, HeilPfl; ○ (warmgemäß. kontinentales SO-Eur. u. As.: sandig-kiesige Flussufer, Uferböschungen, ruderal; eingeb. in O-USA u. Z-Eur. – 1741). **Einjähriger B.** – *A. annua* L.

**7\*** Pfl ♄, meist kult ○, wenig aromatisch. Köpfe 2,5–4mm ⌀. Bl lg gestielt, 2(–3)fach fiederschnittig, Mittelrippe mit kleinen Zwischenabschnitten, Spreite 3–15 × 1–8 cm. 0,30–1,00. ♄ kult ○ 8–9. **Z** s Rabatten V ○ (warmgemäß. Russl., Mong., China, Japan: Stein- u. Schottersteppen, Uferhänge, Flusskies – kult nur Sorte 'Viridis': pyramidenfg, reichblättrig, „Sommertanne" – 1910). [ *A. sacrorum* LEDEB.]

**Gmelin-B.** – *A. gmelinii* WEBB ex STECHM.

**8** **(5)** BlAbschnitte >2 mm br. Hohe ♃ ................................. **9**

**8\*** BlAbschnitte <1,5 mm br. ♃ od. Zwerg-♄ ............................. **12**

**9** Bl oseits dunkelgrün, kahl od. verkahlend, useits weißfilzig. Pfl im Winter einziehend **10**

**9\*** Bl beidseits weiß od. grau behaart. Pfl immergrün, mit oberirdisch überwinternden Sprossen ................................................... **11**

**10** Köpfe kurz gestielt, 2,5–3 mm ⌀, zylindrisch. Äußere HüllBl filzig. B rötlich od. bräunlich. Bl aromatisch, bis 10 cm lg, einfach fiederteilig, mit verlängerten, spitzen Abschnitten, die oberen Abschnitte mit 1–5 tiefen Zähnen, BlGrund mit Öhrchen. 0,60–2,50. ♃ Pleiok 7–9. **W. N** s früher Heil- u. ZauberPfl, heute Gewürz für Gänse- u. Schweinebraten, meist wild gesammelt; V ♈ ○ ☾ (warmes bis kühles Eur., As., W-Am., trop. As.:

Ufer, Auengebüsch, ruderal; eingeb. im östl. N-Am. u. S-Am. – formenreich – kult seit Altertum – Sorte 'Janlim': Bl gelb panaschiert, **Z**). **Gewöhnlicher B.** – *A. vulgaris* L.

**10*** Köpfe fast sitzend, 3–4(–5) mm ⌀, kuglig. Äußere HüllBl kahl. Bl milchweiß, duftend. Bl schwach aromatisch, einfach fiederschnittig mit 3–4 Fiederpaaren, untere gestielt, obere sitzend, mit Öhrchen halbstängelumfassend. 0,80–1,50. ⌗ ⌐ (8–)9–10. **Z** s Rabatten, Staudenbeete, Parks ⚥; ⚘ v ○ ☾ ≈, Mehltau! (S- u. W-China: Feuchtwiesen, Ufer, Bambusdschungel – 1828 – einige Sorten: 'Rosaschleier': B altrosa; 'Variegata': buntblättrig, 'Guizhou': BlNerven u. Stg purpurn). [*A. vulgaris* var. *alba* hort.]
**Weißer China-B.** – *A. lactiflora* WALL. ex DC.

**11 (9)** Pfl ♄, aufrecht, aromatisch, sehr bitter. BlGrund ohne Öhrchen. Köpfe 2,5–4 mm ⌀. Kopfboden behaart. Bl 2fach fiederschnittig, 6–10 cm lg, mit ± stumpfen Abschnitten (Abb. **618**/4, 5). 0,60–0,90(–1,20). ♄ i 7–9. **W. N** kult s Bauerngärten, meist wild gesammelte Bitterstoffdroge, Heilpfl gegen Verdauungsstörungen, Gewürz für Wein u. Likör, in Menge giftig; v Lichtkeimer, Samen langlebig ○ ∼ ⊕; **Z** s (Heimat O-Medit.: steinige Hänge; eingeb. im warmen bis gemäß. Eur., W-As., N- u. S-Am., Neuseel. – kult seit Altertum – formenreich – wenige Sorten). **Wermut** – *A. absjnthium* L.

**11*** Pfl ⌗, aufsteigend, kaum aromatisch, kaum bitter. BlGrund mit halbstängelumfassenden Öhrchen. Köpfe 4–8 mm ⌀ (Abb. **618**/3). Kopfboden unbehaart. Fr in sackfg, häutiger Hülle. Bl 3–7 × 3–5 cm. BStand schmal ährenfg. 0,30–0,60. ♄ i ∼∼ 7–9. **Z** s △ Trockenmauern, Heidegärten ▢, ⚘ ○ ∧ Boden durchlässig (Kamtschatka, Ussuri, Sachalin, N-Japan: Kies u. Sand der Küste – 1865 – kult Sorte 'Boughton Silver' ['Silver brocade', 'Mori'] kompakt, immergrün, weißfilzig, 0,15).
**Steller-B.** – *A. stelleriana* BESS.

**12 (8)** Bl glanzlos filzig behaart. Köpfe ± kuglig, nickend. Pfl aromatisch, ⌗ mit unterirdischen Ausläufern od. ♄ ........................................................... **13**

**12*** Bl seidig glänzend behaart. Pfl mit ∞ vegetativen Trieben rasenbildend, Zwerg-♄ . **14**

**13** Untere StgBl kurz gestielt, obere sitzend, 2fach fiederschnittig, im Umriss eifg, mit Öhrchen halbstängelumfassend. Kopfboden kahl. Kr kahl od. zerstreut behaart, nicht drüsig. Köpfe 2,5–4 mm ⌀. 0,40–0,60(–0,80). ⌗ ⌐ 8–10. **W. Z** s ▢; **N** als HeilPfl kult mindestens seit 16. Jh., heute kaum noch; v ⚘ ○ ∼ (warmgemäß. SO-Eur., N-Kasach., SW-Sibir.: Gestörte Wiesensteppen, Gebüschgruppen; eingeb. in Z-Eur. u. gemäß. O-Am.). **Pontischer B., Römischer W.** – *A. pontica* L.

**13*** Bl 2–4 cm lg gestielt, am Stielgrund mit 2–4 kleinen Zipfeln geöhrt, Spreite im Umriss br eifg-rundlich, 1–2fach fiederschnittig. Kopfboden behaart. Kr nicht behaart, aber drüsig. Köpfe 4–5(–7) mm ⌀. 0,30–1,00. ♄ 8–10. **Z** s; **N** im 16. Jh. in D. Heil- u. DuftPfl, Gewürz, heute kaum noch; v ○ ⊕ ∧ (NW-Afr., S-Eur., Ung., Fankr.: entwaldete mont. Felsen u. Schotterhänge auf Kalk u. Serpentin – formenreich in der Behaarung, allein kult Sorte 'Canescens': dicht behaart). [*A. camphorata* VILL., *A. incanescens* JORD.]
**Kampferraute** – *A. alba* TURRA

**14 (12)** BKr kahl, Kopfboden behaart od. kahl. Bl 2fach fiederschnittig od. 3teilig, die Endzipfel 2–5 × 0,5–1 mm, spitz, einander genähert. Köpfe seitwärts gerichtet od. nickend, br glockig, 3–5 mm ⌀. BStand schmal ährenfg. 0,05–0,30(–0,50). Zwerg-♄ i 7–8. **Z** s △, ⚘ ○ (warmgemäß. bis kaltes Z- u. N-As., Rocky M., kaltes N-Am.: Steppen auf flachgründigem Kies u. Schotter). **Steppen-Silberraute** – *A. frigida* WILLD.

**14*** BKr behaart. Kopfboden behaart. Bl 2fach fiederteilig, gestielt, angedrückt silberhaarig, 3–4,5 × 2–3 cm, die Endzipfel bis 15 × 1 mm. Köpfe halbkuglig, 5–6 mm ⌀, an beblätterten Trieben in pyramidal rispigem, dicht beblättertem BStand. 0,08–0,30 (–0,60). Zwerg-♄ i 8–9. **Z** s △ Kübel, Naturgärten; ⚘ ∿ ○ (Sachalin, Amga, Kurilen, Japan: Hochgebirgs-Felsen, steinige Küstenhänge, Flussmündungs-Kies – kult nur Sorte 'Nana': 0,20). **Kurilen-B.** – *A. schmidtjana* MAXIM.

**Sommerefeu** – *Delairea* LEM. 1 Art

Windende, niederliegende od. hängende, immergüne krautige Pfl. Bl rundlich-herzfg, gestielt, efeuartig 5–7lappig, ± 10 cm ⌀, kahl, fleischig, am Stielgrund mit nebenblattähnlichen rundlichen Anhängseln (Abb. **624**/5). Köpfe in dichten Schirmrispen, 5–8 mm ⌀, duftend. ScheibenB gelb, StrahlB fehlend, B in D. fast nie ausgebildet. 1,00–1,50. ♃ ♦ ∿. **Z** z Kübel, Kästen ♠; ∿ im Herbst, ℗ >5 °C (S-Afr.: östl. Kap-Provinz bis Zulu-Natal: Waldränder Bachschluchten, eingeb. in Kalif. u. W-Eur.). [*Senecio scandens* DC., *Senecio mikaniojdes* OTTO ex WALP., *Mikania scandens* hort. non (L.) WILLD., s. S. 555]   **Sommerefeu, Salonefeu** – *Delairea odorata* LEM.

**Pestwurz** – *Petasites* MILL.                                                        18 Arten

Lit.: TOMAN, J. 1972: A taxonomic survey of the genera *Petasites* and *Endocellion*. Folia Geobot. Phytotax. (Praha) **7**: 381–406.

1  Kr hellgelb bis gelblichweiß. Hülle (fast) kahl. SchuppenBl der BStg <12. Köpfe >20. BlSpreite 3–5eckig, 25–50 cm br, useits schneeweiß filzig. BlStiel oseits flach gefurcht, markig. 0,10–0,30. ♃ ∿ 3–4. **W**. **Z** s Parks, Gewässerufer, Naturgärten; ♀ ◑ ○ ≈ tiefer Sand (Z- u. O-Eur., W-As.: Küstendünen, sandig-kiesige Flussufer). [*P. tomentosus* DC.]                                                          **Filzige P., Dünen-P.** – *P. spurius* (RETZ.) RCHB.

1*  Kr weißlich, rötlich, rötlichviolett od. rot, wenn weißlich, dann BlSpreite rundlich-nierenfg. HüllBl (fast) kahl od. drüsig . . . . . . . . . . . . . . . . . . . . . . . . . . . . . . . . . . . . .  **2**

2  Kr weiß od. weißlich . . . . . . . . . . . . . . . . . . . . . . . . . . . . . . . . . . . . . . . . . . . . . . . .  **3**

2*  Kr rötlich, rötlichviolett od. rot . . . . . . . . . . . . . . . . . . . . . . . . . . . . . . . . . . . . . . . .  **4**

3  BlSpreite 20–60(–100) cm ⌀, ± nierenfg mit weiter basaler Bucht, gezähnt. BlStielfurche flüglig berandet. BStg mit 15–25(–40) br linealischen SchuppenBl. Köpfe zu 25–35 in dicht kugligem, zunächst abgeflachtem, später gestrecktem BStand. HüllBl kahl od. zerstreut behaart, nicht drüsig. 0,60–1,00(–2,00). ♃ ∿ 3–4. **Z** s Parks, Naturgärten; ♀ ◑ ○ ≈ Lehm, stark wuchernd! (Z-China, S-Korea, S- u. M-Japan, Sachalin, Ryukyu-I.: Fluss- u. Bachufer in der Waldstufe – 1897 – kult meist var. *giganteus* (F. SCHMIDT) NICHOLS: Bl bis 1 m ⌀, Pfl bis 1,50 m hoch. B duftend – 1897). [*Nardosmia japonica* SIEBOLD et ZUCC., incl. *P. amplus* KITAM.]
                                     **Japanische P.** – *P. japonicus* (SIEBOLD et ZUCC.) MAXIM.

3*  BlSpreite 20–40 cm ⌀, rundlich-nierenfg mit enger basaler Bucht, doppelt gezähnt. BlStiel nicht geflügelt. BStg mit 8–15 eifg-lanzettlichen SchuppenBl. Köpfe zu 15–45 in kurz walzenfg, zur FrZeit gestrecktem BStand. HüllBl drüsig. 0,10–0,80. ♃ ∿ ⅄ 3–4. **W**. **Z** s Ufer in Parks u. Naturgärten, große △; ♀ ◑ ≈ (Gebirge von M-Eur., It., Balkan, NO-Türkei, Kauk.: Bachufer-Staudenfluren – 1588).
                                                          **Weiße P.** – *P. albus* (L.) GAERTN.

4  (2) Köpfe zu 6–20, mit Vanilleduft, in gedrängter Schirmtraube. BlSpreite 5–25 cm ⌀, herz- bis nierenfg, fein gezähnt. BStg mit 2–7 SchuppenBl. Kr rötlichviolett. 0,20–0,30. ♃ ⅄ ∿ 12–3. **Z** s große △ ⚥; ♀ ◑ ≈ ∧ (Alg., Tunis, Tripol.: Waldbach-Ufer; eingeb. in W- u. Z-Medit., Frankr., Brit., Dänem. – 1806).
           **Vanille-P., „Winterheliotrop"** – *P. fragrans* (VILL.) C. PRESL

4*  Köpfe zu 20–130, ohne Duft, rötlich. BStg mit >7 SchuppenBl . . . . . . . . . . . . . . .  **5**

5  Köpfe zu 20–130. BlSpreite rundlich, 30–70(–100) cm br, useits grauwollig, verkahlend. BlStiel oseits tief u. kantig gefurcht, hohl. HüllBl (fast) kahl. 0,15–1,00. ♃ ∿ ⅄ 4–5. **W**. **Z** z Gewässerufer in Parks u. Naturgärten; ♀ ◑ ○ ≈ Boden nährstoffreich (Ital., W- u. M-Eur., Kauk.: Bach- u. Flussufer, Auen – eingeb. in N-Eur.). [*P. officinalis* MOENCH]
                     **Gewöhnliche P.** – *P. hybridus* (L.) P. GAERTN., B. MEY. et SCHERB.

5*  Köpfe zu ± 20–30. BlSpreite eifg-dreieckig, meist länger als br, useits schneeweiß filzig. BlStiel oseits flach gefurcht, markig. HüllBl drüsig. 0,15–0,60. ♃ ∿ ⅄ 4–5. **W**. **Z** s △; ♀ ◑ kühl ≈ ⊕ (Pyr., Alpen u. Vorland, O-Karp., Kroat., Bosn.: mont. Kalkschutthänge, Flussgeröll).                                       **Alpen-P.** – *P. paradoxus* (RETZ.) BAUMG.

**Alpenlattich, Brandlattich** – *Homogyne* CASS.                                     3 Arten

1  LaubBl alle grundständig, ledrig, rundlich-nierenfg, 1–3 cm ⌀, gekerbt-gezähnt, nur auf den Nerven weich behaart. Köpfe einzeln, walzlich, 1–2 cm lg. Pfl mit Ausläufern.

B schmutzig violett.0,15–0,20(–0,30). ⚁ i kurze ⌇⌇ 5–6. **W. Z** s △ □; ⚘ V ◑ ⊖ ≈
Laubhumus (N-Span., N-Apennin, Alpen, Balkan, Karp., Sudeten, SO-D.: mont.
Nadelwälder, subalp. Gebüsche, feuchte alp. Rasen, (600–)800–2900(–3260) m).
**Gewöhnlicher A., Alpen-Brandlattich** – *H. alpina* (L.) Cᴀss.

Ähnlich: **Filziger A.** – *H. discolor* (Jᴀcǫ.) Cᴀss.: Bl useits weißfilzig. 0,15–0,25. ⚁ i ⅄ 6–8. **W. Z** s △;
⚘ V ◑ ⊕ ≈, heikel! (O-Alpen: feuchte Schneeböden auf Kalk).

1* LaubBl nicht ledrig, seicht handfg 5–9lappig. Stg 1–2köpfig. Pfl ohne Ausläufer. 0,15–0,35.
⚁ ⅄ 5–6. **Z** s △ □; ⚘ V ● ◑ ⊕ ≈ Waldhumus (SO-Alpen bis Kroat.: Wälder, (200–)
600–1500(–2000) m). **Wald-A.** – *H. sylvestris* (Scop.) Cᴀss.

**Gämswurz** – *Doronicum* L. 35 Arten

1 GrundBl zur BZeit abgestorben, untere StgBl spatelfg, kleiner als mittlere, diese bis 20 ×
12 cm, länger als die StgGlieder, geigenfg, sitzend stängelumfassend (Abb. **622**/1).
Meterhohe Hochstaude mit (1–)5–12(–17)köpfigem, oben dicht drüsenhaarigem Stg.
Köpfe 5–10 cm ∅. B goldgelb. Fr der StrahlB ohne Pappus. 0,60–1,00(–1,50). ⚁ ⅄ 6–8.
**W. Z** s Gehölzränder, Naturgärten, Parks; ⚘ V ◑ Boden humos ≈ (O-Pyr., Z-Frankr., N-
Apennin, S- u. O-Alpen, Balkan, Karp., Sudeten, Bayer. Wald: hochmont. sickerfrische
Hochstaudenfluren, Krummholz – 1584). **Österreichische G.** – *D. austriacum* Jᴀcǫ.
1* GrundBl an der StgBasis od. daneben zur BZeit vorhanden, meist größer als die StgBl.
Unter 1 m hohe Staude mit 1–3(–7) Köpfen. Fr der StrahlB mit od. ohne Pappus . 2
2 GrundBlSpreite am Grund gestutzt od. in den Stiel verschmälert, nicht herzfg .... 3
2* GrundBlSpreite am Grund herzfg, nicht in den Stiel verschmälert ............. 6
3 Fr der StrahlB ohne Pappus. Rhizom mit Büscheln von Seidenhaaren. GrundBl eifg,
Spreite 5–11 × 3–5(–7) cm, bis 15 cm lg gestielt. Spreitengrund keilfg od. gestutzt, nur
am Rand mit Wimperzotten u. Drüsenhaaren (Abb. **622**/5). StgBl 2–4, lanzettlich, fast
ganzrandig, obere halbstängelumfassend sitzend. Pfl herbst-frühjahrsgrün. 0,70–1,00.
⚁ ⌇⌇ 4–5. **W. Z** v Rabatten ⚥; ⚘ V ○ ◑ Boden lehmig, humos (Port., Span., It.:
EichenW im Hügelland; eingeb. in Frankr., Brit., Niederl. – 1560 – wenige Sorten, z. B.
'Strahlengold': BZeit 4–6. – Hybr.: *D.* × *excelsum* (N. E. Bʀ.) Sᴛᴀcᴇ [*D. columnae* × *D.
pardalianches* × *D. plantagineum*, Sorte 'Excelsum' 'Harper Crewe']: 0,60–1,50. Köpfe
8–10 cm ∅, zu 1–4. Laub im Sommer erhalten; *D.* × *willdenowii* (Rouʏ) A. B. Jᴀcᴋs. [*D.
pardalianches* × *D. plantagineum*]). [*D. plantaginifolium* Sᴛoᴋᴇs]
**Wegerich-G.** – *D. plantagineum* L.
3* Fr der StrahlB mit Pappus ......................................... 4
4 Rhizom mit Seidenhaaren. GrundBl eifg, stumpf, grob buchtig gezähnt, in den schmal
geflügelten Stiel zusammengezogen, StgBl mit herzfg Grund stängelumfassend, am
Rand mit Zotten-, Drüsen- u. Wollhaaren. Stg behaart u. dicht drüsig, 1(–5)köpfig. Köpfe
4–6,5 cm ∅. B goldgelb. (0,06–)0,25–0,35(–0,50). ⚁ ⅄ i 6–8. **W. Z** s △; v ⚘ ○ ⊕

1          2          3    4          5

Schotter, Kultur schwierig (N-Span., Kalkalpen, Kors., Monten., Alban.: Kalkfelsschutt, schattige Felsbasen, 1550–3120 m – 1710). **Großblütige G.** – *D. grandiflorum* LAM.

**4\*** Rhizom ohne Seidenhaar-Büschel. Pfl einköpfig ............................ **5**

**5** Bl am Rand mit steifen, br (mehrzellreihigen) Wimperzotten, ohne Kraushaare (Lupe!).
**Gletscher-G.** – *d. glaciale* (WULFEN) NYMAN

**1** BlRand u. -Fläche mit Wimperzotten u. Drüsenhaaren. Köpfe 3–5(–7) cm ⌀. 0,05–0,25. ♃ Ⴑ i 6–8.
**W.** **Z** s △; V ♥ ○ (S- u. O-Alpen: Steinschuttrasen, Blockhalden auf Kalk u. Silikat, 1600–2900 m).
**Echte Gletscher-G.** – subsp. *glaciale*

**1\*** BlRand u. -Fläche ohne Drüsenhaare. Köpfe 4–7,5 cm ⌀. (0,05–)0,10–0,25(–0,35). ♃ Ⴑ i 6–8. **Z**
s △; V ♥ ○ Kalkschotter (NO-Alpen: subalp.–alp. Kalk-Felsrasen, 1600–2200m).
**Kalk-G.** – subsp. *calcareum* (VIERH.) HEGI

**5\*** BlRand mit weichen, schlanken Gliederhaaren u. kurzen, dünnen Kraushaaren, meist drüsenlos. Stg unten hohl. Köpfe 4–6,5 cm ⌀. **Clusius-G.** – *D. clusii* (ALL.) TAUSCH

**1** Bl dünn, weich, auf der Fläche fast kahl. 0,10–0,30(–0,40). ♃ Ⴑ 6–7. **Z** s △; V ♥ ○ (Z- u. SO-Alpen: subalp.–alp. Steinschutt u. Moränen, 1580–3500 m). **Kahlblatt-G.** – subsp. *clusii*

**1\*** Bl derb, steif, auf der Fläche zottig behaart. (0,05–)0,10–0,20(–0,35). ♃ Ⴑ 7–9. **Z** s △; V ♥ ○ (Z- u. NO-Alpen, Karp.: subalp.–alp. Felsschutt, 1370–2660 m).
**Zottige G.** – subsp. *villosum* (TAUSCH) VIERH.

**6** **(2)** Fr der StrahlB mit Pappus. *D. grandiflorum*, s. **4**

**6\*** Fr der StrahlB ohne Pappus ......................................... **7**

**7** Bl u. BlStiele dicht weichhaarig. BlSpreite herz-eifg mit schmaler Bucht, Rand flach buchtig gezähnt (Abb. **622**/2). Pfl mit unterirdischen, am Ende knolligen Ausläufern Bestände bildend. Köpfe 5–7,5 cm ⌀. B goldgelb. 0,50–0,80(–1,00). ♃ i ⌇⌇ 5–6. **W**. **Z** z Gehölzränder, Naturgärten ⬜ Ⴟ; ♥ V ◖ ≈, bevorzugt ⊕ (N-Span., N- u. M-It., Z-Frankr., W-Alpen, W-D.: frische LaubW, meist auf Kalk; eingeb. in Brit., N-D., S-Skand. – 1830 – Sorte 'Goldstrauß': reichblütig – Hybr s. **3**). **Kriechende G.** – *D. pardalianches* L.

**7\*** Bl kahl od. zerstreut behaart. Stg meist einköpfig. Pfl mit Rhizom, ohne Ausläufer. GrundBl br herzfg, mit weiter Bucht, lg gestielt ............................ **8**

**8** StgBl (1–)2(–3). Rhizom am Ende mit Haarbüscheln, knollig verdickt, spärlich verzweigt. Bl beidseits zerstreut kraus flaumhaarig. Pfl sommerkahl. (Abb. **622**/3, 4). 0,20–0,60. ♃ Ⴑ 3–6. **Z** v Rabatten Ⴟ; ♥ V ○ ◖ (It., Karp., SO-Eur., Türkei, Kauk.: offne Wälder, feuchtes Gebüsch, bis 1900 m – 1808 – ∞ Sorten, z.B. 'Frühlingspracht': 0,40, B goldgelb, Köpfe gefüllt; 'Gerhard': zitronengelb, gefüllt; 'Magnificum': 0,50, Köpfe 8 cm ⌀; 'Goldzwerg': 0,25). [*D. caucasicum* M. BIEB.] **Kaukasus-G.** – *D. orientale* HOFFM.

**8\*** StgBl 3–5. Rhizom am Ende ohne Haarbüschel, gleichmäßig verdickt. Bl beidseits behaart bis verkahlend, ihre Spreite 2–5 × 3–6 cm. Laub im Sommer erhalten. Köpfe 3–5 (–7) cm ⌀. Blüht nach *D. orientale*. 0,15–0,50(–0,60). ♃ Ⴑ 5–6. **W**. **Z** z Rabatten Ⴟ; ♥ V ◖ ○ ≈ (O-Alpen, Apennin, Karp., Balkan: feuchter, halbschattiger Felsschutt, 800–2900 m – 1824 – wenige Sorten, z.B. 'Miss Mason': Köpfe 8 cm ⌀; 'Plena': gefüllt? – Hybr s. bei *D. plantagineum*, **3**). [*D. cordatum* auct. non LAM., *D. cordifolium* STERNB.]
**Herzblättrige G.** – *D. columnae* TEN.

### Zinerarie – *Pericallis* D. DON          15 Arten

Staude, kult ☉. BlSpreite 6–20 cm lg u. br, dunkelgrün, dreieckig-herzfg bis eilanzettlich, buchtig gezähnt bis gelappt. Stiel der oberen Bl geflügelt, am Grund mit Öhrchen. Köpfe zu 20 bis über 100 in dichter, halbkugliger Schirmrispe, ± 2,5 cm ⌀. StrahlB 9–12, blau, violett, purpurn, rot, kupferrot, rosa, weiß, auch farbig mit weißem Grund od. gefüllt. ScheibenB gleichfarbig, oft dunkler, auch gelb od. rötlich. 0,15–0,40(–0,60). ♃ i 3–5.

**Z** v meistens ZimmerPfl, V Sommerrabatten; V Juli–Oktober ⚫; Blattläuse! (gärtnerische Herkunft, wohl Hybr aus *P. cruenta* (MASSON ex L'HÉR.) B. NORD. × *P. lanata* (L' HÉR.) B. NORD.: beide W-Kanaren, Wälder – 1777, Züchtung 19. Jh. – ∞ Sorten, z.B. 'Cinderella mixed': 0,20, BStand kuglig, kompakt, Farben gemischt; auch Farbsorten). [*P.

*crulenta* hort., *Senecio* × *hybridus* hort., *Cineraria* × *hybrida* hort.]

**Garten-Zinerarie, Läusepflanze** – *P. hybrida* B. NORD.

**Emilie** – *Emilia* (CASS.) CASS.                    100 Arten

Lit.: NICOLSON, D. H. 1980: Summary of cytological information on *Emilia* and the taxonomy of four Pacific taxa of *Emilia* (*Asteraceae: Senecioneae*). Systematic Botany **5**: 391–407.

Untere Bl spatelfg, obere sitzend, spießfg stängelumfassend, am Grund entfernt gezähnt. Köpfe pinselfg, ohne StrahlB, lg gestielt, 10–13 × 9–13 mm. Hülle krugfg, ²/₃ so lg wie die B (Abb. **624**/1). ScheibenB orangerot bis feuerrot, KrZipfel 1,6–2,2 mm lg. 0,20–0,50. ⊙ 6–9. **Z** s Sommerblumenbeete; V Anfang April ⊳ od. Ende April ins Freiland ○ (urspr. trop. Afr.: Waldlichtungen, Wegränder; eingeb. in trop. As. u. Am., im Gebirge bis 4000 m – 1800?). [*E. sagittata* DC. nom. illegit., *E. flammea* CASS., *E. sonchifolia* hort., *Cacalia coccinea* SIMS, *C. sagittata* WILLD. non VAHL, *E. javanica* (BURM. f.) C. B. ROB.].                    **Orangerote E.** – *E. coccinea* (SIMS) G. DON

Bem.: Die nahe verwandte *E. sonchifolia* (L.) DC. [*Cacalia sagittata* VAHL] mit leierfg, am Grund gelappten Bl, schmal zylindrischen, 7–9 mm lg, 3–6 mm dicken Köpfen, ebenso lg HüllBl u. blass purpurroten B (trop.–subtrop. As. bis S- u. M-Japan, eingeb. in S-Am., O-As., Austr.) wird kaum kultiviert.

**Goldmargerite, Kapmargerite** – *Euryops* (CASS.) CASS.                    97 Arten

Lit.: NORDENSTAM, B. 1968: The genus *Euryops*. Opera Botanica **20**: 1–409.

**1** Bl unzerteilt, linealisch, 1–3 × 0,2–0,4 cm, ledrig, jung bläulichgrün, am Ende stumpf 3zähnig. Dicht halbkuglig verzweigter Strauch. Köpfe 2,5 cm ⌀, auf blattachselständigen, 1–4 cm lg Stielen. Strahlen 8–13, gelb, 8–10 × 3–4 mm. Fr mit weißem Pappus. 0,15–0,30(–1,00). ♄ i 5–6. **Z** s △; ⋏ April–Mai od. Herbst, bevorzugt schwach ⊖ Lehm/ Sand, winterhart bis –15°, ∧ od. ⓐ, keine Winternässe (SO-Afr.: Drakensberg: felsige *Erica-Helichrysum*-Heide, 2800–3300 m – 1950?). [*E. evansii* hort. non SCHLTR.]
                    **Klippen-G.** – *E. acraeus* D. M. HEND.

**1\*** Bl fiederteilig bis fiederschnittig, 3–10 × 1–3 cm . . . . . . . . . . . . . . . . . . . . . . . . . . . . **2**
**2** Bl grauwollig behaart, 4–10 × 1–3 cm verkehrteifg, einfach kammfg fiederschnittig, selten fiederlappig mit jederseits 4–10 br linealischen, z.T. am Ende gekerbt-gezähnten Abschnitten (Abb. **614**/4). Köpfe 3–5 cm ⌀, 7–15 cm lg gestielt. B gelb. StrahlB 13–18, gelb, 10–22 × 4–7 mm. Fr mit 4 mm lg, weißem Pappus. 0,50–0,90(–2,00). ♄ i 5–6 (–10). **Z** s Kübel; ⋏ ○ ⓦ (S-Afr.: westl. Kap-Provinz: Felsspalten im Tafelberg-Sandstein, 150–1350 m – 1699, 1731).                    **Kamm-G.** – *E. pectinatus* (L.) CASS.
**2\*** Bl grün, verkehrteilanzettlich, 3–10 × 1–3 cm, fiederteilig mit jederseits 3–10 spitzen od. rundlichen Abschnitten (Abb. **614**/2, 3). Köpfe einzeln od. zu mehreren endständig, 5–20 cm lg gestielt. Strahlen 11–20, gelb (8–)12–20 × 2,5–5 mm. Fr ohne Pappus. Halbstrauch, auch Hochstamm. 0,15–0,80(–2,00). ♄ i 2–11. **Z** v Kübel, Balkonkästen;

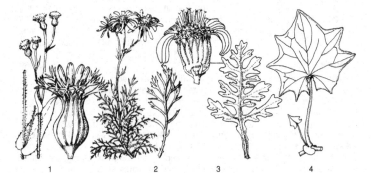

1          2          3          4

ᴠᴠ Dezember–April bei 13–16°, blüht auch im Kurztag ○ ⑱ (SO-Afr.: Natal bis O-Kapland: sommerfeuchter Küstenbusch, Waldränder, Grasland, 30–1050 m – einige Sorten: z.B. 'Sonnenschein' [nicht zu *E. speciosissimus*!], auch als *E. athanasiae* (L. f.) Less. ex Harv. angeboten, dieser hat aber fadenfg BlAbschnitte). [*Gamolepis chrysanthemoides* (DC.) B. Nord.] **Strauchige G.** – *E. chrysanthemoides* (DC.) B. Nord.

Sehr selten kult: **Schönste G.** – *E. speciosissimus* DC. [*E. athanasiae* (L. f.) Less. ex Harv. non DC.]: Bl (4–)6–20 cm lg, ledrig, fiederschnittig mit jederseits 2–7 entfernten, fadenfg, 3–15 cm lg u. 0,5–1,5 mm br Abschnitten. Köpfe zu 1(–2) endständig. Strahlen 16–35, gelb, 17–45 × 4 mm. Fr 5–6rippig. Pappus 4–7 mm lg, weiß od. bräunlich. ♄ i 0,50–2,00? **Z** s (nordwestl. Kap-Provinz: Fynbos-Heiden auf Sandstein, 150–700 m).

Ähnlich: **Eberrauten-G.** – *E. abrotanifolius* (L.) DC. [*E. athanasiae* DC. non (L. f.) Less. ex Harv.]: Bl fiederteilig, 0,6–9 cm lg, etwas fleischig, mit jederseits 1–8 fadenfg Abschnitten. Strahlen 10–22, 8–15 × 2,5–6 mm. Fr 10nervig, oben mit walzenfg Anhängsel. Pappus 2–4 mm lg. ♄ i 0,20–2,00. **Z** s (S-Afr: westl. Kap-Provinz: Sandstein-Hänge – 1692).

**Becherkörbchen, Steirodiskus** – *Steirodiscus* Less. [*Gamolepis* Less.] 5 Arten

Pfl kahl, einjährig. Stg stark verzweigt, mit den schlanken, aufrechten Ästen einen schirmtraubigen BStand bildend. Bl fiederteilig, beidseits mit 5–9 linealischen, ganzen od. 1–2lappigen, stumpfen Abschnitten. Köpfe 2 cm ∅. Hülle urnenfg, HüllBl bis über die Mitte verwachsen. B gelb-orange, Strahlen br. 0,20–0,30. ○ 6–9. **Z** s Sommerblumenbeete, Einfassungen; ∨ ᗡ März, Ende April ins Freiland ○ ~ Boden durchlässig. (S-Afr.: sandige Ebenen u. Unterhänge – 1823 – Sorte 'Gold Rush': B leuchtend zitronengelb). [*Gamolepis tagetes* (L.) DC.] **Tagetesähnliches B.** – *St. tagetes* (L.) Schltr.

**Greiskraut, Kreuzkraut** – *Senecio* L. 1000–1250 Arten

**1** Bl weiß od. silbern behaart, selten verkahlend. Halbsträucher od. Stauden ...... **2**
**1\*** Bl grün. Stauden od. Einjährige ........................................ **4**
**2** StrahlB fehlend. Immergrüner, 30–60 cm hoher Halbstrauch. Bl 5–6 × 1,7–2,1 cm, 1–2fach fiederschnittig, die Abschnitte spitz. Köpfe 5–7 mm ∅, in lockerer Schirmrispe. HüllBl 10 × 0,5 mm, linealisch, spitz, dicht behaart. ScheibenB blassgelb od. rosa. 0,30–0,60. ♄ 7–9? **Z** s Sommerrabatten, Beeteinfassungen, Kübel ♠; ᴠᴠ ∨? ○ ⑱ (Argent.: Trockengebiete – 1893). [*S. leucostachys* Baker, *S. cineraria* var. *candidissima* hort.] **Pelziges G.** – *S. viravira* Hieron.
**2\*** StrahlB vorhanden. Halbstrauch od. Staude. BlAbschnitte stumpf od. spitz ....... **3**
**3** StrahlB 10–12 (Abb. **624**/3). Buschiger Halbstrauch, in D. nicht winterhart, kult daher meist ○, blüht nicht im 1. Jahr. Bl fiederlappig od. 1–2fach fiederschnittig (Abb. **624**/3). 0,15–0,40(–0,80). ♄ i, kult ○, 7–8. **Z** v Sommerrabatten, Beeteinfassungen, Kübel, Gräber ♠; ᴠᴠ od. ∨ Februar–März bei 16–18°, Anfang Mai ins Freiland ○ ⊕ nährstoffreich, nicht ≈ (Z-Medit., NO-Span.: Küstenfelsen, 0–300 m; eingeb. in Brit., NW-Frankr., Port., Balearen – einige Sorten, z.B. 'Silberzwerg': 0,15–0,20, Bl silberweiß, tief eingeschnitten; 'New Look': 0,30–0,40. Bl silbergrün, nur am Grund fiederlappig bis fiederteilig – die Sorten 'White Diamant' u. 'Sunshine' gehören zur Gattung *Brachyglottis* J. R. Forst. et G. Forst, Jakobskraut, nicht winterharter Halbstrauch aus Neuseeland). [*S. bicolor* (Willd.) Tod. subsp. *cineraria* (DC.) Chater, *Cineraria maritima* L., *C. bicolor* Willd.] **Silber-G., Aschenblume** – *S. cineraria* DC.
**3\*** StrahlB 3–9, wenig länger als die ScheibenB. Staude, bis 15 cm hoch. Bl kerbig gelappt bis fiederspaltig. Köpfe 13 mm ∅. HüllBl 6–10. (0,03–)0,08–0,15. ♃ 7–9. **Z** z △ ♠; ♥ ∨ ○ ⊖ (subsp. *incanus*: Bl weißfilzig, tief fiederspaltig, plötzlich in den Stiel verschmälert. 0,03–0,10. (W-Alpen, 1800–2600(–3500) m) – subsp. *carniolicus* (Willd.) Braun-Blanq.: 0,05–0,15. Br graufilzig bis fast kahl, die unteren keilfg verkehrteifg, fiederlappig (M-Alpen, Karp.: trockne Schuttrücken, Krummseggenrasen, 1800–3265 m)). **Weißgraues G.** – *S. incanus* L.

Ähnlich: **Weißblättriges G.** – *S. leucophyllus* DC.: StrahlB 5–7. 0,10–0,20. **Z** s △ (Z- u. O-Pyr., Cevennen, (1500–)2300–2850 m: alp. Felsen).

**4 (1)** StrahlB purpurn od. violett .......................................... **5**
**4\*** StrahlB gelb od. orange. Pfl ausdauernd .............................. **6**
**5** StrahlB 6–8 mm lg, rot, selten weiß. Pfl einjährig, Stg meist klebrig behaart. Bl dünn, länglich-eifg, grob gesägt od. fiederlappig mit 2–4 Paar stumpfen, z.T. flach gelappten Abschnitten, die unteren gestielt, die oberen mit Öhrchen stängelumfassend, 6–8 cm lg (Abb. **632**/1). Köpfe 2–2,5 cm ⌀, in Schirmrispen. ScheibenB gelb od. rot. 0,30–0,60. ☉ 7–10. Z s Sommerblumenbeete; V April ⊂ od. Mitte Mai ins Freiland ○ (S-Afr.: Kap-Provinz, Namaqualand: Küstendünen, Hügel nahe der Küste, bis 300 m; eingeb. in Port., Azoren – 1700 – einige Sorten, verschiedene BFarben, auch gefüllt, früher häufiger kult, jetzt kaum noch). **Purpur-G.** – *S. elegans* L.
**5\*** Strahlen 16–30 mm lg, violett od. purpurn. Pfl ausdauernd. Bl ledrig, halbimmergrün, die Spreite der unteren 10–25 × 2,5–7 cm, elliptisch, gestielt, unregelmäßig scharf kerbig gesägt; StgBl lanzettlich, sitzend, gezähnt. Köpfe einzeln od. bis 10, 5–9 cm ⌀. 0,30–0,75(–1,00). ⚇ i 7–10. Z s Sommerrabatten; V August ⊕ (S-Brasil., Uruguay, Argent.: offne Torfwiesen in der Nebelwaldregion – 1872). **Schönes G.** – *S. pulcher* Hook. et Arn.
**6 (4)** Bl nicht zerteilt, höchstens buchtig gelappt, dann 15–20 cm br ............. **7**
**6\*** Bl fiederschnittig, fiederteilig od. fiederspaltig, ± kahl ....................... **8**
**7** Untere Bl elliptisch od. eilanzettlich, ungleichmäßig gezähnt, gestielt, ledrig. Stg 1köpfig od. mit wenigen lg, 1köpfigen Ästen. Köpfe 4–7 cm ⌀. StrahlB 12–16, orangegelb. 0,20–0,40. ⚇ ⚈ 7–8. **W.** Z s △; V ○ Kalkschotter (Gebirge von S-Eur., Alpen, O- u. S-Karp.: alp.–subalp. frische Felsschutt-Rasen, bes. auf Kalk – 1705). **Gämswurz-G.** – *S. doronicum* (L.) L.
**7\*** Bl gestielt, br eifg bis fast rund, 15–20 cm br u. lg, fingernervig, mit 9–13 buchtigen Lappen, oseits samtig kurzborstig, useits ± grausamtig, ihre Basis herzfg od. gestutzt. Stg verzweigt, unten schwach verholzt. Köpfe 1 cm ⌀, ∞ in großer, endständiger Rispe. StrahlB 5, gelb, ScheibenB ± 15. 1,00–2,50. ⚇ h i 1–3. Z s Solitär, Sommerrabatten; V ❦ ⋏⋎, Überwinterung bes 5–10° im ⊕ (S-Mex.: feuchte, schattige Standorte – 1812). [*Roldana petasitis* (Sims) H. Rob. et Brettell] **Samt-G.** – *S. petasitis* (Sims) DC.
**8 (6)** StrahlB 10–13, orangegelb, bräunlich gestreift. Untere Bl einfach, obere doppelt fiederschnittig, glänzend, die Abschnitte 1–2 mm br. Stg aufsteigend. Köpfe 2,5–4(–5) cm ⌀, zu (2–)3(–5) in Schirmtraube. (Abb. **624**/2). 0,15–0,40. ⚇ h i 7–9. **W.** Z z △; V ❦ ○ Boden durchlässig, nicht ≈ (subalp. Krummholz, Steinrasen; 3 Unterarten: subsp. *abrotanifolius*: StrahlB orangegelb (O-Alpen, auf Kalk); subsp. *tirolensis* (Dalla Torre) Gams: StrahlB orangerot (M-Alpen, auf Silikat); subsp. *carpathicus* (Herbich) Nym.: Köpfe meist einzeln, 3–5 cm ⌀ (Karp., Balkan) – 1800). **Eberrauten-G., Bärenkraut** – *S. abrotanifolius* L.

Ähnlich: **Adonis-G.** – *S. adonidifolius* Loisel.: Köpfe ∞. StrahlB 4–5, goldgelb. 0,15–0,20. ⚇ 6–7. Z s △ (M- u. N-Span., S- u. M.-Frankr.).

**8\*** StrahlB 5–10, gelb. Bl verkehrteifg, fiederspaltig od. leierfg mit großem Endlappen, bis 10 × 3,5 cm, lg gestielt, fast alle grundständig. Köpfe 1,5–2,5 cm ⌀, zu 2–10. 0,05–0,20 (–0,40). ⚇ ⚈ i? 6–8. Z s △; V ❦ ○ (NW-USA: W- u. M-Washington: Olympic Mts., Mt. Rainier: Schotterhänge, 1000–2500 m). **Flett-G.** – *S. flettii* Wiegand

Bem.: Zu einigen sehr selten kult Wildarten vgl. Bd. 2–4! *S. ovatus* (P. Gaertn., B. Mey. et Scherb.) Willd.: Hochstaude, Bl lanzettlich, gezähnt. BStand Schirmrispe. StrahlB (2–)5(–8). – *S. alpinus* (L.) Scop.: Bl unzerteilt, gestielt, Spreite br eifg. 0,30–1,00. – *S. integrifolius* (L.) Clairv.: Köpfe ohne Außenhülle. RosettenBlSpreite eifg, ganzrandig od. entfernt gezähnt, kurz gestielt. Köpfe 15–25 mm ⌀. 0,10–0,60.

**Goldkolben, Ligularie** – *Ligularia* Cass.                    180 Arten

Lit.: Dress, W. J. 1962: Notes on the cultivated *Compositae* 7: *Ligularia*. Baileya **10**: 62–87. – Schmid, E. 1989: Ligularien – Solitärstauden für feuchte Böden. Gartenpraxis **10**: 8–13. – Flora Republ. Sinicae **77**(2). Beijing 1989.

**1** BStand schirmtraubig od. schirmrispig, nicht gestreckt. Bl lg gestielt ............ **2**
**1\*** BStand ähren- od. traubenfg od. doppeltraubig-rispig, gestreckt ............... **5**
**2** Bl unzerteilt, mit br, bespitzten Sägezähnen. Köpfe zu ± 10. Pappus rötlich ...... **3**
**2\*** Bl zu $^1/_4$ bis $^1/_3$ od. fast bis zum Spreitengrund eingeschnitten ............... **4**
**3** Köpfe 6–10(–12) cm ∅. Hülle in der Knospe breiter als lg. Außenhülle fehlend (Abb.
   **627**/2). StrahlB 9–15, orangegelb, voneinander entfernt. RöhrenB braungelb. GrundBl
   nierenfg, stumpf, mit br Bucht, 15–32 cm lg u. 20–40 cm br (Abb. **627**/1). 0,70–1,20.
   ♃ ⚲ 8–9. **Z** z Bach- und Teichränder, Parks, große Naturgärten ⚥ ♠; ⚘ ∀, Sorten nur
   ⚘, ◐ ○ ≈ Schnecken! (M-Japan, W- u. M-China, N-Myanmar: Bergwiesen – 1901 –
   einige Sorten: 'Desdemona': 1,00–1,50, Bl purpurn, B rötlich-orange; 'Othello': Bl useits
   purpurrot, B orange). [*L. clivorum* MAXIM.]   **Gezähnter G.** – *L. dentata* (A. GRAY) HARA
**3\*** Köpfe <6 cm ∅. Hülle in der Knospe länger als br. Unter dem Kopf 1–2 fadenfg HochBl.
   StrahlB goldgelb od. gelb, einander berührend, 1,5–2,5 cm lg. Bl 4,5–13 cm lg, 7,5–27
   cm br. 0,60–0,80(–1,00). ♃ ⚲ 7–9. **Z** s Gewässerufer in Parks, Naturgärten ♠ ⚥; ⚘ ∀
   ◐ ○ ≈ (S-Sachalin, Kurilen, N- u. M-Japan, M- u. SW-China: Bachufer, Gräben, Hoch-
   staudenfluren, im S 1200–2400 m – 1862).   **Hodgson-G.** – *L. hodgsonii* HOOK.
**4** (2) BlSpreite nierenfg, zu $^1/_4$ bis $^1/_3$ handfg gelappt, die ± 13 Lappen grob u. scharf ge-
   zähnt-gesägt (Abb. **628**/1). Köpfe 7–9 cm ∅. B gelb. StrahlB ± 15. Hülle 17 mm lg u. br.
   1,00–1,80. ♃ ⚲ 6–7. **Z** z Parks, Gewässerufer in Parks, Naturgärten, solitär od. in
   Gruppen ♠ ⚥; ⚘ ∀ ◐ ○ Boden nährstoffreich ≈ Schnecken! (1940 in Kultur entstan-
   den, auch spontan in Japan: *L. dentata* × *L. japonica* [*L.* × *palmatiloba* hort.]).
                                    **Palmblatt-G.** – *L.* × *yoshizoeana* (MAKINO) KITAM.
**4\*** BlSpreite im Umriss herz-nierenfg-rundlich, 15–32 cm lg, 18–40 cm br, bis $^4/_5$ in 3 br
   Lappen geteilt, der mittlere Lappen in 5–7, die seitlichen in 3–5 scharf grob gesägte
   Abschnitte geteilt. Stg kahl, bläulich, purpurn gefleckt. Köpfe zu 2–10, 10–13 cm ∅.
   Hülle 18–24 mm lg. StrahlB 10(–17), orangegelb. 0,80–1,20(–2,50). ♃ ⚲ 8–9. **Z** s Ge-
   wässerufer in Naturgärten u. Parks; ⚘ ∀ ◐ ○ ≈ Schnecken! (S- u. M-Japan, S-Korea,
   SO-China, Taiwan: Ufer, Staudenfluren im Gebirge). [*Senecio japonicus* (LESS. ex DC.)
   SCH. BIP. non THUNB., *S. palmatifidus* (SIEB. et ZUCC.) JUEL]
                                    **Japanischer G.** – *L. japonica* LESS. ex DC.
**5** (1) GrundBlSpreite handfg geteilt, ± 20(–30) cm br, 12 cm lg, im Umriss nierenfg, die 7
   Abschnitte grob scharf gesägt bis gespalten (Abb. **627**/3). BStand eine schmale, end-
   ständige Traube mit ∞ Köpfen, diese mit (1–)2(–3) StrahlB, (2–)3(–4) ScheibenB u.
   5 HüllBl. Stg purpurgrün. 0,80–1,50(–2,00). ♃ 7–8(–9). **Z** z Rabatten, Staudenbeete,
   Gehölzränder, Ufer ♠; ⚘ ∀ ◐ ○ (zentrales N-China: Staudenfluren im Gebirge – 1866
   – hybr mit *L. stenocephala*: 'The Rocket': 1,80, BTrieb schwarz, Bl grob gesägt; 'Weihen-
   stephan': 1,80, Köpfe 5–7 cm ∅).   **Przewalski-G.** – *L. przewalskii* (MAXIM.) DIELS

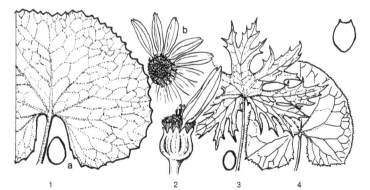

1                2          3          4

**5\*** Bl unzerteilt. BlRand gesägt od. gezähnt .............................. **6**
**6** Spreite der ± 2 GrundBl elliptisch bis länglich-eifg, >1,5mal so lg wie br, 20–60 × 12–20
cm, blaugrün, scharf gezähnt, am Grund gestutzt od. in den geflügelten Stiel keilfg ver-
schmälert. BlStand eine lg, dichte, ähren- bis kegelfg, ∞köpfige Rispe. B gelb. StrahlB
(1–)3(–5), Strahlen 6–10 mm lg. ScheibenB 4–8. Pappus weiß. 1,00–2,00. ♃ ⅄ 7–8. **Z**
s Naturgärten, Parks ♠; ∨ ♥ ☾ ≈ (SW-Altai, W-Tienschan, NO-Kasachstan,
Dsungarei: Quellstellen, Sumpf- u. Salzwiesen im Gebirge – 1896). [*L. turkestanica*
hort., *Senecio ledebourii* SCH. BIP.]              **Großblatt-G.** – *L. macrophylla* (LEDEB.) DC.

Ähnlich: **Altai-G.** – *L. altaica* DC.: Bl ganzrandig, kleiner, Spreite 5–20 cm lg. Köpfe 5–25. StrahlB 4–5,
ScheibenB 10–20. 0,20–1,00 ♃ ⅄ 7. **Z** s (Altai, N-Turkestan, NW-Mong.: Bachtäler).

**6\*** Spreite der GrundBl <1,5mal so lg wie br, grün ......................... **7**
**7** Bl herzfg mit spitzen Seitenlappen, fein u. spitz gezähnt (Abb. **627**/4), bis 25 × 25 cm.
StrahlB (1–)3(–5), gelb. Köpfe ∞ in kaum verzweigter Traube. Pappus schmutzigweiß.
1,00–1,50. ♃ ⅄ 6–8. **Z** z Gehölzränder, Parks, Teichufer ♠; ♥ ∨ ☾ ○ ≈ (SO-Tibet,
Korea, SW- bis O-China, M-Japan, Taiwan: feuchte Standorte im Gebirge, 850–3100 m
– hybr vgl. **5**, Sorte 'Globosa': Köpfe größer, BStand kompakt). [*Senecio stenocepha-*
*lus* MAXIM.]                        **Schmalköpfiger G.** – *L. stenocephala* (MAXIM.) MATSUM. et KOIDZ.
**7\*** Bl herzfg bis herz-nierenfg, ihre Seitenlappen gerundet. HüllBl >5, StrahlB 3–11 .. **8**
**8** BStand am Grund mit kurzen Seitenzweigen. Hülle <1 cm lg. Köpfe 2(–2,5) cm ⌀.
StrahlB 3–8, 3mal so lg wie br. BlStiel hohl, sein ⌀ rund. TragBl der Köpfe linealisch-
fadenfg. 1,20–2,00. ♃ ⤙ 8–9(–10). **Z** s Naturgärten, Parks, Ufer; ♥ ∨ ☾ ○ Boden
humus- u. nährstoffreich ≈ (Z-China: O-Sichuan, W-Hubei, 1600–2050 m – 1900).
[*Senecio wilsonianus* HEMSL.]                          **Wilson-G.** – *L. wilsoniana* (HEMSL.) GREENM.

Ähnlich: **Hesse-G.** – *L. hessei* (HESSE) BERGMANS: ± 1,80. BStand eine kurze, pyramidenfg Rispe.
Köpfe 8 cm ⌀, duftend. B orangegelb. Bl mit Stiel bis 1 m hoch (spontan entstanden 1930 in Baum-
schule H. A. Hesse aus *L. dentata* × *L. wilsoniana*, nach dem Katalog 1940 aber mit *L. veitchiana* als
3. Elternart). – Hybr: 'Gregynog Gold' [*L. dentata* × *L. veitchiana*]: BStand eine schmale Traube.
Strahlen 12–14, 3,2–3,6 cm lg.

**8\*** BStand eine einfache Traube; wenn am Grund wenig verzweigt, dann mit eilanzett-
lichen TragBl der Köpfe. Hülle 10–13 mm lg, Köpfe >2 cm ⌀ ................ **9**
**9** Strahlen 3–4mal so lg wie br. TragBl der Köpfe lanzettlich bis linealisch. Pappus etwa
so lg wie die ScheibenB. Fr gelbbraun. BlBucht nicht von den Seitennerven begrenzt
(Abb. **628**/2). 0,60–1,25. ♃ ⅄ 7–9. **Z** s Naturgärten, Ufer; ♥ ∨ ☾ ≈ (W- u. Z-China,
Sibir., Kauk., westl. Z-, SO- u. O-Eur., Z-Frankr., O-Pyr.: Sumpfwiesen, feuchte Wälder,
bis subalp.),                                      **Sibirischer G.** – *L. sibirica* (L.) CASS.

Ähnlich: **Fischer-G.** – *L. fischeri* (LEDEB.) TURCZ. [*L. sibirica* var. *speciosa* (SCHRAD. ex LINK) DC.]:
TragBl der Köpfe eifg, die unteren 3–5 cm lg. Pappus deutlich kürzer als die ScheibenB. Fr schwarz-

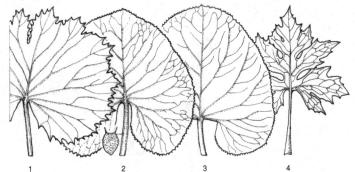

1                    2                    3                    4

braun. Strahlen 15–25 mm lg. BlBucht von den Seitennerven begrenzt (Abb. **628**/3). 0,50–1,50. ⚇ ⅄ 7–8. **Z** s, aber öfter als *L. sibirica*, Naturgärten, Ufer; ⚘ V ☾ ≈ (SO- u. Z-China, SO-Sibir., NO-Mong., Fernost, Japan: feuchte Auwiesen, Steinbirken-Gebüsch, NadelW).

**9\*** Strahlen >4mal so lg wie br. StrahlB 8–11, gelb. Bl br herzfg. BlStiel voll, sein ⌀ hoch elliptisch.1,50–2,00(–2,50). ⚇ ⚶ 9–10. **Z** s Naturgärten, Ufer; ⚘ V ☾ ○ (SW- u. Z-China: 1400–3300 m – 1905). **Veitch-G.** – *L. veitchiana* (HEMSL.) GREENM.

**Chinagreiskraut** – *Sinacalia* H. ROB. et BRETTELL          1 Art

Bl 10–16 × 10–15 cm, eifg od. herzfg, fiederschnittig, Abschnitte br lanzettlich, gezähnt (Abb. **628**/4). Köpfe ∞, in lockerer Doppeltraube. Hülle 8–10 × 1,5–2 mm. StrahlB 2 (–3), goldgelb, ScheibenB 3–4. Pappus weiß. 0,80–1,50. ⚇ Knollen-⅄. 9–10. **Z** s große Naturgärten, Parks; ⚘ ☾ ○ ≈ humusreicher Lehm, starke Ausbreitung! (W- u. Z-China von Quinghai u. Sichuan bis Hebei: Gebirgs-Hochstaudenfluren – 1900). [*Ligularia tangutica* (MAXIM.) MATTF., *Cacalia tangutica* (MAXIM.) HAND.-MAZZ., *Senecio henryi* HEMSL., *Sinacalia henryi* (HEMSL.) H. ROB.]
**Chinagreiskraut, Tangutisches Greiskraut** – *S. tangutica* (MAXIM.) B. NORD.

**Leopardenpflanze** – *Farfugium* LINDL.          2 Arten

BSchaft blattlos od. mit wenigen HochBl. LaubBl grundständig, br herzfg-rundlich, 15–25 cm br, unregelmäßig wellig gezähnt. Köpfe 3,5–5 cm ⌀. Pappus weiß. Strahlen hellgelb. 0,30–0,60. ⚇ i ⚶ 9–10. **Z** s ZimmerPfl, JungPfl im Sommer ausgepflanzt ♠; V ⚘ Wurzelschnittlinge, im ⚑ kühl überwintern, ● Boden nährstoffreich (SO-China, Taiwan, S- u. M-Japan: nahe der Küste – 1856 – 'Aureo-maculata': Bl oseits unregelmäßig gelb gefleckt; 'Argentea': Bl silberweiß gefleckt). [*Ligularia tussilaginea* (BURM. f.) MAKINO, *F. grande* LINDL.]          **Leopardenpflanze** – *F. japonicum* (L.) KITAM.

**Kapmargerite, Kapkörbchen, Bornholmmargerite** – *Osteospermum* L.          70 Arten
Lit.: NORLINDH, T. 1943: Studies in the *Calenduleae*. Lund.

**1** Strahlen oseits weiß, useits rötlichblau. Scheibe dunkelblau. Bl 5–10 × 1–4 cm, drüsig flaumig, schmal verkehrteifg bis verkehrteilanzettlich, ganzrandig od. gezähnt, drüsig flaumig (Abb. **631**/7). Köpfe auf 15–20 cm lg Stielen, 5–8 cm ⌀. HüllBl 13–16 mm lg, drüsig (Abb. **631**/6). Fr-Oberfläche netzig-runzlig. 0,25–0,50. ♄ i, kult ☉, 4–9. **Z** v Kübel, Sommerrabatten, Balkonkästen; Kopf-⚶ im Januar–Februar bei 18°, dann >6 Wochen Kühlphase 5–6 °C. Verkauf April–Mai, ○ Boden tiefgründig, nährstoffreich, nicht ≈, Verblühtes abschneiden (S-Afr.: SO-Kapland: Uitenhage, Humansdorp: feuchte Rasen, Flussbetten, bis 300 m – 1920? – ∞ Hybridsorten, s. u.). [*Dimorphotheca ecklonis* DC.]
**Bornholmmargerite** – *O. ecklonis* (DC.) NORL.
**1\*** Strahlen beidseits purpurrosa od. rötlich. Bl bis 10 × 2 cm, verkehrteilanzettlich, drüsigflaumig, aber bald verkahlend, ganzrandig od. entfernt gezähnt. HüllBl 10–12 × 2–3 mm. FrOberfäche glatt. KrZipfel der äußeren ScheibenB außen bärtig. 0,25–0,60. ♄ 4–9? **Z** z Kübel, Rabatten, Balkonkästen; V ○ (S-Afr.: östl. Kapland, feuchte, grasige Hänge von der Küste bis 500 m – ~1870). [*Dimorphotheca barberiae* HARV., *O. jucundum* hort.]          **Barber-P.** – *O. barberiae* (HARV.) NORL.

Sehr ähnlich: **Angenehmer P.** – *O. jucundum* (E. PHILLIPS) NORL. [*O. barberiae* hort.]: Bl tief bis fein gezähnt. Kronzipfel der äußeren ScheibenB außen kahl. HüllBl 7–9 mm lg. StrahlB beidseits rosa. – Kult fast nur ∞ **Hybridsorten** unklarer Herkunft, z. B. 'Sparkler': weiß mit blauer Mitte, 0,35–0,50, kompakt; 'Candy Pink' u. 'Spoon Star': Strahlen löffelfg, im unteren Teil längs eingerollt (Abb. **631**/5); 'Whirligig': Strahlen löffelfg, oseits weiß, useits schieferblau, Scheibe schieferblau, Köpfe 5–8 cm ⌀; 'Buttermilk': Strahlen gelb mit weißem Grund; 'Moonlight': Strahlen u. Scheibe gelb; 'Nairobi Purple': Strahlen purpurn, useits weißlichpurpurn, Scheibe dunkelblau. – Einige neue Sorten brauchen keine Kühlphase).

**Ringelblume** – *Calendula* L. 12 Arten

Stg kantig, aufrecht, verzweigt. Bl ± ganzrandig, spatelfg bis verkehrteilanzettlich, drüsig behaart, aromatisch, obere sitzend. Köpfe 3–7(–10) cm ⌀, zur FrZeit aufrecht. StrahlB hellgelb, dunkelgelb, orange od. cremefarben, 1,5–3 cm lg. ScheibenB gelb, orange od. braun. (Abb. **630**/2). 0,20–0,60. ⊙ 6–11, nach milden Wintern ① und schon im April blühend. **W. Z** v Sommerblumenbeete, Bauerngärten ⚥; ∨ ins Freiland, für ⚥ auch ∨ August-Oktober im ⊞; **N** entzündungshemmende HeilPfl für Salben u. Kosmetika, Schmuckdroge für Tees. Mehltau! (Z-Medit.: Küste?, in D. verw.– 12. Jh. – ∞ Sorten, auch halb od. ganz gefüllt, z.B. 'Fiesta Gitana'-0.30, gefüllt).

**Garten-R.** – *C. officinalis* L.

**Kapringelblume** – *Dimorphotheca* MOENCH 9 Arten

Lit.: NORLINDH, T. 1943: Studies in the *Calenduleae*. Lund.

1 Stg abstehend u. z.T. drüsig behaart. Strahlen useits blauviolett, oseits weiß bis hell rosaviolett mit dunkelviolettem Grund. ScheibenB an der Spitze dunkel violettbraun. Köpfe 3–6(–7) cm ⌀, nur bei >15° C u. bei Sonne bis zum Nachmittag geöffnet. Bl entfernt gezähnt bis fiederspaltig, behaart, drüsig, aromatisch. (Abb. **630**/3). 0,10–0,40. ♃, kult ⊙ (6–)7–9. **Z** z Sommerrabatten; ○ Boden bevorzugt sandig, durchlässig, nicht ≈ (westl. S-Afr.: Kap-Provinz, Namaqualand, S-Namibia: Hänge u. Ebenen, Ton- u. Sandboden – 17. Jh.? – einige Sorten, z.B. 'Pink Polarstern': Strahlen oseits lilarosa, ScheibenB blau; 'Ringens': Strahlen blau, am Grund weiß). [*D. annua* LESS., *Calendula pluvialis* L., *Arctotis grandis* hort.] **Regenzeigende K.** – *D. pluvialis* (L.) MOENCH

1* Stg u. Bl fast kahl. Strahlen gelb, orange, lachsfarben od. weiß, bisweilen am Grund tiefviolett. Köpfe 3–4 cm ⌀. ScheibenB violettbraun. Bl verkehrteilanzettlich, rau, 7–10 × 2–3 cm, geschweift gezähnt, aromatisch. (Abb. **630**/4a–d). 0,10–0,30. ⊙ (6–)7–9. **Z** z Sommerrabatten, Staudenbeete, △, Kübel ⚥; ∨ März ▭, Mitte Mai auspflanzen od. ∨ April ins Freiland ○, bevorzugt Sand, nicht ≈ (SW-Afr.: westl. Kap-Provinz, Namaqualand, Namibia: Annuellenfluren auf Sandboden, Kalkrippen – die reine Art kaum kult, meist Hybr mit *D. pluvialis*, 'Aurantiaca-Hybriden': Köpfe bis 12 cm ⌀, 0,15–0,50; einige Sorten, z.B. 'Sommermode': 0,30, B pastellfarben; 'Tetra Goliath': 0,40–0,50, großblumig, ⚥; 'Spring Flash Orange': kompakt, B orange). [*D. aurantiaca* hort. non DC., *D. calendulacea* HARV.] **Buschige K.** – *D. sinuata* DC.

**Bärenkamille, Ursinie** – *Ursinia* GAERTN. 37 Arten

Lit.: PRASSLER, M. 1967: Revision der Gattung *Ursinia*. Mitt. Bot. Staatssammlg. München **6**: 363–478.

1 Pappus 2reihig, äußere Reihe schuppenfg, 4 6 × 1 mm, weiß mit dunklem Fleck am Grund, innere haarfg, weiß. HüllBl 6reihig, alle mit rundem Anhängsel. StrahlB gelb od.

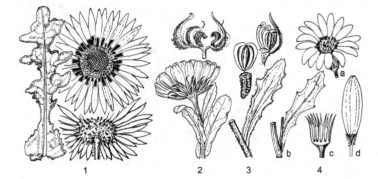

1 2 3 4

orange, selten (Sorte 'Albida') weiß. Bl 2fach fiederteilig, mit zahlreichen kurzen Fieder-
teilen, 20–55 × 25 mm. 0,20–0,40. ☉ 7–9. **Z** s Sommerblumenbeete, Kübel △; V im April
◪, im Mai auspflanzen, od. ab Mitte Mai ins Freiland, ○, nicht ≈ (SW-Afr.: Namaqua-
land, Namibia: sandige Hänge u. Ebenen – 1930). **Schöne B.** – *U. speciosa* DC.
**1\*** Pappus 1reihig, weiß (Abb. **631**/3). Alle od. nur die inneren HüllBl mit Anhängsel.
StrahlB gelborange, meist mit purpurnem Fleck am Grund ................... **2**
**2** Bl 5–20(–40) × 5–15 mm, 2fach fiederschnittig, Zipfel fadenfg, im ∅ fast rund (Abb.
**631**/1). HüllBl spitz. StrahlB beidseits orangegelb, mit rotem od. purpurnem Fleck am
Grund (Abb. **631**/2). Köpfe 2–5 cm ∅, ohne die Strahlen 0,5–1 cm ∅, ebenso hoch, auch
abends geöffnet. 0,30–0,60. Kleiner ♄, kult ☉, 6–8. **Z** z Sommerblumenbeete △ Kübel
⚥; V im ℞ Anfang April 16–18° od. im Mai ins Freiland, ○ warm, nicht staunass u. nähr-
stoffreich (S-Afr.: Kap-Provinz: Fynbos u. Grasland auf Sandsteinhängen – 1887, 1928
– Sorte 'Brillant Orange': 0,30, Strahlen orange mit braunrotem Basalfleck).
**Dillblättrige B.** – *U. anethoides* (DC.) N. E. BR.
**2\*** Bl 20–60 × 25 mm, 1–2fach fiederschnittig, Zipfel linealisch bis fadenfg, flach (Abb.
**631**/4). StrahlB gelb od. orange, meist am Grund schwarzpurpurn, außen violett od. pur-
purn. Köpfe 1,5–6 cm ∅, nur bei Sonne geöffnet. HüllBl stumpf, innere mit 2–5 mm lg
rundlichem, häutigem Anhängsel. Pappusschuppen weiß, am Grund mit spitzem, dunk-
lem Fleck, bei der Reife kronfg ausgebreitet. 0,20–0,50. ☉ 6–9. **Z** z Sommerblumen-
beete; V ◪ od. Mitte April ins Freiland ○ (S-Afr.: Kap-Provinz, S-Namibia, Karoo, bis
Port Elizabeth: sandig-kiesige Ebenen u. Berghänge – 1774 – 2 Unterarten: subsp. *an-
themoides* [*U. pulchra* N. E. BR., *Arctotis anthemoides* L.]: HüllBl etwas flaumhaarig,
weiß, (4–)6reihig, Strahlen länglich, 0,20–0,30(–0,40), 7–9; subsp. *versicolor* (DC.)
PRASSLER [*U. versicolor* (DC.) N. E. BR.]: HüllBl kahl, 4reihig, Strahlen verkehrteilanzett-
lich, gelb mit purpurbraunem Basalfleck, ScheibenB dunkler, 0,30–0,50. 6–8. – 1836).
**Bunte B.** – *U. anthemoides* (L.) POIR.

**Bärenohr** – *Arctotis* L. (incl. *Venidium* LESS. p. p.)                    50 Arten
**1** Pfl (fast) stängellos. Köpfe auf lg Stielen blattachselständig .................. **2**
**1\*** Pfl mit aufrechtem bis aufsteigendem, verzweigtem Stg ..................... **3**
**2** Strahlen oseits gelb, useits kupferfarben. Bl bis 15 cm lg, länglich-lanzettlich, leierfg
fiederlappig, oseits grün, behaart, useits wollig, scharf gezähnt, BlRand ± wellig. Köpfe
4–6 cm ∅. Kopfstiele behaart, 15–40 cm lg. Scheibe dunkelbraun. Äußere HüllBl filzig,
innere kahl. 0,15(–0,40). ☉ ○ (6–)7–10. **Z** Sommerrabatten, Trockenmauern △; V im
März ℞ od. April ◪, im Mai auspflanzen, od. ab Mitte April V ins Freiland, auch Seiten-
sprosse als ↻, ○ Boden durchlässig (S-Afr.: Sandsteinfelshänge, Sandebenen –
1812).                    **Kurzstängliges B.** – *A. breviscapa* THUNB.

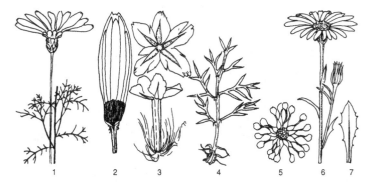

1          2          3          4          5          6          7

632 KORBBLÜTENGEWÄCHSE

**2\*** Strahlen oseits orange, useits purpurn. Bl 15–25 cm lg, gelappt bis leierfg, Endlappen am größten, oseits grün, rau od behaart, useits weißfilzig, BlRand wellig. Köpfe 5–10 cm ⌀, bei Regen u. abends geschlossen. Kopfstiele behaart, bis 30 cm lg. Scheibe schwarzpurpurn. HüllBl fast kahl, äußere mit filziger Spitze. 0,15–0,30. ♃, kult ☉ 5–10. **Z** s, Kultur wie **2** (S-Afr.: tonige, kiesige u. sandige Hänge, Kalkstein u. Granit – 1759). [*A. scapigera* Thunb.] **Stängelloses B.** – *A. acaulis* L

**3** **(1)** Strahlen purpurn bis helllila, seltener cremefarben, außen violett, Scheibe blau. Pfl weichhaarig od. kahl. Bl verkehrteifg-elliptisch, 7–18 cm lg, entfernt buchtig gezähnt bis fiederschnittig, oseits meist dunkelgrün, kahl od. weichhaarig, useits silbergrau filzig. (Abb. **632**/2; Fr **551**/2). 0,30–0,40(–0,70). ♃, kult ☉, 6–10. **Z** s; Kultur wie **3\*** (S-Afr.: O-Namaqualand, Bushmanland, Trockengebiete der Kap-Provinz – 1901). [*A. stoechadifolia* hort., *A. grandis* Thunb.] **Anmutiges B.** – *A. venusta* Norl.

**3\*** Strahlen orange, am Grund bräunlich, oft mit grünlichem Fleck. Scheibe dunkel braunpurpurn bis schwarz. Bl dicht wollig-filzig, silberweiß, elliptisch, seicht bis tief stumpf gelappt. 0,20–0,60. ♃, kult ☉ 7–9. **Z** s Sommerrabatten, Trockenmauern △; ∀ im März im ⊕ od. ab Mitte April ins Freiland ○ Boden durchlässig (SW-Afr.: Namaqualand, W-Karoo, Namibia, sandig-kiesige Hänge – 1797 – einige Sorten, z. B. 'Zulu Prince': Strahlen cremefarbig, am Grund mit dunkelbraunem Dreieck, darunter ein orangefarbener Fleck). [*Venidium fastuosum* (Jacq.) Stapf] **Prächtiges B.** – *A. fastuosa* Jacq.

Kult meist Hybriden *A. fastuosa* × *A. venusta* [*A.* × *hybrida* hort., Harlequin-Hybriden, × *Venidioarctotis* hort.]: Bl elliptisch, ± gelappt, filzig, am Rand wellig. Köpfe 8–10 cm ⌀, Strahlen weiß, gelb, rosa, orange, bronzefarben, karmin, bisweilen am Grund mit rotem od. braunem, dunklerem Fleck. Scheibe dunkel. (Abb. **630**/1). 0,30–0,50. ☉ 6–10. **Z** z Sommerrabatten, Trockenmauern, △ ♃; ∀ März im ⊕ od. ab Mitte April ins Freiland, Sorten √∿, ○ Boden durchlässig – ∞ Sorten, z. B. 'Bacchus': Strahlen purpurn; 'China Rose': düster rosa; 'Flame': rotorange.

**Kaplöwenzahn** – *Arctotheca* J. C. Wendl. [*Venidium* Less. p. p.]   5 Arten

Pfl rosettig, mit kriechend-wurzelnden Ausläufern. Bl verkehrteifg, useits weißfilzig, leierfg fiederspaltig bis ungeteilt, 5–15 × 2–5 cm. Köpfe 10–25 cm lg gestielt, blattachselständig, 2,5–4(–6) cm ⌀. Strahlen <20, gelb bis orange, useits grüngrau od. purpurn überhaucht. Scheibe gelb (auch braun?). Fr rosabraun, seidig wollig. 0,30–0,60. ♃ i ∿, kult ☉, 7–10. **Z** s Sommerblumenbeete △ Böschungen ☐; ∀ im März im ⊕, auspflanzen im Mai ○ Boden durchlässig (S-Afr.: Namaqualand, Karoo u. Kap bis Natal: Küsten, ruderal auf Sandboden; eingeb. als Wollbegleiter in Aust., N- u. S-Am., W-Eur. – 1739). [*Cryptostemma calendulaceum* (L.) R. Br., *Venidium calendulaceum* hort.]
**Kaplöwenzahn** – *A. calendula* (L.) Levyns

**Gazanie, Mittagsgold** – *Gazania* Gaertn.   16 Arten

Lit.: Roessler, H. 1959: Revision der *Arctoteae-Gorteriinae (Compositae)*. Mitt. Bot. Staatssammlg. München **3**: 71–500.

**1** Pfl mit gestrecktem Spross. Bl nicht in Rosette (Abb. **632**/5), ungeteilt lanzettlich od. fiederschnittig mit jederseits 1–2 lanzettlichen Abschnitten. Köpfe 2,5–8 cm ⌀, ihre Stiele (4–)10–15 cm lg. Strahlen gelb, ungefleckt od. am Grund mit dunklem Augenfleck. Fr 5 mm lg. Pappusschuppen spitz, lineallanzettlich, unter den Seidenhaaren verborgen. 0,15–0,50. ♄ i ⚥, kult ☉, 7–9. **Z** z Sommerrabatten, Trockenmauern △; ⋎ März ▭ od. überwintern im ⊛ ○ salzresistent (S- u. SO-Afr. bis Mosambik: Küstendünen u. Sandebenen – 1755). [*G. splendens* MOORE, *G. uniflora* (L. f.) SIMS; *G. leucolaena* DC.]
　　　　　　　　　　　　　　　**Halbstrauch-G., Starre G.** – *G. rigens* (L.) R. BR.
**1*** Pfl (fast) stängellos. Bl rosettig, alle ungeteilt od. einige mit jederseits 1–4(–6) ± gegenständigen, linealischen bis lanzettlichen Abschnitten . . . . . . . . . . . . . . . . . . . . . . . . **2**
**2** Freier Teil der inneren HüllBl borstenfg zugespitzt, so lg wie der verwachsene Teil der Hülle od. länger, (8–)10–15(–18) mm lg. Köpfe 4–7 cm ⌀, ihre Stiele 10–35 cm lg. 0,12–0,35. ⁤♃ ⚥, kult ☉, 6–10. **Z** s Sommerrabatten, Trockenmauern △; ⋎ März im ⊛ ○ (SO-Afr. von Port Elizabeth bis Natal: offnes Grasland, bis 3050 m – 1915). [*G. longiscapa* DC., *G. kraussii* SCH. BIP.]　**Borstenschuppige G.** – *G. linearis* (THUNB.) DRUCE
**2*** Freier Teil der inneren HüllBl spitz od. ± stumpf, nicht borstenfg zugespitzt, meist kürzer als der verwachsene Teil der Hülle, (3–)4–8(–10) mm lg (Abb. **632**/4). Köpfe 3–6 cm ⌀. Kopfstiele braunrot, (3–)5–12(–15) cm lg. Strahlen gelb, orange od. rot, useits grün-, grau- od. braungestreift. 0,05–0,15. ⁤♃ ⚥, kult ☉, 6–10. **Z** z, Kult wie **2** (S-Afr. bis Angola u. Kilimandscharo: Grasland, Straßenränder – 1892? – formenreich). [*G. serrulata* DC., *G. pygmaea* SOND.]　　　　　　**Krebs-G.** – *G. krebsiana* LESS.

Bem.: Kult fast nur ∞ **Hybridsorten** aus diesen Arten: *G.* × *splendens* hort. [*G. pavonia* R. BR. p. p.]: Köpfe 7–8 cm ⌀, bei Regen geschlossen. Strahlen goldgelb, weiß, gelb, orange, braun, rot, dunkelrosa, oft am Grund mit dunklem Augenfleck. (Abb. **632**/3). 0,10–0,30. Kult ☉ 5–10. **Z** v Sommerrabatten, Einfassungen △ Trockenmauern, Balkonkästen; ⋎ ⊛, Sorten ⋏ im Herbst bei 18–20°, dann kühl, ○! salz- und trockenresistent (∞ Sorten, z. B. 'Magic': Strahlen goldgelb mit unten schwarzem, oben rotem Mittelstreifen; 'Talent': Bl silberweiß behaart).

**Kugeldistel** – *Echinops* L.　　　　　　　　　　　　　　　　**120 Arten**

**1** Stg oberwärts dicht braunrot drüsenhaarig, meist mehrköpfig. Bl bis 40 × 15 cm, fiederspaltig, oseits dicht drüsenhaarig, oft außerdem mit drüsenlosen Haaren, useits wolligfilzig. Sammelköpfe 4–6(–8) cm ⌀, weißgrau bis blaugrau. 0,50–1,80(–3,00). ☉⊝ (♃) 6–8. **W**. **Z** s Naturgärten, Staudenbeete ⚥ Trockensträuße ○; ⋎ Wurzelschnittlinge ○ ∼ (warmes bis warmgemäß. S- u. O-Eur., W-As.: Felsbasen in Steppengebirgen; eingeb. in Z-Eur.: trockne Böschungen, ruderale Halbtrockenrasen – formenreich – 1542). [ *E. giganteus* hort.]　　　　　　　　　　　**Drüsige K.** – *E. sphaerocephalus* L.

Bem.: Die bisweilen unter *E. sphaerocephalus* geführte Sorte 'Nivea' gehört wohl zur **Schnee-K.** – *E. niveus* WALL. ex ROYLE: Bl 2fach fiederschnittig, ihre Abschnitte schmal, lg bedornt, am zurückgerollten Rand mit Sternhaaren (W-Himal.: Kaschmir bis Garwhal, 1200–2400 m).

**1*** Stg ohne Drüsenhaare, weißfilzig bis fast kahl . . . . . . . . . . . . . . . . . . . . . . . . . . . . **2**
**2** Bl 1–2fach fiederschnittig bis fiederspaltig, oseits dunkelgrün, useits weißwollig, drüsenlos, ledrig, ihr Rand zurückgerollt, Abschnitte mit kräftigem, 3–15 mm lg Enddorn (Abb. **634**/2). Sammelköpfe einzeln od. wenige, 3–4,5 cm ⌀, taubenblau. 0,50–1,20. ⁤♃ ⚥? 7–9. **Z** z Staudenbeete, Rabatten ⚥ Trockensträuße ○; ⋎ Selbstaussaat ⚤? ○ ∼ (S-, SO- u. O-Eur., Türkei, Kasachst., SW-Sibir.: steinige Steppenhänge – 1542 – formenreich, kult 2 Unterarten: subsp. *ritro*: Bl 1–2fach fiederspaltig, Abschnitte am Grund >4 mm br (Areal der Art); subsp. *ruthenicus* (M. BIEB.) NYM. [*E. ruthenicus* M. BIEB.]: Bl 2fach fiederschnittig, Abschnitte <4 mm br (Ital., SO-Eur.) – Sorte 'Veitchs Blue': Kr tiefblau).　　　　　　　　　　**Gewöhnliche K., Blaue K.** – *E. ritro* L.
**2*** Bl unzerteilt bis einfach fiederspaltig, mit br, länglichen Abschnitten, nicht ledrig, drüsenlos od. zerstreut drüsenhaarig . . . . . . . . . . . . . . . . . . . . . . . . . . . . . . . . . . . . . . **3**
**3** Untere Bl fiederspaltig od. unzerteilt; StgBl grob gesägt bis gelappt, mit Dornspitze, oseits dicht spinnwebig behaart, useits weißfilzig. Stg 1–3köpfig, weißwollig (Abb.

**634**/1). Sammelkopf stahlblau, 3–4 cm ⌀. Kr blassblau. 0,05–0,20. ♃ Pleiok-⅄ 8–9. **Z** s Staudenbeete ⚥ Trockensträuße ○; Ⅴ ⚘ Wurzelschnittlinge ○ ~ (Altai, S-Mong.: steinige Bergsteppen – 1820). **Niedrige K.** – *E. humilis* M. BIEB.

**3\*** Bl einfach fiederspaltig, eilanzettlich, flach, sitzend, stängelumfassend, oseits locker steifhaarig od. locker spinnwebig, drüsenlos od. zerstreut drüsenhaarig . . . . . . . . . **4**

**4** Bl oseits locker steifhaarig, drüsenlos. Hülle der Einzelköpfchen 20–25 mm lg, äußere HüllBl rhombisch bis spatelfg, spitz, mittlere schmal lanzettlich, mit lg ausgezogener, nach außen gebogener Spitze. Stg meist 1köpfig. Sammelkopf 4–6 cm ⌀. Kr blaugrau. 0,40–1,50(–2,00). ♃ Pleiok 6–8. **W. Z** s, kult wie **2** (SO-Eur., Rum.: Waldränder u. Staudenfluren der Hügel- u. Bergstufe; eingeb. in Z-Eur.). [*E. commutatus* JUR.]
**Drüsenlose K.** – *E. exaltatus* SCHRAD.

**4\*** Bl oseits zerstreut drüsenhaarig u. locker spinnwebig, fiederspaltig, die Abschnitte jederseits mit 1–2 Lappen. Hülle der Einzelköpfchen 14–20 mm lg, äußere HüllBl spatelfg, stumpf, mittlere lanzettlich, mit kurzer, gerader Spitze. Stg 1- bis wenigköpfig. Sammelköpfe 2,5–4(–6) cm ⌀. Kr graublau. 0,50–1,20. ♃ Pleiok? 7–9. **W. Z** s, kult wie **2** (Balkan, Rum., Krim: Wald- u. Wegränder in der Hügelstufe; eingeb. in Z-Eur.). [*E. ritro* hort. non L.]
**Banater K.** – *E. bannaticus* ROCHEL ex SCHRAD.

**Eberwurz, Silberdistel, Golddistel** – *Carlina* L.  28 Arten

Lit.: MEUSEL, H., KÄSTNER, A. 1990, 1994: Lebensgeschichte der Gold- und Silberdisteln. Wien, New York.

**1** HüllBlStrahlen silberweiß bis rötlich od. hell bronzefarben. Köpfe 50–70 mm br, meist einzeln, selten bis 5, bei Regen geschlossen. Bl fiederschnittig, 8–30 × 3,5–8 cm. 0,03–0,60. ♃ PleiokRübe 7–9. **W. Z** △ Rabatten ⚥ Trockenblume; Ⅴ Selbstaussaat ○ Boden mager, durchlässig (S- u. Z-Eur.): Halbtrockenrasen u. Silikatmagerrasen im Hügel- u. Bergland – 1561 – kult 2 Unterarten: subsp. *caulescens* (LAM.) SCHÜBL. et G. MARTENS: Bl sehr kraus, BlAbschnitte mit verschmälertem Grund (Abb. **634**/3), Stg (1–)15–60 cm hoch (westl. Arealteil, auf Kalk); subsp. *acaulis*: Bl flach od. etwas kraus, BlAbschnitte am Grund nicht verschmälert (Abb. **634**/4), Stg 1–30 cm hoch (östl. Arealteil, auf kalkarmen Böden) – Sorte 'Bronce Form': HüllBlStrahlen hell bronzefarben).
**Große E., Silberdistel, Wetterdistel** – *C. acaulis* L.

**1\*** HüllBlStrahlen strohgelb, gelb od. goldgelb . . . . . . . . . . . . . . . . . . . . . . . . . . . . . **2**

**2** Köpfe 1,5–4 cm ⌀, meist zu mehreren in Schirmrispen, selten einzeln. Stg gestreckt. Mittlere Bl 0,7–2,5 cm br. 0,10–0,30(–0,60). ⊛ 7–9. **W. Z** s Heidegärten △; Ⅴ Selbstaussaat ○ ~ (S- u. M-Eur., N-Türkei, Kauk.: Halbtrocken- u. Magerrasen, Steinbrüche, Kiesgruben).
**Kleine E., Gewöhnliche Golddistel** – *C. vulgaris* L.

**2\*** Köpfe (4–)6–12 cm ⌀, sitzend, stets einzeln. Pfl stängellos. Bl 15–25 × 0–10 cm, fiederspaltig bis fiederteilig (Abb. **634**/5). 0,04–0,07. ⊛, selten durch Wurzelsprosse ♃, Rübe

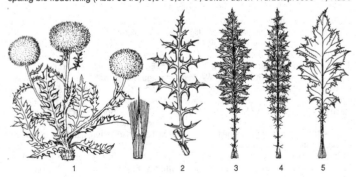

1            2            3        4        5

7–8. **W. Z** s △ ♠; Ⅴ ○ (O-Span., S- u. M-Frankr., It., Balkan, W-Alpen, S-Polen, Karp.- Vorland: steinige Waldränder im Gebirge bis 1800 m, lokal eingeb. in D. – 1818). **Akanthusblättrige E., Stängellose Golddistel** – *C. acanthifolia* ALL.

**Papierblume** – *Xeranthemum* L. 4–6 Arten

Stg dünn, verzweigt, straff aufrecht. Bl schmal lanzettlich, beidseits wollig behaart, silbergrün, ganzrandig, 3–11 × 5–15 mm, ihr Rand zurückgerollt. Köpfe 3,5–5 cm ⌀, einzeln an Stg u. Zweigen endständig. HüllBlStrahlen rosa, selten rot od. weiß, seidig glänzend. (Abb. **579**/2). 0,25–0,75. ☉ ① 7–9. **Z** v Sommerblumenbeete ✂ Trockensträuße; Ⅴ Frühjahr od. Herbst, Selbstaussaat ○ ~ (SO-Eur., Ukr., Orient: steinige Halbtrockenrasen, bevorzugt auf Kalk – 1570 – wenige Sorten: 'Snow Lady': HüllBlStrahlen weiß; 'Plenum': rosa, gefüllt, SpreuBl vergrößert). **Papierblume** – *X. annuum* L.

**Alpenscharte** – *Saussurea* DC. 400 Arten

Lit.: LIPŠIC, S. JU. 1979: Rod *Saussurea* DC. (*Asteraceae*). Leningrad.

1 Stg 1köpfig, dicht weißwollig. Bl linealisch, sitzend. Köpfe 2–4 cm lg , ± 3 cm ⌀, von Bl umgeben. Kr blauviolett. 0,05–0,20. ♃ Ⴚ 6–7(–8). **W. Z** s △; Ⅴ ⅴ Wurzelschnittlinge ○ ⊕ LiebhaberPfl, heikel (O-Alpen, NW-Karp.: alp. Steinrasen, Felsspalten auf Kalk, 1640–2550 m). **Zwerg-A.** – *S. pygmaea* (JACQ.) SPRENG.
1* Stg 2–∞köpfig. Bl eifg od. lanzettlich, die unteren gestielt. Köpfe 1,5–2 cm lg, ± 1 cm ⌀
................................................................................ **2**
2 Bl useits schneeweiß filzig. GrundBl eifg od. länglich-dreieckig, am Grund schwach herzfg. BlStiele ungeflügelt. Kr hellviolett. 0,05–0,35. ♃ Ⴚ 7–9. **W. Z** s △; Kult wie 1, bevorzugt ⊕, LiebhaberPfl (Alpen, Karp., Apennin: alp. frische Steinrasen auf Kalk, 1450–2800 m). **Zweifarbige A.** – *S. discolor* (WILLD.) DC.
2* Bl useits locker spinnwebig-grauwollig, eilanzettlich, die unteren in den geflügelten BlStiel verschmälert. 0,05–0,40. ♃ Pleiok u. Wurzelsprosse 7–9. **W. Z** s △; ⅴ Ⅴ Wurzelschnittlinge ○ ⊖ LiebhaberPfl (Pyr., Alpen, Karp., Brit., N-Eur., Hochgebirge von M-As., sibir. Arktis: alp. Steinrasen, kalkmeidend). **Echte A.** – *S. alpina* (L.) DC.

**Silberscharte, Bisamdistel** – *Jurinea* CASS. 250 Arten

Stg von den herablaufenden Bl geflügelt. Bl 10–15 cm lg, oseits graugrün, useits weißfilzig, fiederschnittig. Köpfe einzeln auf lg Stielen, halbkuglig, mit Vanilleduft. HüllBl 6–8reihig, mit 3–5(–7) Nerven, äußere nach außen gebogen, innerste strahlenfg, mit Grannenspitze. Kr purpurrosa. 0,30–0,50(–0,75). ♃ od. ☻? Pfahlwurzel 6–8. **Z** s △ Staudenbeete; Ⅴ Juni ○ nicht ≈ (N-Kauk.: steinige Trockenrasen-Hänge auf Kalk, bis alpin – 1815). [*Carduus mollis* hort.] **Geflügelte S.** – *J. alata* (DESF.) CASS.

Sehr selten kult: **Sand-S.** – *J. cyanoides* (L.) RCHB.: Stg nicht geflügelt. Bl fiederteilig. 0,30–0,45. ♃ Wurzelsprosse 7–9. **W. Z** Heidegärten (SO-, Z- u. O-Eur.: Sandtrockenrasen, lichte Kiefernwälder).

**Zwergscharte** – *Jurinella* JAUB. et SPACH 4 Arten

Pfl stängellos, selten bis 15 cm hoch. Bl 10–18 cm lg, oseits schwach spinnwebig, useits weißlich filzig, neuartig od. fiederschnittig. Köpfe einzeln dicht gruppiert, br tassenfg, 15–30 mm hoch, 25–60(–80) mm ⌀. Äußere HüllBl mit zurückgebogener Spitze, innerste mit aufrechtem, häutigem, lg zungenfg Ende. Kr purpurviolett, selten weiß od. gelblich. Fr 4–5 mm lg, mit 15–20 mm lg Pappus, dieser am Grund zu einem Ring verbunden. 0,04–0,06(–0,15). ♃ 6–8. **Z** s △; Ⅴ ○ ⊕ Boden steinig, durchlässig, keine Sommernässe (Türkei, N-Irak, NW-Iran, Kauk.: alp.–subalp. Schluchtfelsen auf Kalk od. basischem Urgesteinsgeröll, 1500–3700 m – wohl allein kult.: subsp. *moschus*: Bl fiederschnittig mit großem, br eifg Endlappen u. jederseits 1–6 viel kleineren, entfernten, rundlich eifg Seitenabschnitten; subsp. *pinnatisecta* (BOISS.) DANIN et P. H. DAVIS [*J. subacaulis* (FISCH. et C. A. MEY.) ILJIN]: Bl 1–2fach fiederschnittig, Endabschnitt so groß wie die dicht stehenden, zahlreichen, schmalen seitlichen Abschnitte, Köpfe einzeln od. zu 2–5). [*Jurinea depressa* (STEV.) C. A. MEY., *Serratula depressa* STEV.] **Duftende Z.** – *J. moschus* (HABLITZ) BOBROV

**Distel** – *Carduus* L. 90 Arten

Lit.: KAZMI, S. M. A. 1964: Revision der Gattung *Carduus* (*Compositae*). Mitt. Bot. Staatssammlg. München **5**: 279–550.

Stg 1köpfig od. mit lg, 1köpfigen Ästen, oberwärts blatt- u. flügellos. Köpfe 1,5–3,5 cm ⌀, zuletzt nickend. Bl ungeteilt, lanzettlich, herablaufend, fast kahl. 0,30–0,60. ♃ ⅄ 6–9. **W. Z** s △; ∀ ♥ ○ ⊕, nicht ~ (N-Span., Apennin, Alpen, Jura, Karp., Ungarn, S- u. M-D.: subalp. bis mont. Steinrasen auf Kalk – formenreich). **Berg-D.** – *C. defloratus* L.

Bem.: In trockenen Naturgärten evtl. als **Z** verwendbare **W: Nickende Distel** – *C. nutans* L.: Köpfe nickend, 3–8 cm ⌀. HüllBl über dem Grund eingeschnürt, ihre Spitze dornig, meist zurückgebogen. 0,30–1,00. ⊛ Rübe 7–9. ∀ Selbstaussaat; ○ (warmes bis kühles Eur. u. W-As.).

**Kratzdistel** – *Cirsium* MILL. 250 Arten

1 Bl oseits durch steife Borsten sehr rau, useits dicht weißfilzig, fiederschnittig, ihre Abschnitte tief in 2 spreizende Zipfel geteilt, am Rand zurückgerollt. Stg wollig-zottig, ungeflügelt, nicht dornig. Köpfe 4–7 cm ⌀, in der Knospe kuglig. HüllBl weißwollig. 0,80–1,80. ☉ i 7–8(–9). **W. Z** s Naturgärten, Solitär ♠; ∀ Selbstaussaat ○ ⊕ ~ (Pyr., Alpen, Balkan, Engl., Frankr., Z-Eur., Rum.: Waldränder, trockne Weiderasen u. Ruderalstellen – formenreich). **Wollkopf-K.** – *C. eriophorum* (L.) SCOP.
1* Bl oseits nicht borstig rau. Köpfe kleiner ................................... **2**
2 Stg meist sehr kurz, selten bis 25 cm hoch, meist 1köpfig. Bl rosettig, gewellt, fiederschnittig, zerstreut kurzhaarig. Rosetten dicht gruppiert. 0,03–0,25. ♃ ⅄ 7–9. **W. Z** s △; ♥ ∀ ○ ⊕ ~ (Gebirge von S-Eur., M-Eur.: Halbtrockenrasen). [ *C. acaulon* (L.) SCOP.]
**Stängellose K.** – *C. acaule* SCOP.
2* Pfl >30 cm hoch, ein- od. mehrköpfig ................................... **3**
3 Bl useits weißfilzig, ungeteilt od. fiederspaltig, meist nur mit wenigen, schmalen, vorwärtsgerichteten Zipfeln, kurz- u. weichdornig. Stg reichblättrig. Köpfe 3,5–5 cm lg. 0,40–1,00. ♃ ⌇⌇ 7–8. **W. Z** s Naturgärten, Ufer, Staudenbeete; ♥ ∀ ○ ◐ ○ ≈ (gemäß. bis kühles Eur. u. Sibir.: feuchte Staudenfluren). [*C. heterophyllum* (L.) HILL]
**Verschiedenblättrige K., Alantdistel** – *C. helenioides* (L.) HILL
3* Bl useits grün ................................................. **4**
4 Meiste Bl grundständig, fiederspaltig. StgGrund nicht von Haaren bedeckt. Äußere HüllBl mit Enddorn. 0,40–1,00. ♃ ⅄ 5–6. **W. Z** s Naturgärten, Ufer; ♥ ∀ ○ ≈ (Z- u. S-Eur. – Sorte 'Atropurpurea': B dunkel purpurn). **Bach-K.** – *C. rivulare* (JACQ.) ALL.
4* Bl grund- u. stängelständig, fiederteilig. StgGrund von dichten Haaren bedeckt. Köpfe klebrig, ± br kuglig, 15–20 mm lg, 14–40 mm ⌀. Kr 18–23 mm lg, tief violett. Äußere

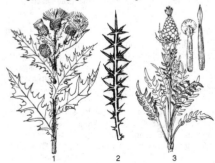

1   2   3

HüllBl sehr kurz (Abb. **636**/1). 0,50–1,50. ○ ⚲ 7–9. **Z** s Naturgärten ⚘; v ⚐ ○ ◑ (Japan, Korea, NO-China, Fernost: Feuchtwiesen, lichte LaubW, bis 3000 m – 1990? – formenreich – wenige Sorten, B auch hellrosa od. karminrot).

**Japanische K.** – *C. japonicum* DC.

**Elfenbeindistel** – *Ptilostemon* CASS. 14 Arten

Lit.: GREUTER, W. 1973: Monographie der Gattung *Ptilostemon* (*Compositae*). Boissiera **22**: 1–215.

GrundBl im Umriss schmal lanzettlich, in strahlenfg ausgebreiteter Rosette, bis 30(–40) cm lg, tief fiederschnittig, die Abschnitte fingerfg 3–6teilig, stark dornspitzig, oseits verkahlend, useits weißwollig. Hauptnerven br, elfenbeinweiß (Abb. **636**/2). Köpfe gestielt, in lockerer Doldentraube. Kr der kult subsp. *afer* purpurrosa. 0,40–1,20. ⊙ ⊛ 7–8. **Z** △ Staudenbeete ♠; v ○ ~ ⊕ (Balkan, M- u. O-Türkei: steinige, felsige od. tonige Berghänge, Geröll, trockne Flusstäler, 600–2450 m – 1800). [*Cirsium afrum* (JACQ.) FISCH., *Chamaepeuce diacantha* hort. non DC.] **Elfenbeindistel** – *P. afer* (JACQ.) GREUTER

Ähnlich: **Fischgrätendistel** – *P. casabonae* (L.) GREUTER [*Chamaepeuce casabonae* (L.) DC.]: Köpfe fast ungestielt, in endständiger Ähre. Bl ± unzerteilt, useits silberweiß, oseits dunkelgrün mit gelben Nerven. Dornen zu dreien. **Z** s ♠ (Korsika, Sardinien, Elba, Iles d' Hyères: Gebüsch auf Silikat, ruderal).

**Artischocke** – *Cynara* L. 8 Arten

Lit.: WIKLUND, A. 1992: The genus *Cynara* L. (*Asteraceae, Cardueae*). Bot. J. Linn. Soc. **109**: 75–123.

**1** RosettenBl bis 50 × 35 cm, fiederteilig, stachlig gezähnt, am Grund der Abschnitte mit gebüschelten, 7–30 mm lg Dornen. Köpfe einzeln, 4–6(–12) cm ⌀. Kopfboden nicht fleischig. HüllBl 3eckig, grün, an der Spitze violett angelaufen, mit abstehendem, lg Dorn (Abb. **637**/2). 0,40–1,00(–1,50). ⚲ Pleiok 8–9. **N**: In D. jetzt sehr selten in Gärten, um 1650 häufiger; BlStiele u. Mittelrippen durch Zusammenbinden od. Überstülpen von Blechröhren gebleicht, gekocht als Gemüse od. als Salat, bitterlich durch Cynarin; auch **Z** s ⚘ Trockensträuße; v ▷ Februar, Auspflanzen im Mai ○, Boden lehmig, nährstoffreich ∧ (Wildform: W-Medit.: Wegränder, Weiden. – kult seit Altertum, jetzt besonders in Medit., Belg., Indien, Brasil.; eingeb. in Argent. u. Chile – einige Sorten, z. B. 'Altilis': Kardone: BlStiel u. Mittelrippen fleischig. Bl fast dornenlos, Abb. **637**/3). [*C. carduncu-lus* subsp. *carduncula* (kultivierte Pflanzen)]

**Gemüse-A., Kardone, Kardy** – *C. cardunculus* L., Cardy-Gruppe

**1\*** RosettenBl bis 80 × 40 cm, fiederspaltig, weniger dornig gezähnt od. dornenlos. Köpfe 8–15 cm ⌀. Kopfboden groß, fleischig, essbar. B blauviolett. HüllBl am Grund verdickt, br eifg abgerundet od. mit kurzdornig bespitztem Anhängsel (Abb. **637**/4). 0,50–1,50 (–2,00). ⚲ ⚐ 8–9(–10). **N** s Gärten in Wärmegebieten; Kochgemüse, fleischige Teile

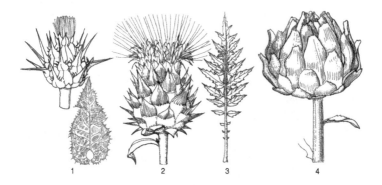

1  2  3  4

der HüllBl u. Böden der Kopfknospen gegessen, früher auch HeilPfl; kult wie **1**, aber weniger winterhart; auch **Z** s ✗ Trockenblume (nur in Kultur bekannt, Wildform: *C. car-dunculus* – kult seit ägyptischem od. römischem Altertum, seit 15. Jh. in S- u. W-Eur. allgemein, jetzt auch USA, Argent., Japan, Indien, Iran – ∞ Sorten). [*C. scolymus* L., *C. hortensis* MILL., *C. cardunculus* subsp. *scolymus* HEGI]

Artischocke – *C. cardunculus* L., Scolymus-Gruppe

**Mariendistel** – *Silybum* ADANS.                                    2 Arten

Bl ± kahl, blassgrün, weiß gefleckt, dornig gezähnt, untere verkehrteifg, mit 3eckigen, dornig gezähnten Lappen, oberste einfach, stängelumfassend (Abb. **637**/1). Köpfe einzeln, eifg, 4–5 cm lg. Äußere HüllBl mit eifg, abstehendem, dornigem Anhängsel (Abb. **637**/1). Kr rosa bis purpurn. 0,30–1,00(–1,50). ☉ ⊙ 7–8(–9). **W. Z** z Rabatten, Sommerrabatten ♠; **N** HeilPfl: Silymarin in Fr für Leberschutztherapie, bei Knollenblätterpilzvergiftungen; V im Spätsommer für Blüte im Frühjahr, im April für Blüte im Herbst ○ Lichtkeimer (Medit., Orient: offne, gestörte Standorte, Ameisennester; verw. in D. – 1542 od. eher).                **Gewöhnliche M.** – *S. marianum* (L.) GAERTN.

**Eselsdistel** – *Onopordum* L. [*Onopordon* HILL]                40 Arten
Lit.: DREES, W. J. 1966: Notes on the cultivated *Compositae* 9. Onopordum. Baileya **14**: 75–86.

**1** Pfl (fast) stängellos, <20 cm hoch. Bl länglich, fiederspaltig. 0,03–0,08. ⊙ 7–8. **Z** s △; V ○ ~ keine Winternässe (W-Medit.: trockne, nährstoffreiche Böden, felsige Orte von der Ebene bis ins Bergland).                **Stängellose E.** – *O. acaulon* L.

**1\*** Pfl >30 cm hoch . . . . . . . . . . . . . . . . . . . . . . . . . . . . . . . . . . . . . . . . **2**
**2** Bl von 1zelligen Haaren dicht weißfilzig, nicht stark netznervig. Köpfe 4–6 cm ∅. Kr 14–25 mm lg. Äußere HüllBl am Grund <3 mm br, wenig behaart, nicht drüsig, mit zurückgebogenem Enddorn (Abb. **639**/1). 0,60–2,50. ① ⊙ i Rübe 7–9. **W. Z** z Staudenbeete, Heidegärten, Solitär ♠; V Selbstaussaat, Sa langlebig, ○, nicht ≈; im Altertum **N**: Wurzeln u. Kopfboden als Gemüse, jetzt Experimentalkultur als HeilPfl (S-Eur., Orient, Turkestan, Ukr.: steinige Waldsäume; eingeb. an Ruderalstellen in W- u. M-Eur. – 1561 – formenreich, kult nur subsp. *acanthium*).

**Gewöhnliche E.** – *O. acanthium* L.

Ähnlich: **Illyrische E.** – *O. illyricum* L.: HüllBl behaart, lanzettlich bis eifg, mittlere am Grund >5 mm br, innere kürzer als die B. Bl lanzettlich, tief fiederspaltig. Köpfe 4–6 cm ∅. 0,50–1,30. ⊙ 7–8. **Z** s Solitär, Naturgärten, Parks (Medit., W-Türkei: Ruderalstellen im Hügelland – formenreich).
**Brakteen-E.** – *O. bracteatum* BOISS. et HELDR.: HüllBl kahl, lanzettlich bis eifg, innere so lg wie die B. GrundBl fiederlappig. Köpfe 5–15 cm ∅. B helllila. 0,60–1,70. ⊙ 7–8. **Z** z, Verwendung u. Kult wie *O. acanthium* (Griech., Bulg., Türkei, Zypern: Felsgebüsch, Steppen, Ruderalstellen).

**2\*** Bl u. Stg von mehrzelligen Haaren kurzhaarig, grün, Bl useits stark netznervig. Köpfe 3–5 cm ∅. Kr 32–35 mm lg, purpurrosa. HüllBl am Grund 4–6 mm br, aufrecht. 1,00–2,50. **Z** s, Kult u. Verwendung wie *O. acanthium* (Portugal). [*O. arabicum* hort.]                **Starknervige E.** – *O. nervosum* BOISS.

Ähnlich: **Krim-E.** – *O. tauricum* WILLD. [*O. virens* DC., *O. viscosum* HORNEM. ex SPRENG.]: Pfl fast kahl, grün, etwas drüsig-klebrig. HüllBl unbehaart, aber von vielen kleinen Drüsen klebrig, bis 5 cm lg. Köpfe 10–12 cm ∅. 1,00–2,00. ⊙ ⊙ 6–8. **Z** s; Kultur u. Verwendung wie *O. acanthium* (Balkan, Rum., N-Türkei, Zypern, Krim: steinige Flussufer, Ruderalstellen, Steppen, Brachäcker).

**Scharte** – *Serratula* L.                                    70 Arten

Bl unzerteilt bis meist leierfg fiederteilig, scharf gesägt. Köpfe in Schirmrispen. Hülle zylindrisch, 1,5 cm hoch. HüllBlSpitzen u. B purpurrot. 0,20–1,00. ♃ ⅄ 7–9. **W.** Früher **N** FärbePfl zum Gelbfärben; **Z** s Naturgärten, Teichränder, subsp. *macrocephala* u. subsp. *seaonei* △; ♉ V ○ ◐ ≈ (S- u. M-Eur.– formenreich: subsp. *tinctoria*: 0,30–1,00, HüllBl <2 mm br, Köpfe 5–8 mm ∅ (Areal der Art: Feuchtwiesen, Flachmoore, wechseltrockne lichte Wälder); subsp. *macrocephala* (BERTOL.) ROUY ex WILCZ. et SCHINZ:

0,20–0,40, Köpfe 6–12 mm ⌀ (N-Span. bis Slowenien: hochmont.–subalp. Rasen u. lichte Wälder); subsp. *seagnei* (WILLK.) LAINZ [*S. seagnei* WILLK., *S. shawii* hort.]: Pfl dichtbuschig, 0,20–0,30, Köpfe einzeln, 14–18 mm ⌀, Bl fiederschnittig, B purpurrosa, ⌘ 9–10 (Portugal, NW-Span., SW-Frankr.)). **Färber-Sch.** – *S. tinctoria* L.

**Flockenblume, Kornblume** – *Centaurga* L. (incl. *Aetheopappus* CASS., *Colymbada* HILL, *Cyanus* HILL, *Grossheimia* SOSN. et TAKHT., *Jacea* HILL, *Psephellus* CASS.)                                                          500 Arten

1   Bl wenigstens useits weiß- od. graufilzig behaart . . . . . . . . . . . . . . . . . . . . . . . . . . 2
1*  Bl beidseits grün, unterschiedlich behaart od. kahl . . . . . . . . . . . . . . . . . . . . . . . . 7
2   Bl oseits grün, useits weißlich filzig. B rosa bis purpurn (wenn kornblumenblau, vgl.
    *C. triumfettii* subsp. *cana*, 7) . . . . . . . . . . . . . . . . . . . . . . . . . . . . . . . . . . . . . . . . . . 3
2*  Bl beidseits weißfilzig od. weißgrau wollig-flockig . . . . . . . . . . . . . . . . . . . . . . . . . . 5
3   Bl <15 cm lg, ± rosettig, fiederteilig mit wenigen elliptischen, stumpfen Abschnitten
    (Abb. **639**/3). Pfl mit sterilen Trieben mattenbildend. Stg einköpfig, oben blattlos.
    Köpfe bis 4,5 cm ⌀. Hülle eifg, 12–19 × 7–14 mm. HüllBlAnhängsel groß, rund, braun,
    weißrandig, mit sehr kleinen, 0,2–0,3 mm lg Zähnen. RandB strahlend. Kr rosa.
    0,20–0,30(–0,40). ⌘ ⅄ 6–7. Z s △ ♠; V ✿ ○ Boden durchlässig, nicht ≈ (NO-Türkei,
    Transkauk.: steinige Hänge, Felsen, 400–2600 m – 1866).
                                                              **Zierliche Silber-F.** – *C. bella* TRAUTV.

Ähnlich, wohl nur Unterart: **Unverzweigte F.** – *C. simplicicaulis* BOISS. et HUET: mittlere HüllBlAnhäng-
sel mit 0,4–0,6 mm lg Zähnchen, die in kurze Fransen übergehen. **Z** s △, Kultur wie **3** (NO-Türkei:
Felsspalten, Schotter – Sorte 'Rosabella').

3*  Bl 15–25 cm lg. Pfl >30 cm hoch. Hülle kuglig . . . . . . . . . . . . . . . . . . . . . . . . . . . . . 4
4   Pappus 11–16 mm lg, gefiedert, einreihig. Bl useits graufilzig (kult Formen), oseits
    schwach filzig, verkahlend, ihre Form variabel, die unteren schmal lanzettlich, gezähnt
    od. leierfg bis fiederteilig mit 1–4 Paar gezähnten od. ganzrandigen Abschnitten (Abb.
    **641**/2). Hülle 15–30 mm ⌀. Anhängsel der mittleren HüllBl sehr groß, häutig, hellbraun
    bis strohfarben, mit ∞ 2–4 mm lg Fransen. Köpfe einzeln, lg gestielt, bis 5 cm ⌀. RandB
    strahlend, mit lg, spitzen, geraden Zipfeln, rosa, ScheibenB weißlich. 0,30–0,60(–0,80).
    ⌘ Pleiok (5–)6–7. **Z** z △ Trockenmauern ♠ ⅄; V ✿ ⤳ ○ Boden nährstoffreich ∼ ∧
    (O-NO-Türkei, Kauk.: Felshänge, Schotter, 1700–3500 m – 1816 – formenreich – Sorte
    'Albo-rosea': Kr weißlichrosa). [*Aetheopappus pulcherrimus* (WILLD.) CASS.]
                                           **Silber-F., Schönste F.** – *C. pulcherrima* WILLD.
4*  Pappus ± 1 mm lg, nicht gefiedert, mehrreihig. GrundBl gleichmäßig 2fach fiederschnittig
    (Abb. **639**/4), StgBl einfach fiederschnittig mit eifg, spitzen, ganzrandigen Abschnitten,
    Endabschnitt nicht vergrößert. Köpfe einzeln auf einfachem od. locker verzweigtem Stg,

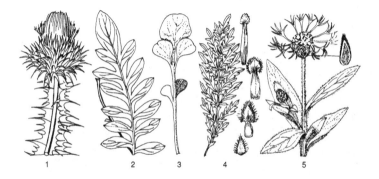

1          2          3          4          5

von HochBl umgeben, 3–5(–6) cm ∅. HüllBlAnhängsel eifg-rundlich, groß, tief gefranst, mittlerer Teil 3–5 mm br. RandB rosa, strahlend, ScheibenB heller. 0,30–0,80 (–1,00). ♃ Pleiok 6–7(–9). **Z** z Staudenbeete, Gehölzränder ♠ ✂; V Ψ ○ (Kauk., NO-Türkei?: Bergsteppen, subalp. Wiesen, 1700–2400 m – 1804 – Sorten: 'Steenbergii': RandB dunkelkarminrosa, ScheibenB weiß, 0,60; 'Zwergform': 0,40). [*Psephellus dealbatus* (WILLD.) BOISS.] **Zweifarbige F.** – *C. dealbata* WILLD.

Bem.: Pfl mit einfach fiederschnittigen GrundBl (Abb. **639**/2) gehören zu der nahestehenden *C. zuvandica* (SOSN.) SOSN. [*Psephellus zuvandicus* SOSN.]: Köpfe 4,5–7,5 cm ∅ (Armen., NW-Iran: 900–2600 m).

Ähnlich: **Grünweiße F.** – *C. hypoleuca* DC.: HüllBlAnhängsel lanzettlich-dreieckig, mittlerer Teil 1–2 mm br. Bl unregelmäßig fiederschnittig bis fiederlappig. Köpfe 3–6 cm ∅. 0,30–0,60. ♃ 7–10. **Z** z Staudenbeete ✂; Kultur wie **4*** (Türkei: Schotter, Felsen, 600–2600 m – Sorte 'John Couts': Köpfe 6 cm ∅, rosa, duftend, Ψ; 'Abraxas': 0,30, kompakt buschig).

5 **(2)** BTriebe niederliegend-aufsteigend, nur seitlich in den Blattachseln, einfach od. mit wenigen kurzen Zweigen. Pfl dicht wollig-flockig, weißgrau, selten graugrün. GrundBl lanzettlich, ungeteilt, selten mit 1–2(–3) Lappen od. groben Zähnen. StgBl lanzettlich, obere sitzend, am Stg herablaufend. Hülle kuglig-eifg, 18–25 mm ∅. Köpfe mit den strahlenden, cremeweißen (var. *cheiranthifolia*) od. purpurrosa (var. *purpurascens* (DC.) WAGENITZ) Randblüten 4,5–8 cm ∅. HüllBlAnhängsel 4–7 mm lg, br dreieckig, herablaufend, schwärzlichbraun, mit ∞ silbernen, 2,5–4 mm lg Fransen. 0,10–0,45. ♃ PleiokRhiz 6–7. **Z** s △ ♠; V Ψ ○ (NO-Türkei, Kauk., W-Iran: vulkanische Felsen, grasige Hänge, lichte Birken- u. KiefernW, Hochstaudenfluren, 1900–3000 m – 1990?). **Goldlackblättrige F., Gelbviolette F.** – *C. cheiranthifolia* WILLD.

5* Stg aufrecht, BTriebe end- u. seitenständig. Bl weißfilzig, fiederteilig . . . . . . . . . . . **6**

6 B gelb, RandB nicht strahlend. HüllBlAnhängsel 3eckig, klein, mit zurückgebogener Endspitze. Meiste Bl in Rosette, etwas gewellt, fiederspaltig mit jederseits 4–7 eifg, ganzrandigen od. entfernt gezähnten bis gelappten Abschnitten. Stg meist einfach, oben blattlos. 0,30–0,50(–0,60). ħ, kult ①, 7–8. **Z** s Sommerrabatten, Einfassungen ♠; ○ ~ Boden durchlässig, nicht winterhart, ∿ Anfang September Ⓚ (Kroatien: Küstenfelsen, Mauern – 1710 – Sorte 'Magic Silver': 0,20–0,35). [*C. candidissima* hort. non LAM.] **Ragusa-F.** – *C. ragusina* L.

6* B purpurn. RandB wenig länger als ScheibenB. Bl 1–2fach fiederspaltig, mit jederseits 8–12 lanzettlichen, stumpfen Abschnitten. Hülle bei der kult subsp. *cineraria* 9–12 × 10–15 mm. HüllBlRand schwärzlich bewimpert. 0,15–0,90. ♃ ħ 7–8, in D. selten blühend. **Z** s Einfassungen, Teppichbeete, Sommerrabatten ♠; Kult wie **6** (W-It.: Küstenfelsen – 1710 – formenreich). **Ascheweiße F.** – *C. cineraria* L.

7 **(1)** StgBl 1–2fach fiederschnittig. HüllB angedrückt . . . . . . . . . . . . . . . . . . . . . . . . **8**

7* Bl unzerteilt, wenigstens die mittleren u. oberen, die unteren selten mit 1–4 vorwärts gerichteten Lappen . . . . . . . . . . . . . . . . . . . . . . . . . . . . . . . . . . . . . . . . . . . . . . . . . . . . **10**

8 B purpurn. RandB strahlend. HüllBlAnhängsel schwarzbraun, gefranst, kurz herablaufend. Hülle 20–25 × 15–18 mm. Bl 1–2fach fiederschnittig, rau. Köpfe einzeln am Ende des Stg u. der lg Äste. 0,30–1,50. ♃ PleiokRübe 6–10. **W. Z** s Naturgärten; V ○ ~ (warmgemäß. bis gemäß. Eur., W- u. Z-Sibir.: Halbtrockenrasen, Waldsäume – formenreich). **Skabiosen-F.** – *C. scabiosa* L.

8* B strohgelb od. hell schwefelgelb. RandB wenig vergrößert . . . . . . . . . . . . . . . . . **9**

9 Trockenhäutiges HüllBlAnhängsel gefranst, blass gelblich-bräunlich, kurz herablaufend. B strohgelb. Hülle 15–30 mm ∅. Untere Bl unzerteilt, StgBl fiederschnittig mit ganzrandigen od. gelappten Segmenten. Fr u. Pappus je 4–5 mm lg. 0,60–1,00(–1,30). ♃ Pleiok 7–8(–9). **Z** s Staudenbeete; V ○ ~ LiebhaberPfl (Ukr., Krim, Vor-Kauk., Ung., S-Rum., Serb., Bulg.: steinige Halbtrockenrasen, Waldränder – 1759 – hybr mit *C. apiculata* LEDEB.: *C.* × *rigidifolia* BESS.). **Morgenländische F.** – *C. orientalis* L.

9* HüllBl ganzrandig, mit bräunlichgelbem Rand. B hell schwefelgelb. Hülle 10–20 mm ∅. Bl einfach fiederschnittig mit jederseits 7–17 schmal lanzettlichen, gleichmäßig scharf

gezähnten Abschnitten (Abb. **641**/3). Pappus so lg wie die Fr od. kürzer.1,20–1,50.
♃ Pleiok 7–8. **Z** s Staudenbeete, Rabatten, Solitär ⚥; ⚥ ⚘ ○ ~ (Z-Rum., Ukr., O-Russl., Kauk., NW-Iran, M-As. bis W-Mong. u. Afgh., 1800–3300 m: steinige Bergsteppenhänge – 1783 – formenreich).          **Ukrainische F.** – *C. ruth*e*nica* LAM.

**10** **(7)** B goldgelb. Pfl ausdauernd. RandB kaum strahlend. HüllBlAnhängsel dunkelbraun, die mittleren 15–20 mm br, geschlitzt u. gefranst. Stg dick, unverzweigt, bis oben dicht beblättert. Bl br lanzettlich bis eifg, spitz, entfernt kleingezähnt, mittlere u. obere sitzend, am Stg kurz herablaufend, 10–30 cm lg. Köpfe einzeln, von HochBl umgeben, 3,5–6 (–8) cm ∅ (Abb. **641**/1). 0,50–1,00(–1,50). ♃ ♈ 6–7(–8). **Z** s Staudenbeete, Naturgärten, Gehölzränder ⚥; ⚥ ⚘ ○ ◐ (NO-Türkei, Transkauk., NW-Iran: subalp.–hochmont. Staudenfluren u. Waldlichtungen, 1500–2600 m – 1800). [*Grossheimia macroce*phala (MUSS.PUSCHK. ex WILLD.) SOSN. et TAKHT.]
          **Großköpfige F., Riesen-F.** – *C. macroc*e*phala* MUSS.PUSCHK. ex WILLD.

**10\*** B kornblumenblau od. purpurrosa, bei Sorten auch dunkelviolett, hellblau, weiß, nicht gelb. Pfl ⊙ od. ♃ . . . . . . . . . . . . . . . . . . . . . . . . . . . . . . . . . . . . . . . . . . . . . . . . . . . . . . . . . **11**

**11** B purpurrosa od. purpurn, selten weiß. Pfl ⊙. HüllBlAnhängsel strohfarbig, nicht herablaufend, kammfg fiederteilig mit ± 15 entfernten Abschnitten. Stg einfach od. wenig verzweigt. Bl sitzend, 8–15 cm lg, kahl od. rau, drüsig punktiert, schmal eifg bis lanzettlich, obere ganzrandig, untere gezähnelt. Köpfe mit den schwach strahlenden RandB (3–) 4–8(–10) cm ∅. 0,30–2,00. ⊙ 7–8. **Z** s Sommerrabatten ⚥; ⚥ ⊡ Anfang April, im Mai auspflanzen ○ (warmes zentrales N-Am. von NO-Mex. bis Arizona, Texas, Missouri, Louisiana: Prärien, bis 1800 m, gestörte Standorte, ruderal – 1824 – wenige Sorten: B auch dunkelpurpurn od. weiß). [*C. mexic*a*na* DC., *Plectoc*e*phalus americ*a*nus* D. DON]
          **Amerikanische F.** – *C. americana* NUTT.

**11\*** RandB blau, bei Sorten auch dunkelviolett, hellblau, rosa od. weiß. HüllBlAnhängsel herablaufend, gefranst, meist braun bis schwärzlich . . . . . . . . . . . . . . . . . . . . . . . **12**

**12** Bl eifg bis eilanzettlich, behaart, die oberen am Stg herablaufend. Pfl ♃, mit Wurzelsprossen. Köpfe 5 cm ∅. RandB blau, ScheibenB violett. HüllBlAnhängsel schwarzbraun, seine Fransen 1,5 mm lg, so lg wie die Breite des schwarzen Randes (Abb. **639**/5). Pappus 1,5 mm lg. 0,30–0,80. ♃ ♈ Wurzelsprosse 5–6. **W**. **Z** v besonders Bergland, Rabatten △; ⚥ Selbstaussaat ⚘ ○ ◐ auswildernd! Mehltau! (Gebirge von M- u. O-Span., Frankr., Alpen, Z-Apennin, Hügel- u. Bergland von M- u. S-D., Belg., Sudeten: Hochstaudenfluren, lichte Gehölze, gern auf Kalk – 16. Jh.? – einige Sorten, z. B. 'Grandiflora': großblumig; 'Violetta': B dunkelviolett; 'Alba': B weiß; 'Rosea': B rosa; 'Parham': großblumig, B violettrosa). [*C*y*anus mont*a*nus* (L.) HILL]          **Berg-F.** – *C. montana* L.

Ähnlich: **Bunte F.** – *C. triumf*e*ttii* ALL. [*C*y*anus triumf*e*ttii* (ALL.) A. LÖVE et D. LÖVE]: Fransen der HüllBl meist hell, doppelt so lg wie die Breite des dunklen Randes, (1,5–)2–3(–4) mm lg. Bl schmal lanzett-

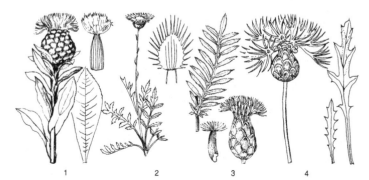

1          2          3          4

lich, ganzrandig od. untere weitbuchtig gezähnt. 0,10–0,60. 24 🜨 ohne Wurzelsprosse 5–7. **W. Z** s
Rabatten △; ∨ 🜉 ○ ~ ⊕ (Gebirge des warmen u. warmgemäß. Eur. u. VorderAs., Karp., Ung.,
Böhmen, Bayern: Halbtrockenrasen, Felshänge, gern auf Kalk – formenreich: ∞ Unterarten, kult
subsp. *triumfetti*: Bl meist ganzrandig, schmal lanzettlich, useits grün od. graugrün; subsp. *cana* auct.
[*C. cana* hort.]: Bl useits dicht weißwollig, untere zuweilen fiederlappig – wenige Sorten, auch B rosa).

**12\*** Mittlere StgBl linealisch, nicht herablaufend, oseits dünn, useits kaum filzig. Pfl ☉ od.
①. HüllBl mit bräunlichem od. schwärzlichem, 0,5–1 mm lg gezähnten Rand. Stg ver-
zweigt, selten einfach. Pappus 3–4 mm lg. 0,20–0,80(–1,20). ① 5–7 od. ☉ 6–8. **W. Z** v
Sommerblumenbeete ⚥; ∨ September od. März; Selbstaussaat ○, auch ∨ ⑲ März für
Topfkultur. Rost, Mehltau! (urspr. SO-Eur. u. Orient? eingeb. S-, M- u. N-Eur., W-Sibir.,
N-Am., gemäß. S-Am., S-Afr., Austr.: Felder, Ruderalstellen – 1480 – ∞ Sorten, z.B.
Baby-Serie: 0,30, B blau, weiß, rosa; 'Florence Blue' u. 'Florence Rose-red': B gefüllt,
blau bzw. dunkelrosa, alle für Einfassungen u. Topfkultur; Standard Tall-Gruppe: B in vie-
len Farben, meist gefüllt, ± 1 m, ⚥). [*Cyanus segetum* Hill] **Kornblume** – *C. cyanus* L.

Anm.: Für Naturgärten als **W** geeignet (vgl. Bd. 2–4): **Wiesen-F.** – *C. jacea* L. [*Jacea pratensis* Lam.]:
HüllBlAnhängsel nicht herablaufend, ungeteilt, zerrissen od. mit unregelmäßigen Fransen, meist hell
strohfarben. Pappus fehlend od. wenige Börstchen. B purpurrosa. 0,15–1,50. 24 🜨 6–10. (Eur.:
Wiesen, Halbtrockenrasen – sehr formenreich – Tagfalternahrung!).

## Bisamblume – *Amberboa* (Pers.) Less. 8 Arten

Lit.: Iljin, M. M. 1932: A critical survey of the genus *Amberboa* Less. Bull. Jard. Bot. Acad. Sci. URSS
**30**: 101–116.

Pfl kahl, verzweigt. Bl fiederschnittig od. unzerteilt, entfernt gezähnt od. gelappt. Köpfe
lg gestielt, 3–5 cm ⌀, schwach duftend. Hülle grün, kahl. Saum der RandB lg geschlitzt.
(Abb. **641**/4). 0,30–0,60(–0,80). ☉ 7–9. **Z** z Sommerblumenbeete ⚥; ∨ ab März ▷ od.
ab Mitte April ins Freiland ○ ⊕ Boden durchlässig, versagt bei Regenwetter (NO-Türkei,
Transkauk.: trockne Hänge, Wermuthalbwüsten, Weinberge, 1000–1650 m – 1629 – ∞
Sorten, z.B. 'Alba': B weiß; 'Incarnata': B rosa bis rot; 'Lutea' [= *A. amberboi* (L.)
Tzvelev]: B goldgelb; 'Lucida': Köpfe ± 5 cm ⌀, B purpurrosa; 'Margaritae': Köpfe grö-
ßer, B weiß, duftend; 'Imperialis': in allen Teilen größer, B weiß, rosa, lavendel, violett,
purpurn). [*Centaurea moschata* L., *C. odorata* hort., *C. suaveolens* L.]
**Duftende B., Moschusflockenblume** – *A. moschata* (L.) DC.

## Chartolepis – *Chartolepis* Cass. 5 Arten

Stg oben verzweigt, geflügelt. Untere Bl lg gestielt, schmal elliptisch, beidseits rau,
ganzrandig od. undoutlich gezähnt, obere sehr schmal, herablaufend (Abb. **642**/1).
Köpfe 4–5 cm ⌀. Hülle kuglig, 2–3 cm ⌀. HüllBl kahl, grünlich, mit 8–15 mm br, runden,

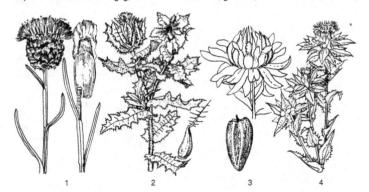

1          2          3          4

hellen, gezähnelten u. geschlitzten Anhängseln. B goldgelb; RandB nicht strahlend, mit 10–13 mm lg KrZipfeln. Pappus 10–13 mm lg, gefiedert. 0,60–0,80(–1,50). ⊙ 7–8. Z s Sommerblumenbeete ✶; ○ (Türkei, Transkauk.: steinige Bergsteppen, subalp. Wiesen, 1400–2500 m – 1731). [*Centaurea glastifolia* L.]
**Waidblättrige Ch., Waidflockenblume** – *Ch. glastifolia* (L.) CASS.

## Scheinkornblume – *Cyanopsis* CASS.                                    1 Art

Stg verzweigt, ausgebreitet-aufsteigend. Bl schmal lanzettlich, untere unzerteilt, mittlere gefiedert, rau behaart, obere kleiner, ganzrandig. Köpfe 5–7 cm ⌀. Hülle 7–20 × 10–15 mm, eifg. HüllBl am Rand u. an der Spitze schwärzlich, äußere mit 1–3 mm lg, abstehendem Dorn. Kopfboden mit lg Haaren. RandB dunkelviolett bis purpurn, 23–25 mm lg, weit ausgebreitet. Fr mit schuppenfg Pappus u. gezähntem Krönchen. 0,40–0,60 (–1,00). ♃, kult ⊙, 7–8. Z s Sommerblumenbeete ✶; ○ (S-Span., NW-Afr.: Feldränder). [*Centaurea muricata* L., *Volutaria muricata* hort., *Volutarella muricata* hort.]
**Scheinkornblume, Stern der Weisen** – *Cyanopsis muricata* DOSTÁL

### Bergscharte – *Stemmacantha* CASS.                                    20 Arten

Lit.: DITTRICH, M. 1984: Neukombinationen in der Gattung *Stemmacantha* CASS. (*Compositae*) mit Bemerkungen zur Typisierung einiger ihrer Arten. Candollea **39**: 45–49.

1    HüllBl schmal lanzettlich, braun, mit häutigem Rand, ohne deutliches Anhängsel. Stg einfach, aufrecht. Untere Bl mit 20–40 cm lg Stiel u. 20–40 × 10–20 cm Spreite, oseits grün, useits weißfilzig, fiederteilig, Abschnitte spitz, gesägt. Köpfe einzeln, 5–6 cm ⌀. Fr 8–10 mm lg, mit 30–40mm lg Pappus. 0,80–1,20. ♃ Ⴑ 7–8. Z s Staudenbeete; V ⊽ ○ (Pyr.: subalp. nährstoffreiche Wiesen). [*Leuzea centauroides* (L.) HOLUB, *Rhapnticum centauroides* (L.) O. BOLÒS, *Rh. cynaroides* LESS., *Centaurea* 'Pulchra major' hort.]
**Pyrenäen-Bergscharte** – *St. centauroides* (L.) DITTRICH

1*   HüllBl länglich, mit rundem od. spitz eifg, 1 cm br, unregelmäßig eingerissenem braunem Anhängsel. HüllBlBasen von den Anhängseln verdeckt. Bl oseits kahl, grün, useits graufilzig, untere gestielt, herz-eifg, unzerteilt od. leierfg, obere sitzend, halbstängelumfassend. Köpfe 5–9(–11) cm ⌀. Hülle kuglig. B purpurn. 0,30–1,00. ♃ Ⴑ? 7–8(–9). Z s Naturgärten, Parks △; V ○ ≃ Boden nahrhaft (W-, Z- u. S-Alpen: mont.–subalp. Schotterhalden auf Kalk u. Urgestein, 1400–2100(–2500) m). [*Centaurea rhapontica* L., *Rhaponticum scariosum* LAM.]
**Alpen-B.** – *St. rhapontica* (L.) DITTRICH

## Zapfenkopf – *Leuzea* DC. [*Rhaponticum* ADANS. non LUDWIG]              3 Arten

HüllBl mit häutigem, rundlichem, geschlitztem Anhängsel. Pappusstrahlen gefiedert. Pfl stängellos od. mit <40 cm hohem Stg, spinnwebig-filzig. Bl oseits grünlich, useits weiß, die unteren lanzettlich, unzerteilt od. fiederspaltig, 3–15 × 0,7–2 cm. Köpfe einzeln endständig. Hülle eifg, 3–5 × 2,5–4 cm. (Abb. **636**/3). 0,05–0,30(–0,40). ♃ i 6–7. Z s △; V ○ ⌂ (W- u. Z-Medit.: Felsgebüsch, meist auf Silikatgestein, 0–1600 m). [*Centaurea conifera* L.]
**Zapfenkopf** – *L. conifera* (L.) DC.

## Benediktenkraut – *Cnicus* L. em. GAERTN.                              1 Art

Pfl wollig behaart. Bl fiederteilig bis fiederlappig, ledrig, dornig gezähnt, stark netzadrig. Köpfe einzeln, 2–3 cm ⌀, umgeben von einigen br lanzettlichen, bestachelten HochBl (Abb. **642**/2). Äußere HüllBl mit verzweigten Dornen. B gelb. 0,30–0,60. ⊙ ⊙ 6–8. **W. N** s früher HeilPfl, Bitterstoffe für Kräuterliköre (urspr. Orient: submontane Trockenhänge, 200–2200 m, eingeb. Medit., selten auch N- u. S-Am., S-Afr., Austr., in D. selten verw. – kult seit Mittelalter). [*Centaurea benedicta* (L.) L.]
**Benediktenkraut, Bitterdistel, Kardobenedikte** – *C. benedictus* L.

## Saflor – *Carthamus* L.                                                13 Arten

Lit.: HANELT, P. 1961: Zur Kenntnis von *Carthamus tinctorius* L. Kulturpflanze **9**: 114–145. – HANELT, P. 1963: Monographische Übersicht der Gattung *Carthamus* L. (*Compositae*). Feddes Repert. **67**: 41–180.

Bl eifg, kahl, mit herzfg Grund halbstängelumfassend, dornig gelappt-gezähnt od. ganz-randig (Abb. **642**/3,4). Stg verzweigt. Kr gelb, später orangerot. Köpfe einzeln, 2–3 cm ⌀. Äußere HüllBl laubblattartig, bei der Kulturform nicht stachlig (Abb. **642**/3). 0,50–0,80(–1,30). ☉ 7–8. **W. N** ÖlPfl: Speise- u. Brennöl, Biokost, Lacke; bis 1900 FärbePfl für Stoffe u. Speisen, bis Ende 20. Jh. im Spreewald, noch jetzt in Medit., frü-her HeilPfl, Kultur in D. fast erloschen, jetzt besonders in Subtropen, Indien, USA, Mex.; Weltproduktion steigend. In D. jetzt zunehmend **Z**: ⚥ Trockenblume; Lichtkeimer ○ ⊕ (wild nicht bekannt, kult seit Altertum in Babylonien u. Ägypten – entstanden wohl aus *C. persicus* WILLD. (Orient) u. *C. palaestinus* EIG – mehrere Sorten).
Färber-S., Färberdistel, Falscher Safran – *C. tinctorius* L.

**Rasselblume** – *Catananche* L.                                        5 Arten
Bl fast alle grundständig, grau behaart, linealisch, 3nervig, ganzrandig od. mit 2–4 ent-fernten Zähnen, bis 15 cm lg. Köpfe einzeln, 3–4 cm ⌀, lg gestielt, Stiel mit schuppenfg Bl. RandB blau, mittlere purpurn. HüllBl silberhäutig mit braunem Mittelnerv, die unters-ten am Stg eingefügt (Abb. **645**/1). 0,40–0,80. ♃, kult meist ①, 5–7(–8). **Z** Rabatten ⚥; bei ⚥ ☍ im März B im selben Jahr, od. ⚥ Mai-Juni ○ Boden durchlässig ⊕ (SW-Eur. u. W-Medit.: Garriguen, lichte Wälder – 1588 – einige Sorten: 'Alba' ['Snow Queen']: B weiß; 'Major': Köpfe größer, blauviolett, Mitte violett).
Blaue R., Amorpfeil – *C. caerulea* L.
Ähnlich: **Gelbe R.** – *C. lutea* L.: ZungenB gelb. **Z** s (Medit.).

**Tolpis, Bartpippau** – *Tolpis* ADANS.                                 20 Arten
RosettenBl lanzettlich-spatelfg, ± gezähnt, zerstreut behaart, obere linealisch, ganz-randig. Köpfe 17–30(–50) mm ⌀, von den borstlichen, bogig abstehenden äußeren HüllBl umgeben, dünn gestielt (Abb. **645**/2). B alle zungenfg, hellgelb, die inneren pur-purn. Innere Fr mit 2 Borsten. 0,40–0,75. ☉ 7–9. **Z** z Sommerblumenbeete, Schalen; ○ ⊕ nicht ≈ (Medit.-Orient: Felder, Wegränder, Sandflächen). [*Crepis barbata* (L.) GAERTN.]                                        Echter B. – *T. barbata* (L.) GAERTN.

**Hainsalat** – *Aposeris* (NECK. ex CASS.) LESS.                        1 Art
Seitenzipfel der fiederteiligen Bl fast rhombisch, Endlappen 3eckig, fast 3lappig. Köpfe 2,5–4 cm ⌀. Hülle 10–12 mm lg. Kr goldgelb. Pappus fehlend. Schaft 1köpfig. 0,08–0,25. ♃ ℒ 6–8. **W. Z** s bes. Bergland, Naturgärten, Gehölzgruppen ▢; ⚥ ◐ ● ≈ ⊕ (Kalk-Alpen, Karp. u. Vorland, Slowen., Kroat., Bosn., N-Apennin: frische Gebirgs-Laub- u. NadelmischW im Bergland u. Vorgebirge, (200–)500–2200 m).
Hainsalat, Stinksalat – *A. foetida* (L.) LESS.

**Ferkelkraut** – *Hypochoeris* L.                                       60 Arten
Kopfstiele oben allmählich stark verdickt, steifhaarig u. dicht graufilzig. Stg 1köpfig. Äußere u. mittlere HüllBl fransig zerrissen, schwärzlich kraushaarig. 0,15–0,50. ♃ Pleiok-Pfahlwurzel 7–9. **W. Z** s △; ⚥ ○ ⊖ (Alpen, Karp., Sudeten: subalp. Magerrasen, kalkmeidend, (300–)600–2200 m). [*Achyrophorus uniflorus* (VILL.) BLUFF et FINGERH.]
Einköpfiges F. – *H. uniflora* VILL.

**Wegwarte, Zichorie, Endivie, Eskariol** – *Cichorium* L.               6 Arten
1   Rau behaarte Staude mit dicker Pfahlwurzel u. beblättertem Stg. RosettenBl fiederspal-tig-schrotsägefg, mit spitzen Abschnitten, graugrün, oberste lanzettlich, am Grund ver-breitert u. halbstängelumfassend. HüllBl drüsig gewimpert. Köpfe sitzend, knäuelig gehäuft in verzweigter Ähre, 3–5 cm ⌀, hellblau. Pappus nur $^1/_8$–$^1/_{10}$ so lg wie die Fr. 0,20–1,20. ♃ Rübe 7–10. **W. N** ursprünglich Heil- u. ZauberPfl, seit 16. Jh. als Salat u. Kochgemüse kult, gebleichte TreibPfl seit 1751, etwa gleichzeitig Wurzelzichorie: geröstete Wurzel als Kaffee-Surrogat, Bl als Futter; ⚥ ○ ∼ (warmes bis gemäß. Eur. u.

W-As. bis Baikal: Weiden, Salzstellen, Ruderalstellen; eingeb. in N- u. S-Am., Afr., O-As., Austr., Neuseel. – formenreich, kult nur subsp. *jntybus* in D. mit 4 Sortengruppen: **1. Sativum-Gruppe, Kaffee-Zichorie** (*C. jntybus* var. *radicosum* (ALEF.) O. HARZ, *C. jntybus* var. *sativum* LAM. et DC.): Wurzel >5 cm ⌀, bis 25 cm lg, rübenfg; vom 18. bis Mitte 20. Jh. wurde die getrocknete, geröstete u. gemahlene Rübe als Kaffee-Ersatz genutzt, heute kult zur Fruktan-Produktion; **2. Salat-Gruppe, Radicchio** (sprich Radickio): Rübe 3–5 cm ⌀, oft rotblättrige (Radicchio rosso, Cicorino rosso), feste, faustgroße, weißaderige Köpfe (Knospen) bildende Sorten als bitterlicher Sommersalat; ∨ Ende Mai, Ernte ab Anfang September; **3. Zuckerhut-Gruppe:** länglich eifg Köpfe als Sommersalat, kult besonders in Italien; ∨ Anfang Juli, Ernte September–November; **4. Foliosum-Gruppe, Chikoree, Salatzichorie** (*C. jntybus* var. *foliosum* HEGI): gebleichte, getriebene Knospen bilden längliche, kompakte BlKöpfe mit hellgelben Spitzen (im Licht grün u. bitter), als Wintergemüse aus Belgien seit 1. Hälfte 19. Jh; ∨ Mai, Ernte ab September, Wurzeltreiberei November–März).

**Zichorie, Wegwarte, Chikoree, Radicchio** – *C. jntybus* L.

**1\*** Pfl einjährig, kahl (kult Formen), Wurzel dünn. Untere Bl buchtig gezähnt, oberste mit herzfg Grund stängelumfassend. HüllBl nicht drüsig gewimpert. Pappus $1/4$ so lg wie die Fr. (Wildform: *C. pumilum* JACQ. [*C. endjvia* subsp. *pumilum* (JACQ.) HEGI, *C. endjvia* subsp. *divaricatum* (SCHOUSB.) BONNIER et LAYENS]: Pfl lg borstig behaart, Bl spatelfg, gezähnt bis schrotsägefg. ZungenB blau, 2–3mal so lg wie die 2reihige, ± 1 cm lg Hülle. 0,10–0,60(–1,00). ⊙ 7–9 (Medit. bis N-Irak, S- u. W-Iran: ruderal, gestörte Halbtrockenrasen) – kult nur die kahle subsp. *endjvia* mit 3 Sortengruppen: **1. Schnitt-Endivie** – *C. endjvia* var. *endjvia* [*C. endjvia* var. *angustifolium* LAM.]: Bl locker aufrecht, mehrfach eingeschnitten. Kultur fast erloschen. **2. Eskariol-Gruppe** – *C. endjvia* var. *latifolium* LAM.: Bl ± ganzrandig, glatt od. mit grob gezähntem Rand, gebleicht als Salat od. ungebleicht als Kochgemüse (Abb. **646**/1); ∨ Mai–Juni, Ernte Anfang August bis Mitte Oktober. Kult wohl schon im Altertum, durch Mönche als HeilPfl nach D. gebracht, Kultur als SalatPfl aus O-Frankr. **3. Winterendivien-Gruppe, Plumage, Frisée** – *C. endjvia* var. *crispum* LAM.: Bl tief geschlitzt, kraus, knackig, leicht bitter; kult besonders in Frankr., gebleicht als Salat; ∨ Ende Mai bis Mitte Juni, Ernte September bis Mitte Oktober).

**Endivie, Eskariol, Plumage** – *C. endjvia* L.

**Schwefelkörbchen, Schwefelsame** – *Urospermum* SCOP.                      2 Arten

Pfl weichhaarig. Meiste Bl rosettig, schrotsägefg, StgBl gezähnt od. ganzrandig, die obersten gegenständig. Köpfe 4–5 cm ⌀, ihr Stiel oben verdickt. ZungenB schwefelgelb, die äußeren useits rotbraun. Hülle aus br Grund nach oben verschmälert. HüllBl 7–8, einreihig, am Grund verwachsen, blassgrün, dunkel berandet. Fr lg geschnäbelt, Pap-

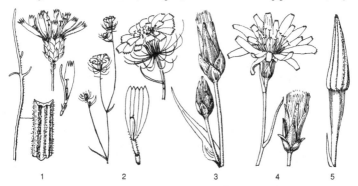

1              2              3              4              5

pus gefiedert, blass rotbraun. 0,20–0,40. ⚇ ⅄, kult ☉, 4–8. **Z** s △ Rabatten; ○ (W-Medit. bis W-Balkan: Wegränder, ruderal – 1739).
**Weichhaariges Sch**. – *U. dalechampii* (L.) Scop. ex F. W. Schmidt

**Andryala** – *Andryala* L. 25–30 Arten

Stg am Grund verholzend, Rosettenrasen bildend. RosettenBl lanzettlich-spatelfg, in den geflügelten Stiel verschmälert, 3–4 cm lg, silberweiß filzig. StgBl wenige, linealisch. Köpfe einzeln, 2,5 cm ⌀. B gelb, useits oft rot gestreift. 0,08–0,15. ⚇ 5–7. **Z** s △ Mauerspalten; ⩗ Selbstaussaat ⚘ Dränage, nässeempfindlich! ▷ ⓐ, frosthart bis –10 °C, heikel (S-Span.: Sierra Nevada: Felsspalten, Schluchten, 2000–2300 m).
**Agardh-A**. – *A. agardhii* Haens. ex DC.

**Bocksbart** – *Tragopogon* L. 100 Arten

B weinrot. Stg unter dem Kopf stark verdickt (Abb. **645**/5). **N** in D. seit 15. Jh. bis heute als Wurzel-Kochgemüse, früher in D. stellenweise feldmäßig, heute weitgehend durch *Scorzonera hispanica* verdrängt; ⩗ ○ (die WildPfl subsp. *australis* (Jord.) Nym. in Medit. bis Rum., die subsp. *porrifolius* nur aus Kultur bekannt, kult seit Altertum).
**Gemüse-Haferwurz** – *T. porrifolius* L.

**Schwarzwurzel** – *Scorzonera* L. >150 Arten

1 B hell rotviolett. Bl rinnig gefaltet, linealisch, 1–4 mm br (Abb. **645**/4). Rübe mit Faserschopf. 0,25–0,50. ⚇ Rübe 5–6. **W. Z** s Heide- u. Naturgärten; ⩗ ○ ◖ ~ (warmgemäß. bis gemäß. Z- u. O-Eur., W-Sibir., Kasachstan: Trocken- u. Halbtrockenrasen, kalkhold – ▽). **Violette Sch**. – *S. purpurea* L.
1* B gelb. Bl flach, lineallanzettlich bis eifg-elliptisch, 1–5 cm br. Stg verzweigt, mehrköpfig, mit mehreren, ± stängelumfassenden LaubBl, bes. unten wollig behaart. Köpfe 3–4 cm ⌀. HüllBl ½ so lg wie die ZungenB. (Abb. **645**/3). 0,60–1,20. ⚇ teilimmergrün, kult ☉ od. ⊕ Rübe 6–8. **W. N** Wurzelgemüse; ⩗ März–April ○ (Iber. H.-I., Balkan, S-Frankr., Z-Eur., S-Russl. bis Ural u. W-Sibir. – WildPfl ▽ – kult in warmen bis gemäß. Gebieten u. Tropengebirgen, zunächst als HeilPfl, in Frankr seit 1600 als Gemüse – einige Sorten – gebleichte Bl für Salat u. Seidenraupenfutter, Wurzeln als Kochgemüse, früher geröstet als Kaffee-Ersatz). **Gewöhnliche Sch**. – *S. hispanica* L.

**Milchlattich** – *Cicerbita* Wallr. [*Mulgedium* Cass.] 18 Arten

1 Untere Bl mit 1 Paar Seitenzipfeln u. großem herzeifg Endabschnitt (Abb. **645**/2). Schirmrispe locker. B blau bis blaulila. 0,60–2,00. ⚇ ⅄ ⚏ 6–8. **W. Z** s Parks, große Naturgärten; ⩗ ⚘ ◖ ○ ≈ (O-Russl., Ural, Kauk.: Waldsäume, Gebüsch, bes. Gebirge).
**Großblättriger M**. – *C. macrocephala* (Willd.) Wallr.

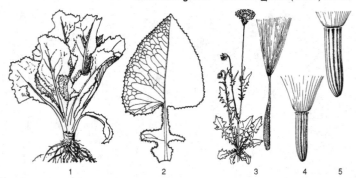

1                    2                    3          4          5

**1\*** Untere Bl mit 3 Paar Seitenzipfeln. Endabschnite 3eckig-spießfg. Köpfe in verlängerter Rispe. B blauviolett. 0,60–1,20(–2,00). ⚇ ⚷ 6–7(–9). **W**. **Z** s Naturgärten, Parks, Staudenbeete, große △; V Kaltkeimer ⚹ Boden nährstoffreich ≈ (Gebirge von S-, Z- u. N-Eur.: subalp.–mont. sickerfeuchte bis nasse Hochstaudenfluren, Waldränder).
**Alpen-M.** – *C. alpina* (L.) WALLR.

**Löwenzahn** – *Taraxacum* F. H.WIGGERS >1000 Kleinarten in 20 Sektionen

Äußere HüllBl linealisch bis eifg, zurückgeschlagen. Fr strohfarben od. hellbraun, ihr Stiel des Haarkelchs 2–3mal so lg wie die übrige Fr. 0,05–0,50. ⚇ Rübe 4–7. **N** grüne od. gebleichte Bl als Salat, auch gekocht wie Spinat od. in Suppen gegessen. Offne BKöpfe für Wein- und Sektbereitung genutzt; V ○ (ursprünglich S- u. Z-Eur., jetzt eingeb. in allen Kontinenten – einige Sorten). [*T. officinale* auct. p. p.]
**Gewöhnlicher L.** – *Taraxacum* sect. *Ruderalia* KIRSCHNER, H. ØLLG. et ŠTEPÁNEK

**Gänsedistel, Milchdistel, Saudistel** – *Sonchus* L. 62 Arten

Stg einfach, 1–3 m hoch, mit schirmrispigem, schwärzlich drüsigem Kopfstand. Bl ∞, am Grund mit zugespitzten, abstehenden Öhrchen. 1,00–3,00. ⚇ ⚷ 7–9. **Z** s Ufer in Parks u. Naturgärten; ⚹ V ○ ◐ ≈ Boden nährstoffreich (warmgemäß. bis gemäß. Eur. u. W-As.: Fluss- u. Teichufer, Röhricht). **Sumpf-G.** – *S. palustris* L.

**Lattich, Salat** – *Lactuca* L. 120 Arten

Lit.: HELM, J. 1955: Über den Typus der Art *Lactuca sativa* L. und deren wichtigste morphologische Gruppen. Kulturpflanze **3**: 39–49.

**1** StgBl länglich bis verkehrteifg, dornig gezähnt, unzerteilt, selten buchtig gelappt bis gespalten, pfeilfg stängelumfassend, Spreite waagerecht. Fr schwarz, br berandet, ihr Schnabel so lg wie die übrige Fr. 0,50–1,50. ① ⊙ i 7–8. Früher **N** HeilPfl. (S-, W- u. Z-Eur.: Steinschuttfluren, Ruderalstellen). **Gift-L.** – *L. virosa* L.

**1\*** StgBl meist verkehrteifg od. rund, ganzrandig, gezähnt od. fiederspaltig geschlitzt, mit herzfg Grund stängelumfassend. 0,60–1,00. ⊙ ① 6–8. **N** v; ○ LangtagPfl, wenige Sorten schießen aber im Langtag nicht; Samen keimt >20 °C nicht od. schlecht (nur in Kultur bekannt, entstanden im Altertum, Ägypten 2700 v. Chr., aus dem ursprünglich im warmgemäß. Eur. u.W-As. verbreiteten Kompasslattich *L. serriola* L., nach D. in Römerzeit bis Mittelalter, Kopfsalat hier entstanden, spätestens 1543).
**Garten-Salat** – *L. sativa* L.

∞ Sorten in 2 Übergruppen:
1. convar. *sativa* HELM: Nutzung frisch od. gekocht. Davon in D. kult:
**Römischer Salat, Romana-Salat, Salatherzen, Binde-Salat, Sommer-Endivie** – var. *longifolia* LAM. [*L. sativa* subsp. *romana* SCHÜBL. et MARTENS]: GrundBl lg, aufrecht, in offner Rosette, nach Zusammenbinden grüne lockre od. feste Köpfe mit länglichen, schmalen, unregelmäßig gezähnten, leicht bitterlichen Bl, roh als Salat od. gekocht wie Spinat gegessen, auch geschossene Stg geschält u. gekocht als StgGemüse: „Kasseler Strünkchen", Kultur fast erloschen; bei neuen Sorten Zusammenbinden nicht mehr nötig;
**Spargel-Salat** – var. *angustana* hort. ex L. H. BAILEY [*L. sativa* var. *asparagina* JANCH.]: nicht kopfbildend, schnell schießend. Die verdickten jungen Sprossachsen werden geschält und gekocht wie Spargel gegessen, ob in D. noch kult?
2. convar. *incocta* HELM: Nutzung in D. nur frisch. Dazu in D. kult:
**Schnitt-Salat, Pflück-Salat** – var. *crispa* L.: abgeschnittene Bl roh als Salat gegessen, verbreitet; Folgesaaten von März bis Juli; einige Sorten, z. B. Eichenlaub-Salat mit geschlitzt-gelappten, braunen Bl; Lollo rosso und Lollo bianco: Bl tief geschlitzt, kraus, zusammenneigend, rot bzw. hellgrün; Salanova-Gruppe: Bl kraus, auch als lockerer Kopf zu schneiden;
**Kopf-Salat, Butter-Salat** – var. *capitata* L. Butter-Salat-Gruppe [nidus *tenerrima* HELM]: geschlossene Köpfe mit zarten, ± ganzrandigen Bl, HerzBl hellgelb; verbreitet; Aussaat ab März, Wintersalate in mildem Klima im September, ∞ Sorten;
**Eisberg-Salat, Krach-Salat** – var. *capitata* L. Eis-Salat-Gruppe [nidus *jaggeri* HELM]: geschlossene Köpfe aus hellen, stark geknitterten, brüchigen, splitternden Bl, sehr wasserreich u. turgeszent; selten, meist Import, Bl auch rot.

**Pippau** – *Crepis* L. 200 Arten

Lit.: Babcock, E. B. 1947: The genus *Crepis*. Univ. Calif. Publ. in Botany **22**: 1–1030.

1 B rosenrot od. rosa .................................................. **2**
1* B gelb, orangerot od. braunrot ........................................ **3**
2 B rosenrot, selten die äußeren rosa od. weiß. Pfl einjährig. Fr mit lg Schnabel, äußere 8–9 mm, innere 12–21 mm lg. Bl fiederteilig mit 3eckigen, z.T. gezähnten Lappen, die meisten in Rosette. HüllBl nicht graufilzig. Köpfe 2–3 cm ⌀. (Abb. **646**/3). 0,10–0,45. ☉ 6–7. **Z** s Sommerblumenbeete, Gräber; z.T. Selbstaussaat, ○ blüht bis Mittag (lt., Balkan, NW-Türkei: Äcker, Wegränder, Gebüsch – um 1600 – Sorten: 'Rosea': B rosa; 'Alba': B weiß). **Roter P.** – *C. rubra* L.
2* B rosa bis purpurrosa. Pfl ♃. Fr ohne Schnabel, 10rippig. Bl meist graufilzig, verkehrt-eilanzettlich, gezähnt od. fiederschnittig mit gezähnten Abschnitten. HüllBl dicht graufilzig, die 6–8 äußeren <¹/₂ so lg wie die inneren. Köpfe zu 1–15, 2–3 cm ⌀. 0,05–0,15. ♃ 7–8. **Z** s △; ∨ Schutz vor Winternässe (S-Griech.: Felsspalten, 1050–2400 m). **Grauer P.** – *C. incana* Sibth. et Sm.
3 (1) B orangerot bis braunrot. Stg meist 1köpfig, blattlos, selten mit 1–2 lanzettlichen Bl. HüllBl schwarzzottig. Bl buchtig gezähnt bis schrotsägefg, kahl. 0,10–0,25. ♃ ⌶ (5–) 6–7. **W. Z** s △; ∨ ♈ ○ ◖ (Alpen, Jura, Apennin, W-Balkan: Matten, meist auf schwach saurem Boden, 900–2900 m). **Gold-P.** – *C. aurea* (L.) Cass.
3* B gelb .......................................................... **4**
4 Stg einköpfig, kaum länger als die schrotsägefg-fiederspaltigen RosettenBl, unter dem Kopf deutlich verdickt, wie die Hülle schwarzzottig. Köpfe 3–5 cm ⌀. 0,05–0,10. ♃ ⌶, in Kultur nur 2–3jährig. **W. Z** s △; ∨ ○ ⊕ Kalkschutt (N- u. O-Alpen: Pionier auf ruhendem, feinkörnigem Gehängeschutt, Kalk u. Dolomit, 1800–2550 m). **Triglav-P.** – *C. terglouensis* (Hacq.) A. Kern.
4* Stg deutlich länger als die GrundBl .................................. **5**
5 Bl in Rosette u. am Stg. Mittlere u. untere Bl entfernt fiederschnittig mit schmalen Zipfeln. Köpfe 2(–3) cm ⌀. B hellgelb. 0,10–0,20. ♃ ⌶ 7–8. **W. Z** s △; ∨ ♈ ○ ⊕ (M- u. O-Kalkalpen, Karp., W-Balkan: Felsen, Kalkfelsschutt, 1000–3000m). **Felsen-P.** – *C. jacquinii* Tausch
5* Bl nur am Stg, nicht in Rosette. Bl unzerteilt, br lanzettlich bis eifg-herzfg ........ **6**
6 Bl 1–5, alle mit geflügeltem Stiel, die Flügel gezähnt; Spreite eifg bis herzfg, spitz, meist gezähnt. Köpfe 2–3 cm ⌀, einzeln endständig. HüllBl grauflockig. 0,10–0,15. ♃ ⤬ ⌶ 7–8. **Z** s △; ♈ ∨ ○ ⊕ ≈ (Cantab., Pyr., W- u. S-Alpen, N- u. Z-Apennin: Kalkfelsschutt, Geröll, 1500–3000 m). **Zwerg-P.** – *C. pygmaea* L.
6* StgBl zahlreich, eifg-länglich bis lanzettlich, die mittleren u. oberen sitzend, spießfg stängelumfassend. Köpfe einzeln od. zu wenigen, 3–4 cm ⌀. B goldgelb. Griffel gelb. Hülle u. Bl drüsenlos, rauhaarig. 0,25–0,70. ♃ ⌶ 6–8. **W. Z** s Naturgärten △; ∨ ○ ◖, nicht ∼ (N-Span., S-Frankr., Jura, Kalkalpen, Vogesen, Schwarzwald, N-Apennin: subalp. Wiesen, Hochstaudenfluren). [*C. blattarioides* (L.) Vill.] **Pyrenäen-P., Schabenkraut-P.** – *C. pyrenaica* (L.) Greuter

**Habichtskraut** – *Hieracium* L.[1] 1000 Arten

1 Pfl mit ober- od. unterirdischen Ausläufern. Fr 1–2,5 mm lg, jede ihrer Rippen in einem kurzen, zahnartigen Vorsprung endend (Abb. **646**/4). Kr rot, orange od. gelb (Untergattung Mausohr-Habichtskräuter – subgen. *Pilosella* (Hill) Gray) ......... **2**
1* Pfl ohne Ausläufer. Fr 3–5 mm lg, ihre Rippen oben in einen ungezähnten, ringfg Wulst verschmelzend (Abb. **646**/5). Kr gelb (Untergattung Echte Habichtskräuter – subgen. *Hieracium*) ...................................................... **4**

---

[1] Bearbeitet von S. Bräutigam

**2** Kr gelb, außen mit roten Streifen. Stg einköpfig, blattlos. Ausläufer oberirdisch, 10–30 cm lg. 0,05–0,15(–0,30). ♃ i ⌒⌒ 5–7(–10). **W. Z** z Heidegärten △ ☐; ⚘ ∀ ○ (Eur.: Magerrasen, Heiden). **Kleines H., Mausohr-H.** – *H. pilosella* L.

**2\*** Kr rot od. orange. Stg mit 1–15(–25) Köpfen, mit (0–)1–4 Bl. Ausläufer ober- od. unterirdisch, 5–15 cm lg .................................................. **3**

**3** Stg mit 1–4(–7) Köpfen, oft unterhalb der Mitte verzweigt. Stiel des Endkopfes >3 cm lg. 0,10–0,30. ♃ i ⌒⌒ ⌒⌒. 6–8. **W. Z** s △; ∀ ○ (Alpen, Karp.: Magerrasen – 1892). [*H. rubrum* hort. non Peter] **Läuferblütiges H.** – *H. stoloniflorum* Waldst. et Kit.

**3\*** Stg mit 5–15(–25) Köpfen, nur im oberen Viertel verzweigt. Stiel des Endkopfes 5–15 mm lg. 0,20–0,50. ♃ i ⅄, auch kurze ⌒⌒ ⌒⌒ 6–8. **W. Z** v △; ∀ ⚘ ○ (Alpen, Karp., N-Eur.: Magerrasen – 1616). **Orangerotes H.** – *H. aurantiacum* L.

**4** **(1)** KrZähne mit ∞ Drüsenhaaren. Pfl mit ∞ 2–6 mm lg, ± gefiederten Haaren. Hülle ± kuglig, 10–12 mm lg. 0,10–0,25. ♃ ⅄ i 5–6. **Z** s △; ∀ ○ (Pyr., Kantabrisches Gebirge: mont.–subalp. Felsen). [*H. bombycinum* Fr.] **Seidiges H.** – *H. mixtum* Froel.

**4\*** KrZähne drüsenlos, zuweilen mit einzelnen Haaren ........................ **5**

**5** Bl mit einem dichten Filz aus gefiederten, krausen Haaren .................. **6**

**5\*** Bl kahl od. behaart, aber nicht filzig. Haare ungefiedert .................... **7**

**6** Hülle mit ∞ gefiederten u./od. einfachen, 3–4 mm lg Haaren, ohne Sternhaare, meist drüsenlos, 12–18 mm lg. Reife Fr schwarz. 0,10–0,50. ♃ ⅄ 6–7. **Z** s △ ♠; ⚘ ○ (SW-Alpen: trockne Felsen). [*H. lanatum* Vill.] **Filziges H.** – *H. tomentosum* L.

**6\*** Hülle ohne od. mit wenigen gefiederten Haaren, mit einzelnen bis ∞ Sternhaaren, mit einzelnen bis ∞ Drüsenhaaren, 9–13 mm lg. Reife Fr strohfarben. 0,20–0,55. ♃ ⅄ 7–8. **Z** s △ ♠; ⚘ ○ (W-Balkan: subalp. Felsen). **Waldstein-H.** – *H. waldsteinii* Tausch

**7** **(5)** Hülle ± kuglig, 14–17(–23) mm lg, reich zottig behaart. Äußere HüllBl elliptisch bis lanzettlich. Stg mit (1–)2–4(–10) Köpfen. 0,15–0,30(–0,40). ♃ i ⅄ 7(–9). **W. Z** s △; ⚘ ∀ ○ ⊕ (Gebirge von Z- u. SO-Eur.: subalp.–alp. Kalkfelsen – 1739).
**Woll-H.** – *H. villosum* Jacq.

**7\*** Hülle zylindrisch, (8–)9–13 mm lg, haarlos bis ± reich, aber nicht zottig behaart. Alle HüllBl ± linealisch. Stg mit 3–50 Köpfen ................................. **8**

**8** Pfl mit GrundBlRosette. StgBl 0–1(–2). Bl schwach bis deutlich blaugrün, (bei Zierpfl) meist violett bis kupferfarben gefleckt. Kopfstand locker rispig. 0,20–0,50. ♃ i ⅄ 5–7 (–8). **W. Z** s △ ♠; ∀ ○ (W-, Z- u. S-Eur.: lichte Wälder, Felsen). [*H. praecox* Sch. Bip., *H. maculatum* hort. p. p. non Schrank] **Frühblühendes H.** – *H. glaucinum* Jord.

**8\*** Pfl ohne GrundBl. StgBl (10–)20–∞, hell- bis dunkelgrün. Kopfstand im oberen Teil doldig, darunter zuweilen rispig. 0,10–1,20. ♃ ⅄ 7–10. **W. Z** s △ Heidegärten; ∀ ◐ (gemäß. Eur., As., N-Am.: lichte Wälder, Magerrasen, Heiden).
**Dolden-H.** – *H. umbellatum* L.

## Klasse **Einkeimblättrige** – *Monocotyledoneae* [*Liliopsida*]

### Familie **Kalmusgewächse** – *Acoraceae* Martinov     2 Arten

Lit.: Engler, A. 1905: *Araceae-Pothoideae-Acoreae.* Pflanzenreich IV 23B (Heft 21): 308–313.

**Kalmus** – *Acorus* L.     2 Arten

**1** Bl (50–)60–150 cm lg, (0,5–)1–2(–3) cm br, am Rand gewellt. Kolben (4–)6–8(–10) cm lg. 0,60–1,20. ♃ ⅄ 6–7, nur in warmen Sommern blühend. **W. Z** z Gartenteiche, Parkgewässer, HeilPfl: Rhizom, auch für Kräuterschnaps, Parfüm, aber im Tierversuch durch Asarongehalt erbgutschädigend u. krebserregend, Asaron-Maximalgehalt vorgeschrieben; ⚘ Sa in D. nie gebildet ○ ◐ ≋ Wasser warm u. nährstoffreich (trop. bis gemäß. O-As., gemäß. Sibir.: Uferröhrichte, Schilfinseln – in S-Eur. seit Hippokrates, in D. seit 1557 als Heilpfl im 17. Jh. verwildert u. eingeb. in (S- u.) M-Eur. bis Ural u. N-Am. – 3 Chromosomenrassen: in Eur. nur triploid, diploide in As. u. Am., tetraploide in

trop. u. gemäß. O-As. – Sorte 'Variegatus': Bl weißgrün gestreift, Pfl niedriger).
**Gewöhnlicher K.** – *A. c̲a̲lamus* L.
**1\*** Bl 15–25(–40) cm lg, 0,3–0,4(–1) cm br, grasartig. Kolben <2 cm lg, zart, in D. kaum blühend. 0,15–0,25(–0,40). ♃ ⅄ 6–7?. **Z** s Gartenteiche; ⚑ ○ ◑ ≈ (subtrop. bis warmgemäß. O-As. nördl. bis Zhejiang, Gansu u. Tibet: Felsritzen an Bergbächen auf Tonschiefer u. Sandstein, Uferröhrichte, 20–2600 m – 1786 – Sorte 'Aureostriatus': Bl weiß gestreift; 'Aureovariegatus': Bl gelb gestreift; beide nicht winterhart; 'Pusillus': <10 cm, △ ≈ winterhart). **Zwerg-K., Gras-K.** – *A. gram̲i̲neus* SOL.

## Familie **Aronstabgewächse** – *Ar̲a̲ceae* JUSS.  2550 Arten

Lit.: ENGLER, A. 1915, 1920. *Araceae-Philodendroideae* u. *Aroideae*. Pflanzenreich IV 23Dc u. IV 23F. Leipzig. – KRAUSE, K. 1908: *Araceae-Calloideae*. Pflanzenreich IV 23b. Leipzig.

Bem.: Der BStand wird von einem oftmals gefärbten HochBl, der **Spatha** umgeben. Ihr freier Teil wird hier als Saum bezeichnet. Der Kolben trägt bei den 1häusigen Arten unten ♀, oben ♂ B. Darüber ist oft ein steriler Fortsatz ausgebildet. – Wahrscheinlich sind alle Arten roh giftig, auch die Rhizome von *Symplocar̲p̲us*, dessen Blätter früher in Japan u. Nordamerika als Gemüse gegessen wurden.

Als **Z** (Kuriosum) selten kult LiebhaberPfl: **Gewöhnliche Drachenwurz** – *Drac̲u̲nculus vulga̲r̲is* SCHOTT: Bl >70 cm hoch, Stiel dunkelpurpurn marmoriert, mit der lg Scheide einen Scheinstamm bildend, Spreite nierenfg, bis 25 × 35 cm, fußfg 9–15schnittig, oft gefleckt. Kolbenfortsatz u. Spatha-Innenseite dunkelpurpurn. StaubBl 3–4. Fr orange bis rot. 0,70–1,50. ♃ ☉ 6. Staudenbeete; ⚑ ⚑ ∼ S-Seite; giftig! (Z- u. O-Medit: offne Wälder, Olivenhaine – 1542).
**Mäuseschwanz** – *Ar̲i̲sarum proboscid̲e̲um* (L.) SAVI: Bl eifg bis pfeilfg. Spatha dunkelbraun, unten zu geschlossener Röhre verwachsen, oben nach vorn über den Kolben gebogen, mit 5–15 cm lg, fadenfg Spitze. ♂ B mit 1 StaubBl, unmittelbar über den 2–5 ♀. Fr grünlich. 0,05–0,15. ♃ ⅄ 5. Gehölzgruppen; ⚑ ∧ Ⓐ (SW-Span., M- u. S-It.: frische, schattige LaubW – ±1880).

**1** Bl 3zählig od. hand- od. fußfg geschnitten, mit 3–15(–21) Abschnitten. LandPfl. B 1geschlechtig, BHülle fehlend . . . . . . . . . . . . . . . . . . . . . . . . . . . . . . . . . . . . . . . . . . . . . . **2**
**1\*** Bl unzerteilt, pfeilfg, eifg-rundlich, schmal elliptisch od. verkehrt-eilänglich. Land-, Sumpf- od. WasserPfl. B eingeschlechtig od. zwittrig, mit od. ohne BHülle . . . . . . . **4**
**2** Spatha-Ränder am Grund verwachsen. Bl fußfg geschnitten mit 7–15 Abschnitten. Schaft kaum 5 cm lg, BStand dicht über dem Boden.
**Eidechsenwurz** – *Saur̲o̲matum* S. 654
**2\*** Spatha unten zusammengerollt, ihre Ränder nicht verwachsen. Bl 3zählig od. hand- od. fußfg geschnitten mit 3–21 Abschnitten. BStand >5 cm lg gestielt, über den Boden erhoben . . . . . . . . . . . . . . . . . . . . . . . . . . . . . . . . . . . . . . . . . . . . . . . . . . . . . . . . . . **3**
**3** Spatha im unteren Drittel mit dem Kolben verwachsen, der daher die ♀ B nur auf einer Seite trägt (Abb. **652**/2). Saum der Spatha meist längs um den unteren Teil des lg, dünnen Kolbenfortsatzes eingerollt. BlStiel im unteren Teil od. an der Spreitenbasis oft mit 5–8 mm dicken Brutknöllchen. **Pinellie** – *Pin̲e̲llia* S. 654
**3\*** Spatha im ♀ Teil des BStandes nicht mit dem Kolben verwachsen. Saum der Spatha meist dachartig nach vorn übergebogen, nicht um den Grund des Kolbenfortsatzes längs eingerollt. BlStiele mit Scheiden, die zuweilen den Schaft umhüllen. Brutzwiebeln am BlStiel fehlend. Fr rot. StaubBl 2–5. **Feuerkolben** – *Aris̲a̲ema* S. 655
**4** (1) BlSpreite am Grund pfeil- od. spießfg (s. auch Bem. zu *Zant̲e̲deschia rehmannii* S. 652). B 1geschlechtig. BHülle fehlend. Kolben ohne blütenlosen Fortsatz. Pfl ohne Milchsaft . . . . . . . . . . . . . . . . . . . . . . . . . . . . . . . . . . . . . . . . . . . . . . . . . . . . . . . . . . . . . **5**
**4\*** BlSpreite am Grund abgerundet, verschmälert od. gestutzt, wenn (schwach) herz- od. nierenfg, dann Bl br eifg-rundlich, zugespitzt. B zwittrig, selten obere ♂. Pfl mit Milchsaftschläuchen im Leitgewebe . . . . . . . . . . . . . . . . . . . . . . . . . . . . . . . . . . . . . . . . . . **7**
**5** Spatha mit Einschnürung über den B (vgl. aber auch *A̲rum cr̲e̲ticum* S. 653), nur der sterile Kolbenfortsatz über die umhüllten B herausragend. Fr rot.
**Aronstab** – *A̲rum* S. 653

**5\*** Spatha ohne Einschnürung über den B od. nur ♀ B eingehüllt u. ♂ frei am oberen Kolbenteil. Steriler Kolbenfortsatz fehlend od. <1 cm lg . . . . . . . . . . . . . . . . . . . . . . . . **6**

**6** Kolben viel kürzer als die Spatha. Spatha trichter- od. kelchfg, nach oben offen, weiß, gelb, rosa, zur FrZeit grün. ♀ B nicht von einem Becher umgeben (s. aber Bem. zu *Zantedeschia aethiopica* S. 652). Fr grün. **Kallalilie** – *Zantedeschia* S. 652

**6\*** Kolben länger als die Spatha, diese grün mit weißem Rand od. mit weißem Saum. ♀ B von einem Becher aus umgebildeten StaubBl umgebn. Fr grün od. rot.
**Pfeilaronstab** – *Peltandra* S. 653

**7** **(4)** Pfl mit bis 1 m lg, 2zeilig beblätterten Kriechtrieben. Bl einzeln an den gestreckten StgGliedern, ihre Spreite rundlich bis br eifg mit schwach nierenfg Grund, zugespitzt, <1,5mal so lg wie br, bis 13 cm lg. BHülle fehlend. Fr rot.
**Schlangenwurz** – *Calla* S. 652

**7\*** Pfl mit kurzen Rhizomen, dichte Gruppen bildend. Bl in grundständiger Rosette, Spreite meist >1,5mal so lg wie br u. >15 cm lg. BHülle vorhanden. Fr grün, blaugrün od. braun . . . . . . . . . . . . . . . . . . . . . . . . . . . . . . . . . . . . . . . . . . . . . . . . . . . . . . . . **8**

**8** BlSpreite schmal elliptisch, spitz, am Grund keilfg verschmälert, 15–25(–30) × 5–12 cm, untergetaucht, schwimmend od. über Wasser. LuftBl oseits meist matt, bläulichgrün, useits silbergrün. Spatha klein, ohne Saum, vor der BZeit welkend. BKolben leuchtend gelb, 2–5(–10) cm lg, auf bis 40 cm lg, oben weißen, dicken Stielen.
**Goldkolben** – *Orontium* S. 651

**8\*** BlSpreite br elliptisch bis verkehrteilänglich, >15 cm br, stumpf bis kurz zugespitzt, am Grund keilfg, gestutzt od. schwach herz- bis nierenfg . . . . . . . . . . . . . . . . . . . . . . . **9**

**9** Spatha >15 cm lg, ihr oberer Teil hellgelb od. weißlich. Kolben 5–21 cm lg, grünlich bis gelblich, zylindrisch. BStand mit den Bl erscheinend. Beeren 2samig.
**Scheinkalla** – *Lysichiton* S. 651

**9\*** Spatha <15 cm lg, dunkelpurpurn od. gelbgrün, oft gelb bzw. purpurn gefleckt, ihre Röhre 4–6 cm ⌀. Kolben <5 cm lg, 2,5–3 cm ⌀, violett, kuglig bis eifg. BStand lange vor den Bl erscheinend. Beeren 1samig. **Stinkkohl** – *Symplocarpus* S. 651

**Goldkolben, Goldkeule** – *Orontium* L. 1 Art

Lit.: Krause, K. 1908: *Monsteroideae* et *Calloideae*. Pflanzenreich 37 (IV 23A), Leipzig: 152–153.

Kolbentriebe ∞, niederliegend-aufsteigend, oben abgeflacht, angeschwollen, weiß. Bl bogennervig. Fr 1samig. 0,15–0,40. ♃ ⅄ 5–6. **Z** s Gartensaat; ♉ v Selbstaussaat ○ ≋ bis 50 cm Wassertiefe, Tiefwurzler in >35 cm tiefem, nährstoffreichem Boden (O-USA von Massachusetts bis Florida u. Missisippi: Sümpfe, Flachwasser, bes. Küstenebene – 1775). **Goldkolben, Goldkeule** – *O. aquaticum* L.

**Scheinkalla** – *Lysichiton* Schott 2 Arten

Lit.: Krause, K. 1908: *Monsteroideae* et *Calloideae*. Pflanzenreich 37 (IV 23A), Leipzig: 148–150

**1** Spatha leuchtend gelb. Kolben 4–15 cm lg, lg gestielt. Bl 40–125 × 25–80 cm, verkehrteifg. 0,80–1,20. ♃ ⅄ 4–5. **W**. **Z** s Teichufer, Wasserläufe, Sumpfwiesen, Solitär; ♉ gleich nach der BZeit, v ◐ ⊖ ≃ ≋ (Alaska bis NW-Montana u. N-Kalif.: SumpfW; lokal eingeb. in W-D. – 1901 – alle Teile früher von Indianern gegessen).
**Gelbe Sch.** – *L. americanus* Hultén et St. John

**1\*** Spatha weißlich, br lanzettlich, 20–30 × 4–10 cm, zur FrZeit absterbend. Bl 30–100 × 15–30 cm, elliptisch, Spreitengrund keilfg (Abb. **652**/1). 0,70–1,00. ♃ kurzes dickes ⅄ (4–)5–6. **Z** s, Verwendung u. Kult wie vorige (S-Kamtsch., Sachalin, Kurilen, N-Japan bis 35° n. Br.: Sümpfe, SumpfW, Bachufer – 1886).
**Weiße Sch.** – *L. camtschatcensis* Hultén et St. John

**Stinkkohl** – *Symplocarpus* Salisb. ex Nutt. 1–2 Arten

Spatha kurz kahnfg, den gestielten, fast kugligen Kolben einschließend, dem Boden aufsitzend. BStand unangenehm riechend. Beeren in den schwammigen Kolben einge-

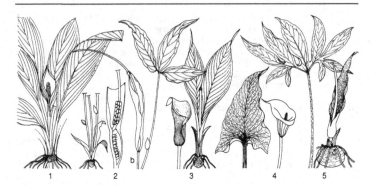

senkt. BlSpreite 30–100 × 15–30 cm. 0,30–1,00. ⚇ ⚲ 3–4. **Z** s Nasswiesen in Parks,
Ränder großer Teiche, Sumpfgärten; ♉ Boden tiefgründig ≈ ⊖; Heil- u. GemüsePfl der
Indianer (SO-Kanada, O-USA bis N-Carolina u. O-Minnesota, Amurgebiet, NO-China,
N- u. M-Japan: feuchte, oft sumpfige Wälder u. Waldwiesen).
**Stinkkohl** – *S. foetidus* (L.) SALISB. ex W. P. C. BARTON

Bem.: Die ostasiatischen Pflanzen werden auch als eigene Art abgetrennt: **Nierenblättriger St.** – *S.
renifolius* SCHOTT ex TZVELEV [*S. foetidus* (L.) SALISB. ex W. P. C. BARTON. f. *latissimus* MAKINO]: Spreite
breiter, 20–50 × 20–40 cm. Spreitengrund deutlicher herz-nierenfg. Spatha grünlichviolett, schwarz-
violett od. dunkelpurpurn.

### Schlangenwurz – *Calla* L.                                                      1 Art

Spatha innen weiß, außen grünlich, die B nicht umgebend, zur FrZeit erhalten. Kolben
ohne sterilen Fortsatz, ±3 cm lg. Beeren rot. 0,15–0,30. ⚇ Kriechtrieb 4–5. **W. Z** s
Teichränder, Flachwasser, Moorbeete ⚌; ♉ ⱴ nach der Reife, Kaltkeimer ◑ ○ ≋ ⊖
Boden sandig; giftig (gemäß. bis kühles Eur., As. u. N-Am.: Erlenbrüche, Ufer, Gräben,
Heidemoore, 0–20 cm Wassertiefe – 1561).
**Schlangenwurz, Sumpfkalla, Schweinsohr** – *C. palustris* L.

### Kallalilie – *Zantedeschia* SPRENG.                                              8 Arten

Lit.: ENGLER, A. 1915: *Araceae, Zantedeschia.* Pflanzenreich **64**: 61–69. Leipzig. – TRAUB, H. P. 1949:
The genus *Zantedeschia.* Plant Life **4**: 8–32. ≈ LETTY, C. 1973: The genus *Zantedeschia.* Bothalia **11**:
5–26.

Bem.: Die immergrüne **Zimmerkalla** – *Z. aethiopica* (L.) SPRENG.: ♀ B nur bei dieser Art von umge-
wandelten StaubBl umgeben. Bl ungefleckt (Kapland, Natal, Lesotho, NO-Transvaal: im Sommer aus-
trocknende Sümpfe; in Trop. weit eingeb.) eignet sich wegen ihres Wuchsrhythmus (Ruheperiode von
Juni bis August) schlecht für Freilandkultur. – Die Rhizomknollen aller Arten müssen frostfrei (>10 °C)
überwintert werden.

Bl sommergrün, 0,60–1,00 m lg gestielt, Spreite 15–40 × 10–25 cm, pfeilfg, lg zuge-
spitzt, meist mit länglichen, durchscheinenden Silberflecken (Abb. **652**/4). Spatha
(2,5–)8–12(–17) cm lg, schmal trichterfg, im Trichter purpurn überlaufen u. mit purpur-
nem Fleck am Grund, ihr Saum cremefarben, blassgelb, selten rosa, allmählich zu-
gespitzt, weiß, zur FrZeit grün. Beeren grün. 0,80–1,25. ⚇ Knollenrhizom 6–8. **Z** s
Sommerrabatten; ♉ ⊛ (Natal, östl. Kapland, Simbabwe, Malawi, Sambia, Angola:
600–1900 m, Abhänge zwischen Gebüsch u. Hochgras, Felstaschen, Sumpfboden an
Flüssen und Bächen – 1859 – formenreich).
**Gefleckte C.** – *Z. albomaculata* (HOOK. f.) BAILL.

Ähnlich und ebenfalls sommergrün: **Rehmann-C.** – *Z. rehmannii* ENGL.: Bl schmal lanzettlich,
Spreite am Grund keilfg (Abb. **652**/3; nur bei dieser Art), nicht mit länglichen Silberflecken. Spatha

11–12 × 1,5–2 cm, rosa, auch weiß bis purpurn od. kastanienbraun. 0,40–0,60(–0,80). **Z** s; ◐ (N-Natal, Swasiland, O-Transvaal: zwischen Felsen an feuchten, grasigen Berghängen, Waldränder – 1888). – **Elliott-C.** – *Z. elliottiana* (WATSON) ENGL.: BlSpreite br eifg mit herzfg Grund, aufwärts gebogenen Seitenlappen und Silberflecken, bis 27 × 27 cm. Spatha goldgelb, trichterfg–glockig, bis 13 cm lg. 0,60–1,50. **Z** s ✗ (S-Afr.? In Natur nicht bekannt, hybr.? – leicht mit anderen Arten zu kreuzen – 1890).

**Pfeilaronstab** – *Peltandra* RAF. 3 Arten

Lit.: ENGLER, A. 1915: *Philodendroideae, Anubiadeae-Peltandreae.* Pflanzenreich **64**: 72–75. Leipzig.

1 BlSpreite 9–57 × 5–15 cm, BlStiel grün bis purpurgrün, im unteren Teil scheidig. Spatha 10–20 cm lg, schmal, grün, Kolben > $^1/_2$ so lg bis gleich lg. ♀ Zone $^1/_5$ bis $^1/_3$ des Kolbens. Fr grün. 0,60–0,90. ♃ ♉ 5–6. **Z** s Gartenteichränder, Flachwasser bis 20 cm Tiefe; ♈ V ○ ◐ ≈ ⋀, im Winter Laubschüttung, LiebhaberPfl (O-Am. von SO-Kanada bis Florida, Minnesota u. O-Texas: Sümpfe, Flachwasser – 1759 – die stärkereichen Rhizomknollen früher geröstet von Indianern gegessen, auch Fr, Sa u. Bl).
**Grüner P., Wasseraronstab, Virginisches Pfeilblatt** – *P. virginica* (L.) SCHOTT

1* BlSpreite 8–31 × 4–11 cm, BlStiel unten rosa, grün gefleckt, oben grün, dunkel gefleckt. Spatha 7–10 cm lg, ±2mal so lg wie der Kolben. ♀ Zone die Hälfte des Kolbens einnehmend. Fr rot. 0,40–0,60. ♃ ♉ 5–6. **Z** s Gartenteichränder; kult wie vorige, aber frostempfindlicher, tiefes, frostfreies Wasser od. Laubschüttung im Winter, ⊖ (O-USA: N-Carolina bis Florida u. Missisippi: saure Moore u. SumpfW).
**Weißer P.** – *P. sagittifolia* (MICHX.) MORONG

**Aronstab** – *Arum* L. 26 Arten

Lit.: BOYCE, P. 1993: The genus *Arum.* Kew Magazine Monograph. London.

Bem.: Die Farbe der Spatha kann sich während u. nach der BZeit ändern. Die Knollen sind entweder senkrecht, scheibenfg mit mittelständigem Stg od. ± zylindrisch u. horizontal mit endständigem Stg. Junge, sterile Pfl haben oft nicht spieß- od. pfeilfg, sondern eifg Bl. – Die „geheizten" Kesselfallenblumen mit den zuerst blühenden ♀ B werden von Fliegen und Mücken bestäubt, die aus dem Kessel erst frei werden, wenn die ♂ B blühen und die ReusenB verwelken – Alle Arten sind giftig.

1 Sterile B fehlend od. nur wenige unterhalb der ♂ B. Spatha gelb bis cremefarben, (5–)7–24 × 3–5,5 cm, ihr unterer Teil nach oben kaum eingeschnürt. Knolle scheibenfg, senkrecht. Kolben 7–16,5 cm lg, meist gelb. BStand mit Zitronenduft. 0,40–0,55. ♃ herbst-frühjahrsgrün ♉ 3–5. **Z** s △, an Mauern, ♣; V ♈ Tochterknollen ○ ◐ Boden frühjahrsfeucht, sommertrocken, gut dräniert; giftig (Kreta, Karpathos, SW-Türkei: felsige, offne Grasfluren, Garrigue). **Kretischer A.** – *A. creticum* BOISS. et HELDR.

1* Sterile B ∞, oberhalb u. unterhalb der ♂ B vorhanden. Spatha weiß, außen grünlich, zuweilen purpurn überlaufen, mit purpurnen Flecken od. ganz (dunkel)purpurn . . . . **2**

2 Freier Teil der Spatha mit dicken, zusammenfließenden, purpurnen Flecken auf grünlichem od. gelblichgrünem Grund, manchmal ganz dunkelpurpurn od. purpurn mit grünlichen Flecken, 9–26 cm lg. Knolle senkrecht. BStand stark übelriechend. 0,40–0,80. ♃ herbst–frühjahrsgrün ♉ 4–5. **Z** s Staudenbeete, Wegränder ♣; ♈ V ○, im Sommer ~, ⋀; giftig (S-Türkei, Zypern, Syrien, Libanon, Israel: offne, felsige Kalksteinhänge u. -spalten, Straßen- u. Feldränder, 0–2500 m – formenreich: var. *syriacum* (BLUME) ENGL.: Spatha mit wenigen Flecken im unteren Drittel; var. *dioscoridis* [*A. cyprium* SCHOTT excl. typo]: Spatha hellgrün mit großen dunkelpurpurnen Flecken außer im oberen Viertel; var. *philistaeum* (KOTSCHY ex SCHOTT) BOISS.: Spatha ± ganz purpurn).
**Dioscorides-A.** – *A. dioscoridis* SM. in SIBTH. et SM.

Ähnlich: **Schwarzer A.** – *A. nigrum* SCHOTT: Spatha unten grün, oben ganz dunkelpurpurn, ohne Flecken. BStand ebenfalls übelriechend. Spätwinter–frühjahrsgrün. **Z** s ○ ◐ winterhart, Boden dräniert (Dalmatien u. Monten. bis Griech.: Garrigue, Felstaschen, 250–800 m).

2* Spatha ohne dicke Flecken, höchstens schwach gesprenkelt, weiß bis grünlich, bes. oben u. am Rand oft hellpurpurn überlaufen . . . . . . . . . . . . . . . . . . . . . . . . . . . . **3**

**3** Knolle senkrecht. Spatha blassgrün, innen gleichmäßig blasspurpurn überlaufen. Steriler Kolbenfortsatz dünn zylindrisch, 3,5–13 cm lg, matt purpurn. BStand süßlich-gärig od. nach Pferdemist riechend. 0,20–0,40. ⚇ herbst-frühjahrsgrün od. frühjahrsgrün? 5–6. **Z** s Gehölzgruppen ⚘; V ⚇ ☾ ≈ (Kauk., Krim, N-Türkei, Balkan: feuchte Schluchten u. Hänge, Nadel- u. LaubW, 850–1240 m – 1810).
**Östlicher A.** – *A. orientale* M. Bieb.

**3\*** Rhizomknolle waagerecht bis schräg. Spatha innen weiß, außen weißlichgrün, am Rand oft hellpurpurn überlaufen. Steriler Kolbenfortsatz purpurbraun od. gelb . . . . . . . . . . **4**

**4** Bl im Frühjahr austreibend, ohne weiße Nerven, oft schwarz gefleckt, Spreite 7–27 × 3,5–19 cm. ♂ B vorm Aufblühen purpurn. BStand mit schwachem Uringeruch. Steriler Fortsatz des Kolbens 2,5–9 cm lg, purpurn, später verblassend. Stg ½ bis ²/₃ so lg wie die BlStiele, Spatha 12–25(–30) cm lg, 2–2³/₄mal so lg wie der Kolben, ihr oberer, ausgebreiteter Teil 3,5–6mal so lg wie der untere, geschlossene. ⚇ frühjahrsgrün, Rhizomknolle 4–5. **W. Z** z Gehölzgruppen, schattige Anlagen ⚘; ⚇ V Selbstaussaat ☾ ● ≈ Boden humus- u. nährstoffreich; giftig (S- u. M-Eur. bis W-Ukr. u. N-Türkei: frische bis feuchte LaubmischW – kult seit Mittelalter).
**Gefleckter A.** – *A. maculatum* L.

Ähnlich: **Südöstlicher A.** – *A. cylindraceum* Gasp. [*A. alpinum* Schott et Kotschy]: Knolle rundlich, senkrecht bis waagerecht. Stg fast so lg wie die BlStiele od. länger. Spatha 8–18 cm lg, 1,5–2mal so lg wie der Kolben, ihr oberer, freier Teil 1,5–3mal so lg wie der geschlossene untere. Von Boyce 1993 von Spanien bis zum Balkan und von Frankr. durch ganz D., Dänem., S-Schweden, Tschech. u. Polen angegeben, wurde aber bisher in D. nur verwildert in Hamburg gefunden, in Tschech. nur in S-Mähren. **W**. Ob noch irgendwo kult?

**4\*** Bl im Herbst austreibend, meist mit auffallend weißlichen Nerven, nur selten schwarz gefleckt, 9–40 × 2–29 cm. ♂ B vorm Aufblühen gelb. Spatha 11–38 cm lg. 0,20–0,80. ⚇ herbst-frühjahrsgrün, Rhizomknolle 4–5. **Z** z Gehölzgruppen, schattige Anlagen, ⚘; V ⚇ ○ ☾ ≈ Boden nährstoff- u. humusreich (Medit., Kauk., Frankr., S-Engl.: Macchien, Weinberge, Olivenhaine, Hecken, LaubW – 1683 – formenreich, 4 subsp., subsp. *italicum*: BlNerven weißlich, Spatha gelblich- od. grünlichweiß; subsp. *albispathum* (Steven ex Ledeb.) Prime: Bl ganz grün, Spatha weiß (Krim, Kauk.); Sorte 'Pictum' ['Marmoratum']: Bl marmoriert).
**Italienischer A.** – *A. italicum* Mill.

**Eidechsenwurz** – *Sauromatum* Schott         2 Arten

Lit.. Mayo, S. J. 1985: *Araceae*. In: Flora of tropical East Africa: 56–60.

Bl 1(–4), fußfg gespalten bis geschnitten, BlStiel oft gefleckt (Abb. **652**/5). BStand vor den Bl erscheinend, übelriechend. Zwischen den ♀ und ♂ B eine breite Zone mit fadenfg–keulenfg sterilen B. Spatha 35–80 × 8–10 cm, eingerollt, außen trüb purpurn, innen gelblich-grünlich, unterschiedlich braunpurpurn gefleckt. Knolle ±15 cm ⌀, ohne Wasser u. Erde blühend ("Wunderknolle"). 0,50–0,70. ⚇ ⚉. **Z** s wärmere Lagen; ○ Knolle frostfrei überwintern, am Fensterbrett BZeit 3–4, nach dem Verblühen topfen, Mitte Mai auspflanzen, ○ Boden ≈ nährstoffreich (Himal. vom W bis N-Myanmar, S-Indien: 1000–2300 m, sonnige Flusstäler – England 1815, Holland 1830). [*S. guttatum* (Wall.) Schott] **Eidechsenwurz** – *S. venosum* (Aiton) Kunth

**Pinellie** – *Pinellia* Ten.         6 Arten

Lit.: Engler, A. 1920: *Aroideae* et *Pistioideae*. Pflanzenreich **73**: 220–225. Leipzig

**1** Bl 3zählig, das mittlere Blchen länglich-lanzettlich, 5–6(–12) cm lg (Abb. **652**/2). Spatha über den ♀ B nach innen eingeschnürt, außen grün, innen dunkelpurpurn, 5–7 cm lg, stumpf, ihr Kessel unten geschlossen. Kolbenfortsatz viel länger als die Spatha, am Grund 3 mm dick (Abb. **652**/2). 0,20–0,30. Durch Gnitzen bestäubt. ⚇ ⚉ frühjahrsgrün 5–7. **Z** s Staudenbeete an Wegen ♠; V ⚇ selbst: Brutknöllchen ☾ ○ humoser Lehm, 15–20 cm tief pflanzen, LiebhaberPfl (S- u. M-China, S- u. M-Japan: auf Erde unter

Felsen, kräuterreiche Grashänge, Äcker, <2500 m; verw. in W-D.).

**Dreizählige P.** – *P. ternata* (THUNB.) BREITENB.

1* Bl 3(–5)teilig fiederschnittig, ihre Abschnitte br eifg-eiländlich, mittlerer 10–15 × 4–7 cm. Kolbenfortsatz 15–20 cm lg, weit über die Spatha hinausragend. Kessel der Spatha unten mit Öffnung, Pfl durch Wind selbstbestäubt. (Abb. **652**/2b). 0,20–0,25. ⚄ ☉ 6–7?. Z s, Verwendung u. Kult wie *P. ternata* (S-Japan: Kyushu, Ryukyu-I.).

**Dreigeteilte P.** – *P. tripartita* (BL.) SCHOTT

**Feuerkolben** – *Arisaema* MART. 170 Arten

Lit.: OHASHI, H., MURATA, J. 1980: Taxonomy of the Japanese *Arisaema* (*Araceae*) J. Fac. Sci. Univ. Tokyo Sect. 3, **12**: 281–336. – MAYO, S. J. 1982: A survey of the cultivated species of *Arisaema*. Plantsman **3**: 193–209. – Sosudistye rastenija Dal'nego Vostoka, Vol. **8** 1996: 361–364. Sankt Peterburg.

Bem.: Über die Abgrenzung der ostasiatischen Arten gehen die Meinungen auseinander. – Meiste Arten ♣, auch wegen der gefleckten BlStiele; wegen der orangeroten Beeren ⚙. Kleine Pfl oft nur mit ♂ B, größere mit ♂ u. ♀ od. nur ♀. – LiebhaberPfl, kult auch Ⓐ.

1 Spatha 5–15 cm lg, in ein etwa ebenso lg, fadenfg Ende auslaufend. Saum aufrecht, purpurn mit weißen Nerven od. außen grünlich. Pfl mit nur einem handfg (7–)11–21schnittigen Blatt, Abschnitte lanzettlich bis linealisch mit Träufelspitze (Abb. **655**/1). FrStand hängend. Beeren rot. 0,80–1,00. ⚄ ☉ 6(–7). Z s schattige Staudenbeete ⚙; ❦ ◖ Boden humusreich, ≈ dräniert ∧ (Himal., N-Thailand, S- u. M-China: feuchte, z. T. immergrüne Wälder, Gebüsche, Matten, im S 1300–3200 m – 1893). [*A. erubescens* (WALL.) SCHOTT] **Chinesischer F.** – *A. consanguineum* SCHOTT

Bem.: Nach Flora Rei Popularis Sinicae 1976 stellt *A. consanguineum* [*A. erubescens* var. *consanguineum* (SCHOTT) ENGL.] keine eigenständige Sippe dar u. ist in *A. erubescens* einzuschließen.

1* Spatha spitz, zugespitzt od. mit einer schlanken Spitze, diese viel kürzer als der Rest der Spatha . . . . . . . . . . . . . . . . . . . . . . . . . . . . . . . . . . . . . . . . . . . . . . **2**

2 Kolben in eine lg, fadenfg Spitze verlängert . . . . . . . . . . . . . . . . . . . . . . . . . . . **3**

2* Kolben stumpf od. spitz, aber ohne fadenfg Spitze . . . . . . . . . . . . . . . . . . . . . . **4**

3 Bl 2, dreizählig; Blchen br rhombisch bis fast rund, bis 25 × 20 cm. Pfl zweihäusig? Saum der Spatha 9–20 cm br, etwa ebenso lg, nach vorn übergeschlagen, am Ende 8–10 cm tief 2teilig, mit einem kurzen Faden, der in der Bucht zwischen den Lappen entspringt, dunkelpurpurn mit grünen Nerven. Kolben mit einem 5 cm lg dunkelpurpurnen Fortsatz u. 20–80 cm lg fadenfg Anhang (Abb. **655**/2). Knolle flach, 7–12 cm ⌀. 0,20–0,40(–70). ⚄ ☉ (4–)5–6. Z s, Verwendung u. Kult wie *A. consanguineum* (Nepal, Sikkim, Bhutan, S-Tibet, W-Yunnan: 2800–3850 m – 1879). [*A. hookerianum* SCHOTT] **Griffith-F., Kobralilie** – *A. griffithii* SCHOTT

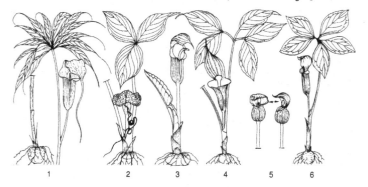

1          2          3          4          5          6

**3\*** Pfl mit 1 fußfg 7–15(–21)schnittigen Bl; Abschnitte lanzettlich, mittlerer 10–20 cm lg. Pfl einhäusig. Spatha 4–7(–10) cm lg, ihr schwach abgesetzter Saum 1,5–2,5 cm br, schräg aufrecht. Kolbenfortsatz weiß mit lg, grünem, fadenfg Anhang. Knolle 2(–8) cm ⌀. 0,40–0,80(–1,00). ♃ ☿ (5–)6. **Z** s ♌; Kult wie die vorigen, winterhart (SO-Kanada bis SO-Minnesota, Florida, Texas, O-Mex.: feuchte Wälder, Flussufer, auch auf trockenerem Boden). **Drachen-F., Grüner Drache** – *A. dracontium* (L.) Schott

**4 (2)** Saum der Spatha weiß, cremefarben od. blassrosa, eifg. Pfl mit einem 3schnittigen Bl; Abschnitte br eifg, 10–20 × 7–18 cm. BStand kurz vor dem Bl erscheinend, mit Veilchenduft. Spatha 8–15 cm lg. Kolbenfortsatz 5–6 cm lg, grün (Abb. **655**/3). 0,30–0,75. ♃ ☿ 6–7. **Z** s im S, Verwendung u. Kult wie vorige (W-China: Sichuan, Yunnan, S-Tibet: 2250–3300 m, trockne Hänge – 1924). **Duftender F.** – *A. candidissimum* W. W. Sm.

**4\*** Saum der Spatha gelbgrün, grün od. dunkelpurpurn, manchmal weiß gestreift . . . . **5**

**5** Spatha mit auffälligen abgerundeten schwarzpurpurnen Öhrchen am Grund des Saums, Saum innen schwarzpurpurn, in einen senkrecht herabgebogenen, eifg, spitzen Lappen endend. Bl 3schnittig, Abschnitte in eine Träufelspitze ausgezogen. 0,15–0,30. ♃ ☿ 3–4. Wohl nur ®, vgl. *A. robustum* bei **8\***! (S-Japan, S-Korea, S-China: Jiangsu, Zhejiang, Taiwan: felsige Plätze, Waldregion – 1800). **Rachen-F.** – *A. ringens* (Thunb.) Schott

**5\*** Spatha ohne auffällige schwarzpurpurne Öhrchen am Grund . . . . . . . . . . . . . . . . **6**

**6** Kolbenfortsatz reinweiß, an der Spitze keulenfg, ±2 cm dick. Bl fußfg 5schnittig. Pfl mit 1–2 Bl; Abschnitte bis 20 × 10 cm (Abb. **655**/4), zuweilen silbern gezeichnet, bei var. *serratum* (Makino) Hand.-Mazz. BlRand gesägt. Spatha 15–20 cm lg, dunkelpurpurn mit weißen Nerven, Röhre trichterfg, innen weiß, Saum ± senkrecht. 0,20–0,40(–0,50). ♃ ☿ 4–5. **Z** s schattige Rabatten, Gehölzgruppen; ∀ nach künstlicher Bestäubung ↯ Tochterknollen selten ☾ Boden tiefgründig, dräniert; winterhart (S- u. M-China nördl. bis Shandong u. Henan, Japan: etwas feuchter Bergwald, bis 1500 m). **Shikoku-F.** – *A. sikokianum* Franch. et Sav.

**6\*** Kolbenfortsatz nicht reinweiß und nicht an der Spitze verbreitert . . . . . . . . . . . . . . **7**

**7** Spatha <5 cm lg, ihre Röhre ±1,5 cm lg, br eifg, oben eingeschnürt, außen gelbgrün, der Saum 1,5–2 cm lg, nach vorn eingeschlagen, zugespitzt, innen schwarzpurpurn mit grünen Nerven (Abb. **655**/5). Bl 2, fußfg geschnitten, mit (5–)9–11 Abschnitten. 0,30–0,40(–0,60). ♃ ☿ 6. **Z** s (Jemen, Afgh., Himal., SW-China: Tibet, Yunnan, Sichuan, 2200–4400 m: unter Sträuchern, felsige Hänge). **Gelbgrüner F.** – *A. flavum* (Forssk.) Schott

**7\*** Spatha >5 cm lg, ihre Röhre trichterfg, nicht br eifg . . . . . . . . . . . . . . . . . . . . . . . **8**

**8** Bl 3(–5)schnittig. Schaft bis 30 cm hoch. Pfl mit 2 Bl. Spatha 8–17 cm lg, innen purpurn od. bronzefarben mit hellen Streifen, über den Kolben gebogen, außen grün. Kolbenfortsatz bräunlichgelb, zylindrisch, stumpf. 0,40–0,60(–1,00). ♃ ☿ 6. **Z** s ♌; ☾ ≈ winterhart (NO-Am.: SO-Kanada bis S-Manitoba, Florida, O-Texas: Sümpfe, nasse Wälder – 1664 – formenreich). [*A. atrorubens* (Aiton) Blume] **Dreiblättriger F.** – *A. triphyllum* (L.) Torr.

**8\*** Bl fußfg (3–)5(–7)schnittig (Abb. **655**/6). Schaft 4–15(–20) cm hoch. Pfl mit 1–2 Bl. Spatha 8–15 cm lg, grünlich mit weißlichen od. rötlichen Längsstreifen od. blasspurpurn mit grünlichen Streifen. 0,30–0,40(–0,70). ♃ ☿ 5–6. **Z** s; ≈ winterhart (NO-China, Korea, Amur- u. Ussurigebiet: Lärchen- u. MischW, Fluss- u. Bachufer). **Amur- F.** – *A. amurense* Maxim.

Bem. Die Selbständigkeit des sehr ähnlichen *A. robustum* (Engl.) Nakai [*A. ringens* hort. non (Thunb.) Schott, vgl. 5]: meist 2blättrig, Schaft 7–20 cm hoch, 0,30–0,45 (NO-China, Korea, S-Ussuri), sollte in Kultur geprüft werden.

Ähnlich auch: **Japanischer F.** – *A. serratum* (Thunb.) Schott [*A. japonicum* Blume, incl. *A. peninsulae* Nakai?]: Blühende Pfl immer 2blättrig, Bl fußfg (7–)9–13(–15)schnittig. Spatha grünlichpurpurn, weiß gestreift. 0,60–1,00. ♃ ☿ 5–6. **Z** s; ⋏ (S- u. M-China, Japan, Korea – 1899).

## Familie **Schwanenblumengewächse** – *Butomaceae* MIRB.    1 Art

**Schwanenblume, Blumenbinse, Wasserliesch** – *Butomus* L.    1 Art

Bl ∞, unten 3kantig. Stg stielrund, länger als die Bl. BStand doldenfg, 20–50blütig. BHüllBl 6, rötlichweiß, dunkler geadert. 0,50–1,50. ⟂ ⟂ mit Brutknospen 6–7(–8). **W. Z** z Gartenteiche, Parkgewässer; ⟂ Rhizom-Brutknospen ⟂ selbststeril Kaltkeimer ○ wärmeliebend ≈ Wasser nährstoffreich, 10–50 cm tief (warmes bis gemäß. Eur., W-As.–(O-As.), N-Russl.: Röhrichte; eingeb. in N-Am. – 1613 – wenige Sorten: 'Schneeweißchen': B weiß, frühblühend; 'Rosenrot': B lilarosa).
**Schwanenblume, Blumenbinse, Wasserliesch** – *B. umbellatus* L.

## Familie **Froschlöffelgewächse** – *Alismataceae* VENT.    95 Arten

1  LuftBl pfeilfg. B eingeschlechtig, untere ♀, obere ♂, seltener Pfl 2häusig. StaubBl ∞. Frchen seitlich stark zusammengedrückt.    **Pfeilkraut** – *Sagittaria* S. 657
1*  Bl nie pfeilfg. B ♀. StaubBl 6 . . . . . . . . . . . . . . . . . . . . . . . . . . . . . . . . . . . . . . . . . **2**
2  Stg flutend, beblättert, seltener auf Schlamm kriechend. B schwimmend, einzeln, seltener zu 2–5, 5–10 cm lg gestielt in den wenigblättrigen BlRosetten, die aus NiederBlAchseln Ausläufer mit jeweils einem gestreckten ersten StgGlied u. neue Rosetten bilden. FruchtBl 6–12. SchwimmBl länglich-elliptisch bis br eifg.
    **Froschkraut** – *Luronium* S. 658
2*  Stg aufrecht, ohne LaubBl. B in quirligen Rispen, Trauben od. Scheindolden. FrBl 6–∞ . . . . . . . . . . . . . . . . . . . . . . . . . . . . . . . . . . . . . . . . . . . . . . . . . . . . . . . **3**
3  BAchse kuglig. Frchen 15–45, 2–2,5 mm lg, elliptisch-spindelfg, 4–5kantig, eine kopffg SammelFr bildend. Bl lanzettlich. B zu 3–12 in endständiger Scheindolde, darunter zuweilen noch 1–2(–3) Quirle.    **Igelschlauch** – *Baldellia* S. 658
3*  BAchse flach. Frchen 12–28 in 1 Quirl, 1,7–3,1 mm lg, ± stark von den Seiten zusammengedrückt, am Rücken mit 1–2 Furchen. B in quirligen Rispen od. Trauben. Bl eifg bis lanzettlich, am Grund bisweilen seicht herzfg.    **Froschlöffel** – *Alisma* S. 658

**Pfeilkraut** – *Sagittaria* L.    25 Arten

Lit.: RATAJ, K. 1972: Revision of the genus *Sagittaria*. Annot. Zool. Bot. Slov. Narod. Muz. Bratislava **76**: 1–31, **78**: 1–61.

1  Pfeillappen der LuftBl 5–12 cm br. BlStiel im ⌀ 3–5eckig. Pfl oft 2häusig. B 2–4(–5) cm ⌀, reinweiß. Staubbeutel gelb bis gelbbraun. Frchen mit seitlich angeheftetem, waagerecht abstehendem Schnabel. StaubBl 25–40. 0,30–1,20. ⟂ Ausläuferknolle 6–9. **W. Z** s Garten- u. Parkteiche; ⟂ bildet in D. keinen Sa? ≈ Flachwasser, nährstoffreich (nordwestl. S-Am., Mex., warmes bis gemäß. NO-(u. NW-)Am: Uferröhrichte – in D. stellenweise eingeb. – Sorte 'Plena': B gefüllt).
    **Breitblättriges Pf., Veränderliches Pf.** – *S. latifolia* WILLD.
1*  Pfeillappen der LuftBl 1–3(–5) cm br. BlStiel im ⌀ rundlich. Pfl 1häusig. B 1,5–2,5 cm ⌀. KrBl weiß mit rotem Grund. Staubbeutel dunkelviolett. Frchen mit kurzem, aufrechtem Schnabel. 0,30–1,00. ⟂ Ausläuferknolle 6–8. **W. Z** v Garten- u. Parkteiche, Tief- u. Hügelland; ⟂ ⟂, ≈ bei ±40 cm Wassertiefe, Wasser kalk- u. nährstoffreich, in tieferem Wasser nur die eifg SchwimmBl, bei bis 2 m Tiefe nur die 2 cm br, bandfg TauchBl ausbildend (warmgemäß.–kühles Eur. u. W-As.: Uferröhrichte langsam fließender, selten stehender Gewässer – 1699 – Sorte 'Pleniflora': B gefüllt, 1863).
    **Gewöhnliches Pf.** – *S. sagittifolia* L.

Bem.: Weitere Arten sind nur in tieferem Wasser winterhart: *S. platyphylla* (ENGELM.) J. G. SM.: meist untergetaucht, B über Wasser, Knollen fehlend, LuftBl lanzettlich, nicht pfeilfg (SO-USA, Z-Am.). –

658 FROSCHLÖFFELGEWÄCHSE

*S. engelmanniana* J. G. SM.: ähnlich *S. latifolia*, aber StaubBl 15–25, Fr nicht nur am Rücken, auch auf der Fläche geflügelt (O-USA).

**Froschlöffel** – *Alisma* L. 9 Arten

1 TauchBl bandfg, 3–15 mm br; LuftBl eifg-lanzettlich, Spreite 2–6 × 0,4–1,5 cm, am Grund keilfg verschmälert; Bl der Landform an der Spitze stumpf. Staubfäden < 1,5 mm lg; Staubbeutel rundlich, 0,3–0,6 mm lg. 0,10–0,30(–0,70). ⌗ ⌄ 7–8(–9). **W. Z** s Gartenteiche; ⱱ Turionen ⌵ ≈ Wasser nicht nährstoffreich (warmes bis gemäß. W- (u. O-)Eur., As, W- (u. O-)Am.: lückige Pionierfluren verlandender Ufer an Altwässern u. Seen). **Grasblättriger F.** – *A. gramineum* LEJ.
1* Bl spitz, bei blühenden Pfl nie bandfg ..................................... 2
2 Spreite der LuftBl schmal elliptisch bis lanzettlich, am Grund verschmälert, 4–27 × 1,5–7,5 cm. B vormittags geöffnet, ab 13–15 Uhr stark welkend. KrBl purpurrosa bis blassviolett, 4–6,5 mm lg, 4,5–6,9 mm br, oft spitz. Staubbeutel 0,6–1,4 mm lg. Narbe grob papillös, ¹/₂ bis ²/₃ des 0,5–1,3 mm lg Griffels einnehmend. BStand oft kaum höher als br. 0,20–0,70. ⌗ ⌄ 5–8(–9). **W. Z** s Gartenteiche; ⌵ ⱱ ○ ≈ Wasser kalkreich, Pfl salzertragend (warmes bis gemäß. Eur.–W-As.: Gewässerränder, Teichböden; eingeb. in W-Am.: Kalif., Oregon). [*A. stenophyllum* (ASCH. et GRAEBN.) SAM.] **Lanzett-F.** – *A. lanceolatum* WITH.
2* Spreite der LuftBl eifg bis elliptisch, am Grund abgerundet bis schwach herzfg. KrBl weiß, nicht spitz ...................................... 3
3 FrKöpfe 4–7 mm ⌀, Frchen 2–3 mm lg. B sich erst gegen 12 Uhr öffnend. Staubbeutel 0,65–1 mm lg. Narbe kurz, ¹/₅–¹/₈ des 0,7–1,2 mm lg Griffels einnehmend; Griffel so lg wie der FrKn od. länger. BStand deutlich höher als br. 0,30–1,00. ⌗ Rhizomknolle (6–)7–8(–9). **W. Z** v Rand von Gartenteichen; ⌵ Kaltkeimer Selbstaussaat ⱱ Turionen ○ ≈ (austr.–subtrop.–kühle Alte Welt: Uferröhrichte von Seen, Teichen, langsam fließenden Gewässern – 1597 – in Am. vertreten durch *A. triviale* PURSH [*A. plantago-aquatica* var. *americanum* SCHULT. et SCHULT. f.]: Griffel so lg wie der FrKn od. kürzer). **Gewöhnlicher F.** – *A. plantago-aquatica* L.
3* FrKöpfe 2–4 mm ⌀, Frchen 1,5–2,2 mm lg. KrBl 1–3 mm lg. Staubbeutel 0,3–0,5 mm lg. Griffel zur BZeit 0,2–0,4 mm lg. 0,20–0,60. ⌗ Rhizomknolle 6–8. **Z** s Rand von Gartenteichen; ⌵ ⱱ ○ ≈ (östl. N-Am.: SO-Kanada bis Georgia, N-Dakota u. NO-Texas, Mex.: Sümpfe, Gräben, Bachufer). [*A. parviflorum* PURSH] **Kleinblütiger F.** – *A. subcordatum* RAF.

**Froschkraut** – *Luronium* RAF. 1 Art

TauchBl linealisch, zugespitzt, 5–6(–40) cm × 2–3 mm, SchwimmBl elliptisch-rundlich, 2–3 × 1–1,5 cm. Pfl mit langen, meist flutenden od. an den Knoten wurzelnden Kriechtrieben, die sich aus jeweils den ersten, gestreckten StgGlied aufeinanderfolgender Seitentriebe aufbauen („Hypopodialausläufer"). B 1–1,8 cm ⌀, KrBl weiß, am Nagel gelb. Frchen 6–9(–15), unter Wasser reifend. 0,10–0,45. ⌗ ∿ 5–8(–9). **W. Z** s Gartenteiche, AquarienPfl; ⌵ ⱱ Turionen ≈ ≈ Wasser kalk- u. nährstoffarm ○ (Frankr., Engl., Z-Eur., S-Skand.: Flachwasser 20–60 cm am Rand von Seen, Teichen, Tümpeln auf Kies u. Sand – 1811 – ▽). [*Alisma natans* L., *Elisma natans* (L.) BUCHENAU] **Froschkraut, Schwimmlöffel** – *L. natans* (L.) RAF.

**Igelschlauch** – *Baldellia* PARL. 2 Arten

Lit.: RATAJ, K. 1975: Revision of the genus *Echinodorus* RICH. Studie ČSAV **2**: 156.

KrBl weiß od. blasspurpurn. Bl 4–10(–30) cm lg gestielt, Spreite 2–8(–10) × (0,3–) 0,5–1(–2) cm. 0,05–0,60. ⌗ ∿ i 7–10. **W. Z** s Gartenteiche; ⌵ Sa auf der MutterPfl keimend ⱱ ≈ ≈ ○ (W- u. Z-Medit., W- u. (Z-)Eur.: nasse, zeitweilig überflutete Gewässerufer, salztolerant). [*Echinodorus ranunculoides* (L.) ENGELM.] **Igelschlauch** – *B. ranunculoides* (L.) PARL.

# Familie **Froschbissgewächse** – *Hydrocharitaceae* Juss. 76 Arten

Lit.: Cook, C. D. K. 1998: *Hydrocharitaceae*. In: Kubitzki, K. (ed.): The families and genera of vascular plants. Vol. IV: 234–248. Berlin. Dort weitere Literatur.

1 LaubBl schwimmend, lg gestielt, rundlich, am Grund tief herzfg, mit 2 NebenBl. Pfl meist 2häusig. **Froschbiss** – *Hydrocharis* S. 659
1* LaubBl ganz od. halb untergetaucht, sitzend, linealisch, länglich od. schmal 3eckig. Pfl fast immer 2häusig . . . . . . . . . . . . . . . . . . . . . . . . . . . . . . . . . . . . . . . . . . . . . . . . . . . . . . . 2
2 Bl in Rosette, schmal 3eckig bis linealisch, starr, am Rand scharf dornig gezähnt, Bl blühender Pfl 15–40 cm lg. B 4–5 cm ⌀. **Krebsschere** – *Stratiotes* S. 659
2* Bl stängelständig, quirlig, nicht starr, sehr fein gezähnelt. StgGlieder meist 3–7 mm lg . . . . . . . . . . . . . . . . . . . . . . . . . . . . . . . . . . . . . . . . . . . . . . . . . . . . . . . . . . . . . . . . . 3
3 Bl in (3–)4(–6)zähligen Quirlen, (1–)1,5–4 cm × 1,2–4 mm. In D. nur ♂ Pfl, deren B 10–20 mm ⌀, weiß, am Stiel aus dem Wasser ragend, zu 2–4 in der HochBlScheide. **Wasserpest** – *Egeria* S. 659
3* Bl in meist 3(–4)zähligen Quirlen, meist 0,6–1,3 cm lg. B 3–10 mm ⌀, einzeln in der HochBlScheide. **Wasserpest** – *Elodea* S. 659

## Froschbiss – *Hydrocharis* L. 3 Arten

Pfl mit 3–10blättrigen Rosetten und 5–20 cm lg Ausläufern, deren Abschnitte jeweils vom gestreckten 1. StgGlied der aufeinanderfolgenden Seitensprosse gebildet werden. NebenBl 2 × 1 cm, häutig. KrBl weiß mit gelbem Grund, ±15 mm lg. Pfl im Herbst mit 6–8(–20) × 3–4(–6) mm großen Turionen, die am Gewässergrund überwintern. 0,15–0,30. ♃ ⁓ 6–8. W. Z z Gartenteiche; ⚥ V in D. regelmäßig blühend, aber selten fruchtend ○ ≈ (warmgemäß.–gemäß.(–kühles) Eur., W- u. M-Sibir: windgeschützte Ränder stehender Gewässer, bes. Tiefland, oft in kalkarmem Wasser – 1697). **Froschbiss** – *H. morsus-ranae* L.

## Krebsschere – *Stratiotes* L. 1 Art

♂ B gestielt, aus der 10–30 cm lg gestielten, stachlig gezähnten HochBlHülle herausragend, 4–5 cm ⌀; ♀ B sitzend. Pfl im Frühjahr vom Gewässergrund aufsteigend, zur BZeit mit den Bl halb aus dem Wasser ragend, im Herbst wieder absinkend, am Gewässergrund überwinternd, außerdem durch Turionen. In D. oft nur ♂ Pfl. 0,15–0,45. ♃ ⁓ (5–)6–9. W. Z z in sommerwarmen Gebieten Garten- u. Parkteiche; ⚥ Ausläufer, Turionen (⚥) ○ (gemäß. bis kühles (W-), Z- u. O-Eur., W-Sibir.: Gräben, Altwässer, windgeschützte Buchten von Seen u. Teichen bis 2 m Tiefe, in tieferen Gewässern ständig untergetaucht u. auch so blühend. In D. oft absichtlich angesiedelt, früher Schweinefutter – 1720). **Krebsschere** – *St. aloides* L.

## Wasserpest – *Egeria* Planch. 2 Arten

Bl schmal länglich, plötzlich zugespitzt. B mit Nektarien, aus dem Wasser ragend. KrBl weiß, verkehrteifg, 8–11 mm lg. In D. nur ♂ Pfl. 0,30–1,00. ♃ i 6–9. W. Z s Gartenteiche, AquarienPfl; ⚥ Fragmentation, Turionen, wächst eingepflanzt od. schwimmend bei 10–25 °C (SO-Bras., Urug., N-Argent., eingeb. in W- u. Z-Eur., N- u. Z-Am., Aust.: Seen, Teiche, Flüsse, Bäche). [*Anacharis densa* (Planch.) Vict., *Elodea densa* (Planch.) Casp.] **Dichte W., Dichtblättrige W.** – *E. densa* Planch.

## Wasserpest – *Elodea* Michx. [*Anacharis* Rich.] 5 Arten

Lit.: Wolff, P. 1980: Die *Hydrilleae* (*Hydrocharitaceae*) in Europa. Göttinger Florist. Rundbr. **14**: 33–56.

1 Bl länglich-lanzettlich bis länglich-eifg, am Grund verschmälert, an der Spitze abgerundet bis kurz zugespitzt, nie in sich gedreht, 6–13(–17) × 1,75–3,5(–5) mm. In D. fast nur ♀ Pfl, ihre KrBl weißlich, spatelfg, 2,6 mm lg. 0,30–0,60(–3,00). ♃ i 6–9. W. Z v Gartenteiche, AquarienPfl; ⚥ Fragmentation, Turionen, kult auch bei kälteren Temperaturen

≈≈ ((warmes–)warmgemäß. – kühles Am., eingeb. in Eur.–W-Sibir., Austr.: meist kalkreiche Gewässer – 1836 England, in D. seit 1859 eingeb.). [*Anacharis canadensis* (MICHX.) RICH.] **Kanadische W.** – *E. canadensis* MICHX.

1* Bl länglich-linealisch, lg zugespitzt, meist <1,75 mm br, vom Grund an allmählich verschmälert ............................................................ **2**

2 Bl 0,7–1,8 mm br, steif, meist schraubig gedreht od. zurückgebogen, 3–10mal so lg wie br. StgKnoten violett. KrBl farblos bis hellviolett, viel kürzer als die KBl od. fehlend. ♂ B sitzend, 3–5 mm ⌀, zur BZeit losgelöst an der Wasseroberfläche. 0,30–0,60. ♃ i 5–8(–9). **W. Z** s Gartenteiche, AquarienPfl; ♀ Fragmentation, Turionen ≈≈ salzresistent (warmgemäß.–gemäß. (W-) u. O-Am.: meist kalkreiches Wasser von Seen u. Flüssen – in D. eingeb. seit 1963). **Nuttall-W.** – *E. nutallii* (PLANCH.) H. ST. JOHN

2* Bl meist schlaff, flach, nicht steif, gedreht od. zurückgebogen, 7,5–15mal so lg wie br. StgKnoten grünlich. KrBl weiß, etwas länger als die KelchBl. ♂ B 5,5–9,5 mm ⌀, zur BZeit nicht vom Stiel abgelöst. In D. nur ♂ Pfl. 0,10–2,00. ♃ i 7–9. **W. Z** s wintermilde Gebiete Gartenteiche AquarienPfl; ♀ Fragmentation, Turionen ≈≈ (NO-Argent.: stehende od. langsam fließende Gewässer, eingeb. in Frankr. u. D. 1964). [*E. ernstiae* H. ST. JOHN] **Argentinische W., Wasserstern-W.** – *E. callitrichoides* (RICH.) CASP.


## Familie **Wasserährengewächse** – *Aponogetonaceae* PLANCH.

45 Arten

**Wasserähre** – *Aponogeton* L. f.     45 Arten

Lit.: BRUGGEN, H. W. E. VAN 1985: Monograph of the genus *Aponogeton* (*Aponogetonaceae*). Stuttgart.

SchwimmBlPfl mit schwarzem, 2 cm ⌀, knolligem Rhizom. SchwimmBl lg gestielt, Spreite lineal-lanzettlich bis länglich-eifg, an Grund u. Spitze abgerundet, ledrig, dunkelgrün mit braunen Flecken. Stg 30–100 cm lg mit gegabelt ährenfg BStänden. B mit 1 weißen BHüllBl u. 6–12(–25) StaubBl, weiß od. blassrötlich, nach Vanille duftend. 0,30–1,00. ♃ ♉ 6–9. **Z** s warme sonnige Teiche; ∨ in flaches Wasser säen, hell bei 10 °C überwintern, Anfang Mai auspflanzen ≈≈ ○ (S-Afr.: SchwimmBlZone stehender Gewässer – 1788). **Kap.-W., Afrikanische W.** – *A. distachyos* L. f.


## Familie **Laichkrautgewächse** – *Potamogetonaceae* BERCHT. et
### J. PRESL     90 Arten

**Laichkraut** – *Potamogeton* L.     89 Arten

Bem.: In Garten- od. Parkteichen werden mehrere Arten der Wildflora angesiedelt, viele verschwinden bald wieder. Besonders eignen sich die 4 folgenden:

1 Pfl mit SchwimmBl, deren Spreite rundlich bis elliptisch, 4–12 × (2,5–)5–7 cm, am Grund öhrchenartig aufwärts gebogen.TauchBl auf den schmal linealischen BlStiel reduziert, zur BZeit abgestorben. Stg stielrund. Pfl mit Ausläuferknollen. 0,60–1,50(–5,50). ♃ ⤳ teilimmergrün 6–8. **W. Z** s Gartenteiche; ∨ ♀ Wasser >50 cm tief, ≈≈ ○, erträgt ◐ (warm bis kühl zirkumpolar: stehende u. langsam fließende, ± nährstoffreiche Gewässer – 1586). **Schwimmendes L.** – *P. natans* L.

1* Pfl ohne SchwimmBl, bis auf die BStände untergetaucht .................... **2**

2 Bl fadenfg bis schmal linealisch, 0,5–2,5 mm br, spitz od. bespitzt. BlScheiden 2–5(–7) cm lg, bis ³/₄ der Länge mit dem BlGrund verwachsen, ihre Ränder nicht miteinander verwachsen. Pfl meist sommergrün mit Ausläuferknollen. 0,30–3,00. ♃ ⤳ 6–9. **W. Z** z Gartenteiche; ∨ ♀ salz- u. verschmutzungstolerant ○ ≈≈ ((trop.–)subtrop.–kühle Zonen beider Hemisphären: Süß- u. Brackwasser. [*Stuckenia pectinata* (L.) BÖRNER] **Kamm-L.** – *P. pectinatus* L.

2* Bl rundlich bis länglich-lanzettlich, meist >5 mm br. BlScheide vom BlGrund frei .. **3**

**3** Bl rundlich bis eifg-länglich, 6–12 × 3,5–6 cm, am Grund abgerundet bis tief herzfg stängelumfassend, mit 0,1 mm lg Zähnchen. Stg stielrund. FrSchnabel < 1 mm lg. Pfl sommergrün. Kurze unterirdische Ausläufer mit Turionen. 0,30–1,00. ⌾ 6–9. **W. Z** z Gartenteiche; ∀ ⍦ ○ ≋ auch nährstoffreiches, etwas salzhaltiges Wasser (kühle bis (sub)trop. Zonen beider Hemisphären: stehende u. fließende Gewässer).

**Durchwachsenes L. –** *P. perfoliatus* L.

**3\*** Bl länglich, 5–10(–15) mm br, halbstängelumfassend, Rand oft wellig-kraus, mit 0,1–0,3 mm lg Zähnchen. Stg zusammengedrückt 4kantig. FrSchnabel 2 mm lg. Pfl winter–frühsommergrün, Turionen am Laubtrieb, keimen im Spätsommer u. überwintern grün. 0,20–2,00. ⌾ ⤳ 5–9. **W. Z** z Gartenteiche; ∀ ⍦ Turionen, ≋ verschmutzungstolerant ○ (austr.(–subtrop.)–gemäß. Alte Welt: stehende u. langsam fließende Gewässer; eingeb. in S-, Z- u. N-Am.).

**Krauses L. –** *P. crispus* L.

## Familie **Yamswurzelgewächse** – *Dioscoreaceae* R. Br.    600 Arten

Lit.: Knuth, R. 1924: *Dioscoreaceae*. Pflanzenreich IV, 43. Leipzig. –Ting, C. T.; Gilbert, M. G. 2000: *Dioscoreaceae*. In: Wu, Z., Raven, P. H. (eds.): Flora of China, vol. **24**: 276–296.

**1** Fr eine Beere, reif rot. Stg kantig. Sa rund, ungeflügelt. Bl kahl, herzfg bis fast 3lappig (Abb. **661**/3), wechselständig. Sprossknolle senkrecht, bis > 20 cm lg u. > 10 cm dick. Einhäusige, rechtswindende Kletterstaude.    **Schmerwurz** – *Tamus* S. 661

**1\*** Fr eine 3flüglige Kapsel, hell braungrün. Stg rund bis stumpfkantig. Sa geflügelt. Bl kahl od. behaart, herzfg bis 5(–7)lappig (Abb. **661**/1–2), quirlig, gegen- od. wechselständig. Senkrechte Sprossknolle od. waagerecht kriechendes Rhizom. Zweihäusige, rechts-od. linkswindende Kletterstauden (unsere Arten).    **Yamswurzel** – *Dioscorea* S. 661

**Schmerwurz** – *Tamus* L.    2 Arten

BlSpreite 8–14(–20) × 4,5–11(–16) cm, lg gestielt. B grünlichgelb, ♂ 3–5 mm lg, mit glockiger Röhre, ♀ 5–6 mm lg, fast bis zum Grund freiblättrig. Beere 12–15 mm ⌀, fast kuglig. 1,50–3,00. ⌾ ♂ ♀ 5–6. **W. Z** s Parks, Lauben, Rankgitter ✑; ∀ ⍦ ☾, ⌃ außer Weinbauklima; giftig! früher HeilPfl (Medit. bis Krim, Kauk., W-Iran, N-Irak, S-Engl., Frankr., Rum., SW-D.: lichte LaubmischW).    **Gewöhnliche Sch. –** *T. communis* L.

**Yamswurzel** – *Dioscorea* L.    600 Arten

**1** Bl meist wechselständig, lg gestielt, Spreite efeuartig handfg 5lappig, 7–15 × 4–12 cm, beidseits behaart (Abb. **661**/2). B glockig, nicht voll ausgebreitet. Kapsel br verkehrteifg. Sa mit br, 1seitigem Flügel. Dicke waagerechte Rhizomknolle. 2,00–4,00. ⌾ ♂ ♀ 6–7.

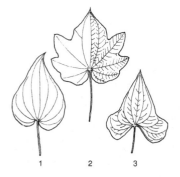

1        2        3

**Z** s Parks, Gehölze, Rankgitter; ∨ ♈ ◐ ≃ (N- u. Z-Japan, N-, O- u. Z-China, Korea, Fernost). [*D. polystachya* auct. non THUNB.] **Fünflappige Y.** – *D. nipponica* MAKINO
1* Bl wechsel- od. gegenständig od. zu 4–6 quirlig, Spreite herzfg, zugespitzt, kahl od. useits behaart, Stiel ± ebenso lg. Sa mit br rundlichem, ± symmetrischem Flügel . . 2
2 Pfl mit senkrechter, bis 90 cm tief reichender Knolle. BlSpreite 4–10 × 3–7 cm, herzfg bis fast 3lappig, kahl, Nerven u. Stiel rötlich. Stg kantig, mit Knöllchen in den BlAchseln, rechtswindend, rötlich gestrichelt. Kapsel verkehrtherzfg. 2,50–4,00. ♃ ♉ ⚥ 7–8. **Z** s Parks, Rankgitter. In O-As. **N** Knollenfrucht (N-, Z- u. S-China von Yunnan u. Guangxi bis SO-Gansu, S- u. O-Shaanxi u. Liaoning, viel kult; Korea, in Japan nur kult?: Wälder, Gebüsch, Berghänge, Flussufer, 100–2500 m). [*D. batatas* DECNE., *D. opposita* THUNB. nomen illegit.] **Chinesische Y.** – *D. polystachya* TURCZ.
2* Pfl mit kriechendem Rhizom. Bl herzfg, nicht 3lappig, kahl od. useits behart. Stg ± rund, ohne Knöllchen, links- od. rechstwindend, grün . . . . . . . . . . . . . . . . . . . . . . . . . . 3
3 Bl kahl, mit bis 9 Nerven. Pfl rechtswindend (?). 1,00–1,70?. ♃ Ɫ ⚥ 5–6. **Z** s Parks, Rankgitter, Lauben; ♈ ∨ ◐ ≃ (N-Alban., Montenegro: BergW – 1913?). **Balkan-Y.** – *D. balcanica* KOŠANIN
3* Bl useits behaart, mit 9–13 Nerven (Abb. **661**/1), untere meist zu 3–5 quirlig, obere gegen- od. wechselständig. Perigon glockig. Staubbeutel kaum zweiteilig. Kapsel länglich-verkehrteifg, meist an der Spitze od. auch am Grund ausgerandet, pergamentartig, kahl, 2,5–3,3 cm ⌀. 2,00–3,00. ♃ Ɫ ⚥ 5–7. **Z** s Parks, Lauben, Rankgitter, ∨ ♈ ◐ ≃ (westl. Transkauk.: Kolchis: GebirgsschluchtW). **Kaukasus-Y.** – *D. caucasica* LIPSKY

## Familie **Germergewächse** – *Melanthiaceae* BATSCH ex BORKH.

100 Arten

1 Untere Bl >5 cm br, mit 9–15 Längsnerven, dazwischen längs gefaltet. PerigonBl am Grund verschmälert, nicht genagelt, mit 1 Nektardrüse; wenn Bl <5 cm br, dann B dunkel rotbraun. Bl meist useits behaart, seltener kahl. **Germer** – *Veratrum* S. 662
1* Bl <5 cm br, nicht mit mehreren Längsfalten. B nicht dunkel rotbraun . . . . . . . . . . . 2
2 PerigonBl am Grund pfeil- od. öhrchenfg, 0,5–7 mm lg genagelt, mit 2 Nektardrüsen, grünlichgelb bis hellgelb, im Abblühen purpurrötlich. Bl kahl, BStand behaart. **Melanthium** – *Melanthium* S. 663
2* PerigonBl am Grund verschmälert, nicht öhrchen- od. pfeilfg. Pfl kahl . . . . . . . . . . . 3
3 Bl immergrün, verkehrteilanzettlich, 9–35 × 1,5–4(–5) cm. Perigon rosa. B zu 30–80 in kurzer Traube. Pfl mit Rhizom u. Knollen. DeckBl fehlend. **Helonie** – *Helonias* S. 664
3* Bl sommergrün, linealisch. Pfl mit Zwiebeln. B nicht rosa. DeckBl vorhanden . . . . . 4
4 DeckBl 2 mm lg. PerigonBl rahmweiß bis grünlichgelb, schmal lanzettlich, lg zugespitzt, 4–10 × 1–2 mm, ohne Nektardrüse. **Stenanthium** – *Stenanthium* S. 664
4* DeckBl 3–50 mm lg. PerigonBl cremefarben od. grünlich, ± eifg, (2–)3–15 × (1–)2–6 mm, mit 1–2 Nektardrüsen. **Jochlilie** – *Zigadenus* S. 663

**Germer** – *Veratrum* L. 20 Arten

Lit.: MATHEW, B. 1989: A review of *Veratrum*. Plantsman **11**: 35–61.

1 PerigonBl oseits dunkel rotbraun, ganzrandig. Bl kahl . . . . . . . . . . . . . . . . . . . . . . . 2
1* PerigonBl oseits weiß, gelblichgrün od. grün. Bl meist behaart . . . . . . . . . . . . . . . 3
2 Untere Bl br elliptisch, 22–25 × 10 cm, sitzend, die oberen zunehmend kleiner u. schmaler. PerigonBl 5–8 × 3 mm, rotbraun bis schwarz. BStiele ± 5 mm lg, kürzer als das Perigon, etwa so lg wie die DeckBl. 0,70–1,00(–1,20). ♃ Ɫ 7–8. **Z** s große △, Gehölzränder ⅙; ∨ ○ ◐ tiefgründiger, nährstoffreicher Lehmboden, nicht ~; giftig (S-Frankr., Apennin, S- u. O-Alpen, SO- u. südl. O-Eur., gemäß. Sibir. u. Fernost, O-Mong., Japan, SW-, M- u. N-China, dort bis 3300 m: trockne offne Wälder, Lichtungen, gern auf Kalk – 1583). **Schwarzer G.** – *V. nigrum* L.

**2\*** Untere Bl lanzettlich, 15–40 × (1–)2–4(–8) cm, bis 10 cm lg gestielt. PerigonBl 4–7,5 × 2–3,5 mm, innere länger u. schmaler. BStiele 10–14 mm lg, ± doppelt so lg wie das Perigon. DeckBl 3–8(–13) mm lg. 0,60–1,00(–1,60). ⚃ ⏀ 7–9. **Z** s, kult wie **2**, nicht ~ (NO-China, Japan, russ. Amurgebiet: Überschwemmungswiesen, Gebüsch – var. _japonicum_ (BAKER) T. SHIMIZU: Pfl 1,20–1,80, jung silbrig behaart, untere Bl br lanzettlich). [_V. nigrum_ var. _maackii_ (REGEL) MAXIM.] **Maack- G.** – _V. maackii_ REGEL

**3** (1) PerigonBl oseits grün bis gelblichgrün, 5–12 mm lg. BStandsäste ausgebreitet od. herabgebogen. BlSpreite 15–35 × 8–20 cm, kahl od. bes. useits dicht behaart. BStand behaart. 0,50–2,00. ⚃ ⏀ 7(–8). **Z** z Gehölzränder, Staudenbeete, große △, Solitär, ⚥; ♉ tiefgründiger, nährstoffreicher Lehmboden, nicht ~; giftig! (2 Varietäten: var. _viride_: BStandsäste aufsteigend bis ausgebreitet. B abstehend, selten aufrecht, grün (östl. N-Am. von Neufundland u. Labrador bis Georgia, 0–1600 m); var. _eschscholzianum_ (ROEM. et SCHULT.) BREITUNG: BStandsäste ausgebreitet bis überhängend. B aufrecht, grün bis gelblichgrün (westl. N-Am. von N-Kalif. u. Montana bis Alaska u. NW-Territory: feuchte Wiesen, NadelWLichtungen, 0–2500 m). **Grüner G.** – _V. viride_ AITON

**3\*** PerigonBl oseits weiß bis cremefarben, 8–18 mm lg, selten blass grünlich . . . . . . **4**

**4** PerigonBl weiß bis cremefarben, ganzrandig, kahl od. useits behaart. Fr kahl. 1,00–2,50. ⚃ ⏀ 7–8. **Z** s kult wie **3**; giftig! (westl. N-Am. von Kalif. u. New Mex. bis Washington u. Wyoming: feuchte bis nasse Wiesen u. Waldlichtungen, 0–3500 m – formenreich – seit 1885). **Kalifornischer G.** – _V. californicum_ DURAND

**4\*** PerigonBl oseits weiß (subsp. _album_) od. beidseits blass grünlich (subsp. _lobelianum_ BERNH.), ihre Ränder wellig, oft unregelmäßig gezähnelt. Fr behaart. 0,50–1,50(–2,00). ⚃ ⏀ 6–8. **W. Z** z, kult wie **3**; giftig! (Gebirge von N-Span. u. Frankr. bis Alpen, Karp. u. Kauk., gemäß. bis kühles O-Eur. u. As.: Bergweiden, Nasswiesen, Viehläger, feuchte Waldlichtungen – 1561). **Weißer G.** – _V. album_ L.

#### Melanthium, Büschelblume – _Melanthium_ L.          5 Arten

PerigonBl eifg bis eilänglich, ganzrandig, grünlichgelb, später rotpurpurn, 5,5–13 × 2,2–6 mm, am Grund mit 2 verkehrteifg gelblichgrünen Nektardrüsen. StaubBl über der Mitte des PerigonBlNagels angewachsen. GrundBl 30–80 × 0,6–3,2 cm, spitz, StgBl kleiner. BStand rispenfg, DeckBl 2–4(–6) mm lg, useits behaart. 0,60–2,00. ⚃ ⏀ (6–)7–8. **Z** s Sumpfbeete, feuchte Staudenbeete, Solitär; ♉ ○ ◐ ≈; giftig! (O-USA von Florida u. O-Texas bis New York u. Iowa: Sümpfe, nasse Wälder u. Wiesen, 10–800 m). **Virginia-M.** – _M. virginicum_ L.

Ähnlich: **Breitblättriges M.** – _M. latifolium_ DESR.: PerigonBl rundlich bis rhombisch, kurz zugespitzt, am Rand stark wellig, grünlichweiß bis hellgelb. StaubBl in od. unter der Mitte des PerigonBlNagels angewachsen. Bl schmal verkehrteilanzettlich, 25–55 × 1–7,2 cm. 0,50–1,60. ⚃ kurzes ⏀ + ⚈ 7–8. **Z** s Staudenbeete, Gehölzränder, Solitär, große △; ♉ ◐ ○ (östl. USA: Georgia bis New York: frische bis trockne, felsige, bewaldete Berghänge, 300–1700 m).

#### Jochlilie – _Zigadenus_ MICHX.          18 Arten

Lit.: SCHWARTZ, F. C. 2002: Zigadenus MICHAUX. In: Fl. North America **26**: 81–88.

Bem.: Alle Arten LiebhaberPfl; alle giftig. – Die Schreibweise Zygadenus ist falsch.

**1** FrKn halbunterständig. PerigonBl 7–12 × 4–5 mm, cremefarben bis grünlich, oseits am Grund mit 2 verkehrtherzfg Nektardrüsen. BStand mit 0–5 Ästen, 10–50blütig. DeckBl oft purpurn überlaufen, eifg, 5–20 mm lg. 0,20–0,80. Untere Bl 10–30 × 0,3–1,5 cm. ⚃ ⚈ 6–8. **Z** s Gewässerufer; ∨ ○ ◐ ≈ ≋ (warm/mont. bis kaltes N-Am. von N-Mex., Missouri u. Pennsylvania bis Alaska u. Quebec: See- u. Flussufer, NadelWSümpfe, Feuchtwiesen, 0–3600 m – 2 Unterarten: subsp. _elegans_: Pfl kleiner, grün od. blaugrün; BStand einfach traubig od. mit 1–2 Ästen (westl. N-Am.); subsp. _glaucus_ (NUTT.) HULTÉN [_Z. glaucus_ NUTT.]: Pfl größer, blaugrün; BStand meist verzweigt (östl. N-Am.)). **Weiße J.** – _Z. elegans_ PURSH

**1\*** FrKn oberständig. PerigonBl 2–15 × 1–6 mm, cremefarben, oseits am Grund mit verkehrteifg Nektardrüse. DeckBl grün . . . . . . . . . . . . . . . . . . . . . . . . . . . . . . . . . . . . **2**
**2** PerigonBl (5–)10–15 × 2–6 mm, die inneren deutlich 2 mm lg genagelt. StaubBl kürzer als die PerigonBl. BStand 2–80blütig, br traubig od. rispig, die unteren Äste >$^1/_3$ so lg wie der ganze BStand, abstehend. Untere BlSpreiten 5–50 × 2–3 cm. 0,10–0,80. ⚄ ☉ 6–8. **Z** s Naturgärten; ⚇ ○ ◐ ∧ (NW-Mex.: Baja Calif.; W-USA: Kalif., SW-Oregon: Busch- u. Grasland, immergrüne Wälder, 0–1000 m).
　　　　　　　　　**Fremont-J.** – *Z. fremontii* (TORR.) TORR. ex S. WATSON
**2\*** PerigonBl <8 mm lg. StaubBl ebenso lg wie die PerigonBl od. länger. Traube od. Rispe schmal kegelfg . . . . . . . . . . . . . . . . . . . . . . . . . . . . . . . . . . . . . . . . . . . . . . . . . **3**
**3** PerigonBl (2–)3–5(–6) × 1–3 mm, die äußeren am Grund meist deutlich genagelt. BStand 10–50blütig, einfach traubig od. mit 1–2 basalen Ästen, diese höchstens $^1/_3$ so lg wie der ganze BStand. Untere BlSpreiten 12–50 × 0,2–1 cm, sichelfg. 0,20–0,70. ⚄ ☉ 6–7. **Z** s Naturgärten; ⚇ ○ ◐ (westl. N-Am. von Kalif. u. Colorado bis S-Brit. Columbia u. S-Saskatchewan: frische Rasen, offne KiefernW – 2 Varietäten: var. *venenosus*: äußere PerigonBl bis >5 mm lg genagelt, BStand meist einfach traubig (suboz. Arealteil, 0–2500 m); var. *gramineus* (RYDB.) C. L. HITCHC. [*Z. falcatus* RYDB.]: äußere PerigonBl nicht (od. selten <5 mm lg) genagelt, BStand meist mit 1–2 Ästen (kont. Arealteil, 500–1300 m)).
　　　　　　　　　　　　　　**Gift-J.** – *Z. venenosus* S. WATSON
**3\*** PerigonBl (3–)6–8 × 1–4 mm, äußere nicht genagelt. BStand 20–60blütig, meist rispenfg mit 1–8 kurzen Ästen. Untere BlSpreiten 15–45 × 0,3–1,5 cm, nicht sichelfg. 0,30–0,75. ⚄ ☉ 5–6. **Z** s Gewässerufer; ⚇ ○ ◐ ≈ (mittlere S-USA von Texas u. Arkansas bis Kansas u. Missouri: Hochgras-Prärien, Kalkflachmoore, felsige Berghänge, 500–1200 m).
　　　　　　　　　　　　　　**Nuttall-J.** – *Z. nuttallii* A. GRAY

**Stenanthium, Federglocke** – *Stenanthium* (A. GRAY) KUNTH 　　　　4 Arten
Zwiebeln ellipsoidisch, 3–8 cm lg. Bl 20–70 × 0,5–3 cm. BStand rispenfg. B duftend. 0,50–2,00. ⚄ ☉ 7–8. **Z** s Gewässerränder; ⚇ ◐ ○ ≈ (südl. u. mittlere O-USA von NW-Florida u. NO-Texas bis Pennsylvania u. Missouri: feuchte Wälder u. Wiesen, 0–1200 m).　　　　**Gras-St., Federglocke** – *St. gramineum* (KER GAWL.) MORONG

**Helonie, Sumpfkolben** – *Helonias* L. 　　　　　　　　　　　　　　　　1 Art
Bl in Rosette, 9–35 × 1,5–4(–5) cm; am Stg schuppenfg. BStand eifg, 30–70blütig, 2,5–10 cm lg. B trichterfg, purpurrosa, später grün, süß duftend; Staubbeutel blau; PerigonBl 4–9 mm lg. 0,30–0,60. ⚄ Knollen-⚄ 5–6. **Z** s Moorbeete; ⚇ ○ ◐ ⊖ ≈ LiebhaberPfl (ozean. O-USA von Georgia bis New York: Torfmoore, Sümpfe, 0–1100 m – 1758).　　　　　　　　　　　　　　　　**Helonie** – *H. bullata* L.

## Familie **Einbeerengewächse** – *Trilliaceae* CHEVALL. 　　　　66 Arten

**1** LaubBl zu dritt quirlig. B 3zählig. 　　　　　　**Dreiblatt** – *Trillium* S. 665
**1\*** LaubBl zu 4–22 quirlig. B 4–7zählig . . . . . . . . . . . . . . . . . . . . . . . . . . . . . . . . . **2**
**2** LaubBl 4. B 4zählig. Pfl mit 3–6 mm dickem Ausläuferrhizom. Beere.
　　　　　　　　　　　　　　　　　**Einbeere** – *Paris* S. 664
**2\*** LaubBl 5–10(–22). B 4–7zählig. Pfl mit 10–25 mm dickem Rhizom. Fleischige KapselFr.
　　　　　　　　　　　　　　　　　**Quirlblatt** – *Daiswa* S. 665

**Einbeere** – *Paris* L. 　　　　　　　　　　　　　　　　　　　　　8 Arten
Bl 5–10 × 2,5–5 cm. StaubBl 8. (0,10–)0,15–0,30. ⚄ ⌇⌇ 5–6. **W. Z** s Gehölzgruppen, schattige Staudenbeete; ⚇ ∨ Kaltkeimer ◐ ● = nährstoffreicher Laubhumus; giftig (warmgemäß./mont. bis kühles Eur., W- bis Z-Sibir.: frische bis feuchte Laub- u. NadelmischW).　　　　　　　　**Vierblättrige E.** – *P. quadrifolia* L.

**Quirlblatt** – *Daiswa* RAF. 15 Arten

BlStiel (0,5–)1–6 cm lg, BlSpreite 6–15(–30) × 0,5–5 cm. Äußere PerigonBl (3–)4–6(–7), lanzettlich, gelbgrün, (3–)4,5–7(–11) cm lg, StaubBl doppelt so viele; innere PerigonBl schmal linealisch, 1–1,5(–5) mm br. 0,10–1,00. ♃ ⅄ 6? **Z** s Gehölzgruppen, schattige Staudenbeete; ⚊ ◗ ● ≃ nährstoffreicher Laubhumus (S- u. M-China, Vietnam, Laos, Thailand, Myanmar, Himal. bis Nepal u. N-Indien: Wälder, Bambusgebüsch, Bachufer, 100–3500 m – formenreich). [*Paris polyphylla* SM.]

**Vielblättriges Qu.** – *D. polyphylla* (SM.) RAF.

**Dreiblatt, Waldlilie, Dreizipfellilie** – *Trillium* L. 43 Arten

Lit.: CASE Jr., F. W., CASE, R. 1997: Trilliums. Timber Press. – CASE Jr., F. W. 2002: *Trillium.* In: Flora of North America Bd. **26**: S. 90–117. New York.

Bem.: LiebhaberPfl. Vermehrung aller Arten: V Samen frisch säen! ⚊ Pflanzzeit September, Boden tiefgründig, durchlässig, nährstoffreich ± ≃. Rhizom u. Fr aller Arten giftig, Kraut wegen Sapogeningehalt in Am. VolksheilPfl.

1 B sitzend. LaubBl blass- u. dunkelgrün od. rötlichgrün gescheckt . . . . . . . . . . . . . **2**
1* B gestielt. LaubBl nicht gescheckt . . . . . . . . . . . . . . . . . . . . . . . . . . . . . . . . . . . . . . **7**
2 KBl scharf zurückgeschlagen. Bl gestielt, 6–18 × 2,5–6,5 cm, davon 1,2–3,6 cm Stiel. B aufrecht, KrBl dunkel kastanienbraun, selten weiß od. gelb, 18–48 × 9–20 mm. 0,15–0,48. ♃ ⅄ 4–5. **Z** s feuchte Gehölzgruppen, Sumpfbeete ♠; ◗ ● ≃ (küstenferne O-USA von O-Texas u. Alabama bis Iowa u. S-Wisconsin: reiche Wälder auf kalkreichem, zeitweise überschwemmtem Aulehm).

**Prärie-D.** – *T. recurvatum* L. C. BECK
2* KBl schräg aufrecht bis abstehend, nicht zurückgeschlagen. LaubBl sitzend . . . . . **3**
3 Staubfäden über die Staubbeutel >1 mm verlängert. StaubBl ± doppelt so lg wie der FrKn . . . . . . . . . . . . . . . . . . . . . . . . . . . . . . . . . . . . . . . . . . . . . . . . . . . . . . . . . . . . **4**
3* Staubfäden über die Staubbeutel höchstens 0,5 mm verlängert. StaubBl ± so lg wie der FrKn . . . . . . . . . . . . . . . . . . . . . . . . . . . . . . . . . . . . . . . . . . . . . . . . . . . . . . . . . . . . **5**
4 KrBl 17–35(–45) × 7–20 mm, kastanienbraun, selten gelblichgrün od. grün. Staubfäden über die Staubbeutel 2–5 mm verlängert. B aufrecht, stechend würzig riechend. Bl 4–10 × 0,7–2 cm, mit br abgerundetem Grund sitzend. 0,08–0,25. ♃ ⅄ 5–6. **Z** s frischfeuchte Gehölzgruppen, schattige Rabatten ♠; ◗ (mittlere O-USA von NO-Oklahoma u. N-Alabama bis N-Illinois u. W-New York: reiche Wälder in Auen auf Lehm, auch trockne Wälder auf Kalk, 100–300 m – 1635).

**Kröten-D.** – *T. sessile* L.
4* KrBl 6,5–10 × 1,5–2,5 cm, kastanien- bis purpurbraun, rosa, gelb od. grünlichweiß. Staubfäden 1–1,5 mm über die Staubbeutel verlängert. B aufrecht, mit Rosenduft. 0,20–0,65. ♃ knollenfg ⅄ 5–6. **Z** s Gehölzgruppen, Sumpfbeete ♠; ◗ ● ≃ ∧ (Kalif.: um San Francisco: feuchte Laub- u. NadelW, Gebüsch, Bachauen, 0–2000 m – var. *chloropetalum* mit gelbem, oft braun überlagertem Pigment; var. *giganteum* (HOOK. et ARN.) MUNZ [*T. sessile* var. *giganteum* HOOK. et ARN.]: ohne gelbes Pigment).

**Grünblütiges D.** – *T. chloropetalum* (TORR.) HOWELL
5 (3) KrBl nahe dem Grund am breitesten, grünlichgelb bis zitronengelb, 34–66 × 10–21 mm. B mit starkem Zitronenduft. Bl eifg bis rundlich, lg zugespitzt, 6,5–17 × 6,5–9,8 cm. 0,14–0,40. ♃ ⅄ 5–6. **Z** s Gehölzgruppen, schattige Rabatten ♠; ◗ ● ≃ ∧ (SO-USA: N-Georgia, O-Kentucky, östl. N-Carolina, O-Tennessee: FalllaubW, felsige Bachtäler auf Kalk, 200–400 m).

**Gelbes D.** – *T. luteum* (MUHL.) HARB.
5* KrBl in der Mitte am breitesten, zur keilig verschmälert, meist kastanien- bis purpurbraun od. grünlichpurpurn, seltener hellgelb, 40–110 × 9–35 mm . . . . . . . . . . . . **6**
6 KrBl 40–70 × 9–27 mm, meist kastanienbraun, selten zitronengelb od. hellgelb. StaubBl 11–18 mm lg, Staubbeutel bräunlichgrau, 7–14 mm lg. B würzig, zuweilen unangenehm riechend. Bl 7–18,5 × 7–13 cm, eifg-elliptisch. 0,15–0,25(–0,45). ♃ ⅄ 4–5. **Z** s Gehölzgruppen, schattige Rabatten ♠; ◗ ● ∧ (O-USA von Mississippi u. Georgia bis Kentucky u. N-Carolina: reiche LaubW, bes. auf Kalk, 50–400 m). [*T. sessile* var. *praecox* RAF., *T. sessile* hort. p. p. non L.]

**Keiliges D.** – *T. cuneatum* RAF.

**6\*** KrBl 55–110 × 20–35 mm, glänzend dunkel kastanienbraun bis purpurn, selten gelblich-grün. StaubBl 15–26 mm lg, Staubbeutel dunkel kastanienbraun, 13–24 mm lg. B aufrecht, nach Ananas u. Orangen duftend, später schlecht riechend. Bl 11–22 × 12–17 cm, eifg bis br eifg. 0,25–0,55. ♃ ♈ 5–6. **Z** s feuchte Gehölzgruppen ♠; ◐ ● ≈ (W-USA: S-Oregon, N-Kalif.: reiche, feuchte Nadel-LaubW, Unterhänge, BachauenW, 20–500 m – 1887). [*T. sessile californicum* hort.] **Geschecktes D.** – *T. kurabayashii* J. D. FREEMAN

**7** **(1)** B nickend, unter die Bl gebogen, geruchlos. KrBl zurückgebogen ........... **8**

**7\*** B aufrecht od. seitwärts gerichtet, nicht unter die Bl gebogen ................ **9**

**8** Narben am Grund verdickt, aufrecht bis zurückgebogen. Staubbeutel 2–6,5 mm lg, blass lavendelrosa. KrBl vom Grund an zurückgebogen, zur Hälfte hinter die KBlBasen, weiß, selten rosa. B meist unter den Bl verborgen. KrBl verkehrteilanzettlich, 15–25 × 9–15 mm. Bl 5–15 × 6–15 cm, zugespitzt, am Grund verschmälert, grün. 0,15–0,40. ♃ kurzes ♈ 5(–6). **Z** s feuchte Gehölzgruppen, Sumpfbeete ♠; ◐ ● ≈ (gemäß. O-USA, S-Kanada, von Virginia u. Iowa bis SO-Saskatchewan u. Neufundland: reiche FalllaubW, Sümpfe, im N feuchte NadelW, 30–600 m). **Nickendes D.** – *T. cernuum* L.

**8\*** Narben gleichmäßig dünn, stark gedreht bis aufrecht. Staubbeutel 5–14 mm lg, gelb. KrBl am Ende sichelfg zurückgebogen, am Grund trichterfg-röhrig, weiß od. rosa, verkehrteilanzettlich, 35–50 × 10–20 mm, ihre Ränder wellig. Bl elliptisch-eifg, 6,5–15 × 4–8 cm, oft purpurbraun überlaufen. 0,20–0,45. ♃ kurzes ♈ 4(–6?). **Z** s Gehölzgruppen ♠; ◐ ● ≈ ⊖ (SO-USA: Georgia u. Alabama bis N-Carolina: LaubW, *Rhododendron*-Gebüsch auf saurem Boden). **Rosa D.** – *T. catesbaei* ELLIOTT

**9** **(7)** Pfl sehr klein, 4–8 cm hoch. Stgⵁ 6eckig. Bl abgerundet bis stumpf, blaugrün, gestielt, Spreite eifg-elliptisch, 1,5–4,5 × 0,7–3,4 cm. B aufrecht, süß duftend. KrBl aufrecht-ausgebreitet bis zurückgebogen, weiß, 15–35 × 8–15 mm. 0,04–0,08. ♃ kurzes ♈ 2–4 (mit Schneeglöckchen). **Z** s schattige Rabatten ◐ ● ⊕ keine Laubauflage od. Humus, konkurrenzschwach ⋀ Spätfrostgefahr (gemäß. suboz.–subkont. O-USA von Missouri bis östl. South-Dakota u. Pennsylvania: Wälder über Kalkstein, Rutschhänge, Kalkschotter an Felsbasen, Spalten in Kalkklippen, 100–300 m).

**Kleines D.** – *T. nivale* RIDDELL

**9\*** Pfl 20–45 cm hoch. Stgⵁ rund. Bl zugespitzt, grün ........................ **10**

**10** Bl 4–14 mm lg gestielt, Spreite 12–18 × 8–20 cm, eifg, lg zugespitzt. KrBl weiß mit dunkelrotem, umgekehrt V-fg Zeichen, 20–50 × 10–20 mm, verkehrteilanzettlich, an der Spitze wellig. StaubBl 8–12 mm lg. 0,11–0,40. ♃ kurzes ♈ 4–6. **Z** s Gehölzgruppen; ● ⊖ (warmgemäß./mont. bis gemäß. O-USA u. SO-Kanada, von N-Georgia bis Michigan u. S-Quebec: NadelW u. Laub-NadelW auf saurem Humusboden, *Rhododendron*-Gebüsch, 10–1800 m – 1811). **Gewelltes D.** – *T. undulatum* WILLD.

**10\*** Bl sitzend. KrBl ohne dunkelrotes Zeichen ............................... **11**

**11** B aus röhrigem Grund br trichterfg ausgebreitet, geruchlos. KrBl 40–75 × 20–40 mm, verkehrteifg, selten rundlich, ± zugespitzt, einander überlappend, oben wellig, weiß, selten rosa. Bl 12–20 × 8–15 cm. StaubBl 9–27 mm, Staubbeutel gelb. 0,15–0,30. ♃ kurzes ♈ 4–6. **Z** s Gehölzgruppen ♆; ◐ ● (warmgemäß./mont. bis gemäß. O-USA u. SO-Kanada: N-Georgia bis Minnesota, Quebec u. Neuschottland: reiche FalllaubW u. Falllaub-NadelW, Auen, 20–700 m – 1799 – als einzige Art auch gefülltblütig).

**Großblütiges D.** – *T. grandiflorum* (MICHX.) SALISB.

**11\*** B aufrecht od. seitwärts gerichtet, aber über den Bl, nach nassem Hund riechend. KrBl 15–50 × 10–30 mm, lanzettlich bis eifg-lanzettlich, flach ausgebreitet, dunkel rotbraun, purpurn, selten blassgelb, auch weiß (var. *album* (MICHX.) PURSH). Bl 5–20 × 5–20 cm, br eifg-rhombisch, zugespitzt. StaubBl 5–15 mm lg, Staubbeutel dunkelbraun bis gelblich. 0,15–0,60. ♃ kurzes ♈ 4–5(–6?). **Z** s feuchte Gehölzgruppen, Sumpfbeete; ◐ ● ≈ ⊖ (warmgemäß./mont. bis gemäß. O-USA u. SO-Kanada, von N-Georgia bis S-Ontario u. Neuschottland: Falllaub- u. NadelmischW, Sumpfränder auf nährstoffreichen, kühlfeuchten, neutralen bis sauren Böden – 1635?, 1759 – viele Hybr).

**Stinkendes D.** – *T. erectum* L.

# Familie **Inkaliliengewächse** – *Alstroemeriaceae* DUMORT. 160 Arten

**Inkalilie** – *Alstroemeria* L. 60 Arten

Lit.: UPHOF, J. C. T. 1952: A revision of the genus *Alstroemeria*. Plant Life **8**: 37–53. – BAYER, E. 1987: Die Gattung *Alstroemeria* in Chile. Mitt. Bot. Staatssammlg. München **24**: 1–362.

1 Alle PerigonBl gefleckt. LaubBl nicht gedreht od. (*A. psittacina*) gedreht . . . . . . . . 2
1* Nur die inneren PerigonBl gefleckt. LaubBl stets um 90–180° gedreht . . . . . . . . . 3
2 Strahlen des BStandes 4–6, 1blütig. Äußere PerigonBl 2,7–4,6 × 0,6–1,2 cm, innere 3–4,4 × 0,2–0,8 cm, tiefrot mit grüner Spitze, rotbraun gefleckt. Bl lanzettlich, kahl, stumpf, 4–8 × 0,5–2 cm. 0,50–0,90. ⌂ ℔ Knollenwurzeln 6–8. **Z** s Rabatten, Staudenbeete ⚥; ❦ V ◐ Boden ≈ dräniert, nährstoffreich ⑧ (SO-Brasil., NO-Paraguay, NO-Argent.: feuchte Wiesen, meist im Baumschatten; eingeb. weiter in S-Am. u. SO-USA – 1822). [*A. pulchella* auct. non L. f. (nom. confus.?), *A. brasiliensis* SPRENG.]
Papageien-I. – *A. psittacina* LEHM.
2* Strahlen des BStands 2–4, (1–)2–3(–5)blütig. PerigonBl ± 3 cm lg, gelb bis bräunlichgelb. Bl schmal lanzettlich bis linealisch, spitz, 1,1–8 × 0,15–0,35 cm. 0,15–0,50. ⌂ ℔ Knollenwurzeln 6–7. **Z** s Rabatten ⚥; ❦ V ○ ◐ ⑧, auch Freiland mit ∧? (Chile, 34–36° s. Br.: steinige Flusstäler, 250–1700 m).
Verschiedenfarbige I. – *A. versicolor* RUIZ et PAV.
3 (1) B einzeln od. in Dolden mit bis 3 1blütigen Strahlen. PerigonBl weiß, rosa od. lila, äußere 38–55 × 20–32 mm, oben seicht bis tief ausgerandet, mit großer hellgrüner Spitze. Bl lanzettlich, bis 7 × 1,6 cm. 0,20–0,50. ⌂ ℔ Speicherwurzeln 6–8. **Z** s ⚥; nicht winterhart ⑧ (Chile um Valparaiso 32–33° s. Br.: steinige Standorte der Steilküste, bis 80 m – 1753, bei den Inkas lange vorher kult). [*A. peregrina* PERS.]
Küsten-I. – *A. pelegrina* L.
3* Strahlen des BStands mehrblütig . . . . . . . . . . . . . . . . . . . . . . . . . . . . . . . . . . . . . 4
4 BlRand mit >0,5 mm lg weißen Wimpern . . . . . . . . . . . . . . . . . . . . . . . . . . . . . . . 5
4* BlRand nicht bewimpert, glatt od. mit kleinen 3eckigen Papillen gezähnelt . . . . . . . 6
5 Oberstes PerigonBl deutlich kürzer als die seitlichen, abgespreizt. Obere innere PerigonBl schmal, 51–58 × 7,5–11 mm, die anderen deutlich überragend. B schmal trichterfg, Grundfarbe gelborange bis tief rotorange. 0,20–1,20(–1,90). ⌂ ℔ Knollenwurzeln 6–7. **Z** z, kult wie **7** (Chile 33–35° s. Br., Zwischenformen zu subsp. *ligtu* bis 37°, 0–1800 m). [*A. simsii* SPRENG., *A. pulchella* SIMS, *A. haemantha* var. *simsiana* HERBERT, *A. haemantha* auct. plur. non RUIZ et PAV.] **Sims-I.** – *A. ligtu* L. subsp. *simsii* (SPRENG.) E. BAYER
5* Oberstes PerigonBl kaum kürzer als die seitlichen, wenig abgespreizt. Obere innere PerigonBl br, 39–45 × 11–14 mm, die anderen nicht auffällig überragend. B trichterfg bis stieltellerfg, Grundfarbe rosa. (0,20–)0,45–0,60(–)0,80. ⌂ ℔ ⌇ Knollenwurzeln 6–7. **Z** v kult wie **6** (Chile, 35° s. Br.; 1100–1400 m).
Rosa I. – *A. ligtu* L. subsp. *incarnata* E. BAYER
6 (4) Bl der BStg laubig od. reduziert, am Rand glatt od. gezähnelt, 11–85 × 3–15 mm. Äußere PerigonBl 27–53 × 9,5–17 mm, spatelfg bis verkehrteifg, zuweilen spitz, stets deutlich bespitzt; innere obere die anderen deutlich überagend. B weiß, hellgelb, rosa od. rot. Rhizom kurz, knotig. 0,15–0,70. ⌂ ℔ 6–7. **Z** v Rabatten, Staudenbeete ⚥; ❦ Kaltkeimer ❦ ○ ≈ Dränage! ∧ Speicherwurzeln brüchig! lange am Ort lassen (Chile: 33–38° s. Br, 0–800 m – ± 1800 – kult meist „Ligtu-Hybriden", Gruppe von ∞ Sorten, Hybriden der subsp. von *A. ligtu* (u. anderer Arten?)).
Gewöhnliche I. – *A. ligtu* L. subsp. *ligtu*
6* Bl der BStg stets laubig, am Rand glatt, lanzettlich, 33–140 × 4–10(–20) mm. PerigonBl alle etwa gleichlg, äußere 33–60 × 9–25 mm, innere 37–63 × 6–16 mm, verkehrteifg bis rund, lg genagelt, stumpf, sehr kurz bespitzt. B gelb, orange od. tief orangerot mit rotbraunen Strichen. Rhizom langgestreckt, walzlich, mit Speicherwurzeln u. Ausläufern. 0,20–1,20. ⌂ ℔ ⌇ 6–8. **Z** z Rabatten, Staudenbeete ⚥; ❦ Kaltkeimer ❦ ○ ◐ ≈ Dränage! ∧ (Chile: 36–42° s. Br., Argent.: Rio Negro, Neuquén, Chubut: Straßenränder,

*Nothofagus*-Wald, 200–1800 m – 1826 – einige Sorten, Hybr mit anderen Arten?, besonders winterhart: 'Orange King': 0,70–0,90, B orange). [*A. aurantiaca* D. DON]

**Goldne I.** – *A. aurea* GRAHAM

## Familie **Zeitlosengewächse** – *Colchicaceae* DC.     225 Arten

**Zeitlose, Lichtblume** – *Colchicum* L. (incl. *Bulbocodium* L. u. *Merendera* RAMOND)

90 Arten

Lit.: STEFANOFF, B. 1926: Monographie der Gattung *Colchicum*. Sbornik Bulgarsk. Akad. Nauk. **22**: 1–100. – BOWLES, E. A. 1952: A handbook of *Crocus* and *Colchicum* for gardeners, ed. 2. London. – Vgl. auch die Bearbeitungen von K. PERSSON in Flora Iranica 1992 u. von C. D. BRICKELL in Flora of Turkey 1984.

Bem.: Als Wuchshöhe wird hier die Höhe der Pfl zur BZeit angegeben, außerdem wird die Länge der Bl angegeben, die oft zur BZeit noch unentwickelt sind. – Vermehrung meist ᵥ, bei V B erst nach 3–4 Jahren.

**1**  Griffel einfach, nur oben verzweigt. PerigonBl frei, genagelt, am Übergang der Spreite zum Nagel mit spitzen Öhrchen, die die PerigonBl verhaken u. so eine Röhre vortäuschen. B 1(–3), rosa, selten weiß, sternfg ausgebreitet. Bl 5–25 × 0,4–1,5 cm, mit Kapuzenspitze, mit den B erscheinend. 0,05–0,15. ♃ ☉ 2–3. **Z** z △; ᵥ V ○ Dränage, im Frühjahr nicht ∼, Knollen ± 10 cm tief; giftig! (Pyr., W-Alpen, Österr.: S-Kärnten: trockne mont.–subalp. Bergwiesen, Felsbänder, 600–2330 m – 1601). [*Bulbocodium vernum* L.]     **Frühlings-Lichtblume** – *C. bulbocodium* KER GAWL.

Ähnlich: **Verschiedenfarbige Lichtblume** – *C. versicolor* KER GAWL. [*Bulbocodium versicolor* (KER GAWL.) SPRENG.]: B kleiner, Bl schmaler (lt. bis Kauk.; ob kult?).

**1***  Griffel 3, bis zum FrKn frei. PerigonBl frei od. am Grund verwachsen . . . . . . . . . .  **2**

**2**  PerigonBl frei, nicht am Grund zu einer Röhre verwachsen (*Merendera* RAMOND) . .  **3**

**2***  PerigonBl am Grund zu einer lg Röhre verwachsen . . . . . . . . . . . . . . . . . . . . . . .  **6**

**3**  Staubbeutel an ihrem Grund am Staubfaden befestigt, nicht leicht beweglich. B rosalila mit weißer Mitte, 4–8 cm ∅. PerigonBlSpreiten 25–65 × 3–11 mm. Bl 7–22 × 0,3–1 cm, zur BZeit kaum entwickelt. 0,03–0,07. ♃ ☉ (7–)8–10. **Z** s △; ᵥ V ○ od. ⌀; giftig! (Span., Port., SW-Frankr.: Pyr.: trockne, steinige grasige Berghänge, Ericaceen- u. Stechginster-Heiden, subalp. Wiesen, 900–2500 m). [*Merendera montana* (L.) LANGE]     **Berg-Z.** – *C. montanum* L.

**3***  Staubbeutel in der Mitte des Rückens am Staubfaden befestigt, leicht beweglich (umzukippen) . . . . . . . . . . . . . . . . . . . . . . . . . . . . . . . . . . . . . . . . . . . . . . . . . . . . . . .  **4**

**4**  Pfl mit kleinen Knollen (∅ 7–15 mm) am Ende von 2–5(–9,5) cm langen, 3–8 mm dicken horizontalen Bodensprossen. LaubBl 3(–4), zur BZeit 2–10 × 0,3–0,9 cm, später 10–27 × 0,3–1,6(–2) cm. B 1(–3). PerigonBlSpreite linealisch bis schmal elliptisch, meist am Grund mit Öhrchen, 17–40 × 2–5(–8) mm, weiß, blassrosa od. purpurrosa. Staubbeutel graugelb bis schwarzpurpurn. 0,03–0,06. ♃ ☉ 2–3. **Z** s △; ᵥ V ○ od. ⌀; giftig! (O-Balkan, S- u. M-Türkei, Syr., Transkauk., N- u. W-Iran, Turkmenien, Afgh., SW-Tadschikistan: feuchte Grashänge, Schneeflecken, Quellflur-Ränder, (200–)1000–2400 m – 1835). [*Merendera sobolifera* C. A. MEY.]     **Sprossende Z.** – *C. soboliferum* (C. A. MEY.) STEF.

**4***  Pfl mit aufrechten, eifg Knollen, diese (15–)20–35 × 8–28 mm, ohne horizontale Bodensprosse. LaubBl (2–)3–6 . . . . . . . . . . . . . . . . . . . . . . . . . . . . . . . . . . . . . .  **5**

**5**  Bl (2–)3–4, kahl, zur BZeit 1,5–7 × 0,2–1,7 cm, kürzer als die B, später 10–22 × 0,4–3 cm. B 1–2(–3), weiß bis rosalila. PerigonBlSpreiten schmal verkehrteilanzettlich, 18–40 × 4–10 mm, meist mit Öhrchen. 0,05–0,10. ♃ (2–)3–4. **Z** s △; giftig! (Türkei außer NW, Kauk., Transkauk., N-Iran: trockne Berghänge, offne Wiesen, (750–)1300–2800 m –

1823). [*Bulbocodium trigynum* ADAMS, *Merendera trigyna* (ADAMS) STAPF]

**Arche-Noah-Z.** – *C. trigynum* (ADAMS) STEARN

**5\*** Bl (2–)4(–6), bewimpert od. am Rand unten rau, zur BZeit kurz, später bis 18 × 0,3–0,8 cm. B (1–)3–5(–6), weiß bis lila. PerigonBl linealisch bis schmal elliptisch, 15–27 × 2–5 mm, meist ohne Öhrchen. 0,03–0,06. ♃ ♂ 3–4. **Z** s △; ♥ ∨ ○ sommertrocken, geschützt; giftig! (Griech., S-Bulg., W- u. Z-Türkei: überweidete Kalkhänge, Schiefer-Schotter-hänge, offner KiefernW: 100–2000 m). [*Merendera attica* (TOMM.) BOISS. et SPRUN.]

**Attische Z.** – *C. atticum* TOMM.

**6** (2) Staubbeutel an ihrem Grund am Staubfaden befestigt, nicht beweglich. Bl useits deutlich gerippt. B stark duftend. Narbe punktfg, nicht herablaufend . . . . . . . . . . . **7**

**6\*** Staubbeutel in der Mitte des Rückens am Staubfaden befestigt, leicht beweglich. Bl useits glatt. Narbe punktfg od. bis 5 mm am Griffel herablaufend . . . . . . . . . . . . . . **8**

**7** B 1–2(–4), gelb, schmal trichterfg, in der Sonne ausgebreitet; Perigonzipfel 13–45 × 1,5–11 mm, die Nerven oft purpurbraun. Bl (2–)3–4(–6), zur BZeit 1–4,5(–9) × (0,2–)0,7–3 cm, kürzer als die B, später 10–25(–30) × 0,6–3 cm. Knolle 1,5–6,5 × 1–3 cm, 7–28 cm tief. 0,03–0,12. ♃ ♂ 2–3. **Z** s △; kult wie **7\***; giftig! (O-Afgh., Pakistan, W-Indien: W-Himal., W-Pamir-Alai, W-Tienschan: mont.–alp. Rasen, feuchte Hänge, Schneeflecken, offne Gehölze, (600–)800–3900 m – 1874).

**Gelbe Z.** – *C. luteum* BAKER

**7\*** B 1–2(–5), weiß, außen mit dunkelvioletten Streifen, trichterfg, in der Sonne ausgebreitet; Perigonzipfel 15–35 × 1,5–8 mm. Bl (2–)4–7(–9), zur BZeit 1–7,5 × 0,2–1,4 cm, später 5–18 × 0,2–1,4 cm. Knolle 1–2,5 cm ⌀. 0,03–0,10. ♃ ♂ 2–3. **Z** s △; ∨ ○ Dränage, sommertrocken, geschützt od. ⓐ, heikel; giftig! (O-Afgh., W-Pamir-Alai, W-Tienschan: mont.–alp. Grasland, subalp. Steppen, feuchte Senken, Hänge u. Plateaus, (450–) 2000–4000 m). [*C. regelii* STEF.]

**Kesselring-Z.** – *C. kesselringii* REGEL

**8** (6) BZeit Spätwinter bis Frühjahr. Bl mit den B oder gleich danach erscheinend . . . **9**

**8\*** BZeit Herbst. Bl im Frühjahr erscheinend . . . . . . . . . . . . . . . . . . . . . . . . . . . . . **10**

**9** Bl 2(–3), kahl, zur BZeit 1–13 × 0,4–3 cm, später 10–30 × 0,7–4,5 cm. B 1–7, weiß od. hellrosa bis tief lilarosa; Perigonzipfel (16–)20–39 × (2–)5–10(–12,5) mm, meist am Grund mit Öhrchen. Staubbeutel blassgelb bis schwarzviolett. 0,03–0,10. ♃ ♂ 2–4(–5?). **Z** s △, ♥ ○ geschützt, sommertrocken, frühjahrsfeucht; giftig! (NO-Balkan, Türkei, NO-Irak, Transkauk., N-, W- u. Z-Iran, Turkmenien: oft Massenbestände in feuchten alpinen Wiesen, Schneeflecken, Bachufer, sumpfige Senken, nasser Lehm, 200–3600 m). [*C. bifolium* FREYN et SINT., *C. hydrophilum* SIEHE]

**Vorfrühlings-Z., Szovits-Z.** – *C. szovitsii* FISCH. et C. A. MEY.

**9\*** Bl 2(–3), am Rand silbrig bewimpert, zur BZeit 3–10 cm lg, später bis 20 × 1–2 cm, zurückgebogen. B 1–8; Perigonzipfel 20–30 × 6–7 mm, blass purpurrosa bis weiß. Staubbeutel schwarzpurpur. 0,03–0,06. ♃ ♂ (12–)1–3(–4). **Z** s △; ♥ ○ Schnecken! besser ⓐ; giftig! (SW-Ung., Dalmatien: felsige Rasen, 50–800 m – var. *albiflorum* MALY: B weiß).

**Ungarische Z.** – *C. hungaricum* JANKA

Bem.: Oft in diese Art eingeschlossen wird die **Dörfler-Z.** – *C. doerfleri* HALÁCSY: Bl auch useits behaart, nicht zurückgebogen. B lilarosa bis purpur-karminrot. **Z** s; giftig! (O-Alban., Mazed., SW-Bulg., N-Griech. bis Athos u. Olymp: trockne Hänge auf Kalk u. Serpentin, 100–2000 m).

**10** (8) Perigonzipfel schachbrettartig rosalila/weiß gemustert . . . . . . . . . . . . . . . . . **11**

**10\*** Perigonzipfel nicht schachbrettartig gemustert, einheitlich gefärbt od. am Grund heller bis weiß, dort zuweilen gelb gefleckt (vgl. aber Sorten von **17\***) . . . . . . . . . . . . . . **15**

**11** Narben punktfg, <1,5 mm an den Griffeln herablaufend. B 3–25; Perigonzipfel oft nur schwach schachbrettgemustert, blass lilapurpurn bis tief purpurrosa, (40–)50–75 × 12–25 mm, entlang der Staubfadenkanäle behaart. Staubbeutel gelb. Griffel die Perigon meist überragend. Bl schmal elliptisch bis lanzettlich, aufrecht, 30–40 × (4–)5,5–7(–11,5) cm, stumpf, bald nach der BZeit erscheinend. 0,10–0,28. ♃ ♂ 8–9(–10). **Z** z Rasen, Gehölz-ränder, Rabatten ⚥; ♥ ∨ Sa frisch, B nach 4–6 Jahren ○; giftig! (S-Türkei außer O, Syr., Libanon: Felshänge, Bachufer, zwischen Kalkblöcken, Eichen- u. KiefernW, 35–1980 m

– 1571). [*C. byzantinum* KER GAWL. var. *ciljcicum* BOISS.]

**Zilizische Z.** – *C. ciljcicum* (BOISS.) DAMMER

Bem.: *C.* × *byzantinum* KER GAWL. s. str. ist wohl ein Garten-Hybr von *C. ciljcicum*, schon aus dem 16. Jh. bekannt; nicht in der Türkei.

**11\*** Narben >1,5 mm an den Griffeln herablaufend ........................... **12**

**12** Bl 3–7, am Boden ausgebreitet, ihre Ränder meist wellig. Perigonzipfel kahl. Staubbeutel vor dem Öffnen schwarzpurpurn od. purpurbraun .................... **13**

**12\*** Bl (3–)5–9(–11), ± aufrecht, am Rand nicht wellig, aber zuweilen an der Spitze gedreht. Perigonzipfel innen an den Rändern der Staubfadenkanäle behaart. Staubbeutel schwarzpurpurn od. gelb ......................................... **14**

**13** Perigonzipfel mit starkem Schachbrettmuster, ausgebreitet, (22–)40–60(–70) × (5–) 10–20(–25) mm, oft am Ende gedreht, spitz od. stumpf, am Grund kaum verschmälert. Narbe 1,5–2,5 mm herablaufend. Bl 3–4, lineal-lanzettlich, wellig, etwas blaugrün, 9–15 × 0,7–2,5 cm. 0,07–0,18. ⌾ ♂ (9–)10–11. **Z** z Rasen, Gehölzränder, Staudenbeete ⚥, ♈ ⱴ ○ ◐; giftig! (Griech., Ägäis, SW-Türkei: offne Tannen- u. KiefernW, Roterde zwischen Kalkblöcken, Macchien, Wacholder- u. Erika-Gebüsch, 150–1450 m – 1629 – oft mit **13\*** verwechselt).                    **Späte Schachbrett-Herbstz.** – *C. variegatum* L.

**13\*** Perigonzipfel mit schwachem Schachbrettmuster, halb aufrecht, kaum wellig, zugespitzt, am Grund deutlich verschmälert, dort mit orangem Fleck. 0,07–0,14. ⌾ ♂ 9(–10). **Z** Rasen, Gehölzränder, Staudenbeete ⚥; ♈ ⱴ ○ ◐ kult leicht; giftig! (Hybr: *C. variegatum* L. × *C. autumnale* L.?, Herkunft Türkei? – 1879).

**Frühe Schachbrett-Herbstz.** – *C.* × *agrippinum* BAKER

**14** (12) PerigonBl mit deutlichem Schachbrettmuster, purpurrosa, am Grund oft weiß, schmal bis br elliptisch, (40–)55–70(–85) × (8–)20–30(–35) mm. B 1–6, br glockig; Staubbeutel schwarzpurpurn od. braunpurpurn. Narben (2–)3–4 mm herablaufend. Bl (5–)6–9(–11); (12–)20–35 × (1–)2(–5) cm. 0,08–0,20. ⌾ ♂ (9–)10(–11). **Z** z Rasen, Gehölzränder, Staudenbeete ⚥; ♈ ⱴ ○ ◐; giftig! (It., Sizil., Sardinien, Balkan, W-Türkei: trockne Wiesen, offne Eichen-, Kiefern- u. BuchenW, Gebüsch, Bachufer, 50–1850 m – 1890). [*C. latifolium* SIBTH. et SM., *C. sibthorpii* B. L. BURTT p. p.]

**Balkan-Herbstz., Bivona-Herbstz.** – *C. bivonae* GUSS.

**14\*** Perigonzipfel mit schwachem Schachbrettmuster od. ohne Schachbrettmuster, 40–60 × 10–15 mm. B 1–4 (–6), glockig-trichterfg, rosalila; Staubbeutel gelb. Narben 3–5 mm herablaufend. Bl 3–5, aufrecht, (12–)20–40 × (1–)2–7 cm, meist stumpf. 0,08–0,16. ⌾ ♂ (8–)9(–10). **W. Z** z Rasen, Gehölzränder; ♈ ⱴ ○ ◐ ≈; giftig! (S-, W- u. südl. Z-Eur. bis W-Ukr. u. Weißruss.: Feuchtwiesen, AuW – 1561 – wenige Sorten: 'Album', Schnee-Herbstz.: B weiß, kleiner; 'Albiplenum': B weiß, gefüllt, Pfl schwachwüchsig; 'Plenlflorum': B lilarosa, gefüllt, BZeit sehr spät, Pfl schwachwüchsig).            **Herbstzeitlose** – *C. autumnale* L.

Bem.: Nur geringfügig abweichende Formen sind *C. tenorii* PARL.: B mit schwachem Schachbrettmuster (It.); *C. longiflorum* A. CAST. [*C. neapolitanum* TEN.]: B kleiner, äußere Perigonzipfel 7–12 mm br. Bl lineal-lanzettlich, kürzer, 2,5–4 cm br (S-Eur.); *C. parnassicum* BOISS.: Bl gebogen (Griech.).

**15** (10) Narben an den Griffeln 1,5 mm od. mehr herablaufend ................ **16**

**15\*** Narbenfläche punktfg od. <1 mm herablaufend ........................... **18**

**16** Staubbeutel vorm Öffnen purpurn od. purpurbraun. B 1–3(–6), glockig, Perigonzipfel 45–70 × 11–25 mm, verkehrteilanzettlich, purpurrosa, im Schlund oft weiß. Narbe 0,5–1,5 mm herablaufend, Griffelspitze deutlich angeschwollen. Bl 3–4, schmal elliptisch, 17–25 × 2,6–4,5 cm. 0,12–0,25. ⌾ ♂ 8–9. **Z** z Rasen, Gehölzränder, Staudenbeete ⚥; ♈ ⱴ ○ ◐; giftig! (nördl. Z-Türkei: Buchen- u. TannenWRänder, Wiesen, 1000–1900 m – 1892).                           **Riesen-Herbstzeitlose** – *C. bornmuelleri* FREYN

Bem.: Unter diesem Namen werden oft Formen von *C. speciosum* mit weißem Schlund angeboten, diese haben aber gelbe Staubbeutel. – PERSSON in Fl. Iranica 1992: 33 betrachtet *C. bornmuelleri* als Synonym von *C. speciosum*, **17**.

**16\*** Staubbeutel vorm Öffnen gelb . . . . . . . . . . . . . . . . . . . . . . . . . . . . . . . . . . . . **17**
**17** Staubbeutel 5–8 mm lg. B schmal glockig. Knollen <5 cm ⌀. *C. autumnale*, s. **14\***
**17\*** Staubbeutel (6–)10–12(–13) mm lg. Knollen >5 cm ⌀. B 1–3(–4), br glockig, blassrosa
bis tief purpurrosa, im Schlund oft weiß; Staubfädenkanäle behaart. Perigonzipfel
45–80 × 10–30 mm, abgerundet bis spitz. Narbe 2–4 mm herablaufend. Bl (3–)4–5,
± aufrecht, schmal elliptisch bis verkehrteilanzettlich, 18–30(–50) × 5,5–9,5 cm, stumpf.
Griffelspitze kaum angeschwollen. 0,12–0,25(–0,30). ⚃ ♋ 9–10. **Z** v Staudenbeete,
Gehölzränder, Rasen ⚥; ♆ ∨ ○ ◑; giftig! (NO-Türkei, Kauk., NW-Iran: alp. Wiesen,
feuchte, steinige Rasenterrassen, Bachufer, offne Macchien u. Wälder, (600–)
1200–3000 m – 1874 – einige Sorten, z. B. 'Album', Riesen-Schnee-Herbstz.: B rein-
weiß; 'The Giant': 0,20–0,30. B 1–5, lilarosa mit weißer Mitte u. schwachem Schach-
brettmuster, 9–10; 'Waterlily' [*C. autumnale* 'Albiplenum' × *C. speciosum*]: 0,10–0,16, B
1–5, lilarosa, 10–11; 'Lilac Wonder': 0,20–0,30, B lilarosa, am Grund innen weiß längs-
gestreift; 'Glory of Helmstede': 0,10–0,20, B 1–6, purpurrot mit Schachbrettmuster, duf-
tend; 'Violet Queen': 0,10–0,15, B 1–5, dunkelviolett mit Schachbrettmuster, 8–9;
'Autumn Queen': 0,12–0,20, B 1–4, mit violettem Schachbrettmuster auf weißem
Grund, 9) **Prächtige Herbstz., Kaukasus-Herbstz.** – *C. speciosum* STEVEN

Ähnlich: **Persische H.** [*C. persicum* BAKER [*C. haussknechtii* BOISS.]: Staubfadenkanäle kahl. B 2–7(–9),
br trichterfg. Perigonzipfel useits am Grund oft gerippt. Bl (4–)5–11(–13), 7–32 × 0,4–10 cm. **Z** s (SO-
Türkei, Syr., Libanon, NO-Irak, N- u. W-Iran: trockne, steinige Hänge, Halbwüsten, Sand-, Lehm- u.
Salzboden, 1000–3300 m). – Zu **17\*** gehört nach PERSSON in Fl. Iranica 1992 auch *C. giganteum*
LEICHTLIN ex ARN. [*C. illyricum superbum* hort. nom. invalid.], das sich nach Fl. of Turkey 1984 durch
br trichterfg, nicht glockige B u. die nur 1 mm herablaufende Narbe unterscheiden soll.

**18** (15) Perigonzipfel purprlila bis purpurrosa, meist 50–75 × 11–25 mm. Bl sehr schmal
elliptisch bis lanzettlich . . . . . . . . . . . . . . . . . . . . . . . . . . . . . . . . . . . . . . . . **19**
**18\*** Perigonzipfel weiß bis purpurrosa, meist 15–45 × 2–12 mm. Bl bandfg bis lineal-lanzett-
lich . . . . . . . . . . . . . . . . . . . . . . . . . . . . . . . . . . . . . . . . . . . . . . . . . . . . . . . **20**
**19** Staubbeutel gelb. Narbe punktfg od. bis 0,5 mm herablaufend. B meist 3–25. Griffel
gerade od. schwach gebogen. *C. cilicicum*, s. **11**
**19\*** Staubbeutel purpurn od. purpurbraun. Narben 0,5–1,5 mm herablaufend. B 1–3(–6).
Griffel schwach gebogen. *C. bornmuelleri*, s. **16**
**20** (18) B schmal glockig bis trichterfg. Staubbeutel 2–3 mm lg B 2–3, 8–15 × 0,2–1,4 cm.
B 1–2. Perigonzipfel purpurrosa, zuweilen weiß, schmal verkehrteilänglich. Narbe
punktfg. 0,05–0,08. ⚃ ♋ 8–9. **Z** s; giftig! (Alpen, Apennin, Korsika, Sardinien: trockne
Bergwiesen, bis 1800 m). **Alpen-Herbstz.** – *C. alpinum* DC.
**20\*** B trichter- bis sternfg. Staubbeutel 3–4 mm lg. Bl 3–8, bandfg, 8–17 × 1–2,7 cm. B
1–6. Perigonzipfel weiß bis purpurrosa, schmal, 15–30 × 2–6 mm. 0,03–0,06. ⚃ ♋
8–9. **Z** s; giftig! (Rum., Krim, N-Türkei: Wiesen, feuchtes, offnes Waldland, Wald-
lichtungen, oft auf Lehm). [*C. arenarium* var. *umbrosum* KER GAWL.]
**Schatten-Herbstz.** – *C. umbrosum* STEVEN

Familie **Liliengewächse** – *Liliaceae* JUSS.                                    650 Arten

Bem.: Die systematische Stellung einiger Gattungen der früher weiter gefassten Liliengewächse wird
noch unterschiedlich beurteilt. *Calochortus, Tricyrtis* u. *Streptopus* stellt Fl. N-Am. (2002) zu den
*Liliaceae*, TAMURA in KUBITZKI (1998) in eine eigene Familie *Calochortaceae*; *Tricyrtis, Streptopus* u.
*Uvularia* werden auch zu den *Colchicaceae* gestellt, hier wie bei ERHARDT et al. 2002 zu den
*Convallariaceae*. – Die *Convallariaceae* können in die *Ruscaceae*, die *Hostaceae* in die *Agavaceae*
eingeschlossen werden.

**1** LaubBl lg gestielt, Spreite br herzfg. B 15–20 cm lg, lg trompetenfg, zu 3–25 in traubi-
gem BStand, weiß, grün getönt, innen purpurrot gestreift. Ränder der Kapselfächer
gezähnt. Staubbeutel in der Mitte ihres Rückens am Staubfaden befestigt. Stg >1,20 m
hoch. **Riesenlilie** – *Cardiocrinum* S. 688

**1\*** LaubBl höchstens kurz od. in der Erde gestielt, linealisch bis eifg, nicht herzfg. Fächer der Kapselränder nicht gezähnt. Staubbeutel am Grund od. in der Mitte befestigt . **2**
**2** LaubBl 2, scheingegenständig, ± netznervig, oft gefleckt. PerigonBl vom Grund an zurückgeschlagen. Staubbeutel am Grund befestigt. **Hundszahn** – *Erythronium* S. 680
**2\*** LaubBl 1–∞, wechselständig od. quirlig. PerigonBl nach innen eingebogen, ausgebreitet od. glockig bis turbanfg zurückgekrümmt, nicht am Grund zurückgeschlagen .. **3**
**3** Griffel (fast) fehlend, Narbe dem FrKn unmittelbar aufsitzend. Staubbeutel am Grund befestigt . . . . . . . . . . . . . . . . . . . . . . . . . . . . . . . . . . . . . . . . **4**
**3\*** Griffel vorhanden. Staubbeutel am Grund od. am Rücken befestigt . . . . . . . . . . . . **5**
**4** Äußere BHüllBl lanzettlich, viel schmaler als die inneren, zuweilen kelchartig u. grün; innere verkehrteifg, am Grund behaart u. mit Nektargrube.
**Mormonentulpe** – *Calochortus* S. 672
**4\*** Innere u. äußere BHüllBl kaum verschieden, ohne Nektargrube. **Tulpe** – *Tulipa* S. 673
**5** **(3)** BHüllBl < 5 mm br, zur FrZeit erhalten bleibend, gelb, außen oft grünlich, sternfg ausgebreitet. GrundBl 1–2; unter dem doldenfg BStand 2 HochBl. Zuweilen in Gehölzgruppen u. schattigen Rabatten kultiviert **W**, vgl. Bd 2–4! **Goldstern** – *Gagea*
**5\*** BHüllBl > 5 mm br, zur FrZeit abgefallen. Bl 3–>100 . . . . . . . . . . . . . . . . . . . . . . **6**
**6** Staubbeutel meist am Grund befestigt. B nickend. BHüllBl nicht od. nur an der Spitze zurückgebogen, innen am Grund mit auffälliger Nektargrube, oft mit Schachbrettmuster. Bl sitzend, grün od. blaugrün, oft < 10. **Fritillarie, Schachblume** – *Fritillaria* S. 682
**6\*** Staubbeutel in der Mitte des Rückens befestigt, leicht beweglich. B aufrecht od. horizontal; wenn nickend, dann PerigonBl turbanfg zurückgerollt, ohne auffällige Grube. Bl sitzend od. kurz gestielt, grün, immer(?) > 20. **Lilie** – *Lilium* S. 689

**Mormonentulpe** – *Calochortus* PURSH                                   65 Arten

Bem.: B sehr attraktiv, aber **alle Arten** heikle LiebhaberPfl, **Z** s; V ⚥: Brutzwiebeln, herbst-frühjahrsgrün, ± frostempfindlich, evtl. Ⓐ, im Freiland geschützt, gute Dränage!, im Sommer ~, Nässeschutz, *C. albus* u. *C. amabilis* ◐ ○, übrige ○.

**1** B nickend, geschlossen, kuglig bis eilänglich, 2–∞. GrundBl zur BZeit erhalten . . . **2**
**1\*** B aufrecht od. abstehend, offen, glockig, 1–10 . . . . . . . . . . . . . . . . . . . . . . . . . . . **3**
**2** B weiß bis tiefrosa (var. *rubellus* GREENE); äußere PerigonBl 10–15 mm, den inneren anliegend, innere elliptisch, 10–25 mm lg. Bl linealisch, 30–70 cm lg. 0,20–0,80. ♃ ☉ 6–8 (Kalif.: schattige Stellen in offnem Waldland u. Gebüsch, 0–2000 m).
**Weiße M.** – *C. albus* (BENTH.) DOUGLAS ex BENTH.
**2\*** B tiefgelb; äußere PerigonBl 15–20 mm, ausgebreitet, innere 16–20 mm, bewimpert. Bl linealisch, 20–50 cm, etwas blaugrün. 0,10–0,50. ♃ ☉ 6–7 (NW-Kalif.: offne Wälder u. Gebüsch, 100–1000 m). **Goldne M.** – *C. amabilis* PURDY
**3** **(1)** Fr nickend. PerigonBl nicht auffällig gefleckt od. gestreift, innere 8–12 mm lg, am ganzen Rand stark bewimpert, oseits nur über der Drüse behaart, verkehrteifg, zugespitzt, hellblau. B 1–10. GrundBl zur BZeit erhalten. 0,03–0,20. ♃ ☉ (5–)6 (N-Kalif.: Waldlichtungen auf Kies, 600–2500 m).
**Hellblaue M.** – *C. coeruleus* (KELLOGG) S. WATSON
**3\*** Fr aufrecht. PerigonBl gefleckt od. gestreift, > 20 mm lg. StgGrund mit Brutzwiebeln. Nektardrüsen dicht behaart. GrundBl zur BZeit verwittert . . . . . . . . . . . . . . . . . . . **4**
**4** PerigonBl 30–50 mm lg, gelb, weiß, purpurn od. dunkelrot, am Grund dunkel gefleckt, meist darüber ein 2., hellerer Fleck. Nektardrüse quadratisch, kurz behaart. B 1–6(–10). 0,10–0,60. ♃ ☉ 5–7 (Kalif.: Gras- u.Waldland, GelbkiefernW, auf Sand, 300–2700 m).
**Schmetterlings-M.** – *C. venustus* BENTH.

Ähnlich: **Glänzende M.** – *C. splendens* DOUGLAS ex BENTH.: Ebenfalls mit quadratischer, behaarter Nektardrüse, aber äußere PerigonBl tieflila, oft purpurn gefleckt. innere 30–50 mm, lavendelfarben bis tief purpurn, mit purpurnem Fleck am Grund. 0,20–0,60. ♃ ☉ ♌ (7–)8 (S- u. W-Kalif., NW-Mex.: KiefernW, Gebüsch, bis 2800 m).

**4\*** PerigonBl weiß bis rosa od. purpurn, nicht gelb. Nektardrüsen ± 3eckig-pfeilfg od. 1–2mal mondsichel- od. winkelfg. B 1–3 . . . . . . . . . . . . . . . . . . . . . . . . . . . . . **5**

**5** Nektardrüsen 3eckig-pfeilfg. PerigonBl 4–6 cm, innere purpurn, useits mit grünem Mittelstreifen. 0,20–0,50. ⳽ ☉ (7–)8 (NO-Kalif. u. N-Nevada bis südl. Brit. Columbia u. Montana: *Artemisia*-Gebüsch u. GelbkiefernW auf Vulkanboden, 300–2700 m).
           **Gestreifte M.** – *C. macrocarpus* DOUGLAS

**5\*** Nektardrüsen in Form von 1–2 Mondsicheln od. Winkeln . . . . . . . . . . . . . . . . . . . . **6**

**6** Nektardrüsen in Form von 2 Mondsicheln. PerigonBl 3–4 cm, weiß bis purpurn mit rotbraunem, von blassgelber Zone umgebenem Basalfleck. 0,30–0,50. ⳽ ☉ 6–7 (NW- u. Z-Kalif.: immergrüner Misch- u. KiefernW auf Ton, 500–900 m).
           **Vesta-M.** – *C. vestae* PURDY

**6\*** Nektardrüse in Form von 1 schmalen Mondsichel od. Winkel. PerigonBl 2–4 cm, weiß, gelblich od. lavendelfarben, mit braunem od. purpurnem, gelb umrandetem Basalfleck, äußere lanzettlich, innere verkehrteifg. 0,40–0,60. ⳽ ☉ 6–7 (Kalif.: trockne offne Hänge, GelbkiefernW, 0–1700 m).    **Getüpfelte M.** – *C. superbus* PURDY ex HOWELL

**Tulpe** – *Tulipa* L.                100 Arten

Lit.: HALL, A. O. 1940: The genus *Tulipa*. London. – BOTSCHANTZEVA, Z. P. 1982: Tulips. Rotterdam. (Nur Arten aus der ehem. Sowjetunion, Artwert nicht diskutiert) – STORK, A. L. 1984: Tulipes sauvages et cultivées. Ser. document. 13 Conserv. et Jard. Bot. Genève. – BRYAN, J., GRIFFITHS, M. (eds.) 1995. Manual of bulbs. Portland.

Bem.: Alle Arten sind frühjahrs(–frühsommer)grün. – In den Heimatgebieten geschützt. – Mehrere unter „ähnlich" genannte Arten verdienen wohl nur den Rang von Unterarten. Dafür spricht auch die leichte Kreuzbarkeit innerhalb der beiden Sektionen. Mehrfach wurden Anthocyan-Mangel-Mutanten (gelb statt rot) als Arten beschrieben, die bisher nur z.T. zu Varietäten zurückgestuft wurden (vgl. **6, 22\*, 23, 23\***) – Kultur aller Arten ⳽ V Kaltkeimer, 5–7 Jahre bis zur Blühreife, Tochterzwiebeln 2–3 Jahre. Die Wildarten können lange am Ort verbleiben, bei Gartentulpen evtl. Standort wechseln wegen *Botrytis tulipae* (Tulpenfeuer) an jungen Wurzeln, Zwiebeln u. Sprossen. Schnecken! Grüne Bl nicht abschneiden, Boden im Frühjahr feucht, im Sommer trockenwarm, andernfalls Zwiebeln zum Reifen herausnehmen. Boden dräniert, Standort evtl. hängig. Dünger stickstoffarm, kein Mist. – Die unterirdischen Ausläufer (**5, 6, 8\*, 18?, 24**) sind hier Ausstülpungen des Grundes der Blattscheide, auf deren Innenseite die Knospe auswandert und am Ende eine neue, im ersten Jahr nicht blühfähige Zwiebel bildet.

**1** Staubfäden u. BHüllBl am Grund behaart. Bl 0,5–2,5 cm br, selten (*T. saxatilis*, **5**) bis 4,5 cm br. B am Grund verschmälert, äußere HüllBl schmaler als innere, diese spitz, bei **5** nur kurz zugespitzt (sect. *Eriostemones*) . . . . . . . . . . . . . . . . . . . . . . . . **2**

**1\*** Staubfäden u. BHüllBl am Grund kahl. Bl 0,5–16 cm br. Innere BHüllBl abgerundet, ausgerandet, stumpf od. spitz, meist nicht breiter als äußere (sect. *Tulipa*) . . . . . . . . **10**

**2** BHüllBl oseits elfenbeinweiß mit gelbem Grund, useits oft grünlich od. violett überlaufen. Bl blaugrün, matt, bandfg, aufrecht bis zurückgebogen, <2,5 cm br. Zwiebelhülle innen seidig-filzig behaart. B br glockig, FrKn mit kurzem Griffel . . . . . . . . . . . . . . **3**

**2\*** BHüllBl gelb, orange, rot, violett od. rosa. Bl grün od. blaugrün. B glockig od. sternfg ausgebreitet . . . . . . . . . . . . . . . . . . . . . . . . . . . . . . . . . . . . . . . . . . . . . . . . . . **4**

**3** Stg weiß flaumhaarig, mit (2–)4–8(–12) B. Bl (2–)4–5. Staubbeutel purpurn, braun od. gelb mit purpurner Spitze. Äußere BHüllBl 1,2–2,5 × 0,3–0,6 cm, innere 1,1–2,4 × 0,4–1,1 cm. Knospe aufrecht. (Abb. **674**/3). 0,10–0,30. ⳽ ☉ 3(–4). **Z** z △ Rabatten; ⳽ V ○ Dränage (W-Tienschan, W-Pamir, mont.-subalp. Ahorn- u. Wacholder-Gehölze, Steppen, 800–3000 m – 1880).     **Turkestanische T.** – *T. turkestanica* REGEL

**3\*** Stg kahl, mit 1–2(–6) B. Bl 5–10(–15) × 0,5–1(–2) cm, stets 2. Äußere BHüllBl 1,7–3 × 0,4–0,5 cm, innere fast doppelt so br, 2–3,2 × 0,4–1 cm. Staubbeutel 2–3 mm lg, gelb, oft mit schwarzer Spitze. Zwiebelschuppen häutig. 0,10–0,13(–0,20). ⳽ ☉ 3–4. **Z** z △; ⳽ V ○ (SO-Russl., O-Türkei, Kauk., Iran, NO-Irak, Kaspische Wüste, vereinzelt Serb., Jordanien, Ägypten: Salzsteppen; im W-Tienschan vertreten durch die sehr ähnliche *T. bifloriformis* VVED.: Staubbeutel 5–6 mm lg, Zwiebelschuppen ledrig; im Alai durch *T. subbiflora* VVED.: Staubbeutel 4–5 mm lg – 1806).    **Zweiblütige T.** – *T. biflora* PALL.

Ähnlich, wohl Unterart: **Mehrfarbige T.** – *T. polychroma* STAPF [*T. buhseana* BOISS.]: Pfl mit Ausläufern (?). Bl 2(–4). Knospe nickend. BHüllB bis 4,5 cm lg, 0,06–0,17. ⳽ ☉ 3(–4). **Z** s (O-Kauk., Transkauk., N-Iran, N-Afgh.: tonige u. steinige *Artemisia*-Halbwüsten – 1894).

**4 (2)** BHüllBl rot, kupferrot, purpurviolett od. zartrosa mit gelbem Grund, selten fast weiß u. mit bläulichem Basalfleck, wenn goldgelb, dann meist am Grund mit schwarzem Fleck .............................................................. **5**

**4\*** BHüllBl oseits einfarbig gelb od. gelb mit weißer Spitze, ohne andersfarbigen Basalfleck, useits zuweilen purpurn od. grünlich überlaufen ...................... **7**

**5** Knospe nickend. BHüllBl zartrosa od. purpurlila mit gelbem Basalfleck. Bl 2–4, am Stg verteilt, grün, glänzend. Pfl mit Ausläufern, ohne Samenbildung. BHüllBl eifg, kurz zugespitzt, äußere 3,8–5 × 1–2 cm, innere 4–5,5 × 1,5–3 cm. Staubbeutel dunkelgelb bis braun od. violett. 0,15–0,45. ♃ ☉ ⚭ (3–)4(–5). **Z** z Rabatten △; ∨ ○ (Kreta, Rhodos, W-Türkei: humusreiche Kalkfelslöcher, Äcker, 100–490 m – 1587 u. 1877 – wenige Sorten: 'Lilac Wonder': reich blühend, BHüllBl fliederfarben mit zitronengelbem Basalfleck; 'Bakeri' [*T. bakeri* HALL]: nur ± 10 cm hoch, reich blühend, B tief purpurrosa).
**Kandia-T.** – *T. saxatilis* SIEBER ex SPRENG.

**5\*** Knospe aufrecht. Pfl bis 20(–35) cm hoch .............................. **6**

**6** BHüllBl kupferrot bis orange, selten gelb u. rot überlaufen, mit schwärzlichem, zuweilen gelb berandetem Basalfleck. Staubbeutel 7–12 mm lg, dunkeloliv. B 1–4, kuglig bis sternfg ausgebreitet; äußere HüllBl 3–6 × 1–1,8 cm, innere 3–6 × 1,2–2,1 cm. Stg kahl od. flaumig behaart. Bl 2–7, bis 20 × 2 cm, grün, kahl, am Rand oft rötlich. Pfl mit Ausläufern (? ENCKE 1958). 0,10–0,20(–0,35). ♃ ☉ ⚭? 4–5. **Z** s △ Rabatten; ♈ ∨ ○ (SO-Balkan, Kreta, W-Türkei: SchwarzkiefernW, Äcker, Straßenränder, 0–1700 m – 1861). [*T. hageri* HELDR., *T. whittallii* HALL]  **Orphanides-T.** – *T. orphanidea* BOISS. ex HELDR.

Bem.: Bei *T. orphanidea* s. str. sind die BHüllBl bronzefarben bis orange, bei *T. hageri* matt dunkel kupferrot mit gelbem Basalfleck, bei *T. whittallii* orangefarben mit dunklem, gelb umrandetem Basalfleck; diesen Farbvarietäten wird kein Artrang zugesprochen. – *T. orphanidea* steht *T. sylvestris*, **8\*** nahe.

**6\*** BHüllBl purpurn bis dunkelviolett od. blassrosa mit gelbem, grünem od. schwarzblauem Basalfleck, selten weißlich u. rosa überlaufen mit bläulichem od. violettem Basalfleck. Staubbeutel 3–8 mm lg, gelb, braun, purpurn od. schwarz. B 1(–3); äußere HüllBl 2,3–4,7 × 0,5–1,8 cm, innere 2,5–5 × 0,9–2 cm. Stg kahl. Bl 2–5(–7), rinnig, etwas bläulich, 6–15(–20) × 0,5–1(–2) cm, meist in grundständiger Rosette. 0,05–0,15(–0,20). ♃ ☉ (3–)4(–5). **Z** z △ Rabatten; ♈ ∨ ○ (SO-Türkei, N- u. W-Iran, N-Irak, Aserbaidschan: Kalk- u. Vulkanfels u. -schotter, Bergsteppen, Tannen- u. Wacholdergehölze, Schneeflecken, (1150–)2000–3400 m – einige Sorten, z.B. 'Violacea' [*T. violacea* BOISS. et BUHSE]: BHüllBl tief rotviolett mit gelbem od. schwarzgrünem Basalfleck, 'Zephyr': mehrblütig, BHüllBl rot mit schwarzem Basalfleck; 'Pulchella' [*T. pulchella* (FENZL ex REGEL) BAKER]: BHüllBl blassviolett mit blauem od. gelbem, weiß umrandetem Basalfleck, äußere BHüllBl breiter als innere – 1877). **Niedrige T.** – *T. humilis* HERBERT

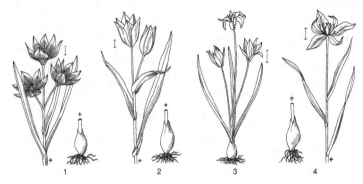

**7** (4) Knospen nickend. BHüllBl oseits (gold)gelb .......................... **8**

**7\*** Knospen aufrecht. BHüllBl gelb mit weißer Spitze od. gelb .................. **9**

**8** Stg über dem Boden <10 cm hoch. B 1–2. HüllBl bis 4 × 1 cm, die äußeren useits oliv od. rot überlaufen, die inneren useits mit 3 grünen Linien, alle oseits einfarbig goldgelb, bei Sonne sternfg geöffnet. Bl 2–4 in flacher Rosette, linealisch, rinnig, grün od. schwach bläulich, am Rand zuweilen rot überlaufen, bis 12 × 1 cm. 0,05–0,09. ♃ ☉ (3–)4. Z s △; ⚘ ⌄ ○ (NW-Iran: Salzsteppe am N-Ufer des Rezaiyeh-Sees, von Hoog 1928 in Kultur gebracht, seitdem nicht wieder gefunden).

**Urmia-T.** – *T. urumiensis* STAPF

**8\*** Stg über dem Boden 10–45 cm hoch. B 1–2, sternfg ausgebreitet, äußere HüllBl zurückgebogen, 2–6,5 × 0,4–2,5 cm, useits rot überlaufen, innere 2–7 × 0,6–2,5 cm, alle oseits goldgelb bis cremefarben. Bl 2–3(–4), blaugrün, matt, bis 25 × 2,5 cm, am Stg verteilt, aufrecht od. zurückgebogen. Staubbeutel gelb. (Abb. **674**/4). 0,10–0,45. ♃ ☉ ⌇ 4–5. **W.** Z z Wiesen, unter Obstbäumen, Rabatten, im Halbschatten oft nicht blühend; ⚘ kaum Samen bildend ○ ◑ ≈ (Herkunft unklar, SO-Eur? eingeb. in W- u. Z-Eur.: frische bis feuchte Auwiesen, Parkanlagen, Auwälder, Weinberge – kult seit Mittelalter?, mindestens seit 1568 – 3 Unterarten: subsp. *sylvestris*: 0,20–0,45, Stg >2,5 mm ∅, äußere BHüllBl 3,5–6,5 cm lg, außen oft grün überlaufen, Staubbeutel 4–9 mm lg, Bl ± aufrecht (S-, W- u. Z-Eur); subsp. *australis* (LINK) PAMP.: 0,15–0,35, Stg <2 mm ∅, äußere BHüllBl 2–3,5 cm lg, useits rot überlaufen, Staubbeutel 2,5–4 mm lg (SW-Eur., It., NW-Afr.); subsp. *celsiana* (DC.)? 0,10–0,15, 2 Wochen später blühend als vorige, Bl gedreht, am Boden ausgebreitet (S-Eur., Türkei, bis 3000 m)). [*T. biebersteiniana* A. SCHULT. et SCHULT., *T. quercetorum* KLOK. et ZOZ]         **Wilde T.** – *T. sylvestris* L.

**9** (7) Bl 3–7, ± am Boden ausgebreitet, reingrün, glänzend, rinnig, 10–12 × 1,2–2 cm. B 2–6, bei Sonne sternfg ausgebreitet, 5–7 cm ∅; HüllBl gelb mit weißer Spitze od. ganz gelb, äußere useits mit grünem Mittelstreifen u. purpurn überlaufen, 3–4 × ± 1,3 cm, innere ± 1,7 cm br. (Abb. **674**/1). 0,05–0,15. ♃ ☉ (4–)5. Z z △ Rabattenränder; ⚘ ⌄ ○ Dränage (Kirgis.: N-Tienschan Fluss Kartek: Fels- u. Schotterhänge – 1905). [*T. dasystemon* hort. non REGEL]          **Tarda-T., Stern-T.** – *T. tarda* STAPF

**9\*** Bl 2, voneinander entfernt, unteres 8–12 × 0,5–1,5 cm. B einzeln, gelb 3–6 cm ∅, äußere HüllBl 0,4 cm br, useits mit braungrünen Streifen, innere ± 0,7 cm br. Zwiebelhülle häutig. 0,10–0,20. ♃ ☉ 5–6. **Z**? unter diesem Namen wohl nur *T. tarda* , **9**, kult (W- u. O-Tienschan, W-Pamir: feinerdearme, steinige Hänge, subalpine *Festuca*-Steppen, 2400–3600 m).          **Kleine Stern-T.** – *T. dasystemon* REGEL

Sehr ähnlich: **Neustrueva-T.** – *T. neustruevae* POBED.: Zwiebelhüllen ledrig. Z s (Tienschan: Tschatkal- u. Fergana-Gebirge).

**10** (1) BHüllBl >5mal so lg wie br, 7,5–13 cm lg, sehr lg zugespitzt, die Spitzen erst aufrecht, später gedreht u. nach außen gebogen, gelb od. blassrot mit rotem u. grünen Streifen. Staubeutel rotbraun. Bl 3, lanzettlich. 0,30–0,50. ♃ ☉ (4–)5. **Z** s; ⚘ ⌄ ○ (alte persische Gartentulpe unbekannter Herkunft, zu *T. gesneriana*, **25** – 18. Jh.).

**Horn-T.** – *T. acuminata* HORNEM.

**10\*** BHüllBl <5mal so lg wie br, kurz zugespitzt, spitz, stumpf od. abgerundet ...... **11**

**11** Äußere BHüllBl schmäler als innere, 6 × 1,5 cm, innere bis 2,5 cm br. B am Grund verschmälert, rot mit dunkler Mitte. Bl glänzend grün, bis 25 × 3 cm. Staubfäden rot. BZeit sehr spät. 0,25–0,45. ♃ ☉ 5–6. Z s Rabatten, auch unter Sträuchern; ⚘ ⌄ Selbstaussaat ○ ◑ (N-Türkei: Amasya, nur Ende 19. Jh. u. seither nicht wieder gefunden, jetzt nur kult – 1892).          **Sprenger-T.** – *T. sprengeri* BAKER

**11\*** Äußere BHüllBl breiter als innere od. ± gleichbreit. B am Grund nicht verschmälert, Bl meist bläulichgrün od. graugrün, nicht glänzend grün. BZeit (2–)3–5 .......... **12**

**12** Stg mindestens oben behaart (vgl. auch *T. tetraphylla* unter **22\***) .............. **13**

**12\*** Stg kahl; wenn BlRand wellig u. Zwiebelhüllen dicht wollig behaart, vgl. auch *T. armena*, **25** (sehr selten Stg behaart auch bei *T. schrenkii*, **25**, u. *T. gesneriana*, **25\***) .. **20**

**13**   Bl 3–5, blaugrün mit unterbrochenen braunvioletten Streifen od. Flecken, etwas wellig,
         unteres 3–6 cm br, kahl, Rand schmal durchscheinend, obere ± behaart . . . . . . . . **14**

**13***  Bl blaugrün od. grün, ohne braunviolette Flecken od. Streifen . . . . . . . . . . . . . . . . . **15**

**14**   BHüllBl zinnoberrot (selten gelb), 4–8(–16) × 3–11 cm, am Grund gelb mit schwarzem
         Fleck, dieser ¹/₅ bis ¹/₄ so lg wie die BHüllBl. Äußere HüllBl nach außen gebogen, kurz
         zugespitzt, innere zusammenneigend, kürzer, abgerundet, mit kurzer, flaumig behaar-
         ter Spitze. Zwiebelhüllen innen bes. oben spärlich bis dicht behaart. 0,10–0,45. ♃ ☉
         (3–)4(–5). **Z** z △ Rabatten; ⚦ ⚥ ○ (W-Tienschan: Kirgisischer Alatau, Kuram-Gebirge,
         Tschatkal: Halbwüstengebüsch, 500–1110 m – 1872 – viele Hybr, kenntlich an violett
         gefleckten Bl, s. Gruppe 14 unter **25***).                    **Greig-T.** – *T. greigii* REGEL

Ähnlich: **Mogoltau-T.** – *T. mogoltavica* M. Pop. et Vved.: BHüllBl (3–)5(–10) × (2–)3(–6) cm, rein rot,
mit ¹/₄–¹/₃ der HüllBlLänge erreichendem, schwarzem, gelb umrandetem od. nicht umrandetem, ge-
stutztem od. ausgerandetem Basalfleck. **Z** s (W-Tienschan: Halbwüstengebüsch mit *Juniperus,
Pistacia*, Dornmandeln, Wildbirnen, auf feinerdereichen Hängen, 500–1600 m).

**14***  BHüllBl oseits lackglänzend johannisbeerrot, mit violettschwarzem Basalfleck, dieser
         schmal u. ¹/₃ bis ¹/₂ so lg wie die (2,5–)5–10(–15) cm lg BHüllBl. Zwiebelhüllen innen
         bes. am Grund u. an der Spitze dicht behaart. 0,15–0,40(–60). ♃ ☉ 4(–5). **Z** s Rabatten
         △; ⚦ ⚥ ○ (NW-Pamir, Kopet-Dagh, NO-Iran: Wacholder-Dorngebüsch, Wermut-Annu-
         ellen-Halbwüsten, auf steinigen u. lehmigen Hängen, Kalk u. Sand, (350–)900–2200 m
         – ± 1900).                                                   **Micheli-T.** – *T. micheliana* HOOG

**15**   **(13)** Stg mit 1–5(–6) leuchtend roten bis orangeroten, napffg B. Bl (3–)4(–6), graugrün,
         flaumig behaart, deutlich gekielt, am Rand bewimpert, nicht wellig. BHüllBl 5,5–7,2 ×
         2,3–3 cm, ohne Basalfleck. (Abb. **674**/2). 0,10–0,40. ♃ ☉ 4(–5). **Z** z △ Rabatten;
         ⚦ ⚥ ○ (SW-Pamir: steinige u. lehmige Hänge, Dorngebüsch mit Rosen u. *Juniperus*,
         1000–2000 m – 1901 – formenreich – einige Sorten: 'Füsilier': 0,35, B 3–5, BZeit Mitte
         4; 'Tubergens Variety': B 2–5, oft am Grund gelb; 'Unicum': B br weiß berandet, Staub-
         beutel blauschwarz).                                          **Vortreffliche T.** – *T. praestans* HOOG

Ähnlich: **Vvedenski-T.** – *T. subpraestans* VVED.: Bl 3–4, wellig, unterstes bis 43 × 12 cm, zweites 22,5
× 5,3 cm. B (1–)2–3(–6), rot, sternfg geöffnet. **Z** s (SW-Pamir).

**15***  Stg mit 1 (nur ausnahmsweise 2–5) B. BHüllBl meist mit Basalfleck. Bl nicht deutlich ge-
         kielt . . . . . . . . . . . . . . . . . . . . . . . . . . . . . . . . . . . . . . . . . . . . . . . . . . . . . . . . . . . . . **16**

**16**   Staubbeutel zusammengedreht, gelb, von oben nach unten allmählich geöffnet. B 1(–5),
         HüllBl 2,5–11 × 1–5,5 cm, äußere zurückgebogen, stumpf, innere abgerundet, innen
         cremeweiß od. gelb mit gelbem (selten schwarzpurpurnem?) Basalfleck, die äußeren
         useits mit br, rot überlaufenem Mittelstreifen. Bl (2–)3–4(–5), ± ausgebreitet, graugrün,
         höchstens schwach wellig, kahl, am Rand bewimpert, unteres 2–20 cm br. Zwiebel-
         hüllen innen ± angedrückt behaart. (0,15–)0,20–0,25(–0,50). ♃ ☉ 3–4. **Z** z △ Rabatten;
         ⚦ ⚥ ○ (W-Tienschan: Kuraminsker und Tschatkal-Gebirge östlich Taschkent, Tabo-
         schar: Felsgebüsch, steinige Hänge der unteren u. mittleren Bergstufe – 1877 – hybr
         mit *T. fosteriana*, mit *T. greigii* auch in der Natur, s. Gruppe 12 bei **25***).
                                                            **Seerosen-Tulpe** – *T. kaufmanniana* REGEL

**16***  Staubbeutel nicht zusammengedreht, gelb oder dunkelfarbig. Äußere BHüllBl meist
         leuchtend rot, nicht mehrfarbig, (bei **23*** useits rosa, oseits weiß) . . . . . . . . . . . . . **17**

**17**   Zwiebelhüllen innen dicht mit Wollfilz ausgekleidet. Bl 3–4, blaugün, wellig, sichelfg
         zurückgebogen, unterstes 2–6 cm br. BHüllBl zugespitzt, äußere useits bereift . . . **18**

Bem.: *T. lanata, T. fosteriana, T. ingens* u. *T. tubergeniana* sind sehr nahe miteinander verwandt, sie
können unter *T. lanata* vereinigt werden. Literaturangaben zu den unterscheidenden Merkmalen z.T.
widersprüchlich.

**17***  Zwiebelhüllen spärlich bis reichlich angedrückt behaart, zuweilen nur am Grund od. an
         der Spitze. Bl 3–5(–6), blaugrün od. grün, wellig od. glatt, unterstes 2,5–16 cm br . **19**

**18**   Unterstes Bl bis 16 × 6 cm. BHüllBl 5–12 × 3–6 cm, zugespitzt, useits bereift, leuchtend
         rot mit blaßgelb umrandetem, meist stumpfem od. ausgerandetem schwarzem Basal-

fleck. Zwiebelhüllen dünn ledrig, mit lg, dünnen wolligen Haaren. Staubbeutel gelb? od. dunkel weinrot, Pollen purpurn. 0,40–0,50. ⚄ ☉ ⌇⌇? Ende 4. **Z** s Rabatten; ⚘ v ○ Zwiebeln in der Natur bis 50 cm tief (S-Pamir: Flüsse Surchan u. Kafirnigan; NO-Afgh.: Kabul, Badachschan: lehmige, seltener steinige Hänge mit Pistazien, Wildbirnen, Rosen, Wermut, (650–)1200–2000 m – 1886). **Woll-T.** – *T. lanata* REGEL

18* Unterstes Bl bis 18 × 2,8(–4?) cm, zurückgebogen, wellig. BHüllBl 2,5–10 × 1,7–7 cm, äußere lg zugespitzt, Spitze zurückgebogen, Basalfleck nicht od. nur an den Seiten gelb umrandet. Zwiebelhüllen papierartig dünn, Zwiebeln durch die dichte Behaarung Wattebällchen ähnlich. Staubbeutel violett. 0,15–0,30. ⚄ ☉ 4. **Z** s △ Rabatten; ⚘ v ○ Zwiebeln in der Natur bis 30 cm tief (S-Pamir: Dorngebüsch-(Schibljak-)Stufe mit Pistazien u. Rosen auf lehmig-schottrigen Hängen, 400–1600 m – 1902).
**Tubergen-T.** – *T. tubergeniana* T. M. HOOG

19 (17) BHüllBl 3–8 cm, selten bis 10 cm lg, leuchtend (orange)rot, zugespitzt, mit 3spitzigem, schwarzolivgrünem, gelb berandetem Basalfleck, die äußeren useits grau überlaufen, ihre Spitze zurückgebogen. Bl 3(–4), ausgebreitet, rinnig, blaugrün, 14–20 × 2,5–6 cm, wellig, oseits fein flaumig. 0,15–0,40(–0,50). ⚄ ☉ 4–5. **Z** z Rabatten; ⚘ v O (Aserbaidschan: Steppen, Äcker in der Hügelstufe, eingeb.? W-Türkei, eingeb. Balkan – 1872). [*T. eichleri* REGEL] **Wellblatt-T.** – *T. undulatifolia* BOISS.

19* BHüllBl (4,5–)10–15(–18) cm lg, leuchtend signalrot, die inneren abgerundet, mit 3spitzigem, schwarzem, gelb umrandetem od. nur gelbem Basalfleck. Bl 3–5(–6), blaugrün? od. glänzend grün, oseits oft behaart, kaum wellig, br länglich-elliptisch, unterstes 7–30 × 3–16 cm. Zwiebelhülle ledrig, innen besonders an der Spitze dicht behaart. 0,15–0,35(–50). ⚄ ☉ 4. **Z** z △ Rabatten Staudenbeete; ⚘ v ○ heikel, geht zurück (Usbek.: W-Pamir, Serawschan-Gebirge: feinerdereiche Hänge, Felsnischen, *Agropyron*-Weidesteppen, ± 1700 m – ± 1905 – Hybr s. Gruppe 13 bei **25***, mit *T. kaufmanniana* auch B rahmweiß, ∞ Sorten, z.B. 'Roter Kaiser': B bis 30 cm br)
**Foster-T.** – *T. fosteriana* HOOK. ex W. IRVING

Ähnlich u. auch in der Natur hybr mit **19***: **Feurige T.** – *T. ingens* T. M. HOOG: Basalfleck nach Fl. Tadsch. 1963 stumpf od. ausgerandet, nach BOTSCHATZEVA rhombisch, spitz od. 3spitzig, meist nicht gelb berandet. Bl schmal lanzettlich, unterstes 2–5 cm br, blaugrün, schwach wellig. Zwiebelhülle ± reich? angedrückt behaart. ⚄ ☉ 4–5. **Z** s (NW-Pamir: Serawschan-Gebirge: lockrer Schibljak (Dorngebüsch), 1600–1800 m).

20 (12) Untere Bl <1,5(–2,2) cm br (s. aber *T. julia* unter **23**) . . . . . . . . . . . . . . . . . **21**
20* Untere Bl >(1,5–)2 cm br . . . . . . . . . . . . . . . . . . . . . . . . . . . . . . . . . . . . . . **24**
21 Knospen nickend. Bl <2,2 cm br. BHüllBl spitz . . . . . . . . . . . . . . . . . . . . . . . **22**
21* Knospen aufrecht . . . . . . . . . . . . . . . . . . . . . . . . . . . . . . . . . . . . . . . . . . . **23**
22 BHüllBl zinnoberrot, am Grund mit dunkelolivgrünem, gelb umrandetem Fleck, 2,5–3,5 cm lg, spitz. Bl (2–)3(–4), stark wellig, blaugrün, unteres 0,5–1,5 cm br. 0,12–0,30 (–0,50). ⚄ ☉ 4(–5). **Z** s △ Rabatten; ⚘ v ○ Kultur leicht, vermehrt sich (N-Tienschan: Kirgisischer Alatau: feinerdereiche Schotterhänge, mittlere Stufe des Vorgebirges – kult früher als „*T. korolkowii concolor*" und „*T. kolpakowskiana coccinea*" – 1881).
**Ostrowski-T.** – *T. ostrowskiana* REGEL

22* BHüllBl gelb, ohne Basalfleck. Bl 3, aufrecht, voneinander entfernt, unteres 0,7–1,5 (–2,2) cm br. 0,15 (–0,35). ⚄ ☉ 4(–5). **Z** s △ Rabatten; ⚘ v ○ (N-Tienschan: Kirgisischer Alatau, Issyk-Kul-Becken, Tschu-Tal: lehmig-schottrige Böden im Vorgebirge – 1877 – Artwert fraglich, wohl Albinoform von **18**, zu der in der Natur Übergänge vorkommen). **Kolpakowski-T.** – *T. kolpakowskiana* REGEL

Ähnlich eine Reihe von sehr selten kultivierten „Arten", z.B.: **Vierblättrige T.** – *T. tetraphylla* REGEL [*T. kesselringii* REGEL]: Stg kahl! Bl (3–)4–5(–7), rinnig, am Boden rosettig ausgebreitet. BHüllBl 2–8 × 0,7–3,5 cm, gelb, ohne Basalfleck. **Z** s (Z-Tienschan: Issyk-Kul-Becken).

23 (21) BHüllBl 2–5(–6) × 1,2–3,5 cm, rot, mit schwarzpurpurnem, ausgerandetem Basalfleck od. blassgelb u. mit tiefer gelbem od. bräunlichem Basalfleck. Bl 3–9, graugrün,

kahl, 8–12 × 0,2–1 cm , am Rand oft rot u. wellig. Zwiebelhülle innen an der Spitze dicht wollig. 0,05–0,20(–0,30). ⚇ ☉ 4–5. **Z** s △; ⚘ ∨ ○ (NO-Afgh., NO-Iran, W-Pamir: Pjandsch-Tal: steinige Hänge in Rosen- u. Schibljak-Gebüsch, (500–)1300–1800 m – 1883 – die anthozyanfreie Varietät wurde als *T. batalinii* REGEL beschrieben: BHüllBl blassgelb mit schwarzbraunem Basalfleck, innere stumpf? – 1887).

**Leinblättrige T. – *T. linifolia* REGEL**

Ähnlich und auch als Synonym von *T. linifolia* geführt: **Maximowitsch-T. – *T. maximowiczii* REGEL: Bl aufrecht, nicht wellig, etwas breiter, unteres bis 29,5 × 2,5 cm. BZeit 10 Tage früher. **Z** s (SW-Pamir, N-Afgh. – 1885).

Verwandt sind auch die **Berg-T. – *T. montana* LINDL. [*T. wilsoniana* T. M. HOOG]: Zwiebelhülle an der Spitze dünn spinnwebig behaart. Bl 3–4(–5), unterstes 12 × 1,5 cm. 0,10–0,30. ⚇ ☉ 4–5. **Z** s (Iran, N-Irak, (250–)1000–2900 m – 1826 – var. *montana*: BHüllBl rot, Basalfleck schwarz, gelb berandet; var. *chrysantha* (BOISS.) WENDELBO [*T. chrysantha* BOISS.]: BHüllBl gelb, Basalfleck schwarzbraun – 1826) u. die sehr ähnliche

**Julia-T. – *T. julia* K. KOCH [*T. montana* LINDL. var. *julia* (K. KOCH) BAKER]: Bl 12–25 × 1–5 cm. BHüllBl rot mit gelb berandetem Basalfleck, äußere 2,5–5 × 1,5–2,3 cm, spitz, innere etwas breiter, verkehrteifg, stumpf. Zwiebelhüllen innen sehr dicht wollig-filzig. 0,10–0,35. **Z** s (S-Transkauk.: lehmig-steinige Hänge, Tragant- und *Juniperus*-Gebüsch, Bergsteppen, subalp. Wiesen, 1000–2500 m).

**23\*** Äußere BHüllBl 4,5–6,5 × 1–1,9 cm, useits rosa, oseits weiß, innere 2–5 × 0,8–1,5 cm, weiß, alle mit kleinem schwarzpurpurnem Basalfleck. B 1(–2), trichter- bis sternfg, duftend. Bl (2–)3–5, blaugrün, scharf gefaltet, bis 25 × 1(–2) cm. Zwiebelhülle innen am Grund weich u. kraus, oben borstig behaart, Haare aus der Spitze heraustretend. Staubbeutel violett. (0,05–)0,20–0,25(–0,40). ⚇ ☉ 4. **Z** s △ Rabatten; ⚘ ∨ ○ Dränage! (NW-Himal., Kaschmir, Chitral, N-Afgh., O-Iran, 800–2850 m, eingeb. in SW-Eur., It., Griech., W-Türkei – 1606 – formenreich – var. *clusiana*: BHüllBl oseits weiß, innere bespitzt. Basalfleck u. StaubBl tief purpurviolett; var. *chrysantha* (A. D. HALL) SEALY [*T. stellata* HOOK. non BOISS. var. *chrysantha* A. D. HALL, *T. aitchisonii* A. D. HALL subsp. *cashmeriana* A. D. HALL]: B 1–3. BHüllBl gelb, äußere useits meist rot od. braunpurpurn. Staubbeutel gelb; var. *stellata* (HOOK.) REGEL [*T. stellata* HOOK.]: BHüllBl weiß, useits purpurrosa. Basalfleck u. StaubBl gelb). [incl. *T. aitchisonii* A. D. HALL, eine Hochgebirgsform im feuchteren Monsungebiet, nur 3–15 cm hoch, mit bis 3 B]

**Damen-T. – *T. clusiana* DC.**

Ähnlich: **Bergfreund-T. – *T. oreophila* RECH. f.: niedrig wie *T. aitchisonii*, aber B rot (O- u. Z-Afgh.: Dorntragant- u. *Juniperus*-Stufe, Kalkschotter, 2100–3700 m).

**24** **(20)** Pfl mit Ausläufern. Zwiebelhülle innen dicht wollig behaart. Bl 3–5, grün (bläulich?), ± aufrecht, wellig, 15–25 × 2,5–4 cm. BlHüllBl matt scharlachrot, äußere 4,2–8,5 × 2–2,8 cm, eifg-elliptisch, spitz, useits oft mit gelbem Streifen, innere 3,7–5,8 × 1,5–2,2 cm, verkehrteifg, abgerundet bis spitz; Basalfleck schmal, schwarz, gelb umrandet, $^1/_3$–$^1/_2$ so lg wie die BHüllBl. 0,20–0,40. ⚇ ☉ ⚭ 4–5. **Z** s Rabatten; ∨ ○ viel vegetativ, nicht reich blühend ∧ (NW-Iran? eingeb. in Türkei, Syr., S-Frankr., It.?: Unkraut in Kulturland, 550–1000 m – formenreich – 1584). [*T. oculus-solis* ST.-AMANS]

**Sonnenaugen-T. – *T. agenensis* DC.**

Ähnlich, ebenfalls mit Ausläufern: **Frühe T. – *T. praecox* TEN.: BHüllBl breiter, 2mal so lg wie br. Schwarzer Basalfleck kurz. **Z** s (Türkei: Izmir, Amasya: Kulturland, Herkunft unklar).

**24\*** Pfl ohne Ausläufer. Zwiebelhülle innen nicht dick wollig behaart. Bl blaugrün . . . . . **25**
**25** Bl wellig, kahl od. oseits flaumig, zurückgebogen, StgBl nicht schmaler als die Bl vegetativer Pfl, unteres lineallanzettlich. Stg kahl od. wenigstens oben rauhaarig. BHüllBl rot, seltener (teilweise) gelb, Basalfleck schwarz, manchmal gelb od. grünlich od. fehlend, äußere 2,3–5,8 × 0,9–2,7 cm, innere 2–4,5 × 0,7–2 cm. B duftend. StaubBl gelb od. schwärzlich. Zwiebelhüllen bes. unten u. oben kurz behaart. 0,7–0,25. ⚇ ☉ 4–5. **Z** s Rabatten △; ⚘ ∨ ○ (NO-Türkei, Transkauk., NW-Iran? (nicht nach Fl. Iranica): steinige Hänge, Schotter, bes. 100–2700 m – die var. *lycica* (BAKER) MARAIS mit innen dicht

weich behaarten Zwiebelhüllen nicht kult? (S-Türkei)). [*T. suaveolens* Roth]
**Armenische T.** – *T. armena* Boiss.

Ähnlich, zuweilen als Synonym aufgefasst: **Schrenk-T.** – *T. schrenkii* Regel: B rot, rosa, gelb od. weiß, duftend, schmal napffg bis weit schalenfg geöffnet, äußere HüllBl ± 6,7 × 3,4 cm, lg rhombisch, plötzlich in eine flaumig behaarte Spitze zusammengezogen; innere ± 6 × 3 cm, kurz bespitzt od. ausgerandet, Basalfleck gelb od. schwarz u. gelb berandet od. fehlend. Bl 3–4, blaugrün, oft wellig u. zurückgebogen, 6–20 × 1,5–3,5 cm. 0,14–0,40. ➉ ☉ (4–)5. **Z** ob noch kult? (Ukr., Krim, SO-Russl., Kauk.,Transkauk., NW-Iran?, SW-Sibir.: Steppen, Halbwüsten – 16. Jh.?).

25* Bl meist nicht wellig, StgBl oft schmaler als die Bl vegetativer Pfl. Stg (0,10–)0,30–0,70, kahl, selten fein flaumig. B einzeln, am Grund meist br napffg, HüllBl verschieden gefärbt (rot, violett, schwarzviolett, gelb, weiß, viruskranke geflammt), abgerundet, ausgerandet, stumpf od. spitz, 4–8,2 cm lg. StaubBl purpurn od. gelb. Zwiebelhülle innen kahl od. mit wenigen Haaren an der Spitze. 0,10–0,70. ➉ ☉ (4–)5. **Z** v Rabatten, Sommerrabatten, Staudenbeete, Treiberei ⚘; ♥ ∨ ○ (alte persische KulturPfl unklarer Herkunft, von *T. armena*/*T. schrenkii*?). **Garten-T.** – *T. gesneriana* L.

Kult Iran seit 13. Jh., Türkei seit 1500, dort schon sehr viele Sorten, nach Europa über Wien 1554, Augsburg 1559, Holland 1571, dort „Tulipomanie" 1634, Börsenspekulation, 1637 Börsenkrach, seit Mitte 20. Jh. Einkreuzung von neu eingeführten Wildarten (bes. *T. fosteriana*, *T. kaufmanniana*, *T. greigii*), bisher ± 5000 Sorten, jetzt jährlich 400 neue, Export aus Holland >2 Milliarden Zwiebeln/Jahr – mehrere früh verwilderte u. eingebürgerte Gartentulpen aus Rum., SW-Alpen., N-It., Toskana seit Anfang 19. Jh. als eigene „Arten" beschrieben („**Neotulipae**"): *T. didieri* Jord. [*T. aximensis* Perr. et Song.]: 0,30–0,50, B rot, duftend, Basalfleck schwarzpurpurn, cremefarben berandet, äußere BHüllBl useits karminrot, ihre Spitzen zurückgebogen, BlRand wellig (Savoyen); *T. mauritiana* Jord.: BHüllBl spitz, rot mit gelbem Grund, BlRand wellig (Savoyen), *T. marjolettii* Perr. et Song: BHüllBl gelblichweiß mit kirschrotem Rand, BZeit 5–6 (Savoyen); *T. hungarica* Borbás [*T. orientalis* Lév.]: BHüllBl gelb, am Grund dunkler (Donauschlucht bei Orşova).

**15 Sortengruppen (Hybr meist steril):**

1. Einfache Frühe (Duc-van-Tol-T.): 0,25–0,35. BZeit April. Sommerrabatten, ⚘, Treiberei ab Dezember.
2. Gefüllte Frühe: 0,08–0,35. BZeit April. B bis 10 cm ⌀. Kult wie vorige.
3. Triumph-T. (Einfache Frühe × Darwin- u. Cottage-T.): 0,30–0,40(–0,50). Anfang Mai. ⚘, Treiberei Dezember–Januar.
4. Darwin-Hybriden (Darwin-T. × *T. fosteriana*): 0,30–0,70. B Ende April–Mitte Mai, sehr groß. ⚘ u. Treiberei. Oft schwarzer, gelb berandeter Basalfleck.
5. Einfache Späte (dazu Darwin- u. Cottage-T., früher eigene Gruppe): 0,40–0,70. BZeit Mai. Stg robust. B fest, von der Seite fast eckig, alle Farben. ⚘, einige Sorten für Treiberei ab Januar.
6. Lilienblütige: 0,30–0,50. BHüllBl schmal, in lg Spitze auslaufend, nach außen gebogen. Stg oft nicht fest genug. Alle Farben. Bes. ⚘.
7. Gefranste T.: Ränder der BHüllBl unregelmäßig gefranst bis gezackt, Fransen oft weiß. ⚘.
8. Viridiflora-Gruppe (Grünblütige): 0,25–0,60. BHüllBl ± blassgrün, Rand gelblich od. weißlich, zugespitzt. ⚘.
9. Rembrandt-T.: BHüllBl mit Streifen-, Flecken-, Feder-Muster („gebrochen"), purpurn, rosa, rot, bronze, braun auf weißem, rotem, gelbem Grund (Virosen). 2. Hälfte Mai. ⚘.
10. Papageien-T.: 0,20–0,60. B groß, HüllBl eingeschnitten, gefranst, meist geflammt, gepunktet. Im 17. Jh. aus Darwin-T. u. anderen späten T. Stiele z. T. zu schwach, nicht bei neueren Sorten. ⚘.
11. Gefüllte Späte (Päonien-T.): 0,40–0,60. Meist rot, rosa, gelb, auch mehrfarbig. BZeit ab Mitte Mai. Gegen Regen u. Wind empfindlich. ⚘.

Gruppe 12–15: Wildtulpen u. ihre Bastarde (s. unter den entsprechenden Arten!):

12. Kaufmanniana-T.: 0,10–0.25. Widerstandsfähiger als andere Wildtulpen aus M-As. BZeit März. B br glockig bis sternfg, rahmweiß, dunkelgelb, lachsrosa, Kreuzungen mit *T. greigii* auch rot, sonst nur außen rot. Basalfleck meist gelb. Dränage!
13. Fosteriana-T.: 0,20–0,30. B bis 15 cm lg. Bl bis 30 × 16 cm. BZeit Anfang April.
14. Greigii-T.: 0,20–0,30. B purpurn bis scharlachrot, Basalfleck schwarz, gelb berandet. BZeit April. Bl meist purpurbraun gefleckt.
15. Sonstige T.: Übrige Wild-T. (*T. batalinii*, *clusiana*, *undulatifolia*, *kolpakowskiana*, *linifolia*, *praestans*, *orphanidea*, *sylvestris*, *tarda*, *tubergeniana*, *sprengeri* u. a., Neotulipae).

**Hundszahn, Zahnlilie** – *Erythronium* L. 27 Arten

Lit.: MATHEW, B.1992: A taxonomic and horticultural review of *Erythronium* L. (*Liliaceae*). Bot. J. Linn. Soc. **109**: 453–471.

Bem.: Bl bei blühenden Pfl stets 2, scheingegenständig. – Die Arten aus W-Am. im Sommer trockner halten, aber nicht austrocknen lassen. Boden humusreich, dräniert. Zwiebeln > 10 cm tief, verpflanzen beim Abwelken des Laubs im Juni, Zwiebeln dabei nicht austrocknen lassen. Arten mit Ausläufern blühen weniger, bilden viele einblättrige vegetative Pfl.

1 Bl einfarbig grün od. blaugrün, nicht gescheckt. PerigonBl gelb, cremefarben od. weiß mit gelbem Grund . . . . . . . . . . . . . . . . . . . . . . . . . . . . . . . . . . . . . . . . **2**

1* Bl rötlich, bräunlich od. weißlich gescheckt. Perigon rosa, purpurn, cremefarben, gelb od. weiß . . . . . . . . . . . . . . . . . . . . . . . . . . . . . . . . . . . . . . **3**

2 Griffel 10–15 mm lg, Narbe ungeteilt od. mit (1–)2–4 mm lg, zurückgebogenen Lappen. PerigonBl gelb mit blasser Zone am Grund (subsp. *grandiflorum*) od. cremefarben bis weiß mit gelbem Grund (subsp. *candidum* PIPER, selten), schmal eifg, 20–35 mm lg. 0,05–0,30. ⚃ ☉ (3–)4–5. **Z** s Gehölzränder, schattige △ u. Rabatten; ∨ ⚘ ☾ ≈ Dränage, Ruhezeit trockner (W-Am.: nördl. New Mex. u. N-Kalif. bis S-Alberta u. südl. Brit. Columbia: offnes Waldland, subalp. Wiesen, 200–3100 m – 1833). [*E. giganteum* LINDL. non hort.] **Großblütiger H.** – *E. grandiflorum* PURSH

2* Griffel 8–10 mm lg, Narbe ungeteilt od. Lappen < 1 mm lg. B 1–5, goldgelb mit grünlichem Schlund. (Abb. **680**/1). 0,15–0,30. ⚃ ☉ 4–5. **Z** s, meist Hybridsorten, △ Gehölzränder; ∨ ⚘ ☾ (mittleres O-Kalif.: offne Wälder, schattige Schluchten, 600–950 m – Hybridsorten mit *E. revolutum*: 'Citronella': B zitronengelb; 'Pagoda': B hellgelb, Schlund mit braunem Ring, Pfl robust, ausdauernd; 'Jeanine' u. 'Miss Jessop': Laub gescheckt – ± 1960). **Stern-H., Tuolumne-H.** – *E. tuolumnense* APPLEGATE

3 (1) B rosa, purpurn, lavendelfarben, selten weiß . . . . . . . . . . . . . . . . . . . . . . . . . **4**

3* B gelb, cremefarben od. weiß mit gelbem Grund, zuweilen im Abblühen etwas rosa **7**

4 Pfl mit Ausläufern viele einblättrige Exemplare bildend. PerigonBl am Grund ohne Öhrchen, useits rosa od. lavendelfarben, oseits weiß mit gelbem Fleck am Grund, 20–40 mm lg. Bl 8–22 × ± 3,5 cm. Griffel 15–25 mm lg, Narbenlappen 1,5 mm lg, zurückgebogen. 0,07–0,20. ⚃ ☉ ⚡ 4–5. **Z** s △ Gehölzränder ♠; ∨ ⚘ ☾ ≈ (O-USA u. SO-Kanada von O-Texas bis Minnesota, SO-Ontario u. New York: frische Wälder auf Lehm in Auen u. Hügelland, 0–300 m – 1824). **Weißlicher H.** – *E. albidum* NUTT.

4* Pfl ohne Ausläufer. Innere PerigonBl am Grund mit Öhrchen . . . . . . . . . . . . . . . . **5**

5 Staubbeutel gelb. Griffel mit zurückgebogenen, 4–6 mm lg Narbenlappen. B 1–3. PerigonBl rosa, am Grund mit gelbem Band, lanzettlich bis schmal elliptisch, 25–40 mm lg. Staubfäden abgeflacht, in der Mitte 2–3 mm br. 0,15–0,40. ⚃ ☉ 4–5. **Z** s kult wie **2*** ♠ (W-Am.: N-Kalif. bis SW-Brit. Columbia: schattige Bachufer, Flussterrassen, feuchte

1              2             3             4

Wälder nahe der Küste, 0–1000 m – 1899 – Hybr-Sorten s. bei **2***).

**Rosa H.** – *E. revolutum* Sm.

**5*** Staubbeutel schwarzblau, braungrau od. purpurn . . . . . . . . . . . . . . . . . . . . . . . . . . **6**

**6** Staubbeutel braungrau bis purpurn. B 1–4(–10). Bl 10–25 cm lg. Griffel 6–8 mm lg, ungeteilt od. mit <1 mm lg Narbenlappen. PerigonBl 18–35 mm lg, lila bis hellrosa, an der Spitze etwas dunkler, am Grund oseits dunkel. Staubfäden nicht verbreitert, <0,8 mm br. 0,12–0,30. ♃ ⌽ 4–5. **Z** s kult wie **2*** ♠ (W-USA: NW-Kalif., SW-Oregon: trockne Wälder, Lichtungen, 300–1600 m). **Henderson- H.** – *E. hendersonii* S. Watson

**6*** Staubbeutel schwarzblau. B einzeln. BlSpreite 6–10 × 2–3 cm. Griffel >8 mm lg, tief geteilt. PerigonBl 20–30 mm lg, purpurn, oseits am Grund mit gelblichbrauner, weiß berandeter Zeichnung. Staubfäden in der Mitte 2–3 mm br. (Abb. **680**/2). 0,10–0,30. ♃ ⌽ 2–3(–4). **Z** z Gehölzränder, △ lockre Rasen ♠; ∨ ♈ ◐ Dränage (S- u. südl. Z-Eur. von N-Port., Z-It., Alban., NO-Griech. bis Z-Frankr., Schweiz, Z-Tschech. u. Karp.: frische, nährstoffreiche, oft steinige FalllaubW, Wiesen, 200–2200 m; eingeb. in Brit. – 1570 – >10 Sorten, Kult oft leichter, z.B. 'Lilac Wonder' u. 'Frans Hals': B dunkelpurpurn; 'Snowflake': B weiß). **Europäischer H.** – *E. dens-canis* L.

Ähnlich u. nahe verwandt: **Japanischer H.** – *E. japonicum* Decne. [*E. dens-canis* var. *japonicum* (Decne.) Baker]: PerigonBl (35–)50–60 × 5–11 mm, am Grund oseits mit 3zähniger schwärzlicher Zeichnung. Staubfäden in der Mitte nicht verbreitert, <1 mm br. **Z** s kult wie **6*** (NO-China, Korea, S-Kurilen, Japan: feuchte Wälder im Tiefland). **Sibirischer H.** – *E. sibiricum* (Fisch. et C. A. Mey.) Krylov [*E. dens-canis* var. *sibiricum* Fisch. et C. A. Mey.]: PerigonBl rosalila, zuweilen weiß od. gelblich, 25–70 mm lg. Staubbeutel gelb? Staubfäden in der Mitte auf 1,5 mm verbreitert. **Z** s kult wie **6*** (W- u. Z-Sibir., NO-Kasachstan, N-Xinjiang: Altai, Sajan: subalp. Rasen u. Gebüsch, 1100–2500 m).

**7** **(3)** B einzeln. PerigonBl gelb, oseits braun od. purpurn gesprenkelt, 20–33 mm lg. Pfl mit Ausläufern. Bl elliptisch-lanzettlich, 8–23 cm lg. 0,10–0,18(–0,30?). ♃ ⌽ 4–5. **Z** s kult wie **4** (warmgemäß. bis gemäß. O-Am. von Georgia u. Alabama bis Neufundland u. S-Ontario: frischfeuchte bis frischtrockne HangW, oft auf Lehm u. an Wasserläufen – 1665, 1800). **Ostamerikanischer H.** – *E. americanum* Ker Gawl.

**7*** B 1–6. PerigonBl cremegelb od. weiß mit gelbem Grund . . . . . . . . . . . . . . . . . . . . **8**

**8** Narbenlappen 3–6 mm lg. Staubfäden in der Mitte auf 2–3 mm verbreitert . . . . . . . **9**

**8*** Narbe ungeteilt od. mit <2 mm lg Lappen, Staubfäden in der Mitte nicht verbreitert, <0,8 mm br (vgl. auch **11**: Narbenlappen zuweilen bis 4 mm lg) . . . . . . . . . . . . . . **10**

**9** B einzeln. BZeit März. PerigonBl 25–40 mm lg, weiß mit gelbem Grund od. gelblich, innen oseits mit roten Punkten. Bl rot gescheckt. 0,10–0,20. ♃ ⌽ (2–)3. **Z** s, kult wie **6*** (W-Kauk., W-Transkauk.: buschige Abhänge, Wiesen, zwischen Geröll, 500–2300 m). **Kaukasus-H.** – *E. caucasicum* Woronow

**9*** B 1–3. BZeit April–Mai. Griffel 12–18 mm lg, mit zurückgebogenen Narbenlappen. PerigonBl 25–40 mm lg, cremefarben mit gelbem Grund, im Verblühen zuweilen rosa, innere am Grund mit Öhrchen. 0,15–0,40. ♃ ⌽ 4–5. **Z** s kult wie **2** (küstennahes W-Am. von N-Kalif. bis südl. Brit. Columbia: felsige Nadel- u. EichenW, Wiesen, 0–500 m – Natur-Hybr mit *E. revolutum, E. citrinum* u. *E. hendersonii*). [*E. giganteum* hort.] **Oregon-H.** – *E. oregonum* Applegate

**10** **(8)** Griffel 5–10 mm lg, Staubbeutel weiß, rosa od. rotbraun. Pfl ohne Ausläufer, mit sitzenden Brutzwiebeln. Bl braun od. weiß gescheckt, am Rand ± wellig. PerigonBl mit od. ohne kleine Öhrchen, weiß, am Grund blassgelb, zuweilen schwach rosa. Staubbeutel weiß, rosa od. bräunlichrot. 0,12–0,35. ♃ ⌽ 4–5. **Z** s kult wie **2*** ♠ (W-USA: N-Kalif., SW-Oregon: trockne Wälder u. Gebüsch auf Serpentin, 100–1300 m). **Gelber H.** – *E. citrinum* S. Watson

**10*** Griffel 10–14 mm lg. Staubbeutel weiß bis cremefarben . . . . . . . . . . . . . . . . . . . . **11**

**11** Schaft 1–4(–6)blütig, dicht über den Bl verzweigt. Pfl mit Ausläufern, viele Pfl 1blättrig u. vegetativ. PerigonBl br lanzettlich bis elliptisch, 16–40 mm lg. Griffel 10–13 mm lg, ungeteilt od. mit zurückgebogenen, 1–4 mm lg Lappen. 0,08–0,23. ♃ ⌽ 4–5. **Z** s kult wie **2*** ♠ (NO-Kalif.: offne Wälder, buschige Hänge, zuweilen auf Serpentin, 400–1000 m). **Vielschäftiger H.** – *E. multiscapideum* (Kellogg) A. Nelson et P. B. Kenn.

**11\*** Schaft 1–3blütig, weit über den Bl verzweigt. Pfl ohne Ausläufer, mit sitzenden Brutzwiebeln, die meisten Pfl 2blättrig u. blühend. Bl verkehrt eilänglich bis schmal eifg, am Rand wellig, 7–19 cm lg. PerigonBl 25–40 mm lg, weiß bis cremefarben, am Grund gelb, darüber dunkelgelbe bis braune Zone. Griffel 10–14 mm lg, ungeteilt od. mit <2 mm lg Narbenlappen. 0,10–0,30. ⚇ ☉ 4–5. **Z** s, kult wie **2\*** ♠ (W-USA: N-Kalif., SW-Oregon: trockne Wälder, Lichtungen, Klippen, 0–1900 m – Zwischenformen zu **10** u. **11**).
                                                  **Kalifornischer H.** – *E. californicum* PURDY

### Fritillarie, Schachblume, Kaiserkrone – *Fritillaria* L.                    130 Arten

Lit.: BECK, C. H. 1953: Fritillaries: A gardeners introduction to the genus *Fritillaria*. London. – BEETLE, D. F. 1944: A monograph of the North American species of *Fritillaria*. Madroño **7**: 133–159. – TURRILL, W. B., SEALY, J. R. 1980: Studies in the genus *Fritillaria* (*Liliaceae*). Hookers Icones Plantarum **39**, Kew.

Bem.: In den meisten Gruppen erschwert die große Variabilität u. das Vorkommen von Lokal- u. Zwischenformen die **Art-Abgrenzung**, z.B. bei der *F. graeca-F. pontica*-Gruppe od. bei *F. tubiformis* u. *F. latifolia*. Soweit sie nicht von RIX (z.B. in DAVIS 1984 od. in European Garden Flora 1986) übernommen wurden, weichen die Literaturangaben zu den Merkmalen u. zur Artabgrenzung stark voneinander ab (PIGNATTI 1982, KAMARI in Mountain Flora of Greece 1991, GABRIELJAN in Fl. Armenii **10**, 2001).

**Nektardrüsen** befinden sich auf der Innenseite der PerigonBl am Grund od. etwas darüber, sind oft eingesenkt u. weichen in der Farbe ab.

Alle Arten frühjahrsgrün; die Arten aus W-Am. bei uns heikel, streng sommertrocken halten. Sehr wichtig ist bei den meisten gute **Dränage**. Vermehrung meist ❦, bei *F. imperialis*, *F. persica*, *F. camtschatica* durch Zwiebelschuppen, bei ∞ Arten werden ∞ Brutzwiebeln gebildet. Asiatische Arten sind meist **Kaltkeimer**; erste B nach Aussaat frühestens nach 2–4 Jahren. – Verpflanzen nach Einziehen, spätestens September. Düngung stickstoffarm, kalireich. – Schädlinge: Lilienhähnchen, Blauschimmel, Graufäule.

Wohl **alle Arten giftig** durch stark toxische Steroid-Alkaloide (sonst nur bei *Melanthiaceae*, z.B. *Veratrum*, u. bei *Solanum*), auch die Zwiebeln, diese in China als HeilPfl verwendet, von einigen Arten aber in Am. u. As. gekocht od. vorher getrocknet von den Einheimischen gegessen (*F. camtschatcensis*, *F. eduardii*, von *F. pudica* auch roh).

**1**  Pfl mit LaubBlSchopf oberhalb der B. PerigonBl 40–55(–60) mm lg. StgBl ∞, lanzettlich, in 3–4 Scheinwirteln zu 4–8. B zu 3–6(–8) im Scheinquirl, hängend, hell- bis dunkel orangerot od. gelb, mit Fuchsgeruch, innen mit perlmuttfarbiger Nektardrüse von 5 mm ∅. 0,50–1,50. ⚇ ☉ 4–5. **Z** v Rabatten, Staudenbeete; V Kaltkeimer ❦ im Juni, ○ Zwiebeln 30 cm tief, Boden tiefgründig, nährstoffreich, Volldünger im Frühling; giftig! (SO-Türkei, N-Irak, W- u. S Iran, Afgh., Pakistan, Kaschmir: steinige Hänge, Gebüsch, 1250–3000 m – alte GartenPfl des Orients, in M-Eur. 1573 – ∞ Sorten: B gelb, orange, ziegelrot, z.B. 'Prolifera' ['Crown on Crown']: B hellorange, in 2 Kränzen übereinander; 'Aureovariegata': Bl weißgelb berandet, B braunorange; 'Lutea maxima': B gelb; 'Orange Brillant': B groß, orange, bräunlich überlaufen, Pfl widerstandsfähig; 'The Premiere': BZeit früh, B orangegelb, Nerven purpurn).              **Kaiserkrone** – *F. imperialis* L.

Ähnlich mit LaubBlSchopf: **Zwerg-Kaiserkrone** – *F. raddeana* REGEL: B schwefelgelb od. grünlich cremefarben. Bl wechselständig od. quirlig. 0,50–0,80. ⚇ ☉ 3–4. **Z** s △; ❦ V geschützte Stelle od. ⒶI, im Sommer nicht ganz ~, spätfrostgefährdet (Turkmenien: Kopet-Dagh; N-Iran, 900–1800 m); – **Eduard-K.** – *F. eduardii* REGEL [*Petilium eduardii* (REGEL) VVED.]: B ziegelrot, zu (2–)4–6(–8), ohne Fuchsgeruch. 0,40–0,80(–1,50). **Z** s, kult wie vorige (Tadschik.: W- u. SW-Pamir-Alai, Gebüsch, unter Bäumen, 1200–2100 m).

**1\***  Pfl ohne LaubBlSchopf oberhalb der B .................................... **2**
**2**  PerigonBl am Grund (unter der Nektardrüse) spornähnlich vorgewölbt, weiß, blasslila od. schmutzig lila. Kapsel br geflügelt. Griffel ungeteilt ...................... **3**
**2\***  PerigonBl am Grund nicht spornähnlich nach außen vorgewölbt, höchstens am Grund von napffg B etwas eckig hervortretend. Kapsel meist ungeflügelt, selten geflügelt. Griffel geteilt od. ungeteilt ......................................... **4**

**3** PerigonBl weiß od. blasslila, mit grünen Nerven, (10–)15–20 × 4–5 mm, nicht nach außen gebogen, nickend od. abstehend, zu (1–)3–10(–15) in lockerer Traube. Bl graugrün, untere ± 8 × 4 cm, obere lanzettlich, im BStand gegenständig. Kapsel 15–20 mm br. 0,15–0,30. ♃ ☉ 4–5. **Z** s △ ⌂; ⚘ V ○ Frühjahr ≈, Sommer ~, gute Dränage (M-As.: W-Pamir-Alai, NO-Afgh.: steinig-kiesige u. feinerdereiche Hänge, zwischen Felsen, in lockerem Gebüsch, 900–2400 m). [*Rhinopetalum bucharicum* (REGEL) LOSINSK.]

**Buchara-F.** – *F. bucharica* REGEL

**3\*** PerigonBl schmutziglila, mit dunkelvioletten Nerven, 10–18 mm lg, nach außen gebogen, B daher br trichterfg bis fast radfg, in (1–)4–8(–10)blütiger Traube. Bl glänzend grün, die beiden unteren (fast) gegenständig, elliptisch bis länglich-lanzettlich, viel größer als die lineal-lanzettlichen oberen. Kapsel 10–15 mm br. 0,10–0,18. ♃ ☉ 3–4. **Z** s △; kult wie **3**; giftig! (M-As.: W-Tienschan, Alai-Gebirge, 1000–2000 m). [*Rhinopetalum stenantherum* REGEL]

**Sporn-F.** – *F. stenanthera* (REGEL) REGEL

**4** (2) B rosa, einfarbig od. mit weißlichem Schachbrettmuster . . . . . . . . . . . . . . . . . . **5**

**4\*** B braunpurpurn, gelb, weiß, grün, braun bis schwarz, rot; wenn rosa, dann mit braunviolettem Schachbrettmuster . . . . . . . . . . . . . . . . . . . . . . . . . . . . . . . . . . . . . . **6**

**5** Griffel ungeteilt, Narbe nur kurz 3lappig. B 1–4(–12), ohne Schachbrettmuster, nickend. PerigonBl 20–35 mm lg. Bl 3–10, wechselständig, am Grund gehäuft, elliptisch bis verkehrteilänglich, 6–15 cm lg. 0,15–0,25(–0,45). ♃ ☉ 4(–5). **Z** s △ ⌂; V ⚘ ○ im Frühjahr ≈, Juni bis Mitte November trocken, Nässeschutz, Boden kalkarm, Ton, Sand u. Split, ohne Humus, Dränage, heikel (N-Kalif.: Tonboden, 0–500 m).

**Tonlilie, Mehrblütige F.** – *F. pluriflora* TORR. ex BENTH.

**5\*** Griffel 3spaltig mit 1–2 mm lg Ästen. B 1–2, mit weißlichem Schachbrettmuster, zuerst aufrecht, dann abstehend od. nickend, napffg. Bl 3–4, untere br lanzettlich, graugrün, 5–8 × 1–2,5 cm. PerigonBl 20–30 × 10–15 mm. 0,05–0,15. ♃ ☉ 4–5. **Z** s △; ⚘ V ○ geschützt, im Frühjahr feucht, im Sommer nicht austrocknen lassen (NO-Türkei: Geröll u. Felsen an Schneeflecken, 2000–2900 m – ± 1970). [*F. erzurumica* KASAPLIGIL]

**Erzurum-Schachblume** – *F. alburyana* RIX

**6** (4) B außen u. innen kräftig gelb, zuweilen mit braunem od. violettem Schachbrettmuster . . . . . . . . . . . . . . . . . . . . . . . . . . . . . . . . . . . . . . . . . . . . . **7**

**6\*** B außen braunviolett, purpurbraun bis schwarzbraun, grün, weiß od. rot, höchstens blassgelb, gelbgrün od. innen gelb od. an der Spitze gelb (gelbgrün bei *bithynica* **27**, blassgelb bei *F. pallidiflora* **13**, *verticillata* **14**, *thunbergii* **14\***, *persica* **22**, *assyriaca* **29**) . **11**

**7** Griffel 3spaltig mit 2–3 mm lg Ästen. B einzeln, br napffg, 30–40 mm lg, 30–35 mm ∅. PerigonBl am Grund unter der Nektardrüse ± rechtwinklig umgebogen. Bl 5–7(–8) . **8**

**7\*** Griffel ungeteilt od. nur mit < 1,5 mm lg Lappen. B 1–3(–6), schmal glockig. Bl 2–8 . **9**

**8** Bl graugrün, eilanzettlich, die oberen lanzettlich. PerigonBl goldgelb mit schwach rotbraunem Schachbrettmuster, äußere 20–48 × 5–9 mm, innere 9–15 mm br. 0,10–0,15 (–0,18). ♃ ☉ 4–5. **Z** s △; kult wie **5\***, ∞ Brutzwiebeln (Z- u. S-Türkei: nordexponierte Felsbänder, Schneeflecken, WacholderW, meist auf Kalk, 1800–3000 m). [*F. bornmuelleri* HAUSSKN.]

**Goldei-F., Gold-Schachblume** – *F. aurea* SCHOTT

**8\*** Bl glänzend grün, schmal eilanzettlich bis linealisch, die unteren ± 10 × 1,5 cm, die oberen 7–8 × 0,3–0,6 cm. PerigonBl schwefelgelb, mit violettem Schachbrettmuster, äußere 30–55 × 8–14 mm, innere 10–20 mm br. 0,12–0,20(–0,35). ♃ ☉ 4–5. **Z** s △; kult wie **5\*** (Kauk., Transkauk.: LaubWRänder, Birken-Krummholz, alp. Wiesen, zwischen Felsen, 1700–4500 m). [*F. latifolia* var. *lutea* TURRILL, *F. lutea* M. BIEB.]

**Schwefelgelbe Schachblume** – *F. collina* ADAMS

**9** (7) Griffel bis auf die Narbenfläche glatt. Zwiebel mit > 15 Brutzwiebeln. Bl 2–8, lineallanzettlich, 3–20 cm lg, die unteren meist gegenständig, die oberen wechselständig. B 1–2(–6); PerigonBl 8–25 mm lg, gelb bis orange, im Alter ziegelrot. 0,07–0,20(–0,30). ♃ ☉ 4(–5). **Z** s △; V ∞ Brutzwiebeln, ○, Juli –Mitte November ~, dann mäßig feucht, Frühjahr ≈, ⊖, Zwiebeln tief pflanzen (W-Am. von N-Kalif. u. N-Utah bis südl. Brit. Columbia u. W-Montana: grasige, bebuschte od. bewaldete Hänge, 0–2100 m – 1824, erneut 1871).

**Schamhafte F.** – *F. pudica* (PURSH) SPRENG.

**9*** Griffel durch vorgewölbte Zellen rau (papillös). Zwiebel höchstens mit wenigen Brutzwiebeln ............................................................... **10**

**10** Bl 4–7(–8), lanzettlich, graugrün, meist gedreht, bis 7,5 × 1,8 cm. B 1–3; PerigonBl 13–20 mm lg, die äußeren 4–7 mm br, die inneren 8–9 mm br. 0,03–0,15. ♃ ☿ 4(–5). Z s △; kult wie **3** (2 Unterarten: subsp. *carica*: Bl 6–7, schmal lanzettlich (W-Türkei, O-Ägäis: Kiefernwald, Felsen, meist auf Kalk, 200–1500 m); subsp. *serpentinicola* Rix: Bl 4–5, br lanzettlich (SW-Türkei, mit *Pinus* u. *Juniperus*, ± 1700 m)).

**Karische F.** – *F. carica* Rix

**10*** Bl 2–3, eifg-lanzettlich, unterstes 9–17 × 1,4–5 cm. B einzeln; PerigonBl 18–22 mm lg, äußere 7 mm, innere 9 mm br. 0,20–0,30. ♃ ☿ 4(–5). Z s △; kult wie **3** (Griech.: Symi; SW-Türkei: *Pinus brutia*-Wald auf Kalk, 400–1450 m).

**Sibthorp-F.** – *F. sibthorpiana* (Sm.) Baker

**11** **(6)** Bl in 1–12 Quirlen, obere zuweilen außerdem gegen- od. wechselständig (s. auch *F. ruthenica*, **32**, *F. walujewii*, **32**, *F. orientalis*, **32*** mit zuweilen quirligen Bl) ..... **12**

**11*** Bl wechsel- od. gegenständig, höchstens die 3 HochBl bei 1blütigen Pfl quirlig genähert (vgl. auch *F. thunbergii*, **14***, mit zuweilen wechselständigen Bl) ............... **17**

**12** B weiß od. cremefarben bis blass grünlichgelb. Kapsel geflügelt. B br glockig. Nektardrüse eifg, 2–4 mm lg, ± 5 mm über dem Grund der PerigonBl, tief eingesenkt. Griffel 3spaltig, Äste ± 2 mm lg ............................................................. **13**

**12*** B rot, purpurbraun bis schwarz; wenn blass gelblichgrün, dann Nektardrüse lanzettlich, 4–18 mm lg. Kapsel geflügelt od. ungeflügelt .............................. **15**

**13** Untere Bl br lanzettlich bis verkehrteilänglich, 5–7(–12) × 2–4 cm, gegen- od. wechselständig, selten quirlig, obere lanzettlich, spitz, nicht uhrfederrankenartig eingerollt. BStiel 2–4,5 cm, meist mit 1 HochBl. B (1–)2–5(–12), weißlich bis blass grünlichgelb, mit dunkler grünen Nerven u. roten Flecken. Flügel der Kapsel 4–7 mm br. 0,15–0,45 (0,80). ♃ ☿ 4–5(–6?). Z s △; ∀ ♈ ○ ◐ kult wie **1**, ziemlich leicht (W-China, Kasach.: Altai, Dschungarskij Alatau, Tarbagatai: Bergwiesen, 1300–2000 m).

**Fahlblütige F.** – *F. pallidiflora* Schrenk

**13*** Bl linealisch bis lanzettlich, 0,2–2,5 cm br, in Quirlen zu (3–)4(–7), obere gegen- od. wechselständig, uhrfederrankenartig eingerollt. BStiel 1–3,5 cm, mit 2–4 HochBl .. **14**

**14** Bl schmal lanzettlich bis linealisch, 5–9 × 0,2–1 cm, an der Spitze deutlich eingerollt, in Quirlen zu 5–7. Flügel der Kapsel 2–4 mm br. B 1–5; PerigonBl weiß od. blassgelb, manchmal blasspurpurn überlaufen, 20–50 × 15–20 mm. 0,25–0,50. ♃ ☿ (4–)5–6. Z s; kult wie **5*** (NO-Kasach.: Bergland; NW-China: Altai, Tarbagatai: Berghänge mit Gebüsch u. steinigen Wiesen, 1000–2000 m). **Altai-Schachblume** – *F. verticillata* Willd.

**14*** Bl lineal-lanzettlich bis lanzettlich, 7–11 × 1–2,5 cm, gegenständig, wechselständig, manchmal in Quirlen zu 3, an der Spitze schwach eingerollt. Flügel der Kapsel 6–8 mm br. B 1–6; PerigonBl cremeweiß, manchmal blasspurpurn überlaufen od. mit grünlichem od. purpurbräunlichem Schachbrettmuster, 25–35 × 10–18 mm. 0,15–0,80. ♃ ☿ (3–)4. Z s; ∀ ♈ ○ ◐ ∧ ≈ (SO-China: Anhui, Jiangsu, Zhejiang: schattige, feuchte BambusW, 0–600 m – oft mit *F. verticillata* verwechselt). [*F. verticillata* var. *thunbergii* (Miq.) Baker]

**Thunberg-Schachblume** – *F. thunbergii* Miq.

**15** **(12)** B 3–6(–12), außen ziegel- od. scharlachrot, gelb gefeldert, schmal glockig. PerigonBl an der Spitze stark zurückgebogen, 15–37 mm lg. Bl in 1–3 Quirlen zu 3–5, linealisch bis lineal-lanzettlich, 3–15 cm lg, oft graugrün. Griffel 3spaltig, Äste 3 mm lg, nicht zurückgebogen. Kapsel geflügelt. 0,20–0,90. ♃ ☿ 4–5. Z s; ♈ ∀ ⊖ Zwiebeln tief pflanzen, Juli bis Oktober trocken, Frühjahr ≈, Dränage (W-USA: N-Kalif., Nevada, S-Oregon: trockne Hänge, Gebüsch, lichte Wälder, 300–2000 m – Hybr mit *F. affinis*).

**Scharlachrote F.** – *F. recurva* Benth.

**15*** B purpurbraun bis schwarz od. gelblichgrün, PerigonBl nicht zurückgebogen ..... **16**

**16** B 1–3(–8), napffg, dunkel purpurbraun bis schwarz, selten grün. Griffeläste 6–8 mm lg, zurückgebogen. Untere Bl in 1–3 Quirlen zu 5–7, lanzettlich. Kapsel nicht geflügelt. 0,15–0,75. ♃ ☿, auch ⚲ (5–)6. Z s △ Rabatten; ♈ ∀ ◐ ⊖ ≈ (NO-As. von M- u. N-Japan bis N-Amurgebiet, Sachalin, Ochotsk, Kamtschatka, NW-Am. von N-Oregon bis S-Alaska: feuchte Staudenwiesen, Felsküsten, Steinbirken- u. Erlengebüsch, 0–1000 m).

**Schatten-Schachblume, Schwarze F.** – *F. camtschatcensis* (L.) KER GAWL.

**16\*** B 1–4(–12), br glockig, braunpurpurn bis blass gelblichgrün, purpurn od. gelb gesprenkelt. Untere Bl in 1–4(–12) Quirlen zu 2–8, lineal-lanzettlich bis eifg, 4–16 cm lg. Griffel mit >1,5 mm lg, zurückgebogenen Ästen. Kapsel br geflügelt. 0,15–1,20. ♃ ☉ 5–6. **Z** s; kult wie **15** (W-Am.: Kalif. bis südl. Brit. Columbia u. NW-Montana: Grasland, Eichen- u. Kieferngebüsch, 0–1800 m – formenreich – Hybr s. **15**).

**Sprenkel-F.** – *F. affinis* (SCHULT. et SCHULT. f.) SEALY

**17 (11)** B weißlich od. weiß, zuweilen grün gestreift, (1–)2–12 . . . . . . . . . . . . . . . . . . **18**

**17\*** B grün, gelbgrün, ziegelrot, purpurbraun bis fast schwarz, 1–42 . . . . . . . . . . . . . . **20**

**18** PerigonBl 10–16 mm lg, weiß, grün gestreift, nicht schlecht riechend. Nektardrüsen >5 mm lg, linealisch. Bl glänzend grün, am Grund gedrängt. B 2–4(–8). Kapsel nicht geflügelt. 0,10–0,35. ♃ ☉ 4–5. **Z** s ; ∨ ⚇ kult wie **5**, aber frostfrei überwintern (M-Kalif.: offne Hügel u. Felder auf schwerem Boden nahe der Küste, <200 m).

**Weiße F.** – *F. liliacea* LINDL.

**18\*** PerigonBl 18–40 mm lg . . . . . . . . . . . . . . . . . . . . . . . . . . . . . . . . . . . . . . . . . . . . **19**

**19** B schlecht riechend. Kapsel nicht geflügelt. PerigonBl außen weiß od. gelblich, innen grünlich bis purpurbraun, 18–35 mm lg. Nektardrüsen linealisch, grün, >²/₃ so lg wie die PerigonBl. Griffel tief gespalten. 0,30–0,60. ♃ ☉ 4–5. Ob kult? (wie **5**); oft mit *F. liliacea* verwechselt (Kalif.: Senken mit Ton od. anderen schweren Böden, <500 m). [*F. biflora* LINDL. var. *agrestis* GREENE] **Stinkende F.** – *F. agrestis* GREENE

**19\*** B nicht schlecht riechend. Kapsel geflügelt. *F. pallidiflora*, s. **13**

**20 (17)** B >4, in gestreckter Traube, grünlich bis rötlichbraun . . . . . . . . . . . . . . . . . . . **21**

**20\*** B 1–2(–4) (vgl. auch *F. michailovskyi*, **34**, u. *F. ruthenica*, **32**, mit 1–3(–5) B) . . . . . **23**

**21** Griffel in 3 Äste geteilt. Bl 3–7, eifg-länglich, glänzend grün, am StgGrund gehäuft. B 1–6(–12), br glockig. PerigonBl 18–40 mm lg, dunkelbraun bis gelbgrün. 0,10–0,45. ♃ ☉ 4(–5). **Z** s △; ∨ ○, bis BZeit ≈, Juli–November ~ (S- u. M-Kalif.: Serpentinblößen, grasige Hänge, 0–1200 m). **Zweiblütige F., Missionsglocke** – *F. biflora* LINDL.

**21\*** Griffel ungeteilt. Bl graugrün . . . . . . . . . . . . . . . . . . . . . . . . . . . . . . . . . . . . . . . **22**

**22** Nektardrüse ± 3eckig, 2 × 1,5 mm. B 7–20(–42), grünlich, graugelblich bis dunkel violettbraun, innen oft gelblich. PerigonBl 15–20 × 6–7 mm, an der Spitze nicht ausgebreitet. Bl 9–25, lanzettlich, spitz, bis 15 × 3 cm. Kapsel schmal geflügelt. (0,20–)0,60–1,00(–1,50). ♃ ☉ 4(–5). **Z** s Rabatten △; ∨ ○ Sommer trocken, warm, evtl. in Sand übersommern, spätfrostgefährdet, heikel (S-Türkei, Syr., Libanon, Jordanien, N-Irak, W- u. S-Iran: Felshänge, Gebüsch, Ackerränder, 700–2500 m).

**Persische F.** – *F. persica* L.

**22\*** Nektardrüse linealisch, 10–15 mm lg. B 4–12, grünlich- od. rötlichbraun. PerigonBl länglich-verkehrteifg, 15–25(–35) mm lg. Untere Bl länglich-eifg, obere lanzettlich. Kapsel 5 mm br geflügelt. (0,15–)0,25–0,50(–0,70). ♃ ☉ 4. **Z** s, in Trockengebieten △; ∨ ⚇ ○ Dränage; giftig! (M-As.: W-Tienschan, N-Pamir-Alai: Hochgrassteppen, Wacholderfluren, 1000–2200(–3000?) m – 1874). [*Korolkowia sewerzowii* REGEL]

**Sewerzow-F.** – *F. sewerzowii* REGEL

**23 (20)** B schmal glockig, >3mal so lg wie am Grund br, ohne Schachbrettmuster. Nektardrüse meist am Grund der PerigonBl. Griffel 3spaltig od. ungeteilt . . . . . . . . . . . . **24**

**23\*** B br glockig bis napffg, höchstens doppelt so lg wie am Grund br, oft mit Schachbrettmuster. Nektardrüse (2–)4–10 mm über dem Grund der PerigonBl. Griffel stets 3spaltig . . . . . . . . . . . . . . . . . . . . . . . . . . . . . . . . . . . . . . . . . . . . . . . . . . . . . . . . . . . . **30**

**24** Bl glänzend grün . . . . . . . . . . . . . . . . . . . . . . . . . . . . . . . . . . . . . . . . . . . . . . . . . . . **25**

**24\*** Bl graugrün od. blaugrün . . . . . . . . . . . . . . . . . . . . . . . . . . . . . . . . . . . . . . . . . . . . . **26**

**25** Griffel glatt, 3spaltig, seine Äste 2–4 mm lg. PerigonBl 16–22 × 7–8 mm, hell ziegelrot, zuweilen gefleckt. Kapsel ungeflügelt. Bl (4–)5–7(–10), schmal lanzettlich, 7–10 × ± 1,3 cm. 0,08–0,20. ♃ ☉ 4. **Z** s △, besser ⓐ; ⚇ sommertrocken, heikel (O- u. SO-Türkei, NW-

Iran?: Schneeflecken, Falllaub-Eichen-Gebüsch, 1800–3500 m). [*F. carduchorum* Rix]
**Kleine F.** – *F. minuta* Boiss. et Noë

**25*** Griffel rau (papillös), ungeteilt, dick, 3–4 mm ⌀. PerigonBl 20–28 mm lg, außen graupurpurn, bereift, innen gelb überlaufen. B einzeln. Bl 3–5, lanzettlich, grün, flach, das unterste 8–12 × 1–2 cm. 0,10–0,35. ♃ ⌽ 4. **Z** s △; ▼ V ○ nicht ganz ~ (SO-Türkei, N-Irak, W-Iran: nasse Wiesen, 1400–2100 m). **Fuchstrauben-F.** – *F. uva-vulpis* Rix

Bem.: Die Art wird oft irrtümlich als *F. assyriaca*, **29**, angeboten (Bl 5–6, graugrün, rinnig).

**26** **(24)** Griffel glatt (nicht papillös), nicht gespalten . . . . . . . . . . . . . . . . . . . . . . . . . . **27**

**26*** Griffel rau (papillös), gespalten oder ungeteilt. Bl graugrün . . . . . . . . . . . . . . . . . . . **28**

**27** Kapsel 6 mm br geflügelt, selten ungeflügelt. PerigonBl außen grüngelb bis graugrünlich gelb, innen grüngelb. Bl (5–)6–8(–12), unterste gegenständig, 2–6 × 0,7–1,8 cm, HochBl meist in 3blättrigem Quirl. B 1–2. Griffel 7–10 mm lg. 0,07–0,20. ♃ ⌽ 4–5. **Z** s △; ▼ V ○ sommertrocken (W-Türkei mit Inseln: *Pinus brutia*-Wald, *Quercus coccifera*-Gestrüpp, 100–1200 m). [*F. citrina* Baker, *F. pineticola* O. Schwarz]
**Bithynische F.** – *F. bithynica* Baker

**27*** Kapsel ungeflügelt. PerigonBl beidseits dunkel purpurbraun, am Ende ausgebreitet, 22–28 mm lg. Bl 3–4, unteres stängelumfassend, 3–10 × 0,8–2 cm. B 1(–2). Griffel 10–18 mm lg. 0,10–0,20(–0,35). ♃ ⌽ 4–5. **Z** s △; V ▼ ○ geschützt, im Sommer nicht ~ (NO-Türkei, Kauk., Transkauk., NW-Iran: alp. u. subalp. Weiden, NadelWLichtungen, Kalk-Felsbänke, Torfboden, 1600–2900 m). **Purpurbraune F.** – *F. caucasica* Adams

**28** **(26)** Griffel 1–3,5 mm tief 3spaltig, 7–11 mm lg, dick, dicht papillös. PerigonBl 20–32 mm lg, außen purpurbraun mit hellgrünem Mittelstreifen u. gelblichem Spitzenfleck. B 1–4. Bl 4–8, linealisch, rinnig, oseits graugrün, unterstes 5,5–11 × 0,4–1,1 cm. 0,15–0,30 (–0,55). ♃ ⌽ 4. **Z** s △; kult wie **29** (S-Türkei: KiefernWRänder, Macchien, Getreidefelder, 10–1200 m – ähnelt *F. assyriaca*, **29**). **Grünstreifige F.** – *F. elwesii* Boiss.

**28*** Griffel meist ungeteilt, selten bis 2 mm tief geteilt. PerigonBl 12–25 mm lg . . . . . . . **29**

**29** Bl 4–6(–12), linealisch, rinnig, unterstes 3–9 × 0,3–1,9 cm. B 1–2(–5), außen grünlich od. purpurbraun. Griffel ungeteilt. 0,04–0,20, zur FrZeit bis 0,35. ♃ ⌽ 4–5. **Z** s △, besser Ⓐ; ▼ V ○ Frühjahr ≃, Sommer ~ Dränage! (2 Unterarten: subsp. *assyriaca*: innere PerigonBl stumpf, >5 mm br, innen gelblich, Staubbeutel gelb (O-Türkei, N-Irak, W-Iran: Bergsteppe, Eichengebüsch, 1100–2500 m); subsp. *melananthera* Rix: innere PerigonBl spitz, <5 mm br, innen grün u. schwärzlich gestreift, Staubbeutel schwarz (S-Türkei: sandige u. felsige Hügel nahe dem Meer, unter 700 m)).
**Syrische F.** – *F. assyriaca* Baker

**29*** Bl 3–8(–13), br bis schmal lanzettlich, flach, unterstes 2,5–8 × 0,5–2,4 cm. B 1–2(–4), außen purpurn bis grau, innen orangegelb od. grünlich. Äußere PerigonBl 15–25 × 5–8 mm, weit nach außen gebogen, innere 6–10 mm br. Griffel 7–10(–13) mm lg, ungeteilt od. mit 3 kurzen, <2 mm lg Ästen. Zwiebel zuweilen mit Ausläufern. (0,06–)0,20(–0,38). ♃ ⌽ ⌒⌒ 4. **Z** s, kult wie **29** (Türkei, Syr., Libanon, Armenien (dort subsp. *hajastanica* Gabrieljan: Bl meist 3, B grau-rosapurpurn, innen nicht gelb), NW- u. W-Iran: felsige Hügel, Bergsteppen, auf Kalk, oft an Schneeflecken, 1000–2500 m).
**Pinard-F.** – *F. pinardii* Boiss.

**30** **(23)** Griffel rau (papillös). Nektardrüsen linealisch bis lanzettlich, >7 mm lg. B mit Schachbrettmuster . . . . . . . . . . . . . . . . . . . . . . . . . . . . . . . . . . . . . . . . . . . . . . . . . . . **31**

**30*** Griffel glatt, nur die Narbenflächen papillös. Nektardrüse u. PerigonBlMuster unterschiedlich . . . . . . . . . . . . . . . . . . . . . . . . . . . . . . . . . . . . . . . . . . . . . . . . . . **33**

**31** Nektardrüse 7–10 mm lg. B 1–2, rosa mit braunviolettem Schachbrettmuster od. weiß mit bräunlichem Schachbrettmuster, selten ganz weiß. PerigonBl 30–45 mm lg, spitz. Griffel 13–16 mm, seine Äste 2–5 mm lg. Bl linealisch, bis 1 cm br, graugrün. 0,15–0,30. ♃ ⌽ 4–5. **W. Z** z Rabatten, △ ✗; V Selbstaussaat, ▼ ○ ≃ (M- u. W-Russl., Ukr., N-Balkan: sumpfige Wiesen; eingeb. stellenweise im gemäß. W- u. Z-Eur. – 1572 – ∞ Sorten: PerigonBl weiß, dunkelrot, hellrosa, rötlichviolett, braunpurpurn, Schachbrettmuster unterschiedlich ausgeprägt – subsp. *burnatii* (PLANCH.) RIX: Pfl kleiner, Griffel glatt (S- u. SW-Alpen, bis 2500 m)). **Schachblume, Kiebitzei** – *F. meleagris* L.

**31\*** Nektardrüse 10–15 mm lg. BGrundfarbe grün od. nur innen grüngelb. Griffeläste 2–7 mm lg .................................................................. **32**

**32** Kapsel geflügelt. HochBl spiralig eingerollt. B 1–3(–5) in lockerer Traube, dunkelrot mit dunklem Schachbrettmuster, innen gelblich mit grünlichem Mittelstreifen. Äußere PerigonBl bis 30 × 8 mm, innere bis 35 × 15 mm. Bl 6–12, unterste ± gegenständig, 3–7 mm br, lg zugespitzt, übrige wechselständig od. quirlig. 0,15–0,50. ♃ ☉ 4–5. **Z** s △ Rabatten; kult leicht, im Sommer nicht ~ (S-Russl., Ukr., N-Kasach., südwestlichstes W-Sibir.: Steppensenken, Flussterrassen, Schluchthänge, steinige Wiesen u. Gebüsch – Angaben aus M-As. beziehen sich auf *F. walujewii* REGEL: Nektarien 4–6 mm lg, B 1–6, altrosa mit grünem Schachbrettmuster).

**Ukrainische Schachblume** – *F. ruthenica* WIKSTR.

**32\*** Kapsel ungeflügelt. HochBl nicht spiralig eingerollt. B 1–3, grün, mit deutlichem schwarzpurpurnem od. braunem Schachbrettmuster. PerigonBl 18–32 mm lg. Bl 8–20, linealisch, 4–13 × 0,3–0,6(–1) cm. 0,16–0,40. ♃ ☉ 4–5. **Z** s, kult wie **31** (S-Frankr, It., Balkan, Kauk.: Trockenrasen, steinige Hänge, meist auf Kalk). [*F. montana* HOPPE, *F. tenella* M. BIEB., *F. nigra* auct. non MILL.]

**Orientalische Schachblume** – *F. orientalis* ADAMS

**33 (30)** BGrundfarbe dunkelbraun bis schwarzpurpurn, innen gelbbraun, Spitze der PerigonBl zuweilen gelb ................................................ **34**

**33\*** BGrundfarbe grün od. gelbgrün od. bräunlich, Spitze der PerigonBl nicht gelb .... **36**

**34** PerigonBl außen dunkel braunpurpurn, ihre Spitze gelb ($^1/_4$ bis $^1/_3$ der Länge), schwach nach außen gebogen, innen gelb, die äußeren 20–32 × 9–10 mm, die inneren 10–15 mm br. B 1–4(–5). Bl 5–9, lanzettlich, graugrün, das unterste 5–9 × 1–1,5 cm. (Abb. **680**/3). (0,06–)0,12–0,15(–0,24). ♃ ☉ 4. **Z** z △ ⓐ; kult wie **3** (NO-Türkei: Schotter, offne, steinige Hänge, 2000–3000 m). **Michailovsky-F.** – *F. michailovskyi* FOMIN

**34\*** PerigonBl außen ganz weinrot bis schwarzpurpurn mit Schachbrettmuster, ohne gelbe Spitze .................................................................. **35**

**35** PerigonBl 25–35 mm lg, am Ende nach außen gebogen, innen gelblich, am Grund mit braunem Schachbrettmuster. Bl 7–10, graugrün, schmal lanzettlich, 4,5–11 × 0,6–1(–2) cm. Griffel 8–9 mm lg. B 1(–2). 0,15–0,30. ♃ ☉ 4–5. **Z** s-z? △; ∀ ⚘ ○ kult leicht (formenreich, 2 Unterarten: subsp. *nigra* [*F. pyrenaica* subsp. *pyrenaica* auct. non L.]: Nektardrüse 4–6 mm lg (Pyr., N-Span.: subalp Wiesen, bes. auf Kalk, 800–2000 m), subsp. *boissieri* (COSTA) O. BOLÒS et al. [*F. hispanica* BOISS. et REUT., *F. lusitanica* WIKSTR.]: Nektardrüse 10–12 mm lg (Gebirge von S- u. O-Span., Z- u. S-Port., S-Frankr., NW-Afr.: Rif: 0–2050 m)). **Pyrenäen-Schachblume** – *F. nigra* MILL.

**35\*** PerigonBl 35–50 mm lg, dunkelbraun, am Ende nach innen gebogen, innen gelb gemustert. Bl 5–9, glänzend grün, eifg bis lanzettlich, unterste 3,5–8 × 0,7–2,5 cm. Nektardrüse 3–4 × 1–2 mm. Griffel 10–15 mm lg mit 2–5 mm lg Ästen. 0,10–0,30. ♃ ☉ 4–5. **Z** s △; kult wie **5\*** (Kauk., NO-Türkei: alp. Matten, an Schneeflecken, 1800–3000 m). [*F. nobilis* BAKER] **Breitglocken-Schachblume, Breitblättrige F.** – *F. latifolia* WILLD.

Ähnlich: **Westalpen-Schachblume** – *F. tubiformis* GREN. et GODR.: Bl graugrün, lanzettlich, 5–10 × 0,5–1,1 cm. Griffel 12–13 mm lg, mit 1–2 mm lg Ästen. (0,04–)0,20–0,35. ♃ ☉ 3–4. **Z** s △; kult wie **5\*** (SW-Alpen von N-It. u. SO-Frankr.: mont.–alp. Rasen, 800–2100 m).

**36 (33)** Kapsel geflügelt. PerigonBl grün mit purpurbraunem Spitzenfleck, 24–45 mm lg. Griffel 12–15 mm lg, seine Äste 5–7 mm lg. Bl ± 8, graugrün, lineallanzettlich bis lanzettlich, (fast) gegenständig, die obersten 3 quirlig. B 1(–2). (Abb. **680**/4). 0,15–0,45. ♃ ☉ 4–5. **Z** s △; ∀ ⚘ ○ ◐ im Sommer nicht ~ (S-Alban., Mazed., Bulg., N-Griech., NW-Türkei: lichte Wälder, Gebüsch, 30–1200 m – Übergänge zu *F. graeca*, **39**). **Pontus-F.** – *F. pontica* WAHLENB.

**36\*** Kapsel ungeflügelt. PerigonBl nicht mit andersfarbiger Spitze ............. **37**

**37** Bl glänzend grün, 7–10, 3,5–11 × 1–3 cm, die untersten br lanzettlich, oft gegenständig u. ausgebreitet, obere schmaler. HochBl wechselständig. B 1–3. PerigonBl 18–24 mm lg, grün mit starkem braunem od. schwarzem Schachbrettmuster, ohne grünen Mittelstreifen. Griffel 7–9 mm, Äste 3–7 mm lg. 0,10–0,20. ♃ ☉ 4–5. **Z** s △ ⓐ; kult wie **29** (S-Griech.: Gebüsch, Olivenhaine, Felder, bis 100 m?).
           **Davis-Schachblume** – *F. davisii* TURRILL
**37\*** Bl graugrün (vgl. aber *F. thessala* bei **41**) . . . . . . . . . . . . . . . . . . . . . . . . . . . . . . . . **38**
**38** PerigonBl außen ohne Schachbrettmuster, mit purpurnen Punkten u. Nerven, 25–40 mm lg, lanzettlich bis verkehrteilanzettlich, an der Spitze zurückgebogen, innen olivgrün bis gelbgrün. Alle 7–11 Bl wechselständig, linealisch bis lanzettlich. Nektardrüse 5–11 × 2–4 mm, eifg bis eifg-lanzettlich, grün od. schwärzlich. Griffel 8–12 mm lg, seine Äste 3–5 mm lg. 0,15–0,45. ♃ ☉ 4–5. **Z** z? △; ∀ ✿ ○ robust u. ausdauernd (kult nur subsp. *acmopetala*: S-Türkei, Zypern, Syr.?, Libanon: lichte Wälder, Gebüsch, Getreidefelder, 20–1000 m).
           **Spitzkronige F.** – *F. acmopetala* BOISS.
**38\*** PerigonBl mit Schachbrettmuster . . . . . . . . . . . . . . . . . . . . . . . . . . . . . . . . . . . . . . . **39**
**39** PerigonBl außen ohne deutlichen grünen Mittelstreifen. Bl 7–10, gegenständig, lineallanzettlich bis linealisch, oberste 3 quirlig. B 1(–3); PerigonBl außen hellgrün, mit braunem Schachbrettmuster. Nektardrüsen eifg, schwärzlich. Griffel 12–15 mm lg, seine Äste 5–7 mm lg. 0,15–0,30. ♃ ☉ 4–5. **Z** s △; kult wie **38** (NW-It., SO-Frankr.: Seealpen: Bergwiesen, 500–1500 m).
           **Gegenblättrige Schachblume** – *F. involucrata* GUSS.
**39\*** PerigonBl außen mit ± deutlichem grünem Mittelstreifen . . . . . . . . . . . . . . . . . . . . **40**
**40** Bl 4(–7). PerigonBl 18–24 mm lg, gelb od. grünlich, mit braunem Schachbrettmuster u. meist mit undeutlichem grünem Mittelstreifen. Nektardrüsen 8–12 × 1–2 mm. Griffeläste 2–4 mm lg. Bl meist 4(–7), untere eifg-lanzettlich, obere linealisch. B 1–3. 0,06–0,20. ♃ ☉ 4(–5). **Z** s △. Z s △; kult wie **29** (Türkei, N-Irak, SW-Iran: Kalkschutthalden, Schneeflecken, 1500–3500 m – formenreich).
           **Dickblättrige Sch.** – *F. crassifolia* BOISS. et A. HUET
**40\*** Bl 7–10 . . . . . . . . . . . . . . . . . . . . . . . . . . . . . . . . . . . . . . . . . . . . . . . . . . . . . . . . . . . . . **41**
**41** HochBl einzeln, nicht quirlig. PerigonBl 18–22(–30) mm lg, grün bis purpurbraun mit braunem bis schwärzlichem Schachbrettmuster u. grünem Mittelstreifen. Nektardrüse 6–15 mm lg, linealisch. Bl 3,5–11 × 1–2,5 cm, die untersten oft gegenständig, die obersten meist einzeln. Griffel 7–10 mm lg, seine Äste 3–6 mm. 0,06–0,22(–28). ♃ ☉ 4–5. **Z** s △; kult wie **5\*** (NO- u. S-Griech. mit Inseln: steinig-felsige Hänge, Macchie, NadelW-Lichtungen, meist auf Kalk, 0–2000 m).
           **Griechische Schachblume** – *F. graeca* BOISS. et SPRUNER

Ähnlich: **Thessalische Sch.** – *F. thessala* (BOISS.) KAMARI [*F. graeca* var. *thessala* BOISS.]: Nektardrüse eifg, 4–6 × 3–6 mm. Pfl kräftiger. Bl grün, bis 10 × 5 cm, die obersten 3 quirlig. 0,15–0,45. ♃ ☉ 4–5. **Z** s (SO-Alban., Mazed., Griech.: subalp. Wiesen, NadelWLichtungen, auf Kalk u. Serpentin, 10–2300 m – formenreich).

**41\*** HochBl zu 3 quirlig. PerigonBl 22–42 mm lg, grün, mit purpurbraunem Schachbrettmuster u. br grünem Mittelstreifen. Nektardrüse nahe dem Grund der PerigonBl, eifg bis lanzettlich. Bl linealisch. B 1(–3). 0,20–0,50. ♃ ☉ 4–5. **Z** s △; kult wie **5\*** (W- u. S-Balkan, Kreta, S-It., Sizil., Tunis., Alg., Marokko: Weiden, Gebüsch, Wälder, 0–2000 (–3000?) m – formenreich).
           **Messina-Schachblume** – *F. messanensis* RAF.

**Riesenlilie** – *Cardiocrinum* (ENDL.) LINDL.         3 Arten

Bl gestielt, Spreite netznervig, br eifg mit herzfg Grund, bis 45 × 40 cm. B 3–25, nickend, trichterfg, 15–20 cm lg, weiß, außen grün getönt, innen rot gestreift, kurz gestielt, duftend. BStand traubig. 1,50–3,50. ♃ ☉ 7–8. **Z** s Gehölzränder, Solitär; ✿ Brutzwiebeln, ∀ B im 5. Jahr, ☾ Zwiebel an Bodenoberfläche, Boden nährstoffreich, humos, im Sommer ≈, im Winter ⌂: dicke Laubschicht (Nepal, Bhutan, Sikkim, NO-Indien, N-Myanmar, SW- u. westl. Z-China: S-Tibet, Yunnan u. Guangdong bis Gansu u. Henan: Berghänge, Wälder, 1200–3600 m – ± 1850 – var. *yunnanense* (ELWES) STEARN: 1,00–2,00 m, B außen weiß)      **Riesenlilie** – *C. giganteum* (WALL.) MAKINO

**Lilie** – *Lilium* L. 115 Arten

Lit.: FELDMAIER, C., MCRAE, J. 1982: Lilien. Stuttgart. – Jahrbücher der englischen u. der amerikanischen Liliengesellschaft.

Kultur: Boden tiefgründig, dräniert. Die meisten Arten meiden Kalk, Kalkverträglichkeit wird bes. erwähnt. Vor allem Arten aus O-As. u. O-Am. brauchen hohe Luftfeuchte. – Viele neue Sorten sind wegen der *Fusarium*-Anfälligkeit nicht für Gartenkultur geeignet. – Zwiebeln in feuchtem Sand od. Torfmull lagern, nicht trocken. Pflanzen im Herbst. Die Pflanztiefe wird bis zur Zwiebelspitze angegeben. – Volldünger bei Austrieb bis BZeit. Nach der BZeit nicht mehr gießen. Beim Schnitt Laub stehen lassen. – Vermehrung durch Aussaat, Zwiebelteilung, Stängel- (im Boden!) u. BlAchselbulbillen od. Zwiebelschuppen. Keimung epigäisch (oberirdisch) u. sofort bei *L. candidum, cernuum, davidii* u. Hybr, *lancifolium, longiflorum, pumilum, regale, sargentiae* z. T.; epigäisch u. verzögert bei *L. carniolicum, chalcedonicum, henryi, pyrenaicum, sargentiae* z. T.; unterirdisch u. sofort (ohne oberirdisches Keimblatt) bei *L. dauricum, martagon, speciosum* z. T.; unterirdisch u. verzögert bei *L. auratum, bulbiferum, canadense, hansonii, martagon, monadelphum, pardalinum, speciosum* z. T., *superbum*; Keimung beschleunigen durch Aussaat in sterilisiertes Substrat u. 2–3 Monate Wärme: 10–20°, danach 2–3 Monate Kälte: + 2–4(–8)°. – Soweit nicht anders angegeben, bilden die Arten Zwiebeln mit konzentrisch angeordneten Schuppen, die Rhizome von **4, 5** u. **5\*** (alle 4 Jahre teilen!) sind nicht mit dem zunächst im Boden kriechenden Austrieb (*L. nepalense,* **13,** *L. pensylvanicum,* **14,** *L. davidii,* **16\*,** *L. leichtlinii,* **18**) zu verwechseln.

1   Bl zum größten Teil in mehreren Quirlen, oft einige untere u. obere wechselständig  **2**

1\*  Bl wechselständig, nur an der StgSpitze zuweilen ein einzelner Quirl . . . . . . . . . .  **6**

2   Pfl ohne Ausläufer- od. Schuppenrhizom. B turbanfg, duftend, klein, PerigonBl 3–4,5 cm lg. BStand traubig . . . . . . . . . . . . . . . . . . . . . . . . . . . . . . . . . . . . . . . . . . . . . . . .  **3**

2\*  Pfl mit 3–10 cm lg, horizontalem Schuppen- od. Ausläuferrhizom. B trichter- od. turbanfg, meist nicht duftend, meist größer, PerigonBl 3,4–10,5 cm lg. BStand traubig od. doldenfg . . . . . . . . . . . . . . . . . . . . . . . . . . . . . . . . . . . . . . . . . . . . . . . . . . . . . . . . .  **4**

3   Bl in Quirlen zu (8–)12–20, 3–5nervig, 10–18 × 2–4 cm. B 4–12. PerigonBl 3–4 × 1–1,5 cm, sehr dickfleischig, tief orangegelb od. gelb, am Grund purpurbraun punktiert, mit strengem Duft. 0,60–1,20(–1,50). ♃ ☉ **Z** s Staudenbeete ⚥; ⚘ Kult leicht, nicht kalkmeidend, virusfrei, feuchter Laubhumus ◑ (Korea: Ullung-Insel; Japan: ob heimisch in Hokkaido?: offne Wälder, Gebüsch, bis 500 m; eingeb. in NO-China – Hybr mit *L. martagon* var. *album*: *L.* × *marhan* BAKER: PerigonBl matt orange, bes. an der Spitze rotbraun gefleckt; mit *L. martagon* var. *martagon*: *L.* × *dalhansonii* POWELL: B rotbraunorange, stark gefleckt). [*L. maculatum* MAXIM. non THUNB. s. **14**]

**Goldtürkenbund-L.** – *L. hansonii* LEICHTLIN ex D. D. T. MOORE

3\*  Bl in Quirlen zu 6–10, 7–9nervig, bis 16 × 6,5 cm. B 3–20(–50). PerigonBl hell bis dunkel weinrot, selten rein weiß (var. *album* WESTON), meist braunviolett gefleckt, fleischig. 0,70–2,00. ♃ ☉ 6(–7). **W. Z** z Staudenbeete, Gehölzränder; Kult leicht, kalkverträglich ⚘ ⚘ Selbstaussaat B nach 4–5 Jahren ○ ◑ (S-Eur.: Gebirge, Z- u. O-Eur., W- u. Z-Sibir., N-Mong.: Laubmisch- u. NadelW, Waldränder, subalp. Hochstaudenfluren, meist auf Kalk – kult seit Mittelalter, Nachweis 830 – formenreich: Behaarung u. Fleckung verschieden – Hybr s. **3**). **Türkenbund-L.** – *L. martagon* L.

4  **(2)** B trichterfg, zu 10–12(–20) in doldenfg od. doldentraubigem BStand. BKnospen∅ rund. PerigonBl 5–7,5 × 1–2,5 cm, gelb u. orange, innen schwarzpurpurn gefleckt, od. rot (var. *coccineum* PURSH, var. *editorum* FERNALD). Ausläuferrhizom mit schuppenfreien Abschnitten, am Ende Zwiebeln bildend. Bl zu 5–12 quirlig, 5,3–15 × 1,2–2 cm, 5–7nervig. 0,60–1,50. ♃ ⅄ ⚭ ☉ 7(–8). **Z** s Staudenbeete ⚥; ⚘ ⚘ ○ ◑ ⊖ Sand-Lehm-Torf, Dränage ∧ (NO-Am.: N-Georgia u. N-Alabama bis S-Ontario, SO-Quebec, Neuschottland: feuchte Wiesen, Waldränder, Bach- u. Flussufer, 0–1000(–1400 m) – 1620 – formenreich). **Kanadische Wiesen-L.** – *L. canadense* L.

4\*  B turbanfg, in 1–20(–49)blütiger Traube. Bl 3–7nervig . . . . . . . . . . . . . . . . . . . .  **5**

5   Bl 3–7nervig, zu 4–20 quirlig, (3,5–)7–26 × 0,7–2,8 cm. StgWurzeln (über der Zwiebel) vorhanden. BKnospen∅ 3kantig. B 6–40, lg gestielt. PerigonBl 6–10 × 1–2,6 cm, orange, an der Spitze rot getönt, am Grund rotbraun gefleckt, innere am Grund mit 3ecki-

gem grünem Fleck. 1,50–3,00. ⌖ ⌶ ⏀ 7–8. **Z** s Staudenbeete, zwischen Kleinsträuchern; ∀ ⁕ ○ ◐ ≃ ⊖ (O-USA: NO-Florida u. O-Louisiana bis S-Illinois, New York u. New Hampshire: Sumpfränder, Bachufer, Feuchtwiesen, Waldränder, 0–1600 m – 1738).                                      **Prächtige Türkenbund-L. –** *L. superbum* L.

**5\*** Bl 3nervig, zu (3–)8–19 quirlig, 5–26,5 × 0,3–5,6 cm. StgWurzeln fehlend. BKnospen⌀ rund. B 3–30, duftlos. PerigonBl 5–10,5 × 0,9–2,5 cm, gelb bis orange, am Grund außen grün, an der Spitze oft rot, innen kastanienbraun gefleckt, die Flecken z.T. gelb umrandet. Ganzes Rhizom dicht schuppig. 1,00–2,00(–2,80). ⌖ ⌶ ⏀ 7(–8). **Z** s Gehölzränder, zwischen Kleinsträuchern; ∀ ⁕ ○ ◐ ≃ ⊖ Windschutz, Kult von den Arten aus W-Am. am leichtesten (NW-Am.: Kalif., S-Oregon: Bäche, Sümpfe, feuchte Gebüsche, nasse NadelmischW, 0–2000 m – 1848 – formenreich, 5 Unterarten: Bl linealisch bis elliptisch, B gelb bis an der Spitze rot).                    **Panther-L. –** *L. pardalinum* KELLOGG

Bem.: Die **Abendrot-L. –** *L. harrisianum* BEANE et VOLLMER [*L. pardalinum* var. *giganteum* STEARN et WOODCOCK] ist nach Fl. N-Am. 2002 ein Synonym der typischen Unterart der Panther-Lilie (*L. pardalinum* subsp. *pardalinum*): PerigonBl 2farbig, unten orangegelb, oben rotorange bis rot, 6–10,5 cm lg. BlSpreite ± elliptisch, 3–12 × so lg wie br.

**6 (1)** B weiß, rosa od. lila, zuweilen mit gelbem Schlund od. Mittelstreifen, duftend . . **7**

**6\*** B gelb, blass- od. grüngelb, orange bis rot (vgl. auch *L.* × *testaceum*, **7**) . . . . . . . . **13**

**7** GrundBl im Herbst erscheinend, überwinternd, 10–25 × 2–5 cm, 3–5nervig. PerigonBl weiß, 6–8(–10) × 1–4 cm, innen am Grund gelb, außen zuweilen rötlich od. grünlich getönt. B 5–20, duftend, trichterfg. (0,40–)0,80–1,50. ⌖ ⏀ herbst-frühsommergrün 6(–7). **Z** v Staudenbeete, Rabatten ⚥; ⁕ meist samensteril ○ ⊕ Zwiebelspitze 3–12 cm tief, Kult leicht (S-Balkan, SW-Türkei, Syr., Libanon, Paläst.: Macchie u. felsiger FalllaubW auf Kalk, Sandstein u. Konglomerat, 10–1300 m – kult in O-Medit. seit vorgeschichtlicher Zeit, in D. seit Mittelalter – früher HeilPfl – var. *salonikae* STOKER: Laub- u. PerigonBl schmaler, bildet Samen – Sorte 'Plenum': B gefüllt – Hybr mit *L. chalcedonicum*, **19**: **Isabell-L., Nanking-L. –** *L.* × *testaceum* LINDL.: B turbanfg, bis 10 cm ∅. PerigonBl fahlgelb mit orangefarbenen Nerven. Bl ∞, 5–10 × 0,6–2 cm. 1,00–1,50. ⌖ ⏀ 6–7. **Z** s; kalkverträglich. Ältester Lilien-Bastard, 1836 – weitere Hybr mit *L. monadelphum*, **20\***, *cernuum*, **12\***, u. mit Hybriden asiatischer Arten).                    **Madonnen-L. –** *L. candidum* L.

**7\*** Bl im Frühjahr erscheinend, meist schmaler. B duftend . . . . . . . . . . . . . . . . . . . . . **8**

**8** B trichterfg . . . . . . . . . . . . . . . . . . . . . . . . . . . . . . . . . . . . . . . . . . . . . . . . . . . . . . . . . **9**

**8\*** B turbanfg od. flach schalenfg . . . . . . . . . . . . . . . . . . . . . . . . . . . . . . . . . . . . . . . . . **11**

**9** Bl 1nervig, linealisch, 5–13 × 0,4–0,6 cm. BlAchseln ohne Brutzwiebeln. B in (1–)3–8 (–25)blütiger Dolde od. Doldentraube, ± horizontal. PerigonBl innen weiß, am Grund gelb, außen auf den Nerven purpurrosa, 12–15 cm lg. (0,50–)0,80–1,20(–2,00). ⌖ ⏀ 7. **Z** z Staudenbeete ⚥; ∀ B im 2. Jahr ○ ◐ kalkverträglich, Kult leicht, Schutz vor Spätfrost, Zwiebel 20 cm tief (SW-China: N-Sichuan: Flussufer, Felshänge, 800–2500 m – 1903 – Hybr mit *L. sargentiae*, **10**: *L.* × *imperiale* E. H. WILSON: Laub wie *L. regale*, B wie *L. sargentiae*, PerigonBlRand dunkelrosa; Hybr mit *L. sulphureum* BAKER (O-Himal., SW-China): *L.* × *sulphurgale* hort.).                    **Königs-L. –** *L. regale* E. H. WILSON

**9\*** Bl 3–5(–7)nervig, 0,5–2(–3) cm br. Pfl mit Brutzwiebeln in den BlAchseln (Achselbulbillen) od. StgBulben am unterirdischen Stg . . . . . . . . . . . . . . . . . . . . . . . . . . . . . . **10**

**10** B in 10–18blütiger Traube, außen braunrosa od. am Grund grünlich, innen am Grund gelb, 13–18 cm ∅. Bl 5,5–12(–20) × 0,5–2(–3) cm, linealisch bis verkehrteilanzettlich, am Grund dem Stg angedrückt, mit BlAchselbulbillen. 0,45–1,60. ⌖ ⏀ 7(–8). **Z** s Staudenbeete; ⁕ ∀ Dränage, warmer Humusboden ⊖, empfindlich (SW-China: Sichuan, Yunnan?: grasige Hänge, Dickicht-Ränder, auf Fels u. Schieferton, 500–2000 m – 1912 – Stammart der Rosa Trompeten-L.).                    **Sargent-L. –** *L. sargentiae* E. H.WILSON

**10\*** B 1–6, in doldenfg BStand, schmal trichterfg, ± horizontal, 8–10 cm ∅. PerigonBl 13–23 × ± 3,5 cm, weiß, Rand u. Mittelrippe oft purpurn getönt, an der Spitze schwach zurückgebogen. Bl 10–20(–25) × 0,5–1,5 cm. StgBulben im Boden. 0,30–1,00. ⌖ ⏀ 8–9. **Z** s Staudenbeete, Treiberei ⚥; ⁕, viel importiert, aber im Garten nicht ausdauernd, neue

Hybr z.T. für Garten geeignet, ∧, in Am. als TopfPfl für Ostern getrieben (S-Japan: Kyushu, Ryukyu-Inseln, N- u. O-Taiwan, 0-500 m – 1819 – einige Sorten, bes. für Treiberei). **Oster-L.** – *L. longiflorum* THUNB.

**11 (8)** B 1–6(–30), br u. flach schalenfg, bis 30 cm ⌀, seitlich od. schräg aufwärts gerichtet, kaum nickend. PerigonBl 10–18 × 2,5–5 cm, wachsweiß mit goldgelbem Mittelstreifen u. karminroten Tupfen u. Papillen, Rand wellig, nur die Spitzen zurückgerollt. Bl bis 22 × 2–4 cm, gestielt. 0,90–2,40. ⚃ ☉ 8(–9). **Z** s im ozean. Klimagebiet, Staudenbeete; ✹ ⩗ ⊖ Laubhumus, Torf u. Sand, kein Kompost, Zwiebeln 12–25 cm tief ∧ (Japan: Honshu: Bambus- u. *Rhododendron*-Gebüsch, Felsschutt, Vulkanasche, Hügel- u. Bergstufe bis 1500 m – 1862 – formenreich: PerigonBl auch mit oben od. ganz karminrotem Mittelstreifen, unterschiedlich stark gesprenkelt; var. *platyphyllum* BAKER.: Bl bis 6 cm br, 7–9nervig, B groß, härteste Varietät – Hybr mit *L. speciosum*, **12**, *L. longiflorum*, **10\***, u. anderen Arten). **Goldband-L.** – *L. auratum* LINDL.

**11\*** B türkenbundfg, meist nickend ........................................ **12**

**12** Bl 7–9nervig, kurz gestielt, untere 12–20 × 3–6 cm. B 2–8(–40) in ± traubenfg BStand, bis 10(–18?) cm ⌀. PerigonBl weiß bis blassrosa mit karminrosa Papillenwarzen, Rand wellig. Pollen purpurbraun. 0,90–2,00. ⚃ ☉ 8–9. **Z** s Staudenbeete ⚤; ✹ StgBulben im Boden ◐ geschützt, Torf- u. Laubhumus, ⊖ ≈ empfindlich bei Herbstregen, ∧ evtl. Kult in Töpfen u. vor Frühfrösten hereinholen (China: O-Hunan, N-Jiangxi, Zhejiang, Hubei, S-Anhui, S-Henan, N-Taiwan; Japan: W-Kyushu, S-Shikoku: schattige, feuchte Wälder, grasige Hänge, 650–900 m – 1829 – formenreich, in China var. *gloriosoides* BAKER: BGrund scharlachrot – Hybr mit *L. auratum*, **11**, *L. henryi*, **18\***, u. anderen Arten – Sorten auch weißblütig, Pollen rot od. gelb). **Pracht-L.** – *L. speciosum* THUNB.

**12\*** Bl 1–3nervig, sitzend, oft dem Stg anliegend, (4–)8–12(–18) × 0,1–0,5 cm. B (1–)2–6(–15) in traubigem BStand. PerigonBl 3,5–4,5 × (0,8–)1,5–2 cm, lila, selten rosa od. weiß, am Grund tief purpurn gefleckt, am Rand zurückgerollt. Staubbeutel lila, Pollen orange. 0,30–0,65(–0,80). ⚃ kurzlebig ☉ 6(–7). **Z** s △; ⩗ Boden mineralisch ○ (NO-China, Korea, S-Ussuri: Küstenfelsen, steinige Lichtungen im BergW – 1914 – Hybr mit *L. pumilum*, **16**). **Nickende L.** – *L. cernuum* KOM.

**13 (6)** B 1–3(–5), grüngelb od. blassgelb, selten orangegelb, im Schlund hell bis dunkel purpurn, trichterfg, weit offen, bis 15 cm lg u. 18 cm ⌀. PerigonBl außen tief längsrippig u. querrunzlig, 6–15 × 1,6–1,8 cm?. Bl 5–7nervig, 5–15 × 2–3,5 cm. Stg u. BlRand papillös rau. Stg vor dem späten Austrieb bis 50 cm horizontal im Boden wandernd. 0,40–1,20. ⚃ ☉ 7(–8). **Z** s Staudenbeete, Gehölzränder; ✹ ⩗ ○ ◐ ≈, im Winter trocken, die var. *robustum* bedingt winterhart, sonst ⊞ (Himal. von Nepal u. Bhutan, S-Tibet, N-Myanmar bis SW-China: Yunnan: Gebüsch u. BergmischW, (1800–) 2600–3500 m – var. *concolor* COTTON: B grüngelb, im Schlund nicht rot). **Nepal-L.** – *L. nepalense* D. DON

**13\*** B strohgelb, zitronengelb, orangegelb bis ziegel- od. tomatenrot. PerigonBl außen nicht tief gerippt u. querrunzlig ........................................ **14**

**14** B 1–5(–50), aufrecht, napffg. PerigonBl 6–8 × 2–3 cm, orangegelb, oseits ± rotbraun gefleckt. Bl ± 10 × 2 cm, 3–9nervig, lanzettlich, BlAchseln oft mit Achselbulbillen. Stg spinnwebig behaart. (0,40–)0,80–1,20(–1,50). ⚃ ☉ 6–7. **W. Z** z bes. Bergland Rabatten, Staudenbeete △; ✹ ⩗ ◐ ○ (2 Unterarten: subsp. *bulbiferum*: BlAchseln mit Brutzwiebeln. B orangegelb, meist ohne Flecken. Fr stumpfkantig (O-Alpen u. Vorland, Gebirge von Z-Eur.: feuchte u. trockne Wiesen, Hochstaudenfluren, im S bis 2200 m – kult 1596); subsp. *croceum* (CHAIX) PERS.: Pfl ohne Achselbulbillen. B orangerot, dunkel gefleckt, z.T. ♂. Fr scharfkantig (W-Alpen, Korsika, Apennin – kult 1500) – Hybr s. unten u. **18**). **Feuer-L.** – *L. bulbiferum* L.

Ähnlich mit aufrechten, gelborangen bis roten, ± gefleckten B, nicht klar voneinander getrennt: **Gefleckte L.** – *L. maculatum* THUNB.: Stg fast kahl, höchstens oben schwach behaart. B zu 1–3(–12) in Dolden. Bl 5–15 × 1,5 cm, 3–7nervig. PerigonBl 8–10 cm lg. Pfl niedriger: 0,20–0,60(–1,00). ⚃ ☉ (7–)8. **Z** s (M-Japan: Honshu: offne Rasen od. Fels u. Sand). – **Daurische L.** – *L. pensylvanicum* KER

GAWL. (irreführender, aber gültiger Name) [*L. dauricum* KER GAWL., *L. maculatum* subsp. *dauricum* (KER GAWL.) HARA]: Bl meist linealisch, 4–14 × 0,3–1,2(–2,5) cm. B bis 15 cm ⌀. Unterirdischer StgTeil kriechend, mit Brutzwiebeln. 0,30–0,75. ♃ ☼ 6. **Z s** (O-Sibir., N-Mong., Fernost bis Kamtschatka, N-Japan, NO-China, Korea: Waldränder, Gebüsch, Felsen u. Sandwiesen, Küste u. Gebirge, im S 450–1500 m – 1740, erneut 1917) – Wohl nur eine Varietät dieser Art (od. Syn. von *L. maculatum*?) ist *L. wilsonii* LEICHTLIN. – **Holland-L.** – *L.* × *hollandicum* BERGMANS [*L. bulbiferum* × *L. maculatum*]: Pfl höher, 0,70–1,30. Bl meist 3nervig. B zu 6–25, orange bis braunrot. BZeit 6–7. **Z s** (1840 – mehrere Sorten, 'Mid Century-Hybriden').

**14\*** B nickend, turbanfg . . . . . . . . . . . . . . . . . . . . . . . . . . . . . . . . . . . . . . . . . . . . . . **15**
**15** Bl 1nervig . . . . . . . . . . . . . . . . . . . . . . . . . . . . . . . . . . . . . . . . . . . . . . . . . . . . . **16**
**15\*** Bl 3–15nervig (vgl. auch **16\***) . . . . . . . . . . . . . . . . . . . . . . . . . . . . . . . . . . . . . . . . **17**
**16** Pfl unter 90 cm hoch, vorm Austrieb nicht im Boden wandernd, ohne Brutzwiebeln. Staubbeutel 4–8 mm lg. PerigonBl 3–3,5 × 0,7–0,8 cm, höchstens am Grund schwarz getupft. B zu 1–30 in Traube, duftend. Bl 3–10 × 0,1–0,3 cm, an Rand u. Nerven useits papillös. 0,15–0,45(–0,90). ♃ ☼ (6–)7. **Z s** △ ⚥; ∨ ♈ Zwiebelschuppen ○ ⊕ Zwiebel 10 cm tief, Regenschutz (SO-Sibir., westl. Fernost, N-Mong., NO-China, Korea: Wald-steppe u. Gebüsch auf trocknen, felsig-grusigen S-Hängen – 1810 – Hybr als ♂ mit *L. cernuum*, **12\***, *L. pensylvanicum*, **14**, u. anderen asiatischen Arten). [*L. tenuifolium* SCHRANK] **Lackrote L., Korallen-L.** – *L. pumilum* DC.
**16\*** Pfl >1 m hoch. Stg zuweilen vorm Austrieb im Boden wandernd, an den Knoten mit Tochterzwiebeln. Staubbeutel 9–12 mm lg. PerigonBl 5–8 × 0,8–2,5 cm, orangerot bis scharlachrot, dicht mit erhabenen purpurnen Flecken besetzt. B 5–20(–60), duftlos. Bl (6–)8–12 × 0,2–0,4 cm, in den BlAchseln meist spinnwebig behaart, am Rand rau, useits behaart. 1,00–1,40. ♃ ☼ 7–8. **Z s** Staudenbeete ⚥; Kult leicht ♈ ○ ◐ (SW-China: Guizhou, Sichuan, NW-Yunnan, S-Shaanxi: feuchte Wälder, Waldränder, grasige Hänge (800–)1600–2300 m – 1869 – formenreich: var. *davidii* [*L. biondii* BARONI nach Fl. of China 2000 Syn. von var. *davidii*, nach BRYAN et GRIFFITHS 1995 von var. *unicolor*]: Bl 1nervig, BlAchseln wollhaarig; var. *willmottiae* (E. A. WILSON) RAFFILL [*L. chingense* BARONI]: Bl 3nervig, BlAchseln kahl, Stg bis 2,00, übergebogen; var. *unicolor* (HOOG) COTTON: bis 1,00, B blass, Flecken rot, rosa od. fehlend, Bl sehr ∞ u. länger, B bis 40, BStiele oft mit 2–3 B – Hybr der Varietäten untereinander, mit *L. bulbiferum* u. *L. pensylvanicum*, **14**, auch mit **16, 18**). **David-L.** – *L. davidii* DUCH. ex ELWES
**17** (**15**) Staubbeutel 12–17 mm lg. Stg grün, rot gestrichelt. B duftlos . . . . . . . . . . . . . **18**
**17\*** Staubbeutel 4–13 mm lg . . . . . . . . . . . . . . . . . . . . . . . . . . . . . . . . . . . . . . . . . . . . **19**
**18** Stg weißwollig, in den BlAchseln schwarzbraune Brutzwiebeln. PerigonBl 6–10 × 1,7–2,2 cm, orangerot, stark schokoladenbraun gefleckt, mit Papillenwarzen. B 4–20(–40), bis 10 cm ⌀. Bl 5–18 × (0,5–)0,7–1,5 cm. 1,00–2,00. ♃ ☼ 8(–9). **Z z** Staudenbeete, Gehölz-ränder ⚥; Kult leicht ♈ Brutzwiebeln, Pfl meist triploid u. samensteril, die fertile diploide Form kleiner, selten in Japan: Kyushu (Art: ganz Japan, Korea, China: von Tibet u. Guangxi bis Qinghai, Gansu, Hebei u. Shandong; Fernost bis S-Sachalin: Gebüsch, Grashänge, Flusstäler, 400–2500 m – in O-As. seit langem kult, Zwiebeln gekocht ge-gessen – 1804 – mehrere Sorten, B auch gefüllt – Hybr mit *L. leichtlinii*, auch mit *L. bul-biferum* u. *L. maculatum*, **14**). [*L. tigrinum* KER GAWL.] **Tiger-L.** – *L. lancifolium* THUNB.

Ähnlich: **Leichtlin-L.** – *L. leichtlinii* HOOK. f.: Pfl ohne BlAchselbulbillen. Stg vorm Austrieb im Boden kriechend. 0,60–2,00. ♃ ☼ 7–9. **Z s** (Japan, NO-China, Korea, südl. Fernost – var. *leichtlinii*: B zitro-nengelb (nur Japan? seit langem kult); var. *maximowiczii* (REGEL) BAKER [*L. pseudotigrinum* CARRIÈRE]: B orangerot (ganzes Areal)).

**18\*** Stg kahl, im Boden mit StgBulben, ohne BlAchselbulbillen. PerigonBl oseits mit braunen Papillenwarzen, B 5–8 × 1–2 cm, orange, zerstreut schwarzbraun getupft. B (1–)4–20(–70), oft 2 am Stiel. Bl zweigestaltig, untere verkehrteilanzettlich, kurz gestielt, 8–15 × 2–3 cm, obere eifg, sitzend, 2–4 × 1,5–2,5 cm. (1,00–)1,40–2,40 (–3,00). ♃ ☼ 8(–9). **Z s** Stau-denbeete, Gehölzränder; Kult leicht ♈ ∨ ○ ◐, auch ⊕, tief pflanzen (China: SO-Sichuan, Guizhou, W-Hubei, Jiangxi, NW-Fujian: Berghänge, 700–1000 m – 1889 –

Sorte 'Citrinum': B zitronengelb, BZeit spät – Hybr mit *L. sargentiae*, **10** (Aurelian-Hybriden), *L. speciosum*, **12** (z.B. 'Black Beauty': B dunkelrot mit weißen Rändern u. dunklen Papillenwarzen, bis 30 cm ⌀) u. anderen Arten). **Henry-L.** – *L. henryi* BAKER

**19 (17)** Obere Bl dem Stg dachzieglig angedrückt 1,5 × 0,2 cm, abrupt kleiner als untere, diese bis 12 × 1,5–2 cm, abstehend, 3–5nervig. B 1–6(–15) in doldenfg BStand, schlecht riechend. PerigonBl 5–7,5 cm lg, scharlachrot, fleischig, ohne od. mit ('Maculatum') Flecken, am Grund mit lg, oft verzweigten Warzen. 0,35–0,90(–1,20). ⚃ ☉ 7–8. **Z** s Staudenbeete ⊕ anfällig (S-Alban., S-, u. O-Griech.: offne, feuchte BergW, meist auf Kalk, 500–1900(–2100?) m – 1573). [*L. heldreichii* FREYN]

Chalzedon-L. – L. chalcedonicum L.

**19\*** Obere Bl nicht dachzieglig dem Stg angedrückt, allmählich kleiner als die unteren. BStand traubenfg . . . . . . . . . . . . . . . . . . . . . . . . . . . . . . . . . . . . . . . **20**

**20** B 1–12, schlecht riechend, klein, 4,5–7,5 cm ⌀. PerigonBl 3–7 cm lg, orange od. (grünlich)gelb, oft mit Papillenwarzen. 0,20–1,35. ⚃ ☉ 5–6. **Z** s meist subsp. *carniolicum*? Staudenbeete; v ⚘ ~ ⊕ (1598 – formenreich, 3 Unterarten: subsp. *pyrenaicum*: B gefleckt, BlNerven useits kahl (N-Span., S-Frankr.: (mont.–)subalp. Staudenfluren, Wiesen, (800–)1500–2100(–2400) m); subsp. *carniolicum* (W. D. J. KOCH) MATTHEWS [*L. carniolicum* W. D. J. KOCH, incl. *L. albanicum* GRISEB. u. *L. jankae* KERNER]: PerigonBl ungefleckt, BlNerven useits behaart od. kahl, Staubfäden glatt (SO-Alpen, Balkan bis Griech., Rum.: Felsen, Geröll, meist auf Kalk); subsp. *ponticum* (K. KOCH) MATTHEWS: PerigonBl hellgelb, ohne Warzen, BlNerven useits behaart, Staubfäden papillös (NO-Türkei, W- u. S-Transkauk.: subalp. Wiesen, *Rhododendron*-Gebüsch, 1800–2400 m, auf Urgestein). **Pyrenäen-L.** – *L. pyrenaicum* GOUAN

**20\*** B 1–5(–30) in Traube, duftend, größer, ± 9 cm ⌀. PerigonBl 6–10 × (1–)1,5–3 cm, gelb, ohne Papillenwarzen. Bl 5–18 × 1–4 cm, 9–13nervig, am Rand u. useits auf den Nerven bewimpert. Staubfäden zuweilen am Grund verwachsen. 0,50–2,00. ⚃ ☉ 6(–7). **Z** s Staudenbeete, Gehölzränder; v ◑ ○ ≃ laubhumusreicher Lehm, Zwiebeln 15 cm tief (NO-Türkei, Kauk., Armenien: lichte LaubmischW, Birkenkrummholz, subalp. Hochstaudenfluren, saure Böden, 1600–2600 m – 1800 – formenreich: var. *armenum* (MISCZ. ex GROSSH.) P. H. DAVIS et D. M. HEND.: PerigonBl goldgelb, am Grund stark verschmälert u. purpurn, in der Mitte dunkel gefleckt, Staubfäden meist frei, B 6–30, Verbreitung subalpin; var. *szovitsianum* (FISCH. et AVÉ-LALL.) ELWES: PerigonBl blassgelb bis schwefelgelb, gefleckt od. ungefleckt, äußere am Grund dunkelpurpurn, Staubfäden meist frei, Verbreitung montan; var. *monadelphum*: PerigonBl goldgelb, ± gefleckt, am Grund nicht verschmälert, unten lg zugespitzt, Staubfäden oft verwachsen, B 1–3(–10) (vgl. Flora Armenii 2001 Bd. 10: 54–59). **Gelbe Kaukasus-L.** – *L. monadelphum* M. BIEB.

Ähnlich: **Kesselring-L.** – *L. kesselringianum* MISCZ.: PerigonBl blassgelb, nur wenig zurückgekrümmt, 8–9,5 × 1,1–1,3 cm. Stg 1–3(–7)blütig. 0,70–1,75. ⚃ ☉ 7. **Z** s (westl. Transkauk.: lichte Wälder, Gebüsch, 1500–1800 m).

Die ∞ **Hybridsorten** der Lilien werden gärtnerisch in 8 **Sortengruppen** gegliedert (die Ausgangsarten bilden die 9. Gruppe), einige wichtige Sorten sind hier als Beispiele genannt.

1. Asiatische Hybriden: a) B aufrecht, b) seitwärts gerichtet, c) hängend; z.B. 1a 'Enchantment': orange; 1a 'Connecticut King': zitronengelb, 1,25–2,00; 1a 'Cote d'Azur': rosa, 0,45; 1a 'Sterling Star': weiß-creme, 0.70–0,80; 1b 'Fire King': rotorange, purpurn gesprenkelt; 1b 'King Pete': weiß, innen cremefarben, stark getupft, 0,65; 1c 'Citronella': zitronengelb.
2. Martagon-Hybriden (z.B. 'Marhan', s. **3**, Eltern *L. hansonii*, **3**, u. *L. martagon*, **3\***: Bl quirlig, BStand traubig).
3. Candidum-Hybriden (s. z.B. *L.* × *testaceum*, **7**).
4. Amerikanische Hybriden: (z.B. Bellingham-Hybriden: Rhizomzwiebeln; ⊖ ◑ B turbanfg, gelb bis rot, dunkel gefleckt; meist heikel, hohe Luftfeuchte, Sommer nicht heiß).
5. Longiflorum-Hybriden: B trompeten- od. trichterfg, meist nicht winterhart, neue Sorten evtl. besser.
6. Trichter- od. Trompeten-Lilien: a) B trompetenfg, b) becherfg, c) flach, d) BHülle zurückgeschlagen (Eltern u.a. *L. regale*, *sargentiae*, *henryi*; meist duftend, B gelb bis rot od. rosa; Zwiebeln 10–15 cm tief, Schutz vor Spätfrösten; hierher Aurelian-Hybriden, s. **18\***, z.B. 6a 'Golden Splendour': hell- bis

dunkelgelb, 1,50; 6a 'African Queen': orange, 1,50–2,00; 6a 'Pink Perfection': rosa, 1,80; 6c 'Bright Star': elfenbeinfarben mit orangen Streifen, 1,20, weiß/orange; 'Royal Gold': goldgelb, 1,60.

7. Orient-Hybriden: a bis d wie in Gruppe 6 (Eltern: *L. auratum*, **11**, *L. speciosum*, **12**, u. andere Arten, meist Winterschutz u. gute Dränage), z. B. 7b 'Casa Blanca': weiß, 1,00; 7d 'Journeys End': hellrosa, Mitte rot, Rand weiß, 0,85; 7d 'Star Gazer': karmin, dunkel getupft; 'Arena': weiß-rot-gelb.

8. Alle anderen Hybriden.

In neuerer Zeit ist es gelungen, die Grenzen zwischen den Gruppen zu überbrücken. So sind zuweilen mehrfache Einordnungen möglich: OT-Hybriden (Orient × Trompeten), z. B. 'Black Beauty' auch zu 7d, s. **18\***, ∞ LA-Hybriden (Longiflorum × Asiatische), AO-Hybriden (Asiatische × Orientalische).

## Familie Knabenkrautgewächse, Orchideen – *Orchidaceae* JUSS.

25 000 Arten

Lit.: KOHLS, G., KÄHLER, U. 1993: Orchideen im Garten. Berlin u. Hamburg. – LUER, C. A. 1975: The nativ orchids of the United States and Canada. New York.

Bem.: Die vorliegende Bearbeitung enthält nur eine kleine Auswahl von Gattungen u. Arten, überwiegend ostasiatischer u. nordamerikanischer Verbreitung.

Artenschutz: Die Orchideen werden als stark gefährdete u. vom Aussterben bedrohte Pflanzengruppe durch strenge internationale u. nationale Bestimmungen in besonderer Weise geschützt (Washingtoner Artenschutzübereinkommen, EG-Verordnungen, Bundesnaturschutzgesetz, Landesnaturschutzgesetze). Es ist grundsätzlich verboten, Orchideen am natürlichen Standort zu entnehmen bzw. ihren Lebensraum zu beeinträchtigen. Gehandelt werden dürfen nur in gärtnerischer Kultur vermehrte Pflanzen.

**10** Pfl mit Sprossknolle (Pseudobulbe), diese deutlich. Seitenlappen der Lippe das Säulchen umfassend (Abb. **695**/1, 2) . . . . . . . . . . . . . . . . . . . . . . . . . . . . . . . . . . . . . . **11**
**10\*** Pfl ohne Sprossknolle, zuweilen mit schwach verdicktem StgGrund . . . . . . . . . . . **12**
**11** BStg mit 1(–2) LaubBl. BStand 1(–2)blütig (Abb. **695**/2).  **Pleione** – *Pleione* S. 702
**11\*** BStg meist mit 3(–4) LaubBl. BStand >3blütig (Abb. **695**/1).
                                                          **Chinaorchidee** – *Bletilla* S. 700
**12** **(10)** Bl netznervig, immergrün; Nerven oft weiß berandet.  **Netzblatt** – *Goodyera* S. 699
**12\*** Bl nicht deutlich netznervig, sommergrün; Nerven nicht weiß berandet . . . . . . . . . . **13**
**13** Bl ± grundständig. Lippengrund mit dem Säulchen verwachsen.
                                                   **Schönorchis** – *Calanthe* z.T. S. 701
**13\*** Bl meist stängelständig. Lippengrund nur dem Säulchen ansitzend.
                                                   **Ständelwurz** – *Epipactis* S. 698

**Frauenschuh** – *Cypripedium*                                             44 Arten

Lit.: CRIBB, P. 1997: The genus *Cypripedium*. Portland, Oregon.

Bem.: zu Abb. **695**/3, 4: **fS** fertiles StaubBl (doppelt), **sS** steriles StaubBl (einzeln), **vP** verwachsene seitliche äußere PerigonBl, **N** Narbe, **L** Lippe.

Mehrere kulturwürdige Hybr.

**1** Seitliche äußere PerigonBl frei, nicht verwachsen. BStg 3–4blättrig. Bl über der StgMitte ansitzend, 5–10 × 1–3 cm. BStand 1blütig. HochBl 2–5 cm lg, länger als die B. PerigonBl schmal linealisch, hell- bis dunkelbraun. Lippe schief konisch, 1,5–2,5 cm lg, weiß bis rosa mit dunkelvioletter Netzaderung. 0,10–0,35. ♃ ⚲ 5–6. **Z** s Sumpfbeete, Töpfe; ⚲ ◐ ≃ tägliches Übersprühen; sandiger Lehm u. *Sphagnum* ⊖, heikel (gemäß. östl. u. mittl. N-Am.: Torfmoos-Moore, Lärchen- u. Lebensbaum-Sümpfe, feuchte NadelW, bewaldete Felshänge, bis 1000 m).     **Widder-F., Gehörnter F.** – *C. arietinum* R. BR.
**1\*** Seitliche äußere PerigonBl verwachsen zu einem eifg od. lanzettlichen, oft noch 2zipfligen Bl (Abb. **695**/3, 4) . . . . . . . . . . . . . . . . . . . . . . . . . . . . . . . . . . . . . . . . . . **2**
**2** BStand 4- od. >4blütig, übergebogen bis nickend. Bl 2, fast gegenständig, meist in od. über der StgMitte ansitzend, 5–10 × 3,5–7 cm, kahl. B purpurbraun bis grünlich, Lippe gelbgrün gestreift. Bis 0,25. ♃ ⚲ 4–8. **Z** s Gehölzränder; ⚲ ◐ (warmes bis gemäß. westl. N-Am.: feuchte bis trockne, lichte NadelW, 900–1400 m).
                                    **Büschelblütiger F.** – *C. fasciculatum* KELLOGG ex S. WATSON

**2*** BStand 1-, 2- od. selten 3blütig . . . . . . . . . . **3**
**3** Stg 2blättrig . . . . . . . . . . **4**
**3*** Stg 3–5blättrig . . . . . . . . . . **10**
**4** Seitliche innere PerigonBl weiß od. hell gelblichgrün, ganzflächig mit purpurfarbenen od. braunen Flecken, fast geigenfg od. spatelfg, vorn abgerundet . . . . . . . . . . **5**
**4*** Seitliche innere PerigonBl grünlich, rosa, rötlich bis bräunlich, länglich, lanzettlich od. verkehrteilanzettlich, vorn spitz; wenn weiß, dann am Grund rot punktiert . . . . . . . . **6**
**5** Äußere u. innere PerigonBl weiß, ± stark rot gefleckt. Lippe 1,4–2,2 cm lg, stark rot gefleckt bis einfarbig rot. Bl fast gegenständig, 4,5–12,5 × 2,5–5,5 cm. 0,10–0,38. ♃ ⚘ 4–5. **Z** s Gefäße, Balkonkästen, Gehölzgruppen; Ѱ ◐ Standort kühl; schwach toniger Lehm, Moorerde, Styroporflocken; Dränage (kühles nordwestl. N-Am., O-Eur., Sibir., Bhutan, S-Tibet: feuchte bis trockne Falllaub- u. NadelW, Gras- u. Geröllfluren, bis 4100 m). **Gesprenkelter F.** – *C. guttatum* Sw.
**5*** Äußere u. innere PerigonBl hell gelblichgrün, ± stark bräunlich gefleckt. Lippe 2,2–2,7 cm lg, hell gelblichgrün, ± stark bräunlich gefleckt. Bl fast gegenständig, 7–14 × 3,5–8 cm. 0,20–0,35. ♃ ⚘ 6–7. **Z** s Gefäße, Gehölzgruppen; Ѱ ◐ ≃ Standort kühl; schwach toniger Lehm, Moorerde, Styroporflocken; Dränage (S-Alaska, Alëuten, Kamtsch., Sachalin, O-Sibir., Japan: Honshu, Yezo: Tundren, Sumpfränder, Stranddünen, Grasfluren, bei 1000 m). **Yatabe-F.** – *C. yatabeanum* Makino
**6** **(4)** Bl fächerfg, mit strahligen, am BlRand endenden Nerven . . . . . . . . . . **7**
**6*** Bl eifg bis herzfg, mit an der BlSpitze endenden Nerven . . . . . . . . . . **8**
**7** BStg u. BStiel filzig behaart. Äußere u. innere PerigonBl hellgelb od. grünlichgelb. Lippe in Seitenansicht L-fg. Bl 8–16 × 7–23 cm, fast gegenständig, oberhalb der StgMitte ansitzend. 0,25-0,45. ♃ ⚘ 5–6. **Z** s Gehölzgruppen; Ѱ ● schwach lehmiger, grober Sand u. Torf; spätfrostgefährdet (Japan, Korea, O- bis M-China: Bambus-Haine, BergW oft in Wassernähe, 1000–2000 m – 1874). **Fächerblättriger F.** – *C. japonicum* Thunb.
**7*** BStg kahl. BStiel kahl od. schwach behaart. Äußere u. innere PerigonBl weiß, nach der BZeit rosa getönt. Lippe in Seitenansicht gebogen. Bl 10–13 × 7–11 cm. 0,10–0,25. ♃ ⚘ 4–5. **Z** s Gehölzgruppen, Gefäße; Ѱ ● schwach lehmiger, grober Sand u. Torf; spätfrostgefährdet (Taiwan: Wälder, offne, feuchte Orte, 2300–3000 m). **Taiwan-F.** – *C. formosanum* Hayata
**8** **(6)** Bl herzfg, am Rand oft gewellt. BStand nickend. BStiel kahl. HochBl linealisch. FrKn kahl. Äußere u. innere PerigonBl hellgrün, am Grund purpurn gezeichnet. Lippe weiß, purpurn gezeichnet. 0,08–0,18. ♃ ⚘ 5–6. **Z** s Moorbeete, Gehölzgruppen; Ѱ ◐ ● ≃ Moorerde u. *Sphagnum* (W- u. Z-China, Taiwan, Japan: LaubmischW, in der Laubstreu an schattigen Orten, 1300–3000 m). **Schwächlicher F.** – *C. debile* Rchb. f.
**8*** Bl eifg od. elliptisch. BStand aufrecht bis bogenfg. BStiel flaumhaarig. HochBl eifg bis lanzettlich. FrKn flaumhaarig od. drüsig . . . . . . . . . . **9**
**9** B einzeln. Äußere u. innere PerigonBl kürzer als die Lippe, gelblichgrün bis purpurn. Lippe weiß mit roter Aderung bis rosenrot. Bl fast grundständig, 10–28 × 5–15 cm. 0,20–0,45. ♃ ⚘ 4–6. **Z** s Gefäße, Balkonkästen; Ѱ ◐ grobkörniger Sand mit geringen Lehmanteilen; Dränage ⊖, heikel (warmes bis gemäß. östl. N-Am.: trockne bis nasse Wälder, Sümpfe, Heiden, 0–1200 m – 1786). **Rosablütiger F.** – *C. acaule* Aiton
**9*** B 2 od. >2. Äußere u. innere PerigonBl doppelt so lg wie die Lippe. Bl in od. über der StgMitte ansitzend, 5–12 × 3–8 cm.
**Büschelblütiger F.** – *C. fasciculatum* Kellogg ex S. Watson, s. **2**
**10** **(3)** Seitliche innere PerigonBl vorn stumpf od. gerundet, nicht gedreht. B meist 1 . . **11**
**10*** Seitliche innere PerigonBl vorn spitz od. zugespitzt, nicht gedreht od. gedreht. B 1 od. 2 . . . . . . . . . . **12**
**11** Pfl meist >50 cm hoch. Äußere u. innere PerigonBl weiß. Lippe 2,2–5 cm lg, rosafarben, selten weiß. Oberes äußeres PerigonBl 3 od. >3 cm lg. Bl 10–27 × 5–16 cm, 3–9. 0,21–0,90. ♃ ⚘ 5–8. **Z** s △ Moorbeete; Ѱ ◐ ≃ krümliger, toniger Lehm, Moorerde, Styroporflocken (warmgemäß. bis gemäß. östl. N-Am.: feuchte NadelWSäume, Feucht-

wiesen, Prärien, auf neutralen u. kalkhaltigen Böden, bis 500 m – 1731).

**Königin-F.** – *C. reginae* WALTER

**11\*** Pfl meist <40 cm hoch. Äußere PerigonBl hell- od. gelbgrün, innere seitliche PerigonBl weiß. Lippe <1,5 cm lg, weiß. Oberes äußeres PerigonBl <2 cm lg. Bl 5–19 × 1,5–6 cm, 3–7. 0,12–0,38(–50). ♃ ⅄ 5–7. **Z** s Gefäße; ✲ ☾ ≈ Standort kühl, Substrat kiesig-lehmig, Dränage, heikel (gemäß. bis kühles nordwestl. N-Am.: feuchte NadelW, Schluchten, Fluss- u. Seeufer, Dünen, Tundren, auf neutralen u. sauren Böden, 0–2200 m).

**Sperlingsei-F.** – *C. passerinum* RICHARDSON

**12 (10)** FrKn kahl od. behaart, niemals drüsig .............................. **13**

**12\*** FrKn drüsig, Drüsenhaare kurz u. dicht ................................... **14**

**13** FrKn kahl od. zerstreut behaart. HochBl 7–14 × 3–3,5 cm. BStiel u. FrKn 3–4,5 cm lg. Oberes äußeres PerigonBl 3,2–5,3 × 2–3,4 cm. Unteres äußeres PerigonBl 2,8–4 × 1,4–2 cm, am Rand kahl. PerigonBl purpurn od. rosa, mit dunkleren Nerven, selten weiß od. cremefarben. Lippe 3–5,5 cm lg. 0,15–0,40. ♃ ⅄ 5–6. **Z** s Gehölzgruppen, Gefäße; ✲ ☾, in Vegetationszeit ≈ , im Winter mäßig feucht; kalkreicher, krümliger Lehm u. grober Sand ⊕ (gemäß. O-Eur., Sibir., Fernost, Korea, Japan, Taiwan: Wiesen, Gebüsche, in Wäldern an feuchten Orten in lichtem Schatten, Flussufer, bis 2400 m – 1829).

**Großblütiger F.** – *C. macranthos* Sw.

Ähnlich: **Tibet-F.** – *C. tibeticum* KING ex ROLFE: PerigonBl deutlich netznervig. Lippe dunkelpurpurn (Abb. **695**/3). 0,13–0,35. ♃ ⅄ 5–6. **Z** s Gehölzgruppen; ✲ ☾ (Sikkim, Bhutan, China: Wiesen, Nadel- u. MischWRänder, Geröllfluren, Kalkfelsleisten, 2300–4200 m).

**13\*** FrKn dicht u. lg behaart. HochBl 3,2–6 × 0,5–1,3 cm. BStiel u. FrKn 1,6–2,4 cm lg. Oberes äußeres PerigonBl 2,4–2,8 × 1,8–2 cm. Unteres äußeres PerigonBl 1,8–2,2 cm lg, am Rand gewimpert. PerigonBl rotviolett u. grün, purpurn od. rötlichbraun. Lippe 2,8–3,4 cm lg. 0,14–0,30. ♃ ⅄ 6–7. **Z** s Gehölzränder, Gefäße; ✲ ☾ ≈ Standort kühl; krümliger, leicht toniger Lehm, Moorerde, Styroporflocken (N-Indien, Nepal, Sikkim, Bhutan, SO-Tibet: Felsfluren, Felsspalten, Weiden, *Rhododendron-Cassiope*-Gebüsche, oft an halbschattigen Orten, 2800–4900 m).

**Himalaja-F.** – *C. himalaicum* ROLFE

**14 (12)** Lippe weiß ...................................................... **15**

**14\*** Lippe hellgelb, gelb, grün, braun od. purpurn ........................... **17**

**15** Äußere u. innere PerigonBl grün od. hellgrün. Innere PerigonBl flach u. nicht gedreht. Bl 8–18 × 3,5–10,5 cm, kahl, gegen den Grund am Rand gewimpert. 0,22–0,60. ♃ ⅄ 7–8. **Z** s Gehölzgruppen; ✲ ☾ ● lehmiger Kies, Gartenerde, *Sphagnum*, Styroporflocken; Dränage (Pakistan, N-Indien, Nepal, Bhutan, S-Tibet: feuchte u. schattige Wälder, Erbsenstrauch- u. Wacholder-Gebüsche an südgeneigten Hängen, 2100–4000 m).

**Herztragender F.** – *C. cordigerum* D. DON

**15\*** Äußere u. innere PerigonBl grünlichbraun od. rötlichbraun. Innere PerigonBl gedreht **16**

**16** Bl lanzettlich, 1,5–4 cm br, fast aufrecht. B stets 1. Äußere u. innere PerigonBl grünlichbraun, zuweilen braun getönt. Äußere PerigonBl etwa so lg wie die Lippe. Oberes äußeres PerigonBl 2–3 cm lg; innere PerigonBl 2,5–4,5 cm lg, gedreht. 0,12–0,38. ♃ ⅄ 4–6. **Z** s Moor- u. Sumpfbeeträndern, Gefäße; ✲ ○ sandiger Lehm, *Sphagnum*; Dränage, heikel (warmgemäß. bis gemäß. östl. u. zentrales N-Am.: trockne Felsfluren, feuchte Wälder, feuchte Wiesen, Schluchten, Moore u. Sümpfe auf Kalk u. Mergel, bis 1000 m).

**Weißer F.** – *C. candidum* H. L. MÜHL. ex WILLD.

**16\*** Bl elliptisch bis eifg, 3–8 cm br, spreizend. B 1 od. 2, selten 3. Äußere u. innere PerigonBl rötlichbraun. Äußere PerigonBl viel länger als die Lippe. Oberes äußeres PerigonBl 3–6,5 cm lg; innere PerigonBl 4,5–7 cm lg, gedreht. 0,25–0,70. ♃ ⅄ 4–7. **Z** s Gehölzgruppen; ✲ ● Standort kühl; krümliger, kalkhaltiger Lehm u. Kalksteinbrocken; Dränage, heikel (warmes bis kühles westl. N-Am.: feuchte u. trockne lichte Wälder, Sümpfe, Eichen-Gebüsche, subalp. Hänge, bis 1600 m).

**Berg-F.** – *C. montanum* DOUGLAS ex LINDL.

**17** (14) PerigonBl grün. Lippe grün, selten gelblich, 1,5–2,7 cm lg. Bl 4 od. 5, 10–21 × 4,6–8,5 cm. 0,30–0,55. ♃ ♈ 5. **Z** s Gefäße; ♈ ◐, im Sommer ≈; steiniger, lehmhaltiger Kies (W-China: Guizhou, NW-Yunnan, Sichuan, Hubei, S-Gansu, S-Shaanxi: sommergrüne Wälder, Grasfluren, Gebüsche, 1800-2800 m). **Henry-F.** – *C. h*e*nryi* ROLFE

**17*** PerigonBl hellgelb, gelb, rosa, zuweilen braun gestreift od. gefleckt, purpurn od. kastanienbraun. Lippe hellgelb od. gelb, zuweilen rot od. kastanienbraun gefleckt ..... **18**

**18** Oberes äußeres PerigonBl u. seitliche innere PerigonBl deutlich mit braunen od. dunkelpurpurnen Nerven, letztere nicht gedreht od. gedreht. Lippe hellgelb, mit kastanienbraunen Flecken, 4–7,3 cm lg. Bl 6; 8–17,3 × 4,5–11,5 cm. 0,30–0,45. ♃ ♈ 4–6. **Z** s Gefäße Ⓐ; ♈ ◐ kalkfreier, toniger Lehm, Moorerde, Styroporflocken ∧ (China: Sichuan, Hubei: Wälder auf verwittertem Kalkstein, 1650–2500 m).
**Gebänderter F.** – *C. fasciol*a*tum* FRANCH.

**18*** Oberes äußeres PerigonBl u. seitliche innere PerigonBl ohne deutliche braune od. dunkelpurpurne Streifung, letztere 1–4mal gedreht ........................... **19**

**19** Unfruchtbares StaubBl (Staminodium) länglich-verkehrteifg, in der vorderen Hälfte am breitesten, weiß, rot punktiert. Lippe 3,5–5 × 1,5–2 cm. Bl 3–4, 6–18 × 3–9 cm (Abb. **695**/4). 0,15–0,50. ♃ ♈ 5–6. **W. Z** z Gehölzgruppen; ♈ ◐, in Vegetationszeit ≈, im Winter Schutz vor Staunässe; Substrat locker, humos, kalkhaltig ⊕ (warmgemäß. bis kühles Eur., Sibir., N-Sachalin, Korea, NO-China, Japan: in D. mäßig frische bis frische, lichte Laub- u. NadelmischW, Gebüsche u. deren Säume, verbuschende Halbtrockenrasen, kalkhold – 1561 – ▽). **Marien-F.** – *C. calc*e*olus* L.

**19*** Unfruchtbares StaubBl herzfg-eifg od. 3eckig, in der unteren Hälfte am breitesten, gelb, ± rot punktiert. Lippe 1,5–3,4 cm lg, gelb, innen rot punktiert. PerigonBl purpurn bis kastanienbraun. Bl 3–4(–5). 0,15–0,35. ♃ ♈ 5–6. **Z** s Gehölzgruppen, Gefäße; ♈ ◐ in Vegetationszeit mäßig feucht, im Winter Schutz vor Staunässe, spätfrostgefährdet (warmes bis gemäß. östl. N-Am.: FalllaubW, Sümpfe, Kalkmoore).
**Kleinblütiger F.** – *C. parvifl*o*rum* SALISB. var. *parvifl*o*rum*

Ähnlich: **Kleinblütiger F.** – *C. parvifl*o*rum* SALISB. var. *pub*e*scens* (WILLD.) O. W. KNIGHT: Lippe 3–5,4 cm lg, gelb, innen rot punktiert u. gestreift. PerigonBl gelblich od. grünlich, ± braun gestreift. 0,10–0,80. ♃ ♈ 5–7. **Z** s Gehölzgruppen, Gefäße; ♈ ◐ mäßig feucht, Substrat kalkfrei, humos; spätfrostgefährdet (warmgemäß. bis kühles N-Am.: feuchte, humusreiche Wälder auf dränierten Böden, Flussufer, Wiesen).

**Ständelwurz, Sitter** – *Epip*a*ctis* ZINN                                22 Arten

Lit.: FÜLLER, F. 1986: Orchideen Mitteleuropas, T. 5: *Epipactis* und *Cephalanthera*. Wittenberg Lutherstadt.

**1** Hinterglied der Lippe beidseits geöhrt ................................... **2**
**1*** Hinterglied der Lippe beidseits nicht geöhrt ............................• **4**
**2** RhizomPfl ohne Ausläufer. PerigonBl grün mit bräunlichen bis dunkelpurpurnem Rand. Lippe etwa 19–23 mm lg. Vorderglied der Lippe eifg-lanzettlich od. 3eckig, rötlichbraun mit weißer Spitze. Säulchen etwa 10 mm lg. 0,50–1,00(–1,50). ♃ ♈ 5–7. **Z** s Gehölzränder, Sumpfbeete, Gefäße Ⓐ; ♈ ◐ ≈ sandiger Lehm ∧ (Syr., Sinai-Halbinsel, Türkei, Irak, Iran, Afgh., Pakistan bis Nepal, China: Sichuan, Tibet, Yunnan: Wälder, Waldsäume, kalkreiche, nasse Hänge, Flussufer, an Quellen, bemooste Felsen, bis 3400 m). [*Helleborine veratrif*o*lia* (BOISS. et HOHEN.) BORNMANN]
**Germerblättrige S.** – *E. veratrif*o*lia* BOISS. et HOHEN.

**2*** RhizomPfl mit Ausläufern ......................................... **3**
**3** Vorderglied der Lippe schmal eifg, schmaler als das Hinterglied der Lippe, unbeweglich, von ihm nur durch 2 fleischige Falten sich absetzend, gelblichpurpurn, mit roten Schwielen. PerigonBl rosa bis orange, mit roten od. purpurfarbenen Nerven. Lippe 15–23 mm lg. Säulchen bis 4–9 mm lg. Bis 1,00(–1,40). ♃ ♈ ⚯ 5–8. **Z** s Heidebeete, Gefäße; ♈ ○ ≈ sandige Gartenerde (warmes bis gemäß. westl. N-Am., Afgh., Pakistan bis Sikkim u. W-China: flussbegleitende Schotter- u. Sandfluren, Felswände, Sümpfe –

Hybr mit *E. palustris*: 'Sabine': großblütig, sehr wüchsig). [*Helleborine gigantea* (Douglas ex Hook.) Druce]                                        **Riesen-S.** – *E. gigantea* Douglas ex Hook.

Ähnlich: **Thunberg-S.** – *E. thunbergii* A. Gray: Studien zur Trennung von *E. thunbergii* u. *E. gigantea* stehen noch aus. 0,30–0,70. ⟂ ⅄ ⚯ ? 6–8. **Z** s Sumpfbeete, Gefäße; ⚘ ○ sandiger Lehm (Korea, Ussuri-Gebiet, NO-China, Japan: Hokkaido, Honshu, Shikoku, Kyushu: Sümpfe).

3\*  Vorderglied der Lippe br elliptisch, mit herzfg Grund, breiter als das Hinterglied der Lippe, mit diesem gelenkig verbunden, von ihm durch einen tiefen Einschnitt getrennt, weiß. Äußere PerigonBl bräunlichrot, innere außen weißlich u. innen rot gestreift. Lippe bis 12 mm lg. Säulchen bis 3,5 mm lg. 0,30–0,50. ⟂ ⅄ ⚯ 6–8. **W. Z** s Moorbeete, Teichränder; ⚘ ○ ≈ sandig-krümliger Lehm (warmgemäß. bis gemäß. Eur., W-As.: wechselnasse Moorwiesen, Flachmoore, Vernässungsflächen in Tagebauen, kalkhold – ▽).                                 **Sumpf-S., Sumpfwurz** – *E. palustris* (L.) Crantz

4  (1) Traubenspindel mit dichten, weißlichen Flaumhaaren. StgGlied unter der untersten B viel länger als die anderen. FrKn kraushaarig. B ganz braunrot. Vorderes Lippenglied am Grund mit 2 kraus gefalteten Höckern. Bl 2reihig, etwas steif, zugespitzt. 0,30–0,60. ⟂ ⅄ 6–8. **W. Z** s Heidebeete, Gehölzgruppen, Gefäße; ⚘ ◑ Rasenerde, grober sandiger Lehm ⊕ (warmgemäß. bis kühles Eur., W-Sibir.: Halbtrockenrasen, trockne bis mäßig trockne Felswände, Geröllhalden, Küstendünen, lichte Laub- u. Kiefern-TrockenW, VorW (Tagebaue), Gebüsche u. deren Säume, kalkhold – Hybr mit *E. helleborine* u. *E. palustris* – ▽). [*E. rubiginosa* (Crantz) Gaudin ex W. D. J. Koch, *E. atropurpurea* Raf.]                         **Braunrote S.** – *E. atrorubens* (Hoffm. ex Bernh.) Besser

4\*  Traubenspindel flaumhaarig, aber nicht weißlich. StgGlied unter der untersten B etwas länger als die anderen. FrKn mit kurzen, zerstreuten Flaumhaaren od. kahl. B grünlich, mit violetten od. roten Tönen. Höcker am Grund des Lippenvordergliedes klein u. glatt. Bl spiralig . . . . . . . . . . . . . . . . . . . . . . . . . . . . . . . . . . . . . . . . . . . . . . . **5**

5  Bl beidseits grün, meist eifg, das größte 6–17 cm lg. Stg blass. PerigonBl nicht seidig glänzend, grünlich, z. T. purpurn od. rosa überlaufen. Hinteres Lippenglied außen grün, innen meist dunkelbraun; Lippenvorderglied breiter als lg, rötlich, am Grund mit 2(–3) glatten Höckern. 0,15–1,00. ⟂ ⅄ 6–8. **W. Z** s Gehölzränder; ⚘ Selbstaussaat ◑ frischer, krümliger Lehm (warmes bis kühles Eur. u. W-As.: frische Laub- u. NadelmischW u. ihre Säume, VorW (Tagebaue), waldnahe Ruderalstellen, basenhold; eingeb. im gemäß. bis kühlen östl. N-Am. – in D. 3 Unterarten – Hybr mit *E. purpurata* – ▽). [*E. latifolia* (L.) All.]                                     **Breitblättrige S.** – *E. helleborine* (L.) Crantz

5\*  Bl (zumindest useits) wie der Stg violett überlaufen, meist lanzettlich, das größte 5–10 cm lg. PerigonBl seidig glänzend, weißlichgrün, zuweilen violett überlaufen. Hinteres Lippenglied außen grünlichweiß, innen blassviolett; Lippenvorderglied etwa so lg wie br, weißlich bis schwach rosa, herzfg, mit (2–)3 glatten Erhebungen. 0,15–0,60. ⟂ ⅄ 8. **W. Z** s Gehölzgruppen; ⚘ ◑ frischer, krümliger Lehm (warmgemäß. bis gemäß. subozeanisches Eur.: mäßig trockne bis wechselfrische Laub-(besonders Buchen-) u. NadelmischW u. ihre Ränder, waldnahe Ruderalstellen, basenhold – ▽). [*E. violacea* (Dur.-Duq.) Boreau, *E. varians* (Crantz) Fleischm. et Rech., *E. sessilifolia* Peterm.]                                                 **Violette S.** – *E. purpurata* Sm.

**Netzblatt, Kriechständel** – *Goodyera* R. Br.                                   55 Arten

1  BStand allseitswendig, zylindrisch, dichtblütig. Lippe ohne fleischige Schwielen, ihr Vorderglied < halb so lg wie das Hinterglied. Seitliche äußere PerigonBl 3,1–5,3 mm lg, mit weißem Mittelnerv u. weißen Netznerven. 0,11–0,35. ⟂ ⅄ 7–9. **Z** s Gehölzgruppen, ⚘ ◑ ● ≈ Boden sandig-humusreich, Dränage ⊖ ∧ (warmgemäß. bis gemäß. östl. N-Am.: bodensaure, feuchte Laub- u. NadelW, Moore, Sümpfe, 0–1600 m – variabel).
                                     **Flaumhaariges N.** – *G. pubescens* (Willd.) R. Br.

1\*  BlStand einseitswendig od. schwach spiralig, dicht- od. lockerblütig. Lippe mit fleischigen Schwielen, ihr Vorderglied halb so lg bis so lg wie das Hinterglied . . . . . . . . . **2**

**2** Seitliche äußere PerigonBl 5,7–7,8 mm lg. BStand einseitswendig. Lippe 4,9–7,9 ×
1,3–3,2 mm, ihr Vorderglied abstehend od. schwach gebogen. Bl 2,5–10,2 cm lg, meist
nur mit weißem Streifen am Mittelnerv, zuweilen mit weißer Netznervatur. 0,07–0,38. ⑉
⅄ 7–9. **Z** s Gehölzgruppen; ♀ ◑ ○ Boden sandig-humos ⊖ Dränage ⋀ (gemäß. östl.
N-Am., warmes bis kühles westl. N-Am.: feuchte od. trockne Laubmisch- u. NadelW,
Sümpfe, 0–3400m).                    **Länglichblättriges N.** – *G. oblongifolia* Raf.
**2\*** Seitliche äußere PerigonBl 3–5,2 mm lg. BStand einseitswendig od. schwach spiralig.
Lippe 1,8–4,8 × 1,4–3,2 mm, ihr Vorderglied oft stark herabgebogen. Bl 1–4 cm lg, meist
mit weißer Netznervatur. 0,10–0,30. ⑉ ⅄ ⌇ i 6–8. **W. Z** s Gehölzgruppen; ♀ ◑ ● ≈
Boden sandig-humos ⊖ (warmes bis kühles Eur., As. u. N-Am.: mäßig trockne bis fri-
sche NadelW u. -holzforste (bes. Kiefern) – ▽).
                          **Kriechendes N., Kriechständel** – *G. repens* (L.) R.Br.

**Purpurkappenorchis** – *Galearis* Raf.                                    12 Arten
Pfl mit 2 grundständigen Bl. Bl 9–20 × 2–10 cm. BStand traubig, 2–15blütig. PerigonBl
mit Ausnahme der Lippe einen BHelm bildend. Äußere PerigonBl elliptisch-lanzettlich,
12–20 × 6–7 mm, purpurn. Innere PerigonBl linealisch, 12–18 × 3 mm, purpurn. Lippe
eifg, 10–22 × 7–16 mm, meist weiß. Sporn keulenfg, 10–20 × 3 mm. 0,05–0,20(–0,35).
⑉ ⅄ 5–7. **Z** s Gehölzgruppen; ♀?, ○ ◑ ≈ krümliger Lehm u. zerkleinertes Buchenlaub,
Schutz vor Schneckenfraß (warmgemäß. bis gemäß. östl. N-Am.: Wälder auf feuchten,
kalkreichen Böden, Gebüsche, 0–1300 m).   **Ansehnliche P.** – *G. spectabilis* (L.) Raf.

**Einblattorchis** – *Amerorchis* Hultén                                    1 Art
Pfl mit 1 grundständigen LaubBl. Bl kreisfg bis br elliptisch, eifg, verkehrteifg, lanzett-
lich-elliptisch od. verkehrteilanzettlich, 2,7–10 × 1,2–8 cm. BStg schaftartig. PerigonBl
weiß bis hellrot. Lippe 3lappig, rot gefleckt. Sporn ²/₃ so lg wie die Lippe. 0,07–0,33. ⑉
⅄ 6–7. **Z** s Moorbeete; ○ ◑ ≈ Torf u. zerkleinertes *Sphagnum*, heikel (gemäß. bis küh-
les N-Am., SW-Grönland: feuchte NadelW oft auf Kalkböden, Gebüsche, Moore, Tund-
ren, 0–1200 m).                   **Einblattorchis** – *A. rotundifolia* (Banks et Pursh) Hultén

**Kammorchis** – *Pecteilis* Raf.                                          6 Arten
Lit.: Kränzlin, F. 1893: Beiträge zu einer Monographie der Gattung *Habenaria* Willd. Bot. Jhrb. **16**:
52–223.
BStg mit 3–5 LaubBl. LaubBl br linealisch bis schmal lanzettlich, 5–10 × 0,3–0,6 cm.
BStand 1–3(–4)blütig. Äußere PerigonBl 8–10 mm lg, grün, innere PerigonBl 10–12 mm
lg, weiß. Mittleres äußeres u. die beiden seitlichen inneren PerigonBl eine Haube bil-
dend. Lippe 3lappig, etwa 15 mm lg, weiß; Seitenlappen fächerfg, tief zerschlitzt;
Mittellappen 10 mm lg, zungenfg, ganz. Sporn 3–4 cm lg. 0,20–0,40. ⑉ ♻ ⌇ 7–8. **Z** s
Moorbeete, Gefäße; ♀ ○ ◑, ≈ während der Vegetationszeit; Quarzsand u. zerkleiner-
tes *Sphagnum* ⋀ (Korea, Japan: Honshu, Shikoku, Kyushu: nasse grasige Orte im
Flachland). [*Habenaria radiata* Thunb.]       **Kammorchis** – *P. radiata* (Thunb.) Raf.

**Disa, Stolz des Tafelberges** – *Disa* Bergius                           133 Arten
BStg bis 8blättrig. Bl lanzettlich, 15 × 1,3 cm. BStand 1–3(–10)blütig. B 8–12 cm ∅, gelb,
rot od. rosa. Äußeres mittleres PerigonBl stets dunkelrot nervig, helmfg, mit einem 1–
1,5 cm lg Sporn. Bis 0,60. ⑉ ♻ ⌇. **Z** s Gefäße ⚥; ♀ ▼ ○ ≈ Torf, zerkleinertes
*Sphagnum*, Perlite ⚘ (SW-Kapland: an Bächen, bis 1700 m – 1825 – Hybr mit *D. race-
mosa* L. f.). [*D. grandiflora* L. f.]        **Stolz des Tafelberges** – *D. uniflora* Bergius

**Chinaorchidee, Japanorchidee** – *Bletilla* Rchb. f.                     6 Arten
**1** PerigonBl gelb od. oseits gelblichweiß, selten weiß, useits gelblichgrün, oft purpurn ge-
fleckt. Lippe weiß od. hellgelb, ihre Seitenlappen stumpf. 0,25–0,55. ⑉ ♻ BZeit?. **Z** s
Gefäße; ♀ ◑ Standort warm; Kompost, Lehmzusatz ⚘ (nördl. bis südl. Z-China: immer-

grüne BreitlaubW, NadelW, Gebüsche, Grasfluren, Gräben, 300–2400 m).

**Gelbe Ch.** – *B. ochracea* (SCHLTR.) GARAY et R. E. SCHULT.

1 PerigonBl purpurrot od. rosa, selten weiß. Seitenlappen der Lippe ± spitz . . . . . . **2**
2 PerigonBl 15–21 mm lg. Bl lineal-lanzettlich od. schmal lanzettlich, 0,5–1(–4,5) cm br. BStand (1–)2–6blütig. 0,15–0,50. ♃ ♉ BZeit?. **Z** s Gefäße; ♈ ◖ warmer Standort; Kompost, Lehm ⓐ (SO- bis Z-China, Taiwan: immergrüne BreitlaubW, KastanienW, NadelW, Straßenränder, Talwiesen, Schluchten, 600–3100 m). [*B. szetschuanica* SCHLTR. ex LIMPR., *B. yunnanensis* SCHLTR., *Jimensia formosana* (HAYATA) GARAY et R. E. SCHULT.] **Taiwan-Ch.** – *B. formosana* HAYATA
2* PerigonBl 25–30 mm lg. Bl schmal länglich od. lanzettlich, 1,5–4(–7) cm br. BStand 3–10blütig (Abb. **695**/1). 0,18–0,60. ♃ ♉ 5–6. **Z** z △ Gehölzränder ⓐ; HeilPfl in China; ♈ ◖ warmer Standort; Kompost, Lehm ⋀ (Korea, Japan, Z-China, Osttibet: immergrüne BreitlaubW, KastanienW, NadelW, Straßenränder, Schluchten, 100–3200 m – einige Sorten: z. B. 'Marginata': Bl mit weißem Rand; 'Marginata Alba': B weiß, Bl mit weißem Rand; 'Variegata': B rosa, Bl weißbunt). [*Bletia striata* (THUNB. ex MURRAY) DRUCE, *Bletilla hyacinthina* (SM.) RCHB. f., *Jimensia striata* (THUNB. ex MURRAY) GARAY et R. E. SCHULT.] **Gestreifte Ch.** – *B. striata* (THUNB. ex MURRAY) RCHB. f.

**Schönbartorchis** – *Calopogon* R. BR. 5 Arten

LaubBl 1(–3), linealisch, lanzettlich, selten elliptisch-lanzettlich, 3–50 × 2–3,5(–5) cm. BStand 1–25blütig. Perigon rot, rosa od. weiß. Innere PerigonBl 15–28 × 4–14 mm. Lippe aufrecht, undeutlich 3lappig, 11–23 mm lg. Seitenlappen grundständig, klein u. rundlich. Mittellappen unterwärts linealisch, vorn ambossartig verbreitert, 5,5–21 mm br, oseits mit keuligen Haaren. Säulchen abwärts gerichtet, vorn geflügelt. 0,04–1,10 (–1,35). ♃ ♉ 6–8. **Z** s Moorbeete, Gefäße; ○ ◖, ≈ während der Vegetationszeit; grober Kies, zerkleinertes *Sphagnum* (warmes bis gemäß. östl. N-Am.: bodensaure Moore u. Sümpfe). [*C. pulchellus* (SALISB.) R. BR.]
**Schönbartorchis** – *C. tuberosus* (L.) BRITTON, STERNS et POGGENB. var. *tuberosus*

**Schönorchis** – *Calanthe* KER GAWL. 150 Arten

1 B ohne Sporn . . . . . . . . . . . . . . . . . . . . . . . . . . . . . . . . . . . . . . . . . . . . . . . **2**
1* B mit Sporn . . . . . . . . . . . . . . . . . . . . . . . . . . . . . . . . . . . . . . . . . . . . . . . . **3**
2 Äußere u. innere PerigonBl hellgelb, abstehend od. nicht deutlich zurückgebogen. Innere PerigonBl verkehrteifg-lanzettlich. Lippe rötlichbraun, oseits mit 3–5 Lamellen, ihr Mittellappen am Rand gewellt. TragBl 5–10 mm lg. Bl 20–30 × 5–11 cm, useits dicht behaart. Sprossknolle (Pseudobulbe) etwa 2 cm ⌀. Bis 0,60. ♃ ♉ BZeit?. **Z** s Gehölzgruppen, Gefäße; ♈ ◖, ≈ Vegetationszeit, ∼ Winter; Rindenkompost, Laub, Lehm, Sand, Holzkohle; Dränage, Schutz vor Schneckenfraß ⋀ (Z-China, Tibet, Bhutan, NO-Indien, Nepal, Sikkim, Kaschmir, Japan: Hangwiesen, Wälder, 1600–3500 m).
**Spornlose Sch.** – *C. tricarinata* LINDL.
2* Äußere u. innere PerigonBl rosa, deutlich zurückgebogen. Innere PerigonBl br linealisch. Lippe rosa, oseits ohne Lamellen, ihr Mittellappen am Rand unregelmäßig gezähnt. TragBl 18–24 mm lg. Bl 15–20 × 3–6,5 cm, useits kahl. Sprossknolle 1 cm ⌀, zuweilen undeutlich. 0,20–0,40. ♃ 8. **Z** s Gehölzgruppen, Gefäße; ♈ ◖, ≈ Vegetationszeit, ∼ Winter; Rindenkompost, Laub, Lehm, Sand, Holzkohle; Dränage, Schutz vor Schneckenfraß ⋀ (Z-, S- u. SO-China, Japan, S-Korea: immergrüne BreitlaubW, Stromtäler, feuchte u. moorige Felsen, 600–2500 m).
**Zurückgebogene Sch.** – *C. reflexa* MAXIM.
3 **(1)** Lippe ungelappt, meist weiß, selten schwach gelb, vorn mit purpurroten Streifen u. am Rand gewimpert. Äußere u. innere PerigonBl weiß, mit grüner, schwach blau getönter Spitze. Sporn gelb od. hellviolett, 15–35 mm lg. Bis 0,50. ♃ 8–9. **Z** s ⓐ Gefäße; ♈ ◖, ≈ Vegetationszeit, ∼ Winter; Rindenkompost, Laub, Lehm, Sand, Holzkohle; Drä-

nage, Schutz vor Schneckenfraß ∧ (Z-China, Tibet, Bhutan, Kaschmir, Japan: Wälder, Gebirgsgrasfluren, 1500–3500 m). **Alpine Sch.** – *C. alpina* HOOK. f. ex LINDL.

**3\*** Lippe 3lappig ............................................................. **4**
**4** BSchaft am Grund mit ausgewachsenen Bl. BStand eine kurze, dichte Traube ... **5**
**4\*** BSchaft am Grund mit jungen Bl. BStand eine verlängerte, lockere Traube ...... **6**
**5** BlSpreite schmal länglich bis verkehrteifg-länglich, am Grund ± keilig. B weiß bis rosa-purpurn. Äußere u. innere PerigonBl etwa 12–15 mm lg. Lippengrund mit 3 gelben Höckerreihen. Sporn länger als die äußeren PerigonBl. 0,40–0,80. ♃ 7–10. **Z** s Gehölz-gruppen, Gefäße; ⚘ ☾, ≈ Vegetationszeit, ~ Winter; Rindenkompost, Laub, Lehm, Sand, Holzkohle; Dränage, Schutz vor Schneckenfraß ∧ (China, Taiwan, Malaysia, Japan: Kyushu, Ryukyu-Inseln: Wälder).
                                       **Gabellippige Sch.** – *C. furcata* BATEMAN ex LINDL.
**5\*** BlSpreite elliptisch bis eifg, am Grund gerundet. B weiß. Äußere PerigonBl etwa 8 mm lg, innere PerigonBl etwa 6 mm lg. Lippe mit 5 Lamellen. Sporn kürzer als die äußeren PerigonBl. 0,30–0,40. ♃ BZeit?. **Z** s Gehölzgruppen, Gefäße; ⚘ ☾, ≈ Vegetationszeit, ~ Winter; Rindenkompost, Laub, Lehm, Sand; Dränage, Schutz vor Schneckenfraß ∧ (Japan: Kyushu).                                  **Kyushu-Sch.** – *C. japonica* BLUME
**6** **(4)** Sporn länger als die äußeren PerigonBl od. so lg, (14–)15–18(–20) mm lg. BlSpreite verkehrteifg-elliptisch od. elliptisch, 15–30 × 4–8 cm, useits dicht behaart. TragBl etwa 5 mm lg. B weiß od. rosa, zuweilen weißrosa mit hellpurpur. Lippe 8–16 mm lg. 0,30–0,40(–0,60). ♃ 4. **Z** s Gehölzgruppen, Gefäße; ⚘ ☾, ≈ Vegetationszeit, ~ Winter; Rindenkompost, Laub, Lehm, Sand, Holzkohle; Dränage, Schutz vor Schneckenfraß ∧ (SO-China, Taiwan, Japan: Honshu, Kyushu: BergW, feuchte Gebirgstäler, 1500–2500 m).                          **Lockerblütige Sch.** – *C. aristulifera* RCHB. f.
**6\*** Sporn kürzer als die äußeren PerigonBl, 4,5–10 mm lg ..................... **7**
**7** BlSpreite lanzettlich od. schmal elliptisch, 1,5–2 cm br, useits kahl. TragBl 13–15 mm lg. PerigonBl hellgelb. Innere PerigonBl linealisch, etwa 2 mm br. Lippe gelb, am Grund purpurbraun. Sporn 4–5 mm lg. 0,30–0,60. ♃ 6. **Z** s Gehölzgruppen, Gefäße; ⚘ ☾, ≈ Vegetationszeit, ~ Winter; Rindenkompost, Laub, Lehm, Sand, Holzkohle; Dränage, Schutz vor Schneckenfraß ∧ (Japan, China: SO-Tibet: HangW, um 2600 m).
                                       **Honshu-Sch.** – *C. nipponica* MAKINO
**7\*** BlSpreite verkehrteifg-länglich bis elliptisch-länglich, 4–9 cm br, useits dicht behaart. TragBl 4–7 mm lg. PerigonBl bräunlichpurpurn. Innere PerigonBl fast länglich od. ver-kehrteilanzettlich, 3,5–5 mm br. Lippe weiß od. rosa. Sporn 5–10 mm lg. 0,30–0,50. ♃ 4–5. **Z** s Gehölzgruppen, Gefäße; ⚘ ☾, ≈ Vegetationszeit, ~ Winter; Rindenkompost, Laub, Lehm, Sand, Holzkohle; Dränage, Schutz vor Schneckenfraß ∧ (SO-China, Japan: immergrüne BreitlaubW, 800–1500 m). **Zweifarbige Sch.** – *C. discolor* LINDL.

**Pleione, Tibetorchidee, Indischer Krokus** – *Pleione* D. DON                     16 Arten
Lit.: CRIBB, P., BUTTERFIELD, J., unter Mitarbeit von TANG, C. Z. 1999: The genus *Pleione*. In: MATHEW, B. (Hrsg.): A botanical magazine monograph. 2. Aufl. Kew, Richmond.
Bem.: Gattung mit 4 Natur-Hybr u. ∞ Kultur-Hybr.

Lippe, wenn ausgebreitet, im Umriss fast kreisfg, 28–40 mm lg. Seitliche äußere PerigonBl 28–45 mm lg. Säulchen 25–30 mm lg. B rosa bis rosarot. Lippe heller als die übrigen PerigonBl, mit ziegelfarbigen Flecken u. weißen Kielen. Sprossknollen konisch-eifg, 30–40 mm lg u. 20–25 mm ∅. Bis 0,10. ♃ ☿ **Z** s △ Gehölzränder ⓐ; ⚘ ☾ ● im Sommer kühl, luftfeucht; *Sphagnum*, Kiefernrinde, Styroporflocken; Dränage; im Winter Schutz vor Feuchtigkeit ∧ (Myanmar, China: SW-Sichuan, Yunnan: humusreiche, moosige Felsen, 2000–2500(–3000) m – möglicherweise eine Form von *P. bulbocodioides* (FRANCH.) ROLFE – ∞ Hybr u. Sorten; Hybr mit *P. chunii* C. L. TSO, *P. for-mosana* HAYATA, *P. forrestii* SCHLTR., *P. hookeriana* (LINDL.) B. S. WILLIAMS, *P. humilis* SM., *P. yunnanensis* (ROLFE) ROLFE). [*P. bulbocodioides* ROLFE var. *limprichtii* SCHLTR.]
                                       **Limpricht-P.** – *P. limprichtii* SCHLTR.

**Kappenständel** – *Calypso* SALISB. 1 Art

Pfl mit eingliedriger Sprossknolle. Bl einzeln, mit Stiel 1–6,5 cm lg. BlSpreite elliptisch bis fast kreisfg od. eifg, oft herzfg, 1,2–5,2 cm br. BStg 1blütig. PerigonBl rosa od. rötlich, aufsteigend bis aufrecht. Lippe auf hellrotem Grund grün od. gelb gezeichnet, schuhfg, mit 3 behaarten Leisten. 0,05–0,22. ♃ ☿ 4–5. **Z** s Gefäße; ♈ ● Holzkohle, Quarzsand, Kiefernborke, Laub- u. Nadelerde; Vorsicht vor Schneckenfraß, heikel (warmes bis kühles N-Am., N-Eur., Sibir., Fernost, Japan: N- u. Z-Honshu: mäßig feuchte bis nasse NadelW, MischW, Moore – 3 Varietäten).

**Kappenständel** – *C. bulbosa* (L.) OAKES

## Familie **Steppenliliengewächse** – *Ixioliriaceae* NAKAI 3 Arten

Lit.: KUBITZKI, K.: *Ixioliriaceae*. The families and genera of vascular plants, vol. IV. Berlin 1998.

**Steppenlilie, Ixialilie** – *Ixiolirion* FISCH. ex HERB. 3 Arten

Pfl mit zwiebelfg, 10–15 mm ∅ Knolle. Bl 13–35 × (0,1–)0,3–0,8(–1,5) cm, ihre Spitze drehrund pfriemlich, StgBl 1–4. B 2–7 in doldenfg Zymen, oft außerdem 1–3 in BlAchsel darunter. B radiär, lavendelblau bis violettblau, trichterfg, (2–)3–4(–5) cm lg. PerigonBl mit 3 dunkleren Längslinien, am Grund röhrenfg zusammenneigend, aber frei, äußere 4–5 mm br, bespitzt, innere 7–10 mm br, stumpf. 0,20–0,50. ♃ ☿ ⚏ herbst-frühjahrsgrün 5–6. **Z** s △ ⚘ Rabatten in Gruppen; V B im 3. Jahr ♈ 2–3 Brutknöllchen ○ Boden reich, locker, dräniert (O- u. S-Kauk., SO-Türkei, Iran, N-Irak, Syr. bis Israel, M-As., Afgh., Kaschmir, Barnaul, NW-Xinjiang: steinig-lehmige Steppenhänge, Wermut-Halbwüsten, Weinberge, bis 3000 m – 1874 – formenreich, die Unterscheidung von Unterarten ist umstritten). [*I. montanum* (LABILL.) HERB., *I. pallasii* FISCH. et C. A. MEY., *I. ledebourii* C. A. MEY.] **Steppenlilie, Ixialilie** – *I. tataricum* (PALL.) HERB.

## Familie **Schwertliliengewächse** – *Iridaceae* JUSS. 1750 Arten

1  PerigonBl frei. Griffeläste nicht kronblattartig. Staubfäden wenigstens am Grund verbunden . . . . . . . . . . . . . . . . . . . . . . . . . . . . . . . . . . . . . . . . . . . . . . . **2**

Wenn StaubBl am Grund frei u. Narbenäste nicht kronblattartig: **Leopardenblume** – *Belamcanda sinensis* (L.) REDOUTÉ: B radiär, zu 3–12 in Fächeln, rotorange, dunkel gefleckt, od. purpurn, 3–5 cm ∅. Griffel mit 3 sehr kurzen, vorn kammfg verbreiterten Ästen. Bl 20–50 × (1–)3(–4) cm, am Stg reitend. Sa kuglig, schwarz, glänzend, in der offnen Kapsel bleibend. 0,60–1,00. ♃ ⅄ 6–8. **Z** s Rabatten ⚌; V ♈ ∧ od. ⚏, im Sommer ≈ (warmes bis gemäß. O-As. bis S-Ussuri u. Himal.: Auwiesen, im S 1300–2300 m, kult u. eingeb. auch SO-As. – 1823).

1*  PerigonBl am Grund zu einer Röhre verbunden; wenn diese sehr kurz, dann Narbenäste kronblattartig . . . . . . . . . . . . . . . . . . . . . . . . . . . . . . . . . . . . . . . . . . **3**

2  B 8–10 cm ∅. Griffeläste geteilt. Pfl mit Schuppenzwiebel. B rot, am Grund gefleckt. **Tigerblume** – *Tigridia* S. 724

2*  B < 4 cm ∅. Griffeläste unzerteilt. Pfl mit horstigem Rhizom. B gelb, blau, blauviolett, selten weiß. **Grasschwertel** – *Sisyrinchium* S. 704

3  (1) Bl nicht zweizeilig und reitend . . . . . . . . . . . . . . . . . . . . . . . . . . . . . . . . . . **4**

3*  Bl zweizeilig, meist reitend (sich am Grund mit der Schmalseite umfassend) . . . . . **6**

4  Bl oseits mit weißem Streifen. Pfl mit Knollen. **Krokus** – *Crocus* S. 717

4*  Bl oseits ohne weißen Mittelstreifen. Pfl mit Rhizom, Zwiebel od. Knolle . . . . . . . . . **5**

5  Griffeläste kronblattartig verbreitert, die StaubBl überdeckend. **Schwertlilie** – *Iris* S. 705

5*  Griffeläste nicht kronblattartig verbreitert. StaubBl nicht überdeckt. **Sandkrokus** – *Romulea* S. 717

6  (3) B radiär. Perigonröhre immer gerade (vgl. auch *Sparaxis*-Arten S. 724) . . . . . . **7**

6*  B zygomorph, zuweilen nur die Perigonröhre gekrümmt u. die B seitwärts gerichtet **9**

**7** Perigon aus 2 unterschiedlichen Kreisen aufgebaut, der äußere Kreis in Form, Größe u. Richtung vom inneren deutlich verschieden. Pfl mit Rhizom od. Zwiebel.

**Schwertlilie** – *Iris* S. 705

**7\*** Perigon scheinbar 1kreisig, alle Perigonzipfel in Form, Größe u. Richung ähnlich. Pfl mit Knolle ........................................................... **8**

**8** Bl grasartig, 2–7(–12) mm br. Griffeläste verbreitert. **Klebschwertel** – *Ixia* S. 723

**8\*** Bl schmal lanzettlich, 10–20 mm br. Griffeläste nicht verbreitert. DeckBl an der Spitze wimperig gezähnt. **Fransenschwertel** – *Sparaxis* S. 724

**9** **(6)** Griffel mit 3 Ästen, jeder an der Spitze 2spaltig. **Freesie** – *Freesia* S. 722

**9\*** Griffel unverzweigt od. mit 3 ungeteilten Ästen ........................... **10**

**10** Ganze Perigonröhre schmal od. in der Mitte aus schmalem Grund plötzlich erweitert. BStand meist 2zeilig zickzackfg. B meist orange, ziegelrot od. zinnoberot.

**Montbretie** – *Crocosmia* S. 725

**10\*** Perigonröhre vom Grund an allmählich erweitert ........................ **11**

**11** Griffel länger als die StaubBl. DeckBl trockenhäutig. B < 5 cm lg.

**Tritonie** – *Tritonia* S. 724

**11\*** Griffel etwa so lg wie die StaubBl. DeckBl krautig. B meist > 5 cm lg.

**Gladiole** – *Gladiolus* S. 715

**Grasschwertel, Binsenlilie** – *Sisyrinchium* L.                    80 Arten

Lit.: CHOLEWA, A. F., HENDERSON, D. M. 1984: Biosystematics of *Sisyrinchium* section *Bermudiana* (*Iridaceae*) of the Rocky Mountains. Brittonia **36**: 342–363. – CHOLEWA, A. F., HENDERSON, D. M. 2002: *Sisyrinchium* L. In: Flora of North America **26**: 351–371. – GOLDBLATT, P., RUDALL, P. J., HENRICH, J. E. 1990: The genera of the *Sisyrinchium* alliance (*Iridaceae: Iridoideae*): phylogeny and relationships. Syst. Botany **15**: 497–510.

Bem.: Die Arten werden oft verwechselt u. unter falschem Namen gehandelt. – BStand am Grund von 2 HochBl (Spathen) umgeben.

**1** B gelb mit braunen Nerven. Staubfäden frei od. nur am Grund verbunden ....... **2**

**1\*** B blauviolett, blau, zuweilen weiß. Staubfäden ± in ganzer Länge verwachsen .... **3**

**2** Bl bis 6 mm br, grün. B zu 3–7 in nur einer Gruppe am Ende des Stg. BStiele 1–4 cm lg, bei Sorte 'Brachypus' nur 1–2 cm. Äußere PerigonBl 12–18 mm lg, abgerundet, mit Grannenspitze. 0,20–0,35(–0,60). ♃ ℀-Horst 6–8. **Z** s Staudenbeete, Rabatten; V ✿ ○ ≋ ∧ ⊕ (NW-Am.: Brit. Columbia bis Kalif.: feuchtes Küstengebiet – 1796). [*S. borea-le* (E. P. BICKNELL) J. HENRY, *S. brachypus* (E. P. BICKNELL) J. HENRY]

**Kalifornisches G.** – *S. californicum* (KER GAWL.) DRYANDER in W. AITON et W. T. AITON

**2\*** Bl 12–18 mm br, graugrün. B in mehreren ungestielten Gruppen. PerigonBl 15–18 mm lg, äußere fast doppelt so br wie innere, abgerundet, mit Grannenspitze. 0,40–0,60 (–0,80). ♃ i ℀-Horst 6–7. **Z** s Staudenbeete, Rabatten, Naturgärten; V ✿ ○ winterhart (Chile, Argent., eingeb. in SW-Brit. – 1788). **Gestreiftes G.** – *S. striatum* SM.

**3** **(1)** Stg verzweigt, mit 1–2 Knoten, 2,3–5 mm br. Bl 3–6 mm br. Pfl beim Trocknen schwarz werdend. BStand einzeln an den Zweigen endständig. B dunkelblau, zuweilen weiß, mit gelbem Grund. Äußere PerigonBl 7–12,5 mm lg, oben abgerundet od. ausge-randet, grannenspitzig. 0,15–0,20(–0,45). ♃ ℀-Horst 6–7. **Z** s △ Umrandungen; V Selbstaussaat ✿ ○ winterhart (östl. N-Am.: Neufundland bis Florida, Minnesota u. Neb-raska bis Texas: feuchte Wiesen, feuchte, offne Wälder, Bachufer, Sümpfe; in W-Brit. heimisch? – 17. Jh.? – oft mit *S. montanum* verwechselt). [*S. graminoides* E. P. BICK-NELL, *S. anceps* CAV., *S. bermudianum* L. p. p. nom. ambig.]

**Gewöhnliches G.** – *S. angustifolium* MILL.

**3\*** Stg einfach, unverzweigt .............................................. **4**

**4** BStand paarig, die beiden HochBlPaare von einem zusätzliche Bl umhüllt. Stg geflügelt, 1,5–3,4 mm br. Perigon weiß od. blau, mit gelbem Grund, äußere PerigonBl 6–12,5 mm lg. 0,10–0,20(–0,40). ♃ ℀-Horst 5–6. **Z** s, ob in D.? (NO-Am.: S-Ontario bis O-Texas u. N-Florida: offne Hänge, Prärien, oft auf Fels od. Sand). [*S. bermudianum* L. var. *albi-dum* (RAF.) A. GRAY] **Weißliches G.** – *S. albidum* RAF.

**4\*** BStand einfach, nur von einem HochBlPaar umgeben. Stg geflügelt od. ungeflügelt **5**
**5** Stg deutlich geflügelt, (1,5–)2–3,7 mm br. Äußeres HüllBl des BStands >(12–)16–25 mm länger als inneres. Fr 3–6,8 mm lg. Äußere PerigonBl 9–14,5 mm lg, oben ausgerandet od. gestutzt. Bl 2–3 mm br, alle grundständig. Pfl beim Trocknen meist nicht schwarz werdend. B blauviolett bis purpurblau, dunkler geadert, am Grund gelb. 0,15–0,25(–0,50). ⌀ ⅄-Horst 5–6(–7). **W. Z** s Rabatten, Umrandungen △; ∀ ∀ ○ ◐ ⌃ (N-Am.: Yukon u. Labrador bis New Mex., Kansas, New Jersey: feuchte Wiesen, Ufer, offne Wälder, Felsspalten, eingeb. in W- u. Z-Eur. – 1639). [*S. bermudianum* L. nom. ambig. p. p.] **Berg-G.** – *S. montanum* GREENE

Ähnlich: **Idaho-G.** – *S. idahoense* E. P. BICKNELL : Äußeres HüllBl des BStandes weniger als 13 mm länger als das innere. Stg geflügelt, nur 1–2,5 mm br. 0,15–0,25(–0,45). ⌀ ⅄-Horst 5–6. **Z** s △, ob kult in D.?; Ⓐ (SW-Kanada u. W-USA südl. bis N-Kalif., östl. bis New Mex., Colorado, Montana: feuchte Wiesen, Bachufer, im S bis 3100 m – formenreich).

**5\*** Stg nicht od. undeutlich geflügelt, drahtfg, 0,9–2 mm ⌀, wie die BStands-HüllBl meist purpurn. Äußeres HüllBl des BStandes 12–46 mm länger als inneres. B dunkelblau od. blauviolett, zuweilen weiß, am Grund gelb. Äußere PerigonBl 9–12,5 mm lg, ausgerandet od. stumpf, stachelspitzig. 0,15–0,25(–0,42). ⌀ ⅄-Horst 5–6. **Z** s △ Umrandungen; ∀ ∀ Ⓐ (M- u. SO-Kanada, O-USA südl. bis South Dakota u. Georgia: Prärien, feuchte, offne Wälder, offne Fels- u. Sandküsten, bis 700 m). **Stachelspitziges G.** – *S. mucronatum* MICHX.

Sehr ähnlich: **Nördliches G.** – *S. septentrionale* E. P. BICKNELL: Äußere PerigonBl nur 8–9,1 mm lg, oben abgerundet u. stachelspitzig, aber nicht ausgerandet, blassblau, selten weiß. 0,15–0,20(–0,42). ⌀ ⅄-Horst 6–7?. **Z**, ob kult in D.? (W-Kanada, Washington: Bachufer, Wiesen, oft auf Kies).

### Schwertlilie – *Iris* L. 300 Arten

Lit.: DYKES, W. R. 1913 (repr. 1974): The genus *Iris*. Cambridge. – MATHEW, B. 1990: The *Iris*. 2. rev. ed. Portland. – KÖHLEIN, F. 1981: *Iris*. Stuttgart. – RODIONENKO, G. I. 1961: Rod Iris. *Iris* L. Moskva, Leningrad. – AUSTIN, C. 2005: Irises. A gardeners encyclopedia. Portland. – British Iris Society: <http://www.britishirissociety.org.> American Iris Society: <http://www.irises.org.>, Yearbook bzw. Bulletin jährlich.

Bem.: Die BHülle wird aus einem äußeren, oft herabhängenden Kreis (**„HängeBl“**) u. einem inneren, oft domfg zusammenneigenden Kreis (**„DomBl“**) von BHüllBl gebildet. Die 3 br Narbenlappen sind kronblattartig gefärbt, sie legen sich über die 3 StaubBl.

**1** Pfl mit Zwiebeln. Bl flach, rinnig, sichelfg; od. aufrecht u. 4–8kantig . . . . . . . . . . **2**
**1\*** Pfl mit Rhizomen. Bl flach od. seitlich zusammengedrückt, schwertfg, am Grund einander mit der Schmalseite aufsitzend (reitend) . . . . . . . . . . . . . . . . . . . . . . . . . . . . . **13**
**2** Zwiebeln mit 1 verwachsenen SpeicherBl u. netzfasriger, trockner Hülle. Bl aufrecht, 4–8kantig. Pfl zur BZeit < 20 cm hoch (Gattung *Iridodictyum* RODION.) . . . . . . . . . **3**
**2\*** Zwiebeln mit 2–7 fleischigen, nicht ringfg verwachsenen SpeicherBl . . . . . . . . . . . **7**
**3** B einzeln, gelb od. blassgelb . . . . . . . . . . . . . . . . . . . . . . . . . . . . . . . . . . . . . . . . **4**
**3\*** B blau od. violett, selten weiß . . . . . . . . . . . . . . . . . . . . . . . . . . . . . . . . . . . . . . . . **5**
**4** B gelb. DomBl reduziert, 0,3–0,5 cm lg, pfriemlich. HängeBl erst abstehend, später zurückgeschlagen, mit lg, dunkelgrün geflecktem Nagel. Perigonröhre (3–)4(–6) cm lg. Bl (1–)2(–3), 4kantig, zur BZeit 0,07–0,10, später bis >20 cm lg (Abb. **706**/1). 0,05–0,10. ⌀ frühjahrsgrün ⏾ 3–4. **Z** z Rabatten △; ∀ ○ ~ (NO-Türkei, S-Türkei: Provinzen Adana u. Nigde: steinige, sonnige Hänge, offne KoniferenW, 1000–2000 m – 1889). **Danford-Sch.** – *I. danfordiae* (BAKER) BOISS.
**4\*** B blass strohgelb. DomBl 3,7–5 cm lg. HängeBl grün getupft, mit gelbem Mittelstreifen. 0,08–0,15. ⌀ ⏾ 3(–4). **Z** s △ Rabatten; ∀ ◐ ○ ≃ Boden durchlässig (W- u. O-Transkauk.: subalp. felsige Rasen – 1923 – gefährdet!). **Winogradow-Sch.** – *I. winogradowii* FOMIN
**5** (3) Bl nach den B erscheinend. B blau od. violettblau. HängeBl waagerecht, Platte fast kreisrund, 1,7–2,1 × 1,4–2(–2,3) cm, mit gelbem Mittelstreifen, am Grund mit weißem,

blau gepunktetem u. geadertem Fleck, vom Nagel durch deutliche Bucht abgesetzt. DomBl aufrecht. Beide HochBl dünn, papierartig, mit deutlichen Quernerven. (Abb. **706**/2). 0,10–0,20, Bl später bis 0,50. ♃ ☉ 3–4. **Z** s △; v ⚇ ○ ~ (N-Türkei: Berghänge, offne KoniferenW, 1300–1500 m – 1891). [*I. reticulata* BIEB. var. *histrioides* G. F. WIL-SON] **Kleine Zwerg-Sch.** – *I. histrioides* (G. F. WILSON) S. ARN.

5\* Bl zur BZeit weit entwickelt . . . . . . . . . . . . . . . . . . . . . . . . . . . . . . . . . . . . . . **6**
6 Beide HochBl dünn papierartig, unteres höchstens grün überlaufen. B blau, 6–8 cm ⌀. Platte der HängeBl 2–2,2 × 1,1–1,6 cm, auf cremefarbenem od. blassblauem Grund mit blauem Fleck. Zwischen der Platte u. dem nur wenig schmäleren Nagel keine deutliche Bucht. 0,15–0,20. ♃ ☉ 3(–4). **Z** s △ Rabatten, Steppenbeete; ⚇ ○ ~ ∧ ⓐ (Libanon, W-Syr., S-Türkei: Taurus, Amanus: offne Felshänge, Gebüsch, 500–1150 m – 1864).
**Lichtblaue Zwerg-Sch.** – *I. histrio* RCHB. f.
6\* Unteres HochBl grün, die 4–7 cm lg Perigonröhre dicht umschließend. B blauviolett, mit Veilchenduft. HängeBl 4–5 cm lg, ihre Platte 1,1–1,8 × 0,7–1,3 cm, mit gelbem Fleck od. orangegelbem Mittelwulst (Abb. **706**/3). 0,10–0,15(–0,20), die 4kantigen Bl später bis 0,50. ♃ ☉ 3–4 frühjahrsgrün. **Z** v trockne Rabatten, Steppenbeete △; ⚇ ○ ~ ⊕ (O-Türkei, N-Irak, Transkauk., NW-Iran: steinige Berghänge, offne Rasen u. Gebüsch, 900–2700 m – 1829 – formenreich, ∞ Sorten, z. B. 'Cantab': B hellblau; 'J. S. Dijt': B rötlichpurpurn; 'Springtime': HängeBl dunkelviolett, am Ende weiß u. violett getupft; 'Natascha': Hänge- u. DomBl elfenbeinweiß; hybr mit *I. histrioides*).
**Netz-Sch.** – *I. reticulata* M. BIEB.

Ähnlich: **Baker-Sch.** – *I. bakeriana* FOSTER [*I. reticulata* var. *bakeriana* (FOSTER) B. MATHEW et WEN-DELBO]: Bl rund, mit 8 Rippen. HängeBl ohne gelben Fleck od. Mittelwulst, ursprünglich mit dunkelvio-letter Spitze. ♃ ☉ 3–4. **Z** s (SO-Türkei, N-Irak, W-Iran: Eichen-BuschW, ±1000 m – 1889).
**Pamphylische Sch.** – *I. pamphylica* HEDGE: Perigonröhre ±2 cm lg. Platte der HängeBl bräunlich-vio-lett mit gelbem, violett gepunktetem Mittelwulst. DomBl 4 × 0,6 cm, spitz, blass- bis tiefblau. Reife Kapsel an bis 10 cm lg Stiel hängend. 0,15–0,25, die 4kantigen Bl später bis 0,55. ♃ ☉ 3–4. **Z** s (S-Türkei: Provinz Antalya: Kiefernwald, Eichen-BuschW, 700–1500 m).

7 **(2)** DomBl fast genauso lg wie die HängeBl, aufwärts gerichtet. Wurzeln dünn, während der Sommerruhe absterbend. Zwiebeln aus 2–3(–5) fleischigen Schuppen; trockne Außenhüllen häutig, glänzend, nicht netzfg. BStg gut ausgebildet, beblättert, 2–3blütig. BZeit 5–8 [*I.* subgen. *Xiphium* (MILL.) SPACH p. p., Gattung *Xiphium* MILL. em. RODION.]
. . . . . . . . . . . . . . . . . . . . . . . . . . . . . . . . . . . . . . . . . . . . . . . . . . . . . . . . . . . **8**
7\* DomBl ¹/₃ bis ¹/₂ so lg wie die HängeBl, seitwärts od. abwärts gerichtet (vgl. aber *I. cycloglossa*, **10**). Wurzeln meist dick, speichernd, während der Sommerruhe nicht absterbend. Zwiebeln aus mehreren (bis 7) fleischigen Schuppen u. einigen trocknen, häutigen Hüllen. (*I.* subgen. *Scorpiris* SPACH, *I.* sect. *Juno* (TRATT.) BENTH. et HOOK., Gattung *Juno* TRATT. s. str., *Xiphion* sect. *Juno* (TRATT.) BAKER) . . . . . . . . . . . . . . **9**

1          2          3          4

**8** Bl sommergrün, 25–60 × 0,5–0,8 cm, rinnig, gestreift, oseits blaugrün, so lg wie der Stg od. länger. B 2–3, mit 2 gleichlg, aufgeblasenen HochBl. Perigonröhre mit dem Griffel verwachsen. HängeBl 6–7,5 × 3–3,5 cm, mit runder, an der Spitze ausgerandeter, durch eine Einschnürung vom Nagel getrennter Platte. DomBl 4–6 cm lg, verkehrteilanzettlich. 0,30–0,70. ♃ ☉ 6–7. **Z** z Rabatten ☧; ✿ ○ ≈ nährstoffreich ∧ (Pyr., NW-Span., Sierra de Guadarrama: feuchte Bergwiesen, meist 1600–2200 m – 1568 – mehrere Sorten u. Hybr: *Iris anglica*-Hybriden: B violett, purpurn, rosa od. weiß). [*I. xiphioides* EHRH., *I. anglica* hort., *Xiphium latifolium* MILL.]
**Englische Sch., Pyrenäen-Sch.** – *I. latifolia* (MILL.) VOSS

**8\*** Bl herbst–frühsommergrün, 20–70 × 0,3–0,5 cm, bläulichgrün. B 1–2, mit 2 verschieden großen, nicht aufgeblasenen HochBl. BRöhre mit dem Griffel nicht verwachsen. HängeBl 4,5–6 × 1,8–2,5 cm, ursprünglich blauviolett mit gelbem od. orangegelbem Fleck. DomBl lanzettlich. 0,30–0,60. ♃ ☉ herbst–frühsommergrün 5–6. **Z** s Rabatten ☧; ✿ ○ ∧ nach Absterben der Bl über Sommer trocken lagern (S-Frankr., S-, Z- u. O-Span., Port., Kors., Sard.: trockne Küstenmacchien, Felsrasen – 1564 – ∞ Sorten: *I. hispanica*-Hybr: B weiß, gelb, mittel- u. dunkelblau, ʻLusitanicaʼ: B bronzefarben). [*I. hispanica* hort., *Xiphium vulgare* (MILL.) RODION.]
**Spanische Sch.** – *I. xiphium* L.

Ähnlich: **Holländische Sch.** – *I.* × *hollandica* hort. (entstanden seit 1891 aus Kreuzungen von *I. xiphium* mit *I. tingitana* BOISS. et REUT. (NW-Afr.), *I. boissieri* HENRIQ. (N-Port., NW-Span.) u. a. Arten): BZeit Mai. ∞ Sorten: B violett, blau, gelb, bronzefarben, weiß, ganzjährig für ☧ im ⌂, im Freiland empfindlich, wenig ausdauernd, ∧.

**9** **(7)** B 2–6, goldgelb bis fast weiß od. goldgelb u. gelblichweiß, in den oberen BlAchseln stehend. HängeBl ±4 cm lg, ihre Platte gelb, auf beiden Seiten des Kammes grün bis violett gefleckt. DomBl 1,5–2 cm lg, 3lappig, weiß od. gelb, waagerecht od. herabgebogen. Griffeläste 3,6 cm lg. Bl zur BZeit bis 20 × 1,5–3,5 cm, glänzend grün, sichelfg. Sa mit Anhängsel. 0,20–0,40. ♃ ☉ 3–4. **Z** s Rabatten; ✿ ○ ~ nach der Reife, ✿ ○ ~ Boden durchlässig (Tadschik., NO-Afghn.: steinige, grasige Hügel, Feldränder, 800–2500 m – 1902).
**Buchara-Sch., Geweih-Sch.** – *I. bucharica* FOSTER

Bem.: Dunkelgelbe Formen wurden irtümlich als *I. orchioides* CARRIÈRE [*Juno orchioides* (CARRIÈRE) VVED.] bezeichnet. Die echte *I. orchioides* (W-Tienschan, NW-Pamir, 500–900 m) hat zwar auch (blass)gelbe B, aber einen vorn stark auf das 2–3fache (15–25 mm) verbreiterten Nagel der HängeBl, während bei *I. bucharica* der Nagel 6–10 mm br u. parallelrandig ist.

**9\*** B violett, lavendelblau, nur z. T. gelb, meist mit gelbem Fleck auf der Platte . . . . . . **10**

**10** DomBl ±4 × 1,3 cm, verkehrteilanzettlich, zuerst aufrecht, dann waagerecht. HängeBl ±7 cm lg, Platte rund, 3,5–4 cm ⌀, ohne Kamm, ±2mal so br wie der geflügelte, ± elliptische Nagel. Perigonröhre 3,5–4,5 cm lg. B blauviolett, 8–10 cm ⌀. Wurzeln dünn. (0,20–)0,40(–0,50). ♃ ☉ 5. **Z** s △ Rabatten, widerstandsfähig (SW-Afgh.: feuchte Plätze am Grund von Tälchen, die im Sommer austrocknen, 1450–1700 m).
**Rundzungen-Sch.** – *I. cycloglossa* WENDELBO

**10\*** DomBl 1–3,5 cm lg, mit verkehrteilanzettlicher od. rhombischer, 3lappiger Spreite. Perigonröhre 3–5 cm lg. B ohne Duft . . . . . . . . . . . . . . . . . . . . . . . . . . . . . . . . . . . **11**

**11** Nagel der HängeBl vorn stark auf 2,5–3 cm verbreitert, Platte schmaler als der Nagel, mit gelber Zone beidseits des weißlichen Kammes. DomBl 2–3 cm lg, verkehrteifg, waagerecht bis herabgebogen. B 3–7, taubenblau bis hellviolett, manchmal fast weiß, bis 7,5 cm ⌀. Bl glänzend grün, 3–5 cm br. StgGlieder zur BZeit sichtbar. 0,25–0,60. ♃ ☉ 4(–5). **Z** s △; V Kaltkeimer ✿ ○ ~ pflegeleicht (Pamir: Berge von Samarkand: feinerdearme Flächen u. Kalkfelsspalten der unteren Bergstufe – 1880). [*Juno magnifica* (VVED.) VVED.]
**Großartige Sch.** – *I. magnifica* VVED.

Ähnlich: **Zenaida-Sch.** – *I. zenaidae* (VVEDENSKIJ in Opredelitelʼ Rastenij Srednej Azii **2**, 1971: 322 als *Juno zenaidae*): B violettblau, Nagel der HängeBl 2,2–2,8 cm br, unterhalb der Platte mit großem weißem Fleck. Ob kult in D.? (Tienschan, Fergana-Gebirge, steinige Hänge der mittleren Bergstufe – Hybr. s. *I.* × *graeberiana*).

Ähnlich sind auch die 3 folgenden Sippen, bei denen aber die StgGlieder von den dicht stehenden Bl verdeckt werden, also nicht bzw. erst zur FrZeit sichtbar sind:

**Aucher-Sch.** – *I. aucheri* (BAKER) SEALY [*I. sindjarensis* BOISS., *Juno aucheri* (BAKER) KLATT]: Nagel der HängeBl 20–22 mm br. B 3–6, 6–7 cm ⌀, meist blassblau, auch violett od. weiß. Untere Bl am Grund bis 4,3 cm br. 0,15–0,40. ♃ ⏀ 3–4. **Z** s nur Weinbauklima od. Ⓐ (SO-Türkei, N-Irak, NW-Syrien, Jordan., NW-Iran: 550–2100 m – Hybr mit *I. persica* L. (S-Türkei, N-Syrien, NO-Irak, 100–1650 m – 1629 – in D. nicht im Freiland): 'Sindpur' [*I.* × *sindpers* HOOG]: Pfl niedrig, bis 0,25, B grünlichblau; Hybr mit *I. warleyensis*, **12**: 'Warlsind': HängeBl gelb mit purpurbraunem Fleck, Griffel u. DomBl weiß).

**Willmott-Sch.** – *I. willmottiana* FOSTER [*Juno willmottiana* (FOSTER) VVED.]: Nagel der HängeBl 15–20 mm br, Platte mit weißer Mitte u. weißem Kamm. DomBl ±15 mm lg, herabgebogen, rhombisch bis 3lappig. B 6–7 cm ⌀, lavendelfarben. Untere Bl ±3 cm br. 0,10–0,25. ♃ ⏀ 4–5. **Z** s; Ⓐ (W-Pamir, Gebiet Buchara: Hänge im Vorgebirge).

**Graeber-Sch.** – *I.* × *graeberiana* SEALY: Bl oseits grün, useits graugrün, am Rand weiß. B 4–6, blau, manchmal violett überlaufen, 6–7,5 cm ⌀. Platte der HängeBl mit weißem Kamm, der von einem blauviolett geaderten weißen od. gelben Fleck umgeben ist. B 4–6, blau, manchmal violett überlaufen, 6–7,5 cm ⌀. DomBl 2–2,6 cm lg. 0.10–0,20. ♃ ⏀ 4–5? **Z** s; ∀ ○ robust (wild nicht bekannt, in den Floren der ehem. Sowjetunion, des Iranischen Hochlands u. Chinas nicht erwähnt, Hybr aus *I. magnifica* × *I. zenaidae* (Sorte 'White Fall': HängeBl weiß) bzw. *I. bucharica* × *I. zenaidae* (Sorte 'Yellow Fall': HängeBl gelb)).

11* Nagel der HängeBl nicht breiter als die Platte, fast parallelrandig. StgGlieder zur BZeit sichtbar. Bl hellgrün, sichelfg, die unteren 1,5–3 cm br ...................... **12**

12 Platte der HängeBl 1,5–2 × 1,5 cm, dunkelviolett mit weißem Rand u. dunkelgelbem Fleck beidseits des weißen, gezähnten Kammes, Nagel parallelrandig, 7–12 mm br. DomBl 1,2–2 cm lg, violett, dunkler geadert, stumpf 3lappig. Perigonröhre 4,5–5 cm lg, grünlich mit violetten Nerven. (0,10–)0,20–0,30. ♃ ⏀ 3–4. **Z** s △; ⚘ ∀ ○ ~ (W-Pamir: steinige Feinerde-Hänge mit *Juniperus* u. *Ferula*, 1200–1800 m – 1902). [*Juno warleyensis* (FOSTER) VVED.] **Warley-Sch.** – *I. warleyensis* FOSTER

12* Platte der HängeBl 1,2–1,7 × 0,8–1,4 cm, weiß od. gelblich, am Rand hellviolett, mit dunkelgelbem Fleck beidseits des gelben bis weißen, ganzrandig-welligen Kammes, Nagel parallelrandig, 5–10 mm br. DomBl 2–2,5 cm lg, spitz rhombisch od. 3lappig, hellviolett mit dunkleren Nerven. Perigonröhre 4–4,5 cm lg, violett mit dunkleren Nerven. 0,20–0,40. ♃ ⏀ 3–4. **Z** s (W- u. SW-Tadschik.: W- u. SW-Pamir: steinige Feinerde-Hänge, Mandelgehölze mit *Ferula* u. *Prangos*, 700–3000 m). [*Juno vicaria* VVED.] **Vertretende Sch.** – *I. vicaria* VVED.

13 **(1)** HängeBl mit Bart, d. h. mit aufrecht abstehender Behaarung auf dem Mittelstreifen. Rhizom kriechend, bei manchen Arten mit Ausläuferknollen .................. **14**

13* HängeBl ohne Bart, zuweilen mit wenigen Flaumhaaren am Nagel. Rhizom meist kurz, horstbildend, selten Ausläuferknollen ...................................... **26**

14 Barthaare mehrzellig. Stg verzweigt od. unverzweigt. Sa ohne fleischiges Anhängsel **15**

14* Barthaare einzellig. Stg unverzweigt. Sa mit fleischigem Anhängsel ............ **23**

15 Stg 0–0,15(–0,30) m, unverzweigt. B duftend ................................ **16**

15* Stg 0,15–1,25 m, verzweigt .................................................. **19**

16 HochBl scharf gekielt ........................................................ **17**

16* HochBl am Rücken gerundet, zuweilen das äußere mit schwachem Kiel ........ **18**

17 Perigonröhre 1,5–2,5 cm lg. Bl 8–35 × 1–1,5 cm. B 1–2, 5–6,5 cm ⌀, reingelb, manchmal am Grund schwach geadert od. [*I. r.* var. *balkana* (JANKA) ACHT.] hell bräunlichviolett mit weißem Bart. 0,10–0,25. ♃ Ⲩ 5. **Z** s △; ⚘ ∀ ○ ~ (Balkan, SW-Rum.: steinige *Sesleria*- u. *Carex humilis*-Trockenrasen, Dorngebüsche, bis hochmont. – 1902 – Hybr mit *I. pumila*). [*I. balkana* JANKA] **Reichenbach-Sch.** – *I. reichenbachii* HEUFF.

17* Perigonröhre 3–4,5 cm lg. Bl bis 22 × 0,4–1 cm, bogig. B 1–2, 4,5–5,5 cm ⌀, gelb, violett, braunviolett od. zweifarbig. 0,08–0,15. ♃ Ⲩ 4–5. **Z** s △; ⚘ ∀ ○ ~ (SO-Rum., Bulg., N- u. M-Balkan, W- u. N-Türkei: Gebüsch, felsige Trockenrasen, 30–1400 m). [*I. mellita* JANKA] **Vielfarben-Zwerg-Sch.** – *I. suaveolens* BOISS. et REUT.

18 **(16)** Pfl (fast) stängellos, sommergrün. B 1(–2), 5–6 cm ⌀, violett, blau, gelb, weiß od. zweifarbig. Perigonröhre 4–9 cm lg. HängeBl 3,5–6 cm lg, Platte mit ovalem Fleck,

Nagel geadert, Bart gelb od. bläulich; DomBl 4–8 cm lg. Bl bis 10 × 0,6–1,2(–2) cm, kaum sichelfg. ♃ Ⴤ 4–5. **W. Z** z △; ♥ v ○ ⊕ ~ (NO-Österr., Ung., Rum., N-Balkan, Ukr., SO-Russl., Kauk., Transkauk.: steinige Steppenrasen mit *Stipa* od. *Carex humilis*, 0–1000 m; eingeb. in M-D. – 1588 – formenreich, kult selten rein, Hybr mit *I. reichenbachii, I. lutescens* u. *I. suaveolens* ergaben die Barbata-Nana-Gruppe, s. S. 710, Hybr auch mit hohen Bartiris). **Zwerg-Sch.** – *I. pumila* L.

Ähnlich: **Attische Sch.** – *I. attica* Boiss. et Heldr. [*I. pumila* subsp. *attica* (Boiss. et Heldr.) Hayek]: Bl 0,4–0,9(–1,2) cm br, stark sichelfg. B 3,5–4,5 cm ∅. 0,07–0,14. ♃ Ⴤ 4–5. **Z** s △ (Griech.: offne Kalk-Felshügel, 400–1500(–2100) m).

**18*** Pfl mit >3 cm lg Stg, immergrün. B 1(–2), 6–7 cm ∅, gelb od. violett, selten weiß, Perigonröhre 2–3,5 cm lg. HängeBl 5–7,5 cm lg, braun geadert, Bart gelb; DomBl 5,5–7,5 cm. Bl bis 30 × 0,5–2,5 cm. 0,10–0,25. ♃ i Ⴤ 4(–5). **Z** z △; ♥ v ○ ~ (NO-Span., S-Frankr., It.: Garriguen, Macchien; eingeb. in S-Schweiz – formenreich, Sorten z. T. irrtümlich zu *I. pumila* gestellt – 1837). [*I. chamaeiris* Bertol.]
**Grünliche Sch.** – *I. lutescens* Lam.

**19** (15) Alle HochBl zur BZeit ganz silbrig-papierartig. Stg über der Mitte verzweigt. B 3–6, duftend, 9–11 cm ∅, hell blau(lila), HängeBl violett od. gelbgrün geadert, DomBl bräunlich geadert. 0,15–1,20. ♃ Ⴤ 5–6. **W. Z** s Rabatten; früher **N** HeilPfl, als „Veilchen-wurzel" od. „Zahnwurzel" für Kleinkinder zur Beförderung des Zahnens; ♥ v ○ ~ robust (NO-It. (eingeb., Spontanvorkommen als *I. cengialtii* Ambrosi [*I. pallida* subsp. *cengialtii* (Ambrosi) Foster] unterschieden: B 2, tief blauviolett), Slowen., Kroat., Monten., Mazed.: offne Kalkfelsrasen; eingeb. in Nachbarländern bis Österr., Frankr., verw. in D. – formenreich, ein Elternteil von *I. germanica* – 1827). **Bleiche Sch.** – *I. pallida* Lam.

**19*** Innere HochBl grün od. purpurn, wenigstens während der BZeit ............... **20**

**20** DomBl schmutziggelb bis reingelb ................................................. **21**

**20*** DomBl bläulich, lavendelfarben, violett od. weiß .............................. **22**

**21** HochBl scharf gekielt, Lappen der Griffelenden gezähnt. *I. reichenbachii,* s. **17**

**21*** HochBl nicht gekielt. DomBl gelb, selten weißlich, violett geadert; HängeBl 4,5–6 cm lg, weißlich, stark violett od. rotbraun geadert, die Aderung manchmal zusammenlaufend, Bart gelb. B 3–6, 5–7 cm ∅. GrundBl so lg wie der Stg, zuletzt meist länger. 0,20–0,50. ♃ Ⴤ 5–6. **W. Z** s Rabatten, Naturgärten △; v ♥ v ○ ~ (O-Österr., Balkan, Rum.: KarstW, Dorngebüsch, Halbtrockenrasen; in D. eingeb. – 1588 – Kreuzung mit *I. pallida* ergab *I. germanica*). **Bunte Sch.** – *I. variegata* L.

**22** (20) HochBl in der oberen Hälfte durchscheinend. B 9–15 cm ∅. GrundBl kürzer als der Stg, 30–50 × 2–4,5 cm. Stg über der Mitte verzweigt. HängeBl dunkelviolett, am Grund gelblich u. dort zuweilen mit br dunklen Adern, Bart gelb; DomBl heller bläulich-violett. Staubfäden so lg wie die Staubbeutel (Abb. **706**/4). 0,30–1,20. ♃ Ⴤ 5–6. **W. Z** v Rabatten, Naturgärten; früher **N** HeilPfl wie *I. pallida*, Rhizom für Parfümerie; ♥ (v kaum fertil) ○ ⊕ ~ (entstanden wohl zunächst als Gruppe diploider, später als tetra-ploider Bastarde aus *I. pallida* × *I. variegata* (beide diploid, 2n = 24), kult seit Mittelalter, eingeb. in Medit., verw. auch in D., ∞ Sorten, schon in Renaissance mehrere). **Deutsche Sch.** – *I. germanica* L.

Bem.: Einige alte Kultursorten u. Hybr wurden als Arten beschrieben, z. B. **Florentiner Sch.** – *I. floren-tina* L. [*I. germanica* 'Florentina']: HängeBl blaulichweiß, bis zur Mitte bebärtet. HochBl braun, papier-artig. SeitenB kurz gestielt. BZeit früh: Mai. 0,40–1,00. **Z** s. Früher **N**: wie *I. pallida* verwendet (16. Jh.). – **Holunder-Sch.** – *I. × sambucina* L. [*I. × squalens* L.]: HochBl grün, purpurn überlaufen. HängeBl braunpurpurn, ihr Nagel gelb, stark braun geadert, Bart gelb od. orange; DomBl mattpurpurn. B nach Holunder od. Honig duftend. Staubfäden länger als die Staubbeutel. Pfl diploid. BZeit spät: Ende Juni. 0,40–0,70. **Z** v. – **Gelbliche Sch., Bauerngarten-Sch.** – *I. flavescens* DC.: B hellgelb, HängeBl mit großem hellerem Fleck, am Grund leicht geadert, reich u. früh blühend. 0,30–1,00. **Z** z (16. Jh.).

M. Foster erhielt 1898 aus der Türkei *I. cypriana* Baker et Foster, *I. trojana* Kern. ex Stapf u. *I. meso-potamica* Dykes, wahrscheinlich ebenfalls alte KulturPfl, u. kreuzte diese Tetraploiden mit *I. germani-ca*, später noch *I. reichenbachii* u. mehrere andere; für diese neue Hybridgruppen (s. unten) wurde der Name *I. × conglomerata* L. F. Hend. vorgeschlagen.

**Sortengruppen der Bart-Iris** (HängeBl mit Bart, Sa ohne Anhängsel): Bisher >30000 Sorten, jährlich kommen ±100 dazu (GRUNERT 1989). Züchtung bes. seit Anfang 20. Jh., viele neue Sorten in letzten 25 Jahren in England u. USA.

1. Miniatur-Iris (MDB, Miniature Dwarf Bearded Group): bis 0,25. B 1–2; 5–7,5 cm ⌀. Stg nicht od. wenig verzweigt, Bl kürzer. BZeit Mai. Chromosomen meist 16, 24 od. 40.

2. Höhere Zwerg-I. (SDB, Standard Dwarf Bearded Group): 0,25–0,35. B 5–10 cm ⌀. Bl oft so hoch wie Stg. BZeit Ende Mai. Chromosomen 40 od. 48. (Früher zusammen mit Gruppe 1 als Barbata-Nana-Gruppe).

3. Mittlere I. (IB, Intermedia Bearded Group, Barbata-Media-Gruppe): (0,35–)40–0,50(–0,70). B 10–12 cm ⌀. Stg verzweigt, länger als die steif aufrechten Bl. BZeit Anfang Juni. Chromosomen oft 44.

4. Niedrige Hohe Bartiris (MTB, Miniature Tall Bearded Group): 0,35–0,70. B 7–10 cm ⌀, auf dünnen, biegsamen Stielen. Wuchs meist ähnlich *I. variegata*. BZeit Juni. Chromosomen meist 24.

5. Staudenrabatten-I. (BB, Border Bearded Group): 0,35–0,70. B 10–15 cm ⌀. Bl kürzer als der Stg. BZeit Juni. Chromosomen meist 24 od. 48.

6. Hohe Bart-I. (TB, Tall Bearded Group): >0,70. B 10–18 cm ⌀. Stg verzweigt, höher als die Bl. BZeit Juni. Chromosomen 24, 36, 48, 60. (Gruppe 4–6 zusammen: Barbata-Elatior-Gruppe).

**Kultur der Bart-I.**: ○, Boden lehmig, kalkhaltig, offen, nicht feucht. Verblühte B u. Stg entfernen. Düngen nicht organisch, mineralisch im März od. nach BZeit. Pflanzzeit Juli-August, nicht tief pflanzen. **Krankheiten**: Blattbrand: braune, gelb umrandete Blattflecken durch *Puccinia iridis* u. *Cladosporium iridis*, meist bei zu hoher Feuchte; Rhizomfäule durch *Erwinia carotovora* bei Kalk- u. Phosphormangel, zu hoher Feuchte, Beschattung, Stickstoffdüngung.

22\* HochBl nur an Rand u. Spitze trockenhäutig. GrundBl so lg wie der Stg od. länger, 15–40 × 0,5–2 cm, gebogen. Stg unter der Mitte verzweigt. B 1–5, 6–7 cm ⌀; HängeBl violett, am Grund weißlich, rotbraun geadert, Bart hellviolett, DomBl lavendelfarbig bis violett. 0,15–0,40. ♃ ⅄ 4–5. **W. Z** s Rabatten △; ♥ ○ ~ kult leicht, reich blühend (Frankr., It., M-D., S-Polen, Balkan, W- u. M-Ukr., S-Russl., Kauk.: Halbtrockenrasen, oft auf Kalk – 1588). [*I. nudicaulis* LAM., *I. hungarica* WALDST. et KIT.]

　　　　　　　　　　　　　　　　　　　　　　　　**Nacktstängel-Sch. –** *I. aphylla* L.

23 **(14)** HängeBl mit rotbraunem Mittelfleck u. rotbraunem Bart. B 2–3, weißlich, stark rötlichbraun geadert; DomBl eifg, spitz, ihr Bart grünlich, zuweilen fast fehlend. Bl hellgrün, 0,5–1 cm br, am Grund purpurn. 0,40–0,50(–0,60). ♃ kurzes ⅄ 5(–6). **Z** s; ♥ ○ geschützte Lage, Dränage, im Sommer ~! (Pamir-Alai, W-Tienschan: steinige, feinerdereiche Hänge, Rosengebüsch, 1100–2300 m – 1874 – formenreich)

　　　　　　　　　　　　　　　　　　　　　　　**Korolkow-Sch. –** *I. korolkowii* REGEL

23\* HängeBl ohne dunkel rotbraunen Fleck. Bart der DomBl gelb, lila, purpurn, violett od. blau ............................................................................. **24**

24 B 1–2(–3), 3–4 cm ⌀, Grundfarbe hellgelb. HängeBl gelb mit purpurnen Nerven, waagerecht, so lg wie die 2–5 cm lg Röhre od. kürzer; DomBl gelb od. purpurn. Bl 5–17 × 0,2–0,7 cm, graugrün. 0,05–0,25. ♃ dünnes ⅄ 4–6. **Z** s △; ♥ ∨ ∪ Sand ~ heikel (O-Österr., Ung., Rum., Ukr., Kauk., S- u. M-Sibir., Altai, Mong., NW-China: Steppen, steinige Hänge – 1802). [*I. flavissima* PALL., *I. arenaria* WALDST. et KIT.]

　　　　　　　　　　　　　　　　　　　　　　　　**Sand-Sch. –** *I. humilis* GEORGI

24\* BGrundfarbe lila, violett, purpurn od. bräunlich. HängeBl 3mal so lg wie die Perigonröhre. Pfl mit Ausläufern ........................................................ **25**

25 HängeBl blaulila, nicht geadert, 6,5–8 cm lg, ihr Bart gelb. B 2(–3), duftend, 7–10 cm ⌀. Griffeläste mit spitzen Lappen. Bl (6–)10(–20) mm br. (0,25–)0,40–0,60(–0,70). ♃ ⅄ + ⌇⌇ 5. **Z** s △ Rabatten; ○ ~ ∧ ⓐ (Pamir-Alai: Schotter u. steinige Feinerde-Hänge, Rosengebüsch, 1800–3000 m – 1913 – einige Sorten).

　　　　　　　　　　　　　　　　　　　　　　　　**Hoog-Sch. –** *I. hoogiana* DYKES

25\* HängeBl tief braunviolett, am welligen Rand bronzefarben, zuweilen in der Mitte blau überlaufen; wenn blaulila, dann Bart violett, sonst gelblich od. blau. B 2(–3), 7–8 cm ⌀. Griffeläste violett, ihre Lappen stumpf 3eckig. Bl (5–)8(–15 mm) br. 0,30–0,60. ♃ ⅄ + ⌇⌇ 5–6. **Z** s △ Rabatten ✕; ♥ ∨ ○ ~ ∧ (W-Pamir: Serawschan-, Hissar-, Kugitang-Gebirge, Babatag: steinige, feinerdereiche Hänge, Trockenrasen, *Juniperus*-Bestände, 800–2200 m – 1883 – einige Sorten). **Ausläufer-Sch. –** *I. stolonifera* MAXIM.

Bem.: *I. hoogiana, I. stolonifera* u. *I. korolkowii* (sect. *Regelia* LYNCH.) wurden zur Kreuzung mit Arten der sect. *Oncocyclus* (SIEMSSEN) BAKER verwendet (Vorderasien, B sehr groß, Perigon stark geadert, z. B. *I. paradoxa* STEVEN, *I. susiana* L., *I. lortetii* BARBEY ex BOISS.; Kultur sehr schwierig) u. ergaben die leichter zu kultivierenden *Regeliocyclus*-Hybriden.

26 **(13)** HängeBl mit 1 Kamm od. 3 Kämmen ............................... **27**
26* HängeBl ohne Kamm .................................................. **31**
27 Stg fehlend od. unverzweigt ......................................... **28**
27* Stg verzweigt ...................................................... **29**
28 Bl 8–15(–20) × 1–3 cm, grün bis gelbgrün, mit hervortretenden Nerven. HängeBl lila, mit 3 gezähnten Kämmen auf weißem, dunkellila begrenztem Fleck, 4–6(–8) × 1,5–2,5 cm; DomBl ausgebreitet, 3–4 × 1–2 cm. Perigonröhre 4–6 cm lg. HochBl grün, scharf gekielt. Stg zur BZeit 2,5–4,5 cm lg, später bis 40 cm. 0,10–0,15. ⚄ ⅄ + ⌇⌇ (4–)5–6. Z s Ufer, schattige △; ♀ ∨ ◐ ⊖? nach Fl. N-Am. auf Kalk! ≈, nicht ≋ (warmgemäß. O-USA: N-Georgia u. Arkansas bis Pennsylvania u. O-Iowa: nährstoffreiche Wälder, Klippen, Schluchten – 1756 – Sorte 'Alba': B weiß).

**Kamm-Sch.** – *I. cristata* SOL. ex AITON

28* Bl meist <1 cm br. HängeBl mit 1 Kamm u. gelbem Fleck. Perigonröhre bis 2 cm lg. HochBl schwach gekielt. Stg 0,8–4 cm lg. B hellblau. 0,06–0,12. ⚄ ⅄ 5(–10). Z s △ Ufer; ♀ ∨ ◐ ⊖? nach Fl. N-Am. auf Kalk! ≈ (S-Ontario, gemäß. O-USA: Michigan, Wisconsin: Seeufer auf Felsen, feuchter Kies – wohl eine in Isolation seit dem Postglazial entstandene Unterart von **28**). [*I. cristata* subsp. *lacustris* (NUTT.) ILTIS]

**See-Sch., Amerikanische Zwerg-Sch.** – *I. lacustris* NUTT.

29 **(27)** B 5,5–10 cm ∅. Stg 25–35 cm hoch. Perigonröhre ±2,5 cm lg. HängeBl lila, dunkler geadert, abstehend, Kamm scharf gesägt-gefranst; DomBl schräg ausgebreitet. 0,25–0,35(–0,50). ⚄ ⅄ 6. Z s △; ♀ ∨ ○ (China: S-Tibet, Yunnan, Guangxi bis SO-Gansu, Shanxi, Jiangsu: Gebüsche, Buschwiesen, 550–1400 m – ±1840 – kult in Japan oft auf Strohdächern – Sorte 'Alba': B weiß) **Dach-Sch.** – *I. tectorum* MAXIM.

29* B 3–5 cm ∅ ..................................................... **30**
30 Stg 10–20(–35) cm lg. B 2–3; HängeBl ausgerandet, rosalila mit weißem, dunkel geadertem Fleck; Kamm orangefarben, nicht zerschnitten; Narbenlappen gefranst. Bl 20–40 × 0,5–1,5 cm, gerippt. 0,10–0,20(–0,35). ⚄ ⅄ 6. Z s △; ♀ ∨ ≈ Humus ⊖ (Japan: Gebirge von SW-Hokkaido bis Kyushu – 1902 – Sorte 'Alba': B weiß).

**Japanische Zwerg-Sch.** – *I. gracilipes* A. GRAY

30* Stg (30–)45–70(–100) cm lg. B ∞, blass blauviolett; Kamm der HängeBl 3rippig, zerschnitten od. kraus; Narbenlappen bewimpert; Rand der HängeBl unregelmäßig wellig gefranst-gezackt. (0,30–)0,45–0,70(–1,00). ⚄ ⌇⌇ 3–4. Z s wintermilde Gebiete Rabatten; ♀ ∨ ◐ ∧ 🏠 (S- u. M-Japan, S- u. Z-China von Yunnan u. Guangdong bis Henan u. S-Gansu, im S bis 3300 m, bewaldete Hügel, feuchte, grasige Hänge – ±1880).

**Gefranste Sch.** – *I. japonica* THUNB.

31 **(26)** Samen orangerot, fest in den geöffneten Fächern der Kapsel sitzend. Bl beim Zerreiben unangenehm riechend, immergrün, 30–70 × 1–2,5 cm, dunkelgrün. B 5–7 cm ∅; HängeBl 3–5 cm lg, schmutziglila, violett geadert; DomBl 2–4 cm lg, bräunlich, lila überlaufen. 0,30–0,90. ⚄ ⅄ 6. Z s Rabatten ⚘ Trockensträuße; ♀ ∨ ◐ ≈ (westl. Medit. bis NW-Balkan, Engl., Frankr.: Silberpappel-UferW – 1561 – einige Sorten, auch mit gelben B, weiß gestreiften Bl, weißer SaSchale).

**Überriechende Sch.** – *I. foetidissima* L.

31* Samen nicht orangerot, aus der Kapsel gelöst. Bl bei Zerreiben nicht unangenehm riechend ............................................................... **32**
32 Rand der Griffeläste oseits mit goldgelben Drüsen. Stg fehlend od. sehr kurz. B einzeln, duftend, lavendelfarben; HängeBl 7–8 cm lg, Platte weiß, blasslila geadert, Mittelband gelb; DomBl 7–8 cm lg. Bl 45–60 × 1 cm, steif, dunkelgrün, immergrün. 0,12–0,40. ⚄ i kurzes ⅄ (11–)3–4. Z s nur wintermilde Gebiete, Rabatten; ♀ ∨ ∧ 🏠 (NW-Afr.,

Griech., W- u. S-Türkei, W-Syr.: felsiges, trocknes Gebüsch, offne Nadel-Gehölze, 0–1000 m – 1868 – einige Sorten, z. B. 'Variegata': Bl weißlichgelb längsgestreift).
**Winter-Sch. – *I. unguicularis* POIR.**

**32\*** Griffeläste ohne gelbe Drüsen . . . . . . . . . . . . . . . . . . . . . . . . . . . . . . . . . . . . . . **33**

**33** DomBl sehr klein, schmal lanzettlich, 5–7 mm lg, mit borstenfg, 1 cm lg Fortsatz. GrundBl 20–50 × 1–2,5 cm, hellgrün mit rötlichem Grund. Stg verzweigt. B 2–3, 6–9 cm ⌀; HängeBl violett, Platte fast rund, 3–4,5 cm ⌀, plötzlich in den schmalen, blassgelben, violett geaderten Nagel verschmälert. Narbenlappen gezähnt. (0,15–)0,50–0,90. ⚇ kurzes ⚇. 6. **Z** s; ♈ ⩫ ☾ ≈ (gemäß. bis kühles W-Am. u. O-As.: nördl. Brit. Columbia bis Alaska; O-Sibir., N-Mong., Fernost, Z- u. N-Japan, Korea: Sumpfwiesen, Küstendünen, Kiefern- u. lichte EichenW, steinig-grasige Hänge – 1844 – sehr formenreich).
**Borsten-Sch. – *I. setosa* PALL. ex LINK**

**33\*** DomBl deutlich größer als 17 × 2 mm . . . . . . . . . . . . . . . . . . . . . . . . . . . . . . . . **34**

**34** Stg hohl . . . . . . . . . . . . . . . . . . . . . . . . . . . . . . . . . . . . . . . . . . . . . . . . . . . . . . **35**

**34\*** Stg voll . . . . . . . . . . . . . . . . . . . . . . . . . . . . . . . . . . . . . . . . . . . . . . . . . . . . . . . **39**

**35** B gelb, 5–6 cm ⌀, DomBl schräg aufrecht, HängeBl rotbraun geadert, Platte eifg. Bl schilfartig, kürzer als die Stg, auf einer Seite graugrün, auf der anderen glänzend grün. (0,20–)0,35–0,40(–0,50). ⚇ Rhizomhorst 5–6. **Z** s Teichränder, Naturgärten; ♈ ⩫ ○ ≈ (SW-China: N-Yunnan, SW-Sichuan, SO-Tibet; N-Myanmar: Sumpfwiesen, Dschungelränder, 2750–3600 m – ±1910). **Forrest-Sch. – *I. forrestii* DYKES**

Ähnlich: **Wilson-Sch. – *I. wilsonii*** C. H. WRIGHT: Stg 0,60–0,75, Bl ± ebenso hoch. B 6–8 cm ⌀, DomBl schräg aufrecht, gelblichweiß, oft rotbraun gefleckt. **Z** s (W-China – 1909).

**35\*** B blau od. violett . . . . . . . . . . . . . . . . . . . . . . . . . . . . . . . . . . . . . . . . . . . . . . . **36**

**36** HochBl zur BZeit papierartig, braun. Bl beidseits grün, kürzer als die Stg, 25–80 × 0,5–0,9 cm. B 6–7 cm ⌀, nicht duftend; HängeBl 3–6 cm lg, blau bis blauviolett, Platte mit weißem, stark geadertem Fleck, plötzlich in den helleren, dunkel geaderten Nagel verschmälert; DomBl dunkler, violett geadert. 0,50–1,20. ⚇ Rhizomhorst 5–6. **W**. **Z** v Gewässerufer, Rabatten, Naturgärten; ♈ ⩫ Kaltkeimer ○ ≈, aber auch trockner (warmgemäß. bis gemäß. Eur., W-Sibir. bis Altai: sumpfige Au- u. Waldwiesen; eingeb. in USA u. SO-Kanada – 1594 – ∞ Sorten, z. B. 'Albiflora': B weiß, zuweilen blau geadert, 'Möve': B elfenbeinfarben, 'Superba' frühblühend; – hybr mit *I. sanguinea*; seit 1960 auch tetraploid mit größeren B u. waagerechten HängeBl – ▽).
**Sibirische Sch., Wiesen-Sch. – *I. sibirica* L.**

**36\*** HochBl zur BZeit grün bis rötlich, nur an der Spitze zuweilen bräunlich. Bl beidseits graugrün . . . . . . . . . . . . . . . . . . . . . . . . . . . . . . . . . . . . . . . . . . . . . . . . . . . **37**

**37** B kürzer als die 0,90–1,50 m hohe, verzweigte Stg. B 7–9 cm ⌀; HängeBl blass- od. dunkelrotviolett, Platte rund, mit großem weißen Mittelfleck. DomBl schräg aufwärts nach außen gerichtet. 0,90–1,50. ⚇ Rhizomhorst 7. **Z** s Naturgärten, Teichränder, Rabatten; ♈ ⩫ ○ ≈ (SW-China: N-Yunnan, SW-Sichuan, SO-Tibet: Sümpfe, Feuchtwiesen, 2440–4460 m – 1895). **Delavay-Sch. – *I. delavayi* MICHELI**

**37\*** Bl so lg wie die Stg od. länger . . . . . . . . . . . . . . . . . . . . . . . . . . . . . . . . . . . . . . **38**

**38** DomBl aufrecht. Bl 6–8 mm br. B 2–3, blau, marmoriert, 7–8 cm ⌀; HängeBl 6 × 3 cm, Platte fast rund, an Grund meist mit weißen Linien, Nagel 3 × 1 cm, gelb mit braunen Adern; DomBl bis 5 × 1,8 cm, spatelfg, blau. 0,50–0,80. ⚇ Rhizomhorst 5–6. **Z** v Gewässerufer, Rabatten, Staudenbeete; ♈ ⩫ ○ ≈ auch trockner (O-Sibir., Fernost, Korea, Japan, NO-China, NO-Mong.: Sumpfränder, Uferwiesen, Steppenwiesen – hybr mit *I. sibirica* – 1792 – einige Sorten, z. B. 'Snow Queen': B weiß). [*I. orientalis* THUNB. non MILL.] **Ostsibirische Sch. – *I. sanguinea* HORNEM. ex DONN**

**38\*** DomBl schräg aufwärts gerichtet. Bl 10–15 mm br. B 6–7 cm ⌀, duftend; HängeBl samtig dunkelviolett, Platte senkrecht hängend, goldgelb gezeichnet. (0,25–)0,35–0,50. ⚇ Rhizomhorst 6. **Z** s Naturgärten, Gewässerufer; ♈ ⩫ ○ ≈ (SW-China: Yunnan, Sichuan, SO-Tibet: feuchte Gebirgswiesen auf Kalk, 1200–4400 m – 1908 – Sorte 'Rubella': B dunkelfarbig – hybr mit *I. forrestii* u. *I. sibirica*).

**Goldstreifen-Sch. – *I. chrysographes* DYKES**

**39 (34)** Grundfarbe der HängeBl cremegelb bis goldgelb . . . . . . . . . . . . . . . . . . . . . . . **40**

**39\*** Grundfarbe der HängeBl lila, violett, rosa, rot od. weiß . . . . . . . . . . . . . . . . . . . . . **44**

**40** B 12–18 cm ⌀, zitronengelb, duftend. Lappen der Griffeläste br 3eckig, 4–5 mm lg, stark zurückgebogen. Bl ±60 cm lg. Platte der HängeBl rund, 3,5 cm ⌀. 1,00–1,20. ♃ ⅄ 6–7. **W**. **Z** s Naturgärten, Staudenbeete; ♈ ♈ problemlos (wohl Hybr *I. orientalis*, **53**, × *I. xanthospuria* B. MATHEW et T. BAYTOP (S-Türkei: Ufer, Sumpfwiesen)).

**Monnier-Sch. – *I.* × *monnieri* DC.**

Bem.: Wichtiger die Hybr *I.* × *monspur* FOSTER (*I.* × *monnieri* × *I. spuria*, **42\***, 1882): B sehr groß, hell blauviolett, Nagel der HängeBl mit gelbem Mittelstreifen; u. *I.* × *monaurea* [*I. crocea* BAKER (Kaschmir-Sch.) × *I.* × *monnieri*]: 1,50 hoch, B leuchtend goldgelb.

**40\*** B < 10 cm ⌀ . . . . . . . . . . . . . . . . . . . . . . . . . . . . . . . . . . . . . . . . . . . . . . . . . . . **41**

**41** Bl 1–3 cm br . . . . . . . . . . . . . . . . . . . . . . . . . . . . . . . . . . . . . . . . . . . . . . . . . . . . **42**

**41\*** Bl < 1 cm br . . . . . . . . . . . . . . . . . . . . . . . . . . . . . . . . . . . . . . . . . . . . . . . . . . . . **43**

**42** Kapsel mit 3 Rippen, ohne Schnabel. B 7–10 cm ⌀; Platte der HängeBl länger als der Nagel, hellgelb, eifg; DomBl linealisch, kürzer u. schmaler als die Griffeläste. Bl mit deutlicher Mittelrippe, 1–3 cm br. 0,60–1,00(–1,50). ♃ ⅄ 5–6. **W**. **Z** z Gewässerufer; ♈ ♈ Licht- u. Kaltkeimer ○ ◐ ≋ (Medit., M- (u. N-)Eur., (W-Sibir.): Ufer, Erlenbrüche; eingeb. in N-Am. – 1561 – einige Sorten, z.B. 'Pallida': B bleichgelb, DomBl länger; 'Variegata': Bl längs weißgestreift; B auch gefüllt).

**Wasser-Sch., Sumpf-Sch. – *I. pseudacorus* L.**

**42\*** Kapsel mit 6 Rippen u. 1–4 cm lg sterilem Schnabel. (0,30–)0,50–0,90. ♃ kurzes ⅄ 5–7. **W**. **Z** z Staudenbeete, Naturgärten; ♈ ♈ ○ ⊕ Rhizom 5 cm tief pflanzen (warmgemäß. Eur. bis N-Iran, SO-Brit., südl. Z- u. O-Eur.: wechselfeuchte Moorwiesen, Halbtrockenrasen, Steppen – 1573 – > 70 Sorten). **Steppen-Sch. – *I. spuria* L.**

Formenreich, kult 5 subsp.: subsp. *spuria*: B (6–)7(–8) cm ⌀, blauviolett, violett geadert. HängeBl 4,5–6 cm lg, Platte mit gelbem Mittelstreifen, kürzer als der Nagel;

subsp. *halophila* (PALL.) B. MATHEW et WENDELEN 1975 [*I. gueldenstaedtiana* LEPECH., *I. spuria* subsp. *halophila* D. A. WEBB et CHATER 1978 comb. superfl.]: B schmutziggelb bis goldgelb, meist mit dunkleren Adern, Platte kürzer als der Nagel;

subsp. *carthalinae* (FOMIN) B. MATHEW: B weiß bis himmelblau;

subsp. *musulmanica* (FOMIN) TAKHT.: B blassviolett bis tief lavendelfarben, HängeBl 5,5–8 cm lg, Platte nicht od. wenig kürzer als der Nagel, mit gelbem Mittelstreifen;

subsp. *maritima* P. FOURN.: Pfl nur 0,30–0,50. HängeBl 3–4,5 cm, cremefarben mit purpurnen Adern, Platte dunkelpurpurn, Nagel mit grünlichen Streifen, länger als die Platte.

**43 (41)** Perigonröhre bis 1 cm lg. Bl sommergrün, > 4 mm br. B schmutziggelb bis goldgelb.

*I. spuria*, s. **42\***

**43\*** Perigonröhre 4,5–12 cm lg. Bl wintergrün, 35 × 0,2–0,4 cm, glänzend dunkelgrün auf der einen, heller auf der anderen Seite, am Grund purpurn, länger als die Stg. Fr im ⌀ rund, mit 3 Rippen. B 1(–2), 6,5–7,5 cm ⌀, goldgelb bis blassgelb od. blasslila, braun od. violett geadert; HängeBl 4,5–6,5 × 1,7–3 cm; DomBl 4–5,7 × 0,9–1,6 cm, beide mit krausem Rand. 0,15–0,25. ♃ herbst–frühsommergrün ⅄ 6. **Z** s ⚒ △; ♈ ♈ ○ ⌒ (W-USA: SW-Oregon, NW-Kalif.: trockne, sonnige Wälder).

**Regenbogen-Sch. – *I. innominata* L. F. HEND.**

**44 (39)** Bl 2–7 mm br (vgl. auch **51!**) . . . . . . . . . . . . . . . . . . . . . . . . . . . . . . . . . . . . **45**

**44\*** Bl > 7 mm br . . . . . . . . . . . . . . . . . . . . . . . . . . . . . . . . . . . . . . . . . . . . . . . . . . . . **49**

**45** Platte der HängeBl mit gelbem, orangefarbenem od. weißlichem Mittelfleck od. Streifen . . . . . . . . . . . . . . . . . . . . . . . . . . . . . . . . . . . . . . . . . . . . . . . . . . . . . . . . . . . . . . **46**

**45\*** Platte der HängeBl ohne Mittelfleck od. Streifen . . . . . . . . . . . . . . . . . . . . . . . . . . . **47**

**46** B 1–4, blassblau bis violett, 8–15 cm ⌀, Grund der Platte u. Nagel der ±7.5 cm lg HängeBl gelb; DomBl 5 cm lg, aufrecht, bei Sorten wie die HängeBl waagerecht. Perigonröhre 1–2 cm lg. Bl 20–60 × (0,4–)1,2(–3) cm, kürzer als die Stg, frischgrün, mit

deutlicher Mittelrippe. 0,30–0,90. ⁇ ⁇ (5–)7. **Z** s Ufer; Ⅴ ⅴ ◯ ∿, nach der BZeit ∼, Boden lehmig, nährstoffreich, meiste Sorten ⊖ (NO-China südl. bis Shandong, Korea, Amur, Ussuri, Japan: Sumpf- u. Auwiesen, Waldränder – 1839, in Japan seit >500 Jahren, dort > 300 Sorten, B weiß, rosa, violett, purpurn). [*I. ka̱empferi* SIEBOLD]
**Japanische Sumpf-Sch.** – *I. ens̱ata* THUNB.

**46*** B 2–3, blassblau, lila bis tiefblau, 4–8 cm ∅, HängeBl 3,7–7 × 1,2–3,2 cm, stark purpurlila geadert, Platte oft mit gelbem Mittelfleck; DomBl 3,6–7 × 0,5–1,2 cm. Perigonröhre 0,5–1,2 cm lg. Bl blassgrün, sommergrün, 3–7(–10) mm br, kürzer od. länger als der Stg. Kapsel∅ fast rund, mit 6 gleichmäßig entfernten Kanten. 0,25–0,60 ⁇ ⁇ 5–6. **Z** s; ⅴ Ⅴ ◯ bis zur BZeit ∿, danach ∼ (NW-Am.: SO-British Columbia bis Kalif. u. N-Mex., östl. bis SW-Alberta u. Montana: Ufer sommertrockner Bäche, Feuchtwiesen, 10–3000 m – 1880). [*I. monṯana* NUTT. ex DYKES, *I. peḻogonus* GOODD.]
**Rocky-Mountain-Sch.** – *I. missouriens̱is* NUTT.

**47 (45)** Kapsel∅ rund, ohne Kanten. Perigonröhre 8–10 mm lg. HochBl grünlich, rosa berandet. B 1–2, duftend, 3–4 cm ∅, blauviolett, selten weiß; HängeBl waagerecht. Bl grün, 15–30 × 0,3–0,6 cm. 0,03–0,15(–0,25). ⁇ Rhizomhorst 5–6. **Z** s Rabatten, Gehölzränder; ⅴ Ⅴ ◖ ◯ ≈ (Rum., O-Eur., W- u. M-Sibir., N-Mong., SW-, M- u. N-China, Korea: Nadel- u. MischW, subalpine Staudenwiesen, im S bis 3600 m – 1804).
**Siebenbürger Gras-Sch.** – *I. ruthe̱nica* KER GAWL.

**47*** Kapsel mit 3 od. 6 Rippen. Perigonröhre 5–30 mm lg . . . . . . . . . . . . . . . . . . . . . . **48**

**48** Kapsel mit 3 Rippen. *I. innomiṉata*, s. **43***

**48*** Kapsel mit 6 Rippen, diese in 3 Paaren gruppiert (wenn mit gleichmäßigem Abstand, s. *I. missourie̱nsis*, **46***). Stg 10–30 cm, unverzweigt, ∅ rund od. etwas abgeflacht. Bl 20–50 × 0,2–0,5 cm, meist länger als der Stg. HochBl papierartig, gekielt, 4–7 cm lg. B 1(–2), weiß, violett geadert, 5–6 cm ∅. 0,10–0,30. ⁇ i ⁇ 5–6. **Z** s △ LiebhaberPfl; ⅴ Ⅴ ◯ ∼ ⊕ (S-It., Balkan, W-Ukr.?: trockne Rasen u. Gehölze, meist auf Kalk, im S 900–1350 m – 1874).
**Sintenis-Sch.** – *I. sinteṉisii* JANKA

**49 (44)** HängeBl rot, kupferrot od. orange, selten gelb, braun geadert. Kapsel mit 6 Rippen. Bl 60–100 × 1,5–2,5 cm, grün, oben überhängend. B 1–2, 5,5–6,5 cm ∅. (0,30–) 0,45–0,90. ⁇ ⁇ kompakt verzweigt. **Z** s Rabatten; ⅴ Ⅴ ◯ ≈ ∧ (O-USA: Mississippi-Tal von Illinois bis Louisiana: tonige Schwemmland-Sümpfe, bis zur BZeit im Wasser – 1811 – Hybr mit *I. brevic̱aulis* RAF. (O-USA): *I.* × f̱ulvala DYKES: Pfl höher, B purpurrot, Gruppe der Louisiana-Hybriden).
**Terrakotta-Sch., Kupfer-Sch.** – *I. f̱ulva* KER GAWL.

**49*** B weiß, rosa, lila od. violett, nicht kupferfarben . . . . . . . . . . . . . . . . . . . . . . . . . **50**

**50** B 6–8 cm ∅ . . . . . . . . . . . . . . . . . . . . . . . . . . . . . . . . . . . . . . . . . . . . . **51**

**50*** B 8–15 cm ∅ . . . . . . . . . . . . . . . . . . . . . . . . . . . . . . . . . . . . . . . . . . . . **52**

**51** Stg im ∅ zusammengedrückt, zweischneidig, viel kürzer als die Bl, diese 35–100 × 0,5–1,5 cm, nach der BZeit flach am Boden. B 1–2, süß nach Obst duftend; Platte der HängeBl kurz, weiß, violett geadert, Nagel viel länger u. breiter; DomBl violett, 2,5–4 × 0,5 cm. 0,15–0,30(–0,40). ⁇ ⁇ 5(–6). **W**. **Z** z Rabatten △; ⅴ Ⅴ ◯, oft umsetzen (N-Span., S-Frankr. bis Balkan, W-Ukr. u. südl. Z-Eur.: Halbtrockenrasen, lichte Gebüsche – 1568 – var. *pseudocyp̱erus* (SCHUR) BECK: B duftlos, Pfl größer – im W-Kauk. vertreten durch *I. c̱olchica* KEM-NATH.).
**Gras-Sch., Pflaumenduft-Sch.** – *I. gram̱inea* L.

**51*** Stg im ∅ rund, so lg wie die Bl od. länger, diese 35–60 × 1–2(–3) cm, am Grund rosa. B violett, blauviolett od. lavendelfarbig; HängeBl 4–7,2 × 1,8–4 cm, ausgebreitet, Platte oft mit flaumig behaartem, grünlichgelbem, weiß umrandetem Mittelfleck, Nagel gelb, violett geadert. Kapsel im ∅ 3eckig bis fast rund, mit 3 Rippen u. Schnabel. 0,20–0,80 (–1,00). ⁇ ⁇ 6–8. **W**. **Z** s Gewässerufer; ⅴ Ⅴ Licht- u. Kaltkeimer ◯ ◖ ∿ ⊖; homöopath. HeilPfl (gemäß. bis kühles östl. N-Am: Virginia u. Wisconsin bis SO-Manitoba u. Neufundland: Sümpfe, Ufer, Weideunkraut; eingeb. in SO-D. – 1732 – einige Sorten, z. B. 'Kermesina': B rötlichviolett).
**Verschiedenfarbige Sch.** – *I. versi̱color* L.

**52 (50)** Kapsel mit 6 Rippen . . . . . . . . . . . . . . . . . . . . . . . . . . . . . . . . . . . . . **53**

**52*** Kapsel mit 3 Rippen . . . . . . . . . . . . . . . . . . . . . . . . . . . . . . . . . . . . . . . **54**

**53** B 2–3, weiß; Platte der HängeBl mit gelbem Fleck, zurückgeschlagen, 2,5–4 cm br, so lg wie der Nagel; DomBl weiß mit gelbem Mittelstreifen, bis 8,5 cm lg, aufrecht. Bl 1–2 cm br. 0,50–0,80(–1,50). ⚄ ℔ 6–7. **Z** s Rabatten, an Wasserbecken ⚥; ♀ ♂ ○ im Frühjahr ≃ (NO-Griech., W-, Z- u. S-Türkei: feuchte Wiesen, Sümpfe, Bewässerungskanäle, 150–1400 m – 1760 – wenige Sorten). [*I. ochroleuca* L. var. *gigantea* hort.]
**Orientalische Sch., Schmetterlings-Sch.** – *I. orientalis* MILL.
**53\*** B blassblau bis tiefblau od. blaulila, nur die HängeBl zuweilen weißlich. Bl 0,3–0,7(–1) cm br. Kapsel mit 6 gleichmäßig entfernten Rippen. *I. missouriensis*, s. **46\***
**54** (52) Bl (0,4–)1,2(–3) cm br, mit deutlicher Mittelrippe. B 8–15 cm ⌀. *I. ensata*, s. **46**
**54\*** Bl 1,5–4 cm br, ohne hervortretende Mittelrippe, so lg wie der Stg od. länger. Stg unverzweigt od. mit 1 Zweig. B 1(–3), 8–10 cm ⌀, weiß od. blauviolett. Perigonröhre 1,5(–2) cm lg. HängeBl bis 6,5(–10) cm lg, Nagel in der Mitte gelb od. weißlich, halb so lg wie die eifg-elliptische Platte. DomBl bis 6 × 1 cm, aufrecht, blau. 0,25–0,80(–1,00). ⚄ ℔ 7–8. **Z** s Teich- u. Gewässerränder; ♀ ♂ ○ ganzjährig ≈≈ (Baikalsibir., Jakutien, Fernost, Korea, M- u. N-Japan: Nasswiesen, See- u. Flussufer, Sümpfe – 1856 – ∞ Sorten, z. B. 'Variegata': Bl längs weißgestreift, 'Rose Queen': B rosa).
**Asiatische Sumpf-Sch.** – *I. laevigata* FISCH. et C. A. MEY.

**Gladiole, Siegwurz** – *Gladiolus* L. (incl. *Acidanthera* HOCHST.)          250 Arten

**1** Perigonröhre (6–)7–10 cm lg, sehr schlank, gekrümmt. B 1–6(–10), duftend. Perigonzipfel 2–3 cm lg, ± gleich, sternfg ausgebreitet, weiß, alle bis auf den oberen im Schlund mit schwarzrotem rhombischem Fleck. Bl u. Knollen bis 2,5 cm br. 0,60–1,10. ⚄ ♂ 7–9. **Z** z Rabatten in Gruppen, Sommenrrabatten ⚥; ○ ♀ Brutknollen, Boden durchlässig, nährstoffreich, nicht ~, ⍟ (O-Afr.: Äthiopien u. Eritrea bis Malawi u. Mosambik: schwach beschattete Felsstandorte – 1895 – kult meist var. *murielae* PERRY: Pfl höher, 0,60–1,10. Stg rau. Perigonflecken kastanienrot.). [*Acidanthera bicolor* HOCHST.]
**Abessinische G., Stern-G.** – *G. callianthus* MARAIS
**1\*** Perigonröhre < 6 cm lg. B 1–28, bis auf *G. tristis* (s. **2,2**) nicht duftend. Perigonzipfel meist ungleich . . . . . . . . . . . . . . . . . . . . . . . . . . . . . . . . . . . . . . . . . . . . . . . **2**
**2** Knolle bis > 4 cm ⌀. Bl > 2 cm br. Perigon verschiedenfarbig, auch gelb, orange, lachsfarben, dunkelpurpurn, zuweilen gekräuselt, oft > 5 cm lg. BÄhre (5–)10–28blütig, dicht od. locker. 0,50–1,30(–2,00). ⚄ ♂ (5–)6–10. **Z** v Rabatten, feldmäßig in Gärtnereien für ⚥; ♀ Brutknollen, meist samensteril, Knollen Mitte–Ende April 10–15 cm tief u. Abstand, Düngung 10tägig stickstoffarm u. kalireich, bei Trockenheit wässern, ○ Windschutz, Boden dräniert, neutral bis leicht ⊖, B nach 80–100 Tagen, Ende September–Anfang Oktober Knollen heraus, trocknen, putzen, bei ±5 °C überwintern. – Schädlinge u. Krankheiten: besonders Gladiolen-Blasenfuß, *Botrytis*-Grauschimmel, *Septoria*-Knollenfäule u. BlFlecken, Weißstreifen-Mosaik-Virus.
**Garten-G.** – *G.* × *hortulanus* BAILEY

Hybridgruppe aus folgenden 7 Arten:

**2** B nachts duftend, mattgelb, außen violettbraun überlaufen, Mittelnerv grünlich. Bl 1,5–5 mm br, im ⌀ 4flüglig, gedreht. 0,40–0,70(–1,50). ⚄ ♂ 5–6. **Z** s; ⍟ (S-Afr.: westl. Kap-Provinz: sandige Hügel u. Felder).
**Eintönige G.** – *G. tristis* L.
**3** B gelb, orange od. rot mit gelber Mitte, Knollen 5 cm ⌀, mit lg Ausläufern. Perigonröhre gekrümmt, allmählich erweitert, Zipfel spitz – oberer helmfg die Narbe überdeckend. Bl 30–60 × 1–4 cm. 0,80–1,50. ⚄ ♂ ⁓⁓ 7–9. **Z** s; ⍟ (Äthiopien, S-Arabien, Senegal, SW-Angola, O- u. S-Afr., Madagaskar: Gehölz- u. Gras-Savannen – Knollen Nahrungs- u. Heilmittel – 1825) [*G. natalensis* (ECKL.) HOOK., *G. primulinus* BAKER, *G. psittacinus* HOOK.]
**Primel-G.** – *G. dalenii* VAN GEEL
**3\*** B weiß od. rosa mit dunkleren Flecken im Schlund u. dunkleren Mittelnerven. Pfl ohne lg Ausläufer. Perigonzipfel spitz od. zugespitzt, oberer nicht od. schwach helmfg. Stg zuweilen verzweigt. 0,80–1,50. ⚄ ♂ 7–9. **Z** s; ⍟ (östl. Kap-Region).
**Gegenblütige G.** – *G. oppositiflorus* HERB.
**4** (1) Perigonröhre 1,5–2,3 cm lg. B (3–)5–10, 4–5,5 cm lg, locker 2reihig, trichterfg-glockig, gelb, außen meist purpurn überlaufen, od. rosaviolett, Perigonzipfel stumpf, untere purpurbraun gefleckt.

Pfl mit Ausläufern. Stg unverzweigt. 0,50–0,90. ♃ ♂ ⌇⌇ 7–8. **Z** s; Ⓚ (östl. S-Afr.: von Transkei bis
N-Transvaal).                                    **Schmetterlings-G.** – *G. papilio* Hook. f.
**4*** Perigonröhre (2–)3–4 cm lg. B (außer Perigonröhre) nicht gelb. Pfl ohne Ausläufer . . . . . . . . **5**
**5** B weiß, cremefarben, blassrosa od. blass rosaviolett, zu 2–12 locker 2reihig, bis 8 cm lg. Bl bis 5,
30(–60) × 0,5–1(–2) cm. Perigonzipfel eifg, plötzlich ausgebreitet, die 3 oberen größer. 0,20–1,00.
♃ ♂ 5–7. **Z** s; Ⓚ (S-Afr.: westl. Kap-Provinz: reiche Sand- u. Sumpfböden, 0–1200 m).
                                                  **Fleischrosa G.** – *G. carneus* D. Delaroche
**5*** B leuchtend rot, purpurrosa od. purpurn. Größere Bl 40–90 × 1,5–3 cm . . . . . . . . . . . . . . . . . **6**
**6** Pfl 0,30–0,90 m. Bl 4–5. B 3–10, scharlachrot. Perigonröhre etwas gebogen, innen blassgelb, rot-
fleckig. Perigonzipfel ausgebreitet, fast gleich, 30–50 × 18–30 mm, die unteren weiß gezeichnet. ♃
♂ 6–7?. **Z** s; Ⓚ (S-Afr., Lesotho: Drakensberg).              **Blutrote G.** – *G. cruentus* Moore
**6*** Pfl 0,60–1,15 m. Bl 5–9. B 5–12, rosa bis purpurn, ±8 cm lg, untere Perigonzipfel mit rhombischem
weißem Mittelfleck, oberer schwach helmfg, andere ausgebreitet. ♃ ♂ 6–7. **Z** s; Ⓚ (S-Afr.: süd-
westl. Kap-Provinz).                                   **Kardinals-G.** – *G. cardinalis* Curtis

**Züchtung:** Arten aus S-Afr. ab Ende 17. Jh. eingeführt, ältester Bastard *G.* × *colvillei* hort. (*G. cardi-
nalis* × *G. tristis*, 1823), später *G. cardinalis* × *G. carneus* (Ramosus-Hybriden, Charm-Hybriden), *G.
dalenii* × *G. oppositiflorus* (*G.* × *gandavensis* hort., 1841, aus neuen Herkünften ±1900 die Primulinus-
Hybriden), *G. papilio* × *G.* × *gandavensis* (*G. lemoinei* hort. ex Baker, ±1880), *G. cruentus* × *G.* × *gan-
davensis* (Leichtlinii-Hybriden, *G.* × *childsii* hort.). Bisher über 10 000 Sorten (die meisten vergessen,
aber ständig neue). Gladiolen-Gesellschaften mit Ausstellungen u. Preisen in Amerika seit 1910 u.
England seit 1926. Züchtung besonders in Brit., Holland, N-Am. (krausblütige). D Eine Gliederung der
Sorten nach Elternarten ist wegen der komplexen, zuweilen nicht genau bekannten Abstammung der
Hybriden nicht praktikabel. Sie erfolgt nach BZeit, BForm, BStandsdichte u. Wuchshöhe in große
Gruppen:
**Nanus-Gruppe:** 0,50–1,10. BZeit Frühsommer. B bis 7 in lockeren Ähren, 4–5 cm ⌀, 1–3 Stg pro
Knolle;
**Primulinus-Gruppe:** 0,70–1,10. B 3eckig, 3,5–7,5 cm ⌀, bis 23 in lockerer Ähre. 1 Stg pro Knolle.
Perigon oben helmfg;
**Grandiflorus-Gruppe:** 0,90–1,30(–2,00). B bis 28 in dichten Ähren, 3,5–18 cm ⌀. BÄhren bis 90 cm
lg. 1 Stg pro Knolle. BZeit Früh- bis Spätsommer. **Untergliederung** der letzteren mit 3stelligem Zah-
lencode: erste Stelle: BGröße: 1. miniaturblütig (trotz „Grandiflorus"!) ⌀ 3,5–6 cm, oft kraus; 2. klein-
blütig ⌀ 6–9 cm; 3. mittelgroßblütig ⌀ 9–11 cm; 4. großblütig ⌀ 11–14 cm; 5. riesenblütig ⌀ >14 cm;
2. Stelle: 0–9 nach Farbe (weiß u. grün, gelb, orange, lachs, rosa, rot, rosé, lavendel, violett, rauchig);
3. Stelle: 0–6 nach zunehmender Tiefe/Dunkelheit der Farbe.

**2*** Knolle 2–3 cm ⌀. Bl <2 cm br. Perigon nie gelb, orange od. blutrot, nie gekräuselt; nur
purpurn, selten weiß. B zu 4–20 in lockerer Ähre . . . . . . . . . . . . . . . . . . . . . . . . . . . . **3**
**3** Staubbeutel länger als die Staubfäden. Bl 3–5, (5–)8–12(–15) mm br. Ähre locker
5–15blütig. B 3–4 cm lg, purpurrosa, die unteren Perigonzipfel mit purpurn umrandetem
rosa Fleck. Sa nicht geflügelt. Oft ♀ Pfl mit kleineren B u. verkümmerten Staubbeuteln
eingestreut. 0,40–1,10. ♃ ♂ 6–8. **Z** s Naturgärten; ∀ ♥ ○ (Medit., Türkei, Iran, S Turk-
menien, S-Pamir: Getreidefelder, Brachen, Ruderalstellen, im S bis 1650 m). [*G. sege-
tum* Ker Gawl., *G. turkmenorum* Czerniak., *G. tenuiflorus* K. Koch]
                                    **Acker-G., Feld-Siegwurz** – *G. italicus* Mill.
**3*** Staubbeutel höchstens so lg wie die Staubfäden. Sa geflügelt . . . . . . . . . . . . . . **4**
**4** Unterstes StgBl stumpf, ±15 mm br. Fasern der Knollenhülle parallel. B bis 2(–3) cm lg,
zu 4–12 in einseitswendiger Ähre. 0,30–0,80. ♃ ♂ 7. **W. Z** s Naturgärten, Teichränder;
♥ ∀ ○ ◑ ≈ (Z-, SO- u. gemäß. O-Eur., Türkei, Kauk., N-Iran: wechselfeuchte Pfeifen-
graswiesen, Laubwaldränder, Felder – ▽).
                                    **Dachzieglige G., Wiesen-Siegwurz** – *G. imbricatus* L.
**4*** Unterstes StgBl allmählich zugespitzt, 5–22 mm br . . . . . . . . . . . . . . . . . . . . . . **5**
**5** Pfl 50–100 cm hoch, oft verzweigt. Bl 10–70 × 0,5–2,2 cm. BStand 10–20blütig. ♃ ♂
(5–)6–7(–10). **W. Z** v bis 1. Hälfte 19. Jh., dann durch *G.* × *hortulanus*-Hybr verdrängt,
heute kaum noch kult; früher HeilPfl; ∀ ♥ ○ (2 Unterarten: subsp. *communis*: Untere
Perigonzipfel ± gleich, 30–40 × 10–20 mm, oft purpurrosa. Untere BlScheiden grün- od.
rosanervig. BÄhre oft mit 2–3 Seitenzweigen. Bl 30–50 × 0,5–1,5 cm (Medit, Iran, Kauk.,
eingeb. in USA u. S-D.?); subsp. *byzantinus* (Mill.) A. P. Ham.: Untere Perigonzipfel

ungleich, der mittlere breiter u. länger mit weißem Mittelfleck, 30–45 × 15–25 mm, purpurrot. GrundBlScheiden oft dunkelrotnervig. BÄhre oft mit 1–2 Seitenzweigen. Bl 30–70 × 0,8–2,2 cm (NW-Afr., S-Span., S- u. M-It., Sizil.: Zwergpalmengebüsch, Getreidefelder) – **Z** seit Altertum, in M-Eur. seit 16. Jh.).

**Gewöhnliche S.** – *G. commṵnis* L.

**5\*** Pfl 25–50 cm hoch, nur selten verzweigt. Bl 10–40 × 0,4–1 cm. Perigon incl. Röhre 25–30(–40) mm lg, Zipfel 6–16 mm br. ♃ ⚥ 5(–6). **Z** s Naturgärten; ∀ ⚇ ○ ≈ (S- u. W-Eur., Rum., W-Türkei, Kauk.: feuchte Wiesen, bis 1200 m).

**Illyrische S.** – *G. illỵricus* W. D. J. KOCH

**Sandkrokus, Scheinkrokus** – *Romṵlea* MARATTI 90 Arten

Bl 2–4, gefurcht, grün, useits heller, 15 × 0,1–0,2 cm. Stg 1(–6)blütig, B von 2 HochBl umgeben, das äußere schmal hautrandig, das innere breiter, ganz häutig. Perigon (18–)25–35(–50) mm lg, Röhre 3,5–8 mm lg, Zipfel (15–)22–25(–40) mm lg, elliptisch, spitz, hellviolett mit dunkleren Nerven, selten gelb (var. *crọcea* (BOISS. et HELDR.) BAKER) od. weiß u. useits grünlichpurpurn überlaufen (var. *leichtliniạna* (HALÁCSY) BÉG.); Schlund behaart, gelb. Narbe 6strahlig, die Staubbeutel überragend. 0,03–0,18. ♃ ⚥ 3–4. **Z** s Weinbauklima △; ∀ ⚇ ○ ∧ nicht langlebig, LiebhaberPfl (Medit.: trockne Wiesen, Gebüsch, in lt. 0–1200 m – 1720). [*Ịxia bulbocọdium* (L.) L.]

**Sandkrokus, Scheinkrokus** – *R. bulbocọdium* (L.) SEBAST. et MAURI

**Krokus** – *Crọcus* L. 80 Arten

Lit.: MATHEW, B. 1982: The *Crocus*, a revision of the genus *Crocus* (*Iridaceae*). London.

**Bem.: HochBl** sind die meist weißen, häutigen Gebilde innerhalb des Laubblattkreises, ebenso gestaltete **NiederBl** umgeben die LaubBl. – Alle Arten ○, viele Arten geeignet als Vor- u. Unterpflanzung, alle sommerkahl, die meisten frühjahrsgrün, wenige Herbstkrokus herbst-frühjahrsgrün. Die meisten brauchen trockenwarme Sommer zum Ausreifen der Knollen, Dränage; nicht so *C. tommasinịanus, C. pulchẹllus, C. speciọsus, C. banạticus, C. mẹdius* u. *C. nudiflọrus,* die in Wäldern u. frischfeuchten Bergwiesen wachsen. Die 4 erstgenannten vertragen Halbschatten, ebenso *C. vẹrnus* subsp. *vẹrnus.* – Die Knollentiefe ist artspezifisch (5–20 cm), sie wird durch verdickte Zugwurzeln erreicht. – Isolation der Vorkommen erklärt den Formenreichtum der Arten.

**1** BZeit Frühjahr (1–5) ................................................................ **2**
**1\*** BZeit Herbst (9–11(–12)) ...................................................... **17**
**2** B innen blassgelb bis goldgelb, zuweilen dunkler gestreift .................... **3**
**2\*** B innen violett, lila, blau od. weiß, zuweilen am Grund od. die Nerven dunkel, höchstens der Schlund gelb ................................................ **8**
**3** Narbe mit 6–15 Ästen. Knolle nicht mit lg Hals aus abgestorbenen NiederBl. Bl 1–4 (–5), eher ausgebreitet als aufrecht, meist flaumig behaart, (1,5–)2–5(–7) mm br. Beide HochBl ± gleichgroß. B leuchtend orangegelb, zuweilen blassgelb. Perigonzipfel 15–35 × 4–12 mm. 0,05–0,10. ♃ ⚥ 2–4. **Z** s △ Rabatten; ∀ Selbstaussaat ⚇ ○ (Mazed., SO-Rum., S-Bulg., Alban., Griech., W- u. M-Türkei: offne Felsrasen, lockre Gehölze, 150–1400 m – formenreich, 3 Subspecies: subsp. *olivịeri* [*C. suterịanus* HERB., C. ạucheri* BOISS.]: Knollenhülle häutig od. parallelfasrig, Griffel 6ästig, Perigonzipfel außen eben grün (Balkan, Türkei); subsp. *balạnsae* (J. GAY ex BAKER) B. MATHEW: Knollenhülle ebenso, Griffel 12–15ästig, Perigonzipfel useits meist braunpurpurn gestreift od. überlaufen (W-Türkei, Chios, Samos: 450–1000 m); subsp. *istanbulẹnsis* B. MATHEW: Knollenhülle grobfasrig, Fasern an der Knollenspitze schwach vernetzt (NW-Türkei, Prov. Istanbul: 150–170 m)). **Olivier-K.** – *C. olivịeri* J. GAY
**3\*** Narbe mit 3 Ästen .......................................................... **4**
**4** Bl bei blühreifen Pfl (5–)10–20, 1–2(–3) mm br, kahl od. schwach rau. Innere Knollenhüllen papierartig-häutig, äußere parallelfasrig. B (1–)3–5, hell orangegelb, duftend, Perigonzipfel außen wie die Perigonröhre violett bis schwärzlich überlaufen, gestreift od. gesprenkelt, (15–)20–35(–40) × 6–12 mm. 0,05–0,10. ♃ ⚥ 2–4. **Z** s △; ∀

Ψ ○ (N-Afgh., NW-Pakistan, Tadsch., Usbek.: W- u. Z-Pamir, W-Tienschan: felsige, feinerdereiche Hänge in der Dornbusch-, Wald- u. Hochgebirgsstufe, 950–3150 m – 1885).                                            **Korolkow-K.** – *C. korolkowii* Regel ex Maw

4* Bl bei blühreifen Pfl 2–9 ............................................... 5

5   Bl 4–8, 2–4 mm br, zuweilen flaumhaarig. Staubbeutel pfeilfg. Knollenhülle häutig-parallelfasrig, ohne geschlossene Ringe am Grund, NiederBl als lg brauner Hals an den Knollen erhalten. Oberes HochBl linealisch, vom viel breiteren unteren umhüllt. B 1–4 (–7), duftend, goldgelb, selten hell zitronengelb. Perigonzipfel (15–)20–35 × (4–)6–12 mm, außen zuweilen bräunlich gestreift. 0,05–0,12. ⚃ ☾ 3–4. **Z** v Rabatten △ Rasen; Ψ die Sorte 'Luteus' nur so, V Kaltkeimer ○ (Serb., N-Griech., Bulg., S-Rum., W-Türkei: offne Baum- u. Strauchfluren, trocknes Grasland, 0–1200 m; in D. verw. – 1579 – kult jetzt fast nur noch die sterile Sorte 'Luteus' [ *C.* × *luteus* Lam., *C. angustifolius* × *C. flavus*, 'Gelber Riese', 'Dutch Yellow']: B größer, einfarbig orangegelb, kult Anfang 17. Jh.; selten 'Sulphureus Concolor': B hellgelb; 'Stellaris' [*C.* × *stellaris* Haw., dieselben Eltern]: Perigon außen schmal schwarzgestreift).              **Gold-K.** – *C. flavus* Weston

5* Bl 0,5–2 mm br, meist graugrün. Staubbeutel nicht pfeilfg ................... 6

6   Perigonzipfel gelb, außen deutlich bronzefarben gestreift, überlaufen od. gesprenkelt, 17–34 × 6–13 mm, zur BZeit zurückgebogen. Knollenhülle netzfasrig (Abb. **719**/1). Bl 3–6, 0,5–1,5 mm br, graugrün. 0,05–0,12. ⚃ ☾ (2–)3. **Z** z △ Rabatten; V Kaltkeimer Ψ ○ (Krim, S-Ukr., Kauk.?: offne Hänge, *Juniperus*-Gebüsch, lockre Baumfluren, (100–) 300–1500 m – ±1580). [*C. susianus* Ker Gawl.] ..............................
      **Goldbrokat-K., Schmalblättriger K., Goldlack-K.** – *C. angustifolius* Weston

6* Perigonzipfel außen nicht gestreift, überlaufen bzw. gesprenkelt; wenn purpurbraun gestreift od. überlaufen, dann Knollenhülle häutig-ledrig mit Querringen, nicht fasrig . 7

7   Knollenhülle grob netzfasrig. Perigonzipfel stumpf bis abgerundet, einfarbig gelborange, 13–30 × 7–13 mm. Staubfäden am Grund gelb bärtig. 0,04–0,10. ⚃ ☾ 2(–4). **Z** z △ Rabatten; V Kaltkeimer Ψ ○ Sommer trocken (N- u. Z-Türkei: felsige Bergsteppe, Eichenbusch, offne *Pinus*- u. *Abies*W, bes. auf Kalk, 1000–1600 m –1879 – Sorte 'Golden Bunch': mehrblütig).
                    **Ankara-K., Kleinasiatischer Gold-K.** – *C. ancyrensis* (Herb.) Maw

7* Knollenhüllen häutig, am Grund in ganzrandige od. gezähnte Ringe gespalten. Perigonzipfel spitz bis stumpf, 15–35 × 5–11 mm, blassgelb bis tief orangegelb, selten cremeweiß, zuweilen außen purpurn od. bronzefarben gestreift od. überlaufen. 0,04–0,10. ⚃ ☾ (2–)3(–4). **Z** z △ Rabatten; V Kaltkeimer Ψ ○ (Balkan, SO-Rum., S-, Z- u. NW-Türkei: trockne, kurzgrasige Hänge, offne KoniferenW, Gebüsch, 0–2200 m – Hybr mit dem nahestehenden *C. biflorus*, **13**: B blau – ±1841 – formenreich).
                                     **Kleiner K., Balkan-K.** – *C. chrysanthus* (Herb.) Herb.

8   (2) Staubbeutel weiß. Knollenhülle glatt, fest, am Grund in 3eckige Zähne gespalten. Bl 3–4, 1–2,5 mm br. B 1–3(–4), duftend, Griffel ∞ästig; Perigonzipfel weiß od. lila, useits zuweilen silbrig, bräunlich od. gelblich überlaufen, 13–30 × 4–18 mm, äußere mit 1(–3) purpurvioletten Streifen; Schlund gelb. 0,05–0,10. ⚃ ☾ 10–3(–4). **Z** s △; V Ψ ○ ∧ (Z- u. SO-Griech., Kreta: steinig-felsiges Gebüsch, offne KiefernW, meist auf Kalk, 0–600(–1500) m – 1832 – formenreich, auch BZeit, kult nur Frühjahrsblüher von den Kykladen – Sorte 'Fontenayi': B lila, außen deutlich gestreift).
                                                     **Glatter K.** – *C. laevigatus* Bory et Chaub.

8* Staubbeutel gelb, selten schwärzlich ................................... 9

9   Griffel in 6 od. (meist) mehr dünne, orange- bis scharlachrote Äste geteilt. Zwiebelhülle aus sehr feinen Fasern verwoben. Bl 5–8(–12?), grün od. graugrün, 0,5–1 mm br. B duftend. Perigonzipfel 17–31 × 4–6 mm, spitz, weiß, am Grund useits purpurn od. bräunlich, Schlund gelb. HochBl 2. 0,04–0,06. ⚃ ☾ (2–)3(–4). **Z** s △ Rabatten; ○ (O-Ägäis, W- u. S-Türkei: offne Felshügel in der Eichen-Pistazien-Macchie, 750–1300 m – 1875).
                                             **Taurus-K.** – *C. fleischeri* J. Gay

9* Griffel in 3 Äste geteilt, diese an der Spitze oft erweitert u. kraus .............. 10

**10** Perigonschlund blassgelb bis tiefgelb .................................... **11**
**10\*** Perigonschlund weiß, lila, schwarzviolett, nicht gelb (zuweilen zart gelblich bei *C. versicolor*, bei **16\***, u. *C. reticulatus*, bei **12**) ................................ **14**
**11** Knollenhülle grob netzfasrig. Bl (0,5–)2–6 mm br ......................... **12**
**11\*** Knollenhülle glatt od. parallelfasrig, mit Querringen. Bl (0,5–)1–3(–3,5) mm br .... **13**
**12** HochBl 2. Perigonzipfel außen meist nicht dunkler geadert, höchstens mit purpurnem Mittelstreifen, Schlund meist kahl. Bl 2–8, (1–)2–6 mm br. Griffeläste am Ende erweitert, kraus, orange. Perigonzipfel 15–40 × 7–16 mm, lilablau bis weiß. 0,04–0,10. ♃ ☉ 1–5 (s. Subspecies). **Z** z △ Rasen, Rabatten; ⚘ ∨ ○ (S-Alban., S-Bulg., Mazed., Griech., Kreta: Felshänge, Bergweiden, offne Wälder, Schneeflecken – 1841 – kult 3 Subspecies: subsp. *sieberi*: B innen weiß, Schlund gelb, kahl, BZeit 3 (Kreta); subsp. *atticus* (Boiss. et Orph.) B. Mathew: B lilablau, BZeit 1–2 (SO-Griech.: 400–1350 m); subsp. *sublimis* (Herb.) B. Mathew: B blaulila mit weißer Zone um den behaarten gelben Schlund, BZeit 3–4 (Griech., S-Alban.: 1500–2360 m: alp. Rasen am schmelzenden Schnee)). **Sieber-K., Griechischer Zwerg-K.** – *C. sieberi* J. Gay

Ähnlich: **Netz-K.** – *C. reticulatus* Steven ex Adams [*C. variegatus* Hoppe et Hornsch.]: HochBl 2. B klein, duftend; Perigonzipfel 17–35 × 4–13 mm, weiß od. lila, die äußeren außen meist mit 3–5 violetten Längsstreifen u. feineren Seitennerven, spitz, schmaler u. länger als die inneren. Bl 0,5–1 mm br. 0,05–0,10. ♃ ☉ (2–)3–5. **Z** s △; ∨ ⚘ ○ (NO-It., Balkan, Ung., Rum., Ukr., Kauk., Z- u. S-Türkei: Steppen, Kalkfelsen).

**12\*** HochBl nur 1 (das äußere) um die Perigonröhre. Äußere Perigonzipfel violett, außen dunkler gestreift, 33–37 × 7–9 mm. Schlund behaart. Bl zur BZeit länger als die B, 5–6 mm br. 0,08–0,12. ♃ ☉ 2–3 **Z** s △ Rabatten, ∨ ⚘ ○ (It: Toskana, Elba: Macchien, 100–1000 m – 1875). **Toskanischer K., Rosen-K.** – *C. etruscus* Parl.
**13** **(11)** Knollenhülle glatt, häutig bis ledrig, am Grund mit Querringen. HochBl 2. B (1–)2 (–4), Perigonzipfel weiß bis lila, 18–30(–35) × (4–)6–12 mm, äußere außen oft mit 3–5 violetten Adern. Bl 3–5(–9), 2–3 mm br. 0,05–0,10. ♃ ☉ (10–11) 2–3. **Z** v △ Rabatten ∨ ⚘ ○ (It., Sizil., Balkan, Krim, Türkei, O-Kauk., Transkauk., NW-Irak, N-Iran: offne Felshänge, alpine Rasen – 1601 – sehr formenreich, ∞ Sorten, 14 Subspecies, davon 5 kult: subsp. *biflorus* [*C. pusillus* Ten.]: Bl 0,5–2 mm br, B lilablau, Staubbeutel u. Schlund gelb (It., Sizil., Rhodos, NW-Türkei); subsp. *pulchricolor* (Herb.) B. Mathew (*C. aerius* auct. non Herb.]: B blauviolett, unten dunkler, nicht gestreift, Schlund gelb (NW-Türkei: 1000–2300 m); subsp. *weldenii* (Hoppe et Fürnr.) B. Mathew: B weiß, am Grund zuweilen blau überlaufen, Schlund nicht gelb (W-Balkan: Istrien bis N-Alban.); subsp. *alexandri* (Velen.) B. Mathew: B weiß, äußere Perigonzipfel außen violett, Schlund nicht gelb (SW-Bulg., S-Serb.); subsp. *melantherus* (Boiss. et Orph.) B.

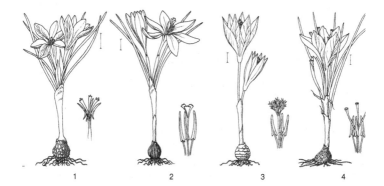

1          2          3          4

MATHEW: BZeit 10–11. B weiß, außen dunkel gestreift, Staubbeutel vorm Öffnen schwarzpurpurn (S-Griech.)). **Zweiblütiger K., Schottischer K.** – *C. biflọrus* MILL.

**13*** Knollenhülle parallelfasrig. HochBl 1 (subsp. *suavẹolens* (BERTOL.) B. MATHEW od. 2 (subsp. *imperạti*). B innen purpurn, außen gelblich-strohfarben, deutlich dunkler purpurn gestreift, Perigonzipfel 25–45 × 7–18 mm. 0,05–0,10. ♃ ☿ 1–3. **Z** s △ Rabatten; ∀ ♈ ○ (W-It.: trockne Weiden, Macchien – 1825). [*C. suavẹolens* BERTOL., *C. neapolitạnus* TEN.]                                                **Imperato-K., Teufels-K.** – *C. imperạti* TEN.

**14 (10)** Knollenhülle häutig bis ledrig od. eierschalenartig, am Grund mit Querringen. HochBl 2. Bl 3–8, (0,5–)1–3(–3,5) mm br.                                        *C. biflọrus*, s. **13**

**14*** Knollenhülle fein parallelfasrig, oben etwas netzig, ohne Querringe . . . . . . . . . . . . **15**

**15** Bl 2–4, grün, (2–)4–8 mm br. B weiß, purpurviolett, Schlund weiß, violett od. schwarz. HochBl nur 1. Griffel 3ästig, orange, selten weiß, seine Enden verbreitert, kraus. 0,06–0,15. ♃ ☿ (2–)3–4. **W. Z** v △ Rabatten, Rasen; ∀ Kaltkeimer ♈ (manche Sorten nur so) ○ (Pyr., Alpen u. Vorland, Karp., W-Balkan: frische bis feuchte Bergwiesen, offnes subalp. Gebüsch; eingeb. lokal in S- u. M-D. – formenreich – 1550 – ∞ Sorten).
                                                            **Frühlings-K.** – *C. vẹrnus* HILL

**1** B blass- bis tiefviolett od. gestreift, aber auch weiß (Albinos), Perigonzipfel 30–60 × 9–20 mm. Griffeläste die StaubBl meist überagend (lt., W-Balkan, Rum., Alpen, Karp., Sudeten: Wälder, Lichtungen, Bergwiesen, 300–1500(–2000) m). [*C. napolitạnus* MORD.LAUN. et LOUIS, *C. neapolitạnus* ASCH. ex BERGMANS non TEN.,, *C. vẹrnus* var. *grandiflọrus* J. GAY, *C. purpụreus* WESTON]
                                                **Echter Frühlings-K.** – subsp. *vẹrnus*

Bem.: Pfl mit dunkelvioletter V-fg Zeichnung am Ende der Kronzipfel wurden als **Eichenwald-K.** – *C. heuffelịanus* HERB. (Schlund kahl) bzw. *C. scepụsiensis* (REHMANN et E. WOLL.) BORBÁS (Schlund behaart) abgetrennt. ☾ ○ (Karp., W-Balkan, O-Alpen).

**1*** B meist weiß, kleiner, Perigonzipfel 17–25(–30) × 5–10 mm. Griffeläste die StaubBl meist nicht überagend. **W.** Kultur schwierig (Areal der Art, Bergwiesen, 600–2500 m). [*C. albiflọrus* KIT.]
                                        **Alpen-K., Weißer Frühlings-K.** – subsp. *albiflọrus* (KIT.) K. RICHT.

**15*** Bl 0,5–3 mm br . . . . . . . . . . . . . . . . . . . . . . . . . . . . . . . . . . . . . . . . . **16**

**16** Bl 2–3 mm br. Perigonzipfel einfarbig (blass)violett bis lila, außen oft heller, nicht gestreift, 25–45 × 8–20 mm; Schlund weiß, zerstreut behaart (Abb. **719**/2). 0,07–0,17. ♃ ☿ 2–3. **W. Z** v Gehölzgruppen, Rabatten, Parks △; ∀ Kaltkeimer Selbstaussaat ♈ ☾ ○ ≈ (S-Ung., Kroat., Bosn., Serb., Bulg.: frische FalllaubW, schattige Felsbänke, meist auf Kalk, (300–)1000–1500 m, eingeb. als „StinsenPfl" in W- u. M-Eur. – 1847 – einige Sorten: B purpurn, lavendelfarben mit weißen Spitzen, weiß).
                                                        **Dalmatiner-K., Elfen-K.** – *C. tommasinịanus* HERB.

**16*** Bl 0,5–1,5 mm br, grün, zur B7eit meist kaum länger als die 1(–2) B. Perigonzipfel innen leuchtend lila bis tiefpurpurn, außen oft gelblich mit 1–3 violetten Streifen u. feinon Seitennerven, (18–)20–35 × 7–13 mm; Schlund weiß bis lila, kahl. Staubbeutel doppelt so lg wie die Staubfäden. Knollenhülle an der Spitze netzfasrig. 0,04–0,08. ♃ ☿ 2–4. **Z** z? △ Rabatten; ∀ ♈ ○ (Kors., Sardin.: trockne Hänge, steinige Weiden – 1843).
                                                        **Korsischer K.** – *C. cọrsicus* VANUCCHI ex MAW

Sehr ähnlich: **Kleinster K.** – *C. mịnimus* DC.: Bl 0,5–1 mm br. Staubbeutel so lg wie die Staubfäden. Knollenhülle nur parallelfasrig. Perigonzipfel 20–27 mm lg. 0,04–0,07. ♃ ☿ 3(–4). **Z** s (Sardin., Kors.: Grus auf Granit, 0–1500 m). – **Silberlack-K.** – *C. versịcolor* KER GAWL.: Bl graugrün, 1,5–3 mm br, zur BZeit kürzer als die B. Staubbeutel so lg wie die Staubfäden. Schlund meist zart gelblich. B duftend. Perigonzipfel 25–35(–40) × 7–11 mm. 0,05–0,09. ♃ ☿ 3–4. **Z** s △ (NW-It., SO-Frankr.: Alpes Marit., Hautes Alpes: Garriguen, offne Kiefern- u. LaubW auf Kalk, 100–1600 m – 1574 – kult meist Sorte 'Picturatus': Perigonzipfel weiß, äußere außen mit 3 violetten Streifen).

**17 (1)** Staubbeutel cremeweiß; wenn gelb, dann Knollenhülle grob netzfasrig u. Hochbl 2
. . . . . . . . . . . . . . . . . . . . . . . . . . . . . . . . . . . . . . . . . . . . . . . . . . . . . . . . . . **18**

**17*** Staubbeutel gelb od. vorm Öffnen schwärzlich . . . . . . . . . . . . . . . . . . . . . . . . . **21**

**18** Knollenhüllen grob netzfasrig. Bl 4–7, zur BZeit noch nicht entwickelt. Griffel mit > 3 dünnen Ästen. Perigonzipfel 25–55 × 6–18 mm, spitz, selten stumpf, lila, selten weiß.

0,05–0,10. ⚥ ☉ (herbst-)frühjahrsgrün 9–11. **Z** s △ Rabatten; Ⅴ Ⅴ ○ Sommer warm u.
trocken ⊕ ∧ (S-Balkan, W-, Z- u. S-Türkei, N- u. W-Syr., N-Israel, Libanon, N-Irak, W-
Iran: steinig-felsige Gebüsche u. Weiden, meist auf Kalk – 1841 – 5 Subspecies, davon
kult: subsp. *cancellatus*: oberes HochBl im unteren verborgen, Griffel die gelben
Staubbeutel ± überragend. In Kultur am beständigsten (S-Türkei, Libanon, Israel);
subsp. *pamphylicus* B. MATHEW: oberes HochBl sichtbar, Griffel die weißen Staubbeutel
± überragend (S-Türkei); subsp. *mazziaricus* (HERB.) B. MATHEW [*C. spruneri* BOISS. et
HELDR.]: oberes HochBl sichtbar, Griffel die gelben Staubbeutel weit überragend. B
groß, cremeweiß bis tief blaulila, oft dunkler geadert (S-Balkan, Griech., S- u. W-
Türkei)). **Gitter-Herbst-K.** – *C. cancellatus* HERB.

**18\*** Knollenhüllen glatt, dünn häutig, äußere in 3eckige Zähne zerspringend od. unten paral-
lelfasrig . . . . . . . . . . . . . . . . . . . . . . . . . . . . . . . . . . . . . . . . . . . . . . . . . . . . . . **19**

**19** Schlund mit einem Ring von orangegelben Flecken, nicht durchgehend gelb. Griffel
meist mit 3 Ästen, diese zuweilen wieder geteilt. Knollenhülle häutig, ohne Ringe.
Perigonzipfel 25–45 × 5–18 mm, stumpf bis zugespitzt. Bl 3–4, 3–5 mm br. 0,05–0,10.
⚥ ☉ (8–)9–10. **Z** z △ Rabatten; Ⅴ Ⅴ ○ (Türkei, NW-Syr., Libanon, W-Transkauk.: kurz-
grasige, steinig-felsige Bergsteppen, (550–)1000–3250 m – 1853 – Sorte 'Albus': B
weiß, Pfl dauerhaft). [*C. suworowianus* K. KOCH, *C. zonatus* J. GAY]
**Ring-Herbst-K.** – *C. kotschyanus* HERB.

**19\*** Schlund durchgehend tiefgelb od. weiß. Griffel mit > 3 dünnen Ästen . . . . . . . . . . **20**

**20** Staubfäden dicht behaart. Bl zur BZeit noch nicht entwickelt, (3–)4(–5), 4–5 mm br.
Knolle mit deutlichen Querringen. Perigonzipfel lavendelfarben, dunkler geadert, 18–50
× 8–20 mm. 0,04–0,09. ⚥ ☉ 9–11. **Z** z? △ Rabatten, Rasen, Ⅴ Ⅴ ○ ◐ (S-Balkan, NW-
Türkei: feuchte Rasen in lockren Kiefern- u. EichenW, (0–)800–1800 m – ±1843).
**Rosen-Herbst-K.** – *C. pulchellus* HERB.

**20\*** Staubfäden kahl, höchstens am Grund rau (papillös). Bl zur BZeit vorhanden, kurz.
Äußere Perigonzipfel mit Mittelstreifen. *C. laevigatus*, s. **8**

**21** (17) Schlund der B gelb (vgl. auch *C. longiflorus* bei **25** u. Sorten von *C. speciosus*, **26**)
. . . . . . . . . . . . . . . . . . . . . . . . . . . . . . . . . . . . . . . . . . . . . . . . . . . . . . . . . . . **22**

**21\*** Schlund der B weiß bis violett . . . . . . . . . . . . . . . . . . . . . . . . . . . . . . . . . . . . . . **23**

**22** Griffel 3teilig. Staubbeutel vorm Öffnen schwärzlich. Bl zur BZeit entwickelt, kurz, grau-
grün. *C. biflorus* subsp. *melantherus*, s. **13**

**22\*** Griffel ∞teilig. Bl zur BZeit meist entwickelt, kurz, dunkelgrün. *C. serotinus*, s. **25\***

**23** (21) Griffel lila od. weißlich, 6- od. mehrästig. Staubbeutel nach innen (vorn) geöffnet,
nur bei dieser Art! Perigonzipfel ungleich, innere 23–30 × 12–13 mm, aufrecht, spitz,
äußere 37–50 × 13–25 mm, ausgebreitet, stumpf od. abgerundet, blass blaulila bis pur-
purn, dunkler geadert. Bl zur BZeit nicht entwickelt, später 5–7(–10) mm br, kahl, mit
undeutlichem Längsstreifen. 0,06–0,12. ⚥ ☉ 9–10. **Z** z Parkrasen, Gehölzgruppen △;
Ⅴ Selbstaussaat Ⅴ ◐ ○ (Z- u. W-Rum., N-Serb., Karp.-Ukr.: frische Wiesen, LaubW,
Gebüsch, 130–700 m, verw., ob eingeb.? in N-D. – 1594 – einige Sorten, B purpurn bis
blass blaulila). [*C. iridiflorus* HEUFF. ex RCHB., *C. byzantinus* HERB.]
**Siebenbürger Herbst-K.** – *C. banaticus* J. GAY

**23\*** Griffel gelb. Perigonzipfel ± gleich lg, innere nicht aufrecht . . . . . . . . . . . . . . . . . **24**

**24** Bl zur BZeit vorhanden, grün. Griffel 3- od. mehrästig. Perigonröhre meist < 11 cm lg **25**

**24\*** Bl zur BZeit nicht entwickelt, wenn Spitzen vorhanden, dann diese graugrün (vgl. auch
*C. serotinus* subsp., **25\***). Griffel mit > 6 Ästen. Perigonröhre bis 22 cm lg . . . . . . **26**

**25** Griffeläste 3, 25–32 mm lg, rotorange, überhängend. Perigonzipfel 35–50 × 10–15 mm.
Bl 5–10(–15), ±2 mm br. Knollenhülle fein netzfasrig (Abb. **719**/4). 0,08–0,20(–30?). ⚥
herbst-frühjahrsgrün ☉ 9–11. **N** s Gewürz, Lebensmittelfarbe, HeilPfl, reich an Vitamin
B₂, Anbau in D. erloschen, nur museal; nur Ⅴ (sterile Triploide) ○ winterfeucht,
Knollentiefe 12–18 cm; in Menge giftig (kult seit Altertum, 1 Million B/ha liefern 10 kg
Safran, Anbau jetzt in Medit., im Mittelalter bis Brit. u. Z-Eur. – entstanden aus *C. cart-*

*wrightianus* HERB.: Griffeläste 5–27 mm lg, Perigonzipfel 14–32 × 7–12 mm, Bl 0,5–1,5 mm br, graugrün (SO-Griech., Kykladen, W-Kreta)).     **Echter Safran** – *C. sativus* L.

Ähnlich: **Duft-Herbst-K.** – *C. longiflorus* RAF. [*C. odorus* BIV.]: Griffel 3ästig, Äste zuweilen am Ende geteilt. B stark duftend, Schlund tiefgelb, oben schwach behaart. 0,07–0,16. ♃ herbst-frühjahrsgrün ☺ 10–11. **Z** s △; Ⅴ Ⴤ ○ ∧ (S-It., Sizil., Malta: trockne Felsrasen, meist auf Kalk – 1843)

**25***  Griffeläste 6 od. mehr. B nicht duftend, Schlund weiß od. blassgelb, meist flaumhaarig. Perigonzipfel blasslila bis tieflila, oft dunkler geadert. Bl 3–7. HochBl grün. 0,08–0,15?. ♃ herbst-frühjahrsgrün ☺ (⚡) 9–10. **Z** z Rasen, Rabatten △; Ⅴ Selbstaussaat Ⴤ Sommer warm u. trocken ∧ (Span., Port., NW-Afr. – 1843 – verwandt mit *C. longiflorus*, *C. medius* u. *C. nudiflorus*, s. u. – 3 Subspecies: subsp. *serotinus*: Knollenhülle grob netzfasrig, Bl 3–4, zur BZeit entwickelt, Staubbeutel 8–12 mm lg (S- u. M-Port.); subsp. *clusii* (J. GAY) B. MATHEW: Knollenhülle fein seidig netzfasrig, Bl 4–7, zum Ende der BZeit entwickelt, Perigonzipfel 25–38 × 8–13 mm (Port., W-Span.: lockre KiefernW, Gebüsch, 100–900 m); kult meist subsp. *salzmannii* (J. GAY) B. MATHEW [*C. asturicus* HERB.]: Knollenhülle häutig-parallelfasrig, Bl (4–)5–7, zur BZeit fehlend od. vorhanden, B groß, Perigonzipfel (25–)35–55 × 7–18 mm, Pfl zuweilen Ausläufer bildend (S-, Z- u. N-Span., Marokko: Tanger, Rif: (100–)300–2350 m, hierzu wohl Sorte 'Atropurpureus')).
             **Spanischer Herbst-K.** – *C. serotinus* SALISB.

**26**  **(24)** Perigonzipfel blaulila, meist außen dunkler gefleckt, mit dunklen Hauptnerven u. feinen Quernerven, am Grund weiß bis blassgelb, 25–60 × 8–22 mm. Griffel ∞ästig, die StaubBl weit überragend. Knollenhüllen papierartig, am Grund mit deutlichen Ringen. Bl 3–4, 4–5(–8) mm br, grün, zerstreut bewimpert (Abb. **719**/3). 0,07–0,15. ♃ ☺ (9–)10(–11). **Z** z △ Rabatten, Gehölzgruppen, Rasen; Ⅴ Selbstaussaat Ⴤ ○ ◐ bester Herbstkrokus (N- u. Z-Türkei außer W, N- u. W-Iran, Krim, O-Kauk., Transkauk.: Laub- u. NadelW, Weiderasen, 800–2850 m – ±1835 – steht *C. pulchellus* nahe, auch Hybr mit diesem – einige Sorten, z. B. 'Aitchisonii': spät- u. großblütig, 'Albus': B weiß, Schlund blassgelb – subsp. *xantholaimos* B. MATHEW: Schlund gelb, wohl nicht kult).
             **Pracht-Herbst-K.** – *C. speciosus* M. BIEB.

**26***  Perigonzipfel weiß bis blaulila od. tiefpurpurn, außen nicht merklich gefleckt, höchstens am Grund mit dunklen Längsnerven, ohne feinere Quernerven. HochBl nur 1, deutlich grünlich bis bräunlich (wenn HochBl 2, weiß u. Zwiebelhülle grob netzfasrig, vgl. *C. cancellatus*, **18**) ...................................... **27**

**27**  B lila bis tiefpurpurn, Perigonzipfel (20–)25–50 × (7–)12–17 mm, bespitzt, am Grund mit deutlichen dunklen Nerven. Knollenhülle grob netzfasrig. Knollen ohne Ausläufer. Bl 2–3, 2,5–4 mm br. 0,08–0,16?. ♃ frühjahrsgrün ☺ 10–11. **Z** s △; Ⅴ Ⴤ ○ ◐ (SO-Frankr.: Alpes Marit., NW It.: Ligurien: Bergwiesen, Gehölze, 200–1400 m – ±1820).
             **Riviera-Herbst-K.** – *C. medius* BALB.

**27***  B tiefpurpurn, selten lilapurpurn, Perigonzipfel 30–60 × 9–20 mm, stumpf, ohne deutliche Nerven. Knollenhülle häutig-parallelfasrig. Pfl mit Ausläufern aus den Achselknospen der Knolle. Bl 3–4, 2–4 mm br. 0,08–0,17?. ♃ frühjahrsgrün ☺ ⚡ 9–10. **Z** s △ Rasen; Ⅴ Selbstaussaat Ⴤ (N-Span., SW- u. Z-Frankr.: offne, feuchte Wiesen, 0–2000 m). [*C. multifidus* RAMOND, *C. pyrenaeus* HERB.]
             **Pyrenäen-Herbst-K.** – *C. nudiflorus* SM.

**Freesie** – *Freesia* ECKL. ex KLATT                            **11 Arten**

Lit.: GOLDBLATT, P. 1982: Systematics of *Freesia* KLATT (*Iridaceae*). J. South Afr. Botany **48**: 39–91.

**1**  DeckBl häutig, durchscheinend. Innere (größere) PerigonBl eifg, am Grund am breitesten. Stg glatt. B 25–40 mm lg .......................................... **2**
**1***  DeckBl krautig, dunkelgrün, mit schmalem durchscheinendem Rand. Innere PerigonBl in der Mitte am breitesten. Stg wenigstens am Grund flaumig papillös. B stark duftend, (25–)35–45(–60) mm lg .......................................... **3**
**2**  DeckBl an der Spitze rostfarbig, 3–7 mm lg. B oft geruchlos, blassgelb, manchmal rosa mit gelbem Schlund. 0,16–0,50. ♃ ☺ 2–5. **Z** s; Ⅴ Ⴤ ○ ⊛ (S-Afr: trockne, innere Teile

von M- u. O-Kapland: niedriges Gebüsch auf Ton u. auf Sand – 1766, erneut 1832). [*F. odorata* (LODD.) KLATT] **Verzweigte F.** – *F. corymbosa* (BURM. f.) N. E. BR.

2* DeckBl ganz hell durchscheinend, nicht rostfarben, 5–8(–10) mm lg. B mit starkem würzigem Duft, trüb gelblichbraun od. mattgrün bis violett, manchmal blassgelb, mit hellorangen Flecken auf den unteren PerigonBl u. purpurnen Nerven im Schlund. 0,08–0,20(–0,45). ⚄ ♂ 2–5. **Z** s; ∨ ♈ ○ ⚘ (S-Afr.: W- u. M-Kapland, Kleine Karoo: trockne, oft steinige Kalk- u. Tonböden; eingeb. in Baleares, S-Frankr. – 1795). **Umgebogene F.** – *F. refracta* (JACQ.) ECKL.

3 **(1)** B 2lippig, cremefarben bis blassgelb, (25–)30–40 mm lg, mit gelben Flecken auf den 3 unteren PerigonBl, stark duftend. 0,08–0,20(–0,50). ⚄ ♂ 2–3. **Z** s; ∨ ♈ ○ ⚘ (S-Afr.: südwestl. Kap-Provinz, Küste: Sandboden, mit *Restionaceae* – 1874). **Leichtlin- F.** – *F. leichtlinii* KLATT

3* B fast radiär, weiß bis cremefarben, oft außen lila überlaufen, (25–)30–45(–60) mm lg, PerigonBl ausgebreitet, gelbe Flecken auf den unteren PerigonBl fehlend od. nur auf dem mittleren. (0,05–)0,12–0,40. ⚄ ♂ 2–4. **Z** s; ∨ ♈ ○ ◑ ⚘ (westl. Kap-Provinz: Sandboden in Küstennähe, im lichten Schatten – 1878 – oft mit der selten kult *F. refracta* verwechselt). [*F. refracta* var. *alba* G. L. MEY.] **Weiße F.** – *F. alba* (G. L. MEY.) GUMBL.

**Freesia-Hybriden:** Kult in D. fast nur Hybriden von *F. alba*, *F. leichtlinii* u. *F. corymbosa* (u. *F. refracta*? nicht nach GOLDBLATT 1982): *F.* × *hybrida* F. BAILEY (Abb. **723**/1), ∞ Sorten, auch Tetraploide, B auch gefüllt. Züchtung seit Ende 19. Jh., bes. nach Einfuhr der rosa Varietät von *F. corymbosa* („*F. armstrongii* W. WATSON"), die in England mit *F. leichtlinii*, in Holland mit *F. alba* gekreuzt wurde („*F.* × *tubergenii*"). Wichtige ⚒-Industrie, ♈ ∇, B im 1. Jahr, ◔. Neuerdings später blühende **Freiland-Freesien:** präparierte Knollen bei 20° aufbewahren, Mitte April ins Freiland, 5–8 cm tief, 5–7 cm Abstand, BZeit (7–)8–10, bis dahin ≈, nährstoffreich ◐, Knollen für Gartenkultur nicht wieder verwendbar. Einige Sorten: B weiß, cremefarben, hellgelb, dunkelgelb, hellorange, rosa, karmin, blau, purpurviolett.

### Klebschwertel – *Ixia* L. 50 Arten

Lit.: LEWIS, G. J. 1962: South African *Iridaceae*. The genus *Ixia*. J. South Afr. Botany **28**: 45–195. – DE VOS, M. P. 1999 : *Ixia*. In: Flora of Southern Africa, Vol. **7**, 2.: 3–87. Pretoria.

Kult im Freiland wohl nur **Ixia-Hybriden:** Knollen mit netzfasriger Hülle. Bl 5–10, grasartig, 2–7(–12) mm br. B ± radiär, stern- od. glockenfg, in Ähren od. gedrungenen Doppelähren, weiß, gelb, purpurn, bläulich, rosa, rot. 0,50–0,90. ⚄ ♂ 5–6(–7). **Z** s ⚒; ∨ B im 3. Jahr, ♈ Brutknollen ○ ∧ od. Überwinterung ⚘ bei 5–8 °C, LiebhaberPfl.

**Eltern der Hybriden:**
*I. maculata* L.: Stg einfach. BÄhre kopfig, 4–∞blütig. HochBl 8–15 mm lg. Perigon orange od. gelb mit braunem bis violettem Ring in der Mitte u. sternfg gelbem Zentrum, Röhre 5–8 mm lg. 0,18–0,50. ⚄ ♂ 5–6. **Z** s; ⚘ (Kap-Halbinsel, Malmesbury: Sandböden, Ebenen u. Berghänge im Küsten-Distrikt – 1794);

1              2

*I. paniculata* D. Delaroche: Stg meist verzweigt. BÄhre ± gestreckt, 5–18blütig. HochBl 8–15 mm lg. Perigon cremefarben od. gelblich, äußere Perigonzipfel außen oft rötlich, manchmal auch im Schlund, Röhre 4–7 cm lg. 0,30–1,00. ♃ ☉ 5–6. **Z** s; Ⓚ (südwestl. Kap-Provinz: Sumpfboden, Ebenen u. Plateaus);

*I. campanulata* Houtt.: Stg fast immer einfach. BÄhre kurz, 1–9blütig. HochBl 4–6 mm lg. PerigonBl rosa, rosa mit weißem Längsband, weiß od. weiß u. außen rot überlaufen, Röhre 2–4 mm lg. 0,10–0,35. ♃ ☉ 6–7. **Z** s; Ⓚ (S-Afr.: südwestl. Kap-Provinz: Sandboden am Bergfuß), wohl auch andere Arten, alle ⚥: Ende 18./Anfang 19. Jh. in Holland gezüchtet.

### Fransenschwertel – *Sparaxis* Ker Gawl. 15 Arten

Lit.: Goldblatt, P. 1969: The genus *Sparaxis*. J. South Afr. Botany **35**: 219–252. – Goldblatt, P. 1999: *Sparaxis*. In: Flora of Southern Africa, Vol **7**, 2. Pretoria: 151–169.

Bem.: Kult wohl nur **Sparaxis-Hybriden**, meist als *S. tricolor* gehandelt: BStand unverzweigt, B 1–6, 5 cm ∅, radiär, leuchtend gelb, orange, scharlachrot, lila, violett. 0,25–0,50. ♃ ☉ 6–7. **Z** s ⚥ Rabatten; ⚘ unsicher, Knollen in Trupps zu 6–20, 6–7 cm tief, im Herbst dicke Laubdecke od. Ⓚ bei 8°. LiebhaberPfl, heikel, Freilandkultur in D. nur in den mildesten Gebieten erfolgreich.

**Eltern der Hybriden:**
1  StaubBl symmetrisch um den aufrechten Griffel angeordnet. Staubbeutel aufrecht, gelb, die Griffelarme weit überragend. B radiär. Perigonröhre gelb, ±0,8 cm lg; Zipfel zinnoberrot od. lachsfarbig, mit schwarzer od. roter pfeilfg Zeichnung am Grund, eifg, 2,5–3,3 × 1 cm. DeckBl 2,5–3 cm lg, ganzrandig od. kaum geschlitzt. Bl 5–10, 8–25 × 1–2 cm. 0,10–0,40. ♃ ☉ 6. **Z** s ⚥; Ⓚ (S-Afr.: südwestl. Kap-Provinz: feuchte, tonige Ebenen – 1789).
                               **Dreifarbiges F., Harlekinblume** – *S. tricolor* (Schneev.) Ker Gawl.
1*  StaubBl unsymmetrisch angeordnet, Griffel gebogen, hinter den StaubBl liegend. B zygomorph. Perigonröhre < 1,6 cm lg . . . . . . . . . . . . . . . . . . . . . . . . . . . . . . . . . . . . . . . . . . . . . **2**
2  Stg verzweigt, mit 1 StgBl. ∞ Brutknöllchen nach der BZeit an allen Knoten entwickelt, auch an den oberen. B cremefarben od. weiß, zuweilen außen purpurn gestreift. Perigonröhre 1,4–1,6 cm lg, Zipfel 2,5–2,8 × 1,2 cm. Ähre 1–4(–6)blütig. Bl 5–9, 0,4–1 × 8–30 cm. 0,15–0,50. ♃ ☉ 5. **Z** s ⚥; Ⓚ (S-Afr.: südwestl. Kap-Provinz: winterfeuchte Sand-, seltener Lehmböden, bis 330 m).
                               **Knöllchen-F.** – *S. bulbifera* (L.) Ker Gawl.
2*  Stg meist unverzweigt, blattlos. Knöllchen höchstens zu 1–3 an den untersten Knoten gebildet. B verschiedenfarbig; wenn cremefarbig od. weiß, dann mit dunklem Fleck am Grund der Zipfel. Perigonröhre 1–1,4 cm lg, Zipfel 2,4–3 × 1,2–1,6 cm. 0,08–0,45. ♃ ☉ 4–5. **Z** s ⚥; Ⓚ (S-Afr.: südwestl Kap-Provinz: schwere, winterfeuchte Lehm- u. Tonböden – formenreich). [*Ixia grandiflora* F. Delaroche]                               **Großblütiges F.** – *S. grandiflora* (F. Delaroche) Ker Gawl.

### Tigerblume, Pfauenblume – *Tigridia* Juss. 38 Arten

Lit.: Molseed, E. 1970: The genus *Tigridia* (*Iridaceae*) of Mexico and Central America. Univ. of California Publ. in Botany **54**: 1–113.

Pfl mit schuppigen Zwiebeln. Bl schwertfg, grundständige fächerfg angeordnet, 20–50 × 1,5–5 cm, lineal-lanzettlich; StgBl 1–3. B einzeln od. zu 2–5(–8) endständig, nur 1 Tag blühend, 8–10 cm ∅. PerigonBl rot, am Grund purpurn od. braun gefleckt, äußere verkehrteifg, ausgebreitet, innere ¹⁄₃ so lg, schmal eifg (Abb. **723**/2). 0,30–0,50(–1,25). ♃ ☉ 6–9. **Z** s Rabatten, Sommerrabatten; ⚘ B nach 1 Jahr, bei ⚘ Virusgefahr, ○ geschützt, Boden sandig, durchlässig, fruchtbar, warm, Ⓚ Oktober–April bei 8–12 °C in trocknem Sand (Mex., Guatemala: feuchte Grasfluren auf Sand, auch zwischen Felsen in der Eichen-Kiefern-Stufe, meist halbwild, (600–)900–2400 m, eingeb. im nördl. S-Am. – 1576 – kult bei Azteken seit >1000 Jahren – ca. 15 Sorten: B weiß, gelb, orange, rosa, rot, violett, dunkler gefleckt od. einfarbig, ∅ bis 15 cm, Pfl bis 1,50 hoch).
                               **Tigerblume, Pfauenblume** – *T. pavonia* (L. f.) DC.

### Tritonie – *Tritonia* Ker Gawl. 27 Arten

Lit.: De Vos, M. P. 1982, 1983 : The African genus *Tritonia* Ker Gawler. Part 1 & 2. J. South African Botany **48**: 105–163; **49**: 347–422. – De Vos, M. P. 1999: *Tritonia*. In: Flora of Southern Africa, Vol. 7,2, Pretoria: 89–129.

B fast radiär, leuchtend orange, orangerot, zuweilen orangerosa, in bis 10blütiger Ähre. Perigonröhre 8–15 mm lg, Perigonzipfel ausgebreitet, verkehrteifg-spatelfg, doppelt so

lg wie die Röhre od. länger. Bl 7–20(–30) × 0,5–1(–1,5) cm. 0,25–0,40(–0,50). ♃ ♂
5–6. **Z** s Rabatten; ∨ ○ warm, geschützt, Boden durchlässig, Knollen 5–10 cm tief, ®
im Keller wie Gladiolen (S-Afr.: westl. u. mittlere Kap-Provinz: Hügel, Plateaus, Straßen-
ränder, unterschiedliche Böden – ±10 Sorten: B feuerrot, orange, rosa, lachsfarbig, cre-
meweiß – 1758). [*T. fenestrata* (JACQ.) KER GAWL., *T. hyalina* (L. f.) BAKER]
**Safranfarbige T.** – *T. crocata* (L.) KER GAWL.

**Montbretie** – *Crocosmia* PLANCH. 7 Arten

Lit.: DE VOS, M. P. 1984: The African genus Crocosmia PLANCHON. J. South Afr. Botany **50**: 463–502.
– DE VOS, M. P. 1999: Crocosmia. In: Flora of Southern Africa, Vol. 7,2. Pretoria: 129–138.

Bem.: Bis auf *C.* × *crocosmiiflora* sind die Arten in D. nicht winterhart u. wie Gladiolen zu überwintern,
alle sind dauerhafte ♃. Vermehrung durch Tochterknollen, Aussaat nur für Züchtung. Neue Knollen
werden jährlich gebildet, die alten leben 2 od. mehr Jahre. Ausläuferknollen 7–20 cm lg.

1 Bl deutlich gefaltet, 3–7 cm br. Stg rund . . . . . . . . . . . . . . . . . . . . . . . . . . . . . . . . . 2
1* Bl gerippt, aber nicht gefaltet, 1–2,2(–3) cm br. Stg rund od. kantig . . . . . . . . . . . 3
2 Perigonröhre 25–45 mm lg, >2mal so lg wie die Zipfel. Bl 40–90 × (1,5–)2,5–8 cm.
BStandsachse mit 2–5 2zeilig angeordneten Zweigen, besonders unten zickzackfg.
Perigon (4–)5–7,5 cm lg, schwach zygomorph, schmal trichterfg, orangerot od. braun-
orange. Griffeläste 4–6 mm lg. 0,70–1,00(–1,80) m. ♃ ♂ 8–9. **Z** s Rabatten, Sommer-
rabatten ♃; ∨ ○ ® wie Gladiolen (östl. S-Afr.: Bergland von N-Lesotho: Drakensberg,
NO-Oranje-Freistaat, O-Transvaal, Swasiland, O-Simbabwe: sumpfige Niederungen,
Waldränder – einige Sorten – Hybr mit *C. masoniorum* – Ende 19. Jh.?). [*Antholyza pa-
niculata* KLATT] **Rispen-M.** – *C. paniculata* (KLATT) GOLDBLATT
2* Perigonröhre 18–25 mm lg, <2mal so lg wie die Zipfel. Bl bis 60 × 2–5 cm. BStand eine
waagerecht gebogene Ähre, selten mit 1–2 Ästen, nicht auffällig zickzackfg. Perigon
4–6 cm lg, stark zygomorph, trichterfg, später stieltellerfg, fast einseitswendig, orange-
gelb bis rot. 0,50–0,90(–1,25). Griffeläste 2–4 mm lg. ♃ ♂ 7–8. **Z** s Rabatten, Stauden-
beete, ♃; ∨ ○ ® (S-Afr.: Transkei: Drakensberg – 1950). [*Tritonia masoniorum* L.
BOLUS] **Transkei-M.** – *C. masoniorum* (L. BOLUS) N. E. BR.
3 **(1)** B fast radiär, an der BStandsachse 2zeilig angeordnet. BStand nicht zickzackfg, mit
einigen Ästen, jeder mit 4–10 B. Stg mit 7–10 Rippen. Perigon 3,5–6,5 cm lg, Röhre
(15–)20–27 mm lg, schlank, kaum erweitert, Zipfel sternfg ausgebreitet, später zurück-
gebogen. 0,50–1,00(–1,30). ♃ ♂ u. ⌇⌇ 4–6. **Z** s Rabatten, Sommerrabatten ♃; ♥ ○ ◐
® (O- u. SO-Afr.: Tansania, Kongo, O-Angola, O-Simbabwe, Mosambik, Swasiland,
Lesotho, östl. S-Afr.: Bachufer, Waldschluchten, Waldränder – 1845 – var. *maculata* BA-
KER: Perigonzipfel am Grund mit rotbraunem Fleck). [*Tritonia aurea* PAPPE ex HOOK.]
**Gold-M.** – *C. aurea* (PAPPE ex HOOK.) PLANCH.
3* B zygomorph. BStand meist mit 1–5 Seitenähren, die B daran einseitig angeordnet,
Achse höchstens schwach zickzackfg, ± aufrecht. Perigonröhre 14–20 mm lg, aus
schlankem Grund plötzlich weit trichterfg, höchstens die Staubbeutel herausragend.
Perigonzipfel 8–15 × 5–7 mm. Perigon orangegelb, außen schwach ziegelrot. Stg rund.
0,70–1,20. ♃ ♂ 8–9. **Z** s Rabatten, Sommerblumenbeete ♃; ∨ ○ ® (S-Afr.: Natal,
Transkei: Bachufer der unteren Bergstufe – 19. Jh. – einige Sorten). [*Tritonia pottsii*
BAKER, *Montbretia pottsii* (BAKER) BAKER] **Potts-M.** – *C. pottsii* (BAKER) N. E. BR.

Kult fast nur **Garten-M.** – *C.* × *crocosmiiflora* (LEMOINE ex E. MORREN) N. E. BR. [*C. aurea* × *C. pottsii*,
*Tritonia* × *crocosmiiflora* (LEMOINE ex E. MORREN) G. NICHOLSON, *Montbretia* × *crocosmiiflora* LEMOINE
ex E. MORREN]: Ähnlich *C. aurea*, Perigonzipfel mit waagerecht ausgebreitet, StaubBl u. Griffel so lg wie die
Perigonzipfel. Perigonröhre 10–15 mm lg, Zipfel 15–25 mm. B in 2zeiligen Ähren u. (0–)3–5 Seiten-
ähren, gelborange bis rot. Stg mit 2–3 Rippen. Bl 4–8, 30–50 × 0,8–2(–3) cm. 0,30–0,90. ♃ ♂ 7–10.
**Z** v Rabatten, Staudenbeete ♃; ♥ samensteril ○ ⌢: in kalten Gebieten dicke Laubschicht mit Folie,
sichern auch gegen Winternässe, od. ® wie Gladiolen, aber im März in Töpfe, im April ins Freiland,
Knollen 5–10 cm tief (1880 – ∞ Sorten: B rot, orange, goldgelb, auch mit Flecken am Grund der
Perigonzipfel – eingeb. in Port., Frankr., Brit.).

# Familie **Tagliliengewächse** – *Hemerocallidaceae* R. Br.   50 Arten

**Taglilie** – *Hemerocallis* L.   15 Arten

Lit.: ERHARDT, W. 1988: *Hemerocallis* – Taglilien. Stuttgart.

Bem.: Züchtung u. Hybridisierung in China schon seit Jahrhunderten, Zuchtformen dort auch verwildert, Verbreitung u. Umgrenzung der Wildarten daher z. T. unsicher, einige „Arten" erweisen sich als alte Zuchtformen od. Hybriden unklarer Abstammung.

1   B nicht duftend, gelbrot bis ziegelrot, selten orangerot, zu (2–)5–10 in gegabeltem BStand, 5 mm lg gestielt, am Morgen geöffnet, 12 Std. ausdauernd. Bl 50–90 × 3–5 cm. HochBl lanzettlich, 3–4 mm br (Abb. **726**/1). 0,70–1,20(–1,40). ♃ ⚲ kurze ∿∿, Knollenwurzeln 6–7. **W.** **Z** v Rabatten, Staudenbeete, Gehölzränder; **⚥** selbststeril triploid, in O-As. auch diploid, ○ ◑ nicht ∼, wuchert (S- u. M-China bis O-Tibet, O-Gansu, Hebei, S-Liaoning, NO-Indien, S-Korea: lichte Wälder, Gebüsch, Grasland, 300–2500 m; eingeb. in Kauk., SO- u. Z-Eur., in warm. bis gemäß. O- u. Z-USA u. Kanada – 1561 – formenreich: var. *fulva*: Pfl sommergrün, Perigonröhre 2–3 cm lg, äußere PerigonBl 1,5–2,5 cm, innere 2–3,5 cm br, am Rand kraus (Areal der Art); var. *aurantiaca* (BAKER) M. HOTTA [*H. aurantiaca* BAKER]: Pfl immergrün, B dunkelorange (S-China, Taiwan); var. *angustifolia* BAKER: Pfl sommergrün, Perigonröhre schmal, bis 4 cm lg, Perigonzipfel 5–11 cm lg, äußere 0,5–2 cm br, innere 1–2,5 cm br (Japan, China, nur kult); var. *kwanso* REGEL: Pfl sommergrün, Perigon doppelt, StaubBl perigonartig (Japan, Korea, China, nur kult)).        **Braunrote T.** – *H. fulva* L.

1*  B zitronengelb, gelb od. orange. Stg 0,30–1,00 m . . . . . . . . . . . . . . . . . . . . . . . . . **2**

2   B orangegelb bis orange, zu 2–5 in kurzem, kopfigen, am Grund von 0,8–3 cm br HochBl umhüllten BStand, am Morgen für 24 Std. geöffnet, schwach duftend. Bl meist länger als der Stg, selten wenig kürzer. B kurz (< 1,5 cm) gestielt, die BStiele von den becherfg DeckBl umhüllt . . . . . . . . . . . . . . . . . . . . . . . . . . . . . . . . . . . . . . . . . . **3**

2*  B zitronen- od. goldgelb, zu (1–)2–15 in ährenfg (zymösem), einfachem od. verzweigtem BStand. B am Nachmittag od. Abend für 1–2(–3) Tage geöffnet, duftend, 0,8–3 (–4) cm lg gestielt . . . . . . . . . . . . . . . . . . . . . . . . . . . . . . . . . . . . . . . . . . . . . . . . . **4**

3   Wurzeln knollenfg verdickt. BStand eine einfache Zyme. B 5–7 cm lg, orange, außen zuweilen bräunlich, weit geöffnet, Perigonröhre ±1 cm lg, Zipfel nicht umgebogen, äußere 0,7–1 cm, innere 1–1,5 cm br. Bl 40–50 ×1–1,5(–2) cm. 0,25–0,50. ♃ ⚲ 5–6. **Z** s Rabatten; **⚥** v ○ ◑ (M- u. N-Japan, Korea: Gebirge; nicht China, Mandsch., Sibir.! – 1830).        **Dumortier-T.** – *H. dumortieri* C. MORREN

3*  Wurzeln ± 3 mm ∅, nicht knollenfg. BStand aus 2 Zymen. B am Grund von 1,6–4 cm br, eifg-herzfg HochBl umhüllt. Perigonröhre 0,9–1,7 cm lg, äußere Perigonzipfel später umgebogen, 1,5–2,5 cm br, stumpf. Bl bis 30 × 1–2,5 cm. 0,30–0,80. ♃ ⚲ 5–6( 0). **Z** s Ra-

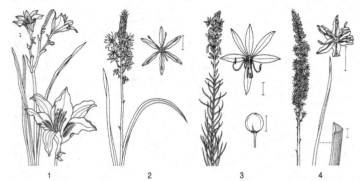

1                          2                          3                          4

batten; ⚥ ⚲ ○ ◑ (Sachalin, Amur, Ussuri, NO-China, Korea, N-Japan: Waldränder, Felsen, Wiesensteppen – 1830). **Middendorff-T. –** *H. middendorffii* TRAUTV. et C. A. MEY.

Ähnlich: **Essbare T. –** *H. esculenta* KOIDZ. [*H. dumortieri* var. *esculenta* (KOIDZ.) KITAG., *H. middendorffii* var. *esculenta* (KOIDZ.) OHWI]: BStand gegabelt ährenfg. HochBl 1,5–3,5 × 0,6–1,4 cm, verkehrteilanzettlich bis eifg. Knollenwurzeln 10 mm dick. 0,50–0,80(–1,00). ♃ ⅄ u. ⤳. **Z** ob kult in D.? (M-China bis Jilin u. O-Qinhai, Sachalin, N-Ussuri, M-Japan: Hochstaudenwiesen, sumpfige LärchenW, Waldränder, Hänge an Küstenterrassen).

Bem.: Als GemüsePfl in China kult, ebenso *H. citrina, H. lilioasphodelus* u. *H. minor.* B, BKnospen u. Stg als Salat od. gedämpft.

**4 (2)** Wurzeln nicht knollenfg angeschwollen. Bl (3–)5–9 mm br, so lg wie der Stg od. bis 1/3 kürzer. BStand unverzweigt, (1–)2–3(–7)blütig. BStiele 2–3(–4) cm lg. B goldgelb, 6–9 cm lg; Perigonröhre 1–2,5 cm lg. Untere HochBl eifg. 0,30–0,50. ♃ ⅄ (5–)6. **Z** z Rabatten; ⚥ ⚲ ○ ◑ (Z- bis NO-China von Hubei, NO-Jiangsu u. O-Gansu nach NO, Amurgebiet, gemäß. M- u. O-Sibir., N-Mong.: Wiesensteppen, Waldlichtungen, Gebüsch – 1768). [*H. graminea* ANDREWS] **Kleine T., Stern-T. –** *H. minor* MILL.
**4\*** Wurzeln knollenfg angeschwollen. Bl 5–25 mm br. BStand verzweigt. B zitronengelb **5**
**5** Perigonröhre 1,5–3 cm lg. Staubfäden 5–5,5 cm lg. Bl ± gerade, länger als der Stg od. wenig kürzer, 20–80 × 0,8–1,5 cm. Untere HochBl lineal-lanzettlich. BStand fächerfg verzweigt, 2–15blütig. B 7–9 cm lg. 0,70–0,80(–1,00). ♃ ⅄ 5–6. **W. Z** z Rabatten; ⚥ ⚲ ○ ◑ nicht ~ (M- u. NO-China, südl. Amurgebiet, NO-Mong.; nicht Japan u. Sibir!: feuchte Eisbuckel-Auwiesen; eingeb. in Kauk., SO-Eur., gemäß. O-Am. – 1568, in SO-Eur. schon Mittelalter). [*H. flava* L.] **Gelbe T. –** *H. lilioasphodelus* L.

Ähnlich: **Thunberg-T. –** *H. thunbergii* BAKER: B 8–10, gelb, im Schlund dunkler, duftend. Pfl nachtblühend? Äußere Perigonzipfel am Rand grün überlaufen?, kleiner als die inneren. Stg oben verdickt, etwas abgeflacht? Bl bogenfg, 0,8–2,4 cm br. 0,50–0,60(–1,00). ♃ ⅄ ⤳ 7–8. **Z** ob in D.? (Sippe von unklarem Artwert. Angaben aus China nicht bestätigt. In Japan u. Fernost: S-Kurilen als *H. yezoensis* HARA u. *H. vespertina* HARA (fraglich synonym mit *H. thunbergii*) geführt, außerdem in Korea: Meeresküste – oft mit *H. citrina* verwechselt).

**5\*** Perigonröhre 3–5 cm lg. Staubfäden 7–8 cm lg. B mit Zitronenduft. Bl 50–130 × 0,5–2,5 cm. BStand mit 3–5 Zweigen mit je 2–5 B. PerigonBl (6–)7–12 cm lg. 0,80–1,00. ♃ ⅄ 7–8. **Z** s Rabatten; ⚥ ⚲ ○ ◑, nicht ~ (warmgemäß. O-China von N- u. O-Sichuan, Guizhou u. Jiangxi bis Shandong, Hebei, O-Gansu – nicht Japan, Korea!: Waldränder, Grasfluren, Talhänge – 1895). [*H. altissima* STOUT] **Zitronen-T. –** *H. citrina* BARONI

Bem.: Unter diesem Namen wird oft der Bastard *H. citrina* × *H. thunbergii* angeboten.

**Hemerocallis-Hybriden:** Aus den angeführten Arten u. einigen weiteren (s. u.) sollen >30 000 Sorten gezüchtet worden sein, in O-As. schon seit Jahrhunderten, in Eur. u. N-Am. besonders seit 1900, sie sind wichtiger als die reinen Arten, diese nur LiebhaberPfl. – Sichtungsgärten in Frankfurt, Berlin u. Hamburg. – B jetzt bis 18 cm ⌀, weiß, blassgelb, gelb, orange, rot, korallen- u. lachsrosa, purpurn, schwarzpurpurn, violett, lavendelblau, Röhre gelb, orange, grün, Schlund oft dunkler gezeichnet, B auch zweifarbig (äußere u. innere PerigonBl verschieden gefärbt) od. gefüllt. BForm: spinnenförmig (Zipfel schmal, lg, zurückgekrümmt), sternfg, rund, dreieckig; PerigonBl flach od. gekräuselt; Bl auch weißbunt. – Einige immergrüne Arten: *H. nana* FORREST et W. W. SM. (Yunnan), *H. plicata* STAPF (Sichuan, Yunnan), *H. forrestii* DIELS (NW-Yunnan) u. daraus gezüchtete Sorten sind in D. nur in den mildesten Gebieten bedingt winterhart. – Kultur allgemein leicht, Düngung u. bis zur BZeit feucht, nicht ●. – Schädling *Hemerocallis*-Gallmücke: Knospen verdickt, nicht geöffnet; abbrechen, im Müll entsorgen!

## Familie **Affodillgewächse** – *Asphodelaceae* JUSS.      780 Arten

**1** Perigon zylindrisch-glockig, mindestens zur Hälfte röhrig verwachsen. Alle LaubBl grundständig, im ⌀ meist v-fg.      **Fackellilie** – *Kniphofia* S. 731
**1\*** Perigon sternfg bis glockig, PerigonBl frei od. höchstens am Grund auf <10% ihrer Länge verwachsen . . . . . . . . . . . . . . . . . . . . . . . . . . . . . . . . . . . . . . **2**

**2** LaubBl grund- u. stängelständig. StaubBl nach unten gebogen, die 3 äußeren kleiner, B daher schwach dorsiventral, gelb od. weiß, zu 2–5 in den DeckBlAchseln, ihr Stiel gegliedert. **Junkerlilie** – *Asphodelịne* S. 728
**2*** Alle LaubBl grundständig. StaubBl gleich. B radiär, einzeln in den DeckBlAchseln . **3**
**3** BStiel gegliedert. Kapseln 3- od. 6samig. PerigonBl weiß od. blassrosa mit 1 bräunlich-rosa Mittelnerv. BStand eine einfache od. verzweigte Traube.
**Affodill** – *Asphọdelus* S. 728
**3*** BStiel ohne Gliederung. Kapsel ∞samig. PerigonBl gelb, orange, rosa, weiß oder grün-lich mit 1–5 Nerven. BStand eine unverzweigte Traube.
**Steppenkerze** – *Eremụrus* S. 729

**Affodill** – *Asphọdelus* L. 12 Arten

Lit.: Diaz Lifante, Z., Valdes, B. 1996: Revisión del género *Asphodelus* L. (*Asphodelaceae*) en el Mediterráneo occidentál. Boissiera **52**: 1–189.

**1** PerigonBl 15–24 × 2,5–5,5 mm, weiß od. blassrosa mit dunklerem Mittelnerv. BStand unverzweigt od. mit wenigen kurzen Ästen. DeckBl schwarzbraun. Stg voll. Bl 15–60 × (0,5–)1–2(–3) cm, gekielt. Fr (6,5–)8–10(–13) mm lg, eifg. (Abb. **726**/2). 0,30–1,00. ♃ ⚥ 5–6. **Z** s Rabatten, Staudenbeete, große △; ♈ ∀ ○ ⊕ ~ (M- u. N-Span.: Gebirge; S- u. M-Frankr., N-It., S-Schweiz, S-Österr.; Ungarn, W- u. Z-Balkan: sonnige Wiesen, Felsrasen, offne Gehölze, Brandstellen, meist auf Silikat, 0–1600 m – 1596 – formen-reich). **Weißer A.** – *A. ạlbus* Mill.

Ähnlich: **Kirschen-A.** – *A. cerasịferus* J. Gay [*A. ạlbus* subsp. *cerasịferus* (J. Gay) Rouy]: Kapsel kug-lig, 10–20 mm ∅. BStand meist verzweigt. DeckBl weißlich. 1,00–1,50(–2,00). ♃ ⚥ 5–8. **Z** ob in D.?, wohl nicht winterhart (NW-Afr., Z- u. O-Span., S-Frankr. bis W- u. S-It., Sizil.: Fels-Trockenrasen, offne Garriguen, 0–1650 m).

**1*** PerigonBl 7,5–13,5 × 3–6 mm, weiß od. blassrosa mit rosabräunlichem Mittelnerv. BStand verzweigt od. unverzweigt. Stg hohl. Bl 5–35 × 0,1–0,5 cm, rund, hohl. Fr ver-kehrteifg, 4–6 × 3,5–6 mm. 0,15–0,90(–1,50). ⊙ od. kurzlebig ♃ ⚥ 4–5. **Z** s Rabatten △; ∀ ○ (Medit., Sinai, W-Arabien, Kanaren: Felsfluren, Brachäcker, Ruderalstellen, bis 800 m, eingeb. in allen Gebieten mit Mediterranklima). **Röhriger A.** – *A. fistulọsus* L.

**Junkerlilie** – *Asphodelịne* Rchb. 14 Arten

Lit.: Tuzlaci, E. 1987: Revision of the genus *Asphodeline* (*Liliaceae*) – A new infrageneric classifica-tion. Candollea **42**: 559–576.

**1** Stg nur am Grund od. bis etwa zur Mitte beblättert. BStand einfach, selten mit 1–2 Ästen, locker . . . . . . . . . . . . . . . . . . . . . . . . . . . . . . . . . . . . . **2**
**1*** Stg bis oben beblättert. BStand ein einfacher traubenfg Thyrsus, dicht . . . . . . . . . . **3**
**2** Perigon gelb, (23–)25–35 mm lg. DeckBl kurz 3eckig bis lanzettlich, kurz zugespitzt, 5–7(–10) mm lg, kürzer als die BStiele. Bl 1–2 mm br, am Rand rau. Fr 7–8 mm ∅. (0,35–)60–1,00(–1,45). ♃ ⚥ Knollenwurzeln (5–)6. **Z** s Rabatten, große △; ♈ ∀ B nach 3 Jahren, ○ ~ ∧ (It., Balkan, Kreta: Macchien, Waldlichtungen, meist auf Kalk).
**Liburnische J.** – *A. libụrnica* (Scop.) Rchb.
**2*** Perigon blassgelb od. weiß, useits zuweilen rosa, 15–21(–30) mm lg. DeckBl lanzett-lich, lg zugespitzt, 8–10 mm lg. Bl ±2 mm br, am Rand rau, am verbreiterten Grund bewimpert. Fr 6–8 mm ∅. (0,13–)0,20–0,35(–0,50). ♃ ⚥ 6. **Z** s △ Rabatten; ♈ ∀ ○ ~ ∧ (2 Unterarten: subsp. *tenuiflọra* (K. Koch) Tuzlaci [*A. tenuiflọra* (K. Koch) Miscz., *A. szovịtsii* (K. Koch) Miscz.]: PerigonBl 17–20 mm lg, weißlich, äußere useits zuweilen rosa, schmal linealisch (NO-Türkei, W-Iran: Steppe auf trocknen, offnen Gips- u. Tonhängen, 1050–1700 m); subsp. *tenụior*: PerigonBl 25–30 mm lg, blassgelb (Kauk.)).
**Schlanke J.** – *A. tenụior* (Fisch.) Ledeb.
**3 (1)** PerigonBl 20–25(–30) mm, gelb mit grünem Mittelnerv. DeckBl eifg, lg zugespitzt, 20–35(–40) mm lg. Bl ±4 mm br. Fr 10–15 mm ∅ (Abb. **726**/3). 0,60–1,00(–1,50). ♃ ⚥ herbst-frühsommergrün ⚏ (5–)6. **Z** z Rabatten, große △, Staudenbeete, Natur-

gärten; ♈, ∨ B nach 3 Jahren, ○ nicht ≈; die dicken Wurzeln wie Kartoffeln essbar (N-Afr., Sizil., It., Balkan, S-Rum., Krim, Kauk., Türkei, Syr., Paläst., Israel, Jordanien: Macchien, offne, steinig-felsige Kalkhänge, bis 1650 m – 1561 – wenige Sorten, z. B. 'Plena': B gefüllt). **Gelbe J.** – *A. lutea* (L.) RCHB.

**3\*** PerigonBl 12–18(–20) mm lg, weiß, useits mit braungrünem Streifen. DeckBl 15–20 mm lg. Bl 1–2 mm br. Fr 8–10 mm ⌀. (0,25–)0,40–0,60(–1,00). ⌙ ♈ (4–)5. **Z** s Rabatten, große △; ♈ ∨ ○ ~ ∧ (Balkan, Türkei, W-Syr., Krim, Kauk.: steinige Wiesen, Felshänge, Waldlichtungen, bis 2500 m). **Krim-J.** – *A. taurica* (PALL.) KUNTH

**Steppenkerze, Wüstenschweif** – *Eremurus* M. BIEB.                    45 Arten

Bem.: Pfl frühjahrs-frühsommergrün. – **Kult:** Stauden- u. Steppenbeete als Dominante in Gruppen; ♈, Sorten nur so, ∨ B nach 3–4 Jahren; Knollenrhizom im Herbst auf Sandbett pflanzen, Wurzeln (brüchig!) flach ausgebreitet, Boden fruchtbar, durchlässig, ○, im Frühjahr wässern, zur BZeit nicht mehr; winterhart, aber Neuaustrieb frostempfindlich, im Winter Schutz vor Nässe. Die bis 1(–1,5) cm dicken Wurzeln dextrinhaltig, in M-As. genutzt (z. B. *E. olgae, E. spectabilis, E. comosus, E. turkestanicus*) zur Gewinnung von Leim, zum Färben von Wolle u. Seide, als Emulgator, HeilPfl, in der Töpferei, junge bis 15 cm lg Bl, u. a. von *E. olgae* u. *E. robustus*, als Gemüse gekocht.

Lit.: WENDELBO, P. 1964: On the genus *Eremurus* in S.W. Asia. Acta Univ. Bergensis Ser. Math.-Nat. **5.**

**1** PerigonBl leuchtend gelb, später orange od. bräunlich, mit 1 dunkleren Nerv. StaubBl orange, deutlich herausragend. BTraube dicht, bis 40 cm lg. Bl (7–)12 mm br, kantig, kahl od. behaart (Abb. **726**/4). 0,40–1,00. ⌙ ♈ 5–6. **Z** z bes. Sorten, ⚥; kult s. unter Gattung (N-Iran, Afgh., W-Pakistan, Turkmenien, Tadschikistan: Strauch- u. Krautsteppe u. -halbwüste auf Löss- u. Steinhängen – 1875 – 3 Unterarten: subsp. *stenophyllus* [*E. st.* var. *bungei* (BAKER) O. FEDTSCH., *E. bungei* BAKER]: Bl, DeckBl u. Stg kahl. BStand 40 cm lg. Fr 6–8 mm ⌀ (O-Iran: 1100–2450 m – 1880); subsp. *aurantiacus* (BAKER) WENDELBO: Stg am Grund behaart. DeckBl kahl. Fr 6–8 mm ⌀ (N- u. Z-Afgh., Pamir-Alai, Pakistan: W-Himal., 1200–3750 m); subsp. *ambigens* (VVED.) WENDELBO [*E. ambigens* VVED.]: DeckBl u. StgGrund behaart. Fr 8–10 mm ⌀ (N-Afgh., Pamir-Alai: (350–)600–1080 m) – Hybr *E.* × *isabellinus* (VILM.) hort. [*E. olgae* × *E. stenophyllus* subsp. *stenophyllus*]: Pfl bis 1,50, BStand bis 1 m lg; entstanden 1902, Ausgangsform der Shelford- u. Ruiter-Hybr, ∞ Sorten: B gelb, orange, rosa, weiß; *E.* × *tubergenii* TUBERGEN [*E. himalaicus* × *E. stenophyllus* subsp. *stenophyllus*]: entstanden 1907, bis 2,40, B gelb, BZeit 6).

**Afghanistan-St., Schmalblättrige St.** – *E. stenophyllus* (BOISS. et BUHSE) BAKER

**1\*** PerigonBl weiß, rosa, bräunlich, blassgelb od. gelbgrün . . . . . . . . . . . . . . . . . . . . **2**

**2** Äußere PerigonBl mit 3–5 Nerven, nach der BZeit zusammengerollt . . . . . . . . . . . **3**

**2\*** Äußere PerigonBl mit 1 Nerv, nach der BZeit unverändert, nicht zusammengerollt . **6**

**3** Perigon schmal glockig, rosa, mit schmutziggrünen Nerven, 8–11 mm lg, nach der BZeit oben zu einer Kappe verklebt, von der wachsenden Fr abgeworfen. Fr dem Schaft angedrückt, 12–17 mm ⌀, kuglig, glatt. Bl linealisch, (6–)10–15(–30) mm br, gekielt, behaart. (0,50–)0,70–1,00(–1,20). ⌙ ♈ 5–7. **Z** s, kult s. unter Gattung (W-Pamir-Alai: *Ferula-, Prangos-* u. *Aegilops*-Fluren, lockeres Dorngebüsch, steinig-schotterige Hänge, 800–1600(–2000) m). **Schopfige St.** – *E. comosus* O. FEDTSCH.

**3\*** Perigon br glockig, weiß, blassgelb od. rosa, nach der BZeit stark eingerollt, bleibend. Fr 6–8(–12) mm ⌀ . . . . . . . . . . . . . . . . . . . . . . . . . . . . . . . . . . . . . . . . . . . . . . . . . . **4**

**4** Fr 6–9 mm ⌀, mit Querrippen, dem Schaft angedrückt. PerigonBl blassgelb, oft grün überlaufen od. rötlich mit br weißem Rand, 12–14(–16) mm lg. Bl behaart od. nur am Rand rau, 25–50 mm br, graugrün. Schaft kahl. BStand dicht, zylindrisch, 30–60 cm lg. 0,75–2,00. ⌙ ♈ 6–7. **Z** s, kult s. unter Gattung (Krim, Türkei, Syr., Palästina, N-Irak, N-Iran, Afgh., Pamir-Alai, W-Tienschan: Halbwüsten-Gebüsche, Dornpolsterfluren – 1800 – 3 Unterarten: subsp. *spectabilis*: PerigonBl blassgelb od. blass grünlichgelb. Bl kahl, am Rand rau od. bewimpert. FrNerven abgerundet (Krim, Z-Türkei, Libanon, Syr., N-Irak, N-Iran, Kauk.: 1000–2750 m); subsp. *regelii* (VVED.) WENDELBO [*E. regelii* VVED.]:

PerigonBl rötlich mit br weißem Rand. Fr stark kantig-nervig (Afgh., Tienschan, Pamir-Alai: 700–3200 m); subsp. *subalbiflorus* (VVED.) WENDELBO: Bl behaart, BFarbe u. Fr wie subsp. *spectabilis* (N-Iran, Turkmenien, 750–2000 m) – weitere verwandte Kleinarten in M-As.). **Ansehnliche St.** – *E. spectabilis* M. BIEB.

4* Fr 6–12 mm ∅, glatt. PerigonBl weiß mit grünen Streifen. BStand 30–40 cm lg  . . .  **5**

5 Äußere PerigonBl verkehrteilanzettlich, fast nur halb so br wie die inneren, 10–14 mm lg. BStiele horizontal abstehend, bis 7,5 cm lg, die unteren bis >5mal so lg wie das Perigon. BStand keglig, sehr locker. Stg unten behaart. Bl schmal linealisch, äußere 4–7(–15) mm br, kahl od. behaart. Fr 6–12 mm ∅. (0,20–)0,50–0,80(–1,50). ♃ ℔ 5–6. **Z** s, kult s. unter Gattung (M-As.: Tienschan, Pamir-Alai, N-Afgh.: Steppen, Rosen- u. Wacholdergebüsch auf steinigen Hängen, 950–2600 m). **Sogdische St.** – *E. soogdianus* (REGEL) BENTH. et HOOK.

5* Äußere u. innere PerigonBl lineal-lanzettlich, fast gleich br, 9–12 mm lg. BStiele dem Stg fast anliegend, die unteren <2mal so lg wie das Perigon, unter der B verdickt. BStand schmal zylindrisch, locker, 30–50 cm lg. Stg kahl. Bl 20–45 mm br, graugrün, kahl. Fr 7–8 mm ∅. 0,70–1,00. ♃ ℔ 6–7. **Z** s, kult s. unter Gattung (W-Tienschan, W-Pamir-Alai: Halbwüstengebüsch, steinige Wacholderfluren, 1100–1800 m – 1881). **Turkestanische St.** – *E. turkestanicus* REGEL

6 **(2)** Fr 8–12(–14) mm ∅ . . . . . . . . . . . . . . . . . . . . . . . . . . . . . . . . . . . . . . . . . .  **7**

6* Fr >12 mm ∅ . . . . . . . . . . . . . . . . . . . . . . . . . . . . . . . . . . . . . . . . . . . . . . . . .  **8**

7 DeckBl meist kahl, aus br 3eckigem Grund lg fadenfg ausgezogen. BStiele (16–)25–70 mm lg, abstehend. PerigonBl blassrosa, selten weiß, am Grund gelb, 12–17 mm lg. Bl kahl, 5–10(–15) mm br. Stg kahl. BStand dicht, keglig, 30–50 cm lg. 0,70–1,00. ♃ ℔ 6. **Z** s, kult s. unter Gattung (N-Iran, N-Afgh., Pamir-Alai: Hochgrasfluren, Wacholder- u. Dorngebüsch auf steinigen u. feinerdereichen Hängen, (500–)800–2700 m – 1873 – Hybr s. 1). **Olga-St.** – *E. olgae* REGEL

7* DeckBl zottig bewimpert, schmal 3eckig-eifg, nicht fadenfg ausgezogen. BStiele ±10 mm lg, zur FrZeit 20 mm, verdickt, dem Stg fast angedrückt. PerigonBl weiß, am Grund gelb, 15–22 mm lg. Bl behaart, 15–25(–35) mm br. Stg unten behaart. BStand 10–40 cm lg, sehr dicht, zylindrisch. (0,30–)0,70–1,00(–1,50). ♃ ℔ 6–7. **Z** s, kult s. unter Gattung (O- u. NO-Afgh., Pamir-Alai: Bergsteppen, offnes Wacholdergebüsch, Feinerde- u. Schotterhänge, 1600–3700 m). **Kaufmann-St.** – *E. kaufmannii* REGEL

8 **(6)** Bl schmal linealisch, äußere ±5 mm br, 3kantig, graugrün, ± behaart. Stg wenigstens unten behaart. BStand locker, schwach keglig, ±30 cm lg. BStiele abstehend, untere 4 cm lg. PerigonBl blassrosa, mit 1 schmutzig-purpurnen Nerv, 13–14 mm lg, innere doppelt so br wie die linealischen äußeren. Fr 15–18 mm ∅. 0,80–1,00. ♃ ℔ 6. **Z** s, kult s. unter Gattung (N-Afgh., SW-Tadschikistan: feinerdereiche Hänge mit Strauch- u. Dornbusch-Steppen, 500–1600 m). **Buchara-St.** – *E. bucharicus* REGEL

8* Bl >10 mm br, kahl. Stg kahl od. am Grund schwach behaart . . . . . . . . . . . . . . . .  **9**

9 Fr ±35 mm ∅, stark aufgeblasen. Bl linealisch, grün, glänzend (?). BStand locker, in Kult bis 100blütig. PerigonBl milchweiß mit gelbem Grund, useits mit rotem Nerv, in der Knospe gelb. 0,55–0,80(–1,00). ♃ ℔ (4–)5. **Z** s, kult s. unter Gattung (W-Tienschan: steinige Berghänge). **Milchweiße St.** – *E. lactiflorus* O. FEDTSCH.

9* Fr 14–25 mm ∅. Pfl >1 m hoch . . . . . . . . . . . . . . . . . . . . . . . . . . . . . . . . . . . . .  **10**

10 Bl grasgrün, fast flach, geflügelt gekielt, 30–50(–80) mm br. BStand locker. PerigonBl 20–24 mm lg, rosa, am Grund gelb, die inneren fast doppelt so br wie die äußeren. Fr 15–20 mm ∅. (0,90–)1,20–2,00. ♃ ℔ 5. **Z** s, kult s. unter Gattung (Pakistan: Chitral; O- u. NO-Afgh., W- u. S-Pamir-Alai, W-Tienschan: Fergana-Gebirge: offne steinige u. feinerdereiche Hänge, 1000–3000(–3300) m). [*E. elwesii* MICHELI, *E. elwesianus* hort.] **Aitchison-St.** – *E. aitchisonii* BAKER

10* Bl rinnig, graugrün. BStand zylindrisch, dicht . . . . . . . . . . . . . . . . . . . . . . . . . . .  **11**

11 PerigonBl weiß, 17–20 mm lg. Fr ±14 mm ∅, runzlig. BStiele bis 30 mm lg, abstehend, zur FrZeit ± aufrecht. BStand bis 90 cm lg. DeckBl lineal-pfriemlich, bewimpert. Bl

15–50 mm br. (0,75–)1,00–2,50. ♃ Ɫ 6. **Z** s, kult s. unter Gattung, ∧? (NW-Himal. bis Himachal Pradesh, Pakistan, NO-Afgh.: offne Hänge, subalp. Wiesen, bis 3600 m – 1881 – Bastard: *E.* × *himrob* hort. [*E. himalaicus* × *E. robustus*]: 1,75–2,50. Bl graugrün. B blassrosa, 2–3 cm ⌀, s. auch **1**). **Himalaja-St.** – *E. himalaicus* BAKER

**11*** PerigonBl hellrosa, am Grund gelb, 17–18 mm lg, äußere halb so br wie innere. Fr (15–)20–25(–30) mm ⌀, kuglig, glatt. BStiele bis 35 mm lg, abstehend, auch zur FrZeit fast horizontal. BStand 35–110 cm lg. DeckBl 3eckig, lg ausgezogen, zottig bewimpert. Bl graugrün, gekielt, äußere 40–80 mm br. 1,00–2,00(–3,00). ♃ Ɫ 6. **Z** z, kult s. unter Gattung (W-Tienschan, Pamir-Alai: steinige u. feinerdereiche Hänge, oft in Rosengebüschen, 1600–3100 m – 1871 – Hybr s. **11**).
**Riesen-St., Kleopatranadel** – *E. robustus* (REGEL) REGEL

**Fackellilie** – *Kniphofia* MOENCH 70 Arten

Lit.: CODD, L. E. 1968: The South African species of *Kniphofia*. Bothalia **9**: 363–513. – TAYLOR, J. 1985: *Kniphofia* – a survey. Plantsman **7**: 129–160. – MÜSSEL, H. 1991: *Kniphofia* – altbekannt, doch wenig vertraut. Gartenpraxis **10**: 22–26.

Bem.: Die Arten wurden unterschiedlich umgrenzt, mehrere sind durch Übergänge verbunden. So wird z. B. *K. nelsonii* als Syn. von *K. uvaria* od. von *K. triangularis* angesehen. Die reinen Arten werden kaum mehr kultiviert, sondern >60 Hybridsorten, die bes. unter Beteiligung von *K. uvaria* u. anderen hier kurz verschlüsselten Arten entstanden u. schwer zu unterscheiden sind (B weiß, grünlich, blassgelb, gelb, orange, lachsrosa, rot, scharlachrot, bräunlich, oft in der Knospe rot, zur BZeit gelb, auch mehrfarbig u. gefüllt, Sorten von *K. galpinii*: B rot, orange od. goldgelb).

**Kult aller Arten:** Teichränder, Rabatten, ✂; Ψ V ○ Boden humus- u. nährstoffreich, durchlässig, im Sommer feucht, guter Winterschutz, einige Sorten aber voll winterhart.

**1** Pfl >1 m hoch. Bl 12–40 mm br . . . . . . . . . . **2**

**1*** Pfl <0,90 m hoch. Bl 1,5–18 mm br . . . . . . . . . . **5**

**2** B 15–20 mm lg, weiß bis grünlichweiß, selten gelblich. BStand zylindrisch, 9–20 × 4 cm. Bl 15–35 mm br, fein gezähnt. 0,60–1,80. ♃ Ɫ 8–9?. **Z** s (östl. S-Afr.: Bachufer, schwarzer, lehmiger Sumpfboden – 1786). [*K. pumila* BAKER non (AITON) KUNTH]
**Schwertblättrige F.** – *K. ensifolia* BAKER

Bem.: Die echte *K. pumila* (AITON) KUNTH (trop.–subtrop. O-Afr.) unterscheidet sich u. a. durch ganzrandige Bl.

**2*** B >24 mm lg, rot bis gelb . . . . . . . . . . **3**

**3** DeckBl schmal lanzettlich, lg zugespitzt. Perigon 24–34 mm lg, von den StaubBl um 4–15 mm überagt. Bl 20–40 mm br, meist fein gesägt, derb. BStand 12–30 × 6–7 cm, dicht. 1,00–2,00. ♃ Ɫ 6–8?. **Z** s (S-Afr.: Kap-Provinz: Bachufer, Grasland in Senken – vor 1800). **Frühe F.** – *K. praecox* BAKER

**3*** DeckBl eifg, ± stumpf. Perigon 25–40 mm lg, von den StaubBl um <5 mm überrragt **4**

**4** Bl 6–15(–18) mm br. BStiele zur BZeit (1,5–)3–6 mm lg. BStand länglich, 4,5–11 × 5,8 cm. B 28–40 mm lg; StaubBl eingeschlossen od. kaum herausragend. 0,50–1,20. ♃ Ɫ 8–9. **Z** z (S-Afr.: Kap-Provinz: Sümpfe, Bachufer, 0–1800 m, reich blühend bes. nach Feuer – 1687 – Sorten s. oben). [*K. burchellii* (HERB. ex LINDL.) KUNTH]
**Schopf-F., Traubige F.** – *K. uvaria* (L.) HOOK.

**4*** Bl 12–28 mm br. BStiele zur BZeit 1–1,5 mm lg. BStand eifg-rhombisch, dicht, 6–16 × 5,5–6,5 cm. B 25–35 mm lg; StaubBl zur BZeit 4–5 mm herausragend. 0,80–1,50. ♃ Ɫ 7–9?. **Z** z (S-Afr.: Kap-Provinz, Oranje-Freistaat, Natal, Swasiland, O-Transvaal: Bergwiesen, Sümpfe, Bachufer, 300–1850 m – ±1840).
**Langblättrige F.** – *K. linearifolia* BAKER

**5** (**1**) DeckBl eifg, ±stumpf. Bl 6–18 mm br . . . . . . . . . . **6**

**5*** DeckBl schmal lanzettlich, ± lg zugespitzt. Bl 1,5–6(–9) mm br, grasartig, im ⌀ 3eckig . . . . . . . . . . **7**

**6** B gelb bis gelbgrün, in der Knospe rot, 20–27 mm lg. BStand dicht, (fast) kuglig, 5–5,5 cm ⌀. BStiele 1,5–2,5 mm lg. 0,40–0,60. ♃ Ɫ 7–9?. **Z** s (S-Afr.: östl. Kap-Provinz: dichte Grasfluren, bis 600 m). **Zitronen-F.** – *K. citrina* BAKER

**6\*** B rot bis gelb, in der Knospe scharlachrot bis grünlichrot, 28–40 mm lg. BStand dicht od. an der Spitze zuweilen locker, 4,5–11 × 5,8 cm. BStiele (1,5–)3–5 mm lg.
*K. uvaria*, s. 4

**7 (5)** B 14–18 mm lg, die Röhre über der Mitte deutlich erweitert. BStiele 3–4 mm lg. BStand locker, eifg, 3–10 × 3–3,5 cm, <40blütig. Bl 2–8 mm br. 0,30–0,50. ♃ ⅄ 7–9?. Z s (S-Afr.: Natal: sumpfiges Grasland). **Wenigblütige F.** – *K. pauciflora* BAKER

**7\*** B >18 mm lg, über der Mitte nicht deutlich erweitert . . . . . . . . . . . . . . . . . . . . . . . **8**

**8** BStand locker, mit <10 B/cm, länglich-zylindrisch, 8–25 × 5–6 cm. B 19–30 mm lg, erst im Schlund erweitert. BStiele 2–3 mm lg. BKnospen cremefarben bis orange, B weiß bis gelb od. korallenrot. Bl 2–5(–8) mm br. 0,40–0,70. ♃ ⅄ 6–8. Z s (S-Afr.: Drakensberg: Bergbäche, Sümpfe, 1350–2250 m – ±1890 – ob hybridogene Sippe?).
**Drakensberg-F.** – *K. rufa* BAKER

Bem.: Ähnlich, aber mit lockerem BStand: **Lockerblütige F.** – *K. laxiflora* KUNTH: B 24–35 mm lg, über dem FrKn zusammengezogen. BStand 10–45 × 4,5–5,5 cm (Natal, Transvaal). – **Zierliche F.** – *K. gracilis* HARV. ex BAKER: ebenso, aber B 11–20 mm lg. BStand 9–35 × 2,8–3,8 cm (östl. Kap-Provinz, Natal).

**8\*** BStand dicht, mit >10 B/cm, eifg, 5–8 × 4–5 cm . . . . . . . . . . . . . . . . . . . . . . . . . . **9**

**9** B einfarbig korallenrot, 24–35 mm lg; StaubBl zur BZeit 2–3 mm herausragend. Bl 1,5–3(–9) mm br, zuweilen deutlich gezähnt. BStiele 1–2 mm lg. 0,30–0,70. ♃ ⅄ 7–9. Z s (östl. S-Afr.: östl. Kap-Provinz bis Natal: Drakensberg: Bergwiesen, Bachufer, oft auf Moorboden, feuchte Stellen zwischen Sandsteinfelsen, 900–1950 m). [*K. macowanii* BAKER, *K. nelsonii* MAST.] **Grasblättrige F.** – *K. triangularis* KUNTH

**9\*** Obere B(Knospen) scharlachrot, untere gelb, 27–35 mm lg. StaubBl zur BZeit nicht od. kaum herausragend, später zurückgezogen. Bl 3–6(–8) mm br, ganzrandig, selten an der Spitze fein gezähnt. BStiele zur BZeit 1,5–3 mm lg. 0,30–0,70. ♃ ⅄ 9–10. Z s (S-Afr.: Transvaal, N-Swasiland, N- u. Z-Natal: dichtes Grasland, 900–1800m).
**Galpin-F.** – *K. galpinii* BAKER

## Familie **Spargelgewächse** – *Asparagaceae* JUSS. 250? Arten

**Spargel** – *Asparagus* L. 250? Arten

Bem.: Die Bl sind hier zu meist dornfg gespornten Schuppen umgebildet. Die Funktion der LaubBl übernehmen nadelfg od. abgeflacht linealische Sprosse (Phyllokladien, ScheinBl). B meist (unvollkommen) eingeschlechtig, zwittrig bei 2 für Schnittgrün wichtigen, nicht winterharten Topf- u. AmpelPfl:
**Zier-Sp.** – *A. densiflorus* (KUNTH) JESSOP: ScheinBl flach, mit Mittelrippe, 10–30 × 1,5–2,5 mm, zu 1–5 am Knoten. BlSporn dornig. B in Trauben, duftend. 0,30–1,50. ♄ i ⚥ Knollenwurzeln 7–8. Z v; ♈ (S-Afr.: östl. Kap-Provinz bis Mosambik – 1890 – kult besonders Sorte 'Sprengeri' [*A. sprengeri* REGEL]). – **Feder-Sp.** – *A. setaceus* (KUNTH) JESSOP [*A. plumosus* BAKER]: ScheinBl fadenfg, 4–5 × 0,1–0,2 mm, zu 6–13 am Knoten. BlSporn kurz, höchstens am Hauptspross stechend. B einzeln am Ende der Zweige, Stiel ±1 mm lg. 0,15–0,60. ♃ i ⅄ 9–10. Z v; ♈, kult luftfeucht bei 10–25 °C ☀ Humus (östl. Kap-Provinz, Natal, Transvaal, trop. O-Afr., weiter eingeb.: schattige (Dünen-)Wälder – 1876).

**1** ScheinBl flach, 6–20 × 0,8–2 mm, gebogen, zu 5–8 am Knoten. Stg kantig, aufrecht, Zweige in waagerechten Ebenen angeordnet, Pfl daher farnähnlich. SchuppenBl am Grund verhärtet, aber nicht dornig. Pfl 2häusig. B meist 1–2 pro Knoten, BHülle 2–3 mm lg, Stiel 1–2 cm lg. Beere schwarzgrün, 5–6 mm ⌀. 0,50–0,70(–1,50). ♃ i ⅄? 5–6. Z s ☀ Schnittgrün; ∨ ☀ ≈ ⌢ (O-Himal.: Indien, Bhutan, Myanmar, Thailand, SW- u. M-China, 1200–3000 m, schattige, feuchte Wälder in Tälern – nach 1880).
**Farn-Sp.** – *A. filicinus* BUCH-HAM. ex D. DON

**1\*** ScheinBl nadel- od. fadenfg, rund od. kantig gerippt, nicht flach . . . . . . . . . . . . . . **2**

**2** Pfl immergrün. ScheinBl grün bis blaugrün, hart, spitz, 2–10 × 0,3–0,5 mm, 4–10(–30) pro Knoten, SchuppenBl am Grund mit 2–4 mm lg Dorn. Stg aufrecht, weißlich, mit rauen Rippen. BHülle 3–4 mm lg, Stiel 4–7 mm lg. Beere schwarz, 4,5–7 mm ⌀.

1,00–2,00. h i ⚥ 8–9. **Z** s Solitär, Hecken; ⱽ ⱽ ☾ winterhart, bei freiem Stand ∧, junge Triebe als Wildgemüse gegessen (Medit.: KiefernW, Macchien, bis 1525 m – 1640).
**Spitzblättriger Sp.** – *A. acutifolius* L.

2* Pfl sommergrün. ScheinBl u. Stg grün ................................... 3

3 ScheinBl scharf gerippt, im ∅ deutlich 3kantig, am Rand papillös rau, 10–60 × 0,5–0,7 (–1,2) mm, zu (5–)10–20 am Knoten. BlGrund-Dornen 3–5 mm lg. BHülle halbkuglig, 4 mm lg; Stiel bis 5 mm. Beere schwarz, 8 mm ∅. 0,75–2,50. h ⚥ Spreizklimmer 5–6. **Z** s Hecken, Gehölze, Rankgerüste; ⱽ ⱽ ○ ☾ (Rum., Balkan, Kauk., Ukr., N- u. Z-Türkei, NO-Irak, W- u. N-Iran, SW-Turkmenien: lichte EichenW, Gebüsch an Flüssen – 1752). **Wirtel-Sp.** – *A. verticillatus* L.

3* ScheinBl im ∅ rund od. undeutlich 2–4kantig, bis 18(–25) × 0,1–0,5 mm. Beere rot **4**

4 Stg hin- u. hergebogen, kletternd-schlingend, seine Äste am Grund deutlich zurückgebogen. ScheinBl steif, zugespitzt, mit 2–4 Rippen, 7–18(–25) × 0,2–0,4 mm, hornig gezähnelt, zu 4–8(–30) am Knoten. SchuppenBl deutlich dornig. B zu (1–)2(–3) pro Knoten, BHülle 2,5–3,5 mm lg, Stiel gerade, 12–16 mm lg. (0,60–)1,00–2,00. ⌘ ⌇ ⚥ 5–6. **Z** s ⚭ Schnittgrün, Hecken, Rankgitter; ⱽ ⱽ ○ ☾ (südl. NO-China, Innere u. Äußere Mongolei: Schilfrasen u. Gebüsch auf Salzböden). **Haarblatt-Sp.** – *A. trichophyllus* BUNGE

4* Stg aufrecht, seine Äste am Grund nicht zurückgebogen. ScheinBl nicht steif. BHülle >4 mm lg ................................................. **5**

5 ScheinBl 0,1–0,2 mm ∅, zu 10–25(–40) am Knoten. Staubfäden 4–6mal so lg wie die runden Staubbeutel. B weißlich mit grünen Streifen, 6–8 mm lg. SchuppenBl am Grund nicht dornig. 0,40–0,80(–1,00). ⌘ ⌇ 5–6. **Z** z ⚭ Schnittgrün; ⱽ ⱽ ○ ☾ (S-Frankr., It., Balkan, S-Österr., Ukr., NW-Türkei: Gebüsche, lichte Wälder, felsige, sonnige Hänge, bis 1300 m). **Zartblättriger Sp.** – *A. tenuifolius* LAM.

5* ScheinBl 0,3–0,5 mm ∅, zu 3–20(–25) am Knoten. Staubfäden etwa so lg wie die Staubbeutel. B grünlich-gelblich, bis 6,5 mm lg ........................... **6**

6 Hauptspross glatt, ∅ rund, Äste schräg aufwärts gerichtet. ScheinBl 10–25 × 0,3–0,4 mm, zu 3–8(–15) am Knoten, vorwärts gerichtet, grün. Hülle der ♂ B 4–6,5 mm lg; BStiel herabgebogen, 5–12(–15) mm lg. 0,75–1,50(–2,00). ⌘ ⌇ 5–7. **W**. **N** v Gärten u. feldmäßig in warmen Sandgebieten, auch Löss; Gemüse; meist ⱽ, ⱽ Sa kurzlebig, ○ Boden locker, Dünger, Rhizom 20–40 cm tief, Ernte bis Mitte Juni, bevorzugt ♂ Pfl; HeilPfl: harntreibend; auch **Z** s Schnittgrün ⚭. Schädlinge Spargelfliege, Spargelhähnchen, Rost (urspr. Kleinas., Kauk., N-Iran, O-Balkan?, Ukr., W-Sibir.; nicht O-Medit. u. M-As.!: Steppen-Flusstäler, Gebüsch, Dünen, Sandhänge; eingeb. in NW-Afr., W- u. Z-Eur., gemäß. N-Am. – kult in O-Medit. seit >5000 Jahren, nach SW-D. vielleicht durch die Römer, nachweislich 16. Jh. – ∞ Sorten). **Gemüse-Sp., Garten-Sp.** – *A. officinalis* L.

6* Hauptspross mit ±10 papillös-rauen Rippen, Äste oft waagerecht gerichtet. ScheinBl 8–10(–15) × 0,3–0,5 mm, schwach 4kantig, zu 6–20(–25) am Knoten, allseitswendig, grün od. etwas bläulich. ♂ B 5–6 mm lg, ♀ 2,5–3 mm lg, BStiel (10–)15–25(–35) mm lg. (0,40–)0,70–1,10(–2,00). ⌘ ⌇ 5–6. **Z** s Grünschnitt; ⱽ ⱽ ○ (S- u. O-Rum., W-Ukr., Serb.?: Auwiesen, feuchte Sandküsten, auch Salzboden). [*A. officinalis* var. *pseudoscaber* (GRECESCU) ASCH. et GRAEBN.] **Rauer Sp.** – *A. pseudoscaber* GRECESCU

## Familie **Mäusedorngewächse** – *Ruscaceae* M. ROEM. 10 Arten

Bem.: Die LaubBl sind wie bei den Spargelgewächsen zu Schuppen reduziert. Ihre Funktion wird von blattfg Seitenachsen (Phyllokladien, ScheinBl) übernommen, die (bis auf das endständige bei *Ruscus*) in der Achsel von SchuppenBl stehen. Bei *Ruscus* entwickelt sich auf ihnen in der Achsel eines schuppenfg DeckBl der BStand.

1 Stg unverzweigt od. untere Zweige quirlig, meist mit >7 ScheinBl. B in der Achsel einer DeckBlSchuppe den ScheinBl entspringend. Beere rot. **Mäusedorn** – *Ruscus* S. 734

1* Stg wechselständig verzweigt. Seitenzweige mit 5–7 ScheinBl. B zu 5–8 in lockeren Trauben endständig an den Seitenzweigen. Beere orangerot.
**Traubendorn** – *Danaë* MEDIK. S. 734

**Mäusedorn** – *Ruscus* L. 4 Arten

1 Oberirdischer Stg verzweigt. ScheinBl eifg bis eilanzettlich, stechend dornspitzig, bis 3,2 cm lg. 0,20–0,60(–0,80). ♄ i ♃ 3–4. **Z** s Gehölzgruppen ♌ Trockensträuße ♧, ♈ ∨ schwer keimend ◐ Lehmboden ⋀ HeilPfl bei Venenleiden, giftig (Medit., Frankr., S-Brit., Balkan, Ung., S-Rum.: Gehölze, oft auf Kalkfelsen,Talhänge, bis 1200 m).
**Gewöhnlicher M.** – *R. aculeatus* L.

1* Oberirdischer Stg unverzweigt. ScheinBl 4–11 cm lg, ledrig, elliptisch zugespitzt, nicht stechend . . . . . . . . . . 2

2 BStand 2–5(–6)blütig, auf der OSeite des ScheinBl, sein DeckBl krautig, 20–30 × 3,5–13 mm, 5–11(–15)nervig, DeckBlRand mit dem ScheinBl zu >1/6 der Länge verwachsen. Pfl 2häusig. 0,25–0,50(–0,60). ♄ i ♃ 3–5. **Z** s städtische Anlagen u. Höfe ▭ ♌ ♧; ∨ ♈ ◐ (It., Österr., SW-Slowakei, Balkan, Rum., Ung., Krim, N-Türkei: Mischwald, Gebüsch, felsige Schluchten, 20–1400 m – vor 1600). [*R. hypophyllum* subsp. *hypoglossum* (L.) DOMIN]
**Hadernblatt** – *R. hypoglossum* L.

2* BStand meist 5–6blütig, auf der OSeite od./u. USeite des ScheinBl, sein DeckBl meist häutig, 4.5–9 × 1–2 mm, 1–3(–4)nervig, DeckBlRand frei od. kaum mit dem ScheinBl verwachsen. Pfl (meist?) 1häusig. 0,10–0,70. ♄ i ♃ 5–6. **Z** ob kult in D.? ▭ ♌ ♧; ♈ ∨ ◐ (NW-Afr., S-Span., SO-Frankr.?, Sizil.? – vor 1650 – Hybr mit *R. hypoglossum*: *R.* × *microglossus* BERTOL.: B nur ♀, auf den ScheinBl oseits u. useits. DeckBl 5,5–15 × 1,5–3 mm, 3–4nervig. 0,15–0,50. ♄ i ♃ 4–8 – **Z** s; ♈).
**Westmediterraner M.** – *R. hypophyllum* L.

**Traubendorn** – *Danaë* MEDIK. 1 Art

B ⚥, BHülle zu 2/3 verwachsen, im Schlund ein fleischiger Ring. ScheinBl lanzettlich, spitz, 5–8 × 1–2,5 cm. 0,40–1,00. ♄ i ♃ 5–6. **Z** s im Weinbauklima Schnittgrün, meist Import; ♈ ∨ ◐ ⋀ (S-Türkei: Latakia; NW-Iran, Talysch: schattige EichenW, Klippen, ±1000 m – 1713).
**Traubendorn, Alexandrinischer Lorbeer** – *D. racemosa* (L.) MOENCH

## Familie **Maiglöckchengewächse** – *Convallariaceae* HORAN.

225 Arten

Bem.: Die Gattungen *Streptopus* u. *Tricyrtis* werden neuerdings zu den *Liliaceae* bzw. mit *Calochortus* zu den von den *Liliaceae* abgetrennten *Calochortaceae* gestellt, *Uvularia* zu den *Colchicaceae* (KUBITZKI 1998, Fl. of North America 2002).

1 LaubBl linealisch-bandfg bis lineal-lanzettlich, alle grundständig . . . . . . . . 2

1* LaubBl eifg od. herz-eifg; wenn schmal lanzettlich, dann stängelständig . . . . . . 3

2 FrKn halbunterständig. Staubfäden kürzer als die Staubbeutel. Sa blau.
**Schlangenbart** – *Ophiopogon* S. 736

2* FrKn oberständig. Staubfäden so lg wie die Staubbeutel od. länger. Sa schwärzlich.
**Liriope** – *Liriope* S. 737

3 **(1)** LaubBl 2, grundständig, elliptisch, spitz, am Grund scheidig u. von NiederBl umgeben. B in einseitswendiger Traube, stark duftend. Fr eine rote Beere.
**Maiglöckchen** – *Convallaria* S. 737

3* LaubBl blühender Pfl stängelständig. B geruchlos od. schwach duftend . . . . . . 4

4 B einzeln od. 1–3(–4), gelb, ohne Tupfen. Fr eine 3kantige Kapsel.
**Goldglocke** – *Uvularia* S. 738

4* B meist > 5, weiß, grünlichweiß od. rosa; wenn gelb, dann purpurn getupft. Fr eine Beere od. Kapsel . . . . . . . . . . 5

**5** BStand endständig. PerigonBl 4 od. 6, weiß, frei. Bl herz-eifg od. eifg, gestielt od. sitzend. Fr eine rote Beere. **Schattenblümchen** – *Maianthemum* S. 736
**5\*** B einzeln od. zu 2–12 in den LaubBlAchseln. PerigonBl 6, verwachsen od. frei. Bl eifg bis schmal lanzettlich, sitzend od. stängelumfassend . . . . . . . . . . . . . . . . . . . . . . **6**
**6** PerigonBl bis über die Hälfte verwachsen. Bl schmal lanzettlich bis eifg, mit verschmälertem Grund sitzend. Fr eine rote od. schwarzblaue Beere.
　　　　　　　　　　　　　　　　　　　　　　　　　**Weißwurz** – *Polygonatum* S. 735
**6\*** PerigonBl frei. Bl eifg od. lanzettlich, spitz, sitzend od. stängelumfassend . . . . . . **7**
**7** B purpurn gefleckt, weiß, rosa od. gelb, einzeln blattachselständig. Griffel in 3 2spaltige Äste geteilt. Fr eine Kapsel. **Krötenlilie** – *Tricyrtis* S. 738
**7\*** B einfarbig weiß, grünlichweiß od. rosa, zu 1–2 scheinbar blattgegenständig. Griffel ungeteilt od. schwach 3lappig. Fr eine rote Beere. **Knotenfuß** – *Streptopus* S. 739

**Weißwurz, Salomonssiegel** – *Polygonatum* MILL. 57 Arten

Lit.: OWNBEY, R. P. 1944: The liliaceous genus Polygonatum in North America. Ann. Missouri Bot. Garden **31**: 371–413. – JEFFREY, C. 1980: The genus Polygonatum (Liliaceae) in Eastern Asia. Kew Bull. **34**: 435–471.

**1** Pfl < 10 cm hoch. B rosa, einzeln in den unteren BlAchseln, aufrecht, 15–20(–25) mm ∅. Bl lineal-lanzettlich bis verkehrteilänglich, bis 4 cm lg, kahl. Fr rot, 7–8 mm ∅. 0,05–0,10. ♃ ⚥ 5–6. **Z** s Moorbeete; ♈ ☽ ≃ (O-Himal.: N-Ind., Sikkim, Myanmar; SW-China: Tibet, N-Yunnan, W-Sichuan, O-Gansu, O-Qinghai: Wälder, Grashänge, Auboden, 3200–4300 m). **Hooker-S.** – *P. hookeri* BAKER
**1\*** Pfl > 15 cm hoch. B weiß, nickend. Fr schwarzgrün, blauschwarz (auch rot?) . . . . . **2**
**2** Bl schmal lanzettlich, in Quirlen zu 3–8 (Abb. **736**/2). Stg aufrecht. B zu 2–8 in achselständigen Trauben, 7–10 mm lg. Fr blauschwarz, in O-As. rot. 0,30–1,00. ♃ ⚥ 5–6. **W. Z** z Naturgärten: feuchte Stellen, Ufer, schattige Gebüsche; ♈ ∨ Sa kurzlebig Kaltkeimer ☽ ● ⊖ (Gebirge von Eur. u. W-As.: frische u. feuchte, schattige Wälder, subalp. Hochstaudenfluren – 1561). **Quirl-W.** – *P. verticillatum* (L.) ALL.
**2\*** Bl eifg-länglich bis elliptisch, 2zeilig. Stg meist bogig übergeneigt (Abb. **736**/1,3) . . **3**
**3** Stg kantig . . . . . . . . . . . . . . . . . . . . . . . . . . . . . . . . . . . . . . . . . . . . . . . . . . . . . **4**
**3\*** Stg glatt, im ∅ rund . . . . . . . . . . . . . . . . . . . . . . . . . . . . . . . . . . . . . . . . . . . . . . **5**
**4** Bl u. BlStiele kahl. B zu 1–2(–5), duftend. 0,20–0,50. ♃ ⚥ 5–6. **W. Z** z Naturgärten: trockne Gebüschränder, Felsen; ♈ ∨ Kaltkeimer ○ ⊕ (warmgemäß. bis gemäß. Eur., As.: TrockenW u. Gebüsche, Waldsäume, Felsfluren – 1561 – wenige Sorten, B auch gefüllt). [*P. officinale* ALL.] **Wohlriechende W., Echtes S.** – *P. odoratum* (MILL.) DRUCE
**4\*** Stg, BlUSeite u. BStiele kurzhaarig. B zu 1–5 (Abb. **736**/3), geruchlos. 0,30–0,80. ♃ ⚥ 5–6. **Z** s Naturgärten: feuchte Gebüsche, Säume von Gehölzgruppen; ♈ ∨ Kaltkeimer ☽ ● (SO-Eur. bis Kauk.: AuW u. -gebüsche). [*P. latifolium* (JACQ.) DESF.]
　　　　　　　　　　　　　　　**Breitblättrige W., Auen-W.** – *P. hirtum* (POIR.) PURSH

Ähnlich: **Niedrige W.** – *P. humile* MAXIM.: B einzeln in den BlAchseln (Abb. **736**/4), selten zu 2. Pfl 0,15–0,30, aufrecht, in dichten Kolonien. **Z** s (As.: Japan, Fernost, Sibir., China, Korea: trockne, oft felsige Hänge, LaubW).

**5** **(3)** Staubfäden an der Mündung der Perigonröhre entspringend. Bl 5–15 cm lg. B zu 2–6(–10). 0,30–0,70. ♃ ⚥ 5–6. **W. Z** z Naturgärten: Gehölzsäume, Gebüsche; ♈ ∨ Kaltkeimer ● ☽ (warmgemäß./mont. bis gemäß. Eur., W-Himal.?: frische LaubW, AuW – 1588). **Vielblütige W.** – *P. multiflorum* (L.) ALL.
**5\*** Staubfäden etwa in der Mitte der Perigonröhre entspringend. Bl 8–20 cm lg. B meist zu 4 (Abb. **736**/1). Pfl in allen Teilen größer als vorige, 0,50–1,20. ♃ ⚥ 5–6. **Z** v, häufigste Sippe in den Gärten: Naturgärten: Gehölzsäume, Gebüsche; ♈ ∨ Sa selten ausgebildet, Kaltkeimer ☽ ● (Hybr *P. multiflorum* × *P. odoratum* – 1835 – wenige Sorten, z. B. 'Striatum': Bl cremeweiß gestreift). **Garten-W., Riesen-W.** – *P.* × *hybridum* BRÜGGER

Ähnlich, aber selten kult, sind im östl. u. mittleren N-Am. bis NO-Mex. beheimateten **Zweiblütige W.** – *P. biflorum* (WALTER) ELLIOTT [*P. canaliculatum* (MUHL.) PURSH] u. **Rinnige W.** – *P. commutatum*

(Schult. f.). A. Dietr. [*P. canaliculatum* auct.]. Die kleinere, bis 0,90 hohe, diploide, bes. auf der BlUSeite behaarte *P. biflorum* wächst in LaubW an trockneren Stellen, die größere, bis 2,50 hohe, tetraploide, kahle *P. commutatum* an feuchten Standorten. Beide werden in Fl. North Am. **26**, 2002 als Varietäten unter *P. biflorum* zusammengefasst. Sie werden oft mit *P.* × *hybridum* verwechselt, das aber weitgehend steril ist.

**Schattenblümchen** – *Maianthemum* F. H. Wigg. (incl. *Smilacina* Desf.)   28 Arten

**1** Perigon 4teilig, zurückgeschlagen, 3–6 mm ∅, weiß. Bl am BStg 2(–3), herzfg, kurz gestielt. B 10–30, geruchlos. Reife Fr eine rote Beere. 0,05–0,15(–0,20). ♃ ⚇ 5–6. **W.**
Z s ☐ Gehölzgruppen, Landschaftsgärten, Parks; ♀ ◐ ● ⊖ nicht ~ (suboz.–subkont. warmgemäß. bis kühles Eur., As.: frische Laub- u. NadelW – 1561).
**Zweiblättriges Sch.** – *M. bifolium* (L.) F. W. Schmidt

Bem.: Im gemäß. bis kühlen N-Am. vertreten durch *M. canadense* Desf.: 0,10–0,25; untere Bl sitzend, Spreitengrund eng herzfg; im kühlen bis gemäß. ozean. W-Am. u. O-As. durch *M. dilatatum* (A. W. Wood) A. Nelson u. J. F. Macbr.: 0,20–0,47, untere Bl kurz gestielt, Spreitengrund br herz-nierenfg. Ob kult in D.?

**1\*** Perigon 6teilig, 1,5–10 mm ∅. Bl am BStg 6–12, eifg-elliptisch od. herz-eifg . . . . . . **2**
**2** BStand verzweigt, kegelfg-rispenfg, 70–250blütig. PerigonBl 0,5–1 × 0,5 mm. Rhizom 8–14 mm dick. Bl 7–17 × 5–8 cm, useits filzig, sitzend od. gestielt, im Herbst gelb. Fr eine durchscheinend rote Beere. 0,30–1,00. ♃ ⚘ ⚇ 5–6. Z s ☐ Gehölzgruppen, schattige Rabatten; ♀ ⩔ ◐ ● Boden ⊖ ≈ humos, durchlässig (SO-Alaska, S-Kanada, USA außer trockne Präriegebiete, N-Mex.: sommergrüne LaubW, reiche, bewaldete Talhänge, bis 800 m – 1635). [*Smilacina amplexicaulis* Nutt., *Tovaria racemosa* (L.) Neck.]
**Rispen-Sch., Duftsiegel** – *M. racemosum* (L.) Link

**2\*** BStand traubenfg, nicht verzweigt, 6–15blütig. PerigonBl 4–5 × 1,5–2 mm. Pfl mit 3–4,5 mm dicken, 15–60 cm lg Ausläufern. Bl 5–6 × 2,5–3,5 cm, sitzend. Beere dunkelrot. 0,15–0,45. ♃ ⚇ 5. Z s ☐ ⚘ Gehölzgruppen, Landschaftsgärten, Parks; ♀ ⩔ ◐ ● (O-Alaska, Kanada, USA außer SO, NW-Mex.: feuchte Hänge, Bachufer, Sanddünen, EichenW-Lichtungen – 1633). [*Smilacina sessilifolia* (Baker) S. Watson, *S. stellata* (L.) Desf.]
**Stern-Sch.** – *M. stellatum* (L.) Link

**Schlangenbart** – *Ophiopogon* Ker Gawl.   65 Arten

Lit.: Xinqi, Ch., Tamura, M. N. 2000: *Ophiopogon* Ker Gawl. In: Flora of China, vol. 24. St. Louis, Beijing: 252–261.

**1** Bl (7–)10–15 mm br, 30–80 cm lg, Rand schwach rau. BStiele 1–2 cm lg. Pfl horstig, ohne Ausläufer. Stg 4–7 mm br. BTrauben 7–10 cm lg. B in Gruppen zu 3–9, 7–9 mm lg, nickend, weiß bis violett. 0,30–0,50. ♃ i ⚘-Horst 7–8. Z s ☐ Gehölzgruppen, schattige Rabatten; ♀ ⩔ ◐ ● ⋀ (M- u. S-Japan, Ryukyus: schattige Standorte – 1830 Sorten mit gelb od. weiß gestreiften Bl). **Weißer Sch.** – *O. jaburan* (Kunth) Lodd.

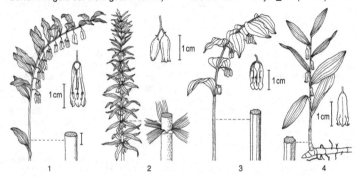

1cm   1cm   1cm   1cm   1cm

1    2    3    4

**1\*** Bl <7 mm br. Stg <3 mm br. B <7 mm, BStiele <1 cm lg. Pfl mit unterirdischen Ausläufern . . . . . . . . . . . . . . . . . . . . . . . . . . . . . . . . . . . . . . . . . . . . . . . . . . . . . **2**

**2** Bl 20–50 × 0,4–0,6 cm, ±11nervig, stumpf, Rand oben rau. BStiele 3–4(–10) mm lg. Stg∅ flach 3eckig, 1,5–2 mm br. BTraube 5–7 cm lg. B blasspurpurn od. weiß, 5–7 mm lg, nickend. 0,15–0,25. ⚄ i ⌇⌇ 7–8. **Z** s ▢ Gehölzgruppen, Parks, städtische Anlagen ⚘; ⚘ V ◐ ● winterhart (S- u. M-Japan: Wälder, Gebüsch im Tiefland u. Vorgebirge – Sorte 'Nigrescens': Bl fast schwarz). **Schwarzer Sch. –** *O. planiscapus* NAKAI

**2\*** Bl 10–20(–30) × 0,2–0,3(–0,4) cm, 3–7nervig, stumpf, Rand fein gesägt. BStiele 2–6 mm lg. Stg 1–1,5 mm br. 0,07–0,15(–0,27). ⚄ i ⌇⌇ 7–8. **Z** s ▢ Gehölzgruppen, Parks; ⚘ V ◐ ● ⌃, in Weinbaugebieten winterhart (S- u. M-Japan, S- u. M-China bis Hebei, Korea: Wälder, dichtes Gebüsch in Schluchten, feuchte u. schattige Hänge, an Bächen u. Klippen, im S bis 2800 m – 1784 – Sorte 'Variegatus': Bl weiß gestreift). **Schmalblättriger Sch. –** *O. japonicus* (L. f.) KER GAWL.

Bem.: Aus der nahestehenden Gattung **Liriope** – *Liriope* LOUR. (8 Arten), die sich von *Ophiopogon* durch aufrechte B, oberständigen FrKn u. durch Staubfäden unterscheidet, die so lg wie die Staubbeutel od. länger sind, eignen sich als bedingt winterharte, immergrüne Bodendecker fürs Freiland in wintermilden Gebieten evtl.

*L. spicata* (THUNB.) LOUR. [*Ophiopogon spicatus* (THUNB.) LODD.]: Bl (3–)4–7 mm br, useits 5nervig. Pfl mit Ausläufern. BTraube ∞blütig, 6–15(–20) cm lg, B zu (2–)3–5 in den HochBlAchseln. PerigonBl 4–5 × 2–2,5 mm, purpurn bis bläulich. 0,25–0,60. ⚄ i ⌇⌇ 5–7 (Vietnam, S- u. M-China, Korea, S- u. M-Japan: Wälder, feuchte Grashänge – 1821);

*L. graminifolia* (L.) BAKER: Bl 2–3(–4) mm br, 5nervig. Pfl mit Ausläufern. BTraube ∞blütig, 6–15 cm lg. B zu (1–)2–4 in den HochBlAchseln. PerigonBl 3,5–4 × 1,5–1,8 mm, weiß od. blasspurpurn. 0,20–0,50. ⚄ i ⌇⌇ 6–8 (S- u. M-China: Wälder, Schluchten, bis 2300 m);

*L. muscari* (DECNE.) L. H. BAILEY [*Ophiopogon muscari* DECNE.]: Bl (2–)8–20(–35) mm br, (5–)9–11nervig. Pfl ohne Ausläufer. BTraube ∞blütig, (2–)8–45 cm lg. B zu (3–)4–8 in den HochBlAchseln. PerigonBl 3,5–4 × 1,5–1,8 mm, purpurlila. (0,12–)0,45–1,00. ⚄ i ⅄-Horst 7–8 (S- u. M-China: Wälder, Bambushaine, Schluchten).

## Maiglöckchen – *Convallaria* L. 1 Art

Pfl mit flach unterirdisch kriechendem Ausläuferrhizom. LaubBl 2(–3), mit stielähnlicher, einen ScheinStg bildender Scheide; Spreite 12–20 × 2,5–5 cm, kahl, elliptisch, spitz. B duftend, weiß, br glockig-kuglig, ±9 mm ∅, nickend, zu 5–13 in einseitswendiger Traube. Fr eine rote Beere. 0,15–0,30. ⚄ ⌇⌇ 5(–6). **W**. **Z** v Gehölzgruppen, schattige Rabatten, ▢ ⅄ Treiberei ⚘; ⚘ V ◐ Boden fruchtbar, im Herbst Kompostdecke, HeilPfl, giftig! (warmgemäß. bis kühles Eur., O-As., Appalachen: mäßig trockne bis frische sommergrüne LaubW – kult seit Mittelalter – 4 geographisch isolierte, morphologisch wenig verschiedene Sippen: subsp. *majalis*: dichte Kolonien bildend. LaubBl grün bis zum Frost. Stg 12–23 cm. DeckBl 4–10 mm lg, kürzer als der BStiel. BKnospen ellipsoidisch. Perigon-Mittelrippen weiß. B ± kuglig (S-Eur./mont., M- u. N-Eur., gemäß. W-Sibir. – kult in D. meist diese, bes. Sorte 'Grandiflora': B u. Bl größer; eher LiebhaberPfl sind 'Rosea': B rosa überlaufen; 'Albostriata' u. 'Variegata': Bl weiß od. gelb panaschiert, 'Plena': B gefüllt); subsp. *transcaucasica* (UTKIN ex GROSSH.) BORDZ. [*C. transcaucasica* UTKIN ex GROSSH., *C. m.* var. *transcaucasica* (UTKIN ex GROSSH.) KNORRING]: BKnospen birnfg od. gestutzt pyramidal, B weit geöffnet, Perigonzipfel weit ausgebreitet, sonst ähnlich der nächsten (Kauk.); *C. m.* subsp. *manshurica* (KOM.) BORDZ. [*C. m.* var. *keiskei* (MIQ.) MAKINO, *C. keiskei* MIQ.]: B br glockig, 8–12 mm lg, Pfl 0,20–0,40, BlSpreite 10–20 × 3–10 cm (M- u. N-China, Korea, Japan, Amurgebiet, gemäß. O-Sibir.); subsp. *montana* (RAF.) [*C. montana* RAFINESQUE, Autik. Bot. 66. 1840, var. *montana* (RAF.) H. E. AHLES]: Pfl kleine Gruppen bildend. Bl im Spätsommer vergilbend. Stg 15–30 cm. DeckBl 10–20 mm lg, so lg wie der BStiel od. länger. Perigon-Mittelrippen grün (Appalachen). [*C. latifolia* MILL.]

**Gewöhnliches M. –** *C. majalis* L.

**Goldglocke, Goldsiegel, Trauerglocke** – *Uvularia* L. f.                     5 Arten

**1** Bl sitzend, schmal verkehrteilänglich, ihr Rand fein gezähnelt. Stg oberwärts kantig. StgKnoten u. BlUSeite kahl. B einzeln, blass strohgelb, PerigonBl 13–25 × 2–4 mm, oseits glatt. BStiele ohne HochBl. (0,10–)0,20–0,40. ♃ gestrecktes ⅄ 5–6. **Z** s Gehölzgruppen, schattige Rabatten; ♀ ⩔ Kaltkeimer ◐ ● kühlfeucht (östl. N-Am. von N-Florida u. O-Texas bis S-Manitoba u. S-Quebec: feuchte LaubW, 0–1000 m – 1790). [*Oakesiella sessilifolia* (L.) S. WATSON]                  **Kantige G.** – *U. sessilifolia* L.

**1\*** Bl durchwachsen, schmal ei-herzfg bis länglich, spitz, ihr Rand glatt. Stg⌀ rund. BStiele mit 1 durchwachsenen HochBl. PerigonBl oseits papillös od. glatt . . . . . . . . . . . . . **2**

**2** Bl useits auf den Nerven meist behaart. Unter dem untersten Zweig meist nur 1 Bl. B 1–3(–4), hängend. PerigonBl goldgelb, oseits glatt, 25–50 × 3–10 mm. Bl 6–13 × 2–6,5 cm. (Abb. **738**/2). 0,20–0,75. ♃ kurzes ⅄ 5. **Z** s, Verwendung u. kult wie **1** (östl. N-Am. von Alabama u. N-Georgia bis S-Manitoba u. S-Quebec: feuchte, reiche Wälder auf neutralen bis kalkreichen Böden, 0–1100 m – 1802).       **Hänge-G.** – *U. grandiflora* SM.

**2\*** Bl useits kahl, graugrün. Unter dem untersten Zweig (2–)3–4 Bl. B einzeln. PerigonBl strohgelb, oseits orange-papillös, (15–)20–35 × 3–5 mm. 0,15–0,50. ♃ ⅄ mit bis 15 cm lg ⌁. **Z** s, Verwendung u. kult wie **1**, ⊖ (östl. N-Am. von N-Florida u. O-Texas bis S-Ontario u. Maine: FalllaubW u. Gebüsch auf sauren bis neutralen Böden, 0–1000 m – 1710).                              **Kleine G.** – *U. perfoliata* L.

**Krötenlilie** – *Tricyrtis* WALL.                                           15 Arten

Lit.: MATHEW, B. 1985: A review of the genus *Tricyrtis*. Plantsman **6**: 193–225.

**1** B gelb mit purpurnen Flecken . . . . . . . . . . . . . . . . . . . . . . . . . . . . . . . . . . . . . . . **2**

**1\*** B weiß od. blassrosa mit purpurnen Flecken, höchstens innen am Grund gelb . . . . **3**

**2** B röhrig-glockig, hängend, 35–40 mm lg, innen mit purpurroten Flecken. Stg übergebogen-hängend. Bl eifg-elliptisch, lg zugespitzt, am Grund stielähnlich in die Scheide verschmälert. 0,30–0,60(–1,00). ♃ ⅄ 9–10. **Z** s Gehölzgruppen in Hanglage; ⩔ ♀ ● luftfeucht, Torf- od. Laub-Humus (Japan: Shikoku: feucht-schattige, steile Felswände).
                                                     **Großblütige K.** – *T. macrantha* MAXIM.

Sehr ähnlich, aber obere Bl stängelumfassend: *T. macranthopsis* MASAM. (*T. macrantha* subsp. *macranthopsis* (MASAM.) KITAM.] u. *T. ishiiana* (KITAG. et KOYAMA) OHWI, B bei ersterer in BlAchseln, bei letzterer in endständiger Zyme (beide M-Japan).

**2\*** B trichterfg od. flach, nach oben gerichtet, in lockerer endständiger Zyme u. in den oberen BlAchseln. Perigonzipfel 20–25 mm lg, ± stark purpurn gesprenkelt. Stg aufrecht. Bl stängelumfassend, 8–15 × 4–9 cm, ungefleckt. 0,40–0,90. ♃ ⅄ (6–)7. **Z** s Gehölzgruppen; ⩔ ♀ ◐ ● Laub- od. Torf-Humus ⌁, kult leicht (SW- u. Z-China von Sichuan bis Hebei, Japan: Wälder). [*T. bakeri* KOIDZ., *T. puberula* NAKAI et KITAG.]
                                                     **Breitblättrige K.** – *T. latifolia* MAXIM.

1                    2

**3** **(1)** PerigonBl scharf zurückgebogen, 15–20 mm lg, B in verzweigten, endständigen Zymen, bei starken Pfl auch in den oberen BlAchseln, $\varnothing$ 2 cm, cremeweiß, purpurn gefleckt, am Grund oft gelblich. Bl stängelumfassend, meist ungefleckt, 8–12 × 3–6 cm. (0,20–)0,40(–0,70). ♃ kurzes ⅄ (8–)9–10. **Z** s Moorbeete u. Gehölzgruppen; kult wie **2\*** (S- u. M-China von Guizhou u. Guangdong bis S-Shaanxi u. Henan, S- u. M-Japan, Korea: Wälder – 1868). [*T. dilatata* NAKAI] **Kleinblütige K.** – *T. macropoda* MIQ.

Ähnlich: **Gebirgs-K.** – *T. affinis* MAKINO [*T. macropoda* subsp. *affinis* (MAKINO) KITAM.]: B meist einzeln blattachselständig, selten in kurzgestielter endständiger Zyme, oft mit purpurner Mitte, PerigonBl vom Grund aus flach ausgebreitet, 15–20 mm lg. Staubfäden u. Griffelbasis nicht gefleckt. Bl oft dunkler gefleckt, am Rand kraus. Stg zerstreut steifhaarig. 0,30–0,60. ♃ gestrecktes ⅄ 9. **Z** s (S- u. M-Japan).

**3\*** PerigonBl schräg aufrecht, B daher trichterfg ............................. **4**
**4** B zu 1(–3) in den BlAchseln, selten dazu 2–3 kurz gestielte endständig. Perigonzipfel 2–3 cm lg (Abb. **738**/1). Bl lanzettlich, spitz, stängelumfassend, nicht dunkler gefleckt, 8–15 × 2–5 cm, weich behaart. Stg übergebogen, weich behaart (var. *masamunei* (MAKINO) MASAM.: Pfl fast kahl). 0,40–0,80. ♃ kurzes ⅄ (8–)9–10. **Z** z Gehölzgruppen; kult wie **2\***, leicht, nach ∨ B im 2. Jahr (Japan: Honshu, Shikoku, Kyushu: HangW – 1860 – oft Hybr mit *T. formosana*, **5**: B sowohl end- als auch blattachselständig, Rhizom gestreckt, z. B. 'Cumberland' mit Ausläufern; 'Jasmin': Stg aufrecht; 'Kohaku': [*T. hirta* × *T. macranthopsis*]: Stg übergebogen, B glockig, cremeweiß mit kastanienbraunen Flecken u. gelbem Grund). **Rauhaarige K.** – *T. hirta* (THUNB.) HOOK.

**4\*** B in lockerer, endständiger Zyme, lg gestielt. Stg aufrecht .................. **5**
**5** PerigonBl 22–30 × 8–10 mm, ihre Enden auswärtsgebogen. B trichterfg, blassrosa, stark karminrot gefleckt, am Grund außen purpurn, innen gelb. Bl oft dunkler gefleckt, useits bes. auf den Nerven weichhaarig, untere in die kurze Scheide verschmälert, obere stängelumfassend. (0,10–)0,30–0,60(–1,00). ♃ ⌇ 8–11. **Z** s, häufiger Hybr mit *T. hirta*, s. **4**; kult wie **2\*** (Taiwan: feuchte, schattige Hänge, bis 3000 m). [*T. stolonifera* MATSUM.] **Taiwan-K.** – *T. formosana* BAKER

**5\*** PerigonBl 12–18 mm lg, fast vom Grund flach ausgebreitet, Enden nicht auswärtsgebogen. Stg meist weichhaarig. 0,40–1,20. ♃ ⅄ 8–9? **Z** ob kult in D.? (O-Nepal, Bhutan, Sikkim, NO-Indien, SW-China von Yunnan u. Guangxi bis O-Gansu u. N-Hebei – ± 1850). [*T. maculata* (D. DON) MACBR.] **Weichhaarige K.** – *T. pilosa* WALL.

**Knotenfuß** – *Streptopus* MICHX.                                7 Arten
**1** B grünlichweiß. Perigonzipfel lanzettlich, zugespitzt. BStiel kahl. Bl mit herzfg Grund stängelumfassend. 0,40–1,00. ♃ ⅄ 6–7. **W**. **Z** s Gehölzgruppen, schattige Rabatten; ∨ ❦ ◐ ● Humus ≃ (Gebirge von S- u. M-Eur., warmgemäß. bis kühles O-Am. u. O-As. – 1752). **Gewöhnlicher K.** – *St. amplexifolius* (L.) DC.
**1\*** B rosa, wenigstens am Grund. BStiel flaumhaarig. Bl am Grund abgerundet, sitzend. 0,15–0,60. ♃ ⅄ 6–7. **Z** s Gehölzgruppen, schattige Rabatten; kult wie **1** (gemäß. bis kühles, ozean.–subozean. Am.: reiche, feuchte Nadel- u. FalllaubW, im S bis 2000 m – 1806). [*St. roseus* MICHX.] **Rosa K.** – *St. lanceolatus* (AITON) REVEAL

## Familie **Binsenliliengewächse** – *Aphyllanthaceae* BURNETT    1 Art

**Binsenlilie** – *Aphyllanthes* L.                                1 Art

Pfl ohne LaubBl. Stg ∞, binsenfg, gerieft, blaugrün, wie der BStand am Grund von braunen BlScheiden umgeben. B zu 1–3 in endständigem Kopf, duftend, 2,5 cm $\varnothing$. Perigonzipfel ausgebreitet, blass azurblau, selten weiß, Mittelnerven dunkler. (0,10–) 0,20–0,30(–0,45). ♃ i ⅄-Horst 4–5. **Z** s im Weinbauklima △; ❦ ∨ ○ Boden dräniert, sandig-torfig ∧ od. ⓐ (NO-Port., Span., S-Frankr., NW-It., Sard., NW-Afr.: trockne, steinige Weiden, Garriguen – 1791). **Binsenlilie** – *A. monspeliensis* L.

# Familie **Hyazinthengewächse** – *Hyacinthaceae* BATSCH ex BORKH.

900 Arten

Lit.: SPETA, F. 1998a: *Hyacinthaceae*. In: KUBITZKI, K.: The families and genera of vascular plants. Berlin, Heidelberg. – SPETA, F. 1998b: Systematische Analyse der Gattung *Scilla* s. l. (*Hyacinthaceae*). Phyton (Austria) **38**: 1–141.

Bem.: Die Gattungen der Familie wurden großenteils von SPETA 1998a,b neu umgrenzt u. stärker untergliedert, besonders die Gattung *Scilla*. Hier werden die in der modernen gärtnerischen Literatur geläufigen Namen beibehalten; die bei SPETA genannten abweichenden Namen werden aber als Synonyme (bei mehreren Synonymen an letzter Stelle) mit aufgenommen. Die von SPETA übernommenen Artenzahlen der Gattungen beruhen auf einem engen Artbegriff.

**1** Stg mit LaubBlSchopf oberhalb des BStandes. PerigonBl meist grün, zuweilen rot berandet. **Schopflilie, Ananasblume** – *Eucomis* S. 743

**1\*** Stg ohne LaubBl, ohne Blattschopf; LaubBl alle grundständig . . . . . . . . . . . . . . . . **2**

**2** PerigonBl am Grund zu < 10% verwachsen . . . . . . . . . . . . . . . . . . . . . . . . **3**

**2\*** PerigonBl zu 15–90% verwachsen . . . . . . . . . . . . . . . . . . . . . . . . . . . . . . . . . . . . **6**

**3** **(1)** Staubfäden abgeflacht, am Grund am breitesten, dort zuweilen geflügelt u. gezähnt. PerigonBl weiß (dann useits mit grünem Strich), orange od. gelb, nie blau. DeckBl meist >5 mm lg. **Milchstern** – *Ornithogalum* S. 742

**3\*** Staubfäden nicht am Grund am breitesten, fadenfg od. eifg bis lanzettlich. B oft blau. DeckBl oft <3 mm lg . . . . . . . . . . . . . . . . . . . . . . . . . . . . . . . . . . . . . . . . . . **4**

**4** PerigonBl 3nervig. BStiele 10–50 mm lg. PerigonBl 7–40 mm lg, weiß, blau od. violettblau. Narbe 3lappig. **Prärielilie** – *Camassia* S. 741

**4\*** PerigonBl 1nervig. BStiele 5–20(–40) mm lg. PerigonBl 2–20(–30) mm lg, meist blau od. violettblau. Narbe kopfig od. gestutzt . . . . . . . . . . . . . . . . . . . . . . . . . . . . . . . . . **5**

**5** Jede B mit ± lg DeckBl u. VorBl. StaubBl in der Mitte des glockigen Perigons od. wenig darunter angeheftet. PerigonBl am Grund verwachsen. **Hasenglöckchen** – *Hyacinthoides* S. 744

**5\*** Jede B nur mit 1 DeckBl od. DeckBl fehlend. PerigonBl (fast) frei. **Blaustern** – *Scilla* S. 745

**6** **(2)** Perigonröhre höchstens so lg wie die Perigonzipfel . . . . . . . . . . . . . . . . . . . . . **7**

**6\*** Perigonröhre deutlich länger als die Perigonzipfel . . . . . . . . . . . . . . . . . . . . . . . **9**

**7** PerigonBl 25–30(–50) mm lg, höchstens bis zur Hälfte verwachsen, weiß, am Grund der Röhre schwach grünlich. Pfl 0,60–1,20 m hoch. **Kaphyazinthe** – *Galtonia* S. 741

**7\*** PerigonBl <20 mm lg, höchstens zu 40% ihrer Länge verwachsen, meist blau, bläulichweiß od. rosa, selten weiß, Pfl <0,40 m hoch . . . . . . . . . . . . . . . . . . . . . . . . . . . . **8**

**8** StaubBl am Grund eine weiße Nebenkrone bildend; freier Teil der Staubfäden 0,7 mm lg. PerigonBl bläulichweiß mit blauem Mittelnerv. **Kegelblume** – *Puschkinia* S. 745

**8\*** StaubBl am Grund ohne Nebenkrone, freier Teil der Staubfäden 3–10 mm lg. B blau, selten weiß. **Schneestolz** – *Chionodoxa* S. 747

**9** **(6)** DeckBl deutlich, (fast) so lg wie die BStiele. B blau od. weißlichrosa. Bl <6 mm br. **Wiesenhyazinthe** – *Brimeura* S. 744

**9\*** DeckBl winzig od. fehlend . . . . . . . . . . . . . . . . . . . . . . . . . . . . . . . . . . . . . . . . . . **10**

**10** Perigon an der Mündung der Röhre deutlich zusammengezogen; wenn Perigon glockig, dann Bl nur 2(–3), oseits blaugrün u. BStand 20–60blütig. **Traubenhyazinthe** – *Muscari* S. 749

**10\*** Perigon an der Mündung der Röhre nicht deutlich zusammengezogen, Bl meist >3; wenn Bl nur 2(–3), dann BStand 6–20blütig . . . . . . . . . . . . . . . . . . . . . . . . . . . . **11**

**11** FrØ 3eckig. B bräunlich, grün, violett, dunkelblau mit gelbgrünem Rand od. weiß. **Bellevalie** – *Bellevalia* S. 751

**11\*** FrØ rund. B einfarbig blau, violettblau, rosa, rot, gelb, orange od. weiß . . . . . . . . . **12**

**12** B 4–9 mm lg, einfarbig blau. Perigon zu >75% der Länge verwachsen. **Hyazinthchen** – *Hyacinthella* S. 745

**12\*** B (10–)15–35 mm lg. Perigon zu 50–70% der Länge verwachsen, die Zipfel zurückgebogen. **Hyazinthe** – *Hyacinthus* S. 748

**Camassie, Prärielilie** – *Camassia* LINDL. 6 Arten

Lit.: GOULD, F. W. 1942: A systematic treatment of the genus Camassia LINDL. Am. Midland Naturalist **28**: 712–742. – RANKER, T. A., HOGAN, T. 2002: Camassia LINDLEY. In: Flora of North America. New York, Oxford. Vol. **26**: 303–307. Die Gattung ist danach mit den *Agavaceae* verwandt.

Bem.: Gliederung hier in Anlehnung an Fl. of North America. Bei HITCHCOCK et al. 1969 wird *C. leichtljnii* subsp. *suksdorfii* nur als Varietät gewertet, in „The Jepson Manual" 1993 wird diese Sippe sogar als Synonym der typischen Unterart von *C. quamash* angesehen. – Infolge der verbreiteten Nutzung der Zwiebeln als Nahrungsmittel durch die eingeborene Bevölkerung u. durch den Handel damit konnten sich Lokalformen herausbilden, andererseits wurden Unterschiede verwischt.

**1** LaubBl (8–)10–20, oseits blaugrün, wellig, 60–80 × (2–)4–5 cm. Zwiebeln in Büscheln, übelriechend, groß, 3–5(–7) cm ∅, 5–10 cm lg. B 30–100; PerigonBl blassblau bis blauviolett, mit 3(–5) Nerven, 25–35 × 3–5 mm, nach der BZeit einzeln abwitternd. Kapsel eifg-ellipsoidisch, 15–25 mm lg, in jedem Fach 5–10 Sa. 0,60–0,80(–1,00). ♃ ☉ 4–5 (–6). **Z** z Rabatten ⚥; ∨ ♈ ○ ≈ ∧ (westl. N-Am.: NO-Oregon, Idaho: steile, feuchte Hänge – 1888 – Sorte 'Zwanenburg': B dunkler blau).
**Gewöhnliche P.** – *C. cusickii* S. WATSON

**1\*** LaubBl meist < 10, meist 5–25 mm br. Zwiebel meist einzeln, 1–3(–5) cm ∅, 3–5 cm lg. PerigonBl zusammen abgeworfen od. einzeln abwitternd . . . . . . . . . . . . . . . . . . . **2**

**2** Kapsel fast kuglig, 6–10 mm ∅. PerigonBl hellblau, blauviolett od. weiß, 3–5nervig, 5–15 mm lg, beim Welken an der Kapsel einzeln abwitternd. BStiele 1–2 cm lg, ± so lg wie die fadenfg DeckBl. BTraube 19–47 cm lg. Bl 3–8, reingrün, 20–40(–60) × 0,5–1 (–2) cm. 0,30–0,60(–0,80). ♃ ☉ 4–5. **Z** s Rabatten, Naturgärten, Blumenwiesen ⚥; ∨ ♈ ○ ◑ ≈ (warme bis warmgemäß. subozean. O-USA: Georgia u. Texas bis Kansas u. S-Ontario: Prärien, feuchte offne Wälder, 100–1000 m). [*Schoenolirion texanum* (GREENE) A. GRAY] **Östliche P.** – *C. scilloides* (RAF.) CORY

**2\*** Kapsel eifg bis ellipsoidisch . . . . . . . . . . . . . . . . . . . . . . . . . . . . . . . . . . . . . . . . **3**

**3** PerigonBl 5–9nervig, 20–40 × 4–10 mm, stark über die reifende Kapsel zusammenneigend, bei der FrReife zusammen abfallend, blauviolett bis leuchtend blau (subsp. *suksdorfii* (GREENE) S. WATSON, Areal der Art) od. cremegelb (subsp. *leichtljnii*, nur SW-Oregon). B radiärsymmetrisch. Bl 3–20–60 × 0,5–2,5 cm. Zwiebel 1,5–3 cm ∅. Fr der BStands-Achse nicht angedrückt, 10–25 mm lg, oft vom Stiel abfallend, mit 6–12 Sa pro Fach (Abb. **742**/1). 0,20–1,30. ♃ ☉ 5–6. **Z** s Rabatten, Staudenbeete; ∨ ♈ ○ ≈ (W-Am.: südl. Brit. Columbia, Washington bis Kalifornien: feuchte Wiesen, 600–2400 m – 1873 – mehrere Sorten, BFarbe violett od. blau, B auch gefüllt od. halbgefüllt).
**Leichtlin-P.** – *C. leichtljnii* (BAKER) S. WATSON

**3\*** PerigonBl 3–9nervig, 12–35 × 1,5–8 mm, an der reifenden Kapsel einzeln abwitternd od. zusammen abgeworfen, blau bis blauviolett. B (4–)10–35(–58), zygomorph, selten radiär. LaubBl zuweilen blaugrün, 10–60 × 0,4–2 cm. Zwiebel 1–5 cm ∅, ± kuglig. Fr 6–19 mm lg, nicht abfallend, Sa 5–10 pro Fach. 0,40–0,80. ♃ ☉ 5–7. **Z** s Rabatten △ Naturgärten; ∨ ♈ ○ ◑ ≈ (SW-Kanada bis N-Kalifornien, Wyoming, Utah: feuchte Wälder, Wiesen, Ufer – 0–3300 m – 1826 – formenreich, 8 Subspecies, z.T. auch als Varietäten aufgefasst – einige Sorten, z.B. 'Orion': B reinviolett; 'Blue Melody': B blau, Bl weißbunt). **Essbare P.** – *C. quamash* (PURSH) GREENE

**Sommerhyazinthe, Galtonie, Kaphyazinthe** – *Galtonia* DECNE. 4 Arten

B 15–30(–55), in lockerer Traube, glockig, hängend, duftend, reinweiß, 2,5–5 cm lg, 1,5 cm ∅. StaubBl unter der Mitte der Perigonröhre eingefügt. LaubBl (3–)4–6(–8), grundständig, lineal-lanzettlich, 40–60(–100) × 5(–8) cm, graugrün, aufrecht, fleischig. 0,60–1,20. ♃ ☉ 7–8. **Z** z Rabatten, Staudenbeete; ∨ leicht, B nach 1–2 Jahren ○ ≈ dräniert ∧ od. frostfrei wie Dahlien überwintern, BZeit dann später (S-Afr.: O-Transvaal,

Oranje-Freistaat, W-Natal, östl. Kap-Provinz, Lesotho: feuchtes Grasland, bis 2800 m – 1870). **Weiße S.** – *G. candicans* (BAKER) DECNE.

Ähnlich: **Grünblütige S.** – *G. viridiflora* I. VERD.: B blassgrün, trompetenfg, 2–5 cm lg. StaubBl in der Mitte der Perigonröhre eingefügt. Bl verkehrteilanzettlich, bis 60 × 10 cm. 0,60–1,00. ⚄ ☉ 8. **Z** s (S-Afr.: Oranje-Freistaat, nordöstl. Kap-Provinz).

**Milchstern, Vogelmilch** – *Ornithogalum* L. (incl. *Honorius* S. F. GRAY, *Eliokarmos* RAF., *Loncomelos* RAF. u. a.)     100 Arten

Lit.: WITTMANN, H. 1987: Beitrag zur Systematik der *Ornithogalum*-Arten mit verlängert-traubiger Infloreszenz. Stapfia **13**: 1–117. – OBERMEYER, A. A. 1978: *Ornithogalum*: a revision of the South African species. Bothalia **12**: 323–376 – Vgl. auch *Hyacinthaceae*!

Bem.: Oft als TopfPfl angeboten (dann BZeit 4–6), aber auch zur Freilandkultur geeignet: **Orange-farbener M.** – *O. dubium* HOUTT. [*O. miniatum* JACQ., *O. aureum* CURTIS]: B 20–25 mm ∅, orange, sehr selten weiß, >20, in dichter zylindrischer Traube. Griffel sehr kurz. Bl 3–8, am Rand bewimpert, ±10 × 2 cm. 0,15–0,30. ⚄ ☉ 7–9. **Z** s Sommerrabatten, 6 Wochen lange BZeit 7–9; ⩗ Sa frisch säen, ✲ Brutzwiebeln, ○, bei 10° trocken wie Dahlien überwintern, Boden locker, dräniert (S-Afr.: Kap-Provinz).

Bedingt winterhart? od. ⊕? ist der als ⚹ oft importierte **Riesen-Chincherinchee** – *O. saundersiae* BAKER: FrKn schwarzgrün. Bl 60 × 5 cm, oseits dunkelgrün glänzend, < ¹/₂ so lang wie der Stg. BStand flach keglig, ∞blütig. BStiele lg. PerigonBl 10–15 mm lg, weiß, zur FrZeit erhalten u. zurückgebogen. 0,30–1,00(–1,50). ⚄ ☉ 6–8. **Z** s Rabatten ⚹; ○ Schutz vor Winternässe (S-Afr.: O-Transvaal, Natal, Swasiland, Zululand: felsige Lichtungen).

1   B in Schirmtrauben. Pfl 0,04–0,25 m hoch. B bis 20. Bl <2 cm br . . . . . . . . . . . . . **2**
1*   B in länglichen Trauben, wenn BStand kreiselfg od. rundlich, dann Bl 2–5 cm br. Pfl 0,10–1,00(–1,20) m hoch . . . . . . . . . . . . . . . . . . . . . . . . . . . . . . . . . . **3**
2   Bl meist >4, linealisch, rinnig, oseits mit weißem Mittelstreifen, 12–18 × 0,2–0,8 cm. B 6–20; PerigonBl 15–22 × 3,5–7 mm. Kapsel nicht geflügelt. Zwiebel mit >5 kugligen, zur BZeit blattlosen Brutzwiebeln. 0,10–0,20(–0,25). ⚄ ☉ 4–5. **W. Z** v Naturgärten, Parks, Hecken, lichte Gehözränder; ✲ Brutzwiebeln ○ ◖, schwach ⊖, auswildernd (Medit.: lichte Wälder, Gebüsch, Obst- u. Weingärten, bis 1500 m, eingeb. in W- u. Z-Eur. u. N-Am. – 1594).     **Dolden-M., Stern von Bethlehem** – *O. umbellatum* L.
2*   Bl 2–3(–4), niederliegend, verkehrteilanzettlich-spatelfg, am Ende plötzlich abgerundet, ohne weißen Mittelstreifen, 6–20 × 0,5–2 cm. B 2–5, selten mehr; PerigonBl 11–16 mm lg. Kapsel mit 6 paarweise genäherten Flügeln. 0,04–0,15. ⚄ ☉ 3–4. **Z** s △, ⩗ ○ (S-Balkan, Türkei, Kauk., Transkauk., W-Iran: felsige Grashänge, Hochgebirgswiesen, an Schneeflecken, im S (630–)2000–3000 m – Ende 19. Jh.). [*O. balansae* BOISS.]
    **Wenigblättriger M.** – *O. oligophyllum* E. D. CLARKE

Bem.: Problematisch ist die Unterscheidung von *O. balansae* als eigene Art: BStiele zu Beginn der BZeit kürzer als die B, zur FrZeit nicht zurückgebogen, PerigonBl 14–20 mm lg (Kauk., Transkauk.,

1        2

NO-Türkei; *O. oligophyllum* s. str.: BStiele länger als die B, zur FrZeit zurückgebogen (Balkan, Türkei, aber auch W-Iran?).

**3 (1)** BStand 3–12blütig. B nickend. BStiele ± gleich lg, kürzer als die B. Bl oseits mit weißem Mittelstreifen. Staubfäden mit 3 Flügeln . . . . . . . . . . . . . . . . . . . . . . . . . . . . **4**

**3\*** BStand 12–150blütig. B nicht nickend. Bl oseits ohne weißen Mittelstreifen . . . . . . **5**

**4** FrKn eifg, etwas kürzer als der Griffel. Flügel auf der Innenseite der Staubfäden am Ende ohne Zahn. PerigonBl stumpf, außen grünlich. 0,15–0,50. ♃ ⚲ 4–5. **W. Z** z Parks, Gehölzgruppen, Obstwiesen; ⱱ Selbstaussaat ◐ (S- u. W-Türkei, O-Griech., Bulg., Mazed., Serb.: Wiesen, Weinberge, Äcker, bis 1950 m; eingeb. in Span., It., W- u. Z-Eur., gemäß. N-Am. – 1594). [*Myogalum thirkeanum* K. KOCH, *Honorius nutans* (L.) GRAY]   **Nickender M.** – *O. nutans* L.

**4\*** FrKn kegelfg, so lg wie der Griffel. Flügel auf der Innenseite der Staubfäden unter dem Staubbeutel mit Zahn. PerigonBl zugespitzt, außen lauchgrün. 0,10–0,50. ♃ ⚲ 4–5. **W. Z** s; ⱱ ⱱ ○ ◐ (Ukr., N-Balkan, Rum., Ungarn, Slowakei, Österr.: lichter TrockenW, Waldsteppe, Äcker, eingeb. lokal in Z-Eur. – Anfang 19. Jh.). [*Honorius boucheanus* (KUNTH) HOLUB]   **Bouché-M.** – *O. boucheanum* (KUNTH) ASCH.

**5 (3)** PerigonBl weiß, useits mit grünem Mittelnerv. BlRand oseits weiß . . . . . . **6**

**5\*** PerigonBl oseits blassgelb; wenn durchscheinend weiß, dann BlRand bewimpert . . **7**

**6** Untere BStiele 3 cm lg, länger als die 1–2 cm lg DeckBl. FrKn gelb, 2–2,5 mm lg, Griffel meist kürzer, am Grund kegelfg verdickt. BStand (20–)30–50blütig, allseitswendig. Bl 4–7, glänzend grün, bis 12 mm br, kürzer als der Stg, zur BZeit noch frisch. FrStiele dem Stg angedrückt. B ausgebreitet, ∅ 3,0–1,00(–1,20). ♃ ⚲ 6–7. **W. Z** s Natur- u. Heidegärten, Gehölzränder; ⱱ ⱱ (südöstl. Z-Eur., It., N-Balkan bis Bosn. u. Serb., Rum.: Halbtrockenrasen, Gebüschsäume, Getreideäcker, bis 1200 m – 1572). [*O. brevistylum* WOLFNER, *Loncomelos brevistylus* (WOLFNER) DOSTÁL]   **Pyramiden-M., Kurzgriffliger M.** – *O. pyramidale* L.

**6\*** Untere BStiele ± 1,5 cm, DeckBl fast ebenso lg. FrKn gelb, 1,5–2 mm lg; Griffel länger, bis zum Grund fädig. BStand 25–75blütig. Bl 20–40 × 0,6–1,1 cm, zur BZeit meist vertrocknet. B bis 5 cm ∅. 0,30–0,80. ♃ ⚲ 5–7. **Z** s Heide- u. Naturgärten; ⱱ ⱱ ○ Boden durchlässig (Medit., Türkei, Armen., NW-Iran: Halbtrockenrasen, Ackerränder, im SO bis 3000 m). [*O. lacteum* VILL., *O. pyramidale* subsp. *narbonense* (L.) ASCH. et GRAEBN., *O. brachystachys* K. KOCH, *O. pyrenaicum* DESF. non L., *Loncomelos narbonensis* (L.) RAF.]   **Narbonne-M.** – *O. narbonense* L.

**7 (5)** Bl (4–)5–8(–12), linealisch, 2–10 mm br, blaugrün, kürzer als der Stg, am Rand glatt od. schwach gezähnelt, nicht bewimpert, zur BZeit meist vertrocknet. PerigonBl oseits blassgelb, useits mit deutlichem grünem Streifen, 8–11(–13) × 2 mm, stumpf. B ∞, auch nachts geöffnet. FrKn eifg-zylindrisch, 2,4–3 mm lg, Griffel etwas länger. Kapsel ellipsoidisch, 6–10 mm lg. 0,30–0,80(–1,00). ♃ ⚲ 5–7. **W. Z** s Gehölzgruppen, Parks, ⱱ ⱱ ◐ ⊖ ≈ (Medit. Gebirge, Frankr., Kauk., Türkei: feuchte FalllaubW, Heiden, Wiesen, im S (700–)1200–2050 m, eingeb. in S-Brit., SW-D. – 17. Jh. – BStand in Frankr. Wildgemüse). [*O. flavescens* LAM., *Loncomelos pyrenaicus* (L.) HROUDA ex HOLUB subsp. *pyrenaicus*]   **Pyrenäen-M.** – *O. pyrenaicum* L.

**7\*** Bl 6–12, bis 4(–5) cm br, am Rand bewimpert. BStand keglig-rundlich, 12–40blütig. B 3–4 cm ∅. PerigonBl durchscheinend weißlich, am Grund mit dunkelgrünem, gelb umrandetem Fleck, useits ohne grünen Streifen, 10–20 mm lg. Staubfäden der inneren StaubBl am Grund plötzlich verbreitert u. um den FrKn gekrümmt. Griffel so lg wie der FrKn. 0,20–0,50. ♃ ⚲ 6–8. **Z** s Sommerrabatten; ⅄ lange haltbar; ⱱ ○ Boden warm, durchlässig, Überwinterung ⓕ wie Gladiolen; giftig! (S-Afr.: Kap-Provinz auf Sand – 1605 – einige Sorten: B weiß, cremegelb, ockergelb, gelb, goldgelb). [*Eliokarmos thyrsoides* (JACQ.) RAF.]   **Kap-M., Chincherinchee** – *O. thyrsoides* JACQ.

## Ananasblume, Schopflilie – *Eucomis* L'HÉR.        10 Arten

**1** Stg u. Bl am Grund purpurn gefleckt od. gestreift. Bl verkehrteilänglich, 20–60 × 3–8 cm, ihr Rand schwach wellig. FrKn purpurn. BTraube 15–30 cm lg, mit Schopf aus 8–20 lan-

zettlichen, 2,5–8 cm lg, zuweilen purpurn berandeten HochBl. Perigonzipfel grün-pur-
purn, ±12 mm lg, nicht purpurn berandet (Abb. **742**/2). (0,30–)0,45–0,70. ♃ ⏀ 6–7. **Z** s
Rabatten △; ♈, ♈ langwierig, ○ Zwiebeln im Freiland 15 cm tief, Boden lehmig, nähr-
stoffreich, im milden Klima ∧, besser ⓡ bei 4–10° (S-Afr.: östl. Kap-Provinz, Natal: fel-
siges, feuchtes Grasland – 1752 – var. str̲i̲cta H. R. WEHRH.: Purpurflecken zu Streifen
zusammenlaufend). [*Eu. punct̲a̲ta* L'HÉR.]
**Gefleckte Sch., Gefleckte A.** – *Eu. com̲o̲sa* H. R. WEHRH.
**1\*** Bl am Grund nicht purpurn gefleckt od. gestreift, mit welligem Rand. FrKn grün . . . **2**
**2** Perigonzipfel purpurn berandet, meist auch die 30–40 HochBl. Bl verkehrteilänglich,
8–10 cm br. BTraube 8–10 cm lg. 0,30–0,60. ♃ ⏀ 7–8. **Z** s, Verwendung u. Kult wie
*E. com̲o̲sa* (S-Afr.: Griqualand-Ost, Natal, Drakensberge: Bachufer, feuchte Gras-
hänge, felsiger Bergwald, unter Basaltklippen, bis 1800 m – 1878 – Sorte 'Alba': B weiß,
Perigonzipfel nicht purpurn berandet). **Gerandete Sch.** – *Eu. bj̲color* BAKER
**2\*** Perigonzipfel grün. HochBl 10–45. Bl meist lanzettlich, selten bis eifg, 1,5–13 cm br.
BTraube 5–15 cm lg. 0,15–0,30(–0,45). ♃ ⏀ 7–8. **Z** s; Verwendung u. Kult wie *E. com̲o̲-
sa* (Malawi, Simbabwe, Sambia, S-Afr.: felsiges, feuchtes Grasland – 1760 – formen-
reich: 3 Subspecies). [*Eu. undul̲a̲ta* AITON, *Eu. rob̲u̲sta* BAKER, *Eu. clav̲a̲ta* BAKER, *Eu.
amaryllidif̲o̲lia* BAKER] **Gewellte Sch.** – *Eu. autumn̲a̲lis* (MILL.) CHITT.

**Hasenglöckchen, Blauglöckchen** – *Hyacinthoj̲des* HEIST. ex FABR.
[*Endy̲mion* DUMORT.] 10 Arten

**1** Perigon 7–8 mm lg. B zu 6–30 aufrecht bis abstehend in br u. kurz kegelfg Traube, mit
zwei 1–2 cm lg HochBl am Grund des Stiels, blassblau bis blauviolett. 0,15–0,25. ♃ ⏀
5. **Z** s △ ⚥ Rabatten; ♈ ♈ ○ (NW-It.: W-Ligurien; SO-Frankr.: Dauphiné: steinige Wie-
sen, 0–1700 m; eingeb. in S-Eur. u. lokal in D.: Dänschendorf/Mecklenburg – 1594 –
Sorte 'Purpurea': B dunkel violettblau). [*Scj̲lla it̲a̲lica* L., *Sc. purp̲u̲rea* MILL.]
**Riviera-H.** – *H. it̲a̲lica* (L.) ROTHM.
**1\*** Perigon >1 cm lg. B zu 5–15, ± nickend, in schmal kegelfg Traube. HochBl am Grund
des BStiels winzig od. fehlend . . . . . . . . . . . . . . . . . . . . . . . . . . . . . . . . . . . . . . . **2**
**2** BTraube schwach einseitswendig, an der Spitze meist überhängend. B schwach duf-
tend, <1 cm lg gestielt. Perigon schmal glockig mit zurückgekrümmten Zipfeln (Abb.
**750**/1), blau, selten weiß od. rosa. Äußere StaubBl in der Mitte des Perigons angehef-
tet, länger als die inneren. Staubbeutel gelblichweiß. 0,15–0,40. ♃ ⏀ 4–5. **W**. **Z** z
Gehölzgruppen ⚥; ♈ Kaltkeimer ♈ ◗ Boden frisch, nährstoffreich (M- u. N-Port., W- u.
N-Span, Frankr., Brit. bis Schottland: frische, nährstoffreiche Wälder; eingeb. in Z-Eur.
– 1594). [*Endy̲mion non-scrj̲ptus* (l ) GARCKE, *Scj̲lla non-scrj̲pta* (L.) HOFFMANNS. et LINK]
**Englisches H.** – *H. non-scrj̲pta* (L.) CHOUARD ex ROᴛHM.
**2\*** Traube allseitswendig. B geruchlos, obere ± aufrecht, untere bis >2 cm lg gestielt, ab-
stehend. Perigon weit glockig (Abb. **750**/1a), blau, weiß od. rosa. Äußere StaubBl
im unteren Drittel des Perigons angeheftet, so lg wie die inneren. Staubbeutel blau.
0,15–0,50. ♃ ⏀ (4–)5. **W**. **Z** z Gehölzgruppen ⚥; ♈ ♈ ◗ Boden frisch, nährstoffreich
(NW-Afr., W-Span., Port.: Wälder, Gebüsche?; eingeb. in S-, W- u. Z-Eur. – 1601 – kult
u. verwildert ist meist der formenreiche u. schwer abgrenzbare Bastard *H. hisp̲a̲nica ×
H. non-scrj̲pta* = *H. × massartj̲ana* GEERINCK [*H. × varj̲abilis* P. D. SELL]). [*Endy̲mion
campanul̲a̲tus* (AITON) WILLK., *Scj̲lla hisp̲a̲nica* MILL., *Sc. campanul̲a̲ta* AITON]
**Spanisches H.** – *H. hisp̲a̲nica* (MILL.) ROTHM.

**Wiesenhyazinthe, Scheinhyazinthe** – *Brime̲u̲ra* SALISB. 3 Arten

Lit.: SPETA, F. 1987: Die verwandtschaftlichen Beziehungen von *Brimeura* SALISB.: ein Vergleich mit
den Gattungen *Oncostema* RAFIN., *Hyacinthoides* MEDIC. und *Camassia* LINDB. (*Hyacinthaceae*).
Phyton (Austria) **26**: 247–310.

Perigon hellblau, selten indigofarben od. weiß, 8–11 mm lg, zu ²/₃ verwachsen. B zu
(3–)6–18, nickend, in ± einseitswendiger Traube. Staubfäden 2reihig, etwas oberhalb

der Mitte der Perigonröhre ansitzend. Staubbeutel gelb. Stg glatt, im ⌀ rund. Bl ±3. 0,10–0,25. ♃ ☾ (4–)5(–6). **Z** s △; ∨ blattbürtige Brutzwiebeln ○ Boden dräniert, humusreich ∧ ⓐ (N-Span., Pyr., Mallorca, Kroat.?: felsige, trockne medit. bis subalp. Wiesen u. Weiden, 100–2200 m – 1601 – formenreich, 3 Unterarten). [*Hyacinthus amethystinus* L.] **Hellblaue W.** – *B. amethystina* (L.) CHOUARD

**Hyazinthchen** – *Hyacinthella* SCHUR 18 Arten

Lit.: FEINBRUN, N. 1961: Revision of the genus *Hyacinthella* SCHUR. Bull. Research Council Israel **10** D: 324–347. – PERSSON, K. , WENDELBO, P. 1981, 1982: Taxonomy and cytology of the genus *Hyacinthella* (*Liliaceae-Scilloideae*) with special reference to the species in S.W. Asia. Part I & II. Candollea **36**: 513–541, **37**: 157–175.

Bl rinnig, linealisch, bläulichgrün, 3–6 mm br, mit rauem Rand, zurückgebogen. BStiele ±2 mm lg. B 6–20, schmal glockig, blau, Perigon 4–5 mm lg, zur FrZeit erhalten. Staubbeutel ± so lg wie die Staubfäden. 0,05–0,10. ♃ ☾ 3–4. **Z** s △; ∨ ⍦ ○ (Kroat. bis Monten. u. Serbien: Grasfluren zwischen Kalkfelsen). [*H. dalmatica* (BAKER) CHOUARD, *Hyacinthus dalmaticus* BAKER] **Bleiches H.** – *H. pallens* SCHUR

**Kegelblume, Puschkinie** – *Puschkinia* ADAMS 1 Art

B zu (1–)4–12 in lockerer, eifg Traube. BStiele bis 6 mm, zur FrZeit bis 15 mm lg. Perigon 7–11 mm lg, zu ¼ bis ⅓ verwachsen, blass himmelblau mit dunkler blauen Längsstreifen, selten ganz weiß od. grün überlaufen, am Grund mit weißer, 6lappiger Nebenkrone, die fast sitzenden Staubbeutel mit den Lappen alternierend. Bl 1–2(–3), 7–18(–24) mm br, ± so lg wie der Stg. Sa hellbraun. 0,08–0,15(–0,20). ♃ ☾ (3–)4(–5). **Z** z △ Rabatten; ∨ ⍦ ○ ◖ (SO-Türkei, Kauk., N-Irak, N- u. W-Iran, Libanon: feuchte subalp.-alp. Wiesenhänge am schmelzenden Schnee, 1700–3500 m; in D. verw. – 1808 – formenreich, kult meist die **Libanon-K.** – var. *libanotica* (ZUCC.) BOISS. [*P. libanotica* ZUCC.]: 0,10–0,20, alle Teile größer, BStand dicht).

**Kegelblume, Puschkinie** – *P. scilloides* ADAMS

**Blaustern, Scilla** – *Scilla* L. 50 Arten

Lit.: SPETA, F. „1980" 1981: Die frühjahrsblühenden *Scilla*-Arten des östlichen Mittelmeerraumes. Naturkundl. Jahrb. Stadt Linz 1979, **25**: 19–198. – SPETA, F. 1986: Über die herbstblühenden Scillen des Mittelmeerraumes. Linzer Biol. Beitr. **18**: 399–416. – s. auch unter *Hyacinthaceae*!

1 Untere DeckBl 2–6(–8) cm lg. B zu 40–100 in kegelfg Traube, tief blauviolett od. weiß. Untere BStiele 3–5 cm lg, zur FrZeit bis 9 cm. PerigonBl ±14 × 4 mm. Bl 40–60 × 1–4 cm, am Rand meist bewimpert. 0,20–0,50. ♃ i ☾ 5–6. **Z** s in wärmsten Gebieten

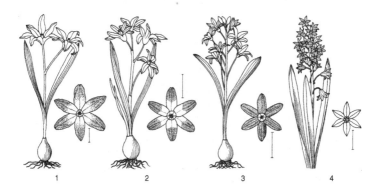

1           2           3           4

an sonnigen Hausmauern, ⚘ ∨ ○ ∧ besser Ⓚ (SW-Eur. bis Sardinien, Sizil., S-It., NW-Afr.: feuchte Wiesen – 1592). [*Oncostema peruviana* (L.) SPETA]

**Peruanischer B.** (Name irreführend!) – *Sc. peruviana* L.

**1\*** Untere DeckBl <2,5 cm lg. BStiele <3 cm lg (Ausnahme: *S. bifolia*, **11**: bis 4 cm) . **2**

**2** BZeit Spätsommer od. Herbst. Wurzeln verzweigt, >1 Jahr lebend . . . . . . . . . . . . **3**

**2\*** BZeit Februar–Mai . . . . . . . . . . . . . . . . . . . . . . . . . . . . . . . . . . . . . . . . . . . . . . . **4**

**3** BStand 6–25blütig, neben der BlRosette entspringend. Bl 5–12, (2–)6–9(–18) × 0,1–0,2 cm, stumpf, nach dem runden Stg entwickelt. DeckBl fehlend. PerigonBl 4–5 mm lg, lila bis rosa mit grünbraunen Nerven. 0,10–0,15(–0,40). ♃ herbst-frühjahrsgrün ☉ 8–9. **Z** s Heide- u. Naturgärten, LiebhaberPfl; ∨ ○ ◐ ~ (Medit., Kauk., Krim, VorderAs., W-Eur., S-Brit.: trockne, steinige Hügel, Gebüsch, Grashänge). [*Prospero autumnale* (L.) SPETA]

**Herbst-B.** – *Sc. autumnalis* L.

**3\*** BStand 20–80blütig, im Zentrum der BlRosette entspringend. DeckBl 1–2 mm lg. PerigonBl 2–4 mm lg, rosa, ausgebreitet. (Abb. **745**/4). 0,15–0,40. ♃ ☉ 8–9. **Z** s Rabatten, Staudenbeete; ∨ LiebhaberPfl (S-, M- u. N-China, Korea, Ussuri, Japan, Taiwan: steinige u. sandige Hänge, Dünen, Überschwemmungswiesen, im S bis 3000 m). [*Sc. chinensis* BENTH., *Barnardia scilloides* LINDL.]

**Ostasiatischer B.** – *Sc. scilloides* (LINDL.) DRUCE

**4** **(2)** BStand mit 15–180 B. Wurzeln dick, 1–2jährig, verzweigt od. unverzweigt . . . . **5**

**4\*** BStand mit <15 B. Wurzeln dünn, unverzweigt, <1jährig . . . . . . . . . . . . . . . . . . . **6**

**5** Bl (2–)3–5(–9), 15–40 × 0,3–1,5 cm, rinnig, kahl, mit Kapuzenspitze. PerigonBl 4–5 × 1,3–1,8 mm, wie die BStiele u. die BStandsachse blauviolett, sternfg ausgebreitet. Untere DeckBl <1 mm lg. B zu 15–70 in dichter, kegelfg Traube. Staubbeutel schwarzviolett. 0,10–0,45. ♃ ☉ (4–)5(–6). **Z** s sonnige Rabatten mit Kleinstauden, lichte Gehölzränder; ⚘ ∨ ○ (Slowenien, Kroat. bis W-Serb., Monten. u. N-Alban.: feuchte Pfeifengras-Wiesen, felsige Bergweiden, bis 2000 m – 1827). [*Sc. pratensis* WALDST. et KIT. non BERGERET, *Chouardia litardierei* (BREISTR.) SPETA]

**Amethyst-B.,Wiesen-B.** – *Sc. litardierei* BREISTR.

**5\*** Bl 4–12, 30–60 × 1,5–2,5 cm, schmal lanzettlich, rinnig, am Rand kurz bewimpert. PerigonBl 6–7 × 2 mm, glockig bis sternfg ausgebreitet, hell blauviolett. Untere DeckBl 1 mm lg. B zu 40–180 in dichter Traube. 0,30–0,80. ♃ ☉ 4–5. **Z** s Rabatten; ∨ ⚘ ○ ⊕ ∧ (O-Medit.: Kreta, W- u. SW-Türkei, Zypern, Syr., Libanon, Paläst.: trockne Kalkfelsrasen; eingeb. in W- u. Z-Medit. – 1576). [*Nectaroscilla hyacinthoides* (L.) PARL.]

**Hyazinthen-B.** – *Sc. hyacinthoides* L.

**6** **(4)** Untere DeckBl 1–2,5 cm lg, eifg, häutig. Bl 6–10, 15–30 × 1–3(–4) cm, glänzend, verkehrteilanzettlich, spitz. Stg 2–3. B zu 5–15, aufrooht, in dichter, kegelfg Traube. PerigonBl 9–12 mm lg, verkehrteifg, leuchtend violettblau, selten weiß. 0,10–0,30(–0,40). ♃ ☉ 4–6. **Z** s Staudenbeete, Gehölzgruppen, LiebhaberPfl; ∨ ⚘ ◐ ○ ⊖ ∧ (N-Span., S- u. Z-Frankr.: frische BuchenW, 600–1600 m). [*Oncostema lilio-hyacinthus* (L.) SPETA]

**Pyrenäen-B.** – *Sc. lilio-hyacinthus* L.

**6\*** Untere DeckBl <6 mm lg . . . . . . . . . . . . . . . . . . . . . . . . . . . . . . . . . . . . . . . . . . . **7**

**7** B nickend . . . . . . . . . . . . . . . . . . . . . . . . . . . . . . . . . . . . . . . . . . . . . . . . . . . . . . . . **8**

**7\*** B seitlich abstehend bis aufrecht, nicht nickend . . . . . . . . . . . . . . . . . . . . . . . . . **11**

**8** DeckBl gespornt, 5–6 mm lg. B blasslila, zu 2–7(–12) in lockerer Traube. BStiele 10–15 mm, später bis 25 mm lg. PerigonBl 12–17 × 4–5 mm. Griffel 7 mm lg. 0,05–0,20. ♃ ☉ 3(–4). **Z** s Gehölzgruppen; ∨ ◐ (Transkauk.: S-Armenien, NW-Iran: Talysch: felsig-steinige LaubW, Gebüsch – 1845). [*Fessia hohenackeri* FISCH. et C. A. MEY.) SPETA]

**Hohenacker-B.** – *Sc. hohenackeri* FISCH. et C. A. MEY.

Sehr ähnlich: **Greilhuber-B.** – *Sc. greilhuberi* SPETA [*Fessia greilhuberi* (SPETA) SPETA]: Pfl größer, herbstfrühjahrsgrün. Griffel 9–12 mm lg. PerigonBl 15–20 mm lg. **Z** s, ob in D.? Gartenwürdig! (N-Iran: Elbursgebirge).

**8\*** DeckBl nicht gespornt, <2 mm lg . . . . . . . . . . . . . . . . . . . . . . . . . . . . . . . . . . . . . **9**

**9** PerigonBl weißlich mit hellblauem Mittelnerv, glockig, 10–20 × 6–7 mm. BStände 1–5(–8) je Zwiebel, mit je 2–6 B. Bl 2–3(–5), 5–15 × 0,4–2? cm. BStiele 3–25 mm lg. Sa schwarz, mit weißem, halbringfg Ölkörper. Blüht als erste *Scilla*. 0,08–0,18. ♃ ☉ (2–) 3(–4). **Z** z △ Rabatten, Einfassungen; V Selbstaussaat, ♉ ○ (S-Transkauk., NW-Iran: mont.–subalp. trockne Felsheiden, Felsbasen u. -spalten – 1931 – Sorte 'Zwanenburg': B hell bläulich). [*Sc. tubergeniana* HOOG ex STEARN, *Othocallis mischtschenkoana* (GROSSH.) SPETA] **Mischtschenko-B.** – *Sc. mischtschenkoana* GROSSH.

**9\*** B azurblau od. hellviolett mit weißem Grund u. dann die PerigonBl zurückgebogen **10**

**10** PerigonBl azurblau mit dunklerem Mittelstreifen, selten weiß od. rosa, 12–14(–17) × 4–6 mm, schalenfg-glockig zusammenneigend. B 1–2(–5). Sa eifg-rundlich, blassbraun, 2 mm lg, mit dünn stielfg, am Ende gerundetem Ölkörper. Bl (1–)2–4. 0,05–0,15. ♃ ☉ 4(–5). **W. Z** v Gehölzgruppen, Obstwiesen, Naturgärten △; V Selbstaussaat, Kaltkeimer ◐ (M-Russl., Ukr., Kauk., Türkei: FalllaubW, Gebüsche, bis obere Waldgrenze – 1796 – formenreich). [*Othocallis siberica* (HAW.) SPETA] **Russischer B., Sibirischer B.** (Name irreführend!) – *Sc. siberica* HAW.

**10\*** PerigonBl hellviolett mit weißem Grund, (15–)19–25(–30) × 4–8 mm, alpenveilchenartig zurückgebogen. B 1(–2), selten mehr. BStiele 2–5 mm lg. Sa eifg, 3 mm lg, mit dickem, schief abgeschnittenem Ölkörper. Bl 2(–4). 0,10–0,18. ♃ ☉ 4(–5). **Z** s ob in D.? △; V ○ (NO-Türkei, W- u. S- Transkauk.: feuchte subalp. Wiesen – 20. Jh?). [*Othocallis rosenii* (K. KOCH) SPETA] **Alpenveilchen-B.** – *Sc. rosenii* K. KOCH

**11** (7) PerigonBl 6–9(–10) mm lg, lilablau ohne weißen Grund. Bl 2, selten 3. Deck- u. VorBl (fast) fehlend. Stg nur 1 pro Zwiebel, im ⌀ rund. B 1–10, in einseitiger Traube. Zwiebel unter den trocknen Hüllen rosa. Sa mit Ölkörper. 0,05–0,20. ♃ ☉ 3–4. **W. Z** s Gehölzgruppen; V ◐ (Z- u. O-Medit.: Gebirge, N-Span., Frankr., S- u. M-D., Ukr., Balkan, Kauk., VorderAs.: frische FalllaubW – 1594 – formenreich; Sorten: 'Alba': B weiß, 'Carnea': B hellrosa). **Zweiblättriger B.** – *Sc. bifolia* L. s. l.

Bem.: SPETA 1981 unterscheidet zahlreiche Kleinarten, vor allem nach Samen-Merkmalen. Verwandt sind auch die *Chionodoxa*-Arten.

**11\*** PerigonBl >10 mm lg . . . . . . . . . . . . . . . . . . . . . . . . . . . . . . . . . . . . . . . **12**

**12** PerigonBl weiß, zuweilen blass blauviolett überlaufen, mit schmutzigblauem Mittelnerv, 10–13(–15) mm lg. B zu 1–11 in dichter Traube. Bl 2–7, stumpf, 15–18 × 0,3–1,8(–3) cm. Untere BStiele 1,5–4(–6) mm lg. DeckBl 2,5–3 mm lg, gespornt. Sa 3–4 mm lg, ohne Ölkörper. 0,10–0,20. ♃ ☉ 4–5. **Z** s, ob in D.? △; V ○ (Kirgisien, Turkmenien, Tadschik.: W- u. S-Pamir, SW-Tienschan, in Afgh. zu erwarten: Dorngebüsch, Stauden- u. Wacholderfluren auf Löss u. steinigen Hängen, 850–3200 m). [*Fessia puschkinioides* (REGEL) SPETA] **Puschkinien-B.** – *Sc. puschkinioides* REGEL

**12\*** PerigonBl hellblau mit dunkelblauem Mittelnerv, am Grund weißlich, innere dunkler blau, 10–12 × 4–5 mm. B zu (1–)4–6(–15) in lockerer Traube, aufrecht-abstehend, sternfg ausgebreitet. Bl (3–)4–5, unten oft rötlich, 20–30 × 1,2–1,8 cm. Untere BStiele 10–20 mm lg. DeckBl 1–2 mm lg. Sa ± kuglig, 3 mm ⌀, ohne Ölkörper. 0,15–0,25. ♃ ☉ (3–)4–5. **W. Z** z, früher häufiger, Rabatten, Umrandungen △; ♉ V ○ ◐ (alte ZierPfl des Orients, Herkunft wohl N-Türkei; eingeb. in Frankr., Balkan, Rum., lokal in D.: Gärten, Parkwiesen, frische LaubmischW – Ende 16. Jh.). [*Othocallis amoena* (L.) SPETA] **Schöner B.** – *Sc. amoena* L.

**Schneestolz, Sternhyazinthe, Schneeglanz** – *Chionodoxa* BOISS. 6 Arten

Lit.: SPETA, F. 1976: Über *Chionodoxa* BOISS., ihre Gliederung und Zugehörigket zu *Scilla* L. Naturkundl. Jahrb. Stadt Linz **21**: 9–79. – s. auch unter *Scilla* u. bei *Hyacinthaceae*!

Bem.: Die hier aus Traditionsgründen beibehaltene Gattung gehört in die *Scilla bifolia*-Verwandtschaft.

**1** B 4–12, leuchtend enzianblau, ohne weiße Mitte, schwach nickend. PerigonBl zu 30–40% ihrer Länge miteinander verwachsen, 8–10(–17) × 2–4 mm. Griffel 2–3 mm lg (Abb. **745**/3). 0,05–0,15(–0,40). ♃ ☉ (3–)4. **W. Z** z Gebüschgruppen, Naturgärten, Parks; V Selbstaussaat, auswildernd ♉ ○ ◐ ≃ Boden nährstoffreich (W-Türkei: Boz-Dagh, Mah-

mout Dagh bei Izmir: KiefernW, feuchte N-Hänge, ±550 m; in D. selten eingeb. –
±1887). [*Scilla sardensis* (WHITTALL ex BARR et SUGDEN) SPETA]

**Dunkle St.** – *Ch. sardensis* WHITTALL ex BARR et SUGDEN

Ähnlich: **Zyprische St.** – *Ch. lochiae* MEIKLE [*Scilla lochiae* (MEIKLE) SPETA]: B 2–4, hellblau ohne
weiße Mitte, Perigonröhre 5–7 mm lg, Zipfel 12–13 × 4–6 mm. **Z** s, ob kult in D.? (Zypern).

**1\*** B hellblau od. violettblau mit ± deutlicher weißer Mitte. Staubfäden abgeflacht, ihre
Spitze dunkel violettblau. PerigonBl zu 15–30% ihrer Länge miteinander verwachsen.
Griffel 0,7–1,5 mm lg . . . . . . . . . . . . . . . . . . . . . . . . . . . . . . . . . . . . . . . . . . . . **2**
**2** BStand (2–)4–12blütig. B nickend bis seitwärts gerichtet, weiße Mitte deutlich, groß.
Staubbeutel goldgelb. Perigonröhre (2–)3–5 mm lg. Perigonzipfel 10–15 × 4–5 mm
(Abb. **745**/2). 0,10–0,25. ⚇ ☿ 3–4. **W**. **Z** v Gebüschgruppen, Parkwiesen, Obstgärten,
Rabatten; **V** Selbstaussaat ⚇ ☾ ○ ≈ (SW-Türkei: Prov. Izmir u. Mugla, Adana?: offne
Berghänge, Kiefern- u. ZedernW, 1000–2500 m – 1887 – Sorte 'Pink Giant': B rosa mit
weißer Mitte, Pfl triploid, samensteril; 'Alba': B weiß; 'Naburn Blue': B dunkelblau mit
weißer Mitte). [*Scilla forbesii* (BAKER) SPETA]

**Gewöhnliche St., Große St.** – *Ch. forbesii* BAKER s. l.

Bem.: SPETA unterscheidet 2 Sippen im Artrang, die auch als Synonyme von *Ch. forbesii* od. als Sor-
tengruppen dieser Art geführt werden: *Scilla tmoli* (WHITTALL) SPETA [*Chionodoxa tmolusii* WHITTALL]:
0,07–0,25. Griffel 0,7(–1) mm lg. Fr 3kantig. Sa 1–1,5 mm ∅. PerigonBl 14–27 mm lg, Röhre 2–5 mm
lg; – *Scilla siehei* (STAPF) SPETA [*Chionodoxa siehei* STAPF]: Griffel 1–1,5 mm lg. Fr ellipsoidisch. Sa
2–3 mm ∅. PerigonBl 12–19 mm, Röhre 3–5 mm, Zipfel 9–15 × 4–6 mm (Herkunft unklar).

Bastard: × *Chionoscilla* J. ALLEN ex G. NICHOLSON: × *Chionoscilla allenii* G. NICHOLSON [*Chionodoxa
luciliae* × *Scilla bifolia*]: B 6–7, leuchtend blau mit kleiner blasser Mitte, selten rosa od. violett; Perigon
sternfg, nur am Grund verbunden. In der Natur und in Gärten spontan, kaum im Handel. Weitere, nicht
hinreichend geklärte Bastarde (SPETA 1976), z. B. × *Chionoscilla backhousei* hort. nom. inval. [*Chio-
nodoxa sardensis* × *Scilla bifolia*]

**2\*** B einzeln od. zu 2(–4), nach oben gerichtet . . . . . . . . . . . . . . . . . . . . . . . . . . . **3**
**3** Perigonzipfel (12–)16–27 × (3–)6–8,5 mm. Perigonröhre 2,5–4(–6) mm lg. B lavendel-
blau, selten weiß od. rosa, mit undeutlicher (nicht rein weißer) Mitte. Griffel 1 mm lg.
Staubfäden 2,5–3 mm lg, weiß. Bl oft zurückgebogen, 7–20 × 0,3–0,8(–1,6) cm (Abb.
**745**/1). 0,05–0,10(–0,14). ⚇ ☿ (3–)4. **W**. **Z** z △ Parks; **V** ⚇ ○ ☾ (W-Türkei: Boz-Dagh:
offne Berghänge, 1600–2135 m, eingeb. lokal in D. – 1878 – wenige Sorten: 'Alba': B
weiß; 'Rosea': B rosa). [*Ch. gigantea* WHITTALL, *Scilla luciliae* (BOISS.) SPETA]

**Echte St., Luziliens Schneestolz** – *Ch. luciliae* BOISS.

**3\*** Perigonzipfel 6–11 × ±3 mm, Perigonröhre 3–5 mm lg. B 1–3, blau mit weißer Mitte. Bl
ausgebreitet, 4–10 mm br. 0,03–0,10. ⚇ ☿ 3–4?. **Z** s, ob in D.? (Kreta: Gebüsch u.
Schneeflecken bei 1700–2300 m). [*Ch. cretica* BOISS., *Scilla nana* (SCHULT. et SCHULT.
f.) SPETA]

**Kleine St.** – *Ch. nana* (SCHULT. et SCHULT. f.) BOISS. et HELDR.

Ähnlich: **Weißliche St.** – *Ch. albescens* (SPETA) RIX [*Scilla albescens* SPETA]: B meist 1(–5), blassblau
bis lavendelfarben, außen weißlich mit hellviolettem Mittelnerv. Staubfäden weiß. Bl 2(–4), 3–5(–12) mm
br (Kreta: Schneeflecken im Gebirge).

## Hyazinthe – *Hyacinthus* L. 3 Arten

B der Wildform violettblau, selten weiß. Bl (4–)6–8, bei der Wildform 0,4–1,5 cm, bei
Sorten 1–3(–4) cm br, aufrecht, rinnig, mit Kapuzenspitze. 0,15–0,40. ⚇ ☿ 4(–5), bei
Treiberei 12–3. **Z** v Rabatten, Schalen, Treiberei; ⚇ Bildung von ∞ Tochterzwiebeln
durch Einschneiden der Zwiebel provoziert, Boden nährstoffreich ⊕ sommerwarm, tro-
cken; od. Ernte der Zwiebeln beim Absterben des Laubes, Trocknung bei 25°, bis Mitte
September Lagerung bei >30° (2 Unterarten: subsp. *orientalis*: Perigonzipfel $^1/_2$ bis $^4/_5$
so lg wie die Röhre: S-Türkei, W-Syrien, eingeb. in S-Frankr., It., S-Balkan: Kalkfels-
hänge, Gebüsch, 400–1600 m; subsp. *chionophilus* WENDELBO: Perigonzipfel so lg wie
die Röhre: südl. Z-Türkei, W-Syrien: Kalkhänge, Schotter, Klippen, oft am schmelzen-
den Schnee, 1600–2500 m – im Orient seit Altertum, M-Eur. ±1560 – >100 Sorten:

B 20–40, B blass- bis dunkelviolettblau, blass- bis dunkelrosa, rot, hell- bis dunkelgelb, orange, lachsfarbig, weiß, auch gefüllt; 'Multiflora' ist keine Sorte, sondern Pfl mit ∞ kleinen BStänden nach Entfernen der zentralen BStandsknospe).

**Garten-H. –** *H. orientalis* L.

**Träubel, Traubenhyazinthe** *– Muscari* MILL.　　　　　　　　　　　　30 Arten
(incl. *Leopoldia* PARL., *Pseudomuscari* (STUART) GARBARI et GREUTER, *Muscarimia* KOSTEL. ex LOSINSK.)

Lit.: STUART, D. C. 1966: *Muscari* and allied genera. RHS Lily Yearbook 1965, **29**: 125–138. – SPETA, F. 1982: Über die Abgrenzung und Gliederung der Gattung *Muscari*, und über ihre Beziehungen zu anderen Vertretern der *Hyacinthaceae*. Bot. Jb. **103**: 247–291.

1　Fruchtbare (untere) B fahlbraun, gelb mit brauner Spitze od. fahlgrün bis elfenbeinfarben, >6 mm lg. Traube zur BZeit locker, bis 25 cm lg . . . . . . . . . . . . . . . . . . . . . **2**
1*　Fruchtbare B hellblau bis schwarz(violett)blau, selten weiß od. rötlich, <6(–7) mm lg. Traube dicht, 2–6 cm lg . . . . . . . . . . . . . . . . . . . . . . . . . . . . . . . . . . . . . . . . **4**
2　BTraube mit auffälligem Schopf aus ∞ dunkelvioletten sterilen B (Abb. **750**/3; bei manchen Sorten nur diese ausgebildet). Fruchtbare B fahlbraun. Perigon ohne Nebenkrone unter den Perigonzipfeln. Kapseln zur FrReife nicht abfallend, am Stg geöffnet. Wurzeln dünn, höchstens 1jährig. 0,30–0,70(–1,00). ♃ ☉ 5–6. **W. Z** z Rabatten △; früher HeilPfl; ∀ ♈ Pfl mit 3–4 Tochterzwiebeln, ○, Zwiebeln 25–30 cm tief, essbar (Medit., südl. M-Eur., W-, Z- u. S-Türkei, N-Irak, N-Arabien, W-Syr.: felsig-kiesige Halbtrockenrasen, Äcker, Weinberge, trockne Waldränder, im S bis 2200 m, eingeb. in Brit., Dänem. – kult seit Altertum – Sorten: 'Monstrosum': alle B steril, violett, BStand blumenkohlartig verzweigt, kult seit 1611; 'Plumosum': B meist fehlend, nur violett gefärbte BStiele, BStand stark u. unregelmäßig federbuschartig verzweigt, kult seit 1665 – ▽. [*M. pinardii* BOISS., *Leopoldia holzmannii* (HELDR.) HELDR., *Hyacinthus comosus* L.]

**Schopf-T. –** *M. comosum* (L.) MILL.

2*　BTraube ohne od. mit schwach entwickeltem Schopf aus wenigen sterilen B. Fruchtbare B unter den Perigonzipfeln mit einer Nebenkrone, stark duftend. Kapseln zur FrReife abfallend, am Boden geöffnet . . . . . . . . . . . . . . . . . . . . . . . . . . . . . . . **3**
3　Fruchtbare B gelb mit brauner Spitze u. Nebenkrone, in der Knospe blauviolett, länglich-krugfg, stark nach Banane duftend, (8–)10–12 mm lg. Sterile B violett od. fehlend. Bl 3–6, bis 30 cm lg. 0,12–0,25. ♃ ☉ 4–5. **Z** s △ Rabatten; ∀ ○ ⊕ Boden durchlässig (SW-Türkei, Ägäische Inseln, Kreta: felsige Macchien, Serpentin- u. Kalkfelshänge am Meer, 10–1800 m – 1601).　　**Großfrüchtiges T. –** *M. macrocarpum* SWEET
3*　Fruchtbare B fahlgrün bis elfenbeinfarben, 7–9 mm lg, mit Moschus-Geruch. Perigonzipfel sehr kurz, zurückgeschlagen, Nebenkrone hellbraun, aus 6 rundlichen Lappen. Bl 3–6, lineal-lanzettlich, 10–20(–25) × 0,4–1,5 cm, graugrün, rinnig. 0,10–0,18. ♃ ☉ 4–5. **Z** s △; ∀ ○ (SW-Türkei: Schotter- u. Steppenhänge, 1800–1920 m – 1554 od. eher, für Parfüm). [*M. moschatum* WILLD., *M. ambrosiacum* MOENCH]

**Moschus- T. –** *M. muscarimi* MEDIK.

4　**(1)** Perigon glockig, am Ende nicht zusammengezogen, 4–5 × 2,5–3 mm, himmelblau mit Längsstreifen, Perigonzipfel gleichfarbig. Bl 2(–3), oseits blaugrün, 6–18 × 0,3–1,5 cm, mit starkem Mittelnerv. B 20–60, in dichter, 1–3 cm lg Traube. 0,07–0,15(–0,20), zur FrZeit höher. ♃ ☉ 3(–4). **Z** s △; ∀ ○ Zwiebel ohne Brutzwiebeln (Türkei außer W u. NO: felsige subalpine Hänge, Weiden, an alpinen Seen, 1500–2600 m – 1856 – Sorte 'Albus': B weiß; 'Amphibolis': früh blühend, B größer, heller). [*Hyacinthus azureus* (FENZL) BAKER, *Hyacinthella azurea* (FENZL) CHOUARD, *Pseudomuscari azureum* (FENZL) GARBARI et GREUTER]　　**Himmelblaues T., Scheinhyazinthe –** *M. azureum* FENZL
4*　Perigon am Ende deutlich zusammengezogen, ohne Längsstreifen, hellblau, schwarzblau od. schwarzviolett . . . . . . . . . . . . . . . . . . . . . . . . . . . . . . . . . . . . . . . . . . **5**
5　B dunkelblau bis schwarzblau od. schwarzviolett . . . . . . . . . . . . . . . . . . . . . . . . **6**
5*　B hellblau . . . . . . . . . . . . . . . . . . . . . . . . . . . . . . . . . . . . . . . . . . . . . . . . . . . . . **7**

**6** B schwarzviolett mit weißem Saum, länglich-eifg, 3,5 × 6–7 mm, duftend. Bl (2–)3–7, linealisch, 15–40 × 0,2–0,8 cm, ausgebreitet bis niederliegend, rinnig, rein grün, am Ende absterbend. Traube dicht. Zwiebel mit ∞ Bulbillen. (0,04–)0,10–0,20(–0,30). ⌠ herbstfrühjahrsgrün ☉ (3–)4(–5). **W. Z** v Rabatten, Umrandungen △; ⚦ Bulbillen, ∨ Selbstaussaat ○ ⊕ (Medit. bis Afgh., Pakistan, eingeb. im südl. M- u. W-Eur. u. USA – 1568, kult wohl viel eher – ▽). **Weinbergs-T., Übersehenes T.** – *M. neglectum* Guss. ex Ten.

Ähnlich: **Verwechseltes T.** – *M. commutatum* Guss.: Perigonsaum dunkelviolett. Perigon ± zylindrisch, 5–6 mm lg. Bl 2–5, flach od. schwach rinnig, 10–30 × 0,5–1,5 cm. 0,10–0,30. ⌠ ☉ 3–4. **Z** s (It., Sizil., W-Balkan, Griech., Ägäische Inseln: Felshänge, 0–1800 m – 1886).

**6\*** Bl 1(–2), aufrecht, bereift, br linealisch bis verkehrteilanzettlich, 7–30 × 1–3 cm, oben kurz zusammengezogen, Spitze oft kapuzenfg. Stg länger als die Bl. Traube 2–6 × 1,5 cm, zur FrZeit aufgelockert. Fruchtbare B länglich-krugfg, 5–6 × 3 mm, schwarzviolett, Perigonzipfel ±1 mm lg, blasslila, schwach zurückgebogen. Sterile B 4–8 mm lg, blassviolett od. blau. 0,15–0,40(–0,50). ⌠ ☉ 4–5. **Z** z △ Rabatten; ∨ Selbstaussaat ○ (W- u. S-Türkei, offne KiefernW, 1100–1800 m – 1886). **Breitblättriges T.** – *M. latifolium* Kirk

**7** **(5)** Bl (2–)3–5(–7), linealisch, liegend, 10–25 × 0,2–0,5(–1) cm. Traube dicht, 2,5–7,5 cm lg, zur FrZeit lockerer. Fruchtbare B 3,5–5,5 × 2,3–3,5 mm, verkehrteifg. Sterile B <20, kleiner, heller blau. Bis auf die BFarbe sehr ähnlich *M. neglectum*, **6.** 0,10–0,20 (–0,40). ⌠ herbstfrühjahrsgrün ☉ 4. **W. Z** v △ Rabatten, Einfassungen, Naturgärten ⚥ Treiberei; ∨ Selbstaussaat, ⚦ Bulbillen ○ ◑ (Balkan, Griech., Türkei außer SO, Kauk., Transkauk.: felsig-schottrige Rasenhänge, Waldränder, *Juniperus*-Gebüsch, oft auf Kalk, Serpentin, Schiefer, 700–2400 m, eingeb. in M-Eur. – 1877 – mehrere Sorten, z. B. 'Album': B weiß; 'Blue Spike': BStand verzweigt, B groß; „*M. cyano-violaceum* Turrill" aus Bulg.: B violett, andere Sorten mit unterschiedlicher BZeit u. -Farbe). [*M. szovitsianum* Baker] **Armenisches T.** – *M. armeniacum* Leichtlin ex Baker

**7\*** Bl 2–3(–4), verkehrteilanzettlich mit Kapuzenspitze, unter der Spitze am breitesten, steif aufrecht ...................................................................... **8**

**8** Bl sichelfg, nicht gerippt, 5–20 × 0,2–1,5 cm, oseits blaugrün. BStand 1–3 × 0,7–1,2 cm, auch zur FrZeit kompakt. Perigon kuglig bis verkehrteifg, 3–5 × 2,3–5 mm, himmelblau, selten weiß. Perigonzipfel weiß od. blassblau. 0,05–0,30. ⌠ ☉ 3–4. **Z** s △; ∨ ⚦ ◑ (Türkei außer SO u. NW: steinige Hänge, Kalkschotter, Bergweiden, manchmal mit *Pinus* u. *Juniperus*, 1000–3000 m – Ende 19. Jh. – hierzu *M. tubergenianum* hort.: BStand mit Schopf aus hellblauen sterilen B). [*M praecox* Kesselring nom. nud.] **Aucher-T.** – *M. aucheri* (Boiss.) Baker

**8\*** Bl 2–3, aufrecht, nicht sichelfg, oseits grün, oft gerippt, 5–25 × 0,5–1,3 cm. BStand zur FrZeit locker werdend. Fruchtbare B fast kuglig, 2,5–5 mm ⌀, himmelblau mit weißen Zipfeln, selten weiß; geruchlos. (Abb. **750**/4). 0,10–0,20. ⌠ ☉ 4–5. **W. Z** z △ Rabatten;

1          2          3          4

∀ ⚥ ⊕? (Frankr., It., Sizil.?, Balkan, Rum., südl. Z-Eur.: Bergwiesen, Magerrasen, Ei-chenmischW – 1576 – Sorte 'Album': B weiß; 'Carneum': B weiß, rosa überlaufen – ▽).

**Kleines T. –** *M. botryoides* (L.) MILL.

**Bellevalie** – *Bellevalia* LAPEYR.      50 Arten

Lit.: FEINBRUN, N. 1938, 1940: A monographic study on the genus *Bellevalia* LAPEYR. Palest. J. Bot. (Jerusalem) 1: 42–53, 131–142, 336–409.

**1** BStiele 4–8mal so lg wie das Perigon, zur FrZeit verlängert, waagerecht abstehend. Bl kürzer als der Stg, 1–3 cm br, am Rand bewimpert. B nickend. Perigon zu ²/₃ bis ³/₄ verwachsen, bräunlich mit grüngelben, ± zurückgebogenen Zipfeln. Staubbeutel purpurn. 0,20–0,45. ♃ ☉ 4–5. **Z** s △ Rabatten; ∀ ⚥ ○ ~ (SO-It., Griech., Ägäische Inseln: Kulturland; in W-Iran u. Türkei nahestehende Arten).

**Bewimperte B. –** *B. ciliata* (CIRILLO) NEES

**1\*** BStiele <3mal so lg wie das Perigon. Bl länger als der Stg, am Rand nicht bewimpert . . . . . . . . . . . . . . . . . . . . . . . . . . . . . . . . . . . . . . . . . . . . . . . . . . . . . . . . . . **2**

**2** Traube locker. B aufrecht bis abstehend. Perigon glockig, erst weiß, dann grün, violett od. braun, 8–10 mm lg, Zipfel so lg wie die Röhre. Staubbeutel violett. Bl 0,5–1,5 cm br (Abb. **750**/2). 0,20–0,40. ♃ herbst-frühjahrsgrün ☉ 4–5. **Z** s △ Rabatten; ∀ ⚥ ○ ∧ ⓐ (SW-Frankr., It., Sizil., W-Balkan: Wiesen, Weinberge, Felder, bis 1000 m). [*Hyacinthus romanus* L.]      **Römische B., Römische Hyazinthe –** *B. romana* (L.) RCHB.

**2\*** Traube dicht, ∞blütig, 3–5 cm lg. B nickend. Perigon br glockig, dunkelblau mit gelbgrünem Rand, 6–7 mm lg, Zipfel kürzer als die Röhre. Staubbeutel gelb. Bl lanzettlich, rinnig, 0,7–1,5(–2) cm br. 0,20–0,30(–0,40). ♃ ☉ 4–5. **Z** s △ Rabatten; ∀ ⚥ ○, nicht ~ (O-Türkei, N- u. W-Iran, N-Irak, Transkauk.: subalp. Wiesen, (1000–)1700–2900 m – Sorte 'Alba': 0,20, B blassgrün bis weißlich).

**Dichtblütige B. –** *B. pycnantha* (K. KOCH) LOSINSK.

## Familie **Grasliliengewächse** – *Anthericaceae* J. AGARDH    200 Arten

**1** Staubbeutel am Rücken befestigt. Perigon trompetenfg, (2–)3–6 cm lg.

**Paradieslilie** – *Paradisea* S. 751

**1\*** Staubbeutel am Grund befestigt. PerigonBl sternfg ausgebreitet, 0,8–2,2 cm lg.

**Graslilie** – *Anthericum* S. 751

**Graslilie** – *Anthericum* L.      65 Arten

**1** BStand meist eine einfache Traube. Griffel bogig gekrümmt. PerigonBl 15–22 mm lg. Kapsel eifg, spitz, 9–15 mm lg. 0,30–0,60. ♃ kurzes ⪧ 5–6. **W. Z** s △ Natur- u. Heidegärten; ∀ ⚥ ○ ~ (W-Medit. bis Balkan, Rum., S-Türkei, Frankr., Z-Eur. bis S-Schweden: Felsfluren, Trockengebüsche – 1596 – Sorte 'Major': alle Teile größer).

**Trauben-G., Große G., Astlose G. –** *A. liliago* L.

**1\*** BStand meist eine verzweigte Traube. Griffel gerade. PerigonBl 8–14 mm lg. Kapsel fast kuglig, stumpf, 5–9 mm lg. 0,30–0,80. ♃ kurzes ⪧ 6–8. **W. Z** s △ Natur- u. Heidegärten; ∀ ⚥ ○ ⊕ ~ (Pyr., M-It., Balkan, NW-Türkei, Frankr., Z-Eur., Ukr., M-Russl., N-Kauk.: Halbtrockenrasen u. -gebüsche auf Kalk – 1570).    **Ästige G. –** *A. ramosum* L.

**Paradieslilie** – *Paradisea* MAZZUC.      2 Arten

B 3–10 in einseitswendiger, nickender Traube, 30–60 mm lg, weiß, meist grünspitzig, Griffel u. StaubBl gebogen. Staubbeutel gelb. Bl (4–)6–8, alle grundständig, grasartig, blaugrün, 0,3–0,9 × 15–40 cm. Wurzeln fleischig. 0,40–0,60. ♃ ⪧ 6–7. **Z** s in Rabatten truppweise, ⚸; ⚥ ∀ ○ Boden fruchtbar, humusreich ≈ dräniert (N-Span., S-Frankr., W- u. S-Alpen, N- u. M-It.: feuchte Gebirgswiesen u. -weiden auf neutralem bis leicht saurem Boden, 800–1800 m – 1597 – wenige Sorten: 'Major' u. 'Gigantea': bis 1,00, B 5–6 cm lg; 'Flore pleno': B gefüllt). **Alpen-P.** – *P. liliastrum* (L.) BERTOL.

Ähnlich: **Portugiesische P.** – *P. lusitanica* (COUT.) SAMP.: BStand nicht nickend. BStand 20–25blütig, B 20–25 mm lg. Bl 7–20 mm br. **Z** s Rabatten (N-Port., NW-Span.: Bergwiesen).

## Familie Funkiengewächse – *Hostaceae* B. MATHEW     25 Arten

**Funkie** – *Hosta* TRATT.     25 Arten

Lit.: GRENFELL, D. 1990: *Hosta*. London. – SCHMID, W. G. 1991: The genus *Hosta*. Portland (Oregon). – KÖHLEIN, F. 1993: *Hosta* (Funkien). Stuttgart.

Bem.: *Hosta* wurde in Japan schon lange kultiviert, bevor sich das Inselreich im 19. Jh. für die Europäer öffnete. Auch in der Natur bastardieren die Arten. Mehrere als Arten beschriebene Sippen der Gattung haben sich als alte Kulturhybriden herausgestellt, wobei oft nicht beide Eltern bekannt sind. In anderen Fällen wurden die beschriebenen „Arten" („Pseudoarten") als Sorten anderer Arten erkannt. Viele der bisher im Gartenbau üblichen Namen finden sich daher in der Synonymik. – Die natürlichen Standorte sind meist schattige, felsige Gebüsche u. Waldränder der Bergstufe, oft auf kalkarmem Gestein.

Kultur u. Verwendung: Alle Arten u. Sorten ◑ u. ●, Boden nährstoff- u. humusreich, nicht trocken. Die meisten sind gute Bodendecker, die großen Arten u. Sorten sind als „Hintergrundstauden", aber auch als Solitäre zu verwenden. Für sonnige Standorte eignen sich nur *H. plantaginea* u. *H.* 'Lancifolia', nicht aber die panaschierten od. gelbblättrigen Sorten. Wenige leiden unter Spätfrost und Wind. Alle Arten u. Sorten können durch Teilung vermehrt werden. Für ⚥ bes. BStände von *H. plantaginea* u. *H. ventricosa*, für Blatt-Schnitt *H.* 'Crispula', *H.* 'Undulata', *H.* 'Fortunei', die Tardiflora-Hybriden u. *H. sieboldiana*.

**1**   Bl useits blaugrün od. bereift (vgl. die useits schwach bereifte *H.* 'Elata', **8***)  .....  **2**
**1***   Bl useits matt od. glänzend, nicht blaugrün od. bereift (Ausnahme: Hyacinthen-F., vgl. **2***)  ................................................................  **3**
**2**   Bl oseits deutlich blaugrün, Spreite 26–35(–50) × 14–23(–30) cm (bei Sorten z. T. kleiner), mit 11–14(–18) Paaren von Seitennerven. BlStiel bis 60 cm lg, ungeflügelt. Stg die BlRosette wenig überragend. B helllila, bis 5,5 cm lg, KrZipfel kaum zurückgeschlagen (Abb. **753**/1). 0,50–0,70. ♃ kurzes ⚯ 6–7(–8). **Z** v halbschattige Rabatten, Gehölzränder ♠; ⚥ ∀ ◑ ● nicht ~ Boden nährstoffreich (Japan: Honshu: Hokuriku- u. N-Kinki-Distrikt: felsige Gebirgswälder? – 1830).     **Blaublatt-F.** – *H. sieboldiana* ENGL.

Mehrere Sorten, z. B.
**Dauergold-F.** – 'Semperaurea': Bl gelbgrün;
**Große Blaublatt-F.** – 'Elegans' [*H.* 'Fortunei' × *H. sieboldiana*, *H.* 'Fortunei Robusta', *H. sieboldiana* var. *elegans* HYL.]: Bl runder, stärker blaugrau, gerunzelt, kürzer zugespitzt; **Z** v;
**Blaue Gelbrand-F.** – 'Frances Williams': Bl blaugrün mit unregelmäßigem gelbem Rand, gerunzelt;
**Löffelblatt-F.** – 'Tokudama' [*H. tokudama* F. MAEK.]: Bl herzfg-rund, kurz zugespitzt, ihr Rand löffelfg nach oben gebogen, Stiel 20–35 cm lg. Stg kaum höher als die Bl. (6–)7;
**Gefleckte Löffelblatt-F.** – 'Tokudama Aureonebulosa': wie vorige, aber Bl im Zentrum mit gelbem Fleck, schwächer wüchsig;
'Amplissima': Horste dicht, großblättrig. BTraube waagerecht;
'Hypophylla': Bl ± rund; BStg kurz, die Bl nicht überragend;
Ähnlich mit deutlich blauen Bl, aber kleiner, die **Tardiflora-Hybriden** [*H.* 'Tardiflora' × *H. sieboldiana* 'Elegans Alba']: > 12 Sorten, z. B. 'Halcyon': Bl ±5 × 9 cm, BStand dicht über den Bl, **Z** v; 'Blue Moon': sehr klein, BlSpreite ±6 × 4,5 cm, stark faltig, Rosette ±13 cm hoch, **Z** s ◑ △.

**2***   BlSpreite oseits nicht od. nur leicht blaugrün, 10–20(–30) × 5–11(–20) cm, mit 8–10 Paaren von Seitennerven. BStiel ±35 cm lg, tief rinnig, geflügelt. Stg die BlRosette deutlich überragend. B hellviolett. 0,40–0,70(–95). ♃ ⚯ 7–8. **Z** v schattige Staudenbeete; ∀ ◑ ● Boden schwer ≈ (japanische Hybridsippe, Ursprung unklar, ein Elter wohl *H. sieboldiana* – 1866, 1875?). [*H.* × *fortunei* (BAKER) L. H. BAILEY, *H. sieboldiana* ENGL. var. *fortunei* (BAKER) ASCH. et GRAEBN.]     **Graublatt-F.** – *H.* 'Fortunei'

Wichtige Sorten:
**Große Weißrand-F.** – 'Fortunei Obscura' [*H. fortunei* 'Albomarginata', *H. f. marginato-alba* L. H. BAILEY]: BlSpreite eifg, zugespitzt, bis 30 × 16 cm, unregelmäßig br weiß berandet, Stg 50–95 cm;
**Frühlingsgold-F.** – 'Fortunei Aurea': Bl im Austrieb goldgelb, etwas vergrünend, leicht gerunzelt;
**Gelbe Grünrand-F.** – 'Fortunei Albopicta': BlMitte goldgelb, Rand dunkelgrün;
**Grüne Goldrand-F.** – 'Fortunei Aureomarginata': BlSpreite dunkelgrün mit br gelbem Rand;
**Hyacinthen-F.** – 'Fortunei Hyacinthina': BlSpreite meergrün, useits weißlich bereift, etwas runzlig, mit 8–9 Nervenpaaren; B kräftig violett, DeckBl groß, steif, violett. 0,50–0,70 ⚥ 7–8. **Z** z.

3  (1) Bl mit höchstens 5 Seitennerven-Paaren, dünn . . . . . . . . . . . . . . . . . . . . . . . . . **4**
3*  Bl mit 6 od. mehr Seitennerven-Paaren (vgl auch *H.* 'Decorata' unter **5***) . . . . . . . . **6**
4  BlStiel nicht purpurn gefleckt. Bl oseits stumpf mittelgrün, mit sehr schmalem weißem Rand, br lanzettlich, 10–15 × 5–6 cm, mit 3–4 Seitennervenpaaren. B violett mit weißem Saum, bei 'Alba' weiß. 0,20–0,30(–0,50). ⚥ ⚲ u. kurze 〜 7–8. **Z** v ⬜; ◐ ● ≈ (S- u. M-Japan: BergW? – 1830 – wenige Sorten). [*H. albomarginata* (HOOK.) OHWI]  **Weißrand- F.** – *H. sieboldii* (PAXTON) INGRAM
4*  BlStiel am Grund purpurn gefleckt . . . . . . . . . . . . . . . . . . . . . . . . . . . . . . . . . . . **5**
5  Bl matt mittelgrün. Stg ohne sterile HochBl. BZeit Herbst. BlStiel nicht geflügelt, 12–27 cm, flach u. br rinnig. BlSpreite 10–15 × 2,8–6,5 cm, lanzettlich bis schmal elliptisch, zugespitzt. B 4–4,5 cm lg. 0,25–0,35. ⚥ ⚲ 9–11. **Z** v [*H. lancifolia* ENGL. var. *tardiflora* (IRVING) L. H. BAILEY, *H. tardiflora* (IRVING) STEARN]  **Herbst-F.** – *H.* 'Tardiflora'
5*  Bl glänzend. Stg mit sterilen HochBl. BZeit Spätsommer. BlStiel oben geflügelt. BlSpreite 10–17 × 4–8,5 cm, länglich-lanzettlich bis lanzettlich. B ±5 cm lg, glockig, violett. 0,20–0,45(–0,60). ⚥ ⚲ 8–9. **Z** v ⬜; ◐ ● ○ (S- u. M-Japan, nur in Kultur bekannt? Nach Plantae Vasc. Orientis extremi Soviet. 1987 aber auf Uferfelsen im Amur- u. Ussurigebiet, NO-China, Korea, dort doch sicher ursprünglich, dann also doch „gute" Art? – 1829). [*H. lancifolia* (THUNB.) ENGL]  **Lanzen-F.** – *H.* 'Lancifolia'

Ähnlich: **Zierliche Weißrand-F.** – *H.* 'Decorata' [*H. decorata* L. H. BAILEY]: Pfl mit unterirdischen Ausläufern. BlSpreite rundlich-eifg, stumpf od. wenig zugespitzt, bis 16 × 14 cm, mit 4–5(–7?) Nervenpaaren, useits schwach glänzend, Rand regelmäßig weiß; BlStiel bis 30 cm, flach rinnig. KrZipfel dunkelviolett, halb zurückgeschlagen. 0,40–0,55. ⚥ 〜 7–8. **Z** z ⬜; ● ◐ (Japan, nur in Kultur bekannt, auch die Varietät mit völlig grünen Bl nur als Sorte bewertet: 'Decorata Normalis', B aber fruchtbar).

6  (3) B wachsweiß, zu 10–15, duftend, abends geöffnet, 6–11(–13) cm lg, KrZipfel zurückgebogen. Über jedem DeckBl noch 1 VorBl. Bl hellgrün, ihr Stiel tief rinnig, geflügelt, 15–28 cm lg, Spreite glänzend, br herzfg, kurz zugespitzt, 15–25(–28) × 10–17(–24) cm, mit (6–)7–9 Seitennerven-Paaren. 0,50–0,70. ⚥ ⚲ (8–)9–10. **Z** v schattige Rabatten, Gehölzränder, Kübel ⚘; ◐ ●, auch ○ (S- u. M-China: N-Guangdong bis Sichuan, S-Shaanxi, Henan u. Jiangsu, 0–2200m – 1785 als 1. *Hosta* – kult meist 'Grandiflora': Bl

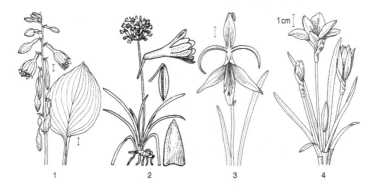

1cm

1    2    3    4

schmaler (?), B groß; – 'Aphrodite': B gefüllt; – 'Stenantha': KrRöhre kürzer, schmaler; – ∞ weitere Hybridsorten). **Lilien-F.** – *H. plantaginea* (LAM.) ASCH.

6\* B lila od. blauviolett. Über dem DeckBl kein VorBl. Bl mittelgrün bis dunkelgrün . . . **7**

7 Bl 13–18 cm br, glatt od. am Rand gewellt, ± stark glänzend. Stg 0,60–1,00(–1,50) m hoch . . . . . . . . . . . . . . . . . . . . . . . . . . . . . . . . . . . . . . . . . . . . . . . . . . . . . **8**

7\* Bl 5–12 cm br, gekräuselt od. gewellt, oseits matt od. schwach glänzend, useits glänzend, mit 7–9 Seitennerven-Paaren. Stg 0,30–0,90(–1,00) m hoch . . . . . . . . . . . . **9**

8 Bl auffallend dunkelgrün, ledrig, ± glatt, useits stark glänzend, br herzfg, 20–30 × 15–20 cm, mit 7–9 Seitennerven-Paaren, Stiel bis 40 cm lg, geflügelt, unten gefleckt. B 20–30, aus schlanker Röhre plötzlich glockenfg verbreitert, violettblau, ±5,5 cm lg. 0,60–1,00. ♃ ♈ 8. **Z** v ⚥ (S- u. M-China von Yunnan, Sichuan u. N-Guangxi bis S-Shaanxi u. Henan: feuchte, schattige Gebüsche auf Sandstein, im S bei 500–2400 m; eingeb. im warmgemäß.–gemäß. O-Am. – 1790 – einige Sorten, z. B. 'Aureomaculata': Bl gelb gefleckt; 'Aureomarginata': Bl unregelmäßig cremegelb berandet). [*H. caerulea* (TRATT.) ANDREWS] **Glocken-F.** – *H. ventricosa* STEARN

8\* Bl oseits dunkelgrün, mittelgrün bis leicht gelblichgrün, schwach glänzend, useits schwach bereift, länglich-herzfg, 18–23(–30) × 13–18 cm, mit (8–)9–12(–13) Seitennerven-Paaren. Rand zuweilen wellig. BStand deutlich über den Bl. B trichterfg mit halb zurückgeschlagenen Perigonzipfeln, hell blauviolett bis blass rosaviolett. 0,70–0,90 (–1,50). ♃ ♈ 6–7. **Z** z; ☾ ● (Komplex von Gartenhybriden, in Eur. seit ±1865 entstanden). [*H. fortunei* var. *gigantea* L. H. BAILEY, *H. montana* F. MAEK. nom. invalid., *H. elata* HYL.] **Grüne Riesen-F.** – *H.* 'Elata'

9 (7) BlRand stark gekräuselt, Spreite an der Spitze oft verdreht, 13–27 × 6–10,5 cm, herz-eifg bis schmal elliptisch, in den Stiel verschmälert und an ihm herablaufend, mittelgrün mit unregelmäßigem weißen Rand, Spitze lg auslaufend u. herabhängend. B 30–40, trichterfg, hell lavendelblau. 0,50–0,90. ♃ ♈ 6–7. **Z** v Bl-⚥ (Japan, nur kult – steht 'Elata' nahe – 1829). [*H. crispula* F. MAEK., *H. undulata* var. *albomarginata* auct.] **Riesen-Weißrand-F.** – *H.* 'Crispula'

9\* BlRand stark gewellt. Spreite eifg, 10–15 × 4–6(–9) cm, oseits matt, useits glänzend. BStand die Bl überragend, mit laubblattartigen, 2–2,5 cm lg HochBl. B 30–40, trichterfg, hellviolett, 5,5–6 cm lg. 0,30–0,40(–1,00). ♃ ♈ 7–8. **Z** v Bl-⚥ (sterile Klone, Japan, nur kult – 1829, 1833? – kult meist Sorte 'Undulata Univittata': Bl mit br weißem Mittelstreifen; selten 'Undulata Erromena' [*H. undulata* var. *erromena* (STEARN) F. MAEK.]: Bl grün, glänzend, Stg bis 1,00 m, mit 2–3 laubigen HochBl, BlSpreite groß, bis 22,5 × 13 cm). [*H. undulata* (OTTO et A. DIETR.) L. H. BAILEY] **Schneefeder-F.** – *H.* 'Undulata'

## Familie **Agavengewächse** – *Agavaceae* DUMORT. 410 Arten

1 BlRand selten fasrig, mit od. ohne Zähne, Bl sukkulent. B ± aufrecht.
**Agave** – *Agave* S. 754

1\* BlRand fast immer fasrig, nie gezähnt, selten fein gesägt, Bl nicht sukkulent. B hängend. **Palmlilie** – *Yucca* S. 755

**Agave** – *Agave* L. >210 Arten

Lit.: GENTRY, H. S. 1982: Agaves of continental North America. Tucson. – THIEDE, J. 2001: *Agave*. In: EGGLI, U. (Hrsg.): Sukkulenten-Lexikon. Bd. **1**: 3–75. Stuttgart.

Bem.: Die winterharten Arten, die in D. ganzjährig im Freien kultiviert werden, erreichen nicht immer die genannten Ausmaße wie am Naturstandort od. im Gewächshaus ausgepflanzte Exemplare. Außer *A. americana* haben sich die aufgeführten Arten als vollkommen winterhart erwiesen. Wichtige Voraussetzung dafür ist allerdings, dass sie von Ende September bis Anfang April durch eine lichtdurchlässige Abdeckung vor Feuchtigkeit geschützt werden. In Freilandkultur gelangen sie jedoch nur äußerst selten zur Blüte. Im Botanischen Garten Halle entwickelte sich z. B. im Sommer 2005 nach über 15 Jahren auf einem Freilandsukkulentenbeet erstmals bei einem Exemplar von *A. lechuguilla* ein fast

4 m hoher Blütenstand. – In der gärtnerischen Literatur werden weitere Arten u. Varietäten als winterhart genannt. Ihre taxonomische Zuordnung ist aber z. T. umstritten.

1 Bl 1–2 m lg. Rosetten sehr groß, 1,5–3 m ⌀. Bl 15–25 cm br, lanzettlich, blau- bis hellgrün, halbaufrecht, später bis über die Mitte überhängend, am Rand mit 5–10 mm lg, aschgrauen Zähnen, Enddorn 3–5 cm lg. B gelb. 1,50–2,00, BStand 5,00–8,00. ⚥ i ⏦. Z v Kübel; ✹: Ableger, BrutPfl im BStand, ⚥ ○ ~ ⑮, B erst nach Jahrzehnten, Pfl danach absterbend (USA: SO-Texas, Mex.: aride u. semiaride Gebiete; weltweit kult u. eingeb. in medit. Klimaten – Ende 16. Jh. – kult mehrere Sorten mit gelben od. weißen Rand- od. Mittelstreifen). **Amerikanische A., Hundertjährige A. –** *A. americana* L.

1* Bl bis 0,5 m lg, Rosetten kleiner, bis 0,75 m ⌀ . . . . . . . . . . . . . . . . . . . . . . . . . . . . . . 2

2 Bl eifg-lanzettlich, (18–)25–40 cm × (4,5–)8–12 cm, dick, steif, blaugrün bis hellgrün, kurz zugespitzt. Rosette kompakt, kugelfg, 25–75 cm ⌀, reiche Ausläuferbildung. BlRand mit kleinen, ± aufrecht stehenden Zähnen, oseits abgeflacht. B gelb. 0,15–0,75. ⚥ i ⏦. Z s Freilandsukkulentenbeete; ✹ ⚥ ○ ~ Dränage, im Winter Nässeschutz! (USA: Arizona, New Mex., Mex.: W-Chihuahua, W-Durango: offne, felsige Hänge im Grasland, lichte Laub- u. NadelW, Chaparral, 1200–2800 m).
**Mescal-A., Parry-A. –** *A. parryi* ENGELM.

2* Bl lineal-lanzettlich . . . . . . . . . . . . . . . . . . . . . . . . . . . . . . . . . . . . . . . . . . . . . . . . 3

3 BlRand ohne Zähne od. nur basal fein gesägt. Rosette klein, bis 0,40 cm ⌀, im Alter dicht vielköpfig. Bl 20–30 × 1,5–2 cm, hellgrün od. gelblich, steif. BlRand braun mit weißen Fäden. Enddorn 1–2 cm lg, pfriemlich, oseits mit kurzer, schmaler Furche. B grün mit weißer Spitze. 0,30–0,40. ⚥ i ⏦. Z s Freilandsukkulentenbeete; ⚥ ✹ ○ ~ Dränage, im Winter Nässeschutz! (USA: Z-Arizona: offne, hängige Plätze auf Kalk od. Basalt im Wüstenbusch, Chaparral u. Kiefern-WacholderW, 600–2500 m).
**Toumey-A. –** *A. toumeyana* TREL.

3* BlRand ± gezähnt . . . . . . . . . . . . . . . . . . . . . . . . . . . . . . . . . . . . . . . . . . . . . . . . . . 4

4 Perigonzipfel 5–6,5mal so lg wie die Perigonröhre. Zähne stets stark abwärts gebogen, schwach, krümelig. Rosette klein, 40–60 cm ⌀, starke Ausläuferbildung mit großem Ausbreitungsradius. Bl 25–50 × 2,5–4 cm, hell- bis gelbgrün, aufsteigend bis aufrecht, manchmal sichelfg, dick, steif. Enddorn kräftig, kegelfg bis pfriemlich, 1,4–4 cm lg. B gelblich mit rötlicher bis purpurner Tönung. 0,30–0,50 (BStand bis 4,00). ⚥ i ⏦ 7–8. Z s Freilandsukkulentenbeete; ✹ ⚥ ○ ~ Dränage, im Winter Nässeschutz! (USA: S-New Mex., Texas, Mex.: Chihuahua-Wüste, auf Kalkböden in Wüstenbusch-Gesellschaften, (500–)950–2300 m). **Lechuguilla-A., Ixtlefaser –** *A. lechuguilla* TORR.

4* Perigonzipfel 2–4mal so lg wie die Perigonröhre. Zähne ± hakig gebogen, dick, stumpf, ablösbar, relativ klein, am Grund braun geringelt. Rosette klein, kompakt, 15–40 cm ⌀, sprossend. Bl 12–30 × 1,0–2,5 cm, grün bis blaugrün. Enddorn nadelfg, 20–40 mm lg. B gelb. 0,15–0,50. ⚥ i ⏦. Z s Freilandsukkulentenbeete; ✹ ⚥ ○ ~ Dränage, im Winter Nässeschutz! (USA: Kalif., Utah, Nevada, Arizona: offne, felsige Hänge, meist auf Kalk, im Wüstenbusch u. Grasland, 1100–1700 m – formenreich!).
**Utah-A. –** *A. utahensis* ENGELM.

**Palmlilie –** *Yucca* L. 45 Arten

Lit.: HOCHSTÄTTER, F. 2000: Yucca I (*Agavaceae*). In the southwest and midwest of the USA and Canada (dehiscent fruited species). Mannheim. – HOCHSTÄTTER, F. 2002: Yucca II (*Agavaceae*). In the southwest, midwest and east of the USA (indehiscent fruited species). Mannheim. – HOCHSTÄTTER, F. 2004: Yucca III (*Agavaceae*). Mexico. Mannheim. – THIEDE, J. 2001: Yucca. In: EGGLI, U. (Hrsg.): Sukkulenten-Lexikon. Bd. **1**: 87–103. Stuttgart. – VOGEL, W. 2002: Frostharte Yuccas für unsere Gärten. Avonia **20** (2): 28–32.

Bem.: Neben den genannten Arten finden sich in den Gärten weitere Taxa, die winterhart sind od. sein sollen. Bei ihnen u. bes. bei den zahlreichen Sorten u. Hybriden können die morphologischen Merkmale so stark variieren, dass eine eindeutige Bestimmung sehr schwierig ist.

1 Stamm bis 2,50 m, in Gartenkultur aber meist wesentlich kürzer. Bl schwertfg, 0,50–1,00 m lg, 3,5–5 cm br, biegsam, meist zur Hälfte nach unten gebogen, grün, aber

auch bläulich, schmal gelb od. braun berandet. BStand die Bl kaum überragend. B weiß od. grünlichweiß. 1,60–2,00. ♄ i 8–9. **Z** s Freilandsukkulentenbeete; V ○ (südöstl. USA: Georgia u. Florida bis Louisiana: sandige Böden in Ebenen). [*Y. gloriosa* var. *recurvifolia* (SALISB.) ENGELM.] **Gekrümmte P. –** *Y. recurvifolia* SALISB.

Ähnlich: **Herrliche P. –** *Y. gloriosa* L.: Bl starr, aufrecht. BStand die Bl deutlich überragend. BZeit Spätsommer (USA.: North Carolina bis Georgia: Sanddünen – 1550).

**1\*** Stamm fehlend od. nur kurz u. dann meist durch Bl verdeckt . . . . . . . . . . . . . . . . . **2**
**2** BStand im Bereich der Rosette od. kurz darüber. Stamm fehlend od. bis 30 cm hoch. Rosette zunächst einzeln, später dichte Gruppen bildend, 0,80–2,50 m ⌀. Bl schmal linealisch, (20–)50–70 × 0,5-1,2 cm, biegsam, gestreift, hellgrün od. bleich, Rand weiß od. grünlichweiß, fein fasrig. Enddorn kurz, spitz, bräunlich. B kuglig od. glockig, grünlichweiß, purpurn überlaufen, glänzend. 0,90–1,25. ♃ i ⚭ 7–8. **Z** s Freilandsukkulentenbeete; ♉ V ○ Dränage (S-Kanada: S-Alberta; USA von Montana u. N-Dakota bis Texas u. New Mex.: Prärien, Ödland: sandige u. kalkhaltige Böden, 800–2000(–2800) m). [*Y. angustifolia* PURSH] **Blaugrüne P. –** *Y. glauca* NUTT.
**2\*** BStand deutlich über den Bl stehend. Rosette mit Ausläufern, Gruppen bildend. Bl verkehrteilanzettlich, 50–75 × 2–4 cm, aufrecht bis ausgebreitet, zurückgebogen, grün od. graublau, Rand zur Spitze hin eingerollt, in kräftige, gekräuselte Fasern zerfallend. B weiß, grün od. cremefarben. 1,50–2,50. ♃ i ⚭ 6–7. **Z** v Freilandsukkulentenbeete, Rabatten; ♉ V ○ (östl. USA: Maryland bis Louisiana: sandige Böden – 17. Jh. – ∞ Sorten, teilweise mit panaschierten Bl). **Fädige P. –** *Y. filamentosa* L.

Ähnlich: **Schlaffe P. –** *Y. flaccida* HAW.: Bl dünner u. schmaler. B kleiner (Kanada: S-Ontario; östl. USA bis Florida u. Texas: offne Stellen in KiefernW, Waldland u. Küstendünen). Soll *Y. filamentosa* sehr nahe stehen.


Familie **Schmuckliliengewächse** – *Agapanthaceae* F. VOIGT
9 Arten

**Blaulilie, Liebesblume, Schmucklilie** – *Agapanthus* L'HÉR.
9 Arten

Lit.: LEIGHTON, F. M. 1965: The genus *Agapanthus* L'HÉRITIER. J. South Afr. Bot. Suppl. vol. **4**: 1–50.

Bem.: Die Arten kreuzen fruchtbar miteinander, die meisten kultivierten Pfl sollen Hybriden sein, besonders von *A. praecox.* – Rhizom kurz, mit fleischigen Wurzeln, die möglichst nicht verletzt werden sollen. Mehrere sommergüne Sorten sind (mit ⌒) winterhart bis –15 °C.

**1** B röhrenfg, nicht geöffnet, leuchtend hellblau bis dunkelviolett, 2,5–5 cm lg, erst aufrecht, dann nickend, 2–5,5 cm lg gestielt. Bl 30–50(–67) × 2–3(–6) cm, blaugrün, am Grund zwiebelfg verdickt. (0,60–)1,00–1,80. ♃ ⅄ sommergrün 9–10. **Z** s Kübel ⅄; ♉ V ○ warm ⓚ (östl. S-Afr.: Transvaal, Swasiland: Waldlichtungen, offnes Grasland – Sorte 'Albus': B cremeweiß). **Röhrenblütige B. –** *A. inapertus* P. BEAUV.
**1\*** B trichterfg, geöffnet od. halb geöffnet . . . . . . . . . . . . . . . . . . . . . . . . . . . . . . . . . . **2**
**2** Pfl sommergrün. B halb geöffnet, Perigon 2–3,5 cm lg, Zipfel nicht zurückgebogen, Röhre 0,5–1 cm lg. Bl 15–40 × 1–2,5 cm, BlGrund zwiebelfg. 0,40–0,70(–1,00). ♃ ⅄ 7–8. **Z** s Kübel; ♉ ○ ⓚ (östl. S-Afr.: östl. Kap-Provinz, Natal, Basutoland, Oranje-Freistaat, Transvaal: Bachläufe, feuchte Klippen, Wasserfälle, bis 2350 m – mehrere Sorten: B hell- bis dunkelblau, lavendelfarben, weiß; 'Variegatus': Bl cremefarben gestreift). [*A. umbellatus* var. *albidus* BAILEY, var. *mooreanus* hort., var. *minor* BAILEY] **Glockige B. –** *A. campanulatus* LEIGHT.
**2\*** Pfl immergrün. Perigon ± weit geöffnet, 2,5–7 cm lg, Röhre 0,7–2,5 cm lg . . . . . . **3**
**3** PerigonBl 2,5–4(–5) cm lg, dick, wachsartig, tiefblau od. blauviolett. Perigonröhre 0,9–1,4 mm lg. StaubBl kürzer als die PerigonBl. Dolden 9–30blütig. Bl 10–35(–50) × 0,8–2 cm, ± aufrecht, rau. 0,25–0,50(–70). ♃ ⅄ 7–8(–9). **Z** s Kübel; ♉ V ○ Winter ≈, Sommer ~, heikel ⓚ (südwestl. S-Afr.: Kap-Halbinsel bis Riversdale: Felsklippen,

Bäche, Flusstäler, Wasserfälle, 0–900 m – 1687 – formenreich). [*A. umbellatus* L'HÉR.]
**Afrikanische B.** – *A. africanus* (L.) HOFFMANNS.
3* PerigonBl 3–7 cm lg, zart, hellblau mit dunklerem Mittelnerv, selten weiß. Perigonröhre
0,7–2,6 cm lg. StaubBl oft länger als die PerigonBl. Dolde 30–120blütig, dicht. Bl 20–70
× 1,5–5,5 cm (Abb. **753**/2). 0,40–1,00. ⚃ i ⚷ (6–)7–9. **Z** v Kübel ⚷; ⚶ ⚶ B nach 3 Jahren
○ warm, im Sommer feucht, düngen; ⚐ >5° ganz trocken – Samen als Rosenkranz-
perlen (S-Afr.: mittlere u. östl. Kap-Provinz bis Natal: Bach- u. Flusstäler, Wasserfälle,
0–1200 m – 1813 – formenreich, 3 Unterarten: subsp. *praecox*: Pfl 80–100 cm, B
>5 cm lg, Bl ±60 × 3–4 cm (östl. Kap-Provinz); subsp. *orientalis* (LEIGHT.) LEIGHT. [*A.
orientalis* LEIGHT.]: B 4–4,5 cm lg, Bl bis 3 cm br, die am meisten kult Sippe, ∞ Sorten
(östl. Kap-Provinz, Natal); subsp. *minimus* (LINDL.) LEIGHT.: Bl 20–30 × 1,5–2,5 cm, Stg
meist <60 cm, Dolden lockerer, B 3–4,5 cm lg (mittlere u. östl. Kap-Provinz)). [*A. um-
bellatus* var. *multiflorus* hort., var. *giganteus* hort., var. *albiflorus* PAXTON]
**Frühe B., Immergrüne B.** – *A. praecox* WILLD.

## Familie **Amaryllisgewächse** – *Amaryllidaceae* J. ST.-HIL.   850 Arten

1 NebenKr vorhanden, trichter-, napf- od. schalenfg. B weiß, orange, gelb, NebenKr zu-
weilen rot berandet. Staubbeutel am Rücken befestigt, leicht beweglich.
**Narzisse** – *Narcissus* S. 758
1* NebenKr fehlend . . . . . . . . . . . . . . . . . . . . . . . . . . . . . . . . . . . . . . . . . . . . . . . . . . **2**
2 B nickend, <3,5 cm lg, radiär, ohne Perigonröhre. PerigonBl weiß, selten rosa, mit grü-
nem od. gelbem Fleck. Staubbeutel am Grund befestigt, nicht leicht beweglich, mit end-
ständigen Poren geöffnet . . . . . . . . . . . . . . . . . . . . . . . . . . . . . . . . . . . . . . . . . . . **3**
2* B seitwärts od. aufwärts gerichtet, wenn schwach nickend, dann >5 cm lg. Staubbeutel
am Rücken befestigt, leicht beweglich, mit Schlitz nach innen geöffnet . . . . . . . . . **4**
3 Nur die inneren PerigonBl grün gefleckt, deutlich kürzer als die äußeren, alle frei, weiß.
**Schneeglöckchen** – *Galanthus* S. 760
3* Alle PerigonBl an der Spitze gefleckt, etwa gleich lg, weiß, selten rosa, frei od. am
Grund kurz verbunden. **Märzenbecher** – *Leucojum* S. 764
4 **(2)** B aufwärts gerichtet, gelb, radiär. HochBl 2, am Grund röhrig verwachsen. Pfl meist
<15 cm hoch. **Sternbergie** – *Sternbergia* S. 760
4* B seitwärts od. schwach abwärts gerichtet, rot, weiß od. rosa, ± dorsiventral. Pfl meist
>15 cm hoch . . . . . . . . . . . . . . . . . . . . . . . . . . . . . . . . . . . . . . . . . . . . . . . . . . . . **5**
5 B einzeln, rot, stark dorsiventral. Perigonröhre kurz, die unteren Perigonzipfel am Grund
eingerollt, den Grund der Staubfäden u. des Griffels einhüllend. HochBl 1, 2spaltig.
**Jakobslilie** – *Sprekelia* S. 765
5* B zu 5–12 in Dolden, weiß, rosa od. rot, schwach dorsiventral. Perigonröhre >4,5 cm
lg, gekrümmt, dünn, grün od. rötlich. HochBl 2, frei. Bl br bandfg, 60–150 × 6–11 cm.
**Hakenlilie** – *Crinum* S. 757

**Hakenlilie** – *Crinum* L.   130 Arten

Lit.: VERDOORN, J. 1973: The genus Crinum in southern Africa. Bothalia **11**: 27–50.

Bem.: Auch die beiden aufgeführten Arten sind nur in den wintermildesten Gebieten (bis –5°) ganzjäh-
rig im Freiland mit Winterschutz zu kultivieren (bes. die Hybr-Sorten), sonst im Herbst ⚐ u. im Frühjahr
auf warme, geschützte Rabatte pflanzen, Zwiebelhals über dem Boden, ○ Boden tiefgründig, dräniert,
≈ nährstoff- u. humusreich. – Auch die ähnliche, allgemein bekannte **Amaryllis** – *Amaryllis bella-
donna* L. mit kurzer Perigonröhre, Bl zur BZeit fehlend, Narbe fast ungeteilt, BSchaft voll (S-Afr.:
Kapland – ± 1620 – ∞ Sorten) lässt sich in wintermilden Gebieten unter gutem Schutz ganzjährig im
Garten kultivieren: Zwiebeln 25 cm tief – nicht verwechseln mit den meist als „Amaryllis" gehandelten
Arten u. Sorten des **Ritterstern** – *Hippeastrum* HERB. aus dem subtrop. S-Am.: Bl zur BZeit meist vor-
handen, Narbe geteilt, Schaft hohl; nicht winterhart).

1 Bl flach, mit verdickter Mittellinie, grün, oft am Rand wellig, ganzrandig, 65–150 × 6–10
cm. Zwiebel 15–20 cm ∅. B zu 5–10 in Dolde, duftend; Stiele 1–8 cm lg. Perigonröhre

weit, 8–10 cm lg, weiß, grün od. rot getönt, gekrümmt, Zipfel ausgebreitet, 8–10 × 2–4 cm, weiß ('Album') bis tief rosa ('Roseum'). 0,45–0,90. ♃ i ♂ 7–8. **Z** s, kult s. oben (S-Afr.: östl. Kap-Provinz bis Natal: Fluss- u. Bachufer-Sümpfe – 1874 – Hybr mit *Amaryllis belladonna* L.: × *Amarcrinum memoria-corsii* (RAGION.) H. E. MOORE).

**Busch-H.** – *C. moorei* HOOK. f.

1* Bl rinnig, in der Mitte nicht verdickt, blaugrün, nicht wellig, am Rand knorpelig, gezähnt, 60–90 × 5–11 cm. Zwiebel 7,5–13 cm ⌀. B zu 6–12 in Dolde, duftend; Stiele 4,5–9 cm lg. Perigonröhre eng, 7,5–10 cm lg, grün, gekrümmt, Zipfel trichterfg, 7,5–13 × 2–4 cm, weiß mit rosa od. rot mit dunkelrotem Streifen. 0,50–0,90. ♃ ♂ 7–8. **Z** s, kult u. Verwendung s. oben (S-Afr.: Kap-Provinz bis Transvaal: Fluss- u. Bachufer, nasse Senken, Sand u. schwarzer Lehm – 1752 – Hybr mit *C. moorei*: *C.* × *powellii* hort: Bl 15–18, tief rinnig, ihr Rand knorpelig. B rosa ('Harlemense') od. weiß ('Album'); Stiel bis 5 cm lg. 1,00–1,50 – einige Sorten, auch aus Rückkreuzung mit den Eltern).

**Rosa H.** – *C. bulbispermum* (BURM. f.) MILNE-REDH. et SCHWEICK.

**Narzisse** – *Narcissus* L.                22–50 Arten, viele davon formenreich

Lit.: FERNANDES, A. 1967: Key to the identification of native and naturalized taxa of the genus *Narcissus* L. Daffodil and Tulip Yearbook for 1968, **33**: 37–66. – BAHNERT, G. 1992: Alles über Narzissen. Berlin.

Bem.: Alle Arten giftig. Außer den angegebenen Synonymen sind ∞ „Arten" nur Synonyme od. Sorten der verschlüsselten Arten, z.B. von *N. pseudonarcissus*: *N. pallidiflorus, N. moschatus, N. major, N. hispanicus, N. confusus, N. portensis, N. obvallaris, N. nevadensis*; von *N. tazetta*: *N. italicus, N. aureus,, N. corcyrensis, N. canaliculatus, N. neglectus, N. patulus, N. spiralis, N. siculus, N. unicolor, N. papyraceus, N. etruscus, N. chrysanthus, N. cupularis, N. puccinellii* u.a.m.; vgl. PIGNATTI 1982.

1  Stg 2- bis mehrblütig . . . . . . . . . . . . . . . . . . . . . . . . . . . . . . . . . . . . . . . . . . . **2**

1* Stg 1blütig . . . . . . . . . . . . . . . . . . . . . . . . . . . . . . . . . . . . . . . . . . . . . . . . . **4**

2  Stg im ⌀ flach od. halbrund, 3–15blütig. B 2–4 cm ⌀, weiß (subsp. *tazetta*) od. gelb (subsp. *aureus* (LOISEL.) BAKER), duftend; Nebenperigon klein, schüsselfg, 3–6 mm hoch. 0,20–0,30. ♃ ♂ 3–4. **Z** z ⚭ Rabatten, DuftPfl; ∀ Kaltkeimer ♈ ○ ≈ ∧ (NW-Afr., Medit. östlich bis Türkei, Syr., eingeb. in W-As.: feuchte Wiesen, Wälder, 0–1500 m – 1557 – formenreich, mehrere Subspecies – Stammart der Tazetta-Narzissen – Sorte 'Papyraceus', Weihnachts-Narzisse: B ganz weiß, für erdelose Treiberei im Zimmer).

**Tazette** – *N. tazetta* L.

2* Stg im ⌀ rund, (1–)2–5blütig . . . . . . . . . . . . . . . . . . . . . . . . . . . . . . . . . . . . . **3**

3  Bl 1–4 mm br, rinnig. Stg so lg wie die Bl od. kürzer, 2–5blütig. B 2–3,5(–5) cm ⌀, gelb, Perigonzipfel 3–4mal so lg wie das 3 mm hohe Nebenperigon (Abb. **759**/2). 0,10–0,30. ♃ ♂ 4(–5). **Z** s △ Rabatten, kult in Frankr. für Parfüm; ∀ Kaltkeimer ♈ ○ ∧ (S- u. Z-Span., Port.: saure Böden im Bergland; eingeb. in SW-Frankr., It., W-Balkan, SW-Türkei – 1596 – Stammart der Jonquilla-Hybriden).        **Jonquille** – *N. jonquilla* L.

Bem.: Die ähnliche **Binsen-N.** – *N. assoanus* DUFR. [*N. juncifolius* auct., *N. requienii* M. ROEM.]: Bl 1–2 mm br, B 1–2, 1,6–2,2 cm ⌀, ist nicht winterhart.

3* Bl 6–8(–10) mm br, flach. Stg länger als die Bl, mit (1–)2–4 B. B 5–7 cm ⌀, stark duftend. Nebenperigon 1–2 cm lg, Perigonzipfel höchstens doppelt so lg. 0,20–0,40. ♃ ♂ 4. **Z** z Rabatten; ♈ ○ (*N. jonquilla* × *N. pseudonarcissus* – 1594 – ∞ Sorten).

**Duft-N.** – *N.* × *odorus* L.

4  (1) Nebenperigon so lg wie die Perigonzipfel od. länger. B gelb . . . . . . . . . . . . . . **5**

4* Nebenperigon kurz, höchstens halb so lg wie die Perigonzipfel. B weiß, cremefarben od. gelb (s. auch *N.* × *incomparabilis* bei **6***) . . . . . . . . . . . . . . . . . . . . . . . . . . . **7**

5  Perigonzipfel nach hinten zurückgeschlagen. B 3–4 cm lg, hängend, zitronengelb. 0,15–0,30. ♃ ♂ 3–4. **Z** s △; ∀ Kaltkeimer ♈ ○ ⊖ ∧ (NW-Span., NW-Port.: feuchte Bergwiesen, Bachufer – 1608, erneut 1885 – Stammart der Cyclamineus-Hybriden).

**Alpenveilchen-N.** – *N. cyclamineus* DC.

5* Perigonzipfel waagerecht od. schräg nach vorn abstehend . . . . . . . . . . . . . . . . . . **6**

**6** Perigonzipfel schmal lanzettlich. StaubBl abwärts gebogen, ihre Spitzen aufwärts gebogen. Nebenperigon reifrockfg, 4–25 mm lg, gelb. Bl fast stielrund, 1,5–4 mm br, dunkelgrün. Perigonröhre 4–25 mm lg (Abb. **759**/1). 0,10–0,20. ♃ ☉ 4–5. **Z** s △; V Kaltkeimer ⚘ ○ ∧ (NW-Afr., Span., Port., SW-Frankr.: zeitweise überschwemmte feuchte Böden, lichte Wälder, steinige Weiden u. Wiesen, 0–3700 m – 1576). [*Corbularia bulbocodium* (L.) Haw.]                    **Reifrock-N.** – *N. bulbocodium* L.

**6\*** Perigonzipfel br länglich-eifg, hellgelb, 15–55 mm lg. Nebenperigon glockenfg, 12–25(–50) mm lg, am Rand gekräuselt, dottergelb. Bl bandfg, 5–16 mm br, blaugrün. Perigonröhre 15–25 mm lg (Abb. **759**/5). 0,15–0,40. ♃ ☉ 3–4. **W**. **Z** v ⚷ Rabatten; V Kaltkeimer ⚘ ○ ≃ Boden nährstoffreich (Port., Z- u. N-Span., Frankr., It., W-Balkan, England bis W-D.: frischfeuchte Bergwiesen, Gebüsch – kult seit Altertum – formenreich, ∼ 10 Unterarten – Stammart der Trompeten-Narzissen).

      **Gelbe N., Osterglocke** – *N. pseudonarcissus* L.

Ähnlich: **Unvergleichliche N.** – *N.* × *incomparabilis* Mill. (*N. poeticus* × *N. pseudonarcissus*): Nebenperigon dunkelorange, kürzer als die freien Perigonzipfel, becher- bis radfg (Abb. **759**/3). 0,25–0,35. **Z** v Rabatten; kult wie **6**. – **Kleine N.** – *N. minor* L. [*N. pumilus* Salisb., *N. nanus* Spach, *N. parviflorus* (Jord.) Pugsley]: kleiner, 0,10–0,25. Perigonröhre 9–15 mm lg, Perigonzipfel 16–22 mm lg, Nebenperigon 16–25 mm lg. **Z** s △, V ⚘ ○ (N-Span., Pyr.: Bergwiesen – 1576).

**7 (4)** Perigonzipfel lanzettlich, zurückgeschlagen, den FrKn verdeckend, weiß bis gelb. Bl fast stielrund, 1,5–3 mm br, dunkelgrün. Nebenperigon halb so lg wie die Perigonzipfel, länger als br. 0,20–0,30. ♃ ☉ 2–4. **Z** s Rabatten △; V Kaltkeimer ⚘ ○ ∧ (Port., Span.: steinige Bergweiden, Heiden, Gebüsch – 1629 – 2 Unterarten: subsp. *triandrus*: B weiß od. cremefarben, Perigonzipfel 15–30 mm lg; subsp. *pallidulus* (Graells) A. Webb: B gelb bis cremefarben, Perigonzipfel 10–18 mm lg).     **Engelstränen-N.** – *N. triandrus* L.

**7\*** Perigonzipfel br lanzettlich-elliptisch, abstehend, sich am Grund überlappend, reinweiß, stark duftend. Bl flach, 5–10 mm br, blaugrün. Nebenperigon kurz, schüsselfg, ± 15 mm ⌀, gelb mit krausem rotem Rand (Abb. **759**/4). 0,20–0,50. ♃ ☉ 4–5. **W**. **Z** v Rabatten ⚷, V Kaltkeimer ⚘ ○ ≃ (S- u. W-Eur.: Bergwiesen, LaubW – 16. Jh. – Stammart der Poeticus-Narzissen).         **Dichter-N., Weiße N.** – *N. poeticus* L.

Ähnlich: **Stern-N.** – *N. radiiflorus* Salisb. [*N. stellaris* Haw., *N. exsertus* (Haw.) Pugsley]: Perigonzipfel abstehend, doppelt so lg wie br, sich nicht deckend, Nebenperigon 8–12 mm ⌀. 0,20–0,30. ♃ ☉ 4–5. **W**. **Z** s (Alpen, Schwarzwald, It., W-Balkan: frischfeuchte Bergwiesen, lichte LaubW., 300–1500 m).

In Kultur heute überwiegend Hybriden zwischen den genannten Arten. Die ∞ Zahl der Sorten wird in folgende gärtnerische **Sorten-Gruppen** gegliedert:

1. Trompeten-Narzissen (*N. pseudonarcissus*-Sorten: B ganz gelb, ganz weiß, auch zweifarbig: Perigonzipfel weiß, Nebenperigon gelb, zuweilen rosa)
2. Großkronige od. Schalen-Narzissen
3. Kleinkronige od. Teller-Narzissen

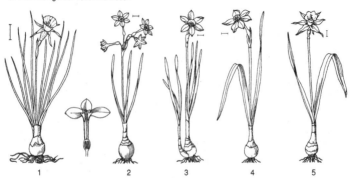

4. Gefülltblühende Narzissen (dazu Trompeten-N., Jonquillen u. Tazetten)
5. Engelstränen-Narzissen (Triandrus-Hybriden)
6. Alpenveilchen-Narzissen (Cyclamineus-Hybriden)
7. Jonquillen (Jonquilla u. Apodanthus)
8. Tazetten (meist Hybriden mit *N. poeticus* u. *N. radiiflorus*)
9. Dichter-Narzissen (Poeticus)
10. Reifrocknarzissen (Bulbocodium)
11. Split-Corona-Narzissen (Nebenperigon geschlitzt als a) Halskrause, b) Schmetterling)

**Sternbergie, Goldkrokus, Gewitterblume** – *Sternbergia* WALDST. et KIT.     8 Arten

Lit.: MATHEW, B. 1983: A review of the genus *Sternbergia*. Plantsman **5**: 1–16.

1  Perigonröhre 3–7(–20) mm lg. BZeit Herbst od. Frühjahr. Sa mit od. ohne Ölkörper. Bl zur BZeit od. wenig später vorhanden. B gelb od. hellgelb . . . . . . . . . . . . . . . . . . **2**
1* Perigonröhre >20 mm lg. BZeit Herbst. Sa mit Ölkörper. Bl zur BZeit fehlend, viel später erscheinend. B gelb . . . . . . . . . . . . . . . . . . . . . . . . . . . . . . . . . . . . . **3**
2  B zu 1(–2) im Herbst erscheinend, die Bl gleichzeitig od. wenig später. Perigonzipfel gelb, 30–55 × 7–15(–20) mm, verkehrteilänglich. Bl 3–15 mm br, glänzend grün. FrKn sitzend. Sa ohne Ölkörper. (Abb. **753**/4). 0,08–0,12(–0,22). ♃ ☉ herbst-frühjahrsgrün 9–10. Z s △ Trockenmauern; ꞵ, ꝟ langwierig, Zwiebeln 10 cm tief ○ ⊕ warm geschützt Dränage, ⌃ mit trocknen Nadeln, evtl. zusätzlich Folie; giftig (S-Span., It., Balkan, W-Türkei, NW-Iran, SW-Turkmenien, Hissargebirge: trockne Lösshänge, Schluchten, bis 1200 m; in Medit. oft eingeb., besonders auf muslimischen Friedhöfen – 1575 – 2 Unterarten: subsp. *lutea* (TINEO ex GUSS.) D. A. WEBB: Bl 3–5 mm br, Perigonzipfel 4–8 mm br (S-It., Sizil., S-Griech., Ägäis)). **Gelbe St.** – *St. lutea* (L.) SPRENG.
2* B einzeln im Frühjahr erscheinend, die Bl vorher. Perigonzipfel hellgelb, 20–35(–40) × 5–8 mm. Bl 6–12 mm br, dunkel graugrün. FrKn gestielt. Sa mit Ölkörper. 0,08–0,20, zur FrZeit länger. ♃ ☉ frühjahrsgrün 3–4. Z s △ Trockenmauern; kult wie **1**; giftig (Türkei, Syr., N-Irak, NW-Iran, Transkauk., Pamir-Alai: steinige Rasen, Lösshänge, Gehölzränder, (150–)500–2000 m – 1868). **Fischer-St.** – *St. fischeriana* (HERB.) M. ROEM.
3  **(1)** Perigonzipfel lineallanzettlich, 23–33 × 2–5 mm, Röhre (18–)30–40 mm lg. Bl 1–4 mm br, oft gedreht u. blaugrün. Schaft zur BZeit unterirdisch. 0,05–0,10. ♃ frühjahrsgrün ☉ 9–10. Z s △ Trockenmauern; kult wie **1**; giftig (Marokko, Z- u. O-Span., M- u. S-It., Balkan, Ungarn, Türkei, Kauk., W-Syr.: steinige Rasen, offnes Gebüsch, Felsen, (150–)1500–2000 m). **Schmalblättrige St.** – *St. colchiciflora* WALDST. et KIT.
3* Perigonzipfel verkehrteilanzettlich, 37–75 × 11–33 mm, Röhre 30–65 mm lg. Bl 8–16 mm br, oft längs gedreht, graugrün. Schaft zur BZeit unterirdisch. 0,08–0,12. ♃ frühjahrsgrün ☉ 9–10. Z s △ Trockenmauern; kult wie **1**; giftig (W-, S- u. O-Türkei, W-Syr., Iran, Irak: steinige Hänge, lichte KiefernW, 475–1700 m). [*St. macrantha* GAY ex BAKER] **Großblütige St.** – *St. clusiana* (KER GAWL.) SPRENG.

**Schneeglöckchen** – *Galanthus* L.     18 Arten

Lit.: DAVIS, A. P. 1999: The genus *Galanthus*. Portland (Oregon).

Bem.: Wegen der komplizierten Synonymik u. weil manche Arten unter falschem Namen kultiviert werden, werden hier – weitgehend nach DAVIS 1999 – alle Arten verschlüsselt. Einige davon verdienen sicher nur den Rang von Unterarten. – Höhenangaben beziehen sich auf die Länge des BSchafts. – Kultur: Viele Arten sind leicht durch Samen zu vermehren (Samen frisch säen!), bei einigen gibt es reichlich Selbstaussaat (Ameisen-Ausbreitung!). Zur vegetativen Vermehrung kann zur Zeit des Absterbens der Bl die Bildung von Tochterzwiebeln durch radiale Längs-Einschnitte von der Zwiebelunterseite her provoziert werden („Twin-scaling"). Die präparierten Zwiebeln dazu 12 Wochen in feuchtem Vermikulit bei 20 °C in Plastbeuteln dunkel aufbewahren, bis sich erbsengroße Zwiebelchen gebildet haben. – Bis auf die in D. wohl kaum kultivierten *G. peshmenii*, *G. cilicicus* u. *G. reginae-olgae* sind alle Arten in sommerfeuchten Laubwaldgebieten heimisch, sollen daher zur BZeit Sonne haben, im Sommer aber nicht austrocknen, also nach der BZeit mit grünem Laub verpflanzen. Bevorzugt wird fruchtbarer, neutraler bis schwach basischer Lehmboden. Tierischer Dünger soll sich ungünstig auswirken.

**1** Bl hell- bis dunkelgrün, matt od. glänzend, seltener sehr schwach bläulich. Staubbeutel stumpf od. bespitzt . . . . . . . . . . . . . . . . . . . . . . . . . . . . . . . . . . . . . . . . . . . . . . . **2**

**1\*** Bl blau od. bläulich, wenigstens useits. Staubbeutel bespitzt . . . . . . . . . . . . . . . . . **9**

**2** Innere BHüllBl nicht ausgerandet, höchstens 0,2 mm eingekerbt. Bl br, vor der Entfaltung zusammengerollt . . . . . . . . . . . . . . . . . . . . . . . . . . . . . . . . . . . . . . . . . . . . . . **3**

**2\*** Innere BHüllBl deutlich ausgerandet. Bl vor der Entfaltung eingerollt od. flach aufeinander liegend od. am Rand zurückgefaltet . . . . . . . . . . . . . . . . . . . . . . . . . . . . . . . . . **4**

**3** Staubbeutel stumpf. Innere BHüllBl stumpf od. höchstens mit 0,2 mm lg Kerbe. Zwiebel groß, 3,5–5 × 1,7–2,5(–3) cm, Narzissen-Zwiebel-ähnlich. Bl hell- bis dunkelgrün, meist glänzend, zur BZeit 12,5–25(–32) × 1,7–3,4(–6) cm. Innere BHüllBl br verkehrteifg, am Ende mit u-fg grünem Fleck, am Grund mit diffusem, hellgrünem Fleck. 0,10–0,20. ♃ ☉ 3–4, am Naturstandort 5–6(–7). **Z** s, bes. Bergland, Gehölzgruppen, Staudenbeete; ⩝ ⚲ ≃ (W- u. Z-Kauk. bis Kreuzpass: feuchte od. nasse Rasen, oft am schmelzenden Schnee, (1200–)200–2700 m – 1866). [*G. latifolius* RUPR. non SALISB., *G. ikariae* subsp. *latifolius* STERN] **Breitblättriges Sch.** – *G. platyphyllus* TRAUB

Bem.: Unter diesem Namen wird meist *G. woronowii* (**8**) kultiviert.

**3\*** Staubbeutel bespitzt. Innere BlHüllBl elliptisch bis verkehrteilanzettlich, am Ende verschmälert mit abgerundeter Spitze. Zwiebel 1,7–3(–4) × 0,9–2,5 cm. Bl zur BZeit 7–19 × 1,5–4 cm, hellgrün, glänzend, oseits glatt od. mit 2–4 feinen Längsfurchen, oft fein gerunzelt. 0,07–22(–0,27). ♃ ☉ 3–5. **Z** in D. wohl noch nicht kult? (W-Kauk.: Abchasien, Adscharien, NO-Türkei: feuchte Wiesen, Lichtungen, lichte BuschW, bis 1500 m). **Krasnov-Sch.** – *G. krasnovii* A. P. KHOKHR.

**4** **(2)** Bl vor der Entfaltung flach aneinander liegend, oseits hell- bis dunkelgrün, glänzend bis matt, selten sehr schwach bläulich, useits hellgrün, glänzend . . . . . . . . . . . . . **5**

**4\*** Bl vor der Entfaltung eingerollt, oseits meist mit 2–4 feinen Längsfurchen . . . . . . . **6**

**5** Bl meist glänzend, selten matt, ohne einen blassen Mittelstreifen, zur BZeit 7,5–18 × 0,5–1(–1,2) cm, später bis 45 × 1,5 cm. Zwiebel ± kugelfg, 1–2,5(–3) × 1,3–2,5(–3) cm. Fleck am Ende der inneren BHüllBl meist v-fg. 0,07–0,20(–0,30). ♃ ☉ (2–)3(–4). **Z** s Gehölzgruppen, Staudenbeete, ⩝? ⚲ ◐ ○ (Z- u. O-Kauk. von Russl. bis Aserbaidschan u. Armenien: Falllaub-MischW, 800–2400 m – ± 1975). [*G. ketzkhovelii* KEM.-NATH., *G. cabardensis* KOSS, *G. kemulariae* KUTH.] **Lagodechi-Sch.** – *G. lagodechianus* KEM.-NATH.

Bem.: *G. lagodechianus* 'Anglesey Abbey' gehört nicht zu dieser Art, sondern entstand als Hybr *G. nivalis* × *G. woronowii*.

**5\*** Bl gewöhnlich mattgrün u. mit einem blassen Mittelstreifen, zur BZeit (4–)6,5–13(–16) × (0,3–)0,4–0,8(–1) cm, später bis 33,5 × 1,4 cm. Zwiebel eifg, 1,8–3 × 0,6–1,5 cm. Fleck am Ende der inneren HüllBl meist u-fg. BZeit 3–4 Wochen vor der von *G. lagodechianus*. 0,08–0,12. ♃ ☉ 1–3(–4). **Z** z? Gehölzgruppen, schattige Rabatten; ⩝ reichlich Selbstaussaat ◐ ○ ● kalkarm od. -reich (Schwarzmeerküste: NO-Türkei, Adscharien, Sotschi: Falllaub-MischW, BuschW, Lichtungen, moosige Felsen, 25–1200 m – 1934). [*G. latifolius* var. *rizehensis* STERN et GILMOUR, *G. glaucescens* A. P. KHOKHR., *G. cilicicus* auct. non BAKER] **Rizasee-Sch.** – *G. rizehensis* STERN

**6** **(4)** Innere BHüllBl mit je einem grünen Fleck am Grund u. am Ende, Flecken nicht zusammenlaufend. Bl oseits glänzend od. etwas matt, linealisch-bandfg, zur BZeit (4–)8–14(–17) × (0,6–)1–1,5(–2,4) cm, aufrecht bis zurückgebogen. 0,08–0,16. ♃ ☉ 1–3(4). **Z** s △ Rabatten; ○ ◐ ⌃? ⓐ, auch ∼, Zwiebeln vertragen einige Wochen Trockenheit (östl. Z-Türkei, Syr., Libanon: Kalkfelsen, lockere Macchie, Waldränder, 1000–1600 m – ± 1885). [*G. latifolius* RUPR. f. *fosteri* (BAKER) BECK] **Foster-Sch.** – *G. fosteri* BAKER

**6\*** Innere BHüllBl nur an der Spitze mit einem grünen Fleck . . . . . . . . . . . . . . . . . . . **7**

**7** Fleck der inneren BHüllBl wenigstens halb so lg wie diese. Bl meist mattgrün, seltener sehr schwach bläulich, bandfg, unten verschmälert, zur BZeit (7–)11–35(–50) × (1–)

1,5–2,5(–3) cm. Äußere BHüllBl schmal verkehrteifg, 1,8–3(–3,2) × 1,1–1,6 cm, innere 1–1,4 × 0,5–0,8 cm, mit dickem, u-fg Fleck (Abb. **762**/4). 0,06–0,20. ♃ ☉ 1–4. **Z** s früher häufiger? feuchter Boden unter Gehölzen; ⱽ Selbstaussaat ⋀ nicht voll winterhart (Griech.: Ägäische Inseln Andros, Ikaria, Naxos, Skyros: FalllaubW mit Efeu u. *Cyclamen* in feuchten, schattigen Bachschluchten, auch Kalkfelsen, 600–750 m – incl. subsp. *snogerupii* KAMARI – 1800?).                          **Ikaria-Sch.** – *G. ikariae* BAKER

Bem.: Unter diesem Namen wird meist *G. woronowii* (8) kultiviert.

**7\*** Fleck der inneren BHüllBl bis halb so lg wie diese, nie länger. Bl grün od. mattgrün   **8**
**8** Fleck der inneren BHüllBl ± u-fg, oben flach. Bl hell- bis dunkelgrün, glänzend, bandfg bis schmal verkehrteifg, zur BZeit (5–)8–20(–32,5) × 1–2(–3) cm. 0,04–0,19. ♃ ☉ 1–4. **Z** z Rabatten, große △, unter Sträuchern u. Bäumen; ⱽ ⱽ Selbstaussaat ○ ◐ Boden nicht sommertrocken, aber dräniert, nährstoffreich (W- u. Z-Kauk., NO-Türkei: Kalkfelsen u. steinige Hänge in Falllaub- u. NadelmischW, oft mit Eibe u. Buchsbaum, 70–1400 mm – in D. verw. – hybr mit *G. alpinus* s. dort – ± 1880?). [*G. latifolius* auct. non RUPR., *G. ikariae* subsp. *latifolius* STERN p. p., *G. ikariae* auct. non BAKER, gehandelt meist unter diesen Namen]        **Woronow-Sch.** – *G. woronowii* LOSINSK.
**8\*** Fleck der inneren BHüllBl v- bis u-fg, oben gerundet. Bl tiefgrün, matt od. sehr schwach bläulich, zur BZeit 7–20(–27) × (1–)1,5–2,3(–2,5) cm. (0,025–)0,04–0,12(–0,17). ♃ ☉ 12–4. **Z** in D. noch nicht kult?, kult wie **8**, winterhart (O-Kauk., Armenien, Aserbaidschan, N-Iran: LaubW u. ihre Ränder auf feuchtem Boden, bis 2000 m – 1868?, 1990). [*G. caspius* (RUPR.) GROSSH., *G. nivalis* var. *caspius* RUPR.]
                    **Kaspisches Sch., Transkaukasisches Sch.** – *G. transcaucasicus* FOMIN
**9** **(1)** Bl entweder bläulichgrün od. oseits u. useits verschiedenfarbig . . . . . . . . . . . . . **10**
**9\*** Bl deutlich blau (glauk), oseits u. useits gleichfarbig . . . . . . . . . . . . . . . . . . . . . . . . . **13**
**10** Bl am Rand unter scharfem Winkel (90–180°) zur Unterseite zurückgefaltet, oseits grün bis bläulichgrün, mit od. ohne Längsstreifen, useits weißlichblau, zur BZeit (3,6–)4,5–20 (–25) × 0,6–1,6 cm. B duftend. (Abb. **762**/3). (0,05–)0,07–0,15(–0,18). ♃ ☉ 2–4. **Z** z Rabatten, unter Bäumen, lockere Rasen △; ⱽ reichlich Selbstaussaat (2 Unterarten: subsp. *plicatus* [*G. byzantinus* BAKER subsp. *brauneri*, subsp. *gueneri* u. subsp. *saueri* N. ZEYBEK, *G. plicatus* var. *viridifolius* SELL]: innere BHüllBl oseits (innen) mit nur 1 grünen Fleck am Ende (Krim, NW-Türkei, SO-Rum.: sommergrüne LaubW u. NadelW auf kalkreichem u. kalkarmem Boden, (80–)1000–1350 m); subsp. *byzantinus* (BAKER) GOTTL.-TANN. [*G. byzantinus* BAKER]: innere BHüllBl am Grund u. am Ende mit je einem Fleck (NW-Türkei: Buchen- u. EichenW auf reichem Boden, oft an Bächen, 100–300 m; verw. in D.) – ∞ Sorten, z. B. 'Warham': Bl breit, oseits mit br blauem Streifen, B sehr groß, innere HüllBl mit 1 Fleck; 'Cordelia': B gefüllt, 'Trym': äußere HüllBl den inneren gleich; 'Wendy's Gold': HüllBlFlecken gelb).            **Clusius-Sch., Faltblatt-Sch.** – *G. plicatus* M. BIEB.

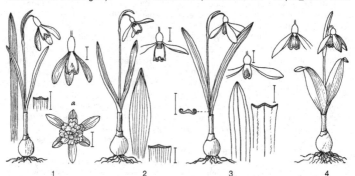

                    1                           2                      3                      4

**10\*** Bl in der Knospenlage flach aneinander liegend, ihre Ränder nicht zurückgefaltet . . **11**
**11** Bl oseits mit auffallendem blauem Mittelstreifen auf grünem od. bläulichgrünem Grund,
oseits u. useits verschiedenfarbig, zur BZeit meist nicht entwickelt, selten 1–3 cm lg, später 8–18 × 0,5–0,8 cm. Äußere HüllBl groß, 1,9–2,5(–3) × 0,7–1,2(–1,8) cm. 0,08–0,12.
♃ ☉ (9–)10–12(–3). **Z** s, ob in D.? △, unter Bäumen; ☽ ○ im Sommer nicht feucht u.
nicht kühl, Dränage ⋀ (Griech., Korfu, Montenegro, NO-Sizil.: Falllaub-Gehölze, Gebüsch, Felshänge in Flusstälern u. Schluchten, (20–)600–1300 m – 2 unscharf begrenzte Unterarten: subsp. *reginae-olgae* [*G. corcyrensis* (BECK) STERN, *G. praecox* auct.]: Bl
zur BZeit fehlend od. deutlich kürzer als der Schaft, BZeit 9–12; subsp. *vernalis* KAMARI:
Bl zur BZeit gut entwickelt, BZeit 1–3). [*G. nivalis* subsp. *reginae-olgae* (ORPH.) GOTTL.-
TANN.] **Königin-Olga-Sch. –** *G. reginae-olgae* ORPH.
**11\*** Bl oseits u. useits gleichfarbig, oseits ohne auffallenden blauen Mittelstreifen . . . . **12**
**12** Bl zur BZeit unentwickelt od. kürzer als der BSchaft, später 0,10–0,25(–0,30) ×
0,25–0,4 cm. BZeit Herbst. 0,09–0,13. ♃ ☉ 10–11. **Z** s ob in D.?; wohl nicht winterhart
(SW-Türkei: Insel Kastellorhizo u. Provinz Antalya: Kalk-Karstlöcher, N-Fuß von Kalkfelsen, Macchien, 5–300 m – erst 1994 beschrieben).
**Peshmen-Sch. –** *G. peshmenii* A. P. DAVIS et C. D. BRICKELL
**12\*** Bl zur BZeit weit entwickelt, wenig kürzer bis länger als der BSchaft, 4,5–15(–26) ×
0,3–0,8(–1,4) cm, bläulichgrün, selten blaugrün. BZeit Winter bis Frühjahr. Äußere
BHüllBl 1,5–2(–2,5) × 0,6–1,1 cm, innere 0,7–1,2 × 0,4–0,6 cm, grüner Fleck auf der
Außenseite bis zum Grund reichend (Abb. **762**/1). (0,02–)0,07–0,15(–0,18). ♃ ☉ (12–)
2–3(–4). **W. Z** v Gärten, Parks, verw. u. eingeb. bes. auf Kirchhöfen, in alten Obstgärten; ⩔ Selbstaussaat ☙ nicht zu oft teilen ○ ☽ nicht ∼ (Frankr., It., Balkan, SW-D.,
S-Polen, W-Ukr.: LaubW, bes. auf Kalk (100–)300–600(–1400)m, eingeb. im nördl. M-
Eur. u. N-Am. –1568 – Zwischenformen zu *G. reginae-olgae* in lt. u. Balkan, zu *G. plicatus* subsp. *byzantinus* in NW-Türkei – ∞ Sorten, z.B. ‚Atkinsii' (wohl hybr mit *G. plicatus*): ein BlRand od. beide schwach zurückgefaltet, BZeit 1–2, äußere BHüllBl sehr
lg, eines oft abweichend; ‚Imperati': B u. Bl größer, BlRand ± zurückgerollt, aber nicht
zurückgefaltet; ‚Scharlockii': HochBl laubblattartig; ‚Flore Pleno': B gefüllt, 1733).
**Gewöhnliches Sch. –** *G. nivalis* L.
**13** (9) Innere BHüllBl mit 2 getrennten grünen Flecken am Grund u. am Ende, seltener am
Grund nur schwache gelbe od. grüne Färbung, od. mit einem großen X-fg Fleck . . **14**
**13\*** Innere BHüllBl nur mit einem grünen Fleck am Ende od. seltener mit schwacher gelber
od. grüner Färbung am Grund . . . . . . . . . . . . . . . . . . . . . . . . . . . . . . . . . . . . . **15**
**14** Bl vor der Entfaltung zusammengerollt, zur BZeit aufrecht, (4,8–)5,5–25(–28) × (0,6–)
2–3,1(–3,5) cm, linealisch bis schmal verkehrteilanzettlich, ihre Spitzen oft kapuzenfg.
Äußere BHüllBl br eifg bis fast rund, 1,8–2,3(–2,6) × 1–1,5(–1,7) cm. (Abb. **762**/2).
0,09–0,18. ♃ ☉ 2–5. **Z** z Rabatten △; ☙ ○ nicht ≈, Drainage (S- u. W-Türkei, NO-
Griech., Bulg., O-Serb., SW-Ukr.: Eichen-, Buchen- u. KiefernW, Lichtungen, Weiden,
zwischen Felsen, (100–)800–1600 m; verw. in O-D. – ± 1890 – ∞ Sorten, auch locker
gefüllt, unterschiedliche BZeit; auch hybr mit *G. plicatus* ). [ *G. graecus* ORPH. ex BOISS.,
*G. maximus* VELEN., *G. caucasicus* hort. non (BAKER) GROSSH., nicht im Kauk.!]
**Elwes-Sch. –** *G. elwesii* HOOK. f.
**14\*** Bl vor der Entfaltung flach aneinander liegend, 0,3–1,2(–2,2) cm br, oft gedreht, aufrecht, oft fast grasfg. Spitzen der inneren BHüllBl schwach zurückgebogen. 0,06–0,10
(–0,12). ♃ ☉ 2–5. **Z** s △; kult wie **14** (Bulg., NO-Griech., Samos, O-Rum., SW-Ukr., W-
Türkei: Kiefern- u. LaubW, mont. Waldlichtungen in kurzem Gras, (10–)1600(–2000) m;
verw. in O-D.). [*G. graecus* auct., *G. reflexus* HERB. ex LINDL., *G. elwesii* subsp. *minor*
D. A. WEBB] **Zierliches Sch. –** *G. gracilis* ČELAK.
**15** (13) Bl useits mit 10–12 tiefen Längsfurchen, vor der Entfaltung eingerollt, zur BZeit 2,5
× 0,5 cm, später bis 22,8 × 1,2 cm, aufrecht, verkehrteilanzettlich. Innere BHüllBl innen
mit bis zum Grund ausgedehntem Fleck, außen oft zusätzlich mit einem sehr schwa-

chen gelben od. hellgrünen Fleck am Grund, 0,7–0,8 × 0,4–0,5 cm, äußere 1,5–1,7 × 0,6–0,8 cm. 0,05–0,07. ♃ ☉ 2–3. **Z** s unter Bäumen u. Sträuchern (NO-Türkei: N-Hang des Pontus-Gebirges: Buchen-Fichten-Ahorn-MischW, ± 1550 m – erst 1988 entdeckt).
**Koenen-Sch.** – *G. koenenianus* LOBIN, C. D. BRICKELL et A. P. DAVIS

15* Bl useits glatt, ohne tiefe Längsfurchen. Innere BHüllBl am Grund ohne hellgrünen od. gelben Fleck ........................................................... **16**

16 Bl vor der Entfaltung flach aneinander liegend, <1 cm br .................... **17**

16* Bl vor der Enfaltung zusammengerollt, >1 cm br ........................... **18**

17 Bl meist >0,6 cm br, zur BZeit (7–)11–15 × 0,5–0,7 cm. Äußere BHüllBl 1,8–2,2 × 0,6–1 cm, innere 0,9–1,1 × 0,4 cm. BZeit Herbst-Winter. 0,10–0,18. ♃ ☉ 11–1. **Z** höchstens LiebhaberPfl, ob in D.?; wohl nicht winterhart (S-Türkei: Prov. İçel: zwischen Gras u. Sträuchern auf Kalkfelsen, ± 500 m – 1990). [*G. nivalis* subsp. *cilicicus* (BAKER) GOTTL.-TANN., aber nicht näher mit *G. nivalis* verwandt]
**Cilicisches Sch.** – *G. cilicicus* BAKER

17* Bl <0,5 cm br, zur BZeit (3,5–)5,5–8 × (0,2–)0,35–0,5 cm. Äußere HüllBl 1–2(–2,3) × 0,4–0,7 cm. BZeit Frühjahr. 0,07–0,14. ♃ ☉ 3–5. **Z** s Botan. Gärten; kult wie *G. alpinus*? winterhart (N-Kauk.: Daghestan bis N-Ossetien: FalllaubW, oft an Flüssen u. Bächen, 700–1000 m – von *G. nivalis*, dessen schmalblättrige Form oft unter „*G. angustifolius*" kultiviert wird, durch die eindeutig blauen u. noch schmaleren Bl verschieden, verwandt eher mit *G. alpinus*). [*G. nivalis* subsp. *angustifolius* (KOSS) ARTJUSH.]
**Schmalblättriges Sch.** – *G. angustifolius* KOSS

18 **(16)** Innere BHüllBl nur mit einem grünen Fleck am Ende. Bl schmal, zur BZeit 2,5–20 (–28) × 0,6–2,2(–2,5) cm. 0,09–0,16. ♃ ☉ 2–5. **Z** s △ Rasen; winterhart (2 Varietäten: var. *alpinus*: Zwiebelschuppen weißlich, B kuglig-ellipsoidisch (Kauk., Transkauk., NO-Türkei, N-Iran?: FalllaubW, Waldränder, Lichtungen, Flusstäler, selten auf flachgründig verwitterten Kalkfelsen, 270–2200 m); var. *bortkewitschianus* (KOSS) A. P. DAVIS [*G. bortkewitschianus* KOSS]: Zwiebelschuppen gelblich, B kuglig, Bl zur BZeit sehr kurz, Pfl steril, triploid (nur W-Kauk.: Kamenka-Fluss: BuchenW, oft an Bächen, 1200–1500 m) – hybr mit *G. woronowii*: *G.* × *allenii* BAKER: Bl zur BZeit 8–22 × 1–2(–2,5) cm, vor der Entfaltung zusammengerollt, bläulich. 0,08–0,12. ♃ ☉ 2–3. **Z** s (Kultur- u. Naturhybride)). [*G. caucasicus* (BAKER) GROSSH., *G. nivalis* var. *caucasicus* (BAKER) BECK, *G. schaoricus* KEM.-NATH.]
**Kaukasus-Sch.** – *G. alpinus* SOSN.

Bem.: Unter dem Namen *G. caucasicus* wurden wohl ausschließlich Formen von *G. elwesii* mit nur einem Fleck auf den inneren BHüllBl kultiviert.

18* Jedes der inneren HüllBl mit je einem Fleck am Ende u. am Grund, letzterer manchmal fehlend. Bl (0,6–)2–3,1(–3,5) cm br. **Elwes-Sch.** – *G. elwesii*, ⮫. **14**

**März(en)becher, Knotenblume – *Leucojum* L.** 10 Arten

Lit.: STERN, F. C. 1956: Snowdrops and snowflakes. London.

1 Bl >5 mm br. Stg meist hohl. B weiß mit gelben od. grünen Spitzen ............ **2**

1* Bl <2,5 mm br. Stg voll. B weiß od. rosa. Sa schwarz. Seltene LiebhaberPfl ..... **3**

2 Stg 1(–2)blütig, zur BZeit <20 cm hoch. Fr verkehrteifg-kegelfg. PerigonBl 15–25 mm lg. Sa weißlich, mit Ölkörper. 0,08–0,30. ♃ ☉ (2–)3–4. **W. Z** v Parks, Gehölzgruppen; ❦ ∨ Selbstaussaat Kaltkeimer ◐ ≈ Boden nährstoffreich, Zwiebeln 8 cm tief, nicht austrocknen lassen; giftig! (M- u. N-It., N-Balkan, O-Frankr., südl. Z-Eur. bis M-D., M-Polen, SW-Ukr.: sickerfeuchte LaubmischW, Bachauen; eingeb. von Brit. bis N-D. – kult seit Mittelalter – var. *vagneri* STAPF: 2blütig, früh blühend – ▽).
**Frühlings-K., März(en)becher** – *L. vernum* L.

2* Stg (1–)3–6(–7)blütig, zur BZeit >20 cm hoch. Fr fast kuglig. PerigonBl 14–17 mm lg. Sa schwarz, ohne Ölkörper. 0,35–0,60. ♃ ☉ 5–6. **W. Z** s feuchte Rabatten, Gehölzränder; ❦ ∨ Selbstaussaat Kaltkeimer ○ ◐ ≈ Boden humus- u. nährstoffreich, Zwiebeln 10–20 cm tief; giftig! (Z-Medit., Balkan, N-Türkei, Kauk., N-Iran, Frankr., S- u. M-

Brit. bis südl. Z-Eur.: nasse Wiesen, AuW; eingeb. in D., Dänemark, warmgemäß.–gemäß. O-Am. – 1588 – wenige Sorten, kult meist subsp. *pulchellum* (SALISB.) BRIQ.: B (1–)2–4(–5), PerigonBl 6–10 mm lg). **Sommer-K.** – *L. aestivum* L.

3 **(1)** BZeit Spätsommer od. Herbst. Bl während od. nach der B erscheinend, ± 1 mm br
. . . . . . . . . . . . . . . . . . . . . . . . . . . . . . . . . . . . . . . . . . . . . . . . . . . . . . . . . . . . **4**

3* BZeit Spätwinter–Frühjahr. Bl vor den B erscheinend, bis 2,5 mm br . . . . . . . . . . **5**

4 B meist einzeln, rosa. BStiel 2–3 mm lg. HochBl 2. 0,05–0,12. ♃ ☉ herbst-frühjahrsgrün 9–11. **Z** s; ∧ od. Ⓐ; giftig (Korsika, N-Sardinien: Felsen, Garriguen).
**Rosa K.** – *L. roseum* F. L. MARTIN

4* B zu 2 od. 3, weiß, zuweilen am Grund rosa überlaufen. BStiel bis 25 mm lg. HochBl 1. Bl fadenfg, rinnig, 1 mm ∅, zur BZeit kürzer als der Stg. 0,10–0,20. ♃ ☉ herbst-frühjahrsgrün 9–11. **Z** s Ⓐ; giftig (NW-Afr., Port., Span., Sardinien, Sizil.: feuchte Wiesen, Gehölze – 1629). **Herbst-K.** – *L. autumnale* L.

5 **(3)** B 2–4, weiß, zuweilen am Grund rosa überlaufen. PerigonBl 13–23 mm lg. Sa ohne Ölkörper. 0,08–0,30. ♃ ☉ 1–4. **Z** s; Ⓐ; giftig (Marokko, S-Span., S- u. Z-Port.: Dünen, trockner Sand). **Haarblättrige K.** – *L. trichophyllum* SCHOUSB.

5* B 1(–3), weiß. PerigonBl 8–12 mm lg. Sa mit Ölkörper. 0,05–0,18. ♃ ☉ 3–5. **Z** s; Ⓐ; giftig (SO-Frankr.: Küstengebiet). **Nizza-K.** – *L. nicaeense* ARDOINO

**Jakobslilie** – *Sprekelia* HEIST. 1 Art

Zwiebel rund, 5 cm ∅, schwarz mit roten Streifen. LaubBl 3–6, mit od. nach der B erscheinend, grundständig, linealisch, 20–40(–50) × ± 2 cm. B einzeln auf hohlem, zusammengedrücktem, rötlichem Schaft, dorsiventral, seitwärts gerichtet, leuchtend rot, am Grund zuweilen gelb gefleckt od. gestreift, 8–12 cm br. PerigonBl fast bis zum Grund frei, oberstes am breitesten, seitliche obere sichelfg zur Seite gekrümmt, 3 untere am Grund eingerollt, die Staubfäden u. den Griffel umfassend, B so an das Kreuz der Ritter von St. Jakob von Calatrava erinnernd (Name!). (Abb. **753**/3). 0,15–0,30. ♃ ☉ 5–6. **Z** s Sommerrabatten; ✿ Brutzwiebeln B nach 3 Jahren, im April 8 cm tief in humusreichen dränierten Boden, geschützt, düngen, vorm Frost herausnehmen, ⓚ trocken in Sand bei 15–20 °C (Mex. von Chihuahua bis Chiapas, 2250–2800 m, Guatemala: Felsrasen in der EichenWStufe – 1593 – wenige Sorten: Bl blaugrün, B kleiner, blassrot).
**Jakobslilie** – *S. formosissima* (L.) HERB.

## Familie **Lauchgewächse** – *Alliaceae* BORKH. 800 Arten

1 FrKn halbunterständig. Oberes BStiel-Ende u. BBoden scheibenfg auf 6 mm verbreitert. Bl 3–4, grundständig. B 10–30, hängend, br glockig, 15–25 mm ∅. ZwiebelPfl. Geruch unangenehm, nicht lauchartig. **Honiglauch** – *Nectaroscordum* S. 766

1* FrKn oberständig. BStiele oben u. BBoden nicht stark verbreitert . . . . . . . . . . . . . **2**

2 Pfl ohne Lauchgeruch. FrKn gestielt. Perigon zu 30–50% verwachsen. KnollenPfl. Bl 1–3. **Triteleie** – *Triteleia* S. 766

2* Pfl mit Lauchgeruch. FrKn nicht gestielt. PerigonBl frei od. verwachsen. Pfl mit Zwiebel od. Rhizom. Bl 1–∞ . . . . . . . . . . . . . . . . . . . . . . . . . . . . . . . . . . . . . . . . . . . . **3**

3 Pfl mit Rhizom. Geschlossene BlScheiden sehr kurz. Staubbeutel sitzend. Nebenkrone vorhanden, aus 3 fleischigen, 1,5–3,5 mm lg, rotvioletten od. weißen Schuppen. B 8–30, in der Achsel von DeckBl. Bl 4–8. **Kaplilie** – *Tulbaghia* S. 766

3* Pfl mit Zwiebel od. Rhizomzwiebel. NebenKr fehlend . . . . . . . . . . . . . . . . . . . . . . . . **4**

4 B 1, selten 2. Brutzwiebeln im BStand fehlend. PerigonBl so 30–50% verwachsen, hell violettblau bis fast weiß. ZwiebelPfl. **Frühlingsstern** – *Ipheion* S. 766

4* B in ∞blütigen Dolden, wenn nur 1–2 od. fehlend, dann BStand mi ∞ Brutzwiebeln an ihrer Stelle. PerigonBl meist frei. Zwiebel- od. RhizomzwiebelPfl.
**Lauch** – *Allium* S. 767

**Kaplilie** – *Tulbaghia* L. 22 Arten

Bl 15–30 × 0,4–0,7 cm, linealisch. Perigonröhre 7–13 mm lg, die Zipfel 5–12 mm, violett. 0,30–0,65. ♃ i ⚣ 7–8(–9). **Z** s für Weinbauklima, Rabatten, Staudenbeete; V ⚤ ○ Dränage ∧ od. ⊛ (S-Afr.: Kapprovinz, Transvaal – 1838 – einige Sorten: 'Variegata': Bl weiß gestreift; 'Silver Lace': großblütig – weitere Arten sind KalthausPfl).
Knoblauch-K. – *T. violacea* HARV.

**Honiglauch** – *Nectaroscordum* LINDL. 3 Arten

Bem.: Neuerdings als Untergattung in *Allium* einbezogen.

B 10–30, glockig, hängend, Stiele ungleich lg, 3–8 cm. Äußere PerigonBl eifg, 10–12 (–17) × ± 8 mm, 5nervig, innere 15 × 9,5 mm, 1nervig. Kapseln aufrecht. Bl rinnig, 30–40 (–60) × 1–3(–5) cm. 0,50–1,25. ♃ ♁ 5. **Z** s Rabatten, V ⚤ ☾ ≃ ∧ (2 Unterarten: subsp. *siculum*: Perigon matt purpurn, am Grund grünlich (S-Frankr., Korsika; lt.: Sardinien, Sizil., Toskana, Basilikata: BuchenW, 400–1000 m); subsp. *bulgaricum* (JANKA) STEARN: Perigon grünlichweiß, außen blassrosa getönt, mit grünem Mittelnerv, innen am Grund rot (O-Rum., O-Bulg., Krim, NW-Türkei, Zypern?: schattige, frisch-feuchte BreitlaubW)).
[*Allium siculum* UCRIA] **Sizilianischer H.** – *N. siculum* (UCRIA) LINDL.

**Frühlingsstern, Pampaslilie** – *Ipheion* RAF. 10 Arten

LaubBl grundständig, 20–25 × 0,4–0,7 cm, fleischig, mit Lauchgeruch. B einzeln, 2–3 (–4) cm ∅; Perigonzipfel sternfg ausgebreitet, lilaweiß, useits grünlich, länger od. etwas kürzer als die Perigonröhre. 0,20–0,30. ♃ ♁ (herbst)frühjahrsgrün (3–)4(–5). **Z** s △ Rabatten, Staudenbeete; **N** s Gewürz; ⚤ Brutzwiebeln ○ ~ Boden sandig-kiesig winterhart (Uruguay, warmgemäß. Argent.: Grassteppen; eingeb. in S-Brit. u. Frankr. – 1832 – einige Sorten: 'Album': B weiß; 'Whisley Blue': B himmelblau; 'Lilacinum': B lila; 'Rolf Fiedler': B leuchtend blau; 'Froyle Mill': B tief dunkelviolett). [*Brodiaea uniflora* (LINDL.) ENGL., *Triteleia uniflora* LINDL., *Milla uniflora* (LINDL.) GRAHAM, *Tristagma uniflorum* (LINDL.) TRAUB] **Einblütiger F.** – *I. uniflorum* (LINDL.) RAF.

**Triteleie** – *Triteleia* LINDL. 18 Arten

Lit.: HOOVER, R. F. 1941: A systematic treatment of *Triteleia*. Am. Midl. Nat. **25**: 73–100.

1 BHülle hellblau od. tief violettblau, selten weiß, 18–47 mm lg. Stiel des FrKn 2–3mal so lg wie der FrKn. Staubfäden nicht verbreitert. Bl 20–40 × (0,4–)0,8–2,5 cm, gekielt. Stg. (0,10–)0,40–0,70. ♃ ♁ 5–7. **Z** s △ Steppenbeete ⚥; V ⚤ ○ ⊛ ∧ (W-Am.: Kalif., S-Oregon: offne Wälder, Grasland auf schweren Böden, bis 1200 m – 1833 – einige Sorten: B hellblau, blau, violett – Hybr mit *T. peduncularis*: *T.* × *tubergenii* L. W. LENZ: B lavendelfarben). [*Brodiaea laxa* (BENTH.) S. WATSON] **Blaue T.** – *T. laxa* BENTH.
1* BHülle gelb od. weiß, 9–28 mm lg. Stiel des FrKn so lg wie der FrKn od. kürzer . . 2
2 BHülle strohgelb bis goldgelb, 12–27 mm lg, Perigonröhre 3–10 mm, Zipfel 6–20 mm lg, zurückgebogen. FrKn länger als sein Stiel. Staubfäden oben mit 2 flügelfg Anhängseln. Bl 1–2, 10–50 × 0,3–1,5 cm. B zu in 10–30 in Dolde. (0,10–)0,50–0,80. ♃ ♁ 6. **Z** s △ Rabatten; V ⚤ ○ ∧ od. ⊛ (W-Am.: M- u. N-Kalif., SW-Oregon: Eichen- u. KiefernW, Waldränder, Bachufer, oft auf Sand, auch auf Serpentin, 0–3000 m – formenreich – 1812). **Gelbe T.** – *T. ixioides* (AITON f.) GREENE
2* B weiß, manchmal außen lila getönt . . . . . . . . . . . . . . . . . . . . . . . . . . . . . . . . . . . 3
3 BHülle 9–16 mm lg, Perigonröhre 2–4 mm. FrKn grün, doppelt so lg wie sein Stiel. BStiel 0,5–5 cm lg. Staubfäden am Grund verbreitert. 0,30–0,60. ♃ ♁ 5–6. **Z** s △ Steppenbeete ⚥; V ⚤ ○ Dränage ∧ od. ⊛ (W-Am.: Kalif. bis Idaho u. südl. Brit. Columbia: frühjahrsfeuchte Wiesen od. Tümpel, Bachufer, KiefernW, 0–2000 m). [*T. lactea* (LINDL.) LINDL., *Brodiaea hyacinthina* (LINDL.) BAKER] **Weiße T.** – *T. hyacinthina* (LINDL.) GREENE
3* BHülle 15–28 mm lg, Perigonröhre 7–11 mm. FrKn leuchtend gelb, so lg wie sein Stiel. BStiel 2–10(–18) cm lg. Staubfäden am Grund kaum verbreitert. 0,20–0,40(–0,80). ♃ ♁

6–7. **Z** s △ Steppenbeete ⚥; kult wie **3** (W-Am.: NW-Kalif.: frühjahrsfeuchtes Grasland u. Tümpel, Kiefern- u. HartlaubW, oft auf Serpentin, 0–800 m – ± 1830). [*Milla peduncularis* (LINDL.) BAKER] **Langstielige T.** – *T. peduncularis* LINDL.

### Lauch, Zwiebel – *Allium* L. 750 Arten

Lit.: FRIESEN, N., FRITSCH, R. M., BLATTNER, F. R. 2006: Phylogeny and new intrageneric classification of *Allium* (*Alliaceae*) based on nuclear ribosomal DNA its sequences. Aliso **22**: 372–395.

Bem.: Das Perigon der *Allium*-Arten wird hier der Einfachheit halber als Krone bezeichnet.

1 LaubBl deutlich in Stiel u. Spreite gegliedert (wenn B gelb, s. *A. moly*, **20**) . . . . . . **2**
1* LaubBl ohne BlStiel . . . . . . . . . . . . . . . . . . . . . . . . . . . . . . . . . . . . . **3**
2 Bl grundständig, zu 2 (Abb. **773**/4). Zwiebel mit basalem Borstenkranz. B rein weiß. 0,20–0,40. ⚁ ☽ (4–)5–6. **W. Z** s Naturgärten, Parks, ☐; **N** s Gemüse; ⩒ Kaltkeimer ◐ (früher als Gewürz- u. HeilPfl in Gärten kult, heute nur noch s, aber wieder zunehmend). **Bär(en)-L.** – *A. ursinum* L.
2* Stg beblättert. Bl zu mehreren, Stiel kurz, ± deutlich abgesetzt (Abb. **773**/5). Zwiebel mit netziger Faserhülle. B cremefarben. 0,40–0,80. ⚁ ☽ 6–8. **W. Z** s Parks; ⩒ ◐ ⊖ ▽ (früher kult auch als Zauber- u. HeilPfl in Gebirgsgärten). **Allermannsharnisch** – *A. victorialis* L.
3 **(1)** Pfl mit BSchäften, die jedoch nur Brutzwiebeln tragen, od. Schäfte fehlend . . . **4**
3* Pfl mit BSchäften, im BStand normale B od. B u. Brutzwiebeln ausgebildet . . . . . . **7**
4 Bl flach (Abb. **773**/2,3) . . . . . . . . . . . . . . . . . . . . . . . . . . . . . . . . . . . **5**
4* Bl röhrig, hohl, z.T. aufgeblasen (Abb. **773**/1) . . . . . . . . . . . . . . . . . . . . . . . **6**
5 Bl 1(–2). Dolde meist neben den Brutzwiebeln mit 1 weißen, ± 10 mm lg B.
　　　　　　　　　　　　　　　　　　　　　　　　　　　*A. paradoxum* s. 24
5* Bl zu 6–12; wenn Schaft mit Dolde entwickelt, dann neben Brutzwiebeln höchstens rückgebildete B mit 3–5 mm lg, grünlichweißer Kr. *A. sativum* s. 9
6 **(4)** Schaft stets entwickelt. Dolde mit Brutzwiebeln, oft auch mit verkümmerten B.
　　　　　　　　　　　　　　　　　　　　　　　　　　　*A. × proliferum* s. 17
6* Schaft fehlend od. mit normal ausgebildeten, weißen B. *A. cepa* s. 18
7 **(3)** Staubfäden der inneren u. äußeren StaubBl sehr verschieden, innere oberhalb der Mitte 3zähnig od 2 borstlichen Seitenzähnen u. einem kürzeren Mittelzahn, an dem die Staubbeutel sitzen (Abb. **768**/1,3) . . . . . . . . . . . . . . . . . . . . . . . . . . . . **8**
7* Staubfäden alle gleich u. ungezähnt (Abb. **768**/2,4) od. innere mit kurzen, basalen Zähnchen, diese deutlich kürzer als der die Staubbeutel tragende Mittelteil . . . . . . **10**
8 Bl hohl, halbstielrd. Doldenhülle 2blättrig. StaubBl deutlich länger als die purpurne Kr (Abb. **768**/3). 0,30–0,90. ⚁ ☽ 6–7. **W. Z** v Solitär, Rabatten △ ⚥; Vermehrung durch Zwiebeln, ⩒ ☽ ⊕ (20. Jh.). **Kugelköpfiger L., Purpur-L.** – *A. sphaerocephalon* L.
8* Bl flach, >1 cm br. Doldenhülle 1blättrig. StaubBl kürzer als die Kr od. wenig länger **9**
9 B ± verkümmert. Kr grünlichweiß bis rötlichweiß. Dolde stets mit Brutzwiebeln. Pfl samensteril. 0,25–1,00. ⚁ ☽ kult ☉ ⚀ 7–8. **N** v meist in Gärten, seltener als Feldkultur, besonders Thüringen, Bayern, Gewürz, HeilPfl; Vermehrung durch Seitenzwiebeln od. Brutzwiebeln (wild nicht mit Sicherheit bekannt, in M-As. u. VorderAs. das nah verwandte *A. longicuspis* REGEL, vielleicht eine Primitivform der Art – kult Römerzeit – Anbau neuerdings erweitert – Nebenzwiebeln („Zehen"), seltener Brutzwiebeln u. Blätter als Würze u. für Medikamente genutzt (Abb. **770**/1, 2). **Knoblauch** – *A. sativum* L.

2 Varietäten: var. *sativum*: BSchäfte, wenn ausgebildet, meist niedrig, anfangs peitschenartig gebogen od. gerade. – var. *ophioscorodon* (LINK) DÖLL: BSchäfte vorhanden, anfangs spiralig eingerollt, lg. Beide Sippen im Anbau mit Sorten für Herbst- u. Frühjahrspflanzung.

9* B normal entwickelt. Mittelzahn der inneren StaubBl höchstens $\frac{1}{2}$ so lang wie der ungeteilte Abschnitt (Abb. **768**/1). Kr rosa od. weiß. Dolde sehr selten mit einzelnen Brutzwiebeln. Pfl samentragend. 0,40–1,50(–1,80). ☉ ⚁ ⊛ 7–8(–9). **N** v Gemüse, Hausgärten u. Feldanbau (Wildsippen der Art in Medit., SW-Eur., SW-As.: Weingärten,

1                         2                         3                         4

Mauern, Ruderalplätze, Felsfluren, Trockenhänge – kult Mittelalter – formenreich, ∞
Sorten). **Sommer-L.** – *A. ampeloprasum* L. s. l.

In Kultur: **Porree-Gruppe** – (*A. porrum* L.): Pfl mit Scheinstamm aus fleischigen BlScheiden, ohne
Zwiebel. Schaft hoch. Dolden groß, >7 cm ⌀. Kr rosa bis rosapurpurn. Samentragend. ☉ ⦻. **N** v
Koch- u. Salatgemüse; im Anbau meist Sorten des Winter-Porree (Winter/Frühjahrs-Verbrauch), sel-
tener Sommer-Porree (Sommer/Herbstverbrauch); ⩒. – **Perlzwiebel-Gruppe** – (*A. porrum* L. var. *sec-
tivum* LÜDERS): Pfl mit ∞ rundlich-eifg, silbrigen Nebenzwiebeln. Schaft bis 60 cm lg. Dolden ± 5 cm ⌀.
Kr weißlich. Meist samentragend, ⦶ ☉. **N** nur noch s in Hausgärten, z. B. Anhalt, Thüringen, früher
Spreewald, Zwiebeln in Essig gelegt. Vermehrung durch Zwiebeln, stecken im Frühherbst, Ernte im
August. – **Pferdeknoblauch-Gruppe:** Pfl mit großer Hauptzwiebel u. mehreren helmfg, ihr dicht ange-
pressten Nebenzwiebeln. Sonst wie Porree, aber ohne Samenbildung. ⦻ ☉. **N** sehr s in Hausgärten;
Gewürz, Zwiebeln wie Knoblauch genutzt. Vermehrung durch Zwiebeln.

**10 (7)** DoldenhüllBl 2, sehr ungleich lg, in bis >10 cm lg Schnäbel ausgezogen, vielmals
länger als die Dolde (Abb. **769**/2) ........................................... **11**

**10\*** DoldenhüllBl 1 od. 2, zuweilen geteilt, ± gleich lg, höchstens kurz geschnäbelt, so lg wie
die Dolde (Abb. **769**/3) ........................................... **12**

**11** Kr gelb od. gelblich. FrKn ± kuglig, etwa so lg wie br. 0,10–0,50. ⦶ ☉ 7–8. **Z** z bes. △;
⩒ ○ (S- u. SO-Eur., SW-As.: Trockenhänge, Felsfluren, lichte Wälder – Mitte 18. Jh.).
**Gelber L.** – *A. flavum* L.

In Kultur nur subsp. *flavum* mit rein gelben B; oft als var. *minus* BOISS.: Pfl bis 10 cm hoch.

**11\*** Kr purpurn. FrKn schmal verkehrteifg, länger als br. 0,25–0,60. ⦶ ☉ 7–8. **W. Z** z be-
sonders △; Vermehrung durch Zwiebeln; ⩒ ○ ⊕ (Anfang 19. Jh.).
**Gekielter L.** – *A. carinatum* L.

In Kultur nur: **Schöner L., Flieder-L.** – subsp. *pulchellum* (G. DON) BONNIER et LAYENS [*A. cirrhosum*
VANDELLI]: Dolden – im Gegensatz zu subsp. *carinatum* – ohne Brutzwiebeln. ⩒.

**12 (10)** Kr hellblau od. kräftig blau ........................................... **13**

**12\*** Kr weiß, rosa, purpurn, violett(lich) od. gelb(lich) ........................................... **15**

**13** Zwiebel zu mehreren, zylindrisch, mit netzig-fasriger Hülle. Bl flach, schmal linealisch,
alle am Grund des Schafts. Kr hellblau, 6–10 mm lg. StaubBl kürzer als die KrBl.
0,10–0,40. ⦶ ☉ 6–7. **Z** z; ⩒ ▷ ○ (O-Himal., W-China: alp. Matten – Ende 19. Jh.). [*A.
kansuense* REGEL, *A. tibeticum* RENDLE] **Sikkim-L.** – *A. sikkimense* BAKER

Ähnlich: **Dunkelblauer L.** – *A. cyaneum* REGEL: StaubBl aber deutlich länger als KrBl, Kr becherför-
mig. 0,10–0,45. 6–7. **Z** s △. – **Bees-L.** – *A. beesianum* W. W. SM.: Kr schmal glockig, >10 mm lg.
0,25–0,50. 6–7. **Z** s △ (beide W-China).

**13\*** Zwiebeln einzeln, eifg bis kuglig, mit glatthäutiger Hülle. Bl 3kantig bis halbzylindrisch,
mindestens unterhalb der Mitte hohl, BlScheiden $^1/_4$–$^1/_2$ der Schaftlänge umhüllend. Kr
kräftig blau (Wildformen oft hell(grau)blau), 3–5 mm lg ........................................... **14**

**14** Innere Staubfäden zahnlos od. unter der Mitte kurz 2zähnig. Bl 3kantig, BlScheiden
$^1/_4$–$^1/_3$ der Schaftlänge erreichend. Dolden wie bei der folgenden Art zuweilen mit Brut-
zwiebeln. 0,20–0,80. ⦶ ☉ 6–7. **Z** v Rabatten △; Vermehrung durch Zwiebeln ⩒ ○ (S-
Sibir., M-As., W-China: Berg- u. Salzsteppen, Salzrasen – Anfang 19. Jh.). [*A. azu-
reum* LEDEB.] **Blauer L.** – *A. caeruleum* PALL.

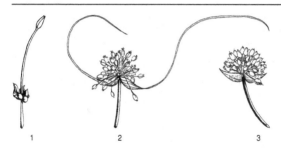

1    2    3

**14\*** Innere Staubfäden oberhalb der Mitte deutlich 2zähnig. Bl halbzylindrisch, BlScheiden $^1/_2$ der Schaftlänge erreichend. 0,20–0,65. ♃ ☿ 6–7. **Z** z Rabatten △; Vermehrung durch Zwiebeln ⚥ ○ ▷ Boden durchlässig ⌃ (M-As., W-China: Salzsteppen u. -halbwüsten). **Graublauer L. –** *A. caesium* Schrenk

**15 (12)** Bl röhrig, hohl, oft aufgeblasen (Abb. **773**/1) . . . . . . . . . . . . . . . . . . . . . . . . . . . **16**

**15\*** Bl flach (Abb. **773**/2, 3) . . . . . . . . . . . . . . . . . . . . . . . . . . . . . . . . . . . . . . . . . . . . . **19**

**16** Kr violett bis hellpurpurn, sehr selten weiß. StaubBl um $^1/_3$ kürzer als KrBl. Bl zylindrisch, gleichmäßig dick. BStiele 1,5–3mal so lg wie die B. 0,15–0,50. ♃ ☿ 6–8. **W. N** v Würzkraut, meist in Gärten, s Feldanbau. **Z** z; ⚥ ❦ ○ (Hochgebirge von warm, alp. bis arkt. Eur., As. u. N-Am.: feuchte Steinschuttfluren, Auen, Schneeböden – kult Mittelalter – einige Sorten, wichtige HausgartenPfl – in Wuchshöhe u. BlDicke sehr unterschiedlich – mitunter auch als **Z** für Rabatten, Dachbegrünung, so auch weißblühende Formen). **Schnittlauch –** *A. schoenoprasum* L.

Ähnlich: *A. altyncolicum* Friesen (*A. ledebourianum* auct. non Schult. et Schult. f.): Pfl hochwüchsiger. Dolde größer, 4–5 cm br. BStiele höchstens 1,5mal so lg wie die B. Anbauversuche als WürzPfl im O.

**16\*** Kr weiß od. grünlich-weißlich. StaubBl länger als Kr. Bl meist ± aufgeblasen-verdickt **17**

**17** BStand mit Brutzwiebeln, diese oft auf der MutterPfl austreibend. B meist nicht normal ausgebildet, grünlichweiß, nicht samenbildend. Pfl dichthorstig. 0,60–1,00. ♃ ☿. **N** z Gemüse (Bl) u. Gewürz (Brutzwiebeln), in Hausgärten in kleinem Umfang; vermehrt durch Brutzwiebeln, ⚥ ○ (nur in Kultur bekannt, hybridogener Herkunft, vielleicht aus W-China – Anfang 19. Jh.?). [*A. cepa* × *A. fistulosum*; *A. cepa* L. var. *viviparum* (Metzg.) Alef., *A. cepa* L. var. *bulbiferum* Regel]

**Etagenzwiebel, Luftzwiebel, Catawissazwiebel –** *A.* × *proliferum* (Moench) Schrad.

Hierher auch horstige Pfl mit Büscheln schmaler Bl, sehr selten mit BSchäften u. Brutzwiebeln, kult s SW-D., Weinbergterrassen (? Johanniszwiebel).

**17\*** BStand ohne Brutzwiebeln, B normal entwickelt u. samenbildend . . . . . . . . . . . . . **18**

**18** Schaft ohne Anschwellung. Bl zylindrisch, im Querschnitt kreisfg. BStiele am Grunde ohne HochBlchen. B grünlichweiß bis gelblichweiß, StaubBl deutlich länger als die glockige Kr (Abb. **772**/1). 0,30–0,80(–1,00). ♃ ☿ (5–)6–7. **N** z Bl als Würzbeilage u. zu Salat, Hausgärten, neuerdings auch Feldkultur; ⚥ ❦ ○ Kultur wie Speisezwiebel (nur in Kultur bekannt, kult Mittelalter – im Gebiet wenig variabel, sehr winterhart u. früh austreibend – Ausgangsart *A. altaicum* Pall.: S-Sibir., Mong.: Gebirgs-Schotterfluren).

**Winterzwiebel, Heckenzwiebel –** *A. fistulosum* L.

**18\*** Schaft unterhalb der Mitte deutlich angeschwollen. Bl zylindrisch-abgeflacht, im Querschnitt halbkreisfg. BStiele am Grunde mit HochBlchen. B weiß, sternfg, StaubBl wenig länger als die Kr. 0,20–1,00(–1,20). ☿ ☿ 6–7(–8). **N** v in Gärten u. als Feldfrucht, besonders in Magdeburger Börde, Rheinland, Franken, Spreewald; Anzucht durch ⚥ zu Steckzwiebeln od. Tochterzwiebeln ○ (nur in Kultur bekannt, kult Römerzeit –

nächstverwandt *A. vavilovii* POPOV et VVED. u. ähnliche Arten: Gebirge M-As.: Schotter- u. Felsfluren u. -hänge). **Speise-, Küchenzwiebel** – *A. cepa* L.

Sehr formenreich, ∞ Sorten – **Trockenzwiebel-Gruppe** (*A. cepa* L. var. *cepa*): Einzelzwiebel groß, im Querschnitt mit konzentrischen BlRingen (Abb. **770**/3), Tochterzwiebel-Bildung fehlend, wirtschaftlich wichtigste Gruppe. Zwiebeln als Gemüse u. Würze, einige Sorten auch als Frühjahrszwiebeln wegen der Bl u. jungen Zwiebeln zu Salat kultiviert.– **Schalotten- u. Kartoffelzwiebel-**(Aggregatum-) **Gruppe** (*A. ascalonicum* auct. non STRAND; *A. cepa* L. var. *aggregatum* G. DON): reiche Tochterzwiebel-Bildung im Pflanzjahr (Abb. **770**/4). Entwicklung von Nestern aus kleinen Zwiebeln, diese im ∅ wie die der vorigen Gruppe; früher besonders im N wegen der würzigen Zwiebeln, heute nur noch s in Hausgärten. Pfl oft ohne BSchaft u./od. mit schwachem Samenansatz.

**19** **(15)** B gelb od. grünlichgelb . . . . . . . . . . . . . . . . . . . . . . . . . . . . . . . . . . . . . . . . . . **20**
**19\*** B anders gefärbt . . . . . . . . . . . . . . . . . . . . . . . . . . . . . . . . . . . . . . . . . . . . . . . . **21**
**20** Bl grundständig. Kr sternfg, KrBl 9–12 mm lg, kräftig gelb, länger als die StaubBl. Dolde mitunter mit Brutzwiebeln. 0,15–0,35. ♃ ☉ 5–6. **Z** v Rabatten, Gehölzränder; Vermehrung durch Zwiebeln ⩣ ○ ◐ (SW-Eur.: Berg-, Felsabstürze – Ende 16. Jh.).
                   **Gold-L.** – *A. moly* L.
**20\*** Untere Hälfte des Schafts von BlScheiden umhüllt. Kr br glockig, KrBl 4–5 mm lg, grünlichgelb, kürzer als die StaubBl. 0,60–1,00. ♃ ☉ 6–7. **Z** s Rabatten; Vermehrung durch Zwiebeln, ○ Boden durchlässig (SO-Eur., S-Sibir., M- u. Z-As.: Waldlichtungen, Felsen – erst neuerdings gelegentlich in Gärten).     **Schiefer L.** – *A. obliquum* L.
**21** **(19)** Staubfäden bis zur Hälfte ihrer Länge verwachsen, immer kürzer als die Kr . . **22**
**21\*** Staubfäden höchstens am Grunde miteinander verwachsen, kürzer od. länger als die Kr
 . . . . . . . . . . . . . . . . . . . . . . . . . . . . . . . . . . . . . . . . . . . . . . . . . . . . . . . . . . . **23**
**22** Schaft stielrund. Zwiebel eifg bis kuglig. Bl zu 2. KrBl rosa bis dunkelrot, 8–11 mm lg, elliptisch-oval. 0,10–0,20. ♃ ☉ 6–7. **Z** v besonders △; Vermehrung durch Zwiebeln, ○ Boden durchlässig (Kauk., M-As.: (sub)alp. Fels- u. Schotterhänge, Bergsteppen – Ende 19. Jh., mehrere Zuchtsorten, z. B. 'Zwanenburg': B tiefrot). [*A. ostrowskianum* REGEL]            **Rosen-L.** – *A. oreophilum* C. A. MEY.
**22\*** Schaft 3kantig. Zwiebeln zylindrisch, kaum entwickelt. Bl zu 3–6. KrBl violett-purpurn, 6–8 mm lg, lanzettlich, zugespitzt. 0,20–0,40. ♃ ☉ 6(–7). **Z** z bes. △; ⩫ ○ ◐ ⊖ (W-China: alp. Matten, Grasfluren – Anfang 20. Jh.). [*A. farreri* STEARN]
    **Farrer-L.** – *A. cyathophorum* BUREAU et FRANCH. var. *farreri* (STEARN) STEARN
**23** **(21)** FrKn u. Kapsel oben mit 6 kammartigen Auswüchsen. Bl grundständig. Dolde nickend. Kr weiß od. ± intensiv rosa, kürzer als die StaubBl. 0,30–0,70. ♃ ☉ 6–7. **Z** z Rabatten △; ⩫ (warmes bis gemäß. N-Am.: TrockenW, Prärien, Felsen – 19./20. Jh. – in BFarbe, Wuchshöhe u. BlBreite variabel).    **Überhängender L.** – *A. cernuum* ROTH
**23\*** FrKn u. Kapsel ohne Auswüchse . . . . . . . . . . . . . . . . . . . . . . . . . . . . . . . . . . . . **24**
**24** Schaft deutlich 3kantig. Sa mit fleischigem Anhängsel. Narben stets 3lappig. Kr weiß mit grünem Mittelnerv, mindestens 10 mm lg. Bl gekielt, einzeln. Dolde oft mit Brutzwiebeln u. nur mit 1 B (Abb. **769**/1), seltener nur mit Brutzwiebeln od. nur mit B. 0,10–0,30. ♃ ☉ 4–5. **W. Z** z Parks, Wildgärten; Vermehrung durch Zwiebeln od. Brut-

1       2      3      4

zwiebeln ☾ ● (Kauk., Iran: schattige LaubW – Ende 19. Jh. – in Z-Eur. eingeb.).
**Wunder-L.** – *A. paradoxum* (M. Bieb.) G. Don

Ähnlich: **Dreischneidiger L.** – *A. triquetrum* L.: Bl zu 2–5 am StgGrund. Dolde nie mit Brutzwiebeln. **Z** s Parks; ☾ (W-Medit.).

**24\*** Schaft stielrund od. 2kantig. Sa nie mit fleischigem Anhängsel. Kr rosa, violett, purpurn, selten weiß. Narben meist einfach, sehr selten 3lappig . . . . . . . . . . . . . . . . . . . . . **25**
**25** StaubBl deutlich kürzer als die Kr . . . . . . . . . . . . . . . . . . . . . . . . . . . . . . . . . . **26**
**25\*** StaubBl so lg wie die Kr od. länger . . . . . . . . . . . . . . . . . . . . . . . . . . . . . . . . . . **34**
**26** BStand sehr locker, >20 cm ⌀, zur FrZeit mit bis >10 cm verlängerten FrStielen . . **27**
**26\*** BStand ± dicht. FrStiele höchstens 6 cm lg. BStand u. FrStand nur selten bis 15 cm ⌀, BStand selten lockerer, dann aber wesentlich kleiner . . . . . . . . . . . . . . . . . . . . . . . **28**
**27** B- u. FrStiele deutlich ungleich lg, die längsten mindestens 3mal so lg wie die kürzesten. KrBl nach dem Abblühen zurückgeschlagen, vergänglich, rosaviolett. Bl kahl. 0,30–0,60. ♃ ☉ 5–6. **Z** s △ Trockensträuße; Vermehrung durch Zwiebeln ○ ~ ∧ ⓐ, (O-Medit., Libyen: Getreideäcker, Ödland – Ende 19. Jh.). **Schubert-L.** – *A. schubertii* Zucc.
**27\*** B- u. FrStiele ± gleichlg. KrBl metallisch-glänzend, violett, nach dem Abblühen verholzend, starr, lanzettlich-spitz. Bl useits u. am Rande, z. T. auch oseits bewimpert. Zwiebeln wie bei **36–42** sehr groß (Abb. **771**/2,3), oft größer als die der Küchenzwiebel. 0,15–0,60. ♃ ☉ 5–6. **Z** v Rabatten △ Trockensträuße ⚥; Vermehrung durch Zwiebeln ⩔ ○ (Iran, Turkmen.: Halbwüsten-Berghänge – 20. Jh. – Anbau in Ausbreitung begriffen, mehrere Sorten). [*A. albopilosum* C. H. Wright]
**Sternkugel-L.** – *A. christophii* Trautv.

Hybr mit *A. atropurpureum* Waldst. et Kit.: 'Firmament": Kr tief purpurn.

**28** **(26)** B weiß, oft mit grünlichem od. violettem Mittelnerv (wenn Doldenhülle tief 3–4spaltig u. Bl >10 mm br, vgl. *A. roseum*, **32**) . . . . . . . . . . . . . . . . . . . . . . . . . . . . . . . . **29**
**28\*** B rosa, violett bis purpurn . . . . . . . . . . . . . . . . . . . . . . . . . . . . . . . . . . . . . . . . . **31**
**29** Bl zu 4–9. Zwiebeln zylindrisch, zu mehreren einem kurzen Rhizom aufsitzend, mit netziger Zwiebelhülle. Dolde abgeflacht. 0,25–0,70. ♃ ☉ Ⅹ 6–8. **N** s BlWürzPfl, Hausgärten; ⩔ ♈ ○ (S-Sibir., Mong., N-China: Steppen – kult in O-As. seit alters, in Eur. erst seit Ende 20. Jh.). [incl. *A. tuberosum* Rottler ex Spreng. mit später BZeit, 8–9, u. kürzeren KrBl] **Schnittknoblauch, Chinesischer Schnittlauch** – *A. ramosum* L. s. l.
**29\*** Bl zu 2. Zwiebeln einzeln, eifg bis kuglig. Zwiebelhülle glatt, ohne Rhizom . . . . . . . **30**
**30** Kr becher- od. sternfg. BStiele 1,5–3mal so lg wie die Kr. Dolde ∞blütig. Bl useits gekielt. Stg 3kantig. 0,20–0,50. ♃ ☉ 2–3. **Z** s, nur in wärmebegünstigten Gebieten, ⚥; Vermehrung durch Zwiebeln, ☾ ○ ∧ (Medit.: Macchien, Felsheiden, Ufergeröll, Ödland – Anfang 19. Jh). **Neapolitanischer L.** – *A. neapolitanum* Cirillo
**30\*** Kr glockig. BStiele kaum länger als Kr. KrBl vorn abgestutzt. Dolde 4–10blütig. Bl flach od. rinnig. Stg schwach kantig. 0,25–0,45. ♃ ☉ (4–)5–6. **Z** z Parks; Vermehrung durch Zwiebeln ☾ ⊏ ~ ⓐ (VorderAs., Transkauk.: schattige Felsabstürze u. Felsspalten – 2. Hälfte 20. Jh.). **Libanon-L.** – *A. zebdanense* Boiss. et Noë

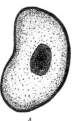

1      2      3      4

**31** **(28)** Bl sichelfg, flach, zu 2–4. Zwiebel durch wellenfg Querlinien ornamentiert, mit kurzem Rhizom. KrBl glänzend rosa, 10–14 mm lg. FrKn oberwärts mit 3 später verschwindenden Rippen. 0,30–0,40. ♃ ☉ 4–5. **Z** s; Vermehrung durch Zwiebeln (W-USA: feuchte Täler, Hänge – 20. Jh.).

$\qquad$ **Einblättriger L.** (irreführender Name!) – *A. unifolium* KELLOGG

**31\*** Bl gerade. Zwiebelhülle anders. FrKn nie mit Rippen an der Spitze . . . . . . . . . . . . **32**

**32** Zwiebel eifg bis kuglig, ± 1,5 cm dick, Zwiebelhülle mit zahlreichen Grübchen. Bl meist >10 mm br. Doldenhülle tief 3–4lappig. Dolde mitunter mit Brutzwiebeln. B rosa od. weiß. (0,10–)0,20–0,65. ♃ ☉ 3–4. **Z** z, besonders wärmebegünstigte Gebiete; Vermehrung durch Zwiebeln ◯ ∧ (Medit.: Trockenfluren, Kulturland – 18. Jh.? – in D. verw. – formenreich). $\qquad$ **Rosa L.** – *A. roseum* L.

**32\*** Zwiebel länglich, schwach entwickelt, mit fasriger Hülle. Bl stets <10 mm br. Dolden nie mit Brutzwiebeln . . . . . . . . . . . . . . . . . . . . . . . . . . . . . . . . . . . . . . . . . . . . . . . . . . . **33**

**33** Zwiebeln zu mehreren einem Rhizom aufsitzend, mit parallelfasriger Hülle. Bl linealisch, flach. Kr purpurn. KrBl 3,5–9 mm br. Narbe 3teilig. Dolde zur BZeit aufrecht, 5–8blütig. 0,15–0,35. ♃ ☉ ⅄ 6. **Z** z △; ✹ Kaltkeimer ✹ ◯ ◑ (SW-Alpen, NW-Port.: Felsen, alp. Schotterhänge – 20. Jh.?, eine der schönsten Arten der Gattung).

$\qquad$ **Narzissenblütiger L.** – *A. narcissiflorum* VILL.

Ähnlich u. oft verwechselt: **Insubrischer L.** – *A. insubricum* BOISS. et REUT.: Dolde stets hängend, 3–5blütig. Z s △; ✹ ◯ (S-Alpen).

**33\*** Zwiebel kaum entwickelt, mit netzfasriger Hülle. Bl borstlich. Kr rosa od. weiß mit roten Flecken, KrBl 1,5–3 mm br, vorn zurückgebogen. Narbe einfach. 0,10–0,30(–0,40). ♃ 6–7. **Z** z △; ✹ ◯ (SW-China: alp. Grasfluren – 20. Jh.). [*A. amabile* STAPF]

$\qquad$ **Maire-L.** – *A. mairei* LEVEILLE

**34** **(25)** Zwiebeln länglich-kegelfg, einem waagerechten Rhizom aufsitzend (Abb. 771/1). Stg zumindest oberwärts zusammengedrückt u. ± 2flüglig. Bl höchstens 1,5(–2) cm br . . . . . . . . . . . . . . . . . . . . . . . . . . . . . . . . . . . . . . . . . . . . . . . . . . . . . . . . . . . . . . . . **35**

**34\*** Zwiebeln eifg bis rundlich, groß, ohne Rhizom (Abb. 771/2). Stg im Querschnitt rundlich, mitunter gerieft. Bl stets >2(–10) cm br . . . . . . . . . . . . . . . . . . . . . . . . . . . . . **36**

**35** Innere Staubfäden am Grunde 3mal so br wie die äußeren, beidseits gezähnt, etwa 2mal so lg wie die Kr. Dolde 6 cm br. Stg br geflügelt. Bl 1–2 cm br. 0,30–0,60. ♃ ☉ ⅄ 6–7. **Z** z △ Rabatten; ✹ ◯ (S-Sibir., Kasach.: Steppen, Wiesen, lichte KiefernW – 20. Jh. – einige Sorten – in Sibir. auch BlGemüse). $\qquad$ **Nickender L.** – *A. nutans* L.

**35\*** Innere Staubfäden am Grunde 2mal so br wie die äußeren, ungezähnt, bis 1,5mal so lg wie die Kr. Dolde 2–5 cm br. Stg schmal geflügelt bis 2kantig. Bl höchstens 1,3 cm br. 0,10–0,60. ♃ ☉ ⅄ 6–7. **Z** z bis s Rabatten △; ✹ ∨ ◯ (Sibir. bis O-As.: Steppen, Trockenrasen – formenreich: Bl, Wuchs, Intensität der KrFarbe variabel – mehrere Sorten, unter verschiedenen Namen im Anbau). $\qquad$ **Ausdauernder L.** – *A. senescens* L.

Ähnlich: **Berg-L.** – *A. lusitanicum* LAM. [*A. senescens* subsp. *montanum* (FR.) HOLUB]: nur **W.** Bl rinnig, nicht flach. Zwiebel höchstens 1 cm br.

1 $\qquad$ 2 $\qquad$ 3

**36 (34)** Bl zu 2–3, länger als der oberirdische, bis 20 cm lg Teil des BSchafts. Kr sternfg, KrBl weißlichgrau bis rosarötlich od. rötlichpurpurn, später zurückgebogen u. verdreht. 0,15–0,20. ♃ ⚥ 4–5. **Z** v bes. △; Vermehrung durch Zwiebeln, ∀ Kaltkeimer ○ (M-As.: Kalk-Geröllhänge – Ende 19. Jh. – einige Sorten – auch Hybr mit *A. stipitatum*: 'Globus': Pfl 40–50 cm. Kr hellrosa).              **Blauzungen-L. –** *A. karataviense* REGEL
**36\*** Bl oft > 3, stets viel kürzer als der BSchaft. Pfl > 40 cm hoch, oft bis 1 m u. mehr . . **37**
**37** FrKn sitzend. KrBl löffelfg (Abb. **772**/3), beim Abblühen sich wenig verändernd, aufrecht bleibend, etwas längsfaltig . . . . . . . . . . . . . . . . . . . . . . . . . . . . . . . . . . . . . . . . . . . . . **38**
**37\*** FrKn kurz gestielt, stark warzig. KrBl lanzettlich-dreieckig (Abb. **772**/2), beim Abblühen zurückgeschlagen u. eingerollt . . . . . . . . . . . . . . . . . . . . . . . . . . . . . . . . . . . . . . **39**
**38** Bl mattgrün, etwas grau überlaufen. KrBl elliptisch bis verkehrteifg, stumpf bis abgerundet, 5–7 mm lg. Blütenstiel > 3 cm lg. 0,50–0,80. ♃ ⚥ 6–7. **Z** v Rabatten, Solitär; Vermehrung durch Zwiebeln ∀ Kaltkeimer ○ Boden nährstoffreich u. durchlässig (M-As., Afghan.: Berghänge, in unteren Lagen – Ende 19. Jh. – einige Sorten, auch Hybr mit *A. christophii*: 'John Dix': 1,00 m, B malvenfarbig).              **Riesen-L. –** *A. giganteum* REGEL
**38\*** Bl frischgrün, glänzend. KrBl schmal elliptisch-eifg bis eifg-lanzettlich, lg zugespitzt, 6–8 mm lg, rosaviolett. 0,60–1,00. ♃ ⚥? 5–6. **Z** v Rabatten, Solitär ⚥ ⚘; Vermehrung durch Zwiebeln ○ Boden nährstoffreich u. durchlässig (Afghan., Tadschik.: steinige Berghänge, in oberen Lagen – kult in schmal- u. breitblättrigen Formen). [*A. elatum* REGEL]              **Hoher L. –** *A. macleanii* BAKER

Häufiger kult Hybr mit *A. christophii*: 'Globemaster': 0,80–1,00, BKöpfe sehr groß, Kr violett; mit *A. hollandicum*: 'Lucy Ball': 1,00, Bl gelblichgrün, Kr dunkel lilapurpurn.

**39 (37)** Bl useits u./od. am Rande ± behaart, 4–10 cm br, zu 2–4(–5). Stg sehr hoch, stets ganz glatt, glänzend. KrBl lilapurpurn, 10–12 mm lg, länglich-linealisch. (0,70–)1,00–1,50. ♃ ⚥ 5. **Z** v Solitär ⚥; Vermehrung durch Zwiebeln (Abb. **771**/4), ○ (M-As. bis Pakist.: Gebüschhänge, Wacholder-TrockenW, grasige Berghänge – kult wohl erst 20. Jh.: – einige Sorten, z. B.: 'Album': B weiß. – Hybr mit *A. hollandicum*: 'Gladiator': 0,70–1,20. Bl wenig behaart. Kr purpurn. BKöpfe sehr dicht).              **Stiel-L. –** *A. stipitatum* REGEL
**39\*** Bl stets kahl . . . . . . . . . . . . . . . . . . . . . . . . . . . . . . . . . . . . . . . . . . . . . . . . . . **40**
**40** Stg glatt. BlSpreite ± dem Boden angedrückt, am Grund deutlich verschmälert. 0,40–0,50. ♃ ⚥ 6. **Z** ? (M-As., Afghan.: lichte LaubW, schattige Berghänge).              **Rosenbach-L. –** *A. rosenbachianum* REGEL

Unter diesem Namen kult Pfl haben sich bisher jedoch stets als *A. rosenorum* od. *A. jesdianum* herausgestellt!

**40\*** Stg zumindest im unteren Teil mit deutlichen Längsrippen . . . . . . . . . . . . . . . . . . **41**

1    2    3    4    5

**41** Stg dicht gerippt, Rippen oberwärts weniger erhaben. Bl zu 4–8(–10), schmal lanzettlich, 10–35 mm br, am Grund deutlich rinnig, useits gerippt. KrBl zurückgebogen, rosa. BStiel oberwärts ± rosa. 0,60–0,90(–1,20). ♃ ☉ 5–6. **Z** z Staudenbeete ⚥; Vermehrung durch Zwiebeln ⚥, Kaltkeimer ○ Boden durchlässig (Tadschik.: lichte LaubW, Berghänge – 20. Jh. – mehrere Sorten, z. B. 'Purple King', 'Colanda', meist falsch bezeichnet). [*A. rosenbachianum* auct. non REGEL, *A. jesdianum* auct. non BOISS. et BUHSE]
**Rosen-L.** – *A. rosengrum* R. FRITSCH
**41\*** Rippen des Stg entfernt stehend, im oberen Teil fehlend od. sehr schwach ausgebildet. Bl selten >6 ................................................................ **42**
**42** Stg basal mit ∞ scharfen Rippen. Bl zu 2–4, selten >3 cm br, am Spreitengrund rötlich. Kr dunkelviolett, selten weiß. KrBl 6–10 mm lg, 0,7–2 mm br, linealisch, vom Grund an verschmälert. Staubfäden oberwärts deutlich heller als am Grund. 0,40–0,80(–1,00). ♃ ☉ 5. **Z** s Solitär ⚥; Vermehrung durch Zwiebeln ⚥ Kaltkeimer ○ Boden durchlässig (VorderAs., M-As.: lichte LaubW, Ufer, schattige Felshänge – 18. Jh.). [*A. rosenbachianum* auct. non REGEL, oft fälschlich unter diesem Namen kult].
**Yasd-L.** – *A. jesdianum* BOISS. et BUHSE
**42\*** Stg am Grund wenigstens mit einzelnen flachen Rippen. Bl zu 6–8, stets >2(–8) cm br, nirgends rötlich. Kr rosa-weißlich od. lila-purpurn, 7–9 mm lg, 2–2,5 mm br, länglichelliptisch, in der vorderen Hälfte verschmälert. Staubfäden gleichfarbig. 0,40–1,00 (–1,20). ♃ ☉ 5. **Z** v Solitär, Trockensträuße ⚥; Vermehrung durch Zwiebeln ○ (bisher nur in Kultur bekannt – Herkunft unklar, von Holland verbreitet – mehrere Sorten, z. B.: 'Purple Sensation': B dunkel purpurviolett; 'Album': B weiß; auch Hybr, vgl. *A. stipitatum*, 39). [*A. aflatunense* hort. non B. FEDTSCH., unter diesem Namen jedoch in Kultur].
**Holland-L.** – *A. hollandicum* R. FRITSCH

## Familie **Hechtkrautgewächse** – *Pontederiaceae* KUNTH    33 Arten

**1** Fr eine 1samige SchließFr, in die verhärtete Perigonröhre eingeschlossen. Wurzelnde Sumpfstaude mit Rhizom. B 2lippig.    **Hechtkraut** – *Pontederia* S. 774
**1\*** Fr eine 3fächrige, ∞samige Kapsel. Schwimmende RosettenPfl mit Ausläufern. B dorsiventral, aber nicht 2lippig.    **Eichhornie, Wasserhyazinthe** – *Eichhornia* S. 774

**Hechtkraut** – *Pontederia* L.    6 Arten

Lit.: LOWDEN, R. M. 1973: Revision of the genus *Pontederia* L. Rhodora **75**: 426–487.

Wurzelnde RhizomPfl. Untere Bl sitzend, linealisch, obere lg gestielt, Spreite lanzettlich bis herz-pfeilfg, 6–22 × 7–12 cm. B trichterfg, 1 Tag geöffnet, KrZipfel blau(violett), verkehrteilanzettlich, 5–8 mm lg, obere mit 2lappigem gelbem Fleck (Abb. **775**/2). 0,30–0,80(–1,00). ♃ ⴼ 6–8. **Z** z Ränder von Park- u. Gartenteichen; ⚥ ⚥ ≈≈ bis 30 cm Wassertiefe ○ ◑ Boden nährstoffreich, Überwinterung in >20 cm tiefem Wasser od. ∧ (warm–gemäß. O-Am.: von SO-Kanada bis Minnesota, Florida u. Texas; Mex., Z- u. S-Am.: Uferröhrichte von Seen u. Teichen – 1579?).
**Herzblättriges H.** – *P. cordata* L.

**Eichhornie, Wasserhyazinthe** – *Eichhornia* KUNTH    7 Arten

Meist schwimmende AusläuferPfl. Bl in Rosette, die Stiele meist als Schwimmkissen angeschwollen, Spreite ledrig, 2,5–11 × 3,5–9,5 cm. B des ährenfg BStandes alle an 1 Tag geöffnet, dann FrStand herabgebogen, unter Wasser reifend. Perigon blau, oberer Zipfel innen mit gelbem, dunkelblau umrandetem Fleck (Abb. **775**/1). 0,15–0,25. ♃ i ≈≈ 6–8. **Z** s Gartenteiche, Becken; ⚥ ⚥ ≈≈, nur >20 °C blühend, Überwinterung ◌ sehr hell in Schalen mit lehmiger Erde u. flachem Wasser od. in Töpfen mit nassem *Sphagnum* (Bras.: Amazonas-Gebiet; in trop.–subtrop. weltweit eingeb., nördl. bis Kalif., Virginia, Portugal; in Stauseen schädlich – vor 1829 – wenige Sorten: B rotviolett od. gelb).    **Wasserhyazinthe** – *E. crassipes* (MART.) SOLMS

# Familie **Commelinengewächse** – *Commelinaceae* MIRB. 650 Arten

**1** B dorsiventral, 3 StaubBl fruchtbar, 1–3 StaubBl steril, Staubfäden kahl.
**Commeline** – *Commelina* S. 776
**1\*** B radiär. Alle 6 StaubBl fruchtbar. Staubfäden behaart.
**Tradeskantie** – *Tradescantia* S. 775

### Tradeskantie, Dreimasterblume – *Tradescantia* L. 70 Arten

Lit.: ANDERSON, E., WOODSON, R. E. 1935: The species of *Tradescantia* indigenous to the United States. Contr. Arnold Arbor. **9**: 1–132. (enger Artbegriff!)

Bem.: Reine Arten werden nicht mehr kult, nur ∞ Hybrid-Sorten:

**Dreimasterblume** – 'T. andersoniana-Hybriden' [*T.* × *andersoniana* W. LUDW. et ROHWER nomen nudum invalid., *T. virginiana* hort. non L.]: Rhizomstaude. Stg aufrecht, gerade, (fast) kahl. HochBl laubblattähnlich, aber kleiner. KBl 10–15 mm lg, grün. KrBl frei, br eifg, 15–20 × 10–15 mm, bei Sorten blau, hellblau, purpurn, violett, weiß. BStiele 20–30 mm lg. Staubfäden violett, behaart. Bl 15–40 × 0,5–2,5 cm, grün, etwas fleischig, am Grund scheidig, zur Spitze allmählich verschmälert. B nur wenige Stunden erhalten? (Abb. **775**/4). (0,30–)0,50–0,80. ♃ ⅄ 7–9(–10). Z v Rabatten, Gewässerufer, Naturgärten; ✿ ∀ ○ ☾ nicht ~. An ihrer Entstehung sind die folgenden 3 Arten (evtl. weitere?) beteiligt:

**1** BStiele 10–17 mm lg. Untere Bl gestielt. Stg oft hin- u. hergebogen. Obere BlSpreiten breiter als die geöffneten Scheiden. KBl 4–10 mm lg, drüsig od. drüsenlos behaart. 0,30–1,00. ♃ ⅄ 6–7 (warme bis warmgemäß. suboz. O-USA von Florida u. Alabama bis Tennessee u. Illinois: artenreiche Wälder an Bächen u. Hängen, Felsufer, seltener trockne Wälder u. Straßenränder – 1597).
*T. subaspera* KER GAWL.
**1\*** BStiele 7–35 mm lg. Untere Bl nicht gestielt, obere so br wie die geöffneten Scheiden od. schmaler. Stg gerade . . . . . . . . . . . . . . . . . . . . . . . . . . . . . . . . . . . . . . . . . . . . . . . **2**
**2** Pfl grün. KBl aufgeblasen, gleichmäßig drüsenlos behaart. Stg nur 0,10–0,35(–0,50) hoch. ♃ ⅄ 4–5, sommerkahl (nordöstl. N-Am.: S-Ontario u. Maine bis S-Carolina u. Alabama u. Missouri: Wälder, Straßenböschungen, im N wohl eingeb. – 1590). *T. virginiana* L.
**2\*** Pfl deutlich blaugrün. KBl kahl od. mit einem Büschel drüsenloser Haare an der Spitze. Stg 0,15–1,15 hoch. ♃ ⅄ 4–6(–9?) (östl. N-Am. von Texas u. Florida bis S-Ontario u. Minnesota: Gebüsch, Straßenränder, seltener Wälder u. an Bächen; weitest verbreitete Art – hybr auch in Natur mit beiden vorigen u. 6 weiteren Arten – 18. Jh. od. früher). *T. ohiensis* RAF.
Meist als Topf- u. ZimmerPfl kult, aber auch als Unterwuchs in Kübeln: die niederliegend-aufsteigenden, an den Knoten wurzelnden immergrünen Arten
**Grüne Tradeskantie** – *T. fluminensis* VELL. [*T. albiflora* KUNTH, *T. tricolor* auct., *T. viridis* auct.]: Bl grün, zuweilen useits purpurn überlaufen od. cremeweiß längsgestreift, manchmal kurz gestielt, 1,5–5 × 0,8–2,5 cm. B 7–14 mm ∅, KrBl weiß, frei (SO-Brasil., N-Argent.).

1   2   3   4

**Silberstreifen-T.** – *T. zebrina* HEYNH. (*Zebrina pendula* SCHNIZL.): Bl oseits grün, silbern längsgestreift, useits purpurrosa, (2,5–)4–10 × 1,5–3,5 cm, sitzend. B 10–15 mm ∅. KrBl purpurrosa, am Grund zu einer bis 1 cm lg weißen Röhre verbunden (Mex., weit eingeb. in Tropen).

**Commeline, Tagblume** – *Commelina* L.                      170 Arten

**1** Pfl ☉. Stg liegend bis aufsteigend, verzweigt, oft an den Knoten wurzelnd. Bl br lanzettlich bis eifg-elliptisch, (3–)8(–10) × 1–3(–4) cm, spitz od. zugespitzt. HochBl längs gefaltet, blassgrün mit dunkelgrünen Nerven, spitz, ihre Ränder bis zum Grund frei. Kapsel 2fächrig, 4samig. Unteres KrBl weiß, viel kleiner als die 2 seitlichen, diese blau, mit ziemlich lg Nagel u. runder Platte. B zuweilen ♂. 0,08–0,60 hoch, bis 0,70 lg. ☉ 7–8. **Z** s Sommerblumenbeete, Umrandungen; ○ Boden warm locker (O-As: Kambodscha, Laos, Thailand, Vietnam; China außer Tibet, Qinghai u. Xinjiang; Japan, Korea, gemäß. russ. Fernost: feuchte, offne Orte, Kulturland; verw. od. eingeb. im warmen bis gemäß. Eur., S-As., N- u. S-Am. – Anfang 18. Jh.).            **Gewöhnliche C.** – *C. communis* L.

**1\*** Pfl ausdauernd, mit Knollenwurzeln. Stg aufrecht. Bl linealisch bis länglich-lanzettlich
.................................................................. **2**

**2** Bl lanzettlich bis länglich-lanzettlich, am Grund fein steifhaarig. HochBl halb eirund mit halb herzfg Grund, stängelumfassend, stumpf od. zugespitzt, dunkelblau überlaufen, in ihren Achseln 1–4 wicklige Teilblütenstände mit je 6–10 B. B rein blau, 2–3 cm ∅, nur wenige Std. dauernd. (Abb. **775**/3). 0,30–1,20. ♃ ♌ + Knollenwurzeln 6–10. **Z** z Rabatten, Sommerblumenbeete; ⩗ ∼∼ ○ Boden nährstoffreich, Rhizome u. Knollen bei 5–10° in sandiger Erde überwintern (Mex. bis Guatemala; eingeb. in Medit. – Ende 17. Jh.).            **Himmelblaue C.** – *C. coelestis* WILLD.

Sehr ähnlich, wohl nur Unterart: **Knollen-C.** – *C. tuberosa* L.: B 1–1,5 cm ∅. Bl schmal lanzettlich, 6–9 cm lg. 0,20–0,50 ♃ ♌ + Knollenwurzeln 7–10. **Z** s; ∼∼ etwas härter als *C. coelestis*, aber weniger schön, beide in D. nicht ganzjährig im Freiland zu kult (Z- u. S-Am.).

**2\*** Bl linealisch bis lineal-lanzettlich, 4–15 × 0,4–1 cm. Pfl aufsteigend-aufrecht, verzweigt. B 1–3 cm ∅. 0,10–0,20. ♃ ♌? 6–9? **Z** s (Mex., SW-USA: Arizona, Colorado, New Mex., Texas: Felsboden).            **Nelkenblättrige C.** – *C. dianthifolia* DELILE

## Familie **Bananengewächse** – *Musaceae* JUSS.            40 Arten

**1** Hapaxanthe (nach dem Fruchten absterbende) Staude. Scheinstamm am Grund bis 1 m ∅ geschwollen. HochBl grün?, erhalten bleibend. Sa >10 mm ∅.
            **Zierbanane** – *Ensete* S. 776

**1\*** Mit verzweigtem Rhizom ausdauernde Staude. Scheinstamm am Grund nicht geschwollen. HochBl gelblich-rotbraun, hinfällig. Sa 6–8 mm ∅. **Banane** – *Musa* S. 776

**Zierbanane** – *Ensete* HORAN.            6 Arten

Riesenstaude mit einzelnem Scheinstamm, Seitenknospen nur nach Verletzung entwickelt. Bl lanzettlich, 3–6 × 1 m, kurz gestielt. B weiß, in 1 m lg, hängendem BStand. Fr trocken, ledrig. 4,00–6,00(–13,00). ⊝ i hapaxanth 7–8. **Z** s in Weinbaugebieten, Solitär; ⩗ bei 18–25° B im 8. Jahr ○ ◐ Windschutz, Boden, wässern, guter ∧ od. ⚙ bei 3–6° überwintern (O-Afr: Äthiopien: BergregenW; kult bis Angola als Stärke- u. FaserPfl – 1853 – Sorte 'Maurelii': BlRand u. BlStiel rot getönt). [*Musa ensete* J. F. GMEL., *Ensete edule* HORAN., *Musa ventricosa* WELW., *M. arnoldiana* DE WILD.]
            **Abessinische Z.** – *E. ventricosum* (WELW.) CHEESMAN

**Banane** – *Musa* L.            35 Arten

Riesenstaude mit rötlichem Scheinstamm aus BlScheiden, mit unterirdischen Rhizomen Gruppen bildend. B cremefarben, in hängenden Ähren, in D. nur im ◻ entwickelt. Bl 2–3 × 0,30 m. Fr 6 cm lg, ungenießbar. 3,00–5,00. ♃ i Ausläufer-Rhizom. **Z** s geschützte Stellen im Weinbauklima, Solitär; ⚘ ○ ≈ düngen, wässern, Windschutz, guter ∧ mit Laub-Kasten od. ⚘, Bl winterhart bis –4°, Wurzeln bis –12° (S-Japan: Ryukyu-Inseln; in China u. S-Korea: kult als FaserPfl – 1890 – Sorte 'Sachalin': kleiner, später treibend; nicht aus Sachalin! – auch panaschiert). [*M. japonica* THIÉBAUT et KETEL.] **Japanische Faser-B.** – *M. basjoo* SIEBOLD et ZUCC.

## Familie **Strelitziengewächse** – *Strelitziaceae* HUTCH. 7 Arten

**Strelitzie, Paradiesvogelblume** – *Strelitzia* AITON 5 Arten

Lit.: MOORE, H. E., HYYPIO, P. A. 1970: Some comments on *Strelitzia*. Baileya **17**: 64–74.

Immergrüne Rhizomstaude. BSchaft blattachselständig, mit 1 schnabelfg, 12 cm lg, meist rot berandetem HochBl. TeilBStand winklig, in der HochBlScheide deutlich gestielt. B nacheinander geöffnet, ± 10 cm lg. Äußerer PerigonBlKreis goldgelb; innerer blau, das obere PerigonBl kurz, fast kreisfg, die beiden seitlichen eine pfeilfg Hülle um die 5 StaubBl u. den Griffel bildend. Bl denen der Banane ähnlich, 0,25–1 m lg gestielt, Spreite eilänglich, 25–50 × 10–25 cm. 0,80–2,00. ♃ ℒ B ganzjährig, bes. 12–5, bei trockner Überwinterung später. Z z Kübel, Parkanlagen, Terrassen ⚘ bes. Import; V R nach 3 Jahren ○ Boden fruchtbar, Überwinterung bei >10° (S-Afr.: Kap-Provinz: Flussufer, Waldlichtungen; Bestäuber: Nektarvogel *Nectarinia afra* – 1773 – formenreich: Wuchshöhe, BFarbe, BlSpreitengröße unterschiedlich: var. *parvifolia* (AITON) auct.: BlSpreite klein, lanzettlich; var. *juncea* (LINK) KER GAWL.: BlSpreite fehlend, nur BlStiele assimilierend – Sorte 'Humilis' [`Pygmaea']: Pfl bis 0,80, in dichten Gruppen). [*S. angustifolia* AITON f.] **Königs-Strelitzie, Paradiesvogelblume** – *St. reginae* AITON

## Familie **Blumenrohrgewächse** – *Cannaceae* JUSS. 10 Arten

**Blumenrohr** – *Canna* L. 10 Arten

Lit.: DONAHUE, J. W. 1965: History, breeding and cultivation of the *Canna*. Am. Hort. Mag. **64**: 84–91. – TANAKA, N. 2001: Taxonomic revision of the family *Cannaceae* in the New World and Asia. Makinoa n. s. **1**: 1–74.

1 BStand ein nickender Thyrsus. B rosarot, ± hängend, 8–11 cm lg. KrBl u. Staminodien bis zur Hälfte ihrer Länge röhrenfg verwachsen. Bl bis 100 × 40 cm, br elliptisch, grün. 1,00–3,00. ♃ ℒ 8–9. Z s; ℗ (Peru). **Irisblütiges B.** – *C. iridiflora* RUIZ et PAV.

1* B u. BStand nicht nickend. B gelb, orange od. rot . . . . . . . . . . . . . . . . . . . . . . . . . **2**

2 KrBl zurückgebogen, Röhre ± 4 mm lg. B <5, fahlgelb, schlaff, 10–15 cm lg. Bl blaugrün, eifg–lanzettlich, 20–50 × 8–13 cm. 1,50–2,00. ♃ ℒ 6–9. Z s; ℗ (SO-USA: S-Carolina bis Florida, Alabama, Louisiana: offne Sümpfe, Seeufer, überschwemmte KiefernW – ± 1825). **Schlaffes B.** – *C. flaccida* SALISB.

2* KrBl aufrecht od. aufsteigend, Röhre 4–20 mm lg. B gelb, orange od. rot . . . . . . . . **3**

3 Bl blaugrün, lanzettlich, lg zugespitzt, Spreite 25–70 × 6–15 cm, am Grund keilfg. B >10, hell- bis dunkelgelb, 7,5–10 cm lg; KrRöhre 10–20 mm lg; Staminodien gelb. 1,00–2,00. ♃ ℒ 6–9. Z s; ℗ (trop.–subtrop. Am.: S-Mex., Antillen, Boliv., Venez., Guayana, Ekuador, Bras., Uruguay, Paraguay, N- u. M-Argent.: Sümpfe; eingeb. in SO-USA – ± 1730). **Blaugrünes B.** – *C. glauca* L.

3* Bl grün, zuweilen braunrot bis purpurn überlaufen, br elliptisch, zugespitzt, Spreite 20–60 × 10–30 cm, am Grund stumpf bis abgerundet. B zu 6–20 in traubenfg BStand, orange bis scharlachrot, nie rein gelb, bis 6,5 cm lg; KrRöhre 4–15 mm lg. 0,50–1,70. ♃ ℒ 6–9. Z v Rabatten, Sommerrabatten in Gruppen, auch Kübel u. Schalen; ⚘ Anfang März, V nur für Züchtung, Vorkultur Anfang März in Töpfen, Mitte Mai ins Freiland, gut wässern u. düngen ○, nach 1. Frost ℗ bei 10–15° – stärkereiche Rhizome essbar (M- u. S-Am.: Mex., Boliv., Venez., Guayana, Bras., Uruguay, Paraguay, N- u. M-Argent.:

nasse Gehölze, offne, feuchte bis nasse Sekundärvegetation; eingeb. in Altwelt-Tropen u. -Subtropen, SO-USA von Florida bis Texas – ± 1560, Züchtung ab 1890 – kult fast nur Sorten, bisher >1000, wenige im Angebot, hybr mit den vorgenannten Arten: Bl grün, blaugrün, rotbraun, dunkelrot; B rot, orange, gelb, rosa, lachsfarbig, auch 2farbig). [*C. edulis* KER GAWL., *C. lutea* MILL., *C. coccinea* MILL.]

**Westindisches B.** – *C. indica* L.

## Familie **Ingwergewächse** – *Zingiberaceae* MARTINOV    1 300 Arten

**1**  Stg bis 0,55 m hoch. Staubbeutel mit basalem Sporn. BStand <8blütig, B purpurn, gelb, selten weiß od. rosa.    **Ingwerorchidee, Scheinorchis** – *Roscoea* S. 778
**1***  Stg 0,80–2 m hoch. Staubbeutel ohne deutlichen Sporn. BStand >10blütig, B gelblich-weiß bis goldgelb, zuweilen Lippe, KrZipfel-Basis u. seitliche Staminodien purpurn.
    **Schmetterlingsingwer** – *Hedychium* S. 778

### **Schmetterlingsingwer, Kranzblume** – *Hedychium* J. KÖNIG    50 Arten

Lit.: SCHILLING, T. 1982: A survey of cultivated Himalayan and Sino-Himalayan *Hedychium* species. Plantsman **4**: 129–149.

**1**  StaubBl leuchtend rot, deutlich länger als die Lippe. B zu (1–)2 in den DeckBlAchseln, goldgelb od. blassgelb, duftend. DeckBl 3–5 cm lg. KrRöhre 5–6 cm lg. BStand 25–45 cm lg. BlSpreite länglich, zugespitzt, 20–45 × 10–15 cm. 1,20–2,20. ⚥ ✶ 8–9(–11). Z s Kübel, Terrassen, auch ausgepflanzt an warmem Standort, DuftPfl; ❦ ∨ ⑱, schönste Art der Gattung (Himal.: Nepal, Sikkim, O-Himal.: Bachufer, MischWRänder, bis 2000 m – 1819).    **Himalaja-Sch.** – *H. gardnerianum* KER GAWL.
**1***  StaubBl orange, kürzer als die Lippe. B einzeln in den DeckBlAchseln, gelblichweiß, zuweilen teilweise purpurn. DeckBl 2,5–3 cm lg. KrRöhre bis 8 cm lg. BStand 10–20 cm lg, 2zeilig. BlSpreite lanzettlich, 10–40 × 3–10 cm. 0,80–1,20. ⚥ ✶ 9–10. Z s Gehölz-gruppen, Kübel; ❦ ∨ ☽ winterhart auch in O-D.!, evtl. leichter ∧ (SW-China: Guizhou, Sichuan, Tibet, Yunnan: Wälder, 1200–3200 m; N-Thailand, Myanmar, O-Himal. bis Nepal – 1810 – 2 Varietäten: var. *spicatum*: BStand ∞blütig, ± dicht, B gelblichweiß; var. *acuminatum* (ROSCOE) WALLICH: BStand locker, 10–20blütig; B gelblichweiß; Lippe, KrZipfel-Basis u. seitliche Staminodien purpurn).
    **Ähriger Sch.** – *H. spicatum* BUCH.-HAM. ex SM.

### **Ingwerorchidee, Scheinorchidee** – *Roscoea* SM.    18 Arten

Lit.: COWLEY, E. J. 1982: A revision of *Roscoea* (*Zingiberaceae*). Kew Bull. **36**: 747–777.

**1**  KrRöhre 1,6–3 cm lg. DeckBl 2,6–5 × 1–2,3 cm, so lg wie der K od. länger, stumpf od. spitz. Lippe 1,3–2 × 0,8–1,2 cm. Staminodien elliptisch bis schief verkehrteifg, 1–1,4 × 0,3–0,5 cm. B tief schwarzpurpurn bis rosa od. weiß; die rosa Form 0,15–0,20, BZeit 8–9, kult leicht; die dunkelpurpurne 0,25–0,30, BZeit 6–7, kult schwieriger. (0,06–) 0,10–0,27(–0,37). ⚥ Vertikal-↓ mit Knollenwurzeln 6–9. Z s △; ∨ Selbstaussaat ☽ nicht ∼, ∧, auch gegen Winternässe, od. wie Dahlien überwintern (SW-China: N- u. W-Yunnan: feuchte, offne, steinige Bergwiesen, 2700–3400 m – ± 1912). [*R. alpina* hort. non ROYLE, *R. capitata* hort.]    **Szillablättrige I.** – *R. scillifolia* (GAGNEP.) COWLEY

Bem.: Oft verwechselt mit *R. alpina* ROYLE, diese aber meist <20 cm hoch, DeckBl 3–10 mm lg, BStand 1–2blütig, Staminodien rund (Himal.: Kaschmir bis Bhutan, Myanmar u. S-Tibet, 3000–4300 m).

**1***  KrRöhre (3–)4–10 cm lg. DeckBl 4–14 cm lg  .............................    **2**
**2**  DeckBl stumpf, meist viel kürzer als der (7–)10–14(–18) cm lg K. KrRöhre wenig länger als der K. B in 4–8blütigen Ähren, purpurn, lila, gelb od. weiß, oft mehrere gleichzeitig geöffnet. LaubBl 4–6, erst nach der BZeit voll entfaltet. 0,10–0,25(–0,35). ⚥ Vertikal-↓ mit Knollenwurzeln 5–6. Z s △; ∨, Sa nach künstlicher Bestäubung, ☽, nicht ∼, ∧ (SW-

China: SW-Sichuan, Yunnan: KiefernW, Waldränder, felsige Rasen, Schotter, Klippen, 2900–3800 m – 1911 – schönste *Roscoea*-Art).
**Hume-I.** – *R. humeana* BALF. f. et W. W. SM.

**2*** DeckBl spitz . . . . . . . . . . . . . . . . . . . . . . . . . . . . . . . . . . . . . . . . . . . **3**

**3** BlSpreite aller LaubBl am Grund (Übergang zur BlScheide) deutlich geöhrt, oseits gelbgrün, useits graugrün. B tief purpurn, zuweilen weiß. DeckBl so lg wie der K od. kürzer. Staubfadenanhang kurz, mit dem spitzen Sporn 6–8 mm lg. LaubBl (3–)5–7(–10), linealisch bis elliptisch, 5–27 × 1,5–6 cm. Lippe herabgebogen, mit dem 1 cm lg Nagel 3,3–4,8 × 2,5–4 cm. (0,20–)0,25–0,42(–0,56). ♃ ⅄ Knollenwurzeln 6(–7?). **Z** s △; ▼ V ◐ nicht ∼ ⋀ vor Winternässe (Nepal, Sikkim, Bhutan, südl. Z-Tibet: felsige Rasen, 2130–4880 m). [*R. purpurea* hort. non SM., *R. sikkimensis* hort.]
**Geöhrte I.** – *R. auriculata* K. SCHUM.

**3*** BSpreite höchstens der unteren Bl schwach geöhrt . . . . . . . . . . . . . . . . . . . . . . . . **4**

**4** KrRöhre 6,5–10 cm lg. K 5–8,8 cm lg. Staminodien mit dem lg Nagel 2,5–4 × 0,6–1,1 cm. DeckBl 7–13 × 0,5–2 cm, länger als der K. B blassviolett bis purpurrosa, meist nur 1 gleichzeitig geöffnet. Lippe nicht herabgebogen, mit dem 6–11 mm lg Nagel 4,5–6,5 × 2–5 cm. Staubbeutelsporn spitz, zusammen mit dem Staubfadenanhängsel 9–25 mm lg. (0,15–)0,25–0,38(–0,55). ♃ Vertikal-⅄ mit Knollenwurzeln 6(–7) (Form mit weiß u. purpurnen B) bzw. 8–9 (Form mit purpurnen B). **Z** s △; V B nach 2 Jahren ▼ ◐ nicht ∼ ⋀ Schutz vor Winternässe od. wie Dahlien überwintern (Himal. von Kaschmir bis Nepal, Bhutan, Assam: feuchte bis trockne Rasen, Gebüsch, Waldränder auf flachgründigen Felsböden, 1520–3100 m – Angaben aus China beziehen sich auf *R. humeana* – 1820). [*R. procera* WALL.] **Purpurne I.** – *R. purpurea* SM.

**4*** KrRöhre 3,5–5,5 cm lg. K 3–5,6 cm lg. Staminodien mit dem kurzen Nagel 1,2–1,8 × 0,6–0,9. DeckBl 4–6,3 × 0,9–2 cm. B 4–7, purpurn, schwarzpurpurn, gelb, weiß, selten rosa, eine bis mehrere gleichzeitig geöffnet. Lippe herabgebogen, mit dem Nagel 2,6–4 × 2,3–3,5 cm. Staubbeutelsporn spitz, zusammen mit dem Staubfadenanhängsel 4–6 mm lg. (0,11–)0,18–0,35(–0,55). ♃ Vertikal-⅄ mit Knollenwurzeln (5–)6. **Z** s △; ▼ V ◐ ○ ⋀ vor Winternässe (SW-China: N-Yunnan, SW-Sichuan: offne, steinige Rasen, Felshänge im Eichen- u. KiefernW, Rhododendron-Gebüsch, Kalkklippen, 2000–3500 m – 1912). **Cautleya-I.** – *R. cautleoides* GAGNEP.

## Familie **Igelkolbengewächse** – *Sparganiaceae* HANIN 14 Arten

**Igelkolben** – *Sparganium* L. 14 Arten

**1** BStand doppelährig verzweigt, Zweige am Grund mit ♀, oben mit ♂ BKöpfen. Pfl aufrecht, nie flutend. Bl 5–20(–28) mm br, derb, gekielt, unten 3kantig, Nerven hell durchscheinend, deutliche Quernerven fehlend. ♀ B meist mit 1 Narbe. 0,30–1,00(–1,50). ♃ i? ⌒ ♉ 6–8. **W. Z** z Park- u. größere Gartenteiche ⚘; ▼ V ○ ≈ Boden nährstoffreich; Pfl wuchernd! (warmes–gemäß. Eur.–W-As.: Röhrichte stehender u. langsam fließender Gewässer – formenreich: 4 Unterarten, FrForm verschieden). [*S. ramosum* HUDS.] **Ästiger I.** – *S. erectum* L. em. RCHB.

Bem.: In Am. vertreten durch *S. eurycarpum* ENGELM.: ♀ B meist mit 2 Narben. Fr verkehrt pyramidal. Pfl bis 2,50 m; in O-As. bei gleicher zonaler Verbreitung durch *S. coreanum* LÉV., beide sehr ähnlich u. wohl in *S. erectum* s. l. einzuschließen.

**1*** BKöpfe in einfachem ähren- od. traubenfg, nicht verzweigtem BStand . . . . . . . . . . **2**

**2** ♂ BKöpfe einzeln, ♀ (1–)2–3(–4). Narben höchstens 3mal so lg wie br. Bl bandfg, 10–20 × 0,3–0,8 cm, stumpf, flach, ohne Kiel, meist flutend od. schwimmend, nur BStand über Wasser. 0,10–0,40. ♃ i ∿ 7–8. **W. Z** s Moorgarten-Teichufer, LiebhaberPfl; ▼ V ○ ≈ ♂ (gemäß.–kühl zirkumpolar: lückige Röhrichte in nährstoff- u. kalkarmen Gewässern – in D. stark gefährdet). [*S. minimum* WALLR.] **Zwerg-I.** – *S. natans* L.

2* ♂ BKöpfe (1–)2–10, ♀ 1–5. Narben fadenfg, >5mal so lg wie br . . . . . . . . . . . . . . **3**
3 ♂ BKöpfe 3–10, ♀ 3–5. Bl meist aufrecht, steif, deutlich gekielt, am Grund 3kantig, 5–12 mm br, stumpf; dunkle Längsnerven durch dunkle Quernerven verbunden. Flutende Bl useits mit vorspringendem Mittelnerv. 0,20–0,60. ⹁ i ∿ 6–7. **W. Z** s Uferstaude an größeren klaren Gewässern; ⴲ Ⅴ ≈≈ (warmgemäß.–kühl zirkumpolar: Ufer klarer, langsam fließender, seltener stehender, meist kalkreicher Gewässer). [*S. simplex* HUDS.] **Einfacher S.** – *S. emersum* REHMANN
3* ♂ BKöpfe 1–6, ♀ 1–4. Bl meist flutend, flach od. unterwärts auf dem Rücken gewölbt, ohne Kiel, 2–5 mm br, spitz. 0,10–1,00. ⹁ i ∿ 6–8. **W. Z** Moorgartenteiche; ⴲ Ⅴ ≈≈ ○ ⊖ ((gemäß.–)kühl–kalt zirkumpolar: nährstoffarme stehende Gewässer, Moorseen – in D. stark gefährdet!). **Schmalblättriger I.** – *S. angustifolium* MICHX.

## Familie **Rohrkolbengewächse** – *Typhaceae* JUSS.    12 Arten

**Rohrkolben** – *Typha* L.    12 Arten

Lit.: CASPER, S. J., KRAUSCH, H.-D. 1980: Süßwasserflora von Mitteleuropa. Bd. **23**: 91–100. Jena.

1 ♀ B am Grund mit schuppenfg DeckBl. Narbe linealisch od. schmal lanzettlich. Fr an der Oberfläche des reifen Kolbens wabenartige Strukturen bildend . . . . . . . . . . . . **2**
1* ♀ B ohne DeckBl. Narbe br u. flach, rhombisch od. länglich-eifg. Fr an der Oberfläche des ♀ Kolbens nicht erkennbar . . . . . . . . . . . . . . . . . . . . . . . . . . . . . . . . . . . **3**
2 Reifer ♀ Kolben kurz, (1,5–)3–5(–7) cm lg, fast eifg, seltener kurz walzlich; ♂ Kolbenteil gleichlg od. etwas länger, den ♀ berührend od. <4 cm entfernt, seine Achse ohne Perigonhaare. Bl 1–3 mm br. Blütentragende Stg unbeblättert, am Grund mit spreitenlosen BScheiden od. mit <2 cm lg Blattspreiten. Pfl zierlich, niedrig, mit lg unterirdischen Ausläufern. 0,30–0,80(–1,40). ⹁ ∿∿ 5–6. **W. Z** z Gartenteiche ☡; ⴲ Ⅴ Kaltkeimer ≈≈ ○ ⊕ (warm/alp.–gemäß. Eur.–W-As.: zeitweilig überflutete Ufer von Wasserläufen, Sümpfe – 1813). [incl. *T. gracilis* JORD. non RAF., *T. martinii* JORD., *T. lugdunensis* P. CHABERT] **Zwerg-R.** – *T. minima* FUNCK ex HOPPE
2* Reifer ♀ Kolben 10–35 × 0,5–2 cm, walzlich, zimtbraun; ♂ Kolbenteil 7–20 cm lg, vom weiblichen (1–)3–5(–12) cm entfernt, seine Achse mit Perigonhaaren. Bl grün, 3–10 (–14) mm br. Blütentragende Stg beblättert. Pfl 1–2(–3) m hoch, mit lg unterirdischen Ausläufern. 1,00-2,00(–3,00). ⹁ ∿∿ 7–8. **W. Z** z große Garten- u. Parkteiche, unreif als ☡; ⴲ Ⅴ Kaltkeimer ≈≈ ○ salztolerant (warmes–gemäß. Eur. u. As.: Uferröhricht stehender Gewässer bis 1,10 m Tiefe – 1697). **Schmalblättriger R.** – *T. angustifolia* L.
3 **(1)** ♀ Kolbenteil hell kastanienbraun bis graubraun, länglich-eifg od. zylindrisch, 4–12 (–19) × 0,5–2,5 cm, vom 9–15 cm lg ♂ 0,3 6 cm entfernt. Bl 2–7 mm br, useits abgerundet, im ⌀ halbkreisfg. 0,80–1,65. ⹁ kurze ∿∿ 6–8. **W. Z** s Garten- u. Parkteiche ☡; ⴲ Ⅴ ≈≈ ○ salztolerant (warmes–warmgemäß. kontinentales Eur. u. As.: Sümpfe, Ufer, Reisfelder). [*T. stenophylla* FISCH. et C. A. MEY.] **Laxmann-R.** – *T. laxmannii* LEPECH.
3* Reifer Kolben dunkel- bis schwarzbraun od. silbergrau, der ♀ Teil des BStandes vom ♂ nicht od. <5 mm entfernt . . . . . . . . . . . . . . . . . . . . . . . . . . . . . . . . . . . . **4**
4 ♂ Teil des BStands fast so lg wie der ♀ od. etwas kürzer. Reifer ♀ Kolben schwarzbraun, 10–32 × 1–3,5 cm. ♀ B 7–8 mm lg. Bl blaugrün, 0,9–15(–20) mm br. 1,00–2,50. ⹁ kurze ∿∿ 7–8. **W. Z** z Garten- u. Parkteiche ☡ Trockenständer; ⴲ Ⅴ Kaltkeimer ≈≈ ○ (warm–gemäß.(–kühl) zirkumpolar, Mex., Austr., S-Afr.?: Röhricht stehender u. langsam fließender, nährstoffreicher Gewässer – 1697 – 'Variegata': Bl cremefarben längsgestreift). **Breitblättriger R.** – *T. latifolia* L.
4* ♂ Teil des BStands ½ bis ¼ so lg wie der ♀. Reifer ♀ Kolben silbergrau, 10–16 × 1,3–1,8 cm. ♀ B 5–7,5 mm lg. Bl 5–15 mm br. 1,00–1,50. ⹁ kurze ∿∿ 6–8. **W. Z** s Garten- u. Parkteiche ☡; ⴲ Ⅴ ≈≈ ○ (O-Pyr., Frankr. bis Balkan u. S-D.: Ufer langsam fließender, kühler, basenreicher Gewässer). [*T. latifolia* subsp. *shuttleworthii* (W. D. J. KOCH et SOND.) STOJ. et STEF.] **Shuttleworth-R., Grauer R.** – *T. shuttleworthii* W. D. J. KOCH et SOND.

# Familie **Binsengewächse** – *Juncaceae* Juss.

Lit.: Buchenau, F. 1906: *Juncaceae*. Pflanzenreich IV, 30: 1–284.

**1** Bl borstlich od. von den Seiten zusammengedrückt, oft stängelähnlich, kahl. Kapsel ∞samig, meist 3fächrig.　　　　　　　　　　　　　　**Binse** – *Juncus* S. 781

**1\*** Bl flach, grasartig, am Rand meist mit lg Wimpern. Kapsel 3samig, 1fächrig.
　　　　　　　　　　　　　　　　　　　　　**Hainbinse** – *Luzula* S. 781

## **Binse** – *Juncus* L.

250 Arten

Lit.: Snogerup, S. 1993: A revision of *Juncus* subgen. *Juncus*. Willdenowia **23**: 23–73.

Bem.: Über weitere Arten der Wildflora, die sehr selten in die Gärten gebracht werden, vgl. Bd. 2–4.

**1** BStand deutlich endständig. TragBl den Stg nicht geradlinig fortsetzend. B an den BStandsästen in kugligen, ±10 mm ⌀ Knäueln. BHüllBl (dunkel)braun, spitz, gleichlang. StaubBl 3. Bl schwertfg, wie der schmal geflügelte Stg zusammengedrückt, zweischneidig, 0,2–0,6 × 7–15 cm. Pfl mit Ausläufern. 0,25–0,60(–0,80). ⌃ ⚘⚘ 6–8. **W**. **Z** s Ränder von Gartenteichen; ⚘ ⚘ Lichtkeimer ≈≈ ≈ ○ (warmes bis kühles W-Am.: Alaska bis N-Kalif., Alberta, Utah, Montana: offne Teichränder, quellnasse Wiesen, Sümpfe, 400 bis 3000 m; eingeb. in O-Am., O-As., Eur.).　　**Schwertblättrige B.** – *J. ensifolius* Wikstr.

**1\*** BStand scheinbar seitenständig, d. h. sein unterstes TragBl stängelartig, den sonst unbeblätterten Stg geradlinig fortsetzend. Stg sonst nur am Grund mit NiederBl. Pfl mit kurzem Rhizom, Wuchs horstig . . . . . . . . . . . . . . . . . . . . . . . . . . . . . . . . . . . . **2**

**2** Stg u. Bl mit durch Querwände gekammertem Mark, blaugrün, deutlich 12–16rippig, sehr zäh. NiederBl stark glänzend schwarzbraun. StaubBl 6. BStand locker. 0,30–0,60. ⌃ i ⌄ ⚘ 6–8. **W**. **Z** z Gartenteichränder; ⚘ ⚘ Lichtkeimer ○ ≈ salztolerant, Boden nährstoffreich (warmes–gemäß. Eur.–W-As., (O-As.), S-Afr.: wechselfeuchte Weiden, Ufer, Ruderalstellen – Sorte 'Afro': Bl u. Stg schraubig gedreht). [*J. glaucus* Sibth.]
　　　　　　　　　　　　　　　　　　　　**Blaugrüne B.** – *J. inflexus* L.

**2\*** Stg u. Bl mit zusammenhängendem Mark, grasgrün (Sorten mit schraubig gedrehten od. gelblich quergebänderten Bl), mit >15 Streifen od. feinen Rillen. NiederBl glanzlos, hellbraun bis rotbraun. StaubBl 3(–6) . . . . . . . . . . . . . . . . . . . . . . . . . . . . . . . . . **3**

**3** Bl glänzend, gelblichgrün, glatt, frisch völlig ungerieft, nur gestreift, trocken mit 40–60 ganz feinen Riefen, leicht zerreißbar. Das den Halm fortsetzende TragBl des BStands mit nicht od. kaum erweiterter Scheide, 15–30 cm lg. BStand locker, selten in einen dichten Kopf zusammengezogen. Staubbeutel kürzer als die Staubfäden. 0,30–1,50. ⌃ i ⌄ ⚘ 6–8. **W**. **Z** z Gartenteichränder, Sumpfbeete; ⚘ ⚘ Lichtkeimer ○ ◐ ~ Boden nährstoffreich (trop./mont.–gemäß.–(kühl) ozeanisch-subozeanisch zirkumpolar, S-Afr.: feuchte bis nasse gestörte Wiesen, Waldschläge, BruchW, Quellmoore – Sorten: 'Spiralis' „Korkenzieher-Binse": Bl u. Stg schraubig gedreht; 'Aureus striatus': Bl u. Stg gelblich, quergebändert).　　　　　　　　**Flatter-B.** – *J. effusus* L.

**3\*** Stg kaum glänzend, etwas graugrün, mit 15–24 (bes. unterm BStand deutlichen) etwas aufwärts rauen Längsrippen, zäh. TragBl des BStands 5–15 cm lg, seine Scheide aufgeblasen, etwa 2mal so br wie der Stg. BStand in einen Kopf zusammengezogen, selten mit mehreren gestielten Köpfen od. locker. Staubbeutel länger als die Staubfäden. 0,20–1,00. ⌃ i ⌄ ⚘ 5–7. **W**. **Z** z Gartenteichränder; ⚘ ⚘ ○ ≈≈ ~ (warmes–gemäß. Eur.: wechselfeuchte bis nasse, gestörte moorige Wiesen, Waldschläge – Sorte 'Spiralis': Stg u. Bl schraubig gedreht, ob (auch) hierher od. zu *J. effusus*?). [*J. effusus* var. *conglomeratus* Engelm.]　　　　　　**Knäuel-B.** – *J. conglomeratus* L.

## **Hainbinse, Hainsimse** – *Luzula* DC.

110 Arten

**1** B an den Ästen einzeln, selten zu 2. Sa mit deutlichem, weißem, 0,7–2,0 mm lg Anhängsel . . . . . . . . . . . . . . . . . . . . . . . . . . . . . . . . . . . . . . . . . . . . . . . . . . . . . . . **2**

**1\*** B an den Ästen in (2–)3–8(–20)blütigen Büscheln. Sa mit winzigem (0,1–0,2 mm lg) Anhängsel . . . . . . . . . . . . . . . . . . . . . . . . . . . . . . . . . . . . . . . . . . . . . . . . . . . . . . **3**

**2** GrundBl 5–10 mm br, an der Spitze ohne feine, aufgesetzte, gelbliche Stachelspitze. BStandsäste zur FrZeit zurückgeschlagen. SaAnhängsel sichelfg, so lg wie der 1,2–1,8 mm lg Sa. 0,10–0,30. ⚁ i ⌇, selten kurze ∿ 4–5. **W. Z** s Gehölzgruppen in Parks, Anlagen u. Naturgärten; ∨ ⚇ ◐ nicht ~ (warmgemäß.–kühles Eur., W-Sibir.: frische bis trockne LaubmischW, KiefernW). **Haar-H.** − *L. pilosa* (L.) WILLD.

**2\*** GrundBl 1,5–4 mm br, an der Spitze mit feiner, 0,1–0,2 mm lg, gelblicher Stachelspitze. SaAnhängsel gerade, viel kürzer als der 1,3–1,6 mm lg Sa. Untere BlScheiden rötlich bis braunviolett. Pfl ohne Ausläufer. 0,15–0,30. ⚁ ⌇ 4–5. **W. Z** s Gehölzgruppen, schattige Rabatten ▭; ∨ ⚇ ◐ ⊖ (Medit. Gebirge bis Kauk. u. NW-Iran, W-Eur. bis S-Engl. u. SW-D.: lichte LaubmischW). **Forster-H.** − *L. forsteri* (SM.) DC.

**3** (1) BHüllBl hellbraun bis kastanienbraun, die inneren länger als die äußeren. Unterstes TragBl des BStands kürzer als seine Äste. GrundBl 1,4–1,7 mm lg. 0,30–1,00. ⚁ i kurze ∿ 5–6. **W. Z** z schattige Anlagen u. Parks ▭; ⚇ ∨ ◐ nicht ~, ⊖ (Gebirge von S-Eur., W- u. Z-Eur. bis Schottl. u. M-Norw.: Laub- u. NadelmischW, Zwergstrauchheiden, Bachufer – einige Sorten, z.B. 'Marginata' ['Aureomarginata'], Goldrandmarbel: Bl gelblich berandet; 'Tauernpass': Bl br, in flachen Rosetten – subsp. *sieberi* (TAUSCH) K. RICHT.: GrundBl 4–6(–8) mm br, Stg niedriger, BStand kleiner, FichtenW, subalp. Hochgrasfluren).
**Wald-H.** − *L. sylvatica* (HUDS.) GAUDIN

**3\*** BHülle weiß, schmutzigweiß od. kupferrötlich. Unterstes TragBl des BStands so lg wie seine Äste od. länger. GrundBl 3–6 mm br . . . . . . . . . . . . . . . . . . . . . . . . . . . . . . **4**

**4** BHülle reinweiß, 5 mm lg, doppelt so lg wie die Kapsel. BBüschel 6–20blütig. Ausläufer bis 12 cm lg. Sa 1,5 mm lg, rotbraun. 0,40–0,90. ⚁ i ∿ 6–8. **W. Z** z Gehölzränder △ ⚘ Trockensträuße; ⚇ ∨ ○ ◐ ⊖, nicht ~ (Pyr., N-Apennin, Alpen, französische Gebirge: Laub- u. NadelmischW). **Schneeweiße H.** − *L. nivea* (L.) DC.

**4\*** BHülle schmutzigweiß od. kupferrötlich, 2,5–3,5 mm lg, etwa so lg wie die Kapsel. BBüschel 2–10blütig. Ausläufer bis 5 cm lg. Sa 1,2 mm lg, braun bis schwarz. 0,30–0,70. ⚁ i? ⏄ kurze ∿ 6–7. **W. Z** z Parks, Anlagen Gehölzgruppen; ⚇ ∨ ◐ ⊖, nicht ~ (SO- u. Z-Eur.: BuchenW, Gebirgsmagerrasen; eingeb. in W- u. N-Eur. u. gemäß. O-Am. – subsp. *luzuloides*: BHülle schmutzigweiß, Kapsel strohfarben. Ausläufer bis 5 cm lg; subsp. *rubella* (MERT. et W. D. J. KOCH) HOLUB [subsp. *cuprina* (ASCH. et GRAEBN.) CHRTEK et KŘÍSA]: BHülle kupferrötlich. Kapsel dunkelbraun. Ausläufer <4 cm lg).
**Schmalblättrige H.** − *L. luzuloides* (LAM.) DANDY et WILMOTT

Familie **Riedgrasgewächse, Sauergräser** − *Cyperaceae* JUSS.
5000 Arten

**1** B 1geschlechtig, in der Achsel eines Deckblatts (Spelze, Sp). FrKn u. Fr von einer ei-, krug- od. flaschenfg Hülle („Schlauch") umschlossen, aus deren an der Spitze gelegenen Öffnung 2 od 3 Narbenäste herausragen. ♂ B nur mit 3 StaubBl . . . . . . . . . . **2**

**1\*** B zwitterig. FrKn u. Fr nicht von einem Schlauch völlig eingehüllt . . . . . . . . . . . . . . **3**

**2** Stg nur mit 1 Ähre, diese unten mit ♀, oben mit ♂ B. Bl ohne Mittelrippe u. BlHäutchen, der umgebildeten BlScheide entsprechend, bandfg, 20–60 × 1,7–5 cm, allmählich zum Grund verschmälert u. den Stg umgebend, an der Spitze ± abgerundet, am Rand fein wellig, wimperig fein gesägt. Sp u. Schläuche weiß.
**Schneeblütensegge** − *Cymophyllus* S. 785

**2\*** Stg mit mehreren Ähren. Bl mit BlHäutchen, am Rand nicht fein wellig, <3 cm br.
**Segge** − *Carex* S. 785

**3** (1) Sp u. B in den Ährchen sehr deutlich 2zeilig angeordnet. Stg (stumpf) 3kantig. B ohne Perigonborsten. **Zypergras** − *Cyperus* S. 784

**3\*** Sp u. B in den Ährchen schraubig angeordnet. Stg 3kantig od. rund. B meist mit Perigonborsten . . . . . . . . . . . . . . . . . . . . . . . . . . . . . . . . . . . . . . . . . . . . . . . . . . . . **4**

**4** Borsten am Grund des FrKn (Perigonborsten) ∞, länger als die Sp, zur FrZeit einen lg Wollschopf bildend. Ährchen ∞blütig. Sp länglich-lanzettlich, lg zugespitzt, silbergrau. **Wollgras** – *Eriophorum* S. 784

**4\*** Borsten am Grund des FrKn fehlend od. höchstens 6, kürzer als die Sp, zur FrZeit im Ährchen versteckt . . . . . . . . . . . . . . . . . . . . . . . . . . . . . . . . . . . . . . . . . . . . **5**

**5** Ährchen einzeln endständig. Bl nicht flach. **Sumpfsimse** – *Eleocharis* S. 783

**5\*** Ährchen zu mehreren od. ∞ im BStand. Bl drehrund od. flach . . . . . . . . . . . . . . . **6**

**6** Ährchen 4–6 mm lg, sehr ∞ (>20). Bl flach. **Simse** – *Scirpus* S. 783

**6\*** Ährchen >6 mm lg, <20 im BStand. **Teichsimse** – *Schoenoplectus* S. 783

**Simse** – *Scirpus* L. s. str.                35 Arten

Bem.: Von dieser Gattung, die früher weit gefasst wurde, werden heute mehrere Gattungen abgetrennt, so *Schoenoplectus* (s. S. 783); *Scirpoides* Ség. mit **Gewöhnliche Kugelsimse** – *Sc. holoschoenus* (L.) Soják: Stg mit ∞ Ähren in meist 3 dichten, kugelrunden, 6–15 mm ∅ Köpfen, davon 2 gestielt. Pfl horstig. 0,50–1,50. ⅔ ⊥ 6–8. **W**. **Z** sehr s an Gartenteichen; – *Bolboschoenus* (Asch.) Palla mit **Gewöhnliche Strandsimse** – *B. maritimus* (L.) Palla s. l.: BStand mit ∞ eifg-lanzettlichen, zuweilen kopfig gehäuften Ähren u. mehreren lg, flachen TragBl. 0,30–1,00. ⅔ ⟿ + Knollen 6–8. **W**. **Z** sehr selten an Gartenteichen; vgl. zu beiden Bd. 2–4!

**1** Pfl mit unterirdischen Ausläufern. Perigonborsten höchstens so lg wie die Fr. od. wenig länger, gerade, durch rückwärts gerichtete Zähne rau. Ähren zu 2–5 gebüschelt. FrStand nicht wollig, seine Äste abstehend od. übergebogen. BlSpreiten (4–)8–16 mm br. 0,30–1,00. ⅔ i ⟿ 5–8. **W**. **Z** s Wassergärten, Teichränder, nasse Wiesen; ⅌ ⋁ ○ ◐ ≈ ∷ ⊝ (warmgemäß.–gemäß. ozeanisch-subozeanisches Eur., As.: nasse Wiesen, Erlenbrüche, Gräben). **Wald-S., Flecht-S.** – *Sc. sylvaticus* L.

**1\*** Pfl horstig. Perigonborsten >2mal so lg wie die Fr, zur FrZeit zwischen den Sp herausragend, wellig gekräuselt, höchstens mit wenigen rückwärts gerichteten Zähnchen an der Spitze. Ährchen zu 2–15 gebüschelt. FrStand wollig erscheinend, seine Äste hängend. BlSpreite 3–10(–18) mm br. 0,60–2.00. ⅔ i? ⊥ 6–7. **W**. **Z** s Wassergärten, Teichränder; ⋁ ⅌ ○ ≈ ∷ (warmes–kühles O-Am., Mex.; eingeb. in W-Am. u. NW-D.: Sümpfe, Feuchtwiesen, oft an gestörten Stellen – formenreich – 1802). **Wollige S., Zypergras-S.** – *Sc. cyperinus* (L.) Kunth

**Teichsimse** – *Schoenoplectus* (Rchb.) Palla                80 Arten

**1** Stg dunkel grasgrün. Narben 3. Pfl im tiefen Wasser mit bandartigen TauchBl. Sp rotbraun, glatt od. nur auf dem Mittelnerv mit roten Wärzchen. 0,60–3,00(–4,00). ⅔ i ⟿ 5–7. **W**. **Z** s Ufer größerer Teiche; **N** s biologische Kläranlagen; ⅌ ⋁ ○ ∷ nährstoffreich (warmes–gemäß.(–kühles) Eur.–W-As.: Röhrichte nährstoffreicher, stehender od. langsam fließender Gewässer – 1697). [*Scirpus lacustris* L.] **Gewöhnliche T.** – *Sch. lacustris* (L.) Palla

**1\*** Stg grau- bis bläulichgrün. Narben 2. TauchBl fehlend. Sp auf der ganzen Fläche mit roten Wärzchen. 0,60–2,00. ⅔ i kurze ⟿ 6–7. **W**. **Z** s Teichränder; **N** s biologische Kläranlagen; ⅌ ⋁ ○ ∷ salztolerant (austr+subtrop.–kühl zirkumpolar: Röhrichte stehender u. langsam fließender, oft salzhaltiger Gewässer, Küsten und Binnenland – Sorte 'Zebrinus': Bl weiß od. gelb quergestreift – 1878). [*Sch. lacustris* subsp. *tabernaemontani* (C. C. Gmel.) Syme, *Scirpus tabernaemontani* C. C. Gmel.] **Salz-T.** – *Sch. tabernaemontani* (C. C. Gmel.) Palla

**Sumpfsimse** – *Eleocharis* R. Br.                200 Arten

**1** Narben 2. Stg steif, fest, (1–)2–3 mm ∅, rundlich od. schwach zusammengedrückt. Rhizom 1,5–4,5 mm ∅. Ähren 5–20 mm lg, mit >20 B. Perigonborsten (3–)4 od. fehlend. 0,05–0,45(–0,90). ⅔ i Ausläuferrhizom 5–8. **W**. **Z** s Teichränder; ⋁ ⅌ ○ ≈ ∷ wuchernd, ohne Zierwert (austr.–trop./mont.–kühl zirkumpolar: Ufer, Röhrichte, Nasswiesen – formenreich). **Gewöhnliche S.** – *E. palustris* (L.) Roem. et Schult.

**1\*** Narben 3. Stg zart, haarfein, 0,2–0,5 mm ⌀, ±4kantig. Rhizom 0,25–0,5 mm ⌀. Ähren bis 4 mm lg, 3–11blütig. Perigonborsten meist fehlend. 0,02–0,10, untergetaucht bis 0,55. ⚄ i ⌇ 6–10. **W. Z** s Gartenteiche; v ⚘ ≈ ≋ ○ untergetauchte Rasen sollen Algenentwicklung einschränken (Austr., Z-Am., warm/mont.–kalt zirkumpolar: offner, nasser Boden an Ufern, Teichen, Quellen).
Nadel-S. – *E. acicularis* (L.) Roem. et Schult.

**Wollgras** – *Eriophorum* L. 25 Arten

**1** Ähren einzeln endständig. Bl fadenfg, <2 mm br; obere 1–2 BlScheiden aufgeblasen, spreitenlos . . . . . . . . . . . . . . . . . . . . . . . . . . . . . . . . . . . . . . . . . . . . . . . . . . . . . . . . **2**
**1\*** Stg mit mehreren Ähren. Bl flach bis rinnig, 1,5–10 mm br, obere BlScheiden mit Spreiten . . . . . . . . . . . . . . . . . . . . . . . . . . . . . . . . . . . . . . . . . . . . . . . . . . . . . . . . . . . . . **3**
**2** Pfl horstig. Ähren zur FrZeit weiß. Stg oberwärts 3kantig. FrÄhren 15–50 mm ⌀. Am Grund der Ähre >9 leere Schuppen, diese mit bis 1 mm br durchscheinendem Rand. 0,30–0,60. ⚄ i ⚲ 3–4. **W. Z** s Moorbeete; v ⚘ ○ ◑ ≈ (warmgemäß.–kalt zirkumpolar: Bulten von Hoch- u. Zwischenmooren, Kiefern- u. Birkenmoore – Sorte 'Goldrausch': FrHaare orangefarben; 'Heidelicht': FrÄhren weiß, lange haltbar).
Scheidiges W. – *E. vaginatum* L.
**2\*** Pfl mit unterirdischen Ausläufern. Ähren zur FrZeit kupferfarben, selten (var. *albidum* F. Nyl.) weiß. Am Grund der Ähre höchstens 7 leere Schuppen, diese mit >1 mm br, durchscheinendem Rand. (0,20–)0,30–0,70(–0,80). ⚄ i ⌇ 4–5. **Z** s Moorbeete; ⚘ v ○ ⊖ ≈ ≋ bis 5 cm Wassertiefe (warmgemäß./alp.–arkt. Am., As.–N-Eur.: Moore auf nährstoffarmen Tonböden – formenreich). [*E. rufescens* Andersson, incl. *E. russeolum* Fries] Kupfer-W., Rötliches W. – *E. chamissonis* C. A. Mey.
**3** **(1)** Pfl horstig, ohne Ausläufer. Ähren zu 5–12 am ± deutlich 3kantigen Stg. Ährenstiele von vorwärts gerichteten Kurzhaaren fein rau. Oberste BlScheiden eng anliegend. 0,30–0,60. ⚄ i ⚲ ⚲ 4–6. **W. Z** s Moorbeete, Teichufer ⚒; v ⚘ ○ ≋ ⊕ (warmgemäß./mont.–kühles Eur., Kauk., (W-Sibir.): Nieder- u. Quellmoore, Sumpfwiesen, kalkhold – 1789). Breitblättriges W. – *E. latifolium* Hoppe
**3\*** Pfl mit unterirdischen Ausläufern Bestände bildend. Ähren zu 3–5 am ± runden Stg. Ährenstiele glatt. Oberste BlScheiden blasig aufgetrieben. 0,30–0,60. ⚄ i ⌇ 4–5. **W. Z** s Moorbeete ⚒; ⚘ v ○ ≋ ⊖ wuchernd! (warmgemäß./mont.–kalt zirkumpolar: Zwischen- u. Niedermoore, im S bis 3500 m – 1720). [*E. polystachion* L. p. p.]
Schmalblättriges W. – *E. angustifolium* Honck.

**Zyporgras** – *Cyperus* L. 600 Arten

Lit.: Schippers, P., Ter Borg, S. J., Bos, J. J. 1995: A revision of the infraspecific taxonomy of *Cyperus esculentus* (yellow nutsedge) with an experimentally evaluated character set. Systematic Botany **20**: 461–481.

**1** Pfl mit kurzem Rhizom, die Rhizomabschnitte <3 cm lg. Stg 0,30–1,50 m × 1–5(–8) mm, nur am Grund mit spreitenlosen Bl u. an der Spitze mit (4–)18–22 scheinwirtelig gedrängten, ± waagerechten HochBl, diese 15–27 × (0,2–)0,4–1,2 cm. Ähren an jedem Zweig 8–20, eifg bis lanzettlich, zusammengedrückt, 5–25 × 1,5–2 mm. 0,30–1,50. ⚄ i ⚲ 8–9. **Z** v Kübel, Terrassen, Teich- u. Sumpfgärten; ⚘ ⚲: HochBlScheinquirle mit 5 cm Stg in Wasser bewurzelt ○ ≈ ≋ frostfrei überwintern (O- u. S-Afr.: sumpfige Senken, Bachufer – 1781 – Sorte 'Variegata': Bl u. Stg weiß gestreift). [*C. alternifolius* auct. non L.] Wechselblättriges Z., „Wasserpalme" – *C. involucratus* Rottb.
**1\*** Pfl mit unterirdischen Ausläufern . . . . . . . . . . . . . . . . . . . . . . . . . . . . . . . . . . . . . . . . . **2**
**2** Bl am Stg verteilt. Ausläufer holzig, 3–10 mm ⌀, meist ohne Knollen. Stg 3kantig, von lg, bräunlichen Scheiden bedeckt. BStand groß, mit 6–10 Ästen, diese bis >30 cm lg (bei subsp. *badius* (Desf.) Murb. kaum >5 cm). Ähren locker büschlig, rotbraun, bis >2 cm lg. Sp dunkelbraun bis schwarzrot. 0,40–1,20. ⚄ ⌇ 8–10. **W. Z** s Wassergärten, Solitär, Kübel; ⚘ v ○ ◑ ≋ 0–30 cm Wassertiefe, im Flachwasser frosthart, in

Kübeln besser frostfrei überwintern (S-Eur., warmes W-As., Indien, Java, Afr., W-Austr.:
Sümpfe, Flachwasser). **Langes Z., Hohes Z.** – *C. longus* L.
**2\*** Bl 3–7, grundständig. Ausläufer weich, schwammig, trocken biegsam, 1 mm ⌀, am
Ende mit Knollen von 6–11 mm ⌀. BStandsäste 2–12 cm lg. Sp gelblich bis gelbbraun.
0,15–0,60(–1,00). ⌾ ↝ + Knollen 7–9. **W.** **Z** s LiebhaberPfl, Knollen essbar, aber
Kultursippe in D. nicht frosthart; ♥ ♥ ○ (trop.–warm zirkumpolar, warmgemäß. O-Am.
u. O-As.: Äcker). **Erdmandel, Erdmandelgras** – *C. esculentus* L.

**Schneeblütensegge** – *Cymophyllus* MACK.                                    1 Art
BStand ohne HochBl. Ähre 1,4–2,5 × 1,1–1,5 cm. Schläuche weiß, zur FrZeit blass-
grün, ellipsoidisch, aufgeblasen, 4,5–6,7 × 2,2–3 mm. 0,20–0,40. ⌾ i ⊻ 4–5. **Z** s
Gehölzgruppen in schattigen Parks u. Naturgärten; ♥ ♥ ○ ◑ ≈ ⊖ Humus (O-USA:
Appalachen von Pennsylvania bis Georgia u. Tennessee: frische bis feuchte, schattige
Hänge in reichen, oft felsigen Falllaub- u. *Tsuga*-MischW – insektenbestäubt!). [*Carex
fraseri* ANDREWS]
**Schneeblütensegge, Frühlings-S.** – *C. fraserianus* (KER GAWL.) KARTESZ et GANDHI

**Segge** – *Carex* L.                                                         2000 Arten
Lit.: KÜKENTHAL, G. 1909: *Cyperaceae-Caricoideae*. Pflanzenreich IV, **20**. Leipzig.

Bem.: außer den verschlüsselten, häufiger kultivierten Arten werden seltener auch andere Arten der
deutschen Wildflora angeboten u. in die Gärten gebracht, vgl. dazu Bd. 2–4: *C. acutiformis* EHRH. u. *C.
acuta* L. [*C. gracilis* CURTIS]: hohe AusläuferPfl für Uferbefestigung, Vorsicht, wuchernd! – *C. arenaria*
L.: Naturgärten auf trocknem Sand, Dünenbefestigung; – *C. baldensis* L.: BStand dicht, 1–2 cm ⌀,
weiß, „Sommerschneesegge" △ ⊕; – *C. brachystachys* SCHRANK ◑ ≈ ⊕; – *C. digitata* L. ◑ Gehölz-
gruppen; Hybr mit *C. ornithopoda*: 'The Beatles': Bl dicht schopfig; – *C. ferruginea* SCOP. feuchte △ ⊕;
– *C. flacca* L.: AusläuferPfl zur Bodenbefestigung ⊕, Sorte 'Bias': Bl mit gelbem Mittelstreifen; – *C.
flava* L.-Gruppe: Ähren morgensternartig, <15 mm ⌀, ⊕ Moorbeete, feuchte △; – *C. humilis*
LEYSS.: Heidegärten mit SteppenPfl △ ⊕; – *C. montana* L.: Gehölzränder, Gebüsch, Heidegärten mit
Kleinstauden ○ ◑ ~ ⊕; – *C. muricata* L.-Gruppe: Gehölzgruppen ◑ ●; – *C. ornithopoda* WILLD.: △
lichte Gehölzgruppen, ◑ ○ ⊕, 'Variegata': Bl weiß gestreift, nur ∀ ∧; – *C. ovalis* GOODEN.: Heide-
gärten ⊖; – *C. remota* L.: Moorbeete, nasse Gehölze, immergrüner Bubikopf; – *C. rostrata* STOKES u.
*C. vesicaria* L.: AusläuferPfl für Uferbefestigung u. Rekultivierung. – Außerdem werden einige neu-
seeländische, z. T. braunblättrige Arten angeboten (z. B. *C. buchananii* BERGGR.), die meist nicht frost-
hart sind.

**1** BStand gleichährig, d. h. alle Ähren annähernd gleich gestaltet, jede mit ♂ u. ♀ B.
Ähren bis 3 cm lg. Pfl sommergrün . . . . . . . . . . . . . . . . . . . . . . . . . . . . . . . . . . . **2**
**1\*** BStand verschiedenährig, d. h. Ähren in Form u. Farbe verschieden, die obere(n) (meist
1, selten 2, bei **6\*** bis 5) ♂, die unteren ♀, selten an der Spitze mit einzelnen ♂ B. Pfl
sommer- od. immergrün . . . . . . . . . . . . . . . . . . . . . . . . . . . . . . . . . . . . . . . . . . . **3**
**2** Pfl horstig. Bl am Stg zu 7–12, 3–5 mm br. BStand braun, 4–9 × 1–2 cm. Ähren 5–12,
lanzettlich, oben u. unten verschmälert, 12–28 × 3,5–7 mm, sitzend. Schläuche 6–9 ×
(1,5–)2–2,5 mm. 0,40–1,00. ⌾ ⊻ (6–)7(–8). **Z** s Gehölzgruppen, Naturgärten, Parks;
∀ Selbstaussaat ♥ ◑ ≈ (warmgemäß.–gemäß. subkontinentales O-Am.: S-Ontario bis
Minnesota, Tennessee, Oklahoma: feuchte bis nasse Falllaub-AuW u. Gebüsche; ein-
geb. lokal in W-D. – Mitte 20. Jh. – einige Sorten, z. B. 'Wachtposten': Pfl standfester;
'Silberstreif': Bl weißbunt; 'Oehme': BlRand gelb).
**Palmwedel-S.** – *C. muskingumensis* SCHWEIN.
**2\*** Pfl mit Ausläufern. Bl (10–)20–25(–30) mm br, flach rosettig ausgebreitet. BTrieb ohne
LaubBl. BStand (10–)15–30 cm lg. Ähren (10–)15–20 × 3–5 mm, 1–6 cm lg gestielt.
Schläuche 3–3,8 × 1,3–1,7 mm. 0,20–0,30. ⌾ ↝ 4–5. **Z** z Gehölzgruppen ▢; ∀ ♥ ◑
(NO-China, Korea, Ussuri, ganz Japan: Nadel- u. LaubmischW im Gebirge – Sorte
'Variegata': Bl br weiß berandet, am Grund rosa überhaucht).
**Sommergrüne Breitlaub-S.** – *C. siderosticta* HANCE

**3 (1)** Narben 2. Pfl dicht horstig, hoch. Bl graugrün, bis 5 mm br. Untere BlScheiden hell gelbbraun. Stg steif aufrecht, nur oberwärts rau. Sp der ♀ Ähren schwarzbraun mit grünem Mittelstreif. 0,45–1,20. ⚄ ⊻ 4–5. **W. Z** s Teichränder in Parks, Uferbefestigung; ∀ ♥ ○ ◖ ≈ ≋ ±10 cm Wassertiefe (warmgemäß.–gemäß. Eur.(–As.): Verlandungsbereich stehender od. langsam fließender Gewässer, Niedermoore, Erlenbrüche – Sorten: 'Bowles Golden' ['Aurea']: Bl gelb, grün berandet; 'Knighthayes': Laub gelb). [*C. stricta* GOOD]                                      **Steif-S.** – *C. elata* ALL.

**3\*** Narben 3 . . . . . . . . . . . . . . . . . . . . . . . . . . . . . . . . . . . . . . . . . . . . . . . . . . **4**

**4** Pfl mit unterirdischen, >5 cm lg Ausläufern, gleichmäßige Bestände bildend . . . . . **5**

**4\*** Pfl horstig, Rhizomabschnitte <4 cm lg (bei der immergrünen *C. conica*, **16\***, mit lg geschnäbelten Schläuchen, auch kurze Ausläufer) . . . . . . . . . . . . . . . . . . . . . . . **7**

**5** Bl am Rand u. auf den Nerven bewimpert, immergrün, 5–11 mm br. BlStg am Grund nur mit BlScheiden, ohne LaubBl. Schläuche kahl, ihr Schnabel kurz, 2zähnig. ♀ Ähren gestielt, Sp blassbraun. 0,30–0,60. ⚄ i ≁ 5–6. **W. Z** z Parks, Naturgärten, städtische Anlagen, ▢; ♥ ∀ ◖● (lt., Balkan, M-Frankr., S. u. M-D. bis Ukr. u. M-Russl.: FalllaubW).                                                          **Wimper-S.** – *C. pilosa* SCOP.

**5\*** Bl nicht bewimpert, sommergrün. BlStg am Grund mit LaubBl . . . . . . . . . . . . . . . **6**

**6** ♂ Ähren 1(–2), ♀ zylindrisch, sehr dichtblütig, 4–5 cm lg, an der Spitze des Stg zu 3–6 doldig genähert, an dünnen Stielen hängend. Schläuche waagerecht bis schräg rückwärts abstehend, Schnabel so lg wie der erweiterte Teil. Sp vorn gesägt. BlHäutchen lg, spitz. Pfl gelbgrün. 0,40–1,00. ⚄ i ⅄ ⊻ 6–7. **W. Z** z Flachwasser an Garten- u. Parkteichen ♤; ♥ ∀ ○ ◖ ≋ Wassertiefe 10–30 cm (warmgemäß.–gemäß. Eur., W-As., M-Sibir., S- u. M-Japan, gemäß. O-Am.: Röhrichte, Gräben, ErlenbruchW).
                                          **Scheinzypergras-S.** – *C. pseudocyperus* L.

**6\*** ♂ Ähren (1–)3–5, ♀ ± aufrecht, untere zuweilen nickend, 3–9 cm lg. Schnabel kurz. Sp ganzrandig. BlHäutchen abgerundet. Pfl blaugrün. 0,60–1,50. ⚄ ≁ 6–7. **W. Z** s große Garten- u. Parkteiche (Sorte); **N** Rekultivierung, Uferbefestigung; ♥ ∀ ○ ≈ ≋ Boden nährstoffreich (warm–gemäß. Eur.–W-As.: Ufer stehender Gewässer, Großseggenriede – Sorten: 'Aurea': Bl gelb; 'Variegata': Bl gelb gestreift).
                                                          **Ufer-S.** – *C. riparia* CURTIS

**7 (4)** Bl <5 cm lg, fest, dicht rosettig ausgebreitet, 3 Jahre ausdauernd, viel kürzer als der Stg. ♀ Ähren 0,6–1 cm lg. 0,05–0,20. ⚄ i ⊻ ⌒ 6–8. **W. Z** z △; ♥ ∀ ○ ⊕ (Kalkalpen, Apennin, N-Karp., NW-Balkan: alpine Steinrasen, Felsbänder auf Kalk).
                                                          **Polster-S.** – *C. firma* HOST

**7\*** Bl >6 cm lg. ♀ Ähren >1 cm lg . . . . . . . . . . . . . . . . . . . . . . . . . . . . . . . . . . . **8**

**8** ♀ Ähren sitzend, nur die unterste bei **9\*** kurz gestielt. Schläuche behaart. Pfl immergrün
. . . . . . . . . . . . . . . . . . . . . . . . . . . . . . . . . . . . . . . . . . . . . . . . . . . . . . . . . . . . **9**

**8\*** ♀ Ähren deutlich gestielt. Schläuche kahl od. (bei **16**, **16\***) kurzhaarig. Pfl immer- od. sommergrün . . . . . . . . . . . . . . . . . . . . . . . . . . . . . . . . . . . . . . . . . . . . . . . . . . . **10**

**9** Unterstes TragBl laubblattartig. Stg zur FrZeit überhängend bis liegend. ♀ Ähren gedrängt, kurz, rundlich, dicht unter der ♂ Ähre. Wurzeln beim Reiben mit Baldriangeruch. 0,10–0,40. ⚄ i ⊻ 5–6. **W. Z** s Heide- u. Naturgärten; ∀ ♥ ○ ◖ ⊖ ~ (S-, W-, Z- u. NW-Eur.: saure Magerrasen, lichte Laub- u. NadelW – Sorte 'Tinneys Princess': Bl mit br gelbem Mittelstreif).                                       **Pillen-S.** – *C. pilulifera* L.

**9\*** Unterstes TragBl trockenhäutig, mit deutlicher Scheide u. kurzer, am Rand rauer Spreite. Stg zur FrZeit ± aufrecht. ♀ Ähren eilanzettlich, nicht dicht genähert. Wurzeln ohne Baldriangeruch. Bl am Rand scharf rau. 0,15–0,50. ⚄ i ⊻ 5–6. **W. Z** s Gehölzgruppen ▢, ∀ ♥ ◖● ⊖ (Pyr., N-It. bis Kauk., M-Frankr., Z-Eur. bis M-Russl.: LaubmischW, saure Magerrasen).                                    **Schatten-S.** – *C. umbrosa* HOST

**10 (8)** ♀ Ähren >3 cm lg, >6mal so lg wie br, senkrecht od. bogig herabhängend. Pfl immergrün . . . . . . . . . . . . . . . . . . . . . . . . . . . . . . . . . . . . . . . . . . . . . . . . . . . . . **11**

**10\*** ♀ Ähren 1,5–5 cm lg, <6mal so lg wie br, aufrecht od. schräg aufrecht. Pfl immer- od. sommergrün . . . . . . . . . . . . . . . . . . . . . . . . . . . . . . . . . . . . . . . . . . . . . . . . . . **12**

11 ♀ Ähren 7–15(–20) cm lg, 5–7 mm ⌀. Bl 8–20 mm br. Schnabel halb so lg wie der Rest des Schlauchs. 0,50–1,50. ♃ i ⊻ (5–)6. **W. Z** s feuchte, schattige Gehölzgruppen; ∨ ♥ ◐ ● ≃ Boden nährstoffreich (Gebirge von Medit., Kauk., N-Iran, W- u. Z-Eur.: feuchte od. sickernasse SchluchtW, an Bächen). [*C. maxima* Scop.]
**Hänge-S., Riesen-S.** – *C. pendula* Huds.

11* ♀ Ähren lockerblütig, 3–5 cm lg, 4 mm ⌀. Bl 4–8 mm br. Schnabel ± 2 mm lg, etwa so lg wie der Rest des Schlauchs. 0,30–0,70. ♃ i ⊻ 5–6. **W. Z** s Gehölzgruppen, ∨ ♥ ◐ ○ ● ≃ (warm/mont.–gemäß. ozeanisch-subozeanisches Eur. u. As.: Laub- u. NadelmischW, bes. an Wegen). **Wald-S.** – *C. sylvatica* Huds.

12 **(10)** Schläuche morgensternartig nach allen Seiten ausgebreitet, aufgeblasen, rhombisch-eifg, deutlich 16–25nervig, 12–20 × 4–8 mm. ♀ Ähren 1–2(–3), dicht 8–35blütig, kuglig, 2,5–4 cm ⌀. Bl 4–11 mm br, grün, sommergrün. Untere BlScheiden purpurn. 0,25–0,80. ♃ ⊻ 5–6(–8?). **Z** z Teich- u. Gehölzränder, Staudenbeete ✗ Trockensträuße; ∨ ♥ ○ ◐ (SO-Kanada, O-USA bis Florida, Minnesota, Kansas: frische bis feuchte FalllaubW, Lichtungen, Flussauen, bis 500 m – 1865).
**Morgenstern-S.** – *C. grayi* Carey

12* Schläuche nicht morgensternartig nach allen Seiten ausgebreitet, <12 mm lg. ♀ Ähren walzlich bis länglich-eifg, <15 mm ⌀. Pfl immergrün . . . . . . . . . . **13**

13 Bl lanzettlich, auch am Grund verschmälert, 8–32 mm br. ♀ Ähren voneinander weit entfernt, 8–30 × 4–7 mm, mit (4–)9–13(–15) Schläuchen, diese 3,7–4,9 × 1,6–2 mm. 0,25–0,55. ♃ i ⊻ 5–6. **Z** s Gehölzgruppen ▭ △; ∨ ♥ ◐ ○ ● Boden frisch, sandig, humos (SO-Kanada, O-USA südl. u. westl. bis Georgia, Minnesota, Tennessee: reiche, feuchte FalllaubW od. teilimmergrüne Wälder, im S in Schluchten, 100–600 m).
**Wegerich-S., Immergrüne Breitlaub-S.** – *C. plantaginea* Lam.

13* Bl linealisch, <10 mm br. Schläuche 2,5–3,5 mm lg . . . . . . . . . . **14**

14 Sp der ♂ Ähren zugespitzt, zuweilen stumpf. Bl glatt, dick, steif, 6–7 mm br, länger als der Stg. Ähren aufrecht, ♂ Ähre linealisch, 25–30 × 2–2,5 mm, ♀ 2–3, 15–20 × 5 mm, mit wenigen ♂ B an der Spitze, ihr Stiel fast ganz in die 7–15 mm lg HochBlScheide eingeschlossen, ihre Sp sehr stumpf, stachelspitzig. Schläuche 3,5 mm lg, eifg bis elliptisch, Schnabel kurz, glatt, durchscheinend. 0,20–0,40. ♃ i ⊻ 6. **Z** s Gehölzgruppen; ∨ ♥ ◐ ⋀? (Endemit der Insel Hachijo 300 km südl. Tokyo – Sorte 'Evergold' ['Ingwersen']: Bl mit br cremegelbem Mittelstreifen). **Hachijo-S.** – *C. hachijoensis* Akiyama

14* Sp der ♂ Ähren ausgerandet od. abgerundet, mit kurzer Granne od. stachelspitzig. Schläuche abstehend. Stiele der ♀ Ähren nicht ganz in die lg, aufgeblasenen HochBl-Scheiden eingeschlossen . . . . . . . . . . **15**

15 Schläuche rau- od. flaumhaarig, mit kurzem Schnabel. Bl 2–6 mm br . . . . . . . . . . **16**

15* Schläuche kahl, mit ± lg, rauem, 2zähnigem Schnabel. Bl 5–10 mm br . . . . . . . . . . **17**

16 Schläuche etwas rauhaarig, mit aufrechtem Schnabel. Bl 3–6 mm br, flach, steif, dunkelgrün, untere Scheiden aufgefasert. Ähren 3–5, obere 1(–3) ♂, 15–25 mm lg, untere ♀, auf lg freien Stielen, aufrecht, 15–50 mm lg, ∞blütig. Schläuche schräg abstehend, 3 mm lg, verkehrteifg, länger als die Sp, diese mit scharf abgesetzter Granne. 0,20–0,50. ♃ i ⊻ 6?. **Z** s? (M-Japan: Endemit der Izu-Inseln südöstl. Yokohama: trockne Wälder, Felshänge). **Oshima-S.** – *C. oshimensis* Nakai

Bem.: Ob in Kultur? Wohl nicht winterhart. Die beiden letzteren Arten werden verwechselt, ebenso **17** u. **17***, die Zuordnung der Sorten ist z. T. unklar.

16* Schläuche zerstreut flaumhaarig bis fast kahl, mit scharf zurückgebogenem Schnabel. Bl 2–4 mm br, flach, steif, dunkelgrün, rau. ♂ Ähre 15–25 mm lg, keulenfg, dunkelbraun; ♀ Ähren kurz zylindrisch, 10–25 mm lg. Schläuche hellgrün, 2,5–3 mm lg, ellipsoidisch. 0,20–0,50. ♃ i ⊻ 4–6. **Z** s Gehölzgruppen ▭; ∨ ♥ ◐ ● (S- u. M-Japan bis SW-Hokkaido, S-Korea: offne Wälder u. Hänge im unteren Bergland – Sorte 'Snowline': Bl weiß berandet, ⋀). [*C. excisa* Boott] **Keglige S.** – *C. conica* Boott

17 **(15)** Bl sehr steif, oseits ∞nervig, flach, tiefgrün, glänzend, am Rand rau. Untere Scheiden dunkel kastanienbraun. ♀ Ähren 3–5, auf lg, freien, aufrechten Stielen. Schläuche

schräg abstehend, strohfarben od. gelbgrün, plötzlich in den zurückgebogenen Schnabel zusammengezogen. 0,20–0,40(–50). ♃ i ⩛ 4–5. **Z** s Gehölzgruppen ☐; V ♈ ◐ ● (S- u. M-Japan bis M-Honshu: Wälder der unteren Bergstufe – 1856 – Sorte 'Variegata' ['Fisher'?]: Bl cremefarben längsgestreift). **Japan-S.** – *C. morr̲owii* Boott

17* Bl steif bis ± weich, oseits deutlich 2rippig. Untere Scheiden dunkelbraun. Ähren 3–5, das endständige ♂ 15–30 mm lg, die ♀ 20–30 mm lg. Schläuche abstehend, br verkehrteifg, 2,5–3,5 mm lg, hell gelbgrün, mit einem 0,9–1,5 mm lg, zweizähnigen, zurückgebogenen Schnabel. 0,15–0,40. ♃ i, lockrer ⩛, auch kurze ⟋⟍ 6?. **Z** s Gehölzgruppen ☐; V ♈ ◐ ● (S-, M- u. N-Japan, S-Sachalin: Nadel- u. LaubmischW im Gebirge – Sorte 'Icedance': Bl mit gelblichweißen Randstreifen, mit Ausläufern flächendeckend). [*C. morr̲owii* auct. japon. non Boott, *C. morr̲owii* subsp. *folios̲issima* (Schmidt) Ohwi] **Reichblättrige S.** – *C. folios̲issima* Schmidt

# Familie **Süßgräser** – *Po̲aceae* Barnhart od. *Gram̲ineae* Adans.

Die Bl der Süßgräser bestehen aus der röhrigen BlScheide u. der BlSpreite. Die BlScheiden sind an ihrem Grund knotig verdickt („Halmknoten"), offen od. (seltener) geschlossen, am Übergang zur Spreite oft mit einem häutigen od. haarigen Anhängsel (**BlHäutchen**) versehen (Abb. **809**/4). Die B stehen stets in ∞–1blütigen **Ährchen**; diese sind stets zu rispigen, traubigen od. ährigen GesamtBStänden vereinigt (Abb. **789**/2–4). Jedes Ährchen (Abb. **789**/1) trägt am Grund 2 (selten 0, 1, 3, 4) sterile **Hüllspelzen** (Hsp). Die fast stets zwittrigen EinzelB sind von 2 HochBl eingehüllt: der **Deckspelze** (Dsp; DeckBl der B, von der Ährchenachse abgewandt) u. der (selten auch fehlenden) **Vorspelze** (Vsp, VorBl am BStiel, der Ährchenachse zugewandt). Oberhalb der Vsp sitzen meist 2 Schwellkörper. Die Hsp u. besonders die Dsp tragen oft eine spitzen-, rücken- od. grundständige, gerade od. gekniete **Granne** (entspricht der BlSpreite). Die BHülle fehlt. Die Fr (Karyopse) bleibt meist in die Dsp u. Vsp eingeschlossen.

1 Stg (Halm) ausdauernd, meist ± holzig, seltener krautig, oft mehrere Meter hoch u. reich verzweigt. BlSpreite lanzettlich bis eilanzettlich, am Grund in einen deutlichen, mit der BlScheide gelenkartig verbundenen Stiel zusammengezogen (Abb. **794**/1). Ährchen ∞blütig, in rispigen od. traubigen GesamtBStänden. (Unterfamilie Bambusartige, *Bambuso̲ideae*). **Tabelle A** S. 789

1* Stg (Halm) einjährig, krautig, moist unverzweigt u. <1,50 m hoch, seltener mehrere Meter hoch od. verzweigt. BlSpreite (bei unseren Arten) linealisch bis borsten- od. fadenfg, ± br mit der BlScheide verbunden (Abb. **794**/2). Ährchen 1–∞blütig, in ährigen bis rispigen GesamtBStänden. (Unterfamilie Rispengrasartige, *Poo̲ideae*) . . . . . . . **2**

2 B ♀ od. ♂, in getrennten, deutlich verschiedenen, 1–2blütigen Ährchen in besonderen BStänden od. an besonderen Teilen eines BStandes. **Tabelle B** S. 792

2* B ♀̃, in 1–∞blütigen Ährchen; selten einzelne B eines Ährchens ♀, ♂ od. steril od. alle B eines Ährchens ♂ od. steril, diese dann aber nicht in besonderen BStänden od. an Teilen eines BStandes . . . . . . . . . . . . . . . . . . . . . . . . . . . . . . . . . . . . **3**

3 Ährchen ungestielt od. an kurzen, unverzweigten Stielen, zu Ähren bzw. ährenfg Trauben angeordnet; diese einzeln endständig (Echte Ährengräser, Abb. **796**/1; **789**/2) od. am Ende des Halmes zu mehreren finger-, fieder- od. rispenfg angeordnet (Abb. **808**/6; **794**/4) (Ährengräser). **Tabelle C** S. 793

3* Ährchen an lg, unverzweigten od. verzweigten Stielen od. an sehr kurzen, stets verzweigten Stielen . . . . . . . . . . . . . . . . . . . . . . . . . . . . . . . . . . . . . . . . . . . . . **4**

4 Ährchen in dichter, ährenähnlicher Rispe (Ährenrispe, Abb. **789**/3). Rispenspindel u. die sehr kurzen, stets verzweigten Ästchen wenigstens zum großen Teil erst beim Umbiegen od. Zergliedern der Rispe sichtbar (Ährenrispengräser). **Tabelle D** S. 801

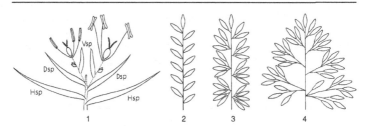

1 2 3 4

4* Ährchen in langästiger Rispe od. Traube, diese ausgebreitet od. (wenn die Äste anliegen) ± zusammengezogen. Spindel u. Äste wenigstens zum Teil sichtbar (Abb. **789**/4). Ährchen höchstens am Ende längerer Rispenäste kurz gestielt od. dort ährenähnlich geknäuelt (Abb. **808**/1, 2) (Rispengräser). **Tabelle E** S. 806

Bem.: Einige Gräser blühen in D. nicht od. sehr selten, sind aber nach vegetativen Merkmalen bestimmbar: Die **Bambusartigen** (Unterfamilie *Bambusoideae,* Tabelle A S. 789), leicht kenntlich durch die BlSpreiten, die am Grund in einen deutlichen, mit der BlScheide gelenkartig verbundenen Stiel zusammengezogen sind (Abb. **794**/1); außerdem das **Italienische Pfahlrohr** (*Arundo donax*), mit dicken Halmen und bis 6 cm br, überhängenden Bl (Tabelle E S. 806) u. das **Schilfgras** (*Miscanthus* × *giganteus*, Sorten), mit dünneren Halmen u. schmaleren Bl (Tabelle C S. 793); beide sind sehr hochwüchsige (2–6 m) Rhizomgräser.

**Tabelle A: Bambusartige** – *Bambusoideae*

Rhizom- od. AusläuferPfl. Halm ausdauernd, verholzend, seltener krautig. Laub immergrün. Viele Arten blühen nur sehr selten. Die nach dem Blühen absterbenden Halme können sich aus den unterirdisch ausdauernden Teilen erneuern. Kult in Eur. erst ab Ende 19. Jh. Vermehrung: fast nur ⚤, die selten ausgebildeten Samen sind kurzlebig. Kultur nicht trocken, aber nicht staunass. – Eine sichere Bestimmung ist nur mit den (selten ausgebildeten) B möglich. Die Zahl der Synonyme u. die Unsicherheit der Art- u. Gattungsgrenzen sind groß.

Lit.: Berentzen, V. 2003: Bambus in der Landschaftsarchitektur. Mitt. Dtsch. Dendrol. Ges. **88**: 47–80. – Brunken, U. (Redaktor) 1997: In der Welt des Bambus. Palmengarten, Sonderheft **25**. – Recht, Ch., Wetterwald, M. F., Simon, W. 1994: Bambus. Stuttgart.

1 Halm mit Markgewebe . . . . . . . . . . . . . . . . . . . . . . . . . . . . . . . . . . . . . . . . . . . . . . **2**
1* Halm hohl (aber zuweilen dickwandig) . . . . . . . . . . . . . . . . . . . . . . . . . . . . . . . . . . **3**
2 Halm halbstielrund (im ∅ D-fg). **Shibatabambus** – *Shibataea* S. 790
2* Halm stielrund. **Sprossbambus** – *Pleioblastus* S. 791
3 **(1)** Halm mindestens im oberen Teil nicht stielrund; StgGlieder abgeflacht od. mit Furche auf einer Seite. BlSpreiten schachbrettartig geadert . . . . . . . . . . . . . . . . . . . . **4**
3* Halm auf der ganzen Länge stielrund . . . . . . . . . . . . . . . . . . . . . . . . . . . . . . . . . . . . **5**
4 Halmknoten mit 2–3 Seitenästen. **Blattbambus** – *Phyllostachys* S. 790
4* Halmknoten mit 3–8 Seitenästen. **Narihirabambus** – *Semiarundinaria* S. 790
5 **(3)** Seitenäste mit 1–2(–3) Bl. **Rohrbambus** – *Indocalamus* S. 791
5* Seitenäste mit > 2 Bl . . . . . . . . . . . . . . . . . . . . . . . . . . . . . . . . . . . . . . . . . . . . . . . . . **6**
6 Pfl ± locker horstig. Halmknoten mit >1 Seitenast. **Schirmbambus** – *Fargesia* S. 790
6* Pfl stark ausläufertreibend. Halmknoten mit 1 Seitenast . . . . . . . . . . . . . . . . . . . . . **7**
7 Halmhöhe u. Halmumfang höchstens 1,5 m bzw. 1,5 cm.
**Kleinbambus** – *Sasaella* S. 791
7* Halmhöhe u. Halmumfang größer . . . . . . . . . . . . . . . . . . . . . . . . . . . . . . . . . . . . . . . **8**
8 BlSpreiten deutlich schachbrettartig geadert. **Zwergbambus** – *Sasa* S. 791

**8\*** BlSpreiten ohne deutliche schachbrettartige Aderung.
**Scheinzwergbambus** – *Pseudosasa* S. 792

**Blattbambus, Flachrohrbambus** – *Phyllostachys* SIEBOLD et ZUCC.　　60 Arten
**1** Untere StgGlieder deutlich kürzer als die oberen, dicht gedrängt. Halmknoten asymmetrisch gewölbt ................................................. **2**
**1\*** Untere StgGlieder etwa so lg wie die oberen. Halmknoten symmetrisch ......... **3**
**2** Stg meist mit dickem Ringwulst direkt unter den Halmknoten. BlScheiden hell gefleckt od. gestreift, kahl, am Grund mit kurzen weißen Haaren. BlSpreiten bis 6–15 × 1–2 cm. 3,00–5,00(–8,00). ⌒⌒. **Z** Solitär, Gruppenpflanzungen, Hecken, Kübel ⵣ ○ ◐, verträgt Formschnitt, bedingt winterhart: –8° bis –15° (SO-China – Sorten: 'Albovariegata': Bl weiß gestreift; 'Holochrysa': Halm gelb-orange).
**Goldrohr-B.** – *Ph. aurea* RIVIÈRE et C. RIVIÈRE
**2\*** Unter dem Halmknoten kein Ringwulst. Halm graugrün mit gelber Furche od. gelb mit grüner Furche. BlScheiden kahl, hellgelb od. olivgrün gestreift. BlSpreiten schmal, höchstens 15 × 2 cm. 3,00–6,00(–10,00). ⌒⌒. **Z** Solitär, Gruppenpflanzungen, Gartenhecken; ⵣ ○ ◐ winterhart: –18° bis –25° (O-China: Zhejiang, Jiangsu).
**Halmstreifiger B.** – *Ph. aureosulcata* MCCLURE
**3** (1) Halm etwas zickzackfg. BlScheiden ohne Öhrchen u. Borsten. BlSpreiten 15 × 1,5 cm. 3,00–5,00(–7,00). ⌒⌒. **Z** Solitär, Gruppenpflanzungen, Gartenhecken als Windschutz; ⵣ ○ ◐ winterhart: –18° bis –25° (China: Shaanxi, Shanxi, Henan, Hunan, Jiangsu).
**Zickzack-B., Schlängel-B.** – *Ph. flexuosa* RIVIÈRE et C. RIVIÈRE
**3\*** Halm nicht zickzackfg, BlScheiden (zumindest wenn jung) mit Öhrchen u. Borsten, flaumig behaart (Härchen früh abfallend) .................................. **4**
**4** Halm schwarz glänzend od. schwarz gefleckt, selten grün. BlSpreiten schmal, bis 1,8 cm br. 3,00–5,00. ⌒⌒. **Z** Solitär; ⵣ ○ ◐ bedingt winterhart: –18° bis –25° (China – mehrere Sorten).
**Schwarzer B., Schwarzrohrbambus** – *Ph. nigra* (LODD. ex LINDL.) MUNRO
**4\*** Halm grün, unter den Knoten blauweißlich bereift. BlSpreiten bis 2,8 cm br. 4,00–7,00 (–10,00). ⌒⌒. **Z** s Solitär; ⵣ ○ ◐ (O-China: Jiangsu, Jiangxi, Zhejiang).
**Meergrüner B.** – *Ph. viridiglaucescens* RIVIÈRE et C. RIVIÈRE

**Shibatabambus** – *Shibataea* MAKINO ex NAKAI　　5 Arten
Halm bis 5 mm im Umfang, etwas zickzackfg. BlScheiden olivgrün mit purpurnen Rippen, auf der Fläche kahl. BlSpreiten 5–11 × 1,5–2.5 cm. 1,00–1,50. ⌒⌒. **Z** Parks, Unterpflanzungen, Hecken, Kübel; ⵣ ○ ◐ ● ⊕ Formschnitt, winterhart: –18° bis –25° (urspr. W-Japan? – weit kult). [*Bambusa kumasasa* ZOLL. ex STEUD., *Phyllostachys kumasasa* (ZOLL. ex STEUD.) MUNRO]
**Japan-Sh., Ruscusbambus** – *Sh. kumasasa* (ZOLL. ex STEUD.) MAKINO

**Narihirabambus** – *Semiarundinaria* MAKINO ex NAKAI　　20 Arten
Halm kräftig, straff aufrecht, dunkelgrün bis bräunlichviolett. Seitenzweige in unteren Teilen mit schuppenartigen, derben, hinfälligen NiederBl. BlScheiden dicklich, kahl od. schwach flaumig behaart, ohne Öhrchen, aber mit kurzen Borsten. BlSpreiten 10–18 × 1,5–2 cm. 3,00–10,00. ⌒⌒. **Z** Solitär, Parks, Gartenhecken, Kübel; ⵣ ○ ◐, bedingt winterhart: –8° bis –15° (M- u. S-Japan). [*Arundinaria narihira* MAKINO, *Bambusa fastuosa* LAT.-MARL. ex MITFORD, *Phyllostachys fastuosa* (LAT.-MARL. ex MITFORD) G. NICHOLSON ex PFITZER]
**Echter N., Säulenbambus** – *S. fastuosa* (LAT.-MARL. ex MITFORD) MAKINO ex NAKAI

**Schirmbambus** – *Fargesia* FRANCH.　　80 Arten
**1** Halm bis 5,00 m, im Umfang ± 4 cm, schon im 1. Jahr verzweigt. BlScheiden anfangs grünlich, später bräunlich, hinfällig. BlSpreiten bis 15 × 2 cm. 2,00–4,00. ⌘ (⌒⌒). **Z** s

Gärten, Parks, Solitär, Hecken, Kübel; ♥ ○ ☾, winterhart: –18° bis –25° (China: Hubei 2800–3000 m). [*Arundinaria spathacea* (FRANCH.) D. C. MCCLINT., *Sinarundinaria muriela* (GAMBLE) NAKAI, *Thamnocalamus spathaceus* (FRANCH.) SODERSTR.]

**Muriel-Sch.** – *F. muriellae* (GAMBLE) T. P. YI

**1\*** Halm bis 6,00 m, im Umfang ± 5 cm, erst im 2. Jahr verzweigt, überhängend. BlScheiden meist bläulichrot. BlSpreiten 5–10 × 5–1,3 cm. 4,00–5,00. ⅄ (↷↷). **Z** z Gärten, Parks, Solitär, Gartenhecken, Kübel; ♥ ○ ☾, winterhart: –18° bis –25° (W- u. Z-China: W-Sichuan, S-Gansu, 2450–3200 m – Ende 19. Jh.). [*Arundinaria nitida* MITFORD, *Sinarundinaria nitida* (MITFORD) NAKAI]

**Fontänen-Sch.**, **Fontänenbambus** – *F. nitida* (MITFORD) KENG f. ex T. P. YI

**Sprossbambus** – *Pleioblastus* NAKAI          20–30 Arten

**1** Halm bis 1,5 m hoch, Umfang ± 2 cm. Halmknoten behaart, unterhalb weiß bereift, die unteren mit 1–2 straff aufrechten Seitenästen. BlSpreiten 18–20 × 2,8–4 cm, am Grund gerundet, meist grün-gelblichweiß gestreift. 1,00–1,50. ↷↷. **Z** Gärten, Parks, Flächendecker, Kübel; ♥ ☾ ●, winterhart: –18° bis –25° (Japan). [*Arundinaria auricoma* MITFORD]

**Streifen-S.** – *P. viridistriatus* (SIEBOLD ex ANDRÉ) MAKINO

**1\*** Halm < 0,75 m ............................................................ **2**

**2** Halm bis 0,40 m, Umfang ± 9 mm. BlSpreiten 3–8 × 0,4–0,8 cm. 0,20–0,40. ↷↷. **Z** Gärten, Parks. Bodendecker; ♥ ○ ☾ winterhart: –18° bis –25°, kleinster kult Bambus (S- u. Z-Japan: Berghänge). [*Sasa pygmaea* (MIQ.) REHDER]

**Zwerg-S.** – *P. pygmaeus* (MIQ.) NAKAI

**2\*** Halm bis 0,75 m, Umfang ± 2 cm. BlScheiden purpurn. BlSpreiten 14–20 × 1,3–1,8 cm, zum Grund verschmälert, dunkelgrün mit od. ohne matt hellgelbe Streifen. 0,30–0,75. ↷↷. **Z** s Gärten, Parks, Kübel, Hangbefestigung, Bodendecker; ♥ ○ ☾ winterhart: –18° bis –25° (S- u. Z-Japan: Berghänge – mehrere Sorten). [*Arundinaria variegata* (MIQ.) MAKINO, *Sasa fortunei* (VAN HOUTTE) FIORI, *S. variegata* (MIQ.) E. G. CAMUS]

**Bunter S.** – *P. variegatus* (MIQ.) MAKINO

**Zwergbambus** – *Sasa* MAKINO et SHIBATA          30 Arten

**1** BlSpreiten glänzend grün, mit gelber Mittelrippe, bis 30 × 10 cm. 2,00–3,00. ↷↷, auch ↷↷ . **Z** Gärten, Parks, Teichränder, Kübel, Flächendecker; ♥ ○ ☾, winterhart: –18° bis –25° (S-, M- u. N-Japan, Sachalin: Nadelwaldlichtungen, Küstenterrassen, untere u. mittlere Bergstufe). [*Bambusa palmata* BURB.]

**Breitblatt-Z.** – *S. palmata* (BURB.) E. G. CAMUS

**1\*** BlSpreiten grün, nicht glänzend, schmal bis breit weiß berandet, bis 25 × 6 cm. 1,00–1,60(–2,00). ↷↷. **Z** s Gärten, Parks, Kübel, Flächendecker; ♥ ○ ☾ ●, winterhart: –18° bis –25° (Japan). [*Sasa albomarginata* (FRANCH. et SAV.) MAKINO et SHIBATA]

**Veitch-Z.** – *S. veitchii* (CARRIÈRE) REHDER

**Rohrbambus** – *Indocalamus* NAKAI          20 Arten

Halm schwärzlich. BlSpreiten eilanzettlich, matt grün, useits auf einer Seite der Mittelrippe deutlich behaart, bis 60 × 9 cm. 1,00–2,00. ↷↷. **Z** s Gärten, Parks, Kübel, Flächendecker; ♥ ○ ☾, winterhart: –18° bis –25° (O-China: Gebirge von Hunan bis Zhejiang, 300–1400 m). [*Sasa tesselata* (MUNRO) MAKINO et SHIBATA]

**Schachbrett-R.** – *I. tesselatus* (MUNRO) KENG f.

**Kleinbambus** – *Sasaella* MAKINO          12 Arten

Halmumfang ± 1,5 cm. BlScheiden locker borstig. BlSpreiten bis 20 × 3 cm. 1,00–1,50. ↷↷. **Z** s Gärten, Parks, Kübel, Flächendecker; ♥ ○ ☾, winterhart: –18° bis –25° (Z-Japan). [*Sasa ramosa* (MAKINO) MAKINO et SHIBATA]

**Zweig-K.** – *S. ramosa* (MAKINO) MAKINO

**Scheinzwergbambus** – *Pseudosasa* Makino ex Nakai                    6 Arten
Halm straff aufrecht, nur an der Spitze etwas überhängend, oberwärts reich verzweigt, Seitenäste mit bis zu 7 glänzend grünen, bis 3,5 cm br u. 36 cm lg BlSpreiten. 2,00–3,00(–6,00). ↗↗. **Z** z Gärten, Parks, Solitär, Hecken, Kübel; ⚘ ○ ◑, winterhart: –18° bis –25° (S- u. M-Japan, S-Korea). [*Bambusa metake* Miq.]
**Japan-Sch.**, **Maketebambus**, **Pfeilbambus** –
*P. japonica* (Siebold et Zucc. ex Steud.) Makino ex Nakai

### Tabelle B: Einhäusige Gräser

1  Pfl mit ♂ Ährchen in endständigen, doppelt- bis mehrfachtraubigen BStänden. ♀ Ährchen an dicken, in große HüllBl („LieschBl") eingeschlossenen Kolben, die in den Achseln der mittleren StgBl stehen.                                   **Mais** – *Zea* S. 793
1* Pfl mit ♂ od. ♀ Ährchen an besonderen Teilen eines einzelnen BStandes; wenn in getrennten BStänden, dann ♀ Ährchen nicht in dicken Kolben . . . . . . . . . . . . . . . 2
2  Ährchen in endständiger Rispe, diese im oberen Teil mit ♀, im unteren Teil mit ♂ Ährchen. ♀ Ährchen aufrecht, an schräg aufsteigenden, steifen u. derben Rispenästen; ♂ Ährchen hängend, an weit ausgebreiteten, dünnen Rispenästen (Abb. **806**/2).
**Wasserreis** – *Zizania* S. 792
2* Ährchen in gestielten ährenfg Trauben, diese nur mit ♂ od. ♀ Ährchen od. im oberen Teil mit zahlreichen ♂, im unteren Teil mit wenigen ♀, ährig angeordneten Ährchen . . 3
3  Trauben paarig übereinander. Traubenpaare einzeln od. zu wenigen gebüschelt in den Achseln der oberen LaubBl; die kurze untere Traube mit 1–2 ♀ Ährchen von einer steinharten, glänzenden, kugligen, am oberen Ende offnen Hülle (umgebildete BlScheide) umschlossen; obere, längere Traube mit mehreren nackten ♂ Ährchen, von der Hülle durch ein verlängertes, kahles Spindelglied getrennt (Abb. **796**/5).
**Tränengras** – *Coix* S. 792
3* Trauben fingerfg, meist zu 2–3 am Ende des Halmes (Abb. **796**/3) od. an SeitenStg oft nur 1 Traube. ♀ Ährchen 2–7(–12) am Grund der Traube, jedes in eine seitliche Höhlung der dicklichen, zur Reifezeit quer in einzelne FrGlieder zerfallenden Spindel eingesenkt; obere, ♂ Ährchen der einzelnen Trauben 20–30 od. mehr.
**Gamagras** – *Tripsacum* S. 792

**Wasserreis** – *Zizania* L.                                              3 Arten
Lit.: Terrell, E. E., Peterson, P. M., Reveal, J. M., Duval, M. R. 1997: Taxonomy of North American species of Zizania (Poaceae). Sida **17**: 533–549.

BlHäutchen 10–15 mm lg. Rispe 30–50 cm lg, ihre Äste 15–20 cm. ♀ Ährchen 2 cm lg, rau. (1,20–)2,00–3,00. ⊙ 7–10. **Z** s ○◑ ~ ≋ Lichtkeimer; **N** s Fisch- u. Wassergeflügelfutter, früher Indianer-Nahrung (warmes–gemäß. östl. N-Am.): Sümpfe, Bachufer, Flachwasser).     **Einjähriger W.**, **Kanadischer Wildreis** – *Z. aquatica* L.

**Tränengras** – *Coix* L.                                                 6 Arten
Lit.: Watt, G, 1904: Coix spp. or Job's tears: A review of all available information. Agric. Ledger **13**: 189–229.

BlSpreite bis 5 cm br. FrHülle kuglig, porzellanartig, grau bis bläulich, seltener weiß, braun od. schwarz (Abb. **796**/5). 0,60–0,80. ⅄, kult ⊙ 8–10. **Z** s ⚊; ▻ ○ (subtrop. S- u. SO-As.: Flussufer – 1561).     **Hiobsträne** – *C. lacryma-jobi* L.

**Gamagras**, **Guatemalagras** – *Tripsacum* L.                           13 Arten
BlSpreite 1–3,5 cm br, am Rand rau. Trauben 15–25 cm lg (Abb. **796**/3). 1,00–3,00. ⅄ ⅊ 8–10. **Z** s; **N** s, Futter; ⚥ ⚘ (trop.–subtrop. Am. bis gemäß. NO-Am.: Sümpfe, Flussniederungen).     **Östliches G.**, **Sesamgras** – *T. dactyloides* (L.) L.

**Mais** – *Zea* L. [*Euchlaena* SCHRAD.] 4 Arten

Lit.: EUBANKS, M. W. 2001: The mysterious origin of maize. Economic Bot. **55**: 492–514. – FREELING, M., VALBOT, V. (eds.) 1993: The maize handbook. Berlin 1993. – GALINAT, W. C. 1979: Botany and origin of maize. Maize CIBA-GEIGY Agrochemicals, Technical Monogr.: 6–12. – LACK, W., ZSCHEISCHLER, J., ESTLER, M. 1992: 500 Jahre Mais in Europa, 1492–1992. Deutsches Maiskomitee, Bonn. – SAEDLER, H., THEISSEN, G. 1994: "On the origin of species": Mythologische und molekularbiologische Vorstellungen zur Evolution von Mais. Leopoldiana (R. 3) **39**: 261–275.

BlSpreite bis 1 m lg u. 4–12 cm br, an HüllBl der Kolben reduziert. (0,70–)1,00–3,00. ☉ 7–10. **N** v Körnergetreide, Grün- u. Silofutter, s Gemüse, IndustriePfl; **Z** z ⚘ Trockensträuße (Stammsippe wohl *Z. m.* subsp. *parviglumis* H. H. ILTIS et DOEBLEY: SW-Mex. von Oaxaca bis Jalisco: 450–1950 m – 3 weitere wilde Unterarten in Guatemala u. im Vulkan-Hochland von Mex. – 1492 Spanien – ∞ Sorten, HybrZüchtung). [*Z. mexicana* (SCHRAD.) KUNTZE] **Mais, Welschkorn, Kukuruz** – *Z. mays* L.

Wichtige Sortengruppen: **Hart-M.** – convar. *mays* [*Z. mays* subsp. *indurata* (STURTEV.) ZHUK.]: Korn hart, glänzend, mehliges Nährgewebe nur im Zentrum. – **Stärke-M., Weich-M.** – convar. *amylacea* (STURTEV.) GREB. [*Z. mays* subsp. *amylacea* (STURTEV.) ZHUK.]: Korn weich, innen fast nur mit mehligem Nährgewebe. – **Zahn-M., Pferdezahn-M.** – convar. *dentiformis* KÖRN. [*Z. mays* subsp. *indentata* (STURTEV.) ZHUK.]: Mehliges Nährgewebe im Zentrum u. im oberen Teil des Korns u. dort in der Reife stark schrumpfend, Krone der Fr einem Pferdezahn ähnlich; beide Sortengruppen hauptsächlich zur Gewinnung von Öl, Stärke, Alkohol, Frucht- u. Traubenzucker. – **Zucker-M.** – convar. *saccharata* KÖRN. [*Z. mays* subsp. *saccharata* (KÖRN.) ASCH. et GRAEBN.]: Korn mit hohem Anteil wasserlöslicher Dextrine, daher in der Reife verschrumpelt; unreife Kolben Gemüse.
Garten-Sorten: u. a. **Band-M.** [*Z. vittata* hort.]: BlSpreite weiß gebändert. – **Zwerg-M.** [*Z. gracillima* hort., *Z. minima* hort.]: Pfl 70–90 cm hoch, dicht buschig, oft mit bunten Bl. – **Erdbeer-M.**: Kolben dick, eifg, 7–8 cm lg, mit roten Körnern. Andere Sorten mit einheitlich blauen od. roten Körnern, bei Hybr (Xenien) aber auch in verschiedener Kombination zusammen mit gelben Körnern an lg Kolben.: **Harlekin-M.** – Alle **Z** z.

### Tabelle C: Ährengräser

1 Ährchen in mehreren Ähren od. ährenfg Trauben (Abb. **794**/4) . . . . . . . . . . . . . . . **2**
1* Ährchen in einer einzigen Ähre od. einer Traube mit kurzen Ährchenstielen (Abb. **796**/1)
. . . . . . . . . . . . . . . . . . . . . . . . . . . . . . . . . . . . . . . . . . . . . . . . . . . . . . . . . . . . . . . . **10**
2 Ähren od. Trauben ± lg gestielt, rispenfg angeordnet (ährchentragende Seitenäste mehrachsig). Tabelle E: **Rispengräser** S. 806
2* Ähren od. Trauben ungestielt od. kurz gestielt, einzeln ± entfernt od. in mehreren Wirteln od. Halbwirteln angeordnet (ährchentragende Seitenäste in der Mehrzahl 1achsig)
. . . . . . . . . . . . . . . . . . . . . . . . . . . . . . . . . . . . . . . . . . . . . . . . . . . . . . . . . . . . . . . . . **3**
3 Sp der Ährchen vom Rücken her zusammengedrückt; Hsp am Rücken konvex gewölbt (Abb. **808**/3) od. flach . . . . . . . . . . . . . . . . . . . . . . . . . . . . . . . . . . . . . . . . **4**
3* Sp der Ährchen seitlich zusammengedrückt; Hsp ± gekielt (Abb. **808**/4) . . . . . . . . **6**
4 Trauben (2-)4–6(–10), fingerfg genähert (Abb. **808**/6). **Fingerhirse** – *Digitaria* S. 800
4* Trauben ∞, seitenständig . . . . . . . . . . . . . . . . . . . . . . . . . . . . . . . . . . . . . . . . . . . . . **5**
5 Trauben schirmtraubig (Abb. **794**/4). Ährchen paarig, gestielt, gleichmäßig längs der Traubenspindel verteilt, von ∞ grundständigen, lg bis sehr lg, feinen, silbrigweißen od. rötlich-bräunlichen Haaren dicht eingehüllt. **Stielblütengras** – *Miscanthus* S. 801
5* Trauben in mehreren vielzähligen Wirteln. Ährchen an lg, (durch Reduktion) nackten Traubenspindeln endständig in Gruppen zu 3, mit je 2 gestielten u. 1 sitzenden Ährchen (Abb. **806**/4), dieses am Grunde dicht u. steif goldbräunlich behaart.
**Goldbart** – *Chrysopogon* S. 801
6 (3) Ähren am Ende des Halms genau von 1 Punkt entspringend. Pfl mit lg oberirdischen Ausläufern. **Hundszahn** – *Cynodon* S. 800
6* Ähren od. Trauben entfernt, seitlich an lg Hauptachse. HorstPfl od. horstfg RhizomPfl **7**

**7** Ährchen verkehrteifg, dicht in 1–3 cm lg, einzelnen od. gepaarten Trauben. Hsp kahnfg, blasig aufgetrieben. **Raupenähre** – *Beckmannia* S. 796

**7\*** Ährchen in Ähren angeordnet, wie ihre Hsp linealisch . . . . . . . . . . . . . . . . . . . . . **8**

**8** Ähren 30–50, 0,3–1 cm entfernt, 1–2 cm lg, einseitswendig, rechtwinklig abstehend od. etwas hängend. Ährchen parallel zur Ährenachse. **Gramagras** – *Bouteloua curtipendula* S. 800

**8\*** Ähren weniger, 1–5 cm entfernt, >2,5 cm lg. Ährchen in 2 einseitigen Zeilen dicht kammfg angeordnet . . . . . . . . . . . . . . . . . . . . . . . . . . . . . . . . . . . . **9**

**9** Halm 20–50 cm. Ähren 1–2 (selten 3 od. 4), ± sichelfg gekrümmt. Ährchen ± 5 mm lg, mit 1 ♀ u. 2–3 verkümmerten B. Dsp zottig behaart, begrannt. **Moskitogras** – *Bouteloua gracilis* S. 800

**9\*** Halm 1–2 m. Ähren 3–25, straff aufrecht, gerade. Ährchen 7–11 mm lg, 1blütig. Dsp kahl, ohne Granne. **Schlickgras** – *Spartina* S. 800

**10** **(1)** Ährchen kurz gestielt, ihre Stiele mit lg fuchsroten Borsten, die die Ährchen weit überragen (Abb. **808**/7). **Fuchsrote Borstenhirse** – *Setaria pumila* S. 805

**10\*** Ährchen sitzend od. mit borstenlosen Stielen . . . . . . . . . . . . . . . . . . . . . . . . . . . . **11**

**11** Auf jedem Absatz der Ährenspindel 2–4(–6) Ährchen nebeneinander . . . . . . . . . . **12**

**11\*** Auf jedem Absatz der Ährenspindel 1 sitzendes od. kurzgestieltes Ährchen . . . . . . **16**

**12** Ährchen in Gruppen zu 3 (Abb. **809**/1); Mittelährchen 1blütig u. ♀, seitliche Ährchen ♂ od. geschlechtslos, selten (bei Formen der kult Gerste) ♀. **Gerste** – *Hordeum* S. 799

**12\*** Ährchen in Gruppen zu 2(–6) (Abb. **794**/3), alle 2- bis mehrblütig u. wenigstens 1 B ♀ . . . . . . . . . . . . . . . . . . . . . . . . . . . . . . . . . . . . . . . . . . . . . . **13**

**13** Dsp ohne Grannen od. kurzgrannig. Pfl mit sehr lg unterirdischen Ausläufern u. sehr steifen, trocken eingerollten BlSpreiten. **Roggengerste** – *Leymus* S. 796

**13\*** Dsp länger als 1 cm begrannt. Horst- od. RhizomPfl mit wenig steifen, flachen, br od. schmalen BlSpreiten . . . . . . . . . . . . . . . . . . . . . . . . . . . . . . . . . . **14**

**14** Ähren locker, steif aufrecht. Ährchen zur Reifezeit waagerecht von der Ährenspindel abstehend. Hsp fehlend od. nur als 1 od. 2 kurze Grannenstummel ausgebildet. **Bürstengras** – *Hystrix* S. 797

**14\*** Ähren dicht, aufrecht od. nickend. Ährchen schräg aufrecht. Hsp immer gut ausgebildet, annähernd so lg wie die Dsp . . . . . . . . . . . . . . . . . . . . . . . . . . . . . . . . **15**

**15** Ährenspindel bei der Reife zäh. Hsp lanzettlich, wie die Dsp mit gerader od. auswärts gebogener, 1–3 cm lg Granne. **Haargerste** – *Elymus* S. 797

**15\*** Ährenspindel bei der Reife sehr brüchig. Hsp pfriemlich, wie die Dsp mit stark spreizender, 2–10 cm lg Granne. **Eichhörnchenschwanz** – *Sitanion* S. 797

**16** **(11)** Untere Ährchen 0,5–2 mm lg gestielt. BlScheidenknoten dicht behaart. **Zwenke** – *Brachypodium* S. 796

**16\*** Untere Ährchen sitzend od. bis 0,8 mm lg gestielt. BlScheidenknoten kahl . . . . . . . **17**

1                          2                          3                          4

**17** Ährchen zumindest in der oberen Hälfte des BStandes ihre Schmalseite der Ährenspindel zukehrend (Abb. **809**/2). Hsp am Rücken gerundet. BlSpreite useits stark glänzend
. . . . . . . . . . . . . . . . . . . . . . . . . . . . . . . . . . . . . . . . . . . . . . . . . . . . . . . **18**
**17\*** Ährchen ihre Breitseite der Ährenspindel zukehrend, ihre Sp daher seitlich stehend (Abb. **809**/3). Alle Ährchen mit 2 gekielten Hsp. BlSpreite useits matt . . . . . . . . . . **19**
**18** Ährchen alle sitzend, mit 1 Hsp, nur am Endährchen 2 Hsp.
$\qquad\qquad\qquad\qquad\qquad$ **Weidelgras** – *Lolium* S. 795
**18\*** Untere Ährchen etwas schief gestellt od. kurz gestielt, mit 2 Hsp, od. untere Ährchen an ± lg Seitenzweigen. $\qquad\qquad$ **Bastardschwingel** – × *Festulolium* S. 795
**19** **(17)** Hsp schmal lanzettlich, 1–3(–4)nervig, mit 2 ± gleich br Seitenflächen innen u. außen (symmetrisch gekielt) . . . . . . . . . . . . . . . . . . . . . . . . . . . . . . . . . . . . . **20**
**19\*** Hsp eifg od. br lanzettlich bis länglich, mit 2 ungleichen, innen schmalen u. außen br, 1–∞nervigen Seitenflächen (asymmetrisch gekielt) . . . . . . . . . . . . . . . . . . . . . . . **21**
**20** Ährchen von der Ährenspindel im Winkel von 30–60° abstehend, Ähre daher zweiseitig kammfg. Hsp neben dem Mittelnerv mit 1–3 undeutlichen Seitennerven.
$\qquad\qquad\qquad\qquad\qquad$ **Kammquecke** – *Agropyron* S. 797
**20\*** Ährchen der Ährenspindel ± parallel. Hsp 1nervig. $\qquad$ **Roggen** – *Secale* S. 799
**21** **(19)** Hsp br lanzettlich bis länglich. Dsp 5nervig, im oberen Teil gekielt.
$\qquad\qquad\qquad\qquad\qquad$ **Quecke** – *Elytrigia* S. 797
**21\*** Hsp eifg bis länglich, ganz od. im oberen Teil gekielt od. geflügelt. Dsp 7–11nervig, ungekielt od. nur an der Spitze gekielt . . . . . . . . . . . . . . . . . . . . . . . . . . . . . . . **22**
**22** Korn fest von Sp umschlossen (Spelzweizen) u. rückseitig <3 mm br, od. Korn unbespelzt (Nacktweizen) u. mindestens 3 mm br. $\qquad$ **Weizen** – *Triticum* S. 798
**22\*** Korn unbespelzt, (2–)3 mm br. $\quad$ **Tritikale, Rimpauweizen** – × *Triticosecale* S. 799

**Weidelgras, Lolch** – *Lolium* L. $\qquad\qquad\qquad\qquad\qquad\qquad$ 8 Arten

Lit.: JAUNAR, P. P. 1993: Cytogenetics of the *Festuca-Lolium* complex. Berlin-Heidelberg. – KAUTER, D. 2002: „Sauergras" und „Wegbreit"? Die Entwicklung der Wiesen in Mitteleuropa zwischen 1500 und 1900. Ber. Inst. Landschafts- u. Pflanzenökologie Univ. Hohenheim, Beiheft 14. – TERRELL, E. E. 1968: A taxonomic revision of the genus *Lolium*. U. S. Dep. Agric., Technical Bull. 1392.

**1** Lockere, breite Horste. BlSpreite 2–4(–6) mm br, in der Knospe gefaltet. Ährchen 2–10blütig. Hsp ¹/₃–³/₄ so lg wie das Ährchen (selten länger), Dsp meist unbegrannt. Ährenspindel an den Kanten glatt od. rau. 0,10–0,60. ♃ ⩒ 5–10. **W. N** v Zier- u. Sportrasen, Begrünungssaaten, Futter; ⩒ Lichtkeimer (W- u. Z-Eur.: Marsch- u. Flussgrünland – ∞ Sorten).
$\qquad$ **Ausdauerndes W., Deutsches W., Englisches Raygras** – *L. perenne* L.
**1\*** Dichte, schmale Horste. BlSpreite (2–)4–7(–8) mm br, in der Knospe gerollt. Ährchen 10–22blütig. Hsp ¹/₄–¹/₂ so lg wie das Ährchen. Dsp bis 15 mm lg begrannt. Ährenspindel rau. 0,30–1,00. ☉ ① ⊙ ⩒ 6–8. **N** v Futter, Biomonitoring; ⩒ Lichtkeimer, frostempfindlich, stark auswinternd (?S-Eur. – 1826, 13. Jh. Lombardei – 40–50 Sorten).
$\qquad\qquad$ **Vielblütiges W., Welsches W.** – *L. multiflorum* LAM.

2 Sortengruppen: **Westerwoldisches W., Einjähriges W.** – convar. *westerwoldicum* (MANSHOLT ex WITTM.) H. SCHOLZ [*L. multiflorum* var. *westerwoldicum* MANSHOLT ex WITTM.]: ①. – **Italienisches Raygras, Bastard-W., Oldenburgisches W.** – convar. *italicum* (VOLKART ex SCHINZ et KELLER) H. SCHOLZ [*L. multiflorum* subsp. *italicum* VOLKART ex SCHINZ et KELLER, *L. boucheanum* KUNTH, *L. multiflorum* × *L. perenne*, *L.* × *hybridum* HAUSSKN.]: Merkmale ± intermediär zwischen beiden Arten, ♃.

**Bastardschwingel, Schweidelgras** – × *Festulolium* ASCH. et GRAEBN. [*Festuca* L. × *Lolium* L., incl. × *Schedolium* HOLUB]

Lit.: WACKER, G., NETZBAND, K., KALTOFEN, H. 1984: Neue Futtergräser. Arch. Acker-Pflanzenbau Bodenkunde **28**: 429–433.

Ährchen meist schief bis rechtwinklig an der Ährenspindel, mit 1 od. 2 Hsp, die untersten oft gestielt. BlSpreite in der Knospe gerollt. 0,30–1,00. ♃ ⩒ 5–8. **W. N** z Futter,

Weidegras; ♉. [*Festuca pratensis* Huds. × *Lolium multiflorum* Lam.]
**Deutscher B., Wiesenschweidel** – × *F. braunii* (K. Richt.) A. Camus

Ähnlich: **Englischer B.** – × *F. loliaceum* (Huds.) P. Fourn. [*Festuca pratensis* Huds. × *Lolium perenne* L., × *F. adscendens* (Retz.) Asch. et Graebn., *Lolium festucaceum* Link, × *Schedolium loliaceum* (Huds.) Holub]: BlSpreite in der Knospe gefaltet. **W** s. **N** s Futter (steril; ältester bekannter Grasbastard, 1790 England). – **Holmberg-B.** – × *F. holmbergii* (Dörfl.) P. Fourn. [*Festuca arundinacea* Schreb. × *Lolium perenne* L., × *Schedolium holmbergii* (Dörfl.) Holub] u. der namenlose Bastard *Festuca arundinacea* Schreb. × *Lolium multiflorum* Lam. selten kult. Alle Bastarde wenig voneinander verschieden.

### Raupenähre, Doppelährengras – *Beckmannia* Host                              2 Arten

Ährchen meist 2blütig; Staubbeutel 1,2–1,8 mm lg. Halm am Grunde knollig verdickt. 0,50–1,50. ⚇ ⚬⚬ 6–8. **W. N** s Futter (SO-Eur. bis Z-As., Sibirien: Feuchtwiesen; verw. in D. an Teichrändern).
**Gewöhnliche R., Fischgras, Wiesen-Beckmanngras** – *B. eruciformis* (L.) Host

Ähnlich: **Baikal-R., Amerikanisches D.** – *B. syzigachne* (Steud.) Fernald: Ährchen 1-, selten 2blütig. Staubbeutel 0,4–1 mm lg. ☉ od. ⚇ ♉. **W. N** s Futter.

### Zwenke – *Brachypodium* P. Beauv.                                           20 Arten

Lit.: Schippmann, U. 1991: Revision der europäischen Arten der Gattung *Brachypodium* Palisot de Beauvois *(Poaceae)*. Boissiera **45**: 7–250.

Ähre überhängend (Abb. **796**/1). Obere Grannen jedes Ährchens mindestens so lg wie die Dsp, dünn, nicht selten geschlängelt. 0,60–1,20. ⚇ ⚊ 7–8. **W. Z** z; ♈ ♉ ◐ ●.
**Wald-Z.** – *B. sylvaticum* (Huds.) P. Beauv.

Selten kult **W: Fieder-Z.** – *B. pinnatum* (L.) P. Beauv.: Ähre ± steif aufrecht. Grannen kürzer als die Dsp. Pfl mit unterirdischen Ausläufern. **N** Erosionsschutz, Begrünungssaaten.

### Roggengerste, Strandroggen – *Leymus* Hochst. [*Elymus* L. p.p]              50 Arten

Lit.: Löve, Á. 1984: Conspectus of the *Triticeae*. Feddes Repert. **95**: 425–521.

**1** Bl stahlblau; BlHäutchen der StgBl bis 1 mm lg. Hsp 2,2–3,2 mm br; Vsp an den Kielen bis fast zur Spitze kahl u. glatt. 0,50–1,50. ⚇ ⚬⚬ 6–8. **W. N** v Dünenschutz der Küsten, s im Binnenland, **Z** z; ○ ♈ ♉ (1762). [*Elymus arenarius* L.]
**Sand-Strandroggen, Blauer Helm** – *L. arenarius* (L.) Hochst.

Ähnlich: **Amerikanischer Strandroggen** – *L. mollis* (Trin.) Pilg. [*Elymus mollis* Trin.]: Ährenspindel und Halm unter der Ähre dicht kurzhaarig. **N** s.

**1\*** Bl grün bis bläulich; BlHäutchen der StgBl 1–4 mm lg. Hsp <2 mm br; Vsp an den Kielen in der oberen Hälfte ± steif bewimpert. 0,50–1,50(–2,00). ⚇⚬⚬ 6–8. **Z** z; ♈ ♉ ○ (SO-

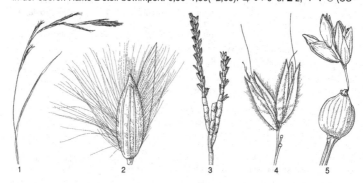

1          2          3          4          5

Eur., As.: Sandsteppen – einige Sorten). [*Elymus gigant*e*us* VAHL, *E. racem*o*sus* LAM., *E. gl*a*ucus* hort.] **Riesen-R.** – *L. racem*o*sus* (LAM.) TZVELEV

2 Unterarten kult: subsp. *racem*o*sus*: Ährchen in Gruppen zu 3–6; Halm unter der Ähre kurz behaart. – subsp. *sabul*o*sus* (M. BIEB.) TZVELEV [*L*e*ymus sabul*o*sus* (M. BIEB.) TZVELEV]: Ährchen in Gruppen zu 2–3 (Abb. **794**/3); Halm unter der Ähre (fast) immer kahl.

**Haargerste** – *E*lymus L. 50 Arten

Lit.: LÖVE, Á.1984: Conspectus of the *Triticeae*. Feddes Repert. **95**: 425–521.

BlSpreite 1–2 cm br, oseits rau, selten locker behaart. Ähre 10–25 cm lg, nickend bis überhängend, oft am Grund locker. Grannen gekrümmt. 1,00–1,50. ♃ ⩗? 6–8. **Z** z; **N** Futter; V ♥ ○ (warmes–kaltes N-Am.: Fluss- u. Seeufer, feuchtes Grasland). [inkl. *E. wieg*a*ndii* FERNALD] **Kanadische H.** – *E. canad*e*nsis* L.

Selten kult **Z**: **Virginische H.** – *E. virg*i*nicus* L.: Ähren u. Grannen aufrecht, gerade.

**Bürstengras** – *H*y*strix* MOENCH [*E*lymus L. p.p.] 10 Arten

Ährchen 8–15 cm lg; die paarigen Ährchen 1–1,5 cm lg mit 1–4(–6) cm lg geraden Grannen. 0,60–1,20. ♃ ⩗. 6–8. **Z** z ⚥; V ♥ ○ (warm–gemäß. zentrales u. östl. N-Am.: felsiges Waldland – ∞ Behaarungsvarianten). [*E*lymus *h*y*strix* L.]
**Flaschen-Bürstengras, Gewöhnliches B.** – *H. p*a*tula* MOENCH

**Eichhörnchenschwanz** – *Sit*a*nion* RAF. [*E*lymus L. p.p.] 4 Arten

BlSpreite 5–20 cm lg, 1–3 mm br, steif aufsteigend bis spreizend. Hsp grannenartig, häufig zweigeteilt od. am Grund mit Seitengrannen. 0,10–0,50. ♃ ⩗ 6–8. **Z** z; V ♥ ○ (warmes–gemäß. zentr. u. westl. N-Am.: trocknes, oft felsiges Hügel- u. Bergland). [*El*y*mus elym*o*ides* (RAF.) SWEZEY, *E. h*y*strix* (NUTT.) M. E. JONES]
**Kleiner Eichhörnchenschwanz** – *S. h*y*strix* (NUTT.) J. G. SM.

**Quecke** – *Elytr*i*gia* DESV. [*E*lymus L. s. l., *Agrop*y*ron* GAERTN. s.l.] 20 Arten

Lit.: DEWEY, D .R. 1984: The genomic system of classification as a guide to intergeneric hybridization with the perennial *Triticeae*. In: GUSTAFSON, J. P. (ed.): Gene manipulation in plant improvement: 209–279. New York. – GLAHN, H. 1987: Zur Bestimmung der in Norddeutschland vorkommenden Quecken (Arten, Unterarten und Bastarde der Gattung *Agrop*y*ron* s. l.) nach vegetativen Merkmalen unter besonderer Berücksichtigung der Küstenregion. Drosera 1987 (1): 1–27. – JARVIE, J. K. 1992: Taxonomy of *Elytr*i*gia* sect. *Caespitosae* and sect. *Junceae (Gramineae: Triticeae).* Nord. J. Bot. **12**: 155–169.

**1** BlSpreite grün bis blaugrün, ohne deutliche, kahle od. zerstreut langhaarige Rippen; am Grunde mit Öhrchen. Ährenspindel bei der Reife zäh. Hsp spitz od. begrannt. 0,30–1,50. ♃ ⩔⩔ 6–8. **W. N** z Erosionsschutz, s Futter; V ♥ Kaltkeimer ○ (1640). [*Agrop*y*ron r*e*pens* (L.) P. BEAUV., *E*lymus *r*e*pens* (L.) GOULD]
**Gewöhnliche Qu., Acker-Qu.** – *E. r*e*pens* (L.) NEVSKI

Ähnlich: **Pontische Qu.** – *E. obtusifl*o*ra* (DC.) TZVELEV [*E. p*o*ntica* (PODP.) HOLUB, *E*lymus *elong*a*tus* (HOST) RUNEMARK subsp. *p*o*nticus* (PODP.) MELDERIS]: HorstPfl, 0,50–1,70, BlSpreite stark gerippt, rau. Hsp stumpf od. schräg abgestutzt. **N** früher (ca. 1980–1990) Begrünungssaaten z, verw.

**1\*** BlSpreite blaugrün, später strohgelb, stark gerippt, auf den Rippen mit vielen Reihen kleiner samtiger Haare; am Grund ohne Öhrchen. Ährenspindel bei der Reife sehr brüchig. Hsp stumpf bis spitz. 0,30–0,80. ♃ ⩔⩔ 6–8. **W. N** Dünenschutz der Küsten; ♥ ○ (1789). [*Agrop*y*ron j*u*nceum* (L.) P. BEAUV. subsp. *boreoatl*a*nticum* SIMONET et GUIN., *E. j*u*ncea* (L.) NEVSKI subsp. *boreoatl*a*ntica* (SIMONET et GUIN.) HYL.]
**Dünen-Qu., Binsen-Qu., Strandweizen** – *E. junceif*o*rmis* Á. LÖVE et D. LÖVE

**Kammquecke** – *Agrop*y*ron* GAERTN. 15 Arten

BlSpreite 1,2–7 mm br. Die spreizenden 3–5(–8)blütigen Ährchen der eilanzettlichen Ähre 1,5–5 mm lg begrannt. Stg am Grunde schlank u. dünn. 0,20–0,80. ♃ ⩗ 6–9. **N** s Begrünungssaaten im S u. SW; V ⩊ ○ (SO-Eur., As.: Steppen u. Sandtrockenrasen – 6 Unterarten). **Gewöhnliche K.** – *A. cristatum* (L.) GAERTN.

In D. nur subsp. *pectinatum* (M. BIEB.) TZVELEV [*A. pectinatum* (M. BIEB.) P. BEAUV., *A. pectiniforme* ROEM. et SCHULT.]

**Weizen** – *Triticum* L. [*Crithodium* LINK, *Gigachilon* SEIDL]                    25 Arten

Lit.: DOROFEEV, V. F., KOROVINA, O. N. 1979: Wheat. In: BREŽNEV, E. V. (ed.): Flora of cultivated plants 1. Leningrad. – KIMBER, G., FELDMAN, M. 1987: Wild wheat. An introduction. College Agric. Univ. Missouri-Columbia, Special Rep. 353. Columbia. – KISLEV, E. 1984: Emergence of wheat agriculture. Paléorient. **10**: 61–70. – LÖVE, Á. 1984: Conspectus of the *Triticeae*. Feddes Repert. **95**: 425–521. – PERCIVAL, J. 1921: The wheat plant. A monograph. London. – PETERSON, R. F. 1965: Wheat. Botany, cultivation and utilization. London, New York. – SCHIEMANN, E. 1948: Weizen, Roggen, Gerste. Systematik, Geschichte und Verwendung. Jena.

1   Ährchen 2blütig, mit 1, selten 2 Körnern. Hsp bis zum Grund mit 1 stärkeren und 1 schwächeren scharfen Kiel, an der Spitze 2 gerade Zähne. Vsp bei der Fruchtreife in 2 Hälften gespalten. 0,50–0,80(–1,20). ☉ 6–7. Früher **N** Körnergetreide z, auch **W** unter Saatgetreide (entstanden aus *T. baeoticum* BOISS. em. SCHIEMANN: SO-Eur., SW-As. – jüngere Steinzeit – seit Anfang 20. Jh. nicht mehr kult). [*Crithodium monococcum* (L.) Á. LÖVE]
     **Einkorn-W., Einkorn** – *T. monococcum* L.

1*  Ährchen 2–7blütig, mit 2–5 Körnern. Hsp bis zum Grund mit 1 scharfen Kiel od. nur im oberen Teil gekielt, an der Spitze mit 1 Kielzahn od. Granne, zweiter Zahn sehr kurz bis fehlend. Vsp bei der Fruchtreife ungeteilt ............................................... 2

2   Hsp 6–10(–13) mm lg, selten länger, zugespitzt, ohne Granne, ihr Kiel kräftig bis ± geflügelt, durchlaufend; 1 Seitennerv der Hsp in einen kräftigen kurzen Zahn endend. Ährenspindel bei der Reife zäh od. auf Druck (bei Drusch) an den unteren Enden der einzelnen Spindelglieder zerfallend ............................................... 3

2*  Hsp ± 10 mm lg, mit ± stumpfem Ende, ihr Kiel schwächer, niemals deutlich geflügelt; 1Seitennerv der Hsp wenig deutlich, ohne Zahn od. nur in einen undeutlichen Zahn endend. Ährenspindel bei der Reife zäh od. auf Druck (bei Drusch) an den oberen Enden der einzelnen Spindelglieder, direkt unterhalb des Ährchenansatzes zerfallend .... 4

3   Ährchen 3(–4)blütig, mit 2, selten 3 Körnern. Dsp unbegrannt od. bis 15 cm lg begrannt. Sp das Korn in der Reife fest umschließend (Spelzweizen). Ährenspindel zerbrechlich. 0,70–1,60. ☉ 6–7. Früher **N** Körnergetreide v (entstanden aus *T. dicoccoides* KÖRN. ex SCHWEINF.: SW-As. – jüngere Steinzeit – später durch Saat-W. verdrängt, letzter Anbau in SW-D. etwa 1940). [*T. turgidum* L. subsp. *dicoccon* (SCHRANK) THELL., *Gigachilon polonicum* (L.) SEIDL subsp. *dicoccon* (SCHRANK) Á. LÖVE]
     **Emmer-W., Emmer** – *T. dicoccon* (SCHRANK) SCHÜBL.

3*  Ährchen 5(–7)blütig, mit (3–)4–5 Körnern. Dsp 8–12(–16) cm lg begrannt. Sp das Korn bei der Reife locker umschließend (Nacktweizen). Ährenspindel zäh. Ähre ohne Grannen 6–12 cm lg. 1,20–1,70. ☉ 6–7. **N** s Körnergetreide (entstanden aus *T. dicoccoides* KÖRN. ex SCHWEINF.: SW-As. – 1539 – Formen mit dicht verzweigter Ähre: Wunder-W. – *T. compositum* L.). [*T. aestivum* L. subsp. *turgidum* (L.) DOMIN, *Gigachilon polonicum* (L.) SEIDL subsp. *turgidum* (L.) Á. LÖVE] **Rau-W., Welscher W., Englischer W.** – *T. turgidum* L.

Früher s kult **N: Polnischer W., Gommer** – *T. polonicum* L. [*T. turgidum* L. subsp. *polonicum* (L.) THELL.]: Hsp 25–35(–40) mm lg, papierartig (haferähnlich), meist länger als die Dsp. Korn 11–12 mm lg. – **Hart-W.** – *T. durum* DESF.: Ähre 4–6 cm lg. Frø glasig. **N** s Teigwaren.

4   **(2)** Ähre dick, mitunter nur an der Spitze (Dickkopf-W.), dicht bis locker. Dsp ± begrannt (Bart-W., Grannen-W.) od. unbegrannt (Kolben-W.). Ährenspindel zäh. Körner der 3–6(–9)blütigen Ährchen locker von den Sp umschlossen (Nacktweizen). 0,40–1,60. ☉ (Sommerweizen), ① (Winterweizen) 6–7. **N** v Körner- u. Brotgetreide, IndustriePfl (*T. dicoccon* × *Aegilops tauschii* COSS.: SW-As. – jüngere Steinzeit – ∞ Varietäten u. Sorten: Ährchen kahl bis samtig behaart, in verschiedenen Kombinationen mit weißlichen

od. rötlichen Körnern u. rötlichen od. schwärzlichen Grannen. – heutige Sorten meist zu var. *lut̲e̲scens* (ALEF.) MANSF.: Spelzen kahl, gelb, unbegrannt; Ähren mitteldicht). [*T. hyb̲e̲rnum* L., *T. sat̲i̲vum* LAM., *T. vulg̲a̲re* VILL.] **Saat-W.**, **Weicher W.** – *T. aest̲i̲vum* L.

Früher v, heute s kult Sortengruppe der Alpen: **Zwerg-W.** – *T. aest̲i̲vum* convar. *comp̲a̲ctum* (HOST) ALEF. [*T. aest̲i̲vum* L. subsp. *compactum* (HOST) THELL., *T. comp̲a̲ctum* HOST]: Ähre sehr kurz, höchstens 3–4mal so lg wie dick. Dsp begrannt (Igel-W.) od. unbegrannt (Binkel-W.).

**4\*** Ähre lg u. dünn, locker, am Grund mit 1–4 verkümmerten Ährchen. Hsp mit br horizontaler Schulter. Dsp begrannt od. unbegrannt. Ährenspindel zerbrechlich. Körner der (2–) 3–5blütigen Ährchen fest von den Sp umschlossen (Spelzweizen). 0,80–1,20. ☉ ① 6–7. **N** Futterpfl s bis z im S u. W, Körnergetreide bes. im SW (unreife Körner als Grünkern); auch **W** unter Saat-W. (entstanden aus *T. aest̲i̲vum* in M-Eur. – jüngere Steinzeit – einige Sorten). [*T. aest̲i̲vum* subsp. *sp̲e̲lta* (L.) THELL.]

**Europäischer Dinkel-W.**, **Dinkel**, **Spelz** – *T. sp̲e̲lta* L.

**Tritikale, Rimpauweizen** – × *Triticos̲e̲cale* WITTM. ex A. CAMUS [*Tr̲i̲ticum* L. × S̲e̲cale L.]

Lit.: CHOLEVA, L.V. et al. 1986: *Triticale*: Zucht und Verwertungsperspektiven. Minsk (russ.) – HÖRLEIN, A. J., VALENTINE, J. 1995: Triticale (× *Triticosecale*). In: WILLIAMS, J. T. (ed.): Cereals and pseudocereals. London. – VIETMEYER, N. D. (ed.) 1989: *Triticale*. A promising addition to the world's cereal grains. National Res. Council, Washington.

Ähre lg, ± nickend u. meist lg begrannt. 0,80–1,70. ☉ 6–7. **N** v Körner-, Brot- u. Futtergetreide (*Tr̲i̲ticum aest̲i̲vum* L. × S̲e̲cale cer̲e̲ale L. – 1891 – einige Sorten, die teils mehr dem Weizen, teils mehr dem Roggen ähneln). [× *T. rimp̲a̲ui* WITTM.]

**Echter Rimpauweizen** – × *T. blaringh̲e̲mii* A. CAMUS

**Roggen** – S̲e̲cale L. 8 Arten

Lit.: BEHRE, K.-E. 1992: The history of rye cultivation in Europe. Veget. Hist. Archaeobot. **1**: 141–156. – HAMMER, K., SKOLIMOWSKA, E., KNÜPFFER, H. 1987: Vorarbeiten zur monographischen Darstellung von Wildpflanzensortimenten: *Secale* L. Kulturpflanze **35**: 135–177. – KRANZ, A. R. 1973: Wildarten und Primitivformen des Roggens (*Secale* L.). Cytogenetik, Genökologie, Evolution und züchterische Bedeutung. Fortschritte der Pflanzenzüchtung 3. Berlin, Hamburg. – SCHIEMANN, E. 1948: Weizen, Roggen, Gerste. Systematik, Geschichte und Verwendung. Jena.

Bl blau bereift, an keimenden Pfl rötlichbraun, useits ± behaart od. dornhöckrig. BlHäutchen bis 2 mm lg; BlÖhrchen kahl, selten behaart od. BlÖhrchen fehlend. 0,70–2,00. ☉ (Sommerroggen), ① (Winterroggen) 5–6. **N** v besonders im O u. N, Körner- u. Brotgetreide, IndustriePfl, Grünfutter z (z. B. Johannisroggen – var. *multic̲a̲ule* METZG. ex ALEF.: ♃) (entstanden aus *S. str̲i̲ctum* (C. PRESL) C. PRESL s.l. [*S. mont̲a̲num* GUSS.] u. aus Unkrautsippen von *S. cer̲e̲ale*: SW-As. – Bronzezeit – ∞ Sorten).

**Saat-R.** – *S. cer̲e̲ale* L.

**Gerste** – H̲o̲rdeum L. [*Crit̲e̲sion* RAF.] 32 Arten

Lit.: BADEN, C., BOTHMER, R. v. 1994: A taxonomic revision of *Hordeum* sect. *Critesion*. Nord. J. Bot. **14**: 117–136. – BAUM, B. R., BAILEY, L. G. 1994: Taxonomy of *Hordeum caespitosum*, *H. jubatum* and *H. lechleri* (*Poaceae*: *Triticeae*). Pl. Syst. Evol. **190**: 97–111. – BOTHMER, R. V., JACOBSEN, N., BADEN, C., JÖRGENSEN, R. B., LINDE-LAURSEN, I. 1991: An ecogeographical study of the genus *Hordeum*. Syst. Ecogeogr. Studies and Crop Genepools 7. IBPGR, Rom. – HOFFMANN, W., PLARRE, W. 1970: Gerste (*Hordeum vulgare* L.). In: HOFFMANN, W., MUDRA, A., PLARRE, W. (Herausg.): Lehrbuch der Züchtung landwirtschaftlicher Kulturpflanzen 2, Spezieller Teil, S. 37–71. Berlin, Hamburg. – KOBYLYANSKI, V. D., LUKYANOVA, M. V.1990: Barley. In: KRIVCHENKO, V. I. (ed.): Flora of cultivated plants 2, pt. 2. Leningrad (russ.). – SCHIEMANN, E. 1948: Weizen, Roggen, Gerste. Systematik, Geschichte und Verwendung. Jena.

**1** Hsp u. Grannen der Dsp des Mittelährchens u. der Seitenährchen dünn, fadenfg, rau, bis 7(–10) cm lg, in der Reife stark spreizend. Ähre überhängend bis nickend; Ährenspindel zerbrechlich. BlSpreite am Grund ohne BlÖhrchen. 0,25–0,60. 6–9. ♃ ⟋ (①). **W.** Z z ⚹, auch Trockensträuße; V ○ (N-Am., nördl. O-As., O-Sibir.: Feucht- u. Salzwiesen – 1782 – eingeb.). [*Crit̲e̲sion jub̲a̲tum* (L.) NEVSKI]

**Mähnen-G.** – *H. jub̲a̲tum* L.

**1\*** Hsp derb, pfriemlich bis borstenfg, Grannen rau od. glatt, 3–18 cm lg, anliegend od. abstehend, zerbrechlich; wenn Seitenährchen unfruchtbar, diese stets unbegrannt od. sehr kurz begrannt. Ähre aufrecht od. nickend. BlSpreite am Grund mit stängelumfassenden BlÖhrchen (Abb. **809**/4). 0,60–1,20. ☉ (Sommergerste) 6–7, ☉ (Wintergerste) 4–6. **N** v Brau- u. Malzgerste, Brot- u. Futtergetreide, IndustriePfl (entstanden aus *H. spontaneum* K. KOCH: VorderAs. – jüngere Steinzeit – 40–50 Sorten).                **Saat-G.** – *H. vulgare* L.

Wichtige Sortengruppen: **Mehrzeilige Saat-G.** – convar. *vulgare* [*H. polystichon* HALLER f., *H. sativum* JESS.]: Seitenährchen ♀, ihre Sp u. Grannen denen des Mittelährchens ähnlich. Untergliedert in 2 nicht deutlich getrennte Formenkreise: **Vierzeilige Saat-G.** – *H. vulgare* var. *vulgare* [*H. vulgare* subsp. *vulgare*, *H. tetrastichum* STOKES]: Spindelglieder der Ähre >2,5 mm lg, Ähre daher locker 4kantig, u. **Sechszeilige Saat-G.** – *H. vulgare* var. *hexastichon* (L.) ASCH. [*H. hexastichon* L., *H. vulgare* subsp. *hexastichon* (L.) ČELAK.]: Spindelglieder der Ähre <2,5 mm lg, Ähre daher dicht, 6kantig, im Querschnitt einen 6strahligen Stern bildend. Meist Wintergersten. Früher kult im S Formen mit sehr kurzer gedrungener Ähre (Pumperkorn). – **Zweizeilige Saat-G.** – convar. *distichon* (L.) ALEF. [*H. distichon* L., *H. vulgare* subsp. *distichon* (L.) KÖRN., *H. aestivum* HALLER f.]: Seitenährchen geschlechtslos od. ♂. Ähre 2zeilig. Winter- u. Sommergersten, Braugersten. Hierzu die früher selten kult **Fächer**-od. **Pfauen-G.** – *H. distichon* var. *zeocrithon* (L.) KÖRN. [*H. zeocrithon* L., *H. distichon* subsp. *zeocrithon* (L.) SCHINZ et KELLER]: Ähre dicht, nach der Spitze verschmälert, Grannen fächerfg spreizend. In beiden Sortengruppen Formen mit nacktem, lose zwischen den Dsp u. Vsp sitzendem Korn (Nacktgersten), meist für Graupen u. Grütze (**Kaffee-G.**) u. Formen mit fest von den Sp umschlossenem Korn (Spelzgersten). Farbvarianten, auch in Kombinationen: Korn, Sp u. Grannen weißlichgelb, braun bis violett od. schwärzlich. Die deutschen Sorten gehören fast ausschließlich zur var. *nutans* (RODE) ALEF. (convar. *distichon*) od. zur var. *hybernum* VIBORG (convar. *vulgare*).

### Hundszahn – *Cynodon* RICH.                                                  10 Arten

Pfl graugrün. BlHäutchen in Haare aufgelöst. Ährchen unbegrannt. 0,20–0,40. ⚲ ∿ 7–9. **W. N** z Bodenfestiger u. Rasengras im SW; ⚥ ○ trittfest.

**Finger-H., Bermudagras** – *C. dactylon* (L.) PERS.

### Gramagras – *Bouteloua* LAG. [*Chondrosium* DESV.]                           50 Arten

**1** Ähren bei der FrReife abfallend, mit 5–8, 6–10 mm lg Ährchen. 0,50–0,80. ⚲ ∿ 6–8. **Z** s; **N** Futter; ⚥ ⚥ ○ (zentr. USA bis S-Kanada, Z-Mex., westl. S-Am., 300–3000 m: trockne u. feuchtere Prärien).              **Fahnen-G.** – *B. curtipendula* (MICHX.) TORR.

**1\*** Ähren bei der FrReife sitzen bleibend, nicht abfallend, mit zahlreichen (bis 80), ± 5 mm lg Ährchen. 0,20–0,50. ⚲ ⊻ 6–8. **Z** z; **N** Futter; ⚥ ⚥ ○ (zentr. u. westl. USA, S-Kanada, Z-Mex.: Prärien auf Fels- u. Tonboden, meist 1000–3000 m). [*B. oligostachya* (NUTT.) TORR. ex A. GRAY, *Chondrosium gracile* KUNTH]

**Blaues G., Moskitogras, Haarschotengras** – *B. gracilis* (KUNTH) LAG. ex GRIFFITHS

### Schlickgras – *Spartina* SCHREB.                                             15 Arten

Lit.: MUMFORD, TH. F., PEYTON, P., SAYSE, J. R., HARBELL, S. (eds.) 1990: Spartina workshop record. Seattle.

BlSpreite 4–15 mm br u. 30–120 cm lg, in eine fadenfg Spitze verschmälert. BStand 15–30 cm lg, mit seitlich stark abgeflachten 2,5–10 cm lg Ähren. Ährchen dicht gedrängt; Hsp am Kiel rau, obere Hsp 3–7 mm lg begrannt. 1,00–1,80(–2,00). ⚲ ∿ 7–11. **W. Z** s ⚵; ⚥ ⚥ Kaltkeimer (warmgemäß.–gemäß. O- u. Z-USA, O-Kanada: Küsten- u. Sumpfvegetation – Sorte: **Goldleistengras** – 'Aureomarginata': BlSpreite gelb gerandet). [*S. michauxiana* HITCHC.]                **Kamm-Sch.** – *S. pectinata* LINK

Ähnlich: Selten (u. vorübergehend 1927 bis ca. 1950) kult **W: Englisches Sch.** – *S. anglica* C. E. HUBB. – **Townsend-Sch.** – *S.* × *townsendii* H. GROVES et J. GROVES [*S. alterniflora* LOISEL. × *S. maritima* (CURTIS) FERNALD, 1870 erstmalig beobachtet]: ♂ steril. Beide früher Wattenfestiger u. LandgewinnungsPfl im Küstenbereich der Nordsee.

### Fingerhirse – *Digitaria* HALLER                                             230 Arten

Trauben 6–20 cm lg, oft wie die ganze Pfl rötlich. Ährchen meist violett. BlSpreite u. BlScheide ± dicht mit abstehenden, auffälligen Haaren. 0,20–0,80. ☉ 7–10. **W.** Früher

**N** Körnergetreide ('Manna') im O s, **Z** s; ○. [*Panicum sanguinale* L.]
$\qquad$ **Blutrote F., Bluthirse** – *D. sanguinalis* (L.) Scop.

**Stielblütengras** – *Miscanthus* Andersson $\qquad$ 18 Arten

1 Trauben 15–30 cm lg. Ährchen begrannt, am Grund 7–12 mm lg weiß od. rötlich behaart. Hsp kahl. 1,00–2,50. ♃ ⌇⌇ 8–10. **Z** v; ♈ ○ (China, Korea, Japan, Thailand: Busch- u. Hangvegetation – 1875 – Sorten: **Gestreiftes Chinaschilf** – 'Vittatus': Bl mit weißen Längslinien. – **Stachelschweingras** – 'Zebrinus': Bl mit weißen Querbändern. – **Zierliches Chinaschilf** – 'Kleine Fontäne', 'Gracillimus': bis 1,50, Bl schmal, 10–20 mm br, mit dünnem weißen Mittelstreifen). [*Eulalia japonica* Trin.]
$\qquad$ **Japanisches St., Chinaschilf** – *M. sinensis* (Thunb.) Andersson

1* Trauben 20–40 cm lg. Ährchen grannenlos, am Grund 5–15 mm lg silbrig-weiß behaart. Hsp ± behaart ...................................................... **2**

2 BlSpreite <30 mm br. 1,00–2,50. ♃ ⌇⌇ 8–10. **Z** z; ♈ ○ (Japan, Korea, N-China, Fernost: Feuchtvegetation – 1862).
$\qquad$ **Großes St., Silberfahnengras** – *M. sacchariflorus* (Maxim.) Hack.

2* BlSpreite > 30 mm br. 2,00–3,50(–4,00). ♃ ⌇⌇ 8–10 od. steril. **N** s Industrie- u. EnergiePfl, **Z** s; ♈ (*M. sacchariflorus* × *M. sinensis* – 1936 Dänemark).
$\qquad$ **Riesen-Chinaschilf, Schilfgras** –
$\qquad$ *M.* × *giganteus* Greef et Deuter ex Hodkinson et Renvoize

**Goldbart** – *Chrysopogon* Trin. $\qquad$ 25 Arten

Seitenäste (Trauben) in Wirteln zu 6–12, am Ende mit je 1 sitzenden, 2–3 cm lg begrannten Ährchen, das zusammen mit den 2 gestielten, grannenlosen Ährchen bei der FrReife leicht abfällt. 0,30–1,50. ♃ ⋁ 7–9. **Z** s; ⊳ ⋁ ○ (Indien: Savannen).
$\qquad$ **Indischer G.** – *Ch. fulvus* (Spreng.) Chiov.

Ähnlich: **Gewöhnlicher G.** – *Ch. gryllus* (L.) Trin.: Sitzendes Ährchen 3–4 cm lg begrannt (Abb. **806**/4). **Z** s.

**Tabelle D: Ährenrispengräser**

1 Rispenzweige mit grundständigen, kurz gestielten bis fast sitzenden Ährchen; ihre Äste niemals mit der Spindel der Ährenrispe verwachsen. Ährchen 2blütig, die Spelzen vom Rücken her zusammengedrückt (Abb. **808**/4) od. konvex gewölbt (Abb. **808**/3), unterste B ♂ od. steril ...................................................... **2**

1* Rispenzweige mit endständigen, deutlich gestielten Ährchen, ihre Äste frei od. mit der Spindel der Ährenrispe ± verwachsen. Ährchen 1–∞blütig; Sp seitlich zusammenge-

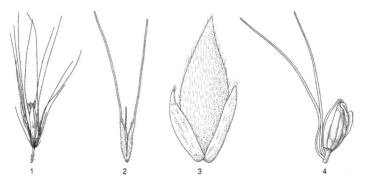

1$\qquad\qquad$2$\qquad\qquad$3$\qquad\qquad$4

drückt, am Rücken gerundet od. gekielt (Abb. **808**/4). B ♀, zuweilen (bei ∞blütigen Ährchen) einige obere B od. alle B steril ..................................... **3**

2   Borsten („Hüllborsten") locker gestellt od. dicht gedrängt (Abb. **808**/7), rau, kürzer bis mehrmals länger als die 1–∞ grundständigen Ährchen, in der Reife stehen bleibend.
                                            **Borstenhirse** – *Setaria* S. 805

2*  Borsten zu einem dichten Kranz („Borstenkranz") zusammengeschlossen (Abb. **801**/1), kahl od. fedrig behaart, die 1–3(–4) grundständigen Ährchen völlig einhüllend u. fest umschließend, in der Reife zusammen mit den Ährchen als Ganzes abfallend.
                           **Lampenputzergras** – *Pennisetum* S. 805

3   **(1)** Ährchen der Ährenrispe außenseits von sterilen, aus ± 20 schmalen Sp bestehenden Ährchen umgeben, die wie kammartig gefiederte HochBl aussehen (Abb. **809**/5).
                                 **Kammgras** – *Cynosurus* S. 803

3*  Ährchen ohne solche sterilen Ährchen ................................... **4**

4   Ährchen mit (1–)2 ♀ B, darüber 1 gestielte Knospe von (1–)2–3 weiteren, geschlossen bleibenden sterilen B. Dsp der ♀ B an ihrem ganzen Rand dicht u. lg seidig gewimpert (Abb. **796**/2), Ährenrispe nach der BZeit durch die dann abstehenden SpHaare auffallend silberhaarig.         **Wimper-Perlgras** – *Melica ciliata* S. 803

4*  Ährchen ohne gestielte Endknospe. Dsp nicht abstehend gewimpert u. seidig-silberhaarig ......................................................... **5**

5   Ährchen mit 1 ♀ B ...................................................... **6**

5*  Ährchen mit 2–5 ♀ B ................................................... **13**

6   Unterhalb der fertilen Dsp keine weiteren sterilen Dsp; Ährchen mit 2 Hsp ....... **7**

6*  Unterhalb der fertilen Dsp (mit achselständiger ♀ B) 1 od. 2 weitere, sterile Dsp (ohne B in der Achsel); Ährchen mit scheinbar 3 od. 4 Hsp ..................... **12**

7   Ährenrispe kopfig od. eifg, dicht fedrig-wollig durch die zahlreichen, lg abstehenden, weißlichen (selten blass rötlichen) Haare der lanzettlichen Hsp (Abb. **803**/1). Dsp mit Grannenspitze, im oberen Drittel mit einer 8–18 mm lg, geknieten Rückengranne.
                              **Hasenschwanzgras** – *Lagurus* S. 804

7*  Ährenrispe länglich bis zylindrisch, nicht fedrig-wollig ...................... **8**

8   Ährenrispe durch die 4–7 mm lg Grannen der kurzen, 2–3 mm lg Hsp borstig (Abb. **801**/2). Dsp $^1/_2$ so lg wie die Hsp, stark glänzend.
                                **Bürstengras** – *Polypogon* S. 804

8*  Ährenrispe nicht borstig. Hsp ohne lg Grannen. Dsp ± so lg wie Hsp, ± matt, wenigstens nicht stark glänzend ...................................................... **9**

9   Dsp nicht stachelspitzig, stumpf, am Grund ohne lg Haare. Ährenrispe 0,3–1 cm br. Bl mit bis 6 mm lg BlHäutchen ................................................... **10**

9*  Dsp stachelspitzig, am Grund behaart. Ährenrispe 1,5–2 cm br. Bl mit 10–30 mm lg BlHäutchen ............................................................... **11**

10  Ährenrispe zylindrisch. Ährchen in der Form eines Stiefelknechtes (Abb. **809**/6). Hsp frei, spitz od. kurz begrannt, am Kiel steif abstehend bewimpert. Dsp unbegrannt, die Vsp einhüllend.                **Lieschgras** – *Phleum* S. 804

10* Ährenrispe walzlich. Ährchen (von der Breitseite betrachtet) eifg bis elliptisch (Abb. **796**/4). Hsp am Grund verwachsen, unbegrannt, am Kiel weich behaart. Dsp mit aus dem Ährchen herausragender Rückengranne. Vsp fehlend.
                           **Fuchsschwanzgras** – *Alopecurus* S. 805

11  **(9)** Pfl weißlichgrün. BlHäutchen bis 30 mm lg. Ährenrispe dicht, stets zusammengezogen, bis 22 cm lg. Haare am Grund der Dsp höchstens $^1/_2$ so lg wie diese.
                                **Strandhafer** – *Ammophila* S. 804

11* Pfl grün bis bräunlichgrün. BlHäutchen bis 15 mm lg. Haare am Grund der Dsp $^1/_2$ so lg wie diese.           **Bastardstrandhafer** – × *Calammophila* S. 816

12  **(6)** Ährenrispe länglich-lanzettlich, ± locker, 0,5–1,5 cm br u. 1–12 cm lg. Hsp gekielt. Sterile Dsp linealisch, an der Spitze 2lappig, braunhaarig u. mit Rückengranne (Abb. **803**/2), länger als die kahle obere, fertile Dsp.     **Ruchgras** – *Anthoxanthum* S. 804

**12\*** Ährenrispe länglich od. br eifg (Abb. **812**/1), 1–2 cm br u. 1,5–6 cm lg. Hsp in der oberen Hälfte am Rücken br geflügelt. Sterile Dsp lanzettlich, dünn u. kahl, grannenlos, höchstens ± ¹/₂ so lg wie die br eifg, anliegend behaarte, zur Reifezeit etwas glänzende u. verdickte obere, fertile Dsp (Abb. **801**/3).

**Kanariengras** – *Phalaris canariensis* S. 805

**13 (5)** Ährenrispe bis 15 cm lg, am Grund oft gelappt. Dsp stumpf bis stachelspitzig. Narben fedrig.                 **Schillergras** – *Koeleria* S. 804

**13\*** Ährenrispe 1–4 cm lg, dicht, oft schieferblau, selten weiß. Dsp vorn 3–5zähnig u./od. kurz begrannt. Narben fadenfg.         **Blaugras** – *Sesleria* S. 803

---

**Kammgras** – *Cynosurus* L.                                          10 Arten

**1** Pfl dichtrasig. Bl 2–3(–4) mm br. BlHäutchen 0,5–1,5 mm lg. Ährenrispe linealisch, einseitswendig. 0,20–0,70. ♃ ⊻ 6–8. **W. N** v Weidegras, Sportrasen; **v** Lichtkeimer, trittfest (1697).                **Weide-K.** – *C. cristatus* L.

**1\*** Stg einzeln. Bl 3–10 mm br; BlHäutchen bis 10 mm lg. Ährenrispe eifg, durch die 3–16 mm lg SpGrannen igelborstig. 0,10–1,00. ☉ 5-8. **W. Z** z Trockensträuße; ○ (Medit.: Kies- u. Steinfluren – in D. verw.).      **Igel-K., Stachel-K.** – *C. echinatus* L.

---

**Blaugras** – *Sesleria* Scop.                                   10 Arten

Bl graugrün. Ährenrispe am Grund mit 2 schuppenfg HochBl. Ährchen 2(–3)blütig 4,5–7 mm lg. Dsp meist ohne Granne. 0,10–0,40. ♃ ⊻ 5–7. **W. Z** z; **v** ⊕. [*S. calcaria* Opiz, *S. albicans* Kit. ex Schult.]      **Kalk-B.** – *S. caerulea* (L.) Ard.

Ähnlich: **Glänzendes B.** – *S. nitida* Ten.: Bl bläulich. Dsp mit 3–5 kurzen Grannen. **Z** z.

---

**Perlgras** – *Melica* L.                                           80 Arten

**1** BlStand eine lockere Ährenrispe, mit überall sichtbarer Spindel. Ährchen bleich, 4–6,5 mm lg. Dsp am Rand bis 4 mm lg dicht bewimpert (Abb. **796**/2). Pfl stark blaugrün. Bl schmal, 1–4 mm br. 0,20–0,70. ♃ ⊻ 6–7. **W. Z** z; **v** ○ ⊕.    **Wimper-P.** – *M. ciliata* L.

**1\*** BlStand eine schmale Rispe, im unteren Teil unterbrochen. Ährchen braunrot, 8–12 mm lg. Dsp kahl (Abb. **803**/3). Pfl grün; Bl 3–12 mm br. 0,40–1,50. ♃ ⊻ 6–7. **W. Z** s Naturgärten; **v ⍦ ◗** (SO-Eur. u. VorderAs. bis S-Sibir.: lichte Laub- u. NadelW, Gesteinsfluren – 1770 – var. *atropurpurea* hort.: Ährchen violett – in D. verw.). [*M. sibirica* Lam.]      **Hohes P.** – *M. altissima* L.

Selten kult: **Einblütiges P.** – *M. uniflora* Retz.: Pfl 30–50 cm. Rispe weit ausgebreitet, bis 10 cm br, ihre lg Äste mit wenigen Ährchen, diese braunrot bis weißlichgrün. BlHäutchen kurz, gegenüber der Spreite mit lanzettlichem Anhängsel (Abb. **812**/5). **W. Z** s Naturgärten, Parks.

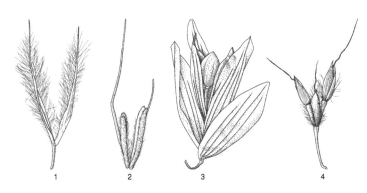

1                    2                    3                    4

**Schillergras, Kammschmiele** – *Koeleria* Pers.                          50 Arten

Lit.: Frey, L. 1993: Taxonomy, karyology and distribution of selected genera of tribe *Aveneae* (*Poaceae*) in Poland: III. *Koeleria*. Fragm. Flor. Geobot. Suppl. **2**: 251–278.

Pfl blaugrün, ± dichte Polster bildend. StgGrund etwas zwieblig. Ährchen 2–3(–4)blütig. 0,30–0,50(–0,90). ♃ ⊻ 5–7. **W. Z z N** Dünenbefestigung; ∀ ⸙.
**Blaugrünes Sch., Blaugrüne K.** – *K. glauca* (Spreng.) DC.

**Hasenschwanzgras** – *Lagurus* L.                                         1 Art

Ährenrispe 1–7 cm lg u. bis 2 cm br. Hsp länger als die Dsp, fedrig behaart (Abb. 803/1). Oberstes StgBl mit lockerer od. leicht aufgeblasener BlScheide. 0,05–0,60. ☉ 5–8. **W. Z z ⚥** Trockensträuße, Ziergrasmischungen; ○ (Medit.: steinig-sandiges Gras- u. Küstenland – 1588 – in D. verw.).
**Hasenschwanzgras, Samtgras** – *L. ovatus* L.

**Ruchgras** – *Anthoxanthum* L.                                           25 Arten

Lit.: Hedberg, Z. 1990: Morphological, cytotaxonomic and evolutionary studies in *Anthoxanthum odoratum* L. s. lat. – a critical review. Sommerfeltia **11**: 97–107.

Ährenrispe grüngelblich od. rötlich. Hsp dünnhäutig, ± locker behaart, die untere etwa ¹/₂ so lg wie die obere. Pfl getrocknet stark duftend. 0,10–1,00. ♃ ⊻ 5–6. **W. N z** Wiesen- u. Rasengras, auch Duft- u. WürzPfl; in größeren Mengen giftig, Lichtkeimer ∀ ○ ◐ ⊖.
**Gewöhnliches R.** – *A. odoratum* L.

**Bürstengras** – *Polypogon* Desf.                                         20 Arten

Lit.: Björkman, S. O. 1960: Studies in *Agrostis* and related genera. Symb. Bot. Upsal. **17**: 1–112.

Ährenrispe 1,5–16 cm lg u. bis 3,5 cm br, bleichgrün. Ährchen in FrReife als Ganzes leicht abfallend. Bl kahl. 0,06–0,80. ☉ 5–10. **W. Z s** Ziergrasmischungen ⚥; ○ (Medit., W-Eur., S-, M- u. Z-As.: Feucht-Biotope, auch Salzboden).
**Gewöhnliches B.** – *P. monspeliensis* (L.) Desf.

**Strandhafer** – *Ammophila* Host                                         4 Arten

Lit.: Lux, H. 1966: Zur Ökologie des Strandhafers *(Ammophila arenaria)* unter besonderer Berücksichtigung seiner Verwendung im Dünenbau. Beitr. Landschaftspflege **2**: 93–107.

Ährenrispe dicht, walzlich, weißlich. BlSpreite steif, eingerollt, derb u. spitz. 0,50–1,20. ♃ ⌇⌇ 6–7. **W. N v** Dünenschutz; ⸙ ○ (Küsten von Medit., W- u. Z-Eur. – 1567). [*Psamma arenaria* (L.) Roem.et Schult.]
**Strandhafer, Schmaler Helm** – *A. arenaria* (L.) Link

**Lieschgras** – *Phleum* L.                                               20 Arten

Lit.: Cai, Q., Bullon, M. R. 1991: Characterization of genomes of timothy (*Phleum pratense* L.). I. Karyotypes and C-banding patterns in cultivated timothy and two wild relatives. Genome **34**: 52–58. – Joachimiak, A., Kula, J. 1993: Cytotaxonomy and karyotype evolution in *Phleum* sect. *Phleum* (*Poaceae*) in Poland. Pl. Syst. Evol. **188**: 17–30.

**1** Stg am Grund meist verdickt, kräftig, ohne Ausläufer. Ährenrispe (2–)6–20(–30) cm lg. Hsp mit 1–2 mm lg Granne. Dsp fein seidig behaart. 0,40–1,50. ♃ ⊻ (4–)5–8. **W. N v** Futter, z Rasengras; ⸙ Lichtkeimer (entstanden aus *Ph. alpinum* L. × *Ph. nodosum* L. in Eur., jetzt warmes bis kaltes Eur., W-Sibir. – ältere Steinzeit? – ∞ Sorten).
**Wiesen-L., Wiesentimothee** – *Ph. pratense* L.

**1\*** Stg am Grund zwiebelartig verdickt od. mit Ausläufern, niedriger, dünner. Ährenrispe 1–6(–8) cm lg. Hsp mit kurzer, 0,4–1 mm lg Granne. Dsp nur auf den Nerven seidig behaart. 0,10–0,50. ♃ ⊻ (⌇⌇) 5–8. **W. N z** Futter- u. Rasengras; ∀ ○ ⊕ (einige Sorten). [*Ph. bertolonii* DC., *Ph. hubbardii* Kováts, *Ph. pratense* L. subsp. *nodosum* (L.) Dumort., *Ph. pratense* subsp. *serotinum* (Jord.) Berher]
**Knollen-L., Knollentimothee** – *Ph. nodosum* L.

**Fuchsschwanzgras** – *Alopecurus* L. 50 Arten

Ährenrispe bis 13 cm lg u. 1 cm dick, grün od. bläulich-schwärzlich. Granne dicht über dem Grund der Dsp eingefügt. 0,30–1,20. ⚃ ⚲ 5–6. **W. N** v Futter; **Z** s; ⚥ ○ (warmgemäß. bis kaltes Eur., W-Sibir.: Überschwemmungswiesen – Sorte: Gold-Fuchsschwanzgras – 'Aureovariegatus': Bl gelb od. grün-gelb gestreift). **Wiesen-F.** – *A. pratensis* L.

**Glanzgras** – *Phalaris* L. [incl. *Phalaroides* WOLF] 20 Arten

Lit.: BALDINI, R. M. 1995: Revision of the genus *Phalaris* L. (*Gramineae*). Webbia **49**: 265–329.

1 Ährchen in ausgebreiteter, etwas geknäulter Rispe (Abb. 808/1), diese meist >6 cm lg. Hohes schilfartiges Gras. 0,60–2,50. ⚃ ∿ 6–7. **W. N** v Futter; **Z** v auch ⚥; ⚦ ⚥ (warmgemäß. bis kaltes Eur., As. u. N-Am.: Uferröhrichte, AuenW – 1693 – wenige Ziersorten: **Gewöhnliches Bandgras** – 'Variegata' [*Ph. arundinacea* var. *picta* L.]: BlSpreiten weißstreifig. **Z** seit 1596. – **Gelbes Bandgras** – 'Leucopicta': BlSpreiten gelbstreifig. – **Farbiges Bandgras** – 'Tricolor': BlSpreite rötlich u. weiß gestreift. – **Buntes Bandgras** – 'Feesey': BlSpreite gelb u. weiß gestreift). [*Phalaroides arundinacea* (L.) RAUSCHERT, *Typhoides arundinacea* (L.) MOENCH, *Baldingera arundinacea* (L.) DUMORT.]

**Rohr-G.**, **Havelmilitz** – *Ph. arundinacea* L.

1* Ährchen in eifg Ährenrispe, diese 1,5–6 cm lg (Abb. 812/1). Hsp 6–10 mm lg, weiß u. grün gestreift. Sterile Dsp 2, 2,3–4,5 mm lg. 0,20–1,50. ○ 6–9. **W. Z** s ⚥ Trockensträuße; **N** s Futter, Vogelfutter; ○ (W-Medit.: Brachland – 1576).

**Kanariengras, Echtes G., Spitzsamen** – *Ph. canariensis* L.

Ähnlich: **Kleines G.** – *Ph. minor* RETZ.: Hsp 4,5–5,5 mm lg. Sterile Dsp 1 od. 2, 0,2–1,8 mm lg. **Z** s.

**Borstenhirse** – *Setaria* P. BEAUV. 125 Arten

Lit.: SAKAMOTO, S. 1987: Origin and dispersal of common millet and foxtail millet. Japan Agric. Res. Quart. **21**: 84–89.

1 Reife SpelzFr im FrStand bleibend, ihre Dsp gelblich od. gelb, selten orange od. rötlichbraun. Borsten länger od. kürzer als die Ährchen, gelblich, selten schwarz (Abb. 801/4). Stg bis 1 cm dick, steif aufrecht. BlSpreite kahl, sehr br; BlScheide auf der Fläche abstehend behaart. 0,40–1,50. ○ 6–10. **N** Vogelfutter im S z, früher im O auch als Getreide, Grünfutter s; **Z** s; ○ (entstanden aus *S. viridis* (L.) P. BEAUV. – Z- u. S-As. – Bronzezeit, in China seit 2700 v. Chr.). [*Panicum italicum* L.]

**Kolben-B.**, **Kolbenhirse**, **Vogelhirse** – *S. italica* (L. ) P. BEAUV.

Sortengruppen: **Große Kolbenhirse** – convar. *italica* [convar. *maxima* (ALEF.) KÖRN. ex MANSF.]: Ährenrispe bis 30 cm lg, gelappt, überhängend. Borsten die Ährchen meist weit überragend. – **Ungarische Kolbenhirse, Mohar** – convar. *moharia* (ALEF.) KÖRN. ex MANSF. [*Panicum germanicum* ROTH]: Ährenrispe ziemlich kurz, nicht gelappt. Dsp der SpelzFr ± glatt, glänzend. Borsten wenig länger als die Ährchen.

1* Reife SpelzFr aus dem FrStand ausfallend, ihre Dsp deutlich querrunzlig, stark gewölbt, länger als die obere Hsp. Borsten länger als die Ährchen, zu 4–12 gebüschelt, gelblich od. rötlichgelb. OSeite wenigstens der jungen BlSpreite am Grund mit lg, auffallenden, abstehenden Haaren. 0,10–0,40(–1,00). ○ 7–9. **W. Z** auch Trockensträuße; ○. [*Panicum pumilum* POIR., *S. lutescens* (STUTZ) F. T. HUBB., *S. glauca* auct.]

**Fuchsrote B.**, **Gelbe B.** – *S. pumila* (POIR.) ROEM. et SCHULT.

**Lampenputzergras** – *Pennisetum* RICH. 100 Arten

1 Ährenrispe eifg bis kurz zylindrisch, sehr dicht, nickend, 3–12 cm lg u. bis 6 cm br. Borsten bis 6 cm lg, spreizend, gelblich bis rosa, im unteren Teil lg u. dicht zottig-fedrig behaart. Ährchen 9–5 mm lg. 0,20–0,60. ⚃ ∿ ○ 7–9. **Z** z; ⚥ ○ (trop. NO-Afr., Arabien: felsiges Bergland – 1891).

**Wolliges L.**, **Wolliges Federborstengras** – *P. villosum* R. BR. ex FRESEN.

Selten kult **Z**: **Afrikanisches L.**, **Springbrunnengras** – *P. setaceum* (FORSSK.) CHIOV. [*P. rueppellii* STEUD.]: Pfl dicht borstig; Stg bis 130 cm lg. Ährenrispe zylindrisch, locker, ± aufrecht, bis 30 cm lg. Borsten ± 3,5 cm lg, kurz u. locker behaart (O-Medit.).

**1\*** Ährenrispe zylindrisch, ± aufrecht, 10–25 cm lg u. bis 4(–5) cm br. Borsten gerade, röt-lich-bräunlich od. meist bläulich bis purpurn, kahl (Abb. **801**/1). Ährchen 6–8 mm lg. 0,30–1,00. ♃ ⌣ 8–10. **Z** z; ⚥ ○ (O- u. SO-As., Australien: Gras- u. Buschland – einige Sorten u. Varietäten – 1820). [*P. compressum* R. Br., *P. japonicum* Trin., *Gymnothrix japonica* (Trin.) Kunth]

  **Japanisches L., Kängurugras, Pinselborstengras** – *P. alopecuroides* (L.) Spreng.

Selten kult **Z**: **Amerikanisches L.** – *P. latifolium* Spreng. [*Gymnothrix latifolia* (Spreng.) Schult.]: Pfl 1,50–2,00; Stg oft oben verzweigt. Bl bis 6 cm br. Borsten nur ± 5 mm lg, so lg wie das Ährchen, eine Borste etwa doppelt so lg.


**Tabelle E: Rispengräser**
(Rispenäste kurz: Tabelle D Ährenrispengräser, S. 801)

**1** Ährchen in Paaren od. zu 2–3, mit 1 sitzenden (od. fast sitzenden) u. 1–2 gestielten Ähr-chen, seitlich an ± gestielten rispenfg angeordneten Trauben . . . . . . . . . . . . . . . . **2**
**1\*** Ährchen einzeln od. gebüschelt an ein- bis mehrfach verzweigten Seitenästen . . . **5**
**2** Sitzende u. gestielte Ährchen ähnlich, ⚥, begrannt (Abb. **803**/4) . . . . . . . . . . . . . . **3**
**2\*** Sitzende Ährchen ⚥; gestielte Ährchen ♂ od. steril, ohne Grannen u. schmaler od. klei-ner als das sitzende Ährchen (Abb. **806**/1) . . . . . . . . . . . . . . . . . . . . . . . . . . . . . . **4**
**3** Halm 1–2 m od. mehr. Rispe 20–60 cm lg, oft gelappt. Untere Hsp derb, ohne deutlich hervortretende Nerven, behaart od. kahl, am Grund mit Haaren, diese etwa so lg wie das Ährchen. Granne 2–6 mm lg, gerade od. leicht gebogen.
  **Seidengras** – *Tripidium* S. 819
**3\*** Halm 0,60–1,50 m. Rispe 10–20 cm lg, dicht od. etwas locker. Untere Hsp dünn, ohne deutlich hervortretende Nerven, behaart od. kahl, am Grund mit Haaren, diese kürzer als das Ährchen. **Raubart** – *Spodiopogon* S. 820
**4** (2) Rispe dicht, 6–15 cm lg, ihre Äste aufrecht, ± parallel. Traubenachse u. Ährchen-stiele mit durchscheinender Mittellinie, an den Rändern wie die Ährchen lg seidig be-haart. **Bartgras** – *Bothriochloa* S. 820
**4\*** Rispe dicht bis locker, 8–40 cm lg, ihre Äste ausgebreitet od. schräg aufrecht. Trauben-achse u. Ährchenstiele derb, ohne durchscheinende Mittellinie. Ährchen kurz anliegend behaart od. fast kahl, stark glänzend. **Mohrenhirse** – *Sorghum* S. 820
**5** (1) Ährchen vom Rücken her zusammengedrückt. FrSp hart, glatt u. stark glänzend, od. matt u. querrunzelig . . . . . . . . . . . . . . . . . . . . . . . . . . . . . . . . . . . . . . . . . . . . . **6**
**5\*** Ährchen seitlich zusammengedrückt (Abb. **808**/4) od. drehrund . . . . . . . . . . . . . . **7**
**6** Ährchen 2blütig; untere Hsp deutlich kürzer als das Ährchen. Unterste B ♂ od. steril, mit dünner Dsp (Ährchen mit scheinbar 3 Hsp). **Hirse** – *Panicum* S. 815

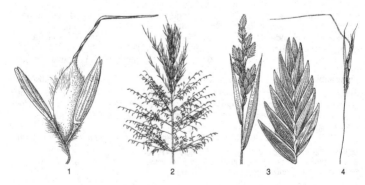

**6\*** Ährchen 1blütig; untere Hsp etwa so lg wie das Ährchen. **Flattergras** – *Milium* S. 817

**7** **(5)** Ährchen 1blütig ................................................. **8**

**7\*** Ährchen 2–∞blütig .............................................. **11**

**8** Hsp länger als die Dsp, diese mit mindestens 4 cm lg (selten kürzerer), kräftiger, kahler od. behaarter Granne. **Federgras, Pfriemengras** – *Stipa* S. 817

**8\*** Hsp so lg wie die Dsp od. wenig länger, diese ohne Granne od. wenn Hsp deutlich länger als die Dsp, diese mit höchstens 10 mm lg od. nur wenig die Hsp überragender, dünner Granne ...................................................... **9**

**9** Dsp dicht weißzottig. **Raugras** – *Achnatherum* S. 817

**9\*** Dsp kahl, selten mit einzelnen Haaren, nur am Grund meist ± lg behaart ........ **10**

**10** Ährchen 1,5–4 mm lg. ♃ od. ☉. **Straußgras** – *Agrostis* S. 816

**10\*** Ährchen 4–10 mm lg. ♃. **Reitgras** – *Calamagrostis* S. 816 u.
**Bastardstrandhafer** – × *Calammophila* S. 816

**11** **(7)** Ährchen in kleinen, dichten Büscheln zu 3–5, davon 2–4 steril, mit 6–12 leeren Dsp, 4–8 mm lg, das 1blütige fruchtbare Ährchen völlig einhüllend.
**Goldgras** – *Lamarckia* S. 811

**11\*** Ährchen einzeln, kurz od. lg gestielt ................................... **12**

**12** BlHäutchen durch einen Haar- od. Wimperkranz ersetzt, od. dieser einem schmalen Hautsaum aufsitzend ............................................. **13**

**12\*** BlHäutchen gestutzt, stumpf od. spitz od. ± tief gezähnelt .................. **19**

**13** Unterste B des Ährchens ♂ od. steril ................................. **14**

**13\*** Unterste B des Ährchens ♀ od. ♂ ................................... **15**

**14** BlSpreiten 20–30(–50) mm br, an der Scheidenmündung öhrchenfg, behaart. Ährchen 2–6blütig, schmal, länglich, zwischen den Sp mit spelzenlg, dichten u. weißen Haaren.
**Schilf** – *Phragmites* S. 818

**14\*** BlSpreiten (8–)10–17 mm br. Ährchen 8–12blütig, br eifg, haarlos (Abb. **806**/3).
**Plattährengras** – *Chasmanthium* S. 819

**15** **(13)** Dsp 3–5nervig, zumindest im unteren Teil lg behaart. **Pfahlrohr** – *Arundo* S. 817

**15\*** Dsp 3nervig, kahl od. nur am Grund behaart, od. (3–)5–7nervig u. am Grund lg behaart
................................................................. **16**

**16** Halm bis 3 m hoch, mit bis 1 m lg u. dichter Rispe. Ährchen mit lg, zottigen Haaren.
**Pampasgras** – *Cortaderia* S. 818

**16\*** Halm u. Rispe kürzer. Ährchen ohne zottige Haare ....................... **17**

**17** Ausläufergras. Rispe 9–17 cm lg, länglich bis eifg, nickend. Dsp am Rand behaart, mit 3–4 mm lg, endständiger Granne. **Zwergschilf** – *Hakonechloa* S. 818

**17\*** Horstgras od. ☉. Rispe aufrecht, bis 60(–100) cm lg. Dsp kahl, ohne Granne .... **18**

**18** Stg nur am zwiebelfg Grund mit Knoten, darüber knoten- u. blattlos, oft aber bis zur Mitte von den BlScheiden eingehüllt u. scheinbar bis dorthin beblättert.
**Pfeifengras** – *Molinia* S. 818

**18\*** Stg bis oben od. bis zur Mitte knoten- und blatttragend. Dsp. 1–4 mm lg.
**Liebesgras** – *Eragrostis* S. 818

**19** **(12)** BlScheiden fast bis oben geschlossen ............................. **20**

**19\*** BlScheiden offen ................................................. **22**

**20** Ährchen ohne Grannen, mit (1–)2 ♀, B, darüber 1 gestielte Knospe von 2–3 weiteren, geschlossen bleibenden sterilen B (Abb. **803**/3). **Perlgras** – *Melica* S. 803

**20\*** Ährchen mit od. ohne Grannen, ohne gestielte Endknospe .................. **21**

**21** BlSpreiten in der Mitte mit Doppelrinne (Schienenblatt, Abb. **812**/2). Dsp immer ohne Granne. Sumpf- u. Wassergräser. **Schwaden** – *Glyceria* S. 812

**21\*** BlSpreiten ohne Doppelrinne, oseits höchstens fein gestreift. Dsp begrannt, selten ohne Granne. Gräser des festen Landes. **Trespe** – *Bromus* S. 812

**22** **(19)** Ährchen mit schwach herzfg Grund, an langen Stielen hängend, mit waagerecht abstehenden, stumpfen, unbegrannten Dsp (Abb. **812**/3). **Zittergras** – *Briza* S. 812

**22\*** Ährchen am Grund nie herzförmig. Dsp ± aufrecht ....................... **23**

**23**  Beide Hsp deutlich kürzer als das Ährchen; B 2reihig übereinander u. über den Hsp stehend . . . . . . . . . . . . . . . . . . . . . . . . . . . . . . . . . . . . . . . . . . . . . . . . . . . . . . . . **24**

**23*** Beide Hsp od. nur die obere (fast) so lg wie das Ährchen od. länger; B daher scheinbar zwischen den Hsp stehend . . . . . . . . . . . . . . . . . . . . . . . . . . . . . . . . . . . . . . . **28**

**24**  Dsp am Rücken gerundet, ohne deutlich hervortretenden Mittelnerv; Ährchen im ⌀ rundlich bis oval . . . . . . . . . . . . . . . . . . . . . . . . . . . . . . . . . . . . . . . . . . . . . . . **25**

**24*** Dsp gekielt, mit deutlich hervortretendem Mittelnerv; Ährchen im ⌀ 2schneidig . . . . **26**

**25**  Dsp stumpf bis etwas spitzlich, am Grund behaart.
                            **Salzschwaden** – *Puccinellia* S. 811

**25*** Dsp spitz, grannenspitzig od. mit spitzenständiger od. fast spitzenständiger Granne, selten ohne Granne, am Grund kahl.         **Schwingel** – *Festuca* S. 809

**26**  **(24)** Ährchen am Ende der lg Rispenäste knäuelig gehäuft. Unterster Rispenast einzeln u. ohne grundständigen Zweig (Abb. **808**/2). BlSpreiten in der Mitte mit einfacher Rinne.
                                **Knaulgras** – *Dactylis* S. 811

**26*** Rispe nicht aus mehreren Knäueln bestehend. Unterster Rispenast meist mit grundständigen Zweigen (Abb. **809**/7) . . . . . . . . . . . . . . . . . . . . . . . . . . . . . . . . . . . . . **27**

**27**  BlSpreiten fast ungerieft, nur in der Mitte mit Doppelrinne (Schienenblatt, Abb. **812**/2). Alle od. die unteren B des Ährchens ♀.        **Rispengras** – *Poa* S. 810

**27*** BlSpreiten ohne Doppelrinne. Die 2 untersten B steril u. querrunzlig.
                              **Ehrhartgras** – *Ehrharta* S. 818

**28**  **(23)** Unterste B des Ährchens unscheinbar, schuppenfg, steril.
                     **Rohr-Glanzgras** – *Phalaris arundinacea* S. 805

**28*** Unterste B des Ährchens groß, fertil . . . . . . . . . . . . . . . . . . . . . . . . . . . . . . . . . . **29**

**29**  Untererste B des Ährchens alle ♀ u. wenigstens 1 B begrannt; wenn untere B ♂, dann nur diese lg begrannt u. die oberen B kurz begrannt od. unbegrannt . . . . . . . . . . **30**

**29*** Unterste B des Ährchens ♀ od. ♂, kurz begrannt od. grannenlos . . . . . . . . . . . . . . **31**

**30**  Pfl an den StgKnoten behaart, geruchlos. Unterste B des 2–3blütigen Ährchens ♀.
                                **Honiggras** – *Holcus* S. 815

**30*** Pfl an den StgKnoten kahl, nach Waldmeister (Kumarin) duftend. Unterste B des 2–3blütigen Ährchens ♂.        **Mariengras** – *Hierochloë* S. 815

**31*** **(29)** DspGranne die Hsp nicht od. wenig überragend, od. wenn weit überragend, dann Ährchen <4 mm . . . . . . . . . . . . . . . . . . . . . . . . . . . . . . . . . . . . . . . . . . . . . . . . . **32**

**31**  DspGranne wenigstens von 1 B die Hsp weit überragend. Ährchen >5 mm . . . . . . **35**

**32**  Granne in der Mitte mit kurzem Dornkranz, am Ende keulenfg verdickt (Abb. **812**/4). Pfl horstig. Bl borstlich, starr aufrecht, stark graugrün.
                            **Silbergras** – *Corynephorus* S. 815

**32*** Granne ohne Dornkranz, am Ende nicht keulenfg . . . . . . . . . . . . . . . . . . . . . . . . . . **33**

**33**  Pfl (5–)10–40 cm hoch, zart, ☉. Rispe sehr locker. Ährchen 1,5–3,5 mm lg.
                            **Haferschmiele** – *Aira* S. 815

**33*** Pfl meist höher als 40 cm, kräftiger, ♃. Ährchen 4–6(–7) mm lg . . . . . . . . . . . . . . **34**

**34**  BlSpreiten fein borstlich, im ⌀ stielrund bis 5eckig, oseits rinnig. Rispenäste geschlängelt.           **Drahtschmiele** – *Avenella* S. 815

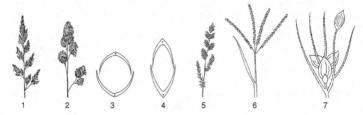

1        2        3        4        5        6        7

**34*** BlSpreiten flach, oseits stark gerippt u. sehr rau. Rispenäste nicht geschlängelt.
             **Schmiele** – *Deschampsia* S. 815

**35** **(31)** BlSpreiten in der Mitte mit Doppelrinne (Schienenblatt, Abb. **812**/2).
             **Wiesenhafer** – *Avenula* S. 814

**35*** BlSpreiten ohne Doppelrinne, oseits ± deutlich gerippt od. nur fein gestreift . . . . . . **36**

**36** BlSpreiten meist eingerollt, oseits stark gerippt. Ährchen 9–14 mm lg.
             **Staudenhafer** – *Helictotrichon* S. 814

**36*** BlSpreiten flach, oseits fein od. wenig deutlich gerippt bis glatt . . . . . . . . . . . . . . . **37**

**37** Dsp spitz od. undeutlich 2spitzig. Ährchen 7–11 mm lg. BlSpreiten fein gestreift.
             **Glatthafer** – *Arrhenatherum* S. 814

**37*** Dsp deutlich 2spitzig od. mit 2 Seitengrannen . . . . . . . . . . . . . . . . . . . . . . . . . . . **38**

**38** Pfl lockerrasig od. mit Ausläufern, ♃. BlSpreiten oseits fein behaart (selten kahl) u. fein gerippt. Ährchen 5–8,5 mm lg.      **Grannenhafer** – *Trisetum* S. 814

**38*** Pfl ☉. BlSpreiten oseits kahl, ungerippt. Ährchen 10–33 mm lg. **Hafer** – *Avena* S. 813

**Schwingel** – *Festuca* L. [incl. *Schedonorus* P. BEAUV.]   ·   480 Arten

Lit.: KERGUÉLEN, M., PLONKA, F. 1989: Les *Festuca* de la flore de France. Bull. Soc. Centre-Ouest, Num. Spécial 10. Dignac. – PORTAL, R. 1999: *Festuca* de France. Vals-près-Le Puy.

**1** BlSpreiten 3–16 mm br, flach ausgebreitet . . . . . . . . . . . . . . . . . . . . . . . . . . . . . **2**

**1** BlSpreiten 0,2–3 mm br, gefaltet, ± borstenfg . . . . . . . . . . . . . . . . . . . . . . . . . . . **4**

**2** Dsp in eine 10–20 mm lg, meist geschlängelte Granne auslaufend. BlSpreiten 20–60 cm lg, oseits matt und graugrün, useits dunkelgrün, glänzend. Rispe 10–45 cm lg, locker u. zur BZeit weit ausgebreitet, meist überhängend. Ährchen 3–9blütig, 8–20 mm lg. 0,40–1,50. ♃ ⊻ 6–8. **W**. **Z** s Naturgärten, Gehölzgruppen; ∨ ✼ ≃ ◐ ●. [*Schedonorus giganteus* (L.) HOLUB]      **Riesen-Sch.** – *F. gigantea* (L.) VILL.

**2*** Dsp spitz od. in eine bis 4(–6) mm lg Granne auslaufend . . . . . . . . . . . . . . . . . . **3**

**3** GrundBlScheiden weißlich, zäh, nicht zerfasernd. BlSpreiten am Grund mit bewimperten Öhrchen. Rispe locker, aufrecht; die längeren Rispenäste mit 5–15 Ährchen. 0,50–2,00(–2,50). ♃ ⊻ 6–8. **W**. **N** Futtergras; ∨ ○ (einige Sorten). [*Schedonorus arundinaceus* (SCHREB.) DUMORT.]      **Rohr-Sch.** – *F. arundinacea* SCHREB.

**3*** GrundBlScheiden braun, bald zerfasernd. BlSpreiten mit kahlen Öhrchen. Rispe locker, nach der BZeit zusammengezogen; die längeren Rispenäste mit 3–4(–7) Ährchen. 0,30–1,20. ♃ ⊻ 6–8. **W**. **N** Futtergras; ∨ Licht- u. Kaltkeimer ○ (1789 – mehrere Sorten). [*Schedonorus pratensis* (HUDS.) P. BEAUV.]  **Wiesen-Sch.** – *F. pratensis* HUDS.

**4** **(1)** Pfl rasenfg, mit ± lg unterirdischen Ausläufern od. horstfg mit kurzen unterirdischen Ausläufern. BlSpreiten im ∅ ± eckig . . . . . . . . . . . . . . . . . . . . . . . . . . . . **5**

**4*** Pfl ohne unterirdische Ausläufer. BlSpreiten im ∅ ± elliptisch od. kreisfg . . . . . . . . **6**

**5** BlScheiden in der unteren Hälfte od. bis ²/₃ geschlossen, mit tiefer Längsfurche, die untersten oft rötlichviolett. BlSpreiten fast haarfg. Rispe 7–22 cm lg, schmal. Ährchen 6–10 mm lg. 0,50–1,20. ♃ ⊻ 5 – 6. **W**. **Z** s Heidegärten; ∨ ✼ ○.
             **Amethyst-Sch.** – *F. amethystina* L.

1    2    3    4    5    6    7

**5\*** BlScheiden ohne Längsfurche, rötlich. BlSpreiten der Erneuerungssprosse im ⌀ 0,6–0,8 mm, borstenfg, die der HalmBl 1,5–2,5 mm br u. rinnenfg bis flach. Rispe 5–15 cm lg. Ährchen 7–14 mm lg, oft rötlichviolett überlaufen. 0,20–0,80(–1,10). ⚃ ⚭ 5–7. **W. N** Futter- u. Sportrasengras (1762 – mehrere Unterarten u. Sorten).
**Rot-Sch.** – *F. rubra* L.

Ähnlich: **Horst-Sch.** – *F. nigrescens* LAM. (*F. rubra* L. subsp. *commutata* GAUDIN): Pfl dicht horstig, ohne od. mit sehr kurzen Ausläufern. **W. N** Wiesen, Weiden.

**6** **(4)** BlSpreiten im ⌀ 0,2–0,7 mm, oseits mit 1 od. 3 Rippen . . . . . . . . . . . . . . . . . . **7**

**6\*** BlSpreiten im ⌀ > 0,7 mm, oseits mit 3 od. mehr Rippen . . . . . . . . . . . . . . . . . . . . . **9**

**7** BlSpreiten blaugrün, meist deutlich bereift, rau, mit 3 Rippen u. meist 3 kräftigen, dicken Baststrängen (2 an den Rändern u. 1 unterhalb des Mittelnervs). Dsp 3,5–5 mm lg, mit 0,5–2,5 mm lg Granne. 0,15–0,60. ⚃ ⚲ 6–7. **W. Z** Heidegärten.
**Walliser Sch.** – *F. valesiaca* SCHLEICH. ex GAUDIN

**7\*** BlSpreiten grün bis graugrün, unbereift, mit nur 1 Rippe u. useits mit ± vereinigten Baststrängen . . . . . . . . . . . . . . . . . . . . . . . . . . . . . . . . . . . . . . . . . **8**

**8** PolsterPfl. BlSpreiten kahl u. glatt, gekrümmt u. etwas stechend. Rispe 4,5–10 cm lg, dicht, mit wenigen 9–12 mm lg, grannenlosen Ährchen. 0,20–0.50. ⚃ ⚲ 6–8. **Z** Rabatten △ Parks; ∀ ⚇ ○ ◑ (Pyr.: subalp.–alp. Felsrasen). [*F. scoparia* (A. KERN. et HACK.) NYMAN] **Bärenfell-Sch.** – *F. gautieri* (HACK.) K. RICHT.

**8\*** HorstPfl. BlSpreiten wenigstens unter der Spitze rau, nicht stechend. Rispe 2–8 cm lg, zur BZeit ausgebreitet. Ährchen 4–6 mm lg. Dsp bis 0,4 mm lg grannenspitzig. 0,10–0,50. ⚃ ⚲ 5–6. **W. N** Begrünungssaaten, auch **Z**; ∀ ⚇ ○ ◑ ⊖. [*F. tenuifolia* SIBTH.] **Haar-Sch.** – *F. filiformis* POURR.

Ähnlich: **Schaf-Sch.** – *F. ovina* L.: Ährchen oft violett überlaufen. DspGranne 0,8–2 mm. **W. Z** △; **N** Böschungsbegrünung; ∀.

**9** **(6)** Rispe locker, zur BZeit weit ausgebreitet u. überhängend. BlHäutchen ca. 0,6 mm lg. Ährchen 8–11 mm lg, violett gescheckt. DspGranne kurz, bis 0,5 mm lg. 0,30–0,60. ⚃ ⚲ 5–7. **Z** △; ∀ ⚇ ⊕ (SO-Alpen: offne Rasen, Geröll, Kalkfelsen, 1500–2100 m).
**Glatter Bunt-Sch.** – *F. calva* (HACK.) K. RICHT.

Ähnlich: **Gescheckter Bunt-Sch.** – *F. varia* HAENKE: BlHäutchen u. DspGranne länger. Rispe dichter. **Z** s (O-Alpen, Balkan, Türkei, Kauk.: saure Hochgebirgs-Magerrasen).

**9\*** Rispe dicht, unterwärts ± unterbrochen, zur BZeit mit etwas spreizenden, steifen Ästen . . . . . . . . . . . . . . . . . . . . . . . . . . . . . . . . . . . . . . . . . . . . . . . . . . . **10**

**10** BlSpreiten glatt, hart u. stechend, gewöhnlich bläulich bereift, oseits mit 1, selten 3 Rippen, useits mit dicker Bastschicht. BlScheiden kahl. 0,15–0,30(–0,40). ⚃ ⚲ 6–7. **Z** △ Natur- u. Heidegärten; ∀ ⚇ ○ ⊕ (O-Pyr.: Küstenfelsen – 1830).
**Blau-Sch.** – *F. glauca* VILL.

Ähnlich: **Stechender Sch.** – *F. punctoria* SM.: BlSpreiten gekrümmt, oseits mit 5 Rippen (Türkei: Bithynischer Olymp: subalp. Felsrasen u. Schotter, Kalk u. Silikat).

**10\*** BlSpreiten ± rau, nicht stechend, selten bläulich bereift, mit 3–5 Rippen u. meist unterbrochener Bastschicht. Wenigstens einige BlScheiden behaart. 0,10–0,50(–0,70). ⚃ ⚲ 5–7. **W. N** Weidegras, Begrünungssaaten; ∀ ○ (einige Sorten). [*F. stricta* Host subsp. *trachyphylla* (HACK.) PATZKE] **Raublatt-Sch.** – *F. brevipila* R. TRACEY

**Rispengras, Rispe** – *Poa* L. [incl. *Ochlopoa* (ASCH. et GRAEBN.) H. SCHOLZ] 400 Arten

**1** Stg weich u. schlaff, oft niederliegend. Untere B eines Ährchens ♀, die oberen 1 od. 2 ♀. Dsp am Grund kahl. Staubbeutel (0,5–)0,7–1,2 mm lg. 0,02–0,30(–0,50). ⊙ (⚃) 1–12. **W. N** Futtergras, Weidegras, Sportrasen; Lichtkeimer ○ ◑ (einige Sorten). [*Ochlopoa annua* (L.) H. SCHOLZ] **Einjähriges R., Jährige R.** – *P. annua* L.

**1\*** Wenigstens einige Stg derb u. straff aufrecht. Alle unteren B eines Ährchens ♀, die 1 od. 2 oberen steril . . . . . . . . . . . . . . . . . . . . . . . . . . . . . . . . . . . . . . . . . . **2**

**2** Pfl mit lg unterirdischen Ausläufern. BlSpreiten 2–6 mm br, flach ausgebreitet, am Ende kapuzenfg. Rispe 4–16(–20) cm lg, zusammengezogen od. ausgebreitet. Ährchen 4–6 mm lg, grün, gewöhnlich violett überlaufen. 0,20–1,00. ♃ ⌇⌇ 5–7. **W** (formenreich). **N** Futtergras, Sport- u. Zierrasen; Lichtkeimer ○ ◖ (einige Sorten – 1698).

**Wiesen-R.** – *P. pratensis* L.

**2*** Pfl ohne od. nur mit kurzen, bis 5 cm lg, unterirdischen Ausläufern . . . . . . . . . . . . **3**

**3** BlScheiden seitlich stark abgeflacht. BlSpreiten bis 45 cm lg, 5–10(–14) mm br. Rispe 10–20 cm lg. Ährchen 6–9 mm lg,. Dsp schief eifg, kahl. 0,50–1,20. ♃ ⊻ (⌇⌇) 5–7. **W. Z** Parkrasen; ∀ ⴱ ◖ ● ⊝.

**Berg-R., Wald-R.** – *P. chaixii* VILL.

**3*** BlScheiden gerundet. BlSpreiten höchstens 20 cm lg u. 5 mm br. Dsp auf den Nerven ± behaart . . . . . . . . . . . . . . . . . . . . . . . . . . . . . . . . . . . . . . . . . . . . . . . . **4**

**4** BlScheiden am Grund dicht gestellt u. lange erhalten bleibend u. eine walzenfg Strohtunika bildend. BlSpreiten 2–4 mm br, am Ende kapuzenfg. Ährchen 5–10blütig, 4–7 mm lg, eifg. 0,10–0,40. ♃ ⊻ i 6–8. **W. Z** △; ∀ Kaltkeimer ⴱ, Brutknospen ○ ◖.

**Alpen-R.** – *P. alpina* L.

**4*** BlScheiden keine Strohtunika bildend . . . . . . . . . . . . . . . . . . . . . . . . . . . . . . . **5**

**5** BlSpreiten useits glänzend. BlHäutchen der HalmBl 4–7 mm lg, spitz. Ährchen 2–4blütig, 3–4 mm lg, hellgrün bis bräunlich od. violett überlaufen. Dsp mit 5 starken Nerven. 0,20–0,50(–1,00). ♃ ⌇⌇ 6–7. **W. N** Weidegras; ∀ Lichtkeimer ○ ◖ ≈ (1699).

**Gewöhnliches R.** – *P. trivialis* L.

**5*** BlSpreiten useits matt. BlHäutchen höchstens 3 mm lg. Ährchen 2–5blütig, 3–5 mm lg. Hsp schmal-lanzettlich. Dsp undeutlich nervig . . . . . . . . . . . . . . . . . . . . . . . . . . . **6**

**6** Pfl mit oberirdischen Ausläufern. BlSpreiten bis 20 cm lg, weich, überhängend. BlHäutchen 2–3 mm lg. Dsp an der Spitze auffallend gelbbraun. 0,20–1,00. ♃ ⊻ u. kurze ⌇⌇ 6–8. **W. Z** Teichränder, Wassergärten; ∀ Lichtkeimer ≈ ○ ◖.

**Sumpf-R.** – *P. palustris* L.

**6*** Pfl mit kurzen unterirdischen Ausläufern. BlSpreiten 6–15 mm lg, die oberen fast waagerecht vom Halm abstehend. BlHäutchen 0,2–0,5 mm lg, oft fast fehlend. Dsp an der Spitze nicht auffallend gefärbt. 0,15–0,50. ♃ ⊻ (⌇⌇) 6–7. **W. Z** Gehölzgruppen, Lichtkeimer ◖ ● (einige Sorten – 1762).

**Hain-R.** – *P. nemoralis* L.

**Salzschwaden** – *Puccinellia* PARL. 150 Arten

Pfl mit oberirdischen Ausläufern. Rispe dicht, zusammengezogen, anfangs Rispenäste aufrecht abstehend. Ährchen (3–)5–7(–10)blütig, 5–10(–13) mm lg. 0,10–0,60. ♃ ⌇⌇ 6–9. **W. (N)** Weidegras, aber nicht angesät (Medit., W-, Z- u. N-Eur.: nasse Salzrasen der Küsten). **Strand-S., Andel** – *P. maritima* (HUDS.) PARL.

**Knaulgras, Knäuelgras** – *Dactylis* L. 5 Arten

BlScheiden seitlich abgeflacht. BlHäutchen bis 10 mm lg. BlSpreiten 2–15 mm br. Rispe 3–30 cm lg, aufrecht, zur BZeit ± weit ausgebreitet, ihre Äste im oberen Teil verzweigt u. dicht mit knäuelfg angeordneten Ährchen besetzt (Abb. **808/2**). Ährchen 2–5blütig, 5–9 mm lg. Dsp am Kiel behaart, spitz od. mit kurzer, bis 1,5 mm lg Granne. 0,50–1,20. ♃ ⊻ 5–8. **W. N** Futtergras, Ansaaten für Dauergrünland (ca. 12 Sorten). **Z** nur Sorte, Staudenbeete; Lichtkeimer (1697 – Sorte: 'Variegata': Bl weiß gestreift).

**Gewöhnliches K.** – *D. glomerata* L.

**Goldgras** – *Lamarckia* MOENCH 1 Art

Rispe 4–8 cm lg u. bis 2,5 cm br, dicht, gewöhnlich einseitig. Die aspektbildenden gelb glänzenden sterilen Ährchen in kurz gestielten Gruppen zusammen mit den unscheinbaren fertilen zur Reifezeit zusammen abfallend. 0,10–0,20(–0,40). ⊙ 6–9. **Z** z ⚘ Trockensträuße (Medit., VorderAs., Iran, Afgh.: Sand, Felsen, Mauern, Ruderalstellen im Tiefland – 1770). **Goldgras** – *L. aurea* (L.) MOENCH

**Zittergras** – *Briza* L. [*Macrobriza* Tzvelev]                                      10 Arten
1  Rispe mit 1–12 Ährchen, diese 14–30 mm lg u. 8–15 mm br, 7–25blütig. 0,10–0,60.
   ☉ 5–7. **Z** z Ziergrasmischungen, ⚥ Trockensträuße (Medit.: trockne, offne Kalksteil-
   hänge, Dünen – 1633). [*Macrobriza maxima* (L.) Tzvelev]
                                                   **Großes Z., Riesen-Z.** – *B. maxima* L.
1* Rispe mit ∞ Ährchen, diese 3–7 mm lg u. br, 4–12blütig (Abb. **812**/3) . . . . . . . . . . 2
2  BlHäutchen 3–6 mm lg. Rispe u. Rispenäste zierlich, reich verzweigt. Dsp bis 3,6 mm
   lg. Staubbeutel 0,6–0,7 mm lg. 0,10–0,60. ☉ 6–9. **Z** s ⚥ Trockensträuße (Medit.:
   Feuchtwiesen, Waldränder im Tiefland – 1697).                **Kleines Z.** – *B. minor* L.
2* BlHäutchen 0,5–2 mm lg. Rispe u. Rispenäste derber u. weniger reich verzweigt. Dsp
   3,6–4 mm lg. Staubbeutel 2–2,5 mm lg. 0,15–0,75. ♃ ⚲ (⚭) 6–8. **W. Z** Naturgär-
   ten,Trockensträuße (auch mit gelben Ährchen – 1687).
                                                 **Gewöhnliches Z., Herz-Z.** – *B. media* L.

**Schwaden** – *Glyceria* R. Br.                                                         50 Arten
1  Stg straff aufrecht, bis 1 cm dick. Rispe reichblütig, 20–40 cm lg, ihre Äste ± weit ausge-
   breitet. Ährchen 4–8(–12)blütig, 6–12 mm lg. Dsp 3–3,5 mm lg. 0,80–2,00(–2,50). ♃
   ⚭ 6–9. **W. N** Futtergras; **Z** Wassergärten, Parkteiche; wuchert stark! (Sorte: Gestreif-
   ter Wasser-Sch. – 'Variegata': BlSpreiten gelb gestreift: schwachwüchsiger als die Art
   – 1899). [*G. aquatica* (L.) Wahlenb.]                **Wasser-Sch.** – *G. maxima* (Hartm.) Holmb.
1* Stg aufsteigend, oft niederliegend, dünner als 5 mm. Rispe armblütig, 10–30 cm lg, ihre
   Äste zur FrZeit anliegend. Ährchen 8–16blütig, 5–10 mm lg. Dsp 6–7 mm lg. 0,30–1,00.
   ♃ ⚲ ⚭ 5–8. **W. N** Futtergras, Weidegras; früher SammelPfl (Körner: „Schwaden-
   grütze").                                          **Flutender Sch.** – *G. fluitans* (L.) R. Br.

Ähnlich: **Falt-Sch.** – *G. notata* Chevall. [*G. plicata* (Fr.) Fr.]: Rispe reichblütig, ihre Äste zur FrZeit
abstehend. **W. N** früher SammelPfl, Futtergras.

**Trespe** – *Bromus* L. [incl. *Anisantha* K. Koch, *Bromopsis* Fourr., *Ceratochloa* P. Beauv.]
                                                                                        100 Arten
Lit.: Portal, R. 1995: *Bromus* de France. Vals-près-Le Puy.

1  Ährchen seitlich stark zusammengedrückt, Sp auf dem Rücken gekielt. Granne 4–7
   (–10) mm lg. 030–1,00. ☉ (♃) 6–10(–11). **W. N** s Futtergras; ○ (westl. N-Am. von Alas-
   ka bis S-Kalif. u. Dakota: feuchte Wälder, trocknes Grasland und Gebüsch,
   Ruderalstellen; eingeb. in M-Eur.). [*Ceratochloa carinata* (Hook. et Arn.) Tutin]
                                          **Kalifornische T., Plattähren-T.** – *B. carinatus* Hook. et Arn.
1* Ährchen nicht stark zusammengedrückt. Sp auf dem Rücken gerundet . . . . . . . . . 2
2  Untere Hsp 1–3nervig, obere 3nervig, beide schmal lanzettlich . . . . . . . . . . . . . . . 3
2* Untere Hsp 3–5(–7)nervig, obere 5–9(–11)nervig, beide elliptisch . . . . . . . . . . . . . 5
3  Ährchen zur Spitze hin verbreitert, locker, 6–13blütig. Granne etwa so lg wie die 12–19
   mm lg Dsp. Rispe 4–15 cm lg. 0,10–0,60. ☉ 5–7. **Z** s Trockensträuße; ○ (Medit. bis
   Krim u. Iran: trockne Wälder u. Weiden, Sandküste – 1789). [*Anisantha madritensis* (L.)
   Nevski]                                               **Mittelmeer-T.** – *B. madritensis* L.

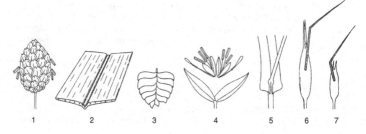

1                    2                    3                    4              5        6        7

**3\*** Ährchen zur Spitze hin verschmälert. Granne kürzer als die 7–15 mm lg Dsp, od. Granne fehlend. Rispe bis 25 cm lg. ♃ . . . . . . . . . . . . . . . . . . . . . . . . . . . . . . . . . . . **4**

**4** Pfl horstig. Untere BlScheiden mit zerstreuten, abstehenden Haaren. BlSpreiten entfernt gewimpert. Dsp mit 4–10 mm lg Granne. 0,30–1,20. ♃ ⊻ 5–10. **W** Trockenrasen. **N** z Böschungssaaten, Futtergras; ∨ ○. [*Bromopsis erecta* (HUDS.) FOURR.]
　　　　　　　　　　　　　　　　　　　　　　　　　**Aufrechte T.** – *B. erectus* HUDS.

**4\*** Pfl mit Ausläufern. BlScheiden kahl, selten die unteren dicht kurz behaart. Dsp unbegrannt od. bis 3 mm lg begrannt. 0,30–1,00. ♃ ⤳ 6–7. **W. N** s Futtergras; ∨ ○. [*Bromopsis inermis* (LEYSS.) HOLUB]　　**Unbegrannte T., Wehrlose T.** – *B. inermis* LEYSS.

**5** **(2)** BlScheiden kahl, selten untere zerstreut behaart. Dsp zur FrZeit einander nicht deckend, stark eingerollt. Granne fehlend od. höchstens 8 mm lg. 0,30–1,10. ⊙ 6–7. Anthropogen im Ackerbau entstanden (Neolithikum), unter Getreide, früher auch als **N** angebaut: Körnerfrucht, Grünfutter. **W. Z** s ⚥ ; ○.　　　　**Roggen-T.** – *B. secalinus* L.

**5\*** BlScheiden dicht seidenhaarig od. abstehend behaart. Dsp zur FrZeit einander deckend . . . . . . . . . . . . . . . . . . . . . . . . . . . . . . . . . . . . . . . . . . . . **6**

**6** BlScheiden dicht seidenhaarig. Rispe groß, mit lg, dünnen, ausgebreiteten Ästen. Ährchen 4–10blütig, 1–2 cm lg. Staubbeutel 3–5 mm lg. 0,25–1,10. ⊙ 5–7(–10). **W. Z** s ⚥ Trockensträuße.　　　　　　　　　　　　　　　　**Acker-T.** – *B. arvensis* L.

**6\*** BlScheiden dicht abstehend behaart . . . . . . . . . . . . . . . . . . . . . . . . . . . . . . **7**

**7** Ährchen eifg, 15–25 mm lg u. 10–15 mm br, unbegrannt. Rispe mit bis 10 cm lg, weit überhängenden Seitenästen, die nur 1 (selten 2) Ährchen tragen. 0,30–0,60. ⊙ 6–8. **Z** Sommerblumenbeete, ⚥ Trockensträuße; ○ ◐ (Transkauk., S-Turkmen., Iran: offne steinig-kiesige Hänge, Gebüsch – 1830).
　　　　　　　　　　　　　　　**Zittergras-T.** – *B. briziformis* FISCH. et C. A. MEY.

**7\*** Ährchen elliptisch od. lanzettlich, begrannt. Granne zur FrZeit spreizend od. zurückgebogen . . . . . . . . . . . . . . . . . . . . . . . . . . . . . . . . . . . . . . . . . . . . **8**

**8** Rispe aufrecht, ziemlich dicht. Dsp 12–15 mm lg, meist dicht behaart. 0,50–0,80. ⊙ 6–8. **Z** Sommerblumenbeete, ⚥ Trockensträuße; ⊳ ○ (Medit. bis Vorder- u. M-As.: trockne Hänge, offnes Waldland, Ruderalstellen). [*B. macrostachys* DESF.]
　　　　　　　　　　　　　　　　　　　**Großährige T.** – *B. lanceolatus* ROTH

Ähnlich: **Sparrige T.** – *B. squarrosus* L.: Rispe locker, Dsp 8–11 mm lg, meist kahl. **W. Z** s.

**8\*** Rispe ausgebreitet, locker. Dsp 7–9(–11) mm lg, meist kahl, selten behaart. 0,20–050 (–70). ⊙ 5–6. **Z** Sommerblumenbeete ⚥ Trockensträuße; ○ (Türkei, Syr., Libanon, Transkauk., Krim: trocknes, offnes Waldland, Hänge, ruderal). [*B. japonicus* THUNB. subsp. *anatolicus* (BOISS. et HELDR.) PÉNZES]
　　　　　　　　　　　　　**Anatolische T.** – *B. anatolicus* BOISS. et HELDR.

**Hafer** – *Avena* L.　　　　　　　　　　　　　　　　　　　　　　　25 Arten
Lit.: BAUM, R. 1977: Oats: Wild and cultivated. Ottawa.

**1** Dsp unbegrannt od. auf dem Rücken in der Mitte mit meist gerader, 15–40 mm lg Granne, am Ende kurz 2spitzig. Ährchenachse derb u. zäh. 0.60–1,00(–1,80). ⊙ 6–8. **N** v Körner- u. Futtergetreide (vermutliche Ausgangsart: *A. sterilis* L.: S-Eur., SW-As. – in D. kult seit Bronzezeit, seit Beginn des 20. Jh. Anbaurückgang wegen geringerer Pferdehaltung – ∞ Sorten, meist zu var. *aurea* KÖRN.: gelbspelzig, grannenlos). [incl. *A. orientalis* (SCHREB.) KÖRN.]　　　　　　　　　**Saat-H.** – *A. sativa* L.

Hybr mit **Flug-H.** – *A. fatua* L. od. spontane Abänderung des Saat-H. (Fatuoide): Ährchenachse unter den B ± brüchig.

Ähnlich: **Chinesischer Nackt-H.** – *A. chinensis* FISCH. ex ROEM. et SCHULT. [*A. sativa* L. subsp. *chinensis* (ROEM. et SCHULT.) JANCH. ex CONERT]: Fr locker von dünnhäutiger Dsp u. Vsp umhüllt. Früher **N** Körnergetreide s. – **Wild-H., Taub-H.** – *A. sterilis* L.: Granne gekniet, 30–90 cm lg. Die 2–3(–4) Fr bei der Reife als geschlossene Einheit aus den Hsp leicht abfallend. **Z** s Sommerblumenbeete, ⚥ Trockensträuße ○ (Medit., Kauk., Iran, Afgh.).

**1\*** Dsp im oberen Drittel begrannt, am Ende mit zwei 3–9 mm lg zarten Seitengrannen (Abb. **812/6**). Ährchenachse dünn, zäh od. seltener ± leicht brüchig. 0,40–1,20(–1,50). ⊙ 6–8. **N** früher Körner- u. Futtergetreide s; **W** unter Saatgetreide z (W-Medit., eingeb. in M-Eur. – Bronzezeit).                          **Sand-H., Rau-H., Bart-H.** – *A. strig̱osa* SCHREB.

Ähnlich: **Kurz-H.** – *A. br̲e̲vis* ROTH [*A. n̲u̲da* L. subsp. *br̲e̲vis* (ROTH) MANSF.]: Dsp mit 0,2–1 mm lg Seitengrannenspitzen (Abb. **812/7**). Früher **N** Körner- u. Futtergetreide s, **W** unter Saatgetreide s. – **Nackt-H.** – *A. n̲u̲da* L. [*A. strig̱osa* SCHREB. var. *n̲u̲da* (L.) HAUSSKN.]: wie *A. br̲e̲vis*, aber Fr locker von dünnhäutiger Dsp u. Vsp umschlossen. Früher **N** Körnergetreide s (Medit., Kauk., Arab.: sandig-steinige Hänge).

**Staudenhafer** – *Helict̲o̲trichon* BESSER ex ROEM. et SCHULT.                30 Arten

**1** BlHäutchen der GrundBl 0,5–1,5 mm lg. Rispe 8–20 cm lg. Ährchenspindel mit 4–5 mm lg Haaren. 0,40–1,50. ⚇ ⊻ 6–8. **Z** z △ Heidegärten; ∀ ♈ ○ (SW-Alpen: Felsrasen u. Gebüsch der Bergstufe – 1820).        **Blaustrahl-St.** – *H. semp̲e̲rvirens* (VILL.) PILG.

**1\*** BlHäutchen der GrundBl 3–8 mm lg. Rispe höchstens 15 cm lg. Ährchenspindel mit 2–3 mm lg Haaren . . . . . . . . . . . . . . . . . . . . . . . . . . . . . . . . . . . . . . . . **2**

**2** Dichtes Horstgras. BlHäutchen der StgBl 1–3 mm lg. Rispe 4–8 cm lg, locker, aufrecht od. etwas überhängend, mit 6–18 Ährchen. Die 2–3 begrannten SpFr zur Reifezeit einzeln aus den Hsp fallend. 0,30–0,60. ⚇ ⊻ 5–7. **Z** s △ Naturgärten; ∀ ⊳ ♈ ○ (O-Eur., As: Steppen, sandig-steinige Hänge).

**Steppen-St., Steppenhafer** – *H. desert̲o̲rum* (LESS.) NEVSKI

**2\*** Lockeres Horstgras mit kurzen unterirdischen Ausläufern. BlHäutchen der StgBl 3–6 mm lg. Rispe 9–15 cm lg, locker od. ± zusammengezogen, aufrecht od. nickend, mit 16–50 Ährchen. Die 2–3 begrannten SpFr zur Reifezeit als Ganzes aus den Hsp fallend. 0,40–1,00. ⚇ ⊻ (〰〰) 6–8. **W**. **Z** △, Naturgärten; ∀ ♈ ◐ ○ ⊕.

**Parlatore-St.** – *H. parlat̲o̲rei* (J. WOODS) PILG.

**Wiesenhafer** – *Av̲e̲nula* (DUMORT.) DUMORT. [*Helict̲o̲trichon* BESSER ex ROEM. et SCHULT. p. p.]                                                                35 Arten

**1** Untere Halmglieder u. BlScheiden seitlich stark zusammengedrückt, glatt od. rau. Rispe 5–25 cm lg, länglich eifg. Ährchen 5–8(–12)blütig, meist braun, violett u. weiß gefleckt, ohne die 12–18 mm lg Grannen 16–28 mm lg. 0,50–1,00(–1,20) lg. ⚇ ⊻ (〰〰) 7–8. **Z** s △ Heidegärten; ∀ ♈ (O-Sudeten, Karp.: hochmontan–subalp. Wiesen, lichte Wälder). [*Helict̲o̲trichon planic̲u̲lmis* (SCHRAD.) PILG.]

**Platthalm-W.** – *A. planic̲u̲lmis* (SCHRAD.) SAUER et CHMELITSCHEK

**1\*** Untere Halmglieder drehrund u. BlScheiden nicht seitlich zusammengedrückt, die unteren meist weichhaarig. Rispe 10–20 cm lg, Ährchen ohne die 12–22 mm lg Grannen 12–20 mm lg. 0,30–0,90(–1,20). ⚇ 〰〰 5–7. **W. Z** ∀ ♈ ○ (1789). [*Helict̲o̲trichon pub̲e̲scens* (HUDS.) PILG.]        **Flaumiger W.** – *A. pub̲e̲scens* (HUDS.) DUMORT.

**Glatthafer** – *Arrhen̲a̲therum* P. BEAUV.                                        8 Arten

Pfl lockerhorstig. Rispe 10–50 cm lg, lanzettlich, locker od. ziemlich dicht. Ährchen gewöhnlich 2blütig. Untere B ♂, im unteren Drittel mit 10–20 mm lg, geknieter Granne; obere B ♀, ohne (seltener oberhalb der Mitte mit) Rückengranne; beide zur FrZeit ohne die Hsp als Ganzes abfallend. 0,50–1,50. ⚇ ⊻ 6–7. **W. N** Futtergras, **Z** s Staudenbeete: nur Sorte; ∀ Lichtkeimer ♈ ○ (nördl. Medit., W-, Z- u. westl. O-Eur. – 1789 – Sorte: Gestreifter Hoher G. – 'Variegatum': BlSpreiten gelb gestreift).
**Hoher G., Französisches Raygras** – *A. el̲a̲tius* (L.) P. BEAUV. ex J. PRESL et C. PRESL

**Grannenhafer** – *Tris̲e̲tum* PERS.                                            50 Arten

**1** Pfl lockerrasig, mit kurzen ober- od. unterirdischen Ausläufern. Untere BlScheiden ± zottig behaart (selten kahl). Dsp am Grund 0,3–0 ,5 mm lg behaart, an den Rändern u. an der Spitze zarthäutig, mit 5–9 mm lg, geknieter Rückengranne. 0,30–0,80(–1,10).

♃ ⊻ (〜〜) 5–7(–9). **W. N** Futtergras; Ⅴ Lichtkeimer ♥ ○ ◖.

               **Gold-G., Goldhafer** – *T. flavescens* (L.) P. BEAUV.
**1\*** Pfl mit lg, oberirdischen Ausläufern. BlScheiden kahl. Bl auffallend zweizeilig gestellt.
Dsp am Grund bis 3 mm lg behaart, in der unteren Hälfte häutig, mit grünem Mittelstreif,
im oberen Drittel mit 5–7 mm lg, geknieter Rückengranne. 010–0,30. ♃ 〜〜 7–8. **W. Z**
s △; Ⅴ ♥ ○ ⊕ (Alpen, Balkan: alp. Steinschuttfluren auf Kalk, Bachkies, 800–3300 m).
               **Zweizeiliger G.** – *T. distichophyllum* (VILL.) P. BEAUV.

**Drahtschmiele** – *Avenella* DREJER [*Deschampsia* P. BEAUV. p.p.]       5 Arten
BlHäutchen 1–3 mm lg. Rispe bis 15 cm lg, locker, ausgebreitet, ihre Seitenäste meist
geschlängelt. Ährchen 4–6 mm lg, hellbraun, oft violett überlaufen od. silbrig glänzend.
0,30–0,60. ♃ ⊻ (〜〜) 6–8. **W. Z** z Parks, Gehölzgruppen, Naturgärten; Ⅴ Lichtkeimer
♥ ◖ ● ⊖ (1762). [*Deschampsia flexuosa* (L.) TRIN.]
               **Schlängel-D.** – *A. flexuosa* (L.) DREJER

**Schmiele** – *Deschampsia* P. BEAUV.       20 Arten
Derbes Horstgras. BlSpreiten oseits auffallend rau, zäh, 10–60 cm lg u. 2–5 mm br.
BlHäutchen 6–8 mm lg. Rispe 10–50 cm lg u. bis 20 cm br, meist locker. Ährchen
(3–)4–5 mm lg. 0,30–1,00. ♃ ⊻ 6–8. **W. Z** Naturgärten, Staudenbeete, Gehölzränder;
Ⅴ Lichtkeimer, Sorten nur ♥, ◖ ○ (1762 – formenreich – Sorten: Goldene Rasen-Sch.
– 'Goldschleier': Rispenäste u. Ährchen goldgelb. – Hohe Rasen-Sch. – 'Altissima':
Halm bis 2 m hoch, Dsp im oberen Teil gelblich. – Niedrige Rasen-Sch. – 'Tardiflora':
Halm 30–40 cm hoch).             **Rasen-Sch.** – *D. cespitosa* (L.) P. BEAUV.

**Haferschmiele, Nelkenhafer** – *Aira* L.       10 Arten
Rispe bis 10 cm br. Ährchen 1,5–2,5 mm lg; ihre Stiele 1 cm od. länger. 0,10–0,40.
⊙ 5–8. **Z** s Ziergrasmischungen, Heidegärten, Staudenbeete; ○ (Medit. bis N-Iran,
südl. M-Eur.: trockne Grasfluren auf saurem Sand u. Grus, Dünen, offne Wälder). [*A. ca-
pillaris* HOST, *A. elegans* GAUDIN]
            **Haarfeine H., Zierlicher Nelkenhafer** – *A. elegantissima* SCHUR
Ähnlich: **Gewöhnlicher N.** – *A. caryophyllea* L.: Ährchen 2–3,5 mm lg; ihre Stiele bis 1 cm. **W. Z** s.

**Mariengras** – *Hierochloë* R. BR.       30 Arten
**1** Rispe 4–12 cm lg. Ährchen 3,5–6,5 mm lg. Dsp der beiden unteren ♂ B unbegrannt od.
mit einer 0,1–0,5 mm lg Grannenspitze; Dsp der obersten ZwitterB 2,8–3,4 mm lg.
0,20–0.60(–0,90). ♃ 〜〜 5–6. **W. Z** Teichufer; Ⅴ ♥ ◖ ○ ≈.
               **Duft-M.** – *H. odorata* (L.) P. BEAUV.
**1\*** Rispe 8–25 cm lg. Ährchen 8–11 mm lg. Dsp der ♂ B 5,5–9 mm lg begrannt; Dsp der
obersten ZwitterB 4–5 mm lg. 0,50–1,50. ♃ 〜〜 6–8. **Z** s (S-Am.: Kap Horn bis M-Chile
u. M-Argent.: feuchte Wiesen, an Wasserläufen, Küste bis niedrige Gebirge).
           **Amerikanisches M.** – *H. redolens* (VAHL) ROEM. et SCHULT.

**Honiggras** – *Holcus* L.       8 Arten
Pfl mit unterirdischen Ausläufern u. zahlreichen nicht blühenden Halmtrieben. Rispe
4–12 mm lg, zusammengezogen u. ziemlich dicht, nur zur BZeit ausgebreitet. Die
obere ♂ B des 2blütigen Ährchens begrannt. 0,30–0,80. ♃ 〜〜 6–8. **W. Z** Naturgärten,
Gehölzgruppen; ♥ ◖ ○ ⊖.            **Weiches H.** – *H. mollis* L.

**Silbergras** – *Corynephorus* P. BEAUV. [*Weingaertneria* BERNH.]   5 Arten
BlSpreiten borstlich, steif, rau; BlScheiden rosa überlaufen. Ährchen 2blütig. Hsp 3–4,5
mm lg, weißlichgrün, oft rötlich od. purpurn, länger als die 2–3,5 mm lg begrannte Dsp.
0,15–0,30. ♃ ⊻ 6–8. **W. Z** s Heidegärten; Ⅴ ○ ⊖. [*Weingaertneria canescens* (L.)
BERNH.]           **Graues S., Igelgras** – *C. canescens* (L.) P. BEAUV.

**Straußgras** – *Agrostis* L. (incl. *Neoschischkinia* TZVELEV) 150 Arten

Lit.: BJÖRKMAN, S. O. 1960: Studies in *Agrostis* and related genera. Symb. Bot. Ups. **17**: 1–112. – WIDÉN, K.-G. 1971: The genus *Agrostis* L. in eastern Fennoscandia. Taxonomy and distribution. Fl. Fennica 5.

1 Vsp mindestens $1/2$ so lg wie die Dsp ................................... **2**
1* Vsp höchstens $1/3$ so lg wie die Dsp, oft fast ganz fehlend ................... **6**
2 Rispe bis 30 cm lg, sehr locker, mit 10 od. mehr Wirtelästen. Ährchen etwa 1,5 mm lg.
  Vsp fast ebenso lg wie die Dsp. 0,08–0,40(–80). ☉ 6–8. **Z** Rabatten ✗ Trockensträuße;
  Lichtkeimer ▭ ○ (Z- u. SO-Span., Marokko: trockne Sand- u. Gipshügel). [*Neoschisch-kinia nebulosa* (BOISS. et REUT.) TZVELEV]    **Schleier-S.** – *A. nebulosa* BOISS. et REUT.
2* Rispe weniger locker, mit höchstens 7 Wirtelästen. Ährchen 2–3,5 mm lg. ♃ .... **3**
3 Pfl graugrün. Die 2 Seitennerven der Dsp meist in 0,2–0,5 mm lg Grannenspitzen aus-
  laufend. 0,15–0,50. ♃ ⅄ (⌒⌒) 6–7. **W**. **Z** Rasensaaten; ∀ ♥ ○ (Medit.: Weinberge,
  ruderal, oft feucht u. kalkarm).    **Kastilisches S.** – *A. castellana* BOISS. et REUT.
3* Pfl hell- od. dunkelgrün. Dsp ohne deutliche Grannenspitzen ................ **4**
4 BlHäutchen der HalmBl kurz, höchstens 1,2 mm lg. 0,10–1,00. ♃ ⅄ 6–8. **W**. **Z** Heide-
  gärten, **N** Futtergras im Bergland; **Z** s ✗; ∀ Lichtkeimer ♥ ○ (1762).
                                              **Rot-S.** – *A. capillaris* L.
4* BlHäutchen der HalmBl 2–6 mm lg ....................................... **5**
5 Pfl mit unterirdischen Ausläufern. Halm aufrecht od. aufsteigend. Rispe zur Reifezeit
  spreizend. 0,40–1,20. ♃ ⌒⌒ 6–8. **W**. **N** Futtergras; ∀ Lichtkeimer ♥ ○.
                                  **Riesen-S., Fioringras** – *A. gigantea* ROTH
5* Pfl ohne unterirdische Ausläufer, meist mit lg oberirdischen. Rispe zur Reifezeit zusam-
  mengezogen. 0,10–1,00. ♃ ⌢⌢ 6–8. **W**. **N** Futtergras; ∀ Lichtkeimer ♥ ○ ≈, salztole-
  rant (1697).    **Flecht-S., Weißes S.** – *A. stolonifera* L.
6 **(1)** Kleines, dichtes Horstgras. Rispe höchstens 6 cm lg. Rispenäste glatt. Ährchen
  meist braun-violett. 0,05–0,20. ♃ ⅄ 7–8. **W**. **Z** s △; ∀ Lichtkeimer ♥ ○ ⊖.
                                              **Felsen-S.** – *A. rupestris* ALL.
  Ähnlich: **Alpen-S.** – *A. alpina* SCOP.: Rispenäste rau. **W**. **Z** s.

6* Höhere, lockerrasige Pfl. Rispe 6–20 cm lg. Rispenäste rau ................. **7**
7 Horstgras ohne oberirdische Ausläufer. Rispenäste in der Mitte u. oberhalb 2–3fach
  gegabelt. 0,30–1,00. ♃ ⅄ 7–9. **Z** s Staudenbeete ✗; ∀ ▭ Lichtkeimer ○ ◑ (warmes
  bis gemäß. O- u. Z-Am.: SO-Kanada bis Florida u. Texas: trockne u. feuchte Standorte).
  [*A. pulchella* KUNTH]    **Amerikanisches S.** – *A. perennans* (WALTER) TUCK.
7* Pfl mit oberirdischen Ausläufern. Rispenäste gleichmäßiger verzweigt, kaum gegabelt.
  0,15–0,75. ♃ ⌢⌢ 6–8. **W**. **Z** Golfrasen; ∀ Lichtkeimer ♥ ○ ≈ ⊖ (1762).
                                              **Hunds-S.** – *A. canina* L.

**Reitgras** – *Calamagrostis* ADANS. [*Deyeuxia* CLARION ex P. BEAUV.] 150 Arten

Rispe 10–20 cm lg, im Umriss lanzettlich. Ährchen 5–6 mm lg. Hsp schmal lanzettlich,
im oberen Teil röhrenfg zusammengerollt. Haare am Grund der Dsp deutlich kürzer als
die Hsp. 1.00–1,80. ♃ ⅄? 7–8. **W**. **Z** z Staudenbeete, Heidegärten; ♥ ◐ ○. [*C. arun-dinacea* (L.) ROTH × *C. epigejos* (L.) ROTH; *C. epigejos* hort., Sorte 'Karl Förster']
                        **Garten-R., Garten-Sandrohr** – *C.* × *acutiflora* (SCHRAD.) DC.

Selten kult **W**: **Wald-R.** – *C. arundinacea* (L.) ROTH [*Deyeuxia pyramidalis* (HOST) VELDKAMP], Sorte:
'Purpurea', Pfl rotbraun. – **Sumpf-R.** – *C. canescens* (WEBER ex F. H. WIGG.) ROTH. – **Berg-R., Bunt-R.** – *C. varia* (SCHRAD.) HOST [*Deyeuxia montana* (GAUDIN) P. BEAUV.] – **Wolliges R.** – *C. villosa* (CHAIX ex VILL.) J. F. GMEL. – Alle **Z** s.

**Bastardstrandhafer** – × *Calammophila* BRAND [× *Ammocalamagrostis* P. FOURN.,
                        *Calamagrostis* ADANS. × *Ammophila* HOST]

Ährenrispe locker gelappt, bräunlich bis violett. 0,60–1,30. ♃ ⌒⌒ 6–7. **W**. **N** z Dünen-
schutz; ∀ ♥ ○ (Pfl dem einen od. anderen Elter ähnlich od. intermediär). [*Calamagros-*

*tis epig*e*jos* (L.) ROTH × *Amm*o*phila aren*a*ria* (L.) LINK]
   **Baltischer B., Baltischer Strandhafer** – × *C. b*a*ltica* (FLÜGGE ex SCHRAD.) BRAND

**Flattergras** – *M*i*lium* L.                       7 Arten
BlSpreiten 6–15 mm br, dünn u. flach. Rispe bis 30 cm lg, sehr locker, ausgebreitet. Ährchen 3–3,5 mm lg, schmal-elliptisch bis eifg. 0,60–1,20. ♃ ⅣⅬ ∿ 5–6. **W. Z** s Gehölzgruppen, Parks; Ⅴ Kaltkeimer ❦ ☽ ● (Sorte: Golden-F. – 'Aureum': BlSpreiten gelblich – 1789).          **Wald-F., Waldhirse** – *M. eff*u*sum* L.

**Federgras, Pfriemengras** – *St*i*pa* L. [incl. *Macr*o*chloa* KUNTH]    300 Arten

1  Die endständige, gekniete Granne wenigstens im oberen Teil deutlich weiß behaart   **2**
1* Die endständige, gekniete Granne wenigstens im oberen Teil (über dem Knie) fein borstig behaart od. rau . . . . . . . . . . . . . . . . . . . . . . . . . . . . . . . . . . . . . . . . . . . . **3**
2  Grannen 25–33 cm lg, im unteren, verdrehten Teil kahl u. glatt, über dem Knie 2–6 mm lg dicht federig behaart. 0,40–0,70. ♃ ⅣⅬ 5–7. **W. Z** z △ Steppenbeete, Heidegärten ⚥ Trockensträuße: Grannen; Ⅴ Kaltkeimer ○ ⊕ (1697 – ▽). [*St. j*o*annis* ČELAK.]
                        **Echtes F., Mädchenhaargras** – *St. penn*a*ta* L.

Ähnlich: **Großes F., Schönes F.** – *St. pulch*e*rrima* K. KOCH: Halm 30–1,00 cm lg. Grannen 30–50 cm lg. **W. Z** z △ (▽).

2* Grannen 13–19 cm lg, im unteren Teil 0,5–0,8 mm lg anliegend behaart, über dem Knie 1,5–2 mm lg abstehend behaart. 0,30–0,80. ♃ ⅣⅬ 5–7. **Z** z Naturgärten, Heidegärten ⚥; Ⅴ Kaltkeimer ○ (W-Medit. bis Sizil.: Felstriften).      **Reiher-F.** – *St. barb*a*ta* DESF.
3  **(1)** Ährchen gelb, in sehr lockerer, weit ausladender Rispe. Grannen 7–12 cm lg, scharf rau. Staubbeutel an der Spitze gebärtet, mit kurzem, feinem Haarbüschel. 1,50–2,00. ♃ ⅣⅬ 6–8. **Z** z Solitär, Naturgärten; Ⅴ ❦ ○ ∧ (W-Medit.: Sand- u. Felstriften). [*Macr*o*chloa aren*a*ria* (BROT.) KUNTH]       **Pyrenäen-P.** – *St. gigant*e*a* LINK

Selten kult **Z**: **Espartogras** – *St. tenac*i*ssima* L. [*Macr*o*chloa tenac*i*ssima* (L.) KUNTH]: Pfl mit dicken, derben Stg u. kurzen Rhizomen, bis 2 m hoch. Rispe dicht, 25–35 cm lg. Grannen 4–6 cm lg, im unteren Teil behaart (W-Medit.).

3* Ährchen silbrig, in lockerer Rispe, mit 12–18(–25) cm lg, fein borstiger bis rauer Granne. Staubbeutel ohne Haarbüschel. 0,30–1,00. ♃ ⅣⅬ 6–8. **W. Z** z Solitär, Staudenbeete ⚥; Ⅴ Kaltkeimer ❦ ○ ⊕ (▽).       **Haar-P., Büschelhaargras** – *St. capill*a*ta* L.

**Raugras** – *Achn*a*therum* P. BEAUV. [*Lasiagr*o*stis* LINK]          20 Arten
Horstbildend, mit kurzem Rhizom. Bl flach. BlHäutchen fast fehlend. Rispe reichährig, locker od. ± dicht. Dsp am Rücken behaart, mit 8–12 mm lg Spitzengranne. 0,60–1,20. ♃ ∿ 6–9. **W. Z** s Staudenbeete, Naturgärten ⚥; Ⅴ ❦ ○. [*Lasiagr*o*stis calamagr*o*stis* (L.) LINK, *St*i*pa calamagr*o*stis* (L.) WAHLENB.]
          **Silber-R., Silberährengras** – *A. calamagr*o*stis* (L.) P. BEAUV.

**Pfahlrohr** – *Ar*u*ndo* L.                            7 Arten
Lit.: CONERT, H. J. 1961: Die Systematik und Anatomie der *Arundineae*. Weinheim 1961.
Halm am Grund (1–)3–6 cm dick, verholzend, auf der ganzen Länge dicht beblättert. BlSpreiten 1–6 cm br, meist überhängend. Rispe (kommt bei uns meist nicht zur Entwicklung) 30–60 cm lg, straff aufrecht. Ährchenspindel haarlos. 3,00–4,00(–6,00). ♃ ⅄ 8–10. **Z** s Teichränder, Solitär; ❦ ○ ≃ ∧ (südl. O-,W- u. M-As., Medit.: Gewässerufer – 1305? 1635 – var. *versicolor* AIT.: Bl weiß gestreift).
              **Italienisches P.** – *A. d*o*nax* L.

Selten kult **Z**: **Kleines P.** – *A. pl*i*nii* TURRA: Pfl nur 1–3 m hoch, Rispe locker (dem gewöhnlichen Schilf ähnlich, aber BlHäutchen nicht nur aus Haaren bestehend).

818 SÜSSGRÄSER

**Schilf** – *Phragmites* ADANS. 5–6 Arten

Lit.: RODEWALD-RUDESCU, L. 1974: Das Schilfrohr: *Phragmites communis* TRINIUS. Stuttgart. – BJÖRK, S., GRANÉLI, W. 1978: Energy reeds and the enviroment. Ambio **7**: 150–156. – CLEVERING, O. A., LISS-NER, J. 1999: Taxonomy, chromosome numbers, clonal diversity and population dynamics of *Phragmites australis*. Aquatic Bot. **64**: 185–208.

Bl graugrün, bis >60 cm lg u. bis 6 cm br. Rispe >30 cm, aufrecht od. nickend. 1,00–4,00. ⚃ ⚭, ⚬⚭ 8–9. **W. N** v Gewässer- u. Uferschutz, Abwasserreinigung, Industrie- u. WerkstoffPfl, StreuPfl; **Z** z Park- u. Gartenteiche ⚥ Trockensträuße; ♥ ○ ≈; Vorsicht, wuchert! (mehrere Standorts- u. Chromosomenrassen – Sorte: Gestreiftes Sch. – 'Striatopictus' ['Variegatus', 'Candy Stripe']: Bl weiß gestreift). [*Ph. communis* TRIN.] **Gewöhnliches Sch.** – *Ph. australis* (CAV.) TRIN. ex STEUD.

**Pampasgras** – *Cortaderia* STAPF 25 Arten

Lit.: CONERT, H. J. 1961: Die Systematik und Anatomie der *Arundineae*. Weinheim 1961.

HorstPfl, gewöhnlich 2häusig. Horst mit dicht stehenden, 1–2 m lg Bl; BlSpreiten am Rand scharf rau, überhängend. Rispe lg eifg, bis 1 m, silberweiß, auch rötlich od. purpurn. Ährchen 15–18 mm lg, 3–7blütig. 0,45–3,00. ⚃ 8–11. **Z** z Solitär ⚥ Trockensträuße; ∨ ♥ ○ ∧ (S-Am.: Brasil., Uruguay, Chile bis M-Argent.: Pampas, Sand- u. Schwemmboden – 1843 – einige Zuchtformen: u. a. *C. rosea* hort.: Rispe rosa). [*C. argentea* (NEES) STAPF, *Gynerium argenteum* NEES] **Amerikanisches P., Silber-P.** – *C. selloana* (SCHULT. et SCHULT. f.) ASCH. et GRAEBN.

**Zwergschilf** – *Hakonechloa* MAKINO ex HONDA 1 Art

BlSpreiten lanzettlich, mit feiner lg Spitze, 4–25 cm lg u. 5–15 mm br. Rispe locker. Ährchen 1–2 cm lg, 3–5blütig. 0,30–0,75. ⚃ ⚭ 8–10. **Z** △ Rabatten; ♥ ◐ ○ (M-Japan: O-Honshu: feuchte Felsklippen in GebirgsW – Formen mit gelb-grün gestreiften Bl). **Japan-Z.** – *H. macra* (MUNRO) HONDA

**Pfeifengras** – *Molinia* SCHRANK 9 Arten

Halm mit aufrechter, 30–75 cm lg, lockerer Rispe. Ährchen 2–4blütig, 6–9 mm lg, meist violett überlaufen. Ährchenachse mit einzelnen lg Haaren. Dsp 5–7 mm lg, lg-elliptisch. 1,00–2,00(–2,50). ⚃ ⚲ 6–9. **W. Z** Naturgärten, Gehölzgruppen; ∨ ▷ ♥ ≈ ○ ◐ (O-Frankr., N-It., Balkan, Kauk., südl. Z-Eur.: Kalkflachmoore, Waldränder – Sorte: Buntes Rohr-Pf. – 'Variegata': Bl grün-gelb gestreift). **Rohr-Pf.** – *M. arundinacea* SCHRANK

Ähnlich: **Blaues Pf.** – *M. caerulea* (L.) MOENCH: Stg kürzer. Ährchen 4–6 mm lg. Ährchenachse ohne lg Haare. **W. Z** s Staudenbeete; ∨ Kaltkeimer ♥ (Sorte nur ♥) ◐ ≈ (Sorte: Buntes Blaues Pf. – 'Variegata': Bl grün-gelb gestreift).

**Ehrhartgras** – *Ehrharta* THUNB. 35 Arten

Rispe 6–15 cm lg, mit aufsteigenden od. etwas spreizenden Rispenästen. Ährchen 3–4,2 mm lg, seitlich abgeflacht. Die unteren 2 Dsp steril u. die 1 obere fertile B umschließend, an den Flanken ± querrunzlig. 0,30–0,60. ⚃ ⚲? 6–9. **Z** s; ∨ ○ ◐ (S- u. O-Afr.: schattige, oft ruderale Standorte). **Aufrechtes E.** – *E. erecta* LAM.

**Liebesgras** – *Eragrostis* WOLF 300 Arten

Lit.: PORTAL, R. 2002: *Eragrostis* de France et de l'Europe occidentale. Vals-près-Le Puy.

1 Ährchen bei FrReife nicht zerfallend, die dicken, 1–1,3 mm lg Körner von den Sp fest umschlossen. Rispe locker, schlaff od. etwas zusammengezogen. 0,40–1,10. ⊙ 7–9. **W. Z** s ⚥, BegrünungsPfl; ▷ ○ (Äthiopien: Körnergetreide). [*E. abyssinica* (JACQ.) LINK] **Äthiopisches L., Teff** – *E. tef* (ZUCCAGNI) TROTTER

1* Ährchen bei FrReife mit leicht ausfallenden Körnern. Rispe niemals auffallend schlaff 2

2 BlSpreiten schmal, 1–3 mm br, in eine lg, geschlängelte od. schraubig gedrehte Spitze ausgezogen. Ährchenstiele kürzer als die Ährchen, den Rispenästen ± anliegend. Das

reife, weißliche od. rötliche Korn glänzend u. glasig-durchscheinend od. stumpf u. opak. 0,60–1,20. 24 ⌖? 8–10. **W.** **Z** s Staudenbeete, Heidebeete, auch BegrünungsPfl; v ▭ ⊽○ (südl. u. (sub)trop. Afr.: Grasland, gestörte Standorte).

                  **Krummblättriges L.** – *E. c_urvula* (SCHRAD.) NEES

**2\*** BlSpreiten 3–10 mm br, ohne lg fadenfg Spitze. Ährchenstiele mindestens so lg wie die Ährchen. Korn bräunlich . . . . . . . . . . . . . . . . . . . . . . . . . . . . . . . . . . . . . . . . . . . . **3**

**3** Rispe sehr locker. Ährchenstiele spreizend, bis 5fach länger als die Ährchen. Dsp spitz. Staubbeutel 1–1,7 mm lg. 0,50–1,20. 24 ⌖? 7–9. **Z** s Trockensträuße; v ○ (S- u. Z-USA: Illinois bis Nebraska u. Texas: Prärien, offne Wälder, trockner Sand, 100–2150 m).

                  **Haar-L.** – *E. trich_odes* (NUTT.) A. W. WOOD

**3\*** Rispe mäßig locker. Ährchenstiele so lg wie die Ährchen od. etwas länger. Dsp stumpf bis spitzlich. Staubbeutel 0,2–0,3 mm lg. 0,20–0,60. ⊙ 7–9. **Z** s; ○ (SW-USA, Mex., S-Am. bis Argent.: Äcker, Ruderalstellen, 100–3000 m).

                  **Mexikanisches L.** – *E. mexic_ana* (HORNEM.) LINK

**Plattährengras** – *Chasm_anthium* LINK          6 Arten

BlSpreiten am Grund verschmälert (Abb. **806**/3). Rispe 10–20 cm lg. Ährchen 8–12blütig, 2–3,5 cm lg u. 1–1,5 cm br, seitlich stark abgeflacht, zuweilen alle steril (ohne StaubBl). Dsp vielnervig. 1,00–1,40. 24 ⌖ 7–9. **Z** s Naturgärten, Heidegärten ⚥; v Selbstaussaat ⊽ ◐ ○ (warme bis warmgemäß. O-USA: Bach- u. Flussuferbänke, reiche FalllaubW – 1809). [*Un_iola latif_olia* MICHX.]

                  **Breitblättriges P.** – *Ch. latif_olium* (MICHX.) LINK

**Hirse, Rispenhirse** – *Pan_icum* L. [incl. *Megath_yrsus* (PILG.) B. K. SIMON et
             S. W. L. JACOBS]          500 Arten

**1** FrSp querrunzlig. Untere Hsp 3nervig, 1/3 so lg wie das Ährchen. Rispe aufrecht, ausgebreitet. 1,00–2,00. 24 ⌖? 8–10. **Z** s Solitär, Staudenbeete; v ⊽ ○ ∧ (trop. u. S-Afr.). [*Megath_yrsus m_aximus* (JACQ.) B. K. SIMON et S. W. L. JACOBS, *Ur_ochloa m_axima* (JACQ.) R. WEBSTER]          **Große H.** – *P. m_aximum* JACQ.

**1\*** FrSp glatt u. glänzend . . . . . . . . . . . . . . . . . . . . . . . . . . . . . . . . . . . . . . . . . . . **2**

**2** RhizomPfl. BlScheiden u. BlSpreiten kahl. Rispe sehr locker u. ausgebreitet. 1,00–2,00. 24 ⚥ 8–10. **Z** s Staudenbeete ⚥; v ⊽ ○ (O- u. Z-USA bis Mex., Costa Rica, Utah u. SO-Kanada: feuchte u. trockne Hochgrasprärien, trockne Hänge auf Sand, Ufer, Marschen – einige Sorten – 1781).          **Ruten-H.** – *P. virg_atum* L.

**2\*** Pfl ⊙. BlScheiden u. BlSpreiten behaart . . . . . . . . . . . . . . . . . . . . . . . . . . . . . **3**

**3** Untere Hsp 5–7nervig, 2/3 so lg wie das Ährchen. Rispe zusammengezogen od. wenig ausgebreitet, oft überhängend. 0,30–1,50. ⊙ 6–9. **N** früher v Körnergetreide, heute s, meist nur Vogelfutter; **W. Z** s ⚥; ○ (wohl entstanden aus Unkraut-Unterarten wie subsp. *ruder_ale* (KITAG.) TZVELEV mit reif abfallenden Körnern: Z-As., O-Eur.: Flussufer, Sand, Kies – in D. erstmals in der Jungsteinzeit im Anbau, später sehr verbreitet. Seit Anfang des 20. Jh. kaum noch als KörnerFr kult – Rispenform u. Kornfarbe unterschiedlich).

            **Echte H., Echte R.** – *P. mili_aceum* L.

**3\*** Untere Hsp 3–5nervig, 1/3–1/2 so lg wie das Ährchen. Rispe locker u. weit ausgebreitet, etwa so br wie lg; Rispenäste sehr dünn. 0,20–0,75(–1,20). ⊙ 6–8. **W. Z** s Sommerblumenbeete ⚥ Trockensträuße; ○ (warmes bis gemäß. N-Am. bis N-Mex. u. S-Kanada: Äcker, Weiden, Sand, Felsen, ruderal).       **Haarästige H.** – *P. capill_are* L.

**Seidengras** – *Trip_idium* H. SCHOLZ [*Rip_idium* TRIN., *Eri_anthus* auct. non MICHX.,
           *S_accharum* L. p.p.]          8 Arten

BlSpreiten linealisch, bis 1 m lg, am Grund bewimpert. Rispe 25–60 cm lg, dicht seidig behaart. Ährchen 2,5–5 mm lg. 1,50–3,00. 24 ⌖ 8–10. **Z** Solitär ⚥ Trockensträuße; v ▭ ⊽ Boden locker, sandig, ⊕, ○ ∧ blüht nur in S-D., im N ♣ (Medit., VorderAs. bis Afgh. u. N-Ind.: Fluss- u. Bachufer, feuchte Sandfluren – 1816). [*Eri_anthus rav_ennae*

(L.) P. Beauv., *Saccharum ravennae* (L.) Murray]

**Ravenna-S.** – *T. ravennae* (L.) H. Scholz

**Raubart** – *Spodiopogon* Trin.                                                            10 Arten

BlSpreiten lanzettlich, mit borstenfg Spitze, 15–40 cm lg u. bis 20 mm br. Ährchen in kurzen Trauben, eilanzettlich, ± 5 mm lg, wie die Ährchenstiele grauweiß behaart (Abb. **803**/4). 0,60–1,50. ♃ ⌇ 7–9(–10). **Z** s Naturgärten; V ᵀ ○ ☾ (Sibir., O-As.: Felstriften, OffenW).                                          **Grau-Raubart, Graubartgras** – *S. sibiricus* Trin.

**Mohrenhirse** – *Sorghum* Moench                                                    30 Arten

Sitzende Ährchen eifg bis fast kuglig, gelblichweiß bis schwarz, 4–5,5 mm lg, zur Reifezeit nicht abfallend (Abb. **806**/1). 0,50–1,00(–4,00). ⊙ 7–9. **Z** s ⚥; ▭ ○ (Afr.: Sahel – ∞ Sorten, in D. nur in Ziergrasmischungen die **Schwarze M.**– var. *aethiops* (Körn.) H. Scholz: Ährchen schwarz). [*S. vulgare* Pers.]

**Gewöhnliche M.** – *S. bicolor* (L.) Moench

**Bartgras** – *Bothriochloa* Kuntze                                                    35 Arten

Rispentrauben 15–30 od. mehr, 2–6 cm lg, mit 5–10 Ährchenpaaren. Sitzende Ährchen 2,8–6,5 mm lg u. 10–15 mm lg begrannt; gestielte Ährchen 2–4 mm lg, unbegrannt. 0,60–1,30. ♃ ⌄? 7–9. **Z** s Naturgärten; V ▭ ᵀ ○ (N- u. Z-Am., Bras.: Pampas).

**Silber-B.** – *B. saccharoides* (Sw.) Rydb.

# Literaturverzeichnis

Spezielle Literatur zu den behandelten Pflanzengruppen ist bei den entsprechenden Gattungen od. Familien zitiert, Literatur zu speziellen Anbauorten (Steingärten, Gartenteiche, Balkonkästen, Moorbeete, Gräber usw.) in Kap. 1.7 der Einleitung (S. 37–47).

## 1. Wichtige Florenwerke

Florenwerke mit zahlreichen Abbildungen sind mit einem * gekennzeichnet.

ABRAMS, L.; FERRIS, R. S.* 1940–1960: Illustrated flora of the Pacific States: Washington, Oregon, and California. Bd. 1–4. London [u. a.].

ADLER, W.; OSWALD, K.; FISCHER, R. 2005: Exkursionsflora für Österreich, Liechtenstein und Südtirol. 2. Aufl. Linz.

AESCHIMANN, D.; LAUBER, K.; MOSER, D. M.; THEURILLAT, J.-P.* 2004: Flora alpina. Bd. 1–3. Bern [u. a.].

BOLÓS, O. DE; VIGO, J.* 1984–2001: Flora dels Països Catalans. Bd. 1–4. Barcelona.

BOND, P.; GOLDBLATT, P. 1984: Plants of the Cape flora. Kirstenbosch.

BRITTON, N. L.; BROWN, A. 1970*: An illustrated flora of the Northern United States and Canada. 2. Aufl. New York.

CORRELL, D. S.; JOHNSTON, M. C. 1970: Manual of the vascular plants of Texas. Renner, Texas.

DIGGS, G. M.; LIPSCOMB, B. L.; O'KENNON, R. J.* 1999: Shinners & Mahler´s illustrated flora of North Central Texas. – Sida, Botanical Miscellany **16**. Dallas.

Flora Armenii* 1954–2001. Bd. 1–10. Erevan.

Flora Europaea. 1. Aufl. Bd. 1–5, 1964–1980, Repr. 1981–1986. 2. Aufl. Bd. 1, 1993. Cambridge.

Flora fanerogámica del Valle de México. 1979–1990: Bd. 1, 1979, 2, 1985. Mexico. Bd. 3, 1990. Pátzcuaro.

Flora iberica* 1986–2005 ff. Bd. 1–6, 7/1, 7/2, 8, 10, 14, 21 ff. Madrid.

Flora iranica* 1963–2005. Nr. 1–176. Graz.

Flora na Narodna Republika B'lgarija 1963–1995. Bd. 1–10. Sofia.

Flora nordica* 2000–2004 ff. Bd. 1, 2 u. General volume ff. Stockholm.

Flora of Australia* 1981–2006 ff. Bd. 1–58A ff. Melbourne.

Flora of Bhutan 1954–2001 ff.: Bd. 1–3 ff. Edinburgh.

Flora of China 1994–2006 ff. Bd. 4–24 ff. Beijing, St. Louis.

Flora of Ethiopia and Eritrea 1989–2004 ff. Bd. 2/1+2, Bd. 3 (u. d. T.: Flora of Ethiopia), Bd. 4/1+2, Bd. 6 u. 7 ff. Addis Ababa [u. a.].

Flora of Japan*. Bd. 1, 1995; 2b, 2001; 2c, 1999; 3a, 1993, Repr. 1995; 3b, 1995 ff. Tokyo.

Flora of New South Wales* 1990–2002. Bd. 1–4. Kensington.

Flora of New Zealand 1961–2000. Bd. 1–5. Wellington.

Flora of North America* 1993–2007 ff. Bd. 1–5, 19–26 ff. New York [u. a.].

Flora of Southern Africa 1963–2001 ff. Bd. 1–33 ff. Pretoria.

Flora of Turkey and the East Aegean Islands* 1965–2001. Bd. 1–11. Edinburgh.

Flora of Victoria* 1993–1999. Bd. 1–4. Melbourne [u. a.].

Flora Patagonica* 1969–1998. Bd. 1–3, 4a, 4b, 5–7. Buenos Aires.

Flora Reipublicae Popularis Sinicae* 1959–2004. Bd. 1–80/2. Beijing.

Flora RPR* 1952–1976. Bd. 1–13. Bucuresti.

Flora Sibiri 1988–2003. Bd. 1–14. Novosibirsk.

Flora SSSR 1934–1964. Bd. 1–30, Alfavitnye ukazateli k tt.1–30. Leningrad.

Flora Tadžikskoj SSR 1957–1991. Bd. 1–10. Leningrad.

GANDHI, K. N.; THOMAS, R. D. 1989: *Asteraceae* of Louisiana. Dallas.

GLEASON, H. A.; CRONQUIST, A. 1991: Manual of vascular plants of Northeastern United States and adjacent Canada. 2. Aufl. Bronx, N.Y.

GROSSGEJM, A. A. 1939–1967: Flora Kavkaza. Bd. 1–7. Baku, Moskva.

GRUBOV, V. I.* 2001: Key to the vascular plants of Mongolia. Bd. 1–2. Enfield, NH.

HARA, H.; STEARN, W. T.; WILLIAMS, L. H. J. 1978–1982: An enumeration of the flowering plants of Nepal. Bd. 1–3. London.

HEGI, G.*: Illustrierte Flora von Mitteleuropa. 1. Aufl. 1906–1931. München. 2. Aufl. 1936 ff., 3. Aufl. 1966 ff. München, Berlin.

HESS, H. E.; LANDOLT, E.; HIRZEL, R.* 1976–1980: Flora der Schweiz und angrenzender Gebiete. 2. Aufl. Bd.1–3. Basel [u. a.].

Higher plants of China* 1999–2005 ff. Bd. 3–11, 13 ff. (chinesisch). Qingdao.

HILLIARD, O. M. 1977: Compositae in Natal. Pietermaritzburg.

HITCHCOCK, C. L. (u. Mitarb.)* 1955–1969: Vascular plants of the Pacific Northwest. Bd. 1–5. Seattle.

HULTÉN, E.* 1968: Flora of Alaska and neighboring territories: a manual of the vascular plants. Stanford, Calif.

Illustrated flora of British Columbia* 2001–2002 ff. Bd. 7–8 ff. Victoria.

Intermountain flora* 1972–2005 ff. Bd. 1–6 ff. New York.

JEPSON, W. L.* 1993: The Jepson manual: higher plants of California. Berkeley [u. a.].

KRISTINSSON, H.* 1987: A guide to the flowering plants and ferns of Iceland. Reykjavík.

Květena České (Socialistické) Republiky* 1988–2004. Bd. 1–7. Praha.

LID, J.; LID, D. T.* 2005: Norsk flora. Oslo.

MACBRIDE, J. F.; DAHLGREN, B. E. 1936–1995: Flora of Peru. Bd. 1–6/2. Chicago.

MAIRE, R. 1952–1990: Flore de l'Afrique du Nord. Bd. 1–16 + Index. Paris.

MAKINO, T.* 1956: An illustrated flora of Japan with the cultivated and naturalized plants. Tokyo.

MARTIN, W. C.; HUTCHINS, CH. R. 1980, 1981: A flora of New Mexico: Bd. 1–2. Vaduz.

MCVAUGH, R.: Flora Novo-Galiciana. 1983–2001 ff. Bd. 3, 5, 12–17 ff. Ann Arbor, Mich.

MOORE, D. M.* 1983: Flora of Tierra del Fuego. Oswestry, Shropshire.

Mountain flora of Greece 1986–1991. Bd.1–2. Cambridge, Edinburgh.

NUMATA, M.* 1990: The ecological encyclopedia of wild plants in Japan. Tokyo.

OHWI, J. 1965, 1984 (2. print): Flora of Japan. Washington.

Opredelitel' rastenij Srednej Azii 1968–1993. Bd. 1–10. Taškent.

PIGNATTI, S.* 1982: Flora d'Italia. Bd. 1–3. Bologna.

Plants of Central Asia 1999–2005. Bd. 1–7, 8a–c, 9–10. Enfield, N.H [u. a.].

POLUNIN, O.* 1980: Flowers of Greece and the Balkans. Oxford.

POLUNIN, O.; STAINTON, A.* 1984, 1997 (Repr.): Flowers of the Himalaya. Oxford.

PORSILD, A. E.; CODY, W. J. 1980: Vascular plants of continental Northwest Territories, Canada. Ottawa.

ROTHMALER, W. (Begr.) 2005: Exkursionsflora von Deutschland. Bd. 2: Gefäßpflanzen: Grundband. 19. Aufl. Heidelberg.

ROTHMALER, W. (Begr.) 2005: Exkursionsflora von Deutschland. Bd. 4: Gefäßpflanzen: Kritischer Band. 10. Aufl. Heidelberg.

SAULE, M.* 1991: La grande flore illustrée des Pyrénées. Tarbes-Ibos.

SCOGGAN, H. J. 1978: Flora of Canada. Bd. 1–4. Ottawa.

SELL, P.; MURRELL, G. 1996, 2006: Flora of Great Britain and Ireland. Bd. 4–5. Cambridge [u. a.].

Sosudistye rastenija sovetskogo Dal'nogo Vostoka* 1985–1996, ukaz. 2002: Vol. 1–8. Vladivostok.

STACE, C. 1997: New flora of the British Isles. 3. Aufl. Cambridge.

STRID, A. 1997, 2002 ff: Flora hellenica. Bd. 1–2 ff. Königstein, Ruggell.

The vascular flora of Ohio 1967, 1988 ff. Bd. 1 u. 2/3 ff. Columbus/Ohio.

The vascular plants of British Columbia 1989–2002. Bd. 1–8. Victoria.

## 2. Bestimmungsbücher für Nutz- und Zierpflanzen

Siehe auch unter 8.: SIEBERT et VOSS 1896; ENCKE 1958–1961.

ALEFELD, F. 1866, Repr. 1966: Landwirthschaftliche Flora oder die nutzbaren kultivierten Garten- und Feldgewächse Mitteleuropas. Berlin, Repr. Koenigstein.

BERGER, E. 1855: Die Bestimmung der Gartenpflanzen auf systematischem Wege. Erlangen.

BOOM, B. K. 1975: Flora der gekweekte, kruidachtige gewassen. 3. Aufl. Wageningen.

COSSMANN, H. 1918: Deutsche Flora mit besonderer Berücksichtigung unserer Zierpflanzen. Teil 1 u. 2. 5. Aufl. Breslau.

European Garden Flora. 1984–2000. Vol. 1–6. Cambridge.

FITSCHEN, J. (Begr.) 2007: Gehölzflora. 12. Aufl. Wiebelsheim.

FOURNIER, P. 1951, 1952: Flore illustrée des jardins et des parcs: arbres, arbustes et fleurs de pleine terre. Bd. 1–4. Paris.

LABAU, F. C. 1867: Gartenflora für Norddeutschland. Hamburg.

LEHMANN, A. 1937: Gartenzierpflanzen. 2. Aufl. Leipzig.

ROLOFF, A.; BÄRTELS, A. 2006: Flora der Gehölze. 2. Aufl. Stuttgart.

SIEBERT, A.; VOSS, A. 1896: Vilmorin's Blumengärtnerei. 3. Aufl. Bd. 1 u. 2. Berlin.

SYNGE, H. M. 1971: Collins guide to bulbs. 2. Aufl. London. Deutsche Übersetzung: Gartenfreude durch Blumenzwiebeln. Melsungen, Radebeul 1966.

WEHRHAHN, H. R. 1931: Die Gartenstauden. Bd. 1 u. 2. Berlin. Repr.: Königstein 1989.

## 3. Iconographien (Abbildungswerke)

Siehe auch unter 1. die mit * versehenen Florenwerke

BECKER, K.; JOHN, S. 2000: Farbatlas Nutzpflanzen in Mitteleuropa. Stuttgart.

BONNIER, G.; DOUIN, R. 1990: Flore compléte illustrée en couleurs de France, Suisse et Belgique, Bd. 1–4 + Index. Paris.

GEISLER, G. 1991: Farbatlas landwirtschaftliche Kulturpflanzen. Stuttgart.

GRAF, A. B. 1992: Hortica, color cyclopedia of garden flora and indoor plants. East Rutherford, N.J.

HABERER, M. 1990: Farbatlas Zierpflanzen. Stuttgart.

HAEUPLER, H.; MUER, T. 2000: Bildatlas der Farn- und Blütenpflanzen Deutschlands. Stuttgart (Hohenheim).

HOLMGREN, N. H. 1998: Illustrated companion to Gleason and Cronquist's manual: illustrations of the vascular plants of northeastern United States and adjacent Canada. Bronx, N.Y.

Iconographia cormophytorum sinicorum 1972–1976: Bd. 1–5. Peking.

JÁVORKA, S.; CSAPODY, V. 1975: Iconographia florae partis austro-orientalis Europae centralis. Budapest.

KRAUSCH, H.-D. 1996: Farbatlas Wasser- und Uferpflanzen. Stuttgart.

LAUBER, K.; WAGNER, G. 1998: Flora helvetica. 2. Aufl. Bern, Stuttgart, Wien.

MĄDALSKI, J.: Atlas flory polskiej i ziem ościennych. Bd. 1,1–17,1 ff., 1931–1990 ff. Warszawa [u. a.].

REICHENBACH, H. G. L. (Begr.) 1837–1913: Icones florae germanicae et helveticae. Bd. 1–25. Leipzig.

ROTHMALER, W. (Begr.) 2007: Exkursionsflora von Deutschland. Bd. 3: Atlas. 11. Aufl. Heidelberg.

## 4. Nachschlagewerke zur Taxonomie, Nomenklatur, Terminologie, Wuchsform, Verbreitung, Etymologie, Geschichte und Bezugsquelle

Atlas florae europaeae: Vol. 1,1972–12,1999 (ed.: JALAS, J.; SUOMINEN, J.), Vol. 13, 2004 (ed.: KURTTO, A.; LAMPINEN, R.; JUNIKKA, L.). Helsinki.

BISCHOFF, G. H. 1833–1844: Handbuch zur botanischen Terminologie und Systemkunde. Bd. 1–3. Nürnberg.

BRUMMITT, R. K. 1992: Vascular plant families and genera. Kew.

BRUMMITT, R. K.; POWELL, C. 1992: Authors of plant names. Kew.

CULLEN, J. 2001: Handbook of North European garden plants. Cambridge.

ENGLER, A. 1900–1953: Das Pflanzenreich. 107 Hefte. Leipzig, Berlin.

ENGLER, A.; PRANTL, K.: Die natürlichen Pflanzenfamilien. 1. Aufl. 1887–1915. 2. Aufl. 1940–1960. Berlin.

ERHARDT, W.; GÖTZ, E.; BÖDEKER, N. 2002: Zander, Handwörterbuch der Pflanzennamen. 17. Aufl. Stuttgart.

FISCHER, M. A. 2001: Zur Typologie und Geschichte deutscher botanischer Gattungsnamen. Stapfia 80: 125–200.

FISCHER-BENZON, R. VON 1894: Altdeutsche Gartenflora. Kiel, Leipzig.

GENAUST, H. 1996: Etymologisches Wörterbuch der botanischen Pflanzennamen. 3. Aufl. Basel [u. a.].

GREUTER, W.; BURDET, H. M.; LONG, G. 1984–1989: Med-Checklist. A critical inventory of vascular plants of the Circum-Mediterranean countries. Bd. 1, 3 u. 4. Genève, Berlin.

HANSEN, R.; MÜSSEL, H.; SIEBER, J. 1970: Namen der Stauden. Weihenstephan-Freising.

HENNING, F.-W. 1994: Deutsche Agrargeschichte im Mittelalter. Stuttgart.

HEYWOOD, V. H. 1971: Taxonomie der Pflanzen. Jena.

HOBHOUSE, P. 1999: Illustrierte Geschichte der Gartenpflanzen vom alten Ägypten bis heute. Bern, München, Wien.

HUTCHINSON, J. 1964, 1967: The genera of flowering plants. Bd. 1–2. Oxford.

Index Kewensis 1885–2002 ff.: Fasc. 1–4, Suppl. 1–21 ff. Oxford. – Index Kewensis on compact disc 1993 ff. Oxford; The International Plant Names Index. – http://www.ipni.org (Stand: 11/2006) [Elektronische Ressource].

International Code of Botanical Nomenclature 2006: (Vienna Code). Regnum Vegetabile 146. Liechtenstein.

JÄGER, E. J.; MÜLLER-URI, CH. 1981–1982: Wuchsform und Lebensgeschichte der Gefäßpflanzen Zentraleuropas, Bibliographie. Teil 1–5. Halle (Saale).

KÖRBER-GROHNE, U. 2001: Nutzpflanzen in Deutschland. Kulturgeschichte und Biologie. Lizenzausg. Hamburg.

KRAUSCH, H.-D. 2003: „Kaiserkron und Päonien rot ...": Entdeckung und Einführung unserer Gartenblumen. München, Hamburg.

KUBITZKI, K. (Hrsg.) 1990–2004: The families and genera of vascular plants. Bd. 1–7. Berlin, Heidelberg.

MABBERLEY, D. J. 1997: The plant book. A portable dictionary of the vascular plants. 2. Aufl. Cambridge.

MELCHIOR, H. (Hrsg.) 1964: Syllabus der Pflanzenfamilien. Bd. 2: Angiospermen. 12. Aufl. Berlin.

MEUSEL, H.; JÄGER, E. J.; WEINERT, E. 1965, 1978, 1992: Vergleichende Chorologie der zentraleuropäischen Flora. Bd. 1–3 (Bd. 2 mit S. RAUSCHERT; Bd. 3 von H. MEUSEL u. E. J. JÄGER). Jena.

Missouri Botanical Garden: W³TROPICOS (Missouri Botanical Garden's VAST nomenclatural database). – http://mobot.mobot.org/W3T/Search/vast.html (10/2006).

PPP-Index: Pflanzeneinkaufsfuehrer Online. Stuttgart. – http://www.ppp-index.de/ (10/2006). ERHARDT, A.; ERHARDT, W. 1997: PPP-Index – Pflanzen, plantes, plants Pflanzeneinkaufsführer für Europa. 3. Aufl.; ERHARDT, W. 2004: PPP-Index – Pflanzeneinkaufsführer für Europa (CD-Rom). 4. Aufl. Stuttgart.

SCHUBERT, R.; WAGNER, G. 2000: Botanisches Wörterbuch. 12. Aufl. Stuttgart.

TREHANE, P. et al. 1995: International Code of Nomenclature for Cultivated Plants. Wimbourne.

WAGENITZ, G. 2003: Wörterbuch der Botanik. 2. Aufl. Heidelberg [u. a.].

WEIN, K. 1914: Deutschlands Gartenpflanzen um die Mitte des 16. Jahrhunderts. Dresden.

WISSKIRCHEN, R.; HAEUPLER, H. 1998: Standardliste der Farn- und Blütenpflanzen Deutschlands mit Chromosomenatlas von F. ALBERS. Stuttgart.

## 5. Zeitschriften

Allgemeine Gartenzeitung: eine Zeitschr. für Gärtnerei u. alle damit in Beziehung stehende Wissenschaften. Berlin. 1(1833) – 12(1844). [Forts.: Berliner Allgemeine Gartenzeitung 25(1857) – 26(1858)].

Allgemeine Thüringische Gartenzeitung: Centralblatt für Deutschlands Gartenbau und Handelsgärtnerei. Erfurt. 1(1842) – 17(1858).

Angewandte Botanik. Berlin. 1(1919) – 68(1984).

Baileya: A journal of horticultural taxonomy. Ithaca, NY. 1(1953) – 23(1989/96).

Curtis's Botanical Magazine: incorporating the Kew Magazine. Oxford [u. a.]. 3. Ser. 1=71(1845) – 60=130(1904); 4. Ser. 1=131(1905) – 16=146(1920); 147(1938); 148(1922) – 184(1982/83); 6. Ser. 12(1995) ff.; Elektronische Ressource: Curtis's Botanical Magazine 12(1995) ff. [Vorg.: Curtis's Botanical Magazine or flower garden displayed 15(1801) – 42(1815); 1. N.S. 1=43(1816) – 11=53(1826); 2. N.S. 1=54(1827) – 17=70(1844); Botanical Magazine or flower garden displayed 1(1787) – 14(1800)].

Daffodil, snowdrop and tulip yearbook. London. 2003/2004 ff. [Vorg.: Daffodils and tulips (1995/96) – (2001/02); The daffodil and tulip yearbook. London. 1(1913) – (1994/1995)].

Der Palmengarten 1=12(1948) – 2=13(1949); 14(1950) ff. [Vorg.: Blumen und Palmen 9/7(1939) – 11(1941); Palmengarten-Mitteilungen 5(1935) – 9/6(1939)].

Der Staudengarten: Zeitschr. der Gesellschaft der Staudenfreunde. Hattersheim. 2(1973) – (2006) ff. [Vorg.: Iris und Lilien: Zeitschr. der Deutschen Iris- und Liliengesellschaft 1(1969) – (1973); Nachrichtenblatt/ Deutsche Iris- und Liliengesellschaft e.V 1(1960 – 1968); Nachrichtenblatt/Deutsche Iris-Gesellschaft e.V. 1(1950) – 2(1951); (1957–1960), Iris 3(1952) – 6(1954/55)].

Der Züchter: Internationale Zeitschrift für theoretische und angewandte Genetik. Berlin [u. a.]. 1(1929) – 16(1944); 17(1946) – 37(1967); Sonderheft 1(1948/1949); 2(1954) – 6(1963). [Forts.: siehe Theor. Appl. Genetics].

Die Kulturpflanze: Mitt. aus dem Zentralinstitut für Genetik und Kulturpflanzenforschung Gatersleben der Akademie der Wissenschaften der DDR. Berlin. 1(1953) – 38(1990). [Forts.: siehe Genetic resources ...].

Economic Botany. New York. **1**(1947) – **60**(2006)ff.

Euphytica. Dordrecht. **1**(1952) – **150**(2006)ff.

Gardeners chronicle and horticultural trade journal. London. 1841–1843; 2. Ser. **1**(1874) – **26**(1886); 3. Ser. **1**(1887) – **199/1**(1986). [Forts.: Horticulture week **199**/2(1986) – 2006ff.].

Gartenflora: Blätter für Garten- u. Blumenkunde. Berlin. **1**(1852) – **71**(1922); **73**(1924) – **87**/3(1938); N.F. 1938–1940. [Vorg.: Schweizerische Zeitschrift für Gartenbau. Zürich. **4**(1846) – **9**(1851); Schweizerische Zeitschrift für Land- und Gartenbau. Zürich. **1**(1843) – **3**(1845)].

Gartenpraxis. Stuttgart. **1**(1975) – **32**(2006)ff.

Genetic resources and crop evolution. Dordrecht [u. a.]. **39**(1992) – **53**/6(2006)ff.

Jahrbuch der deutschen Dahlien-, Fuchsien- und Gladiolen-Gesellschaft e. V. Landau. 1966–1967. [Vorg.: Dahlien und Gladiolen-Jahrbuch. Aachen. 1954–1965; Forts.: Jahrbuch/Deutsche Dahlien-, Fuchsien- und Gladiolen-Gesellschaft e.V. Geldern-Walbeck u. Bonn. 1978–2006ff.].

Jahrbuch der Deutschen Dendrologischen Gesellschaft. Wendisch-Wilmersdorf (Kr. Teltow). **28**(1919) – **29**(1920).

Kew Bulletin. London. **1**(1946/1947) – **61**/1(2006)ff.

Lilies and other Liliaceae. London. **35**(1972)ff. [Vorg.: The Lily year-book **1**(1932) – **34**(1971)].

Mitteilungen der Deutschen Dendrologischen Gesellschaft. Stuttgart-Hohenheim. **1–2** (1892/93) – **27**(1918); **31**(1921) – **91**(2006)ff.

Rock Garden Quarterly: Bulletin of the North American Rock Garden Society. Millwood, NY. **53**(1995) – (2006)ff. [Vorg.: Bulletin of the American Rock Garden Society. New York. **1**(1943) – **52**(1994)].

Samensurium: Jahresheft des Vereins zur Erhaltung der Nutzpflanzenvielfalt e. V. Lennestadt. **1**(1988) – **16**(2005/06)ff.

Schweizer Staudengärten. Kloten. **15/16**(1991) – **29**(1999); später Jahrbücher der Gesellschaft Schweizer Staudenfreunde 2004–2007.

Taxon: Journal of the International Association for Plant Taxonomy. Vienna. **1**(1951/52) – **55**/3(2006)ff.

The Alpine Gardener: Bulletin of the Alpine Garden Society. Pershore. **69**(2001) – (2006)ff. [Vorg.: Quarterly Bulletin of the Alpine Garden Society. London. **2**/2(1933) – **68**(2000); Bulletin of the Alpine Garden Society. Chester. **1**(1930) – **2**/1(1933)].

The American Gardener. Alexandria, Va. **75**/3(1996)ff. [Vorg.: American Horticulturist **51**(1972) – **75**/2(1996); American Horticultural Magazine **39**(1960) – **50**(1971); The National Horticultural Magazine **1**(1922) – **38**(1959)].

The Garden: Journal of the Royal Horticultural Society. London. **100**/6(1975)ff. [Vorg.: Journal of the Royal Horticultural Society. **1**(1845) – **9**(1855); N.S. **1**(1866) – **100**/5(1975)].

The New Plantsman. London. **1**(1994) – **8**(2001). [Vorg.: The Plantsman **1**(1979/80) – **15**(1993/94); Forts.: The Plantsman N.S. **1**(2002) – (2006)ff.].

Theoretical and Applied Genetics (TAG). Berlin. **38**(1968) – **113**(2006)ff.

The Rock Garden: the Journal of the Scottish Rock Garden Club. Formby. **18**/3(1983) – (2006)ff. [Vorg.: The Journal of the Scottish Rock Garden Club. St. Andrews. **1**(1937) – **18**/2(1983)].

## 6. Naturschutz

Bundesnaturschutzgesetz – BnatSchG. Gesetz über Naturschutz und Landschaftspflege. Bundes-ministerium für Umwelt, Naturschutz und Reaktorsicherheit (Hrsg.). – http://bundesrecht.juris.de/bnatschg_2002/ BJNR119310002.html [Stand 21. 06. 2005].

Convention on International Trade in Endangered Species of Wild Fauna and Flora (CITES), signed at Washington, D.C., on 3 March 1973. Washingtoner Artenschutz-Übereinkommen. – http://de.wikipedia.org/wiki/Washingtoner_Artenschutzabkommen [Stand 03. 11. 2006].

Gesetz zu dem Übereinkommen vom 3. März 1973 über den internationalen Handel mit gefährdeten Arten freilebender Tiere und Pflanzen. Gesetz zum Washingtoner Artenschutzübereinkommen, ArtSchutzÜbkG ArtSchutzÜbk. Bundesministerium der Justiz (Hrsg.). – http://bundesrecht.juris.de/artschutz_bkg/BJNR207730975.html [Stand 14. 12. 2001].

JEDICKE, E. (Hrsg.) 1997: Die Roten Listen: gefährdete Pflanzen, Tiere, Pflanzengesellschaften und Biotope in Bund und Ländern. Stuttgart.

KORNECK, D.; SCHNITTLER, M.; VOLLMER, I. 1996: Rote Liste der Farn- und Blütenpflanzen (Pteridophyta et Spermatophyta) Deutschlands. – Schriftenreihe f. Vegetationskunde **28**: 21–187. Bonn – Bad Godesberg.

Verordnung zum Schutz wild lebender Tier- und Pflanzenarten. BartSchV 2005, Bundesartenschutz-verordnung. Bundesministerium der Justiz (Hrsg.). – http://bundesrecht.juris.de/bartschv_2005/BJNR025810005.html [Stand 25. 02. 2005].

Wissenschaftliches Informationssystem für den internationalen Artenschutz (WISIA). Bundesamt für Naturschutz (Hrsg.) – www.wisia.de/ (18.12.2000).

## 7. Nutz-, Heil- und Giftpflanzen

Siehe auch unter **4.**: KÖRBER-GROHNE, U. 2001; unter **8.**: BÖHMER et WOHANKA 1999; KÖHLEIN et al. 2000; HASSAN et al. 1993; MAYER 2003; RUGE 1966.
BECKER-DILLINGEN, J. 1924: Handbuch des Hülsenfruchtbaues und Futterbaues. Berlin.
BECKER-DILLINGEN, J. 1928: Handbuch des Hackfruchtbaues und Handelspflanzenbaues. Berlin.
BECKER-DILLINGEN, J. 1956: Handbuch des gesamten Gemüsebaues. 6. Aufl. Berlin.
BAUER, K. 2005: Gemüse. Stuttgart.
BOHNE, B.; DIETZE, P. 2005: Taschenatlas Heilpflanzen. Stuttgart.
BOWN, D. 1996: DuMont's große Kräuterenzyklopädie. Köln.
BRADLEY, S.; BRADLEY, V. 2002: Duftpflanzen. Starnberg.
BRANDT, P. 2004: Transgene Pflanzen. 2. Aufl. Basel, Boston, Berlin.
BRAUN-BERNHART, U. 2004: Kräuter & Gewürze. Stuttgart.
BRÜCHER, H. 1977: Tropische Nutzpflanzen. Berlin.
BUFF, W.; DUNK, K. VON DER 1988: Giftpflanzen in der Natur und Garten. Berlin, Hamburg.
CALLAUCH, R. 1998: Gewürz- und Heilkräuter. Stuttgart.
CHEVALLIER, A. 1998: Die BLV Enzyklopädie der Heilpflanzen. München, Wien, Zürich.
DAB (Deutsches Arzneibuch) 1998, Amtliche Ausgabe. Stuttgart.
ENNET, D. 1988: BI-Lexikon Heilpflanzen und Drogen. 1. Aufl. Leipzig.
FRANKE, W. 1997: Nutzpflanzenkunde. 6. Aufl. Stuttgart, New York.
FRITZ, D.; STOLZ, W. 1989: Gemüsebau. 9. Aufl. Stuttgart.
HABERMEHL, G.; ZIEMER, P. 1999: Mitteleuropäische Giftpflanzen und ihre Wirkstoffe. 2. Aufl. Berlin.
HANELT, P. (Hrsg.) 2001: Mansfeld's Encyclopedia of agricultural and horticultural crops. Bd. 1–6. Berlin, Heidelberg, New York.
HEEGER, E. F.; BRUECKNER, K. 1952: Heil- und Gewürzpflanzen. 2. Aufl. Berlin.
HEEGER, E. F. 1956: Handbuch des Arznei- und Gewürzpflanzenbaues. Drogengewinnung. Berlin.
HEYLAND, K.-U. et al. (Hrsg.) 2006: Handbuch des Pflanzenbaues. Bd. 4: Ölfrüchte, Faserpflanzen, Arzneipflanzen und Sonderkulturen. Stuttgart.
HILLER, K.; BICKERICH, G. 1988: Giftpflanzen. Leipzig [u.a.].
HOHENBERGER, E.; CHRISTOPH, H.-J. 1998: Pflanzenheilkunde. Bad Wörishofen.
HOPPE, H. A. 1958: Drogenkunde. 7. Aufl. Hamburg.
HUDAK, R.; BORSTELL, U. 2003: Obst, Gemüse & Kräuter: Küchengarten für Einsteiger. 1. Aufl. München.
KELLER, E. R. et al. (Hrsg.) 1999: Handbuch des Pflanzenbaues. Bd. 3: Knollen- und Wurzelfrüchte, Körner- und Futterleguminosen. Stuttgart.
KREUTER, M.-L. 2004: Kräuter & Gewürze aus dem eigenen Garten. 11. Aufl. München [u.a.].
KNUG, H.; LIEBIG, H.-P.; STÜTZEL, H. (Hrsg.), mit Beitr. v. RENDER, J. 2002: Gemüseproduktion. Stuttgart.
KÜHNEMANN, H. 1993: Gemüse. Stuttgart.
LEHARI, G. 2005: Küchenkräuter. Stuttgart.
LIEBENOW, H.; LIEBENOW, K. 1993: Giftpflanzen. Vademekum für Tierärzte, Landwirte und Tierhalter. 4. Aufl. Jena, Stuttgart.
MATTHEUS-STAACK, E. 2006: Taschenatlas Gemüse. Stuttgart.
PAHLOW, M. 2001: Das große Buch der Heilpflanzen. Augsburg.
REHM, S.; ESPIG, G. 1996: Die Kulturpflanzen der Tropen und Subtropen. 3. Aufl. Stuttgart.
ROTH, L.; DAUNDERER, M.; KORMANN, K. 2000: Giftpflanzen – Pflanzengifte. 4. Aufl. Hamburg.
SCHÖNFELDER, I.; SCHÖNFELDER, P. 2004: Das neue Handbuch der Heilpflanzen. Stuttgart.
SEITZ, P. 2005: Küchenkräuter. Stuttgart.
VOGEL, G. 1996: Handbuch des speziellen Gemüsebaues. Stuttgart.
WOLFF, J. 2001: Gemüsegarten. 2. Aufl. Stuttgart.

## 8. Zierpflanzen

Literatur für spezielle Anbauorte wie Steingärten, Balkons, Gartenteiche, Moorbeete, Gräber usw. ist in Kap. 1.7 der Einleitung (S. 37–47) zitiert. – Siehe auch unter **2.**: WEHRHAHN 1931.
BAILEY, L. H. 1953: The standard cyclopedia of horticulture. Bd. 1–3. New York.

BÄRTELS, A. 1981: Zwerggehölze und ihre Verwendung im Garten. Stuttgart.

BÄRTELS, A. 2001: Enzyklopädie der Gartengehölze. 4. Aufl. Stuttgart.

BÖDEKER, N.; KIERMEIER, P. 1999: Plantus: Personal Edition Freilandpflanzen – Pflanzendatenbank (2 CD-ROMs). 2. Aufl., Version 3.0. Stuttgart.

BÖHMER, B.; WOHANKA, W. 1999: Farbatlas Krankheiten und Schädlinge an Zierpflanzen, Obst und Gemüse. Stuttgart.

BRICKELL, CH. (Hrsg.) 1998: DuMont's große Pflanzen-Enzyklopädie. Deutsche Ausg. Hrsg. von BARTHLOTT, W. Vol. 1: A–J, Vol. 2: K–Z. Köln.

BRICKELL, CH. (Hrsg.) 2006: Die neue Enzyklopädie Garten- und Zimmerpflanzen. Starnberg.

BÜRKI, M. 2000: Sommerblumen: Anzucht und Verwendung für Garten-, Balkon- und Grabbepflanzung. 2. Aufl. Braunschweig.

BÜRKI, M.; KLEE, R.; THOMASINI, D. M. 1997: Blütenstauden für Zier- und Steingärten. Braunschweig.

Dictionary of gardening (The new Royal Horticultural Society dictionary ....)1992. Bd. 1–4. London, New York.

DIETZE, P. (u. Mitarb.) 2001: Sommerblumen und Stauden für Beet und Balkon (CD-ROM). PlantaPro-Datenbank. Stuttgart.

ENCKE, F. (Hrsg.) 1958–1961: Pareys Blumengärtnerei. Beschreibung, Kultur und Verwendung der gesamten gärtnerischen Schmuckpflanzen. 2. Aufl. Bd. 1–3. Berlin.

FESSLER, A.; KÖHLEIN, F. (Hrsg.) 1997: Kulturpraxis der Freiland-Schmuckstauden. Stuttgart.

FOERSTER, K. 1994: Lebende Gartentabellen. 2. Aufl. Radebeul.

FOERSTER, K.; RÖLLICH, B. 1988: Einzug der Gräser und Farne in die Gärten. Leipzig.

FROMKE, A.; JÄGER, E. J. (1992): Der Artenbestand der Zierpflanzen in den Gärten ausgewählter Gebiete Mitteldeutschlands. – Wiss. Z. Univ. Halle M. **41/2**: 61–77.

GANSLMEIER, H.; HENSELER, K. 1985: Schnittstauden. – Ulmer-Fachbuch: Zierpflanzenbau. Stuttgart.

GÖTZ, H.; HÄUSSERMANN, M.; SIEBER, J. 2006: Die Stauden-CD. 4. Aufl. Stuttgart.

GREY-WILSON, M. 1981: Bulbs: The bulbous plants of Europe and their allies. London.

GRIFFITHS, M. 1994: Index of garden plants. Portland, Oregon.

GRUNERT, CH. 1989: Gartenblumen von A bis Z. 7. Aufl. Leipzig, Radebeul.

HABERER, M. 2002: Taschenatlas Beet- und Balkonpflanzen. Stuttgart.

HANSEN, R.; STAHL, F. 1997: Die Stauden und ihre Lebensbereiche. 5. Aufl. Stuttgart.

HASSAN, S. A.; ALBERT, R.; ROST, W. M. 1993: Pflanzenschutz mit Nützlingen. Stuttgart.

JELITTO, L.; SCHACHT, W. (Begr.) 2002: Die Freiland-Schmuckstauden: Handbuch und Lexikon der Gartenstauden. 5. Aufl. Hrsg. von SIMON, H.; Bd. 1: A–H, Bd. 2: I–Z. Stuttgart.

KÖHLEIN, F.; MENZEL, P.; BÄRTELS, A. 2000: Das große Ulmer-Buch der Gartenpflanzen. Stuttgart.

KOWARIK, I. (2005): Urban ornamentals escaped from cultivation. In: GRESSEL, J. (ed.): Crop ferality and volunteerism. Boca Raton, Fla. (u. a.): 97–121.

KRÜSSMANN, G. 1976–1978: Handbuch der Laubgehölze. Bd. 1–3. Berlin, Hamburg.

MAATSCH, R. (Hrsg.) 1956: Pareys illustriertes Gartenbaulexikon. 5. Aufl. Berlin, Hamburg.

Manual of bulbs (Hrsg.: BRYAN, J.; GRIFFITHS, M.) 1995. Portland.

MAYER, J. (u. Mitarb. v. KÜNKELE, S.) 2003: Das grosse Gartenlexikon, Teil 1: A–L, Teil 2: M–Z. Stuttgart.

Pflanzenschutz im Zierpflanzenbau 1993. In: Handbuch des Erwerbsgärtners. 3. Aufl. Stuttgart.

PHILLIPS, R.; RIX, M. 1992: Stauden in Garten und Natur. München.

RUGE, U. 1966: Gärtnerische Samenkunde. Berlin, Hamburg.

RUPPRECHT, H.; MIESSNER, E. 1989: Zierpflanzenbau. Teil 2: Zierpflanzen von A–Z. 2. Aufl. Berlin.

SIEBERT, A.; VOSS, A. 1896: Vilmorin's Blumengärtnerei. Bd. 1 u. 2. 3. Aufl. Berlin.

SPENCE, I. 2004: Gartenpflanzen von A bis Z. Starnberg.

STAHL, M. et al. 1993: Pflanzenschutz im Zierpflanzenbau. 3. Aufl. Stuttgart.

SYNGE, R. M. 1971: Collins guide to bulbs. 2. Aufl. London. Deutsche Übersetzung: Gartenfreude durch Blumenzwiebeln. Melsungen, Radebeul 1966.

ZIMMER, K. 1991: Hauptkulturen im Zierpflanzenbau. 3. Aufl. – Handbuch des Erwerbsgärtners. Stuttgart.

# Erklärung der Fachwörter

**abgerundet:** mit konvex-bogiger, nicht winkliger Spitze bzw. mit bogigen, nicht winklig zusammenstoßenden Spreitenrändern (Abb. **838**/2, 5)

**achselständig:** im oberen Winkel zwischen Blatt und Stängel ansitzend

**Achsenbecher:** becherförmig ausgebildeter → Blütenboden, trägt am oberen Ende die Blütenhülle und die Staubblätter

**Ährchen:** Teilblütenstand mit ungestielten Blüten, die längs einer Achse ansitzen, ohne Endblüte. Die Ährchen der Gräser (Abb. **789**/1) sind zu ährigen, traubigen oder rispigen Gesamtblütenständen vereinigt.

**Ähre:** Blütenstand mit ungestielten Blüten, die längs einer Hauptachse ansitzen; Endblüte fehlend (Abb. **840**/3); Aufblühfolge von unten nach oben

**Ährenrispe:** im Grundaufbau rispiger Blütenstand mit so kurzen, dicht verzweigten Rispenästen, dass der Eindruck einer Ähre entsteht. Die Rispenspindel und die sehr kurzen, stets verzweigten Ästchen werden erst beim Umbiegen oder Zergliedern der Rispe sichtbar (Abb. **789**/3).

**allseitswendig** (Blütenstand): mit Blüten, die von der Hauptachse nach allen Seiten gerichtet sind

**alpin** (alp.): Höhenstufe im Gebirge oberhalb der Baum- und Gebüschgrenze; Stufe der Matten, Fels- und Schotterfluren (Abb. auf Nachsatzblättern)

**Alpinenhaus** (⌂): meist ungeheiztes, oft z. T. im Boden eingesetktes Glashaus, das sowohl vor strengen Frösten als auch vor Winternässe schützt; für die Kultur heikler Arten

**Androgynophor:** verlängertes Stängelglied zwischen Blütenhülle und Staubblättern (Abb. **227**/1 a)

**Apomixis:** Verlust der geschlechtlichen Fortpflanzung; Samenbildung ohne Befruchtung

**Areole:** gestauchter Achselspross der Kakteen, der mit Dornen (und Borsten) besetzt ist. Diese werden als umgebildete Blätter angesehen.

**arktisch** (arkt.): Florenzone jenseits der polaren Baum- und Gebüschgrenze (Abb. auf Nachsatzblättern)

**aufsteigend:** aus kriechendem oder liegendem Grund sich allmählich aufrichtend

**ausdauernd** (⳨, perennierend): krautige Pflanze mit vieljähriger Lebensdauer, die in mehreren Jahren blüht. Ausdauernde Kräuter, deren oberirdische Organe den Winter höchstens in Bodennähe überleben, heißen Stauden. Kurzlebig ⳨ wird eine Lebensdauer von 3–5 Jahren genannt. Ausdauernde Gehölze sind entweder → Zwerg- oder Halbsträucher (ℏ), Sträucher (ℏ), Lianen (ƈ) oder Bäume (ℏ).

**ausgerandet** (Blätter, Blütenhüllblätter): mit spitzem oder stumpfem Einschnitt an der Spitze (Abb. **838**/11)

**Ausläufer/unterirdisch/oberirdisch** (෴, ⌒): Bodenspross mit gestreckten Stängelgliedern, der außer der Speicherung vor allem der Ausbreitung und der vegetativen Reproduktion dient. Am Ende der Jahrestriebe werden gestauchte Stängelglieder und sprossbürtige Wurzeln gebildet.

**Ausläuferwurzel:** ± horizontal streichende Wurzel, die aus innerem Gewebe Wurzelsprosse hervorbringt (vgl. S. 32)

**Außenhülle** (an kopfförmigem Blütenstand, besonders der Korbblütengewächse): Summe der äußeren Hüllblätter, wenn sie von den inneren Hüllblättern deutlich verschieden sind (Abb. **540**/1, 2)

**Außenkelch:** zusätzliche kelchartige Hochblatthülle unmittelbar unter dem Kelch (Abb. **255**/7–9)

**auswildernd:** in Kultur sich selbst vegetativ oder generativ (durch Samen) leicht vermehrend, zur unkontrollierten Ausbreitung und zum Verwildern neigend

**Balg:** trockne Fucht aus einem Fruchtblatt, das sich an der Bauchnaht, also der Innenseite, öffnet (Abb. **847**/1)

**Balkan:** Balkanhalbinsel von Slowenien bis Griechenland und Bulgarien

**basal:** am Grund; bei Samenanlagen-Stellung: am Grund des Fruchtknotens (Abb. **846**/4)

**Bauerngarten:** traditioneller Garten mit Obst, Gemüse, Gewürz-, Heil- und Zierpflanzen ohne parkähnliche Gestaltung, enthält oft alte Sorten

**becherförmig:** trichterförmig, aber unten breit gestutzt, von der Form eines Kegelstumpfs (Abb. **843**/7)

**bespitzt:** mit kleiner, vom abgerundeten Spreitenende plötzlich abgesetzter, flächiger, nicht nur vom Mittelnerv gebildeter Spitze (Abb. **838**/10)

**Beere:** →Schließfrucht mit fleischiger Wand, ohne innere harte Schicht, fast immer mehrsamig (Abb. **848**/1)

**bewimpert** (gewimpert) (Blatt): mit randständigen Haaren (Abb. **839**/8)

**Blättchen** (Blchen): die selbständigen Spreitenteile eines zusammengesetzten (gefingerten oder gefiederten) Blatts unabhängig von ihrer Größe (Abb. **837**/1, 2)

**Blattgelenk:** verdickte Stelle am Grund von Blättern (Stielbasis) oder Blättchen, die Bewegungen bewirken kann

**Blatthäutchen** (Ligula): häutige Bildung am Übergang von der Blattscheide zur Blattspreite, frei oder angewachsen, zuweilen durch einen Haarsaum ersetzt (Abb. **831**/2)

**Blattscheide:** Erweiterung des Blattgrundes, die den Stängel umgreift. Häufig bei Einkeimblättrigen, bei denen sie auch völlig geschlossen sein kann (Abb. **831**/2)

**Blattspindel** (Rhachis): die spreitenlose Mittelrippe eines gefiederten Blattes (Abb. **837**/1)

**Blattspreite** (BlSpreite): der flächige Teil des (Ober-)Blattes (Abb. **831**/1)

**blattzierend** (♠): wegen auffällig gestalteter oder gefärbter Blätter kultiviert

**Blütenachse** (Blütenboden): der die Blütenhüllblätter, Staub- und Fruchtblätter tragende Sprossabschnitt, kegelförmig, flach scheibenförmig, schüsselförmig, krugförmig oder röhrig. Er bildet die unmittelbare Fortsetzung des Blütenstiels. Bei unterständigem Fruchtknoten verwächst er mit den Fruchtblättern (Abb. **844**/1; **845**/1–4).

**Blütenboden** (BBoden): s. Blütenachse

**Blütenhülle** (BHülle): Die Gesamtheit der die Staub- und/oder Fruchtblätter umgebenden Blütenblätter, unabhängig davon, ob sie in Kelch und Krone gegliedert oder ungegliedert (→Perigon, einfache Blütenhülle) sind (Abb. **844**/1)

**Blütenstand** (BStand): abgrenzbarer Teil einer Pflanze, der die Blüten trägt. Seine Spitze wird meist durch die Blütenbildung aufgebraucht.

**Blütezeit** (BZeit): die Monate, in denen die Pflanze blühend angetroffen werden kann. Wegen regionaler Verschiebung mit der Meereshöhe, der Jahreswitterung und dem Klimagebiet ist der angegebene Zeitraum meist größer als die wirkliche Dauer der Blütezeit.

**Bodendecker** (▢): Zierpflanze, die mit ihrem Blätterdach den Boden dicht bedeckt, meist mit →Ausläufern, →Kriechtrieben od. →Rhizomen

**Braktee** (Hochblatt, Deckblatt): Blatt im Blütenstandsbereich, meist ein solches, aus dessen Achsel ein Teilblütenstand oder ein Blütenstiel hervorgeht

**Bruchfrucht** (BruchFr): trockne Frucht aus 1–2 Fruchtblättern, die quer in einsamige Teile zerfällt (Gliederhülse, Gliederschote; Abb. **848**/5)

**Brutzwiebel, -knöllchen:** besonders gestaltete, meist fleischige Knospe an ober- od. unterirdischen Organen (Blütenstand, Blattachsel, Blätter) von Gefäßpflanzen, die abfällt, sich bewurzelt und der vegetativen Vermehrung dient

**buchtig:** Blattabschnitte durch abgerundete Einschnitte getrennt (Abb. **836**/3), vgl. aber gebuchtet

**büschlig** (Blüten, Blätter): in sehr kurz gestielter, dichter Gruppe

**CITES:** **C**onvention on **I**nternational **T**rade in **E**ndangered **S**pecies of Wild Fauna and Flora (Abkommen über den Internationalen Handel mit gefährdeten Arten der Wildfauna und -flora, Washingtoner Artenschutzabkommen von 1973; s. auch S. 50)

**Convarietas** (convar.): Gruppe von → Varietäten bei Kulturpflanzen, die nicht die Kriterien einer → Unterart erfüllt

**Cultivar** (cultivated variety, cv., Sorte): Gruppe kultivierter Pflanzen, die sich durch meist morphologische, aber auch physiologische, biologische oder chemische Merkmale deutlich auszeichnet und diese Merkmale bei der Fortpflanzung beibehält. Der Anbau von Sorten bedarf in Deutschland der Genehmigung des staatlichen Bundessortenamtes. Sortennamen sind mit großem Anfangsbuchstaben, in einfachen Anführungsstrichen und nicht kursiv zu schreiben.

**Cyathium:** blütenähnlicher Blütenstand der Wolfsmilch mit becherartiger Hülle, vielen ♂ Blüten aus je einem Staubblatt und einer zentralen ♀ Blüte mit gestieltem Stempel (Abb. **262**/4)

**Deckblatt** (DeckBl, s. auch Tragblatt): Hochblatt, das eine gestielte oder sitzende Blüte in seiner Achsel trägt

**Deckelkapsel:** aus 2 oder mehr Fruchtblättern gebildete trockne Streufrucht, die entlang einer ringförmigen Sollbruchstelle einen Deckel aus den oberen Fruchtblattabschnitten absprengt (Abb. **847**/6)

**Deckspelze** (Dsp): häutiges Hochblatt der Gräser, in dessen Achsel die Blüte sitzt. Eine evtl. vorhandene Granne steht fast immer an dieser Spelze, sie entspricht einer Blattspreite (Abb. **789**/1).

**Dichasium:** Teilblütenstand, der je eine Seitenachse aus den Achseln der beiden → Vorblätter bildet (Abb. **842**/2)

**Diskus:** scheibenförmiges Nektarium, meist vom verbreiterten Blütenboden, selten von Staubblättern oder vom Fruchtknoten gebildet (Abb. **218-D**)

**disymmetrisch:** Teil der Pflanze (z. B. Blüte), durch den 2 senkrecht aufeinander stehende Symmetrieebenen gelegt werden können

**Döldchen:** doldenförmiger Teilblütenstand einer → Doppeldolde (Abb. **841**/1)

**Dolde:** Blütenstand, bei dem von einem Punkt mehrere gleichartige Achsen (Doldenstrahlen) ausgehen, die eine Blüte tragen (Abb. **840**/5)

**Doldenstrahl:** die Blüten tragenden Achsen einer → Dolde oder die Döldchen tragenden Achsen einer → Doppeldolde (Abb. **840**/5)

**Doppeldolde:** zusammengesetzter Blütenstand der meisten Doldenblütengewächse mit Döldchen in doldiger Anordnung (Abb. **841**/1)

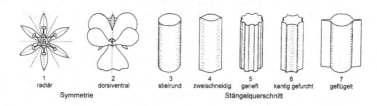

| 1 | 2 | 3 | 4 | 5 | 6 | 7 |
| radiär | dorsiventral | stielrund | zweischneidig | gerieft | kantig gefurcht | geflügelt |
| Symmetrie | | | | Stängelquerschnitt | | |

**doppelt gefiedert, doppelt 3zählig** (Blatt): mit Fiedern, die wieder gefiedert sind (Abb. **837**/2) bzw. mit Blättchen, die ihrerseits wieder 3zählig sind. Die selbständigen Spreitenteile heißen Fiedern 2. Ordnung, 3. Ordnung usw. oder Fiederchen.

**doppelt gesägt/gezähnt:** Blattrand, bei dem die Sägezähne bzw. Zähne ihrerseits kleine Sägezähne bzw. Zähne tragen (Abb. **839**/2)

**Doppeltraube:** zusammengesetzter Blütenstand aus → Trauben in traubiger Anordnung

**Doppelwickel:** → Dichasium, das sich in 2 Wickeln (→ Monochasium mit Verzweigung abwechselnd aus der Achsel des rechten und linken → Vorblatts) fortsetzt. Die beiden Monochasien erscheinen in der Knospe „aufgewickelt".

**Dorn:** stechendes, nadelförmiges Umwandlungsprodukt von Blättern, Nebenblättern, Blattlappen, Sprossachsen, selten auch Wurzeln

**dorsiventral** (zygomorph, monosymmetrisch): mit einer Symmetrieebene, die das Organ in 2 spiegelgleiche Hälften teilt (Abb. **830**/2). Verbreitet bei von Bienen bestäubten Blüten (Lippenblüten- und Schmetterlingsblütengewächse)

**Dränage:** Vermeidung von Stauwasser im Boden durch Einbringen von Lockermaterial (Splitt, Schotter) in den Unterboden

**dreizählig** (3zählig) (Blüte, Blattstellung): aus Wirteln mit jeweils 3 gleichen Organen zusammengesetzt; – (Blatt): mit 3 handförmig angeordneten Blättchen (Abb. **835**/7)

**dreizeilig:** → wechselständig mit 120° Divergenzwinkel, so dass die Blätter in 3 Zeilen übereinander stehen

**Drüse:** Sekretions- oder Exkretionsorgan aus einzelnen Drüsenzellen oder Gruppen von ihnen. Drüsenhaare sind meist erkennbar an der vergrößerten Endzelle oder einem mehrzelligen Köpfchen.

**eingebürgert** (eingeb.): gebietsfremde Pflanze, die im neu besiedelten Gebiet konstant auftritt, indem sie sich entweder an von Menschen beeinflussten Standorten oder (seltener) in der naturnahen Vegetation dauernd zu erhalten vermag

**einfächrig** (Fruchtknoten): ohne echte (von Fruchtblättern gebildete) innere Scheidewand, da die Fruchtblätter entweder nur mit ihren Rändern verwachsen oder ihre miteinander verwachsenen Flanken aufgelöst sind, aber auch ohne falsche (als Auswuchs der Fruchtblattränder gebildete) Scheidewand

**eingerollt** (Blatt): beide Blatthälften von den Seiten nach oben (innen) gerollt (Abb. **839**/10)

**eingeschlechtig:** entweder nur mit Staubblättern (männlich, ♂) oder nur mit Fruchtblättern (weiblich, ♀)

**einhäusig** (monözisch): ♀ und ♂ Blüten auf derselben Pflanze

**einjährig** (annuell, ☉): im Frühjahr keimend und im selben Jahr blühend, fruchtend und absterbend

**einjährig überwinternd** (→ winterannuell, ①): im Herbst keimend, grün überwinternd, im Frühjahr blühend, im (Früh-)Sommer fruchtend und absterbend

**einseitswendig:** längs einer Achse nach allen Seiten entspringend, aber infolge von Krümmungsbewegungen nach einer Seite hingewendet (z. B. Blüten beim Fingerhut)

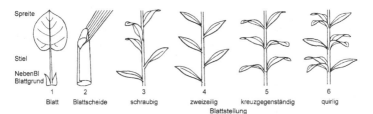

| Spreite | | | | | |
| Stiel | | | | | |
| NebenBl Blattgrund | | | | | |
| 1 | 2 | 3 | 4 | 5 | 6 |
| Blatt | Blattscheide | schraubig | zweizeilig | kreuzgegenständig | quirlig |
| | | | Blattstellung | | |

**eutroph** (Boden, Wasser): reich an Nährstoffen, besonders Stickstoff, Phosphor, Kalium

**Fächel:** → Monochasium, bei dem die Seitenachsen der Achsel des einzigen vorhandenen, der Mutterachse zugewendeten Vorblatts entspringen

**Fahne:** das nach oben zeigende, äußere und meist größte Kronblatt der → Schmetterlingsblüte (Abb. **352**/1)

**Fasermantel** (Strohtunika): Hülle der Pflanzenbasis aus schwer zersetzbaren toten Resten von Blättern (Abb. **408**/4)

**Fernost:** russischer Ferner Osten: Ussuri- und Amurgebiet, Sachalin, Kamtschatka, bei arktischen Arten auch Tschuktschen-Halbinsel

**fertil:** fruchtbar, d. h. funktionsfähige Sporen, Pollenkörner oder Samenanlagen hervorbringend

**feucht** (Boden, ≈): ein feuchter Boden ist im Jahres-Durchschnitt nicht wassergesättigt, hinterlässt aber, auf Papier gelegt, einen feuchten Fleck und fühlt sich kühl an.

**Fieder, Fiederchen, Blättchen:** Abschnitt eines zusammengesetzten bzw. doppelt zusammengesetzten Blattes, der der Spindel mit einem kurzen Stielchen ansitzt (Abb. **836**/6, 7; **837**/1, 2)

**Fiederblatt:** Blatt, das aus mehreren selbständigen Blättchen besteht, die längs der → Spindel angeordnet sind (Abb. **836**/6, 7; **837**/1, 2)

**fiederlappig, -spaltig, -teilig, -schnittig:** Blatt mit Einschnitten von 20–40%, 40–60%, 60–80% bzw. 80–100% Tiefe der halben Spreitenbreite, Abschnitte stets mit breiter Basis der Spindel ansitzend (Abb. **836**/1–5)

**fiedernervig:** netznervig mit nur einem Hauptnerv, von dem die Seitennerven 2reihig entspringen

**Flügel:** 1. die beiden seitlichen Kronblätter der → Schmetterlingsblüte (Abb. **352**/1), – 2. flacher, breiter Randsaum von Stängeln (Abb. **830**/7), Blattstielen, Früchten oder Samen

**Form** (forma, f.): systematische Rangstufe unterhalb der Varietät für Pflanzen, die meist nur in einem Merkmal abweichen. Heute kaum noch verwendet.

**freikronblättrig:** mit Kronblättern, die untereinander nicht verwachsen sind und daher einzeln abfallen (Abb. **844**/3)

**frisch** (Boden): Feuchtestufe zwischen feucht und trocken, außerhalb des Kapillarbereichs des Grundwassers

**Frucht** (Fr): die Blüte im Zustand der Samenreife und (meist) Loslösung von der Mutterpflanze

**fruchtbar** (→fertil): Pflanze oder Pflanzenteil mit voll ausgebildeten Fortpflanzungsorganen

**Fruchtblatt** (FrBl): die Samenanlagen mit den Eizellen tragendes Blatt bei den Samenpflanzen. Die Fruchtblätter können bei vielen Arten miteinander zu einem geschlossenen Gehäuse, dem Stempel verwachsen.

**Früchtchen** (Frchen): selbständige, nicht miteinander verwachsene, aus je 1 Fruchtblatt hervorgehende Teile einer Sammelfrucht

**Fruchtfach:** durch Wände aus miteinander verwachsenen Fruchtblättern abgegrenzter Teilraum einer Kapsel oder Beere

**Fruchtknoten** (FrKn, Ovar): der meist verdickte untere Teil des Stempels oder eines Fruchtblatts, der die Samenanlagen umschließt (Abb. **844**/1; **845**/1–4)

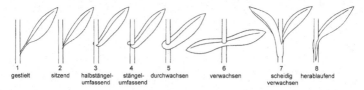

| 1 | 2 | 3 | 4 | 5 | 6 | 7 | 8 |
|---|---|---|---|---|---|---|---|
| gestielt | sitzend | halbstängel-umfassend | stängel-umfassend | durchwachsen | verwachsen | scheidig verwachsen | herablaufend |

**Fruchtschnabel:** der samenlose, verschmälerte obere Teil mancher Früchte (Abb. **275**/4); bei den Schoten der Kreuzblütengewächse dagegen der am oberen Ende des → Rahmens stehenbleibende, sich nicht öffnende Teil der Frucht, der zuweilen auch 1 oder mehr Samen enthält (Abb. **239**/4–6)

**Fruchtstand** (FrStand): Gesamtheit der als Ausbreitungseinheit verbunden bleibenden Früchte, die aus einem Blütenstand hervorgehen

**fruchtzierend** (⚙): durch Form, Farbe, Größe oder Zahl der Früchte auffallend

**Frühbeet** (▭): Vorkultur im Frühbeetkasten, im Gewächshaus oder auf dem Fensterbrett bis zum Auspflanzen nach den Eisheiligen (11.–15. Mai)

**frühjahrsgrün:** mit Laubaustrieb im Vorfrühling und Absterben des Laubes zu Beginn des Sommers

**fußförmig:** mit fast handförmig angeordneten Spreitenabschnitten oder Blättchen, die aber nicht von einem Punkt, sondern von einer verbreiterten Basis ausgehen, indem die äußeren nahe dem Grund der nach innen folgenden abzweigen, z. B. fußförmig geschnitten (Abb. **837**/4) oder fußförmig zusammengesetzt (Abb. **837**/5)

**gabelhaarig:** mit zweischenkligen, abstehenden Haaren in Form eines Y

**ganz** (unzerteilt) (Blatt): ohne tiefere Einschnitte, höchstens gesägt, gezähnt, gekerbt; nicht gleichbedeutend mit ganzrandig (Abb. **835**/1)

**ganzrandig** (Blattspreitenrand): ohne Einschnitte, Lappen oder Zähne

**Garrigue** (Phrygana, Tomillares): Zwergstrauch- und Halbstrauchvegetation im Mittelmeergebiet

**gebuchtet:** mit abgerundeten Vorsprüngen und abgerundeten Buchten (Abb. **839**/6)

**gefaltet:** längs der Mittelrippe nach oben zusammengeklappt (Abb. **839**/12)

**gefiedert:** 1. (Blatt): aus mehreren getrennten, an einer Blattspindel sitzenden Blättchen bestehend (Abb. **836**/6, 7; **837**/1, 2). – 2. (Pappusstrahl): federförmig behaart (Abb. **541**/8)

**gefingert:** mit handförmig angeordneten, völlig voneinander getrennten Blättchen (Abb. **835**/6)

**geflügelt** (Stängel, Blattstiel, Same, Frucht): mit einem breiten, flachen Rand oder Saum (Abb. **830**/7)

**gefranst** (Blattrand): mit sehr langen und schmalen Zähnen (Abb. **839**/4)

**gegenständig** (Blatt): paarweise in gleicher Höhe an der Sprossachse gegenüberstehend, demselben Knoten entspringend (Abb. **831**/5)

**gekerbt:** mit abgerundeten Vorsprüngen (Kerbzähnen) zwischen spitzen Buchten (Abb. **839**/5)

**gekielt:** mit hervortretender, erhabener, scharfkantiger Rippe auf gewölbter oder flacher Blatt-Unterseite (Abb. **839**/13)

**gelappt:** Einschnitte des Blattes 20–40% in die Spreitenhälften der Blattspreite oder des Radius der Spreite reichend (Abb. **835**/2; **836**/1)

**gemäßigte** (temperate) **Zone:** mittlere Florenzone der Nordhalbkugel, Zone der sommergrünen Laubwälder, im kontinentalen Bereich der Waldsteppen und Pseudotaiga-Wälder (Abb. auf Nachsatzblättern)

**gesägt** (Blatt): mit spitzen Sägezähnen, dazwischen spitze Buchten (Abb. **839**/1)

**gerieft:** mit Längsrinnen (Abb. **830**/5)

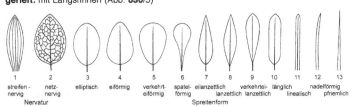

| 1 | 2 | 3 | 4 | 5 | 6 | 7 | 8 | 9 | 10 | 11 | 12 | 13 |
|---|---|---|---|---|---|---|---|---|---|---|---|---|
| streifen-nervig | netz-nervig | elliptisch | eiförmig | verkehrt-eiförmig | spatel-förmig | eilanzettlich | lanzettlich | verkehrt-lanzettlich | länglich linealisch | nadelförmig | pfriemlich | |

Nervatur · Spreitenform

**geschnitten** (-schnittig): Einschnitte des Blatts (fast) bis zum Grund der Spreitenhälfte reichend, aber Abschnitte mit breiter Basis ansitzend (Abb. **835**/5; **836**/5)

**geschweift** (Blattrand): sehr flach gebuchtet, d. h. mit seichten, weitbogigen Vorsprüngen und ebensolchen Buchten (Abb. **839**/7)

**gespalten** (-spaltig): Einschnitte etwa bis zur Mitte (40–60%) der Blattspreitenhälfte reichend (Abb. **835**/3; **836**/2, 3)

**gespornt** (Blütenhüllblatt oder Nektarblatt): mit rückwärts über den Blütenboden ragendem, kegel- bis schlauchförmigem, meist Nektar produzierendem Anhängsel

**gestutzt:** mit senkrecht (nicht bogig) auf die Mittelrippe treffenden Spreitenhälften (Abb. **838**/1, 4)

**geteilt** (-teilig): Einschnitte des Blattes bis etwa $^2/_3$ (60–80%) der Spreitenhälfte reichend (Abb. **835**/4; **836**/4)

**gezähnt** (Blattrand): mit spitzen Vorsprüngen, dazwischen mit abgerundeten Buchten (Abb. **839**/3)

**glockig:** sich nach oben in glockenartig geschwungener Form erweiternd (Abb. **843**/4)

**Griffel:** stielartiger Abschnitt zwischen Fruchtknoten und Narbe (Abb. **844**/1). Ist die Verwachsung der Fruchtblätter unvollständig, so ist der Griffel in Griffeläste geteilt. Der Griffel kann auch fehlen oder der Stempel kann mehrere Griffel haben.

**grundständig:** am Grund des Stängels entspringend

**gynodiözisch:** Pflanze mit Individuen, die z.T. nur weibliche, z.T. nur zwittrige Blüten haben, unvollständig 2häusig

**Gynophor:** gestrecktes Stängelglied zwischen Staub- und Fruchtblättern (Abb. **236**/2 c)

**Halbparasit** (pflanzlicher H.): pflanzlicher Schmarotzer, der Wasser und Nährsalze dem Wirt entzieht, aber mit Blattgrün selbst Photosynthese durchführt

**Halbstrauch** (ꜩ): Pflanze mit länger ausdauernden, verholzten oberirdischen Triebbasen und von ihnen jährlich neu gebildeten, größtenteils im Herbst wieder absterbenden Trieben

**halbunterständig** (Fruchtknoten): bis zur Mitte mit dem Blütenboden verwachsen, so dass die Blütenhülle und evtl. die Staubblätter in Höhe seiner Mitte ansitzen (Abb. **845**/4)

**handförmig** (handfg): strahlig um einen Punkt, das obere Ende des Blattstieles, angeordnet (Abb. **835**/2–6)

**handnervig** (fingernervig): → netznervig mit mehreren Hauptnerven, die strahlenförmig vom oberen Ende des Blattstieles ausgehen (Abb. **163**/4)

**hapaxanth** (monokarpisch, semelpar): nach dem (unterschiedlich lange dauernden) Jugendstadium einmal blühend, fruchtend und danach absterbend

**Heidegärten:** Ziergärten mit Heidepflanzen wie Heidekraut, Sonnenröschen, auch Gräsern und Farnen, oft auf saurem oder trockenem Boden

**heikel:** wegen besonderer Ansprüche schwer erfolgreich zu kultivieren

**Heilpflanze:** in diesem Buch: eine ins Deutsche, Schweizer oder/und Österreichische Arzneibuch aufgenommene Pflanze. Andere zu Heilzwecken verwendete Pflanzen sollen hier als homöopathische Heilpflanze (Homöopathisches Arzneibuch) oder Volksheilpflanze (nur in älterer Literatur, Heilwirkung meist nicht nachgewiesen) bezeichnet werden.

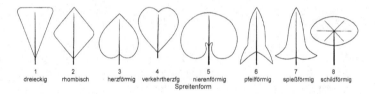

| 1 | 2 | 3 | 4 | 5 | 6 | 7 | 8 |
|---|---|---|---|---|---|---|---|
| dreieckig | rhombisch | herzförmig | verkehrtherzfg | nierenförmig | pfeilförmig | spießförmig | schildförmig |

Spreitenform

**herablaufend** (Blatt am Stängel): unterer Spreitenteil so mit dem Stängel verwachsen, dass sich die Spreitenrand von der Anheftungsstelle am Stängel ± weit in Form zweier Säume (→Flügel) hinabzieht (Abb. **832**/8)

**herbst-frühjahrsgrün:** mit Laubaustrieb Ende August–September, Laub überwinternd und Anfang Juni absterbend

**Hibernakel:** s. Turio

**Hochblatt** (Braktee): Blatt im Blütenstandsbereich mit vom Laubblatt abweichender Form oder Farbe

**Hochstaude:** ausdauernde krautige Pflanze, die im Winter bis zum Grund abstirbt, im Sommer rasch auf >80 cm Höhe heranwächst, oft mit großflächigen Blattspreiten

**Homonym:** gleichlautender Name für verschiedene Pflanzensippen (s. S. 24)

**horstig:** durch dichte Verzweigung der kurzen Bodensprosse viele dichtstehende Triebe bildend

**hort.** (-orum, -ulanorum): der Gärten, der Gärtner: im Gartenbau verbreiteter, aber irrtümlich verwendeter wissenschaftlicher Name, der tatsächlich eine andere Bedeutung hat oder nicht den Regeln des Codes entspricht (vgl S. 25)

**Hüllblatt:** 1. Hochblatt der Doldengewächse, Tragblatt des Doldenstrahls (Abb. **841**/1); – 2. einzelnes Blatt der Hülle des Kopfes z. B. der Korbblüten- (Abb. **540**) und Kardengewächsen (Abb. **424**/1 b)

**Hüllchen:** Tragblätter der Blüten im Teilblütenstand (Döldchen) der Doldengewächse (Abb. **841**/1)

**Hülle:** dichtstehende Hochblätter, die die Doldenstrahlen der Doldengewächse tragen (Abb. **841**/1) oder den Blütenstand z. B. der Korbblütengewächse umgeben, auch Einzelblätter, die den Blütenstand der Laucharten umgeben (Abb. **769**/2, 3)

**Hüllspelze** (Hsp): (0–)2(–4) unterste Hochblätter im Gräser-Ährchen, in deren Achseln keine Blüten stehen (Abb. **789**/1)

**Hülse:** Streufrucht aus einem Fruchtblatt, das sich bei der Reife zweiklappig an der Bauchnaht und Mittelrippe („Rückennaht") öffnet (Abb. **847**/2)

**Hybride** (Bastard; Hybr): durch Kreuzung zweier genetisch ± eigenständiger Sippen (Unterarten, Arten, Gattungen) entstanden, oft samensteril

**Hypokotyl:** das erste Stängelglied des Keimlings, zwischen Wurzelhals und Keimblattknoten

**Hypokotylknolle:** ± kugliges Speicherorgan aus dem verdickten →Hypokotyl

**immergrün** (i): zu allen Jahreszeiten mit grünem Laub. Oberbegriff für dauergrün (Blatt-Lebensdauer >2 Jahre), überwinternd grün (Blatt-Lebensdauer 1–2 Jahre) und wechselimmergrün (Blatt-Lebensdauer <1 Jahr, Blätter ständig neu gebildet)

**kalkliebend** (⊕): überwiegend (kalkhold) oder ausschließlich (kalkstet) auf kalkreichem Boden vorkommend

**kalte** (arktische) **Zone:** Florenzone jenseits der nördlichen Baum- und Gebüschgrenze (Abb. auf Nachsatzblättern)

**Kalthaus:** wenig geheiztes Gewächshaus zur frostfreien Überwinterung bei 5–10 °C

**Kaltkeimer:** Pflanze, deren feuchter Samen vor der Keimung eine unterschiedlich lange Periode mit ± kalten Temperaturen (<5 °C) durchlaufen muss. Aussaat meist im Herbst.

**Kapsel:** trockne Streufrucht aus 2 oder mehr Fruchtblättern, die sich durch Schlitze, Poren, Klappen oder Deckel öffnet (Abb. **847**/4–6)

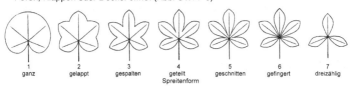

| 1 | 2 | 3 | 4 | 5 | 6 | 7 |
| --- | --- | --- | --- | --- | --- | --- |
| ganz | gelappt | gespalten | geteilt | geschnitten | gefingert | dreizählig |

Spreitenform

**keilförmig** (Spreitengrund): allmählich mit gradlinigem Rand schmaler werdend (Abb. **838**/3)

**Kelch** (K): bei gegliederter Blütenhülle die äußeren, meist grünen und derben Blütenhüllblätter (Abb. **844**/1)

**Kelchblatt** (KBl): Blütenhüllblatt des äußeren Kreises bei gegliederter Blütenhülle, meist grün und in der Knospe die Blüte schützend, selten auch gefärbt (Abb. **844**/1)

**Kelchröhre** (KRöhre): unterer, geschlossener Teil eines verwachsenen Kelchs (Abb. **844**/2, 3)

**Kelchzahn** (KZahn, KZipfel): oberer, freier Teil eines verwachsenen Kelchs, zuweilen aus der Verwachsung von 2 Kelchblättern hervorgehend (Abb. **844**/2,3)

**keulenförmig** (verwachsenblättrige Blütenkrone): eng zylindrisch und mit wenig erweitertem, ebenfalls zylindrischem Saum (Abb. **843**/2)

**Klappe** (Frucht): Öffnung einer Streufrucht durch Aufspringen an einer Längslinie (Bauch- oder Rückennaht, d. h. der Fruchtblatt-Mittelrippe) oder an 2 Längslinien (beiden Nähten)

**Klause**: nussähnliche, einsamige Teilfrucht der Lippenblütengewächse und Boretschgewächse

**Klausenfrucht**: Frucht der Lippenblüten- und Boretschgewächse, die durch eine echte und eine falsche Scheidewand aus den 2 Fruchtblättern zu einer 4samigen Bruchfrucht wird

**kleistogam**: durch Selbstbestäubung in knospenförmig geschlossenen Blüten Samen bildend

**Kletterpflanze** (⚥): Pflanze, die sich windend, rankend, mit Haftwurzeln oder als Spreizklimmer an anderen Pflanzen, Mauern oder Rankhilfen befestigt und mit nicht selbsttragendem Stängel Lichtstellung erreicht

**Knolle** (☼): zur Wasser-, Assimilat- und Nährstoffspeicherung verdicktes Spross- oder Wurzelorgan

**Knoten**: Ansatzstelle des Blatts (oder von 2 oder mehr quirlig stehenden Blättern) am Stängel, oft etwas angeschwollen

**Kolben**: Blütenstand mit verdickter Hauptachse, an der dicht kleine ungestielte Blüten sitzen (Abb. **840**/4)

**kompasshaarig**: mit zweischenkligen Haaren, deren Äste der Oberfläche anliegen, kompassnadelartig in entgegengesetzte Richungen zeigen und parallel ausgerichtet sind (Abb. **243**/6)

**Konnektiv**: Verbindungsstück der beiden Staubbeutelhälften (Theken), Fortsetzung des → Staubfadens

**kontinental** (Verbreitungsgebiet): im Inneren der Kontinente liegend, relativ trocken, winterkalt und sommerheiß (Abb. auf Nachsatzblättern)

**Kopf** (Köpfchen): Blütenstand mit ungestielten Blüten, die einer gestauchten, zuweilen auch verbreiterten Blütenstandsachse ansitzen (Abb. **840**/6, 7)

**krautig**: nicht verholzt

**Kriechtrieb**: ganzes Sprosssystem (bis auf die Blüten- oder Blütenstandsstiele) auf der Bodenoberfläche mit gestreckten, normal beblätterten Stängelgliedern kriechend und sich sprossbürtig bewurzelnd

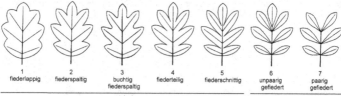

| 1 | 2 | 3 | 4 | 5 | 6 | 7 |
|---|---|---|---|---|---|---|
| fiederlappig | fiederspaltig | buchtig fiederspaltig | fiederteilig | fiederschnittig | unpaarig gefiedert | paarig gefiedert |

einfach — zusammengesetzt

**Kronblatt** (KrBl): die auf den Kelch nach innen folgenden, meist zarteren und auffallend gefärbten Blütenhüllblätter (Abb. **844**/1)

**Kronröhre** (KrRöhre): bei Pflanzen mit verwachsenblättriger Krone der röhrige, untere Abschnitt der Krone (Abb. **844**/2)

**Kronsaum** (KrSaum): bei Pflanzen mit verwachsenblättriger Krone der ± tief zerteilte, meist erweiterte oder ausgebreitete Abschnitt der Krone (Abb. **844**/2)

**Kronschlund** (KrSchlund): Übergangsstelle vom →Kronsaum zur →Kronröhre bei verwachsenblättriger Krone (Abb. **844**/2)

**Kronzipfel** (KrZipfel): freie, nicht verwachsene Abschnitte des Kronsaums (Abb. **844**/2)

**krugförmig:** unten birnförmig erweitert, oben wieder verengt und oft mit kurz zylindrischem Mündungsstück (Abb. **843**/3)

**kühle** (boreale) **Zone:** die in größtenteils von Nadelwäldern eingenommene Florenzone südlich der Arktis und nördlich der gemäßigten, von Fallaubwäldern, Pseudotaiga und Waldsteppen eingenommenen Florenzone (Abb. auf Nachsatzblättern)

**Kulturpflanze:** Pflanzensippe, die als Nutzpflanze (**N**) oder Zierpflanze (**Z**) angebaut wird und oft durch ± intensive Züchtung verändert wurde

**Kurztrieb:** kurzer Seitenspross mit verkürzten Stängelgliedern, dessen Blätter daher dicht gedrängt stehen

**länglich:** ± parallelrandig und 3–8mal so lang wie breit (Abb. **833**/10)

**Langtrieb:** Spross mit langen Stängelgliedern, dessen Blätter daher entfernt stehen

**lanzettlich:** 3–8mal so lang wie breit, in der Mitte am breitesten, mit bogigen Rändern nach beiden Enden verschmälert (Abb. **833**/8)

**Lebensdauer** (der Laubblätter): →immergrün, →sommergrün, →frühjahrsgrün, →herbst–frühjahrsgrün

**Lebensdauer** (der Pflanze): →einjährig ☉, →einjährig überwinternd ①, →zweijährig ☉, →ausdauernd ♃ ♄, →mehrjährig hapaxanth ⊖

**Lebensdauer** (der Samen): meist 3–5 Jahre, selten 1–2 Jahre (Samen kurzlebig), bei manchen Arten bei kühler Aufbewahrung oder im Boden mehrere bis viele Jahrzehnte (Samen langlebig; s. auch S. 46)

**Legtrieb:** ein Trieb, der sich mangels Stützgewebe dem Boden anlegt, aber dann im Gegensatz zum Kriechtrieb keine sprossbürtigen Wurzeln bildet

**Lichtkeimer:** Pflanze, deren Samen zur Keimung Licht braucht, daher > 1 cm tief im Boden nicht keimt

**linealisch:** mindestens 10mal so lang wie breit, mit ± parallelen Rändern (Abb. **833**/11), bei relativ breiten Blättern auch als bandförmig bezeichnet

**lineal-lanzettlich:** zwischen →lanzettlich und →linealisch, 7–10mal so lang wie breit

**Lippenblüte:** Blüte, die durch 2 tiefe seitliche Einschnitte in 2 Hauptabschnitte (Ober- und Unterlippe) geteilt ist (Abb. **494**/1–3)

**lockerrasig:** infolge von Ausläufer- oder Kriechtriebbildung ± ausgedehnte Flächen bedeckend

**Macchie:** Vegetationsformation aus immergrünem, oft stachligem Gebüsch, Degradationsform des immergrünen Hartlaubwaldes im Mittelmeergebiet

**männlich** (♂): nur Pollen ausbildend und keine Samenanlagen

| 1 | 2 | 3 | 4 | 5 |
|---|---|---|---|---|
| unterbrochen gefiedert | doppelt gefiedert | schrotsägeförmig | fußförmig geschnitten | fußförmig zusammengesetzt |

**Mediterrangebiet** (Medit.)**:** Mittelmeergebiet von Südeuropa, dem küstennahen Vorderasien und Nordafrika, ausgezeichnet durch im Winter mildes, feuchtes, im Sommer heißes, trockenes Klima und immergrüne Hartlaubvegetation

**mehrjährig hapaxanth** (☉)**:** mit mehrjährigem (etwa 3–30jährigem) vegetativem Stadium, im letzten Jahr blühend, fruchtend und danach absterbend

**Milchsaft:** milchig weiße oder gelbe Flüssigkeit, die bei manchen Pflanzen in Milchzellen oder Milchröhren enthalten ist und in emulgierter Form vor allem Polyterpene, manchmal auch hautreizende Harze, giftige Alkaloide und Glukoside enthält

**mittelständig** (Fruchtknoten)**:** frei stehend im Blütenbecher (also nicht mit ihm verwachsen), an dessen oberem Rand die Blütenhüll- und Staubblätter stehen (Abb. **845**/2)

**Monochasium:** Teilblütenstand mit sukzessiver Sprossfortsetzung jeweils durch Verzweigung nur aus der Achsel eines →Vorblattes. Hierher gehören die Schraubel, Wickel und Fächel (Abb. **842**/3).

**montan** (mont.)**:** Bergstufe im Gebirge, die sich in Deutschland durch Buchen-, Fichten-, Tannen- und Lärchenwälder auszeichnet und nach oben durch die subalpine Gebüschstufe abgelöst wird (Abb. auf Nachsatzblättern)

**Nabel** (Hilum)**:** Narbe der Ansatzstelle des Stielchens der Samenanlage, am Samen als matte Scheibe erkennbar

**nadelförmig** (Blatt)**:** starr, schmal, gleich breit, meist mit derber Spitze (Abb. **833**/12)

**Nagel:** deutlich vom breiteren oberen Kronblattabschnitt, der Platte, abgesetzter, stielartig verschmälerter Abschnitt von Kron- oder →Perigonblättern bei Pflanzen mit freiblättriger Blütenhülle (Abb. **844**/3)

**napfförmig:** halbkuglig, etwa so breit wie lang (Abb. **843**/5)

**Narbe:** oberer, meist klebriger und →papillöser Abschnitt des Stempels (Abb. **844**/1), dient dem Auffangen des Pollens; ungeteilt, 2- oder mehrlappig bis -spaltig, bei Fehlen des→Griffels sitzend

**nass** (≈≈≈)**:** Feuchtestufe, bei der das Grundwasser ± ganzjährig in Höhe der Bodenoberfläche oder darüber steht

**Naturgarten:** Garten ohne intensive gärtnerische Pflege, in dem vorrangig Wildarten gedeihen und – in Grenzen – Wildwuchs gestattet wird

**Nebenblatt** (NebenBl, Stipel)**:** frühzeitig angelegter, ± blattähnlicher seitlicher Auswuchs des Unterblatts (Abb. **831**/1)

**Nebenblattscheide** (Ochrea)**:** röhrenartig den Stängel umgreifende, meist häutige Bildung des Blattgrundes bei vielen Knöterichgewächsen (Abb. **205**/1)

**Nebenkrone** (NebenKr)**:** an den Kron- oder Perigonblättern gebildete kronenartige Auswüchse (Abb. **227**/1 a; **759**/1)

**Nektarblatt:** Blütenblatt mit Nektar abscheidendem Drüsengewebe, verschiedengestaltig, oft becherförmig oder mit Sporn

**Nektarium:** Drüsengewebe innerhalb oder außerhalb (extraflorales N.) der Blüte, das den Nektar abscheidet, einen stark zuckerhaltigen Saft

**netznervig:** mit einem oder mehreren Hauptnerven, von denen Seitennerven abgehen, die sich weiter verzweigen und zuletzt ein feines Nervennetz bilden (Abb. **833**/2)

**nomen illegitimum** (nom. illegit.)**:** Name, der den Regeln des Internationalen Code der Botanischen Nomenklatur widerspricht, z. B. weil er mit einem älteren Namen gleichlautet, und der deshalb nicht verwendet werden darf

| 1 | 2 | 3 |
|---|---|---|
| gestutzt | abgerundet | keilfg |

Spreitengrund

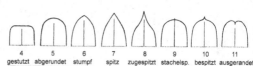

| 4 | 5 | 6 | 7 | 8 | 9 | 10 | 11 |
|---|---|---|---|---|---|---|---|
| gestutzt | abgerundet | stumpf | spitz | zugespitzt | stachelsp. | bespitzt | ausgerandet |

Spreitenspitze

**Nuss:** einsamige Schließfrucht mit trockner, harter Fruchtwand (Abb. **848**/3)

**Nüsschen:** aus einem Fruchtblatt gebildetes nussförmiges Früchtchen, Teil einer Sammelnussfrucht

**Nutzpflanze (N):** vom Menschen und/oder seinem Vieh genutzte Wild- oder Kulturpflanze; in diesem Buch nur zum Zweck der Nutzung (zur Nahrung, Kleidung, Herstellung von Gebrauchsgegenständen, als Viehfutter, Bienenfutter, Heil-, Duft- oder Zauberpflanze; nicht als Zierpflanze) angebaute Kulturpflanze

**Oberlippe** (OLippe): oberer Abschnitt einer →Lippenblüte (Abb. **494**/1–3)

**oberständig** (Fruchtknoten): am Ende der Blütenachse und über den Blütenhüll- und Staubblättern stehend (Abb. **845**/1)

**Ochrea** (Nebenblattscheide): röhrenartig den Stängel umgreifende, meist häutige Bildung des Blattgrundes bei vielen Knöterichgewächsen (Abb. **205**/1)

**Öhrchen:** kleine Lappen an beiden Seiten des Blattgrundes, die den Stängel ± umfassen, aber sich nicht wie Nebenblätter frühzeitig entwickeln (Abb. **209**/1 a)

**oligotroph** (Boden, Wasser): nährstoffarm, arm besonders an pflanzenverfügbarem Stickstoff, Phosphor und Kalium

**ozeanisch** (Verbreitungsgebiet): durch Meeresnähe feucht und thermisch ausgeglichen, mild. – Gegensatz: kontinental (Abb. auf Nachsatzblättern)

**paarig gefiedert:** gefiedert ohne Endfieder, die durch ein Spitzchen oder eine Ranke ersetzt ist (Abb. **836**/7)

**papillös:** mit starker Aufwölbung der Oberhautzellen

**Pappus:** haar-, grannen-, schuppen- oder krönchenartige Bildung an Früchten anstelle des Kelches; besonders bei Korbblüten- und Baldriangewächsen

**Parasit** (Schmarotzer): Organismus, der auf oder in einem anderen und auf dessen Kosten lebt

**Perigon:** nicht in Kelch und Krone differenzierte (gleichartige, einfache) Blütenhülle. Ihre Blätter heißen Perigonblätter. Zuweilen sind die Blätter des inneren und äußeren Kreises in Form und Größe verschieden.

**Pfahlwurzel:** senkrecht tief (bis mehrere Meter) in den Boden dringende Wurzel, meist die Primärwurzel. Viele Pfahlwurzelpflanzen lassen sich schlecht verpflanzen.

**pfeilförmig:** dreieckig und am Grund mit 2 spitzen, rückwärtsgerichteten Seitenlappen (Abb. **834**/6)

**pfriemlich:** sehr schmal und oft starr, am Grund am breitesten und von da in eine feine Spitze verschmälert (Abb. **833**/13)

**Platte:** der vom schmalen unteren Teil deutlich abgesetzte, verbreiterte und meist nach außen gerichtete obere Teil eines freien Kronblatts (Abb. **844**/3; s. auch Nagel) oder Nektarblatts

**Pleiochasium:** Blütenstand mit einer Endblüte, unter der an den dicht gedrängten oberen Knoten mehrere Seitenachsen entspringen, welche die Hauptachse übergipfeln (Abb. **842**/1)

**Pleiokorm:** verzweigter, oft verholzter Bodenspross, der trotz möglicher sprossbürtiger Bewurzelung auf die Verbindung mit der Primärwurzel angewiesen bleibt

**Pollen** (stets Einzahl!): Gesamtheit der Pollenkörner

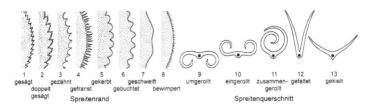

| 1 | 2 | 3 | 4 | 5 | 6 | 7 | 8 | 9 | 10 | 11 | 12 | 13 |
|---|---|---|---|---|---|---|---|---|---|---|---|---|
| gesägt | gezähnt | gekerbt | | geschweift | | | umgerollt | eingerollt | zusammen- | gefaltet | gekielt |
| | doppelt | | gefranst | | gebuchtet | bewimpert | | | | gerollt | | |
| | gesägt | | | | | | | | | | | |

Spreitenrand                Spreitenquerschnitt

**Pollinium:** die zu einem Paket verklebten Pollenkörner eines Staubbeutelfaches bei den Knabenkraut- und Seidenpflanzengewächsen (Abb. **413**/1b)

**Polster** (⌒): Achsensystem aus dicht stehenden, kurzen, an der Spitze verzweigten, dicht und meist immergrün beblätterten Trieben mit meist ausdauernder Primärwurzel

**Porenkapsel:** trockne Streufrucht aus 3 oder mehr Fruchtblättern, die sich durch Poren öffnet (Abb. **847**/5)

**quirlig** (wirtelig) (Blattstellung): zu dreien oder mehreren an einem Knoten, d. h. in gleicher Höhe rings um die Sprossachse stehend (Abb. **831**/6)

**Rabatte:** schmales Blumenbeet, oft an Wegen, Zäunen oder Rasenflächen, meist mit gruppierten Stauden (Staudenrabatte) oder 2–3mal im Jahr mit vorher angezogenen einjährigen Sommerblumen bepflanzt (→Sommerrabatte, s. S. 42)

**radförmig** (verwachsenblättrige Blütenkrone): mit sehr kurzer Röhre und flach ausgebreitetem Saum (Abb. **843**/8)

**radiär:** symmetrisch mit >2 möglichen Symmetrieebenen (Abb. **830**/1)

**Rahmen** (Replum): die beim Öffnen einer →Schote stehenbleibenden Fruchblattränder mit den Samenleisten

**Ranke:** fadenförmiges, oft verzweigtes Anheftungsorgan; umgebildete Sprossachse, Blattfieder oder Blatt (Abb. **353**/1, 3, 4; **427**/1)

**Rhizom** (Ⴑ): Bodenspross mit kurzen, dicken Stängelgliedern, meist horizontal, selten vertikal orientiert, stets sprossbürtig bewurzelt

**Rispe:** Blütenstand mit Endblüte und nach unten zunehmender, nicht nur aus den Vorblattachseln erfolgender Verzweigung längs einer Hauptachse (Rispenachse; Abb. **841**/2)

**röhrig:** eng zylindrisch und ohne deutliche Erweiterung in einen Saum, viel länger als breit (Abb. **843**/1)

**Rosette:** dicht stehende Gruppe von Laubblättern an gestauchtem Achsenabschnitt in Bodennähe

**Rübe:** kräftige Primärwurzel, als Speicherorgan stark verdickt, mit unverzweigter oder wenig verzweigter Sprossbasis

**ruderal:** durch den Menschen geschaffene, nicht kultivierte, meist →eutrophierte Standorte wie Abfall- und Umschlagplätze, Bahnanlagen, Schutt, Weg- und Straßenränder

**Samen** (Sa): aus der Samenanlage hervorgegangene, von der Mutterpflanze aus der Streufrucht entlassene oder mit der Schließfrucht ausgebreitete Ausbreitungseinheit und Ruhestadium aus Samenschale, Embryo und evtl. Nährgewebe

**Samenleiste** (Plazenta): Ansatzstelle der Stielchen der Samenanlagen im Fruchtknoten, entspricht meist dem Rand der Fruchtblätter und steht dementsprechend zentralwinkelständig, wandständig, frei zentral, scheidewandständig oder basal (Abb. **846**/1–4)

**Sammelfrucht:** die Gesamtheit der aus nicht verwachsenen Fruchtblättern gebildeten Früchtchen (Teilfrüchte) einer Blüte (Abb. **848**/6, 7)

**säureliebend** (kalkmeidend, ⊖): auf karbonatfreien, ± sauren Böden vorkommend und oft keinen Kalkgehalt im Boden vertragend

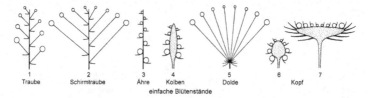

| 1 | 2 | 3 | 4 | 5 | 6 | 7 |
|---|---|---|---|---|---|---|
| Traube | Schirmtraube | Ähre | Kolben | Dolde | Kopf | |

einfache Blütenstände

**Schaft:** laubblattloser, meist aus einer Grundblattrosette entspringender, einen Blütenstand tragender Stängel, zuweilen mit Schuppenblättern

**Scheibenblüte:** bei den Korbblütengewächsen die radiärsymmetrischen Blüten der Mitte des Kopfes mit 5 (selten 4) Kronzipfeln (Abb. **540**/3)

**scheidewandständig** (Stellung der Samenanlagen): an der Scheidewand eines 2fächrigen Fruchtknotens

**Scheindolde:** doldenähnlicher Blütenstand mit Blüten in ± flacher oder gewölbter Ebene, aber nicht mit von einem Punkt ausgehenden Doldenstrahlen, sondern im Grundaufbau ein → Thyrsus (Schirmthyrsus, Abb. **842**/4), eine Rispe („Ebenstrauß", Schirmrispe, Abb. **841**/3) oder eine Traube (Schirmtraube)

**Scheinquirl:** 1. Teilblütenstand, bei dem 2 gegenüberliegende → Cymen durch Verkürzung der Stängelglieder einen Quirl vortäuschen; besonders bei Lippenblütengewächsen. – 2. am Stängel dicht stehende, scheinbar quirlige Gruppe von Blättern, die aber an verschiedenen Knoten ansitzen

**Schiffchen:** das aus den beiden nach unten (vorn) zeigenden, inneren Kronblättern vereinigte, die Staubblattsäule umgebende Doppelblatt der Schmetterlingsblüte (Abb. **352**/1)

**schildförmig** (Blatt): mit einem unterseits auf der Fläche der Spreite ansetzenden Blattstiel (Abb. **834**/8)

**Schildhaar:** vielzelliges → Sternhaar mit verwachsenen Strahlen

**Schirmrispe, Schirmthyrsus, Schirmtraube:** → Scheindolde (Abb. **841**/3; **842**/4; **840**/2)

**Schlauch** (Utriculus): schlauchartige Hülle um die Frucht bei den Seggen aus dem verwachsenen, dem Mutterspross zugewandten Vorblatt

**Schleier** (Indusium): häutiges Gebilde, das die Sporangiengruppen vieler Farne während der Entwicklung und manchmal auch noch zur Reifezeit bedeckt (Abb. **102**/6 b)

**Schließfrucht:** Frucht, die bei der Reife um den Samen geschlossen bleibt (Nuss, Steinfrucht, Beere, Abb. **848**/1–3). Gegensatz: Streufrucht

**Schlund:** Übergangsstelle zwischen Kronröhre und Kronsaum bei verwachsenblättriger Krone (Abb. **844**/2)

**Schlundschuppen:** Einstülpungen, massive Auswüchse oder Haarbüschel am Übergang von der Kronröhre zum Kronsaum (Abb. **844**/2), die den → Schlund verengen und den Rüssel der bestäubenden Insekten zu den Staubbeuteln lenken

**Schmetterlingsblüte:** dorsiventrale Blüte der Schmetterlingsblütengewächse mit einem Kelch aus 5 meist verwachsenen Blättern und mit 5 meist freien Kronblättern, der nach oben zeigenden → Fahne, den seitlichen Flügeln und dem aus den 2 inneren Kronblättern vereinigten Schiffchen, das den 1blättrigen Fruchtknoten und die ihn umgebenden 10 Staubblätter einhüllt (Abb. **352**)

**Schnabel:** → Fruchtschnabel

**Schnittblume** (✄): auf Grund ihrer Struktur und Haltbarkeit für Sträuße oder Trockensträuße geeignete Blumen, Laubzweige und Einzelblätter

**Schötchen:** aus 2 Fruchtblättern bestehende kurze Kapsel (→ Schote, aber <3mal so lang wie breit). Abgeflachte Schötchen wenden der Mutterachse entweder die Breit-

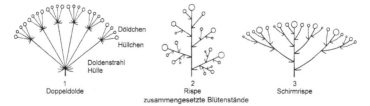

1
Doppeldolde
(Döldchen, Hüllchen, Doldenstrahl, Hülle)

2
Rispe

3
Schirmrispe

zusammengesetzte Blütenstände

seite (Fläche) zu und haben dann eine schmale Scheidewand, oder die Schmalseite (Kante) und haben dann eine breite Scheidewand.

**Schote:** aus 2 Fruchtblättern bestehende lange Kapsel (mindestens 3mal so lang wie breit), bei der zur Fruchtreife 2 samenlose Klappen von einem samentragenden, auf dem Fruchtstiel stehenbleibenden Rahmen abfallen (Abb. **847**/3)

**Schraubel:** → Monochasium, bei dem die aufeinanderfolgenden Seitensprosse jeweils auf der gleichen Seite (entweder rechts oder links) entspringen. Die Blütenknospen sind in Aufsicht spiralig angeordnet.

**schraubig** (Blattstellung): an jedem Knoten ein Blatt, das nächste mit einem Winkel >120° und <180° (Divergenzwinkel, häufig 144°) versetzt (Abb. **831**/3)

**schrotsägeförmig:** → fiederlappig bis → fiederteilig mit dreieckigen, spitzen, nach dem Blattgrund gerichteten Abschnitten (Abb. **837**/3)

**Schuppenblatt:** Blatt mit reduzierter Spreite, im wesentlichen vom Unterblatt gebildet, häufig trocken, häutig, ledrig als Schutzorgan (z. B. Knospenschuppen)

**Schwimmpflanze:** Pflanze, deren Blätter (z. T.) auf der Wasseroberfläche schwimmen

**Selbstaussaat:** in Freilandkultur keimfähigen Samen ausbildend und daraus ohne gezielte Aussaat neue Pflanzen entwickelnd

**Selbstbestäubung:** erfolgreiche Bestäubung mit dem Pollen derselben Pflanze

**selbststeril:** für die erfolgreiche Bestäubung auf den Pollen einer anderen Pflanze angewiesen

**selten** (s): in diesem Buch die geringste Häufigkeitsstufe. Nur ausnahmsweise angebaute Nutzpflanze oder nur von Liebhabern kultivierte Zierpflanze

**Senker:** zur Vermehrung abgesenkte, im Boden künstlich verankerte und sich sprossbürtig bewurzelnde Zweige. (Landläufig werden oft → Stecklinge als Senker bezeichnet.)

**sensu stricto, sensu lato** (s. str., s. l.): im engen (weiten) Sinn, d. h. unter Ausschluss (Einschluss) von Sippen, die von manchen Autoren eingeschlossen (ausgeschlossen) werden

**Sippe** (Taxon): systematische Einheit beliebigen Ranges; supraspezifisches T.: vom Reich bis zur Sektion und Subsektion; infraspezifisches T.: Unterart (Subspecies, subsp.) und Varietät (var.)

**sitzend** (Blatt, Blüte): ohne Stiel

**Solitär:** große Hochstaude oder stattliches Hochgras, die sich als auffällige Einzelpflanzen für offene Garten- und Park-Partien eignen und dabei gut zur Geltung kommen

**Sommerblumenbeet:** Blumenbeet, auf das besonders einjährige Pflanzen gesät werden

**sommergrün:** mit Laubblättern nur während der Vegetationsperiode. Laubblätter im Spätherbst absterbend. Laubaustrieb ein- oder zweimal im Jahr oder ständig

**Sommerrabatte:** Blumenbeet, das 2–3mal im Jahr mit Gruppen von vorkultivierten einjährigen (oder einjährig kultivierten) Pflanzen neu bepflanzt wird

**Sorte** (s. auch cv., cultivar.): eine Gruppe kultivierter Pflanzen, die sich durch irgendwelche Eigenschaften auszeichnet und diese Eigenschaften bei der Fortpflanzung auf die Nachkommen überträgt (s. S. 25)

**Sorus** (Sporangienhäufchen): Gruppe von Sporenkapseln auf der Blattunterseite oder am Blattrand von Farnen (Abb. **102**/2b, 6)

1 Pleiochasium  2 Dichasium  3 Monochasium  4 Schirmthyrsus  5 Thyrsus
Zymöse (Teil-)Blütenstände

**Spalierstrauch:** niedrige Holzpflanze, bei der sich die zahlreichen Zweige eng dem Boden oder Fels anschmiegen

**Spaltfrucht:** eine Frucht, die bei der Reife durch Trennung ihrer Fruchtblätter voneinander längs in 2 oder mehr Teile zerfällt und deren Wand einem ganzen Fruchtblatt entspricht (Abb. **848**/4)

**Spaltkapsel:** trockne Streufrucht, die sich durch Längsspalten entlang der Fruchtblatt-Mittelrippe oder der Verwachsungsnähte öffnet (Abb. **847**/4)

**spatelförmig:** mit abgerundeter Spitze, im oberen Drittel am breitesten und nach dem Grund zu mit konkaven Rändern verschmälert (Abb. **833**/6)

**Spelze** (Sp): kahnförmiges oder flaches Hochblatt im → Ährchen von Gräsern (→ Hüll-, → Deck- und → Vorspelze). Bei den Sauergräsern gibt es nur 1 Spelze, das Deckblatt.

**spießförmig** (Blattspreite): dreieckig und am Grund mit 2 spitzen, rechwinklig abstehenden Seitenlappen (Abb. **834**/7), vgl. auch pfeilförmig

**Spindel:** die spreitenlose Mittelrippe eines gefiederten Blattes (Abb. **837**/1) oder die zentrale Hauptachse eines Blütenstandes (Traube, Rispe, Thyrsus)

**Sporangium** (Sporenkapsel, bei Sporenpflanzen): Behälter mit einer Wand aus sterilen Zellen, in dem unter Reduktionsteilung die Sporen gebildet werden

**Spore:** meist einzellige Vermehrungs- und Ausbreitungseinheit, die sich ohne Sexualakt weiterentwickeln kann

**Sporn:** rückwärts über den Blütenboden ragendes, hohlkegel- bis schlauchförmiges, meist Nektar führendes Anhängsel der Blütenhüll- oder Nektarblätter (Abb. **364**/2)

**Sporophyll:** Blatt, das Sporangien trägt. Bei manchen Farnen sind die Sporophylle (Abb. **98**/9) von den nicht sporangientragenden Blättern (Trophophyllen) (Abb. **98**/10) verschieden.

**Spreublatt:** schuppenförmiges Tragblatt der Blüten in den Köpfen der Korbblütengewächse (Abb. **540**/1). Bei vielen Arten fehlen die Spreublätter oder sind durch Spreuborsten ersetzt.

**Spreuschuppe:** meist braun oder dunkel gefärbte häutige, blättchenartige Haarbildungen an den Blättern von Farnen, besonders an Stiel und → Spindel (Abb. **100**/5b, 6b)

**Spross:** von den Grundorganen Sprossachse (Stängel) und Blättern gebildete Teile der Gefäßpflanzen

**Stachel:** stechender Auswuchs, an dem nicht nur die Oberhaut, sondern auch darunterliegendes Gewebe beteiligt ist. Nicht von umgebildeten Blättern, Blattteilen, Sprossachsen oder Wurzeln abzuleiten, wie der → Dorn.

**stachelspitzig:** mit sehr kurzer, von dem austretenden Mittelnerv gebildeter Endborste (Abb. **838**/9)

**Staminodium:** unfruchtbares, keinen Pollen erzeugendes Staubblatt, das keine oder verkümmerte Staubbeutel trägt. Es kann fadenförmig, schuppenförmig oder kronblattartig sein.

**Standort:** Gesamtheit der biotischen und abiotischen Faktoren, die auf die Pflanze an ihrem Wuchsort einwirken

**Stängel** (Stg, Sprossachse): Achsenorgan, das die Blätter trägt und mit ihnen zusammen den Spross bildet

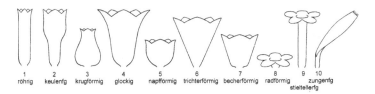

| 1 | 2 | 3 | 4 | 5 | 6 | 7 | 8 | 9 | 10 |
|---|---|---|---|---|---|---|---|---|---|
| röhrig | keulenfg | krugförmig | glockig | napfförmig | trichterförmig | becherförmig | radförmig | zungenfg stieltellerfg | |

**Stängelglied:** durch 2 aufeinanderfolgende Knoten (Ansatzstellen der Blätter) abgegrenzter Abschnitt des Stängels. Das unterste Stängelglied, das Hypokotyl, wird durch den Wurzelhals und den Keimblattknoten begrenzt.

**stängelumfassend** (Blatt): mit dem Spreitengrund um den Stängel ganz (Abb. **832**/4) oder halb (halbstängelumfassend, Abb. **832**/3) herumgreifend

**Staubbeutel:** der obere Teil des Staubblatts, der in 4 Pollensäcken, die den Sporangien der Farne entsprechen, den Pollen bildet (Abb. **844**/1)

**Staubblatt:** Pollenkörner bildendes Blatt, besteht bei den Bedecktsamern aus dem meist stielartigen Staubfaden, dem Staubbeutel und dem die beiden Staubbeutelhälften verbindenden, die Fortsetzung des Staubfadens bildenden Mittelband (Konnektiv) (Abb. **844**/1)

**Staubfaden:** Stiel des Staubblatts (Abb. **844**/1)

**Staude:** ausdauernde krautige Pflanze, die alljährlich bis zum Grund abstirbt und in mehreren Jahren blüht. Im gärtnerischen Sprachgebrauch werden Zwiebelpflanzen oft nicht eingeschlossen.

**Staudenbeet:** Beet mit ausdauernden krautigen Zierpflanzen

**Steckling** (⋁⋁): zur Vermehrung abgeschnittenes Sprossstück, das sich bewurzeln soll (s. S. 47)

**Steinfrucht:** Schließfrucht, deren Wand außen häutig, in der Mitte saftig-fleischig und innen aus harten Steinzellen gebildet ist (Abb. **848**/2)

**Steingarten** (△, Alpinum): Anlage für die Kultur von Hochgebirgs- und Felspflanzen, deren Standorte durch das Verbauen von Steinen nachgeahmt werden (s. S. 43)

**Stempel:** Verwachsungsprodukt der Fruchtblätter bei den Bedecksamern, besteht aus dem basalen Fruchtknoten, der den Pollen aufnehmenden Narbe und evtl. einem verbindenden stielartigen Mittelstück, dem Griffel (Abb. **844**/1)

**steril:** unfruchtbar; Gegensatz: fertil, fruchtbar

**sternhaarig:** mit sternförmig verzweigten Haaren oder mit jeweils von einem Punkt ausgehenden Haarbüscheln

**Stieldrüse:** Drüsenhaar mit ein- oder mehrzelligem Stiel, sezernierender Abschnitt meist köpfchenförmig

**stieltellerförmig:** mit enger, langer Röhre und flach ausgebreitetem Saum, meist von langrüsseligen Insekten bestäubt (Abb. **843**/9)

**Strahlblüte:** dorsiventrale Blüte der Korbblütengewächse mit nach einer Seite ausgezogenen, verwachsenen 3 Kronblattzipfeln, dem Strahl

**Strauch:** mittelhohes Holzgewächs, dessen Leitachsen kürzer als die Pflanze leben und sich vom Grund erneuern, ohne einen dominierenden Stamm

**streifennervig** (parallelnervig): mit zahlreichen gleichstarken Nerven, die vom Grund bis zur Blattspitze ohne sich aufzuzweigen nebeneinander verlaufen; parallelnervig (bei schmalem Blatt) oder bogennervig (bei breitem Blatt, Abb. **833**/1)

**Strukturpflanze:** in der Blumenbinderei verwendete Pflanze, die mit Blättern oder Sprossen dem Gebinde besondere Strukturmerkmale verleiht

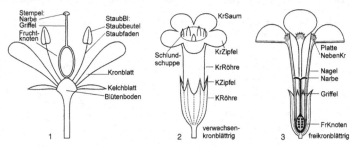

**stumpf** (Spitze des Blatts): mit stumpfwinklig zusammenstoßenden Spreitenrändern (Abb. **838**/6)

**subalpin** (subalp.): Höhenstufe im Hochgebirge oberhalb der Waldgrenze, unterhalb der Stufe der alpinen Rasen, in Deutschland meist von Krummholz, Rhododendrongebüsch und staudenreichen Wiesen eingenommen (Abb. auf Nachsatzblättern)

**Subspecies** (subsp.): → Unterart

**sukkulent** (Sprossachse, Blatt): dicklich, saftreich, wasserspeichernd, mit geringem Trockenmasse-Anteil

**subtropisch** (subtrop.): randtropische Florenzone, meist arid-semiarid mit Sommerregen, nicht identisch mit der warmen Zone, in der z. B. das Mittelmeergebiet liegt (Abb. auf Nachsatzblättern)

**Synonym** (syn.): einer von mehreren wissenschaftlichen Namen für eine Sippe, besonders die Namen, die bei einer bestimmten taxonomischen Auffassung nicht korrekt sind bzw. die nicht legitim sind. Nomenklatorische Synonyme beruhen auf dem selben Typus (bei Umstellung einer Art in eine andere Gattung, Umstufung des taxonomischen Ranges), taxonomische Synonyme beruhen auf verschiedenen Typen. Bei diesen ist es von der systematischen Auffassung abhängig, ob sie als Synonyme angesehen werden.

**Tauchpflanze:** Wasserpflanze, die nur Unterwasserblätter ausbildet

**Teilfrucht** (s. auch Klause): Teil einer → Spaltfrucht, der einem Fruchtblatt entspricht oder Teil einer → Bruchfrucht oder Früchtchen einer → Sammelfrucht

**Teilung** (♈): Vermehrung von Stauden mittels Durchtrennung der Bodensprosse (Rhizome, Ausläufer) oder Abtrennung von → Wurzelsprossen (vgl. S. 32, 47)

**Thyrsus:** Blütenstand mit durchgehender Hauptachse und cymösen (d. h. nur aus den Vorblattachseln verzweigten) Teilblütenständen (Abb. **842**/5), verbreitet z. B. bei Lippenblüten- und Nelkengewächsen (vgl. Zyme)

**Tragblatt:** Das Blatt, aus dessen Achsel ein Seitenspross entspringt, ist dessen Tragblatt.

**Traube:** Blütenstand mit durchgehender Hauptachse, an der gestielte Blüten sitzen, Endblüte fehlend, Aufblühfolge von unten nach oben (Abb. **840**/1)

**trichterförmig:** sich nach oben gleichmäßig erweiternd (Abb. **843**/6)

**Trockenrasen** (Xerothermrasen): von Natur aus wegen der Trockenheit des Standortes waldfreie Gras- und Krautgesellschaften. Halbtrockenrasen können sich bewalden, werden aber durch Beweidung, Brand und Entbuschung offen gehalten.

**tropisch** (trop.): Florenzone im immerfeuchten Äquatorialgebiet (Abb. auf Nachsatzblättern), entspricht nicht dem geographisch-klimatologischen Begriff, der sich auf die Gebiete um die Wendekreise bezieht

**Turio** (Plural Turionen, Hibernakel): selbständige Winterknospe, oft gleichzeitig Überwinterungs- und Vermehrungseinhheit

**Turkestan:** Gebirgsländer Mittelasiens: Nord-Afghanistan, Pamir, Alai, Tienschan, Dsungarischer Alatau, Tarbagatai

**unpaarig gefiedert:** gefiedert mit Endblättchen (Abb. **836**/6)

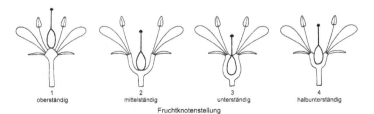

|  |  |  |  |
|---|---|---|---|
| 1 | 2 | 3 | 4 |
| oberständig | mittelständig | unterständig | halbunterständig |

Fruchtknotenstellung

**Unterart** (Subspecies, subsp.): systematische Rangstufe unterhalb der Art und oberhalb der Varietät, durch 2 oder mehr korrelierte Merkmale und meist durch ein eigenes Verbreitungsgebiet oder eigene Ökologie gekennzeichnet, aber noch nicht durch genetische Kreuzungsbarrieren von anderen Unterarten derselben Art vollständig isoliert, Sippe auf dem Wege der Artbildung durch räumliche, ökologische oder genetische Isolation. Die typische Unterart entspricht dem Typus-Exemplar der Art, ihr Name wiederholt das Art-Epitheton (ohne Autoren), sie braucht jedoch nicht die weit verbreitete, „normale" Sippe zu sein.

**unterbrochen gefiedert:** mit größeren und kleineren Fiedern in regelmäßigem oder unregelmäßigem Wechsel (Abb. **837**/1)

**Unterlippe** (ULippe): der von den unteren Kronblättern gebildete untere Kronsaumabschnitt der → Lippenblüte (Abb. **494**/1–3)

**unterständig** (Fruchtknoten): von der Blütenachse umgeben und mit ihr verwachsen (Abb. **845**/3)

**Varietät** (var.): Rangstufe unterhalb der Art und Unterart; Sippe, die in einzelnen Merkmalen erblich konstant abweicht, aber kein eigenes Areal einnimmt, sondern im Artareal verstreut auftritt

**Verbänderung:** durch Störung des Vegetationskegels oder spontan auftretende abnorm verbreiterte, bandförmige Sprossachse

**verbreitet** (v): in diesem Buch die höchste Häufigkeitsstufe: in mehr als 10% der Ackerfluren oder Gärten vorkommend

**verkahlend:** zunächst behaart, aber die Haare mit der Zeit verlierend

**verkehrteiförmig:** 1,5–2,5mal so lang wie breit, über der Mitte am breitesten (Abb. **833**/5)

**verkehrteilanzettlich:** 3–8mal so lang wie breit, über der Mitte am breitesten, mit bogigen Rändern nach beiden Enden verschmälert (Abb. **833**/9)

**verkehrtherzförmig** (Blattspreite): an der Herzspitze gestielt oder mit dieser dem Blattstiel oder der Sprossachse ansitzend (Abb. **834**/4)

**verschiedengrifflig** (heterostyl): mit Blüten von unterschiedlicher Griffellänge und Staubbeutelstellung, bei denen nur die Übertragung von Pollen eines Blütentyps auf die Narbe einer Blüte eines anderen Typs zur Bestäubung und damit zur Samenbildung führt (Abb. **279**/n)

**verwachsen** (Blätter bei Gegen- oder Quirlständigkeit): im unteren Teil ± weit verschmolzen (Abb. **832**/6)

**verwachsenkronblättrig:** mit wenigstens am Grund von Anfang an miteinander verwachsenen Kronblättern, die nach der Blütezeit gemeinsam abfallen (Abb. **844**/2)

**verwildert** (verw.): aus der Kultur durch Selbstaussaat, Gartenauswurf oder Saatguttransport entwichen, aber im Gebiet nicht → eingebürgert, also nicht konstant vorkommend (unbeständig)

**Vorblatt** (Brakteole): das erste Blatt (Einkeimblättrige) oder die beiden ersten Blätter (Zweikeimblättrige) eines Seitensprosses. Bei den Einkeimblättrigen dem Mutter-

1
zentralwinkelständig

2
wandständig

3
zentral

4
basal

Stellung der Samenanlagen

spross zugewandt, bei den Zweikeimblättrigen transversal gestellt (senkrecht zur Ebene Seitenspross–Mutterspross)

**Vorkultur** (▭): geschützte Kultur unter Glas oder auf dem Fensterbrett vor dem Auspflanzen ins Freiland nach den Eisheiligen (11.–15. Mai)

**vormännlich:** Die Staubblätter geben den Pollen ab, bevor die Narbe (der Blüte oder der Blüten des Blütenstandes) belegt werden kann.

**Vorspelze** (Vsp): das unterste Blatt der Gräserblüte, der Mutterachse zugewendet, meist 2kielig und 2spitzig, als Verwachsungsprodukt von 2 Blütenhüllblättern des äußeren Kreises gedeutet (Abb. **789**/1)

**vorweiblich:** Die Narbe öffnet sich oder wird belegbar, bevor sich die Staubbeutel (der Blüte oder des Blütenstandes) öffnen.

**wandständig** (Stellung der Samenanlagen): an der Außenwand des Fruchtknotens (Abb. **846**/2)

**warme** (meridionale) **Zone:** die südlichste Florenzone des Holarktischen Florenreichs, umfasst u. a. das südliche Mittelmeergebiet, Iran, Südchina, Kalifornien, Texas, Florida und Georgia. Charakteristisch sind immergrüne Wälder im ozeanischen, Wüstensteppen und Wüsten im kontinentalen Bereich (Abb. auf Nachsatzblättern, s. auch → subtropisch).

**Warmkeimer:** Pflanzen, deren Samen zum Keimen eine relativ hohe Temperatur (in Deutschland etwa 20 °C) brauchen

**warmgemäßigte** (warmgemäß., submeridionale) **Zone:** Florenzone zwischen gemäßigter (temperater) und meridionaler Zone, im ozeanischen Bereich von artenreichen sommergrünen und teilimmergrünen Wäldern, im kontinentalen von Steppen eingenommen (Abb. auf Nachsatzblättern)

**wechselständig** (zerstreut; Blattstellung): an jedem Knoten ein Blatt, d. h. jedes in verschiedener Höhe an der Sprossachse entspringend, entweder → zweizeilig oder → dreizeilig oder → schraubig

**weiblich** (♀): Blüten(teile), die Samenanlagen ausbilden

**Wickel:** Teilblütenstand bei Zweikeimblättrigen (besonders Lippenblüten-, Nachtschatten- und Boretschgewächsen), der sich als → Monochasium durch einander übergipfelnde Seitenzweige fortsetzt, die abwechselnd aus der linken und rechten Vorblattachsel des jeweiligen Muttersprosses entspringen. Äußerlich einer Traube ähnlich und wie diese von unten nach oben aufblühend, aber im Knospenzustand von der Seite gesehen „aufgewickelt"

**Wildpflanze (W):** Pflanze der deutschen Wildflora, einschließlich der eingebürgerten gebietsfremden Arten; wird in den Bänden 2, 3 und 4 behandelt und abgebildet und in das vorliegende Buch nur aufgenommen, wenn sie nicht nur ausnahmsweise als Zier- oder Nutzpflanzen kultiviert wird

**Windepflanze:** Pflanze, die ohne selbsttragenden Stängel Lichtstellung erlangt, indem sie um andere Pflanzen oder Stützen unter ständiger Rechts- oder Linkskrümmung herum- und aufwärts wächst, → Kletterpflanze

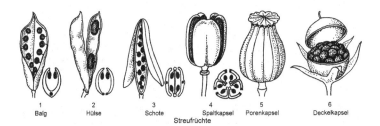

| 1 | 2 | 3 | 4 | 5 | 6 |
|---|---|---|---|---|---|
| Balg | Hülse | Schote | Spaltkapsel | Porenkapsel | Deckelkapsel |
| | | Streufrüchte | | | |

**winterannuell** (⊙): im Herbst keimend, grün überwinternd und im Frühling oder Frühsommer blühend und fruchtend. Nach Kälteeinwirkung können Winterannuelle auch im Spätwinter keimen und im selben Jahr blühen und fruchten

**wintergrün** (sommerkahl): in unserem Gebiet besser → herbst-frühjahrsgrün

**Winterknospe** (Hibernakel) → Turio

**Winterschutz** (∧): Schutz gegen Frost, starke Temperaturschwankung und/oder Winternässe durch Nadelholzzweige, trockne Streu oder Foliendach (s. S. 48)

**wirtelig** (quirlig) (Laub- und Blütenhüllblätter, Zweige): zu mehreren auf gleicher Höhe, an demselben Knoten am Stängel (Abb. **831**/6)

**Wurzelknolle:** angeschwollene, speichernde Wurzel, die im Extremfall nur noch Speicherfunktion hat. Ohne Sprossknospe nicht zum Wiederaustrieb und zur Vermehrung in der Lage

**Wurzelrissling:** zur Vermehrung mit einem Stück Wurzelansatz abgerissene Triebspitze (s. S. 48)

**Wurzelschnittling:** zur Vermehrung abgeschnittenes Wurzelstück einer Pflanzenart, die zur Bildung von → Wurzelsprossen in der Lage ist (s. S. 48)

**Wurzelspross:** aus dem inneren Gewebe einer meist horizontalen Wurzel gebildeter Spross, der sich sprossbürtig bewurzelt und zu einer selbständigen Pflanze wird. Nur bei bestimmten Pflanzenarten vorkommend, entweder als normale Art der vegetativen Reproduktion (konstitutionelle Wurzelsprossbildung) oder als Ersatz nach Verlust des Sprosses (regenerative Wurzelsprossbildung)

**Xerothermrasen:** → Trocken- und Halbtrockenrasen, auf grundwasserfernen, meist flachgründigen und nährstoffarmen Böden

**zentral** (Stellung der Samenanlagen): an einer freien (nicht durch Trennwände mit der Außenwand verbundenen) Samenleiste in der Mitte des Fruchtknotens (Abb. **846**/3)

**zentralwinkelständig** (Stellung der Samenanlagen): am inneren Winkel der Fruchtknotenfächer (Abb. **846**/1)

**zerstreut** (z): in diesem Buch die mittlere Häufigkeitsstufe: nicht häufig und überall, aber doch regelmäßig regional angebaute Nutz- und Zierpflanze, in etwa 5% der Gärten und Feldfluren

**Zierpflanze** (Z): zum Schmuck angebaute Pflanze

**zirkumpolar:** in einer oder mehreren Florenzonen um den ganzen Erdball verbreitet

**zugespitzt:** mit spitzwinklig zusammenstoßenden, gegen die schmale Blattspitze zu konkaven Rändern (Abb. **838**/8)

**Zungenblüte:** verwachsenkronblättrige, dorsiventrale, einlippige Blüte, deren 5 Kronzipfel miteinander verwachsen sind (Abb. **843**/10)

**zungenförmig:** mit kurzer Röhre und einseitig flach ausgebreitetem, 5zipfligem Saum

**zweihäusig** (diözisch): männliche und weibliche Blüten auf verschiedene Individuen verteilt

**zweijährig** (☉): einmal fruchtend (→hapaxanth), im ersten Jahr vegetativ, im 2. Jahr nach Einwirkung von Kälte und/oder Erreichen einer Mindestgröße blühend, fruchtend und danach absterbend. In der Natur verhalten sich nur wenige Pflanzenarten

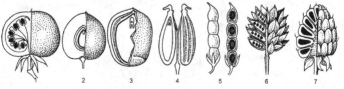

| | | | | | | |
|---|---|---|---|---|---|---|
| | 2 | 3 | 4 | 5 | 6 | 7 |
| Beere | Steinfrucht | Nuss | Spaltfrucht Schließfrüchte | Bruchfrucht | Sammelbalgfrucht | Sammelsteinfrucht |

so, viele brauchen bis zum Erreichen der Mindestgröße 2, 3 oder mehr Jahre und sind dann nicht scharf von den →mehrjährig Hapaxanthen ⊛ zu trennen.

**zweizeilig:** in 2 gegenüberliegenden Reihen wechselständig angeordnet (Abb. **831**/4)

**Zwergstrauch** (ℏ): niedrige (<50 cm) Holzpflanze mit ausdauernden, oft dünnen und reich verzweigten Sprossachsen

**Zwiebel** (☉): knospenähnlicher, meist unterirdischer Speicherspross mit sehr kurzer Achse (Zwiebelscheibe) und fleischigen Niederblättern und/oder Laubblattbasen, die sich als geschlossene Scheiden umeinander schließen (Schalenzwiebel) oder voneinander frei der Zwiebelscheibe ansitzen (Schuppenzwiebel)

**zwittrig** (♀) (Blüte): sowohl mit fertilen Staubblättern als auch Stempel(n)

**zygomorph** (dorsiventral): durch nur eine Symmetrie-Ebene in 2 spiegelgleiche Hälften teilbar (Abb. **830**/2)

**Zyme:** 1. Blütenstand (Cymoid) mit einer Endblüte (die zuerst aufblüht), unter der am obersten Knoten oder den dicht gedrängten oberen Knoten in Ein- oder Mehrzahl Seitenachsen entspringen, die die Hauptachse meistens übergipfeln, nach Ausbildung der 1–2 →Vorblätter mit einer Blüte enden und durch einen Seitenspross (→Monochasium) oder 2 Seitensprosse (→Dichasium) aus den Vorblattachseln fortgesetzt werden. – 2. Teilblütenstand mit zymösem Aufbau: →Dichasium, →Doppelwickel, →Wickel, →Fächel oder →Schraubel

# Register der Pflanzennamen

Familien und Gattungen; bei Gattungen mit mehr als 25 Arten sind die Artnamen gesondert aufgeführt.
Seitenzahlen in [ ] verweisen auf Synonyme und auf unrichtig verwendete wissenschaftliche Namen
(„Pseudosynonyme").

## Höhenstufen der Vegetation von Hochgebirgen
(nach SCHRÖDER 1998, verändert)

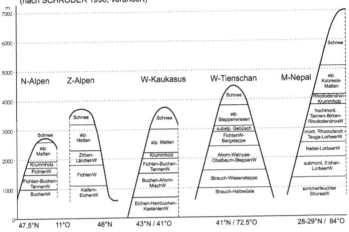

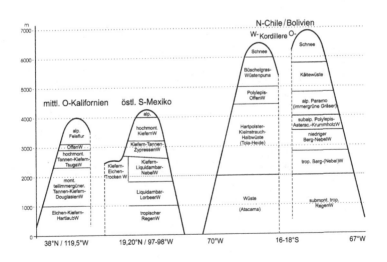

## Anordnung der Angaben bei den Arten (vgl. S. 47f.)

*Rücklaufzahl*  *Bestimmungsmerkmale*  *Verweis auf Fig. 2 S. 177*
↓  ↓  ↓

**4  (2)** Bl lineal-lanzettlich, 5–10 × 0,5–1 cm, rauhaarig. KrBl lanzettlich (Abb. **177**/2).

*Wuchshöhe in m*  *Lebens- u. Wuchsform, Blütezeit*  *Verwendung u. Häufigkeit, Anbauorte*
↓  ↓  ↓  ↓  ↓

0,30–0,70(–1,00).  ♃ ⚲ ∿ (6–)7–9(–10).  **Z** z Ampeln, Balkonkästen, Terrassen;

*Verwendung als Nutzpflanze*  *Vermehrung u. weitere Kulturhinweise*
↓  ↓

**N** Heil-, Würz- u. DuftPfl; ∿ bei 20°, dann kühler ○ ≈ ⊖ Regenwasser, öfters stutzen

*Heimatareal*  *Standorte im Heimatareal, Höhenverbreitung*  *in Kultur seit*
↓  ↓  ↓  ↓

(S-Austr., Neuseel., Tasm.: offne, trockne Sand- u. Lehmböden, 50–500 m – 1860 –

*Hinweis auf Variabilität, wichtige Sorten od. Bastarde u. deren Merkmale*  *Synonym*
↓  ↓

mehrere Sorten, z.B. 'Blue Wonder': B blau, Bl smaragdgrün). [Plantula hirtula DC.,

*falsch verwendeter Name*  *deutsche Namen*  *akzept. wiss. Name*
↓  ↓  ↓

Planta coerulea hort. non DC.]  **Raue P., Raukraut** – *P. hirsuta* L.

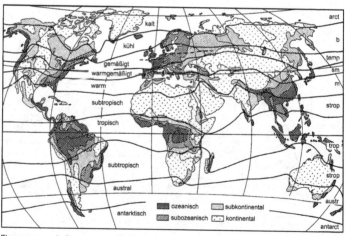

Florenzonen und pflanzengeographische Ozeanitätsgliederung (in den Tropen Humiditätsgliederung) der Erde

Staaten der USA und angrenzende Bundesstaaten von Mexiko bzw. Provinzen von Kanada

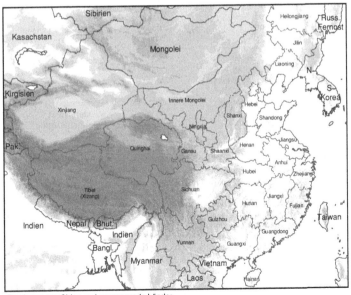

Provinzen von China und angrenzende Länder

## Abkürzungen bei den Verbreitungsangaben (s. auch Nachsatzblätter)

| | | | |
|---|---|---|---|
| Afgh. | Afghanistan | Kroat. | Kroatien |
| Afr. | Afrika | M- | Mittel- |
| Alban. | Albanien | Mazed. | Mazedonien |
| Alg. | Algerien | Medit. | Mittelmeergebiet |
| alp. | alpin (Mattenstufe, S. 36) | Mex. | Mexiko |
| Am. | Amerika | Mong. | Mongolei |
| Argent. | Argentinien | mont. | montan (Bergstufe, S. 36) |
| arkt. | arktisch(es) | N, N- | Norden, Nord- |
| As. | Asien | Neuseel. | Neuseeland |
| Austr. | Australien | Niederl. | Niederlande |
| Balt. | Baltenländer | Norw. | Norwegen |
| Belg. | Belgien | O, O- | Osten, Ost- |
| Boliv. | Bolivien | Österr. | Österreich |
| Bosn. | Bosnien | Paläst. | Palästina, Israel |
| Bras. | Brasilien | Port. | Portugal |
| Brit. | Großbritannien | Pyr. | Pyrenäen |
| Bulg. | Bulgarien | Rocky M. | Rocky Mountains |
| D. | Deutschland | Rum. | Rumänien |
| Dänem. | Dänemark | Russl. | Russland |
| eingeb. | eingebürgert | Serb. | Serbien |
| Eur. | Europa | S, S- | Süden, Süd- |
| Fernost | pazif. Russland | Sibir. | Sibirien |
| Finnl. | Finnland | Sizil. | Sizilien |
| Frankr. | Frankreich | Span. | Spanien |
| gemäß. | gemäßigt(es) | subalp. | subalpin (s. S. 36) |
| Griech. | Griechenland | Syr. | Syrien |
| Himal. | Himalaja | Tadschik. | Tadschikistan |
| Indon. | Indonesien | Tasm. | Tasmanien |
| Irl. | Irland | Tripol. | Tripolitanien |
| Isl. | Island | Tschech. | Tschechien |
| It. | Italien | Ukr. | Ukraine |
| Kalif. | Kalifornien | Ung. | Ungarn |
| Kamtsch. | Kamtschatka | Usbek. | Usbekistan |
| Kanar. I. | Kanarische Inseln | Venez. | Venezuela |
| Karp. | Karpaten | verw. | unbeständig verwildert |
| Kasach. | Kasachstan | VorderAs. | Vorderasien |
| Kauk. | Kaukasus | W, W- | Westen, West |
| Kirgis. | Kirgisistan | warmgemäß. | warmgemäßigtes |
| Kolumb. | Kolumbien | Z- | Zentral- |

## Abkürzungen und Zeichen bei den wissenschaftlichen Namen (s. S. 20)

| | | | |
|---|---|---|---|
| agg. | Aggregat, Artengruppe | nom. nud. | nomen nudum, nackter Name |
| auct. | auctorum, der Autoren | | |
| convar. | convarietas, Convarietät | non | nicht |
| cv. | cultivar, Sorte | p. p. | pro parte, zum Teil |
| em. | emendavit, verändert | s. l. | sensu lato, im weiten Sinn |
| et | und | s. str. | sensu stricto, im engen Sinn |
| f. | forma, Form | subsp. | Subspecies, Unterart |
| Gp | Gruppe | var. | varietas, Varietät |
| hort. | hortorum | × | Bastard |
| nom. illegit. | nomen illegitimum, ungültiger Name | | |

## Abkürzungen und Zeichen bei den Merkmalsangaben

| | | | |
|---|---|---|---|
| B | Blüte | s | selten |
| bes. | besonders | Sa | Samen |
| Bl | Blatt | Sp | Spelze |
| Blchen | Blättchen | Stg | Stängel |
| br | breit | USeite | Unterseite |
| Dsp | Deckspelze | useits | unterseits |
| -fg | -förmig | v | verbreitet |
| Fr | Frucht | Vsp | Vorspelze |
| Frchen | Früchtchen | **W** | Wildpflanze in D. (vgl. für |
| FrKn | Fruchtknoten | | weitere Angaben Bd. 2, 3, 4) |
| Hsp | Hüllspelze | z | zerstreut |
| Hybr | Hybride(n), Bastard(e) | **Z** | Zierpflanze |
| K | Kelch | > | mehr als, größer als |
| Kr | Krone | < | weniger als, kleiner als |
| kult | kultiviert | ± | mehr oder weniger |
| lg | lang | ∞ | zahlreich, viele |
| **N** | Nutzpflanze | ∅ | (im) Durchmesser/Querschnitt |
| OSeite | Oberseite | ♂ | männlich |
| oseits | oberseits | ♀ | weiblich |
| Pfl | Pflanze | ☿ | zwittrig |
| PfWu | Pfahlwurzel | ▽ | in D. geschützt |

## Lebensform

| | | | |
|---|---|---|---|
| ☉ | einjährig, sommerannuell | ⌒⌒ | Ausläufer, Kriechtrieb |
| ① | einjährig überwinternd | ⌒⌒ | Ausläufer, oberirdisch |
| | winterannuell | ⌒⌒ | Ausläufer, unterirdisch |
| ☉ | zweijährig | ♂ | Knollenpflanze |
| ⊛ | mehrjährig hapaxanth (s. S. 31) | ⚇ | Zwiebelpflanze |
| ♃ | Staude, ausdauernd | ⌇⌇ | Kletterpflanze, Hängepflanze |
| ♄ | Zwergstrauch, Halbstrauch | ⌒ | Polsterpflanze |
| ♄ | Baum, Strauch | ⊻ | Horstpflanze |
| i | immergrün | Pleiok | Pleiokorm (s. S. 31) |
| Ⴟ | Rhizom (s. S. 32) | | |

## Verwendung

| | | | |
|---|---|---|---|
| △ | Steingarten | ✂ | Schnittblume |
| ♠ | blattzierend | □ | bodendeckend |
| ⚭ | fruchtzierend | ○ | Bienenfutter |

## Vermehrung

| | | | |
|---|---|---|---|
| ▷ | Vorkultur im Frühbeet | Ψ | Teilung |
| v | Aussaat | ⌁ | Stecklinge |

## Kulturbedingungen

| | | | |
|---|---|---|---|
| ○ | sonniger Standort | ⊕ | kalkhaltiger Boden |
| ◑ | halbschattiger Standort | ⊖ | kalkarmer Boden |
| ● | schattiger Standort | ∧ | Winterschutz |
| ~ | trockner Standort | Ⓚ | frostfreie Überwinterung |
| ≃ | feuchter Standort | Ⓐ | Alpinenhaus |
| ≋ | Wasserpflanze | | |

Printed in the United States
By Bookmasters